MEYERS
KLEINE
ENZYKLOPÄDIE
MATHEMATIK

MEYERS KLEINE ENZYKLOPÄDIE MATHEMATIK

14., neu bearbeitete und erweiterte Auflage

Herausgegeben von
Prof. Dr. Siegfried Gottwald, Herbert Kästner
und Prof. Dr. Helmut Rudolph

MEYERS LEXIKONVERLAG
Mannheim · Leipzig · Wien · Zürich

Redaktionelle Leitung der 14. Auflage:
Dipl.-Ing. Helmut Kahnt

Die Deutsche Bibliothek - CIP-Einheitsaufnahme
Meyers kleine Enzyklopädie Mathematik. -
14., neu bearb. und erw. Aufl./
hrsg. von Siegfried Gottwald ... -
Mannheim; Leipzig; Wien; Zürich: Meyers Lexikonverl., 1995
Früher im Bibliogr. Inst., Leipzig
ISBN 3-411-07771-9
NE: Gottwald, Siegfried [Hrsg.]

Satz: INTERDRUCK/pagina media, Hemsbach
Druck- und Bindearbeiten: Druckerei Parzeller, Fulda
Printed in Germany
ISBN 3-411-07771-9

Vorwort

Die erste Auflage der Kleinen Enzyklopädie Mathematik erschien vor nunmehr fast drei Jahrzehnten. Über eine Million verkaufte Exemplare sowie Übersetzungen in sechs Sprachen belegen Zuverlässigkeit und Benutzerfreundlichkeit des Buches. Herausgeber und Verlag haben daher an der Grundkonzeption festgehalten, einen Überblick über das derzeitige mathematische Basiswissen zu geben und dieses systematisch und übersichtlich geordnet, allgemeinverständlich erklärt und rasch auffindbar darzustellen. Für diese Neubearbeitung wurden viele Passagen behutsam verbessert; größere Eingriffe waren überall dort erforderlich, wo das Arbeiten mit Tabellen durch Hinweise über die Benutzung eines Taschenrechners zu ersetzen war. Die ständig zunehmende Verfügbarkeit leistungsfähiger Personalcomputer hat uns auch zur Aufnahme eines Abschnitts über »Computeralgebra« und zur Neufassung des Kapitels über »Numerische Mathematik« veranlaßt.

Das für Schule und Praxis, besonders aber für das Selbststudium geeignete Nachschlagewerk geht weit über eine Formelsammlung hinaus. Es bietet jeweils eine knappe Einführung in den Begriffsapparat der einzelnen Disziplinen; Definitionen und Sätze sind durch vielfältige Beispiele veranschaulicht, und es werden Motivationen und Zusammenhänge dargestellt sowie mathematische Algorithmen erläutert. Handhabbarkeit und Übersichtlichkeit des Buches werden von einer überlegten typographischen Anlage, sorgfältigem Satz, einer Fülle von Abbildungen sowie vom didaktischen Einsatz farbiger Fonds unterstützt. So sind Definitionen und Formeln gelb, Sätze rot und Beispiele blau unterlegt. Auch die Abbildungen gewinnen durch farbige Gestaltung wesentlich an Anschaulichkeit und Durchsichtigkeit.

Wir hoffen, daß auch die vorliegende Neuauflage den Erwartungen der Leser gerecht wird und allen, die in Schule und Beruf, in Umschulung und Weiterbildung auf ihr mathematisches Rüstzeug zurückgreifen müssen, gute und zuverlässige Dienste bei Wiederholung und Festigung ihrer Kenntnisse leistet. Für Anregungen und kritische Hinweise sind wir nach wie vor dankbar.

Herausgeber und Verlag

Inhaltsverzeichnis

Verzeichnis der Bildtafeln

Autorenliste

Beyer, Otfried (6, 27)
Bittner, Leonhard (39)
Boseck, Helmut (16, 17)
Bothe, Hans-Günter (33)
Czichowski, Günter (16, 17)
Engelmann, Bernd (29)
Frischmuth, Claus (30)
Göhde, Dietrich (34, 38)
Göhler, Wilhelm (10, 11, 12)
Görke, Lilly (3)
Gottwald, Siegfried (14, 15, 40, 41)
Hellwich, Manfred (35)
Herre, Heinrich (15)
Herrmann, Manfred (32)
Kästner, Herbert (18)
Lißke, Günter (16, 17)
Lorenz, Günter (1)
Maeß, Gerhard (36)
Müller, Wolfdietrich (36)
Neigenfind, Fritz (7)
Nožička, Františsek (30)
Oberländer, Siegfried (24)
Peschel, Manfred (28)
Pietzsch, Günter (1)
Rautenberg, Wolfgang (14, 15, 40, 41)
Reichardt, Hans (Einleitung)
Renschuch, Bodo (32)
Rolletschek, Heinrich (42)
Sachs, Horst (35)
Salié, Hans (31)
Schlosser Hartmut (16, 17)
Schröder, Eberhard (8, 9)
Schultz, Konrad (2)
Stammler, Ludwig (32)
Steger, Arndt (21)
Sulanke, Rolf (26)
Thiele, Helmut (28)
Tutschke, Wolfgang (23)
Vahle, Hans (2)
Wagner, Lutz (25)
Walsch, Werner (5)
Wünsch, Volkmar (19, 20)
Wußing, Gerlinde (4, 13)
Wußing, Hans (22, 37)

Einleitung

Die Entwicklung der Technik seit dem 19. Jahrhundert und insbesondere auch die Entwicklung der Computer und der Computerwissenschaft, der Informatik, im 20. Jahrhundert haben das Wissen um die Bedeutung der Mathematik weit verbreitet; denn ein jeder weiß oder ahnt zumindest, daß diese Erfolge in ihrer Gesamtheit ohne Mathematik nicht zu erzielen gewesen wären.

Nun ist die ***Mathematik*** in vielen Beziehungen eine extreme Wissenschaft; das gilt in besonderem Maße für die Darlegung ihrer Probleme. Während ein Forscher, der ganz auf dem Können seiner Zeit steht, in der Medizin, der Zoologie, der Botanik, der Geographie, der Geologie, oder auch in den Sprachwissenschaften, der Geschichte, der Astronomie den größten Teil seiner Probleme und seiner Ergebnisse, womöglich auch noch seine Methoden oder die Grundprinzipien seines Spezialgebietes einem Laien so darlegen kann, daß dieser einen Eindruck von dem Inhalt dieses Gebietes erhält, ist das in der Chemie und der Physik von heute viel schwerer möglich – und noch schwieriger ist es in der heutigen Mathematik. Nicht nur der äußere Umfang der Resultate ist stark angewachsen, die Probleme sind so schwer zu behandeln und liegen so tief, daß kein Mathematiker mehr einen nicht nur oberflächlichen Überblick über die gesamte Mathematik haben kann.

Der Zersplitterung der Mathematik, die durch das Nebeneinander vieler *Spezialgebiete* entstanden ist, sucht man dadurch entgegenzuwirken, daß man nach Möglichkeit aus verschiedenen Gebieten gemeinsame, manchmal gar nicht an der Oberfläche liegende Stücke herauspräpariert, daraus eine neue, noch abstraktere Theorie und gerade damit wieder Verbindungen zwischen den scheinbar weit auseinanderliegenden Spezialrichtungen schafft. Man kann diesen Prozeß als eine *wiederholte Abstraktion* ansehen: Während die grundlegenden Disziplinen, wie etwa Algebra und Geometrie, durch Abstraktionen aus der täglichen Erfahrung entstanden sind, kommt man zu einer solchen verbindenden Theorie durch weitere Abstraktionen, z. B. aus der Algebra und der Geometrie, und solche Abstraktionsprozesse können unter Umständen noch mehrfach übereinander getürmt werden. Unter *abstrakt* versteht man dabei in der ursprünglichen Bedeutung des Wortes *abgezogen*, abgesehen von allem, was in dem betreffenden Zusammenhang und für einen bestimmten Zweck unwesentlich ist; z. B. in geometrischen Figuren abgesehen von den Farben, die bei Ornamenten sehr wohl eine Rolle spielen können.

In ihrer historischen Entwicklung ist die Mathematik zunächst einmal in ganz naiver Weise vorgegangen. Sie hat angefangen bei den *Zahlen* 1, 2, 3 usw. und bei den anschaulich ganz selbstverständlichen *Figuren* der Geometrie, den Punkten, Strecken, Geraden, Ebenen im Raum, Winkeln, Dreiecken, Kreisen, und ist zu komplizierteren Gebilden aufgestiegen, wobei das Reich der Zahlen und das der Figuren sich nicht getrennt voneinander entwickeln, sondern durch den Begriff des *Messens* miteinander verbunden sind. In dieser vom anschaulich Einfachen und Selbstverständlichen zu komplizierteren Problemen fortschreitenden Entwicklung vollzog sich der Aufbau der Mathematik zum Beispiel bei den Babyloniern und den Ägyptern, und dabei wurden schon erstaunliche Leistungen erzielt wie etwa in der Astronomie die Vorausberechnung von Mondfinsternissen. Auf eine völlig neue Stufe der Entwicklung wurde die Mathematik durch die alten Griechen gehoben, die sich veranlaßt sahen, nicht nur immer weiter vorwärts zu stürmen, sondern sich Rechenschaft darüber abzulegen, was man eigentlich tut, wenn man Mathematik treibt. Der Erfolg war, daß durch sie die Mathematik zu einer Wissenschaft im heutigen Sinne wurde. Einmal erkannten sie, daß ein *Beweis* darin besteht, eine mathematische Behauptung durch einfachste logische Schlüsse, die genügend oft durch die Anschauung oder Erfahrung unterstützt und nahegelegt werden, auf bereits bekannte Dinge zurückzuführen. Zum anderen fanden sie, daß eine solche Zurückführung nicht ohne Ende weitergehen kann, sondern nur bis zu gewissen einfachsten Eigenschaften der Zahlen oder Figuren, die durch Anschauung oder Erfahrung gesichert erscheinen.

Auf diesem Wege stellten sie zum ersten Mal bewußt ein System von *Grundtatsachen* zusammen, z. B. der, daß durch zwei Punkte genau eine Gerade geht, und entwickelten andererseits die Grundlagen der *Logik*. Beides zusammen ergibt dann einen systematischen, deduktiven, vom Einfachen zum Komplizierteren aufsteigenden Aufbau der Geometrie.

Diese euklidische Geometrie blieb, abgesehen von einigen kleinen Ergänzungen, lange das Vorbild einer Wissenschaft. Trotzdem hat man etwa zwei Jahrtausende lang bei weitem nicht in dem gleichen Maße versucht, die Algebra und später die Analysis in gleicher Weise aufzubauen. Die Grundeigen-

schaften der *natürlichen Zahlen* waren für die alten Griechen etwas Selbstverständliches, und erst Teilbarkeitsfragen und einige Primzahlprobleme haben sie interessiert. Auch mit den *gewöhnlichen Brüchen* verstanden sie umzugehen, jedoch kamen sie nicht auf die Idee, *negative Zahlen* einzuführen. Dagegen waren sie im Zusammenhang mit dem gleichschenklig-rechtwinkligen Dreieck darauf gestoßen, daß die Brüche nicht zur Beschreibung aller Größenverhältnisse ausreichen: Sie bemerkten, daß das Verhältnis von Kathete und Hypotenuse in einem solchen Dreieck nicht durch einen Bruch dargestellt werden kann. Daraus zogen sie aber nicht etwa die Konsequenz, den Bereich der Brüche in der Weise zu *erweitern*, daß mit den neuen Zahlen des umfassenderen Bereichs dieses und möglichst auch alle anderen geometrischen Verhältnisse zahlenmäßig beschrieben werden können. Sie taten gerade das umgekehrte, sie geometrisierten ihre Algebra. Es entstand dabei zwar eine Lehre, die ein Äquivalent für unsere Theorie der reellen Zahlen war; aber durch die Geometrisierung entstanden solche Komplikationen, daß es zu einem Stillstand der griechischen Mathematik kam.
Doch die Praxis der Astronomen und der Seefahrer erforderte gebieterisch trigonometrische Rechnungen, die nur mit Hilfe von Tafeln gewisser trigonometrischer Funktionen bewältigt werden konnten. Da die Beobachtungswerte nur mit beschränkter Genauigkeit gemessen werden konnten, genügte es dabei, auch die zu berechnenden Größen *näherungsweise* anzugeben. So kam man bald auf die abbrechenden Dezimalbrüche, die sich für die praktische Rechnung als viel geeigneter als die gewöhnlichen Brüche erwiesen. Darüber hinaus wird man sicher auch das Gefühl gehabt haben, daß man um so genauere Ergebnisse erhält, mit je mehr Dezimalstellen man rechnet, ja noch mehr, daß man mit genügend vielen Dezimalen jede beliebig vorgeschriebene Genauigkeit erreichen kann. Damit hatte man im tiefsten Grunde schon das Wesen der *reellen Zahlen* erfaßt und scheute sich dann auch nicht mehr, von Dezimalbrüchen mit unendlich vielen Stellen zu sprechen. Wäre deren Theorie konsequent aufgebaut worden, so hätte man damals schon eine exakte Theorie der reellen Zahlen gehabt.
An einem interessanten und außerdem prinzipiell sehr wichtigen Beispiel kann man sehen, wie diese Auffassung, allerdings in einer etwas anderen Form, schon bei ARCHIMEDES auftrat, der versuchte, den Flächeninhalt gewisser krummlinig begrenzter Stücke der Ebene zu berechnen. Zunächst einmal gelang es ihm, mit seiner berühmten *Exhaustions- (Ausschöpfungs-) Methode* den Flächeninhalt zu berechnen, der von einem Parabelstück und einer Sehne eingeschlossen wird. Ein Flächenverhältnis, eine Zahl, auf die es dabei entscheidend ankam, erwies sich als $^1/_3$. Dagegen gelang es ARCHIMEDES nicht, ein entsprechend einfaches Ergebnis für den Flächeninhalt des Kreises zu finden. Er hätte zur Lösung des Problems die Zahl π berechnen müssen. Wie wir heute wissen, konnte ihm das nicht gelingen, da ihm nur die Brüche zur Verfügung standen; er mußte sich damit begnügen, die Zahl π zwischen zwei Brüche, zwischen $3^1/_7$ und $3^{10}/_{71}$, einzuschließen. Zu dem Zwecke berechnete er durch wiederholte Anwendung des Satzes von Pythagoras die Flächeninhalte des dem Kreis einbeschriebenen und des umbeschriebenen regelmäßigen 96-Ecks und gab dafür Näherungswerte an. Es ist klar, daß sich ARCHIMEDES bewußt war, π in immer engere Grenzen einschließen, ja mit einer vorgeschriebenen Genauigkeit berechnen zu können, wenn er die Eckenzahl genügend groß nimmt. Diese Möglichkeit aber, eine Zahl durch Brüche mit vorgeschriebener Genauigkeit näherungsweise festlegen zu können, ist eben das Wesen der reellen Zahlen.
Diese gefühlsmäßige Vertrautheit mit dem Wesen der reellen Zahlen festigte sich im Laufe der Zeit bei allen möglichen Gelegenheiten immer mehr, so z. B. – lange vor der Begründung der Differential- und Integralrechnung – bei der Aufstellung von Logarithmentafeln, bei der Erfassung der Punkte der Ebene und des Raumes durch Koordinaten in der *analytischen* Geometrie von DESCARTES und dann in großem Maße bei dem Aufbau der *Differential-* und *Integralrechnung*, begonnen von LEIBNIZ und NEWTON, weitergeführt wie in einem Rausch der Entdeckerfreude durch die BERNOULLIS, durch EULER und FERMAT, durch CAUCHY, GAUSS und andere – keiner dachte mehr daran, daß man sich intensiv mit den Grundlagen der Theorie der reellen Zahlen zu befassen habe.
Grundlagenfragen spielten aber auf zwei anderen Gebieten eine Rolle, in der Geometrie und in der Algebra. In der *euklidischen Geometrie* war, wie schon angedeutet, ein System von einfachsten geometrischen Sätzen an die Spitze gestellt worden, aus denen sich dann weitere Sätze der Geometrie herleiten ließen. Diese einfachen Sätze, *Axiome* genannt, stellten einen Extrakt der damaligen geometrischen Erfahrungen dar und waren anschaulich so klar, daß man nicht das Bedürfnis hatte, sie zu beweisen. Eine Ausnahme gab es allerdings dabei, das *Parallelenaxiom*. Es besagt, daß es zu einer gegebenen Geraden und einem gegebenen Punkt, der nicht auf dieser Geraden liegt, genau eine Gerade gibt, die durch den gegebenen Punkt hindurchgeht, ohne die gegebene Gerade zu schneiden. War es nicht vielleicht doch möglich, diesen Satz dadurch aus dem Axiomensystem zu beseitigen, daß man ihn auf Grund der anderen Axiome beweist? – 2000 Jahre hat man vergeblich mit diesem Problem gerungen, bis es drei Mathematikern, GAUSS, LOBATSCHEWSKI in Kasan und BOLYAI in Ungarn, gelang, zu zeigen, daß das Parallelenaxiom unabhängig von den anderen Axiomen besteht. – Die Bedeutung dieser Erkenntnis wird aber erst im Zusammenhang mit anderen Entwicklungen klar.
In der *Algebra* kam man bei dem Versuch, eine Formel für die Lösung der Gleichungen 3. Grades zu finden, auf den zunächst sinnlosen Ausdruck $\sqrt{-1}$. Wenn man aber mit ihm so rechnete, wie man

es mit den üblichen Wurzeln, z. B. $\sqrt{2}$, $\sqrt{3}$ oder auch $\sqrt{\pi}$ gewohnt war, kam immer etwas Vernünftiges heraus. Das stärkte den Glauben an die Existenzberechtigung dieses Gebildes, für das sich inzwischen die Bezeichnung i eingebürgert hat. Doch dauerte es fast 300 Jahre, bis GAUSS zeigte, daß das, was man bisher getan hatte, in durchaus sinnvoller Weise gedeutet werden kann als eine *Erweiterung des Bereiches der reellen Zahlen*, in der es eine neue Zahl gibt, deren Quadrat gleich —1 ist.

Aber auch GAUSS war noch so innig mit den reellen Zahlen vertraut, daß er sie bedenkenlos gebrauchen zu dürfen glaubte. Erst einige Schwierigkeiten, die in der damaligen Mathematik im Zusammenhang mit der Klärung des Begriffes *Grenzwert* durch CAUCHY und andere Mathematiker auftraten, gaben Veranlassung dazu, sich ernsthaft Gedanken über die reellen Zahlen zu machen. Man erkannte, daß ihre Begründung sogar auf verschiedene Weise gegeben werden kann, indem man sie auf Brüche zurückführt. Diese wieder ließen sich auf die natürlichen Zahlen reduzieren, und wieder zeigte es sich, daß es auch auf dem Gebiet der natürlichen Zahlen möglich war, deren Eigenschaften in wenigen, völlig selbstverständlich erscheinenden Grundtatsachen, den *Peanoschen Axiomen*, zusammenzufassen.

Mit dieser Reduktion auf die natürlichen Zahlen war die Grundlage für die Theorie der reellen und der komplexen Zahlen gelegt, damit aber auch für die gesamte reelle und komplexe *Analysis* und darüber hinaus sogar noch für die *Geometrie*; denn in der analytischen Geometrie wird gelehrt, wie man die Grundgebilde der Geometrie, vor allem die Punkte, mit Hilfe ihrer Koordinaten beherrschen kann, die reelle Zahlen sind.

Auf eine andere Entwicklung, die vor etwa 150 Jahren sehr zögernd begonnen hat, muß in diesem Zusammenhang noch hingewiesen werden. Man wußte längst, daß einige Regeln für das Multiplizieren und einige für das Addieren von Zahlen eine große formale Ähnlichkeit aufweisen. Ähnliche ganz einfache Gesetzmäßigkeiten beobachtete man auch bei anderen *mathematischen Operationen*, z. B. beim Ausführen von mehreren Bewegungen nacheinander. Aber nur sehr langsam zog man daraus die Konsequenz, die gemeinsamen Grundeigenschaften herauszupräparieren und daraus durch rein logische Prozesse neue und immer tiefer liegende Eigenschaften herzuleiten. Dieses sich so allmählich entwickelnde Gebiet ist die heutige *Gruppentheorie*, und wieder sehen wir ganz ähnlich wie in der euklidischen Geometrie das Auftreten eines *Axiomensystems* mit den sich daran anschließenden Entwicklungen.

Große Teile der modernen Mathematik, vor allem der Algebra, aber in immer steigendem Maße auch der Analysis und der Geometrie, werden jetzt axiomatisch aufgezogen. Das sieht dann etwa so aus: Gegeben ist eine meist *Menge* genannte Gesamtheit von mathematischen Objekten, den *Elementen* dieser Menge, mit irgendeinem *Axiomensystem*, das die Grundeigenschaften dieser Objekte beschreibt. Es entstehen nun folgende Probleme: Zunächst das, möglichst weitgehende Folgerungen aus den Axiomen zu ziehen, also die Theorie einer solchen Struktur möglichst weit zu treiben; dann aber das weitere, eine Übersicht zu bekommen über alle konkreten *Realisierungsmöglichkeiten* des jeweiligen Axiomensystems. Es kann sein, daß es im wesentlichen nur *eine* solche Möglichkeit, daß es *mehrere* oder sogar *unendlich viele* voneinander wesentlich verschiedene Möglichkeiten der Realisierung gibt; es kann aber auch vorkommen, daß man *keine* solchen Realisierungsmöglichkeiten findet, z. B. dann, wenn sich die gegebenen Axiome untereinander widersprechen. Gibt es viele Realisierungsmöglichkeiten, so sucht man *charakteristische Größen*, durch die man die verschiedenen Möglichkeiten nach endlich vielen Schritten wirklich voneinander unterscheiden kann. Bei manchen Strukturen sind diese Probleme völlig gelöst, bei anderen ist man noch weit davon entfernt. Man sieht hier übrigens, wie eng Axiomatik und mathematische Logik miteinander zusammenhängen.

Noch gebieterischer wurde die Forderung nach einer leistungsfähigen *mathematischen Logik*, als im vorigen Jahrhundert in einer dieser neuen Strukturtheorien, der Mengenlehre, Widersprüche auftraten. Die *Mengenlehre* ist insofern die einfachste *Strukturtheorie*, als in ihr nur irgendwelche Gesamtheiten betrachtet werden, deren Objekte keinerlei Axiomen unterworfen sind und z. B. Punkte, Zahlen, Bewegungen, Funktionen, geometrische Figuren, aber auch Menschen, Sterne, Stühle oder sonst irgend etwas sein können. Da keine Strukturvoraussetzungen gemacht werden, sind zwei solche Mengen als *gleichwertig* anzusehen, wenn sie gleich viel Elemente haben.

Was das bedeutet, ist bei endlichen Mengen jedem naiven Menschen unmittelbar klar; es war aber eine großartige Leistung, auch für unendliche Mengen so etwas wie eine Anzahl ihrer Elemente zu definieren, ihre sogenannte *Mächtigkeit*. Diese hat allerdings eine Reihe von Eigenschaften nicht, die uns von der Anzahl der Elemente einer endlichen Menge her vertraut sind; z. B. gibt es in diesem Sinne ebenso viele natürliche Zahlen wie Brüche, aber nicht so viele Brüche wie reelle Zahlen, und die Menge der Punkte auf einer Geraden ist der Menge der Punkte in der Ebene gleich mächtig. Alles das sind Dinge, die trotz ihrer scheinbaren Unanschaulichkeit noch vom Standpunkt der völligen mathematischen Exaktheit durchaus einwandfrei sind. *Widersprüche* aber traten bei einer uferlosen Bildung von solchen Mengen auf; z. B. ist der Begriff „Menge aller Mengen“ in sich widerspruchsvoll. Trotzdem lag hier *keine Krisis der Mathematik* vor, wie diese Erscheinung manchmal genannt wurde, sondern die Mathematiker nahmen Anlaß, einmal genauer darüber nachzudenken, was man eigentlich tut, wenn man irgendwelche mathematischen Begriffe definiert. In der Tat ent-

wickelte sich eine systematische mathematische Logik, und man weiß heute ganz genau, wie solche Widersprüche zu vermeiden sind.
Man könnte meinen, daß diese sehr weit getriebene Abstraktion in Gestalt der *Axiomatisierung*, der sehr allgemeinen Strukturtheorien und der mathematischen Logik immer weiter von einer handfesten angewandten Mathematik wegführen. Aber es war schon, wie wir heute wissen, kein Zufall, daß bereits LEIBNIZ, der sich neben seiner unmittelbaren schöpferischen mathematischen Arbeit auch schon mit einigen Grundfragen der Logik beschäftigte, eine funktionsfähige *Rechenmaschine* konstruiert hat.
Zwar hat das Auftauchen von fabrikmäßig hergestellten Rechenmaschinen, die von Hand oder von einem Motor angetrieben werden, zu keinen bedeutenden prinzipiellen Überlegungen Anlaß gegeben. Aber das wurde ganz anders, als die *elektronischen Rechenmaschinen* entstanden, durch die die Rechengeschwindigkeit ganz erheblich gesteigert wurde. Diese Maschinen arbeiten zwar nur nach einem einfachen *Schwarz-Weiß-Prinzip*, da in jedem ihrer Bestandteile entweder Strom fließt oder nicht. Trotzdem kann man mit ihnen Rechnungen bewältigen, die sonst praktisch nicht zu erledigen wären, da sie mit einer unvorstellbaren Geschwindigkeit sehr viele solcher einfachsten Operationen ausführen und damit ein kompliziertes und langwieriges *Programm* in praktisch annehmbarer Zeit durchrechnen können. Natürlich wird die Dauer einer solchen Rechnung davon abhängen, wie geschickt ein solches Programm aufgestellt ist. Bald stellte es sich nach gewissen Vorarbeiten, die schon vor der Erfindung der elektronischen Rechenmaschine geleistet worden waren, heraus, daß für die Programmierung Gesetzmäßigkeiten zu beobachten sind, die auch in der mathematischen Logik eine Rolle spielen, wenn man sich z. B. mit der *Theorie der Algorithmen* beschäftigt. Damit war wieder einmal der praktische Nutzen gewisser rein mathematischer Untersuchungen nachgewiesen worden, die aus theoretischen Bedürfnissen angestellt worden waren – ein wahrhaft klassisches Beispiel für die enge natürliche Beziehung zwischen *reiner* und *angewandter Mathematik*, hier der Rechentechnik.
Es erscheint in diesem Zusammenhang angebracht, auf den Unterschied zwischen prinzipieller oder *theoretischer Lösbarkeit* eines mathematischen Problems und seiner *praktischen Lösbarkeit* hinzuweisen. Man pflegt in der Mathematik häufig nicht vereinzelte, zahlenmäßig gegebene Probleme zu behandeln, sondern *allgemeine Probleme*, die noch von gewissen Daten abhängen, die auf viele, meist sogar unendlich viele Arten zahlenmäßig gewählt werden können. Ein ganz einfaches Beispiel: Es ist der Flächeninhalt eines Dreiecks in Abhängigkeit von seinen drei Seiten zu bestimmen. Für diesen Flächeninhalt gibt es eine Formel, die für alle Dreiecke gültig ist, obwohl es für jede Seitenlänge unendlich viele Möglichkeiten gibt.
Man betrachtet ein solches Problem als gelöst, wenn man eine Formel, einen *Algorithmus* angeben kann, mit dessen Hilfe man die Lösung in jedem Fall berechnen kann. Dabei wird man fordern, daß die Formel oder das Verfahren in endlich vielen Schritten zahlenmäßig durchgerechnet werden kann. Wenn das der Fall ist, betrachtet der Vertreter der reinen Mathematik das Problem als gelöst. Trotzdem kann das Problem praktisch immer noch unlösbar sein, wenn die Anzahl der nötigen Rechenschritte zwar endlich, aber aus zeitlichen oder ökonomischen Gründen zu groß ist. Das kann zu neuen interessanten, rein mathematischen Problemen führen, um leistungsfähigere Verfahren zu finden, falls man sich nicht mit Näherungslösungen begnügt oder schneller arbeitende Rechenmaschinen baut.
Ein ganz gewaltiger Sprung war in dieser Hinsicht die Erfindung der elektronischen Rechenmaschinen. Sie hatte zur Folge, daß neue Disziplinen, vor allem der angewandten Mathematik, entstanden, die man früher nicht entwickelt hat, weil man von vornherein wußte, daß die wesentlichen Probleme dieser Disziplinen doch nicht in praktisch annehmbarer Zeit zu bewältigen sein würden. Zwei Beispiele für *prinzipiell lösbare* Probleme sind das Mühle- und das Schachspiel. Prinzipiell lösbar sind beide deswegen, weil es auf Grund der Spielregeln nur endlich viele Spielabläufe gibt. Das *Mühlespiel* ist auch praktisch gelöst, indem man eine genaue Vorschrift für den Anziehenden geben kann, wie er auf alle möglichen Spielweisen seines Gegners zu reagieren hat, damit er auf jeden Fall gewinnt. Das gleiche Problem, ob beim *Schachspiel* Weiß immer gewinnen kann, ist jedoch trotz der Endlichkeit des Problems noch ungelöst; auch wenn man alle zur Zeit existierenden elektronischen Rechenmaschinen auf der Welt nur zur Lösung des Schachproblems einsetzen würde, käme man nach dem jetzigen Stand immer noch nicht zum Ziel; man würde dazu Rechenmaschinen brauchen, die noch unvorstellbar viel schneller arbeiten als die jetzigen.
Die modernen Computer haben aber noch in anderer, weitreichender Form die Art beeinflußt, wie man Mathematik betreibt. Sie haben einerseits die Möglichkeiten enorm vergrößert, mit mathematischem Material — etwa mit Zahlen, Funktionen oder Iterationsprozessen — gleichsam experimentell umzugehen, um so zu neuen Problemstellungen oder gar zu neuen theroretischen Einsichten zu gelangen. Sie haben andererseits die Möglichkeit eröffnet, nicht nur numerische Berechnungen, sondern auch Symbolmanipulationen, also Umformungen von Zeichenfolgen vorzunehmen — solange man die dabei zu befolgenden Umformungsregeln präzise zu formulieren vermag, was aber gerade ein Charakteristikum des kalkülmäßigen Vorgehens bei der Umformung mathematischer Formeln ist. Die dafür grundlegenden Probleme des *symbolischen Rechnens* studiert neben

der Algorithmentheorie die *Computeralgebra*, die sich als eigenständiges mathematisches Gebiet in jüngster Zeit herauszubilden begonnen hat.

Die hier nur in groben Zügen angedeutete Entwicklung der Mathematik führte von den einfachsten Grundbegriffen Zahl, Rechenvorschrift, Figur und Maß zu ihrer heutigen, weitgehend durchaxiomatisierten Gestalt einer großen Fülle höchst abstrakter Strukturen und zu den modernen Rechenautomaten, deren Möglichkeiten noch lange nicht ausgeschöpft sind.

I. Elementarmathematik

1. Grundrechenarten mit rationalen Zahlen

1.1. Die natürlichen Zahlen N

Zahlen und Ziffern

Was sind natürliche Zahlen? Unsere Vorfahren wurden durch zweierlei Bedürfnisse vor die Notwendigkeit gestellt, sich mit Zahlen zu beschäftigen; dies führte zu *Kardinalzahlen* und *Ordinalzahlen.*

Kardinalzahlen. Der Mensch mußte verschiedene *Mengen* von Dingen – z. B. Feuersteine, Hunde, Jagdgefährten – miteinander vergleichen, um festzustellen, welche Menge mehr Elemente (Bestandteile, Glieder) enthält. Wir tun das heute in der Regel durch Abzählen und Vergleichen der so gewonnenen *Anzahlen*; das setzt aber voraus, daß man zählen kann, d. h., daß man die Zahlen schon kennt. Man kommt aber auch einfacher zum Ziel: Will man z. B. ermitteln, ob Männer und Pferde in gleicher Anzahl vorliegen, so setzt man einfach einen Reiter auf je ein Pferd. Mit anderen Worten: Man schafft eine paarweise *Zuordnung* zwischen Männern und Pferden. Diese Zuordnung kann aufgehen – dann sind genausoviel Männer wie Pferde da, man sagt auch: *die Mengen sind gleichmächtig* –, oder es bleibt von einer Sorte etwas übrig; davon sind dann mehr vorhanden (Abb. 1.1-1, 1.1-2). Sicher ist mancher beim Decken eines Tisches auch schon so vorgegangen, daß er Mengen von Tassen, Untertassen, Löffeln u. a. einander zugeordnet hat. Alle Mengen, zwischen denen sich eine solche paarweise Zuordnung ohne Rest herstellen läßt, haben die entsprechende Anzahl als gemeinsame Eigenschaft (Abb. 1.1-3; vgl. Kap. 14.). Auf diese Art werden auch heute von unseren Kindern die *Kardinalzahlen*, die *Grundzahlen* gewonnen.

1.1-1 Männer und Pferde ohne Zuordnung

1.1-2 Männer und Pferde mit Zuordnung; ein Mann bleibt übrig

Nicht auf allen Kulturstufen ist die Abstraktion so weit gediehen. Es gibt Naturvölker, die für gleiche Zahlen verschiedene Zahlwörter benutzen, wenn sie in Verbindung mit unterschiedlichen Dingen gebraucht werden. *Zwei Frauen* sind also etwas anderes als *zwei Pfeile*; hier ist die Ablösung der Anzahl von den übrigen Eigenschaften der Mengen noch nicht gelungen.

Kardinalzahlen sind Anzahlen	1, 2, 3, ...

Ordinalzahlen sind Platznummern	1., 2., 3., ...

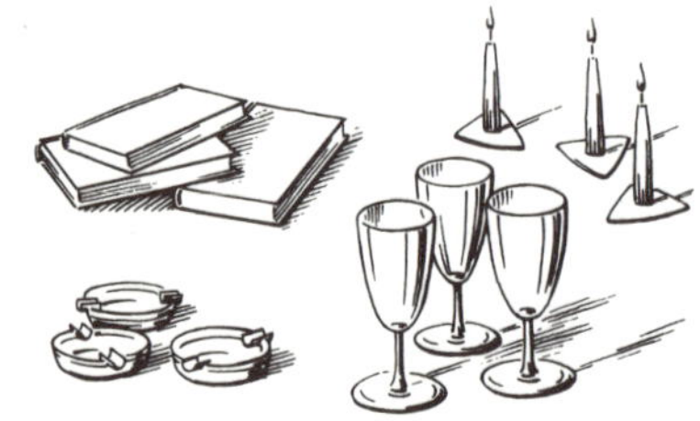

1.1-3 Gemeinsame Anzahl: drei

Ordinalzahlen. Das zweite Bedürfnis bestand im Schaffen von *Ordnungen* innerhalb ein und derselben Menge. Nach irgendwelchen Gesichtspunkten – etwa nach der Größe, dem Alter oder der Tapferkeit des Reiters – mußte z. B. festgelegt werden, wer bei der Jagd an erster, zweiter, ... Stelle ritt (Abb. 1.1-4). Etwas ganz Ähnliches liegt vor, wenn man die Elemente einer Menge abzählt; nur ist die dabei hergestellte Ordnung im allgemeinen ohne Bedeutung. Auf diese Weise entstehen *Ordinalzahlen* (*Ordnungszahlen*).

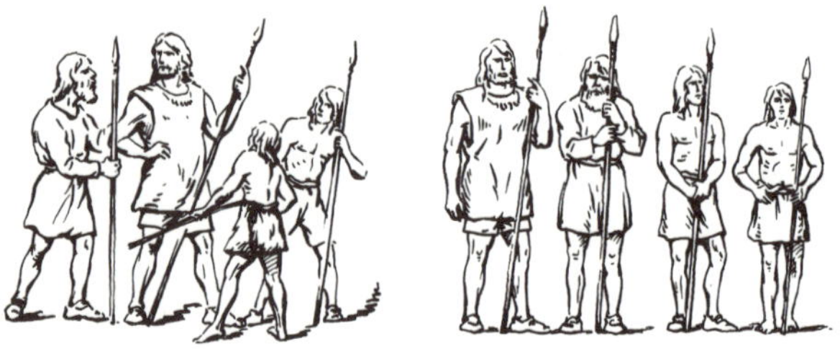

1.1-4 Menge von vier Jägern, ungeordnet und nach der Größe geordnet

Kardinal- und Ordinalzahlen haben sich im Zusammenhang miteinander entwickelt und bilden die beiden Aspekte der *natürlichen Zahlen*, zu denen man – verabredungsgemäß – häufig auch die Null rechnet.

Zahlwort und Ziffer. Für Kardinal- und Ordinalzahlen mußten zur mündlichen und schriftlichen Verständigung und zum Merken *Zahlwörter* und *Zahlzeichen* oder *Ziffern* gebildet werden, die Zahlzeichen besonders zur Abkürzung und zum bequemen Rechnen (Abb. 1.1-5). Die große Ähnlichkeit zwischen den Wörtern für einander entsprechende Kardinal- und Ordinalzahlen in allen

natürliche Zahlen	0, 1, 2, 3, ...	**N**

Zahlwort: neun

Zahlzeichen: 𝍸 |||| *oder* IX *oder* 9

1.1-5 Drei Zahlzeichen für das Zahlwort neun

Sprachen oder Schriften ist ein Hinweis für ihren engen Zusammenhang. Im Deutschen kennzeichnet man die Ordinalzahl meist durch die Endsilbe -te oder -ste (vier – der Vierte; hundert – der Hundertste), in der Schrift durch Anfügen eines Punktes (z. B. am 30. 4. 1777 wurde GAUSS geboren). Wegen der großen Ähnlichkeit genügt es, sich im folgenden auf Kardinalzahlen zu beschränken; für Ordinalzahlen gelten entsprechende Überlegungen.

Zahldarstellungen. Die einfachsten Darstellungen einer Zahl treten wohl auf *Kerbhölzern* (Abb. 1.1-6) auf, die besonders zum Notieren von Schulden üblich waren – wie man aus der Redewendung erkennt: *er hat etwas auf dem Kerbholz.* Auch heute noch, besonders bei langwierigen Zählungen, bedient man sich der *Strichmethode*, nach der auch Robinson Crusoe die Tage zählte. Sehr bald

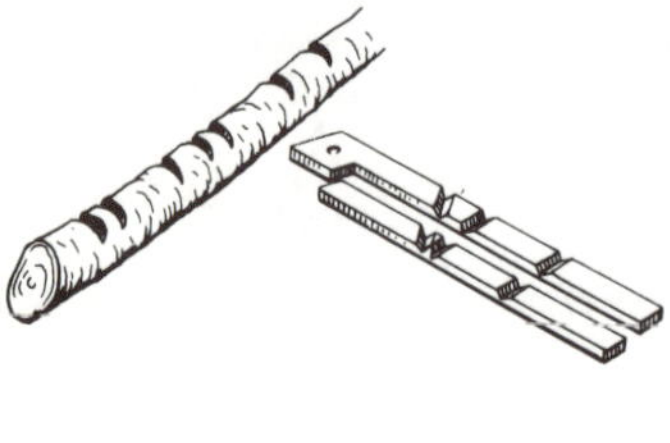

1.1-6 Kerbhölzer

Grundzeichen:	I	X	C	M
	1	10	100	1000
Hilfszeichen:	V	L	D	
	5	50	500	
Beispiel:	MDCCLXVIII	1768		

1.1-7 Römische Zahlzeichen

aber – wenn die Zahlen größer werden – geht bei ihrer Darstellung die Übersicht verloren; sie kann wieder hergestellt werden durch Zusammenfassen zu Gruppen. Etwas ganz Entsprechendes liegt vor, wenn *neue Zahlwörter* zu bilden oder neue Zahlzeichen zu erfinden sind: Es wäre höchst unökonomisch, für jede Zahl ein vollkommen neues Wort und eine neue Ziffer einzuführen. Man setzt vielmehr Wörter und Zeichen für größere Zahlen aus denen der kleineren zusammen; dabei sind diese Bausteine oft selbst wieder durch Zusammenfassung von Einheiten oder kleineren Gruppen entstanden. Je nach Art dieser Zusammenfassung und der Anordnung der Zeichen unterscheidet man *Additionssysteme* und *Positionssysteme.*

Additionssystem. Das bekannteste Beispiel für ein Additionssystem ist die *römische Zahlenschreibweise.* Von den Grundzeichen werden je zehn zur nächsthöheren Gruppe zusammengefaßt; dazwischen gibt es noch Hilfszeichen (Abb. 1.1-7). Über den Ursprung dieser Zeichen besteht übrigens keine vollständige Klarheit. Auch werden einige von ihnen – z. B. M für 1000 nach *mille* – erst seit dem Mittelalter in dieser Form benutzt. Die Römer schrieben CIƆ für 1000.

Das Wesen dieses Additionssystems besteht darin, daß alle Zahlzeichen durch Aneinanderfügen von möglichst wenigen dieser sieben Zeichen gebildet werden. Dabei gilt noch die Regel, daß stets das *Zeichen für die größere Zahl links* von dem für die kleinere steht. Diese Regel erfährt eine Ausnahme durch das Bestreben, möglichst wenig Ziffern zu verwenden. Neun kann dargestellt werden als VIIII (5 + 4) oder IX (10 — 1); die kürzere Schreibweise wird bevorzugt. Steht das Zeichen einer kleineren Zahl links, so ist die entsprechende Zahl zu subtrahieren statt zu addieren. Es ist aber *nicht gestattet, mehrere Grundzeichen oder ein Hilfszeichen voranzustellen*:

MCMLIX für 1959, aber nicht LM, sondern CML für 950. Nachteile eines Additionssystems sind: Die Zahlzeichen sind im allgemeinen sehr lang und daher unübersichtlich; werden die Zahlen größer, hier z. B. über 10000 hinaus, so muß man immer neue Ziffern erfinden, will man die Zahlzeichen nicht übermäßig lang machen; schriftliche Rechnungen sind im Additionssystem äußerst umständlich.

Positionssystem. Das heutzutage benutzte *Positions-* oder *Stellenwertsystem* geht auf die Inder zurück, von denen es über den Vorderen Orient zu uns kam, daher die Bezeichnung *arabische Ziffern.* Es ist in dieser Vollkommenheit in der geschichtlichen Entwicklung der Zahlendarstellungen eine recht späte Frucht. In ihm werden je zehn Individuen zu einer neuen Gruppe zusammengefaßt, z. B. die *Einer* E zum *Zehner* Z, und davon wieder zehn zu einem *Hunderter* H usw. Jedoch wird für diese übergeordneten Gruppen kein neues Symbol wie bei den Römern eingeführt, sondern sie werden durch die Stellung innerhalb des ganzen Zahlzeichens kenntlich gemacht. In dem römischen Zeichen XXX für *dreißig* hat jede der drei Ziffern den *Zahlwert* 10, und da es sich um ein Additionssystem handelt, ergibt sich die ganze Zahl durch Addition der drei Einzelwerte. In dem Zeichen 444 für *vierhundertvierundvierzig* haben auch alle drei Ziffern den gleichen Zahlwert *vier*; innerhalb des ganzen Zahlzeichens stehen sie aber an verschiedenen Stellen und haben verschiedene *Stellenwerte*; dabei steht der niedrigste Stellenwert – die Einer – am weitesten rechts:

321 bedeutet: 3 H + 2 Z + 1 E,
CCCXXI bedeutet: 100 + 100 + 100 + 10 + 10 + 1.

Da das Zusammenfassen jeweils zu Zehnergruppen erfolgt, spricht man von einem *dekadischen* [griech. *deka*, zehn] Positionssystem, auch von einem *Dezimalsystem* [lat. *decem*, zehn]. Das römische Zahlensystem ist demnach ein dekadisches Additionssystem. Die Zahl zehn heißt auch *Grundzahl* oder *Basis* des Systems. Die Stellenwerte sind demgemäß die *Potenzen* von zehn, z. T. mit besonderen Bezeichnungen wie *Million* für $10^6 = 1000000$, *Milliarde* für 10^9, *Billion* für 10^{12}, *Trillion* für 10^{18}. Es folgen – jeweils mit 6 Nullen mehr – Quadrillion, Quintillion. Seltener sind Bildungen wie Billiarde für 10^{15}; in der Sowjetunion und auch in den USA wird 10^9 als Billion bezeichnet. Es ist wahrscheinlich, aber nicht sicher, daß die Wahl der 10 als Grundzahl mit der Zehnzahl der Finger zusammenhängt. In alten Zählmaßen, z. B. in *Dutzend* und *Gros*, finden sich Hinweise auf ein verschwundenes Zwölfersystem; das französische *quatre-vingt* für achtzig deutet auf ein, allerdings nicht-positionelles, Zwanzigersystem hin. Unsere Zeitmaße (1 h = 60 min, 1 min = 60 s), ebenso wie die Einteilung des Vollwinkels in 360°, erinnern an das *Sexagesimalsystem* oder Sechzigersystem der *Babylonier.* Dieses Zahlensystem zeigte bereits deutliche Züge eines Positionssystems. Zur vollkommenen Ausbildung eines solchen Systems fehlte aber vor allem die konsequente Benutzung eines Zeichens für *leere Stellen*, einer Null. Deren Einführung ist eine der größten Leistungen der Inder (um 800 u. Z.).

Nicht nur 10, 12, 20 oder 60 sind als *Grundzahlen* eines Positionssystems geeignet. Jede natürliche Zahl $g > 1$ kann als *Basis* dienen, weil es für jede natürliche Zahl a dann genau eine *g-adische Darstellung* $a = a_n g^n + a_{n-1} g^{n-1} + \cdots + a_1 g + a_0$ gibt, in der $0 \leqslant a_i < g$ für die natürlichen Zahlen a_i mit $i = 0, \ldots, n$ gilt. Die a_i werden als *Ziffern* bezeichnet bzw. als *Grundziffern*, wenn das gesamte Zahlzeichen Ziffer genannt wird. Für jedes Positionssystem sind danach genau g verschiedene Ziffern bzw. Grundziffern notwendig.

Dualsystem. Besondere technische Bedeutung hat das Dual- oder Zweiersystem gewonnen, das auch *dyadisches* oder *Binärsystem* genannt wird. Stellenwerte sind in ihm die Potenzen der Basis 2, also 1, 2, 4, 8, 16, 32, 64, 128, ... Diese Stellenwerte liegen wesentlich dichter beieinander als die des Zehnersystems; die Zahlzeichen werden deshalb verhältnismäßig lang. Dafür braucht man aber nur zwei Ziffern: 0 und 1. Für die Dualziffern hat sich die Schreibweise O und L eingebürgert:

$$7 = 1 \cdot 4 + 1 \cdot 2 + 1 \cdot 1 = 1 \cdot 2^2 + 1 \cdot 2^1 + 1 \cdot 2^0 = \text{LLL},$$
$$9 = 1 \cdot 8 + 0 \cdot 4 + 0 \cdot 2 + 1 \cdot 1 = 1 \cdot 2^3 + 0 \cdot 2^2 + 0 \cdot 2^1 + 1 \cdot 2^0 = \text{LOOL},$$
$$22 = 1 \cdot 16 + 0 \cdot 8 + 1 \cdot 4 + 1 \cdot 2 + 0 \cdot 1 = 1 \cdot 2^4 + 0 \cdot 2^3 + 1 \cdot 2^2 + 1 \cdot 2^1 + 0 \cdot 2^0 = \text{LOLLO}.$$

Dieses Dualsystem wird in Digitalrechnern oft verwendet.

Anordnung der natürlichen Zahlen N. Jede natürliche Zahl hat *genau einen* (unmittelbaren) Nachfolger; z.B. ist 96 Nachfolger von 95. Das bedeutet, daß es in der Folge der natürlichen Zahlen keine letzte gibt, daß diese Folge nie abbricht. Die Zahl 0 ist nicht Nachfolger; jede natürliche Zahl außer 0 aber hat genau einen unmittelbaren Vorgänger; das bedeutet, daß die Folge der natürlichen Zahlen in 0 als ihrem ersten Glied einen Anfang hat.
Für je zwei natürliche Zahlen z_1 und z_2 gilt stets genau eine der drei Beziehungen:

$z_1 < z_2$, d. h., z_1 ist *kleiner als* z_2, z. B. $3 < 7$,
$z_1 = z_2$, d. h., z_1 *gleich* z_2, z. B. $5 = 5$,
$z_1 > z_2$, d. h., z_1 ist *größer als* z_2, z. B. $8 > 6$.

Will man zum Ausdruck bringen, daß eine Zahl z_1 *höchstens so groß* wie z_2 ist, so schreibt man $z_1 \leqslant z_2$, d. h. z_1 kleiner oder gleich z_2. Demzufolge bedeutet $z_1 \geqslant z_2$, daß z_1 größer oder gleich z_2 ist, daß z_1 *mindestens so groß* ist wie z_2; richtig ist demnach sowohl $4 \leqslant 19$ als auch $11 \leqslant 11$.
Diese Beziehungen haben eine Eigenschaft, die man als *Transitivität* bezeichnet; sie hat z. B. für die Kleiner-Beziehung die Form: Aus $z_1 < z_2$ und $z_2 < z_3$ folgt $z_1 < z_3$. Die *Größer-* bzw. *Kleiner-Beziehung* ordnet die natürlichen Zahlen linear an. Ausdruck dieser linearen Anordnung ist der *Zahlenstrahl* (Abb. 1.1-8). Auf ihm sind die natürlichen Zahlen durch eine Menge isoliert liegender *diskreter* Punkte dargestellt. Daß z_1 kleiner ist als z_2, ist dann gleichbedeutend damit, daß der zu z_1 gehörende Punkt auf dem Zahlenstrahl links vom Punkt für z_2 liegt.

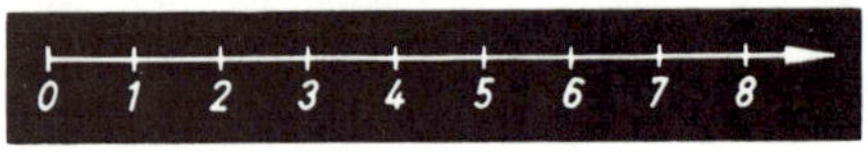

1.1-8 Zahlenstrahl

1.1-9 Vereinigung zweier Mengen „5 + 3 = 8“

Das Rechnen mit natürlichen Zahlen N

Addition und Subtraktion. Das Addieren ist die einfachste Rechenoperation oder Rechenart mit natürlichen Zahlen, das Subtrahieren ist die Umkehrung dazu. Sie sind Rechenoperationen *erster Stufe.*
Addition. Das Addieren spiegelt das Zusammenfügen, das *Vereinigen* zweier Mengen wider (Abb. 1.1-9). Als Operationszeichen dient + [lies *plus*]. Die Addition kann auch aufgefaßt werden als abgekürztes Vorwärtszählen: $5 + 3$ als $5 + 1 \to 6 + 1 \to 7 + 1 \to 8$; daher auch der volkstümliche Name *Zusammenzählen* oder *Zuzählen* für Addieren. Die beiden Zahlen, die addiert werden, bezeichnet man als *Summanden*, das Ergebnis heißt *Summe*. Die Bezeichnung Summe wird in doppelter Bedeutung verwendet: »8 ist die Summe von 5 und 3« und »der Term 3 + 5 ist eine Summe«. Die Addition zweier natürlicher Zahlen läßt sich stets ausführen, d. h., zu zwei natürlichen Zahlen gibt es stets genau eine dritte, die Summe der beiden ist. Für die Addition natürlicher Zahlen gelten verschiedene Gesetze:
Kommutativgesetz. Die Reihenfolge der Summanden hat keinen Einfluß auf das Ergebnis; z. B. ist $5 + 3 = 3 + 5 = 8$. Da diese *Vertauschbarkeit* der Summanden für alle natürlichen Zahlen gilt, schreibt man kurz $a + b = b + a$. Dabei sind a und b – wie auch im folgenden – Symbole für beliebige natürliche Zahlen.

Addition	Summand plus Summand gleich Summe 3 + 2 = 5

Kommutativgesetz der Addition	
$a + b = b + a$	**N**

Assoziativgesetz. Zunächst ist die Addition nur für zwei Summanden erklärt. Sollen drei Zahlen addiert werden, so müssen erst zwei von ihnen addiert werden, und aus dieser Summe kann dann mit der dritten Zahl eine neue Addition aus zwei Summanden gebildet werden. Dabei ist die Reihenfolge der Zusammenfassung ohne Einfluß auf das Ergebnis.

Auch dieses *Gesetz der Zusammenfassung* bzw. der dabei einzuhaltenden Reihenfolge gilt für alle natürlichen Zahlen. Nach ihm dürfen die Klammern weggelassen werden: $5 + 3 + 4 = 12$. Entsprechend lassen sich Additionen von mehr als drei Summanden ohne Klammern schreiben.

Beispiele. 1: $5 + 3 + 4 = (5 + 3) + 4 = 8 + 4 = 12$,
2: $5 + 3 + 4 = 5 + (3 + 4) = 5 + 7 = 12$.

Assoziativgesetz der Addition	
$(a + b) + c = a + (b + c)$	**N**

Monotoniegesetz. Die Kleiner-Beziehung zwischen zwei natürlichen Zahlen bleibt erhalten, wenn zu beiden Zahlen die gleiche Zahl addiert wird; aus $3 < 4$ folgt z. B. $3 + 7 < 4 + 7$. Auch dieses Gesetz gilt für alle natürlichen Zahlen.

Monotoniegesetz der Addition	aus $a < b$ folgt $a + c < b + c$	**N**

Subtraktion. Auf diese Rechenoperation führt der zum Hinzufügen entgegengesetzte Vorgang, das Wegnehmen oder Abziehen. Operationszeichen ist hier das Zeichen — [lies *minus*]. Die Subtraktion kann auch aufgefaßt werden als *abgekürztes Rückwärtszählen*, z. B. 7 — 3 als $7 - 1 \rightarrow 6 - 1 \rightarrow 5 - 1 \rightarrow 4$ (Abb. 1.1-10). Man gelangt von der Addition zur Subtraktion, wenn man bei bekannter Summe nach einem Summanden fragt. Wegen der Kommutativität führen dabei sowohl $4 + x = 7$ als auch $x + 4 = 7$ auf $x = 7 - 4 = 3$. Die Subtraktion ist demzufolge die *Umkehrung* der Addition. Die Zahl, von der subtrahiert wird, heißt *Minuend*; die Zahl, die subtrahiert wird, heißt *Subtrahend*, das Ergebnis *Differenz*. Wie das Wort „Summe" wird auch „Differenz" in zweierlei Bedeutung

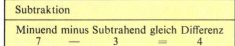

Subtraktion						
Minuend	minus	Subtrahend	gleich	Differenz		
7	—	3	=	4		

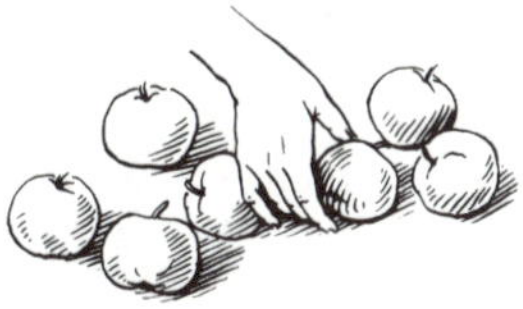

1.1-10 $7 - 3 = 4$

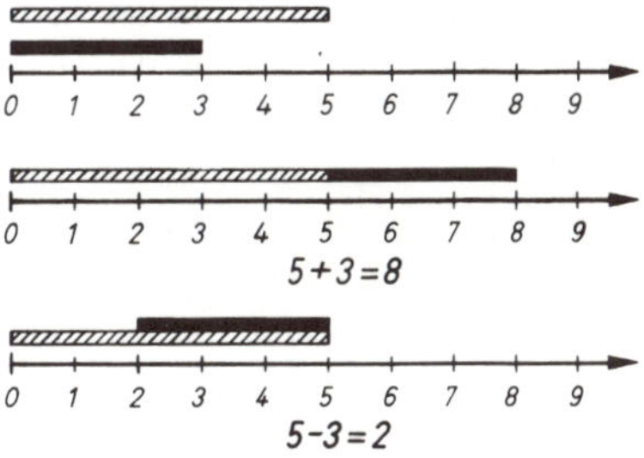

1.1-11 Operationen am Zahlenstrahl

gebraucht: »die Differenz von 7 und 3 beträgt 4« und »der Term 7 — 3 ist eine Differenz.«
Die Subtraktion zweier natürlicher Zahlen ist zum Unterschied von der Addition nicht immer ausführbar; z. B. hat die Aufgabe 2 — 9 keine natürliche Zahl als Lösung. Bedingung ist: Der Minuend darf nicht kleiner sein als der Subtrahend.

Operationen erster Stufe am Zahlenstrahl. Addition und Subtraktion natürlicher Zahlen lassen sich als *Streckenaddition* und *Streckensubtraktion* am Zahlenstrahl darstellen (Abb. 1.1-11).

Schriftliches Addieren. Dabei werden die Summanden so untereinandergeschrieben, daß gleiche Stellenwerte untereinander stehen. Die Addition beginnt bei den Einern, wegen des Kommutativgesetzes in beliebiger Reihenfolge von oben oder von unten, und schreitet von rechts nach links zu höheren Stellenwerten fort. Überschreitet man bei einer Spaltenaddition die nächste Stellenzahl, so wird der entsprechende Betrag übertragen; im Beispiel 3 ist der Zehnerübertrag rot angegeben.

Beispiel 3:

```
   T H Z E              T H Z E
   7 3 6 2              7 3 6 2                          7362
  +1 6 8 4    oder     +1 6 8 4    geschrieben als      +1684
       ---                                              -----
     1 4 6              1 1                              9046
   ---                 ---------
   1 0                 9 10 14 6
   -
   9
```

Entsprechend erfolgt die Addition bei mehr als zwei Summanden.

Schriftliches Subtrahieren. Subtraktionen können auf zwei etwas voneinander verschiedene Arten vorgenommen werden:
(a) Wegnehmen: »*7 weniger 3 ergibt 4*«, (b) Ergänzen: »*von 3 bis 7 ist 4*«. Entsprechend sind auch zwei Verfahren der schriftlichen Subtraktion gebräuchlich. Gemeinsam ist beiden, daß Subtrahend unter Minuend, Einer unter Einer usw. geschrieben werden und daß mit den Einern begonnen wird. Der Unterschied wird im Beispiel 4 besonders bei den Zehnern deutlich.

Beispiele. 4:
$$\begin{array}{r} 82328 \\ -\ 7163 \\ \hline 75165 \end{array}$$
5:
$$\begin{array}{r} 70003 \\ -11628 \\ \hline 58375 \end{array}$$
6:
$$\begin{array}{r} 6311 \\ -\ 768 \\ -\ 229 \\ -1046 \\ \hline 4268 \end{array}$$

(a) Wegnehmen:
Da »2 weniger 6« nicht geht, wird ein Hunderter *aufgelöst*, und »12 weniger 6« ergibt 6. Danach muß statt »3 H weniger 1 H« gerechnet werden »2 H weniger 1 H«; das ergibt 1 H.

(b) Ergänzen:
»6 bis 2« geht nicht; »6 bis 12« ergibt 6. Der eine Zehner von 12 wird als 1 H zum Subtrahenden hinzugefügt. Das führt zum gleichen Ergebnis: »2 H bis 3 H ist 1 H«.

Das Ergänzen ist durchsichtiger, wenn z. B. die Aufgabe zu mehreren „Auflösungen" von Stellenwerten hintereinander zwingt, weil der Minuend mehrere aufeinanderfolgende Nullen enthält (↑ Beispiel 5). Ferner kann die Subtraktion mehrerer Subtrahenden in einem Schritt ausgeführt werden. Im Beispiel 6 z. B. lautet die Rechnung bei den Einern »$6 + 9 + 8 = 23$, von 23 bis 31 ist 8«. Die drei Zehner von 31 sind den Subtrahenden zuzuschlagen; bei den Zehnern ist also zu rechnen »$3 + 4 + 2 + 6 = 15$ und 6 ist 21«, usw.

Multiplikation und Division. Das Multiplizieren und das Dividieren sind die Rechenoperationen *zweiter Stufe*.

Multiplikation. Zum Multiplizieren kann man auf verschiedene Weise gelangen, z. B. durch Addieren mehrerer gleicher Summanden, etwa

$$12 + 12 + 12 = 3 \cdot 12 = 36 \quad \text{(Abb. 1.1-12).}$$

Operationszeichen ist ein Punkt in halber Höhe [lies *mal*], auch ein liegendes Kreuz × wird verwendet. Wegen der Vertauschbarkeit von Multiplikand und Multiplikator werden beide auch gemeinsam als Faktoren bezeichnet.

1.1-12 $3 \cdot 12 = 12 + 12 + 12 = 36$

Multiplikation	Multiplikator	mal	Multiplikand	gleich	Produkt
	3	·	12	=	36
	Faktor	mal	Faktor	gleich	Produkt

Die Bezeichnung Produkt wird wieder in doppeltem Sinn gebraucht: »36 ist das Produkt von 3 und 12« und »der Term $3 \cdot 12$ ist ein Produkt«. Die Multiplikation zweier natürlicher Zahlen ist *stets ausführbar*, d. h., zu zwei natürlichen Zahlen gibt es immer genau eine dritte, die Produkt der beiden ist. Für jede natürliche Zahl a gilt:

$$a \cdot 0 = 0 \cdot a = 0 \quad \text{und} \quad a \cdot 1 = 1 \cdot a = a.$$

Kommutativgesetz. Es gilt $3 \cdot 4 = 4 + 4 + 4 = 12$ und $4 \cdot 3 = 3 + 3 + 3 + 3 = 12$, d. h., $4 \cdot 3 = 3 \cdot 4$. Die Faktoren eines Produkts dürfen vertauscht werden, ohne daß sich das Ergebnis ändert. Dies gilt für alle natürlichen Zahlen als Faktoren.

Kommutativgesetz der Multiplikation	
$a \cdot b = b \cdot a$	**N**

Assoziativgesetz der Multiplikation	
$(a \cdot b) \cdot c = a \cdot (b \cdot c)$	**N**

Assoziativgesetz. Sind drei Zahlen miteinander zu multiplizieren, so sind zunächst zwei von ihnen zu multiplizieren und dieses Produkt dann mit der dritten. Dabei ist die Reihenfolge der Zusammenfassung ohne Einfluß auf das Ergebnis; z. B. $3 \cdot 4 \cdot 7 = (3 \cdot 4) \cdot 7 = 12 \cdot 7 = 84$; $3 \cdot 4 \cdot 7 = 3 \cdot (4 \cdot 7) = 3 \cdot 28 = 84$. Auch dieses Gesetz gilt für alle natürlichen Zahlen. Deshalb ist es erlaubt, die Klammern wegzulassen, $3 \cdot 4 \cdot 7 = 84$. Entsprechend wird bei mehr als drei Faktoren verfahren.

Monotoniegesetz. Mit $3 < 4$ ist auch $3 \cdot 8 < 4 \cdot 8$, aber $3 \cdot 0 = 4 \cdot 0$. Auch das gilt für alle natürlichen Zahlen a, b, c.

Monotoniegesetz der Multiplikation	aus $a < b$ folgt $a \cdot c < b \cdot c$ für $c > 0$	**N**

Division. Zwei verschiedene Fragestellungen führen auf die andere Grundrechenart zweiter Stufe, die Division.

a) Teilen: *12 Birnen sind gleichmäßig unter 4 Personen zu verteilen; jede erhält 3 Birnen* (Abb. 1.1-13);
b) Enthaltensein: *Wie oft sind 4 cm in 12 cm enthalten? – 3mal* (Abb. 1.1-14).

1.1-13 Teilen

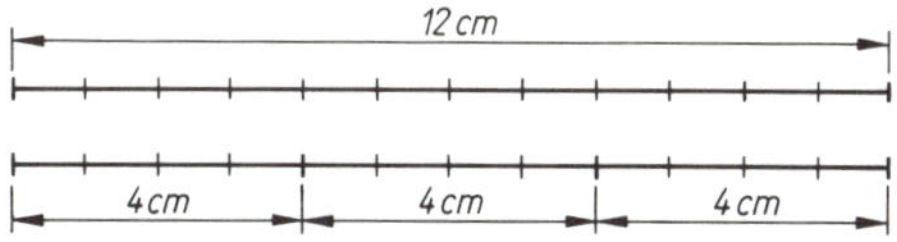

1.1-14 Enthaltensein

Mathematisch gelangt man zur Division als Umkehrung der Multiplikation, indem man bei Bekanntsein von Produkt und einem Faktor nach dem anderen Faktor fragt; sowohl $3 \cdot x = 15$ als auch $x \cdot 3 = 15$ führen auf $x = 15 : 3$. Wegen der Vertauschbarkeit der Faktoren führen beide Fragen, die dem Teilen oder dem Enthaltensein entsprechen, auf die gleiche Divisionsaufgabe. Operationszeichen ist der Doppelpunkt : [lies *durch*]. Man sagt sowohl »*der Quotient von 15 und 3 ist 5*« als auch »*der Term 15 : 3 ist ein Quotient*«.

Division	Dividend durch Divisor gleich Quotient 15 : 3 = 5

Durch Null kann nicht dividiert werden!

Ausführbarkeit der Division. Die Division zweier natürlicher Zahlen ist *im Bereich der natürlichen Zahlen nicht immer ausführbar*; z. B. gibt es keine natürliche Zahl n, für die gilt $3 \cdot n = 17$, denn aus $3 \cdot 5 = 15$ und $3 \cdot 6 = 18$ folgt, daß 17 nicht durch 3 teilbar ist. Unexakt in der Verwendung des Gleichheitszeichens ist die Schreibweise $17 : 3 = 5$ Rest 2; einwandfrei schreibt man $(17 - 2) : 3 = 5$ oder $17 = 3 \cdot 5 + 2$. Grundsätzlich unmöglich ist die Division durch 0; denn $5 : 0 = n$ würde heißen: $n \cdot 0 = 5$. Für jede Zahl n ist ein solches Produkt aber 0, niemals 5. Auch beim Dividenden 0 ist die Division durch 0 nicht möglich, weil dieser Aufgabe kein eindeutiges Ergebnis zugeschrieben werden kann. Es könnte ja sein $0 : 0 = 17$ wegen $0 \cdot 17 = 0$ oder $0 : 0 = 193$ wegen $0 \cdot 193 = 0$.

Reihenfolge der Rechenoperationen. Kommen in einer Aufgabe Rechenoperationen verschiedener Stufen vor, so ist die Reihenfolge der Ausführung von Einfluß auf das Ergebnis: $7 \cdot 5 + 3$ liefert $7 \cdot 8 = 56$, wenn man erst addiert, aber $35 + 3 = 38$, wenn zuerst multipliziert wird. Entsprechendes gilt, wenn Subtraktionen oder Divisionen auftreten. Deshalb muß man die Reihenfolge der Ausführung verabreden:

Die Rechenoperation höherer Stufe wird zuerst ausgeführt.

Punktrechnung geht vor Strichrechnung. Punkte binden stärker als Striche.

Wegen der Form der Rechenzeichen spricht man auch, solange keine Operationen dritter Stufe auftreten, von Punkt- bzw. Strichrechnung.
Sollen die Operationen dennoch – etwa entsprechend der praktischen Situation – in anderer Reihenfolge ausgeführt werden, so sind Klammern zu setzen. Das jeweils in Klammern Stehende wird dann zuerst behandelt:

$$(12 + 96) : 3 - 8 \cdot (5 - 2) = 108 : 3 - 8 \cdot 3 = 36 - 24 = 12.$$

Distributivgesetz. Dieses *Gesetz der Verteilung* drückt einen Zusammenhang zwischen Rechenoperationen verschiedener Stufe aus; z. B. gilt $5 \cdot (4 + 3) = 5 \cdot 7 = 35$, aber auch $5 \cdot 4 + 5 \cdot 3 = 20 + 15 = 35$; also ist $5 \cdot (4 + 3) = 5 \cdot 4 + 5 \cdot 3$. Diese Art, wie sich bei der Multiplikation einer Summe der andere Faktor *auf die Summanden verteilt*, ist für alle natürlichen Zahlen a, b, c die gleiche.

Distributivgesetz	$a \cdot (b + c) = a \cdot b + a \cdot c$	**N**

Aus dem Distributivgesetz sind ableitbar die Beziehungen $(a - b) \cdot c = a \cdot c - b \cdot c$; $(a + b) : c = a : c + b : c$ für $c \neq 0$; $(a - b) : c = a : c - b : c$ für $c \neq 0$. Für natürliche Zahlen a, b, c sind diese Gleichungen nur sinnvoll, falls die Subtraktion $a - b$ und die Divisionen $a : c$ und $b : c$ ausführbar sind.

Schriftliche Multiplikation. Da bei der schriftlichen Multiplikation das Distributivgesetz ausgenutzt wird, kommt man mit dem *kleinen Einmaleins* aus. Im Prinzip geht man folgendermaßen vor:

$$\begin{aligned} 2356 \cdot 473 &= 2356 \cdot (400 + 70 + 3) \\ &= 2356 \cdot 4\,\mathrm{H} + 2356 \cdot 7\,\mathrm{Z} + 2356 \cdot 3\,\mathrm{E} \\ &= 9424\,\mathrm{H} + 16492\,\mathrm{Z} + 7068\,\mathrm{E} = 1\,114\,388. \end{aligned}$$

Auch die Multiplikation des ersten Faktors 2356 in der zweiten Zeile wird ausgeführt, indem man diesen Faktor in seine Einer, Zehner usw. zerlegt. Die abschließende Addition der Teilprodukte wird ebenfalls schriftlich ausgeführt. Statt Nullen an die Teilprodukte, die zu höheren Stellenwerten des Multiplikanden gehören, anzuhängen, rückt man sinngemäß ein. Dabei sind verschiedene Schreibweisen üblich.

Beispiel 7:

$$\begin{array}{r} 2356\cdot 473 \\ \hline 9424 \\ 16492 \\ 7068 \\ \hline 1114388 \end{array} \quad \text{oder} \quad \begin{array}{r} 2356\cdot 473 \\ \hline 7068 \\ 16492 \\ 9424 \\ \hline 1114388 \end{array} \quad \text{selten} \quad \begin{array}{r} 2356\cdot 473 \\ \hline 2838 \\ 2365 \\ 1419 \\ 946 \\ \hline 1114388 \end{array}$$

Schriftliche Division. Beim schriftlichen Divisionsverfahren wird der Dividend in Einer, Zehner, Hunderter usw. zerlegt; z. B. $86 : 2 = (80 + 6) : 2 = 80 : 2 + 6 : 2 = 40 + 3 = 43$. Da die Division die Umkehrung der Multiplikation ist, muß das Produkt aus Quotient und Divisor den Dividend liefern, und das muß auch für die Teilquotienten gelten. So ergibt sich das Divisionsschema von Beispiel 8.

Beispiel 8:

$$\begin{array}{l} 11201 : 23 = 487; \\ \underline{92} \\ 200 \\ \underline{184} \\ 161 \\ \underline{161} \\ 0 \end{array}$$

oder kürzer, indem die einzelnen Subtraktionen im Kopf ausgeführt werden:

$$\begin{array}{l} 11208 : 23 = 487 + 7 : 23. \\ 200 \\ 168 \\ 7 \end{array}$$

Elementare Zahlentheorie

Teilbarkeit. Es ist $12 : 4 = 3$, d. h., die Zahl 12 ist durch 4 *teilbar*, 15 dagegen ist nicht durch 4 teilbar. Man sagt auch, 4 ist ein *Teiler* von 12, *4 teilt 12* (symbolisch $4 \mid 12$); 4 ist aber kein Teiler von 15 ($4 \nmid 15$). Allgemein heißt eine natürliche Zahl a durch eine andere b teilbar, wenn es eine natürliche Zahl n gibt, so daß $a = n \cdot b$ ist; b heißt dann ebenso wie n Teiler von a. Andererseits heißt dann a *Vielfaches* von b und von n. Die Zahl 0 ist durch alle Zahlen $a \neq 0$ teilbar und Vielfaches jeder Zahl. Jede Zahl $a \neq 0$ ist durch 1 und sich selbst teilbar, doch spricht man dann von *unechten Teilern*.

Primzahlen. Primzahlen sind Zahlen, die nur unechte Teiler haben; z. B. sind 5 nur durch 1 und 5, 13 nur durch 1 und 13 teilbar; d. h., 5 und 13 sind Primzahlen. Die 1 selbst zählt man nicht zu den Primzahlen, so daß die Primzahlfolge mit 2 beginnt:

Primzahlen	2, 3, 5, 7, 11, 13, 17, 19, 23, ...

$$\begin{array}{rl} 120 = & 4 \cdot 30 \\ & 4 = 2 \cdot 2 \qquad 30 = 2 \cdot 15 \\ \text{also} \quad 120 = & 2 \cdot 2 \cdot 2 \cdot 3 \cdot 5 = 2^3 \cdot 3 \cdot 5 \end{array}$$

Primfaktorenzerlegung. Jede natürliche Zahl ist entweder selbst eine Primzahl oder läßt sich als Produkt von Primzahlen schreiben, in Primfaktoren zerlegen, z. B. $120 = 4 \cdot 30 = 2^3 \cdot 3 \cdot 5$.
Zu derselben Zerlegung gelangt man, wenn man etwa ausgeht von $120 = 10 \cdot 12$. Mittels des *Euklidischen Algorithmus* läßt sich beweisen, daß es – bis auf die Reihenfolge – nur eine einzige Möglichkeit gibt, eine natürliche Zahl in Primfaktoren aufzuspalten (vgl. 1.5. – Eindeutigkeit der Zerlegung einer natürlichen Zahl in Primfaktoren). Diese Formulierung des Satzes wäre unrichtig, würde man auch 1 zu den Primzahlen rechnen. Durch Anwenden der *Potenzschreibweise* läßt sich die Primfaktorenzerlegung einer natürlichen Zahl bequemer schreiben, z. B. $1008 = 2 \cdot 2 \cdot 2 \cdot 2 \cdot 3 \cdot 3 \cdot 7 = 2^4 \cdot 3^2 \cdot 7$.

Sieb des Eratosthenes. Der griechische Mathematiker ERATOSTHENES (etwa 275–194 v. u. Z.) gab folgendes Verfahren an, sämtliche Primzahlen in einem Abschnitt der Folge der natürlichen Zahlen zu finden: Man streicht in ihm nach der 2 jede durch 2 teilbare Zahl, dann nach der 3 jede durch 3 teilbare Zahl, dann nach der 5 jede durch 5 teilbare Zahl usw. Es bleiben gerade die Primzahlen des Abschnitts stehen. Wie man aus der Tabelle sieht, sind bis zur 100 nur vier Streichungen nötig, die letzte für alle durch 7 teilbaren Zahlen. Das liegt daran, daß $7 \cdot 7 = 49 < 100$, aber bereits $11 \cdot 11 = 121 > 100$ ist; 11 ist die auf 7 folgende nicht gestrichene Zahl, d. h. die nächste Primzahl.
Will man von einer Zahl, z. B. 1303, feststellen, ob sie Primzahl ist, so braucht man dazu nicht das Siebverfahren bis 1303 fortzusetzen. Vielmehr braucht man nur zu prüfen, ob 1303 durch Primzahlen p teilbar ist, für die $p^2 < 1303$ gilt. Primzahlen q mit $q^2 > 1303$ kommen als Teiler nur in Frage, wenn auch Primzahlen p als Teiler auftreten. Für 1303 braucht man die Division also nur für die Primzahlen $p = 2, 3, 5, \ldots, 31$ zu versuchen, denn 37^2 ist bereits 1369.

	2	3	4	5	6	7	8	9	10
11	12	13	14	15	16	17	18	19	20
21	22	23	24	25	26	27	28	29	30
31	32	33	34	35	36	37	38	39	40
41	42	43	44	45	46	47	48	49	50
51	52	53	54	55	56	57	58	59	60
61	62	63	64	65	66	67	68	69	70
71	72	73	74	75	76	77	78	79	80
81	82	83	84	85	86	87	88	89	90
91	92	93	94	95	96	97	98	99	100

erste, zweite, dritte, vierte Streichung.

Unendlichkeit der Primzahlfolge. Schon EUKLID legte sich die Frage vor, ob die Folge der Primzahlen einmal abbricht oder ob es unendlich viele Primzahlen gibt. Er bewies indirekt, daß es *keine größte Primzahl* geben kann. Angenommen, es gäbe eine größte Primzahl P; dann bildet man die natürliche Zahl $N = (2 \cdot 3 \cdot 5 \cdot 7 \cdot 11 \cdots P) + 1$, die das um 1 vermehrte Produkt sämtlicher Primzahlen einschließlich P ist. Diese Zahl N ist durch keine der Primzahlen bis P teilbar, da sie bei jeder Teilung den Rest 1 läßt. Also ist sie entweder selbst Primzahl oder hat Primzahlen als Teiler, die in der Folge $2, 3, \ldots, P$ nicht auftreten. Beides steht aber im Widerspruch zu der Annahme, P sei die größte Primzahl — mithin ist die Folge der Primzahlen unendlich. Die größte bis zum Jahre 1994 bekannte Primzahl ist $2^{859433} - 1$, sie hat 258716 Ziffern. Ungelöst ist noch das Problem, ob es auch unendlich viele *Primzahlzwillinge* gibt, d. h., ob auch die Folge von Paaren von Primzahlen mit der Differenz 2 nie abbricht, wie z. B. (5, 7), (59, 61), (641, 643) oder (1451, 1453).

Gemeinsame Teiler und Vielfache. *Größter gemeinsamer Teiler.* Wenn t ein Teiler von a ist, dann können in der Primfaktorenzerlegung von t nur Primzahlen auftreten, die in der Primfaktorenzerlegung von a vorkommen und auch höchstens mit dem Exponenten, den sie in der Zerlegung von a haben; ist z. B. $12 \mid 60$, so enthält $12 = 2^2 \cdot 3$ dieselbe Potenz 2^2 wie $60 = 2^2 \cdot 3 \cdot 5$. Ist t *gemeinsamer Teiler* von a und b, so kann t nur Primfaktoren enthalten, die in a und in b vorkommen, und zwar höchstens in der kleinsten in a oder b auftretenden Potenz; z. B. ist 12 ein gemeinsamer Teiler von 48 und von 360; aus den Primfaktorenzerlegungen $12 = 2^2 \cdot 3$, $48 = 2^4 \cdot 3$ und $360 = 2^3 \cdot 3^2 \cdot 5$ erkennt man, daß 48 und 360 mehrere gemeinsame Teiler haben: 1, 2, 3, 4, 6, 8, 12, 24. Von ihnen ist $24 = 2^3 \cdot 3$ der größte. Man sagt: 24 ist der *größte gemeinsame Teiler* (ggT) von 48 und 360. Jeder gemeinsame Teiler von a und b geht danach im größten gemeinsamen Teiler von a und b auf; denn dieser ist das Produkt aus allen in a und b auftretenden Primfaktoren, und zwar *genau* in der kleinsten vorkommenden Potenz. Darauf beruht auch ein Verfahren zur Ermittlung des ggT, das sich, wie im Beispiel 1 gezeigt ist, ganz entsprechend auch für mehrere Zahlen anwenden läßt. Haben zwei Zahlen a und b keinen gemeinsamen Teiler (außer 1), ist also ggT $(a, b) = 1$, so nennt man a und b *teilerfremd* oder *relativ prim.*

Beispiel 1:

$$\begin{aligned} 1260 &= 2^2 \cdot 3^2 \cdot 5 \cdot 7 \\ 3024 &= 2^4 \cdot 3^3 \cdot 7 \\ 5544 &= 2^3 \cdot 3^2 \cdot 7 \cdot 11 \\ \hline \text{ggT} \quad & 2^2 \cdot 3^2 \cdot 7 = 252 \end{aligned}$$

Beispiel 2:

$$\begin{aligned} 53667 &= 25527 \cdot 2 + 2613 \\ 25527 &= 2613 \cdot 9 + 2010 \\ 2613 &= 2010 \cdot 1 + 603 \\ 2010 &= 603 \cdot 3 + 201 \\ 603 &= 201 \cdot 3 \end{aligned}$$

Es ist ggT (53667, 25527) = 201

Euklidischer Algorithmus. Für größere Zahlen ist das Zerlegen in Primfaktoren häufig sehr mühsam, da es immer durch Probieren geschehen muß, z. B. für 23 613 864 709, das Produkt der Primzahlen 112843 und 209263. Will man auch bei solchen Zahlen den ggT bestimmen, so ist ein Verfahren zweckmäßig, das die Primfaktorenzerlegung nicht verwendet – der *Euklidische Algorithmus.* Er sei hier ohne Beweis am Beispiel 2 für die Zahlen 53667 und 25527 durchgeführt:
Für den Fall teilerfremder Zahlen erhält man

$$\begin{aligned} 87 &= 41 \cdot 2 + 5 \\ 41 &= 5 \cdot 8 + 1 \\ 5 &= 1 \cdot 5 \end{aligned}$$

Es ist ggT (87, 41) = 1, die Zahlen 87 und 41 sind teilerfremd.

Beispiel 3:

$$\begin{aligned} 40 &= 2^3 \cdot 5 \\ 36 &= 2^2 \cdot 3^2 \\ 126 &= 2 \cdot 3^2 \cdot 7 \\ \hline \text{kgV} \quad & 2^3 \cdot 3^2 \cdot 5 \cdot 7 = 2520 \end{aligned}$$

Will man mit dem Euklidischen Algorithmus den ggT zu mehr als zwei Zahlen bestimmen, etwa zu a, b und c, so muß man schrittweise vorgehen: Erst ist ggT $(a, b) = d$ zu ermitteln, dann ist ggT $(a, b, c) =$ ggT (d, c).

Kleinstes gemeinsames Vielfaches. 60 ist ein *gemeinsames Vielfaches* von 6 und 15, denn 60 ist sowohl Vielfaches von 6 als auch von 15. Es gibt aber noch mehrere, sogar unendlich viele gemeinsame Vielfache von 6 und 15; denn wenn eine Zahl v Vielfaches von a und b ist, so sind alle Vielfachen von v auch gemeinsame Vielfache von a und b. Gemeinsame von 0 verschiedene Vielfache von 6 und 15 sind 30, 60, 90, 120, ... Von ihnen ist 30 das kleinste; man sagt: 30 ist das *kleinste gemeinsame Vielfache* (kgV) von 6 und 15; es ist Teiler jedes anderen Vielfachen. Wenn $e =$ kgV $[a, b]$ ist, dann muß e alle Primfaktoren enthalten, die in der Zerlegung von a oder b vorkommen, und zwar in der *höchsten* auftretenden Potenz.
Diese Tatsache dient auch zur Ermittlung des kgV, nach dem Schema von Beispiel 3 für drei Zahlen. Bei größeren Zahlen wird dieses Verfahren wegen der Primfaktorenzerlegung wieder unhandlich. Doch kann man sich dann helfen, indem man mit dem Euklidischen Algorithmus den ggT bestimmt und dann die Beziehung ausnutzt [kgV (a, b)] · [ggT (a, b)] $= a \cdot b$. Diese Beziehung kann jedoch im allgemeinen nicht auf mehr als zwei Zahlen a, b ausgedehnt werden!

Teilbarkeitsregeln. Die Zahl 84 ist durch 4 und durch 3 teilbar, daher auch teilbar durch $4 \cdot 3 = 12$. Dieser Schluß ist aber nur erlaubt, wenn die beiden Teiler relativ prim sind. Allgemein gilt:

Ist a teilbar durch m und durch n und gilt ggT $(m, n) = 1$, so ist a auch durch $m \cdot n$ teilbar.

Das Bestimmen von Teilern, möglichst das sofortige Erkennen der Teilbarkeit durch gewisse Zahlen, ist nicht nur für die Primfaktorenzerlegung, sondern vor allem auch für das Kürzen in der Bruchrechnung zweckmäßig. Die hierfür aufgestellten *Regeln* benutzen einfache Gesetzmäßigkeiten der dezimalen Zahlenschreibweise; z. B. brauchen bei der Teilbarkeit durch 2 oder 5 Vielfache von 10 nicht berücksichtigt zu werden, weil 10 durch 2 und durch 5 teilbar ist. Das Entsprechende gilt für Vielfache von 100 in bezug auf die Teilbarkeit durch 4 und durch 25 und schließlich für Vielfache von 1000 in bezug auf die Teilbarkeit durch 8. Alle Potenzen von 10, d. h. 10, 100, 1000 usw., lassen bei Teilung durch 3 sowie auch bei Teilung durch 9 den Rest 1. Aus den Regeln über das Rechnen mit Resten folgt, daß z. B. $600 = 6 \cdot 100$ dann den Rest $6 \cdot 1 = 6$ läßt und $240 = 2 \cdot 100 + 4 \cdot 10$ den Rest $2 \cdot 1 + 4 \cdot 1 = 6$. In bezug auf die Teiler 3 oder 9 hat danach die *Quersumme* jeder Zahl denselben Rest wie die Zahl selbst. Dabei versteht man unter der Quersumme die Summe der Zahlenwerte aller Ziffern; 7309 hat danach die Quersumme $7 + 3 + 0 + 9 = 19$ und ist weder durch 3 noch durch 9 teilbar.
Alle geraden Potenzen von 10, d. h. 100, 10000, 1000000 usw., lassen bei Teilung durch 11 den Rest 1, die ungeraden Potenzen 10, 1000 usw. lassen den Rest 10 oder $10 - 11 = -1$. Hier hat die *alternierende Quersumme* denselben Rest wie die Zahl. Wie man die *alternierende Quersumme* bildet, zeigt Beispiel 4.

Beispiel 4: 8 5 9 7 6 $\quad 6 + 9 + 8 = 23$
$\quad 7 + 5 = 12 \quad$ alternierende Quersumme $23 - 12 = 11$
Also ist 85976 durch 11 teilbar.

Eine Zahl ist genau dann teilbar
durch 2, wenn die letzte Ziffer durch 2 teilbar ist;
durch 4, wenn die letzten beiden Ziffern eine durch 4 teilbare Zahl darstellen;
durch 8, wenn die letzten drei Ziffern eine durch 8 teilbare Zahl darstellen;
durch 5, wenn die letzte Ziffer durch 5 teilbar ist, d. h. 5 oder 0 ist;
durch 25. wenn die letzten zwei Ziffern eine durch 25 teilbare Zahl darstellen;
durch 3, wenn ihre Quersumme durch 3 teilbar ist;
durch 9, wenn ihre Quersumme durch 9 teilbar ist;
durch 11, wenn ihre alternierende Quersumme durch 11 teilbar ist.

Rechenproben. *Rechnen mit Resten.* Für die Tatsache, daß a und b bei Division durch d denselben Rest r lassen, schreibt man $a \equiv b \pmod{d}$ [lies *a kongruent b modulo d*], z. B. $17 \equiv 42 \pmod 5$. Für den Rest r gilt dann auch $a \equiv r \pmod{d}$ und $b \equiv r \pmod{d}$; z. B. ist $17 \equiv 2 \pmod 5$ und $42 \equiv 2 \pmod 5$. Dafür, daß a durch d teilbar ist, kann man auch schreiben $a \equiv 0 \pmod{d}$.

Es gelten folgende Regeln:

aus $\quad a_1 \equiv b_1 \pmod{d}$
und $\quad a_2 \equiv b_2 \pmod{d}$
folgt $\quad a_1 + a_2 \equiv b_1 + b_2 \pmod{d}$
$\quad a_1 - a_2 \equiv b_1 - b_2 \pmod{d}$
$\quad a_1 \cdot a_2 \equiv b_1 \cdot b_2 \pmod{d}$

Beispiel 5:
$22 \equiv 4 \pmod 6$
$15 \equiv 3 \pmod 6$
$37 \equiv 7 \pmod 6 \equiv 1 \pmod 6$
$7 \equiv 1 \pmod 6$
$330 \equiv 12 \pmod 6 \equiv 0 \pmod 6$

Die Beispiele zeigen auch, wie man immer wieder auf das *einfache Restsystem* 0, 1, 2, ..., $d-1$ (hier 0, 1, ..., 5) zurückführen, *reduzieren* kann, indem man beliebig oft d addiert oder subtrahiert. Diese Regeln über das Rechnen mit Resten finden Anwendung beim Überprüfen von Rechnungen, indem man – statt die Rechnung mit den Zahlen selbst zu wiederholen – mit den Resten modulo d rechnet; wegen der bequemen Berechenbarkeit der Reste tut man dies gern für $d = 9$, oftmals auch für $d = 11$. Ergeben sich dabei Widersprüche, so ist man sicher, daß die Rechnung falsch ist; treten keine Widersprüche auf, so kann man sich noch um Vielfache von d verrechnet haben; deshalb ist auch eine Rechenprobe mit $d = 2$ von zu geringer Aussagekraft.

Neunerprobe. Jede Zahl läßt bei der Division durch 9 den gleichen Rest wie ihre Quersumme. Dies ist eine Verallgemeinerung der Teilbarkeitsregel durch 9. Sie ermöglicht die bequeme Ausführung der Neunerprobe bei den Grundrechenarten.

Der Neunerrest einer Summe, einer Differenz bzw. eines Produkts ist gleich der Summe, der Differenz bzw. dem Produkt der einzelnen Neunerreste.

Beispiel 6:

Aufgabe	→ Quersumme	→ Neunerrest
412	7	7
+3 964	22	+4
+4 722	15	+6
9 098	26 ≡ 8	17 ≡ 8

Die Rechnung kann höchstens bis auf Vielfache von 9 falsch sein, z. B. durch Vertauschen zweier Ziffern.

Beispiel 7:

Aufgabe	→ Quersumme	→ Neunerrest
7 428	21	3
—3 986	26	—8
3 442	13 ≡ 4	—5 ≡ 4

Hier ist besonders das Reduzieren auf das einfache Restsystem zu beachten, wenn man bei Subtraktion der Reste zu einem negativen Ergebnis kommt.

Beispiel 8:

Aufgabe	→ Quersumme	→ Neunerrest
617	14	5
· 382	13	· 4
234 694	28 ≡ 1	20 ≡ 2

Der Neunerrest des Produktes stimmt nicht mit dem Produkt der Neunerreste überein, das Produkt kann nicht richtig sein; richtig ist 235 694.

Elferprobe. Bei der alternierenden Quersumme für den Elferrest ist darauf zu achten, welche Stellen einen Beitrag zum Minuenden und welche einen zum Subtrahenden der alternierenden Quersumme liefern. Im Beispiel 9 kann die Summe höchstens um Vielfache von 11 falsch sein.

Beispiel 9:

Aufgabe	→ alternierende Quersumme	→ Elferrest
2 468	12 — 8 = 4	4
+4 293	5 — 13 = —8	3
6 761	8 — 12 ≡ —4 ≡ 7	7

Wendet man Neuner- und Elferprobe bei der gleichen Aufgabe an, so erhält man Aufschluß über die Richtigkeit der Rechnung bis auf Vielfache von 99.

1.2. Die ganzen Zahlen **Z**

Grundlagen

Warum ganze Zahlen? – Es gibt in der Realität Verhältnisse, bei denen man mit den natürlichen Zahlen zur Charakterisierung der Größen nicht auskommt, weil bei ihnen noch zwei gegensätzliche *Tendenzen*, zwei entgegengesetzte *Richtungen*, möglich sind; z. B. ist die Temperaturangabe 23 °C unvollständig; es muß hinzugesetzt werden, ob sie ober- oder unterhalb des Gefrierpunktes gemessen worden ist (Abb. 1.2-1). Zwar ist ein Betrag von 100 Mark immer der gleiche. Wird er aber im Zusammenhang mit den Eigentumsverhältnissen einer Person genannt, so ist wichtig, ob er als Guthaben in einem Sparbuch oder als Kredit von der Sparkasse geführt wird. Auch für die Höhenlage eines Ortes ist es wesentlich, ob er auf einer Erhebung 395 m über NN (Normalnull) oder in einer Tiefebene 395 m unter NN liegt. Zur Kennzeichnung dieser entgegengesetzten Tendenzen werden die jeweiligen Zahlenangaben mit *Vorzeichen* versehen, z. B. +23 °C und —23 °C oder +395 m und —395 m, bei Jahresangaben vor und nach der Zeitrechnung auch —300 und +300. Dabei muß ein *Bezugspunkt* existieren, von dem aus gemessen wird. Seine Festlegung erfolgt meist nach praktischen Gesichtspunkten, aber an sich willkürlich; die Fahrenheitskale für Temperaturen hat z. B. einen anderen Nullpunkt. In Fällen der Begrenztheit nach einer Richtung kann man durch entsprechende Festlegung des Bezugspunktes auf die Vorzeichen verzichten, z. B. in der absoluten Temperaturskale nach Kelvin. Auch Höhenangaben auf der Erde könnte man grundsätzlich vom Erdmittelpunkt aus messen. Die *unter Berücksichtigung der Richtung* gewonnenen *positiven Zahlen* +1, +2, +3, ... und die *negativen Zahlen* —1, —2, —3, ... nennt man, zusammen mit 0 (eigentlich ±0), *ganze Zahlen.*

Ausführbarkeit der Subtraktion. Mathematisch ist die Einführung der ganzen Zahlen notwendig, damit die Umkehroperation der Addition, die Subtraktion, stets ausgeführt werden kann; z. B. hat die Subtraktion 7 — 11 mit natürlichen Zahlen keine Lösung. Man sagt auch: Die Gleichung $x + 11 = 7$ ist im Bereich **N** der natürlichen Zahlen nicht lösbar.

Die ganzen Zahlen bilden einen Zahlenbereich **Z**, *in dem jede Subtraktionsaufgabe eine Lösung hat.*

1.2-1 Temperatur 23 °C

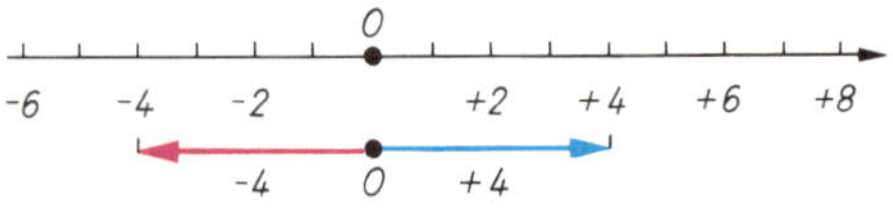

1.2-2 Zahlengerade

Zueinander entgegengesetzte Zahlen. Ähnlich wie die natürlichen Zahlen am Zahlenstrahl kann man die ganzen Zahlen an der *Zahlengeraden* veranschaulichen (Abb. 1.2-2). Die nichtnegativen ganzen Zahlen entsprechen dabei den natürlichen Zahlen. Auf der Zahlengeraden gibt es zu jeder von 0 verschiedenen ganzen Zahl genau eine, die den gleichen Abstand vom Nullpunkt hat, aber auf der anderen Seite liegt. Zwei derartige Zahlen, die sich nur durch das Vorzeichen unterscheiden, heißen *einander entgegengesetzte Zahlen*, z. B. —4 und +4. Das Bilden der entgegengesetzten Zahl drückt man durch Vorsetzen eines Minuszeichens aus, so daß auch gilt —(—4) = +4 und —(+4) = —4. Für den Nullpunkt setzt man —0 = 0 fest.

Absoluter Betrag. Da zwei entgegengesetzte Zahlen auf der Zahlengeraden den gleichen Abstand vom Nullpunkt haben, sagt man, sie haben den gleichen *absoluten Betrag* oder kurz *Betrag*. Der absolute Betrag wird als die nichtnegative der beiden Zahlen festgelegt:

$$|a| = a \quad \text{für} \quad a \geqslant 0 \quad \text{und} \quad |a| = -a \quad \text{für} \quad a < 0.$$

Anordnung. Von zwei verschiedenen ganzen Zahlen ist diejenige die kleinere, die auf der Zahlengeraden weiter links liegt. Damit gilt für zwei beliebige ganze Zahlen g_1 und g_2 stets genau eine der drei Beziehungen $g_1 < g_2$ oder $g_1 = g_2$ oder $g_1 > g_2$, z. B. $-3 < +2$, $+5 < +7$, $+8 = +8$, $-1 > -7$, $+3 > -5$. Jede ganze Zahl hat genau einen unmittelbaren Vorgänger und genau einen unmittelbaren Nachfolger, d. h., in der Folge der ganzen Zahlen gibt es weder eine kleinste noch eine größte, weder eine erste noch eine letzte Zahl.

Rechnen mit ganzen Zahlen **Z**

Rechenoperationen erster Stufe. Um die *Rechen-* oder *Operationszeichen* + und — von den äußerlich gleichen Vorzeichen zu unterscheiden, schließt man die vollständigen Zahlzeichen, zu denen die Vorzeichen gehören, vorerst in Klammern ein. Das Minuszeichen — dient zusätzlich noch zur Kennzeichnung entgegengesetzter Zahlen (Abb. 1.2-3).
Bei der Festlegung der *Addition* ganzer Zahlen orientiert man sich an der Addition natürlicher Zahlen, d. h. (+3) + (+4) = +7 wegen 3 + 4 = 7.

Haben beide Summanden gleiches Vorzeichen, so gibt man der Summe der natürlichen Zahlen, die den Beträgen entsprechen, das Vorzeichen der Summanden.

In (—3) + (—2) = —5 erhält die Summe 3 + 2 = 5 das negative Vorzeichen.

Haben beide Summanden unterschiedliches Vorzeichen, so gibt man der Differenz der natürlichen Zahlen, die den Beträgen entsprechen, das Vorzeichen des Summanden mit dem größeren Betrag.

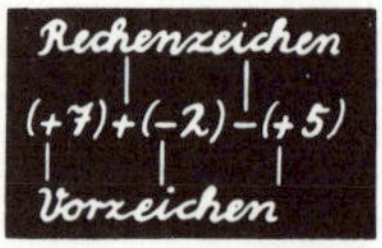

1.2-3 Vorzeichen und Rechenzeichen

1.2-4 Veranschaulichung der Addition auf der Zahlengeraden

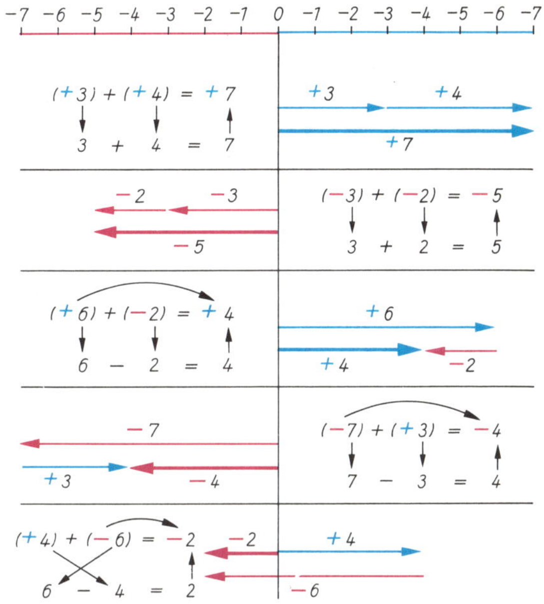

In (+6) + (—2) = +4 ist der Betrag +6 des positiven Summanden +6 größer als der Betrag +2 des negativen Summanden —2; in (—7) + (+3) = —4 ist der Betrag +7 des negativen Summanden größer als der des positiven Summanden und in (+4) + (—6) = —2 der Betrag +6 des negativen Summanden größer als der des positiven Summanden (Abb. 1.2-4).
Beispiele wie (+4) + (—6) = —2 und (—6) + (+4) = —2 zeigen die Gültigkeit des Kommutativgesetzes. Die anderen *Gesetze der Addition* gelten ebenfalls für beliebige ganze Zahlen.

Kommutativgesetz	$a + b = b + a$	**Z**
Assoziativgesetz	$(a + b) + c = a + (b + c)$	**Z**
Monotoniegesetz	aus $a < b$ folgt $a + c < b + c$	**Z**

Die Subtraktion muß auch bei ganzen Zahlen die Umkehrung der Addition sein; (—7) — (+3) = x muß gleichbedeutend sein mit x + (+3) = —7. Entsprechend der Festlegung der Addition ist aber (—10) + (+3) = —7, demnach x = —10; d. h., (—7) — (+3) = —10. Es ist aber auch (—7) + (—3) = —10.

Eine ganze Zahl wird subtrahiert, indem man ihre entgegengesetzte Zahl addiert.

Die Subtraktion ist danach im Bereich **Z** der ganzen Zahlen unbeschränkt ausführbar, da es die Addition ist und da zu jeder ganzen Zahl die entgegengesetzte stets existiert; z. B. ist (+28) — (—16) = (+28) + (+16) = +44.

Algebraische Summen. Da man bei ganzen Zahlen jede Subtraktion durch eine entsprechende Addition ersetzen kann, bezeichnet man Terme, in denen die Glieder nur durch Operationen erster Stufe verknüpft sind, als *algebraische Summen.* Enthalten sie mehr als zwei Summanden, so empfiehlt sich bei der Ausrechnung folgendes Vorgehen:

(+15) — (+27) + (—11) — (—9) + (+31)	Umwandeln
= (+15) + (—27) + (—11) + (+9) + (+31)	Ordnen
= (+15) + (+9) + (+31) + (—27) + (—11)	Zusammenfassen
= (+55) + (—38)	Schlußaddition
= +17.	

Rechenoperationen zweiter Stufe. Auch bei der Festlegung der Multiplikation ganzer Zahlen orientiert man sich an der Multiplikation natürlicher Zahlen und geht dann schrittweise vor.

Sind beide Faktoren positiv, so ist ihr Produkt die positive Zahl, die dem Produkt der entsprechenden natürlichen Zahlen entspricht.

Das Produkt (+4) · (—7) wird analog zu der Festsetzung 4 · 7 = 7 + 7 + 7 + 7 als wiederholte Addition gleicher Summanden aufgefaßt und bestimmt durch (+4) · (—7) = (—7) + (—7) + + (—7) + (—7) = —28. Ist der Multiplikator negativ, so verfährt man in der Weise, daß das Kommutativgesetz gültig bleibt: (+4) · (—7) = (—7) · (+4).

Das Produkt zweier Faktoren verschiedenen Vorzeichens ist negativ, und sein Betrag ist das Produkt der Beträge der Faktoren.

$(+3) \cdot (-7) = -21$ $\qquad$ $(-5) \cdot (+8) = -40$

$3 \cdot 7 = 21$ $\qquad$ $5 \cdot 8 = 40$

Beim Vergleich der bisherigen Festsetzungen stellt man fest, daß sich das Vorzeichen des Produkts ändert, wenn das eines Faktors geändert wird. Deshalb setzt man fest: $(-4) \cdot (-7) = +28$.

Das Produkt zweier negativer Faktoren ist positiv, und sein Betrag ist gleich dem Produkt der Beträge der Faktoren.

Haben zwei ganze Zahlen gleiches Vorzeichen, so ist ihr Produkt positiv, sonst negativ; der Betrag des Produkts ist gleich dem Produkt der Beträge.

Beispiele. 1: $(-13) \cdot (+5) = -65$. *2:* $(-8) \cdot (-12) = +96$.
3: $(+3) \cdot (-4) \cdot (-9) = (+3) \cdot (+36) = +108$.
4: $(-3)^4 = (-3) \cdot (-3) \cdot (-3) \cdot (-3) = +81$.

Gesetze der Multiplikation. Wie bereits an der Einführung der Multiplikation und an dem Beispiel mit drei Faktoren ersichtlich ist, gelten Kommutativ- und Assoziativgesetz auch für die Multiplikation ganzer Zahlen a, b, c.

Kommutativgesetz	$a \cdot b = b \cdot a$	**Z**
Assoziativgesetz	$(a \cdot b) \cdot c = a \cdot (b \cdot c)$	**Z**

Für natürliche Zahlen a, b, c mit $c > 0$ gilt das Monotoniegesetz: aus $a < b$ folgt $a \cdot c < b \cdot c$.

Dieses Gesetz gilt für negative ganze Zahlen nicht; aus $a < b$ und negativem c folgt $ac > bc$, wie folgendes Beispiel zeigt: $(+5) < (+7)$, aber $(+5) \cdot (-3) > (+7) \cdot (-3)$.

Dividieren. Die Division ist die Umkehrung der Multiplikation. Deshalb ist $(+12) : (-4) = x$ gleichbedeutend mit $(-4) \cdot x = +12$. Das ist aber nur für $x = -3$ erfüllt. In ähnlicher Weise kann man sich die Divisionsregeln für alle Vorzeichenkombinationen herleiten. Allgemein gilt:

Bei gleichem Vorzeichen von Dividend und Divisor ist der Quotient positiv, bei ungleichen Vorzeichen negativ, sein Betrag ist gleich dem Quotienten der Beträge.

Beispiele. 5: $(+72) : (+6) = +12$. *6:* $(+119) : (-17) = -7$.
7: $(-75) : (+25) = -3$. *8:* $(-91) : (-7) = +13$.

Da die Rechenoperationen für *nichtnegative ganze Zahlen*, das sind *positive ganze Zahlen* und die Null, so festgelegt wurden wie für natürliche Zahlen, kann bei positiven ganzen Zahlen das Vorzeichen weggelassen werden. Man ersetzt sie damit durch die entsprechenden natürlichen Zahlen und erhält eine einfachere Darstellung; z. B. $(+9) + (-17) - (+6) + (+21) - (-2) = 9 - 17 - 6 + 21 + 2 = 9$ oder $7 \cdot (-9) = -63$ oder $(-56) : (-7) = 8$. Ob sie dann als natürliche Zahlen mit Anzahlcharakter oder als positive ganze Zahlen anzusehen sind, ergibt sich aus dem jeweiligen Zusammenhang.

Zur Geschichte der ganzen Zahlen. Die griechische Mathematik kennt die negativen Zahlen nicht, allerdings finden sich bei dem spätgriechischen Mathematiker DIOPHANT um 250 u. Z. erste Ansätze. Bei den *Indern* jedoch war um 700 u. Z. das Rechnen mit negativen Zahlen voll entwickelt. Interessant ist dabei, daß die Bezeichnungen für *positiv* und *negativ* von ihren Wörtern für *Guthaben* und *Schulden* herrühren. Die negativen Zahlen spielen besonders in der indischen Gleichungslehre eine große Rolle.

In *Europa* fassen die negativen Zahlen erst recht spät Fuß; das liegt wohl daran, daß von der *mathematischen Brücke* zwischen Indien und Europa, den *Arabern*, die negativen Zahlen abgelehnt wurden. Den Durchbruch schaffte hier Michael STIFEL mit seiner *Arithmetica integra* (1544). Die endgültige Verankerung der ganzen Zahlen in der Mathematik erfolgte aber erst 1867 durch Hermann HANKEL.

1.3. Rationale Zahlen Q

Grundlagen

Was sind Brüche? – Wenn 6 Äpfel unter 3 Kinder gleichmäßig verteilt werden sollen, so rechnet man $6 : 3 = 2$ und weiß damit, daß jedes Kind 2 Äpfel bekommt. Hat man für den gleichen Zweck nur 2 Äpfel zur Verfügung, so muß man die Divisionsaufgabe $2 : 3$ lösen. Diese Aufgabe ist aber mit natürlichen Zahlen nicht lösbar, sie *geht nicht auf*. Trotzdem wird man die Verteilung bewerkstelligen, indem man zum Messer greift. In diesem Fall wird der Anteil jedes Kindes durch den Bruch $^2/_3$ gekennzeichnet (Abb. 1.3-1). Auch alle ähnlichen Fälle führen auf Brüche.

Brüche entstehen bei der Teilung eines oder mehrerer Ganzer.

Ein Nenner 0 ist in jedem Fall ausgeschlossen.

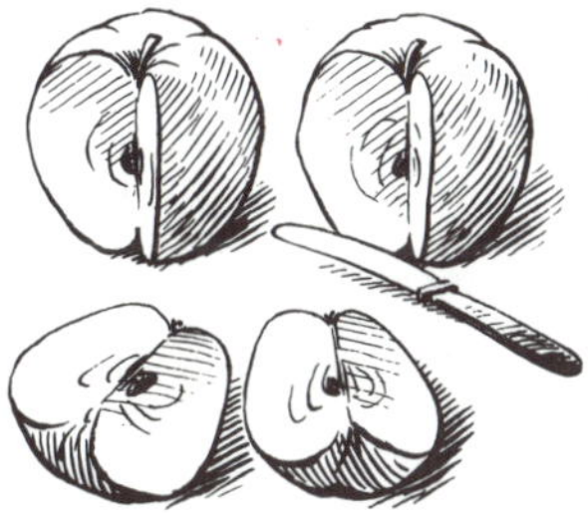

1.3-1 2 Äpfel für 3 Kinder

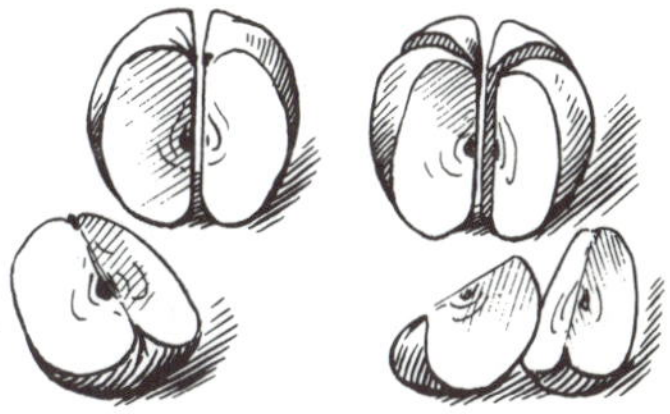

1.3-2 Ein Drittel ist genausoviel wie zwei Sechstel

Erklärung. Jeder Bruch hat die Form $\frac{p}{q}$ oder p/q. Der *Zähler p* gibt die Anzahl der geteilten Ganzen an, der *Nenner q* gibt an, in wieviele Teile ein Ganzes geteilt worden ist. Der Bruchstrich verläuft waagerecht; sofern die Übersichtlichkeit nicht leidet, sind auch schräge Bruchstriche zugelassen, z. B. 3/4. Im vorliegenden Buche werden aus drucktechnischen Gründen schräge Bruchstriche häufiger verwendet, besonders im laufenden Text. Der Eindeutigkeit halber wird dabei ein Produkt im Nenner stets in Klammern eingeschlossen. Brüche mit dem Zähler 1 heißen *Stammbrüche*, z. B. $^1/_3$, $^1/_8$, $^1/_{12}$. Brüche, deren Zähler kleiner ist als der Nenner, heißen *echte Brüche*, z. B. $^2/_3$, $^1/_7$, $^5/_9$, $^{10}/_{11}$. Brüche, bei denen der Zähler größer ist als der Nenner, heißen *unechte Brüche*, z. B. $^3/_2$, $^{16}/_3$, $^9/_8$. Auch Brüche mit gleichem Zähler und Nenner wie $^5/_5$ sind unechte Brüche.
Ist der Zähler eines Bruches gleich dem Nenner eines anderen und umgekehrt, so heißen die Brüche *zueinander reziprok*; z.B. $^3/_5$ und $^5/_3$, $^{17}/_6$ und $^6/_{17}$. Brüche mit gleichen Nennern heißen zueinander *gleichnamig*, z.B. $^2/_5$, $^4/_5$, $^7/_5$. Dagegen sind $^3/_8$ und $^7/_{12}$ zueinander *ungleichnamige Brüche*. Zähler oder Nenner können auch negativ sein, z. B. $-^3/_5$; $(-2)/(-9)$; $7/(-4)$. Wegen der Vorzeichenregeln beim Rechnen mit ganzen Zahlen gilt $(-3)/5 = 3/(-5) = -3/5$ und $(-3)/(-5) = 3/5$. Bei horizontalem Bruchstrich werden die Vorzeichen vor den Bruchstrich und in gleicher Höhe mit ihm geschrieben, in der Regel nicht im Zähler oder Nenner. Erst dann gelten die angeführten Erklärungen der echten und unechten Brüche auch für negative Brüche. Daß im folgenden bei den Beispielen überwiegend positive Brüche benutzt werden, geschieht nur zur Vereinfachung der Darstellung; sinngemäß gilt alles auch für negative Brüche.

Formänderungen. Teilt man einen Apfel in 3 Teile (Abb. 1.3-2) und nimmt davon 1 Teil, so hat man die gleiche Quantität wie bei einer Teilung in 6 Teile, wenn davon 2 Teile genommen werden, $^1/_3 = {}^2/_6$. Entsprechend gilt z. B. $^2/_5 = {}^4/_{10}$, $^5/_3 = {}^{20}/_{12}$, $^2/_3 = {}^4/_6 = {}^6/_9 = \cdots = {}^{24}/_{36} = \cdots$
Erweitern. Wenn zwei Brüche derart beschaffen sind, daß Zähler und Nenner des zweiten Bruches gleiche Vielfache von Zähler und Nenner des ersten Bruches sind, z. B. $^8/_9 = {}^{40}/_{45}$, so sagt man, der zweite Bruch sei aus dem ersten durch *Erweitern* entstanden:

Erweitern	$\frac{a}{b} = \frac{a \cdot c}{b \cdot c}$

Erweitern heißt: Zähler und Nenner eines Bruches mit der gleichen Zahl $c \neq 0$ multiplizieren.

Kürzen. Den umgekehrten Vorgang bezeichnet man als *Kürzen* eines Bruches.

Kürzen	$\frac{a}{b} = \frac{a : c}{b : c}$

Kürzen heißt: Zähler und Nenner eines Bruches durch die gleiche Zahl $c \neq 0$ dividieren.

Man kann jeden Bruch kürzen, in dem Zähler und Nenner gleiche Faktoren enthalten. In $^2/_7 = (2 \cdot 3)/(7 \cdot 3) = 6/21$ bedeutet der Übergang von links nach rechts Erweitern, von rechts nach links Kürzen. Da das Kürzen im allgemeinen Zähler und Nenner verkleinert, ist es meist vorteilhaft, Brüche möglichst weitgehend zu kürzen.

Die rationale Zahl. Alle Brüche, die die gleiche Quantität darstellen, die durch Erweitern oder Kürzen ineinander übergeführt werden können, z. B. $(^3/_4, {}^6/_8, \ldots, {}^{27}/_{36}, \ldots)$, werden zu einer einzigen Zahl zusammengefaßt, zu einer *rationalen Zahl.* Die Brüche $^3/_4$, $^6/_8$, $^{27}/_{36}$ sind lediglich verschiedene Darstellungsweisen ein und derselben rationalen Zahl. Es ist üblich, diese Zahl durch den nicht weiter kürzbaren Bruch anzugeben, in diesem Fall durch $^3/_4$. Demnach hat $^3/_4$ eine doppelte Bedeutung: Erstens ist es ein *Bruch*, zweitens stellt es eine *rationale Zahl* dar und steht für die Gesamtheit aller Brüche, die sich durch Erweitern aus $^3/_4$ ergeben und verschiedene Schreibweisen derselben Zahl sind. Beim Rechnen kann jede Schreibweise einer rationalen Zahl je nach Bedarf durch eine beliebige andere Schreibweise derselben Zahl ersetzt werden. Auch Brüche mit dem Nenner 1 bzw. solche, die durch Erweitern aus ihnen hervorgehen, wie $^3/_1 = {}^6/_2 = \cdots = {}^{18}/_6 = \cdots$ werden in den Bereich der rationalen Zahlen einbezogen und sind den ganzen Zahlen gleichwertig, z. B. $^{15}/_3 = {}^5/_1 = 5$, $^8/_8 = {}^1/_1 = 1$. Auch hierbei gilt, daß – den Bedürfnissen entsprechend – eine Schreibweise durch die andere ersetzt werden kann. Die ganze Zahl 0 wird durch sämtliche Brüche dargestellt, die den Zähler 0 haben.

Anordnung der rationalen Zahlen. Wie für die natürlichen und die ganzen Zahlen, so gilt auch für zwei rationale Zahlen r_1 und r_2 entweder $r_1 < r_2$ oder $r_1 = r_2$ oder $r_1 > r_2$. Für positive Zahlen a, b, c ist mit $a < b$ stets $a/c < b/c$ und $c/a > c/b$. Bei *gleichen Nennern* stellt der Bruch mit dem größeren Zähler die größere Zahl dar, z. B. $^2/_7 < {}^6/_7$. Bei *gleichen Zählern* stellt der Bruch mit dem kleineren Nenner die größere Zahl dar, z. B. $^5/_9 < {}^5/_6$. Will man von zwei positiven rationalen Zahlen feststellen, welche die größere ist, kann man *gleichnamig* machen, indem man Schreibweisen sucht, die gleiche Nenner haben, und die Zähler vergleicht; aus $7/12 = 35/60$ und $11/20 = 33/60$ folgt $11/20 < 7/12$. Zwei gleichnamige Schreibweisen lassen sich für a/b und c/d immer finden; in jedem Fall ist das Produkt $b \cdot d$ beider Nenner ein gemeinsamer Nenner. Die zugehörigen Zähler heißen dann $a \cdot d$ und $b \cdot c$.

$a/b < c/d$ genau dann, wenn $a \cdot d < b \cdot c$ für $b, d > 0$

Auch im Bereich der rationalen Zahlen gibt es *weder eine kleinste noch eine größte Zahl.* Die *Nachfolgerbeziehung gilt aber nicht mehr*: Eine beliebige rationale Zahl hat weder einen unmittelbaren Vorgänger noch einen unmittelbaren Nachfolger.

Zwischen zwei beliebigen rationalen Zahlen r_1 und r_2 liegen stets noch weitere, sogar unendlich viele rationale Zahlen r. Für sie gilt $r_1 < r < r_2$ oder $r_1 > r > r_2$.

Die Zahlengerade. Wegen ihrer Anordnung lassen sich die rationalen Zahlen durch Punkte oder Pfeile auf der Zahlengeraden darstellen (Abb. 1.3-3). Jeder Punkt wird dabei durch eine Schreibweise der rationalen Zahl gekennzeichnet. Bei einer Veranschaulichung aller Brüche stünden sämtliche Schreibweisen einer rationalen Zahl an derselben Stelle. Auf der Zahlengeraden steht dann auch die kleinere rationale Zahl stets links von der größeren.

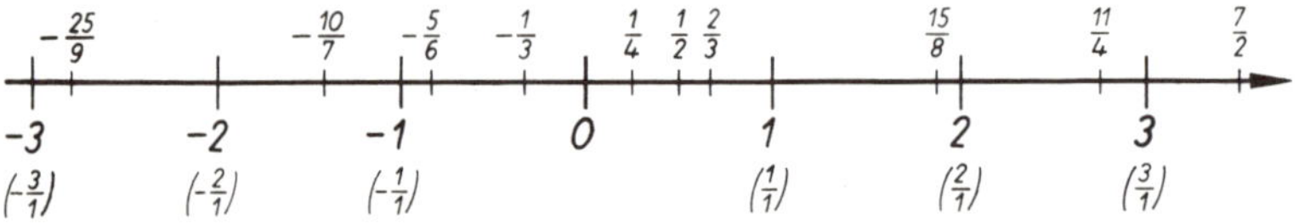

1.3-3 Rationale Zahlen auf der Zahlengeraden

Rechnen mit gemeinen Brüchen

Das Rechnen mit rationalen Zahlen wird zunächst an den gemeinen Brüchen als ihrer Schreibweise erläutert. Es wird z. B. vom *Addieren gleichnamiger Brüche* gesprochen anstatt genauer, aber auch umständlicher, vom *Addieren rationaler Zahlen, die durch gleichnamige Brüche gegeben sind.* In den dann folgenden Abschnitten werden die Dezimalbrüche als eine weitere Schreibweise rationaler Zahlen behandelt, für die sich das Rechnen etwas anders gestaltet. Die Bezeichnung *gemeiner Bruch* betonte dabei ursprünglich den Unterschied zum Sexagesimalbruch, betont heute den zum Dezimalbruch und hat nichts mit niederträchtig zu tun.

Addieren und Subtrahieren. Dabei kann es sich um gleichnamige oder ungleichnamige Brüche handeln.

$$\frac{a}{c} \pm \frac{b}{c} = \frac{a \pm b}{c}$$

Gleichnamige Brüche werden addiert oder subtrahiert, indem man die Zähler addiert oder subtrahiert; der Nenner bleibt unverändert.

Beispiele. 1: $^3/_7 + {}^5/_7 = {}^8/_7$. *2:* $^4/_{11} - {}^7/_{11} = -{}^3/_{11}$.
3: $^5/_{17} + {}^9/_{17} - {}^{18}/_{17} + {}^{13}/_{17} - {}^2/_{17} = {}^7/_{17}$.

Danach kann man jeden *unechten Bruch* in zwei Summanden aufspalten, von denen der erste eine ganze Zahl und der zweite ein echter Bruch ist: $^8/_7 = {}^7/_7 + {}^1/_7$, $^{22}/_5 = {}^{20}/_5 + {}^2/_5$. Man schreibt deshalb unechte Brüche häufig als *gemischte Zahlen*, z. B. $^8/_7 = 1^1/_7$; $^{22}/_5 = 4^2/_5$; zwischen der ganzen Zahl und dem echten Bruch ist dabei ein Additionszeichen zu denken. Die Verwandlung gemischter Zahlen in unechte Brüche wird in älterer Literatur häufig als *Einrichten* bezeichnet.

Ungleichnamige Brüche werden addiert oder subtrahiert, indem man sie gleichnamig macht und dann addiert oder subtrahiert.

$$\frac{a}{c} \pm \frac{b}{d} = \frac{ad}{cd} \pm \frac{bc}{cd} = \frac{ad \pm bc}{cd}$$

Im einfachsten Fall ist der eine Nenner gemeinschaftliches Vielfaches der anderen Nenner; z. B. für $^2/_3 - {}^7/_{12} + {}^5/_4$ ist 12 der *Hauptnenner*. Man erweitert deshalb $^2/_3$ und $^5/_4$ so mit 4 bzw. 3, daß sie ebenfalls den Nenner 12 erhalten: $^2/_3 - {}^7/_{12} + {}^5/_4 = {}^8/_{12} - {}^7/_{12} + {}^{15}/_{12} = {}^{16}/_{12} = {}^4/_3 = 1^1/_3$. Meist vereinfacht man sich die Ausführung, indem man die zweite Summe sofort zu einem Bruch vereinigt, dessen Zähler dann die Summe der einzelnen Zähler ist: $^2/_3 - {}^7/_{12} + {}^5/_4 = (8 - 7 + 15)/12 = {}^4/_3 = 1^1/_3$.

Für $^1/_6 + {}^3/_{10} - {}^{11}/_{15}$ muß ein gemeinsames Vielfaches der Einzelnenner erst gesucht werden. Es ließe sich durch Probieren oder Raten finden, etwa 60. Die Brüche wären dann – der Reihenfolge nach – mit 10, 6 und 4 zu erweitern. Um die Zähler, mit denen man zu rechnen hat, möglichst klein zu halten, wählt man als *Hauptnenner* HN *das kleinste gemeinsame Vielfache* kgV der einzelnen Nenner. Man bestimmt das kgV in der üblichen Weise etwa durch Zerlegen in Primfaktoren. Aus der Produktdarstellung des Hauptnenners ergibt sich auch der jeweilige *Erweiterungsfaktor* Ewf, wenn die Primfaktoren des betreffenden Nenners weggelassen werden; ist z. B. der Hauptnenner $2 \cdot 3 \cdot 5$, der letzte Nenner aber $15 = 3 \cdot 5$, so ist sein Erweiterungsfaktor 2.

Beispiel 4:

	Ewf
$6 = 2 \cdot 3$	5
$10 = 2 \cdot 5$	3
$15 = 3 \cdot 5$	2
HN $2 \cdot 3 \cdot 5 = 30$	

$$\frac{1}{6} + \frac{3}{10} - \frac{11}{15} = \frac{(5 + 9 - 22)}{30} = \frac{-8}{30} = -\frac{4}{15}$$

Beispiel 5:

$$3^{17}/_{21} - {}^3/_8 - {}^{11}/_{12} + 2 = {}^{80}/_{21} - {}^3/_8 - {}^{11}/_{12} + 2$$

	EwF
$21 = 3 \cdot 7$	$2^3 = 8$
$8 = 2^3$	$3 \cdot 7 = 21$
$12 = 2^2 \cdot 3$	$2 \cdot 7 = 14$
HN $2^3 \cdot 3 \cdot 7 = 168$	

Bei der Bestimmung des Hauptnenners durch Primfaktorenzerlegung der Einzelnenner braucht eine ganze Zahl nicht berücksichtigt zu werden, da sie den Nenner 1 hat. Mit dem gefundenen Hauptnenner 168 erhält man z. B. $80/21 - 3/8 - 11/12 + 2 = (640 - 63 - 154 + 336)/168 = 759/168 = 253/56 = 4^{29}/_{56}$. Für $^3/_5 + {}^1/_4 - {}^2/_9$ haben die Nenner keine gemeinsamen Faktoren, sie sind paarweise *teilerfremd*. Der Hauptnenner ist deshalb das Produkt der Einzelnenner; die Lösung ist $^{113}/_{180}$.

Multiplizieren und Dividieren. Bei den gemeinen Brüchen lassen sich die Rechenoperationen zweiter Stufe leichter ausführen als die erster Stufe, weil das Bestimmen des Hauptnenners entfällt. Man braucht deshalb auch nicht zwischen Operationen mit gleichnamigen und mit ungleichnamigen Brüchen zu unterscheiden.

Das Produkt von Brüchen ist wieder ein Bruch; sein Zähler ist das Produkt der Zähler, sein Nenner ist das Produkt der Nenner der Faktoren.

$$\frac{a}{b} \cdot \frac{c}{d} = \frac{a \cdot c}{b \cdot d}$$

Ganze Zahlen werden dabei wieder als Brüche mit dem Nenner 1 aufgefaßt. Um beim Rechnen große Zahlen und damit Fehler möglichst zu vermeiden, kürzt man vor dem Ausmultiplizieren.

Beispiele. 6: $\frac{2}{5} \cdot \frac{3}{8} = \frac{2 \cdot 3}{5 \cdot 8} = \frac{1 \cdot 3}{5 \cdot 4} = \frac{3}{20}$.

7: $\frac{4}{7} \cdot 3^9/_{32} = \frac{4}{7} \cdot \frac{105}{32} = \frac{4 \cdot 105}{7 \cdot 32} = \frac{1 \cdot 15}{1 \cdot 8} = \frac{15}{8} = 1^7/_8$.

8: $7 \cdot \frac{9}{28} \cdot \frac{2}{3} = \frac{7 \cdot 9 \cdot 2}{1 \cdot 28 \cdot 3} = \frac{1 \cdot 3 \cdot 1}{1 \cdot 2 \cdot 1} = \frac{3}{2} = 1^1/_2$.

9: $\frac{11}{17} \cdot \frac{17}{11} = \frac{11 \cdot 17}{17 \cdot 11} = \frac{1 \cdot 1}{1 \cdot 1} = 1$.

10: Ein Schleppzug mit Lastkähnen hat die Geschwindigkeit $4^1/_2$ km/h und legt in $2^3/_4$ Stunden $(9/2) \cdot (11/4)$ km $= 99/8$ km $= 12^3/_8$ km zurück.

Das Beispiel 9. zeigt, daß das Produkt zweier zueinander reziproker Brüche 1 ist. Diese Eigenschaft läßt sich zu einer einfachen Erklärung der Reziprozität rationaler Zahlen ausnutzen:

Zwei rationale Zahlen heißen genau dann zueinander reziprok, wenn ihr Produkt 1 ist.

Danach gibt es zu jeder rationalen Zahl außer 0 eine reziproke, z. B. sind -3 und $-^1/_3$ zueinander reziprok wegen $-3 \cdot (-^1/_3) = 1$.

$$\frac{a}{b} : \frac{c}{d} = \frac{a}{b} \cdot \frac{d}{c}$$

Man dividiert durch einen Bruch, indem man mit seinem reziproken Bruch multipliziert.

Von der Richtigkeit dieser Ausführung der Division überzeugt man sich durch folgende Überlegung: $\frac{2}{3} : \frac{3}{4} = \frac{2}{3} \cdot \frac{4}{3} = \frac{8}{9}$; da die Division die Umkehrung der Multiplikation ist, muß das Produkt aus Quotient und Divisor den Dividend ergeben, und es ist auch $\frac{8}{9} \cdot \frac{3}{4} = \frac{2}{3}$ bzw. $\frac{ad}{bc} \cdot \frac{c}{d} = \frac{a}{b}$.

Beispiele. 11: $\frac{7}{12} : \frac{5}{8} = \frac{7 \cdot 8}{12 \cdot 5} = \frac{7 \cdot 2}{3 \cdot 5} = \frac{14}{15}$. *12:* $\frac{3}{5} : 6 = \frac{3 \cdot 1}{5 \cdot 6} = \frac{1}{10}$.

13: $5 : \frac{6}{7} = \frac{5 \cdot 7}{1 \cdot 6} = \frac{35}{6} = 5^5/_6$. *14:* $2\frac{4}{13} : \frac{16}{39} = \frac{30 \cdot 39}{13 \cdot 16} = \frac{15 \cdot 3}{1 \cdot 8} = \frac{45}{8} = 5^5/_8$.

15: $\frac{11}{12} : \frac{11}{12} = \frac{11 \cdot 12}{12 \cdot 11} = 1$.

16: Ein Kleinroller mit einem mittleren Brennstoffverbrauch von $2^1/_2\,l$ auf 100 km kann mit $6^1/_4\,l$ im Tank $25/4 : (5/2) \cdot 100$ km $= 250$ km fahren.

Da die Division rationaler Zahlen auf die Multiplikation zurückgeführt wurde, gilt:

Mit rationalen Zahlen ist jede Division – mit Ausnahme der durch 0 – ausführbar.

Doppelbrüche. Divisionszeichen und Bruchstrich sind im allgemeinen gleichwertig, z. B. ist $2 : 3 = 2/1 : 3/1 = 2/1 \cdot 1/3 = 2/3$. Danach kann jede Division von gemeinen Brüchen als Doppelbruch dargestellt werden, dessen Zähler und Nenner keine ganzen Zahlen, sondern Brüche sind. Umgekehrt läßt sich danach jeder Doppelbruch durch Division vereinfachen. Die Darstellung durch einen Doppelbruch ist aber erst eindeutig, wenn sein Hauptbruchstrich, z. B. durch größere Länge oder durch ein folgendes Gleichheitszeichen, deutlich gekennzeichnet ist.

Beispiele. 17: $\dfrac{3}{\frac{7}{5}} = 3 : \frac{7}{5} = 3 \cdot \frac{5}{7} = \frac{15}{7}$. *18:* $\dfrac{\frac{3}{7}}{5} = \frac{3}{35}$.

19: $\dfrac{\frac{1}{3}}{9} = \frac{1}{3} : 9 = \frac{1}{3} \cdot \frac{1}{9} = \frac{1}{27}$. *20:* $\dfrac{\frac{2}{5}}{\frac{3}{8}} = \frac{2}{5} : \frac{3}{8} = \frac{2}{5} \cdot \frac{8}{3} = \frac{16}{15} = 1^1/_{15}$.

Auch für rationale Zahlen gelten die für das Rechnen mit ganzen Zahlen angegebenen Gesetze, das *Kommutativ-* und das *Assoziativgesetz* der Addition und der Multiplikation sowie das *Distributivgesetz.*

Dezimalbrüche

Grundlagen. In einem *Positionssystem* kommt jeder Ziffer innerhalb eines Zahlzeichens außer dem *Zahlwert* auch ein *Stellenwert* zu; in 3752 z. B. gibt die 5 durch ihre Stellung an, daß es sich um 5 Zehner Z handelt. Bei einem *dekadischen Positionssystem* beträgt jeder Stellenwert $^1/_{10}$ des links von ihm stehenden. Solange nur natürliche bzw. ganze Zahlen in diesem System dargestellt wurden, mußten die Einer E letzter Stellenwert sein. Zur Darstellung rationaler Zahlen kann dieses System aber über die Einer hinaus fortgesetzt werden. Dann ergeben sich von links nach rechts im Anschluß an die Einer die Stellenwerte *Zehntel* z, *Hundertstel* h, *Tausendstel* t usw. War vorher die Stellenzahl durch die Einer nach rechts begrenzt, so ist sie jetzt beiderseits unbegrenzt. Daher muß eine Stelle – gewissermaßen als Bezugspunkt – ausgezeichnet werden. Zu diesem Zweck wird zwischen Einern und Zehnteln ein Komma gesetzt.

Beispiel 1: 58,37 bedeutet $5\,Z + 8\,E + 3\,z + 7\,h = 5 \cdot 10 + 8 \cdot 1 + 3 \cdot {}^1/_{10} + 7 \cdot {}^1/_{100}$ $= 50 + 8 + {}^3/_{10} + {}^7/_{100}$.

Das entspricht auch dem Verfahren bei dezimal geteilten Maßen; 7,5 cm bedeutet 7 cm und 5 mm, weil ein Millimeter ein Zehntel eines Zentimeters ist, und 3,75 m bedeutet 3 m und 75 cm, weil 1 m die Länge von 100 cm hat.

Außer in Verbindung mit solchen Benennungen, die gelesen werden als *drei-Meter-fünfundsiebzig*, sind die ***Stellen nach dem Komma einzeln zu sprechen***, für 2,31 z. B. lies *zwei-Komma-drei-eins*, da sonst leicht Fehler auftreten können. Welche Zahl z. B. ist größer – drei-Komma-elf oder drei-Komma-neun? – Die Stellen nach dem Komma heißen Dezimalen, auch *Dezimalstellen*. Zehntel stellen die erste *Dezimale* dar, Hundertstel die zweite usw. Die Zahl 4,81 hat drei Stellen, aber nur zwei Dezimalen. Jede nicht ganze Zahl, die im oben erläuterten Dezimalsystem geschrieben ist, z. B. 0,375 oder 17,8, nennt man *Dezimalbruch*. Unter einem *Zehnerbruch* hingegen soll ein gemeiner Bruch verstanden werden, dessen Nenner eine Potenz von 10 ist, wie 10, 100 oder 1000, z. B. 3/10, 17/100000. Statt Dezimalbruch findet man auch die Bezeichnung *Dezimalzahl*, jedoch erfolgt die Verwendung dieses Begriffs nicht einheitlich in diesem Sinne.

Umschreibungen. *Vom gemeinen Bruch zum Dezimalbruch.* Jeder Zehnerbruch läßt sich ohne weiteres in einen Dezimalbruch umschreiben, indem man seinen Zähler auf die durch den Nenner

Beispiele. 2: $^3/_{10} = 0{,}3$. *3:* $23/100 = (20 + 3)/100 = {}^2/_{10} + {}^3/_{100} = 0{,}23$. *4:* $70\,^{105}/_{1000} = 70{,}105$.

im Dezimalsystem bezeichnete Stelle setzt und – sofern der Zähler mehrere Ziffern hat – auch die vorangehenden Stellen berücksichtigt. Wegen $10 = 2 \cdot 5$ enthalten alle Zehnerpotenzen nur die Primfaktoren 2 und 5 im Nenner. Daher kann man alle Brüche, deren Nenner auch keine anderen Primfaktoren enthalten, durch Erweitern stets zu einem Zehnerbruch umformen und dann den Zehnerbruch als Dezimalbruch schreiben. $^7/_{20} = 35/100 = 0{,}35$; $1\,^3/_8 = 1375/1000 = 1{,}375$. Eine derartige Umformung ist unmöglich, wenn der Nenner des gemeinen Bruches andere Primfaktoren als 2 und 5 enthält und diese sich nicht wegkürzen lassen. Solche gemeinen Brüche lassen sich nicht zu Dezimalbrüchen der bisherigen Form umschreiben. Folgende Überlegungen helfen hier weiter: Die Division 2 : 7 z. B. ist innerhalb der natürlichen Zahlen nicht ausführbar. Im Bereich der rationalen Zahlen ergeben sich zwei Möglichkeiten:

a) $2 : 7 = {}^2/_1 : {}^7/_1 = {}^2/_1 \cdot {}^1/_7 = 2/7$;

b) $2 : 7 = 0{,}28571428\ldots$

```
b) 2 : 7 = 0,28571428...
   20
    60
     40
      50
       10
        30
         20
          60
           ...
```

In Gedanken:
2 durch 7 = 0 und ein Rest von 2 E = 20 z = 20/10;
20 z durch 7 gleich 2 z und ein nicht geteilter Rest von 6 z = 60 h = 60/100;
60 h durch 7 gleich 8 h und ein nicht geteiler Rest von 4 h = 40 t = 40/1000;
usw.

Auf die Problematik einer solchen Schreib- und Sprechweise wurde bei der Division natürlicher Zahlen hingewiesen. Der Umwandlung des Restes auf die nächste Zehnerpotenz entspricht das Weiterrücken um eine Dezimale. Das Verfahren verläuft wie die schriftliche Division natürlicher Zahlen; beim Übergang von Einern zu Zehnteln im Dividenden ist das gleiche im Quotienten zu tun, d. h., es ist ein Komma zu setzen.

Die beiden Ergebnisse der Division 2 : 7 werden gleichgesetzt, $^2/_7 = 0{,}28571428\ldots$ Bei der Division durch 7 kann nur einer der Reste 1, 2, 3, 4, 5, 6 auftreten. Der Rest 0 ist ausgeschlossen, da das Zehnfache von keiner dieser Zahlen durch 7 teilbar ist. Das bedeutet, daß der Dezimalbruch *unendlich* ist, daß seine Ziffernfolge nie abbricht. Die Ziffern dieser Folge müssen sich wiederholen, sobald ein Rest das zweitemal auftritt. Der Dezimalbruch ist *periodisch*, und bei Division durch 7 kann die *Periode* höchstens 6 Ziffern haben.

Ist p/q ein gekürzter Bruch, und enthält q auch von 2 und 5 verschiedene Primzahlen, so ist der zugehörige Dezimalbruch periodisch, und seine Periode hat höchstens $q - 1$ Ziffern.

Die Periodizität wird gekennzeichnet, indem die Periode nur einmal geschrieben und überstrichen wird.

$^1/_3 = 0{,}33\ldots = 0{,}\overline{3}$; $^{34}/_{99} = 0{,}\overline{34}$ [lies *null-Komma-drei-vier-Periode-drei-vier*];
$^{17}/_{12} = 1{,}41\overline{6}$ [lies *eins-Komma-vier-eins-sechs-Periode-sechs*]; $^{11}/_{26} = 0{,}4\overline{230769}$.

In den ersten beiden Beispielen sind die Dezimalbrüche *reinperiodisch*: Die Periode beginnt gleich nach dem Komma. Die letzten beiden haben zwischen Komma und Beginn der Periode weitere Ziffern. Man nennt diese Ziffern *Vorziffern* oder *Vorperiode*, die Dezimalbrüche heißen *gemischtperiodisch*; sie entstehen immer, wenn der Nenner die Faktoren 2 oder 5 mit enthält.

Vom Dezimalbruch zum gemeinen Bruch. Die Umformung eines *endlichen Dezimalbruchs* in einen gemeinen Bruch folgt aus seiner Erklärung, z. B. $0{,}17 = 1/10 + 7/100 = (10 + 7)/100 = 17/100$; $6{,}05 = 605/100 = 121/20$. Man setzt die Ziffern des Dezimalbruchs – bei Weglassen von

Komma und von „Anfangsnullen" – als Zähler und diejenige Zehnerpotenz als Nenner, die der Dezimalenanzahl entspricht. Auch jeden periodischen Dezimalbruch kann man in einen gemeinen Bruch umwandeln. Bei einem *reinperiodischen Dezimalbruch* setzt man die Ziffern der Periode als Zähler und die der Periodenlänge entsprechende Zehnerpotenz, vermindert um 1, als Nenner, z. B. $0{,}\overline{3} = 3/9 = {}^1/_3$; $0{,}\overline{27} = 27/99 = {}^3/_{11}$; $0{,}\overline{253} = 253/999$. Auf der zunächst noch nicht bewiesenen Tatsache, daß mit unendlichen periodischen Dezimalbrüchen genauso gerechnet werden darf wie mit endlichen, beruht das in den Beispielen 5 und 6 angewandte Umwandlungsverfahren. Seine Anwendung setzt Kenntnisse über das Arbeiten mit Gleichungen voraus. Die Anwendung der angegebenen Regel führt zum gleichen Ergebnis, wenn man aufspaltet und umformt:

$$0{,}3\overline{58} = 0{,}3 + 0{,}0\overline{58} = 0{,}3 + 0{,}\overline{58} \cdot 0{,}1 = 3/10 + 58/99 \cdot 1/10 = (297 + 58)/990 = 355/990 = 71/198.$$

Beispiel 5:

$$\begin{aligned} p/q &= 0{,}\overline{369} \\ 1000\,p/q &= 369{,}\overline{369} \\ \hline 999\,p/q &= 369 \\ p/q &= 369/999 \\ p/q &= 41/111 \end{aligned}$$

Beispiel 6:

$$\begin{aligned} p/q &= 0{,}3\overline{58} \\ 100 \cdot p/q &= 35{,}8\overline{58} \\ \hline 99 \cdot p/q &= 35{,}5 = 355/10 \\ p/q &= 355/10 : 99 = 355/990 \\ p/q &= 71/198 \end{aligned}$$

Jeder gemeine Bruch läßt sich als endlicher oder periodischer Dezimalbruch schreiben. – Jeder endliche und jeder periodische Dezimalbruch lassen sich in einen gemeinen Bruch umwandeln. Gemeine Brüche einerseits, endliche und periodische Dezimalbrüche andererseits sind zwei verschiedene Schreibweisen der gleichen Zahlenart, der rationalen Zahlen.

Um hier die Unterscheidung zweier Möglichkeiten – endlicher und periodischer Dezimalbrüche – zu vermeiden, kann man folgende Überlegung anstellen: Nach dem angegebenen Verfahren läßt sich zeigen, daß $0{,}\overline{9} = 1$ ist. Daher kann man jeden endlichen Dezimalbruch und entsprechend jede ganze Zahl in einen periodischen Dezimalbruch verwandeln, indem man die letzte von Null verschiedene Ziffer um 1 erniedrigt und die Neunerperiode anhängt:

$$0{,}84 = 0{,}83\overline{9};\ 3{,}156 = 3{,}155\overline{9};\ 17 = 16{,}\overline{9}.$$

Rechnen mit Dezimalbrüchen

Hier wird nur das Rechnen mit endlichen Dezimalbrüchen behandelt; periodische Dezimalbrüche sind vor dem Rechnen entsprechend zu runden (vgl. 28.1. - Fehlerrechnung) – oder man muß mit gemeinen Brüchen rechnen.

Addieren und Subtrahieren. Beim schriftlichen Addieren und Subtrahieren von Dezimalbrüchen verfährt man genauso wie bei natürlichen bzw. ganzen Zahlen: Gleiche Stellen werden untereinander geschrieben, *Komma also unter Komma*, unter Berücksichtigung entsprechender Überträge wird spaltenweise von rechts nach links vorgegangen, und beim Übergang von Zehnteln zu Einern wird auch im Ergebnis das Komma gesetzt. Die bequeme Ausführbarkeit der Rechenoperationen erster Stufe ist ein wesentlicher Vorteil der Dezimalbrüche gegenüber den gemeinen Brüchen.

Beispiele. 1:

$$\begin{array}{r} 713{,}25 \\ +\ \ 1{,}085 \\ +\ 22{,}9 \\ \hline 737{,}235 \end{array}$$

2:

$$\begin{array}{r} 38{,}023 \\ -9{,}13 \\ -0{,}0258 \\ \hline 28{,}8672 \end{array}$$

3:

$$\begin{array}{r} 0{,}175 \cdot 3{,}5 \\ \hline 525 \\ 875 \\ \hline 0{,}6125 \end{array}$$

Multiplizieren. Jeder endliche Dezimalbruch läßt sich in einen Zehnerbruch verwandeln; Zehnerbrüche als gemeine Brüche lassen sich in bekannter Weise multiplizieren, z. B. $0{,}175 \cdot 3{,}5 = \frac{175}{1000} \cdot \frac{35}{10} = \frac{175 \cdot 35}{1000 \cdot 10} = \frac{6125}{10000}$, wobei nicht gekürzt werden darf. Das Ergebnis ist wieder ein Zehnerbruch, dessen Zähler das Produkt der Einzelzähler ist und dessen Nenner bei der Umwandlung in einen Dezimalbruch soviel Dezimalen erfordert, wie die Faktoren zusammen haben. Das gleiche Ergebnis ergibt Beispiel 3.

Man multipliziert zwei Dezimalbrüche, indem man zunächst ohne Rücksicht auf das Komma – d. h. wie bei natürlichen Zahlen – multipliziert und dem Ergebnis soviel Dezimalen gibt, wie die Faktoren zusammen haben.

Mit Zehnerpotenzen wird multipliziert, indem lediglich das Komma um soviel Stellen nach rechts versetzt wird, wie die Potenz Nullen hat: $7{,}136 \cdot 100 = 713{,}6$.

Dividieren. Ein Quotient ändert sich nicht, wenn man Dividend und Divisor mit der gleichen Zahl multipliziert (vgl. Erweitern von Brüchen), z. B. $12 : 4 = 48 : 16 = 120 : 40 = 1{,}2 : 0{,}4 = 6 : 2 = 3$.

Um sich auch beim Dividieren an das Verfahren bei den natürlichen Zahlen anlehnen zu können, formt man Dividend und Divisor unter Ausnutzung dieser Tatsache so um, daß der *Divisor eine ganze Zahl ist*, am einfachsten durch Multiplikation mit Zehnerpotenzen, z. B. $33 : 6{,}5 = 330 : 65$ oder $6{,}729 : 13{,}58 = 672{,}9 : 1358$. Jetzt läßt sich die Division wie bei natürlichen Zahlen durchführen, wenn beim Übergang von Einern zu Zehnteln im Dividenden der gleiche Übergang auch im Quotienten durch Setzen eines Kommas vollzogen wird.

Beispiele. 4: $47{,}275 : 3{,}1$
$= 472{,}75 : 31 = 15{,}25$.
162
77
155
0

5: $714{,}5 : 100 = 7{,}145$.
6: $1{,}92 : 1\,000 = 0{,}00192$.

Durch Zehnerpotenzen wird dividiert, indem das Komma im Dividenden um soviel Stellen nach links gerückt wird, wie der Divisor Nullen hat.

Abgekürzte Rechenverfahren. Das Multiplizieren und das Dividieren von Dezimalbrüchen liefern im allgemeinen Ergebnisse, die mehr Stellen haben als die Ausgangszahlen. Handelt es sich bei diesen nicht um absolut genaue Zahlen, sondern um *Näherungszahlen*, die gerundet oder durch Messung mit Fehlern behaftet sind, so sind diese Stellen unzulässig oder besser sinnlos, weil eine nicht vorhandene Rechen- oder Meßgenauigkeit vorgetäuscht wird (vgl. Kap. 28.1. – Fehlerrechnung).

Bei Rechenoperationen erster Stufe mit Näherungszahlen dürfen im Ergebnis nur so viele Dezimalen als *zuverlässige Dezimalstellen* angegeben werden, wie die Ausgangszahl mit der geringsten Anzahl Dezimalstellen hat. Bei Multiplikation und Division hat das Ergebnis nur so viele *gültige Ziffern* (nicht Dezimalen!) wie die Ausgangszahl mit der kleinsten Anzahl gültiger Ziffern.

Gültige Ziffern einer Zahl sind all ihre Ziffern mit Ausnahme der vor der ersten von Null verschiedenen Ziffer stehenden Nullen; z. B. haben sowohl 307,6 als auch 0,0002643 vier gültige Ziffern.
Um sich das Berechnen von Stellen, die über die zuverlässige Stellenzahl hinausgehen, zu ersparen, benutzt man *abgekürzte Verfahren*, bei denen das Ergebnis von vornherein nur die geforderte oder die zulässige Stellenzahl hat.

Abgekürztes Addieren und Subtrahieren. Haben die Summanden die gleiche Anzahl zuverlässiger Dezimalen, so wird in der üblichen Weise addiert oder subtrahiert. Bei ungleicher Dezimalenanzahl wird wie folgt verfahren: Sei die kleinste vorkommende Dezimalenanzahl k, so rundet man alle mit größerer Genauigkeit angegebenen Werte auf $k + 1$ Dezimalen und addiert bzw. subtrahiert dann; dabei wird die letzte Stelle nur beim Übertrag berücksichtigt, so daß das Endergebnis nur k Dezimalen hat. Ist für die Summe bzw. die Differenz von vornherein eine Genauigkeit bis zur k-ten Dezimale gefordert, so wählt man die Summanden ebenfalls möglichst bis zur $(k + 1)$-ten Dezimale genau.

Beispiel 7:
2,7362 m   2,736 m
+ 0,8749 m   → + 0,875 m
+17,53 m   +17,53 m
+ 8,665 m   + 8,665 m
                 29,81 m

Beispiel 8: $27{,}8673 \cdot 49{,}23$ $278{,}6\dot{7} \cdot 4{,}923$
  1 114 692   111 468
  2 508 057   25 080
    557 346   557
    836 019   83
  1 371,907 179   1 371,9 ≈ 1 372

Abgekürztes Multiplizieren. Hier kommt es nicht auf die Dezimalstellen, sondern auf die gültigen Ziffern an. Wenn der eine Faktor k gültige Ziffern hat und der andere eine größere Anzahl, so rundet man diesen auf $k + 1$ Ziffern, auf eine *Überstelle*. Es ist zweckmäßig, den Faktor mit $k + 1$ Ziffern als Multiplikator zu schreiben und – besonders für größere k – durch passende Umformungen dafür zu sorgen, daß der Multiplikand nur noch Einer vor dem Komma hat, z. B. $27{,}8673 \cdot 49{,}23 = 278{,}673 \cdot 4{,}923$. Das anschließende Vorgehen wird am deutlichsten durch Gegenüberstellung von normalem und abgekürztem Multiplikationsverfahren. Während bei der ersten Teilmultiplikation noch der ganze Multiplikator auftritt, wird bei den späteren Teilprodukten Stelle für Stelle weggelassen. Um sich hier nicht zu irren, markiert man die jeweils nur noch zum Übertrag für die nächsthöhere Stelle benutzte Ziffer durch Darübersetzen eines Punktes. Für das dritte Teilprodukt z. B. wird die Ziffer 6 markiert und gerechnet: $2 \cdot 6 = 12$, als Übertrag wird 1 gemerkt, $2 \cdot 8 + 1 = 17$, $2 \cdot 7 + 1 = 15$, $2 \cdot 2 + 1 = 5$. Bei der abschließenden Addition der Teilprodukte wird die letzte Stelle auch nur noch für den Übertrag berücksichtigt. Falls das Endergebnis dann – wie beim ausgeführten Beispiel – noch immer eine Stelle über die Höchstzahl gültiger Ziffern hinaus aufweist, ist nochmals zu runden. Ist die Berechnung eines Produkts auf k Stellen genau gefordert, so führt man die Berechnung möglichst mit Faktoren aus, die jeweils $k + 1$ gültige Ziffern haben, und rundet dann.

Abgekürztes Dividieren. Auch die Anzahl der im Quotienten anzugebenden gültigen Ziffern ist gleich der kleinsten in den Ausgangszahlen (Dividend oder Divisor) auftretenden Anzahl gültiger Stellen, so daß von vornherein so gerundet werden kann, daß eine Überstelle belassen wird. Ist der Quotient k-stellig verlangt, so wählt man Dividend und Divisor möglichst $(k+1)$-stellig; bei der k-ten Stelle des Quotienten ist dann das Runden zu beachten. Zur Erläuterung sei wieder die abgekürzte Division der ausführlichen gegenübergestellt. Dabei handelt es sich um die Berechnung des Quotienten 674,283 : 439,17 auf drei Stellen.

Beispiel 9:

67428,3 : 43917 = 1,535...	6743 : 4392 = 1,54
43917	4392
235113	2351
219585	2196
155280	155
131751	176
235290	—21

Statt an die jeweiligen Reste Nullen anzuhängen, wird bei der abgekürzten Division der Divisor jeweils um eine Stelle verkürzt. Diese Stelle wird jedoch beim Bilden des Zwischenprodukts im Übertrag berücksichtigt: $2351 : 439 = 5$; $5 \cdot 2 = 10$ (1 merken); $5 \cdot 9 + 1 = 4\mathbf{6}$; $5 \cdot 3 + 4 = \mathbf{19}$; $5 \cdot 4 + 1 = 21$; beim nächsten Schritt: $155 : 44 = 4$, weil $44 \cdot 4 = 176$ näher an 155 liegt als $44 \cdot 3 = 132$.

Geschichtliches. Die Lehre von den gemeinen Brüchen und dem Rechnen mit ihnen, so wie es heute üblich ist, ist eigentlich das Werk der *Inder* (BRAHMAGUPTA, um 600 u. Z.). Von hier nahmen die Brüche ihren Weg über die Araber und die italienischen Kaufleute. Jedoch zeigt schon das Rechenbuch des AHMES (Papyrus Rhind, um 1700 v. u. Z.) eine erstaunlich gut entwickelte Bruchrechnung: Es wurden außer $^2/_3$ nur Stammbrüche benutzt und alle anderen Brüche zu solchen umgeformt, z. B. $^5/_6 = {}^1/_2 + {}^1/_3$. Das Umformen selbst erfolgte weniger auf Grund hergeleiteter Regeln als vielmehr nach Tafelzusammenstellungen; das Rechnen mit Brüchen war dadurch verhältnismäßig schwerfällig. Die *Babylonier* benutzten Sechziger- oder Sexagesimalbrüche. In gewisser Weise sind diese Brüche Vorläufer der Dezimalbrüche, da sie auf dem allerdings nicht voll ausgebildeten Positionssystem mit der Basis 60 fußen, auf das heute noch unsere Zeit- und Winkelteilung hinweisen. Das Rechnen gestaltete sich dadurch, daß keine Nenner geschrieben wurden, recht einfach. Die *Griechen* haben kein eigenes Bruchsystem entwickelt. Dürftig ist das Bruchsystem der *Römer*, das eigentlich nur Brüche mit dem Nenner 12 kennt, abgeleitet von dem Gewichtsmaß 1 As = 12 Unzen; andere Brüche werden durch Zwölferbrüche angenähert. In *Deutschland* bürgerten sich die gemeinen Brüche erst im Mittelalter ein; es dauerte jedoch bis etwa 1700, ehe die Bruchrechnung zum Unterrichtsgegenstand allgemeinbildender Schulen wurde. Auch hier wurde zunächst nur das Allernötigste meist ohne Begründung, in Form von Gedächtnisregeln, geboten. Die Dezimalbrüche treten erst verhältnismäßig spät auf. Als Begründer der Lehre von den Dezimalbrüchen gilt allgemein der holländische Kaufmann und Ingenieur Simon STEVIN (1548–1620). In seinem Werk, das den Dezimalbrüchen in Anlehnung an das dekadische Positionssystem zum Durchbruch verhalf, forderte er u. a. die Einführung dezimal geteilter Münz-, Maß- und Gewichtssysteme in allen Ländern. Allerdings hatte STEVIN Vorläufer; zu ihnen zählen vor allem Johannes REGIOMONTANUS (1436–1476), VIETA und Christoff RUDOLFF (geb. um 1500).

1.4. Proportionalität und Proportionen

Direkte Proportionalität. Die Verlängerung einer Schraubenfeder wächst mit der Masse der angehängten Körper (Abb. 1.4-1). Bei einer bestimmten Feder verursachte eine Belastung x eine Verlängerung y in cm:

x	50	100	125	175	240	300
y	10	20	25	35	48	60

y direkt proportional x
$y = c \cdot x$ oder $y/x = c$

Aus den Maßzahlen x für die Belastung ergeben sich die Maßzahlen y für die zugehörigen Verlängerungen jeweils durch Multiplikation mit 0,2; d. h., $y = 0{,}2\,x$ oder $y/x = 0{,}2$.

Allgemein nennt man zwei Größen x und y zueinander *direkt proportional* [lat. *proportio*, soviel wie Ebenmaß] genau dann, wenn 1. jedem Wert der einen Größe genau ein Wert der zweiten Größe zugeordnet ist und wenn sich 2. aus jeder Maßzahl von x die zugehörige Maßzahl von y durch Multiplikation mit ein und derselben Zahl c ergibt.

Stellt man diesen Zusammenhang in einem rechtwinkligen Koordinatensystem dar, so liegen die Punkte (x, y) auf einer Geraden durch den Ursprung. Die Zahl c heißt *Proportionalitätsfaktor.*

Er charakterisiert den jeweiligen praktischen Sachverhalt. Im angeführten Beispiel ist er das Reziproke der sogenannten Federkonstanten $1/k = 0{,}2\,\text{mm/p} \approx 20{,}4\,\text{mm/N}$, die für die benutzte Feder charakteristisch ist.

Indirekte oder umgekehrte Proportionalität. Hat bei einer Transmission (Abb. 1.4-2) das eine der beiden Räder einen Durchmesser von 500 mm und dreht es sich einmal, so ist die Umdrehungszahl y des anderen Rades um so größer, je kleiner sein Durchmesser x in mm ist:

x	100	125	250	375	500	750
y	5	4	2	4/3	1	2/3

Für einander zugehörige Werte von x und y gilt stets $y \cdot x = 500$ oder $y = 500/x$. Die gleiche Beziehung besteht, wenn die Kraft zwischen den beiden Rädern durch Reibung oder durch ineinandergreifende Zähne übertragen wird.

y indirekt proportional x	$y = c/x$ oder $y \cdot x = c$

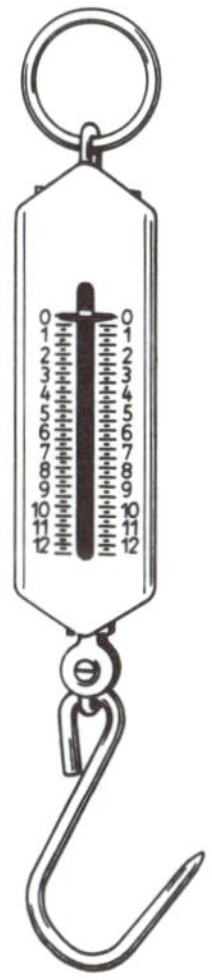

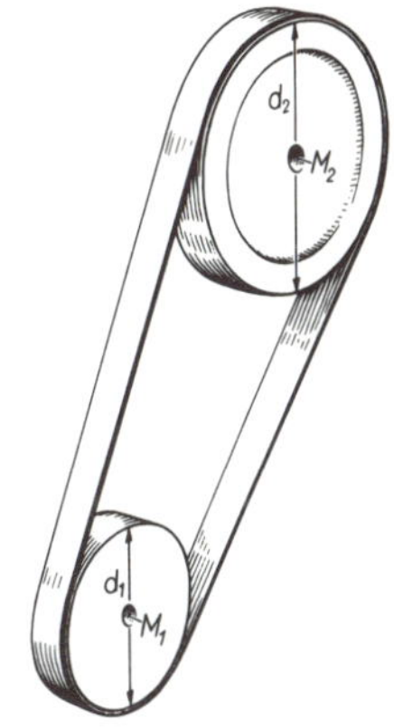

1.4-2 Transmission

1.4-1 Federwaage

Allgemein nennt man zwei Größen x und y genau dann zueinander *umgekehrt proportional*, wenn 1. jedem Wert der einen Größe genau ein Wert der zweiten zugeordnet ist und wenn sich 2. aus jeder Maßzahl von x die zugehörige Maßzahl von y dadurch ergibt, daß man ein und dieselbe Zahl $c \neq 0$ durch die Maßzahl von x dividiert.

Stellt man diesen Zusammenhang in einem rechtwinkligen Koordinatensystem dar, so liegen die Punkte auf einer gleichseitigen Hyperbel. Wegen $y = c/x = c \cdot 1/x$ nennt man die Zahl c auch hier *Proportionalitätsfaktor*.

Verhältnis. Ein Schnellzug legt in der Stunde 130 km, ein Turbopropflugzeug 650 km, also 520 km mehr zurück. Der Vergleich wird deutlicher, wenn man sagt, daß das Flugzeug die 5fache Strecke je Zeiteinheit zurücklegt. Er ist in dieser Form von der betrachteten Zeitspanne unabhängig. Man gewinnt dabei die Zahl 5 als Quotient $650:130 = 5:1 = 5$ und sagt: *Die in der gleichen Zeit zurückgelegten Strecken verhalten sich wie 5 : 1* oder *stehen im Verhältnis 5 : 1.*

Das Verhältnis zweier gleichbenannter Größen ist der Quotient ihrer Maßzahlen.

Für Zahlen statt Größen gilt entsprechendes; in beiden Fällen ist das Verhältnis eine Zahl.
Man bildet aber auch das Verhältnis aus verschieden benannten Größen. Braucht ein Fußgänger für 14 km Weg 3 Stunden, so bildet man das Verhältnis $14\,\text{km} : 3\,\text{h} = 14/3\,\text{km/h} = 14/3\,\text{km}\,\text{h}^{-1}$ und sagt, daß 14/3 *km je Stunde* zurückgelegt werden. In diesem Fall führt die Bildung des Verhältnisses zu dem neuen Begriff der Geschwindigkeit mit der Maßeinheit $\text{km} \cdot \text{h}^{-1}$.
Bei direkter Proportionalität haben die einander zugeordneten Werte das gleiche Verhältnis, bei umgekehrter Proportionalität haben sie stets das gleiche Produkt. Da ein Quotient sich nicht ändert, wenn Dividend und Divisor mit der gleichen Zahl $c \neq 0$ multipliziert oder durch die gleiche Zahl dividiert werden, kann ein und dasselbe Verhältnis in unterschiedlichster Weise angegeben werden, z. B. $5:1 = 10:2 = 30/6 = 1:0{,}2 = 650:130$. Man spricht auch vom *Erweitern* oder *Kürzen* eines Verhältnisses. In der Regel wählt man die Angabe mit kleinsten natürlichen Zahlen, z. B. 5 : 1.

Verhältnisgleichung oder Proportion. Eine Gleichung aus zwei Verhältnissen heißt Verhältnisgleichung oder Proportion, z. B. $2:3 = 1:1{,}5$ oder $4/5 = 8/10$; dies liest man als *4 verhält sich zu 5 wie 8 zu 10* oder kurz *4 zu 5 wie 8 zu 10.* Eine Proportion ist wahr, wenn auf beiden Seiten tatsächlich das gleiche Verhältnis steht, in der Regel unterschiedlich ausgedrückt; $4:5 = 5:4$ ist dagegen eine falsche Proportion.
Hat eine wahre Proportion gleiche Innenglieder (Abb. 1.4-3), so nennt man diese Größe oder Zahl die *mittlere Proportionale* der Außenglieder; z. B. ist 6 wegen $12:6 = 6:3$ die mittlere Proportionale zu 12 und 3. Nach der Produktgleichung (vgl. Sätze über Proportionen) ist das geometrische Mittel $m_g = \sqrt{a \cdot b}$ zweier positiver Zahlen a und b die mittlere Proportionale dieser Zahlen.

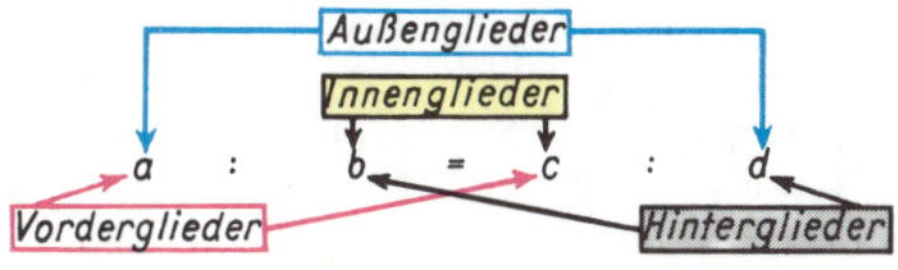

c mittlere Proportionale zu a und b
$a : c = c : b$

1.4-3 Bezeichnung der Glieder einer Proportion

Sind die Hinterglieder einer Proportion den Vordergliedern einer zweiten gleich, so schreibt man häufig eine *fortlaufende Proportion*, für $2:5 = 4:10$ und $5:8 = 10:16$ z. B. $2:5:8 = 4:10:16$. Allerdings handelt es sich dabei lediglich um eine symbolische Schreibweise, denn würde man die beiden Seiten als Quotienten auffassen, so ergäbe sich die falsche Aussage $^1/_{20} = {^1/_{40}}$. Allgemein ist $a:b:c = d:e:f$ eine Kurzdarstellung für drei Proportionen $a:b = d:e$, $b:c = e:f$ und $a:c = d:f$, von denen sich jeweils eine aus den anderen folgern läßt. Durch Vertauschen der inneren Glieder (vgl. Sätze über Proportionen) der ersten beiden z. B. erhält man $a:d = b:e$ und $b:e = c:f$, mithin $a:d = c:f$ oder $a:c = d:f$, d. h. die dritte Proportion. Durch Multiplizieren der ersten zwei Proportionen mit b/d bzw. c/e läßt sich auch die Gleichungskette $a/d = b/e = c/f$ gewinnen, aus der sich umgekehrt die Proportionen erhalten lassen; z. B. gibt man dem Sinussatz der ebenen Trigonometrie die Form $a/\sin\alpha = b/\sin\beta = c/\sin\gamma$ oder $a:b:c = \sin\alpha : \sin\beta : \sin\gamma$.

fortlaufende Proportion $a:b:c = d:e:f$ gleichwertig mit $a:d = b:e = c:f$

Sätze über Proportionen. Jede Proportion darf wie eine Gleichung umgeformt werden, z. B. durch Vertauschen der Seiten. Daneben gibt es spezielle Regeln, die von einer wahren Proportion $a:b = c:d$ zu einer anderen wahren Aussage führen.
Multipliziert man $a/b = c/d$ beiderseits mit bd, so entsteht die *Produktgleichung* $a \cdot d = b \cdot c$.

Produktgleichung. In jeder wahren Proportion ist das Produkt der Innenglieder gleich dem Produkt der Außenglieder.

Aus der Gleichung $a \cdot d = b \cdot c$ ($\neq 0$) kann man umgekehrt Proportionen erhalten. Division durch $b \cdot d$ liefert $a:b = c:d$, Division durch $a \cdot b$ ergibt $d:b = c:a$ usw. Dies führt auf die *Vertauschungssätze*.

Vertauschungssätze. In jeder wahren Proportion führt das Vertauschen der beiden Außenglieder, der beiden Innenglieder oder der Innenglieder mit den Außengliedern wieder zu einer wahren Proportion.

Addiert oder subtrahiert man in $a:b = c:d$ bzw. in $b:a = d:c$ auf beiden Seiten 1, so ergibt sich als *korrespondierende Addition* $(a+b):b = (c+d):d$ und $(a+b):a = (c+d):c$ sowie als *korrespondierende Subtraktion* $(a-b):b = (c-d):d$ und $(a-b):a = (c-d):c$. Das Dividieren entsprechender Proportionen für $a \neq b$ und damit $c \neq d$ liefert $(a+b):(a-b) = (c+d):(c-d)$. Diese Formeln sind nur die wichtigsten Sonderfälle des allgemeinen *Gesetzes der korrespondierenden Addition und Subtraktion.*

Korrespondierende Addition und Subtraktion	Aus $a/b = c/d$ folgt $(pa + qb)/(ra + sb) = (pc + qd)/(rc + sd)$ für beliebige p, q, r, s mit $ra + sb \neq 0$

Die Richtigkeit dieser Behauptung ergibt sich, wenn nach $a:b = c:d = k$ die Werte $a = bk$ und $c = dk$ in sie eingesetzt werden und mit b bzw. d gekürzt wird.

Proportionalität und Proportionen. Wenn zwischen zwei Größen x und y direkte Proportionalität besteht, so gilt $y_1/x_1 = y_2/x_2 = \cdots = y_n/x_n = c$ für je n einander zugeordnete Werte x_i, y_i. Wiederholtes Vertauschen der Innenglieder führt zu $y_1 : y_2 : y_3 : \cdots : y_n = x_1 : x_2 : x_3 : \cdots : x_n$. Das besagt, daß bei direkter Proportionalität zueinandergehörige Werte y_i und x_i stets das gleiche Verhältnis bilden, und daß zwei beliebige Werte x_i und x_j das gleiche Verhältnis wie die zugehörigen Werte y_i und y_j bilden.
Bei indirekter Proportionalität zwischen den Größen x und y gilt $x_1 \cdot y_1 = x_2 \cdot y_2 = \cdots x_n \cdot y_n = c$ für einander zugeordnete Werte x_i und y_i. Aus all diesen Produktgleichungen lassen sich Proportionen wie $y_1 : y_2 = x_2 : x_1$ gewinnen und daraus schließlich $y_1 : y_2 : y_3 : \cdots : y_n = x_n : \cdots : x_3 : x_2 : x_1$. Das besagt, daß bei indirekter Proportionalität zwei beliebige Werte x_i und x_j das umgekehrte Verhältnis wie die zugehörigen Werte y_i und y_j bilden.

Lösen von Proportionen. Die Proportionen $50:140 = 10:x$ und $x:2 = 50:80$ enthalten je eine Variable. Sie lösen heißt, Zahlen finden, die Verhältnisgleichheit ergeben, wenn man sie für x einsetzt. Man spricht auch vom *Bestimmen der vierten Proportionale.* Im ersten Fall erkennt man sofort $x = 28$, im zweiten $x = 5/4$. Die Richtigkeit kann man mit Hilfe der Produktgleichung überprüfen. Die Produktgleichung kann auch beim Lösen selbst verwendet werden.

Beispiel 1: $(8x - 7):(4x - 1) = (6x - 5):3x$.
Mit Hilfe der Produktgleichung bzw. durch Multiplikation beider Seiten mit $3x(4x - 1)$ erhält man

		Probe:		
$3x(8x-7) = (4x-1)(6x-5)$				
$24x^2 - 21x = 24x^2 - 26x + 5$	$\mid -24x^2 + 26x$	linke Seite:	$(8 \cdot 1 - 7):(4 \cdot 1 - 1)$	$= 1:3$,
$5x = 5$	$\mid :5$	rechte Seite:	$(6 \cdot 1 - 5):3 \cdot 1$	$= 1:3$,
$x = 1$		Vergleich	$1:3$	$= 1:3$.

Beispiel 2: Von zwei Körpern mit gleichem Volumen hat der erste die Dichte $\varrho_1 = 7{,}3\ \mathrm{kg/dm^3}$, der zweite $\varrho_2 = 2{,}7\ \mathrm{kg/dm^3}$. Welche Masse hat der zweite Körper, wenn die des ersten 4,8 kg ist? –

$$4{,}8 : x = 7{,}3 : 2{,}7$$
$$x = 1{,}775.$$ Die Masse des zweiten Körpers ist 1,775 kg.

Beispiel 3: Ein $l_1 = 400\,\mathrm{m}$ langer Draht vom Durchmesser $d_1 = 4\,\mathrm{mm}$ hat die Masse $m_1 = 36{,}7\,\mathrm{kg}$. Wieviel Meter Draht aus dem gleichen Material, aber vom Durchmesser $d_2 = 6$ mm haben die Masse $m_2 = 90$ kg? – Da die Drähte aus dem gleichen Material bestehen, verhalten sich ihre Massen wie ihre Rauminhalte; es gilt $m_1 : m_2 = [\pi l_1 d_1^2/4] : [\pi l_2 d_2^2/4]$ oder $m_1 : m_2 = d_1^2 l_1 : d_2^2 l_2$. Nach der Produktgleichung ergibt sich die Lösung: $l_2 = (m_2 d_1^2 l_1)/(m_1 d_2^2)$, in der entsprechende Größen l_1 und l_2, d_1 und d_2 sowie m_1 und m_2 in der gleichen Maßeinheit gemessen werden müssen. Im angegebenen Zahlenbeispiel errechnet man eine Länge von 436 m.

Beispiel 4: Eine Tankstelle hat einen Dieselkraftstoffvorrat für 24 Tage, wenn sie täglich 1000 *l* abgibt. Wie lange reicht der Vorrat, wenn täglich 1200 *l* gebraucht werden? –

$$24 : x = 1200 : 1000,$$
$$x = 24000/1200,$$
$$x = 20.$$ Der Vorrat reicht dann nur 20 Tage.

Zur Geschichte. Die Lehre von den Proportionen hat in der älteren Mathematik eine zentrale Stellung eingenommen, da die vielfältigsten Aufgaben auf Proportionen führen.
Die griechische Mathematik bestimmte die vierte Proportionale geometrisch, mit den Methoden der geometrischen Algebra. Die rechnerische Behandlung der Proportionen und der Kalkül des Dreisatzes wurden indessen in Europa erst in der Zeit vom 15. bis 17. Jahrhundert durchgebildet, insbesondere im Zusammenhang mit dem kaufmännischen Rechnen. Derartige Aufgaben bilden einen Hauptbestandteil der weitverbreiteten Rechenbücher und den hauptsächlichen Lehrgegenstand der Rechenmeister und Cossisten. Von ihnen ist in Deutschland besonders Adam RIES (1492–1559) bekannt geworden.
Proportionen spielten auch eine große Rolle in der darstellenden und in der bildenden Kunst der Renaissance. Gebäude und Darstellungen von Menschen in Gemälden und Plastiken mußten, um als schön zu gelten, nach einem besonderen „Kanon“ aufgebaut sein, d. h., Teile des Ganzen mußten in bestimmten Größenverhältnissen stehen; z. B. Kopf : Körperlänge = 1 : 8; Kopf : Gesicht = 5 : 4; Rumpf : Oberschenkel = Oberschenkel : Unterschenkel; Höhe eines Gebäudes : Breite = 3 : 7 u. a. Eine große Rolle spielte hier auch der Goldene Schnitt (vgl. Kap. 7.8. – Teilung einer Strecke). Noch heute verwendet man das Wort „wohlproportioniert“ im Sinne von „dem Schönheitsgefühl genügend“. In der bildenden Kunst haben auf diesem Gebiet in der Renaissance insbesondere Leonardo DA VINCI und Albrecht DÜRER gearbeitet.

1.5. Arbeiten mit Zahlenvariablen

Den als Distributivgesetz für rationale Zahlen bekannten Sachverhalt drückt man kurz in der Form $a \cdot (b + c) = a \cdot b + a \cdot c$ aus. Dabei stehen a, b und c für beliebige rationale Zahlen, sind *Variable* für rationale Zahlen. Allgemein kennzeichnen Variable, für die man meist Buchstaben wählt, eine leere Stelle, in die man ein beliebiges Element bzw. seine Bezeichnung aus einer fest vorgegebenen Menge einsetzen kann. Die Zahlenvariablen a, b und c werden zuweilen auch allgemeine Zahlsymbole genannt, ihr *Variabilitätsbereich* ist die Menge der rationalen Zahlen.
Mit Variablen können nicht nur Gesetzmäßigkeiten bequem formuliert werden, eine durch sie ausgedrückte Lösung einer Aufgabe liefert auch ohne neue Berechnung für beliebig viele Einzelfälle durch bloßes Einsetzen das Ergebnis.
Als *Terme* bezeichnet man Zahlzeichen, Zahlenvariable und Aneinanderreihungen solcher Zeichen mit Operationszeichen und Klammern (vgl. Kap. 15.), z. B. $^1/_4$, $12 - 5$, $3 \cdot a$, $5 \cdot (17 + 6c)$, $(2z - 13) : (5z + 10)$. Die Zeichenreihen $5 : 0$ oder $7 + \cdot a$ (sind hingegen keine Terme. Auch $7 + 8 = 15$ oder $a - 3 < 3a$ sind keine Terme, sondern *Ausdrücke*.
Ist in dem Term $(2z - 13)/(5z + 10)$ die Menge der rationalen Zahlen der *Variabilitätsbereich* von z, so unterscheidet sich davon der *Definitionsbereich* des Terms, da der Term für $z = -2$ nicht definiert ist (vgl. Kap. 4.1. – Gleichung. Lösungsmenge).
Äquivalenz von Termen. Beim *Belegen* einer Variablen wird sie in einem Term an jeder Stelle, an der sie auftritt, durch ein bestimmtes Element des Variabilitätsbereichs, bzw. durch dessen Zeichen, ersetzt. Verschiedene Variable können mit verschiedenen Elementen, aber auch mit demselben Element belegt werden; z. B. liefert $2a + 5b$ für $a = b = -^3/_7$ den Wert -3.
Zwei *wertverlaufsgleiche* oder *einander äquivalente Terme* enthalten die gleichen Variablen und nehmen bei jeder Belegung dieser Variablen mit den gleichen Elementen denselben Wert an; z. B. sind $3a + 7a$ und $10a$ bzw. $a \cdot (b + c)$ und $a \cdot b + a \cdot c$ einander äquivalent.

Einfache Umformungen. Ein eigentliches Rechnen mit Variablen, wie etwa mit ganzen Zahlen, z. B. ein Berechnen der Summe $2a + 3b$, ist nicht möglich. Terme mit Variablen lassen sich nur in äquivalente Terme umformen, z. B. $3a + 7a$ in $10a$; dabei sind die Gesetze zu beachten, die für das Rechnen mit Zahlen im jeweiligen Variabilitätsbereich gelten.

Kommutativgesetz	$a + b = b + a;\ a \cdot b = b \cdot a$	Q
Assoziativgesetz	$a + (b + c) = (a + b) + c;\ a \cdot (b \cdot c) = (a \cdot b) \cdot c$	Q
Distributivgesetz	$a \cdot (b + c) = a \cdot b + a \cdot c$	Q

Obwohl bei Termen nur Umformungen möglich sind, werden Bezeichnungen wie Summe oder Produkt auch für Terme verwendet. Beim *Addieren* und *Subtrahieren* dürfen nur gleichartige Glieder mit gleichen Variablen zusammengefaßt werden, und zwar nach dem Distributivgesetz. Dabei erhält man z. B. $5a - 2a = (5 - 2)\,a = 3a$ oder unter zusätzlicher Ausnutzung von Kommutativ- und Assoziativgesetz der Addition $5a + 7c - 3b + 6c - 2a - 7b - 5c = 3a - 10b + 8c$. Auch beim *Multiplizieren* und *Dividieren* können Terme mit verschiedenen Variablen, z. B. $m \cdot n$ oder $s : t$, nicht berechnet oder zusammengefaßt werden. Bei gleichen Faktoren wird die Potenzschreibweise verwendet. Bei Produkten ist es üblich, das Multiplikationszeichen zwischen Variablen und zwischen Zahlzeichen und Variablen wegzulassen, anstatt $a \cdot b$ oder $6 \cdot (p + q)$ zu schreiben ab bzw. $6(p + q)$.

Beispiele. 1: $4m \cdot 3n \cdot 15k = 180kmn$. *2:* $(-320pq) : (-80q) = 4p$.
3: $125c^2 \cdot (-3/7)\, d \cdot (14/75)\, cd = -10c^3d^2$. *4:* $93s^2t^4 : 31st^2 = 3st^2$.

Algebraische Summen. Auch der Begriff der *entgegengesetzten Zahl* läßt sich auf Variable und Terme übertragen. Dann kann wieder jede Subtraktion als Addition dargestellt werden. Die algebraischen Summen mit Variablen werden vielfach als *Polynome* [griech. *poly-*, viel] bezeichnet, obgleich diese Bezeichnung auch in anderem Sinne verwendet wird. Ein *Monom* [griech. *mono-*, einzeln] ist dann ein eingliedriger Term, ein *Binom* [lat. *bi-*, zweifach] enthält zwei, ein *Trinom* [lat. *tri-*, dreifach] drei Glieder.

Lexikographische Anordnung. Wegen der Gültigkeit der Kommutativgesetze ist zwar die Reihenfolge von Summanden oder Faktoren beliebig, es ist aber üblich, der Übersicht halber die Variablen möglichst entsprechend der Reihenfolge im Alphabet, *lexikographisch*, zu ordnen, wie dies auch in allen bisherigen Beispielen geschehen ist; statt $28b^3af^2d$ steht besser $28ab^3df^2$, statt $36vw + 2{,}5uv - 3{,}2uw$ besser $2{,}5uv - 3{,}2uw + 36vw$. Kommt dieselbe Variable mehrfach mit verschiedenen Exponenten vor, so ordnet man meist nach fallenden oder manchmal auch nach steigenden Potenzen; statt $2s^2 - 3s^4 + s^5 - 8s$ z. B. besser $s^5 - 3s^4 + 2s^2 - 8s$.

Arbeiten mit algebraischen Summen

Addieren und Subtrahieren. Bei der Addition und der Subtraktion algebraischer Summen können Klammern auftreten, z. B. $(7a - 3b) + (5c - 3b - 6a) - (7b - 8a + 2c)$. Bevor hier ein Zusammenfassen und Vereinfachen möglich ist, sind die Klammern zu beseitigen.

Auflösen von Klammern. Ein Zahlenbeispiel für die schriftliche Darstellung der Art, wie man eine Additions- und Subtraktionsaufgabe im allgemeinen im Kopf löst, zeigt das Verfahren:

$$\begin{aligned} &227 + 36 - 213 - 198 + 29 \\ &= 227 + (30 + 6) - (200 + 13) - (200 - 2) + (30 - 1) \\ &= 227 + 30 + 6 - 200 - 13 - 200 + 2 + 30 - 1. \end{aligned}$$

Steht ein Pluszeichen vor der Klammer, so bleibt die Klammer einfach weg. Steht dagegen ein Minuszeichen davor, so sind beim Weglassen der Klammer alle in ihr vorkommenden Vor- bzw. Rechenzeichen umzukehren.

Ist z. B. zu berechnen $6a - (4a - b)$, so ist die Zahl von $6a$ zu subtrahieren, die um b kleiner ist als $4a$. Subtrahiert man also $4a$, so hat man b zuviel subtrahiert, man muß deshalb b wieder addieren und erhält $6a - (4a - b) = 6a - 4a + b = 2a + b$. Entsprechende Überlegungen gelten für die anderen Fälle.

Beispiel 1: $8p - (15r - 7q + 6p) + (8q - p + 7r)$
$= 8p - 15r + 7q - 6p + 8q - p + 7r = p + 15q - 8r$.

Mehrfache Klammern. Sind in einem Term algebraische Summen wiederum zusammengefaßt, so unterscheidet man die Klammern zweckmäßigerweise durch verschiedene Formen. In solchen Fällen ist es häufig vorteilhaft, mit dem Auflösen der Klammern innen zu beginnen:

$$17m + [6n - (3m + 4n)] - \{(8m - n) - [5m + (3n - 6m)]\}$$
$$= 17m + [6n - 3m - 4n] - \{8m - n - [5m + 3n - 6m]\}$$
$$= 17m + [-3m + 2n] - \{8m - n - [-m + 3n]\}$$
$$= 17m - 3m + 2n - \{8m - n + m - 3n\}$$
$$= 14m + 2n - \{9m - 4n\} = 14m + 2n - 9m + 4n = 5m + 6n.$$

Beim Auflösen der Klammern von außen erhält man dasselbe Ergebnis:

$$17m + [6n - (3m + 4n)] - (8m - n) + [5m + (3n - 6m)]$$
$$= 17m + 6n - (3m + 4n) - (8m - n) + 5m + (3n - 6m)$$
$$= 22m + 6n - 3m - 4n - 8m + n + 3n - 6m$$
$$= 5m + 6n.$$

Multiplizieren. Man kann algebraische Summen mit einer Zahl, einem *Monom*, oder wiederum mit einer algebraischen Summe multiplizieren.
Multiplikation mit einem Monom. Hier handelt es sich um eine Anwendung des Distributivgesetzes. Bezüglich der Rechenzeichen braucht man sich nur einmal grundsätzlich klarzumachen, daß jede Subtraktion in eine Addition der jeweils entgegengesetzten Zahl verwandelt werden kann und umgekehrt.

Wegen $a(b + c) = ab + ac$
ist $a(b - c) = a[b + (-c)]$
$= ab + a(-c) = ab + (-ac)$
$= ab - ac.$

Zu beachten sind dabei die Vorzeichenregeln, die schon vom Rechnen mit ganzen Zahlen her bekannt sind.

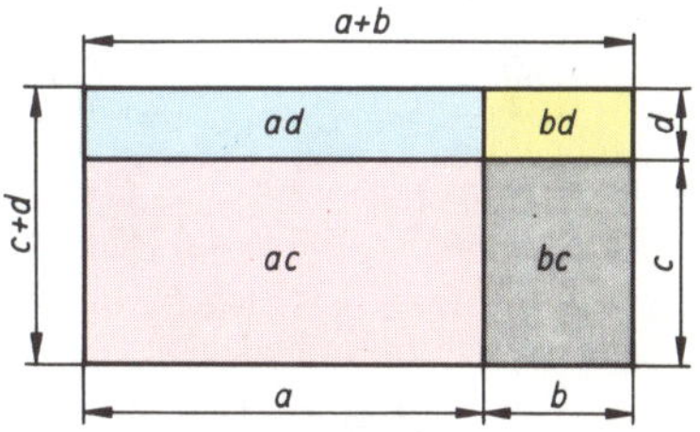

1.5-1 Veranschaulichung der Multiplikation zweier Binome; $(a + b)(c + d) = ac + ad + bc + bd$

Beispiel 2: $6x + 7(3x - 2y) - 5x(3 - 6y) - 3y(10x + 9)$
$= 6x + (21x - 14y) - (15x - 30xy) - (30xy + 27y)$
$= 6x + 21x - 14y - 15x + 30xy - 30xy - 27y$
$= 12x - 41y.$

Wenn man in der Anwendung der Vorzeichenregeln bzw. der Rechenzeichenregeln genügend sicher ist – aber auch nur dann! – kann man gleich von der ersten zur dritten Zeile übergehen.
Multiplikation algebraischer Summen miteinander. Die Regel für das Vorgehen bei der Multiplikation mehrerer algebraischer Summen erhält man durch mehrfache Anwendung des Distributivgesetzes, wobei die Vorzeichenregeln zu beachten sind (Abb. 1.5-1).

$$(a + b)(c + d) = a(c + d) + b(c + d) = ac + ad + bc + bd$$

Man multipliziert algebraische Summen miteinander, indem man jedes Glied der einen Summe mit jedem Glied der anderen multipliziert und diese Produkte zueinander addiert.

In den folgenden Beispielen treten auch mehrgliedrige Summen auf; bei mehr als zwei Faktoren geht man schrittweise vor:

Beispiele. 3: $(7u - 3v)(4u + 5v) = 28u^2 + 35uv - 12uv - 15v^2 = 28u^2 + 23uv - 15v^2.$
4: $(2s - 3t)(5r - 7s + 2t) = 10rs - 14s^2 + 4st - 15rt + 21st - 6t^2$
$= 10rs - 15rt - 14s^2 + 25st - 6t^2.$
5: $(u + 7v)(3u + v)(9u - 6v)(2u - v) = (3u^2 + 22uv + 7v^2)(18u^2 - 21uv + 6v^2)$
$= 54u^4 + 333u^3v - 318u^2v^2 - 15uv^3 + 42v^4.$

Ausklammern. Das Distributivgesetz $a(b + c) = ab + ac$ kann nicht nur von links nach rechts, sondern auch umgekehrt von der Summe zum Produkt hin angewendet werden. Dieses Vorgehen bezeichnet man als Ausklammern von Faktoren. Es ist immer möglich, wenn mehrere Summanden gleiche Faktoren enthalten. Dieser gleiche Faktor kann in einem Zwischenschritt besonders hervorgehoben werden. Die Umwandlung in ein Produkt aus zwei algebraischen Summen geht meist in mehreren Schritten vor sich.

Beispiele. 6: $44p - 77q + 99r = 11 \cdot 4p - 11 \cdot 7q + 11 \cdot 9r = 11(4p - 7q + 9r).$
7: $54a^3b^2c^3 + 18a^2b^3c^2 - 36a^2b^2c^2 = 18a^2b^2c^2(3ac + b - 2).$
8: $18am - 24bm + 15an - 20bn = 6m(3a - 4b) + 5n(3a - 4b) = (3a - 4b)(6m + 5n).$

Binomische Formeln. Einen besonders wichtigen Sonderfall der Multiplikation algebraischer Summen erfaßt man mit Hilfe der binomischen Formeln; z. B. ist $(a + b)(a + b) = a^2 + ab + ab + b^2 = a^2 + 2ab + b^2$.

Binomische Formeln	$(a + b)^2 = a^2 + 2ab + b^2$ $(a - b)^2 = a^2 - 2ab + b^2$ $(a + b)(a - b) = a^2 - b^2$

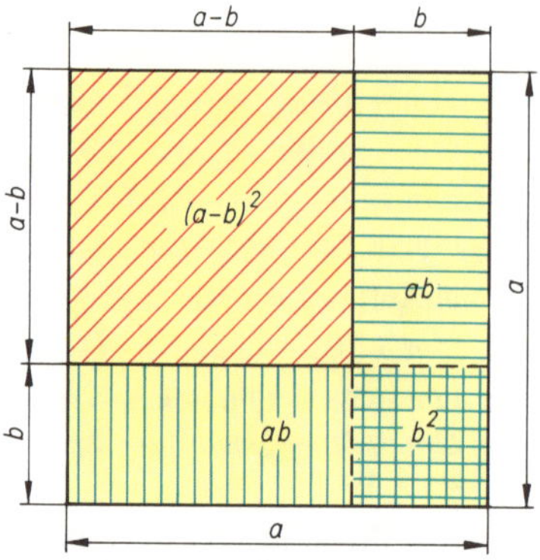

1.5-2 Veranschaulichung von $(a - b)^2 = a^2 - 2ab + b^2$

Die Formel für $(a - b)^2$ ist eigentlich überflüssig, denn es genügt ja, bei der Anwendung von $(a + b)^2 = a^2 + 2ab + b^2$ die Vorzeichenregeln zu beachten. Außerdem ergibt sie sich auch durch Einsetzen von $-b$ für b in diese Formel (Abb. 1.5-2).

Durch Anwendung dieser Formeln kann sowohl das Quadrat einer algebraischen Summe angegeben als auch eine Summe in Faktoren zerlegt werden. In beiden Richtungen ergeben sich auch *Rechenvorteile* für das Kopfrechnen.

Beispiele. 9: $(7uv - 5vw)^2 = 49u^2v^2 - 70uv^2w + 25v^2w^2$.
10: $(5m + n/2)(5m - n/2) = 25m^2 - n^2/4$.
11: $1{,}96r^2 + 1{,}4rs + 0{,}25s^2 = (1{,}4r + 0{,}5s)^2$.
12: $16a^2 - 56ab + 49b^2 - 64c^2 = (4a - 7b)^2 - 64c^2 = (4a - 7b + 8c)(4a - 7b - 8c)$.
13: $394 \cdot 406 = (400 - 6)(400 + 6) = 160000 - 36 = 159964$.
14: $204^2 = (200 + 4)^2 = 40000 + 1600 + 16 = 41616$.
15: $47^2 - 43^2 = (47 + 43)(47 - 43) = 90 \cdot 4 = 360$.

Höhere Potenzen. So wie für $(a + b)^2$ kann man auch für größere Exponenten als 2 entsprechende binomische Formeln herleiten:

$$(a + b)^2 = a^2 + 2ab + b^2,$$
$$(a + b)^3 = a^3 + 3a^2b + 3ab^2 + b^3,$$
$$(a + b)^4 = a^4 + 4a^3b + 6a^2b^2 + 4ab^3 + b^4,$$
$$(a + b)^5 = a^5 + 5a^4b + 10a^3b^2 + 10a^2b^3 + 5ab^4 + b^5$$

usw.

Ersetzt man ein Glied eines Binoms durch sein entgegengesetztes, z. B. b durch $-b$, so haben alle ungeraden Potenzen dieses Gliedes negatives Vorzeichen, z. B. $(a - b)^3 = a^3 - 3a^2b + 3ab^2 - b^3$. Wie man sieht, fällt der Exponent des a von Glied zu Glied, während der des b steigt, und zwar so, daß bei $(a + b)^n$ die Summe beider Exponenten in jedem Glied n ist. Die jeweils davor stehenden Faktoren sind die *Binomialkoeffizienten* $\binom{n}{k}$ [lies *n über k*]. Sie bedeuten für $n > k > 0$:

$$\binom{n}{k} = \frac{n(n-1)(n-2)\ldots(n-k+1)}{1 \cdot 2 \cdot 3 \ldots k} = \frac{n(n-1)(n-2)\ldots(n-k+1)}{k!} = \frac{n!}{(n-k)! \cdot k!}$$

Setzt man fest, daß $\binom{n}{0} = 1 = \binom{n}{n}$ sein soll, so läßt sich der binomische Lehrsatz auch mit Hilfe des Summenzeichens vereinfacht darstellen (vgl. Kap. 18.2.).

Binomischer Lehrsatz	$(a + b)^n = \sum\limits_{k=0}^{n} \binom{n}{k} a^{n-k}b^k$ $= \binom{n}{0} a^n + \binom{n}{1} a^{n-1}b + \binom{n}{2} a^{n-2}b^2 + \cdots + \binom{n}{n-1} ab^{n-1} + \binom{n}{n} b^n$

Demnach erhält man für das 5. Glied, d. h. das 4. gemischte Glied von $(a + b)^6$ wegen $n = 6$, $k = 4$ den Wert:

$$\binom{6}{4} a^{6-4}b^4 = \frac{6 \cdot 5 \cdot 4 \cdot 3}{1 \cdot 2 \cdot 3 \cdot 4} a^2b^4 = 15a^2b^4.$$

Das Pascalsche Dreieck. Dieses Dreieck ist ein Hilfsmittel, das die Ermittlung der Binomialkoeffizienten auch demjenigen möglich macht, der mit der Bildung von $\binom{n}{k}$ nicht vertraut ist. Man erhält es, wenn man, beginnend mit $(a + b)^0 = 1$ und $(a + b)^1 = a + b$, die Koeffizienten dreieckförmig untereinanderschreibt bzw. die Gleichung $(a + b)^{n+1} = (a + b)^n (a + b)$ verwendet (Abb. 1.5-3).

Abb. 1.5-3

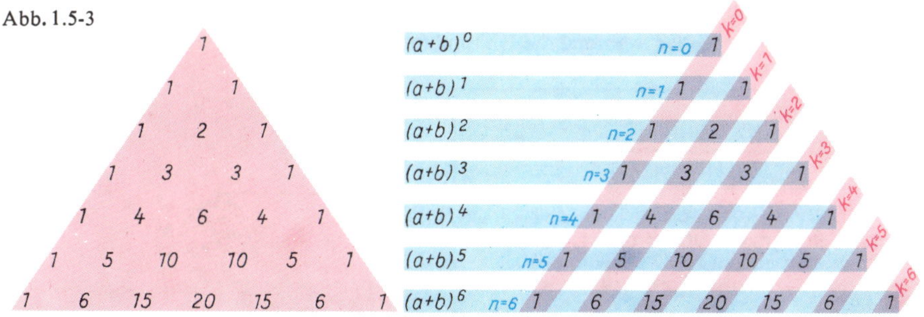

Dabei entstehen die Zahlen jeder Zeile, indem die zwei benachbarten Zahlen der darüberstehenden addiert werden, z. B. $\binom{6}{4} = \binom{5}{3} + \binom{5}{4} = 10 + 5 = 15$. Allgemein lautet diese Beziehung zwischen den Binomialkoeffizienten $\binom{n}{k} + \binom{n}{k+1} = \binom{n+1}{k+1}$, wegen

$$\binom{n}{k} + \binom{n}{k+1} = \frac{n!}{(n-k)!\,k!} + \frac{n!}{(n-k-1)!\,(k+1)!}$$
$$= \frac{n!\,[(k+1)+(n-k)]}{(n-k)!\,(k+1)!} = \frac{(n+1)!}{(n-k)!\,(k+1)!} = \binom{n+1}{k+1}.$$

Dividieren. Auch bei der Division ist zu unterscheiden zwischen der Division durch eine Zahl, ein *Monom*, d. h. einen eingliedrigen Term, und der Divison durch eine algebraische Summe. Dabei müssen die Variablen stets auf Variabilitätsbereiche beschränkt werden, in denen der Divisor den Wert 0 nicht annehmen kann, auch wenn dies nicht in jedem Beispiel hervorgehoben ist.

Division durch ein Monom. Setzt man im Distributivgesetz $(a + b)\,d = ad + bd$ für $d = 1/c$ mit $c \neq 0$ und bedenkt, daß der Bruchstrich auch als Divisionszeichen aufgefaßt werden kann, so erhält man die Regel für die Division einer Summe durch eine Zahl. Algebraische Summen werden danach unter Beachtung der Vorzeichenregeln gliedweise dividiert.

$$(a + b) : c = a : c + b : c$$

Beispiel 16: $(28m^2n - 63m^2n^2 + 84mn^2) : 7mn = 4m - 9mn + 12\,n.$

Division durch eine algebraische Summe. Vielfach kommt man bei Aufgaben, die die Division durch eine algebraische Summe verlangen, mit den Kenntnissen über das Ausklammern oder die binomischen Formeln aus. Man zerlegt dann den Dividend entsprechend in Faktoren, nachdem man ihn nötigenfalls passend umgeordnet hat.

Beispiel 17: $(0{,}54fg - 0{,}3eh - 0{,}45fh + 0{,}36eg) : (0{,}2e + 0{,}3f)$
$= [0{,}2e\,(1{,}8g - 1{,}5h) + 0{,}3f(1{,}8g - 1{,}5h)] : (0{,}2e + 0{,}3f)$
$= [(1{,}8g - 1{,}5h)\,(0{,}2e + 0{,}3f)] : (0{,}2e + 0{,}3f) = 1{,}8g - 1{,}5h.$

Gelingt es nicht, eine solche Umwandlung des Dividenden zu erreichen, weil etwa die verlangte Division nicht ohne Rest aufgeht, so muß man zum Verfahren der *schrittweisen Division* greifen.

Schrittweise Division. Dieses Verfahren ist lediglich eine Verallgemeinerung der gewöhnlichen schriftlichen Division, bei der man im Grunde genauso vorgeht, wenn auch nicht jeder Schritt wie im Beispiel 18 niedergeschrieben wird. Ganz entsprechend verfährt man bei der Division algebraischer Summen, muß aber darauf achten, daß Dividend und Divisor in gleicher Weise geordnet sind.

Ebenso wie das Hinschreiben der Nullen kann auch das Herunternehmen aller noch im Dividenden verbleibenden Glieder nach jedem Schritt zur Ersparung von Schreibarbeit unterbleiben, falls man sicher ist, kein Glied zu vergessen.

Beispiel 18:

$$\begin{array}{l}
\qquad\qquad 286 : 22 = \\
(200 + 80 + 6) : (20 + 2) = 10 + 3 \\
\underline{-\,(200 + 20)} \qquad\qquad\quad = 13 \\
\quad 0 + 60 + 6 \\
\quad\ \underline{-\,(60 + 6)} \\
\qquad 0
\end{array}$$

Beispiel 19:

$$\begin{array}{l}
\ \ (13a^2x + 3x^3 - ax^2 + 10a^3) : (2a + 3x) \\
= (10a^3 + 13a^2x - ax^2 + 3x^3) : (2a + 3x) = 5a^2 - ax + x^2 \\
\underline{-\,(10a^3 + 15a^2x)} \\
\quad 0 \ - \ 2a^2x - ax^2 + 3x^3 \\
\quad \underline{-(-\ 2a^2x - 3ax^2)} \\
\qquad\quad 0 + 2ax^2 + 3x^3 \\
\qquad\quad \underline{-(2ax^2 + 3x^3)} \\
\qquad\qquad 0
\end{array}$$

Übrigens geht nicht nur die Division $(a^3 - b^3) : (a - b)$ auf. Für jedes natürliche n ist $(a^n - b^n)$ durch $(a - b)$ ohne Rest teilbar, während die Division $(a^n - b^n) : (a + b)$ nur für gerades n aufgeht. Allgemein ist

$$(a^n - b^n) : (a - b) = \underbrace{a^{n-1} + a^{n-2}b + a^{n-3}b^2 + \cdots + ab^{n-2} + b^{n-1}}_{n \text{ Glieder}}.$$

Beispiel 20:

$$\begin{array}{l} (a^3 - b^3) : (a - b) = a^2 + ab + b^2. \\ \underline{-(a^3 - a^2b)} \\ \quad a^2b \\ \quad \underline{-(a^2b - ab^2)} \\ \qquad ab^2 - b^3 \\ \qquad \underline{-(ab^2 - b^3)} \\ \qquad\quad 0 \end{array}$$

Division mit Rest. Auch wenn bei der Division ein Rest bleibt, ändert sich am Verfahren nichts; in der Schreibweise verfährt man analog zu $47 : 5 = 9 + {}^2/_5$.

Beispiel 21:

$$\begin{array}{l} (x^4 - x^3 - 5x^2 - 40x + 7) : (x^2 + 3x + 9) = x^2 - 4x - 2 + \dfrac{2x + 25}{x^2 + 3x + 9}. \\ \underline{-(x^4 + 3x^3 + 9x^2)} \\ \quad -4x^3 - 14x^2 \\ \quad \underline{-(-4x^3 - 12x^2 - 36x)} \\ \qquad -2x^2 - 4x \\ \qquad \underline{-(-2x^2 - 6x - 18)} \\ \qquad \text{Rest } 2x + 25 \end{array}$$

Brüche mit Variablen

Erweitern und Kürzen. Erweitern und Kürzen sind nur Formänderungen der durch die Brüche dargestellten rationalen Zahlen. Diese Formänderungen sind auch bei Brüchen mit Variablen möglich.

Erweitern. Zähler und Nenner werden mit dem gleichen Faktor multipliziert; man erhält $a/b = (a \cdot k)/(b \cdot k)$ durch Erweitern mit k, entsprechend $5m/(9n) = (3 \cdot 5m)/(3 \cdot 9n) = 15m/(27n)$ durch Erweitern mit 3 bzw. $7/(3a + 3b) = (7a - 7b)/(3a^2 - 3b^2)$ durch Erweitern mit $(a - b)$.

Kürzen. Zähler und Nenner des Bruches werden durch den gleichen Term dividiert, z. B. $(6cd)/(22de) = 3c/(11e)$. Eine genügende Fertigkeit im Ausklammern und in der Anwendung binomischer Formeln ist hier besonders wichtig, da nur gleiche Faktoren gekürzt werden können:

$$\frac{15u^2 - 24uv}{12u^2} = \frac{3u(5u - 8v)}{12u^2} = \frac{5u - 8v}{4u}.$$

Den bekannten Vers „Aus Differenzen und Summen kürzen nur die Dummen" könnte man allerdings erweitern durch die Worte „... und die besonders Klugen" – die nämlich, die das Ausklammern im Kopf vornehmen und damit *jedes Glied* der algebraischen Summe durch die Kürzungszahl dividieren oder binomische Formeln entsprechend anwenden, z. B. $\dfrac{p^4 - 1}{3p^2 + 3} = \dfrac{p^2 - 1}{3}$.

Addieren und Subtrahieren. Addition und Subtraktion gleichnamiger Brüche sind bei Brüchen mit Variablen ebensowenig problematisch wie beim Rechnen mit rationalen Zahlen: $a/c \pm b/c = (a \pm b)/c$.

Beispiel 1:

$$\frac{7i + 5k}{3k^2} - \frac{5i - 4k}{3k^2} = \frac{7i + 5k - (5i - 4k)}{3k^2} = \frac{7i + 5k - 5i + 4k}{3k^2} = \frac{2i + 9k}{3k^2}.$$

(Klammern beachten!)

Auch hier kann man – bei genügender Sicherheit! – die Zwischenergebnisse weglassen. Besonders ist aber auf die Vorzeichen bzw. die Rechenzeichen zu achten, da der zweite Bruch subtrahiert wird.

Ungleichnamige Brüche. Ungleichnamige Brüche müssen zuerst gleichnamig gemacht, d. h. so erweitert werden, daß sie denselben Nenner erhalten. Als gemeinsamen Nenner wählt man auch hier meist den *Hauptnenner*, den einfachsten Nenner, der alle vorkommenden Nenner als Faktoren enthält. Oftmals ist er ohne schriftliche Arbeit nach kurzem Überlegen zu ermitteln:

Beispiele. 2:

$$\frac{2y}{3z} + \frac{5x}{6z} - \frac{y + 2x}{4z} = \frac{4 \cdot 2y + 2 \cdot 5x - 3(y + 2x)}{12z} = \frac{8y + 10x - 3y - 6x}{12z} = \frac{4x + 5y}{12z}.$$

3:

$$4 + \frac{3a}{a - b} - \frac{2b}{b - a} = 4 + \frac{3a}{a - b} + \frac{2b}{a - b} = \frac{4(a - b) + 3a + 2b}{a - b} = \frac{7a - 2b}{a - b}.$$

Sind die Nenner komplizierter, so ist ein schriftliches Bestimmen des Hauptnenners empfehlenswert.
Bestimmung des Hauptnenners. In der Aufgabe

$$\frac{3}{12u - 18v} - \frac{2u - v}{36u^2 - 81v^2} + \frac{6u - 5v}{8u^2 + 24uv + 18v^2}$$

bestimmt man den Hauptnenner wie in der gewöhnlichen Bruchrechnung durch Zerlegung der Einzelnenner in nicht weiter zerlegbare Faktoren:

$$\begin{array}{rll|l} & & & \text{Ewf} \\ 12u - 18v &= 2 \cdot 3 \cdot (2u - 3v) & & 3\,(2u + 3v)^2 \\ 36u^2 - 81v^2 &= 3^2 \cdot (2u - 3v)\,(2u + 3v) & & 2\,(2u + 3v) \\ 8u^2 + 24uv + 18v^2 &= 2 \cdot (2u + 3v)^2 & & 3^2(2u - 3v) \\ \hline \text{HN} & 2 \cdot 3^2 \cdot (2u - 3v)\,(2u + 3v)^2 & & \end{array}$$

Daraus ergibt sich für die vorangestellte Aufgabe

$$\frac{3^2(2u + 3v)^2 - 2(2u + 3v)\,(2u - v) + 3^2(2u - 3v)\,(6u - 5v)}{18(2u - 3v)\,(2u + 3v)^2}.$$

Ein solcher Bruch wird dann durch Zusammenfassen im Zähler und gegebenenfalls durch Kürzen weiter vereinfacht.

Multiplizieren und Dividieren. Da bei den Rechenoperationen zweiter Stufe mit Brüchen das Bestimmen des Hauptnenners entfällt, ist die Ausführung einfacher als bei den Operationen erster Stufe. Sowohl beim Multiplizieren als auch beim Dividieren ist auf die Möglichkeit des Kürzens vor dem Ausrechnen zu achten.

Multiplizieren. Für die Multiplikation von Brüchen gilt $\frac{a}{b} \cdot \frac{c}{d} = \frac{a \cdot c}{b \cdot d}$.

Beispiele. 4: $\frac{32r^2}{35q} \cdot \frac{25p}{24r} = \frac{32r^2 \cdot 25p}{35q \cdot 24r} = \frac{4r \cdot 5p}{7q \cdot 3} = \frac{20pr}{21q}$.

5: $\frac{7p}{15m - 25n} \cdot (6m - 10n) = \frac{14p}{5}$ nach Kürzen mit $(3m - 5n)$.

Dividieren. Die Division kann stets ausgeführt werden als Multiplikation mit dem Reziproken des Divisors, $\frac{a}{b} : \frac{c}{d} = \frac{a \cdot d}{b \cdot c}$.

Beispiele. 6: $\frac{14m}{9k^2} : \frac{7mn}{6k} = \frac{14m \cdot 6k}{9k^2 \cdot 7mn} = \frac{4}{3kn}$. *7:* $\frac{18s - 18t}{u} : (12s^2 - 12t^2) = \frac{3}{2u(s + t)}$.

8: $95e^4f^3g^2 : \frac{38e^2f^3g^4}{3h} = \frac{95e^4f^3g^2 \cdot 3h}{38e^2f^3g^4} = \frac{15e^2h}{2g^2}$.

Doppelbrüche. Doppelbrüche liegen vor, wenn im Zähler oder Nenner eines Bruches abermals Brüche auftreten:

$$\frac{a/7}{3b}; \quad \frac{x}{y/x + 9}; \quad \frac{1/m^2 + 2/(mn) + 1/n^2}{3/m + 3/n}$$

Das Umformen geschieht wie bei Doppelbrüchen mit Zahlen, indem man den Hauptbruchstrich als Divisionszeichen auffaßt.

Beispiel 9: $\frac{1/m^2 + 2/(mn) + 1/n^2}{3/m + 3/n} = \frac{(n^2 + 2mn + m^2)/(m^2n^2)}{(3n + 3m)/(mn)}$

$$= \frac{(m^2 + 2mn + n^2)\,mn}{m^2n^2(3m + 3n)} = \frac{m + n}{3mn}$$

Eindeutigkeit der Zerlegung einer natürlichen Zahl in Primfaktoren

Als Beispiel dafür, wie durch die Verwendung von Variablen die Gültigkeit mathematischer Überlegungen für alle Zahlen aus einem Zahlenbereich gezeigt werden kann, folgt ein Beweis des in der elementaren Zahlentheorie verwendeten Satzes, daß die Zerlegung einer natürlichen Zahl in Primfaktoren bis auf die Reihenfolge der Faktoren eindeutig ist. Der Beweis geht vom *Euklidischen Algorithmus* aus. Für 13013 und 390, bzw. zwei Zahlen a und b erhält man durch Dividieren der größeren durch die kleinere, der kleineren durch den Rest r_1 und jedes Restes durch den folgenden die folgende Übersicht. Von ihr wurde in 1.1. – Elementare Zahlentheorie behauptet, daß im Zahlenbeispiel die Zahl 13, im allgemeinen Fall r_n der größte gemeinsame Teiler ist, d.h. 13 = ggT (13013, 390) bzw. r_n = ggT (a, b). Die Reste r_i sind *stets um mindestens* 1 *kleiner* als der Divisor; nach endlich vielen Schritten muß deshalb ein Rest r_{n+1} Null sein. Aus den Gleichungen von unten nach oben gelesen erkennt man, daß r_n ein Teiler von r_{n-1} ist, damit auch von r_{n-2} usw., also auch von b und von a, d. h., r_n ist ein *gemeinsamer Teiler* von a und b. Aus der Gleichung $r_1 = a - bq_1$ folgt sogar, daß jeder gemeinsame Teiler von a und b auch r_1 teilt, mithin auch r_2 usw., daß schließlich r_n jeden gemeinsamen Teiler von a und b enthält, mithin der *größte gemeinsame Teiler* ist; man schreibt ggT $(a, b) = r_n$. Nach der vorletzten Gleichung erhält man ggT $(a, b) = r_n = r_{n-2} - r_{n-1}q_n$. Ersetzt man in ihr r_{n-1} durch $r_{n-1} = r_{n-3} - r_{n-2}q_{n-1}$ sowie r_{n-2} durch $r_{n-2} = r_{n-4} - r_{n-3}q_{n-2}$ usw., so erhält man zwei natürliche Zahlen x und y, für die die Beziehung gilt ggT $(a, b) = r_n = ax - by$. Sind insbesondere die Zahlen a und b teilerfremd, so ist ggT $(a, b) = r_n = 1 = ax - by$. Daraus läßt sich der Satz gewinnen:

$$\begin{aligned} 13013 &= 390 \cdot 33 + 143 \\ 390 &= 143 \cdot 2 + 104 \\ 143 &= 104 \cdot 1 + 39 \\ 104 &= 39 \cdot 2 + 26 \\ 39 &= 26 \cdot 1 + 13 \\ 26 &= 13 \cdot 2 + 0 \end{aligned}$$

$$\begin{aligned} a &= b \cdot q_1 + r_1 \\ b &= r_1 \cdot q_2 + r_2 \\ r_1 &= r_2 \cdot q_3 + r_3 \\ &\ldots\ldots\ldots\ldots \\ r_{n-2} &= r_{n-1} \cdot q_n + r_n \\ r_{n-1} &= r_n \cdot q_{n+1} + 0 \end{aligned}$$

Wenn die Zahlen a und b teilerfremd sind und wenn b ein Teiler von ac ist, so ist c durch b teilbar.

Nach Voraussetzung gibt es eine natürliche Zahl k, für die $ac = b \cdot k$ gilt, wegen ggT $(a, b) = 1$ hat man zugleich $1 = ax - by$ oder $c = acx - bcy$, also auch $c = bkx - bcy = b(kx - cy)$, d. h., b ist Teiler von c.

Folgerung: Wenn das Produkt ab durch eine Primzahl p teilbar ist, so ist wenigstens einer der Faktoren a oder b durch p teilbar.

Damit kann die *Eindeutigkeit der Zerlegung einer natürlichen Zahl n in Primfaktoren* bewiesen werden. Wären nämlich $n = p_1 \cdot p_2 \cdots p_r = q_1 \cdot q_2 \cdots q_s$ zwei Zerlegungen in Primfaktoren, so müßte p_1 Teiler des Produkts $q_1 \cdot q_2 \cdots q_s$, d. h. aber Teiler eines der Primfaktoren q_i sein. Das ist nur möglich, wenn p_1 diesem Primfaktor q_i gleich ist. Durch geeignete Numerierung der q_i, indem z. B. sowohl die p_i als auch die q_i der Größe nach geordnet werden, darf angenommen werden $p_1 = q_1$. Der gleiche Schluß gilt für $p_2 \cdot p_3 \cdots p_r = q_2 \cdot q_3 \cdots q_s$ und ergibt $p_2 = q_2$. Durch wiederholte Anwendung ergibt sich schließlich $r = s$ und $p_r = q_s$.

Geschichtliches. In der Anfangszeit mathematischer Betätigung drückte man Rechnungen, Lehrsätze und Formeln nur in Worten aus. Wegen der Umständlichkeit und der Unübersichtlichkeit dieses Verfahrens wurden dann für häufig vorkommende Objekte Abkürzungen üblich, z. B. bezeichneten schon die *Griechen* Punkte, Linien und Flächen mit Buchstaben. DIOPHANT von Alexandria (um 300 u. Z.) verwendete auch generell für unbekannte Zahlen einen Buchstaben; dabei ist aber zu bemerken, daß auch alle griechischen Ziffern mit Buchstaben bezeichnet wurden.
Die Entwicklung bei *Indern* und *Arabern* bezog sich mehr auf die Gleichungslehre. Deshalb sei sie hier übergangen, auch wenn der Name *Algebra* außer für die Gleichungslehre in der Elementarmathematik vielfach im erweiterten Sinn für das Arbeiten mit Zahlenvariablen verwendet wird.
Buchstaben als Variable finden sich erstmals in größerem Umfang bei LEONARDO von Pisa (1180 bis 1228), der auch schon Bruchstriche benutzte; jedoch fehlen ihm noch Rechenzeichen. Der eigentliche Begründer des konsequenten Arbeitens mit Variablen ist VIETA (1540–1603). Auch René DESCARTES (latinisiert CARTESIUS, 1596–1650) betonte das Arbeiten mit Variablen; auf ihn geht auch die heutige Schreibweise für Potenzen zurück.
Die Rechenzeichen + und — treten erstmals 1489 im Rechenbuch des Johannes WIDMANN von Eger auf; 1631 führte William OUGHTRED das Zeichen × als Multiplikationszeichen ein. Der Punkt als Multiplikationszeichen und der Doppelpunkt als Divisionszeichen wurden von LEIBNIZ (1646–1716) eingeführt, das Gleichheitszeichen geht auf Robert RECORDE (1557) zurück (vgl. Kap. 4.).

2. Höhere Rechenarten

Addition, Subtraktion, Multiplikation und Division bezeichnet man als die vier Grundrechenarten. Wie das wiederholte Addieren desselben Summanden zu einer neuen Rechenart, dem Multiplizieren, geführt hat, so führt auch das wiederholte Multiplizieren mit demselben Faktor zu einer neuen Rechenart, dem Potenzieren. Wie die Addition oder die Multiplikation kann man auch diese Rechenart umkehren, erhält jetzt aber zwei verschiedene Umkehrungen, das Radizieren und das Logarithmieren.

2.1. Rechnen mit Potenzen und Wurzeln

Geschichtliches. Die *Potenz* war schon durch ihre Anwendung bei geometrischen Berechnungen bzw. durch Gleichungen zweiten und höheren Grades den Völkern des Altertums bekannt. Die *Babylonier* kannten Tabellen von Quadratzahlen und Potenzen. Sie waren ferner in der Lage, Zinseszinsaufgaben mit Hilfe von Zweierpotenzen zu lösen. In den „Elementen" des EUKLID findet man $(a + b)^2$ ausgerechnet, eine für die damalige Zeit erstaunliche Leistung. Zum ersten Male nachweisbar tritt der Begriff Potenz im 5. Jh. v. u. Z. bei HIPPOKRATES von Chios auf. In der Folgezeit wurde er häufiger verwendet, z. B. von PLATON (427–347 v. u. Z.). Ursprünglich meinte man damit nur die zweite Potenz. Rafaele BOMBELLI dürfte im 16. Jh. als erster das Wort potenza [lat. *potentia*, Macht, Fähigkeit, Vermögen] verwendet haben. Auch er bezeichnete damit das Quadrat der Unbekannten. Erst später erhielt der Begriff Potenz seine heutige allgemeine Bedeutung. Die jetzige Schreibweise der Potenz geht im wesentlichen auf René DESCARTES (1596–1650) zurück. Er führte sie aber nur für ganzzahlige Exponenten größer als 2 ein. Das Quadrat einer Zahl schrieb er noch $a \cdot a$. Potenzen mit gebrochenen Exponenten waren ebenfalls seit längerer Zeit bekannt. Schon bei Nicole ORESME (1323–1382) findet man einige Sätze über das Rechnen mit Bruchpotenzen.

Wie die Potenzen waren auch die *Wurzeln* bereits im Altertum bekannt. So benutzten die *Babylonier* Tafeln von rationalen Quadratwurzeln. Die irrationalen Quadratwurzeln wurden näherungsweise mit Hilfe des Verfahrens vom arithmetisch-geometrischen Mittel berechnet. Als Formel benutzte man $\sqrt{a^2 + b} \approx a + b/(2a)$. Den Griechen war um 400 v. u. Z. bekannt, daß die Quadratwurzeln aus den Zahlen 2, 3, ..., 17, mit Ausnahme von 4, 9 und 16, irrational sind. Die Beweise der Irrationalität dieser Wurzeln werden HIPPASOS von Metapont bzw. THEODOROS von Kyrene zugeschrieben. In den „Elementen" des EUKLID werden die Rechnungsarten der zweiten Stufe auf die Wurzeln angewendet.

Im Mittelalter wurde die Wurzelrechnung ständig weiter ausgebaut. Im 9. Jh. wußten die *Inder* bereits, daß die quadratische Gleichung und die Quadratwurzel doppeldeutig sind, sowie, daß sich die Quadratwurzel aus einer negativen Zahl nicht reell bestimmen läßt. Auch sie konnten Quadrat- und Kubikwurzeln näherungsweise berechnen. Michael STIFEL (1487–1567) schrieb über das numerische Radizieren bis zur 7. Wurzel. Die in Euklids „Elementen" vorkommende Irrationalitätstheorie von Termen der Form $\sqrt{a + \sqrt{b}}$ erweiterte er auf Terme der Form $\sqrt[m]{a + \sqrt[n]{b}}$. Allmählich schrieb man auch das Wurzelzeichen in der heutigen Form, nachdem z. B. noch im 16. Jh. Christoph RUDOLFF folgende Symbole verwendete: $\surd$ für $\sqrt[2]{\;}$, $\surd\surd\surd$ für $\sqrt[3]{\;}$, usw. Man erkennt auch, daß sich Wurzeln durch die schon bekannten Potenzen mit gebrochenen Exponenten darstellen lassen.

Potenzen

Potenzbegriff. Es kommt häufig vor, daß man gleiche Größen addieren muß: $3{,}7 + 3{,}7 + 3{,}7 + 3{,}7 + 3{,}7$. Für diese Summe von gleichen Summanden schreibt man das Produkt $5 \cdot 3{,}7$. Gleichfalls sehr oft tritt die Multiplikation gleicher Größen auf. Auch hier wurde eine abgekürzte Schreibweise eingeführt; in der Geometrie z. B. berechnet man den Flächeninhalt eines Quadrats als Seitenlänge a mal Seitenlänge a oder $A = a \cdot a$ oder kürzer $A = a^2$ [lies: zweite *Potenz von a* oder *a hoch* 2 oder *a im Quadrat*]. Entsprechend erhält man für das Volumen V eines Würfels $V = a \cdot a \cdot a = a^3$. Allgemein setzt man a^n für positive ganze Zahlen n und liest *n-te Potenz von a* oder *a hoch n*.

Potenz	$a \cdot a \cdot \cdots \cdot a = a^n$ oder $a^1 = a, a^2 = a \cdot a, \ldots, a^n = a^{n-1} \cdot a$ n Faktoren a; $n > 0$, ganz

Dabei ist a die *Basis* [griech. Basis, Grundlage] oder *Grundzahl* der Potenz, n der *Exponent* [lat. *exponere*, heraussetzen] oder die *Hochzahl* der Potenz. Demnach ist die n-te Potenz einer Zahl der zusammenfassende Ausdruck für ein Produkt von n gleichen Zahlen; z. B. $2^5 = 2 \cdot 2 \cdot 2 \cdot 2 \cdot 2 = 32$. Man sagt auch, 2 *ist in die 5. Potenz zu erheben*, oder 2 ist *mit* 5 zu *potenzieren*, und nennt diese Rechenart das Potenzieren; es ist ein mehrfaches Multiplizieren mit derselben Größe. Da sich das Potenzieren auf den bisher bekannten Rechenarten der 1. (Addition und Subtraktion) und 2. Stufe (Multiplikation und Division) aufbaut, spricht man von einer höheren Rechenart oder Rechenart der 3. Stufe.

Da $0 \cdot 0 = 0$, gilt allgemein: $0^n = 0$ für $n > 0$. Ebenso erhält man beim Potenzieren der 1, d. h. beim Multiplizieren der 1 mit sich selbst, wieder 1. Es gilt: $1^n = 1$ für ganzzahlige $n > 0$. Beim Potenzieren darf man im allgemeinen niemals Basis und Exponent miteinander vertauschen, d. h., es gilt $a^n \neq n^a$, z. B. ist $2^3 \neq 3^2$, denn $2^3 = 8 \neq 9 = 3^2$; die einzige Ausnahme ist $2^4 = 16 = 4^2$.

Man unterscheidet *gerade* und *ungerade* Potenzen. Gerade Potenzen sind 6^4, c^{16} oder allgemein a^{2n}, d. h., man nennt eine Potenz gerade, wenn ihr Exponent gerade, d. h. durch 2 teilbar ist. Ungerade Potenzen sind solche, deren Exponent ungerade ist, wie etwa 5^7, m^{17}, allgemein a^{2n-1}.

Beispiel 1: Die Potenzen treten in vielen Formeln und Gesetzen der Mathematik, der Naturwissenschaft und der Technik auf; z. B. stellt in der Geometrie $(4/3)\pi r^3$ das Volumen einer Kugel dar, $(s^2/4)\sqrt{3}$ den Flächeninhalt eines gleichseitigen Dreiecks; in der Physik stellt $(g/2)t^2$ das Weg-Zeit-Gesetz des freien Falles dar und in der Zinseszins- und Rentenrechnung $b \cdot (r^n - 1)/(r - 1)$ die Rentenformel.

Eine besondere Bedeutung haben die *Zehnerpotenzen.* Man benutzt sie, um sich z. B. bei Überschlagsrechnungen oder beim Rechenstabrechnen einen Überblick über die *Größenordnung einer Zahl* zu verschaffen sowie um sehr *große* bzw. sehr *kleine* Zahlen abgekürzt und übersichtlich darzustellen: $100 = 10 \cdot 10 = 10^2$, $1000 = 10 \cdot 10 \cdot 10 = 10^3$; ferner schreibt man für eine Million 10^6, für eine Milliarde 10^9, für eine Billion 10^{12} und für eine Trillion 10^{18}; für 1291000 wäre z. B. zu schreiben $1{,}291 \cdot 10^6$ oder $1291 \cdot 10^3$. Auch Maßeinheiten werden in der Potenzschreibweise dargestellt, z. B. m^2 (Quadratmeter), cm^3 (Kubikzentimeter) oder m/s^2 (Meter je Sekundenquadrat).
Potenzen, deren Basis zwischen 0 und 1 liegt, werden kleiner, wenn der Exponent größer wird: $(1/2)^2 > (1/2)^3 > (1/2)^4 \ldots$, dagegen größer, wenn die Basis größer als 1 ist. Sie wachsen sehr stark an; aus dem ältesten Rechenbuch, das nach AHMES benannt wird, stammt folgende Aufgabe:

Beispiel 2: 7 Personen besitzen je 7 Katzen, jede Katze frißt 7 Mäuse, jede Maus frißt 7 Ähren Gerste, aus jeder Ähre Gerste können 7 Maß Getreide entstehen. Wieviel Maß sind das? – Lösung: Das sind 7^5 Maß oder 16807 Maß.

Vorzeichen in Potenzen. Da sich auch negative Zahlen miteinander multiplizieren lassen, darf die *Basis* einer Potenz auch *negativ* sein; nach den bekannten Vorzeichenregeln erhält man z. B. $(-3)^4 = (-3) \cdot (-3) \cdot (-3) \cdot (-3) = +81$ oder $(-5)^3 = (-5) \cdot (-5) \cdot (-5) = -125$. Es leuchtet ein, daß das Produkt zweier negativer Faktoren positiv ist, das von dreien negativ, das von vier negativen Faktoren positiv und so im Wechsel fort. Ist die Anzahl der Minuszeichen gerade, so hat die Potenz einen positiven Wert, ist ihre Anzahl ungerade, einen negativen. Der Exponent gibt aber die Anzahl der gleichen Faktoren an.

Eine Potenz mit negativer Basis hat einen positiven Wert bei geradem Exponenten und einen negativen Wert bei ungeradem Exponenten.

Um das Wesentliche dieser Vorzeichenregeln deutlich zu machen, wählt man als Basis (-1); nimmt man noch die selbstverständliche Tatsache dazu, daß bei positiver Basis der Potenzwert positiv ist, so erhält man für jede ganze positive Zahl n:

$$(+1)^n = +1, \quad (-1)^{2n} = +1, \quad (-1)^{2n-1} = -1.$$

Multiplikation und Division von Potenzen. Potenzen, deren Basis und Exponent verschieden voneinander sind, kann man durch Multiplikation und Division nicht zusammenfassen; z. B. $a^4 \cdot c^3$ oder b^3/x^7.

Potenzen mit gleichen Exponenten. Potenziert man ein Produkt, z. B. $(ab)^n$, so erhält man n Faktoren $a \cdot b$, insgesamt also $2n$ Faktoren, nämlich n Faktoren a und n Faktoren b im Wechsel. Da die Faktoren nach dem Kommutativgesetz vertauscht werden dürfen, läßt sich das Produkt umordnen in ein Produkt aus n Faktoren a und n Faktoren b.

Ein Produkt wird potenziert, indem man jeden Faktor mit dem gleichen Exponenten potenziert und die so erhaltenen Potenzen multipliziert. Umgekehrt werden Potenzen mit gleichen Exponenten multipliziert, indem man das Produkt der Basen mit dem gemeinsamen Exponenten potenziert.

Beispiele. 3: $(2xyz)^5 = 2^5x^5y^5z^5 = 32x^5y^5z^5$. *4:* $(3a)^3 = 3a \cdot 3a \cdot 3a = 3 \cdot 3 \cdot 3 \cdot a \cdot a \cdot a = 27a^3$.
5: $2^8 \cdot 5^7 = 2 \cdot 2^7 \cdot 5^7 = 2 \cdot (2 \cdot 5)^7 = 2 \cdot 10^7 = 20000000$.

Analog ergibt eine Potenz $(a/b)^n$, deren Basis ein Bruch ist, durch Multiplizieren der n gleichen Faktoren a/b einen Bruch, dessen Zähler n Faktoren a und dessen Nenner n Faktoren b enthält, also a^n/b^n.

$$(a \cdot b)^n = a^n \cdot b^n \qquad (a/b)^n = a^n/b^n \qquad a^m \cdot a^n = a^{m+n}$$

Ein Bruch (Quotient) wird potenziert, indem man Zähler (Dividend) und Nenner (Divisor) mit dem Exponenten einzeln potenziert und die so erhaltenen Potenzen dividiert. Umgekehrt werden Potenzen mit gleichen Exponenten dividiert, indem man ihre Basen dividiert und den so erhaltenen Quotienten mit dem gemeinsamen Exponenten potenziert.

Beispiele. 6: $(5/6)^3 = (5/6) \cdot (5/6) \cdot (5/6) = (5 \cdot 5 \cdot 5)/(6 \cdot 6 \cdot 6) = 5^3/6^3 = 125/216$.

7: $$\left(\frac{5x}{2a}\right)^3 = \frac{5^3x^3}{2^3a^3} = \frac{125x^3}{8a^3}.$$

8: $\frac{17^4}{34^5} = \frac{17^4}{34 \cdot 34^4} = \frac{1}{34} \cdot \left(\frac{17}{34}\right)^4 = \frac{1}{34} \cdot \left(\frac{1}{2}\right)^4 = \frac{1}{34 \cdot 2^4} = \frac{1}{544}.$

Potenzen mit gleicher Basis. Multiplikation. Nach der Definition der Potenz bedeutet das Multiplizieren zweier Potenzen a^m und a^n mit gleicher Basis a: zu m Faktoren a noch n Faktoren a dazuzugeben; man hat dann $(m + n)$ Faktoren, also die $(m + n)$-te Potenz.

1. Potenzgesetz: Potenzen mit gleicher Basis werden multipliziert, indem man die Basis mit der Summe der Exponenten potenziert.

Beispiele. 9: $3^4 \cdot 3^2 = (3 \cdot 3 \cdot 3 \cdot 3) \cdot (3 \cdot 3) = 3 \cdot 3 \cdot 3 \cdot 3 \cdot 3 \cdot 3 = 3^{4+2} = 3^6.$
10: $56a^5b \cdot 98a^7b^5 \cdot 14a^2b^3 = 2^3 \cdot 7 \cdot a^5b \cdot 2 \cdot 7^2a^7b^5 \cdot 2 \cdot 7a^2b^3$
$= 2^{3+1+1} \cdot 7^{1+2+1}a^{5+7+2}b^{1+5+3} = 2^5 \cdot 7^4a^{14}b^9.$

Division. Sieht man das Ergebnis einer Division als Bruch an, in dem der Dividend der Zähler und der Divisor der Nenner ist, so erhält man beim Dividieren der Potenz a^m durch die Potenz a^n einen Bruch mit m Faktoren a im Zähler und n Faktoren a im Nenner. Ist n der kleinere Exponent, so erhält der Nenner durch n-maliges Kürzen den Wert 1, und der Zähler hat n Faktoren a weniger, d. h. nur noch $(m - n)$ Faktoren, mithin den Wert a^{m-n}. Ist dagegen m der kleinere Exponent, so erhält der Zähler durch Kürzen den Wert 1, und im Nenner bleiben $(n - m)$ Faktoren übrig; man erhält $1/a^{n-m}$. Es kann auch zutreffen, daß beide Exponenten einander gleich sind, dann ergibt sich bei gleicher Basis im Zähler und im Nenner durch Kürzen ein Produkt gleicher Faktoren 1, und die Division hat für jede Basis den Wert 1.

$\frac{a^m}{a^n} = a^{m-n}$, wenn $m > n$	$\frac{a^m}{a^n} = \frac{1}{a^{n-m}}$, wenn $n > m$	$\frac{a^m}{a^n} = 1$, wenn $m = n$

Beispiele. 11:

$$7^6 : 7^4 = \frac{7 \cdot 7 \cdot \overset{1}{\cancel{7}} \cdot \overset{1}{\cancel{7}} \cdot \overset{1}{\cancel{7}} \cdot \overset{1}{\cancel{7}}}{\underset{1}{\cancel{7}} \cdot \underset{1}{\cancel{7}} \cdot \underset{1}{\cancel{7}} \cdot \underset{1}{\cancel{7}}} = 7^{6-4} = 7^2 = 49.$$

12: $$11^3 : 11^5 = \frac{\overset{1}{\cancel{11}} \cdot \overset{1}{\cancel{11}} \cdot \overset{1}{\cancel{11}}}{\underset{1}{\cancel{11}} \cdot \underset{1}{\cancel{11}} \cdot \underset{1}{\cancel{11}} \cdot 11 \cdot 11} = \frac{1}{11^{5-3}} = \frac{1}{11^2} = \frac{1}{121}.$$

Verglichen mit dem Ergebnis für die Multiplikation zweier Potenzen mit gleicher Basis ist das für die Division erhaltene unbefriedigend, dort ergab sich die *Summe der Exponenten* für das Produkt, hier tritt *eine der Differenzen* $(m - n)$ *oder* $(n - m)$ als Exponent auf oder gar die *Zahl* 1 für den Quotienten, die mit Potenzen scheinbar nichts zu tun hat. Dabei sollte man, weil die Division die Umkehrung der Multiplikation ist, erwarten, daß die Differenz $(m - n)$ aus Zählerexponent m und Nennerexponent n in jedem Fall das Ergebnis bestimmt, daß das 2. Potenzgesetz gilt.

2. Potenzgesetz: Potenzen mit gleicher Basis werden dividiert, indem man die Basis mit der Differenz der Exponenten potenziert.

Nach dem 1867 von Hermann Hankel aufgestellten *Permanenzprinzip* wird die Gültigkeit der Rechenregeln beibehalten, die Begriffe der durch sie verknüpften mathematischen Objekte aber werden erweitert. Die Differenz $(m - n)$ der Exponenten, die nach dem zweiten Potenzgesetz auftritt, hat zunächst nur für $m > n$ Bedeutung. Soll nach dem Permanenzprinzip dieses Gesetz auch für $m = n$ und für $m < n$ gelten, so treten ein Exponent 0 oder negative Exponenten auf, die nach der bisherigen Definition »a^ν bedeutet ν gleiche Faktoren a« keinen Sinn haben. Man erweitert deshalb den Begriff der *Potenz* durch zwei Definitionen.

Erweiterung des Potenzbegriffs	$a^0 = 1$ und $a^{-\nu} = \frac{1}{a^\nu}$ für alle $a \neq 0$

Damit gilt ohne Ausnahme in Übereinstimmung mit den bisherigen Ergebnissen $a^m : a^n = a^{m-n}$, denn es gilt jetzt:

1. für $m > n$ die ursprüngliche Definition;
2. für $m = n$ dagegen $a^{m-n} = a^0 = 1$ und
3. für $m < n$ nach der neuen Definition $a^{m-n} = a^{-(n-m)} = 1/a^{n-m}$.

Beispiele. 13: $a^3 : a^5 = a^{3-5} = a^{-2} = 1/a^2$.
14: $25 \cdot (1/a)^{-n} \cdot (2n)^0 \cdot 5^{-3} \cdot (a/x)^{-n} = 5^{2-3} \cdot a^n \cdot a^{-n} \cdot x^{-(-n)} = 5^{-1} \cdot a^0 \cdot x^n = x^n/5$.
15: $27a^4b^4 \cdot 56a^2b^{-3} \cdot 42a^{-2}b^3 = 3^3a^4b^4 \cdot 7 \cdot 2^3a^2b^{-3} \cdot 7 \cdot 3 \cdot 2a^{-2}b^3 = 2^4 \cdot 3^4 \cdot 7^2a^4b^4 = (2^2 \cdot 3^2 \cdot 7a^2b^2)^2$.

16: Welcher Energie in kWh (1 kWh = $3{,}6 \cdot 10^6\ \mathrm{kgm^2\,s^{-2}}$) entspricht ein Massendefekt von 2 mg? — $E = m \cdot c^2$ (E Energie, m Masse, c Lichtgeschwindigkeit $\approx 3 \cdot 10^8\ \mathrm{m\,s^{-1}}$).

Man erhält $\dfrac{2 \cdot 10^{-6} \cdot (3 \cdot 10^8)^2}{3{,}6 \cdot 10^6}\ \mathrm{kWh} = \dfrac{2 \cdot 9 \cdot 10^{-3} \cdot 10^{20}}{3{,}6 \cdot 10^{13}}\ \mathrm{kWh} = 5 \cdot 10^{+4}\ \mathrm{kWh}$.

Wenn sich demnach 2 mg eines Stoffes vollständig in Energie umsetzen, werden 50000 kWh Energie frei.

Die Potenzen mit negativen Exponenten werden für *Maßeinheiten* und Zehnerpotenzen häufig verwendet; z. B. $\mathrm{ms^{-1}} = \mathrm{m/s}$ für die Geschwindigkeit; $\mathrm{kgm^{-3}} = \mathrm{kg/m^3}$ für die Dichte u. a. Man verwendet *Zehnerpotenzen mit negativen Exponenten* wegen ihrer besseren Übersichtlichkeit bei sehr kleinen Zahlen wie etwa bei der elektrischen Elementarladung $e = 1{,}602 \cdot 10^{-19}$ C oder beim Durchmesser eines Wasserstoffatoms $d = 1{,}06 \cdot 10^{-8}$ cm. Wie klein diese Zahl ist, erkennt man daraus, daß sich der Durchmesser eines Wasserstoffatoms zu dem eines Fußballs etwa so verhält wie der Durchmesser des Fußballs zu dem der Erde.

Potenzieren einer Potenz. Eine Potenz a^m zu potenzieren, d. h. $(a^m)^n$ zu berechnen, bedeutet nach der ursprünglichen Definition, ein Produkt zu bilden aus n Faktoren (a^m), von denen jeder wieder aus m gleichen Faktoren a besteht. Es sind demnach insgesamt $m \cdot n$ Faktoren a zu multiplizieren. Die Überlegungen gelten ebenso für m gleiche Faktoren $1/a$ bzw. für n gleiche Faktoren $1/a^m$, d. h., die ganzen Zahlen m und n können auch negativ sein.

$$(a^m)^n = a^{m \cdot n}$$

3. Potenzgesetz: Potenzen werden potenziert, indem man die Basis mit dem Produkt der Exponenten potenziert.

Da Faktoren in ihrer Reihenfolge vertauschbar sind, kann man auch die Reihenfolge der Exponenten vertauschen. Man kann deshalb den Exponenten einer Potenz in Faktoren zerlegen, und die Reihenfolge der Faktoren ist dabei beliebig; es gilt $a^{m \cdot n} = (a^m)^n = (a^n)^m$.

Beispiele. 17: $(2^2)^4 = (2^4)^2 = 16^2 = 256$.

18: $\dfrac{(-9a^2b^3)^5}{(-6a^2b)^4} = \dfrac{(-1)^5\,(3^2a^2b^3)^5}{(-1)^4\,(2 \cdot 3a^2b)^4} = -\dfrac{3^{10}a^{10}b^{15}}{2^4 \cdot 3^4a^8b^4} = -\dfrac{3^6a^2b^{11}}{2^4}$.

19: Die größte Zahl, die man mit 3 Ziffern schreiben kann, falls nur Addition, Multiplikation und Potenzieren erlaubt sind, ist die Zahl $9^{(9^9)}$, denn $9 + 9 + 9 < 9 \cdot 9 \cdot 9 < 999 < 99^9 < (9^9)^9 < 9^{99} < 9^{(9^9)} = 9^{387\,420\,489}$. Um diese Zahl hintereinander aufzuschreiben, brauchte man einen Streifen Papier, der etwa von Leipzig bis Helsinki reicht, oder man könnte damit 33 Bücher mit je 800 Seiten und 14000 Ziffern je Seite füllen.

Wurzeln

Der Wurzelbegriff. Schon die Griechen hatten die Frage aufgeworfen, die Länge der Seite eines Quadrats anzugeben, dessen Flächeninhalt bekannt ist, z. B. $2\ \mathrm{m^2}$. Es ist leicht, die *Seitenlänge x* anzugeben, wenn der Flächeninhalt x^2 den Wert $4\ \mathrm{m^2}$, $9\ \mathrm{m^2}$, $16\ \mathrm{m^2}$ usw. hat, wenn er das Quadrat einer ganzen Zahl ist; aus $x_1^2 = 3^2\ \mathrm{m^2}$ oder $x_2^2 = (0{,}5)^2\ \mathrm{m^2}$ folgt $x_1 = 3$ m bzw. $x_2 = 0{,}5$ m. Für den allgemeinen Fall, daß der Flächeninhalt eine beliebige positive reelle Zahl ist, fand man damals keine allgemeine Lösung; in einem *Platonischen Dialog* setzt SOKRATES dem MENON durch längere geometrische Erläuterungen auseinander, daß die Diagonale eines Quadrats von der Seitenlänge 1 ihrerseits Seite eines Quadrats vom Flächeninhalt 2 ist (Abb. 2.1-3). Heute würde man den geometrischen Inhalt des Dialogs mit MENON in der Feststellung zusammenfassen, daß die Seitenlänge x_3 eines Quadrats mit dem Flächeninhalt 2 den Wert $x_3 = \sqrt{2}$ hat. Dabei soll das Zeichen $\sqrt{2}$ [lies *zweite* oder *Quadratwurzel aus* 2] die positive Zahl x_3 bezeichnen, die, mit sich selbst multipliziert oder ins Quadrat erhoben, den Wert 2 ergibt. Die damit gestellte Aufgabe, diese Zahl x_3 wirklich anzugeben, ist in einigen Fällen leicht zu lösen; z. B. gilt $x_4 = \sqrt{9} = 3$, $x_5 = \sqrt{0{,}0144} = 0{,}12$, wie man durch die Probe $x_4^2 = 3^2 = 9$ bzw. $x_5^2 = (0{,}12)^2 = 0{,}0144$ sofort nachweist.

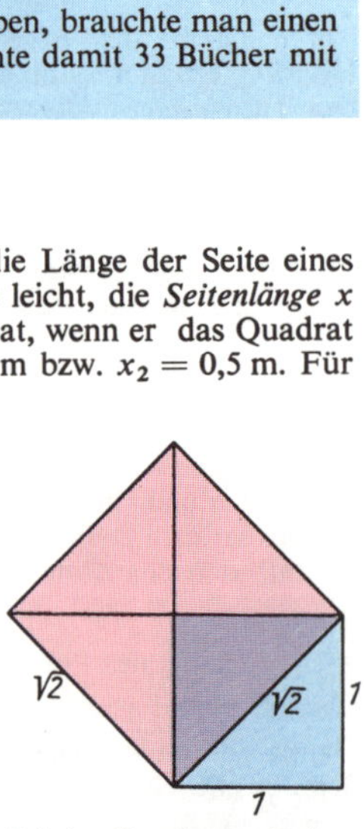

2.1-1 Quadrat mit dem doppelten Flächeninhalt eines gegebenen

$x = \sqrt{a}$	x mit $x \geqslant 0$ heißt *Quadratwurzel* aus a mit $a \geqslant 0$, falls $x^2 = a$

Analog führte das *Delische Problem* der griechischen Mathematiker zur *dritten* oder *Kubikwurzel*; es verlangte, die Seitenlänge eines Würfels anzugeben, dessen Rauminhalt das Doppelte eines Würfels von der Kantenlänge 1 ist. Heute drückt man diese Fragestellung in folgender Form aus:

Die Kantenlänge k eines Würfels, dessen Rauminhalt 2 ist, soll die Zahl $k = \sqrt[3]{2}$ [lies *dritte* bzw. *Kubikwurzel aus* 2] sein, deren dritte Potenz den Wert 2 hat; $k^3 = 2$. Diese Aufgabe ist wieder in einigen Fällen leicht zu lösen; z. B. gilt $k_1 = \sqrt[3]{8} = 2$ oder $k_2 = \sqrt[3]{0{,}125} = 0{,}5$, weil $k_1^3 = 2^3 = 8$ bzw. $k_2^3 = (0{,}5)^3 = 0{,}125$.
So wie die Aussagen $x = \sqrt{a}$ und $x^2 = a$, $x \geqslant 0$ bzw. $k = \sqrt[3]{a}$ und $k^3 = a$, $k \geqslant 0$, $a \geqslant 0$ gleichwertig sind, sollen es auch $a = \sqrt[n]{b}$ für $b \geqslant 0$ und $a^n = b$ für $a \geqslant 0$ sein.

$x = \sqrt[n]{a}$	x mit $x \geqslant 0$ heißt *n-te Wurzel* aus a mit $a \geqslant 0$, falls $x^n = a$

Das *Radizieren* [lat. *radix*, Wurzel] oder *Wurzelziehen* läßt sich offenbar als eine Umkehrung des Potenzierens auffassen. Die Zahl b, aus der die Wurzel gezogen wird, heißt *Radikand* und entspricht dem Potenzwert; der Wert a der Wurzel entspricht der Basis der Potenz, und der Exponent wird hier *Wurzelexponent* genannt.
Da für jede ganze positive Zahl n gilt $1^n = 1$, muß entsprechend gelten $\sqrt[n]{1} = 1$; ebenso folgt aus $0^n = 0$ die Umkehrung $\sqrt[n]{0} = 0$. Der Vollständigkeit halber wird schließlich definiert: $\sqrt[1]{a}$ soll a *bedeuten*.
Als Lösungen der Gleichung $x^2 = 2$ ergeben sich $x_1 = +\sqrt{2}$ und $x_2 = -\sqrt{2}$, denn $x_1^2 = (+\sqrt{2})^2 = 2$ und $x_2^2 = (-\sqrt{2})^2 = (-1)^2 \cdot (\sqrt{2})^2 = +2$. Die Wurzel $\sqrt[n]{b} = x$ ist eindeutig definiert. Die zwei Lösungen der Gleichung $x^n = b$ für gerade n müssen deshalb durch das Vorzeichen der Wurzel unterschieden werden.
Die Gleichung $x^3 = -8$ hat die Lösung $x = -2$. Da in der Definition der Radikand als nicht negativ vorausgesetzt wird, ist zu setzen $x = -\sqrt[3]{-(-8)} = -\sqrt[3]{8}$. Für ungerade n und $b < 0$ ist $x = -\sqrt[n]{-b}$ die Lösung der Gleichung $x^n = b$. Manchmal wird noch die Schreibweise $x = \sqrt[3]{-8}$ für die Lösung $x^3 = -8$ verwendet und damit stillschweigend vereinbart, daß für ungerade n die Wurzel aus einer negativen Zahl die negative Wurzel aus ihrem Betrag ist.
Der im Scherz gezogene Schluß, aus $(+2)^2 = (-2)^2$ durch Wurzelziehen $+2 = -2$ zu erhalten, ist falsch, weil $\sqrt[2]{(+2)^2} = \sqrt[2]{(-2)^2} = \sqrt[2]{4} = 2$; erst als Lösung der Gleichung $x^2 = 4$ erhält man neben $x_1 = 2$ auch $x_2 = -\sqrt{4} = -2$.

Radizieren und *Potenzieren* sind Umkehrungen voneinander, solange man im Bereich *positiver Zahlen* bleibt.

Berechnen von Wurzeln. In den Anwendungen kommen meist nur Quadrat- und Kubikwurzeln vor. Im folgenden werden diese Wurzeln deshalb vor allem betrachtet. Aus den verschiedenen vorhandenen Methoden kann man die für die jeweilige Aufgabe am besten passende auswählen, die mit dem geringsten Rechenaufwand ein Ergebnis mit genügender Genauigkeit ergibt.

Numerische Verfahren. Schon im 16. Jh. findet man bei Michael STIFEL das numerische Radizieren bis zur 7. Wurzel. Heute benutzt man dazu Logarithmen. Es genügt deshalb, das Verfahren für Quadratwurzeln zu zeigen.

Zuerst einige Überlegungen zur Stellenzahl bei Quadratwurzeln. Das Quadrat einer 2stelligen Zahl wie 21 oder 85 ergibt eine 3- oder 4stellige Zahl. Allgemein ergibt das *Quadrat einer n-stelligen Zahl eine* $(2n - 1)$- *oder* $2n$-*stellige Zahl.* Da das Radizieren die Umkehrung des Potenzierens ist, gilt für das Radizieren: *Die Quadratwurzel aus einer* $(2n - 1)$- oder $2n$-*stelligen* Zahl ist *n-stellig*.

Beispiele dazu sind $\sqrt{441} = 21$ und $\sqrt{7225} = 85$. Man kann auf einfache Weise die Stellenzahl der Wurzel bestimmen, indem man den Radikanden vom Komma aus nach beiden Seiten in *Gruppen zu je 2 Stellen* abteilt. Die Anzahl der Stellen der Wurzel vor bzw. nach dem Komma ist dabei gleich der Anzahl der Gruppen vor bzw. nach dem Komma. Bei dem Beispiel $\sqrt{44|44|48{,}88|89} = 666{,}67$ hat man 3 Stellen vor und 2 nach dem Komma.

Betrachtet man $\sqrt{441}$, so weiß man, daß die Wurzel 2stellig sein muß, d. h. die Form $a + b$ hat, in der a ein Vielfaches von 10 ist. Demnach ist $441 = (a + b)^2 = a^2 + 2ab + b^2$ oder $441 = a^2$

$+ (2a + b)\,b$. Diese Form verwendet man zur Berechnung der Quadratwurzel, indem man vom Radikanden zuerst a^2 und dann das 2. Glied $(2a + b)\,b$ subtrahiert:

$$\begin{array}{rrl}
 & \sqrt{441} & = 20 + 1 = 21 \\
-a^2 & \underline{-400} & \quad a \quad\; b \quad a+b \\
 & 41 & \\
-(2a+b)\,b & \underline{-\;41} & \\
 & 0 &
\end{array}$$

Analog berechnet man einen 3stelligen Wurzelwert:

$$\begin{array}{rrrl}
 & \sqrt{57\;45{,}64} & = & 70 + 5 + 0{,}8 = 75{,}8 \\
-a^2 - & \underline{49\;00} & & \;\;a \quad\; b \quad c \qquad a+b+c \\
 & 8\;45 & & :14b \\
-(2a+b)\,b - & \underline{7\;25} & & 145 \cdot 5 \\
 & 1\;20{,}64 & & :15c \\
-(2a+2b+c)\,c - & \underline{1\;20{,}64} & & 158 \cdot 8 \\
 & 0 & &
\end{array}$$

Näherungsformeln. An dieser Stelle sollen nur die schon im Altertum bekannten und zur Berechnung herangezogenen Näherungsverfahren erwähnt werden. Im Kap. 21.2. (Näherungswerte und Näherungsformeln) wird auf einige andere eingegangen.
Wenn a sehr groß gegenüber b ist, sind in den Ausdrücken $\left(a + \frac{b}{2a}\right)^2 = a^2 + b + \frac{b^2}{4a^2}$ und $\left(a + \frac{b}{3a^2}\right)^3 = a^3 + b + \frac{b^2}{3a^3} + \frac{b^3}{27a^6}$ Glieder mit Potenzen von a im Nenner vernachlässigbar klein; man erhält Näherungswerte für die Quadrat- und die Kubikwurzel.

$$\left(a + \frac{b}{2a}\right)^2 \approx a^2 + b; \quad \sqrt{a^2 + b} \approx a + \frac{b}{2a}; \quad \left(a + \frac{b}{3a^2}\right)^3 \approx a^3 + b; \quad \sqrt[3]{a^3 + b} \approx a + \frac{b}{3a^2}$$

Beispiele. 1: $\sqrt[2]{35} = \sqrt{36 - 1} \approx 6 - 1/12 = 5{,}917$ gegenüber dem genauen Wert 5,91608...
2: $\sqrt[3]{730000} = \sqrt[3]{729000 + 1000} \approx 90 + \frac{1000}{3 \cdot 90^2} = 90{,}041$ gegenüber dem genauen Wert 90,0411 ...

Wurzeln als Potenzen mit gebrochenen Exponenten

Das Wurzelziehen darf als Umkehrung des Potenzierens aufgefaßt werden. Nun wird aber eine Potenz mit einer positiven ganzen Zahl n potenziert, indem man ihren Exponenten mit der Zahl n multipliziert. Da die Division die Umkehrung der Multiplikation ist, wird nach dem Permanenzprinzip festgesetzt:

Die n-te Wurzel aus einer Potenz wird gezogen, indem man den Exponenten der Potenz durch n teilt.

$$a^{m/n} = \sqrt[n]{a^m}$$

Damit ist eine neue Zahl $a^{m/n}$ definiert, für die gelten soll $a^{m/n} = \sqrt[n]{a^m}$, wenn a eine positive reelle Zahl ist und m sowie n zwei positive ganze Zahlen sind. Nach den bisher abgeleiteten Rechenregeln ist die n-te Potenz dieser Zahl $(a^{m/n})^n = a^m$, wie es nach der Definition der n-ten Wurzel sein soll. Zugleich ist diese Darstellung *eindeutig*, aus $m/n = m'/n'$, z. B. $4/6 = 6/9$, folgt $\sqrt[n]{a^m} = \sqrt[n']{a^{m'}}$. Erhebt man nämlich wegen $mn' = m'n$ die Wurzel $\sqrt[n]{a^m}$ in die $(m' \cdot n)$-te Potenz, so erhält man $\left(\sqrt[n]{a^m}\right)^{m'n}$ $= \left[\left(\sqrt[n]{a^m}\right)^n\right]^{m'} = [a^m]^{m'} = a^{m'm}$. Entsprechend gilt aber auch $\left(\sqrt[n']{a^{m'}}\right)^{mn'} = \left[\left(\sqrt[n']{a^{m'}}\right)^{n'}\right]^m = [a^{m'}]^m = a^{m'm}$, d. h., man erhält denselben Wert. Aus den Definitionen läßt sich herleiten, daß die Potenzgesetze auch für gebrochene Exponenten gelten. Daraus ergeben sich eine Reihe von Beziehungen.

1. $\sqrt[n]{a} \cdot \sqrt[n]{b} = \sqrt[n]{ab}$, weil $a^{1/n} \cdot b^{1/n} = (ab)^{1/n}$.
2. $\frac{\sqrt[n]{a}}{\sqrt[n]{b}} = \sqrt[n]{\frac{a}{b}}$, weil $\frac{a^{1/n}}{b^{1/n}} = (a/b)^{1/n}$.
3. $1/\sqrt[n]{b} = \sqrt[n]{1/b}$, weil $b^{-1/n} = (b^{-1})^{1/n}$.
4. $\sqrt[rq]{a^{sq}} = \sqrt[r]{a^s}$, weil $a^{(s \cdot q)/(r \cdot q)} = a^{s/r}$.

Beispiele. 1: $\sqrt[3]{24x^4} = \sqrt[3]{2^3 \cdot 3 \cdot x^3 \cdot x} = \sqrt[3]{2^3} \cdot \sqrt[3]{x^3} \cdot \sqrt[3]{3x} = 2x\sqrt[3]{3x}$.

2: $\frac{\sqrt{12}}{\sqrt{27}} = \sqrt{\frac{3 \cdot 4}{3 \cdot 9}} = \sqrt{\frac{4}{9}} = \frac{2}{3}$. *3:* $\sqrt[3]{\frac{1}{64}} = \frac{1}{\sqrt[3]{64}} = \frac{1}{4}$. *4:* $\frac{1}{\sqrt{x^2 - a^2}} = (x^2 - a^2)^{-1/2}$.

5: $\sqrt[6]{9} = \sqrt[2\cdot 3]{3^2} = \sqrt[3]{3}$. *6:* $\sqrt[7]{a^5} = a^{5/7}$. *7:* $\frac{1}{\sqrt[7]{(14a)^3}} = (14a)^{-3/7}$.

8: $\sqrt[3]{18a^2b} \cdot \sqrt[3]{12ab^2} \cdot \sqrt[3]{16ab} = \sqrt[3]{2 \cdot 3^2 \cdot 2^2 \cdot 3 \cdot 2^4 \cdot a^4 \cdot b^4} = \sqrt[3]{2^6 \cdot 2 \cdot 3^3 \cdot a^4 \cdot b^4}$
$= 2^2 \cdot 3^1 \cdot a^1 \cdot b^1 \cdot \sqrt[3]{2ab} = 12ab\sqrt[3]{2ab}$.

9: $8 \cdot \sqrt{\frac{13}{128}} = 2^3\sqrt{\frac{13}{2^7}} = \frac{2^3}{2^3}\sqrt{\frac{13}{2}} = \sqrt{\frac{13}{2}}$.

10: $\sqrt{\left(2 + \frac{14}{25}\right)\frac{a^4}{p^2q^2}} = \sqrt{\frac{64 \cdot a^4}{25p^2q^2}} = \frac{8a^2}{5pq}$.

11: $12bc\sqrt{\frac{5a}{24b^2c}} = \sqrt{\frac{12^2b^2c^2 \cdot 5a}{24b^2c}} = \sqrt{\frac{12c \cdot 5a}{2}} = \sqrt{30ac}$.

12: $\left(\sqrt[4]{16}\right)^3 = \sqrt[4]{16^3} = \sqrt[4]{(2^4)^3} = \sqrt[4]{2^{12}} = 2^{12/4} = 2^3 = 8$.

13: $\left(\sqrt[6]{n^2v}\right)^9 = [(n^2v)^{1/6}]^9 = n^{2\cdot 9/6} \cdot v^{9/6} = n^3v^{3/2} = n^3v^{1+1/2} = n^3v \cdot v^{1/2} = n^3v\sqrt{v}$.

14: $\sqrt[n]{a + \frac{a}{a^n - 1}} = \sqrt[n]{\frac{(a^{n+1} - a) + a}{a^n - 1}} = \sqrt[n]{\frac{a^n \cdot a}{a^n - 1}} = a\sqrt[n]{\frac{a}{a^n - 1}}$;

für $a = 3$, $n = 2$ bedeutet dies $\sqrt{3 + 3/8} = 3\sqrt{3/8}$,

für $a = 2$, $n = 5$ bedeutet dies $\sqrt[5]{2 + 2/31} = 2\sqrt[5]{2/31}$.

15: $\sqrt[5]{\sqrt[2]{32}} = [(2^5)^{1/2}]^{1/5} = 2^{5/10} = 2^{1/2} = \sqrt{2}$.

16: $\sqrt[3]{a^5\sqrt[4]{a^5}} = [a^5(a^5)^{1/4}]^{1/3} = a^{5/3} \cdot a^{5/12} = a^{5/3+5/12} = a^{25/12} = a^{2+1/12} = a^2\sqrt[12]{a}$.

17: $\sqrt{3\sqrt{3\sqrt{3}}} = [3(3 \cdot 3^{1/2})^{1/2}]^{1/2} = 3^{1/2} \cdot (3 \cdot 3^{1/2})^{1/4} = 3^{1/2} \cdot 3^{1/4} \cdot 3^{1/8} = 3^{1/2+1/4+1/8}$
$= 3^{7/8} = \sqrt[8]{3^7}$.

18: $\sqrt[3]{a^2} : (\sqrt{a})^3 = a^{2/3} : a^{3/2} = a^{2/3-3/2} = a^{-5/6} = 1/\sqrt[6]{a^5}$.

19: $\sqrt[5]{a^{2x}} \cdot \sqrt[6]{a^{5x}} = a^{2x/5} \cdot a^{5x/6} = a^{2x/5+5x/6} = a^{37x/30} = a^{(1+7/30)x} = a^x \cdot \sqrt[30]{a^{7x}}$.

20: a) $\sqrt[2]{\sqrt[5]{\sqrt[2]{\sqrt[5]{10}}}} = \sqrt[10]{\sqrt[10]{10}} = \sqrt[10^2]{10} = \sqrt[100]{10} = 10^{0,01}$. b) $\sqrt[10^4]{10} = 10^{0,0001}$.

Rationalmachen des Nenners. Wurzeln sind im allgemeinen irrationale Zahlen, die durch unendliche unperiodische Dezimalbrüche dargestellt werden. Man vermeidet es deshalb, durch Wurzeln zu dividieren, d. h., daß Wurzeln im Nenner stehen. Es läßt sich auch stets eine Zahl angeben, mit der man den gegebenen Bruch, dessen Nenner eine Wurzel aus einer rationalen Zahl ist, so erweitert, daß sein Nenner rational wird. Ist der Nenner $\sqrt[n]{a^m} = a^{m/n}$ mit rationalem a, so nimmt er durch Multiplizieren mit $a^m : a^{m/n} = a^{(1-1/n)m} = a^{m(n-1)/n}$ den Wert a^m an, ist also rational. Der Bruch $1/\sqrt[3]{p}$ muß danach mit $p^{(3-1)/3} = p^{2/3}$ erweitert werden. Entsprechendes gilt, wenn unter dem Wurzelzeichen nicht rationale Zahlen, sondern rationale Funktionen einer oder mehrerer Veränderlicher stehen.

Beispiele. 21: $1/\sqrt[3]{p} = (1 \cdot p^{2/3})/(p^{1/3} \cdot p^{2/3}) = p^{2/3}/p = (1/p)\sqrt[3]{p^2}$.

22: $1/\sqrt{2} = (1 \cdot \sqrt{2})/(\sqrt{2} \cdot \sqrt{2}) = \sqrt{2}/2$.

Hat der Nenner die Form $(\sqrt{a} - \sqrt{b})$, so wird er durch Multiplizieren mit $(\sqrt{a} + \sqrt{b})$ rational, da $(\sqrt{a} - \sqrt{b})(\sqrt{a} + \sqrt{b}) = [(\sqrt{a})^2 - (\sqrt{b})^2] = a - b$.

Beispiel 23: $\frac{\sqrt{3}}{(\sqrt{3}-\sqrt{2})} = \frac{\sqrt{3}(\sqrt{3}+\sqrt{2})}{(\sqrt{3}-\sqrt{2})(\sqrt{3}+\sqrt{2})} = \frac{3+\sqrt{6}}{3-2} = 3+\sqrt{6}$.

Potenzen mit irrationalen Exponenten. Ausgehend von der Definition der Potenz als Produkt einer ganzzahligen Anzahl gleicher Faktoren ist ihre Bedeutung nach dem Permanenzprinzip erweitert worden auf negative und schließlich auf beliebige rationale Exponenten. Es liegt nahe, noch einen Schritt weiterzugehen und irrationale Exponenten zuzulassen. Ist α ein solcher irrationaler positiver Exponent, so läßt er sich durch einen *unendlichen unperiodischen Dezimalbruch* darstellen, d. h. in der Form schreiben: $\alpha = a, a_1a_2a_3 \ldots a_i \ldots = a + a_1/10 + a_2/10^2 + \cdots + a_i/10^i + \cdots$, dabei bedeuten a die Ganzen, a_1 die Anzahl der Zehntel, a_2 die der Hundertstel usw.; a ist danach eine ganze Zahl, und die a_i sind eine der Ziffern 0, 1, 2, 3, 4, 5, 6, 7, 8 oder 9 eines Dezimalbruchs, die von einer bestimmten Stelle an nicht alle Null sind und sich auch nicht in irgendeiner geregelten Folge, einer Periode, abwechseln. Für $\alpha = \sqrt{2} = 1{,}414\,213\,56 \ldots$ z. B. gilt $a = 1$, $a_1 = 4$, $a_2 = 1$, $a_3 = 4$, $a_4 = 2$, $a_5 = 1$, $a_6 = 3$, $a_7 = 5$, ... Bricht man die Summe für α nach dem Glied $a_i/10^i$ ab, so erhält man einen *Näherungswert* α_i, der um weniger als $1/10^i$ vom wahren Wert abweicht. Wie klein auch immer eine Zahl ε gewählt wird, so läßt sich stets ein Index I finden, so daß der Unterschied zwischen α_I und α kleiner als ε wird, $|\alpha_I - \alpha| < \varepsilon$, dabei ist α_I eine rationale Zahl. Für eine positive Basis b ist also b^I eine Potenz mit rationalem Exponenten, deren Wert sich um einen Faktor von b unterscheidet, der näher an 1 liegt als b^ε. Da $b^0 = 1$ und ε eine beliebig kleine Zahl ist, läßt sich die Potenz b^α mit irrationalem Exponenten beliebig genau durch Potenzen mit rationalen Exponenten annähern, deren Folge den Grenzwert b^α hat (vgl. Kap. 18. 3. – Einige wichtige Grenzwerte). Ist α negativ, so gilt die gleiche Überlegung für den Nenner des Bruches $1/b^{-\alpha}$, dessen Exponent positiv ist. Es läßt sich zeigen, daß die Potenzgesetze auch für beliebige reelle Exponenten gelten.

2.2. Rechnen mit Logarithmen

Logarithmengesetze und Logarithmensysteme

Multiplizieren mit Hilfe von Potenzen. Stellt man die Exponenten l, die Potenzen p und ihre Werte n etwa für die Basis 2 zusammen, so lassen sich die Multiplikationen und Divisionen mit den Potenzwerten n leicht mit Hilfe der Exponenten l ausführen; z. B. $4 \cdot 8 = 2^2 \cdot 2^3 = 2^{2+3} = 2^5 = 32$ oder $16 : 64 = 2^4 : 2^6 = 2^{-2} = 1/4$. Unter Benutzung der Tabelle ist nach den Potenzgesetzen nur zu rechnen $2 + 3 = 5$ bzw. $4 - 6 = -2$. Anstatt zu potenzieren, genügt es zu multiplizieren: $4^3 = (2^2)^3 = 2^6 = 64$; entsprechend kann das Wurzelziehen durch das Dividieren ersetzt werden, z. B. $\sqrt[4]{1/16} = 2^{-4/4} = 1/2$. *Alle Rechenoperationen werden um eine Stufe herabgesetzt*, wenn man anstatt mit den in der Aufgabe enthaltenen *Potenzwerten* mit den ihnen entsprechenden *Exponenten* rechnet. Ein Nachteil des Verfahrens ist, daß für Zahlen zwischen den Potenzen von 2 keine Exponenten bekannt sind. Berechnet man aber $\sqrt[100]{2} = 1{,}006\,956 = 2^{0{,}01}$, so ergeben die Potenzen dieser Zahl für alle Exponenten zwischen 0,01 und 1 die Potenzwerte, z. B. $2^{0{,}02} = (2^{0{,}01})^2 = 1{,}013\,96$, oder $2^{0{,}1} = (2^{0{,}01})^{10} = 1{,}071\,773$. Auch Zwischenwerte zwischen den anderen Potenzwerten lassen sich danach finden, z. B. ist $2^{1{,}01} = 2^{1+0{,}01} = 2 \cdot 2^{0{,}01} = 2{,}013\,912$ oder $2^{3{,}1} = 2^{3+0{,}1} = 8 \cdot 1{,}071\,773 = 8{,}574\,184$. Alle diese Potenzwerte ergeben sich als irrationale Zahlen aus der Rechnung; anzustreben ist aber, Exponenten zu finden, für die der Potenzwert eine beliebig vorgegebene Zahl ist, z. B. die Zahlen 3 oder 5 oder 7,26.

l	p	n
−4	$1/2^4$	1/16
−3	$1/2^3$	1/8
−2	$1/2^2$	1/4
−1	1/2	1/2
0	2^0	1
1	2^1	2
2	2^2	4
3	2^3	8
4	2^4	16
5	2^5	32
6	2^6	64

Logarithmen. Für eine Basis b, die größer als 1 ist, und für eine beliebige positive Zahl x läßt sich leicht zeigen, daß ein *Exponent* l existieren muß, für den die Potenz b^l den Wert x hat. Für genügend große positive Exponenten ν sind die Potenzen b^ν der Zahl $b > 1$ größer als jede reelle Zahl $x > 1$ bzw. für negative Exponenten ν kleiner als jede reelle Zahl x mit $0 \leqslant x < 1$. Es gibt deshalb einen Exponenten a der Eigenschaft, daß $b^a \leqslant x < b^{a+1}$. *Teilt* man das Intervall von a bis $a + 1$ *in zehn Teile* der Größe 1/10, so läßt sich eine Zahl a_i aus den Zahlen von 0 bis 9 finden, so daß $b^{a+a_1/10} \leqslant x < b^{a+a_1/10+1/10}$. Fährt man fort, das Intervall zwischen den beiden letzten Exponenten in 10 Teile zu teilen, so ergibt sich für den kleineren Exponenten ein Dezimalbruch $\alpha = a + a_1/10 + a_2/100 + \cdots + a_i/10^i + \cdots$, der abbricht, wenn von einem Index i_0 ab für $i > i_0$ gilt $a_i = 0$. Bricht er nicht ab, so stellt er, falls er periodisch ist, eine rationale Zahl, falls er nicht periodisch ist, eine irrationale Zahl mit beliebiger Genauigkeit dar. Man nennt diese Exponenten $l = \alpha$ *Logarithmen* zur Basis b und die Zahl $x = b^l$ den *Numerus* [Plural *Numeri*]; man sagt kurz: l ist der b-Logarithmus von x oder in Zeichen $l = \log_b x$. Nach der Herleitung müssen die Basis b dabei größer als 1 und der Numerus positiv sein. Alle Logarithmen zu einer bestimmten Basis b_1 werden zusammengefaßt als *Logarithmensystem zur Basis* b_1 bezeichnet.

b-Logarithmus von x für $b > 1$	α heißt b-Logarithmus von x, falls $b^\alpha = x$

Logarithmen zur Basis 2 werden mit lb bezeichnet [*binär*, aus zwei Einheiten bestehend]: $\text{lb}\, x = \log_2 x$.

$\text{lb}\, 2 = 1$, denn $2^1 = 2$; $\text{lb}\, 4 = 2$, denn $2^2 = 4$;

$\text{lb}\, 32 = 5$, denn $2^5 = 32$; $\text{lb}\,(1/16) = -4$, denn $2^{-4} = 1/2^4 = 1/16$;

$\text{lb}\, 1{,}006956 = 0{,}01$, denn $2^{0,01} = 1{,}006956$; $\text{lb}\, 1{,}071773 = 0{,}1$, denn $2^{0,1} = 1{,}071773$;

$\text{lb}\, 8{,}574184 = 3{,}1$, denn $2^{3,1} = 8{,}574184$; $\text{lb}\,(4 \cdot 8) = \text{lb}\, 4 + \text{lb}\, 8 = 2 + 3 = 5 = \text{lb}\, 32$;

$\text{lb}\,(16:64) = \text{lb}\, 16 - \text{lb}\, 64 = 4 - 6 = -2 = \text{lb}\, 1/4$; $\text{lb}\, 4^3 = 3 \cdot \text{lb}\, 4 = 3 \cdot 2 = 6 = \text{lb}\, 64$;

$$\text{lb}\sqrt[4]{\frac{1}{16}} = \frac{1}{4}\,\text{lb}\,\frac{1}{16} = \frac{1}{4}(-4) = -1 = \text{lb}\,\frac{1}{2}.$$

Die hierin enthaltenen Beziehungen gelten für jede Basis $b > 1$, da sie nur die *für Exponenten ausgesprochenen Potenzgesetze* darstellen. Aus der Folge der Potenzen $\ldots, b^{-3}, b^{-2}, b^{-1}, 1, b^1, b^2, b^3, \ldots$ folgt zunächst

$\log_b b^2 = 2, \log_b b^3 = 3, \ldots, \log_b b^\nu = \nu$,

$\log_b b = 1, \log_b 1 = 0, \log_b 1/b = -1, \ldots, \log_b 1/b^\nu = -\nu$,

Numeri zwischen	Logarithmen zwischen
$1 \ldots b$	$0 \ldots 1$
$b \ldots b^2$	$1 \ldots 2$
$b^\nu \ldots b^{\nu+1}$	$\nu \ldots \nu + 1$
$1 \ldots 1/b$	$0 \ldots -1$
$1/b^{\nu-1} \ldots 1/b^\nu$	$-\nu + 1 \ldots -\nu$

d. h., der Logarithmus von 1 ist stets Null, und für die übrigen Werte gilt die beigefügte Tabelle. Die Regeln für das Rechnen mit Logarithmen werden wegen ihrer häufigen Anwendung oft als besondere Logarithmengesetze ausgesprochen.

$$\log_b (n_1 \cdot n_2) = \log_b n_1 + \log_b n_2$$

1. Logarithmengesetz: Der Logarithmus eines Produkts ist gleich der Summe der Logarithmen der Faktoren.

Aus $l = \log_b (n_1 \cdot n_2)$; $l_1 = \log_b n_1$; $l_2 = \log_b n_2$ folgt nämlich:

$b^l = n_1 \cdot n_2$, $b^{l_1} = n_1$, $b^{l_2} = n_2$ oder $b^l = n_1 \cdot n_2 = b^{l_1 + l_2}$, d. h., $l = l_1 + l_2$.

$$\log_b (n_1/n_2) = \log_b n_1 - \log_b n_2$$

2. Logarithmengesetz: Der Logarithmus eines Quotienten ist gleich der Differenz aus dem Logarithmus des Dividenden und dem des Divisors.

Aus $l = \log_b (n_1/n_2)$; $l_1 = \log_b n_1$; $l_2 = \log_b n_2$ folgt nämlich:

$b^l = n_1/n_2$; $b^{l_1} = n_1$; $b^{l_2} = n_2$ oder

$b^l = n_1 : n_2 = b^{l_1 - l_2}$, d. h., $l = l_1 - l_2$.

Beispiel 1: $\log_3 (1/17) = \log_3 1 - \log_3 17 = -\log_3 17$.

$$\log_b (p^r) = r \log_b p$$

3. Logarithmengesetz: Der Logarithmus einer Potenz ist gleich dem mit dem Potenzexponenten multiplizierten Logarithmus der Potenzbasis.

Aus $l = \log_b p^r$; $l_1 = \log_b p$ folgt nämlich:

$b^l = p^r$; $b^{l_1} = p$ oder $b^l = p^r = (b^{l_1})^r = b^{r \cdot l_1}$, d. h., $l = r l_1$.

Beispiele. 2: $\log_b [5^3 \cdot x^2/6^4] = 3 \log_b 5 + 2 \log_b x - 4 \log_b 6$.

3: $\log_b b^r = r \log_b b = r \cdot 1 = r$.

$$\log_b \sqrt[r]{w} = (1/r) \log_b w$$

4. Logarithmengesetz: Der Logarithmus einer Wurzel ist gleich dem durch den Wurzelexponenten geteilten Logarithmus des Radikanden.

Aus $l = \log_b \sqrt[r]{w}$; $l_1 = \log_b w$ folgt nämlich:

$b^l = \sqrt[r]{w}$; $b^{l_1} = w$ oder $b^l = w^{1/r} = b^{(1/r) \cdot l_1}$, d. h., $l = (1/r) \cdot l_1$.

Beispiel 4: $\log_b \sqrt[3]{q^5/s^2} = {}^1/_3 (\log_b q^5 - \log_b s^2) = (5/3) \log_b q - (2/3) \log_b s$.

Logarithmensysteme. Von allen möglichen Logarithmensystemen mit einer Basis $b > 1$ werden im wesentlichen nur zwei verwendet, das System der natürlichen und das der dekadischen Logarithmen. Die *natürlichen Logarithmen* werden in der höheren Mathematik fast ausschließlich benutzt. Ihre Basis ist die durch den Grenzwert $\lim_{n\to\infty} (1 + 1/n)^n$ oder durch eine unendliche Reihe definierte transzendente Zahl

$$e = \lim_{n\to\infty} (1 + 1/n)^n = 1 + 1/1! + 1/2! + 1/3! + \cdots.$$

e = 2,7182818...

Ihre Potenz e^x ist die Exponentialfunktion, die zum Beschreiben aller Vorgänge geeignet ist, deren Abnahme bzw. Zunahme ihrem jeweiligen Betrag entspricht, d. h., für die der Differentialquotient dem Funktionswert proportional ist, z. B. zur Beschreibung des radioaktiven Zerfalls oder des Anwachsens eines Waldbestands bzw. der Bevölkerungszahl der Erde. Auch die Mathematiker im 16. und 17. Jh. berechneten erst Logarithmen dieses Systems. Sie werden mit ln anstatt $\log_e$ gekennzeichnet: $\log_e x \equiv \ln x$ [lies *Logarithmus naturalis* von x]. Aus den zur Berechnung von Logarithmen angewendeten Reihen ergeben sich die Werte von natürlichen Logarithmen. Die *dekadischen* oder *gewöhnlichen Logarithmen* haben die Basis 10 und werden nach Henry BRIGGS, der sie zuerst berechnete, auch *Briggssche Logarithmen* genannt. Sie werden zum praktischen Rechnen fast stets verwendet und mit lg anstatt $\log_{10}$ gekennzeichnet; $\log_{10} x \equiv \lg x$. Den Vorteil, den sie bieten, weil ihre Basis die des Zahlensystems ist, erkennt man aus ihren ganzzahligen Werten (s. nebenstehende Tabelle). Das bedeutet aber, daß die *Zehnerlogarithmen* nur für die Zahlen von 1 bis 10 berechnet zu werden brauchen bzw., daß es nur auf die Ziffernfolge einer Zahl bei der Berechnung der Zehnerlogarithmen ankommt. Hat man z. B. gefunden $\lg 2{,}37 = 0{,}3747$, so hat man zugleich die Zehnerlogarithmen der Zahlen 23,7; 2370; 0,237; 0,00237 usw., d. h. von jeder Zahl, die sich als Produkt aus 2,37 und einer Zehnerpotenz darstellen läßt (s. Tabelle).

Numerus	Logarithmus
...	...
$1/10^3 = 10^{-3}$	−3
$1/100 = 10^{-2}$	−2
$1/10 = 10^{-1}$	−1
1	0
10	1
100	2
1000	3
...	...

Man nennt die als Logarithmus wirklich zu berechnenden Ziffern 3747 seine *Mantisse* und die Zahlen 1; 3; 0, ... −1; 0, ... −3 seine *Kennziffer*. Diese Kennziffer hat für Numeri n mit $1 \leqslant n < 10$ den Wert 0, für $10 \leqslant n < 100$ den Wert 1, allgemein für Numeri mit ν Ziffern vor dem Komma den

Aus lg 2,37 = 0,3747 *abzuleitende Logarithmen*

Numerus	Umrechnung	Logarithmus	Kennziffer
$23{,}7 = 10 \cdot 2{,}37$	$\lg 10 + \lg 2{,}37$	$\lg 23{,}7 = 1{,}3747$	1
$2370 = 10^3 \cdot 2{,}37$	$\lg 10^3 + \lg 2{,}37$	$\lg 2370 = 3{,}3747$	3
$0{,}237 = (1/10) \cdot 2{,}37$	$\lg (1/10) + \lg 2{,}37$	$\lg 0{,}237 = 0{,}3747 - 1$	−1
$0{,}00237 = (1/10^3) \cdot 2{,}37$	$\lg (1/10^3) + \lg 2{,}37$	$\lg 0{,}00237 = 0{,}3747 - 3$	−3

Wert $(\nu - 1)$; ist der Numerus aber ein Dezimalbruch kleiner als 1, so ist die Kennziffer des Zehnerlogarithmus negativ, und ihr Betrag gibt an, um wie viele Stellen das Komma nach rechts verschoben werden muß, bis es hinter der ersten von Null verschiedenen Ziffer des Numerus steht.

Für Logarithmen mit der Basis b braucht man auch nur die Werte für Numeri von 1 bis b als Mantisse zu berechnen; für Numeri von b bis b^2 ist die Kennziffer 1 usw. Der Vorteil der dekadischen Logarithmen beruht demgegenüber darauf, daß ihre Basis dieselbe wie die des Zahlensystems ist und die Kennziffer unmittelbar, d. h. ohne Umrechnung auf Potenzen von b, an den Numeri abgelesen werden kann.

Übergang von einem Logarithmensystem in ein anderes. Die Tatsache, daß man durch Reihenentwicklung natürliche Logarithmen erhält, praktisch aber Zehnerlogarithmen braucht, macht es notwendig, die Logarithmen zur Basis b aus denen zu einer anderen Basis a von demselben Numerus n zu berechnen. Bekannt soll danach $l_a = \log_a n$ sein; gesucht wird $l_b = \log_b n$. In dem bekannten System zur Basis a kann als Numerus die Basis b des neuen Systems gewählt werden, man erhält $\bar{l}_a = \log_a b$. In Potenzschreibweise lauten diese drei Gleichungen

$$a^{l_a} = n; \quad b^{l_b} = n; \quad a^{\bar{l}_a} = b.$$

Erhebt man die dritte in die l_b-te Potenz, so folgt

$$a^{\bar{l}_a \cdot l_b} = b^{l_b} = n = a^{l_a}, \quad \text{d. h.,} \quad a^{\bar{l}_a \cdot l_b} = a^{l_a} \quad \text{oder} \quad \bar{l}_a \cdot l_b = l_a.$$

Diese Beziehung wird als *Kettenregel* bezeichnet. Werden die natürlichen Logarithmen als berechnet angesehen, so ist zu setzen $a = e$ und $b = 10$, und man erhält $\ln 10 \cdot \lg n = \ln n$.

Kettenregel	$\log_a b \cdot \log_b n = \log_a n$

$\lg n = (1/\ln 10) \cdot \ln n = M_{10} \cdot \ln n$

$M_{10} = 0{,}434\,2945\ldots$	$\lg M_{10} = 9{,}637\,7843 - 10$	$1/M_{10} = \ln 10 = 2{,}302\,5851\ldots$

Die Zehnerlogarithmen ergeben sich danach aus den natürlichen durch Multiplizieren mit der Konstanten $1/\ln 10 = M_{10}$; sie heißt *Modul des Logarithmensystems zur Basis 10.*

Sollen dagegen aus einer vorhandenen Tafel von Zehnerlogarithmen natürliche berechnet werden, so ist in der Kettenregel zu setzen $a = 10$, $b = e$; man erhält $\lg e \cdot \ln n = \lg n$.

$$\ln n = \frac{1}{\lg e} \cdot \lg n = \frac{1}{M_{10}} \lg n$$

Daß tatsächlich $\lg e = M_{10}$, erkennt man sofort, indem man setzt $n = 10$; aus $\ln n = \lg n / \lg e$ wird dann $\ln 10 = 1/\lg e$ oder $\lg e = 1/\ln 10 = M_{10}$.

Umkehroperation. Die Addition und die Multiplikation haben jede nur eine Umkehroperation, die Subtraktion bzw. die Division, denn aus $s_1 + s_2 = s$ folgt $s_1 = s - s_2$ bzw. $s_2 = s - s_1$, und entsprechend folgt aus $f_1 \cdot f_2 = p$ entweder $f_1 = p : f_2$ oder $f_2 = p : f_1$. Will man aber aus einer Potenz $r^q = p$ die Basis r oder den Exponenten q berechnen, so sind zwei verschiedene Operationen notwendig; die *Basis* ergibt sich als *Wurzel* $r = \sqrt[q]{p}$, der *Exponent* dagegen als *Logarithmus* $q = \log_r p$.

Durch Einsetzen der formalen Umkehrungen in die Potenz $r^q = p$ erhält man entweder $\left(\sqrt[q]{p}\right)^q = p$, d. h. die Definition der Wurzel, oder die Gleichung $r^{\log_r p} = p$, d. h. die Definition des Logarithmus. Die *Wurzel* als *Umkehrung* der Potenz geht allerdings von der Annahme eines *rationalen Potenzexponenten* aus; für $q = t/s$, wenn t und s ganze, teilerfremde Zahlen sind, ergibt sich aus $r^{t/s} = p$ sofort $r^t = p^s$, $r = \sqrt[t]{p^s}$. Wenn aber q den irrationalen Wert α hat, kann die Wurzel nur als Potenz mit gebrochenem Exponenten aufgefaßt werden: $r = p^{1/\alpha}$. Zur Berechnung der Potenz p und der Wurzel r bei irrationalem Exponenten α werden die Logarithmen zu Hilfe gezogen. Man erhält aus $p = r^\alpha$ durch Logarithmieren auf beiden Seiten etwa im Zehnersystem $\lg p = \alpha \lg r$ und daraus als Numerus $p = 10^{\alpha \lg r}$ oder aus $\lg r = (\lg p)/\alpha$ den Numerus $r = 10^{(\lg p)/\alpha}$.

Bis auf Numeri, die Potenzen mit rationalem Exponenten der Basis b des Logarithmensystems sind, haben alle *Logarithmen irrationale Werte.* Wäre z. B. $\lg 2 = t/s$ eine rationale Zahl, in der t und s mit $s > t$ ganze, teilerfremde Zahlen sind, so müßte gelten $10^{t/s} = 2$ oder $10^t = 2^s$ bzw. nach dem Kürzen $5^t = 2^{s-t} = z$ im Widerspruch zum Satz von der eindeutigen Zerlegbarkeit der Zahl z in Primfaktoren. Der Schluß läßt sich auf die Basis b und den Numerus n verallgemeinern, da n zwischen 1 und b angenommen werden darf. Der Widerspruch in der Gleichung $b^t = n^s$ ergibt sich dann daraus, daß b wegen $b > n$ mindestens einen von n verschiedenen Teiler haben muß.

Anwendung der Logarithmen. Zur Erfindung der Logarithmen sagte LAPLACE: „Die Erfindung der Logarithmen kürzt monatelang währende Berechnungen bis auf einige Tage ab und verdoppelt dadurch sozusagen das Leben (des Rechnenden)."

Die Bedeutung der Logarithmen erschöpft sich aber nicht in der gewaltigen Erleichterung des Rechnens. Der Begriff des Logarithmus dient als Arbeitsmittel in vielen Bereichen der höheren Mathematik, z. B. in der Differential- und Integralrechnung, bei Differentialgleichungen, in der Funktionentheorie, der Potentialtheorie und der analytischen Zahlentheorie.

In der *Thermodynamik* ist die Entropie S eines Körpers bzw. eines Systems von Körpern dem natürlichen Logarithmus der thermodynamischen Wahrscheinlichkeit W direkt proportional, d. h., es gilt $S = k \cdot \ln W$, wobei k die Planck-Boltzmannsche Konstante ($k = 1{,}380 \cdot 10^{-23}\,\mathrm{J \cdot K^{-1}}$) darstellt.

In der *Astronomie* dient als Maß für die Helligkeit m eines Sterns nicht die Energie I der Strahlung, die das Auge trifft, sondern der Logarithmus dieser Strahlungsenergie. Es gilt $\mathrm{m} - \mathrm{m}_0 = -2{,}5 \cdot \lg I/I_0$, wobei I_0 die Strahlungsenergie bei einer Helligkeit m_0 und I die bei einer Helligkeit m ist.

Beispiel 5: Hat die Sonne die absolute Helligkeit $\mathrm{M}_0 = +4{,}7$, der Stern Rigel im Orion dagegen $\mathrm{M} = -5{,}8$, so erhält man $-5{,}8 - 4{,}7 = -2{,}5 \cdot \lg I/I_0$, $10{,}5 : 2{,}5 = 4{,}20 = \lg I/I_0$ oder $I/I_0 \approx 16000$, d. h., der Stern Rigel strahlt in jeder Sekunde rund das 16000fache der Sonnenenergie aus.

Das Gesetz kann als Spezialfall des *Weber-Fechnerschen Gesetzes* gedeutet werden, nach dem die Empfindung sich proportional mit dem natürlichen Logarithmus der Reizstärke ändert, d. h., es werden nicht gleiche Reizdifferenzen, sondern gleiche Reizquotienten als gleich empfunden.

In der *barometrischen Höhenformel* $h - h_0 = 18400\,(\lg b_0 - \lg b)$ bedeuten h die gesuchte Höhe und b bzw. b_0 den Barometerstand am Ort der Höhe h bzw. h_0.

Beispiel 6: Wie hoch über dem Boden fliegt ein *Flugzeug*, von dem aus der Druck der umgebenden Luft zu $b = 59{,}6$ kPa gemessen wird, während eine Bodenstation $b_0 = 75{,}0$ kPa meldet? –
Da $\lg b_0 = 1{,}8751$ und $\lg b = 1{,}7752$, erhält man abgerundet $h = 18400 \cdot 0{,}1\ \mathrm{m} = 1840\ \mathrm{m}$ als Flughöhe über der Bodenstation.

In der *Biologie* kann man mit Hilfe der von der Zinseszinsrechnung bekannten Formel $b_n = b(1 + p/100)^n$ etwa die Anzahl der für eine bestimmte Vergrößerung eines Waldbestandes notwendigen Jahre berechnen. Dabei sind b bzw. b_n der Waldbestand am Anfang bzw. am Ende des betreffenden Zeitraums und p die jährliche Wachstumsrate in Prozent. Diese Formel gilt allgemein für organisches Wachstum, wenn mit Prozentsätzen des Wachstums gerechnet wird.
Bei der Untersuchung radioaktiver Stoffe fand man, daß von jeweils vorhandenen n Kernen in einem bestimmten Zeitabschnitt λn Kerne zerfallen, wobei die *Zerfallskonstante* λ ein Wert zwischen 0 und 1 ist. Es gilt danach die Differentialgleichung $\mathrm{d}n/\mathrm{d}t = -\lambda n$, die sich durch Trennung der Variablen integrieren läßt: $\mathrm{d}n/n = -\lambda\,\mathrm{d}t$ oder $\ln(n/n_0) = -\lambda t$ bzw. $n = n_0\,\mathrm{e}^{-\lambda t}$, wenn die Integrationskonstante n_0 die zur Zeit $t = 0$ vorhandenen Kerne angibt. Die Zeit T, in der die Hälfte der Kerne zerfallen ist, heißt *Halbwertszeit*; für sie gilt $\ln(1/2) = -\lambda T$ oder $T = (\ln 2)/\lambda$.

Geschichtliches. Für das praktische logarithmische Rechnen, das einen wesentlichen Teil des numerischen Rechnens vor dem Siegeszug der Computer, speziell auch der Taschenrechner, ausmachte, haben die *Zehnerlogarithmen* die größte Bedeutung gehabt. Da außerdem einfache Beziehungen bestehen, aus den Logarithmen eines Systems die eines anderen zu berechnen, genügt es, die dekadischen Logarithmen zu betrachten. Für den praktischen Gebrauch wurden sie üblicherweise in besonderen *Logarithmentafeln* aufgelistet. Bei dekadischen Logarithmen braucht solch eine Logarithmentafel nur die Werte für *Numeri zwischen* 1 *und* 10 zu enthalten. Alle anderen Zahlen des Zehnersystems lassen sich darstellen als Produkt einer Potenz von 10 mit einer dieser Zahlen. Der Exponent dieser Potenz ist eine ganze Zahl, die für Numeri größer als 1 positiv, für Numeri kleiner als 1 negativ ist; sie heißt *Kennziffer*. Die Logarithmen der Numeri zwischen 1 und 10 sind irrationale Dezimalbrüche zwischen 0 und 1; die Folge ihrer Ziffern nach dem Komma heißt *Mantisse*.

Je nach der Anzahl der Stellen, auf die die irrationalen Werte der Logarithmen gerundet sind, benutzte man vorzugsweise 4-, 5- oder auch 7stellige Logarithmentafeln (Abb. 2.2-1). Logarithmentafeln mit höherer Stellenzahl wurden nur für sehr spezielle Aufgaben verwendet.

930		848	853	858	862	867	872	876	881	886	890
931		895	900	904	909	914	918	923	928	932	937
932		942	946	951	956	960	965	970	974	979	984
933		988	993	997	*002	*007	*011	*016	*021	*025	*030
934	97	035	039	044	049	053	058	063	067	072	077
935		081	086	090	095	100	104	109	114	118	123
936		128	132	137	142	146	151	155	160	165	169

2.2-1 Die Zeilen 930 bis 936 der Eingangsspalte einer 5stelligen Logarithmentafel

Für Rechnungen, bei denen schon geringere Genauigkeit ausreichte, z. B. bei Überschlagsrechnungen, hat man sich auch oft des *logarithmischen Rechenstabes* bedient. Bereits in den 20er Jahren des 17. Jh. wurde von dem Engländer Edmund GUNTER das Prinzip des Stabrechnens angegeben. Er verwendete dabei eine logarithmisch eingeteilte Rechenskale. Die Rechenoperationen wurden zunächst mit Hilfe eines Zirkels ausgeführt, mit dem die entsprechenden Längen abgegriffen wurden. Wenige Jahre darauf bediente sich William OUGHTRED geradliniger und kreisförmig aneinander gleitender Skalen, die den Zirkel überflüssig machten. Um die Mitte des 17. Jh. verwendeten Edmund WINGATE und Seth PARTRIDGE einen Rechenschieber mit eingefügter verschiebbarer Zunge, auch *Schieber* genannt, und damit von einer Form, die er bis ins 20. Jh. behielt. Gegen Ende des 19. Jh. begann die industrielle Massenfertigung von Rechenstäben (Abb. 2.2-2), die insbesondere von Ingenieuren, Technikern und Kaufleuten viel benutzt wurden.

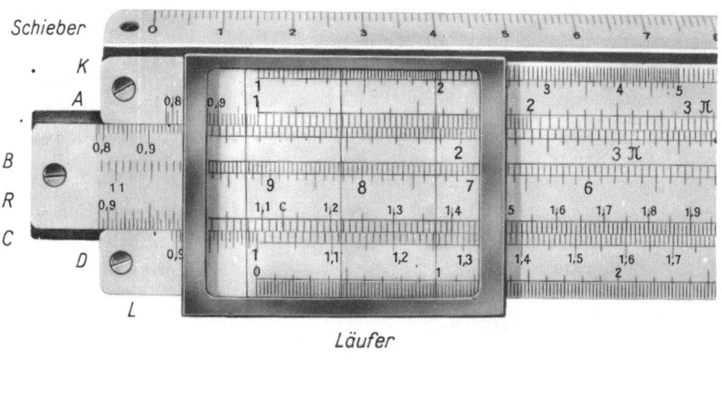

2.2-2 Der logarithmische Rechenstab

2.3. Rechnen mit dem Taschenrechner

Geschichtliches. Der Taschenrechner hat seinen Vorläufer zum einen in der mechanischen, später elektromechanischen Tischrechenmaschine, zum anderen in den ersten elektronischen Rechenautomaten. Die Verwendung von Transistoren erlaubte es 1962, elektronische Rechenmaschinen zu bauen, die nicht größer als die bis dahin verbreiteten elektromechanischen Rechenmaschinen waren, aber die gleichen Rechnungen durchführen konnten, wenn auch mit eventuell geringerer Stellenzahl (eine Einschränkung, die in der Praxis unerheblich ist). Es zeigte sich bald die Überlegenheit der elektronischen Tischrechner: Sie waren wesentlich schneller, arbeiteten geräuschlos und konnten bald auch Funktionen realisieren, die mit elektromechanischen Hilfsmitteln nicht möglich sind. Allerdings waren die ersten elektronischen Tischrechner sehr teuer und wegen der vielen Bauelemente und Lötstellen auch recht störanfällig.
Als es um 1970 möglich wurde, das ganze Innenleben der Rechner auf kleinen, zuverlässigen und bei Massenproduktion billigen Siliciumchips unterzubringen, konnten elektronische Rechner im Westentaschenformat produziert werden, die *Taschenrechner*. In den weiteren Jahren sind die Taschenrechner immer billiger und im Zusammenhang damit zu einem allgemeinen Konsumgut geworden. Um 1975 kamen programmierbare Taschenrechner auf. Einige neuere Geräte sind von der Funktion her eher Kleinstcomputer als Taschenrechner. Der Taschenrechner hat sowohl mechanische und elektromechanische Rechner als auch Rechenschieber völlig verdrängt. Er ist in der Herstellung billig, entschieden handlicher, arbeitet wesentlich schneller, geräuschlos und im Vergleich zum Rechenschieber auch wesentlich genauer, ohne daß Überschlagsrechnungen nötig sind. Die traditionellen Logarithmentafeln können ersetzt werden.

Einteilung. Man unterscheidet nach der Ausstattung *einfache* und *erweiterte*, *ökonomische*, *ökonomisch-wissenschaftliche*, *technisch-wissenschaftliche* und *programmierbare Taschenrechner*, aber auch spezielle Taschenrechner für Sonderaufgaben. Einfache Taschenrechner erlauben nur die Ausführung der vier Grundrechenarten, für viele Anwender reicht das auch aus. Diese einfachen Rechner können erweitert werden durch einen Speicher (sehr zweckmäßig) und durch einfache Operationen: Prozentrechnung (Taste $\boxed{\%}$), Quadrat- und Wurzelberechnung (Tasten $\boxed{x^2}$ und $\boxed{\sqrt{x}}$) und Invertierung (Taste $\boxed{1/x}$). Bei ökonomischen Taschenrechnern kommen insbesondere Möglichkeiten für Zinsrechnungen hinzu, wissenschaftliche Rechner erlauben statistische Auswertungen (Mittelwert $\boxed{\bar{x}}$, Streuung $\boxed{\sigma}$, zum Teil auch Trend- und Regressionsrechnungen), für technisch-wissenschaftliche Anwendungen sind Rechner mit Exponential- und trigonometrischen Funktionen sowie deren Umkehrungen vorgesehen: $\boxed{e^x}$, $\boxed{\ln x}$, $\boxed{\lg x}$, $\boxed{10^x}$, $\boxed{\sin x}$, $\boxed{\cos x}$, $\boxed{\tan x}$, $\boxed{\text{arc} \sin x}$, $\boxed{\text{arc} \cos x}$, $\boxed{\text{arc} \tan x}$, $\boxed{x^y}$. Von der Rechenlogik her unterscheidet man Rechner mit *algebraischer* und *arithmetischer Logik*, mit und ohne *Klammern*, mit und ohne *Hierarchie* und solche mit *umgekehrter polnischer Notation*. Erkennungsmerkmal für Rechner mit arithmetischer Logik ist die Taste $\boxed{\pm}$ (oder $\boxed{+ =}$), Rechner mit

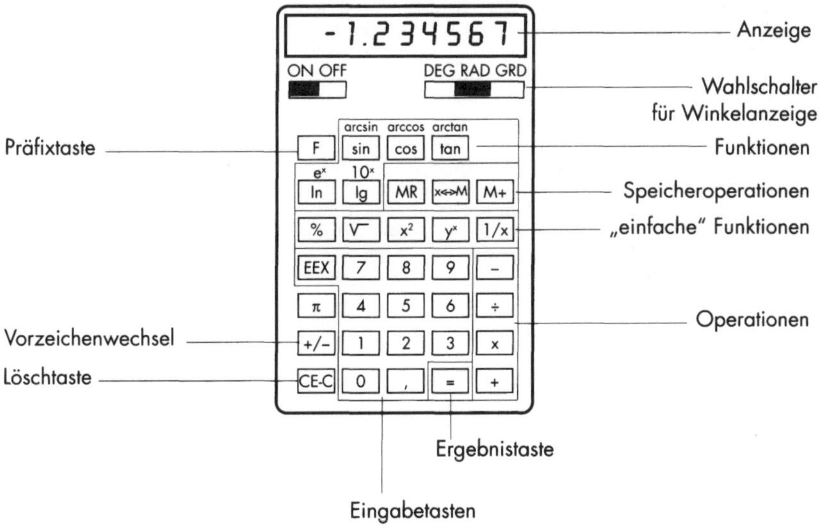

2.3-1 Aufbau eines Taschenrechners

algebraischer Logik erkennt man an der Taste [=]. Rechner mit umgekehrter polnischer Notation haben keine Taste [=], stattdessen eine Taste [↑] oder [ENTER] (s. u.). Klammertasten sind [[(] und [)]]. Ob ein Rechner mit oder ohne Hierarchie arbeitet, ist aus dem Tastenbild nicht zu erkennen, nur aus einer Testrechnung:

Eingabe	Ausgabe bei Rechnern ohne Hierarchie	Ausgabe bei Rechnern mit Hierarchie
[2] + [3] × [4] =	20	14

Es ist nämlich $14 = 2 + (3 \cdot 4)$ und $20 = (2 + 3) \cdot 4$.

Programmierbare Taschenrechner sind an Tasten wie [GOTO], [LOAD], [LD], [LEARN] oder [PROGR] zu erkennen.

Äußerer Aufbau. Die *Anzeige* zeigt maximal 6 bis 12 Ziffern sowie einige Sonderzeichen, insbesondere Vorzeichen – nur Minus – und Dezimalpunkt – nie ein Komma! – an. Beim Tastenfeld ist nur die gegenseitige Lage der Zifferntasten [0] bis [9] und der Komma- bzw. Punkttaste genormt. Eingabe-, Operations-, Funktions- und Löschtasten mit nicht ganz einheitlicher Abgrenzung sind in der Regel verschiedenfarbig gekennzeichnet. Zuweilen finden sich doppelte oder mehrfache Beschriftungen an einigen Tasten. Welche Bedeutung zutrifft, hängt davon ab, ob vorher eine bzw. welche *Präfixtaste* (*Funktionstaste*, häufig [F]) gedrückt wird oder nicht, bei programmierbaren Taschenrechnern auch davon, ob sich der Rechner im *Lade-* oder im *Ausführungsmodus* befindet. Im *Inneren* des Rechners sind für den Nutzer nur die Batterien bzw. Kleinakkumulatoren zugänglich.

Eingabe von Zahlen. Die Ziffern und der Dezimalpunkt (in der Anzeige immer ein Punkt, auch wenn eine Taste [,] vorhanden ist) werden von links nach rechts in den Rechner eingegeben. Bei negativen Zahlen wird das Minuszeichen jedoch mit Hilfe der Taste [+/−] „nachgeliefert". So wird etwa −3,1 in der Form [3] [,] [1] [+/−] eingegeben.

Eingabe	Anzeige
	0.
[3]	3.
[,]	3.
[1]	3.1
[+/−]	−3.1

Die Eingabe wird gesperrt, wenn in der Anzeige alle freien Plätze belegt sind. Vor Beginn der Eingabe steht statt der 0. eventuell noch das Ergebnis einer früheren Rechnung in der Anzeige, das in der Regel mit der Eingabe der ersten Ziffer gelöscht wird. Es können aber auch noch Zahlen in unsichtbaren *Registern* (Speicherzellen) stehen und beim weiteren Rechnen möglicherweise zu unliebsamen Überraschungen führen, manchmal haben nach dem Einschalten auch alle Register einschließlich der Anzeige einen undefinierten Zustand. In solchen Fällen sind durch Betätigen der Löschtaste [C] oder durch zweimaliges Betätigen einer Löschtaste [C-CE] alle Register zu löschen; beim Betätigen einer Löschtaste [CE] (engl. clear entry) oder nur einmal [C-CE] wird nur die Anzeige gelöscht, manchmal auch nur die zuletzt eingegebene Ziffer. Bei fehlerhafter Eingabe ist [CE] zu betätigen, ein falsches Minus wird durch nochmaliges Drücken der Taste [+/−] wieder aufgehoben. Komfortablere Rechner gestatten auch die Eingabe in *Gleitkommadarstellung*. So wird die Zahl $58 \cdot 10^{27}$ in der Form [5] [8] [EEX] [2] [7] eingegeben, auf der Anzeige erscheint 58. 27 (oder besser $58.^{27}$), dieselbe Zahl wird allerdings nach dem Drücken einer Operationstaste (oder von [=]) in der normierten Form 5.8 2 8 angezeigt.

Eingabe	Anzeige
	0.
[5]	5.
[8]	5 8.
[EEX]	5 8. 0 0
[2]	5 8. 0 2
[7]	5 8. 2 7
[=]	5.8 2 8.

Für −0,0027 kommt als Eingabe in Betracht [0][,][0][0][2][7][+/−] oder [,][0][0][2][7][+/−] oder [2][7][+/−][EEX][4][+/−] oder [2][,][7][+/−][EEX][+/−][0][3] oder Ähnliches. Die eingegebene Zahl steht anschließend im sogenannten X-Register. Auch im weiteren Verlauf der Rechnungen bleibt die Anzeige im Prinzip mit dem X-Register verbunden. Jedoch kann die Zahl $0{,}6666667 \cdot 10^{-4}$ in der Form [,][6][6][6][6][6][6][7][EEX][+/−][4], oder wenigstens in der Form [,][6][6][6][6][6][6][7][×][1][EEX][+/−][4][=] eingegeben werden, in der Anzeige steht dann nur 0.6 6 6 6 − 0 4 oder auch (normiert) 6.6 6 6 6 − 0 5 , in diesem Falle steht aber 0.6666667 −04 oder 6.666667 −05 im X-Register, von dem dann nur ein Teil angezeigt werden kann. Vielfach führen die Register noch weitere, nicht direkt anzeigbare Stellen mit, hierzu mehr im Absatz „Verborgene Stellen".

Einfache Verknüpfungen. Wenn wir etwa 19 + 85 berechnen wollen, tippen wir bei den meisten Rechnern [1][9][+][8][5][=] ein. In der Anzeige erscheint daraufhin 1 0 4. Im einzelnen passiert Folgendes: Zunächst wird die Zahl 19 in das X-Register geschrieben. Mit dem Betätigen der Operationstaste [+] wird das X-Register in ein zweites Register, das Y-Register, kopiert. Dort merkt sich der Rechner auch die eingegebene Operation +. Das X-Register wird für die Eingabe des zweiten Operanden 85 frei. Das Drücken der Ergebnistaste [=] löst den eigentlichen Rechenvorgang aus, die Summe 104 steht anschließend im X-Register und damit auch in der Anzeige. Damit ist klar, was passiert, wenn wir nur eingeben [1][9][+][=]. Die Ergebnistaste = löst die Addition der Werte des X- und des Y-Registers aus, in der Anzeige erscheint 3 8. (Bei manchen Rechnern führt allerdings die Tastenfolge [1][9][+][=] nur zum Ergebnis 1 9. , hier wird offenbar der erste Operand erst mit der Eingabe des zweiten in das Y-Register kopiert.) Nicht einheitlich ist geregelt, was bei der Eingabe [1][9][+][8][5][=][2][0][=] passiert. Bei manchen Rechnern erscheint nur die zuletzt eingegebene 20, es wurde also nach der Addition das Y-Register gelöscht. Bei anderen ist das Ergebnis 39 (= 19 + 20), hier ist der Inhalt 19+ des Y-Registers nach der Addition erhalten geblieben und das zweite [=] löst eine erneute Addition aus (Rechner mit *Konstantenautomatik* für den ersten Operanden). Bei wieder anderen (aufwendigeren) Rechnern steht nach der ersten Addition +85 im Y-Register, so daß [1][9][+][8][5][=][2][0][=] als Ergebnis 1 0 5. liefert. Diese Konstantenautomatik für den zweiten Operanden bringt für die Division Vorteile. In der Praxis häufige Rechenfolgen der Art 3:57, 7:57, 11:57, ... können dann in der Form [3][+][5][7][=][7][=][1][1][=] ... eingetippt werden. (Die Taste [+] vertritt die Division, [×] die Multiplikation.) Bei manchen Rechnern freilich ist die Konstantenautomatik für die verschiedenen Grundrechenarten uneinheitlich. Manchmal ist sie auch zu- und abschaltbar. Bequem ist die Konstantenautomatik für das ganzzahlige Potenzieren: 3^4 wird berechnet mittels [3][×][=][=][=] , Ergebnis 8 1.

Eingabe	X-Register I	X-Register II	X-Register III	Y-Register I	Y-Register II	Y-Register III	Anzeige I	Anzeige II	Anzeige III
[1]	1	1	1				1.	1.	1.
[9]	19	19	19				1 9.	1 9.	1 9.
[+]	19	19	19	19+	19+	19+	1 9.	1 9.	1 9.
[8]	8	8	8	19+	19+	19+	8.	8.	8.
[5]	85	85	85	19+	19+	19+	8 5.	8 5.	8 5.
[=]	104	104	104	0	19+	+85	1 0 4.	1 0 4.	1 0 4.
[2]	2	2	2	0	19+	+85	2.	2.	2.
[0]	20	20	20	0	19+	+85	2 0.	2 0.	2 0.
[=]	20	39	105	0	19+	+85	2 0.	3 9.	1 0 5.

I: Rechner ohne Konstantenautomatik, II: Rechner mit Konstantenautomatik für den 1. Operanden, III: Rechner mit Konstantenautomatik für den 2. Operanden, jeweils mit algebraischer Logik.

Bei Rechnern mit arithmetischer Logik läuft die Multiplikation und Division wie bei Rechnern mit algebraischer Logik ab, jedoch ohne Konstantenautomatik, während die Addition + mit der Ergebnistaste [=] gekoppelt ist: [±] oder [+ =]. Für die Addition 19 + 85 ist einzugeben [1][9][±][8][5][±], jede Betätigung der Taste [±] löst erstens die Addition der Inhalte des X- und des Y-Registers in das X-Register und zweitens die Kopie des Ergebnisses in das Y-Register aus. Für die Differenz wirkt die Taste [−] oder [≡] oder [− =] gerade so wie die Kombination [+/−][±], also bringt die Eingabe [1][9][±][8][5][≡] das Ergebnis −66. Bei einer Eingabe [1][9][−][8][5][±] kommt dagegen die Anzeige 66 (−19 + 85 = 66). Wir sehen, daß wir es im Grunde genommen mit Operationen zu tun haben, die den Operanden nachgestellt werden.

Eingabe	X-Register	Y-Register	Anzeige
[1]	1	0	1.
[9]	19	0	19.
[+=]	19	0	19.
	19	19	19.
[8]	8	19	8.
[5]	85	19	85.
[−=]	−85	19	85.
	−66	19	−66.
	−66	−66	−66.

Rechner mit arithmetischer Logik. Vor Beginn der Eingabe muß das Y-Register gelöscht sein (Taste [C] drücken). Bei Addition und Subtraktion braucht keine Operation im Y-Register gespeichert zu werden, wohl aber bei Multiplikation und Division. [+=] und [−=] lösen schnell nacheinander mehrere Vorgänge aus.

Konsequent durchgesetzt ist das Prinzip der nachgestellten Operationen bei Rechnern mit umgekehrter polnischer Notation. Hier führt die Tastenfolge [1][9][↑][8][5][+] zum Ergebnis 104. Mit der Eingabe des Trennzeichens [↑] (oder [ENTER]) wird die eingegebene Zahl 19 in das Y-Register kopiert, eine Operation braucht nicht gespeichert zu werden, die Eingabe [+] löst die Operation aus.

Eingabe	X-Register	Y-Register	Anzeige
[1]	1		1.
[9]	19		19.
[↑]	19	19	19.
[8]	8	19	8.
[5]	85	19	85.
[+]	104		104.

Rechner mit umgekehrter polnischer Notation

Verborgene Stellen, Überlauf. Man taste ein [9][÷][7][=] . Das ganze Ergebnis lautet $1{,}\overline{285714}$. Bei einem achtstelligen Rechner etwa erhält man als Ergebnis 1.2857142 oder 1.2857143 in der Anzeige. Im ersten Falle wurden die weiteren Ziffern abgeschnitten, im zweiten Falle gerundet. Man tippe weiter ein [−][1][,][2][8][5][7][1][4][2][=]. Entweder ist das Resultat Null, in diesem Falle verfügt der Rechner über keine verborgenen Stellen, oder es werden noch ein bis zwei Stellen angezeigt, zum Beispiel 9.− 08, in diesem Falle rechnet der Rechner intern mit 9 Stellen statt der 8 angezeigten, und die neunte Stelle ist sogar korrekt gerundet, in anderen Fällen, Anzeige etwa 8.− 08, ist die zehnte Stelle abgeschnitten. Aber auch, wenn bei der Division 9 : 7 die neunte Stelle korrekt gerundet wird, führt die Berechnung von $1 + 9 \cdot 10^{-9} - 1$ (Eingabe [1][+][9][EEX][9][+/−][−][1][=]) manchmal zum nicht gerundeten Ergebnis Null, bei anderen Rechnern läßt sich mit der Anzeige 9.− 09 noch eine verborgene zehnte Stelle herauslocken, während das zwischenzeitliche Drücken der Ergebnistaste (Eingabe [1][+][9][EEX][9][+/−][=][−][1][=]) zum gerundeten Ergebnis 1.− 08 führt.
Man gebe die größtmögliche Zahl ein, etwa 99999999 oder $99999 \cdot 19^{99}$ und multipliziere mit 2, darauf signalisiert der Rechner einen Irrtum (E, ERROR, mehrere Dezimalpunkte, Blinken der Anzeige o.ä.), oder es werden die ersten Ziffern des Ergebnisses (19999999) mit oder ohne Fehlermeldung (Beispiel: fehlender Punkt) angezeigt. Bei einem Überlauf nach unten, etwa [1][÷] (größte Zahl) [=][÷] (größte Zahl) [=] wird ebenfalls Irrtum oder aber, korrekt gerundet, Null angezeigt. Die zweite Möglichkeit zeigt, wie auch schon beim Überlauf nach oben, daß bei Taschenrechnern blindes Vertrauen ohne Kontrolle fehl am Platze ist.

Mehrfache Verknüpfungen. Wir stellen dem Rechner die Aufgabe $2 \cdot 3 + 4$. Im Falle der umgekehrten polnischen Notation ist die Ausführung für den Laien zwar ungewohnt, aber sehr logisch: Man taste ein [2][↑][3][×][4][+]. Vor der [4] ist kein [↑] einzugeben. Die Eingabe der [4] nach der Operation [×] löst gleichzeitig die Übertragung des Zwischenergebnisses 6 in das Y-Register aus. Nach der [2] wird das [↑] als Trennzeichen gebraucht, damit nicht die Zahl 23 eingegeben wird.

Eingabe	X-Register	Y-Register	Anzeige
[2]	2		2.
[↑]	2	2	2.
[3]	3	2	3.
[×]	6		6.
[4]	4	6	4.
[+]	10		1 0.

Rechner mit umgekehrter polnischer Notation

Bei fast allen Rechnern mit algebraischer Logik ist jedenfalls die Tastenfolge [2] [×] [3] [=] [+] [4] [=] mit dem korrekten Ergebnis möglich. In den meisten Fällen ist jedoch das zweite = entbehrlich. Die Eingabe von [+] löst sowohl die Berechnung des Zwischenergebnisses 2 · 3 = 6 aus als auch die Speicherung von 6+ im Y-Register. Man nennt das *Kurzwegtechnik*.

Eingabe	X-Register	Y-Register	Anzeige
[2]	2		2.
[×]	2	2×	2.
[3]	3	2×	3.
[+]	6		6.
	6	+6+	6.
[4]	4	+6+	4.
[=]	10		1 0.

Rechner mit algebraischer Logik

Unübersichtlicher wird es bei der Aufgabe 2 + 3 · 4. Bei den meisten algebraischen Rechnern mit Kurzwegtechnik erhält man im Falle der Tastenfolge [2] [+] [3] [×] [4] [=] nach dem [×] als Zwischenergebnis 5 und schließlich als Endergebnis 20. Der Rechner rechnet also (2 + 3) · 4. Man kann sich behelfen, indem man [3] [×] [4] [+] [2] [=] eintastet, es erscheint das richtige Ergebnis 14.
Manche Rechner haben auch Klammern, man tastet ein [2] [+] [(] [3] [×] [4] [)] [=]. Hier wird mit dem Drücken der Klammertaste [(] der Inhalt des Y-Registers in ein drittes Z-Register geschoben. Die X- und Y-Register werden damit für das Schreiben frei (Anzeige 0. oder das X-Register wird mit der Eingabe [3] gelöscht). Nach der Eingabe von [3] [×] [4] steht 3 im Y-Register und 4 im X-Register. Mit dem Drücken der Klammer [)] wird das Zwischenergebnis 3 · 4 berechnet, das im X-Register angezeigt wird, anschließend wird das im Z-Register gespeicherte 2+ in das Y-Register zurückgeschrieben. Die Eingabe von [=] löst die Addition 2 + 12 aus. Die Anzahl der Klammerebenen ist uneinheitlich, 2, 7 oder 15 sind häufig.

Eingabe	X-Register	Y-Register	Z-Register	Anzeige
[2]	2			2.
[+]	2	2+		2.
[(]	2 oder 0		2+	2. oder 0.
[3]	3		2+	3.
[×]	3	3×	2+	3.
[4]	4	3×	2+	4.
[)]	12	2+		1 2.
[=]	14			1 4.

Rechner mit algebraischer Logik und Klammern

Ähnlich ist der Vorgang bei Rechnern mit Hierarchie. Hier wird eingegeben [2] [+] [3] [×] [4] [=]. Bei der Eingabe von [×] stellt der Rechner fest, daß × einen höheren Rang als das im Y-Register gespeicherte + hat. Daraufhin wird die Verschiebung von 2+ in das Z-Register ausgelöst, während 3× in das Y-Register geschrieben wird. Die Ergebnistaste löst nun zunächst die Verknüpfung der Y- und X-Register aus, dann die Verschiebung des Inhalts des Z-Registers in das Y-Register und schließlich wiederum die Verknüpfung von X- und Y-Register. Manchmal dient auch das Z-Register ausschließlich der Addition und Subtraktion, das Y-Register nur der Multiplikation und Division.

Eingabe	X-Register	Y-Register	Z-Register	Anzeige
[2]	2			2.
[+]	2	2+		2.
[3]	3	2+		3.
[×]	3	3×	2+	3.
[4]	4	3×	2+	4.
[=]	12	2+		
	14			1 4.

Rechner mit Hierarchie

Im Falle der umgekehrten polnischen Notation erfolgt die Eingabe [2] [↑] [3] [↑] [4] [×] [+]. Jedes [↑] löst nicht nur eine Kopie des X-Registers in das Y-Register aus, außerdem wird der bisherige Inhalt des Y-Registers in das Z-Register geschoben, und die Inhalte aller etwa folgenden Register werden in das jeweilige nächste geschoben, der Inhalt des letzten Registers geht verloren. Mit der Eingabe von [×] wird sowohl das Produkt in das X-Register geschrieben als auch der Inhalt des Z-Registers in das Y-Register zurückgeschoben. Ähnliches passiert mit den eventuell folgenden Registern, der Inhalt des letzten bleibt erhalten. Analoges gilt für [+].

Eingabe	X-Register	Y-Register	Z-Register	Anzeige
[2]	2	y	z	2.
[↑]	2	2	y	2.
[3]	3	2	y	3.
[↑]	3	3	2	3.
[4]	4	3	2	4.
[×]	12	2	y'	1 2.
[+]	14	y'	z'	1 4.

Rechner mit umgekehrter polnischer Notation. Falls der Rechner kein viertes Register hat, gilt $y' = z' = 2$; falls er genau vier Register hat, gilt $y' = y = z'$; bei wenigstens fünf Registern gilt $y' = y$ und $z' = z$.

Aufgaben der Art $2 \cdot 3 + 4 \cdot 5$ löst ein algebraischer Rechner mit Hierarchie oder mit Klammern anstandslos, der erste durch Eingabe von 2 × 3 + 4 × 5 =, der zweite durch Eingabe von [2] [×] [3] [+] [(] [4] [×] [5] [)] [=]; bei einem Rechner mit umgekehrter polnischer Notation wird eingegeben [2] [↑] [3] [×] [4] [↑] [5] [×] [+], bei den anderen Rechnern ist dagegen ein Speicher erforderlich.
Bei Aufgaben des Typs $(2 + 3) \cdot (4 + 5)$ versagen auch die Rechner mit Hierarchie, wenn kein Speicher und keine zusätzlichen Klammern vorhanden sind. Für Rechner mit Klammern oder mit umgekehrter polnischer Notation ist die Aufgabe kein Problem.
Man kann sagen, daß bei gleichem technischen Aufwand die Rechner mit Hierarchie das wenigste Umdenken erfordern (Eingabe entsprechend der Aufgabenstellung, nur das Minuszeichen für negative Zahlen ist nachzusetzen!), die anderen Rechner sind leistungsfähiger, und die Zahl der zu betätigenden Tasten ist bei der umgekehrten polnischen Notation am kleinsten.

Speicher. Mit [X→M] oder einfach [M] wird der Inhalt des X-Registers in den Speicher (M = memory, engl.) geschrieben, mit [RX] (read X = lies X) wird der Speicherinhalt ohne Löschung in das X-Register zurückgeschrieben. Ein Speicherinhalt ungleich Null wird angezeigt. Zuweilen gibt es eine Taste [X↔M], dann werden die Inhalte des X-Registers und des Speichers ausgetauscht, bei [M+] und [M−] wird der Inhalt des X-Registers zum Speicherinhalt addiert und von ihm subtrahiert. [CM] (clear memory) löscht den Speicher, ohne die Taste [CM] muß man sich mit [C] [M] behelfen, dann ist aber auch das X-Register gelöscht. Die Aufgabe $2 \cdot 3 + 4 \cdot 5 + 6 \cdot 7$ kann man nun durch die Tastenfolge [CM] [2] [×] [3] [=] [M+] [4] [×] [5] [=] [M+] [6] [×] [7] [=] [M+] [MR] lösen; wenn die Taste [M+] nicht vorhanden ist, wird die Rechnung mittels [2] [×] [3] [=] [M] [4] [×] [5] [+] [MR] [=] [M] [6] [×] [7] [+] [MR] [=] erledigt.

Eingabe	X-Register	Y-Register	Speicher	Anzeige
[CM]			0	
[2]	2		0	2.
[×]	2	2×	0	2.
[3]	3	2×	0	3.
[=]	6		0	6.
[M+]	6		6	6.M
[4]	4		6	4.M
[×]	4	4×	6	4.M
[5]	5	4×	6	5.M
[=]	20		6	2 0.M
[M+]	20		26	2 0.M
[6]	6		26	6.M
[×]	6	6×	26	6.M
[7]	7	6×	26	7.M
[=]	42		26	4 2.M
[M+]	42		68	4 2.M
[MR]	68		68	6 8.M

Eingabe	X-Register	Y-Register	Speicher	Anzeige
[2]	2			2.
[×]	2	2×		2.
[3]	3	2×		3.
[=]	6			6.
[M]	6		6	6.M
[4]	4		6	4.M
[×]	4	4×	6	4.M
[5]	5	4×	6	5.M
[+]	20	20+	6	2 0.M
[MR]	6	20+	6	6.M
[=]	26		6	2 6.M
[M]	26		26	2 6.M
[6]	6		26	6.M
[×]	6	6×	26	6.M
[7]	7	6×	26	7.M
[+]	42	42+	26	4 2.M
[MR]	26	42+	26	2 6.M
[=]	68		26	6 8.M

Mehrere adressierbare Speicher. Wenn mehrere Speicher vorhanden sind, erfolgt zum Beispiel das Abspeichern aus dem X-Register in den Speicher 4 durch die Tastenfolge [STO] [4] (STO = store = speichern); mit [RCL] [4] (RCL = recall = zurückrufen) kann die gespeicherte Zahl in das X-

Schritt	Operationen	Bemerkungen
1	Eingabe p	
2	[STO] [1]	
3	Eingabe q	
4	[STO] [2]	
5	[RCL] [1] [−] [2] [=] [+/−]	$-p/2$
6	[STO] [3]	
7	[x^2] [−] [RCL] [2] [=] [$\sqrt{x}$]	Rechner mit mehreren Speichern haben auch Wurzelfunktion
8	[STO] [4]	
9	[+] [RCL] [3] [=]	erste Lösung
10	[RCL] [4] [+/−] [+] [RCL] [3] [=]	zweite Lösung

Register zurückgeholt werden. Mehrere Speicher sind zum Beispiel bei statistischen Auswertungen zweckmäßig. Man kann bei einer Zahlenfolge $a_1, a_2, \ldots, a_n, \ldots$ etwa die Partialsummen $\sum_{i=1}^{n} a_i$ im Speicher 1 sammeln, die zugehörigen Quadratsummen $\sum_{i=1}^{n} a_i^2$ im Speicher 2, vielleicht noch die Summanden im Speicher 3 zählen (n); alle drei Speicher werden benötigt, um die Streuung der Zahlenfolge zu berechnen. Mitunter ist ein Rechenplan zweckmäßig, wie er hier etwa für das Lösen einer quadratischen Gleichung $x^2 + px + q = 0$ aufgestellt ist.

So kann man sich kleine Programmbibliotheken aufstellen, die insbesondere für programmierbare Taschenrechner nützlich werden.

Einfache Funktionen. Beim Drücken von Funktionstasten wie [+/−], [1/x], [x^2] (eventuell vorher Präfixtaste [F] drücken) verändert sich in der Regel nur der Inhalt des X-Registers; im Y-Register stehende Operanden bleiben erhalten, ein sonst notwendiger Speicher wird eingespart. Dies ist wesentlicher als die geringe Einsparung an Tastenbetätigungen. Ein wiederholtes Drücken von [1/x] zeigt die Wiederholgenauigkeit des Rechners an, die Zahlen sollen dabei nicht wegdriften. Bequem ist die Taste [1/x] bei Berechnungen der Art $\frac{1}{1/2 + 1/3 + 1/4}$, die durch die Tastenfolge [2] [1/x] [+] [3] [1/x] [+] [4] [1/x] [=] [1/x] erledigt werden kann. Man beachte, daß die Funktionstasten grundsätzlich erst dann betätigt werden, wenn die Argumente in der Anzeige stehen, sei es durch Eintasten oder als Rechenergebnis. Wenn man eintastet [2] [+] [1/x] [3] [=], so erhält man statt des vielleicht erwarteten 2.3333333 als Ergebnis 5.

Eingabe	X-Register	Y-Register	Anzeige
[2]	2		2.
[+]	2	2+	2.
[1/x]	0.5	2+	0.5
[3]	3	2+	3.
[=]	5		5.

Rechner mit algebraischer Logik, falsche Eingabe

Bei den Funktionen arbeiten also alle Rechner nach dem Prinzip der umgekehrten polnischen Notation. Im mathematischen Sinne als nullstellige Funktionstaste kann [π] angesehen werden, damit wird π in das X-Register gebracht. Wenn [arc tan x] vorhanden ist, kann π auch durch [4] [×] [1] [arc tan x] [=] berechnet werden. Die Subtraktion „beider" π sagt etwas über die Genauigkeit des Rechners aus.

Prozenttaste. Im Prinzip löst ein Drücken der Prozenttaste [%] die Division des Wertes im X-Register durch 100 aus, so daß man rechnen kann: [6] [5] [0] [×] [3] [%] [=] mit der Anzeige 19.5 (3% von 650), [6] [5] [0] [+] [3] [%] [=] mit der Anzeige 21666.667 (gegeben 650 = 3%, wieviel sind dann 100%?), [3] [+] [6] [5] [0] [%] [=] mit der Anzeige 4.6153 − 01 (wieviel Prozent sind 3 im Verhältnis zu 650?).

Eingabe	X-Register	Y-Register	Anzeige
[3]	3		3.
[+]	3	3+	3.
[6]	6	3+	6.
[5]	65	3+	65.
[0]	650	3+	650.
[%]	6.5	3+	6.5
[=]	0,461538462		4.6153 − 01

Manche Rechner berechnen aber auch [6][5][0][+][3][%][=] mit der Ausgabe 669.5 (103% von 650), [6][5][0][−][3][%][=] mit dem Resultat 630.5, also 97% von 650.

Eingabe	X-Register	Y-Register	Anzeige
[6]	6		6.
[5]	65		65.
[0]	650		650.
[−]	650	650−	650.
[3]	3	650−	3.
[%]	19.5	650−	19.5
[=]	630.5		630.5

Weitere Funktionen. Wissenschaftliche Rechner verfügen auch über die Wurzelfunktion, trigonometrische Funktionen, Exponentialfunktionen samt Umkehrfunktionen, eventuell auch über Hyperbelfunktionen, Umrechnungsfunktionen für Polar- und Kugelkoordinaten, Statistikfunktionen. Beim Betätigen dieser Funktionstasten werden fest eingespeicherte Programme für die näherungsweise Berechnung der Funktionswerte wirksam, deshalb muß man auch ein bis zwei Sekunden auf das Resultat warten. Man tippe etwa ein [π][$\sqrt{x}$][x^2][−][π][=], es wird sich ein gewisser Rest ergeben, der etwas über die Genauigkeit des Wurzelprogramms des Rechners aussagt.

Eingabe	X-Register	Y-Register	Anzeige
[π]	3.14159265		3.1415927
[$\sqrt{x}$]	1.77245384		1.7724538
[x^2]	3.14159261		3.1415926
[−]	3.14159261	3.14159261 −	3.1415926
[π]	3.14159265	3.14159261 −	3.1415927
[=]	0.00000004		−4.−08

Beispiel für die Genauigkeit des Wurzelprogramms

Man erkennt dabei aber auch, daß die letzten angezeigten Stellen nicht unbedingt zuverlässig sind. Immerhin ergibt sich bei der Berechnung von $e^{2\pi}$ (durch [2][×][π][=][e^x]) mit 535,49164 bzw. 535,49165 bei zwei verschiedenen getesteten Rechnern eine erstaunliche Genauigkeit im Vergleich mit dem Wert 535,491656 aus einer Zahlentafel. Größer wird der Fehler aber, wenn man etwa sin 0,0005 und cos ($\pi/2 - 0{,}0005$) (mathematisch dasselbe) vergleicht, es ergeben sich $4{,}9999999 \cdot 10^{-4}$ und $5{,}003681 \cdot 10^{-4}$ bzw. $4{,}9999998 \cdot 10^{-4}$ und $5{,}000019 \cdot 10^{-4}$, aber das ist wohl ein ziemlich extremes Beispiel.

Bei normalen Genauigkeitsansprüchen werden die üblichen Zahlentafeln durch den Taschenrechner völlig entbehrlich, und Interpolationen sind nicht mehr nötig.

Eine Besonderheit stellt die Taste [x^y] dar. Hier wird $e^{y \cdot \ln x}$ berechnet, so daß bei negativem x Fehleranzeige erfolgt. Manchmal ist statt dieser Taste auch [y^x] vorhanden (*entweder* gleiche Bedeutung *oder* Argumenteingabe vertauschen bzw. eventuell vorhandene Registertauschtaste $x \leftrightarrow y$ betätigen). Bei manchen (nicht allen!) Rechnern mit Hierarchie hat die Potenzierung Vorrang vor Multiplikation und Division. Der Rechner hat dann (wenigstens) vier Register.

Eingabe	X-Register	Y-Register	Z-Register	T-Register	Anzeige
[5]	5				5.
[+]	5	5+			5.
[4]	4	5+			4.
[×]	4	4×	5+		4.
[3]	3	4×	5+		3.
[y^x]	3	3˙	4×	5+	3.
[2]	2	3˙	4×	5+	2.
[=]	9	4×	5+		
	36	5+			
	41				41.

Rechner mit doppelter Hierarchie, Berechnung von $5 + 4 \cdot 3^2$

Bei trigonometrischen Funktionen und deren Umkehrungen ist die Maßeinheit wichtig, die Rechner besitzen dafür meist einen Schiebeschalter DEG (degree, dezimalgeteilter Altgrad)/RAD (Bogenmaß), eventuell noch GRD (Neugrad). Mit einem Trick rechnet man diese Maße ineinander um. Will man etwa 40° in Bogenmaß umrechnen, so tastet man in Schalterstellung DEG ein [4][0][sin x], dann wird der Schiebeschalter auf RAD umgestellt und [arc sin x] (auch durch [$\sin^{-1} x$] bezeichnet) gedrückt, das Ergebnis ist gleich 0,698. Natürlich ist auch [4][0][÷][1][8][0][×][π][=] möglich.
Bei allen Funktionen muß zunächst das Argument eingegeben werden, dann eventuell eine Präfixtaste und schließlich die Funktionstaste gedrückt werden. Die Taste [=] darf dabei in der Regel nicht betätigt werden.
Mit Hilfe des Speichers und der Z- und T-Register ermöglichen manche Rechner einige Statistikberechnungen. Bei Eingabe einer Folge von Zahlen, getrennt durch [x], wird in einem dieser insgesamt drei Speicher die Anzahl dieser Zahlen festgehalten (abrufbar durch [n]), in einem zweiten die Summe der Zahlen (abrufbar durch [Σx]), im dritten die Summe der Quadrate ([Σx^2]). Dann können der Mittelwert $\Sigma \frac{x}{n}$ durch [$\bar{x}$], die Standardabweichungen $\sqrt{\Sigma \frac{(x-\bar{x})^2}{n-1}}$ und $\sqrt{\Sigma \frac{(x-\bar{x})^2}{n}}$ durch [σ_{n-1}] und [σ_n] abgerufen werden.

Programmierbare Taschenrechner. In programmierbaren Taschenrechnern befindet sich ein zusätzlicher Programmspeicher von etwa 30 bis über 1000 Schritten Kapazität. Hier läßt sich beispielsweise das oben vorgestellte Programm zur Wurzelberechnung quadratischer Gleichungen in folgender Form abspeichern. Es wird vorausgesetzt, daß die Koeffizienten p und q in den Speichern 1 und 2 stehen.

	[LOAD]	Übergang in den Programmiermodus
	[START]	Befehlszähler auf Null stellen
00 01 02 03 04 05 06 07 08 09 10 11 12 13 14	[RCL][1] [÷] [2] [=] [+/−] [STO][3] [x^2] [−] [RCL][2] [=] [$\sqrt{x}$] [STO][4] [+] [RCL][3] [=]	Bei den einzelnen Befehlen erscheint in der Anzeige eine Kontrollrechnung oder aber eine Codenummer für die gerade gedrückte Taste oder Tastenkombination, außerdem eine laufende Nummer (hier links angegeben)
15	[HALT]	Zur Anzeige des Wertes für x_1
16 17 18 19 20	[RCL][4] [+/−] [+] [RCL][3] [=]	
21	[STOP]	Mit Anzeige des Wertes für x_2

Wenn nun das Programm ablaufen soll, ist zunächst dafür zu sorgen, daß die Werte von p und q in den Speichern 1 und 2 stehen. (Man kann mittels [HALT]- und [STO]-Befehlen das Programm auch so gestalten, daß der Rechner zur Eingabe bestimmter Werte anhält und nach einer bestimmten Zeit oder nach Drücken der Taste [RUN] die Werte selbst abspeichert.) Dann ist zu drücken [START] (um den Befehlszähler von 22 auf 00 zurückzustellen) und [RUN]. Der Rechner läuft dann so, als würde der Nutzer die mit den Nummern 00 bis 14 markierte Tastenfolge betätigen. Dann hält der Rechner an, und der Wert von x_1 kann abgelesen werden. Durch erneutes Drücken von [RUN] läuft das Programm weiter, Schritte 16 bis 20. Dann stoppt der Rechner endgültig, und der Wert von x_2 kann abgelesen werden. Nach [STOP], anders als nach [HALT], wird bei unserem Beispielrechner der Befehlszähler auf 00 zurückgestellt, so daß ein erneutes [RUN] die Rechnung wiederholen würde. Vorher können p und q in den Speichern 1 und 2 verändert werden. Wir sehen schon, daß dieses kleine Programm mit 22 Schritten bei kleinen programmierbaren Taschenrechnern bereits einen beachtlichen Teil des Programmspeichers ausfüllt. Wünschenswert ist daher ein Programmspeicher mit nicht weniger als 100 Plätzen. Die umgekehrte polnische Notation ermöglicht eine geringfügige Verkürzung der Programme. Eine Überschreitung der Programmspeicherkapazität wird nicht von jedem Rechner angezeigt. Der Programmspeicher wird dann von vorn überschrieben.

Wichtig ist eine genaue Kontrolle des eingegebenen Programms auf Richtigkeit; es sollte gründlich getestet werden, ehe es für Nutzrechnungen verwendet wird. Zu diesem Zweck kann durch wiederholtes Drücken von [SST] (single step, Einzelschritt) das Programm schrittweise abgearbeitet werden. Das wird insbesondere notwendig sein, wenn ein fehlerhaftes Programm endlos läuft. In diesem Falle wird man das Programm durch [STOP] abbrechen und mit [SST] den Fehler suchen.
Der Nutzer wird sich mit der Zeit eine kleine Programmbibliothek aufbauen. Unangenehm ist, daß beim Abschalten des Rechners in der Regel auch die Programm- und Datenspeicher gelöscht sind. Programme und Daten müssen also beim nächsten Mal neu eingegeben und auch neu getestet werden, das erneute Eingeben ist bei längeren Programmen nicht nur mühsam, sondern auch selten fehlerfrei. Manche Rechner indessen verfügen über Halteschaltungen, so daß auch nach dem Abschalten des Rechners der Inhalt der Programm- und Datenspeicher über eine gewisse Zeit (eventuell bis zum Batteriewechsel) erhalten bleibt. Wieder andere Rechner ermöglichen es, die Programme und Daten auf kleine Permanentmagnetkarten auszugeben und sie von diesen später wieder fehlerfrei und schnell einzulesen. Auch der Anschluß von Kassettenrecordern als Permanentspeicher ist vereinzelt möglich.
Bei einem Programm wie oben wird im Grunde genommen nur eine Tastenfolge abgespeichert, eigentliche Programmbefehle sind nur [HALT] und [STOP]. Inhaltlich interessanter und leistungsfähiger sind Programme mit Verzweigungsmöglichkeiten. Bei den meisten programmierbaren Taschenrechnern sind Programmverzweigungen der Art „wenn $x \geq 0$, so gehe nach nn, anderenfalls führe den nächsten Befehl aus“ möglich.

Beispielprogramm: Eine gewisse Summe Geldes (Schulden) werde mit 4,5% jährlich verzinst und mit 1,5% plus eingesparten Zinsen jährlich getilgt. Die Frage ist, in wieviel Jahren der Geldbetrag getilgt sein wird, also die Laufzeit des Kredits. Das Ergebnis (32 Jahre) steht zum Schluß im X-Register, wird also in der Anzeige sichtbar, auf die Höhe des Ausgangsbetrages kommt es nicht an, er wird daher gleich 1 gesetzt.

	[LOAD]	
	[START]	
00	[1]	Ausgangsbetrag
01	[STO] [1]	Im Speicher 1 stehen die jeweils aktuellen Schulden
02	[×]	
03	[,]	6% der ursprünglichen Schulden = jährliche Zahlung (Annuität)
04	[0]	
05	[6]	
06	[=]	
07	[STO] [2]	Annuität im Speicher 2
08	[0]	
09	[STO] [3]	Jahreszähler
10	[RCL] [1]	Schulden ins X-Register
11	[$x \leq 0$]	Test, ob Inhalt des X-Registers (Restschulden) nicht mehr positiv
12	[3] [0]	wenn ja, also $x \leq 0$, so soll mit Schritt 30 fortgefahren werden (Resultatausgabe), anderenfalls mit dem nächsten Schritt (13). Die Zieladresse 30 kann erst eingesetzt werden, wenn das Programm im übrigen fertig ist, oder es wird sicherheitshalber (auch für Änderungen zweckmäßig) eine genügend große Zahl genommen

Die Schritte 23 bis 27 können bei manchen Rechnern auch zusammengefaßt werden.
Vielfach kann auch in Unterprogramme gesprungen werden. Hier handelt es sich um Sprünge in bestimmte Programmabschnitte, nach deren Abarbeitung auf den Nachfolger des Befehls „Sprung in das Unterprogramm“ zurückgesprungen wird. Der Rechner muß sich daher die Nummer dieses Nachfolgers, die Rücksprungadresse, merken.
Vom Standpunkt der Computerwissenschaft handelt es sich bei der Programmierung von programmierbaren Taschenrechnern um eine Programmierung in einer sehr maschinennahen Sprache. Es gibt auch Rechner im Westentaschenformat, die die Programmierung in einer höheren Programmiersprache (BASIC)

13	☒ ×	
14	1	
15	,	
16	0	
17	4	
18	5	Schuld mal 1,045 = verzinste Schuld
19	−	
20	RCL 2	
21	=	verzinste Schuld minus Annuität = neue Schuld im Speicher 1
22	STO 1	
23	RCL 3	
24	+	
25	1	
26	=	
27	STO 3	Jahreszähler um 1 weitergestellt
28	GOTO	unbedingter (Rück)Sprung
29	1 1	zum Schritt 11, also zum Test, ob Wiederholung der Programmschleife oder Resultatausgabe
30	RCL 3	Resultatausgabe
31	STOP	
	START RUN	Programm läuft. Anzeige zum Schluß: 32.

gestatten, doch gehören diese Rechner funktionell eher zu den Kleinstcomputern als zu den Taschenrechnern, und wir gehen deshalb hier nicht auf sie ein.

3. Aufbau des Zahlenbereichs

Die Zahlen sind seit Jahrtausenden ein wichtiges Werkzeug zur Erfassung der Welt und zur Bewältigung der in Verwaltung, Wirtschaft, Technik und Wissenschaft anfallenden Aufgaben. Aber erst in den letzten hundert Jahren führte das Bedürfnis nach größerer Strenge und besserer logischer Fundierung zu einer Untersuchung der einzelnen Zahlenarten und ihrer Gesetzmäßigkeiten. Sie lassen sich auf wenige logische Grundbegriffe und Axiome zurückführen. Die Grundlagen für diesen deduktiven Aufbau des Zahlenbereichs sind die Mengenlehre und die mathematische Logik. Auf dieser Basis werden zunächst die natürlichen Zahlen und von ihnen aus die weiteren Zahlenbereiche konsruiert.

3.1. Natürliche Zahlen **N**

Der Begriff der natürlichen Zahl ist aus einer Verschmelzung der endlichen *Kardinalzahl*, der Grundzahl oder Anzahl, mit der endlichen *Ordinalzahl*, der Ordnungszahl oder Platznummer, entstanden (s. Kap. 14.6.). Im folgenden soll aber nicht zwischen Kardinal- und Ordinalzahl unterschieden werden.

Die Peanoschen Axiome. Schon 1891 hat Peano gezeigt, daß sich die Eigenschaften der natürlichen Zahlen aus fünf nach ihm benannten Axiomen ableiten lassen.

Peanosches Axiomensystem	**1. 0 ist eine Zahl.** **2. Jede Zahl *n* hat genau einen Nachfolger *n'*.** **3. 0 ist nicht Nachfolger einer Zahl.** **4. Jede Zahl ist Nachfolger höchstens einer Zahl.** **5. Von allen Mengen, die die Zahl 0 und mit der Zahl *n* auch deren Nachfolger *n'* enthalten, ist die Menge N der natürlichen Zahlen die kleinste.**

Ein Zahlenbereich mit Nachfolgerelation, der diesen Axiomen genügt, wird als *Bereich* **N** *der natürlichen Zahlen* bezeichnet. Die Existenz eines solchen Bereichs wird durch die Mengenlehre gesichert (s. Kap. 14.). Nach diesen Axiomen kann jede von 0 verschiedene natürliche Zahl als Nachfolger oder als Nachfolger des Nachfolgers bis zu 0 hin bezeichnet werden. Anstatt $0, 0', 0'', \ldots$ verwendet man aber einfacher das dekadische Positionssystem und bezeichnet diese Zahlen mit $0, 1, 2, \ldots$ Das Axiom 5 insbesondere rechtfertigt den Schluß der *vollständigen Induktion.*

Vollständige Induktion. Dieses Schlußverfahren wendet man an, um zu zeigen, daß eine Behauptung $H(n)$ über natürliche Zahlen n auf alle natürlichen Zahlen zutrifft; z. B. daß für alle natürlichen Zahlen n die Gleichung $1 + 2 + \cdots + n = (n/2)(n + 1)$ gilt.
Dazu betrachtet man die Menge M aller natürlichen Zahlen, für die die Behauptung $H(n)$ zutrifft. Kann man zeigen, daß 1. $0 \in M$, d. h., daß die Behauptung für $n = 0$ wahr ist (*Induktionsanfang*), und daß 2. mit $n \in M$ auch stets $(n + 1) \in M$, d. h., daß die Gültigkeit der Behauptung für irgendeine natürliche Zahl n (*Induktionsvoraussetzung*) ihre Richtigkeit für den Nachfolger $n + 1$ impliziert (*Induktionsschluß*), so muß nach dem 5. Peanoschen Axiom M die Menge aller natürlichen Zahlen sein. Im angeführten Beispiel ist $H(0)$ ersichtlich wahr, und aus der Wahrheit der Aussage für die natürliche Zahl n folgt $1 + 2 + \cdots + n + (n + 1) = (1 + 2 + \cdots + n) + (n + 1) = (n/2)(n + 1) + (n + 1) = [(n + 1)/2](n + 2)$, d. h., folgt ihre Gültigkeit für die natürliche Zahl $n + 1$. Infolgedessen ist die Behauptung für alle natürlichen Zahlen richtig. Das Prinzip der vollständigen Induktion, das kein induktives, sondern ein streng deduktives Verfahren darstellt, dient nicht nur zum Beweisen von Aussagen, sondern bietet auch die Grundlage für Definitionen, z. B. von Rechenoperationen. Sie erfolgen schrittweise, und bei jedem Schritt werden die Ergebnisse der bereits zurückgelegten Schritte benutzt. Daß dabei keine logischen Komplikationen auftreten können, wird durch den von DEDEKIND stammenden *Rechtfertigungssatz* gesichert, der sich auf das 5. Peanosche Axiom stützt.

Rechenoperationen mit natürlichen Zahlen. Die *Addition* wird durch $m + 0 = 0 + m = m$, $n + 1 = n'$ und $(m + n') = (m + n)'$, die *Multiplikation* durch $m \cdot 0 = 0 \cdot m = 0$ und $m \cdot n' = m \cdot n + m$ erklärt. Durch diese *rekursiven Definitionen* sind die Addition und die Multiplikation eindeutig bestimmt. Mittels vollständiger Induktion werden dann ihre Rechengesetze gesichert.

Kommutativgesetz	Assoziativgesetz	Distributivgesetz
$a + b = b + a$ $a \cdot b = b \cdot a$	$(a + b) + c = a + (b + c)$ $(a \cdot b) \cdot c = a \cdot (b \cdot c)$	$a \cdot (b + c) = a \cdot b + a \cdot c$

Für das Assoziativgesetz der Addition z. B. ergibt sich der Beweis wie folgt: Die Behauptung ist richtig für $c = 1$ (Induktionsanfang); denn es ist $(a + b) + 1 = (a + b) + 0' = [(a + b) + 0]' = (a + b)' = a + b' = a + (b + 1)$. Wird jetzt die Behauptung als richtig angenommen für $c = n$ (Induktionsvoraussetzung), $(a + b) + n = a + (b + n)$, so ist zu zeigen, daß sie dann auch für $c = n + 1$ gilt (Induktionsschluß). Es ist $(a + b) + n' = [(a + b) + n]' = [a + (b + n)]' = a + (b + n)' = a + (b + n')$. Nach dem 5. Peanoschen Axiom haben dann alle natürlichen Zahlen die im Assoziativgesetz ausgedrückte Eigenschaft.
Für mehr als zwei Glieder werden die Operationen erklärt durch $a + b + c = (a + b) + c$ bzw. $a \cdot b \cdot c = (a \cdot b) \cdot c$. In einer Summe bzw. in einem Produkt können folglich, wie wieder mittels vollständiger Induktion zu beweisen ist, beliebig Klammern gesetzt oder fortgelassen werden.
Subtraktion und *Division* zweier Zahlen a und b werden als *Umkehroperationen* der Addition bzw. der Multiplikation bestimmt: Gibt es zu den Zahlen a und b eine Zahl x so, daß $a + x = b$, so heißt $x = b - a$ *Differenz* aus b und a; sie ist, falls sie existiert, eindeutig bestimmt. Gibt es zu den Zahlen $a \neq 0$ und b eine Zahl y derart, daß $a \cdot y = b$, so heißt $y = b : a$ *Quotient* aus b und a; auch er ist, falls er existiert, eindeutig bestimmt. Es lassen sich leicht natürliche Zahlen a und b angeben, für die keine oder nur eine der Zahlen x und y existiert.
Potenzieren. Für die Zahlen $a \neq 0$ und n führt man die Potenz a^n wieder durch rekursive Definition $a^0 = 1$ und $a^{n'} = a^n \cdot a$ ein. Für das Multiplizieren und das Potenzieren sowie für das Dividieren von Potenzen gelten die bekannten Potenzgesetze, falls der Quotient existiert (vgl. Kap. 2.). Die Operation des Potenzierens ist weder kommutativ noch assoziativ, wie folgende Beispiele zeigen: $3^2 = 9$, aber $2^3 = 8$; $(3^2)^3 = 9^3 = 729$, aber $3^{(2^3)} = 3^8 = 6561$.
Wurzelziehen und Logarithmieren. Wenn es zu den Zahlen a und n ($n \neq 0$ und $n \neq 1$) eine Zahl b so gibt, daß $b^n = a$ ist, so wird b als *n-te Wurzel aus a* bezeichnet, $b = \sqrt[n]{a}$. Gibt es zu den Zahlen $a \neq 0$ und b eine Zahl n so, daß $a^n = b$ ist, so heißt *n Logarithmus von b zur Basis a*, geschrieben $n = \log_a b$; z. B. $5 = \sqrt[3]{125}$, $6 = \log_2 64$. Auch diese Umkehroperationen sind, falls ausführbar, eindeutig.

Übersicht über die Rechenoperationen
1. Stufe: Addieren mit Subtrahieren als Umkehroperation,
2. Stufe: Multiplizieren mit Dividieren als Umkehroperation,
3. Stufe: Potenzieren mit Wurzelziehen und Logarithmieren als Umkehroperationen.

Eine *Ordnung* $n' > n$ wird zwischen benachbarten Zahlen schon durch die Nachfolgerelation hergestellt. Für beliebige natürliche Zahlen a, b soll $a > b$ bzw. $b < a$ genau dann gelten, wenn es eine Zahl $c \neq 0$ gibt, so daß $a = b + c$. Die so erklärte Relation ist irreflexiv und transitiv (vgl. Kap. 14.3.). Daß sie auch *linear* ist, d. h., daß für zwei Zahlen a, b genau einer der drei Fälle $a > b, b > a, a = b$ gilt, kann mit Hilfe von vollständiger Induktion bewiesen werden. Die *Größenrelation* ist danach eine *irreflexive Ordnungsrelation*. Für sie gelten die *Monotoniegesetze* sowie das *Archimedische Axiom*.

Monotonie von Addition und Multiplikation: Aus $a > b$ folgt im Bereich N für beliebiges c und für $d \neq 0$, daß $a + c > b + c$ und $a \cdot d > b \cdot d$.
Archimedisches Axiom: Zu beliebigen Zahlen $a > 0$ und b gibt es stets eine Zahl n so, daß $a \cdot n > b$.

Wegen dieser Eigenschaften wird der Bereich **N** der natürlichen Zahlen als *linear* und *archimedisch geordnet* bezeichnet. Mit Hilfe der Monotoniegesetze kann die *Eindeutigkeit der Umkehroperationen* bewiesen werden. Wird z. B. für die Division angenommen, es gäbe zwei Zahlen x_1, x_2, die der Gleichung $ax = b$ genügen und für die gilt $x_1 \geqslant x_2$, so folgt $b = ax_1 \geqslant ax_2 = b$ und daraus $x_2 = x_1$. Für das Rechnen mit den natürlichen Zahlen gelten die bekannten Regeln, z. B. folgende, für die angenommen wird, daß alle vorkommenden Operationen ausführbar sind:

$$a + (b - c) = (a + b) - c = a + b - c = a - c + b,$$
$$a - (b + c) = (a - b) - c = a - b - c = a - c - b,$$
$$a - (b - c) = (a - b) + c = a - b + c = a + c - b,$$
$$(a \cdot c) : (b \cdot c) = a : b,$$
$$(b - c) : a = (b : a) - (c : a).$$

3.2. Gebrochene oder absolut-rationale Zahlen $\mathbf{Q}_>$

Das Teilen und das Messen verlangen einen Zahlenbereich, in dem nicht nur die im Bereich der natürlichen Zahlen möglichen Rechenoperationen ausführbar sind, sondern darüber hinaus uneingeschränkt dividiert werden kann. Ferner soll er die natürlichen Zahlen als Teilbereich enthalten.

Konstruktion der neuen Zahlen. Man bildet geordnete Paare von natürlichen Zahlen $n \neq 0$ und m und schreibt sie in Bruchform m/n. Zwei solche Brüche m/n und p/q heißen *quotientengleich*, in Zeichen $m/n \doteq p/q$, wenn $mq = pn$ ist, z. B. $2/1 \doteq 4/2$, denn $2 \cdot 2 = 4 \cdot 1$. Diese Gleichheit erfüllt die an eine *Äquivalenzrelation* zu stellenden Forderungen. Alle einander gleichen Brüche können daher zu einer Klasse zusammengefaßt werden, z. B. ist $\langle 2/1, 4/2, 6/3, \ldots, 100/50, \ldots \rangle$ eine solche Klasse quotientengleicher Brüche. Jeder Bruch gehört dann zu genau einer Klasse. Diese Klassen werden als *gebrochene* oder *absolut-rationale Zahlen* bezeichnet. Jede dieser Zahlen kann durch einen beliebigen Bruch der betreffenden Klasse dargestellt oder repräsentiert werden; z. B. sind 2/3, 4/6, 30/45 Darstellungen oder Repräsentanten für ein und dieselbe gebrochene Zahl $\alpha = \langle 2/3, 4/6, 6/9, 8/12, 18/27, 30/45, \ldots \rangle$. Dabei wird die Darstellung durch einen gekürzten Bruch bevorzugt, im letzten Beispiel schreibt man $\alpha = \langle 2/3 \rangle$. Die Klammer dient der Unterscheidung zwischen der Klasse und ihrem Vertreter.

Rechenoperationen und Ordnung. Bei der Festlegung der Rechenoperationen und der Ordnung für gebrochene Zahlen sind die altbekannten Regeln der Bruchrechnung Vorbild. Nach ihnen richten sich die Definitionen, damit der neue Zahlenbereich die Eigenschaften bekommt, die sich in einer jahrhundertelangen Rechenpraxis als sinnvoll erwiesen haben. Die Rechenoperationen erster und zweiter Stufe werden für die Zahlen $\alpha = \langle m/n \rangle$, $\beta = \langle p/q \rangle$ in folgender Weise festgesetzt:

$$\alpha + \beta = \langle (mq + pn)/(nq) \rangle, \text{ z. B. } \langle 2/3 \rangle + \langle 10/7 \rangle = \langle (2 \cdot 7 + 10 \cdot 3)/(3 \cdot 7) \rangle = \langle 44/21 \rangle,$$
$$\alpha - \beta = \langle (mq - pn)/(nq) \rangle, \text{ falls } mq \geqslant pn, \text{ z. B. } \langle 1/2 \rangle - \langle 1/3 \rangle = \langle (1 \cdot 3 - 1 \cdot 2)/(2 \cdot 3) \rangle = \langle 1/6 \rangle,$$
$$\alpha \cdot \beta = \langle (mp)/(nq) \rangle, \text{ z. B. } \langle 3/5 \rangle \cdot \langle 20/9 \rangle = \langle (3 \cdot 20)/(5 \cdot 9) \rangle = \langle 60/45 \rangle = \langle 4/3 \rangle,$$
$$\alpha : \beta = \langle (mq)/(np) \rangle, \text{ falls } p \neq 0, \text{ z. B. } \langle 3/5 \rangle : \langle 7/1 \rangle = \langle (3 \cdot 1)/(5 \cdot 7) \rangle = \langle 3/35 \rangle.$$

Die letzte Festsetzung zeigt, daß die Division durch jede von 0 verschiedene gebrochene Zahl in $\mathbf{Q}_>$ ausführbar ist. Subtraktion und Division erweisen sich als Umkehroperationen der Addition bzw. der Multiplikation. Die Subtraktion ist nicht stets ausführbar.
Eine *Ordnung* wird in Analogie zur Gleichheit erklärt durch: $\alpha > \beta$, wenn $mq > pn$; z. B. $\langle 8/9 \rangle > \langle 11/14 \rangle$, da $8 \cdot 14 > 11 \cdot 9$. Für diese Ordnung gelten dieselben Eigenschaften wie für die der natürlichen Zahlen.
Alle diese Festsetzungen sind aber nur dann sinnvoll, wenn sie von der Wahl der Repräsentanten für α und β unabhängig sind. Dies sei am Beispiel der Ordnung nachgewiesen.

Voraussetzung: $\langle m/n \rangle > \langle p/q \rangle$, also $mq > pn$; m_1/n_1 sei ein anderer Bruch aus $\langle m/n \rangle$ und p_1/q_1 ein anderer aus $\langle p/q \rangle$.
Behauptung: Es ist auch $\langle m_1/n_1 \rangle > \langle p_1/q_1 \rangle$.
Beweis: Aus $mq > pn$ folgt, wenn man mit $n_1 q_1 \neq 0$ multipliziert: $mn_1 qq_1 > pq_1 nn_1$ und wegen $mn_1 = m_1 n$, $pq_1 = p_1 q$ die Ungleichung $m_1 nqq_1 > p_1 qnn_1$. Da auf beiden Seiten der Faktor $nq \neq 0$ auftritt, folgt $m_1 q_1 > p_1 n_1$, mithin die Behauptung.

Der Bereich $\mathbf{Q}_>$ der gebrochenen Zahlen ist linear und archimedisch geordnet.

Die Beweise stützen sich auf die Definitionen und auf die entsprechenden Eigenschaften der natürlichen Zahlen. Der Bereich $\mathbf{Q}_>$ kann unter Erhaltung der Ordnung punktweise auf einen Strahl, den Zahlenstrahl, abgebildet werden. Die Bildpunkte liegen auf dem Strahl dicht, d. h., zwischen zweien läßt sich stets ein dritter angeben, z. B. zwischen den Bildpunkten der Zahlen α und β liegt der von $(\alpha + \beta)/2$.
Das Kommutativ-, das Assoziativ- und das Distributivgesetz für die Rechenoperationen und die anderen für natürliche Zahlen geltenden Regeln gelten auch in $\mathbf{Q}_>$. Die Nachweise stützen sich gleichfalls auf die Geltung dieser Gesetze im Bereich der natürlichen Zahlen, wie das folgende Beispiel des Assoziativgesetzes zeigt.
Es seien $\alpha = \langle m/n \rangle$, $\beta = \langle p/q \rangle$, $\gamma = \langle r/s \rangle$. Dann ist $[\alpha \cdot \beta] \cdot \gamma = \langle (mp)/(nq) \rangle \cdot \langle r/s \rangle$ $= \langle (m \cdot p \cdot r)/(n \cdot q \cdot s) \rangle = \langle m/n \rangle \cdot \langle (p \cdot r)/(q \cdot s) \rangle = \alpha \cdot [\beta \cdot \gamma]$.

Gebrochene und natürliche Zahlen. Der Bereich $\mathbf{Q}_>$ enthält einen Teilbereich, der dem Bereich der natürlichen Zahlen genau entspricht: den der Zahlen $\langle 1/1 \rangle$, $\langle 2/1 \rangle$, $\langle 3/1 \rangle$, ..., $\langle k/1 \rangle$, ... Werden zwei Zahlen dieser Art addiert oder multipliziert, so entsteht wieder eine solche: $\langle m/1 \rangle + \langle n/1 \rangle$ $= \langle (m + n)/1 \rangle$ und $\langle m/1 \rangle \cdot \langle n/1 \rangle = \langle (m \cdot n)/1 \rangle$. Ferner ist $\langle m/1 \rangle > \langle n/1 \rangle$ genau dann richtig, wenn $m > n$ ist. Ordnet man jetzt der Zahl $\langle 1/1 \rangle$ die natürliche Zahl 1, der Zahl $\langle 2/1 \rangle$ die natürliche Zahl 2, allgemein der Zahl $\langle k/1 \rangle$ die natürliche Zahl k zu, so zeigt sich, daß man mit den Zahlen $\langle k/1 \rangle$ genauso rechnen kann wie mit den natürlichen Zahlen.

Der Teilbereich der gebrochenen Zahlen von der Form $\langle k/1 \rangle$ ist dem Bereich der natürlichen Zahlen isomorph hinsichtlich der dort ausführbaren Rechenoperationen und hinsichtlich der Ordnung.

Die Zahlen $\langle k/1 \rangle$ können nun einfach als k geschrieben und als natürliche Zahlen behandelt werden, da sie den Peanoschen Axiomen genügen. Auch bei den übrigen Zahlen aus $\mathbf{Q}_>$ können jetzt die Klammern wegfallen; z. B. wird m/n für $\langle m/n \rangle$ geschrieben. Fehler beim Rechnen können dabei nicht auftreten, sofern die Regeln der Bruchrechnung beachtet werden. Zwar besteht hier ein begrifflicher Unterschied: Die Brüche $^3/_7$ und $^6/_{14}$ sind nicht identisch, da sie verschiedene Zähler und Nenner haben, sie sind aber *quotientengleich*. Die gebrochenen Zahlen 3/7 und 6/14 sind hingegen schlechthin identisch. Diese Vereinfachung war das Ziel bei der Festsetzung der Rechenoperationen und der Ordnung. Die Definitionen erfolgten gerade so, daß die erwähnte Isomorphie eintritt. Es entspricht dem *Hankelschen Permanenzprinzip*, Operationen und Ordnung im neuen Bereich in der Weise festzusetzen, daß die im alten Bereich geltenden Gesetze nach Möglichkeit erhalten bleiben. Im Gegensatz zum Prinzip der vollständigen Induktion hat das Permanenzprinzip keine Beweiskraft, sondern ist eine Anleitung zur Erklärung von Rechenoperationen und Ordnung. In diesem Sinn gilt:

Der Bereich $\mathbf{Q}_>$ der gebrochenen Zahlen stellt eine Erweiterung des Bereichs der natürlichen Zahlen dar. Er besteht aus den natürlichen Zahlen und den Brüchen.

Rechenoperationen dritter Stufe. Die Potenz $\alpha^\beta = \gamma$ wird für den Fall, daß $\beta = n$ eine natürliche Zahl ist, wie bei den natürlichen Zahlen erklärt. Entsprechend werden bei gegebenem γ unter $\alpha = \sqrt[n]{\gamma}$ und $n = \log_\alpha \gamma$ solche Zahlen verstanden, für die gilt $\alpha^n = \gamma$. Ist β aber keine natürliche, sondern eine echt gebrochene Zahl, $\beta = r/s$ mit $s > 1$, so ist unter $\alpha^\beta = \gamma$ eine Zahl $\gamma = \sqrt[s]{\alpha^r}$ zu verstehen. Bei gegebenem $\alpha > 0$ und γ ist $\beta = \log_\alpha \gamma$ als eine Zahl aus $\mathbf{Q}_>$ definiert, für die $\alpha^\beta = \gamma$ gilt. Da α^n sowohl für wachsendes α als auch für wachsendes n monoton ist, sind Potenzen, Wurzeln und Logarithmen, sofern sie existieren, eindeutig bestimmt.

Beispiele. 1: Für $\alpha_1 = 2/3$ und $\beta_1 = 3$ erhält man $\gamma_1 = \alpha_1^{\beta_1} = (2/3)^3 = 2/3 \cdot 2/3 \cdot 2/3 = 8/27$. Sind dagegen $\gamma_1 = 8/27$ und $\beta_1 = 3$ gegeben, so folgt $\alpha_1 = \sqrt[\beta_1]{\gamma_1} = \sqrt[3]{8/27} = 2/3$, oder aus $\gamma_1 = 8/27$ und $\alpha_1 = 2/3$ folgt: $\beta_1 = \log_{\alpha_1} \gamma_1 = \log_{2/3} (8/27) = 3$.
2: Für $\alpha_2 = 9/16$ und $\beta_2 = 1/2$ erhält man $\gamma_2 = \alpha_2^{\beta_2} = (9/16)^{1/2} = \sqrt[2]{9/16} = 3/4$. Sind aber gegeben $\gamma_2 = 3/4$ und $\beta_2 = 1/2$, so folgt $\alpha_2 = 9/16$, denn $(9/16)^{1/2} = 3/4$, und aus $\gamma_2 = 3/4$ und $\alpha_2 = 9/16$ folgt $\beta_2 = \log_{\alpha_2} \gamma_2 = \log_{9/16} (3/4) = 1/2$.
3: Für $\alpha_3 = 2$, $\beta_3 = 1/2$ wäre $\gamma_3 = \alpha_3^{\beta_3} = 2^{1/2} = \sqrt{2}$. Dieser Ausdruck stellt, wie später bewiesen wird, keine gebrochene Zahl dar.

3.3. Rationale Zahlen Q

Um auch die Subtraktion unbeschränkt ausführbar zu machen, wird eine neue Erweiterung vorgenommen. Dabei werden die gebrochenen Zahlen von jetzt an mit lateinischen Buchstaben bezeichnet. Für geordnete Paare (m, n) aus $\mathbf{Q}_>$ wird als Äquivalenzrelation eine *Differenzengleichheit* eingeführt: $(m, n) \underset{\text{diff}}{=} (m_1, n_1)$, wenn $m + n_1 = m_1 + n$ ist. Die Klasse des Paares (m, n) heißt eine *rationale Zahl*. Sie werde vorläufig als $\alpha = \langle(m, n)\rangle$ bezeichnet. Der Bereich aller α wird $\mathbf{Q}$ genannt.

Rechenoperationen in Q. Eine Addition wird erklärt durch $\langle(m, n)\rangle + \langle(p, q)\rangle = \langle(m + p, n + q)\rangle$, eine Subtraktion durch $\langle(m, n)\rangle - \langle(p, q)\rangle = \langle(m + q, n + p)\rangle$, eine Multiplikation durch $\langle(m, n)\rangle \cdot \langle(p, q)\rangle = \langle(mp + nq, mq + np)\rangle$.
Beispiel eines Produkts: $\langle(^2/_5, {}^3/_2)\rangle \cdot \langle(^5/_6, {}^2/_1)\rangle = \langle(^2/_5 \cdot {}^5/_6 + {}^3/_2 \cdot {}^2/_1, {}^2/_5 \cdot {}^2/_1 + {}^3/_2 \cdot {}^5/_6)\rangle = \langle(^2/_6 + {}^3/_1, {}^4/_5 + {}^{15}/_{12})\rangle = \langle(^{20}/_6, {}^{123}/_{60})\rangle$. Die Repräsentantenunabhängigkeit werde am Beispiel der Subtraktion nachgewiesen. Es sei $(m, n) \underset{\text{diff}}{=} (m_1, n_1)$, $(p, q) \underset{\text{diff}}{=} (p_1, q_1)$. Zu zeigen ist $(m_1 + q_1, n_1 + p_1) \underset{\text{diff}}{=} (m + q, n + p)$. Es ist $(m_1 + q_1) + (n + p) = m + n_1 + q + p_1 = (n_1 + p_1) + (m + q)$, was zu zeigen war. Die Subtraktion ist stets ausführbar und erweist sich als Umkehrung der Addition. Die Rechengesetze werden durch Rückführung auf den Bereich $\mathbf{Q}_>$ anhand der Definitionen verifiziert.
Die Division wird als Umkehrung der Multiplikation erklärt. Auf die Ausführbarkeit und Eindeutigkeit wird später eingegangen, desgleichen auf das Potenzieren.

Vorzeichen. Um die schwerfällige Schreibweise $\alpha = \langle(m, n)\rangle$ zu beseitigen, stellt man zunächst fest, daß sich ein Zahlenpaar $\langle(m, n)\rangle$ für $m > n$ in der Form $(n + k, n)$, für $m < n$ in der Form $(m, m + j)$ und für $m = n$ als (m, m) schreiben läßt; z. B. $\langle(2, {}^1/_2)\rangle = \langle(^1/_2 + {}^3/_2, {}^1/_2)\rangle$, $\langle(^3/_4, 1)\rangle = \langle(^3/_4, {}^3/_4 + {}^1/_4)\rangle$, $\langle(^2/_5, {}^4/_{10})\rangle = \langle(^2/_5, {}^2/_5)\rangle$. Neue Schreibweise:

$$\alpha = \begin{cases} (+k), \text{ falls } m = n + k \text{ und } k > 0; \text{ z. B. } & \langle(2, {}^1/_2)\rangle = (+{}^3/_2), \\ (-j), \text{ falls } n = m + j \text{ und } j > 0; \text{ z. B. } & \langle(^3/_4, 1)\rangle = (-{}^1/_4), \\ (0), \text{ falls } m = n; & \text{z. B. } \langle(^2/_5, {}^4/_{10})\rangle = (0). \end{cases}$$

Die Vertreterunabhängigkeit dieser Schreibweise ergibt sich aus der Differenzengleichheit. Das Plus- und das Minuszeichen werden als *Vorzeichen* bezeichnet. Sie dürfen nicht mit den gleich aussehenden Rechenzeichen verwechselt werden. Die Zahlen $\alpha = (+k)$ heißen *positiv*, die Zahlen $\beta = (-j)$ *negativ*, k bzw. j heißt der *absolute Betrag* von α bzw. β, in Zeichen $k = |\alpha|$, $j = |\beta|$; k und j sind Zahlen aus $\mathbf{Q}_>$.
Für die Multiplikation und Division gelten folgende Regeln, die leicht durch Rückgang auf die Paare verifiziert werden können:

Vorzeichenregeln	$(+k) \cdot (+l) = (+kl)$, $(+k) \cdot (-l) = (-k) \cdot (+l) = (-kl)$, $(-k) \cdot (-l) = (+kl)$, und für $l \neq 0$: $(+k) : (+l) = (+k/l)$, $(+k) : (-l) = (-k) : (+l) = (-k/l)$, $(-k) : (-l) = (+k/l)$.

Beispiel 1: $(+k) \cdot (-l) = \langle(n + k, n)\rangle \cdot \langle(p, p + l)\rangle$
$= \langle((n + k)p + n(p + l), (n + k)(p + l) + np)\rangle$
$= \langle(np + kp + np + nl, np + kp + nl + kl + np)\rangle = \langle(0, kl)\rangle = (-kl)$.

Da die bei der Division in den Klammern entstehenden Zahlen k/l Elemente aus $\mathbf{Q}_>$ sind, ist die Division in $\mathbf{Q}$ stets ausführbar. Die Eindeutigkeit folgt aus den Monotoniegesetzen.

Ordnung. Wenn α und β Elemente aus $\mathbf{Q}$ sind, so heißt $\alpha > \beta$, wenn es eine positive Zahl γ gibt, so daß $\alpha = \beta + \gamma$. Dann sind alle positiven Zahlen größer, alle negativen kleiner als 0. Durch diese Größerrelation wird $\mathbf{Q}$ *linear geordnet*. Die rationale Zahl (0) hat die additive und multiplikative Eigenschaft der natürlichen Zahl 0: Es ist $\langle(m, m)\rangle + \langle(a, b)\rangle = \langle(m + a, m + b)\rangle = \langle(a, b)\rangle$ und $\langle(m, m)\rangle \cdot \langle(a, b)\rangle = \langle(ma + mb, mb + ma)\rangle = (0)$. Ebenso verifiziert man die multiplikative Eigenschaft von $(+1)$. Die Monotoniegesetze gelten in der früheren Form nur für die Addition und für die Multiplikation mit positivem Faktor. Die Größerbeziehung kehrt sich dagegen um, wenn beide Seiten mit der gleichen negativen Zahl multipliziert werden; z. B.: Aus $(+5) > (+2)$ folgen

$$(+5) + (-1) > (+2) + (-1) \text{ und}$$
$$(+5) \cdot (+3/4) > (+2) \cdot (+3/4), \text{ aber}$$
$$(+5) \cdot (-1) < (+2) \cdot (-1), \text{ da } (-2) = (-5) + (+3).$$

Aus den Monotoniegesetzen folgt wieder die Eindeutigkeit der Umkehroperationen.

In dem Bereich **Q** der rationalen Zahlen sind die vier Grundoperationen Addition, Multiplikation und ihre Umkehrungen erklärt und erfüllen die Körperaxiome (s. Kap. 16.2.).

Rationale Zahlen und gebrochene Zahlen. Der Bereich **Q** enthält als Teilbereich den der positiven rationalen Zahlen. Ordnet man der Zahl $(+k)$ ihren Betrag k zu, so wird dieser Teilbereich eineindeutig auf den Bereich der absoluten rationalen Zahlen abgebildet. Dabei bleiben die ausführbaren Rechenoperationen und die Ordnung erhalten, z. B. $(+k) \cdot (+m) = (+k \cdot m)$.

Der Bereich der positiven rationalen Zahlen ist dem der absoluten rationalen Zahlen isomorph hinsichtlich der dort ausführbaren Rechenoperationen und der Ordnung.

Wegen $(+k) + (-j) = (+k) - (+j)$ kann die Schreibweise weiter dadurch vereinfacht werden, daß das positive Vorzeichen weggelassen wird; z. B. $(+3/4) + (-2/5) = (+3/4) - (+2/5) = 3/4 - 2/5$. Die Potenz α^β wird, wenn β eine von Null verschiedene natürliche Zahl ist, durch wiederholte Multiplikation erklärt. Andernfalls ist α^β nur für $\alpha = k \geqslant 0$ definiert, und zwar durch Rückführung auf Elemente von $\mathbf{Q}_>$:

$$\alpha^\beta \begin{cases} = k^{|\beta|}, & \text{falls } k \geqslant 0, \beta > 0 \\ = 1, & \text{falls } k > 0, \beta = 0 \\ = 1/k^{|\beta|}, & \text{falls } k > 0, \beta < 0. \end{cases}$$

Die Potenz α^β ist für $\alpha = \beta = 0$ nicht erklärt. Unter $\beta = \sqrt[n]{\alpha}$ für $\alpha \geqslant 0$ und eine natürliche Zahl n wird eine nichtnegative rationale Zahl verstanden, für die $\beta^n = \alpha$ ist, unter $\gamma = \log_\beta \alpha$ eine nichtnegative Zahl, für die $\beta^\gamma = \alpha$ ist. Die Eindeutigkeit folgt aus den Monotoniegesetzen, die Existenz ist nicht immer gesichert.

Beispiel 2: In **Q** existiert nicht $\sqrt{2}$. Denn wäre $\sqrt{2}$ eine rationale Zahl r/s mit $s > 1$ und r und s teilerfremd, so müßte $r^2/s^2 = 2$ sein. Das ist aber unmöglich, da mit r und s auch r^2 und s^2 teilerfremd sind, der Bruch also nicht gekürzt werden kann. Entsprechend verläuft der Beweis, daß $\sqrt{3}$, $\sqrt{5}$ und überhaupt alle n-ten Wurzeln aus positiven Radikanden, die keine n-ten Potenzen von Zahlen aus **Q** sind, in **Q** nicht existieren.

*Der Bereich **Q** der rationalen Zahlen stellt eine Erweiterung des Bereichs der absoluten rationalen Zahlen dar. In ihm sind die Rechenoperationen der ersten und der zweiten Stufe unbeschränkt ausführbar, nicht aber die der dritten Stufe.*

Man kann zeigen, daß es zu jeder rationalen Zahl α eine natürliche Zahl n gibt, die größer ist als α. Dadurch wird das Archimedische Axiom gesichert: Zu jedem α und positivem rationalem β gibt es eine natürliche Zahl n so, daß $n\beta > \alpha$.

Die rationalen Zahlen bilden einen archimedisch geordneten Körper.

3.4. Ganze Zahlen **Z**

Anstatt von den natürlichen Zahlen aus erst den Bereich $\mathbf{Q}_>$ der gebrochenen und dann von ihm aus den der rationalen Zahlen **Q** zu konstruieren, wie es hier in Anlehnung an das Vorgehen im Schulunterricht geschah, hätte man auch einen anderen Weg einschlagen können (vgl. Kap. 1.). Dort wurde erst mit Hilfe differenzengleicher geordneter Paare von natürlichen Zahlen der Bereich der *ganzen Zahlen* $0, \pm 1, \pm 2, \ldots$ und von diesem aus durch quotientengleiche Paare der Körper der rationalen Zahlen gewonnen. Der Bereich **Z** der ganzen Zahlen bildet einen *Integritätsbereich* mit $+1$ als Einselement (s. Kap. 16.2. – Körper und Integritätsbereiche). Er enthält als Teilbereich den der positiven ganzen Zahlen, der dem der natürlichen Zahlen isomorph ist. Der Bereich **Q** der rationalen Zahlen enthält seinerseits den Teilbereich der Zahlen $\pm k/1$, der dem der ganzen Zahlen isomorph ist. Es liegen demnach in beiden Fällen Erweiterungen vor. Der Bereich **Q** ist der *Quotientenkörper* des Bereichs der ganzen Zahlen.

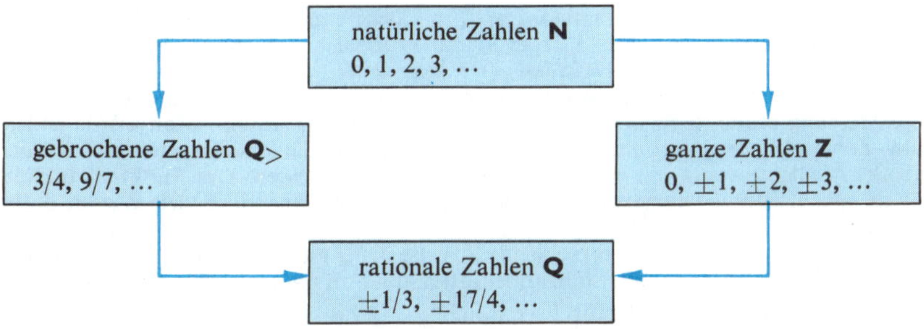

3.5. Reelle Zahlen R

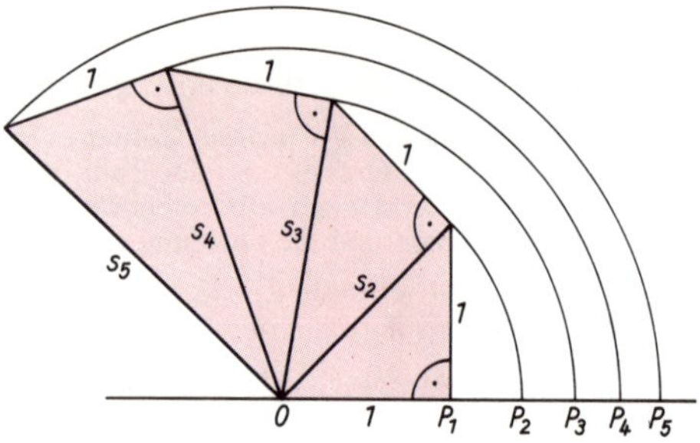

3.5-1 Konstruktion der Strecken $s_1, s_2, \ldots$; darunter die Punkte $P_1, P_2, \ldots$ auf der Zahlengeraden

Ziele der Erweiterung. Wie die gebrochenen Zahlen auf dem Zahlenstrahl, so liegen die rationalen Zahlen auf der *Zahlengeraden* dicht. Dennoch erfüllen sie diese nicht lückenlos, wie folgende Überlegungen zeigen: Wird mit Hilfe rechtwinkliger Dreiecke eine Folge von Strecken $s_1 = \sqrt{1}$, $s_2 = \sqrt{2}$, $s_3 = \sqrt{3}$, ... konstruiert (Abb. 3.5-1), die von O aus in positiver Richtung auf der Zahlengeraden abgetragen werden, so entstehen die Punkte P_1, P_2, P_3, ..., denen meist keine rationale Zahl entspricht. Denn wie gezeigt wurde, ist $|OP_n| = s_n = \sqrt{n}$ nur für Zahlen n rational, die das Quadrat einer rationalen Zahl sind, z. B. für $n = 4$ oder für $n = 49$. Damit sind aber noch längst nicht alle Lücken auf der Zahlengeraden erfaßt. Ein Punkt P_u z. B., für den $|OP_u| = u = \pi d$ die Länge des Umfangs eines Kreises ist, dessen Durchmesser eine rationale Zahl d als Maßzahl hat, stellt keine rationale Zahl dar und ist auch von jedem Punkt P_n verschieden. Sollen alle Lücken auf der Zahlengeraden geschlossen werden, so ist ein neuer Zahlenbereich **R** erforderlich, der den der rationalen Zahlen enthält und dessen Ordnung und Rechenoperationen im Sinn des Permanenzprinzips mit denen in **Q** übereinstimmen sollen. Jedem Streckenverhältnis und damit jeder Streckenlänge müßte sich eine Zahl aus **R** zuordnen lassen, und alle Wurzeln aus nichtnegativen Zahlen müßten z. B. in **R** existieren.

Hinweise zur Konstruktion von R. Der neue Bereich kann nicht wie bisher mit Hilfe von Zahlenpaaren konstruiert werden. Vielmehr gibt die theoretische Fortsetzung des Meßvorgangs bei Strecken Hinweise zu seiner Konstruktion. Wird die Streckenlänge $|OP_2|$ als Hypotenuse des rechtwinkligen Dreiecks bestimmt, dessen gleich lange Katheten durch eine Einheitsstrecke e mit rationaler Maßzahl gemessen werden, so gibt es auf Grund des Archimedischen Axioms in seiner geometrischen Form (s. Kap. 40. – Axiomatisierung der euklidischen Geometrie) eine natürliche Zahl k, so daß P_2 zwischen den beiden durch Abtragen von $k \cdot e$ bzw. $(k + 1)\,e$ entstehenden Punkten A_1, B_1 liegt. Wird die Strecke A_1B_1 durch $e/10$ gemessen, so kommt P_2 zwischen zwei neue Punkte A_2 und B_2 zu liegen, deren Abstand $|A_2B_2|$ durch $e/100$ gemessen wird. Setzt man dieses Verfahren fort, so entsprechen den Punkten A_i, B_i die rationalen Zahlen a_i, b_i, und der Prozeß bricht nicht ab. Wählt man $e = |OP_1|$ als Meßstrecke, so ist $b_i - a_i = 1/10^{i-1}$. Obwohl die dem Punkt P_2 zuzuordnende Zahl α noch unbekannt ist, weiß man auf Grund der geforderten Ordnungsbeziehungen schon, daß sich für sie folgende Einschließung ergeben wird:

$$\begin{array}{llll} 1 & < \alpha < 2, & \text{da } 1^2 & < 2 < 2^2, \\ 1{,}4 & < \alpha < 1{,}5, & \text{da } 1{,}4^2 & < 2 < 1{,}5^2, \\ 1{,}41 & < \alpha < 1{,}42, & \text{da } 1{,}41^2 & < 2 < 1{,}42^2, \\ 1{,}414 & < \alpha < 1{,}415, & \text{da } 1{,}414^2 & < 2 < 1{,}415^2, \\ \ldots & & & \end{array}$$

Daraus entnimmt man $a_1 = 1$, $a_2 = 1{,}4$, $a_3 = 1{,}41$, $a_4 = 1{,}414$, ...; $b_1 = 2$, $b_2 = 1{,}5$, $b_3 = 1{,}42$, $b_4 = 1{,}415$, ...

Die Folgen $\{a_i\}$, $\{b_i\}$ genügen dem *Cauchyschen Konvergenzkriterium*: Für jedes $\varepsilon > 0$ gibt es eine natürliche Zahl N, so daß für alle $m, q > N$ gilt $|a_m - a_q| < \varepsilon$. Außerdem ist $\{e_i\} = \{b_i - a_i\}$ wieder eine Folge, sogar eine Nullfolge (s. Kap. 18.1.). Das Cauchysche Kriterium ist eine notwendige, aber nicht hinreichende Bedingung für die Existenz eines Grenzwertes; in der Tat existiert in **Q** nicht der Grenzwert der Folge $\{a_i\}$, da $\sqrt{2}$ nicht rational ist. Ein Körper, in dem jede Fundamentalfolge einen Grenzwert hat, heißt *vollständig*. Der Körper **Q** der rationalen Zahlen ist nicht vollständig. Der gesuchte Erweiterungsbereich soll ein *vollständiger Körper* sein.

Anstelle von e hätte eine andere Meßstrecke mit rationaler Maßzahl benutzt werden können, und die nächstfeinere Messung brauchte nicht durch Zehntelung entstanden zu sein. Man würde andere Folgen rationaler Zahlen $\{a_i'\}$ und $\{b_i'\}$ erhalten, die aber wieder Fundamentalfolgen sind und sich für genügend großes i beliebig wenig von den Folgen $\{a_i\}$, $\{b_i\}$ unterscheiden. Der Punkt P_2 und die durch ihn markierte neue Zahl α, die konstruiert werden soll, könnten auf unendlich viele Weisen durch ein „rationales Netz" eingefangen werden.

Eine Messung kann abbrechen, wenn die zu messende Strecke $|OP_n|$ mit der Meßstrecke e *kommensurabel* ist, d. h., wenn das Verhältnis ihrer Maßzahlen rational ist. In diesem Fall würde dem Punkt P_n eine rationale Zahl α entsprechen, z. B. für P_9 mit $|OP_9| = \sqrt{9} = 3$.

Konstruktion der neuen Zahlen. Diese Vorbetrachtungen werden der Konstruktion der neuen Zahlen zugrunde gelegt. Dazu wird die Menge aller Fundamentalfolgen aus Elementen von **Q** gebildet, und zwei *Fundamentalfolgen* $\{a_i\}$, $\{b_i\}$ werden *äquivalent* genannt, wenn $\{a_i - b_i\}$ eine Nullfolge bildet. Diese Relation ist reflexiv, symmetrisch und transitiv und deshalb eine *Äquivalenzrelation.*

Jede Klasse α äquivalenter Fundamentalfolgen aus Q wird als reelle Zahl bezeichnet. Sie kann durch eine beliebige Folge $\{a_i\}$ der Klasse vertreten werden und wird dann als $\langle\{a_i\}\rangle$ geschrieben.

Beispiele. 1: Die Folgen $a_1 = 0{,}3$, $a_2 = 0{,}33$, $a_3 = 0{,}333$, ..., $b_1 = 0{,}4$, $b_2 = 0{,}34$, $b_3 = 0{,}334$, ... und die konstante Folge $c_1 = 1/3$, $c_2 = 1/3$, $c_3 = 1/3$, ... sind äquivalente Fundamentalfolgen, sie stellen die reelle Zahl $\alpha = \langle\{1/3\}\rangle$ dar.

2: Die Folgen $a_1 = 1$, $a_2 = 1{,}4$, $a_3 = 1{,}41$, $a_4 = 1{,}414$, ... und $b_1 = 2$, $b_2 = 1{,}5$, $b_3 = 1{,}42$, $b_4 = 1{,}415$, ... gehören zu der Klasse, die später als $\alpha = \sqrt{2}$ bezeichnet wird. Eine weitere Folge derselben Klasse läßt sich durch die Kettenbrüche $c_1 = 3/2$, $c_2 = 7/5$, $c_3 = 17/12$, $c_4 = 41/29$, $c_5 = 99/70$, ... gewinnen (vgl. 3.6.).

3: Die Folgen $a_i = 1/i$, $b_i = 2/i^3$, $c_i = 0$ mit $i = 1, 2, 3, \ldots$ gehören zur Klasse aller Nullfolgen und definieren $\alpha = \langle 0\rangle$.

Rechenoperationen. Werden die reellen Zahlen α durch $\{a_i\}$, β durch $\{b_i\}$ repräsentiert, so wird $\alpha \mp \beta$ definiert als die Klasse von $\{a_i \mp b_i\}$, $\alpha \cdot \beta$ als die Klasse von $\{a_i b_i\}$. Diese Folgen sind gleichfalls Fundamentalfolgen (s. Kap. 18.1.).
Ist $\beta \neq \langle 0\rangle$ und $\{b_i\}$ eine β repräsentierende Folge, die kein einziges verschwindendes Glied hat, so wird der Quotient $\alpha : \beta$ erklärt als die Klasse von $\{a_i : b_i\}$. Diese Folge stellt sicher eine Fundamentalfolge dar, wenn β keine Nullfolge enthält.

Ordnung und Rechengesetze. Eine reelle Zahl α heißt *positiv*, wenn es bei einer beliebigen Folge $\{\alpha_i\}$ aus der Klasse α eine positive rationale Zahl e und eine natürliche Zahl n gibt, so daß für $i > n$ alle a_i größer als e sind. Die Folge $\{-a_i\}$ repräsentiert die *negative* Zahl $-\alpha$. Die Zahlen α und $-\alpha$ sind entgegengesetzt, ihre Summe ist $\langle 0\rangle$. Summe und Produkt von positiven reellen Zahlen sind wieder positiv. Für die reellen Zahlen α, β soll $\alpha > \beta$ genau dann gelten, wenn es eine positive reelle Zahl γ gibt, so daß $\alpha = \beta + \gamma$. Für drei Folgen $\{a_i\}$, $\{b_i\}$, $\{c_i\}$, die α, β, γ repräsentieren, gilt dann $a_i = b_i + c_i$, wobei für genügend großes i alle c_i positiv sind. Umgekehrt folgt aus dieser Gleichung aber nur $\alpha \geqslant \beta$, wie das Beispiel $a_i = 1$, $b_i = (i-1)/i$, $c_i = 1/i$, $a_i = b_i + c_i$, aber $\langle\{a_i\}\rangle = \langle\{b_i\}\rangle$ zeigt. Alle positiven Zahlen sind größer als $\langle 0\rangle$, alle negativen kleiner als $\langle 0\rangle$.

Im Bereich R der reellen Zahlen sind die vier Grundoperationen erklärt. R wird durch die Größerrelation linear geordnet. Es gelten die Rechengesetze und die Monotoniegesetze in derselben Form wie in Q.

Als Beispiel werde bewiesen: Aus $\alpha > \beta$ und $\delta < \langle 0\rangle$ folgt $\alpha\delta < \beta\delta$. Die Gültigkeit des Distributivgesetzes wird vorausgesetzt. Wird δ vertreten durch die Folge $\{d_i\}$, so kann ohne Beschränkung der Allgemeinheit angenommen werden, daß für jedes i gilt $d_i < 0$. Die zu δ entgegengesetzte positive reelle Zahl $\delta' = -\delta$ werde durch die Folge $\{d_i'\} = \{-d_i\}$ repräsentiert, so daß $d_i' > 0$ für alle i gilt. Wegen $\alpha > \beta$ gibt es eine reelle positive Zahl γ, so daß $\alpha = \beta + \gamma$. Dann ist nach dem Distributivgesetz $\alpha\delta' = \beta\delta' + \gamma\delta'$, und $\gamma\delta'$ ist als Produkt zweier positiver reeller Zahlen gleichfalls positiv. Wird γ vertreten durch $\{c_i\}$, so kann diese Folge wieder so gewählt werden, daß alle $c_i > 0$ sind. Geht man von der Gleichung zwischen den reellen Zahlen zu den vertretenden Folgen über, so ergibt sich $a_i d_i' = b_i d_i' + c_i d_i'$. Dabei ist der zweite Summand positiv, mithin $a_i d_i' > b_i d_i'$. Aus dieser in **Q** bestehenden Ungleichung folgt durch Multiplikation mit -1: $a_i d_i < b_i d_i$ und bei Übergang zu den Klassen zunächst $\alpha\delta \leqslant \beta\delta$. Da $\{c_i d_i\}$ keine Nullfolge ist, scheidet das Gleichheitszeichen aus, und es ergibt sich $\alpha\delta < \beta\delta$.

Archimedisches Axiom. Sind $\beta > \langle 0\rangle$ und α beliebige reelle Zahlen, so kann die β vertretende Folge $\{b_i\}$ so gewählt werden, daß alle b_i größer sind als eine gewisse positive rationale Zahl b. Denn wenn es solch ein b nicht gäbe, wäre $\{b_i\}$ eine Nullfolge oder eine zu einer negativen Klasse gehörende Folge. Die Folge $\{a_i\}$ ist als Fundamentalfolge beschränkt (s. Kap. 18.1.). Es gibt deshalb eine rationale Zahl a, so daß für alle i gilt $a_i < a$. Da für die rationalen Zahlen $b > 0$ und a das Archimedische Axiom gilt, gibt es eine natürliche Zahl n, so daß $nb > a > a_i$, und damit $nb_i > a > a_i$, mithin $n\beta \geqslant \alpha$, wobei unter $n\beta$ die n-fache Addition von β zu verstehen ist und $m\beta > \alpha$ für $m > n$.

Die reellen Zahlen bilden einen archimedisch geordneten Körper.

Reelle und rationale Zahlen. Unter den rationalen Fundamentalfolgen gibt es solche, die nur einander gleiche Glieder enthalten (vgl. Beispiel 1 und 3). Ist dieses Glied die rationale Zahl c, so läßt sich ihre Klasse als $\langle c\rangle$ schreiben. Summe, Differenz, Produkt und Quotient solcher stationärer Folgen haben dieselbe Eigenschaft. Ihren Klassen entsprechen rationale Zahlen.

Der Körper R der reellen Zahlen enthält einen Teilkörper Q′, der dem Körper der rationalen Zahlen Q hinsichtlich der Rechenoperationen und der Ordnung isomorph ist.

Vollständigkeit. In einem archimedisch geordneten Körper können die Begriffe *Fundamentalfolge* und *Grenzwert* definiert werden. Unter dem absoluten Betrag $|\alpha|$ einer reellen Zahl α soll die positive der beiden Zahlen α, $-\alpha$ verstanden werden. Um zu zeigen, daß **R** ein *vollständiger Körper* ist, d. h., daß jede Fundamentalfolge reeller Zahlen in **R** einen Grenzwert hat, wird zunächst der Hilfssatz bewiesen, daß es zu jeder reellen Zahl γ Folgen von Elementen aus **Q**′ gibt, die gegen γ konvergieren. Wird γ repräsentiert durch die rationale Fundamentalfolge $\{c_i\}$, so ist γ Grenzwert der Folge $\langle c_1\rangle, \langle c_2\rangle, \langle c_3\rangle, \ldots$ aus **Q**′.

Beweis. Ist $\varepsilon > \langle 0\rangle$ eine beliebige reelle positive Zahl, die durch die rationale Fundamentalfolge $\{e_i\}$ repräsentiert wird, so gibt es eine positive rationale Zahl e, so daß von einem bestimmten Index an alle e_i größer als e sind, d. h., $\langle e\rangle \leqslant \varepsilon$. Da die rationalen Zahlen c_i eine Fundamentalfolge bilden, gibt es eine natürliche Zahl n, so daß für alle $p, q > n$ gilt $|c_p - c_q| < e/2$. Sei m eine beliebige festgehaltene natürliche Zahl, die gleichfalls größer als n ist. Dann bestehen in **Q** die Ungleichungen $c_p - c_m < e/2$ und $c_m - c_q < e/2$. Nimmt man Indextransformationen vor, so ist die Folge $c_p - c_m$, $c_{p+1} - c_m, c_{p+2} - c_m, \ldots$ äquivalent einer Folge $c'_1 - c_m, c'_2 - c_m, c'_3 - c_m, \ldots$ und die Folge $c_m - c_q, c_m - c_{q+1}, c_m - c_{q+2}, \ldots$ äquivalent einer Folge $c_m - c''_1, c_m - c''_2, c_m - c''_3, \ldots$ Die Folge $\{c'_i - c_m\}$ gehört zu der Klasse $\gamma - \langle c_m\rangle$, die Folge $\{c_m - c''_i\}$ zu der Klasse $\langle c_m\rangle - \gamma$, während die Klasse von $e/2$ die reelle Zahl $\langle e/2\rangle$ ist. Für die Klassen gelten danach die Ungleichungen $\gamma - \langle c_m\rangle \leqslant \langle e/2\rangle$ und $\langle c_m\rangle - \gamma \leqslant \langle e/2\rangle$, d. h., $|\gamma - \langle c_m\rangle| \leqslant \langle e/2\rangle < \langle e\rangle \leqslant \varepsilon$. Die reelle Zahl γ ist danach in der Tat Grenzwert der Folge $\{\langle c_m\rangle\}$.

Der Nachweis, daß **R** vollständig ist, stützt sich auf diesen Hilfssatz. Im folgenden sollen ε, e_i, e dieselbe Bedeutung haben wie oben. Es sei $\alpha_1, \alpha_2, \alpha_3, \ldots$ eine Fundamentalfolge reeller Zahlen. Wird α_k vertreten durch die rationale Fundamentalfolge $\{a_i^{(k)}\}$, so ist nach dem Hilfssatz α_k Grenzwert der Folge $\langle a_1^{(k)}\rangle, \langle a_2^{(k)}\rangle, \langle a_3^{(k)}\rangle, \ldots$ aus **Q**′. Es gibt deshalb für jedes k rationale Zahlen, deren Isomorphiebild in **Q**′ sich beliebig wenig von α_k unterscheidet. Sei a_k solch eine Zahl, so daß $|\alpha_k - \langle a_k\rangle| < \langle e/6\rangle$ ist. Die Folge dieser ausgewählten a_k ist eine Fundamentalfolge in **Q**, denn für genügend große p, q gilt:

$$|\langle a_p\rangle - \langle a_q\rangle| \leqslant |\langle a_p\rangle - \alpha_p| + |\alpha_p - \alpha_q| + |\alpha_q - \langle a_q\rangle|,$$

wobei auch der zweite Summand für genügend große p, q kleiner als $\langle e/6\rangle$ ist, da die α_k eine Fundamentalfolge bilden. Mithin gilt $|\langle a_p\rangle - \langle a_q\rangle| \leqslant \langle e/6\rangle + \langle e/6\rangle + \langle e/6\rangle = \langle e/2\rangle < \langle e\rangle \leqslant \varepsilon$ und deshalb $|\langle a_p\rangle - \langle a_p\rangle| < \varepsilon$. Die dieser Fundamentalfolge entsprechende Folge $a_1, a_2, a_3, \ldots$ in **Q** ist auf Grund der zwischen **Q**′ und **Q** bestehenden Isomorphie gleichfalls eine Fundamentalfolge. Ihre Klasse sei α. Diese reelle Zahl α ist nach dem Hilfssatz Grenzwert der Folge $\langle a_1\rangle, \langle a_2\rangle, \langle a_3\rangle, \ldots$ aus **Q**′, sie ist aber auch der gesuchte Grenzwert der Folge $\{\alpha_k\}$, denn es gilt für alle genügend großen k: $|\alpha - \alpha_k| \leqslant |\alpha - \langle a_k\rangle| + |\langle a_k\rangle - \alpha_k|$, und jeder der beiden Summanden kann beliebig klein gemacht werden. In **R** hat deshalb jede Fundamentalfolge einen Grenzwert.

Der Körper R der reellen Zahlen ist vollständig.

Wird jetzt der zu **Q** isomorphe Teilkörper **Q**′ von **R** durch **Q** ersetzt, d. h., wird für jede Zahl $\langle a\rangle$ aus **Q**′ die Zahl a gesetzt, so stellt **R** eine echte Erweiterung des Körpers der rationalen Zahlen dar. Sie erfüllt die oben gestellten Forderungen: In **R** existieren zunächst alle Wurzeln aus nichtnegativen rationalen Zahlen, da sie nach Art von Beispiel 2 durch rationale Fundamentalfolgen approximiert werden können, deren Grenzwert in **R** liegt. Wegen der Vollständigkeit von **R** existieren aber auch alle Wurzeln aus nichtnegativen reellen Zahlen. Aus denselben Gründen kann ferner jedes Streckenverhältnis durch eine reelle Zahl angegeben und deshalb jeder Streckenlänge eine nichtnegative reelle Zahl zugeordnet werden. Die Zahlengerade der reellen Zahlen weist keine Lücke mehr auf.

Die nicht in **Q** liegenden Zahlen von **R** heißen *Irrationalzahlen.* Zu ihnen gehören $\sqrt{2}$, $\sqrt{3}$, $\sqrt[6]{5}$, überhaupt die meisten Wurzeln aus nichtnegativen Zahlen sowie die Zahl π und unzählige weitere, zum Teil schon seit Jahrhunderten bekannte Zahlen.

Reelle Zahlen und Dezimalbrüche. Jede reelle Zahl kann mit beliebiger Genauigkeit durch eine Folge rationaler Zahlen approximiert werden. Dabei leistet deren Dezimaldarstellung gute Dienste, wie die Beispiele zeigen. Da auch jede rationale Zahl durch einen unendlichen Dezimalbruch erfaßt werden kann, z. B. 1/3 durch $0{,}\bar{3}$, 5 durch $4{,}\bar{9}$, können *durch unendliche Dezimalbrüche alle reellen Zahlen* dargestellt werden. Die Rechenoperationen mit reellen Zahlen können demnach mit beliebiger Genauigkeit durch Rechnungen mit abbrechenden Dezimalbrüchen durchgeführt werden, was für die Praxis von großer Bedeutung ist.

Andere Erzeugung der reellen Zahlen. Der Körper der reellen Zahlen hätte statt durch Fundamentalfolgen auch auf andere Weise konstruiert werden können, z. B. durch *Intervallschachtelungen*, die man sich anhand der oben dargestellten Einschließung des Punktes P_2 veranschaulichen kann. Die reelle Zahl erscheint dann als *Klasse von äquivalenten Intervallschachtelungen.* DEDEKIND führte die reellen Zahlen als *Schnitte* im Bereich der rationalen Zahlen ein. In jedem Fall sind die dabei entstehenden Bereiche zueinander und zu **R** isomorphe Körper. Das Verfahren der Fundamentalfolgen geht auf CANTOR, das der Intervallschachtelungen auf WEIERSTRASS zurück.

3.6. Kettenbrüche

Die Kettenbrüche bieten eine Möglichkeit, reelle Zahlen in mancher Beziehung besser zu approximieren, als es mit Hilfe der Dezimaleinschachtelung möglich ist.

Kettenbruch n-ter Ordnung. Seien $b_0, b_1, b_2, \ldots, b_n$ ganze Zahlen mit $b_k > 0$ für $k > 0$. Unter dem Kettenbruch n-ter Ordnung $[b_0; b_1, b_2, \ldots, b_n]$ mit den Teilnennern $b_1, b_2, \ldots, b_n$ und dem Anfangsglied b_0 versteht man

$$b_0 + \cfrac{1}{b_1 + \cfrac{1}{b_2 + \cfrac{1}{b_3 + \cfrac{\vdots}{+ \cfrac{1}{b_n}}}}}$$

Beispiel 1: Für $n = 3$; $b_0 = 2$; $b_1 = 3$, $b_2 = 1$, $b_3 = 4$ erhält man

$$2 + \cfrac{1}{3 + \cfrac{1}{1 + \cfrac{1}{4}}} = [2; 3, 1, 4] = 43/19.$$

Näherungsbruch. Zur Darstellung reeller Zahlen werden unendliche, d. h. nicht abbrechende Kettenbrüche gebraucht. Unter einem *Näherungsbruch k-ter Ordnung* mit $k \leqslant n$ versteht man den mit dem k-ten Teilnenner abbrechenden Kettenbruch. Aus der Definition des Kettenbruchs k-ter Ordnung geht hervor, daß man ihn auch als gewöhnlichen Bruch schreiben kann. Man erhält dann:

$$[b_0; b_1] = b_0 + \frac{1}{b_1} = \frac{b_0 b_1 + 1}{b_1} = \frac{A_1}{B_1},$$

$$[b_0; b_1, b_2] = b_0 + \frac{1}{b_1 + 1/b_2} = \frac{b_2(b_0 b_1 + 1) + b_0}{b_1 b_2 + 1} = \frac{A_2}{B_2},$$

$$[b_0; b_1, b_2, b_3] = b_0 + \cfrac{1}{b_1 + \cfrac{1}{b_2 + 1/b_3}} = \frac{b_3[b_2(b_0 b_1 + 1) + b_0] + b_0 b_1 + 1}{b_3(b_1 b_2 + 1) + b_1} = \frac{A_3}{B_3}, \quad \text{usw.}$$

Dabei sind alle A_i und B_i ganze Zahlen; z. B. ist für den Kettenbruch [2; 3, 1, 4, 2, 1, 2] der 2. Näherungsbruch $[2; 3, 1] = 2 + \frac{1}{3 + 1} = \frac{9}{4}$ mit $A_2 = 9$, $B_2 = 4$.

Definiert man zur Vervollständigung $A_0 = b_0$, $A_{-1} = 1$, $A_{-2} = 0$; $B_0 = 1$, $B_{-1} = 0$, $B_{-2} = 1$, so lassen sich durch vollständige Induktion folgende Rekursionsformeln nachweisen:

Rekursionsformeln	$A_k = b_k A_{k-1} + A_{k-2}$; $B_k = b_k B_{k-1} + B_{k-2}$

Beispiel:

	k	−2	−1	0	1	2	3	4	5	6
gegebene Größen	b_k	—	—	2	3	1	4	2	1	2
nach Definition / berechnete Größen	A_k	0	1	2	7	9	43	95	138	371
	B_k	1	0	1	3	4	19	42	61	164

Am Beispiel [2; 3, 1, 4, 2, 1, 2] erkennt man: Um zu A_k zu gelangen, multipliziert man das über A_k stehende b_k mit dem (bereits vorhandenen) linken Nachbarn A_{k-1} und addiert dessen linken Nachbarn A_{k-2}. In den beiden im Schema durch Pfeile markierten Fällen rechnet man z. B.: $0 + 1 \cdot 2 = 2$ bzw. $7 + 9 \cdot 4 = 43$. Für B_k gilt das Entsprechende. Als Näherungsbrüche ergeben sich: $A_0/B_0 = 2$; $A_1/B_1 = 7/3 = 2{,}33$; $A_2/B_2 = 9/4 = 2{,}25$; $A_3/B_3 = 43/19 = 2{,}2631\ldots$; $A_4/B_4 = 95/42 = 2{,}2619\ldots$; $A_5/B_5 = 138/61 = 2{,}2622\ldots$; $A_6/B_6 = 371/164 = 2{,}262195\ldots = [2; 3, 1, 4, 2, 1, 2]$. Ein Vergleich des Endbruches mit den Näherungsbrüchen zeigt die Berechtigung dieses Namens:

Die Näherungsbrüche approximieren den Endbruch abwechselnd von unten und von oben mit wachsender Genauigkeit.

Jede rationale Zahl läßt sich in einen Kettenbruch entwickeln.

Beispiel 2: Soll 964/437 in einen Kettenbruch entwickelt werden, so erhält man:

$r = 964/437 = 2 + 90/437$; $r = b_0 + 1/r_1$;
$b_0 = [r]$, größte ganze Zahl $\leqslant r$;
$r_1 = 437/90 = 4 + 77/90$;
$r_1 = b_1 + 1/r_2$; $r_1 > 1$,
wenn r_1 nicht ganz, $b_1 = [r_1]$.

Die Fortsetzung des Verfahrens liefert schließlich:

$$r = 964/437 = 2 + \cfrac{1}{4 + \cfrac{1}{1 + \cfrac{1}{5 + \cfrac{1}{1 + 1/12}}}}$$

oder $r = [2; 4, 1, 5, 1, 12]$.

Das Beispiel $1/2 = 0 + 1/2 = 0 + \frac{1}{1 + 1/1}$, also $[0; 2] = [0; 1, 1]$ zeigt, daß die Eindeutigkeit der Kettenbruchentwicklung noch nicht gesichert ist. Sie wird durch die Forderung $b_n > 1$ hergestellt, die sich wegen $[b_0; b_1, b_2, \ldots, b_n, 1] = [b_0; b_1, b_2, \ldots, b_n + 1]$ immer erfüllen läßt. Die Kettenbruchentwicklung gestattet es, eine rationale Zahl mit unhandlichem Zähler und Nenner durch eine andere mit kleinerem Zähler und Nenner zu approximieren, und ist deshalb für technische Probleme mitunter von Bedeutung.

Nichtabbrechende Kettenbrüche. Entsprechend lassen sich nichtabbrechende Kettenbrüche $[b_0; b_1, b_2, \ldots]$ betrachten. Ihre Näherungsbrüche konvergieren gegen eine reelle Zahl. Umgekehrt läßt sich jede reelle Zahl durch einen (endlichen oder unendlichen) Kettenbruch darstellen, und zwar gilt:

Die Kettenbruchentwicklung einer reellen Zahl bricht dann und nur dann ab, wenn die Zahl rational ist.

Auch hier gilt, daß die Näherungsbrüche die reelle Zahl mit wachsender Genauigkeit von unten und von oben abwechselnd approximieren.

Beispiel 3: $\alpha = \sqrt{2}$ soll in einen Kettenbruch entwickelt werden. Um die Teilnenner zu gewinnen, bildet man:

$$\begin{aligned}
&1.\ \alpha = b_0 + (\alpha - [\alpha]), && b_0 = [\alpha], && \alpha - [\alpha] = 1/\alpha_1\\
&2.\ \alpha_1 = b_1 + (\alpha_1 - [\alpha_1]), && b_1 = [\alpha_1], && \alpha_1 - [\alpha_1] = 1/\alpha_2\\
&3.\ \alpha_2 = b_2 + (\alpha_2 - [\alpha_2]), && b_2 = [\alpha_2], && \alpha_2 - [\alpha_2] = 1/\alpha_3\\
&\ldots\ldots\ldots\ldots\ldots\ldots
\end{aligned}$$

Man verwendet die Ungleichung $1 < \sqrt{2} < 2$ und formt um unter Benutzung der Umrechnung $1/(\sqrt{2} - 1) = \sqrt{2} + 1$:

$$\begin{aligned}
&1.\ \alpha = 1 + (\sqrt{2} - 1), && b_0 = 1, && \sqrt{2} - 1 = 1/\alpha_1, && \alpha_1 = \sqrt{2} + 1\\
&2.\ \alpha_1 = 2 + (\sqrt{2} - 1), && b_1 = 2, && \sqrt{2} - 1 = 1/\alpha_2, && \alpha_2 = \sqrt{2} + 1\\
&3.\ \alpha_2 = 2 + (\sqrt{2} - 1), && b_2 = 2, && \sqrt{2} - 1 = 1/\alpha_3, && \alpha_3 = \sqrt{2} + 1\\
&\ldots\ldots\ldots\ldots\ldots\ldots
\end{aligned}$$

Setzt man dies Verfahren fort, so entsteht der zu $\sqrt{2}$ gehörende *periodische Kettenbruch* $[1; 2, 2, \ldots]$.

Mittels des Schemas für die A_k und B_k können die Näherungsbrüche für beliebiges k gefunden werden:

k	−2	−1	0	1	2	3	4	5	6
b_k	—	—	1	2	2	2	2	2	2
A_k	0	1	1	3	7	17	41	99	239
B_k	1	0	1	2	5	12	29	70	169

Also ist z. B. $A_6/B_6 = 239/169 = 1{,}414\,201 \ldots$, während $\sqrt{2} \approx 1{,}414\,214$. Die Näherungsbrüche konvergieren gegen $\sqrt{2}$.

Nicht nur die Kettenbruchentwicklung für $\sqrt{2}$ ist periodisch; periodische Kettenbrüche entstehen stets bei sogenannten *quadratischen Irrationalitäten*, das sind Zahlen der Form $(a + b\sqrt{D})/c$, dabei sind $a, b \neq 0$, $c \neq 0$ und D ganze Zahlen, und $D > 1$ ist quadratfrei. LAGRANGE zeigte, daß die Kettenbruchentwicklung einer quadratischen Irrationalität stets periodisch ist. Die Umkehrung, daß ein periodischer Kettenbruch eine quadratische Irrationalität darstellt, wurde bereits von L. EULER bewiesen.

3.7. Komplexe Zahlen C

Im Bereich der reellen Zahlen sind die Rechenoperationen erster und zweiter Stufe unbeschränkt ausführbar. Das gilt nicht für die der dritten Stufe; so ist die Potenz $a^{1/n} = \sqrt[n]{a}$ für negatives a nicht erklärt, z. B. $\sqrt{-4}$ ist keine reelle Zahl. Quadratwurzeln aus negativen Zahlen werden aber u. a. bei der Auflösung der kubischen Gleichung durch die Cardanische Formel gebraucht, und zwar gerade im Casus irreducibilis, bei dem drei verschiedene reelle Lösungen vorhanden sind. Um diese Einschränkung zu beseitigen, wird wieder eine Erweiterung des Zahlenbereichs vorgenommen.

Konstruktion der neuen Zahlen. Man betrachtet das geordnete Paar (a, b) beliebiger reeller Zahlen a und b. Als Äquivalenzrelation dient diesmal die gewöhnliche Identität, d. h., das Paar (a, b) soll

genau dann dem Paar (a', b') äquivalent heißen, wenn $a = a'$ und $b = b'$ ist; jede Klasse besteht demnach aus nur einem Zahlenpaar.
Das Zahlenpaar (a, b) wird als *komplexe Zahl* bezeichnet. Die Rechenoperationen der ersten und der zweiten Stufe für die komplexen Zahlen $z_1 = (a_1, b_1)$, $z_2 = (a_2, b_2)$ werden festgesetzt durch:

$$z_1 \pm z_2 = (a_1 \pm a_2, b_1 \pm b_2),\ z_1 \cdot z_2 = (a_1a_2 - b_1b_2, a_1b_2 + b_1a_2),$$

$$z_1 : z_2 = \left(\frac{a_1a_2 + b_1b_2}{a_2^2 + b_2^2}, \frac{b_1a_2 - b_2a_1}{a_2^2 + b_2^2}\right), \text{ wobei } a_2^2 + b_2^2 \neq 0 \text{ vorauszusetzen ist.}$$

Man verifiziert leicht, daß Subtraktion und Division Umkehroperationen zur Addition bzw. Multiplikation sind. Für die Addition und die Multiplikation gelten das Kommutativ-, Assoziativ- und Distributivgesetz. Das Distributivgesetz z. B. wird wie folgt bewiesen: Es seien drei komplexe Zahlen $z_i = (a_i, b_i)$ mit $i = 1, 2, 3$ gegeben. Dann ist:

$$\begin{aligned} z_1[z_2 + z_3] &= (a_1, b_1)(a_2 + a_3, b_2 + b_3) \\ &= (a_1a_2 + a_1a_3 - b_1b_2 - b_1b_3, a_1b_2 + a_1b_3 + b_1a_2 + b_1a_3). \end{aligned}$$

Andererseits ist

$$\begin{aligned} z_1z_2 + z_1z_3 &= (a_1a_2 - b_1b_2, a_1b_2 + b_1a_2) + (a_1a_3 - b_1b_3, a_1b_3 + b_1a_3) \\ &= (a_1a_2 - b_1b_2 + a_1a_3 - b_1b_3, a_1b_2 + b_1a_2 + a_1b_3 + b_1a_3). \end{aligned}$$

Beide Ausdrücke sind identisch.
Ferner gelten für die genannten Operationen alle Gesetze, die im Bereich der reellen Zahlen erfüllt sind, außer denjenigen, in denen eine Größerbeziehung vorkommt. Eine Ordnung wird für komplexe Zahlen nicht eingeführt.

Komplexe und reelle Zahlen. Der Bereich der komplexen Zahlen enthält einen Teilbereich, den der Zahlen $(a, 0)$, der dem Bereich der reellen Zahlen hinsichtlich der dort ausführbaren Rechenoperationen isomorph ist; es ist z. B. $(a, 0) + (a', 0) = (a + a', 0)$ und $(a, 0) \cdot (a', 0) = (aa', 0)$. Man darf daher solche Zahlen wie reelle Zahlen behandeln; für $(a, 0)$ wird einfach a geschrieben. Die Zahlen $(0, b)$ heißen *rein imaginäre Zahlen*. Insbesondere wird die komplexe Zahl $(0, 1) = \mathrm{i}$ als *imaginäre Einheit* bezeichnet; für sie gilt $\mathrm{i}^2 = (0, 1)(0, 1) = (-1, 0) = -1$. Die Klammern bei den Rechenoperationen können jetzt fortgelassen werden, da keine Fehler dadurch zu befürchten sind. Es ist

$(0, b) = (b, 0) \cdot (0, 1) = b\mathrm{i}$ und $(a, b) = (a, 0) + (0, b) = a + b\mathrm{i}$.

imaginäre Einheit i	$\mathrm{i}^2 = -1$

In diesem Sinne gilt:

Jede komplexe Zahl kann als Summe einer reellen und einer rein imaginären Zahl dargestellt werden; $z = a + b\mathrm{i}$. Man bezeichnet a als Realteil, b als Imaginärteil von z; a und b sind reelle Zahlen. Die Addition reeller Zahlen ist als Spezialfall in der Addition komplexer Zahlen enthalten.

Darstellung der komplexen Zahlen. Man zeichnet in der Ebene ein kartesisches Achsenkreuz und trägt auf der x-Achse die reellen Zahlen in der üblichen Weise, auf der y-Achse die imaginären Zahlen mit i als Einheit auf. Der komplexen Zahl $z = a + b\mathrm{i}$ wird der Punkt z mit den Koordinaten (a, b) oder der vom Nullpunkt zu diesem Punkt hinführende Vektor $\mathfrak{z}$ zugeordnet. Diese Zuordnungen sind eineindeutig. Der Summe $z_1 + z_2$ entspricht der Vektor $\mathfrak{z}_1 + \mathfrak{z}_2$, der durch vektorielle Addition (nach dem Parallelogrammverfahren) der Vektoren $\mathfrak{z}_1$ und $\mathfrak{z}_2$ entsteht (Abb. 3.7-1).
Um auch das Produkt geometrisch deuten zu können, stellt man $z = a + b\mathrm{i}$ mit Hilfe der Länge r des Vektors $\mathfrak{z}$ und des Winkels der Größe φ, den der Vektor mit der positiven x-Achse bildet, dar; r heißt der (*absolute*) *Betrag*, φ das *Argument* von z (Abb. 3.7-2). Bei der Darstellung durch r und φ ist zu beachten, daß φ nur bis auf Vielfache von 2π bestimmt und in positivem Drehsinn orientiert ist.

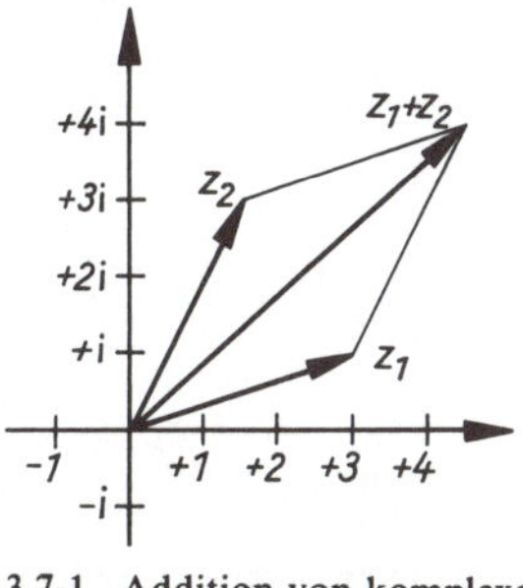

3.7-1 Addition von komplexen Zahlen

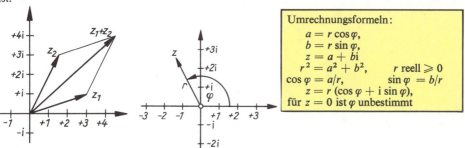

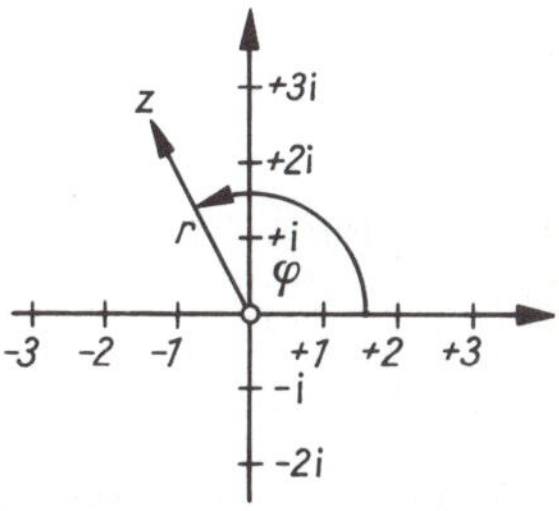

3.7-2 Betrag und Argument einer komplexen Zahl

Umrechnungsformeln:

$$\begin{aligned} a &= r\cos\varphi, \\ b &= r\sin\varphi, \\ z &= a + b\mathrm{i} \\ r^2 &= a^2 + b^2, \quad && r \text{ reell} \geqslant 0 \\ \cos\varphi &= a/r, && \sin\varphi = b/r \\ z &= r(\cos\varphi + \mathrm{i}\sin\varphi), \end{aligned}$$

für $z = 0$ ist φ unbestimmt

Das Produkt $z_1 z_2 = r_1(\cos\varphi_1 + \mathrm{i}\sin\varphi_1) \cdot r_2(\cos\varphi_2 + \mathrm{i}\sin\varphi_2)$ läßt sich mit Hilfe des Additionstheorems für den Sinus und Kosinus umformen in $z_1 z_2 = r_1 r_2 [\cos(\varphi_1 + \varphi_2) + \mathrm{i}\sin(\varphi_1 + \varphi_2)]$. Diese Darstellung führt auf folgende geometrische Deutung (Abb. 3.7-3): Das Dreieck, das von den Punkten O, z_2 und $z_1 \cdot z_2$ gebildet wird, ist dem durch die Punkte O, $+1$ und z_1 gegebenen ähnlich, denn der Winkel der Größe φ_1 ist beiden Dreiecken gemeinsam, und das Verhältnis der Längen der ihn einschließenden Seiten, $r_1 r_2 : r_2 = r_1 : 1$, ist das gleiche. Dadurch ist eine einfache geometrische Konstruktion des Produkts möglich.

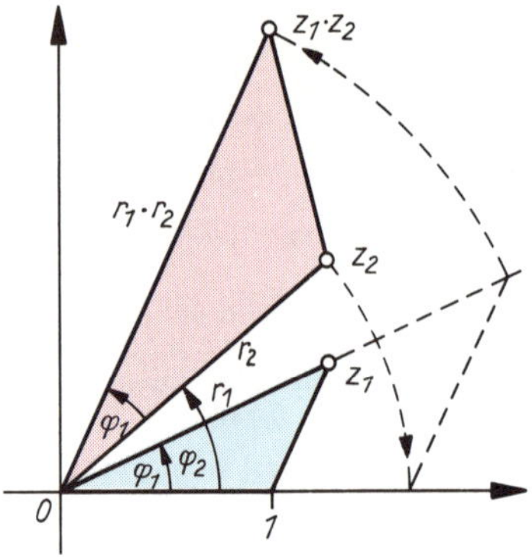

3.7-3 Multiplikation komplexer Zahlen

Potenzen und Wurzeln. Ist n eine natürliche Zahl, so wird z^n wie üblich durch $z^0 = 1$, $z^n = z^{n-1} \cdot z$ definiert. Mit Hilfe der Additionstheoreme findet man die wichtige Moivresche Formel.

Moivresche Formel	$z^n = r^n(\cos n\varphi + \mathrm{i}\sin n\varphi)$

Unter $\sqrt[n]{z}$ versteht man eine komplexe Zahl w, deren n-te Potenz gleich z ist, d. h., eine Lösung der Gleichung $w^n = z$. Sei $w = \varrho(\cos\psi + \mathrm{i}\sin\psi)$. Dann folgt aus $w^n = z = r(\cos\varphi + \mathrm{i}\sin\varphi)$ nach der Moivreschen Formel:

$$\varrho^n = r,\ \varrho = \sqrt[n]{r},\ \psi = \varphi/n + k \cdot 2\pi/n \quad \text{oder} \quad w = \sqrt[n]{r}\,[\cos(\varphi/n + k \cdot 2\pi/n) + \mathrm{i}\sin(\varphi/n + k \cdot 2\pi/n)].$$

Für $k = 0, 1, 2, \ldots$ entstehen n verschiedene Werte für w. Im Bereich der komplexen Zahlen bezeichnet das Symbol $\sqrt[n]{z}$ ein Funktionselement eines analytischen Gebildes, das auf der n-blättrigen Riemannschen Fläche eindeutig definiert ist (vgl. Kap. 23.3. – Riemannsche Flächen). Ist z speziell eine positive reelle Zahl, so wird die eindeutig bestimmte positive reelle Wurzel w aus z als *Hauptwert* bezeichnet. Im Bereich der komplexen Zahlen ist das Wurzelziehen unbegrenzt ausführbar.

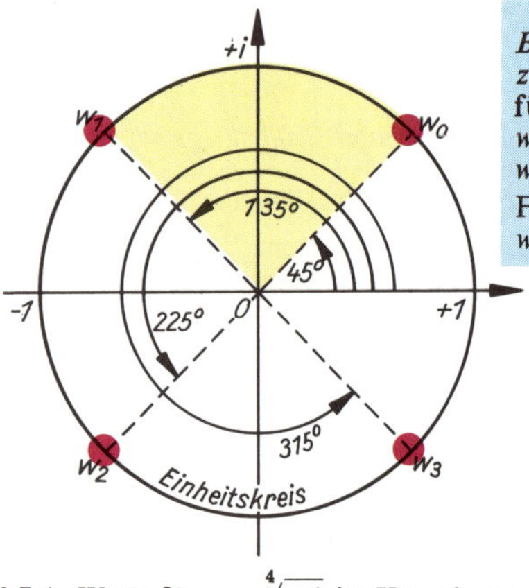

3.7-4 Werte für $w = \sqrt[4]{-1}$ im Komplexen

Beispiel 1: Für $w = \sqrt[4]{-1}$ erhält man aus
$z = 1[\cos(180° + k \cdot 360°) + \mathrm{i}\sin(180° + k \cdot 360°)]$
für $k = 0, 1, 2, 3$ die Wurzeln
$w_0 = \cos 45° + \mathrm{i}\sin 45°$, $\quad w_1 = \cos 135° + \mathrm{i}\sin 135°$,
$w_2 = \cos 225° + \mathrm{i}\sin 225°$, $\quad w_3 = \cos 315° + \mathrm{i}\sin 315°$.
Für $k = 4$ ist $\psi_4 = 405° = 360° + 45°$, d. h., es gilt
$w_4 = w_0,\ w_5 = w_1, \ldots$ (Abb. 3.7-4).

Beispiel 2: Für $w = \sqrt[5]{+1}$ erhält man aus
$z = 1[\cos(0° + k \cdot 360°) + \mathrm{i}\sin(0° + k \cdot 360°)]$
für $k = 0, 1, 2, 3, 4$ die Wurzeln
$w_0 = +1$ als *Hauptwert*,
$w_1 = \cos 72° + \mathrm{i}\sin 72°$, $\quad w_2 = \cos 144° + \mathrm{i}\sin 144°$,
$w_3 = \cos 216° + \mathrm{i}\sin 216°$, $\quad w_4 = \cos 288° + \mathrm{i}\sin 288°$.
Für $k = 5$ gilt $\psi_5 = 360°$, d. h., es gilt $w_5 = w_0$,
$w_6 = w_1, \ldots$ (Abb. 3.7-5).

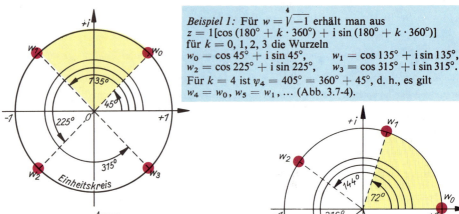

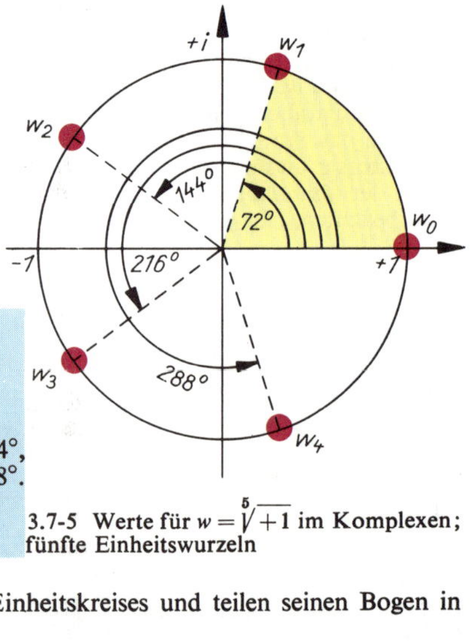

3.7-5 Werte für $w = \sqrt[5]{+1}$ im Komplexen; fünfte Einheitswurzeln

Die n-ten *Einheitswurzeln* liegen auf dem Umfang des Einheitskreises und teilen seinen Bogen in n gleiche Teile.

Die Potenz z^α wird für rationales α im Einklang mit den entsprechenden Definitionen für absolute rationale und für rationale Zahlen erklärt. Ist $\alpha > 0$ und sind r und s in $\alpha = r/s$ positiv ganz, so ist unter z^α der Term $\sqrt[s]{z^r}$ zu verstehen; falls $\alpha < 0$ rational und $z \neq 0$, wird z^α erklärt durch $1/z^{-\alpha}$. Weiterhin wird $z^0 = 1$ gesetzt. Von besonderer Wichtigkeit ist der zuerst von Gauss mehrfach bewiesene Fundamentalsatz der klassischen Algebra.

Der Bereich der komplexen Zahlen ist algebraisch abgeschlossen, d. h., jede algebraische Gleichung mit komplexen Koeffizienten ist in ihm auflösbar.

Historisches zu den komplexen Zahlen. Wurzeln aus negativen Zahlen werden seit der Mitte des 17. Jh. verwendet und führen seit jener Zeit den Namen imaginäre Zahlen. Die Mathematiker des 17. Jh. konnten sich dabei auf die 1572 erschienene Algebra des Bologneser Mathematikers Raffaele Bombelli stützen, der bereits eine konsequente Theorie der rein imaginären Zahlen entwickelte. Die Lehre von den komplexen Zahlen wurde später durch Johann Bernoulli, Leonhard Euler und vor allem durch Carl Friedrich Gauss sehr gefördert. Auf Gauß geht u. a. die Darstellung in der *Gaußschen Ebene* zurück. Die komplexen Zahlen bilden die Grundlage für die *Funktionentheorie*.

4. Algebraische Gleichungen und Ungleichungen

4.1. Begriff der Gleichung

Zur Geschichte der Gleichungen

Gleichungen gehören nach den Zahlen zu den ersten mathematischen Errungenschaften der Menschheit. Sie treten schon in den ältesten uns schriftlich überlieferten mathematischen Quellen auf, z. B. in Keilschrifttexten des Alten Babylon, die bis ins 3. Jahrtausend v. u. Z. zurückreichen, und in Papyri aus dem alten Ägypten der Zeit des Mittleren Reiches, d. h. um 1800 v. u. Z.
Der Struktur der babylonischen Gesellschaft nach waren Erbteilungsaufgaben von großem Interesse. Dabei erhielt jeweils der erstgeborene Sohn den größten Teil, der zweite wieder mehr als der dritte usw. Eine dieser Erbteilungsaufgaben lautete:

„10 Brüder; $1^2/_3$ Minen Silber.

Bruder über Bruder hat sich erhoben (hinsichtlich seines Anteils). Was er sich erhoben hat, weiß ich nicht. Der Anteil des achten (ist) 6 Schekel. Bruder über Bruder, um wieviel hat er sich erhoben?"

Eine Mine war eine altorientalische Maßeinheit, die in 60 Schekel unterteilt wurde. Die Aufgabe führt auf eine arithmetische Reihe; der jüngste Bruder bekam $(2 + 48/60)$ Schekel und jeder folgende jeweils $(1 + 36/60)$ Schekel mehr; der Erstgeborene z. B. $(17 + 12/60)$ Schekel, alle zusammen also 100 Schekel oder $1^2/_3$ Minen.
Während in dieser babylonischen Aufgabe die unbekannte Größe hinreichend deutlich umschrieben wird, tritt in ägyptischen Papyri für sie die Hieroglyphe für *h*, d. h. Haufen, Menge, auf, die möglicherweise hau ausgesprochen wurde. Die Hau-Rechnungen traten recht häufig auf; sie entsprechen unseren linearen Gleichungen. Ein Vergleich zwischen einem ägyptischen Text aus dem Moskauer Papyrus und der modernen Schreibweise macht dies deutlich:

wörtliche Übersetzung	moderne Schreibweise
Form der Berechnung eines Haufens, gerechnet $1^1/_2$mal zusammen mit 4. Er ist gekommen bis 10. Der Haufe nun nennt sich?	$1^1/_2 x + 4 = 10$
Berechne Du die Größe dieser 10 über dieser 4. Es entsteht 6.	$10 - 4 = 6$
Rechne Du mit $1^1/_2$, um zu finden 1. Es entstehen $^2/_3$.	$1 : {^3/_2} = {^2/_3}$
Berechne Du $^2/_3$ von diesen 6. Es entsteht 4.	$6 \cdot {^2/_3} = 4$
Siehe: 4 nennt sich. Du hast richtig gefunden.	$x = 4$

Bevor sich eine algebraische Zeichensprache herausgebildet hatte, mußten die Gleichungen in Worten geschrieben werden. Noch der um die Algebra so verdienstvolle François VIÈTE – meist VIETA genannt – behalf sich mit dem Verb *aequare*, gleichsein. Das heute verwendete Gleichheitszeichen = ist von Robert RECORDE vorgeschlagen worden, wenn es auch noch längere Zeit dauerte, bis es sich durchsetzte. Er machte diesen Vorschlag in einem in Dialogform geschriebenen Lehrbuch der Algebra, betitelt „The Whetstone of Witte", Wetzstein des Witzes, 1557, und begründete ihn damit, daß nichts gleicher sei als ein Paar paralleler Linien (Abb. 4.1-1).

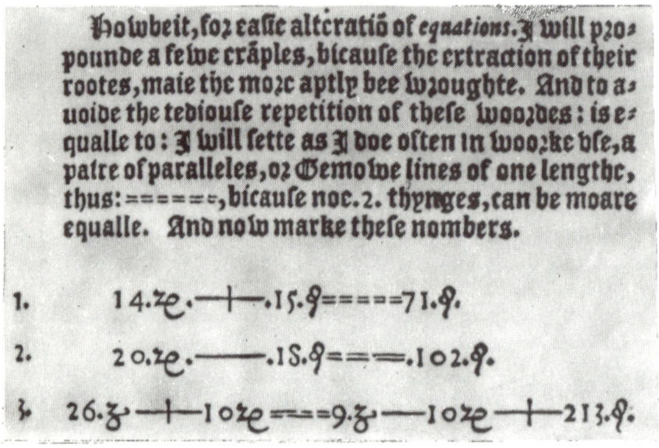
Howbeit, for easie alteratiō of *equations*. I will propounde a fewe exāples, bicause the extraction of their rootes, maie the more aptly bee wroughte. And to avoide the tediouse repetition of these woordes: is equalle to: I will sette as I doe often in woorke use, a paire of paralleles, or Gemowe lines of one lengthe, thus: ======, bicause noe .2. thynges, can be moare equalle. And now marke these nombers.

1. 14.ℨ.—+—.15.φ======71.φ.
2. 20.ℨ.——.18.φ=====.102.φ.
3. 26.ℨℨ—+—10ℨ====9.ℨℨ—10ℨ—+—213.φ.

4.1-1 Aus dem „Wetzstein des Witzes", 1557, des Engländers RECORDE. Erstes Auftreten des Gleichheitszeichens. Unmittelbar über den Formeln die Begründung für die Wahl dieses Symbols

Gleichung. Lösungsmenge

Man geht aus von einer bestimmten Menge von Zahlen, dem *Grundbereich*, und von *Variablen*, für die die Elemente aus dem *Variablengrundbereich*, einer echten oder unechten Teilmenge des Grundbereichs, eingesetzt werden dürfen. Bei der Angabe des Grundbereichs und des Variablengrundbereichs bedeuten **N** die Menge der natürlichen Zahlen, **Z** die der ganzen, **Q** die der rationalen, **R** die der reellen und **C** die der komplexen Zahlen. Falls nichts anderes gesagt wird, gilt im folgenden **R** als Grundbereich und Variablengrundbereich. Der Begriff der Gleichung wird unter Verwendung des Begriffs *Term* erklärt, der induktiv definiert wird (vgl. Kap. 15.2.).

Term. Alle Zahlen und alle Variablen sind Terme. Summe, Differenz, Produkt und Quotient zweier Terme sind wieder Terme. Auch das Potenzieren und Radizieren von Termen liefert erneut Terme. Ausgenommen ist die Division durch Null; beim Potenzieren und Radizieren sei vorerst der Potenz- bzw. Wurzelexponent positiv ganz und der Radikand nicht negativ.

Beispiele für Terme: 5; $^4/_7$; a; $4x$; $b + 7$; $5(a + b)$; $(4x + 3)/y$; $x^4/2$; $\sqrt[3]{a}$.

Der Termbegriff läßt sich erweitern, z. B. auf $\sin x$, $\log_a x$, e^x.
Zwei Terme T_1 und T_2 mit Variablen heißen *äquivalent* oder *gleichwertig*, wenn sie bei jeder Ersetzung der Variablen durch dieselben Zahlen aus den gegebenen Variablengrundbereichen den gleichen Wert annehmen; z. B. sind $4a + 5a$ und $9a$ äquivalente Terme in bezug auf die Menge **R** der reellen Zahlen, die Terme $(x^2 + x)/x$ und $x + 1$ dagegen nicht, da $(x^2 + x)/x$ für $x = 0$ nicht erklärt ist, $x + 1$ aber für $x = 0$ den Wert 1 annimmt. Diese beiden Terme sind äquivalent für alle reellen Zahlen ungleich Null, d. h. bezüglich $\mathbf{R}\setminus\{0\}$.
Offenbar gilt

1. Jeder Term ist zu sich selbst äquivalent.
2. Ist T_1 äquivalent zu T_2, so ist auch T_2 äquivalent zu T_1.
3. Sind zwei Terme einem dritten Term äquivalent, so sind sie auch untereinander äquivalent.

Definitionsbereich eines Terms mit einer Variablen nennt man die Menge aller Zahlen des Variablengrundbereichs, für die der Term in eine Zahl aus dem Variablengrundbereich übergeht; ist dieser **R**, so besteht z. B. der Definitionsbereich des Terms $(4a - 5)/3$ aus allen reellen Zahlen, während der Definitionsbereich von $x/(x - 3)$ alle reellen Zahlen ungleich 3 enthält, d. h., er ist $\mathbf{R}\setminus\{3\}$. Entsprechend definiert man den Definitionsbereich für Terme mit mehreren Variablen.

Gleichung. Ein Ausdruck, in dem zwei Terme T_1 und T_2 durch das Gleichheitszeichen verbunden sind, heißt *Gleichung* $T_1 = T_2$. Die beiden Terme T_1 und T_2 nennt man auch die *Seiten* der Gleichung; man spricht dann von einer linken und einer rechten Seite der Gleichung.
Der *Definitionsbereich D einer Gleichung* ist der Durchschnitt der Definitionsbereiche aller in ihr vorkommenden Terme mit Variablen (Abb. 4.1-2), z. B. D_1, D_2 und D_3.

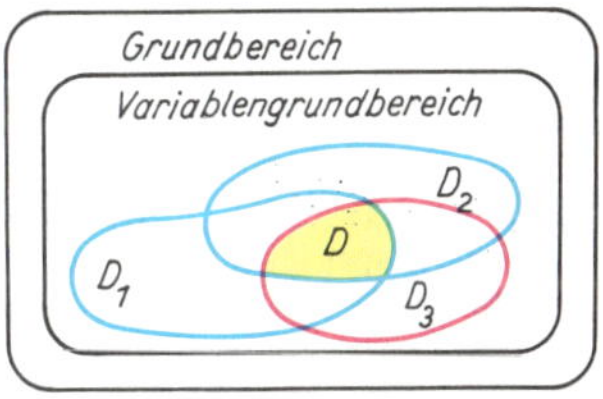

4.1-2 Schematische Darstellung des Definitionsbereichs D der Gleichung $T_1 + T_2 = T_3$

Eine Gleichung, deren Terme keine Variablen enthalten, ist im Sinne der mathematischen Logik eine *Aussage*, die entweder wahr oder falsch ist, z. B. sind $3 + 2 = 5$ und $3 \cdot (5 + 2) = 20 + 1$ wahre Aussagen, während $2 + 3 \cdot 4 = 15$ eine falsche Aussage ist. Enthalten die Terme dagegen Variable, so ist die Gleichung eine *Aussageform*, z. B. die Gleichungen $3x = -12$, $4a + 3b = 1$ oder $x^2 = (6x + 24)/3$. Erst nach Ersetzen der Variablen durch Zahlen aus dem Definitionsbereich der Gleichung geht die Aussageform in eine Gleichheitsaussage über, die wahr oder falsch ist.

Lösung. Jede Zahl aus dem Definitionsbereich einer Gleichung mit einer Variablen, die beim Einsetzen für die Variable die Gleichung in eine wahre Gleichheitsaussage überführt, heißt *Lösung* dieser Gleichung. Man sagt auch, daß diese Zahl die Gleichung *löst* oder *erfüllt*. Enthält die Gleichung 2, 3, ..., n Variable, so ist eine Lösung ein geordnetes Paar, Tripel, ..., n-Tupel von Zahlen mit folgender Eigenschaft: Ersetzt man die Variablen unter Beachtung der Reihenfolge durch die Elemente des geordneten Paares, Tripels, ..., n-Tupels, so geht die Gleichung in eine wahre Gleichheitsaussage über.

Beispiele. 1: Die Gleichung $3x = -12$ wird für $x \in \mathbf{R}$ von der reellen Zahl (-4) gelöst, denn $3 \cdot (-4) = -12$ ist eine wahre Gleichheitsaussage. Da es keine weiteren Lösungen gibt, ist (-4) die Lösung der Gleichung. Ist dagegen **N** der Variablengrundbereich, so hat die Gleichung keine Lösung, da $-4 \notin \mathbf{N}$.

2: Die Gleichung $4a + 3b = 11$ für $a \in \mathbf{R}$, $b \in \mathbf{R}$ wird z. B. von dem Zahlenpaar (2, 1) erfüllt, denn $4 \cdot 2 + 3 \cdot 1 = 11$ ist wahr. Da es jedoch weitere, sogar unendlich viele Lösungen gibt, ist (2, 1) eine Lösung der Gleichung.

3: Die Gleichung $x^2 = (6x + 24)/3$ hat für $x \in \mathbf{R}$ die Zahlen -2 und $+4$ als Lösungen, denn sowohl $(-2)^2 = [6 \cdot (-2) + 24]/3$ als auch $4^2 = [6 \cdot 4 + 24]/3$ sind wahre Gleichheitsaussagen; das sind die einzigen Lösungen.

4: Die Gleichung $x^2 = 2$ hat über der Menge **Q** der rationalen Zahlen als Variablengrundbereich *keine* Lösung, denn es gibt keine rationale Zahl, deren Quadrat gleich 2 ist.

Lösungsmenge. Die Menge *aller* Lösungen einer Gleichung bezüglich ihres Definitionsbereichs heißt *Lösungsmenge L* der Gleichung. Die Gleichung ist *nicht erfüllbar*, falls L die leere Menge $\emptyset$ ist, sie ist *erfüllbar*, falls L eine nichtleere Teilmenge des Definitionsbereichs ist.

Erfüllbare Gleichungen			*Nicht erfüllbare Gleichungen*		
$7x = -28$	für $x \in \mathbf{Z}$;	$L = \{-4\}$	$7x = -28$	für $x \in \mathbf{N}$;	$L = \emptyset$
$x^2 = 9$	für $x \in \mathbf{R}$;	$L = \{-3, +3\}$	$x^2 = -9$	für $x \in \mathbf{R}$;	$L = \emptyset$
$4a^2 = 1$	für $a \in \mathbf{Q}$;	$L = \{-1/2, +1/2\}$	$4a^2 = 1$	für $a \in \mathbf{Z}$;	$L = \emptyset$
$3x = 2x + x$	für $x \in \mathbf{R}$;	$L = \mathbf{R}$	$3x = 3x + 1$	für $x \in \mathbf{R}$;	$L = \emptyset$

Man nennt eine erfüllbare Gleichung mit einer Variablen *allgemeingültig*, wenn alle Elemente des Definitionsbereichs Lösungen sind; z. B. ist $2x + x = 3x$ bezüglich der Menge der reellen Zahlen allgemeingültig. Eine erfüllbare Gleichung mit n Variablen heißt allgemeingültig, wenn jedes geordnete n-Tupel von Zahlen aus den gegebenen Variablengrundbereichen Lösung der Gleichung ist. Demnach ist $(a + b)^2 = a^2 + 2ab + b^2$ für $a \in \mathbf{R}$, $b \in \mathbf{R}$ eine allgemeingültige Gleichung, denn sie wird durch alle geordneten Paare (a, b) reeller Zahlen erfüllt. Bei allen *äquivalenten Termumformungen*, das sind Umformungen, die einen Term in einen zu ihm äquivalenten überführen, treten Ketten allgemeingültiger Gleichungen auf; z. B. ist die Umformung $(4a + 7a) \cdot 2 = 11a \cdot 2 = 22a$ äquivalent bezüglich der Menge **R** der reellen Zahlen. Hingegen ist die Termumformung

$$[(a^2 - 16a + 64)/(5a - 5)] \cdot [(a - 1)/(a^2 - 64)]$$
$$= \{(a - 8)^2/[5(a - 1)]\} \cdot \{(a - 1)/[(a + 8)(a - 8)]\} = (a - 8)/[5(a + 8)]$$

nur äquivalent in bezug auf Mengen reeller Zahlen, die keine der Zahlen -8 oder 1 oder $+8$ enthalten, denn diese Zahlen gehören nicht zum Definitionsbereich der auftretenden Terme.

Gleichungen mit Parametern. Bei einer Gleichung mit mehreren Variablen, etwa bei der Gleichung $2a + b = 5$ mit $a \in \mathbf{R}$ und $b \in \mathbf{R}$, sind zwei Auffassungen möglich:
Erstens kann man beide Variablen als gleichberechtigt ansehen, beide Variable als *Gleichungsvariablen* betrachten, d. h. nach allen geordneten Zahlenpaaren (a, b) fragen, die diese Gleichungen erfüllen. Dann sind z. B. $(2, 1)$, $(^1/_2, 4)$, $(-5, 15)$ drei von den unendlich vielen Lösungen dieser Gleichung.
Zweitens kann man eine der Variablen als Gleichungsvariable, die andere als *Parameter* auffassen. Man fragt dann nach den Lösungen der Gleichung in Abhängigkeit vom Parameter; eine Lösung ist ein Term, der im allgemeinen noch den Parameter enthält und die Gleichung für jeden zulässigen Wert des Parameters erfüllt. Ist in obigem Beispiel etwa a Gleichungsvariable, b Parameter, so ist $a = (5 - b)/2$ und $(5 - b)/2$ der *Lösungsterm* für die gegebene Gleichung, denn $2 \cdot (5 - b)/2 + b = 5$ ist eine für alle $b \in \mathbf{R}$ wahre Aussage. Ist b Gleichungsvariable, a Parameter, so ist $b = 5 - 2a$ und $5 - 2a$ der Lösungsterm, da $2a + (5 - 2a) = 5$ für alle $a \in \mathbf{R}$ wahr ist.
Bei einer Gleichung mit mehreren Variablen ist stets anzugeben, welche der Variablen Gleichungsvariablen, welche Parameter sein sollen. Sollen z. B. in der Gleichung $3x - 2y = 5a + 1$ die Gleichungsvariablen x und y sein, während a als Parameter aufzufassen ist, so spricht man von einer Gleichung in x und y.
Sind bei einer Gleichung mit n Variablen alle Variablen Gleichungsvariablen, so ist eine Lösung der Gleichung ein geordnetes n-Tupel von Zahlen. Sollen nur m Variable $(0 < m < n)$ Gleichungsvariable sein, die anderen dagegen Parameter, so ist eine Lösung ein geordnetes m-Tupel von Termen, in denen im allgemeinen noch die Parameter auftreten.

Algebraische Gleichung. In einer algebraischen Gleichung werden mit den Gleichungsvariablen nur algebraische Rechenoperationen vorgenommen, d. h., die Variablen können addiert, subtrahiert, multipliziert, dividiert oder potenziert werden. Danach sind z. B. $x^3 - 5x^2 - 8x + 12 = 0$; $9x - 7 = 4 \cdot (5x - 31)^5$; $4 \cdot (x + a)^2 (x - b) = c/x$ algebraische Gleichungen in x. Dabei können natürlich sowohl die Koeffizienten als auch die Lösungen transzendente Zahlen sein, wie bei der in x algebraischen Gleichung $\pi x^2 - 5 = 12$.
Die Gleichung $\sin^2 x - {}^1/_2 \sin x - {}^1/_2 = 0$ dagegen ist nicht algebraisch in x, wohl aber algebraisch in $\sin x$.

Algebraische Gleichungen			
mit einer Gleichungsvariablen		*mit mehreren Gleichungsvariablen*	
linear	nichtlinear	linear	nichtlinear
$a + 5 = 12$	$x^3 = 27$	$x + y + z = 4$	$(x + 4)^2 + y^2 = 16$
$3x - 4 = 27$	$x^2 + 3x - 4 = 0$	$4a + 3b - 6 = 0$	$y^3 = x^2 + z^2$

Allgemeine Form der algebraischen Gleichung mit einer Gleichungsvariablen. Für die Variable x wird als Variablengrundbereich die Menge **C** der komplexen Zahlen zugrunde gelegt. Die A_ν mit $\nu = 1, \ldots, n$ können reelle oder komplexe Parameter sein. Das Glied A_0 heißt absolutes Glied. Der Exponent der höchsten auftretenden Potenz der Gleichungsvariablen heißt *Grad der Gleichung*. Ist $A_n \neq 0$, so ist n der Grad der Gleichung. Treten in einer Gleichung mehrere Gleichungsvariable auf, so bildet man für jedes Glied die Summe der Exponenten der Gleichungsvariablen und nennt ihr Maximum den Grad der Gleichung. Die Gleichung $x^5/6 + 4x - 6 = 0$ ist z. B. vom 5. Grad; es sind $A_5 = 1/6$, $A_4 = A_3 = A_2 = 0$, $A_1 = 4$, $A_0 = -6$; die Gleichung $x^2 \cdot y - xy + 3x = 1$ ist vom Grade 3.

Allgemeine Form der in x algebraischen Gleichung n-ten Grades	$A_n x^n + A_{n-1} x^{n-1} \cdots + A_1 x + A_0 = 0$ $x \in \mathbf{C}$; $A_\nu \in \mathbf{C}$; $\nu = 0, 1, 2, \ldots, n$; $A_n \neq 0$

Normalform. Dividiert man die allgemeine Form der algebraischen Gleichung n-ten Grades mit einer Variablen durch $A_n \neq 0$, so erhält man ihre Normalform.

Transzendente Gleichungen. Alle Gleichungen mit Variablen, die nicht algebraisch sind, nennt man transzendente Gleichungen, wie z. B. Exponentialgleichungen, logarithmische Gleichungen und goniometrische Gleichungen. Sie erfordern Auflösungsmethoden, die die Kräfte der Algebra übersteigen – quod algebrae vires transcendit –, wie sich EULER ausdrückte. Zu ihrer Lösung werden oft graphische oder Näherungsverfahren herangezogen (vgl. Kap. 10.2. – Goniometrische Gleichungen).

Äquivalente Gleichungen

Zwei Gleichungen mit Variablen heißen zueinander *äquivalent*, wenn sie gleiche Definitionsbereiche und gleiche Lösungsmengen haben. Andernfalls sind die Gleichungen *nicht äquivalent*.

Beispiele. 1: Die Gleichungen $4a + 2 = 10$ und $6x = 12$ sind bezüglich der Menge **R** der reellen Zahlen äquivalent, denn $L_1 = \{2\}$ und $L_2 = \{2\}$, so daß $L_1 = L_2$.

2: Die Gleichungen $a^2 = 9$ und $x^3 = 27$ sind in bezug auf die Menge **Z** der ganzen Zahlen nicht äquivalent, denn $L_1 = \{-3, +3\}$ und $L_2 = \{3\}$, so daß $L_1 \neq L_2$. Bezüglich der Menge **N** der natürlichen Zahlen sind diese Gleichungen äquivalent, denn dann ist $L_1 = L_2 = \{3\}$.

Beispiel 2 zeigt, daß der Begriff „äquivalente Gleichungen" nur relativ zu vorgegebenen Variablengrundbereichen bzw. den sich daraus ergebenden Definitionsbereichen gilt, ebenso wie die Begriffe „erfüllbar", „nicht erfüllbar" und „allgemeingültig".
Bezüglich gleicher Definitionsbereiche sind allgemeingültige Gleichungen untereinander äquivalent, dasselbe gilt auch für nicht erfüllbare Gleichungen.

Eigenschaften äquivalenter Gleichungen

1. Reflexivität: Jede Gleichung ist zu sich selbst äquivalent.

2. Symmetrie: Ist eine Gleichung äquivalent zu einer zweiten Gleichung, so ist diese wiederum äquivalent zur ersten.

3. Transitivität: Sind zwei Gleichungen einer dritten äquivalent, so sind sie auch untereinander äquivalent.

Die Äquivalenz von Gleichungen ist demnach eine *Äquivalenzrelation* (vgl. Kap. 14.3.).

Äquivalente Umformungen. Beim Umformen von Gleichungen mit Variablen unterscheidet man äquivalente und nichtäquivalente Umformungen.
Formt man eine Gleichung (1) so um, daß die entstehende Gleichung (2) zu (1) äquivalent ist, so ist (2) aus (1) durch *äquivalente Umformung* hervorgegangen.
Sind L_1 bzw. L_2 die Lösungsmengen der Gleichungen (1) bzw. (2), so ist eine äquivalente Umformung folglich gekennzeichnet durch $L_1 = L_2$. Ist hingegen $L_1 \subset L_2$, d. h., sind beim Umformen Lösungen hinzugekommen, bzw. ist $L_1 \supset L_2$, d. h., sind beim Umformen Lösungen verlorengegangen, so ist die Gleichung (2) durch *nichtäquivalente Umformung* aus (1) hervorgegangen. Im Falle $L_1 \subset L_2$ lassen sich diejenigen Lösungen der Gleichung (2), die nicht Lösungen der Gleichung (1) sind, durch die in (1) vorgenommene *Probe* aussortieren.

Beispiele. 3: Beim Übergang von (1) $4x = 20$; $x \in$ **N** zu (2) $x = 5$; $x \in$ **N** handelt es sich um eine äquivalente Umformung, denn es ist $L_1 = \{5\}$ und $L_2 = \{5\}$, also $L_1 = L_2$.

4: Die Umformung der Gleichung (1) $x = 6$; $x \in$ **Z** in (2) $x(x + 2) = 6(x + 2)$; $x \in$ **Z** ist nicht äquivalent, denn $L_1 = \{6\}$; $L_2 = \{-2, 6\}$; also $L_1 \subset L_2$.

5: Geht man von (1) $x^3 = x^2 + 12x$; $x \in$ **Z** durch Division mit x über zu (2) $x^2 = x + 12$, so ist $L_1 = \{-3, 0, 4\}$; $L_2 = \{-3, 4\}$; also $L_1 \supset L_2$, d. h., es handelt sich um eine nichtäquivalente Umformung.

Umformungen, die zu einem Verlust von Lösungen führen, können z. B. bei Division der Gleichung durch einen eine Variable enthaltenden Term oder beim Radizieren der Gleichung auftreten. Benutzt man beim Lösen von Gleichungen nichtäquivalente Umformungen, so sind zusätzliche Untersuchungen über möglicherweise verlorengehende Lösungen erforderlich. Solche Komplikationen werden vermieden, wenn nur äquivalente Umformungen vorgenommen werden. Deshalb ist es sehr wichtig zu wissen, welche Umformungen einer Gleichung äquivalente Umformungen sind. Darüber geben die folgenden Sätze Auskunft; der Variablengrundbereich ist dabei **R**.

Satz 1: Die Gleichung $T_1 = T_2$ ist genau dann zur Gleichung $T_1' = T_2'$ äquivalent, wenn sowohl die Terme T_1 und T_1' als auch T_2 und T_2' äquivalente Terme sind.

Nach diesem Satz darf man speziell Glieder zusammenfassen oder Brüche mit Zahlen kürzen oder Klammern auflösen; z. B. sind die Gleichungen $4x + 7 - 2x + 15 = 8x - 6x + 13 - 3x$ und $2x + 22 = -x + 13$ äquivalent, es ist $L_1 = L_2 = \{-3\}$.

Satz 2: Die Gleichung $T_1 = T_2$ ist äquivalent zur Gleichung $T_2 = T_1$, d. h., durch Seitenvertauschung geht eine Gleichung in eine zu ihr äquivalente über.

Satz 3: Addiert bzw. subtrahiert man zu beiden Seiten einer Gleichung $T_1 = T_2$ denselben Term T_3, der für den gesamten Definitionsbereich von $T_1 = T_2$ erklärt ist, so ist die Gleichung $T_1 + T_3 = T_2 + T_3$ bzw. $T_1 - T_3 = T_2 - T_3$ zur Ausgangsgleichung äquivalent.

Beispiel 6: (1) $8x - 29 = 4x + 31 \mid +(29 - 4x)$ | $T_1 = T_2 \mid +T_3$

$8x - 29 + (29 - 4x) = 4x + 31 + (29 - 4x)$ | $T_1 + T_3 = T_2 + T_3$

(2) $4x = 60$

Die Gleichungen $8x - 29 = 4x + 31$ und $4x = 60$ sind nach den Sätzen 1 und 3 äquivalente Gleichungen. Tatsächlich ist $L_1 = L_2 = \{15\}$.

Beispiel 7, das die Notwendigkeit der Einschränkung für T_3 zeigt:

(1) $x = 4 \mid +1/(x - 4)$

(2) $x + 1/(x - 4) = 4 + 1/(x - 4)$

Während die Lösungsmenge von (1) $L_1 = \{4\}$ ist, ist die Lösungsmenge von (2) $L_2 = \emptyset$, da $1/(x - 4)$ für die Zahl 4 nicht definiert ist. Folglich sind wegen $L_1 \neq L_2$ die Gleichungen (1) und (2) nicht äquivalent bezüglich $\mathbf{R}$. Sie sind äquivalent bezüglich $\mathbf{R} \setminus \{4\}$.

Satz 4: Multipliziert bzw. dividiert man beide Seiten einer Gleichung $T_1 = T_2$ mit demselben bzw. durch denselben Term T_3, der für den gesamten Definitionsbereich von $T_1 = T_2$ erklärt und dort verschieden von Null ist, so ist die Gleichung $T_1 \cdot T_3 = T_2 \cdot T_3$ bzw. $T_1/T_3 = T_2/T_3$ zur Ausgangsgleichung äquivalent.

Beispiel 8: (1) $6a = -3 \mid :6$ | $T_1 = T_2 \mid :T_3$

$(6a)/6 = -3/6$ | $T_1/T_3 = T_2/T_3$

(2) $a = -1/2$

Die Gleichungen $6a = -3$ und $a = -1/2$ sind nach Satz 4 äquivalent. In der Tat ist $L_1 = L_2 = \{-1/2\}$. Dagegen handelt es sich beim Übergang von

(1) $a/(a + 4) = -4/(a + 4) \mid \cdot (a + 4)$

zu (2) $a = -4$

um eine nichtäquivalente Umformung, da der Term $(a + 4)$ für $a = -4$ den Wert 0 annimmt. Wegen $L_1 = \emptyset$ und $L_2 = \{-4\}$, also $L_1 \neq L_2$, sind (1) und (2) nichtäquivalente Gleichungen bezüglich $\mathbf{R}$.

Die genannten Sätze bedürfen des Beweises, der jedoch hier unterdrückt werden soll. Für Potenzieren bzw. Radizieren gilt kein solcher allgemeiner Äquivalenzsatz, weil bei diesen Operationen auch nichtäquivalente Gleichungen auftreten können, wie das folgende Beispiel zeigt:

Beispiel 9: (1) $1 + x = \sqrt{1 - x} \mid$ 2. Potenz

$(1 + x)^2 = (\sqrt{1 - x})^2$

$1 + 2x + x^2 = 1 - x$ für $x < 1$

(2) $x^2 + 3x = 0$

Die Gleichungen (1) und (2) sind in bezug auf die Menge $\{x : x \in \mathbf{R}$ und $x < 1\}$ nicht äquivalent, denn es ist $L_1 = \{0\}$ und $L_2 = \{-3, 0\}$; also $L_1 \neq L_2$. Beim Quadrieren ist eine Lösung, nämlich -3, hinzugekommen.

Lösen von Gleichungen. Als Lösen einer Gleichung bezeichnet man das Angeben *aller* Lösungen bezüglich vorgegebener Variablengrundbereiche, d. h. die Angabe der Lösungsmenge, deren Elemente Zahlen, Zahlenpaare, n-Tupel von Zahlen, Terme mit Parametern bzw. n-Tupel aus solchen sein können.

Das Lösen einer Gleichung wird in besonderen Fällen durch systematisches Probieren, im Falle einfachster Gleichungen durch sofortiges Ablesen der Lösungen und im allgemeinen durch Abarbeiten einer Lösungsvorschrift oder eines *Lösungsalgorithmus* erreicht. Solche Lösungsvorschriften und Lösungsalgorithmen beruhen meist darauf, die gegebene Gleichung so lange schrittweise äquivalent umzuformen, bis schließlich eine Gleichung entsteht, deren Lösungen sofort ablesbar sind.

Musterbeispiel für den Lösungsweg, wie er sich unter Verwendung der angegebenen Äquivalenzsätze für eine lineare Gleichung mit einer Variablen und mit dem Variablengrundbereich $\mathbf{R}$ ergibt. Das Ziel der Umformung ist es, eine so einfache Gleichung zu erhalten, daß deren Lösungen sofort ablesbar sind.

$7x - 2 - 5x = -4x + 3 + 3x - 8$

Satz 1

$2x - 2 = -x - 5$ | $+2 + x$

Satz 3

$2x - 2 + 2 + x = -x - 5 + 2 + x$

Satz 1

$3x = -3$ | $:3$

Satz 4

$3x/3 = -3/3$

Satz 1

$x = -1$

Es entsteht eine Kette zueinander äquivalenter Gleichungen. Wegen der Transitivität der Äquivalenz ist auch die letzte Gleichung $x = -1$ zur Ausgangsgleichung äquivalent. Die Zahl -1 ist offenbar die einzige Lösung der Gleichung $x = -1$ und mithin die einzige Lösung der Ausgangsgleichung. Jede Gleichung der Kette einander äquivalenter Gleichungen hat die Lösungsmenge $L = \{-1\}$.

Probe. Zu jeder Gleichung mit Variablen gehört zur Überprüfung der Richtigkeit der Lösungsmenge eine Probe. Bei nur äquivalenten Umformungen dient sie zum Auffinden von Rechenfehlern und zum Überprüfen der Zugehörigkeit der Lösungen zum Definitionsbereich; wurden auch *nichtäquivalente* Umformungen verwendet, bei denen zusätzliche Lösungen auftreten können, dann sortiert die Probe diese aus.
Die Probe ist immer in der Ausgangsgleichung auszuführen. Im 1. Teil der Probe ersetzt man alle Gleichungsvariablen durch die für sie gefundenen Zahlen; z. B. für das obige Musterbeispiel:

$$\begin{aligned} 7 \cdot (-1) - 2 - 5 \cdot (-1) &= -4 \cdot (-1) + 3 + 3 \cdot (-1) - 8 \\ -7 - 2 + 5 &= 4 + 3 - 3 - 8 \\ -4 &= -4 \end{aligned}$$

Man erhält eine wahre Gleichheitsaussage und damit die Bestätigung für richtiges Rechnen. Im 2. Teil der Probe ist zu überprüfen, ob die gefundenen Zahlen dem Definitionsbereich angehören, hier dem Bereich $\mathbf{R}$. Da $-1 \in \mathbf{R}$ eine wahre Aussage ist, wird bestätigt, daß $L = \{-1\}$ die Lösungsmenge ist.
Legt man einen anderen Variablengrundbereich zugrunde, z. B. $x \in \mathbf{N}$, dann verläuft der 1. Teil der Probe wie oben, im 2. Teil erhält man aber $-1 \notin \mathbf{N}$, also die Lösungsmenge $L = \emptyset$.

Lösen von Textaufgaben mittels Gleichungen mit Variablen

Textaufgaben können eingekleidete Aufgaben oder Anwendungsaufgaben sein. Bei *eingekleideten Aufgaben* ist ein mathematischer Sachverhalt in der natürlichen Sprache gegeben. *Anwendungsaufgaben* haben Sachverhalte aus der Praxis, z. B. aus Naturwissenschaften, Technik oder Ökonomie zum Inhalt. In beiden Fällen geht es darum, den Text in die formalisierte Sprache der Mathematik zu übersetzen. Dabei können sich Gleichungen mit Variablen ergeben; z. B. führt der Text: „Vermehrt man das Dreifache einer natürlichen Zahl um 7, so erhält man ebensoviel, wie wenn man diese Zahl von 13 subtrahiert" auf die Gleichung: $3x + 7 = 13 - x$; $x \in \mathbf{N}$, wenn man anstelle der gesuchten Zahl die Variable x einführt.
Bei Anwendungsaufgaben führt die „Übersetzung" im allgemeinen zunächst zu einer Gleichung zwischen Größen und von dieser dann zu einer Gleichung mit Zahlen und Variablen für Zahlen.

Beispiel 1: Eine 9 m hohe Tanne bricht 4 m über dem Erdboden ab. Wie weit vom Fußpunkt des Baumes entfernt trifft die Baumspitze auf den Boden? – Für das Lösen solcher Textaufgaben empfiehlt sich das folgende Schema:

1. *Festlegen der Variablen, wenn möglich anhand einer Skizze* (Abb. 4.1-3): Die Spitze des Baumes trifft x m vom Fußpunkt des Baumes auf den Boden.
2. *Aufstellen der Gleichung(en) und Angeben der Variablengrundbereiche:* Gleichung $(4\text{ m})^2 + (x\text{ m})^2 = (5\text{ m})^2$ mit Größen bzw. mit Zahlen und Variablen für Zahlen $4^2 + x^2 = 5^2$ mit $x \in \mathbf{R}$ und $x > 0$.
3. *Lösen der Gleichung(en):* $x^2 = 25 - 16 = 9$, also $x_1 = 3$ und $x_2 = -3$.
4. *Probe anhand des Textes:* Aus dem Text bzw. dem daraus entnommenen Variablengrundbereich geht hervor, daß nur $x_1 = 3$ als Lösung der Anwendungsaufgabe in Frage kommt und tatsächlich auch Lösung ist.
5. *Antwortsatz:* Die Baumspitze trifft 3 m vom Fußpunkt des Baumes entfernt auf den Boden.

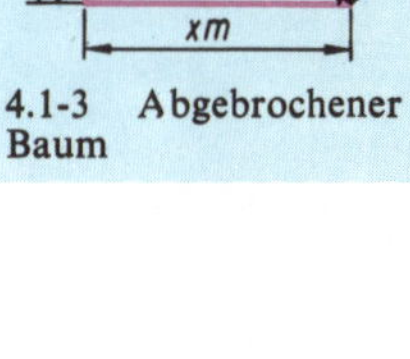

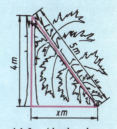

4.1-3 Abgebrochener Baum

4.2. Lineare Gleichungen

In einer linearen Gleichung oder Gleichung ersten Grades treten sämtliche Gleichungsvariablen nur in der ersten Potenz auf; z. B. sind $5x - 2 = 8$, $3a + 2b = 4$, $4u + 5v + 3w - 1 = 0$ lineare Gleichungen mit einer, zwei bzw. drei Gleichungsvariablen. Auch die Gleichung $(x + 4)(x + 3) = (x + 1)(x + 7)$ für $x \in \mathbf{R}$ ist zu einer linearen Gleichung äquivalent, da sie sich durch äquivalente Umformungen, nämlich durch Ausmultiplizieren, Ordnen und Subtrahieren von x^2 von beiden Seiten der Gleichung auf die Form $x - 5 = 0$ für $x \in \mathbf{R}$ bringen läßt. Dagegen ist die Gleichung $(x + 4)(x + 3) = 6$ für $x \in \mathbf{R}$ äquivalent zu der nichtlinearen Gleichung $x^2 + 7x + 6 = 0$; $x \in \mathbf{R}$. Auch Bruchgleichungen und Wurzelgleichungen können zu linearen Gleichungen äquivalent sein.

Lineare Gleichungen mit einer Gleichungsvariablen

Allgemeine Form	$ax + b = 0$	$x \in \mathbf{R};\ a, b \in \mathbf{R};\ a \neq 0$

Durch äquivalente Umformungen läßt sich jede lineare Gleichung mit einer Gleichungsvariablen auf diese allgemeine Form bringen, in der x die Gleichungsvariable, a und b reelle Parameter sind. Man nennt ax das *lineare Glied* und b das *absolute Glied*. Die Voraussetzung $a \neq 0$ sorgt dafür, daß das lineare Glied nicht verschwindet. Im Falle $a = 0$ liegt eine Gleichung vor, die nicht mehr linear ist, ihre Lösungsmenge ist $L = \emptyset$, falls $b \neq 0$, und $L = \mathbf{R}$, falls $b = 0$. Hingegen ist eine lineare Gleichung stets eindeutig lösbar.

Lösen der Gleichung $ax + b = 0$, $a \neq 0$.

$$\begin{aligned} ax + b &= 0 \quad &&| -b \\ ax &= -b \quad &&| :a \\ x &= -b/a \end{aligned}$$

Probe: 1. $a(-b/a) + b = 0$
$-b + b = 0$
2. $-(b/a) \in \mathbf{R}$, denn $a, b \in \mathbf{R}$ und $a \neq 0$.

Die Lösungsmenge ist danach $L = \{-b/a\}$, d. h., die vorgelegte lineare Gleichung hat für alle $a, b \in \mathbf{R}$ und $a \neq 0$ eine eindeutige Lösung.
Ändert man den Variablengrundbereich, dann ist es durchaus möglich, daß $x = -b/a$ keine Lösung hat bzw. eine allgemeingültige Gleichung ist. Die Gleichung $5x + 10 = 0$; $x \in \mathbf{R}$ hat z. B. die Lösungsmenge $L = \{-2\}$; wählt man aber $\mathbf{N}$ als Variablengrundbereich, dann ist wegen $-2 \notin \mathbf{N}$ die Lösungsmenge leer: $L = \emptyset$. Ist hingegen $\{-2\}$ der Variablengrundbereich, dann ist das einzige Element des Variablengrundbereichs auch die einzige Lösung der Gleichung, diese ist allgemeingültig.

Beispiel 1: Lineare Gleichung ohne Parameter.

$$\begin{aligned} 4a/3 + 1/2 - a &= -3/2 + 2a/3 + 5/2; \quad && a \in \mathbf{Q} \\ a/3 + 1/2 &= 2a/3 + 1 && \Big|\ -1/2 - 2a/3 \\ -a/3 &= 1/2 && \Big|\ :-1/3 \\ a &= -3/2 \end{aligned}$$

Probe: 1. $(4/3) \cdot (-3/2) + 1/2 - (-3/2) = -3/2 + 2/3 \cdot (-3/2) + 5/2$
$-2 + 1/2 + 3/2 = -3/2 - 1 + 5/2$
$0 = 0$ »wahr«

2. $-3/2 \in \mathbf{Q}$ »wahr« Damit ist die Lösungsmenge: $L = \{-3/2\}$.

Beispiel 2: In der Gleichung mit der Gleichungsvariablen $x \in \mathbf{R}$ und den Parametern $a, b \in \mathbf{R}$, die auf eine lineare Gleichung in x führt, ist eine Fallunterscheidung nötig.

$$\begin{aligned} (x + a)^2 - (x - b)^2 &= 2a(a + b); \\ x^2 + 2ax + a^2 - x^2 + 2bx - b^2 &= 2a^2 + 2ab \quad && \Big|\ -a^2 + b^2 \\ 2ax + 2bx &= a^2 + 2ab + b^2 \\ 2x(a + b) &= (a + b)^2 && \Big|\ :2(a + b) \end{aligned}$$

1. Fall: Ist $(a + b) \neq 0$, so ergibt die Division $x = (a + b)/2$ und damit $L = \{(a + b)/2\}$.

Probe:
1. $[(a + b)/2 + a]^2 - [(a + b)/2 - b]^2 = 2a(a + b)$,
$[(3a + b)/2]^2 - [(a - b)/2]^2 = 2a(a + b)$,
$(9a^2 + 6ab + b^2 - a^2 + 2ab - b^2)/4 = 2a^2 + 2ab$,
$2a^2 + 2ab = 2a^2 + 2ab$. Das ist eine für alle reellen Zahlen a und b wahre Gleichheitsaussage.
2. $(a + b)/2 \in \mathbf{R}$, denn $a, b \in \mathbf{R}$.

2. Fall: Ist $a + b = 0$, d. h., $b = -a$, so lautet die gegebene Gleichung $(x + a)^2 - (x + a)^2 = 2a(a - a)$. Sie ist äquivalent zu $0 \cdot x = 0$ und hat die Lösungsmenge $L = \mathbf{R}$.

Probe: $(x + a)^2 - (x + a)^2 = 0$ ist für jedes $x \in \mathbf{R}$ und jeden Parameter $a \in \mathbf{R}$ wahr.

Bruchgleichungen sind Gleichungen, bei denen mindestens eine der Gleichungsvariablen mindestens einmal im Nenner eines Quotienten auftritt.

Beispiel 3: $\dfrac{2}{x - 2} + \dfrac{3}{x + 2} = \dfrac{5}{x}$; $x \in \mathbf{R}$

Für alle reellen Zahlen $x \neq -2$, $x \neq 2$ und $x \neq 0$ ist die Multiplikation mit dem Hauptnenner $x(x - 2)(x + 2)$ eine äquivalente Umformung, die auf eine lineare Gleichung führt.

$2x(x+2)+3x(x-2)=5(x-2)(x+2)$

$2x^2+4x+3x^2-6x = 5x^2-20 \quad | \; -5x^2$

$-2x=-20 \quad | \; :(-2)$

$x=10$

Die Lösungsmenge ist somit $L=\{10\}$.

Die Probe in der Ausgangsgleichung ergibt:

1. $2/(10-2)+3/(10+2)=5/10$
   $2/8 + 3/12 = 1/2$
   $1/2=1/2$ »wahr«
2. $10 \in \mathbf{R}$ und $10 \neq 0$, $10 \neq -2$, $10 \neq 0$ sind »wahr«

Beispiel 4: Die Bruchgleichung enthält noch den Parameter a; für die Äquivalenz der folgenden Umformung ist $x \neq 2a$, $x \neq -2a$ notwendig.

$(x+2a)/(2a-x)+(x-2a)/(2a+x)=(4a^2)/(4a^2-x^2) \quad | \; \cdot(2a-x)(2a+x)$

$(x+2a)(x+2a)-(2a-x)(2a-x)=4a^2$

$x^2+4ax+4a^2-4a^2+4ax-x^2=4a^2$

$8ax=4a^2$

1. Fall: $a \neq 0$

$x=a/2$

$L=\{a/2\}$

Die *Probe* zeigt die Richtigkeit.

2. Fall: $a=0$; $x \neq 0$

$x/(-x)+x/x=0/(-x^2) \quad | \; \cdot(-x^2)$

$+x^2-x^2=0$

$0 \cdot x^2=0$. Alle reellen Zahlen außer Null lösen diese Gleichung.

Wurzelgleichungen sind Gleichungen, bei denen mindestens eine der Gleichungsvariablen mindestens einmal im Radikanden einer Wurzel auftritt. Hier führt in einfachen Fällen Potenzieren zum Ziel; man muß aber beachten, daß das eine nichtäquivalente Umformung sein kann, bei der zusätzliche Lösungen möglich sind.

Beispiel 5: $\sqrt[3]{x+2}=3$; $x \in \mathbf{R}$ ist eine Wurzelgleichung, die zu einer linearen Gleichung äquivalent ist.

$\sqrt[3]{x+2}=3 \quad | \; \text{3. Potenz}$

$x+2=27 \quad | \; -2$

$x=25$

$L=\{25\}$

Probe:

1. $\sqrt[3]{25+2}=3$
   $3=3$ »wahr«
2. $25 \in \mathbf{R}$ «wahr«

Beispiel 6: Treten mehrere Quadratwurzeln auf, so isoliert man jeweils eine davon vor dem Potenzieren.

$14=\sqrt{x-4}+\sqrt{x+24}$; $x \in \mathbf{R}$

$\sqrt{x-4}=14-\sqrt{x+24} \quad | \; \text{2. Potenz}$

$x-4=196-28\sqrt{x+24}+x+24$

$28\sqrt{x+24}=224$

$\sqrt{x+24}=8$

$x+24=64$

$x=40$

$L=\{40\}$

Probe:

1. $14=\sqrt{40-4}+\sqrt{40+24}$
   $14=6+8$
   $14=14$ »wahr«
2. $40 \in \mathbf{R}$ »wahr«

Bruch- und Wurzelgleichungen, die sich auf quadratische Gleichungen zurückführen lassen, findet der Leser dort.

Zu einigen Typen von *Anwendungsaufgaben*, die auf lineare Gleichungen mit einer Variablen führen, wird jeweils ein Musterbeispiel angeführt.

Beispiel 7: Mischungsaufgabe. In einem Siemens-Martin-Ofen werden 20 t Stahl von 0,5% Kohlenstoffgehalt mit 5 t Grauguß von 5% Kohlenstoffgehalt zusammengeschmolzen. Wieviel Prozent Kohlenstoff enthält die Mischung? – Der Kohlenstoffgehalt der Mischung sei x%, d. h., 25 t der Mischung enthalten $[(25 \cdot x)/100]$ t Kohlenstoff. Die 20 t Stahl enthalten $[(20 \cdot 0{,}5)/100]$ t und die 5 t Grauguß $[(5 \cdot 5)/100]$ t Kohlenstoff. Da die Summe der Kohlenstoffmengen der Teile der Gesamtmenge an Kohlenstoff gleich sein muß, erhält man die Gleichung $(20 \cdot 0{,}5)/100+(5 \cdot 5)/100 = (25 \cdot x)/100$, nach der die Mischung 1,4% Kohlenstoff enthält.

Beispiel 8: Verteilungsaufgabe. Drei Abraumbagger eines Braunkohlentagebaues bewegen täglich zusammen 31000 m³ Abraum. Dabei schafft der zweite Bagger 1000 m³ mehr als der dritte und

der erste 4000 m³ weniger als das Doppelte des zweiten. Welche Abraummenge wird täglich von jedem der drei Bagger bewegt? – Befördert der dritte Bagger x m³ Abraum, dann schafft der zweite $(x + 1000)$ m³ und der erste $[2(x + 1000) - 4000]$ m³ Abraum. Alle drei Bagger befördern 31 000 m³ = $\{x + (x + 1000) + [2(x + 1000) - 4000]\}$ m³.
Die Rechnung liefert $L = \{8000\}$; das bedeutet, daß der dritte Bagger 8 000 m³, der zweite 9 000 m³ und der erste 14 000 m³ Abraum befördern und alle drei zusammen tatsächlich 31 000 m³ Abraum.

Beispiel 9: Einfache Bewegungsaufgabe. Ein 250 m langer Eisenbahnzug fährt mit einer Geschwindigkeit von 50 km/h durch einen 200 m langen Tunnel. Wie lange dauert die Durchfahrt? – Die Zeit zwischen der Einfahrt der Lokomotive in den Tunnel und der Ausfahrt des letzten Wagens sei x Sekunden. In dieser Zeit legt der letzte Wagen $[50000/(60 \cdot 60)] \cdot x$ m zurück, das ist aber die Strecke Tunnellänge plus Zuglänge. $200 + 250 = [50000/(60 \cdot 60)] \cdot x$; $L = \{32,4\}$.
Die Durchfahrt dauert 32,4 Sekunden.

Beispiel 10: Schwierigere Bewegungsaufgabe. Ein Elbschlepper fährt stromabwärts und erreicht sein Ziel in 2 Stunden. Fährt er dagegen mit gleicher Maschinenleistung stromaufwärts, so braucht er für dieselbe Strecke 3 Stunden. Seine Geschwindigkeit beträgt im stillstehenden Wasser 250 m/min. Wie groß ist die Geschwindigkeit des strömenden Wassers? –
Die Geschwindigkeit des strömenden Wassers sei x m/min; flußabwärts hat dann der Dampfer die Geschwindigkeit $(250 + x)$ m/min und fährt 120 min; flußaufwärts dagegen $(250 - x)$ m/min und braucht für dieselbe Strecke 180 min. Die Gleichung lautet somit: $(250 + x) \cdot 120 = (250 - x) \cdot 180$. Die Geschwindigkeit des Wassers beträgt 50 m/min.

Lineare Gleichungen mit zwei Gleichungsvariablen

Die *Lösungsmenge* einer linearen Gleichung mit zwei Variablen, z. B. $4x + 3y - 10 = 0$ mit $x \in \mathbf{R}$, $y \in \mathbf{R}$, besteht aus allen geordneten Paaren reeller Zahlen (x, y), die die Gleichung zu einer wahren Gleichheitsaussage machen, z. B. ist (1, 2) eine Lösung, denn $4 \cdot 1 + 3 \cdot 2 - 10 = 0$ ist eine wahre Aussage. Ebenso sind (0, $^{10}/_3$) und (3, $^2/_3$) Lösungen. Fordert man, daß x und y natürliche Zahlen sein sollen, dann sind nur die Paare natürlicher Zahlen, die die Gleichung erfüllen, Lösungen; ebenso könnte man andere Variablengrundbereiche für x und y zugrunde legen.

Systeme von zwei linearen Gleichungen. Die lineare Algebra stellt Methoden bereit, um m lineare Gleichungen mit n Variablen zu lösen (vgl. Kap. 17.1.). Sollen m Gleichungen mit n Variablen gleichzeitig erfüllt sein, so spricht man von einem *System* von m Gleichungen mit n Variablen. Jede *Lösung* eines solchen Systems ist ein geordnetes n-Tupel von Zahlen. Hier wird nur der Fall $m = n = 2$ ausführlich behandelt. Jede Lösung eines solchen Gleichungssystems ist ein geordnetes Paar (x, y) von Zahlen.

Allgemeine Form eines Systems linearer Gleichungen	(1) $a_1 x + b_1 y = c_1$ (2) $a_2 x + b_2 y = c_2$	Gleichungsvariablen $x, y \in \mathbf{R}$ Parameter $a_1, a_2, b_1, b_2, c_1, c_2 \in \mathbf{R}$

Lösen eines Systems von zwei linearen Gleichungen. Ein System von zwei linearen Gleichungen mit zwei Gleichungsvariablen lösen heißt, alle geordneten Paare (x, y) zu bestimmen, die sowohl die erste als auch die zweite Gleichung erfüllen; d. h., man hat den Durchschnitt L der Lösungsmengen L_1, L_2 beider Gleichungen zu ermitteln. Dabei sind folgende drei Fälle möglich und weiter keine:
I. $L = L_1 \cap L_2 = \{(x_1, y_1)\}$; das Gleichungssystem ist *eindeutig lösbar*;
II. $L = L_1 \cap L_2 = \emptyset$; die Gleichungen des Systems *widersprechen* einander;
III. $L = L_1 \cap L_2 = L_1 = L_2$; das Gleichungssystem ist *nicht eindeutig lösbar*, es hat unendlich viele Lösungen.

Dieser letzte Fall tritt genau dann ein, wenn die beiden Gleichungen *linear abhängig* sind, d. h., wenn eine Gleichung ein reelles Vielfaches der anderen Gleichung ist. Für das rechnerische Lösen von Systemen von zwei linearen Gleichungen mit zwei Variablen stehen an elementaren Methoden das Einsetzungs-, das Gleichsetzungs- und das Additionsverfahren zur Verfügung. Sie beruhen alle darauf, eine der Variablen zu eliminieren, so daß nur noch zwei lineare Gleichungen mit je einer Variablen zu lösen sind. Beim *Einsetzungs-* oder *Substitutionsverfahren* wird eine Gleichung nach einer der Variablen aufgelöst und der erhaltene Term in die andere Gleichung eingesetzt.

Beispiel 1:

(1) $x + y = -3$ $x + (2x + 6) = -3$ y wird berechnet
(2) $y - 2x = 6$ y wird eliminiert $y = 2 \cdot (-3) + 6$
    $y = 2x + 6$ $3x + 9 = 0$ $y = 0$
    $x = -3$

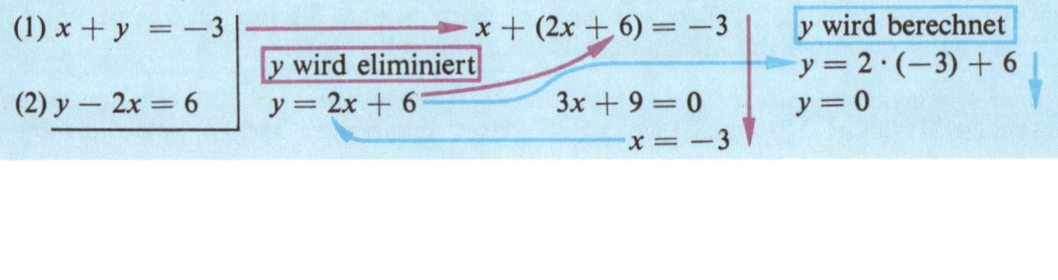

Die Probe muß für *beide* Ausgangsgleichungen durchgeführt werden:

1. (1) $-3 + 0 = -3$ »wahr«
   (2) $0 - 2 \cdot (-3) = 6$ »wahr«
2. $-3 \in \mathbf{R}$ »wahr« und $0 \in \mathbf{R}$ »wahr«

Das Zahlenpaar $(-3, 0)$ ist die einzige Lösung des Gleichungssystems. Die Lösungsmenge ist $L = \{(-3, 0)\}$.

Beim *Gleichsetzungsverfahren* werden beide Gleichungen nach derselben Variablen aufgelöst und die erhaltenen Terme gleichgesetzt; das Verfahren beruht damit auf der Transitivität der Äquivalenz von Termen.

Beispiel 2: (1) $x - 2y = 4 \quad\rightarrow\quad x = 4 + 2y$ — x wird eliminiert

(2) $2x + 5y = 35 \quad\rightarrow\quad x = (35 - 5y)/2$

$4 + 2y = (35 - 5y)/2$

$y = 3$

$x - 2 \cdot 3 = 4$

$x = 10$

Es ist $L = \{(10, 3)\}$.

Das Additionsverfahren. Durch Multiplizieren jeder der Gleichungen mit einer geeigneten Zahl läßt sich stets erreichen, daß die Koeffizienten einer der Variablen in beiden Gleichungen entgegengesetzte Zahlen sind. Addiert man beide Gleichungen, so ist die eine Variable eliminiert.

Beispiel 3: (1) $12x - 8y = 4 \quad | \cdot 3 \quad\rightarrow\quad$ (1′) $36x - 24y = 12$

(2) $18x - 15y = 3 \quad | \cdot (-2) \quad\rightarrow\quad$ (2′) $-36x + 30y = -6$

$0 \cdot x + 6y = 6$

$y = 1$

$12x - 8 \cdot 1 = 4$

$x = 1$

Die Lösungsmenge ist $L = (\{1, 1)\}$.

Es ist eine Frage der Erfahrung zu erkennen, welches der Verfahren jeweils das rationellste ist.

Die Lösungsmenge L eines Systems von zwei Gleichungen (1) und (2), die in den zwei Variablen $x \in \mathbf{R}$ und $y \in \mathbf{R}$ linear sind, hängt ab von den Koeffizienten a_i, b_i, c_i mit $i = 1, 2$ und a_i, b_i, $c_i \in \mathbf{R}$.

(1) $a_1x + b_1y = c_1$
(2) $a_2x + b_2y = c_2$

Sind in mindestens einer Gleichung beide Koeffizienten a_i und b_i Null, für $i = 2$ etwa $a_2 = b_2 = 0$, so ist das vorliegende Gleichungssystem nicht linear, denn $0 \cdot x + 0 \cdot y = c_2$ ist keine lineare Gleichung. Für $c_2 = 0$ ist diese Gleichung für jedes reelle x und jedes reelle y erfüllt, ihre Lösungsmenge ist $L_2 = \mathbf{R} \times \mathbf{R}$; für $c_2 \neq 0$ dagegen hat die Gleichung keine reelle Lösung, d. h., $L'_2 = \emptyset$. Bezeichnet man mit L_1 die Lösungsmenge der Gleichung (1), so gilt $L = L_1 \cap L'_2 = \emptyset$, falls $c_2 \neq 0$ oder $L = L_1 \cap L_2 = L_1$, falls $c_2 = 0$.

In einem *System aus zwei linearen Gleichungen* sind in keiner der Gleichungen beide Koeffizienten a_i und b_i Null. Dann ergeben sich folgende drei Lösbarkeitsfälle:

	Fall A	Fall B	Fall C
Lineare Gleichungen mit zwei Gleichungsvariablen	*linear unabhängig* und *widerspruchsfrei* z. B.: (1a) $4x + y = 12$ (2a) $x + 2y = 10$	*linear abhängig* z. B.: (1b) $4x + y = 12$ (1b) $8x + 2y = 24$	*widersprüchlich* z. B.: (1c) $4x + y = 12$ (2c) $4x + y = 10$
Anzahl der Lösungen	genau eine (2, 4)	unendlich viele z. B.: (1, 8), (2, 4), (3, 0), (4, −4), …	keine
Lösungsmenge	$L = \{(2, 4)\}$	$L = \{(x, y) \mid 4x + y = 12\}$	$L = \emptyset$
graphische Veranschaulichung	zwei einander schneidende Geraden; ein Schnittpunkt	zwei zusammenfallende Geraden; unendlich viele gemeinsame Punkte	zwei parallele nicht zusammenfallende Geraden; kein gemeinsamer Punkt

Fall A: Sind die Gleichungen, z. B. (1a) und (2a) in der vorhergehenden Tabelle, ***linear unabhängig*** und *widerspruchsfrei*, so gibt es genau eine Lösung, im Beispiel (2, 4), und die Lösungsmenge $L = \{(2, 4)\}$. Bei graphischer Veranschaulichung entsprechen den linear unabhängigen und widerspruchsfreien Gleichungen des Systems zwei einander schneidende Geraden; sind (x, y) die Koordinaten ihres Schnittpunkts, so ist $L = \{(x, y)\}$ die Lösungsmenge des Systems, und umgekehrt.

Fall B: Sind die Gleichungen *linear abhängig*, z. B. (1b) und (2b) in der Tabelle, so gibt es unendlich viele Lösungen, z. B. die Zahlenpaare (1, 8), (2, 4), (3, 0) und (4, −4), und die Lösungsmenge ist $L = \{(x, y) \mid 4x + y = 12\}$. Bei graphischer Veranschaulichung entsprechen zwei linear abhängigen Gleichungen zwei zusammenfallende Geraden; die Koordinaten jedes Punktes der Geraden führen auf eine Lösung des Systems.

Fall C: Sind die linearen Gleichungen *widersprüchlich*, z. B. (1c) und (2c) in der Tabelle, so gibt es keine Lösung, und $L = \emptyset$. In der graphischen Veranschaulichung entsprechen zwei widersprüchlichen Gleichungen zwei parallele nicht zusammenfallende Geraden, die keinen Punkt gemeinsam haben.

Beispiel 4:

$$\begin{array}{ll} (1) & 4y(10x - 3) - 5x(8y + 7) + 165 = 0 \\ (2) & 9x(4y - 7) + 3y(5 - 12x) = -114 \end{array}$$

$$\begin{array}{lll} (1') & -35x - 12y = -165 & \cdot 5 \\ (2') & -63x + 15y = -114 & \cdot 4 \end{array} \quad \longrightarrow \quad \begin{array}{ll} (1'') & -175x - 60y = -825 \\ (2'') & -252x + 60y = -456 \end{array}$$

$$-427x = -1281 \mid : (-427)$$
$$x = 3$$

$$-35 \cdot 3 - 12y = -165$$
$$y = 5$$

Die Probe bestätigt die Richtigkeit der Rechnung. Es ist $L = \{(3, 5)\}$.

Beispiel 5: Die Gleichungen sind als Bruchgleichungen in $x \in \mathbf{R}$ und $y \in \mathbf{R}$ gegeben. Zu beachten ist, daß die Nenner ungleich Null sein müssen. Die Lösung ist $L = \{(3, 2)\}$.

$$\begin{array}{ll} (1) & (x + y + 1)/(x + y - 1) = 3/2 \\ (2) & (x - y + 1)/(x + y + 1) = 1/3 \end{array} \quad \longrightarrow \quad \begin{array}{ll} (1') & x + y = 5 \\ (2') & 2x - 4y = -2 \end{array}$$

Beispiel 6: In den Gleichungen (1), (2) sind die Variablen $x \in \mathbf{R}$ und $y \in \mathbf{R}$, a und b sind reelle Parameter. Die Lösungsmenge ist $L = \{(a + b, a - b)\}$.

Beispiel 7: Die Gleichungen (3), (4) in $v \in \mathbf{R}$ und $n \in \mathbf{R}$ sind linear abhängig, denn die zweite ist ein Vielfaches der ersten; dann erfüllt jedes geordnete Paar, welches die erste Gleichung erfüllt, auch die zweite und umgekehrt. Es gibt unendlich viele Lösungen. Die Lösungsmenge ist

$L = \{(v, n) \mid v - 2n/3 = 1\} = \{(v, (3v - 3)/2)\}$.

Beispiel 8: Die Gleichungen (5), (6) widersprechen einander. Es gibt keine Lösung. $L = \emptyset$

$$\begin{array}{ll} (1) & x + y = 2a \\ (2) & x - y = 2b \\ & 2x = 2a + 2b \\ & x = a + b \\ & y = a - b \end{array} \qquad \begin{array}{ll} (3) & v - 2n/3 = 1 \\ (4) & 6v - 6 = 4n \\ (3') & 3v - 2n = 3 \\ (4') & 6v - 4n = 6 \end{array} \qquad \begin{array}{ll} (5) & 4a + 3b = 7 \\ (6) & 4(a - 2) = -3b \\ (5') & 4a + 3b = 7 \\ (6') & 4a + 3b = 8 \end{array}$$

Anwendungsaufgaben, die auf ein lineares Gleichungssystem führen

Beispiel 9: Verteilungsaufgabe. Ein Wasserbehälter kann durch eine Warmwasser- oder durch eine Kaltwasserleitung gefüllt werden. Läßt man den Warmwasserhahn 3 Minuten und den Kaltwasserhahn 1 Minute offen, so sind 50 Liter eingeflossen. Sind dagegen der Warmwasserhahn 1 Minute und der Kaltwasserhahn 2 Minuten offen, so sind 40 Liter eingeflossen. Wieviel Liter Wasser liefert jede Leitung in 1 Minute? –
Zur Einführung der Variablen nimmt man an, die Warmwasserleitung liefere x l/min und die Kaltwasserleitung y l/min; aus dem nebenstehenden Gleichungssystem erhält man die Lösung:

$$\begin{array}{ll} (1) & 3x + y = 50 \\ (2) & x + 2y = 40 \end{array}$$

Die Warmwasserleitung liefert 12 Liter in der Minute, die Kaltwasserleitung 14 Liter in der Minute.

Beispiel 10: Mischungsaufgabe. Um das Gefrieren des Kühlwassers im Motorblock und Kühlsystem eines Kraftfahrzeugs zu verhindern, mischt man zu Beginn des Winters Frostschutzmittel der Dichte 1,135 g/cm³ dem Kühlwasser bei. Hat dieses eine Dichte von 1,027 g/cm³, so erhält man Frostschutz bis −10°C. Wieviel Liter Frostschutzmittel und wieviel Liter Wasser kommen bei der angegebenen Temperatur auf 100 Liter Gefrierschutzmischung? –

Zur Einführung der Variablen nimmt man an, die Menge des Frostschutzmittels betrage x Liter, die des Wassers y Liter; man erhält das angegebene Gleichungssystem und daraus die Lösung:

$$x + y = 100$$
$$1{,}135\,x + y = 1{,}027 \cdot 100$$

Man mischt 20 Liter Frostschutzmittel mit 80 Liter Wasser, um die gewünschte Mischung zu erhalten.

Graphisches Lösen von linearen Gleichungen und Gleichungssystemen

Beim graphischen Lösen von Gleichungen ordnet man den Lösungsmengen eineindeutig Punktmengen zu. Durch das Darstellen dieser Punktmengen in einem Koordinatensystem gelangt man zu Näherungslösungen für die Gleichungen. Als Koordinatensystem soll hier ein kartesisches System verwendet werden.

Graphisches Lösen einer linearen Gleichung mit einer Variablen. Um die Gleichung $ax + b = 0, a \neq 0$, graphisch zu lösen, geht man über zur Funktion mit der Gleichung $y = ax + b$, $a \neq 0$. Ihr Bild ist eine Gerade (vgl. Kap. 5.2. - Lineare Funktionen). Die Nullstelle der Funktion, d. h. die Abszisse des Schnittpunktes der Geraden mit der x-Achse, ist die Lösung der gegebenen Gleichung.

Beispiel 1: Von der Gleichung $2x - 6 = 0$ geht man über zur Funktion mit der Gleichung $y = 2x - 6$. Ihr Bild ist eine Gerade, die die x-Achse im Punkt P (3, 0) schneidet; also ist 3 die Lösung der Gleichung $2x - 6 = 0$ (Abb. 4.2-1).

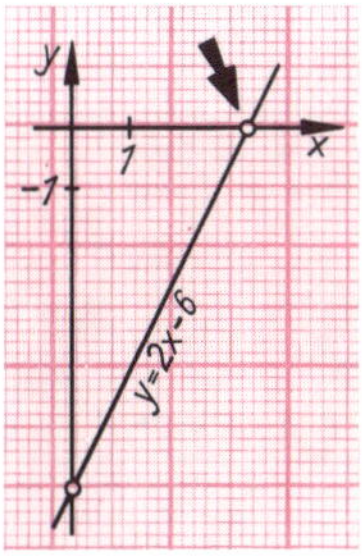

4.2-1 Graphisches Lösen der Gleichung $2x - 6 = 0$

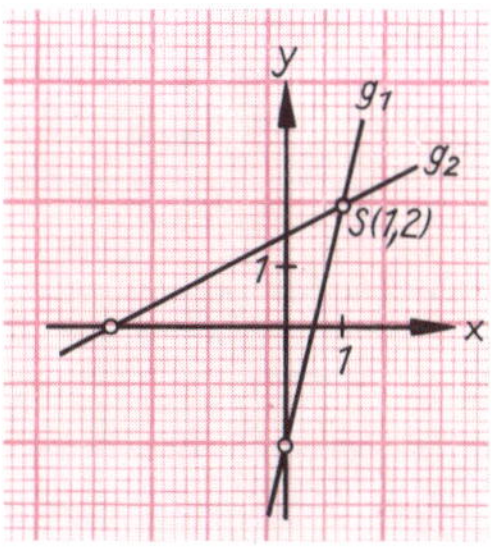

4.2-2 Graphisches Lösen des Gleichungssystems $4x - y = 2$, $x - 2y = -3$

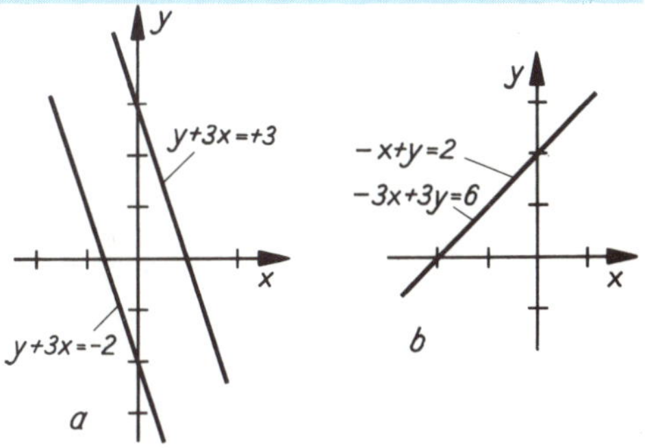

4.2-3 Zu linearen Gleichungssystemen: a) ohne Lösung, b) mit unendlich vielen Lösungen

Graphisches Lösen von Systemen von zwei linearen Gleichungen mit zwei Variablen. Die Lösungsmengen der beiden Gleichungen werden graphisch dargestellt und ihr Durchschnitt bestimmt. Dazu faßt man die gegebenen Gleichungen als Funktionsgleichungen auf und zeichnet die Bilder dieser Funktionen. Diese sind im allgemeinen Geraden. Die Koordinaten aller Punkte der ersten Geraden - und nur diese - erfüllen die erste Gleichung, die der zweiten Geraden - und nur diese - die zweite Gleichung. Man entnimmt der Zeichnung dann alle die Punkte, die sowohl auf der ersten als auch auf der zweiten Geraden, also im Durchschnitt liegen. Den Koordinaten jedes dieser Punkte entspricht eineindeutig eine Lösung des Gleichungssystems. Je nach der Lage der Geraden zueinander erhält man einen, keinen oder unendlich viele gemeinsame Punkte, d. h., das Gleichungssystem ist eindeutig, nicht oder nicht eindeutig lösbar.

Beispiel 2: Um das Gleichungssystem (1), (2) graphisch lösen zu können, werden die Funktionen mit diesen Gleichungen graphisch dargestellt. Der Schnittpunkt P (1, 2) liefert (1, 2) als einzige Lösung des Gleichungssystems und damit als Lösungsmenge $L = \{(1, 2)\}$ (Abb. 4.2-2).

(1) $4x - y = 2$
(2) $x - 2y = -3$

Beispiel 3: Bei der graphischen Lösung des Gleichungssystems (1), (2) wird man auf zwei zusammenfallende Geraden geführt. Folglich sind die Koordinaten jedes Punktes, der auf der durch $-x + y = 2$ gegebenen Geraden liegt, eine Lösung des Systems und damit $L = \{(x, y) \mid -x + y = 2\} = \{(x, x + 2)\}$ (Abb. 4.2-3).

(1) $-x + y = 2$
(2) $-3x + 3y = 6$

4.3. Quadratische Gleichungen

In einer quadratischen Gleichung oder Gleichung zweiten Grades mit einer Gleichungsvariablen tritt diese Variable mindestens einmal in der 2. Potenz auf und in keiner höheren, z. B. ist $2x^2 + 5x = 16 - x$ eine quadratische Gleichung in x und $a^2 = a^2/2 + 6$ eine quadratische Gleichung in a.

Die Bruchgleichung $3/(u-2) + 8/(u+3) = 2$ führt für $u \neq 2$, $u \neq -3$ durch die Multiplikation beider Seiten mit dem Term $(u-2)(u+3)$ und Ordnen auf die zu ihr äquivalente quadratische Gleichung $2u^2 - 9u - 5 = 0$. Treten in einer Gleichung mehrere Gleichungsvariablen auf und ist die Summe der Exponenten mindestens bei einem Glied 2, aber niemals höher, so spricht man ebenfalls von einer quadratischen Gleichung; z. B. sind $x^2 + y^2 = 4$ und $x \cdot y = \text{const}$ quadratische Gleichungen mit 2 Gleichungsvariablen.
Im folgenden werden quadratische Gleichungen mit einer Gleichungsvariablen behandelt.

Allgemeine Form der in x quadratischen Gleichung	$Ax^2 + Bx + C = 0$	$x \in \mathbf{R}$; $A, B, C \in \mathbf{R}$; $A \neq 0$

Dabei ist x die Gleichungsvariable, und A, B, C sind reelle Parameter. Man nennt Ax^2 das *quadratische*, Bx das *lineare* und C das *absolute Glied*. Es muß $A \neq 0$ sein, da sonst keine quadratische Gleichung vorliegt.
Dividiert man die allgemeine Form $Ax^2 + Bx + C = 0$ beiderseits durch $A \neq 0$, so erhält man die dazu äquivalente Gleichung $x^2 + (B/A)x + C/A = 0$. Mit den Abkürzungen $B/A = p$ und $C/A = q$ ergibt sich die *Normalform*.

Normalform der quadratischen Gleichung	$x^2 + px + q = 0$	$x \in \mathbf{R}$; $p, q \in \mathbf{R}$

Sie ist dadurch gekennzeichnet, daß der Koeffizient des quadratischen Gliedes $+1$ ist. Treten alle Glieder wirklich auf, ist also $p \neq 0$ und $q \neq 0$, so spricht man von der *gemischtquadratischen Gleichung* in Normalform.

Neben der *gemischtquadratischen Gleichung* unterscheidet man folgende Spezialfälle:	$x^2+px+q=0$	$p \neq 0, q \neq 0$
I. *reinquadratische Gleichung ohne Absolutglied*	$x^2 = 0$	$p = 0, q = 0$
II. *reinquadratische Gleichung*	$x^2 + q = 0$	$p = 0, q \neq 0$
III. *gemischtquadratische Gleichung ohne Absolutglied*	$x^2 + px = 0$	$p \neq 0, q = 0$

Rechnerisches Lösen der quadratischen Gleichung

I. Lösen der reinquadratischen Gleichung ohne Absolutglied. Die Gleichung $x^2 = 0$ oder $x \cdot x = 0$ mit $x \in \mathbf{R}$ kann nur die Lösungen $x_1 = x_2 = 0$, d. h. die Lösungsmenge $L = \{0\}$ haben, da für $x \neq 0$ stets $x^2 > 0$ ist und umgekehrt.

II. Lösen der reinquadratischen Gleichung. Für $q > 0$ hat die Gleichung $x^2 + q = 0$ mit $x \in \mathbf{R}$ und $q \in \mathbf{R}$ sicher keine Lösung im Bereich der reellen Zahlen, da in diesem Fall für den Term auf der linken Seite stets gilt $x^2 + q > 0$.
Für $q < 0$ und damit $(-q) > 0$ wird der Term $x^2 + q$ mittels der binomischen Formel $a^2 - b^2 = (a-b)(a+b)$ in das Produkt zweier in x linearer Terme zerlegt: $x^2 + q = x^2 - (\sqrt{-q})^2 = (x - \sqrt{-q})(x + \sqrt{-q})$. Danach ist die Gleichung $(x - \sqrt{-q})(x + \sqrt{-q}) = 0$ äquivalent zur vorgelegten. Da das Produkt $T_1 \cdot T_2$ zweier Terme T_1 und T_2 genau dann Null ist, wenn $T_1 = 0$ oder $T_2 = 0$, folgt $x - \sqrt{-q} = 0$ oder $x + \sqrt{-q} = 0$ aus der Gleichung $(x - \sqrt{-q})(x + \sqrt{-q}) = 0$; dabei wird oder im nicht ausschließenden Sinne gebraucht. Damit ist das Lösen der reinquadratischen Gleichung zurückgeführt auf das Lösen zweier linearer Gleichungen. Man erhält aus der ersten Gleichung $x_1 = \sqrt{-q}$ und aus der zweiten Gleichung $x_2 = -\sqrt{-q}$. Die vorgelegte Gleichung hat mithin die beiden Lösungen x_1 und x_2; das schreibt man zusammenfassend in der *Lösungsformel* $x_{1,2} = \pm\sqrt{-q}$. Die Lösungsmenge L ist die Vereinigung der Lösungsmengen der beiden linearen Gleichungen, d. h., $L = \{\sqrt{-q}, -\sqrt{-q}\}$.

Probe: 1. $(\pm\sqrt{-q})^2 + q = 0$
$-q + q = 0$
$0 = 0$ »wahr«

2. $\pm\sqrt{-q}$ ist reell, falls $q \in \mathbf{R}$ und $q < 0$.

Reinquadratische Gleichung	$x^2 + q = 0$, $x \in \mathbf{R}, q \in \mathbf{R}$	$q < 0$	$L = \{\sqrt{-q}, -\sqrt{-q}\}$
		$q = 0$	$L = \{0\}$
		$q > 0$	$L = \emptyset$, keine reelle Lösung

Wählt man dagegen als Variablengrundbereich die Menge **C** der komplexen Zahlen, so existieren für $q > 0$ zwei imaginäre Lösungen $x_{1,2} = \pm\sqrt{-q}$, die sich nur durch das Vorzeichen unterscheiden und die man formal ebenso über das Zerlegen des Terms $x^2 + q$ in $(x + \sqrt{-q})(x - \sqrt{-q})$ erhält.

Beispiele. 1: $x^2 - 4 = 0;\ x \in \mathbf{R}$

$x_{1,2} = \pm\sqrt{4}$

$x_{1,2} = \pm 2,\ L = \{-2; +2\}$.

Probe: 1. $(\pm 2)^2 - 4 = 0$

$4 - 4 = 0$ »wahr«

2. $+2 \in \mathbf{R}$ »wahr«

$-2 \in \mathbf{R}$ »wahr«

2: $x^2 + 144 = 0;\ x \in \mathbf{R}$

$x_{1,2} = +\sqrt{-144}$

Für $x \in \mathbf{R}$ gibt es keine Lösung, da $\sqrt{-144} \notin \mathbf{R}$; es ist $L = \emptyset$.

Für $x \in \mathbf{C}$ ist $x_{1,2} = \pm 12\mathrm{i}$ und $L = \{-12\mathrm{i}, +12\mathrm{i}\}$.

Probe: 1. $(\pm 12\mathrm{i})^2 + 144 = 0$

$-144 + 144 = 0$ »wahr«

2. $\pm 12\mathrm{i} \in \mathbf{C}$ »wahr«

III. Lösen der gemischtquadratischen Gleichung ohne Absolutglied. Ausklammern von x führt die Gleichung $x^2 + px = 0$ in die dazu äquivalente Gleichung $x(x + p) = 0$ über. Daraus folgt $x = 0$ oder $x + p = 0$. Die erste dieser linearen Gleichungen hat als einzige Lösung $x_1 = 0$, die zweite $x_2 = -p$. Die gemischtquadratische Gleichung ohne Absolutglied hat danach stets zwei reelle Lösungen, von denen die eine gleich Null ist; die Lösungsmenge ist $L = \{0, -p\}$.

Probe: $0^2 + p \cdot 0 = 0$ »wahr« für alle $p \in \mathbf{R}$; $(-p)^2 + p(-p) = 0$ »wahr« für alle $p \in \mathbf{R}$.

Gemischtquadratische Gleichung ohne Absolutglied	$x^2 + px = 0$ $x \in \mathbf{R},\ p \in \mathbf{R},\ p \neq 0$	$L = \{0, -p\}$

Beispiel 3: $7x^2 - 2x = 0 \mid :7$

$x^2 - \frac{2}{7}x = 0$

$x(x - \frac{2}{7}) = 0$

$L = \{0, \frac{2}{7}\}$

Probe: für x_1: $7 \cdot 0 - 2 \cdot 0 = 0$ »wahr«; $0 \in \mathbf{R}$ »wahr«

für x_2: $7 \cdot (\frac{2}{7})^2 - 2 \cdot \frac{2}{7} = 0$

$\frac{4}{7} - \frac{4}{7} = 0$ »wahr«; $\frac{2}{7} \in \mathbf{R}$ »wahr«

IV. Lösen der gemischtquadratischen Gleichung $x^2 + px + q = 0$. Das Lösen beruht darauf, den Term $x^2 + px$ durch die quadratische Ergänzung zu einem vollständigen Quadrat zu machen und damit die Gleichung auf eine reinquadratische zurückzuführen; dabei ist die *quadratische Ergänzung* das Quadrat des halben Koeffizienten des linearen Gliedes px in der Normalform, d. h. $(p/2)^2$. Damit die gegebene Gleichung äquivalent umgeformt wird, ist $+(p/2)^2 - (p/2)^2$ zu addieren. Für die Gleichung $x^2 + 2x - 5 = 0$ z. B. ist $p = 2$ und $(p/2)^2 = 1$. Durch Addition von $+1 - 1$ geht diese Gleichung in $x^2 + 2x + 1 - 5 - 1 = 0$ oder $(x + 1)^2 - 6 = 0$ über, d. h. in eine reinquadratische Gleichung in $(x + 1)$, aus deren Lösungen sich die der gegebenen Gleichung ergeben. Aus $(x + 1)_{1,2} = \pm\sqrt{6}$ folgt $x_{1,2} = -1 \pm \sqrt{6}$. Um im folgenden *Lösungsweg* (vgl. II.) die entstehende reinquadratische Gleichung stets lösen zu können, wird vorübergehend die Menge **C** der komplexen Zahlen als Variablengrundbereich zugelassen.

Lösungsweg: $x^2 + px + q = 0, \quad \mid +(p/2)^2 - (p/2)^2$

quadratische Ergänzung $x^2 + px + (p/2)^2 - (p/2)^2 + q = 0,$

reinquadratische Gleichung $(x + p/2)^2 - [(p/2)^2 - q] = 0,$

ihre Lösung $(x + p/2)_{1,2} = \pm\sqrt{(p/2)^2 - q},$

Lösungsformel $x_{1,2} = -p/2 \pm \sqrt{(p/2)^2 - q}.$

Probe: 1.

$$[-p/2 \pm \sqrt{(p/2)^2 - q}]^2 + p[-p/2 \pm \sqrt{(p/2)^2 - q}] + q = 0,$$
$$(p/2)^2 \mp p\sqrt{(p/2)^2 - q} + (p/2)^2 - q - p^2/2 \pm p\sqrt{(p/2)^2 - q} + q = 0,$$
$$p^2/4 + p^2/4 - q - p^2/2 + q = 0,$$
$$0 = 0 \text{ »wahr«}$$

2. $-p/2 \pm \sqrt{(p/2)^2 - q} \in \mathbf{C}$ »wahr« für $p, q \in \mathbf{R}$

gemischtquadratische Gleichung	$x^2 + px + q = 0$ $p, q \in \mathbf{R}$	$x \in \mathbf{C}$	Lösungsformel	$x_{1,2} = -\frac{p}{2} \pm \sqrt{\left(\frac{p}{2}\right)^2 - q}$
Diskriminante	$D = (p/2)^2 - q$	$x \in \mathbf{R}$	I $D > 0$	$L = \{-p/2 - \sqrt{D}, -p/2 + \sqrt{D}\}$
			II $D = 0$	$L = \{-p/2\}$
			III $D < 0$	$L = \emptyset$

Die Lösungsformel enthält auch die Lösungen für die Spezialfälle, wie man sich durch Einsetzen von $p = 0$, $q = 0$, von $p = 0$ oder von $q = 0$ überzeugt. Sie ist aber nur anwendbar, wenn die Gleichung in ihrer Normalform vorliegt.

Diskriminante [*discriminare* lat. trennen, scheiden]. Über die Art der Lösungen der quadratischen Gleichung entscheidet offenbar der Radikand $D = (p/2)^2 - q$ der Wurzel in der Lösungsformel. Er heißt *Diskriminante.* Sind p und q reelle Parameter und kehrt man zur Menge $\mathbf{R}$ der reellen Zahlen als Variablengrundbereich zurück, so ergeben sich drei Lösbarkeitsfälle I, II und III.
Wählt man als Variablengrundbereich die Menge $\mathbf{C}$ der komplexen Zahlen, so treten im Fall $D < 0$ zwei konjugiert komplexe Lösungen auf. Wählt man als Variablengrundbereich eine Teilmenge der Menge der reellen Zahlen, so kann sich das auf die Lösungsmenge auswirken.

Beispiel 4: $x^2 + 4x - 5 = 0; \quad x \in \mathbf{R}$

$$x_{1,2} = -2 \pm \sqrt{2^2 + 5}$$
$$x_{1,2} = -2 \pm \sqrt{9}$$
$$x_{1,2} = -2 \pm 3$$
$$x_1 = 1$$
$$x_2 = -5$$
$$L = \{-5, 1\}$$

Probe: für x_1:

$1^2 + 4 \cdot 1 - 5 = 0$

$1 + 4 - 5 = 0$ »wahr«, $1 \in \mathbf{R}$ »wahr«

für x_2:

$(-5)^2 + 4(-5) - 5 = 0$

$25 - 20 - 5 = 0$ »wahr«, $-5 \in \mathbf{R}$ »wahr«

Es treten zwei verschiedene reelle Lösungen auf. Wählt man aber z. B. $x \in \mathbf{N}$, so ist $L = \{1\}$, da $-5 \notin \mathbf{N}$.

Beispiel 5:

$$2x^2 - 16x + 36 = 0; \quad x \in \mathbf{R}$$
$$x^2 - 8x + 18 = 0$$
$$x_{1,2} = 4 \pm \sqrt{16 - 18}$$
$$x_{1,2} = 4 \pm \sqrt{-2}$$
$$L = \emptyset, \text{ da } \sqrt{-2} \notin \mathbf{R}.$$

Wählt man $x \in \mathbf{C}$, dann gibt es zwei verschiedene komplexe Lösungen: $L = \{4 + \mathrm{i}\sqrt{2}, 4 - \mathrm{i}\sqrt{2}\}$.

Probe: $2(4 \pm \mathrm{i}\sqrt{2})^2 - 16(4 \pm \mathrm{i}\sqrt{2}) + 36 = 0$

$2(16 \pm 8\,\mathrm{i}\sqrt{2} - 2) - 64 \mp 16\,\mathrm{i}\sqrt{2} + 36 = 0$

$32 \pm 16\,\mathrm{i}\sqrt{2} - 4 - 64 \mp 16\,\mathrm{i}\sqrt{2} + 36 = 0$

$0 = 0$ »wahr« und $4 \pm \mathrm{i}\sqrt{2} \in \mathbf{C}$ »wahr«

Beispiel 6: Die Gleichung $x^2 - 14x + 49 = 0$ mit $x \in \mathbf{R}$ hat zwei zusammenfallende reelle Lösungen, es ist $L = \{7\}$, wie die Probe zeigt.

Beispiel 7: Die Bruchgleichung $\frac{x-1}{x+1} = \frac{4x-3}{5x-10} - \frac{7}{10}$; $x \in \mathbf{R}$ wird für $x \neq -1$ und $x \neq 2$ durch Multiplikation mit dem Term $10(x + 1)(x - 2)$ äquivalent umgeformt in die quadratische Gleichung $9x^2 - 39x + 12 = 0$. Die Lösungsmenge der Bruchgleichung ist $L = \{^1/_3, 4\}$.

Beispiel 8:

$$\sqrt{x + 2 + \sqrt{2x + 7}} = 4 \quad | \text{ 2. Potenz}$$
$$x + 2 + \sqrt{2x + 7} = 16$$
$$\sqrt{2x + 7} = 14 - x \quad | \text{ 2. Potenz}$$
$$2x + 7 = 196 - 28x + x^2$$
$$x^2 - 30x + 189 = 0$$
$$x_1 = 21$$
$$x_2 = 9$$

Probe: für x_1: $\sqrt{21 + 2 + \sqrt{2 \cdot 21 + 7}} = 4$

$\sqrt{30} = 4$ »falsch«

für x_2: $\sqrt{9 + 2 + \sqrt{2 \cdot 9 + 7}} = 4$

$4 = 4$ »wahr«

Das Potenzieren war eine *nichtäquivalente* Umformung. Wie die Probe zeigt, ist nur $x_2 = 9$ Lösung der Ausgangsgleichung, also $L = \{9\}$.

Nicht jede Gleichung mit Quadratwurzeln führt auf eine quadratische Gleichung. Es ist aber möglich, alle Wurzeln mit ganzzahligem Wurzelexponenten zu beseitigen; z. B. in der Gleichung $\sqrt[3]{(x + 7)^2} = \sqrt[3]{x + 7} + 6$ durch die Substitution $\sqrt[3]{x + 7} = z$ und Lösen der quadratischen Gleichung $z^2 - z - 6 = 0$; man erhält für $x \in \mathbf{C}$ die Lösungsmenge $L = \{-15, 20\}$.

Anwendungsaufgaben, die auf quadratische Gleichungen führen.

Beispiel 9: Echolot. Um Meerestiefen zu messen, wird das Echolot benutzt. Der Schallerreger befindet sich in A, der Schallempfänger in B (Abb. 4.3-1). Die Schiffsbreite beträgt 16 m. Der Schall pflanzt sich im Wasser mit einer Geschwindigkeit von 1510 m/s fort. Das Schiff kann während der Zeitmessung als ruhend angesehen werden. Wie groß ist die Wassertiefe für einen Zeitunterschied von 0,1 s? – Die Wassertiefe betrage x m. Der Schall legt bis zum Meeresboden den

Weg (1 510 · 0,1)/2 m zurück. Nach dem Satz des Pythagoras erhält man

$x^2 = [(1\,510 \cdot 0{,}1)/2]^2 - 8^2$

$x^2 = 5\,636{,}25$

$x_{1,2} = \pm\sqrt{5\,636{,}25} \approx \pm 75{,}1$

Die Wassertiefe beträgt rund 75 m. Der negative Wert hat keine praktische Bedeutung.

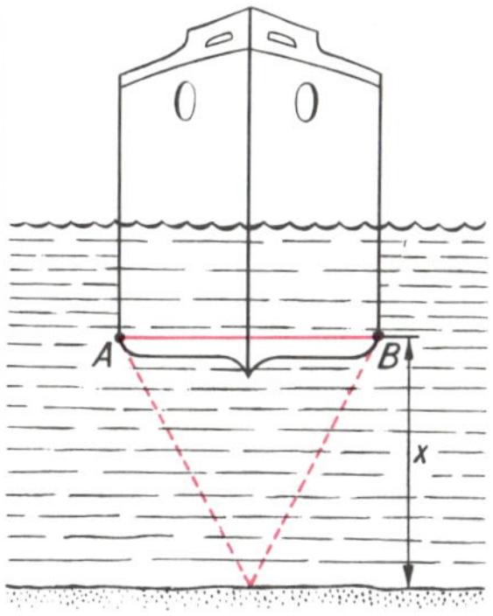

4.3-1 Zur Aufgabe vom Echolot

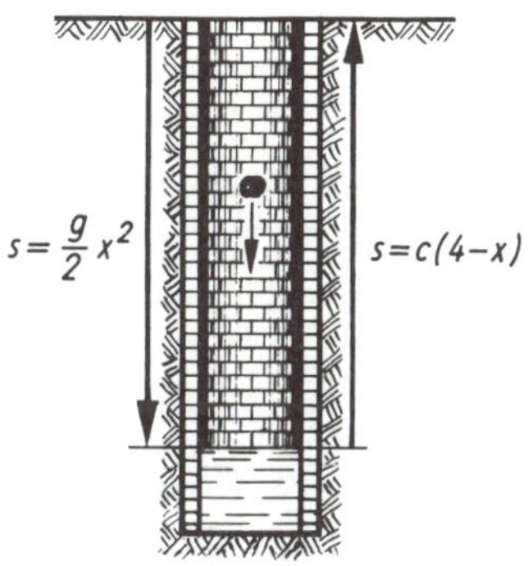

4.3-2 Zur Aufgabe über die Tiefe eines Brunnens

Beispiel 10: Tiefe eines Brunnens. Um die Tiefe eines Brunnens zu bestimmen, kann man einen Stein frei hinabfallen lassen und die Zeit messen vom Beginn des Falles bis zu dem Zeitpunkt, zu dem man das Aufschlagen des Steines auf das Wasser des Brunnens hört. Diese Zeit soll 4 Sekunden betragen (Abb. 4.3-2). Man nimmt die Schallgeschwindigkeit zu $c = 333$ m/s und die Erdbeschleunigung zu $g = 9{,}81$ m/s² an. Wie tief liegt der Wasserspiegel unter dem Rand des Brunnens? –

Fällt der Stein x Sekunden bis zum Auftreffen auf das Wasser, so hat er $(9{,}81/2)\,x^2$ Meter zurückgelegt. Der Schall hat $(4 - x)$ Sekunden zum Rückweg gebraucht und in dieser Zeit $(4 - x) \cdot 333$ Meter zurückgelegt. Da die beiden Wege gleich sind, erhält man die quadratische Gleichung $(9{,}81/2)\,x^2 = (4 - x) \cdot 333$ oder $x^2 + 67{,}9x - 271{,}6 = 0$.

Man erhält eine Brunnentiefe von rund 70 m, da nur die positive Lösung $x_1 \approx 3{,}8$ s der quadratischen Gleichung die praktische Aufgabe löst.

Beispiel 11: Härtebestimmung. Bei der Härtebestimmung eines Werkstoffes mittels der Kugeldruckprobe nach BRINELL wird die Eindrucktiefe h einer kleinen Stahlkugel von bekanntem Durchmesser $d = 2r$ in einem zu prüfenden Werkstoff aus dem Durchmesser $\delta = 2\varrho$ des Eindruckkreises berechnet (Abb. 4.3-3). Wie groß ist die Eindrucktiefe h bei einem Durchmesser der Kugel von $d = 2r = 10$ mm und einem Durchmesser des Eindruckkreises von $\delta = 2\varrho = 6$ mm? –

Für die Eindrucktiefe h (in mm) erhält man nach dem Satz des Pythagoras $r^2 = (r - h)^2 + \varrho^2$ oder $h^2 - 2rh + \varrho^2 = 0$. Von den Lösungen $h_{1,2} = r \pm \sqrt{r^2 - \varrho^2}$ ist nur $h_2 = r - \sqrt{r^2 - \varrho^2}$ brauchbar, da für Eindrucktiefen $h > r$ der Eindruckkreis stets den Radius $\varrho = r$ hat und das Verfahren nicht anwendbar ist. Setzt man für r und ϱ die angegebenen Größen ein, so erhält man $h = 1$ mm.

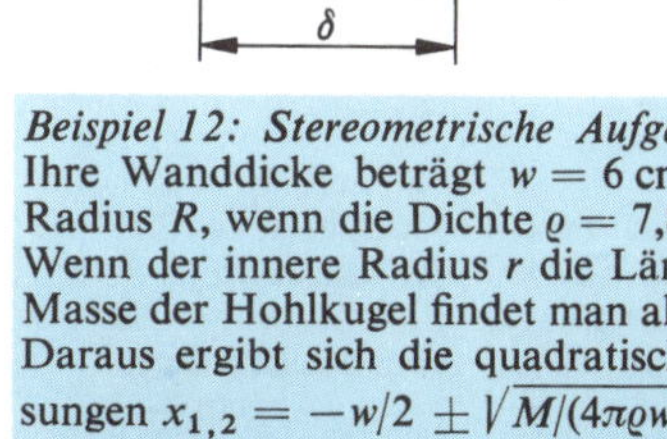

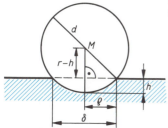

4.3-3 Zur Kugeldruckprobe nach BRINELL

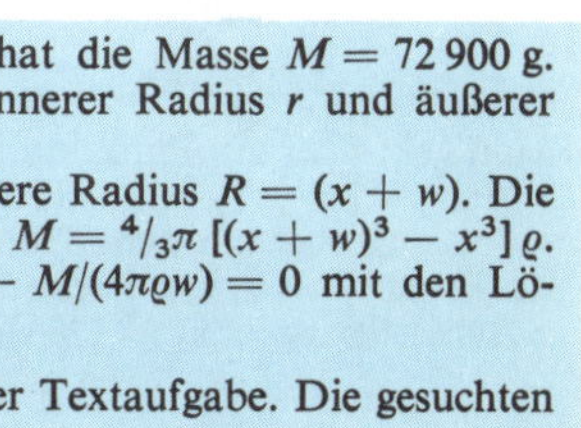

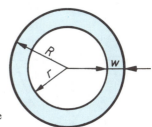

4.3-4 Schnitt durch eine Hohlkugel

Beispiel 12: Stereometrische Aufgabe. Eine Hohlkugel aus Stahl hat die Masse $M = 72\,900$ g. Ihre Wanddicke beträgt $w = 6$ cm (Abb. 4.3-4). Wie groß sind innerer Radius r und äußerer Radius R, wenn die Dichte $\varrho = 7{,}8$ g/cm³ beträgt? –

Wenn der innere Radius r die Länge x (in cm) hat, so ist der äußere Radius $R = (x + w)$. Die Masse der Hohlkugel findet man als $M = {}^4/_3\pi\,(R^3 - r^3)$, d. h. hier, $M = {}^4/_3\pi\,[(x + w)^3 - x^3]\,\varrho$. Daraus ergibt sich die quadratische Gleichung $x^2 + wx + w^2/3 - M/(4\pi\varrho w) = 0$ mit den Lösungen $x_{1,2} = -w/2 \pm \sqrt{M/(4\pi\varrho w) - w^2/12}$.

Dabei liefert nur $x_1 = -w/2 + \sqrt{M/(4\pi\varrho w) - w^2/12}$ die Lösung der Textaufgabe. Die gesuchten Radien sind $R = 14$ cm und $r = 8$ cm.

Graphisches Lösen quadratischer Gleichungen

Parallel verschobene Normalparabel. Die Nullstellen der quadratischen Funktion mit der Gleichung $y = x^2 + px + q$ oder $y = (x + p/2)^2 + [q - (p/2)^2]$ liefern die Lösungen der quadratischen Gleichung $x^2 + px + q = 0$. Das Bild dieser Funktion ist die in Richtung der $+x$-Achse um $-p/2$ und in Richtung der $+y$-Achse um $-D = +[q - (p/2)^2]$ parallel verschobene Normalparabel, deren Scheitelpunkt $S(x_S, y_S)$ demnach die Koordinaten $x_S = -p/2$, $y_S = q - (p/2)^2$ hat.
Je nach der Lage des Scheitelpunktes schneidet die Normalparabel die x-Achse in zwei Punkten, falls $y_S < 0$, berührt sie, falls $y_S = 0$, bzw. hat keinen Punkt mit ihr gemeinsam, falls $y_S > 0$; dementsprechend hat die quadratische Gleichung zwei verschiedene, zwei zusammenfallende bzw. keine reellen Lösungen.

Schnitt von Parabel und Gerade. Die gegebene Gleichung $x^2 + px + q = 0$ wird in der Form $x^2 = -px - q$ als Bedingung dafür aufgefaßt, daß die Funktionen mit den Gleichungen $y = x^2$ und $y = -px - q$ für gewisse Abszissenwerte x dieselben Ordinatenwerte y liefern sollen. Geometrisch heißt das, die Schnittpunkte der Bilder dieser Funktionen zu ermitteln. Die Abszissen der Schnittpunkte liefern dann die Lösungen der Gleichung. Für $y = x^2$ erhält man als Bild die Normalparabel mit dem Scheitelpunkt $S(0, 0)$, für $y = -px - q$ eine Gerade. Je nachdem, ob diese Gerade Sekante oder Tangente der Parabel ist oder mit ihr keinen Punkt gemeinsam hat, erhält man zwei, eine oder keine reellen Lösungen der Gleichung.

Beispiel 1: $x^2 - x - 2 = 0$

Man geht über zur Funktion mit der Gleichung $y = x^2 - x - 2$. Das Bild ist die verschobene Normalparabel mit dem Scheitelpunkt $S_1(^1/_2, -2^1/_4)$. Es ist $y_S < 0$. Die Parabel schneidet die x-Achse bei $x_1 = -1$ und $x_2 = 2$ (Abb. 4.3-5).

Man formt die Gleichung um in $x^2 = x + 2$. Die Abszissen der Schnittpunkte der Normalparabel mit der Gleichung $y = x^2$ und der Geraden mit der Gleichung $y = x + 2$ sind $x_1 = -1$ und $x_2 = 2$ (Abb. 4.3-6).

Die Gleichung $x^2 - x - 2 = 0$ hat zwei verschiedene reelle Lösungen. Ihre Lösungsmenge ist $L = \{-1, 2\}$.

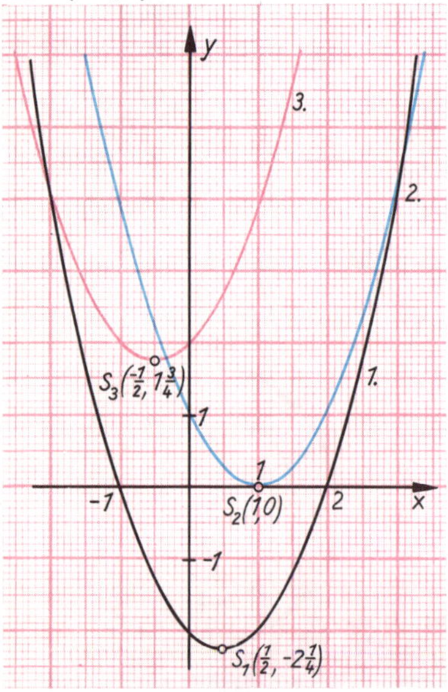

4.3-5 Wurzeln einer quadratischen Gleichung als Abszissen der Schnittpunkte einer parallel verschobenen Normalparabel mit der Abszissenachse

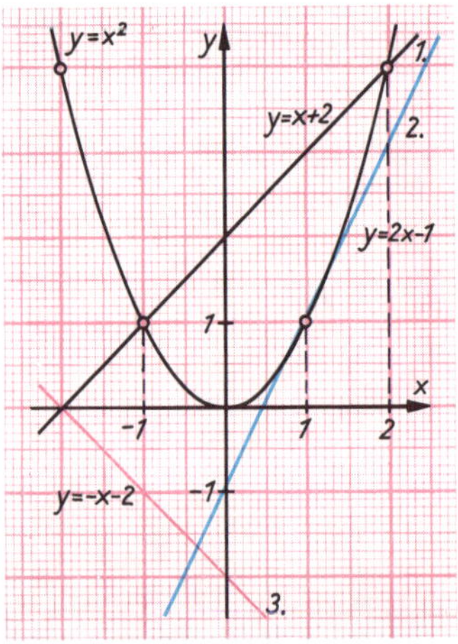

4.3-6 Graphische Lösung einer quadratischen Gleichung mit fester Normalparabel

Beispiel 2: $x^2 - 2x + 1 = 0$

Man geht über zur Funktion mit der Gleichung $y = x^2 - 2x + 1$, deren Bild die verschobene Normalparabel mit dem Scheitelpunkt $S_2(1, 0)$ ist. Es ist $y_S = 0$. Die Parabel berührt die x-Achse bei $x_1 = x_2 = 1$ (Abb. 4.3-5).

Man formt die Gleichung um in $x^2 = 2x - 1$. Die Normalparabel mit der Gleichung $y = x^2$ und die Gerade mit der Gleichung $y = 2x - 1$ berühren einander. Die Abszisse des Berührungspunktes ist $x_1 = x_2 = 1$ (Abb. 4.3-6).

Die Gleichung $x^2 - 2x + 1 = 0$ hat zwei zusammenfallende reelle Lösungen. Die Lösungsmenge ist $L = \{1\}$.

Beispiel 3: $x^2 + x + 2 = 0$

Die Funktion mit der Gleichung $y = x^2 + x + 2$ hat als Bild die verschobene Normalparabel mit dem Scheitelpunkt $S_3(-1/2, +1^3/4)$. Es ist $y_S > 0$. Die Parabel schneidet die x-Achse nicht (Abb. 4.3-5).	Die umgeformte Gleichung heißt $x^2 = -x - 2$. Die Gerade mit der Gleichung $y = -x - 2$ schneidet die Normalparabel mit der Gleichung $y = x^2$ nicht (Abb. 4.3-6).

Die Gleichung $x^2 + x + 2 = 0$ hat keine reellen Lösungen. Die Lösungsmenge ist $L = \emptyset$.

Zur Geschichte

Praktische Bedürfnisse, insbesondere Vermessungsaufgaben unter Benutzung des Satzes des Pythagoras führten schon frühzeitig auf quadratische Gleichungen. Aus der *babylonischen* Mathematik ist eine Vielzahl derartiger Aufgaben auf Keilschrifttafeln erhalten geblieben. Dort treten sogar schon Systeme quadratischer Gleichungen mit mehreren Variablen auf. In moderner Schreibweise lautet ein aus der Zeit um 2000 v. u. Z. stammendes Problem $x^2 - 29x + 210 = 0$; aus etwas späterer Zeit stammt z. B. das System $x^2 + y^2 = 1000$, $y = 2x/3 - 10$.
Die *griechische* Mathematik behandelte algebraische Aufgaben in geometrischer Form, d. h. durch Konstruktion. Da Quadratwurzeln stets mit Zirkel und Lineal zu konstruieren sind, waren die griechischen Mathematiker in der Lage, sämtliche reell lösbaren Typen quadratischer Gleichungen zu behandeln. Ihre klassische Darstellung fanden diese Methoden im Buch X der „Elemente" des EUKLID (um 300 v. u. Z.), das inhaltlich auf THEAITETOS (410?–368 v. u. Z.) zurückgeht. Der hellenistische Techniker und Mathematiker HERON von Alexandria (um 100 u. Z.) nahm die babylonische und altägyptische Tradition der rechnerischen Behandlung quadratischer Gleichungen wieder auf; dabei benutzte er zum Ziehen der Quadratwurzeln Näherungsverfahren. Solche Ansätze finden sich auch bei ARCHIMEDES (278?–212 v. u. Z.). Die Einsicht des paarweisen Auftretens der Wurzel verdankt man den *indischen* Mathematikern, vor allem BHASKARA (geb. 1114 u. Z.). Ihre Methoden fanden durch Vermittlung der arabisch schreibenden Gelehrten, die selbst weitere Fortschritte erzielten, in Europa Eingang.

4.4. Gleichungen dritten und vierten Grades

Im allgemeinen sind algebraische Gleichungen um so schwieriger zu lösen, je höher ihr Grad ist. Für die Rechenpraxis sind deshalb zur numerischen Auflösung eine ganze Reihe von graphischen Lösungsmethoden und von Näherungsverfahren ausgearbeitet worden, nach denen sich die Lösungen auf eine beliebige Anzahl von Dezimalstellen berechnen lassen.

Die kubische Gleichung

Allgemeine Form der kubischen Gleichung	$Ax^3 + Bx^2 + Cx + D = 0$ $A \neq 0$	$x \in \mathbf{C}$; $A, B, C, D \in \mathbf{R}$

In der allgemeinen Form der kubischen Gleichung oder Gleichung dritten Grades ist x die Gleichungsvariable, als deren Variablengrundbereich die Menge $\mathbf{C}$ der komplexen Zahlen zugrunde gelegt wird. A, B, C, D sind reelle Parameter. Man nennt Ax^3 das *kubische*, Bx^2 das *quadratische*, Cx das *lineare* und D das *absolute Glied.* Dividiert man beide Seiten durch $A \neq 0$ und setzt $B/A = r$, $C/A = s$, $D/A = t$, so erhält man die zur allgemeinen Form äquivalente *Normalform.*

Normalform der kubischen Gleichung	$x^3 + rx^2 + sx + t = 0$	$x \in \mathbf{C}$; $r, s, t \in \mathbf{R}$

Lösbarkeitsfälle. Spezialfälle. Im Bereich der komplexen Zahlen hat jede kubische Gleichung drei Lösungen, die auch zusammenfallen können. Da jede ganze rationale Funktion ungeraden Grades mindestens eine reelle Nullstelle hat, ist eine der Lösungen stets reell. Die anderen beiden sind entweder ebenfalls reell oder konjugiert komplex. Ist x_1 eine reelle Wurzel, so läßt sich (vgl. Kap. 5.2. – Produktdarstellung ganzrationaler Funktionen) die kubische Gleichung in ein Produkt aus dem Linearfaktor $(x - x_1)$ und aus einem Polynom zweiten Grades zerlegen. Da ein Produkt dann und nur dann Null ist, wenn einer der Faktoren Null ist, sind die beiden anderen Lösungen der kubischen Gleichung die Lösungen einer quadratischen Gleichung.
Nach dem *Satz von Vieta* (vgl. 4.5.) ist das Produkt $x_1 \cdot x_2 \cdot x_3$ der drei Lösungen dem negativen Absolutglied $(-t)$ der Normalform gleich. Wenn also feststeht, daß die gegebene Gleichung ganzzahlige Lösungen hat, läßt sich eine reelle ganzzahlige Lösung x_1 durch Probieren als Faktor von $(-t)$ finden, z. B. hat die kubische Gleichung $x^3 - 5x^2 - 8x + 12 = 0$ die Lösung $x_1 = +1$ und

läßt sich in das Produkt $(x-1)(x^2-4x-12)=0$ zerlegen. Da die quadratische Gleichung die Lösungen -2 und $+6$ hat, ist die Lösungsmenge der gegebenen kubischen Gleichung $L=\{-2, +1, +6\}$.
Die kubische Gleichung $x^3+rx^2+sx=0$, in der das *Absolutglied t gleich Null* ist, wird durch Ausklammern von x in die äquivalente Gleichung $x(x^2+rx+s)=0$ übergeführt. Neben der reellen Lösung $x_1=0$ sind die Lösungen der quadratischen Gleichung $x^2+rx+s=0$ Lösungen der gegebenen kubischen Gleichung.

Die reinkubische Gleichung $x^3+t=0$ entsteht für $r=0, s=0$. Sie hat die drei Lösungen $x_1=\sqrt[3]{-t}$, $x_2=\varepsilon_2\sqrt[3]{-t}$ und $x_3=\varepsilon_3\sqrt[3]{-t}$, wenn $\varepsilon_2={}^1/_2(-1+\mathrm{i}\sqrt{3})$ und $\varepsilon_3={}^1/_2(-1-\mathrm{i}\sqrt{3})$ dritte Einheitswurzeln sind.
Ist auch $t=0$, d. h., $x^3=0$, so kann nur $x_1=x_2=x_3=0$ Lösung sein, da für $x\neq 0$ auch $x^3\neq 0$ ist und umgekehrt.

Cardanische Formel. Diese Formel zur Berechnung der Lösungen der kubischen Gleichung gewinnt man in zwei Schritten. Zunächst wird die Normalform $x^3+rx^2+sx+t=0$ durch die Substitution $x=y-r/3$ auf die *reduzierte Form* gebracht, in der das quadratische Glied nicht mehr auftritt:

Reduzierte Form der kubischen Gleichung	$y^3+py+q=0$

Dabei wurde der Kürze wegen $p=s-r^2/3$, $q=2r^3/27-sr/3+t$ gesetzt; z. B. führt die Reduktion von $x^3-9x^2+33x-65=0$ auf $y^3+6y-20=0$. Dann zerlegt man die gesuchte Lösung y in zwei Bestandteile u und v, die für sich bestimmt werden. Man macht den Ansatz $y=u+v$ und erhält $(u+v)^3+p(u+v)+q=0$ oder $u^3+v^3+q+(u+v)(3uv+p)=0$. Es handelt sich um eine Gleichung in den zwei Variablen u und v; also ist noch eine Nebenbedingung über den Zusammenhang von u und v frei verfügbar. Man wählt sie so, daß der Faktor $3uv+p$ und damit der letzte Summand verschwindet: $3uv+p=0$. Damit ergibt sich für die Variablen u und v das Gleichungssystem

$u^3+v^3=-q$ — quadrieren → $u^6+2u^3v^3+v^6=q^2$ (+)

$uv=-p/3$ — das Vierfache der 3. Potenz → $4u^3v^3=-4(p/3)^3$ (−)

$(u^3-v^3)^2=q^2+4(p/3)^3$

Das Gleichungssystem

$$u^3-v^3=\pm\sqrt{q^2+4(p/3)^3}$$
$$u^3+v^3=-q$$

liefert $u^3=-q/2\pm\sqrt{(q/2)^2+(p/3)^3}$ und $v^3=-q/2\mp\sqrt{(q/2)^2+(p/3)^3}$.

Durch Vertauschen der oberen mit den unteren Vorzeichen der Wurzeln geht u^3 in v^3 über, durch Vertauschen von u und v bleiben die Gleichungen $u^3+v^3+q=0$ und $uv=-p/3$ aber unverändert. Es genügt danach, nur eines der Vorzeichenpaare, etwa das obere, zu betrachten. Jede 3. Wurzel aus einer komplexen Zahl hat drei Werte; neben einer Lösung x_1 treten noch die Lösungen ε_2x_1 und ε_3x_1 auf, in denen ε_2 und ε_3 die oben angegebenen dritten Einheitswurzeln sind. Danach ergeben sich für u und v die Werte

$$u_1=\sqrt[3]{-q/2+\sqrt{(q/2)^2+(p/3)^3}},\quad u_2=u_1\varepsilon_2,\quad u_3=u_1\varepsilon_3;$$

$$v_1=\sqrt[3]{-q/2-\sqrt{(q/2)^2+(p/3)^3}},\quad v_2=v_1\varepsilon_2,\quad v_3=v_1\varepsilon_3.$$

Für $y=u_i+v_j$ würde man danach wegen $i=1, 2, 3$; $j=1, 2, 3$ neun Lösungen der kubischen Gleichung erhalten. Die Anzahl der Lösungen reduziert sich aber auf die drei, $y_1=u_1+v_1$, $y_2=u_2+v_3$, $y_3=u_3+v_2$, da die Nebenbedingung $u_iv_j=-p/3$ außer für u_1v_1 nur für u_2v_3 und u_3v_2 erfüllt ist, weil

$$\varepsilon_2\varepsilon_3={}^1/_2(-1+\mathrm{i}\sqrt{3})\cdot{}^1/_2(-1-\mathrm{i}\sqrt{3})={}^1/_4(1+3)=1.$$

Unter der Voraussetzung, daß der Radikand der Quadratwurzel nicht negativ ist, $(q/2)^2+(p/3)^3\geqslant 0$, ist die Lösung y_1 reell, während y_2 und y_3 konjugiert komplex sind, wie die Rechnung zeigt:

$$y_2=u_1\varepsilon_2+v_1\varepsilon_3=-(u_1+v_1)/2+[(u_1-v_1)/2]\cdot\mathrm{i}\sqrt{3},$$
$$y_3=u_1\varepsilon_3+v_1\varepsilon_2=-(u_1+v_1)/2-[(u_1-v_1)/2]\cdot\mathrm{i}\sqrt{3}.$$

Reduzierte Form der Gleichung dritten Grades $y^3 + py + q = 0$	Cardanische Formel $y_1 = \sqrt[3]{-q/2 + \sqrt{(q/2)^2 + (p/3)^3}} + \sqrt[3]{-q/2 - \sqrt{(q/2)^2 + (p/3)^3}}$

Diese berühmte Lösungsformel stammt allerdings nicht von CARDANO, sondern von TARTAGLIA.

Beispiel 1: $y^3 - 15y - 126 = 0$. Die Gleichung liegt schon in reduzierter Form vor. Es ist $p = -15$ und $q = -126$. In die Cardanische Formel eingesetzt, ergibt sich

$$y_1 = \sqrt[3]{63 + \sqrt{63^2 - 5^3}} + \sqrt[3]{63 - \sqrt{63^2 - 5^3}} = \sqrt[3]{125} + \sqrt[3]{1} = 5 + 1 = 6,$$
$$y_2 = -(5+1)/2 + [(5-1)/2]\,\mathrm{i}\sqrt{3} = -3 + 2\mathrm{i}\sqrt{3},$$
$$y_3 = -(5+1)/2 - [(5-1)/2]\,\mathrm{i}\sqrt{3} = -3 - 2\mathrm{i}\sqrt{3}.$$

Es ist $L = \{6, -3 + 2\mathrm{i}\sqrt{3}, -3 - 2\mathrm{i}\sqrt{3}\}$.

Casus irreducibilis, trigonometrische Auflösung. Scheinbar wird die Auflösung der kubischen Gleichung dann besonders schwierig, wenn der Radikand $(q/2)^2 + (p/3)^3$ der Quadratwurzel negativ ist. Dann hat man die dritte Wurzel aus komplexen Zahlen zu ziehen. Andererseits hat eine kubische Gleichung stets mindestens eine reelle Lösung. Die Mathematiker im 15. und 16. Jh. vermochten diese reelle Lösung lange nicht herzustellen und bezeichneten diesen für sie nicht zu bewältigenden Fall als „nicht zurückführbaren Fall", als casus irreducibilis. Die Lösung gelang erst VIETA um 1600, und zwar auf trigonometrischem Wege. Ja, es zeigt sich, daß in diesem scheinbar so komplizierten Fall *sämtliche drei Lösungen reell* sind.

Da $(q/2)^2 + (p/3)^3 < 0$, ist sicher $p < 0$; setzt man $p = -p'$, so ist p' positiv, und die reduzierte Gleichung $y^3 + py + q = 0$ geht über in $y^3 - p'y + q = 0$, wobei $(p'/3)^3 - (q/2)^2 > 0$. Der Radikand der dritten Wurzel von u_1 bzw. v_1 lautet dann:

$$-q/2 \pm \sqrt{-(p'/3)^3 + (q/2)^2} = -q/2 \pm \sqrt{-[(p'/3)^3 - (q/2)^2]}$$
$$= -q/2 \pm \mathrm{i}\sqrt{(p'/3)^3 - (q/2)^2}.$$

Dieser komplexe Wert kann in trigonometrischer Form geschrieben werden:

$$-q/2 \pm \mathrm{i}\sqrt{(p'/3)^3 - (q/2)^2} = r(\cos\varphi \pm \mathrm{i}\sin\varphi),$$

wobei $r = \sqrt{(p'/3)^3}$, $\cos\varphi = -q/2 : \sqrt{(p'/3)^3}$, $\sin\varphi = \sqrt{(p'/3)^3 - (q/2)^2} : \sqrt{(p'/3)^3}$.

Nach dem Moivreschen Lehrsatz erhält man für u_1 bzw. v_1:

$\sqrt[3]{r}\,[\cos(\varphi/3) \pm \mathrm{i}\sin(\varphi/3)]$, und damit

$$y_1 = u_1 + v_1 = \sqrt[3]{r}\,[\cos(\varphi/3) + \mathrm{i}\sin(\varphi/3) + \cos(\varphi/3) - \mathrm{i}\sin(\varphi/3)] = 2\sqrt[3]{r}\cos(\varphi/3).$$

Da der Winkel wegen der Periodizität der Kosinusfunktion auch den Wert $\varphi + 360°$ bzw. $\varphi + 720°$ haben kann, lauten die anderen Lösungen: $y_2 = 2\sqrt[3]{r}\cos(\varphi/3 + 120°)$ und $y_3 = 2\sqrt[3]{r}\cos(\varphi/3 + 240°)$.

Kubische Gleichung	$Ax^3 + Bx^2 + Cx + D = 0$	$x \in \mathbf{C}$; $A, B, C, D \in \mathbf{R}$; $A \neq 0$
Normalform	$x^3 + rx^2 + sx + t = 0$	$r = B/A$; $s = C/A$; $t = D/A$
reduzierte Form	$y^3 + py + q = 0$	$p = s - r^2/3$ $q = 2r^3/27 - rs/3 + t$
Cardanische Formel	$(q/2)^2 + (p/3)^3 > 0$ eine reelle Lösung und zwei konjugiert komplexe Lösungen; $(q/2)^2 + (p/3)^3 = 0$ drei reelle Lösungen, von denen zwei zusammenfallen	$u_1 = \sqrt[3]{-q/2 + \sqrt{(q/2)^2 + (p/3)^3}}$ $v_1 = \sqrt[3]{-q/2 - \sqrt{(q/2)^2 + (p/3)^3}}$ $y_1 = u_1 + v_1$ $y_{2,3} = -(u_1 + v_1)/2 \pm [(u_1 - v_1)/2]\,\mathrm{i}\sqrt{3}$
Casus irreducibilis	$(q/2)^2 + (p/3)^3 < 0$ drei verschiedene reelle Lösungen	$r = \sqrt{-(p/3)^3}$, $\cos\varphi = (-q/2)/\sqrt{-(p/3)^3}$ $y_1 = 2\sqrt[3]{r}\cos(\varphi/3)$, $y_2 = 2\sqrt[3]{r}\cos(\varphi/3 + 120°)$, $y_3 = 2\sqrt[3]{r}\cos(\varphi/3 + 240°)$

Beispiel 2: In der Gleichung $y^3 - 981y - 11340 = 0$ sind die Bedingungen des Casus irreducibilis erfüllt, man erhält $r = \sqrt{327^3}$, $\cos\varphi = 5670/\sqrt{327^3}$.
Die numerische Rechnung ergibt den (gerundeten) Wert $\varphi = 16° \; 30'$, also $\varphi/3 = 5° \; 30'$.
Durch numerische Auswertung der Formeln für y_1, y_2, y_3 findet man $y_1 \approx 36$, $y_2 \approx -21$, $y_3 \approx -15$.
Wie die Probe zeigt, gilt sogar das Gleichheitszeichen. Es ist also $L = \{-21, -15, 36\}$.

Beispiel 3: Der Achsenschnitt eines genormten Glastrichters ist ein gleichseitiges Dreieck (Abb. 4.4-1). Wie groß ist die Trichterweite d, wenn das Fassungsvermögen des Trichters $V = 765 \text{ cm}^3$ beträgt? – Da die Trichterweite d eine Seite des Achsenschnittes ist, ist die Höhe des Trichters $h = (d/2)\sqrt{3}$ und der Grundkreisradius $r = d/2$. Aus der Volumenformel für den Kegel $V = (\pi/3)\, r^2 \cdot h$ folgt $765 \text{ cm}^3 = (\pi/3) \cdot (d/2)^2 \cdot (d/2)\sqrt{3}$ oder $d^3 = (765 \cdot 24)/(\pi\sqrt{3}) \text{ cm}^3$. Von den drei Werten für d ist hier nur der reelle Wert brauchbar. Man erhält eine Trichterweite von $d = 15$ cm.

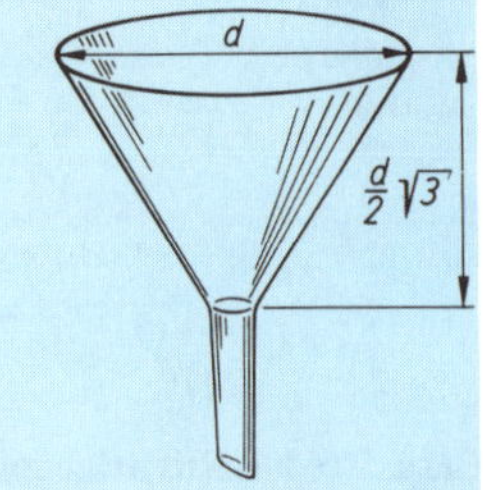

4.4-1 Genormter Glastrichter

Graphisches Lösen einer kubischen Gleichung. Von der kubischen Gleichung $Ax^3 + Bx^2 + Cx + D = 0$ geht man über zur Funktion dritten Grades mit der Gleichung $y = Ax^3 + Bx^2 + Cx + D$. Die Abszissen der Schnittpunkte der Funktionskurve mit der x-Achse liefern die Lösungen der gegebenen kubischen Gleichung. Man erhält Näherungslösungen, deren Werte sich etwa nach dem Newtonschen Verfahren beliebig verbessern lassen. Meist wird man sich begnügen, eine Lösung x_1 graphisch zu finden, um dann das gegebene Polynom dritten Grades durch den Linearfaktor $(x - x_1)$ zu teilen und eine quadratische Gleichung zu bekommen, die leicht gelöst werden kann.

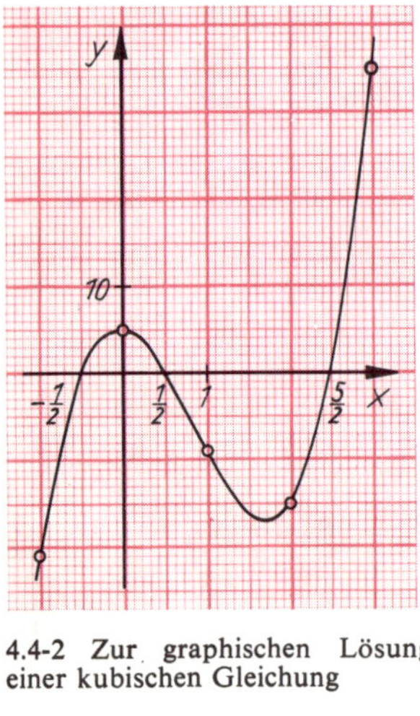

4.4-2 Zur graphischen Lösung einer kubischen Gleichung

Beispiel 3: Von der Gleichung $8x^3 - 20x^2 - 2x + 5 = 0$ geht man über zur Funktion mit der Gleichung $y = 8x^3 - 20x^2 - 2x + 5$ (Abb. 4.4-2). Ihre Kurve ist mit Hilfe der Tabelle

x ...	-2	-1	0	1	2	3	...
y ...	-135	-21	5	-9	-15	35	...

in so guter Annäherung zu zeichnen, daß man bei $x_1 = -{}^1/_2$, $x_2 = +{}^1/_2$, $x_3 = +{}^5/_2$ Nullstellen vermuten kann. Dabei hat es auf die Lage der Nullstellen keinen Einfluß, wenn auf der y-Achse eine andere Einheit gewählt wird als auf der x-Achse. Die Tabelle sagt schon vor Ausführung der Zeichnung durch den Vorzeichenwechsel der Ordinaten aus, daß die Nullstellen zwischen -1 und 0, zwischen 0 und 1 sowie zwischen 2 und 3 liegen müssen.
Durch Einsetzen der Werte in die Gleichung findet man, daß die vermuteten Nullstellen tatsächlich Lösungen sind. Es hätte aber auch genügt, etwa mit $x_2 = {}^1/_2$ die Probe zu machen und dann nach der Polynomdivision

$$(8x^3 - 20x^2 - 2x + 5) : (x - {}^1/_2) = 8x^2 - 16x + 10$$

die quadratische Gleichung $8x^2 - 16x - 10 = 0$ zu lösen, deren Lösungen $x_{3,1} = 1 \pm {}^3/_2$ sind. Damit bestätigen sich die graphisch festgestellten Lösungen. Es ist $L = \{-{}^1/_2, +{}^1/_2, +{}^5/_2\}$.

Zur Geschichte. Einfache kubische Gleichungen treten schon in der altgriechischen, der indischen und arabischen Mathematik auf.
Da die griechische Mathematik algebraische Probleme mit den Methoden der Geometrie behandelte, sahen sich die griechischen Mathematiker bei der Behandlung kubischer Gleichungen vor prinzipielle Schwierigkeiten gestellt.
Der Techniker und Mathematiker Heron von Alexandria (um 100 u. Z.) tat bei der Behandlung von Gleichungen dritten Grades einen bedeutenden Schritt vorwärts. Indem er an ältere babylonische und altägyptische Näherungsverfahren zum numerischen Wurzelziehen anknüpfte, gelang ihm die rechnerische Auflösung von rein kubischen Gleichungen. Die eigentlichen Fortschritte bei der rechnerischen Behandlung und die beginnende Algebraisierung der Rechengänge verdankt man den indischen und vor allem den arabischen Mathematikern. Zwar vermochten sie sämtliche Typen quadratischer und die einfachsten Typen kubischer Gleichungen rechnerisch aufzulösen, die Auflösung der allgemeinen Gleichung gelang ihnen indessen nicht. Die europäische Mathematik hat auch

bei der rechnerischen Behandlung von Gleichungen unmittelbar an die arabische Mathematik angeknüpft. Die formelmäßige, algebraische Auflösung der allgemeinen Gleichung dritten Grades hielt indes der außerordentlich um die Algebra verdiente Luca PACIOLI (1445–1514) noch für unmöglich.
Diese war um 1500 dem Bologneser Magister Scipione DEL FERRO (um 1465–1526) geglückt, sie blieb aber unveröffentlicht. Davon ganz unabhängig hatte der Rechenmeister und technisch-wissenschaftliche Berater Niccolo TARTAGLIA (um 1500–1557) die heute nach CARDANO benannte Formel gefunden und beträchtlichen Ruhm erworben, indem er mit den damit erzielten Ergebnissen auf den damals üblichen öffentlichen Wettrechnen glänzte. Der ehrgeizige venezianische Professor Geronimo CARDANO (1501–1576), der selbst die Lösungsformel nicht finden konnte, erhielt sie nach jahrelangem heftigem Drängen 1539 von TARTAGLIA, wobei er sich zur Wahrung des von TARTAGLIA als eine Art Zunftgeheimnis betrachteten Ergebnisses mit feierlichen Eiden verpflichtete. CARDANO brach jedoch das Versprechen und nahm das Ergebnis in seine „Ars magna“ [d. i. „Die große Kunst“] 1545 auf. Und weil die Lösungsformel schriftlich zuerst unter CARDANOS Namen erschien, erhielt sie auch den Namen Cardanische Formel. Daran vermochte auch der Protest TARTAGLIAS, an den sich ein heftiger Streit anschloß, nichts mehr zu ändern. Übrigens trägt auch die Cardanische Aufhängung ihren Namen zu Unrecht; sie war weit vor CARDANO schon in Gebrauch.

Die Gleichung vierten Grades

Allgemeine Gleichung vierten Grades	$Ax^4 + Bx^3 + Cx^2 + Dx + E = 0$; $A \neq 0$	$x \in \mathbf{C}$ $A, B, C, D, E \in \mathbf{R}$

Auch für die allgemeine Gleichung 4. Grades existiert eine allgemeine Lösungsformel. Diese ist indessen noch weitaus komplizierter als die der kubischen Gleichung und findet darum zum rechnerischen Bestimmen der Lösungen kaum Anwendung. Es sei deshalb ein Lösungsweg ohne Zwischenrechnung nur angedeutet. Durch die Substitution $x = y - a/4$ erhält man aus der *Normalform* $x^4 + ax^3 + bx^2 + cx + d = 0$ mit $a = B/A$, $b = C/A$, $c = D/A$ und $d = E/A$ die *reduzierte Gleichung* mit neuen Koeffizienten p, q, r : $y^4 + py^2 + qy + r = 0$. Ihre vier Lösungen y_1, y_2, y_3, y_4 mit

$$2y_1 = \sqrt{z_1} + \sqrt{z_2} + \sqrt{z_3}; \qquad 2y_2 = \sqrt{z_1} - \sqrt{z_2} - \sqrt{z_3};$$

$$2y_3 = -\sqrt{z_1} + \sqrt{z_2} - \sqrt{z_3}; \qquad 2y_4 = -\sqrt{z_1} - \sqrt{z_2} + \sqrt{z_3}$$

lassen sich gewinnen aus den drei Lösungen z_1, z_2, z_3 der *kubischen Resolvente* der gegebenen Gleichung vierten Grades:

$$z^3 + 2pz^2 + (p^2 - 4r)z - q^2 = 0.$$

Dabei gilt die Nebenbedingung, daß das Produkt dieser drei Lösungen $z_1 z_2 z_3 = -q$ stets positiv sein muß. Für die *Lösbarkeit* der reduzierten Gleichung vierten Grades ergeben sich dabei im Bereich der komplexen Zahlen folgende *drei Fälle:*

Lösungen z_1, z_2, z_3 der kubischen Resolvente	Lösungen y_1, y_2, y_3, y_4 der Gleichung vierten Grades
sämtlich reell und positiv	vier reelle Werte
eine positiv, zwei negativ	vier paarweise konjugiert komplexe Werte
zwei konjugiert komplex	zwei reelle, zwei konjugiert komplexe Werte

Die biquadratische Gleichung. Ein Spezialfall der Gleichung 4. Grades tritt recht häufig auf und läßt sich bequem behandeln. Es ist dies die biquadratische Gleichung $x^4 + px^2 + q = 0$. Sie zeichnet sich dadurch aus, daß die Variable x nur mit geraden Potenzexponenten auftritt. Die Gleichung kann deshalb als quadratische Gleichung in x^2 aufgefaßt werden; daher rührt auch ihr Name. Für $y = x^2$ erhält man $y^2 + py + q = 0$. Man löst die quadratische Gleichung in y auf. Durch nachfolgendes Lösen von $x^2 = y$ erhält man die Lösungen der biquadratischen Gleichung.

Beispiel 1: $x^4 - 29x^2 + 100 = 0$

$y_1 = 25, y_2 = 4; \quad x_1 = +5, x_2 = -5, x_3 = 2, x_4 = -2;$
$L = \{-5, -2, +2, +5\}.$

Zur Geschichte. Die formelmäßige Auflösung der allgemeinen Gleichung vierten Grades wurde von Ludovico FERRARI (1522–1565) gefunden. FERRARI war Schüler und Mitarbeiter von CARDANO. Die Lösungsformel wurde von CARDANO in seine „Ars magna" aufgenommen.

4.5. Allgemeine Sätze

Fundamentalsatz der Algebra. Die Vermutung, daß im Bereich der komplexen Zahlen eine Gleichung n-ten Grades stets n Lösungen hat, wurde schon von dem niederländischen Mathematiker Albert GIRARD (1595–1632) geäußert. Beweisversuche unternahmen später DESCARTES, D'ALEMBERT und andere. Aber erst GAUSS glückte 1799 ein in allen Teilen lückenloser Beweis, der den Hauptgegenstand seiner Dissertation darstellte; auch später fand GAUSS noch andere und voneinander unabhängige Beweise dafür, daß eine algebraische Gleichung stets eine Lösung hat (vgl. Kap. 23.3.).

Fundamentalsatz der Algebra: Jede Gleichung n-ten Grades $x^n + a_1x^{n-1} + a_2x^{n-2} + \cdots + a_{n-1}x + a_n = 0$, in der die a_ν ($\nu = 1, 2, \ldots, n$) reelle oder komplexe Zahlen bedeuten, hat wenigstens eine Lösung im Bereich der komplexen Zahlen.

Produktdarstellung. Bezeichnet man x_1 als die durch den Fundamentalsatz gesicherte Lösung der Gleichung $x^n + a_1x^{n-1} + a_2x^{n-2} + \cdots + a_{n-1}x + a_n = 0$ und subtrahiert von der gegebenen Gleichung die durch Einsetzen von $x = x_1$ erhaltene Gleichung $x_1^n + a_1x_1^{n-1} + a_2x_1^{n-2} + \cdots + a_{n-1}x_1 + a_n = 0$, so erhält man $(x^n - x_1^n) + a_1(x^{n-1} - x_1^{n-1}) + \cdots + a_{n-1}(x - x_1) = 0$. Jeder Summand enthält den Faktor $(x - x_1)$, also folgt durch Ausklammern $(x - x_1) \cdot [x^{n-1} + \cdots + a_{n-1}] = 0$. Der Term in der eckigen Klammer ist die linke Seite einer Gleichung vom Grade $(n - 1)$. Nach dem Fundamentalsatz hat diese ebenfalls eine Lösung. Bezeichnet man sie mit x_2, so läßt sich der Faktor $(x - x_2)$ abspalten. Man erhält $(x - x_1)(x - x_2)[x^{n-2} + \cdots + a_{n-2}] = 0$. Setzt man das Verfahren fort, so erhält man schließlich die Produktdarstellung (vgl. Kap. 5.2. – Produktdarstellung ganzrationaler Funktionen).

Produktdarstellung der Gleichung n-ten Grades	$x^n + a_1x^{n-1} + \cdots + a_{n-1}x + a_n$ $= (x - x_1)(x - x_2) \ldots (x - x_n) = 0$	$x \in \mathbf{C}$, $a_i \in \mathbf{C}$, $x_i \in \mathbf{C}$, $i = 1, 2, \ldots, n$

Anzahl der Lösungen. Aus der Produktdarstellung folgt sofort der wichtige Lehrsatz: Eine Gleichung n-ten Grades mit einer Variablen hat stets genau n Lösungen. Diese brauchen nicht sämtlich voneinander verschieden zu sein. Kommt eine Lösung 2-, 3-, ..., k-mal vor, so spricht man von einer 2-, 3-, ..., k-fachen Lösung oder Wurzel. Sind die Koeffizienten der Gleichung reell und hat die Gleichung eine komplexe Lösung $a + ib$, so ist stets auch die dazu konjugiert komplexe Zahl $a - ib$ Lösung der Gleichung.

Wurzelsatz von Vieta. Multipliziert man die rechte Seite der Produktdarstellung aus und ordnet nach gleichen Potenzen von x, so ergibt sich durch Koeffizientenvergleich der Wurzelsatz von Vieta.

Wurzelsatz von Vieta	$x_1 + x_2 + \cdots + x_n = -a_1$ $x_1x_2 + x_1x_3 + x_2x_3 + \cdots + x_{n-1}x_n = a_2$ $x_1x_2x_3 + x_1x_2x_4 + \cdots + x_{n-2}x_{n-1}x_n = -a_3$ $\vdots$ $x_1x_2x_3 \ldots x_n = (-1)^n a_n$

Darüber hinaus gilt: *Hat die Gleichung n-ten Grades in Normalform mit ganzzahligen Koeffizienten eine ganzzahlige Lösung, so ist diese als Teiler im absoluten Glied enthalten.*
Für die quadratische und die kubische Gleichung nimmt der Wurzelsatz von Vieta folgende Form an:

$x^2 + px + q = 0$	$x_1 + x_2 = -p$ $x_1x_2 = q$	$x^3 + rx^2 + sx + t = 0$	$x_1 + x_2 + x_3 = -r$ $x_1x_2 + x_2x_3 + x_3x_1 = s$ $x_1x_2x_3 = -t$

Lösbarkeit durch Radikale. Der Fundamentalsatz der Algebra garantiert die Existenz der Wurzeln der Gleichung $x^n + a_1x^{n-1} + a_2x^{n-2} + \cdots + a_{n-1}x + a_n = 0$ *für alle Grade.* Für $n = 2, 3, 4$ kann eine allgemeine Lösungsformel angegeben werden. Sie besteht für $n = 3$ aus einer Ineinanderschachtelung von Wurzeln; die Lösung ist vom Typ $\sqrt[3]{a + \sqrt{b}}$; für $n = 4$ ist sie vom Typ $\sqrt{a + \sqrt[3]{b + \sqrt{c + \sqrt{d}}}}$.
Unter einem *Radikal* versteht man einen Ausdruck, der durch Ineinanderschachtelung von Wurzeln mit natürlichem Wurzelexponenten gebildet wird (vgl. 16.2. Auflösung von Gleichungen durch Radikale). Unter Verwendung dieses Begriffes kann man sagen:

Die algebraischen Gleichungen bis zum 4. Grad einschließlich sind durch Radikale auflösbar.

Offensichtlich gibt es eine unerschöpfliche Mannigfaltigkeit von Radikalen, und man sollte zunächst denken, daß sich durch irgendeine Kombination von ineinandergeschachtelten Wurzeln auch die Lösungen z. B. der Gleichung 5. Grades ergeben könnten. Das ist jedoch nicht der Fall. Im Gegenteil: Es ist unmöglich, die allgemeine algebraische Gleichung vom n-ten Grade durch Radikale aufzulösen, falls $n > 4$.

Zur Geschichte. Nachdem während der Renaissance die Lösungsformeln für die Gleichung dritten und vierten Grades gefunden worden waren, haben die Mathematiker im 17. und 18. Jahrhundert mit großer Hartnäckigkeit entsprechende Lösungsformeln für die Gleichungen von fünftem und höheren Graden gesucht. Einige, wie z. B. Ehrenfried Walter von Tschirnhaus (1651–1706), glaubten auch, die Möglichkeit der Auflösbarkeit durch Radikale bewiesen zu haben.
Langsam bahnte sich jedoch die Erkenntnis an, daß die Auflösung der allgemeinen Gleichung höherer Grade durch Radikale unmöglich sei; in diesem Sinne traten 1770 Lagrange und Gauss hervor. Nach einem noch lückenhaften Beweisversuch (1799) von Paolo Ruffini (1765–1822) gelang 1824 dem genialen jungen Mathematiker Niels Henrik Abel (1802–1829), der leider viel zu früh an Tuberkulose starb, der Nachweis, daß die allgemeine Gleichung vom 5. Grade und damit auch die Gleichungen höherer Grade nicht durch Radikale auflösbar sind. Der Einblick in die Lösbarkeitsverhältnisse von Gleichungen höherer Grade war darum so schwierig zu gewinnen, weil spezielle Gleichungen höherer Grade sehr wohl durch Radikale lösbar sind. Der genaue und vollständige Überblick über alle durch Radikale lösbaren Gleichungen sämtlicher Grade wird durch die Galoissche Theorie geliefert. Sie wurde von Évariste Galois (1811–1832) unter Anknüpfung an die von Gauss erzielten Ergebnisse zur Kreisteilung konzipiert. Galois war glühender Republikaner. Er wurde – ähnlich wie Puschkin im zaristischen Rußland – in einem von der reaktionären monarchistischen Polizei inszenierten Duell tödlich verwundet.
In der *Galoisschen Theorie* wird jeder Gleichung eine Gruppe zugeordnet; ihre Struktur gibt Aufschluß darüber, ob eine Gleichung durch Radikale auflösbar ist (vgl. Kap. 16.2. – Galoissche Theorie).

4.6. Systeme mit nichtlinearen Gleichungen

Einige Typen von nichtlinearen Gleichungssystemen treten recht häufig auf, etwa in der analytischen Geometrie oder im Zusammenhang mit Systemen gewöhnlicher Differentialgleichungen. Es werden einige Fälle aus der Menge von nichtlinearen Gleichungssystemen herausgegriffen. Eine systematische Behandlung ist hier nicht möglich. Für alle Variablen ist **R** im folgenden der Grundbereich.

Eine lineare und eine quadratische Gleichung. Nach der Einsetzungsmethode läßt sich das System leicht lösen. Es tritt z. B. auf, wenn die Schnittpunkte eines Kegelschnittes mit einer Geraden zu berechnen sind.

Beispiel 1: $x^2 + y^2 + 4x - 1 = 0$
$x + y = -1$

$x = -y - 1$

$(-y - 1)^2 + y^2 + 4(-y - 1) - 1 = 0$

$y^2 - y - 2 = 0$

$y_1 = 2;\ y_2 = -1$

$x_1 = -3;\ x_2 = 0$

Eine Probe bestätigt, daß diese Werte Lösungen sind. Es ist $L = \{(-3, 2), (0, -1)\}$.

Zwei quadratische Gleichungen. Dieses Problem tritt beim Schnitt zweier Kegelschnitte auf. Treten keine gemischtquadratischen Glieder auf und sind in beiden Gleichungen die einander entsprechenden Koeffizienten der reinquadratischen Glieder bis auf einen konstanten Faktor k einander gleich, so läßt sich durch Multiplizieren mit $1/k$ und Subtrahieren erreichen, daß die quadratischen Glieder wegfallen und eine lineare Gleichung erhalten wird, mit deren Hilfe eine Variable durch Einsetzen in eine der quadratischen Gleichungen eliminiert werden kann.

Beispiel 2: $x^2 + y^2 - 18x - 18y + 112 = 0$
$x^2/2 + y^2/2 - 11x + 5y - 52 = 0$ $\quad | \cdot 2$

$x^2 + y^2 - 18x - 18y + 112 = 0$
$x^2 + y^2 - 22x + 10y - 104 = 0$

$4x - 28y + 216 = 0$

$x = 7y - 54$

$y^2 - 18y + 80 = 0$

$y_1 = 10,\ y_2 = 8$

$x_1 = 16,\ x_2 = 2$

Die Probe bestätigt, daß $L = \{(2, 8), (16, 10)\}$ die Lösungsmenge des Systems ist.

Beispiel 3:

$$(1)\quad x^2 + y^2 = a$$
$$(2)\quad x \cdot y = b$$

Lösungsweg I

$(x + y)^2 = a + 2b$ | (1) + 2 · (2)

$(x - y)^2 = a - 2b$ | (1) − 2 · (2)

$$x + y = \pm\sqrt{a + 2b}$$
$$x - y = \pm\sqrt{a - 2b}$$

$$y_{1,2} = \pm{}^1/_2(\sqrt{a + 2b} - \sqrt{a - 2b})$$
$$x_{1,2} = \pm{}^1/_2(\sqrt{a + 2b} + \sqrt{a - 2b})$$
$$(y_{1,2})^2 = {}^1/_4(a + 2b + a - 2b \pm 2\sqrt{a^2 - 4b^2})$$
$$(x_{1,2})^2 = {}^1/_4(a + 2b + a - 2b \mp 2\sqrt{a^2 - 4b^2})$$

Lösungsweg II

$$(1\text{a})\quad b^2/y^2 + y^2 = a$$
$$(2\text{a})\quad x = b/y$$

$$y^4 - ay^2 + b^2 = 0$$

biquadratische Gleichung

$$(y_{1,2})^2 = a/2 \pm {}^1/_2\sqrt{a^2 - 4b^2}$$
$$(x_{1,2})^2 = a/2 \mp {}^1/_2\sqrt{a^2 - 4b^2}$$

Wie man sieht, ergibt jeder Lösungsweg dasselbe Ergebnis.

Drei quadratische Gleichungen mit drei Variablen. Auf ein spezielles Gleichungssystem dieser Art führt die Aufgabe der analytischen Geometrie, die Gleichung eines Kreises durch drei Punkte, etwa $P_1(-8, 12)$, $P_2(-4, 4)$, $P_3(9, -5)$ anzugeben. Gesucht sind die Koordinaten des Mittelpunktes $M(c, d)$ und der Radius r des Kreises. Man erhält das nebenstehende Gleichungssystem für die Variablen c, d und r. Rechnet man die Quadrate aus und subtrahiert z. B. die zweite Gleichung von der ersten und die dritte von der ersten, so erhält man zwei lineare Gleichungen mit den Variablen c und d, die zur Bestimmung von $c = 16$ und $d = 19$ führen. Setzt man die für c und d errechneten Werte in eine der Ausgangsgleichungen ein, so erhält man eine reinquadratische Gleichung für r. Deren positive Lösung ist der gesuchte Radius. Hier ist $r = 25$.

$$(-8 - c)^2 + (12 - d)^2 = r^2$$
$$(-4 - c)^2 + (4 - d)^2 = r^2$$
$$(9 - c)^2 + (-5 - d)^2 = r^2$$

4.7. Algebraische Ungleichungen

Eine Ungleichung wird wie eine Gleichung mit Hilfe des Termbegriffs definiert. Ein Ausdruck, in dem zwei Terme T_1 und T_2 durch eines der Relationszeichen $>$ «größer als», $\geqslant$ «größer oder gleich», $<$ «kleiner als», $\leqslant$ «kleiner oder gleich» oder $\neq$ «ungleich» verbunden sind, heißt Ungleichung, z. B. $T_1 > T_2, T_1 < T_2, T_1 \geqslant T_2, T_1 \leqslant T_2$ oder $T_1 \neq T_2$; z. B. sind $3x < 5, a^2 \geqslant 9, 2 \leqslant 8, x + y > 6, {}^1/_2 \neq {}^1/_3$ Ungleichungen. Im folgenden sollen nur Ungleichungen der Formen $T_1 > T_2$ und $T_1 < T_2$ behandelt werden.

Wie bei Gleichungen unterscheidet man auch bei Ungleichungen solche *ohne Variable*, die wahre oder falsche Ungleichheitsaussagen sind, von solchen, die *Aussageformen* sind; z. B. sind $2 < 8$ und ${}^1/_2 > {}^1/_3$ Aussagen und $a^2 < 9$ und $x + y > 6$ Aussageformen.

Lösungsmenge und Lösen einer Ungleichung

Jede Zahl aus dem Definitionsbereich, die, für die Variable eingesetzt, eine Ungleichung mit einer Variablen in eine wahre Ungleichheitsaussage überführt, heißt *Lösung* der Ungleichung. Dabei definiert man den Definitionsbereich einer Ungleichung analog zu dem einer Gleichung. Enthält die Ungleichung zwei, drei, ..., n Variable, so ist eine Lösung ein geordnetes Paar, Tripel, ..., n-Tupel von Zahlen. Die *Lösungsmenge L* ist die Menge *aller* Lösungen einer Ungleichung bezüglich ihres Definitionsbereichs; z. B. hat die Ungleichung $x < 4$ für $x \in \mathbf{N}$ die Lösungen 0, 1, 2, 3, d. h., es ist $L = \{0, 1, 2, 3\}$; dagegen für $x \in \mathbf{Z}$ ist $L = \{..., -3, -2, -1, 0, 1, 2, 3\}$, und für $x \in \mathbf{R}$ ist $L = \{x \mid x \in \mathbf{R} \text{ und } x < 4\}$. Für die Ungleichung $x + y < 2$, $x \in \mathbf{N}, y \in \mathbf{N}$ ist $L = \{(0, 0), (1, 0), (0, 1)\}$ die Lösungsmenge. Für $x \in \mathbf{Z}$, $y \in \mathbf{Z}$ enthält die Lösungsmenge dieser Ungleichung unendlich viele Lösungen, nämlich alle geordneten Paare ganzer Zahlen, für die $x + y < 2$ ist, z. B. $(-5, 1)$ und $(1, -4)$.

Erfüllbare, nicht erfüllbare und allgemeingültige Ungleichungen. Von einer *erfüllbaren* bzw. *nicht erfüllbaren* Ungleichung spricht man, je nachdem, ob die Ungleichung mit Variablen bezüglich ihres Definitionsbereichs Lösungen hat bzw. nicht hat.

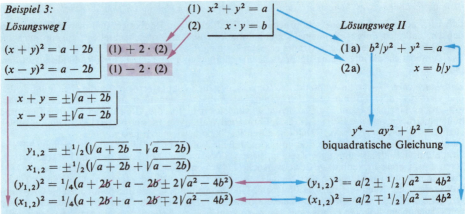

Erfüllbare Ungleichungen	Nicht erfüllbare Ungleichungen
$x < 0$ für $x \in \mathbf{Z}$: $L = \{..., -3, -2, -1\}$	$x < 0$ für $x \in \mathbf{N}$: $L = \emptyset$
$a^2 > 0$ für $a \in \mathbf{N}$: $L = \{1, 2, 3, 4, ...\}$	$a^2 < 0$ für $a \in \mathbf{N}$: $L = \emptyset$
$2x > 3x$ für $x \in \mathbf{R}$: $L = \{x \mid x \in \mathbf{R}$ und $x < 0\}$	$2x > 3x$ für $x \in \mathbf{N}$: $L = \emptyset$
$y + 3 < y + 4$ für $y \in \mathbf{R}$: $L = \mathbf{R}$	$y + 3 < y + 3$ für $y \in \mathbf{R}$: $L = \emptyset$

Dabei ist die Ungleichung $y + 3 < y + 4$ für $y \in \mathbf{R}$ nicht nur erfüllbar schlechthin, sondern sogar *allgemeingültig*, da alle $y \in \mathbf{R}$ Lösungen sind. Eine erfüllbare Ungleichung mit n Variablen heißt *allgemeingültig*, wenn alle geordneten n-Tupel von Zahlen aus dem Definitionsbereich Lösungen der Ungleichung sind, z. B. ist die sogenannte Dreiecksungleichung $|a + b| \leqslant |a| + |b|$ für alle geordneten Paare reeller Zahlen erfüllt, d. h., sie ist allgemeingültig für $a \in \mathbf{R}$, $b \in \mathbf{R}$.

Äquivalente Ungleichungen. Zwei Ungleichungen mit Variablen heißen äquivalent, wenn sie gleiche Definitionsbereiche und gleiche Lösungsmengen haben, andernfalls nennt man die Ungleichungen *nicht äquivalent*; z. B. sind $x + 4 < 7$ und $x < 3$ bezüglich der Menge $\mathbf{N}$ der natürlichen Zahlen äquivalent, denn es ist $L_1 = \{0, 1, 2\}$ und $L_2 = \{0, 1, 2\}$, also $L_1 = L_2$. Ebenso sind $-2a > 4$ und $a < -2$ für $a \in \mathbf{Z}$ äquivalente Ungleichungen, da $L_1 = L_2 = \{..., -6, -5, -4, -3\} = L$ ist. Dagegen sind die Ungleichungen $y > 0$ und $y > -2$ zwar über $\mathbf{N}$ äquivalent, nicht aber z. B. über $\mathbf{Z}$. Umformungen, die eine Ungleichung in eine dazu äquivalente überführen, heißen *äquivalente Umformungen*, sie beruhen auf den Grundgesetzen der Arithmetik, speziell den Monotonieeigenschaften reeller Zahlen.

Sätze über das äquivalente Umformen von Ungleichungen mit Variablen.
Zur Ungleichung $T_1 < T_2$ sind äquivalent die Ungleichungen

1. **$T_1' < T_2'$, falls T_1' und T_1 sowie T_2' und T_2 äquivalente Terme sind;**
2. **$T_2 > T_1$;**
3. **$T_1 \pm T_3 < T_2 \pm T_3$, falls der Term T_3 im gesamten Variablengrundbereich definiert ist;**
4. **$T_1 \cdot T_3 < T_2 \cdot T_3$ und $T_1/T_3 < T_2/T_3$, falls der Term T_3 im gesamten Variablengrundbereich definiert und positiv ist;**
5. **$T_1 \cdot T_3 > T_2 \cdot T_3$ und $T_1/T_3 > T_2/T_3$, falls der Term T_3 im gesamten Variablengrundbereich definiert und negativ ist.**

Lösen von Ungleichungen. Unter *Lösen* einer Ungleichung versteht man die Angabe *aller* Lösungen bezüglich gegebener Variablengrundbereiche, d. h. die Angabe ihrer Lösungsmenge. Wie bei Gleichungen geht es auch beim Lösen von Ungleichungen darum, möglichst mittels gezielter äquivalenter Umformungen schließlich zu einer so einfachen Ungleichung zu gelangen, daß ihre Lösungsmenge leicht ablesbar ist. Häufig benutzt man auch, insbesondere bei Abschätzungen, die *Transitivität der Relationen* $<$ bzw. $>$, die aus $T_1 < T_2$ und $T_2 < T_3$ auf $T_1 < T_3$ zu schließen gestattet. Für eine lineare Ungleichung mit einer Variablen ergibt sich ein *Lösungsweg* unter Verwendung der *Umformungssätze*.

Die Lösungsmenge z. B. für die Ungleichung $2x + 2 + 3x < 3x - 8 + 4$ besteht aus allen reellen Zahlen, die kleiner als -3 sind: $L = \{x \mid x \in \mathbf{R}$ und $x < -3\}$. Die gefundene Lösungsmenge läßt sich auf der Zahlengeraden graphisch veranschaulichen (Abb. 4.7-1).

$2x + 2 + 3x < 3x - 8 + 4;\quad x \in \mathbf{R}$

Satz 1

$5x + 2 < 3x - 4 \quad | \; -3x - 2$

Satz 3

$5x + 2 - 3x - 2 < 3x - 4 - 3x - 2$

Satz 1

$2x < -6 \quad | \; :2$

Satz 4

$2x/2 < -6/2$

Satz 1

$x < -3$

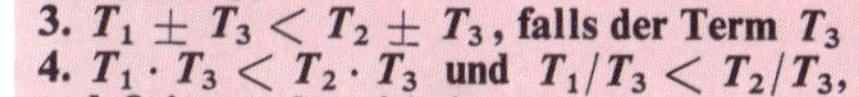

4.7-1 Graphische Darstellung der Lösungsmenge $L = \{x \mid x \in \mathbf{R}$ und $x < -3\}$

Probe: Bei Ungleichungen ist es im allgemeinen nicht möglich, wie bei Gleichungen durch Einsetzen aller Lösungen anstelle der Variablen die Richtigkeit der Rechnung zu überprüfen. Es ist aber zweckmäßig, für einzelne Elemente der Lösungsmenge Stichproben zu machen, z. B. hier für $-5 \in \mathbf{R}$:

$$2(-5) + 2 + 3(-5) < 3(-5) - 8 + 4$$
$$-10 + 2 - 15 < -15 - 8 + 4$$
$$-23 < -19 \text{ »wahr«}$$

Die Probe kann auch vollständig durchgeführt werden, indem man alle Elemente von L in der Gestalt $x = -3 - h (h > 0)$ schreibt, in die gegebene Ungleichung einsetzt und prüft, ob die dadurch entstehende Ungleichheitsaussage für alle reellen $h > 0$ wahr ist.

Beispiel 1: $25 - 3a < 22 - 2a;\quad a \in \mathbf{N} \mid +2a - 25$

$25 - 3a + 2a - 25 < 22 - 2a + 2a - 25$

$-a < -2$

$a > 2$ Die Lösungsmenge besteht aus allen natürlichen Zahlen, die größer als 2 sind: $L = \{a \mid a \in \mathbf{N} \text{ und } a > 2\} = \{3, 4, 5, \ldots\}$ (Abb. 4.7-2).

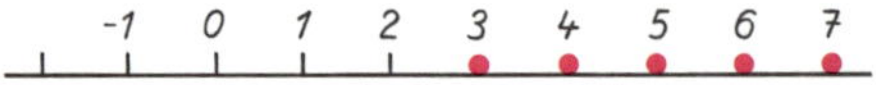

4.7-2 Graphische Darstellung der Lösungsmenge $L = \{a \mid a \in \mathbf{N} \text{ und } a > 2\}$

Beispiel 2: $y + x < 4;\ x \in \mathbf{N},\ y \in \mathbf{N} \mid -x$

$y < -x + 4$

Die Lösungsmenge ist in diesem Falle $L = \{(0, 0), (0, 1), (0,2), (0, 3), (1, 0), (1, 1), (1, 2), (2, 0), (2, 1), (3, 0)\}$ (Abb. 4.7-3).
Wählt man **R** als Variablengrundbereich für x und y, so liefern die Koordinaten aller Punkte der unterhalb der Geraden mit der Gleichung $y = -x + 4$ gelegenen Halbebene Lösungen der Ungleichung.

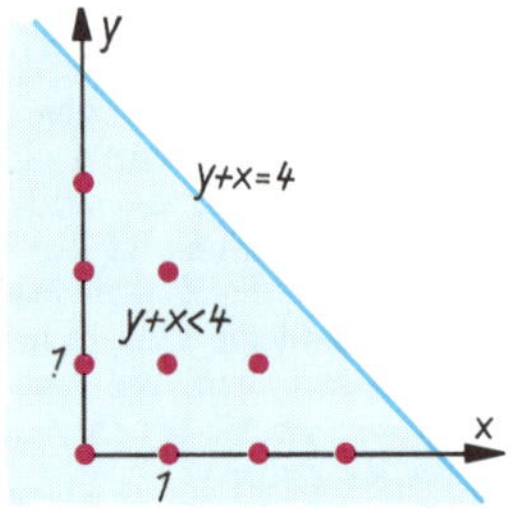

4.7-3 Graphische Darstellung der Lösungsmenge der Ungleichung $y + x < 4$ für $x \in \mathbf{N}$, $y \in \mathbf{N}$ und für $x \in \mathbf{R}$, $y \in \mathbf{R}$

Beispiel 3: $x^2 - 4 > 0;\ x \in \mathbf{R}$

$(x - 2)(x + 2) > 0$

Ein Produkt ist genau dann positiv, wenn beide Faktoren gleiche Vorzeichen haben. Damit ergeben sich zwei Fälle:

1. Fall: $x - 2 > 0$ *und* $x + 2 > 0$
$x > 2$ *und* $x > -2$
$x > 2$

2. Fall: $x - 2 < 0$ *und* $x + 2 < 0$
$x < 2$ *und* $x < -2$
$x < -2$

Die Lösungsmenge enthält somit alle reellen Zahlen, die größer als 2 oder kleiner als -2 sind.

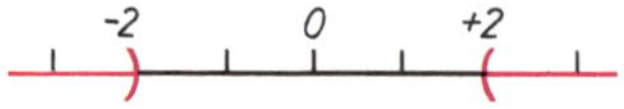

4.7-4 Graphische Darstellung der Lösungsmenge der Ungleichung $x^2 - 4 > 0;\ x \in \mathbf{R}$

Beispiel 4: $x^2 - 4 < 0;\ x \in \mathbf{R}$

$(x - 2)(x + 2) < 0$

Ein Produkt aus zwei Faktoren ist genau dann negativ, wenn die Faktoren entgegengesetzte Vorzeichen haben. Es ergeben sich zwei Fälle:

1. Fall: $x - 2 < 0$ *und* $x + 2 > 0$
$x < 2$ *und* $x > -2$
$-2 < x < 2$

2. Fall: $x - 2 > 0$ *und* $x + 2 < 0$
$x > 2$ *und* $x < -2$
$-2 > x > 2$ »nicht erfüllbar«

Die Lösungsmenge enthält alle reellen Zahlen, die im Intervall $-2 < x < 2$ liegen (Abb. 4.7-4).
$L = \{x \mid x \in \mathbf{R} \text{ und } -2 < x < 2\}$.

Beispiel 5: Bei Bruchungleichungen sind ebenfalls Fallunterscheidungen nötig.

$(x + 2)/(x - 1) > 4;\qquad x \in \mathbf{R}$

Der Definitionsbereich der Ungleichung ist die Menge aller reellen Zahlen $x \neq 1$, d. h. $\mathbf{R} \setminus \{1\}$.

1. Fall:

$(x + 2)/(x - 1) > 4$ *und* $x - 1 > 0$
$x + 2 > 4(x - 1)$ *und* $x > 1$
$x + 2 > 4x - 4$ *und* $x > 1$
$6 > 3x$ *und* $x > 1$
$x < 2$ *und* $x > 1$
$L_1 = \{x \mid x \in \mathbf{R} \text{ und } 1 < x < 2\}$

2. Fall:

$(x + 2)/(x - 1) > 4$ *und* $x - 1 < 0$
$x + 2 < 4(x - 1)$ *und* $x < 1$
$x + 2 < 4x - 4$ *und* $x < 1$
$6 < 3x$ *und* $x < 1$
$x > 2$ *und* $x < 1$ »nicht erfüllbar«
$L_2 = \emptyset$

Die Lösungsmenge der gegebenen Ungleichung ist $L = L_1 \cup L_2 = L_1$, sie enthält alle reellen Zahlen x im Intervall $1 < x < 2$.

Beispiel 6: $|a + 5| < 2$; $a \in \mathbf{Z}$. Nach Definition des absoluten Betrages gilt: $|a + 5| = a + 5$ für $a + 5 \geqslant 0$ oder $|a + 5| = -(a + 5)$ für $a + 5 < 0$. Man hat deshalb wieder zwei Fälle zu unterscheiden:

1. Fall: $a + 5 < 2$ *und* $a + 5 \geqslant 0$
$a < -3$ *und* $a \geqslant -5$
$L_1 = \{-5, -4\}$.

2. Fall: $-(a + 5) < 2$ *und* $a + 5 < 0$
$-a - 5 < 2$ *und* $a < -5$
$-a < 7$ *und* $a < -5$
$a > -7$ *und* $a < -5$
$L_2 = \{-6\}$.

Daraus ergibt sich als Lösungsmenge für die Ausgangsgleichung $L = L_1 \cup L_2 = \{-6, -5, -4\}$, wie man in diesem Fall auch durch Einsetzen leicht bestätigen kann.

Beispiel 7: Aus den wahren Werten a, b gewisser physikalischer Größen, den Meßwerten α, β dieser Größen und den Meßfehlern ε_1 bzw. ε_2 für a bzw. b kann man den Maximalfehler des Quotienten a/b berechnen. Ist $|\beta| > \varepsilon_2$ und nach Voraussetzung $|a - \alpha| < \varepsilon_1$ sowie $|b - \beta| < \varepsilon_2$, so gilt:

$$\frac{a}{b} - \frac{\alpha}{\beta} = \frac{a\beta - b\alpha}{b\beta} = \frac{\beta(a - \alpha) - \alpha(b - \beta)}{b\beta}$$

$$\left|\frac{a}{b} - \frac{\alpha}{\beta}\right| = \left|\frac{\beta(a - \alpha) - \alpha(b - \beta)}{b\beta}\right| \leqslant \frac{|\beta|\,|a - \alpha| + |\alpha|\,|b - \beta|}{|b|\,|\beta|} \leqslant \frac{|\beta|\,\varepsilon_1 + |\alpha|\,\varepsilon_2}{|b|\,|\beta|}.$$

Wegen $|\beta| > \varepsilon_2$ ist $|b| < \varepsilon_2 + |\beta|$, danach ist $\left|\frac{a}{b} - \frac{\alpha}{\beta}\right| \leqslant \frac{|\beta|\,\varepsilon_1 + |\alpha|\,\varepsilon_2}{|\beta|\,(|\beta| + \varepsilon_2)}$ der Maximalfehler des Quotienten.

Spezielle Ungleichungen

1. *Dreiecksungleichung:* Für alle reellen Zahlen a, b gilt $|a + b| \leqslant |a| + |b|$. Daraus ergibt sich durch vollständige Induktion:

$|a_1 + a_2 + a_3 + \cdots + a_n| \leqslant |a_1| + |a_2| + |a_3| + \cdots + |a_n|$ für $n = 1, 2, 3, \ldots$ und $a_1, a_2, \ldots, a_n \in \mathbf{R}$.

2. Ebenfalls für alle $a, b \in \mathbf{R}$ gilt $\big||a| - |b|\big| \leqslant |a + b|$.

3. Für alle natürlichen Zahlen $n \geqslant 1$ ist stets $2^n > n$ (Beweis durch vollständige Induktion).

4. Für reelle Zahlen $a > 0$, $b > 0$ und $n = 1, 2, 3, \ldots$ gilt nach dem binomischen Lehrsatz stets $a^n + b^n \leqslant (a + b)^n$.

5. *Bernoullische Ungleichung:* $(1 + a)^n > 1 + na$, für natürliches $n \geqslant 2$ und reelles $a \neq 0$ und $a > -1$.

6. Für reelle Zahlen $a \geqslant 0$, $b \geqslant 0$ gilt stets $ab \leqslant [(a + b)/2[^2$ oder $\sqrt{ab} \leqslant (a + b)/2$; allgemein gilt für $n = 1, 2, 3, \ldots$ und reelle Zahlen $a_1 \geqslant 0, \ldots, a_n \geqslant 0$

$\sqrt[n]{a_1 a_2 \ldots a_n} \leqslant (a_1 + a_2 + \cdots a_n)/n$

d. h.: Das *geometrische Mittel* ist stets kleiner oder gleich dem *arithmetischen Mittel*.

7. Zwischen dem *harmonischen Mittel* $H = n/[1/a_1 + 1/a_2 + \cdots + 1/a_n]$, dem *geometrischen Mittel* $G = \sqrt[n]{a_1 a_2 a_3 \ldots a_n}$ und dem *arithmetischen Mittel* $M = (a_1 + a_2 + \cdots + a_n)/n$ besteht folgende Beziehung: $H \leqslant G \leqslant M$, wobei die a_i nicht negative reelle Zahlen sind und $n = 2, 3, \ldots$

8. Cauchy-Schwarzsche Ungleichung: Für alle reellen Zahlen $a_1, a_2, \ldots, a_n, b_1, b_2, \ldots, b_n$ gilt $(a_1 b_1 + a_2 b_2 + \cdots + a_n b_n)^2 \leqslant (a_1^2 + a_2^2 + \cdots + a_n^2)\,(b_1^2 + b_2^2 + \cdots + b_n^2)$.

5. Funktionen

5.1. Grundbegriffe

Begriff der Funktion

Zur Beschreibung von *Abhängigkeiten* zwischen veränderlichen Größen sind *Funktionen* das angemessene Mittel. Beispielsweise hängt der Weg s eines Körpers bei freiem Fall von der Fallzeit t über die Gleichung $s = \frac{1}{2} g \cdot t^2$ ab, wobei g die Konstante der Erdbeschleunigung bezeichnet. Wirkt eine Kraft der Größe K längs eines Weges der Länge s, so ist die von ihr geleistete Arbeit $A = K \cdot s$. Die Beziehung $U = 2\pi \cdot r$ beschreibt die Abhängigkeit des Kreisumfanges von der Größe r des Kreisradius.

In dieser „analytischen" Bedeutung tritt der Funktionsbegriff erstmalig im Briefwechsel zwischen Leibniz und Johann Bernoulli auf; gemeint sind mit Funktionen in aller Regel algebraische bzw. analytische Ausdrücke (Reihen, Integrale), in denen eine oder mehrere Größen als veränderlich angesehen und der Einfluß dieser Veränderungen auf andere Größen studiert werden kann. Aus mehreren Gründen erwies sich dieser Funktionsbegriff bald als zu eng. Zum einen blieb unklar, welche Operationen bei der Erzeugung von solchen „algebraischen bzw. analytischen Ausdrücken" zugelassen werden können. Beispielsweise stellte man fest, daß sich höchst willkürliche „Funktionen mit Knicken und Sprüngen" durch sogenannte *Fourier-Reihen* (vgl. Kap. 21) darstellen lassen. Zum anderen läßt sich nicht jede Abhängigkeit mittels eines derartigen Ausdruckes beschreiben, etwa empirisch ermittelte Folgen von Meßdaten wie die maximalen Tagestemperaturen des Ortes P im Jahre 1994, oder die willkürliche *Zuordnung*, bei der jedem Theaterbesucher sein Sitzplatz entspricht.

Zu einem verallgemeinerten Funktionsbegriff gelangt man, wenn man nicht die *Abhängigkeit* von Größen, sondern die Tatsache der *Zuordnung* bestimmter Objekte zu anderen Objekten als das Wesentliche ansieht. Werden z. B. durch eine Funktion f Elementen einer Menge A gewisse Elemente einer Menge B zugeordnet, in Zeichen $f\colon A \to B$, so lassen sich einander entsprechende Elemente als *geordnete Paare* $(a;b)$ interpretieren. Die Funktion f stellt sich dann dar als eine Menge geordneter Paare $(a;b)$ mit $a \in A$, $b \in B$ und der Eigenschaft, daß jedem $a \in A$ *höchstens ein* Element $b \in B$ zugeordnet ist. In der Terminologie der Mengenlehre (vgl. Kap. 14.3) ist die Funktion f eine auf $A \cup B$ definierte nacheindeutige Relation mit einem Vorbereich $\mathrm{Vb}\, f \subseteq A$ und einem Nachbereich $\mathrm{Nb}\, f \subseteq B$. Ist $f\colon A \to B$ und $(a;b) \in f$, so heißt a ein *Original* oder *Urbild*, das ihm eindeutig zugeordnete Element b das *Bild* von a bezüglich f. Unter dem *Definitionsbereich* oder *Vorbereich* $\mathrm{Vb}\, f$ der Funktion f versteht man die Menge aller Originale, unter ihrem *Wertebereich*, *Wertevorrat* oder *Nachbereich* $\mathrm{Nb}\, f$ die Menge aller Bilder. Offenbar ist $\mathrm{Vb}\, f \subseteq A$ und $\mathrm{Nb}\, f \subseteq B$. Deshalb spricht man dann von einer Funktion *aus A in B*. Ist $\mathrm{Vb}\, f = A$, d. h., tritt jedes Element von A als Urbild auf, heißt f eine Funktion *von A in B*; ist $\mathrm{Nb}\, f = B$, tritt mithin jedes Element von B als Bild auf, spricht man von einer Funktion aus *A auf B*. Diese Funktionen heißen auch *surjektiv* bzw. *Surjektionen*. Ist sowohl Vb $f = A$ als auch Nb $f = B$, so ist f eine Funktion *von A auf B*.

Eine Funktion f aus einer Menge A in eine Menge B ist eine (nichtleere) Menge von geordneten Paaren $(x; y)$ mit $x \in \mathrm{Vb}\, f \subseteq A$, $y \in \mathrm{Nb}\, f \subseteq B$ und mit der Eigenschaft, daß jedem $x \in \mathrm{Vb}\, f$ *genau ein* $y \in \mathrm{Nb}\, f$ zugeordnet ist: aus $(x_1, y_1) \in f$, $(x_2, y_2) \in f$ und $x_1 = x_2$ folgt $y_1 = y_2$. Äquivalent dazu ist eine Funktion f: $A \to B$ eine nacheindeutige Relation auf $A \cup B$ mit dem Vorbereich $\mathrm{Vb}\, f \subseteq A$ und dem Nachbereich $\mathrm{Nb}\, f \subseteq B$: $f = \{(x; y) \mid x \in \mathrm{Vb} f \wedge y \in \mathrm{Nb} f\} \subseteq A \times B$.

Ist f: $A \to B$ eine Funktion aus A in B und $(x; y) \in f$, so nennt man das Original x auch ein *Argument* der Funktion und sein Bild y den *Funktionswert für das Argument* x (bzw. *an der Stelle* x); diesen bezeichnet man häufig mit $f(x)$ und beschreibt die Zuordnung symbolisch durch $x \mapsto y = f(x)$. Ist Nb $f \subseteq \mathbf{R}$, d. h., sind alle Funktionswerte reelle Zahlen, heißt f eine *reellwertige* Funktion, ist darüberhinaus auch Vb $f \subseteq \mathbf{R}$, so heißt f eine *reelle* Funktion. Ist Vb $f = \mathbf{N}$ und Nb $f \subseteq \mathbf{R}$, so spricht man von einer reellen *Folge* (vgl. Kap. 18).

Darstellung von Funktionen

Um eine Funktion zu beschreiben, muß man ihren Definitionsbereich und ihren Wertevorrat angeben sowie die einander zugeordneten Paare bzw. die Vorschrift der Zuordnung.

Graph. Beim Graph einer Funktion werden Definitionsbereich und Wertevorrat unmittelbar zeichnerisch dargestellt, und die Zuordnung wird durch Pfeile veranschaulicht (Abb. 5.1-1). Von jedem Element des Definitionsbereichs darf dabei nur *eine* Zuordnungslinie ausgehen, während zu den Elementen des Wertevorrats eine oder mehrere Zuordnungslinien führen können.

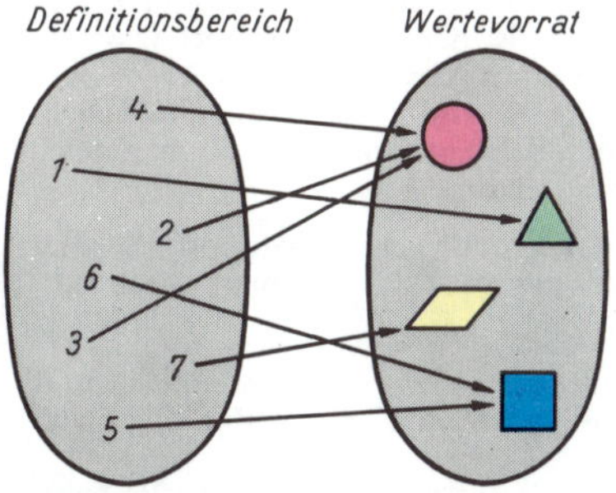

5.1-1 Graph einer Funktion

Definitionsbereich	1	2	3	4	5	6	7
Wertevorrat	△	●	●	●	■	■	▱

5.1-2 Wertetafel einer Funktion

Wertetafel. Statt mit Hilfe eines Graphen läßt sich die Zuordnungsvorschrift auch in einer Wertetafel niederlegen (Abb. 5.1-2). In der oberen Zeile der Tafel werden die Elemente des Definitionsbereichs eingetragen und jeweils darunter das zugeordnete Element aus dem Wertevorrat.
Eine Wertetafel kann nur endlich viele geordnete Paare angeben; sie reicht im allgemeinen nicht aus zur vollständigen Beschreibung einer Funktion.

Erklärung durch Worte. Sind Definitionsbereich und Wertebereich einer Funktion nicht endlich oder so umfangreich, daß man den Graph oder die Wertetafel nicht mehr übersichtlich auf einem Papierblatt unterbringen kann, so genügt es, die beiden Bereiche durch eine *exakte Beschreibung* zu umreißen und durch eine Vorschrift anzugeben, wie man zu jedem Element des Definitionsbereichs das zugeordnete Element des Wertebereichs finden kann. Diese Vorschrift kann im Einzelfall sehr unterschiedlich aussehen. Es ist möglich, eine Funktion ganz ohne Verwendung einer mathematischen Symbolik durch einen Satz der Umgangssprache festzulegen; wenn z. B. jedem Punktspiel der Bundesliga im Fußball der *Quotient* aus der Anzahl der verkauften *Eintrittskarten* und der *Einwohnerzahl* des Austragungsortes zugeordnet wird, so ist damit eine *Funktion* festgelegt. Diese Funktion kann einen gewissen Aufschluß über das Interesse geben, das den einzelnen Spielen vom Publikum entgegengebracht wird. Für Zuordnungsvorschriften, die ganz oder teilweise durch sprachliche Formulierung gegeben sind, lassen sich viele Beispiele finden.

Beispiel 1: Jeder reellen Zahl x wird entweder der Wert 0 oder der Wert 1 zugeordnet, je nachdem, ob x irrational oder rational ist, z. B. $\sqrt{2} \to 0$; $^3/_4 \to 1$.

Beispiel 2: Durch $g(x) = [x]$ wird jeder beliebigen reellen Zahl x die größte ganze Zahl $[x]$ zugeordnet, die kleiner oder gleich x ist.

Diagramm. Ein Diagramm stellt ebenfalls eine Funktion dar, wenn man als Definitionsbereich eine Menge von Zahlen der horizontalen Achse, als Wertebereich eine Menge von Zahlen der vertikalen Achse wählt und dem Argument x des Definitionsbereichs genau den Wert y zuordnet, für den der

Punkt mit den Koordinaten (x, y) ein Punkt des Diagramms ist. Jedoch kann nicht jede beliebige in ein Koordinatensystem gezeichnete Kurve als Darstellung einer Funktion aufgefaßt werden; die durch die Kurve vermittelte Zuordnung muß *eindeutig* sein. Dies ist der Fall, wenn die Kurve des Diagramms von jeder zur vertikalen Achse parallelen Geraden in höchstens einem Punkt geschnitten wird.

Funktionsgleichung. In vielen Fällen, insbesondere dann, wenn die Zuordnung $x \mapsto y$ eine bekannte Gesetzmäßigkeit wie z. B. die Abhängigkeit des Kreisumfanges vom Radius widerspiegelt, läßt sich ein Rechenausdruck $A(x)$ so angeben, daß der zum Argument $x_0 \in \mathrm{Vb}f$ der Funktion f gehörende Funktionswert $y_0 = f(x_0) \in \mathrm{Nb}f$ durch Bildung von $A(x_0)$ ermittelt werden kann. Man schreibt dann $x \mapsto y = f(x) = A(x)$ oder $x \mapsto f(x) = A(x)$ oder auch $x \mapsto y = f(x)$, sofern man den Rechenausdruck etwas lax ebenfalls mit $f(x)$ bezeichnet. In diesem Sinne spricht man $y = f(x)$ als *Funktionsgleichung* der Funktion $x \mapsto y = f(x)$ an. Genau genommen müßte man auch den Definitionsbereich von f angeben, also schreiben: f: $\mathrm{Vb}f \to \mathrm{Nb}f$ und $x \mapsto y = f(x) = A(x)$. Bei reellen Funktionen, deren Definitionsbereich eine Teilmenge von **R** ist, läßt man diese Angabe oft weg; dann ist die Funktion aufzufassen in ihrem *natürlichen Definitionsbereich*, der alle die reellen Zahlen x_0 enthält, denen mittels $A(x)$ ein Funktionswert $f(x_0) = A(x_0)$ zugeordnet werden kann. Beispielsweise ist der natürliche Definitionsbereich von f_1: $x \mapsto y = 7x + 2$ die Menge **R**, jener der Funktion f_2: $x \mapsto y = \sqrt{x-4}$ nur das Intervall $[4; \infty)$. Die Funktion f_3: $\mathfrak{P}(\mathbf{R}) \to \mathbf{R}$ mit $X \mapsto \sup X$ ordnet jeder Teilmenge X von **R** ihr Supremum zu; hier ist die Angabe des Definitionsbereichs erforderlich.

In der mathematischen Literatur wird oft – sehr verkürzt – statt der Funktion f nur ihre *Funktionsgleichung* $y = f(x)$ angegeben. Ist der Definitionsbereich bekannt oder als natürlicher Definitionsbereich angenommen, so sind allerdings kaum Mißverständnisse zu befürchten. Deshalb sei es auch in diesem Buch – schon aus Gründen einer wünschenswerten Kürze der Darstellung – gestattet, einfach von „der Funktion $y = f(x)$" zu sprechen, wenn die Funktion f: $\mathrm{Vb}f \to \mathrm{Nb}f$ und $x \mapsto y = f(x) = A(x)$ gemeint ist. Besonders in der Analysis ist meist der Funktionswert $y_0 = f(x_0)$ von geringerem Interesse als vielmehr die Frage, wie dieser Wert auf Änderungen des Argumentes x_0 reagiert. In diesem Sinne heißt dann y die (von x) *abhängige Variable* und x die *unabhängige Variable*. Selbstverständlich können diese Variablen auch durch beliebige andere Symbole bezeichnet werden; häufige Symbole für Funktionen sind neben f besonders g, h, φ, ψ.

Beispiel 3: Die Funktion f: $x \mapsto y = -2x^2 + 4x - \sqrt{x}$ hat den natürlichen Definitionsbereich $0 \leq x < +\infty$; den zum Argument $x_0 = 9$ gehörenden Funktionswert $f(9)$ findet man durch Einsetzen in den Ausdruck $A(x) = -2x^2 + 4x - \sqrt{x}$ zu $f(9) = A(9) = -129$.

Beispiel 4: In der Formel für die *Länge l eines Kupferstabes beim Erwärmen* $l = l_0(1 + 0{,}000016\,t)$ steht t für die Temperatur; die Formel ist gültig im Definitionsbereich $0° \leq t \leq 100°$. Der sich daraus ergebende Wertevorrat ist $l_0 \leq l \leq l_0 + 0{,}00016\,l_0$.

Beispiel 5: Man kann den Definitionsbereich einer Funktion auch willkürlich einschränken, z. B. von der oben genannten Funktion f_1: $x \mapsto y = 7x + 2$ mit $\mathrm{Vb}f_1 = \mathbf{R}$ übergehen zur Funktion f_1^*: $x \mapsto y = 7x + 2$ mit $\mathrm{Vb}\,f_1^* = [-3; 5)$. Als Wertevorrat ergibt sich daraus $\mathrm{Nb}\,f_1^* = [-19; 37)$. Man bezeichnet dann die Funktion f_1^* als *Einschränkung* von f_1 auf den Bereich $\mathrm{Vb}\,f_1^*$ bzw. die Funktion f_1 als *Fortsetzung* von f_1^* auf ganz **R**. Da nach Definition der Funktion als Menge geordneter Paare zwei Funktionen f, g dann und nur dann *gleich* sind, wenn jedes zu f gehörende Elementepaar auch zu g gehört und umgekehrt, sind die oben genannten Funktionen f_1 und f_1^* als durchaus verschieden anzusehen.

Beispiel 6: Die reelle Funktion f mit $\mathrm{Vb}f = \mathbf{R}$, $\mathrm{Nb}f = \{0\}$ und der Funktionsgleichung $f(x) = 0$, die jeder reellen Zahl die Null zuordnet, heißt *Nullfunktion.* Ist $f(x) = c = \mathrm{const.}$ für alle $x \in \mathbf{R}$, so heißt *f konstante Funktion.* Die Funktion $i = \{(x; x) | x \in A \subseteq \mathbf{R}\}$, die jedem Argument x als Bild wieder x zuordnet, heißt *Identität auf A.*

Graphische Darstellung. Von der Funktionsgleichung gelangt man in vielen Fällen über eine Wertetafel zu einer anschaulichen Darstellung der betreffenden Funktion. Man ordnet mit Hilfe eines ebenen Koordinatensystems (s. Kap. 13.1. – Parallelkoordinatensysteme) jedem Zahlenpaar (x, y) einen Punkt P der Ebene zu und bezeichnet die Gesamtheit der Bildpunkte P als Bild der Funktion.

Je nach der Beschaffenheit des Definitionsbereichs und der Funktionsgleichung erhält man eine Folge isolierter Punkte, einzelne Kurvenstücke oder auch eine zusammenhängende *Funktionskurve*, auch *Schaubild* oder *Bild* der Funktion genannt.

Beispiel 6: Ist x unabhängige Variable im Definitionsbereich $-1 \leqslant x \leqslant +2$, so gibt die Funktionsgleichung $y = x/2$ für y einen Wertebereich von $-1/2 \leqslant y \leqslant +1$. Für einzelne Werte von x erhält man die folgende Wertetafel. Mit ihr können im Bereich $-1 \leqslant x \leqslant 2$ zunächst einzelne Punkte der Funktionskurve gezeichnet werden. Berechnet man die Funktionswerte für weitere Argumente, so erhält man eine immer dichtere Folge von Punkten, die alle auf derselben Geraden liegen (Abb. 5.1-3).

x	-1	$-1/2$	0	$+1/2$	$+1$	$+3/2$	$+2$
y	$-1/2$	$-1/4$	0	$+1/4$	$+1/2$	$+3/4$	$+1$

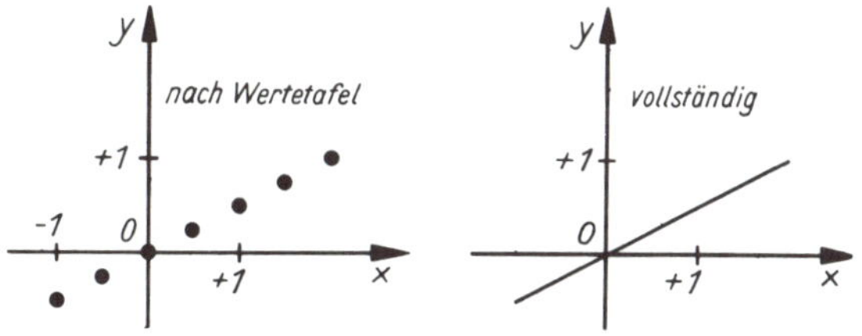

5.1-3 Bild der Funktion $y = x/2$ für $-1 \leqslant x \leqslant 2$

Es ist üblich, auf der horizontalen Achse eines kartesischen Koordinatensystems die Werte der unabhängigen Veränderlichen, auf der vertikalen Achse die der abhängigen Veränderlichen aufzutragen.

Explizite Form. Die Form $y = A(x)$ einer Funktionsgleichung, in der $A(x)$ ein beliebiger Rechenausdruck ist, der außer der Variablen x nur Zahlen bzw. Elemente des zugrunde liegenden Definitionsbereichs enthält, nennt man *explizite Form.*

Implizite Form. Zum Unterschied dazu ist eine *implizite Form* dadurch gekennzeichnet, daß auf mindestens einer Seite der Gleichung beide Variablen vorkommen, z. B. (1) $4x - 2y = 6$; (2) $xy = 1$; (3) $y = \sin x \cdot \sin y + x^2$; (4) $x^2 + y^2 = 16$; (5) $x^2 + xy + y^x = \sqrt{xy}$. Liegt eine Funktionsgleichung in der expliziten Form vor, so betrachtet man in der Regel die isoliert stehende Variable als abhängige und die andere als unabhängige Variable – ganz gleich, ob sie mit x, y; u, v; s, t oder noch anders bezeichnet sind. Bei der impliziten Form ist das nicht immer eindeutig. Zwar wird bei Verwendung von x und y gewöhnlich y als abhängige Variable betrachtet, aber häufig ist doch eine entsprechende Festlegung notwendig – besonders, wenn andere Symbole benutzt werden. Es ist aber auch möglich, die in einer impliziten Gleichung auftretenden Variablen als gleichberechtigt anzusehen. Wesentlich ist nun, daß in impliziter Form gegebene Gleichungen sich *nicht* immer in eine explizite Form umwandeln lassen. In den Beispielen (1) und (2) ist es leicht möglich, man erhält (1) $y = 2x - 3$ und (2) $y = 1/x$. Die Beispiele (3) und (5) dagegen trotzen allen diesbezüglichen Bemühungen. Man kann in beiden Beispielen weder y noch x isolieren (vgl. Kap. 4.1. – Transzendente Gleichungen). Dies zeigt, daß man auch einen Rechenausdruck der Form $A(x, y) = 0$ als Funktionsgleichung akzeptieren muß.
Eine andere Tatsache zeigt sich deutlich am Beispiel (4). $x^2 + y^2 = 16$ ist bekanntlich die Gleichung des Kreises um den Ursprung des Koordinatensystems mit dem Radius 4. Hier gibt es zu jedem Wert von x *zwei* Werte von y, die die Gleichung erfüllen. Betrachtet man y als abhängige Variable, so ist damit eine Zuordnung gegeben, die *nicht eindeutig* ist! Die Gleichung (4) ist aus diesem Grunde zunächst *keine* Funktionsgleichung. Die explizite Form $y = +\sqrt{16 - x^2}$ stellt dagegen eine Funktion dar. Ihr Bild besteht allerdings nur aus dem *oberen* Halbkreis. Die zum *unteren* Halbkreis gehörige Funktionsgleichung ist $y = -\sqrt{16 - x^2}$ Manchmal werden *beide* Funktionsgleichungen zusammengefaßt zu $y = \pm\sqrt{16 - x^2}$. Es wäre aber verfehlt, diese zusammengefaßte Schreibweise als Gleichung *einer* Funktion aufzufassen, die *mehrdeutig* ist; Funktionen sind nach Definition *eindeutige* Zuordnungen.

Parameterdarstellung. Hierbei hat man es zunächst mit zwei expliziten Funktionsgleichungen zu tun, z. B. $t \mapsto x = f_1(t)$ und $t \mapsto y = f_2(t)$, die jede für sich eine Funktion festlegen. Dabei ist der Definitionsbereich in beiden Fällen derselbe. Ordnet man nun jedem $x_0 = f_1(t_0)$ den Wert $y_0 = f_2(t_0)$ zu, so ist damit eine *Abbildung* des Wertebereichs von f_1 auf den Wertebereich von f_2 gegeben, die allerdings nicht eindeutig zu sein braucht.

Beispiel 7: Ist $x = 2t$ und $y = t/2$ mit $-\infty < t < +\infty$, so legen die zu jeweils gleichen Werten von t gehörenden Werte von x und y eine neue Zuordnung fest, die durch die Funktionsgleichung $y = x/4$ beschrieben wird, denn aus $x = 2t$ folgt $t = x/2$; setzt man in $y = t/2$ für t den Ausdruck $x/2$ ein, so erhält man $y = x/4$; der *Parameter t ist eliminiert worden.*

Beispiel 8: Ist $x = t^2$ und $y = t/2$ mit dem Definitionsbereich $-\infty < t < +\infty$, so ist die Zuordnung $x \mapsto y$ aber *nicht* mehr eindeutig. Zu jedem Wert von x gehören vielmehr *zwei* Werte von y. Man kann die Eindeutigkeit erreichen, wenn man den ursprünglichen Definitionsbereich einschränkt, etwa $0 \leqslant t < +\infty$ vorschreibt. Dann ist die Zuordnung $x \mapsto y$ wieder eine Funktion mit der Gleichung $y = \sqrt{x}/2$.

Beispiel 9: Ist $x = \cos t$ und $y = 2t$ mit dem Definitionsbereich $-\infty < t < +\infty$, so ist die Funktion $x = \cos t$ bekanntlich periodisch. Während für t beliebige Werte gewählt werden dürfen, wiederholen sich für x immer wieder die Werte zwischen -1 und $+1$, es gilt $-1 \leqslant x \leqslant +1$. Für $y = 2t$ ist der Wertebereich dagegen durch $-\infty < y < +\infty$ gekennzeichnet. Betrachtet man hier die Zuordnung $x \rightarrow y$, so zeigt sich, daß zu einem Wert von x *unendlich viele* Werte von y gehören. Es genügt, sich diese Tatsache an einem speziellen Wert klarzumachen: Man erhält $x = 1$ für usw. Zu einer *eindeutigen* Zuordnung gelangt man erst wieder durch Einschränkung des ursprünglichen Definitionsbereichs, etwa durch $0 \leqslant t \leqslant \pi$. Die dann vorliegende Funktion hat die Gleichung $y = 2 \arccos x$ mit dem Definitionsbereich $[-1, +1]$ und dem Wertebereich $[0, 2\pi]$.

Wenn eine Funktion $x \mapsto y = f(x)$ durch zwei getrennte Funktionen der Form $x = f_1(t)$ und $y = f_2(t)$ dargestellt wird, heißt die Variable t *Parameter*. Durch eine solche *Parametrisierung* kann eine gegebene implizite Beziehung zwischen x und y oft durch zwei explizite Funktionen dargestellt werden; z. B. $x^2 + y^2 = 1$ durch $x = \cos t$, $y = \sin t$ mit $0 \leqslant t < 2\pi$.
Zur Eindeutigkeit von f ist der Definitionsbereich für t gegebenenfalls einzuschränken.

Rekursive Form. Bei *zahlentheoretischen Funktionen* f, also Funktionen mit $\text{Vb} f = \mathbf{N}$, kann der Fall eintreten, daß man den Funktionswert $f(n)$ für ein Argument n erst dann berechnen kann, wenn man einen oder mehrere Funktionswerte für „vorangehende" Argumentwerte kennt. Man sagt dann, die Funktion sei *rekursiv definiert*. Beispielsweise wird durch die Gleichungen $f(0) = 1$, $f(1) = 1$ und $f(n) = f(n-1) + f(n-2)$ für $n \geq 2$ die Folge der FIBONACCI*schen Zahlen* 1, 1, 2, 3, 5, 8, 13, 21, 34, ... definiert. Über die rekursive Definition $\varphi(1) = 1$, $\varphi(n) = n - \sum \varphi(d)$, wobei die Summe über alle echten Teiler d von n zu erstrecken ist, kann die sog. EULER*sche Funktion* φ definiert werden, die für jedes n die Anzahl der zu n teilerfremden Zahlen aus $[1; n]$ angibt. Allerdings kann für φ auch eine explizite Funktionsgleichung angegeben werden: $\varphi(n) = n \prod (1 - \frac{1}{p})$, wobei das Produkt zu erstrecken ist über alle Primzahlen p, die n teilen. (Vgl. auch Kap. 15.4).

Summe und Produkt von Funktionen. Mittelbare Funktion. Sind f und g zwei reellwertige Funktionen, so werden das *reelle Vielfache* λf (λ reell), *Summe* $f + g$ und *Produkt* $f \cdot g$ von f und g wie folgt definiert:

λf ist die Funktion mit $\text{Vb}(\lambda f) = \text{Vb} f$ und $x \mapsto [\lambda f](x) := \lambda \cdot f(x)$;
$f + g$ ist die Funktion mit $\text{Vb}(f + g) = \text{Vb} f \cap \text{Vb} g$ und $x \mapsto [f + g](x) := f(x) + g(x)$;
$f \cdot g$ ist die Funktion mit $\text{Vb}(f + g) = \text{Vb} f \cap \text{Vb} g$ und $x \mapsto [f \cdot g](x) := f(x) g(x)$.

Die Definitionen erfolgen mithin „punktweise": Der zum Argument x_0 gehörende Funktionswert z. B. der Summenfunktion $f + g$ ergibt sich als Summe $f(x_0) + g(x_0)$ der Funktionswerte der Summandenfunktionen f und g; Analoges gilt für die Produktfunktion $f \cdot g$. Die Funktion $(-1) f$ bezeichnet man mit $-f$, und statt $f + (-g)$ schreibt man $f - g$. Damit ist auch die *Differenz* von Funktionen eingeführt. Die Funktion f/g existiert jedoch nur im Bereich $\text{Vb} f \cap [\text{Vb} g \setminus S]$, wobei S die Menge der Nullstellen von g bezeichnet.

Da Vielfaches, Summe und Produkt von Funktionen über die entsprechenden Operationen mit den Funktionswerten, also mit reellen Zahlen, definiert sind, übertragen sich die in $\mathbf{R}$ gültigen Rechenregeln auch auf den Umgang mit Funktionen. Jedoch ist zu beachten, daß $f \cdot g = 0$ sein kann, ohne daß eine der beiden Funktionen f oder g die Nullfunktion ist. Dies erkennt man am Beispiel der Funktionen f und g mit $\text{Vb} f = \text{Vb} g = [-1, +1]$ und

$$f(x) = \begin{cases} 0 & \text{für} \quad -1 \leq x \leq 0 \\ x & \text{für} \quad 0 < x \leq 1 \end{cases} \qquad g(x) = \begin{cases} x^2 & \text{für} \quad -1 \leq x \leq 0 \\ 0 & \text{für} \quad 0 < x \leq 1 \end{cases}$$

Eine weitere wichtige Operation zwischen Funktionen f, g ist ihre *Nacheinanderausführung*, die zum Begriff der *mittelbaren Funktion* führt. Wird durch die Abbildung G dem Element a das Element b und durch eine weitere Abbildung F dem Element b das Element c zugeordnet, so erhält man durch Nacheinanderausführung der beiden Abbildungen in der genannten Reihenfolge eine Abbildung, die dem Element a das Element c zuordnet. Diese so definierte Abbildung nennt man das *Kompositum* $F \circ G$ der beiden Abbildungen F, G. Es gilt $(a; c) \in F \circ G$ genau dann, wenn es ein Element b gibt, so daß $(a; b) \in G$ und $(b; c) \in F$. Daher muß sowohl $b \in X_F$ als auch $b \in Y_G$ gelten (Abb. 5.1-4); mithin ist $X_F \cap Y_G \neq \emptyset$ notwendig für die Bildung von $F \circ G$. Wegen $F \circ G \neq G \circ F$ ist beim Nacheinanderausführen von Abbildungen auf die Reihenfolge zu achten. Das Kompositum $f \circ g$ zweier Funktionen f und g mit den Gleichungen $y = f(x)$ und $y = g(x)$ wird oft $y = f[g(x)]$ geschrieben und *mittelbare Funktion* genannt. Die Benennung von g als *innere* und f als *äußere* Funktion bringt dabei die Reihenfolge bei der Bildung der mittelbaren Funktion zum Ausdruck.

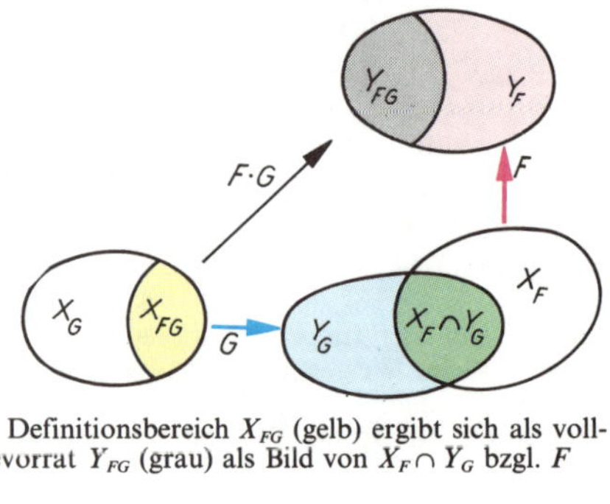

5.1-4 Zum Kompositum $F \circ G$ der Abbildungen G und F; der Definitionsbereich X_{FG} (gelb) ergibt sich als vollständiges Urbild der Menge $X_F \cap Y_G$ (grün) bzgl. G, der Wertevorrat Y_{FG} (grau) als Bild von $X_F \cap Y_G$ bzgl. F

Beispiel 10: Für den Definitions- und den Wertebereich der gegebenen Funktionen $g(x) = x^2 - 2$ und $f(x) = \sqrt{x}$ erhält man $X_g =]-\infty, +\infty[$, $Y_g = [-2, \infty[$ und $X_f = [0, \infty[$, $Y_f = [0, \infty[$. Die mittelbare Funktion $f \circ g$ hat die Funktionsgleichung $f[g(x)] = \sqrt{x^2 - 2}$, und ihr Definitionsbereich $X_{f \circ g}$ enthält genau die Elemente aus X_g, deren Funktionswerte bezüglich g in $X_f \cap Y_g = [0, \infty[$ liegen; das sind aber alle x mit der Eigenschaft $x^2 \geqslant 2$, das ist die Menge aller reellen Zahlen mit Ausnahme des Bereichs $]-\sqrt{2}, +\sqrt{2}[$. Die mittelbare Funktion $g \circ f$ hat die Funktionsgleichung $g[f(x)] = (\sqrt{x})^2 - 2 = x - 2$ mit dem Definitionsbereich $X_{g \circ f} = [0, \infty[$.

Besondere Funktionentypen

In den folgenden Betrachtungen soll f stets eine reelle Funktion sein.

Monotone Funktionen. Eine Funktion $x \mapsto y = f(x)$ heißt in einem Intervall $a < x < b$ ***monoton wachsend***, wenn für den größeren x_2 von zwei beliebigen Werten x_1 und x_2 aus dem Intervall stets auch der Funktionswert $f(x_2)$ größer ist; wenn $x_1 < x_2$ stets $f(x_1) < f(x_2)$ zur Folge hat.

Beispiel 1: Die Funktion $y = 2^x$ mit dem Definitionsbereich $-\infty < x < +\infty$ ist eine im gesamten Definitionsbereich monoton wachsende Funktion.

Beispiel 2: Die Funktion $y = \sin x$ mit $-\infty < x < +\infty$ als Definitionsbereich wächst monoton nur in den Intervallen

$$-5\pi/2 < x < -3\pi/2; \quad -\pi/2 < x < \pi/2; \quad 3\pi/2 < x < 5\pi/2 \quad \text{usw.},$$

stellt aber als Ganzes betrachtet keine monoton wachsende Funktion dar.

Eine Funktion heißt in einem Intervall $a < x < b$ ***monoton fallend***, wenn mit $x_1 < x_2$ für Werte x_1 und x_2, die dem Intervall $]a, b[$ angehören, stets $f(x_1) > f(x_2)$ gilt.

Beispiel 3: Die Funktion $y = 1/x$ fällt monoton für $-\infty < x < 0$ und $0 < x < +\infty$ und ist für den Wert $x = 0$ nicht definiert.

Beispiel 4: Die Funktion $y = x^2$ ist monoton fallend für $-\infty < x \leqslant 0$. Für $x \geqslant 0$ ist die Funktion dagegen monoton wachsend.

Beispiel 5: Die Funktion $y = -3x + 5$ ist in ihrem gesamten Definitionsbereich monoton fallend.

Manchmal wird eine Funktion in einem Intervall schon monoton genannt, wenn mit $x_1 < x_2$ stets $f(x_1) \leqslant f(x_2)$ bzw. stets $f(x_1) \geqslant f(x_2)$ gilt. Genauer sollte man solche Funktionen *nicht-fallend* bzw. *nicht-wachsend* nennen und zum Unterschied dazu die bisher betrachteten *echt monoton* oder *eigentlich monoton* wachsend bzw. fallend.

Beschränkte Funktionen. Eine Funktion $x \mapsto y = f(x)$ heißt in einem offenen oder abgeschlossenen Intervall *beschränkt*, wenn es eine Zahl $B > 0$ gibt mit der Eigenschaft, daß $|f(x)| \leqslant B$ ist für jeden Wert von x, der dem Intervall angehört. Ist insbesondere $|f(x)| \leqslant B$ für jeden Wert des Definitionsbereichs, so heißt $x \mapsto y = f(x)$ eine *beschränkte Funktion*.

Beispiel 6: Die Funktion $y = x^3$ ist in jedem abgeschlossenen Intervall beschränkt. Sei z. B. $0 \leqslant x \leqslant a$ solch ein Intervall, so ist auf jeden Fall $|f(x)| \leqslant B = a^3$. Es handelt sich aber nicht um eine insgesamt beschränkte Funktion, denn für den Definitionsbereich $-\infty < x < +\infty$ läßt sich k e i n e Zahl B finden, die von keinem Funktionswert übertroffen wird.

Beispiel 7: Die Funktion $y = x^{-2}$ ist beschränkt in jedem Intervall der Form $a \leqslant x < +\infty$ mit $a > 0$. Dagegen ist sie n i c h t beschränkt in $0 < x \leqslant b$.

Beispiel 8: Die Funktion $y = \sqrt{100 - x^2}$ ist im gesamten Definitionsbereich $-10 \leqslant x \leqslant +10$ beschränkt, da stets $|\sqrt{100 - x^2}| \leqslant 10$ gilt (Abb. 5.1-5).

Beispiel 9: Beschränkt im gesamten Definitionsbereich ist auch die Funktion $y = (x^2 - 1)/(x^2 + 1)$, wie man erkennt, wenn man sie in der Form $y = 1 - 2/(x^2 + 1)$ schreibt. Für jeden Wert von x gilt stets $|1 - 2/(x^2 + 1)| \leqslant 1$.

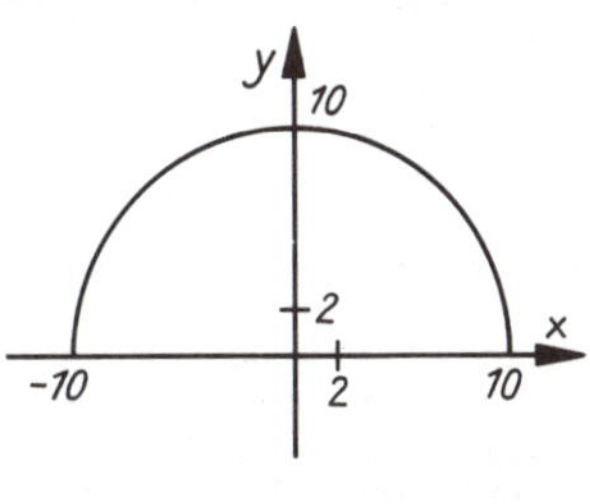

5.1-5 Bild der Funktion $y = \sqrt{100 - x^2}$

Für die graphische Darstellung beschränkter Funktionen ist kennzeichnend, daß man stets zwei Parallelen zur x-Achse finden kann, zwischen denen das vollständige Bild der Funktion liegt.

Gerade und ungerade Funktionen. Eine Funktion $x \mapsto y = f(x)$ heißt *gerade*, wenn für jeden dem Definitionsbereich angehörenden Wert von x die Gleichung $f(-x) = f(x)$ erfüllt ist. Eine Funktion $x \mapsto y = f(x)$ heißt *ungerade*, wenn für jeden möglichen Wert von x die Gleichung $f(-x) = -f(x)$ gilt.

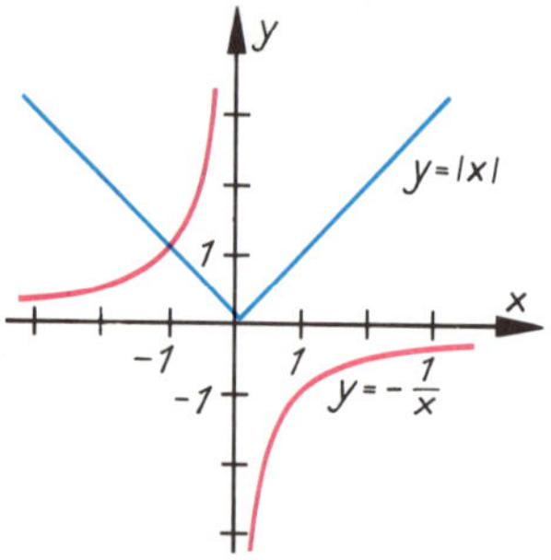

gerade Funktionen	ungerade Funktionen
$y = -x^2/2$	$y = x^3$
$y = \lvert x \rvert$	$y = -1/x$
$y = (x^2 - 1)/(x^2 + 1)$	$y = x/2$
$y = a \cdot x^{2n}$	$y = a \cdot x^{2n+1}$
für $a \neq 0$, $n = 0, \pm 1, \pm 2, \ldots$	
$y = \cos x$	$y = \sin x$

5.1-6 Graphische Darstellung der geraden Funktion $y = |x|$ und der ungeraden Funktion $y = -1/x$

Das Bild einer *geraden* Funktion liegt *symmetrisch in bezug auf die y-Achse*. Das Bild einer ungeraden Funktion liegt *zentralsymmetrisch in bezug auf den Punkt* (0, 0). Es geht bei einer Drehung von 180° um diesen Punkt in sich über (Abb. 5.1-6).

Periodische Funktionen. Eine nicht konstante Funktion $x \mapsto y = f(x)$ heißt periodisch, wenn es eine Zahl $a > 0$ gibt, so daß $f(x) = f(x + a)$ für jeden möglichen Wert von x gilt. Dann gelten auch $f(x) = f(x + 2a)$ und $f(x) = f(x - a)$ oder allgemein $f(x) = f(x + na)$ für jede ganze Zahl n, sofern nur die Werte $(x + na)$ noch dem Definitionsbereich der Funktion angehören. Jede solche Zahl a heißt eine *Periode*, die kleinste positive Zahl k, für die gilt $f(x) = f(x + k)$, heißt die *primitive Periode* der periodischen Funktion. Die graphische Darstellung einer periodischen Funktion geht stets, bei Verschiebung in Richtung der x-Achse um ein ganzzahliges Vielfaches einer Periodenlänge in sich über (Abb. 5.1-7).

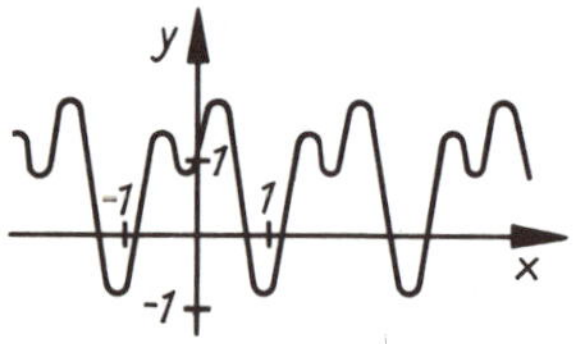

5.1-7 Bild einer periodischen Funktion mit der primitiven Periode $k = 2$

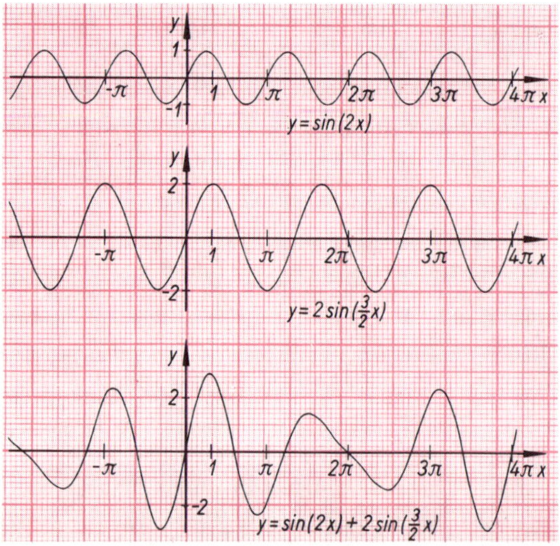

5.1-8 Graphische Darstellung der Funktionen $y = \sin(2x)$, $y = 2\sin(3x/2)$ und $y = \sin(2x) + 2\sin(3x/2)$

Die bekanntesten periodischen Funktionen sind die *trigonometrischen Funktionen*. Aus ihnen lassen sich weitere periodische Funktionen aufbauen; z. B. haben die Funktionen $y = b \sin(ax)$ mit $b \neq 0$ und $a \neq 0$ die Periode $2\pi/a$. Zusammengesetzte Funktionen wie $y = b_1 \sin(a_1 x) + b_2 \sin(a_2 x)$ sind periodisch, sofern nur a_1 und a_2 in einem ganzzahligen Verhältnis zueinander stehen, d. h., wenn $a_1 : a_2 = m : n$ und m und n ganze teilerfremde Zahlen sind. Ist die Periode der ersten Funktion $2\pi/a_1$, ist $2\pi/a_2$ die der zweiten und ist ihr Verhältnis $(2\pi/a_1) : (2\pi/a_2) = a_2 : a_1 = n : m$, so entsprechen m Perioden der ersten Funktion genau n Perioden der zweiten Funktion. Mithin hat die Summenfunktion die Periode $m \cdot 2\pi/a_1 = n \cdot 2\pi/a_2$.

Beispiel 10: Die Perioden der Einzelfunktionen der Funktion $y = \sin(2x) + 2\sin(3x/2)$ sind π und $4\pi/3$, ihr Verhältnis ist $\pi : (4\pi/3) = 3 : 4$. Die Periode der gegebenen Funktion ist demnach 4π (Abb. 5.1-8).

Umkehrung einer Funktion

Umkehrbare Funktionen. Die durch eine Funktion bestimmte eindeutige Zuordnung der Elemente des Definitionsbereichs zu den Elementen des Wertebereichs gibt umgekehrt auch zu jedem Element des Wertebereichs ein oder mehrere Elemente des Definitionsbereichs an (Abb. 5.1-9). Dabei haben die Funktionen, bei denen jedes Element des Wertebereichs nur einmal als zugeordnetes Element auftritt, eine besondere Bedeutung, weil auch die Umkehrung der Zuordnung eindeutig ist: zu einem Element w des Wertebereichs gehört nur ein Element d des Definitionsbereichs. Man kann hier den Wertebereich der gegebenen Funktion f zum Definitionsbereich einer neuen Funktion φ erklären. Gilt für die gegebene Funktion f die Zuordnung $d \to w = f(d)$, so gilt $w \to d = \varphi(w)$ für die neue Funktion φ, oder, mit anderen Worten, es ist $(w, d) \in \varphi$ genau dann, wenn $(d, w) \in f$. Funktionen, bei denen man in diesem Sinne die Zuordnung zwischen Definitionsbereich X und Wertebereich Y umkehren kann, heißen umkehrbare Funktionen, es sind dies eineindeutige bzw. umkehrbar eindeutige Abbildungen von X auf Y; sie heißen auch *injektiv* oder *Injektionen.*

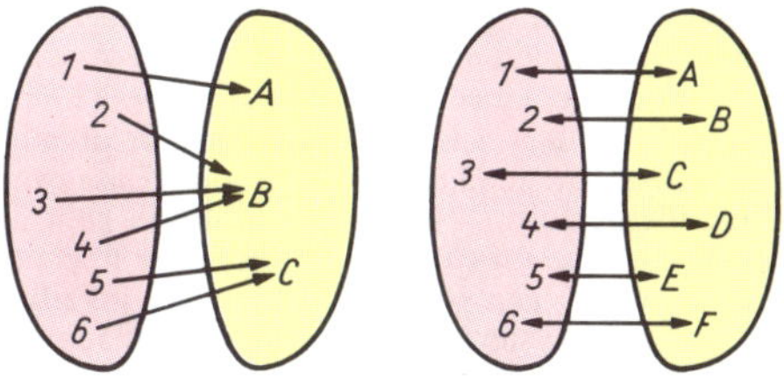

5.1-9 Graph einer nichtumkehrbaren (links) und einer umkehrbaren Funktion (rechts)

Die monotonen Funktionen gehören zur Klasse der umkehrbaren Funktionen; eine monotone Funktion ist stets umkehrbar. Dagegen muß eine umkehrbare Funktion nicht notwendig monoton sein, z. B. können Definitions- und Wertebereich nichtgeordnete Mengen sein, in denen der Begriff der Monotonie gar nicht erklärt ist. Zum anderen kann auch eine nichtmonotone Funktion umkehrbar sein, wenn Definitions- und Wertebereich etwa nur aus endlich vielen Elementen bestehen. Ein Beispiel dafür ist die durch folgende Wertetabelle gegebene Funktion:

x	1	2	3	4	5	6	7	8	9	10
y	0	2	4	6	8	1	3	5	7	9

Umkehrfunktion. Betrachtet man den Wertebereich Y einer umkehrbaren Funktion f als Definitionsbereich einer neuen Funktion φ, deren Wertebereich der Definitionsbereich X von f ist, und kehrt man die durch die Funktion f gegebene umkehrbar eindeutige Zuordnung zwischen den Mengen X und Y um, so erhält man die *Umkehrfunktion* φ oder *inverse Funktion* zur gegebenen Funktion f. Die Umkehrfunktion ist selbst wieder eine umkehrbare Funktion. Man überlegt sich mittels $d \mapsto w = f(d)$ und $w \mapsto d = \varphi(w)$ sehr leicht, daß die Umkehrfunktion zur Umkehrfunktion einer gegebenen Funktion f die gegebene Funktion f selbst ist. Daher ist man berechtigt, f und φ als *zueinander inverse* Funktionen zu bezeichnen; man schreibt auch $\varphi = f^{-1}$.

Beispiel 1:

Funktion f

Definitionsbereich	1	2	3	4	5
Wertebereich	a	b	c	d	e

Umkehrfunktion φ zu f

Definitionsbereich	a	b	c	d	e
Wertebereich	1	2	3	4	5

Ist $y = f(x)$ die Funktionsgleichung einer umkehrbaren Funktion, so beschreibt dieselbe Gleichung natürlich auch die Umkehrfunktion, nur daß dann y die unabhängige und x die abhängige Veränderliche sein muß. Man verabredet jedoch, in einer Funktionsgleichung dieser Form stets die unabhängige Veränderliche mit x, die abhängige Veränderliche mit y zu bezeichnen und – falls möglich – die explizite Form der Funktionsgleichung herzustellen. Daher formt man wie folgt um:

1. In der gegebenen Funktionsgleichung $y = f(x)$ werden y als unabhängige und x als abhängige Veränderliche angesehen. – 2. Bezeichnet man die unabhängige Veränderliche mit x und die abhängige mit y, so ist $x = f(y)$ eine implizite Form der Gleichung der inversen Funktion. – 3. Falls sich diese Gleichung nach y auflösen läßt, erhält man $y = \varphi(x)$ als ihre explizite Form.

Beispiel 2: Aus der Gleichung $y = x/2$ der gegebenen umkehrbaren Funktion erhält man $x = y/2$ nach dem Vertauschen der Bezeichnung der Veränderlichen. Die Auflösung nach y ergibt $y = 2x$.

Die Funktion $y = x/2$	hat die Umkehrfunktion $y = 2x$
mit dem Definitionsbereich $-1 \leqslant x \leqslant 2$	mit dem Definitionsbereich $-1/2 \leqslant x \leqslant 1$
und dem Wertebereich $-1/2 \leqslant y \leqslant 1$	und dem Wertebereich $-1 \leqslant y \leqslant 2$

Beispiel 3: Aus der umkehrbaren Funktion $y = 3x + \sin x$ ergibt sich durch Vertauschen der Bezeichnung der Veränderlichen die Funktionsgleichung $x = 3y + \sin y$, die sich nicht nach y auflösen läßt, so daß die Umkehrfunktion in der impliziten Form $3y + \sin y - x = 0$ anzugeben ist.

Das Kompositum $f \circ g$ zweier umkehrbarer Funktionen f, g ist ebenfalls umkehrbar, und es gilt $(f \circ g)^{-1} = g^{-1} \circ f^{-1}$.

Funktionskurve der Umkehrfunktion. Wegen der Eindeutigkeit der Abbildung, die eine Funktion darstellt, schneidet jede Parallele zur y-Achse das Bild der Funktion nur in einem Punkt. Soll die Funktion $f(x)$ eine Umkehrfunktion $\varphi(x)$ haben, d. h. eineindeutig sein, so darf auch jede Parallele zur x-Achse das Bild der Funktion nur in einem Punkte schneiden. Dieses Kurvenbild gibt ebenso den Zusammenhang $x \mapsto y$ wie den Zusammenhang $y \mapsto x$ wieder. Wegen des Vertauschens der Veränderlichen in der Umkehrfunktion geht aber jedes spezielle Zahlenpaar (a, b) der Funktion f in ein Zahlenpaar (b, a) der Funktion φ über. Die diesen Zahlenpaaren (a, b) und (b, a) entsprechenden Punkte liegen spiegelbildlich zur Winkelhalbierenden der Quadranten I und III des kartesischen Koordinatensystems. Man erhält demnach die Funktionskurve der Umkehrfunktion $\varphi(x)$ durch Spiegeln an dieser Winkelhalbierenden aus der Funktionskurve der gegebenen Funktion $f(x)$ (Abb. 5.1-10).

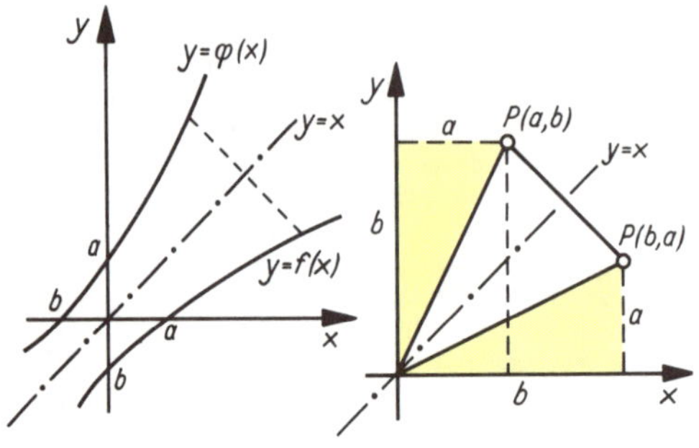

5.1-10 Die Bilder zueinander inverser Funktionen

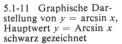

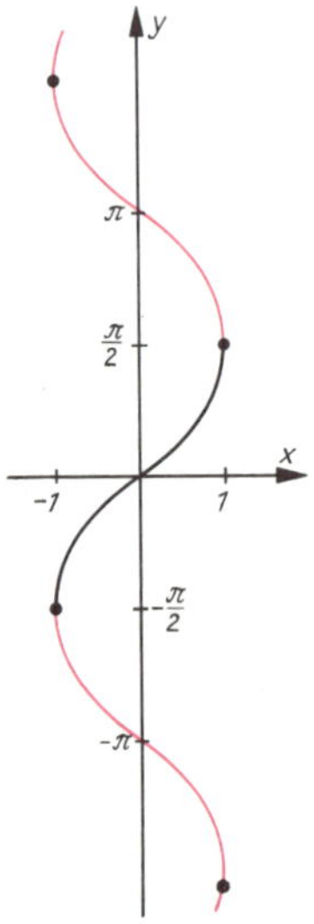

5.1-11 Graphische Darstellung von $y = \arcsin x$, Hauptwert $y = \operatorname{Arcsin} x$ schwarz gezeichnet

Umkehrung von Funktionen in einzelnen Intervallen. Bei den Darlegungen über monotone Funktionen wurde bereits festgestellt, daß nichtmonotone Funktionen in einzelnen Intervallen ihres Definitionsbereichs durchaus monoton sein können. In diesen Intervallen sind sie auch umkehrbar.

Beispiel 4: Die Funktion $y = x^2$ ist im Intervall $0 \leqslant x < +\infty$ monoton und umkehrbar. Ihre inverse Funktion ist $y = \sqrt{x}$. Die Funktion ist auch im Intervall $-\infty < x \leqslant 0$ monoton und umkehrbar. Die Umkehrfunktion ist dort $y = -\sqrt{x}$.

Beispiel 5: Der Definitionsbereich von $y = \sin x$ kann in verschiedener Weise in Intervalle zerlegt werden, in denen die gegebene Funktion monoton ist. In jedem solchen Intervall ist die Funktion umkehrbar. Man bezeichnet die Umkehrfunktion mit $y = \arcsin x$, muß aber den jeweiligen Wertebereich angeben, da sonst unklar ist, in welchem Monotonie-Intervall die Umkehrung gebildet wurde. Ist $y = \sin x$ im Intervall $3\pi/2 \leqslant x \leqslant 5\pi/2$ umgekehrt worden, so muß die Umkehrfunktion durch $y = \arcsin x$ für $3\pi/2 \leqslant y \leqslant 5\pi/2$ bezeichnet werden. Fehlt eine genauere Kennzeichnung des Wertebereichs, so ist unter arcsin x stets der *Hauptwert* zu verstehen, der im Intervall $[-\pi/2, +\pi/2]$ liegt und mit Arcsin x bezeichnet wird (Abb. 5.1-11).

Beispiel 6: Auch für die übrigen trigonometrischen Funktionen lassen sich Intervalle angeben, in denen sie monoton sind, in denen mithin zyklometrische oder Arkusfunktionen als ihre Umkehrfunktion erklärt sind. Die Funktion $y = \cos x$ fällt z. B. im Intervall $0 \leqslant x \leqslant +\pi$ monoton von $y = +1$ bis $y = -1$ und nimmt dabei jeden Wert ihres Wertebereichs genau einmal an. In diesem Intervall existiert deshalb eine Umkehrfunktion. Man bezeichnet sie mit $y = \arccos x$. Ihr Definitionsbereich ist $-1 \leqslant x \leqslant +1$, ihr Wertevorrat ist $\pi \geqslant y \geqslant 0$. Wird die Funktion $y = \cos x$ in einem *anderen* Monotonie-Intervall umgekehrt, etwa im Intervall $\pi \leqslant x \leqslant 2\pi$, so hat $y = \arccos x$ dort den Wertevorrat $\pi \leqslant y \leqslant 2\pi$. Um anzugeben, welche Umkehrfunktion jeweils gemeint ist, muß der Wertebereich angegeben werden. Geschieht das nicht, so ist unter arccos x stets der *Hauptwert* zu verstehen, der durch $0 \leqslant \arccos x \leqslant \pi$ gekennzeichnet ist und oft mit Arccos x bezeichnet wird.

Entsprechendes gilt für die Funktion $y = \arctan x$ im Intervall $-\pi/2 < \operatorname{Arctan} x < +\pi/2$ und für $y = \operatorname{arccot} x$ und das Intervall $0 < \operatorname{Arccot} x < +\pi$ (vgl. Kap. 10.1. – Eigenschaften der trigonometrischen Funktionen).

5.2. Ganzrationale und gebrochenrationale Funktionen

Begriff der rationalen Funktion

Man nennt eine Funktion *rational*, wenn ihre Zuordnungsvorschrift durch einen expliziten Rechenausdruck gegeben werden kann, in dem mit der unabhängigen Variablen nur endlich viele und nur rationale Rechenoperationen wie Addition, Subtraktion, Multiplikation oder Division auszuführen sind.

Beispiele für rationale Funktionen.
1: $y = 8x - 3$. *2:* $y = (4x^2 + 1)/[x(x^3 - 2)]$. *3:* $y = 10 \cdot x^2 - (\ln 5)/x$. *4:* $y = 1/x^4$.

Beispiele für nichtrationale Funktionen.
5: $y = \sqrt{x^3}$. *6:* $y = \cos^2 x$. *7:* $y = x - \frac{x^3}{3!} + \frac{x^5}{5!} - \frac{x^7}{7!} + \cdots = \sum_{n=0}^{\infty} (-1)^n \frac{x^{2n+1}}{(2n+1)!}$.

Eine rationale Funktion, die sich als Polynom mit konstanten Koeffizienten darstellen läßt, wird *ganzrationale Funktion* genannt zum Unterschied von einer *gebrochenrationalen Funktion*, die sich als Quotient zweier Polynome darstellen läßt, von denen das im Nenner nicht konstant ist. Als Definitionsbereich kann für die ganzrationalen Funktionen der Bereich **R** aller reellen Zahlen gewählt werden. Wenn nicht durch besondere Festlegungen eine Einschränkung getroffen wird, ist **R** stets als Definitionsbereich anzusehen. Für gebrochenrationale Funktionen gilt dasselbe, nur sind die Werte auszunehmen, für die ein Nenner Null wird. Es sei außerdem darauf hingewiesen, daß die rationalen Funktionen in ihrem gesamten Definitionsbereich stetig und beliebig oft differenzierbar sind.
Im folgenden sollen zuerst die ganzrationalen und anschließend die gebrochenrationalen Funktionen betrachtet werden. Vor der Darlegung allgemeiner Eigenschaften werden immer erst einige spezielle Typen solcher Funktionen, die besonders häufig vorkommen, einzeln untersucht.

Lineare Funktionen

Die Funktionen $y = mx$. Aus den *Wertetafeln* der Funktionen $y = x$, $y = x/2$ und $y = -4x/3$ ergeben sich Zahlenpaare (x, y), aus denen man in einem kartesischen Koordinatensystem *Punkte* der Bilder dieser Funktionen erhält (Abb. 5.2-1).

x	…	−3	−2	−1	0	1	2	3	…
$y = x$	…	−3	−2	−1	0	1	2	3	…
$y = x/2$	…	−1,5	−1	−0,5	0	0,5	1	1,5	…
$y = -4x/3$	…	4	8/3	4/3	0	−4/3	−8/3	−4	…

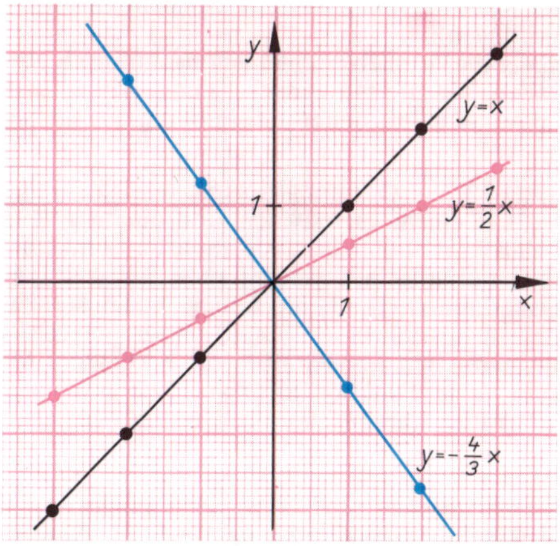

5.2-1 Bilder der Funktionen $y = x$, $y = x/2$, $y = -4x/3$ mit $m = 1$, $m = 1/2$, $m = -4/3$

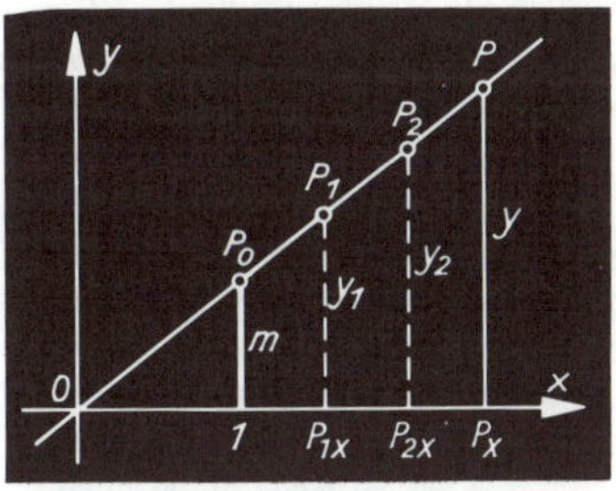

5.2-2 $y = mx$ hat als Bild eine Gerade

Wegen des stets vorhandenen Wertepaares (0, 0) gehen die Kurvenbilder stets durch den Koordinatenanfangspunkt. Die Kurven sind Geraden, denn für die Koordinaten beliebig herausgegriffener Punkte $P_1, P_2, \ldots, P$ ergibt sich aus $y = mx$ (Abb. 5.2-2) $y_1/x_1 = y_2/x_2 = \ldots = y/x = m$, wobei m für jede Funktion eine Konstante ist. Sind $P_{1x}, P_{2x}, \ldots, P_x$ die Projektionen der Punkte $P_1, P_2, \ldots, P$ auf die x-Achse, so sind die Dreiecke OP_1P_{1x}, OP_2P_{2x}, …, OPP_x ähnlich; da die Punkte $P_{1x}, P_{2x}, \ldots, P_x$ auf einer Geraden liegen, müssen auch $P_1, P_2, \ldots, P$ auf einer Geraden liegen.

Zwischen entsprechenden Koordinaten verschiedener Punkte bestehen wegen der Konstanz von m die Proportion $y_1 : x_1 = y_2 : x_2$. Die Größe y ist der Größe x direkt proportional; die Konstante m ist der *Proportionalitätsfaktor*. Ist der Arbeitslohn L der Arbeitszeit t in Stunden proportional, so wird der Zusammenhang zwischen beiden durch die lineare Funktion $L = mt$ hergestellt. Der Proportionalitätsfaktor hat die Bedeutung des Stundenlohns.
Aus dem Kurvenverlauf der linearen Funktion $y = mx$ und den Wertetafeln der speziellen Funktionen $y = x$, $y = x/2$ und $y = -4x/3$ erkennt man, daß die Funktion monoton ist, und zwar *monoton steigend* bei positivem m und *monoton fallend* bei negativem m. Die Konstante wird besonders in bezug auf Straßen oder Eisenbahnstrecken oft *Steigung* oder *Gefälle* bzw. negative Steigung, allgemein *Anstieg*, genannt (Abb. 5.2-3). In der Mathematik wird der Anstieg als das Verhältnis *Höhenunterschied* $|BC|$ zur *Horizontalentfernung* $|AB|$ festgelegt (Abb. 5.2-4). Er wird angegeben durch eine Verhältniszahl oder in Prozenten; bei der Deutschen Reichsbahn wird gewöhnlich auch die Strecke genannt, für die der angegebene Anstieg denselben Wert hat, z. B. 1 : 50 — 2500 m; gleichbedeutend mit 1 : 50 sind die Angaben 3/150, 1/50, 2/100, 2% = 0,02.

5.2-3 Gefälletafel

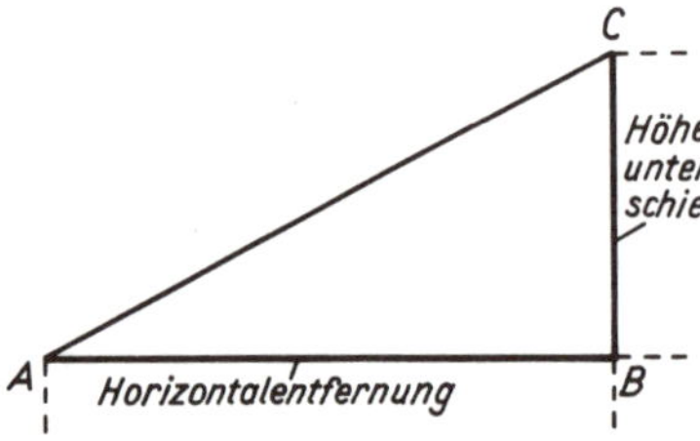

5.2-4 Anstieg

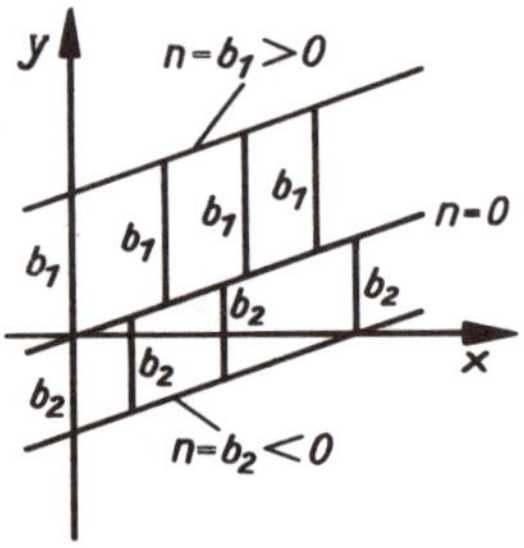

5.2-5 Zur Funktion $y = mx + n$

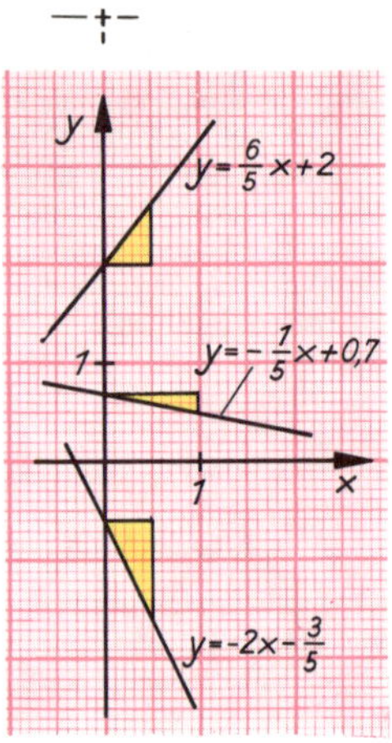

5.2-6 Bilder weiterer Funktionen $y = mx + n$

Die Funktionen $y = mx + n$. Wenn man zur Ordinate $y = mx$ an jeder Stelle x noch einen festen Wert n hinzufügt oder abzieht, so bedeutet dies im Bild eine Parallelverschiebung der durch $y = mx$ dargestellten Geraden, die man am geeignetsten durch den Abschnitt n auf der y-Achse kennzeichnet (Abb. 5.2-5). Es ist daher die Kurve einer Funktion $y = mx + n$ eine Gerade mit dem Anstieg m und dem y-Abschnitt n (vgl. Kap. 13.2. – Geradengleichungen).
Es ist nicht notwendig, beim Zeichnen der Geraden immer die Parallelverschiebung nachträglich vorzunehmen. Man erhält die im Bild dargestellten Geraden, indem man zunächst den y-Abschnitt n abträgt, sich durch den Endpunkt eine Parallele zur x-Achse gelegt denkt und in bezug auf sie den Anstieg konstruiert (Abb. 5.2-6).

Implizite Schreibweise der linearen Funktion. Im Kapitel 13.2. – Geradengleichungen wird gezeigt, daß die graphische Darstellung von $Ax + By + C = 0$ in einem kartesischen Koordinatensystem stets eine Gerade liefert, sofern nicht A und B zugleich den Wert Null haben. Als implizite Form einer *linearen Funktion* kann die Gleichung $Ax + By + C = 0$ nur aufgefaßt werden, wenn $B \neq 0$ ist (vgl. Kap. 4.2 – Lineare Gleichungen mit einer Gleichungsvariablen). Die Umrechnung in die explizite Form ergibt dann $y = -(A/B) \cdot x - C/B$ oder $y = m \cdot x + n$ mit $m = -(A/B)$ und $n = -(C/B)$. Für $A = 0$ und $B \neq 0$ liegt eine *konstante Funktion* vor, deren Bild eine Parallele zur x-Achse im Abstand $-C/B$ ist. Für $A \neq 0$ und $B = 0$ liegt überhaupt keine Funktion mehr vor. Die graphische Darstellung der Gleichung $Ax + 0 \cdot y + C = 0$ ist eine Parallele zur y-Achse im Abstand $-C/A$.

Quadratische Funktionen

Die Funktion $y = x^2$. Die Funktionsgleichung $y = x^2$ führt auf eine *gekrümmte Kurve*, die *Normalparabel* (Abb. 5.2-7).

Wertetafel zu $y = x^2$

x	−3	−2	−1	0	1	2	3
y	9	4	1	0	1	4	9

Zwischenwerte zur Wertetafel liefert eine *Quadrattafel*, die nichts anderes als eine geschickt und übersichtlich angeordnete Tabelle der Werte der Funktion $y = x^2$ darstellt.

Eigenschaften. Da für jeden Wert von x stets $x^2 \geqslant 0$ gilt, muß die Kurve immer oberhalb der x-Achse verlaufen, d. h., zum Definitionsbereich $-\infty < x < +\infty$ gehört der Wertebereich $0 \leqslant y < +\infty$. Die Normalparabel ist symmetrisch zur y-Achse, sie ist *axialsymmetrisch*. Der zu sich selbst symmetrische Nullpunkt heißt *Scheitelpunkt*. Die im Unterschied zur Geraden vorhandene *Krümmung* der Normalparabel zeigt sich rechnerisch darin, daß sich y um immer größere Beträge ändert, wenn $|x|$ gleichmäßig wächst. In der Tabelle sind die *Differenzenfolgen* Δx und Δy eingetragen sowie die mit $\Delta^2 y$ bezeichnete Differenzenfolge für Δy. Es zeigt sich: Δy wächst bei konstantem Δx, und erst die *zweite Differenzenfolge* $\Delta^2 y$ ist konstant.

Δx	…	1	1	1	1	1	1	1	1 …
x	… -2	-1	0	1	2	3	4	5	…
y	… $+4$	$+1$	0	$+1$	$+4$	$+9$	$+16$	$+25$	…
Δy		-3	-1	$+1$	$+3$	$+5$	$+7$	$+9$	
$\Delta^2 y$	…		2	2	2	2	2	2	…

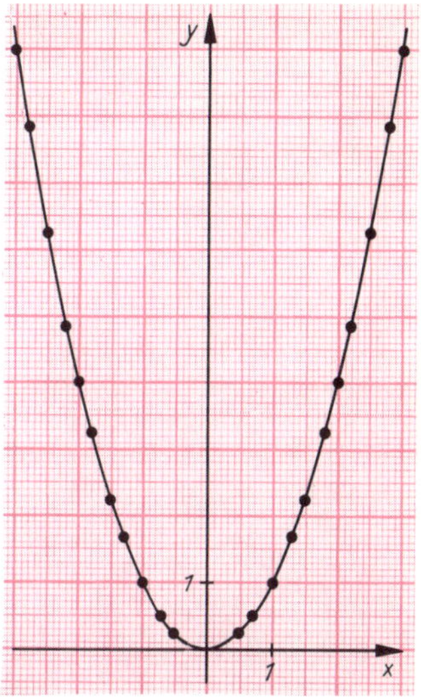

5.2-7 Normalparabel als Kurve der Funktion $y = x^2$

Zur Veranschaulichung der *Krümmung* stellt man sich vor, daß ein Auto in Richtung wachsender x-Werte auf der Kurve entlangfährt. Muß es die Vorderräder nach links einschlagen, um auf der Kurve zu bleiben, so nennt man die Kurve *positiv gekrümmt*, beim Rechtseinschlagen *negativ gekrümmt*. Die Normalparabel hat demnach durchgängig positive Krümmung.

Die Funktionen $y = x^2 + px + q$. Durch die quadratische Ergänzung, d. h. das Quadrat des halben Koeffizienten vom linearen Glied px, läßt sich die gegebene Funktion in die Form $y = (x - a)^2 + b$ umrechnen:

$$y = x^2 + px + q = x^2 + px + (p/2)^2 - (p/2)^2 + q$$
$$= (x + p/2)^2 + (q - p^2/4).$$

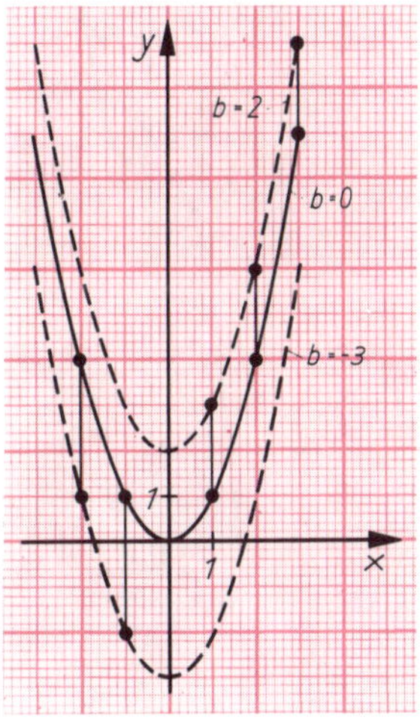

5.2-8 Bilder der Funktionen $y = x^2 + b$

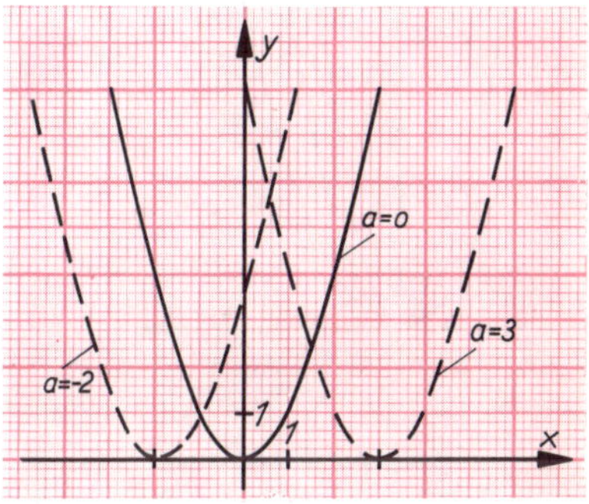

5.2-9 Bilder von Funktionen $y = (x - a)^2$

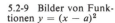

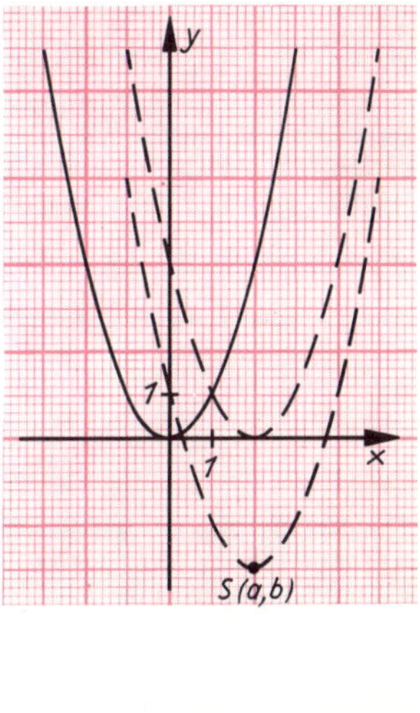

5.2-10 Bilder von $y = (x - a)^2 + b$, durch Parallelverschiebung der Normalparabel gewonnen

Setzt man $a = -p/2$, $b = (q - p^2/4)$, so erhält man in der Tat $y = (x - a)^2 + b$ oder $(y - b) = (x - a)^2$ bzw. $\eta = \xi^2$, wenn $y - b = \eta$ und $x - a = \xi$. Das bedeutet, im ξ, η-Koordinatensystem beschreibt wieder die Normalparabel $\eta = \xi^2$ den Funktionsverlauf; das ξ, η-System geht aber durch die lineare Transformation $x - a = \xi$, $y - b = \eta$ aus dem x, y-System durch eine Parallelverschiebung hervor (Abb. 5.2-8, 5.2-9). Im x, y-Koordinatensystem hat der Scheitelpunkt S der Normalparabel $\eta = \xi^2$ die Koordinaten $S(a, b)$ bzw., in den Koeffizienten p und q der gegebenen quadratischen Funktion $y = x^2 + px + q$ ausgedrückt, die Koordinaten $S(-p/2, q - p^2/4)$ (Abb. 5.2-10).

Beispiel 1: Formt man die Funktionsgleichung $y = x^2 + 6x + 11$ mit Hilfe der quadratischen Ergänzung um zu $y = (x^2 + 6x + 9) - 9 + 11$ bzw. $(y - 2) = (x + 3)^2$, so kann man ablesen, daß ihr Bild eine verschobene Normalparabel mit dem Scheitel $S(-3, 2)$ ist.

Allgemeine quadratische Funktion $y = Ax^2 + Bx + C$. In dieser Gleichung wird $A \neq 0$ vorausgesetzt, weil sonst gar keine quadratische Funktion vorliegt. A darf deshalb ausgeklammert werden: $y = A[x^2 + (B/A)x + C/A] = A \cdot Y$. Setzt man $p = (B/A)$ und $q = C/A$, so erhält man die quadratische Funktion $Y = x^2 + px + q = x^2 + (B/A)x + C/A$ bzw. $Y = (x + p/2)^2 + (q - p^2/4) = [x + B/(2A)]^2 + [C/A - B^2/(4A^2)]$, deren Kurve eine parallelverschobene Normalparabel mit dem Scheitelpunkt $S(a, b)$ ist, wenn $a = -p/2 = -B/(2A)$ und $b = q - p^2/4 = [C/A - B^2/(4A^2)]$. Die Beziehung $y = A \cdot Y$ aber besagt, daß jeder dieser Y-Werte mit der Zahl A zu multiplizieren ist (Abb. 5.2-11). Für A-Werte größer als 1 werden sowohl alle Ordinaten der Normalparabel als auch die Strecke $[C/A - B^2/(4A^2)]$ im Verhältnis $A:1$ *gestreckt*, für A-Werte zwischen 0 und 1 werden sie im selben Verhältnis *gestaucht*; nimmt aber A negative Werte an, so folgt auf dieses Strecken, falls $|A| > 1$, bzw. Stauchen, falls $|A| < 1$, eine *Spiegelung* an der x-Achse.

Beispiel 2: Das Bild der Funktion $y = -x^2$ ist die an der x-Achse gespiegelte Normalparabel.

Beispiel 3: Das Bild der Funktion $y = x^2/4$ ist die im Verhältnis $^1/_4 : 1 = 1:4$ gestauchte Normalparabel.

Beispiel 4: Die quadratische Funktion $y = 3x^2 - 4x - 1/6$ geht durch Ausklammern und die quadratische Ergänzung über in:

$$y = 3[x^2 - 4x/3 + (2/3)^2 - (4/9 + 1/18)] = 3[(x - {}^2/_3)^2 - {}^1/_2].$$

Das Bild der Funktion ist demnach eine im Verhältnis 3 : 1 gestreckte Normalparabel, deren Scheitelpunkt S die Koordinaten $S(^2/_3, -^3/_2)$ hat.

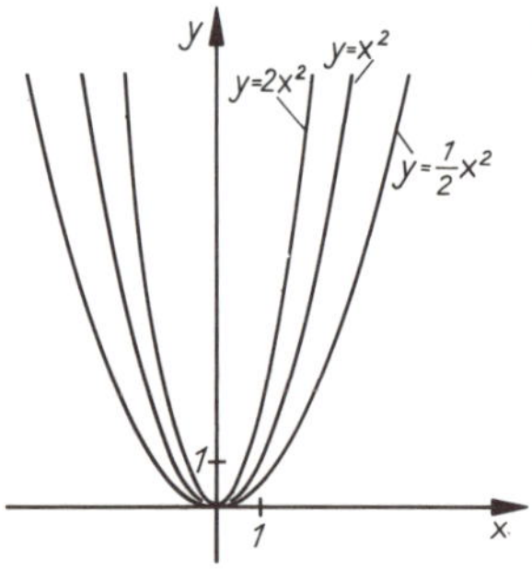

5.2-11 Die Bilder der Funktionen $y = x^2$, $y = x^2/2$ und $y = 2x^2$

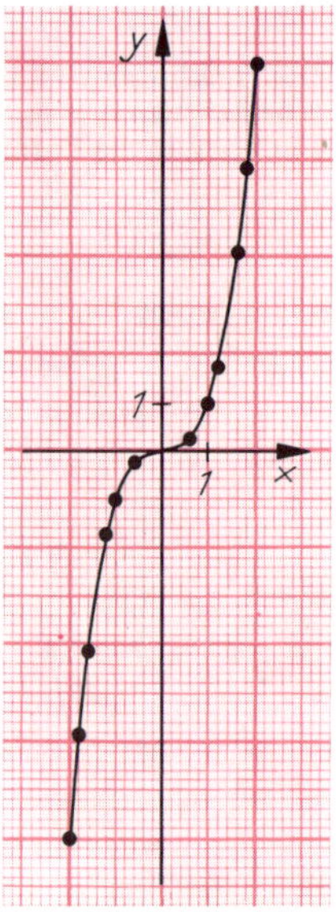

5.2-12 Kubische Parabel mit der Funktionsgleichung $y = x^3$

Kubische Funktionen

Die Funktion $y = x^3$. Mit einer Kubiktafel verfügt man über eine umfangreiche und übersichtliche Wertetafel der Funktion $y = x^3$; mit ihrer Hilfe erhält man das Bild der Funktion, die kubische Parabel oder Parabel dritten Grades (Abb. 5.2-12).

Eigenschaften. Die Funktion wächst im gesamten Definitionsbereich $-\infty < x < +\infty$ monoton; sie ist eine ungerade Funktion, ihr Bild liegt daher zentralsymmetrisch zum Koordinatenursprung. Die kubische Parabel verläuft für $|x| > {}^2/_3$ steiler als die quadratische, erst die 3. Differenzenfolge $\Delta^3 y$ ihrer Funktionswerte ist konstant:

Δx	…		1		1		1		1		1		1		1		1			…
x	…	−4		−3		−2		−1		0		1		2		3		4		…
y	…	−64		−27		−8		−1		0		1		8		27		64		…
Δy	…		37		19		7		1		1		7		19		37			…
$\Delta^2 y$	…			−18		−12		−6		0		6		12		18				…
$\Delta^3 y$	…				6		6		6		6		6		6					…

Die Krümmung der kubischen Parabel ist negativ für $x < 0$ und positiv für $x > 0$, im Nullpunkt wechselt sie ihr Vorzeichen. Solche Punkte werden *Wendepunkte* genannt. Die kubische Parabel hat im Ursprung einen Wendepunkt.

Andere kubische Funktionen. Um Verlauf und Eigenschaften anderer kubischer Funktionen zu untersuchen, setzt man sie oft in Beziehung zu der im selben Koordinatensystem dargestellten Funktion $y = x^3$, deren Bild deshalb auch kubische Vergleichs- oder kubische Einheitsparabel genannt wird. Die Kurve der Funktion $y = -x^3$ z. B. ist die an der x-Achse gespiegelte kubische Einheitsparabel. Zur Funktion $y = kx^3$ mit dem Streckungsfaktor $k > 0$ gehört für $k > 1$ eine gegenüber der kubischen Einheitsparabel gestreckte, für $k < 1$ gestauchte Parabel. Die Funktion $y = (x - a)^3 + b$ schließlich hat als Bild eine zu den Achsen des Koordinatensystems parallel verschobene kubische Einheitsparabel mit dem Symmetriezentrum $Z(a, b)$.

Die *allgemeine kubische Funktion* $y = Ax^3 + Bx^2 + Cx + D$ hat stets *drei Nullstellen*, von denen zwei unter bestimmten Bedingungen zwischen den Koeffizienten konjugiert komplex sein können. In der Differentialrechnung wird außerdem gezeigt, daß diese Funktion bei drei reellen Nullstellen zwei *Extremwerte* hat, ein relatives Maximum und ein relatives Minimum. Das Beispiel zeigt, daß man das Bild einer solchen Funktion nicht durch einfache Transformationen aus dem der kubischen Einheitsparabel $y = x^3$ gewinnen kann.

Beispiel 1: $y = x^3 - 3x^2 - x + 3$ (Abb. 5.2-13)

Wertetafel								
	x	-2	-1	$-0{,}15$	0	$+1$	$2{,}15$	$+3$
	y	-15	0	$+3{,}08$	$+3$	0	$-3{,}08$	0

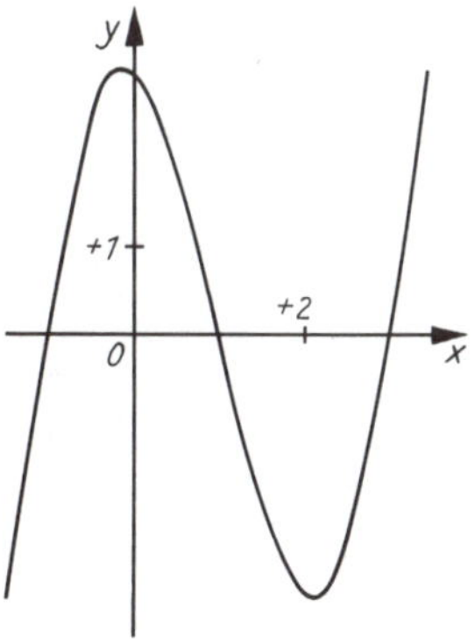

5.2-13 Bild der Funktion $y = x^3 - 3x^2 - x + 3$

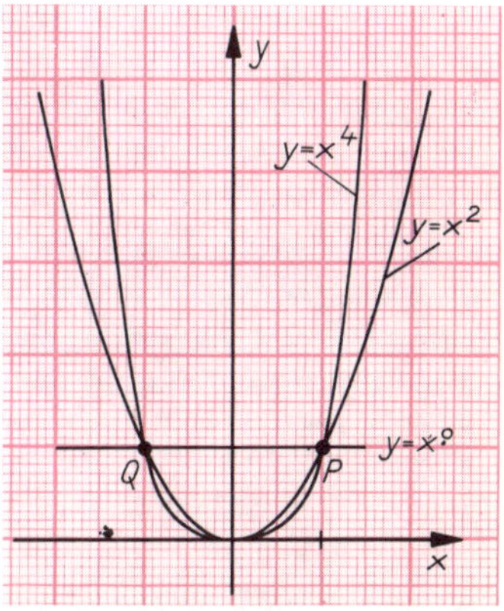

5.2-14 Bilder der Funktionen $y = x^{2m}$ für $m = 0, 1, 2, \ldots$; $y = x^0$ ist für $x = 0$ nicht definiert

Potenzfunktionen mit positivem Exponenten

Begriff der Potenzfunktion. Eine Funktion $y = x^n$, in der n eine ganze Zahl ist, bezeichnet man als Potenzfunktion; ist n positiv, so ist die Funktion ganzrational, hat n aber einen negativen Wert, $n = -\nu$ mit $\nu > 0$ und ganz, so geht die Funktion über in $y = 1/x^\nu$; sie ist gebrochenrational.

Die ganzrationalen Funktionen $y = x^n$ sind gerade, wenn ihr Exponent $n = 2m$ gerade ist. Sie fallen monoton für $-\infty < x \leqslant 0$ und wachsen monoton für $0 \leqslant x < +\infty$. In ungeraden Funktionen $y = x^n$ ist der Exponent $n = 2m + 1$ ungerade; sie wachsen überall monoton.

Gerade ganzrationale Potenzfunktionen $y = x^{2m}$. Die Funktionskurven dieser Funktionen liegen symmetrisch zur y-Achse und haben stets positive Krümmung (Abb. 5.2-14). Jede von ihnen enthält den Ursprung (0, 0) und die Punkte $Q(-1, +1)$ und $P(+1, +1)$. Ihre Tangenten verlaufen in einer Umgebung des Scheitels (0, 0) um so flacher, je größer m ist, in einer gewissen Umgebung der Punkte Q und P dagegen um so steiler, je größer m ist. Zu jeder Stelle (x_1, y_1) auf $y = x^{2m_1}$ läßt sich mit den

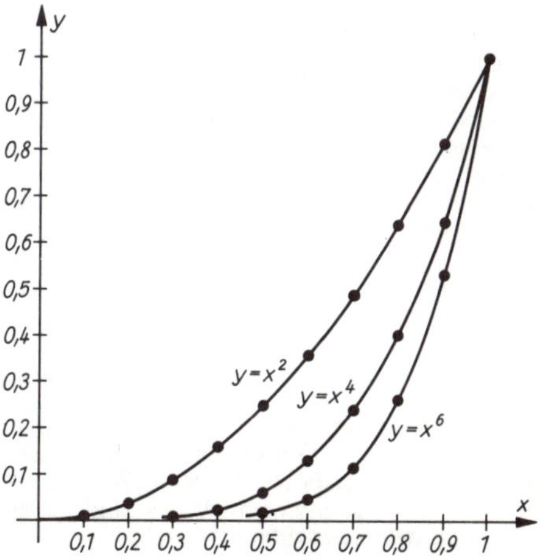

5.2-15 Teilstücke der Bilder zu den Funktionen $y = x^{2m}$ als Parabeln der Ordnung $2m$

Mitteln der Differentialrechnung eine Stelle (x_2, y_2) auf $y = x^{2m_2}$ mit $m_2 > m_1$ so bestimmen, daß die Tangenten in beiden Stellen einander parallel sind (Abb. 5.2-15). Man bezeichnet diese Kurven als *Parabeln der Ordnung* $2m$.

Ungerade ganzrationale Potenzfunktionen $y = x^{2m+1}$. Die Funktionskurven liegen zentralsymmetrisch zum Koordinatenanfangspunkt. Mit Ausnahme der Winkelhalbierenden der Quadranten I und III mit $y = x$ haben sie für negative Werte ihres Definitionsbereichs aus $-\infty < x < 0$ negative Krümmung, für positive Werte aus $0 < x < +\infty$ positive Krümmung, im Koordinatenanfangspunkt also einen Wendepunkt. Jede dieser *Parabeln der Ordnung* $2m+1$ enthält die Punkte $(+1, +1)$ und $(-1, -1)$, und ihre Tangenten verlaufen in der Umgebung dieser Stellen um so steiler, je größer m ist, in der Umgebung des gemeinsamen Wendepunkts $(0, 0)$ aber um so flacher, je größer m ist (Abb. 5.2-16).

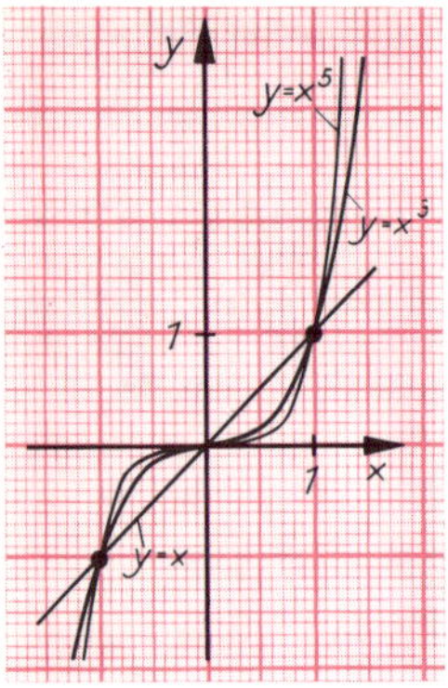

5.2-16 Bilder der Funktionen $y = x^{2m+1}$ für $m = 0, 1, 2$

Polynomdarstellung ganzrationaler Funktionen

Man nennt einen Ausdruck $a_n x^n + a_{n-1} x^{n-1} + \cdots + a_1 x + a_0$, in dem n eine natürliche Zahl, die *Koeffizienten* a_ν beliebige reelle Zahlen und $a_n \neq 0$, ein *Polynom vom Grade n*. Eine rationale Funktion $y = f(x)$, die sich als Polynom darstellen läßt, wird ganzrational genannt.

Beispiel 1: $y = 2(x^2 - 1)^2 + (x + 2)(x^3 - 2) - 2x + x^2 - 1$
$= 2x^4 - 4x^2 + 2 + x^4 - 2x + 2x^3 - 4 - 2x + x^2 - 1$ oder
$y = 3x^4 + 2x^3 - 3x^2 - 4x - 3$ ist ein Polynom 4. Grades mit den Koeffizienten $a_4 = 3,\ a_3 = 2,\ a_2 = -3,\ a_1 = -4,\ a_0 = -3.$

Eindeutigkeit der Polynomdarstellung. Die Annahme, daß zwei voneinander verschiedene Polynome dieselbe ganzrationale Funktion darstellen können, führt auf einen Widerspruch. Wegen der angenommenen Verschiedenheit der Polynome in

$$y_a = a_n x^n + a_{n-1} x^{n-1} + \cdots + a_1 x + a_0 \quad \text{und}$$
$$y_b = b_m x^m + b_{m-1} x^{m-1} + \cdots + b_1 x + b_0$$

müßte $n \neq m$ oder, wenn schon $n = m$, doch wenigstens für ein Koeffizientenpaar gelten $a_\nu \neq b_\nu$. Ihre Differenz

$$(a_n x^n + a_{n-1} x^{n-1} + \cdots + a_1 x + a_0) - (b_m x^m + b_{m-1} x^{m-1} + \cdots + b_1 x + b_0)$$

läßt sich nach Potenzen von x ordnen und ist ein Polynom, das wenigstens einen von Null verschiedenen Koeffizienten hat und dessen Grad höchstens so groß ist wie die größere der beiden Zahlen m oder n. Es stellt eine ganzrationale Funktion dar, die entsprechend ihrem Grade nur an endlich vielen Stellen Null ist. Da y_a und y_b aber nach Voraussetzung dieselbe Funktion sein sollen, muß ihre Differenz identisch Null sein, d.h. für alle x-Werte. Dieser Widerspruch in bezug auf die Anzahl der Nullstellen zwingt zu der Folgerung, daß beide Polynome denselben Grad haben, $m = n$, und daß ihre entsprechenden Koeffizienten einander gleich sind, $a_\nu = b_\nu$, weil nur dann auch die Differenz der Polynome identisch Null ist.
In diesem Sinne spricht man von der *Eindeutigkeit der Darstellung einer ganzrationalen Funktion durch ein Polynom* und bezeichnet dieses als *Normalform* der ganzrationalen Funktion. Der Schluß auf die Gleichheit entsprechender Koeffizienten wird häufig benutzt, um durch *Koeffizientenvergleich* die Koeffizienten eines Polynoms zu bestimmen, z. B. bei der Partialbruchzerlegung und beim Lösen von Differentialgleichungen (zum Koeffizientenvergleich bei Potenzreihen vgl. Kap. 21.2.).

Produktdarstellung ganzrationaler Funktionen

Ein Polynom $P(x)$ vom Grade $n \geqslant 1$ wird als *reduzibel* bezeichnet, wenn es als Produkt von Polynomen niedrigeren Grades dargestellt werden kann. Ist eine derartige Darstellung nicht möglich, so nennt man das Polynom *irreduzibel*. Polynome vom Grade Null sind Konstante; man bezieht sie in diese Einteilung nicht ein; sie sind weder reduzibel noch irreduzibel. Polynome ersten Grades sind dann stets irreduzibel.

Ist ein Polynom $P(x)$ vom Grade n reduzibel, d. h., läßt es sich in ein Produkt $P(x) = p_1(x)\, p_2(x)$ zerlegen, so müssen die Polynome $p_1(x)$ und $p_2(x)$ einen Grad haben, der mindestens 1 und notwendig kleiner als n ist. Wenn $p_1(x)$ oder $p_2(x)$ reduzibel ist, läßt sich der Schluß wiederholen; nach höchstens n Schritten ist das Polynom $P(x)$ in ein Produkt $P(x) = g(x)\, h(x)\, k(x) \ldots$ zerlegt. Mit Hilfe des hier nicht bewiesenen Satzes, daß ein irreduzibles Polynom, das ein Produkt aus zwei oder mehreren Polynomen teilt, *mindestens eines* von ihnen teilen muß, ergibt sich, daß die *Zerlegung* eines reduziblen Polynoms bis auf konstante Faktoren *eindeutig* ist. Wenn $P(x) = g_1(x)\, h_1(x)\, k_1(x) \ldots$ und $P(x) = g(x)\, h(x)\, k(x) \ldots$ zwei Zerlegungen in irreduzible Faktoren wären, müßte $g_1(x)$ eines der Polynome $g(x)$, $h(x)$, $k(x)$, ... teilen, da diese aber selbst irreduzibel sind, ihm bis auf einen konstanten Faktor c_1 gleich sein. Ohne Beschränkung der Allgemeinheit darf man annehmen, daß $g(x)$ dieses Polynom ist. Es gilt dann: $g_1(x) = c_1 g(x)$. Durch Dividieren von $P(x)$ durch $g(x)$ erhält man: $c_1 h_1(x)\, k_1(x) \ldots = h(x)\, k(x) \ldots$ Nach derselben Betrachtung folgt $h_1(x) = c_2 h(x)$ und $c_1 c_2 k_1(x) \ldots = k(x) \ldots$ Bis auf konstante Zahlenfaktoren stimmen danach beide Zerlegungen miteinander überein.

Die Frage, ob ein Polynom reduzibel ist, hängt allerdings wesentlich davon ab, welchem *Zahlenbereich* seine Koeffizienten und die der irreduziblen Faktoren angehören. Sind für die Koeffizienten der Polynome beliebige komplexe Zahlen zugelassen, so ergibt sich aus dem Fundamentalsatz der Algebra, daß jede ganzrationale Funktion n-ten Grades in n *Linearfaktoren* $(x - \alpha_k)$, $k = 1, 2, \ldots, n$ zerlegt werden kann (vgl. Kap. 4.5. – Produktdarstellung). Die Werte α_k sind dabei die *Nullstellen* der Funktion. Ist einer dieser Werte $\alpha = a + bi$ komplex, so tritt, allerdings nur im Falle von Polynomen mit reellen Koeffizienten, auch der konjugiert komplexe Wert $\bar{\alpha} = a - bi$ als Nullstelle auf. Für das Produkt der zugehörigen Linearfaktoren erhält man dann

$(x - \alpha)(x - \bar{\alpha}) = (x - a - bi) \cdot (x - a + bi) = (x - a)^2 + b^2 = x^2 - 2ax + (a^2 + b^2)$,

d. h. ein *quadratisches Polynom mit reellen Koeffizienten.* Faßt man in dieser Weise alle konjugiert komplexen Linearfaktoren zu Produkten zusammen, so ergeben sich als irreduzible Faktoren im Bereich der reellen Zahlen entweder *reelle Linearfaktoren* oder *quadratische Polynome* mit reellen Zahlen; danach haben alle irreduziblen Polynome *höchstens den Grad 2.* Wird darüber hinaus von den Koeffizienten des gegebenen Polynoms und den Faktoren, in die es zerlegt wird, gefordert, daß sie *rational* sein sollen, so gilt dieser Satz *nicht* mehr, z. B. ist die für reelle Zahlen mögliche Zerlegung $x^4 - 5 = (x^2 + \sqrt{5})(x^2 - \sqrt{5})$ nicht mehr zugelassen.

Nullstellen

Eine Zahl α heißt *Nullstelle* einer Funktion $x \mapsto y = f(x)$, wenn der Zahl α durch die Funktion f die Zahl 0 zugeordnet ist, d. h., wenn $\alpha \mapsto f(\alpha) = 0$ gilt. Für eine ganzrationale Funktion f in der Polynomdarstellung ist dann

$$f(\alpha) = a_n\alpha^n + a_{n-1}\alpha^{n-1} + \cdots + a_1\alpha + a_0 = 0.$$

In der graphischen Darstellung einer Funktion erscheint eine reelle Nullstelle als Schnittpunkt oder Berührungspunkt der Funktionskurve mit der x-Achse.

Ist α eine Nullstelle des Polynoms $f(x)$, so ist $f(x)$ durch $(x - \alpha)$ teilbar, d. h., es gibt ein Polynom $g(x)$ derart, daß $f(x) = (x - \alpha)\, g(x)$ ist.

Auf alle Fälle darf die Funktion $f(x)$ durch $(x - \alpha)$ geteilt werden. Durch diese Division erhält man eine Funktion $g(x)$ von niedrigerem Grade als $f(x)$, und der etwa vorhandene Rest r muß von niedrigerem Grade als $(x - \alpha)$, also eine Konstante sein: $f(x) = (x - \alpha)\, g(x) + r$. Da α Nullstelle ist, ergibt sich für $x = \alpha$ der Wert $0 = 0 \cdot g(\alpha) + r$, d. h., der Rest r *muß Null sein*, die Funktion $f(x)$ ist durch den Linearfaktor $(x - \alpha)$ ohne Rest teilbar, $f(x) = (x - \alpha)\, g(x)$.

Eine Verallgemeinerung dieses Satzes kann durch vollständige Induktion bewiesen werden (vgl. Kap. 4.5. – Produktdarstellung):

Sind $\alpha_1, \alpha_2, \alpha_3, \ldots, \alpha_k$ Nullstellen des Polynoms $f(x)$, so ist das Produkt $(x - \alpha_1)(x - \alpha_2) \cdots (x - \alpha_k)$ ein Teiler von $f(x)$, d. h., es gibt eine Darstellung der Form $f(x) = (x - \alpha_1)(x - \alpha_2) \cdots (x - \alpha_k)\, g(x)$.

Beispiel 1: Das Polynom $f(x) = x^3 - 5x^2 + 7x - 3$ hat die Nullstelle $x = 3$. Die Division durch $(x - 3)$ ergibt $x^2 - 2x + 1$, so daß man das Polynom in der Form $f(x) = (x - 3)(x^2 - 2x + 1)$ darstellen kann.

Ein Polynom $f(x) = a_n x^n + a_{n-1}x^{n-1} + \cdots + a_1 x + a_0$ hat höchstens n verschiedene Nullstellen.

Beweis durch vollständige Induktion: 1. Für $n = 1$, d. h. für das Polynom $a_1 x + a_0$ mit $a_1 \neq 0$, da sonst kein Polynom ersten Grades vorläge, gilt der Satz, denn dieses Polynom hat die eine Nullstelle $x = -a_0/a_1$.

2. Ist $f(x)$ ein Polynom vom Grade $n + 1$ und ist α eine Nullstelle dieses Polynoms, so läßt es sich nach dem vorigen Satz in der Form $f(x) = (x - \alpha)\, g(x)$ mit einem Polynom $g(x)$ darstellen, das

nur noch den Grad n hat. Das Produkt $(x - \alpha)\,g(x)$ kann nur Null werden, wenn wenigstens ein Faktor Null wird. Der erste Faktor wird für $x = \alpha$ Null, der zweite Faktor $g(x)$ wird nach Induktionsvoraussetzung für höchstens n weitere Werte von x Null. Danach werden aber das Produkt und damit $f(x)$ für höchstens $n + 1$ verschiedene Werte gleich Null. Damit ist der Satz bewiesen.

Vielfachheit einer Nullstelle. Es kann vorkommen, daß ein Polynom mit einer Nullstelle α nicht nur durch $(x - \alpha)$, sondern auch durch $(x - \alpha)^2$, $(x - \alpha)^3$ oder eine noch höhere Potenz von $(x - \alpha)$ teilbar ist. Ist $f(x)$ durch $(x - \alpha)^k$, nicht aber durch $(x - \alpha)^{k+1}$ teilbar, so nennt man α eine *k-fache Nullstelle* oder eine *Nullstelle k-ter Ordnung* von $f(x)$ mit $k \geqslant 1$ und ganz.

Beispiel 2: Das Polynom $x^4 - 9x^3 + 27x^2 - 31x + 12$ hat für $x = 1$ eine *zweifache* Nullstelle, d. h., es ist durch $(x - 1)^2$ teilbar, aber nicht durch $(x - 1)^3$. Es gilt $f(x) = (x - 1)^2\,(x^2 - 7x + 12) = (x - 1)^2\,(x - 3)\,(x - 4)$.

Die unterschiedliche Vielfachheit von Nullstellen bewirkt in der graphischen Darstellung der Funktionen einen unterschiedlichen Funktionsverlauf in ihrer Umgebung. In *einfachen Nullstellen* hat die Funktionskurve stets einen von Null verschiedenen Anstieg, der positiv oder negativ sein kann (Abb. 5.2-17), während er in *mehrfachen Nullstellen* Null ist, d. h., die Tangente an die Funktionskurve fällt in diesen Punkten mit der x-Achse zusammen (Abb. 5.2-18).

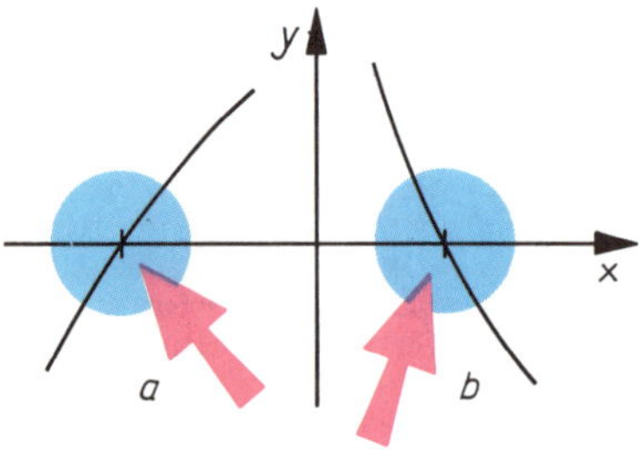

5.2-17 Funktionskurven in der Umgebung einfacher Nullstellen

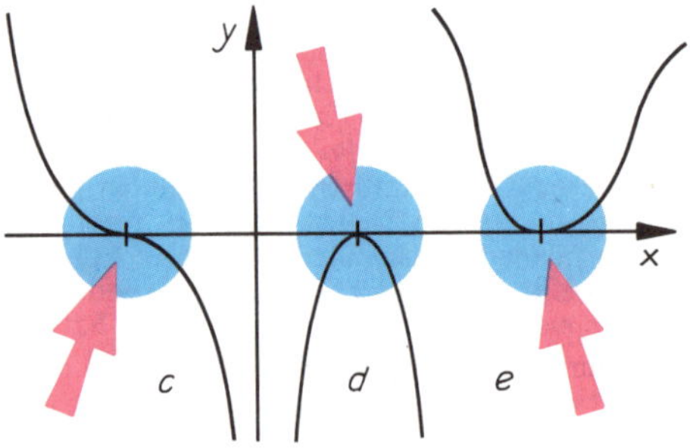

5.2-18 Funktionskurven in der Umgebung mehrfacher Nullstellen

Nullstellen gerader und ungerader Ordnung. Der Funktionsverlauf unterscheidet sich auch danach, ob die *Vielfachheit oder Ordnung einer Nullstelle* gerade oder ungerade ist. Ist etwa α eine k-fache Nullstelle von $f(x)$, so gibt es eine Zerlegung $f(x) = (x - \alpha)^k\,g(x)$ mit der Eigenschaft, daß $g(x)$ aus Gründen der Stetigkeit in einer ganzen Umgebung von α verschieden von Null ist und somit auch sein Vorzeichen in dieser Umgebung nicht ändert, d. h., es gibt ein $\varepsilon > 0$, so daß für jedes x mit der Eigenschaft $|x - \alpha| < \varepsilon$ gilt $g(x) \neq 0$. Der Linearfaktor $(x - \alpha)$ ändert aber beim Übergang von $x < \alpha$ zu $x > \alpha$ sein Vorzeichen. Das Polynom $f(x) = (x - \alpha)^k\,g(x)$ ändert sein Vorzeichen bei diesem Übergang dann und nur dann, wenn k ungerade ist. Für gerade k behält $f(x)$ sein Vorzeichen bei. In Abb. 5.2-17 bzw. 5.2-18 sind die Nullstellen in a, b, c von ungerader, in d und c von gerader Ordnung.

Nullstellen und Produktdarstellung. Man kann jede ganzrationale Funktion als Produkt irreduzibler Faktoren in der Form

$$f(x) = c(x - \alpha_1)^{r_1}(x - \alpha_2)^{r_2} \cdots (x - \alpha_k)^{r_k}(x^2 + a_1x + b_1)^{s_1}(x^2 + a_2x + b_2)^{s_2} \cdots (x^2 + a_lx + b_l)^{s_l}$$

darstellen. Dabei ist c ein Polynom nullten Grades, d. h. eine von Null verschiedene Konstante, α_i sowie a_j und b_j bedeuten reelle Zahlen, r_i und s_i sind natürliche Zahlen. Für die Exponenten gilt $n = \sum_{i=1}^{k} r_i + 2\sum_{j=1}^{l} s_j$. Man erkennt sofort, daß die α_i *Nullstellen* der Funktion sind. Es gibt auch keine weiteren reellen Nullstellen. Für jeden von $\alpha_1, \alpha_2, \ldots, \alpha_k$ verschiedenen Wert α von x ist jeder der Linearfaktoren $(x - \alpha_i)$, $i = 1, 2, \ldots, k$ von Null verschieden. Wäre aber eines der *quadratischen Polynome* $x^2 + a_jx + b_j$ für $x = \alpha$ gleich Null, so wäre es entgegen der Annahme reduzibel. Ein *irreduzibles* quadratisches Polynom ist für alle *reellen* Werte von x von Null verschieden, weil es nur zwei konjugiert komplexe Nullstellen hat. Als Folgerung aus diesen Überlegungen erhält man den Satz:

Die Anzahl der mit ihrer Vielfachheit gezählten reellen Nullstellen eines Polynoms ist genau dann gerade bzw. ungerade, wenn der Grad des Polynoms gerade bzw. ungerade ist. Speziell gilt: Wenn der Grad eines Polynoms ungerade ist, so hat es wenigstens eine reelle Nullstelle.

Sturmscher Satz. Nach einem Näherungsverfahren, z. B. dem Newtonschen, läßt sich von jeder ganzrationalen Funktion jede Wurzel beliebig genau berechnen, wenn ein x-Wert in der Nähe der Nullstelle bekannt ist. Schon DESCARTES, FOURIER und NEWTON haben sich deshalb bemüht, Kriterien zu finden, nach denen man entscheiden kann, ob in einem vorgegebenen Intervall des Definitionsbereichs eines Polynoms eine Wurzel liegt. Durch passende Wahl des Intervalls lassen sich daraus x-Werte in der Nähe der Nullstelle finden.

Descartessche Zeichenregel. DESCARTES betrachtete die Vorzeichen der Koeffizienten des Polynoms $f(x) = a_n x^n + a_{n-1}x^{n-1} + \cdots + a_1 x + a_0$, d. h. der Folge der Zahlen $a_n, a_{n-1}, \ldots, a_1, a_0$. In ihr darf angenommen werden, daß weder a_n noch a_0 Null sind. Andere Koeffizienten, die Null sind, werden in die Folge nicht aufgenommen. Haben dann zwei benachbarte Koeffizienten verschiedene Vorzeichen, so spricht man von einem Zeichenwechsel.

Descartes fand, daß die Anzahl der Zeichenwechsel oder eine um eine gerade Zahl kleinere Zahl der Anzahl der positiven Nullstellen des Polynoms gleich ist. Die Anzahl der negativen Nullstellen ergibt sich entsprechend aus der Anzahl der Zeichenwechsel in der Folge der Koeffizienten des Polynoms $f(-x)$.

Beispiel 3: Das Polynom $f(x) = x^5 - x^4 + 2x^3 + x^2 - 3x + 2$ hat vier, zwei oder keine positiven Nullstellen, denn in der Folge der Koeffizienten 1; −1; 2; 1; −3; 2 kommen vier Zeichenwechsel vor. Bildet man $f(-x) = -x^5 - x^4 - 2x^3 + x^2 + 3x + 2$, so sieht man, daß $f(x)$ *genau eine negative Nullstelle* haben muß, denn in der Folge der Koeffizienten von $f(-x)$ kommt *ein* Zeichenwechsel vor.

Die genaue Anzahl der Nullstellen ergibt sich nach einem Satz von François STURM (1803–1855). Er geht aus von der Produktdarstellung des Polynoms

$$f(x) = c(x-\alpha_1)^{r_1}(x-\alpha_2)^{r_2}\cdots(x-\alpha_k)^{r_k}(x^2+a_1x+b_1)^{s_1}(x^2+a_2x+b_2)^{s_2}\cdots(x^2+a_lx+b_l)^{s_l}.$$

Treten in ihr irreduzible Faktoren mehrfach auf, so genügt es, ein Polynom $\varphi(x)$ zu betrachten, das jeden dieser Faktoren, aber *jeden nur einmal*, enthält; $\varphi(x)$ hat dann dieselben Nullstellen wie $f(x)$, aber nur *einfache Nullstellen.*
Die Ableitung $\varphi'(x)$ entsteht durch Differenzieren des Produkts nach der Produktregel, besteht demnach aus Summanden. In jedem Summanden ist ein anderer der irreduziblen Faktoren differenziert worden, jeder Summand enthält deshalb einen der Faktoren, in die $\varphi(x)$ zerlegt werden kann, nicht. Die Summe ist durch keinen dieser Faktoren teilbar; $\varphi(x)$ und $\varphi'(x)$ sind bis auf eine Konstante *teilerfremd.*

Dividiert man $\varphi(x)$ durch $\varphi'(x)$, so erhält man ein Polynom $q_1(x)$ und einen Rest $-\varphi_2(x)$, der ein Polynom von geringerem Grade als $\varphi'(x)$ ist; $\varphi(x) = q_1(x)\,\varphi'(x) - \varphi_2(x)$. Durch Division von $\varphi'(x)$ durch $\varphi_2(x)$ ergibt sich danach ein neuer Rest $-\varphi_3(x)$, für den gilt $\varphi'(x) = q_2(x)\,\varphi_2(x) - \varphi_3(x)$. Dieses Verfahren muß nach endlich vielen Schritten abbrechen; in vereinfachter Schreibweise erhält man das nebenstehende Schema.

$$\begin{aligned}
\varphi &= q_1\varphi' - \varphi_2\\
\varphi' &= q_2\varphi_2 - \varphi_3\\
\varphi_2 &= q_3\varphi_3 - \varphi_4\\
\varphi_3 &= q_4\varphi_4 - \varphi_5\\
\varphi_4 &= q_5\varphi_5 - \varphi_6\\
\cdots &= \cdots\\
\varphi_{r-2} &= q_{r-1}\varphi_{r-1} - \varphi_r\\
\varphi_{r-1} &= q_r\varphi_r
\end{aligned}$$

Aus der letzten Gleichung, der vorhergehenden und schrittweise bis zur ersten zurück erkennt man, daß φ_r ein Teiler ist von φ_{r-1}, von φ_{r-2}, von φ_{r-3} usw., schließlich auch von φ' und von φ. Da φ und φ' aber teilerfremd sind, kann φ_r nur eine von Null verschiedene Konstante sein.
Die Folge dieser Funktionen $\varphi, \varphi', \varphi_2, \varphi_3, \ldots, \varphi_r$ wird *Sturmsche Kette* genannt. Setzt man in den Polynomen der Sturmschen Kette für x einen bestimmten Wert a ein, so ergibt sich die Folge von reellen Zahlen $\varphi(a), \varphi'(a), \varphi_2(a), \ldots, \varphi_r(a)$. Haben in dieser Folge zwei *benachbarte* Zahlen $\varphi_i(a)$ und $\varphi_{i+1}(a)$ verschiedene Vorzeichen, so spricht man von einem *Vorzeichenwechsel.* Mit $W(a)$ bezeichnet man die *Anzahl der Vorzeichenwechsel* in der Sturmschen Kette für den Wert $x = a$. Die Anzahl $W(x)$ der Zeichenwechsel kann sich offenbar nur dann ändern, wenn das Argument x eine Nullstelle eines der Kettenpolynome $\varphi, \varphi', \varphi_2, \ldots, \varphi_{r-1}$ durchläuft. Zunächst sei für $x = \xi$ eines der auf φ folgenden Polynome $\varphi', \varphi_2, \ldots, \varphi_{r-1}$ Null. Aus dem obigen Schema kann sofort abgelesen werden, daß dann seine Nachbarglieder nicht Null sind und verschiedene Vorzeichen haben. Infolgedessen kann sich die Anzahl $W(x)$ der Zeichenwechsel beim Durchlaufen dieser Stelle nicht ändern; dies kann nur noch geschehen, wenn x eine Nullstelle von φ selbst durchläuft. Tatsächlich nimmt $W(x)$ in diesem Fall genau um 1 ab, denn da φ nach Voraussetzung nur einfache Nullstellen hat, ändert φ beim Durchlaufen der Nullstelle sein Vorzeichen, während φ' in einer gewissen Umgebung dieser Stelle von Null verschieden ist und aus Stetigkeitsgründen konstantes Vorzeichen hat. Damit ist der folgende Satz bewiesen.

Sturmscher Satz. Ist $\varphi(x)$ ein Polynom mit nur einfachen Nullstellen, ist $a < b$ und sind $\varphi(a) \neq 0$ und $\varphi(b) \neq 0$, so ist $W(a) - W(b)$ gleich der Anzahl der Nullstellen des Polynoms $\varphi(x)$ im abgeschlossenen Intervall $[a, b]$.

Um mit Hilfe dieses Satzes die genaue Anzahl *aller* Nullstellen des Polynoms $\varphi(x)$ zu bestimmen, wählt man für a bzw. $b > a$ solche Werte $-M$ bzw. $+M$, deren Absolutbetrag größer ist als das Maximum der absoluten Beträge aller Nullstellen, d. h., $M > \max(|\alpha_1|, |\alpha_2|, \ldots, |\alpha_k|)$, wo $\alpha_1, \alpha_2, \ldots, \alpha_k$ die Nullstellen von $\varphi(x)$ sein sollen. Dabei muß M ohne Kenntnis der Nullstellen bestimmbar sein. Das ist auch möglich, da für die Absolutbeträge der Nullstellen des betrachteten Polynoms $\varphi(x) = x^n + a_{n-1}x^{n-1} + \cdots + a_0$ die Abschätzung gilt

$$\max(|\alpha_1|, |\alpha_2|, \ldots, |\alpha_k|) < 1 + |a_{n-1}| + |a_{n-2}| + \cdots + |a_1| + |a_0|.$$

Jedes Polynom mit $a_n \neq 1$ kann leicht *normiert* werden, indem man es durch a_n dividiert. Die Nullstellen bleiben dabei erhalten. Man kann deshalb $M = 1 + |a_{n-1}| + \cdots + |a_1| + |a_0|$ wählen und ist dann sicher, daß im Intervall $[-M, M]$ alle Nullstellen von $\varphi(x)$ liegen.

Ein Beweis dieser Tatsache würde hier zu weit führen. Sie wird aber plausibel, wenn man an den Zusammenhang der als reell vorausgesetzten Nullstellen x_1 und x_2 von $f(x) = x^2 + ax + b$ mit den Koeffizienten a und b denkt. Bekanntlich ist $x_1 + x_2 = -a$ und $x_1 x_2 = b$; daraus ist ersichtlich, daß nicht $|x_1|$ bzw. $|x_2|$ sehr groß und $|a|$ bzw. $|b|$ beide gleichzeitig sehr klein sein können. Mit anderen Worten: Die Absolutbeträge der Nullstellen können gewisse Schranken, die sich aus den Absolutbeträgen der Koeffizienten ergeben, nicht übertreffen.

Beispiel 4: Um von dem Polynom $\varphi(x) = x^5 - 2x^4 - x + 2$ die Anzahl der reellen Nullstellen zu bestimmen, ist die Sturmsche Kette zu berechnen. Um die Rechnung zu vereinfachen, sind die Kettenpolynome gegebenenfalls mit positiven Zahlen multipliziert worden; offenbar ändert sich die Anzahl der Vorzeichenwechsel dadurch nicht. Daß $\varphi(x)$ nur einfache Nullstellen hat und deshalb der Sturmsche Satz anwendbar ist, erkennt man daran, daß die Sturmsche Kette erst bei einem Polynom nullten Grades abbricht.

Für das gegebene Polynom ergibt sich die folgende Übersicht:

Sturmsche Kette	Berechnung	Schema	Vorzeichen an den Intervallgrenzen	
$\varphi(x) = x^5 - 2x^4 - x + 2$			$\varphi(-6) = -10\,360$	$\varphi(+6) = +5\,180$
$\varphi'(x) = 5x^4 - 8x^3 - 1$	$5\varphi : \varphi'$	$\varphi = q_1\varphi' - \varphi_2$	$\varphi'(-6) = +8\,207$	$\varphi'(+6) = +4\,751$
$\varphi_2(x) = 16x^3/5 + 4x - {}^{48}/_5$	$4\varphi' : 5\varphi_2/4$	$\varphi' = q_2\varphi_2 - \varphi_3$	$\varphi_2(-6) = -724\,{}^4/_5$	$\varphi_2(+6) = +705\,{}^3/_5$
$\varphi_3(x) = 25x^2 - 100x + 100$	$5\varphi_2/4 : \varphi_3/25$	$\varphi_2 = q_3\varphi_3 - \varphi_4$	$\varphi_3(-6) = +1\,600$	$\varphi_3(+6) = +400$
$\varphi_4(x) = -53x + 76$	$53\varphi_3/25 : \varphi_4$	$\varphi_3 = q_4\varphi_4 - \varphi_5$	$\varphi_4(-6) = +394$	$\varphi_4(+6) = -242$
$\varphi_5(x) = -16\,{}^{52}/_{53}$			$\varphi_5(-6) = -16\,{}^{52}/_{53}$	$\varphi_5(+6) = -16\,{}^{52}/_{53}$

Die Größe M hat für das Polynom $\varphi(x) = x^5 - 2x^4 - x + 2$ den Wert $1 + |-2| + |-1| + |+2| = 6$, d. h., alle Nullstellen des Polynoms liegen im Intervall $[-6, 6]$. In der Übersichtstabelle sind die Werte für $\varphi(-6), \varphi'(-6), \varphi_2(-6), \varphi_3(-6), \varphi_4(-6), \varphi_5(-6)$ und für $\varphi(6), \varphi'(6), \varphi_2(6), \varphi_3(6), \varphi_4(6), \varphi_5(6)$ angegeben. Durch Abzählen findet man $W(-6) = 4$, $W(6) = 1$; das Polynom hat genau $4 - 1 = 3$ reelle Nullstellen.

Trennung der Nullstellen. Unter *Trennung der Nullstellen* versteht man die Angabe von Intervallen, in denen jeweils *genau eine* Nullstelle liegt. An Hand von Beispiel 4 soll gezeigt werden, wie das mit Hilfe des Sturmschen Satzes möglich ist.

Setzt man in der zu $\varphi(x) = x^5 - 2x^4 - x + 2$ gehörenden Sturmschen Kette einmal $x = 0$, so liefert $W(-6) - W(0)$ die Anzahl der Nullstellen im Intervall $[-6, 0]$. Da $\varphi(0) = +2$, $\varphi'(0) = -1$, $\varphi_2(0) = -9^3/_5$, $\varphi_3(0) = +100$, $\varphi_4(0) = +76$, $\varphi_5(0) = -16^{52}/_{53}$, erhält man $W(0) = 3$, wegen $W(-6) = 4$ also $W(-6) - W(0) = 1$; im Intervall $[-6, 0]$ liegt demnach genau eine Nullstelle. Die beiden anderen müssen dann im Intervall $[0, 6]$ liegen. Um sie zu trennen, kann man dieses Intervall wiederum halbieren und die Sturmsche Kette für $x = 3$ untersuchen. Man findet $W(3) = 1$. Da $W(0) - W(3) = 2$ ist, müssen beide Nullstellen im Intervall $[0, 3]$ liegen, sie sind noch nicht getrennt. Nochmaliges Halbieren liefert $W(1{,}5) = 2$. Nun ist $W(0) - W(1{,}5) = 1$ und $W(1{,}5) - W(3) = 1$, d. h., in den Intervallen $[0; 1{,}5]$ und $[1{,}5; 3]$ liegt genau je eine Nullstelle. Die drei Nullstellen sind somit getrennt.

Ergänzung zum Sturmschen Satz. Voraussetzung für die bisherige Diskussion war, daß in der Produktdarstellung von $f(x)$ keine *mehrfachen Faktoren* auftreten. Bestimmt man mit Hilfe des *Euklidischen Algorithmus* den größten gemeinsamen Teiler von $f(x)$ und $f'(x)$ und ist dieser ggT eine von Null verschiedene Konstante, so ist die angegebene Voraussetzung erfüllt, und der Sturmsche Satz kann unmittelbar angewendet werden. Ist dagegen die angegebene Voraussetzung nicht erfüllt, so gibt es in der Produktdarstellung von $f(x)$ Faktoren der Form $(x - \alpha_i)^{r_i}$ bzw. $(x^2 + a_j x + b_j)^{s_j}$ mit $r_i, s_j \in \mathbf{N}$ und $r_i > 1$ bzw. $s_j > 1$. Nach der Produktregel für das Differenzieren treten in der Produktdarstellung von $f'(x)$ dann die Faktoren $(x - \alpha_i)^{r_i - 1}$ bzw. $(x^2 + a_j x + b_j)^{s_j - 1}$ auf, die ausgeklammert werden können. Das Produkt aus diesen Faktoren und eventuell einer Konstanten c mit $c \neq 0$ und $c \neq 1$ erscheint dann als der ggT von $f(x)$ und $f'(x)$. Der Quotient aus $f(x)$ und diesem ggT erfüllt aber die Voraussetzungen des Sturmschen Satzes, so daß dieser auf ihn Anwendung finden kann. Der ausgeschaltete ggT von $f(x)$ und $f'(x)$ braucht nicht weiter auf Nullstellen hin untersucht zu werden, da er nur solche haben kann, die auch dem verbleibenden Polynom, dem bereits genannten Quotienten, eigen sind.

Das Verhalten ganzrationaler Funktionen im Unendlichen

Neben den Nullstellen interessieren häufig noch andere besondere Eigenschaften ganzrationaler Funktionen, z. B. Extremwerte, Wendepunkte, Anstieg in Nullstellen und Wendepunkten. Die entsprechenden Untersuchungen werden mit den Hilfsmitteln der Infinitesimalrechnung durchgeführt (vgl. 19.1. – Anwendungen auf Kurvendiskussionen). Allen diesen Betrachtungen ist aber gemeinsam, daß durch sie immer nur ein beiderseits beschränktes Intervall des Definitionsbereichs erfaßt wird. Es erhebt sich die Frage nach dem Verlauf einer ganzrationalen Funktion *außerhalb* eines solchen Intervalls, die Frage, welche Werte die Funktion annehmen kann, wenn $|x|$ größer wird als das Maximum der absoluten Beträge aller ihrer Nullstellen, Extremstellen, Wendestellen u. a. – Die Antwort auf diese Frage bezeichnet man gewöhnlich als ihr *Verhalten im Unendlichen.* Klammert man in $f(x) = a_n x^n + a_{n-1}x^{n-1} + \cdots + a_1 x + a_0$ das erste Glied aus, so ergibt sich

$$f(x) = a_n x^n [1 + a_{n-1}/(a_n x) + a_{n-2}/(a_n x^2) + \cdots + a_0/(a_n x^n)].$$

Aus dieser Darstellung erkennt man, daß für unbeschränkt wachsendes $|x|$ auch $|f(x)|$ über alle Grenzen wächst, denn der Ausdruck in der Klammer strebt in diesem Fall gegen 1, während $|a_n x^n|$ beliebig groß wird. Man drückt dieses Verhalten häufig auch symbolisch in der Form $\lim_{|x| \to \infty} |f(x)| = \infty$ aus.

Das Vorzeichen der Funktion $f(x)$ für $|x| \to \infty$ hängt nur von $a_n x^n$ ab, da der Ausdruck in der Klammer von einem gewissen x_p ab für alle $|x| > x_p$ sicher positiv ist. Es gibt nur die in der Tabelle zusammengestellten Möglichkeiten.

a_n	n	$x \to$	$f(x) \to$
> 0	gerade	$+\infty$	$+\infty$
		$-\infty$	$+\infty$
	ungerade	$+\infty$	$+\infty$
		$-\infty$	$-\infty$
< 0	gerade	$+\infty$	$-\infty$
		$-\infty$	$-\infty$
	ungerade	$+\infty$	$-\infty$
		$-\infty$	$+\infty$

Beispiel 1: Die Funktion $y = x^4 - x^3 - x^2 - x - 2$ hat die reellen Nullstellen $x = -1$ und $x = 2$. Bei $x \approx 1{,}3$ liegt ein Minimum der Funktion vor, bei $x \approx 0{,}73$ und $x \approx -0{,}23$ hat sie Wendepunkte. Für das Verhalten der Funktion im Unendlichen gilt $\lim_{x \to +\infty} f(x) = +\infty$ und $\lim_{x \to -\infty} f(x) = +\infty$. Bestimmt man einige Funktionswerte, so entsteht folgende Wertetabelle:

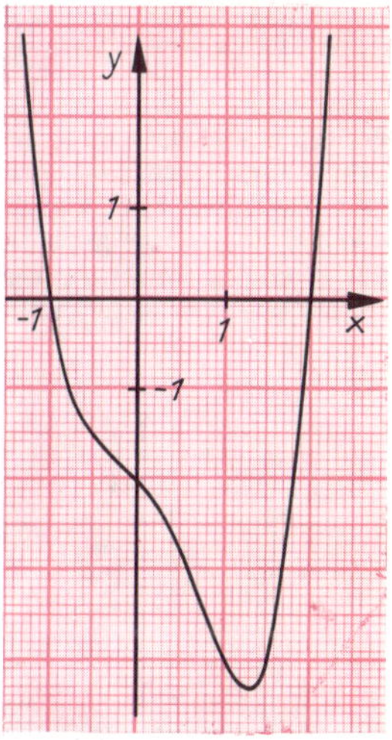

5.2-19 Graphische Darstellung der Funktion $y = x^4 - x^3 - x^2 - x - 2$

x	−2	−1,6	−1,3	−1	−0,7	−0,23	0	0,3	0,73	1	1,3	1,6	2	2,3	3	...
y	20	7,7	2,7	0	−1,2	−1,8	−2	−2,4	−3,4	−4	−4,3	−3,7	0	6,2	40	

Die Funktion läßt sich nun graphisch darstellen (Abb. 5.2-19).

Beispiel 2: Die Funktion $y = 0{,}025x^5 + 0{,}05x^4 - 0{,}6x^3 - 0{,}55x^2 + 2{,}575x - 1{,}5$ hat einfache Nullstellen bei $x = -5$, $x = -3$ und $x = 4$ sowie eine zweifache Nullstelle bei $x = 1$.

Zur graphischen Darstellung der Funktion (Abb. 5.2-20) wird folgende Wertetabelle benutzt:

x	−5,3	−5	−4,7	−4,24	−3,8	−3,22	−3	−2,3	−1,53	−1	−0,3
y	−6,4	0	3,6	5,3	4,3	1,26	0	−3,24	−4,5	−4	−2,3

x	0	0,5	1	1,5	2	2,32	3	3,16	3,7	4	4,3
y	−1,5	−0,42	0	−0,46	−1,75	−2,8	−4,8	−4,9	−3,2	0	5,5

Bei $x \approx -1{,}53$ und $x \approx 3{,}17$ liegt jeweils ein relatives Minimum und bei $x \approx -4{,}24$ sowie $x = 1$ ein relatives Maximum. Wendepunkte sind bei $x \approx -3{,}22$, $x \approx -0{,}3$ und $x \approx 2{,}32$. Das Verhalten der Funktion im Unendlichen ist durch $\lim_{x \to +\infty} f(x) = +\infty$ und $\lim_{x \to -\infty} f(x) = -\infty$ gekennzeichnet.

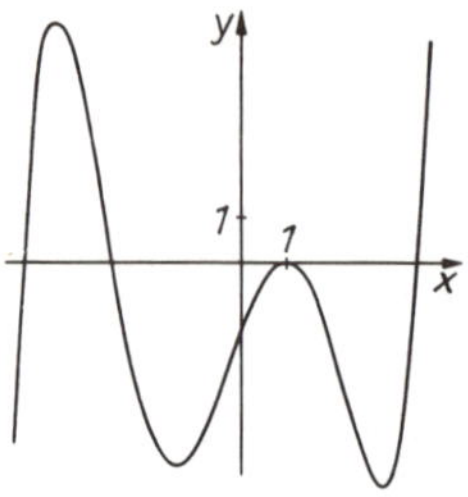

5.2-20 Graphische Darstellung der Funktion
$y = 0{,}025x^5 + 0{,}05x^4 - 0{,}6x^3 - 0{,}55x^2 + 2{,}575x - 1{,}5$

Potenzfunktionen mit negativen Exponenten

Die einfachsten *gebrochenrationalen* Funktionen sind solche, deren Zuordnungsvorschrift in der Form $y = 1/x^n$ für $n = 1, 2, 3, \ldots$ gegeben werden kann. Man bezeichnet sie als *Potenzfunktionen mit negativem Exponenten*, da man bekanntlich für $1/x^n$ auch x^{-n} schreiben kann. Sie sollen zunächst untersucht werden.

Die Funktion $y = 1/x$. Sie ist offensichtlich eine ungerade Funktion, und deshalb ist ihr Bild zentralsymmetrisch in bezug auf den Nullpunkt (Abb. 5.2-21).

Wertetafel zu $y = 1/x$

x	-4	-3	-2	-1	$-1/2$	$-1/100$	$1/1000$	$1/50$	$1/5$	1	…
y	$-1/4$	$-1/3$	$-1/2$	-1	-2	-100	1000	50	5	1	

Für $|x| > 1$ nähern sich die Ordinaten der Kurve um so mehr dem Wert Null, je größer $|x|$ wird, während im Bereich $-1 < x < +1$ die Ordinaten für kleiner werdende $|x|$ über alle Grenzen wachsen. Die Kurve nähert sich sowohl für positive als auch für negative Werte der x- und auch der y-Achse, ohne diese je zu erreichen. Die x- und die y-Achse sind *Asymptoten* der Kurve. Für $x = 0$ gibt es keinen Funktionswert, die Funktion $y = 1/x$ ist an der Stelle $x = 0$ nicht definiert. Ihre Kurve besteht aus zwei Ästen; sie ist eine gleichseitige *Hyperbel.*

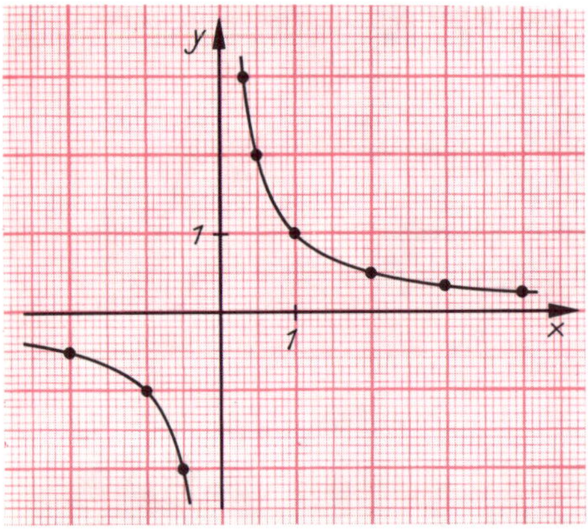

5.2-21 Bild der Funktion $y = 1/x$

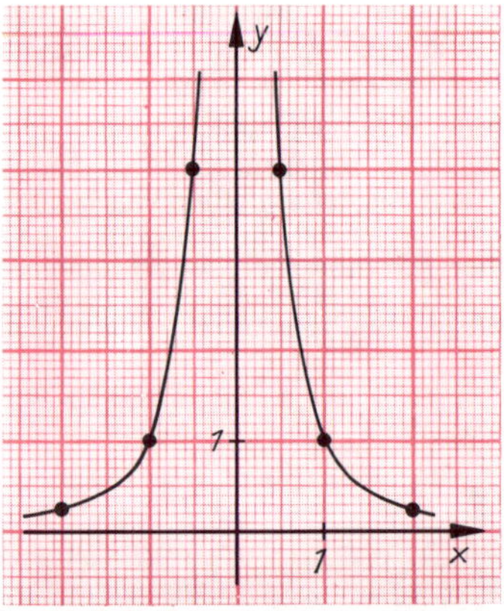

5.2-22 Bild der Funktion $y = 1/x^2$

Die Funktionen $y = 1/x^{2m+1}$. Ihr Kurvenverlauf ähnelt dem der Hyperbel $y = 1/x$. Die Funktionen sind ebenfalls ungerade. Sie sind für $x = 0$ nicht definiert, haben zwei Äste, von denen einer im I. und einer im III. Quadranten liegt, und gehen alle durch die Punkte $P(1, 1)$ und $R(-1, -1)$. Sie fallen im Gebiet $-1 < x < 0$ bzw. $0 < x < +1$ um so steiler, je größer m ist, und nähern sich für $|x| > 1$ um so schneller der x-Achse, je größer m ist. Die x- und die y-Achse sind wiederum Asymptoten.

Die Funktion $y = 1/x^2$. Sie ist eine *gerade* Funktion, deren Kurve symmetrisch zur y-Achse liegt (Abb. 5.2-22). Für $x = 0$ ist sie nicht definiert und hat deshalb zwei Äste. Die positive und die negative x-Achse sowie die positive y-Achse sind Asymptoten.

Die Funktionen $y = 1/x^{2m}$. Hier ergeben sich ähnliche Kurven wie für $y = 1/x^2$. Über die Steilheit dieser Kurven gilt Entsprechendes wie für die Äste der Potenzfunktionen mit ungeraden negativen Exponenten. Ihnen allen sind die Punkte $P(1, 1)$ und $Q(-1, 1)$ gemeinsam.

Potenzfunktionen und Proportionalität. Da aus $y = kx^n$ folgt, daß für alle einander zugeordneten Werte das Verhältnis $y_1/x_1^n = y_2/x_2^n = \cdots = y/x^n = k$ konstant ist, nennt man die n-te Potenz von x proportional zu y.
In der Zuordnung $y = k/x$ wird y um so kleiner, je größer x ist und umgekehrt. Ein solches Verhalten wird als *indirekt proportional* bezeichnet und dadurch definiert, daß das Produkt zugeordneter Werte konstant ist, $xy = k$; k heißt in beiden Fällen *Proportionalitätsfaktor*.
Beim freien Fall ist die Fallstrecke s dem Quadrat der Zeit proportional; die Anziehungskraft F zweier Massen ist umgekehrt proportional dem Quadrat ihrer Entfernung r voneinander. Die entsprechenden Gesetze müssen daher die Gestalt haben: $s = kt^2$ bzw. $F = m/r^2$, wobei jeweils der Proportionalitätsfaktor berechnet werden kann, wenn ein Wertepaar (s, t) bzw. (r, F) bekannt ist.

Allgemeine Form gebrochenrationaler Funktionen

Ähnlich wie für die ganzrationalen Funktionen existiert auch für die gebrochenrationalen Funktionen eine Darstellung, die man als *Normalform* bezeichnen kann.

Die Zuordnungsvorschrift jeder rationalen Funktion $f(x)$ läßt sich als Quotient zweier teilerfremder Polynome $p(x)$ und $q(x)$ darstellen, d. h., $x \mapsto f(x) = p(x)/q(x)$.

Hat das Polynom $q(x)$ im Nenner den Grad 0, ist es eine Konstante, so entsteht als spezieller Fall eine ganzrationale Funktion. Im folgenden wird angenommen, daß der Grad von $q(x)$ mindestens 1 ist, so daß eine gebrochenrationale Funktion vorliegt.

Nullstellen und Pole gebrochenrationaler Funktionen

Nullstellen. Eine gebrochenrationale Funktion kann nur für solche Werte von x den Wert Null annehmen, für die in der Normalform $p(x)/q(x)$ der Zähler $p(x)$ Null wird und gleichzeitig $q(x)$ verschieden von Null ist; eine Zahl α ist genau dann eine *Nullstelle*, wenn $p(\alpha) = 0$ und $q(\alpha) \neq 0$ sind. Man spricht von einer k-fachen Nullstelle α, wenn $p(x)$ in der Form $(x - \alpha)^k\, p_1(x)$ dargestellt werden kann mit $p_1(\alpha) \neq 0$.
Gibt es für eine beliebig gegebene gebrochenrationale Funktion $f(x) = g(x)/h(x)$, in der $g(x)$ und $h(x)$ Polynome sind, eine Zahl α, so daß sowohl $g(\alpha) = 0$ als auch $h(\alpha) = 0$ gilt, so gehört α nicht zum Definitionsbereich, denn $f(\alpha)$ existiert nicht. Dann liegt $f(x)$ nicht in der Normalform vor; $g(x)$ und $h(x)$ sind in diesem Fall *nicht teilerfremd*. Es existiert für $g(x)$ eine Darstellung $g(x) = (x - \alpha)^k\, g_1(x)$ und entsprechend für $h(x)$ eine Darstellung $h(x) = (x - \alpha)^l\, h_1(x)$ mit $k, l \geqslant 1$ und ganz; d. h., $g(x)$ und $h(x)$ haben einen Faktor $(x - \alpha)^m$ gemeinsam, den man in $g(x)/h(x)$ für alle $x \neq \alpha$ kürzen kann; m ist dabei der kleinere der beiden Werte k oder l. Es ergeben sich drei Möglichkeiten: 1. für $k > l$ ist $\lim\limits_{x\to\alpha} f(x) = 0$, d. h., $f(x)$ verhält sich in der Nähe von α wie in der Nähe einer $(k\text{-}m)$-fachen Nullstelle; – 2. für $k = l$ ist $\lim\limits_{x\to\alpha} f(x) = c \neq 0$, d. h., $x = \alpha$ ist keine Nullstelle von $f(x)$; – 3. für $k < l$ ist $\lim\limits_{x\to\alpha} f(x) = \infty$, d. h., $f(x)$ verhält sich in der Nähe von α wie in der Nähe eines Pols.

Pole. Die Funktion $f(x) = p(x)/q(x)$ hat an der Stelle $x = \alpha$ einen Pol, falls $q(\alpha) = 0$ und $p(\alpha) \neq 0$. Tritt der Linearfaktor $(x - \alpha)$ dabei k-mal in der Faktorenzerlegung von $q(x)$ auf, $q(x) = (x - \alpha)^k\, q_1(x)$, so spricht man von einem *Pol der Ordnung k*. Die Funktion $f(x)$ läßt sich in der Umgebung dieses Pols darstellen durch $f(x) = p(x)/q(x) = [1/(x - \alpha)^k] \cdot [p(x)/q_1(x)]$. Sind $p(x)$ und $q(x)$ teilerfremd, so haben in einer Umgebung von $x = \alpha$ weder $p(x)$ noch $q_1(x)$ eine Nullstelle, ändern ihr Vorzeichen nicht, und ihr Quotient hat einen von Null verschiedenen, beschränkten positiven oder negativen Wert. Die Funktion $1/(x - \alpha)^k$ wächst aber für $x \to \alpha$ unbeschränkt. Nähert man sich dem Pol im Sinne wachsender x-Werte, d. h. für $x < \alpha$, so ist $(x - \alpha)$ negativ, für ungerade Werte von k, z. B. für $k = 1, 3, 5, \ldots$, geht dann $1/(x - \alpha)^k$ gegen $-\infty$, für gerade Werte von k, z. B. für $k = 2, 4, 6, \ldots$, dagegen gegen $+\infty$. Nähert man sich dem Pol im Sinne abnehmender x-Werte, d. h. für $x > \alpha$, so ist $(x - \alpha)$ positiv, $1/(x - \alpha)^k$ geht deshalb stets gegen $+\infty$. Dieses Verhalten der

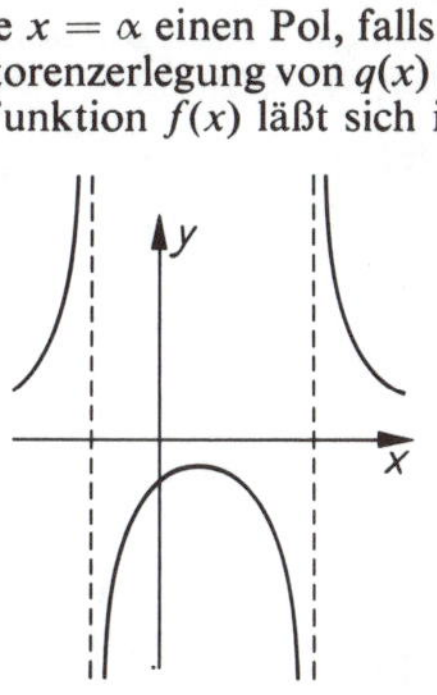

5.2-23 Graphische Darstellung des Funktionsverlaufs bei Polen ungerader Ordnung

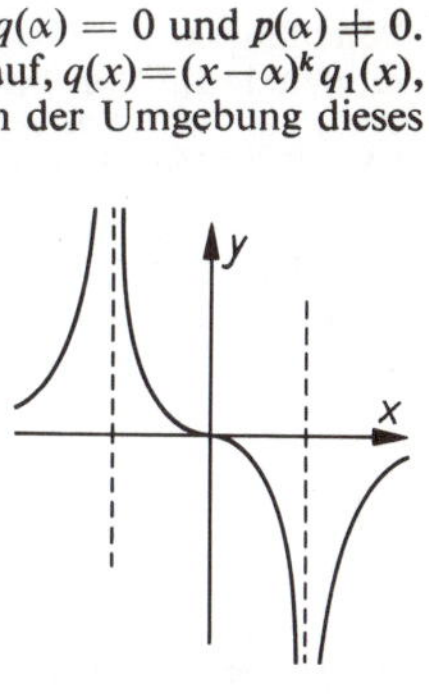

5.2-24 Graphische Darstellung des Funktionsverlaufs bei Polen gerader Ordnung

Funktion $1/(x-\alpha)^k$ ändert sich durch den Faktor $p(x)/q_1(x)$ nur insofern, als sich für negative Werte des Faktors das Vorzeichen der Funktion $f(x)$ umkehrt (Abb. 5.2-23, 5.2-24). Die Gerade $x = \alpha$ ist *Asymptote* der Funktion (vgl. Kap. 18.3. – Stetigkeit einer Funktion).

Das Verhalten gebrochenrationaler Funktionen im Unendlichen

Geht man von der allgemeinen Form

$$f(x) = \frac{p(x)}{q(x)} = \frac{a_m x^m + a_{m-1}x^{m-1} + \cdots + a_1 x + a_0}{b_n x^n + b_{n-1}x^{n-1} + \cdots + b_1 x + b_0}$$

aus, so sind drei Möglichkeiten in Betracht zu ziehen, nämlich $m < n$, $m = n$, $m > n$.
Ist der Grad des Zählerpolynoms $p(x)$ dem des Nennerpolynoms $q(x)$ gleich ($m = n$) oder größer als dieser ($m > n$), so nennt man die Funktion $f(x)$ *unecht gebrochenrational.* Nach Division des Zählers durch den Nenner läßt sich dann stets eine ganzrationale Funktion $g(x)$ abspalten,

$$f(x) = p(x) : q(x) = g(x) + r(x),$$

deren Grad $(m-n)$ ist. Im Falle $m = n$ ist $g(x)$ die Konstante a_m/b_n. Der Rest $r(x)$ dagegen ist stets eine *echt gebrochenrationale Funktion*, d. h., der Grad ihres Zählers ist kleiner als der ihres Nenners. Das Verhalten einer ganzrationalen Funktion im Unendlichen ist aber bekannt; es ist somit nur noch das der echt gebrochenrationalen Funktion zu untersuchen. Dividiert man in ihr Zähler und Nenner durch x^m mit $m < n$, so erhält man:

$$f(x) = \frac{a_m + a_{m-1}/x + \cdots + a_1/x^{m-1} + a_0/x^m}{b_n x^{n-m} + \cdots + b_1/x^{m-1} + b_0/x^m}.$$

Für $|x| \to \infty$ strebt der Zähler dem Wert a_m zu, während der Absolutbetrag des Nenners gleichzeitig beliebig große Beträge annimmt, d. h., $|f(x)| \to 0$ für $|x| \to \infty$. Die x-Achse ist danach *Asymptote* der Funktion $f(x)$. Je nach dem Vorzeichen von a_m und von b_n und nach dem Grad $(n-m)$ nähert sich das Bild der Funktion von oben oder unten, von positiven oder negativen Werten her asymptotisch der x-Achse; ist z. B. $a_m > 0$, $b_n > 0$ und $(n-m)$ ungerade, so ist $f(x)$ für $x \to +\infty$ positiv, für $x \to -\infty$ negativ.
Das Entsprechende gilt für den Rest $r(x)$, der nach Abspalten der ganzrationalen Funktion $g(x)$ von der unecht gebrochenrationalen Funktion $f(x)$ geblieben ist. Die Funktion $f(x)$ nähert sich für $x \to \infty$ asymptotisch der Funktion $g(x)$, und zwar *von oben*, wenn $r(x)$ zwar kleine, aber positive Werte hat, bzw. *von unten*, wenn $r(x)$ über negative Werte gegen Null konvergiert; das Bild der Funktion $g(x)$ wird *Grenzkurve* genannt. Ist speziell $m = n$ und $g(x) = a_m/b_n$, so ist die *Parallele* im Abstand a_m/b_n zur x-Achse Asymptote der Funktion $f(x)$ für $x \to \infty$.

Beispiel 1: Die Funktion $y = \dfrac{3x-6}{x^3-3x+2}$ hat für $x = 2$ eine Nullstelle, für $x = -2$ einen Pol erster Ordnung und für $x = 1$ einen Pol zweiter Ordnung. Zwei relative Extremwerte – beides Maxima – liegen bei $x \approx -0{,}73$ und $x \approx 2{,}73$. Das Verhalten der Funktion im Unendlichen ist durch $\lim\limits_{|x|\to\infty} y = 0$ gekennzeichnet. Die x-Achse ist daher Asymptote der Funktionskurve. Zur Betrachtung des Vorzeichens der Funktionswerte für den gesamten Definitionsbereich schreibt man zweckmäßigerweise die Funktionsgleichung in der Form $y = \dfrac{3(x-2)}{(x-1)^2\,(x+2)}$. Es ist zu erkennen, daß y für $-\infty < x < -2$ positiv ist, für $-2 < x < 1$ und $1 < x < 2$ ist y negativ und für $x > 2$ wieder positiv (Abb. 5.2-25). Zur genaueren graphischen Darstellung ist eine Wertetabelle notwendig:

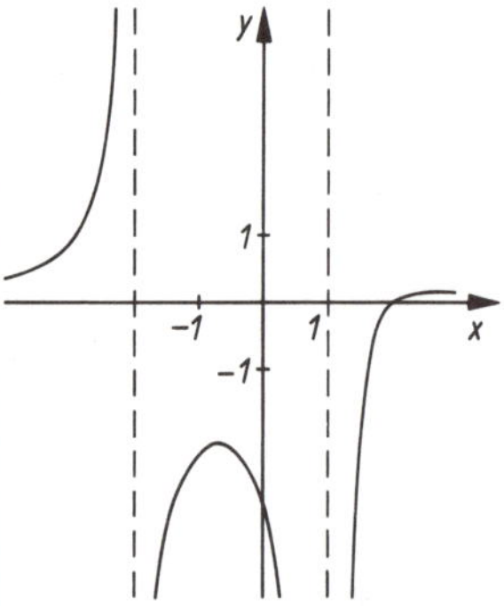

5.2-25 Graphische Darstellung der Funktion $y = \dfrac{3x-6}{(x-1)^2\,(x+2)}$

x	−5	−4	−3	−2,5	−2,2	−1,8
y	0,2	0,36	0,94	2,20	6,15	−7,27

x	−1,5	−1	−0,73	−0,3	0	0,5	1,3	1,5	1,8	2	2,73	3
y	−3,36	−2,25	−2,15	−2,4	−3	−7,2	−7,1	−1,71	−0,25	0	0,15	0,15

Beispiel 2: Die Funktion $y = (x^2-1)/(x^2+1)$ hat die Nullstellen $x = -1$ und $x = 1$; Pole sind nicht vorhanden. Ein Minimum liegt bei $x = 0$, Wendestellen bei $x \approx -0{,}58$ und $x \approx 0{,}58$. Durch Ausdividieren erhält man die Darstellung $y = 1 - 2/(x^2+1)$. Die durch $y = 1$ festgelegte Gerade

ist eine Asymptote der Funktionskurve, da $\lim_{|x|\to\infty} y = 1$. Es ist außerdem zu sehen, daß die Funktionskurve überall *unterhalb* der Asymptote verläuft (Abb. 5.2-26).

Wertetabelle:

x	0	±0,3	±0,5	±1	±1,5	±2	±3	±5
y	−1	−0,83	−0,6	0	0,38	0,6	0,8	0,92

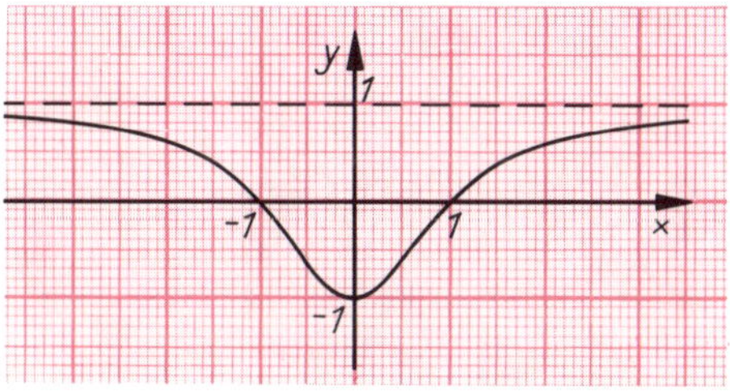

5.2-26 Graphische Darstellung der Funktion $y = (x^2 - 1)/(x^2 + 1)$

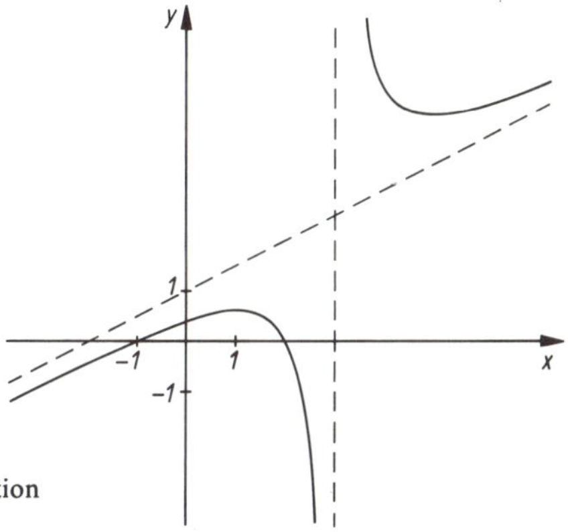

5.2-27 Graphische Darstellung der Funktion $y = (x^2 - x - 2)/(2x - 6)$

Beispiel 3: Die Funktion $y = (x^2 - x - 2)/(2x - 6)$ hat die Nullstellen $x = -1$ und $x = 2$, einen Pol für $x = 3$ sowie ein relatives Maximum bei $x = 1$ und ein relatives Minimum bei $x = 5$. Abtrennen des ganzrationalen Teils liefert die Darstellung $y = x/2 + 1 + 4/(2x - 6)$. Danach ist $y = x/2 + 1$ eine Asymptote der Funktionskurve. Die Annäherung an die Asymptote erfolgt für $x \to -\infty$ von unten und für $x \to +\infty$ von oben (Abb. 5.2-27).

Wertetabelle:

x	−5	−3	−2	−1	0	1	1,5	2	2,5	2,8	3,5	4	5	6	7
y	−1,75	−0,83	−0,4	0	0,33	0,5	0,42	0	−1,75	−7,6	6,75	5	4,5	4,67	5

Beispiel 4: Für $y = f(x) = (x^3 + 2)/(2x)$ ist wegen $f(x) = x^2/2 + 1/x$ und $\lim_{x\to+\infty} [f(x) - x^2/2] = \lim_{x\to+\infty} 1/x = 0$ die Kurve $y = x^2/2$ Grenzkurve.

Partialbruchzerlegung

Besonders für die Integration einer gebrochenrationalen Funktion $f(x)$ ist es notwendig, sie als Summe von Partialbrüchen darzustellen; das sind Brüche, deren Nenner ganzzahlige Potenzen je eines der irreduziblen Faktoren sind, die sich aus der Faktorenzerlegung des Nenners $q(x)$ einer gebrochenrationalen Funktion ergeben. In ihrer Normalform $f(x) = p(x)/q(x)$ sind Zähler $p(x)$ und Nenner $q(x)$ des Quotienten teilerfremd. Ist der Grad des Zählers $p(x)$ größer oder gleich dem des Nenners, so läßt sich durch Division ein ganzrationaler Teil $g(x)$ abspalten, $f(x) = g(x) + p_1(x)/q(x)$. Der Nenner $q(x)$ seinerseits läßt sich im Bereich $\mathbb{C}$ bis auf einen konstanten Faktor, der zum Zähler gerechnet werden kann, in ein Produkt von Linearfaktoren zerlegen,

$$q(x) = (x - \alpha_1)^{r_1} (x - \alpha_2)^{r_2} \cdots (x - \alpha_k)^{r_k} (x - \beta_1)^{s_1} (y - \bar{\beta}_1)^{s_1} \cdots (x - \beta_l)^{s_l} (x - \bar{\beta}_l)^{s_l},$$

in dem die k reellen Nullstellen α_i sowie die l Paare von konjugiert komplexen Nullstellen β_j bzw. $\bar{\beta}_j$ mit den Vielfachheiten r_i sowie s_j auftreten. Das Produkt zweier konjugiert komplexer Linearfaktoren ergibt ein reelles Polynom zweiten Grades, $(x - \beta)(x - \bar{\beta}) = x^2 - (\beta + \bar{\beta})x + \beta\bar{\beta} = x + ax + b$. Hierin wurde $a = -(\beta + \bar{\beta})$ und $b = \beta\bar{\beta}$ gesetzt; $q(x)$ läßt sich dann als das folgende Produkt von Polynomen darstellen, die über dem Bereich der reellen Zahlen irreduzibel sind:

$$q(x) = (x - \alpha_1)^{r_1} (x - \alpha_2)^{r_2} \cdots (x - \alpha_k)^{r_k} (x^2 + a_1 x + b_1)^{s_1} \cdots (x^2 + a_l x + b_l)^{s_l}.$$

Ist der Nenner eines Partialbruchs eine Potenz eines Linearfaktors, so ist der Zähler eine Konstante A, ist der Nenner eine Potenz eines irreduziblen Polynoms zweiten Grades, so ist sein Zähler ein lineares Polynom $B + Cx$. Die echt gebrochenrationale Funktion $p_1(x)/q(x)$ läßt sich in folgender Form darstellen:

Partialbruchzerlegung der echt gebrochenrationalen Funktion

$$\frac{p_1(x)}{q(x)} = \frac{A_{11}}{x-\alpha_1} + \frac{A_{12}}{(x-\alpha_1)^2} + \cdots + \frac{A_{1r_1}}{(x-\alpha_1)^{r_1}} + \frac{A_{21}}{x-\alpha_2} + \frac{A_{22}}{(x-\alpha_2)^2} + \cdots + \frac{A_{2r_2}}{(x-\alpha_2)^{r_2}}$$

$$+ \cdots\cdots\cdots\cdots\cdots\cdots\cdots\cdots\cdots\cdots$$

$$+ \frac{A_{k1}}{x-\alpha_k} + \frac{A_{k2}}{(x-\alpha_k)^2} + \cdots + \frac{A_{kr_k}}{(x-\alpha_k)^{r_k}}$$

$$+ \frac{B_{11} + C_{11}x}{x^2 + a_1 x + b_1} + \frac{B_{12} + C_{12}x}{(x^2 + a_1 x + b_1)^2} + \cdots + \frac{B_{1s_1} + C_{1s_1}x}{(x^2 + a_1 x b_1)^{s_1}}$$

$$+ \frac{B_{21} + C_{21}x}{x^2 + a_2 x + b_2} + \frac{B_{22} + C_{22}x}{(x^2 + a_2 x + b_2)^2} + \cdots + \frac{B_{2s_2} + C_{2s_2}x}{(x^2 + a_2 x + b_2)^{s_2}}$$

$$+ \cdots\cdots\cdots\cdots\cdots\cdots\cdots\cdots\cdots\cdots$$

$$+ \frac{B_{l1} + C_{l1}x}{x^2 + a_l x + b_l} + \frac{B_{l2} + C_{l2}x}{(x^2 + a_l x + b_l)^2} + \cdots + \frac{B_{ls_l} + C_{ls_l}x}{(x^2 + a_l x + b_l)^{s_l}}$$

Hierbei sind A_{ji}, B_{ji}, C_{ji} sämtlich reelle Konstanten. Daß eine solche Zerlegung möglich ist, kann man für *Linearfaktoren* bzw. ihre Potenzen im Nenner folgendermaßen einsehen. Ist α eine r-fache Nullstelle des Nenners $q(x)$, so gilt $q(x) = (x-\alpha)^r\, q_1(x)$, und α ist keine Nullstelle mehr von $q_1(x)$. Spaltet man den Partialbruch $A/(x-\alpha)^r$ von der gegebenen echt gebrochenen Funktion $p_1(x)/q(x)$ ab, so erhält man:

$$\frac{p_1(x)}{(x-\alpha)^r\, q_1(x)} - \frac{A}{(x-\alpha)^r} = \frac{p_1(x) - Aq_1(x)}{(x-\alpha)^r\, q_1(x)} = \frac{\Phi(x)}{(x-\alpha)^r\, q_1(x)}.$$

Da weder $p_1(x)$ noch $q_1(x)$ für $x = \alpha$ Null werden, darf für die noch unbestimme Konstante A die Zahl $p_1(\alpha)/q_1(\alpha) = A$ gewählt werden. Man erreicht damit, daß $\Phi(x) = p_1(x) - Aq_1(x)$ für $x = \alpha$ eine Nullstelle hat, so daß gilt $\Phi(x) = (x-\alpha)\,\varphi(x)$. Durch Kürzen ergibt sich

$$\frac{p_1(x)}{(x-\alpha)^r\, q_1(x)} - \frac{A}{(x-\alpha)^r} = \frac{\varphi(x)}{(\alpha - x)^{r-1}\, q_1(x)}.$$

Diese rationale Funktion ist wieder *echt gebrochen*, denn der Grad von $\varphi(x)$ ist um 1 kleiner als der von $\Phi(x)$, dessen Grad höchstens dem von $p_1(x)$ oder von $q_1(x)$ gleich ist; deren Grad ist aber auf alle Fälle kleiner als der von $q(x) = (x-\alpha)^r\, q_1(x)$.

Von dieser Funktion $\varphi(x)/[(x-\alpha)^{r-1} \cdot q_1(x)]$ kann nach demselben Verfahren wieder ein Partialbruch $A_1/(x-\alpha)^{r-1}$ abgespalten werden. Entsprechendes gilt ebenso für die anderen reellen Nullstellen des Nenners $q(x)$.

Läßt man vorübergehend *komplexe Zahlen* zu, so gilt die gleiche Überlegung auch für die Nullstellen β und $\bar{\beta}$ des Nenners $q(x)$, nur muß man bedenken, daß durch Einsetzen des zu β konjugiert komplexen Wertes $\bar{\beta}$ in eine der Funktionen $p_1(x)$ bzw. $q_1(x)$ mit *reellen Koeffizienten* diese konjugiert komplexe Werte annehmen, daß also gilt: $A_1 = p_1(\bar{\beta})/q_1(\bar{\beta}) = \bar{p}_1(\beta)/\bar{q}_1(\beta) = \bar{A}_1$. Zu jedem Partialbruch $A/(x-\beta)^r$ tritt dann auch ein Partialbruch $\bar{A}/(x-\bar{\beta})^r$ auf; ihre Summe

$$\frac{A(x-\bar{\beta})^r + \bar{A}(x-\beta)^r}{(x^2 - [\beta + \bar{\beta}]\, x + \beta\bar{\beta})^r}$$

geht durch Vertauschen einer komplexen Zahl mit ihrer konjugiert komplexen in sich über, d. h., sie muß *reell* sein und die Form haben $h(x)/(x^2 + ax + b)^r$, dabei hat $h(x)$ *höchstens* den Grad r. Ist sein Grad größer als 1, so läßt sich $h(x)$ durch $(x^2 + ax + b)$ dividieren

$$h(x) = h_1(x)\,(x^2 + ax + b) + (Bx + C) \quad \text{bzw.}$$

$$\frac{h(x)}{(x^2 + ax + b)^r} = \frac{Bx + C}{(x^2 + ax + b)^r} + \frac{h_1(x)}{(x^2 + ax + b)^{r-1}}.$$

Ist der Grad von $h_1(x)$ wieder größer als 1, so kann erneut durch $(x^2 + ax + b)$ dividiert werden.

Diese Zerlegung in Partialbrüche ist auch *eindeutig*, wie man nach Multiplizieren mit $(x-\alpha_\lambda)^{r_\lambda}$ durch Koeffizientenvergleich zeigen kann.

Praktische Durchführung der Partialbruchzerlegung. Für die praktische Durchführung der Partialbruchzerlegung einer gebrochenrationalen Funktion gibt es verschiedene Möglichkeiten. Man kann z. B. entsprechend dem Beweis die Zerlegung schrittweise herstellen. Meist ist aber ein anderes Verfahren zweckmäßiger, das im folgenden an Beispielen erläutert werden soll. Es handelt sich um die *Methode der unbestimmten Koeffizienten.*

Beispiel 1: Die Funktion $y = \frac{2x-1}{(x+2)^2(x-1)}$ soll als Summe von Partialbrüchen dargestellt werden. Auf Grund des allgemeinen Satzes weiß man, daß die Zerlegung folgendes Aussehen haben muß: $\frac{2x-1}{(x+2)^2(x-1)} = \frac{A_1}{(x+2)^2} + \frac{A_2}{x+2} + \frac{A_3}{x-1}$. Multipliziert man diese Gleichung mit dem Nenner $(x+2)^2(x-1)$, so folgt $2x-1 = A_1(x-1) + A_2(x+2)(x-1) + A_3(x+2)^2$. Auflösen der Klammern dieser Identität und Zusammenfassen gleichartiger Potenzen von x ergibt

$$2x - 1 = (A_2 + A_3)\,x^2 + (A_1 + A_2 + 4A_3)\,x + (-A_1 - 2A_2 + 4A_3).$$

Durch Koeffizientenvergleich erhält man zur Bestimmung von A_1, A_2 und A_3 folgendes Gleichungssystem:

$$\text{I. } A_2 + A_3 = 0;\quad \text{II. } A_1 + A_2 + 4A_3 = 2;\quad \text{III. } -A_1 - 2A_2 + 4A_3 = -1.$$

Es hat die Lösung $A_1 = 5/3$, $A_2 = -1/9$ und $A_3 = 1/9$. Somit ist die gesuchte Partialbruchzerlegung:

$$\frac{2x-1}{(x+2)^2(x-1)} = \frac{5}{3(x+2)^2} - \frac{1}{9(x+2)} + \frac{1}{9(x-1)}.$$

Beispiel 2: Die Partialbruchzerlegung gewinnt aus der Zerlegung des Nenners ihren Ansatz: $y = \frac{x^2+5x}{x^4-2x^3+2x^2-2x+1} = \frac{x^2+5x}{(x-1)^2(x^2+1)} = \frac{A_1}{(x-1)^2} + \frac{A_2}{(x-1)} + \frac{B+Cx}{(x^2+1)}$. Durch Multiplizieren mit dem Hauptnenner erhält man

$$x^2 + 5x = A_1(x^2+1) + A_2(x^2+1)(x-1) + (B+Cx)(x-1)^2$$
$$= (A_2 + C)\,x^3 + (A_1 - A_2 + B - 2C)\,x^2 + (A_2 - 2B + C)\,x + (A_1 - A_2 + B).$$

Die Koeffizienten A_1, A_2, B und C müssen folgendem Gleichungssystem genügen:

$$\text{I. } A_2 + C = 0;\ \text{II. } A_1 - A_2 + B - 2C = 1;\ \text{III. } A_2 - 2B + C = 5;\ \text{IV. } A_1 - A_2 + B = 0.$$

Man findet $A_1 = 3$, $A_2 = 1/2$, $B = -5/2$ und $C = -1/2$. Somit ist die gesuchte Partialbruchzerlegung:

$$\frac{x^2+5x}{x^4-2x^3+2x^2-2x+1} = \frac{3}{(x-1)^2} + \frac{1}{2(x-1)} - \frac{5+x}{2(x^2+1)}.$$

5.3. Nichtrationale Funktionen

Funktionen, die nicht rational sind, werden auch *irrationale Funktionen* genannt.

Wurzelfunktionen

Die Funktion $y = \sqrt{x}$. Entsprechend der Definition der Quadratwurzel ist die Funktion $y = \sqrt{x}$ nur für nichtnegative Werte von x erklärt; wählt man den maximalen Bereich $0 \leqslant x < +\infty$ als Definitionsbereich, so ist der Wertebereich $0 \leqslant y < +\infty$. Wie sich aus der Definition weiter ergibt, ist $y = \sqrt{x}$ die Umkehrfunktion von $y = x^2$ im Intervall $0 \leqslant x < +\infty$. Das Bild der Funktion $y = \sqrt{x}$ kann man sich mit Hilfe einer Quadratwurzeltafel oder durch Spiegeln der durch $y = x^2$ im Intervall $0 \leqslant x < +\infty$ bestimmten „halben" Parabel an der durch $y = x$ bestimmten Geraden verschaffen (Abb. 5.3-1).

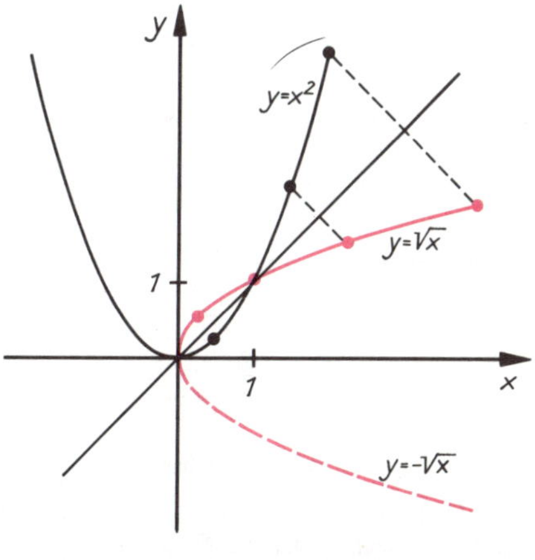

5.3-1 Die Kurven der Funktionen $y = \sqrt{x}$ und $y = x^2$ als Spiegelbilder

Die Funktion $y = \sqrt[3]{x}$. Auch diese Funktion ist nur für nichtnegative Werte des Arguments definiert.

Im Definitionsintervall $0 \leqslant x < +\infty$ ist sie die Umkehrfunktion der Funktion $y = x^3$ mit $y \geqslant 0$ und deshalb $x \geqslant 0$. Ihr Bild kann wieder durch Spiegeln der „halben" kubischen Parabel $y = x^3$ mit $0 \leqslant x < +\infty$ an der Geraden $y = x$ gewonnen werden (Abb. 5.3-2). Die Umkehrfunktion von $y = x^3$ mit $y < 0$ und deshalb $x < 0$ wird dagegen durch die Gleichung $y = -\sqrt[3]{-x}$ im Definitionsintervall $-\infty < x < 0$ beschrieben. Es sind danach zwei Gleichungen notwendig, um die *gesamte Umkehrfunktion* von $y = x^3$ explizit zu beschreiben, die wegen der Eineindeutigkeit von $y = x^3$ existieren muß.

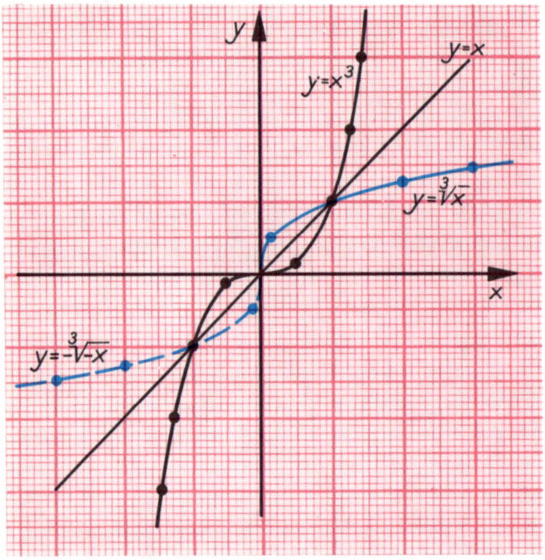

5.3-2 Graphische Darstellung der Umkehrfunktion zu $y = x^3$

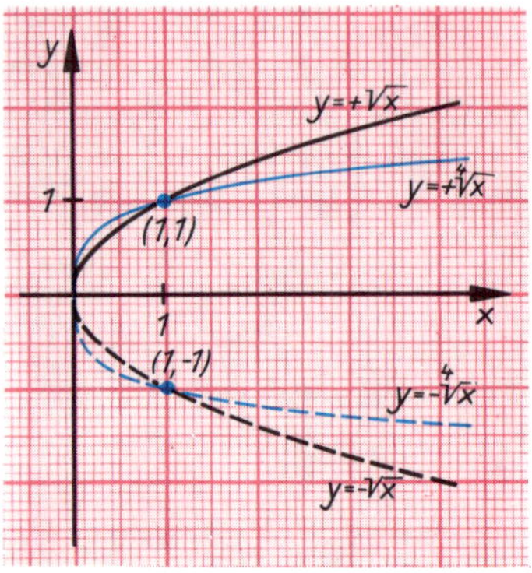

5.3-3 Kurven der Funktionen $y = +\sqrt{x}$, $y = -\sqrt{x}$, $y = \sqrt[4]{x}$ und $y = -\sqrt[4]{x}$

Die Funktionen $y = \sqrt[n]{x}$. Nach der allgemeinen Wurzeldefinition ist $n > 1$ und n ganzzahlig anzunehmen. Die Fälle $n = 2$ und $n = 3$ sind schon betrachtet worden; die Untersuchung größerer Werte von n liefert nichts wesentlich Neues. Für den Definitionsbereich $0 \leqslant x < +\infty$ und den Wertebereich $0 \leqslant y < +\infty$ wachsen alle Funktionen monoton, unterscheiden sich aber darin voneinander, daß für $n < m$ gilt $\sqrt[n]{x} < \sqrt[m]{x}$, falls $0 < x < 1$, und $\sqrt[n]{x} > \sqrt[m]{x}$, falls $x > 1$.

Die betrachteten Funktionen $y = \sqrt[n]{x}$ treten bei der Umkehrung der Potenzfunktionen auf. Ist n gerade, so ist $y = x^n$ im Intervall $0 \leqslant x < +\infty$ monoton wachsend, demzufolge dort umkehrbar, und $y_1 = \sqrt[n]{x}$ ihre Umkehrfunktion (Abb. 5.3-3); im Intervall $]-\infty, 0]$ sind $y = x^n$ und $y_2 = -\sqrt[n]{x}$ zueinander inverse Funktionen. Für ungerades n ist $y = x^n$ im gesamten Definitionsbereich $]-\infty, +\infty[$ monoton wachsend und hat die Umkehrfunktion $x = y^n$, deren explizite Formen $y = \sqrt[n]{x}$ für $0 \leqslant x < +\infty$ und $y = -\sqrt[n]{-x}$ für $-\infty < x \leqslant 0$ lauten (Abb. 5.3-4).

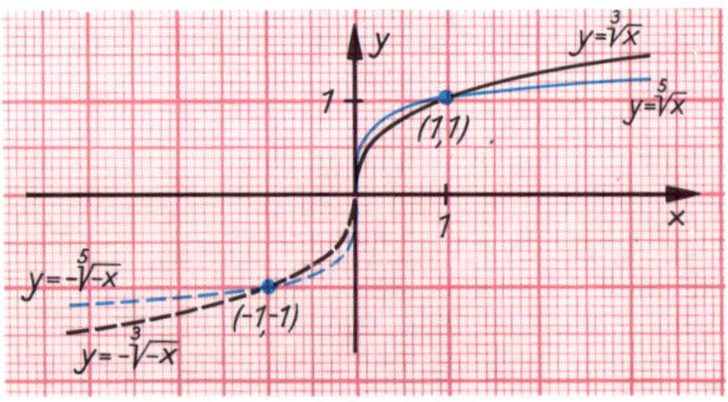

5.3-4 Bilder der Funktionen $= \sqrt[3]{x}$, $y = -\sqrt[3]{-x}$, $y = \sqrt[5]{x}$ und $y = -\sqrt[5]{-x}$

Exponentialfunktionen

Die e-Funktion $y = e^x$. Die Zuordnungsvorschrift kann durch einen expliziten Rechenausdruck mit unendlich vielen rationalen Rechenoperationen gegeben werden, wobei durch Einsetzen in die Reihe für jedes reelle oder komplexe x der Funktionswert mit beliebiger Genauigkeit berechnet werden kann (vgl. Kap. 21.2. – Taylorsche Reihen). Für den speziellen Wert $x = 1$ ergibt sich der Wert für die transzendente Zahl e = 2,718 281 828 459 ... Einige Logarithmentafeln enthalten gerundete Werte dieser Funktion.

$$y = e^x = 1 + \frac{x}{1!} + \frac{x^2}{2!} + \frac{x^3}{3!} + \cdots$$

Wertetafel der Funktion $y = e^x$

x	$\cdots -3$	-2	-1	0	$^1/_3$	$^1/_2$	1	2	3 $\cdots$
y	$\cdots$ 0,05	0,14	0,37	1	1,40	1,65	2,72	7,39	20,09 $\cdots$

Nach den Potenzgesetzen gilt $e^0 = 1$ und $e^{-x} = 1/e^x$. Da die Funktion $y = e^x$ für positive x-Werte nur positive y-Werte annimmt und für $x \to \infty$ monoton unbeschränkt wächst, nimmt auch die Funktion $y = e^{-x}$ nur positive Werte an, und die y-Werte fallen mit wachsendem Argument x monoton. Ihre Kurve nähert sich für $x \to +\infty$ asymptotisch der x-Achse (Abb. 5.3-5).

Die Exponentialfunktion wird oft als *Wachstumsfunktion* bezeichnet, weil jeder Naturvorgang auf diese Funktion führt, in dem die Zu- bzw. Abnahme $\pm \frac{dN}{dt}$ einer Anzahl N betrachteter Objekte in der Zeit t von ihrer jeweiligen Anzahl abhängt; ist k ein Proportionalitätsfaktor, so gilt $\pm dN/dt = Nk$; $dN/N = \pm k\,dt$ oder $e^{\pm kt} = N$; z. B. liegt dem Anwachsen eines Waldbestandes, dem Anwachsen der Erdbevölkerung oder dem radioaktiven Zerfall diese Funktion zugrunde.

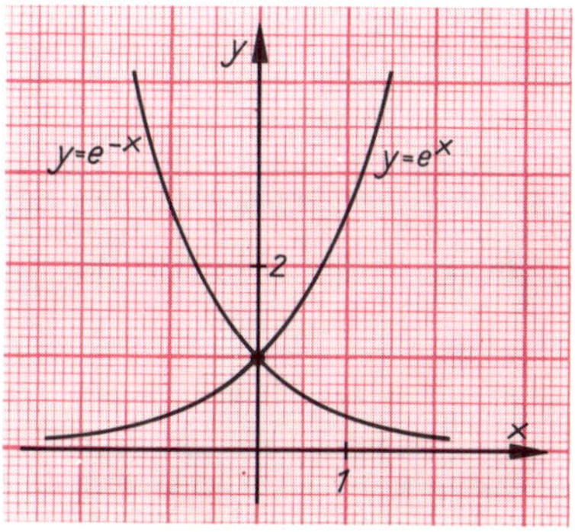

5.3-5 Bilder der Funktionen $y = e^x$ und $y = e^{-x}$

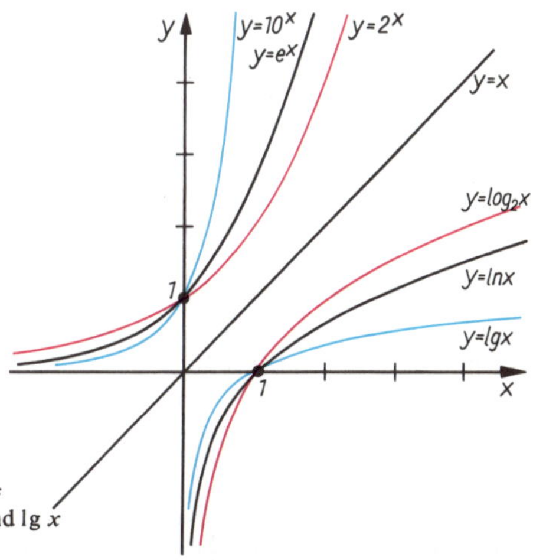

5.3-6 Bilder der Exponentialfunktionen 2^x, e^x und 10^x sowie der Logarithmusfunktionen lb $x = \log_2 x$, ln x und lg x

Die Funktion $y = a^x$ ($a > 1$). Nach den Potenzgesetzen ist $a = e^{\ln a}$, da $\ln a$ die Zahl ist, mit der man e potenzieren muß, um a zu erhalten. Man erhält $y = a^x = e^{x \ln a}$, d. h., die *allgemeine Exponentialfunktion* ist eine e-Funktion $y = e^{kx}$, deren *Definitionsintervall* gleichmäßig um den konstanten Faktor $k = \ln a$ *gestreckt* bzw. *gestaucht* worden ist. Dem Intervall von x bis $x + 1$ entspricht dann ein Argumentenintervall der Logarithmusfunktion von $1 \cdot k = \ln a = (\lg a)/(\lg e) = 2{,}302\,59 \ldots \cdot \lg a$. Man erhält $\ln 2 = k_2 \approx 0{,}693 < 1$ und $\ln 10 = k_{10} \approx 2{,}30 > 1$. Wächst das Argument x von e^x um 1, so nimmt das Argument $k_2 x$ der Funktion $y = 2^x = e^{x \ln 2}$ nur um 0,693, das der Funktion $y = 10^x = e^{x \ln 10}$ dagegen um 2,30 zu. Die Funktion $y = 2^x$ wächst *langsamer*, die Funktion $y = 10^x$ *schneller* an als die e-Funktion e^x (Abb. 5.3-6). Allgemein wächst $y = a^x$ für $1 < a < e$ langsamer und für $a > e$ schneller als $y = e^x$.

Wertetafel für die Funktionen $y_1 = 2^x$ und $y_2 = 10^x$

x	$\cdots -3$	-2	-1	0	1/3	1/2	1	2	3 $\ldots$
y_1	$\ldots$ 0,125	0,25	0,5	1	1,26	1,41	2	4	8 $\ldots$
y_2	$\ldots$ 0,001	0,01	0,1	1	2,15	3,16	10	100	1000 $\ldots$

$$y = a^x = e^{x \ln a}$$

Im Bereich der *reellen Zahlen* ist der Logarithmus weder für $a = 0$ noch für negative Werte von a definiert; die allgemeine Exponentialfunktion $y = a^x = e^{x \ln a}$ existiert deshalb nur für *positive Werte der Basis a*. Je näher die Basis dem Werte 1 ist, um so flacher wird die *Kurve* der Exponentialfunktion. Für $a = 1$ gehört zu jedem beliebigen x-Wert der Funktionswert $y = 1$. Man erhält somit keine Exponentialfunktion mehr; die Funktionskurve ist eine Gerade parallel zur x-Achse.

Für $0 < a < 1$ ist $y = a^x = (1/a)^{-x}$, d. h., das Bild von $y = a^x$ geht aus der Funktionskurve von $y = b^x$ mit $b = 1/a > 1$ durch Spiegeln an der y-Achse hervor.

Die Funktionen $y = k \cdot a^x$. Durch den konstanten positiven Faktor k werden die Ordinatenwerte y der Funktion im Verhältnis $1 : k$ *gestreckt*, falls $k > 1$, bzw. *gestaucht*, falls $k < 1$. Es läßt sich zeigen, daß dadurch das Kurvenbild bis auf eine Parallelverschiebung in Richtung der x-Achse in sich übergeht. Wegen $k = e^{\ln k}$ ergibt sich $y = k \cdot a^x = e^{\ln k} \cdot e^{x \ln a} = e^{x \ln a + \ln k}$, d. h. eine Parallelverschiebung um $c = -\ln k$ in Richtung der $+x$-Achse.

Logarithmische Funktionen

Die Funktion $y = \log_a x$. Diese Funktion ist die Umkehrfunktion der Exponentialfunktion $y = a^x$, die in ihrem ganzen Definitionsbereich monoton ist (vgl. Kap. 2.2. – Logarithmengesetze und Logarithmensysteme). Da der Wertebereich der Exponentialfunktion $0 < y < +\infty$ ist, kann die logarithmische Funktion nur für *positive* Werte des Arguments erklärt sein, hat also den Definitionsbereich $0 < x < +\infty$. Spezielle Umkehrfunktionen sind $y = \ln x$ zu $y = e^x$ und $y = \lg x$ zu $y = 10^x$. Ihr *Kurvenbild* ergibt sich danach durch Spiegelung der Kurven von $y = e^x$ bzw. $y = 10^x$ an der Geraden $y = x$ (vgl. Abb. 5.3-6).

Die Funktion $y = \log_a x^k$. Da offenbar $y = k \log_a x$, ergibt sich der Funktionswert durch Multiplizieren mit der Konstanten k. Ihr Wert kann auch negativ sein, da man für $k = -\varkappa$ mit $\varkappa > 0$ erhält $y = \log_a x^{-\varkappa} = \log_a(1/x^\varkappa) = -\log_a x^\varkappa = -\varkappa \log_a x$. Speziell für $k = -1$ hat die Funktion ein Kurvenbild, das durch Spiegeln an der $+x$-Achse aus dem der Funktion $y = \log_a x$ hervorgeht; die Funktion $y = -\log_a x = \log_a x^{-1} = \log_a(1/x)$ ist die Umkehrfunktion von $y = a^{-x}$.

Die Funktion $y = \log_a(kx)$. Für positive Werte der Konstanten k geht das Kurvenbild dieser Funktion wegen $y = \log_a(kx) = \log_a k + \log_a x$ aus dem von $y_1 = \log_a x$ durch Parallelverschieben um $d = +\log_a k$ in Richtung der $+y$-Achse hervor. Für negative Werte $k' = -k(k > 0)$ ist die Funktion nur für negative x-Werte definiert, da dann $k'x = |kx|$, sind die Funktionswerte die gleichen wie für $y = \log_a(kx)$ mit $0 < x < +\infty$.

Trigonometrische und zyklometrische Funktionen

Die *trigonometrischen* oder *Winkelfunktionen* und die *zyklometrischen* oder *Arkusfunktionen* sind ein sehr häufig vorkommender Typ von nichtrationalen Funktionen. Sie werden in der Goniometrie näher untersucht (vgl. Kap. 10.1.).

Zusammenhänge zwischen trigonometrischen und zyklometrischen Funktionen. Auf Grund der Definition der zyklometrischen Funktionen als *Umkehrfunktionen* der trigonometrischen Funktionen ergeben sich sofort folgende Zusammenhänge: $\sin(\arcsin x) = x$; $\cos(\arccos x) = x$ usw. Weiter gilt für positive x, wenn auf beiden Seiten der Hauptwert genommen wird: $\operatorname{Arccot} x = \operatorname{Arctan} 1/x$, da $\cot x = 1/\tan x$ ist. Dadurch wird die Funktion $y = \operatorname{arccot} x$ für die meisten Untersuchungen entbehrlich. Interessant sind weiter folgende Beziehungen:

$\sin(\operatorname{Arccos} x) = \sqrt{1 - x^2}$,	$\sin(\operatorname{Arctan} x) = x/\sqrt{1 + x^2}$,	$\cos(\operatorname{Arcsin} x) = \sqrt{1 - x^2}$
$\cos(\operatorname{Arctan} x) = 1/\sqrt{1 + x^2}$,	$\tan(\operatorname{Arcsin} x) = x/\sqrt{1 - x^2}$,	$\tan(\operatorname{Arccos} x) = \sqrt{1 - x^2}/x$

Es soll hier genügen, die Begründung für die erste Beziehung anzugeben, da die anderen ganz entsprechend gewonnen werden können. Aus $\sin^2 y + \cos^2 y = 1$ folgt $\sin y = \pm\sqrt{1 - \cos^2 y}$ oder $\sin(\operatorname{Arccos} x) = \pm\sqrt{1 - x^2}$. Für den Hauptwert von $\arccos x$ gilt $0 \leqslant \operatorname{Arccos} x \leqslant \pi$; in diesem Definitionsbereich hat die Sinusfunktion keine negativen Werte, $\sin(\operatorname{Arccos} x) \geqslant 0$; die Quadratwurzel kann deshalb nur positives Vorzeichen haben, $\sin(\operatorname{Arccos} x) = +\sqrt{1 - x^2}$, wie in der Tabelle angegeben ist. Entsprechend folgt für den Hauptwert $-\pi/2 \leqslant \operatorname{Arcsin} x \leqslant +\pi/2$, daß $\cos(\operatorname{Arcsin} x) = +\sqrt{1 - x^2}$, weil die Kosinusfunktion in diesem Intervall keine negativen Werte annimmt.

Unter Benutzung eines von Leonhard EULER zuerst gefundenen Zusammenhangs zwischen den trigonometrischen Funktionen und der Exponentialfunktion ergibt sich eine Beziehung zwischen der *Arkusfunktion* und der *Logarithmusfunktion*. Diese Beziehungen gelten im *Bereich der komplexen Zahlen.*

Eulersche Funktion	$e^{i\varphi} = \cos\varphi + i\sin\varphi$ $e^{-i\varphi} = \cos\varphi - i\sin\varphi$
$\sin\varphi = \dfrac{e^{i\varphi} - e^{-i\varphi}}{2i}$	$\cos\varphi = \dfrac{e^{i\varphi} + e^{-i\varphi}}{2}$
$\tan\varphi = -i\dfrac{e^{i\varphi} - e^{-i\varphi}}{e^{i\varphi} + e^{-i\varphi}}$	$\cot\varphi = +i\dfrac{e^{i\varphi} + e^{-i\varphi}}{e^{i\varphi} - e^{-i\varphi}}$

Nach den oben hergeleiteten Beziehungen lautet für $\sin\varphi = x$ und den Hauptwert von $\operatorname{Arcsin} x = \varphi$ die erste Eulersche Formel $e^{i\varphi} = ix + \sqrt{1 - x^2}$. Daraus gewinnt man durch Logarithmieren $i\varphi = i \operatorname{Arcsin} x = \ln(ix + \sqrt{1 - x^2})$. Durch entsprechende Umrechnungen für die übrigen Arkusfunktionen ergibt sich:

$\operatorname{Arcsin} x = -i \ln(xi + \sqrt{1 - x^2})$	$\operatorname{Arccos} x = -i \ln(x + i\sqrt{1 - x^2})$
$\operatorname{Arctan} x = -i \ln\sqrt{(1 + xi)/(1 - xi)}$	$\operatorname{Arccot} x = -i \ln\sqrt{(xi - 1)/(xi + 1)}$

Hyperbolische Funktionen

Als *hyperbolische Funktionen* bezeichnet man die durch folgende Funktionsgleichungen festgelegten Zuordnungen:

1. *Hyperbelsinus, Sinus hyperbolicus:*
   $y = \sinh x = \operatorname{sh} x = (e^x - e^{-x})/2$;
2. *Hyperbelkosinus, Cosinus hyperbolicus:*
   $y = \cosh x = \operatorname{ch} x = (e^x + e^{-x})/2$;
3. *Hyperbeltangens, Tangens hyperbolicus:*
   $y = \tanh x = \operatorname{th} x = (e^x - e^{-x})/(e^x + e^{-x})$;
4. *Hyperbelkotangens, Cotangens hyperbolicus:*
   $y = \coth x = \operatorname{cth} x = (e^x + e^{-x})/(e^x - e^{-x})$.

Die Funktion $y = \sinh x$. Aus der Definitionsgleichung ergibt sich, daß $y = (e^x - e^{-x})/2$ für alle Werte von x definiert ist. Die Funktion hat eine Nullstelle bei $x = 0$. Strebt x gegen $+\infty$, so wird e^{-x} beliebig klein. Da e^x gleichzeitig über alle Grenzen wächst, werden die Funktionswerte beliebig groß. Für $x \to -\infty$ wird umgekehrt e^{-x} beliebig groß und e^x nähert sich dem Wert Null, d. h., die Funktionswerte streben gegen $-\infty$. Aus der Definitionsgleichung ergibt sich ferner, daß $\sinh x = -\sinh(-x)$ ist. Die Funktion ist *ungerade*, ihr Bild liegt *zentralsymmetrisch* in bezug auf den Koordinatenursprung; der Wertebereich ist $-\infty < y < +\infty$ (Abb. 5.3-7).

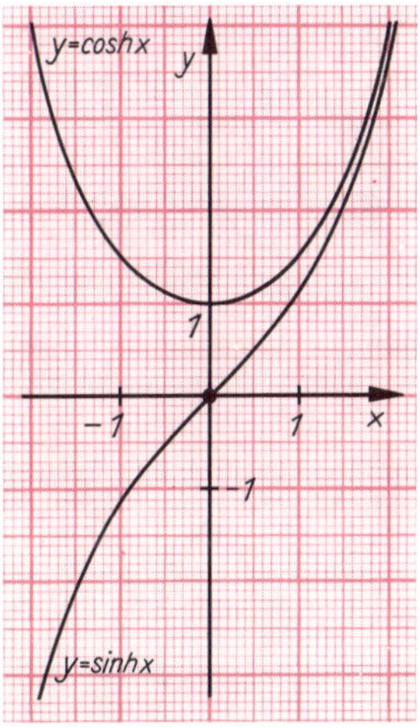

5.3-7 Graphische Darstellung von $y = \sinh x$ und $y = \cosh x$

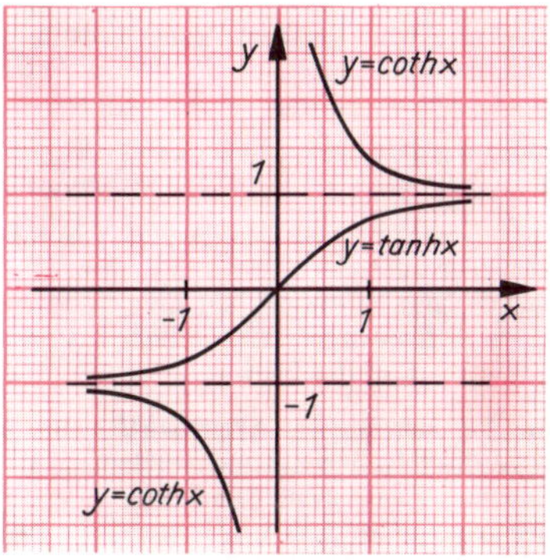

5.3-8 Graphische Darstellung der Funktionen $y = \tanh x$ und $y = \coth x$

Die Funktion $y = \cosh x$. Auch diese Funktion ist für alle Werte von x definiert, ihr Wertebereich ist durch $1 \leqslant y < +\infty$ gekennzeichnet, wie man an Hand der Funktionsgleichung $y = (e^x + e^{-x})/2$ leicht erkennt. Die Funktion ist *gerade*, ihr Bild liegt *symmetrisch zur y*-Achse (vgl. Abb. 5.3-7).

Die Funktionen $y = \tanh x$ und $y = \coth x$. Die erste dieser beiden Funktionen ist für alle Werte von x definiert, während bei der zweiten der Wert $x = 0$ ausgeschlossen werden muß. Der Wertebereich von $y = \tanh x$ ist beschränkt, es gilt $-1 < y < +1$. Für den Wertebereich von $y = \coth x$ gilt dagegen: $-\infty < y < -1$ und $+1 < y < +\infty$. Beide Funktionen sind *ungerade* (Abb. 5.3-8).

Zusammenhänge zwischen den hyperbolischen Funktionen. Aus den Funktionsgleichungen ergeben sich unmittelbar folgende Identitäten:

$$\tanh x = \sinh x/\cosh x \qquad \coth x = 1/\tanh x \qquad \cosh^2 x - \sinh^2 x = 1$$

Die weitgehende Ähnlichkeit dieser Beziehungen mit denen zwischen den trigonometrischen Funktionen rechtfertigt die Verwendung der Bezeichnungen *Sinus hyperbolicus*, *Cosinus hyperbolicus* usw. Weshalb man von *hyperbolischen* Funktionen spricht, sieht man an Hand der dritten Beziehung ein: Setzt man $\cosh x = X$ und $\sinh x = Y$, so lautet diese Beziehung $X^2 - Y^2 = 1$. Das ist aber die Gleichung einer *Hyperbel* in der X, Y-Ebene, und zwar wird wegen $\cosh x \geqslant 1$ nur der rechte Hyperbelast dargestellt.

Die Umkehrfunktionen der hyperbolischen Funktionen

Die hyperbolischen Funktionen sind umkehrbar. Für $y = \sinh x$ und $y = \tanh x$ ersieht man das an ihren graphischen Darstellungen; für $y = \coth x$ ergibt es sich aus der Eineindeutigkeit dieser Funktion. Zu $y = \cosh x$ kann zu jedem der beiden Intervalle $-\infty < x \leqslant 0$ und $0 \leqslant x < +\infty$, in denen diese Funktion monoton verläuft, eine Umkehrfunktion angegeben werden.

Areasinus, Area Sinus hyperbolicus, $y = \operatorname{arsinh} x = \operatorname{arsh} x$. Dies ist die Umkehrfunktion von $y = \sinh x$, die nach x aufzulösen ist. Die Gleichung $y = (e^x - e^{-x})/2$ bzw. $2y = e^x - e^{-x}$ geht durch Multiplikation mit e^x in die in e^x quadratische Gleichung $2y\,e^x = e^{2x} - 1$ bzw. $e^{2x} - 2y\,e^x = 1$ über. Als Lösung kommt nur $e^x = y + \sqrt{y^2 + 1}$ in Frage, da $y - \sqrt{y^2 + 1}$ stets negativ ist, während e^x nur positive Werte annehmen kann. Logarithmieren liefert schließlich $x = \ln(y + \sqrt{y^2 + 1})$. Daraus erhält man sogleich $y = \ln(x + \sqrt{x^2 + 1})$ als *explizite Funktionsgleichung* der Umkehrfunktion; sie stellt $y = \operatorname{arsinh} x$ dar. Das Bild der Funktion $y = \operatorname{arsinh} x$ erhält man durch *Spiegelung* der Funktionskurve von $y = \sinh x$ an der Geraden $y = x$.

Areakosinus, Area Cosinus hyperbolicus, $y = \operatorname{arcosh} x$. Bei der Umkehrung von $y = \cosh x$ gelangt man nach entsprechenden Schritten wie bei $y = \sinh x$ zu der Gleichung $e^{2x} - 2y\,e^x + 1 = 0$, die auf $e^x = y \pm \sqrt{y^2 - 1}$ führt. Es ergeben sich schließlich für die Intervalle $-\infty < x \leqslant 0$ bzw. $0 \leqslant x < +\infty$ die Umkehrfunktionen $y = \ln(x - \sqrt{x^2 - 1})$ bzw. $y = \ln(x + \sqrt{x^2 - 1})$. Für beide ist $1 \leqslant x < +\infty$ der Definitionsbereich, und als Wertebereich erhält man $-\infty < y \leqslant 0$ bzw. $0 \leqslant y < +\infty$. Die Umkehrfunktion mit dem Wertebereich $0 \leqslant y < +\infty$ bzeichnet man als Areakosinus, der folglich den expliziten Ausdruck $y = \operatorname{arcosh} x = \ln(x + \sqrt{x^2 - 1})$ hat.

Areatangens, Area Tangens hyperbolicus, $y = \operatorname{artanh} x$. Durch Erweitern mit e^x ergibt sich aus der Funktionsgleichung $y = (e^x - e^{-x})/(e^x + e^{-x})$ die Gleichung $y = (e^{2x} - 1)/(e^{2x} + 1)$ bzw. $y\,e^{2x} + y = e^{2x} - 1$ oder $y\,e^{2x} - e^{2x} = -y - 1$; durch Ausklammern und Multiplikation mit (-1) erhält man danach $e^{2x}(1 - y) = 1 + y$ oder $e^{2x} = (1 + y)/(1 - y)$ bzw. $e^x = \sqrt{(1 + y)/(1 - y)}$. Logarithmieren und schließlich Umbenennen der Variablen ergibt die explizite Funktionsgleichung $y = \ln\sqrt{(1 + x)/(1 - x)}$ oder $y = {}^1/_2 \ln[(1 + x)/(1 - x)]$ für $y = \operatorname{artanh} x$. Der Definitionsbereich ist beschränkt auf $-1 < x < +1$, der Wertebereich umfaßt alle reellen Zahlen.
Der Vollständigkeit wegen sei hier noch die Gleichung für *Areakotangens, Area Cotangens hyperbolicus*, $y = \operatorname{arcoth} x$ angegeben: $y = {}^1/_2 \ln[(x + 1)/(x - 1)]$ mit dem Definitionsbereich $-\infty < x < -1$ und $1 < x < +\infty$.

Anschauliche Deutung der Areafunktionen. Die Umkehrfunktionen der trigonometrischen Funktionen können geometrisch gedeutet werden als die *Bogenlänge* y, für die die Funktionen Sinus, Kosinus, Tangens bzw. Kotangens den vorgegebenen Wert x haben. Wird diese Bogenlänge als Parameter t aufgefaßt, so stellen $x = \cos t$ und $y = \sin t$ einen Punkt in der x, y-Ebene dar, der wegen der Beziehung $\cos^2 t + \sin^2 t = x^2 + y^2 = 1$ auf dem Einheitskreis liegt. Entsprechend läßt sich für die *Hyperbelfunktionen* eine Parameterdarstellung $x = \cosh t$ und $y = \sinh t$ bilden. Der Punkt $P(x, y)$ liegt aber wegen der Beziehung $\cosh^2 t - \sinh^2 t = 1$ auf der gleichseitigen Hyperbel mit der Gleichung $x^2 - y^2 = 1$. Es läßt sich zeigen, daß in diesem Fall der Parameter t die doppelte Fläche bedeutet zwischen der Strecke OS der x-Achse, dem Hyperbelbogen SP bis zum Punkte $P(x_0, y_0)$ und der Verbindungsstrecke zwischen P und dem Koordinatenanfangspunkt O (Abb. 5.3-9). Mit Hilfe der Integralrechnung erhält man für das Flächenstück

$$|SAP| = \int_1^{x_0} \sqrt{x^2 - 1}\,dx = {}^1/_2\, x_0 \sqrt{x_0^2 - 1} - {}^1/_2 \ln\left|x_0 + \sqrt{x_0^2 - 1}\right|$$

bzw. für das Flächenstück

$$|OSPB| = \int_0^{y_0} \sqrt{y^2 + 1}\,dy = {}^1/_2\, y_0 \sqrt{y_0^2 + 1} + {}^1/_2 \ln\left|y_0 + \sqrt{y_0^2 + 1}\right|.$$

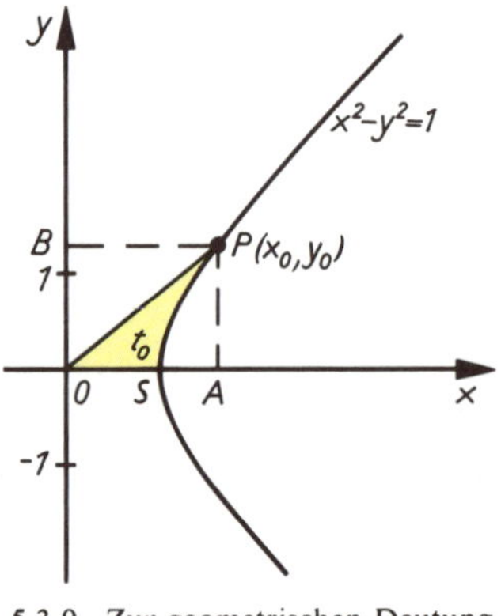

5.3-9 Zur geometrischen Deutung der Areafunktionen

Daraus läßt sich die Fläche $t_0/2 = |OSP|$ auf zwei Wegen berechnen:

1. $|OSP| = |OAP| - |SAP| = {}^1/_2 x_0 y_0 - |SAP|$
$= {}^1/_2 x_0 \sqrt{x_0^2 - 1} - {}^1/_2 x_0 \sqrt{x_0^2 - 1} + {}^1/_2 \ln |x_0 + \sqrt{x_0^2 - 1}|$
$= {}^1/_2 \ln |x_0 + \sqrt{x_0^2 - 1}|.$

2. $|OSP| = |OSPB| - |OPB| = {}^1/_2 y_0 \sqrt{y_0^2 + 1} + {}^1/_2 \ln |y_0 + \sqrt{y_0^2 + 1}| - {}^1/_2 y_0 \sqrt{y_0^2 + 1}$
$= {}^1/_2 \ln |y_0 + \sqrt{y_0^2 + 1}|.$

Wie bei der Betrachtung der Funktion Areakosinus gefunden wurde, ist ${}^1/_2 \ln |x_0 + \sqrt{x_0^2 - 1}|$ $= {}^1/_2 \operatorname{arcosh} x_0$, also $t_0 = \operatorname{arcosh} x_0$; bei der Betrachtung der Funktion Areasinus dagegen zeigte sich, daß ${}^1/_2 \ln |y_0 + \sqrt{y_0^2 + 1}| = {}^1/_2 \operatorname{arsinh} y_0$, also $t_0 = \operatorname{arsinh} y_0$.

5.4. Funktionen mit mehr als einer unabhängigen Variablen

Allgemeine Definition

Sind n Mengen $M_1, M_2, \ldots, M_n$ gegeben, die nicht notwendig voneinander verschieden sind, so kann aus jeder Menge unter Einhaltung der Reihenfolge ein Element entnommen werden, x_1 aus M_1, x_2 aus M_2, ..., x_n aus M_n. Die Gesamtheit $(x_1, x_2, \ldots, x_n)$ dieser Elemente heißt ein n-Tupel. Ist jedem durch die Reihenfolge geordneten n-Tupel genau ein Element einer Menge N zugeordnet, so spricht man von einer Funktion mit n unabhängigen Variablen und schreibt dafür allgemein $f\colon M_1 \times M_2 \times \ldots \times M_n \to N$ und $(x_1, x_2, \ldots, x_n) \mapsto y = f(x_1, x_2, \ldots, x_n)$.

Reelle Funktionen mit zwei unabhängigen Variablen

Bei den folgenden Funktionen besteht der Definitionsbereich aus geordneten Paaren von reellen Zahlen, während der Wertebereich in der Menge der reellen Zahlen enthalten ist. In allgemeiner Form schreibt man dafür gewöhnlich wieder kurz $z = f(x, y)$, wobei z als abhängige und x und y als unabhängige Variable verwendet werden.

Darstellung des Definitionsbereichs in der Ebene. Der Definitionsbereich einer reellen Funktion mit zwei unabhängigen Variablen kann so beschaffen sein, daß er sich geometrisch deuten läßt. Da sich jedes geordnete Paar reeller Zahlen umkehrbar eindeutig einem Punkt einer mit einem Koordinatensystem versehenen Ebene zuordnen läßt, kann der Definitionsbereich ein zusammenhängendes *Gebiet* dieser Ebene darstellen, kann natürlich auch nur aus isolierten Punkten bestehen.

Beispiel 1: Ist der Definitionsbereich durch $-\infty < x < +\infty$ und $0 \leqslant y < +\infty$ gegeben, so entspricht ihm die *obere Halbebene* der x, y-Ebene einschließlich der x-Achse (Abb. 5.4-1).

Beispiel 2: Bei der Festlegung $x^2 + y^2 < 1$ ist der Definitionsbereich das Innere des Einheitskreises (vgl. Abb. 5.4-1).

Beispiel 3: Durch $-\infty < x \leqslant -1$ bzw. $1 \leqslant x < +\infty$ und $-\infty < y < +\infty$ sowie durch $-1 < x < +1$ und $+1 \leqslant y < +\infty$ bzw. $-\infty < y \leqslant -1$ wird die gesamte Ebene mit Ausnahme des Innern eines Quadrats als Definitionsbereich festgelegt (vgl. Abb. 5.4-1).

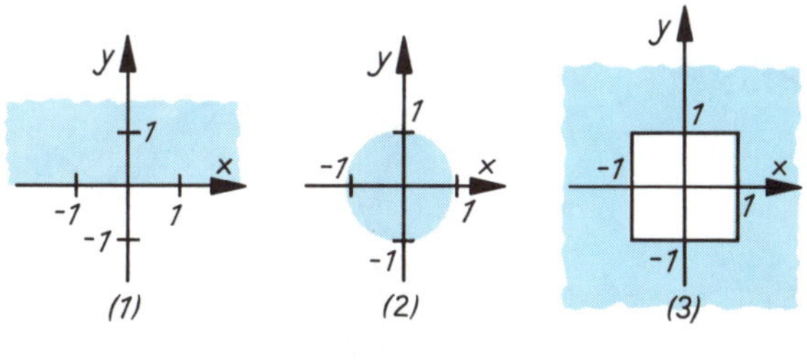

5.4-1 Darstellung der in den Beispielen angegebenen Gebiete

Darstellung der Funktionen im Raum. Bei diesen Funktionen treten drei Variable auf, und man benutzt bei der geometrischen Darstellung ein *räumliches Koordinatensystem* mit *drei* Achsen, meist ein Rechtssystem. Jedem geordneten *Tripel* von reellen Zahlen entspricht genau ein Punkt im räumlichen Koordinatensystem und umgekehrt. Auf Grund dieser eindeutigen Zuordnung lassen sich alle reellen Funktionen mit zwei unabhängigen Variablen geometrisch darstellen: Ist durch die Funktion

$z = f(x, y)$ dem Paar (x_0, y_0) die Zahl z_0 zugeordnet, so entspricht dem in der geometrischen Darstellung der Punkt P_0 mit den Koordinaten (x_0, y_0, z_0). Ist die Funktion so beschaffen, daß ihr Bild eine *Fläche* darstellt, so erhebt sich die Frage, wie man im Einzelfall eine Vorstellung von der Beschaffenheit dieser Fläche gewinnen kann. Im Prinzip wäre es zwar möglich, eine *Wertetabelle* der Funktion aufzustellen und danach eine Zeichnung anzufertigen. Um jedoch auf diesem Wege ein einigermaßen zutreffendes Bild zu gewinnen, müßte die Wertetabelle sehr umfangreich sein. Man bedient sich deshalb in der Praxis meist anderer Methoden, z. B. werden die Hilfsmittel der *Differentialrechnung* herangezogen, um eventuell Extremwerte, Sattelpunkte u. a. zu bestimmen (vgl. Kap. 19.2. – Relative Extrema von Funktionen mehrerer Variabler). Weitgehende Einsichten erhält man schon dadurch, daß man von den drei Variablen der Funktion jeweils *eine* konstant hält. Man wählt z. B. aus dem Definitionsbereich alle die Paare (x, y) aus, deren x-Wert einer vorher festgelegten Zahl c gleich ist; aus $z = f(x, y)$ wird die Funktionsgleichung $z = f(c, y)$, die nur noch *eine* unabhängige Variable enthält. Ihr Bild ist eine Kurve, die *Schnittkurve* der durch $z = f(x, y)$ bestimmten Fläche mit der durch $x = c$ festgelegten Ebene. Ermittelt man diese Kurven für verschiedene feste x-Werte, so entsteht eine *Kurvenschar*, die eine Vorstellung von der betrachteten Fläche liefert. Natürlich kann dasselbe Verfahren auch auf die Variable y angewendet werden. Etwas anderes ist es jedoch, wenn die abhängige Variable z konstant gehalten wird. Jeder spezielle Wert von z führt dann auf eine Bestimmungsgleichung mit zwei Variablen, aus $z = f(x, y)$ wird $f(x, y) = c$. Die Menge der Lösungspaare (x, y), die diese Gleichung erfüllen, führt bei geometrischer Interpretation auf eine Punktmenge in der durch $z = c$ bestimmten Ebene. Wenn man voraussetzt, daß c dem Wertebereich der Funktion angehört, ist diese Punktmenge auch nicht leer. Im allgemeinen bildet sie gewisse Kurven. Da man sich die z-Achse gewöhnlich als vertikale Achse vorstellt, nennt man diese Kurven *Höhenlinien* oder *Niveaulinien*. Im Prinzip sind sie dasselbe wie die Höhenlinien in einer *Landkarte*. In beiden Fällen liegen auf ihnen alle Punkte, die sich in gleicher Höhe über bzw. unter einem Normalniveau befinden – in der Landkarte ist es gewöhnlich das Niveau des Meeresspiegels, im vorliegenden Fall ist es die x, y-Ebene.

Beispiel 4: Die Funktion $z = x + y$ ist in der gesamten x, y-Ebene definiert. Ihr Wertebereich ist offenbar $-\infty < z < +\infty$. Hält man x konstant, so ergibt sich für jeden speziellen Wert von x eine Funktionsgleichung der Form $z = y + c$. Die geometrische Darstellung liefert eine Schar paralleler Geraden. Untersucht man die *Höhenlinien*, die sich aus $x + y = c$ ergeben, so erhält man ebenfalls eine Schar paralleler Geraden. Die Funktion $z = x + y$ kann nur eine *Ebene* als Bild haben (Abb. 5.4-2).

Beispiel 5: Die Funktion $z = \sqrt{4 - x^2 - y^2}$ ist nur im Bereich $x^2 + y^2 \leqslant 4$ definiert, d. h., der *Definitionsbereich* ist ein Kreis mit dem Radius 2 um den Nullpunkt. Ihr Wertebereich ist beschränkt: $0 \leqslant z \leqslant 2$. Hält man x konstant, so ergeben sich Funktionsgleichungen der Form $z = \sqrt{(4 - c^2) - y^2}$. Ihre geometrische Darstellung ergibt Halbkreise. Dasselbe findet man, wenn y konstant gehalten wird. Die Höhenlinien ergeben sich aus $c = \sqrt{4 - x^2 - y^2}$. Aus der Umformung $x^2 + y^2 = 4 - c^2$ erkennt man, daß es sich um Kreise mit dem Radius $\sqrt{4 - c^2}$ handelt.

Die geometrische Darstellung von $z = \sqrt{4 - x^2 - y^2}$ ergibt somit eine Halbkugelfläche (Abb. 5.4-3).

Beispiel 6: Die Funktion $z = xy$ ist in der gesamten x, y-Ebene definiert. Ihr *Wertebereich* ist $-\infty < z < +\infty$. Wird hier x konstant gehalten, so erhält man mit $z = cy$ Funktionen, deren

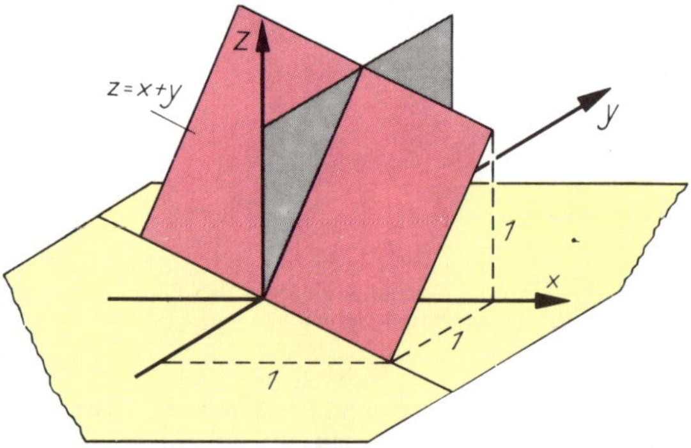

5.4-2 Geometrische Darstellung der Funktion $z = x + y$

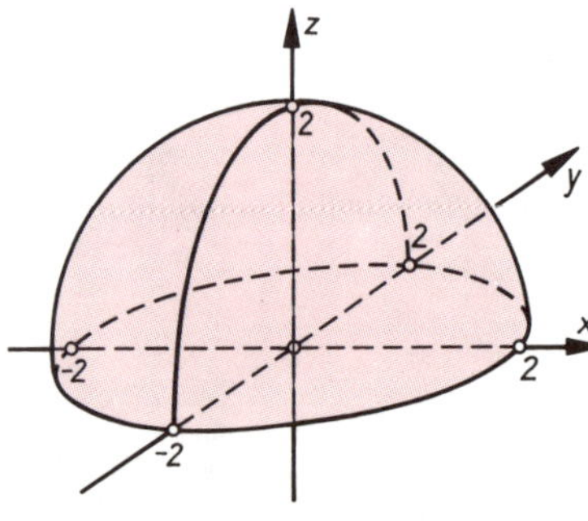

5.4-3 Geometrische Darstellung der Funktion $z = \sqrt{4 - x^2 - y^2}$

Bilder *Geraden* sind. Diese laufen allerdings nicht parallel wie im Beispiel 1. Dasselbe Ergebnis liefert das Konstanthalten von y. Als *Höhenlinien* treten hier Hyperbeln mit der Gleichung $xy = c$ und $c \neq 0$ auf. Für $c = 0$ ergeben sich die x-Achse und die y-Achse als Höhenlinien (Abb. 5.4-4). Wird die Fläche mit einer auf der x, y-Ebene senkrechten Ebene zum Schnitt gebracht, so ergeben sich als Schnittkurven immer dann *Parabeln*, wenn die schneidende Ebene nicht zur x, z-Ebene oder zur y, z-Ebene parallel verläuft – in diesen hier ausgeschlossenen Fällen ergeben sich die oben bereits gefundenen Geraden.
Man erkennt das wie folgt: Jede schneidende Ebene hat eine Gleichung der Form $Ax + By + C = 0$, die zu $y = ax + b$ umgeformt werden kann. Setzt man in $z = xy$ für y jeweils den Ausdruck $ax + b$ ein, so erhält man $z = ax^2 + bx$. Das ist aber die Gleichung einer Parabel. Die *Scheitelpunkte* aller Parabeln liegen in den Ebenen $x = y$ oder $x = -y$.
Die geometrische Darstellung der Funktion $z = xy$ ist eine Fläche, die man als *hyperbolisches Paraboloid* bezeichnet (vgl. Kap. 24.3.).

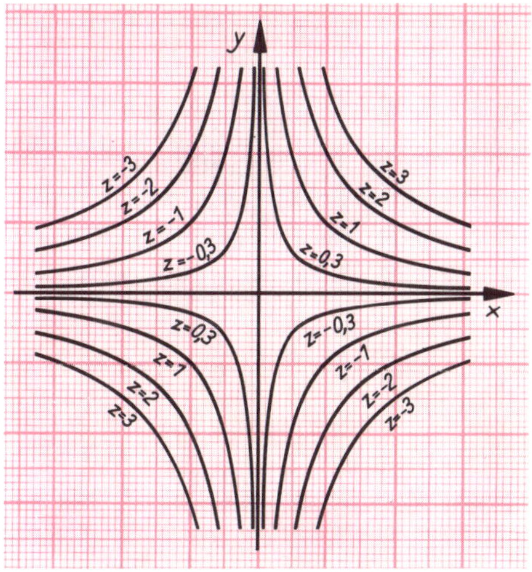

5.4-4 Höhenlinien der Funktion $z = xy$

Vorkommen in anderen Gebieten. Reelle Funktionen mit zwei unabhängigen Variablen werden nicht nur benutzt, mathematische, sondern auch physikalische, technische u. a. Zusammenhänge zu erfassen; Beispiele sind: Flächeninhaltsformeln wie $A = ab$ und $A = gh/2$, Volumenformeln wie $V = \pi r^2 h$ und $V = a^2 h/3$, Lösungsformeln für Gleichungen wie $x = -p/2 + \sqrt{p^2/4 - q}$, Formeln für das Ohmsche Gesetz $I = U/R$ oder für den Zusammenhang zwischen Weg, Geschwindigkeit und Zeit $s = vt$, Formeln für die Schnittgeschwindigkeit von Drehmaschinen $v = \pi dn/1000$ u. a. Dabei können die Funktionsgleichungen auch in *impliziter Form* vorliegen, in denen nicht von vornherein festgelegt ist, welche Variable als die abhängige betrachtet werden soll. Ein Beispiel dafür ist die *Zustandsgleichung* für ideale Gase $pV_m = RT$, die die gegenseitige Abhängigkeit von Druck p, Volumen V_m (Volumen eines Mols Gas) und der Kelvin-Temperatur T angibt; R ist die absolute Gaskonstante. Jede dieser drei Variablen kann als abhängige Variable betrachtet werden. Es ist nur zu beachten, daß vom physikalischen Sachverhalt her nur positive Werte für die Variablen in Betracht kommen. Kurven, die durch Konstanthalten von T entstehen, heißen *Isothermen* und verlaufen im Prinzip so wie die Höhenlinien der Funktion $z = xy$ für positive Werte von x und y.
Ein etwas komplizierteres Beispiel ist die *van der Waalssche Zustandsgleichung* für reale Gase $(p + a/V^2)(V - b) = RT$, in der a und b von dem jeweiligen Gas abhängige Konstanten sind.

Reelle Funktionen mit n unabhängigen Variablen

Im folgenden sollen einige allgemeine Eigenschaften wie auch einige Sonderfälle derartiger Funktionen betrachtet werden, ohne daß in systematischer Weise ein erschöpfender Überblick gegeben wird.

Definitionsbereich und Darstellung der Funktionen. Besteht der Definitionsbereich aus geordneten *Tripeln* reeller Zahlen, so läßt er sich geometrisch noch darstellen. Er kann dann im allgemeinen als *Gebiet* in einem räumlichen x, y, z-Koordinatensystem aufgefaßt werden. Die Funktion als Ganzes ist dann geometrisch gedeutet eine eindeutige Zuordnung, die jedem *Raumpunkt* des Definitionsbereichs einen gewissen *Zahlenwert* zuordnet. Solche Funktionen treten z. B. in der Physik bei der Beschreibung von elektrischen oder magnetischen Feldern bzw. bei Gravitationsfeldern auf. Für die den Raumpunkten zugeordneten Zahlenwerte wird dabei der Begriff des *Potentials* verwendet. Punkte mit gleichem Potential bilden *Potentialflächen*, die im wesentlichen dasselbe darstellen wie die Höhenlinien bei den Funktionen mit zwei unabhängigen Variablen (vgl. Kap. 36).
Hat man es mit Funktionen mit *mehr als drei* unabhängigen Variablen zu tun, so ist eine geometrische Darstellung im bisherigen Sinne, d. h. als Veranschaulichung der Funktion, nicht mehr möglich.

Symmetrische Funktionen. Eine reelle Funktion mit n unabhängigen Variablen heißt *symmetrisch*, wenn man die unabhängigen Variablen beliebig untereinander vertauschen kann, ohne dabei die Funktion zu verändern. Am wichtigsten sind die ganzrationalen bzw. die rationalen symmetrischen Funktionen. Eine ganzrationale Funktion $y = f(x_1, x_2, \dots, x_n)$ heißt symmetrisch, wenn für jede

Permutation $\begin{pmatrix} x_1, x_2, \ldots, x_n \\ x_{\nu_1}, x_{\nu_2}, \ldots, x_{\nu_n} \end{pmatrix}$ der Variablen $x_1, x_2, \ldots, x_n$ gilt: $f(x_1, x_2, \ldots, x_n) = f(x_{\nu_1}, x_{\nu_2}, \ldots, x_{\nu_n})$.

Beispiele für ganzrationale symmetrische Funktionen.

1: $y = x_1 + x_2 + \cdots + x_n$, speziell z. B. die bereits untersuchte Funktion $z = x + y$.

2: $y = x_1 x_2 \ldots x_n$, dazu gehört z. B. die schon betrachtete Funktion $z = xy$.

3: $y = x_1 x_2 + x_1 x_3 + x_2 x_3$.

4: $y = x_1^2 + x_1 x_2 + x_2^2$.

Eine besondere Rolle kommt den *elementarsymmetrischen Funktionen* zu. Sie sollen hier für den Fall $n = 4$ vollständig angegeben werden:

elementarsymmetrische Funktionen von vier Variablen	$\sigma_1(x_1, x_2, x_3, x_4) = x_1 + x_2 + x_3 + x_4$ $\sigma_2(x_1, x_2, x_3, x_4) = x_1x_2 + x_1x_3 + x_1x_4 + x_2x_3 + x_2x_4 + x_3x_4$ $\sigma_3(x_1, x_2, x_3, x_4) = x_1x_2x_3 + x_1x_2x_4 + x_1x_3x_4 + x_2x_3x_4$ $\sigma_4(x_1, x_2, x_3, x_4) = x_1x_2x_3x_4$

Diese elementarsymmetrischen Funktionen geben nach dem Vietaschen Wurzelsatz die Koeffizienten des Polynoms, das $x_1, x_2, \ldots, x_n$ zu Wurzeln hat, bis auf das Vorzeichen an; z. B. gilt für $x^4 + ax^3 + bx^2 + cx + d = 0$ mit den Wurzeln x_1, x_2, x_3 und x_4:

$$a = -\sigma_1(x_1, x_2, x_3, x_4); \qquad b = +\sigma_2(x_1, x_2, x_3, x_4);$$
$$c = -\sigma_3(x_1, x_2, x_3, x_4); \qquad d = +\sigma_4(x_1, x_2, x_3, x_4).$$

Für die symmetrischen Funktionen gilt der Satz:

Jede symmetrische ganzrationale Funktion mit n unabhängigen Variablen kann als Polynom der elementarsymmetrischen Funktionen $\sigma_1, \sigma_2, \ldots, \sigma_n$ dargestellt werden.

An Stelle eines Beweises, der relativ umfangreiche Darlegungen erfordern würde, soll der Sachverhalt an einem ganz einfachen Beispiel verdeutlicht werden: Die symmetrische Funktion $f(x_1, x_2) = x_1^2 - x_1x_2 + x_2^2$ läßt sich durch $g(\sigma_1, \sigma_2) = \sigma_1^2 - 3\sigma_2$ darstellen, wie man durch Einsetzen nachprüft: $\sigma_1^2 = x_1^2 + 2x_1x_2 + x_2^2$ und $3\sigma_2 = 3x_1x_2$ ergeben in der Tat $\sigma_1^2 - 3\sigma_2 = x_1^2 - x_1x_2 + x_2^2$.

Für die gebrochenrationalen symmetrischen Funktionen gilt der Satz, daß sie stets als Quotient zweier ganzrationaler symmetrischer Funktionen dargestellt werden können.

Abschließend sei zu den symmetrischen Funktionen noch bemerkt, daß sie im Falle geometrischer Darstellbarkeit auch geometrische Symmetrieeigenschaften zeigen; z. B. haben die Darstellungen der bereits betrachteten Funktionen $z = x + y$ und $z = xy$ beide die Ebene $x = y$ als Symmetrieebene.

Homogene Funktionen. Eine Funktion mit n unabhängigen Variablen nennt man *homogen vom Grade m*, wenn bei Multiplikation jeder einzelnen unabhängigen Variablen mit t der Funktionswert mit t^m multipliziert erscheint, d. h., es gilt: $f(tx_1, tx_2, \ldots, tx_n) = t^m f(x_1, x_2, \ldots, x_n)$.
Von besonderem Interesse sind wieder die *ganzrationalen* homogenen Funktionen oder – anders ausgedrückt – die *homogenen Polynome*. Ein homogenes Polynom vom Grade m wird häufig auch als eine *Form* vom Grade m bezeichnet. Ist $m = 2$, so spricht man von *quadratischen Formen*, bei $m = 3$ von *kubischen Formen*. Im Falle $m = 1$ wird ein solches Polynom eine *Linearform* genannt.

Beispiele für homogene Polynome.

5: $f(x_1, x_2, x_3) = x_1^2 + x_2^2 + x_3^2$.

6: $f(x_1, x_2) = x_1^4 + x_1^3x_2 + x_1^2x_2^2$.

7: $f(x_1, x_2, x_3, x_4) = x_1 + x_2 - x_3 - x_4$.

Für homogene Polynome gilt der Satz:

Das Produkt von homogenen Polynomen ist wieder ein homogenes Polynom. Sein Grad ist gleich der Summe der Grade der einzelnen Polynome. Das Nullpolynom wird hier ausgeschlossen.

Der Beweis dieses Satzes ergibt sich unmittelbar aus der Multiplikationsregel für Polynome.
Homogene Funktionen – insbesondere homogene Polynome – spielen in verschiedenen Gebieten der Mathematik eine Rolle. Eine Determinante mit n Zeilen und n Spalten ist z. B. eine homogene Funktion mit n^2 unabhängigen Variablen vom Grade n. Quadratische Formen wie $F(x, y) = Ax^2 + Bxy + Cy^2$, d. h. homogene Funktionen zweiten Grades mit zwei unabhängigen Variablen, treten in der Theorie der quadratischen Zahlkörper auf. Von einem anderen Gesichtspunkt aus werden gewisse quadratische Formen auch in der analytischen Geometrie untersucht.

6. Prozent-, Zins- und Rentenrechnung

6.1. Prozentrechnung

Prozentsatz und Prozentwert. Auf sehr vielen Gebieten des täglichen Lebens stößt man auf den Begriff *Prozent*. Es wird z. B. angegeben, um wieviel Prozent sich in einem bestimmten Zeitraum die Produktion erhöht hat oder die Selbskosten gesenkt wurden oder wieviel Prozent der Bevölkerung männlichen oder weiblichen Geschlechts sind. Bei all diesen Angaben findet ein Vergleich statt. Dabei werden die Bezugszahlen, die *Grundwerte* genannt werden, z. B. die Produktion oder die Selbstkosten in einem bestimmten Zeitpunkt oder die Gesamtbevölkerung, gleich 100 gesetzt, und die zu vergleichenden Zahlen, die *Prozentwerte* genannt werden, z. B. die Produktion oder die Selbstkosten zu einem anderen Zeitpunkt oder die weibliche Bevölkerung, auf 100 bezogen. Diese Brüche mit dem Nenner 100 erhielten den Ausdruck *Prozent* und das Zeichen %. Die Zahl, die angibt, wieviel Prozent einer Menge berechnet wurden oder zu berechnen sind, heißt *Prozentsatz*, auch *Prozentfuß* oder *Prozentzahl.*

$$\frac{\text{Prozentsatz}}{100} = \frac{\text{Prozentwert}}{\text{Grundwert}} \qquad \frac{p}{100} = \frac{b}{a}$$

Sind p der Prozentsatz, a der Grundwert und b der Prozentwert, so ist $b : a = p : 100$ oder $p = (100 \cdot b)/a$. Haben zwei Behälter ein Fassungsvermögen von 5 m³ bzw. 10 m³, enthalten aber 3 m³ bzw. 4 m³ Flüssigkeit, so enthält der 10-m³-Behälter zwar *mehr* Flüssigkeit als der 5-m³-Behälter, ist aber im Verhältnis zu seinem Fassungsvermögen schlechter ausgenutzt, nämlich im Verhältnis 4 : 10 zum Unterschied von 3 : 5 für den 5-m³-Behälter. Rechnet man auf die Grundzahl 100 um, so ergibt sich $4 : 10 = x_1 : 100$ oder $x_1 = (4 \cdot 100)/10 = 40$ sowie $3 : 5 = x_2 : 100$ oder $x_2 = (3 \cdot 100)/5 = 60$. Das Fassungsvermögen des 10-m³-Behälters ist zu 40%, das des 5-m³-Behälters zu 60% ausgenutzt (Abb. 6.1-1).

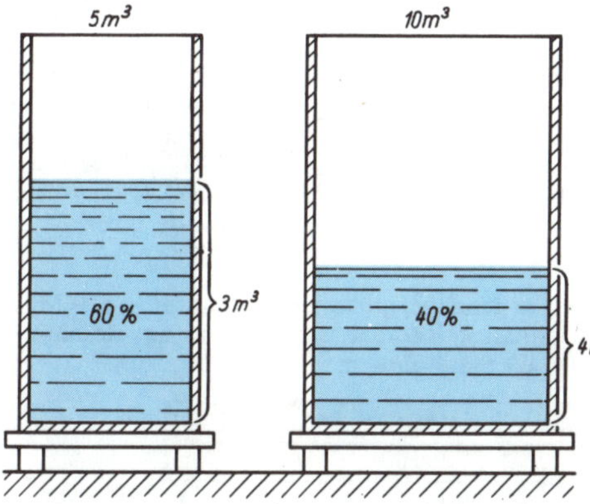

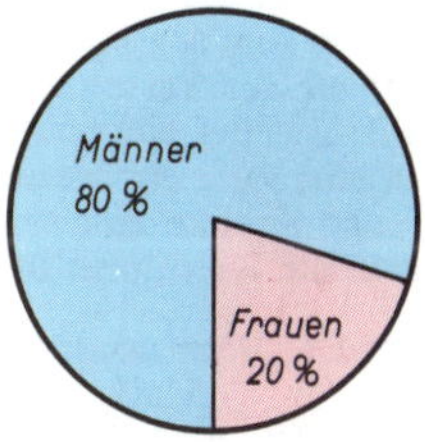

6.1-1 und 6.1-2 Ausnutzung des Fassungsvermögens und Zusammensetzung einer Belegschaft, durch Flächen veranschaulicht

Beispiel 1: In einem Betrieb sind unter 1500 Belegschaftsmitgliedern 300 Frauen beschäftigt. Von 100 Belegschaftsmitgliedern sind im Mittel 300 : 15 = 20 Frauen. Obgleich offensichtlich ist, daß danach 20% Frauen in diesem Betrieb arbeiten, läßt sich dieses Ergebnis formal durch Einsetzen in die abgeleitete Formel finden. Aus dem Grundwert $a = 1500$ und dem Prozentwert $b = 300$ ergibt sich für den Prozentsatz $p = (300 \cdot 100)/1500 = 20$, d. h., 20% der Belegschaft sind Frauen (Abb. 6.1-2).

Beispiel 2: Wieviel Kilogramm Titan sind in 275 kg einer Stahllegierung enthalten, wenn der Titangehalt 4% beträgt? – Hier wird der Prozentwert b gesucht, der Grundwert $a = 275$ und der Prozentsatz $p = 4$ sind gegeben. Die angegebene Formel ist nach dem Prozentwert aufzulösen. Es ergibt sich $b = (p \cdot a)/100$ und in den Zahlen des Beispiels $b = (4 \cdot 275)/100 = 11$. Die Stahllegierung enthält 11 kg Titan.

Beispiel 3: Die durchschnittliche jährliche Milchleistung von 2800 kg je Kuh wird im Laufe eines Jahres um 8% gesteigert. Aus $b = (p \cdot a)/100$ erhält man $b = (8 \cdot 2800)/100 = 224$. Die Milchleistung ist um 224 kg auf 3024 kg je Kuh gestiegen (Abb. 6.1-3).

Beispiel 4: Durch eine verbesserte Planung können die in einem Quartal entstehenden Transportkosten für Mauerziegel um 48 000 Mark oder 12% gesenkt werden. Hier ist der Grundwert a nicht bekannt, kann aber aus $a = (b \cdot 100)/p$ berechnet werden. Man findet $a = (48\,000 \cdot 100)/12 = 400\,000$. Vorher fielen 400000 Mark Transportkosten an, jetzt sind es 352 000 Mark.

Beispiel 5: Von einem Gegenstand werden in einem Jahr 3600 Stück hergestellt. Gegenüber dem Vorjahr ist die Produktion auf 120% gestiegen. Wieviel Stück sind im letzten Jahr hergestellt worden? – Aus dem Prozentwert $b = 3600$ und dem Prozentsatz $p = 120$ läßt sich der Grundwert a berechnen: $a = (3600 \cdot 100)/120 = 3000$. Im vorangegangenen Jahr wurden 3000 Stück produziert.

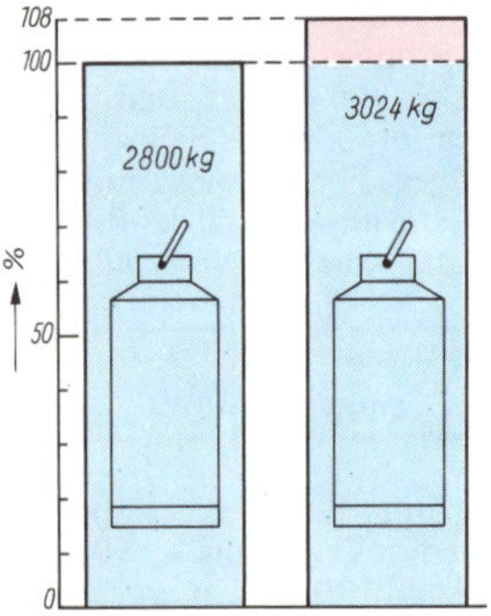

6.1-3 Erhöhung der Milchleistung

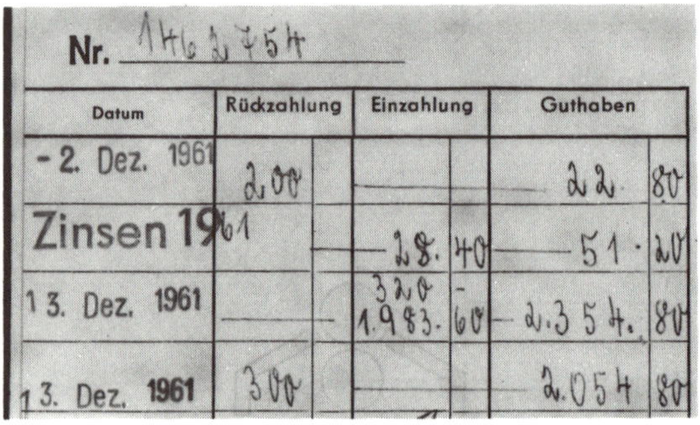

6.2-1 Zinseneintragung im Sparbuch

6.2. Zinsrechnung

Im Geldverkehr ist es üblich, für eine leihweise Überlassung eines Geldbetrages eine Vergütung zu zahlen, die von der Höhe des Geldbetrages sowie von der Zeit abhängt und *Zins* genannt wird; z. B. zahlen Sparkassen und Banken der Bevölkerung für Spareinlagen oder sonstige Einlagen als Zinsen $3^1/_4$% des eingezahlten Betrages in einem Jahr (Abb. 6.2-1). Diese Spareinlagen liegen aber nicht brach; vielmehr werden sie von den Banken und den Sparkassen dazu verwendet, kurz- oder langfristige Kredite zu gewähren, z. B. für größere Anschaffungen. Für diese leihweise Überlassung verlangen die Kreditinstitute ihrerseits ebenfalls Zinsen.

Zinssatz. Der Prozentsatz, *Zinssatz p* oder früher *Zinsfuß* genannt, gibt an, daß man für je 100 Mark in einem Jahr p Mark Zinsen erhält. Ein Betrag k enthält $k/100$ mal 100 Mark, bringt deshalb in 1 Jahr $(k/100) \cdot p$ Mark und in j Jahren $z = (k \cdot p \cdot j)/100$ Mark Zinsen.

Zinsformel (Jahre)	$z = \dfrac{k \cdot p \cdot j}{100}$	$\text{Zinsen} = \dfrac{\text{Betrag} \cdot \text{Zinssatz} \cdot \text{Anzahl der Jahre}}{100}$

Zinsformel für	*j* Jahre	*m* Monate	*t* Tage
Zinsen	$z = (k \cdot p \cdot j)/100$	$z = (k \cdot p \cdot m)/(12 \cdot 100)$	$z = (k \cdot p \cdot t)/(360 \cdot 100)$
Betrag	$k = (100 \cdot z)/(p \cdot j)$	$k = (1200 \cdot z)/(p \cdot m)$	$k = (36\,000 \cdot z)/(p \cdot t)$
Zinssatz	$p = (100 \cdot z)/(k \cdot j)$	$p = (1200 \cdot z)/(k \cdot m)$	$p = (36\,000 \cdot z)/(k \cdot t)$
Zeit	$j = (100 \cdot z)/(k \cdot p)$	$m = (1200 \cdot z)/(k \cdot p)$	$t = (36\,000 \cdot z)/(k \cdot p)$

Beispiel 1: Wieviel Zinsen bringen 20 000 Mark, die als Hypothekenpfandbriefe mit $3^1/_2$% angelegt sind, in 5 Jahren? – Es sind der Betrag $k = 20\,000$, der Zinssatz $p = 3^1/_2$% und die Anzahl $j = 5$ der Jahre gegeben. Mit der Zinsformel ergibt sich $z = (20000 \cdot 3{,}5 \cdot 5)/100 = 3500$. Der angegebene Betrag bringt in 5 Jahren 3500 Mark Zinsen.

Beispiel 2: Wie hoch ist der Zinssatz, wenn ein Betrag von 12 000 Mark in 6 Jahren 2880 Mark Zinsen bringt? – In diesem Fall sind der Betrag $k = 12\,000$, die Zinsen $z = 2880$ und die Anzahl der Jahre $j = 6$ gegeben. Aus der Zinsformel erhält man für den Zinssatz $p = (100 \cdot z)/(k \cdot j)$ oder mit den Werten des Beispiels $p = (100 \cdot 2880)/(12\,000 \cdot 6) = 4$; d. h., der Zinssatz beträgt 4%.

Zinsteiler. Die Zinsformel für die Tageszinsen zerlegt man häufig in *Zinszahl* $z_1 = (k \cdot t)/100$ und *Zinsteiler* $d = 360/p$. Diese beiden Werte können aus Tabellen abgelesen werden, und die Zinsen z ergeben sich durch Division der Zinszahl z_1 durch den Zinsteiler d zu $z = z_1/d$.

Zinsteiler

Zinssatz p	Zinsteiler d	Zinssatz p	Zinsteiler d	Zinssatz p	Zinsteiler d
$^1/_4$	1 440	2	180	4	90
$^1/_2$	720	3	120	$4^1/_2$	80
$1^1/_2$	240	$3^1/_4$	110,77	5	72

Beispiel 3: Wieviel Mark Zinsen bringt ein Betrag von 400 Mark in 5 Monaten bei Zinssätzen von $3^1/_4$% und $4^1/_2$%? –
Da in der Zinsrechnung die Monate einheitlich mit 30 Tagen angesetzt werden, sind $t = 150$ und $z_1 = (400 \cdot 150)/100 = 600$. Bei $3^1/_4$% Zinssatz ist $d = 110{,}77$, also $z_1 : d = 5{,}42$, bei $4^1/_2$% ist $d = 80$, also $z_1 : d = 7{,}50$. 400 Mark bringen in 5 Monaten 5,42 Mark Zinsen beim Zinssatz $3^1/_4$% und 7,50 Mark Zinsen beim Zinssatz $4^1/_2$%.

6.3. Zinseszinsrechnung

Die Sparkassen schlagen die bis zum Ende eines Jahres aufgelaufenen Zinsen zum Sparbetrag; sie berechnen damit im folgenden Jahr auch von diesen Zinsen Zinsen. Man nennt die Berechnung Zinseszinsrechnung. Auch Renten und Tilgungsraten von Anleihen werden mit Zinseszinsen berechnet. Renten sind dabei in festgelegten Zeitabständen, z. B. jährlich, gezahlte Beträge. Im Versicherungswesen hängt die Zahlung einer Rate entweder vom Erleben eines festgesetzten Zeitpunktes ab, z. B. bei Leib- und Altersrenten, oder vom Eintreffen von bestimmten Voraussetzungen, z. B. bei Kranken- und bei Invalidenrenten.
Ein Betrag k_0 ergibt zu p Prozent in einem Jahre $(k_0 \cdot p)/100$ Zinsen. Vom Anfang des 2. Jahres ab wird dann der Betrag $k_1 = k_0 + k_0 \cdot (p/100) = k_0(1 + p/100) = k_0 r$ verzinst. Er wächst in einem Jahr um $(k_1 \cdot p)/100$ an auf $k_2 = k_1 + k_1(p/100) = k_1 r = k_0 r^2$. Die gleiche Betrachtung gilt für das 3., ..., n-te Jahr. Am Schluß des n-ten Jahres ist der Betrag k_0 durch Zinseszins angewachsen auf $k_n = k_0 r^n$; dabei wird $r = (1 + p/100)$ *Aufzinsungsfaktor* genannt.

Zinseszins	$k_n = k_0 r^n$

Beispiel 1: Ein Betrag von 1 500 Mark wächst bei $p = 3$% in 5 Jahren auf 1 738,91 Mark an. Beträge und Zinsen für die einzelnen Jahre sind in der folgenden Tabelle zusammengestellt.

Jahr	Betrag in Mark am Anfang des Jahres	Zinsen in Mark am Ende des Jahres	Betrag in Mark am Ende des Jahres
1.	1 500,00	45,00	1 545,00
2.	1 545,00	46,35	1 591,35
3.	1 591,35	47,74	1 639,09
4.	1 639,09	49,17	1 688,26
5.	1 688,26	50,65	1 738,91

Hätte der Betrag nicht auf Zinseszins, sondern nur auf Zins gestanden, so wäre er nach 5 Jahren auf 1 725 Mark angewachsen.

Die Abbildung 6.3-1 zeigt das Anwachsen des Betrages $k_0 = 1$ bei Zins und Zinseszins. Aus der Zinseszinsformel können sowohl die Anzahl n der Jahre als auch der Prozentsatz p berechnet werden.
Durch beiderseitiges Logarithmieren erhält man aus der Zinseszinsformel $\lg k_n = \lg k_0 + n \lg r$ oder $n = (\lg k_n - \lg k_0)/(\lg r)$ und kann danach die Anzahl n der Jahre berechnen.

Anzahl der Jahre	$n = (\lg k_n - \lg k_0)/(\lg r)$
Prozentsatz	$p = 100\left(\sqrt[n]{k_n/k_0} - 1\right)$

Durch beiderseitiges Ziehen der n-ten Wurzel ergibt sich dagegen der Aufzinsungsfaktor $r = \sqrt[n]{k_n/k_0} = 1 + p/100$ und aus diesem der Prozentsatz $p = 100\left(\sqrt[n]{k_n/k_0} - 1\right)$.

Beispiel 2: Nach wieviel Jahren hat sich ein Betrag von 500 Mark bei einem Zinssatz von 3% verdoppelt? – Außer dem Anfangsbetrag $k_0 = 500$ und dem Endbetrag $k_n = 1000$ ist der Aufzinsungsfaktor $r = 1{,}03$ gegeben. Man erhält für die Anzahl n der Jahre:

$n = (\lg 1000 - \lg 500)/(\lg 1{,}03) = 23{,}450.$

Nach rund 24 Jahren hat sich der Betrag verdoppelt.

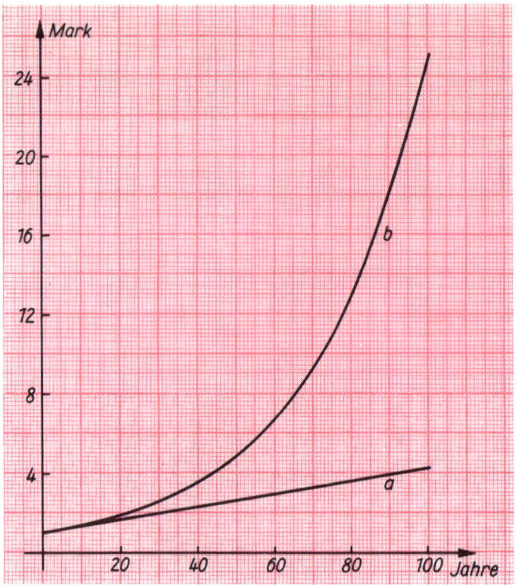

6.3-1 Anwachsen des Betrages $k_0 = 1$ bei Zins (a) und Zinseszins (b) in 100 Jahren bei einem Zinssatz von $3^1/_4$%

Diskontierung. Bei bekanntem Endbetrag k_n und dem Aufzinsungsfaktor r kann mit Hilfe der Zinseszinsformel der Anfangsbetrag k_0 berechnet werden: $k_0 = k_n/r^n = k_n \cdot v^n$; dabei wird $v = 1/r$ als *Abzinsungsfaktor* bezeichnet.
Diesen Sachverhalt bezeichnet man auch als *Diskontierung* und v als *Diskontierungsfaktor*. Man sagt: Der nach n Jahren zahlbare Betrag k_n wird auf die Gegenwart diskontiert.

Beispiel 3: Ein Ehepaar beabsichtigt, nach Ablauf von 5 Jahren eine Anschaffung im Werte von 7500 Mark zu machen. Ein Betrag soll schon heute auf ein Sparkassenbuch mit $3^1/_4$% Zinsen in der Höhe eingezahlt werden, daß nach 5 Jahren der volle Betrag zur Verfügung steht. Zur Berechnung des gesuchten Betrages kennt man den Betrag nach 5 Jahren $k_5 = 7500$, den Zinssatz $p = 3{,}25$% und die Anzahl der Jahre $n = 5$. Aus der Tafel der Zinsfaktoren liest man unter Abzinsung bei $n = 5$ und $p = 3{,}25$ den Wert $v^5 = 0{,}8522$ ab und errechnet $k_0 = 7500 \cdot 0{,}8522 = 6391{,}63$. Zum jetzigen Zeitpunkt sind 6391, 63 Mark auf das Sparkassenbuch einzuzahlen.

Zinsfaktoren

	Aufzinsung r^n			Abzinsung v^n			
Jahre	Zinssatz			Zinssatz			Jahre
n	3%	3,25%	4%	3%	3,25%	4%	n
1	1,0300	1,0325	1,0400	0,9709	0,9685	0,9615	1
2	1,0609	1,0661	1,0816	0,9426	0,9380	0,9246	2
3	1,0927	1,1007	1,1249	0,9151	0,9085	0,8890	3
4	1,1255	1,1365	1,1699	0,8885	0,8799	0,8548	4
5	1,1593	1,1734	1,2167	0,8626	0,8522	0,8219	5
6	1,1941	1,2116	1,2653	0,8375	0,8254	0,7903	6
7	1,2299	1,2509	1,3159	0,8131	0,7994	0,7599	7
8	1,2668	1,2916	1,3686	0,7894	0,7743	0,7307	8
9	1,3048	1,3332	1,4233	0,7664	0,7499	0,7026	9
10	1,3439	1,3769	1,4802	0,7441	0,7263	0,6756	10
11	1,3842	1,4216	1,5395	0,7224	0,7034	0,6496	11
12	1,4258	1,4679	1,6010	0,7014	0,6813	0,6246	12
13	1,4685	1,5156	1,6651	0,6810	0,6598	0,6006	13
14	1,5126	1,5648	1,7317	0,6611	0,6391	0,5775	14
15	1,5580	1,6157	1,8009	0,6419	0,6189	0,5553	15

Zinseszinstabellen. In den Sparkassen und den Banken werden zur Berechnung des Endbetrages k_n bzw. des Anfangsbetrages k_0 Zinseszinstabellen verwendet, in denen für verschiedene Zinssätze p und verschiedene Anzahlen von Jahren n die Potenzen r^n des Aufzinsungsfaktors r und die Potenzen v^n des Abzinsungsfaktors v angegeben sind.
Die Auf- und die Abzinsung eines Betrages k_0 mit dem Aufzinsungsfaktor r und dem Abzinsungsfaktor v können graphisch mit Hilfe einer Zeitgeraden dargestellt werden (Abb. 6.3-2).

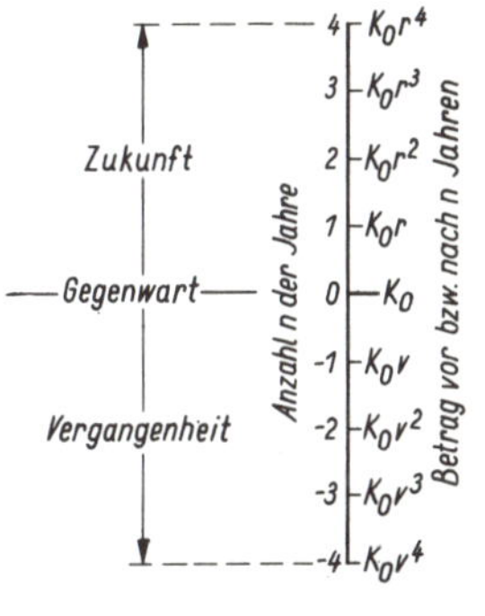

6.3-2 Darstellung der Auf- und der Abzinsung eines Betrages k_0 mit Hilfe der Zeitgeraden

Beispiel 4: Wie hoch ist der Zinssatz p, wenn ein Betrag von 400 Mark nach 10 Jahren auf 592 Mark angewachsen ist? –
Man kennt den Anfangsbetrag $k_0 = 400$, den Endbetrag $k_n = 592$ und die Anzahl der Jahre $n = 10$. Die Berechnung des Zinssatzes erfolgt entweder mit Hilfe der Zinseszinstabelle, indem $r^{10} = 592/400 = 1{,}48$ berechnet und in der Tabelle der Zinssatz $p = 4$ abgelesen wird, oder nach der Formel $p = 100 \cdot \left(\sqrt[10]{592/400} - 1\right) = 4$. Der Zinssatz beträgt 4%.

6.4. Rentenrechnung

Die wichtigste Form einer Rente ist die *Zeitrente*, d. h. eine Folge von Zahlungen in voraus festgelegten Zeitpunkten eine bestimmte Anzahl von Jahren hindurch. Die einzelnen Zahlungen heißen *Raten* der Zeitrente; sie werden meist am Ende des betrachteten Zeitabschnitts, man sagt *nachschüssig* oder *postnumerando*, und selten am Anfang, d. h. *vorschüssig* oder *pränumerando*, in vereinbarter Höhe geleistet. Unter dem *Endwert* einer Zeitrente versteht man den Betrag, auf den die gezahlten Renten am Ende der Laufzeit angewachsen wären, wenn man sie zu p% ausgeliehen hätte. Der *Barwert* gibt hingegen den Betrag an, der am Anfang der Laufzeit zu zahlen ist, wenn der Endwert der Rente durch eine einmalige Zahlung abgelöst werden soll.

Nachschüssige Zeitrente. Die am Ende jedes Jahres gezahlten Renten b wachsen nach der Zinseszinsformel an. Nach n Jahren hat die 1. Rate den Wert br^{n-1}, die 2. den Wert br^{n-2} usw., die letzte b ist gerade ausgezahlt worden. Der gesamte Endwert s_n ist danach die Summe einer geometrischen Reihe:

$$s_n = b + br + \cdots + br^{n-1} = b \cdot \sum_{i=0}^{n-1} r^i = b\,\frac{r^n - 1}{r - 1}.$$

Endwert einer nachschüssigen Zeitrente	$s_n = b \cdot (r^n - 1)/(r - 1)$
Barwert einer nachschüssigen Zeitrente	$a = (b/r^n) \cdot (r^n - 1)/(r - 1)$

Eine nachschüssige Zeitrente von 150 Mark hat bei 3% nach 5 Jahren einen Endwert von $s_5 = 150 \cdot (1{,}03^4 + 1{,}03^3 + 1{,}03^2 + 1{,}03^1 + 1) = 796{,}50$ Mark. Zur Berechnung des Barwertes a ist der Endwert s_5 auf den Zeitpunkt 0 zu diskontieren; mit dem Diskontierungsfaktor $v = 1/1{,}03 = 0{,}9709$ erhält man $a = s_5 v^5 = s_5 \cdot 0{,}8626 = 687{,}06$. Allgemein gilt: $a = s_n v^n = [b(r^n - 1)]/[r^n(r - 1)]$.

Beispiel 1: 11 Jahre lang soll nachschüssig eine Rente von 200 Mark gezahlt werden. Wie hoch ist der Endwert der Rente, wenn der Zinssatz 3% beträgt? –
Für den Aufzinsungsfaktor $r = 1{,}03$ liest man aus der Tafel der Zinsfaktoren $r^{11} = 1{,}3842$ ab. Dann wird $s_{11} = 200 \cdot (1{,}3842 - 1)/(1{,}03 - 1) = 2561{,}33$. Am Ende des 11. Jahres beträgt der Endwert 2561,33 Mark.

Beispiel 2: Durch welche Ablösungssumme kann die im Beispiel 1 zu zahlende Rente ersetzt werden? –
Mit Hilfe der Tafel der Zinsfaktoren ergibt sich $a = 200 \cdot 0{,}7224\,(1{,}3842 - 1)/(1{,}03 - 1) = 1849{,}39$. Der Barwert der Rente ist 1849,39 Mark.

Beispiel 3: Nach wieviel Jahren hat die nachschüssige Zeitrente vom Betrag 100 Mark bei 3% Zinseszins den Endwert 1800 Mark? –

Aus der Formel $s_n = b(r^n - 1)/(r - 1)$ erhält man $s_n(r - 1)/b = r^n - 1$ und $r^n = s_n(r - 1)/b + 1$, also

$$n = \frac{\lg [s_n(r - 1)/b + 1]}{\lg r}.$$

Mit den Zahlenwerten $s_n = 1800$, $b = 100$ und $r = 1{,}03$ ergibt sich $n = (\lg 1{,}54)/(\lg 1{,}03) = 14{,}608$. Nach rund 15 Jahren ist der Endwert erreicht.

Vorschüssige Zeitrente. Von einer vorschüssigen Zeitrente wird jede Rate b ein Jahr länger verzinst. Nach der Zinseszinsformel ist ihr Endwert $\bar{s}_n$ danach das r-fache des Endwerts der nachschüssigen Rente $rb \cdot (r^n - 1)/(r - 1) = \bar{s}_n$.

Endwert der vorschüssigen Zeitrente	$\bar{s}_n = rb \cdot \frac{r^n - 1}{r - 1}$

Ihr Barwert $\bar{a}$ ergibt sich durch Diskontierung des Endwerts $\bar{s}_n$; man erhält

$$\bar{a} = \bar{s}_n v^n = rb \cdot [(r^n - 1)/(r - 1)] \cdot (1/r^n) = b \cdot (1 - v^n)/(1 - v).$$

Barwert der vorschüssigen Zeitrente	$\bar{a} = \frac{b}{r^{n-1}} \cdot \frac{r^n - 1}{r - 1}$

Beispiel 4: Für das bei der nachschüssigen Zeitrente angegebene Beispiel 1 erhält man als Endwert einer vorschüssigen Zeitrente $\bar{s}_{11} = 200 \cdot 1{,}03 \cdot (1{,}3842 - 1)/(1{,}03 - 1) = 2638{,}17$. Nach 11 Jahren beträgt bei vorschüssiger Zahlung der Endwert 2638,17 Mark.

Beispiel 5: Zum Beispiel 2 der nachschüssigen Zeitrente ergibt sich bei vorschüssiger Zahlung $\bar{a} = 200 \cdot 0{,}7441 \cdot (1{,}3842 - 1)/(1{,}03 - 1) = 1904{,}90$. Durch einen Betrag von 1904,90 Mark kann die Rente abgelöst werden.

Beispiel 6: Für das Beispiel 3 der nachschüssigen Zeitrente ergibt sich bei vorschüssiger Zahlung $n = \lg\left(\frac{1800 \cdot 0{,}03}{100 \cdot 1{,}03} + 1\right)\Big/(\lg 1{,}03) = 14{,}26$. Nach rund 14 Jahren ist der Endwert erreicht.

Tilgung einer Anleihe. Die Tilgung von Krediten und Hypotheken, z. B. für Investitionen oder Neubauten, wird meist in der Weise vorgenommen, daß eine jährlich zu zahlende, während der Tilgungsdauer unveränderliche Leistung, die *Annuität*, festgelegt wird. Von ihr werden die *Zinsbeträge* und die *Tilgungsbeträge* bezahlt. Der Tilgungsverlauf für einen Kredit von 8000 Mark, der mit $3^1/_4\%$ verzinst wird, ist aus dem folgenden *Tilgungsplan* ersichtlich, bei dem eine Annuität von 500 Mark festgelegt wurde.

Jahr	Schuld am Anfang des Jahres	Annuität	Zinsbetrag	Tilgungsbetrag	Schuld am Ende des Jahres
1	8000,00	500,00	260,00	240,00	7760,00
2	7760,00	500,00	252,20	247,80	7512,20
3	7512,20	500,00	244,15	255,85	7256,35
4	7256,35	500,00	235,83	264,17	6992,18
5	6992,18	500,00	227,25	252,46	6719,43
...	...	...	...	...	...

Man erkennt, daß mit fortschreitender Tilgung der Zinsbetrag abnimmt und der Tilgungsbetrag wächst.

Diesem Tilgungsplan liegen folgende Gesetzmäßigkeiten zugrunde. Am Ende des ersten Jahres sind für die Schuldsumme S an Zinsen $S \cdot (p/100)$ zu zahlen; von der Annuität A bleibt deshalb die Tilgungssumme $T_1 = A - S \cdot (p/100)$. Am Ende des zweiten Jahres sind für die geringere Schuldsumme $S_1 = S - T_1$ an Zinsen $S_1 \cdot (p/100)$ zu zahlen; von der Annuität A bleibt die Tilgungssumme $T_2 = A - S_1 \cdot (p/100) = A - S \cdot (p/100) = T_1 + T_1 \cdot (p/100) = T_1 r$. Zu tilgen ist noch $S_2 = S_1 - T_2$. Am Ende des dritten Jahres sind die Zinsen $S_2 \cdot (p/100)$, die Tilgungssumme beträgt $T_3 = A - S_2(p/100) = A - S_1 \cdot (p/100) + T_2 \cdot (p/100) = T_2 r$. Am Ende des n-ten Jahres ist die Tilgungssumme $T_n = T_{n-1} r = T_{n-2} r^2 = \cdots = T_1 r^{n-1}$. Im vorliegenden Beispiel ist der Tilgungsbetrag des elften Jahres $T_{11} = 240$ Mark $\cdot\, 1{,}0325^{10} = 330{,}45$ Mark.

Die Summe s_n der Tilgungsraten der n ersten Jahre entspricht dem Endwert einer nachschüssigen Zeitrente nach n Jahren, $s_n = T_1 \cdot (r^n - 1)/(r - 1)$. Im Beispiel ist nach 11 Jahren gezahlt worden $s_{11} = 240 \cdot (1{,}0325^{11} - 1)/(1{,}0325 - 1)$ Mark $= 3113{,}36$ Mark.

Die Anleihe ist abgezahlt, wenn die gesamte Tilgungssumme gleich dem Schuldbetrag wird: $s_n = S$ oder $T_1 \cdot (r^n - 1)/(r - 1) = S$.

Tilgungsformel	$S = T_1 \cdot (r^n - 1)/(r - 1)$

Aus dieser Gleichung kann man die Anzahl der Jahre n berechnen, nach denen die Anleihe getilgt ist: $n = \lg [(S/T_1)(r - 1) + 1]/(\lg r)$; im Beispiel wird $n = 22{,}95$, d. h., nach rund 23 Jahren ist die Anleihe getilgt.

Lebensversicherung. Ein weiteres Anwendungsgebiet der Zinseszins- und Rentenrechnung sind die verschiedenen Formen der Lebensversicherung. Bei diesen unterscheidet man unter anderem eine Versicherung auf den *Todes-* und *Erlebensfall*, eine *Invaliden-* und *Altersversicherung* oder eine *Sparrentenversicherung*. Bei jeder dieser Versicherungen gehen die Versicherungsanstalt und der Versicherungsnehmer einen Vertrag ein, den *Versicherungsvertrag*. Zwischen den Zahlungen des Versicherungsnehmers und den Leistungen der Versicherungsanstalt, die sich unter anderem nach der Art der Versicherung richten, muß Gleichwertigkeit, Äquivalenz, bestehen, soll der Versicherungsvertrag für keinen der Beteiligten zu einem Verlust führen. Natürlich gilt die Gleichwertigkeit der Aufwendungen nicht für einen einzelnen Versicherten, dann wäre die Versicherung überflüssig, sondern nur für die Menge aller Versicherten. Bei der mathematischen Formulierung des Äquivalenzprinzips spielen deshalb neben der Zinseszins- und Rentenrechnung unter anderem *demographische*, d. h. *bevölkerungsstatistische Annahmen* eine Rolle.

Sterbetafel. Das wichtigste demographische Hilfsmittel ist die Sterbetafel. Diese teils auf der Grundlage von Volkszählungen, teils nach den langjährigen Erfahrungen der Versicherungsanstalten aufgestellte Tafel geht von einer bestimmten großen, im übrigen aber willkürlich gewählten Anzahl l_n gleichaltriger, nämlich n-jähriger Personen aus und gibt an, wie viele von diesen das x-te Jahr erleben. Diese Anzahl von Personen wird mit l_x bezeichnet und wird *Anzahl der Lebenden des Alters x* genannt.
Außerdem sind in der Tafel folgende Beziehungen enthalten:

$l_x - l_{x+1} = d_x$, die *Gestorbenen* im Alter x,

$p_x = l_{x+1}/l_x$, die *Lebenswahrscheinlichkeit* der x-jährigen,

$q_x = d_x/l_x$, die *Sterbenswahrscheinlichkeit* der x-jährigen und

$e_x = (1/l_x) \sum_{k=0}^{\infty} l_{x+k} - 1/2$, die *mittlere Lebenserwartung*.

In Abbildung 6.4-1 ist ein Ausschnitt aus einer Allgemeinen Sterbetafel angegeben. Man liest darin für 100000 gleichzeitig geborene männliche Personen, die jetzt 50 Jahre alt sind, z. B. ab, daß noch 89179 leben und daß für jeden Überlebenden die mittlere Lebenserwartung noch 23,85 Jahre beträgt, für jede der 92939 Frauen dagegen 27,77 Jahre.

Allgemeine Sterbetafel

Vollendetes Alter	Männliche Personen					Weibliche Personen				
	Von 100 000 gleichzeitig Lebendgeborenen		Sterbens-wahrscheinlichkeit	Lebenserwartung Jahre		Von 100 000 gleichzeitig Lebendgeborenen		Sterbens-wahrscheinlichkeit	Lebenserwartung Jahre	
	Überlebende	Gestorbene		aller Überlebenden	je Überlebender	Überlebende	Gestorbene		aller Überlebenden	je Überlebender
x	l_x	d_x	q_x	$e_x l_x$	e_x	l_x	d_x	q_x	$e_x l_x$	e_x
46	91 148	435	0,004 776 216	2 487 332	27,29	94 360	293	0,003 103 759	2 956 116	31,33
47	90 713	487	0,005 369 372	2 396 402	26,42	94 067	347	0,003 688 860	2 861 902	30,42
48	90 226	527	0,005 839 191	2 305 933	25,56	93 720	391	0,004 171 387	2 768 008	29,53
49	89 699	519	0,005 791 489	2 215 971	24,70	93 329	390	0,004 176 734	2 674 484	28,66
50	89 179	497	0,005 568 176	2 126 532	23,85	92 939	349	0,003 758 652	2 581 349	27,77
51	88 683	553	0,006 237 720	2 037 601	22,98	92 590	343	0,003 699 221	2 488 585	26,88
52	88 129	734	0,008 332 068	1 949 195	22,12	92 248	434	0,004 706 125	2 396 166	25,98
53	87 395	961	0,011 000 083	1 861 432	21,30	91 813	587	0,006 394 891	2 304 135	25,10
54	86 434	1 109	0,012 824 782	1 774 518	20,53	91 226	693	0,007 594 217	2 212 615	24,25
55	85 325	1 142	0,013 379 521	1 688 638	19,79	90 534	699	0,007 722 441	2 121 735	23,44

6.4-1 Ausschnitt aus einer Allgemeinen Sterbetafel

7. Planimetrie

Die *Planimetrie* [griech., Flächenmessung] ist eine Teildisziplin der Geometrie [griech., Erdmessung]. Obwohl die Gegenstände der objektiven Realität dreidimensional [lat. *dimensio*, Ausdehnung] sind, vermittelt die Planimetrie als Geometrie der höchstens *zweidimensionalen Gebilde* dennoch eine vertiefte Einsicht in die räumlichen Beziehungen der Umwelt.
Ähnlich wie der Begriff Zahl der Außenwelt entnommen wurde, sind auch die Begriffe, die der Geometrie zugrunde liegen, im Laufe vieler Jahrhunderte durch Abstraktion aus der Außenwelt gewonnen worden. Man sah ab von nicht wesentlichen Unterschieden, z. B. von denen der Masse, der Farbe, der Form oder der Oberflächenbeschaffenheit, und kam unter weiterer Vernachlässigung von Unregelmäßigkeiten der körperlichen Gebilde auf Raumformen, die sich nach drei Richtungen hin, der Länge, der Breite und der Höhe, erstrecken. Man sagt dementsprechend, eine Raumform hat drei *Dimensionen*, eine Oberfläche dagegen nur zwei; eine Linie, z. B. eine Kante, in der zwei Flächenteile dieser Oberfläche einander schneiden, hat eine Dimension, und ein Punkt, etwa als Schnitt zweier Linien aufgefaßt, hat die Dimension Null.
In der Planimetrie wird stets eine *Ebene* als gegeben vorausgesetzt. Die planimetrischen Untersuchungen werden im allgemeinen in dieser Ebene durchgeführt, in einzelnen Fällen jedoch wird auch der *euklidische Raum* als umfassenderes geometrisches Grundgebilde bei den Untersuchungen mit herangezogen.

7.1. Punkt, Gerade, Strahl, Strecke

Punkt und Gerade

Punkte und Geraden sind Grundbausteine der Elementargeometrie. In der modernen Mathematik gibt man für sie keine Definitionen, sondern legt die Beziehungen zwischen ihnen durch *Axiome* fest (vgl. Kap. 40. – Die euklidische Geometrie).
Eine Gerade wird durch zwei auf ihr liegende Punkte A und B eindeutig bestimmt, man bezeichnet sie mit g_{AB} oder – wenn der Zusammenhang eindeutig ist – kurz mit AB. Auch durch kleine lateinische Buchstaben werden Geraden symbolisiert, z. B. durch g, h, a, b, c. Eine Gerade ist orientiert, wenn für sie eine Durchlaufrichtung festgelegt ist.

Anzahl der Schnittpunkte mehrerer Geraden. *Zwei Geraden* einer Ebene haben höchstens *einen Punkt* gemeinsam, wenn sie nicht in allen ihren Punkten zusammenfallen. Zwei Geraden einer Ebene, die keinen Punkt gemeinsam haben, heißen *parallele Geraden*, kurz: *Parallelen.*
Drei Geraden einer Ebene, die nicht alle durch einen gemeinsamen Punkt gehen und von denen keine zu einer der beiden anderen parallel ist oder in allen Punkten mit einer der beiden anderen zusammenfällt, mit ihr *inzidiert*, haben genau *drei* Schnittpunkte miteinander.
Vier Geraden einer Ebene, die paarweise voneinander verschieden und nicht parallel zueinander sind und von denen keine drei durch einen gemeinsamen Punkt gehen, haben genau *sechs* Schnittpunkte miteinander (vgl. Kap. 25.4. – Vollständiges Vierseit).
Wird von *n Geraden* in einer Ebene angenommen, daß keine dieser Geraden zu einer anderen parallel ist oder mit ihr zusammenfällt und daß keiner der Schnittpunkte einer der Geraden mit einer zweiten zugleich Schnittpunkt mit einer dritten ist, so hat jede der n Geraden $(n-1)$ Schnittpunkte mit einer anderen; da aber hierbei jeder Schnittpunkt doppelt auftritt, gibt es $n(n-1)/2$ *Schnittpunkte.*

Anzahl der Geraden durch mehrere Punkte. Durch *zwei* voneinander verschiedene *Punkte* gibt es genau *eine Gerade.* Durch *drei* voneinander verschiedene, nicht in einer Geraden gelegene Punkte lassen sich genau *drei* Geraden legen, die jeweils zwei Punkte miteinander verbinden. Durch die drei Punkte, durch zwei der Verbindungsgeraden oder durch eine Verbindungsgerade und den dritten, nicht auf ihr gelegenen Punkt ist genau *eine Ebene* bestimmt.
Sind in einer Ebene n verschiedene Punkte so gegeben, daß nie drei von ihnen auf einer Geraden liegen, so bestimmt jeder der n Punkte mit jedem der $(n-1)$ übrigen Punkte eine Gerade; da aber hierbei jede Gerade doppelt auftritt, sind $n(n-1)/2$ Geraden möglich; zwischen vier Punkten z. B. sechs Geraden (vgl. Kap. 25.4. – Vollständiges Viereck).

Geradenbüschel. Durch einen Punkt lassen sich in einer Ebene beliebig viele Geraden legen. Die Menge aller Geraden einer Ebene, die einen und nur einen Punkt gemeinsam haben, bildet ein *Geradenbüschel.* Den allen Geraden gemeinsamen Punkt P bezeichnet man als *Träger* des Geradenbüschels, das man mit P symbolisiert. Analog dazu nennt man die Gesamtheit aller zu einer Geraden parallelen Geraden einer Ebene *Parallelgeradenbüschel.*
Werden die Geraden eines beliebigen Geradenbüschels oder eines Parallelgeradenbüschels durch zwei Geraden g_1 und g_2 geschnitten, die nicht zum Büschel gehören, so vermitteln die Geraden des Büschels eine *perspektive Abbildung* aller Punkte von g_1 auf die von g_2.

Strahl und Strecke

Strahl. Ein *Strahl* enthält genau die Menge aller Punkte einer Geraden, die bezogen auf einen Punkt O von ihr auf der gleichen Seite dieser Geraden liegen, den Punkt O inbegriffen. Als dem Strahl angehörig werden danach alle und nur die Punkte einer Geraden bezeichnet, die von O in geradliniger Bewegung ohne Richtungsumkehr erreicht werden können.
Der Begriff des Strahles ist, wie alle mathematischen Begriffe, durch Abstraktion entstanden. Zu seinem Verständnis sei erinnert an den Sonnenstrahl, der geradlinig von der Sonne ausgeht, oder an die Visierlinie, die stets geradlinig verläuft und vom Auge begrenzt wird; dabei werden Sonne und Auge als punktförmig angenommen.

Strecke. Eine Strecke AB enthält genau die Menge aller Punkte einer Geraden, die zwischen den Punkten A und B dieser Geraden liegen, die Punkte A und B inbegriffen. Die Strecke ist die *kürzeste Verbindung* der beiden Punkte A und B. Eine Strecke wird durch ihre Endpunkte bezeichnet, z. B. Strecke AB oder – wenn der Zusammenhang eindeutig ist – kurz AB. Für die Länge der Strecke schreibt man $|AB|$, lies: Länge der Strecke AB. Sie gibt den gegenseitigen *Abstand* der Punkte A und B an. Kleine lateinische Buchstaben, z. B. a, b, c, symbolisieren die Länge von Strecken, z. B. $a = |AB|$; sie werden aber der Einfachheit halber auch für die Strecke selbst verwendet. Die Länge einer Strecke läßt sich als formales Produkt ne auffassen, wenn n die Maßzahl und e die verwendete Längeneinheit einer *Einheitsstrecke* bedeuten, also $a = |AB| = ne$. Die Länge der Einheitsstrecke dient als Maßeinheit für Längenmessungen. Kommt es auf den Durchlaufsinn einer Strecke an, so legt man fest, daß stets der zuerst genannte Punkt den Anfangspunkt, der zuletzt genannte den Endpunkt bezeichnet. Dann symbolisiert AB eine orientierte Strecke, die von A nach B durchlaufen wird. Auf einer orientierten Geraden g sind dann die Strecken AB und BA zu unterscheiden. Den orientierten Strecken ordnet man ein *Maß* $m(AB)$ zu, das gleich der *Länge* ist, wenn der Durchlaufsinn der Strecke mit dem der sie enthaltenden Geraden g übereinstimmt. Das Maß ist gleich der mit Minuszeichen versehenen Länge, wenn Strecke und Gerade gegenläufig orientiert sind.

Maß einer Strecke AB auf einer orientierten Trägergeraden g	$m(AB) = \|AB\|$, falls AB und g gleich orientiert $m(AB) = -\|AB\|$, falls AB und g entgegengesetzt orientiert

Für orientierte Strecken ist $m(BA) = -m(AB)$. Der Betrag des Maßes ist immer die Länge $|AB| = |m(AB)| = |m(BA)|$ (vgl. auch Kap. 24.2. – Strecke).

Maßeinheiten für Längenmessungen. Das grundlegende Längenmaß ist das *Meter*. Es ist die Strecke, die das Licht im Vakuum während eines Zeitintervalls von $^{1}/_{299\,792\,458}$ s zurücklegt.

Vom Meter abgeleitete Längeneinheiten

Längenmaß	Zeichen	Beziehung
Kilometer	km	1 km $= 10^{3}$ m
Dezimeter	dm	1 dm $= 10^{-1}$ m
Zentimeter	cm	1 cm $= 10^{-2}$ m
Millimeter	mm	1 mm $= 10^{-3}$ m
Mikrometer	µm	1 µm $= 10^{-6}$ m
Nanometer	nm	1 nm $= 10^{-9}$ m
Pikometer	pm	1 pm $= 10^{-12}$ m
Femtometer	fm	1 fm $= 10^{-15}$ m
Attometer	am	1 am $= 10^{-18}$ m

Nicht vom Meter abgeleitete Längeneinheiten

Parallaxensekunde
1 pc $= 30{,}857 \cdot 10^{12}$ km

Astronomische Einheit
1 AE $\approx 149{,}6 \cdot 10^{6}$ km

geographische Meile
1/15 Äquatorgrad $= 7421{,}5$ m

Seemeile, 1/60 Meridiangrad
1 sm $= 1852$ m

englische Landmeile, statute
mile $\approx 1609{,}344$ m

Yard, 1 yd $\approx 0{,}9144$ m

Fuß, 1 ft $\approx 0{,}3048$ m

Zoll, 1 in $\approx 0{,}0254$ m

Parallele und orthogonale Geraden

Parallele Geraden. Zwei Parallelen haben keinen Punkt gemeinsam. Ist die Gerade g parallel zur Geraden g', in Zeichen $g \parallel g'$, dann verlaufen g und g' in gleicher Richtung. Die Gerade g' kann aus g gewonnen werden durch *Translation*, indem alle Punkte von g um eine Strecke, deren Länge z. B. gleich $|AA'|$ ist, in gleicher Richtung verschoben werden. Darauf beruht die Konstruktion paralleler Geraden mit Hilfe von Lineal und Zeichendreieck (Abb. 7.1-1).
Wird ein Punkt einer Geraden g mit allen Punkten einer zu g parallelen Geraden g' geradlinig verbunden, so gibt es unter den Verbindungsstrecken eine *kürzeste*. Sie gibt den *Abstand d* der Parallelen an. Der Abstand zwischen zwei Parallelen ist *für alle Punkte gleich*, sie schneiden einander nicht.

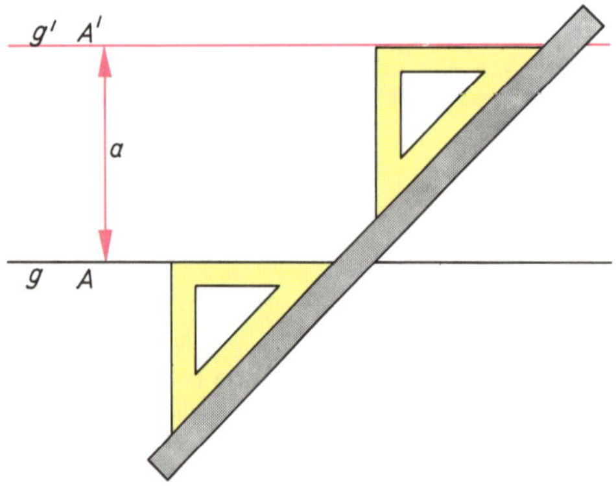

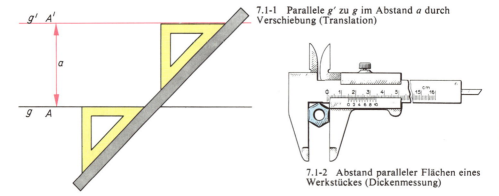

7.1-1 Parallele g' zu g im Abstand a durch Verschiebung (Translation)

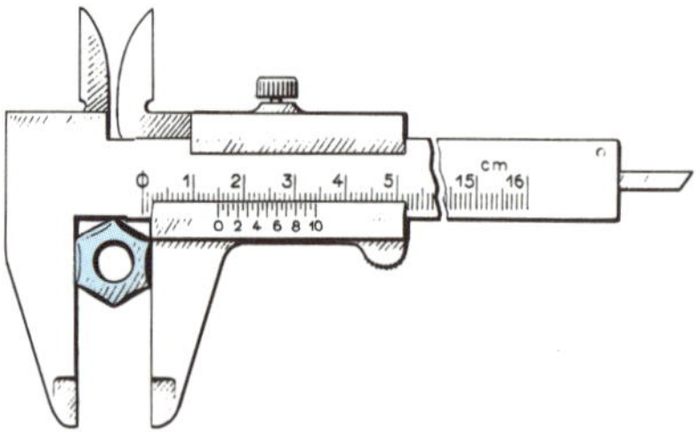

7.1-2 Abstand paralleler Flächen eines Werkstückes (Dickenmessung)

Der Abstand der stets parallel verlaufenden Schienen der Eisenbahn hat gewöhnlich die *Normalspurbreite* von 1,435 m, in Rußland jedoch beträgt er 1,524 m, in Spanien und in Portugal 1,670 m. Der Abstand der parallel verlaufenden Backen eines *Meßschiebers* kann verändert werden; daher läßt sich der Meßschieber z. B. für die Dickenmessung von Werkstücken mit parallelen Begrenzungsflächen benutzen (Abb. 7.1-2).
Zu jeder Geraden g gibt es in der Ebene genau *eine Parallele* g', die auf einer bestimmten Seite von g in vorgeschriebenem Abstand a verläuft. Entsprechend kann durch jeden Punkt P, der mit g in einer Ebene liegt, nicht aber selbst Punkt von g ist, genau eine Gerade g' gezogen werden, die zu g parallel ist.
Diese Aussage über die Existenz und die Eindeutigkeit der Parallelen g' zu g durch P ist Inhalt des in der euklidischen Geometrie geltenden *Parallelenaxioms* (vgl. Kap. 40.1. – Das Parallelenaxiom).

Orthogonale Geraden. Der Abstand paralleler Geraden g und g' wird auf einer Verbindungsstrecke AA' gemessen, die sowohl mit g in A als auch mit g' in A' je zwei gleiche Winkel bildet. Diese Winkel werden *rechte Winkel* genannt. *Orthogonale* Geraden bilden beim Schnitt miteinander rechte Winkel;

sie stehen *senkrecht aufeinander*. Die Orthogonalität zweier Geraden ist wie die Parallelität eine Lagebeziehung zweier Geraden zueinander; es ist keineswegs notwendig, daß von zwei zueinander orthogonalen Geraden eine „senkrecht *nach unten*" weist.

7.2. Winkel

Zwei Strahlen a und b, die von demselben Punkt S ausgehen, können durch eine Drehung ineinander übergeführt werden, durch die der *Winkel* (a, b), in Zeichen $\sphericalangle\ (a, b)$, bestimmt wird.
Als *Orientierung* der Ebene, in der die Strahlen a und b liegen, gilt der *Drehsinn* dieser Bewegung; als positiver Drehsinn wird in der Mathematik der entgegen dem Uhrzeigersinn bezeichnet, in der Geodäsie der im Uhrzeigersinn. Es ist demnach zu unterscheiden zwischen $\sphericalangle\ (a, b)$ und $\sphericalangle\ (b, a)$. Liegen auf dem Strahl a ein Punkt A und auf dem Strahl b ein Punkt B, so kann der Winkel auch durch $\sphericalangle\ ASB$ bzw. $\sphericalangle\ BSA$ bezeichnet werden. Der Punkt S wird *Scheitelpunkt*, die Strahlen a und b werden *Schenkel* des Winkels (a, b) genannt. Jeder Schenkel gibt als Strahl eine Richtung an. Die Größe des Winkels ist der *Unterschied dieser beiden Richtungen* (Abb. 7.2-1) in einer *orientierten* Ebene. Kommt es nur auf den Betrag dieses Unterschiedes an, so werden die Bezeichnungen $|\sphericalangle ABC|$ bzw. $|\sphericalangle\ (a, b)|$ für die Größe des Winkels verwendet. Sollen jedoch in einer orientierten Ebene mit einem ausgezeichneten Drehsinn positive und negative Größen des Winkels in der Bezeichnung erfaßt werden, so gelten $m(\sphericalangle ABC)$ oder $m\,(\sphericalangle\ (a, b)) = |\sphericalangle\ (a, b)|$ als Maß für die Größe des Winkels, falls die Drehung des Strahls a in den Strahl b im Sinne der Orientierung der Ebene erfolgt, und $m(\sphericalangle\ (a, b)) = -|\sphericalangle\ (a, b)|$, falls diese Drehung entgegen der Orientierung erfolgt.

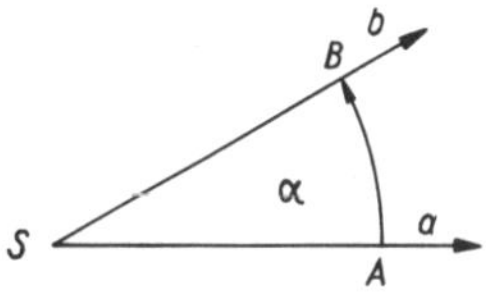

7.2-1 Zur Definition des Winkels

Dabei gilt $m(\sphericalangle\ (a, b)) = -m(\sphericalangle\ (b, a))$, aber stets $|m(\sphericalangle\ (a, b))| = |m(\sphericalangle\ (b, a))| = |\sphericalangle\ (a, b)|$. Winkelgrößen werden auch durch kleine griechische Buchstaben, z. B. α, β, γ, ausgedrückt. Diese können in Ausnahmefällen der Einfachheit halber auch für den Winkel verwendet werden, wenn sich ihre Bedeutung aus dem Zusammenhang ergibt.

Einteilung der Winkel

Winkel werden nach dem Richtungsunterschied der Schenkel eingeteilt. Entspricht der Richtungsunterschied der Schenkel eines Winkels einer Drehung des einen Schenkels um einen Viertelkreis, so bezeichnet man den Winkel als *rechten Winkel* oder kurz als *Rechten*. Ist die gegenseitige Neigung der Schenkel eines Winkels geringer als bei einem Rechten, so wird der Winkel als *spitzer Winkel* bezeichnet, ist sie größer, so heißt der Winkel *stumpf*. Bei einem *gestreckten Winkel* liegen der Scheitelpunkt und beide Schenkel mit entgegengesetztem Richtungssinn auf einer Geraden. Winkel, deren Schenkelneigung größer ist als bei einem gestreckten Winkel, werden *überstumpf* genannt. Ein überstumpfer Winkel, dessen Schenkel zusammenfallen, heißt Vollwinkel (Abb. 7.2-2).

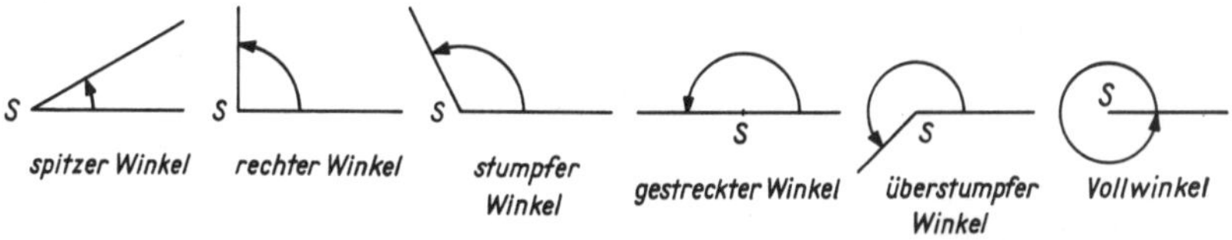

7.2-2 Winkel

Winkelmaße

Alle Winkelmaße beruhen auf Kreisteilungen (Abb. 7.2-3). Man unterscheidet Gradmaß und Bogenmaß.

Gradmaß. Wird ein beliebiger Kreis durch Radien in 360 gleiche Teile geteilt, so ergibt der Richtungsunterschied zweier Radien, die vom Kreismittelpunkt zu benachbarten Teilpunkten auf dem Kreis führen, die Maßeinheit 1 *Grad*, Zeichen 1°, für die Winkelmessung. Ein Grad ist somit der 360. Teil des Vollwinkels bzw. der 90. Teil des rechten Winkels. Der 60. Teil eines Grades ist eine *Minute*, Zeichen 1′, ihr 60. Teil eine *Sekunde*, Zeichen 1″. Obwohl die Unterteilungen der Winkeleinheit Grad

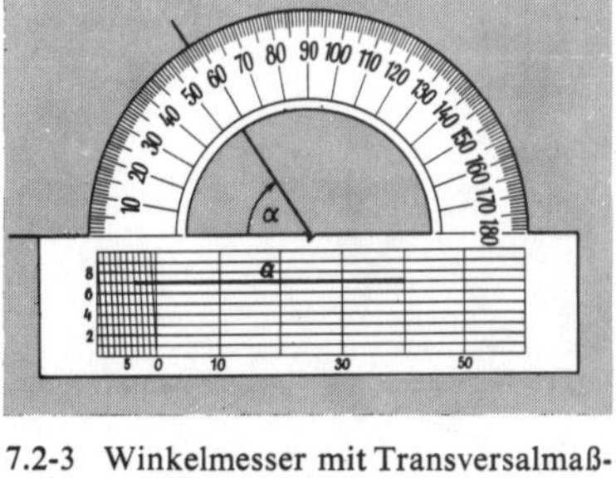
7.2-3 Winkelmesser mit Transversalmaßstab: $\alpha = 57°$, $a = 43{,}7$ mm

gleiche Namen tragen wie die Unterteilungen der Zeiteinheit Stunde (h), dürfen nicht die gleichen Symbole für ihre Bezeichnung benutzt werden.

$1° = 60' = 3600''$; 1 h = 60 min = 3600 s

360° = 400 gon
90° = 100 gon

In der Geodäsie wird auch die Maßeinheit *Gon*, Zeichen gon, verwendet, die sich bei Unterteilung des Kreises in 400 Teile bzw. des Rechten in 100 Teile ergibt; sie wird dezimal unterteilt. Für den rechten Winkel gelten die Unterteilungen $90° = 5400' = 324000''$ bzw. 100 gon = 10^5 mgon = 10^8 µgon.

Beispiel 1: 62°48'15'' sollen in Gon umgerechnet werden. –
48' = 48°/60 = 0,800 000°; 15'' = 15°/3 600 = 0,004 167°;
62°48'15'' = 62,804 167° = 62,804 167 · (100/90) gon = 69,7824 gon.

Beispiel 2: 135,4682 gon sollen in Grad, Minuten und Sekunden umgerechnet werden. –
135,4682 gon = 100 gon + 35,468 2 gon = 90° + 35,468 2 · (90°/100) = 121,921 38°;
0,921 38° = 0,921 38 · 60' = 55,282 8'; 0,282 8' = 0,282 8 · 60'' = 16,968'';
135,4682 gon ≈ 121°55'17''.

Umrechnungen

90° = 100 gon	100 gon = 90°
1° = (10/9) gon = 1,111 111 gon	1 gon = 9°/10 = 54'
1' = (1/60) · (10/9) gon ≈ 0,018 519 gon	1 mgon = 54'/1 000 = 3,24''
1'' = (1/3600) · (10/9) gon ≈ 0,000 309 gon	1 µgon = 3,24''/1 000 = 0,003 24''

Bogenmaß. Im Kreis ist die Länge des Kreisbogens b den Größen von Zentriwinkel α und Radius proportional, Umfanglänge zu Bogenlänge verhält sich wie Vollwinkelgröße zu Zentriwinkelgröße (vgl. 7.9. – Berechnungen am Kreis).

$2\pi r : b = 360° : \alpha$	α in °

Daraus folgt, daß das Verhältnis der Längen von Bogen und Radius nur von der Größe des zugehörigen Zentriwinkels abhängt: $b/r = (\alpha/360°) \cdot 2\pi = \alpha \cdot 2\pi/180°$ mit α in °.

Somit kann dieses Längenverhältnis zum Messen der Größe des zugehörigen Zentriwinkels benutzt werden. Man bezeichnet das Verhältnis b/r als *Bogenmaß* des Winkels und ordnet diesem dimensionslosen Quotienten die Maßeinheit *Radiant*, Zeichen rad, zu. Demnach ist die Bogenlänge das Produkt aus den Größen von Radius und Zentriwinkel in rad, dem gestreckten Winkel entspricht die Bogenlänge π.

$b/r = \alpha$ in rad	$b = r \cdot \alpha$, α in rad

α in rad $\triangleq (\pi/180) \cdot \alpha$ in °	α in ° $\triangleq (180/\pi) \cdot \alpha$ in rad

1 rad ist der Winkel, für den das Verhältnis der Längen von Bogen zu Radius gleich 1 ist. Es ist 1 rad $\triangleq (180/\pi)° \approx 57{,}29578° = 57°17'44{,}8'' \approx 57°17'45''$, 1 rad $\triangleq (200/\pi)$ gon ≈ 63,6620 gon.

1° $\triangleq (\pi/180)$ rad = 0,017 453 rad; 1 gon $\triangleq (\pi/200)$ rad ≈ 0,015 707 8 rad

Im *Einheitskreis* ist die Länge des Radius die Längeneinheit. Daher ist die Maßzahl der Winkelgröße in rad gleich der Maßzahl der Länge des zugehörigen Bogens auf dem Einheitskreis (Abb. 7.2-4).

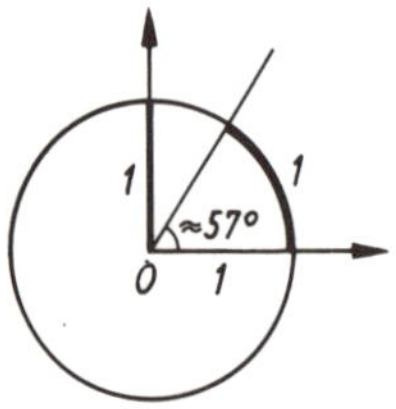

7.2-4 Einheit 1 rad des Bogenmaßes

Übersicht über die Winkelarten

Winkel	Grad	Gon	Radiant
spitzer	0 ··· 90° 30° 45° 57°17'45'' 60°	0 ··· 100 gon $33^1/_3$ gon 50 gon 63,6620 gon $66^2/_3$ gon	0 ··· $\pi/2$ rad $\pi/6$ rad $\pi/4$ rad 1 rad $\pi/3$ rad
rechter	90°	100 gon	$\pi/2$ rad
stumpfer	90 ··· 180°	100 ··· 200 gon	$\pi/2 \cdots \pi$ rad
gestreckter	180°	200 gon	π rad
überstumpfer	180 ··· 360°	200 ··· 400 gon	$\pi \cdots 2\pi$ rad
Vollwinkel	360°	400 gon	2π rad

Winkel an zwei einander schneidenden Geraden

Schneiden zwei Geraden einer Ebene einander, dann entstehen vier Winkel. Man unterscheidet Nebenwinkel und Scheitelwinkel.

Nebenwinkel. Winkel an zwei einander schneidenden Geraden, die einen gemeinsamen Scheitel S und einen gemeinsamen Schenkel haben, heißen *Nebenwinkel.* Die nicht zusammenfallenden Schenkel liegen auf ein und derselben Geraden, jedoch auf verschiedenen von S ausgehenden Strahlen. Die Nebenwinkel ergänzen sich deshalb gegenseitig zu einem gestreckten Winkel; in Abb. 7.2-5 gilt z. B. $\alpha + \beta = \beta + \gamma = \gamma + \delta = \delta + \alpha = 180°$. Die beiden Winkel eines Nebenwinkelpaares, z. B. α und β, sind im allgemeinen verschieden groß; sind sie gleich groß, so muß jeder der beiden Nebenwinkel die Größe $180° : 2 = 90°$ haben, d. h. ein Rechter sein. Das wurde bei der Definition orthogonaler Geraden benutzt und liegt der folgenden Festlegung zugrunde.

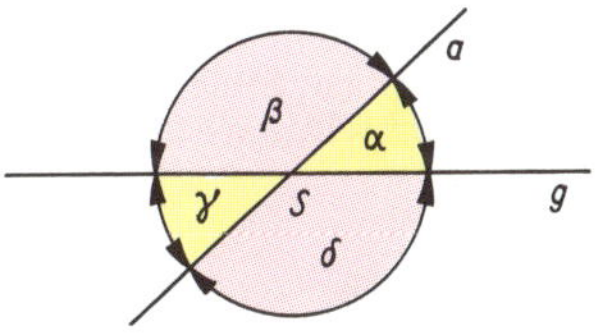

7.2-5 Nebenwinkel, z. B. α und β, und Scheitelwinkel, z. B. α und γ

Der rechte Winkel oder Rechte ist jeder der vier ebenen Winkel, die zwei einander unter gleichen Nebenwinkeln schneidende Geraden bilden.

Nicht jedes Paar von Winkeln, deren Größen zusammen 180° messen, ist ein Nebenwinkelpaar; jedoch werden zwei Winkel, deren Größen einander zu 180° ergänzen, immer *Supplementwinkel* genannt und Winkel, deren Größen einander zu 90° ergänzen, *Komplementwinkel.* Nebenwinkel sind danach durch ihre spezielle Lage ausgezeichnete Supplementwinkel.

Scheitelwinkel. Winkel an zwei einander schneidenden Geraden, die einen gemeinsamen Scheitel S, aber keinen gemeinsamen Schenkel haben, heißen *Scheitelwinkel.* Da Scheitelwinkel beim Schnitt zweier Geraden entstehen, liegt auf jeder der beiden Geraden genau ein Schenkel eines jeden der beiden Winkel des Scheitelwinkelpaares. In Abb. 7.2-5 sind α und γ sowie β und δ Scheitelwinkel.

Zwei Scheitelwinkel sind einander größengleich, da jeder zu demselben Nebenwinkel Supplementwinkel ist.

Winkelpaare an geschnittenen Parallelen

Wird ein Paar paralleler Geraden von einer dritten Geraden geschnitten, dann entstehen acht Winkel, von denen je vier einander größengleich sind, z. B. $\alpha = \gamma = \alpha' = \gamma'$ und $\beta = \delta = \beta' = \delta'$.
Bei *gemeinsamem Scheitelpunkt* sind die Schenkel der *Scheitelwinkel* paarweise entgegengesetzt gerichtet, z. B. $\alpha = \gamma$ oder $\beta' = \delta'$; bei *Nebenwinkeln* sind die nicht zusammenfallenden Schenkel entgegengesetzt gerichtet, so daß die Summe ihrer Größen 180° beträgt; z. B. $\alpha + \beta = 180°$ oder $\gamma + \delta = 180°$ (Abb. 7.2-5).

Bei *voneinander verschiedenen Scheitelpunkten* gilt:

1. *Stufenwinkel* oder *gleichliegende Winkel* haben paarweise gleichgerichtete Schenkel, z. B. $\alpha = \alpha'$ oder $\gamma = \gamma'$;
2. *Wechselwinkel* haben paarweise entgegengesetzt gerichtete Schenkel, z. B. $\alpha = \gamma'$ oder $\gamma = \alpha'$;
3. Von *entgegengesetzt liegenden Winkeln* ist ein Schenkelpaar gleichgerichtet, das andere entgegengesetzt gerichtet, so daß die Summe ihrer Größen 180° beträgt; z. B. $\alpha + \delta' = 180°$ oder $\gamma + \beta' = 180°$ (Abb. 7.2-6 und 7.2-7).

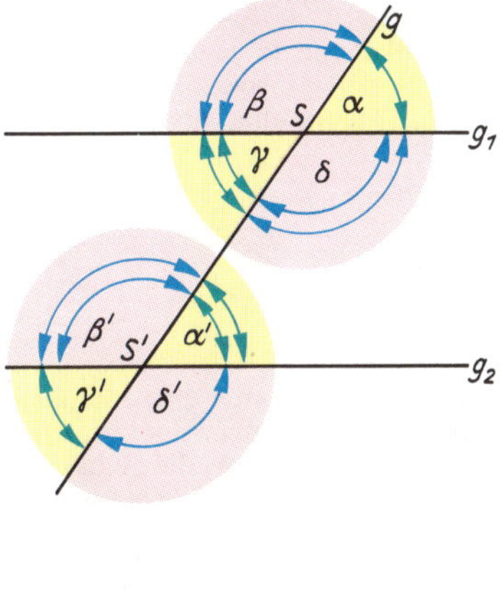

7.2-6 Winkel an geschnittenen Parallelen

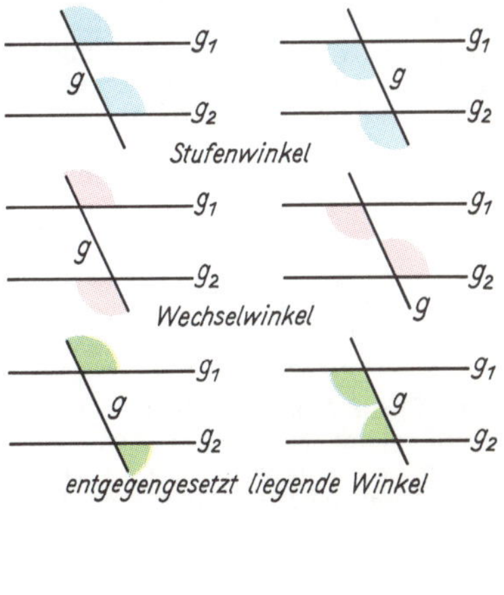

7.2-7 Beispiele für Winkel an geschnittenen Parallelen

Stufenwinkel an geschnittenen Parallelen sind einander größengleich. Wechselwinkel an geschnittenen Parallelen sind einander größengleich. Entgegengesetzt liegende Winkel an geschnittenen Parallelen sind Supplementwinkel.

Aus den Umkehrungen dieser Sätze kann die Parallelität von geschnittenen Geraden bewiesen werden.

Die Lage der drei Winkelarten läßt sich auch unabhängig davon kennzeichnen, wenn die geschnittenen Geraden g_1, g_2 einander parallel sind. Auf derselben Seite der schneidenden Geraden g liegen Stufenwinkel und entgegengesetzt liegende Winkel; bezogen auf die geschnittenen Geraden g_1 und g_2 liegt von einem Stufenwinkelpaar ein Winkel innerhalb und der andere außerhalb, dagegen liegen beide Wechselwinkel und beide entgegengesetzte Winkel eines Paares innerhalb oder beide außerhalb.

Winkelkonstruktionen

Zeichendreiecke. Mit Hilfe von *Zeichendreiecken* lassen sich Winkel von 90°, 60°, 45° und 30° unmittelbar zeichnen, da Winkel dieser Größen an den handelsüblichen Zeichendreiecken vorhanden sind, andere ergeben sich durch *Zusammensetzen* (Abb. 7.2-8). Durch *Halbieren* dieser Winkel mit Hilfe von Zirkel und Lineal können weitere Winkelgrößen gewonnen werden, z. B. Winkel von 22,5°, 15°, 7,5° u. a., durch Zusammenfügen verschiedener so konstruierter Winkel wiederum andere. Beim Zusammenfügen müssen zuweilen auch die Größen bereits konstruierter Winkel übertragen werden.

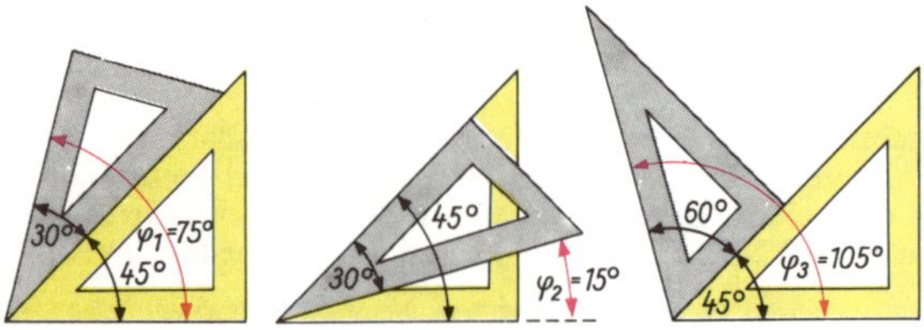

7.2-8 Darstellung von speziellen Winkeln der Größen 75°, 15° und 105° mit Zeichendreiecken

Antragen von Winkeln. Das Übertragen von Winkeln mit Hilfe von Zirkel und Lineal ist für jeden vorgegebenen Winkel möglich. Es soll z. B. ein Winkel gegebener Größe α im Punkte P der orientierten Geraden g an diese angetragen werden (Abb. 7.2-9). Dazu werden der Scheitel in den vorgeschriebenen Punkt P und ein Schenkel auf die gegebene Gerade g gelegt. Zur Konstruktion beschreibt man um den Scheitel S des vorgegebenen Winkels und um den Punkt P auf der Geraden g je einen Kreisbogen mit *demselben Radius*, die die Schenkel des gegebenen Winkels in den Punkten A und B, die Gerade g im Punkte A' schneiden. Der Kreisbogen um Punkt A' mit dem Radius $|AB|$ schneidet den Kreisbogen um Punkt P in dem Punkte B', der durch den Drehsinn der Ebene eindeutig bestimmt ist. Der Strahl von P nach B' ist der *freie Schenkel* des Winkels der Größe α, der im Punkte P an die orientierte Gerade g angetragen worden ist. Ist nicht der Winkel selbst gegeben, sondern nur seine Maßzahl in Grad, z. B. $\alpha = 52°$, so wird der *Winkelmesser* oder *Transporteur* (Abb. 7.2-3) benutzt.

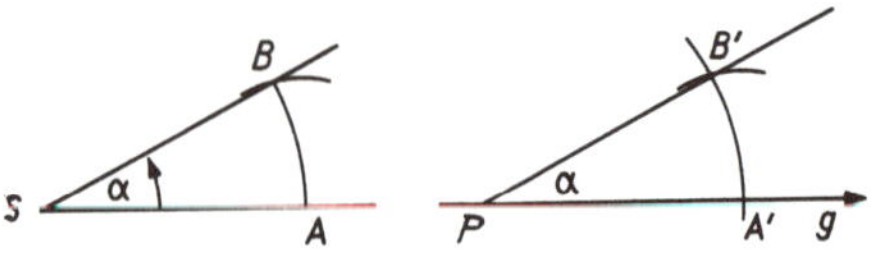

7.2-9 Antragen eines Winkels

Die *Konstruktion von Winkeln bestimmter Größe allein mit Zirkel und Lineal* ist nicht in jedem Falle ausführbar. Da regelmäßige Drei-, Vier- und Fünfecke allein mit Zirkel und Lineal konstruiert werden können, lassen sich durch sie Winkel von 120°, 90° und 72° gewinnen. Durch fortgesetztes Halbieren erhält man daraus Winkel von 60°, 30°, 15°, von 45°, von 36°, 18°, 9°, wenn man sich auf ganzzahlige Gradzahlen beschränkt. Durch Zusammensetzen der Winkel von 15° und 9° zu 24° erhält man die Folge der Winkel von 12°, 6°, 3°. Somit sind alle Winkel, deren Größen Vielfache von 3° sind, allein mit Zirkel und Lineal konstruierbar. Damit ist aber die Menge aller allein mit Zirkel und Lineal konstruierbaren Winkelgrößen noch nicht erschöpft.

7.3. Symmetrie

Axiale Symmetrie

Jede Ebene E wird durch eine ihrer Geraden s in zwei Halbebenen zerlegt. Durch eine räumliche Drehung um 180° um s als Achse wird jede Halbebene eindeutig auf die andere abgebildet.

Für diese *Umklappung* ist jeder Punkt S der Achse s sein eigener Bildpunkt $S' = S$, die Achse s ist *Fixgerade*; weiterhin schließt jede Gerade AS mit dieser Fixgeraden dieselbe Winkelgröße ein wie ihre

Bildgerade $A'S$, die Strecken AS und $A'S$ sind gleich lang, und die Verbindungsgerade AA' von Original- und Bildpunkt steht auf der Fixgeraden senkrecht und wird von ihr halbiert (Abb. 7.3-1). Jede Figur F ist nach der Umklappung ihrem Bild F' kongruent.

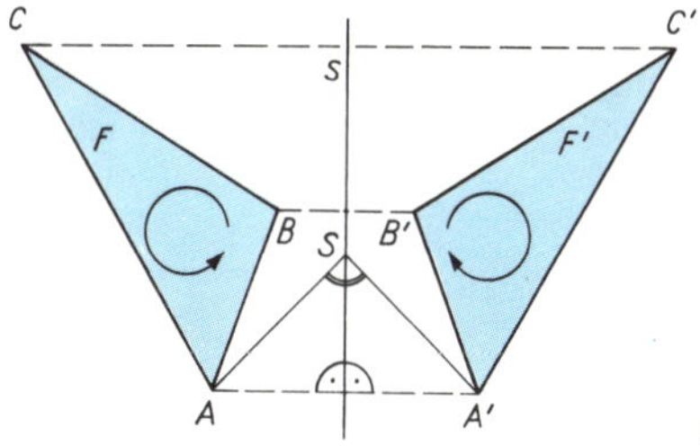

7.3-1 Axialsymmetrie

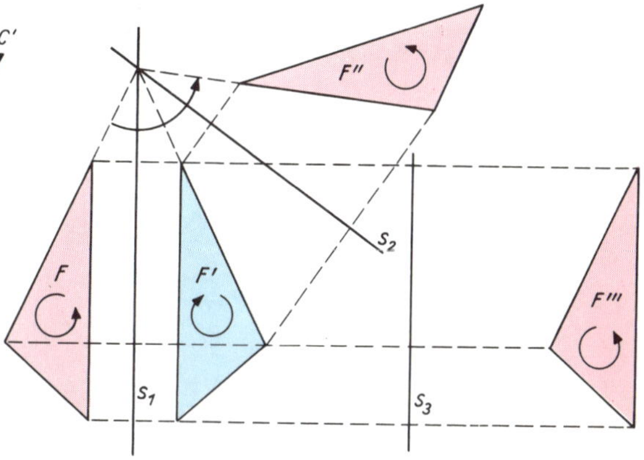

7.3-2 Zwei Umklappungen können durch eine Schiebung oder eine Drehung ersetzt werden

Gleichwertig mit der *Umklappung* ist die *Spiegelung* jeder Halbebene an einem ebenen Spiegel, der in der Achse s auf der Ebene E senkrecht steht. Man nennt deshalb Original F und Bild F' *spiegelbildlich* zueinander, bevorzugt aber die Bezeichnung der Abbildung der Halbebenen aufeinander für diese Art *axialer Symmetrie*. Sie ist eine ebene geometrische Abbildung oder *Transformation*, die eindeutig bestimmt ist durch ein *Punktepaar P* als Original und P' als sein Bild oder durch die *Symmetrieachse s*. Sind die Punkte P und P' gegeben, so lassen sich durch eine Konstruktion in der Ebene E Punkte S_i der Symmetrieachse s aus $PS_i = P'S_i$ als Schnittpunkte zweier Kreisbögen finden und damit die Achse s. Ist diese aber gegeben, so hat der Bildpunkt P' eines beliebigen Punktes P der Ebene den gleichen Abstand von s wie P, und die Strecke PP' muß senkrecht auf s stehen.
Das auf die Symmetrieachse s_1 bezogene axialsymmetrische Bild F' einer Figur F in E ist kongruent zu F, hat aber in einer orientierten Ebene E den entgegengesetzten Drehsinn wie F. Ein auf eine andere Achse s_2 oder s_3 bezogenes axialsymmetrisches Bild F'' oder F''' von F' hat dann denselben Drehsinn wie F. Während F und F' bei jeder Bewegung in der Ebene ungleichsinnig-kongruente Figuren bleiben, sind F und F'' bzw. F und F''' gleichsinnig-kongruent (vgl. 7.4. – Kongruenz von Dreiecken). Ist speziell $s_3 \parallel s_1$, so kann F durch eine *Schiebung* oder *Translation* in F''' übergeführt werden; wenn die Achsen s_1 und s_2 einander schneiden, kann F durch eine *Drehung* in F'' übergeführt werden (Abb. 7.3-2).

Axialsymmetrische Figuren. Liegen Strecken oder einzelne Punkte einer Figur auf einer Geraden s, die zur Symmetrieachse einer Umklappung wird, so entsteht beim Umklappen eine *axialsymmetrische Figur*, d. h. eine Figur aus zwei zu s symmetrischen Teilen (Abb. 7.3-3).

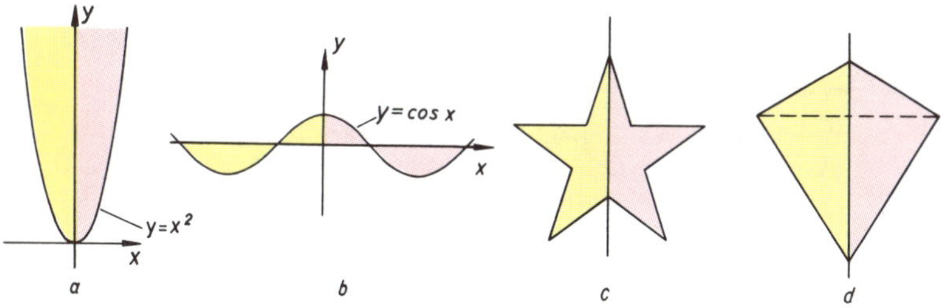

7.3-3 Axialsymmetrische Figuren

Zentrale Symmetrie

Während sich bei axialsymmetrischen Figuren einander entsprechende Punkte durch eine *räumliche Drehung* von 180° *um eine Gerade* zur Deckung bringen lassen (Umklappung), bezeichnet man Figuren als *zentralsymmetrisch*, deren Punkte durch eine *ebene Drehung* von 180° *um einen Punkt S* zur Deckung gebracht werden können. Den Punkt S nennt man *Symmetriezentrum* oder *Zentralpunkt* (Abb. 7.3-4). Bei der ebenen Drehung um 180° wird jeder Punkt B der Ebene so auf einen anderen Punkt B' dieser Ebene abgebildet, daß die B und B' verbindende Strecke durch den Zentralpunkt S

halbiert wird. Man nennt die Abbildung daher eine *Spiegelung an einem Punkt*, dem Symmetriezentrum. Sie ist wie jede Drehung um einen festen Punkt der Ebene eine *Kongruenztransformation*, die Größe und Gestalt der Figuren bei der Abbildung nicht verändert. Auch hinsichtlich des Umlaufsinnes stimmen – zum Unterschied von der Umklappung – die auseinander hervorgegangenen ebenen Figuren überein, sie sind *gleichsinnig-kongruent*. Zwei hintereinander an demselben Punkt ausgeführte Spiegelungen bringen das Original und das zweite Bild vollständig zur Deckung ($F \to F' \to F'' = F$). Bei jeder Spiegelung an einem Punkt bleibt nur der Zentralpunkt fest; er ist der einzige *Fixpunkt* der Bewegung.

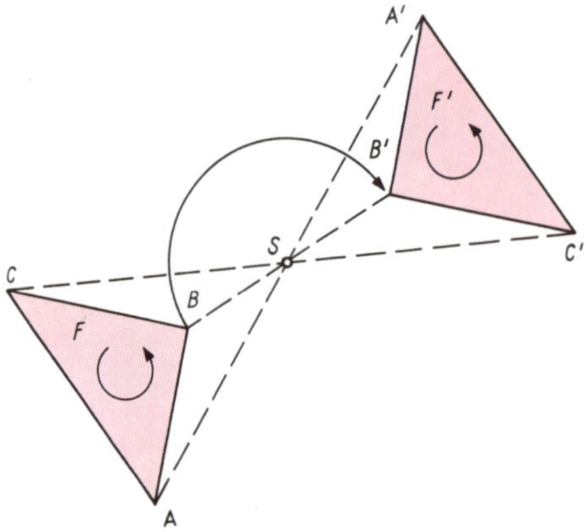

7.3-4 Zentrale Symmetrie

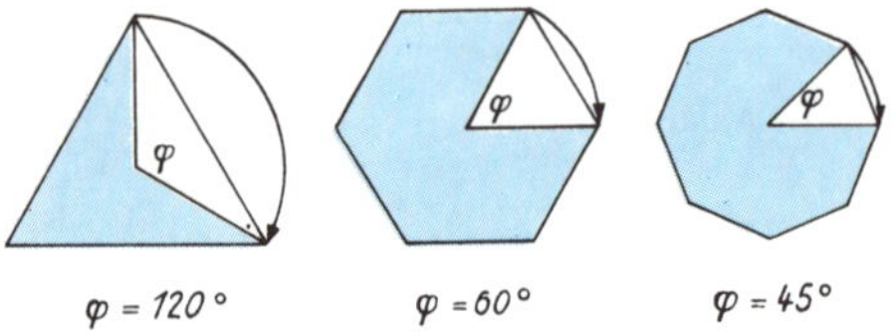

7.3-5 Radialsymmetrie in regelmäßigen Vielecken

Figuren, die bei einer ebenen Drehung um einen Winkel der Größe φ um einen Punkt P zur Deckung gebracht werden können, heißen *radialsymmetrisch* oder *strahligsymmetrisch*. Alle regelmäßigen Vielecke haben diese Eigenschaft (Abb. 7.3-5). Da bei Zentralsymmetrie die Größe des Drehwinkels $\varphi = 180°$ beträgt, ist diese ein Spezialfall radialer Symmetrie.

Grundkonstruktionen

Eine Strecke halbieren. Das Halbieren einer Strecke AB erfolgt mit Zirkel und Lineal auf Grund der oben angegebenen Eigenschaften axialsymmetrisch gelegener Punkte, indem man zu A und B die *Symmetrieachse s* konstruiert (Abb. 7.3-6).
Um die Endpunkte A und B der Strecke werden mit *gleich großem* Radius, dessen Länge aber größer als die halbe Länge der Strecke AB sein muß, Kreisbögen beschrieben, die einander in zwei Punkten S_1 und S_2 der Symmetrieachse s schneiden. Die Gerade s durch die Punkte S_1 und S_2 schneidet die Strecke AB in ihrem Mittelpunkt M und steht senkrecht auf ihr, sie ist ihre *Mittelsenkrechte*.

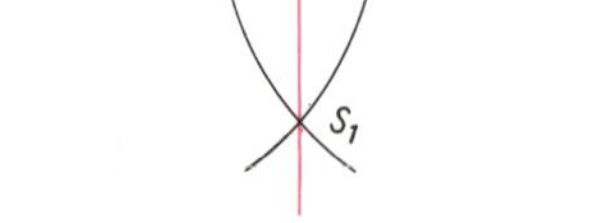

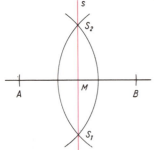

7.3-6 Eine Strecke halbieren

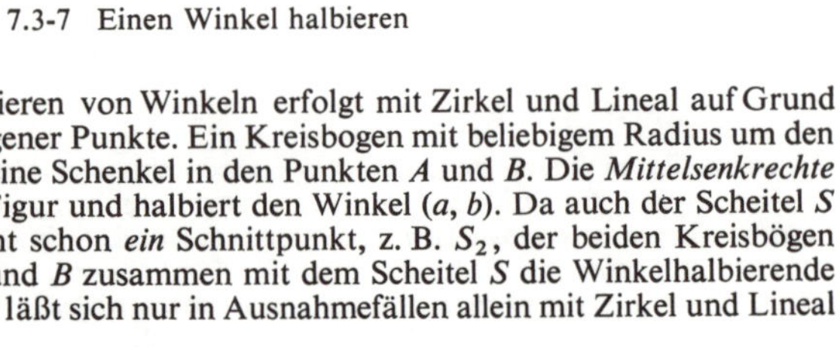

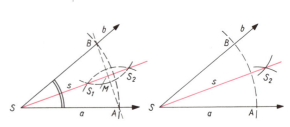

7.3-7 Einen Winkel halbieren

Einen Winkel halbieren. Auch das Halbieren von Winkeln erfolgt mit Zirkel und Lineal auf Grund der Eigenschaften axialsymmetrisch gelegener Punkte. Ein Kreisbogen mit beliebigem Radius um den Scheitel S des Winkels (a, b) schneidet seine Schenkel in den Punkten A und B. Die *Mittelsenkrechte* der Strecke AB ist *Symmetrieachse* der Figur und halbiert den Winkel (a, b). Da auch der Scheitel S auf der Symmetrieachse s liegt, bestimmt schon *ein* Schnittpunkt, z. B. S_2, der beiden Kreisbögen mit gleichem Radius um die Punkte A und B zusammen mit dem Scheitel S die Winkelhalbierende (Abb. 7.3-7). Die *Dreiteilung des Winkels* läßt sich nur in Ausnahmefällen allein mit Zirkel und Lineal durchführen.

Eine Senkrechte errichten. Auf einer Geraden g soll in einem ihrer Punkte P die Senkrechte errichtet werden. Man beschreibt um P einen Kreis mit beliebig großem Radius r. Er schneidet g in zwei Punkten A und B. Um A und B wird je ein Kreis mit gleich großem Radius, der aber größer als r ist, beschrieben und einer seiner Schnittpunkte, z. B. S_1, mit P durch eine Gerade verbunden. Diese Gerade ist die gesuchte Senkrechte (Abb. 7.3-8).

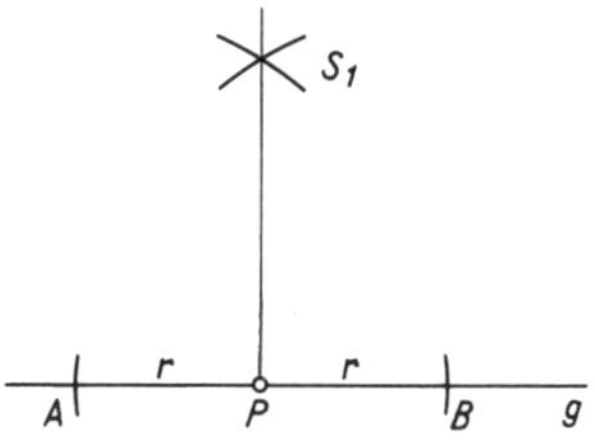

7.3-8 Auf einer Geraden in einem ihrer Punkte eine Senkrechte errichten

Die Mittelsenkrechte zu einer vorgegebenen Strecke wird nach der angegebenen Konstruktion zur Halbierung einer Strecke gewonnen.

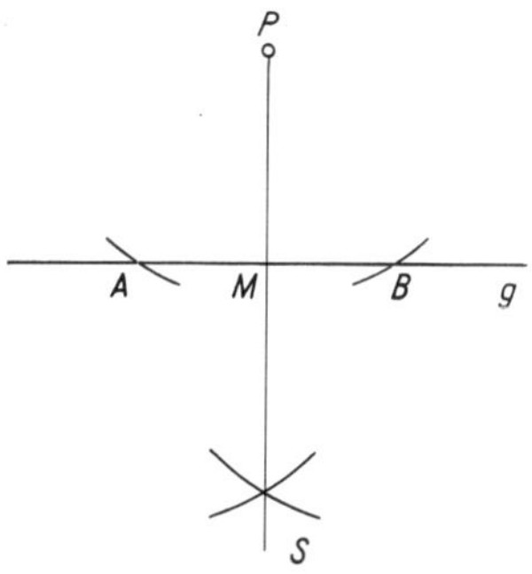

7.3-9 Von einem Punkt auf eine Gerade das Lot fällen

Ein Lot fällen. Auf eine Gerade g soll von einem Punkt P außerhalb von g aus das Lot gefällt werden. Ein Kreisbogen um P schneidet bei hinreichend groß gewähltem Radius die Gerade g in zwei Schnittpunkten A und B. Die *Mittelsenkrechte PS* der Strecke AB geht durch den Punkt P, ist mithin das gesuchte Lot (Abb. 7.3-9).

Eine Parallele ziehen. Will man zur Geraden g eine Parallele allein mit Zirkel und Lineal konstruieren, so errichtet man in zwei verschiedenen Punkten A und B von g die Senkrechten. Auf diesen markiert man in *gleichen Abständen* zu g und auf derselben Seite je einen Punkt, etwa A' und B'. Die durch A' und B' gezogene Gerade g' verläuft parallel zu g (Abb. 7.3-10).

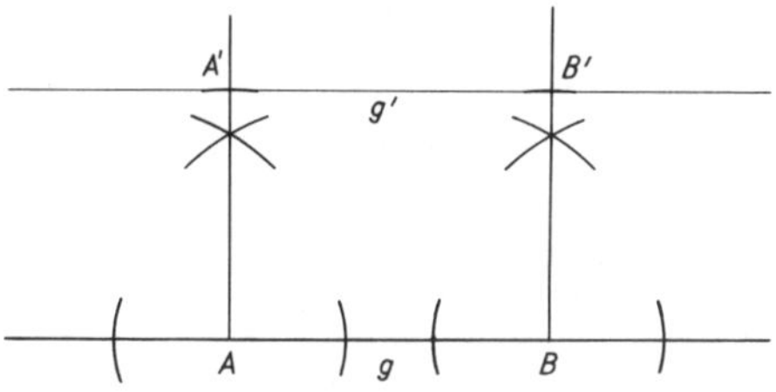

7.3-10 Zu einer Geraden mit Zirkel und Lineal eine Parallele ziehen

Konstruierbarkeit allein mit Zirkel und Lineal. EUKLID benutzte beim Aufbau der Planimetrie ein Axiomensystem, das sicherstellt

1. das Ziehen einer Geraden durch zwei beliebig gegebene Punkte,
2. das Zeichnen von Kreisen mit Radien, die als Abstände zweier Punkte abgegriffen werden, um beliebig gegebene Punkte.

In der Planimetrie Euklids werden dementsprechend Lehrsätze dadurch bewiesen, daß man sie zurückführt auf Grund- bzw. Lehrsätze über das Schneiden von Geraden mit Geraden, von Geraden mit Kreisen oder von Kreisen mit Kreisen bzw. über das Verbinden von Punkten durch Geraden oder Kreise. Dementsprechend werden für exakte Konstruktionen im Sinne Euklids nur das Lineal für das Zeichnen von Geraden und der Zirkel für das von Kreisen benutzt und zugelassen. Die Forderung, eine *Konstruktion allein mit Zirkel und Lineal* auszuführen, wurzelt auf diese Weise im euklidischen Axiomensystem; sie ist die Frage des Aufbaus der Planimetrie, nicht eine Frage der Genauigkeit von Konstruktionen. Oftmals sind sogar Konstruktionen genauer, d. h. maßhaltiger, wenn sie nicht nur mit Zirkel und Lineal ausgeführt werden.
Da zudem bei den Griechen der Antike die Rechentechnik relativ gering entwickelt war, versuchten sie, alle wesentlichen mathematischen Probleme durch geometrische Konstruktionen mit Zirkel und Lineal zu lösen; z. B. führten sie das Quadratwurzelziehen auf das Konstruieren der mittleren Proportionalen zu zwei gegebenen Streckenlängen zurück.
Nicht gelöst werden konnten vor allem drei berühmt gewordene Probleme: die *Trisektion des Winkels*, die Dreiteilung des Winkels, die *Quadratur des Zirkels*, die Verwandlung des Kreises in ein flächengleiches Quadrat, und die *Verdopplung des Kubus*, das *Delische Problem*, die Verwandlung eines Würfels in einen anderen mit doppeltem Rauminhalt. Durch moderne Untersuchungen wurde nachgewiesen, daß diese drei Probleme des Altertums im Sinne Euklids prinzipiell unlösbar sind (vgl. Kap. 16.2. – Konstruktionen mit Zirkel und Lineal).

7.4. Dreieck

Benennungen am Dreieck und Einteilung der Dreiecke

Durch drei voneinander verschiedene, nicht in einer Geraden gelegene Punkte einer Ebene lassen sich genau drei Geraden legen, die jeweils zwei Punkte verbinden. Die so in der Ebene gebildete geschlossene Figur heißt *Dreieck*, die drei ausgezeichneten Punkte der Ebene heißen *Ecken* des Dreiecks, die auf den Geraden liegenden Verbindungsstrecken der Ecken *Seiten*. Das Dreieck ist eine *konvexe Figur*, da die Verbindungsstrecken von je zwei beliebigen Dreieckpunkten stets nur innere Punkte, d. h. Punkte der vom Dreieck umschlossenen *Dreiecksfläche* enthalten.

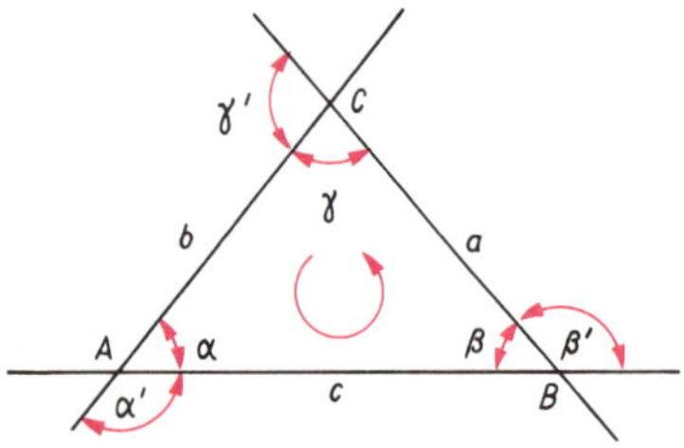

7.4-1 Das Dreieck ABC

Die Ecken werden meist mit A, B und C und die Längen der Seiten nach den gegenüberliegenden Ecken bezeichnet: die Länge der Seite AB mit c, die der Seite BC mit a und die der Seite CA mit b (Abb. 7.4-1).
Je zwei der Geraden, auf denen die Dreieckseiten liegen, bilden einen *Innenwinkel* des Dreiecks. Innenwinkel von Dreiecken bzw. ihre Größe werden entweder mit Hilfe der Eckpunkte des Dreiecks oder mit kleinen griechischen Buchstaben bezeichnet. Die Größen der drei Innenwinkel sind

$$|\sphericalangle CAB| = \alpha; \qquad |\sphericalangle ABC| = \beta; \qquad |\sphericalangle BCA| = \gamma.$$

Von den zwei Nebenwinkeln eines Innenwinkels wird jeweils derjenige als *Außenwinkel* α', β' bzw. γ' des Dreiecks bezeichnet, dessen Schenkel die *Verlängerung einer Seite*, z. B. von AB über B, von BC über C bzw. von CA über A hinaus, und der die *folgende Seite* enthaltende Strahl sind, im Beispiel BC, CA bzw. AB.
Das gesamte Dreieck wird mit $\triangle ABC$ oder – wenn der Zusammenhang eindeutig ist – kurz mit ABC bezeichnet. Die Größe seines Flächeninhalts wird durch $|\triangle ABC|$ oder $|ABC|$ bezeichnet. Wird es mit einem bestimmten Umlaufsinn versehen, so sagt man, $\triangle ABC$ sei *positiv orientiert*, wenn beim Durchlaufen von $AB \to BC \to CA$ eine Drehbewegung im Sinne der Orientierung der Ebene vorgenommen wird. Bei negativ orientierten Dreiecken wird die Größe des Flächeninhalts mit einem Minus-Zeichen versehen. Damit erhält man für orientierte Dreiecke ein *Inhaltsmaß*, das auch negative Werte haben kann: $m(\triangle ABC) = |\triangle ABC|$, falls $\triangle ACB$ positiv orientiert ist, und $m(\triangle ABC) = -|\triangle ABC|$, falls $\triangle ABC$ negativ orientiert ist.
Ein Dreieck heißt *gleichschenklig*, wenn zwei Seiten, die *Schenkel* der Länge a, gleich groß sind; die dritte Seite wird *Basis* der Länge c genannt, die ihr gegenüberliegende Ecke *Spitze*. Im *gleichseitigen* Dreieck sind alle drei Seiten gleich groß.
Im *spitzwinkligen* Dreieck ist jeder Winkel spitz, im *rechtwinkligen* einer ein Rechter, im *stumpfwinkligen* einer größer als ein Rechter. Im rechtwinkligen Dreieck wird die dem rechten Winkel gegenüberliegende Seite *Hypotenuse*, die beiden anderen Seiten werden *Katheten* genannt (Abb. 7.4-2).

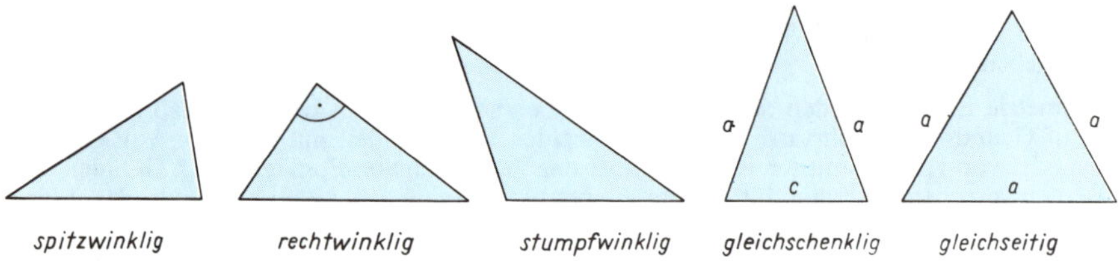

7.4-2 Formen der Dreiecke

Grundbeziehungen am Dreieck

Seitenbeziehungen. Von einem beliebigen Eckpunkt eines Dreiecks aus kann man längs der Dreieckseiten auf zwei Wegen zu einem anderen Eckpunkt gelangen: entweder entlang der verbindenden Dreieckseite oder entlang den beiden anderen Dreieckseiten über den dritten Eckpunkt, z. B. von A nach B längs der Geraden durch diese Punkte oder von A nach B über C. Da die Strecke die kürzeste Verbindung zweier Punkte einer Ebene ist, gelten für die Längen der Seiten die Ungleichungen $c < a + b$, $b < a + c$ und $a < b + c$, aus denen sich durch Subtraktion sechs Ungleichungen $c - a < b$ oder $a - c < b$, $c - b < a$ oder $b - c < a$ und $b - a < c$ oder $a - b < c$ ergeben. Von ihnen haben – wenn die Strecken nicht orientiert sind – jeweils nur drei einen geometrischen Sinn, da dann die Differenzen der Streckenlängen nichtnegative Maßzahlen haben müssen.

Im Dreieck ist die Summe zweier Seitenlängen stets größer als die Länge der dritten Seite.
Im Dreieck ist die Länge einer Seite stets größer als die Differenz der beiden anderen Seitenlängen.

Es läßt sich z. B. ein Dreieck konstruieren, dessen Seitenlängen 3 cm, 4 cm und 5 cm sind. Es läßt sich aber kein Dreieck konstruieren mit den Seitenlängen 3 cm, 4 cm und 8 cm, weil 3 cm + 4 cm $<$ 8 cm, d. h., weil die Summe zweier Seitenlängen nicht größer als die Länge der dritten Seite ist, bzw. weil 8 cm − 4 cm $>$ 3 cm, d. h., weil die Differenz zweier Seitenlängen nicht kleiner als die Länge der dritten Seite ist.

Winkelbeziehungen. Wird durch einen Eckpunkt eines Dreiecks, z. B. durch C, die Parallele g zur Gegenseite AB gezogen, so entsteht bei C ein gestreckter Winkel, der durch zwei Dreieckseiten in drei Teilwinkel zerlegt wird (Abb. 7.4-3). Die beiden Parallelen g und AB werden von den Dreieckseiten BC bzw. CA geschnitten. Dabei entstehen als Schnittwinkel u. a. *Wechselwinkel*, die an geschnittenen Parallelen gleich groß sind; es gilt $\delta = \alpha$ und $\varepsilon = \beta$. Nun ist $\delta + \gamma + \varepsilon = 180°$, folglich gilt auch $\alpha + \gamma + \beta = 180°$.

Die Summe der Innenwinkelgrößen im Dreieck beträgt 180°.

Da jeder Außenwinkel *Nebenwinkel* eines Innenwinkels des Dreiecks ist, gilt:

$$\alpha + \alpha' = 180°, \beta + \beta' = 180°, \gamma + \gamma' = 180°.$$

Addiert man die linken Seiten und die rechten Seiten der drei Gleichungen jeweils miteinander, so ergibt sich: $(\alpha + \beta + \gamma) + (\alpha' + \beta' + \gamma') = 3 \cdot 180°$. Nach dem Innenwinkelsatz folgt daraus: $\alpha' + \beta' + \gamma' = 360°$.

Die Summe der Außenwinkelgrößen des Dreiecks beträgt 360°.

Da jeder Außenwinkel *Supplementwinkel* des ihm anliegenden Innenwinkels des Dreiecks ist, dieser wiederum Supplementwinkel zur Summe der beiden anderen Innenwinkel des Dreiecks ist, gilt der *Außenwinkelsatz*:

Jeder Außenwinkel eines Dreiecks ist größengleich der Summe der beiden ihm nicht anliegenden Innenwinkel: $\alpha' = \beta + \gamma$; $\beta' = \gamma + \alpha$; $\gamma' = \alpha + \beta$.

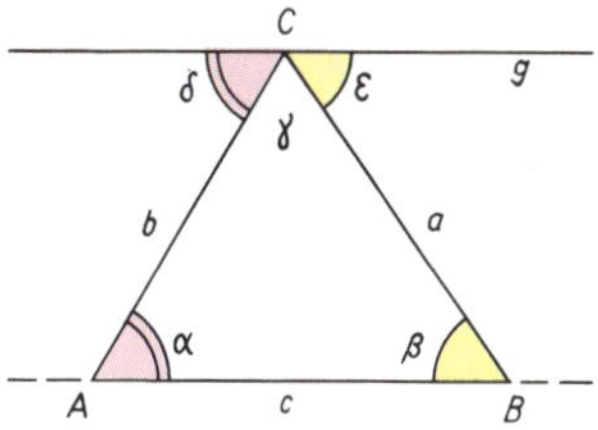

7.4-3 $\alpha + \beta + \gamma = 180°$

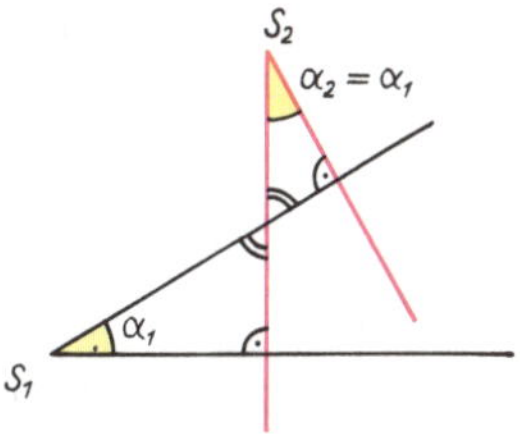

7.4-4 Winkel, deren Schenkel paarweise aufeinander senkrecht stehen

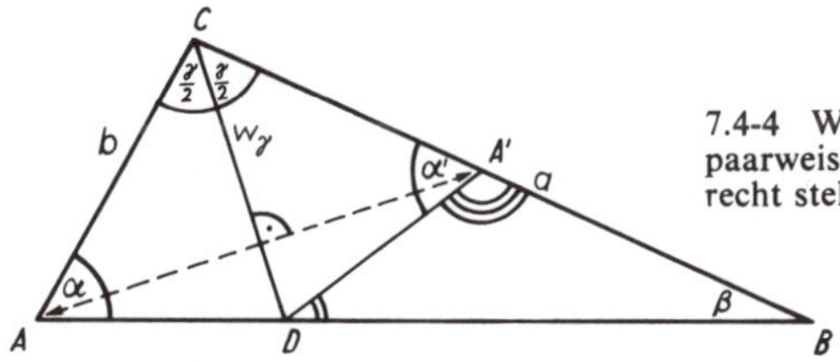

7.4-5 Aus $a > b$ folgt $\alpha > \beta$ im Dreieck ABC

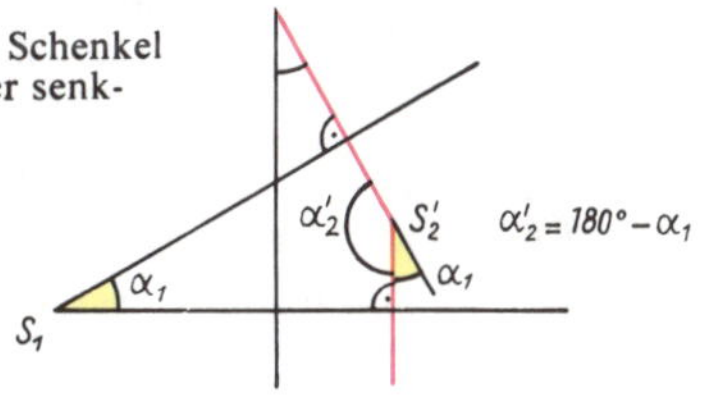

Aus den Sätzen über Winkelbeziehungen im Dreieck folgt unmittelbar der besonders in der Physik oft angewendete Satz (Abb. 7.4-4):

Winkel, deren Schenkel paarweise aufeinander senkrecht stehen, sind gleich groß, falls der Scheitel des einen nicht im Innern oder auf einem Schenkel des anderen Winkels liegt; ihre Größen ergänzen einander zu 180°, sie sind Supplementwinkel, falls der Scheitel des einen im Innern oder auf einem Schenkel des anderen Winkels liegt.

Winkel-Seiten-Beziehungen. Für das Dreieck ABC gelte $a > b$, und die Halbierende w_γ des Winkels der Größe γ möge AB im Punkte D schneiden (Abb. 7.4-5). Wird das Teildreieck ADC an w_γ gespiegelt und ist A' das Bild von A, so gilt $b = |AC| = |A'C| < a$ sowie $\alpha = |\sphericalangle DAC| = |\sphericalangle DA'C| = \alpha'$. Da $\sphericalangle DA'C$ im Dreieck DBA' Außenwinkel ist, übertrifft seine Größe α' die des nicht anliegenden Innenwinkels $\sphericalangle DBA'$, d. h., es gilt $\beta < \alpha'$ bzw. $\beta < \alpha$. Umgekehrt läßt sich auch nachweisen, daß aus $\alpha > \beta$ stets $a > b$ folgt.

Im Dreieck liegt der größeren von zwei Seiten der größere Winkel gegenüber, dem größeren von zwei Winkeln die größere Seite gegenüber; gleich großen Seiten liegen gleich große Winkel gegenüber und umgekehrt.
Jedes gleichschenklige Dreieck ist axialsymmetrisch. Das von der Spitze auf die Basis gefällte Lot halbiert die Basis und den Winkel an der Spitze. Die Basiswinkel sind gleich groß.
Im rechtwinkligen Dreieck ergänzen die Größen der spitzen Winkel einander zu 90°. Im gleichschenklig-rechtwinkligen Dreieck hat jeder Basiswinkel die Größe 45°.
Im gleichseitigen Dreieck sind die drei Innenwinkel gleich groß; jeder mißt 60°.
Gleichseitige Dreiecke haben drei Symmetrieachsen.
Mißt in einem rechtwinkligen Dreieck einer der spitzen Winkel 30°, so ist die ihm gegenüberliegende Kathete halb so lang wie die Hypotenuse.

Der letzte Satz folgt unmittelbar aus den Symmetrieeigenschaften des gleichseitigen Dreiecks und findet vielfältige Verwendung; z. B. sind die handelsüblichen Zeichendreiecke so beschaffen, daß entweder die Katheten gleich lang sind oder aber eine der beiden Katheten halb so lang ist wie die Hypotenuse.

Kongruenz von Dreiecken

Allgemeines. Als *Kongruenz*, Übereinstimmung oder *Deckungsgleichheit*, wird die geometrische Verwandtschaft bezeichnet, die völlige Übereinstimmung ebener Figuren in *Größe* und *Gestalt* bedingt. Kongruente Figuren können durch geometrische Transformationen ineinander übergeführt werden, die nur die Lage der Figuren, nicht aber die Größe von Strecken und Winkeln und damit auch den Flächeninhalt, die Parallelität und die Inzidenzbeziehungen von Punkten und Geraden verändern. Stimmen kongruentverwandte Figuren im *Umlaufsinn* überein, so führen stets die *Bewegungen Schiebung* oder *Drehung* sowie Zusammensetzungen beider Transformationsarten zum Ziel; die auf diese Weise aufeinander abbildbaren Figuren sind *gleichsinnig-kongruent*. Stimmen kongruentverwandte Figuren im Umlaufsinn nicht überein, so kommt zu den Transformationen der Bewegung noch eine *Spiegelung* an einer Geraden hinzu. Die durch *Spiegelung* an einer Geraden und eventuell durch zusätzliche Bewegungen aufeinander abbildbaren Figuren sind *ungleichsinnig-kongruent*. Die *Kongruenztransformationen* Schiebung, Drehung und Spiegelung an einer Geraden können bei Beweisen als Kriterien für die Kongruenz zu untersuchender Figuren oder Figurenteile benutzt werden, spielen aber auch beim Gewinnen neuer geometrischer Erkenntnisse eine Rolle.

Die vier Kongruenzsätze. In der Definition der Kongruenz wird die volle Übereinstimmung der Größe *aller Stücke* kongruenter Figuren gefordert, insbesondere die aller Seiten und Innenwinkel bei kongruenten Dreiecken. In den Kongruenzsätzen für Dreiecke werden jeweils nur *drei* in bestimmter Art miteinander verknüpfte Hauptstücke, z. B. Seiten und Innenwinkel, genannt, die Übereinstimmung der Größe aller anderen Stücke kongruenter Dreiecke ist eine Folge der Übereinstimmung der drei in einem Kongruenzsatz genannten. Die vier Kongruenzsätze für Dreiecke lauten:

1. **Dreiecke sind kongruent, wenn sie in den Längen der drei Seiten übereinstimmen (*S*, *S*, *S*).**
2. **Dreiecke sind kongruent, wenn sie in den Längen zweier Seiten und der Größe des zwischen ihnen gelegenen Innenwinkels übereinstimmen (*S*, *W*, *S*).**
3. **Dreiecke sind kongruent, wenn sie in den Längen zweier Seiten und in der Größe des Innenwinkels übereinstimmen, der der größeren dieser beiden Seiten gegenüberliegt (*S*, *s*, *W*).**
4. **Dreiecke sind kongruent, wenn sie in der Länge einer Seite und in den Größen der beiden anliegenden Innenwinkel übereinstimmen (*W*, *S*, *W*).**

Mit Hilfe von *Konstruktionen von Dreiecken* mit vorgeschriebenen Stücken ist leicht zu zeigen, daß tatsächlich nur solche Konstruktionen aus Hauptstücken eindeutig ausführbar sind, bei denen diese so verknüpft sind, wie es einer der Kongruenzsätze angibt. Sind dagegen z. B. die Längen zweier Seiten und die Größe des der *kleineren Seite* gegenüberliegenden Innenwinkels gegeben, etwa $a = 3$ cm, $c = 5$ cm und $\alpha = 20°$, so läßt sich *keine eindeutige* Dreieckskonstruktion ausführen (Abb. 7.4-6). Trägt man nämlich an $|AB| = c$ in A den Winkel der Größe α an und beschreibt um B mit einem Radius der Länge a einen Kreisbogen, so schneidet dieser den freien Schenkel des angetragenen Winkels in den zwei Punkten C' und C''. Dabei erfüllen die beiden Dreiecke ABC' und ABC'' die gestellten Bedingungen. Wählt man dagegen $\alpha = 80°$, so schneidet der um B mit einem Radius der

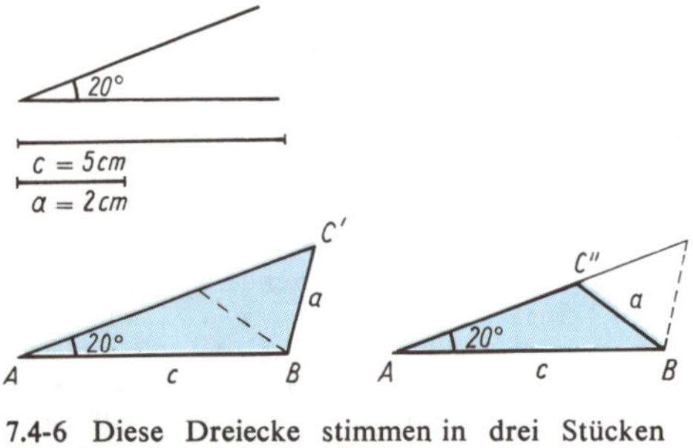

7.4-6 Diese Dreiecke stimmen in drei Stücken überein und sind doch nicht kongruent

Länge a beschriebene Kreis den freien Schenkel dieses Winkels überhaupt nicht, und es gibt kein Dreieck, das die gestellten Bedingungen erfüllt (Abb. 7.4-7).
Bei Konstruktionen nach dem 4. Kongruenzsatz ist zu unterscheiden, ob die Winkel der gegebenen Seite beide anliegen oder nicht. Im ersten Fall können sie sofort an die Seite angetragen werden, im zweiten, wenn z. B. c, α und γ gegeben sind, muß entweder die Größe des dritten Winkels $\beta = 180° - \alpha - \gamma$ über den Innenwinkelsatz bestimmt werden, oder man trägt in einem beliebigen Punkte C' auf dem freien Schenkel des Winkels der Größe α die Winkelgröße γ an die Strecke $C'A$ an und zieht zum freien Schenkel eine Parallele durch den Punkt B, die den freien Schenkel des Winkels der Größe α im Punkt C schneidet. Dreieck ABC ist dann das verlangte.

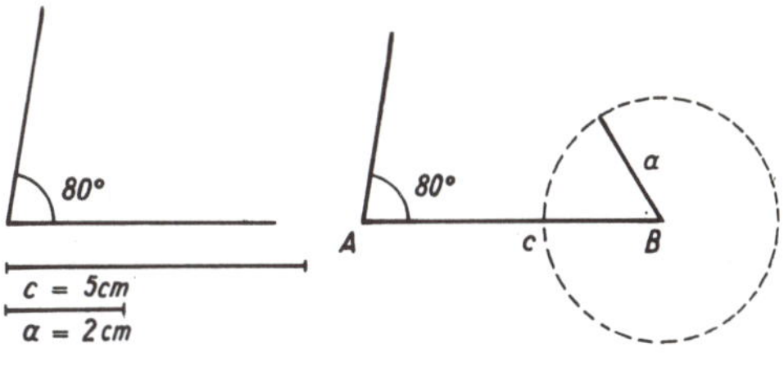

7.4-7 Aus diesen drei Stücken läßt sich kein Dreieck konstruieren

Transversalen und ausgezeichnete Punkte im Dreieck

Unter einer Transversalen versteht man allgemein jede Gerade, die das Dreieck schneidet.

Mittelsenkrechte. Diese Transversalen stehen im Mittelpunkt einer Seite senkrecht auf ihr und werden nach der Seite, auf der sie senkrecht stehen, mit m_a, m_b bzw. m_c bezeichnet.

Die Mittelsenkrechten der Seiten eines Dreiecks schneiden einander in einem Punkte *M*.

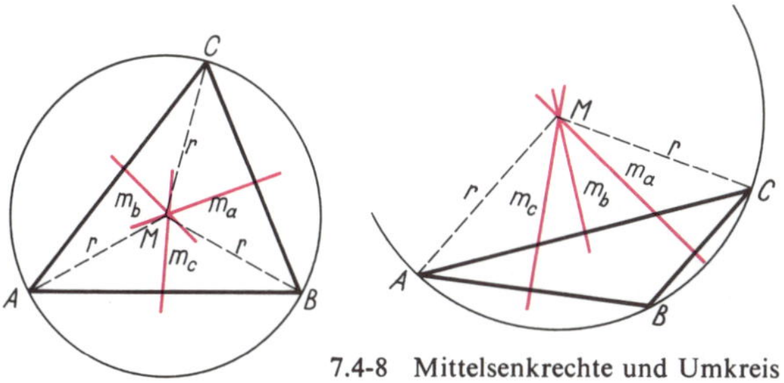

7.4-8 Mittelsenkrechte und Umkreis

Jeder Punkt der Mittelsenkrechten einer Strecke ist von den beiden Endpunkten der Strecke *gleich weit entfernt*, der Schnittpunkt M *zweier* Mittelsenkrechten, z. B. von m_a und m_b, hat deshalb denselben Abstand von B und C wie von C und A, ist mithin auch von A und B gleich weit entfernt und liegt daher auch auf der Mittelsenkrechten m_c. Der Punkt M ist somit der Mittelpunkt des *Umkreises* (Abb. 7.4-8) mit dem Radius r. Bei spitzwinkligen Dreiecken liegt der Mittelpunkt M des Umkreises *innerhalb*, bei stumpfwinkligen *außerhalb* des Dreiecks, bei rechtwinkligen Dreiecken *auf der Hypotenuse*. Da der Umkreis eines rechtwinkligen Dreiecks danach die Hypotenuse zum Durchmesser hat, müssen die Scheitelpunkte C der rechten Winkel aller rechtwinkligen Dreiecke mit derselben Hypotenuse AB auf demselben Umkreis liegen, der oft *Thaleskreis* genannt wird, weil diese Erkenntnis dem griechischen Mathematiker THALES von Milet zugeschrieben wird (Abb. 7.4-9).

Satz des Thales. Der geometrische Ort der Scheitelpunkte C_i aller rechten Winkel, deren Schenkel durch zwei feste Punkte *A* und *B* gehen, ist der Kreis über der Strecke *AB* als Durchmesser.

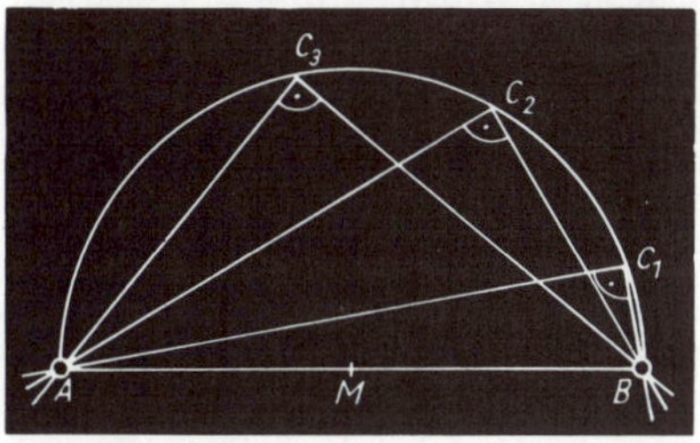

7.4-9
Zum Satz des THALES

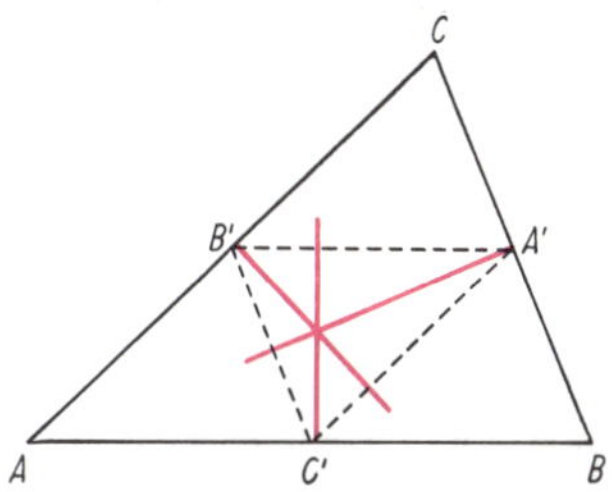

7.4-10 Mittelsenkrechte und Höhen

Der Mittelpunkt des Umkreises jedes gleichschenkligen Dreiecks liegt auf seiner Symmetrieachse, die zugleich Mittelsenkrechte zur Basis ist.
Verbindet man die Seitenmitten eines Dreiecks, so entsteht ein *neues Dreieck* $A'B'C'$ im Innern des ursprünglichen Dreiecks ABC (Abb. 7.4-10). Die Seiten von $\triangle A'B'C'$ verlaufen parallel zu den Seiten von $\triangle ABC$.

Die *Mittelsenkrechten* in $\triangle ABC$ stehen daher senkrecht auf den Seiten von $\triangle A'B'C'$ und verlaufen durch dessen Endpunkte, sie sind die *Höhen* dieses Dreiecks.

Höhen. Ecktransversalen enthalten jeweils eine Ecke des Dreiecks; stehen sie senkrecht auf der Geraden durch die beiden anderen Ecken des Dreiecks, so liegen auf ihnen die Höhen als Strecken zwischen der Ecke und dem Fußpunkt der Senkrechten auf der gegenüberliegenden Geraden. Die Längen dieser Strecken werden mit h_a, h_b bzw. h_c bezeichnet.

Die drei Höhen eines Dreiecks schneiden einander stets in einem Punkt.

Der *Höhenschnittpunkt* liegt im spitzwinkligen Dreieck *innerhalb*, im stumpfwinkligen *außerhalb* des Dreiecks; im rechtwinkligen Dreieck ist der Scheitel des rechten Winkels zugleich Höhenschnittpunkt, zwei der Höhen fallen mit den Katheten zusammen. Im gleichschenkligen Dreieck ist die Höhe zur Basis zugleich deren Mittelsenkrechte; beide Transversalen liegen auf der Symmetrieachse.

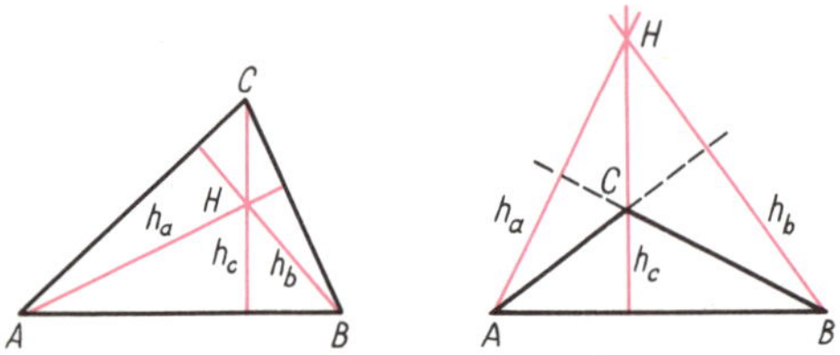

7.4-11 Höhen im Dreieck

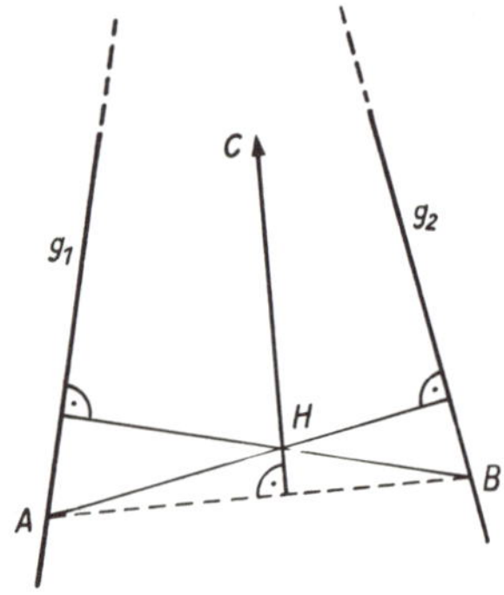

7.4-12 Gerade durch einen Punkt H und den unzugänglichen Schnittpunkt C der nichtparallelen Geraden g_1 und g_2

Mit Hilfe des Höhenschnittpunkts wird z. B. in begrenzter Zeichenebene die Aufgabe gelöst, eine Gerade durch einen gegebenen *Punkt H* zu legen, die diesen mit dem *nicht zugänglichen Schnittpunkt C* zweier gegebener, nicht paralleler Geraden g_1 und g_2 *verbindet*. Die von H auf die Geraden g_1 bzw. g_2 gefällten Lote schneiden bei Verlängerung jeweils die andere Gerade in den Punkten B bzw. A und sind im Dreieck ABC Höhen. Die dritte Höhe zur Ecke C bestimmt die gesuchte Gerade; sie geht durch den Höhenschnittpunkt H und steht senkrecht auf der Strecke AB (Abb. 7.4-12).

Seitenhalbierende. Die Seitenhalbierenden verbinden die Seitenmitten mit den gegenüberliegenden Eckpunkten des Dreiecks; die Längen dieser Strecken werden mit s_a, s_b, s_c bezeichnet.

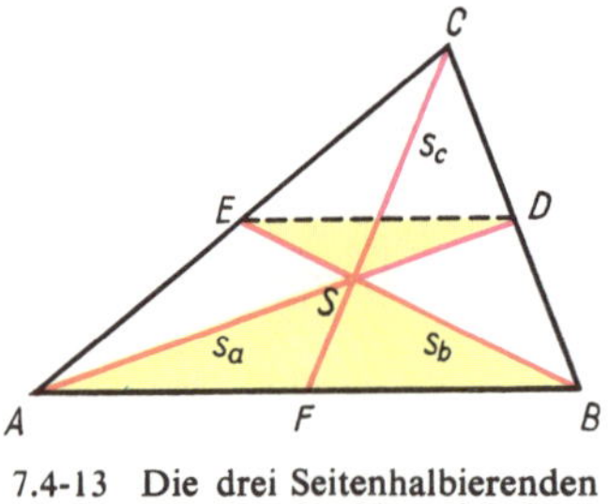

7.4-13 Die drei Seitenhalbierenden eines Dreiecks schneiden sich in S

Die drei Seitenhalbierenden eines Dreiecks schneiden einander in einem Punkte, dem Schwerpunkt der Dreiecksfläche. Dieser teilt jede Seitenhalbierende vom Eckpunkt aus im Verhältnis 2 : 1.

Zum Beweis sind in Abb. 7.4-13 die beiden Seitenhalbierenden AD und BE mit ihrem Schnittpunkt S eingetragen. Die Strecken ED und AB schneiden die Strecken CA und CB sowie die Strekken AD und EB. Da $|CB| : |CD| = |CA| : |CE| = 2 : 1$, sind nach den *Strahlensätzen* bzw. den zulässigen Umkehrungen dieser Sätze AB und ED parallel, und es gilt $|AB| : |ED| = 2 : 1$. Daher gilt auch $|SA| : |SD| = |SB| : |SE| = |AB| : |ED| = 2 : 1$. Das gleiche läßt sich für zwei andere Seitenhalbierende nachweisen, z. B. CF und BE. Auch diese schneiden einander in S, da es nur einen Punkt gibt, der BE von B aus im Verhältnis 2 : 1 teilt.

Winkelhalbierende. Im Dreieck ABC werden auf den Halbierenden der Innenwinkel die Strecken vom Scheitelpunkt bis zum Schnittpunkt mit der Gegenseite als Winkelhalbierende bezeichnet und ihre Längen nach der Größe des Innenwinkels mit w_α, w_β bzw. w_γ bezeichnet.

Die drei Winkelhalbierenden der Innenwinkel eines Dreiecks schneiden einander in einem Punkte.

Der Schnittpunkt M der Winkelhalbierenden w_α und w_β hat den *gleichen Abstand* sowohl von den Seiten CA und AB (w_α) als auch von AB und BC (w_β). Da er danach auch von BC und CA gleichen Abstand hat, muß er auf w_γ liegen. Der gleiche Abstand ist die Länge des *Radius ϱ des Inkreises*, der jede Dreieckseite in genau einem Punkt berührt. Diese Punkte D, E, F sind die Fußpunkte der von M auf die Seiten *gefällten Lote* (Abb. 7.4-14). Die Verlängerung je einer Winkelhalbierenden schneidet sich mit den Halbierenden der Außenwinkel der anderen beiden Innenwinkel in je einem Punkte M_a, M_b bzw. M_c, die die Mittelpunkte der drei *Ankreise* sind, von denen jeder eine Dreiecksseite und die Verlängerungen der beiden anderen Dreiecksseiten in je einem Punkt berührt. Da die Winkelhalbierenden von Nebenwinkeln senkrecht aufeinander stehen, sind in dem Dreieck $M_aM_bM_c$ die Strecken AM_a, BM_b und CM_c Höhen mit den Fußpunkten A, B bzw. C. Für das Dreieck $M_aM_bM_c$ gilt danach der Satz:

Die Höhen eines Dreiecks halbieren die Innenwinkel im Höhenfußpunktdreieck.
Im gleichschenkligen Dreieck fällt die Winkelhalbierende des Winkels, der der Basis gegenüberliegt, zusammen mit der Mittelsenkrechten, der Höhe und der Seitenhalbierenden zur Basis.

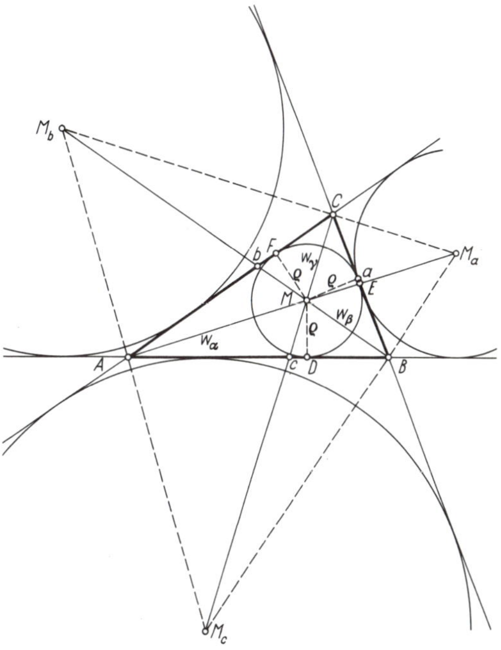

7.4-14 Die drei Ankreise eines Dreiecks

7.5. Viereck

Allgemeines

Winkelsumme im Viereck. Während in der projektiven Geometrie durch vier Punkte A, B, C, D, von denen keine drei auf einer Geraden liegen, ein *vollständiges Viereck* mit seinen sechs Seiten bestimmt ist (vgl. Kap. 25.4. – Vollständiges Viereck und vollständiges Vierseit), muß in der Planimetrie noch die Reihenfolge der Punkte bekannt sein. Danach bezeichnet man $|AB| = a$, $|BC| = b$, $|CD| = c$ und $|DA| = d$ als die Längen seiner *Seiten* und $|AC| = e$ und $|BD| = f$ als die Längen seiner *Diagonalen*. Meist setzt man eine Reihenfolge voraus, die ein *konvexes Viereck* ergibt (Abb. 7.5-1), im allgemeinen kann das Viereck aber auch *konkav* sein, z. B. *überschlagen* (Abb. 7.5-2 links).

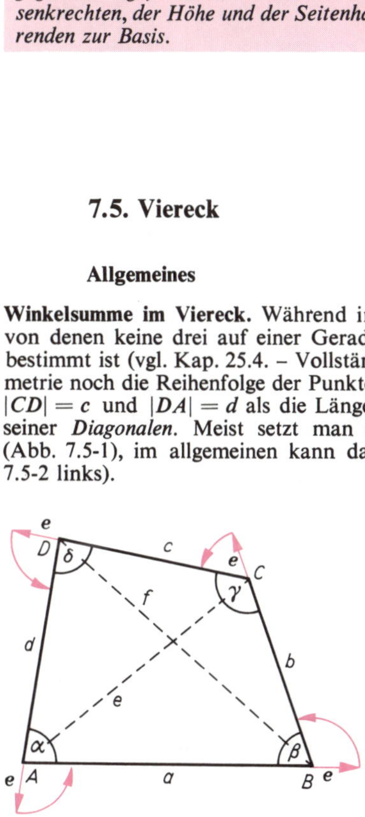

7.5-1 Das konvexe Viereck

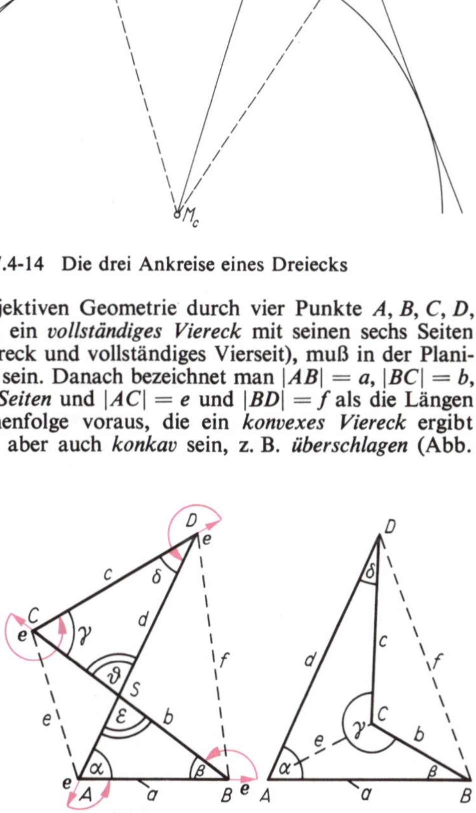

7.5-2 Das konkave Viereck

Ein konvexes Viereck und ein konkaves mit einer einspringenden Ecke lassen sich durch eine Diagonale e so in zwei Dreiecke zerlegen, daß die Summe der Größen der Innenwinkel beider Dreiecke die der Größen der Innenwinkel des Vierecks ergibt. Die Berechtigung, in einem überschlagenen Viereck die Größen der Scheitelwinkel $\vartheta = \varepsilon$ im Schnittpunkt S der Seiten BC und DA zur Winkelsumme zu zählen, ergibt die folgende Überlegung. Ein Richtungsvektor $\boldsymbol{e}$, der stets längs einer Seite bis zu ihrem Endpunkt verschoben und dann im positiven Drehsinn in die Richtung der folgenden Seite gedreht wird, hat sich nach dem Durchlaufen der Seiten eines konvexen Vierecks um 360° gedreht; im einzelnen gilt $(180° - \alpha) + (180° - \beta) + (180° - \gamma) + (180° - \delta) = 360°$ oder

$\alpha + \beta + \gamma + \delta = 360°$; für ein überschlagenes Viereck erhält man dagegen: $(180° - \alpha) + (180° - \beta) + (180° + \gamma) + (180° + \delta) = 720°$. Im Dreieck *ABS* gilt dabei $180° - \beta = \alpha + \varepsilon$ und $180° - \alpha = \beta + \varepsilon$; wegen $\vartheta = \varepsilon$ folgt daraus durch Einsetzen $\alpha + \beta + \gamma + \delta + \varepsilon + \vartheta = 360°$.

Die Summe der Innenwinkelgrößen eines Vierecks beträgt 360°.

Einteilung der Vierecke. Für bestimmte *konvexe Vierecke* sind besondere Bezeichnungen üblich (Abb. 7.5-3; gleiche Anzahl von roten Punkten bedeutet gleiche Längen der Seiten des betreffenden Vierecks).

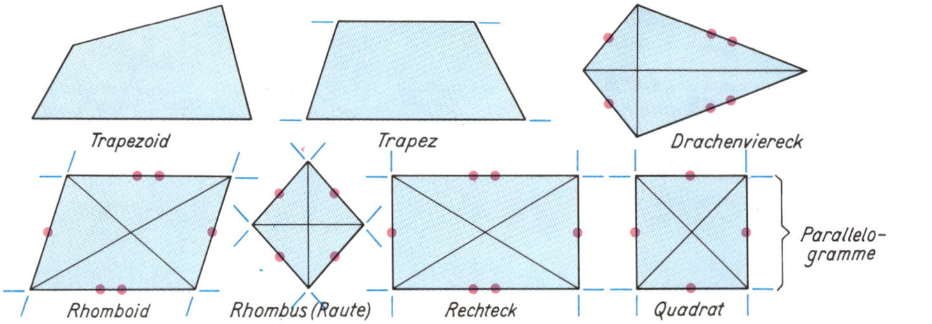

7.5-3 Besondere Bezeichnungen für Vierecke

Das allgemeine konvexe Viereck wird auch *Trapezoid*, das schiefwinklige Parallelogramm mit ungleichen Seitenlängen wird auch *Rhomboid* genannt.

Nach der *Länge der Seiten* werden unterschieden:

allgemeines Viereck	alle vier Seiten verschieden lang
Drachenviereck	zwei Paare gleich langer Nachbarseiten
Parallelogramm	zwei Paare gleich langer Gegenseiten
Rhombus	alle vier Seiten gleich lang

Nach der *Lage der Seiten zueinander* werden unterschieden:

allgemeines Viereck	keine parallelen Seiten
Trapez	ein Paar paralleler Seiten
Parallelogramm	zwei Paare paralleler Seiten

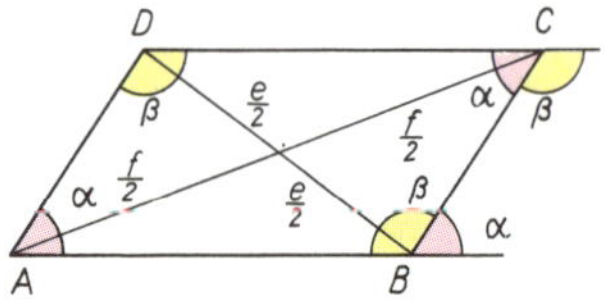

7.5-4 Parallelogramm (Rhomboid)

Parallelogramme

Allgemeines. Jedes *Parallelogramm* hat zwei Paare je gleich langer Seiten, die *Gegenseiten* heißen, und zwei Paare je gleich großer Winkel, die *Gegenwinkel.* Sind alle vier Seiten gleich lang, so heißt das Parallelogramm *Rhombus* oder *Raute.* Parallelogramme mit vier gleich großen Winkeln sind *Rechtecke*; jeder Winkel beträgt den vierten Teil von 360°, d. h., er ist ein Rechter. Sind alle vier Seiten und alle vier Winkel gleich groß, so ist das Parallelogramm ein *Quadrat.* Das Quadrat ist ein Rhombus mit rechten Winkeln bzw. ein Rechteck mit gleich langen Seiten.
Mit Hilfe der Kongruenzsätze für Dreiecke ergeben sich die wichtigsten Eigenschaften der Parallelogramme.

In jedem Parallelogramm halbieren die beiden Diagonalen einander, ergänzen die Größen zweier benachbarter Winkel einander zu 180° und sind gegenüberliegende Winkel und gegenüberliegende Seiten gleich groß (Abb. 7.5-4).

Symmetrieeigenschaften. Das *Rechteck* hat zwei durch die Seitenmitten, der *Rhombus* zwei durch die Gegenecken verlaufende *Symmetrieachsen.* Das *Quadrat*, das gleichzeitig Rechteck und Rhombus ist, hat mithin vier Symmetrieachsen. In jedem *Parallelogramm* ist der Schnittpunkt der Diagonalen ein *Symmetriezentrum*; d. h., das Parallelogramm läßt sich durch eine um diesen Punkt ausgeführte ebene Drehung um 180° mit sich selbst zur Deckung bringen.
Durch die beiden *Diagonalen* wird jedes Parallelogramm in zwei Paare kongruenter Dreiecke zerlegt.

Die Diagonalen sind im Rechteck und damit im Quadrat gleich lang, im Rhombus und damit im Quadrat stehen sie senkrecht aufeinander und halbieren die Innenwinkel; sie zerlegen den Rhombus und damit das Quadrat in vier kongruente Dreiecke.

Konstruktion. Da jede Diagonale ein *Parallelogramm* in zwei kongruente Dreiecke zerlegt, sind zur Konstruktion eines Parallelogramms wie beim Dreieck drei voneinander unabhängige Stücke notwendig. Für die Konstruktion eines *allgemeinen Vierecks* werden zwei weitere Stücke gebraucht, d. h. insgesamt fünf, da die durch eine Diagonale gebildeten zwei Dreiecke nicht kongruent sind, aber ein Stück, die Diagonale, gemeinsam haben. Zur Konstruktion von *Rechteck* und *Rhombus* sind zwei Stücke, zur Konstruktion eines *Quadrats* schließlich ist ein Stück notwendig. Dabei kommen beim Quadrat nur die Länge der Seite oder der Diagonale in Frage, beim Rechteck entweder die Längen zweier ungleicher Seiten oder von einer Seite und der Diagonale; beim Rhombus kann zum Unterschied von Rechteck oder Quadrat auch eine Winkelgröße gegeben werden, falls zusätzlich die Seitenlänge oder die Länge einer Diagonalen bekannt sind. Die Konstruktionen werden im allgemeinen über Teildreiecke durchgeführt, unterscheiden sich deshalb nicht prinzipiell von Dreieckskonstruktionen.

Trapez

Ein *Trapez* ist ein konvexes Viereck mit mindestens einem Paar paralleler Seiten. Sind bei einem Trapez die nicht parallelen Seiten gleich lang, so nennt man es *gleichschenklig*. Sind bei einem Trapez je zwei Gegenseitenpaare zueinander parallel, so ist es ein Parallelogramm. Die parallelen Seiten eines Trapezes, das kein Parallelogramm ist, werden oftmals als *Grundlinien* bezeichnet, die nicht parallelen als *Schenkel* (Abb. 7.5-5). Die Verbindungsstrecke der Mittelpunkte E und F der Schenkel eines Trapezes $ABCD$ heißt *Mittellinie* des Trapezes. Ihre Länge m kann berechnet werden. Zunächst ist EF *parallel* zu den Seiten mit den Längen $|AB| = a$ und $|CD| = c$, denn im anderen Falle würde eine Parallele zu AB durch E die Seite BC in einem Punkt F' schneiden, für den nach dem Strahlensatz mit dem Strahlenträger S gelten würde $|DE| : |EA| = |CF'| : |F'B|$, während nach Voraussetzung gilt $|DE| : |EA| = |CF| : |FB| = 1$. Es muß somit $F' = F$, also auch $EF \parallel AB$ sein. Eine Gerade durch D und F schneidet die Verlängerung von AB in G. Die Dreiecke BGF und CDF sind kongruent, d. h., AG hat die Länge $(a + c)$, und im Dreieck AGD gilt $|EF| = m = (a + c)/2$.

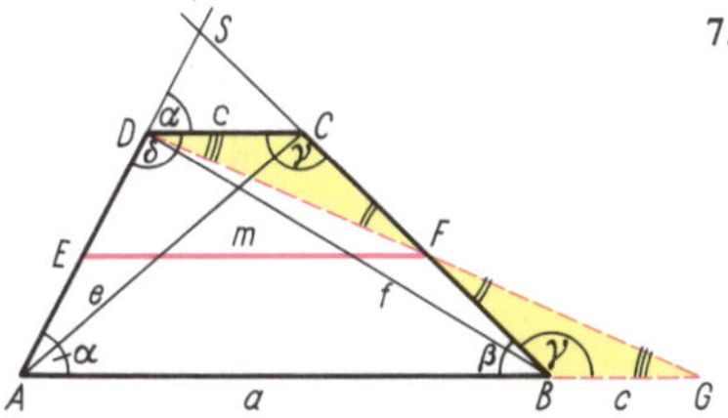

7.5-5 Trapez

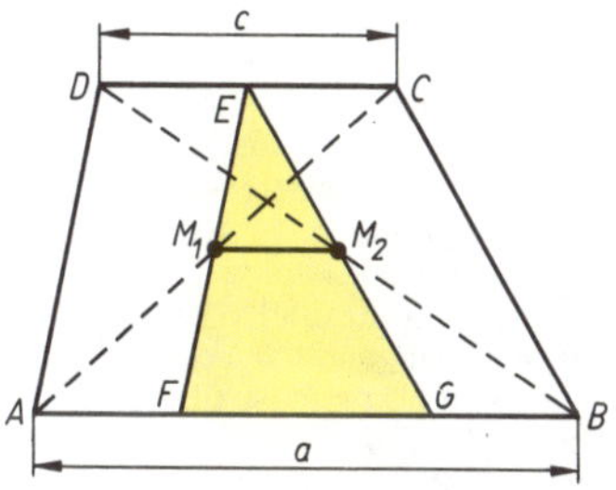

7.5-6 Abstand der Diagonalmitten im Trapez

Im Trapez verläuft die Mittellinie parallel zu den Grundlinien und ist halb so lang wie beide Grundlinien zusammen; die Länge $m = (a + c)/2$ der Mittellinie ist das arithmetische Mittel aus $|AB| = a$ und $|CD| = c$.

Die Mittellinie verläuft auch durch die *Mittelpunkte der Diagonalen* des Trapezes.

Der Abstand der Mittelpunkte der Diagonalen eines Trapezes ist gleich der halben Differenz der Längen der beiden Grundlinien, $m' = (a - c)/2$.

Die parallelen Seiten des Trapezes seien $|AB| = a$ und $|CD| = c$; M_1 und M_2 seien die Mitten der Diagonalen AC und BD. Die Parallelen durch diese Mitten jeweils zur benachbarten der nicht parallelen Seiten schneiden die Seite AB in den Punkten F und G (Abb. 7.5-6) und die Seite CD in einem Punkte E, da $|DE| = c/2 = |CE|$. Wegen $|DE| = |AF| = c/2 = |CE| = |BG|$ gilt $|FG| = a-c$. Im Dreieck EFG halbiert M_1M_2 zwei Seiten, und $|M_1M_2|$ ist halb so groß wie die dritte, d. h., $|M_1M_2| = m' = (a - c)/2$.

Da die Schenkel des Trapezes die Grundlinien schneiden, bilden die an einem Schenkel gelegenen Innenwinkel entgegengesetzt liegende Winkel an geschnittenen Parallelen, und ihre Größen ergänzen einander zu 180°, sie sind Supplementwinkel.

Die Größen der an einem Schenkel gelegenen Innenwinkel eines Trapezes ergänzen einander zu 180°.

Für die Konstruktion eines Trapezes genügt somit die Kenntnis von vier voneinander unabhängigen Stücken, beim gleichschenkligen Trapez dementsprechend von drei.
Im *gleichschenkligen Trapez* sind beide Diagonalen gleich lang und die beiden an der gleichen Grundlinie liegenden Winkel gleich groß.

Drachenviereck, Deltoid

Ein konvexes Viereck mit zwei Paaren gleich langer Nachbarseiten heißt Drachenviereck (Abb. 7.5-7).

Die Diagonalen eines Drachenvierecks stehen aufeinander senkrecht, die eine von ihnen ist Symmetrieachse und zerlegt das Drachenviereck in zwei kongruente Dreiecke, die andere zerlegt es in zwei gleichschenklige Dreiecke. Ein Drachenviereck mit vier gleich langen Seiten ist ein Rhombus.

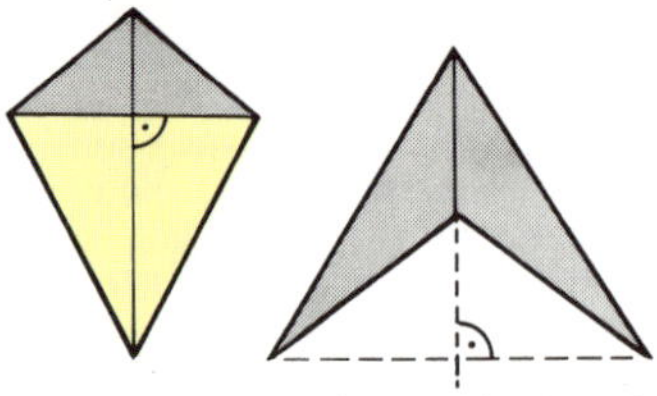

7.5-7 Drachenviereck (links) und Deltoid (rechts)

Ein nicht konvexes Viereck mit zwei Paaren gleich langer Nachbarseiten heißt *Windvogelviereck* oder *Deltoid* (Abb. 7.5-7). Wie beim Drachenviereck stehen die *Diagonalen* aufeinander senkrecht; die eine von ihnen ist *Symmetrieachse* und zerlegt die Figur in zwei kongruente Dreiecke, die andere verläuft außerhalb des Vierecks und bildet zusammen mit den je zwei gleichen Nachbarseiten zwei gleichschenklige Dreiecke. Beim Zeichnen in begrenzter Zeichenebene wird die Figur des Windvogelvierecks dazu benutzt, um am Rande gelegene Strecken zu halbieren. Zur Konstruktion eines Drachenvierecks bzw. eines Windvogelvierecks ist im allgemeinen die Kenntnis von drei voneinander unabhängigen Stücken notwendig.

7.6. Polygone

Allgemeine Polygone

Geschlossene ebene Figuren mit geradlinigen Begrenzungsstrecken als Seiten werden Vielecke oder *Polygone* genannt; Dreiecke und Vierecke sind besondere Polygone. Vielecke werden im allgemeinen durch die Anzahl ihrer Eckpunkte charakterisiert und *n-Ecke* genannt. Vielecke, deren Seiten einander schneiden, heißen *überschlagene Vielecke*. Verläuft jede Verbindungsstrecke zweier beliebiger Punkte eines Polygons in seinem Innern, so ist es *konvex* und hat daher keinen Winkel, dessen Größe 180° übersteigt, andernfalls ist das Polygon *konkav*, es hat einspringende Ecken, d. h. über 180° große Innenwinkel, oder ist überschlagen (Abb. 7.6-1).

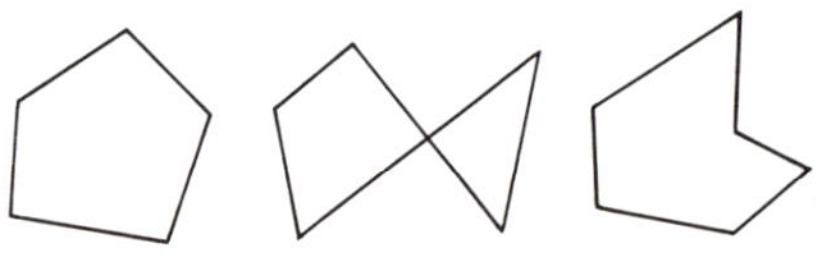

7.6-1 Verschiedene Formen von Polygonen

Die Verbindungsstrecken benachbarter Ecken eines Polygons heißen *Seiten*, die nicht benachbarter Ecken *Diagonalen* des Vielecks. Die Anzahl der Seiten ist stets gleich der der Ecken. Da sich von jeder Ecke eines n-Ecks zu den $(n - 3)$ nicht benachbarten Ecken je eine Diagonale ziehen läßt und von der k-ten zur m-ten Ecke eine, von der m-ten zu k-ten Ecke aber die gleiche Diagonale verläuft, ergibt sich als *Anzahl der Diagonalen eines n-Ecks* $n(n - 3)/2$. Für $n = 3$ folgt daraus, daß es im Dreieck keine Diagonalen gibt, für $n = 4$, daß jedes Viereck zwei Diagonalen hat. Durch die von einer Ecke ausgehenden Diagonalen wird das n-Eck in $n - 2$ Dreiecke zerlegt. Daraus ergibt sich als *Summe der Innenwinkelgrößen* eines beliebigen *konvexen Vielecks* $(n - 2) \cdot 180°$. Für $n = 3$ folgt als Winkelgrößensumme des Dreiecks aus dieser Formel $1 \cdot 180° = 180°$, für $n = 4$ im Viereck $2 \cdot 180° = 360°$.

Regelmäßige konvexe *n*-Ecke

Regelmäßige konvexe n-Ecke haben n gleich lange Seiten und n gleich große Innenwinkel. Jedem regelmäßigen konvexen n-Eck läßt sich ein *Kreis einbeschreiben*, für den die Polygonseiten Tangenten sind, sowie ein Kreis *umbeschreiben*, in dem sie Sehnen sind. Da die Winkelgrößensumme eines beliebigen konvexen n-Ecks $(n - 2) \cdot 180°$ beträgt, entfällt auf jeden *Innenwinkel* eines regelmäßigen konvexen n-Ecks $\alpha = (n - 2) \cdot 180°/n = 180° - 360°/n$.
Durch die Radien r vom Mittelpunkt M des umbeschriebenen Kreises nach den n Ecken wird das n-Eck in n kongruente gleichschenklige Dreiecke zerlegt, die je einen Winkel der Größe $360°/n$ an der Spitze M haben. Durch die Größe dieses Winkels und des Radius r ist das regelmäßige n-Eck bestimmt.

Regelmäßiges Sechseck. Die sechs kongruenten gleichschenkligen Dreiecke sind hier *gleichseitig* mit der Seitenlänge r. Trägt man danach von einem Punkte auf dem Umfang des Kreises mit dem Radius r sechs Sehnen der Länge dieses Radius hintereinander ab, so erhält man die Eckpunkte für das regelmäßige Sechseck von der Seitenlänge r. Verbindet man drei nicht benachbarte Ecken miteinander, so ergibt sich ein regelmäßiges Dreieck mit der Seitenlänge $r\sqrt{3}$.

Folgen regelmäßiger *n*-Ecke. Umgekehrt lassen sich aus einem dem Kreis mit Radius r einbeschriebenen regelmäßigen Dreieck die Ecken des einbeschriebenen regelmäßigen Sechsecks gewinnen als Schnittpunkte des Kreises mit den Verlängerungen der Lote, die vom Kreismittelpunkt auf die Seiten des Dreiecks gefällt worden sind. Das hier angewendete Prinzip der Seitenhalbierung erlaubt es ganz allgemein, aus dem regelmäßigen n-Eck das regelmäßige $2n$-Eck zu gewinnen. Mit dem gleichseitigen Dreieck sind somit konstruierbar das regelmäßige 6-, 12-, 24-, ..., $3 \cdot 2^n$-Eck.

Regelmäßiges Viereck. Das regelmäßige konvexe Viereck ist das Quadrat. Seine Ecken ergeben sich als Schnittpunkte zweier zueinander senkrecht stehender Durchmesser mit dem Kreis (Abb. 7.6-2). Durch Seitenhalbierung lassen sich daraus das regelmäßige 8-, 16-, ..., 2^n-Eck konstruieren.

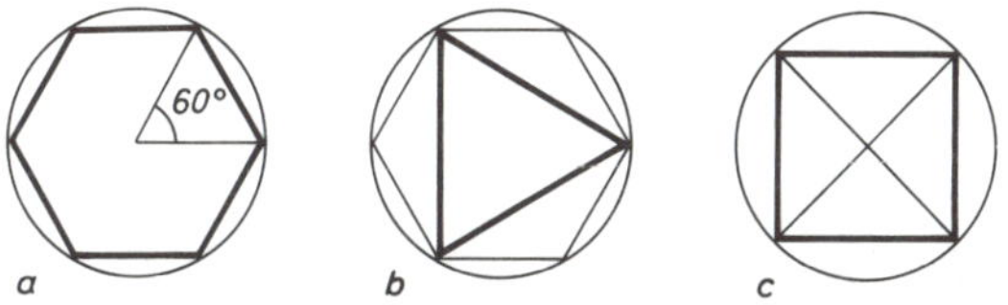

7.6-2 Regelmäßiges Sechseck (a), regelmäßiges Dreieck (b) und regelmäßiges Viereck (c)

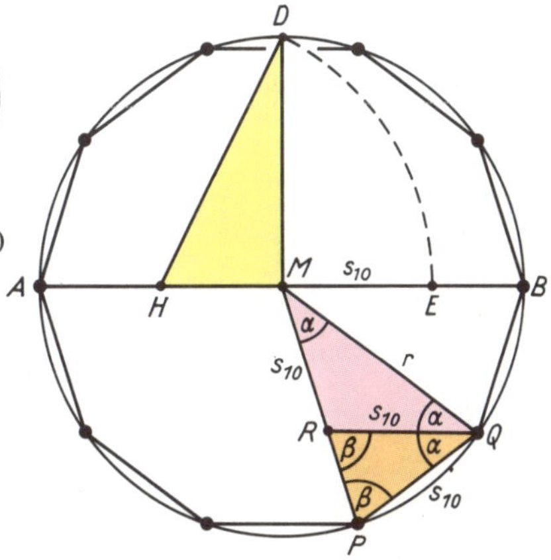

7.6-3 Regelmäßiges Zehneck

Regelmäßiges Zehneck. Verbindet man zwei benachbarte Ecken P und Q eines dem Kreis um Punkt M mit dem Radius r einbeschriebenen regelmäßigen Zehnecks mit dem Mittelpunkt M, so ist das Dreieck PQM gleichschenklig, der Mittelpunktswinkel hat die Größe $\alpha = 36°$ und jeder Basiswinkel die Größe $\beta = (180° - 36°)/2 = 72°$. Durch die Winkelhalbierende QR des Basiswinkels PQM entstehen zwei gleichschenklige Dreiecke PQR und QMP. In ihnen ist $|PQ| = |QR| = |RM| = s_{10}$ die Seitenlänge des regelmäßigen Zehnecks und $|RP| = r - s_{10}$. Die Dreiecke PQR und QMP haben gleich große Winkel, sind also einander ähnlich (Abb. 7.6-3); daraus folgt $r : s_{10} = s_{10} : (r - s_{10})$. Die Lösung der quadratischen Gleichung $s_{10}^2 + rs_{10} = r^2$ ist $s_{10} = {}^1/_2 r\sqrt{5} - r/2 = {}^1/_2 r(\sqrt{5} - 1)$.

Die Seitenlänge des regelmäßigen Zehnecks ist die Länge des größeren Abschnitts der nach dem Goldenen Schnitt geteilten Länge des Umkreisradius.

Zur Konstruktion wird auf dem Durchmesser AB des Kreises um M mit dem Radius r der zu AB senkrechte Radius MD gezeichnet. Der Radius AM wird im Punkt H halbiert. Die Streckenlänge $|HD|$ ergibt sich nach dem Satz des Pythagoras aus $|HD|^2 = |HM|^2 + |MD|^2 = (r/2)^2 + r^2 = (5r^2)/4$ zu $|HD| = (r/2)\sqrt{5}$. Der Kreisbogen mit $|HD|$ um H schneidet den Radius MB in E. Es ist $|ME| = |HE| - |HM| = (r/2)\sqrt{5} - r/2$, d. h. gleich s_{10}. Mit dem regelmäßigen Zehneck ist auch das regelmäßige konvexe *Fünfeck* gewonnen und damit die Folge der regelmäßigen konvexen 5-, 10-, 20-, ..., $5 \cdot 2^n$-Ecke.

Regelmäßiges 17-Eck. Die Konstruktion der genannten regelmäßigen konvexen Vielecke und die der davon ableitbaren Folgen sowie die des regelmäßigen konvexen 15-Ecks, die möglich ist, weil der zugehörige Zentriwinkel von 24° sich aus $(60/4)° + (72/8)° = 15° + 9°$ konstruieren läßt, war bereits den griechischen Mathematikern des Altertums bekannt. Erst im Jahre 1796 gelang es dem knapp neunzehnjährigen Gauss, den Nachweis zu erbringen, daß auch das regelmäßige 17-Eck konstruierbar ist. Gauß schreibt in seiner ersten wissenschaftlichen Veröffentlichung (1. 6. 1796):
„Es ist jedem Anfänger der Geometrie bekannt, daß verschiedene ordentliche Vielecke, namentlich das Dreyeck, Fünfeck, Fünfzehneck und die, welche durch wiederholte Verdoppelung der Seitenzahl eines derselben entstehen, sich geometrisch construieren lassen. So weit war man schon zu Euklids Zeit, und es scheint, man habe sich seitdem allgemein überredet, daß das Gebiet der Elementargeometrie sich nicht weiter erstrecke: wenigstens kenne ich keinen geglückten Versuch, ihre Grenzen

auf dieser Seite zu erweitern. – Desto mehr dünkt mich, verdient die Entdeckung Aufmerksamkeit, daß außer jenen ordentlichen Vielecken noch eine Menge anderer, z. B. das Siebzehneck, einer geometrischen Construktion fähig ist. Diese Entdeckung ist eigentlich nur ein Corollarium einer noch nicht ganz vollendeten Theorie von größerem Umfange, und sie soll, sobald diese ihre Vollendung erhalten hat, dem Publicum vorgelegt werden. – C. F. Gauß, a. Braunschweig. Stud. der Mathematik zu Göttingen."

Die Theorie, von der Gauß hier spricht, ist die der Lösung der *Kreisteilungsgleichung* $x^n - 1 = 0$, wenn n eine natürliche Zahl ist. Die n *Einheitswurzeln*, die Lösungen dieser Gleichung, liegen in der Gaußschen Zahlenebene in gleichem Abstand auf dem Einheitskreis um den Schnittpunkt der reellen und der imaginären Achse. Gauß zeigte, daß die Kreisteilung dann sicher mit Zirkel und Lineal vorgenommen werden kann, wenn in $x^n - 1 = 0$ der Exponent n eine Primzahl der Art $2^{2^k} + 1$ ist für $k = 0, 1, 2, \ldots$

In der Tat folgt für $k = 0$ die Zahl $2^{2^0} + 1 = 3$, für $k = 1$ die Zahl $2^{2^1} + 1 = 5$, für $k = 2$ die Zahl $2^{2^2} + 1 = 17$.

Eine reelle Darstellung für $\cos\varphi$ mit $\varphi = (360°/17)$ teilte GAUSS seinem Schüler GERLING in der folgenden, nur rationale Zahlen und Quadratwurzeln enthaltenden Form mit:

$$\cos\varphi = -{}^1/_{16} + {}^1/_{16}\sqrt{17} + {}^1/_{16}\sqrt{34 - 2\sqrt{17}} + {}^1/_8\sqrt{17 + 3\sqrt{17} - \sqrt{34 - 2\sqrt{17}} - 2\sqrt{34 + 2\sqrt{17}}}.$$

Übersicht über regelmäßige konvexe Vielecke (r Länge des Umkreisradius)

n	Zentriwinkel	Seitenlänge	Umfanglänge	Flächengröße
3	120°	$r\sqrt{3}$	$2r \cdot 2{,}598\,076\,21\ldots$	${}^3/_4 r^2\sqrt{3} \approx 1{,}2990\, r^2$
4	90°	$r\sqrt{2}$	$2r \cdot 2{,}828\,427\,12\ldots$	$2\, r^2$
5	72°	$\frac{r}{2}\sqrt{10 - 2\sqrt{5}}$	$2r \cdot 2{,}938\,926\,26\ldots$	${}^5/_8 r^2\sqrt{10 + 2\sqrt{5}} \approx 2{,}3776\, r^2$
6	60°	r	$2r \cdot 3$	${}^3/_2 r^2\sqrt{3} \approx 2{,}5981\, r^2$
8	45°	$r\sqrt{2 - \sqrt{2}}$	$2r \cdot 3{,}061\,467\,46\ldots$	$2\, r^2\sqrt{2} \approx 2{,}8284\, r^2$
10	36°	$\frac{r}{2}(\sqrt{5} - 1)$	$2r \cdot 3{,}090\,169\,94\ldots$	${}^5/_4 r^2\sqrt{10 - 2\sqrt{5}} \approx 2{,}9389\, r^2$
12	30°	$r\sqrt{2 - \sqrt{3}}$	$2r \cdot 3{,}105\,828\,54\ldots$	$3\, r^2$
15	24°	$\frac{r}{2}\sqrt{7 - \sqrt{5} - \sqrt{30 - 6\sqrt{5}}}$	$2r \cdot 3{,}118\,675\,36\ldots$	${}^{15}/_8 r^2\sqrt{7 + \sqrt{5} - \sqrt{30 + 6\sqrt{5}}}$ $\approx 3{,}0505\, r^2$
16	22°30′	$r\sqrt{2 - \sqrt{2 + \sqrt{2}}}$	$2r \cdot 3{,}121\,445\,15\ldots$	$4\, r^2\sqrt{2 - \sqrt{2}} \approx 3{,}0615\, r^2$
17	21°10′(35⁵/₁₇)″	$0{,}367\,499\,04\, r$	$2r \cdot 3{,}123\,741\,80\ldots$	$\approx 3{,}0706\, r^2$
20	18°	$r\sqrt{2 - \sqrt{(5 + \sqrt{5})/2}}$	$2r \cdot 3{,}128\,689\,30\ldots$	${}^5/_2 r^2\sqrt{6 - 2\sqrt{5}} \approx 3{,}0902\, r^2$
24	15°	$r\sqrt{2 - \sqrt{2 + \sqrt{3}}}$	$2r \cdot 3{,}132\,628\,61\ldots$	$6\, r^2\sqrt{2 - \sqrt{3}} \approx 3{,}1058\, r^2$
allgemein:		$s_{2n} = \sqrt{2r^2 - r\sqrt{4r^2 - s_n^2}}$		

7.7. Flächenberechnung geradlinig begrenzter Figuren

Flächenmaße

Das grundlegende Flächenmaß ist das *Quadratmeter*, Zeichen m². Es ist definiert als die Fläche eines Quadrats von der Seitenlänge 1 m. Vom Quadratmeter werden größere bzw. kleinere Flächeneinheiten abgeleitet.

Für Flur- und Grundstücke ist als Flächenmaß auch das (oder der) Hektar, Zeichen ha, zugelassen.

Quadratkilometer	1 km²	$= 10^6$ m²
Quadratdezimeter	1 dm²	$= 10^{-2}$ m²
Quadratzentimeter	1 cm²	$= 10^{-4}$ m²
Quadratmillimeter	1 mm²	$= 10^{-6}$ m²
Hektar	1 ha	$= 10^4$ m²

Berechnung der Flächeninhalte einfacher Figuren

Quadrat. Die Fläche A eines Quadrats der Seitenlänge me läßt sich durch Einheitsquadrate der Seitenlänge e, z. B. mit $e = 1$ cm, voll auslegen (Abb. 7.7-1). Dabei entstehen m Streifen mit je

m Einheitsquadraten, insgesamt also $m \cdot m = m^2$ Einheitsquadrate. Setzt man $a = me$, so ist $A = a^2 = m^2e^2$ mit dem Einheitsquadrat e^2.

Flächeninhalt des Quadrats mit der Seitenlänge a	$A = a^2$

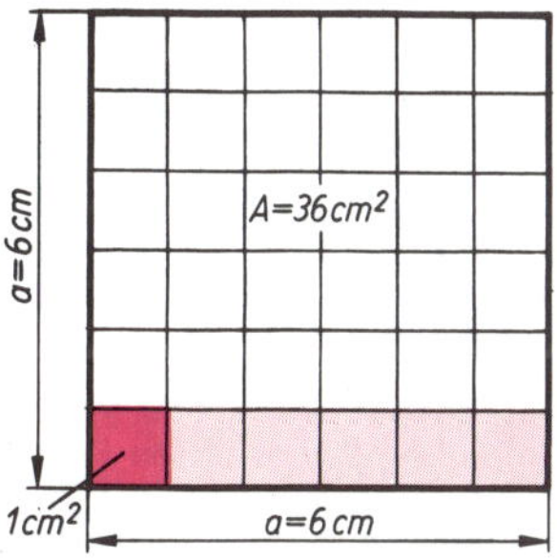

7.7-1 Flächeninhalt des Quadrats

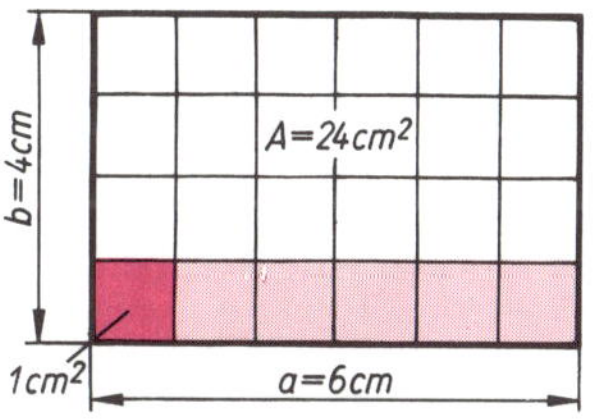

7.7-2 Flächeninhalt des Rechtecks

Rechteck. Ein Rechteck mit den Seitenlängen me und ne läßt sich durch m Streifen mit je n Einheitsquadraten, d. h. mit $m \cdot n$ Einheitsquadraten, voll auslegen (Abb. 7.7-2). Der Flächeninhalt beträgt daher $a \cdot b$, wenn man $a = me$ und $b = ne$ setzt.

Flächeninhalt des Rechtecks mit den Seitenlängen a und b
$A = a \cdot b$

In beiden Fällen wurde vorausgesetzt, daß Einheitsquadrate existieren, deren Seitenlänge mit der der zu messenden Rechtecke bzw. Quadrate vergleichbar ist.
Die angegebenen Formeln gelten auch, wenn die Maßzahlen m, n beliebige reelle Zahlen sind. Sind sie rationale Vielfache $a = (p_1/q_1)\,e$, $b = (p_2/q_2)\,e$ der Seitenlänge e des Einheitsquadrats, so läßt sich die Fläche des Rechtecks lückenlos mit Quadraten der Seitenlänge e' bedecken, wenn $e = (q_1, q_2)\,e'$ und (q_1, q_2) das kleinste gemeinsame Vielfache der Nenner q_1 und q_2 ist. Es läßt sich aber zeigen (vgl. Kap. 3.5.), daß jede reelle Zahl mit beliebiger Genauigkeit durch rationale Zahlen angenähert werden kann. Die Berechnung des Inhalts ebener Flächen, von deren Berandung nur gefordert wird, daß sie in einem Koordinatensystem durch eine stetige Funktion beschrieben wird, ist mit den Mitteln der Integralrechnung möglich (vgl. Kap. 20.2. – Flächeninhalt und bestimmtes Integral).

Parallelogramm. Ein allgemeines Parallelogramm (Rhomboid) läßt sich in ein *flächengleiches Rechteck* verwandeln, wenn man ein rechtwinkliges Dreieck *an der einen Seite* abtrennt und an der anderen anfügt (Abb. 7.7-3). Bezeichnet man im Parallelogramm die Länge des Lotes von einer Ecke auf die Gegenseite oder deren Verlängerung als *Höhe*, so ergibt sich die Maßzahl des Flächeninhalts des Parallelogramms als Produkt der Maßzahlen der Längen einer Parallelogrammseite und der zugehörigen Höhe, d. h., $A = a \cdot h_a = b \cdot h_b$.

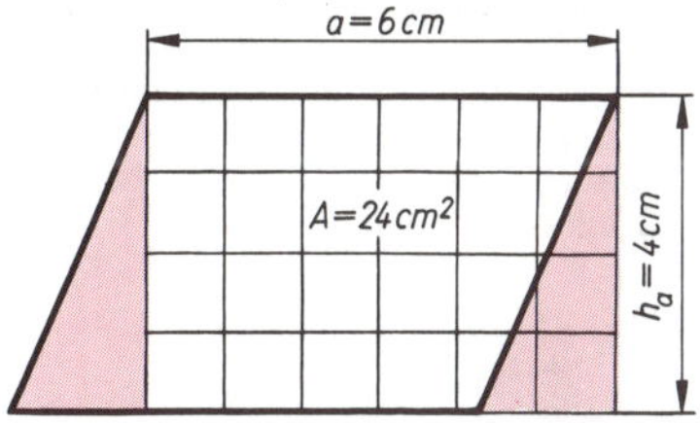

7.7-3 Flächeninhalt des Parallelogramms

Parallelogrammfläche	$A = a \cdot h_a = b \cdot h_b$

Der Flächeninhalt des Parallelogramms ist gleich dem Produkt aus den Längen einer Seite und der zugehörigen Höhe.

7.7-4 Flächeninhalt des Dreiecks

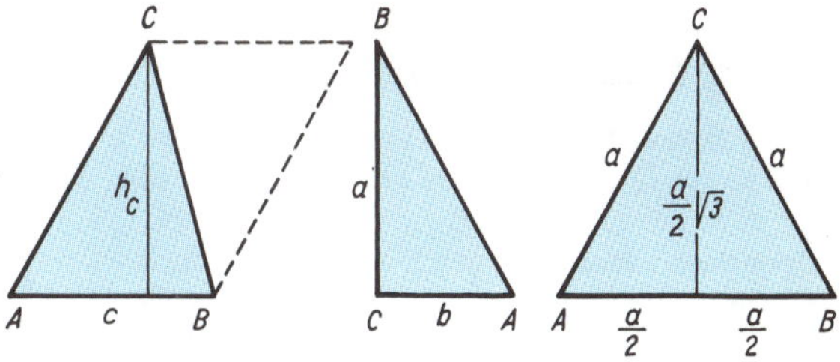

Dreieck. Jede Dreiecksfläche kann als Hälfte einer Parallelogrammfläche aufgefaßt werden (Abb. 7.7-4). Daher ergibt sich ihr Flächeninhalt aus $A = c \cdot h_c/2$.
Bei *rechtwinkligen* Dreiecken fällt die Höhe einer Kathete auf die andere Kathete. Sind a und b die Kathetenlängen, so ergibt sich A aus der allgemeinen Formel zu $A = a \cdot b/2$. Bei *gleichseitigen* Dreiecken beträgt die Länge der Höhe $h = {}^1/_2 a\sqrt{3}$, wie sich aus dem pythagoreischen Lehrsatz ergibt; also gilt $A = {}^1/_4 a^2 \sqrt{3}$.

Der Flächeninhalt eines Dreiecks ist gleich dem halben Produkt aus den Längen einer Seite und der zugehörigen Höhe.

Dreieckfläche
$A = a \cdot h_a/2 = b \cdot h_b/2 = c \cdot h_c/2$

Aus den Längen der drei Seiten läßt sich der Flächeninhalt eines Dreiecks nach der Formel von HERON berechnen: $A = \sqrt{s(s-a)(s-b)(s-c)}$ mit $2s = a + b + c$. Die *Heronische Formel* war wahrscheinlich bereits ARCHIMEDES bekannt.

Als *Heronische Dreiecke* bezeichnet man Dreiecke, deren Seitenlängen rationale Maßzahlen haben und deren Flächeninhalt ebenfalls durch eine rationale Maßzahl angegeben werden kann. Für $a = 13e$, $b = 14e$, $c = 15e$, wenn e die Längeneinheit ist, ergibt sich nach der Heronischen Formel

$$A = \sqrt{21(21-13)(21-14)(21-15)}\,e^2 = \sqrt{21 \cdot 8 \cdot 7 \cdot 6}\,e^2 = \sqrt{4^2 \cdot 3^2 \cdot 7^2}\,e^2 = 84e^2.$$

Der Flächeninhalt eines Dreiecks hängt auch von der Größe der Winkel im Dreieck, von der Länge des Radius r seines Umkreises oder von der des Radius ϱ seines Inkreises ab (vgl. Kap. 11.3. – Geometrie).

Trapez. Um den Flächeninhalt eines *Trapezes ABCD* zu berechnen, wird das Trapez an dem Mittelpunkt *M eines seiner Schenkel gespiegelt* oder, was auf das Gleiche hinausläuft, um diesen Punkt in der Ebene um 180° gedreht (Abb. 7.7-5). Das dabei entstehende Parallelogramm $AD'A'D$ hat gegenüber dem Trapez den doppelten Flächeninhalt. Es hat eine Seite der Länge $a + c$, die zugehörige Höhe h ist die des Trapezes. Somit ergibt sich als Flächeninhalt des Trapezes der halbe Flächeninhalt dieses Parallelogramms, d. h. $A = (a + c)\,h/2$. Da die Länge der *Mittellinie* des Trapezes $m = (a + c)/2$ ist, erhält man seinen Flächeninhalt als das Produkt $A = mh$.

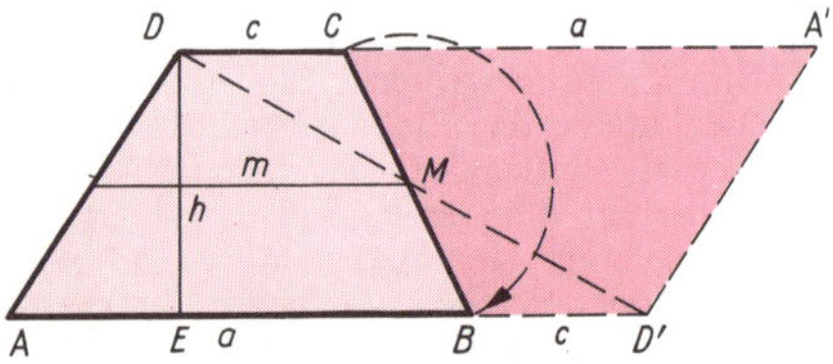

7.7-5 Flächeninhalt des Trapezes

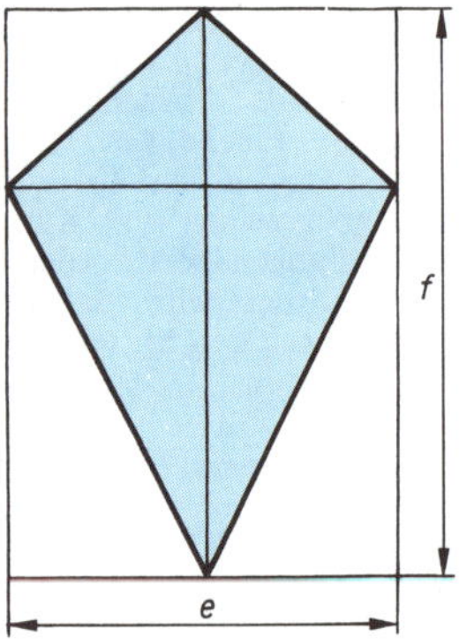

7.7-6 Flächeninhalt des Drachenvierecks

Trapezfläche	$A = mh = (a + c)\,h/2$

Der Flächeninhalt eines Trapezes ist gleich dem Produkt aus den Längen von Mittellinie und Höhe.

Ist im Trapez $c = a$, so wird es zum Parallelogramm; entsprechend geht die Formel $A = (a + a)h/2$ über in die für das Parallelogramm gültige Formel $A = a \cdot h$. Ist im Trapez $c = 0$, so entartet es zum Dreieck, und $A = (a + 0) \cdot h/2$ geht in die für das Dreieck gültige Formel $A = a \cdot h_a/2$ über.

Drachenviereck. Drachenvierecke werden durch ihre Diagonalen der Längen e und f in vier rechtwinklige Dreiecke zerlegt (Abb. 7.7-6). Daraus folgt die Flächeninhaltsformel $A = e \cdot f/2$, in der nur die Längen der Diagonalen enthalten sind. Diese Formel hat auch Gültigkeit für Rhomben, die spezielle Drachenvierecke sind, und geht beim Quadrat mit der Diagonalenlänge d über in $A = d^2/2$.

Drachenviereckfläche	$A = e \cdot f/2$

Der Flächeninhalt des Drachenvierecks ist gleich dem halben Produkt aus den Längen der beiden Diagonalen.

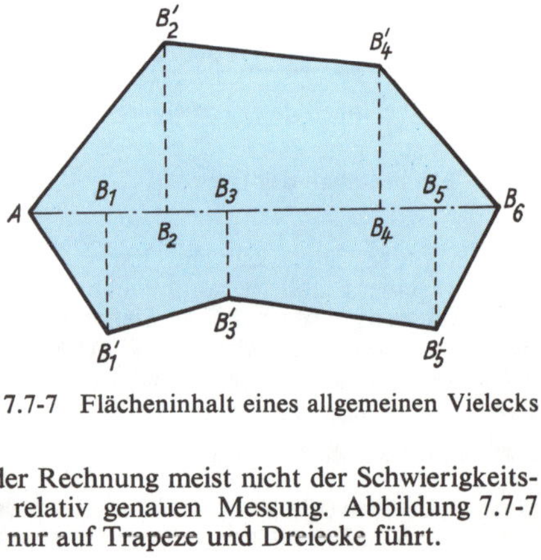

7.7-7 Flächeninhalt eines allgemeinen Vielecks

Allgemeines Vieleck. Für den Flächeninhalt beliebiger Vielecke werden im allgemeinen keine besonderen Formeln aufgestellt; Sonderfälle sind die regelmäßigen konvexen Vielecke. Man berechnet den Flächeninhalt als Summe der Inhalte einfacher Teilfiguren, meist werden Dreiecke und Trapeze benutzt. Oftmals werden dabei auch noch andere Hilfsstücke ermittelt als Seiten und Höhen.

Das Vieleck wird in zweckmäßiger Weise so zerlegt, daß eine der angeführten Formeln benutzt werden kann. In der Praxis entscheidet für den Gang der Rechnung meist nicht der Schwierigkeitsgrad der Berechnung, sondern die Möglichkeit einer relativ genauen Messung. Abbildung 7.7-7 zeigt eine Zerlegung eines unregelmäßigen Vielecks, die nur auf Trapeze und Dreiecke führt.

Flächensätze am rechtwinkligen Dreieck

Lehrsatz des Pythagoras. Dieser Satz zählt wegen seiner großen Bedeutung für Berechnungen und Beweisführungen in der Elementargeometrie mit Recht zu den berühmtesten Lehrsätzen der Planimetrie. Seine Entdeckung wird, was in dieser Absolutheit sicher nicht richtig ist, meist PYTHAGORAS von Samos zugeschrieben. Historisch belegte Einzelheiten aus seinem Leben sind nur wenige bekannt. Wohl aber ranken sich mancherlei Sagen und Legenden um sein Wirken, und der Lehrsatz wurde manchem zum Gegenstand der Poesie; CHAMISSO beispielsweise dichtete folgendes Sonett:

Die Wahrheit, sie besteht in Ewigkeit,
wenn erst die blöde Welt ihr Licht erkannt:
der Lehrsatz, nach Pythagoras benannt,
gilt heute, wie er galt zu seiner Zeit.
Ein Opfer hat Pythagoras geweiht
den Göttern, die den Lichtstrahl ihm gesandt;
es taten kund, geschlachtet und verbrannt,
ein Hundert Ochsen seine Dankbarkeit.
Die Ochsen seit dem Tage, wenn sie wittern,
daß eine neue Wahrheit sich enthülle,
erheben ein unmenschliches Gebrülle;
Pythagoras erfüllt sie mit Entsetzen;
und machtlos, sich dem Licht zu widersetzen,
verschließen sie die Augen und erzittern.

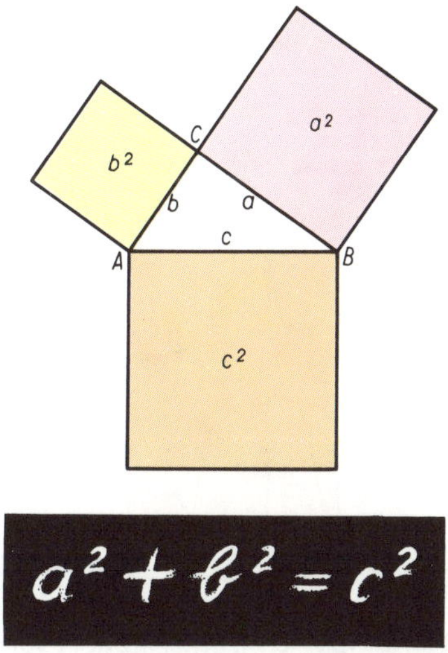

7.7-8 Lehrsatz des PYTHAGORAS

Satz des Pythagoras. Im rechtwinkligen Dreieck ist die Fläche des Quadrats über der Hypotenuse gleich der Summe der Flächen der Quadrate über den Katheten.

Satz des Pythagoras	$a^2 + b^2 = c^2$
c Länge der Hypotenuse; a, b Längen der Katheten	

Für den Satz sind mehr als 100 Beweise bekannt, von denen einer der kürzesten wohl der folgende Zerlegungsbeweis ist. Aus Abb. 7.7-9 kann man unmittelbar erkennen, daß die gesamte Quadratfläche $(a+b)^2$ sich zusammensetzt aus der gelben Quadratfläche c^2 und den vier roten Dreieckflächen $4 \cdot ab/2 = 2ab$; d. h., $(a+b)^2 = c^2 + 2ab$ oder $a^2 + 2ab + b^2 = c^2 + 2ab$ und hieraus $a^2 + b^2 = c^2$.

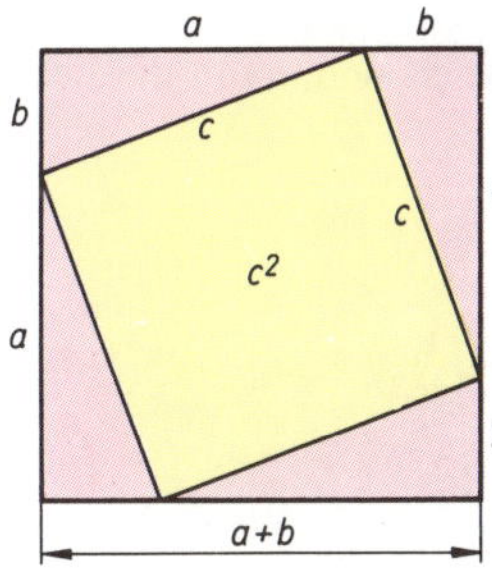

7.7-9 Zerlegungsbeweis

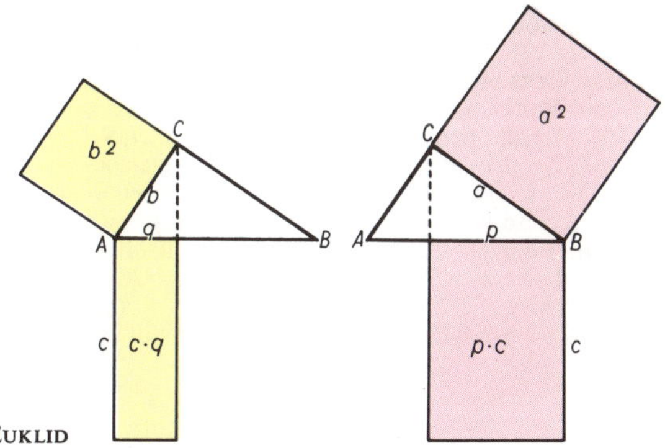

7.7-10 Gleiche Flächen nach dem Satz des EUKLID

Satz des Euklid. Der klassische Beweis des pythagoreischen Lehrsatzes benutzt den *Satz des Euklid* oder *Kathetensatz* (Abb. 7.7-10):

Im rechtwinkligen Dreieck ist das Quadrat über einer Kathete flächengleich dem Rechteck aus der Länge der Hypotenuse und der Länge der Projektion dieser Kathete auf die Hypotenuse.

$$a^2 = p \cdot c$$
$$b^2 = q \cdot c$$

Das Dreieck ABD hat mit dem Quadrat $ACED$ die Grundlinie AD und die Höhe AC gemeinsam und deshalb den halben Flächeninhalt des Quadrats. Dreht man es um den Punkt A um 90°, so gehen der Punkt D in C und der Punkt B in F über (Abb. 7.7-11). Das gedrehte Dreieck AFC ist dem ursprünglichen ABD kongruent. Wegen der gleich langen Basis $|AF|$ und der gleich großen

Höhe $|AH|$ hat das Dreieck AFC den halben Flächeninhalt des Rechtecks $AFGH$. Dieses hat deshalb den gleichen Flächeninhalt wie das Quadrat $ACED$; es gilt $b^2 = c \cdot q$ und entsprechend $a^2 = pc$. Durch Addition beider Ausdrücke ergibt sich der Satz des Pythagoras. $a^2 + b^2 = cp + cq = c(p+q) = c \cdot c = c^2$.

Von den vielfältigen Anwendungen des pythagoreischen Lehrsatzes sei nur auf die Berechnung der regelmäßigen n-Ecke, auf die des Abstands zweier Punkte in der analytischen Geometrie, auf die Berechnung der Höhe eines gleichseitigen Dreiecks oder der Raumhöhe im Tetraeder verwiesen.

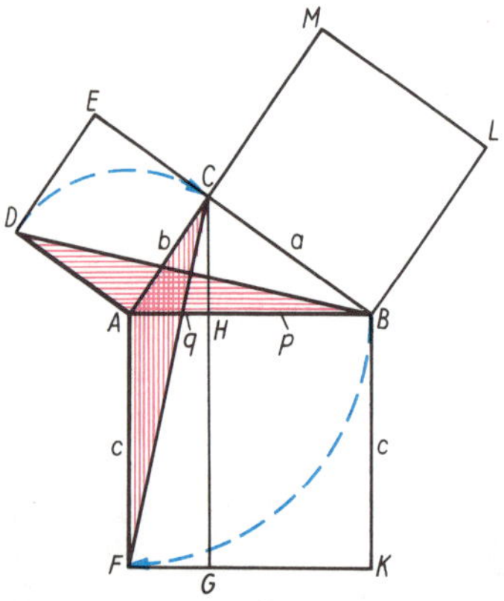

7.7-11 Beweis der Sätze von EUKLID und PYTHAGORAS

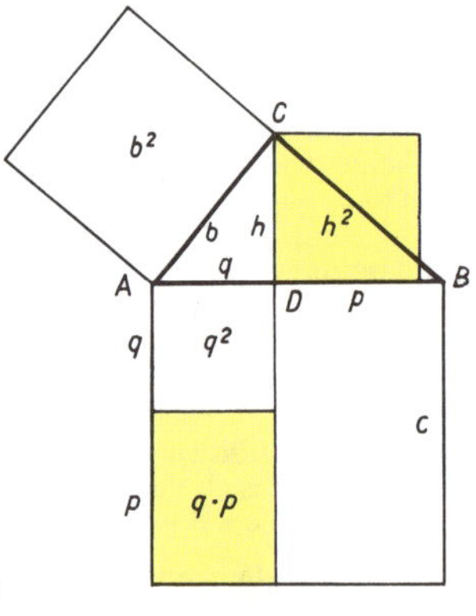

7.7-12 Höhensatz

Höhensatz. Neben dem Satz des Pythagoras und dem des Euklid gibt der *Höhensatz* ebenfalls interessante Flächenbeziehungen an rechtwinkligen Dreiecken wieder.

Im rechtwinkligen Dreieck ist das Quadrat über der Höhe auf der Hypotenuse flächengleich mit dem Rechteck aus den Längen der Hypotenusenabschnitte.

Höhensatz	$h^2 = qp$

Da die Höhe $h = |CD|$ (Abb. 7.7-12) das rechtwinklige Dreieck ABC in zwei einander ähnliche Teildreiecke, $\triangle ADC \sim \triangle CDB$, zerlegt, gilt in der Tat $q : h = h : p$ oder $h^2 = pq$.

Flächenverwandlung

Jedes geradlinig begrenzte konvexe n-Eck läßt sich in ein flächengleiches Quadrat verwandeln (Abb. 7.7-13). Da Dreiecke gleich großer Grundlinie und Höhe flächengleich sind, kann die Ecke S_1 des n-Ecks parallel zu der Diagonalen $d_n = S_nS_2$ bis zum Punkt S_1' auf der Verlängerung der Seite $S_{n-1}S_n$ verschoben werden. Wegen $|\triangle S_nS_1S_2| = |\triangle S_nS_1'S_2|$ ist das n-Eck in ein flächengleiches $(n-1)$-Eck verwandelt worden. Durch wiederholte Anwendung dieser Konstruktion ergibt sich ein dem Fünfeck 12345 (Abb. 7.7-13b) flächengleiches Dreieck ABC mit der Höhe $h_D = |B'C|$. Das Rechteck $CDEF$ mit den Seiten $|FC| = h_D/2$ und $|CD| = |AB|$ hat den gleichen Flächeninhalt wie

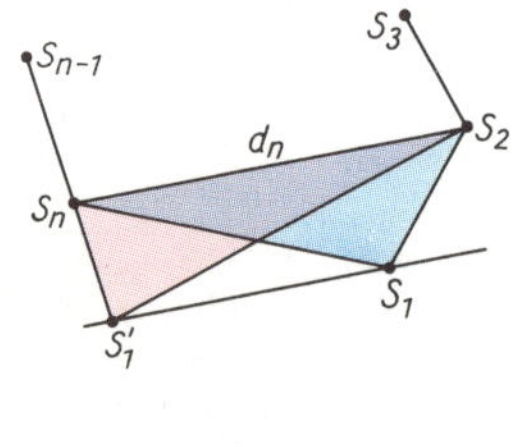

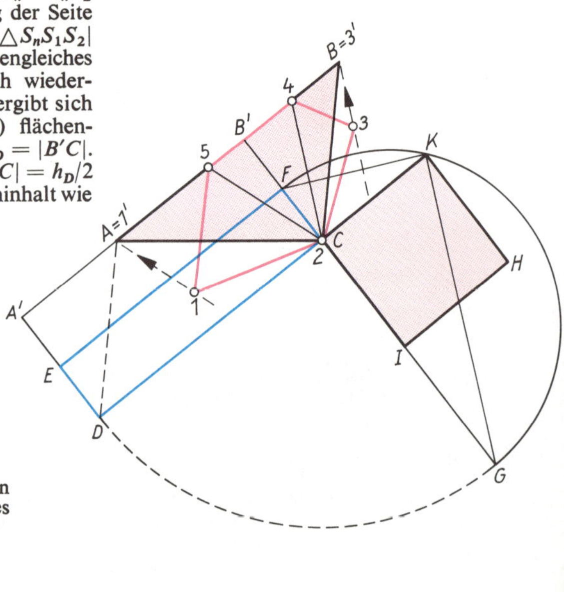

7.7-13 Verwandlung a) eines n-Ecks in ein flächengleiches $(n-1)$-Eck und b) eines Fünfecks in ein flächengleiches Quadrat

das Dreieck ABC. Faßt man $|FC| = p$ und $|EF| = q$ als Hypotenusenabschnitte eines rechtwinkligen Dreiecks FGK auf, so hat das Quadrat $CIHK$ als Höhenquadrat $h^2 = pq$ den Flächeninhalt des n-Ecks. Zur Konstruktion von K benutzt man $|CG| = |CD|$ und den Thaleskreis über FG als Durchmesser.

Für andere Flächenverwandlungen wiederum ist der *Satz über die Ergänzungsparallelogramme* besonders wichtig. Auch er ist bereits im ersten Buch der „Elemente" Euklids enthalten.

Werden durch einen beliebigen Punkt einer Diagonale eines Parallelogramms die Parallelen zu den Parallelogrammseiten gezogen, so sind von den vier entstehenden Teilparallelogrammen die beiden flächengleich, die nicht von der Diagonale durchschnitten werden; sie werden Ergänzungsparallelogramme genannt.

Nach der angegebenen Konstruktion werden durch F (Abb. 7.7-14) auf AC je eine Parallele zur Strecke $AB \parallel CD$ und zur Strecke $AD \parallel BC$ gezogen. Dann gelten folgende Beziehungen zwischen Flächeninhalten: $|EFGD| = |ACD| - |AFE| - |FCG|$ und $|IBHF| = |ABC| - |AIF| - |FHC|$. Wegen $|ACD| = |ABC|$, $|AFE| = |AIF|$ und $|FCG| = |FHC|$ folgt die Behauptung $|EFGD| = |IBHF|$.

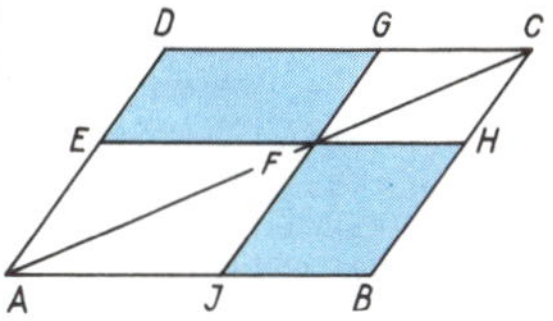

7.7-14 Satz über die Ergänzungsparallelogramme

7.8. Ähnlichkeit

Begriff der Ähnlichkeit

Ähnlichkeitsfaktor. Als Ähnlichkeit wird die *geometrische Verwandtschaft* bezeichnet, die völlige Übereinstimmung der Gestalt ebener Figuren, im allgemeinen aber nicht Übereinstimmung der Größe dieser Figuren bedingt (Abb. 7.8-1). Ähnliche Figuren können durch geometrische Transformationen ineinander übergeführt werden, bei denen die Punkte der einen Figur umkehrbar eindeutig so auf die Punkte der anderen abgebildet werden, daß jedem Winkel der einen Figur ein *gleich großer Winkel* der anderen Figur entspricht. Gleichwertig mit dieser Erklärung ist die folgende:

In ähnlichen Figuren sind die Längen einander entsprechender Strecken zueinander proportional.

Wird z. B. ein Dreieck ABC umkehrbar eindeutig so auf ein Dreieck $A'B'C'$ abgebildet, daß $\alpha = \alpha'$, $\beta = \beta'$, $\gamma = \gamma'$, so sind diese beiden Dreiecke ähnlich, in Zeichen: $\triangle ABC \sim \triangle A'B'C'$ (Abb. 7.8-1). Zusammen mit der Größengleichheit einander entsprechender Winkel gelten für die Seitenlängen die Beziehungen $a' : a = b' : b = c' : c = k$. Die für alle Streckenlängenverhältnisse ähnlicher Figuren geltende Konstante k heißt *Ähnlichkeitsfaktor*. Ist $k > 1$, so erfolgt durch die Ähnlichkeitsabbildung eine maßstäbliche Vergrößerung; die Transformation heißt *Vergrößerung*. Für $k = 1$ erhält man als spezielle Ähnlichkeitstransformation eine *Kongruenzabbildung*; Original und Bild sind kongruent. Für $0 < k < 1$ erhält man maßstäbliche Verkleinerungen; die Transformation heißt *Verkleinerung*.

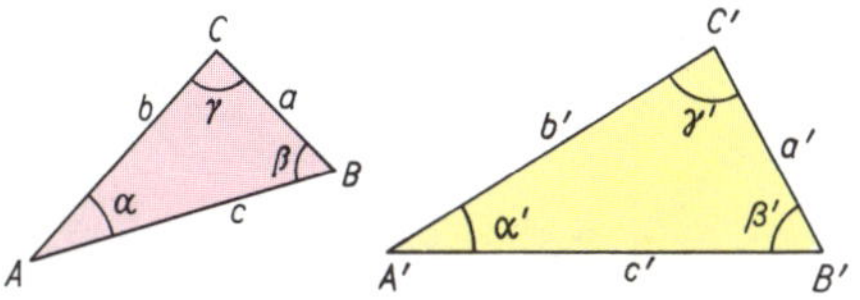

7.8-1 Ähnliche Dreiecke

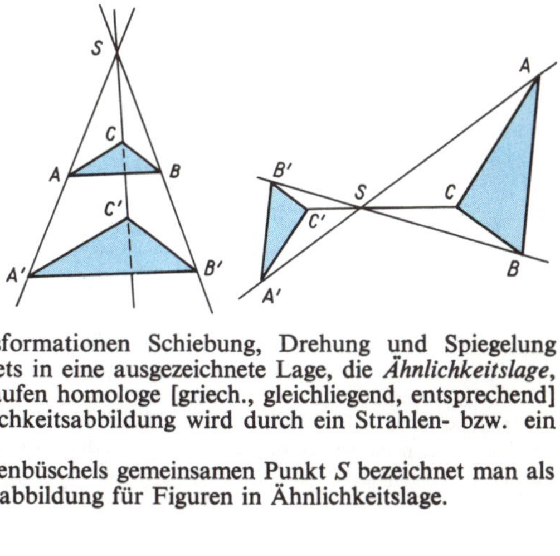

7.8-2 Figuren in Ähnlichkeitslage

Ähnlichkeitslage. Durch die Kongruenztransformationen Schiebung, Drehung und Spiegelung lassen sich zwei einander ähnliche Figuren stets in eine ausgezeichnete Lage, die *Ähnlichkeitslage*, bringen. Bei Figuren in Ähnlichkeitslage verlaufen homologe [griech., gleichliegend, entsprechend] Strecken stets zueinander *parallel*; die Ähnlichkeitsabbildung wird durch ein Strahlen- bzw. ein Geradenbüschel vermittelt (Abb. 7.8-2).

Den allen Strahlen bzw. Geraden eines Strahlenbüschels gemeinsamen Punkt S bezeichnet man als *Ähnlichkeitspunkt* einer zentralen Ähnlichkeitsabbildung für Figuren in Ähnlichkeitslage.

Aus den drei der Definition der Ähnlichkeit entsprechenden Seitenlängenverhältnissen für Dreiecke folgen durch Vertauschen der Innenglieder der Proportionen sofort die drei weiteren Proportionen $a : b = a' : b'$; $a : c = a' : c'$; $b : c = b' : c'$. Dafür schreibt man oft auch die für einander ähnliche Figuren gültige fortlaufende Proportion

$a : b : c : \cdots : n = a' : b' : c' : \cdots : n'$ (vgl. Kap. 1.4. – Verhältnisgleichung oder Proportion).

Hiernach ist in ähnlichen Figuren das Längenverhältnis zweier homologer Strecken stets gleich.

Strahlensätze

Werden Strahlen bzw. Geraden eines Büschels von Parallelen geschnitten, so verhalten sich hinsichtlich ihrer Längen
a) **die Abschnitte auf einem Strahl bzw. einer Geraden wie die zwischen denselben Parallelen liegenden Abschnitte auf einem anderen Strahl bzw. auf einer anderen Geraden des Büschels,**
b) **die zwischen denselben Strahlen bzw. Geraden liegenden Parallelenabschnitte wie die vom Scheitelpunkt aus gemessenen zugehörigen Abschnitte auf einem Strahl bzw. einer Geraden des Büschels,**
c) **die zwischen zwei Strahlen bzw. Geraden des Büschels gelegenen Abschnitte auf zwei Parallelen wie die zwischen zwei anderen Strahlen bzw. Geraden gelegenen Abschnitte auf denselben Parallelen.**

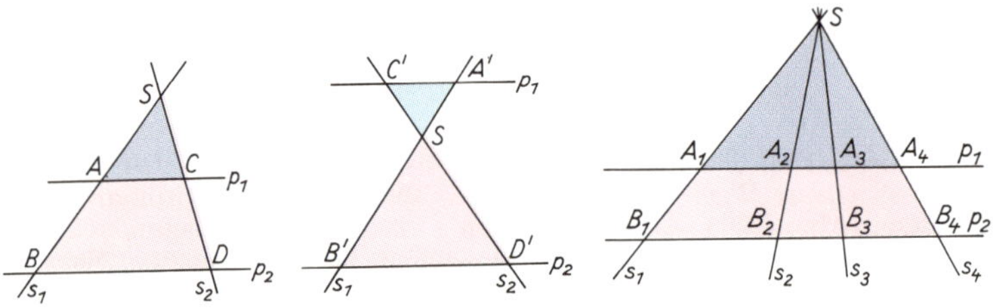

7.8-3 Strahlensätze

In Abb. 7.8-3 gelten danach folgende Proportionen:

nach a) $|SA| : |AB| = |SC| : |CD|$, $|SA| : |SB| = |SC : |SD|$;
$|SA'| : |SB'| = |SC'| : |SD'|$, $|SA'| : |A'B'| = |SC'| : |C'D'|$;
nach b) $|AC| : |BD| = |SA| : |SB|$, $|A'C'| : |B'D'| = |SA'| : |SB'|$;
nach c) $|A_1A_2| : |B_1B_2| = |A_2A_3| : |B_2B_3| = |A_3A_4| : |B_3B_4|$.

Je nachdem, ob es sich um Strahlen oder Geraden handelt, spricht man vom Strahlensatz oder vom Geradensatz.
Der Strahlensatz fußt auf der Vergleichbarkeit der Längen von Strecken, d. h. auf deren *Meßbarkeit* mit Hilfe *ein und derselben Einheit*. Historisch spielte das damit verknüpfte Problem der *Kommensurabilität* [lat. *commensurabel*, mit gemeinsamem Maß] lange Zeit eine bedeutende Rolle, da man nur *rationale*, nicht beliebige *reelle* Maßzahlen zuließ.

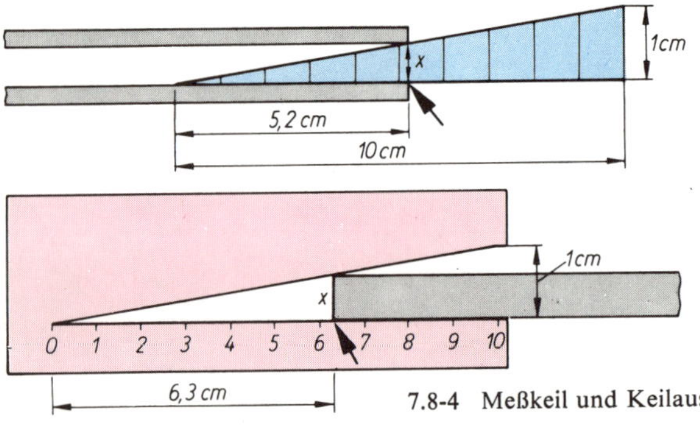

7.8-4 Meßkeil und Keilausschnitt

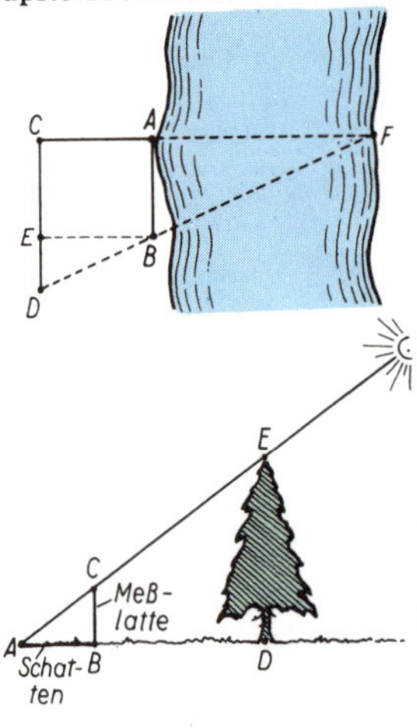

7.8-5 Breiten- und Höhenmessung mit Hilfe der Strahlensätze

Der Strahlensatz findet bei vielen Beweisen, Konstruktionen und Berechnungen Anwendung. Messungen mit dem Meßkeil (Abb. 7.8-4) und dem Keilausschnitt beruhen auf den Strahlensätzen. Nach Abb. 7.8-4 gilt

im ersten Fall $x : 1 = 5{,}2 : 10$ oder $x = 0{,}52$ cm,
im zweiten Fall $x : 1 = 6{,}3 : 10$ oder $x = 0{,}63$ cm.

Auch die Breite eines Flusses oder die Höhe eines Baumes (Abb. 7.8-5) lassen sich nach den Strahlensätzen bestimmen aus $|FA| : |BE| = |AB| : |ED|$ bzw. aus $|AB| : |AD| = |BC| : |DE|$.

Ähnlichkeitssätze

In der Definition der Ähnlichkeit wird entweder die Übereinstimmung *aller* Winkelgrößen oder *aller* entsprechenden *Streckenlängenverhältnisse* ähnlicher Figuren gefordert. In den Ähnlichkeitssätzen für Dreiecke sind jeweils nur *einige* in bestimmter Art miteinander verknüpfte Größen von Winkeln bzw. von Seitenverhältnissen genannt, die die Übereinstimmung der anderen Größen von Winkeln bzw. Streckenverhältnissen ähnlicher Dreiecke zur Folge haben.
Die vier Ähnlichkeitssätze für Dreiecke lauten:

Dreiecke sind einander ähnlich, wenn sie übereinstimmen

1. **in zwei Verhältnissen zweier Seitenlängen,**
2. **im Verhältnis zweier Seitenlängen und in der Größe des von diesen Seiten gebildeten Innenwinkels,**
3. **im Verhältnis zweier Seitenlängen und in der Größe des der größeren dieser Seiten gegenüberliegenden Innenwinkels,**
4. **in der Größe zweier gleichliegender Innenwinkel.**

Da bei der Ähnlichkeit nur die Verhältnisse von Seitenlängen, nicht wie bei der Kongruenz diese selbst, eine Rolle spielen, enthalten die Ähnlichkeitssätze je ein Bestimmungsstück weniger als die entsprechenden Kongruenzsätze.
Die Ähnlichkeitssätze finden vielfältige Anwendung, besonders beim Beweis anderer planimetrischer Lehrsätze, z. B. beim Beweis des Satzes, daß im Dreieck die Seitenhalbierenden einander hinsichtlich ihrer Längen im Verhältnis 2 : 1 schneiden.

Im rechtwinkligen Dreieck sind die durch die Höhe auf der Hypotenuse gebildeten Teildreiecke untereinander und dem Gesamtdreieck ähnlich.

In Abb. 7.8-6 zerlegt die Höhe $|CH|$ das Dreieck ABC in die *Teildreiecke* AHC und BHC; $\triangle AHC$ enthält wie $\triangle ABC$ einen rechten Winkel; $\sphericalangle\, CAH$ ist beiden Dreiecken gemeinsam. Nach dem *4. Ähnlichkeitssatz* sind die Dreiecke einander ähnlich. Analog zeigt man, daß $\triangle BCH \sim \triangle ABC$. Damit gilt dann auch $\triangle ACH \sim \triangle BHC$.

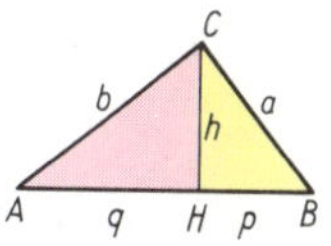

7.8-6 Sätze am rechtwinkligen Dreieck

Im rechtwinkligen Dreieck ist die Länge einer Kathete mittlere Proportionale zu den Längen der Hypotenuse und der Projektion dieser Kathete auf die Hypotenuse.

Aus $\triangle AHC \sim \triangle ABC$ folgt nämlich $|AH| : |AC| = |AC| : |AB|$, und aus $\triangle BHC \sim \triangle ABC$ folgt $|BH| : |BC| = |BC| : |AB|$.
Schreibt man dafür $q : b = b : c$ bzw. $p : a = a : c$ und formt um zu $b^2 = qc$ und $a^2 = pc$, so erkennt man die Gleichwertigkeit dieses Satzes über die mittlere Proportionale im rechtwinkligen Dreieck mit dem *Satz des Euklid*. Entsprechend folgt sofort $|AH| : |CH| = |CH| : |HB|$ bzw. $q : h = h : p$. Analog zum Höhensatz gilt deshalb:

Im rechtwinkligen Dreieck ist die Länge der Höhe auf der Hypotenuse mittlere Proportionale zu den Längen der durch sie gebildeten Hypotenusenabschnitte.

Teilung einer Strecke

Innere und äußere Teilung. Mit Hilfe der Strahlensätze ist es möglich, die Länge jeder gegebenen Strecke in einem beliebigen *rationalen Verhältnis* $\lambda = m : n$ zu teilen. Es wird festgelegt, daß $\lambda > 0$, wenn der Teilpunkt T_i zwischen den Endpunkten der zu teilenden Strecke liegt; man spricht dann von einer *inneren Teilung* der Strecke. Dagegen ist $\lambda < 0$, wenn der Teilpunkt T_a außerhalb der Strecke liegt, d. h. bei einer *äußeren Teilung* der Strecke. Stets setzt man $\lambda = |AT|/|TB| = m : n$, wobei A und B die Endpunkte der Strecke bezeichnen.
Auf einer Geraden durch Punkt A trägt man die Streckenlänge $|AC| = me$ in einer beliebigen Längeneinheit e ab und auf der Parallelen zu ihr durch Punkt B nach beiden Seiten die Streckenlängen $|BE| = ne$ und $|BD| = ne$ mit derselben Einheit e ab (Abb. 7.8-7). Dann teilen die Strecke CD die Strecke AB in ihrem Schnittpunkt T_i innerlich und die Verlängerung der Strecke CE in T_a äußerlich im Verhältnis $|m : n|$. Die Punkte T_i und T_a teilen die Strecke *harmonisch*, da bei einer Orientierung der Geraden beide Teilverhältnisse den gleichen Betrag, aber entgegengesetztes Vorzeichen haben.

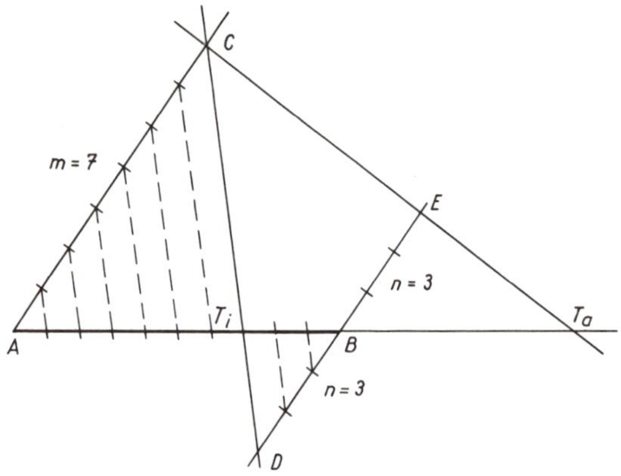

7.8-7 Streckenteilung

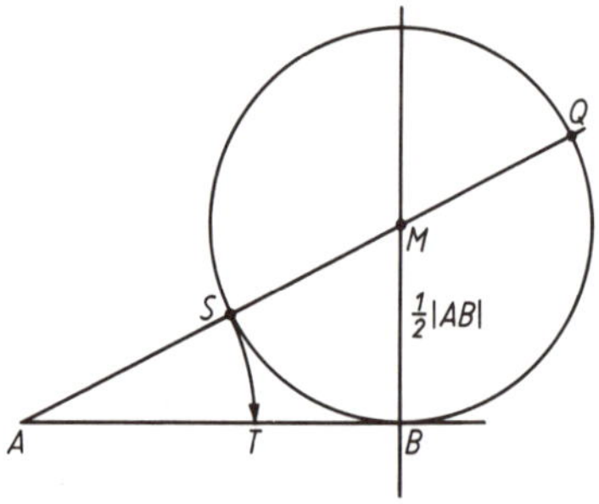

7.8-8 Stetige Teilung einer Strecke

Das Teilverhältnis kann auch beliebige reelle Werte λ annehmen, wenn $|AC|$ und $|BD| = |BE|$ beliebige Streckenlängen sind, die auch inkommensurabel sein können. Sind m und n wieder ganze Zahlen, so kann die Konstruktion dazu dienen, die Strecke AB in $m + n$ gleiche Teile zu teilen.

Stetige Teilung. Man kann die Länge einer Strecke AB innen so teilen, daß die Länge des ***größeren Teilabschnitts AT mittlere Proportionale*** zwischen den Längen der ***kleineren*** und der ***gesamten Strecke*** wird, d. h., daß gilt $|AB| : |AT| = |AT| : |TB|$. Abb. 7.8-8 zeigt die Konstruktion. Nach dem *Sehnentangentensatz* gilt $|AB|^2 = |AS| \cdot |AQ|$ oder $|AB| : |AQ| = |AS| : |AB|$, wegen $|AS| = |AT|$ und $|AB| = |SQ|$ erhält man nach dem Satze von der *korrespondierenden Subtraktion* $|AB| : (|AQ| - |SQ|) = |AS| : (|AB| - |AT|)$ oder $|AB| : |AT| = |AT| : |TB|$. Man spricht dann von der *stetigen Teilung* der Länge einer Strecke; diese Teilung ist auch unter dem Namen *Goldener Schnitt* bekannt. Historisch spielte der Goldene Schnitt in der Kunst eine große Rolle, da man lange Zeit der Meinung war, ideale Schönheit von Figuren, einschließlich des menschlichen Körpers, liege genau dann vor, wenn die Längen der Einzelteile zueinander in einem dem Goldenen Schnitt entsprechenden Verhältnis stehen.

7.9. Kreis

Bezeichnungen

Ein *Kreis* ist die Menge aller Punkte einer Ebene, die von einem festen Punkt dieser Ebene einen konstanten Abstand haben. Zum Unterschied von der durch einen Kreis in der Ebene abgegrenzten Fläche, der *Kreisfläche*, wird der Kreis selbst, die Kreislinie, auch als *Kreisperipherie* oder *Kreisumfang* bezeichnet. Der ausgezeichnete Punkt, von dem alle Punkte des Kreises gleichen Abstand haben, ist der *Kreismittelpunkt*. Jede Strecke vom Kreismittelpunkt zu einem Punkt der Kreisperipherie heißt *Radius*. Jede Verbindungsstrecke zweier Punkte der Kreisperipherie verläuft ganz im Innern des Kreises, d. h., der Kreis ist eine *konvexe Figur*. Jede Gerade durch zwei Punkte der Kreisperipherie nennt man *Sekante*, den auf ihr gelegenen Abschnitt, der nur Punkte des Kreisinnern enthält, *Sehne*. Sehnen, die durch den Kreismittelpunkt gehen, sind *Kreisdurchmesser*. Kreisdurchmesser sind die *größten Sehnen* des Kreises; Geraden, die einen und nur einen Punkt mit einem Kreis gemeinsam haben, sind *Kreistangenten*. Winkel, deren Scheitelpunkt ein Punkt der Kreisperipherie ist und deren Schenkel Sekanten sind, heißen *Peripherie-* oder *Umfangswinkel*. Winkel, deren Scheitelpunkt der Kreismittelpunkt ist, nennt man *Zentri-* oder *Mittelpunktswinkel*. Den durch einen Zentri-

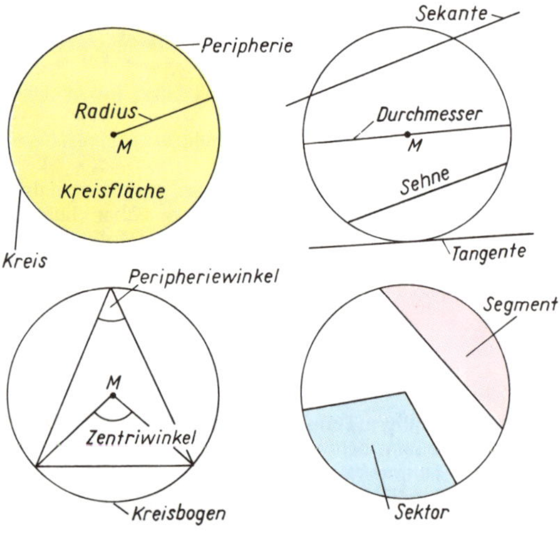

7.9-1 Bezeichnungen am Kreis

winkel ausgeschnittenen Teil der Kreisperipherie bezeichnet man als *Kreisbogen*. Ein *Sektor* ist der Teil der Kreisfläche, der von den Schenkeln eines Zentriwinkels und dem zugehörigen Kreisbogen begrenzt wird. Ein *Segment* ist derjenige Teil eines Sektors, der zwischen dem Kreisbogen und der Sehne liegt. die die Schnittpunkte der Schenkel des Zentriwinkels und der Kreisperipherie verbindet (Abb. 7.9-1).

Winkelsätze am Kreis

Jeder Peripheriewinkel ist halb so groß wie der zum gleichen Kreisbogen gehörende Zentriwinkel.

Beim Beweis dieses Satzes sind drei Fälle zu unterscheiden: In Abb. 7.9-2 liegt der Kreismittelpunkt M links *auf einem* der Schenkel, in der Mitte *zwischen* den Schenkeln oder rechts *außerhalb* der Schenkel des Peripheriewinkels. Im ersten Fall ist $\triangle AMS_1$ *gleichschenklig*, da $|AM| = |MS_1| = r$. Daher gilt $|\sphericalangle AS_1M| = |\sphericalangle MAS_1| = \beta$. Da der Zentriwinkel AMB Außenwinkel des Dreiecks AMS_1 ist, folgt nach dem Außenwinkelsatz die Beziehung $\alpha = 2\beta$. Die beiden anderen Fälle werden durch das Einzeichnen der Durchmesser S_2D und S_3E auf den ersten Fall zurückgeführt. Zu jedem Zentriwinkel gehört ein und nur ein Kreisbogen, zu jedem Peripheriewinkel ein und nur ein Zentriwinkel über dem gleichen Bogen; zu jedem Bogen aber existieren beliebig viele Peripheriewinkel.

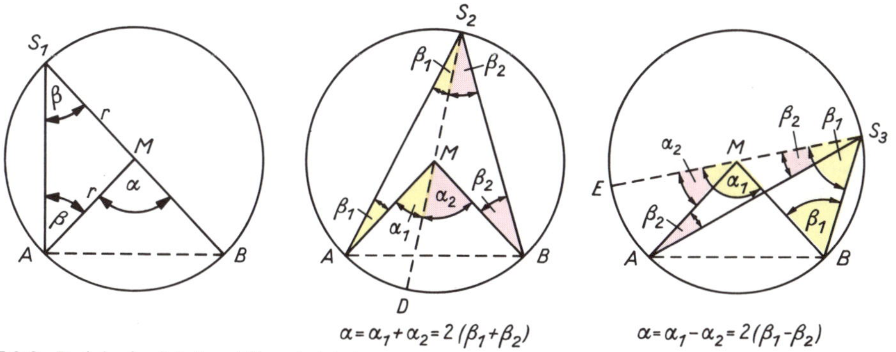

7.9-2 Peripheriewinkel und Zentriwinkel

Peripheriewinkel über gleichem Bogen sind gleich groß. Alle Peripheriewinkel über dem Halbkreis sind Rechte.

Wandert der Scheitelpunkt eines Peripheriewinkels auf dem Kreis von A nach B, bis er schließlich mit B zusammenfällt, so wird der eine Schenkel zur *Tangente*, der andere zur *Sekante* durch A und B. Dieser Winkel ABT heißt *Sekantentangentenwinkel* oder *Sehnentangentenwinkel* (Abb. 7.9-3).

Ein Sehnentangentenwinkel hat die gleiche Größe wie jeder Peripheriewinkel über dem Kreisbogen, der zwischen den Schenkeln des Sehnentangentenwinkels liegt.

Fällt man das Lot ML auf die Sehne AB, so gilt
$\beta = 90° - (90° - \alpha/2) = \alpha/2$.

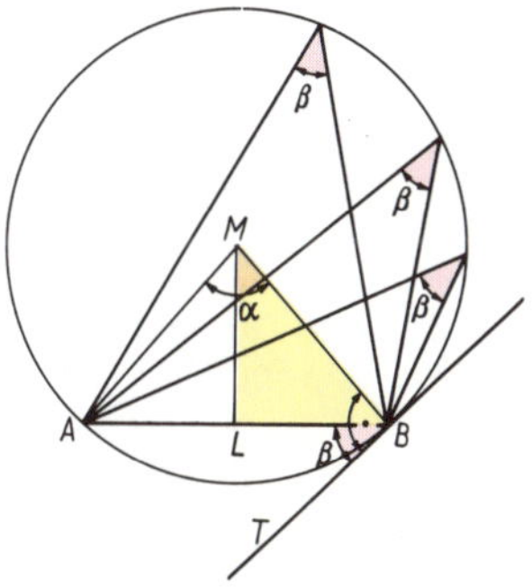

7.9-3 Peripheriewinkel und Sehnentangentenwinkel

Tangentensätze am Kreis

Der Radius nach dem Berührungspunkt einer Tangente, Berührungsradius genannt, steht auf der Tangente senkrecht; die Senkrechte auf einem Radius in seinem auf der Kreisperipherie gelegenen Endpunkt ist die Tangente an den Kreis in diesem Punkt.

Die von einem Kreis und einer Tangente gebildete Figur ist axialsymmetrisch. Die *Symmetrieachse* ist Träger des Berührungsradius; sie geht durch den Kreismittelpunkt M und den Tangentenberührungspunkt B. Auch die Figur, die von einem Kreis und den von einem Punkt P *außerhalb des Kreises* an diesen gelegten *Tangenten* gebildet wird, ist axialsymmetrisch. Die Symmetrieachse geht durch den Kreismittelpunkt M und durch den Punkt P, in dem die beiden an den Kreis gelegten Tangenten einander schneiden. Die Strecke PM auf der Symmetrieachse heißt *Zentrale* (Abb. 7.9-4). Aus den Symmetrieeigenschaften ergeben sich die folgenden Sätze:

1. Die Zentrale halbiert den Winkel zwischen den beiden Tangenten, die von einem Punkt an einen Kreis gelegt werden können.
2. Für die von einem Punkt an einen Kreis gelegten Tangenten sind die Tangentenabschnitte zwischen Tangentenschnittpunkt und den Berührungspunkten gleich lang.
3. Die Sehne zwischen den Berührungspunkten zweier von einem Punkt an einen Kreis gelegter Tangenten, die Berührungssehne, wird von der auf dieser Sehne senkrecht stehenden Zentralen halbiert.

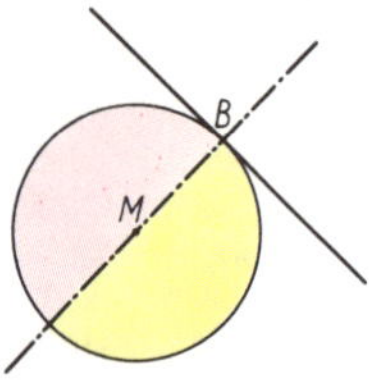

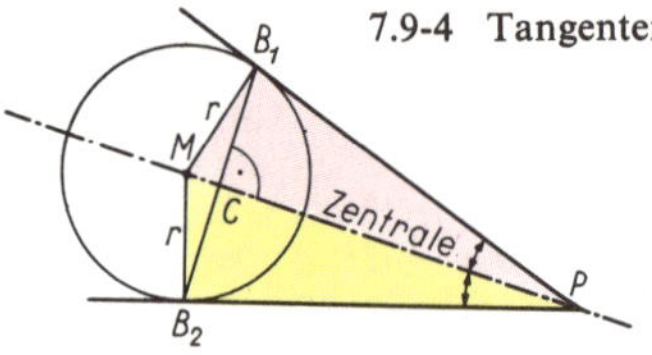

7.9-4 Tangenten am Kreis

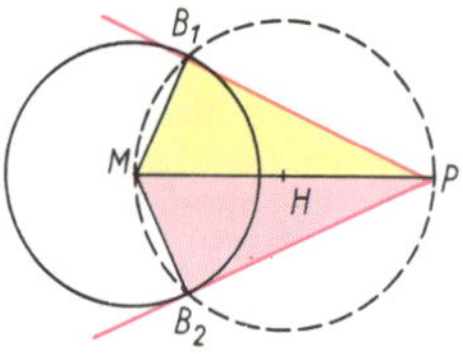

7.9-5 Tangenten von P an den Kreis um M

Konstruktionen. Auf den genannten Sätzen über Kreis und Tangente beruhen alle Tangentenkonstruktionen am Kreis.

Tangente von einem Punkt außerhalb des Kreises an den Kreis. Um den Mittelpunkt H der Zentrale MP wird ein Kreis mit dem Radius $|HP|$ beschrieben (Abb. 7.9-5), der den Kreis um M in B_1 und B_2 schneidet, die nach dem Satz des Thales die Berührungspunkte der Tangenten sind Die Geraden PB_1 und PB_2 sind die gesuchten Tangenten.

Tangente in einem Punkt des Umfangs an den Kreis. Der *Berührungsradius BM* wird über B um sich selbst verlängert bis C; um C und M werden Kreisbögen beschrieben mit einem Radius, der größer ist als $|MB|$. Die Verbindungslinie der Schnittpunkte D_1 und D_2 liegt auf der gesuchten Tangente (Abb. 7.9-6).

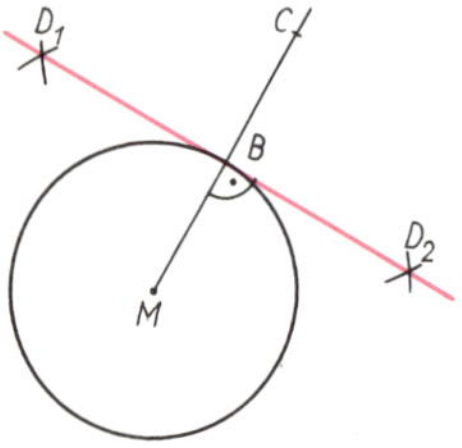

7.9-6 Tangente in B an den Kreis um M

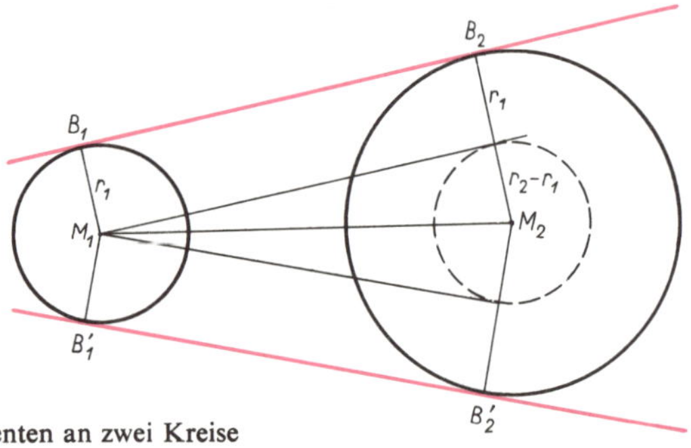

7.9-7 Äußere Tangenten an zwei Kreise

Die äußeren Tangenten an zwei Kreise. An zwei Kreise mit den Mittelpunkten M_1, M_2 und den Radien r_1, r_2 ($r_2 > r_1$) sollen die äußeren Tangenten gelegt werden. Dazu beschreibt man um M_2 mit dem Radius der Länge $r_2 - r_1$ einen *Hilfskreis* und legt an diesen von M_1 aus die Tangenten. Die zu diesen Tangenten im Abstand r_1 gezogenen entsprechenden Parallelen B_1B_2 und $B_1'B_2'$ sind die äußeren Tangenten an die beiden gegebenen Kreise (Abb. 7.9-7). Sie entsprechen in ihrem Verlauf dem geraden Riemenantrieb an Maschinen.

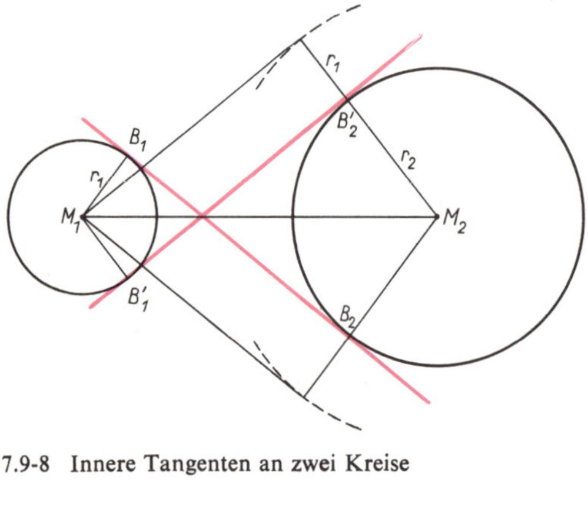

7.9-8 Innere Tangenten an zwei Kreise

Die inneren Tangenten an zwei Kreise. Um M_2 beschreibt man mit dem Radius der Länge $r_2 + r_1$ einen *Hilfskreis* und legt an diesen von M_1 aus die Tangenten. Die zu diesen Tangenten im Abstand r_1 gezogenen Parallelen B_1B_2 und $B_1'B_2'$ sind die inneren Tangenten an die beiden gegebenen Kreise (Abb. 7.9-8). Der Verlauf entspricht in diesem Fall dem gekreuzten Riemenantrieb.

Berechnungen am Kreis

Umfang. Für die Länge des Umfangs U eines Kreises vom Durchmesser d kann man die Umfangslängen einbeschriebener und umbeschriebener regelmäßiger Vielecke als Schranken angeben, z. B. ist der Umfang $U_i = 3d$ des regelmäßigen einbeschriebenen Sechsecks eine untere und der Umfang $U_a = 2d\sqrt{3} < 3{,}47d$ des regelmäßigen umbeschriebenen Sechsecks eine obere Schranke (Abb. 7.9-9), so daß gilt $3{,}00d < U < 3{,}47d$.

Der Faktor, mit dem man d multiplizieren muß, um U zu erhalten, wird mit dem griechischen Buchstaben π [sprich pi] bezeichnet, $U = \pi \cdot d$. Diese Konstante ist eine der wichtigsten und interessantesten mathematischen Konstanten; sie ist irrational und transzendent. Man kann sie um so genauer angeben, je größer man die Anzahl der Seiten der erwähnten Vielecke wählt.

Schon ARCHIMEDES hat seine Untersuchungen bis zum 96-Eck durchgeführt und dabei eine obere und eine untere Schranke für π ermittelt, die noch heute in der Praxis oft als hinreichend genaue Näherungswerte benutzt werden, vor allem die obere Schranke; er fand

$3^{10}/_{71} < \pi < 3^{10}/_{70}$, d. h., $3{,}140\,845\,07 < \pi < 3{,}142\,857\,14$.

Die ersten 40 Stellen von π nach dem Komma lauten

$\pi = 3{,}14159\ 26535\ 89793\ 23846\ 26433\ 83279\ 50288\ 41971\ \ldots$

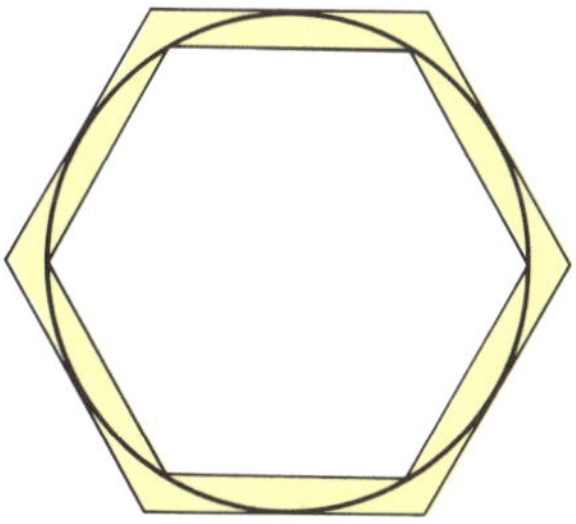

7.9-9 Kreis mit ein- und umbeschriebenem Sechseck

Folgende Überschlagsrechnung zeigt, was die Angabe der Zahl π nur auf 30 Stellen genau bedeutet. Die Sternsysteme, die von Astronomen photographisch in stundenlanger Belichtung gerade eben noch wahrgenommen werden können, haben das auf der photographischen Platte registrierte Licht vor rund 2 Milliarden Jahren ausgesendet. Da das Licht in einem Jahr etwa $9{,}5 \cdot 10^{12}$ km zurücklegt, beträgt der Abstand dieser Sternsysteme von der Erde rund $r = 2 \cdot 10^9 \cdot 9{,}5 \cdot 10^{12}$ km $= 1{,}9 \cdot 10^{22}$ km. Der Umfang u eines Kreises mit diesem ungeheuren Abstand als Radius ist $u = 2\pi r \approx 3{,}8 \cdot \pi \cdot 10^{22}$ km. Setzt man hierin π auf 30 Stellen genau ein, so ist bei der Längenangabe in Kilometern für den Umfang u dieses Kreises die 8. Stelle nach dem Komma um rund zwei Einheiten falsch, d. h., der durch die Rundung von π verursachte Fehler beträgt rund 20 Mikrometer oder 0,02 Millimeter. Es leuchtet ein, daß eine solche Genauigkeit praktisch nie gebraucht wird. Gebräuchliche Näherungswerte sind $\pi \approx 3{,}14$ oder $\pi \approx 3^1/_7$ auf zwei Stellen genau, $\pi = 3{,}1416$ auf vier Stellen genau (Abb. 7.9-10).

Aus der Transzendenz der Zahl π geht hervor, daß kein Kreis allein mit Zirkel und Lineal in ein flächengleiches Quadrat verwandelt werden kann, daß die Quadratur des Zirkels unmöglich ist.

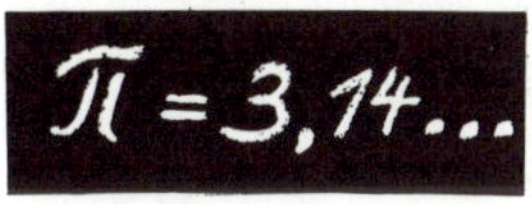

7.9-10 Die Zahl π auf zwei Dezimalen nach dem Komma genau

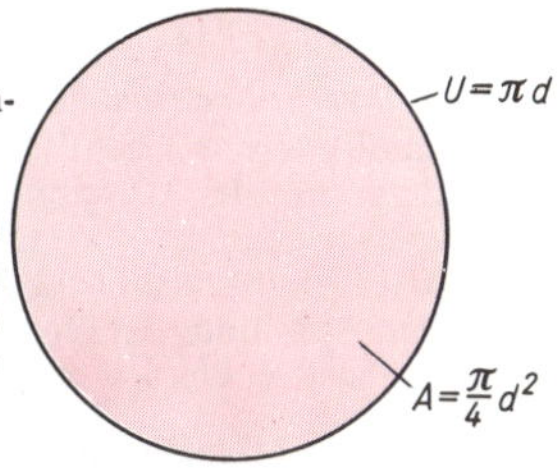

7.9-11 Umfang und Flächeninhalt des Kreises

Inhalt. Auch der Flächeninhalt des Kreises ergibt sich als Grenzwert der Flächeninhalte der ihm ein- und umbeschriebenen regelmäßigen Vielecke mit der Zahl π als Proportionalitätsfaktor. Seine Fläche $A = \pi r^2 = \pi(d/2)^2$ ist dem Quadrat der Länge seines Radius proportional (Abb. 7.9-11).

Flächeninhalt des Kreises	$A = \pi r^2 = \pi(d/2)^2$

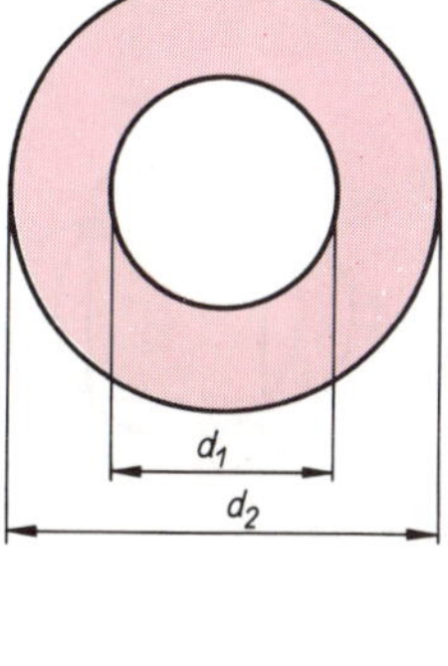

7.9-12 Kreisring

Kreisring. Als Differenz der Flächeninhalte zweier konzentrischer Kreise mit den Durchmessern d_1 und $d_2 > d_1$ erhält man (Abb. 7.9-12):

$$A = (\pi/4)\,d_2^2 - (\pi/4)\,d_1^2 = (\pi/4)\,(d_2^2 - d_1^2) = (\pi/4)\,(d_2 + d_1)\,(d_2 - d_1).$$

Flächeninhalt des Kreisringes	$A = (\pi/4)\,(d_2 + d_1)\,(d_2 - d_1)$

Kreissektor. Da der Flächeninhalt A des Kreisausschnitts oder *Kreissektors* von der Größe des Zentriwinkels α abhängt (Abb. 7.9-13) und da zu $\alpha = 360°$ der Inhalt der gesamten Kreisfläche πr^2 gehört, kann man die Proportion aufstellen $A : \pi r^2 = \alpha : 360° \rightarrow A = (\alpha/360°) \cdot \pi r^2$, für α in

Grad. Wird die Winkelgröße α in Bogenmaß angegeben, so erhält man wegen der Gleichheit von $(\alpha/360°)$ für α in Grad und $(\alpha/2\pi)$ für α in rad die nebenstehende Relation.

$A = \alpha r^2/2$ für α in rad

Die Länge des den Kreissektor begrenzenden Bogens b ergibt sich aus der Proportion $b : \alpha = 2\pi r : 360°$ für α in Grad bzw. $b : \alpha = 2\pi r : 2\pi$ für α in rad und kann in die Formel für den Flächeninhalt eingesetzt werden.

Länge des Bogens	$b = 2\pi r \cdot \alpha/360° = \alpha\pi r/180°$ für α in Grad	$b = \alpha r$ für α in rad
Flächeninhalt des Kreissektors	$A = \pi r^2\alpha/360° = br/2$ für α in Grad	$A = \alpha r^2/2 = br/2$ für α in rad

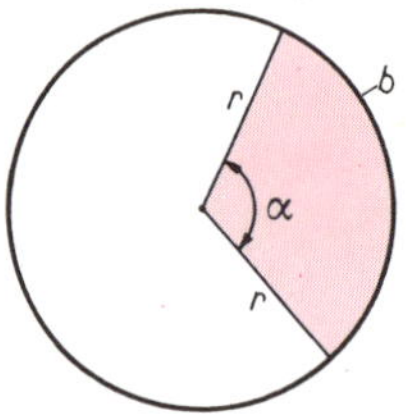

7.9-13 Kreissektor

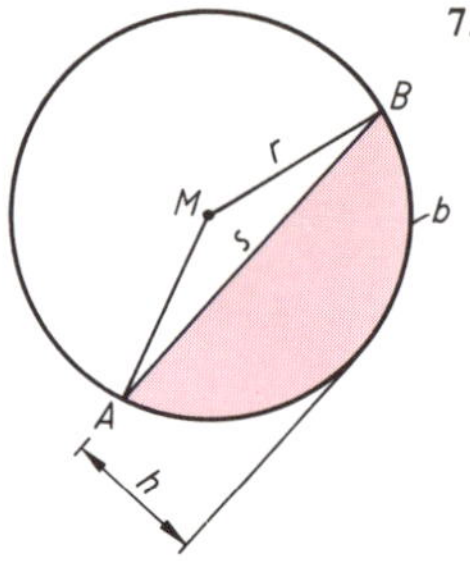

7.9-14 Kreissegment

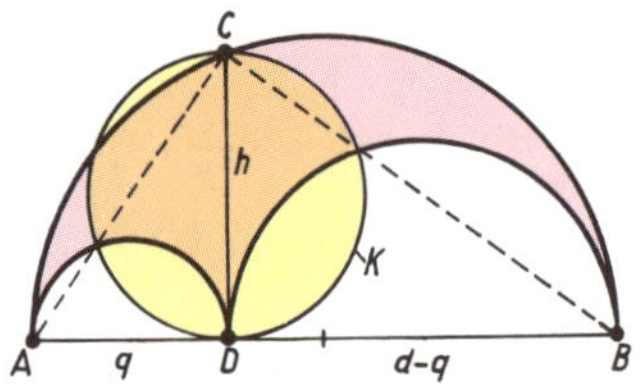

7.9-15 Arbelos

Kreissegment. Die Fläche des Kreisabschnitts, des *Kreissegments*, gewinnt man als *Differenz* aus Flächeninhalt von ***Kreissektor*** und ***Dreieck AMB*** (Abb. 7.9-14), $A = b \cdot r/2 - s(r - h)/2$, wobei s die Länge der Segmentsehne und h die Bogenhöhe bedeuten.

Arbelos. Von den vielen aus Kreisbögen zusammengesetzten Figuren sollen hier zwei bereits von ARCHIMEDES untersuchte genannt werden: der Arbelos und das Salinon. Der *Arbelos* [Schusterkneif] entsteht, indem in einem Halbkreis zwei nebeneinanderliegende Halbkreise so ausgespart werden, daß die Summe der Längen ihrer Durchmesser gleich der Länge des Durchmessers des großen Halbkreises ist (Abb. 7.9-15). Errichtet man im Berührungspunkt der ausgesparten Halbkreise die senkrecht zum Durchmesser des großen Halbkreises verlaufende Halbsehne, so ist der Kreis K mit dieser Halbsehne als Durchmesser flächengleich dem Arbelos. Die Halbsehne kann als Höhe des rechtwinkligen Dreiecks ABC im Halbkreis über $|AB| = d$ angesehen und ihre Länge $h = |CD|$ daher nach dem Höhensatz berechnet werden, $h^2 = q(d - q)$. Es gilt daher $A_K = \pi(h^2/4) = \pi q(d - q)/4$. Der Flächeninhalt des Arbelos ist

$$A_{Ar} = (A_{AB} - A_{AD} - A_{DB})/2 = \pi[d^2 - q^2 - (d - q)^2]/8 = \pi q(d - q)/4.$$

Salinon. Das *Salinon* entsteht, indem in einem Halbkreis mit dem Durchmesser d an beiden Seiten kleine Halbkreise mit dem Durchmesser e ausgespart und an sie bzw. den ursprünglichen Halbkreis ein anderer mit der Durchmesserlänge $(d - 2e)$ angesetzt wird (Abb. 7.9-16). Der Kreis K, dessen Durchmesserlänge $(d - e)$ gleich der Summe der Radienlängen des ursprünglichen $(d/2)$ und des angesetzten Halbkreises $(d/2 - e)$ ist, hat den gleichen Flächeninhalt A_S wie das Salinon.
Nach der Abbildung ist $A_K = \pi(d - e)^2/4$; $A_S = (A_{AB} - 2A_{AC} + A_{CD})/2 = \pi[d^2 - 2e^2 + (d - 2e)^2]/8 = \pi(d^2 - 2de + e^2)/4 = \pi(d - e)^2/4$.

Möndchen des Hippokrates. Berühmt sind ferner verschiedene Formen von Kreiszweiecken. Am bekanntesten sind die *Möndchen des Hippokrates*. Nach dem Satz des Thales ist in Abb. 7.9-17 links

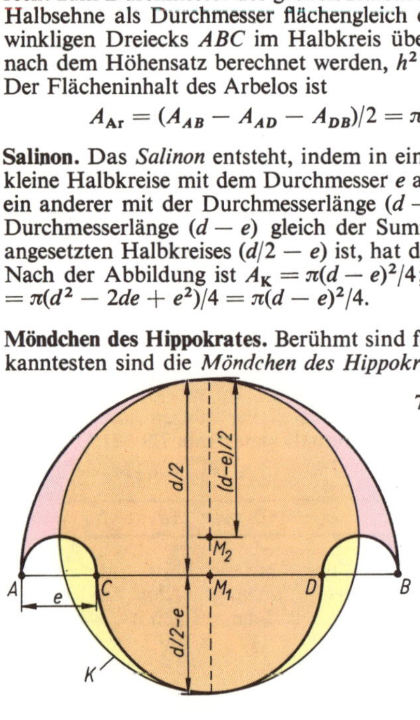

7.9-16 Salinon

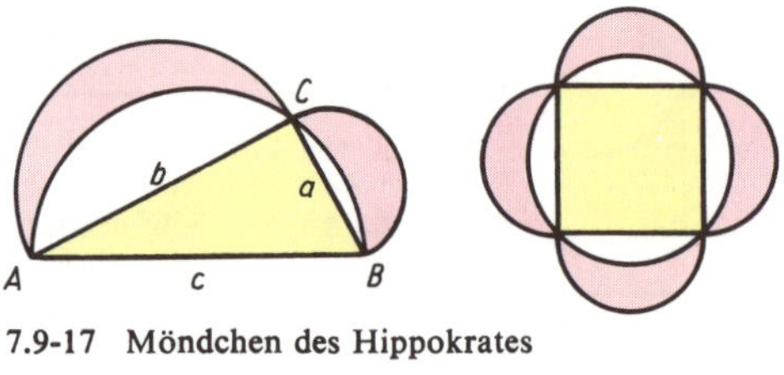

7.9-17 Möndchen des Hippokrates

Dreieck ABC rechtwinklig; es gilt somit $c^2 = a^2 + b^2$. Der Halbkreis über $|AB| = c$ hat den Flächeninhalt $A_{AB} = \pi c^2/8$; die Summe der Flächeninhalte der Halbkreise über AC und BC beträgt $A_{AC} + A_{BC} = \pi(b^2 + a^2)/8$, ist also gleich A_{AB}. Daraus folgt:

Die Summe der Flächeninhalte der beiden Möndchen ist dem Flächeninhalt des Dreiecks ABC gleich.

Analog wird in Abb. 7.9-17 rechts gefolgert, daß die Summe der Flächeninhalte der vier Möndchen am Quadrat gleich ist dem Flächeninhalt des Quadrats selber. Durch diese Besonderheit irregeleitet, beschäftigten sich viele Mathematiker des Altertums – darunter Hippokrates selbst – mit vergeblichen Versuchen der Quadratur des Kreises.

Sätze über Sehnen, Sekanten und Tangenten

Mit Hilfe der Drehung eines Kreises mit einer Sehne um den Mittelpunkt des Kreises läßt sich die Gültigkeit des Satzes erweisen:

Sehnen gleicher Länge haben in einem Kreis gleiche Abstände vom Kreismittelpunkt; Sehnen gleichen Abstands vom Kreismittelpunkt sind gleich lang.

Ist in einem Kreis die *Sehne* s_1 *größer* als die Sehne s_2, so ist der *Abstand* von s_1 zum Kreismittelpunkt *kleiner* als der von s_2. Hieraus folgt, daß der Durchmesser die größte Sehne des Kreises ist. Werden die Geraden eines Geradenbüschels von einem Kreis geschnitten, so ist auf jeder der Geraden das *Produkt der Maßzahlen* der beiden durch die Kreisperipherie gebildeten *Teilstrecken konstant.* Dieser Satz ist die Verallgemeinerung und die Zusammenfassung der folgenden drei Sätze:

Sehnensatz: Schneiden sich in einem Kreis zwei Sehnen, so ist das Produkt der Abschnittslängen der einen Sehne gleich dem Produkt der Abschnittslängen der anderen.

Der Beweis ergibt sich wie folgt (Abb. 7.9-18): Es sind $\sphericalangle B_1A_1B_2$ und $\sphericalangle B_2A_2B_1$ sowie $\sphericalangle A_1B_2A_2$ und $\sphericalangle A_2B_1A_1$ jeweils gleich groß als Peripheriewinkel über gleichen Bögen. Also ist $\triangle A_1SB_2 \sim \triangle A_2SB_1$, und es gilt $|SA_1| : |SB_2| = |SA_2| : |SB_1|$ oder $|SA_1| \cdot |SB_1| = |SA_2| \cdot |SB_2|$, d. h., $a \cdot b = c \cdot d$.

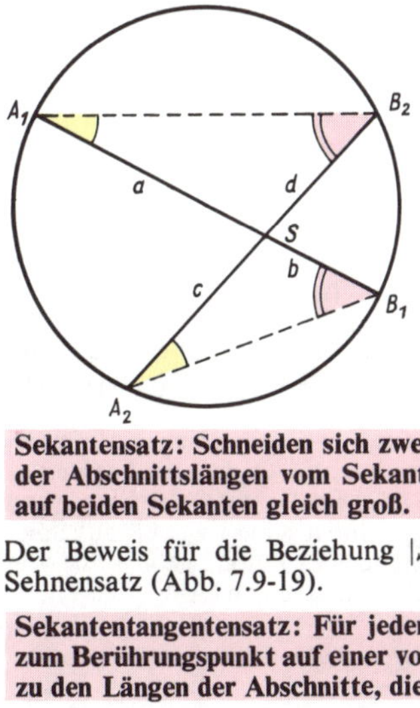

7.9-18 Sehnensatz

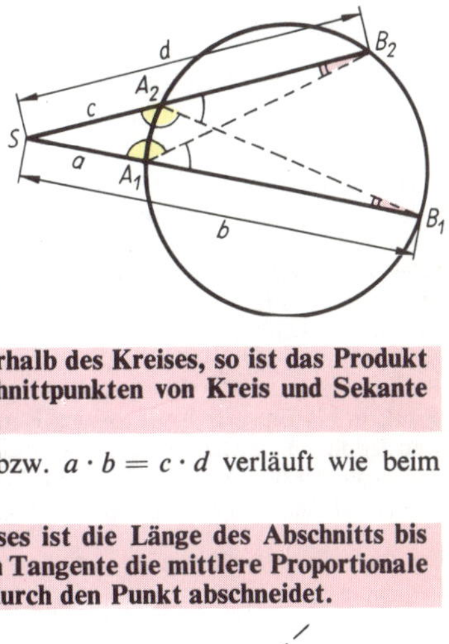

7.9-19 Sekantensatz

Sekantensatz: Schneiden sich zwei Sekanten eines Kreises außerhalb des Kreises, so ist das Produkt der Abschnittslängen vom Sekantenschnittpunkt bis zu den Schnittpunkten von Kreis und Sekante auf beiden Sekanten gleich groß.

Der Beweis für die Beziehung $|SA_1| \cdot |SB_1| = |SA_2| \cdot |SB_2|$ bzw. $a \cdot b = c \cdot d$ verläuft wie beim Sehnensatz (Abb. 7.9-19).

Sekantentangentensatz: Für jeden Punkt außerhalb eines Kreises ist die Länge des Abschnitts bis zum Berührungspunkt auf einer vom Punkt an den Kreis gelegten Tangente die mittlere Proportionale zu den Längen der Abschnitte, die der Kreis auf einer Sekante durch den Punkt abschneidet.

Der Beweis für die Beziehung $|SA|^2 = |SA_1| \cdot |SB_1|$ bzw. $t^2 = a \cdot b$ verläuft wie beim *Sekantensatz*. Dabei rückt der Punkt B_2 auf der Peripherie des Kreises nach A, so daß in der *Grenzlage*, beim Übergang der Sekante zur Tangente, $A_2 = B_2 = A$ wird (Abb. 7.9-20). Man nennt das konstante Produkt der Teilstreckenlängen auch *Potenz* des Schnittpunktes der Geraden des Büschels mit dem Träger S in bezug auf den Kreis.

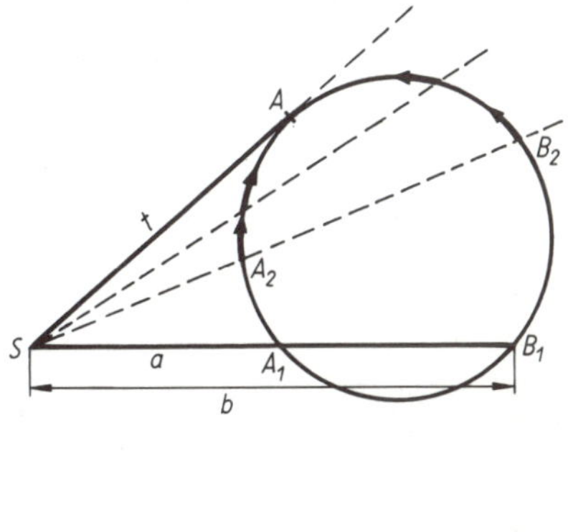

7.9-20 Sekantentangentensatz

Sehnen- und Tangentenvierecke

Sehnenviereck. Ein Viereck, dessen Seiten Sehnen eines Kreises sind, heißt *Sehnenviereck* (Abb. 7.9-21). Aus der Beziehung zwischen der Größe des Zentriwinkels und den von Peripheriewinkeln über dem gleichen Bogen sowie aus dem Satz über die Summe der Größen der Innenwinkel eines Vierecks folgt:

Im Sehnenviereck ist die Summe der Größen zweier gegenüberliegender Winkel stets 180°.

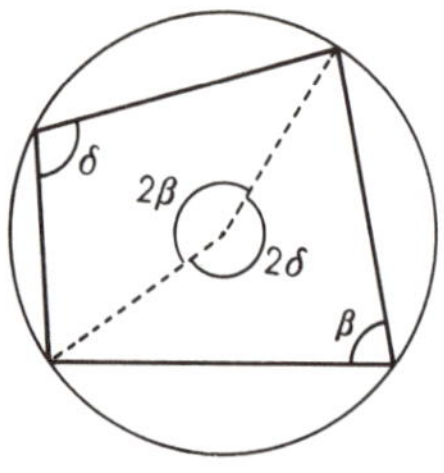

7.9-21 Sehnenviereck

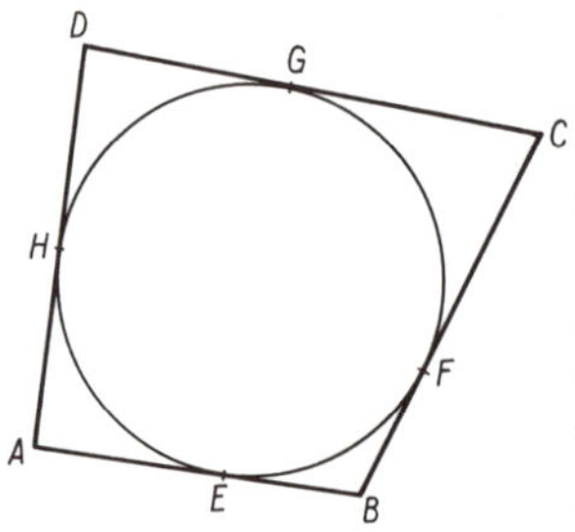

7.9-22 Tangentenviereck

Umgekehrt haben nur die Vierecke einen Umkreis, für die die Summe der Größen gegenüberliegender Winkel 180° beträgt.

Tangentenviereck. Ein Viereck, dessen Seiten Tangenten eines Kreises sind, heißt *Tangentenviereck* (Abb. 7.9-22). Da die Längen der Tangentenabschnitte von einem Punkt an einen Kreis untereinander gleich sind, folgt in der Bezeichnung der Abbildung $|AE| = |AH|$, $|BE| = |BF|$, $|CF| = |CG|$, $|DH| = |DG|$ und somit auch: $|AE| + |EB| + |CG| + |GD| = |BF| + |FC| + |DH| + |HA|$, d. h., $|AB| + |CD| = |BC| + |DA|$ bzw. $a + c = b + d$.

Im Tangentenviereck ist die Summe der Längen zweier gegenüberliegender Seiten gleich der Summe der Längen der anderen beiden Gegenseiten.

Die Gültigkeit der Umkehrung dieses Satzes ist ebenfalls aus Abb. 7.9-22 ersichtlich.
Aus diesen Sätzen folgt z. B., daß das *Quadrat* Inkreis und Umkreis hat, das *Rechteck* einen Umkreis, aber keinen Inkreis, der *Rhombus* einen Inkreis, aber keinen Umkreis und das allgemeine Parallelogramm (Rhomboid) weder Umkreis noch Inkreis haben.

7.10. Geometrische Örter

Ein geometrischer Ort ist eine *Punktmenge*, durch deren Definition für jeden Punkt eindeutig entschieden wird, ob er zur Menge gehört. Der geometrische Ort enthält dann alle und nur die Punkte dieser Menge. Ist im dreidimensionalen Raum diese Menge z. B. dadurch definiert, daß jeder ihrer Punkte den konstanten Abstand r von einem festen Punkt M hat, so liegt jeder dieser Punkte auf der Oberfläche der Kugel mit dem Mittelpunkt M und dem Radius r. Entsprechend ist der geometrische Ort aller Punkte, die von einer Geraden gleichen Abstand haben, die Oberfläche eines Drehzylinders mit der gegebenen Geraden als Achse.
In der Ebene sind die geometrischen Örter Kurven, z. B. eine Gerade, ein Kreis oder eine Parabel. Sie werden auch *Bestimmungslinien* genannt, da sie in Konstruktionen benutzt werden, die Lage eines Punktes als Durchschnitt zweier Punktmengen zu bestimmen; hat z. B. ein Punkt C der Ebene von den Enden A bzw. B einer Strecke der Länge c die Abstände b bzw. a, so ist seine Lage bis auf Spiegelungen an der Achse AB dadurch bestimmt, daß er sowohl zur Menge der Punkte gehört, die von A den Abstand b haben, als auch zu der, deren Punkte von B den Abstand a haben (Abb. 7.10-1).

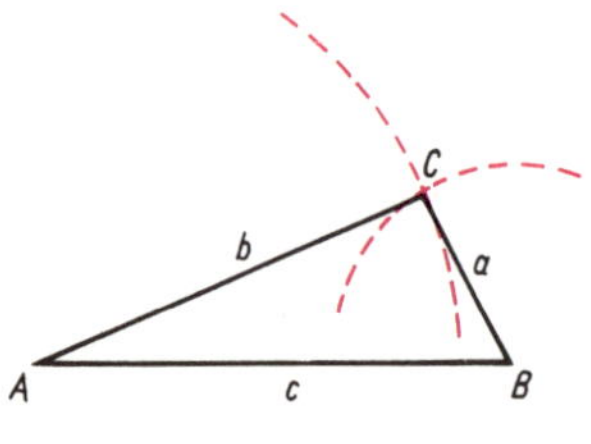

7.10-1 Geometrischer Ort: Lage des Punktes C

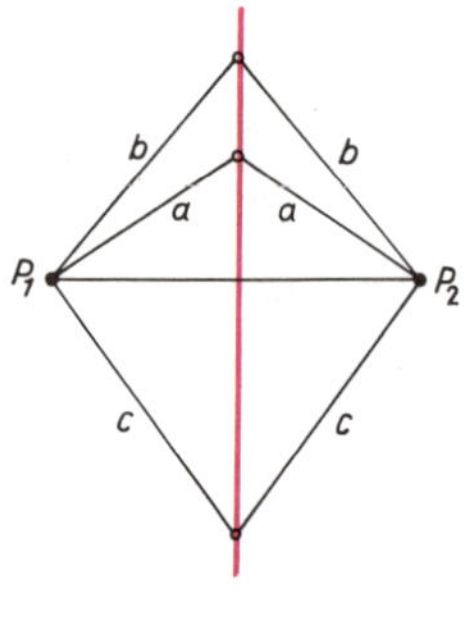

7.10-2 Geometrischer Ort: Mittelsenkrechte

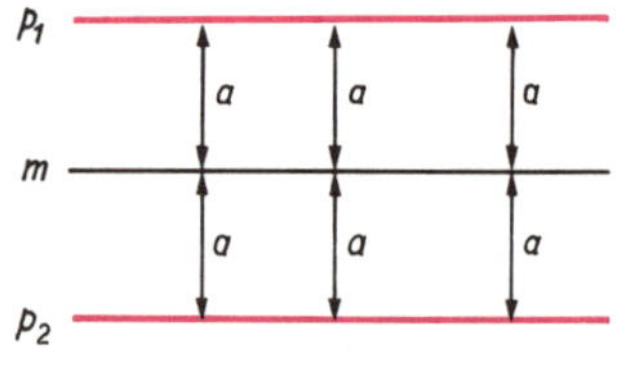

7.10-3 Geometrischer Ort: Parallelenpaar bzw. Mittelparallele

Einige elementare geometrische Örter.

1. *Der geometrische Ort aller Punkte, die von zwei festen Punkten gleichen Abstand haben, ist die Mittelsenkrechte der Verbindungsstrecke der beiden gegebenen Punkte (Abb. 7.10-2).*
2. *Der geometrische Ort aller Punkte, die von einer festen Geraden einen vorgegebenen Abstand haben, ist das Parallelenpaar zur gegebenen Geraden im gegebenen Abstand (Abb. 7.10-3).*
3. *Der geometrische Ort aller Punkte, die von zwei festen Parallelen gleichen Abstand haben, ist die Mittelparallele zu den beiden gegebenen Parallelen (Abb. 7.10-3 und Abb. 7.10-6).*
4. *Der geometrische Ort aller Punkte, die von zwei einander schneidenden Geraden gleichen Abstand haben, sind die Winkelhalbierenden der durch die gegebenen festen Geraden gebildeten Winkel (Abb. 7.10-4 und Abb. 7.10-6).*
5. *Der geometrische Ort aller Punkte, die von einem festen Punkt einen bestimmten Abstand haben, ist der Kreis um den gegebenen Punkt mit dem gegebenen Abstand als Länge des Radius.*
6. *Der geometrische Ort aller Punkte, von denen aus eine gegebene Strecke unter einem gegebenen Winkel erscheint, ist der Bogen des Ortskreises über der Strecke als Sehne, der den Winkel als Umfangswinkel faßt (Abb. 7.10-5).*

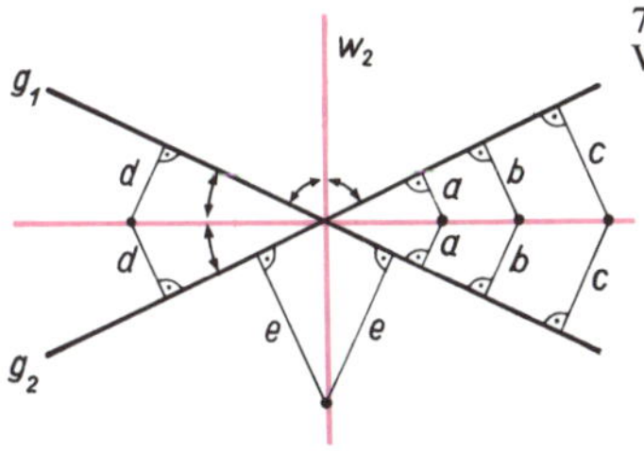

7.10-4 Geometrischer Ort: Winkelhalbierende

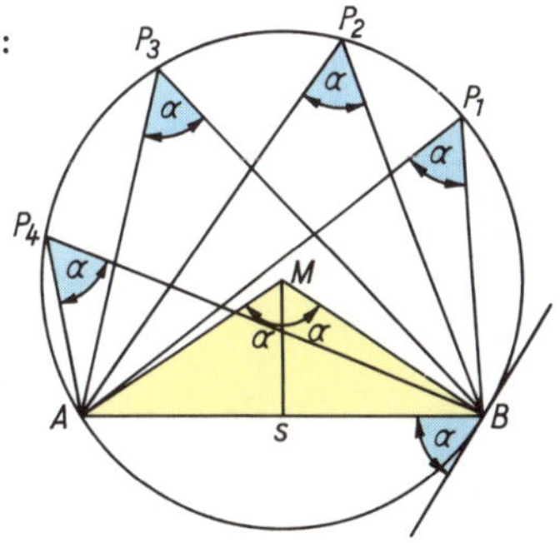

7.10-5 Ortskreis

Ist $s = |AB|$ die gegebene Länge einer Strecke und α die Größe eines gegebenen Umfangswinkels, so ist der Mittelpunkt M des Ortskreises als Spitze des gleichschenkligen Dreiecks ABM bestimmt, von dem $|AB| = s$ die Basis ist und der Winkel an der Spitze als Mittelpunktswinkel die Größe 2α hat.

Mit Hilfe dieser sechs elementaren Bestimmungslinien werden viele weitere planimetrische Ortsaufgaben gelöst.

Anwendungen. Geometrische Konstruktionen können, manchmal erst nach mehreren Schritten, auf die von Bestimmungslinien zurückgeführt werden; z. B. ist die Menge der Mittelpunkte aller Kreise, die zwei gegebene Geraden g_1 und g_2 berühren, entweder nach 3. die Mittelparallele m zu g_1 und g_2, falls diese einander parallel sind, oder diese Menge sind die Winkelhalbierenden w_1 und w_2 nach 4., falls g_1 und g_2 einander schneiden (Abb. 7.10-6).

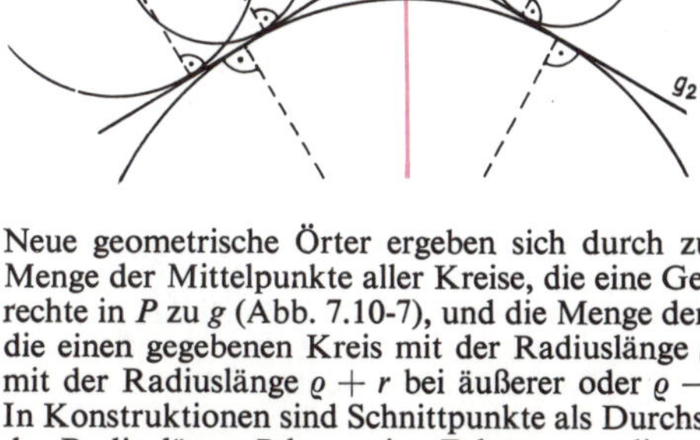

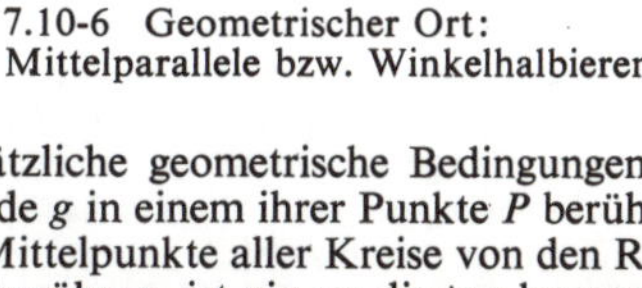

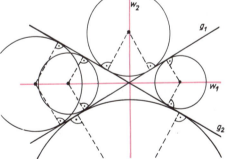

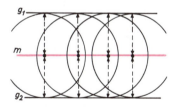

7.10-6 Geometrischer Ort: Mittelparallele bzw. Winkelhalbierende

Neue geometrische Örter ergeben sich durch zusätzliche geometrische Bedingungen, z. B. ist die Menge der Mittelpunkte aller Kreise, die eine Gerade g in einem ihrer Punkte P berühren, die Senkrechte in P zu g (Abb. 7.10-7), und die Menge der Mittelpunkte aller Kreise von den Radiuslängen r, die einen gegebenen Kreis mit der Radiuslänge ϱ berühren, ist ein zu diesem konzentrischer Kreis mit der Radiuslänge $\varrho + r$ bei äußerer oder $\varrho - r$ mit $r < \varrho$ bei innerer Berührung (Abb. 7.10-8). In Konstruktionen sind Schnittpunkte als Durchschnitt zweier Punktmengen bestimmt. Ein Zahnrad der Radiuslänge R kann eine Zahnstange, die vom Mittelpunkt M des Zahnrads den Abstand der Länge $a > R$ hat, horizontal bewegen, wenn ein zweites Zahnrad der Radiuslänge r zwischengeschaltet wird. Sein Mittelpunkt M_1 ergibt sich als Durchschnitt eines Kreises um M mit der Radiuslänge $(R + r)$ und der Parallelen zu g im Abstand r (Abb. 7.10-9).

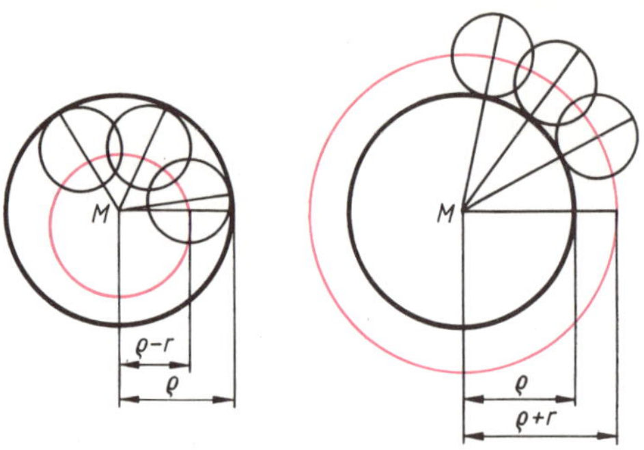

7.10-8 Geometrischer Ort: Konzentrische Kreise

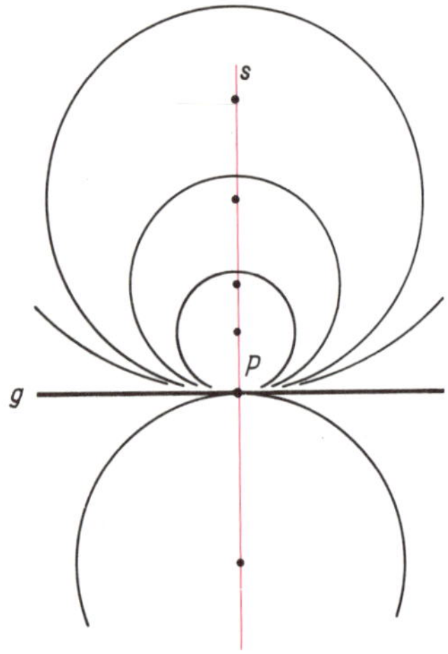

7.10-7 Geometrischer Ort: Senkrechte

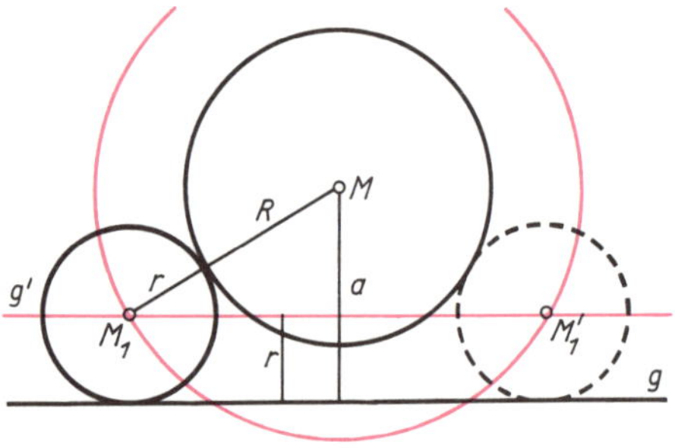

7.10-9 Geometrischer Ort: Gerade und Kreis

7.11. Planimetrische Behandlung der Kegelschnitte

Ellipse

Die Ellipse ist der geometrische Ort aller Punkte einer Ebene, für die die Summe der Abstände von zwei festen Punkten konstant $2a$ ist.

Die festen Punkte heißen *Brennpunkte* F_1 und F_2, der Abstand r_1 bzw. r_2 eines Ellipsenpunktes P von ihnen heißt *Radiusvektor* und liegt auf dem *Brennstrahl* vom Brennpunkt zum Ellipsenpunkt. Der konstante Abstand $2a$ muß *größer* sein als der der Brennpunkte. Ist er als Strecke der Länge $2a$ gegeben, so läßt sich diese in der Art in zwei Teilstrecken $r_1 + r_2 = 2a$ zerlegen, daß sich die Kreisbögen mit der Radiuslänge r_1 um F_1 und mit der Radiuslänge r_2 um F_2 in den beiden Ellipsenpunkten P_1 und P_2 schneiden; vertauscht man die Brennpunkte miteinander, so ergibt dieselbe Teilung $r_1 + r_2 = 2a$ zwei weitere Ellipsenpunkte P_3 und P_4 (Abb. 7.11-1). Die Punktepaare P_1, P_2 und P_3, P_4 sowie die ganze Ellipse liegen *symmetrisch* zur Geraden durch die Brennpunkte F_1 und F_2; die Punktepaare P_1, P_3 und P_2, P_4 und die Ellipse haben auch die Mittelsenkrechte der Strecke F_1F_2 zur *Symmetrieachse.* Der Schnittpunkt M beider Symmetrieachsen ist *Symmetriezentrum* der Ellipse und heißt ihr *Mittelpunkt.* Die Länge des Abstands jedes Brennpunkts vom Mittelpunkt M heißt *lineare Exzentrizität* oder *Brennweite*, $|MF_1| = |MF_2| = e$. Jede Gerade durch den Mittelpunkt M schneidet die Ellipse in einem *Durchmesser.* Der größte Durchmesser heißt *große Achse*; seine Endpunkte, die *Hauptscheitel* S_1 und S_2, haben von den Brennpunkten die Abstandslängen $(a + e)$ bzw. $(a - e)$ und vom Mittelpunkt die Abstandslänge a. Der kleinste Durchmesser heißt *kleine Achse*; seine Endpunkte, die *Nebenscheitel* N_1 und N_2, haben von den Brennpunkten den Abstand der Länge a. Ihr Abstand b vom Mittelpunkt kann aus der halben Länge a der großen Achse und aus der Länge der linearen Exzentrizität e berechnet oder nach dem pythagoreischen Lehrsatz konstruiert werden; nach diesem Lehrsatz erhält man $b^2 = a^2 - e^2$.

Die *Form der Ellipse* ist durch zwei der drei Größen a, b und e bestimmt, etwa durch das Rechteck mit den Seitenlängen $2a$ und $2b$. Für kleine Werte von b wird sie immer flacher; im Grenzfall $b = 0$ kann sie als die doppelt durchlaufene Strecke $F_1F_2 = S_1S_2$ aufgefaßt werden. Mit wachsenden b-Werten nähert sich die Ellipse einem Kreis, für den das Rechteck zum Quadrat wird, falls $b = a$. Der Kreis kann als Ellipse mit der linearen Exzentrizität $e = 0$ angesehen werden, für die dann gilt $a = b = r_1 = r_2 = r$.

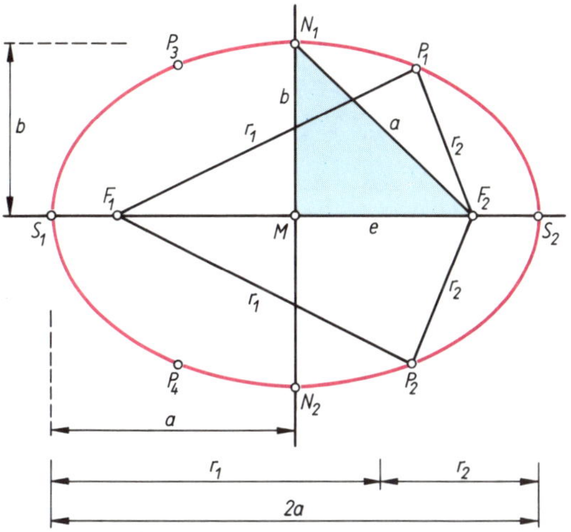

7.11-1 Ellipse

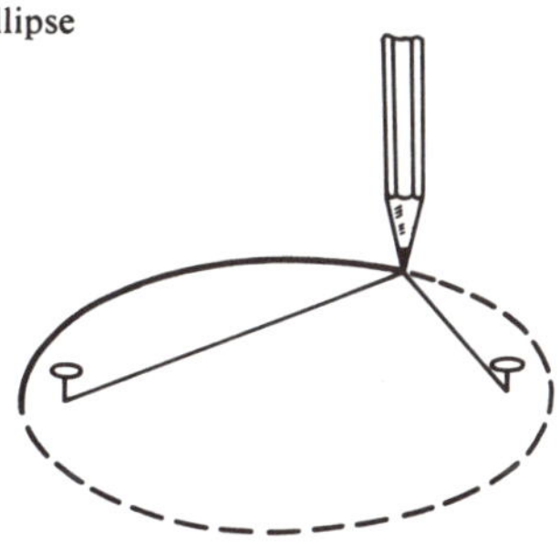

7.11-2 Fadenkonstruktion der Ellipse

Ellipse	$r_1 + r_2 = 2a$ $e^2 = a^2 - b^2$

Faden- oder Gärtnerkonstruktion. Sind die Brennpunkte F_1 und F_2 durch zwei Reißzwecken oder Pfähle markiert, an denen ein Faden der Länge $2a > 2e$ befestigt ist, so bewegt sich die Spitze eines Bleistiftes oder eines dritten Pfahls, der den Faden spannt, auf einem Ellipsenbogen, da ja stets gilt $r_1 + r_2 = 2a$ (Abb. 7.11-2).

Die Ellipse als perspektiv-affines Bild des Kreises. Nach der *Zweikreiskonstruktion*, einer Methode der darstellenden Geometrie, konstruiert man einen Ellipsenpunkt P_i mit Hilfe des *Haupt-* und des *Nebenscheitelkreises* um ihren Mittelpunkt M, deren Radien die Längen a bzw. b haben. Ein Strahl durch M schneidet diese Kreise in je einem Punkt A_i bzw. B_i; dann schneiden eine Parallele durch B_i zur Hauptachsenrichtung und eine Parallele durch A_i zur Nebenachsenrichtung einander im Ellipsenpunkt P_i (Abb. 7.11-3). Eine Parallele durch P_i zu MA_i schneidet die Ellipsenachsen in den Punkten H_i und N_i. Aus dem Parallelogramm $MB_iP_iH_i$ folgt $|H_iP_i| = b$, und aus dem Parallelogramm $MA_iP_iN_i$ folgt $|P_iN_i| = a$.

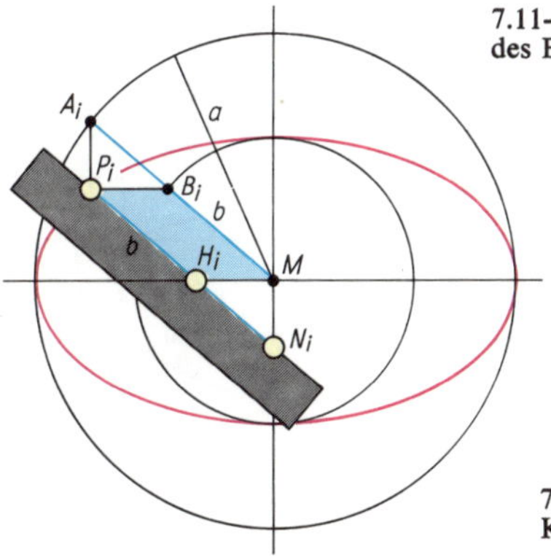

7.11-3 Prinzip des Ellipsenzirkels

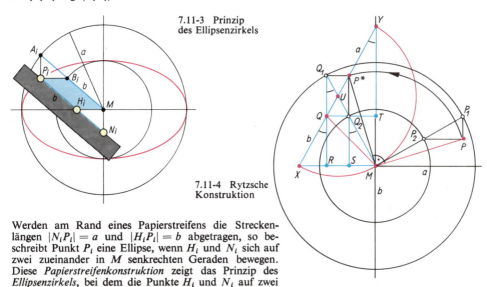

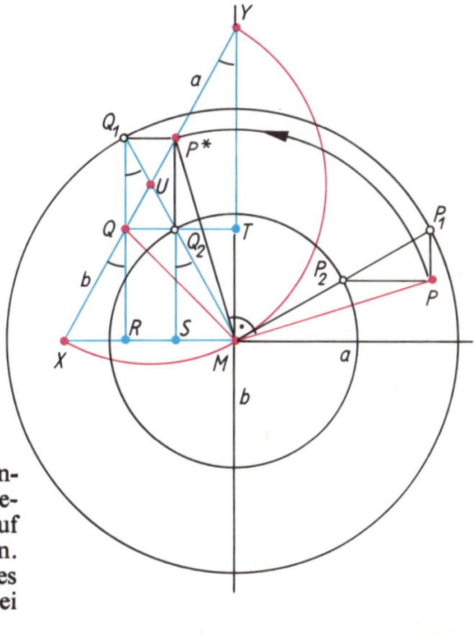

7.11-4 Rytzsche Konstruktion

Werden am Rand eines Papierstreifens die Streckenlängen $|N_iP_i| = a$ und $|H_iP_i| = b$ abgetragen, so beschreibt Punkt P_i eine Ellipse, wenn H_i und N_i sich auf zwei zueinander in M senkrechten Geraden bewegen. Diese *Papierstreifenkonstruktion* zeigt das Prinzip des *Ellipsenzirkels*, bei dem die Punkte H_i und N_i auf zwei zueinander senkrechten Achsen gleiten.

Konjugierte Durchmesser ergeben sich nach der Zweikreiskonstruktion als Bilder zweier zueinander senkrechter Kreisdurchmesser, ihre Hälften MP und MQ z. B. als Bilder der Kreisradien $MP_1 \perp MQ_1$ (Abb. 7.11-4). Nach einer Drehung um 90° nimmt das Dreieck MPP_1 die Lage MP^*Q_1 an, d. h.,

P_2 geht in Q_2, P in P^* und P_1 in Q_1 über. Das Viereck $QQ_2P^*Q_1$ ist ein Rechteck. Die Verlängerung seiner Diagonalen QP^* nach beiden Seiten schneidet die Achsen der Ellipse in den Punkten X und Y, die Verlängerung seiner Seite Q_1Q schneidet sie im Punkt R, die von P^*Q_2 in S und die von QQ_2 in T. Es entstehen rechtwinklige Dreiecke, die paarweise in einer Kathete und dem gegenüberliegenden Winkel übereinstimmen. Aus der Kongruenz $\triangle XRQ \cong \triangle MSQ_2$ ergibt sich $|MQ_2| = |XQ| = b$, und aus $\triangle RMQ_1 \cong \triangle QTY$ folgt $|MQ_1| = |QY| = a$. Für die *Rytzsche Konstruktion* ist als Folgerung daraus wichtig, daß $|UX| = |UM| = |UY|$.

Zweite Papierstreifenkonstruktion. Gleiten die Endpunkte X und Y der Strecke $|XY| = a + b$ auf zwei zueinander senkrechten Achsen, so beschreibt der Punkt Q, der diese Strecke so teilt, daß $|XQ| = b$ und $|QY| = a$, einen Ellipsenbogen.

Rytzsche Achsenkonstruktion. Sind von einer Ellipse nach Lage und Größe nur bekannt, daß M ihr Mittelpunkt und MP bzw. MQ je die Hälfte eines Paares konjugierter Durchmesser sind, so lassen sich Haupt- und Nebenachse in folgenden Schritten konstruieren. Man dreht MP um M um $+90°$ in die Lage MP^*. Der Kreis um den Mittelpunkt U der Strecke QP^* mit dem Radius $|UM|$ schneidet die Gerade QP^* in den Punkten X und Y. MX und MY sind die Richtungen der Achsen, $|QY| = a$ und $|QX| = b$ sind ihre halben Längen.

Scheitelkrümmungskreise. Eine oft hinreichend genaue Näherungskonstruktion für die Ellipse geben die Scheitelkrümmungskreise, die sich ihr in der Umgebung der Scheitel weitgehend anschmiegen (Abb. 7.11-5).

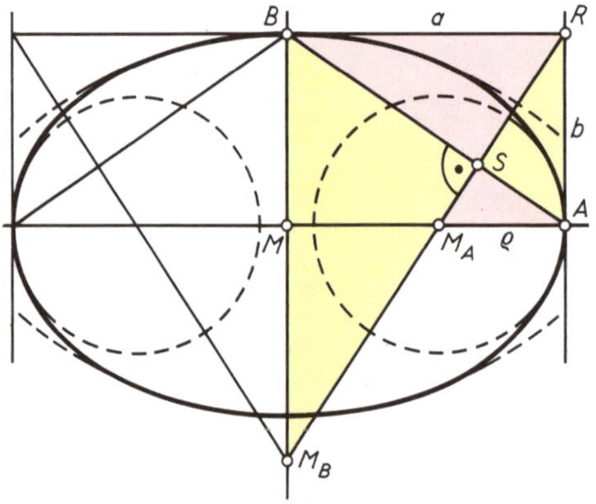

7.11-5 Näherungskonstruktion mit Hilfe der Krümmungskreise

Ihre Mittelpunkte M_B und M_A sowie ihre Radien $r = |M_BB|$ und $\varrho = |M_AA|$ lassen sich mit wenigen Hilfslinien konstruieren oder mit den Mitteln der analytischen Geometrie in einem mit den Achsen der Ellipse zusammenfallenden kartesischen Koordinatensystem berechnen. In dem *Rechteck* mit den Ecken $M(0, 0)$, $A(a, 0)$, $R(a, b)$ und $B(0, b)$ zieht man die *Diagonale AB* mit der Gleichung $y = -bx/a + b$; eine *Senkrechte* zu ihr durch den Punkt R hat die Gleichung $y = +ax/b - (a^2 - b^2)/b$ und schneidet die Diagonale im Punkt S mit den Koordinaten $x_S = a^3/(a^2 + b^2)$ und $y_S = b^3/(a^2 + b^2)$. Daraus findet man $|AS| = b^2/\sqrt{a^2 + b^2}$ und $|SB| = a^2/\sqrt{a^2 + b^2}$. Die Gerade durch R und S schneidet die Achsen in den Mittelpunkten M_A und M_B der Scheitelkrümmungskreise. Die Längen ihrer Radien lassen sich nach dem *Strahlensatz* berechnen. Die Geraden RSM_B und ASB werden sowohl von den Parallelen $RB \parallel AM$ als auch von den Parallelen $BM_B \parallel RA$ geschnitten, man erhält $\varrho : a = |AS| : |SB| = b^2 : a^2$ oder $\varrho = b^2/a$ bzw. $r : b = |SB| : |AS| = a^2 : b^2$ oder $r = a^2/b$.

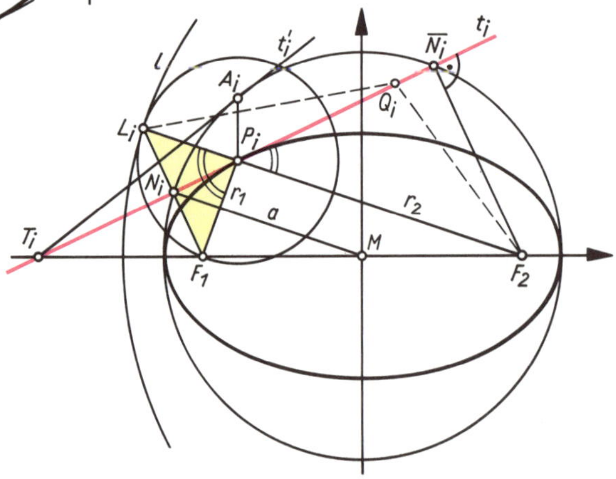

7.11-6 Tangenten an eine Ellipse

Tangenten an die Ellipse. Ist P_i ein beliebiger Punkt der Ellipse mit den Brennpunkten F_1 und F_2 (Abb. 7.11-6), so ergibt die *Verlängerung des Brennstrahls* $|F_2P_i| = r_2$ über P_i hinaus um die Strecke $|P_iF_1| = r_1$ einen Punkt L_i, dessen Abstand vom Brennpunkt F_2 stets *dieselbe Länge* $|F_2L_i| = r_1 + r_2 = 2a$ hat, der deshalb auf einem Kreis mit dem Radius der Länge $2a$ um den Punkt F_2 als Mittelpunkt liegt. Dieser Kreis heißt *Leitkreis l*. Die *Mittelsenkrechte* P_iN_i auf der Verbindungsgeraden F_1L_i halbiert den Winkel an der Spitze P_i des gleichschenkligen Dreiecks $F_1P_iL_i$ und ist *Tangente* t_i im Punkte P_i an die Ellipse, weil sich für jeden anderen Punkt Q_i dieser Geraden im jeweiligen Dreieck $F_2Q_iL_i$ ergibt, daß $|F_2Q_i| + |Q_iL_i|$ größer ist als die Länge der dritten Dreiecksseite $|F_2L_i| = 2a$, keiner dieser Punkte deshalb Ellipsenpunkt sein kann. Zugleich ergibt sich eine neue Ellipsendefinition:

Die Ellipse ist der geometrische Ort der Mittelpunkte P_i aller Kreise, die einen gegebenen Kreis, den Leitkreis mit dem Mittelpunkt F_2 und dem Radius der Länge $2a$, von innen berühren und durch einen festen Punkt F_1 im Innern gehen.

Aus Abb. 7.11-6 ist zu erkennen, daß die *Brennstrahlen* r_1 und r_2 *mit der Tangente* t_i *gleich große Winkel* bilden. Von einem Brennpunkt ausgehende Schall- oder Lichtstrahlen werden deshalb nach dem anderen Brennpunkt reflektiert. In einer *Flüstergalerie* mit elliptischem Grundriß sind in F_1 erzeugte leise Geräusche im Raum sonst nicht, wohl aber in F_2 zu hören.
Ist M der Mittelpunkt der Ellipse, so *halbiert* die Gerade N_iM im Dreieck $F_1F_2L_i$ die Seiten F_1L_i und F_1F_2, läuft *parallel* zur dritten Seite und ist *halb so groß* wie diese. Alle Punkte N_i, die Fußpunkte der vom Brennpunkt F_1 auf die Tangenten t_i gefällten Lote sind, liegen demnach auf einem Kreis um Punkt M mit dem Radius a, d. h. auf dem *Hauptscheitelkreis* mit der halben großen Achse als Radiuslänge.

Die Fußpunkte der von den Brennpunkten auf die Tangenten gefällten Lote liegen auf dem der Ellipse umbeschriebenen Kreis mit der großen Halbachse a als Radiuslänge, dem Hauptscheitelkreis.

Betrachtet man (Abb. 7.11-3) die Ellipse als affines Bild des Scheitelkreises, so ist Punkt P_i Bildpunkt eines Punktes A_i, der über P_i auf einer Senkrechten zur großen Achse liegt. Die große Achse ist *Affinitätsachse*, die Tangente t_i' im Punkte A_i an den Scheitelkreis schneidet infolgedessen die Tangente t_i im Punkte P_i an die Ellipse in einem Punkte T_i der *großen Achse* (Abb. 7.11-6). Über diesen Punkt T_i kann aus der Tangente t_i' die Tangente t_i ebenfalls konstruiert werden.

Flächeninhalt der Ellipse. Durch die affine Abbildung $x = x_1$, $y = by_1/a$ geht der Kreis mit der Radiuslänge a in die Ellipse mit den Längen a und b der halben Achsen über. Aus dem Flächeninhalt πa^2 des Kreises erhält man dabei für den der Ellipse πab.

Flächeninhalt der Ellipse	$A_E = \pi ab$

Hyperbel

Die Hyperbel ist der geometrische Ort aller Punkte einer Ebene, für die die Differenz der Abstände von zwei festen Punkten konstant $2a$ ist.

Die festen Punkte heißen *Brennpunkte* F_1 und F_2, der Abstand r_1 bzw. r_2 eines Hyperbelpunktes P von ihnen heißt *Brennstrahl* oder *Radiusvektor* (Abb. 7.11-7). Der konstante Abstand $2a$ muß kleiner sein als der zwischen den Brennpunkten. Ist er als Streckenlänge gegeben, so lassen sich stets Streckenlängen r_1 und r_2 so finden, daß $r_1 - r_2 = 2a$ bzw. $r_2 - r_1 = 2a$. Je zwei Kreisbögen mit dem Radius r_1 um den einen und mit dem Radius r_2 um den anderen Brennpunkt schneiden einander nach der Definition in je einem Hyperbelpunkt P_1 und P_2, nach Vertauschen der Brennpunkte in zwei weiteren Hyperbelpunkten P_3 und P_4. Für die Punktepaare P_1, P_2 und P_3, P_4 sowie für die ganze Hyperbel ist die Gerade durch die Brennpunkte F_1 und F_2, für die Punktepaare P_1, P_3 und P_2, P_4 und die Hyperbel ist die Mittelsenkrechte der Strecke F_1F_2 *Symmetrieachse*. Der Schnittpunkt M beider Symmetrieachsen ist *Symmetriezentrum* und heißt Mittelpunkt der Hyperbel. Die Länge des Abstands jedes Brennpunktes vom Mittelpunkt M heißt *lineare Exzentrizität e* oder *Brennweite*, $|MF_1| = |MF_2| = e$.
Die Hyperbel schneidet die Hauptachse durch F_1 und F_2 in den *Hauptscheiteln* S_1 und S_2, die vom Mittelpunkt M den Abstand a und von den Brennpunkten den Abstand $(e - a)$ haben. Wie in der analytischen Geometrie gezeigt wird, hat die Hyperbel zwei *Asymptoten*; diese schneiden die Senkrechten in den Hauptscheiteln S_1 und S_2 auf der Hauptachse, die *Scheiteltangenten*, im Abstand b von der Hauptachse; die Länge des Abstands b kann nach der Beziehung $b^2 = e^2 - a^2$ konstruiert werden.

Hyperbel	$r_1 - r_2 = 2a$ $e^2 = a^2 + b^2$

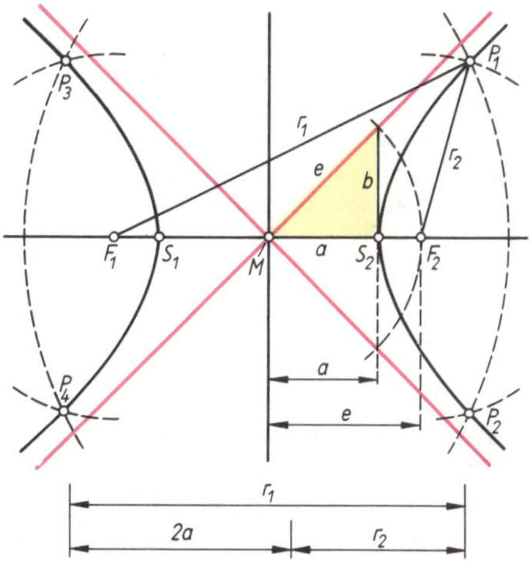

7.11-7 Hyperbel aus $r_1 - r_2 = 2a$

Die Hyperbel verläuft nur in dem *Scheitelwinkelraum* zwischen den Asymptoten, der die Brennpunkte enthält. Ihre Krümmung in den Hauptscheiteln ist um so größer, je kleiner b ist. Im Grenzfall $b = 0$; $e = a$ wird die doppelt durchlaufene Hauptachse außerhalb der Strecke $S_1S_2 = F_1F_2$ als *entartete Hyperbel* angesehen. Wächst dagegen b, so nimmt die Krümmung der Hyperbel ab; im Grenzfall $b \to \infty$ können die beiden Senkrechten zur Hauptachse durch die Hauptscheitel als entartete Hyperbel angesehen werden. Stehen die Asymptoten senkrecht aufeinander, so ist $a = b$; die zugehörige Hyperbel bezeichnet man als *gleichseitig*.

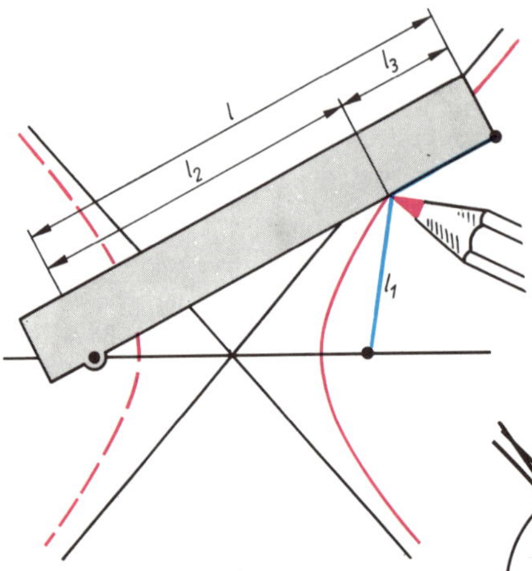

7.11-8 Fadenkonstruktion der Hyperbel

Fadenkonstruktion. Von einer Hyperbel seien die beiden Brennpunkte F_1 und F_2 sowie die Länge der Strecke $2a$ gegeben. Ein Lineal der Länge l wird mit einem Ende im Brennpunkt F_1 drehbar befestigt; am anderen Ende wird ein Faden der Länge $k = l - 2a$ angebracht. Das nicht am Lineal befestigte Fadenende wird mit einer Reißzwecke im Brennpunkt F_2 festgehalten. Wird nun das Lineal um F_1 so gedreht, daß der Faden durch die an das Lineal gedrückte Bleistiftspitze stets gespannt bleibt, so beschreibt diese einen Hyperbelbogen (Abb. 7.11-8), wie sich aus den Beziehungen $l_2 + l_3 = l$ und $l_1 + l_3 = k$, also $l_2 - l_1 = l - k = 2a$ ergibt.

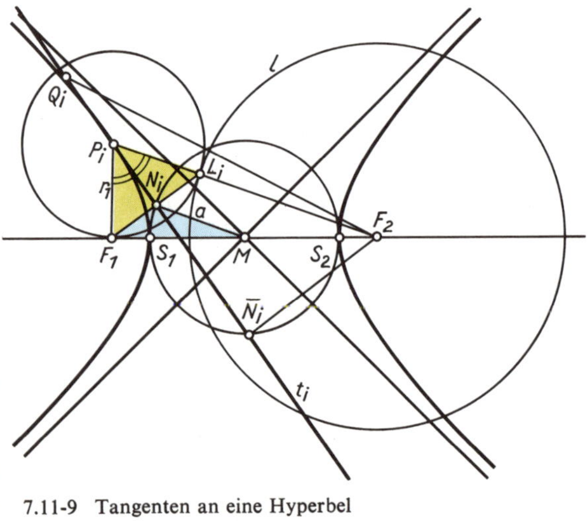

7.11-9 Tangenten an eine Hyperbel

Tangenten an eine Hyperbel. Ist P_i ein beliebiger Punkt der Hyperbel mit den Brennpunkten F_1 und F_2, so ergibt die *Verkürzung* des Brennstrahls $|P_iF_2| = r_2$ von P_i aus um die Länge $|P_iF_1| = r_1$ einen Punkt L_i, dessen Abstand vom Brennpunkt F_2 die *konstante Größe* $|F_2L_i| = 2a$ hat, der deshalb auf einem Kreis um Punkt F_2 mit dem Radius $2a$ liegt. Dieser Kreis heißt *Leitkreis* l. Die *Mittelsenkrechte* P_iN_i auf der Verbindungsgeraden F_1L_i halbiert den Winkel an der Spitze P_i des gleichschenkligen Dreiecks $F_1L_iP_i$ und ist Tangente t_i im Punkte P_i an die Hyperbel, weil sich für jeden anderen Punkt Q_i dieser Geraden im jeweiligen Dreieck $F_2Q_iL_i$ ergibt, daß $|F_2Q_i| - |Q_iL_i|$ kleiner ist als die dritte Dreiecksseite $|F_2L_i| = 2a$, keiner dieser Punkte also Hyperbelpunkt sein kann. Zugleich ergibt sich eine neue Hyperbeldefinition:

Die Hyperbel ist der geometrische Ort der Mittelpunkte P_i aller Kreise, die einen gegebenen Kreis, den Leitkreis mit dem Mittelpunkt F_2 und dem Radius $2a$, von außen berühren und durch einen festen Punkt F_1 außerhalb des Leitkreises gehen.

Aus Abb. 7.11-9 ist zu erkennen:

Die Tangente an eine Hyperbel halbiert den Winkel zwischen den Brennstrahlen (r_1, r_2) nach dem Berührungspunkt.

Ist M der *Mittelpunkt* der Hyperbel, so halbiert die Gerade MN_i im Dreieck $F_1F_2L_i$ die Seiten F_1F_2 und F_1L_i, läuft *parallel* zur dritten Seite und ist halb so groß wie diese. Alle Punkte N_i, die Fußpunkte der vom Brennpunkt F_1 auf die Tangente t_i gefällten Lote sind, liegen demnach auf einem Kreis um Punkt M mit dem Radius a, d. h. auf dem *Scheitelkreis*.

Die Fußpunkte der von den Brennpunkten auf die Tangenten gefällten Lote liegen auf dem Scheitelkreis der Hyperbel, der diese in den Hauptscheiteln berührt.

Parabel

Die Parabel ist der geometrische Ort aller Punkte einer Ebene, die von einem festen Punkt und einer festen Geraden dieser Ebene gleich großen Abstand haben.

Der feste Punkt heißt *Brennpunkt F*, die feste Linie *Leitlinie l* und der Abstand des Brennpunktes F von der Leitlinie *Halbparameter p* (Abb. 7.11-10). Jede Parallele zur Leitlinie, deren Abstand d von der Leitlinie größer als $p/2$ ist, wird von einem Kreis um Punkt F mit dem Radius der Länge d in zwei Parabelpunkten P_1 und P_2 geschnitten. Die beiden Punkte liegen symmetrisch zur Senkrechten auf der Leitlinie durch den Brennpunkt. Diese *Symmetrieachse* heißt *Parabelachse* und schneidet die Parabel im *Scheitel S*, der von Leitlinie l und Brennpunkt F den Abstand $p/2$ hat. Wie sich in der analytischen Geometrie aus der Parabelgleichung ergibt, hat die im Brennpunkt F auf der Achse senkrecht stehende Sehne der Parabel die Länge $2p$.

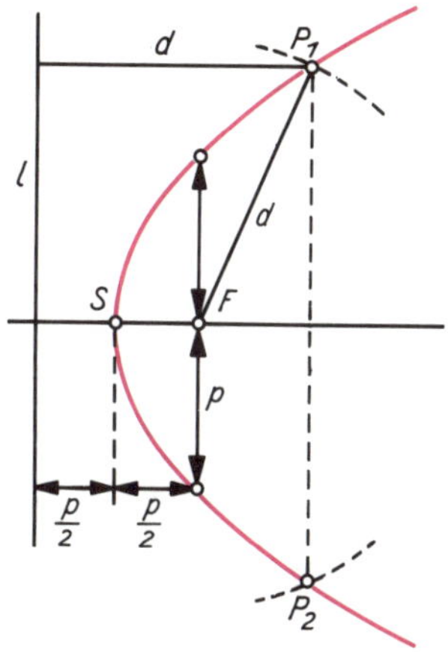

7.11-10 Parabel

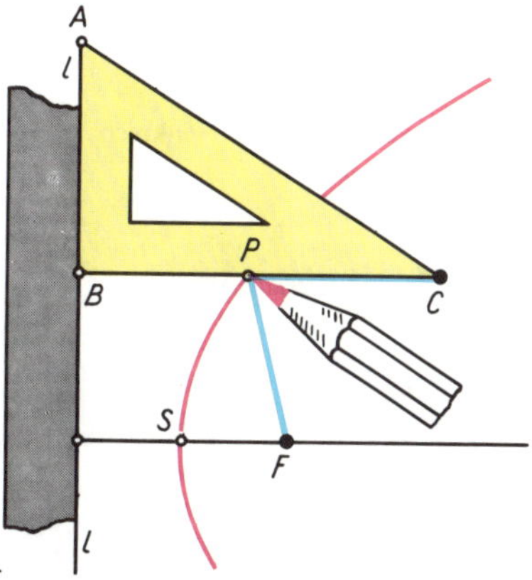

7.11-11 Fadenkonstruktion der Parabel

Fadenkonstruktion der Parabel. Auch für die Parabel existiert eine *Fadenkonstruktion*. Ein Zeichendreieck gleite mit der einen Kathete AB entlang der Leitlinie l (Lineal). Am Eckpunkt C der anderen Kathete BC ist ein Faden von der Länge $|BC|$ befestigt. Das freie Fadenende wird im Brennpunkt F durch eine Reißzwecke festgehalten. Wird nun ein Bleistift längs der Kathete BC so bewegt, daß der Faden stets gestrafft bleibt, so beschreibt die Bleistiftspitze eine Parabelbahn, da der Abstand $|BP|$ des Punktes P von der Leitlinie dem Abstand $|FP|$ vom Brennpunkt gleich ist (Abb. 7.11-11).

Tangenten an die Parabel. Ist P_i ein Parabelpunkt, so ist sein Abstand $|P_iL_i|$ von der *Leitlinie l* ebenso groß wie der Abstand $|P_iF|$ vom *Brennpunkt*. Dreieck FL_iP_i ist gleichschenklig; die *Mittelsenkrechte* P_iN_i auf der Verbindungsgeraden FL_i halbiert den Winkel L_iP_iF an der Spitze P_i und ist Tangente t_i im Punkte P_i an die Parabel, weil für jeden anderen Punkt Q_i auf ihr der Abstand $|Q_iQ_i'|$ von der Leitlinie kleiner ist als der Abstand $|Q_iF| = |Q_iL_i|$ vom Brennpunkt (Abb. 7.11-12). Es ergibt sich eine neue Parabeldefinition:

Die Parabel ist der geometrische Ort der Mittelpunkte P_i aller Kreise, die eine Gerade, die Leitlinie l, berühren und durch einen festen Punkt F gehen.

Aus der Abbildung ersieht man, daß die Tangente im Punkte P_i *gleiche Winkel* mit dem Brennstrahl P_iF und der Parallelen durch Punkt P_i zur Achse bildet. Alle vom Brennpunkt F ausgehenden Strahlen werden danach von der Parabel so reflektiert, daß sie achsenparallel werden, bzw. werden achsenparallele Strahlen nach dem Brennpunkt reflektiert.
Da der Punkt N_i (Abb. 7.11-13) auf der *Scheiteltangente* t_S liegt, die im Scheitel S auf der Achse senkrecht steht, gilt:

Die Parabel ist die Einhüllende der freien Schenkel aller rechten Winkel, deren Scheitel N_i auf der Scheiteltangente t_S liegen und deren andere Schenkel durch einen festen Punkt, den Brennpunkt, gehen.

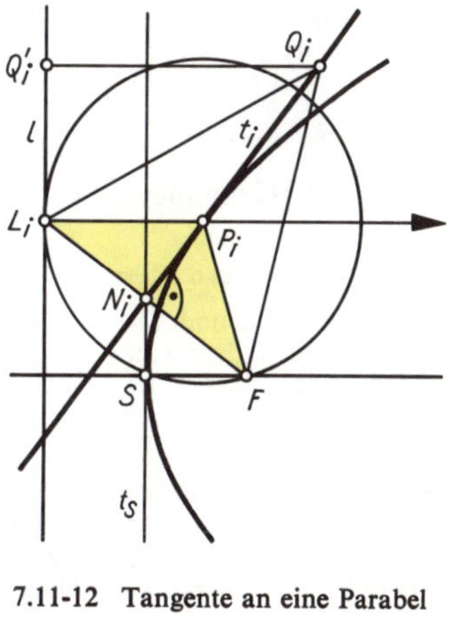

7.11-12 Tangente an eine Parabel

Steht eine zweite Tangente t_j senkrecht auf t_i und schneidet sie diese im Punkte T, so ist das Viereck FN_iTN_j ein Rechteck. Seine Diagonale N_iN_j liegt auf der Scheiteltangente t_S, da sie im Dreieck FL_iL_j die Mitten N_i und N_j zweier Dreiecksseiten miteinander verbindet, also parallel zur Leitlinie verläuft. Die Dreiecke N_iN_jF und N_iN_jT sind kongruent und haben zur Grundlinie N_iN_j gleich großen Abstand. Der Punkt T hat deshalb den Abstand $p/2$ von der Scheiteltangente und liegt auf der Leitlinie.

Alle Paare aufeinander senkrecht stehender Tangenten einer Parabel schneiden einander auf der Leitlinie.

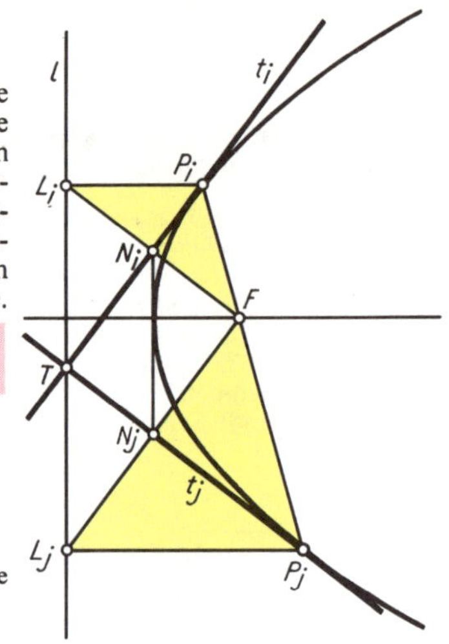

7.11-13 Zwei zueinander senkrecht stehende Tangenten an eine Parabel

8. Stereometrie

Die Stereometrie [griech., Körpermessung] ist eine Teildisziplin der euklidischen Geometrie. Ihr Gegenstand sind Form, gegenseitige Lage, Größe und andere metrische Beziehungen geometrischer Gebilde, die nicht in einer einzigen Ebene liegen. Die Stereometrie vermittelt als Geometrie des dreidimensionalen Raumes eine vertiefte Einsicht in die räumlichen Beziehungen der objektiven Realität.

Bei bestimmten Teiluntersuchungen der Stereometrie ist eine Beschränkung auf *eine* Ebene möglich. Es bestehen deshalb enge Verbindungen zur Planimetrie. Ferner werden bei stereometrischen Untersuchungen oft Verfahren der darstellenden Geometrie benutzt. Schließlich werden in der *rechnenden Stereometrie* arithmetische und algebraische Operationen angewendet.

8.1. Grundbegriffe

Geraden und Ebenen im Raum

Punkte, Geraden und Ebenen sind Grundbausteine der Elementargeometrie im dreidimensionalen Raum; insbesondere sind die Begrenzungsflächen geometrischer *Körper* oft Teile von Ebenen. Zu den in der Planimetrie gegebenen anschaulichen Erklärungen der Grundbegriffe Punkt und Gerade sind deshalb Ergänzungen notwendig, ebenso zum Grundbegriff Ebene und zur gegenseitigen Lage von Geraden und Ebenen im Raum.

Die Ebene. Die Gesamtheit von Geraden durch einen festen Punkt A, die eine nicht durch A gehende Gerade g_1 schneiden oder zu g_1 parallel sind, bilden eine Ebene (Abb. 8.1-1). Eine Ebene im Raum kann man sich auch dadurch erzeugt denken, daß eine Gerade g längs einer g schneidenden Geraden g_1 parallel verschoben wird. Danach ist die *Lage einer Ebene* im Raum eindeutig bestimmt durch

folgende Stücke:
1. eine Gerade g_1 und einen nicht auf ihr liegenden Punkt A;
2. zwei einander schneidende Geraden g und g_1;
3. zwei einander parallele Geraden;
4. drei nicht auf einer Geraden liegende Punkte, z. B. A und zwei Punkte, die die Lage von g_1 festlegen;
5. einen Punkt A und einen *Stellungsvektor*, einen Normalvektor $\boldsymbol{n}$ der Ebene.

Eine Ebene wird gewöhnlich mit griechischen Großbuchstaben bezeichnet, z. B. Π, Γ, E.
Einer Ebene läßt sich durch Zugabe eines Stellungsvektors eine *Orientierung* aufprägen. Der Durchlaufsinn einer ebenen konvexen Figur ist dann positiv oder negativ, je nachdem ob der Stellungsvektor mit dem Umlaufsinn einer Rechts- oder Linksschraubung entspricht.

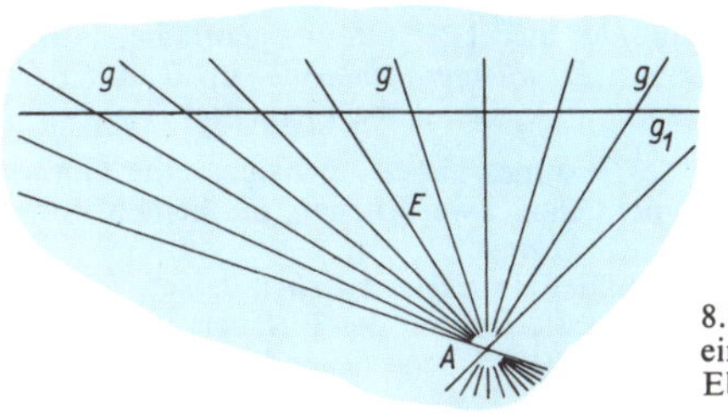

8.1-1 Entstehung einer Ebene im Raum

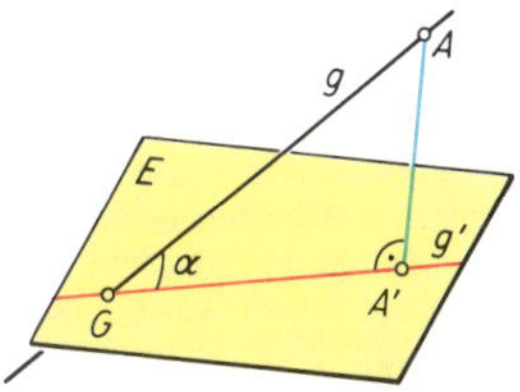

8.1-2 Neigungswinkel von einer Geraden g gegen eine Ebene E

Gegenseitige Lage von Gerade und Ebene im Raum. Eine Gerade g liegt ganz in einer Ebene E, wenn sie mit ihr zwei Punkte A und B gemeinsam hat; sie ist parallel zu E, wenn sie mit E keinen gemeinsamen Punkt hat oder ganz in ihr liegt. Eine Gerade g schneidet die Ebene, wenn sie mit ihr genau einen Punkt, den *Schnittpunkt*, *Spurpunkt* oder *Durchstoßpunkt* G, gemeinsam hat. Sie steht in G senkrecht auf der Ebene, wenn sie mit wenigstens zwei in E liegenden, voneinander verschiedenen Geraden g_1 und g_2 durch G einen rechten Winkel einschließt. Projiziert man eine Gerade g, die E in G schneidet, senkrecht auf E, und bezeichnet man mit A' das Bild in E von einem Punkt A von g, so entsteht die Normalprojektion $g' = GA'$ von $g = GA$ in E. Der Neigungswinkel von g gegen E ist definiert durch $\sphericalangle(g, g')$ (Abb. 8.1-2); für $g \perp E$ hat er die Größe $\alpha = |\sphericalangle(g, g')| = 90° = \pi/2$ rad, für $g \parallel E$ gilt $\alpha = 0°$.

Gegenseitige Lage von Geraden im Raum. Sind zwei Geraden g_1 und g_2 einander parallel oder schneiden sie einander in einem Punkt, so kann man durch sie eine Ebene legen, in der der Abstand der Geraden bzw. der Winkel zwischen ihnen nach den Methoden der Planimetrie zu bestimmen ist.
Zwei *einander kreuzende* oder *windschiefe Geraden* g_1 und g_2 (Abb. 8.1-3) sind nicht parallel und haben keinen gemeinsamen Punkt. Der Winkel, unter dem sie sich kreuzen, wird festgelegt als Winkel zwischen einer der Geraden und der durch einen ihrer Punkte gelegten Parallelen zur anderen Geraden, z. B. durch $\sphericalangle(g_1, g_2')$, falls $g_2' \parallel g_2$ durch N auf g_1. Das in N auf der durch g_1 und g_2' aufgespannten Ebene Γ errichtete Lot n_{12} kreuzt g_2 unter einem rechten Winkel. Die von g_1 und n_{12} aufgespannte Ebene E schneidet g_2 in D_2, und die Parallele zu n_{12} durch D_2 schneidet g_1 in D_1. Die Verbindungsgerade D_1D_2 ist das *gemeinsame Lot*, das *Gemeinlot*, von g_1 und g_2, die Streckenlänge $|D_1D_2| = d$ ist der *Abstand der einander kreuzenden Geraden*. Er ist die kürzeste Verbindung, die zwischen je einem Punkt von g_1 und von g_2 existiert.
Zu jeder Geraden a des Raumes gibt es beliebig viele Geraden g, die a unter einem Winkel vorgegebener Größe α und in einem vorgeschriebenen Abstand d kreuzen. Beschränkt man sich auf solche

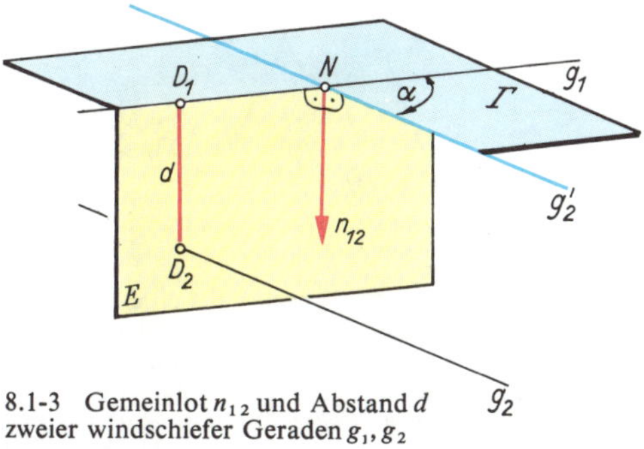

8.1-3 Gemeinlot n_{12} und Abstand d zweier windschiefer Geraden g_1, g_2

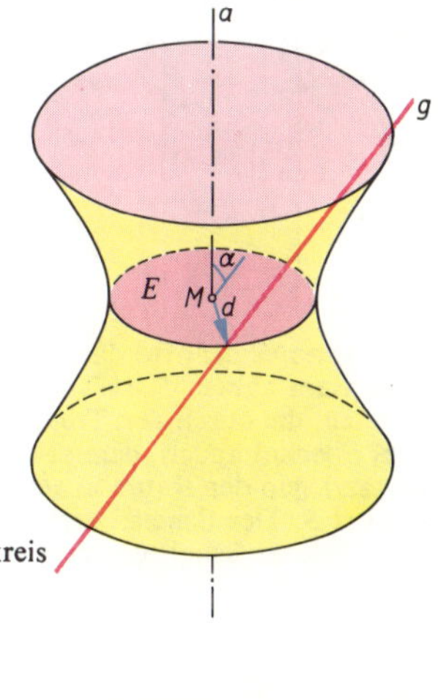

8.1-4 Einschaliges Drehhyperboloid mit einer Erzeugenden und Kehlkreis

Geraden g, deren Gemeinlote mit a in einer zu a senkrechten Ebene E liegen, so erhält man zwei Scharen von Geraden. Sie bilden die Erzeugenden eines einschaligen *Drehhyperboloids* mit a als Drehachse. Die Ebene E schneidet das Hyperboloid in dessen *Kehlkreis* und die Achse in dessen Mittelpunkt M (Abb. 8.1-4). Ferner schneidet jede Gerade der einen Erzeugendenschar jede Gerade aus der anderen Schar, während je zwei beliebige Geraden aus einer Erzeugendenschar zueinander windschief sind. Setzt man speziell $\alpha = 0$, so ergibt sich eine *Drehzylinderfläche*, die nur eine Schar zueinander paralleler Erzeugender aufweist. Die Gesamtheit jener Geraden g, die eine feste Gerade a in einem Punkt S von a unter einem Winkel bestimmter Größe α schneiden, erzeugen einen Drehkegel. S ist die Spitze, a die Achse; und die Geraden g stellen die Erzeugenden der Drehkegelfläche dar.

Die Gesamtheit von Geraden durch einen Punkt P im Raum bildet ein *Geradenbündel*. Eine beliebige Ebene durch P schneidet aus diesem Bündel ein *Geradenbüschel* aus. Ist P ein uneigentlicher Punkt, so stellen die entsprechenden Geradenmannigfaltigkeiten ein *Parallelgeradenbündel* im Raum bzw. ein *Parallelgeradenbüschel* in einer Ebene dar (vgl. Kap. 25.1. – Uneigentliche Elemente).

Gegenseitige Lage von Ebenen im Raum. Zwei Ebenen des Raumes haben höchstens eine Gerade gemeinsam, wenn sie nicht in allen ihren Punkten zusammenfallen. Zwei Ebenen, die keinen Punkt gemeinsam haben oder aber zusammenfallen, heißen *parallele Ebenen*.

Die Menge der Ebenen, die mit einer Geraden s inzidieren, bildet ein *Ebenenbüschel*, dessen Träger s ist (Abb. 8.1-5). Eine Ebene senkrecht zum Träger s schneidet die Ebenen des Büschels in Geraden (vgl. Kap. 24.2. – Ebene). Die Schnittwinkel der in der senkrechten Ebene liegenden Geraden sind nach Definition gleich den Schnittwinkeln der zugehörigen Ebenen, z. B. $\beta = |\sphericalangle(g_1, g_2)| = |\sphericalangle(E_1, E_2)|$. Damit ist die Winkelmessung zwischen zwei Ebenen auf die Winkelmessung zwischen zwei Geraden zurückgeführt.

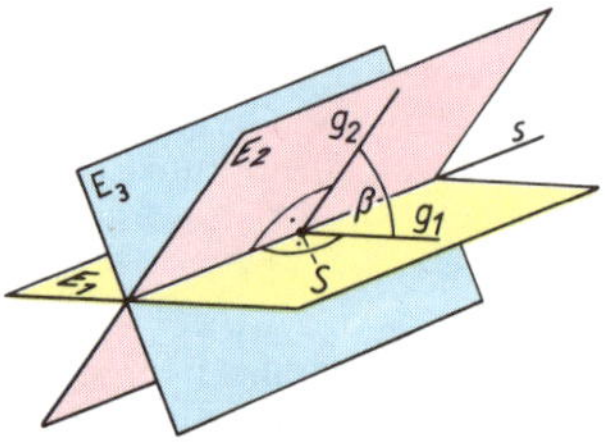

8.1-5 Ebenenbüschel mit der Geraden s als Träger

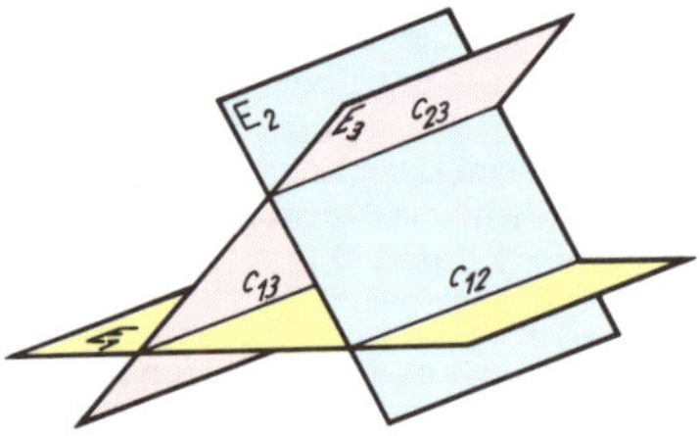

8.1-6 Parallele Schnittgeraden c_{13}, c_{12}, c_{23} dreier Ebenen E_1, E_2, E_3

Für $\beta = 90°$ stehen die Ebenen senkrecht zueinander. Eine Ebene E_2 parallel zur Schnittgeraden c_{13} zweier Ebenen E_1 und E_3 schneiden diese in parallelen Geraden, $c_{12} \parallel c_{13} \parallel c_{23}$ (Abb. 8.1-6). Ein *Parallelebenenbüschel* besteht aus Ebenen, von denen keine mit einer anderen einen Punkt gemeinsam hat (Abb. 8.1-7). Eine Gerade, die senkrecht auf einer Ebene des Parallelebenenbüschels steht, schneidet jede der Ebenen unter einem rechten Winkel. Die dabei auf der senkrechten Geraden abgeteilten Strecken bestimmen den Abstand der entsprechenden parallelen Ebenen voneinander; z. B. ist $|P_2P_3|$ der Abstand der Ebenen E_2 und E_3, $|P_1P_2|$ der zwischen E_1 und E_2.

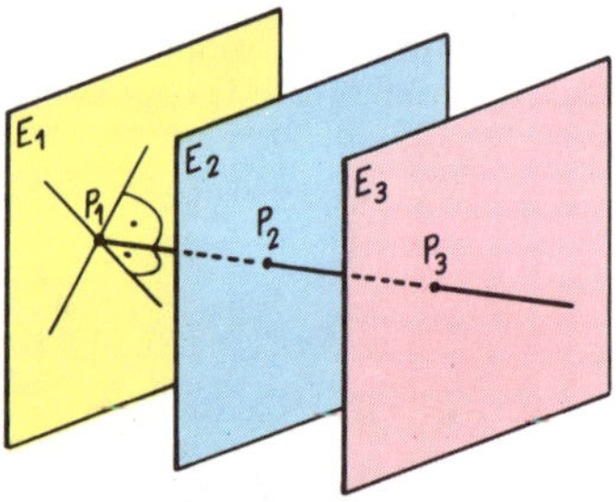

8.1-7 Parallelebenenbüschel

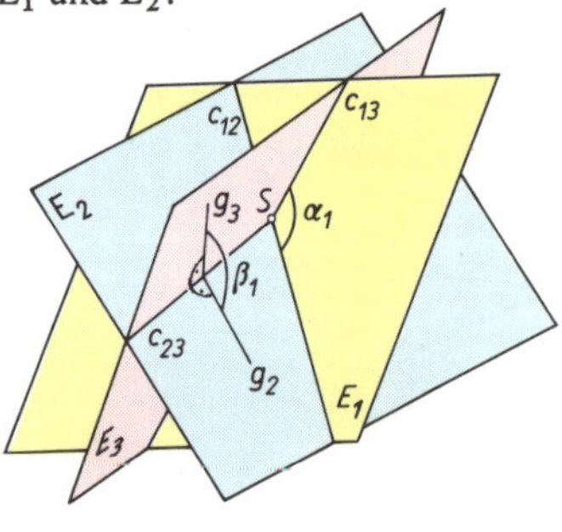

8.1-8 Ebenenbündel und körperliche Ecke

Ein *Ebenenbündel* wird dargestellt durch die Gesamtheit aller Ebenen des Raumes, die einen Punkt S gemeinsam haben. S ist Träger dieses Bündels. Je zwei dieser Ebenen schneiden einander in einer Geraden, die durch den Träger S geht, z. B. E_1 und E_2 in c_{12} (Abb. 8.1-8). Drei Ebenen E_1, E_2, E_3 eines Ebenenbündels, deren Schnittgeraden c_{12}, c_{23}, c_{13} paarweise nur den Träger S gemeinsam haben, zerlegen den Raum in acht dreikantige oder dreiseitige *körperliche Ecken* mit dem gemeinsamen *Scheitel S*. Der Scheitel zerlegt jede Schnittgerade in zwei Halbgeraden, und je drei Halbgeraden verschiedener Schnittgeraden bilden die *Kanten* einer dreiseitigen Ecke.

Der Winkel zwischen zwei Kanten, der *Kantenwinkel*, wird in der Ebene gemessen, die von diesen Kanten aufgespannt wird, z. B. $\alpha_1 = |\sphericalangle(c_{12}, c_{13})|$. Der *Flächenwinkel* wird dagegen in einer senkrecht zur Schnittgeraden beider Ebenen stehenden Ebene gemessen, z. B. $\beta_1 = |\sphericalangle(g_2, g_3)|$ zwischen E_2 und E_3, mit $g_2 \perp c_{23}$ und $g_3 \perp c_{23}$ (Abb. 8.1-8). Im allgemeinen sind Kantenwinkel und Flächenwinkel nach diesen Festsetzungen verschieden groß. Dreikantige Körperecken, deren Kanten- und Flächenwinkel gleich groß sind und 90° messen, treten an den Ecken von Quadern auf. Solche Körperecken finden z. B. beim Mehrtafelverfahren der darstellenden Geometrie als Grund-, Auf- und Kreuzrißtafel Anwendung.
Fällt man von einem Punkt innerhalb einer körperlichen Ecke die Lote auf die Seitenflächen, so entsteht wieder eine körperliche Ecke mit einem Punkt als Scheitel und den gefällten Loten als Kanten. Diese neue Ecke heißt *Polarecke* der ursprünglichen, die ihrerseits als Polarecke der neuen Ecke aufgefaßt werden kann (vgl. Kap. 12.2., Abb. 12.2-2).

Jede körperliche Ecke ist Polarecke ihrer Polarecke.

Über die Winkel der körperlichen Ecke gelten folgende Sätze:

1. *Die Summe der Größen aller Kantenwinkel einer n-kantigen Ecke ist kleiner als 360°.*
2. *Die Summe der Größen aller Flächenwinkel einer n-kantigen Ecke ist größer als n · 180° — 360° und kleiner als n · 180°.*
3. *Die Kantenwinkel der Polarecke und die Flächenwinkel der ursprünglichen Ecke sind zueinander Supplementwinkel.*
4. *Die Flächenwinkel der Polarecke und die Kantenwinkel der ursprünglichen Ecke sind zueinander Supplementwinkel.*

Körper

Grundbegriffe. Ein Körper im Sinne der Stereometrie ist die Menge aller Punkte, Geraden und Ebenen des dreidimensionalen Raumes, die innerhalb eines vollständig abgeschlossenen Teiles dieses Raumes liegen, d. h. innerhalb der Begrenzungsflächen des Körpers, einschließlich der mit den begrenzenden Flächen inzidierenden Punkte, Geraden- und Ebenenstücken. Die Summe der Begrenzungsflächen heißt *Oberfläche*, die Größe des von ihr vollständig umschlossenen Teils des Raumes heißt *Rauminhalt* oder *Volumen* des Körpers.
Sind Körper nur von ebenen Flächen begrenzt, so werden sie *Ebenflächner*, ebenflächige Körper, *Vielflächner* oder *Polyeder* [griech. *polys*, viel, *edra*, Boden, Fläche] genannt; z. B. Würfel, Quader, Prisma, Pyramide. Die das Polyeder begrenzenden Vielecke heißen *Seitenflächen*. Die Strecken, in denen je zwei Seitenflächen zusammenstoßen, heißen *Kanten*, ihre Endpunkte *Ecken* des Körpers. Der Winkel zwischen den von einer Kante ausgehenden Halbebenen ist der *Flächenwinkel* zwischen den sich schneidenden Flächen. Im weiteren Sinne spricht man von *Kanten*, wenn an einem *krummflächigen Körper*, der ganz oder teilweise von gekrümmten Flächen begrenzt wird, zwei dieser Flächen längs einer Kurve unter einem Winkel zusammenstoßen. Der Winkel kann gemessen werden zwischen den beiden Loten, die im betrachteten Kurvenpunkt auf den Tangentialebenen der beiden Flächen errichtet werden; dabei ist zu vereinbaren, daß diese Lote nach dem Halbraum zu fällen sind, der den als konvex vorausgesetzten Körper enthält. Betrachtet man eine Ebene als Fläche der Krümmung Null, die mit ihrer Tangentialebene zusammenfällt, so mißt der Winkel zwischen dem Mantel eines geraden Kreiszylinders und seiner Grundfläche in jedem Punkte der kreisförmigen Grundkante 90°; bei einem geraden Kreiskegel ist es der Schütt- oder Böschungswinkel. Krummflächner ohne Kanten sind die Kugel, das Ellipsoid oder der Torus.
Der Inhalt O der *Oberfläche* eines Körpers kann prinzipiell als Summe der Inhalte der einzelnen Begrenzungsflächen bestimmt werden. Durch die Herleitung bestimmter Formeln kann jedoch in gewissen Fällen der in der Praxis umständliche Weg der Summenbildung der Inhalte der Teilflächen vermieden werden.
Der *Rauminhalt* oder das *Volumen* V eines Körpers kann mit Hilfe der im folgenden angegebenen Raummaße bzw. Hohlmaße sowie der von ihnen abgeleiteten Einheiten bestimmt werden. Unter Inhalt wird dabei eine aus Maßzahl und Maßeinheit bestehende Größe verstanden.

Maßeinheiten

Raummaße. Das Kubikmeter, Zeichen m^3, ist das Volumen eines Würfels von der Kantenlänge 1 m. Vom Kubikmeter werden größere bzw. kleinere Raumeinheiten abgeleitet.

Raummaß	Zeichen	Beziehung
Kubikkilometer	km^3	$1\ km^3 = 10^9\ m^3 = 10^{12}\ dm^3$
Kubikmeter	m^3	$1\ m^3 = 10^3\ dm^3$
Kubikdezimeter	dm^3	$1\ dm^3 = 10^{-3}\ m^3$
Kubikzentimeter	cm^3	$1\ cm^3 = 10^{-6}\ m^3 = 10^{-3}\ dm^3$
Kubikmillimeter	mm^3	$1\ mm^3 = 10^{-9}\ m^3 = 10^{-6}\ dm^3$

Im *Schiffahrtswesen* dient zur Vermessung des Schiffsraumes, der früher als Anzahl der verstaubaren Fässer angegeben wurde, die Registertonne, Zeichen RT; 1 RT = 2,83 m³.
Die Angabe des Gesamtschiffsraumes erfolgt in *Bruttoregistertonnen* (BRT), die des Nutzraumes in Nettoregistertonnen (NRT). Bei Handelsschiffen dient die Vermessung zur Bestimmung der Ladefähigkeit, des abgabepflichtigen Laderaumes und der Entrichtung von Hafen- und Zollgebühren.

Hohlmaße. Das Liter, Zeichen l, darf für 1 dm³ verwendet werden, wenn die relative Unsicherheit der Angabe $5 \cdot 10^{-5}$ nicht unterschreitet. Das Hundertfache des Liters wird als *Hektoliter* bezeichnet: 1 hl = 100 l, der hundertste Teil als *Zentiliter*, 1 cl = 10^{-2} l, und der tausendste Teil als *Milliliter*: 1 ml = 10^{-3} l = 1 cm³.
In der *Landwirtschaft* diente früher als Hohlmaß für Getreide der Scheffel: 1 Scheffel ≈ 104 l.

8.2. Würfel und Quader

Würfel und Quader sind Polyeder. Der *Würfel* hat acht rechtwinklige körperliche Ecken, zwölf gleich lange Kanten und wird von sechs gleichen Quadraten begrenzt.
Der Quader hat wie der Würfel acht rechtwinklige körperliche Ecken und zwölf Kanten, von denen je vier gleich lang und zueinander parallel sind. Er wird von drei Paaren kongruenter, in parallelen Ebenen liegender Rechtecke begrenzt.
Der Würfel kann als Sonderform des Quaders angesehen werden (Abb. 8.2-1).

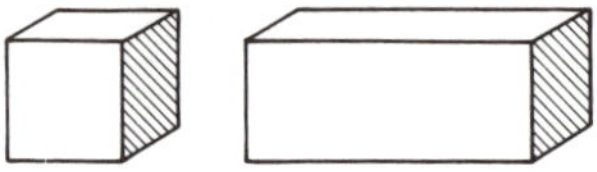
8.2-1 Der Würfel ist eine Sonderform des Quaders

Oberfläche

Schneidet man das Oberflächenmodell eines Polyeders längs einer genügend großen Anzahl von Kanten auf, so kann man ein zusammenhängendes System von Begrenzungsflächen in eine Ebene auseinanderklappen. Man erhält das *Netz* des Polyeders (Abb. 8.2-2).
Umgekehrt kann man aus dem Netz des Polyeders durch Biegen längs bestimmter Seiten der Teilflächen und mit Hilfe von zusätzlich angebrachten Klebefalzen das Oberflächenmodell des Körpers herstellen. Das *Netz des Würfels* besteht aus einem zusammenhängenden System von sechs gleichen Quadraten. Dabei gibt es verschiedene Möglichkeiten der Anordnung der Quadrate. Abb. 8.2-3 zeigt das schrittweise Entstehen eines Würfelmodells aus dem Netz.
Das *Netz des Quaders* besteht aus einem zusammenhängenden System von drei Paaren kongruenter Rechtecke. Auch hier gibt es verschiedene Anordnungsmöglichkeiten. Abb. 8.2-4 zeigt zwei Quader; der rechte hat ein Paar quadratischer Begrenzungsflächen; dann sind auch die restlichen vier Begrenzungsflächen untereinander kongruent.
Haben die Kanten des Quaders die Längen a, b, c, so haben die drei Rechtecke die Flächeninhalte ab, bc und ca, und für den Inhalt O der Oberfläche ergibt sich

$$O = 2 \cdot ab + 2 \cdot ac + 2 \cdot bc = 2(ab + ac + bc).$$

Ein Quader mit einem Paar quadratischer Begrenzungsflächen, z. B. $c = a$, hat den Oberflächeninhalt $O = 2a^2 + 4\,ab$. Für den Würfel schließlich ergibt sich, da hier $a = b = c$ ist, $O = 6a^2$.

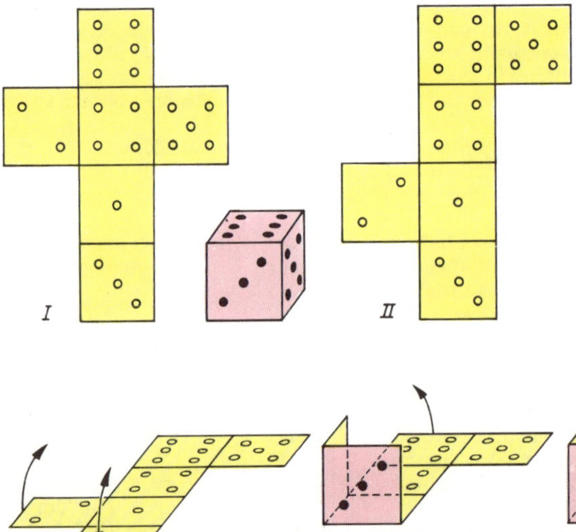

8.2-2 Zwei Netze eines Würfels

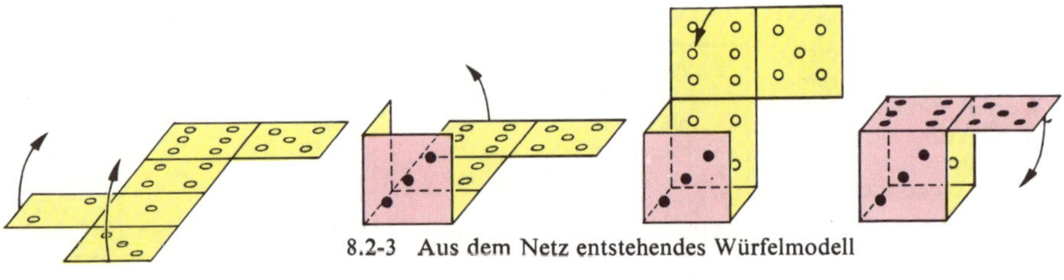
8.2-3 Aus dem Netz entstehendes Würfelmodell

Inhalt der Quaderoberfläche
$O = 2(ab + ac + bc)$
Inhalt der Würfeloberfläche
$O = 6a^2$

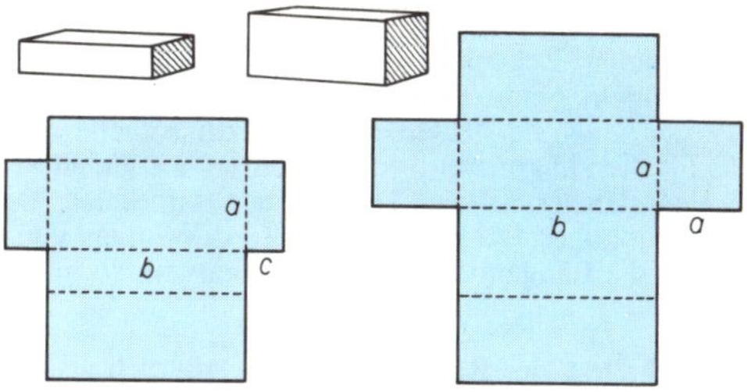

8.2-4 Zwei Quadernetze

Rauminhalt

In der Planimetrie wird das Messen des Inhalts einer ebenen Fläche am Beispiel des Quadrats bzw. des Rechtecks zunächst als Auslegen der Fläche mit Einheitsquadraten erklärt. Analog dazu kann das Messen des Rauminhalts, z. B. eines Würfels bzw. eines Quaders, als Ausfüllen des Raumes mit Einheitswürfeln gedeutet werden.
Der *Rauminhalt* oder das *Volumen eines Würfels* mit der Kantenlänge $me = a$ (z. B. 10 cm) läßt sich auf diese Weise voll ausfüllen (Abb. 8.2-5). Dabei entstehen m (= 10) *Platten* mit je m (= 10) *Stangen* zu je m (= 10) *Einheitswürfeln*, insgesamt also $m \cdot m \cdot m = m^3$ ($10 \cdot 10 \cdot 10 = 1000$) Einheitswürfel mit dem Rauminhalt $m^3 e^3 = a^3$.

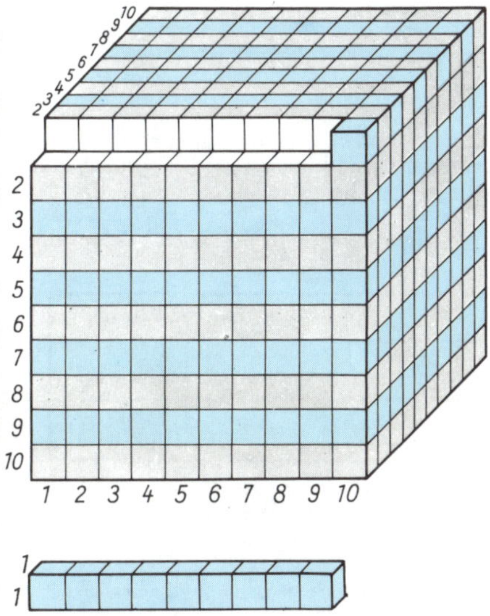

Rauminhalt des Würfels	$V = a^3$

Der *Rauminhalt eines Quaders* mit den Kantenlängen $me = a, ne = b$ und $pe = c$ läßt sich z. B. durch p Platten mit n Stangen zu je m Einheitswürfeln voll ausfüllen. Der Rauminhalt beträgt daher $m \cdot n \cdot p$ Einheitswürfel bzw. $me \cdot ne \cdot pe = a \cdot b \cdot c$ (Abb. 8.2-6).

Rauminhalt des Quaders	$V = abc$

8.2-5 Rauminhalt des Dezimeterwürfels

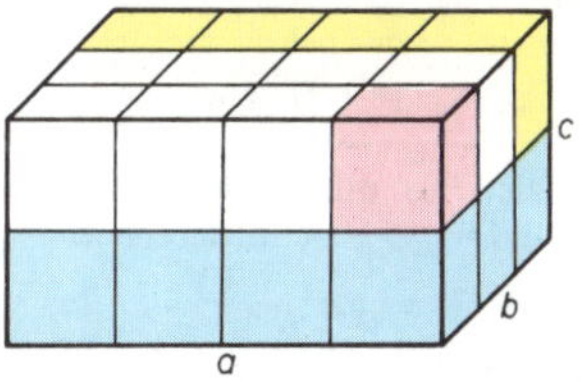

8.2-6 Rauminhalt des Quaders

Für den Sonderfall des Quaders mit einem Paar quadratischer Begrenzungsflächen wird $V = a^2 \cdot c$
Die abgeleiteten Formeln gelten auch, wenn die Länge von einer oder von mehreren Kanten kein ganzzahliges Vielfaches der Kantenlänge e des Einheitswürfels ist. Sind die Kantenlängen a, b, c rationale Vielfache von e, z. B. $a = e \cdot p_1/q_1, b = e \cdot p_2/q_2, c = e \cdot p_3/q_3$, so gilt die angestellte Überlegung für einen kleineren Einheitswürfel, dessen Kantenlänge e' der k-te Teil von e ist, wenn man mit k das kleinste gemeinschaftliche Vielfache der Zahlen q_1, q_2, q_3 bezeichnet. Ein irrationales Vielfaches von e kann durch Folgen rationaler Zahlen mit beliebiger Genauigkeit angenähert werden (vgl. Kap. 3.5.). Allgemein ist die Berechnung des Rauminhalts von Körpern, deren Oberfläche mathematisch erfaßbar ist, ein Gegenstand der Integralrechnung (vgl. Kap. 20.4. – Volumenberechnungen von Körpern).

Beispiel 1: Wie groß ist das Volumen eines Ziegelsteins vom Normalformat $7{,}1 \times 11{,}5 \times 24$ cm? –
$a = 24$ cm, $b = 11{,}5$ cm, $c = 7{,}1$ cm,
$V = a \cdot b \cdot c = 24 \text{ cm} \cdot 11{,}5 \text{ cm} \cdot 7{,}1 \text{ cm} = 1959{,}60 \text{ cm}^3$.

Besondere Beziehungen

Diagonalen, Eckenlinien des Quaders. Man unterscheidet *Flächendiagonalen* und *Raumdiagonalen*, je nachdem, ob die beiden nichtbenachbarten Ecken, die durch eine Diagonale miteinander verbunden werden, ein und derselben Begrenzungsfläche des Körpers angehören oder nicht. Der Quader hat 12 Flächendiagonalen, von denen je vier gleich lang sind, und vier Raumdiagonalen von untereinander gleicher Länge. Die Längen sämtlicher Diagonalen können als Längen von Hypotenusen rechtwinkliger Dreiecke mit Hilfe des Satzes von Pythagoras berechnet werden (Abb. 8.2-7). Sind a, b, c die Längen der drei Quaderkanten, so gilt für die Flächendiagonalenlängen f_1, f_2, f_3:

$$f_1 = \sqrt{a^2 + b^2}, \quad f_2 = \sqrt{a^2 + c^2}, \quad f_3 = \sqrt{b^2 + c^2}.$$

Die Länge d der Raumdiagonalen läßt sich als Länge der Hypotenuse in rechtwinkligen Dreiecken berechnen, deren Katheten jeweils eine Flächendiagonale und die zu deren Berechnung nicht verwendete dritte Kante sind:

$$d = \sqrt{f_1^2 + c^2} = \sqrt{f_2^2 + b^2} = \sqrt{f_3^2 + a^2} = \sqrt{a^2 + b^2 + c^2}.$$

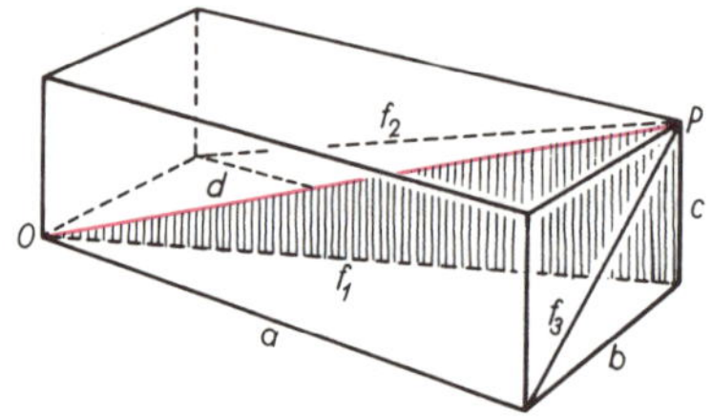

8.2-7 Länge der Raumdiagonalen des Quaders

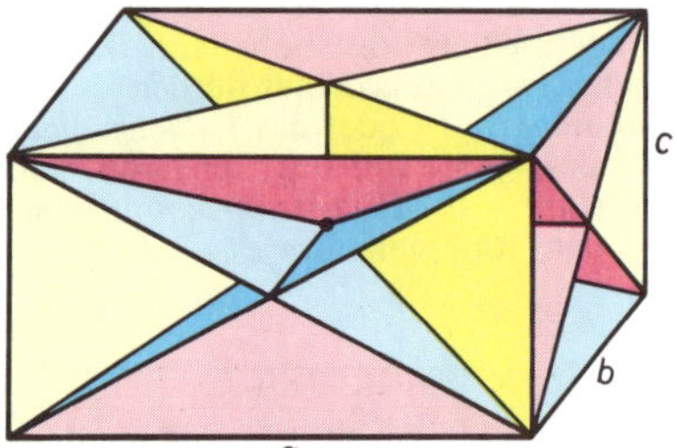

8.2-8 Drei Diagonalebenenpaare des Quaders

Die vier Raumdiagonalen des Quaders bilden sechs *Diagonalebenen*, die den Quader in rechteckigen Schnittflächen schneiden (Abb. 8.2-8). Diese Rechtecke sind paarweise kongruent und werden von Flächendiagonalen und Kanten des Quaders begrenzt. Ihre Flächeninhalte D_1, D_2, D_3 sind:

$$D_1 = cf_1 = c\sqrt{a^2 + b^2}; \ D_2 = bf_2 = b\sqrt{a^2 + c^2}; \ D_3 = af_3 = a\sqrt{b^2 + c^2}.$$

	Quader	Würfel
Längen der Flächendiagonalen	$f_1 = \sqrt{a^2 + b^2}, f_2 = \sqrt{a^2 + c^2}, f_3 = \sqrt{b^2 + c^2}$	$f = a\sqrt{2}$
Längen der Raumdiagonalen	$d = \sqrt{a^2 + b^2 + c^2}$	$d = a\sqrt{3}$

Diagonalen des Würfels. Für die Längen der Flächendiagonalen und der Raumdiagonalen und für die Flächeninhalte der Diagonalschnitte erhält man wegen $a = b = c$ beim Würfel:

$$f_1 = f_2 = f_3 = f = \sqrt{a^2 + a^2} = \sqrt{2a^2} = a\sqrt{2}; \ d = \sqrt{a^2 + a^2 + a^2}$$
$$= \sqrt{3a^2} = a\sqrt{3} \quad \text{und} \quad D_1 = D_2 = D_3 = D = a \cdot f = a\sqrt{a^2 + a^2} = a\sqrt{2a^2} = a^2\sqrt{2}.$$

Zwischen Kantenlänge a, Flächendiagonalenlänge f und Raumdiagonalenlänge d besteht somit beim Würfel die Proportion $a : f : d = a : a\sqrt{2} : a\sqrt{3} = \sqrt{1} : \sqrt{2} : \sqrt{3}$.

Mittelpunkt. Für Quader und Würfel gilt gleichermaßen: Alle Raumdiagonalen schneiden einander in genau einem Punkte M und halbieren einander. M heißt auch *Mittelpunkt* des betreffenden Körpers und ist zugleich *Schwerpunkt* eines quader- oder würfelförmigen Körpers mit homogener Masse. Schließlich ist M gemeinsamer Mittelpunkt der einem Würfel um- und einbeschriebenen Kugeln. Die Länge des Radius der umbeschriebenen Kugel ist gleich der halben Länge der Raumdiagonale, d. h., $r = (a/2) \cdot \sqrt{3}$, die Länge des Radius der einbeschriebenen Kugel ist gleich der halben Kantenlänge, d. h., $\varrho = a/2$.

Schnitt durch den Würfel. Durch den Würfel kann ein ebener Schnitt so geführt werden, daß sich als Schnittfläche ein regelmäßiges Sechseck ergibt. Dabei fallen der Mittelpunkt des Würfels mit dem des Sechsecks und die Ecken des Sechsecks mit den Mitten derjenigen sechs Würfelkanten zusammen, die in einem Zug umlaufen werden können und von denen niemals drei in einem gemeinsamen Quadrat liegen (Abb. 8.2-9). Dieses regelmäßige Sechseck besteht aus sechs gleichen gleichseitigen Dreiecken mit der Seitenlänge $s = {}^1/_2 a \sqrt{2}$, das ist die Hälfte der Länge der Flächendiagonale des Würfels, und dem Flächeninhalt $A = {}^1/_4\, s^2 \sqrt{3}$. Für den Flächeninhalt der Schnittfläche gilt:

$$S = 6 \cdot A = 6 \cdot {}^1/_4 \cdot s^2 \sqrt{3} = {}^3/_2\, s^2 \sqrt{3} = {}^3/_4\, a^2 \sqrt{3}.$$

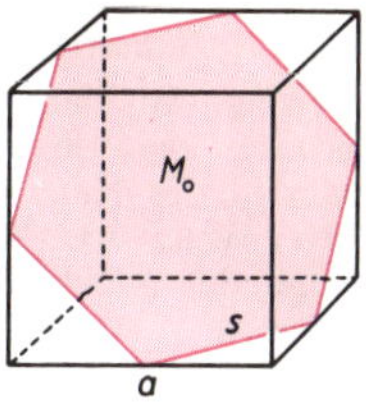

8.2-9 Regelmäßiges Sechseck als ebener Schnitt eines Würfels

8.3. Prisma und Zylinder

Allgemeines

Prisma. Gleitet eine Gerade, ohne ihre Richtung zu verändern, im Raum an den Begrenzungslinien eines ebenen n-Ecks mit $n = 3, 4, \ldots$ entlang, so beschreibt sie eine *prismatische Fläche*; geht sie durch eine Ecke des n-Ecks, so stellt sie jeweils eine *Kante* dieser Fläche dar.
Das n-Eck kann als Schnitt einer Ebene gedeutet werden, die die prismatische Fläche in allen Kanten schneidet. Wird eine zweite Ebene parallel zur ersten durch die prismatische Fläche gelegt, so entsteht ein zweites n-Eck, das dem ersten kongruent ist und mit ihm und mit dem zwischen ihnen liegenden Abschnitt der prismatischen Fläche einen Teil des Raumes vollständig einschließt. Man bezeichnet diesen Körper als *Prisma* [griech., das Gesägte], die beiden n-Ecke als *Grundflächen* bzw. *Grund- und Deckfläche* und den zum Prisma gehörigen Teil der prismatischen Fläche als *Mantel* des Prismas. Die Abschnitte der Kanten der prismatischen Fläche, die gleichliegende Ecken der Grundflächen miteinander verbinden, nennt man *Seitenkanten* im Unterschied zu den *Grundkanten*, die den Seiten der Grundfläche entsprechen. Das *n-seitige Prisma* hat n Seitenkanten und $2n$ Grundkanten, insgesamt $3n$ Kanten. Alle Seitenkanten sind gleich lang und je zwei Grundkanten einander parallel und gleich groß. Die innerhalb der Seitenflächen parallel zu den Seitenkanten verlaufenden Geraden heißen *Mantellinien* des Prismas. Unter der *Höhe* eines Prismas versteht man den Abstand zwischen Grund- und Deckfläche.
Steht eine der Seitenkanten auf einer der Grundflächen senkrecht, so stehen *alle* Seitenkanten auf beiden Grundflächen senkrecht. Ein solches Prisma heißt *gerade*, alle anderen *schief*.
Die Seitenflächen eines geraden Prismas sind Rechteckflächen. Sind die Grundflächen eines geraden Prismas regelmäßige n-Eckflächen, so heißt auch das Prisma *regelmäßig*. Die Seitenflächen sind dann kongruente Rechteckflächen. Die Gerade, die durch die Mittelpunkte der Grundflächen, die Schnittpunkte der Mittelsenkrechten auf den Seiten, eines regelmäßigen Prismas geht, heißt *Achse*, jeder die Achse enthaltende ebene Schnitt durch das Prisma *Achsenschnitt*. Ein schiefes vierseitiges Prisma mit einer Parallelogrammfläche als Grundfläche (Abb. 8.3-1) heißt *Parallelepipedon* oder *Parallelepiped* [griech.], *Parallelflach* oder *Spat*.

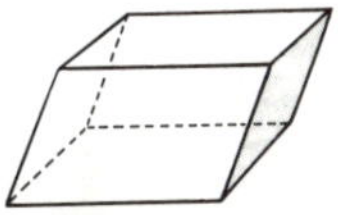

8.3-1 Schiefes Parallelepiped

Zylinder. Gleitet im Raum eine Gerade, die *Erzeugende*, ohne ihre Richtung zu verändern, längs einer gekrümmten Linie, der *Leitkurve*, so beschreibt sie eine *Zylinderfläche*. Ein *Zylinder* ist der Körper, der von einer Zylinderfläche mit *geschlossener Leitkurve* und zwei Ebenen begrenzt wird, die zueinander, aber nicht zur Erzeugenden parallel laufen. Die Strecken der Erzeugenden zwischen den parallelen Ebenen heißen *Mantellinien* und haben dieselbe Länge. Das Stück der Zylinderfläche zwischen den parallelen Ebenen ist der *Mantel* des Zylinders. Die *Grund-* und die *Deckfläche*, die von der Zylinderfläche aus den parallelen Ebenen ausgeschnitten werden, sind einander kongruent. Ihr senkrechter Abstand ist die *Höhe* des Zylinders. Jeder Zylinder hat mindestens zwei *Kanten* im weiteren Sinne, die Begrenzungslinien der Grund- und der Deckfläche. Hat in jedem Punkte dieser Kanten der Winkel zwischen Grund- oder Deckfläche und dem Mantel die Größe 90°, so heißt der Zylinder *gerade*, in allen anderen Fällen *schief*.
Je nach der Art der Grundfläche unterscheidet man verschiedene Arten von Zylindern. Ist die Grundfläche speziell eine Kreisfläche, so spricht man von einem *Kreiszylinder*. Der *gerade Kreiszylinder* wird auch *Dreh-* oder *Rotationszylinder* oder *Walze* genannt.
Denkt man sich aus einem aus festem Material bestehenden Zylinder einen kleineren Zylinder so ausgebohrt, daß die Grundflächen der beiden Zylinder konzentrische Kreisflächen bilden, so bleibt als Restkörper ein *Hohlzylinder*. Hohlzylinder finden in der Technik vielfache Anwendung, z. B. als Behälter von Gasen und Flüssigkeiten, z. B. als Gasometer, Benzinbehälter oder Tankwagen, z. T. auch von festen Stoffen, z. B. als Silo für Futter. *Rohre* sind Hohlzylinder sehr großer Länge; sie dienen z. B. dem Transport von Gasen oder Flüssigkeiten.

Oberfläche

Prisma. Aus dem Oberflächenmodell eines Prismas gewinnt man dessen *Netz* oder umgekehrt aus dem Modell des Netzes das Oberflächenmodell in analoger Weise wie für Quader und Würfel. Abb. 8.3-2 zeigt das Netz eines sechsseitigen regelmäßigen Prismas.

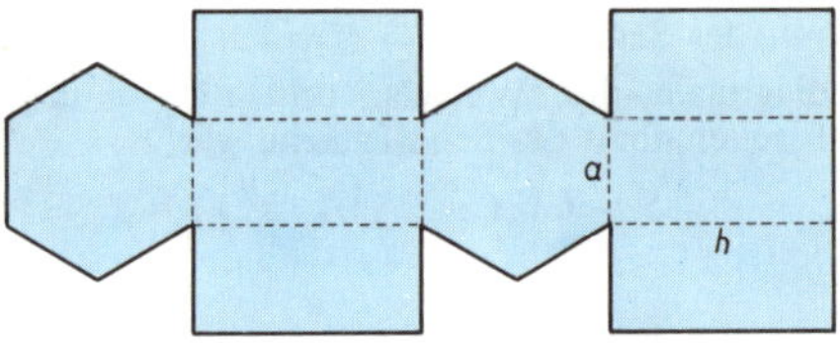

8.3-2 Netz eines sechsseitigen regelmäßigen Prismas

Zylinder. Beim Oberflächenmodell eines Zylinders sind die Schnitte entlang einer Mantellinie und den Grundkanten zu führen. Der Mantel z. B. eines geraden Kreiszylinders läßt sich dann so in eine Ebene *abwickeln*, wie es Abb. 8.3-3 in drei Phasen zeigt. Sein Netz besteht aus den beiden kreisförmigen Grundflächen und aus einer Rechteckfläche mit der Mantellinie s als Höhe und dem Umfang $2\pi r$ der Grundfläche als Seite (Abb. 8.3-4). Der in eine x, y-Ebene abgewickelte Mantel eines von einer Ebene unter dem Winkel der Größe ε geschnittenen Drehzylinders (Abb. 8.3-5) wird von zwei vertikalen Geraden sowie von einer horizontalen Geraden und einer Sinuslinie begrenzt. Grundsätzlich ist jede Zylinderfläche abwickelbar. Für die praktische Darstellung setzt schon die Abwicklung des geraden Kreiszylinders die Rektifizierung des Kreisumfangs voraus. Eine Approximation bis auf 0,002% liefert die nach Abb. 8.3-6 leicht mit Zirkel und Lineal durchzuführende Konstruktion, die A. Kochansky 1685 angegeben hat; durch sie wird π näherungsweise gleich $\sqrt{13^1/_3 - 2\sqrt{3}}$ gesetzt.

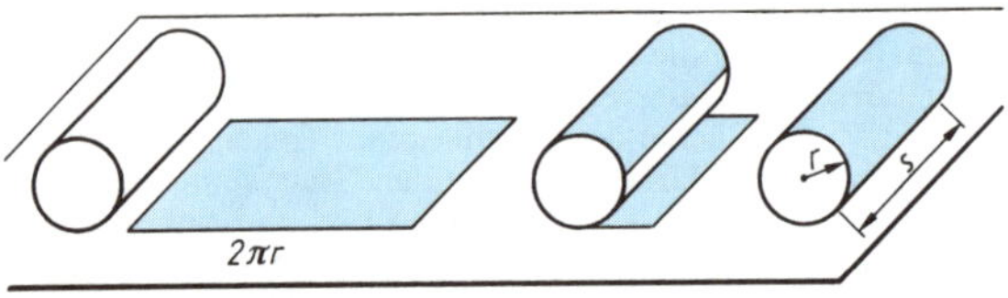

8.3-3 Mantel eines geraden Kreiszylinders

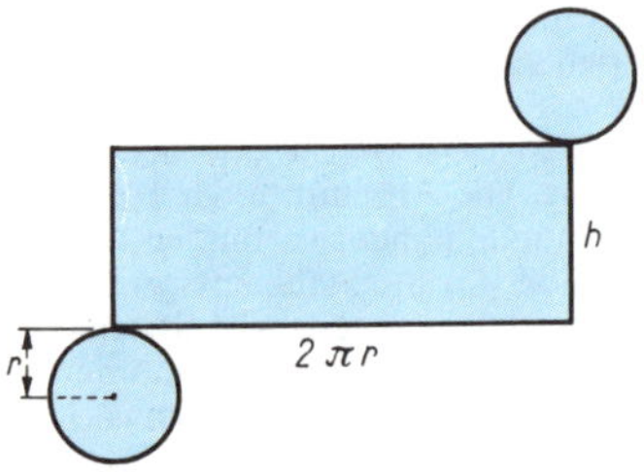

8.3-4 Netz eines geraden Kreiszylinders

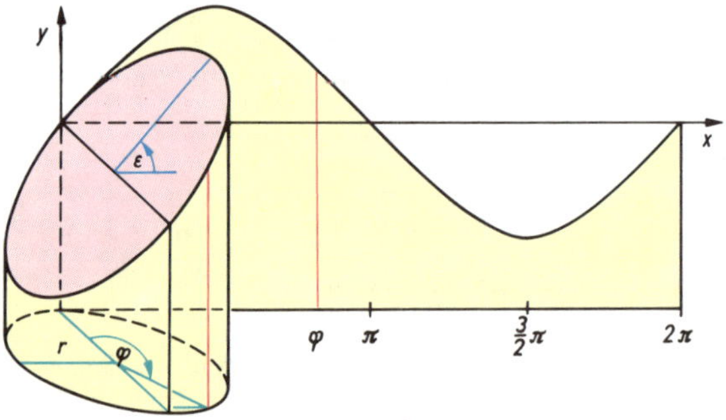

8.3-5 Schief geschnittener Drehzylinder

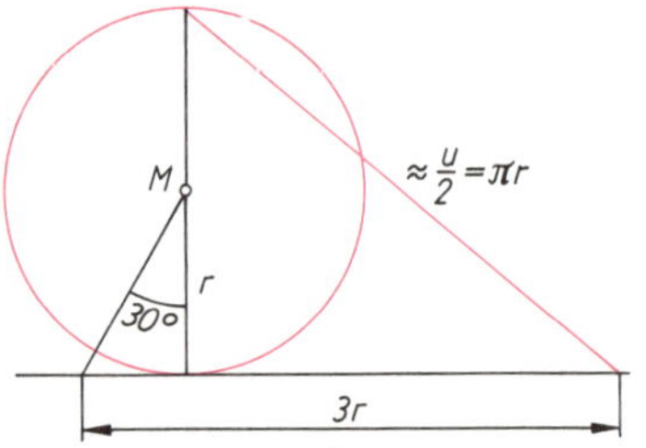

8.3-6 Näherungskonstruktion zur Rektifizierung des Kreisumfangs nach Kochansky

Der Inhalt O der Oberfläche eines beliebigen Prismas oder Zylinders kann aus der Grund- und der Deckflächengröße G und dem Mantelinhalt M berechnet werden. Die erhaltene Formel läßt sich je nach Bedarf spezialisieren.

Oberflächeninhalt für Prisma und Zylinder	$O = 2G + M$

Beispiel 1: Der Inhalt der Oberfläche des regelmäßigen sechsseitigen Prismas läßt sich aus den Längen von Grundkante $a = 3$ cm und Höhe $h = 4$ cm berechnen. Es ist $G = (3a^2/2) \cdot \sqrt{3}$ und $M = 6 \cdot ah$, demzufolge $O = 2(3a^2/2)\sqrt{3} + 6ah = 3a^2\sqrt{3} + 6ah = 3a(a\sqrt{3} + 2h)$.
Nach Einsetzen der gegebenen Größen erhält man $O \approx 119$ cm².

Beispiel 2: Für den Oberflächeninhalt eines Stahlbolzens von kreisförmigem Querschnitt mit den Längen $d = 50$ mm für den Durchmesser und $h = 60$ mm für die Höhe erhält man: $G = \pi d^2/4$ und $M = \pi dh$, demzufolge $O = 2(\pi d^2/4) + \pi dh = \pi d(d/2 + h)$ und nach Einsetzen der gegebenen Werte $O = 4250\,\pi$ mm² $\approx 133{,}52$ cm².

Cavalierisches Prinzip

Zum Berechnen des Volumens eines Prismas oder eines Zylinders benutzt man das 1629 von CAVALIERI, einem Schüler von Galilei, veröffentlichte Prinzip.

Cavalierisches Prinzip: Körper mit inhaltsgleichem Querschnitt in gleichen Höhen haben gleiches Volumen – und speziell: Prismen bzw. Zylinder mit gleich großer Grundfläche und Höhe haben gleichen Rauminhalt.

Der Satz läßt sich mit elementaren Mitteln plausibel machen, wenn man einen Körper aus prismatischen Platten geringer Höhe aufbaut und danach durch Verschieben der Platten dem Körper bei offenbar demselben Rauminhalt eine andere Gestalt gibt (Abb. 8.3-7). Die Grundflächen der Teilkörper sind die Schnittflächen, die in gleicher Höhe gleichen Flächeninhalt haben. Je geringer die Höhe des Teilkörpers ist, um so mehr nähert sich die zunächst treppenförmige seitliche Begrenzung des Körpers einer durch eine stetige Funktion zu beschreibenden Fläche; aus einem Stapel von gleich großen kreisförmigen Blättern möglichst dünnen Papiers läßt sich z. B. ein schiefer Kreiszylinder mit großer Annäherung darstellen. Durch Grenzbetrachtungen kann daraus mit den Mitteln der Integralrechnung ein Beweis des Satzes gewonnen werden (vgl. Kap. 20.4. – Volumenberechnung von Körpern).

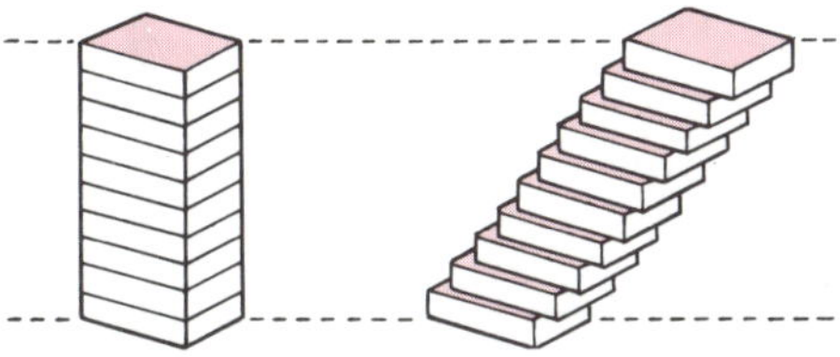

8.3-7 Zur Veranschaulichung des Cavalierischen Prinzips

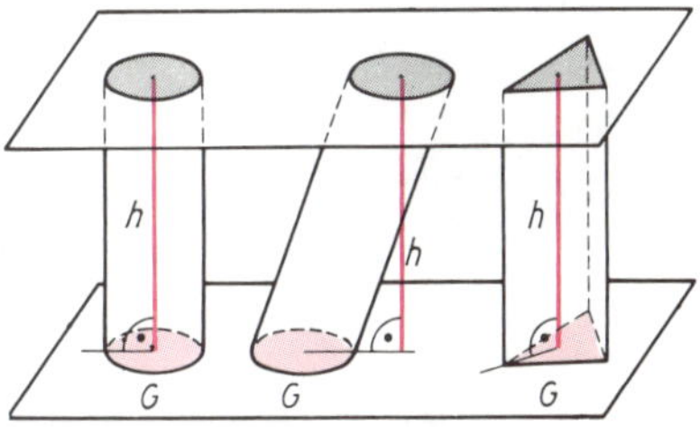

8.3-8 Volumenberechnung nach dem Cavalierischen Prinzip

Bezeichnet man die *Grundflächeninhalte* von Prisma und Zylinder mit G, die *Körperhöhe* mit h, so ergibt sich für das *Volumen* V beliebiger prismatischer oder zylindrischer Körper $V = G \cdot h$ (Abb. 8.3-8).
Daraus erhält man z. B. für das *regelmäßige dreiseitige Prisma* mit der Grundkantenlänge a und der Höhe h, da der Grundflächeninhalt $G = (a^2/4)\sqrt{3}$ ist, das Volumen $V = (a^2 h/4)\sqrt{3}$.

Volumen von Prisma oder Zylinder	$V = G \cdot h$
Volumen des Kreiszylinders	$V = \pi r^2 h = (\pi/4)\, d^2 \cdot h$

Für das *regelmäßige fünfseitige Prisma* sind $G = 5 \cdot (a^2/4) \cot 36°$ und $V = {}^5/_4 \cdot a^2 h \cdot \cot 36°$.
Grund- und Deckfläche eines *Hohlzylinders* (Abb. 8.3-9) sind kongruente Kreisringe mit dem Flächeninhalt $G = \pi r_1^2 - \pi r_2^2$; der innere und der äußere Mantel sind Rechtecke mit den Flächeninhalten $M_i = 2\pi r_2 h$, $M_a = 2\pi r_1 h$; die *Oberfläche* hat danach den Inhalt

$$O = 2G + M_a + M_i = 2\pi(r_1 + r_2)(r_1 - r_2) + 2\pi r_1 h + 2\pi r_2 h$$
$$= 2\pi(r_1 + r_2)(r_1 - r_2) + 2\pi(r_1 + r_2)\, h.$$

Das *Volumen* des Hohlzylinders erhält man, indem man die Differenz zwischen dem Volumen V_a des äußeren und dem Volumen V_i des inneren Zylinders bildet, $V = V_a - V_i = G_1 h - G_2 h = G \cdot h$.

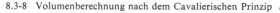

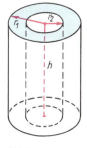

8.3-9 Hohlzylinder

8.4. Pyramide und Kegel

Allgemeines

Pyramide. Gleitet ein von einem festen Punkt S des Raumes ausgehender Strahl an den Begrenzungslinien eines ebenen n-Ecks mit $n = 3, 4, \ldots$ entlang, in dessen Ebene der Ursprung S des Strahls nicht liegt, so beschreibt der gleitende Strahl eine Pyramidenfläche. Die Strahlen nach den Ecken des n-Ecks sind *Kanten* der Pyramidenfläche.

Die n-Eck-Fläche schließt zusammen mit dem zwischen ihr und dem Punkt S liegenden Teil der Pyramidenfläche einen vollständig begrenzten Raum ein; dieser geometrische Körper wird *Pyramide* genannt (Abb. 8.4-1).
Die n-Eck-Fläche heißt *Grundfläche*, der Punkt S *Spitze*, der zum Körper gehörende Teil der Pyramidenfläche *Mantel der Pyramide*. Die Kantenabschnitte der Pyramidenfläche, die zwischen den Ecken der Grundfläche und der Spitze S liegen, heißen *Seitenkanten der Pyramide*, zum Unterschied von den *Grundkanten*, die den Seiten der Grundfläche entsprechen. Die *n-seitige Pyramide* hat n Seitenkanten und n Grundkanten, insgesamt also $2n$ Kanten, sowie n Dreieckflächen als *Seitenflächen*. Die in den Seitenflächen von beliebigen Punkten der Grundkanten nach der Spitze S verlaufenden Geraden heißen *Mantellinien* der Pyramide.

8.4-1 Pyramide

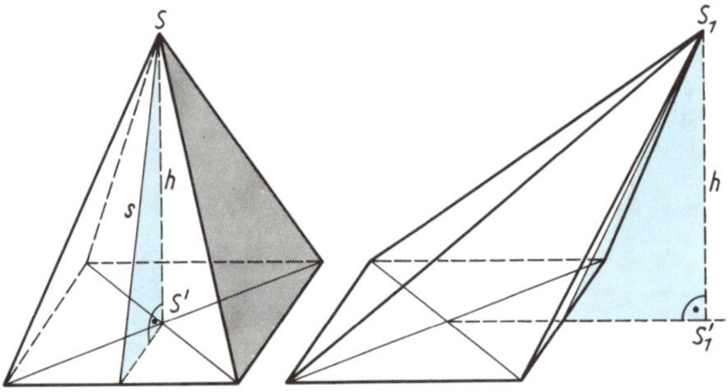

8.4-2 Gerade und schiefe quadratische Pyramide

Unter der *Höhe* einer Pyramide versteht man den Abstand zwischen Spitze und Grundflächenebene, der meist durch das von der Spitze auf die Grundflächenebene gefällte Lot dargestellt wird. Es durchstößt die Grundflächenebene im Höhenfußpunkt S'. Dieser und damit die Höhe können auch außerhalb der Grundfläche bzw. der Pyramide liegen (Abb. 8.4-2).
Die Grundfläche einer *regelmäßigen Pyramide* ist eine regelmäßige n-Eck-Fläche; fällt der Höhenfußpunkt mit dem Mittelpunkt der Grundfläche zusammen, so heißt die Pyramide *gerade*, alle anderen Pyramidenformen heißen *schief*. Die Seitenflächen von regelmäßigen geraden Pyramiden sind kongruente gleichschenklige Dreieckflächen. Die Gerade durch die Punkte S und S' ist die *Achse* der geraden Pyramide, jeder die Achse enthaltende ebene Schnitt durch die Pyramide ein *Achsenschnitt*. Das regelmäßige *Tetraeder* ist eine Pyramide, deren Grund- und Seitenflächen gleichseitige Dreieckflächen sind.
Berühmte Grabstätten altägyptischer Könige sind gerade quadratische Pyramiden; am bekanntesten sind die Pyramiden, die am südlichen Rand Kairos bei Giseh liegen. Die Große Pyramide hat eine Grundkante von 227 m Länge und eine Höhe von 137 m.

Kegel. Ein durch einen festen Punkt S des Raumes gehende und längs einer gekrümmten Linie, der *Leitkurve*, gleitender Strahl, die *Erzeugende*, beschreibt eine *Kegelfläche*. Der *Kegel* ist ein Körper, der von einer Kegelfläche mit *geschlossener Leitkurve* und einer Ebene begrenzt wird, die nicht durch Punkt S geht. Die Kegelfläche schneidet aus der Ebene die *Grundfläche* aus. Der Punkt S heißt *Spitze des Kegels*, sein Abstand von der Grundfläche *Höhe*. Der *Mantel des Kegels* ist der Teil der Kegelfläche zwischen Spitze S und Grundfläche. Die Stücke der Erzeugenden auf ihm sind die *Mantellinien*. Man spricht zuweilen von einem *Doppelkegel*, wenn die Kegelfläche mit geschlossener Leitkurve von einer Geraden erzeugt wird, die in jeder Lage den festen Punkt S enthält. Der Kegelmantel wird dann von zwei zueinander parallelen Ebenen auf verschiedenen Seiten der Spitze S geschnitten (Abb. 8.4-3). Die beiden Grundflächen sind einander ähnlich, die Summe der Höhen ist der Abstand der parallelen Ebenen voneinander. Je nach Art der Grundfläche unterscheidet man *Kreiskegel*, *elliptische Kegel* und andere Kegelformen. Hat die Grundfläche einen Mittelpunkt S' und liegt die Spitze S senkrecht über S', so heißt der Kegel *gerade*, in anderen Fällen zum Unterschied vom geraden *schief*. Der gerade Kreiskegel kann durch Rotation der Fläche eines rechtwinkligen Dreiecks um eine seiner Katheten erzeugt werden. Genau für diesen Kegel sind alle ebenen Schnitte durch die Höhe kongruent (Abb. 8.4-4).
Als Beispiele von *Kegelformen in der Technik* seien genannt: Turmdächer, Teile von Geräten und Behältern, z. B. der untere Teil des Zementsilos, Teile von Werkstücken, bei Kraftfahrzeugen Kegelventile, Kegelkupplung (vgl. Tafel 20 und 21). Aber auch in der Natur gibt es kegelförmige Gebilde: Viele Berge vulkanischen Ursprungs zeigen ebenso die Gestalt eines Schüttkegels wie ein Haufen, der aus langsam rinnendem Sand oder Erdreich entsteht.

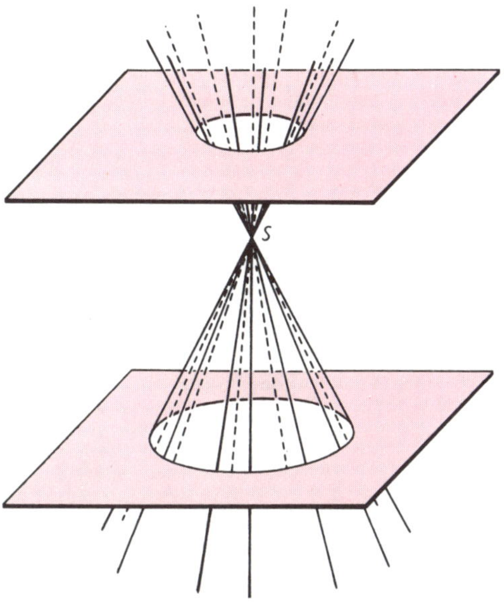

8.4-3 Kegelfläche und Doppelkegel

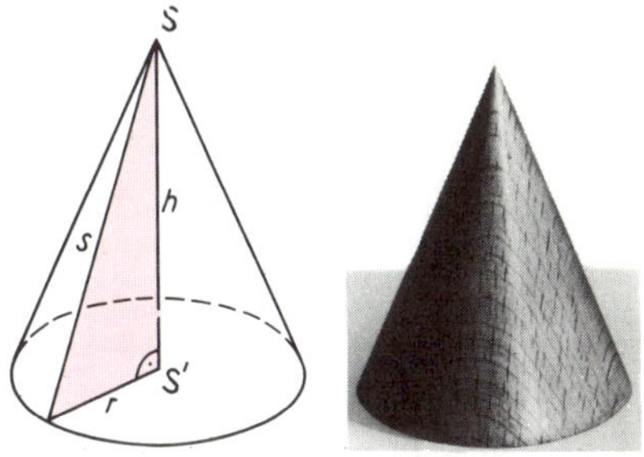

8.4-4 Gerader Kreiskegel

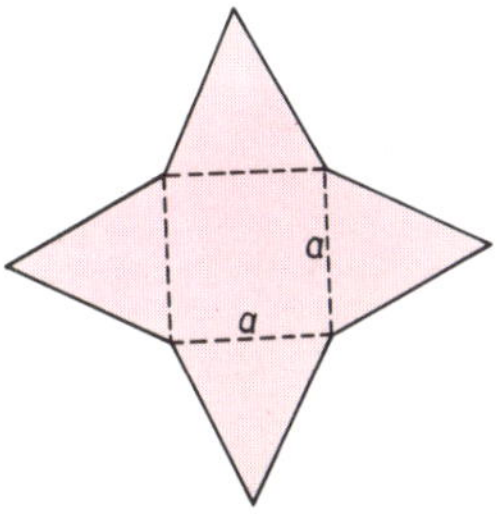

8.4-5 Netz einer quadratischen Pyramide

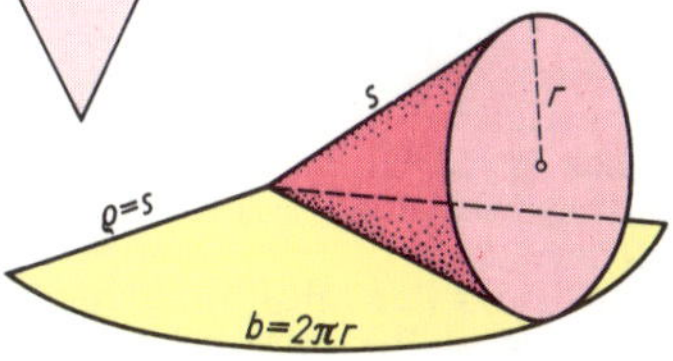

8.4-6 Abwickeln des Mantels eines geraden Kreiskegels

Oberfläche

Aus dem Oberflächenmodell einer *Pyramide* gewinnt man ihr *Netz*, indem man sie etwa längs einer Seitenkante und aller Grundkanten bis auf eine oder längs sämtlicher Seitenkanten aufschneidet und die Seitenflächen in die Grundflächenebene umklappt. Abb. 8.4-5 zeigt das Netz einer quadratischen Pyramide. Beim Oberflächenmodell eines *Kegels* sind die Schnitte längs einer Mantellinie und der Grundkante zu führen. Der Mantel eines geraden Kreiskegels z. B. läßt sich ähnlich wie der eines geraden Kreiszylinders in eine Ebene *abwickeln*. Es entsteht hier ein Kreissektor (Abb. 8.4-6). Das Netz des geraden Kreiskegels besteht aus dem Kreissektor, dessen Radius ϱ die Länge s der Kegelmantellinie und dessen Bogen b die Länge $2\pi r$ des Kegelgrundkreisumfanges hat, sowie aus der kreisförmigen Grundfläche des Kegels selbst. Für den Flächeninhalt M des Mantels erhält man $M : \pi\varrho^2 = b : 2\pi\varrho$, $M = b\varrho^2/(2\varrho) = 2\pi rs/2 = \pi rs$. Hat die Höhe des Kegels die Länge h, so gilt $s = \sqrt{r^2 + h^2}$.

Flächeninhalt des Mantels vom geraden Kreiskegel	$M = \pi rs$

Bezeichnet man die Inhalte der Oberfläche einer beliebigen Pyramide oder eines beliebigen Kegels mit O, den der Grundfläche mit G und den des Mantels mit M, so erhält man $O = G + M$.
Je nach Art des Körpers kann man diese Beziehung nach Bedarf spezialisieren. Für den Inhalt der Oberfläche eines regelmäßigen Tetraeders mit der Grundkantenlänge a z. B. gilt wegen $M = 3G$ und wegen $G = (a^2/4) \cdot \sqrt{3}$ die Formel $O = 4G = 4 \cdot (a^2/4) \cdot \sqrt{3} = a^2\sqrt{3}$.
Für die Aufgabe, den Bogen s eines Kreises mit dem Radius r und dem zugehörigen Zentriwinkel der Größe φ auf einem Kreis mit dem Radius ϱ abzuwickeln, liefert die in Abb. 8.4-7 angegebene *Konstruktion von Nikolaus* Cusanus (1401–1464) eine hinreichende Näherung, wenn die Größen φ und ψ der zu beiden Bögen gehörigen Zentriwinkel kleiner als 45° sind.

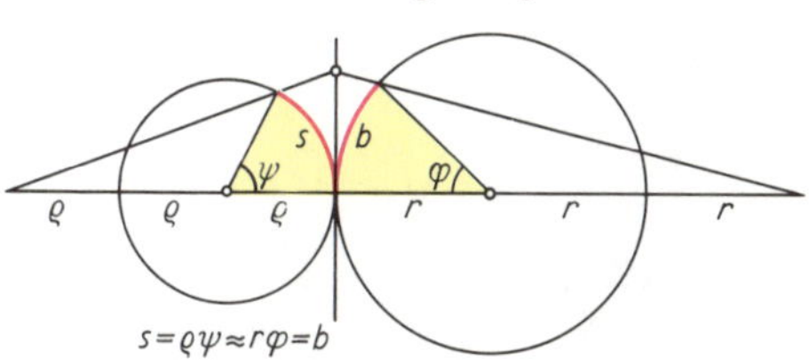

8.4-7 Konstruktion einander entsprechender Kreisbögen nach Cusanus

Rauminhalt

Um das Cavalierische Prinzip auf Pyramiden anwenden zu können, legt man einen ebenen Schnitt parallel zur Grundfläche durch die Pyramide. Die Schnittfläche ist der Grundfläche ähnlich. Ihr Abstand h' von der Spitze soll kleiner sein als die Höhe h der Pyramide. Nach dem Strahlensatz stehen die Längen aller in Schnitt- und Grundfläche einander entsprechenden parallelen Strecken s' und s im Verhältnis $s' : s = h' : h$, die Inhalte A' und A dieser Flächen also im Verhältnis $A' : A = h'^2 : h^2$.

Die Inhalte der Grundfläche einer Pyramide und einer zu ihr parallelen Schnittfläche verhalten sich wie die Quadrate der zugehörigen Abstände von der Spitze, der Höhen.

Nach dem Cavalierischen Prinzip ergibt sich hieraus:

Pyramiden mit inhaltsgleicher Grundfläche und gleicher Höhe haben gleiches Volumen.

Wegen der stets möglichen flächengleichen Verwandlung der Grundfläche in eine Dreieckfläche oder wegen der stets möglichen Zerlegung der Grundfläche in Dreieckflächen genügt es, das Volumen einer dreiseitigen Pyramide zu berechnen.

Das Volumen einer dreiseitigen Pyramide ist ein Drittel des Volumens des Prismas, das gleich große Grundfläche und Höhe hat.

Wie Abb. 8.4-8 zeigt, läßt sich das dreiseitige Prisma durch zwei ebene Schnitte in drei volumengleiche Pyramiden zerlegen. Die beiden rechten haben Grund- und Deckfläche des Prismas zu Grundflächen, $|\triangle DEF| = |\triangle ABC|$, und die Höhe des Prismas zur Höhe, $|BE| = |CF|$. Die beiden linken aber haben wegen $|\triangle ACF| = |\triangle AFD|$ gleich große Grundflächen, und für beide ist der Abstand des Punktes B von der Seitenfläche $ACFD$ Höhe.
Sind also G der Inhalt der Grundfläche und h die Höhe einer Pyramide, so hat sie das Volumen $V = G \cdot h/3$.

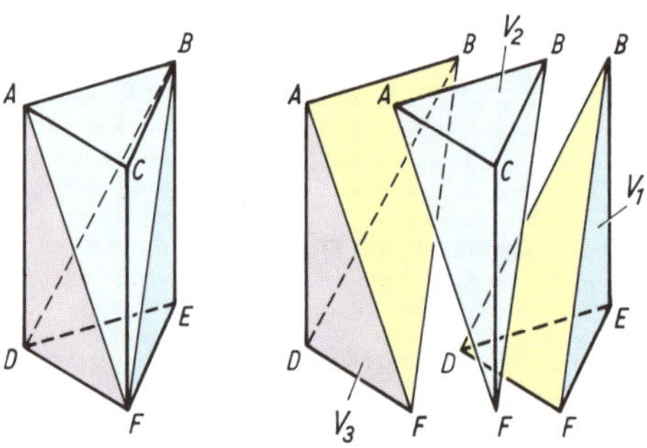

8.4-8 Zerlegung eines dreiseitigen Prismas in drei dreiseitige Pyramiden

Rauminhalt der Pyramide	$V = G \cdot h/3$

Im Cavalierischen Prinzip kommt es nur auf die Gleichheit des Flächeninhalts paralleler Schnitte, nicht auf die Gestalt dieser Schnitte an. Der Kegel darf als spezielle Pyramide mit dem Grundflächeninhalt $G = \pi r^2$ angesehen werden.

Kegel mit gleich großer Grundfläche und gleicher Höhe haben das gleiche Volumen.

Das Volumen eines Kegels ist ein Drittel des Volumens des Zylinders, dessen Grundfläche und Höhe ebenso groß sind wie die vom Zylinder.

Rauminhalt des Kegels	$V = (\pi/3)\, r^2 \cdot h = (\pi/12)\, d^2 \cdot h$

Pyramidenstumpf und Kegelstumpf

Ein *Pyramidenstumpf* ist ein ebenflächig begrenzter Körper, dessen Grund- und Deckfläche parallel sind und dessen Seitenkanten sich in einem Punkt S außerhalb des Körpers schneiden (Abb. 8.4-9).

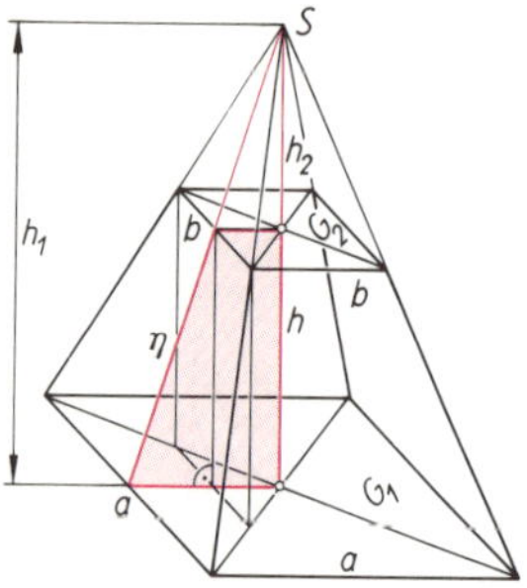

8.4-9 Pyramidenstumpf

Ein Pyramidenstumpf kann stets durch Aufsetzen einer *Ergänzungspyramide* zu einer Pyramide vervollständigt werden. Sind G_1 und h_1 die Größen für die Basisfläche und für die Höhe der ergänzten Pyramide, G_2 und h_2 die entsprechenden Größen der Ergänzungspyramide, so sind $h = h_1 - h_2$ die Höhe und G_1 und G_2 die Flächeninhalte der Basis- bzw. der Deckfläche des Pyramidenstumpfs. Dieser heißt *schief*, *gerade* oder *regelmäßig*, je nachdem, ob es auch die zugehörige Ergänzungspyramide ist.

Inhalt der Oberfläche des Pyramidenstumpfs	$O = G_1 + G_2 + M$

Der Inhalt O seiner Oberfläche setzt sich aus G_1, G_2 und der Mantelfläche M zusammen, die aus n Trapezflächen besteht, wenn die Grundfläche eine n-Eck-Fläche ist. Der Pyramidenstumpf hat dann $2n$ Grundkanten und n Seitenkanten. Von einem *quadratischen geraden Pyramidenstumpf* mit den Grundkantenlängen a und b sind die Seitenflächen gleichschenklige Trapeze; ist ihre Höhe $\eta = \sqrt{h^2 + (a - b)^2/4}$, so erhält man für den Inhalt seiner Oberfläche $O = a^2 + b^2 + 4\eta \cdot (a + b)/2 = a^2 + b^2 + 2\eta(a + b)$. Aus einem Kegel entsteht entsprechend durch einen Schnittparallel zur Grundfläche ein *Kegelstumpf* (Abb. 8.4-10). Sein Mantel läßt sich abwickeln. Sind r_1, h_1 und s_1 die Längen von Grundkreisradius, Höhe und Mantellinie eines geraden Kreiskegels, r_2, h_2 und s_2 die entsprechenden Längen des abgeschnittenen Ergänzungskegels, so hat der gerade Kreiskegelstumpf als Restkörper die Höhe $h = h_1 - h_2$ und die Mantellinie die Länge $s = s_1 - s_2$. Nach dem Strahlensatz gilt dabei in einem Achsschnitt $r_1 : r_2 = s_1 : s_2$ bzw. durch Anwendung der korrespondierenden Subtraktion $(r_1 - r_2) : r_1 = s : s_1$ bzw. $(r_1 - r_2) : r_2 = s : s_2$. Mit $s_1 = sr_1/(r_1 - r_2)$ und $s_2 = sr_2/(r_1 - r_2)$ erhält man danach $M = \pi s_1 r_1 - \pi s_2 r_2 = \pi s(r_1 + r_2)$ für den Inhalt M der Mantelfläche und $O = \pi r_1^2 + \pi r_2^2 + \pi s(r_1 + r_2)$ für den Inhalt der Oberfläche des geraden Kegelstumpfs.

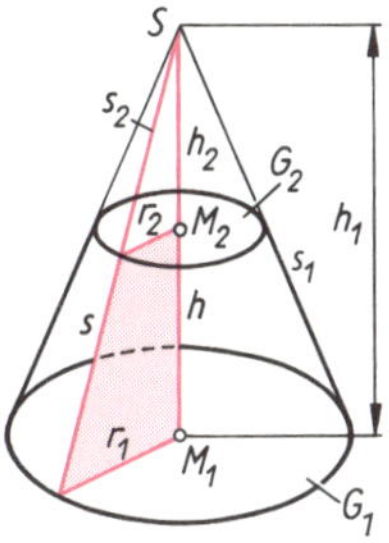

8.4-10 Kegelstumpf

Inhalt der Mantelfläche M und der Oberfläche O des geraden Kreiskegelstumpfs	
$M = \pi s(r_1 + r_2)$	$O = \pi[(r_1^2 + r_2^2) + s(r_1 + r_2)] = (\pi/4)\,[d_1^2 + d_2^2 + 2s(d_1 + d_2)]$

Volumen. Sind G_1 und h_1 die Größen für den Inhalt der Grundfläche und für die Höhe der ergänzten Pyramide, G_2 und h_2 die für Grundfläche und Höhe der Ergänzungspyramide, so ist $V = (G_1 h_1 - G_2 h_2)/3$ das Volumen des Pyramidenstumpfs. Da sich die Inhalte paralleler Schnittflächen wie die Quadrate ihrer Abstände von der Spitze verhalten, gilt $h_1 : h_2 = \sqrt{G_1} : \sqrt{G_2}$. Setzt man $h = h_1 - h_2$, so erhält man durch korrespondierende Subtraktion hieraus $h_1 = h\sqrt{G_1}/(\sqrt{G_1} - \sqrt{G_2})$ und $h_2 = h\sqrt{G_2}/(\sqrt{G_1} - \sqrt{G_2})$. Für das Volumen des Pyramidenstumpfs ergibt sich dann

$$V = \frac{h}{3} \cdot \frac{G_1\sqrt{G_1} - G_2\sqrt{G_2}}{\sqrt{G_1} - \sqrt{G_2}} = \frac{h}{3} \cdot \frac{G_1^2 - G_2\sqrt{G_1 G_2} + G_1\sqrt{G_1 G_2} - G_2^2}{G_1 - G_2}$$
$$= (h/3)\,(G_1 + \sqrt{G_1 G_2} + G_2).$$

Eine entsprechende Beziehung ergibt sich für den Kegelstumpf aus $G_1 = \pi r_1^2$ und $G_2 = \pi r_2^2$.

	Volumen, exakt	Volumen, angenähert
Pyramidenstumpf	$V = (h/3)\,(G_1 + \sqrt{G_1 G_2} + G_2)$	$V \approx h \cdot (G_1 + G_2)/2$
Kegelstumpf	$V = (\pi h/3)\,(r_1^2 + r_1 r_2 + r_2^2)$	$V \approx (\pi h/2)\,(r_1^2 + r_2^2)$ oder $V \approx (\pi h/4)\,(r_1 + r_2)^2$

Mit den angeführten *Näherungsformeln* erhält man in praktischen Berechnungen oft Ergebnisse ausreichender Genauigkeit. Diese Ergebnisse sind um so genauer, je mehr der Pyramidenstumpf der Form eines Prismas zustrebt ($G_1 \approx G_2$) bzw. der Kegelstumpf der Form eines Zylinders ($r_1 \approx r_2$). Die beiden erstgenannten Näherungsformeln liefern stets etwas zu große, die andere stets etwas zu kleine Maßzahlen im Ergebnis.

8.5. Polyeder

Eulerscher Polyedersatz

Sind Körper nur von ebenen Flächen begrenzt, so werden sie *Ebenflächner*, *ebenflächige Körper*, *Vielflächner* oder *Polyeder* genannt; Würfel, Quader, Prisma, Pyramide und Pyramidenstumpf sind Polyeder.

Ein Polyeder heißt *konvex* oder *Eulersches Polyeder*, wenn die Verbindungsstrecke von zwei beliebigen seiner Punkte stets nur Punkte aus dem Innern des Polyeders enthält. Nach EULER ist auch der Polyedersatz benannt, den vermutlich schon ARCHIMEDES und mit Sicherheit DESCARTES kannten.

Eulerscher Polyedersatz: Sind e die Anzahl der Ecken, f die Anzahl der Flächen und k die Anzahl der Kanten eines konvexen Polyeders, so gilt $e + f - k = 2$.

Um die Zahl $E = e + f - k$ im Eulerschen Polyedersatz zu bestimmen, stellt man sich das Polyeder als ein mit einer Gummihaut überzogenes Stabmodell vor, in dem eine Begrenzungsfläche ausgeschnitten ist. Für die Anzahl $\varphi = f - 1$ der noch vorhandenen Flächen gilt $E = e + \varphi + 1 - k$. Breitet man die restliche Oberfläche einschichtig in eine Ebene aus, so ändern sich die Kantenlängen und die Winkel, nicht aber e, φ und k. In dem erhaltenen *Schlegeldiagramm* des Polyeders (Abb. 8.5-1) kann jede der φ Flächen durch Diagonalen in Dreiecke zerlegt werden. Durch jede Diagonale wachsen k und φ um 1, d. h., E bleibt konstant. Entfernt man dann vom Rande her jeweils von einem Dreieck eine Kante, die nicht gleichzeitig einem anderen Dreieck angehört, so nehmen φ und k um je 1 ab, und E bleibt konstant. Entfernt man eine Kante mit einer Ecke, die keiner Fläche mehr angehören, so nehmen e und k je um 1 ab, und E bleibt konstant. Durch wiederholte Anwendung beider Schritte bleibt schließlich nur ein Dreieck übrig, für das gilt $e = 3$, $k = 3$ und $\varphi = 1$ oder $E = e + \varphi + 1 - k = 2$. Somit gilt der Eulersche Polyedersatz allgemein.

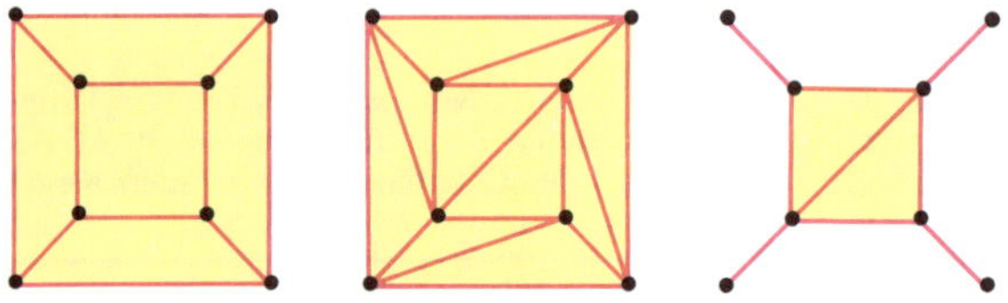

8.5-1 Ebenes Netz eines Würfels zum Beweis des Eulerschen Polyedersatzes

Regelmäßige Polyeder

Die fünf regelmäßigen Polyeder. Ein konvexes Polyeder heißt *regulär* oder *regelmäßig*, wenn es von regelmäßigen kongruenten Polygonen begrenzt wird und in jeder Ecke dieselbe Anzahl von Kanten zusammentreffen. Die fünf Körper dieser Art bezeichnet man auch als *platonisch* oder *kosmisch* (Abb. 8.5-2).

Nach dem Satz, daß die Summe der Größen aller Kantenwinkel einer Ecke kleiner als 360° ist, kann es höchstens fünf regelmäßige Körper geben: 1. Bei Begrenzung des Polyeders durch Flächen *gleichseitiger Dreiecke* kann eine Ecke, da ihre Kantenwinkel je 60° messen, nur aus drei oder vier oder fünf Seitenflächen gebildet sein; für sechs Seitenflächen wäre die Summe der Kantenwinkelgrößen bereits $6 \cdot 60° = 360°$. 2. Bei Begrenzung des Polyeders durch Quadratflächen mit dem Kantenwinkel der Größe 90°, und 3. durch Flächen *regelmäßiger Fünfecke* mit dem Kantenwinkel der Größe 108° kann eine Ecke nur aus drei Seitenflächen gebildet sein. Eine Begrenzung durch Flächen regelmäßiger Sechsecke mit dem Kantenwinkel der Größe 120° ist nicht möglich, da $3 \cdot 120°$ bereits nicht mehr kleiner als 360° ist.

Aus diesen Überlegungen folgt, daß es nicht mehr als fünf Arten regelmäßiger Körper geben kann. Da die in der folgenden Tabelle angeführten fünf regelmäßigen Körper existieren, gibt es genau diese.

begrenzende Flächen	Anzahl der Seitenflächen einer Ecke	Anzahl der			regelmäßiger Körper
		Ecken e	Flächen f	Kanten k	
gleichseitige Dreiecke	3	4	4	6	Tetraeder
gleichseitige Dreiecke	4	6	8	12	Oktaeder
gleichseitige Dreiecke	5	12	20	30	Ikosaeder
Quadrate	3	8	6	12	Hexaeder
regelmäßige Fünfecke	3	20	12	30	Pentagondodekaeder

Die *einbeschriebenen* und die *umbeschriebenen Kugeln* sind ein wichtiges Merkmal dieser Klasse von Körpern, denn der Mittelpunkt eines regelmäßigen Polyeders ist zugleich der gemeinsame Mittelpunkt der erwähnten Kugeln. Die Oberfläche der umbeschriebenen Kugel geht durch alle Ecken des Polyeders, die Oberfläche der einbeschriebenen Kugel berührt jede Seitenfläche in ihrem Mittelpunkt. Daraus folgt: Die in den Mittelpunkten der Seitenflächen errichteten Senkrechten schneiden einander im Mittelpunkt des Polyeders.

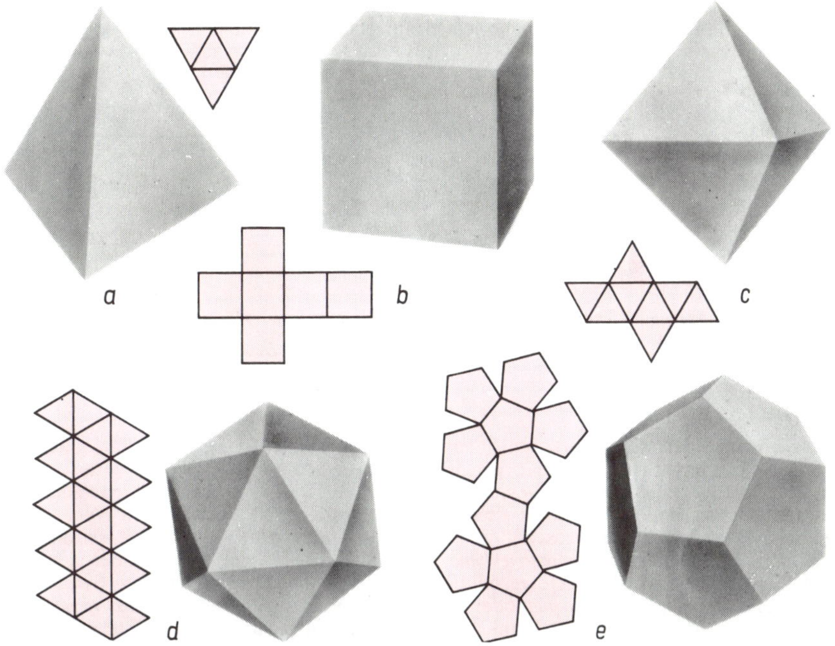

8.5-2 Die fünf regelmäßigen Körper und ihre Netze: a) Tetraeder oder Vierflächner; b) Hexaeder oder Sechsflächner (Würfel); c) Oktaeder oder Achtflächner; d) Ikosaeder oder Zwanzigflächner; e) Pentagondodekaeder oder Zwölfflächner

Bedeuten n die Anzahl der Seiten einer Begrenzungsfläche, m die Anzahl der Kanten einer körperlichen Ecke, e die Anzahl der Ecken des Polyeders, f die Anzahl der Seitenflächen, k die Anzahl aller Kanten, so ergibt sich, wenn a die Kantenlänge, O der Oberflächeninhalt und V das Volumen bedeuten, folgender Überblick:

regelmäßiger Körper	n	m	e	f	k	O	V
Tetraeder	3	3	4	4	6	$a^2\sqrt{3}$	$^1/_{12}a^3\sqrt{2}$
Hexaeder	4	3	8	6	12	$6a^2$	a^3
Oktaeder	3	4	6	8	12	$2a^2\sqrt{3}$	$^1/_3a^3\sqrt{2}$
Pentagondodekaeder	5	3	20	12	30	$3a^2\sqrt{5(5+2\sqrt{5})}$	$^1/_4a^3(15+7\sqrt{5})$
Ikosaeder	3	5	12	20	30	$5a^2\sqrt{3}$	$^5/_{12}a^3(3+\sqrt{5})$

Dualität. Die gekreuzten Linien in der Tabelle geben an, daß die betreffenden Körper paarweise zueinander *dual* sind. Die Anzahl der Ecken und der Flächen tauschen sich aus, Abb. 8.5-3 zeigt das am Beispiel von Würfel und Oktaeder. Die Kantenzahl bleibt dieselbe nach dem Eulerschen Polyedersatz: $e_1 + f_1 = f_2 + e_2 = k + 2$.
Das Tetraeder ist sich selbst dual.

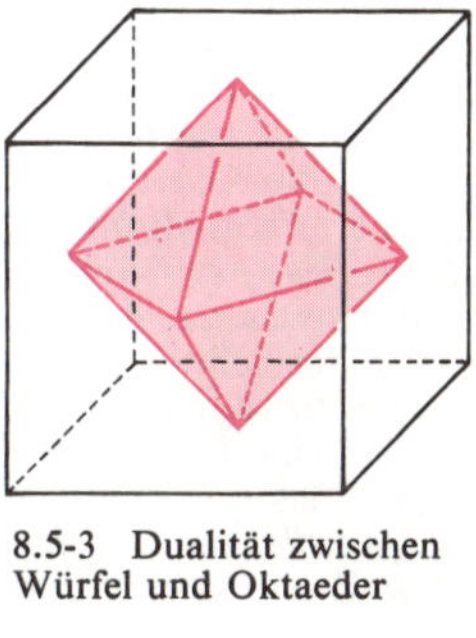

8.5-3 Dualität zwischen Würfel und Oktaeder

Abgestumpfte Polyeder. Schneidet man von einem regelmäßigen Polyeder die Ecken so ab, daß lauter regelmäßige kongruente ebene Schnitte entstehen, so kann der Restkörper wieder ein regelmäßiges Polyeder oder ein *halbregelmäßiger* oder *archimedischer* Körper sein, je nachdem, ob bei dem abgestumpften Körper sämtliche Flächen kongruent sind oder an jeder Ecke regelmäßige n-Ecke mit unterschiedlichen Eckenzahlen zusammenstoßen. Der abgestumpfte Würfel in Abb. 8.5-4 heißt *Mittelkristall*, weil er ebensogut aus einem Oktaeder erzeugt werden kann, wenn man auch dort die Schnitte durch die Kantenmitten führt. Man kann jedoch z. B. einen Würfel auch so abstumpfen, daß aus jeder Seitenfläche (Quadratfläche) ein regelmäßiges Achteck wird.

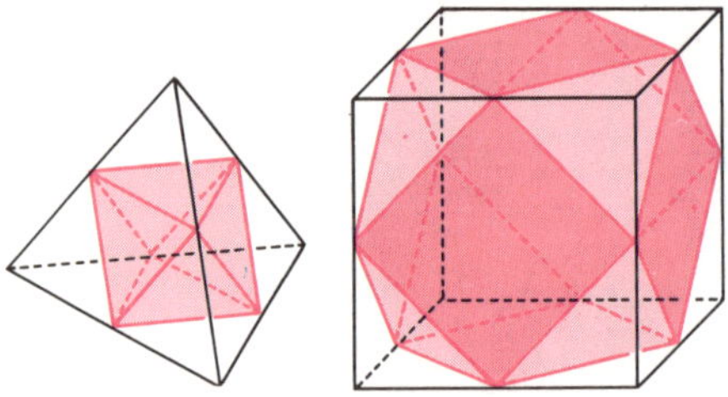

8.5-4 Abgestumpfte Polyeder. Das Tetraeder wird zum Oktaeder (links), der Würfel zum Mittelkristall (rechts)

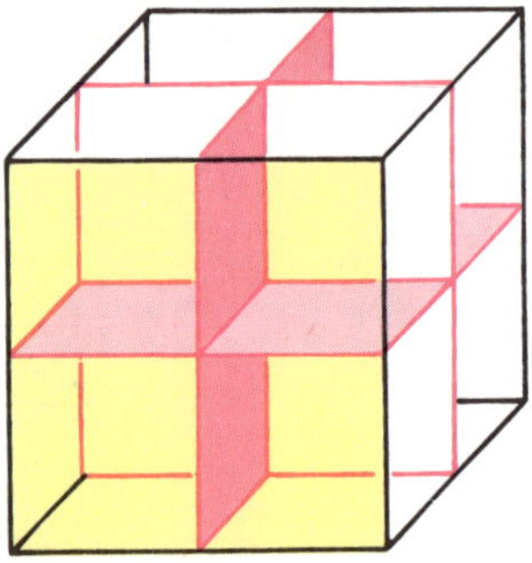

8.5-5 Hauptebenen des Würfels

Kristalle

Während die meisten in der Natur vorkommenden Körper unregelmäßig begrenzt sind, treten die Kristalle unmittelbar als mathematische Körper auf. Schon der dänische Arzt und Naturforscher Niels STENSEN (1638–1668) entdeckte das für sie gültige *Gesetz der Winkelbeständigkeit*, nach dem die Winkel zwischen entsprechenden Flächen in allen Kristallen desselben Stoffs denselben Wert haben. Zur Beschreibung ihrer Symmetrieeigenschaften wird außer den Begriffen *Symmetriezentrum* und *Symmetrieachse* noch der Begriff *Symmetrieebene* verwendet. Im Würfel treten außer den drei Symmetrieachsen durch die Mittelpunkte gegenüberliegender Seitenflächen noch neun Symmetrieebenen auf. Die drei *Hauptsymmetrieebenen* oder *Hauptebenen* verlaufen parallel zu zwei gegenüberliegenden Seitenflächen durch den Mittelpunkt des Würfels. Auf jeder von ihnen stehen je zwei weitere Symmetrieebenen senkrecht, die je zwei Raumdiagonalen des Würfels enthalten (Abb. 8.5-5).

8.6. Kugel

Allgemeines

Wird ein Kreis bzw. ein Halbkreis um seinen Durchmesser gedreht, so beschreibt die Kreisperipherie eine *Kugelfläche*. Der von einer Kugelfläche vollständig abgeschlossene Teil des Raumes heißt *Kugel*. Die Kugelfläche ist der geometrische Ort aller Punkte des Raumes, die von einem festen Punkt dieses Raumes einen konstanten Abstand haben. Der feste Punkt ist der *Mittelpunkt* der Kugel. Oft wird die Kugelfläche auch als Kugel bezeichnet. Die Kugelform spielt in Technik und Natur eine große Rolle; man denke z. B. an das Kugellager, das Kugelgelenk, an den Ball oder an die Himmelskörper.

Gegenseitige Lage von Geraden oder einer Ebene zur Kugel. Eine Gerade hat mit der Kugelfläche keinen, nur einen oder zwei Punkte gemeinsam.
Sekante, Sehne. Eine Sekante schneidet die Kugelfläche in zwei Punkten. Die Sehne ist der Abschnitt auf ihr, der keine Punkte außerhalb der Kugel enthält. Die größte Sehne ist ein *Kugeldurchmesser*; er wird vom Kugelmittelpunkt M halbiert. Jede Strecke vom Kugelmittelpunkt M zu einem Punkt der Kugelfläche ist ein *Radius*.
Tangente, Tangentialebene. Eine Tangente t an die Kugel hat mit der Kugel genau einen Punkt, den *Berührungspunkt* B von t gemeinsam (Abb. 8.6-1). Das von t erzeugte Büschel von Ebenen schneidet die Kugel nach Kreisen, die sämtlich t in B berühren. Eine dieser Ebenen, die den Kugelmittelpunkt M enthält, schneidet die Kugel nach einem Großkreis. Die dazu senkrechte Ebene des Büschels ist *Tangentialebene* der Kugel mit B als Berührungspunkt. Die Verbindungsstrecke MB ist der zu dieser Tangentialebene gehörige *Berührungsradius*. Eine Ebene, die keine Tangentialebene ist, meidet die Kugel oder schneidet sie im allgemeinen in einem *Kleinkreis* (Abb. 8.6-2) oder, wenn die Ebene M enthält, in einem *Großkreis*.
Kugelkappe, Kugelsegment. Die schneidende Ebene teilt die Kugel in zwei *Kugelsegmente* oder *Kugelabschnitte*, ihre Oberfläche in zwei *Kugelkappen* oder *Kalotten*, die jeweils einander gleich sind, wenn der Schnitt ein Großkreis ist (Abb. 8.6-3).
Kugelzone, Kugelschicht. Zwei zueinander parallele, die Kugel durchsetzende Ebenen schneiden aus ihr eine *Kugelschicht*, aus ihrer Oberfläche eine *Kugelzone* heraus. Eine der Schnittlinien kann ein Großkreis sein. Zwei Ebenen, die einen Durchmesser gemeinsam haben, teilen die Kugel in vier *Kugelkeile*, die Oberfläche in vier *Kugelzweiecke*. Zwei einander jeweils gegenüberliegende Keile bzw. Zweiecke sind kongruent.

Kugelsektor. Gleitet ein Kugelradius entlang eines auf der Kugel liegenden Kleinkreises als Leitkurve, so beschreibt er eine Kegelfläche und teilt die Kugel in zwei *Kugelsektoren* oder *Kugelausschnitte*. Ist die Leitkurve ein Großkreis, so entarten die die beiden Kugelsektoren trennende Kegelfläche zur Großkreisfläche und die Kugelsektoren zu Halbkugeln.

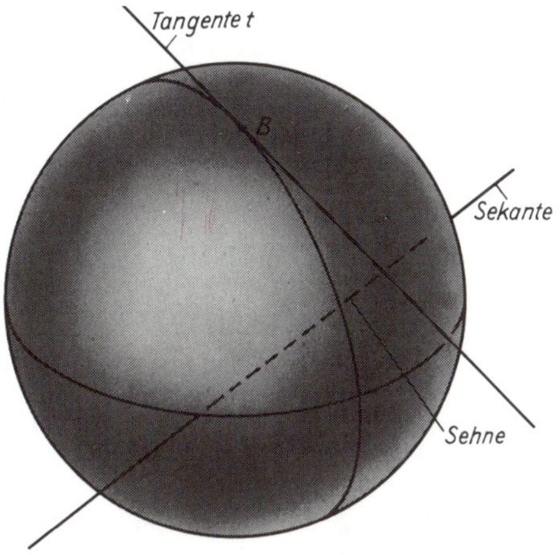

8.6-1 Kugel und Gerade

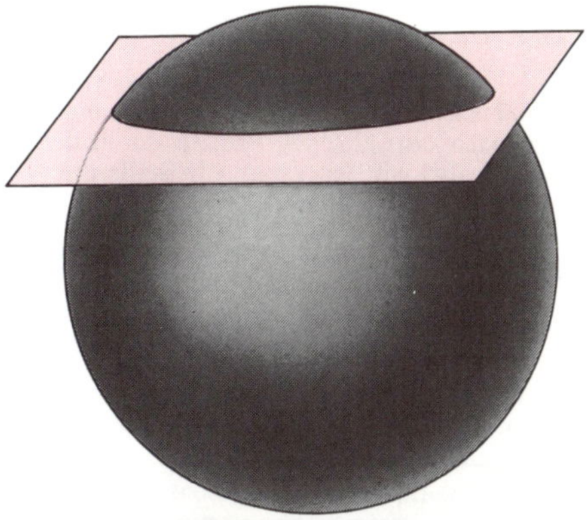

8.6-2 Ein Kreis als ebener Schnitt der Kugel

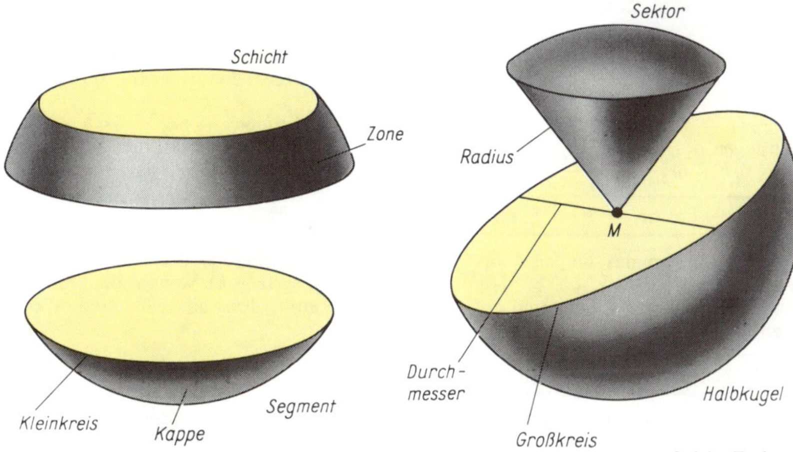

8.6-3 Zerlegungen der Kugel

Rauminhalt

Rauminhalt der Kugel. Nach dem Prinzip von Cavalieri hat die Halbkugel vom Radius der Länge r dasselbe Volumen wie ein *gerader Kreiszylinder* mit den Längen r für Radius und Höhe, aus dem ein *gerader Kreiskegel* mit gleich großem Grundkreisradius r und gleicher Höhe r ausgebohrt wurde (Abb. 8.6-4).

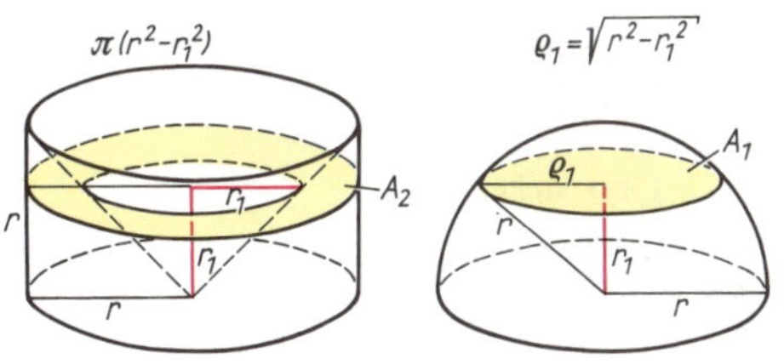

8.6-4 Zur Herleitung der Formel für das Kugelvolumen

Eine Ebene im beliebigen Abstand $r_1 < r$ von der Grundfläche und parallel zu ihr schneidet die Halbkugel in einem Kreis mit dem Radius der Länge $\varrho_1 = \sqrt{r^2 - r_1^2}$, den Restkörper dagegen in einem *Kreisring* mit Radien der Längen r und r_1. Die *Schnittflächen* haben danach die Inhalte $A_1 = \pi\varrho_1^2 = \pi(r^2 - r_1^2)$ und $A_2 = \pi r^2 - \pi r_1^2$, d. h., sie sind größengleich. Damit ist gezeigt, die Halbkugel hat das Volumen $V_H = \pi r^3 - {}^1/_3\pi r^3 = {}^2/_3\pi r^3$ (Abb. 8.6-5).

Rauminhalt der Kugel	$V = {}^4/_3\pi r^3$

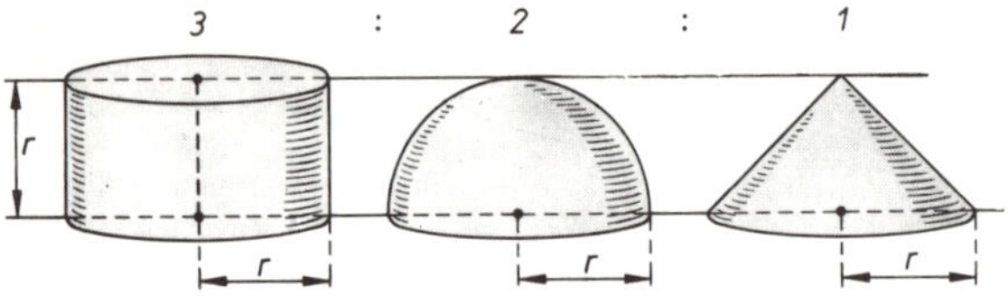

8.6-5 Die Volumina dieser drei Körper verhalten sich wie 3 : 2 : 1

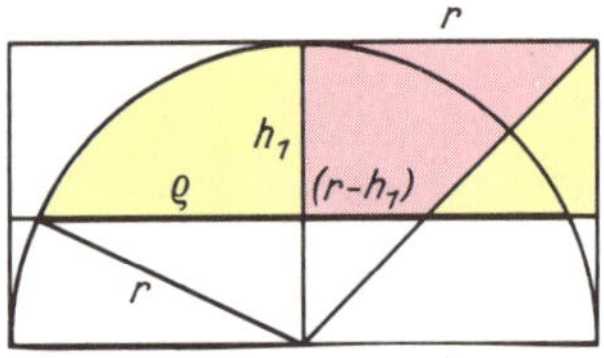

8.6-6 Zur Herleitung des Volumens eines Kugelsegments

Rauminhalt der Kugelteile. *Kugelsegment*. Die Volumenformel für das *Kugelsegment* (Abb. 8.6-6) wird nach dem gleichen Prinzip durch den Vergleich von Halbkugel mit Zylinderrestkörper hergeleitet. Dabei tritt jedoch an die Stelle des Kegels ein Kegelstumpf:

$$V = \pi r^2 h_1 - {}^1/_3\pi h_1[r^2 + (r - h_1)\, r + (r - h_1)^2]$$
$$= {}^1/_3\pi h_1[3rh_1 - h_1^2] = {}^1/_3\pi h_1^2(3r - h_1).$$

Wegen $\varrho^2 = r^2 - (r - h_1)^2 = 2rh_1 - h_1^2$
oder $6rh_1 - 2h_1^2 = 3\varrho^2 + h_1^2$ gilt auch

$$V = {}^1/_6\pi h_1(3\varrho^2 + h_1^2),$$

wenn r die Länge des Kugelradius, h_1 die der Höhe des Segments und ϱ die des Schnittkreisradius sind.

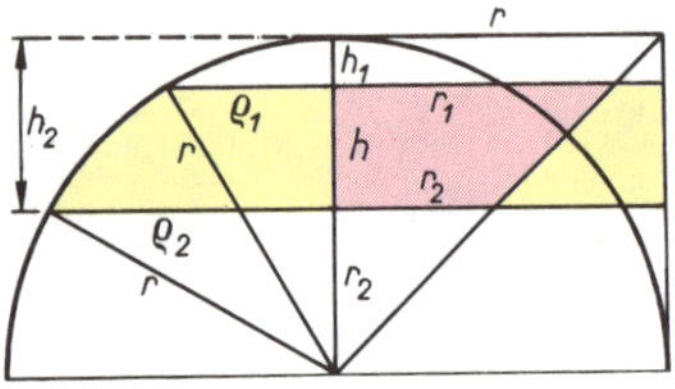

8.6-7 Zur Herleitung des Volumens einer Kugelschicht

Rauminhalt des Kugelsegments
$V = {}^1/_3\pi h_1^2(3r - h_1) = {}^1/_6\pi h_1 \cdot (3\varrho^2 + h_1^2)$

Kugelschicht. Hat eine Kugelschicht zwischen den Schnittkreisen mit Radien der Längen ϱ_1 und ϱ_2 die Höhe h, so ist ihr Volumen nach dem Cavalierischen Prinzip die Differenz der Volumina eines Zylinders $\pi r^2 h$ und eines Kegelstumpfs mit den Längen der Grundkreisradien $r_1 = (r_2 + h)$ und r_2 (Abb. 8.6-7).
Man erhält $V = \pi r^2 h - {}^1/_3\pi h[(r_2 + h)^2 + (r_2 + h)\, r_2 + r_2^2] = {}^1/_6\pi h[6r^2 - 6r_2^2 - 6r_2 h - 2h^2]$.
Nach den Beziehungen $\varrho_1^2 = r^2 - (r_2 + h)^2$, $\varrho_2^2 = r^2 - r_2^2$, $\varrho_1^2 + \varrho_2^2 = 2r^2 - 2r_2 h - 2r_2^2 - h^2$, $3\varrho_1^2 + 3\varrho_2^2 + h^2 = 6r^2 - 6r_2^2 - 6r_2 h - 2h^2$ gilt für das Volumen $V = {}^1/_6\pi h(3\varrho_1^2 + 3\varrho_2^2 + h^2)$.

Rauminhalt der Kugelschicht	$V = {}^1/_6\pi h(3\varrho_1^2 + 3\varrho_2^2 + h^2)$

Kugelsektor. Das Volumen des Kugelsektors (Abb. 8.6-3) ist die Summe der Volumina eines Kugelsegments und eines Kegels; $V_{\text{Sektor}} = {}^1/_3\pi h^2 \cdot (3r - h) + {}^1/_3\pi\varrho^2(r - h)$, wenn h die Höhe des Segments, $(r - h)$ die Höhe des Kegels und ϱ die Länge vom Radius des Leitkreises sind. Wegen $\varrho^2 = h(2r - h)$ gilt schließlich $V_{\text{Sektor}} = {}^2/_3\pi r^2 h$.

Rauminhalt des Kugelsektors	$V = {}^2/_3\pi r^2 \cdot h$

Hohlkugel. Eine *Hohlkugel* entsteht, indem aus einer Kugel mit dem Radius der Länge r_1 eine zweite, konzentrisch zur ersten liegende Kugel mit dem Radius der Länge $r_2 < r_1$ ausgespart wird. Das Volumen der Hohlkugel ist dann die Differenz zwischen den Volumina der beiden Vollkugeln.

$$V_{\text{Hohlkugel}} = {}^4/_3\pi \cdot r_1^3 - {}^4/_3\pi \cdot r_2^3 = {}^4/_3\pi \cdot (r_1^3 - r_2^3).$$

Rauminhalt der Hohlkugel	$V = {}^4/_3\pi \cdot (r_1^3 - r_2^3)$

Oberfläche

Oberfläche der Kugel. Zum Unterschied vom Mantel des Kegels oder des Zylinders läßt sich die Kugeloberfläche nicht in eine Ebene abwickeln. Zur Herleitung der Formel für den Inhalt der Kugeloberfläche sind *Grenzwertbetrachtungen* notwendig (vgl. Kap. 20.4. – Kurven- und Oberflächenintegral).
Denkt man sich die Kugeloberfläche in n kleine Vielecke unterteilt, so ist der Kugelraum durch die Radien, die von den Ecken dieser Vielecke ausgehen, näherungsweise aus n Pyramiden der Grundflächengröße $G_i^{(n)}$ und der Höhe $h_i^{(n)} = r - \varepsilon_i^{(n)}$ zusammengesetzt, wenn $\varepsilon_i^{(n)}$ die Differenz der Längen von Kugelradius und Pyramidenhöhe ist. Je größer n ist, um so kleiner sind $G_i^{(n)}$ und $\varepsilon_i^{(n)}$, um so weniger unterscheiden sich die Summe der Flächeninhalte $G_i^{(n)}$ vom Inhalt O der Kugeloberfläche und die Summe der Rauminhalte der Pyramiden ${}^1/_3 G_i^{(n)} h_i^{(n)}$ vom Kugelvolumen V. Aus den Grenzwerten $\lim \sum G_i^{(n)} \to O$, $\lim \varepsilon_i^{(n)} \to 0$ und $\lim \sum G_i^{(n)} \varepsilon_i^{(n)} \to 0$ für $n \to \infty$ folgt dann

$$V = \lim_{n\to\infty} {}^1/_3 \sum_{i=1}^{n} G_i^{(n)} (r - \varepsilon_i^{(n)}) = {}^1/_3 r \lim_{n\to\infty} \sum_{i=1}^{n} G_i^{(n)} - {}^1/_3 \lim_{n\to\infty} \sum_{i=1}^{n} G_i^{(n)} \varepsilon_i^{(n)} = {}^1/_3 r \cdot O - 0,$$

d. h., $V = {}^1/_3 r \cdot O$ bzw. $O = 3V/r = 4\pi r^2$.

Inhalt der Kugeloberfläche	$O = 4\pi r^2$

Der Inhalt der Kugeloberfläche ist das Vierfache des Flächeninhalts eines Großkreises der Kugel.

In Analogie zum Kreis hat die *Kugel unter allen Körpern mit gleich großer Oberfläche das größte Volumen* bzw. unter allen Körpern mit gleich großem Volumen die kleinste Oberfläche (vgl. Kap. 37. – Isoperimetrisches Problem). Diese Eigenschaft der Kugel hat große Bedeutung; für Flüssigkeitströpfchen und Sterne sind die Verdunstung und der Wärmeausgleich wegen ihrer kugelförmigen Gestalt geringer, als sie es für andere Formen wären. Auch in der Technik werden aus diesen Gründen und wegen des großen Fassungsvermögens kugelförmige Behälter für Gase und Flüssigkeiten oft bevorzugt.

Oberfläche der Kugelteile. Zur Ermittlung der Formel für den *Flächeninhalt O der Kugelkappe* verfährt man analog wie bei der Kugeloberfläche, d. h., man geht von $V_{\text{Sektor}} = {}^2/_3\pi r^2 h$ und der Beziehung ${}^2/_3\pi r^2 h = {}^1/_3 r \cdot O_{\text{Kappe}}$ aus. Daraus folgt $O_{\text{Kappe}} = 2\pi rh$, wobei h die Höhe des zugehörigen Segments ist (Abb. 8.6-3). Der Flächeninhalt der *Kugelzone* kann als Differenz zwischen den Flächeninhalten zweier Kugelkappen aufgefaßt werden. Wenn h die Höhe der zugehörigen Kugelschicht, h_2 die Höhe der größeren, h_1 die der kleineren Kugelkappe ist, ergibt sich: $O_{\text{Zone}} = O_{\text{Kappe}\,2} - O_{\text{Kappe}\,1} = 2\pi rh_2 - 2\pi rh_1 = 2\pi r(h_2 - h_1)$, und wegen $h_2 - h_1 = h$ folgt $O_{\text{Zone}} = 2\pi rh$.
Man beachte die formale Gleichheit der beiden Formeln für O_{Kappe} und O_{Zone}, in denen jedoch h unterschiedliche Bedeutung hat.
Der Inhalt der Oberfläche des *Kugelsektors* ist die Summe der Flächeninhalte von Kugelkappe und Kegelmantel: $O_{\text{Sektor}} = 2\pi rh + \pi\varrho r = \pi r(2h + \varrho)$, dabei bedeuten h die Höhe des zugehörigen Segments, ϱ die Radiuslänge des Kegelgrundkreises und r zugleich die Länge von Kugelradius und Kegelmantellinie.

Oberflächeninhalt	Kugelkappe $O = 2\pi rh$	Kugelzone $O = 2\pi rh$	Kugelsektor $O = \pi r(2h + \varrho)$

8.7. Weitere Körper

Rotationskörper. Seit Erfindung der Töpferscheibe werden *Drehkörper* vielseitig verwendet. Jede durch die Drehachse gelegte Ebene schneidet eine *Drehfläche* im *Meridian* oder *Profil*, jede Ebene senkrecht zur Drehachse in einem *Parallelkreis*. Jede Drehfläche läßt sich mit einem orthogonalen Netz von Meridianen und Parallelkreisen überziehen. Die Flächennormalen **n** längs eines aus regulären Punkten bestehenden Parallelkreises bilden im allgemeinen einen Drehkegel. Für *Gürtelkreise* und *Kehlkreise* entartet der Kegel zu einer Ebene, für *Plattkreise* zu einem Zylinder (Abb. 8.7-1). (Zu Parametergleichungen der Rotationskörper vgl. Kap. 26.1. – Flächentheorie im euklidischen Raum.)
Bekannte Rotationskörper sind die Kugel, der Drehkegel und der Drehzylinder, das Drehparaboloid, das einschalige Drehhyperboloid, das zweischalige Hyperboloid und die Rotationsellipsoide (vgl. Kap. 24.3. – Echte Flächen zweiten Grades), der Torus, die Pseudosphäre und das Katenoid.
Ein *Torus* entsteht durch Rotation eines Kreises um eine Achse, die in der Kreisebene, aber außerhalb des Kreises liegt (Abb. 8.7-2). Der Abstand des Kreismittelpunkts von der Achse ist deshalb größer oder gleich der Länge des Radius. Der Torus ist eine *Rohrfläche*.
Die *Pseudosphäre* von Beltrami entsteht durch Rotation der *Traktrix* oder *Schleppkurve* um ihre Asymptote (vgl. Kap. 19.3. – Bemerkenswerte ebene Kurven). Wählt man als Asymptote die x-Achse eines kartesischen Koordinatensystems und ist a der Abstand des Rückkehrpunkts A auf

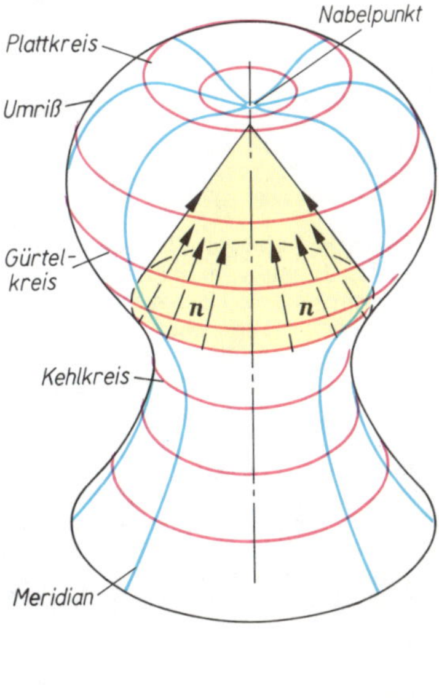

8.7-1 Rotationskörper; **n** Normale, der Normalenkegel längs eines Breitenkreises ist gelb hervorgehoben, längs des Plattkreises wird er zum Kreiszylinder, längs eines Gürtel- oder Kehlkreises entartet er zu einer Ebene

der y-Achse (vgl. Abb. 19.3-18), so ist $V = {}^2/_3 \pi a^3$ das Volumen der Pseudosphäre. Sie hat in jedem ihrer regulären Punkte konstantes negatives Gaußsches Krümmungsmaß. Aufgrund dieser Besonderheit dient die Pseudosphäre als Anschauungsobjekt für die nichteuklidische hyperbolische Geometrie, entsprechend die Kugel (Sphäre) für die nichteuklidische elliptische Geometrie.
Die Krümmungsmittelpunkte der Traktrix liegen auf einer *Kettenlinie*, die danach die Evolute der Traktrix ist (vgl. Abb. 19.3-9). Durch Rotation der Kettenlinie um ihre Leitlinie (in der Abbildung die x-Achse) entsteht das *Katenoid*, die einzige reelle Rotationsminimalfläche.

Guldinsche Regeln. Zur Berechnung der Größe von Rauminhalt und Oberfläche von Drehkörpern gab GULDIN (1577–1643) Regeln an, die schon Ende des 3. Jh. u. Z. PAPPOS von Alexandria bekannt gewesen sein sollen. Sie werden heute mit den Mitteln der Integralrechnung abgeleitet (vgl. 20.4. – Anwendungen in der Mechanik).

Guldinsche Regel für Flächenberechnung. Rotiert eine ebene Kurve C um eine in ihrer Ebene liegende Gerade g, auf deren einer Seite C verläuft, so ist der Inhalt I der entstehenden Rotationsfläche gleich dem Produkt aus der Länge der erzeugenden Kurve C und der Länge des Weges des Schwerpunkts von C bei einer Umdrehung.
Guldinsche Regel für Volumenberechnung. Rotiert ein ebenes Flächenstück A um eine in der gleichen Ebene liegende Gerade g, die höchstens Randpunkte mit A gemeinsam hat, so ist das Volumen V des entstehenden Rotationskörpers größengleich dem Produkt aus dem Flächeninhalt von A und der Länge des Weges des Schwerpunkts von A bei einer Umdrehung.

Beispiele. 1: Hat der Radius des erzeugenden Kreises eines Torus (Abb. 8.7-2) die Länge r und sein Mittelpunkt den Abstand $a \geqslant r$ von der Achse, so erhält man $I = 2\pi a \cdot 2\pi r = 4\pi^2 ar$ für den Inhalt der Ringfläche und $V = 2\pi a \cdot \pi r^2 = 2\pi^2 ar^2$ für das Volumen des Ringkörpers.
2: Durch Rotation eines Halbkreisbogens bzw. einer Halbkreisfläche um den zugehörigen Durchmesser erhält man die bekannten Werte für Oberflächeninhalt und Volumen einer Kugel und kann deshalb den Abstand ϱ_S bzw. ϱ_A des Schwerpunkts von der Drehachse berechnen. Aus $I = 4\pi r^2 = s \cdot 2\pi\varrho_S$ mit $s = \pi r$ erhält man $4\pi r^2 = 2\pi^2 r\varrho_S$ und daraus $\varrho_S = 2r/\pi$. Aus $V = {}^4/_3 \pi r^3 = 2\pi\varrho_A \cdot A$ mit $A = \pi r^2/2$ erhält man ${}^4/_3 \pi r^3 = \pi^2 r^2 \varrho_A$ und daraus $\varrho_A = 4r/(3\pi)$.

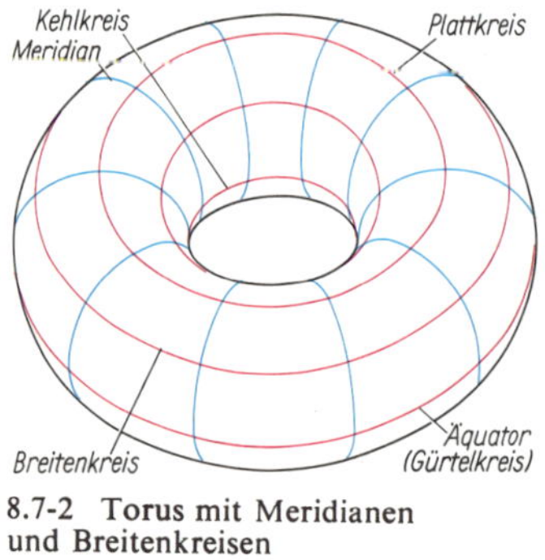

8.7-2 Torus mit Meridianen und Breitenkreisen

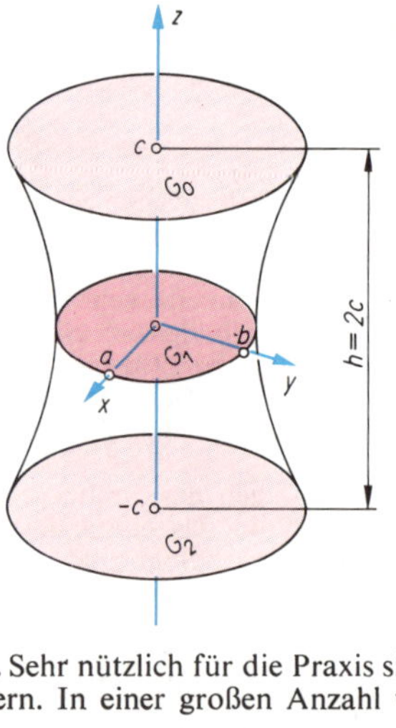

8.7-3 Einschaliges Hyperboloid

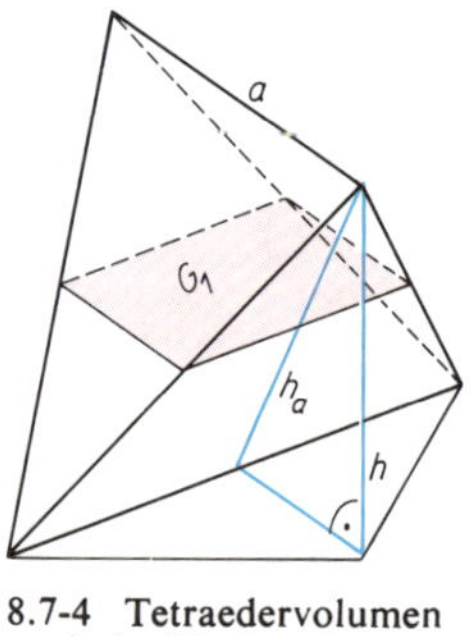

8.7-4 Tetraedervolumen nach der Keplerschen Faßregel

Keplersche Faßregel, Simpsonsche Regel. Sehr nützlich für die Praxis sind gewisse Näherungsformeln für den Inhalt von Flächen und Körpern. In einer großen Anzahl von Spezialfällen liefern diese Formeln sogar exakte Werte.
In einem umfangreichen Werk über die Stereometrie des Fasses gab KEPLER eine Näherungsformel für die Bestimmung des Volumens V an, in der G_0, G_2 und G_1 die Inhalte der Deck-, der Basisfläche sowie des in der Mitte liegenden Parallelschnitts und h die Höhe des Fasses darstellen.

Keplersche Faßregel	$V = {}^1/_6 h(G_0 + 4G_1 + G_2)$

Diese Formel liefert *exakte Werte* für Pyramidenstumpf einschließlich Pyramide, Kugel, elliptisches Paraboloid, einschaliges Hyperboloid, Ellipsoid und alle Körperschichten, die sich durch ebene Schnitte senkrecht zu den Körperachsen erzeugen lassen.

Beispiele. 3: Die Ebenen $z_0 = c$, $z_2 = -c$ und $z_1 = 0$ schneiden das *einschalige Hyperboloid* $x^2/a^2 + y^2/b^2 - z^2/c^2 = 1$ in der Deck- und der Grundfläche mit dem Inhalt $G_0 = G_2 = 2\pi ab$

und in der Mittelfläche mit dem Inhalt $G_1 = \pi ab$. Der von G_0, G_2 und dem Hyperboloid begrenzte Körper (Abb. 8.7-3) hat die Höhe $h = 2c$ und das Volumen $V = {}^8/_3\pi abc$.

4: Aus dem *Drehparaboloid* $z = x^2 + y^2$ schneiden die Ebenen $z_0 = 1$ und $z_2 = 9$ eine Schicht der Höhe $h = 8$ aus, deren Grund-, Mittel- und Deckfläche die Inhalte $G_0 = \pi$, $G_1 = 5\pi$ und $G_2 = 9\pi$ haben. Die Schicht hat mithin das Volumen $V = 40\pi$.

5: Für ein *Tetraeder* der Kantenlänge a in der Lage der Abb. 8.7-4, in der Grund- und Deckfläche je als eine Kante aufzufassen sind, gilt $G_0 = 0$, $G_2 = 0$, $G_1 = {}^1/_4 a^2$ und $h^2 = h_a^2 - {}^1/_4 a^2$ bzw. $h = {}^1/_2 a\sqrt{2}$. Für sein Volumen V ergibt sich nach der Keplerschen Faßregel $V = {}^1/_2 a^3 \sqrt{2}$.

Da die Keplersche Faßregel für das Volumen von Pyramide und Tetraeder präzise Resultate ergibt, ist sie auch auf die *Prismoide* fehlerfrei anwendbar. Gute Näherungswerte liefert sie für Fässer, tonnenförmige Körper und nicht zu lange Baumstämme. Sie versagt für Drehkörper, deren Meridiankurve Unstetigkeiten in der Tangentenrichtung aufweist, und für Körper, deren Höhe groß im Vergleich zum mittleren Durchmesser ist. Eine höhere Genauigkeit kann in kritischen Fällen durch einen größeren Meßaufwand erreicht werden, indem man die Meßhöhe h in $n = 2k$ gleiche Teile teilt und auf die entstandenen k Schichtenpaare je einmal die Keplersche Faßregel anwendet. Bezeichnet man mit G_i den Flächeninhalt des i-ten Schnitts, so ergibt sich die nach SIMPSON benannte Regel.

Simpsonsche Regel	$V = h/(3n)\{G_0 + 4(G_1 + G_3 + \cdots + G_{n-1}) + 2(G_2 + G_4 + G_6 + \cdots + G_{n-2}) + G_n\}$

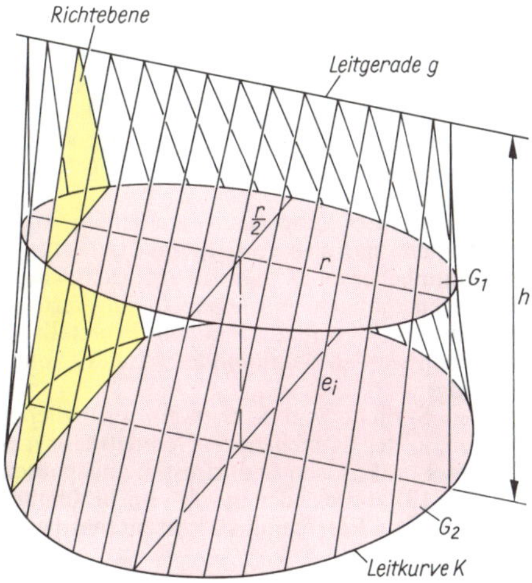

8.7-5 Kreiskonoid

Konoide. In technischen Anwendungen sind Konoide von praktischer Bedeutung. Für ihre Erzeugungsweise gilt allgemein die folgende Vorschrift: Nach Vorgabe einer *Leitkurve c*, einer *Leitgeraden g* und einer zu dieser Geraden nicht parallelen *Richtebene* wird das hierzu gehörige Konoid von der Gesamtheit jener Treffgeraden an c und g gebildet, die parallel zur vorgegebenen Richtebene liegen. Ist die Leitkurve ein Kreis K, dessen Ebene die Leitgerade nicht enthält, so spricht man von einem *Kreiskonoid*. Bei einem *geraden Kreiskonoid* steht die Leitgerade lotrecht zur Richtebene und wird von der Kreisachse außerhalb der Kreisebene lotrecht geschnitten. Eine zur Kreisebene parallele Ebene schneidet das Konoid nach einer Ellipse (Abb. 8.7-5). Die Keplersche Faßregel, auf das gerade Kreiskonoid angewendet, liefert das exakte Volumen. Sind r die Länge des Radius des Basiskreises und h die Höhe, so folgt $G_2 = \pi r^2$, $4G_1 = 2\pi r^2$, $G_1 = 0$ und $V = {}^1/_2 \pi r^2 h$.

Prismoide oder Prismatoide. Ein *Prismoid* ist ein Polyeder mit zwei ebenen, zueinander parallen Vielecken als Grund- und Deckfläche und mit Dreiecken oder Trapezen als Seitenflächen. Prisma, Pyramide und Pyramidenstumpf sind Sonderformen des Prismoids.

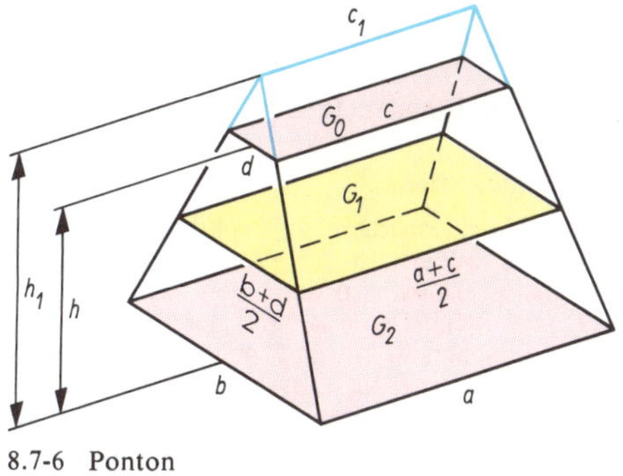

8.7-6 Ponton

Eine weitere Sonderform ist der *Keil*; bei ihm hat sich die Deckfläche auf eine zur Basis parallele Gerade, die Schneide, zusammengezogen. Durch einen ebenen Schnitt parallel zur Basis entsteht aus dem geraden Keil ein *Ponton*. Die Flächen der Seitentrapeze dieses Restkörpers sind paarweise kongruent.

Zwischen Grund- und Deckfläche besteht keine Ähnlichkeit. Ist die Höhe eines Pontons sehr viel größer als die Seiten von Grund- und Deckfläche, so bezeichnet man diesen Körper als *Obelisk*.
Für einen Ponton (Abb. 8.7-6) mit den Seitenlängen a, b der Grund- und c, d der Deckfläche sowie mit der Höhe h erhält man nach der Keplerschen Faßregel die exakten Werte $G_2 = ab$, $4G_1 = (a + c)(b + d)$, $G_0 = cd$, und danach $V = {}^1/_6 h\,\{2(ab + cd) + ad + bc\}$. Für $d = 0$ geht daraus ein Keil mit der Schneidenlänge $c = c_1$ und dem Volumen $V = {}^1/_6 h_1 b(2a + c_1)$ hervor. In der Technik spielt der Keil (vgl. Tafel 22) als Spaltwerkzeug und Maschinenelement, z. B. als Haltekeil, eine Rolle. Pontons sind als schwimmende Bauelemente transportabler Brücken und Schiffsdocks bekannt. Obelisken (vgl. Tafel 22) treten an Steindenkmälern und Kultsymbolen auf. Auch Postsäulen und Meilensteinen wurde vielfach diese Gestalt gegeben. Schließlich lassen sich die verschiedensten Dachformen unter dem Oberbegriff Prismoid zusammenfassen.

9. Darstellende Geometrie

Die darstellende Geometrie untersucht und verwendet Abbildungen des dreidimensionalen Raumes auf ein ebenes Zeichenfeld. Um die konstruktiven Methoden der Planimetrie übernehmen zu können, bevorzugt man Abbildungsverfahren, bei denen Geraden des Raumes auch Geraden im Zeichenfeld entsprechen. Zwei Anliegen sind bei der Auswahl von Abbildungsmethoden vorrangig zu erfüllen: die *Anschaulichkeit* und die *Maßtreue*.
Anschauliche Bilder liefert z. B. die Zentralprojektion, weil hier der Sehvorgang mit einem Auge zeichnerisch imitiert wird. Zum Entwurf maßtreuer Bilder bedient man sich vorwiegend der Normalprojektion. Wegen des Dimensionsverlustes bei Abbildung räumlicher Objekte in ein ebenes Zeichenfeld ist eine maßtreue Wiedergabe nur unter Einschränkungen möglich. Normgerecht angefertigte axonometrische Bilder sind geeignet, von einem räumlichen Objekt eine anschauliche Vorstellung bei Rekonstruierbarkeit der Maße zu vermitteln. Unter diesen werden Schrägbilder (frontalaxonometrische Bilder) wegen ihrer Einfachheit allgemein bevorzugt.
Sollen technische Zeichnungen und Konstruktionen neben Sprache und Schrift ein zusätzliches Verständigungsmittel sein, so müssen diese nach bestimmten, in der darstellenden Geometrie vorgelegten Konventionen angefertigt werden. Die Aufstellung dieser praktischen Bedürfnissen angepaßten Konventionen geht wesentlich auf Gaspard Monge (1746–1818) zurück, der durch sein berühmtes Werk „Géométrie descriptive“ und durch sein Wirken in Lehre und Forschung als wissenschaftlicher Begründer der darstellenden Geometrie anzusehen ist.

9.1. Abbildungsverfahren der darstellenden Geometrie

Zentralprojektion

Bei der Zentralprojektion dient als Abbildungsmittel ein Strahlenbündel, dessen Träger, das *Projektionszentrum Z*, außerhalb der *Projektionsebene Π* liegt (vgl. Kap. 25.1.). Für einen beliebigen Raumpunkt $P \neq Z$ erhält man dann den *Zentralriß* oder das *perspektive Bild P^c* als Schnittpunkt $P^c = (s_P \cap \Pi)$ des Strahls $s_P = ZP$ mit der Bildebene Π. Dabei werden alle Punkte einer Ebene Π_v, die parallel zur Bildebene Π durch Z geht, auf die uneigentlichen Punkte der Bildebene Π abgebildet. Diese Ebene Π_v bezeichnet man als *Verschwindungsebene* (Abb. 9.1-1).
Der Zentralriß g^c einer *Geraden g*, die nicht durch Z geht und nicht in Π_v liegt, ist wieder eine Gerade, weil alle Projektionsstrahlen nach ihren Punkten, z. B. $s_A = ZA$ und $s_B = ZB$, eine Ebene bilden, die Π in einer Geraden schneidet (Abb. 9.1-2). Der Spurpunkt $G = (g \cap \Pi)$ von g liegt auf g^c. Durch die Zentralrisse A^c, B^c zweier Punkte A, B von g ist der Zentralriß g^c von g eindeutig bestimmt. Der Schnittpunkt G_v von g mit Π_v heißt *Verschwindungspunkt* von g; sein Bild ist der uneigentliche Punkt von g^c. Das Bild des uneigentlichen Punktes von g ergibt sich als Schnittpunkt G_u^c der Bildebene Π mit der Parallelen s_g zur Geraden durch Z. Dieser *Fluchtpunkt G_u^c* der Geraden g ist der

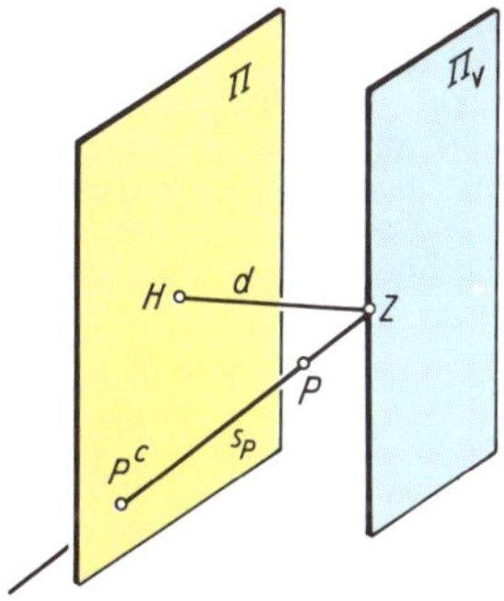

9.1-1 Bild- und Verschwindungsebene bei der Zentralprojektion

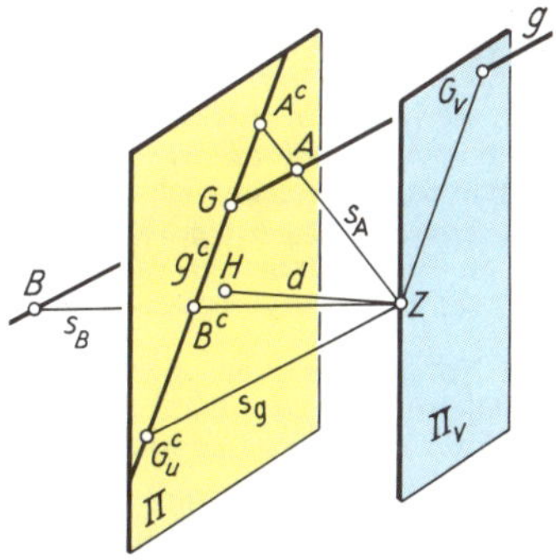

9.1-2 Abbildung einer Geraden durch Zentralprojektion

Bildpunkt des gemeinsamen Fernpunkts von allen zu g parallelen Geraden. Der Fluchtpunkt aller Geraden senkrecht zu Π ist der Fußpunkt des von Z auf Π gefällten Lots und wird *Hauptpunkt* oder *Hauptfluchtpunkt* H genannt. Die Strecke $|ZH| = d$ heißt *Distanz*. Die Fluchtpunkte aller Geraden, die Π unter 45° schneiden, liegen auf einem Kreis um H mit dem Radius d, dem *Distanzkreis*.

Parallelprojektion

Liegt der Träger Z des die Abbildung vermittelnden Strahlenbündels im Unendlichen, so erhält man eine Parallelprojektion der Punkte P des Raumes auf die Punkte P' von Π. Da die Projektionsstrahlen durch die Punkte einer Geraden im allgemeinen eine Ebene bilden, ist das Bild p' einer Geraden p wieder eine Gerade, und die Bilder p', q' zweier paralleler Geraden p, q sind einander parallel. Nur wenn die gegebene Gerade g_0 zu den Projektionsstrahlen s parallel läuft, ist ihr Bild der Durchstoßpunkt $G_0 = (g_0 \frown \Pi)$. Für Geraden, die nicht in einem Projektionsstrahl liegen, gelten folgende Sätze:

Das Teilverhältnis von drei auf einer Geraden liegenden Punkten ist bei Parallelprojektion invariant, z. B. $(A, B; C) = (A', B'; C')$ (Abb. 9.1-3).
Das Verhältnis zweier Strecken, die auf parallelen Trägergeraden liegen, bleibt bei Parallelprojektion erhalten, z. B. $|AB| : |DE| = |A'B'| : |D'E'|$.
Das Bild einer ebenen Figur, die in einer zu Π *parallelen Ebene liegt, ist kongruent zur Originalfigur, z. B.* $\triangle PQR \cong \triangle P'Q'R'$ (Abb. 9.1-4).

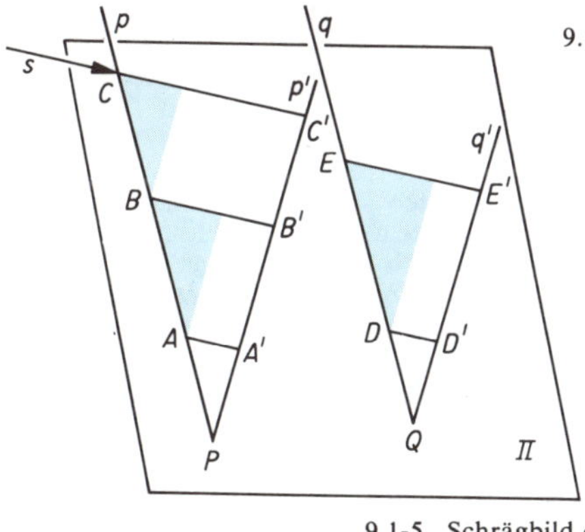

9.1-3 Invarianz des Teilverhältnisses bei Parallelprojektion

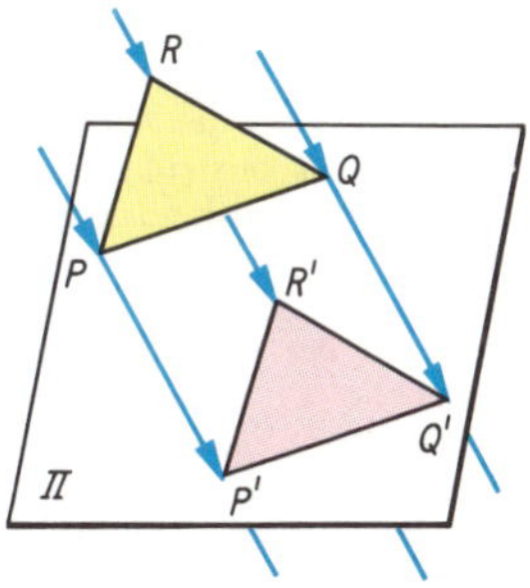

9.1-4 Das Bild einer ebenen Figur, die parallel zur Bildebene liegt, ist bei Parallelprojektion dem Original kongruent

9.1-5 Schrägbild eines Würfelausschnitts

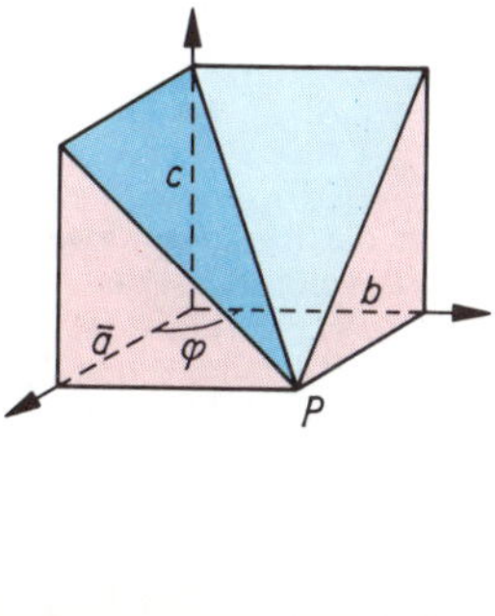

Der Schrägriß. Lassen sich von dem abzubildenden Körper drei paarweise aufeinander senkrecht stehende Kanten oder Symmetrieachsen a, b, c auszeichnen, so kann ein Schrägriß dieses Körpers, eine *schiefe Parallelprojektion*, konstruktiv gewonnen werden. Vor der vertikal aufgestellten Bildebene Π denkt man sich den Körper in „*Gebrauchslage*" so angebracht, daß zwei Achsen des *Kantendreibeins* parallel zu Π verlaufen, die eine, z. B. b, horizontal, die andere, z. B. c, vertikal (Abb. 9.1-5). Die dritte Kante a und alle Parallelen zu ihr stehen dann senkrecht zu Π und werden als *Tiefengeraden*

bezeichnet. Ihre Bilder sind zueinander parallel und schneiden das Bild der Kante b unter dem *Verzerrungswinkel* der Größe $\varphi = \sphericalangle(\bar{a}, b)$, wenn $\bar{a}$ das Bild der Kante a des Kantendreibeins darstellt. Das Verhältnis $\lambda = \bar{a} : a$ der Längen von Bildstrecke zu Originalstrecke auf Tiefengeraden heißt *Verzerrungsverhältnis*. Mittels der Größe φ des Verzerrungswinkels und mittels des Verzerrungsverhältnisses λ lassen sich die Maße des räumlichen Gebildes aus der Zeichnung rekonstruieren. Zur Erleichterung der Konstruktion wählt man für den Winkel die Größen $\varphi = 30°, 45°, 60°, 120°$, die an Zeichendreiecken unmittelbar bereitgestellt sind, und einfache rationale Zahlen $\lambda = 1$, $1:2$, $2:3$, $1:3$ und $3:4$ als Verzerrungsverhältnis.

Die Normalprojektion oder Orthogonalprojektion. Bei dieser Abbildung verlaufen die zueinander parallelen Projektionsstrahlen senkrecht zur Bildebene Π. Die stark reduzierte Anschaulichkeit wird auf zwei Wegen kompensiert.

1) Man beziffert markante Punkte oder Linien des dargestellten Objektes mit den Höhenkoten über einer horizontalen Bezugsebene. Dies führt auf die Darstellungsweise der *kotierten Eintafelprojektion*. Sie findet vor allem bei der Projektierung von Erdbauten und Geländedarstellungen Anwendung.
2) Man ordnet dem Normalriß im gleichen Zeichenfeld einen zweiten Normalriß zu. Dabei wird die Anordnung so getroffen, daß die Projektionsrichtungen und die Bildebenen, welche die beiden Normalrisse liefern, aufeinander senkrecht stehen. Das hier angedeutete Verfahren der Zweitafelprojektion oder der *zugeordneten Normalrisse* findet z. B. im Maschinenbau und im Bauwesen Anwendung.

9.2. Das Zweitafelverfahren

Beim Zweitafelverfahren wird das räumliche Objekt durch Normalprojektion auf zwei aufeinander senkrechte Ebenen Π_1 und Π_2 abgebildet (Abb. 9.2-1). Diese Ebenen teilen den Raum in vier Quadranten ein, die zu numerieren sind (vgl. Abb. 9.2-3). Ein räumliches Objekt im ersten Quadranten wird durch ein *erstprojizierendes Parallelstrahlbündel* senkrecht zu Π_1 auf Π_1 und ein *zweitprojizierendes Parallelstrahlbündel* senkrecht zu Π_2 auf Π_2 abgebildet. Es entstehen auf diese Weise in zwei zunächst aufeinander senkrecht stehenden Ebenen zwei Normalprojektionen von einem Gegenstand, nämlich der in Π_1 liegende *Grundriß* und der in Π_2 liegende *Aufriß*. Eine Konvention besteht darin, die Grundrißtafel horizontal und die Aufrißtafel vertikal anzunehmen. Um mit diesen beiden von einem Gegenstand gewonnenen Bildern zeichnerisch arbeiten zu können, legt man die Aufrißtafel in das Zeichenfeld und dreht anschließend die Grundrißtafel um die waagerechte *Rißachse* x_{12} in die vorgelegte Ebene. Nach diesem Aufdrehen der Bildebenen in das Zeichenfeld kommt der Aufriß des im ersten Quadranten angebrachten Körpers über und der Grundriß unter der Rißachse zu liegen. Grund- und Aufriß eines Punktes P liegen auf einer zur Rißachse senkrechten Geraden. Diese wird als *Ordnungslinie* oder *Ordner* bzeichnet. Ferner sagt man: Der Grundriß P' und der Aufriß P'' eines Punktes P befinden sich in *Mongescher Lage*. Außerdem bezeichnet man den Abstand des Punktes P'' von der Rißachse als *ersten Tafelabstand* d_1 und den Abstand des Punktes P' von der Rißachse als *zweiten Tafelabstand* d_2 von P. Den Grundriß P' von P liefert ein *erster Projektionsstrahl* s_1 durch P, und entsprechend ergibt ein *zweiter Projektionsstrahl* s_2 durch P den Aufriß P''. Beschränkt man sich darauf, die darzustellenden Objekte im ersten Quadranten anzubringen, so erscheinen stets der Aufriß über und der Grundriß unter der Rißachse des Zeichenfeldes. Im Verlaufe räumlicher Konstruktionen ist jedoch nicht auszuschließen, daß auch Punkte aus den anderen drei Quadranten mit herangezogen werden; z. B. liegen in Abb. 9.2-2 die Punkte A, B, C, D beziehentlich in den Quadranten I, II, III, IV. Die Tafelabstände genügen den Ungleichungen $d_1, d_2 > 0$ für A, $d_1 > 0$, $d_2 < 0$ für B, $d_1, d_2 < 0$ für C und $d_1 < 0, d_2 > 0$ für D. Für Punkte, deren Grundrisse auf der Rißachse liegen, gilt $d_2 = 0$. Liegen die Aufrisse auf der Rißachse, so gilt $d_1 = 0$. Sämtliche Punkte der *Symmetrieebene* σ erfüllen die Gleichung $d_1 = d_2$, die der *Koinzidenzebene* $\varkappa$ die Gleichung $d_1 = -d_2$ (Abb. 9.2-3). Bei der Zweitafelprojektion überdecken sich danach im Zeichenfeld zwei Bildebenen. Durch geeignete Kombination planimetrischer Konstruktionen an zwei Bildern von einem Objekt lassen sich räumliche Konstruktionsaufgaben lösen. Die Rißachse x_{12} ist nicht als Trennungslinie von Grund- und Aufriß anzusehen, sondern sie veranschaulicht die Lage der Schnittgeraden beider Bildtafeln vor dem Eindrehen in das Zeichenfeld.

Darstellung von Gerade und Ebene

Darstellung einer Geraden. Die Risse g' und g'' einer Geraden g sind durch die Risse von zweien ihrer Punkte eindeutig bestimmt. Für eine *erste Hauptlinie* h_1, die parallel zu Π_1 verläuft, ist der Aufriß h_1'' parallel zur Rißachse x_{12}; für eine *zweite Hauptlinie* h_2, die parallel zu Π_2 verläuft, ist der Grundriß h_2' parallel zu x_{12}. Die Lage einer beliebigen Geraden g, die weder die Rißachse schneidet, noch eine Hauptlinie darstellt, ist durch ihre *Spurpunkte*, ihre Schnittpunkte mit den Bildebenen Π_1

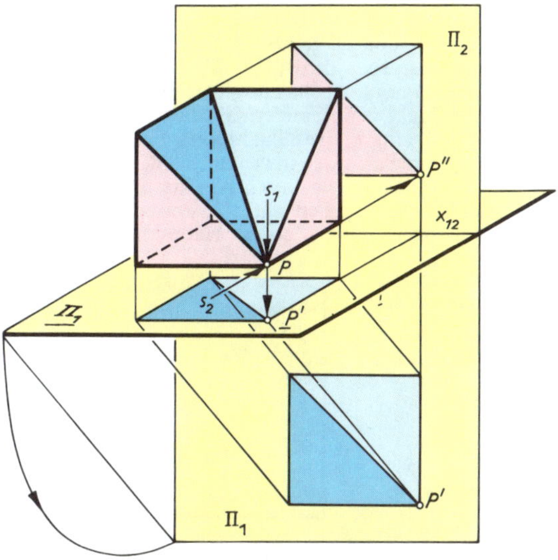

9.2-1 Schrägbild zur Darstellung eines räumlichen Objektes in zugeordneten Normalrissen

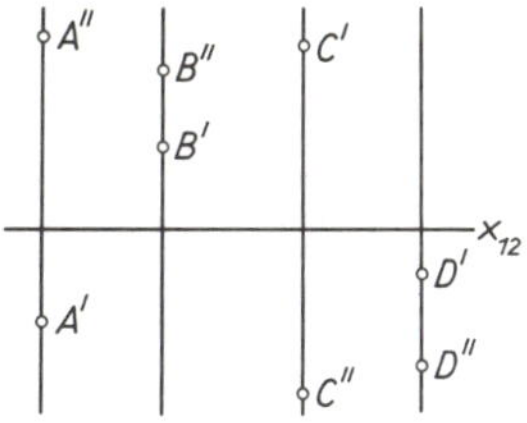

9.2-2 Grund- und Aufriß von vier Punkten A, B, C, D; A liegt im ersten, B im zweiten, C im dritten, D im vierten Quadranten

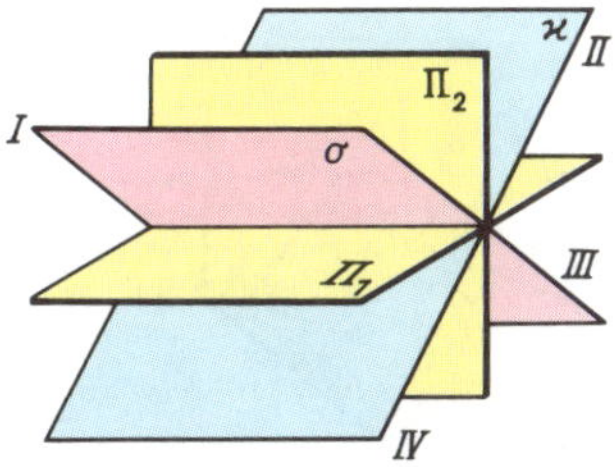

9.2-3 Koinzidenzebene $\varkappa$ und Symmetrieebene σ

und Π_2 bestimmt. Man nennt $G_1 = (g \cap \Pi_1)$ den ersten und $G_2 = (g \cap \Pi_2)$ den zweiten Spurpunkt (Abb. 9.2-4); der Aufriß G_1'' von G_1 und der Grundriß G_2' von G_2 liegen auf x_{12}. Der Schnittpunkt $K' = K''$ der Geradenrisse kennzeichnet den Schnittpunkt K der Geraden mit der Koinzidenzebene. Für eine *erstprojizierende Gerade* g lotrecht auf Π_1 gilt $g' = G_1$, für eine *zweitprojizierende Gerade* g lotrecht auf Π_2 gilt $g'' = G_2$. Zwei Geraden p und q schneiden einander genau dann in einem Punkt S des Raumes, wenn sich die Schnittpunkte $1' = (p' \cap q')$ und $2'' = (p'' \cap q'')$ in Mongescher Lage befinden. Es gilt dann $1' = S'$ und $2'' = S''$. Andernfalls sind die Geraden p, q windschief (Abb. 9.2-5).

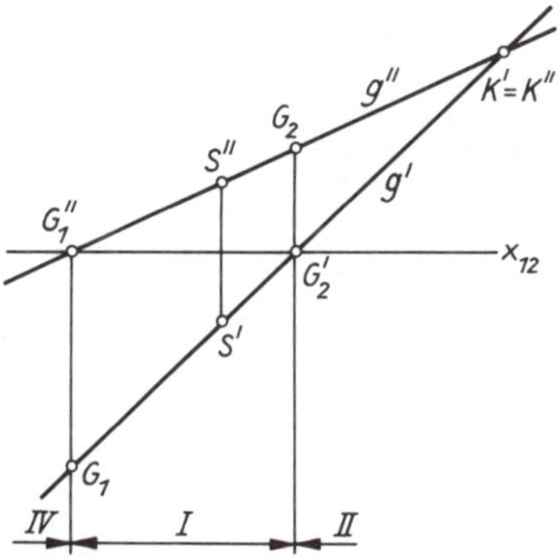

9.2-4 Grund- und Aufriß einer Geraden g samt ihren Spurpunkten G_1 und G_2; wegen $d_1 = -d_2$ liegt $K' = K''$ auf der Koinzidenzebene

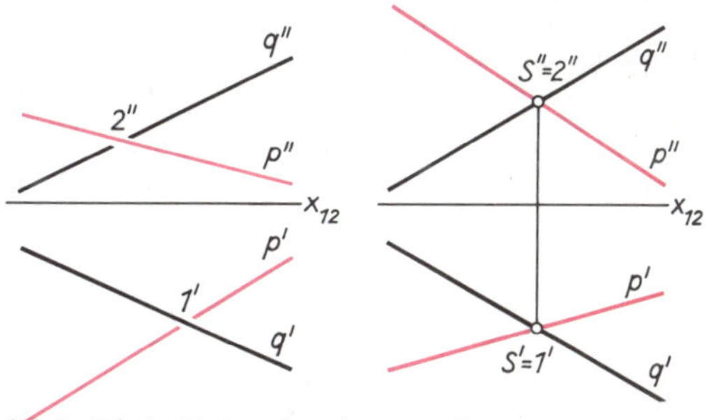

9.2-5 Windschiefes Geradenpaar links und einander schneidendes Geradenpaar rechts

Darstellung einer Ebene. Eine Ebene E ist durch zwei sich schneidende Geraden in ihrer Lage fixiert. Schneiden z. B. die Geraden p und q einander im Punkt P (Abb. 9.2-6) und sind P_1 und P_2 bzw. Q_1 und Q_2 ihre Spurpunkte in den Bildebenen Π_1 und Π_2, so liegen die Geraden $e_1 = P_1Q_1$ und $e_2 = P_2Q_2$ in der Ebene E, die Gerade e_1 aber zugleich in Π_1 und e_2 zugleich in Π_2. Diese Geraden e_1, e_2 sind die *Spuren* der Ebene E in Π_1 bzw. Π_2 und lassen sich aus den Spurpunkten der Geraden p und q konstruieren. Die Spuren e_1 und e_2 schneiden einander auf der Rißachse x_{12} im *Knotenpunkt* K der Ebene.

Für Konstruktionen innerhalb einer vorgegebenen Ebene werden die *Hauptlinien* oder *Spurparallelen* dieser Ebene als Hilfslinien bevorzugt. Erste Hauptlinien, erste Spurparallelen oder *Höhenlinien* liegen parallel zu e_1; zweite Hauptlinien, zweite Spurparallelen oder *Frontlinien* liegen parallel zu e_2.

Damit kann z. B. leicht festgestellt werden, ob ein durch P' und P'' gegebener Punkt P in einer durch e_1 und e_2 bestimmten Ebene E liegt oder nicht. Legt man etwa den Aufriß h_1'' einer ersten Hauptlinie h_1 von E durch P'', so ist der Grundriß h_1' dieser Hauptlinie eindeutig bestimmt. Liegt P' auf dem in angegebener Weise gefundenen h_1', so ist P ein Punkt von E, andernfalls liegt P außerhalb E. Den hier beschriebenen Vorgang bezeichnet man als *Angittern* eines Punktes P. Dieses Angittern ist auch mit einer beliebigen in E liegenden Geraden möglich. Als Anwendung läßt sich z. B. der Schnitt eines lotrecht auf Π_1 stehenden Prismas mit einer Ebene durch Angittern konstruieren. Die Grundrisse der Durchstoßpunkte der Seitenkanten a, b, c fallen mit a', b', c' zusammen. Die Aufrisse der Durchstoßpunkte werden durch Angittern mittels erster Hauptlinien gefunden (Abb. 9.2-7).

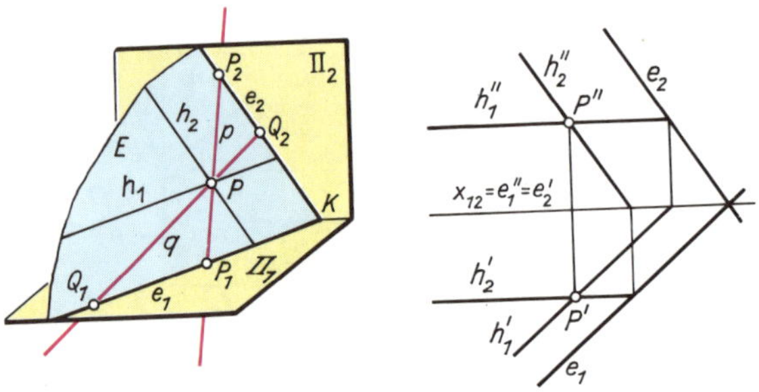

9.2-6 Darstellung einer Ebene und Angittern eines Punktes P im Schrägbild und in zugeordneten Normalrissen

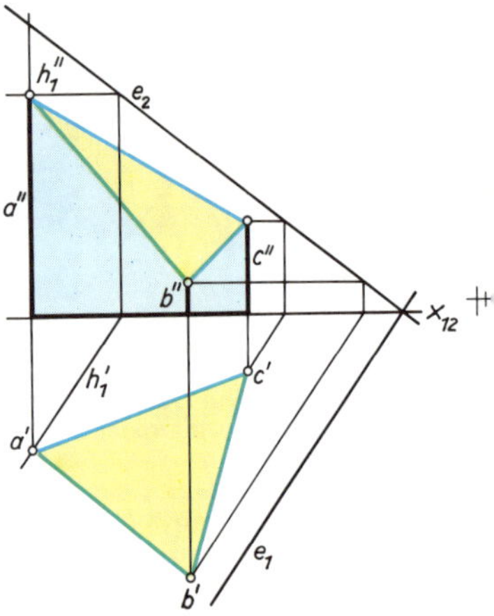

9.2-7 Schnitt von Ebene und Prisma, Lösung durch Angittern mit ersten Hauptlinien

Perspektive Affinität

Wird eine beliebig im Raum liegende ebene Figur um eine ihrer Spuren in die zu jener Spur gehörige Bildebene gedreht, so besteht zwischen der Umklappung und der Normalprojektion in der gleichen Bildebene eine *orthogonale perspektive Affinität*, z. B. für das Dreieck ABC zwischen $A'B'C'$ und der Umklappung $A_1B_1C_1$ um e_1 in Π_1 (Abb. 9.2-8). Die Spur e_1 ist für diese Abbildung die Affinitätsachse. Die *Affinitätsstrahlen* vom Original- zum Bildpunkt, z. B. $A'A_1$ und $C'C_1$, sind einander parallel, und die Affinitätsrichtung steht hier lotrecht zur Affinitätsachse e_1. Die Zuordnung von Original und Bild ist eineindeutig und linear, weil Geraden g' in Geraden g_1 übergehen. Dabei schneiden g' und g_1 einander in einem Punkt G der Affinitätsachse. Jeder ihrer Punkte wird auf sich selbst abgebildet. Parallele Geraden gehen in parallele Geraden über, und das Teilverhältnis dreier

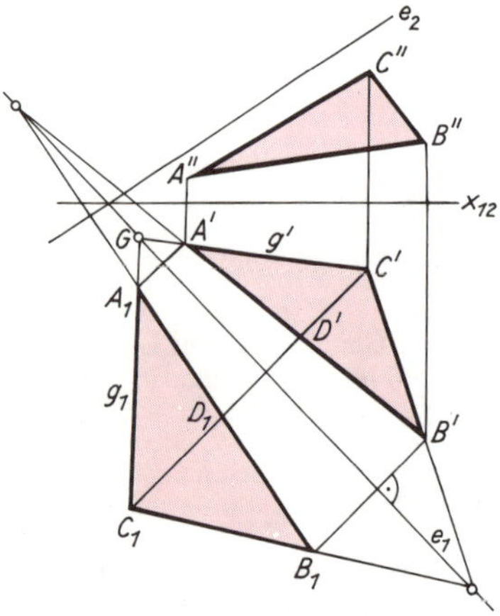

9.2-8 Perspektive Affinität von Grundriß und Umlegung einer ebenen Figur

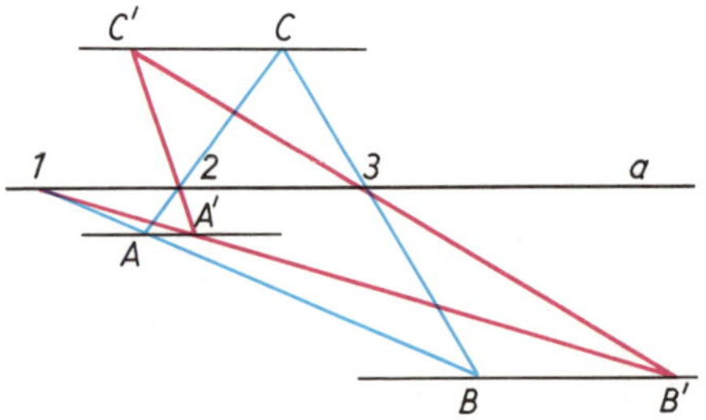

9.2-9 Scherung oder äquivalent-perspektive Affinität zwischen Dreieck ABC und Dreieck $A'B'C'$; a Affinitätsachse

Punkte auf einer Geraden ist dem der Bildpunkte gleich, z. B. $(A', B'; D') = (A_1, B_1; D_1)$. Das Verhältnis, in dem die Verbindungsgerade eines beliebigen Punktepaares von der Affinitätsachse geteilt wird, heißt *Charakteristik* der perspektiven Affinität.
Bei der *schiefen* oder *allgemeinen* perspektiven Affinität kann die Affinitätsrichtung jeden Winkel gegen die Affinitätsachse bilden.

Bei der *Scherung* oder *äquivalent-perspektiven Affinität* liegen die Affinitätsstrahlen parallel zur Affinitätsachse (Abb. 9.2-9).

Eine perspektiv-affine Abbildung in der Ebene ist eindeutig festgelegt durch die Affinitätsachse und ein Paar von Punkten, die einander bei der Abbildung entsprechen.

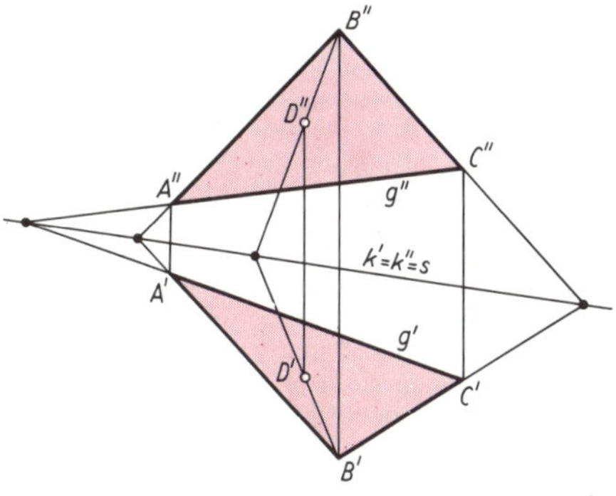

9.2-10 Perspektive Affinität von Grund- und Aufriß einer ebenen Figur

Im Zeichenfeld von einander zugeordneten Normalrissen besteht zwischen Grund- und Aufriß einer ebenen Figur eine perspektiv-affine Verwandtschaft. Die Affinitätsrichtung entspricht der Richtung der Ordnungslinien. Die Affinitätsachse s fällt mit den Bildern der Koinzidenzgeraden $k = (\varkappa \cap E)$ zusammen, denn auf dieser liegen die Schnittpunkte der Bilder g' und g'' jeder in E liegenden Geraden g. Es gilt deshalb $k' = k'' = s$ (Abb. 9.2-10).

Zwischen Grund- und Aufriß einer ebenen Figur besteht eine perspektiv-affine Punktverwandtschaft. Die Affinitätsstrahlen fallen mit den Ordnungslinien und die Affinitätsachse s mit den sich deckenden Bildern der Koinzidenzgeraden k im Zeichenfeld zusammen.

Seitenrisse, Drehungen und Körperdarstellungen

Die behandelten Grundkonstruktionen in zugeordneten Normalrissen werden, wie die folgenden Beispiele zeigen, vielfach bei der Darstellung räumlicher Objekte verwendet.

Beispiel 1: Aus Grund- und Aufriß eines Oktaeders in spezieller Lage zu den Bildebenen wird durch Anknüpfen zweier Seitenrisse eine Darstellung in allgemeiner Lage gewonnen. Dabei hat z. B. Punkt $1'''$ von x_{23} den gleichen Abstand wie $1'$ von x_{12} bzw. hat 1^{IV} von x_{34} den gleichen Abstand

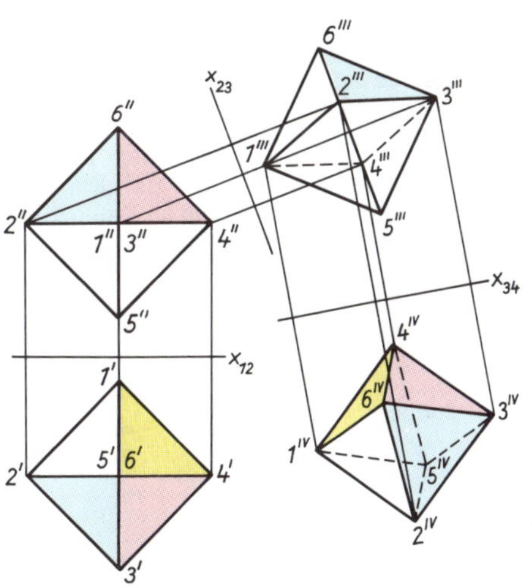

9.2-11 Oktaeder in Grund-, Auf- und Seitenrissen

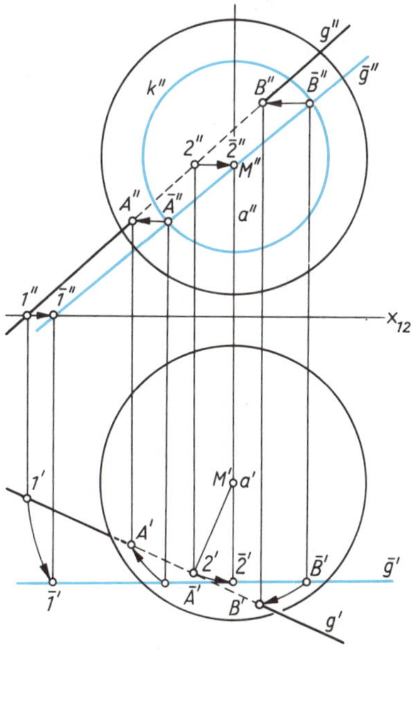

9.2-12 Schnitt von Gerade und Kugel: Anwendung einer Körperdrehung als Konstruktionsprinzip

wie 1″ von x_{23} (Abb. 9.2-11). Durch den Wegfall projizierender Kanten und Flächen gewinnt der Körper an Anschaulichkeit. Dagegen ist beim letzten Riß des Oktaeders eine unmittelbare Entnahme von Körpermaßen nicht mehr möglich. Außer zum Entwurf anschaulicher Bilder wird das Anlegen von Seitenrissen als Konstruktionsprinzip verwendet. Das Übertragen von Punkten in einen neu angelegten Seitenriß erfolgt nach der Regel: Abstände des wegfallenden Risses bezüglich der wegfallenden Achse von der neuen Rißachse auf den zugehörigen Ordnungslinien nach dem neuen Riß abtragen.

Beispiel 2: Durch eine Körperdrehung läßt sich der *Schnitt einer Geraden mit einer Kugel* konstruieren. Als Drehachse wird der erstprojizierende Durchmesser a der Kugel gewählt (Abb. 9.2-12). Die Gerade g wird um a so weit gedreht, bis sie in der Endlage $\bar{g}$ parallel zu Π_2 liegt. Zwei auf g geeignet gewählte Punkte 1 und 2 gehen dabei in $\bar{1}$ und in $\bar{2}$ über, und die Kugel geht in sich über. Die erstprojizierende Hilfsebene Γ durch $\bar{g}$ schneidet die Kugel in einem Kreis k, dessen Aufriß mit der wahren Gestalt übereinstimmt. Folglich sind die Schnittpunkte $\bar{A}''$ und $\bar{B}''$ von k'' mit $\bar{g}''$ die Aufrisse der Durchstoßpunkte von $\bar{g}$ durch die Kugel. Zwei zur Rißachse parallele Geraden durch $\bar{A}''$ und $\bar{B}''$ schneiden g'' in A'' bzw. B''. Damit ist im Aufriß die Drehung rückgängig gemacht. Die Grundrisse A' und B' der Schnittpunkte A und B von g mit der Kugel findet man mit Hilfe von Ordnungslinien durch A'' und B''.

Die sechs Hauptrisse. Als Kreuzriß bezeichnet man den Seitenriß, dessen Bildtafel Π_3 senkrecht auf Π_1 und Π_2 steht. Auch ihre Schnittgeraden x_{12}, x_{23} und x_{13} stehen im Raum senkrecht aufeinander. Die Abbildung 9.2-13 zeigt, daß sich nicht jedes räumliche Objekt aus Grund- und Aufriß eindeutig reproduzieren läßt.

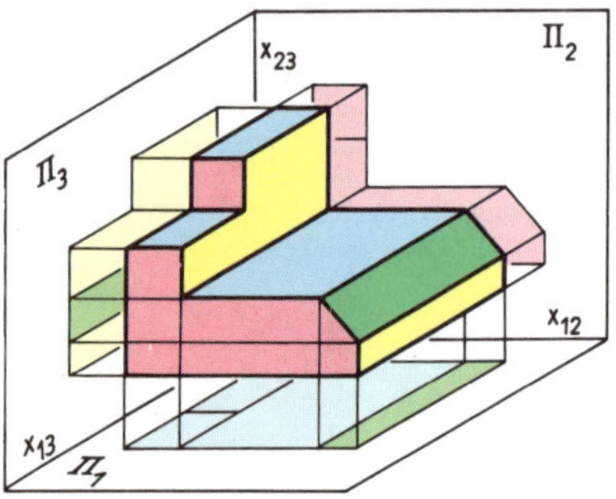

9.2-13 Schrägbild zu Grund-, Auf- und Kreuzriß eines räumlichen Objektes

9.3. Weitere Abbildungsverfahren

Kotierte Projektion – Eintafelverfahren

Bei der kotierten Projektion wird ein *Punkt P* des Raumes durch einen zur Bildebene Π normalen Projektionsstrahl auf seinen Bildpunkt P' abgebildet und sein Abstand $k = |P'P|$ in einer festgelegten Längeneinheit e als *Kote* angegeben. Man wählt meist Π horizontal und den positiven Halbraum mit $k > 0$ oben. Das Bild g' einer Geraden g ist durch die Bilder P', Q' zweier ihrer Punkte P und Q festgelegt. Durch Abtragen ihrer Koten unter Beachtung des Vorzeichens auf zwei Parallelen durch P' und Q' ergibt sich der *Spurpunkt G* von g (Abb. 9.3-1). Umgekehrt ist eine Gerade im Raum durch die Bilder von irgend zwei *Graduierungspunkten* eindeutig festgelegt. Versteht man unter ihrem *Intervall i* den Abstand der Projektionen zweier Graduierungspunkte, deren Koten sich um eine Einheit e unterscheiden, so läßt sich die Größe $\alpha = |\sphericalangle(gg')|$ ihres Neigungswinkels gegen die Bildebene aus der Gleichung $i = e \cot \alpha$ bestimmen (Abb. 9.3-2).

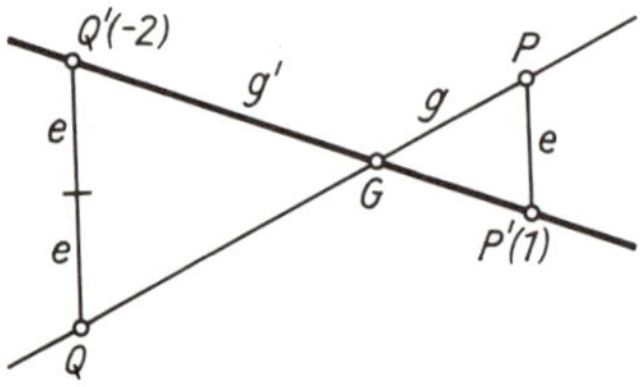

9.3-1 Darstellung von Punkt und Gerade in der kotierten Projektion

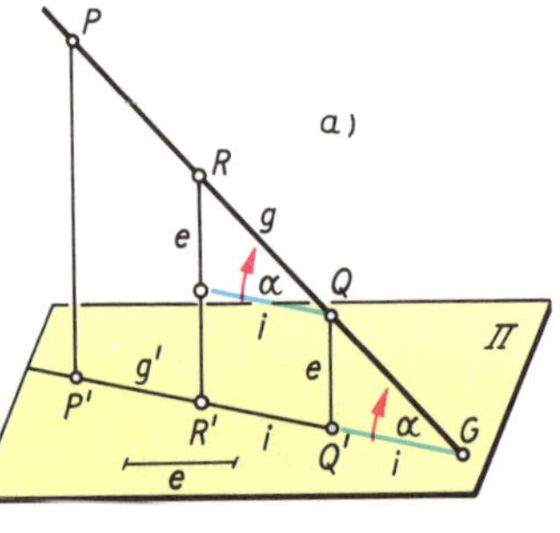

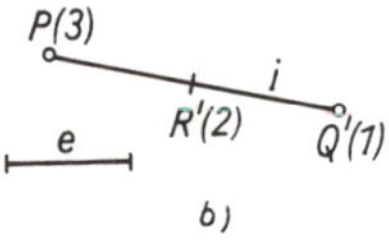

9.3-2 Intervall und Neigungswinkel einer Geraden;
a) Schrägbild,
b) kotierte Projektion

Mittels der kotierten Projektionen läßt sich entscheiden, ob zwei nicht-parallele Geraden *a* und *b*, die etwa durch je zwei Graduierungspunkte *A*, *B* und *P*, *Q* vorgegeben sind, einander schneiden oder windschief sind (Abb. 9.3-3). Punkte gleicher Kote liegen auf einer zu *Π* parallelen Schichtebene, z. B. *P*(2) und *B*(2) auf der Schichtebene $k = 2$. Eine Hilfsebene durch *P*(2), *B*(2) und *A*(3) schneidet die Schichtebene $k = 3$ in einer Parallelen *p* zu *P*(2) *B*(2), die die Gerade *a* enthält. Die Gerade *b* kann *a* nur schneiden, wenn sie in dieser Hilfsebene liegt, d. h., wenn *Q*(3) auf *p* liegt.

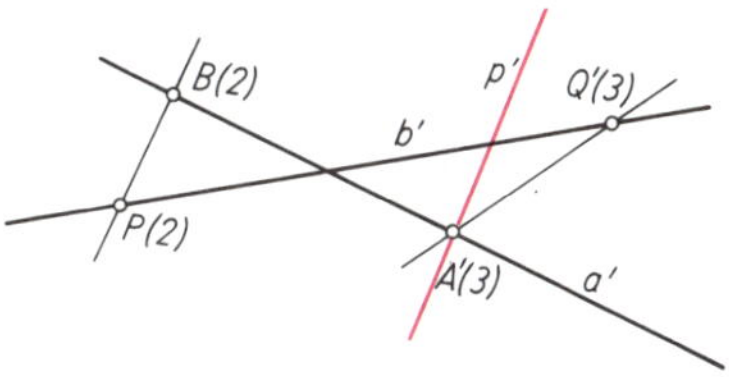

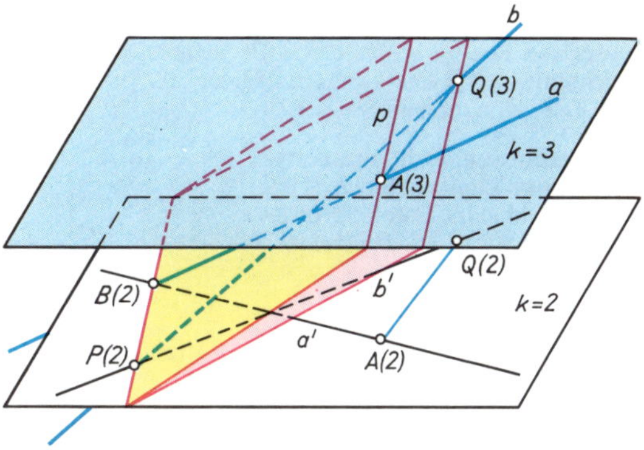

9.3-3 Kotierte Projektion zweier windschiefer Geraden *a* und *b* und Schrägbild dazu

Je nachdem, ob die Verbindungsgeraden je zweier Punkte der nicht-parallelen Geraden a und b mit gleicher Kote einander schneiden oder parallel sind, ist das Geradenpaar windschief oder hat einen Schnittpunkt. Für ein Paar paralleler Geraden a und b sind die Eintafelrisse sowie die Verbindungsgeraden von Punktepaaren mit gleicher Kote untereinander parallel.

Eine gegen *Π* geneigte *Ebene* kann dargestellt werden durch kotierte, parallele und abstandsgleiche Geraden als *Höhenlinien* oder durch eine *Fallinie f*, die die Höhenlinien senkrecht durchsetzt. Die Lage einer solchen Ebene läßt sich durch eine *graduierte Fallinie* eindeutig beschreiben. Die Höhenlinie mit der Kote 0 ist die *Spur der Ebene* (Abb. 9.3-4).
Zwei durch graduierte Fallinien gegebene Ebenen bringt man zum Schnitt, indem man Höhenlinien mit gleicher Kote zum Schnitt bringt (Abb. 9.3-5). Dieses Lösungsprinzip wird bei Böschungsaufgaben und Dachausmittlungen angewendet.
Sind eine Gerade *g* und eine Ebene *E* durch ihre Gefällemaßstäbe gegeben, so sind eine Schar von Parallelen durch die Graduierungspunkte von *g* Höhenlinien einer Ebene E_1, die *g* enthält. Die Schnittgerade *s* von *E* und E_1 schneidet *g* in ihrem Durchstoßpunkt *D* durch *E* (Abb. 9.3-6).

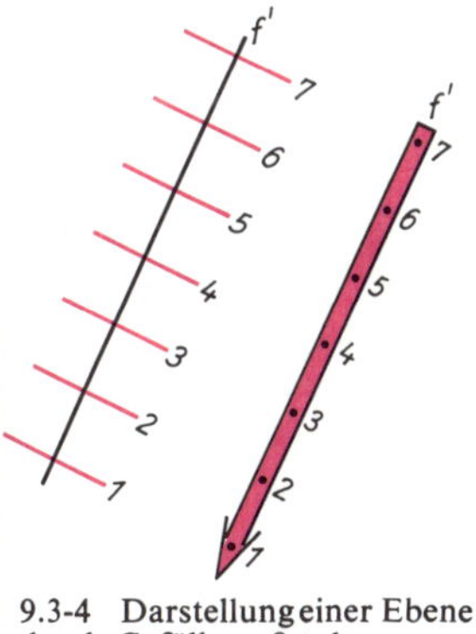

9.3-4 Darstellung einer Ebene durch Gefällemaßstab

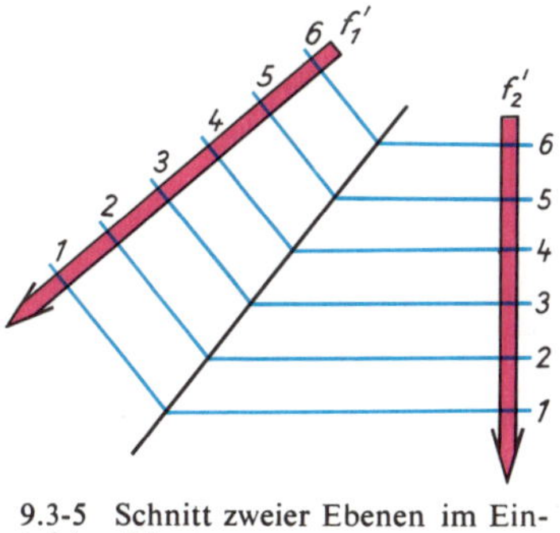

9.3-5 Schnitt zweier Ebenen im Eintafelverfahren

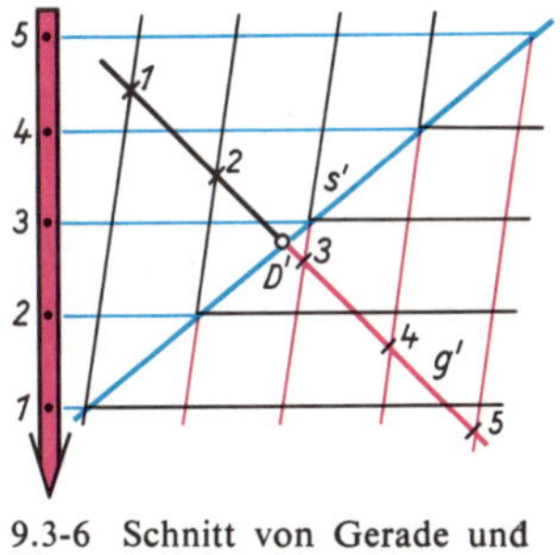

9.3-6 Schnitt von Gerade und Ebene im Eintafelverfahren

Axonometrie

Um einem durch Parallelprojektion gewonnenen anschaulichen Bild eines Körpers möglichst viele Maße entnehmen zu können, bezieht man den Körper auf ein *orthonormiertes Dreibein O*(*X*, *Y*, *Z*) und projiziert es mit dem Körper in das Zeichenfeld, in dem sein Bild ein ebenes Dreibein

$O^s(X^s, Y^s, Z^s)$ ist. Je nach der Einfallsrichtung der Projektionsstrahlen unterscheidet man zwischen *allgemeiner* oder *schiefer Axonometrie* und *orthogonaler* oder *normaler Axonometrie*. Anstelle der einen Einheitsstrecke $|OX| = |OY| = |OZ| = e$ treten im Bild drei auf, $|O^sX^s| = e_x$, $|O^sY^s| = e_y$ und $|O^sZ^s| = e_z$, die verschiedene Längen haben können und sich aus dem Bild $O^s(X^s, Y^s, Z^s)$ ergeben (Abb. 9.3-7).
Der *Satz von Pohlke* enthält die Bedingung, unter der ein ebenes Dreibein als Parallelprojektion eines räumlichen angesehen werden kann.

Satz von Pohlke. Jedes ebene Dreibein $O^s(X^s, Y^s, Z^s)$ kann, wenn die vier Punkte O^s, X^s, Y^s, Z^s nicht alle auf einer Geraden liegen, als Parallelriß eines orthonormierten räumlichen Dreibeins $O(X, Y, Z)$ aufgefaßt werden.

Man nennt ein orthonormiertes räumliches Dreibein auch *Würfelecke* und seine Parallelprojektion ein *Pohlkesches Dreibein*.

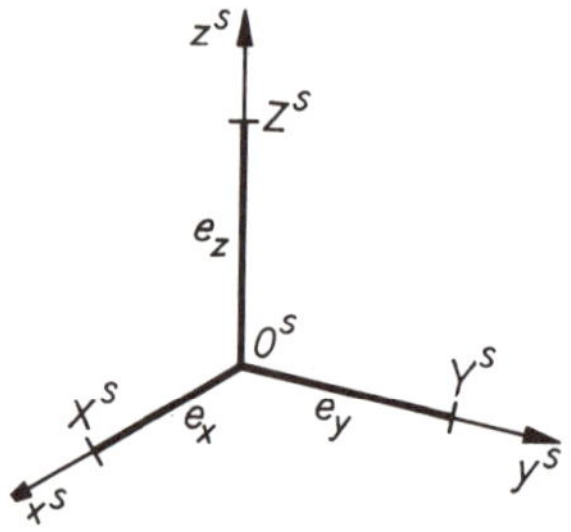

9.3-7 Pohlkesches Dreibein

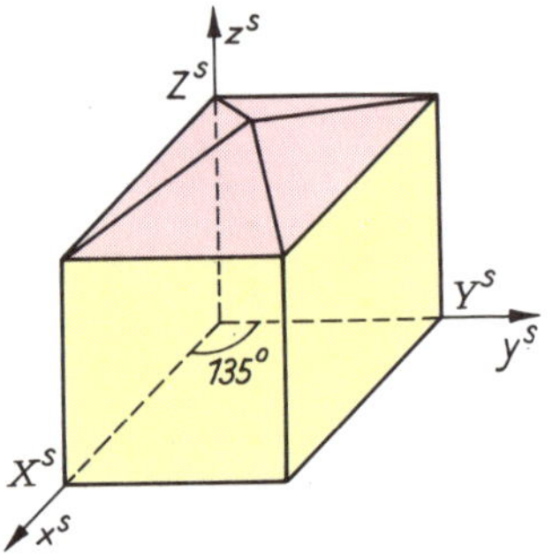

9.3-8 Hausmodell in Kavalierperspektive

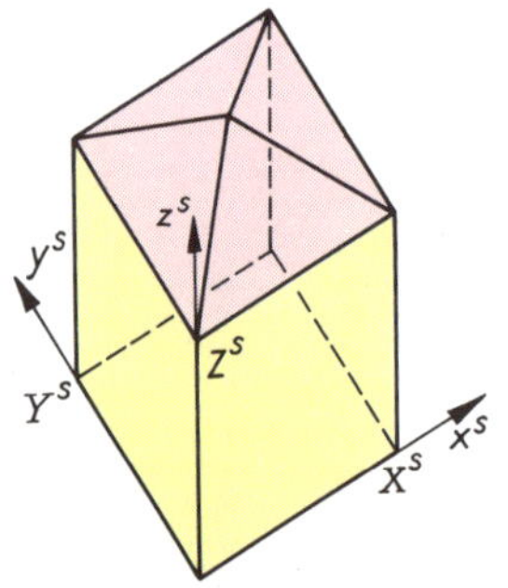

9.3-9 Hausmodell in Militärperspektive (Vogelperspektive)

Spezielle Verfahren. Ein Sonderfall einer axonometrischen Abbildung ist der Schrägriß, für den $e_y = e_z = 1$ und $y^s \perp z^s$ ist, während über den Maßstab e_x und die Richtung der x^s-Achse beliebig verfügt werden kann. Es handelt sich hierbei um eine *dimetrische schiefe Axonometrie*, die man auch als *frontale Axonometrie* bezeichnet. Die *Kavalierperspektive* ist ein Sonderfall des Schrägrißverfahrens; für sie gilt $e_x = e_y = e_z = 1$, $y^s \perp z^s$ und $|\sphericalangle(x^s, y^s)| = 135°$ (Abb. 9.3-8). Die *Militärperspektive* oder *Vogelperspektive* ist durch $e_x = e_y = e_z = 1$, $x^s \perp y^s$ und z^s vertikal charakterisiert. Sie stellt, wie auch die Kavalierperspektive, eine *isometrische Axonometrie* dar und wird zur anschaulichen Belebung kartenmäßig gegebener Gebäudegrundrisse verwendet (Abb. 9.3-9).
In der Praxis bedient man sich vielfach der isometrischen, der dimetrischen oder der trimetrischen Darstellung unter Einhaltung der am Beispiel eines Würfelausschnitts demonstrierten Normierungsvorschriften (Abb. 9.3-10).

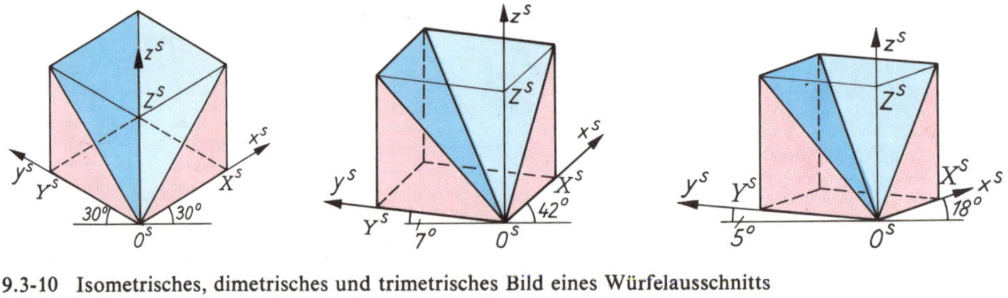

9.3-10 Isometrisches, dimetrisches und trimetrisches Bild eines Würfelausschnitts

Isometrie:	**Dimetrie:**	**Trimetrie:**
$\beta = 30°, \alpha = 30°$	$\beta = 7°, \alpha = 42°$	$\beta = 5°, \alpha = 18°$
$e_x : e_y : e_z = 1 : 1 : 1$	$e_x : e_y : e_z = 0{,}5 : 1 : 1$	$e_x : e_y : e_z = 0{,}5 : 0{,}9 : 1$

Liegt von einem räumlichen Objekt eine Darstellung in zugeordneten Normalrissen vor, so kann ein axonometrisches Bild nach einem von L. ECKHART angegebenen *Einschneideverfahren* gewonnen werden. Man trennt die beiden Bilder und legt sie beliebig in die Zeichenebene. Zu jedem Riß gibt man eine Einschneiderichtung willkürlich vor. Die Bildpunkte des axonometrischen Bildes liegen in den Schnittpunkten zugeordneter Einschneidestrahlen (Abb. 9.3-11). Das Verfahren erfordert etwas Übung in der Anordnung der Risse und in der Auswahl der Einschneiderichtungen, damit man ein nicht übermäßig verzerrtes axonometrisches Bild bekommt.

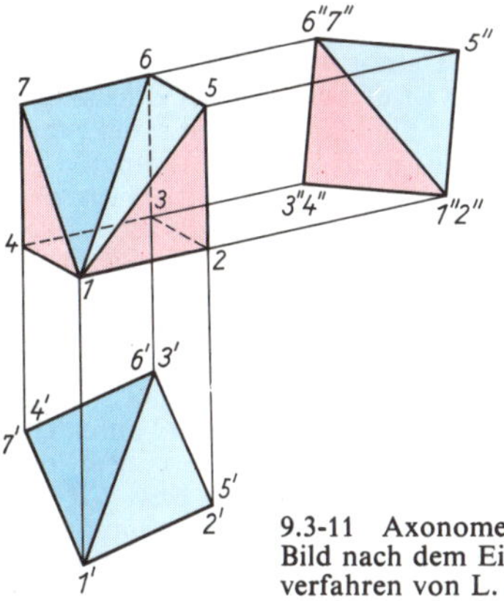

9.3-11 Axonometrisches Bild nach dem Einschneideverfahren von L. ECKHART

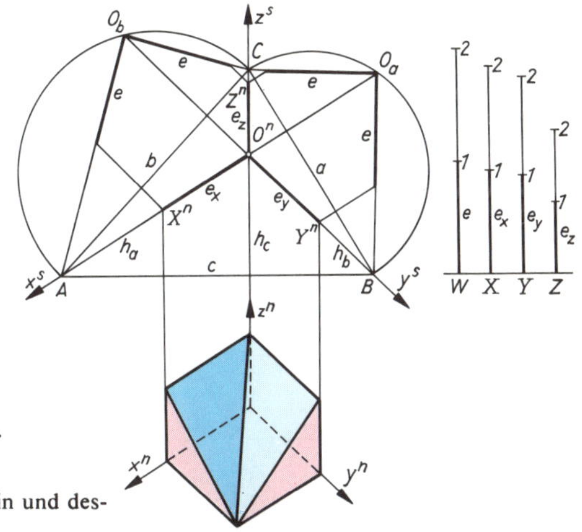

9.3-12 Normal-axonometrisches Pohlke-Dreibein und dessen Anwendung auf einen Würfelausschnitt

Normale Axonometrie. Um anschauliche Bilder zu erhalten, wird angenommen, daß keine der Achsen des orthonormierten räumlichen Dreibeins $O(X, Y, Z)$ parallel zur Bildebene Π liegt. Dann sind ihre Spurpunkte A, B, C eigentliche Punkte. Das *Spurendreieck ABC* mit Seiten der Längen a, b, c ist, wie aus räumlichen Überlegungen folgt, spitzwinklig und bestimmt eindeutig das Pohlkesche Dreibein $O^n(X^n, Y^n, Z^n)$ bei normaler Axonometrie. Der Normalriß O^n ist der Schnittpunkt der Höhen h_a, h_b, h_c des Spurendreiecks, und die Punkte X^n, Y^n und Z^n findet man aus der Umklappung der rechtwinkligen Dreiecke BCO und CAO um die Seiten a bzw. b in die Zeichenebene (Abb. 9.3-12). Im Pohlkeschen Dreibein erscheint die Einheitsstrecke e verkürzt; die *Verkürzungsfaktoren* sind

$$\lambda = e_x : e = |O^nA| : |OA|, \mu = e_y : e = |O^nB| : |OB| \quad \text{und} \quad \nu = e_z : e = |O^nC| : |OC|.$$

Zwischen ihnen gilt eine Beziehung, die sich bei der Herleitung des Satzes von GAUSS mit ergibt.

Beziehung zwischen den Verkürzungsfaktoren	$\lambda^2 + \mu^2 + \nu^2 = 2$

Satz von Gauß. Sind O', X', Y', Z' die Normalprojektionen des Nullpunktes O und der Einheitspunkte X, Y, Z eines kartesischen Koordinatensystems auf irgendeine Bildebene Π und faßt man $O'X', O'Y', O'Z'$ als komplexe Zahlen p, q, r in der Bildebene auf, so gilt

$$p^2 + q^2 + r^2 = 0 \quad \text{und} \quad |p|^2 + |q|^2 + |r|^2 = 2.$$

Zentralperspektive

Die Zentralperspektive ist eine Zentralprojektion und wird benutzt, um von räumlichen Gegenständen, die meist durch Grund- und Aufriß gegeben sind, anschauliche Bilder zu konstruieren. Die umgekehrte Problemstellung, aus zentralperspektiven Bildern, meist aus Fotos, Grund- und Aufriß zu rekonstruieren, ist ein Anliegen der *Photogrammetrie.* Diese Aufgabe ist nur lösbar, wenn bei *orientierter Kamera* die Lage des *photographischen* Apparats zum Gegenstand bekannt ist oder wenn, besonders bei Kartenaufnahmen nach Flugzeugbildern, die Fotos die Bilder von *Paßpunkten* enthalten, deren Lage bekannt ist.
Bestimmungsstücke einer zentralperspektiven Abbildung sind das Projektionszentrum oder der *Augpunkt O*, eine nicht durch O gehende horizontale *Standebene* Γ und eine nicht durch O gehende vertikale *Bildebene* Π. Die zu Γ parallele Ebene Ω durch O schneidet die Bildebene Π im *Horizont h.* Bildebene und Standebene schneiden einander in der *Standlinie g.* Der Lotfußpunkt von O auf Π ist der *Hauptpunkt H.* Er liegt auf dem Horizont h. Der Strecke $d = |OH| = |O'H'|$ ist die *Augdistanz* (vgl. Abb. 9.3-16).

Durchschnittsmethode und Architektenanordnung. Nach Vorgabe von Grund- und Aufriß eines Hausmodells, einer vertikalen Bildebene und des Augpunktes O kann das zentralperspektive Bild des Modells nach den Regeln des Zweitafelverfahrens punktweise konstruiert werden. Dies sei für den

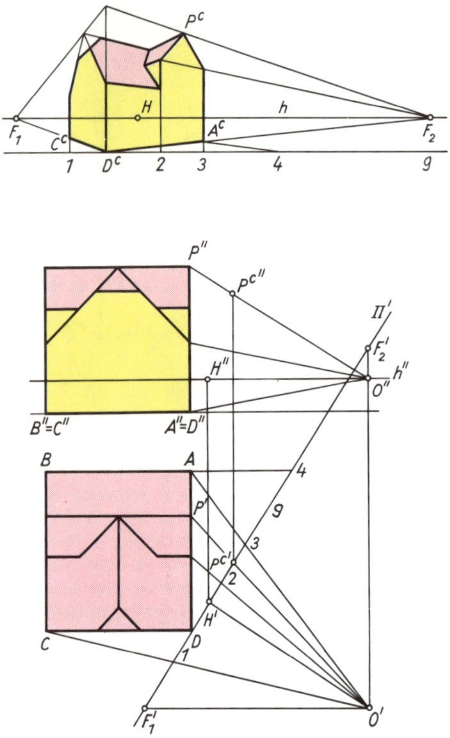

9.3-13 Zentralperspektives Bild eines Hausmodells nach der Durchschnittsmethode

Punkt P gezeigt (Abb. 9.3-13). $P'O'$ schneidet die Standlinie g in $P^{c'}$, $P''O''$ aber die Ordnungslinie durch $P^{c'}$ in $P^{c''}$. Damit ist das Bild P^c des Punktes P gefunden: Es wird in ein weiteres Zeichenfeld eingetragen, das der Umklappung von Π um g entspricht und den Horizont h, den Hauptpunkt H und die Fluchtpunkte F_1, F_2 enthält. Nach den Regeln der Zentralprojektion haben alle zueinander parallelen Geraden den gleichen Fluchtpunkt. Diese Fluchtpunkte liegen für Geraden parallel zur Standebene Γ auf dem Horizont h. Für die Parallelen der durch AB bzw. DC bezeichneten Schar ist der Fluchtpunkt F_1. Sein Grundriß F_1' ergibt sich als Schnitt von g mit der Parallelen zu DC durch O'; entsprechend ergibt sich F_2' als Grundriß des Fluchtpunktes für alle durch DA bzw. CB gekennzeichneten Parallelen. Der Fluchtpunkt aller Senkrechten zur Bildebene ist der Hauptpunkt H.

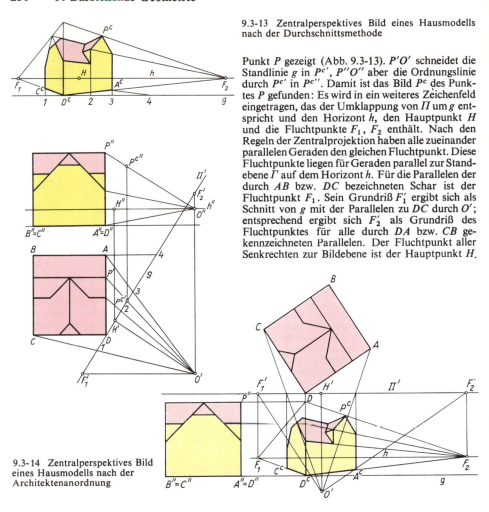

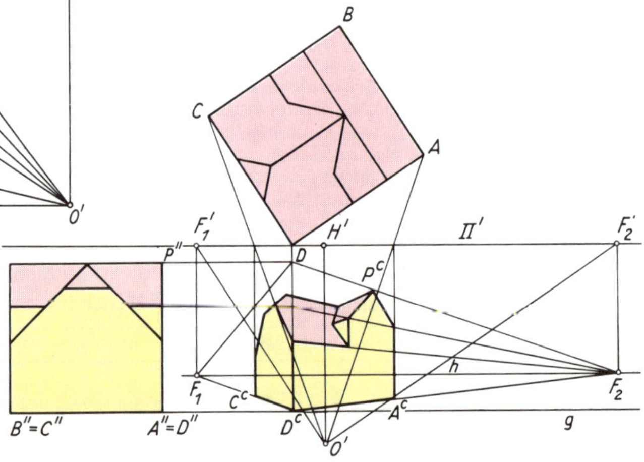

9.3-14 Zentralperspektives Bild eines Hausmodells nach der Architektenanordnung

Ferner können die Schnittpunkte der Basiskanten mit der Standlinie als Konstruktionshilfe dienen Die im vorliegenden Beispiel auf g und h ermittelten Punkte 1, 2, 3, 4 bzw. F_1 und F_2 sind unter Orientierung auf den Hauptpunkt H in den Zentralriß zu bringen. Damit ist die Konstruktion des perspektiven Grundrisses auf das Verbinden von Punkten und Schneiden von Geraden zurückgeführt. Nun sind noch die Höhen von First- und Trauflinien des Hausmodells aus dem Aufriß zu entnehmen und auf Loten zu g durch 1, 2, 3 und 4 in Π abzutragen. Mit Verwendung der Fluchtpunkte F_1 und F_2 läßt sich das perspektive Bild des Modells vervollständigen.
Die Entdeckung der *Durchschnittsmethode* wird Brunellesco zugeschrieben. Sie hat den Nachteil, sehr platzaufwendig zu sein und Maßübertragungen zu erfordern. Das wird durch die *Architektenanordnung* vermieden. Dabei wird gemäß Abb. 9.3-14 von einer von der Mongeschen Lage abweichenden Anordnung von Grund- und Aufriß des darzustellenden Objekts ausgegangen. Im Zeichenfeld läßt sich, wie die Abbildung zeigt, der Zentralriß allein durch Einzeichnen von horizontalen Ordnungslinien und Bildern von Sehstrahlen unter Ausschaltung von Übertragungsfehlern bei geringem Platzaufwand konstruieren.

Maßaufgaben der Perspektive. Zur Behandlung von Maßaufgaben der Zentralperspektive bedarf es noch einiger Mittel, z. B. der Bestimmung der wahren Länge einer Strecke $|AB|$, deren Zentralriß $|A^cB^c|$ gegeben ist. Für Strecken lotrecht zur Standebene Γ ist die Lösung einfach. Soll z. B. die wahre Länge des auf Γ stehenden Lotes l, gegeben durch $l^c = |A^cB^c|$, ermittelt werden (Abb. 9.3-15), so nimmt man auf h einen Punkt F_s beliebig an und verbindet diesen mit A^c und B^c.

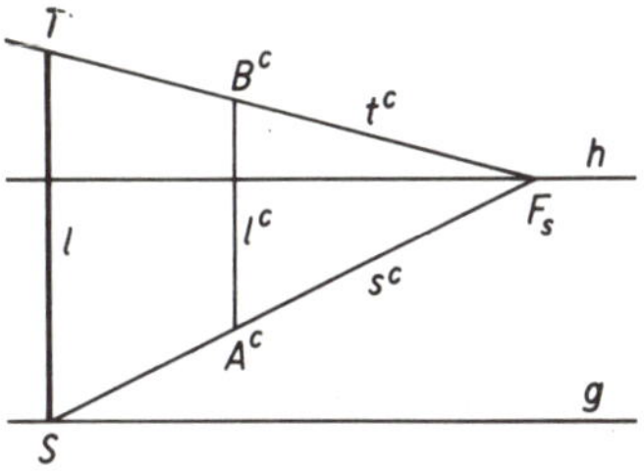

9.3-15 Wahre Länge eines Lotes auf der Standebene Γ

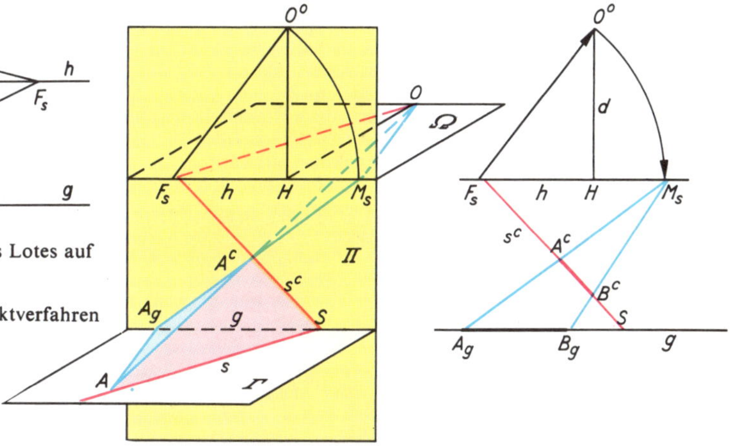

9.3-16 Meßpunktverfahren

Die Verbindung $s^c = A^cF_s$ liegt in Γ, und ihre Verlängerung schneidet g in S, einem Punkt der Bildebene Π. Ferner wird die Verbindungsgerade $t^c = B^cF_s$ gezeichnet. Sie schneidet das in S auf g errichtete Lot in T. Da T gleichfalls in Π liegt, ist $|ST|$ die wahre Länge des durch einen Zentralriß gegebenen Lotes l.

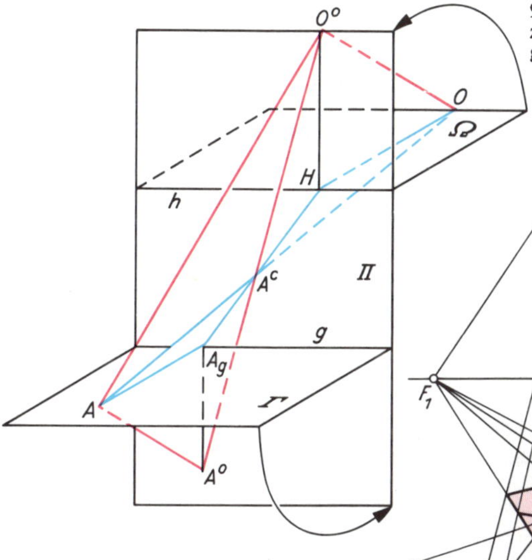

9.3-17 Perspektiv-kollineare Punktverwandtschaft zwischen Zentralriß und Umlegung eines in Γ liegenden Punktes A

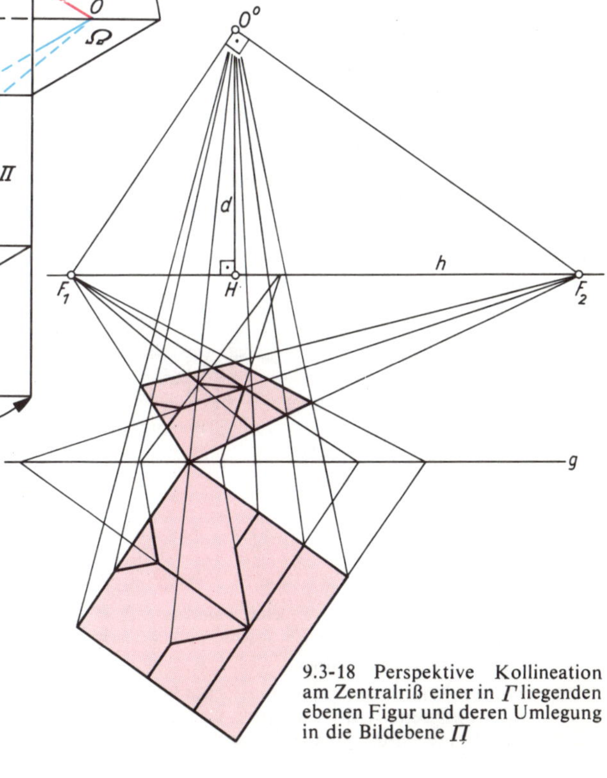

9.3-18 Perspektive Kollineation am Zentralriß einer in Γ liegenden ebenen Figur und deren Umlegung in die Bildebene Π

Perspektive Kollineation. Gegeben ist ein in Γ liegender Punkt A und sein Zentralriß A^c (Abb. 9.3-17) Die Ebenen Γ und Ω werden gleichsinnig um g bzw. h nach Π gedreht. Dabei geht A in A^0 und O in das umgelegte Auge O^0 über. Die Drehsehnen AA^0 und OO^0 sind zueinander parallel und spannen eine Ebene auf, die Π nach O^0A^0 schneidet. Da diese Ebene den Sehstrahl OA enthält, liegt A^c auch auf O^0A^0. Ferner spannen die Parallelen OH und AA_g eine Ebene auf, die gleichfalls den Sehstrahl OA enthält und die Bildebene Π nach der Geraden HA_g schneidet. Somit liegt im Schnittpunkt von O^0A^0 und HA_g der Bildpunkt A^c von A. Die auf das Wesentliche beschränkte Konstruktion zeigt, daß zwischen A^c und A^0 eine perspektiv-kollineare Punktverwandtschaft besteht. O^0 ist das Kollineationszentrum, g die Kollineationsachse und h die Gegenachse.

Das zentralperspektive Bild einer in Γ liegenden Figur und deren Umlegung um g nach der Bildebene Π sind perspektiv-kollinear (Abb. 9.3-18).

10. Goniometrie

10.1. Trigonometrische Funktionen

Die *Goniometrie* [griech. *gonia*, Winkel; *metrein*, messen] ist die Lehre von der *Winkelmessung*. Damit ist aber nicht die elementare Winkelmessung der Planimetrie gemeint, sondern das Rechnen mit speziellen Funktionen, deren Argument Winkelgrößen sind und die folglich *Winkelfunktionen, goniometische Funktionen* oder wegen ihrer Verwendung in der *Trigonometrie* (vgl. Kap. 11. und 12.) *trigonometrische Funktionen* heißen (vgl. Kap. 5.3 – Trigonometrische und zyklometrische Funktionen).

Einführung der trigonometrischen Funktionen

Sinus. Steigt eine Straße auf 100 m Weg gleichmäßig um 3 m an, so ist das Verhältnis der Höhenzunahme h zum zurückgelegten Weg s, z. B. der Wert 3 : 100 oder 3/100, ein Maß für die Steilheit der Straße (Abb. 10.1-1), d. h. für die Größe α des Winkels, den Straße und Horizontalebene bilden.

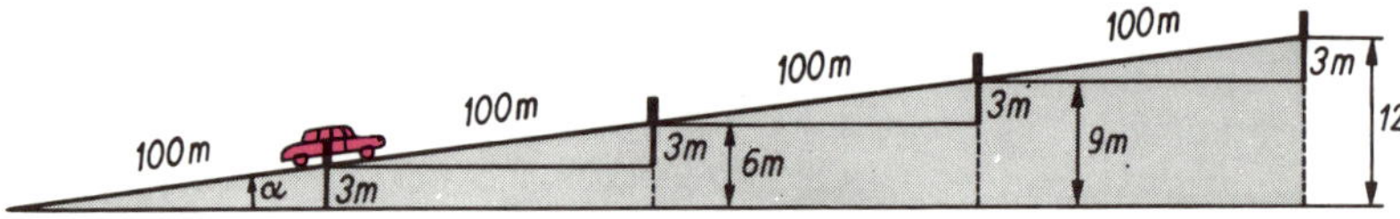

10.1-1 Bergauffahrt auf schiefer Ebene (überhöht gezeichnet)

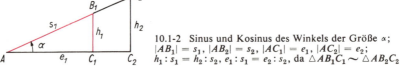

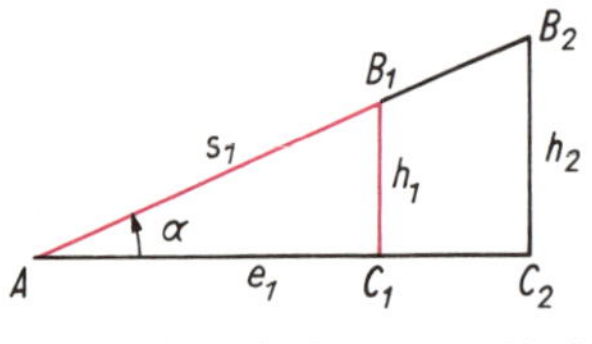

10.1-2 Sinus und Kosinus des Winkels der Größe α;
$|AB_1| = s_1$, $|AB_2| = s_2$, $|AC_1| = e_1$, $|AC_2| = e_2$;
$h_1 : s_1 = h_2 : s_2$, $e_1 : s_1 = e_2 : s_2$, da $\triangle AB_1C_1 \sim \triangle AB_2C_2$

Das Verhältnis $h : s$ oder h/s ist eine *Funktion der Winkelgröße* α, die als Sinus von α bezeichnet wird und danach zunächst nur für spitze Winkel α erklärt ist (Abb. 10.1-2);

$$h/s = \sin\alpha, \ h = s \sin\alpha .$$

Aus einer auf Millimeterpapier angefertigten genügend großen Zeichnung kann der Wert von $h/s = \sin\alpha$ abgelesen werden; besonders einfach wird die graphische Bestimmung des Sinus, wenn der Divisor s eine Zehnerpotenz ist, z. B. 10 cm (Abb. 10.1-3). Für $\alpha = 40°$ erhält man z. B. $h : s$

10.1-3 Graphische Bestimmung von Sinus und Kosinus spitzer Winkel α aus den Verhältnissen $h : s$ bzw. $e : s$, z. B. $\sin 40° \approx 0{,}643$, $\cos 40° \approx 0{,}770$

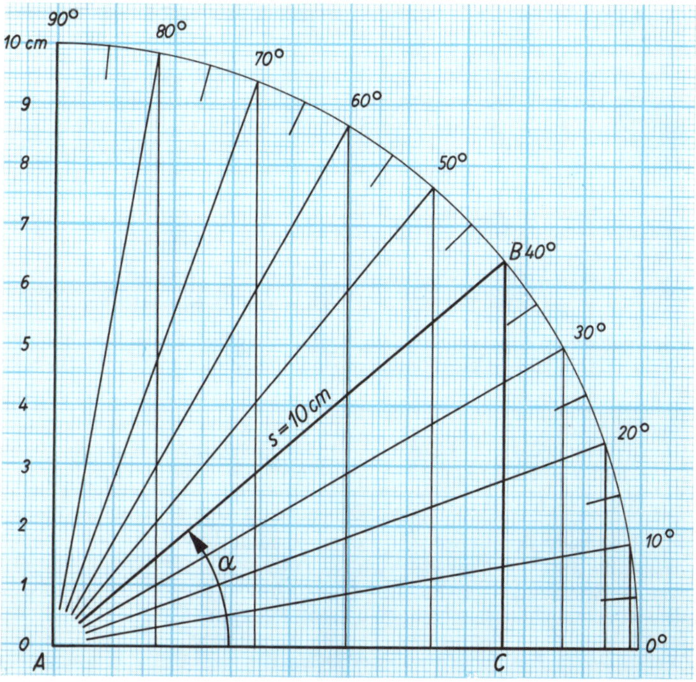

$= 6{,}43$ cm : $10{,}00$ cm $= 0{,}643$. Die Genauigkeit dieser Bestimmung ist gering, kann aber durch Vergrößerung der Zeichnung gesteigert werden. Die Sinusfunktion hat für jeden spitzen Winkel α einen Wert, der stets kleiner als 1 ist und für größere Winkel größer ist als für kleinere Winkel.

Kosinus. Auf Landkarten erscheint der Grundriß e einer geneigten Strecke s als Kartenentfernung, er ist die *Projektion e der Strecke s in die Horizontalebene* (Abb. 10.1-4). Auch das Verhältnis $e : s$ ist eine Funktion der Winkelgröße α und wird als Kosinus von α bezeichnet:

$$\cos \alpha = e/s, \quad e = s \cos \alpha.$$

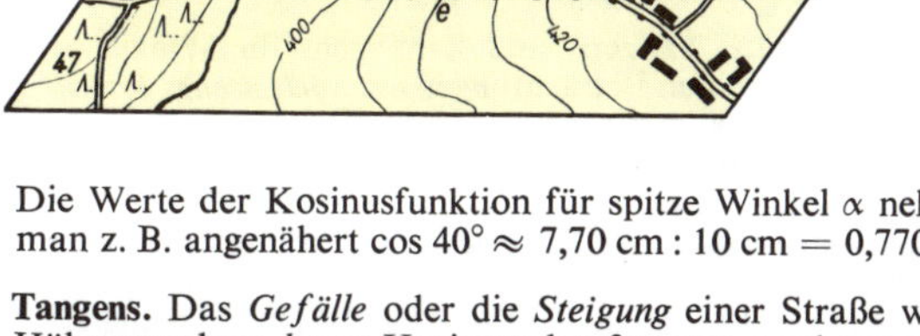

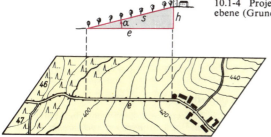

10.1-4 Projektion einer geneigten Strecke s in die Kartenebene (Grundrißebene)

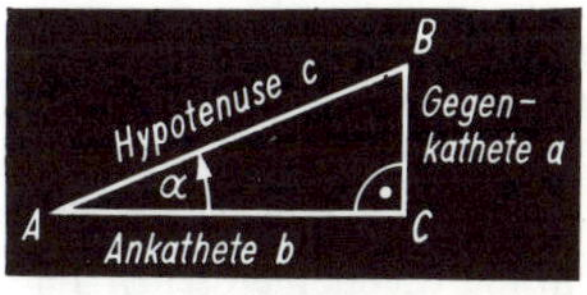

10.1-5 Winkel der Größe α im rechtwinkligen Dreieck

Die Werte der Kosinusfunktion für spitze Winkel α nehmen ab, wenn α wächst. Graphisch erhält man z. B. angenähert $\cos 40° \approx 7{,}70$ cm : 10 cm $= 0{,}770$ (Abb. 10.1-5).

Tangens. Das *Gefälle* oder die *Steigung* einer Straße wird durch das Verhältnis $h : e = \tan \alpha$ der Höhenzunahme h zur Horizontalentfernung e gekennzeichnet und als Funktion der Winkelgröße α mit Tangens bezeichnet. Die Angabe 8% bedeutet danach 8 m Höhenunterschied auf 100 m Kartenentfernung.

Kotangens, Sekans und Kosekans. Da zwischen drei Strecken allgemein 6 Verhältnisse möglich sind, lassen sich zwischen den Strecken s, h, e und der Winkelgröße α drei weitere Beziehungen als Winkelfunktionen definieren; von ihnen ist der Kotangens der reziproke Wert des Tangens, und die restlichen zwei, Sekans und Kosekans, werden nur selten verwendet, z. B. in der Astronomie oder in der Nautik.

Sinus: $\sin\alpha = h/s$,	Kosinus: $\cos\alpha = e/s$,
Tangens: $\tan\alpha = h/e$,	Kotangens: $\cot\alpha = e/h$,
Sekans: $\sec\alpha = s/e$,	Kosekans: $\operatorname{cosec}\alpha = s/h$.

Im rechtwinkligen Dreieck bezeichnet man meist die dem Winkel anliegende Kathete b als *Ankathete*, die ihm gegenüberliegende a als *Gegenkathete*. Setzt man zur übersichtlichen Darstellung die Bezeichnung der Seiten für ihre Längen, so lauten die 6 Winkelfunktionen:

$$\sin\alpha = \frac{a}{c} = \frac{\text{Gegenkathete}}{\text{Hypotenuse}}, \quad \tan\alpha = \frac{a}{b} = \frac{\text{Gegenkathete}}{\text{Ankathete}}, \quad \sec\alpha = \frac{c}{b} = \frac{\text{Hypotenuse}}{\text{Ankathete}},$$

$$\cos\alpha = \frac{b}{c} = \frac{\text{Ankathete}}{\text{Hypotenuse}}, \quad \cot\alpha = \frac{b}{a} = \frac{\text{Ankathete}}{\text{Gegenkathete}}, \quad \operatorname{cosec}\alpha = \frac{c}{a} = \frac{\text{Hypotenuse}}{\text{Gegenkathete}}.$$

Zwischen diesen trigonometrischen Funktionen gelten einige Beziehungen, die sich im rechtwinkligen Dreieck (Abb. 10.1-5) leicht nachrechnen lassen, die aber allgemein für beliebige Größen α des Winkels gelten:

$\sin^2\alpha + \cos^2\alpha = 1$	$\tan\alpha \cdot \cot\alpha = 1$	$\sec\alpha = 1/\cos\alpha$
$\tan\alpha = \sin\alpha/\cos\alpha = 1/\cot\alpha$	$\cot\alpha = \cos\alpha/\sin\alpha = 1/\tan\alpha$	$\operatorname{cosec}\alpha = 1/\sin\alpha$
$1 + \tan^2\alpha = 1/\cos^2\alpha$	$1 + \cot^2\alpha = 1/\sin^2\alpha$	

Die Winkel 45° und 30° sowie 60° entstehen durch eine Diagonale der Länge $d = \sqrt{2}$ im Quadrat bzw. eine Höhe $h = \frac{1}{2}\sqrt{3}$ im gleichseitigen Dreieck jeweils von der Seitenlänge 1 (Abb. 10.1-6 und 10.1-7). Für die vier gebräuchlichen trigonometrischen Funktionen erhält man dann die in der Tabelle angegebenen Werte. Durch Ausrechnen auf vier Dezimalen ergibt sich daraus die untenstehende Funktionentafel. Einige dieser Werte sind *rational*, die übrigen *irrational*, aber *algebraisch*. Nach den im Anschluß an die Additionstheoreme abgeleiteten Beziehungen lassen sich aus ihnen durch algebraische Operationen die Werte der trigonometrischen Funktionen für $\varphi/2$, $\varphi/4$, ..., für 2φ, 3φ, 4φ, 5φ, ... gewinnen. Im allgemeinen allerdings sind die Werte der trigonometrischen Funktionen *transzendente Zahlen*, deren Werte sich aus unendlichen Reihen mit jeder gewünschten Genauigkeit ergeben.

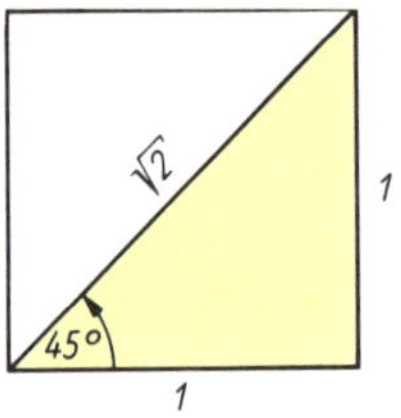

10.1-6 Quadrat von der Seitenlänge 1

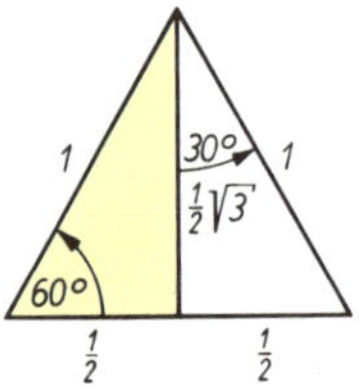

10.1-7 Gleichseitiges Dreieck von der Seitenlänge 1

Funktion	$\varphi = 30°$	$\varphi = 45°$	$\varphi = 60°$	Funktion	$\varphi = 30°$	$\varphi = 45°$	$\varphi = 60°$
$\sin\varphi$	$\frac{1}{2}$	$\frac{1}{2}\sqrt{2}$	$\frac{1}{2}\sqrt{3}$	$\sin\varphi$	0,5000	0,7071	0,8660
$\cos\varphi$	$\frac{1}{2}\sqrt{3}$	$\frac{1}{2}\sqrt{2}$	$\frac{1}{2}$	$\cos\varphi$	0,8660	0,7071	0,5000
$\tan\varphi$	$\frac{1}{3}\sqrt{3}$	1	$\sqrt{3}$	$\tan\varphi$	0,5774	1,0000	1,7321
$\cot\varphi$	$\sqrt{3}$	1	$\frac{1}{3}\sqrt{3}$	$\cot\varphi$	1,7321	1,0000	0,5774

Definition der trigonometrischen Funktionen für beliebige Winkelgrößen

Um die trigonometrischen Funktionen Sinus, Kosinus, Tangens und Kotangens für Winkel beliebiger Größe, nicht nur für spitze, zu erklären, legt man den Betrachtungen ein *kartesisches Koordinatensystem* zugrunde (Abb. 10.1-8), in der Mathematik meist ein Linkssystem, dessen *Drehsinn* dem Uhrzeigersinn entgegengesetzt gerichtet ist und als der *mathematisch positive Drehsinn* bezeichnet wird (vgl. Kap. 13.1.).

In der *Markscheidekunde* und in der *Geophysik* werden meist *Rechtssysteme* benutzt, deren *x-Achse nach Norden* und deren *y-Achse nach Osten* zeigen, deren Drehsinn also der Uhrzeigersinn ist. Einige mögliche Koordinatensysteme mit rechtwinkligem Achsenkreuz sind in Abb. 10.1-8 dargestellt.

Definition am Einheitskreis. In ein ebenes kartesisches Koordinatensystem werde der Kreis um den Ursprung O mit dem Radius $r = 1$, der *Einheitskreis*, gezeichnet (Abb. 10.1-9). Der Winkel mit dem Scheitel O und der positiven x-Achse als festem Schenkel durchläuft alle Winkelgrößen, wenn sich sein freier Schenkel um O dreht. Die Stellung des freien Schenkels wird durch seinen jeweiligen Schnittpunkt B_i mit dem Einheitskreis beschrieben; die Winkelgröße φ kann wahlweise in Grad oder in Gon oder im Bogenmaß (rad) gemessen werden (vgl. Kap. 7.2 – Winkelmaße).

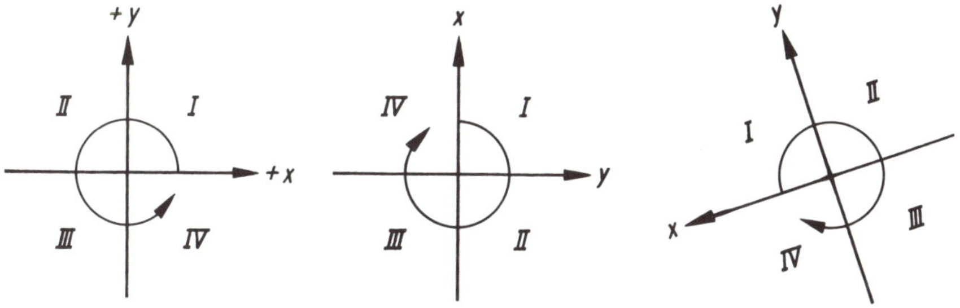

10.1-8 Koordinatensystem mit rechtwinkligem Achsenkreuz

Für den Schnittpunkt B_0 der x-Achse mit dem Einheitskreis hat φ den Wert 0. Während eines Umlaufs des freien Schenkels um den Koordinatenanfangspunkt durchläuft φ alle Werte von 0° bis 360°, 400 gon oder 2π. Auch für Winkel, die größer sind als 2π, gelten die abzuleitenden Beziehungen, da für sie der Punkt B_i wieder dieselben Lagen einnimmt wie für Winkel zwischen 0 und 2π. Die jeweilige Lage des Punktes B_i, z. B. B_1, B_2, B_3, B_4, wird durch seine Koordinaten bestimmt, *die Abszisse ist die senkrechte Projektion des jeweiligen Radius der Länge $r = 1$ auf die x-Achse, die Ordinate die senkrechte Projektion dieses Radius auf die y-Achse;* ihre Maßzahlen m sind z. B. für die Lage B_3 beide negativ, d. h., OC_3 ist entgegengesetzt gerichtet wie die positive x-Achse und C_3B_3 entgegengesetzt zur positiven y-Achse (Abb. 10.1-9).

Im ersten Quadranten gelten, etwa im Dreieck OC_1B_1, die bekannten Definitionen für Sinus, Kosinus, Tangens und Kotangens. Es wird festgesetzt, die gleichen Definitionen sollen für alle Quadranten erhalten bleiben, dann gilt für jede Lage des Punktes B_i, daß $\sin\varphi$ durch den Wert der Ordinate von B_i, $\cos\varphi$ durch den der Abszisse, jeweils geteilt durch die Länge des Radius, bestimmt wird, und daß $\tan\varphi$ das Verhältnis des Wertes der Ordinate zu dem der Abszisse ist, $\cot\varphi$ aber sein reziproker Wert.

Dabei haben die Maßzahlen von Abszisse und Ordinate in den verschiedenen Quadranten verschiedene Vorzeichen, der Radius aber stets das positive. In der Abbildung sind dann $\sin\varphi_2$, $\tan\varphi_3$, $\cot\varphi_3$ und $\cos\varphi_4$ positiv, dagegen $\cos\varphi_2$, $\tan\varphi_2$, $\cot\varphi_2$, $\sin\varphi_3$, $\cos\varphi_3$, $\sin\varphi_4$, $\tan\varphi_4$ und $\cot\varphi_4$ negativ. Die Tafel zeigt das Vorzeichen der vier trigonometrischen Funktionen in allen Quadranten.

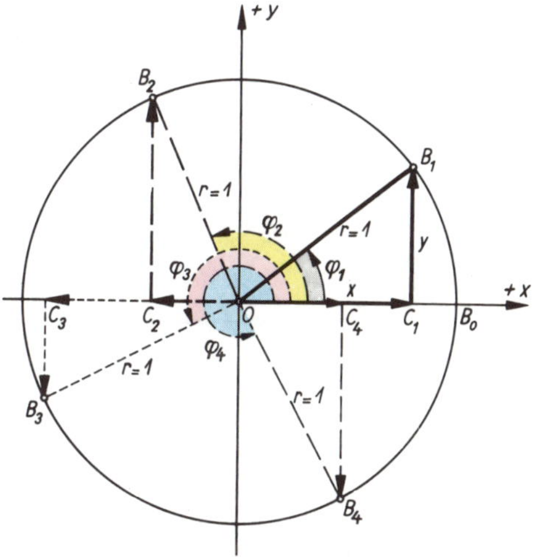

10.1-9 Definition der trigonometrischen Funktionen am Kreis mit dem Radius $r = 1$

Vorzeichentabelle

Funktion	Quadrant I	II	III	IV
$\sin\varphi$	+	+	−	−
$\cos\varphi$	+	−	−	+
$\tan\varphi$	+	−	+	−
$\cot\varphi$	+	−	+	−

Das geschilderte Verfahren, den Geltungsbereich von Definitionen so auf neue Gebiete (die Quadranten II, III, IV) zu erweitern, daß die im bisherigen Definitionsbereich (Quadrant I) gültigen Beziehungen erhalten bleiben, wird in der Mathematik häufig angewendet und *Permanenzprinzip* genannt. Für die trigonometrischen Funktionen gelten insbesondere alle in der Einführung zwischen ihnen gefundenen Beziehungen jetzt für alle Werte des Winkels.

Auch für die Winkelgrößen 0°, 90° ($\pi/2$), 180° (π), 270° ($3\pi/2$) und 360° (2π) lassen sich die trigonometrischen Funktionen danach bestimmen, da die Maßzahlen von Abzisse bzw. Ordinate für diese Winkel einen der Werte 0, +1 oder −1 hat. Für die Tangens- bzw. die Kotangensfunktion treten dabei *Unstetigkeiten* auf, wenn der Nenner des Bruches gegen Null geht; nähert sich die Winkelgröße φ z. B. wachsend dem Werte 90°, so gilt

$$\lim_{\varphi_1 \to 90^\circ} \tan\varphi_1 = \lim_{|OC_1| \to 0} [m(C_1B_1)/m(OC_1)] = +\infty;$$

bei einer Annäherung an 90° von seiten größerer Werte φ gilt dagegen: $\lim\limits_{\varphi_2 \to 90°} \tan \varphi_2 = \lim\limits_{|OC_2| \to 0} [m(C_2B_2)/m(OC_2)] = -\infty$.
Während die wachsende Winkelgröße φ den Wert $\varphi = 90°$ durchläuft, springt der Wert der Tangensfunktion von $+\infty$ auf $-\infty$; für $\varphi = 90°$ selbst ist diese Funktion nicht definiert. Diesen Sachverhalt drückt man kurz durch die Schreibweise aus: $\tan 90° = \pm\infty$. Ähnliche *Sprungstellen* haben die Tangensfunktion für $\varphi = 270°$ und die Kotangensfunktion für $\varphi = 0$ und für $\varphi = 180°$.

Da der Radius des Einheitskreises die Länge $r = +1$ hat, ergeben sich Sinus und Kosinus als die (mit Vorzeichen versehene) *Maßzahl der Ordinate* bzw. der *Abszisse*. Auch für die Funktionen Tangens und Kotangens lassen sich Streckenverhältnisse mit dem Nenner $+1$ finden. Der Wert des *Tangens* ist die Maßzahl der gerichteten Strecke, die die Schenkel des Winkels φ (oder die sie enthaltenden Geraden) auf der Tangente im Punkte $B_0(1, 0)$ an den Einheitkreis abschneiden, denn nach dem Strahlensatz erhält man wegen $m(OB_0) = +1$ und $m(E_i'E_i) = +1$ (Abb. 10.1-10):

Winkelgröße φ	0° 0	90° $\pi/2$	180° π	270° $3\pi/2$	360° 2π
$\sin \varphi$	0	+1	0	−1	0
$\cos \varphi$	+1	0	−1	0	+1
$\tan \varphi$	0	$\pm\infty$	0	$\pm\infty$	0
$\cot \varphi$	$\pm\infty$	0	$\pm\infty$	0	$\pm\infty$

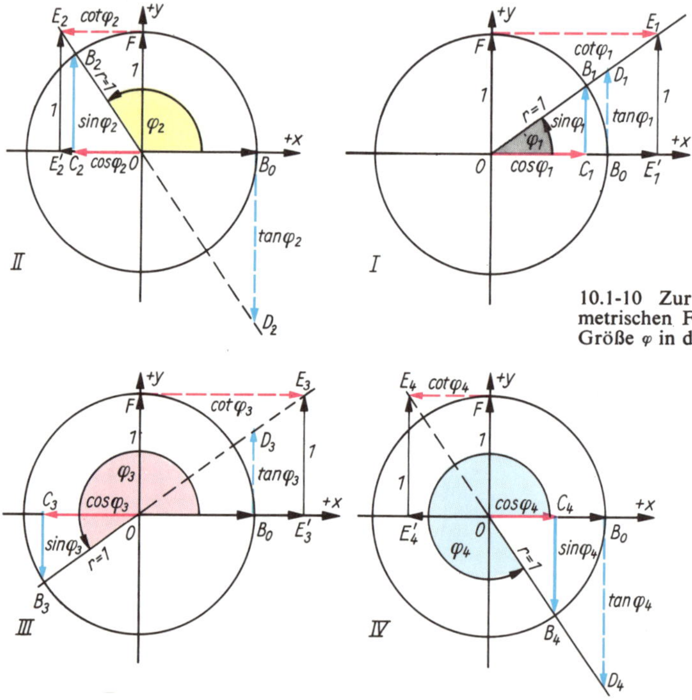

10.1-10 Zur Bestimmung der trigonometrischen Funktionen für Winkel der Größe φ in den vier Quadranten

$$\tan \varphi_2 = \sin \varphi_2/\cos \varphi_2 = [m(C_2B_2)/m(OC_2)] = [m(B_0D_2)/m(OB_0)] = m(B_0D_2),$$

$$\tan \varphi_1 = \sin \varphi_1/\cos \varphi_1 = [m(C_1B_1)/m(OC_1)] = [m(B_0D_1)/m(OB_0)] = m(B_0D_1),$$

$$\tan \varphi_3 = \sin \varphi_3/\cos \varphi_3 = [m(C_3B_3)/m(OC_3)] = [m(B_0D_3)/m(OB_0)] = m(B_0D_3),$$

$$\tan \varphi_4 = \sin \varphi_4/\cos \varphi_4 = [m(C_4B_4)/m(OC_4)] = [m(B_0D_4)/(OB_0)] = m(B_0D_4).$$

Entsprechend liest man den Wert des *Kotangens* als Maßzahl der gerichteten Strecke ab, die die positive y-Achse und der freie Schenkel des Winkels φ von der Tangente abschneiden, die den Einheitskreis im Punkte $F(x = 0, y = 1)$ berührt; denn nach dem Strahlensatz gilt:

$$\cot \varphi_2 = \cos \varphi_2/\sin \varphi_2 = [m(OC_2)/m(C_2B_2)] = [m(OE_2')/m(E_2'E_2)] = m(FE_2),$$

$$\cot \varphi_1 = \cos \varphi_1/\sin \varphi_1 = [m(OC_1)/m(C_1B_1)] = [m(OE_1')/m(E_1'E_1)] = m(FE_1),$$

$$\cot \varphi_3 = \cos \varphi_3/\sin \varphi_3 = [m(OC_3)/m(C_3B_3)] = [m(OE_3')/m(E_3'E_3)] = m(FE_3),$$

$$\cot \varphi_4 = \cos \varphi_4/\sin \varphi_4 = [m(OC_4)/m(C_4B_4)] = [m(OE_4')/m(E_4'E_4)] = m(FE_4).$$

Die Bezeichnungen *Tangens* bzw. *Kotangens* bekommen danach die anschauliche Bedeutung der *Maßzahlen der Strecken auf der Tangente* mit dem Berührungspunkt (1, 0) *bzw. auf der Kotangente* mit dem Berührungspunkt (0, 1). Auch die Funktionswerte für die Winkelgrößen 0, $\pi/2$, π, $3\pi/2$ und 2π lassen sich am Einheitskreis ablesen.

Schaubild der Winkelfunktionen in den vier Quadranten. Ein anschauliches Bild vom Verlauf der trigonometrischen Funktionen erhält man durch ein kartesisches Koordinatensystem, in das als Abszisse die Argumente φ in rad und als Ordinaten die Werte der betreffenden trigonometrischen Funktionen eingetragen werden (Abbildung 10.1-11). Die Funktionswerte ergeben sich als Maßzahlen der im Einheitskreis eingezeichneten Strecken. Die Abbildung zeigt die punktweise Konstruktion der Funktionen Sinus und Tangens für Winkel von 15° zu 15° oder für eine Schrittweite von $\pi/12$ im I. und II. Quadranten. In Abb. 10.1-12 sind die Maße auf die Hälfte verkürzt worden, damit die Kurven für alle Quadranten dargestellt werden können.

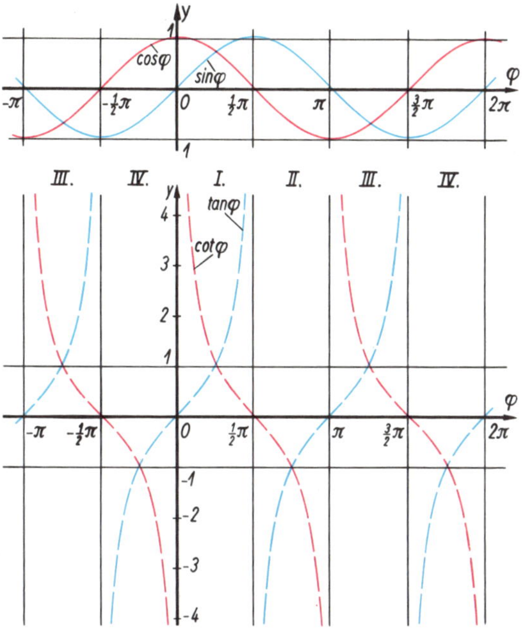

10.1-12 Graphische Darstellung der trigonometrischen Funktionen (Argumente in rad)

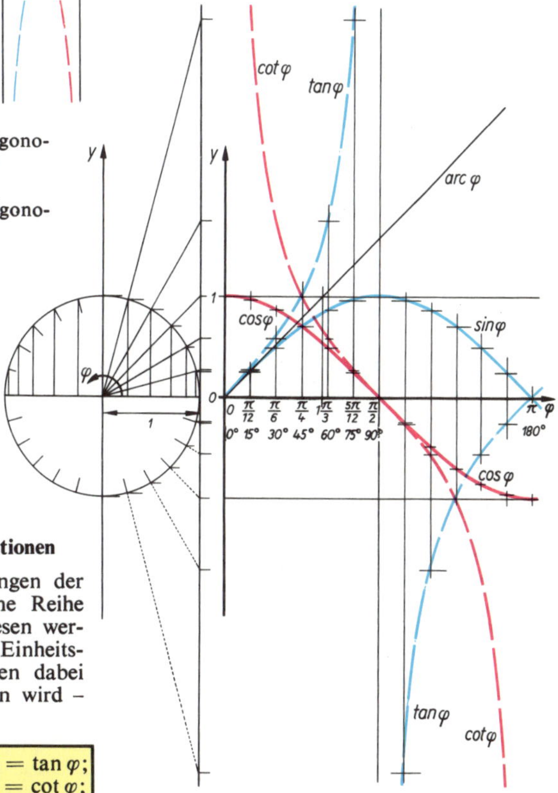

10.1-11 Konstruktion der Kurven der trigonometrischen Funktionen

Eigenschaften der trigonometrischen Funktionen

Aus den beiden graphischen Darstellungen der trigonometrischen Funktionen kann eine Reihe Eigenschaften dieser Funktionen abgelesen werden, deren Richtigkeit sich, meist am Einheitskreis, beweisen läßt. Die Winkel können dabei beliebige positive und – wie sich zeigen wird – auch beliebige negative Werte haben.

$$\sin(\varphi \pm 2n\pi) = \sin\varphi; \quad \cos(\varphi \pm 2n\pi) = \cos\varphi; \quad n = 1, 2, 3, \ldots$$

$$\tan(\varphi \pm n\pi) = \tan\varphi; \quad \cot(\varphi \pm n\pi) = \cot\varphi; \quad n = 1, 2, 3, \ldots$$

Periodizität der trigonometrischen Funktionen und Wertevorrat. Die trigonometrischen Funktionen sind periodisch; die Sinus- und die Kosinusfunktion haben die Periode 2π bzw. 360°, die Tangens- und die Kotangensfunktion die Periode π bzw. 180°. Im Einheitskreis haben die freien Schenkel der Winkel $(\varphi \pm 2n\pi)$ die gleiche Lage, die trigonometrischen Funktionen deshalb den gleichen Wert.

Die Darstellung am Einheitskreis zeigt weiter, daß die freien Schenkel aller Winkel der Größen $(\varphi \pm n\pi)$ jede der Tangenten an den Einheitskreis in den Punkten (1, 0) bzw. (0, 1) nur in je einem Punkte schneiden, daß deshalb die Tangens- und die Kotangensfunktionen dieser Winkel denselben Wert haben.
Die Funktionen Sinus und Kosinus nehmen alle ihre Funktionswerte bereits in einem Teilintervall an, z. B. für $0 \leqslant \varphi \leqslant 2\pi$, die Funktionen Tangens und Kotangens schon in einem engeren Intervall, z. B. für $0 \leqslant \varphi \leqslant \pi$. In einem solchen Intervall schwanken die Funktionen $\sin\varphi$ und $\cos\varphi$ zwischen den Werten -1 und $+1$; die Funktionen $\tan\varphi$ und $\cot\varphi$ nehmen dagegen alle Werte zwischen $-\infty$ und $+\infty$ an.

$-1 \leqslant \sin\varphi \leqslant +1$ oder $\lvert\sin\varphi\rvert \leqslant 1$	$-1 \leqslant \cos\varphi \leqslant +1$ oder $\lvert\cos\varphi\rvert \leqslant 1$

Tangentenrichtungen. Nach den Regeln der Differentialrechnung gibt die Ableitung einer Funktion für jeden Punkt ihrer Kurve den Richtungsfaktor der Tangente in diesem Punkte an die Kurve an (vgl. Kap. 19.1. – Geometrische und physikalische Bedeutung der Ableitung).

$$\frac{\mathrm{d}\sin\varphi}{\mathrm{d}\varphi} = \cos\varphi, \qquad \frac{\mathrm{d}\cos\varphi}{\mathrm{d}\varphi} = -\sin\varphi, \qquad \frac{\mathrm{d}\tan\varphi}{\mathrm{d}\varphi} = \frac{1}{\cos^2\varphi}, \qquad \frac{\mathrm{d}\cot\varphi}{\mathrm{d}\varphi} = \frac{-1}{\sin^2\varphi}.$$

Die *Sinus*- und die *Tangenskurve* schneiden die φ-Achse im Punkte $\varphi = 0$ unter einem Winkel von 45°, weil $\left[\frac{\mathrm{d}\sin\varphi}{\mathrm{d}\varphi}\right]_{\varphi=0} = \left[\frac{\mathrm{d}\tan\varphi}{\mathrm{d}\varphi}\right]_{\varphi=0} = +1$; für wachsende Winkel weicht aber die Sinuskurve nach unten, die Tangenskurve nach oben von dieser gemeinsamen Tangente ab, weil $\cos\varphi$ für diese Winkel abnimmt. Für die Stelle $\varphi = \pi$ stehen beide Kurven senkrecht aufeinander. Für $\varphi = \pi/2$ haben die *Kosinus*- und die *Kotangenskurve* eine gemeinsame Tangente, die einen Winkel von $-45°$ mit der $+\varphi$-Achse bildet, weil $\left[\frac{\mathrm{d}\cos\varphi}{\mathrm{d}\varphi}\right]_{\varphi=\pi/2} = \left[\frac{\mathrm{d}\cot\varphi}{\mathrm{d}\varphi}\right]_{\varphi=\pi/2} = -1$; für wachsende Winkel weicht die Kosinuskurve nach oben, die Kotangenskurve nach unten von dieser gemeinsamen Tangente ab. Für $\varphi = 3\pi/2$ schneiden sich diese Kurven unter einem rechten Winkel. Eine zur x-Achse parallele Tangente hat die Sinuskurve an den Stellen $\varphi = \pi/2$ und $\varphi = 3\pi/2$, die Kosinuskurve an den Stellen $\varphi = 0$ und $\varphi = \pi$.
Der Verlauf der Tangenten an die Sinus- und Tangenskurve im I. Quadranten zeigt die Richtigkeit der Abschätzung

$$\sin\varphi < \operatorname{arc}\varphi < \tan\varphi;$$

mit $\operatorname{arc}\varphi$ ist dabei der im Bogenmaß gemessene Winkel gemeint; $\operatorname{arc}\varphi$ wird in Abb. 10.1-11 dargestellt durch eine Gerade unter einem Winkel von 45° gegen die $+\varphi$-Achse.

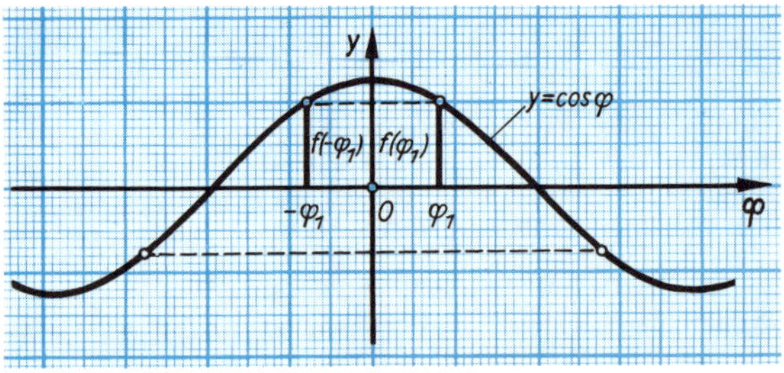

10.1-13 Graphische Darstellung der geraden Funktion $y = \cos\varphi = \cos(-\varphi)$

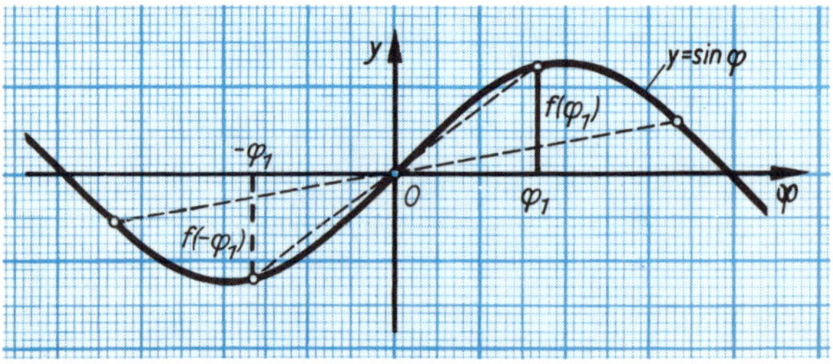

10.1-14 Graphische Darstellung der ungeraden Funktion $y = \sin\varphi = -\sin(-\varphi)$

Gerade und ungerade Funktionen. Die Funktion $\cos\varphi$ ist gerade, weil für je zwei Winkel der Größen φ und $-\varphi$ gilt: $f(-\varphi) = f(\varphi)$. Die Kurve der Kosinusfunktion ist mithin axialsymmetrisch zur y-Achse (Abb. 10.1-13; vgl. Kap. 5.1. – Besondere Funktionentypen).
Die Funktionen Sinus, Tangens und Kotangens sind dagegen ungerade Funktionen. Ihre Kurven sind symmetrisch zum Koordinatenursprung (Abb. 10.1-14), weil zu betragsgleichen Winkelgrößen verschiedenen Vorzeichens ebenfalls Funktionswerte gleichen Betrags, aber verschiedenen Vorzeichens gehören: $f(-x) = -f(x)$ (Abb. 10.1-15). Die Richtigkeit dieser viel verwendeten Beziehungen erkennt man am Einheitskreis.

10.1-15 Zur Bestimmung von Sinus, Kosinus, Tangens und Kotangens negativer Winkel

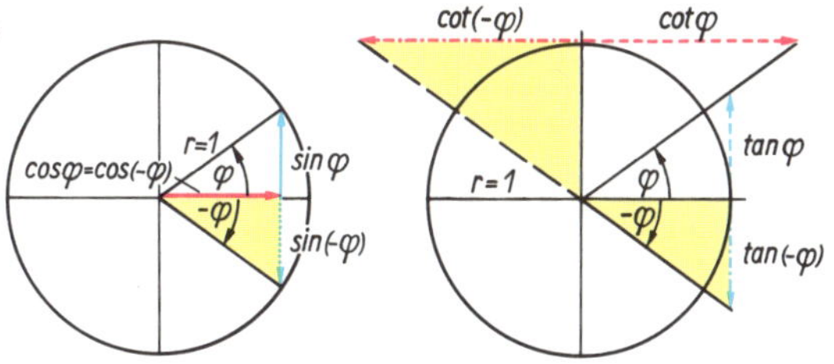

Ungerade und gerade trigonometrische Funktionen
$\sin(-\varphi) = -\sin\varphi$, $\tan(-\varphi) = -\tan\varphi$, $\cot(-\varphi) = -\cot\varphi$
$\cos(-\varphi) = +\cos\varphi$

Wegen dieser Eigenschaften genügt die Kenntnis der Funktionswerte in einem *Teilintervall der Periode*, um die Werte im ganzen Periodenintervall anzugeben; der Kosinus durchläuft z. B. für Winkelgrößen von 0 bis π dieselben Werte wie für Winkelgrößen von 2π bis π, in Zeichen $\cos\varphi = \cos(2\pi - \varphi)$; er nimmt deshalb bereits zwischen 0 und π alle seine Werte an. Entsprechende Teilintervalle gibt es für die drei ungeraden trigonometrischen Funktionen: von $-\pi/2$ bis $+\pi/2$ für $\sin\varphi$ und $\tan\varphi$ und von 0 bis π für $\cot\varphi$.
Nach den Beziehungen zwischen einer Funktion und ihrer *Kofunktion* und nach den Quadrantenrelationen genügt schon die Kenntnis der Werte von $\sin\varphi$ für $0 \leqslant \varphi \leqslant \pi/2$ zur Berechnung der Werte aller anderen trigonometrischen Funktionen. Um die Umrechnungen zu vereinfachen, werden allerdings praktisch neben den Sinuswerten für $0 \leqslant \varphi \leqslant \pi/2$ die Tangenswerte für das gleiche Intervall angegeben.

Beziehungen zwischen den trigonometrischen Funktionen desselben Winkels. Nach den in der Einleitung gefundenen Beziehungen läßt sich jede trigonometrische Funktion durch jede andere desselben Arguments ausdrücken. Will man z. B. $\sin\varphi$ oder $\cot\varphi$ durch $\cos\varphi$ ausdrücken, so ergibt sich

$$1.\ \sin\varphi = \pm\sqrt{1 - \cos^2\varphi};\quad 2.\ \cot\varphi = \cos\varphi/\sin\varphi = \cos\varphi/\pm\sqrt{1 - \cos^2\varphi}.$$

Die folgende Tabelle enthält alle Beziehungen.

Funktion	gegeben			
gesucht	$\sin\varphi$	$\cos\varphi$	$\tan\varphi$	$\cot\varphi$
$\sin\varphi =$	$\sin\varphi$	$\pm\sqrt{1-\cos^2\varphi}$	$\dfrac{\tan\varphi}{\pm\sqrt{1+\tan^2\varphi}}$	$\dfrac{1}{\pm\sqrt{1+\cot^2\varphi}}$
$\cos\varphi =$	$\pm\sqrt{1-\sin^2\varphi}$	$\cos\varphi$	$\dfrac{1}{\pm\sqrt{1+\tan^2\varphi}}$	$\dfrac{\cot\varphi}{\pm\sqrt{1+\cot^2\varphi}}$
$\tan\varphi =$	$\dfrac{\sin\varphi}{\pm\sqrt{1-\sin^2\varphi}}$	$\dfrac{\pm\sqrt{1-\cos^2\varphi}}{\cos\varphi}$	$\tan\varphi$	$\dfrac{1}{\cot\varphi}$
$\cot\varphi =$	$\dfrac{\pm\sqrt{1-\sin^2\varphi}}{\sin\varphi}$	$\dfrac{\cos\varphi}{\pm\sqrt{1-\cos^2\varphi}}$	$\dfrac{1}{\tan\varphi}$	$\cot\varphi$

Für Winkel im I. Quadranten gelten in ihr die positiven Vorzeichen der Wurzel; in den übrigen Quadranten sind die Vorzeichen der Wurzel nach der Vorzeichentabelle oder am Einheitskreis zu bestimmen.

Beispiel 1: Im III. Quadranten sind $\cos\varphi$ und $\sin\varphi$ negativ, dagegen $\tan\varphi$ und $\cot\varphi$ positiv; in der 2. Zeile der Tabelle gelten für $\pi < \varphi < 3\pi/2$ deshalb die Formeln $\cos\varphi = -\sqrt{1 - \sin^2\varphi} = -1/\sqrt{1 + \tan^2\varphi} = -\cot\varphi/\sqrt{1 + \cot^2\varphi}$.

Funktion und Kofunktion. Das Wort Kosinus kommt aus dem Lateinischen und bedeutet *complementi sinus*, d. h. Sinus des Komplementwinkels; entsprechend bedeuten Kotangens bzw. Kosekans *Tangens bzw. Sekans des Komplementwinkels*. Der Komplementwinkel β ergänzt einen gegebenen spitzen Winkel α zu einem Rechten, ist dieser in Bogenmaß gemessen, so gilt $\pi/2 = \alpha + \beta$; der rechte Winkel kann in Grad, Gon oder Bogenmaß gemessen sein.

1 Rechter $= 90° = 100^g = \pi/2$ rad

Die sprachlichen Bezeichnungen Kosinus, Kotangens und Kosekans enthalten danach die mathematische Behauptung $\cos\alpha = \sin\,(\pi/2 - \alpha) = \sin\,\beta$, $\cot\alpha = \tan\,(\pi/2 - \alpha) = \tan\,\beta$, $\operatorname{cosec}\,\alpha = \sec\,(\pi/2 - \alpha) = \sec\beta$. An einem rechtwinkligen Dreieck, in dem die Kathete a dem Winkel α und die Kathete b dem Winkel β gegenüberliegen, liest man in der Tat sofort ab (vgl. Abb. 10.1-5):

$$\sin\alpha = a/c = \cos\beta,\ \cos\alpha = b/c = \sin\beta,\ \tan\alpha = a/b = \cot\beta,\ \cot\alpha = b/a = \tan\beta,$$

findet also über die Behauptung hinaus noch aus

$$\sin\alpha = \cos\,(\pi/2 - \alpha),\ \tan\alpha = \cot\,(\pi/2 - \alpha),\ \sec\alpha = \operatorname{cosec}\,(\pi/2 - \alpha),$$

daß auch die *Sinusfunktion die Kofunktion des Kosinus* ist, die *Tangensfunktion die* des *Kotangens* bzw. *die Sekansfunktion die Kofunktion des Kosekans.*

Jede trigonometrische Funktion nimmt für wachsende Argumente von 0 bis $\pi/2$ dieselben Funktionswerte an wie ihre Kofunktion für abnehmende Argumente von $\pi/2$ bis 0.

Quadrantenrelationen. Zwischen trigonometrischen Funktionen, deren Argumente sich um $\pi/2$ oder um Vielfache davon unterscheiden, bestehen Beziehungen, die Quadrantenrelationen genannt werden.

Vierteldrehungssatz. Der Übergang von einem Quadranten in den nächsten erfolgt durch Drehen der Abbildung um ein Viertel des Vollwinkels oder durch Addition des rechten Winkels zum Argument φ. Dabei müssen Abszissen- bzw. Kosinuswerte (Abb. 10.1-16) übergehen in Ordinaten- bzw. Sinuswerte vom gleichen Betrage und umgekehrt; $|\sin\,(\pi/2 + \varphi)| = |\cos\varphi|$, $|\cos\,(\pi/2 + \varphi)| = |\sin\varphi|$. Ein positiver Wert von $\cos\varphi$ liegt auf der $+x$-Achse, wird also nach der Drehung als $\sin\,(\pi/2 + \varphi)$ auf der $+y$-Achse liegen, d. h. positiv sein; entsprechend geht ein negativer Wert von $\cos\varphi$ auf der $-x$-Achse durch die Drehung um $\pi/2$ in einen wieder negativen Wert $\sin\,(\pi/2 + \varphi)$ auf der $-y$-Achse über. Es gilt demnach $\cos\varphi = \sin\,(\pi/2 + \varphi)$. Ein positiver Wert von $\sin\varphi$ dagegen geht durch die Drehung von der $+y$-Achse auf die $-x$-Achse über, ein negativer Wert von der $-y$-Achse auf die $+x$-Achse. Hier gilt demnach $\sin\varphi = -\cos\,(\pi/2 + \varphi)$.

Der Radius des Einheitskreises hat im Koordinatensystem dieselbe Lage für einen positiven Winkel φ wie für einen negativen Winkel $-\psi$, wenn $\varphi + \psi = 4 \cdot \pi/2 = 2\pi$; dann haben auch die trigonometrischen Funktionen denselben Wert, wenn für φ der Wert $-\psi$ eingesetzt wird:

$$\sin\,(\pi/2 - \psi) = \cos\,(-\psi) = \cos\psi,$$
$$\cos\,(\pi/2 - \psi) = -\sin\,(-\psi) = \sin\psi.$$

Wegen $\tan\varphi = \sin\varphi/\cos\varphi$ und $\cot\varphi = \cos\varphi/\sin\varphi$ gilt auch $\tan\,(\pi/2 + \varphi) = -\cot\varphi$, $\cot\,(\pi/2 + \varphi) = -\tan\varphi$, $\tan\,(\pi/2 - \psi) = \cot\psi$, $\cot\,(\pi/2 - \psi) = \tan\psi$.

Die Beziehungen zwischen Funktion und Kofunktion sind damit auf beliebige Winkel ψ verallgemeinert worden. Die Gleichung $\sin\,(\pi/2 + \beta) = \cos\beta$ bedeutet geometrisch, daß die Kurve der Sinusfunktion als eine um $90° = \pi/2$ verschobene Kosinuskurve aufgefaßt werden darf.

Weitere Quadrantenrelationen. Der Übergang in den übernächsten bzw. in den drittnächsten Quadranten wird vollzogen durch Addition von π bzw. $3\pi/2$. Die dabei gültigen Beziehungen ergeben sich aus denen des Vierteldrehungssatzes, wenn man für φ dann $\pi/2 + \psi$ bzw. $\pi + \psi$ einsetzt.

Beispiele. 2: $\tan\,(\pi + \psi) = \tan\,(\pi/2 + \pi/2 + \psi) = -\cot\,(\pi/2 + \psi) = +\tan\psi$.

3: $\cos\,(3\pi/2 + \psi) = \cos\,(\pi/2 + \pi + \psi) = -\sin\,(\pi + \psi) = -\sin\,(\pi/2 + \pi/2 + \psi) = -\cos\,(\pi/2 + \psi) = +\sin\psi$.

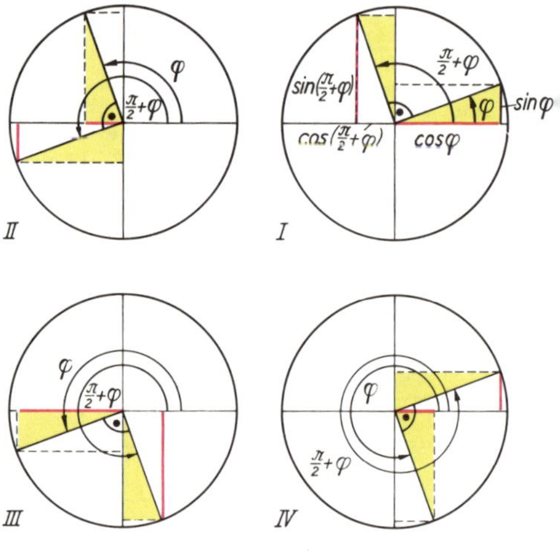

10.1-16 Zum Vierteldrehungssatz
$\sin\,(\pi/2 + \varphi) = \cos\varphi$, $\cos\,(\pi/2 + \varphi) = -\sin\varphi$

Man kann auch das Vielfache eines rechten Winkels um beliebige Winkel φ verringern und dafür ebenfalls die Formeln des Vierteldrehungssatzes benutzen.

Beispiel 4: $\sin\,(\pi - \varphi) = \sin\,(\pi/2 + \pi/2 - \varphi) = \cos\,(\pi/2 - \varphi) = \sin\varphi$.

Übersicht über die Quadrantenrelationen. Durch die Quadrantenrelationen wird eine trigonometrische Funktion einer Winkelgröße $(n \cdot \pi/2 \pm \delta)$ für $n = 1, 2, 3, 4$ ausgedrückt durch eine Funktion der Winkelgröße δ, wobei δ ein beliebiger Winkel ist. Setzt man $(n \cdot \pi/2 \pm \delta) = \Phi$, so lassen sich die Quadrantenrelationen zu der folgenden Tabelle zusammenfassen:

$\Phi =$	$\pi/2-\delta$	$\pi/2+\delta$	$\pi-\delta$	$\pi+\delta$	$3\pi/2-\delta$	$3\pi/2+\delta$	$2\pi-\delta$	$2\pi+\delta$
$\sin\Phi$ $\cos\Phi$ $\tan\Phi$ $\cot\Phi$	$\cos\delta$ $\sin\delta$ $\cot\delta$ $\tan\delta$	$\cos\delta$ $-\sin\delta$ $-\cot\delta$ $-\tan\delta$	$\sin\delta$ $-\cos\delta$ $-\tan\delta$ $-\cot\delta$	$-\sin\delta$ $-\cos\delta$ $+\tan\delta$ $+\cot\delta$	$-\cos\delta$ $-\sin\delta$ $+\cot\delta$ $+\tan\delta$	$-\cos\delta$ $+\sin\delta$ $-\cot\delta$ $-\tan\delta$	$-\sin\delta$ $+\cos\delta$ $-\tan\delta$ $-\cot\delta$	$\sin\delta$ $\cos\delta$ $\tan\delta$ $\cot\delta$
Quadrant	I	II	II	III	III	IV	IV	I

Die Tabelle zeigt folgende Gesetzmäßigkeiten:

1. für *ungeradzahlige Vielfache* von $\pi/2$, d. h. für $\Phi = \pi/2 \pm \delta$ und $\Phi = 3\pi/2 \pm \delta$, tritt die Kofunktion des Winkels δ für die gesuchte Funktion von Φ auf,
2. für *geradzahlige Vielfache* von $\pi/2$, d. h. für $\Phi = \pi \pm \delta$ und $= 2\pi \pm \delta$, tritt dieselbe Funktion von Φ auf wie die, die von Φ gesucht wird,
3. wird δ als spitzer Winkel festgelegt, so liegt der freie Schenkel des Winkels Φ in dem Quadranten, der in der letzten Zeile angegeben ist; das Vorzeichen der Funktion von Φ ergibt sich für diesen Quadranten am Einheitskreis oder nach der Vorzeichentabelle (↑ Definition am Einheitskreis).

Durch diese Tabelle lassen sich die trigonometrischen Funktionen beliebiger Winkel Φ zurückführen auf Funktionen spitzer Winkel δ. Da in praktischen Aufgaben, besonders wenn die Winkel in Grad, Minuten und Sekunden gegeben sind, nur die positiven Zuwüchse δ verwendet werden, sind die Spalten $\Phi = \pi/2 + \delta$, $\Phi = \pi + \delta$ und $\Phi = 3\pi/2 + \delta$ besonders markiert. Nach der Tabelle ergibt sich z. B. $\sin(\pi + \delta) = -\sin\delta$, $\tan(\pi/2 + \delta) = -\cot\delta$, $\cot(3\pi/2 + \delta) = -\tan\delta$.

Arkusfunktionen. Trägt man vom Koordinatenanfangspunkt aus auf der y-Achse eine gerichtete Strecke OF_1 bzw. OF_3 ab, deren Länge kleiner als die Einheit ist, so schneidet eine Parallele zur x-Achse durch den Punkt F_1 bzw. F_3 den Einheitskreis in zwei Punkten B_1 und B_2 bzw. B_3 und B_4. Abbildung 10.1-17 zeigt, daß OB_1 und OB_2 bzw. OB_3 und OB_4 die freien Schenkel zweier Winkel φ_1 und φ_2 bzw. φ_3 und φ_4 sind, deren Sinusfunktion durch die Maßzahl der Strecke OF_1 bzw. OF_3 gegeben ist:

$$\sin\varphi_1 = \sin\varphi_2 = m(OF_1), \sin\varphi_3 = \sin\varphi_4 = m(OF_3).$$

Es läßt sich danach jede Zahl y mit $|y| \leqslant 1$ als ein Wert der Sinusfunktion auffassen, und es gibt jeweils zwei Winkelgrößen, die Lösungen der Gleichung $y = \sin\psi$ sind. Nach der Abbildung können allerdings volle Umdrehungen des freien Schenkels des Winkels nicht unterschieden werden, d. h., es gibt in Wirklichkeit unendlich viele Lösungen

$\psi_1 = \varphi_1 \pm 2n\pi$
und $\psi_2 = \varphi_2 \pm 2n\pi$ für $y > 0$
bzw. $\psi_1 = \varphi_3 \pm 2n\pi$
und $\psi_2 = \varphi_4 \pm 2n\pi$
für $y < 0$, $n = 0, 1, 2, \ldots$

Aus Gründen der Symmetrie zur y-Achse gilt für diese Winkelgrößen

$$\varphi_1 + \varphi_2 = \pi, \varphi_3 + \varphi_4 = 3\pi.$$

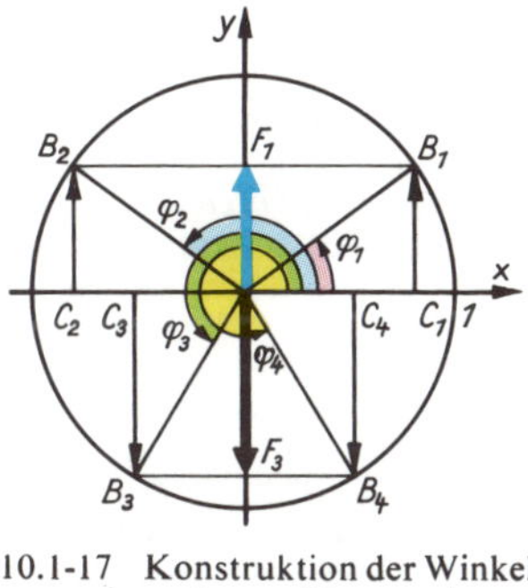

10.1-17 Konstruktion der Winkel zu zwei gegebenen Sinuswerten

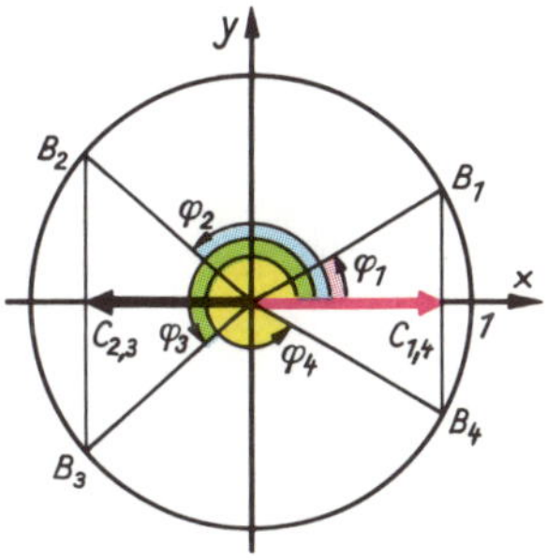

10.1-18 Konstruktion der Winkel zu zwei gegebenen Kosinuswerten

Durch Abtragen einer gegebenen Zahl x mit $|x| < 1$ als Strecke auf der x-Achse eines Einheitskreises und durch eine Parallele zur y-Achse durch den Endpunkt $C_{1,4}$ bzw. $C_{2,3}$ ergeben sich entsprechend zwei Winkel φ_1 und φ_4 bzw. φ_2 und φ_3, deren Größen als Lösungen der Gleichung $\cos\psi = x$ aufgefaßt werden können (Abb. 10.1-18):

$$\psi_1 = \varphi_1 \pm 2n\pi, \psi_2 = \varphi_4 \pm 2n\pi, n = 0, 1, 2, \ldots$$

bzw. $\psi_1 = \varphi_2 \pm 2n\pi, \psi_2 = \varphi_3 \pm 2n\pi, n = 0, 1, 2, \ldots$

Zwischen diesen Lösungen gilt die Beziehung $\varphi_1 + \varphi_4 = 2\pi$ bzw. $\varphi_2 + \varphi_3 = 2\pi$.
Aus dem Wert des Kosinus oder des Sinus erhält man auch im Intervall $0 \leqslant \varphi < 2\pi$ zwei Werte für die Winkelgröße ψ; aus $y = \sin\psi$ z. B. die Werte φ_1 und φ_2. Am Einheitskreis erkennt man, daß durch eine dieser Funktionen und das Vorzeichen der anderen die Winkelgröße ψ eindeutig bestimmt ist. Aus der im Anschluß an das Additionstheorem abgeleiteten Beziehung $\tan(\psi/2) = \sin\psi/(1 + \cos\psi)$ ergibt sich, daß zur eindeutigen Festlegung einer Winkelgröße ψ, $0 \leqslant \psi < 2\pi$, auch der Tangenswert des halben Winkels genügt.

Die Aufgabe, Winkelgrößen φ bzw. ψ zu finden, für die die Tangensfunktion bzw. die Kotangensfunktion vorgegebene Werte y bzw. x annimmt, läßt sich ebenfalls geometrisch am Einheitskreis lösen (Abb. 10.1-19). Die der Zahl y bzw. x entsprechende gerichtete Strecke, z. B. $B_0D_{1,3}$ bzw. $FE_{2,4}$, wird vom Punkte $B_0(1, 0)$ bzw. $F(0, 1)$ aus auf der Tangente an den Einheitskreis im Punkte B_0 bzw. F abgetragen und ihr Endpunkt $D_{1,3}$ bzw. $E_{2,4}$ durch eine Gerade mit dem Koordinatenanfangspunkt O verbunden, die den Einheitskreis in den Punkten B_1 und B_3 bzw. B_2 und B_4 schneidet. Man findet $\psi_1 = \varphi_1 \pm n\pi$, $n = 0, 1, 2, \ldots$ als Lösung der Gleichung $\tan\psi = y$ bzw. $\psi_1 = \varphi_2 \pm n\pi$, $n = 0, 1, 2, \ldots$ als Lösung der Gleichung $\cot\psi = x$.

Man bezeichnet die Funktion, die den im Bogenmaß gemessenen Winkel angibt, für den eine trigonometrische Funktion vorbestimmte Werte annimmt, als *zyklometrische* oder *Arkusfunktion* der trigonometrischen [lat. *arcus*, Bogen] (vgl. 5.3. – Trigonometrische und zyklometrische Funktionen). Diese Funktionen sind die Umkehr- oder *inversen Funktionen* der trigonometrischen. Die Bezeichnungen sind in der Tabelle zusammengestellt. Dazu muß man sich bekanntlich auf ein Monotonieintervall der gegebenen trigonometrischen Funktion zurückziehen. Solche sind $-\frac{\pi}{2} + k\pi \leq x \leq \frac{\pi}{2} + k\pi$ für die Sinusfunktion, $k\pi \leq x \leq (k + 1)\pi$ für die Kosinusfunktion, $]-\frac{\pi}{2} + k\pi, \frac{\pi}{2} + k\pi[$ für den Tangens bzw. $]k\pi, (k + 1)\pi[$ für den Kotangens, worin k eine ganze Zahl bezeichnet. Für jedes solche Monotonieintervall erhält man eine Arkusfunktion. Wählt man jeweils das sich für $k = 0$ ergebende Monotonieintervall, heißen die zu den trigonometrischen Funktionen gehörenden Umkehrfunktionen häufig die *Hauptwerte* der zyklometrischen Funktionen und werden mit Arcsin x usw. bezeichnet. Zu verschiedenen Monotonieintervallen gehörende Arkusfunktionen derselben Winkelfunktion unterscheiden sich höchstens durch das Vorzeichen und eine

trigonometrische Funktion	Arkusfunktion	Hauptwerte
$y = \sin x$	$y = \arcsin x$	$-\pi/2 \leqslant \text{Arcsin}\, x \leqslant +\pi/2$
$y = \cos x$	$y = \arccos x$	$0 \leqslant \text{Arccos}\, x \leqslant \pi$
$y = \tan x$	$y = \arctan x$	$-\pi/2 < \text{Arctan}\, x < +\pi/2$
$y = \cot x$	$y = \text{arccot}\, x$	$0 < \text{Arccot}\, x < +\pi$

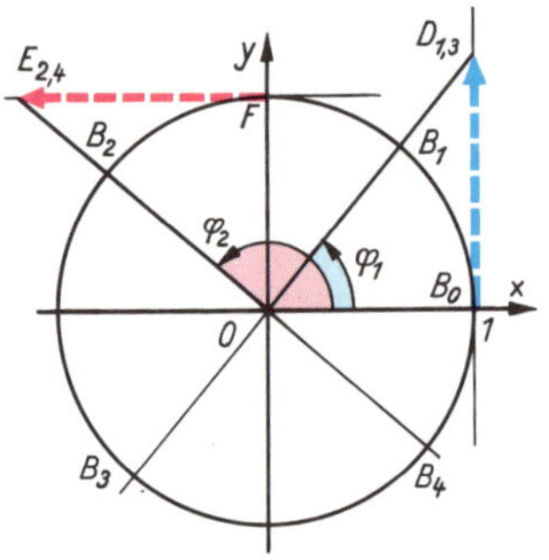

10.1-19 Konstruktion der Winkel zu einem gegebenen Tangens- bzw. Kotangenswert

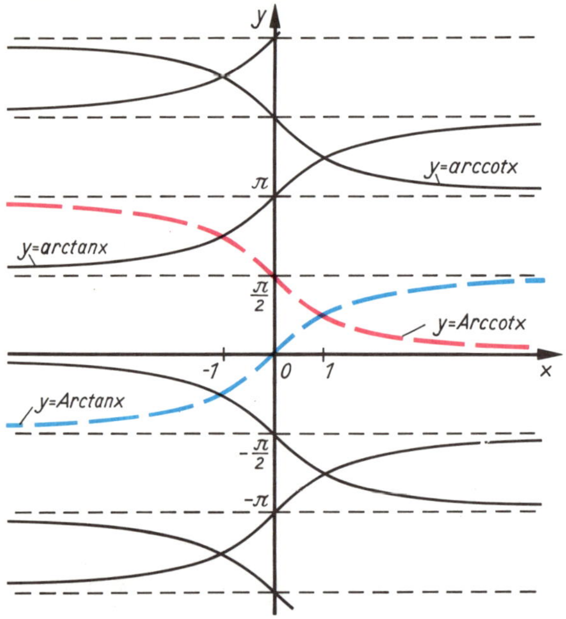

10.1-20 Graphische Darstellung der Funktionen $y = \arctan x$ und $y = \text{arccot}\, x$, die Hauptwerte sind durch Farben hervorgehoben

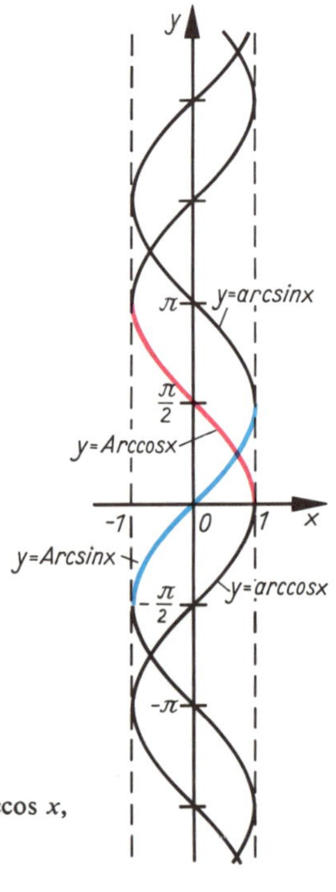

10.1-21 Graphische Darstellung der Funktionen $y = \arcsin x$ und $y = \arccos x$, die Hauptwerte sind durch Farben hervorgehoben

additive Konstante; z. B. gilt für die Inverse der Kosinusfunktion im Monotonieintervall $[k\pi, (k+1)\pi]$: $\arccos x = (-1)^k \operatorname{Arc}\cos x + k\pi$.

Das Abrufen der Winkelgrößen. Computer und die meisten Taschenrechner verfügen über entsprechende Funktionstasten, mit denen die Werte der trigonometrischen Funktionen unmittelbar abgerufen werden können. Da auch die INV-Taste bereits zum Standard zählt, kann auch umgekehrt zu einem vorgegebenen Funktionswert der zugehörige Winkel aufgerufen werden, d. h., man verfügt auch über die Hauptwerte der *zyklometrischen Funktionen*.
In Tafelwerken findet man sowohl Tafeln für die natürlichen Werte der Winkelfunktionen als auch für deren Logarithmen. Aus den Quadrantenrelationen und der Periodizität der trigonometrischen Funktionen folgt, daß es ausreicht, die Werte dieser Funktionen für $0^o \leq x \leq 90^o$ anzugeben. Wegen $\sin\alpha = \cos(90° - \alpha)$ ist die Tafel der Sinuswerte gleichzeitig eine solche der Kosinuswerte. Üblicherweise schreitet die Tafel in ihrer linken Eingangsspalte von Grad zu Grad voran, mittels der oberen Eingangszeile wird jeder Grad noch einmal in Zehntelgrade unterteilt. Minuten- und Sekundenangaben von Winkeln, wie früher bei der sexagesimalen Stückelung üblich, müssen also in dezimale Winkelteile umgerechnet werden. Sollen Funktionswerte von Winkeln ermittelt werden, die z. B. bis auf ein Hundertstel Grad gegeben sind, so hilft man sich durch lineares Interpolieren: Beispielsweise liegt der Sinus von 4,27° zwischen $\sin 4{,}2° = 0{,}0732$ und $\sin 4{,}3° = 0{,}0750$, und lineares Interpolieren liefert schließlich $\sin 4{,}27° = 0{,}0745$. Man beachte, daß bei monoton fallenden Funktionen, z. B. der Kosinusfunktion in $0^o \leq x \leq 90^o$, der durch Interpolieren ermittelte Korrekturwert zu subtrahieren ist. Besonders dann, wenn man die Tafeln für die Ermittlung von Werten der zyklometrischen Funktionen benutzt, d. h., wenn man „aus der Tafel aussteigt", macht sich häufig ein Interpolieren erforderlich.

Die Additionstheoreme

Die Additionstheoreme geben an, wie sich die trigonometrischen Funktionen einer Summe oder einer Differenz zweier Winkelgrößen α und β aus den trigonometrischen Funktionen der Größen der Einzelwinkel zusammensetzen.

Die Additionstheoreme für Sinus und Kosinus. Im Einheitskreis werden die Werte der Kosinus- bzw. der Sinusfunktionen einer Winkelgröße φ dargestellt als Maßzahlen der Abszisse bzw. der Ordinate des Radius, der die Richtung des freien Schenkels vom Winkel der Größe φ hat. Diese beiden Strecken sind die senkrechten Projektionen dieses Radius auf die x- bzw. die y-Achse. Nach einem Satz der Vektorrechnung ist die Projektion dieses Radius gleich der Summe der Projektionen zweier Vektoren, als deren Summe der Radius aufgefaßt werden kann. In Abbildung 10.1-22 gilt z. B. $\overrightarrow{OQ} = \overrightarrow{OT} + \overrightarrow{TQ}$; dort ist ein zweites kartesisches Koordinatensystem eingeführt, dessen $\bar{x}$-Achse in Richtung OP des freien Schenkels von Winkel α liegt und dessen $\bar{y}$-Achse durch $\sphericalangle(\bar{x}, \bar{y}) = \pi/2$ festgelegt wird. Die Richtung der $\bar{y}$-Achse ist mit OS bezeichnet. Zwischen beiden Systemen bestehen dann die Winkelbeziehungen $\sphericalangle(x, \bar{x}) = \alpha$, $\sphericalangle(x, \bar{y}) = \alpha + \pi/2$; $\sphericalangle(y, \bar{x}) = -\pi/2 + \alpha$, $\sphericalangle(y, \bar{y}) = -\pi/2 + \alpha + \pi/2 = \alpha$. Die Richtung OQ gibt dann im $\bar{x}, \bar{y}$-System den freien Schenkel des Winkels β und im x, y-System den des Winkels $(\alpha + \beta)$ an. Im $\bar{x}, \bar{y}$-System gilt danach, wenn man die Strecke entsprechend dem angegebenen Durchlaufsinn als gerichtete Größen ansieht, $OT = m_{\bar{x}}(OQ) = \cos\beta$ und $TQ = m_{\bar{y}}(OQ)$; im x, y-System aber erhält man

$$m_x(OQ) = m_x(OT) + m_x(TQ) = \cos(\alpha + \beta) \quad \text{und} \quad m_y(OQ) = m_y(OT) + m_y(TQ) = \sin(\alpha + \beta).$$

Wegen $m_x(OT) = \cos\beta\cos(x, \bar{x}) = \cos\alpha\cos\beta$, $m_x(TQ) = \sin\beta\cos(x, \bar{y}) = -\sin\alpha\sin\beta$, $m_y(OT) = \cos\beta\cos(y, \bar{x}) = \sin\alpha\cos\beta$ und $m_y(TQ) = \sin\beta\cos(y, \bar{y}) = \cos\alpha\sin\beta$ ergibt sich daraus $\cos(\alpha + \beta) = \cos\alpha\cos\beta - \sin\alpha\sin\beta$
und $\sin(\alpha + \beta) = \sin\alpha\cos\beta + \cos\alpha\sin\beta$.

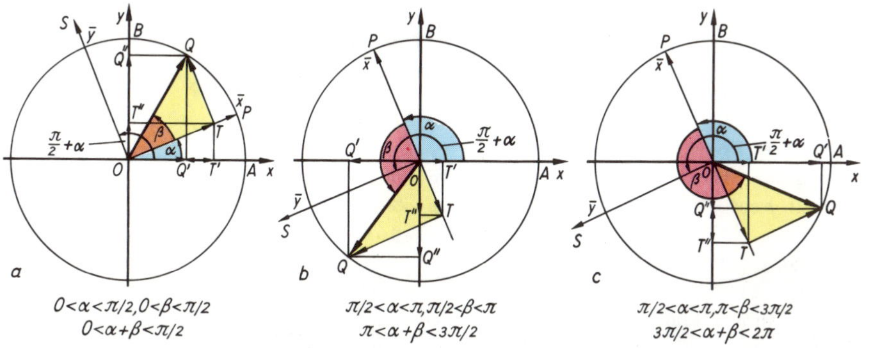

10.1-22 Zum Additionstheorem für Sinus- und Kosinusfunktion

Die Überlegungen gelten für beliebige Winkelgrößen α und β. In Abb. 10.1-26 sind drei Beispiele herausgegriffen, in denen die zusätzlichen gerichteten Strecken folgende Bedeutung haben:

$$OQ' = m_x(OQ),\ OQ'' = m_y(OQ),\ OT' = m_x(OT) \quad \text{und} \quad OT'' = m_y(OT).$$

Wegen der Periodizität der trigonometrischen Funktionen darf jeder Winkel β_1 durch einen Winkel $-\beta_2$ ersetzt werden, wenn $\beta_1 + \beta_2 = 2\pi$ bzw. 360°. Im Additionstheorem dürfen deshalb auch negative Winkel auftreten:

$$\sin(\alpha - \beta) = \sin\alpha\cos\beta - \cos\alpha\sin\beta, \quad \cos(\alpha - \beta) = \cos\alpha\cos\beta + \sin\alpha\sin\beta.$$

Die Additionstheoreme für Tangens und Kotangens. Diese erhält man sofort allgemeingültig durch Division und entsprechende Umformung:

$$\tan(\alpha + \beta) = \frac{\sin(\alpha + \beta)}{\cos(\alpha + \beta)} = \frac{\sin\alpha\cos\beta + \cos\alpha\sin\beta}{\cos\alpha\cos\beta - \sin\alpha\sin\beta} = \frac{\tan\alpha + \tan\beta}{1 - \tan\alpha\tan\beta},$$

falls man Zähler und Nenner durch $\cos\alpha\cos\beta$ dividiert.
Entsprechend ergibt sich

$$\cot(\alpha + \beta) = (\cot\alpha\cot\beta - 1)/(\cot\alpha + \cot\beta);$$
$$\cot(\alpha - \beta) = (\cot\alpha\cot\beta + 1)/(\cot\beta - \cot\alpha).$$

$\sin(\alpha + \beta) = \sin\alpha\cos\beta + \cos\alpha\sin\beta$	$\sin(\alpha - \beta) = \sin\alpha\cos\beta - \cos\alpha\sin\beta$
$\cos(\alpha + \beta) = \cos\alpha\cos\beta - \sin\alpha\sin\beta$	$\cos(\alpha - \beta) = \cos\alpha\cos\beta + \sin\alpha\sin\beta$
$\tan(\alpha + \beta) = (\tan\alpha + \tan\beta)/(1 - \tan\alpha\tan\beta)$	$\tan(\alpha - \beta) = (\tan\alpha - \tan\beta)/(1 + \tan\alpha\tan\beta)$
$\cot(\alpha + \beta) = (\cot\alpha\cot\beta - 1)/(\cot\beta + \cot\alpha)$	$\cot(\alpha - \beta) = (\cot\alpha\cot\beta + 1)/(\cot\beta - \cot\alpha)$

Funktionen der doppelten und der halben Winkel

$$\sin 2\varphi = 2\sin\varphi\cos\varphi \qquad \cos 2\varphi = \cos^2\varphi - \sin^2\varphi = 1 - 2\sin^2\varphi = 2\cos^2\varphi - 1$$

$$\sin\varphi = 2\sin(\varphi/2)\cos(\varphi/2) \qquad \cos\varphi = \cos^2(\varphi/2) - \sin^2(\varphi/2) = 1 - 2\sin^2(\varphi/2) = 2\cos^2(\varphi/2) - 1$$

$$\tan 2\varphi = \frac{2\tan\varphi}{1 - \tan^2\varphi} = \frac{2}{\cot\varphi - \tan\varphi} \qquad \tan\varphi = \frac{2\tan(\varphi/2)}{1 - \tan^2(\varphi/2)} = \frac{2}{\cot(\varphi/2) - \tan(\varphi/2)}$$

$$\cot 2\varphi = \frac{\cot^2\varphi - 1}{2\cot\varphi} = \frac{\cot\varphi - \tan\varphi}{2} \qquad \cot\varphi = \frac{\cot^2(\varphi/2) - 1}{2\cot(\varphi/2)} = \frac{\cot(\varphi/2) - \tan(\varphi/2)}{2}$$

$$\sin\varphi = +\sqrt{\frac{1 - \cos 2\varphi}{2}} \qquad \sin(\varphi/2) = \pm\sqrt{\frac{1 - \cos\varphi}{2}}$$

$$\cos\varphi = \pm\sqrt{\frac{1 + \cos 2\varphi}{2}} \qquad \cos(\varphi/2) = \pm\sqrt{\frac{1 + \cos\varphi}{2}}$$

$$\tan\varphi = \pm\sqrt{\frac{1 - \cos 2\varphi}{1 + \cos 2\varphi}} = \frac{\sin 2\varphi}{1 + \cos 2\varphi} = \frac{1 - \cos 2\varphi}{\sin 2\varphi}$$

$$\tan(\varphi/2) = \pm\sqrt{\frac{1 - \cos\varphi}{1 + \cos\varphi}} = \frac{\sin\varphi}{1 + \cos\varphi} = \frac{1 - \cos\varphi}{\sin\varphi}$$

$$\cot\varphi = \pm\sqrt{\frac{1 + \cos 2\varphi}{1 - \cos 2\varphi}} = \frac{\sin 2\varphi}{1 - \cos 2\varphi} = \frac{1 + \cos 2\varphi}{\sin 2\varphi}$$

$$\cot(\varphi/2) = \pm\sqrt{\frac{1 + \cos\varphi}{1 - \cos\varphi}} = \frac{\sin\varphi}{1 - \cos\varphi} = \frac{1 + \cos\varphi}{\sin\varphi}$$

$$\sin 2\varphi = \frac{2\tan\varphi}{1 + \tan^2\varphi}, \quad \cos 2\varphi = \frac{1 - \tan^2\varphi}{1 + \tan^2\varphi}; \quad \sin\varphi = \frac{2\tan(\varphi/2)}{1 + \tan^2(\varphi/2)}, \quad \cos\varphi = \frac{1 - \tan^2(\varphi/2)}{1 + \tan^2(\varphi/2)}$$

Funktionen des mehrfachen Winkels

$$\sin 3\varphi = 3\sin\varphi - 4\sin^3\varphi \qquad \cos 3\varphi = 4\cos^3\varphi - 3\cos\varphi$$

$$\sin 4\varphi = 4\sin\varphi\cos\varphi - 8\sin^3\varphi\cos\varphi \qquad \cos 4\varphi = 8\cos^4\varphi - 8\cos^2\varphi + 1$$

$$\sin 5\varphi = 5\sin\varphi - 20\sin^3\varphi + 16\sin^5\varphi \qquad \cos 5\varphi = 16\cos^5\varphi - 20\cos^3\varphi + 5\cos\varphi$$

$$\tan 3\varphi = \frac{3\tan\varphi - \tan^3\varphi}{1 - 3\tan^2\varphi} \qquad \cot 3\varphi = \frac{\cot^3\varphi - 3\cot\varphi}{(3\cot^2\varphi - 1}$$

$$\tan 4\varphi = \frac{4\tan\varphi - 4\tan^3\varphi}{1 - 6\tan^2\varphi + \tan^4\varphi} \qquad \cot 4\varphi = \frac{\cot^4\varphi - 6\cot^2\varphi + 1}{4\cot^3\varphi - 4\cot\varphi}$$

Folgerungen aus den Additionstheoremen

Aus den Additionstheoremen ergeben sich viele Beziehungen zwischen den trigonometrischen Funktionen, die in den Tabellen zusammengestellt sind. Einige Beispiele zeigen den Gang der Rechnung.

$$\begin{aligned}&\sin(\alpha+\beta)\sin(\alpha-\beta)\\&=\sin^2\alpha\cos^2\beta-\cos^2\alpha\sin^2\beta\\&=\sin^2\alpha\cos^2\beta-\cos^2\alpha(1-\cos^2\beta)\\&=\cos^2\beta(\sin^2\alpha+\cos^2\alpha)-\cos^2\alpha\\&=\cos^2\beta-\cos^2\alpha.\end{aligned}$$

$$\begin{aligned}\sin 3\varphi&=\sin(2\varphi+\varphi)\\&=\sin 2\varphi\cos\varphi+\cos 2\varphi\sin\varphi\\&=2\sin\varphi\cos^2\varphi+(1-2\sin^2\varphi)\sin\varphi\\&=2\sin\varphi(1-\sin^2\varphi)+\sin\varphi-2\sin^3\varphi\\&=3\sin\varphi-4\sin^3\varphi.\end{aligned}$$

In $\sin(\varphi+\psi)+\sin(\varphi-\psi)=2\sin\varphi\cos\psi$ setzt man $\alpha=\varphi+\psi$, $\beta=\varphi-\psi$, also $\varphi=(\alpha+\beta)/2$, $\psi=(\alpha-\beta)/2$ und erhält $\sin\alpha+\sin\beta=2\sin[(\alpha+\beta)/2]\cos[(\alpha-\beta)/2]$.

$$\tan\alpha\pm\tan\beta=\frac{\sin\alpha}{\cos\alpha}\pm\frac{\sin\beta}{\cos\beta}=\frac{\sin\alpha\cos\beta\pm\cos\alpha\sin\beta}{\cos\alpha\cos\beta}=\frac{\sin(\alpha\pm\beta)}{\cos\alpha\cos\beta}.$$

Summen, Differenzen und Produkte trigonometrischer Funktionen

$$\sin\alpha+\sin\beta=2\sin\frac{\alpha+\beta}{2}\cos\frac{\alpha-\beta}{2}\qquad \cos\alpha+\cos\beta=2\cos\frac{\alpha+\beta}{2}\cos\frac{\alpha-\beta}{2}$$

$$\sin\alpha-\sin\beta=2\cos\frac{\alpha+\beta}{2}\sin\frac{\alpha-\beta}{2}\qquad \cos\alpha-\cos\beta=-2\sin\frac{\alpha+\beta}{2}\sin\frac{\alpha-\beta}{2}$$

$$\tan\alpha+\tan\beta=\frac{\sin(\alpha+\beta)}{\cos\alpha\cos\beta}\qquad \cot\alpha+\cot\beta=\frac{\sin(\alpha+\beta)}{\sin\alpha\sin\beta}$$

$$\tan\alpha-\tan\beta=\frac{\sin(\alpha-\beta)}{\cos\alpha\cos\beta}\qquad \cot\alpha-\cot\beta=\frac{-\sin(\alpha-\beta)}{\sin\alpha\sin\beta}$$

$$\cos\alpha+\sin\alpha=\sqrt{2}\sin(45^\circ+\alpha)=\sqrt{2}\cos(45^\circ-\alpha)$$

$$\cos\alpha-\sin\alpha=\sqrt{2}\cos(45^\circ+\alpha)=\sqrt{2}\sin(45^\circ-\alpha)$$

$$\sin(\alpha+\beta)\sin(\alpha-\beta)=\cos^2\beta-\cos^2\alpha\qquad \cos(\alpha+\beta)\cos(\alpha-\beta)=\cos^2\beta-\sin^2\alpha$$

$$\sin\alpha\sin\beta={}^1/_2[\cos(\alpha-\beta)-\cos(\alpha+\beta)]\qquad \cos\alpha\cos\beta={}^1/_2[\cos(\alpha-\beta)+\cos(\alpha+\beta)]$$

$$\sin\alpha\cos\beta={}^1/_2[\sin(\alpha-\beta)+\sin(\alpha+\beta)]\qquad \cos\alpha\sin\beta={}^1/_2[\sin(\alpha+\beta)-\sin(\alpha-\beta)]$$

$$\tan\alpha\tan\beta=\frac{\tan\alpha+\tan\beta}{\cot\alpha+\cot\beta}=\frac{\tan\beta-\tan\alpha}{\cot\alpha-\cot\beta}\qquad \cot\alpha\cot\beta=\frac{\cot\alpha+\cot\beta}{\tan\alpha+\tan\beta}=\frac{\cot\beta-\cot\alpha}{\tan\alpha-\tan\beta}$$

$$\tan\alpha\cot\beta=\frac{\tan\alpha+\cot\beta}{\cot\alpha+\tan\beta}=-\frac{\tan\alpha-\cot\beta}{\cot\alpha-\tan\beta}$$

$$\sin\alpha\sin\beta\sin\gamma={}^1/_4[\sin(\alpha+\beta-\gamma)+\sin(\beta+\gamma-\alpha)+\sin(\gamma+\alpha-\beta)-\sin(\alpha+\beta+\gamma)]$$

$$\cos\alpha\cos\beta\cos\gamma={}^1/_4[\cos(\alpha+\beta-\gamma)+\cos(\beta+\gamma-\alpha)+\cos(\gamma+\alpha-\beta)+\cos(\alpha+\beta+\gamma)]$$

$$\sin\alpha\sin\beta\cos\gamma={}^1/_4[-\cos(\alpha+\beta-\gamma)+\cos(\beta+\gamma-\alpha)+\cos(\gamma+\alpha-\beta)-\cos(\alpha+\beta+\gamma)]$$

$$\sin\alpha\cos\beta\cos\gamma={}^1/_4[\sin(\alpha+\beta-\gamma)-\sin(\beta+\gamma-\alpha)+\sin(\gamma+\alpha-\beta)+\sin(\alpha+\beta+\gamma)]$$

Potenzen von trigonometrischen Funktionen

$$\sin^2\varphi={}^1/_2(1-\cos 2\varphi)\qquad \cos^2\varphi={}^1/_2(1+\cos 2\varphi)$$

$$\sin^3\varphi={}^1/_4(3\sin\varphi-\sin 3\varphi)\qquad \cos^3\varphi={}^1/_4(3\cos\varphi+\cos 3\varphi)$$

$$\sin^4\varphi={}^1/_8(\cos 4\varphi-4\cos 2\varphi+3)\qquad \cos^4\varphi={}^1/_8(\cos 4\varphi+4\cos 2\varphi+3)$$

$$\sin^5\varphi={}^1/_{16}(10\sin\varphi-5\sin 3\varphi+\sin 5\varphi)\qquad \cos^5\varphi={}^1/_{16}(10\cos\varphi+5\cos 3\varphi+\cos 5\varphi)$$

Allgemeine Formeln für den Sinus und den Kosinus des *n*-fachen Winkels. Im Moivreschen Lehrsatz $(\cos\varphi+\mathrm{i}\sin\varphi)^n=\cos n\varphi+\mathrm{i}\sin n\varphi$, der unter Beachtung von $\mathrm{i}^2=-1$ durch vollständige Induktion mit Hilfe der Additionstheoreme bewiesen werden kann (vgl. Kap. 3.7 – komplexe Zahlen), wird die linke Seite nach dem binomischen Lehrsatz entwickelt. Durch Vergleich der Realteile und der Imaginärteile ergibt sich:

$$\cos n\varphi=\cos^n\varphi-\binom{n}{2}\cos^{n-2}\varphi\sin^2\varphi+\binom{n}{4}\cos^{n-4}\varphi\sin^4\varphi-+\cdots$$

$$\sin n\varphi=\binom{n}{1}\cos^{n-1}\varphi\sin\varphi-\binom{n}{3}\cos^{n-3}\varphi\sin^3\varphi+\binom{n}{5}\cos^{n-5}\varphi\sin^5\varphi-+\cdots$$

Allgemeine Sinuskurve. In Naturwissenschaft und Technik, z. B. in der Hochfrequenztechnik, der Optik, Akustik und Mechanik, werden Schwingungen durch Sinus- bzw. Kosinusfunktionen beschrieben (vgl. auch Kap. 21.3). Der größte Ausschlag einer Sinusschwingung wird *Amplitude a*, ihre (primitive) Periode wird *Wellenlänge* λ genannt.

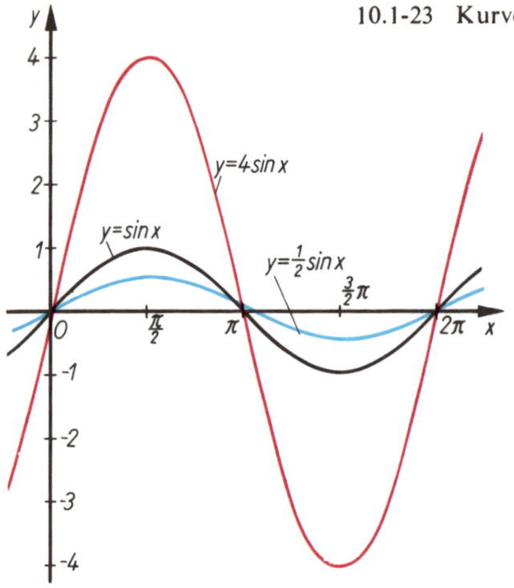

10.1-23 Kurven der Funktionen $y = \sin x$, $y = 4 \sin x$ und $y = {}^1/_2 \sin x$

Die Funktion $y = a \sin x$ hat z. B. die Amplitude a und die Funktion $y = \sin (2\pi x/\lambda)$ die Wellenlänge λ (Abb. 10.1-23), denn für $0 \leqslant x \leqslant \lambda$ durchläuft ihr Argument $2\pi x/\lambda$ die Werte von 0 bis 2π (Abb. 10.1-24). Wegen $\lambda = 2\pi/n$ hat für ganzzahlige n die Funktion $y = \sin (nx)$ genau n volle Schwingungen im Intervall von 0 bis 2π. Wegen $\lambda = 2l/n$ schließlich beschreibt die Funktion $y = \sin (n\pi x/l)$ eine Schwingung, von der n Wellen die Länge $2l$ haben.

Superposition oder Überlagerung. Wirken mehrere durch Schwingungen dargestellte physikalische Größen im gleichen Punkte, so addieren sich für diese Stelle x die Ordinaten; z. B. ergibt sich $y = y_1 + y_2 = 2 \sin x - \cos 2x$ (Abb. 10.1-25) aus $y_1 = 2 \sin x$ und $y_2 = -\cos 2x$.

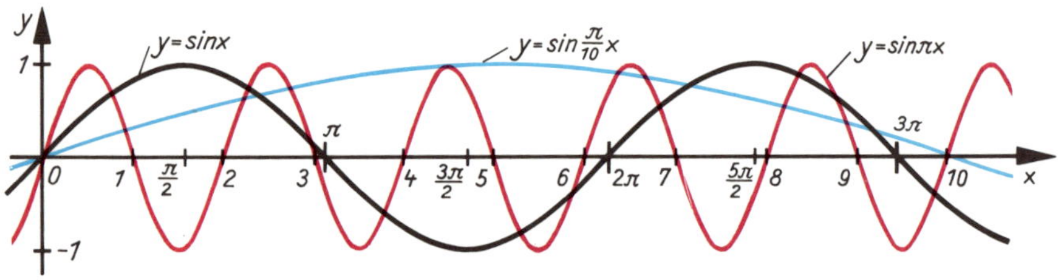

10.1-24 Kurven der Funktionen $y = \sin \pi x$ und $y = \sin (\pi x/10)$

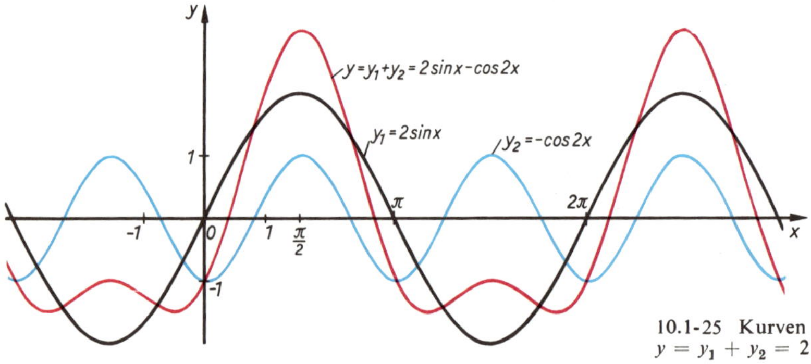

10.1-25 Kurven der Funktionen $y = y_1 + y_2 = 2 \sin x - \cos 2x$

Gedämpfte Schwingung. Bei Energieabgabe eines schwingenden Systems nimmt die Amplitude ab, z. B. wie die Funktion $a = 3\,e^{-2x/\pi}$, d. h., für $x = \pi/2$ beträgt sie nur noch 3/e, für $x = 2\pi/2$ noch $3/e^2$ usw. Abbildung 10.1-30 zeigt den Kurvenverlauf für $y = 3\,e^{-2x/\pi} \sin 4\,x$.

Kreisfrequenz ω und Phasendifferenz φ. Wird die Zeit t als unabhängige Veränderliche angesehen, so lautet die allgemeine Sinuskurve $y = a \sin (\omega t + \varphi)$. Aus der Tatsache, daß für $\omega t = 2\pi$ eine ganze Schwingung vollendet ist, folgt für die Zeitdauer einer *Vollschwingung* (Wellenberg und Wellental) $t = 2\pi/\omega$. Diese Zeit nennt man *Schwingungsdauer* und bezeichnet sie mit T. Wird T in Sekunden gemessen, so ist $1/T$ die Anzahl der Schwingungen in einer Sekunde, d. h. die *Frequenz f* der Schwingung: $f = 1/T$. Die Kreisfrequenz $\omega = 2\pi/T = 2\pi \cdot (1/T) = 2\pi f$ gibt die Anzahl der Schwingungen in 2π Sekunden an. Die Phasendifferenz φ schließlich ist die Winkelgröße, um die die gegebene Kurve der Sinuskurve vorauseilt (Abb. 10.1-26); für $t = 0$ hat die Funktion y schon den Wert $y = \sin\varphi$. Für negative Phasendifferenzen φ spricht man von *Nachhinken.* Die Funktion $y = a \sin (\omega t + \varphi)$ geht für $a = 1$ und $\varphi = +\pi/2$ in die Kosinusfunktion $\cos \omega t$ über, d. h., die Kosinuskurve eilt der Sinuskurve um $\pi/2$ voraus. Liegt eine allgemeine Sinusschwingung mit einer bestimmten Kreisfre-

10.1-26 Graphische Darstellung der Funktion $y = 3\,e^{-2x/\pi}\sin 4x$

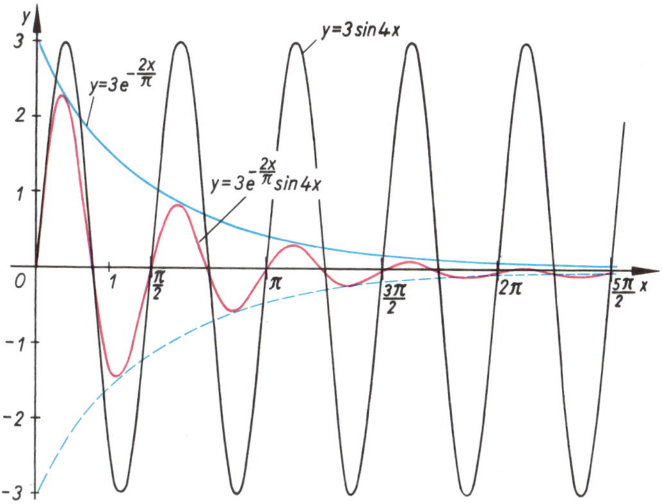

quenz ω vor, so kennzeichnet man a und φ in einer *Zeigerdarstellung* (*Vektordiagramm*), und zwar ist a der Radius des Kreises, aus dem die Sinuskurve konstruiert werden kann, und φ die Winkelgröße des Zeigers (Vektors) gegen die positive Abszissenachse (Abbildung 10.1-27) zur Zeit $t = 0$.

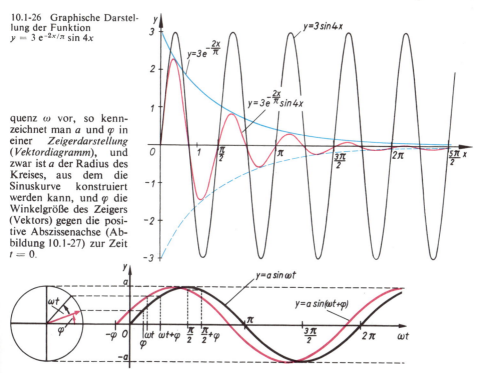

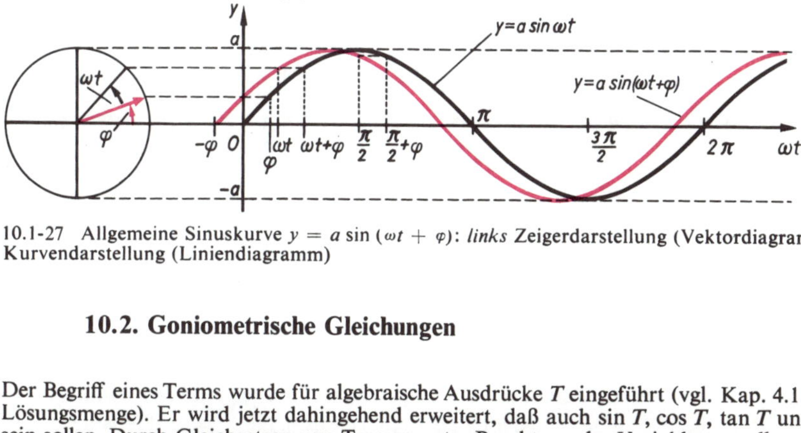

10.1-27 Allgemeine Sinuskurve $y = a \sin(\omega t + \varphi)$: *links* Zeigerdarstellung (Vektordiagramm), *rechts* Kurvendarstellung (Liniendiagramm)

10.2. Goniometrische Gleichungen

Der Begriff eines Terms wurde für algebraische Ausdrücke T eingeführt (vgl. Kap. 4.1. – Gleichung. Lösungsmenge). Er wird jetzt dahingehend erweitert, daß auch $\sin T$, $\cos T$, $\tan T$ und $\cot T$ Terme sein sollen. Durch Gleichsetzen von Termen unter Beachtung der Variablengrundbereiche entstehen wieder Gleichungen. In *goniometrischen Gleichungen* mit einer Variablen tritt die Gleichungsvariable x in mindestens einem solchen erweiterten Term auf, in *rein-goniometrischen Gleichungen* nur in solchen Termen, z. B. in $\sin(2x + \pi) - \sqrt{2}\cos x = 0$, in *gemischt-goniometrischen Gleichungen* dagegen zugleich auch in algebraischen Ausdrücken, z. B. in $\tan x - 3x = 0$. Für diese Gleichungen läßt sich kein allgemeiner Lösungsalgorithmus angeben; wohl aber können ihre Lösungen mittels graphischer oder numerischer Näherungsverfahren mit beliebiger Genauigkeit berechnet werden. Für gewisse spezielle Typen rein-goniometrischer Gleichungen gibt es auch *Lösungsalgorithmen.* Wegen der Periodizität der goniometrischen Funktionen wird der Variablengrundbereich einer goniometrischen Gleichung häufig auf ein Intervall der Länge einer primitiven Periode beschränkt, etwa $0 \leqslant x < 2\pi$.

Rein-goniometrische Gleichungen

Grundtyp. Man nennt eine rein-goniometrische Gleichung vom Grundtyp, wenn die Gleichungsvariable nur in Termen auftritt, die durch e i n e goniometrische Funktion erweitert wurden, und wenn die Gleichung in diesen Termen, z. B. in $\sin T$, algebraisch ist.

Beispiel 1: Die Gleichung $\cos^3(2x) = b$, in der x die Gleichungsvariable und b einen reellen Parameter bezeichnen, ist vom Grundtyp. Insbesondere ist sie algebraisch in $\cos 2x$, und die Substitution $t = \cos 2x$ führt zu $t^3 = b$ mit der Lösung $t = \sqrt[3]{b}$. Aus $\cos 2x = \sqrt[3]{b}$ ermittelt man gegebenenfalls die Lösungen für x: $x = \frac{1}{2}\arccos\sqrt[3]{b}$, falls $|b| \leq 1$.

Beispiel 2: Die Gleichung $\tan^2 x + p \tan x + q = 0$ mit der Gleichungsvariablen x und den Parametern p und q ist ebenfalls vom Grundtyp; sie ist algebraisch in $\tan x$ und geht durch die Substitution $u = \tan x$ über in die quadratische Gleichung $u^2 + pu + q = 0$ mit den Lösungen $(\tan x)_{1,2} = -p/2 \pm \sqrt{p^2/4 - q}$. Mit Hilfe einer Tafel findet man danach die Lösungen für x.

Zurückführung auf den Grundtyp. Enthält die goniometrische Gleichung mehrere der Terme $\sin T$, $\cos T$, $\tan T$, $\cot T$, aber mit demselben T, so läßt sich nach den in diesem Kapitel hergeleiteten Formeln erreichen, daß nur noch Terme einer goniometrischen Funktion vorkommen, etwa durch die Substitution

$$\sin T = 2 \tan (T/2)/[1 + \tan^2 (T/2)], \quad \cos T = [1 - \tan^2 (T/2)]/[1 + \tan^2 (T/2)].$$

Über zusätzliche Lösungen, die wegen nicht äquivalenter Umformungen auftreten können, entscheidet die Probe durch Einsetzen in die Ausgangsgleichung.

Beispiel 3: $5 \sin x - 3 \cos x = 3$ für $0 \leqslant x < 2\pi$. – Aus $5 \sin x - 3 = 3\sqrt{1 - \sin^2 x}$ folgt nach dem Quadrieren $25 \sin^2 x - 30 \sin x + 9 = 9 - 9 \sin^2 x$
$34 \sin^2 x - 30 \sin x = 0$,
$\sin x (17 \sin x - 15) = 0$

$(\sin x)_1 = 0$	$(\sin x)_2 = 15/17$
$x_{11} = 0$	$x_{21} = 61{,}92°$
$x_{12} = \pi$	$x_{22} = 118{,}08°$

Die Probe zeigt, daß nur $x_{12} = \pi \mathrel{\hat=} 180°$ und $x_{21} = 61{,}92°$ Lösungen sind. Graphisch ergeben sich die Lösungen als Abszissen der Schnittpunkte der Kurven der beiden Funktionen $y_1 = 5 \sin x$ und $y_2 = 3 \cos x + 3$ (Abb. 10.2-1).

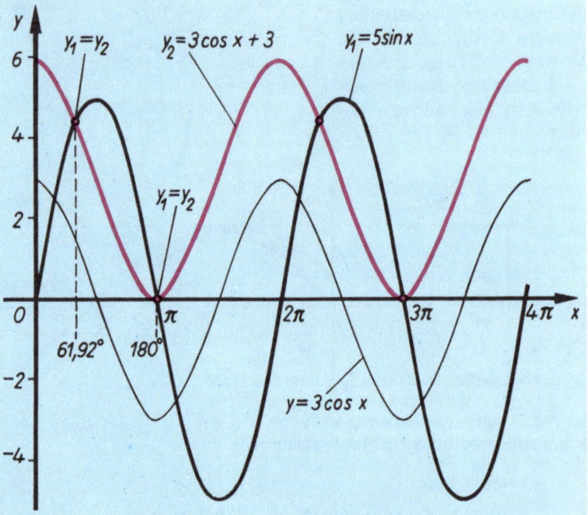

10.2-1 Kurven der Funktionen $y_1 = 5 \sin x$ und $y_2 = 3 \cos x + 3$ sowie ihre Schnittpunkte

Beispiel 4: Die Gleichung $a \cos x + b \sin x = c$ mit $c^2 \leqslant a^2 + b^2$ kann auch mit Hilfe des Additionstheorems der Kosinusfunktion gelöst werden, wenn man beide Seiten durch $r = +\sqrt{a^2 + b^2}$ dividiert und setzt $a/(+\sqrt{a^2 + b^2}) = \cos h$, $b/(+\sqrt{a^2 + b^2}) = \sin h$, $\tan h = b/a$. Sie lautet dann $\cos h \cos x + \sin h \sin x = c/(+\sqrt{a^2 + b^2})$ oder $\cos (x - h) = c/(+\sqrt{a^2 + b^2})$; $x - h = \arccos [c/(+\sqrt{a^2 + b^2})]$. Die Hilfswinkelgröße h ist aus $\tan h = b/a$ *eindeutig* bestimmbar. Damit ist auch x bekannt, man erhält zwei Lösungen zwischen 0 und 2π. Für die Zahlenwerte $a = -3$, $b = 5$, $c = 3$ erhält man:

$$-3 \cos x + 5 \sin x = 3,$$

$\tan h = 5/(-3) = \sin h/\cos h$. Wegen $\sin h > 0$ und $\cos h < 0$ liegt h im II. Quadranten; $h = 120{,}97°$. Aus $\cos (x - h) = 3/(+\sqrt{34}) = 0{,}5145$ folgt $(x - h_1) = 59{,}03°$ oder $(x - h)_2 = -59{,}03°$, d. h., $x_1 = 180° \mathrel{\hat=} \pi$ und $x_2 = 61{,}94°$.

Enthält die goniometrische Gleichung nur Terme einer goniometrischen Funktion, etwa $\cot T_1$, $\cot T_2, \ldots$, jedoch mit verschiedenen Argumenten $T_1, T_2, \ldots$, so kann unter Umständen eine Zurückführung auf den Grundtyp erfolgen; z. B. mit Hilfe der Additionstheoreme, falls alle T_i ganzzahlige Vielfache eines einzigen Terms T sind.

Beispiel 5: $\dfrac{2 \cot 2x}{1 - 3 \cot x} = 1/2$ oder $4 \cot 2x = 1 - 3 \cot x$. Mit $\cot 2x = (\cot^2 x - 1)/(2 \cot x)$ ergibt sich $2(\cot^2 x - 1)/\cot x = 1 - 3 \cot x \rightarrow 5 \cot^2 x - \cot x - 2 = 0$. Mit $\cot x = u$ erhält man $u^2 - {}^1/_5 u - {}^2/_5 = 0$;

$$u = 1/10 \pm \sqrt{41}/10, \quad \text{d. h.,} \quad u_{\mathrm{I}} = (\sqrt{41} + 1)/10,$$
$$u_{\mathrm{II}} = -(\sqrt{41} - 1)/10 \text{ (Abb. 10.2-2).}$$

Lösungen für $0 \leqslant x < 2\pi$

$(\cot x)_{\mathrm{I}} = 0{,}7403$

$x_1 = 0{,}9335$ (53,5°)
$x_2 = 4{,}0751$ (233,5°)

$(\cot x)_{\mathrm{II}} = -0{,}5403$

$x_3 = 2{,}0662$ (118,4°)
$x_4 = 5{,}2078$ (298,7°)

Probe: Alle 4 Werte erfüllen die Gleichung.

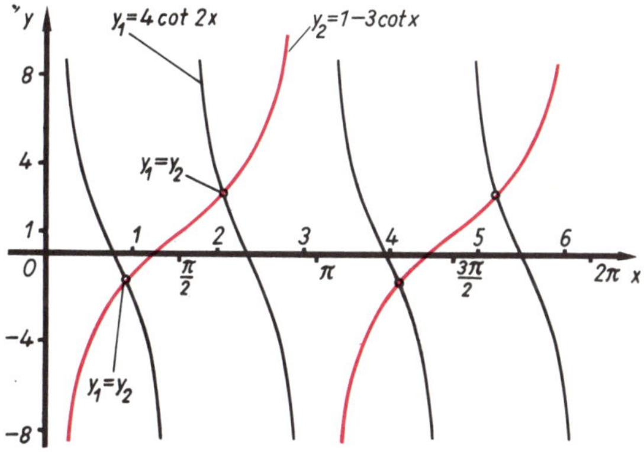

10.2-2 Kurven der Funktionen $y_1 = 4\cot 2x$ und $y_2 = 1 - 3\cot x$ sowie ihre Schnittpunkte

Die Formel für $\cot 2x$ ist für die Werte 0 und π nicht benutzbar; aus der gegebenen Gleichung sieht man unmittelbar, daß diese Werte nicht Lösungen der Gleichung sind. Die weiteren Beispiele zeigen, daß eine Rückführung auf den Grundtyp auch in anderen Fällen möglich sein kann.

Beispiel 6: $\sin(2x + \pi) - \sqrt{2}\cos x = 0$; $0 \leqslant x < 2\pi$ (Abb. 10.2-3).
Mittels Quadrantenrelation oder Additionstheorems erhält man $-\sin 2x - \sqrt{2}\cos x = 0$ oder $2\sin x\cos x = \sqrt{2}\cos x = 0$ bzw.

$$(2\sin x + \sqrt{2}) \cdot \cos x = 0.$$

$\sin x = -\sqrt{2}/2$, Quadrant III. $x_1 = 5\pi/4$ Quadrant IV. $x_2 = 7\pi/4$	$\cos x = 0$ $x_3 = \pi/2$ $x_4 = 3\pi/2$

Die Probe ergibt die Richtigkeit der Lösungen.

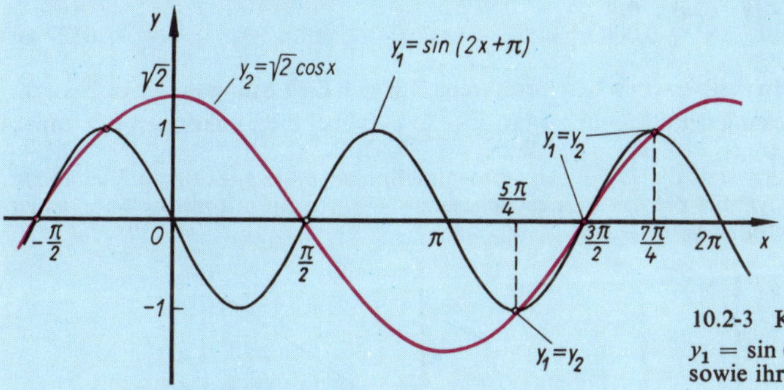

10.2-3 Kurven der Funktionen $y_1 = \sin(2x + \pi)$ und $y_2 = \sqrt{2}\cos x$ sowie ihre Schnittpunkte

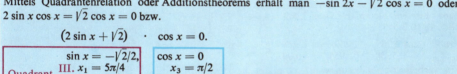

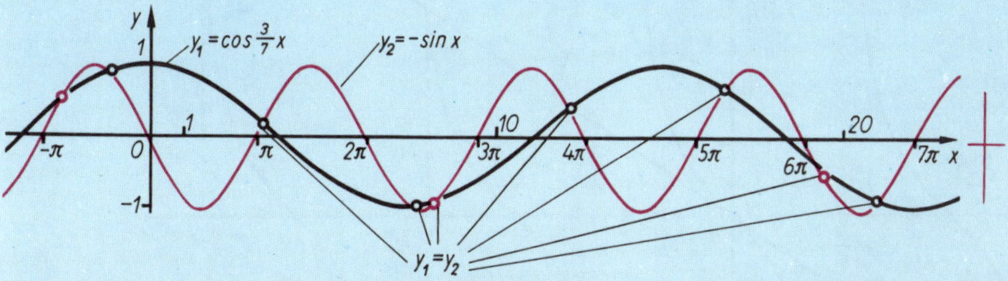

10.2-4 Kurven der Funktionen $y_1 = \cos(3x/7)$ und $y_2 = -\sin x$; die rot gekennzeichneten Schnittpunkte gehören zu x_1, die schwarz gekennzeichneten zu x_2

Beispiel 7: Die Gleichung $\cos(3x/7) + \sin x = 0$ läßt sich mittels $\sin x = \cos(\pi/2 - x)$ und der Formel $\cos\alpha + \cos\beta = 2\cos[(\alpha + \beta)/2]\cos[(\alpha - \beta)/2]$ vereinfachen:

$$\cos(3x/7) + \cos(\pi/2 - x) = 0,$$
$$2\cos(\pi/4 - 2x/7) \cdot \cos(5x/7 - \pi/4) = 0.$$

$$\cos(\pi/4 - 2x/7) = 0,$$
$$\pi/4 - 2x/7 = \pi/2 + k\pi,$$
$$x_1 = -7\pi/8 - 7k\pi/2.$$

$$\cos(5x/7 - \pi/4) = 0,$$
$$5x/7 - \pi/4 = \pi/2 + k\pi \quad \text{oder} \quad 5x/7 = 3\pi/4 + k\pi,$$
$$x_2 = 21\pi/20 + 7k\pi/5.$$

Da k die Werte 0, ± 1, ± 2, ... annehmen kann, darf man statt $-7k\pi/2$ auch $+7k\pi/2$ schreiben.

$$x_1 = -7\pi/8 + 7k\pi/2; \qquad x_2 = 21\pi/20 + 7k\pi/5.$$

Die Probe zeigt, daß sämtliche Werte die Gleichung erfüllen. Zu beachten ist, daß die Lösungen für benachbarte ganze Zahlen k um $7\pi/2$ bzw. um $7\pi/5$ gegeneinander versetzt sind (Abb. 10.2-4).

Gemischt-goniometrische Gleichungen

Gemischt-goniometrische Gleichungen lassen sich nur graphisch oder durch Iterationsverfahren lösen (vgl. Kap. 29.2. – Nullstellenbestimmung).

Beispiel 1: Die Lösungen der Gleichungen $\cos x - x/2 + 1{,}7 = 0$ sind die Abszissen der Schnittpunkte der Kurven mit den Funktionsgleichungen $y_1 = \cos x$, $y_2 = x/2 - 1{,}7$. Sie haben nur einen Schnittpunkt mit der Abszisse $x_0 \approx 2{,}21$. Zeichnet man die Umgebung des Schnittpunktes vergrößert, so kann die Ablesegenauigkeit verbessert werden; hier erhält man $x_0 \approx 2{,}209$ (Abbildung 10.2-5).

Probe: $\cos 2{,}209 - 2{,}209/2 + 1{,}7 =$
$- 0{,}5958 + 0{,}5955 = -0{,}003.$

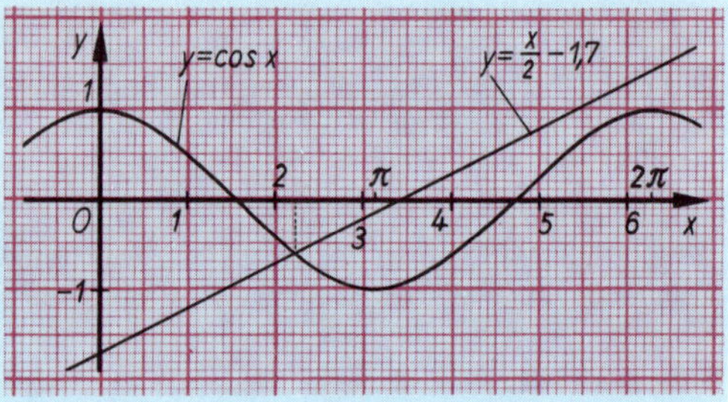

10.2-5 Graphische Lösung der Gleichung $\cos x = x/2 - 1{,}7$

Ein verbesserter Näherungswert x_1 ergibt sich nach dem Newtonschen Näherungsverfahren: $x_1 = x_0 - f(x_0)/f'(x_0)$ mit $f(x_0) = \cos x_0 - x_0/2 + 1{,}7 = -0{,}0003$ und $f'(x_0) = -\sin x_0 - {}^1/_2 = -1{,}3032$ zu $x_1 = 2{,}2088$.

Durch mehrmaliges Anwenden des Newtonschen Verfahrens läßt sich die Lösung weiter verbessern.

Beispiel 2: Die graphische Lösung der Gleichung $3\tan x - 2x = 0$ über die Funktionen $y_1 = \tan x$, $y_2 = 2x/3$ liefert die Lösungen $x_1 = 0$, $x_2 = \pm 4{,}38$, $x_3 = \pm 7{,}65$, ...

Für größer werdende x nähern sich die Lösungen immer mehr den ungeradzahligen Vielfachen von $\pi/2$. Zu jeder Lösung x_0 gehört die dazu entgegengesetzte $-x_0$; denn mit $\tan x_0 = {}^2/_3 x_0$ ist auch $\tan(-x_0) = -{}^2/_3 x_0$ erfüllt (Abb. 10.2-6).

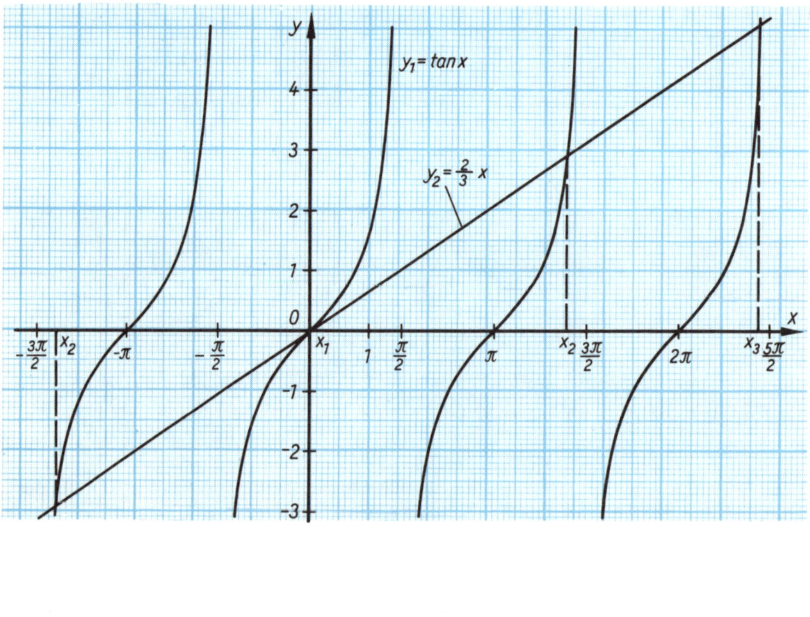

10.2-6 Graphische Lösung der Gleichung $3\tan x - 2x = 0$

11. Ebene Trigonometrie

Die in der Goniometrie geschilderten trigonometrischen Funktionen machen es möglich, in ebenen, geradlinig begrenzten Figuren auch Winkel zum Berechnen unbekannter Stücke zu benutzen. Oft lassen sich sogar Winkel bei geringerem Arbeitsaufwand mit größerer Genauigkeit messen als Strecken. Wie schon der Name sagt, versteht man unter Trigonometrie [Dreiwinkelmessung] das Messen oder das Berechnen von Dreiecken, in die jede geradlinig begrenzte Figur durch Diagonalen zerlegt werden kann; dabei ist stets an die Benutzung der Größen gemessener Winkel gedacht.

11.1. Berechnung rechtwinkliger Dreiecke

Allgemeine Behandlung

In der Goniometrie wird die Definition der trigonometrischen Funktionen im rechtwinkligen Dreieck gegeben und danach mit Hilfe des Einheitskreises auf beliebige Winkel erweitert. Diese Definitionen enthalten alle Beziehungen zwischen Strecken und Winkeln im rechtwinkligen Dreieck, genügen somit, um aus zwei gegebenen Stücken alle anderen zu berechnen.

Bezeichnet man im rechtwinkligen Dreieck ABC (Abb. 11.1-1) den rechten Winkel mit γ, die Längen der Katheten mit a und b und die der Hypotenuse mit c, so stehen aus der Geometrie zusätzlich zwei Beziehungen zur Verfügung:

1. der pythagoreische Lehrsatz: $c^2 = a^2 + b^2$,
2. die Tatsache, daß jeder der Winkel an der Hypotenuse Komplementwinkel des anderen ist: $\alpha + \beta = 90°$.

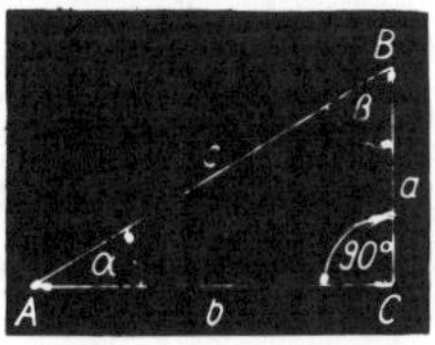

11.1-1 Rechtwinkliges Dreieck

Nach diesen Beziehungen oder durch Umbenennen des Dreiecks lassen sich alle Fälle für die Auswahl von zwei Stücken aus a, b, c, α und β auf nur vier Fälle zurückführen, nämlich c, α; c, a; a, α und a, b, für die im folgenden die Lösungen angegeben werden.

I. Gegeben die Hypotenusenlänge c und die Größe eines anliegenden Winkels, z. B. α:
1. $\beta = 90° - \alpha$; 2. $\sin\alpha = a/c$, $a = c\sin\alpha$; 3. $\cos\alpha = b/c$, $b = c\cos\alpha$.

II. Gegeben die Hypotenusenlänge c und eine Kathetenlänge, z. B. a:
1. $\sin\alpha = a/c$; 2. $\beta = 90° - \alpha$; 3a. $b = \sqrt{c^2 - a^2}$ oder mit Hilfe des berechneten Winkels α: 3b. $\cot\alpha = b/a$, $b = a\cot\alpha$; bzw. 3c. $\cos\alpha = b/c$, $b = c\cos\alpha$.

III. Gegeben eine Kathetenlänge, z. B. a und eine Winkelgröße, z. B. α:
1. $\beta = 90° - \alpha$; 2. $\cot\alpha = b/a$; $b = a\cot\alpha$; 3. $\sin\alpha = a/c$, $c = a/\sin\alpha$ oder mit Hilfe des berechneten Winkels β: 2a. $\tan\beta = b/a$, $b = a\tan\beta$; 3a. $\cos\beta = a/c$, $c = a/\cos\beta$.

IV. Gegeben die beiden Kathetenlängen a, b:
1. $\tan\alpha = a/b$; 2. $\beta = 90° - \alpha$; 3a. $c = \sqrt{a^2 + b^2}$ oder mit Hilfe des berechneten Winkels α: 3b. $c = a/\sin\alpha$ bzw. 3c. $c = b/\cos\alpha$.

Rechenkontrollen, Genauigkeit. Meist wird versucht, nur mit den gegebenen Stücken die Lösungen zu finden. *Nebenlösungen* mit Hilfe schon berechneter Stücke lassen sich als Rechenkontrollen verwenden; denn für dasselbe, aber auf verschiedenen Wegen berechnete Stück muß sich theoretisch derselbe Wert ergeben. Eine andere *Rechenkontrolle* beruht auf dem Satze, daß die Summe der Winkel im Dreieck 180° beträgt. In der Vermessungskunde sind für fast jede trigonometrische Berechnung Kontrollen vorgesehen. Bei der Bewertung etwaiger Abweichungen ist zu bedenken,

daß für ein vorgegebenes kleines Intervall $\Delta\varphi$ einer Winkelgröße φ der Fehler Δy verschiedener trigonometrischer Funktionen verschieden groß ist, in Abb. 11.1-2 z. B. ergibt die gleiche Winkeldifferenz $\Delta_1\varphi$ die Differenzen $\Delta_1 y$ für $y = \cos\varphi$, $\Delta_2 y$ für $y = \sin\varphi$ und $\Delta_3 y$ für $y = \tan\varphi$, von denen $\Delta_3 y$ den größten Betrag hat.
Umgekehrt allerdings kann bei einem gegebenen kleinen Intervall $\Delta_2 y$ der *Winkelwert* aus der Tangensfunktion und aus der Kotangensfunktion mit größerer Genauigkeit bestimmt werden als aus den beiden anderen Funktionen, weil die ihm entsprechenden Intervalle $\Delta\varphi$ kleiner sind. Speziell für die Funktion $y = \sin\varphi$ zeigt die Abbildung b noch einmal die Abhängigkeit zwischen der Größe des Intervalls Δy der Funktionswerte und der Größe des Winkelintervalls $\Delta\varphi$. Für kleine Winkelwerte in der Umgebung von $\varphi = 0°$ ist Δy groß, für große Werte in der Umgebung von $\varphi = 90°$ dagegen klein; im ersten Fall läßt sich die Winkelgröße φ mit größerer Genauigkeit aus dem gefundenen Sinuswert bestimmen als im zweiten.

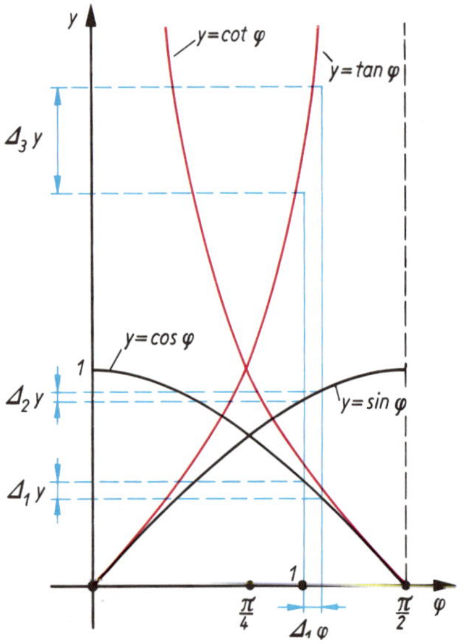

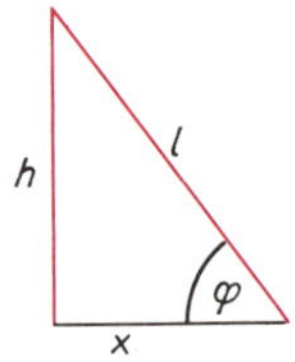

11.1-3 Neigung einer Leiter gegen eine Wand

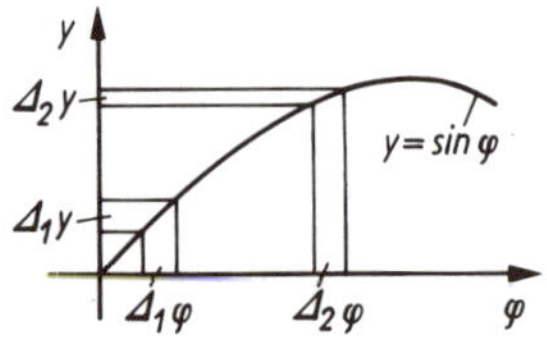

11.1-2 Zur Genauigkeit bei der Bestimmung der Werte trigonometrischer Funktionen

Die Genauigkeit der *Rechenkontrolle* muß allerdings im Einklang stehen mit der der *gemessenen Werte*. Soll berechnet werden, welchen Winkel φ eine $l = 1{,}50$ m lange Leiter gegen die Horizontale bildet, wenn sie bis zur Höhe $h = 1{,}20$ m an einer senkrechten Wand lehnt (Abb. 11.1-3), so erhält man $\sin\varphi = 1{,}2/1{,}5 = 0{,}8$ sowie für den Abstand x ihres Fußpunktes von der Mauer $x = \sqrt{1{,}5^2 - 1{,}2^2} = 0{,}90$ m.
Zur Kontrolle wird gerechnet $x_s = 1{,}5\cos\varphi$ und $x_t = 1{,}2\cot\varphi$. Der bei Rechnung mit 4 Dezimalen erhaltene Wert $\varphi_1 = 53°$ ergibt mit $x_{s1} = 0{,}903$ und $x_{t1} = 0{,}904$ Werte, die der Genauigkeit von l und h entsprechen. Bei 7 Dezimalen erhält man die wenig sinnvollen Werte $\varphi_2 = 53°7'48{,}4''$, $x_{s2} = 0{,}9000000$ und $x_{t2} = 0{,}8999996$. Der Abstand der Leiter wird kaum auf 4 Millimeter und erst recht nicht auf 4 zehntausendstel Millimeter genau gemessen.
Zur Steigerung der sachlichen Genauigkeit werden im Vermessungswesen überschüssige Stücke gemessen und mit den Methoden der Fehler- und Ausgleichsrechnung die wahrscheinlichsten Werte berechnet (vgl. 28.2. - Ausgleich von bedingten Beobachtungen).

Anwendungen

Länge einer Kreissehne. Der Peripherie- oder Umfangswinkel über der Sehne s eines Kreises mit dem Radius r ist halb so groß wie der zugehörige Zentri- oder Mittelpunktswinkel (Abb. 11.1-4). Fällt man vom Mittelpunkt M des Kreises das Lot auf die Sehne s, so entstehen zwei kongruente rechtwinklige Dreiecke, das Lot halbiert den Zentriwinkel und die Sehne, und es gilt:

$$\sin\gamma = s/(2r) \quad \text{oder} \quad s = 2r\sin\gamma.$$

Bezeichnet man den Scheitel des Umfangswinkels γ mit C, so ist der Kreis um M mit dem Radius r der Umkreis des Dreiecks ABC, und die Sehne s ist die Dreiecksseite c. Mit den Winkelgrößen $\alpha = |\sphericalangle BAC|$ und $\beta = |\sphericalangle ABC|$ gilt dann $c = 2r\sin\gamma$ und entsprechend $a = 2r\sin\alpha$ sowie $b = 2r\sin\beta$.

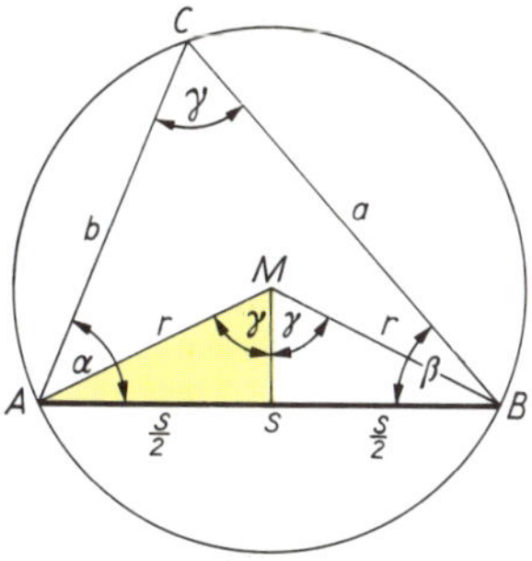

11.1-4 Kreissehne

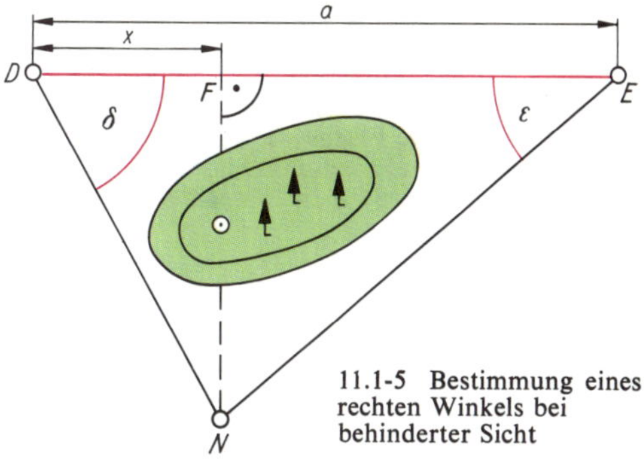

11.1-5 Bestimmung eines rechten Winkels bei behinderter Sicht

Bestimmung eines rechten Winkels bei behinderter Sicht. Von der geradlinig zwischen den Orten D und E (Abb. 11.1-5) verlaufenden Wasserleitung soll eine Zweigleitung senkrecht nach dem Ort N abgezweigt und der dazwischenliegende Höhenrücken zum Bau eines Wasserturms benutzt werden. Vom gesuchten Abzweigpunkt F ist keine Sicht nach N, wohl aber von D und E aus. Es werden die Länge $a = |DE|$ und die Winkel $\delta = |\sphericalangle\,(DN, DE)|$ und $\varepsilon = |\sphericalangle\,(ED, EN)|$ gemessen. Die Lage von F auf DE soll durch die Länge $x = |DF|$ festgelegt werden. Aus den rechtwinkligen Dreiecken DFN und EFN erhält man:

$|FN| = x \tan \delta$ bzw. $|FN| = (a - x) \tan \varepsilon$, folglich $x \tan \delta = (a - x) \tan \varepsilon$ und daraus $x (\tan \delta + \tan \varepsilon) = a \tan \varepsilon$ bzw. $x = a \cdot \tan \varepsilon / (\tan \delta + \tan \varepsilon)$.

Bestimmung von Höhen. Die Höhe eines Baumes läßt sich bestimmen (Abb. 11.1-6), wenn man im Punkte A den Erhebungswinkel ψ gegenüber der Horizontalen zur Spitze des Baumes, die Entfernung s vom Beobachtungsstandpunkt S bis zum Fußpunkt F des Baumes und die Höhe h_2 des Meßgeräts mißt. Dann ist $h_1 = s \tan \psi$ und die tatsächliche Baumhöhe $H = h_1 + h_2 = s \tan \psi + h_2$.

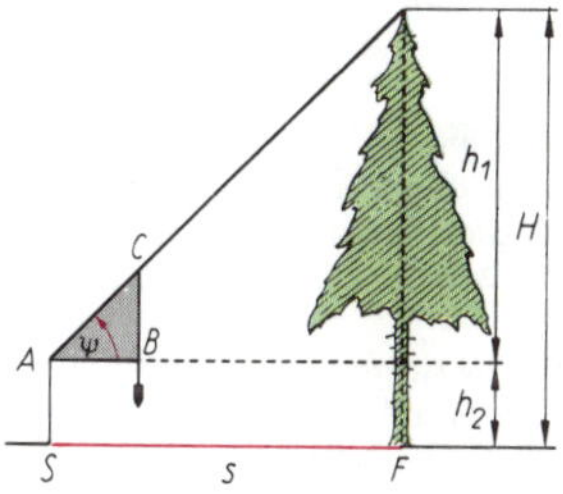

11.1-6 Bestimmung der Höhe eines Baumes

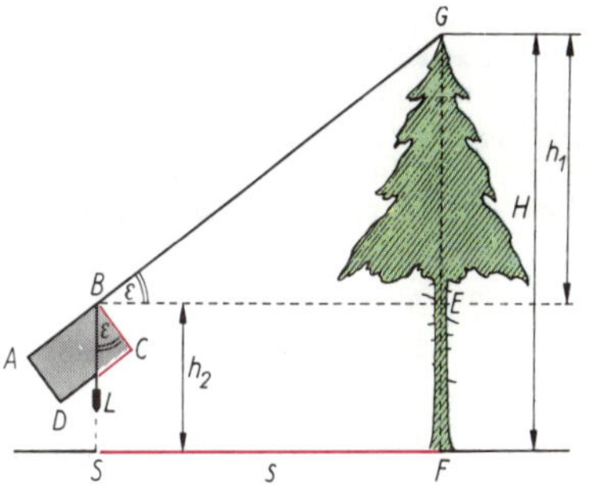

11.1-7 Höhenmessung des Försters

Näherungsweise Höhenbestimmung. 1. Anstatt den Erhebungswinkel ψ zu messen, kann die Baumspitze längs der Hypotenuse eines *gleichschenklig-rechtwinkligen Dreiecks ABC* anvisiert werden, wobei mittels eines Lotes die Kathete CB senkrecht gehalten wird. Wegen $\psi = 45°$ gilt dann $h_1 = s$, $H = s + h_2$.
Dieses Verfahren ist nur dann anwendbar, wenn genügend Platz für die Wahl des Standpunktes S vorhanden ist. Andernfalls kann man eine andere, in der Forstwirtschaft übliche Methode anwenden.
2. Ein *Rechteck ABCD* aus Holz oder Pappe wird an einer Stelle, von der aus die Baumspitze zu sehen ist, so gehalten, daß man über die Kante AB die Spitze G anvisiert (Abb. 11.1-7).
Ein im Punkt B befestigtes Lot schneidet dann auf der Rechteckkante CD eine Strecke CL ab. Da die entsprechenden Schenkel paarweise aufeinander senkrecht stehen, sind die eingezeichneten Winkel ε einander gleich und die rechtwinkligen Dreiecke BCL und BEG ähnlich; dann gilt: $|GE| : |BE| = \tan \varepsilon = |CL|/|BC|$. Macht man $|BC| = 10$ cm lang und teilt die Kante $|CD|$ ebenfalls in Zentimeter ein, so wird $|CL| : |BC| = |CL|/10$ stets ein Dezimalbruch, dessen Wert $\tan \varepsilon$ angibt. Das in dieser Weise

„geeichte" Rechteck $ABCD$ ist eine verkappte *Tangenstafel*, die sich besonders einfach handhaben läßt. Aus $h_1 = |GE| = s \tan \varepsilon$ ergibt sich die Baumhöhe $H = s \tan \varepsilon + h_2 = s \cdot |CL|/10 + h_2$.

Bestimmung der Sonnenhöhe. Aus der Länge b des *Schattens*, den ein *senkrechter Stab* von der Länge s auf eine horizontale Fläche wirft (Abb. 11.1-8), läßt sich der Winkel φ bestimmen, den die Sonnenstrahlen gegen die Horizontale bilden; er wird Sonnenhöhe genannt. Man erhält: $\tan \varphi = s/b$ oder $\cot \varphi = b/s$. Hat der Stab die Länge 1 m, so gibt die in Metern gemessene Schattenlänge b unmittelbar den Wert von $\cot \varphi$ an.

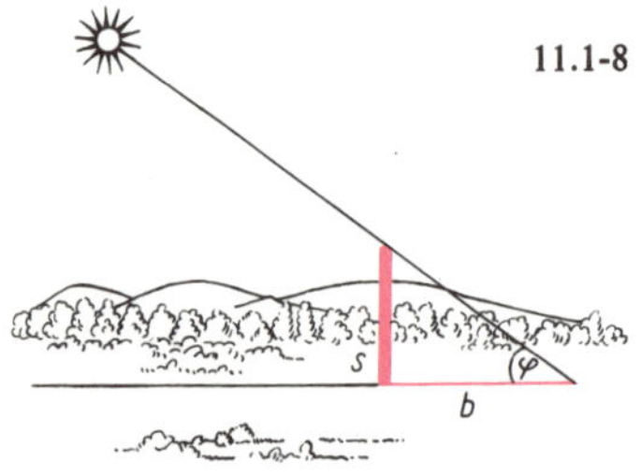

11.1-8 Sonnenhöhe

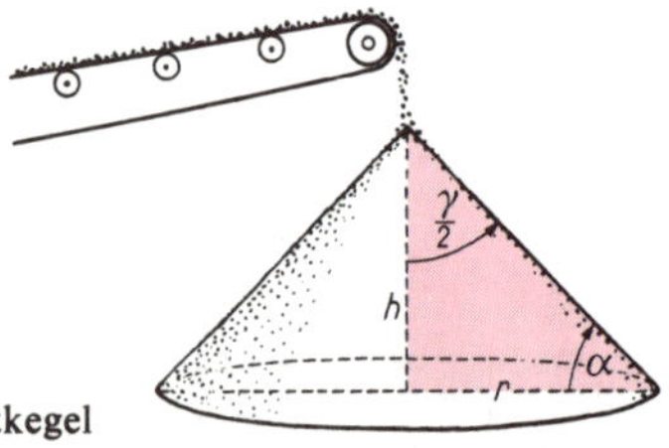

11.1-9 Schüttkegel

Schüttwinkel. Befördert man Sand über ein feststehendes Förderband, so entsteht nach dem Abfallen ein kegelförmiger Sandhaufen, ein *Schüttkegel* (Abb. 11.1-9). Sein Inhalt läßt sich aus der Länge des Durchmessers $d = 2r$ des Grundkreises und dem *Schüttwinkel* genannten Anstiegswinkel α der Kegelmantellinie gegen die Horizontale berechnen; man findet, wenn h die Höhe des Kegels bedeutet: $V = {}^1/_3 \pi r^2 h$, wobei $h = r \tan \alpha$, also $V = {}^1/_3 \pi r^3 \tan \alpha$.
Wird an Stelle des Schüttwinkels α der Winkel γ an der Spitze verwendet, so erhält man $h = r \cot (\gamma/2)$ und

$$V = {}^1/_3 \pi r^3 \cot (\gamma/2).$$

Für Sand hat der Schütt- oder Böschungswinkel ungefähr den Wert 33°, an Vulkankegeln rund 36°.

Neigungswinkel der Flächen im regelmäßigen Tetraeder und Oktaeder. Das regelmäßige *Tetraeder* wird von vier kongruenten gleichseitigen Dreiecken und sechs gleich langen Kanten k begrenzt. Der Neigungswinkel ν zweier Dreiecksflächen gegeneinander wird sichtbar an einem ebenen Schnitt des Tetraeders, der eine Kante BD enthält, die zu ihr windschiefe Kante AC halbiert und auf ihr senkrecht steht (Abb. 11.1-10). Die Schnittfigur BDM ist ein gleichschenkliges Dreieck, die Schenkel sind Seitenflächenhöhen $h = {}^1/_2 k \sqrt{3}$; die Raumhöhe η steht senkrecht auf einem Schenkel und teilt ihn im Verhältnis $|MF| : |FB| = 1 : 2$, da im gleichseitigen Dreieck ABC die Höhen zugleich Mittellinien sind. Im rechtwinkligen Dreieck MFD ist h Hypotenuse und $|MF| = h/3$ die Länge der Kathete. Mithin gilt $\cos \nu = (h/3) : h = 1/3$, $\nu = 70°31'44''$

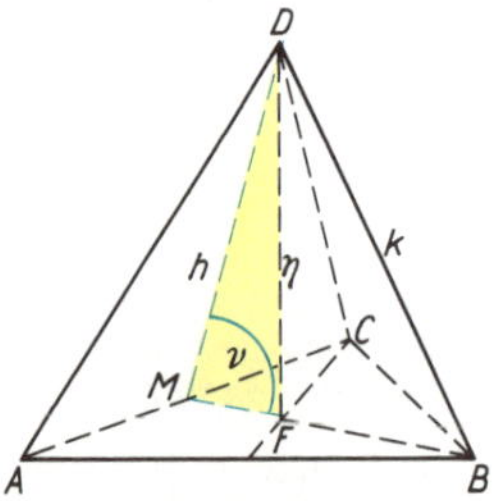

11.1-10 Tetraeder

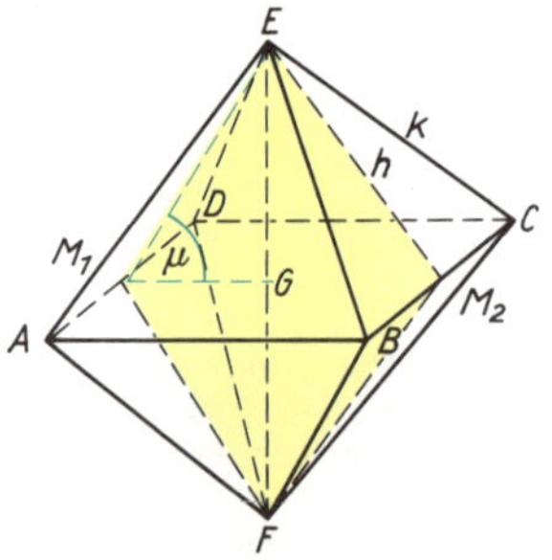

11.1-11 Oktaeder

Das *Oktaeder* wird von acht kongruenten gleichseitigen Dreiecken und 12 gleich langen Kanten k begrenzt. Der Neigungswinkel 2μ zweier Dreiecksflächen gegeneinander wird sichtbar in einem ebenen Schnitt durch zwei gegenüberliegende Ecken E, F und durch die Mitten M_1, M_2 zweier zueinander paralleler Kanten ($AD \parallel BC$), die zur Verbindungsgeraden EF der Ecken windschief liegen (Abbildung 11.1-11). Die Schnittfigur ist ein Rhombus von der Seitenlänge $h = {}^1/_2 k \sqrt{3}$, dessen Diagonalen die Länge $|EF| = k\sqrt{2}$ und $|M_1 M_2| = k$ haben, einander und die Rhombuswinkel halbieren und senkrecht aufeinander stehen. Im rechtwinkligen Dreieck $M_1 GE$ ergibt sich danach für die Größe des halben Neigungswinkels μ:

$$\cos \mu = \frac{k/2}{{}^1/_2 k \sqrt{3}} = \frac{1}{\sqrt{3}} = {}^1/_3 \sqrt{3}; \quad \mu = 54°44'07'' \text{ oder } 2\mu = 109°28'14''.$$

11.2. Die trigonometrischen Funktionen im allgemeinen Dreieck

Die der Messung zugänglichen Stücke liegen in vielen Fällen nicht in rechtwinkligen Dreiecken. Es wurden deshalb für das allgemeine Dreieck Beziehungen zwischen den Größen der Seiten und Winkel aufgestellt. Die wichtigsten sind der Sinus- und der Kosinussatz. Sie genügen für jede Berechnung; wegen der in ihm auftretenden Summe aus Quadraten und einem Produkt ist der Kosinussatz wenig vorteilhaft für die Berechnung. Er kann durch den Tangens- bzw. den Halbwinkelsatz ersetzt werden.

Die Sätze der ebenen Trigonometrie

Der Sinussatz. Jedes Dreieck ABC hat einen *Umkreis*, dessen Mittelpunkt M der Schnittpunkt der Mittelsenkrechten ist. In ihm sind die *Seiten Sehnen* und die gegenüberliegenden Innenwinkel Peripheriewinkel (Abb. 11.1-4). Wird die Länge des Umkreisradius mit r bezeichnet, so lassen sich die Seiten als Kreissehnen berechnen: $a = 2r \sin\alpha$, $b = 2r \sin\beta$, $c = 2r \sin\gamma$. Daraus erhält man für die Länge des Durchmessers $2r = a/\sin\alpha = b/\sin\beta = c/\sin\gamma$.

Sinussatz	$\dfrac{a}{\sin\alpha} = \dfrac{b}{\sin\beta} = \dfrac{c}{\sin\gamma}$ oder $a : b : c = \sin\alpha : \sin\beta : \sin\gamma$

Im Dreieck ist das Verhältnis jeder Seitenlänge zum Sinus des gegenüberliegenden Innenwinkels eine Konstante, die Länge des Durchmessers des Umkreises.

Sinussatz. Im ebenen Dreieck verhalten sich die Längen von zwei Seiten wie die Sinus der gegenüberliegenden Winkel.

Der Sinussatz verbindet gegenüberliegende Stücke. Sind in einem allgemeinen Dreieck drei Stücke gegeben, von denen sich zwei gegenüberliegen, so läßt sich zum dritten das gegenüberliegende berechnen; zu a, α und b z. B. bestimmt man β aus $\sin\beta/\sin\alpha = b/a$, $\sin\beta = (b/a)\sin\alpha$, oder zu b, β und γ findet man aus $c/b = \sin\gamma/\sin\beta$ die Seitenlänge $c = b \cdot \sin\gamma/\sin\beta$. Bei der Berechnung eines Winkels nach dem Sinussatz ist allerdings zu beachten, daß sich aus dem Werte von $\sin\varphi$ zwei Winkelgrößen φ_1 und φ_2 ergeben, wie man am Einheitskreis erkennen kann. Der eine dieser Winkel ist spitz, der andere ergänzt ihn zu 180°; $\varphi_1 + \varphi_2 = 180°$. Es ist von Fall zu Fall zu entscheiden, welcher dieser Winkel den geometrischen Gegebenheiten entspricht.

Der Kosinussatz. Im Dreieck ABC sei D der Fußpunkt der Höhe h_c und $m(AD) = q$ die Maßzahl der Projektion der Seite b auf die Seite c (Abb. 11.2-1). Diese Projektion $q = b\cos\alpha$ ist positiv für spitze Winkel α und negativ für stumpfe. Die Strecke DB hat für beliebige Winkel α die Länge $c - q = m(DB)$. Die Höhe h_c hat stets die Länge $h_c = b\sin\alpha$. Im rechtwinkligen Dreieck DBC erhält man nach dem pythagoreischen Lehrsatz $a^2 = h_c^2 + (c-q)^2 = b^2\sin^2\alpha + c^2 + b^2\cos^2\alpha - 2cb\cos\alpha$ oder $a^2 = b^2 + c^2 - 2bc\cos\alpha$. Entsprechende Beziehungen lassen sich mit den Höhen h_a bzw. h_b finden. Formal ergeben sie sich durch *zyklisches Vertauschen*, bei dem a in b, b in c und c in a übergehen und entsprechend die Winkel α in β, β in γ und γ in α.

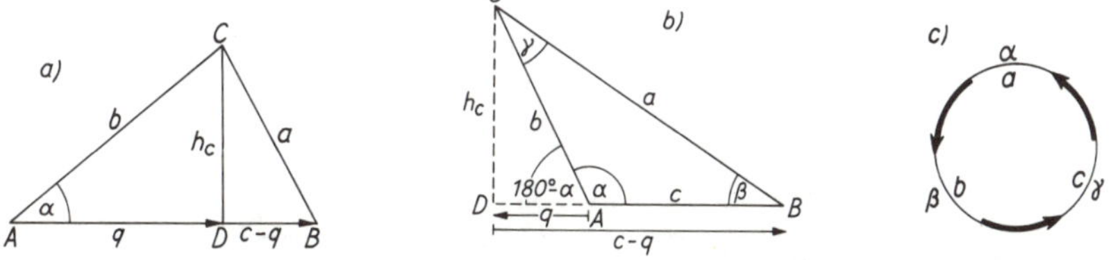

11.2-1 Zum Kosinussatz: a) für spitzwinklige, b) für stumpfwinklige Dreiecke, c) zyklisches Vertauschen

Kosinussatz	$a^2 = b^2 + c^2 - 2bc\cos\alpha$, $b^2 = c^2 + a^2 - 2ca\cos\beta$, $c^2 = a^2 + b^2 - 2ab\cos\gamma$

Kosinussatz. Im ebenen Dreieck ist das Quadrat einer Seitenlänge gleich der Summe der Quadrate der beiden anderen Seitenlängen vermindert um das doppelte Produkt aus diesen Seitenlängen und dem Kosinus des von diesen Seiten eingeschlossenen Winkels.

Mit dem Kosinussatz kann aus zwei Seiten und dem von ihnen eingeschlossenen Winkel die dritte Seite berechnet werden oder aus drei Seiten ein Winkel:

$$\cos\alpha = (b^2 + c^2 - a^2)/(2bc), \quad \cos\beta = (c^2 + a^2 - b^2)/(2ca), \quad \cos\gamma = (a^2 + b^2 - c^2)/(2ab).$$

Der Tangenssatz. Nach dem Gesetz der korrespondierenden Addition und Subtraktion ergibt sich aus dem Sinussatz durch Anwendung der Additionstheoreme der Tangenssatz, z. B. für die Seiten a, b aus $a:b = \sin\alpha : \sin\beta$ in der Form

$$\frac{a-b}{a+b} = \frac{\sin\alpha - \sin\beta}{\sin\alpha + \sin\beta} = \frac{2\cos[(\alpha+\beta)/2]\sin[(\alpha-\beta)/2]}{2\sin[(\alpha+\beta)/2]\cos[(\alpha-\beta)/2]} = \frac{\tan[(\alpha-\beta)/2]}{\tan[(\alpha+\beta)/2]}\,.$$

Durch zyklisches Vertauschen ergeben sich für die anderen Seitenpaare b, c und c, a die Beziehungen

$$\frac{b-c}{b+c} = \frac{\tan[(\beta-\gamma)/2]}{\tan[(\beta+\gamma)/2]} \quad \text{und} \quad \frac{c-a}{c+a} = \frac{\tan[(\gamma-\alpha)/2]}{\tan[(\gamma+\alpha)/2]}\,.$$

Kennt man in einem Dreieck ABC die Längen zweier Seiten und die Größe des von ihnen eingeschlossenen Winkels, etwa a, b und γ, so ist auch $(\alpha+\beta)/2 = 90° - \gamma/2 = \xi$ bekannt, und aus $\tan[(\alpha-\beta)/2] = [(a-b)/(a+b)] \cdot \tan[(\alpha+\beta)/2]$ kann $[(\alpha-\beta)/2] = \eta$ berechnet werden. Daraus erhält man $\alpha = \xi + \eta$ und $\beta = \xi - \eta$ und damit nach dem Sinussatz die Länge c der dritten Seite. Für Dreiecksberechnungen gibt man deshalb dem Tangenssatz die folgende Form, bei der in Anwendungen stets erreicht werden kann, daß die auftretenden Differenzen positiv sind.

Tangenssatz

$$\tan[(\alpha-\beta)/2] = [(a-b)/(a+b)] \cdot \tan[(\alpha+\beta)/2];\ [(\alpha+\beta)/2] = 90° - \gamma/2$$
$$\tan[(\beta-\gamma)/2] = [(b-c)/(b+c)] \cdot \tan[(\beta+\gamma)/2];\ [(\beta+\gamma)/2] = 90° - \alpha/2$$
$$\tan[(\gamma-\alpha)/2] = [(c-a)/(c+a)] \cdot \tan[(\gamma+\alpha)/2];\ [(\gamma+\alpha)/2] = 90° - \beta/2$$

Der Halbwinkelsatz. Um auch für den Fall dreier gegebener Seiten eine für die praktische Rechnung geeignete Formel zur Verfügung zu haben, setzt man die aus dem Kosinussatz hervorgehende Beziehung für die Winkel $\cos\alpha = (b^2 + c^2 - a^2)/(2bc)$ in die in der Goniometrie abgeleitete Formel $\cos(\alpha/2) = \sqrt{(1+\cos\alpha)/2}$ ein und erhält:

$$\cos\frac{\alpha}{2} = \sqrt{\frac{2bc + b^2 + c^2 - a^2}{4bc}} = \sqrt{\frac{(b+c)^2 - a^2}{4bc}} = \sqrt{\frac{b+c-a}{2} \cdot \frac{b+c+a}{2} \cdot \frac{1}{bc}}\,.$$

Analoge Formeln ergeben sich für $\cos(\beta/2)$ und $\cos(\gamma/2)$. Führt man den Umfang $2s$ des Dreiecks ein und setzt:

$$a + b + c = 2s \quad \text{oder} \quad s = (a+b+c)/2,$$

so wird $s - a = (b + c - a)/2$, $s - b = (a + c - b)/2$, $s - c = (a + b - c)/2$ und damit:

$\cos(\alpha/2) = \sqrt{[(s-a)\cdot s]/(bc)}$, $\cos(\beta/2) = \sqrt{[(s-b)\cdot s]/(ca)}$, $\cos(\gamma/2) = \sqrt{[(s-c)\cdot s]/(ab)}$.

Entsprechend ergeben sich durch Einsetzen der Werte für $\cos\alpha$, $\cos\beta$, $\cos\gamma$ nach dem Kosinussatz in die in der Goniometrie abgeleiteten Formeln

$\sin(\alpha/2) = \sqrt{(1-\cos\alpha)/2}$, $\sin(\beta/2) = \sqrt{(1-\cos\beta)/2}$, $\sin(\gamma/2) = \sqrt{(1-\cos\gamma)/2}$

die Beziehungen $\sin(\alpha/2) = \sqrt{[(s-b)(s-c)]/(bc)}$, $\sin\beta(/2) = \sqrt{[(s-c)(s-a)]/(ca)}$, $\sin(\gamma/2) = \sqrt{[(s-a)(s-b)]/(ab)}$.

Durch Dividieren entsprechender Formeln erhält man den Halbwinkelsatz.

Halbwinkelsatz mit $2s = a + b + c$

$$\tan\frac{\alpha}{2} = \sqrt{\frac{(s-b)(s-c)}{s(s-a)}}, \qquad \tan\frac{\beta}{2} = \sqrt{\frac{(s-c)(s-a)}{s(s-b)}}, \qquad \tan\frac{\gamma}{2} = \sqrt{\frac{(s-a)(s-b)}{s(s-c)}}$$

Für die praktische Rechnung ist zu empfehlen, alle drei Winkelgrößen α, β, γ aus den drei Seiten a, b, c zu berechnen. Die bekannte Winkelsumme im Dreieck gibt dann eine Rechenkontrolle.

Die vier Hauptfälle der Dreiecksberechnung

Von einem Dreieck können gegeben sein: eine Seite und zwei Winkel; zwei Seiten und ein Winkel, der entweder einer Seite gegenüberliegt oder von den Seiten eingeschlossen wird; drei Seiten. Für jeden dieser Fälle wird der Lösungsweg angegeben.

I. Gegeben sind eine Seite und zwei Winkel. Da die Winkelgrößensumme im Dreieck 180° beträgt, ist die Größe des dritten Winkels ebenfalls bekannt. Nach dem Sinussatz lassen sich die fehlenden Seiten berechnen; aus c, α, β folgt z. B. $\gamma = 180° - (\alpha + \beta)$ und $a = c \cdot \sin\alpha/\sin\gamma$ sowie $b = c \cdot \sin\beta/\sin\gamma$.

Beispiel 1: Eine Kraft $F = 65$ N soll so in zwei Teilkräfte F_1 und F_2 zerlegt werden, daß F_1 gegen F einen Winkel von $\delta = 18°$, die Teilkräfte untereinander einen solchen von $\varepsilon = 65°$ einschließen (Abb. 11.2-2). Vom Parallelogramm $ABCD$ ist die Diagonale AC mit $|AC| = F$ gegeben. Die Lage des Punktes B ist bestimmt durch die Winkel mit den Größen $\delta = 18°$ und $\omega = \varepsilon - \delta = 47°$. Im Dreieck ABC gilt:

$$F_1 = F \cdot \sin\omega/\sin(180° - \varepsilon) = F \cdot \sin 47°/\sin 65°;$$
$$F_1 = 52{,}451 \text{ N},$$
$$F_2 = F \cdot \sin\delta/\sin\varepsilon = F \cdot \sin 18°/\sin 65°;$$
$$F_2 = 22{,}162 \text{ N}.$$

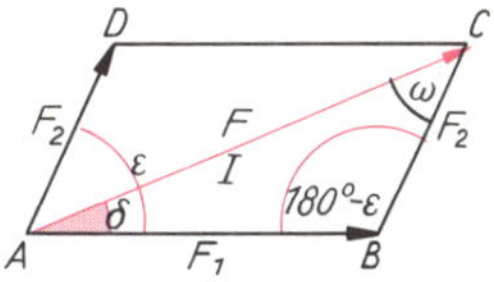

11.2-2 Zerlegung der Kraft F in zwei Komponenten F_1 und F_2

II. Gegeben sind zwei Seiten und ein Winkel, der einer dieser Seiten gegenüberliegt. Sind a, c und γ die gegebenen Stücke (Abb. 11.2-3), dann erhält man:

1. $\sin\alpha = (a/c) \cdot \sin\gamma$; 2. $\beta = 180° - (\alpha + \gamma)$;
3. $b = c \cdot \sin\beta/\sin\gamma$.

Als Lösung kann allerdings Gleichung 1 nur gelten, wenn $(a/c)\sin\gamma \leqslant 1$. Wegen dieser Bedingung sind einige Fälle zu unterscheiden.

II (1) *$a < c$, der gegebene Winkel liegt der größeren Seite gegenüber.* Es existiert stets ein Winkel α, der kleiner als γ sein muß, da er der kleineren Seite gegenüberliegt. Danach ist die Lösung auch *eindeutig*; obgleich für die Winkelgrößen α_1 und $\alpha_2 = 180° - \alpha_1$ die Sinusfunktion denselben Wert hat, ist nur $\alpha_1 < \gamma$ Lösung der Aufgabe.

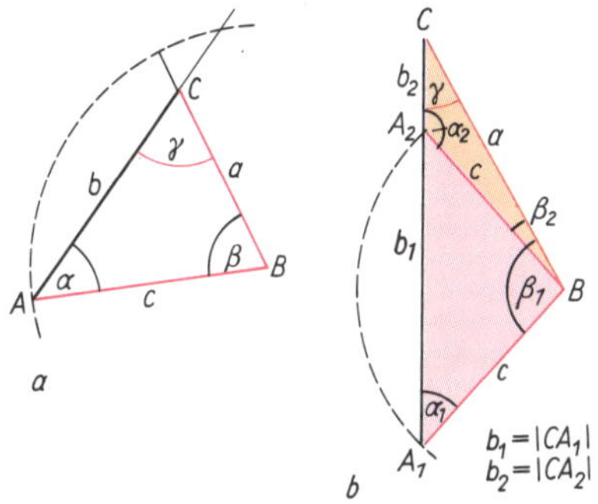

11.2-3 Dreieck aus zwei Seiten und dem einer Seite gegenüberliegenden Winkel; a) eine, b) zwei Lösungen

Beispiel 2: $a = 56{,}9$ m, $c = 68{,}0$ m, $\gamma = 63°57'$.

1. $\sin\alpha = (a/c) \cdot \sin\gamma = 56{,}9/68{,}0 \cdot \sin 63°57'$; $\alpha_1 = 48°45'$; $\alpha_2 = 180° - \alpha_1 = 131°15'$ ist größer als γ und kann deshalb nicht Lösung sein.
2. $\beta = 180° - (\alpha_1 + \gamma)$; $\beta = 67°18'$.
3. $b = c \cdot \sin\beta/\sin\gamma = 68{,}0 \text{ m} \cdot \sin 67°18'/\sin 63°57'$; $b = 69{,}8$ m.

II (2) *$a = c$, das Dreieck ist gleichschenklig,* d. h., $\alpha = \gamma$.

II (3) *$a > c$, der gegebene Winkel liegt der kleineren Seite gegenüber.* Die Strecke a kann so groß sein, daß die Bedingung $\sin\alpha \leqslant 1$ nicht mehr erfüllt ist: II (3,1): *es existiert keine Lösung*, es läßt sich auch kein Dreieck aus den gegebenen Stücken konstruieren, z. B. wenn $c = 2$ cm, $a = 5$ cm, $\gamma = 75°$. II (3,2): $\sin\alpha$ *kann den Wert* 1 *haben, α ist ein Rechter*, wegen $\alpha_2 = 180° - \alpha_1 = \alpha_1$. Lösung und Konstruktion sind *eindeutig*, z. B. $a = 2$ cm, $c = 1$ cm, $\gamma = 30°$. II (3,3): *Ist* $\sin\alpha < 1$, *so ergeben sich rechnerisch zwei Winkelgrößen* α_1 und $\alpha_2 = 180° - \alpha_1$. Da $\sin\alpha > \sin\gamma$, gilt auch $\alpha > \gamma$ sowie $(180° - \alpha_1) + \gamma < 180°$, d. h., auch der Winkel α_2 genügt den geometrischen Bedingungen; die Aufgabe hat *zwei Lösungen.*

Beispiel 3: $a = 87{,}23$ m, $c = 65{,}95$ m, $\gamma = 30{,}42°$. –

1. $\sin\alpha = (87{,}23/65{,}95) \cdot \sin 30{,}42°$; $\alpha_1 = 42{,}04°$; $\alpha_2 = 180° - \alpha_1 = 137{,}96°$; $\alpha_1 > \gamma$, $\alpha_2 > \gamma$.
2. $\beta_1 = 180° - (\alpha_1 + \gamma)$; $\beta_1 = 107{,}54°$, $\beta_2 = 11{,}62°$.
3. $b_1 = 65{,}95 \text{ m} \cdot \sin 107{,}54°/\sin 30{,}42° = 124{,}19$ m und
   $b_2 = 65{,}95 \text{ m} \cdot \sin 11{,}62°/\sin 30{,}42° = 26{,}23$ m.

III. Gegeben sind zwei Seiten und der eingeschlossene Winkel. Die Lösung ergibt sich sowohl nach dem Kosinus- als auch nach dem Tangenssatz. Sind im Dreieck ABC die Stücke b, c, und α gegeben, so ergibt der *Kosinussatz* $a^2 = b^2 + c^2 - 2bc\cos\alpha$ eindeutig $a = \sqrt{b^2 + c^2 - 2bc\cos\alpha}$. Im weiteren Verlauf könnte Winkel β ebenfalls eindeutig nach dem Kosinussatz bestimmt werden, d. h. durch $\cos\beta = (c^2 + a^2 - b^2)/(2ca)$; man zieht aber meist den Sinussatz vor und erhält nach $\sin\beta = (b/a) \cdot \sin\alpha$ zwei rechnerisch mögliche Winkelgrößen β_1 und β_2 als Lösungen dieser Gleichung, von denen nur eine den geometrischen Gegebenheiten entsprechen kann. Nach dem *Tangenssatz* unter der nicht wesentlichen Annahme, daß $c > b$, erhält man der Reihe nach $(\gamma + \beta)/2 = 90° - \alpha/2$, $\tan[(\gamma - \beta)/2] = [(c - b)/(c + b)] \cdot \tan[(\gamma + \beta)/2]$ und aus $(\gamma + \beta)/2$ und $(\gamma - \beta)/2$ die Winkelgrößen β und γ. Die dritte Seitenlänge c kann dann nach dem Sinussatz bestimmt werden, $c = a \cdot \sin\gamma/\sin\alpha$.

Beispiel 4: Zwischen den Orten R und S soll ein Kabel geradlinig durch bewaldetes Gelände verlegt werden. Zwischen R und S ist keine freie Sicht, wohl aber läßt sich ein Punkt A finden, von dem aus die Entfernungen $d = |AR| = 2{,}473$ km und $e = |AS| = 3{,}752$ km sowie die Winkelgröße $\tau = |\sphericalangle\,(AS, AR)| = 42°26'10''$ gemessen werden können (Abb. 11.2-4). Welche Länge x muß das Kabel haben, und unter welchen Winkeln ε bzw. δ muß es von R bzw. S aus verlegt werden? –
Zum Vergleich werden beide Lösungswege angegeben:

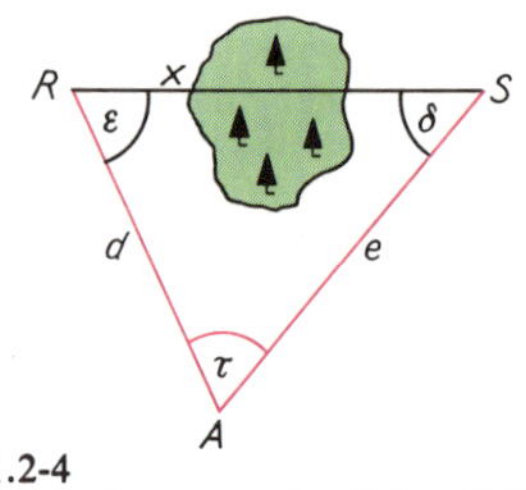

11.2-4 Länge einer unzugänglichen Seite

1. $x^2 = d^2 + e^2 - 2de\cos\tau$
   $x^2 = 6{,}497\,313$
   $x = 2{,}549$ km
2. $\sin\varepsilon = (e/x)\sin\tau$
   $\varepsilon_1 = 83°20'00''$
   $\varepsilon_2 = 96°40'00''$
3. $\delta = 180° - (\varepsilon + \tau)$
   $\delta_1 = 54°13'50''$
   $\delta_2 = 40°53'50''$

Da $e > x > d$, muß auch $\varepsilon > \tau > \delta$ sein; diese Bedingung ist nur für δ_2 erfüllt; deshalb ist $x, \varepsilon_2\delta_2$ die Lösung.

$\tan[(\varepsilon - \delta)/2] = [(e - d)/(e + d)] \cdot \tan[(\varepsilon + \delta)/2]$

1. $\varepsilon + \delta = 180° - \tau = 137°33'50''$

$(\varepsilon + \delta)/2 = 68°46'55''$
$(\varepsilon - \delta)/2 = 27°53'18''$

$\varepsilon = 96°40'13''$
$\delta = 40°53'37''$
$\tau = 42°26'10''$

$\varepsilon + \delta + \tau = 180°00'00''$ (Rechenprobe)

2. $x = e \cdot \sin\tau/\sin\varepsilon = 2{,}549$ km

Die *Übereinstimmung* zwischen beiden Ergebnissen ist *unbefriedigend*. Die Ursache dafür ist, wie in der Einleitung erörtert wurde, darin zu suchen, daß die Sinusfunktion zum Bestimmen einer Winkelgröße verwendet wurde, die nahe bei 90° liegt; man hat $\sin 96°40'00'' = 0{,}99\,324$, $\sin 96°40'10'' = 0{,}99\,323$, $\sin 96°40'20'' = 0{,}99\,323$; über die Anzahl der Sekunden kann danach nichts Zuverlässiges ausgesagt werden. Eine größere Rechengenauigkeit ergibt sich in diesem Fall, wenn auch die Winkelgröße ε nach dem Kosinussatz aus $\cos\varepsilon = (x^2 + d^2 - e^2)/(2xd)$, berechnet wird. Man erhält eindeutig $\cos\varepsilon = -1{,}464\,462 : (2 \cdot 2{,}549 \cdot 2{,}374)$ oder $\varepsilon_2' = 96°40'14''$, in genügender Übereinstimmung mit dem nach dem Tangenssatz gefundenen Wert. Als Lösung nach dem Kosinussatz hat danach zu gelten: $x = 2{,}549$ km, $\varepsilon_2' = 96°40'14''$, $\delta_2' = 40°53'36''$.

IV. Gegeben sind die drei Seiten. Die Lösung ergibt sich aus dem Kosinus- oder dem Halbwinkelsatz, d. h. aus den beiden Gleichungen

$$\cos\alpha = (b^2 + c^2 - a^2)/(2bc) \quad \text{bzw.} \quad \tan(\alpha/2) = \sqrt{[(s-b)(s-c)]/[s(s-a)]}$$

und den aus ihnen durch zyklisches Vertauschen gewonnenen. Beide Lösungen sind eindeutig und ergeben sich entweder durch geeignete Kombination der sechs Zahlen $a^2, b^2, c^2, 2ab, 2bc, 2ca$ oder der vier Zahlen $s, s-a, s-b, s-c$. Es sollte deshalb jede der drei Winkelgrößen α, β, γ für sich berechnet und die Größe der Winkelsumme im Dreieck als Rechenkontrolle benutzt werden.

Beispiel 5: Drei erhöht gelegene Geländepunkte R_1, R_2, R_3 sollen durch Radar verbunden werden (Abb. 11.2-5). Unter welchen Winkeln müssen Empfänger und Sender in R_1, R_2 und R_3 aufgebaut werden? –
$|R_1R_2| = c = 45{,}21$ km;
$|R_2R_3| = a = 52{,}46$ km;
$|R_3R_1| = b = 39{,}37$ km.

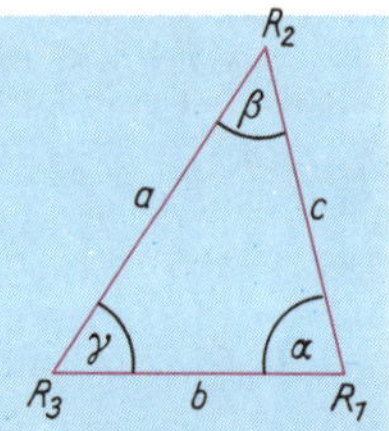

11.2-5 Dreieck aus drei Seiten

Kosinussatz

$a^2 = 2752{,}0156$
$b^2 = 1\,549{,}9969$
$c^2 = 2043{,}9441$
$b^2 + c^2 - a^2 = 841{,}8894$
$c^2 + a^2 - b^2 = 3245{,}9988$
$a^2 + b^2 - c^2 = 2258{,}1044$

$\alpha = 76°19'12''$
$\beta = 46°49'06''$
$\gamma = 56°51'42''$
$180°00'00''$

Halbwinkelsatz

		lg
$a = 52{,}46$	$s - a = 16{,}06$	1,20575
$b = 39{,}37$	$s - b = 29{,}15$	1,46464
$c = 45{,}21$	$s - c = 23{,}32$	1,36754
$2s = 137{,}04$ →	$s = 68{,}52$	1,83582

$\alpha = 76°19'12''$
$\beta = 46°49'06''$
$\gamma = 56°51'42''$
$180°00'00''$

11.3. Weitere Sätze und Anwendungen

In vielen Gebieten präzisiert der Mensch seine Überlegungen unter Zuhilfenahme mathematischer Beziehungen und verwendet dann beim Auftreten von Richtungen bzw. von Winkelgrößen in ebenen, geradlinig begrenzten Figuren Sätze der ebenen Trigonometrie. Einem dieser Gebiete, der *Landesvermessung*, kommt eine Sonderrolle zu; die in ihm untersuchten Beziehungen beruhen unmittelbarer als in anderen Gebieten auf diesen Sätzen, auch geschichtlich haben die wachsenden Bedürfnisse der Landesvermessung Anstoß zur Entwicklung der ebenen Trigonometrie gegeben. Die Anwendungsmöglichkeiten auf diesem Gebiet werden deshalb in einem besonderen Abschnitt behandelt.

Geometrie

Der Inkreisradius ϱ. In einem Dreieck ABC schneiden sich die Winkelhalbierenden im Mittelpunkt M des einbeschriebenen Kreises. Zeichnet man die Radien zu den Berührungspunkten E, F, G der Dreiecksseiten (Abb. 11.3-1), so entstehen sechs rechtwinklige Dreiecke. Sie sind paarweise kongruent; insbesondere sind die mit x, y, z bezeichneten Seiten jeweils gleich. Ihre Längen sind $x = s - a$, $y = s - b$, $z = s - c$, wenn $s = {}^1/_2(a + b + c)$.
Im Dreieck AGM z. B. gilt $\tan(\alpha/2) = \varrho/x = \varrho/(s - a)$, nach dem Tangenssatz für das Gesamtdreieck ist aber $\tan(\alpha/2) = \sqrt{[(s-b)(s-c)]/[s(s-a)]}$; d. h., $\varrho/(s-a) = \sqrt{[(s-b)(s-c)]/[s(s-a)]}$, $\varrho = (s-a)\sqrt{[(s-b)(s-c)]/[s(s-a)]}$ oder

Inkreisradius	$\varrho = \sqrt{(s-a)(s-b)(s-c)/s}$

Zum gleichen Ergebnis wäre man über $\tan(\beta/2)$ oder $\tan(\gamma/2)$ gekommen.

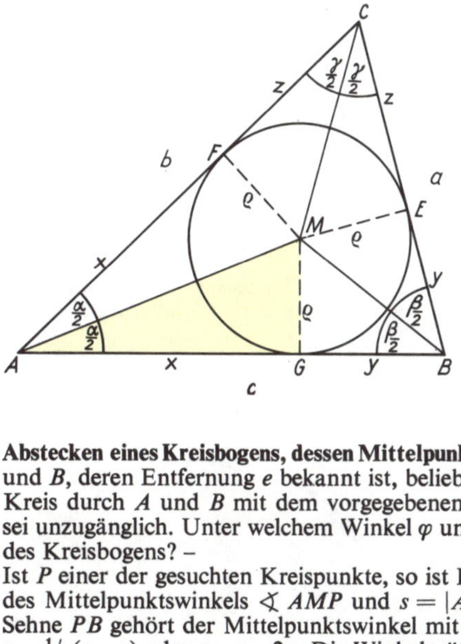

11.3-1 Inkreis eines Dreiecks

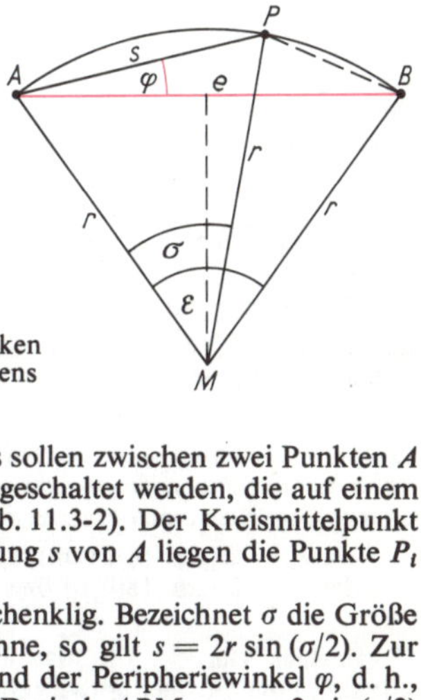

11.3-2 Abstecken eines Kreisbogens

Abstecken eines Kreisbogens, dessen Mittelpunkt unzugänglich ist. Es sollen zwischen zwei Punkten A und B, deren Entfernung e bekannt ist, beliebig viele Punkte P_i eingeschaltet werden, die auf einem Kreis durch A und B mit dem vorgegebenen Radius r liegen (Abb. 11.3-2). Der Kreismittelpunkt sei unzugänglich. Unter welchem Winkel φ und in welcher Entfernung s von A liegen die Punkte P_i des Kreisbogens? –
Ist P einer der gesuchten Kreispunkte, so ist Dreieck AMP gleichschenklig. Bezeichnet σ die Größe des Mittelpunktswinkels $\sphericalangle AMP$ und $s = |AP|$ die Länge der Sehne, so gilt $s = 2r\sin(\sigma/2)$. Zur Sehne PB gehört der Mittelpunktswinkel mit $|\sphericalangle PMB| = \varepsilon - \sigma$ und der Peripheriewinkel φ, d. h., $\varphi = {}^1/_2(\varepsilon - \sigma)$ oder $\sigma = \varepsilon - 2\varphi$. Die Winkelgröße ε läßt sich aber im Dreieck ABM aus $e = 2r\sin(\varepsilon/2)$ bestimmen; man findet $\sin(\varepsilon/2) = e/(2r)$ und damit für die Entfernung s in Abhängigkeit vom Winkel φ:

$$s = 2\sin(\sigma/2) = 2r\sin(\varepsilon/2 - \varphi) \text{ mit } \varepsilon/2 = \operatorname{Arcsin}[e/(2r)].$$

Flächeninhalt eines Dreiecks. Aus der Flächeninhaltsformel $A_d = {}^1/_2\, ch_c$ und $h_c = b\sin\alpha$ folgt $A_d = {}^1/_2 bc\sin\alpha$; daraus nach der Beziehung $\sin\alpha = a/(2r)$ für den Radius r des Umkreises (vgl. Sinussatz) $A_d = abc/(4r)$ oder nach $b = 2r\sin\beta$ und $c = 2r\sin\gamma$ die Formel $A_d = 2r^2\sin\alpha\sin\beta\sin\gamma$; aus dieser aber wegen $r = a/(2\sin\alpha)$ die Formel $A_d = a^2\cdot\sin\beta\sin\gamma/(2\sin\alpha)$. Addiert man (↑ Abb. 11.3-1) die Flächeninhalte der Teildreiecke ABM, BCM und CAM, deren Höhe der Radius ϱ des Inkreises ist, so erhält man die Heronische Formel:

$$A_d = {}^1/_2(c\varrho + b\varrho + a\varrho) = \varrho s = \sqrt{s(s-a)(s-b)(s-c)} \text{ mit } 2s = a + b + c.$$

Flächeninhalt eines Dreiecks	$A_d = {}^1/_2 a h_a = {}^1/_2 b h_b = {}^1/_2 c h_c = \frac{abc}{4r} = 2r^2 \sin\alpha \sin\beta \sin\gamma$ $A_d = a^2 \cdot \frac{\sin\beta \sin\gamma}{2\sin\alpha} = b^2 \cdot \frac{\sin\gamma \sin\alpha}{2\sin\beta} = c^2 \cdot \frac{\sin\alpha \sin\beta}{2\sin\gamma}$.	
Heronische Dreiecksformel	$A_d = \varrho s = \sqrt{s(s-a)(s-b)(s-c)}$	r Umkreisradius ϱ Inkreisradius $2s = a + b + c$

Beispiel 1: Aus dem Umfang eines Dreiecks mit den Seiten $u = 345{,}8$ m, $v = 236{,}5$ m, $w = 497{,}3$ m soll der Flächeninhalt berechnet werden. Nach der Heronischen Formel findet man $s = 539{,}8$; $s - u = 194{,}0$, $s - v = 303{,}3$; $s - w = 42{,}5$, daraus $A = 36740$ m².

Gleichschenkliges Dreieck. Werden die Länge der Schenkel mit a, die der Basis mit c, die Größe der Basiswinkel mit α und die des Winkels an der Spitze mit γ bezeichnet (Abb. 11.3-3), so gilt für den Flächeninhalt A:

1. $A = {}^1/_2 a^2 \sin\gamma$, wobei $\gamma = 180° - 2\alpha$;
2. $A = \frac{c^2 \sin^2\alpha}{2\sin\gamma} = \frac{c^2 \sin^2\alpha}{2\sin 2\alpha} = \frac{c^2 \sin^2\alpha}{4\sin\alpha\cos\alpha}$, $\quad A = \frac{c^2}{4} \cdot \tan\alpha$;
3. $s = a + c/2$, $s - a = c/2$, $s - c = a - c/2$, also
$A = \sqrt{(a + c/2)\cdot(c/2)\cdot(c/2)\cdot(a - c/2)} = (c/2)\sqrt{a^2 - c^2/4} = (c/4)\sqrt{4a^2 - c^2}$.

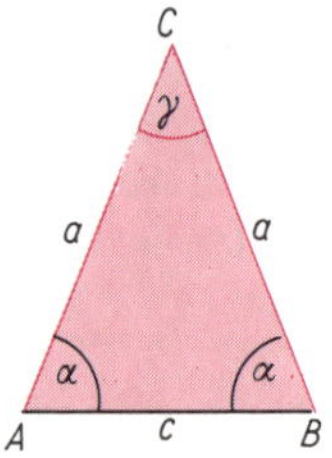

11.3-3 Fläche des gleichschenkligen Dreiecks

Gleichseitiges Dreieck. Ist a die Länge der Seite, so gilt:

1. $A = {}^1/_2 a^2 \sin 60°$, $A = {}^1/_4 a^2 \sqrt{3}$.
2. Nach der Heronischen Formel erhält man
$s = {}^3/_2 a$, $s - a = s - b = s - c = a/2$ und $A = \sqrt{{}^3/_2 (a^4/8)} = {}^1/_4 \cdot a^2 \sqrt{3}$.

Regelmäßiges Sechseck. Da dieses Vieleck aus sechs gleichseitigen Dreiecken mit der Seitenlänge r (Umkreisradius) besteht, ist

$$A_6 = 6 \cdot (\sqrt{3}/4) \cdot r^2, \quad A_6 = (3\sqrt{3}/2) \cdot r^2.$$

Regelmäßiges *n*-Eck. Seine Fläche setzt sich aus n gleichschenkligen Dreiecken zusammen, deren Schenkel der Umkreisradius ist, während die Größe φ_n des eingeschlossenen Winkels am Kreismittelpunkt der n-te Teil des Vollwinkels ist; $\varphi_n = 360°/n$ (Abb. 11.3-4).

regelmäßiges n-Eck	$A_n = (n/2)\, r^2 \sin(360°/n)$

In jedem einzelnen gleichschenkligen Dreieck halbiert die Höhe h_n die Seite s_n des n-Ecks und den Mittelpunktswinkel φ_n. Daher läßt sich ergänzend feststellen:

$$s_n = 2r \sin(\varphi_n/2) \text{ und } h_n = r\cos(\varphi_n/2)$$
$$\text{oder } s_n = 2r\sin(180°/n) \text{ bzw. } h_n = r\cos(180°/n).$$

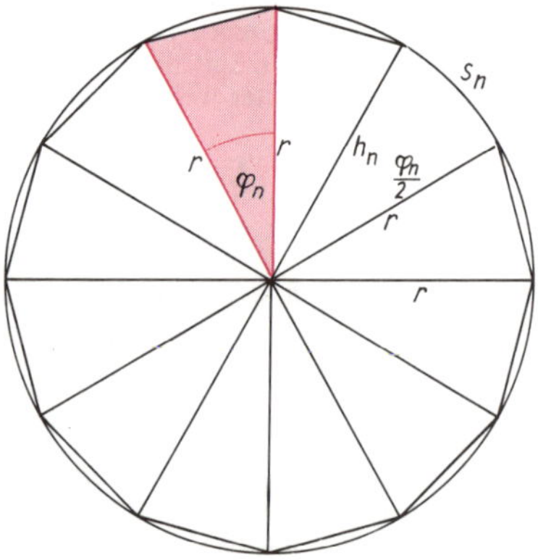

11.3-4 Regelmäßiges n-Eck

Allgemeines Viereck. Für das allgemeine Viereck $ABCD$ läßt sich eine Formel entwickeln, die das Gegenstück zur Heronischen Formel ist. Dazu kann man, weil ein Viereck

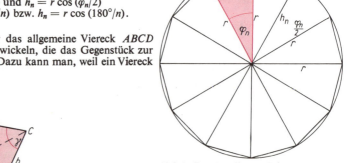

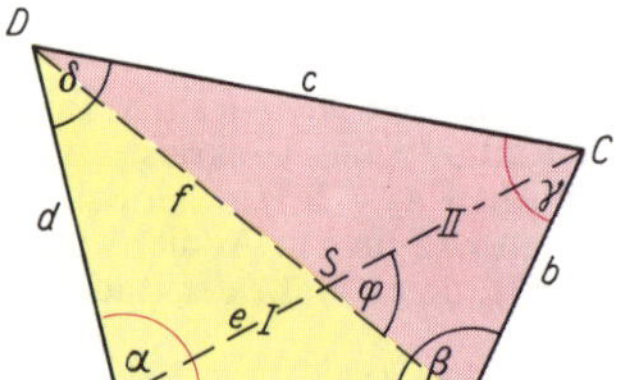

11.3-5 Fläche des allgemeinen Vierecks

durch fünf Stücke bestimmt ist, die vier Seiten und die Summe zweier Gegenwinkelgrößen, z. B. α und γ, als bekannt voraussetzen (Abb. 11.3-5). Bezeichnet man den halben Vierecksumfang mit $s = {}^1/_2(a + b + c + d)$ und mit 2ε die Summe der Winkelgrößen α und γ, so gilt für die Dreiecke ABD und BCD und die Vierecksfläche $A_v = A_{\text{I}} + A_{\text{II}}$:

$$A_{\text{I}} = {}^1/_2 ad \sin\alpha;\; A_{\text{II}} = {}^1/_2 bc \sin\gamma, \text{ also } A_v = {}^1/_2(ad\sin\alpha + bc\sin\gamma).$$

Nach dem Kosinussatz erhält man in diesen Dreiecken

$$a^2 + d^2 - 2ad\cos\alpha = f^2 = b^2 + c^2 - 2bc\cos\gamma \text{ oder } a^2 + d^2 - b^2 - c^2 = 2(ad\cos\alpha - bc\cos\gamma).$$

Bildet man dann $(4A_v)^2 + (a^2 + d^2 - b^2 - c^2)^2 = 4(a^2d^2 + b^2c^2 - 2abcd\cos 2\varepsilon)$, so wird schließlich $16A_v^2 = (a+d+b-c)(a+d-b+c)(b+c+a-d)(b+c-a+d) - 16abcd\cos^2\varepsilon$.

Flächeninhalt eines allgemeinen Vierecks	$A_v = \sqrt{(s-a)(s-b)(s-c)(s-d) - abcd\cos^2\varepsilon}$ mit $\varepsilon = {}^1/_2(\alpha + \gamma)$

Ist φ die Größe des Winkels, unter dem sich die Diagonalen eines Vierecks im Punkt S schneiden, so läßt sich der Inhalt der Vierecksfläche A_v auch als Summe der Flächeninhalte der vier Teildreiecke ABS, BCS, CDS und DAS darstellen, und es ist

$$\begin{aligned} A_v &= {}^1/_2[|AS|\cdot|BS|\cdot\sin(180^\circ - \varphi) + |BS|\cdot|CS|\cdot\sin\varphi \\ &\quad + |CS|\cdot|DS|\cdot\sin(180^\circ - \varphi) + |DS|\cdot|AS|\cdot\sin\varphi] \\ &= {}^1/_2[|AS|(|BS| + |DS|) + |CS|(|BS| + |DS|)]\sin\varphi \\ &= {}^1/_2[(|AS| + |CS|)(|BS| + |DS|)]\sin\varphi, \end{aligned}$$

$A_v = {}^1/_2 ef\sin\varphi$, d. h. die *Hälfte des Produkts aus den Diagonalenlängen und dem Sinus des von ihnen eingeschlossenen Winkels.*

Sehnenviereck. Im Sehnenviereck beträgt die *Summe zweier Gegenwinkel* 180°, d. h., $\alpha + \gamma = \pi = 180^\circ$, $\varepsilon = 90^\circ$, $\cos\varepsilon = 0$. Deswegen vereinfacht sich die allgemeine Flächenformel zu $A_{SV} = \sqrt{(s-a)(s-b)(s-c)(s-d)}$.
Da die Größe $abcd\cos^2\varepsilon$ nie negativ ist, sind die Flächeninhalte aller anderen Vierecke mit denselben Seiten kleiner.

Das Sehnenviereck hat unter allen Vierecken mit den Seitenlängen a, b, c, d den größten Flächeninhalt.

Physik

Alle durch Vektoren darstellbaren physikalischen Größen, z. B. Kraft, Geschwindigkeit, erfordern zur Berechnung die Anwendung trigonometrischer Funktionen.

Beispiel 1: Ein Flugzeug hat im Mittel die Geschwindigkeit $v_1 = 576$ km/h und fliegt vom Ort A zu dem in Richtung N 23,5° O um 480 km entfernten Ort B. In Richtung nach N 18° W weht Wind, seine Geschwindigkeit ist $v_2 = 20$ m/s. Welchen Kurs muß das Flugzeug fliegen, und in welcher Zeit wird es in B sein? –
In ruhender Luft würde das Flugzeug in $(480/576)\,h = (5/6)$ h oder 50 Minuten B erreichen. Wegen des *Seitenwindes* fliegt es N α_3 O (Abb. 11.3-6); nach dem Kräfteparallelogramm kann im Dreieck ACE die Winkelgröße $(\alpha_3 - \alpha_1)$ aus drei gegebenen Stücken berechnet werden: aus den Seitenlängen v_1 und v_2 und aus $|\sphericalangle AEC| = \alpha = (\alpha_1 + \alpha_2)$. Nach dem Sinussatz erhält man: $\sin(\alpha_3 - \alpha_1) = \sin(\alpha_1 + \alpha_2)\cdot(v_2/v_1)$ und $v = v_1 \cdot \sin(180^\circ - \alpha_2 - \alpha_3)/\sin(\alpha_1 + \alpha_2)$ bzw. $\alpha_3 - \alpha_1 = 4{,}75^\circ$, $\alpha_3 = 28{,}25^\circ$, $v = 174{,}4$ m/s $= 627{,}9$ km/h.
Das Flugzeug fliegt N 28,25° O und erreicht mit einer Geschwindigkeit von $v = 627{,}9$ km/h in rund 46 Minuten (45,86) den Ort B.

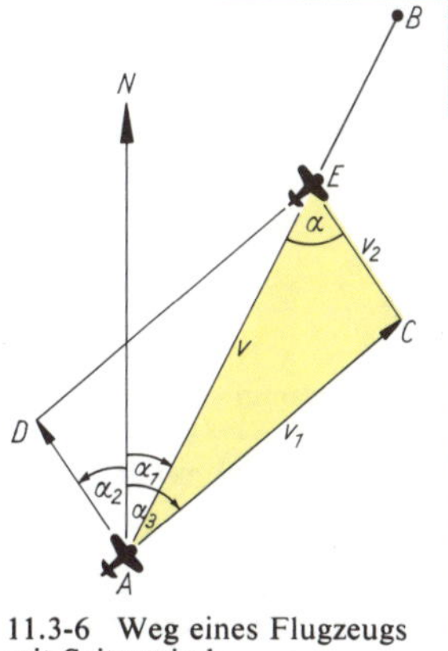

11.3-6 Weg eines Flugzeugs mit Seitenwind

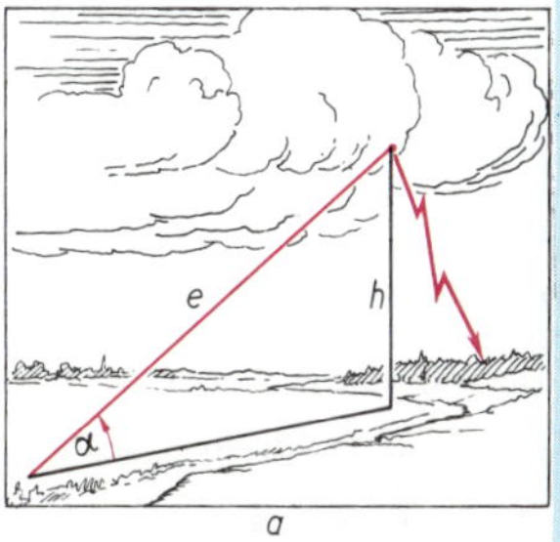

11.3-7 Höhe und Entfernung eines Blitzes

Beispiel 2: Wird ein *Blitz* unter einem Winkel α gegen die Horizontale gesehen, während der *Donner* am Beobachtungsort nach t Sekunden wahrgenommen wird, so ist er (Abb. 11.3-7) $e = 333 \cdot t$ m entfernt in einer Höhe $h = 333 \cdot t \cdot \sin\alpha$ m entstanden; 333 m/s ist die Schallgeschwindigkeit, während die Dauer der Lichtausbreitung wegen der Lichtgeschwindigkeit $c = 300000$ km/s vernachlässigt werden kann.

Beispiel 3: Ein *Träger T* ist im rechten Winkel zu einer Wand befestigt (Abb. 11.3-8), am freien Ende hängt eine Last von f N. Zur Sicherung ist entweder a) eine *Halterung H* oder b) eine *Stütze S* unter einem Winkel α bzw. β gegen den Träger angebracht. Welche Zug- bzw. Druckkräfte treten in T und H bzw. S auf? –
Die Kraft f ist Resultante zweier Teilkräfte, von denen die eine die Richtung des Trägers T, die andere a) die der Halterung H bzw. b) der Stütze S hat. Da f senkrecht auf T steht, sind die Dreiecke $H_1H_2H_3$ bzw. $S_1S_2S_3$ rechtwinklig; a) in Richtung des Trägers wirkt eine Druckkraft $d = f \cot \alpha$ und in Richtung der Halterung ein Zug $h = f/\sin \alpha$; b) der Träger ist auf Zug beansprucht, $z = f \cot \beta$, und die Stütze auf Druck, $s = f/\sin \beta$.

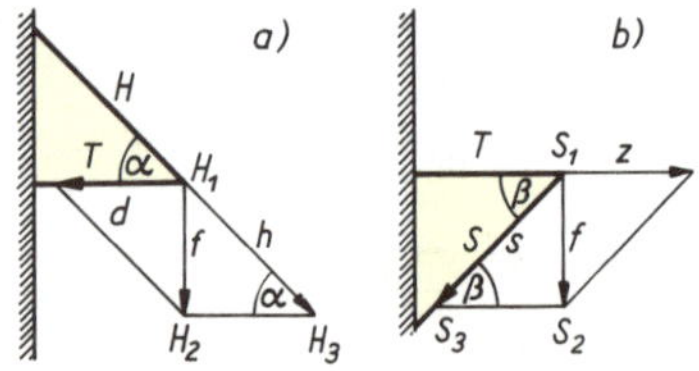

11.3-8 Träger: a) mit Halterung bzw. b) mit Stütze

Technik

Die Gesetze der Technik sind angewendete physikalische Gesetze. Genau wie dort treten trigonometrische Funktionen und Sätze auf, sobald Winkel eine Rolle spielen.

Kurbelgetriebe. In einem Kurbelgetriebe ist die Lage des *Kreuzkopfes K* eine Funktion des *Drehwinkels* φ der *Kurbel* (Abb. 11.3-9). Nach dem Kosinussatz ergibt sich, wenn r der Kurbelradius und l die Länge der Pleuelstange sind:

$$l^2 = x^2 + r^2 - 2xr\cos(180^\circ - \varphi) \rightarrow x^2 + 2xr\cos\varphi = l^2 - r^2.$$

Die Lösung dieser quadratischen Gleichung ergibt

$$x = -r\cos\varphi + \sqrt{r^2\cos^2\varphi + l^2 - r^2} = -r\cos\varphi + \sqrt{r^2(\cos^2\varphi - 1) + l^2},$$
$$x = -r\cos\varphi + \sqrt{l^2 - r^2\sin^2\varphi}.$$

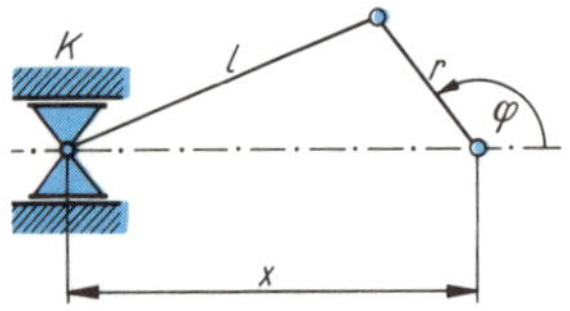

11.3-9 Kurbelgetriebe

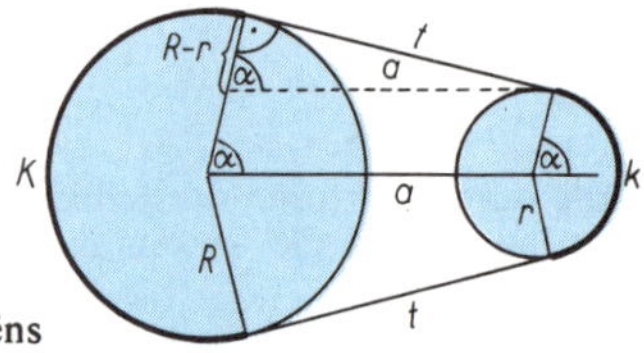

11.3-10 Länge eines Treibriemens

Länge eines Treibriemens. Wenn zwei *Seilscheiben* die Radienlängen R und r haben und ihr *Achsabstand a* ist, kann man die Länge L des Treibriemens (Abb. 11.3-10) berechnen, der sich straff um beide Scheiben legt. Es ist $t^2 = a^2 - (R - r)^2$, $\cos\alpha = (R - r)/a$ oder $\alpha = \text{Arccos}\,[(R - r)/a]$ in Bogenmaß. Hieraus ergibt sich

$$L = 2t + K + k$$
$$= 2\sqrt{a^2 - (R - r)^2} + R(2\pi - 2\alpha) + r\,2\alpha,$$
$$L = 2\left[\sqrt{a^2 - (R - r)^2} - \alpha(R - r) + R\pi\right].$$

Für den Fall $r = R/2$ und $a = 2R$ erhält man $L = 8{,}838\,R$.

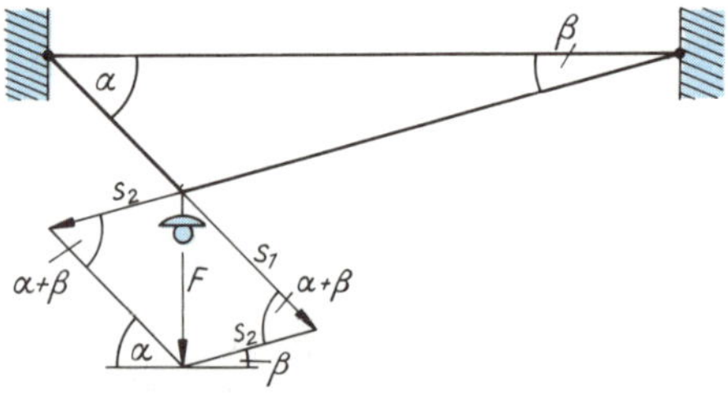

11.3-11 Kräfteparallelogramm

Das Kräfteparallelogramm. Eine *Straßenlampe* ist an zwei ungleich langen Seilen aufgehängt, die unter den Winkeln α bzw. β gegen die Waagerechte geneigt sind. Wenn der Durchhang der Seile vernachlässigt werden kann, lassen sich die *Seilkräfte* s_1 und s_2 nach dem Sinussatz berechnen (Abb. 11.3-11). Man erhält unter Berücksichtigung der Beziehung $\sin(90^\circ - x) = \cos x$:

$$S_1 = F \cdot \cos\beta/\sin(\alpha + \beta), \; S_2 = F \cdot \cos\alpha/\sin(\alpha + \beta).$$

Die Bewegung auf der schiefen Ebene. Auf einer schiefen Ebene mit dem *Neigungswinkel* α befindet sich ein Körper mit dem Gewicht G. Gesucht sind die Kraft F_1 in der Richtung der schiefen Ebene (Abb. 11.3-12), die den Körper mit konstanter Geschwindigkeit auf der schiefen Ebene nach oben

bewegt, und die Kraft F_2 in Richtung der schiefen Ebene, die notwendig ist, um den Körper am Herabgleiten zu hindern. Die Reibungskraft R ist proportional der Normalkraft N des Körpers auf seine Unterlage, $R = \mu N$; μ wird *Reibungskoeffizient* genannt. Man setzt $\mu = \tan \varrho$; die Reibungswinkelgröße ϱ entspricht dabei dem Neigungswinkel einer schiefen Ebene, auf der der betreffende Körper gerade noch nicht herabgleitet.
In den *Kraftecken* vergrößert bzw. verkleinert die Reibungskraft $R = N \tan \varrho$ die aus G und N sich ergebende Kraft F zu $F_1 = F + R$ bzw. $F_2 = F - R$. Nach dem Sinussatz gilt:

$$F_1/G = \sin(\alpha + \varrho)/\sin(90° - \varrho) \quad \text{bzw.} \quad F_1 = G \cdot \sin(\alpha + \varrho)/\cos \varrho$$

und

$$F_2/G = \sin(\alpha - \varrho)/\sin(90° + \varrho) \quad \text{bzw.} \quad F_2 = G \cdot \sin(\alpha - \varrho)/\cos \varrho .$$

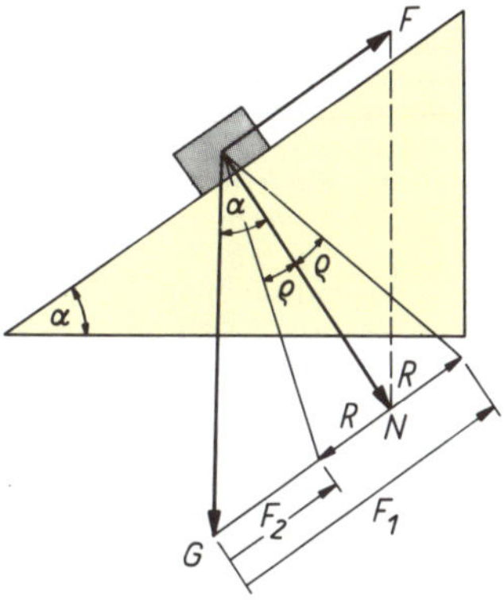

11.3-12 Bewegung auf der schiefen Ebene mit zugehörigen Kräftedreiecken

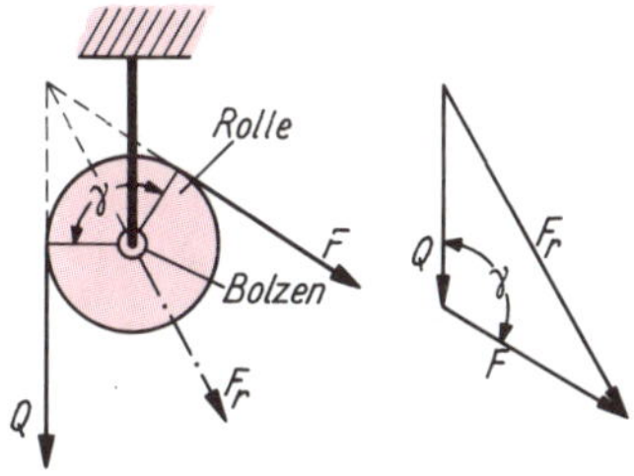

11.3-13 Die Kräfte an der festen Rolle

Kräfte an der festen Rolle. Für die Berechnung der *Reibung* zwischen Rolle und Bolzen ist bei der festen Rolle die *resultierende Bolzenkraft* F_r zu ermitteln, die man aus der Last Q, der Kraft F und dem Umschlingungswinkel γ mit dem Kosinussatz bestimmt (Abb. 11.3-13):

$$F_r = \sqrt{F^2 + Q^2 - 2FQ \cos \gamma} .$$

Da im reibungsfreien Fall die *Seilspannungen* F und Q einander gleich sind, vereinfacht sich diese Gleichung wegen $(2 - 2\cos\gamma) = 2(1 - \cos\gamma) = 4\sin^2(\gamma/2)$ zu $F_r = 2Q \sin(\gamma/2)$. Für $\gamma = 180°$ sind F und Q parallel und $F_r = 2Q$.

Nautik

Zur Bestimmung des Ortes auf dem Meere, in dem sich ein Schiff befindet, sowie der Bahn des Schiffes muß die Gestalt der Erde als Kugel berücksichtigt werden. Den Berechnungen sind dabei die Sätze der sphärischen Trigonometrie zugrunde zu legen. Auch die zur Ortsbestimmung benutzten astronomischen Methoden beruhen auf ihnen.
Kleinere Bereiche, etwa für Fahrten in der Nähe der Küste, dürfen als *eben* angenommen werden. Die in *Seekarten* eingetragenen markanten Punkte gelten ihrer Lage und ihrem gegenseitigen Abstand nach als bekannt. Die Bewegungsrichtung des Schiffes, sein *Kurs*, wird als Winkel der Kielrichtung gegen eine feste Bezugsrichtung festgelegt. Der *rechtsweisende Kurs* wird von Geographisch Nord über Ost bis 360° gemessen, der *mißweisende Kurs* von Magnetisch Nord aus im gleichen Sinne; beide unterscheiden sich um die *Mißweisung*, um den Winkel zwischen dem geographischen und dem magnetischen Meridian. Auf eisernen Schiffen mit eigenem Magnetfeld weicht der Kompaßmeridian vom magnetischen um die *Deviation* ab, die von der Lage des Schiffes und von seinem Kurs abhängt. Der danach bestimmte *Kompaßkurs* wird aber unmittelbar gemessen. Der Kurs wird als Winkel zwischen den Himmelsrichtungen angegeben, z. B. als N 35° O [lies *Nord 35 Grad nach Ost*].

Beispiel 1: Von einem *Schiff F* aus werden gleichzeitig ein *Leuchtturm L* unter S 55,3° O und ein *Kirchturm K* unter S 28,5° W angepeilt. Nach der Seekarte beträgt die Entfernung $|KL| = s = 33{,}25$ km und verläuft in der Richtung N 84,7° O.

a) Wie groß sind die Entfernungen $|FK| = x$ und $|FL| = y$,
b) welchen Kurs muß das Schiff einhalten, wenn es im Abstand $c = 4$ sm $= 7{,}408$ km (1 sm $= 1{,}852$ km) am Leuchtturm vorbeifahren soll (Berechnung des *Gefahrenkreises*; Abb. 11.3-14)? –

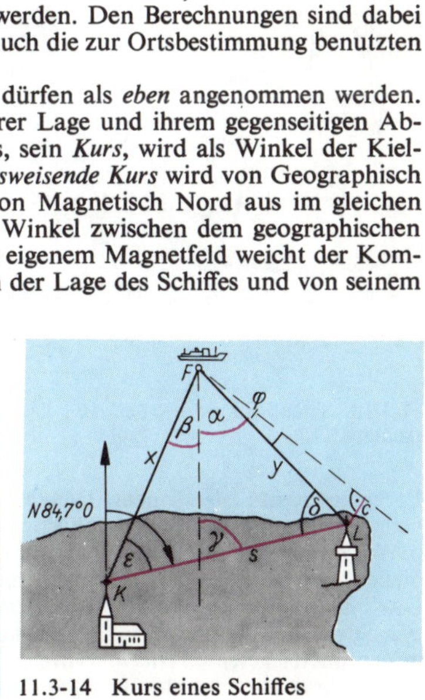

11.3-14 Kurs eines Schiffes

Aus den gegebenen Werten $\alpha = 55{,}3°$, $\beta = 28{,}5°$, $\gamma = 84{,}7°$, $s = 33{,}25$ km erhält man $\delta = 40° = 180° - (\alpha + \gamma)$, $\varepsilon = \gamma - \beta = 56{,}2°$, $x = s \cdot \sin\delta/\sin(\alpha + \beta) = 21{,}49$ km, $y = s \cdot \sin\varepsilon/\sin(\alpha+\beta) = 27{,}77$ km, $\sin\varphi = c/y$, $\varphi = 15{,}47°$. Schiffskurs: S $(\alpha + \varphi)°$ O, d. h. S 70,77° O.

Trigonometrische Bestimmung von Höhen

Praktisch werden Winkel in einer Horizontalebene mit größerer Genauigkeit gemessen als in einer dazu senkrechten Ebene, da der Lichtstrahl bei verschiedener Dichte der Luft nicht geradlinig verläuft. Außer dieser *terrestrischen Refraktion* ist für Zielweiten über 200 m auch die Erdkrümmung bei Höhenbestimmungen zu berücksichtigen.

Schematischer Aufbau des Theodoliten. Der Theodolit ist das Winkelmeßinstrument im Vermessungswesen. Der großen Anzahl der den verschiedenen speziellen Anwendungen angepaßten Formen liegt ein einfaches Schema zugrunde. Auf einer oft auf einem Stativ befestigten *Standplatte* (Abb. 11.3-15) ruht auf drei *Fußschrauben F* eine senkrechte *Buchse B* mit einer horizontalen Kreisscheibe *K*, die eine im Uhrzeigersinn bezifferte Kreisteilung, den *Limbus L*, trägt. In der Buchse dreht sich die *Alhidade A*, eine Kreisscheibe mit zwei diametralen Zeigern, die eine *Libelle Lb* und zwei Stutzen *St* für die *Fernrohrachse* A_f trägt. Mit dieser Achse, auch *Kippachse* genannt, sind das Zielfernrohr *Z* und die Zeigervorrichtung für den zur Fernrohrachse senkrechten *Höhenkreis H* fest verbunden. Mittels der Fußschrauben wird nach dem Ausschlag der Libelle *Lb* die Alhidade genau horizontal gestellt, dann muß in einem guten Theodoliten die *Standachse* A_s, um die sich die Alhidade dreht, *senkrecht* stehen. Die *Kippachse* liegt dann *waagerecht*, und das *Fernrohr Z* steht *rechtwinklig* zu ihr. Es gibt Verfahren, um kleine Abweichungen von diesen Bedingungen durch vorhergehende Messungen zu beseitigen (*justieren* genannt) oder ihre Größe zu bestimmen, um sie bei der eigentlichen Messung zu berücksichtigen. Wesentlich hängt die Güte des Theodoliten auch ab von der Genauigkeit der Kreisteilung auf dem Limbus bzw. auf dem Höhenkreis sowie von der *Ablesevorrichtung AV*, die ein Zeiger, ein Nonius oder ein optisches Doppelmikroskop sein kann; je nachdem lassen sich die Winkel z. B. auf Minuten oder Sekunden ablesen. Um die Genauigkeit der Winkelmessung zu steigern, wird nach bestimmten Verfahren und wiederholt beobachtet. Das Zielfernrohr ist nach dem angezielten Objekt gerichtet, wenn dessen Bild oder markante Teile davon mit dem des *Fadenkreuzes* (im einfachsten Fall ein horizontaler und ein senkrechter Strich) zusammenfallen.
Die Einrichtung des Theodoliten macht es verständlich, daß auch dann durch Drehen der Alhidade horizontale Winkel gemessen werden, wenn die angezielten Marken oder Gegenstände in verschiedener Höhe liegen. Die Lage der *Nullrichtung* des Limbus spielt keine Rolle, da sich ein Winkel in der Horizontalen stets als Differenz zweier Richtungen ergibt. Dagegen muß zur Messung von Höhenwinkeln die Nullrichtung mittels besonderer Libellen horizontal gelegt werden.

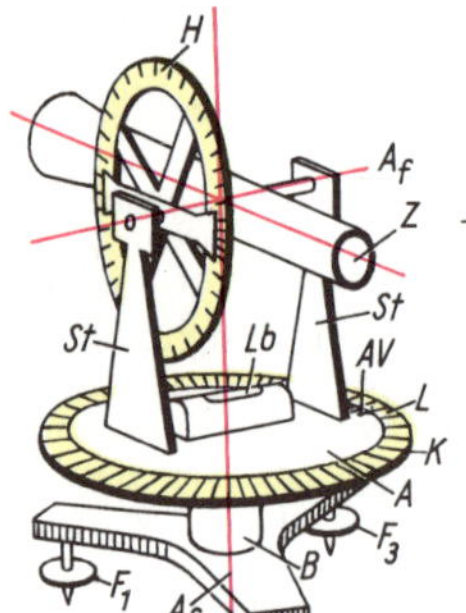

11.3-15 Theodolit (schematisch)

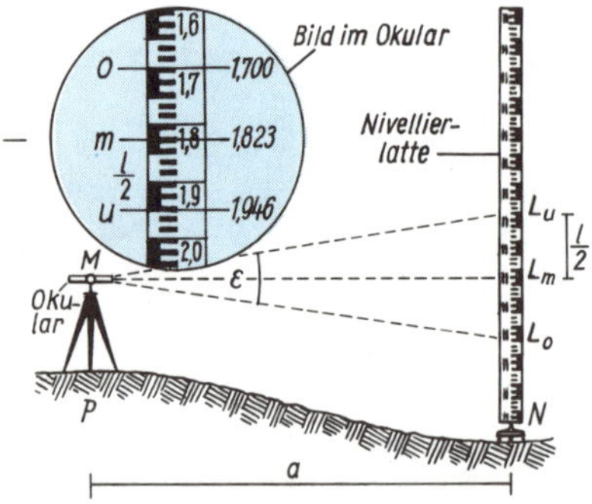

11.3-16 Tachymetrieren bei horizontaler Sicht

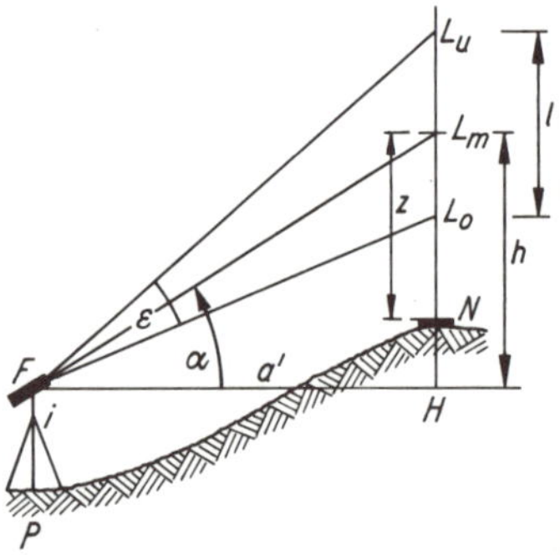

11.3-17 Tachymetrieren bei schräger Sicht

Tachymetrisches Nivellement. Tachymetrie bedeutet *Schnellmessung*; sie wird benutzt, um von einem nach Lage und Höhe bekannten Punkt *P* aus die Lage und die Höhe einer ganzen Reihe von Neupunkten durch bloße Ablesungen am Theodolit zu bestimmen. Die Tachymetrie kann z. B. dazu dienen, die Oberflächenform eines Geländestückes als Unterlage für ein Bauprojekt aufzunehmen. Das Fadenkreuz hat dann zum horizontalen Faden *m zwei Parallelen o* und *u* im gleichen Abstand $p/2$. Die Bilder dieser drei Fäden markieren auf dem Bild einer im Neupunkt *N* lotrecht aufgestellten, in Zentimeter geteilten *Nivellierlatte* drei Punkte L_m, L_o und L_u (Abb. 11.3-16); die Differenz zwischen unterer und oberer Ablesung $L_u - L_o$ ist der *Lattenabschnitt l*. Auf der Nivellierlatte stehen wegen

der Bildumkehrung die Zahlen auf dem Kopf; die größeren Zahlen liegen oben. Der Lattenabschnitt l erscheint vom Instrument aus unter dem *parallaktischen Winkel* ε. In Abhängigkeit von Abstand p der Horizontalfäden, der Brennweite f des Objektivs und dem Strahlengang im Fernrohr kann die horizontale Entfernung a der Latte vom Theodolit bei *horizontaler Ziellinie* in der Form $a = Cl$ gefunden werden, in der die *Gerätekonstante C* meist den runden Wert 100 hat. Für den parallaktischen Winkel ε gilt dann $\tan(\varepsilon/2) = l/2 : a = 1/(2C)$.
Ist die Ziellinie vom Fernrohr F zur mittleren Ablesung L_m unter dem Winkel α *gegen die Horizontale geneigt* (Abb. 11.3-17), so läßt sich die horizontale Entfernung a' durch folgende trigonometrische Umrechnung bestimmen:

$$l = |HL_u| - |HL_o| = a'[\tan(\alpha + \varepsilon/2) - \tan(\alpha - \varepsilon/2)]$$

oder

$$a' = l\cos(\alpha + \varepsilon/2) \cdot \cos(\alpha - \varepsilon/2)/\sin\varepsilon,$$

wenn man beachtet, daß nach den Additionstheoremen gilt

$$\sin(\alpha+\varepsilon/2)\cos(\alpha-\varepsilon/2) - \sin(\alpha-\varepsilon/2)\cdot\cos(\alpha+\varepsilon/2) = \sin\varepsilon = 2\sin(\varepsilon/2)\cos(\varepsilon/2).$$

Wegen $\cos(\alpha + \varepsilon/2)\cdot\cos(\alpha - \varepsilon/2) = \cos^2\alpha\cos^2(\varepsilon/2) - \sin^2\alpha\sin^2(\varepsilon/2)$ erhält man schließlich für die horizontale Entfernung a' den Wert

$$a' = {}^1/_2 l\cos^2\alpha\cdot\cot(\varepsilon/2) - {}^1/_2 l\sin^2\alpha\cdot\tan(\varepsilon/2)$$

oder mit $2C = \cot(\varepsilon/2)$ das Ergebnis $a' = lC\cos^2\alpha - [l/(4C)]\sin^2\alpha$. Dabei kann der zweite Summand praktisch vernachlässigt werden, da l und $\sin^2\alpha$ kleine Werte sind, während für die meisten Geräte der Wert $C = 100$ gilt. Es ergibt sich für die horizontale Entfernung $a' = Cl\cos^2\alpha$ und für die Höhe $h = |HL_m|$ aus diesem Näherungswert sofort $h = a'\tan\alpha = {}^1/_2 Cl\sin 2\alpha$. Die *Höhendifferenz* Δh der Punkte P und N hängt außer von h noch von der *Instrumentenhöhe i* des Theodoliten und von der Lattenlänge $|NL_m| = z$ über dem Neupunkt ab: $\Delta h = i + h - z$.

horizontale Entfernung	$a' = Cl\cos^2\alpha$
Höhendifferenz	$h = {}^1/_2 Cl\sin 2\alpha$

Berechnung von Höhen mit Hilfe von Höhenwinkeln. In den folgenden Beispielen wird von der terrestrischen Refraktion abgesehen, weil entweder die Zielweite 200 m nicht übersteigt oder weil eine geringere Genauigkeit der Ergebnisse in Dezimetern oder nur in Metern als genügend angesehen wird.
Horizontale Standlinie und Höhenwinkel. Mißt man in Richtung auf den Geländepunkt G eine horizontale Standlinie $|AB| = s$ und die Höhenwinkel α und β an ihren Endpunkten (Abb. 11.3-18), so kann man die Höhe h nach dem Sinussatz berechnen:

$$1.\ \gamma = \beta - \alpha;\quad 2.\ u = s\cdot\sin\alpha/\sin\gamma \quad\text{und}\quad 3.\ h = u\sin\beta,$$

also $h = s\cdot\sin\alpha\sin\beta/\sin(\beta - \alpha)$.
Geneigte Standlinie. Winkel β ist der *Anstiegswinkel* einer Standlinie $|AB| = s$, die in einer durch G verlaufenden Vertikalebene liegt, und α und γ sind die *Höhenwinkel* in A und B nach G (Abb. 11.3-19). Der Höhenunterschied h zwischen A und G läßt sich nach dem Sinussatz berechnen. Mit $|AG| = x$ wird $h = x\sin\alpha$, wobei $x = s\cdot\sin\varepsilon/\sin\sigma$, $\varepsilon = \beta + (180° - \gamma)$ und $\sigma = \gamma - \alpha$. Durch Einsetzen erhält man $h = s\cdot\sin\varepsilon\sin\alpha/\sin\sigma$ oder $h = s\cdot\sin(\gamma - \beta)\sin\alpha/\sin(\gamma - \alpha)$.
Standlinie in beliebiger Richtung zum Ziel. Von den Enden A und B der Standlinie s aus, die *in einer Horizontalebene* mit dem Fußpunkt F des Punktes G liegt, werden die Winkel $|\sphericalangle FAB| = \gamma$ und $|\sphericalangle FBA| = \delta$ gemessen sowie im Punkte A der Höhenwinkel ε nach G (Abb. 11.3-20). Die Ebene AFG steht senkrecht auf der Horizontalebene durch FAB. Mit $|AF| = z$ wird $h = z\tan\varepsilon$, wobei $z = s\cdot\sin\delta/\sin\sigma = s\cdot\sin\delta/\sin[180° - (\gamma + \delta)] = s\cdot\sin\delta/\sin(\gamma + \delta)$. Durch Einsetzen erhält man:

$$h = s\cdot\sin\delta\tan\varepsilon/\sin(\gamma + \delta).$$

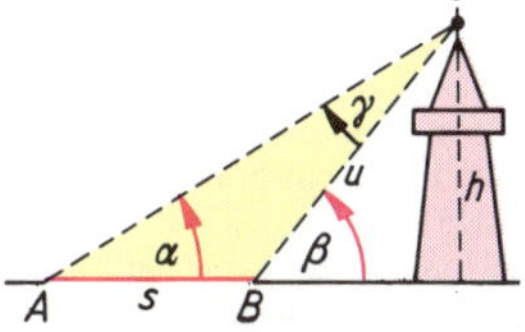

11.3-18 Trigonometrische Höhenbestimmung bei horizontaler Standlinie in einer vertikalen Ebene durch die Höhe

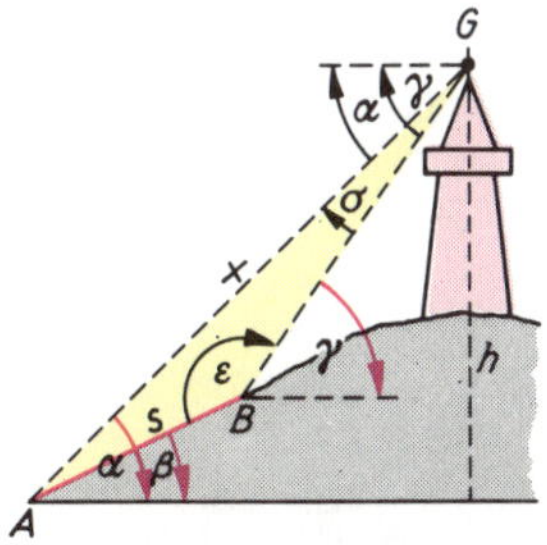

11.3-19 Trigonometrische Höhenbestimmung bei geneigter Standlinie in einer vertikalen Ebene durch die Höhe

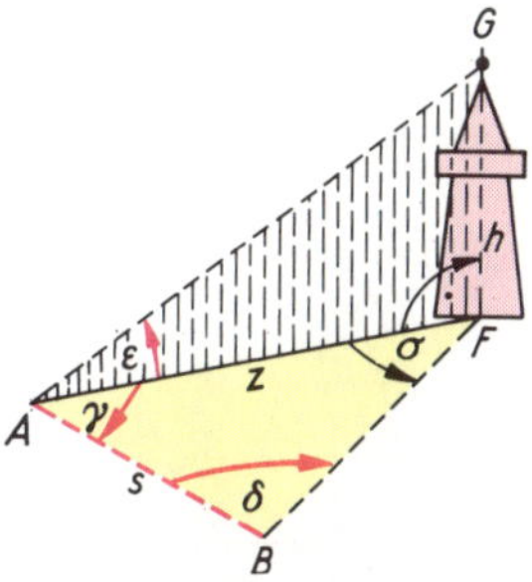

11.3-20 Trigonometrische Höhenbestimmung bei horizontaler Standlinie

Steigt die Standlinie $|AB| = s$ von A aus im Winkel ε_1 *an* (Abb. 11.3-21) und werden in den Punkten A bzw. B die Horizontalwinkel α bzw. β zwischen Standlinie s und dem Punkt G gemessen sowie die Höhenwinkel ε_1 von A nach B, ε_2 von B nach G und ε von A nach G, so läßt sich die Aufgabe auf die eben gelöste zurückführen. In der Horizontalebene durch A sind in dem Dreieck AHB' die Seite $s' = s \cos \varepsilon_1$ und die Winkelgrößen α und β bekannt. Nach dem Sinussatz ergibt sich $a' = s' \cdot \sin \alpha / \sin(\alpha + \beta)$; $b' = s' \cdot \sin \beta / \sin(\alpha + \beta)$. Aus dem in der Vertikalebene liegenden Dreieck AHG gewinnt man also:

$$h = b' \tan \varepsilon = s' \cdot \sin \beta \tan \varepsilon / \sin(\alpha + \beta)$$
$$= s \cdot \cos \varepsilon_1 \sin \beta \tan \varepsilon / \sin(\alpha + \beta).$$

Als Kontrolle hat man $h = h_1 + h_2$, wobei $h_1 = s \sin \varepsilon_1$ und

$$h_2 = a' \tan \varepsilon_2 = s' \cdot \sin \alpha \tan \varepsilon_2 / \sin(\alpha + \beta)$$
$$= s \cdot \cos \varepsilon_1 \sin \alpha \tan \varepsilon_2 / \sin(\alpha + \beta).$$

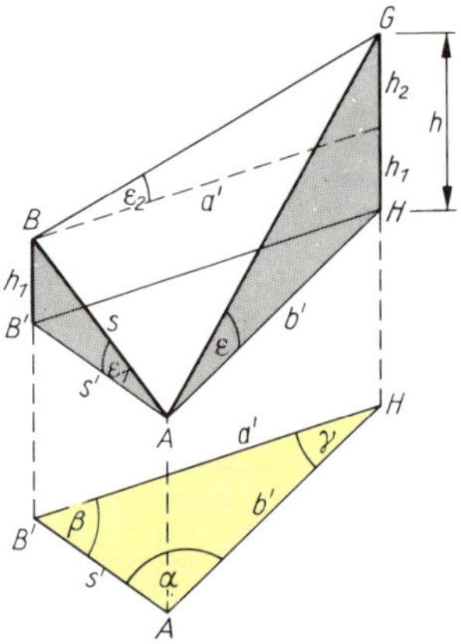

11.3-21 Trigonometrische Höhenbestimmung bei geneigter Standlinie

Landesvermessung

Die Landesvermessung hat letzten Endes die Aufgabe, jeden gewünschten Punkt der Erdoberfläche eindeutig festzulegen; dies geschieht durch *Koordinaten* oder in anschaulicher Form in *Karten*. In erster Näherung wird die Erdoberfläche als Kugelfläche angesehen, auf der die Lage eines Punktes durch die *Länge* λ und die *Breite* φ bestimmt ist, d. h. durch den Schnitt eines Meridians, eines Großkreises durch Nord- und Südpol, mit einem *Breitenkreis*. Der Meridian durch Greenwich wird als *Nullmeridian* ausgezeichnet, von ihm ab werden die anderen durch ihren Winkelabstand λ nach Osten bzw. Westen zu von 0° bis 180° gemessen. Die Breitenkreise sind Kleinkreise parallel zum Äquator, ihr Abstand φ von ihm wird in Winkelgraden auf einem Meridian gemessen, und zwar vom Äquator auf beiden Seiten als nördliche bzw. südliche Breite von 0° bis 90°, bis zum Pol. Diese Koordinaten sind sphärische Koordinaten und werden durch astronomische Messungen bestimmt wie im Kap. 12. gezeigt wird.

Gauß-Krüger-Projektion. Ein *Zylinder* oder ein Kegelmantel lassen sich nach dem Aufschneiden längs einer Mantellinie in eine Ebene *abwickeln*. Alle Längen, Flächen und Winkel bleiben dabei erhalten; sie erscheinen in der Karte deshalb in wahrer Größe. Die Kugeloberfläche ist nicht abwickelbar. Nach GAUSS und dem einstigen Direktor des Geodätischen Instituts Potsdam KRÜGER werden deshalb Kugelzweiecke (*Meridianstreifen*), deren Grenzmeridiane an den Polen Winkel von 6° einschließen, auf einen Zylindermantel abgebildet, der das Kugelzweieck in seinem *Mittelmeridian* (Winkel von 3° gegen jeden Grenzmeridian) berührt. Abb. 11.3-22 zeigt angenähert, wie schmal diese Streifen, auf die Erde bezogen, sind. Es ist danach verständlich, daß die Längen und die Flächen nur wenig von den wahren Werten abweichen. Durch Abwickeln des Zylinders ergibt sich dann ein *ebenes Bild des Meridianstreifens.* Der *Berührungsmeridian* m gehört sowohl der Kugel als auch dem Zylinder an, erscheint in der Ebene mithin *in wahrer Länge*. Wird die Entfernung auf ihm vom Äquator ab durch den im Bogenmaß gemessenen Winkel ξ angegeben, so hat in der Ebene der entsprechende Punkt die Koordinate $x = \xi R$, wenn R der Erdradius ist. Großkreise, die den Berührungsmeridian senkrecht schneiden und deshalb die Durchstoßpunkte A_1, A_2 (Abb. 11.3-23) der Zylinderachse durch die Kugel zu Polen haben, sollen auf Bilder führen, die die x-Achse senkrecht schneiden, d. h. *Mantellinien auf dem Zylinder* sind. Abstände von Punkten P der Kugel vom Berührungsmeridian m werden auf diesen rechtwinkligen Großkreisen durch den Winkel η gemessen, der Bildpunkt P' hat den entsprechenden Abstand y von der x-Achse. Die Beziehung zwischen η und y läßt sich aus der Forderung ableiten, daß die Gauß-Krüger-Projektion *winkeltreu* oder *konform* ist (vgl. Kap. 23.2. – Konforme Abbildung). Die Winkeltreue ist gesichert, wenn Dreiecke auf der Kugel beim Abbilden in ähnliche Dreiecke übergehen, wenn das *Vergrößerungsverhältnis*

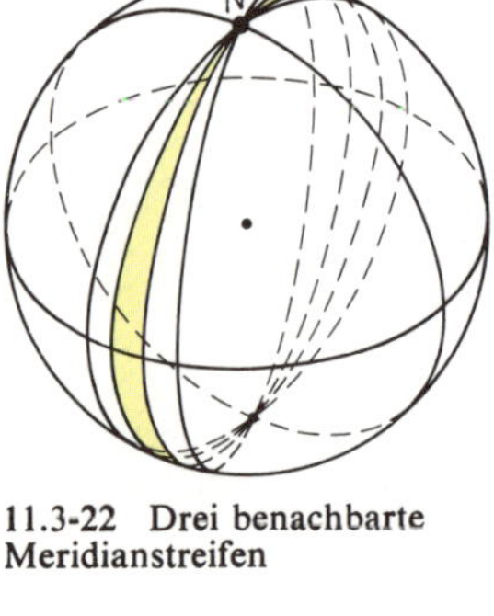

11.3-22 Drei benachbarte Meridianstreifen

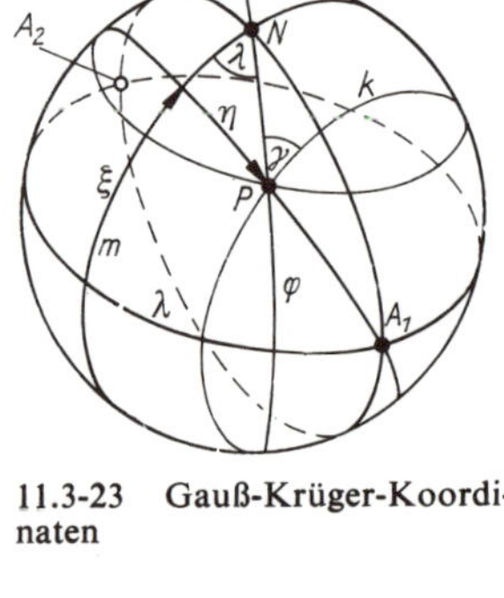

11.3-23 Gauß-Krüger-Koordinaten

für Strecken in allen Richtungen dasselbe ist. Ein Kleinkreis k durch den Punkt P, der alle durch die Pole A_1 und A_2 gehenden Großkreise senkrecht schneidet, ist von diesen Polen aus betrachtet ein Breitenkreis der Breite η; die senkrechten Großkreise spielen die Rolle von Meridianen und der Berührungsmeridian die des Äquators. Die Länge des Kleinkreises ist deshalb $l = 2\pi R \cos \eta$, auf dem Zylinder und in der Ebene dagegen $L = 2\pi R$, das Vergrößerungsverhältnis ist danach $L : l = 1/\cos \eta$. Wegen der Winkeltreue soll es dem Verhältnis $\mathrm{d}y = \mathrm{d}\eta$ gleich sein; mithin gilt $\mathrm{d}y/\mathrm{d}\eta = 1/\cos \eta$ oder $\mathrm{d}y = \mathrm{d}\eta/\cos \eta$. Durch Integration findet man:

$$y = \ln \tan (\pi/4 + \eta/2) = (1/M) \lg \tan (\pi/4 + \eta/2),$$

wobei $1/M = 1/\lg e = 2{,}3025851$ (vgl. Kap. 2.2. – Logarithmengesetze und Logarithmensysteme).

Nordrichtungen. Abbildung 11.3-23 zeigt im Punkte P den Winkel γ zwischen dem Meridian nach dem Nordpol N und dem Kleinkreis k parallel zum Berührungsmeridian m. Dieser Winkel heißt *Meridiankonvergenz* und gibt die Abweichung zwischen Geographisch Nord und Gitternord für den Punkt P an. *Geographisch Nord* ist die Richtung längs des Meridians von Punkt P nach dem Nordpol. *Gitternord* ist die Richtung vom Bilde P' in der Gauß-Krüger-Ebene parallel zur x-Achse; ihr entspricht auf der Kugel die Richtung der Tangente im Punkt P an den Kleinkreis k. Dementsprechend kann die Richtung einer Strecke von einem ihrer Punkte aus verschieden festgelegt werden. Der Winkel von Geographisch Nord im Uhrzeigersinn bis zur Strecke heißt ihr *Azimut a*, der Winkel von Gitternord im selben Drehsinn heißt *Richtungswinkel v* und wird meist durch zwei Punkte P_1 und P_2 der Strecke in der Form $v = (P_1P_2)$ angegeben; dabei gilt $(P_1P_2) = (P_2P_1) \pm 180°$. Der Vollständigkeit halber sei angefügt, daß zuweilen eine dritte Nordrichtung, *Magnetisch Nord*, benutzt wird, die um die *Nadelabweichung* von Geographisch Nord verschieden ist; von ihr aus gerechnet, spricht man vom *Streichwinkel* einer Strecke.

Rechts- und Hochwerte. Die x-Werte von Gauß-Krüger-Koordinaten werden auf dem Berührungsmeridian vom Äquator aus nach Norden bzw. auf der Südhalbkugel nach Süden gemessen; sie werden *Hochwerte* genannt und geben die *wahre Entfernung vom Äquator* an. Positive y-Werte bezeichnen Punkte, die auf der Karte östlich vom Berührungsmeridian m liegen. Um negative y-Koordinaten zu vermeiden, erhält der Berührungs- oder Mittelmeridian nicht die y-Koordinate 0 m, sondern 500 000 m; zugleich wird durch eine *Kennziffer* vor diesem Wert der *Meridianstreifen* auf der Kugel angegeben, aus dem die betreffende Karte hervorgegangen ist. Diese Kennziffer ist 1 für den Berührungsmeridian 3° (1 500 000 m), sie ist 2 für 9° (2 500 000 m), 3 für 15° (3 500 000 m) usw.; $[(\lambda_m + 3) : 6]$. Ein Punkt, der 65 370 m östlich vom Meridian 3° liegt, hat danach die y-Koordinate 1 500 000 m + 65 370 m = 1 565 370 m. Man bezeichnet diese Zahl als *Rechtswert*. Für einen Punkt, der 74 250 m westlich des Meridians 9° liegt, ist der Rechtswert 2 500 000 m — 74 250 m = 2 425 750 m. Umgekehrt kommt man zu einem Punkt mit dem Rechtswert 4 374 981 m und dem Hochwert 5 755 899 m, indem man wegen $4 \cdot 6 - 3 = 21$ auf dem 21°-Meridian vom Äquator 5 755 899 m nach Norden geht und dann rechtwinklig um 500 000 m — 374 981 m = 125 019 m nach Westen. Auf *topographischen Karten* werden die Rechts- und Hochwerte nur in ganzen Kilometern angegeben und dabei die ersten beiden Ziffern als Hochzahlen geschrieben, z. B. lautet die Schreibweise für das letzte Beispiel $^{43}74$ und $^{57}55$. Da die *Längenabweichungen in der Nähe der Grenzmeridiane* am größten sind, werden die Koordinaten wichtiger Punkte für je ein 0,5° breites Randgebiet im Westen und Osten jedes Meridianstreifens zusätzlich berechnet, so daß für Punkte eines 1° breiten Streifens, in 52° Breite rund 70 km breit, je *zwei Koordinaten*, sowohl für den westlichen als auch für den östlichen Meridianstreifen, zur Verfügung stehen.
Auf topographischen Karten und für geodätische Arbeiten verwendet man auch *Meridianstreifen der Breite* 3° anstatt 6°. Für sie gelten dieselben Überlegungen und Bezeichnungen, nur die Kennziffern sind andere; sie sind 1, 2, 3, ... $(\lambda_m : 3)$ für die Berührungsmeridiane 3°, 6°, 9°, ...

Triangulation. Nur für wenige Punkte bestimmt man die geographischen Koordinaten und das Azimut von Strecken zwischen ihnen und rechnet sie in Gauß-Krüger-Koordinaten um. Andere markante Punkte, *trigonometrische Punkte* (TP), verbindet man mit ihnen durch ein *Dreiecksnetz I. Ordnung*, in dem möglichst alle Winkel gemessen werden. In Abb. 11.3-24 sind für vier durch die Nordrichtung N gekennzeichnete Punkte die geographischen Koordinaten und die Azimute a einer Strecke zwischen je zweien von ihnen bestimmt worden. Die Länge dieser Strecken wird durch ein *Basisnetz* berechnet; es verbindet jede dieser Strecken mit einer Basis b von 4 bis 10 km Länge in ebenem Gelände, die mit 24 m langen, freihängenden, mit 98,1 N gespannten *Invardrähten* mit größter Genauigkeit gemessen wird; man erreicht mittlere Fehler von 8 mm auf 10 km oder eine *Genauigkeit* von 1 : 1 250 000. Die Seiten des Dreiecksnetzes I. Ordnung sind durchschnittlich 40 bis 70 km lang; in der Abbildung sind sie dick ausgezogen. Zwischen die damit in Gauß-Krüger-Koordinaten bestimmten trigonometrischen Punkte I. Ordnung wird das *Netz II. Ordnung* durch bloße Winkelmessungen eingehängt. Seine Seiten sind im Mittel 20 km lang, die des *Netzes III. Ordnung* 5 bis 10 km und schließlich die des *Netzes IV. Ordnung* 2 bis 5 km lang.

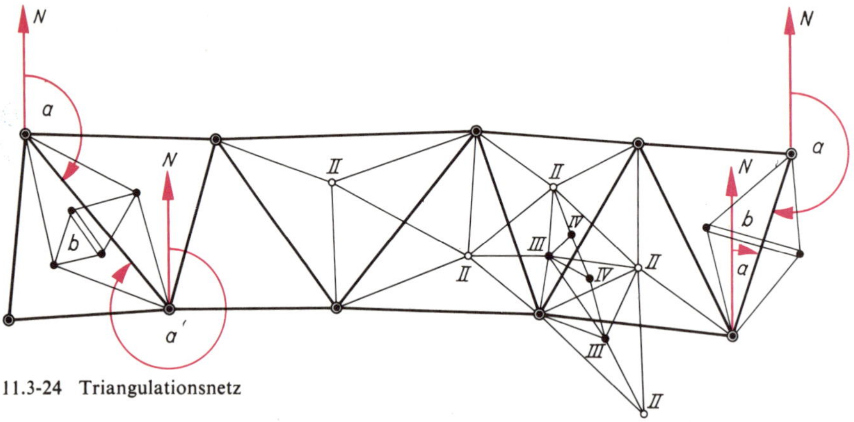

11.3-24 Triangulationsnetz

Diese trigonometrischen Punkte I. bis IV. Ordnung werden durch eine im Boden versenkte Granitplatte mit eingemeißeltem Kreuz und einen senkrecht darüber stehenden vierkantigen Granitpfeiler mit Kreuz *vermarkt* (Abb. 11.3-25). Um den TP aus großer Entfernung anzielen und auf ihm Beobachtungen ausführen zu können, wird ein *Signal* (Abb. 11.3-26; vgl. Bildtafel 50) über ihm errichtet, das zugleich einen Schutz vor Beschädigungen bildet.
Triangulationsnetze, deren Dreiecke sich zu einem Streifen anordnen, nennt man *Dreiecksketten.* Eine Dreieckskette längs eines Erdmeridians, eine *Gradmessung*, wurde früher benutzt, um die Gestalt der Erde festzustellen.
Durch die Entwicklung des Radars und anderer Verfahren, mit Hilfe elektromagnetischer Wellen Entfernungen mit großer Genauigkeit zu messen, ist als Gegenstück zur Triangulation die *Trilateration* möglich geworden. Es sind dann die Dreiecksseiten schneller zu messen als die Winkel.

11.3-25 Trigonometrischer Punkt (TP)

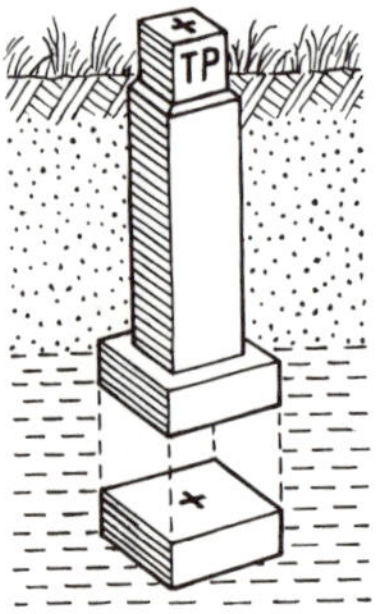

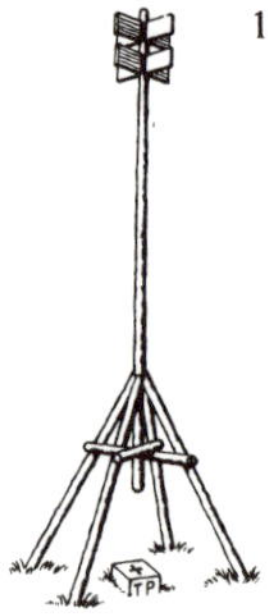

11.3-26 Signalbau

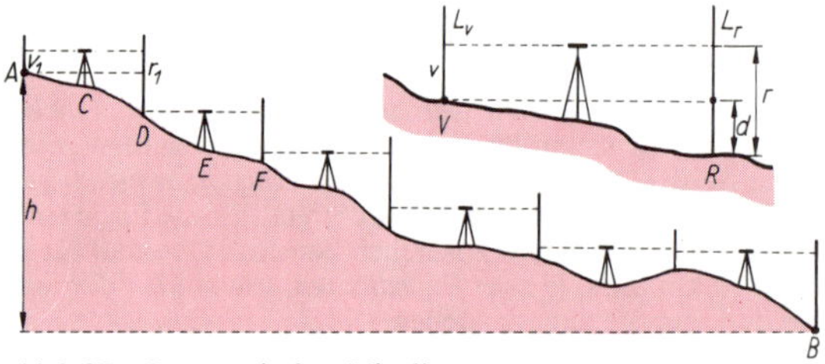

11.3-27 Geometrisches Nivellement

Landeshöhennetz. Zwei vom Mittelpunkt einer Reihe konzentrischer Kugeln ausgehende Strahlen durchstoßen jede Kugeloberfläche in zwei Punkten; die Strecke zwischen diesen Durchstoßpunkten ist um so länger, je größer der jeweilige Kugelradius ist. Aus dieser geometrischen Tatsache ergibt sich, daß man zwischen zwei Loten, die jedes in einem tiefen Schacht hängen, verschiedene Entfernungen mißt je nach der Höhe, in der die Messung ausgeführt wird. Der Abstand zweier Erdradien ist im Gebirge größer als in Meereshöhe. Infolgedessen müssen alle Längen in der Landesvermessung auf *dieselbe Höhe, auf Meereshöhe*, umgerechnet werden. Es muß von jedem berechneten Punkt die Höhe über einer Nullmerka gemessen werden. Dafür wird ein Netz von *Höhenfestpunkten* bestimmt, das *Landeshöhennetz*. Als Nullmarke diente früher der *Amsterdamer Pegel*; von ihm aus wurde 1879 am Nordpfeiler der Berliner Sternwarte eine Höhenmarke zu 37,000 m bestimmt und 1912 auf eine unterirdische Marke an der Straße Berlin – Manschnow mit demselben Werte verlegt. Alle auf diesen Normalhöhenpunkt bezogenen Höhen werden als Höhen über *Normalnull*, NN, bezeichnet.
Zum Messen von Höhendifferenzen werden *Nivelliere* verwendet. Ihre Fernrohrachse muß der Achse einer *empfindlichen Libelle* genau parallel sein, d. h. beim Einspielen der Libelle genau horizon-

tal zeigen. Ist diese Horizontale erst *rückwärts* auf eine im Punkt R lotrecht aufgestellte, mit Zentimetereinteilung versehene Nivellierlatte L_r gerichtet und dann *vorwärts* auf die im Punkt V stehende Latte L_v (Abb. 11.3-27), dann gibt die Differenz der Ablesungen $r - v = d$ an, um wieviel Punkt V höher liegt als R. Dabei werden auf der Latte Zentimeter abgelesen und Millimeter geschätzt bzw. mittels Ablenkung an einer planparallelen Platte gemessen. Im unteren Teil der Abbildung 11.3-27 ist eine Kette von Messungen mit dem Nivellier angedeutet, bei der auf jedem Zwischenpunkt, z. B. D, F, die Nivellierlatte einmal vorwärts und nach dem Umsetzen des Nivelliers, z. B. von C nach E, einmal rückwärts angezielt wurde. Durch algebraisches Addieren der Ablesungsdifferenzen d erhält man die Höhendifferenz zwischen A und B. Eine solche Kette nennt man *Nivellement*, wenn sie doppelt gemessen wurde, *Doppelnivellement*. Mit einem guten Nivellier beträgt der mittlere Fehler eines Doppelnivellements von 1 km Länge $\pm 0{,}4$ mm.

Bestimmung von Neupunkten. Punkte mit bekannten Koordinaten, z. B. trigonometrische Punkte, werden als *Festpunkte* bezeichnet, Punkte, deren Lage zu bestimmen ist, als *Neupunkte*.

Vorwärtseinschnitt. Von zwei Festpunkten F_1 und F_2 aus, deren Entfernung s man kennt, ist ein Neupunkt N (Abb. 11.3-28) durch Winkelmessungen zu bestimmen; kann der Theodolit dabei nur in den Festpunkten aufgestellt werden, spricht man von *Vorwärtseinschnitt*. Ist nur einer dieser Punkte zugänglich, dagegen im Neupunkt eine Winkelmessung möglich, so nennt man das Verfahren *Seitwärtseinschnitt*. Allerdings wird meist versucht, alle drei Winkel im Dreieck F_1F_2N zu messen, um in der Winkelsumme eine Kontrolle der Winkelbeobachtung zu haben. Geometrisch sind im Dreieck F_1F_2N stets eine Seite und drei Winkel bekannt, nach dem Sinussatz sind die fehlenden Seiten s_1 und s_2 zu berechnen: $s_1 = s \cdot \sin\alpha/\sin\gamma$, $s_2 = s \cdot \sin(360° - \beta')/\sin\gamma$.

Geodätisch sind die Festpunkte F_1 und F_2 durch ihre Hochwerte x_1, x_2 und Rechtswerte y_1, y_2 gegeben. Im rechtwinkligen Dreieck HF_1F_2 (Abb. 11.3-28) lassen sich aus den Koordinatendifferenzen $y_2 - y_1$ und $x_2 - x_1$ der Richtungswinkel (F_1F_2) und die Länge der Strecke F_1F_2 berechnen. Dabei wird der Richtungswinkel von Gitternord aus im Drehsinn des Uhrzeigers gemessen. Mit den nach dem Sinussatz bestimmten *Seitenlängen* s_1 und s_2 lassen sich in den rechtwinkligen Dreiecken F_2NH_2 und F_1H_1N die Koordinatendifferenzen Δy_1, Δx_1, Δx_2, Δy_2 bestimmen, die zu den Koordinaten von F_1 oder von F_2 addiert die von N ergeben. Die Koordinaten vom Neupunkt N werden zur Kontrolle doppelt berechnet.

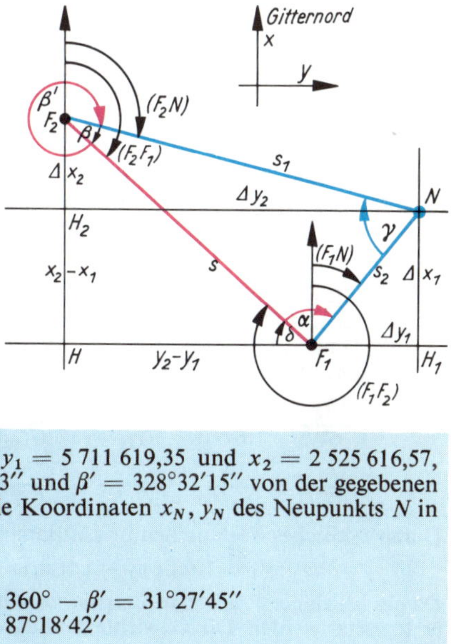

11.3-28 Vorwärtseinschnitt

Beispiel 1: Sind die Koordinaten $x_1 = 2\,524\,950{,}98$, $y_1 = 5\,711\,619{,}35$ und $x_2 = 2\,525\,616{,}57$, $y_2 = 5\,710\,664{,}92$ gegeben und die Winkel $\alpha = 61°13'33''$ und $\beta' = 328°32'15''$ von der gegebenen Strecke s zum Neupunkt N gemessen, so findet man die Koordinaten x_N, y_N des Neupunkts N in folgenden Schritten:

1. Winkel:

$\gamma = 180° - \alpha - (360° - \beta')$

$\beta = 360° - \beta' = 31°27'45''$
$\gamma = 87°18'42''$

2. Richtungswinkel (F_1F_2):

$\tan(F_1F_2) = (y_2 - y_1)/(x_2 - x_1)$
$|F_1F_2| = (x_2 - x_1)/\cos(F_1F_2)$
$= (y_2 - y_1)/\sin(F_1F_2)$

$y_2 - y_1 = -954{,}43$
$x_2 - x_1 = +665{,}59$
$(F_1F_2) = 304°53'24'' = 34°53'24''$
$\tan(F_1F_2) = -\cot\delta$
$\cos(F_1F_2) = \sin\delta$, $\sin(F_1F_2) = -\cos\delta$
$|F_1F_2| = 1163{,}6$

3. Länge der Seiten s_1 und s_2:

$s_1 = |F_1F_2| \cdot \sin\alpha/\sin\gamma = |F_2N|$
$s_2 = |F_1F_2| \cdot \sin\beta/\sin\gamma = |F_1N|$

$s_1 = 1021{,}0 = |F_2N|$
$s_2 = 608{,}0 = |F_1N|$

4. Von F_1 *zum Neupunkt:*

$(F_1N) = (F_1F_2) + \alpha$
$x_N - x_1 = |F_1N|\cos(F_1N) = \Delta x_1$
$y_N - y_1 = |F_1N|\sin(F_1N) = \Delta y_1$

$(F_1N) = 366°06'57'' = 6°06'57''$
$\Delta x_1 = +604{,}53$, $\Delta y_1 = +64{,}78$
$x_N = {}^{25}25\,555{,}51$, $y_N = {}^{57}11\,684{,}13$

5. Von F_2 zum Neupunkt:

$(F_2N) = (F_2F_1) + \beta'$ — $(F_2F_1) = 124°53'24''$

$x_N - x_2 = |F_2N| \cos(F_2N) = \Delta x_2$ — $(F_2N) = 453°25'39'' = 93°25'39''$

$y_N - y_2 = |F_2N| \sin(F_2N) = \Delta y_2$ — $\Delta x_2 = -61{,}04,\ \Delta y_2 = +1019{,}21$

$x_N = {}^{25}25\,555{,}53,\ y_N = {}^{57}11\,684{,}13$

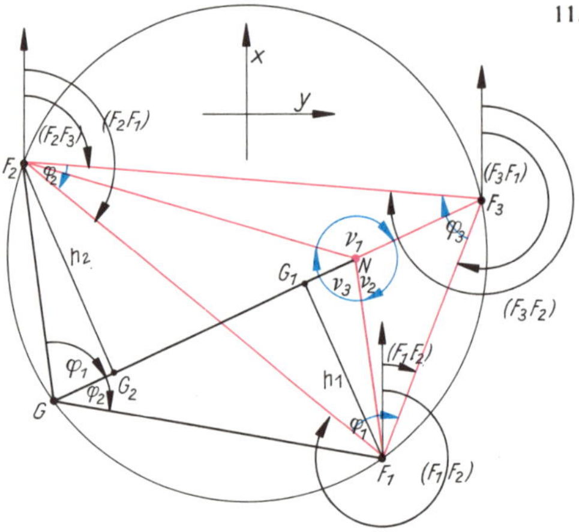

11.3-29 Rückwärtseinschnitt

Rückwärtseinschnitt. Sind drei Festpunkte F_1, F_2, F_3 gegeben und ist eine Beobachtung nur im Neupunkt N möglich (Abb. 11.3-29), so spricht man von einem Rückwärtseinschnitt. Der Neupunkt muß so gewählt werden, daß er *nicht auf dem Umkreis des Dreiecks $F_1F_2F_3$* liegt. Die genauesten Ergebnisse erhält man, wenn N im Innern des Festpunktdreiecks liegt. Die rechnerisch zu bestimmenden Dreieckswinkel seien φ_1 in F_1, φ_2 in F_2 und φ_3 in F_3, die in N gemessenen Winkel $|\sphericalangle\, F_2NF_3| = \nu_1$, $|\sphericalangle\, F_3NF_1| = \nu_2$ und $|\sphericalangle\, F_1NF_2| = \nu_3$. Eine Lösung für Maschinenrechnen ergibt sich aus den Koordinaten für den *Schwerpunkt S* des gegebenen Dreiecks: $s_x = (x_1 + x_2 + x_3)/3$, $s_y = (y_1 + y_2 + y_3)/3$. Die Ecken haben dabei gleiche *Gewichte in bezug auf die Schwerelinien* oder Seitenhalbierenden. Erteilt man ihnen verschiedene Gewichte g_1, g_2, g_3, so ergeben sich andere Ecktransversalen, die auch außerhalb des Dreiecks liegen können, wenn einzelne Gewichte negative Werte haben. Der Schnittpunkt N der Ecktransversalen hat dann die *Koordinaten*

$$x = (g_1x_1 + g_2x_2 + g_3x_3)/(g_1 + g_2 + g_3), \qquad y = (g_1y_1 + g_2y_2 + g_3y_3)/(g_1 + g_2 + g_3).$$

Die Gewichte lassen sich aus der mechanischen Vorstellung gewinnen, daß in bezug auf eine Ecktransversale die *Momente* der beiden anderen Ecken gleich sein müssen. G sei der Schnittpunkt der Transversalen F_3N mit dem Umkreis, G_1 bzw. G_2 die Fußpunkte der Lote h_1 bzw. h_2 von F_1 bzw. F_2 auf die Transversale. Die Momente der Ecken F_1 bzw. F_2 sind einander gleich: $g_1h_1 = g_2h_2$ oder $g_1 : g_2 = h_2 : h_1 = (h_2/|GN|) : (h_1/|GN|)$, wobei

$$\frac{h_2}{|GN|} = \frac{h_2}{|GG_2| + |G_2N|} = \frac{1}{|GG_2|/h_2 + |G_2N|/h_2} = \frac{1}{\cot\varphi_1 - \cot\nu_1},$$

$$\frac{h_1}{|GN|} = \frac{h_1}{|GG_1| + |G_1N|} = \frac{1}{|GG_1|/h_1 + |G_1N|/h_1} = \frac{1}{\cot\varphi_2 - \cot\nu_2}.$$

Durch zyklisches Vertauschen und Zusammenfassen ergibt sich:

$$g_1 : g_2 : g_3 = 1/(\cot\varphi_1 - \cot\nu_1) : 1/(\cot\varphi_2 - \cot\nu_2) : 1/(\cot\varphi_3 - \cot\nu_3).$$

Da ein beliebiger *Proportionalitätsfaktor* auf die Koordinaten des Neupunktes ohne Einfluß ist, darf er 1 gesetzt werden. Die Gewichte sind dann:

$$g_1 = 1/(\cot\varphi_1 - \cot\nu_1),\ g_2 = 1/(\cot\varphi_2 - \cot\nu_2),\ g_3 = 1/(\cot\varphi_3 - \cot\nu_3).$$

Aus den Koordinaten der Festpunkte F_1, F_2, F_3 (vgl. Vorwärtseinschnitt) findet man:

$x_1 = 2\,524\,950{,}98,\quad x_2 = 2\,525\,616{,}57,\quad x_3 = 2\,525\,555{,}51,$

$y_1 = 5\,711\,619{,}35,\quad y_2 = 5\,710\,664{,}92,\quad y_3 = 5\,711\,684{,}14,$

$(F_1F_2) = 304°53'24''$, $(F_2F_3) + \varphi_2 = (F_2F_1)$, $(F_2F_3) = 93°25'39''$,

$(F_3F_1) + \varphi_3 = (F_3F_2)$, $(F_3F_1) = 186°06'57''$, $(F_1F_2) + \varphi_1 = (F_1F_3)$.

Aus der nebenstehenden Tabelle erhält man die Gewichte:

$g_1 = 1{,}10806,\quad g_2 = 0{,}27667,$
$g_3 = 5{,}69188$

und mit ihnen die Koordinaten des Neupunkts:

$x = {}^{25}25\,463{,}25,\quad y = {}^{57}11\,634{,}13.$

berechnet	Kotangens	gemessen	Kotangens
$\varphi_2 = 31°27'45''$	1,63425	$\nu_2 = 153°12'22''$	−1,98019
$\varphi_3 = 87°18'42''$	0,0469547	$\nu_3 = 97°20'08''$	−0,128734
$\varphi_1 = 61°13'33''$	0,549176	$\nu_1 = 109°27'30''$	−0,353300
180°00'00''		360°00'00''	

Der Rückwärtseinschnitt hat besondere Bedeutung bei der Lagebestimmung durch Eigenpeilung von Schiffen oder Flugzeugen.

Hansensche Aufgabe. Sind zwei Festpunkte F_1 und F_2 gegeben, aber nicht zugänglich, z. B. die Spitzen zweier Türme, so können zwei Neupunkte N_1 und N_2 bestimmt werden, wenn in jedem die Richtungen nach beiden Festpunkten und nach dem anderen Neupunkt beobachtet werden können (Abb. 11.3-30). Entsprechend den Bezeichnungen der Abbildung ergibt sich nach dem Sinussatz die Lösung, wenn es gelingt, die Winkel φ und ψ zu berechnen. Da der Winkel ϱ in den Dreiecken N_1N_2S und F_1F_2S den gleichen Wert hat, gilt: $(\varphi + \psi)/2 = (\alpha + \gamma)/2 = \varepsilon_1$.

Die halbe Differenz $[(\varphi - \psi)/2]$ findet man über einen Hilfswinkel η, der durch $\sin\varphi/\sin\psi = \cot\eta$ bis auf Vielfache der Periode 180° der Kotangensfunktion bestimmt wird, wenn dieses Verhältnis allein durch die gemessenen Größen $s, \alpha, \beta, \gamma, \delta$ dargestellt werden kann. Man berechnet die Strecke $|N_1N_2|$ auf zwei Wegen und findet:

1) Aus $\triangle F_1F_2N_1$ erhält man $|N_1F_1| = s\sin\psi/\sin\beta$ und damit aus $\triangle F_1N_2N_1$ die Strecke $|N_1N_2| = |N_1F_1|\sin(\alpha+\beta+\gamma)/\sin\gamma = s\sin(\alpha+\beta+\gamma)\sin\psi/(\sin\beta\sin\gamma)$.
2) Aus $\triangle F_1F_2N_2$ erhält man $|N_2F_2| = s\sin\varphi/\sin\delta$ und damit aus $\triangle F_2N_2N_1$ die Strecke $|N_1N_2| = |N_2F_2|\sin((\alpha+\gamma+\delta)/\sin\alpha = s\sin(\alpha+\gamma+\delta)\sin\varphi/(\sin\alpha\sin\delta)$.

Daraus folgt

$$\frac{\sin\varphi}{\sin\psi} = \frac{\sin\alpha\sin\delta\sin(\alpha+\beta+\gamma)}{\sin\beta\sin\gamma\sin(\alpha+\gamma+\delta)} = \frac{\cot\eta}{1}.$$

Nach der korrespondierenden Addition und Subtraktion ergibt sich daraus unter Beachtung, daß $\cot 45° = 1$, nach einigen goniometrischen Umformungen (vgl. Kap. 10.):

$$\frac{\sin\varphi - \sin\psi}{\sin\varphi + \sin\psi} = \frac{\cot\eta - 1}{\cot\eta + 1} = \frac{\cot 45°\cot\eta - 1}{\cot\eta + \cot 45°} = \cot(45° + \eta)$$

oder

$$\frac{2\cos[(\varphi+\psi)/2]\cdot\sin[(\varphi-\psi)/2]}{2\sin[(\varphi+\psi)/2]\cdot\cos[(\varphi-\psi)/2]} = \frac{\tan[(\varphi-\psi)/2]}{\tan[(\varphi+\psi)/2]} = \cot(45° + \eta)$$

und damit $\tan[(\varphi-\psi)/2] = \tan[(\varphi+\psi)/2]\cot(45°+\eta)$. Neben $\varepsilon_1 = (\varphi+\psi)/2$ kann danach $\varepsilon_2 = (\varphi-\psi)/2$ berechnet werden, und damit sind $\varphi = \varepsilon_1 + \varepsilon_2$ und $\psi = \varepsilon_1 - \varepsilon_2$ gefunden.

Für die Richtungswinkel ergibt sich:

$(F_1N_2) = (F_1F_2) + \varphi$,
$(N_2F_1) = (F_1N_2) + 180°$,
$(N_2F_2) = (N_2F_1) + \delta$,
$(N_2N_1) = (N_2F_1) - \gamma$,
$(F_2N_1) = (F_2F_1) - \psi$,
$(N_1F_2) = (F_2N_1) + 180°$,
$(N_1F_1) = (N_1F_2) - \beta$,
$(N_1N_2) = (N_1F_2) + \alpha$.

Aus den Richtungswinkeln und den Längen ergeben sich die Koordinatendifferenzen (vgl. Vorwärtseinschnitt) und damit der Reihe nach die Koordinaten von

$$F_1 \rightarrow N_1 \rightarrow N_2 \rightarrow F_2,$$

wobei sich für F_2 die schon bekannten Werte ergeben müssen.

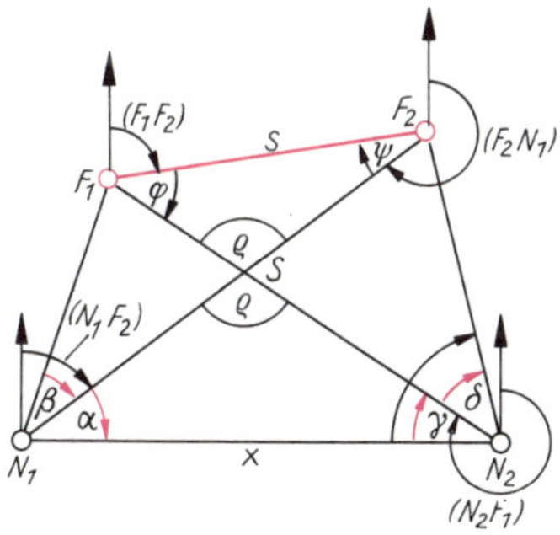

11.3-30 Hansensche Aufgabe

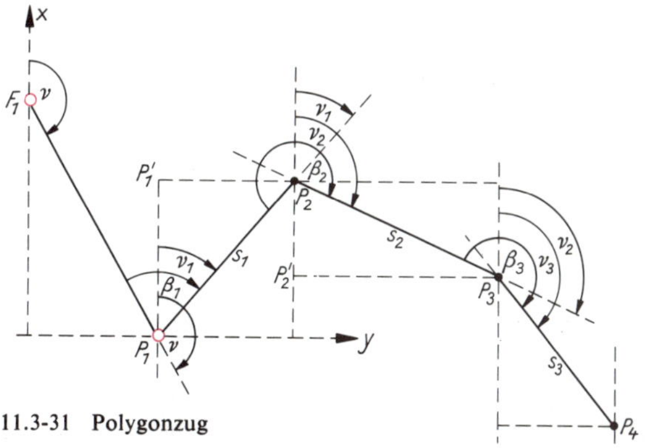

11.3-31 Polygonzug

Polygonzüge. Im Anschluß an trigonometrisch bestimmte Punkte lassen sich die Koordinaten weiterer Punkte durch Strecken- und Winkelmessungen berechnen. Sind vom bekannten Punkt P_1 aus die *Polygonzugpunkte* $P_2, P_3, \ldots, P_n$ festgelegt und die Strecken $s_1 = |P_1P_2|$, $s_2 = |P_2P_3|$ usw. mit dem Meßband gemessen (Abb. 11.3-31), so werden in jedem Punkte die *Brechungswinkel* $\beta_1, \beta_2, \ldots$ gemessen, d. h. der Unterschied der Richtungen von der vorhergehenden zur folgenden Strecke im Uhrzeigersinn. Für die erste Aufstellung in P_1 wird die Richtung nach einem anderen Festpunkt F_1 als Richtung der vorhergehenden Strecke benutzt. Durch die Messung des Brechungs-

winkels in P_1 wird der Polygonzug an eine schon bekannte Richtung angeschlossen (*Anschlußmessung*). Die Genauigkeit der Polygonzugmessung läßt sich wesentlich vergrößern, wenn der letzte Punkt P_n seinen Koordinaten nach bekannt ist und von ihm aus ein weiterer Festpunkt F_2 anvisiert werden kann. Der Polygonzug verbindet dann die beiden gegebenen Richtungen (F_1P_1) und (P_nF_2); man bezeichnet die letzte Messung in P_n auch als *Abbinden*.
Die Berechnung der *Richtungswinkel* erfolgt entsprechend der Beobachtung durch Addieren der Brechungswinkel:

$$(P_1F_1) = (F_1P_1) \pm 180°, \quad (P_1P_2) = (P_1F_1) + \beta_1,$$
$$(P_2P_1) = (P_1P_2) \pm 180°, \quad (P_2P_3) = (P_2P_1) + \beta_2 \text{ usw.}$$

Die Koordinatenunterschiede Δx_i und Δy_i vom Punkte P_i zum Punkte P_{i+1} ergeben sich durch Umrechnen von Polarkoordinaten (P_iP_{i+1}), s_i in kartesische; z. B.

$$\Delta x_1 = x_2 - x_1 = m(P_1P_1') = s_1 \cos(P_1P_2)$$
und
$$\Delta y_1 = y_2 - y_1 = m(P_1'P_2) = s_1 \sin(P_1P_2).$$

Die Vorzeichen der *Koordinatenunterschiede* hängen von der Größe der Richtungswinkel ab; in der Abbildung sind diese mit $\nu_i = (P_iP_{i+1})$ bezeichnet; $\nu_1 = (P_1P_2)$ liegt im I. Quadranten, $\nu_2 = (P_2P_3)$ und $\nu_3 = (P_3P_4)$ im II., Δx_1 ist also positiv, Δx_2 und Δx_3 sind dagegen negativ.

12. Sphärische Trigonometrie

Wie ihr Name sagt, befaßt sich die sphärische Trigonometrie mit der Berechnung von Dreiecken auf der Kugel. Sie ist von Astronomen und Seefahrern entwickelt worden, um die Lage von Punkten und Entfernungen zwischen ihnen sowie Winkel auf der Himmelssphäre oder auf der kugelförmig gedachten Erdoberfläche bestimmen zu können. Auch die Grundlagen der für die Landesvermessung wichtigen Gauß-Krüger-Koordinaten werden aus astronomischen Messungen gewonnen.

12.1. Großkreise, Kleinkreise, Kugelzweieck

Jede Gerade durch den Mittelpunkt M einer Kugel schneidet deren Oberfläche in den Endpunkten eines Durchmessers, der die doppelte Länge des Radius R der Kugel hat. Jede zu einem Durchmesser senkrechte Ebene, deren Abstand l vom Mittelpunkt M kleiner als R ist, schneidet die Kugel in einem Kreis vom Radius $r = \sqrt{R^2 - l^2}$. Enthält diese Ebene M, so ist die Schnittfigur ein Großkreis mit $r = R$. Für $l = R$ erhält man eine *Tangentialebene*, die wegen $r = 0$ mit der Kugel nur einen Punkt gemeinsam hat.
Durch zwei Punkte A und B auf einer Kugel, die nicht auf einem Durchmesser liegen, läßt sich ein *Ebenenbüschel* legen (Abb. 12.1-1), das die Kugel in einem Kreisbüschel schneidet. Unter diesen Kreisen gibt es einen kleinsten, für den die Strecke AB Durchmesser ist, und einen größten, dessen Mittelpunkt mit dem der Kugel zusammenfällt. Dieser eine Kreis, dessen Radius mit dem der Kugel übereinstimmt, heißt *Großkreis*, alle anderen *Kleinkreise*. Dreht man alle Ebenen des Büschels mitsamt den Schnittkreisen um die Gerade durch A und B in die Ebene des Großkreises, so entsteht ein ebenes Kreisbüschel durch die Punkte A und B. Der kleinere Bogen zwischen A und B auf jedem dieser Kreise ist offenbar um so kleiner, je größer der Radius r des Kreises ist, hat also für den Großkreis mit $r = R$ seinen kleinsten Wert. Mit den Mitteln der Differentialgeometrie läßt sich sogar zeigen, daß der Bogen $\widehat{AB}$ auf dem Großkreis nicht nur von allen

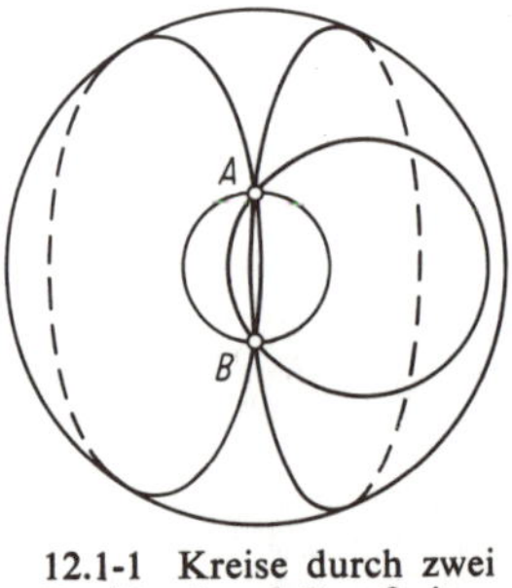

12.1-1 Kreise durch zwei Punkte A und B auf einer Kugel

kreisförmigen, sondern von allen auf der Kugel liegenden Verbindungen der Punkte A und B die kürzeste ist. Er ist ein Stück einer *geodätischen Linie*.

Großkreis. Alle Entfernungen von Punkten auf der Kugel werden längs Großkreisbögen gemessen. Auf Kugeln mit passend großem Radius gehen sie beliebig genau in den euklidischen Abstand längs einer Geraden über. Die Länge des Großkreisbogens $\widehat{AB}$ zwischen den Punkten A und B hängt nach den Sätzen der Planimetrie von der Größe des Radius R und von der des zugehörigen Zentriwinkels ab, der im Bogen- oder Gradmaß gegeben sein kann und meist mit kleinen lateinischen Buchstaben, z. B. mit $\hat{a}$ oder a^0, bezeichnet wird.

Großkreisbogen	$\widehat{AB} = R \cdot \hat{a}$ für Winkelgrößen in rad $= \pi R a^0/180°$ für Winkelgrößen in Grad

Zwei Großkreise schneiden sich in zwei Punkten A und B, die die Enden eines Durchmessers sind. Solche Punkte, in denen eine durch den Mittelpunkt der Kugel gehende Gerade die Kugeloberfläche durchstößt, heißen *Gegenpunkte* oder, im Hinblick auf die Erd- oder Himmelsachse als Gerade, *Pole*. Der Großkreis, dessen Ebene senkrecht auf dieser Geraden steht, wird *Polare* der Pole genannt. Durchläuft man die Polare in einem bestimmten Umlaufsinn, so kann zwischen einem linken und einem rechten Pol unterschieden werden.
Jede zu dem Durchmesser AB senkrechte Ebene schneidet (Abb. 12.1-2) die Ebenen zweier Großkreise durch A und B in je einer Geraden, die die Schenkel des Winkels der Größe α zwischen den Ebenen sind. Die Tangenten in einem Gegenpunkt an die beiden Großkreise stehen senkrecht zum Durchmesser AB und schließen einen Winkel derselben Größe α ein, die ein Maß für den *Winkel zwischen den beiden Großkreisen* ist.

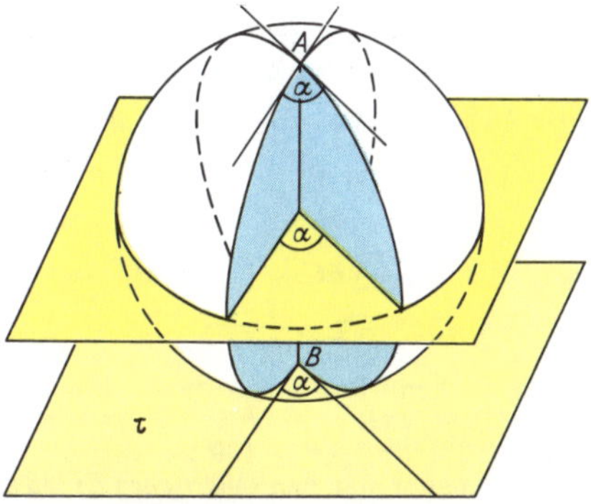

12.1-2 Winkel der Größe α zwischen zwei Großkreisen

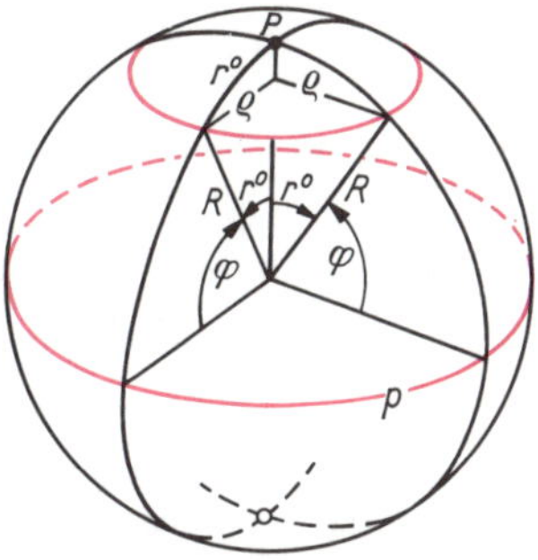

12.1-3 Sphärischer Kreis bzw. Breitenkreis

Der sphärische Kreis. Alle Punkte einer Kugel, die von einem Punkt P aus auf allen durch ihn und seinen Gegenpunkt gehenden Großkreisen denselben Abstand haben, liegen auf einem Kreis, der *sphärischer Kreis* genannt wird. Der konstante sphärische Abstand heißt *sphärischer Radius*, Punkt P *sphärischer Mittelpunkt*; z. B. sind alle Breitenkreise der Breite φ sphärische Kreise. Sie haben den sphärischen Radius $(90° - \varphi)$, und der Pol ist ihr sphärischer Mittelpunkt.
Der größte sphärische Kreis ist die Polare p, für die der sphärische Mittelpunkt Pol ist; sein sphärischer Radius ist $\pi/2$ oder 90°. Die anderen sphärischen Kreise sind Kleinkreise, die von einer Ebene parallel zur Ebene der Polaren aus der Kugeloberfläche ausgeschnitten werden. Ist ihr sphärischer Radius r^0 und der Kugelradius R, so hat der sphärische Kreis (Abb. 12.1-3) in der Schnittebene den Radius $\varrho = R\cos(90^0 - r^0)$ und den Umfang $2\pi\varrho = 2\pi R\cos(90° - r^0)$, d. h., ein Breitenkreis der Breite $90° - r^0 = \varphi$ hat die Länge $2\pi\varrho = 2\pi R\cos\varphi$.

Das Kugelzweieck

Zwei Großkreise, die ein Paar Gegenpunkte gemeinsam haben, zerlegen die Kugeloberfläche in vier Kugelzweiecke. Jedes von ihnen hat zwei gleiche Seiten der Größe $s = 180°$ bzw. π. Die Größe seiner Fläche wird nur bestimmt durch den Winkel α zwischen den Großkreisen. Die Gauß-Krüger-Projektion benutzt Zweiecke, deren Winkel 6° beträgt. Für einen Winkel von 90° bzw. $\pi/2$ ist der Flächeninhalt A_0 des Zweiecks ein Viertel der Kugeloberfläche, also πR^2; für einen Winkel der Größe α^0 in Grad oder $\hat{\alpha}$ in rad ergibt sich nach der Dreisatzrechnung als Flächeninhalt $A_z = \pi R^2 \cdot \alpha^0/90°$ bzw. $A_z = 2R^2\hat{\alpha}$. Ein Gauß-Krüger-Meridianstreifen hat danach die Oberfläche $A_z = \pi R^2 \cdot 6°/90° = \pi R^2/15 = 8\,501\,665\ \text{km}^2$, wenn $R = 6371{,}221$ km angenommen wird.

Flächeninhalt des Kugelzweiecks	$A_z = 2R^2\hat{\alpha}$ für Winkelgrößen in rad $= \pi R^2 \cdot \alpha^0/90°$ für Winkelgrößen in Grad

12.2. Das Kugeldreieck

Liegen auf einer Kugel drei Punkte A, B, C so, daß keine zwei von ihnen ein Paar Gegenpunkte sind und nicht alle drei auf einem Großkreis liegen, so sind drei Großkreise bestimmt, die je zwei dieser Punkte verbinden und sich auch in den Gegenpunkten $\bar{A}$, $\bar{B}$, $\bar{C}$ der gegebenen schneiden. Die Oberfläche der Kugel wird dadurch in acht Flächen geteilt, von denen jede von je drei Großkreisbögen begrenzt wird, die kleiner als π sind (Abb. 12.2-1).

Diese Gebiete werden sphärische Dreiecke genannt, und zwar *Eulersche Dreiecke* zum Unterschied von Dreiecken, in denen auch Seiten möglich sind, die größer als π sind, in der Abbildung z. B. das Dreieck mit den Seiten AB, BC und $C\bar{A}\bar{C}A$. Dieses nichteulersche Dreieck unterscheidet sich nur um das Eulersche Dreieck ABC von der vom Großkreis $C\bar{A}\bar{C}A$ begrenzten Halbkugel. Deshalb werden hier nur Eulersche Dreiecke betrachtet. Die Dreieckswinkel mit den Größen α, β, γ sind die Neigungswinkel der Großkreisebenen, die sich im Scheitelpunkt des betrachteten Winkels schneiden bzw. der Winkel der beiden Tangenten, die im Scheitelpunkt an die beiden Großkreise gelegt werden können. In Eulerschen Dreiecken ist kein Winkel größer als π.

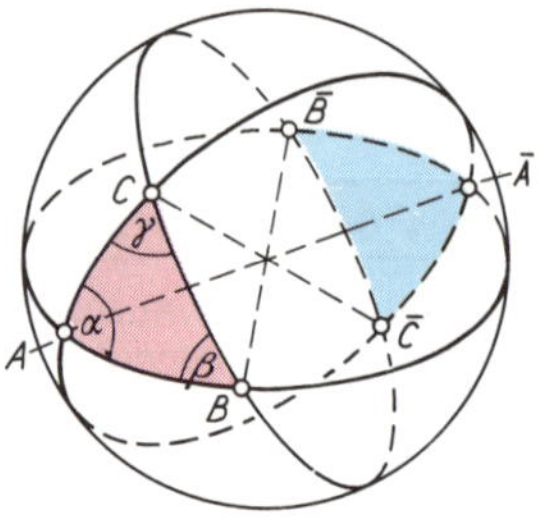

12.2-1 Kugeldreieck

Flächeninhalt des Kugeldreiecks. Je zwei der Kugeldreiecke sind zentralsymmetrisch zum Kugelmittelpunkt und stimmen deshalb in allen Stücken und im Flächeninhalt überein, z. B. $|\triangle ABC| = |\triangle \bar{A}\bar{B}\bar{C}|$, oder $|\triangle AB\bar{C}| = |\triangle \bar{A}\bar{B}C|$. Jedes Dreieck, das mit dem Dreieck ABC eine Seite gemeinsam hat, ergänzt es zu einem Kugelzweieck, dessen Fläche angegeben werden kann; aus

$$|\triangle ABC| + |\triangle BC\bar{A}| = 2R^2\hat{\alpha},\quad |\triangle ABC| + |\triangle CA\bar{B}| = 2R^2\hat{\beta},\quad |\triangle ABC| + |\triangle AB\bar{C}| = R^2\hat{\gamma} \text{ folgt}$$

$$3 \cdot |\triangle ABC| + [|\triangle BC\bar{A}| + |\triangle CA\bar{B}| + |\triangle AB\bar{C}|] = 2R^2(\hat{\alpha} + \hat{\beta} + \hat{\gamma}).$$

Wegen der Zentralsymmetrie gilt:

$$|\triangle ABC| + [|\triangle BC\bar{A}| + |\triangle CA\bar{B}| + |\triangle AB\bar{C}|] = |\triangle ABC| + |\triangle BC\bar{A}| + |\triangle CA\bar{B}| + |\triangle \bar{A}\bar{B}C| = 2\pi R^2,$$

weil diese vier Dreiecke eine Halbkugel ohne Lücke überdecken. Setzt man dieses Ergebnis in die vorher gewonnene Gleichung ein, erhält man $2|\triangle ABC| + 2\pi R^2 = 2R^2(\hat{\alpha} + \hat{\beta} + \hat{\gamma})$, oder $\triangle|ABC| = R^2(\hat{\alpha} + \hat{\beta} + \hat{\gamma} - \pi)$ bzw. $|\triangle ABC| = (\pi R^2/180°) \cdot (\alpha° + \beta^0 + \gamma^0 - 180°)$.
Den Überschuß der Summe der Dreieckswinkel über π bzw. 180° nennt man den *sphärischen Exzeß* ε.

Flächeninhalt eines sphärischen Dreiecks	$A_D = \hat{\varepsilon}R^2$ mit $\hat{\varepsilon} = \hat{\alpha} + \hat{\beta} + \hat{\gamma} - \pi$ für Winkelgrößen in rad
	$A_D = \pi R^2 \cdot \varepsilon^0/180°$ mit $\varepsilon^0 = \alpha^0 + \beta^0 + \gamma^0 - 180°$ für Winkelgrößen in Grad

In jedem Kugeldreieck mit von Null verschiedener Fläche ist die Winkelsumme größer als zwei Rechte; in einem Eulerschen Dreieck, dessen Ecken Pole der gegenüberliegenden Seite sind, ist z. B. die Winkelsumme 3 Rechte $= 3\pi/2 = 270°$.

Polardreieck, Polardreikant. Zu jedem Kugeldreieck läßt sich durch die Vektoren $\boldsymbol{A}, \boldsymbol{B}, \boldsymbol{C}$ mit dem Betrag R vom Kugelmittelpunkt M nach den Eckpunkten A, B, C eine dreiseitige körperliche Ecke angeben. Kugeln mit verschiedenem Radius um den Punkt M schneiden die durch die Vektoren $\boldsymbol{A}, \boldsymbol{B}, \boldsymbol{C}$ bestimmten Strahlen in ähnlichen Kugeldreiecken, die gleiche Seiten und Winkel haben. Es darf deshalb angenommen werden, daß die Vektoren den Betrag 1 haben.
Die von einem Punkte P im Innern der dreiseitigen Ecke auf die Seitenflächen gefällten Lote bestimmen die *Polarecke* der gegebenen Ecke. Bezeichnet man die Fußpunkte der drei Lote mit P_a, P_b, P_c, so ist die Größe ihrer Seiten durch die Winkelgrößen gegeben $\bar{c} = |\sphericalangle P_aPP_b|$, $\bar{a} = |\sphericalangle P_bPP_c|$ und $\bar{b} = |\sphericalangle P_cPP_a|$ (Abb. 12.2-2). Die Seitenfläche $PP_a\bar{B}P_c$ z. B. steht senkrecht auf den Flächen MBC und MAB der ursprünglichen Ecke, damit auch senkrecht auf ihrer Schnittgeraden $\boldsymbol{B}$. Der Winkel $P_a\bar{B}P_c$ hat die Größe β des Neigungswinkels zwischen den Flächen der Seiten a und c. Im Viereck $PP_a\bar{B}P_c$ gilt damit: $\bar{b} + \beta = 180°$, da die beiden anderen Winkel Rechte sind. Entsprechend findet man $\bar{c} + \gamma = 180°$ und $\bar{a} + \alpha = 180°$. Wählt man in der Polarecke einen Punkt, der Einfachheit halber den Punkt M, so sind die von ihm auf die Seiten $\bar{a}$, $\bar{b}$, $\bar{c}$ der Polarecke gefällten Lote die Vektoren $\boldsymbol{A}, \boldsymbol{B}, \boldsymbol{C}$ mit dem Fußpunkten $\bar{A}$, $\bar{B}$, $\bar{C}$. Die ursprüngliche Ecke $MABC$ ist danach Polarecke ihrer Polarecke; ihre Seitenflächen a, b bzw. c stehen senkrecht auf den Strecken PP_a, PP_b bzw. PP_c; in den Vierecken $M\bar{B}P_a\bar{C}$, $M\bar{C}P_b\bar{A}$ bzw. $M\bar{A}P_c\bar{B}$ sind die Winkelgrößen $\bar{\alpha}$, $\bar{\beta}$ bzw. $\bar{\gamma}$ der Polar-

ecke enthalten ($\bar{\alpha} = |\sphericalangle \bar{B}P_a\bar{C}|$, $\bar{\beta} = |\sphericalangle \bar{C}P_b\bar{A}|$, $\bar{\gamma} = |\sphericalangle \bar{A}P_c\bar{B}|$), und für sie gilt: $\bar{\alpha} + a = 180°$, $\bar{\beta} + b = 180°$, $\bar{\gamma} + c = 180°$, weil die beiden anderen Winkel Rechte sind.

Beziehungen zwischen Seiten und Winkeln einer Ecke und ihrer Polarecke in Grad	$\bar{a} + \alpha = 180°$, $\bar{b} + \beta = 180°$, $\bar{c} + \gamma + 180°$ $\bar{\alpha} + a = 180°$, $\bar{\beta} + b = 180°$, $\bar{\gamma} + c = 180°$

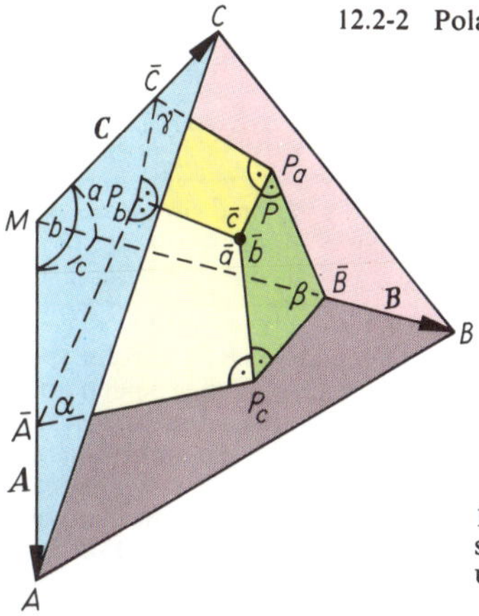

12.2-2 Polarecke $PP_aP_bP_c$ der dreiseitigen Ecke $MABC$

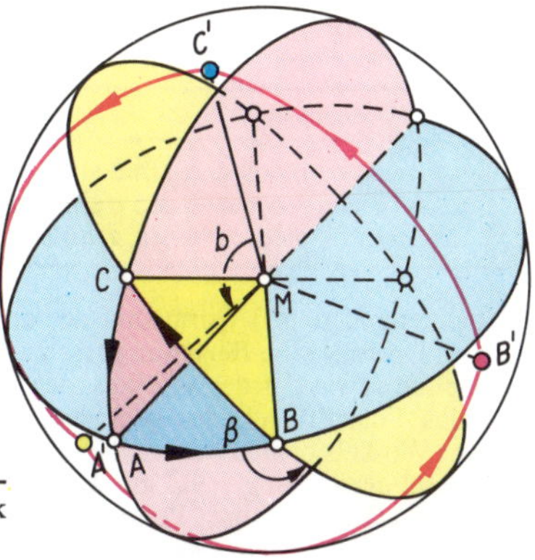

12.2-3 Kugeldreieck, dreiseitige Ecke, Polardreieck und Polarecke

Rückt der willkürlich gewählte Punkt P in den Punkt M, so werden die Lote PP_a, PP_b bzw. PP_c zu Senkrechten auf den Seiten a, b bzw. c, die die Kugel in je zwei Gegenpunkten schneiden. Man wählt die drei Gegenpunkte A', B', C' als Ecken eines Kugeldreiecks, die linke Pole der durch die Dreiecksseiten festgelegten Polaren sind, wenn in ihnen folgende Durchlaufrichtungen festgelegt werden: $A \to B$, $B \to C$, $C \to A$. Das Kugeldreieck wird Polardreieck des gegebenen genannt; zwischen den Seiten und Winkeln der beiden Dreiecke gelten die gefundenen Beziehungen (Abb. 12.2-3).

Die Hauptsätze zur Berechnung des allgemeinen Kugeldreiecks

Seitenkosinussatz und Winkelkosinussatz. Auf einer Kugel vom Radius 1 und dem Mittelpunkt M sind die Ecken des Dreiecks ABC die Endpunkte der von M ausgehenden Vektoren $\boldsymbol{A}$, $\boldsymbol{B}$, $\boldsymbol{C}$, für die gilt: $|\boldsymbol{A}| = |\boldsymbol{B}| = |\boldsymbol{C}| = 1$, $(\boldsymbol{A} \cdot \boldsymbol{B}) = \cos c$, $(\boldsymbol{B} \cdot \boldsymbol{C}) = \cos a$, $(\boldsymbol{C} \cdot \boldsymbol{A}) = \cos b$. Auch auf den Tangenten in den Ecken an die entsprechenden Großkreise seien Vektoren $\boldsymbol{t}_{AC}$, $\boldsymbol{t}_{AB}$; $\boldsymbol{t}_{BA}$, $\boldsymbol{t}_{BC}$; $\boldsymbol{t}_{CB}$, $\boldsymbol{t}_{CA}$ mit dem Betrag 1 gegeben. Die beiden Tangenten jedes Eckpunkts bestimmten eine Tangentialebene, in der der zugehörige Winkel des Dreiecks gemessen werden kann:

$$\sin\alpha = |\boldsymbol{t}_{AB} \times \boldsymbol{t}_{AC}|,$$
$$\sin\beta = |\boldsymbol{t}_{BC} \times \boldsymbol{t}_{BA}|,$$
$$\sin\gamma = |\boldsymbol{t}_{CA} \times \boldsymbol{t}_{CB}|.$$

In Abbildung 12.2-4 erscheint die Seite $b = \widehat{AC}$ in wahrer Größe, die Tangentialebene durch $\boldsymbol{t}_{AC}$ und $\boldsymbol{t}_{AB}$ steht senkrecht auf der Zeichenebene; wird sie um $\boldsymbol{t}_{AC}$ in die Zeichenebene geklappt, so wird zwischen $\boldsymbol{t}_{AC}$ und $\boldsymbol{t}_{AB}^{(0)}$ der Winkel α in wahrer Größe $\alpha^{(0)}$ sichtbar. In der Ebene durch zwei Vektoren, z. B. durch $\boldsymbol{A}$ und $\boldsymbol{C}$, schneidet die Tangente in einem Punkt, $\boldsymbol{t}_{AC}$, die Verlängerung des anderen Vektors $\boldsymbol{C}$ in H_1. In der Abbildung liegt das Dreieck AMH_1 in der Zeichenebene. Mit dem Hilfspunkt H_2 mit $CH_2 \| H_1A$ gilt nach dem Strahlensatz $|MH_1| : |MC| = |MA| : |MH_2|$, $|MH_1| = 1 : \cos b$ sowie $|AH_1| = \tan b$. Durch Vektoraddition er-

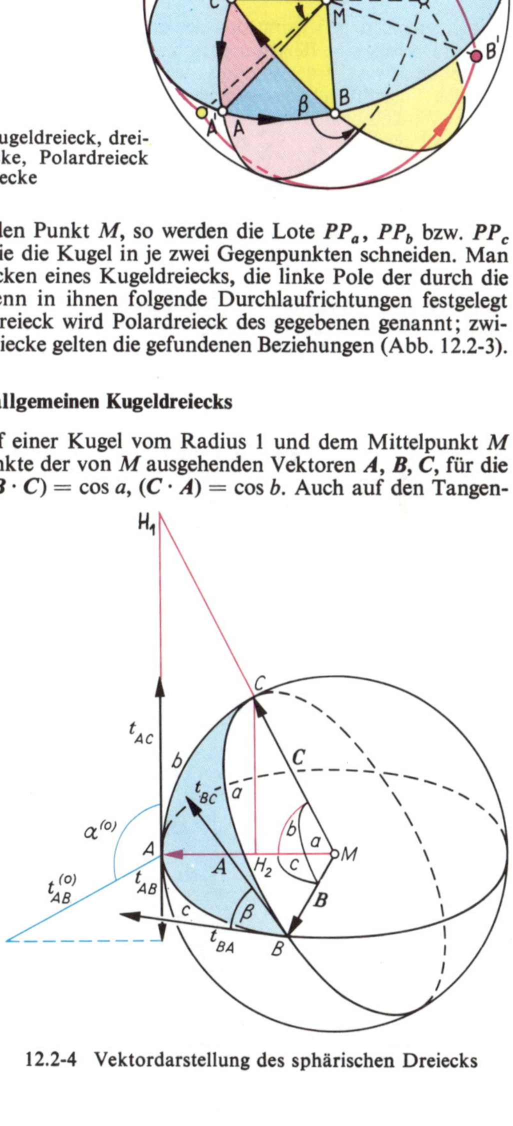

12.2-4 Vektordarstellung des sphärischen Dreiecks

hält man $\overrightarrow{MA} + \overrightarrow{AH_1} = \overrightarrow{MH_1}$ oder $\boldsymbol{A} + \boldsymbol{t}_{AC} \tan b = \boldsymbol{C}/\cos b$ bzw. $\boldsymbol{t}_{AC} \tan b = \boldsymbol{C}/\cos b - \boldsymbol{A}$. In einer Ebene durch $\boldsymbol{A}$ und $\boldsymbol{B}$ gilt entsprechend $\boldsymbol{t}_{AB} \tan c = \boldsymbol{B}/\cos c - \boldsymbol{A}$. Multipliziert man die linken Seiten und die rechten Seiten beider Vektorgleichungen skalar miteinander, so gilt

$$(\boldsymbol{t}_{AC} \cdot \boldsymbol{t}_{AB}) \tan b \cdot \tan c = \boldsymbol{C} \cdot \boldsymbol{B}/(\cos b \cos c) + \boldsymbol{A} \cdot \boldsymbol{A} - \boldsymbol{C} \cdot \boldsymbol{A}/\cos b - \boldsymbol{B} \cdot \boldsymbol{A}/\cos c,$$

$$\cos\alpha \tan b \cdot \tan c = \cos a/(\cos b \cos c) + 1 - \cos b/\cos b - \cos c/\cos c,$$

$$\cos\alpha \sin b \sin c = \cos a - \cos b \cos c.$$

Durch zyklisches Vertauschen ergibt sich der *Seitenkosinussatz*, wenn die Seiten und Winkel kleiner als π bzw. $180°$ sind.

Seitenkosinussatz
$\cos a = \cos b \cos c + \sin b \sin c \cos\alpha$ $\cos b = \cos c \cos a + \sin c \sin a \cos\beta$ $\cos c = \cos a \cos b + \sin a \sin b \cos\gamma$

Winkelkosinussatz
$\cos\alpha = -\cos\beta\cos\gamma + \sin\beta\sin\gamma\cos a$ $\cos\beta = -\cos\gamma\cos\alpha + \sin\gamma\sin\alpha\cos b$ $\cos\gamma = -\cos\alpha\cos\beta + \sin\alpha\sin\beta\cos c$

Entsprechend dem Kosinussatz der ebenen Trigonometrie stellt der Seitenkosinussatz für ein sphärisches Dreieck eine Beziehung fest zwischen der Größe einer Seite und den Größen der beiden anderen Seiten sowie der des Winkels, der von diesen Seiten eingeschlossen wird. Durch seine Anwendung auf das Polardreieck des gegebenen sphärischen Dreiecks ergibt sich der zum Seitenkosinussatz polare Winkelkosinussatz.

Für das Polardreieck $\bar{A}\bar{B}\bar{C}$ gilt z. B. $\cos\bar{a} = \cos\bar{b}\cos\bar{c} + \sin\bar{b}\sin\bar{c}\cos\bar{\alpha}$; wegen der Beziehungen zwischen Dreieck und Polardreieck, d. h. wegen $\bar{a} = 180° - \alpha$, $\bar{b} = 180° - \beta$, $\bar{c} = 180° - \gamma$, $\bar{\alpha} = 180° - a$, folgt daraus: $-\cos\alpha = (-\cos\beta)(-\cos\gamma) + \sin\beta\sin\gamma(-\cos a)$ und durch zyklisches Vertauschen der Winkelkosinussatz. Dieser Satz stellt für ein sphärisches Dreieck eine Beziehung dar zwischen der Größe eines Winkels und den Größen der beiden anderen Winkel sowie der der Seite, der diese Winkel anliegen.

Sinussatz. Zur Herleitung des Seitenkosinussatzes wurden die Beziehungen $\boldsymbol{t}_{AB} \tan c = \boldsymbol{B}/\cos c - \boldsymbol{A}$ und $\boldsymbol{t}_{AC} \tan b = \boldsymbol{C}/\cos b - \boldsymbol{A}$ benutzt. Nach Multiplikation mit $\cos c$ bzw. $\cos b$ lauten sie $\boldsymbol{t}_{AB} \sin c = \boldsymbol{B} - \boldsymbol{A}\cos c$ und $\boldsymbol{t}_{AC} \sin b = \boldsymbol{C} - \boldsymbol{A}\cos b$. Setzt man diese Werte in das Vektorprodukt $\boldsymbol{t}_{AB} \times \boldsymbol{t}_{AC} = \boldsymbol{A} \cdot \sin\alpha$ ein, so erhält man

$$\sin b \sin c \cdot \boldsymbol{A} \sin\alpha = \boldsymbol{B} \times \boldsymbol{C} - \cos b(\boldsymbol{B} \times \boldsymbol{A}) - \cos c(\boldsymbol{A} \times \boldsymbol{C}) + \cos b \cos c(\boldsymbol{A} \times \boldsymbol{A}),$$

dabei ist $\boldsymbol{A} \times \boldsymbol{A} = 0$, und die Vektoren $\boldsymbol{B} \times \boldsymbol{A}$ und $\boldsymbol{A} \times \boldsymbol{C}$ stehen senkrecht auf $\boldsymbol{A}$. Wegen $\boldsymbol{A} \cdot (\boldsymbol{B} \times \boldsymbol{A}) = 0$ und $\boldsymbol{A} \cdot (\boldsymbol{A} \times \boldsymbol{C}) = 0$ erhält man durch skalares Multiplizieren mit $\boldsymbol{A}$ und nachfolgendes zyklisches Vertauschen die drei Beziehungen

$$\sin b \sin c \sin\alpha = \boldsymbol{A} \cdot (\boldsymbol{B} \times \boldsymbol{C}),\ \sin c \sin a \sin\beta = \boldsymbol{B} \cdot (\boldsymbol{C} \times \boldsymbol{A}) \text{ und}$$

$$\sin a \sin b \sin\gamma = \boldsymbol{C} \cdot (\boldsymbol{A} \times \boldsymbol{B}),$$

deren rechte Seiten gleiche Werte haben, da man im Spatprodukt die Vektoren zyklisch vertauschen darf. Aus der Gleichheit der linken Seiten

$$\sin b \sin c \sin\alpha = \sin c \sin a \sin\beta = \sin a \sin b \sin\gamma$$

ergibt sich der Sinussatz, der im sphärischen Dreieck Beziehungen feststellt zwischen Paaren einander gegenüberliegender Stücke.

Sinussatz
$\sin a : \sin b : \sin c = \sin\alpha : \sin\beta : \sin\gamma$

Halbwinkel- und Halbseitensätze. Die dem Halbwinkelsatz der ebenen Trigonometrie entsprechenden Sätze lassen sich wie dort benutzen, um aus drei gegebenen Seiten die Winkel bzw. aus drei gegebenen Winkeln die Seiten zu berechnen. Nach dem Seitenkosinussatz erhält man mit Hilfe goniometrischer Beziehungen:

$$\cos^2\frac{\alpha}{2} = \frac{1}{2}(1 + \cos\alpha) = \frac{1}{2} \cdot \frac{\sin b \sin c + \cos a - \cos b \cos c}{\sin b \sin c}$$

$$= \frac{\cos a - \cos(b + c)}{2 \sin b \sin c} = -\frac{\cos(b + c) - \cos a}{2 \sin b \sin c}$$

$$= \frac{\sin[(b + c + a)/2]\ \sin[(b + c - a)/2]}{\sin b \sin c} = \frac{\sin s \sin(s - a)}{\sin b \sin c}$$

Dabei werden folgende Umrechnungen benutzt:

$$\cos\alpha = \frac{\cos a - \cos b \cos c}{\sin b \sin c}$$

$$\cos\varphi - \cos\psi = -2 \sin\frac{(\varphi + \psi)}{2} \sin\frac{(\varphi - \psi)}{2}$$

$$\sin^2\frac{\alpha}{2}=\frac{1}{2}(1-\cos\alpha)=\frac{1}{2}\cdot\frac{\sin b\sin c+\cos b\cos c-\cos a}{\sin b\sin c}$$

$$=\frac{\cos(b-c)-\cos a}{2\sin b\sin c}$$

$$=\frac{\sin[(a+c-b)/2]\ \sin[(a+b-c)/2]}{\sin b\sin c}=\frac{\sin(s-b)\sin(s-c)}{\sin b\sin c}.$$

$$s={}^1/_2\,(a+b+c)$$
$$(s-a)={}^1/_2\,(b+c-a)$$
$$(s-b)={}^1/_2\,(c+a-b)$$
$$(s-c)={}^1/_2\,(a+b-c)$$

Durch Division $\tan(\alpha/2)=\sin(\alpha/2):\cos(\alpha/2)$ und durch zyklisches Vertauschen ergibt sich der Halbwinkelsatz.

Halbwinkelsatz	$\tan\frac{\alpha}{2}=\sqrt{\frac{\sin(s-b)\sin(s-c)}{\sin s\sin(s-a)}}$, $\tan\frac{\beta}{2}=\sqrt{\frac{\sin(s-c)\sin(s-a)}{\sin s\sin(s-b)}}$, $\tan\frac{\gamma}{2}=\sqrt{\frac{\sin(s-a)\sin(s-b)}{\sin s\sin(s-c)}}$, wobei $2s=a+b+c$

Die Halbseitensätze sind polar zu den Halbwinkelsätzen. Aus der im Polardreieck $\bar{A}\bar{B}\bar{C}$ gültigen Beziehung $\tan^2(\bar{\beta}/2)=\frac{\sin(\bar{s}-\bar{c})\sin(\bar{s}-\bar{a})}{\sin\bar{s}\sin(\bar{s}-\bar{b})}$ ergibt sich wegen $\sigma=(\alpha+\beta+\gamma)/2$, $\bar{\beta}=180°-b$, $\bar{a}=180°-\alpha$, $\bar{b}=180°-\beta$, $\bar{c}=180°-\gamma$, $\bar{s}=(\bar{a}+\bar{b}+\bar{c})/2=270°-\sigma$, $\bar{s}-\bar{a}=90°-(\sigma-\alpha)$, $\bar{s}-\bar{b}=90°-(\sigma-\beta)$, $\bar{s}-\bar{c}=90°-(\sigma-\gamma)$, durch Einsetzen $\cot^2\frac{b}{2}=\frac{\cos(\sigma-\gamma)\cos(\sigma-\alpha)}{-\cos\sigma\cos(\sigma-\beta)}$. Die entsprechenden Relationen für $\cot^2(c/2)$ und $\cot^2(a/2)$ ergeben sich durch zyklisches Vertauschen. Wegen $90°<\sigma<270°$ folgt $(-\cos\sigma)>0$, so daß aus diesen Relationen die Größen $\cot(a/2)$, $\cot(b/2)$ und $\cot(c/2)$ durch Wurzelziehen bestimmt sind. Ihre reziproken Werte ergeben den Halbseitensatz.

Halbseitensatz	$\tan\frac{a}{2}=\sqrt{\frac{-\cos\sigma\cos(\sigma-\alpha)}{\cos(\sigma-\beta)\cos(\sigma-\gamma)}}$, $\tan\frac{b}{2}=\sqrt{\frac{-\cos\sigma\cos(\sigma-\beta)}{\cos(\sigma-\gamma)\cos(\sigma-\alpha)}}$, $\tan\frac{c}{2}=\sqrt{\frac{-\cos\sigma\cos(\sigma-\gamma)}{\cos(\sigma-\alpha)\cos(\sigma-\beta)}}$, wobei $2\sigma=\alpha+\beta+\gamma$

Nepersche Analogien. Für eine bequeme praktische Berechnung von sphärischen Dreiecken aus zwei Seiten und dem eingeschlossenen Winkel bzw. aus zwei Winkeln und der Seite zwischen ihnen stehen die Neperschen Analogien zur Verfügung. Sie lassen sich aus den Halbwinkel- bzw. den Halbseitensätzen unter Benutzung von goniometrischen Beziehungen herleiten, insbesondere von Beziehungen über Summen und Differenzen trigonometrischer Funktionen. Es genügt hier, von je drei Formeln, die durch zyklisches Vertauschen auseinander hervorgehen, eine anzugeben.

Nepersche Analogien	1a) $\tan(a/2)\cos[(\beta-\gamma)/2]=\tan[(b+c)/2]\cos[(\beta+\gamma)/2]$; 1b); 1c) 2a) $\tan(a/2)\sin[(\beta-\gamma)/2]=\tan[(b-c)/2]\sin[(\beta+\gamma)/2]$; 2b); 2c) 3a) $\cot(\alpha/2)\cos[(b-c)/2]=\tan[(\beta+\gamma)/2]\cos[(b+c)/2]$; 3b); 3c) 4a) $\cot(\alpha/2)\sin[(b-c)/2]=\tan[(\beta-\gamma)/2]\sin[(b+c)/2]$; 4b); 4c)

Bei häufigeren Anwendungen der Neperschen Analogien prägt es sich mnemotechnisch ein, daß alle Argumente zu halbieren sind, daß sich Sinus und Kosinus auf Winkel beziehen, wenn Tangens bzw. Kotangens Seiten zu Argumenten haben (und umgekehrt) sowie, daß die Funktion der halben Seite bzw. des halben Winkels in Beziehung gesetzt wird zu den Funktionen der halben Summen oder Differenzen der beiden anderen Seiten bzw. der ihnen gegenüberliegenden Winkel. Genauere Hinweise auf die verschiedenen Funktionen sind auch zu Merksprüchen zusammengefaßt worden, wie z. B. dem nebenstehenden.

Vom Winkel nimm den Kotangens,
Darauf folgt stets die Differenz;
Zum Tangens minus paßt der Sinus,
Zum Tangens plus der Kosinus.

Die Grundaufgaben für das schiefwinklige sphärische Dreieck

Zum Unterschied vom ebenen Dreieck ist das sphärische auch durch drei Winkel bestimmt, so daß es sechs Grundaufgaben gibt. Für ihre Lösung werden allgemeine Beziehungen im Eulerschen Kugeldreieck benutzt.

Übergang zur ebenen Trigonometrie. Drei Punkte A, B, C im Raum, die nicht in gerader Linie liegen, bestimmen eine Ebene und in ihr ein ebenes Dreieck, können aber auf unendlich vielen Kugelflächen die Ecken eines sphärischen Dreiecks bilden. Ordnet man diese nach wachsender Länge R des Kugelradius, so geht für $R \to \infty$ das sphärische Dreieck stetig in das ebene sowie jeder sphärische Winkel in den ebenen über, und der sphärische Exzeß ε wird beliebig klein. Den Seitenlängen a^*, b^*, c^* im ebenen Dreieck entsprechen im Bogenmaß die Seitengrößen $\hat{a} = a^*/R$, $\hat{b} = b^*/R$ und $\hat{c} = c^*/R$ des sphärischen Dreiecks. In der von Simon L'Huilier (1750–1840) gewonnenen Formel

$$\tan(\hat{\varepsilon}/4) = \sqrt{\tan(\hat{s}/2) \cdot \tan[(\hat{s} - \hat{a})/2] \cdot \tan[(\hat{s} - \hat{b})/2] \cdot \tan[(\hat{s} - \hat{c})/2]}$$

dürfen die Tangensfunktionen der Winkel wegen der Kleinheit der Winkel durch die Bögen ersetzt werden:

$$\hat{\varepsilon}/4 = {}^1/_4 \sqrt{(s^*/R) \cdot [(s^* - a^*)/R] \cdot [(s^* - b^*)/R] \cdot [(s^* - c^*)]}.$$

Zur Berechnung des Flächeninhalts A_D des sphärischen Dreiecks erhält man dann die Heronische Dreiecksformel:

$$A_D = \hat{\varepsilon} R^2 = {}^1/_4 \hat{\varepsilon} \cdot 4R^2 = \sqrt{s^*(s^* - a^*)(s^* - b^*)(s^* - c^*)}.$$

Für große, aber doch endliche R gilt ein von Legendre gefundener Satz:

Satz von Legendre: Ein sphärisches Dreieck mit kleinen Seiten und deshalb auch kleinem Exzeß hat einen nahezu gleichen Flächeninhalt wie ein ebenes Dreieck, das die gleichen absoluten Seitenlängen hat. Jeder Winkel des ebenen Dreiecks ist um ein Drittel des Exzesses kleiner als der entsprechende Winkel des sphärischen Dreiecks.

Nach der Formel von L'Huilier kann der sphärische Exzeß für ein Dreieck auf der Erde (Radius R) mit den Seiten $a^* = 50$ km, $b^* = 60$ km und $c^* = 70$ km, etwa zwischen Kyffhäuser, Inselsberg und Weimar, berechnet werden. Die Größe der Seiten im Bogenmaß ergibt sich aus $\hat{a} = a^*/R$, $\hat{b} = b^*/R$, $\hat{c} = c^*/R$, im Winkelmaß dagegen aus $a^0 = 360° \, a^*/(2\pi R)$, $b^0 = 360° \, b^*/(2\pi R)$, $c^0 = 360° \, c^*/(2\pi R)$ bzw. durch Multiplikation von a mit 206264,8, da dem Bogenmaß 1 das Winkelmaß 206264,8″ entspricht. Man erhält:

km	Bogenmaß	Sekunden	$s^0/2 = 24'16{,}85''$
50	0,007 847 9	1618,75″	$(s^0 - a^0)/2 = 10'47{,}47''$
60	0,009 417 3	1942,46″	$(s^0 - b^0)/2 = 8'\,5{,}62''$
70	0,010 986 9	2266,21″	$(s^0 - c^0)/2 = 5'23{,}75''$

und daraus $\varepsilon^0 = 7{,}6''$ für den sphärischen Exzeß. Nach dem Satz von Legendre darf das Dreieck als eben angesehen werden, solange die Genauigkeit der gemessenen Winkel nicht unter $\varepsilon^0/3 \approx 2{,}5''$ liegt.

Zur Herleitung des Sinus- und Kosinussatzes für $R \to \infty$ werden die trigonometrischen Funktionen in konvergente Reihen entwickelt. Da $\hat{a} = a^*/R$, $\hat{b} = b^*/R$ und $\hat{c} = c^*/R$ kleine Größen sind, genügen die ersten Glieder von Taylorreihen; bezeichnen δ_i Restglieder, die wie $1/R^4$ gegen Null gehen, so gilt:

$$\sin\hat{a} = \hat{a} - \hat{a}^3/6 + \cdots = \hat{a}[1 - \hat{a}^2/6 + \delta_1] \quad \text{und} \quad \cos\hat{a} = 1 - \hat{a}^2/2 + \delta_4$$

und entsprechend für die anderen Winkelgrößen. Für den Sinussatz der sphärischen Trigonometrie erhält man danach:

$$\sin\alpha : \sin\beta : \sin\gamma = a^*[1 - \hat{a}^2/6 + \delta_1] : b^*[1 - \hat{b}^2/6 + \delta_2) : c^*[1 - \hat{c}^2/6 + \delta_3]$$

und danach für $R \to \infty$ den Sinussatz der ebenen Trigonometrie:

$$\sin\alpha : \sin\beta : \sin\gamma = a^* : b^* : c^*.$$

Für den Seitenkosinussatz $\cos\hat{a} = \cos\hat{b}\cos\hat{c} + \sin\hat{b}\sin\hat{c} \cdot \cos\alpha$ der sphärischen Trigonometrie erhält man:

$$[1 - \hat{a}^2/2 + \delta_4] = [1 - \hat{b}^2/2 + \delta_5] \cdot [1 - \hat{c}^2/2 + \delta_6] + \hat{b} \cdot \hat{c}\cos\alpha[1 - \hat{b}^2/6 + \delta_2] \cdot [1 - \hat{c}^2/6 + \delta_3]$$

oder $\quad -\hat{a}^2/2 + \delta_4 = -(\hat{b}^2 + \hat{c}^2)/2 - \delta_{5,6} + \hat{b}\hat{c}\cos\alpha[1 - (\hat{b}^2 + \hat{c}^2)/6 + \delta_{2,3}]$.

Daraus ergibt sich der Kosinussatz der ebenen Trigonometrie: $a^{*2} = b^{*2} + c^{*2} - 2b^*c^*\cos\alpha$.

Allgemeine Beziehungen im Eulerschen Kugeldreieck. Da kein Winkel und keine Seite größer als π bzw. 180° sein kann, ergeben sich die Argumente aus den Tangens-, Kotangens- und Kosinusfunktionen eindeutig, aus der Sinusfunktion dagegen zweideutig. Sind zwei Argumente möglich, so lassen sich mittels Ungleichungen die geometrisch richtigen Lösungen aus den rechnerisch möglichen aussondern.

1. Im Eulerschen Kugeldreieck liegt die Winkelsumme zwischen π und 3π, die Seitensumme zwischen 0 und 2π:

$$\pi < \hat{\alpha} + \hat{\beta} + \hat{\gamma} < 3\pi \quad \text{und} \quad 0 < \hat{a} + \hat{b} + \hat{c} < 2\pi \quad \text{bzw.}$$
$$180° < \alpha + \beta + \gamma < 540° \quad \text{und} \quad 0 < a + b + c < 360°.$$

2. Der größeren Seite liegt der größere Winkel gegenüber.

Gilt in der Neperschen Analogie 4c) $\cot(\gamma/2 \sin[(a-b)/2] = \tan[(\alpha-\beta)/2] \sin[(a+b)/2]$, z. B. $a > b$, d. h., gilt $\sin[(a-b)/2] > 0$, so folgt in Eulerschen Dreiecken wegen $\sin[(a+b)/2] > 0$ und $\cot(\gamma/2) > 0$, daß auch $\tan[(\alpha-\beta)/2] > 0$; das bedeutet aber $(\alpha-\beta) > 0$ oder $\alpha > \beta$.

3. Die Summe zweier Seiten ist größer als die dritte. Die Differenz zweier Seiten ist kleiner als die dritte.

Zu jedem sphärischen Dreieck existiert eine körperliche Ecke. Diese entartet zu einem ebenen Kreissektor, wenn die Summe zweier Seiten der dritten Seite gleich ist, und ist im Raum unmöglich, wenn die Summe kleiner als die dritte Seite ist. Wenn aber die Differenz zweier Seiten a und b größer oder gleich der dritten c sein sollte, $a - b \geqslant c$, folgte: $a \geqslant b + c$ im Widerspruch zum ersten Teil des Satzes.

4. Die Summe zweier Winkel ist kleiner als der um π bzw. 180° vermehrte dritte.

Wie eben gezeigt, gilt im Polardreieck $\bar{A}\bar{B}\bar{C}$: $\bar{a} + \bar{b} > \bar{c}$ und $\bar{a} - \bar{b} < \bar{c}$.

Wegen $\bar{a} = 180° - \alpha$, $\bar{b} = 180° - \beta$, $\bar{c} = 180° - \gamma$ bedeutet das für das Dreieck ABC:

$$180° - \alpha + 180° - \beta > 180° - \gamma, \; 180° - \alpha - 180° + \beta < 180° - \gamma,$$
$$180° + \gamma > \alpha + \beta \quad \text{bzw.} \quad \beta + \gamma < 180° + \alpha.$$

5. Ist die Summe zweier Seiten größer (oder kleiner) als zwei Rechte, so ist auch die Summe der beiden gegenüberliegenden Winkel größer (oder kleiner) als zwei Rechte.

In der Neperschen Analogie 3c) $\cot(\gamma/2)\cos[(a-b)/2] = \tan[(\alpha+\beta)/2]\cos[(a+b)/2]$ sei $a + b > \pi$, also $\cos[(a+b)/2] < 0$. Da aber im Eulerschen Dreieck $\cot(\gamma/2)$ und $\cos[(a-b)/2]$ positiv sein müssen, gilt $\tan[(\alpha+\beta)/2] < 0$, d. h. aber $(\alpha+\beta)/2 > \pi/2$ oder $\alpha + \beta > \pi$. Entsprechend folgt aus $a + b < \pi$ die Ungleichung $\alpha + \beta < \pi$; für $a + b = \pi$ muß also gelten $\alpha + \beta = \pi$.

Die Grundaufgabe 1a. Sollen vom sphärischen Dreieck ABC die drei Seiten a, b, c gegeben sein und die Größen α, β, γ der drei Winkel gesucht werden, so muß die Summe je zweier Seiten größer als die dritte sein und die Summe aller drei Seiten kleiner als 360°. Die Lösung findet man nach den Halbwinkelsätzen (Abb. 12.2-5):

$$s = (a + b + c)/2, \; \tan(\alpha/2) = \sqrt{\frac{\sin(s-b)\sin(s-c)}{\sin s \sin(s-a)}}.$$

Durch zyklisches Vertauschen ergeben sich die Formeln für $\tan(\beta/2)$ und $\tan(\gamma/2)$.

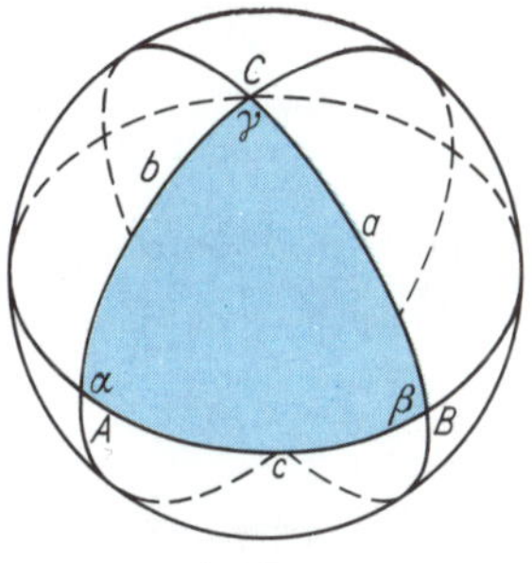

12.2-5 Sphärisches Dreieck aus den drei Seiten bzw. den drei Winkeln

Die Grundaufgabe 1b. Sind vom sphärischen Dreieck ABC die drei Winkelgrößen α, β, γ so gegeben, daß die Summe zweier kleiner ist als die um 180° vermehrte dritte und daß ihre Summe zwischen 180° und 540° liegt, so berechnet man die Seiten entweder nach dem Winkelkosinussatz:

$$\cos a = (\cos\alpha + \cos\beta\cos\gamma)/(\sin\beta\sin\gamma), \ldots,$$

oder nach den Halbseitensätzen, z. B. nach:

$$2\sigma = \alpha + \beta + \gamma, \quad \tan(a/2) = \sqrt{\frac{-\cos\sigma\cos(\sigma-\alpha)}{\cos(\sigma-\beta)\cos(\sigma-\gamma)}}, \ldots$$

Die Grundaufgabe 2a. Sind vom sphärischen Dreieck ABC zwei Seiten und der von ihnen eingeschlossene Winkel, z. B. b, c und α, gegeben, so findet man aus dem Seitenkosinussatz die Länge der dritten Seite:

$$\cos a = \cos b \cos c + \sin b \sin c \cos\alpha,$$

mit dieser Seite aber nach dem Sinussatz die fehlenden Winkelgrößen β und γ:

$$\sin\beta = \sin b \cdot \sin\alpha/\sin a \quad \text{und} \quad \sin\gamma = \sin c \cdot \sin\alpha/\sin a.$$

Aus jeder Sinusfunktion erhält man dabei zwei Argumente, die Supplementwinkel voneinander sind. Nach dem Satz, daß der größeren Seite der größere Winkel gegenüberliegt, kann eindeutig entschieden werden, daß die Winkelgröße β den gegebenen Werten der Aufgabe entspricht, die größer oder kleiner als die Winkelgröße α ist, je nachdem ob die Seite b größer oder kleiner als die Seite a ist. Entsprechend wird γ so ausgewählt, daß $\gamma \gtrless \alpha$, je nachdem ob $c \gtrless a$ ist, wenn dabei beide oberen oder beide unteren Zeichen zugleich gelten. Für logarithmisches Rechnen stehen die Neperschen Analogien zur Verfügung; nach 3a) und 4a) erhält man:

$$\tan[(\beta+\gamma)/2] = \cot(\alpha/2)\cos[(b-c)/2]/\cos[(b+c)/2]$$

und $$\tan[(\beta-\gamma)/2] = \cot(\alpha/2)\sin[(b-c)/2]/\sin[(b+c)/2].$$

Danach lassen sich aber die Winkel $(\beta+\gamma)/2$ und $(\beta-\gamma)/2$ und damit β und γ berechnen. Die fehlende Seite a ergibt der Sinussatz $\sin a = \sin\alpha \cdot \sin b/\sin\beta$; von den beiden Werten a der Arkussinusfunktion zählt der, der größer bzw. kleiner als c ist, je nachdem ob α größer bzw. kleiner als γ ist.

Beispiel 1: Gegeben sind $a = 52{,}5°$; $b = 107{,}8°$; $\gamma = 141{,}5°$ (Abb. 12.2-6).
Nach den Neperschen Analogien 3c) und 4c) gilt:
$\tan[(\alpha+\beta)/2] = \cot(\gamma/2)\cdot\cos[(a-b)/2]/\cos[(a+b)/2]$,
$\tan[(\alpha-\beta)/2] = \cot(\gamma/2)\cdot\sin[(a-b)/2]/\sin[(a+b)/2]$.
Sind danach die Winkelgrößen α und β berechnet, so findet man die Seite c aus $\sin c = \sin\gamma\cdot\sin a/\sin\alpha$.

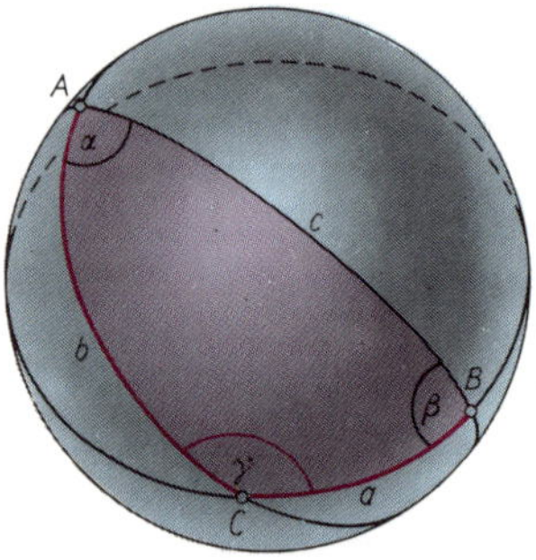

12.2-6 Sphärisches Dreieck aus den Größen $a = 52{,}5°$, $b = 107{,}8°$ und $\gamma = 141{,}5°$

$$\begin{aligned}
\cos c &= \cos a\cos b + \sin a\sin b\cos\gamma \\
&= 0{,}6088\,(-0{,}3057) + 0{,}7934\cdot 0{,}9521\,(-0{,}7826) \\
&= -0{,}7773 \\
c &= 141{,}01°
\end{aligned}$$

$$\begin{aligned}
\sin\alpha &= \sin\gamma\,\sin a/\sin c \\
&= 0{,}6225\cdot 0{,}7934/0{,}6292 \\
&= 0{,}7849 \\
\alpha &= 51{,}72°
\end{aligned}$$

$$\begin{aligned}
\sin\beta &= \sin\gamma\,\sin b/\sin c \\
&= 0{,}6225\cdot 0{,}9521/0{,}6292 \\
&= 0{,}9420 \\
\beta &= 70{,}39°
\end{aligned}$$

$$\begin{aligned}
\alpha+\beta+\gamma &= 263{,}61° \\
\varepsilon &= 83{,}61°
\end{aligned}$$

Die Grundaufgabe 2b. Vom sphärischen Dreieck sind jetzt zwei Winkel und die Seite zwischen ihnen gegeben, z. B. β, γ und a. Die Aufgabe und damit auch die Lösung ist polar zur Grundaufgabe 2a. Es genügt deshalb, die Formeln zusammenzustellen:

I. Nach dem Winkelkosinussatz Winkel α: $\cos\alpha = -\cos\beta\cos\gamma + \sin\beta\sin\gamma\cos a$; nach dem Sinussatz b bzw. c: $\sin b = \sin\beta\cdot\sin a/\sin\alpha$ bzw. $\sin c = \sin\gamma\cdot\sin a/\sin\alpha$; dabei soll sein $b \gtrless a$, je nachdem $\beta \gtrless \alpha$, und $c \gtrless a$, je nachdem $\gamma \gtrless \alpha$.

II. Nach den Neperschen Analogien 1a) bzw. 2a) die Seiten b und c:

$$\tan[(b+c)/2] = \tan(a/2)\cdot\cos[(\beta-\gamma)/2]/\cos[(\beta+\gamma)/2]$$

und $$\tan[(b-c)/2] = \tan(a/2)\cdot\sin[(\beta-\gamma)/2]/\sin[(\beta+\gamma)/2];$$

nach dem Sinussatz den Winkel α: $\sin\alpha = \sin a\cdot\sin\beta/\sin b$, dabei soll sein $\alpha \gtrless \beta$, je nachdem $a \gtrless b$.

Die Grundaufgabe 3a. Sind vom sphärischen Dreieck ABC zwei Seiten und ein Gegenwinkel gegeben, z. B. a, c und γ, so gibt es keine, eine oder zwei Lösungen (Abb. 12.2-7). In der Abbildung geben die drei sphärischen Kreise k_1, k_2 und k_3 um Punkt B mit verschiedenen sphärischen Radien c anschaulich diese Fälle auf der Kugel wieder. Der Kreis k_1 mit dem Radius $\widehat{BA_4}$ hat keinen Schnittpunkt mit dem Großkreis durch C und A_1; k_2 berührt ihn im Punkte A_3, k_3 dagegen schneidet ihn in A_1 und A_2. Mit der Seitenlänge $\widehat{BA_3} = c$ ergibt sich eine Lösung, das rechtwinklige Dreieck A_3BC; mit der Seitenlänge $\widehat{BA_1} = \widehat{BA_2} = c$ dagegen erhält man die beiden Dreiecke A_1BC und A_2BC. Da das Dreieck A_2BA_1 gleichschenklig ist, gilt $\alpha_2 = |\sphericalangle BA_1A_2|$ oder $\alpha_1 = 180° - \alpha_2$. Rechnerisch erhält man diese beiden Winkelgrößen α_1 und α_2 durch Anwendung des Sinussatzes aus der Beziehung $\sin\alpha = \sin a \cdot \sin\gamma/\sin c$, da $\sin\alpha_1 = \sin\alpha_2$. Für jeden Wert des Winkels α berechnet man dann aus den Neperschen Analogien 2b) und 4b) die Seite b und den Winkel β eindeutig:

$$\tan(b/2) = \tan[(c-a)/2] \cdot \sin[(\gamma+\alpha)/2]/\sin[(\gamma-\alpha)/2],$$

$$\cot(\beta/2) = \tan[(\gamma-\alpha)/2] \cdot \sin[(c+a)/2]/\sin[(c-a)/2].$$

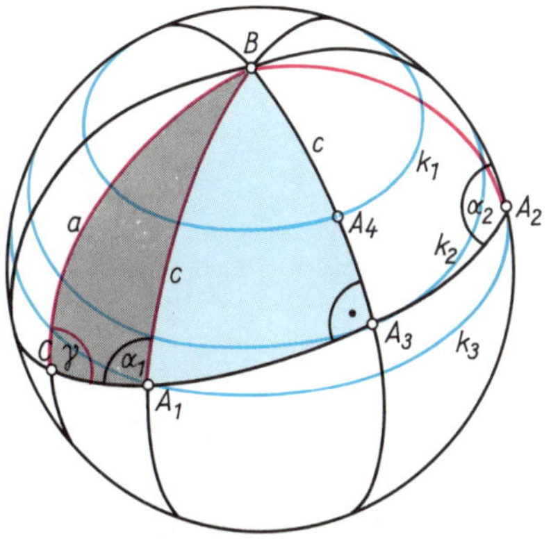

12.2-7 Sphärisches Dreieck aus zwei Seiten a und c und dem Gegenwinkel γ

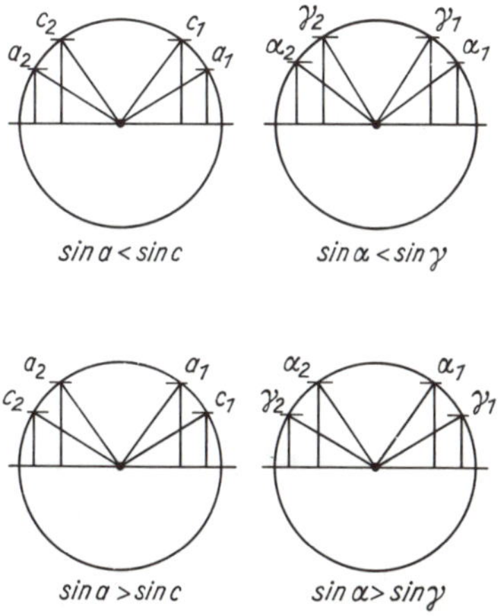

12.2-8 Zur Diskussion der Lösungen für die Grundaufgabe 3a

Die analytische Diskussion der möglichen Fälle geht analog dem Verfahren in der ebenen Trigonometrie von der Beziehung $\sin\alpha = \sin a \cdot \sin\gamma/\sin c$ aus (Abb. 12.2-8).

I. $(\sin a \cdot \sin\gamma/\sin c) > 1$, also $\sin\alpha > 1$; *keine reelle Lösung.*

II. $(\sin a \cdot \sin\gamma/\sin c) = 1$, $\sin\alpha = 1$, $\alpha = \pi/2$; *eine Lösung*, z. B. Dreieck A_3BC.

III. $\sin\alpha = (\sin a \cdot \sin\gamma/\sin c) < 1$.

III (1) $\sin a < \sin c \to \sin\alpha < \sin\gamma$; *eine Lösung*, da für jedes gegebene Wertetripel (a_i, c_i, γ_i), $i = 1, 2$, der Wert von α wegen $\alpha \gtrless \gamma$, je nachdem $a \gtrless c$ (Abb.), eindeutig feststeht.

III (2) $\sin a = \sin c \to \sin\alpha = \sin\gamma$; *eine Lösung*, s. III (1).

III (3) $\sin a > \sin c \to \sin\alpha > \sin\gamma$; *zwei Lösungen*, entweder $a > c \to \alpha > \gamma$, d. h. $c = c_1$ spitz $\to \gamma = \gamma_1$ spitz und $\alpha_1, \alpha_2 = 180° - \alpha_1$ Lösungen, oder $a < c \to \alpha < \gamma$, d. h. $c = c_2$ stumpf $\to \gamma = \gamma_2$ stumpf und $\alpha_1, \alpha_2 = 180° - \alpha_1$ Lösungen (Abb.).

Die Grundaufgabe 3b. Die polare Aufgabe, ein sphärisches Dreieck ABC aus zwei Winkeln und einer Gegenseite, z. B. aus α, γ und c zu berechnen, führt zu den entsprechenden Fallunterscheidungen; es genügt deshalb, den Rechnungsweg ohne nähere Diskussion anzugeben:

1. $\sin a = \sin\alpha \cdot \sin c/\sin\gamma$;
2. $\tan(b/2) = \tan[(c-a)/2] \sin[(\gamma+\alpha)/2]/\sin[(\gamma-\alpha)/2]$;
3. $\cot(\beta/2) = \tan[(\gamma-\alpha)/2] \sin[(c+a)/2]/\sin[(c-a)/2]$.

Beispiel 2: Gegeben $c = 96{,}5°$; $\alpha = 101{,}2°$, $\gamma = 102{,}1°$; gesucht a, b, β (Abb. 12.2-9).

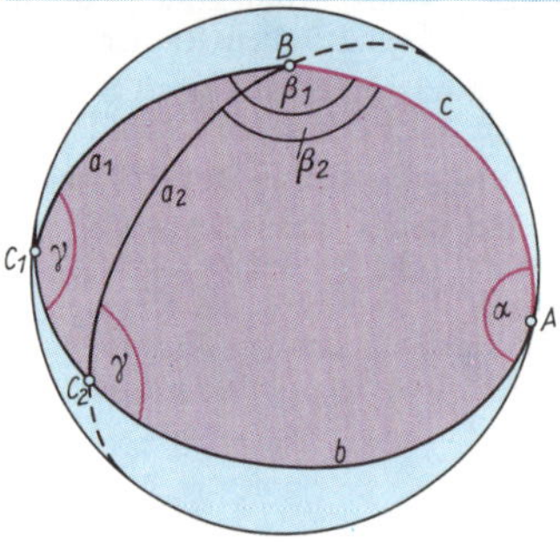

12.2-9 Sphärisches Dreieck aus den Größen $c = 96{,}5°$, $\alpha = 101{,}2°$ und $\gamma = 102{,}1°$

1. $\sin a = \sin\alpha \sin c / \sin\gamma = 0{,}9810 \cdot 0{,}9936/0{,}9778 = 0{,}9968$

$a_1 = 85{,}45°$, $a_2 = 94{,}55°$.

Da $\sin\alpha > \sin\gamma$, liegt Fall III (3) vor mit $\alpha < \gamma$, also zwei Lösungen.

1 a)		1 b)
90,98°	$(c+a)/2$	95,53°
48,25°	$c/2$	48,25°
42,73°	$a/2$	47,28°
5,53°	$(c-a)/2$	0,98°
101,65°	$(\gamma+\alpha)/2$	101,65°
51,05°	$\gamma/2$	51,05°
50,60°	$\alpha/2$	50,60°
0,45°	$(\gamma-\alpha)/2$	0,45°

2. $$\tan b/2 = \frac{\tan(c-a)/2 \cdot \sin(\gamma+\alpha)/2}{\sin(\gamma-\alpha)/2}$$

85,26°	$b/2$	64,88°
170,52°	b	129,76°

3. $$\cot\beta/2 = \frac{\tan(\gamma-\alpha)/2 \cdot \sin(c+a)/2}{\sin(c-a)/2}$$

85,34°	$\beta/2$	65,44°
170,68°	β	130,88°

Das rechtwinklige sphärische Dreieck

Analog dem Vorgehen in der ebenen Trigonometrie lassen sich auch in der sphärischen Trigonometrie durch Benutzung rechtwinkliger Dreiecke Vereinfachungen der Rechnungen erzielen. Polar zu ihm gibt es auf der Kugel rechtseitige Dreiecke, in denen eine Seite die Größe $90° \triangleq \pi/2$ hat, wenn eine Ecke auf der Polaren zum Pol einer zweiten Ecke liegt. Das rechtseitige sphärische Dreieck wird allerdings selten angewendet und braucht nicht besonders betrachtet zu werden.

Die Nepersche Regel. Hat in einem sphärischen Dreieck ABC der Winkel γ die Größe 90°, so sind die Seiten a und b Katheten und c ist die Hypotenuse (Abb. 12.2-10). Wegen $\sin 90° = 1$ und $\cos 90° = 0$ vereinfachen sich die Sätze für das allgemeine Dreieck in der folgenden Form:

Sinussatz: $\sin a = \sin\alpha \cdot \sin c / \sin 90°$,

1. $\sin a = \sin\alpha \sin c$ bzw. (1) $\mathbf{\cos(90° - a) = \sin\alpha \sin c}$;
2. $\sin b = \sin\beta \sin c$ bzw. (2) $\mathbf{\cos(90° - b) = \sin\beta \sin c}$;

Seitenkosinussatz: $\cos c = \cos a \cos b + \sin a \sin b \cos 90°$,

3. $\cos c = \cos a \cos b$ bzw. (3) $\mathbf{\cos c = \sin(90° - a) \sin(90° - b)}$;

Winkelkosinussatz: $\cos\alpha = -\cos\beta \cos 90° + \sin\beta \sin 90° \cos a$,

4. $\cos\alpha = \sin\beta \cos a$ bzw. (4) $\mathbf{\cos\alpha = \sin(90° - a) \sin\beta}$;

$\cos\beta = -\cos 90° \cos\alpha + \sin 90° \sin\alpha \cos b$,

5. $\cos\beta = \sin\alpha \cos b$ bzw. (5) $\mathbf{\cos\beta = \sin(90° - b) \sin\alpha}$.

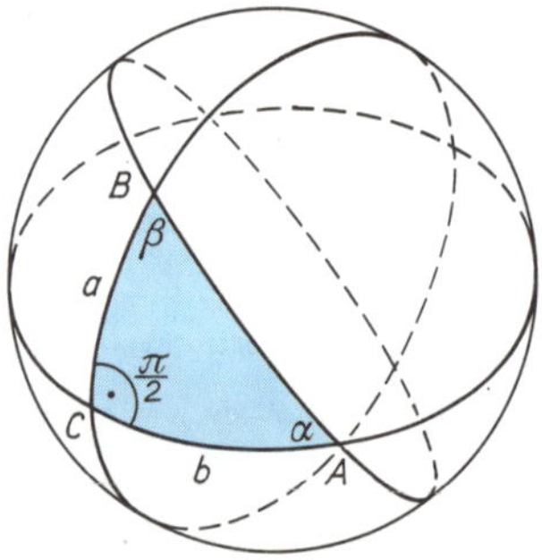

12.2-10 Rechtwinkliges sphärisches Dreieck ABC

Aus diesen 5 Beziehungen lassen sich noch weitere Zusammenhänge finden:

6. aus 4.: $\cos a = \cot\alpha \cdot \sin\alpha/\sin\beta$ und 5.: $\cos b = \cot\beta \cdot \sin\beta/\sin\alpha$
folgt nach 3.: $\cos c = \cot\alpha \cot\beta$; (6) $\mathbf{\cos c = \cot\alpha \cot\beta}$;

7. aus 1.: $\sin\alpha = \sin a/\sin c$ und 3.: $\cos b = \cos c/\cos a$
folgt nach 5.: $\cos\beta = \tan a \cot c$ bzw. (7) $\mathbf{\cos\beta = \cot(90° - a) \cot c}$;

8. aus 2.: $\sin\beta = \sin b/\sin c$ und 3.: $\cos a = \cos c/\cos b$
folgt nach 4.: $\cos\alpha = \tan b \cot c$ bzw. (8) $\cos\alpha = \cot(90° - b)\cot c$;

9. aus 5.: $\sin\alpha = \cos\beta/\cos b$ und 2.: $\sin c = \sin b/\sin\beta$
folgt nach 1.: $\sin a = \tan b \cot\beta$ bzw. (9) $\cos(90° - a) = \cot(90° - b)\cot\beta$;

10. aus 4.: $\sin\beta = \cos\alpha/\cos a$ und 1.: $\sin c = \sin a/\sin\alpha$
folgt nach 2.: $\sin b = \tan a \cot\alpha$ bzw. (10) $\cos(90° - b) = \cot(90° - a)\cot\alpha$.

Neper faßte die Beziehungen (1) bis (10) in die nach ihm benannte Regel zusammen.

Nepersche Regel. Im rechtwinkligen sphärischen Dreieck ist der Kosinus eines Stückes gleich dem Produkt der Kotangenten der anliegenden oder gleich dem Produkt der Sinus der nichtanliegenden Stücke, wenn man den rechten Winkel nicht mitzählt und die Katheten durch ihre Komplemente ersetzt bzw. für die Katheten die Kofunktionen wählt.

Um die Bedingungen, unter denen die Nepersche Regel gilt, vor Augen zu haben, wird meist ein vereinfachtes Dreieck gezeichnet, in dem γ der rechte Winkel ist. In ihm gelten dann die Formeln (1) bis (10). Ersetzt man die Katheten a und b durch ihre Komplemente $(90° - a)$ und $(90° - b)$, so kann für das Dreieck eine noch einfachere geschlossene Figur (Abb. 12.2-11) gewählt werden, da zur Anwendung der Neperschen Regel von jedem Stück nur die anliegenden von den nichtanliegenden Stücken zu unterscheiden sind.
Bei der Anwendung der Neperschen Regel auf Eulersche Dreiecke ergeben sich aus allen trigonometrischen Funktionen die Argumente eindeutig, aus der Sinusfunktion zweideutig. Nach den allgemeinen Beziehungen im Eulerschen Kugeldreieck läßt sich entscheiden, ob eine oder zwei Lösungen vorhanden sind.

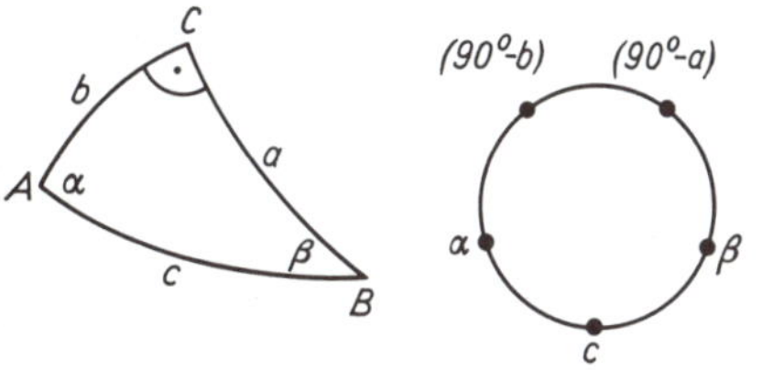

12.2-11 Lage der Stücke zur Neperschen Regel

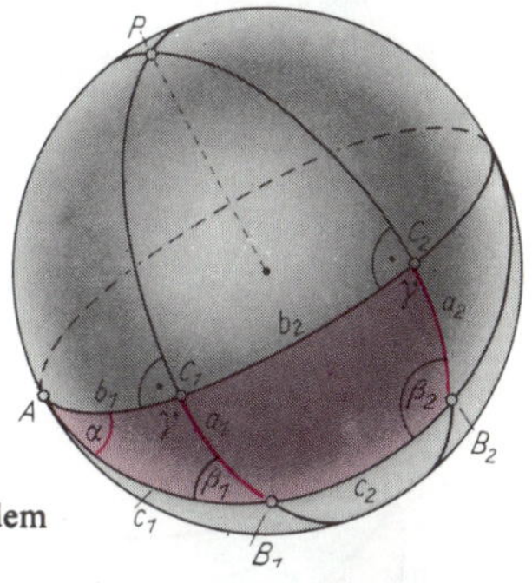

12.2-12 Rechtwinkliges sphärisches Dreieck aus einer Kathete a und dem Gegenwinkel α

Beispiel 1: Sind in einem rechtwinkligen sphärischen Dreieck ABC $a = 38{,}4°$ die Größe einer Kathete und $\alpha = 42{,}9°$ die ihres Gegenwinkels, so findet man für die übrigen Stücke des Dreiecks zwei Lösungen; aus $\sin b = \cot\alpha \tan a$ zwei Werte b_1 und $b_2 = 180° - b_1$, aus $\cos\alpha = \cos a \sin\beta$ aber zwei Werte für β, die ebenso aus $\cos\beta = \sin\alpha \cos b$ berechnet werden können. Die Hypotenuse c schließlich läßt sich aus $\cos\alpha = \cot c \tan b$ bestimmen.

$a = 38{,}4°$ $\alpha = 42{,}9°$

$\sin b = \cot\alpha \tan a$	$\sin\beta = \cos\alpha/\cos a$	$\cot c = \cos/\tan b$
$= 0{,}8529$	$= 0{,}9347$	$= 0{,}4484$
$b_1 = 58{,}53°$	$\beta_1 = 69{,}18°$	$c_1 = 65{,}85°$
$b_2 = 121{,}47°$	$\beta_2 = 110{,}82°$	$c_2 = 114{,}15°$

Höhen im sphärischen Dreieck. Mit Hilfe der Neperschen Regel lassen sich Höhen in sphärischen Dreiecken berechnen. Man mißt sie auf einem Großkreis durch eine Ecke, der auf der gegenüberliegenden Seite senkrecht steht. Die Höhe gibt dann den sphärischen Abstand der Ecke von der Seite an.
Durch die Höhe wird ein beliebiges sphärisches Dreieck in zwei rechtwinklige zerlegt und kann nach der Neperschen Regel berechnet werden. Die Neperschen Analogien lassen sich auf diese Weise im allgemeinen umgehen. Darüber hinaus hat die Höhe in Anwendungen oft eine unmittelbare Bedeutung; stellt z. B. in der Abbildung 12.2-13 der Großkreis durch A, C und F den Erdäquator dar, B aber den Ort eines Schiffes, so ist h die geographische Breite dieses Ortes; oder stellt B den Nordpol der Erde dar, und ein Flugzeug oder Schiff bewegt sich auf dem Großkreis durch A und C, so gibt h seinen kürzesten Abstand vom Pol an und die Seite $\widehat{CF}$ den Weg, bis dieser Abstand erreicht ist.

Beispiel 2: Im Dreieck aus den Seiten mit den Größen $c = 84°$, $a = 42{,}7°$ und dem Winkel mit $\gamma = 135°$ (Abb. 12.2-13) liegt die Höhe $h = \widehat{FB}$ zur Seite b außerhalb des Dreiecks, weil Winkel γ stumpf ist. Nach dem Sinussatz $\sin\alpha = \sin\gamma \cdot \sin a/\sin c$ ergeben sich für α zunächst zwei Werte α_1 und α_2. Da der kleineren Seite der kleinere Winkel gegenüberliegt, kann nur α_1 Lösung sein.

$$\sin\alpha = \sin\gamma \cdot \sin a/\sin c = 0{,}4822$$
$$\alpha_1 = 28{,}83°$$
$$\alpha = 151{,}17°$$

In den rechtwinkligen Dreiecken ABF und CBF sind die Hypotenuse und ein Winkel gegeben; nach der Neperschen Regel erhält man:

1. $\cos\alpha = \cot c \cdot \tan \widehat{AF}$ bzw.
$$\tan\widehat{AF} = \cos\alpha \cdot \tan c = 8{,}3351$$
$$\widehat{AF} = 83{,}16°$$

2. $\cos(180 - \gamma) = \cot a \cdot \tan\widehat{CF}$ bzw.
$$\tan\widehat{CF} = \cos(180 - \gamma) \cdot \tan a = 0{,}6525$$
$$\widehat{CF} = 33{,}12°$$

Die Seite b hat danach die Größe $\widehat{AF} - \widehat{CF} = 50{,}04°$.

Nach dem Sinussatz im Dreieck ABC ergibt sich die Größe von Winkel β aus

$\sin\beta = \sin b \cdot \sin\gamma/\sin c = 0{,}5450$.

Da β kleiner als γ sein muß, gehört nur $\beta_1 = 33{,}02°$ zur Lösung.

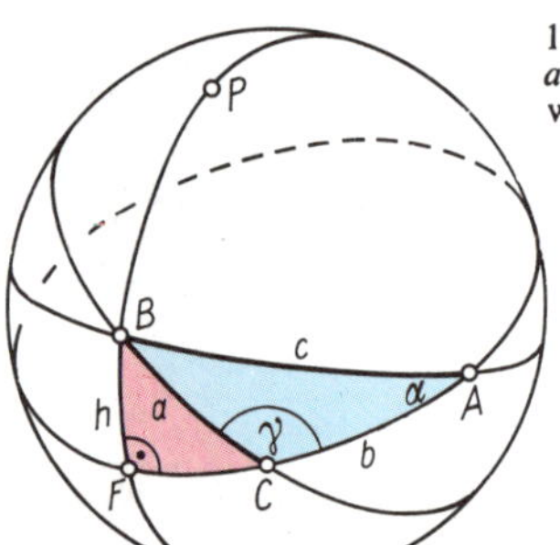

12.2-13 Sphärisches Dreieck ABC aus den Größen zweier Seiten $a = 42{,}7°$, $c = 84°$ und eines Gegenwinkels $\gamma = 135°$

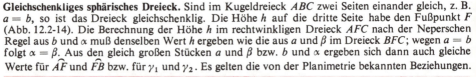

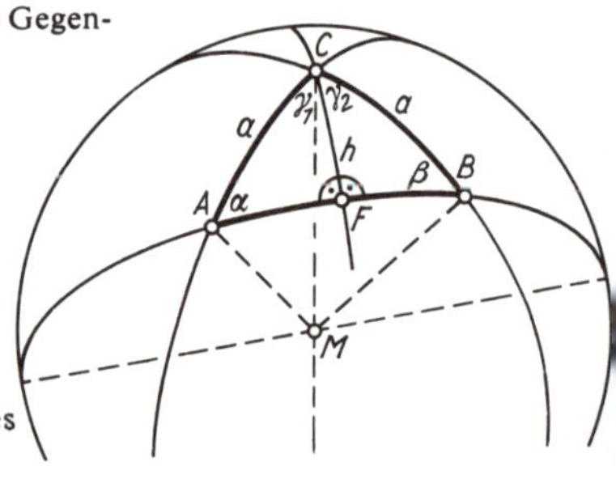

12.2-14 Gleichschenkliges sphärisches Dreieck

Gleichschenkliges sphärisches Dreieck. Sind im Kugeldreieck ABC zwei Seiten einander gleich, z. B. $a = b$, so ist das Dreieck gleichschenklig. Die Höhe h auf die dritte Seite habe den Fußpunkt F (Abb. 12.2-14). Die Berechnung der Höhe h im rechtwinkligen Dreieck AFC nach der Neperschen Regel aus b und α muß denselben Wert h ergeben wie die aus a und β im Dreieck BFC; wegen $a = b$ folgt $\alpha = \beta$. Aus den gleich großen Stücken a und β bzw. b und α ergeben sich dann auch gleiche Werte für $\widehat{AF}$ und $\widehat{FB}$ bzw. für γ_1 und γ_2. Es gelten die von der Planimetrie bekannten Beziehungen.

Im gleichschenkligen sphärischen Dreieck halbiert die Höhe auf die Grundseite diese und den Winkel an der Spitze; sie ist Mittelsenkrechte und Symmetrielinie des Dreiecks. Die Basiswinkel sind einander gleich.

Ein entsprechender Satz gilt für das gleichwinklige sphärische Dreieck; das gleichwinklige Kugeldreieck ist auch gleichschenklig.

12.3. Anwendungen der sphärischen Trigonometrie

Unter den Anwendungen der sphärischen Trigonometrie heben sich zwei wegen ihrer praktischen Bedeutung besonders hervor; es sind die Anwendungen in der mathematischen Geographie und in der Astronomie.

Mathematische Geographie

Die Gestalt der Erde ist unregelmäßig und wird Geoid genannt. Die Abweichungen allerdings von einem der mathematischen Berechnung zugänglichen Körper sind im Verhältnis zur Größe gering. Aus der Analyse des Bahnverlaufs der künstlichen Erdsatelliten hat sich ergeben, daß sich ein dreiachsiges Ellipsoid angeben läßt, das sich dem Geoid am besten anpaßt. Der Unterschied der beiden in der Äquatorebene gelegenen Achsen ist aber so gering, daß er durch die bisherigen Erdvermessungen nicht festgestellt wurde. In der höheren Geodäsie wird die Erde demgemäß als Rotationsellipsoid angesehen. Die erste genaue Berechnung stammt von BESSEL (1784–1846). 1924 wurde das von HAYFORD (1868–1925) berechnete Ellipsoid international anerkannt. Die neuesten Werte werden nach Messungen von Bahnen mehrerer erdnaher Satelliten berechnet und fortlaufend aktualisiert seitens der Internationalen Astronomischen Union (IAU).

Erdellipsoid

	Äquatorradius a	Polradius b	Abplattung $(a-b)/a$
Hayford (1910)	6378,388 km	6356,912 km	1/297
Krassowski (1940)	6378,245 km	6356,863 km	1/298,3
IAU (1964)	6378,160 km	6356,775 km	1/298,25
Khan (1973)	6378,142 km	6356,757 km	1/298,255
IAU (1980)	6378,137 km	6356,752 km	1/298,257

In erster Näherung darf die Erde als Kugel angesehen werden; als Radius R der mittleren Erdkugel gilt: $R = 6371{,}221$ km.

Einheiten auf der Erdkugel

1° auf einem Großkreis	111,20 km
1° auf dem Äquator	111,32 km
Bogenlänge eines Meridianquadranten	10 002,288 km
mittlere Bogenlänge eines Meridiangrades	111,137 km

1 geographische Meile
= 1/15 Äquatorgrad 7,422 km
1 Seemeile oder 1 mittlere
Längenkreisminute 1,852 km
1 Knoten = 1 Seemeile/Stunde

Wie schon bei der Erläuterung der Gauß-Krüger-Koordinaten ausgeführt wurde (vgl. Kap. 11.3. – Landesvermessung), wird ein Punkt auf der Erdkugel durch seine *Länge* λ und seine *Breite* φ festgelegt. Die Meridiane sind Großkreise, die *Breitenkreise* dagegen Kleinkreise mit dem Radius ϱ und der Länge $\varrho = R \cos\varphi$. *Entfernungen* auf der Erdkugel werden auf Großkreisen gemessen, die die geodätischen Linien auf der Kugel darstellen. Sie werden *Orthodrome* genannt. *Kurswinkel* sind Winkel gegen den Meridian.

Entfernungsaufgabe und Kursbestimmung. Sind zwei Orte P_1 und P_2 auf der Erde durch ihre Länge λ und Breite φ gegeben, so können die Entfernung auf einem Großkreis und die Winkel dieses Kreises gegen die Meridiane der Orte P_1 und P_2 berechnet werden.
Zur Lösung stehen die in den Grundaufgaben entwickelten Sätze und die Nepersche Regel zur Verfügung.

Beispiel 1: Soll ein Flugzeug mit einer Fluggeschwindigkeit von 800 km/h von St. Petersburg ($\varphi_P = 59{,}9°$ N; $\lambda_P = 30{,}3°$ O $= -30{,}3°$) nach San Franzisko ($\varphi_F = 37{,}8°$ N; $\lambda_F = 122{,}4°$ W $= +122{,}4°$) auf dem kürzesten Wege fliegen, so ist seine Bahn der Bogen $\widehat{PF}$ des Großkreises durch P und F (Abb. 12.3-1).
Auf jedem der Meridiane der beiden Orte ist der Bogen vom Äquator zum Ort als geographische Breite φ gegeben. Der Meridianbogen vom jeweiligen Ort zum Nordpol N hat die Größe $(90° - \varphi)$, und die beiden Bögen $\widehat{PU} = 90° - \varphi_L = 30{,}1°$ bzw. $\widehat{FN} = 90° - \lambda_F = = 52{,}2°$ bilden mit dem Großkreisbogen $\widehat{PF}$ ein sphärisches Dreieck, in dem der Winkel $\Delta\lambda$ zwischen den beiden Meridianen bekannt ist, $\Delta\lambda = \lambda_F - \lambda_P = 122{,}4° + 30{,}3° = 152{,}7°$.
Es sind vom Kugeldreieck daher zwei Seiten und der eingeschlossene Winkel gegeben. Den Großkreisbogen $g = \widehat{PF}$ findet man nach dem Seitenkosinussatz.

Berechnung des Großkreisbogens $g = \widehat{PF}$

$$\cos g = \cos(90° - \varphi_P)\cos(90° - \varphi_F) + \sin(90° - \varphi_P)\cdot\sin(90° - \varphi_F)\cos\Delta\lambda,$$
$$\cos g = \sin\varphi_P \sin\varphi_F + \cos\varphi_P \cos_F \cos\Delta\lambda.$$

Die numerische Auswertung ergibt

$$\cos g = 0{,}1781$$
$$g = 79{,}74°.$$

Dieser Bogen hat die Länge $\bar{g} = 2\pi R \cdot g/360° = 8868$ km, wenn für R näherungsweise 6371 km gesetzt wird; er könnte mit der angegebenen Geschwindigkeit in rund 11 Stunden (11,08 h) zurückgelegt werden.
Die Winkel α und β im Kugeldreieck ergeben sich nach dem Sinussatz. Das Flugzeug verläßt St. Petersburg mit dem Kurs N 31,61° W und kommt unter dem Winkel N 13,52° O mit dem Kurs S 13,52° W in San Franzisko an. Jeden Meridian schneidet die Flugbahn unter einem anderen Winkel. Der Kurswinkel wächst stetig von N 21,61° W aus um 144,87° bis zum Endkurs S 13,52° W. In einem Punkt H der Bahn ist die Flugrichtung genau nach West gerichtet. Das Flugzeug ist dann dem Nordpol am nächsten. Punkt H ist der Fußpunkt des vom Pol auf die Seite $\widehat{PF}$ gefällten Lotes h. Die Höhe h zerlegt das Dreieck PNF in zwei rechtwinklige. Im Dreieck PNH können nach der Neperschen Regel der Abstand h vom Pol und der Winkel $\lambda_1 = |\sphericalangle PNH|$ bestimmt werden. Im Meridian der Länge $\lambda_H = 40{,}78°$ W fliegt das Flugzeug genau nach Westen; es hat sich dem Pol auf 1183 km genähert. Den Breitenkreis von St. Petersburg schneidet es später in B unter demselben Winkel wie in St. Petersburg; sein Kurs ist in diesem Augenblick also S 21,61° W.

Berechnung des Abflugkurses NβW für P und des Anflugkurses NαO für F

$$\begin{aligned} \sin\alpha &= \cos\varphi_P \cdot \sin\Delta\lambda/\sin g \\ &= 0{,}2338 \\ \alpha &= 13{,}52° \end{aligned}$$

$$\begin{aligned} \sin\beta &= \cos\varphi_F \cdot \sin\Delta\lambda/\sin g \\ &= 0{,}3683 \\ \beta &= 21{,}61° \end{aligned}$$

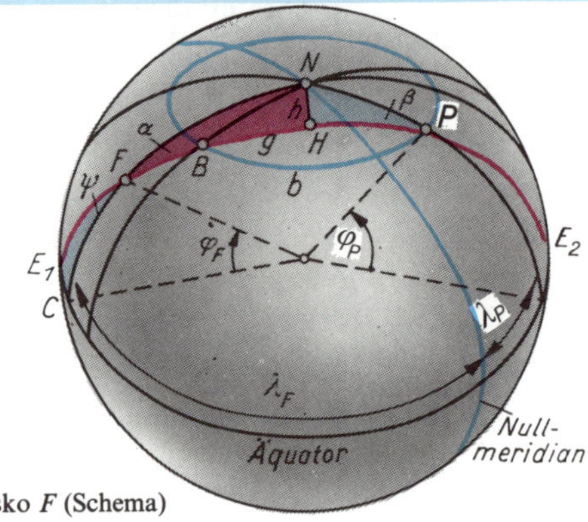

2.3-1 Flugbahn von St. Petersburg P nach San Franzisko F (Schema)

Der Meridian des Punktes B hat die Länge $\lambda_B = \lambda_H + \lambda_1 = 40{,}78° + 71{,}08° = 111{,}86°$ W; die geographischen Koordinaten des Punktes B sind also $\varphi_B = 59{,}9°$ N und $\lambda_B = 111{,}86°$ W. Der Bogen $\widehat{BH} = \widehat{HP}$ ergibt sich aus dem rechtwinkligen Dreieck PNH nach der Neperschen Regel.

Berechnung der Poldistanz $\widehat{NH} = h$ und des Weges $\widehat{PH}$ bis zum polnächsten Punkt H der Flugbahn

$$\begin{aligned} \cos(90 - \varphi_P) &= \cot\lambda_1 \cot\beta \\ \cot\lambda_1 &= \tan\beta \cdot \sin\varphi_P \\ &= 0{,}3427 \\ \lambda_1 &= 71{,}08° \\ -\lambda_P &= -30{,}3° \\ \hline \lambda_H &= 40{,}78° \end{aligned}$$

$$\begin{aligned} \cos(90 - h) &= \sin(90 - \varphi_P) \cdot \sin\beta \\ \sin h &= \cos\varphi_P \cdot \sin\beta \\ &= 0{,}1847 \\ h &= 10{,}64° \\ \bar{h} &= 2\pi R h/360° \\ &= 1183 \text{ km} \end{aligned}$$

$$\begin{aligned} \cos\beta &= \tan\widehat{PH} \cdot \tan\varphi_P \\ &= 0{,}5389 \\ \widehat{PH} &= 28{,}32° \end{aligned}$$

$$\begin{aligned} \overline{PH} &= 2\pi\, R\, \widehat{PH}/360° \\ &= 3149 \text{ km.} \end{aligned}$$

Erst im Punkt B, d.h. nach einer Wegstrecke von $\widehat{PB} = 6300$ km oder nach einer Flugzeit von 7 h 52 min 30 s (7,875 Std.) wendet sich das Flugzeug südlicheren Breiten zu. Den Punkt B hätte das Flugzeug auch auf dem Breitenkreis $\varphi = 59{,}9°$ N, der durch St. Petersburg geht, erreichen können.
Alle Meridiane wären mit demselben Kurs unter rechtem Winkel geschnitten worden. Der Weg b von P nach B wäre aber länger gewesen, da er nicht auf einer *Orthodrome*, auf einem Großkreis als der kürzesten Verbindung, sondern auf einer *Loxodrome*, einer Kurve mit konstantem Kurs, gelegen hätte. Der Radius ϱ des Breitenkreises hat die Größe $\varrho = R\cos\varphi_P$. Zum Bogen b gehört

der Mittelpunktswinkel $\Delta\lambda$, so daß gilt $\bar{b} = 2\pi R \cos\varphi_L \cdot \Delta\lambda/360°$. Man erhält $\bar{b} = 8\,516$ km anstatt 6300 km auf der Orthodrome, die Differenz ist 2216 km. Das Flugzeug hätte längs des Breitenkreises rund 2 h 45 min länger fliegen müssen.

Berechnung des Bogens $b = \widehat{PB}$ auf dem Breitenkreis durch P

$$b = 2\pi R \cos\varphi_P \,\Delta\lambda/360° = 8515 \text{ km}$$

Ein Körper, der dieselbe Bahn, aber mit der Geschwindigkeit $v = 8$ km/s eines künstlichen Erdsatelliten durchfliegt, braucht für die Strecke $\widehat{PB}$ nur 787,5 s = 13 min 7,5 s und erreicht San Franzisko nach 1108,5 s oder 18 min und 28,5 s, wenn von Reibung abgesehen wird. Seine Bahn schneidet den Äquator in zwei Punkten E_1 und E_2, die als Schnittpunkte zweier Großkreise auf einem Kugeldurchmesser liegen. Wird der Schnittpunkt zwischen dem Meridian von San Franzisko und dem Äquator mit C bezeichnet, so ist das Kugeldreieck E_1CF rechtwinklig in C. In ihm sind der Winkel $\psi = \alpha = 13{,}52°$ und die Seite $\widehat{CF} = \varphi_F$ bekannt, und nach der Neperschen Regel findet man die Seite $\widehat{CE_1}$. Der Punkt E_1 hat die Koordinaten $\varphi_{E_1} = 0$, $\lambda_{E_1} = \varphi_F + 8{,}39° = 130{,}79°$ W, mithin E_2 die Koordinaten $\varphi_{E_2} = 0$, $\lambda_{E_2} = (130{,}79° + 180°)$ W $= 310{,}79°$ W oder $\lambda_{E_2} = 49{,}21°$ O.

Schnittpunkt E_1 der Bahn mit dem Äquator:

$$\sin\varphi_F = \cot\alpha \cdot \tan\widehat{E_1C}$$
$$\tan\widehat{E_1C} = \tan\alpha \cdot \sin\varphi_F = 0{,}1474$$
$$\widehat{E_1C} = 8{,}38°$$

Loxodrome. Der Vorteil für ein Schiff oder ein Flugzeug, bei der Fahrt bzw. dem Flug längs einer Orthodrome in kürzester Zeit das Ziel zu erreichen, schließt den Nachteil ein, den Kurs dauernd, strenggenommen in jedem Augenblick, ändern zu müssen. Eine Kurve, die alle Meridiane unter demselben Kurswinkel α schneidet, wird *Loxodrome* genannt. Ein Breitenkreis ist eine Loxodrome für den Kurswinkel $\alpha = 90°$, ein Meridian für $\alpha = 0°$. Ist α im allgemeinen Fall ein Winkel beliebiger Größe, so ergibt sich eine Kurve, für die eine transzendente Funktion den Zusammenhang zwischen Breite φ und Länge λ aller Kurvenpunkte angibt. Betrachtet man zwei benachbarte Punkte A und B (Abb. 12.3-2) auf einer Loxodrome l mit den Koordinaten (λ, φ) und $(\lambda + \Delta\lambda, \varphi + \Delta\varphi)$ und legt durch einen der Punkte A einen Breitenkreis mit dem Radius $\varrho = R\cos\varphi$, so bilden die Bögen $\widehat{AC} = R\cos\varphi \cdot \Delta\lambda$, $\widehat{CB} = R\,\Delta\varphi$ und $\widehat{AB} = \Delta s$ ein rechtwinkliges Dreieck ABC, das zwar nicht sphärisch ist, denn nur $R\,\Delta\varphi$ liegt auf einem Großkreis, das aber als eben angesehen werden darf, wenn nur $\Delta\varphi$ und $\Delta\lambda$ klein genug gewählt werden. Aus ihm liest man die Beziehung ab:

$$\Delta\lambda/\Delta\varphi = \tan\alpha/\cos\varphi \quad \text{und} \quad \Delta s\cos\alpha = R\,\Delta\varphi \quad \text{bzw.} \quad \Delta s/\Delta\varphi = R/\cos\alpha.$$

Im Grenzwert für $\Delta\varphi \to 0$ gehen sie in zwei Differentialgleichungen $\mathrm{d}\lambda/\mathrm{d}\varphi = \tan\alpha/\cos\varphi$ und $\mathrm{d}s/\mathrm{d}\varphi = R/\cos\alpha$ über, in denen die Veränderlichen leicht zu trennen sind (vgl. Kap. 22.2. – Spezielle Typen elementar integrierbarer Differentialgleichungen). Die erste liefert durch Integration die Gleichung der Loxodrome:

$$\mathrm{d}\lambda = \tan\alpha\,(\mathrm{d}\varphi/\cos\varphi),\ \lambda = \tan\alpha\,[\ln\tan(\pi/4 + \varphi/2) + C],$$
$$\lambda_2 - \lambda_1 = \tan\alpha\,[\ln\tan(\pi/4 + \varphi_2/2) - \ln\tan(\pi/4 + \varphi_1/2)],$$

die zweite ergibt die Bogenlänge s auf der Loxodrome:

$$\mathrm{d}s = (R/\cos\alpha)\cdot\mathrm{d}\varphi \text{ und daraus}$$
$$s = (R/\cos\alpha)\cdot(\varphi_2 - \varphi_1).$$

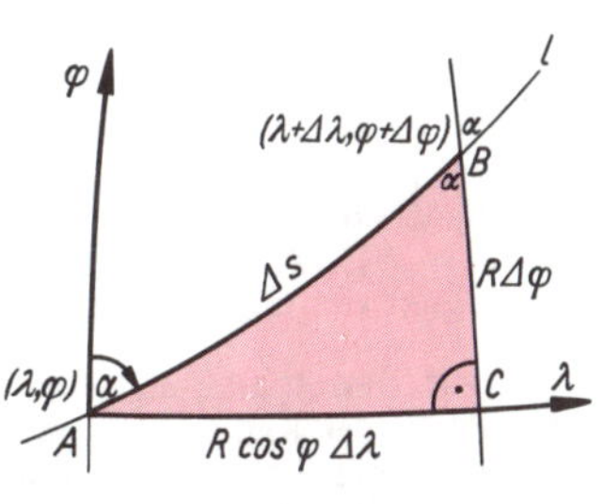

12.3-2 Zur Gleichung der Loxodrome

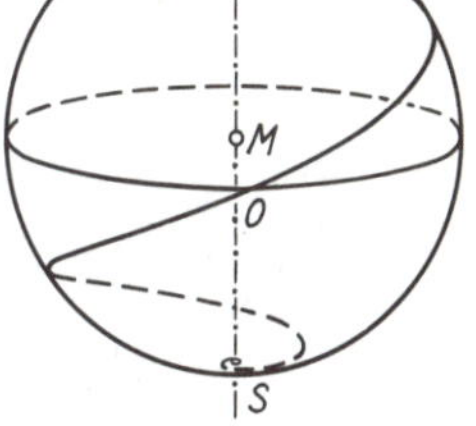

12.3-3 Loxodrome

Wie die nähere Diskussion der ersten Gleichung zeigt, umläuft die Loxodrome den Pol des Großkreises, der den Ausgangsmeridian im Ausgangspunkt senkrecht schneidet, spiralig in immer engeren Windungen unendlich oft, ohne ihn je zu erreichen (*asymptotischer Punkt*). Die Änderung der Breite φ während eines Umlaufs wird dabei zunehmend kleiner (Abb. 12.3-3).

Nach der zweiten Gleichung hat die Flugbahn eines Flugzeugs, die im Äquator einen Meridian unter dem Kurswinkel α schneidet, bis zum Erreichen des Breitengrades φ die Länge $s = R\cdot\varphi/\cos\alpha$; sie ist danach um so länger, je größer der Winkel α ist. Für einen Flug bis zum Nordpol und $\varphi = \pi/2$

unter einem konstanten Kurswinkel von $\alpha = 60°$ ergibt sich wegen $\cos 60° = {}^1/_2$ z. B. $s = 2R \cdot \pi/2 = \pi R$, während der kürzeste Weg längs eines Meridians $\bar{s} = R \cdot \pi/2$ ist; der Weg auf der Loxodrome ist danach doppelt so lang.

Peilungsaufgaben. Durch Peilen soll die Lage eines Schiffes, Flugzeugs oder anderen Körpers aus der Richtung bestimmt werden, aus der Signale empfangen werden, die sich geradlinig ausbreiten und meist nicht optisch sind. Geometrisch liegt das gleiche Schema zugrunde wie beim *Vorwärts-* bzw. *Rückwärtseinschnitt* in der ebenen Trigonometrie (vgl. Kap. 11.3. – Landesvermessung). Hier spricht man von *Fremdpeilung*, wenn die Richtungen der vom zu ortenden Objekt ausgesandten Signale von zwei festen Bodenstationen bestimmt und daraus die Koordinaten des Objekts berechnet werden, dagegen von *Eigenpeilung*, wenn die Richtungs- und Lagebestimmungen im Objekt selbst ausgeführt, die Signale aber von bekannten Bodenstationen ausgesendet werden.
Praktisch werden fast nur Radiosignale verwendet. Während in der Vermessungskunde die Genauigkeit der Winkel durch wiederholtes Messen gesteigert und durch Ausgleichsrechnung der wahrscheinlichste Wert für das Ergebnis berechnet werden kann, beruht die Peilung auf einer einmaligen Richtungsbestimmung geringerer Genauigkeit. Dafür werden aber physikalische Eigenschaften der benutzten Wellen, z. B. Interferenzen, Schwebungen, oder andere Methoden, wie Radar, zusätzlich angewandt. Vor allem handelt es sich fast stets um bewegte Objekte; die Lagebestimmung muß deshalb durch vorbereitete Tabellen, durch graphische Methoden oder durch elektronische Geräte erfolgen, damit das Ergebnis vorliegt, solange das bewegte Objekt sich noch in der Nähe des angepeilten Ortes befindet. Praktisch ist die Peilung damit zu einem physikalischen und technischen Problem geworden; hier genügt es, ein einfaches graphisches Verfahren anzugeben.

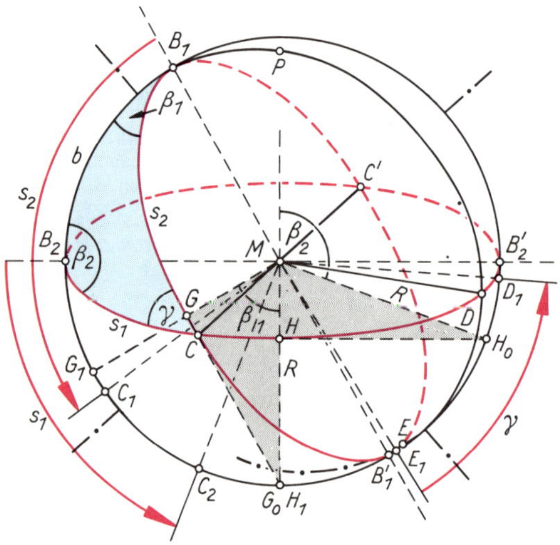

12.3-4 Graphische Methode der Fremdpeilung

Graphische Methode zur Fremdpeilung. Um deutliche Bilder zu erhalten, habe die Basis b die Größe 60°; die gegen diese Basis in den Punkten B_1 und B_2 gemessenen Winkel β_1 und β_2 nach dem Neupunkt C seien $\beta_1 = 60°$ und $\beta_2 = 110°$. Die Eintafelprojektion der Erde darf so gewählt werden, daß der Großkreis durch B_1 und B_2 als Kreis abgebildet wird (Abb. 12.3-4); $|\sphericalangle B_2MB_1| = 60°$. Der Großkreis durch B_1 und seinen Gegenpunkt B'_1 sowie durch den gesuchten Punkt C hat eine Ellipse als Projektion, deren große Achse B_1B' ist, deren kleine Achse also in M auf B_1B' senkrecht steht. Die Länge der kleinen Halbachsen ist die Projektion des Kugelradius mit der Länge $R = |MG'|$, der sich als Schnitt zweier Ebenen ergibt: 1. der Ebene des Großkreises durch $B_1CB'_1$, die die Neigung β_1 gegen die Zeichenebene Π hat, und 2. der projizierenden Ebene, die im M auf Π und $B_1B'_1$ senkrecht steht. Ist G die Projektion von G', so ist $\triangle MG'G$ ein rechtwinkliges Dreieck, von dem die Hypotenuse $|MG'| = R$ und der Winkel $|\sphericalangle G'MG| = \beta_1$ bekannt sind, wobei $MG \perp B_1B'_1$. In der Abbildung ist $\triangle\ MGG_0$ die Umklappung dieses Dreiecks in die Zeichenebene, aus ihr entnimmt man die Länge $|MG|$ der kleinen Halbachse (im allgemeinen ist $G_0 \neq H_1$). Aus den Längen der großen Halbachse $|MB_1|$ und der kleinen $|MG|$ kann jeder Ellipsenpunkt des Großkreises durch B_1, G und B'_1 mit beliebiger Genauigkeit konstruiert werden.
Für den Großkreis durch die Punkte B_2 und B'_2, dessen Ebene die Neigung β_2 gegen die Zeichenebene hat, gilt das Entsprechende. Man findet der Reihe nach: Senkrechte in M auf $B_2B'_2$; Antragen des Winkels β_2; Schnittpunkt H_0 seines freien Schenkels mit dem Kreis vom Radius R; Lot von H_0 auf die Senkrechte in M auf $B_2B'_2$ gibt H; MH ist nach Lage und Größe die kleine Halbachse der gesuchten Ellipse. Der Schnittpunkt C der beiden Ellipsen ist der gesuchte Neupunkt. Um die wahren Werte der Seiten $s_1 = \widehat{B_2C}$ und $s_2 = \widehat{B_1C}$ zu bestimmen, brauchen die Großkreise nur um ihre großen Achsen in die Zeichenebene geklappt zu werden. Die Projektion jedes Punktes des Großkreises bewegt sich dabei auf einer Senkrechten zur großen Achse; C z. B. nach C_1 bzw. C_2; man findet $|\sphericalangle\ B_1MC_1| = s_2$; $|\sphericalangle\ B_2MC_2| = s_1$.
Auch der Neigungswinkel γ zwischen den Ebenen der beiden gezeichneten Großkreise kann der Abbildung entnommen werden. Beide Ebenen schneiden sich in der Geraden CMC'. Die Polare

zum Pol C schneidet beide Großkreise rechtwinklig, und zwar in den Punkten D und E. Der Bogen $\overset{\frown}{DE}$ entspricht dem Winkel γ. Durch Umklappen der Polare um ihre große Achse in die Zeichenebene kann die wahre Größe des Winkels γ abgelesen werden; $|\sphericalangle\, E_1MD_1| = \gamma$.

Sphärische Astronomie

Neben der Lagebestimmung von Schiffen oder Flugzeugen durch Peilung wird auch heute noch die nach den Gestirnen angewendet. Sie war früher die einzige Methode für die Schiffahrt auf hoher See. Auch Forschungsreisende in unbekanntem Gelände waren auf sie allein angewiesen. Die notwendigen Messungen werden mit dem Kompaß, dem Theodoliten, einem Spiegelsextanten oder einem ähnlichen Winkelmeßinstrument sowie mit einer genaugehenden Uhr ausgeführt, zu deren Kontrolle später die Funkentelegraphie durch Senden des Zeitzeichens benutzt wurde. Schon die Kenntnis der wichtigsten Sternbilder genügt für eine angenäherte Orientierung. Zu genauen Lagebestimmungen müssen Angaben über die Lage leicht auffindbarer Sterne sowie über die Bewegung, besonders der Sonne, der Planeten, des Mondes, der Jupitermonde und, als Voraussetzung zu Lageangaben am Himmel, die astronomischen Koordinatensysteme bekannt sein. Die für nautische Zwecke wichtigen Angaben aus der sphärischen Astronomie erscheinen in den *nautischen und astronomischen Jahrbüchern*; die für die Nautik unentbehrlichen *astronomischen Koordinatensysteme* sind das Horizontalsystem und die Äquatorsysteme.
Wie alle astronomischen Koordinatensysteme gehen auch sie davon aus, daß der gestirnte Himmel dem Beobachter als Teil einer riesigen Kugel erscheint, der *scheinbaren Himmelskugel*. Auf ihr kann die Lage jedes Punktes durch zwei Zahlenangaben (entsprechend Länge und Breite auf der Erdoberfläche) festgehalten werden. Als Bezugssystem für diese beiden Angaben eignet sich jeder Großkreis mit seinen Polen (Pol und Polare); auf ihm wird von einem festzulegenden Punkte aus die eine Winkelgröße in vorgeschriebener Richtung gemessen, die zweite aber auf einem zum Grundkreis senkrechten Großkreis, der durch den Pol und den Punkt verläuft, dessen Lage bestimmt werden soll.

Das Horizontalsystem. Einem Beobachter B auf dem Meere oder in ebenem Gelände erscheint der Nachthimmel als Halbkugel, die vom Horizont H begrenzt wird (Abb. 12.3-5). Mathematisch ist der scheinbare *Horizont* der Kreis, in dem eine Tangentialebene an die Erde im Beobachtungsort die Himmelskugel schneidet. Der Erdradius ist im Verhältnis zu den Entfernungen der meisten Gestirne vernachlässigbar klein. Der scheinbare Horizont fällt daher mit dem wahren Horizont zusammen, der als Schnitt einer zur Tangentialebene parallelen Ebene durch den Erdmittelpunkt verläuft. Die Pole des Horizonts sind der *Zenit* Z senkrecht über dem Beobachter und der *Nadir* Na als Gegenpunkt des Zenits. Dem Beobachter erscheint die Bewegung eines Sterns auf einer Bahn, die am Horizont im *Aufgang* A beginnt, bis zu einer Gipfelhöhe, dem *Kulminationspunkt* K, ansteigt, im weiteren Verlauf wieder abfällt bis zum *Untergang* U und sich unterhalb des Horizonts über den unteren Kulminationspunkt uK schließt. Der Großkreis durch die Kulminationspunkte aller Sterne heißt *Himmelsmeridian*.

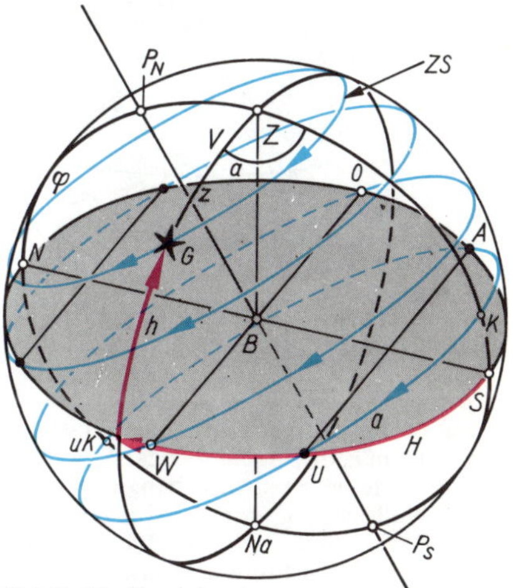

12.3-5 Horizontalsystem

Es gibt auch Sterne, die *Zirkumpolarsterne* ZS, deren Bahn völlig über dem Horizont liegt. Alle Gestirne beschreiben während eines Tages einen Kleinkreis am Himmel; ihre Bahnen sind einander parallel. Die Mittelpunkte dieser Kreise liegen auf einer Geraden, die die *Himmels-* oder *Weltachse* bildet. Diese durchstößt die Sternsphäre in zwei Punkten, dem Nordpol P_N und dem Südpol P_S des Himmels. Diese Kreisbewegung der Gestirne ist scheinbar, sie ist die Folge der Drehung der Erde um ihre Achse, und die Himmelspole ruhen, weil die Erdachse auf sie zeigt. Die Richtung vom Beobachter zum Himmelspol ist parallel zur Erdachse, steht demnach für einen Beobachter im Nordpol der Erde senkrecht zum Horizont und fällt für einen Beobachter am Äquator der Erde in den Horizont. Denkt man sich, daß die Tangentialebene längs eines Erdmeridians vom Äquator zum Nordpol gleitet, so wächst die Höhe des Himmelspols stetig von 0° bis 90° und ist stets der geographischen Breite gleich. *Höhen* h werden dabei auf den Großkreisen durch Zenit und Nadir, den *Vertikalen* V, gemessen, die auf dem Horizont senkrecht stehen, – und zwar vom Horizont mit 0° zum Zenit mit $+90°$ bzw. zum Nadir mit $-90°$. Durch Messen der Höhe des Himmelspols, der *Polhöhe*, ergibt sich die geographische Breite φ des Beobachters.

Der Schnittpunkt des Vertikals durch den Himmelspol mit dem Horizont heißt *Nordpunkt N*. Ihm diametral gegenüber liegt am Horizont der *Südpunkt S*; blickt der Beobachter nach dem Nordpunkt, so liegen rechts, senkrecht zur Blickrichtung, der Ostpunkt *O*, links der Westpunkt *W*. Die Richtungen nach diesen Punkten sind die Himmelsrichtungen Nord, Süd, Ost, West. Sie lassen sich bestimmen durch Herabloten des Himmelspols (Norden) oder durch Bestimmen des Vertikals, in dem ein beliebiger Fixstern kulminiert; er halbiert den Winkel zwischen zwei Vertikalen, in denen der Fixstern dieselbe Höhe hat.
Neben der Höhe *h* dient als zweite Koordinate das *Azimut a*; es wird im Beobachtungsort gemessen als Winkel zwischen der Meridianebene und der Vertikalebene des Sterns, und zwar vom Südpunkt mit $a = 0°$ aus im Sinne der scheinbaren täglichen Bewegung der Sterne über West, Nord, Ost bis 360°. Das Azimut tritt folglich außerdem als Bogen auf dem Horizont und als Winkel im Zenitpunkt in Erscheinung. An Stelle des Höhenwinkels wird oft der Komplementwinkel, die *Zenitdistanz z* des Sternes, vom Zenit aus gemessen; $h + z = 90°$.

Äquatorsysteme. Da sich alle Sterne auf Parallelkreisen um den Himmelspol bewegen, muß ihr Abstand von jedem dieser Kreise konstant sein. Man wählt als Grundkreis den Großkreis unter ihnen, der Polare zum Himmelspol ist, und nennt ihn *Äquator Ä*, da er die Schnittlinie der Ebene des Erdäquators mit der Himmelskugel ist. Am Himmelsgewölbe ist er etwa durch das Sternbild der Fische, den obersten der drei Gürtelsterne des Orion und den Stern Atair im Sternbild Adler markiert. Der Äquator schneidet den Horizont im Westpunkt und im Ostpunkt (Abb. 12.3-6) und hat die Neigung $(90° - \varphi)$ gegen den Horizont *H*. Die Höhe eines Sterns *G* über dem Äquator heißt *Deklination δ* und wird auf einem Großkreis gemessen, der *Stundenkreis* genannt wird und durch den *Himmelspol* P_N und seinen Gegenpunkt P_S geht, also senkrecht auf dem Äquator steht. Als zweite Koordinate dient der *Stundenwinkel* τ, der Winkel zwischen diesem Stundenkreis und dem *Himmelsmeridian*, in dem der Stern kulminiert. Der Meridian geht durch Süd- und Nordpunkt, durch Zenit *Z* und Nadir *Na* und durch die Himmelspole P_N und P_S; er stellt den Schnitt der Ebene des Ortsmeridians mit der Himmelskugel dar. Der Stundenwinkel wird vom Meridian aus im Sinne der scheinbaren täglichen Bewegung der Sterne von 0° bis 360° bzw. von 0^h bis 24^h gemessen; der Westpunkt W hat danach einen Stundenwinkel von 90° bzw. 6^h.

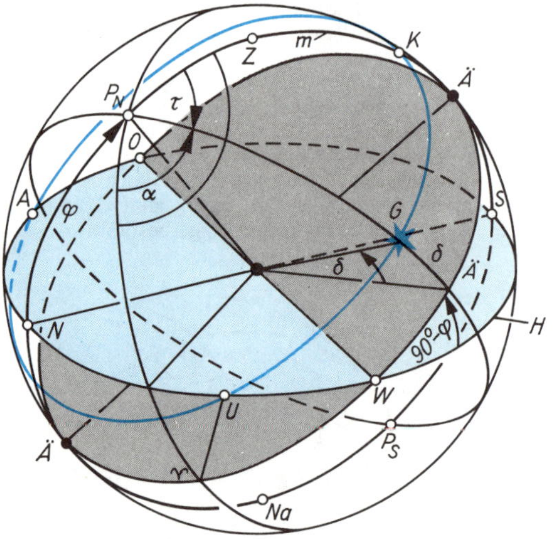

12.3-6 Äquatorsysteme

In diesem *ersten Äquator-* oder *Stundenwinkelsystem* hat man sich von der geographischen Breite des Beobachtungsortes unabhängig gemacht, weil die Deklination auf den Äquator bezogen wird. Die Nullrichtung, von der aus der Stundenwinkel gemessen wird, ist aber durch den Ortsmeridian des Beobachters bestimmt, hängt somit noch von dessen geographischer Länge ab. Der Stundenwinkel eines bestimmten Sterns ist im gleichen Zeitpunkt an verschiedenen Orten verschieden, z. B. für Moskau größer als für Berlin, weil der Stern wegen der Rotation der Erde in Moskau um etwa 1 h 36 min 48 s = 96,8 min eher kulminiert als in Berlin. Da 24 h dem Gradmaß 360° entsprechen, ist der Unterschied des Stundenwinkels $96{,}8° : 4 = 24{,}2°$, d. h., Moskau liegt um $\Delta\lambda = 24{,}2°$ östlicher als Berlin.
Um auch die zweite Koordinate im Äquatorsystem unabhängig vom Beobachtungsort zu machen, hebt man einen Punkt des Himmelsäquators heraus. Dieser Punkt, der Frühlingspunkt ♈, nimmt als Punkt des Äquators an der scheinbaren Drehung des Himmelsgewölbes teil. Der von ihm aus im Äquator entgegengesetzt zur scheinbaren Drehung gemessene Winkel bis zum Stundenkreis des Sterns ist deshalb konstant. Er heißt *Rektaszension* α. Rektaszension α und Deklination δ sind die Koordinaten des *zweiten Äquator-* oder *Rektaszensionssystems*. Den ungefähren Ort des Frühlingspunktes findet man am Himmelsäquator, wenn man vom Polarstern P_N den Stundenkreis durch das rechte Ende des W-förmigen Sternbildes Kassiopeia zieht.

Beziehungen zwischen Horizontal- und Stundenwinkelsystem. Vereinigt man die beiden astronomischen Systeme (Abb. 12.3-7), so schneiden sich Horizont und Äquator im Ostpunkt und im Westpunkt. Durch das Gestirn *G* gehen der Stundenkreis und der Vertikal; die Bahn des Sterns verläuft parallel

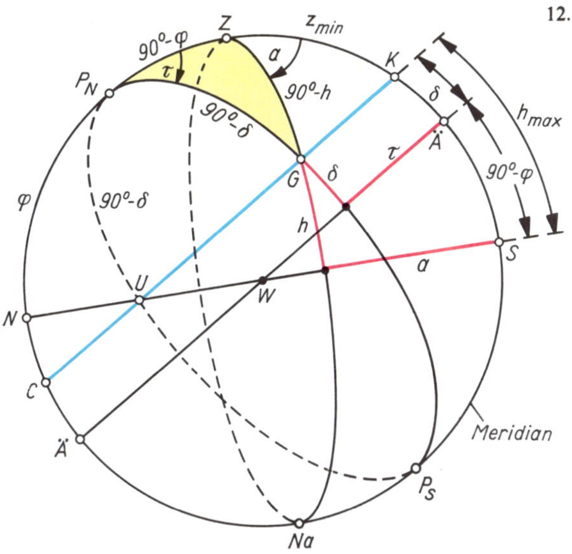

12.3-7 Horizontal- und erstes Äquatorsystem

zum Äquator; sie erreicht in K den oberen und in C den unteren Kulminationspunkt; A ist der Punkt des Aufgangs, U der des Untergangs. Die Höhe des Himmelspols P_N über der Horizontalebene, die Polhöhe, ist die geographische Breite des Beobachtungsortes B; $\widehat{NP_N} = \varphi$. Die Abbildung ist entstanden als senkrechte Projektion der Abbildung *Äquatorsysteme* auf die Ebene des Meridians durch N, P_N, Z, K, $\ddot{A}$ und S; der Stundenkreis des Frühlingspunktes ♈ ist nicht eingetragen, dagegen der Vertikal des Sterns G durch Zenit Z und Nadir Na. Die Punkte O und A liegen hinter den Punkten W und U, sie sind deshalb nicht sichtbar. Die Winkel φ, $(90° - \varphi)$ und δ erscheinen in wahrer Größe.

Kulminationshöhe. Wenn das Gestirn G in K kulminiert, erreicht es seine größte Höhe $h_{\max}$ und hat gleichzeitig seine kleinste Zenitdistanz $z_{\min}$. Da der Äquator den Winkel $(90° - \varphi)$ mit dem Horizont bildet, gilt $\varphi = \delta + z_{\min}$ und für die Kulminationshöhe $h_{\max} + z_{\min} = 90°$ oder schließlich $h_{\max} = 90° - \varphi + \delta$. Danach können aus der beobachteten Kulminationshöhe $h_{\max}$ eines Gestirns entweder die Breite φ bei bekannter Deklination δ oder umgekehrt aus der Breite φ die Deklination δ bestimmt werden.

Das nautische Dreieck. Bei allgemeiner Lage des Gestirns G sind die beiden Systeme durch das *nautische Dreieck* mit den Ecken Gestirn G, Himmelspol P_N und Zenit Z verbunden. Es enthält folgende Stücke: die Seiten $\widehat{GZ} = 90° - h$ (Zenitdistanz), $\widehat{GP_N} = 90° - \delta$, $\widehat{ZP_N} = 90° - \varphi$ und die Winkel an den Punkten Z und P_N. Sowohl das Azimut a mit dem Scheitelpunkt Z als auch der Stundenwinkel τ mit dem Scheitelpunkt P_N werden vom Meridian aus im Sinne des täglichen Umlaufs der Gestirne gemessen. Da in der Abbildung die Lage von G *nach der Kulmination* dargestellt ist, haben die in ihr sichtbaren Winkel die Größen $|\sphericalangle\, GZP_N| = 180° - a$ und $|\sphericalangle\, ZP_NG| = \tau$. Wäre in der Abbildung der hinter der Meridianebene liegende Teil der Himmelskugel dargestellt, so würde sich das Gestirn G *vor der Kulmination* befinden, W wäre durch O und U durch A zu ersetzen, und für die Winkel im nautischen Dreieck würde sich ergeben

$$|\sphericalangle\, GZP_N| = a - 180° \quad \text{und} \quad |\sphericalangle\, ZP_NG| = 360° - \tau.$$

Die Sonnenbahn. Zur *Frühlings-Tagundnachtgleiche* steht die Sonne im Frühlingspunkt ♈, geht um 6 Uhr früh im Ostpunkt auf, bewegt sich am Himmel ungefähr längs des Äquators und geht um 6 Uhr abends im Westpunkt unter (Abb. 12.3-8). Ihre Rektaszension $\alpha_\odot$ und ihre Deklination $\delta_\odot$ sind aber zum Unterschied von den Größen bei allen anderen Fixsternen nicht konstant; die Rektaszension wächst dauernd, die Deklination nimmt vom 22. Dezember bis zum 22. Juni zu, danach ab. Wegen der wachsenden Rektaszension erreicht die Sonne den Himmelsmeridian jeden Tag später als der Frühlingspunkt. Im Laufe eines Jahres wächst diese Verspätung auf einen Tag an. Während der Frühlingspunkt und alle Fixsterne 366mal kulminieren, kulminiert die Sonne nur 365mal. Wegen der wachsenden Deklination der Sonne verschieben sich ihr Auf- und Untergangspunkt A bzw. U nach Norden, A_1, U_1. Die Tage werden länger bis zur Sommersonnenwende. Dann hat die Sonne ihre größte Deklination von $\delta = 23°26'$ auf

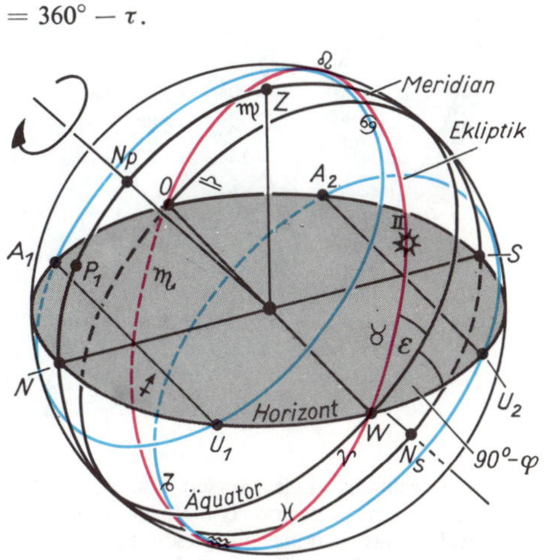

12.3-8 Scheinbare Bewegung der Sonne im Laufe eines Jahres

dem *Wendekreis des Krebses* erreicht. Danach nimmt die Deklination ab, ist zum Herbstanfang Null, zur Wintersonnenwende $-23°26'$ auf dem *Wendekreis des Steinbocks* und zu Frühlingsanfang wieder Null. Insgesamt ist die scheinbare Sonnenbahn am Himmel kein Kreis wie für die anderen Fixsterne, sondern eine doppelt durchlaufene Spirale von 365 Windungen, die eine Zone von $2 \cdot 23°26'$ Breite einnimmt.

Während jeder Fixstern bis auf kleine, im Laufe eines Jahres nur in wenigen Fällen nachweisbare Verschiebungen dieselben Sterne zu Nachbarn hat und mit diesen die bekannten Sternfiguren bildet, durchwandert die Sonne 13 Sternbilder, die aus Gründen des Zwölfersystems auf 12 reduziert wurden. Diese Sternbilder liegen auf einem Großkreis, im Bereich der scheinbaren Jahresbahn der Sonne, die *Ekliptik* genannt wird. Die *Sternbilder* sind Widder ♈, Stier ♉, Zwillinge ♊, Krebs ♋, Löwe ♌, Jungfrau ♍, Waage ♎, Skorpion ♏, Schütze ♐, Steinbock ♑, Wassermann ♒ und Fische ♓. Die Ekliptik schneidet den Äquator im *Frühlingspunkt* und in seinem Gegenpunkt, dem Herbstpunkt, unter dem Winkel der Größe $\varepsilon = 23°26'$.

Diese scheinbare Bewegung der Sonne durch die Ekliptik ist die Folge der Bewegung der Erde um die Sonne. Die 12 Sternbilder liegen in der Ebene der Erdbahn um die Sonne. Ein Koordinatensystem mit der Ekliptik als Polare hat die Erdbahnebene als Bezugsebene. Die Sternanhäufungen der Milchstraße liegen auf einem neuen Großkreis, der die Grundebene des *galaktischen Systems* bildet. Es ist das geeignete Koordinatensystem, die Verteilung der Sterne der Milchstraße zu beschreiben (Abb. 12.3-9).

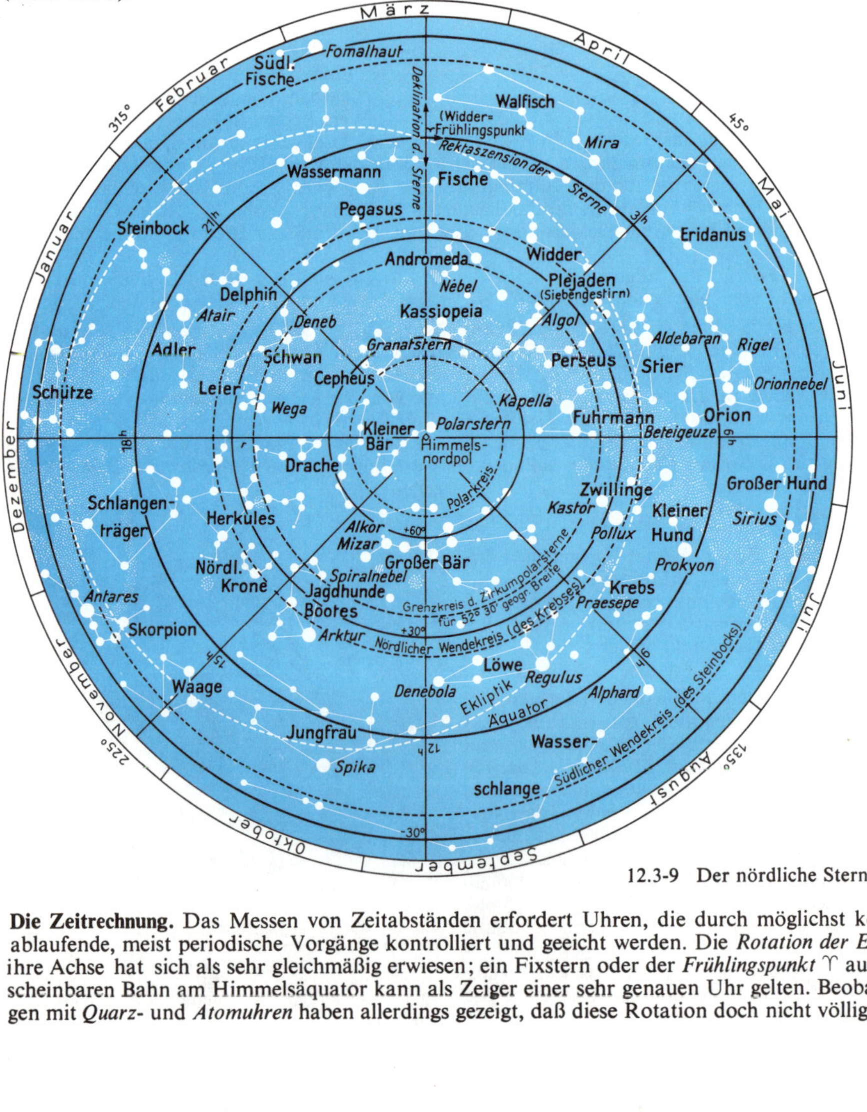

12.3-9 Der nördliche Sternhimmel

Die Zeitrechnung. Das Messen von Zeitabständen erfordert Uhren, die durch möglichst konstant ablaufende, meist periodische Vorgänge kontrolliert und geeicht werden. Die *Rotation der Erde* um ihre Achse hat sich als sehr gleichmäßig erwiesen; ein Fixstern oder der *Frühlingspunkt* ♈ auf seiner scheinbaren Bahn am Himmelsäquator kann als Zeiger einer sehr genauen Uhr gelten. Beobachtungen mit *Quarz-* und *Atomuhren* haben allerdings gezeigt, daß diese Rotation doch nicht völlig gleich-

mäßig ist. Die Tageslänge verändert sich durch Gezeitenreibung und schwankt unregelmäßig durch Massenverlagerungen und andere Vorgänge im Innern der Erde sowie durch meteorologische Vorgänge auf ihrer Oberfläche.
Der Zeitrechnung ist durch internationale Vereinbarung die Dauer des tropischen Umlaufs der Erde um die Sonne zugrunde gelegt worden. Als *tropisches Jahr* bezeichnet man die Zeitdauer zwischen zwei aufeinanderfolgenden Durchgängen der Sonne durch den Frühlingspunkt. Diese Periode ist zwar auch veränderlich, die Veränderung ist aber gering, nur einige Sekunden in 1000 Jahren, und der Größe nach bekannt; durch Wahl einer bestimmten Periode, die für einen angegebenen Zeitpunkt gilt, wird ein bestimmtes tropisches Jahr als Normal ausgewählt. Die hiernach gezählte Zeit ist als Rechengröße absolut gleichförmig und wird *Ephemeridenzeit* bzw. *Newtonsche Zeit* genannt, weil sie in der Astronomie zur Berechnung der Koordinaten der Himmelskörper, der *Ephemeriden*, verwendet wird. Danach ist die Sekunde, s, als Zeiteinheit festgelegt als der 31556925,9747te Teil des tropischen Jahres für 1900, Januar 0, 12 Uhr Ephemeridenzeit; nach dem Kalender ist 1900, Januar 0, der 31. 12. 1899.

Sternzeit. Die Zeitdauer zwischen zwei aufeinanderfolgenden Kulminationen des Frühlingspunktes ♈ ist der *Sterntag*. Er wird eingeteilt in 24 h* (*Sternstunden*) zu je 60 min* (*Sternminuten*) von je 60 s* (*Sternsekunden*). Der Sterntag beginnt mit der Kulmination des Frühlingspunktes. Der im Zeitmaß ausgedrückte *Stundenwinkel* $t_{♈}$ *des Frühlingspunktes* ist die Sternzeit. Sie ist für alle Orte auf demselben Erdmeridian gleich groß und heißt *Ortssternzeit*, für östlich gelegene Orte ist sie größer, für westlich gelegene kleiner. Aus der für denselben Moment gültigen *Ortssternzeit* zweier Orte t_1 und t_2 läßt sich die *Längendifferenz* $\Delta\lambda = (\lambda_2 - \lambda_1)$ der beiden Orte berechnen. Einer Sternzeitdifferenz $\Delta t = (t_2 - t_1)$ von 24 h* entspricht eine Längendifferenz von $\Delta\lambda = 360°$, einer Stunde h^* entsprechen demnach 15°, einer Sternminute 15′ und einer Sternsekunde 15″. Umgekehrt entsprechen einem Grad Längendifferenz 24 h*/360° = 1 h*/15 = 4 min*. Wenn daher der Frühlingspunkt in Leipzig mit $\lambda = 12{,}4°$ O kulminiert, ist in Ulan-Bator mit $\lambda = 106{,}9°$ O bereits $(106{,}9 - 12{,}4) \cdot 4$ min* = 378 min* = 6 h* 18 min* Sternzeit.

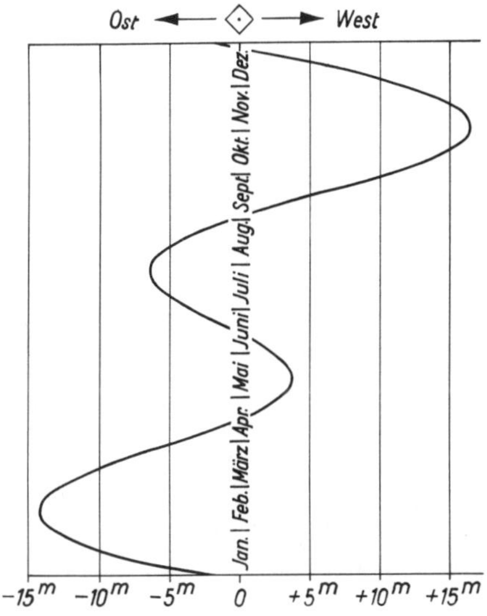

12.3-10 Graphische Darstellung der Zeitgleichung, $t_w - t_m = $ Zgl im Laufe eines Jahres; ◇ mittlere Sonne

Der Sonnentag. Weil das Leben des Menschen weitgehend auf den Lauf der Sonne eingestellt ist, wird neben dem Frühlingspunkt auch die *Sonne als Zeitmarke* bzw. Zeitzeiger verwendet. Sie hat für diesen Zweck ihm gegenüber wesentliche Nachteile; ihre Jahresbahn durchläuft die Ekliptik, während er auf dem Äquator festliegt, und ihre Geschwindigkeit in der Ekliptik ist nicht konstant wegen der ungleichförmigen Bewegung der Erde auf ihrer Kepler-Ellipse um die Sonne. Man hat deshalb neben der *wahren* oder *wirklichen Sonne* eine *mittlere Sonne* eingeführt, deren Rektaszension α_m gleichförmig von 0° bis 360° im Laufe eines Jahres wächst. Der Stundenwinkel t_m dieser mittleren Sonne legt eine *mittlere Sonnenzeit* oder *mittlere Zeit* fest zum Unterschied vom Stundenwinkel t_w der wahren Sonne, der die *wahre Sonnenzeit* festlegt. Die Differenz beider, und zwar $t_w - t_m = $ Zgl wird *Zeitgleichung* genannt. Abb. 12.3-10 zeigt die Stellung der wahren Sonne, wenn die mittlere gerade kulminiert; ist z. B. die Zeitgleichung negativ, also $t_m > t_w$, so eilt die mittlere Sonne der wahren voraus, kulminiert also schon, wenn die wahre Sonne noch östlich des Meridians steht. Das Verhältnis der Dauer eines Sterntags zu der eines mittleren Sonnentags ergibt sich daraus, daß das tropische Jahr in Sternzeit 366,2422 d, in mittlerer Zeit jedoch 365,2422 d zählt. Man erhält: 24 h mittlere Zeit = 24 h* 3 min* 56,55536 s*; 24 h* = 23 h 56 min 4,09058 s mittlere Zeit, 1 h mittlere Zeit = 1,002737909 h*, 1 h* = 0,997269567 h mittlere Zeit.

Zonenzeit. Es ist selbstverständlich, daß auch die wahre bzw. mittlere Zeit eine *Ortszeit* ist, daß nur die auf demselben Erdmeridian liegenden Orte dieselbe Ortszeit haben. Diese für den modernen Verkehr unbequeme Naturgegebenheit wird dadurch erträglich, daß alle Orte in einer Zone, in einem Kugelzweieck mit der Längendifferenz 15°, die Ortszeit des Mittelmeridians als Zonenzeit verwenden. Die mittlere Ortszeit des Meridians von Greenwich, $\lambda = 0$, wird als *Weltzeit* oder *mittlere Greenwicher Zeit*, mGZ, bezeichnet, die vom Meridian $\lambda = -15°$ oder $\lambda = 15°$ O als *Mitteleuropäische Zeit*, MEZ.

Beispiel 1: Am 18. 11. vormittags steht ein Schiff auf $\varphi = 54°57'$ N. Man beobachtet die Sonnenhöhe $h_s = 9°15'$. Das Schiffschronometer gibt mGZ = $8^h\,58^{min}\,20^s$ an, das nautische Jahrbuch $\delta_s = -19°12'$ und die Zeitgleichung $+14$ min 50 s. Auf welchem Meridian befindet sich das Schiff? – Im nautischen Dreieck Zenit Z — Pol P_N — Sonne S sind die drei Seiten bekannt, $\widehat{ZS} = 90° - h = 80°45'$, $\widehat{ZP_N} = 90° - \varphi = 35°03'$, $\widehat{SP_N} = 90° - \delta = 109°12'$. Für die Ergänzung t' des Stundenwinkels t zu 360° ergibt der Halbwinkelsatz

$$\sin\frac{1}{2}t' = \sqrt{\frac{\sin[s-(90°-\varphi)]\sin[s-(90°-\delta)]}{\sin[90°-\varphi]\,\sin[90°-\delta]}}.$$

$$\begin{aligned} 90° - h &= 80°45' \\ 90° - \varphi &= 35°03' \\ 90° - \delta &= 109°12' \\ \hline 2s &= 225°00' \\ s &= 112°30' \\ s-(90°-\varphi) &= 77°27' \\ s-(90°-\delta) &= 3°18' \\ (1/2)\,t' &= 18°46'34'' \end{aligned}$$

$t' = 37°33'8'' = 2$ h 30 min 13 s

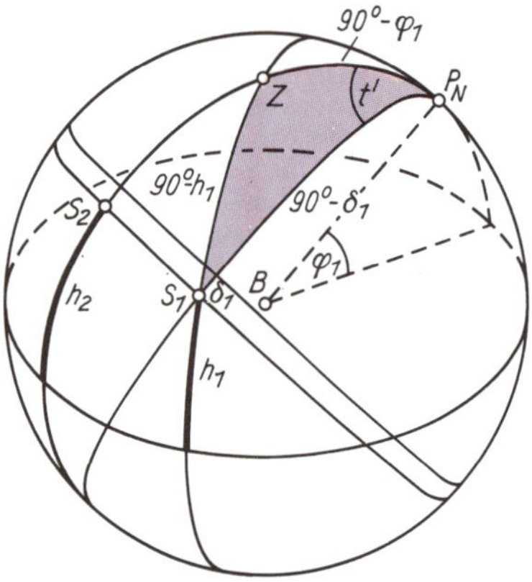

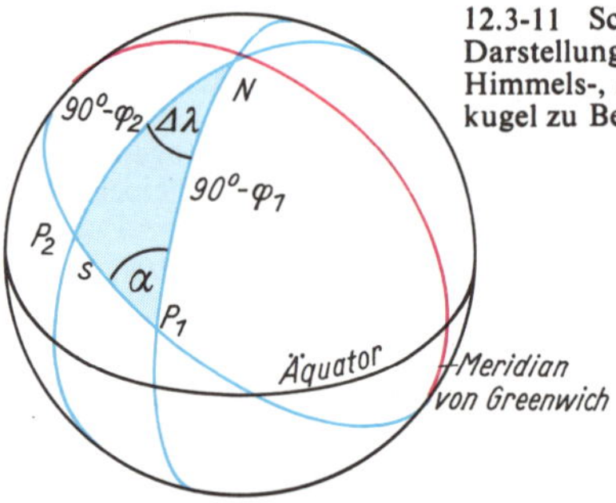

12.3-11 Schematische Darstellung *links* der Himmels-, *rechts* der Erdkugel zu Beispiel 2

Die Beobachtung fand 2 h 30 min 13 s vor der Kulmination der wahren Sonne statt, also um $12^h - 2^h\,30^{min}\,13^s = 9^h\,29^{min}\,47^s$. Die mittlere Ortszeit beträgt aber 14 min 50 s weniger oder $9^h\,14^{min}\,57^s$. Die Differenz gegen die mGZ ist $9^h\,14^{min}\,57^s - 8^h\,58^{min}\,20^s = 16$ min 37 s bzw. $[16 \text{ min } 37 \text{ s}]° : 4 = 4°9'15''$. Das Schiff befindet sich in $\lambda = 4°9'15''$ O und 54°57' N.

Beispiel 2: Auf einem im Stillen Ozean nördlich des Äquators fahrenden Schiff wird um $18^h\,50^{min}$ mGZ eine Sonnenhöhe von $h_1 = 21{,}7°$ gemessen bei einer dem nautischen Jahrbuch entnommenen Deklination $\delta_1 = -10{,}15°$ der Sonne und einer Zeitgleichung Zgl $= +15$ min 3 s. Nach 15,2 sm Fahrt auf dem durch den Kurs N 67,5° W festgelegten Großkreis kulminiert die Sonne in der Höhe $h_2 = 35°$ bei einer Deklination $\delta_2 = -10{,}21°$ (Abb. 12.3-11). Welches sind die Koordinaten der Beobachtungsorte? – Für die Kulminationshöhe h_2 der Sonne gilt:

$$h_{max} = h_2 = 90° - \varphi_2 + \delta_2 \quad \text{oder} \quad \varphi_2 = 90° + \delta_2 - h_2, \quad \text{d. h.,} \quad \varphi_2 = 44{,}79°.$$

Auf der Erdoberfläche ergibt sich zwischen den beiden Beobachtungspunkten P_1 und P_2 sowie dem Nordpol N ein Kugeldreieck P_1NP_2. Unter einem Kurswinkel $\alpha = 67{,}5°$ in Punkt P_1 hat das Schiff zwischen den Beobachtungen den Weg $\widehat{P_1P_2} = 15{,}2$ sm $= 15{,}2 \cdot 1{,}852$ km, also den Bogen $s = (360 \cdot 15{,}2 \cdot 1{,}852)/(2\pi R) = 0{,}253°$ zurückgelegt. Die Gegenseite $\widehat{P_2N}$ zum Kurswinkel α hat die Größe $90° - \varphi_2 = 45{,}21°$; nach dem Sinussatz findet man $\Delta\lambda$ aus $\sin\Delta\lambda = \sin s \sin\alpha/\sin(90° - \varphi_2)$; man erhält $\Delta\lambda = 0{,}329°$. Im selben Dreieck ergibt die Nepersche Analogie 2a):

$\tan[(90° - \varphi_1)/2] = \tan[(90° - \varphi_2 - s)/2] \cdot \sin[(\alpha + \Delta\lambda)/2]/\sin[(\alpha - \Delta\lambda)/2]$, also $90° - \varphi_1 = 45{,}3°$, d. h., $\varphi_1 = 44{,}7°$.

Im nautischen Dreieck ZP_NS_1 der ersten Beobachtung sind die drei Seiten $\widehat{ZS_1} = 90° - h_1$, $\widehat{ZP_N} = 90° - \varphi_1$ und $\widehat{P_NS_1} = -90° - \delta_1$ bekannt; aus dem Seitenkosinussatz läßt sich daraus der den Stundenwinkel t zu 360° ergänzende Winkel t' berechnen:
$\cos t' = (\sin h_1 - \sin\varphi_1 \sin\delta_1)/(\cos\varphi_1 \cos\delta_1)$; man erhält $t' = 45{,}13° = 3{,}01$ h $= 3$ h 0 min 36 s. Die wahre Ortszeit der ersten Beobachtung war $12^h - 3^h\,0^{min}\,36^s = 8^h\,59^{min}\,24^s$, wegen $t_m = t_w - \text{Zgl.}$ entspricht diesem Wert eine mittlere Ortszeit $8^h\,44^{min}\,21^s$. Gegen die mittlere Ortszeit von Greenwich beträgt die Zeitdifferenz $18^h\,50^{min} - 8^h\,44^{min}\,21^s = 10$ h 05 min 39 s oder 10,094 h; die Längendifferenz ist demnach $10{,}094 \cdot 15° = 151{,}41°$. Dabei liegt Greenwich östlich von P_1, die Länge von P_1 ist deshalb $\lambda_1 = 151{,}41°$ W und die von P_2 ist $\lambda_2 = \lambda_1 + \Delta\lambda = 151{,}74°$ W.

13. Analytische Geometrie der Ebene

Der Grundgedanke der analytischen Geometrie besteht darin, daß geometrische Untersuchungen mit rechnerischen Methoden geführt werden. Dieses Verfahren hat sich als außerordentlich fruchtbar erwiesen. Die Verschmelzung geometrischen und algebraischen Denkens in Verbindung mit dem funktionalen Denken stellt ein mächtiges Hilfsmittel des menschlichen Verstandes zur Erforschung und Erfassung der objektiven Realität dar. Hiervon geht gleichzeitig ein besonderer mathematischer Reiz aus, und in dieser Methode liegen wesentliche Elemente der Denkschulung. Die Entstehungszeit der Methode der analytischen Geometrie charakterisiert zusammen mit der Herausbildung der Methoden der Differential- und Integralrechnung den Übergang zur modernen Mathematik. Als Markierungspunkt kann man das Jahr 1637 ansetzen, in dem der *Discours de la Méthode* [Abhandlung von der Methode] von DESCARTES erschien, übrigens anonym, um Auseinandersetzungen mit der Kirche zu umgehen. In diesem auch für die Geschichte der Philosophie bedeutsamen Werk ist im dritten Teil mit dem Titel *La Géométrie* das Grundprinzip der analytischen Geometrie systematisch dargelegt. Kurz vorher hatte FERMAT (1601–1665) ebenfalls Methoden der analytischen Geometrie ausgearbeitet, aber seine Abhandlung *Ad locos planos et solidos isagoge* [Einführung in die ebenen und räumlichen geometrischen Örter] blieb bis 1679 ungedruckt. Da die „Géométrie" von DESCARTES noch dazu in den Bezeichnungsweisen glücklicher war, knüpfte die Ausarbeitung der Methode der analytischen Geometrie vorwiegend an DESCARTES an. Ihre heutige Ausformung hat sie freilich erst weit nach DESCARTES erhalten, insbesondere durch Leonhard EULER (1707–1783). So verwendete DESCARTES noch nicht zwei Achsen, und erst seit EULER, dem man einen großen Teil der heutigen Bezeichnungen verdankt, zieht man aus den Gleichungen der geometrischen Örter weitgehende Schlüsse, während DESCARTES und FERMAT im allgemeinen mit der Aufstellung der Gleichung die Untersuchung als beendet ansahen.

13.1. Ebene Koordinatensysteme

Die Verschmelzung geometrischen und algebraischen Denkens wird dadurch erreicht, daß man die geometrischen Gebilde als Punktmengen auffaßt und jedem Punkt Zahlenwerte zuordnet, durch die er sich von anderen Punkten unterscheidet. Eine Kurve oder eine Gerade ist dann Träger einer Gesamtheit von Punkten, für deren Zahlenwerte bestimmte Beziehungen gelten, die man Gleichungen dieser Gebilde nennt, z. B. Gleichung einer Ellipse oder einer Geraden. Das Bild einer linearen Gleichung in zwei Variablen ist stets eine Gerade, das einer quadratischen ein Kegelschnitt. Die Grundlage für diesen Aufbau der analytischen Geometrie ist die Zuordnung zwischen Punkt und Zahl, die eineindeutig sein muß. Auf einer Geraden oder allgemeiner einer Kurve genügt eine Zahl, auf einer Ebene oder Fläche ein Zahlenpaar, im Raum ein Zahlentripel, um einen Punkt eindeutig festzulegen, und umgekehrt bestimmt ein Punkt auf einer Kurve eindeutig eine Zahl, auf einer Fläche ein Zahlenpaar und im Raum ein Zahlentripel. Diese Zahlen werden Koordinaten genannt. Sie lassen sich auf verschiedene Weise gewinnen; das Mittel, sie festzulegen, sind die Koordinatensysteme (vgl. Kap. 24.1.).

Zahlengerade. Auf einer Geraden ist die Lage jedes Punktes P eindeutig bestimmt, wenn auf ihr ein *Nullpunkt* O [lat. *origo*, Ursprung, Anfang] und eine *Einheitsstrecke* $e = O\,1$ gegeben sind; dabei ist durch die Reihenfolge von O und 1 der Durchlaufsinn der Geraden festlegt. Die ganzzahligen Vielfachen der Einheitsstrecke erhält man durch wiederholtes Abtragen von e entweder von O über 1 hinaus in *positiver Richtung* oder von 1 über O hinaus in *negativer Richtung* (Abb. 13.1-1). Den Endpunkten der Vielfachen werden die ganzen, positiven bzw. negativen, Zahlen zugeordnet. Entweder ist der Punkt P einer der Endpunkte, oder er liegt zwischen zweien von ihnen, sein Zahlenwert z. B. zwischen n und $(n+1)$; immer gibt es eine reelle Zahl x, so daß das x-fache von e den Abstand $|OP|$ des Punktes P vom Koordinatenanfangspunkt O angibt. Für positive x gilt $n \leqslant x < n+1$ und für negative $-n' \geqslant x > -n' - 1$. Die Zahl x ist die *Koordinate* des Punktes P. Umgekehrt bestimmt auch jede reelle Zahl x eindeutig einen Punkt P der Zahlengeraden durch $|OP| = x \cdot e$ für $x > 0$ und durch $-|OP| = x \cdot e$ für $x < 0$.

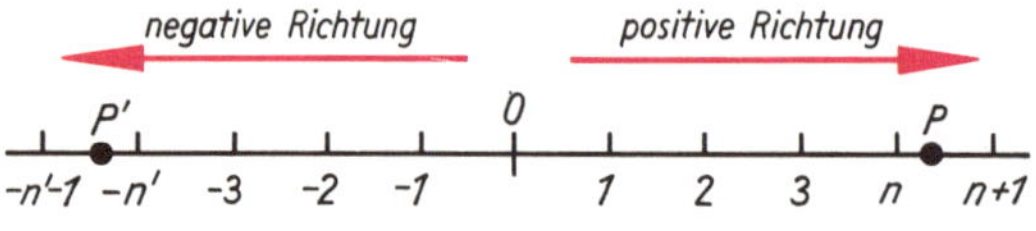

13.1-1 Zahlengerade

Parallelkoordinatensysteme

Schiefwinklige Parallelkoordinaten. Um die Lage eines Punktes in einer Ebene festzulegen, sind zwei Zahlengeraden mit den *Koordinatenanfangspunkten* O und O' sowie den Einheitsstrecken $e = O\,1$ und $e' = O'\,1'$ notwendig, da die Ebene zwei Ausdehnungen hat. Man ordnet die Geraden meist so an, daß ihre Nullpunkte zusammenfallen, $O = O'$, nennt sie *Achsen des Koordinatensystems* und bezeichnet sie meist als x- oder *Abszissen-* und als y- oder *Ordinatenachse* [lat. *abscindere*, abreißen, *ordinare*, ordnen]. Schließen die Achsen einen Winkel der Größe $\alpha < 180°$ gegeneinander ein, so wird in *Rechtssystemen* die Achsenbezeichnung so gewählt, daß eine Drehung der $+x$-Achse im *positiven mathematischen Drehsinn* (entgegen der Uhrzeigerdrehung) um einen Winkel der Größe α zur $+y$-Achse führt; in *Linkssystemen* gilt der entgegengesetzte Drehsinn. Die Ebene wird durch die Koordinatenachsen in vier Gebiete geteilt. Diese *Quadranten* werden in dem dem Koordinatensystem zugrunde liegenden Drehsinn als I., II., III. und IV. Quadrant gezählt. Liegt ein Punkt P in einem dieser Quadranten, so läßt sich durch ihn zu jeder Koordinatenachse eine Parallele legen, die die andere Achse in einem Punkt schneidet, die x-Achse in P', die y-Achse in P'' (Abb. 13.1-2). Die Koordinaten x und y dieser Punkte auf ihren Zahlengeraden sind die *Koordinaten des Punktes P*. Für verschiedene Punkte ergeben sich verschiedene Zahlenpaare (x, y). Umgekehrt findet man zu jedem Zahlenpaar (a, b) auf den Koordinatenachsen zwei Punkte P_a, P_b durch $m(OP_a) = ae$ und $m(OP_b) = be'$. Die Parallelen durch diese Punkte P_a, P_b jeweils zur anderen Achse schneiden einander in einem Punkt, bestimmen demnach eindeutig einen Punkt P_2, dessen Koordinaten a und b sind. – Auch wenn der Punkt P auf einer der Koordinatenachsen liegt, ist zur Bestimmung seiner Lage als Punkt der Ebene ein Zahlenpaar erforderlich. Er fällt dann mit P' bzw. P'' zusammen, während der Punkt auf der anderen Achse in den Koordinatenanfangspunkt fällt, seine Koordinate also Null ist. Punkte auf der Abszissenachse haben Koordinaten $(x, 0)$, Punkte auf der Ordinatenachse dagegen $(0, y)$. In dem den Punkt P kennzeichnenden Zahlenpaar wird stets die *x-Koordinate* oder *Abszisse an erster Stelle* genannt, die *y-Koordinate* oder *Ordinate an zweiter Stelle*. Dem Koordinatenanfangspunkt oder Koordinatenursprung entsprechen die Koordinaten (0, 0).
In jedem Quadranten haben die Koordinaten bestimmte Vorzeichen. Nach der angegebenen Zählung der Quadranten ergeben sich die in der Tabelle zusammengestellten Vorzeichen.

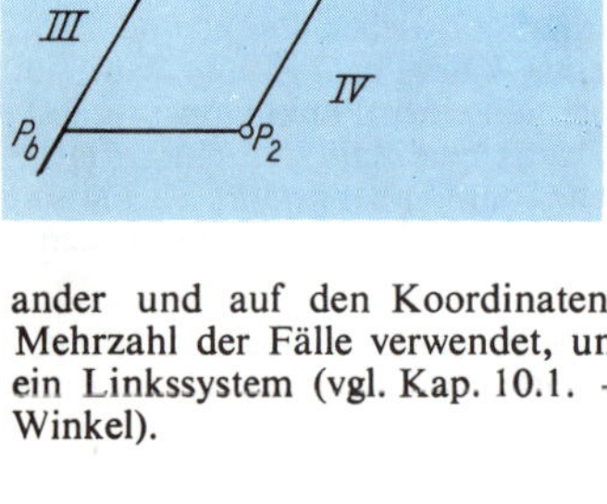

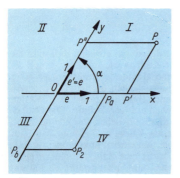

13.1-2 Schiefwinkliges Koordinatensystem

Vorzeichen Abszisse	Ordinate	Punkt liegt im Quadrant
+	+	I
−	+	II
−	−	III
+	−	IV

Rechtwinklige Parallelkoordinaten, kartesische Koordinaten. In einem kartesischen Koordinatensystem stehen die Koordinatenachsen senkrecht aufeinander, und auf beiden Achsen wird die *gleiche Längeneinheit* gewählt. Auch die beiden Parallelen durch einen Punkt P, durch die man die ihm zugeordneten Koordinaten findet, stehen senkrecht aufeinander und auf den Koordinatenachsen. Dieses rechtwinklige Koordinatensystem wird in der Mehrzahl der Fälle verwendet, und zwar meist ein Rechtssystem, im Vermessungswesen dagegen ein Linkssystem (vgl. Kap. 10.1. – Definition der trigonometrischen Funktionen für beliebige Winkel).

Beispiel: In Abb. 13.1-3 liest man aus der Zeichnung ab, daß P_1 die Koordinaten $x_1 = +2$ und $y_1 = +3$ hat. Wenn man einen Punkt P_2 mit den Koordinaten $x_2 = -3/2$ und $y_2 = +5/4$ einzeichnen soll, kann er nur die angegebene Lage haben. Der Ursprung hat die Koordinaten 0 und 0.

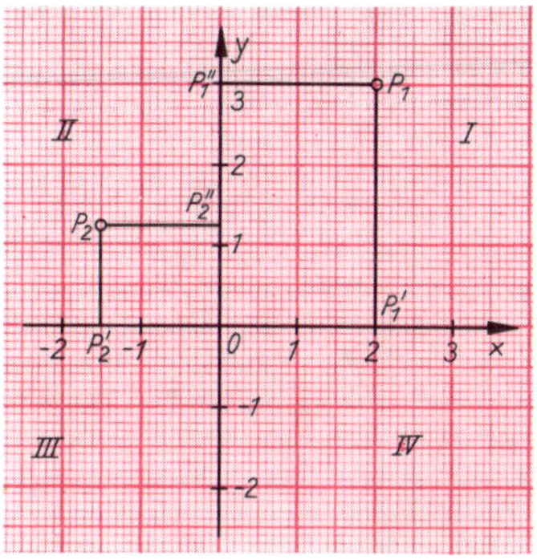

13.1-3 Rechtwinklige Parallelkoordinaten

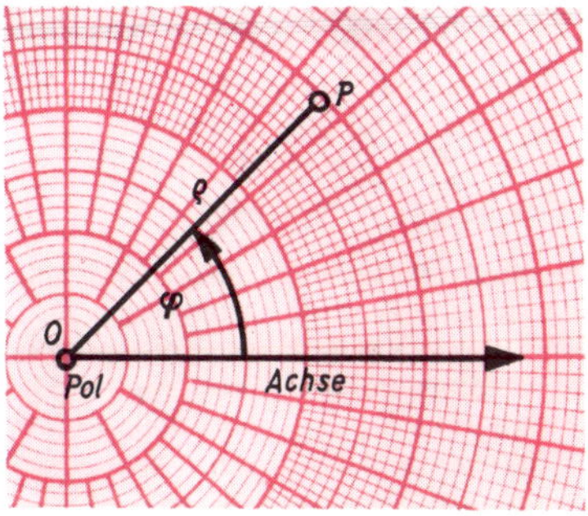

13.1-4 Polarkoordinaten $\varphi = 45°$ und $\varrho = 4$ des Punktes P

Polarkoordinaten

Das Polarkoordinatensystem. Ein Polarkoordinatensystem ist bestimmt durch einen festen Punkt O, den *Anfangspunkt* oder *Pol*, und eine von ihm ausgehende *Nullrichtung* oder *Achse*, auf der wie auf einem Zahlenstrahl positive Längen abgetragen und gemessen werden können. Ein beliebiger Punkt P der Ebene läßt sich dann festlegen erstens durch die Winkelgröße φ, um die der Zahlenstrahl im positiven mathematischen Drehsinn gedreht werden muß, bis er durch den Punkt P läuft, und zweitens durch den auf dem Zahlenstrahl gemessenen Abstand ϱ des Punktes P vom Pol (Abb. 13.1-4). Die Winkelgröße φ nennt man *Abweichung*, *Phase*, *Amplitude oder Anomalie*; sie kann Werte von 0° bis 360° annehmen; die Länge $|OP| = \varrho$ heißt *Radius*; er kann nur positive Werte annehmen. Für den Punkt O selbst ist $\varrho = 0$, und φ ist unbestimmt.

Übergang von einem Koordinatensystem zum anderen

Ein und dasselbe geometrische Gebilde, z. B. ein Kreis, kann in zwei verschiedenen Koordinatensystemen K_1 und K_2 beschrieben werden; z. B. in einem kartesischen und in einem Polarkoordinatensystem. Für dieselben geometrischen Eigenschaften findet man dann zwei Gleichungen $f_1(x, y) = 0$ und $f_2(\xi, \eta) = 0$. Anstatt jede der beiden Funktionen aus den geometrischen Gegebenheiten herzuleiten, kann man aus einer Funktion die andere entsprechend den Eigenschaften der Koordinatensysteme und ihrer Lage zueinander berechnen. Man spricht dann von einer *Transformation* des einen Systems in das andere. Die Transformationsgleichungen müssen infolgedessen angeben, wie aus den Koordinaten (x, y) eines Punktes in K_1 die Koordinaten (ξ, η) desselben Punktes in K_2 berechnet werden können – und umgekehrt. Sind die *Transformationsgleichungen* $x = t_1(\xi, \eta)$, $y = t_2(\xi, \eta)$ bzw. ihre *Umkehrungen* $\xi = \tau_1(x, y)$, $\eta = \tau_2(x, y)$, so gehen durch Einsetzen die Gleichungen $f_1(x, y) = 0$ und $f_2(\xi, \eta) = 0$, die das geometrische Gebilde beschreiben, ineinander über.

Transformation von Polarkoordinaten in kartesische und umgekehrt. Zur Vereinfachung darf angenommen werden, daß der Pol des Polarkoordinatensystems mit dem Koordinatenanfangspunkt des kartesischen Koordinatensystems und seine Achse mit dessen x-Achse zusammenfallen. Hat dann ein Punkt P die Polarkoordinaten (ϱ, φ) und die kartesischen Koordinaten (x, y), so gilt nach Beziehungen aus der Goniometrie $x = \varrho \cos \varphi$, $y = \varrho \sin \varphi$, und insbesondere am Einheitskreis liest man ab, daß alle in den einzelnen Quadranten möglichen Vorzeichenkombinationen von x und y angenommen werden, wenn φ alle Werte zwischen Null und 2π annimmt (Abb. 13.1-5).

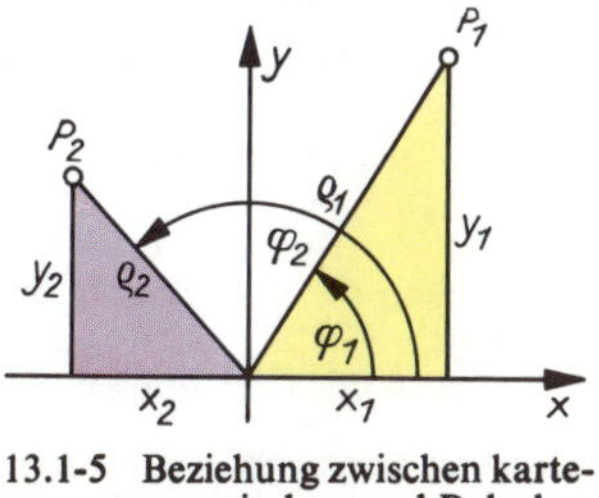

13.1-5 Beziehung zwischen kartesischen und Polarkoordinaten

$x = \varrho \cos \varphi$	$x^2 + y^2 = \varrho^2$	$\cos \varphi = \dfrac{x}{\sqrt{x^2 + y^2}}$, $\sin \varphi = \dfrac{y}{\sqrt{x^2 + y^2}}$
$y = \varrho \sin \varphi$	$\varrho = \sqrt{x^2 + y^2}$	

Beispiel 1: Hat P_1 die rechtwinkligen Parallelkoordinaten (3, 4), so erhält man $\varrho_1 = \sqrt{3^2 + 4^2} = \sqrt{25} = 5$; $\cos\varphi_1 = 3/5 = 0{,}6$; $\sin\varphi_1 = 4/5 = 0{,}8$; aus einer trigonometrischen Tafel demnach $\varphi_1 = 53{,}13°$. Danach hat P_1 im Polarkoordinatensystem die Koordinaten $\varrho_1 = 5$ und $\varphi_1 = 53{,}13°$.

Beispiel 2: Hat P_2 die Polarkoordinaten $\varrho_2 = 3$, $\varphi_2 = 120°$, so ergeben sich für die rechtwinkligen Parallelkoordinaten $x_2 = 3\cos 120°$ und $y_2 = 3\sin 120°$ bzw. $x_2 = -3/2$, $y_2 = 3/2\sqrt{3}$.

Beispiel 3: In Polarkoordinaten ist die Gleichung eines Kreises um den Pol mit dem Radius r gegeben durch $\varrho = r$; $0 \leqslant \varphi < 2\pi$. Ohne weitere geometrische Betrachtung ergibt sich durch Einsetzen der Transformationsgleichungen die Kreisgleichung in kartesischen Koordinaten $\varrho = \sqrt{x^2 + y^2} = r$ oder $x^2 + y^2 = r^2$.

Parallelverschiebung eines Systems rechtwinkliger Parallelkoordinaten. Sind zwei verschiedene kartesische Koordinatensysteme K_1 mit den Koordinaten x und y und K_2 mit den Koordinaten ξ und η so gelegen, daß ihre entsprechenden Achsen parallel zueinander laufen und daß der Koordinatenanfangspunkt O_2 von K_2 in K_1 die Koordinaten (a, b) hat (Abb. 13.1-6), dann hat derselbe Punkt P in K_2 die Koordinaten (ξ, η), in K_1 aber (x, y), und es gilt: $x = a + \xi$, $y = b + \eta$ mit den Umkehrungen $\xi = x - a$, $\eta = y - b$.

Koordinatentransformation bei Parallelverschiebung	$x = a + \xi$ $y = b + \eta$	Umkehrungen	$\xi = x - a$ $\eta = y - b$

Diese Transformationsformeln gelten stets, unabhängig davon, in welchen Quadranten der Ursprung des neuen Systems zu liegen kommt; sind z. B. a und b beide positiv, so erfolgt die Verschiebung nach rechts oben; sind a und b beide negativ, so erfolgt sie nach links unten.

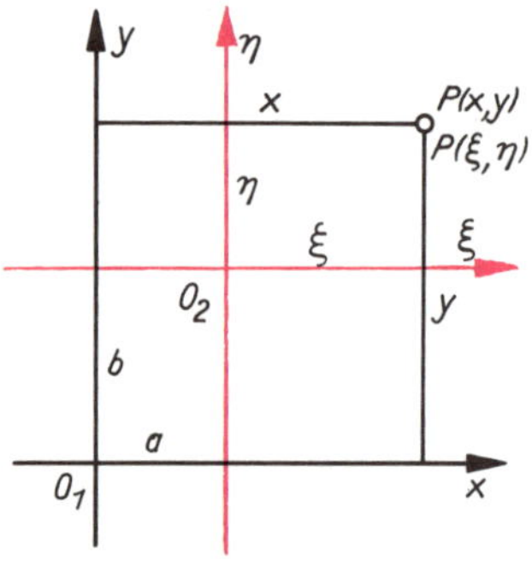

13.1-6 Zwei parallel gegeneinander verschobene rechtwinklige Parallelkoordinatensysteme

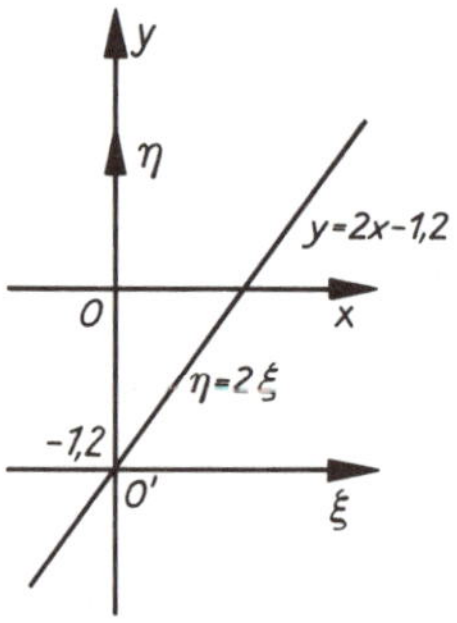

13.1-7 Zur Transformation der Gleichung einer Geraden

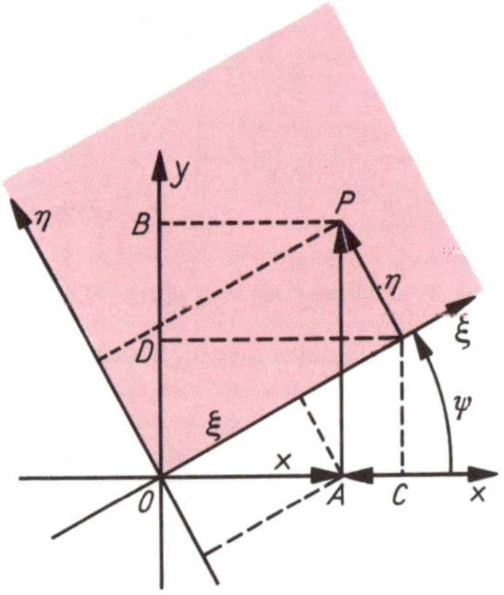

13.1-8 Drehung des Koordinatensystems

Beispiel 4: Das x, y-System soll so transformiert werden, daß der Ursprung des zu ihm parallelen ξ, η-Systems in den Punkt P (4, −2,5) fällt, d. h., es ist $a = 4$, $b = -2{,}5$. Es gelten die Transformationsgleichungen $x = 4 + \xi$, $y = -2{,}5 + \eta$.

Beispiel 5: Im x, y-Koordinatensystem liegt eine Kurve (Gerade), deren Gleichung im x, y-System $y = 2x - 1{,}2$ ist (Abb. 13.1-7). Setzt man in ihr $x = 0$, so erhält man ihren Schnittpunkt mit der y-Achse, er hat die Koordinaten (0, −1,2). Legt man in diesen Schnittpunkt den Ursprung O' eines ξ, η-Koordinatensystems, dessen Achsen den entsprechenden des x, y-Systems parallel laufen, so lauten wegen $a = 0$ und $b = -1{,}2$ die Transformationsgleichungen $x = \xi$, $y = \eta - 1{,}2$.
Sie gelten für jeden Punkt der Ebene. Im ξ, η-System hat die Kurve (Gerade) demnach die Gleichung: $\eta - 1{,}2 = 2\xi - 1{,}2$ oder $\eta = 2\xi$. Man sieht, daß in diesem Fall durch die Transformation die Form der Gleichung einfacher geworden ist.

Drehung eines Systems rechtwinkliger Parallelkoordinaten. Das x, y-System rechtwinkliger Parallelkoordinaten werde – bei festgehaltenem Ursprung – im mathematisch positiven Sinn um die Winkelgröße ψ in ein ξ, η-System gedreht. Ein Punkt P habe im alten System die Koordinaten x und y, im neuen die Koordinaten ξ und η (Abb. 13.1-8). Die Projektion der ξ-Koordinate auf die x-Achse hat dann für jeden Winkel der Größe ψ den Wert $m(OC) = \xi\cos\psi$. Die η-Achse ist im Winkel der

Größe $(\psi + \pi/2)$ gegen die x-Achse geneigt, die Projektion der Koordinate η auf die x-Achse ist deshalb nach einem Satz der Goniometrie $m(CA) = \eta \cos(\psi + \pi/2) = -\eta \sin \psi$. Im Sinne der *Vektoraddition* gilt mithin: $x = \overrightarrow{OA} = \overrightarrow{OC} + \overrightarrow{CA} = m(OC) + m(CA) = \xi \cos \psi - \eta \sin \psi$.
Der Neigungswinkel der ξ-Achse gegen die y-Achse hat die Größe $(\psi - \pi/2)$ für jeden Wert ψ; der der η-Achse gegen die y-Achse entsprechend $(-\pi/2 + \psi + \pi/2) = \psi$. Danach erhält man für die Projektion der ξ-Koordinate auf die y-Achse: $m(OD) = \xi \cos(\psi - \pi/2) = \xi \sin \psi$ und für die der η-Koordinate auf die y-Achse $m(DB) = \eta \cos \psi$; mithin gilt für die y-Koordinate die Transformationsgleichung $y = \overrightarrow{OB} = \overrightarrow{OD} + \overrightarrow{DB} = m(OD) + m(DB) = \xi \sin \psi + \eta \cos \psi$.

Koordinatentransformation bei Drehung des x, y-Systems um die Winkelgröße ψ	$x = \xi \cos \psi - \eta \sin \psi$ $y = \xi \sin \psi + \eta \cos \psi$	$\xi = x \cos \psi + y \sin \psi$ $\eta = -x \sin \psi + y \cos \psi$

Die Formeln für ξ und η ergeben sich, indem man das ξ, η-System um die Winkelgröße $-\psi$ dreht.

Beispiel 6: Welche Koordinaten hat der Punkt P (2, 4) in einem um $\psi = 30°$ gedrehten Koordinatensystem? – Die alten Koordinaten sind $x = 2, y = 4$; wegen $\sin \psi = {}^1/_2, \cos \psi = {}^1/_2 \sqrt{3}$ gilt

$$\xi = 2 \cdot {}^1/_2 \sqrt{3} + 4 \cdot {}^1/_2 = 2 + \sqrt{3},$$
$$\eta = -2 \cdot {}^1/_2 + 4 \cdot {}^1/_2 \sqrt{3} = -1 + 2\sqrt{3}.$$

Hinweis. Durch Parallelverschiebung des Koordinatensystems läßt sich, wie oben im Beispiel gezeigt wurde, das absolute Glied einer Kurvengleichung eliminieren. Mittels Drehung ist es stets möglich, in Kurvengleichungen, die in den Veränderlichen x und y quadratisch sind, das *gemischte Glied* mit xy *wegzutransformieren* (vgl. 13.5. – Diskussion der allgemeinen Gleichung zweiten Grades). Davon macht man bei der *Hauptachsentransformation* Gebrauch (vgl. Kap. 17.6. – Hauptachsentransformation). Durch Drehung um $\psi = 45°$ erhält man z. B. für die Gleichung $x^2 + xy + y^2 - 3 = 0$

$$x = \xi \cos 45° - \eta \sin 45° = {}^1/_2(\xi - \eta)\sqrt{2},$$
$$y = \xi \sin 45° + \eta \cos 45° = {}^1/_2(\xi + \eta)\sqrt{2},$$

und durch Einsetzen in die gegebene Gleichung

$${}^1/_2(\xi^2 - 2\xi\eta + \eta^2) + {}^1/_2(\xi^2 - \eta^2) + {}^1/_2(\xi^2 + 2\xi\eta + \eta^2) - 3 = 0$$

oder

$$3\xi^2 + \eta^2 - 6 = 0.$$

13.2. Punkt und Gerade

Strecke und Teilverhältnis

Länge einer Strecke. Die Länge einer Strecke, d. i. die Entfernung zwischen ihren beiden Endpunkten, wird in der Planimetrie mit einem Maßstab gemessen, in der analytischen Geometrie soll sie aus den *Koordinaten der Endpunkte* bestimmt werden. Haben die Endpunkte P_1 und P_2 der Strecke (Abb. 13.2-1) die rechtwinkligen Parallelkoordinaten $P_1(x_1, y_1)$ und $P_2(x_2, y_2)$, so findet man die Länge $|P_1P_2|$ der Strecke P_1P_2 nach dem Satz von *Pythagoras*.

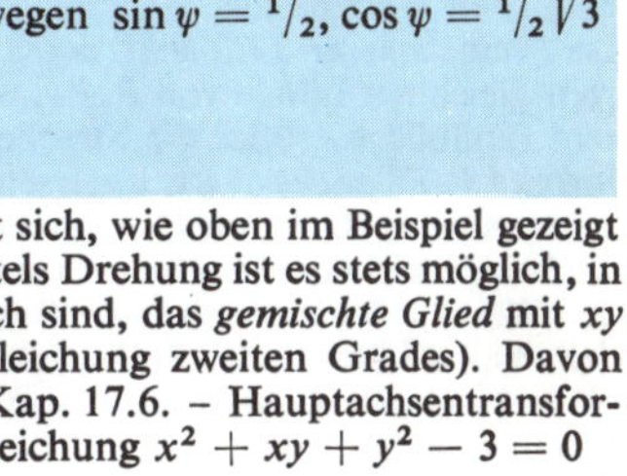

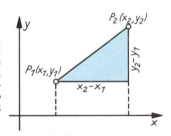

13.2-1 Entfernung zweier Punkte. Länge einer Strecke

Länge der Strecke P_1P_2, Entfernung der Punkte P_1 und P_2
$\lvert P_1P_2\rvert = \sqrt{(x_2 - x_1)^2 + (y_2 - y_1)^2}$

Beispiele. 1: Gegeben: P_1 (1, 8), P_2 (4, 2); gesucht $|P_1P_2| = \sqrt{(4-1)^2 + (2-8)^2} = \sqrt{3^2 + (-6)^2}$ $= \sqrt{45} \approx 6{,}71$.

2: Gegeben: $P_3(-3, -2)$, $P_4(-6, -1)$; gesucht: $|P_3P_4| = \sqrt{(-6+3)^2 + (-1+2)^2} = \sqrt{10} \approx 3{,}16$.

3: Um wieviel ist der direkte Weg von P_1 nach P_4 kürzer als der Umweg von P_1 über P_2 und P_3 nach P_4? – Man findet:

$$|P_1P_4| = \sqrt{130} \approx 11{,}40$$

und $$|P_1P_2| + |P_2P_3| + |P_3P_4| = \sqrt{45} + \sqrt{65} + \sqrt{10} \approx 6{,}71 + 8{,}06 + 3{,}16 = 17{,}93,$$

d. h., der Unterschied ist $17{,}93 - 11{,}40 = 6{,}53$.

Teilverhältnis einer Strecke. Hat eine Gerade durch eine orientierte Strecke P_1P_2 den Durchlaufsinn von P_1 nach P_2 erhalten und liegt auf ihr ein weiterer Punkt P, der nicht mit P_2 zusammenfällt, so sagt man, daß der Punkt P die Strecke P_1P_2 im Verhältnis $m(P_1P) : m(PP_2) = \lambda$ teilt; λ heißt das *Teilverhältnis* des Punktes P in bezug auf die Strecke P_1P_2. Liegt demnach der *Punkt P zwischen* P_1 und P_2, so haben P_1P und PP_2 gleiche Richtung, ihre Maßzahlen gleiches Vorzeichen, und *λ ist positiv*. Liegt P außerhalb der Strecke P_1P_2, so haben P_1P und PP_2 entgegengesetzte Richtung, ihre Maßzahlen haben entgegengesetzte Vorzeichen, und *λ ist negativ*. Diese Vorzeichen von λ ändern sich nicht, wenn die Gerade selbst orientiert ist, auch nicht, wenn der durch diese Orientierung gegebene Durchlaufsinn von dem durch die Strecke P_1P_2 bestimmten Durchlaufsinn verschieden ist. Eine Orientierung der Geraden ändert das Teilverhältnis λ nicht. Es wird auch die Schreibweise $\lambda = (P_1P_2, P) = m(P_1P)/m(PP_2)$ benutzt; für den absoluten Betrag von λ gilt $|\lambda| = |P_1P|/|PP_2|$.
Eine genauere Untersuchung zeigt, daß jede Lage des Punktes P auf der Geraden durch einen Wert des Teilverhältnisses λ gekennzeichnet werden kann (Abb. 13.2-2). Man sieht sofort, daß λ monoton wächst, wenn P von P_1 aus die Strecke P_1P_2 durchläuft, weil in $\lambda = m(P_1P)/m(PP_2)$ der Zähler stets wächst und der Nenner immer kleiner wird. Für $P = P_1$ ist $\lambda = 0$; für den *Mittelpunkt M* der Strecke P_1P_2 gilt $\lambda_M = +1$; wenn aber P sich dem Punkt P_2 beliebig nähert, wächst λ über jeden endlichen Wert hinaus.
Ist P ein *äußerer Teilpunkt* der Strecke P_1P_2, so ist die Differenz der Längen von P_1P und PP_2 stets gleich der Länge von P_1P_2, und ist für das Verhältnis $\lambda = m(P_1P)/m(PP_2)$ von um so geringerem Einfluß, je größer die Strecken P_1P bzw. PP_2 sind, d. h., wenn nur P genügend weit von der Strecke P_1P_2 entfernt ist, unterscheidet sich $\lambda = m(P_1P)/m(PP_2)$ um beliebig wenig von -1. Dabei spielt es keine Rolle, ob P sich über P_2 hinaus oder über P_1 hinaus von der Strecke entfernt. Man sagt dafür kurz: in dem *uneigentlichen* oder *unendlich fernen Punkt P* der Geraden hat das Teilverhältnis den Wert $\lambda = -1$. Nähert sich P von außen dem Punkte P_1, so gilt $|PP_2| = |PP_1| + |P_1P_2| > |PP_1|$, der absolute Betrag des Teilverhältnisses ist deshalb stets kleiner als 1, oder λ wächst von -1 bis 0. Nähert sich der Laufpunkt P von außen dem Punkte P_2, so gilt $|P_1P| = |P_1P_2| + |P_2P| > |P_2P|$, d. h., $|\lambda| = |P_1P|/|PP_2| > 1$, dabei hat man $|PP_2| \to 0$ oder $|\lambda| \to \infty$, wenn $P \to P_2$; λ nimmt danach von -1 monoton ab bis $-\infty$, wenn P sich als äußerer Teilpunkt von außen zum Punkte P_2 bewegt. Für $P = P_2$ ist λ nicht definiert, λ geht für P als innerer Punkt gegen $+\infty$, als äußerer Punkt gegen $-\infty$.

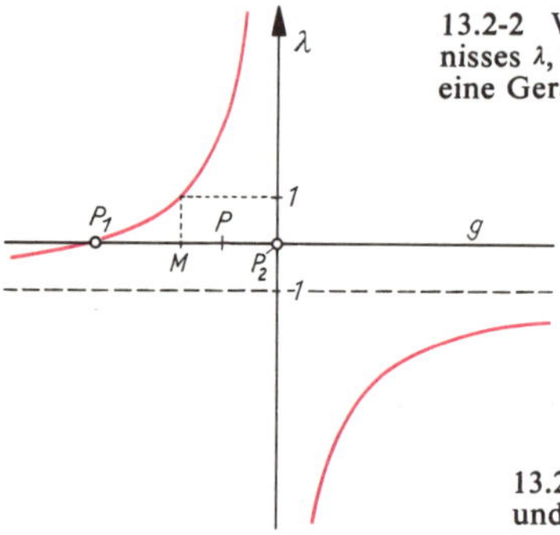

13.2-2 Wert des Teilverhältnisses λ, wenn P eine Gerade g durchläuft

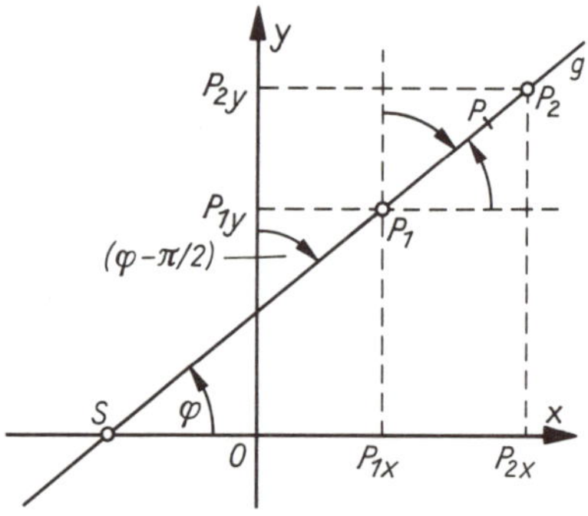

13.2-3 Teilverhältnis und Geradengleichung

Geradengleichungen

Richtung einer Geraden. Eine orientierte Gerade g schließe mit der $+x$-Achse einen Winkel (x, g) mit $m(\sphericalangle(x, g)) = \varphi$ ein, d. h., die $+x$-Achse geht nach einer Drehung um ihren Schnittpunkt S mit der Geraden g im positiven mathematischen Drehsinn in Rechtssystemen, in Linkssystemen im entgegengesetzten Drehsinn um den Winkel der Größe $+\varphi$ in die Richtung der Geraden über. Mit der $+y$-Achse schließt die Gerade dann den Winkel (y, g) mit $m(\sphericalangle(y, g)) = (-\pi/2 + \varphi)$ ein (Abb. 13.2-3). Sind auf der Geraden zwei Punkte P_1 und P_2 so gegeben, daß $m(P_1P_2)$ positiv ist, so zieht man zu jeder Koordinatenachse durch jeden dieser Punkte eine Parallele, die die Achsen in P_{1x}, P_{2x} bzw. P_{1y}, P_{2y} schneiden. Die *Projektionen der Strecke P_1P_2 auf die Achsen* sind dann für jede Größe φ gegeben durch $m(P_{1x}P_{2x}) = m(P_1P_2)\cos\varphi$ und $m(P_{1y}P_{2y}) = m(P_1P_2)\cos(-\pi/2+\varphi)$ $= m(P_1P_2)\sin\varphi$. Sind x_1, y_1 bzw. x_2, y_2 die Koordinaten der Punkte P_1 und P_2, so gilt:

$$x_1 + m(P_{1x}P_{2x}) = x_2,\ x_2 - x_1 = m(P_{1x}P_{2x})$$

und

$$y_1 + m(P_{1y}P_{2y}) = y_2,\ y_2 - y_1 = m(P_{1y}P_{2y});$$

wegen $P_1P_2 = +\sqrt{(x_2 - x_1)^2 + (y_2 - y_1)^2}$ erhält man:

$$\cos\varphi = \frac{x_2 - x_1}{\sqrt{(x_1 - x_2)^2 + (y_2 - y_1)^2}}, \qquad \sin\varphi = \frac{y_2 - y_1}{\sqrt{(x_2 - x_1)^2 + (y_2 - y_1)^2}}.$$

Die Winkelgröße φ kann danach aus den Koordinaten der Punkte P_1 und P_2 bestimmt werden; sie kann Werte zwischen 0 und 2π annehmen. In allen Fällen allerdings, in denen die Orientierung der Geraden g nicht beachtet zu werden braucht, genügt es, diese Größe φ aus dem Tangenswert zu bestimmen:

$$m = \tan\varphi = (y_2 - y_1)/(x_2 - x_1),\ \varphi = \arctan\,[(y_2 - y_1)/(x_2 - x_1)].$$

Man beschränkt sich am besten auf den *Hauptwert der Arkustangensfunktion*, d. h. auf Werte φ im Intervall $-\pi/2 < \varphi < +\pi/2$. Der Wert m wird *Richtungsfaktor* oder Anstieg der Geraden g genannt.

Gleichung einer Geraden. Teilt ein Punkt P die Strecke P_1P_2 im Verhältnis $\lambda = m(P_1P)/m(PP_2)$ so gelten für die Strecken P_1P und PP_2 die entsprechenden Gleichungen zu den eben gefundenen, z. B. $x - x_1 = m(P_1P)\cos\varphi$ und $y - y_1 = m(P_1P)\sin\varphi$,

$$x_2 - x = m(PP_2)\cos\varphi \quad \text{und} \quad y_2 - y = m(PP_2)\sin\varphi.$$

Für das Teilverhältnis erhält man danach

$$\lambda = m(P_1P) : m(PP_2) = [(x - x_1)/\cos\varphi] : [(x_2 - x)/\cos\varphi] = (x - x_1) : (x_2 - x)$$

oder $\lambda = m(P_1P) : m(PP_2) = [(y - y_1)/\sin\varphi] : [(y_2 - y)/\sin\varphi] = (y - y_1) : (y_2 - y)$.

Nimmt λ alle Werte zwischen $-\infty$ und $+\infty$ an, so durchläuft der Punkt P die Gerade g; genügen die Koordinaten x, y eines Punktes P der Gleichung $(x - x_1) : (x_2 - x) = (y - y_1) : (y_2 - y)$, so liegt der Punkt P auf der Geraden. Man nennt seine Koordinaten x, y oft *laufende Koordinaten*. Durch korrespondierende Addition folgt aus $a : b = c : d$ die Proportion $a : (a + b) = c : (c + d)$; danach lautet die Geradengleichung $(x - x_1) : (x_2 - x_1) = (y - y_1) : (y_2 - y_1)$. Aus ihr läßt sich durch Vertauschen der inneren Glieder die *Zweipunkteform* gewinnen. In ihr betont man, daß zwei Punkte P_1 und P_2 die Gerade völlig im Koordinatensystem festlegen; in der *Punktrichtungsform*, daß ein Punkt P_1 und der Richtungsfaktor $m = (y_2 - y_1) : (x_2 - x_1) = (y - y_1) : (x - x_1)$ die Lage der Geraden bestimmen.

Zweipunkteform
$(y - y_1) : (x - x_1) = (y_2 - y_1) : (x_2 - x_1)$

Punktrichtungsform
$(y - y_1) = m(x - x_1)$

Die rechte Seite $(y_2 - y_1)/(x_2 - x_1)$ der Zweipunkteform hat die Bedeutung von $\tan\varphi$ und kann je nach der Lage der Punkte P_1 und P_2 zueinander alle Werte dieser trigonometrischen Funktion annehmen.

Insbesondere interessieren die *Sonderfälle* des Quotienten für $(y_2 - y_1) = 0$ und für $(x_2 - x_1) = 0$. Im *ersten Fall* ist wegen $\tan\varphi = 0$ die durch die Punkte P_1 und P_2 bestimmte Gerade parallel zur x-Achse, und für das Argument gilt $\varphi = 0°$ oder $\varphi = 180°$. Aus der Geradengleichung folgt dann $(y - y_1)/(x - x_1) = 0, y - y_1 = 0, y = y_1$; d. h., für jeden Wert der x-Koordinate eines Punktes P, der die Gerade durchläuft, hat seine *y-Koordinate den konstanten Wert* $y = y_1$. Aus der Geradengleichung folgt so erneut, daß die Gerade der x-Achse parallel ist. Im *zweiten Fall* ergibt sich aus $\tan\varphi = \infty$ der Wert $\varphi = 90°$ oder $\varphi = 270°$ und entsprechend aus der äquivalent umgeformten Geradengleichung $(x - x_1)/(y - y_1) = (x_2 - x_1)/(y_2 - y_1) = 0$ oder $x - x_1 = 0$; für beliebige y-Koordinaten des laufenden Punktes P muß seine *x-Koordinate stets den konstanten Wert* $x = x_1$ haben; d. h., die Gerade verläuft parallel zur y-Achse. Die Gleichungen der x- bzw. y-Achse selbst lauten wegen $y_1 = 0$ bzw. $x_1 = 0$ dementsprechend $y = 0$ bzw. $x = 0$.

Aus den Gleichungen $\lambda = (x - x_1)/(x_2 - x)$ und $\lambda = (y - y_1)/(y_2 - y)$ lassen sich die Koordinaten x, y des Punktes P berechnen, der die Strecke P_1P_2 im Verhältnis λ teilt; man erhält z. B. $\lambda x_2 - \lambda x = x - x_1$ oder $x = (x_1 + \lambda x_2)/(1 + \lambda)$.

Punkt P teilt die Strecke P_1P_2 im Verhältnis λ	$x = \dfrac{x_1 + \lambda x_2}{1 + \lambda}, \quad y = \dfrac{y_1 + \lambda y_2}{1 + \lambda}$

Für den *Mittelpunkt M der Strecke P_1P_2* ergibt sich $x = (x_1 + x_2)/2, y = (y_1 + y_2)/2$, da $\lambda = +1$.

Beispiel 1: Größe φ des Richtungswinkels der Strecke P_1P_2.

a) Gegeben $P_1(2, 3)$ und $P_2(7, 8)$:

$$\cos\varphi = \frac{7 - 2}{\sqrt{(7 - 2)^2 + (8 - 3)^2}} = \frac{5}{\sqrt{5^2 + 5^2}} = \frac{1}{\sqrt{2}}; \qquad \sin\varphi = \frac{8 - 3}{5\sqrt{2}} = \frac{1}{\sqrt{2}}.$$

Der Richtungswinkel hat die Größe $\varphi = 45°$.

b) Gegeben $P_1(-1, -2)$ und $P_2(0, 8)$:

$$\cos\varphi = \frac{0+1}{\sqrt{(0+1)^2 + (8+2)^2}} = \frac{1}{\sqrt{101}};$$

$$\sin\varphi = \frac{8+2}{\sqrt{101}} = \frac{10}{\sqrt{101}}; \qquad \tan\varphi = 10;$$

Der Richtungswinkel hat die Größe $\varphi = 84{,}3°$.

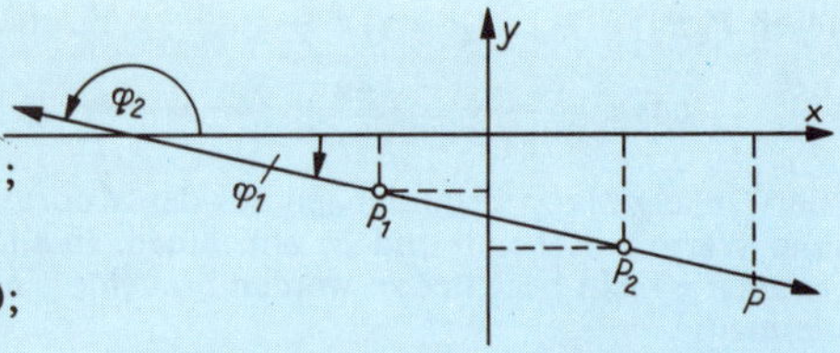

13.2-4 Gerade durch $P_1(-4, -2)$ und $P_2(5, -4)$

c) Gegeben $P_1(2, -3)$ und $P_2(-3, +5)$:

$$\cos\varphi = \frac{-3-2}{\sqrt{(-3-2)^2 + (5+3)^2}} = \frac{-5}{\sqrt{89}}; \quad \sin\varphi = \frac{+8}{\sqrt{89}}; \quad \tan\varphi = -\frac{8}{5} = -1{,}6;$$

Der Richtungswinkel liegt im II. Quadranten und hat die Größe $\varphi = 180° - 58° = 122°$.

Beispiel 2: Gesucht sind die Koordinaten des Punktes T, der die Strecke zwischen $P_1(3, -2)$ und $P_2(-5, 4)$ so teilt, daß $m(P_1T) : m(TP_2) = 2 : 3$. Da $\lambda = {}^2/_3$, folgt

$$x = (x_1 + \lambda x_2)/(1 + \lambda) = [3 + {}^2/_3(-5)]/(1 + {}^2/_3) = (9 - 10)/5 = -{}^1/_5;$$

$$y = (y_1 + \lambda y_2)/(1 + \lambda) = [-2 + {}^2/_3 \cdot 4]/(1 + {}^2/_3) = (-6 + 8)/5 = {}^2/_5; \quad T(-{}^1/_5, {}^2/_5).$$

Die Strecke wird halbiert für $\lambda = +1$ durch $M(-1, 1)$.

Beispiel 3: Gesucht ist die Gleichung der Geraden, die durch die Punkte $P_1(-4, -2)$ und $P_2(5, -4)$ hindurchgeht (Abb. 13.2-4). Aus den gegebenen Werten $x_1 = -4$, $y_1 = -2$, $x_2 = 5$, $y_2 = -4$ erhält man nach Einsetzen $(y + 2)/(x + 4) = (-4 + 2)/(5 + 4)$ und daraus durch Vereinfachen $y = -2x/9 - 26/9$. Der Richtungsfaktor m hat den Wert $m = -2/9 = -0{,}2222... = \tan\varphi$. Für φ ergibt sich somit $\varphi_1 = -12{,}53°$ oder $\varphi_2 = 180° - 12{,}53° = 167{,}47°$; bei Beschränkung auf den Hauptwert $\varphi = -12{,}53°$. Ein Punkt P_3 auf der Geraden, der in der Richtung von P_1 nach P_2 von P_2 den Abstand $3\,|P_1P_2|$ hat, *teilt die Strecke P_1P_2 im Verhältnis* $\lambda = m(P_1P_3)/m(P_3P_2) = 4\,|P_1P_2|/(-3\,|P_1P_2|) = -4/3$. Er hat demnach die Koordinaten

$$x_3 = (x_1 - 4x_2/3)/(1 - 4/3) = [-4 - (4/3) \cdot 5]/(-1/3) = 12 + 20 = 32 \quad \text{und}$$

$$y_3 = (y_1 - 4y_2/3)/(1 - 4/3) = [-2 - (4/3) \cdot (-4)]/(-1/3) = -16 + 6 = -10.$$

Beispiel 4: Gesucht ist die Gleichung der Geraden, die durch den Punkt $P_1(3, 4)$ hindurchgeht und deren *Richtungswinkel* die Größe $\alpha = 60°$ hat. Es ist $x_1 = 3$, $y_1 = 4$, $\tan\alpha = m = \tan 60° = \sqrt{3}$. Demnach erhält man $y - 4 = \sqrt{3} \cdot (x - 3)$; nach Umformen ergibt sich die Geradengleichung $y = \sqrt{3} \cdot x + 4 - 3\sqrt{3}$.

Kartesische Normalform der Geradengleichung. In den letzten Beispielen ist die Geradengleichung zur Vereinfachung auf die Form $y = ax + b$ gebracht worden. Das läßt sich allgemein bei der Gleichung jeder Geraden erreichen, vorausgesetzt, daß die Gerade nicht parallel zur y-Achse verläuft; aus der Punktrichtungsform z. B. erhält man:

$$y - y_1 = m(x - x_1) = mx - mx_1 \quad \text{oder}$$
$$y = mx + (y_1 - mx_1) \quad \text{bzw.}$$
$$y = mx + n, \quad \text{wenn} \quad n = y_1 - mx_1.$$

kartesische Normalform	$y = mx + n$

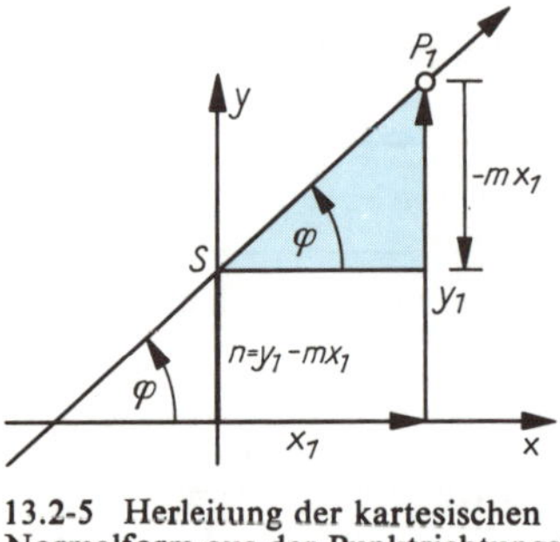

13.2-5 Herleitung der kartesischen Normalform aus der Punktrichtungsform

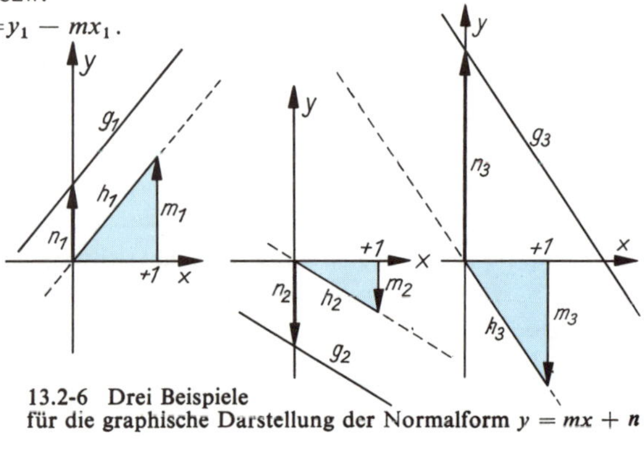

13.2-6 Drei Beispiele für die graphische Darstellung der Normalform $y = mx + n$

Für Parallele zur y-Achse gilt, wie oben gezeigt, $x = x_1$. Da $m = \tan\varphi$, bedeutet mx_1 offenbar den Unterschied der Ordinaten des gegebenen Punktes P_1 und des Schnittpunktes S der Geraden mit der y-Achse; $n = (y_1 - mx_1)$ ist dann die Ordinate von S. Setzt man zur Bestätigung in der Normalform $x = 0$, so erhält man erneut $y_S = n$.
Setzt man in einer Hilfsgeraden $y = mx$ für x den Wert 1 (Abb. 13.2-5), so wird $y = m$; die Gerade $y = mx + n$ geht aber aus der Hilfsgeraden hervor durch *Parallelverschieben in Richtung der* $+y$-*Achse um* n. Trägt man deshalb auf einer Parallelen zur y-Achse im Abstand $+1$ den Wert m vom Punkte $(1, 0)$ aus ab, so ist die Verbindungsgerade vom Koordinatenanfangspunkt zum Endpunkt von m die Richtung der Hilfsgeraden h. Eine Parallele zu h durch den Endpunkt der vom Koordinatenanfangspunkt aus auf der $+y$-Achse abgetragenen Strecke mit der Maßzahl n ist die gesuchte Gerade g (Abb. 13.2-6).

Achsen-Abschnitts-Form der Geradengleichung. Eine Gerade, die *nicht durch den Koordinatenanfangspunkt* geht und zu *keiner Koordinatenachse parallel* ist, kann im Koordinatensystem auch durch die Angabe der beiden Abschnitte a und b festgelegt werden, die sie auf den Achsen abschneidet. Schneidet sie die Achsen in den Punkten $P_1(a, 0)$ und $P_2(0, b)$, dann erhält man aus der Zweipunkteform $(y - 0)/(x - a) = (b - 0)/(0 - a)$ durch Umformen $y/b = x/(-a) + 1$ oder $x/a + y/b = 1$ (Abb. 13.2-7).

Achsenabschnittsform der Geradengleichung	$\frac{x}{a} + \frac{y}{b} = 1$

Beispiele. 5: Haben die Achsenabschnitte die Längen $a = 4$, $b = -2$, so erhält man als Gleichung der Geraden in Achsenabschnittsformen $x/4 + y/(-2) = 1$. Bringt man sie auf Normalform, so erhält man $y = x/2 - 2$.

6: Auch die allgemeine Achsenabschnittsgleichung läßt sich auf Normalform bringen. Aus $x/a + y/b = 1$ folgt

$$y = -bx/a + b, \quad \text{d. h.,} \quad m = -b/a; \quad n = b.$$

7: In welchen Punkten schneidet die Gerade $y = -4x/3 + 8$ die Achsen? – Aus der Formel des Beispiels 6 liest man unmittelbar ab, daß $b = 8$ und demnach $a = 6$ ist.

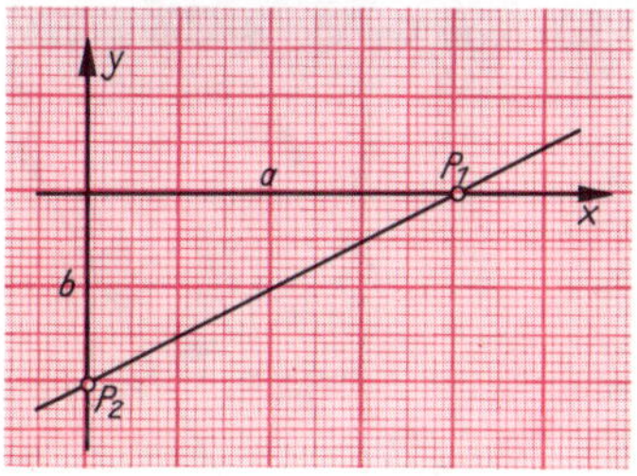

13.2-7 Zur Herleitung der Achsenabschnittsform der Geradengleichung

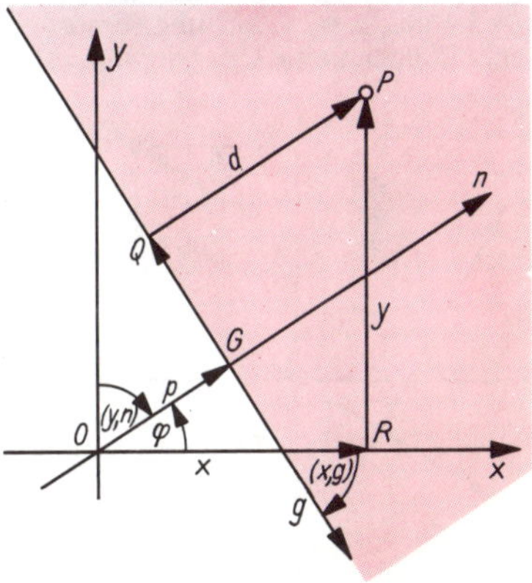

13.2-8 Zur Hesseschen Normalform der Geradengleichung

Hessesche Normalform der Geradengleichung. Diese Gleichungsform ist benannt nach Otto Hesse (1811–1874). Durch eine *orientierte Gerade* g wird die x, y-Ebene in zwei Halbebenen zerlegt, von denen die als *positiv* gerechnet wird, die beim Durchlaufen der Geraden g in dem durch die Orientierung vorgeschriebenen Sinne links von ihr liegt. Zur Geraden gehört danach eine Normale n, die so orientiert ist, daß der im Drehsinn des Koordinatensystems gemessene Winkel (g, n) die Größe $+90°$ hat. Mit dieser Normalen n kann der *Abstand* p *der Geraden* g *vom Koordinatenanfangspunkt* O bestimmt werden. Schneidet das vom Koordinatenanfangspunkt O auf die Gerade g gefällte Lot diese im Punkt G, so ist $p = OG$, und das Maß dieser Strecke hängt von der Orientierung der Normalen n ab. In der Abb. 13.2-8 ist $m(OG)$ positiv; es hat den Wert Null, wenn die Gerade den Ursprung O des Koordinatensystems enthält, und es ist negativ, wenn O in der positiven Halbebene liegt. Wird die Lage der Normalen n im Koordinatensystem festgelegt durch ihren Winkel (x, n) gegen die x-Achse und hat er die Größe $\varphi = m(\sphericalangle(x, n))$, so ergibt sich die positive Richtung der Geraden g durch Drehen der Normalen um $-\pi/2$. Bildet diese Richtung den Winkel (x, g) gegen die x-Achse, so gilt für seine Größe $\psi = m(\sphericalangle(x, g)) = \varphi - \pi/2$. Dabei kann φ alle Werte im Intervall von 0 bis 2π annehmen. Hat ein Punkt P die kartesischen Koordinaten $x = m(OR)$, $y = m(RP)$ und den Abstand $m(QP) = d$ von der Geraden g, so führen vom Ursprung O zwei Vektorenwege $\overrightarrow{OG} + \overrightarrow{GQ} + \overrightarrow{QP}$ und

$\overrightarrow{OR} + \overrightarrow{RP}$. Ihre Projektionen auf die Normale müssen nach Richtung und Größe gleich sein. Benutzt man $m(\sphericalangle(y, n)) = -\pi/2 + \varphi$ und $\cos(-\pi/2 + \varphi) = \sin\varphi$,

so erhält man $p + 0 + d = x\cos\varphi + y\sin\varphi$ oder $d = x\cos\varphi + y\sin\varphi - p$.

Damit wird ein *orientierter Abstand* $d = m(QP)$ eingeführt, der positiv ist, wenn die zur Geraden senkrechte Strecke QP von der Geraden g zum Punkt P die gleiche Richtung hat wie die Normale n. Für Punkte der positiven Halbebene ist dann p positiv, für Punkte der negativen Halbebene negativ. Punkte P, die auf der Geraden liegen, haben den Abstand $d = 0$ von ihr; $x\cos\varphi + y\sin\varphi - p = 0$ ist damit die Gleichung der Geraden. In ihr hängt das Vorzeichen von p in der geschilderten Weise von der Orientierung ab. Die beiden *Parallelen* im Abstand $\pm\delta$ zur Geraden g haben die Gleichung

$$x\cos\varphi + y\sin\varphi - (p \pm \delta) = 0.$$

Hessesche Normalform	$x\cos\varphi + y\sin\varphi - p = 0$

Für $\delta = -p$ geht eine der *Parallelen durch den Koordinatenanfangspunkt*, ihre Gleichung ist

$$x\cos\varphi + y\sin\varphi = 0 \quad \text{oder} \quad y = -x\cot\varphi = x\tan(\varphi - \pi/2) = xm,$$

geht also in die kartesische Normalform über. Ist aber $\delta > p$, so liegt eine der Parallelen jenseits des Koordinatenanfangspunktes, und $p' = (p - \delta)$ nimmt einen negativen Wert an.

Beispiel 8: Hat die Gerade g vom Ursprung den Abstand $p = 3$ und ist die Richtung des Lotes n durch die Winkelgröße $\varphi = 30°$ festgelegt (Abb. 13.2-9), so erhält man $x\cos 30° + y\sin 30° - 3 = 0$ oder $x \cdot \sqrt{3}/2 + y/2 - 3 = 0$ als *Gleichung der Geraden* in Hessescher Normalform; rechnet man auf kartesische Normalform um, so ergibt sich $y = -x\sqrt{3} + 6$. Die Maße für die *Abstände der Punkte* $P_1(5, 7)$ und $P_2(-1, -3)$ von der Geraden g sind

$$d_1 = {}^5/_2\sqrt{3} - {}^7/_2 - 3 = 2{,}5\sqrt{3} + 0{,}5 \approx 4{,}33 + 0{,}5 = 4{,}83;$$
$$d_2 = -{}^1/_2\sqrt{3} - {}^3/_2 - 3 = -({}^1/_2\sqrt{3} + 4{,}5) \approx -(0{,}87 + 4{,}5) = -5{,}37.$$

Die beiden *Parallelen* p_2 *und* p_1 *im Abstand* $\delta = 6$ von g haben die folgenden Gleichungen: ${}^1/_2 x\sqrt{3} + {}^1/_2 y - 9 = 0$ bzw. ${}^1/_2 x\sqrt{3} + {}^1/_2 y + 3 = 0$; in der zweiten Gleichung hat p einen negativen Wert. Die *Antiparallele* mit einem positiven Maß für den Abstand und der zu n entgegengesetzten Normalen n' hat die Gleichung $-{}^1/_2 x\sqrt{3} - {}^1/_2 y - 3 = 0$ oder $x\cos 210° + y\sin 210° - 3 = 0$. Diese Gleichung stimmt mit der der Parallelen p_1 überein: eine Geradengleichung legt mithin noch keine Orientierung fest.

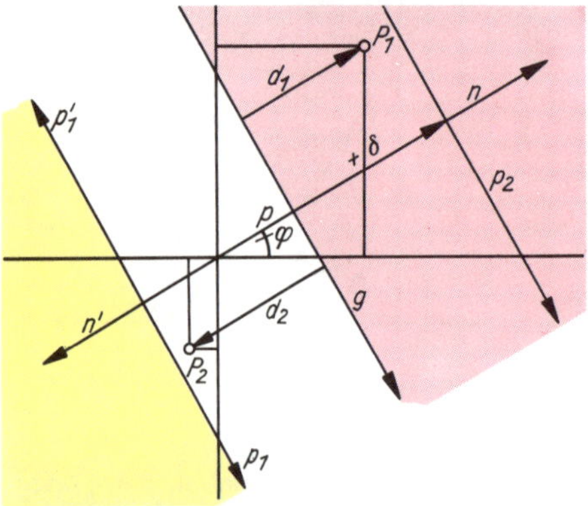

13.2-9 Zu Beispiel 8

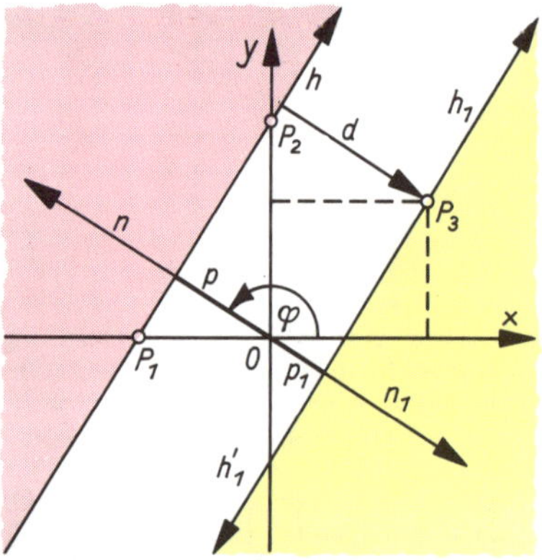

13.2-10 Zu Beispiel 9

Beispiel 9: Eine Gerade h (Abb. 13.2-10) schneidet die x- bzw. die y-Achse in den Punkten $P_1 = (-5, 0)$ bzw. $P_2 = (0, +8)$, und zwar die x-Achse unter dem Winkel (x, h) der Größe $\psi = m(\sphericalangle(x, h))$, für den gilt:

$$\tan\psi = 8/5 = 1{,}60, \quad \text{d. h.,} \quad m(\sphericalangle(x, h)) = 58°.$$

Wegen $m(\sphericalangle(x, h)) = \varphi - \pi/2$ ist $\varphi = 58° + 90° = 148°$. In der *Hesseschen Normalform* $x\cos 148° + y\sin 148° - p = 0$ erhält man p durch Projektion der Strecken OP_1 bzw. OP_2 auf die Normale n:

$$p = m(OP_1)\cos 148° = (-5)\cdot(-\sin 58°) = 5 \cdot 0{,}8480 \approx 4{,}24$$
bzw. $$p = m(OP_2)\cos(90° - 148°) = 8\cos 58° = 8 \cdot 0{,}5299 \approx 4{,}24.$$

Die Hessesche Normalform lautet danach:

$$-x \cdot 0{,}85 + y \cdot 0{,}53 - 4{,}24 = 0.$$

Der Punkt $P_3 = (6, 5)$ hat von der Geraden h das Abstandsmaß $d = -6 \cdot 0{,}85 + 5 \cdot 0{,}53 - 4{,}24 = -5{,}09 + 2{,}65 - 4{,}24 \approx -6{,}68$. Der Abstand $|d|$ ist um $|p_1| = 6{,}68 - 4{,}24 = 2{,}44$ größer als $|p|$. Die *Parallele* h_1 durch P_3 zu h hat demnach die Gleichung $-x \cdot 0{,}85 + y \cdot 0{,}53 + 2{,}44 = 0$.

Allgemeine Form der Geradengleichung. Die allgemeine Geradengleichung lautet $Ax + By + C = 0$; in ihr sind die Parameter A, B, C beliebige reelle Zahlen, aber A und B nicht gleichzeitig Null. Ihr Bild ist stets eine Gerade. Wird angenommen, daß einer der Parameter A oder B Null ist, z. B. $A = 0, B \neq 0$, so stellt die Gleichung $B \cdot y + C = 0, y = -C/B$ eine Parallele im Abstand $y = -C/B$ zur x-Achse dar; für $B = 0, A \neq 0$ erhält man eine Parallele im Abstand $x = -C/A$ zur y-Achse. Sind A und B beide von Null verschieden, so stellt $y = -Ax/B - C/B$ die kartesische Normalform dar mit dem Anstieg $m = -A/B$ und der Ordinate $n = -C/B$ des Schnittpunkts mit der y-Achse. Für $C = 0$ geht die Gerade durch den Ursprung.

Man bezeichnet die *Halbebene* als *positiv*, die nur Punkte $P(x, y)$ enthält, für deren Koordinaten x und y die lineare Funktion $Ax + By + C = f(x, y)$ positive Werte annimmt. Der Geradengleichung $y = 8x/5 + 8$ entspricht die lineare Funktion $5y - 8x - 40 = f(x, y)$. Sie hat für den Punkt $P_3(6, 5)$ den Wert $25 - 48 - 40 = -63$, der Punkt P_3 liegt demnach in der negativen Halbebene. Da mit $Ax + By + C = 0$ auch $-Ax - By - C = 0$ gilt, lassen sich jeder Geradengleichung zwei lineare Funktionen $f(x, y)$ und $-f(x, y)$ zuordnen, bei denen positive und negative Halbebenen vertauscht sind.

Wählt man $\varepsilon = \pm 1$ und multipliziert die Gleichung $Ax + By + C = 0$ mit $\varepsilon/\sqrt{A^2 + B^2}$, so hat in der *normierten Gleichung*

$$\varepsilon Ax/\sqrt{A^2 + B^2} + \varepsilon By/\sqrt{A^2 + B^2} + \varepsilon C/\sqrt{A^2 + B^2} = 0$$

die Summe der Quadrate der Koeffizienten von x und y den Wert $1 = (\varepsilon A/\sqrt{A^2+B^2})^2 + (\varepsilon B/\sqrt{A^2+B^2})^2$, d. h., diese Koeffizienten dürfen als Kosinus- und Sinuswert eines Winkels der Größe φ aufgefaßt werden (Abb. 13.2-11). Setzt man $\varepsilon A/\sqrt{A^2 + B^2} = \cos\varphi$, $\varepsilon B/\sqrt{A^2 + B^2} = \sin\varphi$, $\varepsilon C/\sqrt{A^2 + B^2} = -p$, so erhält man die *Hessesche Normalform.* Durch eine Entscheidung über das Vorzeichen von ε wird nach der Normierung die Orientierung der Normalen n und damit die der Geraden g festgelegt. Man wählt sie meist so, daß der Ursprung O in der negativen Halbebene liegt.

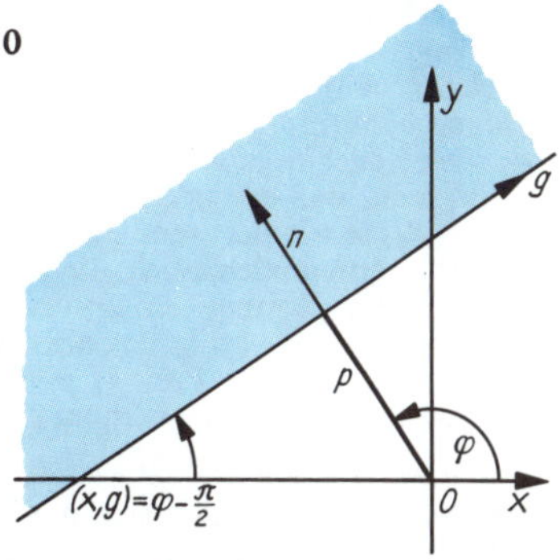

13.2-11 Zur Normierung der Gleichung $3y - 2x - 4 = 0$

Beispiel 10: Die *Geradengleichung* $3y - 2x - 4 = 0$ ist auf die Hessesche Normalform zu bringen. Der Koordinatenanfangspunkt $(0, 0)$ gehört wegen $3 \cdot 0 - 2 \cdot 0 - 4 = -4$ zur negativen Halbebene. Es ist $A = -2$, $B = -3$, $C = -4$, also muß jeder Koeffizient durch $\sqrt{4 + 9} = \sqrt{13}$ dividiert werden. Demnach lautet die Geradengleichung in *Hessescher Normalform*

$$-2x/\sqrt{13} + 3y/\sqrt{13} - 4/\sqrt{13} = 0,$$

d. h., $\cos\varphi = -2/\sqrt{13}$, $\sin\varphi = +3/\sqrt{13}$, $\tan\varphi = -3/2 = -1{,}5$; $\varphi = 123{,}68°$; $p = +4/\sqrt{13}$. Aus der kartesischen Normalform $y = 2x/3 + 4/3$ erhält man zur Kontrolle $m = \tan\psi = 2/3$ mit $\psi = 33{,}69°$. Wegen $\psi = m(\sphericalangle(x, g)) = \varphi - \pi/2$ folgt $\varphi = 123{,}69°$.

Inzidenz von Punkt und Gerade

Man spricht von *Inzidenz* zwischen einem Punkt und einer Geraden, wenn der Punkt auf der Geraden liegt oder die Gerade durch den Punkt hindurchgeht. Ein analytisches Kennzeichen dafür ist, daß die Koordinaten des Punktes die Gleichung der Geraden *erfüllen* oder *befriedigen*, d. h., daß durch Einsetzen der Koordinaten die Gleichung eine wahre Aussage wird. Die Gerade mit der Gleichung $y = 2x - 7$ z. B. inzidiert mit dem Punkt $P_1(4, 1)$, weil sich für $x_1 = 4$ und $y_1 = 1$ die wahre Aussage $1 = 2 \cdot 4 - 7$ ergibt. Dagegen erfüllen die Koordinaten des Punktes $P_2(2, 4)$ diese Gleichung nicht, da $4 \neq 2 \cdot 2 - 7$.

Ein Punkt $P_1(x_1, y_1)$ liegt dann und nur dann auf der Geraden, wenn seine Koordinaten x_1 und y_1 die Gleichung der Geraden erfüllen.

Beispiele.

1: Der Punkt $P(2, 3)$ liegt nicht auf der Geraden $2x - y/4 + 8 = 0$, denn $2 \cdot 2 - 3/4 + 8 \neq 0$.

2: Die Gerade $x/2 + y/3 - 17 = 0$ geht nicht durch den Ursprung, denn $0/2 + 0/3 - 17 \neq 0$.

3: Der Punkt $P_1(57, 88)$ liegt auf der Geraden $y - 8 = 2(x - 17)$, denn $88 - 8 = 2 \cdot (57 - 17)$.

4: Die durch die Punkte $P_1(0, {}^3/_2)$ und $P_2(2, {}^5/_2)$ gehende Gerade hat die Gleichung:

$$(y - {}^3/_2)/(x - 0) = {}^1/_2({}^5/_2 - {}^3/_2)$$

oder $\quad y = x/2 + 3/2$.

Sie schneidet die x-Achse im Punkt S, dessen Ordinate $y_0 = 0$ ist. Seine Abszisse ist dann $x_0 = -3$. Der Punkt $S(-3, 0)$ ist Schnittpunkt der Geraden $y = x/2 + 3/2$ mit der x-Achse; $x_0 = -3$ ist die Nullstelle der Funktion.

5: Wenn der Punkt P_1 mit der Abszisse $x_1 = 5$ auf der Geraden mit der Gleichung $y = 2x/3 - 2$ liegen soll, muß seine Ordinate y_1 den Wert $y_1 = 2x_1/3 - 2 = 10/3 - 2 = 4/3$ haben.

6: Durch den Punkt $P_1(6, 4)$ soll eine Gerade g_1 gehen, die vom Punkt $P_2(3, -5)$ den Abstand $d = 3$ hat.
Geometrisch läßt sich die Gerade mit Hilfe des Thaleskreises über der Strecke P_1P_2 als Durchmesser konstruieren (Abb. 13.2-12). Es ergeben sich *zwei Geraden* g_1 bzw. g_2, deren Abstandsmaß nach der Orientierung des Lotes vom Koordinatenanfangspunkt auf die Geraden entweder positiv $d_1 = +3$ oder negativ $d_2 = -3$ ist. Zugleich erkennt man, daß der gegebene *Abstand d kleiner als* $|P_1P_2|$ sein muß, wenn eine Lösung möglich sein soll. Es empfiehlt sich, die gesuchte Gerade in Hessescher Normalform anzunehmen:
$x \cos\varphi + y \sin\varphi - p = 0$; dabei sind die drei Größen $\cos\varphi$, $\sin\varphi$ und p zu bestimmen. Da die Gerade durch Punkt $P_1(6, 4)$ geht und vom Punkt $P_2(3, -5)$ das Abstandsmaß $d = \pm 3$ haben soll sowie nach einer bekannten goniometrischen Beziehung, gilt

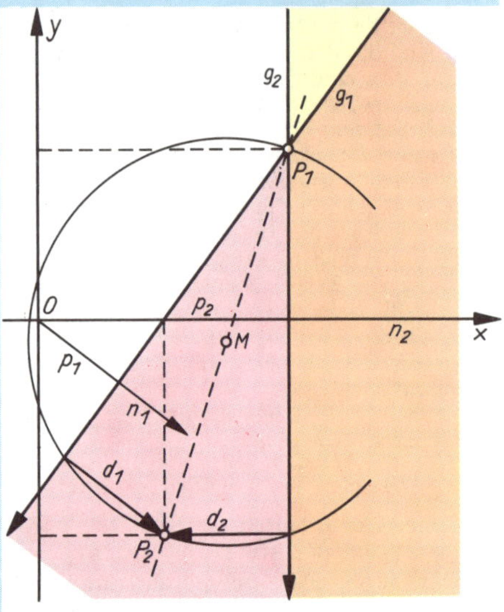

13.2-12 Gerade g_1 bzw. g_2 durch Punkt P_1, von der Punkt P_2 den Abstand d_1 bzw. d_2 hat

$$\begin{aligned} 6\cos\varphi + 4\sin\varphi - p &= 0 \quad (+)\\ 3\cos\varphi - 5\sin\varphi - p &= \pm 3 \quad (-)\\ \cos^2\varphi + \sin^2\varphi &= 1 \end{aligned} \quad \rightarrow \quad 3\cos\varphi + 9\sin\varphi = \mp 3 \quad \rightarrow \quad \cos\varphi = \mp 1 - 3\sin\varphi$$

$$1 \pm 6\sin\varphi + 9\sin^2\varphi + \sin^2\varphi = 1$$

$$10\sin^2\varphi \pm 6\sin\varphi = 0$$

$$\sin\varphi_1 = \mp {}^3/_5; \quad \sin\varphi_2 = 0$$

$$\cos\varphi_1 = \pm 4/5; \quad \cos\varphi_2 = \mp 1$$

$$p_1 = \pm 2\,{}^2/_5; \quad p_2 = \mp 6$$

Durch die Wahl von $p_1 = +2^2/_5$ und $p_2 = +6$ wird die noch nicht festgelegte Orientierung der beiden Geraden g_1 und g_2 bestimmt; durch Einsetzen von $\cos\varphi_1 = +{}^4/_5$, $\sin\varphi_1 = -{}^3/_5$, $p_1 = +2^2/_5$ und von $\cos\varphi_2 = +1$, $\sin\varphi_2 = 0$, $p_2 = +6$ erhält man die gesuchten Gleichungen $+4x/5 - 3y/5 - 2^2/_5 = 0$ und $x - 6 = 0$ bzw. in kartesischer Normalform $y = 4x/3 - 4$ und $x = 6$. Setzt man in die Funktionen $f_1(x, y) = -3y/5 + 4x/5 - 2^2/_5$ und $f_2(x, y) = x - 6$ die Koordinaten $x = 0$, $y = 0$ ein, so ergibt sich, daß der Koordinatenanfangspunkt O für beide Geraden in der negativen Halbebene liegt.

13.3. Mehrere Geraden

Es ist aus der Planimetrie bekannt, daß die gegenseitige Lage zweier Geraden in einer Ebene beschrieben werden kann mit Hilfe der Begriffe parallel und Abstand bzw. Schnittpunkt und Winkel zwischen den Geraden. In der analytischen Geometrie werden die entsprechenden Kennzeichen zweier Geraden aus ihren Gleichungen abgelesen.
In der kartesischen Normalform zweier Geraden $y = m_1x + n_1$ und $y = m_2x + n_2$ wird ihre Richtung durch die Richtungsfaktoren m_1 und m_2 gekennzeichnet. Die Geraden sind dann und nur dann

parallel zueinander, wenn $m_1 = m_2$. Sind sie dagegen in der Hesseschen Normalform gegeben, z. B. durch $x \cos\varphi_1 + y \sin\varphi_1 - p_1 = 0$ und $x \cos\varphi_2 + y \sin\varphi_2 - p_2 = 0$, so sind sie genau dann parallel zueinander, wenn die Koeffizienten der linearen Glieder bis auf einen gemeinsamen Faktor $\varkappa = \pm 1$ einander gleich sind, wenn $\cos\varphi_1 = \varkappa \cos\varphi_2$ und $\sin\varphi_1 = \varkappa \sin\varphi_2$. Da diese Koeffizienten durch Normieren aus denen der allgemeinen linearen Gleichung gewonnen werden können, gilt die gleiche Bedingung auch für zwei parallele Geraden, die in der Form $A_1x + B_1y + C_1 = 0$ und $A_2x + B_2y + C_2 = 0$ gegeben sind.
Faßt man in einer linearen Gleichung, z. B. in $Ax + By + C = 0$, x und y als Punktkoordinaten auf, so sind ihre Koeffizienten A, B, C *Parameter*, und die Gleichung bedeutet, daß aus der Menge aller Punkte (x, y) die Teilmenge herausgegriffen wird, deren Koordinaten den durch das Verhältnis $A : B : C$ der Parameter gegebenen Bedingungen genügen. Wie gezeigt wurde, hat diese Teilmenge eine Gerade als Träger. Umgekehrt lassen sich auch A, B, C, mit A und B nicht gleichzeitig Null, als homogene Koordinaten auffassen. Dann sind die x, y Parameter, die aus der Menge aller Geraden (A, B, C) bzw. $(\cos\varphi, \sin\varphi, p)$ die Teilmenge herausgreifen, die den Punkt (x, y) als Träger hat. Sie bildet ein *Geradenbüschel*. Werden beim Teilverhältnis die Beziehungen zwischen den Punktkoordinaten angegeben, die bestehen müssen, wenn ein Punkt P einer Geraden die Strecke zwischen zwei anderen Punkten P_1 und P_2 der Geraden in einem gegebenen Verhältnis teilt, so sind jetzt die Beziehungen zwischen den Geradenkoordinaten gefunden worden, die bestehen, wenn die Geraden parallel zueinander sind.

Schnittpunkt und Schnittwinkel

Bestimmung des Schnittpunktes zweier Geraden. Gesucht sind die Koordinaten x_0 und y_0 des Schnittpunktes $P_0(x_0, y_0)$ zweier Geraden mit den Gleichungen $A_1x + B_1y + C_1 = 0$ und $A_2x + B_2x + C_2 = 0$, die in allgemeiner Form gegeben sind. P_0 muß als Schnittpunkt der beiden Geraden auf beiden Geraden liegen, seine Koordinaten x_0 und y_0 müssen beiden Geradengleichungen genügen. Die Schnittpunktsbestimmung erfordert demnach die Auflösung des Gleichungssystems

$$\left| \begin{matrix} A_1x_0 + B_1y_0 + C_1 = 0 \\ A_2x_0 + B_2y_0 + C_2 = 0 \end{matrix} \right|,$$

die nach den üblichen Regeln (vgl. Kap. 4.2. – Lineare Gleichungen mit zwei Gleichungsvariablen) vorgenommen wird. Hat das System eine Lösung (x_0, y_0), so gibt diese die Koordinaten des Schnittpunktes. Hat es keine Lösung, weil die Gleichungen zueinander im Widerspruch stehen, so sind die Geraden einander parallel. Hat das System unendlich viele Lösungen, weil die Gleichungen linear abhängig sind, dann fallen die beiden Geraden zusammen.

Beispiel 1: In welchem Punkt schneiden sich die beiden Geraden mit den Gleichungen $-3x + 3y - 6 = 0$ und $2x + 3y + 9 = 0$? – Die Auflösung des Gleichungssystems zeigt das folgende Schema.

$$\left| \begin{matrix} -3x_0 + 3y_0 - 6 = 0 \\ 2x_0 + 3y_0 + 9 = 0 \end{matrix} \right| \begin{matrix} - \\ + \end{matrix} \rightarrow 5x_0 + 15 = 0 \rightarrow x_0 = -3 \rightarrow -3(-3) + 3y_0 - 6 = 0 \rightarrow y_0 = -1$$

Die Geraden schneiden sich im Punkte $P_0(-3, -1)$ (Abb. 13.3-1).

Beispiel 2: Wenn der Schnittpunkt P_0 zweier Geraden gesucht ist, die in Normalform gegeben sind, etwa durch $y = -3x + 14$ und $y = -x - 1$, löst man das entstehende Gleichungssystem zweckmäßig mit der Gleichsetzungsmethode. Im Beispiel erhält man als Schnittpunkt
$P_0(7{,}5; -8{,}5)$.

Beispiel 3: Die durch die Gleichungen $3x + y - 7 = 0$ und $2x - y - 3 = 0$ gegebenen Geraden schneiden einander im Punkt $P_0(2, 1)$.

Beispiel 4: Die durch die Gleichungen $2x - 3y + 5 = 0$ und $3y - 2x + 2 = 0$ gegebenen Geraden sind zueinander antiparallel. Der Koordinatenanfangspunkt gehört für jede zur positiven Halb-

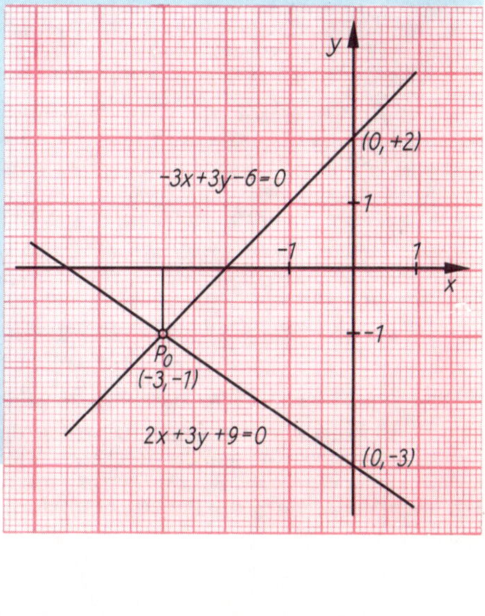

13.3-1 Schnittpunktsbestimmung zweier Geraden

ebene. Das Gleichungssystem lautet in Hessescher Normalform

$$\left|\begin{array}{l} 2x_0 - 3y_0 + 5 = 0 \\ -2x_0 + 3y_0 + 2 = 0 \end{array}\right| \Rightarrow \left|\begin{array}{l} +2x_0/\sqrt{13} - 3y_0/\sqrt{13} + 5/\sqrt{13} = 0 \\ -2x_0/\sqrt{13} + 3y_0/\sqrt{13} + 2/\sqrt{13} = 0 \end{array}\right|$$

Die Geraden haben den Abstand $7/\sqrt{13} = \delta$ voneinander.

Beispiel 5: Die Gleichungen $0{,}8x + 0{,}4y - 1{,}2 = 0$ und $2x + y - 3 = 0$ repräsentieren dieselbe Gerade; die erste Gleichung geht aus der zweiten mittels Division durch 5/2 hervor. Im Gleichungssystem sind die beiden entsprechenden Gleichungen voneinander abhängig. Die Geraden fallen aufeinander.

Beispiel 6: Die durch die Gleichungen $y = 2x - 8$ und $y = 2x + 12$ gegebenen Geraden sind parallel, da $m_1 = 2 = m_2$ ist. Ebenso entsprechen den Gleichungen $x/4 + y/6 = 1$ und $x/2 + y/3 = 1$ parallele Geraden, da ihre kartesischen Normalformen $y = -3x/2 + 6$ bzw. $y = -3x/2 + 3$ sind.

Beispiel 7: Gesucht ist die Gleichung der Geraden, die durch $P_1(2, -1)$ hindurchgeht und zur Geraden mit der Gleichung $y = 2x - 3$ parallel ist. Von der gesuchten Geraden sind ein Punkt und der Anstieg $m = 2$ vorgeschrieben. Man erhält unter Verwendung der Punktrichtungsform die Geradengleichung $y + 1 = 2(x - 2)$.

Schnittwinkel zweier Geraden. Am einfachsten läßt sich die Größe ψ des Winkels (g_1, g_2), unter dem zwei Geraden g_1 und g_2 einander schneiden, aus der Hesseschen Normalform bestimmen; es folgt unmittelbar $\psi = \varphi_2 - \varphi_1$ aus $x\cos\varphi_1 + y\sin\varphi_1 - p_1 = 0$ und $x\cos\varphi_2 + y\sin\varphi_2 - p_2 = 0$. Aus der kartesischen Normalform ergibt sich wegen der Beschränkung auf die Hauptwerte der Arkustangensfunktion die Winkelgröße ψ nur bis auf eine additive Konstante $+\pi$. Sind $y = m_1x + n_1$ und $y = m_2x + n_2$ die Geradengleichungen, so bedeuten $m_1 = \tan\alpha_1$ und $m_2 = \tan\alpha_2$, mit $\alpha_1 = m(\sphericalangle(x, g_1))$, $\alpha_2 = m(\sphericalangle(x, y_2))$, also $\alpha_1 + \psi = \alpha_2$ oder $\psi = \alpha_2 - \alpha_1$. Nach dem Additionstheorem der Tangensfunktion folgt daraus:

$$\tan\psi = \frac{\tan\alpha_2 - \tan\alpha_1}{1 + \tan\alpha_2\tan\alpha_1} \quad \text{oder} \quad \boxed{\tan\psi = \frac{m_2 - m_1}{1 + m_2m_1}}$$

Bedingung für Orthogonalität
$m_1 = -1/m_2$

Durch Vertauschen der Geraden erhält man $\psi' = m(\sphericalangle(g_2, g_1)) = \alpha_1 - \alpha_2 = -\psi$ bzw. $\psi' = \pi - \psi$. Diese Beziehung enthält wieder die Bedingung dafür, daß die *Geraden einander parallel* sind: aus $\psi = 0$ folgt $m_1 = m_2$, wie schon gefunden wurde. Für $\psi = 90°$ ergibt sich dagegen die Bedingung dafür, daß die beiden *Geraden senkrecht aufeinander* stehen. Da $\tan\psi = \infty$, muß der Nenner Null werden, d. h., $1 + m_1m_2 = 0$.

Beispiel 8: Die Geraden mit den Gleichungen $y - 2 = 5(x - 13)$ und $y = -x/5 + 18$ stehen senkrecht aufeinander, denn in kartesischer Normalform lauten diese Gleichungen $y = 5x - 63$ und $y = -x/5 + 18$, d. h., $m_1 = 5$ ist der negative reziproke Wert von $m_2 = -1/5$ oder $m_2 = -1/m_1$.

Beispiel 9: Auf der Geraden mit der Gleichung $y = -2x/3 + 3$ soll eine zweite Gerade senkrecht stehen und durch den Punkt $P_1(1, 1)$ gehen. – Die gegebene Gerade hat den Richtungsfaktor $m_1 = -2/3$, die gesuchte somit $m_2 = -1/m_1 = +3/2$. Nach der Punktrichtungsform der Geradengleichung erhält man $(y - 1)/(x - 1) = +3/2$ oder $2(y - 1) = 3(x - 1)$, d. h., $y = 3x/2 - 1/2$.

Beispiel 10: Die Geraden mit den Gleichungen $y = -2x + 16$ und $y = -3x/5 + 3/5$ *schneiden einander unter dem Winkel* der Größe $\psi = 32{,}48°$, denn aus $m_1 = -2$ und $m_2 = -3/5$ erhält man $\tan\psi = (-3/5 + 2)/(1 + 2 \cdot 3/5) = 7/11 = 0{,}6364$; aus der Tafel entnimmt man den angegebenen Wert für ψ. Aus $m_1 = -2 = \tan\alpha_1$ hätte man erhalten $\alpha_1 = -63{,}43°$ und aus $m_2 = -0{,}6 = \tan\alpha_2$, $\alpha_2 = -30{,}96°$, d. h., $\psi = \alpha_2 - \alpha_1 = -30{,}96° + 63{,}43° = 32{,}47°$.

Beispiel 11: Die Geradengleichungen $x/4 + y/5 = 1$ und $x/3 - y/2 = 1$ haben die Normalform $y = -5x/4 + 5$ bzw. $y = 2x/3 - 2$ (Abb. 13.3-2). Mit $m_1 = -5/4$ und $m_2 = +2/3$ erhält man für den Schnittwinkel der Größe ψ

$$\begin{aligned}\tan\psi &= (2/3 + 5/4)/[1 - (2/3)\cdot(5/4)] = (8 + 15)/(12 - 10) \\ &= 23/2 = 11{,}5;\ \psi = 85{,}03°.\end{aligned}$$

Kontrolle: $\tan\alpha_1 = -5/4$, $\alpha_1 = -51{,}34°$; $\tan\alpha_2 = +2/3$, $\alpha_2 = +33{,}69°$; $\psi = \alpha_2 - \alpha_1 = 85{,}03°$.

Ist die Gleichung einer Geraden aufzustellen, die durch einen Punkt hindurchgeht und eine gegebene Gerade unter einem Winkel der gegebenen Größe ψ schneidet, so sind $\tan\psi$ und m_1 gegeben; durch Auflösung der gegebenen Beziehung erhält man den gesuchten Anstieg $m_2 = (m_1 + \tan\psi)/(1 - m_1\tan\psi)$ und unter Verwendung der Punktrichtungsform die gesuchte Geradengleichung.

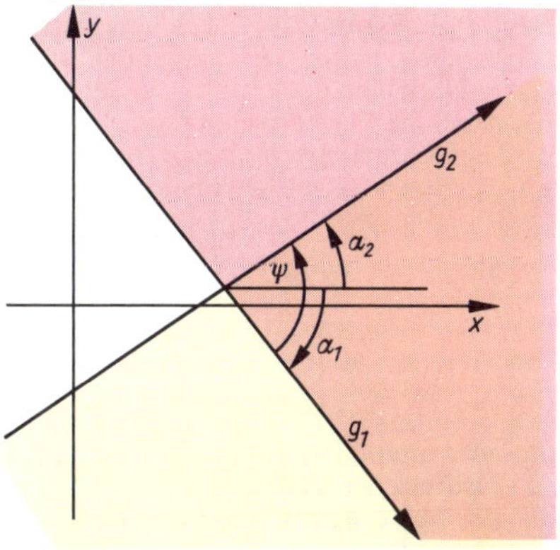

13.3-2 Graphische Darstellung der Gleichungen $x/4 + y/5 = 1$ bzw. $x/3 - y/2 = 1$ und des Schnittwinkels der Geraden

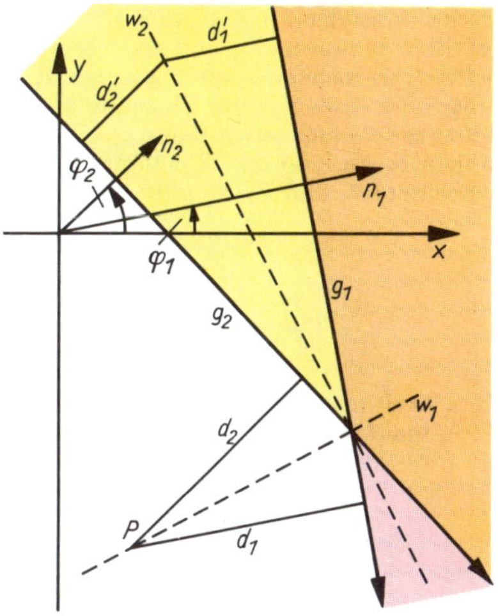

13.3-3 Zur Bestimmung der Winkelhalbierenden

Gleichungen der Winkelhalbierenden. Zu zwei einander schneidenden Geraden g_1 und g_2 gibt es zwei Winkelhalbierende w_1 und w_2 (Abb. 13.3-3). Sie sind definiert als geometrischer Ort aller Punkte, die von beiden Geraden denselben Abstand haben. Hierdurch wird die Anwendung der Hesseschen Normalform nahegelegt. Die Geraden g_1 und g_2 seien durch $x \cos\varphi_1 + y \sin\varphi_1 - p_1 = 0$ bzw. $x \cos\varphi_2 + y \sin\varphi_2 - p_2 = 0$ gegeben. Zwischen ihnen entstehen 4 Winkelräume; *einer von ihnen gehört beiden positiven Halbebenen an.* Ihn soll die Winkelhalbierende w_1 halbieren. In ihm hat jeder Punkt von w_1 positives Abstandsmaß d_1 bzw. d_2 sowohl von g_1 als auch von g_2. Im *Scheitelwinkelraum* zu ihm sind beide Abstandsmaße eines Punktes P von w_1 von den Geraden g_1 bzw. g_2 negativ. In den Gleichungen $d_1 = \varepsilon_1(x \cos\varphi_1 + y \sin\varphi_1 - p_1)$ und $d_2 = \varepsilon_2(x \cos\varphi_2 + y \sin\varphi_2 - p_2)$ haben also $\varepsilon_1 = \pm 1$ und $\varepsilon_2 = \pm 1$ *gleiches Vorzeichen*; für die Winkelhalbierende w_1 folgt aus $d_1 = d_2$ die Gleichung $x(\cos\varphi_1 - \cos\varphi_2) + y(\sin\varphi_1 - \sin\varphi_2) - (p_1 - p_2) = 0$. – Auf der Winkelhalbierenden w_2 der restlichen zwei Winkelräume hat jeder Punkt von der einen Geraden positives, von der anderen aber negatives Abstandsmaß, d. h., es gilt stets $\varepsilon_1 = -\varepsilon_2$ oder $d'_1 = -d'_2$; daraus folgt für die Winkelhalbierende w_2 die Gleichung $x(\cos\varphi_1 + \cos\varphi_2) + y(\sin\varphi_1 + \sin\varphi_2) - (p_1 + p_2) = 0$.

Gleichungen der beiden Winkelhalbierenden zu zwei sich schneidenden Geraden	$x(\cos\varphi_1 \pm \cos\varphi_2) + y(\sin\varphi_1 \pm \sin\varphi_2) - (p_1 \pm p_2) = 0$ Die Wahl des negativen Vorzeichens liefert die Winkelhalbierende, die den Winkelraum teilt, der beiden positiven Halbebenen angehört.

Beispiel 12: Die Gleichungen $x + y - 2 = 0$ und $7x + y - 32 = 0$ der Geraden lauten in Hessescher Normalform $x/\sqrt{2} + y/\sqrt{2} - 2/\sqrt{2} = 0$ bzw. $7x/(5\sqrt{2}) + y/(5\sqrt{2}) - 32/(5\sqrt{2}) = 0$. Dann sind die Gleichungen der beiden Winkelhalbierenden $x[1/\sqrt{2} \pm 7/(5\sqrt{2})] + y[1/\sqrt{2} \pm 1/(5\sqrt{2})] - [2/\sqrt{2} \pm 32/(5\sqrt{2})] = 0$ bzw. $x(5 \pm 7) + y(5 \pm 1) - (10 \pm 32) = 0$, in kartesischer Normalform erhält man daraus $y = x/2 - 11/2$ und $y = -2x + 7$.

Dreieck und Vieleck

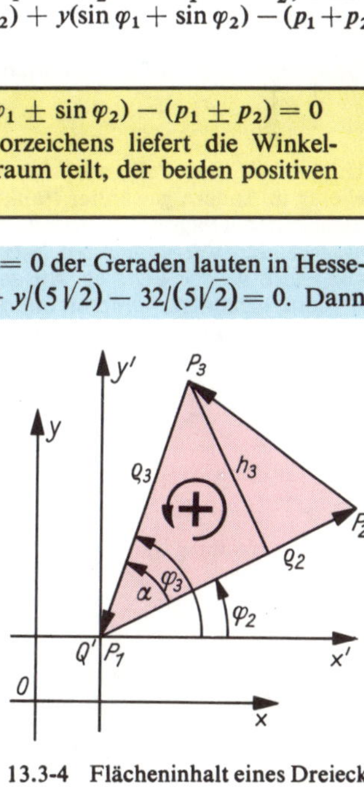

13.3-4 Flächeninhalt eines Dreiecks

Flächeninhalt eines Dreiecks. Sind $P_1(x_1, y_1)$, $P_2(x_2, y_2)$ und $P_3(x_3, y_3)$ die Eckpunkte eines Dreiecks (Abb. 13.3-4), so läßt sich ein Maß $A = m(\triangle\, P_1P_2P_3)$ für den Flächeninhalt $|A|$ des Dreiecks $P_1P_2P_3$ durch $A = {}^1/_2\, |P_1P_2| \cdot |P_1P_3| \sin\alpha$ gewinnen. In dieser Beziehung stellen $|P_1P_2|$ die Länge der gerichteten Strecke P_1P_2, $|P_1P_3|$ die der gerichteten Strecke P_1P_3 und α die Größe des orientierten Winkels bei der Drehung von P_1P_2 in P_1P_3 dar. Dabei ist $\alpha > 0$, wenn die Drehung in dem durch die Orientierung des Koordinatensystems vorgeschriebenen

Drehsinn erfolgt. In Abb. 13.3-4 ist das *Inhaltsmaß* $A = m(\triangle\, P_1P_2P_3)$ positiv; durch Vertauschen der Bezeichnungen P_2 und P_3 miteinander ändert A sein Vorzeichen; $|A|$ ist der Flächeninhalt von $\triangle P_1P_2P_3$. Nach einer anschaulichen Regel ist $A > 0$, falls beim Umlaufen des Dreiecks in der Richtung $P_1 \to P_2 \to P_3$ seine Fläche links liegt, und $A < 0$, falls dabei die Fläche rechts liegt.
Durch die *Parallelverschiebung* $x' = x - x_1$, $y' = y - y_1$ wird ein Koordinatensystem K' eingeführt, in dem P_1 im Koordinatenanfangspunkt liegt; sind in ihm ϱ_2, φ_2 sowie ϱ_3, φ_3 die *Polarkoordinaten* der Punkte P_2 und P_3, so gilt

$$2A = \varrho_2\varrho_3 \sin(\varphi_3 - \varphi_2) = \varrho_2 \cos\varphi_2 \cdot \varrho_3 \sin\varphi_3 - \varrho_2 \sin\varphi_2 \cdot \varrho_3 \cos\varphi_3 = x'_2 y'_3 - y'_2 x'_3$$

$$= \begin{vmatrix} x'_2 & y'_2 \\ x'_3 & y'_3 \end{vmatrix} = \begin{vmatrix} x_2 - x_1 & y_2 - y_1 \\ x_3 - x_1 & y_3 - y_1 \end{vmatrix} = \begin{vmatrix} 1 & x_1 & y_1 \\ 0 & x_2 - x_1 & y_2 - y_1 \\ 0 & x_3 - x_1 & y_3 - y_1 \end{vmatrix} = \begin{vmatrix} 1 & x_1 & y_1 \\ 1 & x_2 & y_2 \\ 1 & x_3 & y_3 \end{vmatrix} = 2A.$$

Entwickelt man diese Determinante nach der zweiten Spalte oder multipliziert man die zweireihige Determinante aus und ordnet die Glieder, so ergibt sich ein Ausdruck, in dem die Indizes in jedem der drei Summanden durch zyklisches Vertauschen auseinander hervorgehen. Fällt der Punkt P_3 auf die Strecke P_1P_2, so wird der *Flächeninhalt Null*; die Gleichung lautet für $A = 0$:

$$x_3(y_1 - y_2) - y_3(x_1 - x_2) + (x_1y_2 - x_2y_1) = 0$$

oder

$$y_3 = x_3(y_1 - y_2)/(x_1 - x_2) + (x_1y_2 - x_2y_1)/(x_1 - x_2),$$

d. h., sie ist die *Gleichung der Geraden* durch P_1 und P_2 in kartesischer Normalform – wie es auch der geometrischen Anschauung entspricht. Die Bedingung dafür, daß drei Punkte auf einer Geraden liegen, ist $A = 0$.

Flächeninhalt A eines Dreiecks mit den Eckpunkten $P_1(x_1, y_1)$, $P_2(x_2, y_2)$, $P_3(x_3, y_3)$	$A = {}^1/_2\,[x_1(y_2 - y_3) + x_2(y_3 - y_1) + x_3(y_1 - y_2)]$ $= {}^1/_2 \begin{vmatrix} 1 & x_1 & y_1 \\ 1 & x_2 & y_2 \\ 1 & x_3 & y_3 \end{vmatrix}$

Beispiel 1: Das Dreieck mit den Eckpunkten $P_1(2, 1)$, $P_2(6, 3)$, $P_3(4, 7)$ hat das Inhaltsmaß

$$A = {}^1/_2 \begin{vmatrix} 1 & 2 & 1 \\ 1 & 6 & 3 \\ 1 & 4 & 7 \end{vmatrix} = {}^1/_2\,[2(3 - 7) + 6(7 - 1) + 4(1 - 3)] = {}^1/_2[-8 + 36 - 8] = 10.$$

Das Dreieck mit den Eckpunkten $P_4(-4, -5)$; $P_5(6, 2)$; $P_6(5, -3)$ hat das Inhaltsmaß

$$A = {}^1/_2[-4(2 + 3) + 6(-3 + 5) + 5(-5 - 2)] = {}^1/_2[-20 + 12 - 35] = -21{,}5.$$

Flächeninhalt eines Polygons. In einem *konvexen Polygon* enthält die Verbindungsstrecke P_xP_y zweier beliebig im Innern gewählter Punkte P_x und P_y nur *innere Punkte*. Alle von einer Ecke eines n-Ecks ausgehenden Diagonalen verlaufen danach ganz im Innern und *zerlegen das Polygon in* $(n - 2)$ *Dreiecke*. Je zwei von ihnen haben eine Diagonale gemeinsam und zusammen überdecken sie – ganz gleich welche Ecke als Ausgangspunkt der Diagonalen gewählt wurde – die ganze Fläche des Polygons lückenlos. Umläuft man jedes dieser Dreiecke in dem als positiv festgesetzten Sinne, so wird auch das Polygon in diesem Sinne umlaufen. Jede Diagonale wird dabei einmal in der einen und

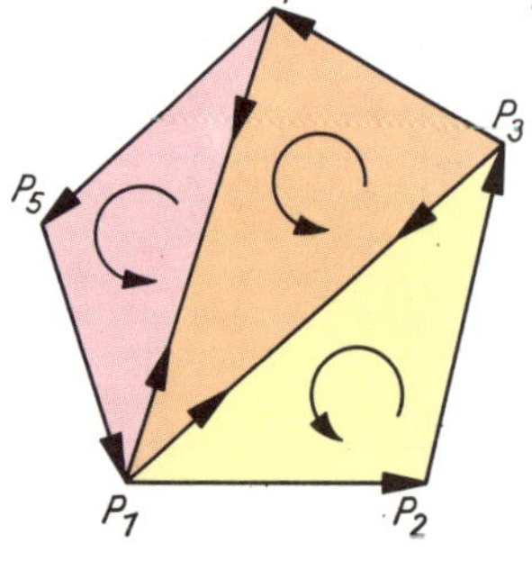

13.3-5 Zerlegen eines konvexen n-Ecks in $(n - 2)$ Dreiecke

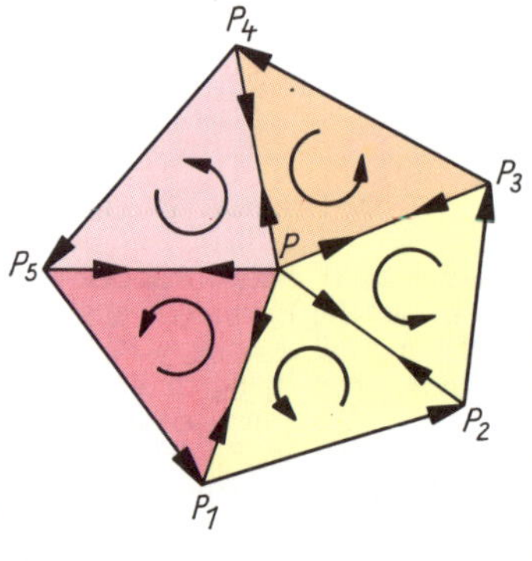

13.3-6 Zerlegen eines konvexen n-Ecks in n Dreiecke

im Nachbardreieck in der entgegengesetzten Richtung durchlaufen. *Das Inhaltsmaß des Polygons ist die Summe der Inhaltsmaße der Dreiecke* (Abb. 13.3-5).
Zerlegt man durch Geraden von einem beliebigen Punkt P im Innern des Polygons aus seine Fläche *in n Dreiecke*, so stimmt wieder der Umlaufsinn der Dreiecke mit dem des Polygons überein, und die inneren Seiten werden jede zweimal in entgegengesetzter Richtung durchlaufen (Abb. 13.3-6). Auch *nichtkonvexe Polygone* lassen sich durch jedes dieser beiden Verfahren in Dreiecke zerlegen. Es treten dabei aber Diagonalen und „innere" Seiten auf, die äußere Punkte des Polygons enthalten (Abb. 13.3-7). Rechnet man nach der über das Inhaltsmaß des Dreiecks getroffenen Festsetzung im entgegengesetzten Sinne umlaufene Dreiecke als negativ, im Fünfeck $P_1P_2P_3P_4P_5$ z. B. das Dreieck $P_1P_2P_3$, so ergibt sich wieder das *Inhaltsmaß des Polygons als algebraische Summe* der Dreiecksmaße, falls das Polygon nicht *überschlagen* ist, d. h., falls seine Seiten sich nicht schneiden. Das Viereck $P_1P_2P_3P_4$ der Abbildung ist überschlagen. Zu ihm gehört ein Inhaltsmaß, das sich aus einem *positiven* (roten) und einem *negativen* (blauen) Teil zusammensetzt, in einem überschlagenen „Parallelogramm" demnach den Wert Null hat.

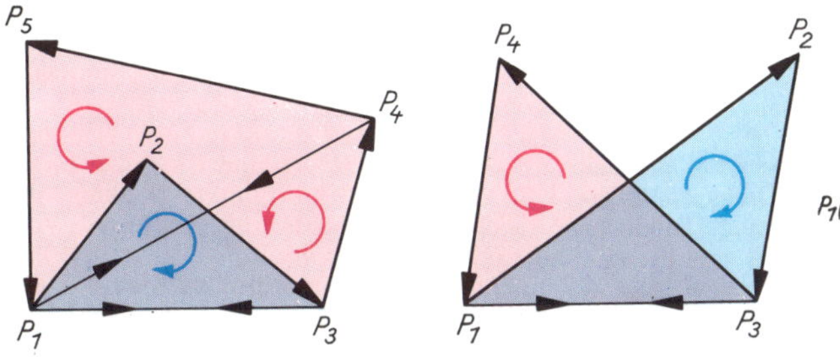

13.3-7 Zerlegen eines nichtkonvexen Fünf- bzw. Vierecks in 3 bzw. 2 Dreiecke

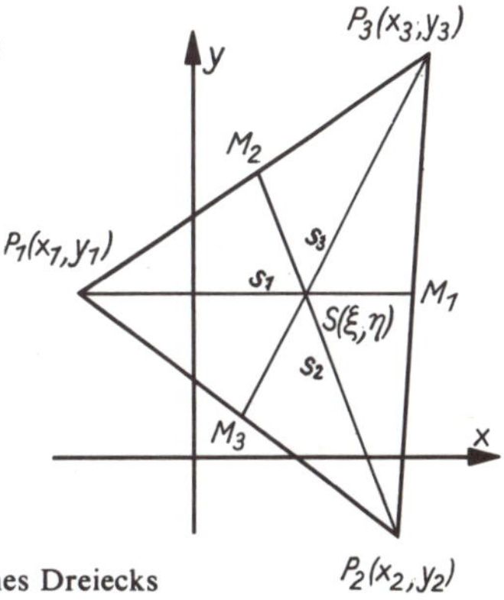

13.3-8 Schwerpunkt eines Dreiecks

Schwerpunkt eines Dreiecks. In einem Dreieck (Abb. 13.3-8) mit den Ecken $P_1(x_1, y_1)$, $P_2(x_2, y_2)$, $P_3(x_3, y_3)$ sind die Seitenmitten $M_3[{}^1/_2(x_1 + x_2), {}^1/_2(y_1 + y_2)]$, $M_1[{}^1/_2(x_2 + x_3), {}^1/_2(y_2 + y_3)]$ und $M_2[{}^1/_2(x_3 + x_1), {}^1/_2(y_3 + y_1)]$. Auf den Seitenhalbierenden $s_3 = |P_3M_3|$, $s_1 = |P_1M_1|$, $s_2 = |P_2M_2|$ wird durch die Teilverhältnisse $\lambda_3, \lambda_1, \lambda_2$ je ein Punkt S_3, S_1 bzw. S_2 festgelegt, ihre Koordinaten sind

$$\xi_3 = [x_3 + {}^1/_2\lambda_3(x_1 + x_2)]/(1 + \lambda_3), \quad \eta_3 = [y_3 + {}^1/_2\lambda_3(y_1 + y_2)]/(1 + \lambda_3),$$
$$\xi_1 = [x_1 = {}^1/_2\lambda_1(x_2 + x_3)]/(1 + \lambda_1), \quad \eta_1 = [y_1 + {}^1/_2\lambda_1(y_2 + y_3)]/(1 + \lambda_1),$$
$$\xi_2 = [x_2 + {}^1/_2\lambda_2(x_3 + x_1)]/(1 + \lambda_2), \quad \eta_2 = [y_2 + {}^1/_2\lambda_2(y_3 + y_1)]/(1 + \lambda_2).$$

Es zeigt sich, daß durch die zunächst willkürliche Wahl $\lambda_1 = \lambda_2 = \lambda_3 = 2$ die drei Koordinatenpaare einander gleich werden, d. h. denselben Punkt $S = S_1 = S_2 = S_3$ darstellen:

Die Koordinaten des Schwerpunkts sind das arithmetische Mittel der Koordinaten der Eckpunkte des Dreiecks.
Die drei Seitenhalbierenden eines Dreiecks schneiden sich in einem Punkt S, der jede im Verhältnis $|P_iS| : |SM_i| = 2 : 1$ teilt und Schwerpunkt des Dreiecks genannt wird.

Schwerpunktskoordinaten eines Dreiecks	$\xi = {}^1/_3(x_1 + x_2 + x_3), \eta = {}^1/_3(y_1 + y_2 + y_3)$

Beispiel 2: Im Dreieck $P_1(-5, 3)$, $P_2(-2, -1)$, $P_3(7, 8)$ z. B. sind die Schwerpunktskoordinaten:

$$\xi = {}^1/_3(-5 - 2 + 7) = 0; \qquad \eta = {}^1/_3(3 - 1 + 8) = 3{}^1/_3.$$

Satz des Apollonios. Dieser Satz ist benannt nach dem hellenistischen Mathematiker Apollonios von Perge (etwa 262–190 v. u. Z.). Zum Beweis dieses Satzes wird zunächst ein Hilfssatz über Winkelhalbierende im Dreieck hergeleitet.

Im Dreieck teilt sowohl die Winkelhalbierende eines Innenwinkels als auch die des zugehörenden Außenwinkels die gegenüberliegende Seite im Verhältnis der dem Winkel anliegenden Seiten.

In der Abbildung 13.3-9 sind im Dreieck ABC die *Winkelhalbierenden* w_γ und w'_γ der Winkel mit den Größen γ und γ' bei Punkt C eingezeichnet. Sie stehen *senkrecht aufeinander*, da $\gamma + \gamma' = 180°$ als Nebenwinkel sind. Die beiden Parallelen AD' und AE', die durch den Punkt A zu den Winkelhalbierenden gezogen werden, schneiden diese in den Punkten D_1 und E_1 *unter einem rechten Winkel*. Aus der Kongruenz der beiden Dreieckspaare $\triangle\ AD_1C \cong \triangle\ E'D_1C$ und $\triangle\ AE_1C \cong \triangle\ D'E_1C$ folgt die *Gleichheit der Strecken* $|CE'| = |CA| = |CD'|$. Die Strahlen BD' und BE werden sowohl von den Parallelen $AD' \parallel DC$ als auch von den Parallelen $CE \parallel E'A$ geschnitten. Nach dem *Strahlensatz* gilt:

1. $|AD| : |DB| = |D'C| : |CB| = |CA| : |CB|$
und
2. $|AE| : |EB| = |E'C| : |CB| = |CA| : |CB|$.

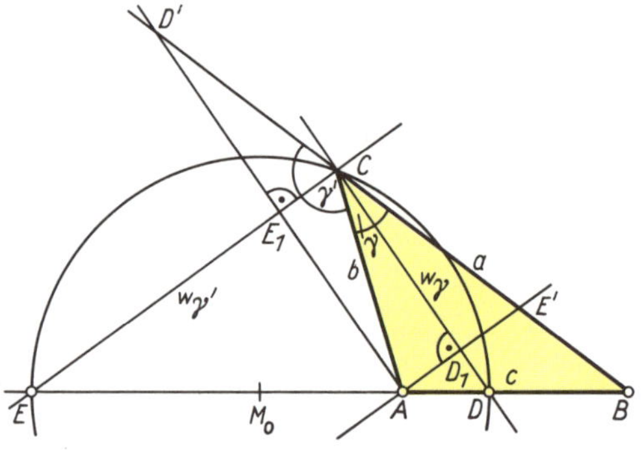

13.3-9 Winkelhalbierende eines Innenwinkels und des zugehörigen Außenwinkels der Größen γ und γ'

Beachtet man die *Richtung der Strecken* auf der Seite AB, so haben AD, DB und EB dasselbe, AE aber entgegengesetztes Vorzeichen. Die Verhältnisse λ, in denen die Schnittpunkte D und E der Winkelhalbierenden die Strecke AB teilen, haben zwar gleiche Beträge, aber entgegengesetzte Vorzeichen: $\lambda_1 = (AB,D) = m(AD)/m(DB) = +(b:a)$ und $\lambda_2 = (AB,E) = m(AE)/m(EB) = -(b:a)$. Man nennt zwei Punkte D und E, die eine Strecke AB innen und außen im selben Verhältnis teilen, *harmonische Punkte* und das Verhältnis beider Teilverhältnisse *Doppelverhältnis* $(A, B; D, E) = \lambda_1 : \lambda_2$. Für harmonische Punkte D und E hat das Doppelverhältnis den Wert $-1 = [+(b:a)] : [-(b:a)]$. Betrachtet man in Abbildung 13.3-9 die Strecke AB und ihre Teilpunkte D und E als gegeben, so gibt es außer dem Dreieck ABC noch andere Dreiecke ABC_i mit der Eigenschaft, daß die Halbierenden der Winkel mit dem Scheitelpunkt C_i durch die Punkte D und E gehen. Die Geraden C_iD und C_iE müssen nur, um Winkelhalbierende zu sein, senkrecht aufeinander stehen, d. h., die Punkte C_i müssen auf dem Thaleskreis über der Strecke DE als Durchmesser liegen. Für alle diese Punkte C_i hat das Verhältnis $(b_i : a_i) = \lambda$ ihrer Abstandsmaße von den beiden festen Punkten A und B denselben Wert $\lambda = m(AD)/m(DB)$. Der Thaleskreis ist damit der geometrische Ort aller Punkte C_i.

Satz des Apollonios. Der geometrische Ort der Eckpunkte C_i aller Dreiecke ABC_i mit gegebener Seite $|AB|$, deren andere Seiten im konstanten Verhältnis $m(AC_i)/m(BC_i) = \lambda$ stehen, ist der Thaleskreis über der Strecke DE als Durchmesser, deren Endpunkte D und E die Seite $|AB|$ innen und außen im Verhältnis λ teilen.

Satz des Ceva und Satz des Menelaos. Diese Sätze sind benannt nach dem Italiener Giovanni Ceva (1648–1734) und dem Griechen Menelaos von Alexandria (um 98 u. Z.). Den dualen Charakter dieser Sätze erkennt man aus dem folgenden Vergleich ihrer Problemstellung.

Satz des Ceva. Unter welchen Bedingungen bestimmen drei Geraden einen Punkt, ihren Schnittpunkt, von denen jede durch einen Eckpunkt eines Dreiecks geht, aber keine mit einer Seite des Dreiecks zusammenfällt?

Satz des Menelaos. Unter welchen Bedingungen bestimmen drei Punkte eine Gerade, ihre Verbindungsgerade, von denen jeder auf einer Seite eines Dreiseits liegt, aber keiner mit einem Eckpunkt des Dreiseits zusammenfällt?

Satz des Ceva. Drei Ecktransversalen eines Dreiecks schneiden sich in einem Punkt, wenn das Produkt der Teilverhältnisse, das ihre Schnittpunkte mit den Gegenseiten auf diesen bilden, den Wert 1 hat.

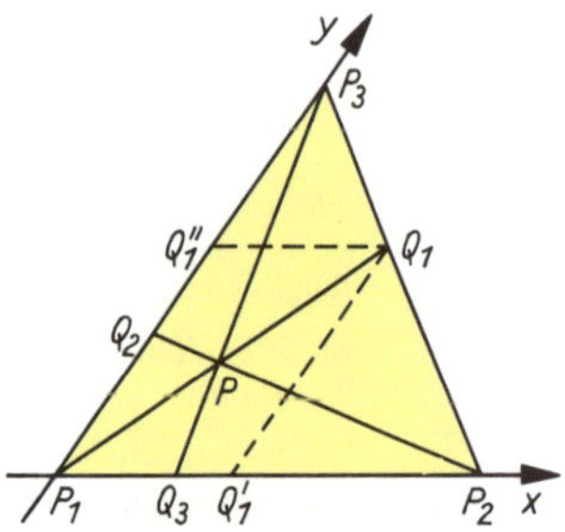

13.3-10 Zum Satz des Ceva

Bezeichnet man die Ecken des Dreiecks mit P_1, P_2, P_3 und die Schnittpunkte der drei Ecktransversalen mit den Gegenseiten mit Q_1, Q_2, Q_3 (Abb. 13.3-10), so bilden diese die Teilverhältnisse:

$$\lambda_1 = m(P_2Q_1)/m(Q_1P_3);$$

$$\lambda_2 = m(P_3Q_2)/m(Q_2P_1);$$

$$\lambda_3 = m(P_1Q_3)/m(Q_3P_2).$$

Ein Parallelkoordinatensystem sei so angenommen, daß die Gerade durch P_1 und P_2 die x-Achse und die durch P_1 und P_3

die y-Achse ist; in ihm soll der Punkt P_2 die Koordinaten (1, 0) und der Punkt P_3 die Koordinaten (0, 1) haben. Dann lassen sich die Koordinaten der Punkte Q_2, Q_3, Q_1 wie folgt berechnen:

Q_2: $m(P_1Q_2) : m(Q_2P_3) = 1 : \lambda_2$ oder $m(P_1Q_2) : m(P_1P_3) = 1 : (1+\lambda_2) = y_2$; $x_2 = 0$;

Q_3: $m(P_1Q_3) : m(Q_3P_2) = \lambda_3$ oder $m(P_1Q_3) : m(P_1P_2) = \lambda_3 : (1+\lambda_3) = x_3$; $y_3 = 0$;

Q_1: $m(P_1Q_1') : m(P_1P_2) = m(P_3Q_1) : m(P_3P_2) = 1 : (1+\lambda_1) = x_1$;

$m(P_1Q_1'') : m(P_1P_3) = m(P_2Q_1) : m(P_2P_3) = \lambda_1 : (1+\lambda_1) = y_1$.

Sind x und y die Koordinaten des Schnittpunktes P, dann sollen die folgenden drei Geradengleichungen zugleich gelten:

(1) Gerade durch Q_1, P und P_1: $(y_1 - 0)/(x_1 - 0) = y/x$ oder $\lambda_1 = y/x$;
(2) Gerade durch Q_2, P und P_2: $(y_2 - 0)/(x_2 - 1) = y/(x-1)$ oder $[1/(1+\lambda_2)]/(-1) = y/(x-1)$;
(3) Gerade durch Q_3, P und P_3: $(y_3 - 1)/x_3 = (y-1)/x$ oder $-1/[\lambda_3/(1+\lambda_3)] = (y-1)/x$.

Durch Eliminieren von y nach (1) und von x aus (2′) und (3′) erhält man

(2′) $-1/(1+\lambda_2) = x\lambda_1/(x-1)$, $\quad 1 - x = x(\lambda_1 + \lambda_1\lambda_2)$, $\quad x = 1/(1+\lambda_1+\lambda_1\lambda_2)$;

(3′) $-(1+\lambda_3)/\lambda_3 = (x\lambda_1 - 1)/x$, $\quad x + x\lambda_3 = \lambda_3 - x\lambda_1\lambda_3$, $\quad x = \lambda_3/(1+\lambda_3+\lambda_1\lambda_3)$;

$$\lambda_3 + \lambda_1\lambda_3 + \lambda_1\lambda_2\lambda_3 = 1 + \lambda_3 + \lambda_1\lambda_3$$

$$\lambda_1\lambda_2\lambda_3 = 1,$$ was zu beweisen war (w. z. b. w.).

Satz des Menelaos. Eine Transversale schneidet die Seiten eines Dreiecks so, daß das Produkt der Teilverhältnisse, das ihre Schnittpunkte mit den drei Seiten bilden, den Wert −1 hat.

Entsprechend wie im Satz des Ceva seien

$$\lambda_1 = m(P_2Q_1) : m(Q_1P_3),\ \lambda_2 = m(P_3Q_2) : m(Q_2P_1),\ \lambda_3 = m(P_1Q_3) : m(Q_3P_2)$$

die Teilverhältnisse der Schnittpunkte auf den Seiten (Abb. 13.3-11); die Ecken des Dreiecks mögen wieder die Koordinaten haben $P_1(0, 0)$, $P_2(1, 0)$, $P_3(0, 1)$. Für die Koordinaten der Schnittpunkte ergeben sich dieselben Werte, wobei aber ein Teilverhältnis, in der Abbildung λ_2, einen negativen Wert hat. Wenn die Punkte Q_1, Q_2, Q_3 auf einer Geraden liegen sollen, muß gelten:

$$(y_2 - y_3) : (x_2 - x_3) = (y_1 - y_3) : (x_1 - x_3),$$

$$[1/(1+\lambda_2)] : [-\lambda_3/(1+\lambda_3)] = [\lambda_1/(1+\lambda_1)] : [1/(1+\lambda_1) - \lambda_3/(1+\lambda_3)];$$

$$-(1+\lambda_3)/[\lambda_3(1+\lambda_2)] = \lambda_1(1+\lambda_3)/[(1+\lambda_3) - \lambda_3(1+\lambda_1)],$$

$$-(1+\lambda_3) + \lambda_3(1+\lambda_1) = \lambda_1\lambda_3(1+\lambda_2),$$

$$-1 - \lambda_3 + \lambda_3 + \lambda_1\lambda_3 = \lambda_1\lambda_3 + \lambda_1\lambda_2\lambda_3,$$

$\lambda_1\lambda_2\lambda_3 = -1$, was zu beweisen war (w. z. b. w.).

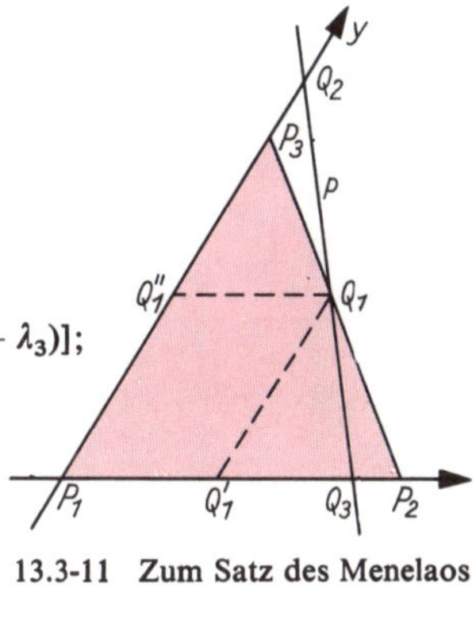

13.3-11 Zum Satz des Menelaos

13.4. Der Kreis

Gleichungen eines Kreises in rechtwinkligen Parallelkoordinaten. Ein Kreis ist der geometrische Ort aller Punkte $P(x, y)$ der Ebene, die von einem festen Punkt $M(c, d)$ einen konstanten Abstand r haben; M heißt Mittelpunkt, r Radius des Kreises. Nach dem pythagoreischen Lehrsatz ergibt sich danach (Abb. 13.4-1) die gesuchte Kreisgleichung $r^2 = (x-c)^2 + (y-d)^2$. Fällt der Mittelpunkt in den Ursprung, so ist $c = d = 0$, und man erhält die Mittelpunktsgleichung des Kreises $x^2 + y^2 = r^2$.

Gleichung eines Kreises in allgemeiner Lage; Mittelpunkt $M(c, d)$, Radius r	$(x-c)^2 + (y-d)^2 = r^2$
Gleichung eines Kreises mit Mittelpunkt im Ursprung, Radius r	$x^2 + y^2 = r^2$

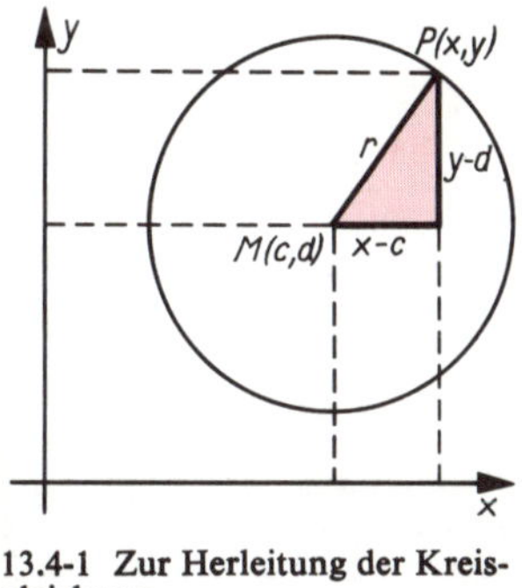

13.4-1 Zur Herleitung der Kreisgleichung

Beispiel 1: Der Kreis mit dem Mittelpunkt $M(4, 3)$ und dem Radius 2 hat die Gleichung $(x-4)^2 + (y-3)^2 = 2^2$.

Beispiel 2: Der Punkt $P_0(1, 2)$ liegt nicht auf dem Kreis mit der Gleichung $(x-0{,}5)^2 + (y-2)^2 = 5^2$, da seine Koordinaten $x_0 = 1$, $y_0 = 2$ die Gleichung des Kreises nicht erfüllen. Es ist $(1-0{,}5)^2 + (2-2)^2 \neq 25$.

Beispiel 3: Welche Ordinaten haben die auf dem Kreis mit der Gleichung $(y-2)^2 + (x-1)^2 = 61$ liegenden Punkte P_1 und P_2 mit der Abszisse 6? – Gesucht sind die Ordinaten y_1 und y_2 der Punkte $P_1(6, y_1)$ und $P_2(6, y_2)$. Setzt man $x = 6$ in die Kreisgleichung ein und löst nach y auf, so erhält man $(y-2) = \pm\sqrt{61-(6-1)^2}$, d. h., $y_1 = 8$, $y_2 = -4$.

Gleichung eines Kreises in Polarkoordinaten. Der Mittelpunkt M eines Kreises vom Radius r habe im Polarkoordinatensystem die Koordinaten $M(\varrho_0, \varphi_0)$ und ein beliebiger auf dem Kreise variierender Punkt P die Koordinaten $P(\varrho, \varphi)$. Im Dreieck OMP sind $|MP| = r$ und $|OM| = \varrho_0$ gegebene feste Werte, ϱ ändert sich je nach der Winkelgröße φ zwischen den Werten $\varrho_{min} = |\varrho_0 - r|$ und $\varrho_{max} = \varrho_0 + r$ (Abb. 13.4-2). Nach dem *Kosinussatz* gilt stets $\varrho^2 + \varrho_0^2 - 2\varrho_0\varrho\cos(\varphi - \varphi_0) = r^2$. Liegt der Kreismittelpunkt auf der Polarachse und geht der Kreis durch den Ursprung – man spricht dann von *Scheitellage* –, so erhält man, da der Umfangswinkel im Halbkreis ein Rechter ist, die vereinfachte Kreisgleichung $\varrho = 2r\cos\varphi$.

Gleichung eines Kreises mit dem Radius r und dem Mittelpunkt $M(\varrho_0, \varphi_0)$ in Polarkoordinaten; speziell in Scheitellage	$\varrho^2 + \varrho_0^2 - 2\varrho\varrho_0\cos(\varphi - \varphi_0) = r^2$ $\varrho = 2r\cos\varphi;\ \varrho \geqslant 0$

Beispiel 4: Wenn $M(4, 30°)$ und $r = 3$ sind, lautet die Gleichung des Kreises in Polarkoordinaten $\varrho^2 + 16 - 2\varrho \cdot 4\cos(\varphi - 30°) = 9$ bzw. $\varrho^2 - 8\varrho\cos(\varphi - 30°) + 7 = 0$.

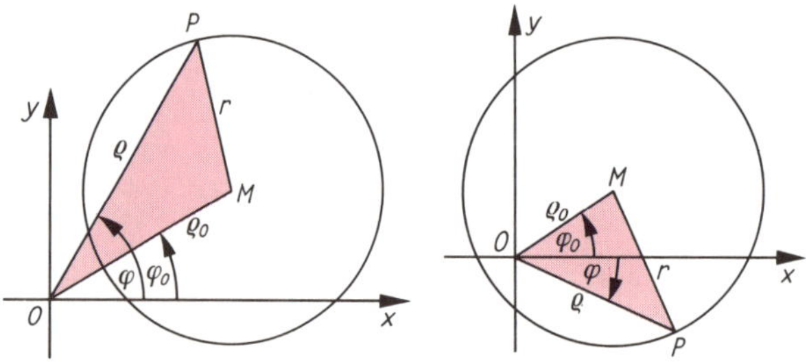

13.4-2 Zur Kreisgleichung in Polarkoordinaten

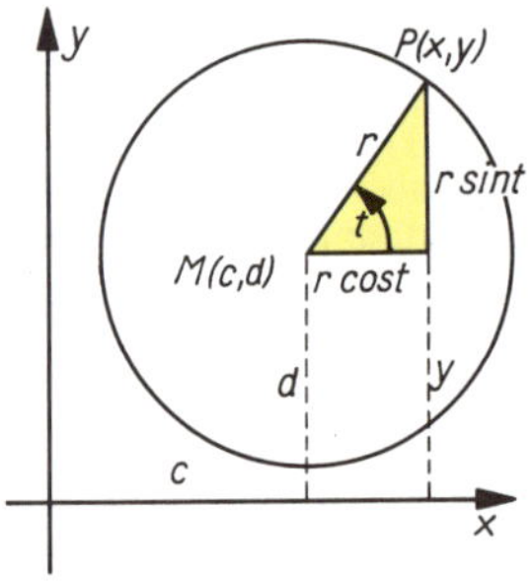

13.4-3 Zur Gleichung des Kreises in Parameterdarstellung

Parameterdarstellung des Kreises. Werden die beiden Koordinaten x und y als Funktionen $x = \varphi_1(t)$, $y = \varphi_2(t)$ einer *zugrunde liegenden Veränderlichen t* angesehen, so nennt man diese Größe *Parameter* und die Darstellung Parameterdarstellung. In physikalischen Anwendungen wird oft die Zeit als Parameter verwendet. Beim Kreis erhält man die Parameterdarstellung $x = c + r\cos t$, $y = d + r\sin t$, wenn man als Parameter t die Größe des Winkels zwischen der positiven Richtung der x-Achse und dem zum Laufpunkt $P(x, y)$ gezogenen Radius r einführt Abb. 13.4-3).

Parameterdarstellung eines Kreises vom Radius r und dem Mittelpunkt $M(c, d)$	$x = c + r\cos t$ $y = d + r\sin t$

Beispiel 5: Der Kreis vom Radius $r = 2$ und dem Mittelpunkt $M(3, 4)$ hat die Parameterdarstellung $x = 3 + 2\cot t$, $y = 4 + 2\sin t$.

Kreis und Gerade

Gegeben seien ein Kreis durch die Gleichung $(x-c)^2 + (y-d)^2 = r^2$ und eine Gerade durch $y = mx + n$. Die Koordinaten x_0, y_0 eines *Schnittpunktes* P_0 müssen sowohl die Gleichung des Kreises als auch die Gleichung der Geraden erfüllen. Man erhält das *Gleichungssystem*

$$(x_0 - c)^2 + (y_0 - d)^2 = r^2$$
$$mx_0 + n = y_0$$

Durch Einsetzen, Quadrieren und Ordnen gewinnt man stets eine quadratische Gleichung der Form $x_0^2 + 2px_0 + q = 0$ mit der allgemeinen Lösung $x_0 = -p \pm \sqrt{p^2 - q}$ (vgl. Kap. 4.3). Je nach dem Vorzeichen ihrer *Diskriminante* $D = p^2 - q$ hat sie zwei *reelle* ($D > 0$), eine *reelle* ($D = 0$) oder zwei *konjugiert komplexe Lösungen* ($D < 0$). Geometrisch bedeutet das, daß die Gerade zwei Punkte, einen oder keinen Punkt mit dem Kreis gemeinsam hat, daß sie *Sekante* oder *Tangente* ist oder den *Kreis verfehlt*.

Beispiel 1: Sind ein Kreis durch die Gleichung $(x - 3)^2 + (y - 2)^2 = 40$ und eine Gerade durch $y = -x + 9$ gegeben, so erhält man für ihre Schnittpunkte

$$(x_0 - 3)^2 + (y_0 - 2)^2 = 40 \qquad \rightarrow \qquad (x_0 - 3)^2 + (-x_0 + 7)^2 = 40$$

$$y_0 = -x_0 + 9 \qquad\qquad 2x_0^2 - 20x_0 = -18$$

$$y_{01} = 0;\ y_{02} = 8 \qquad \leftarrow \qquad x_{01} = 9;\ x_{02} = 1$$

Die beiden Schnittpunkte sind $P_1(9, 0)$ und $P_2(1, 8)$.

Beispiel 2: Um die Schnittpunkte der durch die Gleichung $y = -x/2 + {}^5/_2\sqrt{5}$ gegebenen Geraden mit dem durch $x^2 + y^2 = 25$ gegebenen Kreis zu berechnen, löst man die durch Einsetzen gewonnene quadratische Gleichung auf; oft wird dabei der Einfachheit halber der den Schnittpunkt kennzeichnende Index weggelassen.

$$\begin{aligned} x^2 + x^2/4 + 125/4 - {}^5/_2 x\sqrt{5} &= 25, \\ 5x^2/4 - 5x\sqrt{5}/2 &= -25/4, \\ x^2 - 2\sqrt{5}\cdot x &= -5, \\ (x - \sqrt{5})^2 &= 0, \\ x_1 = x_2 &= \sqrt{5}. \end{aligned}$$

Die Diskriminante $D = 5 - 5$ hat den Wert Null, die Gerade berührt den Kreis im Punkte $x_0 = \sqrt{5}$, $y_0 = 2\cdot\sqrt{5}$.

Beispiel 3: Die durch $x = 6$ gegebene Gerade hat mit dem durch $x^2 + y^2 = 25$ gegebenen Kreis keinen Punkt gemeinsam. Durch Einsetzen erhält man die in y quadratische Gleichung $36 + y^2 = 25$ mit der Diskriminante $D = 25 - 36 = -11$, d. h. keine reelle Lösung.

Normale eines Kreises. Geometrisch ist bekannt, daß der *Berührungsradius* auf der Tangente *senkrecht* steht. Die Gerade, auf der der Berührungsradius liegt, ist deshalb die Normale zum Kreis im Berührungspunkt. Für den Punkt $P_1(x_1, y_1)$ auf dem mit der Gleichung $(x - c)^2 + (y - d)^2 = r^2$ ist $(y_1 - d)/(x_1 - c)$ der Richtungsfaktor der Normalen und $(y - y_1)/(x - x_1) = (d - y_1)/(c - x_1)$ oder $y - y_1 = (x - x_1)(y_1 - d)/(x_1 - c)$ ihre Gleichung.

Gleichung der Normalen durch $P_1(x_1, y_1)$ bei beliebiger und bei Mittelpunktslage des Kreises	
$y - y_1 = \dfrac{y_1 - d}{x_1 - c}\cdot(x - x_1)$	$y - y_1 = \dfrac{y_1}{x_1}\cdot(x - x_1)$

Beispiel 4: Die Normale des durch die Gleichung $(x - 2)^2 + (y - 1)^2 = 25$ gegebenen Kreises durch $P_1(5, -3)$ hat die Gleichung $y + 3 = (-3 - 1)\cdot(x - 5)/(5 - 2)$ oder in kartesischer Normalform $y = -4x/3 + 11/3$.

Tangente eines Kreises. Ist von einer Tangente an den Kreis mit der Gleichung $(x - c)^2 + (y - d)^2 = r^2$ der *Berührungspunkt* $P_1(x_1, y_1)$ gegeben, so ist $m_1 = (y_1 - d)/(x_1 - c)$ der Richtungsfaktor des Berührungsradius und $m_2 = -1/m_1 = -(x_1 - c)/(y_1 - d)$ der *Richtungsfaktor der Tangente* (Abb. 13.4-4).

Nach der *Punktrichtungsform* der Geradengleichung findet man für die Tangentengleichung $y - y_1 = -(x_1 - c)(x - x_1)/(y_1 - d)$ oder nach Multiplikation von $-(y_1 - d)$ und Addition des Terms $-(y - y_1)(y_1 - d)$ $(x_1 - c)(x - x_1) + (y - y_1)(y_1 - d) = 0$. Addiert man in dieser Tangentengleichung die Kreisgleichung für (x_1, y_1) $(x_1 - c)^2 + (y_1 - d)^2 = r^2$ ohne auszumultiplizieren, dann erhält man als Gleichung der Tangente $(x - c)(x_1 - c) + (y - d)(y_1 - d) = r^2$.

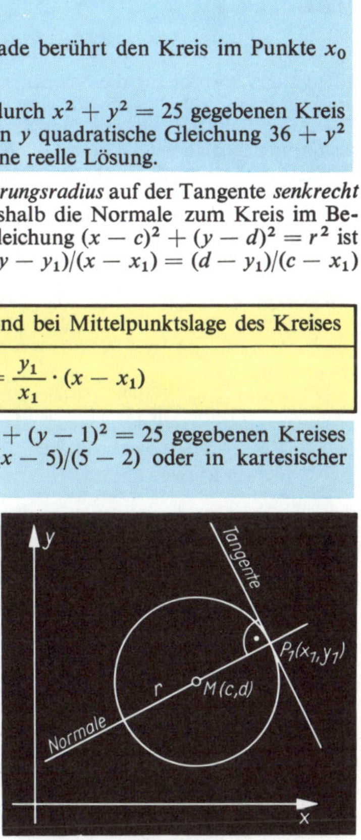

13.4-4 Tangente eines Kreises

Gleichung der Tangente im Punkte $P_1(x_1, y_1)$ bei beliebiger und bei Mittelpunktslage des Kreises	$(x-c)(x_1-c)+(y-d)(y-d)=r^2$ $xx_1+yy_1=r^2$

Beispiel 5: Die Gleichung der Tangente, die im Punkte $P\ (5, -3)$ den durch die Gleichung $(x-2)^2+(y-1)^2=25$ gegebenen Kreis berührt, lautet $(x-2)(5-2)+(y-1)(-3-1)$ $=25$ oder $3(x-2)-4(y-1)=25$ bzw. in kartesischer Normalform $y=3x/4-27/4$.

Mit den Mitteln der *Differentialrechnung* ergibt sich der Richtungsfaktor der Tangente, indem man die Kreisgleichung an der Stelle x_1 differenziert. Wegen $(x-c)^2+(y-d)^2=r^2$ folgt $2(x-c)+2(y-d)y'=0$ oder $y'=-(x-c)/(y-d)$. Der Richtungsfaktor der Tangente im Berührungspunkt $P_1(x_1, y_1)$ ist mithin $y'_1=-(x_1-c)/(y_1-d)$ in Übereinstimmung mit dem bereits angegebenen Wert.

Tangenten von einem Punkt an einen Kreis. Sind $M(c, d)$ der Mittelpunkt eines Kreises mit dem Radius r und $P_0(x_0, y_0)$ ein Punkt außerhalb des Kreises, so gibt es zwei Tangenten vom Punkte P_0 an den Kreis (Abb. 13.4-5). Werden ihre *Berührungspunkte* mit $P_1(x_1, y_1)$ und $P_2(x_2, y_2)$ bezeichnet, so lauten ihre Gleichungen

$$(x-c)(x_1-c)+(y-d)(y_1-d)=r^2 \quad \text{und}$$
$$(x-c)(x_2-c)+(y-d)(y_2-d)=r^2.$$

Sie sind für die Koordinaten des Punktes $P_0(x_0, y_0)$ erfüllt:

$$(x_0-c)(x_1-c)+(y_0-d)(y_1-d)=r^2,$$
$$(x_0-c)(x_2-c)+(y_0-d)(y_2-d)=r^2.$$

Die Gleichung

$$(x_0-c)(x-c)+(y_0-d)(y-d)=r^2$$

gilt deshalb sowohl für die Koordinaten des einen Berührungspunktes $P_1(x_1, y_1)$ als auch für die des anderen $P_2(x_2, y_2)$. Die Gleichung stellt danach eine Gerade dar, die durch die beiden Berührungspunkte geht. Diese Gerade heißt *Polare p_0 des Pols P_0* und ist bestimmt durch die Koordinaten (c, d) des Kreismittelpunktes M und durch die des Pols $P_0(x_0, y_0)$ sowie durch den Radius r des Kreises. *Ihre Schnittpunkte mit dem Kreis sind die beiden Berührungspunkte der Tangenten.* Mit den Koordinaten des Pols (x_0, y_0) und eines Berührungspunktes läßt sich jeweils, z. B. mit der Zweipunkteform der Geradengleichung, die Tangentengleichung sofort angeben.

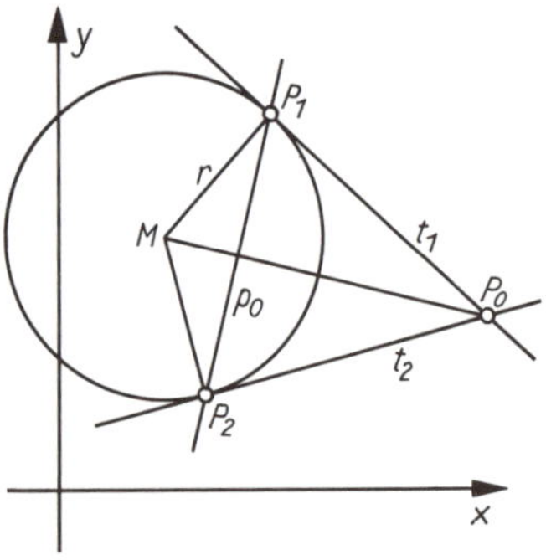

13.4-5 Tangenten von einem Punkte außerhalb eines Kreises an den Kreis

Beispiel 6: Vom Punkte $P_0(3, 5)$ sollen die Tangenten an den Kreis mit der Gleichung $(x+2)^2+y^2$ $=5$ gelegt werden. Die Gleichung der *Polaren* ist $(3+2)(x+2)+(5-0)(y-0)=5$ oder $y=-x-1$. Für ihre *Schnittpunkte* P_1 und P_2 mit dem Kreis gilt $y_1=-x_1-1$ und zugleich $(x_1+2)^2+y_1^2=5$, folglich $x_1^2+4x_1+4+x_1^2+2x_1+1=5$ oder $x_1^2+3x_1=0$; $x_1=0$, $x_2=-3$. Die *Berührungspunkte* sind demnach $P_1(0, -1)$ und $P_2(-3, 2)$. Die in P_1 berührende Tangente hat die Gleichung $y=2x-1$, die andere $y=x/2+7/2$.

Zwei Kreise

Schnittpunkte zweier Kreise. Zwei Kreise, deren Gleichungen $(x-c_1)^2+(y-d_1)^2=r_1^2$ und $(x-c_2)^2+(y-d_2)^2=r^2$ sind, können so zueinander liegen, daß sie sich in 2 Punkten *schneiden*, daß sie sich in einem Punkte *berühren* oder daß sie *getrennt liegen*, d. h. keinen Punkt gemeinsam haben.

Zum Aufsuchen eventueller Schnittpunkte $P_0(x_0, y_0)$ hat man das Gleichungssystem

$$\left| \begin{aligned} (x_0-c_1)^2+(y_0-d_1)^2=r_1^2 \\ (x_0-c_2)^2+(y_0-d_2)^2=r_2^2 \end{aligned} \right|$$

aufzulösen. Hat es *zwei reelle*, verschiedene Lösungen x_{01}, y_{01} und x_{02}, y_{02}, so stellen $P_1(x_{01}, y_{01})$ und $P_2(x_{02}, y_{02})$ die beiden Schnittpunkte dar; im Falle *einer reellen Doppellösung* berühren sich die Kreise (vgl. Kap. 4.6.). Hat das Gleichungssystem *keine reelle Lösung*, so liegen die Kreise getrennt.

Beispiel 1: Durch Subtrahieren der Gleichungen $(x+4)^2+(y+5)^2=194$ und $(x-3)^2+(y-2)^2$ $=40$ zweier Kreise ergibt sich die Gleichung $x+y=9$ der Geraden, auf der die beiden Kreisen gemeinsame Sehne liegt. Ihre Schnittpunkte mit einem der Kreise sind zugleich die Schnittpunkte beider Kreise; man findet die Punkte $P_1(9, 0)$ und $P_2(1, 8)$.

Schnittwinkel zweier Kreise. Der Schnittwinkel zweier Kreise ist erklärt als Winkel zwischen den *Tangenten* in jedem Schnittpunkt; er hat für beide Schnittpunkte denselben Wert (Abb. 13.4-6).

Beispiel 2: Die durch die Gleichungen $(x + 4)^2 + (y + 5)^2 = 194$ und $(x - 3)^2 + (y - 2)^2 = 40$ gegebenen Kreise schneiden einander im Punkte $P_1(9, 0)$. Die Tangenten haben die Gleichungen $(9 + 4)(x + 4) + 5(y + 5) + 194$ und $(9 - 3)(x - 3) + (-2)(y - 2) = 40$ oder in kartesischer Normalform: $y = -13x/5 + 117/5$ und $y = 3x - 27$. Für die Größe ψ des Schnittwinkels dieser beiden Geraden findet man aus

$$m_1 = -13/5 \quad \text{und} \quad m_2 = 3$$

nach $\tan\psi = (m_2 - m_1)/(1 + m_1 m_2) = -14/17$ den Wert $\psi_2 = -39{,}47°$ bzw. $\psi_1 = +140{,}53°$; aus $m_1 = \tan\alpha_1 = -13/5$ ergibt sich $\alpha_1 = -68{,}96°$, aus $m_2 = \tan\alpha_2 = +3$ dagegen $\alpha_2 = +71{,}57°$, für $\psi = \alpha_2 - \alpha_1$ demnach $140{,}53°$.

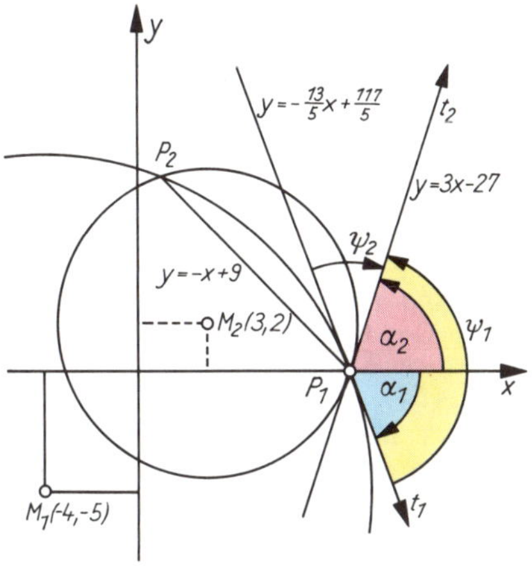

13.4-6 Schnittpunkte und Schnittwinkel zweier Kreise

13.5. Die Kegelschnitte

Kegelschnitte als Schnittfiguren eines geraden Kreiskegels mit einer Ebene

Schon in der Antike definierte man die Kegelschnitte als Schnitte einer Ebene E mit einem geraden Kreiskegel. Die Schnittfiguren werden Kreis, Ellipse, Hyperbel und Parabel genannt. Enthält die Schnittebene E die Spitze Z des Doppelkegels, so sind die Schnittfiguren entweder ein *Punkt*, die Spitze Z, oder eine *Mantellinie*, wenn die Ebene E den Kegel berührt, oder *zwei sich* in der Spitze Z *schneidende Mantellinien*, wenn die Ebene E außer Z noch innere Punkte des Kegels enthält. Diese Schnittfiguren werden auch als *entartete Kegelschnitte* bezeichnet.

Enthält die Ebene E die Spitze Z nicht, steht aber senkrecht auf der Achse des Kegels, so ist die Schnittfigur ein Kreis; verläuft die Ebene parallel zu einer Mantellinie, so entsteht eine Parabel; verläuft sie weder parallel zu einer Mantellinie noch senkrecht zur Achse, so ergibt sich eine Ellipse, wenn alle Mantellinien nur auf einer Seite der Spitze von E geschnitten werden, im anderen Fall eine Hyperbel.

Alle nichtentarteten Kegelschnitte eines Doppelkegels können als *perspektive Bilder* voneinander angesehen werden; Z ist das Zentrum der Perspektive. *Auf jeder Mantellinie liegt ein und nur ein Punkt von jedem Kegelschnitt* – bis auf drei Ausnahmen, die man durch den Begriff des uneigentlichen oder unendlichfernen Punktes einer Geraden (vgl. Kap. 25.1.) beseitigt. Die zur Schnittebene E parallele Mantellinie m_0 bei der *Parabel* soll danach mit ihrer Parallelen durch den Scheitel S der Parabel einen uneigentlichen Punkt gemeinsam haben, der als Parabelpunkt gilt; die Parallele SF zu m_0 durch den Scheitel heißt *Achse der Parabel*. Im Falle der *Hyperbel* handelt es sich um die zwei Mantellinien, in denen eine zur Ebene E parallele Ebene E' durch die Spitze Z den Doppelkegel schneidet. In der projektiven Geometrie haben beide Ebenen E und E' eine uneigentliche Gerade g gemeinsam, und jede der beiden Mantellinien schneidet g in einem uneigentlichen Punkt, der zugleich ein Punkt von jeder zu ihnen parallelen Geraden und von der Hyperbel ist. Die beiden zu diesen Mantellinien parallelen Geraden durch den Mittelpunkt der Hyperbel heißen ihre *Asymptoten*.

Dandelinsche Kugeln. Der belgische Mathematiker Pierre DANDELIN (1794–1847) hat als erster Kugeln, die den Kegel und die Schnittebene berühren, zur Herleitung der Eigenschaften der Kegelschnitte benutzt.

Parabel. Läuft die Schnittebene E parallel zu einer Mantellinie m_0, so gibt es *nur eine Dandelinsche Kugel*, die E und den Kegel berührt; ihr Durchmesser ist der Abstand der Geraden m_0 von der

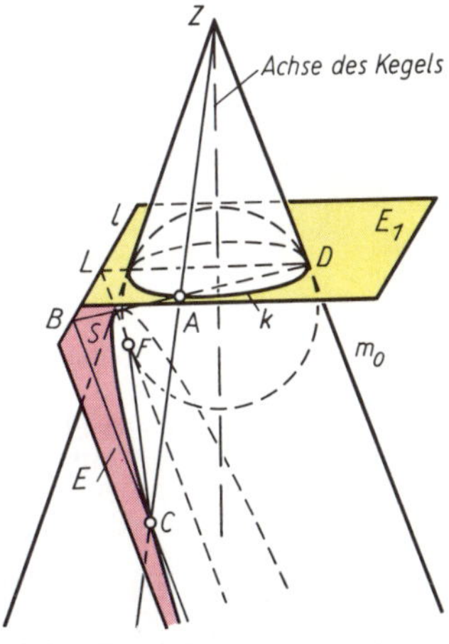

13.5-1 Parabel als Kegelschnitt

Ebene E (Abb. 13.5-1). Die Kugel berührt die Ebene E in einem Punkt F und den Kegel in einem Kreis k, der von m_0 im Punkt D geschnitten wird. Die Ebene E_1 durch den Kreis k schneidet die Schnittebene E in einer Geraden l, die *Leitlinie* heißt und senkrecht auf der Ebene Σ durch die Mantellinie m_0 und die Achse des Kegels steht. Die Ebene Σ schneidet die Schnittebene E in der *Achse der Parabel*; der endliche Parabelpunkt auf der Achse ist der *Scheitel* S der Parabel. Durch Drehen der Ebene Σ um die Mantellinie m_0 entstehen Schnittgeraden, z. B. BC, auf der Schnittebene E, die parallel zur Achse, d. h. senkrecht zur Leitlinie l verlaufen. Den Kegel schneidet die gedrehte Ebene Σ_A durch m_0 in einer zweiten Mantellinie durch die Punkte Z, A und C; A liegt auf dem Kreis k und C auf der Schnittgeraden; C ist somit ein Parabelpunkt. Die Strecken CF und CA sind gleich lang als Abschnitte auf Tangenten vom Punkt C an die Kugel. Die Strecken CA und CB sind gleich lang nach dem Strahlensatz; die Geraden ZC und DB schneiden einander in A und werden von den Parallelen BC und DZ geschnitten; dabei gilt $|BC| : |CA| = |DZ| : |ZA| = 1$, d. h., $|BC| = |CA|$.

Die Parabel ist der geometrische Ort aller Punkte der Ebene, die von einem festen Punkt F und einer festen Geraden l gleichen Abstand haben. Das Verhältnis $|CF| : |CB| = \varepsilon$ hat den Wert 1 und heißt numerische Exzentrizität.

Ellipse und Hyperbel. Wenn die Schnittebene E keiner Mantellinie parallel ist, sind zwei *Dandelinsche Kugeln* K_1 und K_2 vorhanden, die diese Ebene E in je einem Punkt F_1 bzw. F_2 und den Kegel in je einem Kreis k_1 bzw. k_2 berühren. Die Ebenen E_1 und E_2 dieser Kreise schneiden die Schnittebene E in je einer zur anderen parallelen Leitlinie l_1 bzw. l_2. Die Ebene Σ senkrecht zu den Leitlinien und durch die Achse des Kegels schneidet die Schnittebene in der *Achse der Ellipse* oder *der Hyperbel* (Abb. 13.5-2 und 13.5-3).

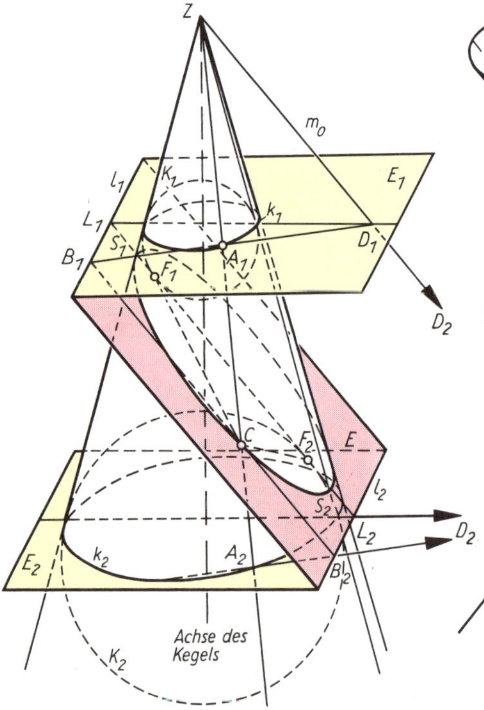

13.5-2 Ellipse als Kegelschnitt

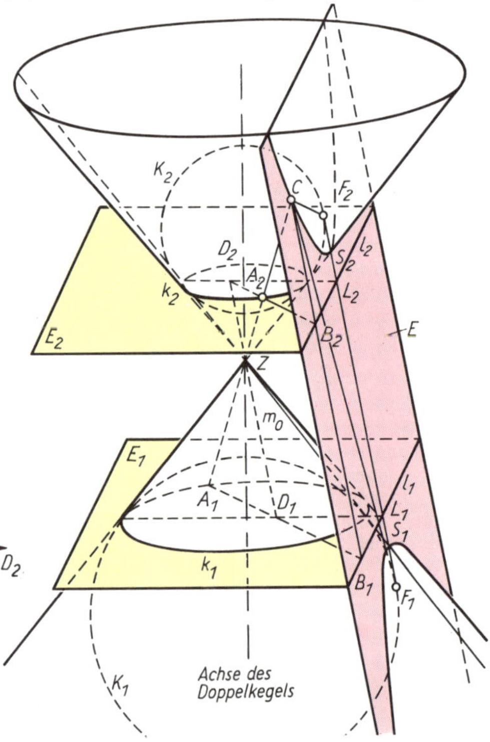

13.5-3 Hyperbel als Kegelschnitt

Eine Parallele m_0 in dieser Ebene Σ zur Achse des Kegelschnitts durch die Spitze Z des Kegels schneidet die Ebenen E_1 in D_1 und E_2 in D_2. Dreht man die Ebene Σ um die Gerade m_0, so bleibt ihre Schnittgerade mit E, z. B. B_1B_2, parallel zur Achse des Kegelschnitts, d. h. senkrecht zu den Leitlinien l_1 und l_2. Die gedrehte Ebene Σ_A enthält eine Mantellinie ZA_1A_2; der Schnittpunkt C von B_1B_2 mit A_1A_2 ist ein Punkt des Kegelschnitts. Die Strecken CF_1 und CA_1 sind gleich lang als Abschnitte auf Tangenten vom Punkt C an die Kugel K_1; entsprechend gilt $|CF_2| = |CA_2|$. Wegen der Lage der Kugeln K_1 und K_2 auf verschiedenen oder gleichen Seiten der Schnittebene E gilt für die Ellipse $|CF_1| + |CF_2| = |A_1A_2|$, für die Hyperbel dagegen $|CF_1| - |CF_2| = |A_1A_2|$.

Die Ellipse ist der geometrische Ort aller Punkte C der Ebene, für die die Summe der Abstände von zwei festen Punkten F_1 und F_2, den Brennpunkten, konstant ist; aus Symmetriegründen ist diese Konstante (2a) gleich dem Abstand der in der Ebene Σ gelegenen Ellipsenpunkte S_1 und S_2, die Scheitel heißen.
Die Hyperbel ist der geometrische Ort aller Punkte C der Ebene, für die die Differenz der Abstände von zwei festen Punkten F_1 und F_2, den Brennpunkten, konstant ist; für die Scheitelpunkte S_1 und S_2 in Σ gilt wieder $|S_1S_2| = 2a = |A_1A_2|$.

In der gedrehten Ebene Σ_A durch m_0 schneiden sich ebenfalls ZC und B_1D_1 in A_1, und B_1C ist parallel zu ZD_1. Nach dem Strahlensatz gilt:

$$|CA_1| : |CB_1| = |ZA_1| : |ZD_1| = |CF_1| : |CB_1| = \varepsilon .$$

Das Verhältnis des Abstands $|CF_1|$ eines Kegelschnittpunktes C von einem Brennpunkt F_1 zum Abstand $|CB_1|$ von der ihm zugehörigen Leitlinie l_1 ist eine Konstante ε; der Wert dieser numerischen Exzentrizität ε ist bei der Ellipse $0 < \varepsilon < 1$, da $|ZA_1| < |ZD_1|$, bei der Hyperbel dagegen größer als 1, da $|ZA_1| > |ZD_1|$.

Gleichungen der Kegelschnitte. Um einen analytischen Ausdruck für die Kegelschnitte zu bekommen, muß ein passendes Koordinatensystem gewählt werden. Die Kegelschnitte sind ihrer Entstehung nach *symmetrisch zu ihrer Achse.* Ellipse und Hyperbel müssen auf Grund der obigen Ergebnisse aber auch *symmetrisch* sein *zur Mittelsenkrechten der Strecke* F_1F_2; der Schnittpunkt dieser Mittelsenkrechten mit der Achse ist der *Mittelpunkt* M dieser Kegelschnitte. Danach ist ein *kartesisches Koordinatensystem*, dessen x-Achse die Achse des Kegelschnitts und dessen y-Achse die Mittelsenkrechte im Mittelpunkt M ist, am besten zur Beschreibung der Ellipse und der Hyperbel geeignet. Man sagt dann, der Kegelschnitt befindet sich in *Mittelpunktslage.* Von *Scheitellage* spricht man, wenn bei gleicher x-Richtung die Tangente in einem Scheitelpunkt des Kegelschnitts als y-Achse dient. Auch *Polarkoordinaten*, in denen die Kegelschnittachse die Nullrichtung und ein Brennpunkt der Pol ist, eignen sich für alle drei Kegelschnitte und damit zu einer gemeinsamen Gleichung. Speziell für die Hyperbel lassen sich die beiden Asymptoten, die sich im Mittelpunkt schneiden, als ein natürliches, *schiefwinkliges Parallelkoordinatensystem* verwenden.

Gleichungen der Parabel

Scheitelgleichung. Das kartesische Koordinatensystem liegt so, daß seine x-Achse mit der *Parabelachse* und seine y-Achse mit der *Scheiteltangente* zusammenfallen (Abb. 13.5-4). Jeder Parabelpunkt P hat nach Definition der Parabel vom *Brennpunkt* F und von der Leitlinie l gleichen Abstand. Der *Scheitel* S muß danach den Abstand $|FL_0|$ des Brennpunktes F von der *Leitlinie* l halbieren. Es gibt zwei Parabelpunkte, deren Ordinate ihrem Abstand von der Leitlinie gleich ist. Den absoluten Betrag p dieser Ordinate nennt man den *Halbparameter* p der Parabel; $|FL_0| = p$. Der Brennpunkt F hat danach die Koordinaten $(p/2, 0)$. Ein beliebiger Parabelpunkt $P(x, y)$ aber hat den Abstand $|FP| = \sqrt{y^2 + (x - p/2)^2}$ vom Brennpunkt F und den Abstand $|PL| = p/2 + x$ von der Leitlinie l. Nach der Parabeldefinition gilt mithin:

$$(p/2 + x)^2 = y^2 + (x - p/2)^2 \quad \text{oder} \quad y^2 = 2px .$$

Scheitelgleichung der Parabel	$y^2 = 2px$

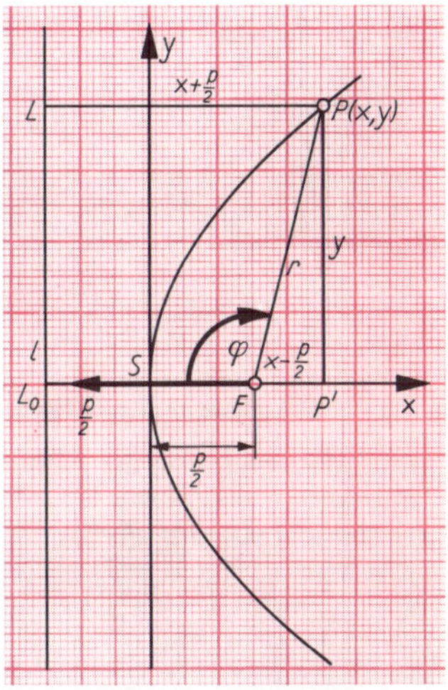

13.5-4 Zur Herleitung der Parabelgleichung

Die Gleichung drückt aus, daß die x-Achse Symmetrieachse ist; der Scheitel liegt im Ursprung; zu jeder Abszisse $x > 0$ gehören zwei Parabelpunkte, deren Ordinaten entgegengesetzt gleich sind. Der Halbparameter bestimmt die *Form der Parabel.* Je kleiner sein Wert p ist, um so näher rücken Brennpunkt und Leitlinie der y-Achse, um so langsamer wächst y. Im Grenzfall $p \to 0$ entartet die Parabel zu dem doppelt durchlaufenen Strahl $x > 0$ der x-Achse. Nimmt p dagegen sehr große Werte an, so rücken Brennpunkt und Leitlinie immer weiter auseinander, und für $p \to \infty$ entartet die Parabel wegen $x \to 0$ zur y-Achse.
Auch die Gleichungen $x^2 = 2py$, $y^2 = -2px$ und $x^2 = -2py$ mit $p > 0$ stellen Parabeln dar, wie man aus der folgenden Übersicht erkennt, in der die Parabel $\eta^2 = 2p\xi$ durch Drehung des ξ, η-

Koordinatensystems um einen Winkel der Größe ψ in eine der angegebenen Gleichungen übergeht. Die Transformationsgleichungen sind dabei $\xi = x\cos\psi - y\sin\psi$ und $\eta = x\sin\psi + y\cos\psi$ (Abb. 13.5-5).

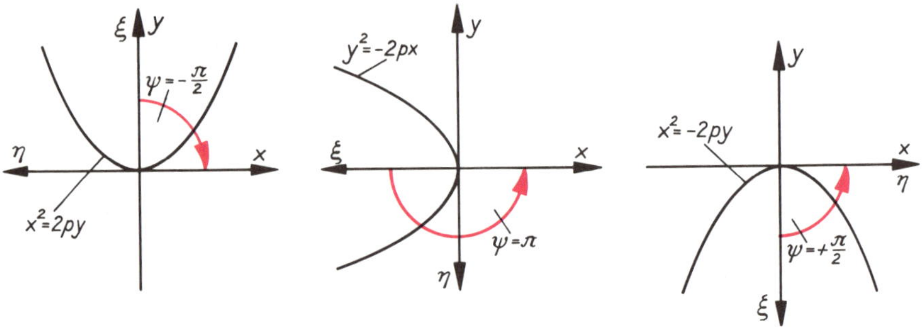

13.5-5 Lage der Parabeln mit den Gleichungen $\eta^2 = 2p\xi$ nach Drehung des ξ, η-Systems

Parabel	ψ	Transformationsgleichungen	transformierte Gleichung	Abb.	Intervall für x	Intervall für y
$\eta^2 = 2p\xi$	$-\pi/2$	$\xi = y,\quad \eta = -x$	$x^2 = 2py$	a	$-\infty < x < +\infty$	$0 \leqslant y < +\infty$
$\eta^2 = 2p\xi$	$+\pi$	$\xi = -x, \eta = -y$	$y^2 = -2px$	b	$-\infty < x \leqslant 0$	$-\infty < y < +\infty$
$\eta^2 = 2p\xi$	$+\pi/2$	$\xi = -y, \eta = x$	$x^2 = -2py$	c	$-\infty < x < +\infty$	$-\infty < y \leqslant 0$

Hat der Scheitel der Parabel nach einer Parallelverschiebung des Koordinatensystems die Koordinaten (c, d), so nimmt die Scheitelgleichung der Parabel für $p > 0$ eine der folgenden Formen an:

$$(y-d)^2 = 2p(x-c); \qquad (x-c)^2 = 2p(y-d);$$
$$(y-d)^2 = -2p(x-c); \qquad (x-c)^2 = -2p(y-d).$$

Beispiel 1: Gesucht ist die Gleichung einer Parabel in Scheitellage mit der x-Achse als Parabelachse, die durch den Punkt $P_0(2, 4)$ hindurchgeht. Dann muß die Parabelgleichung von den Koordinaten von P_0 befriedigt werden: $4^2 = 2p \cdot 2$; hieraus ergibt sich $p = 4$. Die gesuchte Parabelgleichung lautet demnach $y^2 = 8x$.

Beispiel 2: Die Parabel, die ihren *Scheitel* in $S(2, 3)$ hat, nach unten offen ist und durch den Punkt $P_0(4, 1)$ hindurchgeht, muß achsenparallel zum Bild der Funktion $x^2 = -2py$ sein; ihre *Gleichung* ist $(x-2)^2 = -2p(y-3)$. Da sie durch den Punkt $P_0(4, 1)$ geht, gilt $(4-2)^2 = -2p(1-3)$ oder $p = +4/4 = +1$. Die Parabelgleichung lautet somit $(x-2)^2 = -2(y-3)$. Der *Brennpunkt F* hat auf der Achse den Abstand $p/2 = {}^1/_2$ vom Scheitel, d. h., seine Koordinaten sind $(2, 2^1/_2)$.

Gleichungen der Ellipse

Mittelpunktsgleichung der Ellipse. Die x-Achse des kartesischen Koordinatensystems fällt mit der *Ellipsenachse* zusammen, die y-Achse steht im *Mittelpunkt M* der Strecke S_1S_2 zwischen den *Scheiteln* senkrecht auf ihr (Abb. 13.5-6). Auch die y-Achse schneidet die Ellipse in zwei Punkten N_1 und N_2, den *Nebenscheiteln*. Man bezeichnet die Längen $|S_1S_2| = 2a$ als *große*, $|N_1N_2| = 2b$ als *kleine Achse* und ${}^1/_2\,|F_1F_2| = e$ als *lineare Exzentrizität*. Da auch $|N_1F_1| + |N_1F_2| = 2a$ sein soll, bilden die Strecken a, b und e ein rechtwinkliges Dreieck, in dem gilt $e^2 + b^2 = a^2$. Die Brennpunkte haben danach die Koordinaten $F_1(+e, 0)$ und $F_2(-e, 0)$. Ein beliebiger Ellipsenpunkt $P(x, y)$ hat die Abstände $|PF_1| = r_1 = \sqrt{y^2 + (e-x)^2}$ und $|PF_2| = r_2 = \sqrt{y^2 + (e+x)^2}$ von den Brennpunkten. Nach Definition der Ellipse soll gelten: $r_1 + r_2 = 2a$ oder $r_1 = 2a - r_2$. Setzt man die für r_1 und r_2 gefundenen Terme ein und quadriert beide Seiten, so bleibt eine Wurzel stehen:

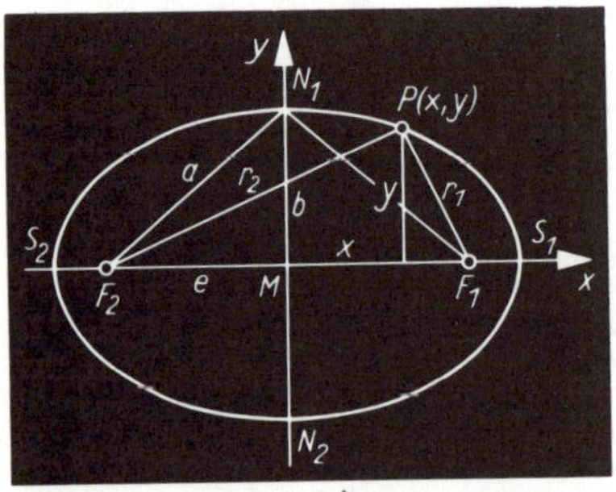

13.5-6 Zur Gleichung einer Ellipse in Mittelpunktslage

$$\cancel{y^2} + (e - x)^2 = 4a^2 - 4a\sqrt{y^2 + (e + x)^2} + \cancel{y^2} + (e + x)^2$$

oder $\quad a\sqrt{y^2 + (e + x)^2} = a^2 + ex.$

Durch erneutes Quadrieren beider Seiten erhält man

$$a^2y^2 + a^2e^2 + \cancel{2a^2ex} + a^2x^2 = a^4 + \cancel{2a^2ex} + e^2x^2.$$

Wegen $e^2 = a^2 - b^2$ läßt sich diese Gleichung vereinfachen:

$$a^2y^2 + \cancel{a^4} - a^2b^2 + \cancel{a^2x^2} = \cancel{a^4} + \cancel{a^2x^2} - b^2x^2$$

oder $\quad x^2/a^2 + y^2/b^2 = 1.$

Mittelpunktsgleichung einer Ellipse	$\dfrac{x^2}{a^2} + \dfrac{y^2}{b^2} = 1$

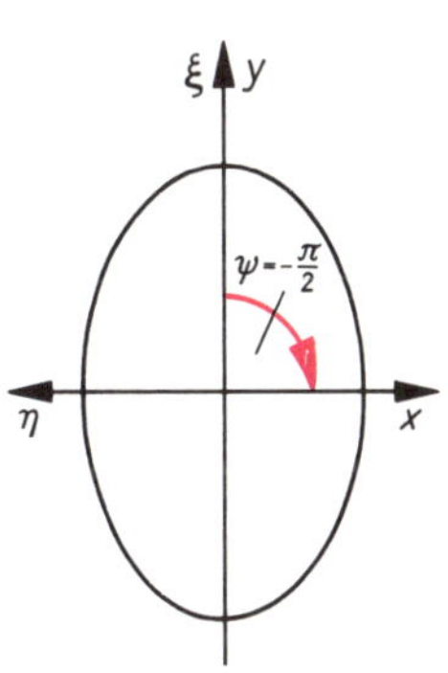

13.5-7 Drehung des ξ, η-Systems und Ellipse der Gleichung $x^2/b^2 + y^2/a^2 = 1$

Auch die Gleichung $x^2/b^2 + y^2/a^2 = 1$, in der wieder $a > b$ angenommen ist, stellt eine Ellipse dar, wie man durch Drehung des ξ, η-Koordinatensystems um $\psi = -\pi/2$ erkennt (Abb. 13.5-7). Die Ellipse $\xi^2/a^2 + \eta^2/b^2 = 1$ geht durch die Transformationsgleichungen (vgl. Parabel) $\xi = y, \eta = -x$ über in $x^2/b^2 + y^2/a^2 = 1$.

Hat der Mittelpunkt der Ellipse nach einer Parallelverschiebung des Koordinatensystems die **Koordinaten** (c, d), so nimmt die Mittelpunktsgleichung der Ellipse für $a > b$ eine der folgenden Formen an:

$$(x - c)^2/a^2 + (y - d)^2/b^2 = 1 \quad \text{oder} \quad (x - c)^2/b^2 + (y - d)^2/a^2 = 1.$$

Beispiel 1: Eine in Mittelpunktslage befindliche Ellipse mit den Halbachsen 3 und 4 hat die Gleichung $x^2/16 + y^2/9 = 1$ bzw. $x^2/9 + y^2/16 = 1$, je nachdem, ob ihre große Achse in Richtung der x- bzw. der y-Achse liegt.

Beispiel 2: Von einer Ellipse ist bekannt, daß sie Mittelpunktslage hat, daß eine Halbachse die Länge 5 hat und daß sie durch den Punkt $P_0(3, -8)$ hindurchgeht. Da $8 > 5$, muß $b = 5$ die kleine Halbachse sein. Für a findet man durch Einsetzen von $x_0 = 3$, $y_0 = -8$ in die Mittelpunktsgleichung:

$$3^2/5^2 + (-8)^2/a^2 = 1 \quad \text{oder} \quad 64/a^2 = (25 - 9)/25 = 16/25,$$

d. h., $a = \sqrt{25 \cdot 64/16} = 5 \cdot 2 = 10$. Die Ellipsengleichung lautet demnach $x^2/5^2 + y^2/10^2 = 1$.

13.5-8 Numerische Exzentrizität einer Ellipse; r_1 und φ sind Polarkoordinaten des Punktes P

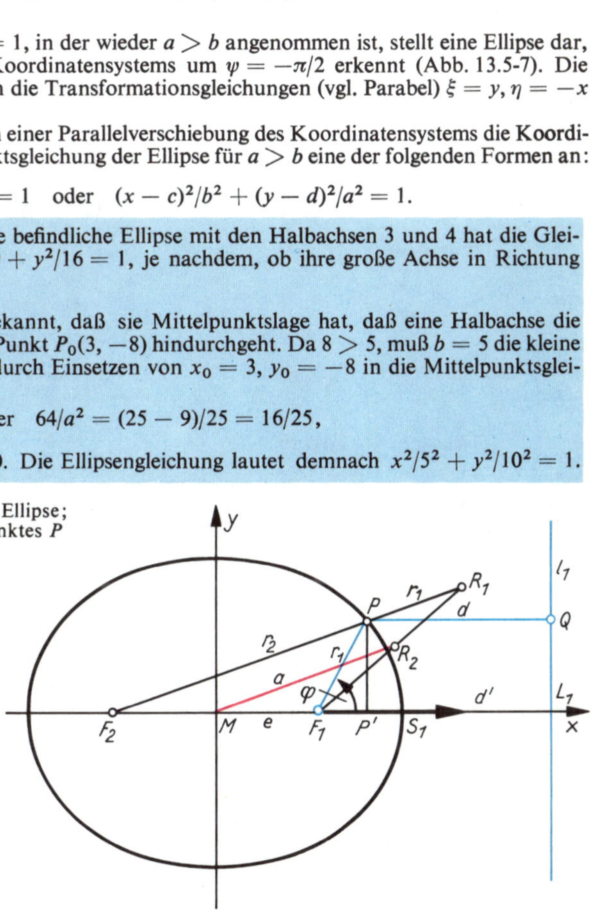

Numerische Exzentrizität. Eine Parallele zur y-Achse einer Ellipse im Abstand $|ML_1| = a^2/e$ wird als Leitlinie l_1 bezeichnet (Abb. 13.5-8). Der Scheitel S_1 hat von ihr den Abstand $d' = |S_1L_1| = a^2/e - a = (a/e)(a - e)$, und ein beliebiger Ellipsenpunkt P den Abstand $d = |PQ| = a^2/e - x$. Für die Abstände r_1 und r_2 des Punktes P von den Brennpunkten F_1 und F_2 gilt nach dem pythagoreischen Lehrsatz $r_2^2 = r_1^2 + (2e)^2 - 2 \cdot 2e(e - x) = r_1^2 + 4e^2 - 4e^2 + 4ex$ oder $r_2^2 - r_1^2 = 4ex$. Wegen $r_2 + r_1 = 2a$ folgt durch Dividieren $r_2 - r_1 = 2ex/a$ und daraus $r_2 = a + ex/a$ sowie $r_1 = a - ex/a$.

Setzt man den aus der letzten Gleichung gewonnenen Term $x = (a^2 - r_1a)/e$ in die Beziehung für den Abstand d ein, erhält man $d = r_1 \cdot a/e$, d. h., das Verhältnis $d : r_1 = a : e$ ist unabhängig vom gewählten Punkt P. Sein reziproker Wert wird als *numerische Exzentrizität* $\varepsilon = e/a$ bezeichnet. In der Abbildung ist angegeben, wie sich ε als Verhältnis zweier Strecken konstruieren läßt; R_1 auf F_2P ist bestimmt durch $|PR_1| = r_1$ und R_2 auf F_1R_1 durch $MR_2 \parallel F_2R_1$; dann gilt $|MF_1| : |MR_2| = e : a$.

Die Ellipse ist der geometrische Ort aller Punkte P der Ebene, für die das Verhältnis $r_1 : d$ ihres Abstands r_1 von einem Brennpunkt F_1 zum Abstand d von der zugehörigen Leitlinie l_1 den konstanten Wert $e/a = \varepsilon$ hat mit $0 < \varepsilon < 1$.

Parameterdarstellung der Ellipse. Die Ellipse kann als affines Bild eines Kreises $\xi^2 + \eta^2 = a^2$ aufgefaßt werden, in dem z. B. alle Ordinaten im Verhältnis $y : \eta = b : a$ verkürzt wurden; in der Tat führt die Transformation $\xi = x$, $\eta = ya/b$ den Kreis in die Ellipse $x^2/a^2 + y^2/b^2 = 1$ über. Zur Konstruktion werden durch die *Schnittpunkte A* bzw. *B eines Strahls* durch den Koordinatenanfangspunkt mit den Kreisen K_a und K_b mit den Radien a und b Parallelen zu den Achsen gezogen und ergeben den Ellipsenpunkt P als Schnittpunkt. Man sieht, daß die Proportion $y:\eta = b:a$ erfüllt ist. Ist t der Winkel, den der beliebige Strahl gegen die x-Achse bildet, so folgt die Parameterdarstellung $x = a\cos t$, $y = b\sin t$, die beim Einsetzen die Ellipsengleichung erfüllt (Abb. 13.5-9).

Parameterdarstellung einer Ellipse	$x = a \cos t,\ y = b \sin t$

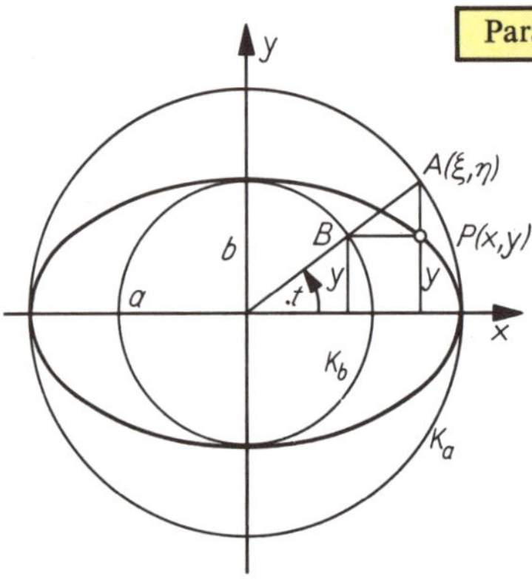

13.5-9 Zur Parameterdarstellung einer Ellipse

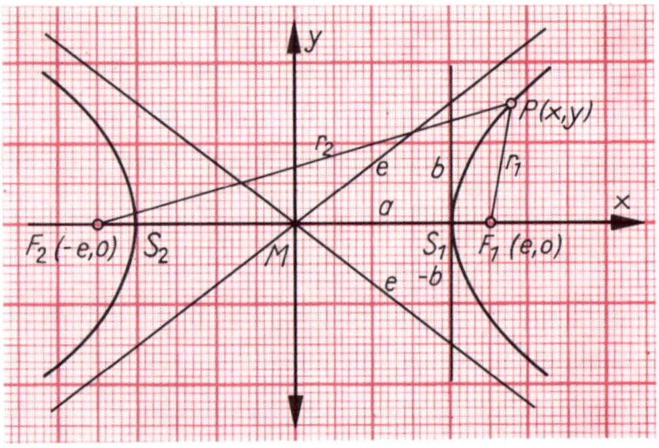

13.5-10 Zur Gleichung einer Hyperbel in Mittelpunktslage

Gleichungen der Hyperbel

Wie die Ellipse ist die Hyperbel *symmetrisch* zur *Achse* durch die *Scheitelpunkte* S_1 und S_2 sowie zu einer Senkrechten zu dieser Achse durch den *Mittelpunkt* M, $|MS_1| = |MS_2|$. Man bezeichnet $|MS_1|$ mit a, die Länge der Strecke MF_1 mit $|MF_1| = |MF_2|$ mit e. Eine kleine Halbachse gibt es bei der Hyperbel nicht; da $e > a$, läßt sich aber eine Strecke der Länge b durch die Beziehung $b^2 = e^2 - a^2$ festlegen.

Mittelpunktsgleichung einer Hyperbel. Wegen der Symmetrieeigenschaften der Hyperbel ist ein kartesisches Koordinatensystem zu ihrer Beschreibung besonders geeignet, dessen x-Achse in die Hyperbelachse fällt und dessen y-Achse in M auf S_1S_2 senkrecht steht. Die Brennpunkte haben die Koordinaten $F_1(+e, 0)$ und $F_2(-e, 0)$ (Abb. 13.5-10). Ein beliebiger Hyperbelpunkt $P(x, y)$ hat die Abstände $|PF_1| = r_1 = \sqrt{y^2 + (x - e)^2}$ und $|PF_2| = r_2 = \sqrt{y^2 + (e + x)^2}$ von den Brennpunkten. Nach Definition der Hyperbel soll gelten: $r_2 - r_1 = 2a$ oder $r_2 = 2a + r_1$.
Setzt man die für r_1 und r_2 gefundenen Terme ein und quadriert beide Seiten, so bleibt eine Wurzel stehen:

$$\cancel{y^2} + (e + x)^2 = 4a^2 + 4a\sqrt{y^2 + (x - e)^2} + \cancel{y^2} + (e - x)^2 \quad \text{oder} \quad ex - a^2 = a\sqrt{y^2 + (x - e)^2}.$$

Durch erneutes Quadrieren beider Seiten erhält man

$$e^2x^2 + a^4 - \cancel{2a^2ex} = a^2y^2 + a^2x^2 - \cancel{2a^2ex} + a^2e^2.$$

Wegen $e^2 = a^2 + b^2$ läßt sich diese Gleichung vereinfachen:

$$\cancel{a^2x^2} + b^2x^2 + \cancel{a^4} = a^2y^2 + \cancel{a^2x^2} + \cancel{a^4} + a^2b^2$$

oder $x^2/a^2 - y^2/b^2 = 1$.

Mittelpunktsgleichung einer Hyperbel	$\dfrac{x^2}{a^2} - \dfrac{y^2}{b^2} = 1$

Die *Bedeutung der Größe b* erkennt man aus folgender Umformung:

$$y^2a^2 = b^2(x^2 - a^2) \quad \text{bzw.}$$
$$y/x = \pm(b/a)\sqrt{1 - a^2/x^2}.$$

Asymptoten einer Hyperbel	$y = \pm(b/a)\,x$

Der Grenzwert dieses Ausdrucks für $x \to \infty$ ist $\lim\limits_{x\to\infty} (y/x) = \pm b/a$. Die Geraden $\eta = \pm b\xi/a$, die diesen Grenzwert als Richtungsfaktor haben, sind *Asymptoten* der Hyperbel.
Aus Symmetriegründen genügt es, den Verlauf der Hyperbel $x^2/a^2 - y^2/b^2 = 1$ und der Geraden $\eta = b\xi/a$ im ersten Quadranten zu betrachten. Fällt man von einem Punkt $P(\xi, \eta)$ mit $\xi > a$ auf der Geraden das Lot auf die x-Achse, so schneidet es die Hyperbel in einem Punkt $P(x, y)$. Dabei ist $\xi = x$, und aus $\eta = bx/a$ und $y = (bx/a)\sqrt{1 - a^2/x^2}$ folgt $y < \eta$, weil der Faktor $\sqrt{1 - a^2/x^2}$ kleiner als 1 ist. Die Differenz $(\eta - y)$ ist um so kleiner, je größer x ist, denn aus der Hyperbelgleichung folgt $(x/a - y/b) = (x/a + y/b)^{-1}$ oder wegen $(x/a + y/b) \to \infty$ für $x \to \infty$, daß $\lim\limits_{x\to\infty} (x/a - y/b) = 0$ oder $(bx/a - y) = (\eta - y) \to 0$ für $x \to \infty$. Für große Werte von x kommt deshalb die Hyperbel der Geraden $\eta = b\xi/a$ beliebig nahe.
Die Gerade ist eine Asymptote der Hyperbel. Ihr Neigungswinkel gegen die x-Achse ergibt sich aus einem rechtwinkligen Dreieck mit den Katheten a und b und der Hypotenuse e.
Auch die Gleichung $y^2/a^2 - x^2/b^2 = 1$, in der a die halbe Hauptachse ist und jetzt in y-Richtung liegt, stellt eine Hyperbel dar, wie man durch Drehung des ξ, η-Koordinatensystems um $\psi = -\pi/2$ erkennt. Die Hyperbelgleichung $\xi^2/a^2 - \eta^2/b^2 = 1$ geht durch die Transformationsgleichungen (vgl. Parabel) $\xi = y$, $\eta = -x$ über in $y^2/a^2 - x^2/b^2 = 1$ (Abb. 13.5-11).
Hat der Mittelpunkt der Hyperbel nach einer Parallelverschiebung des Koordinatensystems die Koordinaten (c, d), so nimmt die Mittelpunktsgleichung der Hyperbel eine der folgenden Formen an: $(x - c)^2/a^2 - (y - d)^2/b^2 = 1$ oder $(y - d)^2/a^2 - (x - c)^2/b^2 = 1$.

Beispiel: Die Hyperbel mit der Gleichung $x^2/25 - y^2/4 = 1$ hat die *Scheitelpunkte* $S_1(5, 0)$ und $S_2(-5, 0)$, *die Brennpunkte* $F_1(\sqrt{25 + 4}, 0)$, $F_2 = (-\sqrt{29}, 0)$; die *Asymptoten* haben die Gleichungen $y = \pm 2x/5$.
Die Gleichung $y^2/25 - x^2/4 = 1$ bestimmt dagegen eine Hyperbel mit den *Scheitelpunkten* $S_3(0, 5)$ und $S_4(0, -5)$ und mit den *Brennpunkten* $F_3(0, \sqrt{29})$ und $F_4(0, -\sqrt{29})$, die *Asymptoten* haben die Gleichungen $y = \pm\, 5x/2$.

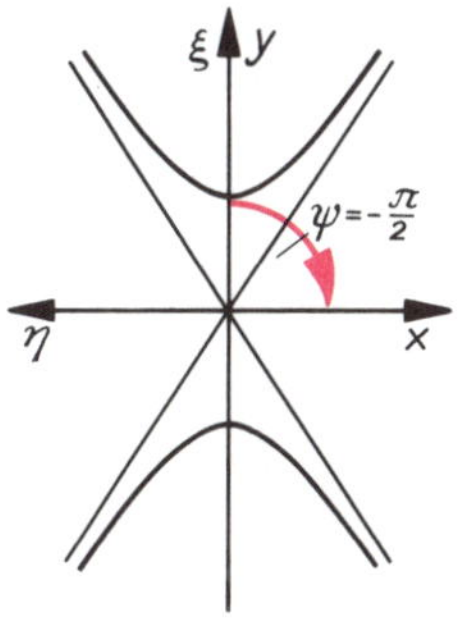

13.5-11 Drehung des ξ, η-Systems und Hyperbel der Gleichung $y^2/a^2 - x^2/b^2 = 1$

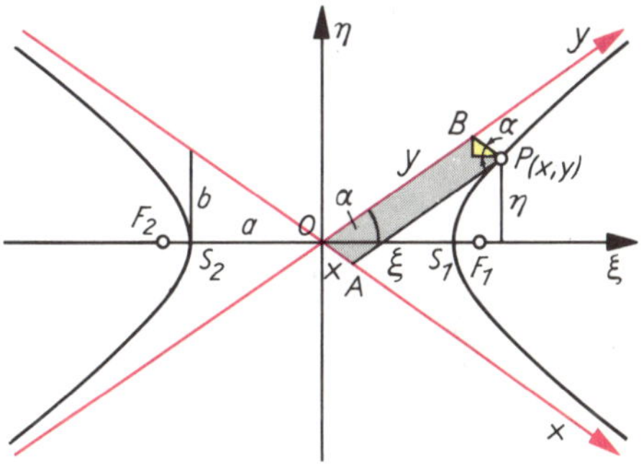

13.5-12 Zur Asymptotengleichung einer Hyperbel

Asymptotengleichung einer Hyperbel. Die Gleichung der Hyperbel fällt besonders einfach aus, wenn man ihre Asymptoten als Achsen eines Koordinatensystems verwendet (Abb. 13.5-12). Bezeichnen ξ und η die Koordinaten im ursprünglichen System rechtwinkliger Parallelkoordinaten, x und y die Koordinaten im schiefwinkligen System der Asymptotenachsen, dann lautet die Gleichung einer Hyperbel in Mittelpunktslage $\xi^2/a^2 - \eta^2/b^2 = 1$, und $\eta = \pm b\xi/a$ sind die Gleichungen ihrer Asymptoten. Es ist $\tan\alpha = b/a$.
Zwischen den Koordinaten bestehen die Beziehungen

$$\left|\begin{array}{l}\eta = y\sin\alpha - x\sin\alpha\\ \xi = x\cos\alpha + y\cos\alpha\end{array}\right| \quad \text{oder} \quad \left|\begin{array}{l}\eta = (y - x)\sin\alpha\\ \xi = (y + x)\cos\alpha\end{array}\right|$$

Führt man die Beziehungen in die Mittelpunktsgleichung ein, so folgt

$$[(y + x)^2\cos^2\alpha]/a^2 - [(y - x)^2\sin^2\alpha]/b^2 = 1 \quad \text{oder} \quad (y + x)^2\, b^2\cos^2\alpha - (y - x)^2\, a^2\sin^2\alpha = a^2b^2.$$

Wegen $b^2\cos^2\alpha = a^2\sin^2\alpha$ ergibt sich $2xy(b^2\cos^2\alpha + a^2\sin^2\alpha) = a^2b^2$ und daraus $4xy\cos^2\alpha = a^2$ und $4xy\sin^2\alpha = b^2$. Durch Addieren gewinnt man $4xy = a^2 + b^2$ und wegen $\sin 2\alpha = 2ab/(a^2 + b^2)$ schließlich $xy\sin 2\alpha = ab/2$. Diese Gleichung besagt, daß das Parallelogramm $OAPB$ stets denselben Flächeninhalt hat.

Die auf die Asymptoten bezogene Hyperbelgleichung hat die Form $xy = \text{const}$. Umgekehrt stellt jede Funktion dieses Typs eine Hyperbel dar.

Asymptotengleichung einer Hyperbel
$xy = (a^2 + b^2)/4 = e^2/4 = \text{const}$

Numerische Exzentrizität. Eine Parallele zur y-Achse einer Hyperbel im Abstand $|ML_1| = a^2/e$ wird als Leitlinie l_1 bezeichnet (Abb. 13.5-13). Von ihr hat der Scheitel S_1 den Abstand $d' = |S_1L_1| - a - a^2/e = a(e - a)/e$ und ein beliebiger Hyperbelpunkt P den Abstand $d = x - a^2/e$. Im Dreieck F_1F_2P gilt nach dem pythagoreischen Lehrsatz $r_2^2 = r_1^2 + (2e)^2 - 2 \cdot 2e(e - x)$ oder $r_2^2 - r_1^2 = 4ex$. Mit $r_2 - r_1 = 2a$ ergibt sich $r_2 + r_1 = 2ex/a$ und daraus $r_2 = a + ex/a$ sowie $r_1 = ex/a - a$. Durch Einsetzen von $x = (r_1a + a^2)/e$ in $d = x - a^2/e$ erhält man $d = r_1a/e$, d. h., es gilt $r_1 : d = e : a = \varepsilon$. Diese Konstante ε wird *numerische Exzentrizität* genannt.

Die Hyperbel ist der geometrische Ort aller Punkte P der Ebene, für die das Verhältnis $r_1 : d$ ihres Abstands r_1 von einem Brennpunkt F_1 und d von der zugehörigen Leitlinie l_1 den konstanten Wert $e/a = \varepsilon$ mit $\varepsilon > 1$ hat.

Bestimmt man R_1 auf F_2P durch $|PR_1| = r_1$ und R_2 auf R_1F_1 durch $MR_2 \parallel F_2P$, so gilt $|MF_1| : |MR_2| = e : a$.

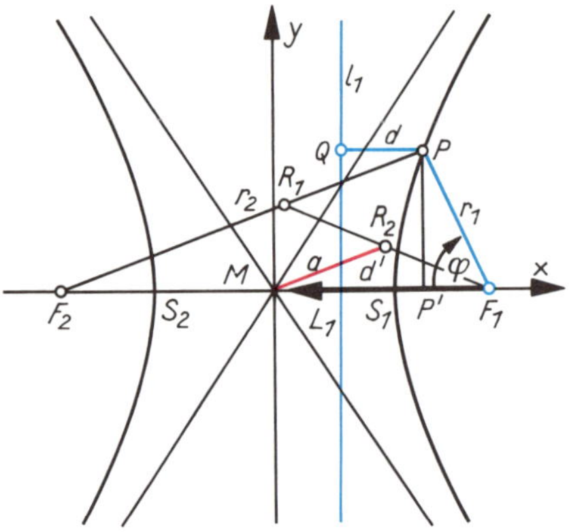

13.5-13 Numerische Exzentrizität einer Hyperbel

Kegelschnitt und Gerade

Schnittpunkte von Kegelschnitt und Gerade. Bei der Herleitung der Kegelschnitte mit Hilfe der Dandelinschen Kugeln als ebene Schnitte eines geraden Kreiskegels zeigte sich, daß *jedem Punkt A_i des Berührungskreises k_i* einer Dandelinschen Kugel mit $i = 1, 2$ ein *Punkt C des Kegelschnitts entspricht.* Einer Geraden g_i in einer der Kreisebenen E_i entspricht ebenfalls eine Gerade g in der Schnittebene E, die sich als Schnittgerade zwischen dieser Ebene E und einer durch die Gerade g_i und die Spitze Z des Kegels bestimmten Ebene ergibt. Wie bei jeder projektiven Abbildung gehen insbesondere Schnittpunkte in der Ebene E_1 bzw. E_2 in Schnittpunkte in der Bildebene E über. *Je nachdem ob die Gerade g_i den Kreis k_1 bzw. k_2 schneidet, berührt oder meidet, wird auch die Bildgerade g Sekante oder Tangente des Kegelschnitts sein bzw. keinen Punkt mit ihm gemeinsam haben;* allerdings kann es Punkte auf einem der Kreise geben, deren Bilder uneigentliche Punkte des Kegelschnitts sind, die deshalb gesondert betrachtet werden müssen.

1. Im Falle der *Parabel* ist es der Punkt D von k; er hat den größten Abstand von der Leitlinie l (vgl. Abb. 13.5-1). Jede *Sekante des Kreises k durch Punkt D* hat eine *Parallele zur Achse der Parabel als Bild*, *DA* z. B. die Parallele BC, und schneidet demnach die Parabel im Endlichen nur in einem Punkte C. – Die *Tangente im Punkte D* an den Kreis k ist parallel zur Leitlinie, ihr Bild ist die *uneigentliche Gerade der* Schnittebene E.
2. Im Falle der *Hyperbel* schneidet eine Ebene durch die Spitze Z des Kegels parallel zur Schnittebene E den Kreis in zwei Punkten P_2 und P_3, deren Bilder die uneigentlichen Punkte der Asymptoten sind. Die *Gerade durch diese beiden Punkte* hat die *uneigentliche Gerade der Schnittebene E* als Bild. Eine *Sekante* des Kreises k_1 bzw. k_2 *durch einen dieser Punkte* , z. B. P_2, hat eine *Parallele zur betreffenden Asymptote* zum Bild, die die Hyperbel im Endlichen nur in einem Punkte schneidet. Die *Tangenten in P_2 bzw. P_3* an den Kreis gehen durch die Abbildung in die *Asymptoten* über. Ihr Schnittpunkt ist mithin das Original zum Mittelpunkt M der Hyperbel.

Ist der Schnittpunkt eines Kegelschnitts mit einer Geraden gesucht, so läßt sich aus der kartesischen Normalform der Geradengleichung leicht erkennen, ob einer dieser Sonderfälle einer Sekante mit nur einem Schnittpunkt vorliegt, z. B. $m_p = 0$ bei einer Parabel oder $m_h = \pm b/a$ bei einer Hyperbel. In allen anderen Fällen ergibt sich durch Einsetzen des Terms für y auf der rechten Seite der kartesischen Normalform in die Gleichung des Kegelschnitts eine quadratische Gleichung, deren Diskriminante Auskunft gibt über die Anzahl der Schnittpunkte.

Beispiel 1: Sind eine Gerade und eine Parabel durch die Gleichungen $y = -x/2 + 2$ und $x^2 = 4y$ gegeben, so findet man die Koordinaten ihrer Schnittpunkte als Lösungen des Systems dieser Gleichungen. Durch Einsetzen erhält man:

$$x^2 = -2x + 8 \quad \text{oder} \quad x^2 + 2x - 8 = 0$$

mit den Lösungen

$$x_1 = 2; x_2 = -4 \quad \text{und} \quad y_1 = 1; y_2 = 4.$$

Die Schnittpunkte sind $P_1(2, 1)$ und $P_2(-4, 4)$.

Beispiel 2: Der durch die Gleichung $16x^2 + 25y^2 + 32x - 100y - 284 = 0$ bestimmte *Kegelschnitt* liegt *achsenparallel*, da in der Gleichung kein gemischtquadratisches Glied auftritt. Man erhält durch quadratische Ergänzung und Ausklammern

$$16x^2 + 32x + 16 + 25y^2 - 100y + 100 - 16 - 100 - 284 = 0$$

oder $16(x+1)^2 + 25(y-2)^2 = 400$ bzw. $(x+1)^2/25 + (y-2)^2/16 = 1$.

Der Kegelschnitt ist eine Ellipse. Ihr *Mittelpunkt* ist $M(-1, 2)$. Die Gerade mit der Gleichung $5y = 28x - 62$ schneidet die Ellipse in den Punkten $P_1(2, -6/5)$ und $P_2(3, 22/5)$, da man durch Einsetzen des Terms $(28x - 62)/5$ in die Gleichung der Ellipse die quadratische Gleichung $x^2 - 5x + 6 = 0$ mit den Wurzeln $x_1 = 2$, $x_2 = 3$ erhält.

Richtungsfaktoren der Tangente. Gleichungen der Tangenten an Kegelschnitte. Die Gleichungen der Tangenten an Parabel, Ellipse und Hyperbel lassen sich wie die des Kreises ebenfalls mit den Methoden der analytischen Geometrie herleiten. Es ist jedoch weitaus vorteilhafter, die Mittel der *Differentialrechnung* heranzuziehen. Die Ableitung der Gleichung eines Kegelschnitts an einer Stelle x_1 liefert den *Richtungsfaktor* der Tangente an den Kegelschnitt im Punkt $P_1(x_1, y_1)$, wobei y_1 den Funktionswert, d. h. die Ordinate des Kegelschnitts an der Stelle x_1 bedeutet. Die *Punktrichtungsform* der Geradengleichung ergibt unter Berücksichtigung der Kegelschnittgleichung die Gleichung der Tangente; z. B. erhält man für die *Parabel* aus $y^2 = 2px$ durch Differenzieren $2yy' = 2p$ oder $y' = p/y$ und somit als Richtungsfaktor y'_1 der Tangente (im Punkt P_1) $y'_1 = p/y_1$ und damit die Gleichung der Tangente

$$y'_1 = (y - y_1)/(x - x_1) \quad \text{oder} \quad px/y_1 - px_1/y_1 = y - y_1,$$

$$px - px_1 = yy_1 - y_1^2 = yy_1 - 2px_1, \text{ d. h., } p(x - x_1) = yy_1.$$

Für Ellipse und Hyperbel dagegen erhält man, wenn $P_1(x_1, y_1)$ Berührungspunkt ist,

$$x_1^2/a^2 \pm y_1^2/b^2 = 1; \quad 2x_1/a^2 \pm 2y_1y'_1/b^2 = 0; \quad y'_1 = \mp b^2x_1/(a^2y_1)$$

als Richtungsfaktor und als Tangentengleichung

$$y'_1(x - x_1) = (y - y_1) \mp b^2xx_1/(a^2y_1) \pm (b^2x_1^2)/(a^2y_1^2) = y - y_1,$$

$$xx_1/a^2 \pm yy_1/b^2 = x_1^2/a^2 \pm y_1^2/b^2 \quad \text{oder} \quad xx_1/a^2 \pm yy_1/b^2 = 1.$$

Entsprechende Herleitungen lassen sich für die Parabeln $x^2 = 2py$, $y^2 = -2px$ und $x^2 = -2py$, die Ellipse $x^2/b^2 + y^2/a^2 = 1$ und die Hyperbel $y^2/a^2 - x^2/b^2 = 1$ finden. Die folgende Tabelle enthält die Ergebnisse für die wichtigsten Fälle.

Kegelschnitt	Gleichung	**Tangente** im Punkt $P_1(x_1, y_1)$ Richtungsfaktor	Gleichung
Parabel, Scheitel S			
$S(0, 0)$	$y^2 = 2px$	p/y_1	$yy_1 = p(x + x_1)$
$S(c, d)$	$(y-d)^2 = 2p(x-c)$	$p/(y_1 - d)$	$(y-d)(y_1-d) = p(x - c + x_1 - c)$
Ellipse, Mittelpunkt M			
$M(0, 0)$	$\frac{x^2}{a^2} + \frac{y^2}{b^2} = 1$	$-\frac{b^2}{a^2} \cdot \frac{x_1}{y_1}$	$\frac{xx_1}{a^2} + \frac{yy_1}{b^2} = 1$
$M(c, d)$	$\frac{(x-c)^2}{a^2} + \frac{(y-d)^2}{b^2} = 1$	$-\frac{b^2}{a^2} \cdot \frac{(x_1 - c)}{(y_1 - d)}$	$\frac{(x-c)(x_1-c)}{a^2} + \frac{(y-d)(y_1-d)}{b^2} = 1$
Kreis, Mittelpunkt M			
$M(0,0)$	$x^2 + y^2 = r^2$	$-x_1/y_1$	$xx_1 + yy_1 = r^2$
$M(c,d)$	$(x-c)^2 + (y-d)^2 = r^2$	$-(x_1 - c)/(y_1 - d)$	$(x-c)(x_1-c) + (y-d)(y_1-d) = r^2$
Hyperbel, Mittelpunkt M			
$M(0,0)$	$\frac{x^2}{a^2} - \frac{y^2}{b^2} = 1$	$\frac{b^2}{a^2} \cdot \frac{x_1}{y_1}$	$\frac{xx_1}{a^2} - \frac{yy_1}{b^2} = 1$
$M(c, d)$	$\frac{(x-c)^2}{a^2} - \frac{(y-d)^2}{b^2} = 1$	$\frac{b^2}{a^2} \cdot \frac{(x_1 - c)}{(y_1 - d)}$	$\frac{(x-c)(x_1-c)}{a^2} - \frac{(y-d)(y_1-d)}{b^2} = 1$

Beispiel 3: Tangente an einen Kegelschnitt in einem Punkte: Die Gleichung der Tangente an die Ellipse mit der Gleichung $(x+1)^2/25 + (y-2)^2/16 = 1$ im Punkt $P_1(2, -6/5)$ lautet $(x+1)(x_1+1)/a^2 + (y-2)(y_1-2)/b^2 = 1$ oder $16(x+1)(2+1) + 25(y-2)(-6/5-2) = 400$, $48x + 48 - 80y + 160 = 400$, $y = 3x/5 - 12/5$.

Schnittwinkel zwischen Kegelschnitt und Gerade. Dieser Schnittwinkel ist erklärt als Winkel zwischen der Geraden und der im Schnittpunkt an den Kegelschnitt gelegten Tangente; er läßt sich deshalb als Winkel zwischen zwei Geraden berechnen. Die Gerade mit der Gleichung $y = -x/2 + 2$ und die Parabel mit $x^2 = 4y$ schneiden einander z. B. im Punkte $P_1(2, 1)$. Die Parabeltangente t_1 im Punkte P_1 hat die Gleichung $y = x - 1$; ihr Neigungswinkel gegen die x-Achse hat die Größe $\alpha_2 = 45°$, der der Geraden dagegen $\alpha_1 = -26{,}56°$; demnach gilt für die Größe des Winkels zwischen ihnen $\psi = \alpha_2 - \alpha_1 = 71{,}56°$ (Abb. 13.5-14).

Kegelschnittstangente mit vorgeschriebenem Richtungsfaktor. Der Richtungsfaktor mit dem gegebenen Wert m_1 soll dem Richtungsfaktor y'_1 des Kegelschnitts im Berührungspunkt gleich sein. Im Falle der Parabel darf die durch m_1 gegebene Richtung nicht die der Hauptachse sein, da keine Tangente diese Richtung haben kann. Aus $y'_1 = m_1 = p/y_1$ ergibt sich eine Koordinate $y_1 = p/m_1$; die andere berechnet man aus der Parabelgleichung, da die Koordinaten des Berührungspunkts diese erfüllen müssen. Im Falle einer Ellipse bzw. Hyperbel mit $m_1 = \mp b^2 x_1/(a^2 y_1)$ erhält man das Verhältnis der Koordinaten $x_1 : y_1$ des Berührungspunktes, durch Einsetzen in die Kegelschnittgleichung also eine rein quadratische Gleichung $[x_1^2 = a^4 m_1^2/(a^2 m_1^2 \pm b^2)]$, die für alle Ellipsen und für Hyperbeln, für die $|m_1| > b/a$, stets zwei dem Betrag nach gleiche reelle Wurzeln hat. Das Ergebnis entspricht der geometrischen Vorstellung, daß *zu jeder Richtung zwei parallele Tangenten an eine Ellipse* möglich sind, deren Berührungspunkte symmetrisch zu ihrem Mittelpunkt liegen, daß aber bei einer *Hyperbel* dieser Fall nur eintritt, wenn die im Koordinatenanfangspunkt angetragene gegebene *Richtung außerhalb der Winkelräume zwischen den Asymptoten* liegt. Soll die gesuchte Tangente *parallel* zu einer Geraden der Gleichung $y = mx + n$ sein, so ist m_1 bestimmt durch $m_1 = m$; soll die Tangente *senkrecht* zur Geraden mit $y = mx + n$ laufen, hat zu gelten $m_1 = -1/m$; sollen beide schließlich einen *Winkel* der Größe ψ *einschließen*, so ergibt sich aus $\tan\psi = (m_1 - m)/(1 + m_1 m)$ der Wert $m_1 = (m + \tan\psi)/(1 - m \cdot \tan\psi)$.

Beispiel 4: Sind eine Ellipse durch die Gleichung $36x^2 + 100y^2 = 9$ und eine Gerade durch $y = -4x/5$ gegeben, so ist $m = -4/5$. Die Halbachsen der Ellipse haben wegen $\dfrac{x^2}{9/36} + \dfrac{y^2}{9/100} = 1$ die Längen $a = 1/2$ und $b = 3/10$. Für eine zur Geraden parallele Tangente gilt $-4/5 = -(9/25) \cdot (x_1/y_1)$, d. h., $y_1 = 9x_1/20$. Zugleich liegen die Berührungspunkte der Tangenten auf der Ellipse, d. h., es gilt $36x_1^2 + 100y_1^2 = 9$. Aus diesen beiden Gleichungen findet man durch Einsetzen $36x_1^2 + 100 \cdot 81x_1^2/400 = 9$ oder $x_1^2 = 36/225$ und damit $x_{1,2} = \pm 2/5$; $y_{1,2} = \pm 9/50$. Die Berührungspunkte sind folglich $B_1(2/5, 9/50)$ und $B_2(-2/5, -9/50)$; die Tangentengleichungen lauten $y = -4x/5 + 1/2$ und $y = -4x/5 - 1/2$.

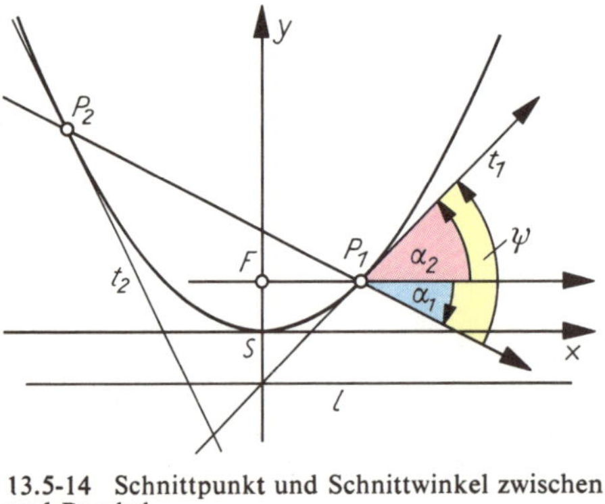

13.5-14 Schnittpunkt und Schnittwinkel zwischen Gerade und Parabel

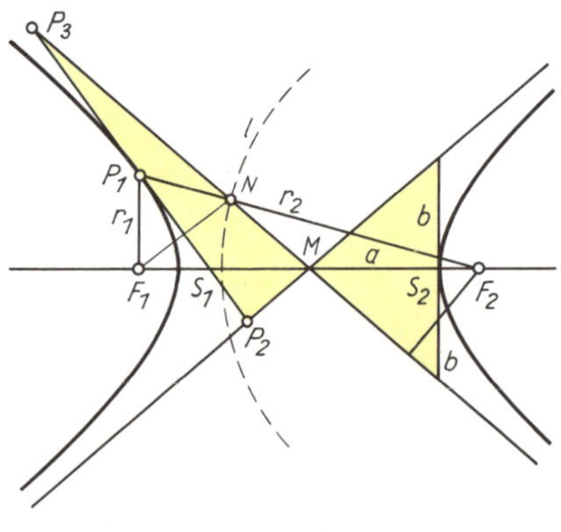

13.5-15 Dreiecke, die durch Hyperbeltangenten von dem Winkelraum zwischen den Asymptoten ausgeschnitten werden

Jede Hyperbeltangente schneidet von dem Winkelraum zwischen den Asymptoten ein Dreieck P_2MP_3 ab mit dem konstanten Flächeninhalt $A = ab$.

Die Tangente mit der Gleichung $xx_1/a^2 - yy_1/b^2 = 1$ im Punkt $P_1(x_1, y_1)$ an die Hyperbel mit der Gleichung $x^2/a^2 - y^2/b^2 = 1$ schneidet die Asymptoten mit den Gleichungen $y = \pm bx/a$ in den Punkten P_2 und P_3 (Abb. 13.5-15). Für ihre Koordinaten findet man durch Einsetzen:

$$x(x_1/a^2 \mp y_1/(ab)) = 1 \quad \text{oder} \quad x_{2,3} = a^2b/(bx_1 \mp ay_1)$$

bzw. $$y(\pm x_1/(ab) - y_1/b^2) = 1 \quad \text{oder} \quad y_{2,3} = ab^2/(\pm bx_1 - ay_1).$$

Für das Inhaltsmaß A des Dreiecks MP_3P_2 erhält man:

$$A = {}^1/_2 \begin{vmatrix} 1 & 0 & 0 \\ 1 & x_3 & y_3 \\ 1 & x_2 & y_2 \end{vmatrix} = {}^1/_2 \begin{vmatrix} 1 & 0 & 0 \\ 1 & a^2b/(bx_1 + ay_1) & ab^2/(-bx_1 - ay_1) \\ 1 & a^2b/(bx_1 - ay_1) & ab^2/(bx_1 - ay_1) \end{vmatrix}$$

$$= {}^1/_2 \cdot \left[\frac{a^3b^3}{b^2x_1^2 - a^2y_1^2} + \frac{a^3b^3}{b^2x_1^2 - a^2y_1^2}\right] = \frac{a^3b^3}{b^2x_1^2 - a^2y_1^2} = \frac{ab}{x_1^2/a^2 - y_1^2/b^2} = ab.$$

Normale und Polare eines Kegelschnitts

Richtungsfaktoren der Normalen, Normalengleichungen. Die Normale steht senkrecht auf der Tangente im Berührungspunkt $B_1(x_1, y_1)$. Der Tabelle über die Richtungsfaktoren der Tangenten an die Kegelschnitte kann man darum sofort die Richtungsfaktoren der Normalen entnehmen und mittels der Punktrichtungsform die Gleichung der Normalen aufstellen. In den wichtigsten Fällen erhält man:

Kegelschnitts-gleichung	Richtungsfaktor der Normalen	Gleichung der Normalen im Punkte $P_1(x_1, y_1)$
$y^2 = 2px$	$-\dfrac{y_1}{p}$	$y - y_1 = -\dfrac{y_1}{p}(x - x_1)$
$\dfrac{x^2}{a^2} + \dfrac{y^2}{b^2} = 1$	$\dfrac{a^2y_1}{b^2x_1}$	$y - y_1 = \dfrac{a^2y_1}{b^2x_1}(x - x_1)$
$\dfrac{x^2}{a^2} - \dfrac{y^2}{b^2} = 1$	$-\dfrac{a^2y_1}{b^2x_1}$	$y - y_1 = -\dfrac{a^2y_1}{b^2x_1}(x - x_1)$

Beispiel 1: Die Normale an die Hyperbel mit der Gleichung $x^2/16 - y^2/9 = 1$ im Punkte $P_1(5, -9/4)$ hat die Gleichung
$y + 9/4 = -[16(-9/4)(x - 5)]/(9 \cdot 5)$,
$y + 9/4 = 4x/5 - 4$
oder $y = 4x/5 - 25/4$ (Abb. 13.5-16).

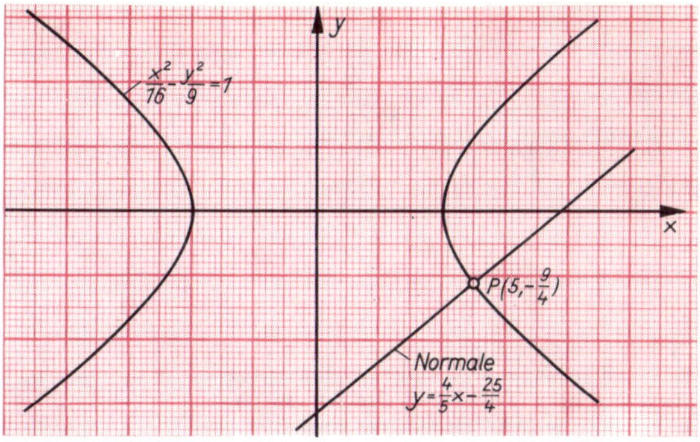

3.5-16 Normale der Hyperbel mit der Gleichung $x^2/16 - y^2/9 = 1$

Wichtige Sätze über Normalen an Kegelschnitte (vgl. Kap. 7.11.).

Brennstrahl und Parallele zur Achse der Parabel bilden mit der Normalen gleiche Winkel, da sie gleiche Winkel gegen die Tangente haben.
Die Normale in einem Ellipsenpunkte halbiert den Winkel zwischen den Brennstrahlen dieses Punktes, da diese gleiche Winkel gegen die Tangente haben.
Die Tangente, die Normale und die beiden Brennstrahlen eines jeden Ellipsenpunktes P_1 bilden ein harmonisches Strahlenbüschel, da in jedem Dreieck $F_1F_2P_1$ die Winkelhalbierenden eines Innenwinkels (bei P_1) und des zugehörigen Außenwinkels die Gegenseite harmonisch teilen.
Die Tangente, die Normale und die beiden Brennstrahlen eines jeden Hyperbelpunktes bilden ein harmonisches Strahlenbüschel, da die Tangente t_1 den Innenwinkel im Punkte P_1 vom Dreieck $F_1F_2P_1$ halbiert und die Normale den zugehörigen Außenwinkel. Die Normale halbiert den Supplementwinkel des Winkels zwischen den Brennstrahlen.

Gleichung der Polaren. Entsprechend wie beim Kreis lassen sich von einem Punkte $P_0(x_0, y_0)$ außerhalb eines Kegelschnitts die Tangenten an den Kegelschnitt mit Hilfe der Polaren p_0 des Pols P_0

berechnen. Die Polare p_0 ist dabei die *Gerade, die die Berührungspunkte $P_1(x_1, y_1)$ und $P_2(x_2, y_2)$ der Tangenten t_1 und t_2 miteinander verbindet* (Abb. 13.5-17). Aus den beiden Tangentengleichungen z. B. für eine Ellipse in Mittelpunktslage:

$$(t_1)\ x_1x/a^2 + y_1y/b^2 = 1 \quad \text{und} \quad (t_2)\ x_2x/a^2 + y_2y/b^2 = 1$$

ergibt sich die Gleichung $(p_0)\ xx_0/a^2 + yy_0/b^2 = 1$, die die *Polarengleichung* ist, da sie eine Geradengleichung ist, die für die Koordinaten der Punkte $P_1(x_1, y_1)$ und $P_2(x_2, y_2)$ erfüllt ist.
Die Gleichung ist formal die gleiche wie für eine Tangente, die Konstanten x_0, y_0 sind aber die Koordinaten des Pols und nicht des Berührungspunktes. Leitet man entsprechend die Polarengleichungen der anderen Kegelschnitte her, so ergibt sich die folgende Tabelle.

Gleichung eines Kegelschnitts und der Polaren p_0 zum Pol $P_0(x_0, y_0)$			
Parabel	Ellipse	Kreis	Hyperbel
$y^2 = 2px$	$\frac{x^2}{a^2} + \frac{y^2}{b^2} = 1$	$x^2 + y^2 = r^2$	$\frac{x^2}{a^2} - \frac{y^2}{b^2} = 1$
$yy_0 = p(x + x_0)$	$\frac{xx_0}{a^2} + \frac{yy_0}{b^2}$	$xx_0 + yy_0 = r^2$	$\frac{xx_0}{a^2} - \frac{yy_0}{b^2} = 1$

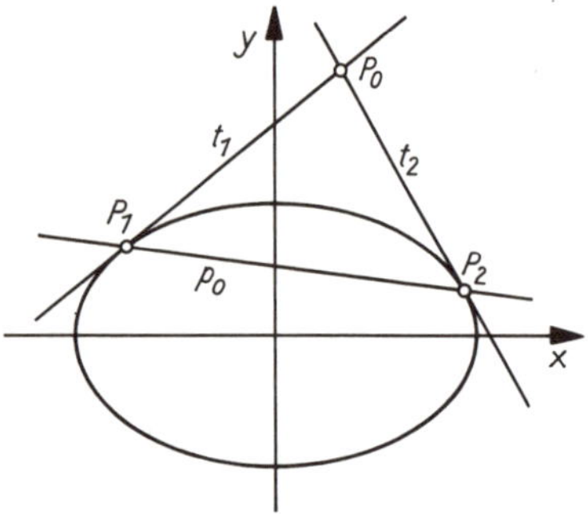

13.5-17 Tangenten von einem Punkt P_0 außerhalb einer Ellipse; Polare p_0

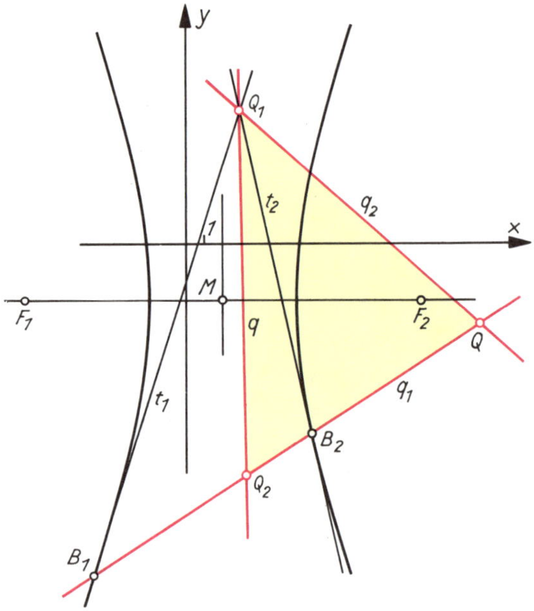

13.5-18 Für die durch $(x - 2)^2/16 - (y + 3)^2/100 = 1$ gegebene Hyperbel ist $Q\ (16, -4^1/_4)$ Pol der durch $y = -70x + 217$ bestimmten Polaren

Auch eine Gerade q, die keinen Punkt mit einem Kegelschnitt, z. B. einer Hyperbel, gemeinsam hat, ist Polare eines Punktes Q, der dann im Innern des Kegelschnitts liegt. Betrachtet man zwei verschiedene Punkte $Q_1(\xi_1, \eta_1)$ und $Q_2(\xi_2, \eta_2)$ von q als Pole, so haben ihre Polaren q_1 und q_2 die Gleichungen $\xi_1 x/a^2 - \eta_1 y/b^2 = 1$ und $\xi_2 x/a^2 - \eta_2 y/b^2 = 1$. Aus ihnen lassen sich die Koordinaten des Schnittpunktes $Q(x_0, y_0)$ der Polaren q_1 und q_2 berechnen. Die zu $Q(x_0, y_0)$ gebildete Polarengleichung $xx_0/a^2 - yy_0/b^2 = 1$ wird durch die Koordinaten von Q_1 und Q_2 erfüllt, d. h., die Gerade q ist die Polare q des Punktes Q.

Beispiel 2: Durch die Gleichungen $(x - 2)^2/16 - (y + 3)^2/100 = 1$ und $y = -70x + 217$ sind eine Hyperbel und eine Gerade q bestimmt, die sich nicht schneiden. Die Punkte $Q_1(3, 7)$ und $Q_2(3^{31}/_{113}, -12^{23}/_{113})$ liegen auf q. Die Polare q_1 zu Q_1 hat die Gleichung $(x - 2)(\xi_1 - 2)/16 - (y + 3)(\eta_1 + 3)/100 = 1$, die nach Einsetzen von $\xi_1 = 3$, $\eta_1 = 7$ die Form $y = 5x/8 - 114/8$ hat (Abb. 13.5-18). Entsprechend erhält man für die Polare q_2 von Q_2 die Gleichung

$$100(x - 2)(3^{31}/_{113} - 2) - 16(y + 3)(-12^{23}/_{113} + 3) = 1600$$

oder $y = 45x/52 + 9^{31}/_{52}$. Die Koordinaten des Schnittpunktes Q von q_1 und q_2 ergeben sich aus beiden Gleichungen; man findet $x_0 = 16$, $y_0 = -4^1/_4$ als Koordinaten des Pols Q der Geraden q. Im Dreieck QQ_1Q_2 ist jede Ecke Pol der gegenüberliegenden Seite.

Tangenten von einem Punkt an einen Kegelschnitt. Sind von einem Punkte P außerhalb eines Kegelschnittes die Tangenten an den Kegelschnitt zu legen, so wird die *Polare p* des Punktes P zum Schnitt gebracht mit dem Kegelschnitt. Die *Schnittpunkte* B_1 und B_2 *sind die Berührungspunkte* der Tangenten.

Beispiel 3: Die Polare des Punktes $P_p(14, 1)$ bezüglich der Ellipse mit der Gleichung $x^2 + 4y^2 = 100$ (Abb. 13.5-19) hat die Gleichung $14x/100 + y/25 = 1$ oder $14x + 4y = 100$, $y = -7x/2 + 25$. Sie schneidet die Ellipse in $B_1(8, -3)$ und $B_2(6, 4)$, denn es ist

$$x^2 + 4(49x^2/4 - 175x + 625) = 100,$$
$$x^2 - 14x + 48 = 0;$$
$$x_1 = 6,\ x_2 = 8; \quad y_1 = 4,\ y_2 = -3.$$

Folglich lauten die Tangentengleichungen $y = 2x/3 - 25/3$ bzw. $y = -3x/8 + 25/4$.

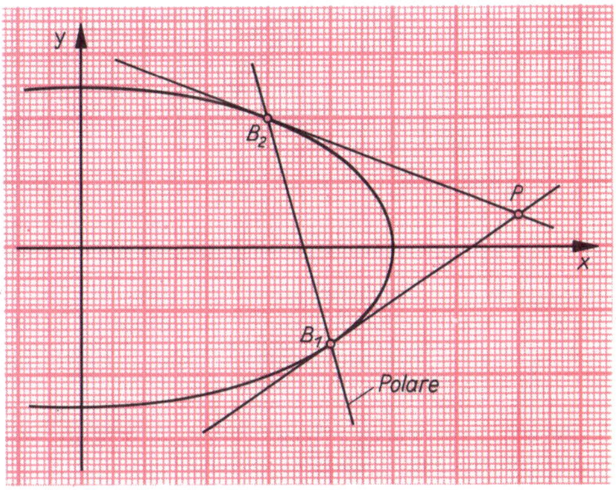

13.5-19 Tangenten vom Punkte P an die Ellipse

Zwei Kegelschnitte

Schnittpunkte zweier Kegelschnitte. Zur Bestimmung der Schnittpunkte zweier Kegelschnitte muß das entstehende Gleichungssystem aufgelöst werden. Die reellen Lösungen liefern die Schnittpunktskoordinaten.

Beispiel 1: Die Parabel mit der Gleichung $y^2 = 12x$ wird von dem Kreis mit der Gleichung $(x + 3)^2 + y^2 = 72$ in den Punkten $S_1(3, 6)$ und $S_2(3, -6)$ geschnitten, da deren Koordinaten beiden Gleichungen genügen. Sie ergeben sich aus dem Gleichungssystem

$$\left| \begin{aligned} (x_0 + 3)^2 + y_0^2 &= 72 \\ y_0^2 &= 12x_0 \end{aligned} \right|$$

als Lösungen $x_1 = 3$, $y_1 = 6$ und $x_2 = 3$, $y_2 = -6$.

Beispiel 2: Zur Bestimmung der Schnittpunkte der Ellipse mit der Gleichung $(x + 6)^2/80 + (y - 2)^2/20 = 1$ mit der Parabel der Gleichung $(x + 6)^2 = 4(y - 2)$ hat man das nebenstehende Gleichungssystem zu lösen (Abb. 13.5-20). Durch die Transformation $x_0 + 6 = \xi$, $y_0 - 2 = \eta$ gehen die Gleichungen über in $20\xi^2 + 80\eta^2 = 1600$ und $\xi^2 = 4\eta$. Eliminiert man ξ, so erhält man $80\eta + 80\eta^2 = 1600$, $\eta^2 + \eta - 20 = 0$, $\eta_{1,2} = -^1/_2 \pm {}^9/_2$, $\eta_1 = 4$; $\eta_2 = -5$ und $\xi_{1,2} = \pm 4$; $\xi_{3,4} = 2\sqrt{5}\,\mathrm{i}$. Daraus berechnet man $x_1 = \xi_1 - 6 = -2$, $x_2 = \xi_2 - 6 = -10$, $y_1 = \eta_1 + 2 = 6$, $y_2 = \eta_1 + 2 = 6$. Die Kegelschnitte haben damit zwei Schnittpunkte $S_1(-2, 6)$, $S_2(-10, 6)$.

$$\left| \begin{aligned} (x_0 + 6)^2/80 + (y_0 - 2)^2/20 &= 1 \\ (x_0 + 6)^2 &= 4(y_0 - 2) \end{aligned} \right|$$

Zwei Kegelschnitte brauchen keine reellen Schnittpunkte zu haben. Sie können sich in einem oder mehreren Punkten berühren. *Zwei nicht entartete Kegelschnitte schneiden sich,* wie man allgemein beweisen kann, *in höchstens vier Punkten.* Besteht der eine Schnitt eines Doppelkegels mit einer Ebene aus zwei einander in der Spitze schneidenden Mantellinien und der andere aus einer Mantellinie, so können unendlich viele Punkte bei geeigneter Lage beiden entarteten Kegelschnitten gemeinsam sein.

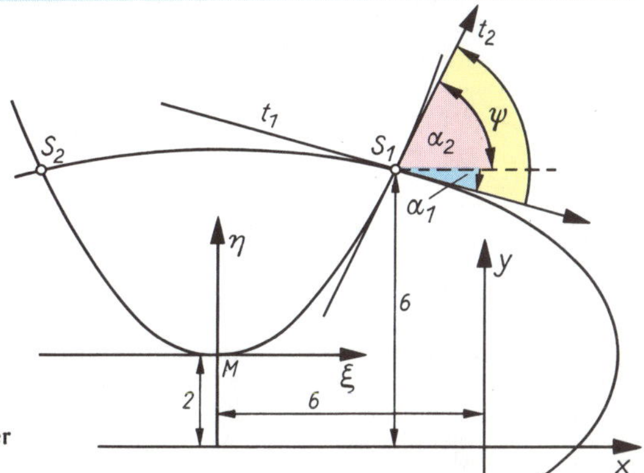

13.5-20 Schnittpunkte und Schnittwinkel einer Ellipse und einer Parabel

Schnittwinkel zweier Kegelschnitte. Der Schnittwinkel zweier Kegelschnitte ist erklärt als Schnittwinkel der Tangenten im Schnittpunkt. Man hat demnach die Gleichungen der Tangenten im Schnittpunkt aufzustellen und deren Schnittwinkel zu berechnen.

Beispiel 3: Die Parabel mit der Gleichung $y^2 = 12x$ und der Kreis mit $(x + 3)^2 + y^2 = 72$ schneiden einander in den Punkten $S_1(3, 6)$ und $S_2(3, -6)$. Die Kreistangente in S_1 hat die Gleichung $y = -x + 9$, die Parabeltangente $y = x + 3$. Da die Richtungsfaktoren zueinander negativ reziprok sind, schneiden sich Parabel und Kreis senkrecht in P_1. Für S_2 gilt dasselbe.

Beispiel 4: Die Ellipse mit der Gleichung $(x + 6)^2/80 + (y - 2)^2/20 = 1$ und die Parabel mit $(x + 6)^2 = 4(y - 2)$ schneiden einander in den Punkten $S_1(-2, 6)$ und $S_2(-10, 6)$. Die Gleichung der Ellipsentangente $(x + 6)(x_1 + 6)/80 + (y - 2)(y_1 - 2)/20 = 1$ im Punkte S_1 lautet $y = -x/4 + 11/2$, die Gleichung der Parabeltangente $(x + 6)(x_1 + 6) = 2(y - 2 + y_1 - 2)$ im gleichen Punkte $y = 2x + 10$. Aus $\tan\alpha_1 = -1/4$, $\alpha_1 = -14{,}04°$ und aus $\tan\alpha_2 = +2$, $\alpha_2 = +63{,}43°$ ergibt sich die Größe des Schnittwinkels $\psi = \alpha_2 - \alpha_1 = 77{,}47°$.

Gemeinsame Scheitelgleichung der Kegelschnitte

Parameter der Kegelschnitte. Der Parameter $2p$ in der Gleichung $y^2 = 2px$ einer Parabel in Scheitellage ist erklärt als Maßzahl der Länge der im Brennpunkt auf der Achse senkrecht stehenden Parabelsehne, er mißt sozusagen die „Dicke" der Parabel im Brennpunkt. Diese Definition wird übertragen auf die anderen Kegelschnitte:

Der Parameter eines Kegelschnitts ist erklärt als Maßzahl der Länge der auf der Hauptachse im Brennpunkt senkrecht stehenden Sehne.

Der Parameter eines Kegelschnitts, dessen Hauptachse in die x-Achse fällt, wird berechnet, indem man in der Mittelpunktsgleichung die doppelte positive Ordinate y_B im Brennpunkt berechnet, d. h., in die Kegelschnittsgleichung die Abszisse x_B des Brennpunktes einsetzt und diese Gleichung nach y_B auflöst.

Parabel: $y^2 = 2px$, $x_B = p/2$, daraus $y_B = p$, **Parameter $2p$**

Ellipse: $x^2/a^2 + y^2/b^2 = 1$, $x_B = e$, $e^2/a^2 + y_B^2/b^2 = 1$, daraus $y_B = \pm(b/a)\sqrt{a^2 - e^2}$, oder wegen $a^2 - e^2 = b^2$ der Wert $y_B = b^2/a$; **Parameter $2p = 2b^2/a$**

Hyperbel: $x^2/a^2 - y^2/b^2 = 1$, $x_B = e$, $e^2/a^2 - y_B^2/b^2 = 1$, daraus $y_B = \pm(b/a)\sqrt{e^2 - a^2}$, oder wegen $e^2 - a^2 = b^2$ der Wert $y_B = b^2/a$; **Parameter $2p = 2b^2/a$**

Scheitelgleichungen der Kegelschnitte. Die innere Verwandtschaft der Kegelschnitte wird deutlich an ihren Scheitelgleichungen. Für die Parabel lautet die Scheitelgleichung $y^2 = 2px$, für Ellipse und Hyperbel erhält man sie durch Parallelverschieben des Koordinatensystems aus den Mittelpunktsgleichungen.

Ellipse: Aus der Mittelpunktsgleichung $\xi^2/a^2 + \eta^2/b^2 = 1$ im ξ, η-System erhält man durch Transformation des Systems in den Scheitel $S_2(-a, 0)$, also durch die Transformation $x = \xi + a$, $y = \eta$ im neuen x, y-System $(x - a)^2/a^2 + y^2/b^2 = 1$ und daraus durch Umformung $y^2 = 2b^2x/a - b^2x^2/a^2$, bzw. unter Verwendung des Halbparameters $p = b^2/a$ der Ellipse die Gleichung $y^2 = 2px - px^2/a$

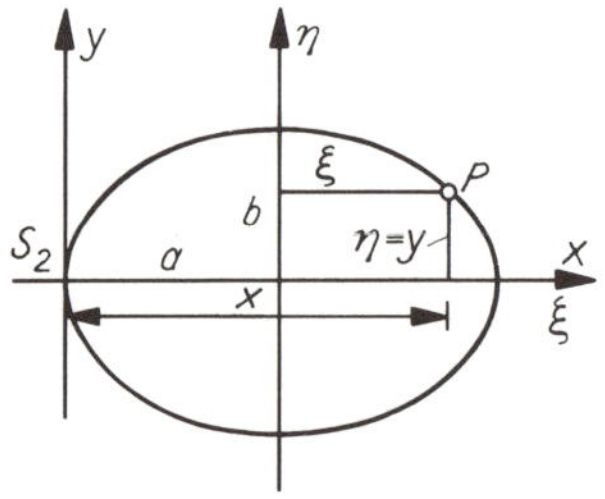

13.5-21 Scheitellage der Koordinatenachsen einer Ellipse

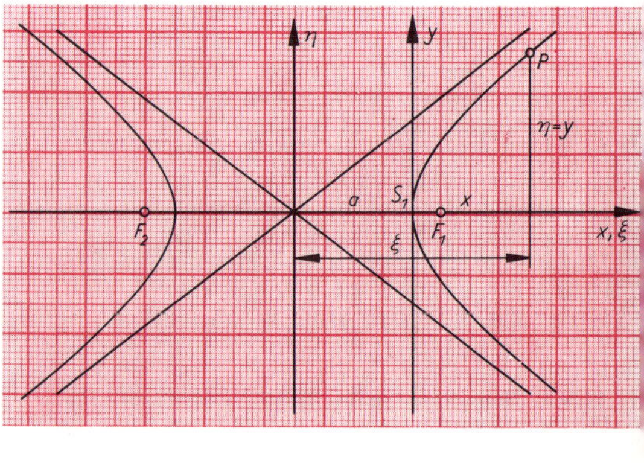

13.5-22 Scheitellage der Koordinatenachsen einer Hyperbel

(Abb. 13.5-21). Die Verwandtschaft mit der Scheitelgleichung der Parabel springt in die Augen: *Von dem Parabelwert $2px$ wird der Term px^2/a subtrahiert*, um die Ellipsenwerte zu erhalten. So erklärt sich übrigens auch der Name Ellipse, er spielt auf ein Fehlen, einen *Mangel* [griech. *elleipsis*] an, gemessen an der Parabel als Vergleichskurve.

Scheitelgleichung der Ellipse	$y^2 = 2px - px^2/a, \quad p = b^2/a = (a^2 - e^2)/a$
Scheitelgleichung der Hyperbel	$y^2 = 2px + px^2/a, \quad p = b^2/a = (e^2 - a^2)/a$

Hyperbel. Aus der Mittelpunktsgleichung $\xi^2/a^2 - \eta^2/b^2 = 1$ im ξ, η-System erhält man durch Transformation des Systems in den Scheitel $S_1(a, 0)$, also durch die Transformation $x = \xi - a$, $y = \eta$ im neuen x, y-System $(x + a)^2/a^2 - y^2/b^2 = 1$ und daraus durch Umformung $y^2 = 2b^2x/a + b^2x^2/a^2$, bzw. unter Verwendung des Halbparameters $p = b^2/a$ der Hyperbel die Gleichung $y^2 = 2px + px^2/a$ (Abb. 13.5-22). Gemessen an der Parabel $y^2 = 2px$ geht man um px^2/a *über den Parabelwert hinaus.* Hieraus erklärt sich der Name Hyperbel [griech. *hyperbolein*, darüber hinausgehen].

Gemeinsame Scheitelgleichung der Kegelschnitte. Durch Einführen der numerischen Exzentrizität $\varepsilon = e/a$ für Ellipse mit $0 < \varepsilon < 1$ und Hyperbel mit $\varepsilon > 1$ bzw. $\varepsilon = 1$ für die Parabel läßt sich eine allen drei Kegelschnitten gemeinsame Scheitelgleichung angeben. Für die Ellipse gilt $p/a = b^2/a^2 = (a^2 - e^2)/a^2 = 1 - \varepsilon^2 > 0$ wegen $0 < \varepsilon < 1$; für die Hyperbel dagegen erhält man $p/a = b^2/a^2 = (e^2 - a^2)/a^2 = \varepsilon^2 - 1$; dabei ist $(1 - \varepsilon^2)$ stets negativ. Für $\varepsilon = 1$ schließlich hat das Glied $(1 - \varepsilon^2)\,x^2$ stets den Wert Null; die Gleichung $y^2 = 2px - (1 - \varepsilon^2)\,x^2$ beschreibt danach je nach dem Wert von ε jeden der drei Kegelschnitte.

Gemeinsame Scheitelgleichung der Kegelschnitte
$y^2 = 2px - (1 - \varepsilon^2)\,x^2$

Auch die Scheitelgleichung des Kreises ist in dieser Gleichung enthalten. Setzt man $p = r$ und $\varepsilon = 0$, so ergibt sich $y^2 = 2rx - x^2$ oder $y^2 = x(2r - x)$; diese Beziehung ist auch nach dem Höhensatz im rechtwinkligen Dreieck erfüllt.

Nach der gemeinsamen Scheitelgleichung ist ein Kegelschnitt durch den Parameter $2p$ und die numerische Exzentrizität ε bestimmt. Die bisher zur Kennzeichnung eines Kegelschnitts verwendeten Größen, die Halbachsen a und b sowie die lineare Exzentrizität e, lassen sich in p und ε ausdrücken, wenn man bedenkt, daß sich für $y_0 = 0$ der Wert $x_0 = 2a$ ergibt und daß $p = b^2/a$ für Ellipse und Hyperbel bzw. $p = r$ für den Kreis gilt. Man findet für die Ellipse $a = p/(1 - \varepsilon^2)$, $b = p/\sqrt{1 - \varepsilon^2}$, $e = p\varepsilon/(1 - \varepsilon^2)$ und für die Hyperbel $a = p/(\varepsilon^2 - 1)$; $b = p/\sqrt{\varepsilon^2 - 1}$; $e = p/(\varepsilon^2 - 1)$; wählt man $p = 1$, so ergeben sich z. B. für $\varepsilon = 0{,}8$ die abgerundeten Werte $a = 2{,}8$; $b = 1{,}7$; $e = 2{,}2$, für $\varepsilon = 1{,}5$ dagegen $a = 0{,}8$; $b = 0{,}9$; $e = 1{,}2$ (Abb. 13.5-23).

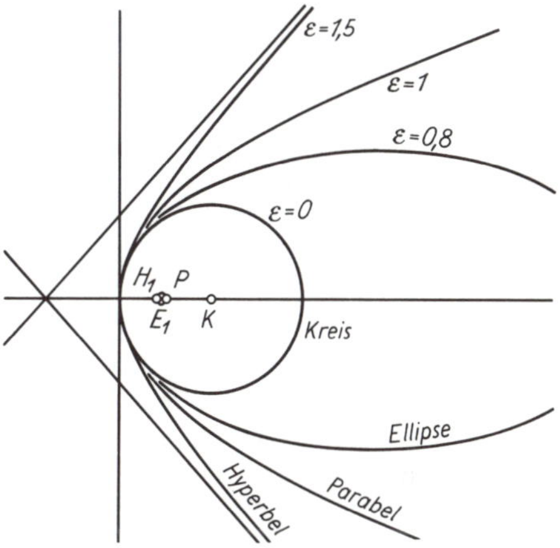

13.5-23 Abhängigkeit eines Kegelschnitts von der numerischen Exzentrizität

Polargleichungen der Kegelschnitte

Zur Beschreibung der Kegelschnitte in Polarkoordinaten ist ihre Achse die natürliche Nullrichtung; als Pol kann für Ellipse und Hyperbel der Mittelpunkt gewählt werden, meist aber wählt man einen Brennpunkt als Pol.

Polargleichungen der Kegelschnitte, bezogen auf den Mittelpunkt als Pol. Transformiert man die Mittelpunktsgleichung der Ellipse $x^2/a^2 + y^2/b^2 = 1$ durch $x = r\cos\varphi$, $y = r\sin\varphi$ auf Polarkoordinaten, deren Pol im Mittelpunkt der Ellipse liegt, so lautet die Gleichung

$$\frac{r^2\cos^2\varphi}{a^2} + \frac{r^2\sin^2\varphi}{b^2} = 1 \qquad \text{oder}$$

$$1 = r^2\left(\frac{b^2\cos^2\varphi + a^2\sin^2\varphi}{a^2b^2}\right) = r^2\cdot\frac{b^2\cos^2\varphi + a^2 - a^2\cos^2\varphi}{a^2b^2} = r^2\cdot\frac{a^2 - (a^2 - b^2)\cos^2\varphi}{a^2b^2}$$

$$= \frac{r^2}{b^2}\left(1 - \frac{e^2}{a^2}\cos^2\varphi\right)$$
$$= r^2 \cdot \frac{1 - \varepsilon^2\cos^2\varphi}{b^2}, \quad \text{d. h.,}$$
$$r^2 = \frac{b^2}{1 - \varepsilon^2\cos^2\varphi}.$$

Polargleichungen, bezogen auf den Mittelpunkt	
	Ellipse $r^2 = \dfrac{b^2}{1 - \varepsilon^2\cos^2\varphi}$
	Hyperbel $r^2 = \dfrac{b^2}{\varepsilon^2\cos^2\varphi - 1}$

Durch analoge Rechnung erhält man auch die Polargleichung der Hyperbel.

Polargleichungen der Kegelschnitte, bezogen auf den Brennpunkt als Pol. Diese Kegelschnittgleichungen finden in der *Astronomie* vielfache Verwendung, und zwar auf Grund des *ersten Keplerschen Gesetzes*, nach dem die Planeten in Ellipsen laufen, in deren einem Brennpunkt die Sonne steht. Ganz natürlich wird man daher als Koordinaten der Planetenbewegung die Entfernung von der Sonne und die Winkeländerung beim Umlauf verwenden, d. h. ein Polarkoordinatensystem benutzen, dessen Pol in einem Brennpunkt der Ellipse der Planetenbahn liegt. Gleichzeitig wird die numerische Exzentrizität ε in der Astronomie als Maß für die Abweichung der Ellipsenbahn von einer Kreisbahn benutzt. Das Wort Exzentrizität ist glücklich gewählt: Beim Kreis fallen Mittelpunkt und Zentrum der Gravitation zusammen; je langgestreckter die Ellipse wird, um so weiter rücken Mittelpunkt und Gravitationszentrum auseinander, um so exzentrischer wird die Bahn. KEPLER hat die Tatsache, daß statt Kreisbahnen in Wahrheit Ellipsenbahnen auftreten, am Mars entdeckt, dem Planeten, der von den bis zu seiner Zeit entdeckten Planeten die stärkste Exzentrizität, $\varepsilon = 0{,}0933$, hat. Die Bahn der Erde hat nur die Exzentrizität $\varepsilon = 0{,}0168$. Auch Meteore, Kometen und künstliche Satelliten bewegen sich, falls sie eine periodische Bewegung innerhalb des Sonnensystems ausführen, auf Ellipsenbahnen. Sind sie nicht periodisch, d. h., reicht ihre kinetische Energie aus, sich aus dem Sonnensystem zu entfernen, so bewegen sie sich auf Parabeln oder Hyperbeln, wenn man von den Störungen durch die Anziehungskraft der Planeten absieht.

Polargleichung der Ellipse. In der Abbildung 13.5-8 zur numerischen Exzentrizität der Ellipse ist der Brennpunkt F_1 als Pol eines Polarkoordinatensystems angenommen worden, dessen Nullrichtung die der x-Achse von F_1 nach S_1 ist. Im Dreieck F_1PF_2 gilt dann wegen $r_2 = 2a - r_1$ und $|F_1F_2| = 2e$ nach dem Kosinussatz:

$$(2a - r_1)^2 = (2e)^2 + r_1^2 + 2 \cdot 2er_1\cos\varphi \quad \text{oder} \quad 4a^2 - 4ar_1 + r_1^2 = 4e^2 + r_1^2 + 4er_1\cos\varphi,$$
$$r_1 = \frac{a^2 - e^2}{a + e\cos\varphi} = a \cdot \frac{1 - \varepsilon^2}{1 + \varepsilon\cos\varphi} = \frac{b^2}{a(1 + \varepsilon\cos\varphi)} = \frac{p}{1 + \varepsilon\cos\varphi},$$

wenn $\varepsilon = e/a$ bzw. $b^2/a = p$ gesetzt wird.

Polargleichung der Hyperbel. In der Abbildung 13.5-13 zur numerischen Exzentrizität der Hyperbel ist der Brennpunkt F_1 als Pol eines Polarkoordinatensystems angenommen worden, dessen Nullrichtung die der $-x$-Achse von F_1 nach S_1 ist. Im Dreieck F_1PF_2 gilt dann wegen $r_2 = 2a + r_1$ und $|F_2F_1| = 2e$ nach dem Kosinussatz:

$$(2a + r_1)^2 = (2e)^2 + r_1^2 - 2 \cdot 2er_1\cos\varphi \quad \text{oder} \quad 4a^2 + 4ar_1 + r_1^2 = 4e^2 + r_1^2 - 4er_1\cos\varphi,$$
$$r_1 = \frac{e^2 - a^2}{a + e\cos\varphi} = \frac{b^2}{a(1 + \varepsilon\cos\varphi)} = \frac{p}{1 + \varepsilon\cos\varphi}.$$

Polargleichung der Parabel. In der Abbildung 13.5-4 zur Herleitung der Parabelgleichung ist der Brennpunkt F als Pol eines Polarkoordinatensystems angenommen worden, dessen Nullrichtung die der $-x$-Achse von F nach S ist. Nach der Definition der Parabel gilt wegen $|L_0F| = p$ die Beziehung

$$p - r\cos\varphi = r \quad \text{bzw.} \quad r = \frac{p}{1 + \cos\varphi}.$$

Alle Kegelschnitte haben demnach in einem Polarkoordinatensystem, dessen Nullrichtung vom Pol zum nächstgelegenen Scheitelpunkt weist, Gleichungen derselben Form $r = p/(1 + \varepsilon\cos\varphi)$; sie unterscheiden sich durch die Werte für die numerische Exzentrizität, die für die Ellipse positiv, aber kleiner als 1, für die Hyperbel größer als 1 und für die Parabel 1 ist. Auch der Kreis kann durch den Wert $\varepsilon = 0$ einbezogen werden, für den der Radiusvektor den konstanten Wert $r = p$ hat.

Polargleichung der Kegelschnitte, bezogen auf einen Brennpunkt als Pol				
$r = \dfrac{p}{1 + \varepsilon\cos\varphi}$	$\varepsilon > 1$ Hyperbel	$\varepsilon = 1$ Parabel	$0 < \varepsilon < 1$ Ellipse	$\varepsilon = 0$ Kreis

Für die Parabel mit $\varepsilon = 1$ ist r nicht erklärt, falls die Winkelgröße $\varphi = \pi$ ist. Wenn $\varepsilon = 0$ bzw. $0 < \varepsilon < 1$, also für den Kreis bzw. die Ellipse, ist jedem Winkelwert eindeutig ein Wert r zugeordnet. Wenn schließlich $\varepsilon > 1$, ist r für die Winkelwerte φ_1 nicht definiert, für die gilt $1 + (e/a) \cos \varphi = 0$, d. h., $\cos \varphi = -a/e$, wenn mithin der freie Schenkel des Winkels der Größen φ_1 bzw. $-\varphi_1$ parallel zu einer Asymptote verläuft.

Beispiel: Mit *Perihel* bezeichnet man den sonnennächsten Punkt einer Planetenbahn, mit *Aphel* den sonnenfernsten. Welche Entfernung hat der Mars im Aphel von der Sonne? – Aus astronomischen Beobachtungen kennt man die große Halbachse a der Marsellipse zu rund 1,52 Erdbahnradien (1 Erdbahnradius entspricht etwa 149 Millionen km) und ihre Exzentrizität $\varepsilon = 0{,}0933$. Im Aphel ist $\varphi = \pi$. Da $p = b^2/a = a \cdot b^2/a^2 = a \cdot (a^2 - e^2)/a^2 = a(1 - \varepsilon^2)$ ist, erhält man $r = a(1 - \varepsilon^2)/(1 - \varepsilon) = a(1 + \varepsilon) = 1{,}52 \cdot 1{,}0933 = 1{,}661816$, gemessen in Erdbahnradien. Daraus ergibt sich, daß die Entfernung des Mars von der Sonne im Aphel rund 247,6 Millionen km beträgt.

Die exzentrische Anomalie. In der Astronomie und zur Berechnung der Ellipsenbahnen künstlicher Erdsatelliten wird nach KEPLER die exzentrische Anomalie E eingeführt. Damit wird die von der Nullrichtung des Polarkoordinatensystems aus gemessene Größe E eines Winkels bezeichnet, dessen Scheitelpunkt im Mittelpunkt M der Ellipse liegt und dessen freier Schenkel nach dem zum betrachteten Ellipsenpunkt P gehörenden Punkt P'' auf dem Scheitelkreis der Ellipse führt (Abb. 13.5-24). In der Planimetrie ist die Konstruktion einer Ellipse aus dem Scheitelkreis mit Radius a (halbe große Achse) und dem konzentrischen Kreis mit Radius $b = \sqrt{a^2 - e^2}$ (halbe kleine Achse) ausgeführt. Wie in der Parameterdarstellung der Ellipse gezeigt wird, ergeben sich alle ihre zur großen Achse S_2S_1 senkrechten Sehnen aus den entsprechenden des Kreises durch Verkürzung im Verhältnis $b : a$. Sind für einen Ellipsenpunkt P die Strecken $|P'P|$ und $|P'P''|$ die Hälften dieser senkrechten Sehnen, so gilt $|P'P| : |P'P''| = b : a$. Aus den in der Abbildung eingetragenen rechtwinkligen Dreiecken ergibt sich danach: $m(P'P) = r \sin \varphi$, $m(P'P'') = a \sin E$, also $ba \sin E = ar \sin \varphi$ oder $r \sin \varphi = b \sin E$. Auf der großen Achse dagegen erhält man wegen $|MF_1| = e$ und $m(MP') = a \cos E$ die Beziehung $r \cos \varphi = a \cos E - e$. Unter Benutzung der Gleichungen $1 = \sin^2 \varphi + \cos^2 \varphi$ und $e^2 = a^2 - b^2$ läßt sich daraus r als Funktion von E ausrechnen:

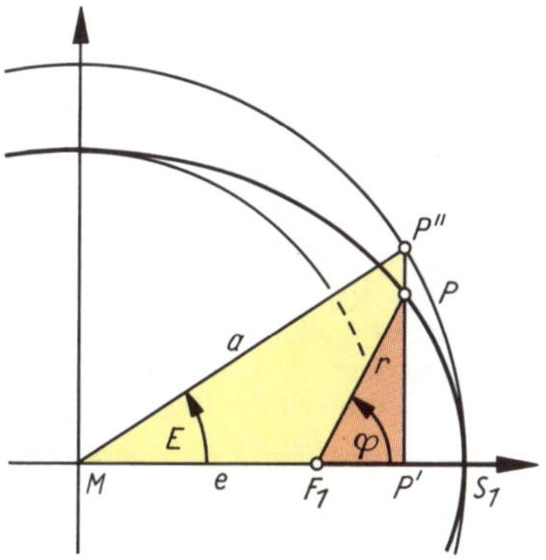

13.5-24 Exzentrische Anomalie

$$\begin{aligned} r^2 &= b^2 \sin^2 E + (a^2 \cos^2 E - 2ae \cos E + e^2) \\ &= b^2 \sin^2 E + a^2 \cos^2 E - 2ae \cos E + a^2 - b^2 \sin^2 E - b^2 \cos^2 E \\ &= (a^2 - b^2) \cos^2 E - 2ae \cos E + a^2 = (a - e \cos E)^2 \quad \text{oder, weil } a > e \text{ und } r > 0 \text{ ist,} \\ r &= a - e \cos E. \end{aligned}$$

Diese Gleichung enthält *das erste Keplersche Gesetz*, nach dem sich die Planeten auf Ellipsenbahnen um die Sonne bewegen, die in einem der Brennpunkte steht.
Damit ist auch der *Zusammenhang zwischen* **der** *Anomalie φ und der exzentrischen Anomalie E* durch die beiden Gleichungen gegeben

$$\cos \varphi = (1/r)(a \cos E - e) = (a \cos E - e)/(a - e \cos E),$$
$$\sin \varphi = (1/r)(b \sin E) = (\sqrt{a^2 - e^2} \sin E)/(a - e \cos E),$$

die auch durch $\tan(\varphi/2) = \sqrt{(a + e)/(a - e)} \tan(E/2)$ ersetzt werden können. Um die Zeit t als Funktion von E zu erhalten, wird eine dieser Gleichungen, z. B. die zweite, nach t differenziert, dabei werden Differentialquotienten nach t wie üblich mit einem Punkt bezeichnet:

$$\cos \varphi \cdot \dot{\varphi} = \frac{b \cos E \cdot \dot{E}(a - e \cos E) - e \sin E \cdot \dot{E} b \sin E}{(a - e \cos E)^2}$$
$$= b\dot{E} \cdot \frac{a \cos E - e \cos^2 E - e \sin^2 E}{(a - e \cos E)^2} = b\dot{E} \cdot \frac{a \cos E - e}{(a - e \cos E)^2}.$$

Daraus folgt

$$\dot{\varphi} = \frac{d\varphi}{dt} = b\dot{E} \cdot \frac{a \cos E - e}{(a - e \cos E)^2} \cdot \frac{a - e \cos E}{a \cos E - e} \quad \text{oder} \quad \dot{\varphi} = \frac{d\varphi}{dt} = \frac{b\dot{E}}{a - e \cos E} = \frac{b\dot{E}}{r}.$$

Nach dem *zweiten Keplerschen Gesetz* hat die vom Radiusvektor in gleichen Zeiten *überstrichene Fläche* den konstanten Inhalt $r^2 \cdot \dot{\varphi} = C$. Führt man C in die letzte Beziehung ein, so erhält man

$$\dot{E} = \frac{dE}{dt} = \frac{r^2\dot{\varphi}}{br} = \frac{C}{br} = \frac{C}{b(a - e\cos E)} \quad \text{oder} \quad dt = (b/C)(a - e\cos E)\,dE$$

und daraus durch *Integration* die gesuchte Funktion $t = t(E)$: $t = (b/C)(Ea - e\sin E) = (Ea - e\sin E)\cdot\sqrt{a^2 - e^2}/C$. Wächst danach E von 0 bis 2π, so ergibt sich die Umlaufzeit T:

$$T = (b/C)\cdot 2\pi a = 2\pi a\sqrt{a^2 - e^2}/C.$$

Nach dem *dritten Keplerschen Gesetz* existiert für jeden Planeten *eine Konstante* $\mu/(4\pi^2)$, für die gilt: $a^3/T^2 = \mu/(4\pi^2)$ oder nach Einsetzen des für T gefundenen Wertes: $\mu = aC^2/(a^2 - e^2)$. Danach genügen drei der vier Konstanten für alle hergeleiteten Beziehungen; man wählt meist $\varepsilon = e/a$, C und μ und erhält aus $r = p/(1 + \varepsilon\cos\varphi) = b^2/[a(1 + \varepsilon\cos\varphi)]$

$$r = C^2/[\mu(1 + \varepsilon\cos\varphi)] = C^2(1 - \varepsilon\cos E)/[\mu(1 - \varepsilon^2)],$$

$$\cos\varphi = (-\varepsilon + \cos E)/(1 - \varepsilon\cos E), \quad \sin\varphi = \left(\sqrt{1 - \varepsilon^2}\cdot\sin E\right)/(1 - \varepsilon\cos E)$$

$$t = C^3(E - \varepsilon\sin E)/\left[\mu^2\left(\sqrt{1 - \varepsilon^2}\right)^3\right].$$

Diskussion der allgemeinen Gleichung zweiten Grades

Die allgemeine Gleichung zweiten Grades zwischen zwei Variablen x und y hat die Form

$$ax^2 + 2bxy + cy^2 + 2dx + 2ey + f = 0,$$

in der a, b, c, d, e, f beliebige reelle Koeffizienten bedeuten. Sie ist nur dann wirklich vom zweiten Grade, wenn nicht zugleich $a = b = c = 0$ sind. Durch diese Gleichung wird im x, y-Koordinatensystem eine Kurve definiert. Im folgenden soll stets ein rechtwinkliges Parallelkoordinatensystem Verwendung finden. Die Art der entstehenden Kurve hängt von den Werten der Koeffizienten ab. Die *Diskussion*, d. h. die Charakterisierung der Kurve in Abhängigkeit von den Koeffizienten, zeigt die Gültigkeit des folgenden Satzes.

Die allgemeine Gleichung zweiten Grades stellt stets die Gleichung eines Kegelschnitts dar.

Beseitigung des gemischten Gliedes. Durch eine Drehung des Koordinatensystems, d. h. durch die Transformation

$$x = \xi\cos\alpha - \eta\sin\alpha$$
$$y = \xi\sin\alpha + \eta\cos\alpha$$

kann man für eine geeignete Winkelgröße α stets erreichen, daß das gemischtquadratische Glied mit $\xi\eta$ verschwindet. Sind die Koeffizienten a und c der reinquadratischen Glieder einander gleich ($a = c$), so wählt man $\alpha = 45°$; sind sie dagegen verschieden voneinander, so wird α so gewählt, daß $\tan 2\alpha = 2b/(a - c)$, wie man durch Einsetzen der Transformationsgleichungen in die Ausgangsgleichungen findet. Auf diese Weise erhält man eine transformierte Gleichung in ξ und η. Es ist zweckmäßig, diese Variablen nachträglich wieder mit x und y zu bezeichnen; es entsteht dann eine Gleichung von der Form $Ax^2 + Cy^2 + 2Dx + 2Ey + F = 0$.
Das bedeutet geometrisch, daß die *Achsen des Kegelschnitts nun zu den Achsen des Koordinatensystems parallel verlaufen.*

Beseitigung der linearen Glieder. Die Mittelpunktsgleichungen von Ellipse und Hyperbel haben keine linearen Glieder. Man wird deshalb versuchen, in der Parallelverschiebung $x = \xi + c$; $y = \eta + d$ des Koordinatensystems die Konstanten c und d so zu bestimmen, daß die linearen Glieder $2Dx$ und $2Ey$ verschwinden. Nach Ausführung der Transformation erhält man:

$$A\xi^2 + C\eta^2 + 2(Ac + D)\xi + 2(Cd + E)\eta + Ac^2 + Cd^2 + 2Dc + 2Ed + F = 0.$$

Diskussion:

(1) Wenn $A \neq 0$ und $C \neq 0$, lassen sich beide linearen Glieder beseitigen, indem man $c = -D/A$ und $d = -E/C$ wählt. Dann erhält man eine Gleichung der Form $A\xi^2 + C\eta^2 = N$, wobei $N = D^2/A + E^2/C - F$ ist. Für N sind drei Fälle möglich: $N > 0$, $N = 0$, $N < 0$.

$N > 0$: 1. Fall: A und C beide positiv. Dann liegt eine *Ellipse* mit der Mittelpunktsgleichung $\xi^2/(N/A) + \eta^2/(N/C) = 1$, also den Halbachsen $\sqrt{N/A}$ und $\sqrt{N/C}$ vor.
2. Fall: A und C negativ, dann liegt *keine reelle Kurve* vor.
3. Fall: A und C verschiedene Vorzeichen. Dann liegt eine *Hyperbel* vor.

$N = 0$: 1. Fall: Wenn A und C gleiches Vorzeichen haben, kann die Gleichung nur für $\xi = \eta = 0$ richtig sein. Es liegt nur ein *Punkt* vor.

2. Fall: A und C verschiedene Vorzeichen. Dann ist entweder $A\xi^2 - C\eta^2 = 0$ oder $C\eta^2 - A\xi^2 = 0$. Unter Anwendung der dritten binomischen Formel erkennt man, daß es sich immer um ein *Paar sich schneidender Geraden* handelt.

$N < 0$: Man erhält dieselben Kegelschnitte wie bei $N > 0$.

(2) Wenn $AC = 0$ ist, so gibt es drei Möglichkeiten.

$A = 0,\ C \neq 0$: 1. Fall: $D \neq 0$. Dann kann man c und d so wählen, daß $Cd + E = 0$, $Cd^2 + 2Dc + 2Ed + F = 0$. Die Gleichung lautet $\eta^2 = -2D\xi/C$ und beschreibt mithin eine *Parabel.*

2. Fall: $D = 0$. Es ergibt sich eine quadratische Gleichung in η, also ein *Paar paralleler Geraden.* Sie fallen zusammen und stellen mithin eine *Doppelgerade* dar, wenn $E^2 - FC = 0$.

$A \neq 0,\ C = 0$: 1. Fall: $E \neq 0$. Es tritt eine *Parabel* auf.

2. Fall: $E = 0$. *Paar paralleler Geraden* oder *Doppelgerade.*

$A = 0,\ C = 0$: 1. Fall: Nicht $D = E = 0$. Man erhält eine *Gerade.*

2. Fall: $D = E = 0$. Dann muß auch $F = 0$ sein.

Bemerkung: Das Auftreten eines Paares paralleler Geraden ist aufzufassen als Grenzfall eines achsenparallelen Schnittes eines Kegels, dessen Spitze im Unendlichen liegt, der also zu einem Zylinder entartet ist.

Diskussion der Kegelschnittgleichung $Ax^2 + Cy^2 + 2Dx + 2Ey + F = 0$			
$AC \neq 0$	$N = D^2/A + E^2/C - F$		
	$N > 0$	$A > 0,\ C > 0$	Ellipse
		$A < 0,\ C < 0$	keine reelle Kurve
		$AC < 0$	Hyperbel
	$N = 0$	$AC > 0$	Punkt
		$AC < 0$	Paar sich schneidender Geraden
	$N < 0$	$A > 0,\ C > 0$	keine reelle Kurve
		$A < 0,\ C < 0$	Ellipse
		$AC < 0$	Hyperbel
$AC = 0$	$A = 0,\ C \neq 0$	$D \neq 0$	Parabel
		$D = 0$	Paar paralleler Geraden, die zusammenfallen, wenn $E^2 - FC = 0$
	$A \neq 0,\ C = 0$	$E \neq 0$	Parabel
		$E = 0$	Paar paralleler Geraden, die zusammenfallen, wenn $D^2 - FA = 0$
	$A = 0,\ C = 0$	nicht $D = E = 0$	Gerade
		$D = E = 0$	(trivial)

Beispiel 1: In der Gleichung $3x^2 - 30x + 8y + 65 = 0$ sind die Werte der Koeffizienten $A = 3 \neq 0$, $C = 0$, $D \neq 0$; sie beschreibt somit eine *Parabel.* Um Scheitel, Brennpunkt und Parameter zu finden, dividiert man durch 3 und bringt die quadratische Ergänzung an; aus der Gleichung $x^2 - 10x + 25 = -8y/3 - 65/3 + 75/3$ oder $(x - 5)^2 = -{}^8/_3(y - {}^5/_4)$ erkennt man, daß die Parabel nach unten offen ist, daß ihr Scheitel bei $S(5, {}^5/_4)$ liegt und daß sie den Parameter $p = {}^4/_3$ hat.

Beispiel 2: Die Gleichung $25x^2 + 49y^2 + 150x - 196y - 804 = 0$ beschreibt eine *Ellipse*, deren Hauptachse der x-Achse parallel ist, denn es ist $A = 25 \neq 0$, $C = 49 \neq 0$, $N > 0$. Bringt man die Gleichung auf Mittelpunktsform, wobei zweimal die quadratische Ergänzung anzubringen ist, so lautet sie $(x + 3)^2/49 + (y - 2)^2/25 = 1$. Der Mittelpunkt der Ellipse ist $M(-3, 2)$. Die große Halbachse beträgt $a = 7$, die kleine $b = 5$.

Beispiel 3: Die Gleichung $64x^2 - 25y^2 + 256x + 300 - 2244 = 0$ stellt eine *Hyperbel* dar, wie man aus der Übersicht entnimmt. Aus der Gleichung folgt $64(x^2 + 4x) - 25(y^2 - 12y) = 2244$. Nachdem man zweimal die quadratische Ergänzung angebracht hat, ergibt sich $64(x^2 + 4x + 4) - 25(y^2 - 12y + 36) = 2244 + 256 - 900$ oder auch $64(x + 2)^2 - 25(y - 6)^2 = 1600$. Hieraus folgt die Mittelpunktsgleichung $(x + 2)^2/25 - (y - 6)^2/64 = 1$. Die Hauptachse liegt danach der x-Achse parallel, der Mittelpunkt ist $M(-2, 6)$, die Halbachsen sind 5 und 8.

Beispiel 4: Aus der Gleichung $9x^2 - 4y^2 = 0$ folgt $AC \neq 0$, aber $N = 0$. Gleichzeitig ist $AC < 0$, also muß ein *Paar sich schneidender Geraden* vorliegen. In der Tat: $9x^2 - 4y^2 = (3x - 2y)(3x + 2y) = 0$. Jeder Faktor für sich ergibt eine Gerade mit den Gleichungen $y = 3x/2$ und $y = -3x/2$. Beide Geraden schneiden sich im Ursprung.

II. Schritte in die höhere Mathematik

14. Mengenlehre

In der Umgangssprache wird das Wort „Menge“ in unterschiedlicher Bedeutung verwendet. Es bedeutet „viel“, wenn man sagt, daß jemand eine Menge Bücher besitzt, und es bezeichnet eine *Gesamtheit*, eine *Zusammenfassung*, wenn man z. B. von der Menge der Fahrgäste eines Busses spricht; im selben Sinne wird es versteckt benutzt, wenn man von einer Herde Schafe oder von einem System von Geraden in einer Ebene spricht. In der zweiten Bedeutung ist der Mengenbegriff zu dem fundamentalen Begriff der gegenwärtigen Mathematik geworden, und jeder scheinbar einfachere Begriff, der zu seiner Erklärung dienen könnte, hat die gleiche Bedeutung. Dagegen ist es möglich, mit Hilfe des Mengenbegriffes alle anderen mathematischen Begriffe zu definieren.

Da auch die Methode der mathematischen Deduktion durch eine enge Verflechtung von logischen und mengentheoretischen Überlegungen gekennzeichnet ist, wurden die mengentheoretischen Begriffe und die Ausdrucksweise der Mengentheorie zur allen Mathematikern verständlichen mathematischen „Umgangssprache“. Daher ist die Kenntnis der grundlegenden mengentheoretischen Begriffe eine notwendige Voraussetzung für erfolgreiche Schritte in die höhere Mathematik und für die Anwendung mathematischer Methoden in der Praxis. Die Mengentheorie hat aber nicht nur einen gemeinsamen Rahmen für die präzise Darstellung der gesamten Mathematik geschaffen, sondern im Verlauf ihrer Entwicklung viele Zweige der Mathematik zu neuen Fragestellungen angeregt und innerlich umgestaltet. Die Entwicklung mancher Gebiete, z. B. die der Topologie, wurde durch die Mengenlehre erst möglich.

Die von Georg Cantor (1845–1918), dem Begründer der Mengenlehre, gegebene Erklärung des Mengenbegriffs erschien anschaulich leicht faßlich, ihre Präzisierung erwies sich aber als eine sehr komplizierte Aufgabe, die erst mit der Entwicklung axiomatischer Systeme der Mengenlehre in hinreichendem Maße gelang, jedoch auch heute noch nicht endgültig abgeschlossen zu sein scheint.

14.1. Grundbegriffe

Erklärung des Mengenbegriffs nach Cantor: Eine Menge ist eine Zusammenfassung bestimmter, wohlunterschiedener Objekte unserer Anschauung oder unseres Denkens zu einem Ganzen; diese Objekte heißen die Elemente der Menge.

Diese Erklärung führte zu Widersprüchen, weil sie uferlose Zusammenfassungen noch als Mengen zuläßt (vgl. *Beispiel 5.*). Immerhin kann man von ihr ausgehend eine Reihe grundlegender Begriffe und Redeweisen einführen.

Wenn ein Objekt a Element einer Menge M ist, so schreibt man $a \in M$ und liest »a ist Element von M«; $a \notin M$ bedeutet »a gehört nicht zur Menge M«. Besteht M aus den Elementen $a, b, c, \ldots$, so schreibt man $\{a, b, c, \ldots\}$ für M, z. B. $\{0, 1, 2, \ldots\}$ für die Menge $\mathbf{N}$ der natürlichen Zahlen. Besteht M nur aus einem einzigen Element a, so heißt $M = \{a\}$ eine *Einermenge* bzw. genauer die *Einermenge von a*. Besteht M genau aus zwei verschiedenen Elementen a, b, so heißt $M = \{a, b\}$ eine *Zweiermenge* bzw. die *Zweiermenge von a, b* usw.

Sind zwei Mengen M, N gleich, so haben sie dieselben Objekte als Elemente, d. h., ein Objekt x ist genau dann Element von M, wenn es Element von N ist, in der Bezeichnungsweise der mathematischen Logik (vgl. Kap. 15.):

$$M = N \rightarrow \forall x(x \in M \leftrightarrow x \in N).$$

Das *Extensionalitätsprinzip* besagt, daß umgekehrt zwei Mengen M, N dann gleich sind, wenn sie die selben Elemente haben:

$$\forall x(x \in M \leftrightarrow x \in N) \rightarrow M = N.$$

Eine Menge ist danach festgelegt durch ihren Umfang, ihre Extension, d. h. durch die in ihr zusammengefaßten Objekte.

Beispiel 1: Die Menge M aller Personen, die sich zu einem gewissen Zeitpunkt t in einem gewissen Gebäude G befinden, und die Menge W aller weiblichen Personen, die sich zu diesem Zeitpunkt dort befinden.

Beispiel 2: Die Menge Π aller Primzahlen. Diese Menge hat, anders als die Mengen von Beispiel 1, unendlich viele Elemente.

Beispiel 3: Die Menge P aller einem Kreis K einbeschriebenen Polygone mit den Eckpunkten auf der Peripherie. Diese Menge spielt bei der Definition des Kreisumfangs eine Rolle (vgl. Kap. 7.6. – Regelmäßige konvexe n-Ecke).

Beispiel 4: Die Menge L aller Lösungen der Gleichung $x^2 + 4 = 4x$; die Menge G aller geraden Primzahlen. Beide Mengen haben dieselben Elemente, nämlich jede das einzige Element 2, sie sind folglich nach dem Extensionalitätsprinzip gleich.

Beispiel 5: Die Zusammenfassung R aller Mengen M, die nicht Element von sich selbst sind, d. h., für die gilt $M \notin M$, ist keine Menge. Aus der Annahme, daß R eine Menge ist, folgt die berühmte *Russellsche Antinomie*: Würde $R \in R$ gelten, so wäre R – wie jedes Element von R – eine Menge, die sich nicht selbst enthält, d. h., es müßte $R \notin R$ gelten. Setzt man aber $R \notin R$ voraus, dann wäre R eine Menge, die nicht Element von sich selbst ist, d. h., nach Definition von R würde folgen $R \in R$. Aus jeder der Voraussetzungen $R \in R$, $R \notin R$ ergibt sich danach, daß $R \in R$ und $R \notin R$ zugleich gelten, das aber steht im Widerspruch zu dem Gesetz der Logik, daß entweder $R \in R$ oder $R \notin R$ gilt.

An diesen Beispielen erkennt man, daß die Elemente einer zu bildenden Menge durch eine für sie charakteristische Eigenschaft gekennzeichnet werden können. Etwas präziser ausgedrückt, besteht jede Menge aus allen Objekten ξ, für die eine Aussage $A(\xi)$ wahr ist, wenn $A(\xi)$ die aus einer Aussageform $A(x)$ durch Belegung der Variablen x mit dem Objekt ξ entstehende Aussage ist. Die Aussageform $A(x)$ beschreibt auf diese Weise die die Elemente charakterisierende Eigenschaft. In den Beispielen 1 bis 4 sind diese Aussageformen folgende, dabei gibt der Index die jeweilige Menge an:

A_M: = x befindet sich zum Zeitpunkt t im Gebäude G;
A_W: = x befindet sich zum Zeitpunkt t im Gebäude G und ist weiblich;
A_Π: = x ist Primzahl;
A_P: = x ist ein dem Kreis K einbeschriebenes Polygon mit den Eckpunkten auf der Peripherie;
A_L: = x ist Lösung der Gleichung $x^2 + 4 = 4x$;
A_G: = x ist gerade Primzahl.

Beispiel 5 dagegen zeigt, daß nicht jede Aussageform $A(x)$ geeignet ist, charakterisierende Eigenschaften von Elementen einer Menge zu beschreiben; die Aussageform $x \notin x$ z. B. nicht. Für die Präzisierung des Mengenbegriffs innerhalb der axiomatischen Mengenlehre ist es daher wesentlich, den Bereich der für die Mengenbildung zulässigen, im Rahmen der mathematischen Logik formulierten Aussageformen genau abzugrenzen. In der Mengenlehre nach Zermelo/Fraenkel/Skolem wird z. B. diese Abgrenzung so eng vorgenommen, daß nur die für die mathematische Praxis un-

entbehrlichen Mengenbildungen zugelassen sind. In der Mengenlehre nach MOSTOWSKI/MORSE/KLAUA andererseits erfolgt diese Abgrenzung so großzügig, daß nur die Zusammenfassungen keine Mengen ergeben, deren Zulassung zu Antinomien führen würde.
Die zweite Art der Mengentheorie hat neben dem Begriff der Menge noch den der *Klasse*, unter dem sie die möglichen Zusammenfassungen von Objekten versteht. Die Klassen, die keine Mengen sind, heißen *echte Klassen* bzw. *Unmengen*, alle anderen Klassen sind Mengen. Der Nachteil des Auftretens dieses weiteren Begriffs der Klasse wird aufgehoben durch eine einfachere Beschreibung der zur Klassenbildung zugelassenen Aussageformen und eine größere Flexibilität bei der Behandlung gewisser mathematischer Fragen. Da die echten Klassen jedoch hauptsächlich in Fragen der Axiomatik und bei Grundlagenuntersuchungen auftreten, werden hier weiterhin nur Mengen betrachtet.
Eine durch eine Aussageform $H(x)$ definierte Menge wird mit $\{x \mid H(x)\}$ bezeichnet und gelesen als »Menge aller x mit der Eigenschaft $H(x)$«; $\{x \mid x$ ist Primzahl$\}$ z. B. ist die Menge aller Primzahlen.
Unter einer *Teilmenge* bzw. *Untermenge* einer Menge M versteht man nach CANTOR eine Menge, deren sämtliche Elemente auch Elemente von M sind. Ist N Teilmenge von M, so schreibt man: $N \subseteq M$. Mithin ist stets M Teilmenge von sich selbst: $M \subseteq M$. Ist N nicht Teilmenge von M, in Zeichen $N \nsubseteq M$, so gibt es wenigstens ein Element von N, das nicht Element von M ist. Alle von M verschiedenen Teilmengen von M heißen *echte Teilmengen* von M; dies wird durch $N \subset M$ bezeichnet.
Eine Menge, die überhaupt keine Elemente enthält, heißt *leer*. Es gibt nach dem Extensionalitätsprinzip genau eine Menge, die leer ist, die *leere Menge*, die mit $\emptyset$ bezeichnet wird, z. B.

$$\emptyset = \{x \mid x \neq x\} = \{x \mid x \in \mathbf{N} \quad \text{und} \quad x^2 = -1\}.$$

Mengen, deren sämtliche Elemente selbst wieder Mengen sind, werden auch *Mengensysteme* oder *Mengenfamilien* genannt. Ein wichtiges Mengensystem ist für jede Menge M die Menge aller Teilmengen von M; diese Menge heißt die *Potenzmenge* von M und wird mit $\boldsymbol{P}(M)$ bezeichnet: $\boldsymbol{P}(M) = \{x \mid x \subseteq M\}$. Es ist stets $\emptyset \in \boldsymbol{P}(M)$ und $M \in \boldsymbol{P}(M)$.
Die Beziehungen $\subseteq$ bzw. $\subset$ zwischen Mengen bezeichnet man als *Inklusion* bzw. als *echte Inklusion*.

Für Mengen A, B, C gilt:
1) $A \subseteq A$, 2) $A \not\subset A$, 3) $A \subset B \rightarrow A \subseteq B$, 4) $A \subset B \leftrightarrow A \subseteq B \wedge A \neq B$,
5) $A \subseteq B \wedge B \subseteq C \rightarrow A \subseteq C$, 6) $A \subset B \wedge B \subset C \rightarrow A \subset C$, 7) $A = B \leftrightarrow A \subseteq B \wedge B \subseteq A$.

Die Beziehung 7) folgt aus dem Extensionalitätsprinzip. Aus ihr entnimmt man folgendes *Beweisprinzip*: Um die Gleichheit zweier Mengen A, B nachzuweisen, genügt es, die Inklusionen $A \subseteq B$ und $B \subseteq A$ nachzuweisen, d. h., nachzuweisen, daß jedes Element von A ein Element von B und daß jedes Element von B ein Element von A ist.
Neben dem Extensionalitäts- und den Mengenbildungsprinzipien braucht man für den systematischen Aufbau der Mengenlehre und für die Darstellung der Mathematik in ihr insbesondere noch das Unendlichkeitsprinzip und das Auswahlprinzip.
Das *Unendlichkeitsprinzip* sichert die Existenz einer unendlichen Menge (vgl. 14.5. – Endliche und unendliche Mengen). Es ist problematisch, dieses Prinzip durch einen Hinweis auf die reale Existenz einer aktual unendlichen Menge zu motivieren. Ohne dieses Prinzip aber wäre die Mengenlehre praktisch bedeutungslos, da man dann z. B. keine mengentheoretische Begründung der Lehre von den natürlichen Zahlen geben könnte.

Auswahlprinzip: Ist $\boldsymbol{M}$ ein Mengensystem nichtleerer Mengen, so existiert eine Menge A, die mit jedem $M \in \boldsymbol{M}$ genau ein Element gemeinsam hat.

Die Bezeichnung „Auswahlprinzip" stammt daher, daß durch A aus jedem Element M von $\boldsymbol{M}$ jeweils genau ein Element ausgewählt wird, nämlich das einzige Element von $A \cap M$.
Auf dem Auswahlprinzip beruhen viele wichtige Schlußweisen der Mathematik. Trotz seiner Wichtigkeit betrachteten viele Mathematiker dieses Prinzip mit Skepsis, die im wesentlichen dadurch hervorgerufen wurde, daß man keinerlei Verfahren hat, die Menge A zu einem gegebenen Mengensystem $\boldsymbol{M}$ zu konstruieren. Heute weiß man, daß dieses Prinzip in den bekannten Axiomensystemen der Mengenlehre weder bewiesen noch widerlegt werden kann. Für abzählbare Mengensysteme $\boldsymbol{M}$ ist das Auswahlprinzip allerdings beweisbar.

14.2. Mengenalgebra

Die wichtigsten mengenalgebraischen Operationen sind die Bildung des Durchschnitts, der Vereinigung und der Differenz gegebener Mengen.

Durchschnitt	Vereinigung	Differenz
$M \cap N := \{x \mid x \in M \wedge x \in N\}$	$M \cup N := \{x \mid x \in M \vee x \in N\}$	$M \setminus N := \{x \mid x \in M \wedge x \notin N\}$

Beispiele. *1:* $\{a, b, c\} \cap \{b, a, d\} = \{a, b\}$. *2:* $\{a, b, c\} \cup \{c, d, e\} = \{a, b, c, d, e\}$.
3: $\{a, b, c\} \setminus \{d, a, c\} = \{b\}$.

4: Der Durchschnitt der Menge aller Rechtecke mit der Menge aller Rhomben ist die Menge aller Quadrate.

5: Die Vereinigung der Menge aller Rechtecke mit der Menge aller Parallelogramme ist die Menge aller Parallelogramme, weil jedes Rechteck ein Parallelogramm ist und daher zur Menge der Parallelogramme nichts hinzugefügt wird.

Die Vereinigung $M \cup N$ ist zu unterscheiden von der Menge aller der Elemente, die *entweder zu M oder zu N* gehören; diese Menge ist die *symmetrische Differenz* $M \Delta N$ von M, N. Für sie gilt $M \Delta N = (M \cup N) \setminus (M \cap N)$.

Ist für Mengen M, N der Durchschnitt die leere Menge, so sagt man, daß *M zu N disjunkt* ist oder daß *M, N disjunkt, elementfremd* bzw. *durchschnittsfremd* sind.

Grundlegende Eigenschaften der mengenalgebraischen Operationen:

Kommutativität	*Assoziativität*
$M \cap N = N \cap M$	$M \cap (N \cap P) = (M \cap N) \cap P$
$M \cup N = N \cup M$	$M \cup (N \cup P) = (M \cup N) \cup P$
Distributivität	*Idempotenz*
$M \cap (N \cup P) = (M \cap N) \cup (M \cap P)$	$M \cap M = M$
$M \cup (N \cap P) = (M \cup N) \cap (M \cup P)$	$M \cup M = M$

Die Ergebnisse mengenalgebraischer Operationen und durch sie dargestellte Beziehungen kann man sich durch *Euler-Vennsche Diagramme* veranschaulichen, in denen die beteiligten Mengen durch Flächenstücke in der Ebene dargestellt werden (Abb. 14.2-1).

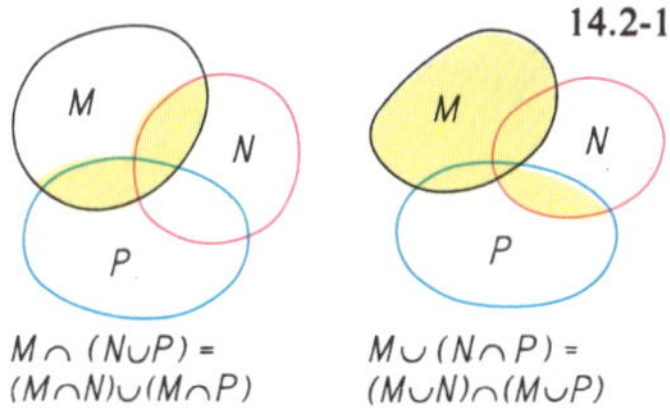

14.2-1 Euler-Vennsche Diagramme für Distributivgesetze von $\cup$ und $\cap$

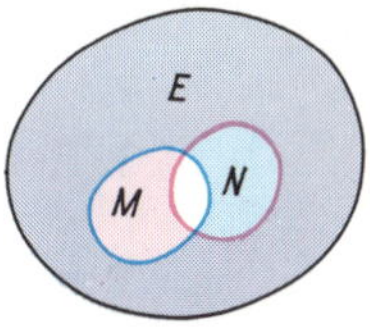

14.2-2 Veranschaulichung des de Morganschen Gesetzes $C_E(M \cap N) = C_E M \cup C_E N$

Ist M eine Teilmenge einer Menge E, so heißt die Differenzmenge $E \setminus M$ auch das *Komplement* von M bzgl. E und wird mit $C_E M$ bzw. kürzer, falls eindeutig klar ist, welche Menge E gemeint ist, auch mit $\bar{M}$ bezeichnet. Die Menge M ist zu ihrem Komplement $C_E M$ disjunkt: $M \cap C_E M = \emptyset$, und beide Mengen schöpfen E aus: $M \cup C_E M = E$. Die Komplementbildung hebt sich bei zweimaliger Anwendung auf: $C_E(C_E M) = M$. Für alle Mengen $M, N \subseteq E$ gelten die *Gesetze von deMorgan* (Abb. 14.2-2).

Gesetze von deMorgan: $C_E(M \cap N) = C_E M \cup C_E N$ und $C_E(M \cup N) = C_E M \cap C_E N$.

Vereinigung und Durchschnitt von Mengensystemen. Es ist leicht möglich, die Operationen Vereinigung und Durchschnitt auch für 3, 4, ... Mengen zu erklären, so wie man z. B. auch Summen von 3, 4, ... Zahlen erklären kann. Einheitlicher, einfacher und allgemeiner ist es jedoch, Vereinigung und Durchschnitt sogleich für beliebige Mengen von Mengen, d. h. für Mengensysteme, zu erklären.

Vereinigung eines Mengensystems	$\bigcup \mathbf{M} := \{x \mid \text{es gibt ein } X \in \mathbf{M} \text{ mit } x \in X\}$
Durchschnitt eines Mengensystems	$\bigcap \mathbf{M} := \{x \mid \text{für alle } X \in \mathbf{M} \text{ ist } x \in X\}$

Dabei ist $\bigcap \mathbf{M}$ nur dann korrekt definiert, wenn $\mathbf{M} \neq \emptyset$ ist.

Diese Definition umfaßt den Fall der Verknüpfung zweier Mengen, denn für Mengen A, B gelten: $A \cup B = \bigcup\{A, B\}$ sowie $A \cap B = \bigcap\{A, B\}$.

Häufig sind die Elemente betrachteter Mengensysteme durch gewisse Indizes oder durch als Indizes geschriebene Parameterwerte gekennzeichnet. In diesem Falle ist eine *Indexmenge I* gegeben und für jeden Index $i \in I$ eine Menge M_i; dann ist das Mengensystem $\mathbf{M}$, dessen Elemente gerade die Mengen M_i für $i \in I$ sind, die Menge $\mathbf{M} = \{M_i \mid i \in I\}$. Für Vereinigung und Durchschnitt von $\mathbf{M}$ schreibt man auch $\bigcup \mathbf{M} = \bigcup_{i \in I} M_i$ und $\bigcap \mathbf{M} = \bigcap_{i \in I} M_i$.

Verallgemeinerung der Distributivgesetze	$N \cap \bigcup_{i \in I} M_i = \bigcup_{i \in I}(N \cap M_i)$ $N \cup \bigcap_{i \in I} M_i = \bigcap_{i \in I}(N \cup M_i)$

Sind die Mengen M_i alle Teilmengen einer Menge E, so ergeben sich die verallgemeinerten Gesetze von deMorgan.

Verallgemeinerte Gesetze von deMorgan	$C_E(\bigcup_{i\in I} M_i) = \bigcap_{i\in I} C_E M_i$ $C_E(\bigcap_{I\in i} M_i) = \bigcup_{i\in I} C_E M_i$

Geordnete Paare und Mengenprodukte. Für viele Zwecke ist es nötig, nicht nur zwei vorgegebene Objekte zu betrachten, sondern auch auf ihre Reihenfolge zu achten. Will man z. B. von zwei natürlichen Zahlen feststellen, ob die eine kleiner als die andere ist, muß man zwischen den beiden Zahlen unterscheiden. In einer Zweiermenge, z. B. $\{a, b\}$, ist keine Reihenfolge zwischen den gegebenen Elementen a, b ausgezeichnet, denn es gilt $\{a, b\} = \{b, a\}$. Man führt deshalb als neuen Begriff den des *geordneten Paares* (a, b) ein, von dem man verlangt, daß durch (a, b) das Element a eindeutig als das erste, das Element b eindeutig als das zweite Element des geordneten Paares (a, b) festgelegt wird. Man verlangt folgende grundlegende Eigenschaft der geordneten Paare:

Für geordnete Paare gilt $(a_1, b_1) = (a_2, b_2)$ genau dann, wenn $a_1 = a_2$ und $b_1 = b_2$ ist.

Diese Eigenschaft ist erfüllt, wenn man (a, b) z. B. in folgender kunstvoller Weise erklärt.

Definition des geordneten Paares nach KURATOWSKI und WIENER	$(a, b) := \{\{a\}, \{a, b\}\}$.

Unter dem *kartesischen* bzw. *Kreuzprodukt* $M \times N$ von Mengen M, N versteht man die Menge aller geordneten Paare (a, b) mit $a \in M$, $b \in N$. Außerdem setzt man abkürzend $M^2 = M \times M$, $M^3 = M^2 \times M = (M \times M) \times M$ usw. Die Elemente von M^n heißen die *n-Tupel* von Elementen von M; sie werden mit $(a_1, a_2, \ldots, a_n)$ bezeichnet.

Beispiel 6: Die Menge $\mathbf{C}$ der *komplexen Zahlen* kann aufgefaßt werden als das Kreuzprodukt $\mathbf{R} \times \mathbf{R} = \mathbf{R}^2$ der Menge $\mathbf{R}$ der reellen Zahlen mit sich selbst.
Beispiel 7: Die Menge aller *Punkte des dreidimensionalen euklidischen Raumes* kann aufgefaßt werden als das dreifache Kreuzprodukt $\mathbf{R}^3$ der Menge der reellen Zahlen mit sich.

14.3. Relationen

Unter einer Relation R in einer Menge M versteht man eine Beziehung, die zwischen je zwei Elementen von M entweder besteht oder nicht besteht. Die *Kleiner-Relation* in der Menge $\mathbf{N}$ der natürlichen Zahlen besteht z. B. zwischen natürlichen Zahlen a, b genau dann, wenn es eine natürliche Zahl $r \neq 0$ gibt mit $a + r = b$ ist. Gilt $a < b$, so sagt man auch »die Kleiner-Relation trifft auf das geordnete Paar (a, b) zu«. So ist es möglich, die Kleiner-Relation in $\mathbf{N}$ durch die Menge aller geordneten Paare natürlicher Zahlen zu charakterisieren, auf die die Kleiner-Relation zutrifft. Diese Überlegung führt im allgemeinen Fall zur folgenden Definition.

Eine **Relation** R in einer Menge M ist eine Menge von geordneten Paaren von Elementen von M, d. h., es ist $R \subseteq M^2$. Ist $(a, b) \in R$, so sagt man, daß die Relation R auf das geordnete Paar (a, b) zutrifft und schreibt dafür mitunter aRb.

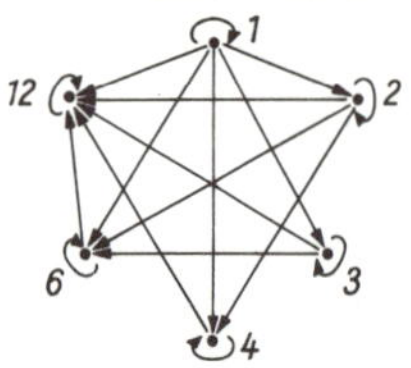

14.3-1 Pfeildiagramm der Teilbarkeitsrelation in der Menge $\{1, 2, 3, 4, 6, 12\}$

Beispiel 1: Relationen in der Menge aller Menschen werden z. B. beschrieben durch »x ist *Vater von* y« und »a ist *Schwester von* b«.
Beispiel 2: In der Menge $M = \{1, 2, 3, 4, 6, 12\}$ besteht die Relation R: »x ist *Teiler von* y« aus den Paaren $(1, 1), (1, 2), \ldots, (2, 2), \ldots, (2, 12), \ldots$ In Abb. 14.3-1 ist diese Relation durch ein *Pfeildiagramm* dargestellt, in dem die Zahlen durch Punkte repräsentiert werden, die dann durch einen Pfeil verbunden sind, wenn die entsprechenden Zahlen in der Relation R stehen. Da jede Zahl von M zu sich selbst in der Relation R steht, führt von jedem Punkt ein Pfeil zu diesem Punkt zurück.

Für jede Relation R in einer Menge M heißt die Menge $\{x \in M \mid \text{es gibt ein } y \in M \text{ mit } (x, y) \in R\}$ der *Vorbereich* bzw. *Linksbereich* von R. Die Menge $\{y \in M \mid \text{es gibt ein } x \in M \text{ mit } (x, y) \in R\}$ heißt der *Nachbereich* bzw. *Rechtsbereich* von R. Vorbereich und Nachbereich einer Relation R werden mit Vb R und Nb R bezeichnet. Das *Feld* von R ist die Menge Fd R = Vb $R \cup$ Nb R. Dafür gilt Fd $R \subseteq M$.
Der Vorbereich der Relation »x ist Vater von y« von Beispiel 1 ist die Menge aller Männer, die Kinder haben, der Nachbereich der Relation »a ist Schwester von b« ist die Menge aller Menschen, die eine Schwester haben. In Beispiel 2 ist Vb R = Nb $R = M$.

Für jede Relation R ist die Menge $R^{-1} = \{(y, x) \mid (x, y) \in R\}$ wieder eine Relation, die *zu R inverse* Relation; z. B. ist die zur Kleiner-Relation zwischen natürlichen Zahlen inverse Relation die Größer-Relation für natürliche Zahlen.
In der folgenden Tabelle sind die in der Mathematik wichtigsten Eigenschaften von Relationen zusammengestellt. Dabei bezeichnet stets R eine Relation in M.

R ist **reflexiv** := für alle $x \in M$ gilt xRx.
R ist **irreflexiv** := es gibt kein x mit xRx.
R ist **symmetrisch** := für alle $x, y \in M$ gilt: wenn xRy, so yRx.
R ist **asymmetrisch** := es gibt keine Elemente x, y mit xRy und yRx.
R ist **antisymmetrisch** oder **identitiv** := für alle $x, y \in M$ folgt $x = y$ aus xRy und yRx.
R ist **transitiv** := für alle $x, y, z \in M$ gilt: aus xRy und yRz folgt xRz.
R ist **linear** := für alle $x, y \in M$ gilt: xRy oder yRx.
R ist **konnex** := für alle $x, y \in M$ folgt aus $x \neq y$: xRy oder yRx.
R ist **voreindeutig** := für alle $x, y, z \in M$ gilt: wenn yRx und zRx, so $y = z$.
R ist **eindeutig**, d. h. **nacheindeutig** := für alle $x, y, z \in M$ gilt: wenn xRy und xRz, so $y = z$.
R ist **eineindeutig** := R ist eindeutig und voreindeutig.

Ist R eine Relation in einer Menge M und ist N eine Teilmenge von M, so ist $T = R \cap N^2$ eine Relation in N, die auf Elemente $a, b \in N$ genau dann zutrifft, wenn R auf die Elemente $a, b \in M$ zutrifft. Man nennt T die *Einschränkung* der Relation R auf die Menge N und bezeichnet sie mit $R \parallel N$. Die Kleiner-Relation in der Menge $\mathbf{N}$ der natürlichen Zahlen ist z. B. die Einschränkung der Kleiner-Relation in der Menge $\mathbf{R}$ der reellen Zahlen auf die Menge $\mathbf{N}$ der natürlichen Zahlen.

Beispiel 3: Die Relation »*A, B* sind *im gleichen Jahr geborene Personen*« ist z. B. reflexiv, symmetrisch, transitiv, jedoch nicht antisymmetrisch, nicht linear und nicht eindeutig.

Äquivalenzrelationen. Eine Äquivalenzrelation in einer Menge M ist eine reflexive, symmetrische und transitive Relation mit dem Feld M. Äquivalenzrelationen sind sowohl in der Mathematik als auch in vielen anderen Wissenschaften von besonderer Bedeutung.

Beispiel 4: Eine Äquivalenzrelation in der Menge der natürlichen Zahlen ist »(a, b) und (c, d) sind *differenzgleiche Paare natürlicher Zahlen*«, d. h., $a + d = b + c$.
Beispiel 5: Eine Äquivalenzrelation ist »*g, h* sind *parallele Geraden*«.
Beispiel 6: »*A, B* haben *dieselbe Nationalität*« ist eine Äquivalenzrelation.

Ist R eine Äquivalenzrelation in einer Menge M und gilt aRb für Elemente $a, b \in M$, so nennt man *a, b äquivalent bzgl. R* oder *äquivalent modulo R* und schreibt dafür $a \sim_R b$ bzw. $a \cong b \pmod R$.

Jede Äquivalenzrelation R in einer Menge M führt zu einer *Klasseneinteilung*, auch *Zerlegung* genannt, von M, bei der zwei Elemente von M genau dann zur selben *Äquivalenzklasse* gehören, wenn sie in der Relation R zueinander stehen.

Die $a \in M$ enthaltende Äquivalenzklasse von M bzgl. R wird mit $[a]_R$ bezeichnet.
Die Äquivalenzklassen von Beispiel 3 sind die Jahrgänge, die von Beispiel 4 die ganzen Zahlen, die von Beispiel 5 die Richtungen und die von Beispiel 6 die Nationen.

Eine **Zerlegung einer Menge** M ist eine Familie $\boldsymbol{K}$ von nichtleeren Teilmengen von M, für die gilt: 1. *Je zwei verschiedene Elemente von* $\boldsymbol{K}$ *sind disjunkt*; 2. *jedes Element von M gehört zu einem Element von* $\boldsymbol{K}$ (Abb. 14.3-2). Die Elemente von $\boldsymbol{K}$ werden **Klassen** dieser Zerlegung genannt.

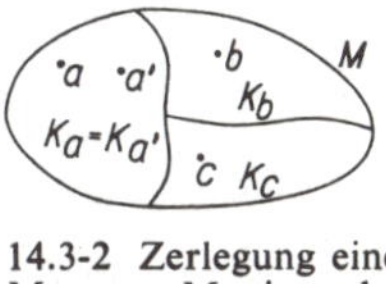

14.3-2 Zerlegung einer Menge M in drei Klassen

Ist $\boldsymbol{K}$ eine Zerlegung von M, so gehört jedes Element $a \in M$ zu genau einem Element von $\boldsymbol{K}$; die a enthaltende Klasse der Zerlegung $\boldsymbol{K}$ wird mit $\boldsymbol{K}_a$ oder mit $a_{\boldsymbol{K}}$ bezeichnet.

Der folgende Satz ist die Grundlage der mathematischen Fassung des Abstraktionsprozesses.

Hauptsatz über Äquivalenzrelationen. Für jede Äquivalenzrelation R in einer Menge M ist die Menge $\boldsymbol{K} = \{[a]_R \mid a \in M\}$ aller Äquivalenzklassen $[a]_R = \{x \in M \mid aRx\}$ von Elementen von M eine Zerlegung von M. Umgekehrt gibt es zu jeder Zerlegung $\boldsymbol{K}$ von M eine Äquivalenzrelation R in M, nämlich die Relation $R = \{(a, b) \mid$ es gibt ein $X \in \boldsymbol{K}$ mit $a, b \in X\}$, deren Äquivalenzklassen die Klassen der Zerlegung $\boldsymbol{K}$ sind.

Die Menge aller Äquivalenzklassen einer Äquivalenzrelation R in einer Menge M nennt man auch den *Quotienten von M nach R* und bezeichnet ihn mit M/R.
Die bisherige Auffassung einer Relation als einer Beziehung, die zwischen je zwei Elementen einer Menge M entweder besteht oder nicht besteht, kann man verallgemeinern auf den Fall, daß man

auch Beziehungen zwischen mehr als zwei Elementen betrachtet. In diesem Fall gelangt man zu n-stelligen Relationen.

Eine **n-stellige Relation** in einer Menge M ist eine Teilmenge des n-fachen Kreuzproduktes M^n.

Demnach sind die 2-stelligen Relationen in M genau die bisher betrachteten Relationen in M; die 1-stelligen Relationen in M sind die Teilmengen von M. Die n-stelligen Relationen in M werden durch n-stellige Prädikate beschrieben.

Beispiel 7: Eine dreistellige Relation in der Menge aller Punkte einer Geraden ist »*P liegt zwischen Q* und *R*«.
Beispiel 8: Die Relation »*z* ist das *Produkt von x* und *y*« ist eine dreistellige Relation z. B. in der Menge $\mathbb{Q}$ der rationalen Zahlen.
Beispiel 9: »Die Punkte *P*, *Q*, *S*, *T bilden ein Quadrat*« ist eine 4-stellige Relation in der Menge aller Punkte einer Ebene.

Anordnungsrelationen. Eine Relation R in einer Menge M heißt *reflexive Quasiordnungsrelation*, falls R reflexiv und transitiv ist. Ist R auch antisymmetrisch, so heißt R *reflexive Halbordnungs-* bzw. *Ordnungsrelation.* Ist R überdies linear, so heißt R *lineare Ordnungsrelation* bzw. *reflexive Vollordnungsrelation.*

Die Inklusion ist eine Ordnungsrelation in der Potenzmenge jeder Menge M.
Jede Äquivalenzrelation in einer Menge M ist eine Quasiordnungsrelation in M.

Beispiel 10: Die Relation »*A*, *B* sind *gleich alt*« ist eine Quasiordnungsrelation in der Menge aller Menschen.
Beispiel 11: Die *Kleiner-gleich-Relation* »$x < y$ oder $x = y$« ist eine Vollordnungsrelation in der Menge der natürlichen Zahlen.

Eine Relation R in einer Menge M heißt *irreflexive Halbordnungs-* bzw. *Ordnungsrelation*, falls R irreflexiv und transitiv ist. Ist R auch konnex, so heißt R eine *irreflexive Vollordnungsrelation.*

Beispiel 12: Die *echte Inklusion* ist eine irreflexive Ordnungsrelation in der Potenzmenge jeder Menge M.
Beispiel 13: Die *Kleiner-Relation* ist eine irreflexive Vollordnungsrelation in der Menge der natürlichen Zahlen.

Jede irreflexive Ordnungsrelation ist asymmetrisch. Jede Einschränkung einer der angeführten Anordnungsrelationen ist wieder eine Anordnungsrelation derselben Art.

Ist R eine reflexive Ordnungs- bzw. Vollordnungsrelation in einer Menge M, so ist die Relation $R^- = R \setminus \{(x, x) \mid x \in M\} = \{(x, y) \in R \mid x \neq y\}$ *eine irreflexive Ordnungs- bzw. Vollordnungsrelation in M; es gilt* xR^-y *genau dann, wenn* xRy *und* $x \neq y$. *Ist R eine irreflexive Ordnungs- bzw. Vollordnungsrelation in einer Menge M, so ist die Relation* $R^+ = R \cup \{(x, x) \mid x \in M\} = \{(x, y) \mid (x, y) \in R$ *oder* $x = y \in M\}$ *eine reflexive Ordnungs- bzw. Vollordnungsrelation in M; es gilt* xR^+y *genau dann, wenn* xRy *oder* $x = y$.

Eine *geordnete Menge* ist ein Paar (M, R), in dem R eine reflexive oder eine irreflexive Ordnungsrelation in M ist. Entsprechend versteht man unter einer *vollgeordneten Menge* ein Paar (M, R), in dem R eine reflexive oder eine irreflexive Vollordnungsrelation in M ist.
Ist R eine reflexive Ordnungsrelation in einer Menge M und ist N eine Teilmenge von M, so heißt ein Element $a \in M$ eine *obere Schranke von N*, falls xRa für alle Elemente $x \in N$ gilt. Dagegen heißt *a untere Schranke von N*, falls aRx für alle $x \in N$ gilt. Ein Element $a \in N$ ist ein *maximales Element von N*, falls für kein $x \in N$ gilt aRx und $a \neq x$, entsprechend ist $a \in N$ ein *minimales Element von N*, falls für kein $x \in N$ gilt xRa und $x \neq a$. Ein Element $a \in N$ ist das *Maximum von N*, falls xRa für alle $x \in N$ gilt, und $a \in N$ ist das *Minimum von N*, falls aRx für alle $x \in N$ gilt. Ein Element $a \in M$ ist das *Supremum von N*, falls a das Minimum der Menge der oberen Schranken von N ist; $a \in M$ ist das *Infimum von N*, falls a das Maximum der Menge der unteren Schranken von N ist. Statt Supremum bzw. Infimum sagt man auch *obere Grenze* bzw. *untere Grenze*. Der *Abschnitt* Aba eines Elements $a \in M$ ist die Menge $\{x \in M \mid xRa$ und $x \neq a\}$. Maximum, Minimum, Supremum bzw. Infimum von N werden mit max N, min N, sup N bzw. inf N bezeichnet. Falls nötig, gibt man die betrachtete geordnete Menge (M, R) an diesen Symbolen als Index an.
Eine Ordnungsrelation R in einer endlichen Menge M kann man sich mittels des *Hasse-Diagramms* von R veranschaulichen. Dieses erhält man, indem man die Elemente von M als Punkte darstellt und zwei verschiedene solche Punkte a, b genau dann miteinander verbindet, wenn aRb gilt und zugleich kein von a, b verschiedener Punkt x existiert mit aRx und xRb. Um jedoch die Fälle aRb und bRa voneinander unterscheiden zu können, zeichnet man im Falle aRb einen Pfeil von a nach b

bzw. zeichnet je nach Vereinbarung b oberhalb bzw. rechts von a. Die im Hasse-Diagramm einer Ordnungsrelation R von M miteinander verbundenen Elemente von M heißen *unmittelbare Nachbarn* voneinander.

Beispiel 14: In der Menge $M = \{a_1, \ldots, a_5\}$ ist die Relation $R = \{(a_1, a_1), \ldots, (a_5, a_5), (a_1, a_2), (a_1, a_5), (a_1, a_4), (a_2, a_5), (a_3, a_5)\}$ eine *reflexive Ordnung*. Ihr Hasse-Diagramm zeigt Abb. 14.3-3.

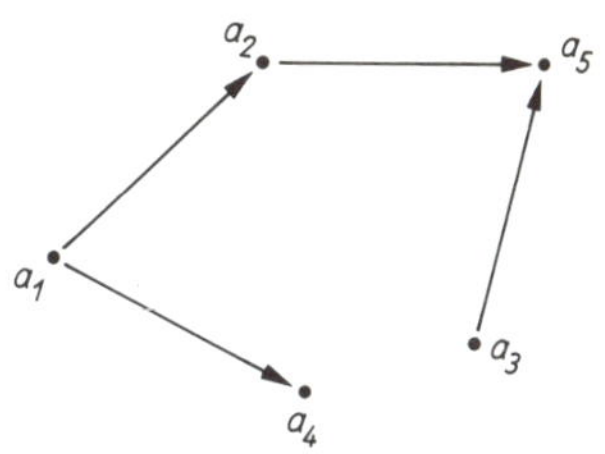

14.3-3 Hasse-Diagramm einer Ordnungsrelation

Aus dem Hasse-Diagramm einer Ordnungsrelation R von M kann man die Menge $R \subseteq M^2$ eindeutig entnehmen, wenn man nur weiß, ob R reflexiv oder ob R irreflexiv ist.
Eine Vollordnungsrelation in einer Menge M, auf die bezogen jede nichtleere Teilmenge von M ein minimales Element hat, nennt man eine *Wohlordnungsrelation* in M. Unter einer *wohlgeordneten Menge* versteht man ein Paar (M, R), in dem R eine Wohlordnungsrelation in M ist.

Beispiel 15: Die *Kleiner-gleich-Relation* $\leqslant$ ist eine Wohlordnungsrelation in der Menge der natürlichen Zahlen, jedoch keine Wohlordnungsrelation in der Menge der ganzen Zahlen, weil die nichtleere Teilmenge der negativen ganzen Zahlen kein minimales Element hat.

Jede nichtleere wohlgeordnete Menge hat ein Minimum. Jede Teilmenge einer wohlgeordneten Menge ist selbst eine wohlgeordnete Menge.

In einer wohlgeordneten Menge (M, R) ist jede echt monoton fallende Folge von Elementen von M endlich; d. h., ist $(a_0, a_1, a_2, \ldots)$ eine Folge paarweise verschiedener Elemente von M, für die gilt $\ldots, a_3Ra_2, a_2Ra_1, a_1Ra_0$, so ist diese Folge endlich, d. h., sie bricht ab.
Das für die natürlichen Zahlen bekannte Beweisverfahren durch vollständige Induktion läßt sich ebenso wie die Methode der Definition durch Induktion auf beliebige wohlgeordnete Mengen übertragen.

Prinzip der induktiven Beweise. Ist (M, R) eine wohlgeordnete Menge und H eine Eigenschaft, die das kleinste Element von M hat und für die außerdem gilt, daß sie für ein $a \in M$ zutrifft, wenn sie für alle Elemente $x \in M$ mit xRa und $x \neq a$ zutrifft, so haben alle Elemente von M diese Eigenschaft H.

Prinzip der induktiven Definition. Eine Funktion f auf einer wohlgeordneten Menge (M, R) kann eindeutig dadurch festgelegt werden, daß man den Funktionswert $f(a_0)$ für das kleinste Element a_0 von M festlegt und daß für jedes $a \in M$ der Funktionswert $f(a)$ eindeutig durch Werte von f für Elemente $x \in M$ mit xRa, $x \neq a$, bestimmt wird.

Ein wesentlicher und in vielen Gebieten der Mathematik häufig angewendeter Satz über wohlgeordnete Mengen ist das folgende Lemma, das zum Auswahlprinzip gleichwertig ist.

Lemma von Kuratowski/Zorn. Hat in einer geordneten Menge jede wohlgeordnete Teilmenge eine obere Schranke, so hat diese geordnete Menge ein maximales Element.

Ebenfalls zum Auswahlprinzip äquivalent ist der zuerst 1904 von E. Zermelo (1871–1953) unter Verwendung des Auswahlprinzips bewiesene Wohlordnungssatz.

Wohlordnungssatz: Zu jeder Menge M gibt es eine Wohlordnungsrelation in M.

14.4. Korrespondenzen, Abbildungen, Funktionen

Eine Korrespondenz K zwischen einer Menge M und einer Menge N ist eine zweistellige Relation in der Menge $M \cup N$, für die Vb $K \subseteq M$ und Nb $K \subseteq N$ gilt. Ist $(a, b) \in K$ für Elemente $a \in M$, $b \in N$, so nennt man b ein *Bild* von a bei K und a ein *Urbild* von b bei K. Statt Korrespondenz sagt man mitunter auch *mehrdeutige Abbildung*. Den Vorbereich einer Korrespondenz K nennt man auch ihren *Definitionsbereich* und bezeichnet ihn mit $D(K)$, den Nachbereich von K nennt man auch den *Wertebereich* bzw. *Wertevorrat* von K und bezeichnet ihn mit $W(K)$.
Die eindeutigen Korrespondenzen heißen auch *Abbildungen* bzw. *Funktionen* (Abb. 14.4-1). Ist F eine eindeutige Korrespondenz zwischen M und N, so heißt F auch Abbildung *aus M in N*; ist $D(F) = M$, so heißt F Abbildung *von M in N*; ist $W(F) = N$, so heißt F Abbildung *auf N*. Die Bezeichnung $F: M \rightarrow N$ besagt, daß F eine Abbildung von M in N ist. Die Menge aller Abbildungen von M in N bezeichnet man mit ${}^{M}N$.

Beispiel 1: Die Menge $Q = \{(n, n^2) \mid n \in \mathbf{N}\}$ ist eine Abbildung von der Menge der natürlichen Zahlen in sich, bei der jede natürliche Zahl ihr Quadrat zum Bild hat.
Beispiel 2: Für jede Menge M ist $\mathrm{id}_M = \{(x, x) \mid x \in M\}$ eine Abbildung von M auf M, die *identische Abbildung über M.*

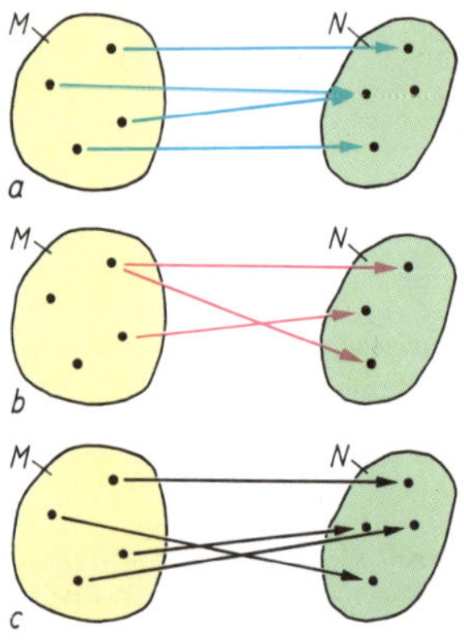

14.4-1 Pfeildarstellung von Korrespondenzen zwischen M und N; a) *eindeutig von M in N*, nicht voreindeutig; b) *voreindeutig aus M auf N*, nicht eindeutig; c) *eineindeutig von M auf N*

Da man es fast überall in der Mathematik mit Abbildungen zu tun hat, haben sich eine Reihe synonymer Benennungen herausgebildet. Häufig gebraucht man statt *Abbildung* die Bezeichnungen *Funktion, Operation, Verknüpfung* – insbesondere für Abbildungen aus $M^2, M^3, \ldots$ in M –, *Operator, Funktional* – besonders für reellwertige Funktionen, deren Definitionsbereich eine Menge von Abbildungen ist –, *Morphismus, Funktor.*
Für jede Menge A und jede Korrespondenz F heißt die Menge

$$F\langle A\rangle = \{y \mid \text{es gibt ein } x \in A \text{ mit } (x, y) \in F\}$$

das *volle Bild* von A bei F. Es ist $F\langle A\rangle = \emptyset$, falls $A \cap D(F) = \emptyset$ ist. Wenn F eine Funktion und $A = \{a\}$ eine Einermenge ist mit $a \in D(F)$, so ist auch $F\langle A\rangle$ eine Einermenge, deren einziges Element man dann mit $F(a)$ bezeichnet und den *Funktionswert von F an der Stelle a* nennt; mitunter gebraucht man statt $F(a)$ auch die Bezeichnungen F_a, Fa oder aF.
Eine Funktion ist vollständig dadurch beschrieben, daß man ihren Definitionsbereich angibt und zu jedem Element des Definitionsbereichs den zugehörigen Funktionswert. Kann man für eine Funktion F die den Elementen $a \in D(F)$ zugeordneten Funktionswerte mittels eines Terms $T(x)$ mit einer freien Variablen x beschreiben, so legt man F häufig fest durch die Gleichungen $F(a) = T(a)$ für jedes $a \in D(F)$ oder indem man schreibt $F: x \mapsto T(x)$. In beiden Fällen ist zur vollständigen Beschreibung von F noch die Angabe von $D(F)$ nötig.

Beispiel 3: $F: x \mapsto x^2$ mit $D(F) = \mathbf{R}$ ist diejenige Funktion auf der Menge der reellen Zahlen, die jeder reellen Zahl ihr Quadrat zuordnet. Dieselbe Funktion wird beschrieben durch:

$$D(F) = \mathbf{R} \quad \text{und} \quad F(a) = a^2 \quad \text{für alle } a \in \mathbf{R}.$$

Eine Funktion $f: M \to N$ heißt **Injektion**, falls f eineindeutig ist; $f: M \to N$ heißt **Surjektion**, falls f eine Funktion auf N ist; $f: M \to N$ heißt **Bijektion**, falls f eine eineindeutige Funktion auf N ist, d. h., falls $f: M \to N$ Injektion und Surjektion ist.

Für jede Korrespondenz K zwischen M und N ist die Menge $K^{-1} = \{(y, x) \mid (x, y) \in K\}$ eine Korrespondenz zwischen N und M, die zu K *inverse Korrespondenz*. Ist K eine Abbildung, Funktion, so nennt man K *umkehrbar*, falls die inverse Korrespondenz K^{-1} von K wieder eine Abbildung ist; in diesem Fall heißt K^{-1} auch *inverse Abbildung, inverse Funktion* bzw. *Umkehrabbildung, Umkehrfunktion* zu K.
Für jede Korrespondenz K ist $\mathrm{Vb}\, K^{-1} = \mathrm{Nb}\, K$ und $\mathrm{Nb}\, K^{-1} = \mathrm{Vb}\, K$. Das volle Bild $K^{-1}\langle A\rangle$ von A bezüglich K^{-1} nennt man auch das *volle Urbild* von A bzgl. K, denn $K^{-1}\langle A\rangle$ ist die Menge aller Urbilder bzgl. K von Elementen aus A.
Für Korrespondenzen f zwischen M, N und g zwischen N, P ist die Menge $g \circ f = \{(a, b) \mid \text{es gibt ein } x \text{ mit } (a, x) \in f \text{ und } (x, b) \in g\}$ eine Korrespondenz zwischen M, P, die *Verkettung* bzw. *Hintereinanderausführung* von f, g. (Abb 14.4-2). Sind hierbei f, g Funktionen, so ist auch ihre Verkettung $g \circ f$ eine Funktion; sind f, g sogar umkehrbar, so auch $g \circ f$. Sind f, g Funktionen und ist $a \in D(f)$ mit $f(a) \in D(g)$, so gilt $g \circ f(a) = g(f(a))$.

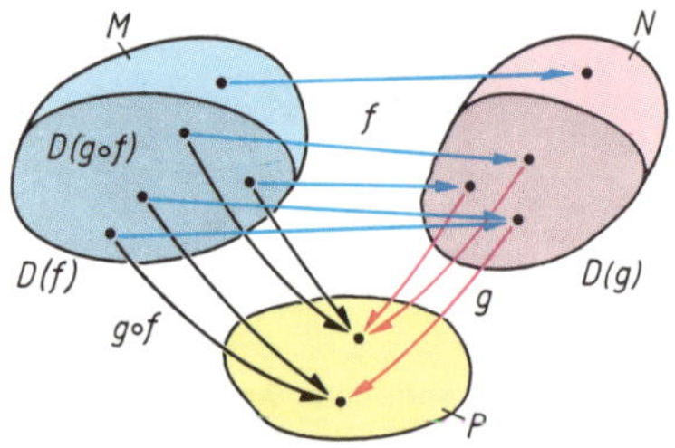

14.4-2 Verkettung von Abbildungen

Für jede Korrespondenz F zwischen M, N ist $F \circ \mathrm{id}_M = F$ *und* $\mathrm{id}_N \circ F = F$. *Für Korrespondenzen F, G, H gilt:* $(G \circ F)^{-1} = F^{-1} \circ G^{-1}$, $H \circ (G \circ F) = (H \circ G) \circ F$.
Eine Funktion $f: M \to N$ *ist genau dann eine Injektion, wenn es eine Funktion* $g: N \to M$ *gibt, für die* $g \circ f = \mathrm{id}_M$ *ist. Eine Funktion* $f: M \to N$ *ist genau dann eine Surjektion, wenn es eine Funktion* $g: N \to M$ *gibt, für die* $f \circ g = \mathrm{id}_N$ *ist. Eine Funktion* $f: M \to N$ *ist genau dann eine Bijektion, wenn es eine Funktion* $g: N \to M$ *gibt, für die* $g \circ f = \mathrm{id}_M$ *und* $f \circ g = \mathrm{id}_N$ *gilt.*

Beispiel 4: Die Funktion $f: x \mapsto \sin x^2$ mit $D(f) = \mathbf{R}$ ist die *Verkettung der Funktionen* $g: x \mapsto x^2$ und $h: x \mapsto \sin x$ mit $D(g) = D(h) = \mathbf{R}$.

Ist F eine Korrespondenz zwischen A, B und M eine Menge, so ist die Menge $\{(x, y) \in F \mid x \in M\} = F \cap (M \times \mathrm{Nb}\, F)$ eine Korrespondenz zwischen M und B, die *Einschränkung von F auf M*; sie wird auch mit $F \restriction M$ bezeichnet.

Beispiel 5: Die *Einschränkung* der Operation „*Addition*" für reelle Zahlen auf die natürlichen Zahlen, d. h. die Einschränkung der Funktion $S: (x, y) \mapsto x + y$ mit $D(S) = \mathbf{R}^2$ auf $\mathbf{N}^2$, ist die Addition natürlicher Zahlen, Dagegen ist die *Einschränkung* der Operation „*Division*" für reelle Zahlen auf die natürlichen Zahlen nicht die Division natürlicher Zahlen, da z. B. die Zuordnung $(4, 6) \mapsto 2/3$ zwar zu jener Zuordnung gehört, nicht jedoch zur Division im Bereich der natürlichen Zahlen.

Spezielle Funktionen. Eine Funktion, deren Definitionsbereich Teilmenge eines Kreuzprodukts von n Mengen ist, nennt man eine *Funktion von n Variablen*; z. B. ist die in Beispiel 5 erwähnte Addition eine Funktion von 2 Variablen. Funktionen von $\mathbf{R}$ in $\mathbf{R}$ heißen *reelle Funktionen*; Funktionen von $\mathbf{N}$ in $\mathbf{N}$ heißen *arithmetische* bzw. *zahlentheoretische Funktionen.*
Unter einer *Folge F von Elementen einer Menge M* versteht man eine Funktion von der Menge $\mathbf{N}$ der natürlichen Zahlen in M; die Funktionswerte von F heißen auch *Glieder der Folge*; ist $a_i = F(i)$ für jedes $i \in \mathbf{N}$, so bezeichnet man die Folge F auch mittels $(a_0, a_1, a_2, \ldots)$ oder durch $(a_i)_{i \in \mathbf{N}}$ bzw. $(a_i)_{i \in \omega}$ (vgl. 14.6.). Unter einer n-gliedrigen Folge von Elementen von M versteht man eine Funktion von der Menge $\{0, 1, \ldots, n-1\}$ aller natürlichen Zahlen $< n$ in die Menge M.

14.5. Endliche und unendliche Mengen

Eines der Hauptprobleme bei der Entstehung der Mengenlehre war das der Behandlung des aktual Unendlichen. Die Existenz potentiell unendlicher Gesamtheiten ist offensichtlich. Dies sind unendliche Gesamtheiten, die durch sukzessives Zusammenfügen aus ihren Elementen niemals fertig werden können. Das einfachste Beispiel ist die nicht endende Reihe der natürlichen Zahlen. Eines der grundlegenden Prinzipien der Mengenlehre ist die Annahme, daß es aktual unendliche Mengen gibt, d. h. fertig vorliegende unendliche Mengen.
Um dieses Prinzip zu verstehen, muß man wissen, was endliche und was unendliche Mengen sind. Anschaulich ist eine Menge endlich, wenn es eine natürliche Zahl n gibt, so daß man die Elemente von M mit den natürlichen Zahlen kleiner n durchnumerieren kann. Da man in der Mengenlehre jedoch den Begriff der Zahl definieren will, darf er zur Definition der endlichen bzw. der unendlichen Mengen nicht verwendet werden. Als erster hat R. DEDEKIND (1831–1916) eine solche Definition gegeben.

Unendlichkeitsdefinition nach DEDEKIND. Eine Menge M ist genau dann unendlich, wenn es eine eineindeutige Abbildung von M auf eine echte Teilmenge von M gibt. Eine Menge ist genau dann endlich, wenn sie nicht unendlich ist.

Beispiel 1: Die Menge $\mathbf{N}$ der *natürlichen Zahlen* ist unendlich; denn die Abbildung, die jeder natürlichen Zahl n ihr Doppeltes $2n$ zuordnet, ist eine eineindeutige Abbildung von N auf die echte Teilmenge der geraden natürlichen Zahlen.

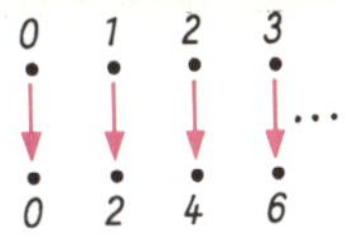

14.5-1 Eineindeutige Abbildung von $\mathbf{N}$ auf die echte Teilmenge der geraden natürlichen Zahlen

Eine Menge M ist danach genau dann endlich, wenn jede eineindeutige Abbildung von M *in* sich eine Abbildung *auf M* sein muß.

Jede Teilmenge einer endlichen Menge ist eine endliche Menge.

Jede Menge, die eine unendliche Menge als Teilmenge hat, ist eine unendliche Menge.

Besonders wichtige Charakterisierungen der endlichen Mengen stammen von B. RUSSELL und A. TARSKI.

Endlichkeitsdefinition nach RUSSELL. Eine Menge A ist genau dann endlich, wenn A Element jedes Mengensystems $\boldsymbol{M}$ ist, für das $\emptyset \in \boldsymbol{M}$ ist und für alle $X \in \boldsymbol{M}$ und alle a auch $X \cup \{a\} \in \boldsymbol{M}$ ist.

Endlichkeitsdefinition nach TARSKI. Eine Menge A ist genau dann endlich, wenn jede nichtleere Teilmenge der Potenzmenge $\boldsymbol{P}(A)$ ein bzgl. Inklusion minimales Element enthält.

Abzählbar unendliche Mengen. Eine Menge M heißt *abzählbar*, wenn die natürlichen Zahlen zum Durchzählen der Elemente von M ausreichen, d. h. präzise, wenn eine eindeutige Abbildung von der Menge der natürlichen Zahlen auf M existiert. Eine Menge heißt *abzählbar unendlich*, falls sie unendlich und abzählbar ist.

Jede endliche Menge ist abzählbar.
Die Menge der natürlichen Zahlen ist abzählbar unendlich.
Jede unendliche Menge enthält eine abzählbar unendliche Teilmenge.
Jede Teilmenge einer abzählbaren Menge ist abzählbar.

Beispiel 2: Die Menge $\mathbf{Z}$ der *ganzen Zahlen* ist abzählbar unendlich. $\mathbf{Z}$ ist unendlich, da $\mathbf{N} \subseteq \mathbf{Z}$; eine eindeutige Abbildung f von $\mathbf{N}$ auf $\mathbf{Z}$ wird beschrieben durch $f(n) = k$, falls $n = 2k$ und $f(n) = -k$, falls $n = 2k + 1$.

Die Vereinigung abzählbar vieler abzählbarer Mengen ist wieder abzählbar.

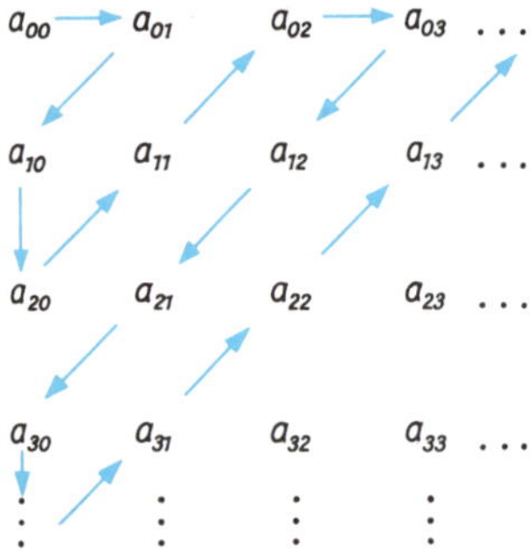

14.5-2 Schema zum Beweis der Abzählbarkeit von $\bigcup_{i \in \mathbf{N}} M_i$ mit $M_i = \{a_{i0}, a_{i1}, a_{i2}, \ldots\}$

Es genügt zu zeigen, daß die Vereinigung abzählbar unendlich vieler abzählbar unendlicher Mengen abzählbar ist. Ein Beweis dafür ergibt sich aus folgender Überlegung: Seien $M_0, M_1, \ldots$ jene Mengen und $a_{i0}, a_{i1}, \ldots$ die Elemente von M_i. Schreibt man dann die Elemente jeder Menge M_i zeilenweise nebeneinander und alle diese Zeilen untereinander, so kann man in Pfeilrichtung (Abb. 14.5-2) zählend mit den natürlichen Zahlen alle Elemente von $\bigcup_{i \in \mathbf{N}} M_i$ durchzählen. Dieses Beweisverfahren nennt man *Cantorsches Diagonalverfahren 1. Art*.

Die Menge $\mathbf{Q}$ der rationalen Zahlen ist abzählbar unendlich.

$\mathbf{Q}$ ist unendlich, da $\mathbf{N} \subseteq \mathbf{Q}$; $\mathbf{Q}$ ist abzählbar als Vereinigung der abzählbar vielen abzählbaren Mengen $M_n = \{g/(n+1) \mid g \in \mathbf{Z}\}$ für $n \in \mathbf{N}$.

Eine Menge, die nicht abzählbar ist, heißt *überabzählbar*. Jede überabzählbare Menge ist unendlich. Jede Menge, die eine überabzählbare Teilmenge hat, ist selbst überabzählbar.

Die Menge aller reellen Zahlen ist überabzählbar.

Sogar die Menge $]0, 1[$ aller reellen Zahlen zwischen 0 und 1 ist überabzählbar. Denkt man sich eine eindeutige Abbildung f von $\mathbf{N}$ auf $]0, 1[$ vorgegeben, so kann jeder Funktionswert von f als nichtabbrechende Dezimalzahl $f(n) = 0,\, z_{n0}z_{n1}z_{n2}z_{n3} \ldots$ dargestellt werden. Schreibt man für $n = 0, 1, 2, \ldots$ alle diese Zahlen $f(n)$ untereinander und bildet aus den in der Hauptdiagonale des entstehenden Schemas stehenden Ziffern z_{ii} eine neue Zahl $d = 0,\, d_0d_1d_2d_3 \ldots$, indem man für jedes $n \in \mathbf{N}$ setzt $d_n = 1$, falls $z_{nn} \neq 1$, und $d_n = 2$, falls $z_{nn} = 1$, so unterscheidet sich d von jeder Zahl $f(n)$ in der $(n + 1)$-ten Dezimalstelle und kommt deshalb nicht unter den Funktionswerten von f vor. Da jedoch $d \in]0, 1[$, ist f keine Abbildung auf $]0, 1[$ im Widerspruch zur Voraussetzung. Da es mithin keine solche Abbildung f gibt, ist $]0, 1[$ eine überabzählbare Menge. Dieses Beweisverfahren nennt man *Cantorsches Diagonalverfahren 2. Art*.

14.6. Transfinite Zahlen und ihre Arithmetik

Ein wichtiger der mathematischen Begriffe, die sich mit Hilfe der Mengenlehre erklären lassen, ist der der Zahl. Schon im Kapitel 1. wurde der Unterschied zwischen Kardinal- und Ordinalzahlen intuitiv festgestellt. Jede Seite dieses Buches wird z. B. durch eine Ordinalzahl festgelegt, etwa die vorliegende als die 346. Seite, der Gesamtumfang aller mit Text bedruckten Seiten wird aber durch die Kardinalzahl 810 angegeben.

Ordinalzahlen. Da nach dem Auswahlprinzip jede Menge wohlgeordnet werden kann, ist es keine Einschränkung, die Ordinalzahlen so zu wählen, daß man mit ihnen die Elemente jeder wohlgeordneten Menge durchnumerieren kann. Für endliche wohlgeordnete Mengen sind für eine solche Durchnumerierung die natürlichen Zahlen ausreichend, nicht jedoch für unendliche Mengen, denn es gibt überabzählbare Mengen, während die Menge der natürlichen Zahlen nur abzählbar unendlich ist.

Um ein Prinzip zu finden für eine Ordinalzahldefinition, denkt man sich z. B. alle Ordinalzahlen unter 7 gegeben. Dann ist 7 durch alle diese Zahlen 0, 1, ..., 6 charakterisiert und kann z. B. definiert werden durch $7 := \{0, 1, \ldots, 6\}$, d. h. allgemein, daß jede Ordinalzahl aufzufassen ist als die Menge

aller kleineren Ordinalzahlen. Insbesondere wäre dann eine Ordinalzahl α kleiner als eine Ordinalzahl β, falls $\alpha \in \beta$ gilt. Wäre γ eine Ordinalzahl kleiner α, so würde gelten $\gamma \in \alpha$ und notwendigerweise $\gamma \in \beta$, da γ dann auch kleiner als β wäre.
Für jede Ordinalzahl β hat bei dieser Auffassung stets zu gelten $\gamma \in \alpha \wedge \alpha \in \beta \to \gamma \in \beta$, d. h., jede Ordinalzahl muß eine *transitive Menge* sein. Dabei nennt man eine Menge M transitiv, wenn die $\in$-Beziehung in M transitiv ist, wenn jedes Element von M auch eine Teilmenge von M ist, so daß für alle x, y aus $x \in y \in M$ folgt $x \in M$. Außerdem müssen je zwei Ordinalzahlen anschaulich vergleichbar sein, d. h., die Kleiner-Relation für Ordinalzahlen muß konnex sein, für $\alpha \neq \beta$ muß feststehen, ob $\alpha < \beta$ oder $\beta < \alpha$.

Ordinalzahldefinition. Eine Menge M ist genau dann eine Ordinalzahl, wenn die $\in$-Relation in M transitiv und konnex ist.

Ordinalzahlen werden i. allg. mit kleinen griechischen Buchstaben bezeichnet. Für Ordinalzahlen α, β sei $\alpha \leqslant \beta$, falls $\alpha \in \beta$ oder $\alpha = \beta$ gilt.
Diese Anordnungsrelation $\leqslant$ ist eine Wohlordnungsrelation im Bereich aller Ordinalzahlen. Jede Ordinalzahl ist die Menge aller kleineren Ordinalzahlen: $\alpha = \{\beta \mid \beta < \alpha\}$. Die kleinste Ordinalzahl ist $0 = \emptyset$; danach folgen $1 = \{\emptyset\} = \{0\}$, $2 = \{0, 1\} = \{\emptyset, \{\emptyset\}\}$, usw. Zu jeder Ordinalzahl α gibt es eine größere Ordinalzahl; insbesondere ist $\alpha^+ = \alpha \cup \{\alpha\}$ die zu α nächstgrößere Ordinalzahl. Ist $\alpha < \beta$, so ist α ein Abschnitt in der durch die $\in$-Relation wohlgeordneten Menge β.
Ist Z eine Menge von Ordinalzahlen, so ist $\bigcup Z$ eine Ordinalzahl, und zwar die obere Grenze der Menge Z: $\bigcup Z = \sup Z$. Es gibt deshalb zu jeder Menge Z von Ordinalzahlen eine Ordinalzahl α, die größer als alle $\beta \in Z$ ist, z. B. $(\sup Z)^+$. Daher kann die Gesamtheit aller Ordinalzahlen keine Menge sein.
Zu jeder Ordinalzahl α gibt es eine nächstgrößere Ordinalzahl α^+. Gibt es zu einer Ordinalzahl α eine nächstkleinere Ordinalzahl, d. h., gibt es eine Ordinalzahl β mit $\alpha = \beta^+$, so heißt α eine *isolierte Ordinalzahl*. Gibt es zur Ordinalzahl α keine nächstkleinere Ordinalzahl und ist $\alpha \neq 0$, so heißt α eine *Limeszahl*.

Ordinalzahlen und wohlgeordnete Mengen. Zwei wohlgeordnete Mengen (M, R), (N, S) heißen *ähnlich* bzw. *vom gleichen Typ*, falls es eine eineindeutige Abbildung f von M auf N gibt, die die Anordnung erhält, d. h., für die für alle $x, y \in M$ gilt $xRy \leftrightarrow f(x)\, S\, f(y)$.
Zu jeder wohlgeordneten Menge (M, R) gibt es genau eine Ordinalzahl α, so daß (M, R) und $(\alpha, \leqslant)$ vom gleichen Typ sind; diese zu (M, R) existierende Ordinalzahl α heißt auch die Ordinalzahl von (M, R), und (M, R) heißt ein *Repräsentant* dieser Ordinalzahl. Die Ordinalzahl einer wohlgeordneten Menge (M, R) wird mit ord (M, R) bzw. mit $\overline{(M, R)}$ bezeichnet.

Die Ordinalzahlen repräsentieren die möglichen Wohlordnungen der Mengen.
Sind (M, R), (N, S) wohlgeordnete Mengen und α, β ihre Ordinalzahlen, so gilt genau dann $\alpha < \beta$, wenn (M, R) einem Abschnitt von (N, S) ähnlich ist.

Eine Ordinalzahl α heißt *endlich*, falls α eine endliche Menge ist. Eine Ordinalzahl α heißt *transfinit*, falls α eine unendliche Menge ist. Die *natürlichen Zahlen* sind die endlichen Ordinalzahlen.
Die kleinste transfinite Ordinalzahl ist

$$\omega = \{0, 1, 2, 3, \ldots\} = \text{Menge der natürlichen Zahlen}.$$

Die Ordinalzahl ω ist zugleich die kleinste Limeszahl und das Supremum der Menge der natürlichen Zahlen: $\omega = \sup \omega$. Daher ist jede Limeszahl eine transfinite Ordinalzahl und jede endliche, von 0 verschiedene Ordinalzahl eine isolierte Ordinalzahl. Eine transfinite isolierte Ordinalzahl ist z. B. die Ordinalzahl $\omega^+ = \omega \cup \{\omega\} = \{0, 1, 2, \ldots, \omega\}$.

Arithmetik der Ordinalzahlen. Die für wohlgeordnete Mengen ausgesprochenen Beweis- bzw. Definitionsprinzipien durch Induktion (vgl. 14.3. – Relation) gelten auch für die wohlgeordnete Gesamtheit der Ordinalzahlen. Man kann daher die Rechenoperationen für Ordinalzahlen induktiv erklären.

Definition der Summe von Ordinalzahlen:
$\alpha + \beta = \alpha$, falls $\beta = 0$, sonst aber $\alpha + \beta = \sup \{(\alpha + \gamma)^+ \mid \gamma < \beta\}$.

Dann ist für jede Ordinalzahl α sofort $\alpha + 1 = (\sup \{(\alpha + \gamma) \mid \gamma < 1\})^+ = (\sup \{\alpha\})^+ = \alpha^+$. Deswegen läßt sich für den Fall isolierter Ordinalzahlen $\beta = \gamma^+ = \gamma + 1$ die Summendefinition schreiben als $\alpha + \beta = \alpha + (\gamma + 1) = \sup \{(\alpha + \xi) + 1 \mid \xi \leqslant \gamma\} = (\alpha + \gamma) + 1$.
Sind (M, R), (N, S) wohlgeordnete Mengen mit $M \cap N = \emptyset$ und den Ordinalzahlen α, β, so erhält man einen Repräsentanten der Ordinalzahl $\alpha + \beta$, wenn man die Vereinigung $M \cup N$ so wohlordnet, daß man die Anordnungsbeziehungen der Elemente von M und der Elemente von N jeweils untereinander beibehält und jedes Element von N als größer als jedes Element von M definiert. Mit-

hin ist dann $\alpha + \beta$ die Ordinalzahl der wohlgeordneten Menge $(M \cup N, R \cup (M \times N) \cup S)$; das Kreuzprodukt $(M \times N)$ muß deshalb Teilmenge der Wohlordnung in $M \cup N$ sein, weil jedes Element von M vor jedem Element von N stehen soll.

Definition des Produkts von Ordinalzahlen:
$\alpha \cdot \beta = 0$, falls $\beta = 0$, sonst aber $\alpha \cdot \beta = \sup \{\alpha \cdot \gamma + \alpha \mid \gamma < \beta\}$.

Man findet sofort
$\alpha \cdot 1 = \alpha, \alpha \cdot 2 = \alpha + \alpha,$
$\alpha \cdot 3 = (\alpha + \alpha) + \alpha$ usw.

Sowohl die Addition als auch die Multiplikation von Ordinalzahlen sind *nicht kommutativ*, z. B. gelten

$$2 + \omega = \omega < \omega + 2,$$
$$2 \cdot \omega = \omega < \omega + \omega = \omega \cdot 2;$$

Rechenregeln für Ordinalzahlen

Assoziativität	$\alpha + (\beta + \gamma) = (\alpha + \beta) + \gamma$ $\alpha \cdot (\beta \cdot \gamma) = (\alpha \cdot \beta) \cdot \gamma$
Distributivität	$\alpha \cdot (\beta + \gamma) = \alpha \cdot \beta + \alpha \cdot \gamma$
Monotonie	$\beta < \gamma \rightarrow \alpha + \beta < \alpha + \gamma \wedge \alpha \cdot \beta < \alpha \cdot \gamma$ $\beta < \gamma \rightarrow \beta + \alpha \leqslant \gamma + \alpha \wedge \beta \cdot \alpha \leqslant \gamma \cdot \alpha$

denn Repräsentanten von 2 bzw. ω sind z. B. die in gewöhnlicher Weise geordneten Mengen $A = \{0, 1\}$ bzw. $B = \{2, 3, 4, \ldots\}$, d. h., $A \cup B = \{0, 1, 2, 3, \ldots\}$ ist ein Repräsentant von $2 + \omega$. Offenbar jedoch ist ω die Ordinalzahl von $A \cup B$. Da $0 < 2$ ist, gilt $\omega = \omega + 0 < \omega + 2$. Ähnlich folgert man $\omega < \omega + \omega$ aus $0 < \omega$. Schließlich ist $2 \cdot \omega = \sup \{2n + 2 \mid n < \omega\} = \omega$.

Definition der Potenz von Ordinalzahlen:
$\alpha^\beta = 1$, falls $\beta = 0$, sonst aber $\alpha^\beta = \sup \{\alpha^\gamma \cdot \alpha \mid \gamma < \beta\}$.

Man findet sofort $\alpha^1 = \sup \{\alpha^0 \cdot \alpha\} = 1 \cdot \alpha = \alpha$, und analog $\alpha^2 = \alpha \cdot \alpha$, $\alpha^\omega = \sup \{\alpha, \alpha^2, \alpha^3, \ldots\}$.

Darstellung von Ordinalzahlen. Diese Rechenoperationen mit Ordinalzahlen machen es möglich, ein Anfangsstück der wohlgeordneten Klasse aller Ordinalzahlen zu erfassen. Die kleinsten Ordinalzahlen sind

$$0, 1, 2, 3, \ldots, \omega, \omega + 1, \omega + 2, \ldots, \omega + \omega = \omega \cdot 2, \omega \cdot 2 + 1, \omega \cdot 2 + 2, \ldots, \omega \cdot n, \omega \cdot n + 1, \ldots;$$

die wohlgeordnete Menge aller dieser Ordinalzahlen der Form $\omega \cdot n + k$ für $n, k \in \omega$ hat als Supremum die Ordinalzahl $\omega \cdot \omega = \omega^2$. Daher wird die Ordinalzahlreihe fortgesetzt durch

$$\omega^2, \omega^2 + 1, \omega^2 + 2, \ldots, \omega^2 + \omega, \omega^2 + \omega + 1, \omega^2 + \omega + 2, \ldots,$$
$$\omega^2 + \omega \cdot 2, \omega^2 + \omega \cdot 2 + 1, \ldots, \omega^2 + \omega \cdot 3, \ldots,$$
$$\omega^2 \cdot 2, \ldots, \omega^2 \cdot 3, \ldots, \omega^3, \ldots, \omega^4, \ldots$$

Auf alle diese Ordinalzahlen der Form $\omega^n \cdot k_n + \omega^{n-1} \cdot k_{n-1} + \cdots + \omega \cdot k_1 + k_0$ folgt die Ordinalzahl ω^ω. Danach folgen

$$\omega^\omega, \omega^\omega + 1, \ldots, \omega^\omega \cdot 2, \ldots, \omega^\omega \cdot \omega, \ldots, \omega^{\omega \cdot 2}, \ldots, \omega^{(\omega^\omega)}, \omega^{(\omega^{(\omega^\omega)})}.$$

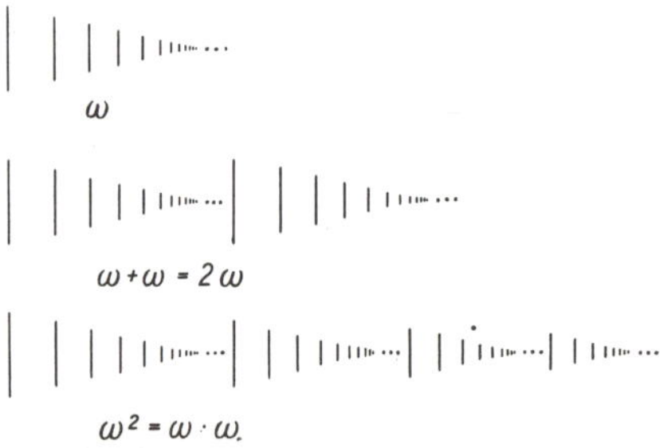

14.6-1 Schematische Darstellung einiger Ordinalzahlen

Mit diesem schon weit ins Transfinite hineinreichenden Zählprozeß ist die Gesamtheit aller Ordinalzahlen noch keineswegs erschöpft, sondern nur eine Menge von Ordinalzahlen gekennzeichnet (Abb. 14.6-1). Für die auf alle genannten Ordinalzahlen folgende nächstgrößere Ordinalzahl muß man ein neues Symbol einführen. Man bezeichnet diese Ordinalzahl mit ε und nennt sie auch die erste ε-Zahl. Mit ihrer Hilfe kann man im Zählprozeß fortfahren mit

$$\varepsilon, \varepsilon + 1, \ldots, \varepsilon + \omega, \ldots,$$
$$\varepsilon + \omega^2, \ldots, \varepsilon + \omega^\omega, \ldots, \varepsilon \cdot 2, \ldots, \varepsilon^2, \ldots$$

Alle diese bisher erwähnten Ordinalzahlen sind jedoch nicht ausreichend, um damit die Elemente einer überabzählbaren Menge durchzunumerieren. Daher führt man weitere spezielle Bezeichnungen für noch größere Ordinalzahlen ein. Allerdings kann man zeigen, daß keinerlei abgeschlossenes Bezeichnungssystem jemals ausreichend sein kann zur Bezeichnung aller Ordinalzahlen.

Kardinalzahlen. Mit den Kardinalzahlen will man Zahlen zur Verfügung haben, die die Elementeanzahlen von Mengen charakterisieren. Daher sollen Mengen mit der gleichen Elementenanzahl dieselben Kardinalzahlen haben. Mengen mit gleicher Elementenanzahl heißen auch *gleichmächtig* und man definiert:

Mengen A, B sind **gleichmächtig**, falls es eine eineindeutige Abbildung von A auf B gibt; sind A, B gleichmächtig, so schreibt man $A \sim B$.

Die Gleichmächtigkeit von Mengen ist eine Äquivalenzrelation, d. h., sie ist reflexiv, symmetrisch und transitiv. Ihre Äquivalenzklassen sind jedoch keine Mengen, sondern eigentliche Klassen. Daher können diese Äquivalenzklassen nicht als die Kardinalzahlen verwendet werden. Statt dessen sucht man sich aus jeder solchen Äquivalenzklasse einen geeigneten *Repräsentanten* aus, und zwar der Einfachheit halber sogar einen Repräsentanten, der eine *Ordinalzahl* ist. Im Bereich der transfiniten Ordinalzahlen sind die Äquivalenzklassen der Gleichmächtigkeit Mengen; man nennt sie *Zahlklassen*. Jede Zahlklasse ist eine unendliche Menge, sie enthält also eine kleinste Ordinalzahl, die *ordinale Anfangszahl* dieser Zahlklasse. Aber nicht jede Ordinalzahl ist eine ordinale Anfangszahl.

Beispiel 1: Die Zahl ω ist die ordinale Anfangszahl der Zahlklasse der abzählbar unendlichen Ordinalzahlen, die man auch die *zweite Zahlklasse* nennt. Alle bisher erwähnten speziellen Ordinalzahlen sind weitere Elemente dieser Zahlklasse; sie sind keine ordinalen Anfangszahlen.

Die Äquivalenzklassen der Gleichmächtigkeit in der Menge der endlichen Ordinalzahlen sind Einermengen, weil je zwei verschiedene endliche Ordinalzahlen nicht gleichmächtig sind. Die Menge aller endlichen Ordinalzahlen nennt man auch die *erste Zahlklasse*.

Definition der Kardinalzahlen. Die *endlichen Kardinalzahlen* sind die natürlichen Zahlen, d. h. die endlichen Ordinalzahlen. Die *transfiniten Kardinalzahlen* sind die ordinalen Anfangszahlen. Kardinalzahlen bezeichnet man mit halbfetten kursiven Buchstaben.

Unter Voraussetzung des Auswahlprinzips gibt es zu jeder Menge M genau eine Kardinalzahl, die eine mit M gleichmächtige Menge ist. Diese Kardinalzahl heißt die *Kardinalzahl von M* und wird mit card M bzw. $\overline{\overline{M}}$ bezeichnet; M nennt man auch einen Repräsentanten von card M.

Die Gesamtheit aller Kardinalzahlen ist eine eigentliche Klasse.

Ordnet man die Kardinalzahlen so an, wie sie als Ordinalzahlen angeordnet sind, so ist die Klasse $\boldsymbol{K}$ aller Kardinalzahlen wohlgeordnet und zur wohlgeordneten Klasse $\boldsymbol{On}$ aller Ordinalzahlen ähnlich. Es gibt genau eine eineindeutige Abbildung φ von $\boldsymbol{On}$ auf $\boldsymbol{K}$, die die Ordnung erhält, d. h., für die für alle Ordinalzahlen α, β gilt

$$\alpha < \beta \leftrightarrow \varphi(\alpha) <_{\boldsymbol{K}} \varphi(\beta),$$

dabei bedeutet $<_{\boldsymbol{K}}$ die Anordnungsbeziehung zwischen Kardinalzahlen. Natürlich kann φ nicht die identische Abbildung sein, da nicht jede Ordinalzahl eine ordinale Anfangszahl ist und deshalb auch nicht jede Ordinalzahl eine Kardinalzahl ist. Die einer Ordinalzahl α durch φ zugeordnete Kardinalzahl $\boldsymbol{a} = \varphi(\alpha)$ wird nach CANTOR mit $\aleph_\alpha$ bezeichnet [lies: Aleph alpha, $\aleph$ ist der erste Buchstabe des hebräischen Alphabets]. Für beliebige Ordinalzahlen α, β gilt demnach:

$$\aleph_\alpha <_{\boldsymbol{K}} \aleph_\beta \leftrightarrow \alpha < \beta.$$

Die kleinste transfinite Kardinalzahl ist $\aleph_0$, das ist die kleinste ordinale Anfangszahl, d. h., es ist $\aleph_0 = \omega$. $\aleph_0$ ist die Kardinalzahl jeder abzählbar unendlichen Menge. Die nächstgrößere Kardinalzahl ist $\aleph_1$.

Für Kardinalzahlen $\boldsymbol{m}, \boldsymbol{n}$ *und Repräsentanten M von* $\boldsymbol{m}$ *gilt* $\boldsymbol{n} <_{\boldsymbol{K}} \boldsymbol{m}$ *genau dann, wenn es eine Teilmenge* $N \subseteq M$ *gibt mit* card $N = \boldsymbol{n}$.

Arithmetik der Kardinalzahlen. Für je zwei Kardinalzahlen $\boldsymbol{m}, \boldsymbol{n}$ gibt es disjunkte Repräsentanten. Mittels solcher Repräsentanten erklärt man Summe, Produkt und Potenz von Kardinalzahlen.

Definition der Rechenoperationen für Kardinalzahlen.
Für beliebige Kardinalzahlen $\boldsymbol{m}, \boldsymbol{n}$ und Mengen M, N mit $M \cap N = \emptyset$, card $M = \boldsymbol{m}$ und card $N = \boldsymbol{n}$ soll sein:
$\boldsymbol{m} + \boldsymbol{n} = \text{card}(M \cup N)$, $\quad \boldsymbol{m} \cdot \boldsymbol{n} = \text{card}(M \times N)$, $\quad \boldsymbol{m}^{\boldsymbol{n}} = \text{card}\, {}^M N$.

Rechengesetze für Kardinalzahlen.

Kommutativität	$\boldsymbol{m} + \boldsymbol{n} = \boldsymbol{n} + \boldsymbol{m}$		$\boldsymbol{m} \cdot \boldsymbol{n} = \boldsymbol{n} \cdot \boldsymbol{m}$
Assoziativität	$\boldsymbol{m} + (\boldsymbol{n} + \boldsymbol{r}) = (\boldsymbol{m} + \boldsymbol{n}) + \boldsymbol{r}$		$\boldsymbol{m} \cdot (\boldsymbol{n} \cdot \boldsymbol{r}) = (\boldsymbol{m} \cdot \boldsymbol{n}) \cdot \boldsymbol{r}$
Distributivität	$\boldsymbol{m} \cdot (\boldsymbol{n} + \boldsymbol{r}) = \boldsymbol{m} \cdot \boldsymbol{n} + \boldsymbol{m} \cdot \boldsymbol{r}$		
Potenzregeln	$\boldsymbol{m}^{\boldsymbol{n}+\boldsymbol{r}} = \boldsymbol{m}^{\boldsymbol{n}} \cdot \boldsymbol{m}^{\boldsymbol{r}}$	$(\boldsymbol{m} \cdot \boldsymbol{n})^{\boldsymbol{r}} = \boldsymbol{m}^{\boldsymbol{r}} \cdot \boldsymbol{n}^{\boldsymbol{r}}$	$(\boldsymbol{m}^{\boldsymbol{n}})^{\boldsymbol{r}} = \boldsymbol{m}^{\boldsymbol{n} \cdot \boldsymbol{r}}$

Für *transfinite Kardinalzahlen* gelten z. B. zusätzlich: $\alpha \leqslant \beta \rightarrow \aleph_\alpha + \aleph_\beta = \aleph_\alpha \cdot \aleph_\beta = \aleph_\beta$,
Satz von HESSENBERG $\aleph_\alpha^2 = \aleph_\alpha$. $\alpha < \beta \rightarrow 2^{\aleph_\beta} = \aleph_\alpha^{\aleph_\beta}$,

Ist $\aleph_\alpha$ die Kardinalzahl einer Menge M, so ist $2^{\aleph_\alpha}$ die Kardinalzahl der Potenzmenge von M.

Satz von Cantor: $\aleph_\alpha <_K 2^{\aleph_\alpha}$, d. h. $\aleph_{\alpha+1} \leqslant_K 2^{\aleph_\alpha}$.

Insbesondere ist $2^{\aleph_0}$ die Kardinalzahl der Potenzmenge der Menge ω der natürlichen Zahlen und zugleich die Kardinalzahl der Menge ω_2 aller Funktionen von ω in $2 = \{0, 1\}$. Aus der Möglichkeit der Dualdarstellung der reellen Zahlen folgt, daß $2^{\aleph_0}$ auch die Kardinalzahl der Menge der reellen Zahlen ist, die *Kontinuum* genannt wird.

Es ist $\aleph_1 \leqslant_K 2^{\aleph_0}$. Das *Kontinuumproblem* ist die Frage, ob $\aleph_1 = 2^{\aleph_0}$ oder ob $\aleph_1 <_K 2^{\aleph_0}$ gilt. Anders ausgedrückt ist es die Frage, ob es überabzählbare Teilmengen der Menge der reellen Zahlen gibt, die nicht mit der Menge aller reellen Zahlen gleichmächtig sind.

Eine Verallgemeinerung des Kontinuumproblems ist das *Alephproblem*, ob für jede Ordinalzahl α die Beziehung $\aleph_{\alpha+1} = 2^{\aleph_\alpha}$ gilt.

Die *Kontinuumhypothese* lautet $\aleph_1 = 2^{\aleph_0}$.
***Alephhypothese*: Für jede Ordinalzahl α ist $\aleph_{\alpha+1} = 2^{\aleph_\alpha}$.**

Cantor hat jahrelang vergeblich versucht, das Kontinuumproblem zu lösen. Erst 1938 gelang K. Gödel der Nachweis, daß die bekannten Prinzipien der Mengenlehre nicht ausreichen, die Kontinuumhypothese zu widerlegen. 1963 bewies P. J. Cohen, daß diese Prinzipien auch nicht ausreichen, die Kontinuumhypothese zu beweisen. Anschaulich evidente neue Prinzipien, die einen Beweis bzw. eine Widerlegung der Kontinuumhypothese gestatten würden, sind bis heute nicht bekannt.

15. Elemente der mathematischen Logik

Eine Hauptaufgabe der mathematischen Logik ist die Untersuchung des *formalen Denkens und Schließens* mit Hilfe mathematischer Methoden, die z. B. der Algebra und der Algorithmentheorie entnommen sind.

Diese ursprünglich aus der Philosophie stammende Aufgabe ist jedoch nicht ihre einzige; die mathematische Logik umfaßt heute eine Vielzahl von Fragestellungen und Anwendungen auf den verschiedensten Gebieten, z. B. in den Naturwissenschaften, in der Schaltalgebra, in der Theorie informationsverarbeitender Systeme, in der Linguistik und in verschiedenen Disziplinen der Gesellschaftswissenschaften wie Philosophie, Rechtswissenschaft und Ethik.

Entscheidende Impulse für die Entwicklung der mathematischen Logik ergaben sich aus der Situation der Mathematik am Ausgang des 19. Jahrhunderts. Diese hatte bis dahin eine Fülle einzelner Resultate gesammelt und schon einen hohen Abstraktionsgrad erreicht, ohne daß über den Inhalt der intuitiv verwendeten Grundbegriffe, z. B. des Mengenbegriffs und des logischen Schließens, ausreichende Klarheit bestand (vgl. Kap. 41.). Neben dem Bedürfnis nach einer zweifelsfreien Begründung des Mengenbegriffs ergab sich zum ersten Male die Notwendigkeit einer Einsicht in das, was Logik und logische Deduktion eigentlich bedeuten.

15.1. Aussagenlogik

Prinzipien der klassischen Aussagenlogik. Als *Aussagen* bezeichnet man bestimmte sprachliche Gebilde, die zur Beschreibung und Mitteilung von Sachverhalten dienen. Die *klassische Aussagenlogik* geht von zwei Voraussetzungen aus.

Nach dem *Prinzip der Zweiwertigkeit* ist jede Aussage entweder wahr oder falsch. Der hierbei verwendete, auf Aristoteles zurückgehende *Wahrheitsbegriff* bezeichnet eine Aussage dann als wahr, wenn der in ihr behauptete Sachverhalt zutrifft. Das Prinzip der Zweiwertigkeit enthält zwei Prinzipien: 1. Das *Prinzip vom ausgeschlossenen Dritten*, nach dem jede Aussage wahr oder falsch ist; und 2. das *Prinzip vom ausgeschlossenen Widerspruch*, nach dem es keine Aussage gibt, die sowohl wahr als auch falsch ist. Die Klasse aller Aussagen zerfällt damit in zwei Teilklassen, die durch die Symbole 1 (wahr) und 0 (falsch) bezeichnet und *Wahrheitswerte* genannt werden.

Mit Hilfe sprachlicher Partikel, z. B. „nicht", „und", „oder", lassen sich gegebene Aussagen zu komplizierteren Aussagen zusammensetzen. Nach dem zweiten Grundprinzip, dem *Extensionalitätsprinzip*, ist der Wahrheitswert einer zusammengesetzten Aussage ausschließlich durch die Wahrheitswerte ihrer Komponenten bestimmt und hängt nicht von deren Sinn ab. Infolgedessen lassen sich derartige Verknüpfungen als Funktionen deuten, die n-Tupeln von Wahrheitswerten wieder Wahrheitswerte zuordnen.
Die für die Aussagenlogik gebräuchlichsten Verknüpfungspartikel, ihre Bezeichnung und die ihnen jeweils entsprechende *Wahrheitsfunktion* sind

Verknüpfungs-partikel	Schreibweise in Funktoren	Benennung	zugeordnete Wahrheitsfunktion
nicht	$\neg$	Negation	non
und	$\wedge$	Konjunktion	et
oder	$\vee$	Alternative	vel
wenn ..., so	$\rightarrow$	Implikation	seq
genau dann ..., wenn	$\leftrightarrow$	Äquivalenz	aeq

Die Wahrheitsfunktionen, deren Argumente und Funktionswerte Wahrheitswerte sind, lassen sich am einfachsten durch ihre *Funktionstafeln* (vgl. Kap. 5.1. – Darstellung von Funktionen) beschreiben.

p	non p
1	0
0	1

p	q	et (p, q)	vel (p, q)	seq (p, q)	*aeq* (p, q)
1	1	1	1	1	1
1	0	0	1	0	0
0	1	0	1	1	0
0	0	0	0	1	1

Diese Festlegungen entsprechen nicht ganz der umgangssprachlichen Bedeutung der zugehörigen Partikel, z. B. ist nach dieser Festlegung die Aussage wahr »wenn $2 \cdot 2 = 5$, so gibt es auf dem Mond Schnee«, denn sie ist eine Implikation der Form $p \rightarrow q$, in der p, nämlich »$2 \cdot 2 = 5$«, und auch q, nämlich »auf dem Mond gibt es Schnee«, den Wahrheitswert 0 haben, für die nach der Funktionstafel gilt seq $(0, 0) = 1$. Diese Festlegungen entsprechen genau dem Gebrauch, der sich in der Mathematik historisch herausgebildet und bewährt hat.
Formuliert man z. B. »wenn $a < b$, so ist $2a < 2b$«, so ist dies in der Arithmetik der natürlichen Zahlen wahr. Daher müssen sich auch beim Einsetzen irgendwelcher natürlichen Zahlen für a, b daraus wahre Aussagen ergeben, d. h., es muß z. B. »wenn $4 < 1$, so $2 \cdot 4 < 2 \cdot 1$« eine wahre Aussage sein. Akzeptiert man aber diese letzte Aussage als wahr, muß man wegen des Extensionalitätsprinzips auch »wenn $2 \cdot 2 = 5$, so gibt es auf dem Mond Schnee« als wahr akzeptieren.
Die Aufgabe der Aussagenlogik besteht in der mathematischen Untersuchung dieser inhaltlich gegebenen Begriffe, die zu diesem Zweck im Rahmen eines Kalküls, des *Aussagenkalküls*, formalisiert werden. Für seinen Aufbau wird ausgegangen von einer Menge von *Grundsymbolen*, bei denen folgende Sorten zu unterscheiden sind:

(1) *Variable* für Aussagen: $p_1, p_2, \ldots, p, q, r, s, \ldots$;
(2) *Funktoren* $\neg, \wedge, \vee, \rightarrow, \leftrightarrow$, die in dieser Reihenfolge die Funktionen non, et, vel, seq, aeq bezeichnen;
(3) *technische Zeichen*, z. B.), (.

Die Grundobjekte des Aussagenkalküls, die Ausdrücke, werden nun mittels einer induktiven Definition aus der Menge aller Zeichenreihen ausgesondert:

Definition der Ausdrücke

(1) Die Variablen $p_1, p_2, \ldots, p, q, r, s, \ldots$ sind Ausdrücke.
(2) Wenn H, G Ausdrücke sind, so auch $\neg H, (H \wedge G), (H \vee G), (H \rightarrow G), (H \leftrightarrow G)$.
(3) Nur die vermittels (1) und (2) gebildeten Zeichenreihen sind Ausdrücke.

Diese Definition macht es möglich, von einer vorgelegten Zeichenreihe in endlich vielen Schritten zu entscheiden, ob sie ein Ausdruck ist oder nicht.

Beispiel 1: $((p \rightarrow q) \wedge (r \vee s))$ und $((p \leftrightarrow q) \rightarrow (\neg q \rightarrow \neg p))$ sind Ausdrücke; $(p \wedge \rightarrow q)$ ist kein Ausdruck.

Entsprechend wie für die Zeichen + und · für die Operationen Addition und Multiplikation wird für die Funktoren festgelegt, daß in der Reihenfolge $\neg, \wedge, \vee, \rightarrow, \leftrightarrow$ jeder folgende Funktor stärker trennt als jeder vorangehende, z. B. ist $p \wedge q \rightarrow r$ eindeutig als $(p \wedge q) \rightarrow r$ zu lesen. Zur Verdeutlichung kann durch einen Punkt unter einem Funktor angegeben werden, daß dieser Funktor stärker trennt als die übrigen gleichbezeichneten (vgl. Beispiel 5, 6, 7).

Die *Semantik* stellt einen Zusammenhang her zwischen den Wahrheitswerten und Wahrheitsfunktionen auf der einen und den Ausdrücken auf der anderen Seite. Hierzu dient der Begriff der Belegung. Unter einer *Belegung der Aussagenvariablen* versteht man eine Funktion, die jeder Variablen einen der beiden Wahrheitswerte 0 oder 1 zuordnet. Eine solche Belegung f läßt sich auf natürliche Weise zu einer Funktion v_f fortsetzen, die *jedem* Ausdruck einen Wahrheitswert zuordnet.
Die Funktion v_f wird für gegebenes f induktiv definiert:

(1) Für Variable p gilt: $v_f(p) = f(p)$; (2) $v_f(\neg H) = \text{non}\,(v_f(H))$;
(3) für Ausdrücke H, G gilt:

$$v_f(H \wedge G) = \text{et}\,(v_f(H), v_f(G)), \qquad v_f(H \vee G) = \text{vel}\,(v_f(H), v_f(G)),$$
$$v_f(H \rightarrow G) = \text{seq}\,(v_f(H), v_f(G)), \qquad v_f(H \leftrightarrow G) = \text{aeq}\,(v_f(H), v_f(G)).$$

Nun lassen sich die wichtigen Begriffe der semantischen Äquivalenz und Allgemeingültigkeit definieren. Zwei Ausdrücke H, G heißen *semantisch äquivalent*, notiert $H \equiv G$, wenn für jede Belegung f die Gleichung $v_f(H) = v_f(G)$ erfüllt ist. Ein Ausdruck H ist *allgemeingültig*, *aussagenlogisch gültig* oder eine *Tautologie*, wenn für jede Belegung f die Bedingung $v_f(H) = 1$ gilt, d. h., wenn H bei jeder Belegung wahr wird.

Beispiel 2: Bei der Tautologie $p \rightarrow (q \rightarrow p)$ spricht man von *Prämissenbelastung*, bei $p \rightarrow (p \rightarrow q) \rightarrow q$ vom *Abtrennungseffekt*, $(p \rightarrow q) \wedge (p \rightarrow \neg q) \rightarrow \neg p$ ist nach dem Satz vom Widerspruch eine Tautologie.

Mittels einer einfachen Methode kann man für jeden vorgegebenen aussagenlogischen Ausdruck entscheiden, ob er eine Tautologie ist oder nicht. Man muß dazu nur alle möglichen Belegungen der in diesem Ausdruck vorkommenden Variablen aufschreiben und den zugehörigen Wahrheitswert bestimmen; enthält der Ausdruck n Variable, so gibt es genau 2^n Belegungen.

Beispiel 3: Ist der Ausdruck $(p \vee q) \rightarrow (p \wedge q)$ gegeben, so tabelliert man die möglichen Belegungen von p, q mit Wahrheitswerten und die zugehörigen Wahrheitswerte einiger Teilausdrücke sowie den des Gesamtausdrucks. Die letzte Spalte zeigt die Wahrheitswerte der seq-Funktion.

p	q	$p \vee q$	$p \wedge q$	$(p \vee q) \rightarrow (p \wedge q)$
1	1	1	1	1
1	0	1	0	0
0	1	1	0	0
0	0	0	0	1

Das *logische Schließen* dient der Gewinnung neuer wahrer Aussagen aus gegebenen, als wahr erkannten Aussagen. Die hierbei verwendeten *Schlußregeln* müssen daher die Wahrheit eines Ausdrucks auf den bewiesenen Ausdruck übertragen. Für die Gewinnung solcher *Schlußregeln* spielen die Tautologien eine besondere Rolle: aus jeder Tautologie, die die Form $H \rightarrow G$ hat, läßt sich eine Schlußregel gewinnen; denn ist $H \rightarrow G$ eine Tautologie, d. h. bei jeder Belegung wahr, und hat man beim logischen Schließen die Aussage H gewonnen, ist deshalb auch immer H wahr, so muß G wahr sein. Daher kann man von H und $H \rightarrow G$ ausgehend auf G schließen. Die Voraussetzungen zur Anwendung einer Regel, die *Prämissen*, werden oberhalb einer waagerechten Linie angegeben, das Ergebnis, die *Konklusion*, erscheint darunter. Durch ein System R von Schlußregeln wird eine Relation »aus der Menge S ist A ableitbar«, notiert $S \vdash A$, festgelegt.

Beispiele für Schlußregeln, in denen H, G, F Ausdrücke und S eine Menge von Ausdrücken bezeichnen.

4: $p \rightarrow (p \rightarrow q) \rightarrow q$ führt zu der Regel:
$$\frac{S \vdash H \qquad S \vdash H \rightarrow G}{S \vdash G}$$

5: Der *Kettenschluß* $(p \rightarrow q) \rightarrow (q \rightarrow r) \rightarrow p \rightarrow r$ führt zu der Regel:
$$\frac{S \vdash H \rightarrow G \qquad S \vdash G \rightarrow F}{S \vdash H \rightarrow F}$$

6: Die *Kontraposition* $p \rightarrow \neg q \rightarrow q \rightarrow \neg p$ führt zu der Regel:
$$\frac{S \vdash H \rightarrow \neg G}{S \vdash G \rightarrow \neg H}$$

7: Der *Satz vom Widerspruch* $p \rightarrow q \rightarrow p \rightarrow \neg q \rightarrow \neg p$ führt zu der Regel:
$$\frac{S \vdash H \rightarrow G \qquad S \vdash H \rightarrow \neg G}{S \vdash \neg H.}$$

Eine Anwendung der Schlußregel in Beispiel 6 liegt vor, wenn man, unter Beachtung von $\neg(\neg G) = G$, aus der Kenntnis der Tatsache, daß sich die Diagonalen eines Parallelogramms halbieren, folgert, daß ein Viereck, dessen Diagonalen sich nicht halbieren, kein Parallelogramm ist. Die Schlußregel von Beispiel 5 wird bei folgender Überlegung verwendet: » Wenn Sonnabend ist, will ich früh frische Brötchen essen«. »Wenn ich früh frische Brötchen essen will, muß ich früh zum Bäcker gehen«. Also: » Wenn Sonnabend ist, muß ich früh zum Bäcker gehen.«

Die Ausdrucksmittel der Aussagenlogik sind in vielen Fällen nicht ausreichend, um selbst so einfache Überlegungen zu rechtfertigen wie »Ist Egon mein Freund, so ist Egons Fahrrad das Fahrrad meines Freundes« bzw. »Ist die Maus ein Säugetier, so ist der Schwanz der Maus der Schwanz eines Säugetiers«.

15.2. Prädikatenlogik

Eine Formalisierung der mathematischen Umgangssprache muß wesentlich mehr Ausdrucksmittel haben als die Aussagenlogik. Ein besonderes Merkmal ist die häufige Verwendung von Variablen und von speziellen Symbolen, die die Bedeutung von *Funktionszeichen* oder *Relationszeichen* haben. *Variable* sind im voraus gekennzeichnete Symbole, die beliebige Objekte eines vorher abgegrenzten Bereiches bezeichnen. Zeichen mit einer festen Bedeutung heißen *Konstante*, z. B. 0 und + in dem Bereich der natürlichen Zahlen.

Ein weiteres Merkmal der mathematischen Sprache ist die Möglichkeit der *Bindung von Variablen* durch prädikatenlogische *Quantoren*.

In dem Ausdruck »es existieren Primzahlen p, q, so daß $2n = p + q$« sind p und q durch den prädikatenlogischen Funktor »es gibt ein ...« gebunden, während die Variable n frei ist. Es hat sich gezeigt, daß man bei der Variablenbindung in der Mathematik mit den beiden prädikatenlogischen Operationen $\exists$ *»es gibt ein ...«* und $\forall$ *»für alle ...«* auskommt. Deswegen wird bei der Definition der prädikatenlogischen Sprachen nur diese Art der Variablenbindung zugrunde gelegt.

In der *Prädikatenlogik* wird die Feinstruktur mathematischer Aussagen untersucht, z. B. wird die Struktur der Aussage $\forall x\, \forall y\, \exists z(x < y \rightarrow x < z < y)$ im Aussagenkalkül nicht erfaßt, da diese Aussage aussagenlogisch unzerlegbar ist.

Syntax elementarer Sprachen. Die Aussagen einer mathematischen Theorie enthalten als Grundbegriffe gewisse Prädikate und Funktionen, z. B. in der Mengenlehre die Elementbeziehung $\in$, in der Geometrie die Relationen der Inzidenz und der Zwischenbeziehung, in der Arithmetik die Addition, die Multiplikation und eine Anordnungsrelation. Für diese Grundbegriffe werden Symbole eingeführt, die in ihrer Gesamtheit die Signatur dieser Theorie bilden. Eine *Signatur* besteht also aus Relationszeichen, Funktionszeichen und Individuenzeichen. Jedem dieser Zeichen kommt eine bestimmte *Stellenzahl* zu. In der Signatur $\Sigma = \{+, \cdot, <, 0, 1\}$ der elementaren Arithmetik sind $+, \cdot$ zweistellige Operationszeichen, $<$ ist ein zweistelliges Relationszeichen und 0, 1 sind Individuenzeichen.

Neben den Symbolen aus Σ verwendet man in einer *mathematischen Theorie* noch Variable für Individuen, z.B. die Symbole $x, y, z, \ldots$, logische Zeichen $\neg, \wedge, \vee, \rightarrow, \leftrightarrow, =, \exists, \forall$ sowie technische Hilfszeichen.

Ähnlich wie in dem Aussagenkalkül läßt sich nun mit Hilfe dieser Grundzeichen zu gegebener Signatur Σ eine *prädikatenlogische* oder *elementare Sprache* L_Σ definieren, deren Elemente bestimmte Zeichenreihen sind, die *Ausdrücke* oder *Aussageformen* genannt werden. Der Aufbau dieser Ausdrücke erfolgt nach Einführung der Terme.

Definition des Terms

(1) Variable und Individuenkonstanten sind Terme.
(2) Ist F ein n-stelliges Funktionszeichen und sind $t_1, \ldots, t_n$ Terme, so ist auch $Ft_1 \ldots t_n$ ein Term.
(3) Nur die nach (1) und (2) erzeugten Zeichenreihen sind Terme.

Beispiel 1: In der Sprache L_Σ der elementaren Arithmetik sind z. B. $+xy$, $\cdot\, x + xy$ Terme; diese werden jedoch üblicherweise aufgeschrieben als $x + y$, $x \cdot (x + y)$. Ist sin das wie üblich interpretierte Funktionssymbol, so sind folgende Zeichenreihen Terme:
$\sin x$, $yx^2 + y^3 + z^3$, $\sin(x + \sin(y^2 + x))$.

Die Ausdrücke der elementaren Sprache L werden induktiv charakterisiert.

Definition von Ausdruck und Aussageform

(1) Sind $t_1, \ldots, t_n$ Terme und ist R ein n-stelliges Relationszeichen, so ist $Rt_1 \ldots t_n$ ein Ausdruck, der auch *Atomausdruck* genannt wird.
(2) Sind A, B Ausdrücke, so sind auch $\neg A$, $(A \wedge B)$, $(B \vee A)$, $(A \rightarrow B)$, $(A \leftrightarrow B)$ Ausdrücke.
(3) Ist $A(x)$ ein Ausdruck, der die Variable x, nicht aber die Zeichenreihen $\exists x$ oder $\forall x$ enthält, so sind auch $\exists x A(x)$ und $\forall x A(x)$ Ausdrücke.
(4) Nur die nach (1), (2), (3) gebildeten Zeichenreihen sind Ausdrücke.

Beispiel 2: In der Signatur $\Sigma = \{P, R, Q, g, f, T\}$ sind die folgenden Zeichenreihen Ausdrücke: $\forall x(Rxy \rightarrow Qxf(y))$, $\neg\, \exists x[Rxy \vee Qxg(y, x)]$, $\forall x[Px \wedge \exists y(Tyx \rightarrow Sxy)]$.

Analog wie im Aussagenkalkül läßt sich auch von jeder vorgelegten Zeichenreihe in endlich vielen Schritten entscheiden, ob sie ein Ausdruck ist oder nicht.

Die Variable x kommt *vollfrei* in einem Ausdruck H vor, wenn x in H vorkommt, $\exists x$ oder $\forall x$ aber in H nicht vorkommt. Kommt $\exists x$ oder $\forall x$ in H vor, so kommt x *quantifiziert* vor. Hinter jeder Stelle der Gestalt Θx mit $\Theta \in \{\exists, \forall\}$ beginnt ein eindeutig bestimmter Teilausdruck H' von H, in dem die

Variable x ohne diese Stelle Θx vollfrei vorkäme. Diesen Teilausdruck H' von H nennt man den zu der Stelle gehörigen *Wirkungsbereich des Quantors* Θ. In ihm kommt die Variable x quantifiziert vor. An einer gewissen Stelle in einem Ausdruck H kommt die Variable x frei vor, wenn sie an dieser Stelle vorkommt und dort weder quantifiziert ist, noch in einem Wirkungsbereich eines Quantors steht. Kommt die Variable x an wenigstens einer Stelle von H frei vor, so sagt man: x kommt in H frei vor.

Beispiel 3: In dem Ausdruck

1 5 8 10 12 15 20 22 25 30 35

$$\exists x[Px \wedge Qy \wedge g(y) = z] \rightarrow [\exists x\ \forall y\ Rxy \wedge f(x, z) = z]$$

sind die Stellen durch Zahlen über den Symbolen angedeutet. Die Variable y kommt an der 8. und der 12. Stelle frei und an der 22. und der 25. Stelle gebunden vor, an der 22. Stelle quantifiziert und an der 25. Stelle in dem zur 21. Stelle gehörigen Wirkungsbereich.

Ausdrücke sind im allgemeinen keine Aussagen. Der Ausdruck $x < y$, in dem $<$ die Ordnung des Bereichs der natürlichen Zahlen bedeutet, wird erst zu einer *Aussage*, wenn man z. B. für die Variablen x, y bestimmte Individuenzeichen einsetzt, $0 < 1$, $3 < 2$, $5 < 7$, oder wenn man die freien Variablen durch Quantoren bindet, $\forall x\ \exists y x < y$, oder beide Verfahren kombiniert: $\forall x x < 19$.
Die *Aussagen* lassen sich daher als diejenigen Ausdrücke charakterisieren, die *keine freien Variablen* enthalten.

Beispiele für Aussagen:

4: Das Monotoniegesetz für die Addition der natürlichen Zahlen: $\forall x\,\forall y\,\forall z(x < y \rightarrow x + z < y + z)$.

5: Die Fermatsche Vermutung: $\neg\ \exists x\ \exists y\ \exists z\ \exists n\ (n > 2 \wedge x^n + y^n = z^n)$.

6: Die Goldbachsche Vermutung: $\forall x[2 \mid x \wedge x \neq 2 \wedge x \neq 0 \rightarrow \exists y\,\exists z\ (\text{prim}\ y \wedge \text{prim}\ z \wedge x = y + z)]$,

dabei stehen prim x abkürzend für $x \neq 1 \wedge \forall u\ \forall v\ (x = u \cdot v \rightarrow u = 1 \vee v = 1)$, und $2 \mid x$ abkürzend für $\exists y\ 2 \cdot y = x$. In Worten lautet dieser Ausdruck: »Für alle natürlichen Zahlen x gilt: wenn x verschieden von 2 und 0 und x gerade ist, dann gibt es Primzahlen y, z, so daß x Summe von y und z ist«.

Man erhält eine Verallgemeinerung der elementaren Sprachen, indem man die Quantifizierung von 1-stelligen Prädikaten zuläßt, diese also wie Individuenvariablen behandelt. In solchen Sprachen, die man auch *monadische Sprachen* der 2. Stufe nennt, läßt sich wesentlich mehr als in den elementaren Sprachen ausdrücken.

Beispiele für Aussagen in monadischen Sprachen 2. Stufe.

7: Das Peanosche Induktionsaxiom für die natürlichen Zahlen:
$\forall P(P0 \wedge \forall x(Px \rightarrow Px') \rightarrow \forall x Px)$ oder in Worten
»Für jedes einstellige Prädikat P gilt: wenn P auf 0 zutrifft und wenn es mit jedem Element x auch der Nachfolger $x' \in P$ erfüllt, so trifft P auf alle natürlichen Zahlen zu«.

8: Satz von der oberen Grenze für die reellen Zahlen:
$\forall P[\exists z Pz \wedge \exists u\ \forall v(Pv \rightarrow v < u) \rightarrow \exists y(\forall v(Pv \rightarrow v \leqslant y) \wedge \neg\ \exists y'(\forall v(Pv \rightarrow v \leqslant y') \wedge y' < y))]$,
oder in Worten
»Jede nach oben beschränkte nicht leere Menge von reellen Zahlen hat eine obere Grenze«.

Die prädikatenlogischen Sprachen sind deskriptiv, d. h., die Ausdrücke solcher Sprachen beschreiben Beziehungen, die in mathematischen Strukturen bestehen.
Mit der Entwicklung der maschinellen Informationsverarbeitung gewinnen algorithmische Sprachen an Bedeutung. *Algorithmische Sprachen* sollen Anweisungen erteilen sowie Aktionen auslösen und Prozesse steuern. Beispiele solcher Sprachen sind die in der Programmiertechnik verwendeten algorithmischen Sprachen wie FORTRAN, PASCAL, C u. a.
Seit einer Reihe von Jahren studiert man im *logischen Programmieren* aber auch deskriptiv aufgebaute Programmiersprachen wie PROLOG. Sie sind vor allem für Anwendungen in der *künstlichen Intelligenz* wichtig und werden oft mit Methoden des automatischen Beweisens kombiniert.

Semantik elementarer Sprachen. Ähnlich wie im Aussagenkalkül stellt die Semantik einen Zusammenhang her zwischen den Ausdrücken von L_Σ und der Welt der mathematischen Strukturen, in denen die Ausdrücke eine Bedeutung haben.
Gegeben sei eine Menge Σ von Operations- und Funktionszeichen, M eine nichtleere Menge. Unter einer *Interpretation* von Σ versteht man eine *Abbildung* δ, die jedem n-stelligen Relationszeichen R aus Σ eine n-stellige Relation R^δ von M, d. h. eine Teilmenge von M^n, und jedem n-stelligen Operationszeichen F eine n-stellige Funktion F^δ in M, d. h. eine eindeutige Abbildung von M^n in M, zuordnet. Das Gleichheitszeichen $=$ wird stets durch die Identitätsrelation interpretiert.
Mit δ_Σ sei die Folge der den Zeichen aus Σ zugeordneten Relationen und Operationen bezeichnet.

Σ-Struktur, Σ-Algebra oder Σ-Modell nennt man das geordnete Paar $\boldsymbol{M} = (M, \delta_\Sigma)$. Mit $\boldsymbol{K}_\Sigma$ sei die Klasse aller Σ-Strukturen bezeichnet. Die in Σ enthaltenen Symbole werden stets auf die Klasse $\boldsymbol{K}_\Sigma$ bezogen. Für die elementaren Sprachen L_Σ wird nun ein *Wahrheitsbegriff* entwickelt, d. h. eine Definition des Terminus: »die Aussage H ist wahr in der Struktur $\boldsymbol{M}$«, notiert $\boldsymbol{M} \models H$. Dieser Begriff ist fundamental für die gesamte Semantik.

Eine Präzisierung des Wahrheitsbegriffs in elementaren Sprachen wird erreicht, indem zunächst ein allgemeinerer Begriff eingeführt wird: »die M-Belegung α erfüllt den Ausdruck H in $\boldsymbol{M}$«, notiert $\boldsymbol{M} \models_\alpha H$.

Unter einer M-Belegung α versteht man eine Funktion, die jeder Individuenvariablen von L_Σ ein Element aus M zuordnet. Eine solche Belegung α läßt sich, ähnlich wie im Aussagenkalkül, auf natürliche Weise zu einer Abbildung α aller Terme von L_Σ in M fortsetzen: $x^\alpha = c^\delta$, falls c eine Individuenkonstante aus Σ ist; $(F(t_1, \ldots, t_n))^\alpha = F^\delta(t_1^\alpha \ldots t_n^\alpha)$.

Beispiel 9: Gegeben sei der Term $t = (x + 1) \cdot y$; $\alpha(x) = 2$, $\alpha(y) = 3$. Dann ist $t^\alpha = (x^\alpha + 1)\, y^\alpha = (2 + 1) \cdot 3 = 9$.

Definition der Relation »α erfüllt A in $\boldsymbol{M}$«, $\boldsymbol{M} \models_\alpha A$, in der **gdw.** bedeutet »genau dann, wenn«.

(1) $\boldsymbol{M} \models_\alpha Rt_1 \ldots t_n$ **gdw.** $(t_1^\alpha, \ldots, t_n^\alpha) \in R^\delta$; d. h., R trifft auf das n-Tupel $(t_1^\alpha, \ldots, t_n^\alpha)$ zu;

(2) $\boldsymbol{M} \models_\alpha \neg A$ **gdw.** nicht $\boldsymbol{M} \models_\alpha A$; $\boldsymbol{M} \models_\alpha A \wedge B$ **gdw.** $\boldsymbol{M} \models_\alpha A$ und $\boldsymbol{M} \models_\alpha B$;
$\boldsymbol{M} \models_\alpha A \rightarrow B$ **gdw.** »wenn $\boldsymbol{M} \models_\alpha A$, so $\boldsymbol{M} \models_\alpha B$;«; $\boldsymbol{M} \models_\alpha A \vee B$ **gdw.** $\boldsymbol{M} \models_\alpha A$ oder $\boldsymbol{M} \models_\alpha B$;
$\boldsymbol{M} \models_\alpha A \leftrightarrow B$ **gdw.** $\boldsymbol{M} \models_\alpha A \rightarrow B$ und $\boldsymbol{M} \models_\alpha B \rightarrow A$;

(3) $\boldsymbol{M} \models_\alpha \exists x A(x)$ **gdw.** der Wert von α für die Variable x so abgeändert werden kann, daß die abgeänderte Belegung α' den Ausdruck $A(x)$ in $\boldsymbol{M}$ erfüllt;
$\boldsymbol{M} \models_\alpha \forall x A(x)$ **gdw.** jede nur durch Änderung des Wertes für die Variable x aus α entstehende Belegung α' den Ausdruck $A(x)$ in $\boldsymbol{M}$ erfüllt.

Beispiel 10: $\exists x(y = x \cdot x)$, $\cdot$ bedeute die Multiplikation der natürlichen Zahlen. Ist α eine Belegung aller Variablen, so daß $y^\alpha = 4$, so erfüllt α diesen Ausdruck, denn die Belegung α', die der Variablen x den Wert 2 zuordnet und für alle übrigen Variablen mit α übereinstimmt, erfüllt den Ausdruck $y = x \cdot x$.

Man sieht an diesem Beispiel, daß das Zutreffen von $\boldsymbol{M} \models_\alpha A$ nur von den in A vorkommenden freien Variablen abhängt. Ist A eine Aussage, d. h. ein Ausdruck ohne freie Variablen, so gilt $\boldsymbol{M} \models_\alpha A$ entweder für alle α oder für kein α.

Definitionen. (1) Ein Ausdruck A ist gültig in $\boldsymbol{M}$, $\boldsymbol{M} \models A$, genau dann, wenn jede Belegung α den Ausdruck A in $\boldsymbol{M}$ erfüllt, d. h., wenn $\boldsymbol{M} \models_\alpha A$ für jede M-Belegung α gilt.
(2) Ein Ausdruck $A \in L_\Sigma$ heißt *logisch gültig* oder (prädikatenlogisch) *allgemeingültig*, wenn A in jeder Σ-Struktur gültig ist.

Beispiele.

11: Die Aussage $\forall x\, \exists y\; x < y$ ist gültig in dem Bereich der natürlichen Zahlen; jedoch ist diese Aussage nicht logisch gültig, da sie in einer endlichen geordneten Menge $(M, <)$ falsch wird.
12: Die Aussage $\forall x\, \forall y Rxy \vee \neg \forall x\, \forall y Rxy$ ist logisch gültig; denn für jede Aussage H und jede Struktur $\boldsymbol{M}$ gilt stets $\boldsymbol{M} \models H$ oder $\boldsymbol{M} \models \neg H$.

Ein Ausdruck heißt *aussagenlogisch unzerlegbar*, wenn er mit einem Quantor beginnt, d. h., wenn H folgende Gestalt hat: $H = \Theta x H'$ mit $\Theta \in \{\exists, \forall\}$. Jeder Ausdruck ist mittels der Funktoren $\neg, \wedge, \vee, \rightarrow, \leftrightarrow$ aus aussagenlogisch unzerlegbaren Ausdrücken zusammengesetzt. Wenn man für die aussagenlogisch unzerlegbaren Komponenten eines Ausdrucks Aussagenvariablen einsetzt, erhält man einen Ausdruck des Aussagenkalküls, z. B. geht der Ausdruck $\forall x\, \forall y Rxy \vee \neg \forall x\, \forall y\, Rxy$ in die Tautologie $p \vee \neg p$ über. Ein Ausdruck H heißt *aussagenlogisch allgemeingültig*, wenn der zugeordnete aussagenlogische Ausdruck im Rahmen des Aussagenkalküls allgemeingültig ist. Wenn H aussagenlogisch allgemeingültig ist, so ist H prädikatenlogisch allgemeingültig. Es gibt jedoch prädikatenlogisch allgemeingültige Ausdrücke, die nicht aussagenlogisch allgemeingültig sind, z. B. $\forall x Px \rightarrow \exists x Px$. Deshalb treten in der Prädikatenlogik Schlußweisen auf, die vom Aussagenkalkül noch nicht erfaßt werden.

Definition. S sei eine Menge von Ausdrücken aus L_Σ. Eine Σ-Struktur $\boldsymbol{M}$ ist Modell von S, wenn alle Ausdrücke $A \in S$ in $\boldsymbol{M}$ gültig sind; Mod S sei die Klasse aller Modelle von S.

Sind $\Sigma = \{+, 0\}$ und $S \subseteq L_\Sigma$ die folgende Menge von Ausdrücken:
(1) $(x + y) + z = x + (y + z)$, (3) $\forall x\, \exists y (x + y = 0)$,
(2) $\forall x (x + 0 = x)$, (4) $\forall x\, \forall y\, (x + y = y + x)$,
so ist eine Σ-Struktur $\boldsymbol{M} = (M, +, 0)$ ein Modell von S genau dann, wenn $\boldsymbol{M}$ eine additiv geschriebene abelsche Gruppe ist, und Mod S ist die Klasse aller abelschen Gruppen.

Zwei Ausdrücke H, G heißen *semantisch oder logisch äquivalent*, notiert durch $H \equiv G$, wenn der Ausdruck $H \leftrightarrow G$ logisch gültig ist.

Beispiele für logische Äquivalenzen.

13: $\neg \exists x A(x) \equiv \forall x \neg A(x)$. *14:* $\neg \forall x A(x) \equiv \exists x \neg A(x)$.

15: $\Theta x A(x) \equiv \Theta y A(y)$, wenn y nicht in $A(x)$ und x nicht in $A(y)$ vorkommt und wenn Θ einer der Quantoren $\exists$ oder $\forall$ ist.

16: $\forall x[A(x) \wedge B(x)] \equiv \forall x A(x) \wedge \forall x B(x)$. *17:* $\exists x[A(x) \vee B(x)] \equiv \exists x A(x) \vee \exists x B(x)$.

Ausdrücke der Gestalt $\Theta_1 x_1 \ldots \Theta_n x_n A(x_1, \ldots, x_n)$ mit $\Theta_i \in \{\forall, \exists\}$, in denen A quantorfrei ist, heißen *pränexe Ausdrücke.*

Jeder Ausdruck ist logisch äquivalent einem pränexen Ausdruck derselben Signatur und mit denselben freien Variablen.

Beispiele für die Umwandlung eines Ausdrucks in einen ihm logisch äquivalenten *pränexen Ausdruck.*

18: $\forall x \forall y[x < y \rightarrow \exists z(x < z < y)] \equiv \forall x \forall y[\neg (x < y) \vee \exists z(x < z < y)]$
$\equiv \forall x \forall y \exists z (\neg (x < y) \vee (x < z < y)) \equiv \forall x \forall y \exists z (x < y \rightarrow x < z < y)$.

19: $\forall x \exists y \forall z Qxyz \rightarrow \forall y \exists z Ryz \equiv \forall x \exists y \forall z Qxyz \rightarrow \forall u \exists v Ruv \equiv \neg \forall x \exists y \forall z Qxyz \vee \forall u \exists v Ruv$
$\equiv \exists x \forall y \exists z \neg Qxyz \vee \forall u \exists v Ruv \equiv \forall u \exists v(\exists x \forall y \exists z \neg Qxyz \vee Ruv) \equiv \forall u \exists v \exists x \forall y \exists z(Qxyz \rightarrow Ruv)$.

Das mathematische Schließen. Das mathematische Schließen dient der Gewinnung wahrer Aussagen aus schon als wahr erkannten Aussagen. Der Hintergrund des mathematischen Schließens ist das *Folgern.* Ist S eine Menge von Aussagen, die in der Struktur $\boldsymbol{M}$ wahr sind, und folgt eine Aussage A aus S, so muß A die Wahrheit in $\boldsymbol{M}$ bewahren, d. h., auch die Aussage A muß in der Struktur $\boldsymbol{M}$ wahr sein.

Definition für das Folgern. Ist S eine Menge von Aussagen der elementaren Sprache L_Σ und ist H ein Ausdruck von L_Σ, so *folgt H aus S*, notiert $S \Vdash H$, wenn jedes Modell von S auch ein Modell von H ist, d. h., wenn Mod $S \subseteq$ Mod H gilt. $S^{\Vdash} = \{H \in L_\Sigma; S \Vdash H\}$ ist die *Folgerungsmenge* von S.

Ist z. B. S das folgende Axiomensystem:

$$\forall x \forall y \forall z(x \cdot y) \cdot z = x(y \cdot z), \qquad \forall x \forall y\, x \cdot y = y \cdot x, \qquad \forall x \forall y \forall z(y \cdot x = z \cdot x \rightarrow y = z),$$

so folgt eine Aussage H genau dann aus S, wenn H in jeder kommutativen Halbgruppe mit Kürzungsregel gilt. Die Folgerungsmenge von S enthält danach alle Aussagen der elementaren Theorie der Klasse aller kommutativen Halbgruppen mit Kürzungsregel.
Bei dem mathematischen Schließen geht man nicht auf die Definition des Folgerns zurück, sondern benutzt gewisse *Schlußregeln*, die *folgerungserblich* sind, d. h. für das Folgern selbst gelten.

Beispiele folgerungserblicher Schlußregeln.

20: Abtrennungsregel:
$$\frac{S \Vdash H \qquad S \Vdash H \rightarrow G}{S \Vdash G}$$

21: Ableitbarkeitstheorem:
$$\frac{S \cup \{A\} \Vdash B}{S \Vdash A \rightarrow B}$$

22: Deduktionstheorem:
$$\frac{S \Vdash A \rightarrow B}{S \cup \{A\} \models B}$$

23: indirekter Schluß:
$$\frac{S \cup \{A\} \Vdash B \qquad S \cup \{A\} \Vdash \neg B}{S \models \neg A}$$

Zu jedem System R von Schlußregeln dieser Art läßt sich eine *Ableitbarkeitsrelation* »aus der Menge S ist der Ausdruck A ableitbar, beweisbar« definieren. Ein Ausdruck A ist aus S mittels der R-Regeln ableitbar oder beweisbar, wenn man A aus gewissen zu S gehörenden Anfangsausdrücken erhalten kann, indem man Regeln aus R endlich oft anwendet. Ein Beweis oder eine Ableitung von A kann als eine endliche Folge von Ausdrücken $(F_1, \ldots, F_n, A)$ aufgefaßt werden, die sukzessive aus S durch Anwendung der Regeln aus R erhalten werden können. Wenn die Menge R der Regeln und die Ausgangsmenge S endlich sind, dann läßt sich stets in endlich vielen Schritten entscheiden, ob eine vorgelegte endliche Folge von Ausdrücken ein Beweis ist.

Die Folgerungsrelation im Prädikatenkalkül der 1. Stufe läßt sich durch ein endliches System von Schlußregeln charakterisieren.

Nach dieser grundlegenden Tatsache wird im folgenden ein System von Schlußregeln angegeben, das dem natürlichen Schließen weitgehend angepaßt ist. Zu jedem Funktor $\neg, \wedge, \vee, \rightarrow, \leftrightarrow, \exists, \forall$ werden zwei Schlußregeln angegeben, eine *Einführungs-* und eine *Beseitigungsregel.* Die durch diese Schlußregeln festgelegte *Ableitbarkeitsrelation* sei durch $\vdash$ notiert.

Definition eines Systems von Schlußregeln.

(0*a*) $\dfrac{A \in S}{S \vdash A}$ (0*b*) $\dfrac{S \vdash A,\ S \subseteq S'}{S' \vdash A}$ (1*a*) $\dfrac{S, A \vdash B}{S \vdash A \to B}$ (1*b*) $\dfrac{S \vdash A,\ A \to B}{S \vdash B}$

Die Regel (1*a*) entspricht dem Deduktionstheorem für das Folgern (↑ Beispiel 22).

(2*a*) $\dfrac{S, A \vdash B, \neg B}{S \vdash \neg A}$ (2*b*) $\dfrac{S, \neg A \vdash B, \neg B}{S \vdash A}$ (3*a*) $\dfrac{S \vdash A, B}{S \vdash A \wedge B}$ (3*b*) $\dfrac{S \vdash A \wedge B}{S \vdash A, B}$

(4*a*) $\dfrac{S \vdash A}{S \vdash A \vee B, B \vee A}$ (4*b*) $\dfrac{S \vdash A \vee B,\ A \to C,\ B \to C}{S \vdash C}$

(5*a*) $\dfrac{S \vdash A \to B,\ B \to A}{S \vdash A \leftrightarrow B}$ (5*b*) $\dfrac{S \vdash A \leftrightarrow B}{S \vdash A \to B,\ B \to A}$

(6*a*) $\dfrac{S \vdash A(t)}{S \vdash \exists x\, A(x)}$ (6*b*) $\dfrac{S \vdash \exists x\, A(x),\ A(y) \to B}{S \vdash B}$ In (6*a*) ist t ein beliebiger Term, in (6*b*) ist y nicht in B und S enthalten.

(7*a*) $\dfrac{S \vdash A(y)}{S \vdash \forall x A(x)}$ (7*b*) $\dfrac{S \vdash \forall x A(x)}{S \vdash A(t)}$ In (7*a*) ist y nicht in S enthalten.

(8*a*) $S \vdash t = t'$ (8*b*) $\dfrac{S \vdash A(t),\ t = t'}{S \vdash A(t')}$ In (8*a*) bedeuten t, t' wieder Terme der Sprache L_Σ.

Alle diese Regeln sind folgerungserblich, d. h., es gilt »wenn $S \vdash A$, so $S \Vdash A$«.
Neben den angegebenen Regeln werden im mathematischen Schließen noch eine Anzahl weitere Schlußregeln verwendet, die sich aus den angegebenen Regeln beweisen lassen, z. B. die folgenden:

(1*c*) $\dfrac{S \vdash A \to B}{S, A \vdash B}$ (2*c*) $\dfrac{S \vdash \neg\neg A}{S \vdash A}$ (4*c*) $\dfrac{S \vdash A \vee B}{S, \neg A \vdash B}$

(6*c*) $\dfrac{S, A(x) \vdash B}{S, \exists x A(x) \vdash B}$ (x nicht frei in B und S) (8*c*) $\dfrac{S \vdash A(t),\ t = t'}{S \vdash A(t//t')}$

Dabei bedeutet $A(t//t')$, daß der Term t nicht notwendig an allen Stellen seines Vorkommens in $A(t)$ durch den Term t' ersetzt wird.
Für die Relation gilt nun das folgende wichtige Theorem.

Theorem von der Vollständigkeit der Ableitbarkeitsrelation $\vdash$.
Für jede Menge S von Formeln aus L_Σ und jede Formel $A \in L_\Sigma$ gilt: $S \Vdash A$ genau dann, wenn $S \vdash A$. Insbesondere ergibt sich: $\emptyset \Vdash A$ genau dann, wenn $\emptyset \vdash A$, d. h., A ist logisch gültig genau dann, wenn A ohne Axiome, d. h. aus der leeren Menge, ableitbar ist.

Beispiel 24: Strikt formale Ableitung einer zahlentheoretischen Aussage. Die inhaltliche Bedeutung der Ausdrücke sowie die den formalen Ableitungen entsprechenden inhaltlichen Schlußweisen werden den formalen Beweisreihen in eckigen Klammern zur Erläuterung beigefügt.

$$\forall x \neg \exists y\, (x = 3 \cdot y) \to \exists z\, (x^2 - 1 = 3 \cdot z).$$

[Für alle ganzen Zahlen x gilt, wenn x nicht durch 3 teilbar ist, so ist $x^2 - 1$ durch 3 teilbar.]
Ist $B(x, z)$ eine Abkürzung für $x^2 - 1 = 3 \cdot z$, so genügt es nach Regel (7*a*) zu zeigen, daß

$$S \vdash \neg \exists y (a = 3 \cdot y) \to \exists z B(a, z).$$

[Es genügt, die Behauptung für eine feste, aber beliebige ganze Zahl a zu beweisen.]
Nach (1*a*) genügt dann die folgende Bedingung

$$S, \neg \exists y (a = 3 \cdot y) \vdash \exists z B(a, z).$$

[Angenommen, a sei nicht durch 3 teilbar, dann ist zu zeigen, daß $a^2 - 1$ durch 3 teilbar ist.]

$$S \vdash \exists x (a = 3 \cdot x) \vee \exists x (a + 1 = 3 \cdot x) \vee \exists x (a - 1 = 3 \cdot x)$$

wird als bekannt vorausgesetzt. Nach Regel (4*c*) gilt dann

$$S, \neg \exists x (a = 3 \cdot x) \vdash \exists x (a + 1 = 3 \cdot x) \vee \exists x (a - 1 = 3 \cdot x).$$

[Da a nicht durch 3 teilbar ist, so ist $(a + 1)$ oder $(a - 1)$ durch 3 teilbar.]
Nach der Regel (4*a*) genügt es nun zu zeigen, daß

(1) $S, \exists x (a + 1 = 3 \cdot x) \vdash \exists z B(a, z)$ und (2) $S, \exists x (a - 1 = 3 \cdot x) \vdash \exists z B(a, z)$.

[Man betrachtet zwei Fälle (1) »$a + 1$ ist durch 3 teilbar«; (2) »$a - 1$ ist durch 3 teilbar«.] Es wird nur (1) gezeigt, für (2) gelten die entsprechenden Überlegungen. Nach (6*c*) genügt es zu zeigen,

$S, a + 1 = 3 \cdot b \vdash \exists z B(a, z)$ und nach (6*a*) $S, a + 1 = 3 \cdot b \vdash B(a, t)$ für einen gewissen Term t.

[Sei b eines der Elemente x, so daß $a + 1 = 3x$; es genügt, eine Zahl t anzugeben, so daß $a^2 - 1 = 3 \cdot t$].
Es ist $S \vdash (a + 1) \cdot (a - 1) = a^2 - 1$, also nach (8*a*), (8*b*), (8*c*)

$S, a + 1 = 3 \cdot b \vdash a^2 - 1 = 3 \cdot b \cdot (a - 1)$,
d. h., der Term $t = b \cdot (a - 1)$ leistet das Verlangte, was zu zeigen war.

15.3. Formalisierte Theorien

Die Formalisierung einer Theorie wird in mehreren Schritten vorgenommen. Zunächst müssen der Gegenstandsbereich sowie die betrachteten Relationen festgelegt werden. Auf dieser Stufe wurden die ersten mathematischen Begriffe gewonnen und zwar durch *Abstraktion aus realen Verhältnissen*; z. B. sind die grundlegenden geometrischen Begriffe wie Punkt und Gerade durch Abstraktion aus realen Gegebenheiten entstanden. Im zweiten Schritt wird der Begriff der *Aussage präzisiert* sowie eine *Interpretation der Aussagen über dem betrachteten Bereich* definiert. Schließlich werden ein *Axiomensystem* und eine *Ableitbarkeitsrelation* angegeben. Ein Axiomensystem soll *Vollständigkeit* erstreben, d. h., es soll den betrachteten Bereich vollständig charakterisieren, das bedeutet: jede in diesem Bereich gültige Aussage soll aus dem Axiomensystem ableitbar sein.
Die meisten mathematischen Theorien beziehen sich auf gewisse Klassen von Strukturen. Die Theorie einer *Klasse* $\boldsymbol{K}$ von *Strukturen* läßt sich identifizieren mit der Menge der Aussagen, die in jeder Struktur dieser Klasse gelten.

Definition. In bezug auf eine gegebene Klasse $\boldsymbol{K}$ von Σ-Strukturen ist die elementare Theorie $T(\boldsymbol{K})$ dieser Klasse definiert durch $T(\boldsymbol{K}) = \{H \in L_\Sigma : \boldsymbol{K} \models H\}$; hierbei bedeutet $\boldsymbol{K} \models H$: für jede Struktur $\boldsymbol{A} \in \boldsymbol{K}$ gilt $\boldsymbol{A} \models H$, ist H in $\boldsymbol{K}$ wahr.

$T(\boldsymbol{K})$ ist die elementare Theorie der Strukturklasse $\boldsymbol{K}$.
Eine Menge X von Aussagen ist ein Axiomensystem für die Theorie T, wenn $X^{\vdash} = T$ und wenn X entscheidbar ist, d.h., wenn von jedem Ausdruck $H \in L_\Sigma$ in endlich vielen Schritten entschieden werden kann, ob $H \in X$ oder $H \notin X$ gilt.

Beispiele formalisierter elementarer Theorien.

1: Die Körpertheorie mit $\Sigma = \{+, \cdot, 0, 1\}$ ist durch das folgende Axiomensystem charakterisiert:

$\forall x \forall y \forall z[x + (y + z) = (x + y) + z]$, $\forall x[x + 0 = 0 + x = x]$,
$\forall x \exists y(x + y = 0)$, $\forall x \forall y(x + y = y + x)$,
$\forall x \forall y \forall z[(x \cdot y) \cdot z = x \cdot (y \cdot z)]$, $\forall x \forall y(x \cdot y = y \cdot x)$,
$\forall x(x \cdot 1 = x)$, $\forall x[x \neq 0 \rightarrow \exists y(x \cdot y = 1)]$,
$\forall x \forall y \forall z[(x + y) \cdot z = x \cdot z + y \cdot z]$.

2: Die Theorie der linear geordneten Menge mit $\Sigma = \{<\}$ ist charakterisiert durch:

$\neg \exists x(x < x)$, $\forall x \forall y \forall z(x < y \wedge y < z \rightarrow x < z)$,
$\forall x \forall y(x = y \vee x < y \vee y < x)$.

3: Die Theorie der Gruppen mit $\Sigma = \{\cdot, 1\}$ ist charakterisiert durch:

$\forall x \forall y \forall z[(x \cdot y) \cdot z = x \cdot (y \cdot z)]$, $\forall x(x \cdot 1 = x)$,
$\forall x \exists y(x \cdot y = 1)$.

Definierbarkeit in formalisierten Theorien. In einer mathematischen Theorie T werden häufig neben den durch die Signatur Σ gegebenen Grundsymbolen neue Begriffe, Prädikate und Operationen definiert. Mittels derartiger Definitionen können formalisierte Aussagen und Beweise verkürzt werden. In der Arithmetik der natürlichen Zahlen z. B. kann die Teilbarkeitsrelation $x \mid y$ »x teilt y« folgendermaßen definiert werden: $x \mid y := \exists z(y = x \cdot z)$ oder die Relation $a < b$ durch $a < b := \exists x(a + x = b)$. Derartige explizite Definitionen lassen sich selbst als formale Aussagen besonderer Gestalt kennzeichnen. Erweitert man in diesem Beispiel die Ausgangssignatur $\Sigma = \{+, \cdot, 0, 1\}$ der elementaren Arithmetik durch Aufnahme des zweistelligen Prädikatensymbols $|$, so kann zu den arithmetischen Axiomen die Aussage $\forall x \forall y[x \mid y \leftrightarrow \exists z(y = x \cdot z)]$ hinzugefügt werden, die man dann als Definition des Prädikats $x \mid y$ bezeichnet.
Auch Funktions- und Individuenzeichen können definitorisch eingeführt werden. Eine *explizite Definition einer n-stelligen Funktion F* in der Theorie T hat die folgende Gestalt:

$$\forall x_1 \ldots \forall x_n \exists y[Fx_1 \ldots x_n = y \leftrightarrow A(x_1, \ldots, x_n, y)],$$

wobei vorausgesetzt wird, daß in T die Aussagen ableitbar sind:

$$\forall x_1 \ldots \forall x_n \exists y A(x_1, \ldots, x_n, y) \quad \text{und}$$

$$\forall x_1 \ldots \forall x_n \forall y \forall z[A(x_1, \ldots, x_n, y) \wedge A(x_1, \ldots, x_n, z) \rightarrow y = z].$$

Definition. Ist in der elementaren Theorie T mit der Signatur Σ die Relation R ein Element von Σ und $\Sigma' \subseteq \Sigma \setminus \{R\}$ eine Teilmenge von Σ, so heißt die Relation R mittels der Σ'-Relationen in T explizit definierbar, wenn es eine in T ableitbare Definition für R gibt, deren definierender Ausdruck nur Zeichen aus Σ' enthält.

Falls in der Theorie T eine Relation R mit Hilfe der übrigen explizit definierbar ist, kann jeder Ausdruck äquivalent in T in einen Ausdruck umgeformt werden, der das Symbol R nicht enthält. Damit sind definierbare Relationen entbehrlich. Vom methodologischen Standpunkt aus ist das Auffinden geeigneter Definitionen ebenso wichtig wie das Auffinden eines geeigneten Beweisansatzes.
Ist ein Prädikat R innerhalb einer Theorie T durch die Prädikate $Q_1, \ldots, Q_n$ definierbar, so ist in jedem Modell von T durch Interpretation der Q_i die Interpretation von R eindeutig festgelegt.
Danach gilt das Padoasche Prinzip.

Padoasches Prinzip. *Die Nichtdefinierbarkeit eines Prädikates R durch die Prädikate $Q_1, \ldots, Q_n$ innerhalb einer Theorie T kann dadurch bewiesen werden, daß zwei Modelle $\mathbf{M}$ und $\mathbf{M}'$ angegeben werden, die sich einzig in der Bedeutung von R unterscheiden.*

Von anderer Art sind die *axiomatischen Definitionen*, die einen Begriff oder eine Relation eines Gegenstandsbereiches axiomatisch zu erfassen suchen, d. h., sie durch eine Menge von Aussagen charakterisieren. Für eine Klasse $\boldsymbol{K}$ von Strukturen bedeutet dies, ein Axiomensystem für die elementare Theorie von $\boldsymbol{K}$ anzugeben.

15.4. Algorithmen und rekursive Funktionen

Algorithmen traten im Rahmen der Mathematik und Logik in Erscheinung als allgemeine Verfahren zur Lösung aller Aufgaben einer gegebenen Aufgabenklasse. Durch sie sollen Prozesse so beschrieben werden, daß sie danach von einer Maschine nachgebildet oder gesteuert werden können. Algorithmisch erfaßte Prozesse sind z. B. das logische Schließen und einige in der Mathematik auftretende Rechenprozesse, insbesondere Auflösungsverfahren für verschiedene Typen von Gleichungen.
Ein *Algorithmus* hat die Eigenschaft, gegebene Größen auf Grund eines Systems von Regeln, *Umformungsregeln* genannt, in andere Größen, Ausgabegrößen, umzuformen oder umzuarbeiten. Um vernünftigerweise von einem Algorithmus sprechen zu können, müssen jedoch einige zusätzliche Bedingungen erfüllt sein:

(1) Das *System der Größen*, die ineinander umgearbeitet werden, muß *effektiv gegeben* sein;
(2) der Algorithmus muß durch *endlich viele Regeln* beschrieben werden können, da keine Maschine unendlich viele Regeln speichern kann;
(3) das Umarbeiten von Größen, das Abarbeiten des Algorithmus, geht in Form von mechanischen Arbeitstakten und Prüftakten vor sich. Ein Arbeitstakt besteht darin, daß eine der gegebenen Regeln angewendet wird; ein Prüftakt besteht darin, daß das Zutreffen einer Bedingung nachgeprüft wird.

Im Zeitraum 1931–1947 wurden im Rahmen der mathematischen Logik eine Reihe fest abgegrenzter Algorithmenbegriffe entwickelt, die den intuitiven Algorithmenbegriff präzisieren. Die wichtigsten sind der *Gleichungskalkül*, der in den Jahren 1931 bis 1936 durch Jacques Herbrand (1908–1931), Kurt Gödel (1906—1978), Stephen Cole Kleene (1909—1994) entwickelt wurde, die *Turingmaschine*, die Allan Mathison Turing (1912—1954) 1936 angab, der *λ-Kalkül*, den Alonzo Church (geb. 1903) 1936 angab, und die *Algorithmenbegriffe*, die von Emil Leon Post (1897—1954) und Andrei Andrejewitsch Markow (1903—1979) um 1936 bzw. 1947 aufgestellt wurden.
Von großer Bedeutung war die Tatsache, daß diese Algorithmenbegriffe in dem Sinne äquivalent sind, daß sich durch jeden dieselben zahlentheoretischen Funktionen, nämlich die *rekursiven Funktionen*, berechnen lassen. Dabei soll eine *zahlentheoretische Funktion* im Bereich der natürlichen Zahlen definiert sein. Auf Grund dieser Äquivalenz kann man die Auffassung vertreten, daß durch diese Präzisierung der intuitive Algorithmenbegriff erfaßt wird. Diese Auffassung wurde 1936 von Church formuliert und ist unter der Bezeichnung *Churchsche Hypothese* in die mathematische Literatur eingegangen.
Eine zahlentheoretische Funktion f heiße *berechenbar*, wenn es einen Algorithmus gibt, der es gestattet, zu jedem Argumentwert n den Wert $f(n)$ anzugeben.

Beispiele für berechenbare Funktionen.

1: Ist $f(x)$ die x-te *Primzahl*, so kann die Methode des Siebs von Eratosthenes für die Berechnung dieser Funktion benutzt werden.
2: Ist $f(x, y)$ der *größte gemeinsame Teiler* von x und y, so ist diese Funktion mittels des Euklidischen Algorithmus berechenbar.
3: Ist $f(x)$ die ganze Zahl $\leqslant 9$, deren Dezimalzahl als die x-te Ziffer in der Dezimaldarstellung von $\pi = 3{,}14159\ldots$ erscheint, so kann zu ihrer Berechnung eine Reihendarstellung von π verwendet werden.

Die *Klasse der rekursiven Funktionen* stellt eine Präzisierung des intuitiven Begriffs der berechenbaren Funktion dar. Man nennt gewisse *Anfangsfunktionen*, die unmittelbar als berechenbar angesehen werden können, rekursiv und gibt gewisse Regeln an, mit deren Hilfe aus gegebenen rekursiven Funktionen neue erzeugt werden können. Diese Regeln sind so beschaffen, daß man für die erzeugten Funktionen sofort einen Algorithmus zur Berechnung der Funktionswerte angeben kann, wenn für die gegebenen Funktionen ein solcher Algorithmus vorliegt.

A. Ausgangsfunktionen

A/1. die *Identitätsfunktionen* I_n^m $(1 \leqslant m \leqslant n)$ werden durch die Gleichung $I_n^m(x_1, \ldots, x_n) = x_m$ definiert;

A/2. die *konstanten Funktionen* F_c^m werden durch die Gleichung $F_c^m(x_1, \ldots, x_n) = c$ definiert, in der c eine fixierte natürliche Zahl ist;

A/3. die *Nachfolgerfunktion* ist definiert durch $f(x) = x + 1$.

B. Erzeugungsregeln für Funktionen

B/1. Die *Substitution von Funktionen.* Wenn f eine k-stellige Funktion ist und $g_1, \ldots, g_k$ sind n-stellige Funktionen, so wird durch die Beziehung

$$g(x_1, \ldots, x_n) = f[g_1(x_1, \ldots, x_n), \ldots, g_k(x_1, \ldots, x_n)]$$

eine n-stellige Funktion festgelegt.

B/2. Die *primitive Rekursion.* Wenn h eine $(k+1)$-stellige und g eine $(k-1)$-stellige Funktion ist, so wird durch das folgende Gleichungssystem genau eine k-stellige Funktion f festgelegt:

$$f(x_1, \ldots, x_{k-1}, 0) = g(x_1, \ldots, x_{k-1})$$
$$f(x_1, \ldots, x_{k-1}, y + 1) = h[x_1, \ldots, x_{k-1}, y, f(x_1, \ldots, x_{k-1}, y)].$$

Existenz und Eindeutigkeit dieser Funktion wird durch den Dedekindschen Rechtfertigungssatz gewährleistet (vgl. Kap. 3.1.).

B/3. Die *Minimumbildung.* Ist f eine $(k+1)$-stellige Funktion, für die es zu jedem k-Tupel $(x_1, \ldots, x_k)$ natürlicher Zahlen eine Zahl y mit $f(x_1, \ldots, x_k, y) = 0$ gibt, so wird eine neue Funktion g durch die Forderung festgelegt, daß $g(x_1, \ldots, x_k)$ das kleinste y bedeutet mit $f(x_1, \ldots, x_k, y) = 0$.

Man nennt nun eine zahlentheoretische Funktion rekursiv, wenn sie eine Ausgangsfunktion ist oder sich aus einer Ausgangsfunktion in endlich vielen Schritten durch Anwendung der angegebenen Regeln erzeugen läßt. Läßt man nur die Regeln *B/1, B/2* zu, so erhält man die Klasse der *primitiv rekursiven Funktionen.*

Beispiele von primitiv rekursiven Funktionen.

4: Die *Fibonaccische Zahlenfolge:* $f(0) = 1, \quad f(1) = 1, \quad f(x+2) = f(x+1) + f(x)$.

5: Die Funktion $f(x, y) = x + y$ wird mit Hilfe der primitiv rekursiven Funktionen $h(x, y, z) = z + 1$ und $I_1^1(x) = x$ durch primitive Rekursion gewonnen:

$$x + 0 = I_1^1(x) = x, \quad x + (y + 1) = h(x, y, x + y).$$

6: Die Funktion $g(x, y) = x \cdot y$ ergibt sich aus den primitiv rekursiven Funktionen $h'(x, y, z) = x + z$ und $C_0(x) = 0$ durch primitive Rekursion:

$$g(x, 0) = x \cdot 0 = C_0(x) = 0, \quad g(x, y + 1) = h'(x, y, x \cdot y).$$

7: Die Funktion $\mathrm{e}(x, y) = x^y$ ergibt sich aus den primitiv rekursiven Funktionen $h''(x, y, z) = x \cdot z$, $C_1(x) = 1$ durch primitive Rekursion:

$$\mathrm{e}(x, 0) = C_1(x) = 1, \quad \mathrm{e}(x, y + 1) = h'[x, y, \mathrm{e}(x, y)].$$

Wegen der schon erwähnten Äquivalenz der verschiedenen Algorithmenbegriffe läßt sich die Auffassung vertreten, daß die Klasse der berechenbaren Funktionen übereinstimmt mit der Klasse der rekursiven Funktionen.

Churchsche Hypothese. *Eine zahlentheoretische Funktion ist genau dann berechenbar, wenn sie rekursiv ist.*

Das Entscheidungsproblem. Die Präzisierung des Algorithmenbegriffs war eine notwendige Voraussetzung für die Untersuchung der Frage, ob bestimmte Probleme algorithmisch lösbar sind. Derartige Fragestellungen tauchten schon im Mittelalter auf. So entwickelte der Spanier Raymundus LULLUS um 1300 die Idee einer *Ars magna.* Er verstand darunter ein allgemeines Verfahren, alle Wahrheiten überhaupt aufzufinden. Diese Ideen fanden bei LEIBNIZ (1646–1716) ihren ersten Höhepunkt. Er erkannte, daß der Begriff Ars magna genaugenommen zwei Begriffe umfaßt, nämlich den Begriff einer *Ars iudicandi*, eines *Entscheidungsverfahrens*, und den einer *Ars inveniendi*, eines *Erzeugungsverfahrens*, eines *Axiomatisierungsverfahrens.* Diese Ideen wurden nach LEIBNIZ zunächst nicht weitergeführt. Eine Ursache dafür war, daß die für derartige Untersuchungen notwendige Formalisierungs- und Interpretationstechnik der mathematischen Logik noch nicht existierte.

Mit Hilfe der rekursiven Funktionen läßt sich nun eine Präzisierung des Entscheidungs- und Erzeugungsverfahrens angeben. Diese Begriffe werden zunächst für Mengen natürlicher Zahlen definiert.

Definition des Erzeugungs- und des Entscheidungsverfahrens.

E/1. Eine Menge M von natürlichen Zahlen ist rekursiv *aufzählbar* genau dann, wenn eine rekursive Funktion f existiert, deren Wertebereich mit M übereinstimmt. Diese Funktion f liefert offensichtlich ein *Erzeugungsverfahren* für die Menge M.

E/2. Eine Menge M von natürlichen Zahlen ist *entscheidbar* genau dann, wenn die charakteristische Funktion f_M von M rekursiv ist; dabei ist die Funktion f_M folgendermaßen definiert:

$$f_M(n) = \begin{cases} 1, & \text{falls } n \in M \\ 0, & \text{falls } n \notin M. \end{cases}$$

Wenn f_M rekursiv ist, so läßt sich entscheiden, ob eine vorgelegte natürliche Zahl n Element von M ist oder nicht.

Beispiele für entscheidbare Mengen.

8: Die Menge aller geraden Zahlen ist entscheidbar.
9: Die Menge der Fibonaccischen Zahlen ist entscheidbar.
10: Die Menge aller Primzahlen ist entscheidbar.

Der ursprüngliche, nichteingeschränkte Algorithmenbegriff bezieht sich nicht nur auf natürliche Zahlen, sondern auch auf allgemeinere Objekte, z. B. der Algorithmen für die Differentiation von Polynomen.

Nichtnumerische Algorithmen lassen sich auf rekursive Funktionen und rekursive Mengen natürlicher Zahlen zurückführen.

Gegeben sei eine Klasse K von nichtnumerischen Eingaben und Ausgaben; es wird eine 1-1-deutige Abbildung dieser Klasse in die Menge der natürlichen Zahlen festgelegt. Diese Abbildung, *Kodierung* genannt, muß folgenden Bedingungen genügen:

(1) sie selbst ist durch einen Algorithmus gegeben;
(2) ein Algorithmus existiert, der feststellt, ob eine Zahl Bild eines nichtnumerischen Objekts aus K ist, und der es gestattet, dieses Objekt zu konstruieren;
(3) eine solche Kodierung darf nur gebraucht werden, wenn ein Algorithmus existiert, der die nichtnumerische Klasse K erfaßt.

Durch die Identifizierung der Objekte einer nichtnumerischen Klasse K mit den Kodezahlen läßt sich das Entscheidungsproblem für Teilklassen von K auf das Entscheidungsproblem für gewisse Mengen natürlicher Zahlen zurückführen.
Von besonderer Bedeutung sind Entscheidungs- und Axiomatisierungsprobleme für mathematische Theorien, speziell der elementaren Theorien. Für die Untersuchung derartiger Fragen wird zunächst ausgegangen von einer Kodierung Φ, die jeder Zeichenreihe über dem Symbolvorrat $A = \Sigma \cup \{\neg, \wedge, \vee, \rightarrow, \leftrightarrow, \forall, \exists, x_1, x_2, \ldots\}$ einer elementaren Sprache eine natürliche Zahl zuordnet; derartige Kodierungen lassen sich finden.

Definition der Entscheidbarkeit und Axiomatisierbarkeit einer elementaren Theorie. Es sei Φ eine Kodierung der Zeichenreihen über den Symbolen der elementaren Sprache L_Σ. Eine elementare Theorie $T \subseteq L_\Sigma$ ist *entscheidbar* genau dann, wenn die Menge $\Phi(T\vdash)$ *rekursiv* ist. T ist *axiomatisierbar* genau dann, wenn es eine entscheidbare Menge $S \subseteq L_\Sigma$ gibt, so daß $S\vdash = T\vdash$.

Mittels dieser Definitionen erhalten die Bestrebungen aus dem Mittelalter, eine Ars magna zu schaffen, einen exakten Sinn. Kurt GÖDEL (1906—1978) konnte 1930 das erste große Resultat in dieser Richtung erzielen. Er zeigte, daß die allgemeingültigen Ausdrücke einer elementaren Sprache axiomatisierbar, d. h. im Sinne der Ars inveniendi erzeugbar sind. In der darauffolgenden Zeit erzielte GÖDEL ein noch bedeutenderes Resultat: er konnte beweisen, daß die elementare Zahlentheorie nicht axiomatisierbar ist, d. h., daß es keinen Algorithmus gibt, mit dem genau die in dem Bereich der natürlichen Zahlen $\mathbf{N} = (\mathbf{N}, +, \cdot, 0, 1)$ gültigen Aussagen erzeugt werden können. Ein solcher Beweis kann natürlich erst dann geführt werden, wenn der Begriff des Algorithmus allgemein definiert ist. GÖDEL stützte sich bei seinem Beweis auf den Begriff der rekursiven Funktion und gab damit ein Beispiel eines algorithmisch unlösbaren Problems. Inzwischen konnten eine Reihe anderer elementarer Theorien als unentscheidbar nachgewiesen werden.

Die Theorie der Gruppen ist unentscheidbar.
Enthält die Signatur Σ ein n-stelliges Relationssymbol, $n \geqslant 2$, so ist die Menge P_Σ der logisch gültigen Ausdrücke unentscheidbar.
Bedeutet K die Klasse aller Körper, so ist Th(K), die elementare Theorie der Körper, unentscheidbar.

Ein anderes bekanntes Problem ist das 10. Hilbertsche Problem, das von David HILBERT auf dem zweiten internationalen Mathematikerkongreß im Jahre 1900 in Paris formuliert wurde und nach der Existenz eines universellen Algorithmus zur Auflösung beliebiger diophantischer Gleichungen fragt.

1970 wurde das 10. Hilbertsche Problem negativ entschieden.
Es wurden auch einige entscheidbare Theorien gefunden.

Die elementare Theorie des Körpers der reellen Zahlen ist entscheidbar.
Die elementare euklidische Geometrie ist entscheidbar.
Die elementare Theorie der abelschen Gruppen ist entscheidbar.

Es hat sich gezeigt, daß jede hinreichend ausdrucksfähige Theorie unentscheidbar ist. Diese Erkenntnis von den Grenzen und der Tragweite der axiomatischen Methode wird als eines der wichtigsten Resultate der mathematischen Grundlagenforschung angesehen.

16. Algebraische Strukturen

16.1. Gruppen und Halbgruppen

Gruppen

Mengen gleichartiger Elemente oder Objekte, von denen je zwei gemäß einer Vorschrift und Reihenfolge wieder ein Element bestimmen oder, wie man sagt, sich zu einem solchen verknüpfen lassen, werden in allen Zweigen der Mathematik häufig betrachtet.

Eine *Verknüpfung* in einer Menge S ist eine Abbildung, die je zwei Elementen a, b aus S eindeutig ein Element c der Menge S zuordnet. Es ist üblich, die Verknüpfung als Multiplikation oder Addition zu bezeichnen. Man schreibt $c = ab$ bzw. $c = a + b$ und nennt c das Produkt bzw. die Summe von a und b.

Beispiele. 1: Die gewöhnliche *Zahlenaddition* und die gewöhnliche *Zahlenmultiplikation* sind Verknüpfungen im Bereich der ganzen, der rationalen, der reellen und der komplexen Zahlen. Ebenso ist die *Matrizenmultiplikation* eine Verknüpfung im Bereich der n-reihigen quadratischen Matrizen, deren Determinante von Null verschieden ist oder den Wert 1 hat (vgl. Kap. 17.5.).

2: In der Menge der *Permutationen* einer festen Anzahl von Objekten ist die Nacheinanderausführung eine Verknüpfung. Dabei ist zu bedenken, daß die Permutationen als Abbildungen beschrieben sind und daß das Nacheinanderausführen von Abbildungen als Multiplikation dargestellt wird. Sind die Permutationen $p_1 = \begin{pmatrix} 1 & 2 & 3 & 4 \\ 2 & 3 & 1 & 4 \end{pmatrix}$ und $p_2 = \begin{pmatrix} 1 & 2 & 3 & 4 \\ 4 & 1 & 3 & 2 \end{pmatrix}$ gegeben, so ist das Produkt $p_1 \cdot p_2 = \begin{pmatrix} 1 & 2 & 3 & 4 \\ 1 & 3 & 4 & 2 \end{pmatrix}$, wie man an dem Schema erkennt, in dem die Zuordnung für jedes Objekt in Farben kenntlich gemacht ist.

$$\begin{pmatrix} 1 \downarrow & 2 \downarrow & 3 \downarrow & 4 \downarrow \\ 2 & 3 & 1 & 4 \end{pmatrix} \cdot \begin{pmatrix} 1 \downarrow & 2 \downarrow & 3 \downarrow & 4 \downarrow \\ 4 & 1 & 3 & 2 \end{pmatrix} = \begin{pmatrix} 1 \downarrow & 2 \downarrow & 3 \downarrow & 4 \downarrow \\ 1 & 3 & 4 & 2 \end{pmatrix}.$$

Das Produkt zweier Permutationen einer festen Anzahl von Objekten ist eine Permutation dieser Objekte.

Eine Permutation $P = \begin{pmatrix} 1 & 2 & \dots & r & \dots & n \\ i_1 & i_2 & & i_r & & i_n \end{pmatrix}$ von n Elementen kann auch als *Zyklus* dargestellt werden, indem man hinter jedes Element das ihm durch P zugeordnete Element schreibt. Das auf r folgende Element i_r muß in der ersten Zeile vorhanden sein und bestimmt das darunterstehende Element i'_r. Durch einen folgenden Schritt geht i'_r in i''_r über. Diese Kette bricht nach endlich vielen Schritten ab, wenn sie auf das Element r in der zweiten Zeile trifft. Dieser Zyklus kann höchstens n Elemente enthalten. Erfaßt er einige Elemente nicht, so beginnt ein neuer Zyklus; ist schon $i_r = r$, so schreibt man (r) für den Zyklus und gibt diesen Zyklus in der Darstellung von P meist nicht an.

Für die Permutationen $A = \begin{pmatrix} 1 & 2 & 3 & 4 & 5 & 6 & 7 \\ 2 & 4 & 1 & 7 & 6 & 5 & 3 \end{pmatrix}$ und $B = \begin{pmatrix} 1 & 2 & 3 & 4 & 5 & 6 & 7 \\ 7 & 3 & 5 & 1 & 2 & 4 & 6 \end{pmatrix}$ z. B. erhält man die Darstellungen $A = (1\ 2\ 4\ 7\ 3)\ (5\ 6)$ und $B = (1\ 7\ 6\ 4)\ (2\ 3\ 5)$. Für ihre Produkte erhält man

$$AB = C = \begin{pmatrix} 1 & 2 & 3 & 4 & 5 & 6 & 7 \\ 3 & 1 & 7 & 6 & 4 & 2 & 5 \end{pmatrix} = (1\ 3\ 7\ 5\ 4\ 6\ 2) \quad \text{und} \quad BA = D = \begin{pmatrix} 1 & 2 & 3 & 4 & 5 & 6 & 7 \\ 3 & 1 & 6 & 2 & 4 & 7 & 5 \end{pmatrix}$$
$$= (1\ 3\ 6\ 7\ 5\ 4\ 2) \neq AB.$$

Die Beispiele 1 und 2 sind nicht ganz gleicher Art. Die Mengen enthalten teils endlich, teils unendlich viele Elemente, und bei genauerer Untersuchung der Verknüpfung findet man weitere Unterschiede. Eine Verknüpfung in einer Menge S heißt *assoziativ*, wenn für je drei Elemente $a, b, c \in S$ bei Multiplikation $(ab)c = a(bc)$ gilt bzw. bei Addition $(a + b) + c = a + (b + c)$. Sie wird *kommutativ* genannt, wenn für je zwei Elemente gilt: $ab = ba$ bzw. $a + b = b + a$. Man prüft leicht nach, daß z. B. die Multiplikation von Permutationen und von Matrizen assoziativ ist. Die Multiplikation und die Addition in den Zahlenbereichen **Z**, **Q**, **R** und **C** sind sowohl assoziativ als auch kommutativ. Die Multiplikation von Permutationen sowie die von Matrizen sind hingegen nicht kommutativ.

Ein Element e einer Menge S, mit der als Multiplikation geschriebenen Verknüpfung, heißt *Einselement*, wenn für alle a aus S gilt: $ae = ea = a$. Einselemente sind z. B. die Permutation $\begin{pmatrix} 1 & 2 & 3 & 4 \\ 1 & 2 & 3 & 4 \end{pmatrix}$ in der Menge der Permutationen von vier Objekten, die Matrix $\begin{pmatrix} 1 & 0 \\ 0 & 1 \end{pmatrix}$ in der Menge der 2-reihigen quadratischen Matrizen und die Zahl 1 in der Menge der rationalen, der reellen und der komplexen Zahlen. Ist S eine Menge, in der eine Multiplikation definiert ist und in der ein Einselement existiert, so heißt ein Element a_1 aus S *Inverses* zu a, wenn $a_1 a = a a_1 = e$ ist. Für a_1 wird in Anlehnung an die multiplikative Schreibweise a^{-1} geschrieben; z. B. ist zu

$p = \begin{pmatrix} 1\downarrow & 2\downarrow & 3\downarrow & 4\downarrow \\ 2 & 4 & 3 & 1 \end{pmatrix}$ die inverse Permutation $p^{-1} = \begin{pmatrix} 1\uparrow & 2\uparrow & 3\uparrow & 4\uparrow \\ 2 & 4 & 3 & 1 \end{pmatrix}$ oder $p^{-1} = \begin{pmatrix} 1\downarrow & 2\downarrow & 3\downarrow & 4\downarrow \\ 4 & 1 & 3 & 2 \end{pmatrix}$ bzw. in Zyklen: $p = (1\ 2\ 4)$ und $p^{-1} = (1\ 4\ 2)$.

Durch Abstraktion aus zahlreichen Beispielen definiert man den Begriff der *Gruppe*.

Eine Menge G, für die folgende vier Bedingungen erfüllt sind, wird als Gruppe bezeichnet:
(I) In G ist eine Verknüpfung (Multiplikation) erklärt.
(II) Die Verknüpfung ist assoziativ.
(III) Die Menge G enthält ein Einselement e.
(IV) Zu jedem Element a aus G existiert ein Inverses a^{-1}, das wiederum zu G gehört.

Aus den Axiomen folgt, daß das Einselement e und das inverse Element a^{-1} zu a eindeutig bestimmt sind. Ist die Verknüpfung außerdem noch kommutativ, so nennt man die Gruppe *kommutativ* oder nach dem norwegischen Mathematiker ABEL *abelsch*.

Die Verwendung der multiplikativen Schreibweise für die Verknüpfung hat keinerlei inhaltliche Bedeutung; sie soll lediglich den geforderten Eigenschaften der Verknüpfung Ausdruck verleihen. Ebenso könnte man die additive Terminologie wählen. Man spricht dann nicht mehr vom Einselement bzw. dem inversen Element, sondern vom *Nullelement* bzw. dem *entgegengesetzten Element*. Im allgemeinen benutzt man für die kommutativen Gruppen die additive Schreibweise. Unabhängig von der gewählten Terminologie werden das Null- und das Einselement als *neutrales Element* bezeichnet.

In Übereinstimmung mit den Begriffen der Mengenlehre werden *endliche* und *unendliche Gruppen* unterschieden. Die Anzahl der Elemente heißt die *Ordnung* der Gruppe. Ein häufig benutztes Verfahren zur rechnerischen Beherrschung einer endlichen Gruppe ist die *Gruppentafel*. Darunter hat man ein quadratisches Schema mit zwei Eingängen zu verstehen, das an der Kreuzungsstelle der i-ten Zeile mit der k-ten Spalte das zugehörige Produkt enthält; vgl. Beispiel 5.

Beispiele für Gruppen. 3: Die ganzen, die rationalen, die reellen und die komplexen Zahlen bilden *bezüglich der Addition unendliche kommutative Gruppen*. Entsprechendes gilt für die von Null verschiedenen rationalen, reellen oder komplexen Zahlen *bezüglich der Multiplikation*. Obwohl diese Gruppen kommutativ sind, verwendet man hier, um Unklarheiten in der Terminologie zu vermeiden, die multiplikative Schreibweise.

Die n-reihigen quadratischen Matrizen mit von Null verschiedener Determinante bilden die allgemeine *lineare Gruppe* GL (n), und die n-reihigen quadratischen Matrizen mit Determinante 1 bilden die *spezielle lineare Gruppe* SL (n); beide sind unendliche nichtkommutative Gruppen mit der Matrizenmultiplikation als Verknüpfung.

Permutationsgruppen. Die Permutationen einer festen Anzahl von Objekten bilden eine endliche Gruppe, die *symmetrische Gruppe* S_n; ihre Ordnung ist $n!$ (vgl. Untergruppen). Für $n \geqslant 3$ ist sie nicht kommutativ. Ist eine Permutation $p = \begin{pmatrix} 1 & 2 & \dots & n \\ i_1 & i_2 & \dots & i_n \end{pmatrix}$ gegeben, so gibt die Anzahl der *Inversionen* an, an wievielen Stellen in der Anordnung $i_1, i_2, \ldots, i_n$ eine größere Zahl vor einer kleineren steht. Bei einer geraden Anzahl der Inversionen heißt die Permutation gerade, bei ungerader Anzahl ungerade, die identische Permutation ist z. B. gerade.

Beispiel 4: Die Permutation $p = \begin{pmatrix} 1 & 2 & 3 & 4 & 5 \\ 4 & 3 & 1 & 5 & 2 \end{pmatrix}$ hat 6 Inversionen: es stehen in der unteren Zeile 4 vor 3, 4 vor 2, 4 vor 1, 3 vor 2, 3 vor 1 und 5 vor 2.

Die Gruppe $\boldsymbol{S}_n$ zerfällt in $n!/2$ ungerade und $n!/2$ gerade Permutationen. Für die Multiplikation unter ihnen gilt:

Das Produkt zweier gerader Permutationen ist gerade, das Produkt zweier ungerader Permutationen ist ebenfalls gerade, und das Produkt einer geraden und einer ungeraden Permutation ist ungerade.

Auf Grund dieser Feststellung wird ein Vorzeichen *signum* für Permutationen p eingeführt durch $\operatorname{sgn}(p) = +1$, wenn p gerade, und $\operatorname{sgn}(p) = -1$, wenn p ungerade. Man sieht, daß die zu einer geraden Permutation inverse Permutation n-ten Grades ebenfalls gerade ist und daß die identische Permutation gerade ist. Somit bilden die geraden Permutationen eine Gruppe der Ordnung $n!/2$, die *alternierende Gruppe* $\boldsymbol{A}_n$.

Untergruppen. Eine nichtleere Teilmenge U einer Gruppe G heißt *Untergruppe*, wenn U bezüglich der in der Gruppe G definierten Verknüpfung eine Gruppe bildet. Entsprechend dieser Definition sind die Gruppe G selbst und die nur aus dem neutralen Element bestehende Menge Untergruppen von G. Sie werden *triviale Untergruppen* von G genannt.
Einige der in der Einleitung angegebenen Gruppen sind Untergruppen anderer dort betrachteter Gruppen; die additive Gruppe der ganzen Zahlen z. B. ist eine Untergruppe der additiven Gruppe der rationalen Zahlen, und diese ist ihrerseits eine Untergruppe der additiven Gruppe der reellen Zahlen. Die multiplikative Gruppe der von Null verschiedenen rationalen Zahlen ist eine Untergruppe der multiplikativen Gruppe der von Null verschiedenen reellen Zahlen. Die alternierende Gruppe $\boldsymbol{A}_n$ ist eine Untergruppe der symmetrischen Gruppe $\boldsymbol{S}_n$. Aus der Definition einer Untergruppe folgt leicht der Satz:

Der Durchschnitt von Untergruppen ist eine Untergruppe.

Ist a ein Element einer Gruppe G, so gibt es Untergruppen von G, die das Element a enthalten, z. B. die Gruppe G selbst. Der Durchschnitt aller dieser Untergruppen ist die kleinste Untergruppe, die das Element a enthält. Sie wird die *von a erzeugte zyklische Untergruppe* genannt und mit $\langle a \rangle$ bezeichnet. Es zeigt sich, daß $\langle a \rangle$ aus allen Elementen a^n mit $n \in Z$ besteht, wenn mit a^{-n} Potenzen $(a^{-1})^n$ des inversen Elements bezeichnet werden. Sind alle Potenzen a^n verschieden, so bezeichnet man $\langle a \rangle$ als *unendliche zyklische Untergruppe*. Andernfalls gibt es eine kleinste Zahl $n > 0$, so daß $a^n = e$ gilt, und $\langle a \rangle$ ist eine zyklische *Untergruppe der Ordnung n*, d. h., $\langle a \rangle$ besteht aus den Elementen $e, a, \ldots, a^{n-1}, a^n = e, a^{n+1} = a$ usw. Eine Gruppe, die mit einer ihrer zyklischen Untergruppen übereinstimmt, heißt *zyklische Gruppe*.
Die *Vereinigung* $U_1 \cup U_2$ *zweier Untergruppen* U_1 und U_2 einer Gruppe G bildet im allgemeinen keine Untergruppe (vgl. Beispiel 5). Diese Vereinigung ist eine Teilmenge von G, und zu jeder Teilmenge $M \subseteq G$ kann man wiederum als *Durchschnitt* aller M enthaltenden Untergruppen die von M erzeugte *Untergruppe* $\langle M \rangle$ erklären. Die Gruppe $\langle U_1 \cup U_2 \rangle$ ist dann die *kleinste* Untergruppe von G, die die Untergruppen U_1 und U_2 enthält. Gilt für eine Menge M die Gleichung $\langle M \rangle = G$, so sagt man, die Elemente von M *erzeugen* die Gruppe G.

Beispiel 5: $p_1 = (1)$, $p_2 = (1\ 2\ 3)$, $p_3 = (1\ 3\ 2)$, $p_4 = (1\ 2)$, $p_5 = (1\ 3)$ und $p_6 = (2\ 3)$ sind die Elemente der symmetrischen Gruppe $\boldsymbol{S}_3$ in der Zyklendarstellung. Ihre Gruppentafel ist angegeben. Anhand der Gruppentafel prüft man leicht nach, daß die Teilmengen $A = \{p_1, p_4\}$, $B = \{p_1, p_5\}$, $C = \{p_1, p_6\}$ und $D = \{p_1, p_2, p_3\}$ Untergruppen der $\boldsymbol{S}_3$ bilden, und zwar sind $A = \langle p_4 \rangle$, $B = \langle p_5 \rangle$ und $C = \langle p_6 \rangle$ zyklische Untergruppen der Ordnung 2, und D ist eine Untergruppe der Ordnung 3. Die Vereinigung der Untergruppen A und D ist keine Untergruppe, denn in $\{p_1, p_4\} \cup \{p_1, p_2, p_3\}$ müßte dann auch das Produkt $p_3 p_4 \doteq p_5$ liegen, und dies ist offensichtlich nicht der Fall. Die von der Vereinigung erzeugte Untergruppe fällt mit der gesamten Gruppe zusammen.

	p_1	p_2	p_3	p_4	p_5	p_6
p_1	p_1	p_2	p_3	p_4	p_5	p_6
p_2	p_2	p_3	p_1	p_6	p_4	p_5
p_3	p_3	p_1	p_2	p_5	p_6	p_4
p_4	p_4	p_5	p_6	p_1	p_2	p_3
p_5	p_5	p_6	p_4	p_3	p_1	p_2
p_6	p_6	p_4	p_5	p_2	p_3	p_1

Homomorphie

Homomorphismen. Der Begriff *Homomorphismus* nimmt in der *Gruppentheorie* eine zentrale Stellung ein. Er wird durch zwei Aussagen charakterisiert. Eine von ihnen bezieht sich auf die von den Gruppenelementen gebildeten Mengen und die andere auf die in den Gruppen erklärten Verknüpfungen.

Eine eindeutige Abbildung f einer Gruppe G in eine Gruppe G' heißt Homomorphismus oder homomorphe Abbildung von G in G', wenn für beliebige Elemente a und b aus G die Beziehung

(*H*) $f(a \cdot b) = f(a) \cdot f(b)$ gilt.

Gibt es einen Homomorphismus einer Gruppe G auf eine Gruppe G', so sagt man: Die Bildgruppe G' ist ein *homomorphes Bild* der Urbildgruppe G. Liegt ein Homomorphismus einer Gruppe vor, so kann durchaus der Fall eintreten, daß *verschiedene Elemente* der Urbildgruppe *auf das gleiche Element* der Bildgruppe abgebildet werden. Dieser Sachverhalt beruht darauf, daß eine homomorphe Abbildung nicht umkehrbar eindeutig zu sein braucht.

Beispiel 1: G sei die Gruppe aller *2-reihigen quadratischen Matrizen* mit reellen Elementen und von Null verschiedenen Determinanten (vgl. Kap. 17.5. und 17.2.), und G' sei die multiplikative Gruppe der von Null verschiedenen reellen Zahlen. Ordnet man jeder *Matrix* $\boldsymbol{A} \in G$ ihre *Determinante* $|\boldsymbol{A}| \in G'$ zu:

$$\begin{pmatrix} a & b \\ c & d \end{pmatrix} \mapsto |\boldsymbol{A}| = (ad - bc), \quad \text{so stellt man fest:}$$

Die Zuordnung ist eindeutig, da die Determinante einer Matrix eindeutig bestimmt ist. Sämtliche Elemente von G' werden erreicht, weil jede reelle Zahl r z. B. als Wert der Determinante der Matrix $\begin{pmatrix} 1 & 0 \\ 0 & r \end{pmatrix}$ auftritt. Schließlich ist die Beziehung (*H*) nach dem Multiplikationssatz für Determinanten erfüllt.

Beispiel 2: Ordnet man jeder *Permutation* $p \in \boldsymbol{S}_n$ ihr *Vorzeichen* $\operatorname{sgn}(p)$ in der Weise zu, daß $\operatorname{sgn}(p) = 1$, wenn p gerade ist, und daß $\operatorname{sgn}(p) = -1$, wenn p ungerade ist, so wird nach den für die Multiplikation von Permutationen geltenden Vorzeichenregeln $\operatorname{sgn}(p_1 \cdot p_2) = \operatorname{sgn}(p_1) \cdot \operatorname{sgn}(p_2)$, d. h., diese Zuordnung ist ein Homomorphismus der symmetrischen Gruppe $\boldsymbol{S}_n$ auf die aus $+1$ und -1 bestehende multiplikative Gruppe $G = \{+1, -1\}$.

Wegen der Beziehung (*H*) bleibt die Struktur der abgebildeten Gruppe bei homomorphen Abbildungen in gewissem Sinne erhalten, die Gruppe selbst wird im allgemeinen *verkleinert*; z. B. haben alle Matrizen der Form $\begin{pmatrix} \lambda a & \lambda b \\ \mu c & \mu d \end{pmatrix}$ (vgl. Beispiel 1), in denen λ und μ Zahlen sind, die der Bedingung $\lambda\mu = 1$ genügen, die gleiche Determinante $\begin{vmatrix} a & b \\ c & d \end{vmatrix}$. Ein Maß für die „Verkleinerung" der Gruppe bildet die Menge derjenigen *Elemente der Urbildgruppe, die auf das Einselement der Bildgruppe abgebildet werden.* Im Beispiel 1 sind es die Matrizen, deren Determinanten den Wert 1 haben, und im zweiten Beispiel sind es die geraden Permutationen. Diese Elemente bilden eine Untergruppe spezieller Art in der Urbildgruppe, die man den *Kern des* betrachteten *Homomorphismus* nennt.

Isomorphismen. Durch Verschärfung des Begriffs homomorphe Abbildung gelangt man zu dem Begriff Isomorphismus.

Eine umkehrbar eindeutige Abbildung f einer Gruppe G auf eine Gruppe G' heißt Isomorphismus von G auf G', wenn für beliebige Elemente a, b aus G gilt

(*H*) $f(a \cdot b) = f(a) \cdot f(b)$.

Nunmehr entsprechen verschiedenen Elementen der Urbildgruppe verschiedene Bilder in der Bildgruppe. Gruppen, zwischen denen ein Isomorphismus existiert, werden isomorph genannt, in Zeichen $G \cong G'$.

Beispiel 3: Zwischen der Gruppe V_4 der Permutationen $e = (1)$, $a = (12)\,(34)$, $b = (13)\,(24)$ und $c = (14)\ (23)$, der *Kleinschen Vierergruppe*, und der Gruppe der Matrizen $\boldsymbol{e}' = \begin{pmatrix} 1 & 0 \\ 0 & 1 \end{pmatrix}$, $\boldsymbol{a}' = \begin{pmatrix} -1 & 0 \\ 0 & -1 \end{pmatrix}$, $\boldsymbol{b}' = \begin{pmatrix} 0 & 1 \\ 1 & 0 \end{pmatrix}$ und $\boldsymbol{c}' = \begin{pmatrix} 0 & -1 \\ -1 & 0 \end{pmatrix}$ besteht eine umkehrbar eindeutige Zuordnung f: $e \mapsto \boldsymbol{e}'$, $a \mapsto \boldsymbol{a}'$, $b \mapsto \boldsymbol{b}'$, $c \mapsto \boldsymbol{c}'$.

	e	a	b	c
e	e	a	b	c
a	a	e	c	b
b	b	c	e	a
c	c	b	a	e

Aus den Gruppentafeln für die Kleinsche Vierergruppe und für die Matrizengruppe liest man ab, daß die Beziehung (*H*) für beliebige Elemente aus V_4 erfüllt ist. Also ist die Kleinsche Vierergruppe isomorph zur Gruppe der angegebenen Matrizen.

	$\boldsymbol{e}'$	$\boldsymbol{a}'$	$\boldsymbol{b}'$	$\boldsymbol{c}'$
$\boldsymbol{e}'$	$\boldsymbol{e}'$	$\boldsymbol{a}'$	$\boldsymbol{b}'$	$\boldsymbol{c}'$
$\boldsymbol{a}'$	$\boldsymbol{a}'$	$\boldsymbol{e}'$	$\boldsymbol{c}'$	$\boldsymbol{b}'$
$\boldsymbol{b}'$	$\boldsymbol{b}'$	$\boldsymbol{c}'$	$\boldsymbol{e}'$	$\boldsymbol{a}'$
$\boldsymbol{c}'$	$\boldsymbol{c}'$	$\boldsymbol{b}'$	$\boldsymbol{a}'$	$\boldsymbol{e}'$

Wie aus dem Beispiel hervorgeht, sind isomorphe Gruppen *strukturell völlig gleich*, obwohl sie Elemente *verschiedener* Natur enthalten, Permutationen oder Matrizen. Der Homomorphiebegriff ist natürlich nicht an endliche Gruppen gebunden, wohl aber sind isomorphe Gruppen, als Mengen betrachtet, stets gleichmächtig.

Beispiel 4: Es sei $\mathbf{R}^\times$ die multiplikative Gruppe aller positiven reellen Zahlen und $\mathbf{R}^+$ die additive Gruppe aller reellen Zahlen. Man erhält eine umkehrbar eindeutige Abbildung f: $a \mapsto \lg a$ zwischen ihnen, indem man jeder positiven reellen Zahl a ihren Logarithmus zur Basis 10 zuordnet. Bekanntlich gilt: $\lg (a \cdot b) = \lg a + \lg b$, und dies bedeutet gerade, daß $f(a \cdot b) = f(a) + f(b)$ ist, also $\mathbf{R}^\times \cong \mathbf{R}^+$.

Die Isomorphie zwischen Gruppen hat die Eigenschaften einer *Äquivalenzrelation*, und die Gesamtheit aller Gruppen zerfällt in Klassen einander isomorpher Gruppen. Unter einer *abstrakten Gruppe* versteht man eine von jeder Realisierung durch Zahlen, Matrizen oder Abbildungen freie Gruppe, also einen allgemeinen Vertreter einer Klasse zueinander isomorpher Gruppen.

Isomorphe Gruppen unterscheiden sich im allgemeinen in der Art ihrer Elemente und in der Verknüpfung; sie weisen aber die gleiche Struktur auf. Das Rechnen in ihnen verläuft nach gleichen Gesetzen und Regeln.

Normalteiler. Als Untergruppen spezieller Art wurden bereits im Abschnitt über Homomorphismen die *Kerne von homomorphen Abbildungen* charakterisiert.
Eine Untergruppe N einer Gruppe G, die die Eigenschaft hat, Kern eines Homomorphismus der Gruppe G zu sein, wird *Normalteiler* der Gruppe G genannt (vgl. Beispiel 1 und 2). In Beispiel 1 besteht der *Kern* aus den Matrizen, *deren Determinanten den Wert 1 haben.* Im Beispiel 2 erwies sich als *Kern* des betrachteten Homomorphismus der symmetrischen Gruppe $\boldsymbol{S}_n$ die *alternierende Gruppe* $\boldsymbol{A}_n$ (vgl. 16.1. – Permutationsgruppen). Eine Gruppe, in der nur die trivialen Untergruppen als Kerne von Homomorphismen auftreten können, heißt *einfache Gruppe.* Die einfachen Gruppen sind, anders ausgedrückt, von der Art, daß sie entweder isomorph auf sich oder ganz auf das Einselement abgebildet werden. Für die Permutationsgruppen, die in der *Galoisschen Theorie* eine wichtige Rolle spielen werden, sei hier folgendes Resultat mitgeteilt.

Die alternierende Gruppe $\boldsymbol{A}_n$ ist für $n > 4$ der einzige nicht triviale Normalteiler der symmetrischen Gruppe $\boldsymbol{S}_n$. Die alternierende Gruppe $\boldsymbol{A}_n$ ist für $n > 4$ einfach.

Ein Normalteiler $M \neq G$ einer Gruppe G heißt *maximal*, wenn für jeden Normalteiler N von G mit $M \subseteq N \subseteq G$ entweder $M = N$ oder $N = G$ gilt. Beispielsweise ist die Kleinsche Vierergruppe V_4 ein maximaler Normalteiler der alternierenden Gruppe A_4.

Faktorgruppe. Es sei N ein Normalteiler einer Gruppe G. Nach Definition ist N gleich dem Kern einer homomorphen Abbildung f der Gruppe G. Man schreibt $N = \text{Ker} f$. Es läßt sich nachweisen, daß dann die Beziehung $aNa^{-1} = N$ bzw. $aN = Na$ für alle Elemente a der Gruppe G gilt. Dabei versteht man unter dem Produkt aN die Menge $\{an/n \in N\}$, und entsprechend ist $Na := \{na/n \in N\}$.

Eine Untergruppe $\bar{N}$ einer Gruppe G, für die die Gleichung $a\bar{N}a^{-1} = \bar{N}$ bzw. $a\bar{N} = \bar{N}a$ für alle $a \in G$ richtig ist, heißt **invariante Untergruppe**.

Das Produkt $a\bar{N} = \bar{N}a$ wird als die von a erzeugte *Nebenklasse* nach $\bar{N}$ bezeichnet. Zwei Nebenklassen $a\bar{N}$ und $b\bar{N}$ sind als Mengen *gleich oder* sie haben *keine gemeinsamen Elemente.* Faßt man die verschiedenen Nebenklassen als Elemente einer neuen Menge auf, so läßt sich beweisen, daß sie bezüglich der durch die Gleichung $(a\bar{N})(b\bar{N}) = ab\bar{N}$ definierten Multiplikation als Verknüpfung eine Gruppe mit dem Einselement $\bar{N}$ bilden. Ferner ergibt sich, daß die Zuordnung Π: $a \mapsto a\bar{N}$, die jedem Element von G seine Klasse zuordnet, ein Homomorphismus ist; Π heißt *kanonischer Homomorphismus.* Der Kern des kanonischen Homomorphismus Π ist die invariante Untergruppe $\bar{N}$, also $\text{Ker}\, \Pi = \bar{N}$. Das bedeutet aber, daß $\bar{N}$ ein Normalteiler ist. Die Begriffe *Normalteiler* und *invariante Untergruppe stimmen überein.* Die aus den Nebenklassen aN konstruierte Gruppe heißt *Faktorgruppe von G nach N* und wird mit G/N bezeichnet.

Beispiel 5: Die Faktorgruppe der symmetrischen Gruppe $\boldsymbol{S}_n$ nach der alternierenden Gruppe $\boldsymbol{A}_n$ besteht aus den Elementen $\boldsymbol{A}_n$ und $p_0\boldsymbol{A}_n$, wenn $p_0 \in \boldsymbol{S}_n$ eine *ungerade* Permutation ist. Die Zuordnung $p \mapsto \begin{Bmatrix} p\boldsymbol{A}_n = \boldsymbol{A}_n, \text{ wenn } p \text{ gerade ist} \\ p\boldsymbol{A}_n = p_0\boldsymbol{A}_n, \text{ wenn } p \text{ ungerade ist} \end{Bmatrix}$ ist, wie man leicht nachrechnet, der kanonische Homomorphismus Π von der $\boldsymbol{S}_n$ auf $\boldsymbol{S}_n/\boldsymbol{A}_n$.

Homomorphieprinzip. Ist f ein Homomorphismus einer Gruppe G a u f eine Gruppe G', so ist die Faktorgruppe $G/\text{Ker} f$ zu G' isomorph. Es gibt einen Isomorphismus φ der Faktorgruppe $G/\text{Ker} f$ auf G', so daß die Nacheinanderausführung des kanonischen Homomorphismus Π von G auf $G/\text{Ker} f$

und des Isomorphismus φ den Homomorphismus f ergibt (Abb. 16.1-1). Diese Aussage wird Homomorphieprinzip genannt.

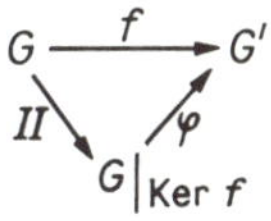

16.1-1 Zum Homomorphieprinzip

Homomorphieprinzip. Jeder Homomorphismus f einer Gruppe G auf eine Gruppe G' kann in die Nacheinanderausführung des kanonischen Homomorphismus Π von G auf $G/\text{Ker } f$ und eines Isomorphismus φ von $G/\text{Ker } f$ auf G' aufgespalten werden.

Das Homomorphieprinzip besagt danach, daß sich die Untersuchung von Homomorphismen stets auf die Untersuchung von Isomorphismen und Faktorgruppen zurückführen läßt.

Beispiel 6: Wie gezeigt wurde, ist die Abbildung $f: p \mapsto \operatorname{sgn}(p)$ ein Homomorphismus der symmetrischen Gruppe S_n auf die multiplikative Gruppe $\{+1, -1\}$. Ebenso ist bekannt, daß die Abbildung $\Pi: p \mapsto \begin{cases} pA_n = \quad A_n, & \text{wenn } p \text{ eine gerade Permutation ist} \\ pA_n = p_0A_n, & \text{wenn } p \text{ eine ungerade Permutation ist} \end{cases}$ der kanonische Homomorphismus von S_n auf die Faktorgruppe S_n/A_n ist. Die nach dem Homomorphieprinzip existierende Aufspaltung von f ist dann $f = \Pi \cdot \varphi$, wobei die Abbildung $\varphi: \begin{Bmatrix} A_n \mapsto +1 \\ p_0A_n \mapsto -1 \end{Bmatrix}$ wie man leicht nachrechnet, tatsächlich ein Isomorphismus von S_n/A_n auf die Gruppe $\{+1, -1\}$ ist.

Automorphismen. Automorphismen sind solche Isomorphismen, bei denen die *Bildgruppe und die Urbildgruppe übereinstimmen.* Ist f ein Isomorphismus einer Gruppe G auf sich selbst, so heißt f ein Automorphismus der Gruppe G. Bezüglich der Nacheinanderausführung als Verknüpfung bilden die Automorphismen einer Gruppe selbst eine Gruppe.

Endliche Gruppen

Die Theorie der endlichen Gruppen ist ursprünglich aus dem Problem der Lösung einer algebraischen Gleichung hervorgegangen und entwickelte sich zunächst als *Theorie endlicher Permutationsgruppen.* Die Bedeutung der Permutationsgruppen für die Theorie der endlichen Gruppen zeigt sich unter anderem in den folgenden Sätzen.

Satz von Cayley: Jede Gruppe der Ordnung n ist einer Untergruppe der symmetrischen Gruppe S_n isomorph.
Satz von Lagrange: Die Ordnung einer Untergruppe U einer endlichen Gruppe G ist ein Teiler der Ordnung von G. Man benutzt die Bezeichnungen: Ord $G = [G:E]$, Ord $U = [U:E]$, $[G:U] = j$ und schreibt $[G:E] = [G:U]\,[U:E]$, wobei die Zahl j Index der Untergruppe U in der Gruppe G genannt wird.

Unter der *Ordnung eines Elements a* einer Gruppe G versteht man die *Ordnung der durch a erzeugten zyklischen Untergruppe* $\langle a \rangle$ von G. Selbstverständlich sind alle Elemente endlicher Gruppen von endlicher Ordnung. Doch gibt es unendliche Gruppen, deren Elemente alle von endlicher Ordnung sind, z. B. die Gruppe aller Wurzeln der Gleichungen $x^n - 1 = 0$, wobei n die Zahlen 1, 2, ... durchläuft. Das Problem, ob jede solche Gruppe, die überdies von nur *endlich vielen Elementen* erzeugt wird, eine *endliche Gruppe* ist, stammt von W. Burnside und wurde erst im Jahr 1959 von dem sowjetischen Mathematiker S. P. Nowikow *verneinend* gelöst.
Für die Auflösungstheorie algebraischer Gleichungen ist der Begriff der *Kompositionsreihe* einer endlichen Gruppe von besonderer Bedeutung. Unter einer Kompositionsreihe einer Gruppe G versteht man eine Reihe: $G = G_0 \supset G_1 \supset \cdots \supset G_L = E$ von *ineinander eingebetteten Untergruppen,* deren jede einzelne *maximaler Normalteiler* in der vorhergehenden Untergruppe ist. Die einfachen Faktorgruppen G_0/G_1, G_1/G_2, ..., G_{L-2}/G_{L-1}, G_{L-1} werden *Kompositionsfaktoren* genannt. Diejenigen Gruppen, deren Kompositionsfaktoren Gruppen von Primzahlordnungen sind, heißen *auflösbar.*

Anwendungen. Neben den Anwendungen der Gruppentheorie in der Geometrie kann man angenähert sagen, daß sie überall dort eine Rolle spielt, wo Abbildungen, Transformationen, Symmetrien in irgendeinem Sinn auftreten und Gebilde untersucht werden, die bei Abbildungen, Transformationen, Symmetrien invariant sind. Insbesondere findet die Theorie der endlichen Gruppen ihre Anwendungen bei der Auflösung algebraischer Gleichungen (vgl. 16.2. – Galoissche Theorie). In der Physik spielt die Gruppentheorie vor allem in der Relativitätstheorie durch die Gruppe der *Lorentz-Transformationen* eine bedeutende Rolle; die Unterteilung der Physik in relativistische und nichtrelativistische Physik ist eine Unterteilung nach gruppentheoretischen Prinzipien. In der *Kristallphysik* gibt die Gruppentheorie durch Betrachtung der Symmetriegruppen einen Überblick über sämtliche möglichen Kristallformen. Schließlich sei noch erwähnt, daß sich auch die ebenen und räumlichen Ornamente mit Hilfe der Gruppentheorie klassifizieren lassen.

Topologische Gruppen

Bei den in den Anwendungen der Gruppentheorie, vor allem in der Geometrie und in der Physik auftretenden Gruppen handelt es sich um unendliche Gruppen, und zwar um Gruppen, die neben ihrer algebraischen Struktur als Gruppe eine topologische Struktur als topologischer Raum haben.
Als *topologische Gruppe* bezeichnet man eine Menge von Elementen, die einerseits eine Gruppe, andererseits einen topologischen Raum bilden. Dabei sollen die algebraische und die topologische Struktur in dem Sinne miteinander verträglich sein, daß die Multiplikation, die je zwei Elementen ein drittes als ihr Produkt zuordnet, und die Reziprokenbildung *stetige Funktionen im Sinne der Topologie* sind; Beispiele sind die verschiedenen Matrixgruppen, die Transformationsgruppen der verschiedenen Geometrien und die Lorentz-Gruppe.
Von zwei zweireihigen Matrizen von reellen Zahlen, deren Determinante von Null verschieden ist, läßt sich z. B. sagen, ob sie nahe beieinanderliegen, d. h., ob ihre Elemente wenig voneinander abweichen oder nicht. Damit kommt man aber, vom Stetigkeitsbegriff auf der reellen Achse ausgehend, zu einem entsprechenden Stetigkeitsbegriff und damit zu einer Topologie für diese Gruppe. Während einerseits die Tatsache, daß es sich bei den topologischen Gruppen um unendliche Gruppen handelt, die Untersuchung der Struktur dieser Gruppen erschwert, läßt andererseits die zusätzliche topologische Struktur neue, nicht notwendig algebraische Methoden zur Untersuchung dieser Gruppe zu, die für abelsche topologische Gruppen sowie für kompakte topologische Gruppen zu schönen Ergebnissen geführt haben. Durch das Zusammenspiel algebraischer und analytischer Methoden bei der Untersuchung derartiger Gruppen hat ihre Theorie einen eigenen Reiz.

Liesche Gruppen. Die Drehungen der Ebene um einen festen Punkt bilden eine Gruppe. Jede dieser Drehungen hängt von einem Drehwinkel φ ab und läßt sich, wie in der analytischen Geometrie gezeigt wird, durch eine zweireihige Matrix der nebenstehenden Form beschreiben. Man kann zeigen, daß sämtliche Matrizen dieser Art eine *Gruppe* bilden. Da φ stetig zwischen 0 und 2π variiert, läßt sich auf dieser Gruppe ein *Stetigkeitsbegriff* einführen. Die Besonderheit der betrachteten Gruppe gegenüber anderen topologischen Gruppen besteht darin, daß die Elemente der Matrizen von einem *Parameter* abhängen und daß diese Abhängigkeit durch differenzierbare Funktionen beschrieben wird. Dies gibt die Möglichkeit, auf der Gruppe nicht nur stetige Funktionen zu definieren, wie dies für jede topologische Gruppe möglich ist, sondern auch differenzierbare Funktionen, indem man eine Funktion auf der Gruppe differenzierbar nennt, wenn sie eine *differenzierbare Funktion des reellen Parameters* φ ist. Eine Menge von Elementen, auf der sich differenzierbare Funktionen definieren lassen, nennt man eine *differenzierbare Mannigfaltigkeit*, und die obige Gruppe hat damit neben der algebraischen Gruppenstruktur nicht nur die Struktur eines topologischen Raumes, sondern die schärfere Struktur einer differenzierbaren Mannigfaltigkeit. Derartige Gruppen nennt man *Liesche Gruppen* nach dem norwegischen Mathematiker Sophus LIE; sie sind spezielle topologische Gruppen, deren Untersuchung in vieler Hinsicht einfacher ist als die der allgemeinen topologischen Gruppen, da sich die Hilfsmittel der Differentialrechnung für die Untersuchung dieser Gruppen nutzbar machen lassen.

$$\begin{pmatrix} \cos\varphi & -\sin\varphi \\ \sin\varphi & \cos\varphi \end{pmatrix}$$

Anwendungen. Die Lieschen Gruppen und ihre Darstellungen (vgl. 16.5.) haben für die Theorie spezieller Funktionen, z. B. der *Kugelfunktionen* oder der *Besselfunktionen*, sowie für die Theorie der *fastperiodischen Funktionen* große Bedeutung. LIE verwendete seine Theorie zur Klassifikation und Lösung von Differentialgleichungen. Auch für die Quantentheorie spielen die Lieschen Gruppen durch die Gruppe der Kugeldrehungen und die Lorentz-Gruppe eine wichtige Rolle.

Halbgruppen

Eine *Halbgruppe* ist eine *nichtleere* Menge mit einer *assoziativen Verknüpfung*. Ist die Verknüpfung außerdem noch *kommutativ*, so spricht man von einer *kommutativen Halbgruppe*. Ist H eine multiplikative Halbgruppe und existiert eine Element e aus H, so daß $ea = ae = a$ für alle Elemente a aus H gilt, so wird H eine *Halbgruppe mit Einselement* genannt. Kommutative Halbgruppen mit Einselement, die keine Gruppen sind, sind z. B. die ganzen Zahlen und die nichtnegativen ganzen Zahlen bezüglich der Multiplikation. Insbesondere ist natürlich jede Gruppe auch eine Halbgruppe. Sätze, die für Halbgruppen gültig sind, gelten erst recht für Gruppen. In Analogie zu den Gruppen unterscheidet man *endliche* und *unendliche* Halbgruppen und nennt die Anzahl der Elemente die *Ordnung* der Halbgruppe. Sind a, b beliebige Elemente einer Halbgruppe H und haben die Gleichungen $ax = b$ und $ya = b$ höchstens eine Lösung x bzw. y in H, so wird H *regulär* genannt. Die von Null verschiedenen ganzen Zahlen bilden eine reguläre Halbgruppe. Für reguläre Halbgruppen endlicher Ordnung gilt folgender Satz:

Eine reguläre Halbgruppe endlicher Ordnung ist eine Gruppe.

Beispiel 1: Beschreibt die Funktion $f(t)$ einen nur von der Zeit abhängigen Vorgang und $f(t + \alpha)$ den um die Zeitspanne α verschobenen Vorgang, so bildet die Menge der Abbildungen $\{T_\alpha\}$ mit $T_\alpha: f(t) \mapsto f(t + \alpha)$ bezüglich der Nacheinanderausführung eine Halbgruppe.

Beispiel 2: Die Teilmengen einer beliebigen Menge M sind sowohl mit der *Durchschnittsbildung* als auch mit der *Vereinigungsbildung* als Verknüpfung kommutative Halbgruppen mit Einselement. Die gesamte Menge M ist das Einselement bezüglich der Durchschnittsbildung, und die leere Menge ist das Einselement bezüglich der Vereinigungsbildung.

16.2. Körper und algebraische Gleichungen

Bis ins 19. Jahrhundert läßt sich die Algebra als die Theorie der Auflösung algebraischer Gleichungen bestimmen. Gesucht wurden möglichst allgemeine Verfahren, die die Berechnung der Lösungen einer Gleichung gestatten. Dabei stehen nicht so sehr die zu bestimmenden Lösungen im Mittelpunkt, sondern vielmehr der Vorgang des Auflösens selbst. Die von den Mathematikern des 19. Jahrhunderts im Zusammenhang mit diesen Problemen angestellten Überlegungen führten zur Definition der Gruppen wie der Körper als wesentliche Hilfsmittel zur Beschreibung der Auflösungstheorie algebraischer Gleichungen. Im Laufe der weiteren Entwicklung gewannen die zunächst als Hilfsmittel geschaffenen Begriffe selbständige Bedeutung, insbesondere deshalb, weil sich Anwendungen in ganz anderen Gebieten ergaben, so daß eine inzwischen recht umfangreiche Theorie der Gruppen und Körper entstand. Auch fand man andere Objekte mit ähnlichen Eigenschaften in vielen Bereichen der Mathematik, die zur Definition neuer algebraischer Begriffe, wie Integritätsbereiche, Ringe, Algebren und Verbände, führten.

Körper und Integritätsbereiche

Körper. Unter einem *Körper* versteht man eine Menge K von wenigstens zwei Elementen, für die die folgenden *Körperaxiome* erfüllt sind:

Körperaxiome. Axiom 1. In der Menge K sind *zwei Verknüpfungen* erklärt, genannt *Addition* und *Multiplikation*, die je zwei Elementen a, b ein Element c bzw. d der Menge K zuordnen. Man schreibt: $a + b = c$, $ab = d$.

Axiom 2. Die Elemente von K bilden bezüglich der Addition eine *abelsche Gruppe*.

Axiom 3. Die vom Nullelement verschiedenen Elemente von K bilden bezüglich der Multiplikation eine *abelsche Gruppe*.

Axiom 4. Die Addition und die Multiplikation sind durch das *distributive Gesetz* verbunden, d. h., für je drei Elemente a, b, c gilt: $a(b + c) = ab + ac$.

Als besonders wichtige Beispiele sind die rationalen Zahlen $\mathbf{Q}$, die reellen Zahlen $\mathbf{R}$ und die komplexen Zahlen $\mathbf{C}$ zu erwähnen. Ein Körper ist eine Menge von Elementen, mit denen man rechnen darf, wie man dies für rationale, reelle oder komplexe Zahlen gewöhnt ist. Wie bei den Gruppen unterscheidet man *endliche* und *unendliche* Körper, je nachdem, ob die Menge, die dem Körper zugrunde liegt, endlich oder unendlich ist. Eine Teilmenge P eines Körpers Ω heißt *Teilkörper*, wenn sie bezüglich der in Ω erklärten Verknüpfungen einen Körper bildet, in Zeichen $P \subseteq \Omega$. Umgekehrt wird Ω ein *Erweiterungskörper* von P genannt. Ist K ein Erweiterungskörper von P, der seinerseits in Ω enthalten ist: $P \subseteq K \subseteq \Omega$, so wird K als ein *Zwischenkörper* zwischen P und Ω bezeichnet.

Jeder Körper Ω kann als *Vektorraum* (vgl. Kap. 17.3.) über jedem Teilkörper P als Skalarbereich aufgefaßt werden, indem man die Verknüpfungen des Vektorraums mit den in Ω erklärten Verknüpfungen identifiziert. Die *Dimension* des Vektorraums Ω über P heißt der *Grad des Erweiterungskörpers* Ω über P. Wenn der Grad von Ω über P endlich ist, heißt Ω ein *endlicher Erweiterungskörper* von P, sein Grad wird mit $n = [\Omega : P]$ bezeichnet. In diesem Fall lassen sich in Ω Elemente $\beta_1, \beta_2, \ldots, \beta_n$ finden, so daß jedes Element β aus Ω eindeutig in der Form $\beta = c_1\beta_1 + c_2\beta_2 + \cdots + c_n\beta_n$ mit Elementen $c_1, \ldots, c_n$ aus P geschrieben werden kann. Die Elemente $\beta_1, \beta_2, \ldots, \beta_n$ werden eine *Basis* von Ω über P genannt.

Ist Ω ein Erweiterungskörper eines Körpers P und sind $\alpha_1, \alpha_2, \ldots, \alpha_m$ beliebige Elemente aus Ω, so versteht man unter $P(\alpha_1, \alpha_2, \ldots, \alpha_m)$ den *kleinsten* Teilkörper von Ω, der die Elemente $\alpha_1, \alpha_2, \ldots, \alpha_m$ und den Körper P enthält. Er besteht aus allen Elementen, die durch die vier Grundrechenarten aus den Elementen von P und $\alpha_1, \alpha_2, \ldots, \alpha_m$ hervorgehen. Man sagt: $P(\alpha_1, \alpha_2, \ldots, \alpha_m)$ entsteht durch *Adjunktion* der Elemente $\alpha_1, \alpha_2, \ldots, \alpha_m$ zu P. Man kann den Körper $P(\alpha_1, \alpha_2, \ldots, \alpha_m)$ auch dadurch erhalten, daß man zunächst α_1 adjungiert und $K_1 = P(\alpha_1)$ bildet; danach wird α_2 adjungiert, und man erhält $K_2 = K_1(\alpha_2) = P(\alpha_1, \alpha_2)$ usw. Nach m Schritten ist schließlich $K_m = K_{m-1}(\alpha_m) = P(\alpha_1, \ldots, \alpha_m)$. Ein Erweiterungskörper $P(\alpha)$, der durch Adjunktion eines einzigen Elements entsteht, heißt eine *einfache Erweiterung* von P. Sind K_1 und K_2 Körper, so heißt eine umkehrbar eindeutige Abbildung f von K_1 auf K_2, die den Bedingungen $f(a \cdot b) = f(a) \cdot f(b)$ und $f(a + b) = f(a) + f(b)$ für beliebige Elemente a, b aus K_1 genügt, die also mit den Verknüpfungen verträglich ist, ein *Isomorphismus* von K_1 auf K_2: K_1 und K_2 heißen dann isomorph, und man schreibt $K_1 \cong K_2$. Ein Isomorphismus eines Körpers K auf sich selbst heißt *Automorphismus* von K. Sind K_1 und K_2 Körper und ist P ein Teilkörper von K_1 und K_2, so nennt man einen Isomorphismus von K_1 auf K_2, der den Teilkörper P elementweise fest läßt, einen *relativen Isomorphismus*. Ist $K_1 = K_2$, so spricht man von einem *relativen Automorphismus*. Zahlreiche Beispiele für die genannten Begriffe findet man in den folgenden Abschnitten.

Integritätsbereiche. Ist P der Körper $\mathbb{Q}$ der rationalen Zahlen, so gibt es in P eine Teilmenge, für die zwar die Axiome 1, 2 und 4 gelten, in der jedoch das Axiom 3 verletzt ist: die ganzen Zahlen. Im Bereich der ganzen Zahlen ist die Division nicht unbeschränkt möglich, doch gilt an ihrer Stelle die *Kürzungsregel*: Ist $ab = ac$ und $a \neq 0$, so ist $b = c$ (vgl. 16.1. – Halbgruppen).

Ein **Integritätsbereich** ist eine Menge I, für die die Körperaxiome 1, 2 und 4 gelten, während das Axiom 3 ersetzt ist durch **Axiom 3′**: *Die Elemente von I bilden eine reguläre kommutative Halbgruppe mit Einselement* bezüglich der Multiplikation.

Die *ganzen Zahlen* $\mathbb{Z}$ bilden einen Integritätsbereich. Ein wichtiges weiteres Beispiel für einen Integritätsbereich bilden die Polynome mit Koeffizienten aus einem Körper. Natürlich ist auch jeder Körper ein Integritätsbereich. Ist die Menge I endlich, so heißt I ein endlicher Integritätsbereich. Aus dem für endliche reguläre Halbgruppen erwähnten Satz (vgl. 16.1. — Halbgruppen) folgt:

Jeder endliche Integritätsbereich ist ein Körper.

Zwei Integritätsbereiche I_1 und I_2 heißen *isomorph*, in Zeichen $I_1 \cong I_2$, wenn es eine umkehrbar eindeutige Abbildung von I_1 auf I_2 gibt, die mit den Verknüpfungen verträglich ist. Die Abbildung heißt ein Isomorphismus (vgl. Quotientenkörper).

Beispiele. 1: Außer den schon erwähnten Beispielen für Körper und Integritätsbereiche sei der Körper der *Gaußschen Zahlen* genannt, der aus allen Zahlen $a + bi$ besteht, in denen a und b rationale Zahlen sind und $i^2 = -1$ gilt. Die Teilmenge der Zahlen $a + bi$, für die a und b ganze Zahlen sind, liefert den Integritätsbereich der *ganzen Gaußschen Zahlen*. Der Körper der Gaußschen Zahlen entsteht durch Adjunktion der komplexen Zahl i zum Körper der rationalen Zahlen.
2: Endliche Körper sind z. B. $\{0, e\}$ mit nebenstehenden Verknüpfungstafeln sowie die Körper $\mathbb{Z}_p$ der *Restklassen ganzer Zahlen nach einer Primzahl p*. Die Restklasse $[a]_p$ enthält alle ganzen Zahlen x, für die $(a - x)$ ein ganzzahliges Vielfaches von p ist; folglich besteht $\mathbb{Z}_p$ aus genau p Restklassen $[0]_p, [1]_p, \ldots, [p-1]_p$. Addition und Multiplikation von Restklassen lassen sich *repräsentantenweise* ausführen.

$+$	0	e
0	0	e
e	e	e

$\cdot$	0	e
0	0	0
e	0	e

Polynome. Ein Ausdruck der Form $f(x) = a_n x^n + a_{n-1} x^{n-1} + \cdots + a_1 x + a_0$, in dem n eine natürliche Zahl und $a_0, \ldots, a_n$ Elemente eines Körpers K sind, heißt *Polynom* in der *Unbestimmten x* über K. Die Größen $a_0, \ldots, a_n$ werden *Koeffizienten* genannt. Ein Polynom, dessen sämtliche Koeffizienten gleich Null sind, heißt *Nullpolynom*. Ist der Koeffizient a_n von $f(x)$ von Null verschieden, so wird $f(x)$ ein Polynom *vom Grade n* genannt. Setzt man für die Unbestimmte x Elemente des Körpers K ein, so erhält man eine Funktion f, die auf dem Körper K definiert ist und Werte in K hat. Diese Funktion heißt *ganzrationale Funktion* auf dem Körper K und bestimmt umgekehrt das Polynom $f(x)$, wenn K ein unendlicher Körper ist (vgl. Kap. 5.2. – Polynomdarstellung ganzrationaler Funktionen). Zur Beschreibung der Polynome läßt sich die in mancher Hinsicht vereinfachende Schreibweise $f(x) = \sum_{k=0}^{\infty} a_k x^k$ verwenden, wenn man verabredet, daß stets nur endlich viele a_k von Null verschieden sind. Man erhält dann für die Summe und das Produkt der Polynome $f(x) = \sum_{k=0}^{\infty} a_k x^k$ und $g(x) = \sum_{l=0}^{\infty} b_l x^l$ die Polynome $f(x) + g(x) = \sum_{\nu=0}^{\infty} c_\nu x^\nu$ und $f(x) \cdot g(x) = \sum_{\nu=0}^{\infty} d_\nu x^\nu$, deren Koeffizienten c_ν und d_ν durch die Gleichungen $c_\nu = a_\nu + b_\nu$ und $d_\nu = \sum_{l+k=\nu} a_k b_l$ aus den Koeffizienten von $f(x)$ und $g(x)$ berechnet werden. Die Polynome mit Koeffizienten aus einem festen Körper K bilden einen Integritätsbereich, der mit $K[x]$ bezeichnet wird. In diesem Integritätsbereich $K[x]$ gibt es ähnlich wie im Integritätsbereich der ganzen Zahlen eine *Division mit Rest*. Das bedeutet: Sind $f(x)$ und $g(x)$ gegebene Polynome, so gibt es zwei Polynome $h(x)$ und $r(x)$, so daß gilt: $f(x) = h(x) \cdot g(x) + r(x)$ und $r(x) = 0$ oder der Grad von $r(x)$ ist kleiner als der von $g(x)$. In Analogie zur Zahlentheorie (vgl. Kap. 1.1. – Elementare Zahlentheorie) nennt man zwei Polynome $f_1(x)$ und $f_2(x)$ *kongruent* bezüglich $g(x)$ und schreibt $f_1(x) \equiv f_2(x) \bmod g(x)$, wenn sie bei der Division durch $g(x)$ den gleichen Rest $r(x)$ ergeben. Die Kongruenz bezüglich $g(x)$ ist eine Äquivalenzrelation und

führt zu einer Klasseneinteilung im Integritätsbereich $K[x]$. Man addiert bzw. multipliziert zwei solche Kongruenzklassen, indem man aus jeder Klasse ein Polynom wählt, diese addiert bzw. multipliziert und die Klasse betrachtet, in der die Summe bzw. das Produkt liegt. Ist $g(x)$ ein irreduzibles Polynom, so bilden die Kongruenzklassen nach $g(x)$ einen Körper, der mit $K[x]/(g(x))$ bezeichnet wird und *Restklassenkörper* heißt. Man beachte die Analogie zu $\mathbf{Z}_p$ (Beispiel 2).
Ein Polynom $g(x)$ heißt *irreduzibel* oder *unzerlegbar* über K, wenn sich $g(x)$ nicht als Produkt von Polynomen kleineren Grades mit Koeffizienten aus K schreiben läßt. Ein Polynom heißt *normiert*, wenn sein höchster Koeffizient a_n gleich 1 ist. Für die Polynome aus $K[x]$ gilt der folgende Satz:

Jedes Polynom $f(x)$ über K hat abgesehen von der Reihenfolge genau eine Darstellung der Form $f(x) = c \cdot p_1(x) \cdots p_n(x)$, dabei ist c ein Element aus K, und $p_1(x), \ldots, p_n(x)$ sind normierte irreduzible Polynome.

Quotientenkörper. Der Begriff Quotientenkörper entsteht aus der Frage nach dem kleinsten Körper, der einen gegebenen Integritätsbereich enthält. Man kann diese Frage auch so formulieren: Gibt es zu einem gegebenen Integritätsbereich I einen Körper K, der I enthält und dessen sämtliche Elemente sich als *Quotienten* von Elementen aus I darstellen lassen? – Um eine Vorstellung von diesem Körper zu erhalten, nimmt man zunächst an, daß er existiert. Mit den Quotienten a/b, mit $a, b \neq 0$ aus I, darf dann nach den bekannten Regeln gerechnet werden; d. h., es gilt

(1) $a/b = a'/b'$ genau dann, wenn $ab' = a'b$,
(2) $a/b + c/d = (ad + bc)/(bd)$ und
(3) $(a/b) \cdot (c/d) = ac/(bd)$,

dabei müssen die auftretenden Nenner natürlich von Null verschieden sein. Hat die oben gestellte Frage eine positive Antwort, so müssen die Regeln (1), (2) und (3) in dem Körper K gelten. Man benutzt nun diese Regeln zur *Konstruktion* des Körpers K, indem man zunächst anstelle der noch nicht zur Verfügung stehenden Quotienten *geordnete Paare* (a, b) mit $a, b \neq 0$ aus I betrachtet. In der Menge dieser geordneten Paare wird durch (1): $(a, b) = (a', b')$, wenn $ab' = a'b$ ist, eine Äquivalenzrelation definiert, deren Klassen mit [ ] bezeichnet seien. Entsprechend wird durch (2) $[a, b] + [c, d] = [ad + bc, bd]$ und (3) $[a, b] \cdot [c, d] = [ac, bd]$ eine eindeutig bestimmte Addition und Multiplikation in der Menge K' von Äquivalenzklassen definiert. Man zeigt, daß K' bezüglich dieser Verknüpfungen einen Körper bildet, in dem sich jedes Element $[a, b]$ mit $b \neq 0$ in der Gestalt $[a, b] = [a, e]/[b, e]$ darstellen läßt. Ferner läßt sich beweisen, daß die Menge der speziellen Klassen $[a, e]$ ihrerseits einen Integritätsbereich I' bilden, der vermöge der Abbildung $[a, e] \to a$ isomorph zu I ist. Damit ist ein Körper K' konstruiert, der zwar nicht I, aber einen zu I isomorphen Integritätsbereich I' enthält, und indem man die Elemente aus I' durch ihre Bilder aus I ersetzt, erhält man einen Körper K, der I enthält und in dem jedes Element als Quotient a/b zweier Elemente $a, b \neq 0$ aus I geschrieben werden kann. Der Körper K wird *Quotientenkörper des Integritätsbereichs I* genannt. *Er ist der kleinste Körper, der den Integritätsbereich I enthält.* Ist I der Integritätsbereich der ganzen Zahlen, so stimmt das hier angegebene Verfahren mit der Konstruktion der rationalen Zahlen aus den ganzen Zahlen überein (vgl. Kap. 1.3.).

Der Quotientenkörper des Integritätsbereichs der ganzen Zahlen $\mathbf{Z}$ ist der Körper $\mathbf{Q}$ der rationalen Zahlen.
Ist I der Integritätsbereich der Polynome, so wird sein Quotientenkörper der Körper der rationalen Funktionen genannt und mit $K(x)$ bezeichnet.

Algebraische Gleichungen und Körpererweiterungen. Unter einer *algebraischen Gleichung n-ten* Grades $f(x) = 0$ versteht man eine *Gleichung*, deren linke Seite ein Polynom n-ten Grades ist. Insbesondere nennt man die Gleichung $f(x) = 0$ *irreduzibel* über K, wenn das Polynom $f(x)$ über dem Körper K irreduzibel ist. Die Lösungen einer algebraischen Gleichung $f(x) = 0$ nennt man auch *Wurzeln des Polynoms $f(x)$* bzw. *Wurzeln der Gleichung $f(x) = 0$*. Im allgemeinen werden algebraische Gleichungen erst in einem Erweiterungskörper lösbar; z. B. hat das Bestreben, jeder quadratischen Gleichung eine Lösung zuschreiben zu können, zu einer wesentlichen Erweiterung des Zahlenbereichs, zur Einführung der komplexen Zahlen, geführt. Häufig kommt man schon mit kleineren Erweiterungskörpern aus, z. B. liegen die Koeffizienten der Gleichungen $x^2 - 2 = 0$ und $x^2 + 4 = 0$ im Körper $\mathbf{Q}$ der rationalen Zahlen, die Lösungen der ersten sind im Körper $\mathbf{Q}(\sqrt{2})$ und die Lösungen der zweiten im Körper der Gaußschen Zahlen enthalten. Ist $f(x) = 0$ eine über K irreduzible Gleichung, so hat sie keine Lösung im Körper K, eine Erweiterung des Körpers K ist notwendig, um eine Lösung zu erhalten.
Ist α eine Wurzel einer irreduziblen Gleichung $f(x) = 0$ mit Koeffizienten aus K, so nennt man α ein bezüglich *K algebraisches Element* und $K(\alpha)$ eine *einfache algebraische Erweiterung* von K. Ist Ω ein Erweiterungskörper von K und ist jedes Element von Ω algebraisch bezüglich K, so heißt Ω eine *algebraische Erweiterung* von K. Algebraische Erweiterungen von $\mathbf{Q}$ heißen *Zahlkörper*. Nichtalgebraische Erweiterungen werden *transzendent* genannt.

Ist $f(x) = 0$ eine irreduzible Gleichung mit Koeffizienten aus einem Zahlkörper K, so hat sie nach dem *Fundamentalsatz der Algebra* (vgl. Kap. 4.5.) eine Lösung α im Körper der komplexen Zahlen. Der durch Adjunktion von α zu K entstehende Teilkörper $K(\alpha)$ des Körpers der komplexen Zahlen ist der kleinste Erweiterungskörper von K, der die Wurzel α der gegebenen Gleichung enthält. Für die allgemeine Gleichung n-ten Grades, deren Koeffizienten Unbestimmte im Sinne der Algebra sind, läßt sich dieser Weg grundsätzlich nicht einschlagen, denn es steht nicht von vornherein ein Körper zu Verfügung, in dem die Gleichung eine Lösung hat. Da der Fundamentalsatz der Algebra lediglich die Existenz einer Lösung im Körper der komplexen Zahlen sichert und keinen Hinweis darauf enthält, wie man eine solche Lösung gewinnen kann, ist es naheliegend, in allen Fällen zunächst einen Körper zu konstruieren, der eine Lösung der gegebenen Gleichung enthält. Dies geschieht durch die *Stammkörperkonstruktion.*

Stammkörperkonstruktion. Es sei $f(x)$ ein normiertes irreduzibles Polynom vom Grade n mit Koeffizienten aus einem Körper K. Der Restklassenkörper $K[x]/(f(x))$ enthält einen Teilkörper $\bar{K}$, der aus den durch a aus K bestimmten Restklassen $\bar{a}$ besteht. In der Restklasse $\bar{a}$ sind alle diejenigen Polynome zusammengefaßt, die bei der Division durch $f(x)$ den Rest a ergeben. Die Zuordnung $a \mapsto \bar{a}$ ist ein Isomorphismus von K auf $\bar{K}$: $K \cong \bar{K}$. Ersetzt man in $K[x]/(f(x))$ unter *Beibehaltung der Verknüpfungsbeziehungen* die Elemente von $\bar{K}$ durch die Elemente von K, so erhält man einen zu $K[x]/(f(x))$ isomorphen Körper K', in dem K als Teilkörper enthalten ist. Ist $f(x) = x^n + a_{n-1}x^{n-1} + \cdots a_0$ und bezeichnet $\alpha = \bar{x}$ die Restklasse derjenigen Polynome, die bei Division durch $f(x)$ den Rest x lassen, so ist α ein Element aus K', und nach den für die Restklassen erklärten Rechenregeln gilt: $\alpha^n + a_{n-1}\alpha^{n-1} + \cdots + a_1\alpha + a_0$ ist diejenige Restklasse, die das Polynom $f(x) = x^n + a_{n-1}x^{n-1} + \cdots + a_1x + a_0$ enthält. Diese Restklasse besteht aber aus allen Polynomen, die bei der Division durch $f(x)$ den Rest 0 lassen, und im Körper K' ist sie durch die Zahl 0 ersetzt worden. Es ist als $\alpha^n + a_{n-1}\alpha^{n-1} + \cdots + a_1\alpha + a_0 = 0$, oder α ist eine Lösung der Gleichung $f(x) = 0$. Der Körper K', den man als *Stammkörper* der irreduziblen Gleichung $f(x) = 0$ bezeichnet, enthält eine Lösung α dieser Gleichung.
Der *Stammkörper* $K' = K(\alpha)$ ist eine *einfache algebraische Erweiterung* des Körpers K, und jedes Element aus K' läßt sich in der Form $b_0 + b_1\alpha + \cdots + b_{n-1}\alpha^{n-1}$ schreiben, wenn die $b_0, b_1, \ldots, b_{n-1}$ Elemente aus K sind. Der Grad des Stammkörpers $K(\alpha)$ über K ist gleich dem Grad des irreduziblen Polynoms $f(x)$: $[K(\alpha) : K] = \text{Grad}\,(f(x)) = n$.

Beispiel 3: Als Stammkörper der Gleichung $x^2 + 1 = 0$ über dem Körper der rationalen Zahlen $\mathbb{Q}$ erhält man eine einfache Erweiterung $\mathbb{Q}(\mathrm{j})$, in der jedes Element in der Form $a + b\mathrm{j}$ dargestellt werden kann, wenn a und b rationale Zahlen und $\mathrm{j}^2 + 1 = 0$ ist. Der betrachtete Stammkörper ist zum Körper der Gaußschen Zahlen isomorph.

Zerfällungskörper. Es sei $f(x)$ ein normiertes Polynom n-ten Grades mit Koeffizienten aus einem Körper K. Unter dem *Zerfällungskörper* von $f(x)$ versteht man den *kleinsten* Erweiterungskörper Z von K mit der Eigenschaft: $f(x)$ zerfällt über Z vollständig in Linearfaktoren: $f(x) = (x - \alpha_1)(x - \alpha_2) \ldots (x - \alpha_n)$, wenn $\alpha_1, \ldots, \alpha_n$ die Wurzeln von $f(x)$ bezeichnen. Der Zerfällungskörper eines Polynoms oder einer algebraischen Gleichung ist der kleinste Erweiterungskörper, der *alle* Lösungen einer algebraischen Gleichung enthält. Er ist bis auf Isomorphie eindeutig bestimmt. Man erhält den Zerfällungskörper durch *wiederholte Ausführung der Stammkörperkonstruktion.* Zunächst zerlegt man $f(x)$ über dem Körper K in irreduzible Polynome. Haben alle diese Polynome den Grad 1, so ist K selbst der Zerfällungskörper. Andernfalls bildet man den Stammkörper K' zu einem irreduziblen Faktor vom Grade > 1 und zerlegt $f(x)$ nun als Polynom über K' in irreduzible Polynome. Sind alle in der neuen Zerlegung auftretenden irreduziblen Polynome vom Grade 1, so ist K' der gesuchte Zerfällungskörper. Andernfalls wähle man einen über K' irreduziblen Faktor vom Grade > 1 und bildet seinen Stammkörper K'' über K'. Man zerlegt dann $f(x)$ als Polynom über K'' usw.

Beispiel 4: $\mathbb{Q}$ sei der Körper der rationalen Zahlen. Das Polynom $f(x) = x^3 - 2$ hat die Wurzeln $\alpha_1 = \sqrt[3]{2}$, $\alpha_2 = \varrho\sqrt[3]{2}$, $\alpha_3 = \bar{\varrho}\sqrt[3]{2}$, wobei $\varrho = -{}^1/_2\,(1 - \mathrm{i}\sqrt{3})$ und $\bar{\varrho} = -{}^1/_2\,(1 + \mathrm{i}\sqrt{3})$ ist. Für den Zerfällungskörper gilt: $Z = \mathbb{Q}\left(\sqrt[3]{2}, \varrho\sqrt[3]{2}, \bar{\varrho}\sqrt[3]{2}\right) = \mathbb{Q}\left(\sqrt[3]{2}, \varrho\right)$, da $\bar{\varrho} = -1 - \varrho$ ist.

Galoissche Theorie

Galoissche Gruppe und Hauptsatz der Galoisschen Theorie. Die aus der Frage nach den Lösungen algebraischer Gleichungen entstandene Theorie der endlichen Körpererweiterungen führt zu besonders schönen Ergebnissen durch den von GALOIS für die ursprüngliche Fragestellung erkannten Zusammenhang mit der Gruppentheorie. Das für die Auflösung algebraischer Gleichungen wichtige *Kernstück der Körpertheorie* bezeichnet man demgemäß als *Galoissche Theorie.* Ist N der Zerfällungskörper eines über P irreduziblen Polynoms, das keine *mehrfachen Wurzeln* hat, so hat N die wichtige

Eigenschaft, daß jeder relative Automorphismus eines beliebigen Erweiterungskörpers L von P, der N enthält, den Körper N auf sich abbildet, also einen Automorphismus von N hervorruft. Einen Körper mit dieser Eigenschaft nennt man einen *Normalkörper*. Ist K eine in L enthaltene Erweiterung von P und kein Normalkörper, so wird K durch die relativen Automorphismen von L über P auf zu K isomorphe Teilkörper K', K'', ... abgebildet, die zu K *konjugierte Körper* heißen. Die relativen Automorphismen von L definieren relative Isomorphismen von K über P. Ein Normalkörper ist dadurch ausgezeichnet, daß er *mit allen seinen konjugierten Körpern übereinstimmt*.

Es sei $f(x)$ ein irreduzibles Polynom vom Grade n über dem Körper P. Der Erweiterungskörper L von P enthalte alle Lösungen $\alpha_1, \ldots, \alpha_n$ der Gleichung $f(x) = 0$, die als verschieden vorausgesetzt werden. Ist α eine dieser Lösungen, so hat die einfache Erweiterung $P(\alpha)$ die konjugierten Körper $P(\alpha_1), \ldots, P(\alpha_n)$, von denen einer mit $P(\alpha)$ übereinstimmt. Die n relativen Isomorphismen bilden die Wurzel α auf $\alpha_1, \ldots, \alpha_n$ ab. Da bei einem relativen Isomorphismus des Körpers $P(\alpha)$ die Lösung wieder auf eine Lösung der Gleichung $f(x) = 0$ abgebildet wird, kann es keine weiteren relativen Isomorphismen von $P(\alpha)$ geben.

Die Anzahl der relativen Isomorphismen einer einfachen Erweiterung $P(\alpha)$ von P ist gleich dem Grad $[P(\alpha) : P]$.

Diese Aussage gilt allgemeiner: Eine *endliche* Erweiterung $K = P(\beta_1, \ldots, \beta_n)$ läßt sich stets durch Adjunktion eines *einzigen* Elements gewinnen: $K = P(\vartheta)$, wenn die irreduziblen Gleichungen, deren Wurzeln $\beta_1, \ldots, \beta_n$ adjungiert wurden, keine mehrfachen Wurzeln haben. Ist $N = P(\vartheta)$ ein Normalkörper über P, so ist die Anzahl der relativen Automorphismen gleich dem Körpergrad $[N : P]$. Die relativen Automorphismen eines Normalkörpers N bilden eine Gruppe der Ordnung $[N : P]$ bezüglich der Nacheinanderausführung als Multiplikation; diese Gruppe heißt die *Galoissche Gruppe G* des *Normalkörpers* N über P und es gilt $[G : E] = [N : P]$.

Ist K ein Zwischenkörper zwischen N und P, so ist N auch Normalkörper über K, und diejenigen relativen Automorphismen der Galoisschen Gruppe G von N über P, die die Elemente von K fest lassen, bilden eine Untergruppe H von G. Es sind dies aber gerade die relativen Automorphismen von N über K, und damit ist G die Galoissche Gruppe von N über K.

Auf obige Weise wird jedem Normalkörper N über P eine Gruppe G und jedem Zwischenkörper K eine Untergruppe H von G zugeordnet. Diese Zuordnung läßt sich umkehren. Ist H eine Untergruppe von G, so bilden diejenigen Elemente aus N, die bei allen relativen Automorphismen aus H fest bleiben, einen Zwischenkörper K. Die Untersuchung der Zwischenkörper zwischen P und einem Normalkörper N über P wird auf die Untersuchung der Untergruppen der Galoisschen Gruppe zurückgeführt. Die Methoden der Gruppentheorie werden für die Körpertheorie nutzbar gemacht. Durch die Kenntnis aller Untergruppen der Galoisschen Gruppe N über P ist man in die Lage versetzt, die von P zu N führenden Erweiterungen, die Zwischenkörper, in ihren Beziehungen zueinander völlig zu überblicken. Bezeichnet P einen Körper, der den Körper der rationalen Zahlen enthält, so gilt der Hauptsatz der Galoisschen Theorie.

Hauptsatz der Galoisschen Theorie. Es sei N eine endliche normale Erweiterung von P und G ihre Galoissche Gruppe.
(I) Zwischen den P enthaltenden Teilkörpern K von N und den Untergruppen H von G besteht eine umkehrbar eindeutige Zuordnung.
(II) Sind K und H einander zugeordnet, so besteht H aus allen relativen Automorphismen aus G, die K elementweise fest lassen; umgekehrt besteht K aus allen Elementen von N, die gegenüber den relativen Automorphismen aus H fest bleiben.
(III) Der Zwischenkörper K ist dann und nur dann Normalkörper über P, wenn die zugeordnete Untergruppe H ein Normalteiler in G ist. In diesem Fall ist die Galoissche Gruppe von K über P isomorph zur Faktorgruppe G/H.
(IV) Es bestehen die Relationen

$$\begin{array}{llcccl} [H:E] = [N:K] & [N:K] \to & N & \leftrightarrow & E & \to [H:E] \\ & & | & & | & \\ & & K & \leftrightarrow & H & \\ & & | & & | & \\ [G:H] = [K:P] & [K:P] \to & P & \leftrightarrow & G & \to [G:H] \end{array}$$

Beispiel 1: Man betrachtet als endliche normale Erweiterung den Zerfällungskörper $Z = P\left(\sqrt[3]{2}, \varrho\sqrt[3]{2}, \bar{\varrho}\sqrt[3]{2}\right) = P\left(\sqrt[3]{2}, \varrho\right)$ des Polynoms $x^3 - 2 = 0$ (vgl. Körper und Integritätsbereiche, Beispiel 4). Zunächst bestimmt man, um die Galoissche Gruppe von Z über P zu erhalten, die relativen Isomorphismen von $P\left(\sqrt[3]{2}\right)$. Dabei gilt: $\sqrt[3]{2} \to \sqrt[3]{2}$, $\sqrt[3]{2} \to \varrho\sqrt[3]{2}$, $\sqrt[3]{2} \to \bar{\varrho}\sqrt[3]{2}$. Für die relativen Automorphismen von $P\left(\sqrt[3]{2}, \varrho\right)$ erhält man die folgende Tabelle. Diese 6 relativen Automorphismen bilden die Galoissche Gruppe G von Z über P bezüglich der als Multiplikation geschriebenen Nacheinanderausführung. Berücksichtigt man, daß $\varrho^2 = \bar{\varrho}$ und $\varrho\bar{\varrho} = 1$ ist, so überzeugt man sich leicht von der Richtigkeit der Beziehungen, wenn man von den Elementen E, A und B ausgeht. Ferner ergibt sich $A^3 = E, B^2 = E$ und $BA = A^2B$. Die Untergruppen $\{E, A, A^2\}, \{E, B\}, \{E, AB\}$ und $\{E, A^2B\}$ der Gruppe G entsprechen umkehrbar eindeutig den Zwischenkörpern

$$P(\varrho),\ P\left(\sqrt[3]{2}\right),\ P\left(\varrho\sqrt[3]{2}\right) \quad \text{und} \quad P\left(\bar{\varrho}\sqrt[3]{2}\right).$$

$$\begin{array}{cccccc} P\left(\sqrt[3]{2}, \varrho\right), & P(\varrho), & P\left(\sqrt[3]{2}\right), & P\left(\varrho\sqrt[3]{2}\right), & P\left(\bar{\varrho}\sqrt[3]{2}\right), & P \\ \updownarrow & \updownarrow & \updownarrow & \updownarrow & \updownarrow & \updownarrow \\ \{E\} & \{E, A, A^2\} & \{E, B\} & \{E, AB\} & \{E, A^2B\} & G \end{array}$$

$$\left(\sqrt[3]{2} \to \sqrt[3]{2};\ \varrho \to \varrho\right) \sim E$$
$$\left(\sqrt[3]{2} \to \varrho\sqrt[3]{2};\ \varrho \to \varrho\right) \sim A$$
$$\left(\sqrt[3]{2} \to \bar{\varrho}\sqrt[3]{2};\ \varrho \to \varrho\right) \sim A^2$$
$$\left(\sqrt[3]{2} \to \sqrt[3]{2};\ \varrho \to \bar{\varrho}\right) \sim B$$
$$\left(\sqrt[3]{2} \to \varrho\sqrt[3]{2};\ \varrho \to \bar{\varrho}\right) \sim A^2B$$
$$\left(\sqrt[3]{2} \to \bar{\varrho}\sqrt[3]{2};\ \varrho \to \bar{\varrho}\right) \sim AB$$

Galoissche Gruppe einer Gleichung. Ist $f(x) = x^n + a_{n-1}x^{n-1} + \cdots + a_1x + a_0 = 0$ eine Gleichung mit Koeffizienten aus P, so bestehen unter den n verschiedenen Lösungen $\alpha_1, \alpha_2, \ldots, \alpha_n$ von $f(x)$ rationale Relationen $H(\alpha_1, \alpha_2, \ldots, \alpha_n) = 0$, z. B. der Wurzelsatz von Vieta (vgl. Kap. 4.5.):

$$\begin{array}{l} \alpha_1 + \alpha_2 \quad + \cdots + \alpha_n \quad + a_{n-1} = 0 \\ \alpha_1\alpha_2 + \alpha_1\alpha_3 + \cdots + \alpha_{n-1}\alpha_n - a_{n-2} = 0 \\ \vdots \\ \alpha_1\alpha_2 \ldots \alpha_n \qquad\qquad - (-1)^n a_0 = 0. \end{array}$$

Diese Gleichungen sind unabhängig von der Reihenfolge, in der die Lösungen numeriert werden, d. h. mit anderen Worten: Diese Relationen werden bei Anwendung aller *möglichen Permutationen* auf die n Lösungen *nicht zerstört*. Darüber hinaus kann der Fall eintreten, daß außer den genannten Gleichungen weitere, mehr zufällige Relationen bestehen, die die Eigenschaft haben, daß sie durch gewisse Permutationen der Lösungen zerstört werden, durch gewisse andere abernicht. Betrachtet man die Menge aller Permutationen, die alle zwischen den Lösungen bestehenden rationalen Relationen nicht zerstören, so gilt:

Die Menge derjenigen Permutationen, bei deren Anwendung alle Relationen $H(\alpha_1, \alpha_2, \ldots, \alpha_n) = 0$ mit Koeffizienten aus P richtig bleiben, bilden eine Untergruppe der symmetrischen Gruppe $\boldsymbol{S}_n$. Sie wird die Galoissche Gruppe der Gleichung $f(x) = 0$ genannt.

Beispiel 2: Gesucht ist die Galoissche Gruppe G der Gleichung $f(x) = (x^2 - 2)(x^2 - 3) = 0$. Die Wurzeln dieser Gleichung sind $\alpha_1 = +\sqrt{2}, \alpha_2 = -\sqrt{2}, \alpha_3 = +\sqrt{3}$ und $\alpha_4 = -\sqrt{3}$. Man sucht diejenigen Permutationen von vier Elementen, bei denen alle rationalen Relationen unter den Wurzeln erhalten bleiben. Es genügt, die Relationen $H_1(\alpha_1, \alpha_2, \alpha_3, \alpha_4) = \alpha_1\alpha_2 - 2 = 0$ und $H_2(\alpha_1, \alpha_2, \alpha_3, \alpha_4) = \alpha_3\alpha_4 - 3 = 0$ zu betrachten, aus denen sich ablesen läßt, daß die Permutationen

$$e = \begin{pmatrix} 1 & 2 & 3 & 4 \\ 1 & 2 & 3 & 4 \end{pmatrix}, \quad p_1 = \begin{pmatrix} 1 & 2 & 3 & 4 \\ 2 & 1 & 3 & 4 \end{pmatrix}, \quad p_2 = \begin{pmatrix} 1 & 2 & 3 & 4 \\ 1 & 2 & 4 & 3 \end{pmatrix} \quad \text{und} \quad p_3 = \begin{pmatrix} 1 & 2 & 3 & 4 \\ 2 & 1 & 4 & 3 \end{pmatrix}$$

gerade die Elemente von G sind, denn jede Permutation, bei der α_1 oder α_2 in α_3 oder α_4 oder umgekehrt übergeführt wird, würde die Relationen H_1 und H_2 zerstören.

Ist $f(x) = 0$ die *allgemeine Gleichung n-ten Grades*, d. h., $f(x) = 0$ ist eine Gleichung mit *unbestimmten Koeffizienten*, für die nach Belieben Elemente irgendeines Körpers eingesetzt werden dürfen, so bestehen außer den obengenannten rationalen Relationen, den elementarsymmetrischen Funktionen in den $\alpha_1, \alpha_2, \ldots, \alpha_n$, keine weiteren.

Die Galoissche Gruppe der allgemeinen Gleichung n-ten Grades ist die symmetrische Gruppe $\boldsymbol{S}_n$.

Gruppe einer Gleichung und Galoissche Gruppe des Zerfällungskörpers. Um einen Zusammenhang zwischen der Galoisschen Gruppe einer Gleichung $f(x) = 0$ und der Galoisschen Gruppe einer Körpererweiterung herzustellen, betrachtet man den Zerfällungskörper Z des Polynoms $f(x)$ über P. Werden die als verschieden vorausgesetzten Wurzeln des Polynoms $f(x)$ mit $\alpha_1, \alpha_2, \ldots, \alpha_n$ bezeichnet und ist A ein relativer Automorphismus von Z über P, so geht jede rationale Relation $H(\alpha_1, \ldots, \alpha_n) = 0$ mit Koeffizienten aus P bei Anwendung von A über in $H(A\alpha_1, \ldots, A\alpha_n) = 0$. Da ferner jeder relative Automorphismus von Z eine Wurzel des Polynoms $f(x)$ in eine Wurzel des gleichen Polynoms überführt, ist etwa $A\alpha_1 = \alpha_{i_1}, A\alpha_2 = \alpha_{i_2}, \ldots, A\alpha_n = \alpha_{i_n}$. Jeder relative Automorphismus A, d. h. jedes Element der Galoisschen Gruppe von Z über P, definiert eine Permutation $p = \begin{pmatrix} 1 & 2 & \ldots & n \\ i_1 & i_2 & \ldots & i_n \end{pmatrix}$ der Wurzeln der Gleichung $f(x) = 0$. Dabei geht jede Relation $H(\alpha_1, \ldots, \alpha_n) = 0$ über in $H(\alpha_{i_1}, \ldots, \alpha_{i_n}) = 0$, und die Permutation p gehört der Galoisschen Gruppe der Gleichung an. Von der so erklärten Abbildung $A \mapsto p$ läßt sich zeigen, daß sie ein Isomorphismus der Galoisschen Gruppe von Z über P auf die Galoissche Gruppe der Gleichung $f(x) = 0$ ist.

Beispiel 3: Die Galoissche Gruppe der Gleichung $f(x) = (x^2 - 2)(x^2 - 3)$ besteht aus den Elementen (vgl. Beispiel 2):

$$e = \begin{pmatrix} 1 & 2 & 3 & 4 \\ 1 & 2 & 3 & 4 \end{pmatrix}, \quad p_1 = \begin{pmatrix} 1 & 2 & 3 & 4 \\ 2 & 1 & 3 & 4 \end{pmatrix}, \quad p_2 = \begin{pmatrix} 1 & 2 & 3 & 4 \\ 1 & 2 & 4 & 3 \end{pmatrix} \quad \text{und} \quad p_3 = \begin{pmatrix} 1 & 2 & 3 & 4 \\ 2 & 1 & 4 & 3 \end{pmatrix}.$$

Die Gruppe der entsprechenden Körpererweiterung $P(\sqrt{2}, \sqrt{3})$, wobei P der Körper $\mathbb{Q}$ der rationalen Zahlen ist, besteht aus den Elementen e', p'_1, p'_2 und p'_3.

Wie man leicht nachrechnet, ist die entstehende Zuordnung ein Isomorphismus zwischen der Gruppe der Gleichung und der Gruppe der entstehenden Körpererweiterung.

$e' \sim (\sqrt{2} \to \sqrt{2}, \sqrt{3} \to \sqrt{3})$		$e \to e'$
$p'_1 \sim (\sqrt{2} \to -\sqrt{2}, \sqrt{3} \to \sqrt{3})$	$\cong$	$p_1 \to p'_1$
$p'_2 \sim (\sqrt{2} \to \sqrt{2}, \sqrt{3} \to -\sqrt{3})$		$p_2 \to p'_2$
$p'_3 \sim (\sqrt{2} \to -\sqrt{2}, \sqrt{3} \to -\sqrt{3})$		$p_3 \to p'_3$

Auflösung von Gleichungen durch Radikale. Neben der Frage *nach der Existenz* von Wurzeln einer Gleichung $f(x) = 0$, die durch die Konstruktion des Zerfällungskörpers als beantwortet zu betrachten ist, spielt die *Frage nach der Berechnung* bzw. nach der Angabe eines Verfahrens, welches zur Bestimmung der Wurzeln führt, eine entscheidende Rolle. Für Gleichungen zweiten Grades ist eine Lösungsformel seit langem bekannt. Die *Cardanischen Formeln* gestatten die Auflösung der Gleichungen dritten Grades durch Ausziehen von Quadratwurzeln und kubischen Wurzeln. Von FERRARI, einem Schüler von CARDANO, konnte eine entsprechende Formel für Gleichungen 4. Grades angegeben werden (vgl. Kap. 4.4.). Das vergebliche Bestreben, die allgemeine Gleichung *höheren als vierten Grades* mit Hilfe von Radikalen aufzulösen (vgl. Kap. 4.5.), wurde dadurch genährt, daß sich sehr wohl spezielle Gleichungen finden lassen, deren Lösungen durch Radikale beschrieben werden können. Derartige Gleichungen werden *auflösbar*, oder genauer *durch Radikale auflösbar* genannt. Unter einem *Radikal* versteht man eine Lösung der sogenannten *reinen Gleichung* $x^n - a = 0$. Man schreibt dafür $\sqrt[n]{a}$.

Ein *Radikalausdruck* über einem Körper P wird wie folgt definiert: Es gibt ein Element $g_1 \in P$, endliche viele Polynome $g_2(x_1), g_3(x_1, x_2), \ldots, g_m(x_1, \ldots, x_{m-1})$, $g(x_1, \ldots, x_m)$ und positive ganze Zahlen $n_1, \ldots, n_m$, so daß $\beta = g(\beta_1, \ldots, \beta_m)$ ist, mit $\beta_1 = \sqrt[n_1]{g_1}$, $\beta_2 = \sqrt[n_2]{g_2(\beta_1)}$, $\beta_3 = \sqrt[n_3]{g_3(\beta_1, \beta_2)}, \ldots,$ $\beta_m = \sqrt[n_m]{g_m(\beta_1, \ldots, \beta_{m-1})}$.

Beispiel 4: Aus $g_1 = 2$, $g_2(x_1) = 6x_1^3 + 5x_1 + 3$, $g(x_1, x_2) = (1 + 3x_1^3)\,x_2 + 7x_1 + 2$, $n_1 = 2$ und $n_2 = 4$ erhält man einen Radikalausdruck β über dem Körper der rationalen Zahlen:

$\beta = g(\beta_1, \beta_2) = (1 + 3(\sqrt{2})^3)\sqrt[4]{6(\sqrt{2})^3 + 5\sqrt{2} + 3} + 7\sqrt{2} + 2$, in dem

$\beta_1 = \sqrt{2}$ und $\beta_2 = \sqrt[4]{3 + 5\sqrt{2} + 6(\sqrt{3})^3}$ ist.

Eine Gleichung $f(x) = 0$ heißt über P *durch Radikale auflösbar*, wenn ihre Lösungen $\alpha_1, \ldots, \alpha_m$ *Radikalausdrücke* über P sind. In der Sprache der Körpertheorie entspricht einem Radikalausdruck über P ein *Körperturm*:

$P = K_0 \subseteq K_0(\beta_1) = K_1 \subseteq K_1(\beta_2) = K_2 \subseteq K_2(\beta_3) = K_3 \subseteq \cdots \subseteq K_{m-1}(\beta_m) = K_m = K$, in dem β ein Element von K ist. Dabei ist jede Erweiterung $K_i(\beta_{i+1})$ über K_i durch Auflösung einer reinen Gleichung $x^{n_i} - g_i(\beta_1, \ldots, \beta_{i-1}) = 0$ entstanden. Man nennt den Körper K in diesem Fall auflösbar. Dementsprechend gilt in der Sprache der Körpertheorie:

Die Gleichung $f(x) = 0$ ist dann und nur dann durch Radikale auflösbar, wenn ein auflösbarer Körper K existiert, der den Zerfällungskörper Z des Polynoms $f(x)$ enthält.

Diese Aussage läßt sich verschärfen, indem man nachweist, daß der Zerfällungskörper Z des Polynoms $f(x)$ selbst auflösbar sein muß:

Die Gleichung $f(x) = 0$ ist dann und nur dann durch Radikale auflösbar, wenn der Zerfällungskörper Z des Polynoms $f(x)$ durch einen Körperturm $P = K_0 \subseteq K_0(\beta_1) = K_1 \subseteq \cdots \subseteq K_{m-1}(\beta_m) = Z$ gewonnen werden kann, in dem jede Erweiterung $K_i(\beta_{i+1})$ von K_i durch Adjunktion einer Lösung einer reinen Gleichung $x^{n_i} - b_i = 0$ gewonnen wird.

Nach dem Hauptsatz der Galoisschen Theorie entspricht diesem Körperturm eine Kompositionsreihe von Untergruppen der Galoisschen Gruppe G der Körpererweiterung Z über P:

$$G = H_m \supseteq H_{m-1} \supseteq \cdots \supseteq H_1 \supseteq H_0 = E,$$

in der die Kompositionsfaktoren H_i/H_{i-1} zyklische Gruppen sind. Beachtet man, daß die Galoissche Gruppe G von Z über K zur Galoisschen Gruppe der Gleichung isomorph ist, so ergibt sich als drittes Kriterium:

Die Gleichung $f(x) = 0$ ist dann und nur dann auflösbar, wenn die Galoissche Gruppe der Gleichung auflösbar ist.

Da die symmetrischen Gruppen vom 2., 3. und 4. Grad auflösbar sind, ergibt sich die Möglichkeit, Auflösungsformeln für die allgemeine Gleichung 2., 3. und 4. Grades anzugeben. Hingegen sind die symmetrischen Gruppen 5. und höheren Grades nicht auflösbar. Folglich kann es keine Auflösungsformeln für die allgemeine Gleichung 5. und höheren Grades geben. Zu diesem Ergebnis ist gleichzeitig und von Galois unabhängig Abel gekommen, ohne allerdings wie Galois ein Kriterium angeben zu können, wann die Lösung einer speziellen Gleichung höheren Grades durch Radikalausdrücke angegeben werden kann.

Gleichungen dritten Grades. Die reduzierte Form der allgemeinen Gleichung 3. Grades lautet (vgl. Kap. 4.4. — Die kubische Gleichung) $x^3 + px + q = 0$, wobei p, q Elemente aus einem Körper P sind. Die Galoissche Gruppe der Gleichung ist die S_3. Zu der Kompositionsreihe $S_3 \supset A_3 \supset E$ der Galoisschen Gruppe gehört nach dem Hauptsatz der Galoisschen Theorie ein Körperturm $P \subset K \subset N$. Ferner gelten die Beziehungen $[S_3 : A_3] = [K : P] = 2$ und $[A_3 : E] = [N : K] = 3$. Der Einfachheit wegen sei vorausgesetzt, daß P die dritten Einheitswurzeln enthalten möge. Um also von P zu K aufzusteigen, braucht man nur eine Quadratwurzel $\sqrt{D}$ zu P zu adjungieren, wobei $\sqrt{D}$ eine Größe sein muß, die bei allen Permutationen der A_3 ungeändert bleibt. Aus dieser Bedingung berechnet sich $\sqrt{D}$ zu: $\sqrt{D} = \sqrt{-4p^3 - 27q^2}$. Bezeichnet man die Lösungen der ursprünglichen Gleichung mit $\alpha_1, \alpha_2, \alpha_3$ und bildet die *Lagrangesche Resolvente* $r = \alpha_1 + \varrho\alpha_2 + \bar{\varrho}\alpha_3$, in der ϱ, $\bar{\varrho}$ die dritten Einheitswurzeln bezeichnen, so läßt sich zeigen, daß $r^3 = -{}^1/_2\, 27q + {}^3/_2 \sqrt{-3\,D} = s$ ist, also dem Körper $K(\sqrt{D})$ angehört. Man erhält den Erweiterungskörper N jetzt durch Adjunktion von $r = \sqrt[3]{-{}^1/_2 \cdot 27q + {}^3/_2 \sqrt{-3D}}$, d. h. durch Adjunktion einer dritten Wurzel der reinen Gleichung $r^3 - s = 0$. Die Wurzeln $\alpha_1, \alpha_2, \alpha_3$ werden aus den Gleichungen $\alpha_1 + \alpha_2 + \alpha_3 = 0$, $\alpha_1 + \varrho\alpha_2 + \bar{\varrho}\alpha_3 = r$ und $\alpha_1 + \bar{\varrho}\alpha_2 + \varrho\alpha_3 = -3p/r$ berechnet.

Konstruktionen mit Zirkel und Lineal. Bei der Konstruktion mit Zirkel und Lineal handelt es sich um die Aufgabe, aus gegebenen Punkten einer festen Ebene *in endlich vielen Schritten* neue Punkte zu konstruieren. Die einzelnen Konstruktionsschritte unterliegen dabei folgenden Vorschriften:

(1) Das Lineal darf nur verwendet werden, um die Verbindungsgerade zweier gegebener oder schon konstruierter Punkte zu zeichnen.

(2) Der Zirkel darf nur benutzt werden, um einen Kreis um einen bekannten Mittelpunkt zu zeichnen, dessen Radius gleich dem Abstand zweier bekannter Punkte ist.

(3) Neue Punkte entstehen als Schnitte zweier Geraden bzw. einer Geraden mit einem Kreis bzw. zweier Kreise, die jeweils in der eben beschriebenen Weise konstruiert worden sind.

Um eine Übersicht über die mit Zirkel und Lineal konstruierbaren Punkte zu erhalten, übersetzt man die geometrische Fragestellung in eine algebraische Formulierung. Zu diesem Zweck benutzt man zur Beschreibung der gegebenen Punkte $P_1, P_2, \ldots, P_n$ ein *rechtwinkliges kartesisches Koordinatensystem*. Bezeichnet K den kleinsten Körper, der die Koordinaten aller gegebenen Punkte enthält, so läßt sich einerseits zeigen, daß die Koordinaten der Schnittpunkte aus den einzelnen oben angegebenen Konstruktionsschritten, die sich mit Hilfe der analytischen Geometrie berechnen lassen, im Körper K selbst oder in einer Erweiterung des Körpers K liegen, die durch Adjunktion von Quadratwurzeln entsteht. Andererseits kann gezeigt werden, daß sich rationale Rechenoperationen und das Quadratwurzelziehen für Elemente aus K und durch Adjunktion von Quadratwurzeln entstandene Erweiterungen geometrisch mit Zirkel und Lineal nachvollziehen lassen. Allgemein erhält man folgendes wichtige Kriterium:

Ein Punkt ist dann und nur dann mit Zirkel und Lineal konstruierbar, wenn seine Koordinaten in einem endlichen normalen Erweiterungskörper von K enthalten sind, dessen Grad über K eine Potenz von 2 ist.

Da sich in vielen Fällen die Konstruktion mit Zirkel und Lineal auf eine algebraische Gleichung $f(x) = 0$ für die zu bestimmende Größe x zurückführen läßt, besagt das angegebene Kriterium, daß die Größe x mit Zirkel und Lineal konstruierbar ist, falls die Gleichung $f(x) = 0$ durch quadratische Radikale über K auflösbar ist und umgekehrt.

Die Probleme der klassischen griechischen Mathematik, allein mit Zirkel und Lineal einen Kreis in ein flächengleiches Quadrat zu verwandeln, die *Quadratur des Kreises*, einen beliebigen Winkel in drei gleiche Teile zu zerlegen, die *Winkeldreiteilung*, sowie die Kantenlänge eines Würfels anzugeben, der den doppelten Rauminhalt eines gegebenen Würfels hat, die *Kubusverdopplung*, erweisen sich als unlösbar. Die algebraische Formulierung der Kubusverdopplung lautet: $x^3 - 2 = 0$, wobei x die gesuchte Kante ist. Diese Gleichung ist über dem Körper $\mathbb{Q}$ der rationalen Zahlen irreduzibel Jede ihrer Wurzeln erzeugt einen Erweiterungskörper vom Grade 3. Ein solcher Körper kann niemals in einem Körper enthalten sein, dessen Grad eine Potenz von 2 ist. Die Dreiteilung eines Winkels α bedeutet, eine Strecke der Länge $\cos(\alpha/3)$ zu konstruieren, wenn $\cos\alpha$ gegeben ist. Es ergibt sich die Gleichung $4[\cos(\alpha/3)]^3 - 3\cos(\alpha/3) - \cos\alpha = 0$. Nun ist die Frage zu beantworten, ob die Wurzeln der Gleichung $4x^3 - 3x - \cos\alpha = 0$ in einem Erweiterungskörper $\mathbb{Q}(\cos\alpha)$ vom Grad 2^m enthalten sind, wenn m eine natürliche Zahl ist. Es läßt sich zeigen, daß die betrachtete Gleichung im allgemeinen irreduzibel ist. Ebenso wie oben ergibt sich dann, daß es kein allgemeines Konstruktionsverfahren mit Zirkel und Lineal für die Dreiteilung jedes Winkels geben kann.

Die Quadratur des Kreises bedeutet, eine Strecke der Länge π zu konstruieren. Da die Zahl π transzendent ist, d. h. überhaupt keiner algebraischen Erweiterung des Körpers der rationalen Zahlen angehört, ist das Problem unlösbar.

Konstruktion eines regulären n-Ecks. Die n-ten Einheitswurzeln zerlegen den Einheitskreis in n gleiche Teile. Ein so dem Einheitskreis einbeschriebenes reguläres n-Eck läßt sich genau dann mit Zirkel und Lineal konstruieren, wenn die Zahl n eine Darstellung der Form $n = 2^\nu p_1 \cdot p_2 \cdots p_k$ hat, wobei ν eine nichtnegative ganze Zahl ist und $p_1, p_2, \ldots, p_k$ verschiedene *Fermatsche Primzahlen*, d. h. Primzahlen der Form $p = 2^m + 1$ sind. Also sind alle regulären n-Ecke mit $n = 3, 4, 5, 6, 8, 10, 12, 15, 16, 17, 20, 24, \ldots, 257, \ldots$ mit Zirkel und Lineal konstruierbar (vgl. Kap. 7.6. – Regelmäßige konvexe n-Ecke).

Anwendungen

Die Körpertheorie hat vielerlei Anwendungen in anderen Gebieten der Mathematik gefunden. Die Methoden der Körpertheorie werden außer in der *Galoisschen Theorie* auch in der *algebraischen Zahlentheorie* und in der *Kodierungstheorie* benutzt. Verschiedene in der *Funktionentheorie* (vgl. (vgl. Kap. 23.) betrachtete Funktionenklassen, z. B. die rationalen oder die *elliptischen* Funktionen, bilden einen Körper; auf sie lassen sich deshalb Ergebnisse der allgemeinen Körpertheorie anwenden; umgekehrt werden häufig Ergebnisse der Funktionentheorie, z. B. beim Beweis des Fundamentalsatzes der Algebra, zur genaueren Untersuchung des Körpers der komplexen Zahlen verwendet. Über *algebraische Mannigfaltigkeiten* wird im Kapitel 32. berichtet.

16.3. Verbände

Unter dem Gesichtspunkt der Verallgemeinerung von Beziehungen, wie sie zwischen Teilmengen, aber auch zwischen Teilstrukturen gewisser Strukturen, wie Gruppen, Körpern, topologischen Räumen u. a., auftreten, ist der Begriff des Verbandes hervorgegangen. Die eigentliche Entfaltung der Verbandstheorie hat ungefähr 1930 begonnen und wurde in weitem Maße durch die Arbeiten von Garrett Birkhoff beeinflußt und gefördert.

Eine Menge V mit zwei Verknüpfungen, die als Durchschnitt ($\frown$) und Vereinigung ($\smile$) bezeichnet werden, heißt ein Verband, wenn zwischen beliebigen Elementen $a, b, \ldots$ aus V folgende Eigenschaften bestehen:

(1) die Kommutativität $a \frown b = b \frown a$; $a \smile b = b \smile a$,
(2) die Assoziativität $(a \frown b) \frown c = a \frown (b \frown c)$; $(a \smile b) \smile c = a \smile (b \smile c)$,
(3) die Verschmelzungsregeln $a \frown (a \smile b) = a$; $a \smile (a \frown b) = a$.

Beispiel 1: Sind U_1 und U_2 beliebige Untergruppen einer Gruppe G, so ist sowohl $U_1 \frown U_2$ als auch $U_1 \dot\smile U_2 = \langle U_1 \smile U_2 \rangle$ wiederum eine Untergruppe der Gruppe G. Bezüglich dieser beiden Verknüpfungen bildet die Menge aller Untergruppen einen Verband, den *Untergruppenverband* von G.

Beispiel 2: Die positiven ganzen Zahlen bilden einen Verband bezüglich des größten gemeinsamen Teilers (Durchschnitt) und des kleinsten gemeinsamen Vielfachen (Vereinigung).

Beispiel 3: Gewisse Klassen von Aussagen bilden einen Verband bezüglich der Partikel »*und*« (Vereinigung) und »*oder*« (Durchschnitt).

Beispiel 4: Die Teilmengen einer festen Menge bilden einen Verband bezüglich des mengentheoretischen Durchschnitts und der mengentheoretischen Vereinigung.

Beispiel 5: Die *Zwischenkörper* zwischen zwei festen Körpern bilden einen Verband bezüglich des Durchschnitts und der Vereinigung, wenn unter Vereinigung zweier Zwischenkörper der kleinste Zwischenkörper zu verstehen ist, der beide enthält.

Eine *eineindeutige Abbildung* φ eines Verbands V_1 auf einen Verband V_2 wird *Isomorphismus* genannt, wenn für zwei beliebige Elemente a, b aus V_1 gilt:

$$\varphi(a \frown b) = \varphi(a) \frown \varphi(b) \quad \text{und} \quad \varphi(a \smile b) = \varphi(a) \smile \varphi(b).$$

Vertauscht man in einem Verband V_2 die beiden Operationen $\frown$ und $\smile$, so erhält man einen Verband $D(V_2)$, den zu V_2 *dualen Verband.* Eine eineindeutige Abbildung φ eines Verbands V_1 auf den Verband V_2 heißt ein *dualer Isomorphismus*, wenn φ ein Isomorphismus von V_1 auf $D(V_2)$ ist.
Die Begriffe der *Verbandstheorie* ermöglichen die folgende Formulierung des *Hauptsatzes der Galoisschen Theorie*:

Hauptsatz der Galoisschen Theorie: Die Zuordnung, die jedem Zwischenkörper die ihm entsprechende Galoissche Gruppe zuordnet, ist ein dualer Isomorphismus zwischen dem Verband der Zwischenkörper und dem Verband der Untergruppen der Galoisschen Gruppe.

Teilweise geordnete Mengen. Eine Menge H mit den Elementen $a, b, c, \ldots$, in der eine *Relation* $a \subseteq b$ definiert ist, heißt in bezug auf diese Relation eine *teilweise geordnete Menge*, wenn die Relation $\subseteq$ *reflexiv*, *transitiv* und *antisymmetrisch* ist; dabei bedeutet antisymmetrisch, daß aus $a \subseteq b$ und $b \subseteq a$ stets $a = b$ folgt.
Es sei darauf hingewiesen, daß die Relation nicht für je zwei Elemente aus H erklärt zu sein braucht.

Beispiel 6: Die Menge der natürlichen Zahlen 1, 2, 3, ... bezüglich der Relation »a teilt b«.

Beispiel 7: Die Gesamtheit aller Teilmengen einer festen Menge bezüglich der mengentheoretischen Inklusion $\subseteq$.

Beispiel 8: Die Menge aller stetigen Funktionen auf dem Intervall [0, 1]; dabei bedeutet $f \subseteq g$, daß $f(x) = g(x)$ für alle x aus diesem Intervall ist.

Es ist üblich, die Relation $\subseteq$ als *Enthaltenseinsbeziehung* zu interpretieren und endliche teilweise geordnete Mengen durch *Diagramme* darzustellen. In einer solchen Darstellung wird jedem Element a ein Kreis K_a in der Zeichenebene zugeordnet, und zwar so, daß im Falle $a \subset b$ der a entsprechende Kreis tiefer als der b entsprechende Kreis liegt; auf seitliche Verschiebungen soll es dabei nicht ankommen. Ferner werden nur jene Kreise K_a, K_b durch Strecken verbunden, für die $a \subset b$ gilt und es kein x gibt mit $a \subset x \subset b$.

Beispiel 9: H besteht aus den Teilmengen der Menge $M = \{a, b, c\}$: $M_0 = M$, $M_1 = \{a, b\}$, $M_2 = \{a, c\}$, $M_3 = \{b, c\}$, $M_4 = \{a\}$, $M_5 = \{b\}$, $M_6 = \{c\}$, $M_7 = \emptyset$, und läßt sich durch ein Diagramm darstellen (Abb. 16.3-1).

Beispiel 10: Die aus 1, 2 und 3 Elementen bestehenden teilweise geordneten Mengen können nebenstehende Diagramme haben (Abb. 16.3-2).

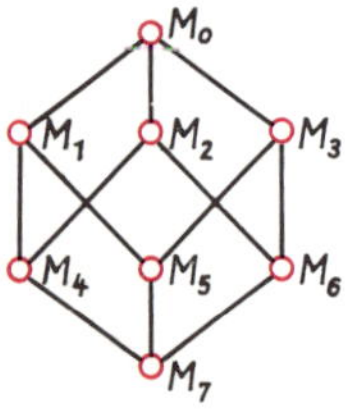

16.3-1 Diagramm der Menge H (vgl. Beispiel 9)

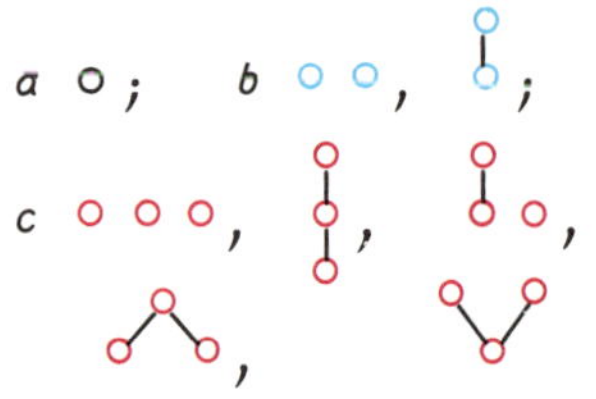

16.3-2 Mögliche Diagramme teilweise geordneter Mengen a aus 1, b aus 2 und c aus 3 Elementen

Einem beliebigen Verband V *entspricht eindeutig eine teilweise geordnete Menge* $M(V)$, die die *gleiche* Elementmenge wie V hat. Dazu definiert man: $a \subseteq b$, wenn $a \frown b = a$ ist. Für spezielle teilweise geordnete Mengen ist diese Aussage umkehrbar.

Anwendungen. Der Bereich der Anwendungen der Verbandstheorie ist infolge ihrer Allgemeinheit außerordentlich weit. Als wichtige Beispiele seien die mathematische Logik, die Grundlagenforschung, die Algebra, die Topologie und die Integrationstheorie genannt. Erst unter Verwendung der Begriffe der Verbandstheorie konnte ein für die moderne Mathematik hinreichend allgemeiner Integrationsbegriff entwickelt werden.

16.4. Ringe und Algebren

Ringe. Eine nichtleere Menge R nennt man einen *Ring*, wenn in ihr zwei Verknüpfungen, Addition und Multiplikation, erklärt sind. Dabei bilde R bezüglich der Addition eine abelsche Gruppe – die *additive Gruppe des Ringes R* –, ferner sei die Multiplikation mit der Addition durch die beiden Distributivgesetze $a(b + c) = ab + ac$ und $(a + b)\,c = ac + bc$ verbunden. Ist die Multiplikation assoziativ, so spricht man von einem *assoziativen Ring* und von seiner *multiplikativen Halbgruppe*. Genügt die Multiplikation dem Kommutativgesetz, so wird der Ring *kommutativ* genannt. Jeder Integritätsbereich und jeder Körper ist ein assoziativer kommutativer Ring.

Beispiele. 1: Der *nichtassoziative* Ring der Vektoren des dreidimensionalen euklidischen Raums mit der Vektoraddition und der vektoriellen Multiplikation als Verknüpfungen.

2: Der *assoziative nichtkommutative* Ring der n-reihigen quadratischen Matrizen mit den Verknüpfungen der Matrizenaddition und der Matrizenmultiplikation (vgl. Kap. 17.5.).

Die Untersuchung der Ringe, die bis heute ein besonderes Interesse für die algebraische Forschung hat, war maßgebend für die Entwicklung der abstrakten Algebra im 20. Jahrhundert. Die heute in der Algebra allgemein übliche Untersuchung algebraischer Strukturen wurde von Emmy Noether (1882–1935) vorgeschlagen und von ihr und ihren Schülern für eine Reihe von wichtigen Beispielen durchgeführt. Damit bekam die Algebra völlig neue Impulse, die zu neuen Anwendungen der Algebra geführt haben.

Algebren. Der Begriff Algebra ist aus Untersuchungen solcher Ringe hervorgegangen, die sich außerdem als *Vektorräume* auffassen lassen.
Eine *Algebra* ist ein assoziativer Ring A, dessen additive Gruppe A^+ einen Vektorraum über einem Körper K bildet und dessen Multiplikation mit der Multiplikation mit „Skalaren" α aus K durch die Gleichung $(\alpha u)\, v = u(\alpha v)$ für $u, v \in A$ verknüpft ist.
Die Dimension der Algebra A als Vektorraum bezeichnet man auch als den *Rang* der Algebra.

Beispiele. 3: Die *stetigen* und ebenso die *differenzierbaren* reellwertigen oder komplexwertigen Funktionen auf einem Intervall bilden eine Algebra.
4: Die reellen und ebenso die komplexen n-reihigen quadratischen Matrizen bilden eine Algebra vom Rang n_2.

Strukturkonstanten. Da sich jedes Element einer Algebra n-ten Ranges als Linearkombination von Basiselementen $u_1, \ldots, u_n$ darstellen läßt, ergibt sich für das Produkt zweier Elemente $u = \sum_{i=1}^{n} \alpha_i u_i$ und $v = \sum_{j=1}^{n} \beta_j u_j$ der Ausdruck $uv = \sum_i \sum_j \alpha_i \beta_j (u_i u_j) = \sum_{i,j} \alpha_i \beta_j (u_i u_j)$. Daraus folgt, daß die Produkte uv berechenbar sind, wenn die Produkte $u_i u_j$ der Basiselemente bekannt sind. Die Produkte $u_i u_j$ müssen wie jedes Element der Algebra Linearkombinationen von $u_1, \ldots, u_n$ sein:

$$u_i u_j = \sum_{k=1}^{n} \gamma_{ij}^k u_k.$$

Die n^3 Konstanten γ_{ij}^k heißen *Strukturkonstanten* der Algebra. Durch sie wird die Multiplikation mit Hilfe der Gleichungen für uv und $u_i u_j$ vollständig bestimmt.

Beispiel 5: Die Algebra Q vom Rang 4 mit den Basiselementen 1, i, j, k und den Produkten $1^2 = 1$, $i^2 = j^2 = k^2 = -1$; $ij = k$, $jk = i$, $ki = j$ und $ji = -k$, $kj = -i$, $ik = -j$ heißt *Quaternionenalgebra.* Sie enthält als Teilkörper die komplexen Zahlen $a + bi$.

Anwendungen. Neben den für die Körpertheorie genannten Anwendungen, bei denen auch die Ringtheorie eine entscheidende Rolle spielt, haben sich in der letzten Zeit weitere Anwendungen in der *Funktionalanalysis* ergeben. Durch Einführung einer Verallgemeinerung des absoluten Betrags (vgl. Kap. 39.1. – Der normierte Raum) kommt man zum Begriff der *normierten und der Hilbertschen Algebra.* Die Theorie der normierten Algebren ist ein wichtiges Hilfsmittel der Analysis und der *topologischen Algebra.*

16.5. Darstellungstheorie

In engem Zusammenhang mit der Theorie der Algebren steht die *Darstellungstheorie.* Es handelt sich dabei um die Aufgabe, eine Gruppe, einen Ring oder eine Algebra *homomorph*, d. h. in gewissem Sinne ähnlich, *in eine Gruppe oder einen Ring von Matrizen oder linearen Operatoren eines Vektorraums* abzubilden. Dieser Vektorraum wird *Darstellungsraum* genannt. Die Bestimmung der Darstellungen einer Gruppe oder einer Algebra ist nicht nur für die Strukturuntersuchung der Gruppen bzw. Algebren, sondern auch für viele Anwendungen in der Physik und Chemie, z. B. in der *Quantenmechanik*, von besonderer Bedeutung. Darüber hinaus läßt sich die Darstellungstheorie in gewisser Weise als ein Ordnungsprinzip in der Geometrie verwenden und verallgemeinert die im Anfang des 20. Jahrhunderts in Blüte stehende Invariantentheorie.

Darstellung einer Gruppe. Als Darstellungsraum betrachte man einen komplexen Vektorraum V (vgl. Kap. 17.3.). Unter einer *Darstellung* einer Gruppe G versteht man einen Homomorphismus der Gruppe G in die Gruppe der *regulären linearen Operatoren* eines Vektorraums V. Ist V ein n-dimensionaler Vektorraum, so spricht man von einer *n-dimensionalen* Darstellung. In diesem Fall läßt sich jeder lineare Operator nach Wahl einer Basis in V durch eine n-reihige reguläre quadratische Matrix beschreiben, und man erhält einen Homomorphismus der Gruppe G in die allgemeine lineare

Gruppe GL(n) (vgl. 16.1.). Einen solchen Homomorphismus nennt man eine *Matrizendarstellung* der Gruppe G.
Die konkrete Beschreibung von Darstellungen weist besondere Schwierigkeiten auf. Für eine Reihe wichtiger Gruppen, z. B. die Gruppen aller Permutationen einer bestimmten Anzahl von Elementen, sind darum besondere Methoden zur Gewinnung ihrer Darstellungen entwickelt worden. Für unendliche, insbesondere *topologische* Gruppen sind die Probleme der Darstellungstheorie besonders schwierig. Für gewisse wichtige *Liesche* Gruppen (vgl. 16.1. – Topologische Gruppen), so vor allem für die Drehgruppe und die Lorentz-Gruppe, sind jedoch viele Fragen beantwortet.

Anwendungen. Neben den schon erwähnten Anwendungen wird die Darstellungstheorie vielfach in der Analysis angewendet. So geben die Darstellungen der Drehgruppe, d. h. der Gruppe der Drehungen einer Kugel im dreidimensionalen Raum, Anlaß zu einer vertieften Theorie der *Kugelfunktionen*, während sich durch die Darstellungen anderer Gruppen z. B. wichtige Eigenschaften der Bessel-Funktionen herleiten lassen.
Die Darstellungen der Lorentz-Gruppe sind naturgemäß für die Physik von Bedeutung.

Schlußbemerkung

Zusammenfassend kann man sagen, daß sich die Algebra heute als eine Theorie der algebraischen Strukturen darstellt. Unter einer *algebraischen Struktur* versteht man dabei eine Menge von Elementen, die in bezug auf zwischen diesen erklärte Verknüpfungen (Addition, Multiplikation, Durchschnitt u. a.) untersucht wird, wobei die Natur der Elemente selbst gleichgültig ist. Dieser Strukturbegriff, wie er sich im Anfang dieses Jahrhunderts entwickelt hat, ist für die Algebra von großer Bedeutung und hat die Entwicklung der Algebra in den letzten 50 Jahren geprägt. Er hat inzwischen in abgewandelter Form (topologische, differenzierbare Strukturen) auch in andere Gebiete der Mathematik Eingang gefunden.
In der letzten Zeit hat sich im Zusammenhang mit verschiedenen anderen Disziplinen der Mathematik eine Reihe neuer Begriffe herausgebildet, deren Untersuchung jedoch noch zu sehr in der Entwicklung steht und deren Bedeutung in vielen Fällen noch nicht abschließend geklärt ist.

17. Lineare Algebra

17.1. Lineare Gleichungssysteme

Allgemein ist eine *lineare Gleichung* mit n Variablen $x_1, x_2, \ldots, x_n$ eine Gleichung der Form

$$a_1x_1 + a_2x_2 + \cdots + a_nx_n = b.$$

Die Zahlen $a_1, a_2, \ldots, a_n$ heißen die *Koeffizienten*, b das *absolute Glied* der Gleichung; sie sind rationale, reelle oder komplexe Zahlen. Für $n = 1$ und $n = 2$ erhält man die schon behandelten Fälle (vgl. Kap. 4.).
Viele Fragestellungen der Mathematik führen aber nicht nur auf eine lineare Gleichung, sondern auf ein ganzes System von solchen Gleichungen.
Lineare Gleichungssysteme. Ein einfaches Beispiel für ein lineares Gleichungssystem wird durch die beiden Gleichungen $a_1x + b_1y = c_1$ und $a_2x + b_2y = c_2$ gegeben (vgl. Kap. 4.2. – Lineare Gleichungen mit zwei Gleichungsvariablen). Dabei sind $a_1, a_2, b_1, b_2, c_1, c_2$ gegebene Zahlen. Eine Lösung eines solchen Gleichungssystems ist ein Paar $(\bar{x}, \bar{y})$ von zwei Zahlen, die, $\bar{x}$ für x und $\bar{y}$ für y eingesetzt, beide Gleichungen gleichzeitig erfüllen, d. h. in wahre Gleichheitsaussagen überführen. Dies verallgemeinert, versteht man unter einem *linearen Gleichungssystem mit m Gleichungen und n Variablen* $x_1, x_2, \ldots, x_n$ ein System der Form

$$\begin{aligned} a_{11}x_1 + a_{12}x_2 + \cdots + a_{1n}x_n &= b_1 \\ a_{21}x_1 + a_{22}x_2 + \cdots + a_{2n}x_n &= b_2 \\ \vdots \\ a_{m1}x_1 + a_{m2}x_2 + \cdots + a_{mn}x_n &= b_m \end{aligned}$$

und die Frage nach den Lösungen eines solchen Systems. Die a_{ik}, b_i sind gegebene Zahlen; die Koeffizienten a_{ik} werden dabei zweckmäßigerweise mit zwei Indizes versehen, deren erster angibt, in welcher Gleichung er sich befindet, und aus deren zweitem man entnimmt, bei welcher der Variablen der Koeffizient steht; z. B. steht a_{23} [lies *a* zwei drei, nicht *a* dreiundzwanzig] in der zweiten Gleichung bei der Variablen x_3.

Ein lineares Gleichungssystem heißt *homogen*, wenn die absoluten Glieder $b_1, b_2, \ldots, b_m$ sämtlich Null sind; andernfalls, d. h., wenn auch nur ein b_i ungleich Null ist, spricht man von einem *inhomogenen* Gleichungssystem. Ersetzt man in einem inhomogenen System die Absolutglieder durch lauter Nullen, so entsteht das zu dem *inhomogenen gehörige homogene* lineare Gleichungssystem. Eine *Lösung* eines linearen Gleichungssystems mit *m* Gleichungen und *n* Variablen $x_1, x_2, \ldots, x_n$ besteht aus *n* in fester Reihenfolge stehenden Zahlen $\bar{x}_1, \bar{x}_2, \ldots, \bar{x}_n$, so daß sämtliche *m* Gleichungen erfüllt sind, wenn für die Variablen x_i die Zahlen $\bar{x}_i$ eingesetzt werden. Man nennt *n* in fester Reihenfolge stehende Zahlen $c_1, c_2, \ldots, c_n$ ein *n*-Tupel und schreibt dafür $(c_1, c_2, \ldots, c_n)$. Zwei *n*-Tupel $(c_1, c_2, \ldots, c_n)$ und $(d_1, d_2, \ldots, d_n)$ sind genau dann gleich, wenn $c_1 = d_1$, $c_2 = d_2, \ldots, c_n = d_n$. Ist nun $(\bar{x}_1, \bar{x}_2, \ldots, \bar{x}_n)$ ein *Lösungstupel* des gegebenen linearen Gleichungssystems, so ist gegebenenfalls noch zu prüfen, ob die $\bar{x}_i$ im vorgegebenen Variablengrundbereich liegen. Im folgenden wird der Einfachheit halber angenommen, daß die Grundbereiche aller Variablen die Menge der reellen bzw. der komplexen Zahlen sind, falls alle Koeffizienten des Systems reell bzw. komplex sind.

Die Frage nach den Lösungen eines linearen Gleichungssystems führt auf drei *unterschiedlich* zu behandelnde Probleme: Das *Existenzproblem* untersucht, unter welchen Bedingungen für die Koeffizienten das Gleichungssystem eine Lösung hat, denn z. B. hat schon die in *x* lineare Gleichung $0 \cdot x = 1$ keine Lösung. Das zweite Problem ist, eine *Methode* zu finden, die *eine Lösung* des Gleichungssystems liefert, und das dritte Problem besteht darin, *alle Lösungen* des gegebenen Gleichungssystems zu finden.

Existenz von Lösungen. Ohne an den Lösungen oder der Lösbarkeit eines linearen Gleichungssystems etwas zu ändern, kann man folgende Operationen mit den Gleichungen vornehmen:

(1) Addition von Gleichungen des Systems zu anderen Gleichungen des Systems.
(2) Multiplikation von Gleichungen des Systems mit von Null verschiedenen Faktoren.
(3) Änderung der Reihenfolge der Gleichungen des Systems.

Beispiel 1:

$$\begin{array}{l|l} 2x_1 + x_2 = 1 & +1 \\ x_1 - 3x_2 = 4 & -2 \end{array} \quad \rightarrow \quad \begin{array}{l} 2x_1 + x_2 = 1 \\ -2x_1 + 6x_2 = -8 \end{array} \quad \xrightarrow{+} \quad \begin{array}{r} 2x_1 + x_2 = 1 \\ 7x_2 = -7 \end{array}$$

Das System hat die einzige Lösung $x_1 = 1$, $x_2 = -1$.

Das folgende Kriterium gibt theoretische Einsichten über die Existenz von Lösungen. Praktisch läßt es sich mit Erfolg beim Nachweis benutzen, daß ein System keine Lösung hat.

Ein lineares Gleichungssystem ist genau dann lösbar, wenn folgendes gilt: In jedem Fall, in dem mehrfache Anwendung der Operationen (1) und (2) zum Verschwinden sämtlicher Koeffizienten in einer Gleichung führt, ergibt die Anwendung der gleichen Operationen auf die Absolutglieder ebenfalls den Wert Null.

Beispiel 2: Das nebenstehende Gleichungssystem ist nicht lösbar. Wie die roten Zahlen angeben, werden die Gleichungen der Reihe nach mit -1, 1, -1 multipliziert und dann addiert. Links ergibt sich $0 \cdot x_1 + 0 \cdot x_2 + 0 \cdot x_3$, während rechts 1 steht.

$$\begin{array}{rcl|r} 2x_1 + x_2 + x_3 &=& 1 & -1 \\ x_1 + 2x_2 + x_3 &=& 1 & +1 \\ -x_1 + x_2 &=& -1 & -1 \end{array}$$

Homogene Gleichungssysteme und vollständige Lösung. Das Problem, alle Lösungen eines linearen Gleichungssystems zu finden, kann man auf das im allgemeinen einfachere Problem zurückführen, alle Lösungen des zugehörigen homogenen Gleichungssystems zu bestimmen. Das liegt an den folgenden, leicht überprüfbaren Eigenschaften, die Analogien zu den Operationen (1) und (2) erkennen lassen:

1. Sind $(\bar{x}_1, \bar{x}_2, \ldots, \bar{x}_n)$ und $(\bar{y}_1, \bar{y}_2, \ldots, \bar{y}_n)$ Lösungen eines homogenen linearen Gleichungssystems, so ist die Summe $(\bar{x}_1 + \bar{y}_1, \bar{x}_2 + \bar{y}_2, \ldots, \bar{x}_n + \bar{y}_n)$ dieser beiden Lösungen, die komponentenweise gebildet wird, wieder eine Lösung dieses Gleichungssystems.

2. Ist $(\bar{x}_1, \bar{x}_2, \ldots, \bar{x}_n)$ eine Lösung, so ist auch $(c\bar{x}_1, c\bar{x}_2, \ldots, c\bar{x}_n)$ eine Lösung, die durch komponentenweise Multiplikation der ersten mit einem Faktor c entsteht.
3. Das n-Tupel $(0, 0, \ldots, 0)$ ist stets Lösung eines homogenen Gleichungssystems und heißt die *triviale Lösung* des Gleichungssystems.
Aus den Eigenschaften 1 und 2 folgt: Sind $(\bar{x}_1^{(1)}, \bar{x}_2^{(1)}, \ldots, \bar{x}_n^{(1)})$, $(\bar{x}_1^{(2)}, \bar{x}_2^{(2)}, \ldots, \bar{x}_n^{(2)})$, …, $(\bar{x}_1^{(m)}, \bar{x}_2^{(m)}, \ldots, \bar{x}_n^{(m)})$ m Lösungen eines homogenen linearen Gleichungssystems, so ist auch der Ausdruck

$$\lambda_1(\bar{x}_1^{(1)}, \bar{x}_2^{(1)}, \ldots, \bar{x}_n^{(1)}) + \lambda_2(\bar{x}_1^{(2)}, \bar{x}_2^{(2)}, \ldots, \bar{x}_n^{(2)}) + \cdots + \lambda_m(\bar{x}_1^{(m)}, \bar{x}_2^{(m)}, \ldots, \bar{x}_n^{(m)})$$
$$= (\lambda_1\bar{x}_1^{(1)} + \lambda_2\bar{x}_1^{(2)} + \cdots + \lambda_m\bar{x}_1^{(m)}, \ldots, \lambda_1\bar{x}_n^{(1)} + \lambda_2\bar{x}_n^{(2)} + \cdots + \lambda_m\bar{x}_n^{(m)})$$

für beliebige reelle λ_i mit $i = 1, 2, \ldots, m$ eine Lösung dieses Systems. Jede solche „Vielfachsumme" nennt man eine *Linearkombination*, und die Eigenschaften (1) und (2) besagen gerade, daß jede Linearkombination von Lösungen eines homogenen linearen Gleichungssystems ebenfalls eine Lösung dieses Systems ist.
Für inhomogene lineare Gleichungssysteme gelten diese Eigenschaften nicht. Es besteht aber ein Zusammenhang zwischen den Lösungen eines inhomogenen Systems und den Lösungen des zugehörigen homogenen Systems durch den folgenden Satz:

Addiert man zu einer beliebigen Lösung eines inhomogenen Gleichungssystems eine Lösung des zugehörigen homogenen Systems, so entsteht wieder eine Lösung des inhomogenen Systems. Kennt man alle Lösungen des homogenen Systems und addiert diese zu einer beliebigen, aber festen Lösung des inhomogenen Systems, so erhält man alle Lösungen des inhomogenen Systems.

Das Gaußsche Eliminationsverfahren – der Gaußsche Algorithmus. Dieses Verfahren dient zur Berechnung von Lösungen linearer Gleichungssysteme. Es eignet sich sowohl dazu, nur eine spezielle Lösung zu bestimmen, als auch zur Angabe der gesamten Lösungsmannigfaltigkeit. Das Gaußsche Eliminationsverfahren läßt sich mit Hilfe moderner Rechenanlagen gut durchführen und hat deshalb in der heutigen Zeit an Bedeutung gewonnen. Seine Grundidee besteht darin, aus einem System von m linearen Gleichungen mit n Variablen $m - 1$ Gleichungen mit Hilfe der Operationen (1) bis (3) so umzuformen, daß eine der Variablen, etwa x_1, in diesen $m - 1$ Gleichungen nicht mehr vorkommt; man sagt auch, daß x_1 *eliminiert* wird. Aus $m - 2$ von diesen $m - 1$ neuen Gleichungen läßt sich mit Hilfe derselben Operationen z. B. x_2 entfernen. Indem man so fortfährt, entsteht schließlich ein leicht lösbares System, in dem x_1 nur in der ersten, x_2 nur in der ersten und zweiten Gleichung vorkommen usw.
Der Gaußsche Algorithmus soll zunächst an einem ganz einfachen Beispiel erläutert werden.

Beispiel 3: Die Gleichung (2) enthält x_1 nicht; dieses steht außer in (1) nur noch in (3). Multiplikation der Gleichung (1) mit $-{}^2/_3$ und anschließende Addition der neuen Gleichung zu (3) liefert das System (1′), (2′), (3′).
Da x_2 in (3′) nicht mehr auftritt, braucht es dort nicht eliminiert zu werden. Man berechnet $\bar{x}_3 = 3$ aus (3′), dann $\bar{x}_2 = 2$ aus (2′), schließlich aus (1′) $\bar{x}_1 = 1$.

$$\begin{array}{rl} 3x_1 - 3x_2 + x_3 = 0 & (1) \\ 4x_2 - x_3 = 5 & (2) \\ 2x_1 - 2x_2 + x_3 = 1 & (3) \end{array} \qquad \longrightarrow \qquad \begin{array}{rl} 3x_1 - 3x_2 + x_3 = 0 & (1') \\ 4x_2 - x_3 = 5 & (2') \\ {}^1/_3 x_3 = 1 & (3') \end{array}$$

Mit allgemeinen Koeffizienten wird jetzt der Fall eines Systems von drei Gleichungen mit vier Variablen behandelt. Ersetzt man drei durch m und vier durch n, so geht alles ganz analog. Im Gleichungssystem S kann a_{11} als von Null verschieden angesehen werden; dies läßt sich immer durch Anwendung der Operation (3) erreichen. Zur Gleichung (2) bzw. (3) wird die mit $-a_{21}/a_{11}$ bzw. $-a_{31}/a_{11}$ multiplizierte Gleichung (1) addiert. Man erhält ein System S_1, in dem $a'_{ij} = a_{ij} - a_{i1}a_{1j}/a_{11}$, $b'_i = b_i - a_{i1}b_1/a_{11}$, für $i = 2, 3$ und $j = 2, 3, 4$, sind. Sind in (2′) und (3′) alle Koeffizienten Null, während b'_2 oder b'_3 ungleich Null ist, so hat das System nach dem Kriterium

$$\boxed{S} \quad \begin{array}{rl} a_{11}x_1 + a_{12}x_2 + a_{13}x_3 + a_{14}x_4 = b_1 & (1) \\ a_{21}x_1 + a_{22}x_2 + a_{23}x_3 + a_{24}x_4 = b_2 & (2) \\ a_{31}x_1 + a_{32}x_2 + a_{33}x_3 + a_{34}x_4 = b_3 & (3) \end{array}$$

$$\boxed{S_1} \quad \begin{array}{rl} a_{11}x_1 + a_{12}x_2 + a_{13}x_3 + a_{14}x_4 = b_1 & (1') \\ a'_{22}x_2 + a'_{23}x_3 + a'_{24}x_4 = b'_2 & (2') \\ a'_{32}x_2 + a'_{33}x_3 + a'_{34}x_4 = b'_3 & (3') \end{array}$$

des vorigen Abschnitts keine Lösung; gilt aber $b'_2 = b'_3 = 0$, so werden x_2, x_3, x_4 beliebig gewählt und x_1 aus (1′) bestimmt. Treten diese beiden Fälle nicht ein, so läßt sich durch eventuelles Vertauschen von (2′) und (3′) bzw. durch Vertauschen und Umbenennen der Variablen erreichen, daß der dann an der Stelle von a'_{22} stehende Koeffizient nicht Null ist. Um Bezeichnungen zu sparen, wird das so erhaltene Gleichungssystem in der Form (1′), (2′), (3′) angenommen (vgl. Beispiele 4., 5.).
Zu (3′) wird die mit $-a'_{32}/a'_{22}$ multiplizierte Gleichung (2′) addiert. Man erhält das System S_2 mit $a''_{3j} = a'_{3j} - a'_{32}a'_{2j}/a'_{22}$, $b''_3 = b'_3 - a'_{32}b'_2/a'_{22}$; für $j = 3, 4$.

Analog zum vorigen Schritt hat man für $a''_{33} = a''_{34} = 0$ zwei Fälle zu unterscheiden: Ist $b''_3 \neq 0$, so existiert keine Lösung; ist $b''_3 = 0$, wählt man x_3, x_4 beliebig und bestimmt x_1 und x_2 aus den Gleichungen (1″) und (2″).

$$\begin{array}{rrrrl} a_{11}x_1 + & a_{12}x_2 + & a_{13}x_3 + & a_{14}x_4 = & b_1 \quad (1'') \\ & a'_{22}x_2 + & a'_{23}x_3 + & a'_{24}x_4 = & b'_2 \quad (2'') \\ S_2 & & a''_{33}x_3 + & a''_{34}x_4 = & b''_3 \quad (3'') \end{array}$$

Ist jetzt $a''_{33} \neq 0$, so setzt man für x_4 eine beliebige Zahl d ein und bekommt aus (3″) x_3, aus (2″) dann x_2 und aus (1″) schließlich x_1. Zu jeder Zahl d gibt es eine Lösung, und alle möglichen Lösungen erhält man auf diese Art und Weise. Es bleibt die Möglichkeit $a''_{33} = 0$ und $a''_{34} \neq 0$ offen. Diese erledigt sich durch dasselbe Verfahren wie eben, indem man x_3 und x_4 vertauscht.

Beispiel 4: Aus dem gegebenen System S_1 entsteht S_2 durch Vertauschen der 1. und der 2. Zeile. In S_2 wird die mit $-0/1 = 0$ multiplizierte Gleichung (1) zu (2) addiert und die mit $-3/1 = -3$ multiplizierte Gleichung (1) zu (3). Im erhaltenen System S_3 wird x_2 mit x_4 vertauscht und x_2 in x'_4 und x_4 in x'_2 umbenannt. Man erhält S_4; in ihm addiert man die mit $-(-4)/4 = 1$ multiplizierte Gleichung (2′) zu (3′). In S_5 setzt man $\bar{x}'_4 = \bar{x}_2 = d$ und erhält $\bar{x}_3 = 2$, $\bar{x}'_2 = \bar{x}_4 = 1$, $\bar{x}_1 = -7 + 2d$. Die Lösungsmenge L vom System S_1 ist mithin $L = \{(-7 + 2d, d, 2, 1); d \text{ reell}\}$.

$$S_1: \begin{array}{rrrrl} & & -x_3 + & 4x_4 = & 2 \\ x_1 - & 2x_2 + & 4x_3 + & 3x_4 = & 4 \\ 3x_1 - & 6x_2 + & 8x_3 + & 5x_4 = & 0 \end{array} \longrightarrow S_2: \begin{array}{rrrrll} x_1 - & 2x_2 + & 4x_3 + & 3x_4 = & 4 & (1) \\ & & -x_3 + & 4x_4 = & 2 & (2) \\ 3x_1 - & 6x_2 + & 8x_3 + & 5x_4 = & 0 & (3) \end{array}$$

$$\longrightarrow S_3: \begin{array}{rrrrl} x_1 - & 2x_2 + & 4x_3 + & 3x_4 = & 4 \\ & & -x_3 + & 4x_4 = & 2 \\ & & -4x_3 - & 4x_4 = & -12 \end{array} \longrightarrow S_4: \begin{array}{rrrrll} x_1 + & 3x'_2 + & 4x_3 - & 2x'_4 = & 4 & (1') \\ & 4x'_2 - & x_3 & = & 2 & (2') \\ & -4x'_2 - & 4x_3 & = & -12 & (3') \end{array}$$

$$\longrightarrow S_5: \begin{array}{rrrrl} x_1 + & 3x'_2 + & 4x_3 - & 2x'_4 = & 4 \\ & 4x'_2 - & x_3 & = & 2 \\ & & -5x_3 & = & -10 \end{array}$$

Beispiel 5: Zwei Systeme von vier Gleichungen mit drei Variablen und zwei verschiedenen rechten Seiten:

$$\begin{array}{rrrl} x_1 + & x_2 + & x_3 = & 6 \\ 2x_1 + & x_2 - & x_3 = & 1 \\ 4x_1 - & x_2 + & 2x_3 = & 8 \\ -x_1 + & x_2 + & 2x_3 = & 7 \end{array} \qquad \begin{array}{rrrl} x_1 + & x_2 + & x_3 = & 6 \\ 2x_1 + & x_2 - & x_3 = & 0 \\ 4x_1 - & x_2 + & 2x_3 = & 8 \\ -x_1 + & x_2 + & 2x_3 = & 7 \end{array}$$

Anwenden des Algorithmus führt zu folgenden Systemen S' und S''.

$$S': \begin{array}{rrrl} x_1 + & x_2 + & x_3 = & 6 \\ & -x_2 - & 3x_3 = & -11 \\ & & 13x_3 = & 39 \\ & & 0 = & 0 \end{array} \qquad S'': \begin{array}{rrrl} x_1 + & x_2 + & x_3 = & 6 \\ & -x_2 - & 3x_3 = & -12 \\ & & 13x_3 = & 44 \\ & & 0 = & -{}^{11}/_{13} \end{array}$$

Während System S' die Lösung $\bar{x}_3 = 3$, $\bar{x}_2 = 2$, $\bar{x}_1 = 1$ hat, existiert von S'' wegen des Widerspruchs in der letzten Gleichung keine Lösung.

Zur numerischen Lösung linearer Gleichungssysteme vgl. Kap. 29.4.

Geometrische Veranschaulichung. Eine lineare Gleichung mit zwei Variablen x, y definiert, wie aus der analytischen Geometrie bekannt, eine *Gerade* in der Ebene (vgl. Kap. 13.2. – Geradengleichungen). Durch zwei Gleichungen mit den beiden Variablen x, y werden zwei Geraden der Ebene definiert. Die Lösungen des Gleichungssystems liefern, sofern sie existieren, die *Schnittpunkte* der beiden Geraden. Folgende Fälle sind möglich:

a) Es gibt unendlich viele Lösungen und damit unendlich viele Schnittpunkte der beiden Geraden. Dies tritt ein, wenn eine der Variablen frei wählbar ist. Die Geraden fallen zusammen.
b) Das Gleichungssystem hat eine eindeutig bestimmte Lösung. Dann schneiden sich die Geraden in genau einem Punkt.
c) Das Gleichungssystem hat keine Lösung. Die Geraden sind parallel und verschieden.

Ähnlich verhält es sich bei einem System von drei Gleichungen mit drei Variablen x, y, z. Jede einzelne der Gleichungen definiert eine *Ebene* im dreidimensionalen Raum. Die Lösungen des Gleichungssystems liefern nun wieder sämtliche *Schnittpunkte*, in denen sich die drei Ebenen gleichzeitig schneiden.

17.2. Determinanten

Für die Lösung linearer Gleichungssysteme mit n Gleichungen und ebenso vielen Unbekannten spielen bei anderen Verfahren als dem Gaußschen die sog. *Determinanten* eine entscheidende Rolle.

Eine Determinante ist eine Funktion von n^2 Veränderlichen, die als quadratisches Schema in der nebenstehenden Form geschrieben wird. Die a_{ik} heißen *Elemente* der Determinante. Die in einer Reihe nebeneinander stehenden Elemente der Determinante bilden ein n-Tupel, das als *Zeile* bezeichnet wird; z. B. ist die i-te Zeile der Determinante das n-Tupel $(a_{i1}, a_{i2}, \ldots, a_{in})$. Entsprechend heißen die aus den in einer Reihe untereinander stehenden Elementen gebildeten n-Tupel *Spalten* der Determinante. Die Determinantenfunktion ordnet jedem derartigen Schema von n^2 reellen Zahlen a_{ik} als Funktionswert eine reelle Zahl zu. Dieser *Wert* der Determinante ist die Summe $\Sigma\,(-1)^k\, a_{1s_1}\, a_{2s_2} \ldots a_{ns_n}$, in der die Indizes $s_1, s_2, \ldots, s_n$ eine Permutation der n Zahlen $1, 2, \ldots, n$ und deshalb paarweise verschieden sind. Die Summation erstreckt sich über alle möglichen Permutationen der Zahlen $1, 2, \ldots, n$. Die Summanden sind danach die Produkte, die aus jeder Zeile und jeder Spalte der Determinante genau ein Element enthalten. Da es $n!$ Permutationen gibt, hat die Summe $n!$ Summanden. Das Vorzeichen $(-1)^k$ jedes Summanden bestimmt sich nach der Anzahl k der *Inversionen* in der jeweiligen Permutation $\begin{pmatrix} 1 & 2 & & n \\ s_1 & s_2 & \ldots & s_n \end{pmatrix}$; z. B. bilden die zweiten Indizes in dem Produkt $a_{13}\, a_{21}\, a_{34}\, a_{42}$ die Permutation $\begin{pmatrix} 1 & 2 & 3 & 4 \\ 3 & 1 & 4 & 2 \end{pmatrix}$, die $k = 3$ Inversionen enthält (vgl. Kap. 16.1. — Gruppen), so daß das Produkt mit dem negativen Vorzeichen zu versehen ist.

$$\begin{vmatrix} a_{11} & a_{12} \cdots a_{1n} \\ a_{21} & a_{22} \cdots a_{2n} \\ \vdots & \vdots \quad\quad \vdots \\ a_{n1} & a_{n2} \cdots a_{nn} \end{vmatrix}$$

Beispiel 1: Berechnung von zweireihigen Determinanten. Die Permutationen $\begin{pmatrix} 1 & 2 \\ 1 & 2 \end{pmatrix}$, $\begin{pmatrix} 1 & 2 \\ 2 & 1 \end{pmatrix}$ aus zwei Elementen enthalten 0 bzw. 1 Inversion, so daß man erhält:

$$\begin{vmatrix} a_{11} & a_{12} \\ a_{21} & a_{22} \end{vmatrix} = a_{11}\, a_{22} - a_{12}\, a_{21}$$

Beispiel 2: Berechnung von dreireihigen Determinanten. Die Permutationen π aus drei Elementen enthalten jeweils i Inversionen:

π	$\begin{pmatrix} 1 & 2 & 3 \\ 1 & 2 & 3 \end{pmatrix}$	$\begin{pmatrix} 1 & 2 & 3 \\ 1 & 3 & 2 \end{pmatrix}$	$\begin{pmatrix} 1 & 2 & 3 \\ 2 & 1 & 3 \end{pmatrix}$	$\begin{pmatrix} 1 & 2 & 3 \\ 2 & 3 & 1 \end{pmatrix}$	$\begin{pmatrix} 1 & 2 & 3 \\ 3 & 1 & 2 \end{pmatrix}$	$\begin{pmatrix} 1 & 2 & 3 \\ 3 & 2 & 1 \end{pmatrix}$
i	0	1	1	2	2	3

$$\begin{vmatrix} a_{11} & a_{12} & a_{13} \\ a_{21} & a_{22} & a_{23} \\ a_{31} & a_{32} & a_{33} \end{vmatrix} = a_{11}a_{22}a_{33} - a_{11}a_{23}a_{32} - a_{12}a_{21}a_{33} + a_{12}a_{23}a_{31} + a_{13}a_{21}a_{32} - a_{13}a_{22}a_{31}$$

Für zwei- und dreireihige Determinanten ergeben sich danach die folgenden Regeln: Man schreibt die zwei- oder dreireihigen Determinanten hin und ergänzt die dreireihigen durch die wiederholten ersten beiden Spalten (Abb.).

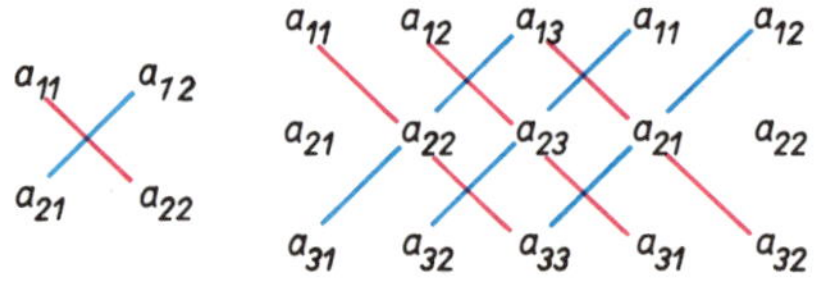

Die durch eine rote Linie verbundenen Elemente multipliziert man miteinander und addiert die Produkte; davon subtrahiert man die Produkte, die aus den durch blaue Linien verbundenen Elementen entstehen. Das Ergebnis ist der Wert der Determinante. Für dreireihige Determinanten wird diese Methode *Sarrussche Regel* genannt.

Eigenschaften einer Determinante. Aus der Definition der Determinante lassen sich folgende Aussagen ableiten:

1. **Die Determinante ist linear in jeder Zeile.**
2. **Beim Vertauschen zweier Zeilen ändert die Determinante ihr Vorzeichen.**
3. **Die Determinante hat den Wert Null, wenn eine Zeile eine Linearkombination anderer Zeilen ist; d. h. speziell, wenn eine Zeile nur aus Nullen besteht oder wenn zwei Zeilen gleich sind.**
4. **Die Determinante ändert ihren Wert nicht, wenn man zu einer Zeile eine Linearkombination anderer Zeilen addiert.**
5. **Die Determinante ändert ihren Wert nicht beim Vertauschen der Zeilen mit den Spalten.**

Die erste Aussage bedeutet: *a*) Einen allen Elementen einer Zeile gemeinsamen Faktor kann man als Faktor vor die Determinante schreiben. *b*) Lassen sich alle Elemente einer Zeile als Summen von je m Summanden schreiben, so läßt sich auch die Determinante in eine Summe von m Determinanten zerlegen; dabei bleiben alle anderen Zeilen ungeändert, z. B.

$$\begin{vmatrix} a_{11} & a_{12} & a_{13} \\ a_{21}+b_{21} & a_{22}+b_{22} & a_{23}+b_{23} \\ a_{31} & a_{32} & a_{33} \end{vmatrix} = \begin{vmatrix} a_{11} & a_{12} & a_{13} \\ a_{21} & a_{22} & a_{23} \\ a_{31} & a_{32} & a_{33} \end{vmatrix} + \begin{vmatrix} a_{11} & a_{12} & a_{13} \\ b_{21} & b_{22} & b_{23} \\ a_{31} & a_{32} & a_{33} \end{vmatrix}$$

Die Aussagen 3 und 4 sind unmittelbare Folgerungen aus 1 und 2, und aus der Eigenschaft 5 ergibt sich, daß alle für Zeilen ausgesprochenen Sätze ebenso für die Spalten einer Determinanten zutreffen.
Bei der praktischen Berechnung einer Determinante macht man häufig von den Regeln 3 und 4 Gebrauch.

Beispiel 3:

$$\begin{vmatrix} 5 & 3 & -1 \\ 0 & 0 & 0 \\ 7 & 9 & 8 \end{vmatrix} = 0; \quad \begin{vmatrix} 1 & 1 & 1 \\ 2 & 4 & 5 \\ 1 & 1 & 1 \end{vmatrix} = 0; \quad \begin{vmatrix} 1 & 1 & 1 \\ 2 & 4 & 5 \\ 4 & 6 & 7 \end{vmatrix} = 0;$$

$$\begin{vmatrix} 1 & 2 & 3 & 5 \\ 2 & -2 & 8 & 4 \\ 1 & 1 & -1 & 3 \\ 7 & 0 & 2 & 1 \end{vmatrix} = 2 \begin{vmatrix} 0+1 & 1+1 & 4-1 & 2+3 \\ 1 & -1 & 4 & 2 \\ 1 & 1 & -1 & 3 \\ 7 & 0 & 2 & 1 \end{vmatrix}$$

$$2\begin{vmatrix} 0 & 1 & 4 & 2 \\ 1 & -1 & 4 & 2 \\ 1 & 1 & -1 & 3 \\ 7 & 0 & 2 & 1 \end{vmatrix} + 2\begin{vmatrix} 1 & 1 & -1 & 3 \\ 1 & -1 & 4 & 2 \\ 1 & 1 & -1 & 3 \\ 7 & 0 & 2 & 1 \end{vmatrix} = 2\begin{vmatrix} 0 & 1 & 4 & 2 \\ 1-0 & -1-1 & 4-4 & 2-2 \\ 1 & 1 & -1 & 3 \\ 7 & 0 & 2 & 1 \end{vmatrix}$$

$$= 2\begin{vmatrix} 0 & 1 & 4 & 2 \\ 1 & -2 & 0 & 0 \\ 1 & 1 & -1 & 3 \\ 7 & 0 & 2 & 1 \end{vmatrix} \quad \text{(vgl. Beispiel 5).}$$

Unterdeterminanten. Streicht man in einer n-reihigen Determinante m beliebige Zeilen und m beliebige Spalten, so entsteht eine $(n - m)$-reihige Determinante. Diese heißt eine *Unterdeterminante* $(n - m)$*-ter Ordnung* der ursprünglichen Determinante.

Beispiel 4: Streicht man in der 5-reihigen Determinante D_5 die 2. und 5. Zeile sowie die 2. und 4. Spalte, so erhält man eine 3-reihige Unterdeterminante D_3.

$$D_5 = \begin{vmatrix} a_{11} & a_{12} & a_{13} & a_{14} & a_{15} \\ a_{21} & a_{22} & a_{23} & a_{24} & a_{25} \\ a_{31} & a_{32} & a_{33} & a_{34} & a_{35} \\ a_{41} & a_{42} & a_{43} & a_{44} & a_{45} \\ a_{51} & a_{52} & a_{53} & a_{54} & a_{55} \end{vmatrix}, \quad D_3 = \begin{vmatrix} a_{11} & a_{13} & a_{15} \\ a_{31} & a_{33} & a_{35} \\ a_{41} & a_{43} & a_{45} \end{vmatrix}$$

Werden nur die i-te Zeile und j-te Spalte gestrichen, so erhält man eine Unterdeterminante $(n - 1)$-ter Ordnung. Versieht man diese Unterdeterminante mit dem Vorzeichen $(-1)^{i+j}$, so heißt diese Größe *algebraisches Komplement* oder *Adjunkte des Elements* a_{ij} und wird mit A_{ij} bezeichnet.

Berechnung einer Determinante. Die Adjunkten spielen bei der Berechnung der Determinante eine besondere Rolle, wie im folgenden Satz zum Ausdruck kommt:

Entwicklungssatz: Eine Determinante D läßt sich nach den Elementen einer beliebigen Zeile entwickeln. Das bedeutet:

$$D = a_{i1}A_{i1} + a_{i2}A_{i2} + \cdots + a_{in}A_{in}.$$

Nach Eigenschaft 5 gilt ein analoger Satz auch für Spalten.

Beispiel 5: Entwicklung nach der 2. Zeile:

$$\begin{vmatrix} 0 & 1 & 4 & 2 \\ 1 & -2 & 0 & 0 \\ 1 & 1 & -1 & 3 \\ 7 & 0 & 2 & 1 \end{vmatrix} = 1 \cdot (-1)^{2+1} \begin{vmatrix} 1 & 4 & 2 \\ 1 & -1 & 3 \\ 0 & 2 & 1 \end{vmatrix} + (-2)(-1)^{2+2} \begin{vmatrix} 0 & 4 & 2 \\ 1 & -1 & 3 \\ 7 & 2 & 1 \end{vmatrix}$$

$$+ 0 \cdot (-1)^{2+3} \begin{vmatrix} 0 & 1 & 2 \\ 1 & 1 & 3 \\ 7 & 0 & 1 \end{vmatrix} + 0 \cdot (-1)^{2+4} \begin{vmatrix} 0 & 1 & 4 \\ 1 & 1 & -1 \\ 7 & 0 & 2 \end{vmatrix} = -189$$

Nach dem Entwicklungssatz wird die Berechnung n-reihiger Determinanten auf die von $(n - 1)$-reihigen Determinanten zurückgeführt, diese auf $(n - 2)$-reihige usw. Drei- bzw. zweireihige Determinanten lassen sich nach den Regeln in Beispiel 1 und 2 direkt ausrechnen.

Beispiel 5 zeigt, daß es günstig ist, wenn man in der Zeile, nach der entwickelt wird, viele Nullen hat. Oft kann man dies mit den Regeln 1 bis 5 erreichen.

Anwendung der Determinanten zur Lösung von Gleichungssystemen. Schreibt man die Koeffizienten a_{ik} eines linearen Gleichungssystems mit n Gleichungen und n Variablen als Elemente einer Determinante D in der durch das Gleichungssystem gegebenen Anordnung und bezeichnet mit D_i die Determinante, die aus der Determinante D dadurch hervorgeht, daß die i-te Spalte gestrichen und dafür die rechte Seite des Gleichungssystems gesetzt wird, so gestatten die Werte von D und D_i Schlüsse auf Lösbarkeit und Lösung des Gleichungssystems.

Cramersche Regel. Ist die Determinante D der Koeffizienten eines linearen Gleichungssystems mit n Gleichungen und n Variablen ungleich Null, so ist $\overline{x_i} = D_i/D$ für $i = 1, 2, \ldots, n$ die einzige Lösung des Gleichungssystems.

Beispiel 6 (vgl. 17.1. – *Beispiel 3*):

$$\begin{array}{r} 3x_1 - 3x_2 + x_3 = 0 \\ 4x_2 - x_3 = 5 \\ 2x_1 - 2x_2 + x_3 = 1 \end{array}, \quad D = \begin{vmatrix} 3 & -3 & 1 \\ 0 & 4 & -1 \\ 2 & -2 & 1 \end{vmatrix} = 4, \quad D_1 = \begin{vmatrix} 0 & -3 & 1 \\ 5 & 4 & -1 \\ 1 & -2 & 1 \end{vmatrix} = 4,$$

$$D_2 = \begin{vmatrix} 3 & 0 & 1 \\ 0 & 5 & -1 \\ 2 & 1 & 1 \end{vmatrix} = 8, \quad D_3 = \begin{vmatrix} 3 & -3 & 0 \\ 0 & 4 & 5 \\ 2 & -2 & 1 \end{vmatrix} = 12;$$

$$\bar{x}_1 = D_1/D = 1, \quad \bar{x}_2 = D_2/D = 2, \quad \bar{x}_3 = D_3/D = 3.$$

Da für ein homogenes Gleichungssystem sämtliche D_i notwendig Null werden, kann ein solches System nur nichttriviale Lösungen haben. wenn auch D Null wird. Es gilt sogar:

Ein homogenes lineares Gleichungssystem mit ebensoviel Gleichungen wie Variablen hat genau dann nichttriviale Lösungen, wenn die Determinante der Koeffizienten verschwindet, d. h. Null ist.

17.3. Vektorräume

Einführung des Begriffs. Die Lösungsmenge eines homogenen linearen Gleichungssystems liefert ein Beispiel für Mengen, in denen die Addition von Elementen und ihre Multiplikation mit reellen Zahlen stets ausführbar sind und nicht aus der Menge herausführen. Solche Mengen heißt bezüglich der genannten Operationen *abgeschlossen*. Überdies sollen für Addition und Multiplikation mit Zahlen die „üblichen" Rechenregeln gelten.

Eine (nichtleere) Menge V von Elementen, für die eine Addition und eine Multiplikation mit Zahlen definiert sind, die den üblichen Regeln gehorchen und bezüglich derer die Menge V abgeschlossen ist, heißt ein **Vektorraum**.

Die lineare Algebra kann man als die Theorie der Vektorräume bezeichnen.

Die Elemente eines Vektorraums heißen *Vektoren*, die Zahlen, mit denen man multipliziert, werden *Skalare* genannt. Als Menge der Skalare können die rationalen, die reellen oder komplexen Zahlen dienen. Man kann auch andere allgemeine Bereiche (vgl. Kap. 16. – Algebraische Strukturen) zugrunde legen. Im folgenden wird als Bereich der Skalare immer die Menge **R** der reellen Zahlen angenommen. Charakteristisch für Vektorräume V sind folgende Regeln, in denen $\boldsymbol{x}, \boldsymbol{y}, \boldsymbol{z}$ Elemente des Vektorraums V und a, b Skalare bezeichnen.

1. **Assoziativgesetz der Addition:** $(\boldsymbol{x} + \boldsymbol{y}) + \boldsymbol{z} = \boldsymbol{x} + (\boldsymbol{y} + \boldsymbol{z})$
2. **Kommutativgesetz der Addition:** $\boldsymbol{x} + \boldsymbol{y} = \boldsymbol{y} + \boldsymbol{x}$
3. **Gesetz der Null:** Es gibt ein Element $\boldsymbol{o}$ in V, so daß für alle $\boldsymbol{x}$ aus V gilt: $\boldsymbol{x} + \boldsymbol{o} = \boldsymbol{x}$.
4. **Gesetz des Inversen:** Zu jedem $\boldsymbol{x}$ aus V gibt es ein Element $-\boldsymbol{x}$ aus V, so daß gilt: $\boldsymbol{x} + (-\boldsymbol{x}) = \boldsymbol{o}$.
5. **Assoziativgesetz der Multiplikation:** $a(b\boldsymbol{x}) = (ab)\,\boldsymbol{x}$.
6. $1\boldsymbol{x} = \boldsymbol{x}$.
7. **Erstes distributives Gesetz:** $a(\boldsymbol{x} + \boldsymbol{y}) = a\boldsymbol{x} + a\boldsymbol{y}$.
8. **Zweites distributives Gesetz:** $(a + b)\,\boldsymbol{x} = a\boldsymbol{x} + b\boldsymbol{x}$.

Jede Menge, in der eine **Addition** *und eine* **Multiplikation mit Zahlen** *definiert ist, die nicht aus der Menge herausführen und für die die Regeln 1. bis 8. gelten, ist ein* **Vektorraum**.

Beispiele. 1: Die Menge aller ganzrationalen Funktionen bildet einen Vektorraum. Sind $f(x) = a_n x^n + \cdots + a_1 x + a_0$ und $g(x) = b_m x^m + \cdots + b_1 x + b_0$ ganze rationale Funktionen und gilt etwa $n \geqslant m$, so ist ihre Summe $f(x)+g(x)=a_n x^n+\cdots+a_{m+1}x^{m+1}+(a_m+b_m)\,x^m+\cdots+(a_1+b_1)\,x+(a_0+b_0)$. Für das Produkt $a \cdot f(x)$ einer reellen Zahl a mit $f(x)$ ergibt sich $a \cdot f(x)=(aa_n)\,x^n+\cdots+(aa_1)\,x+(aa_0)$. Danach kann man leicht die Rechenregeln 1. bis 8. nachweisen. Als Element $\boldsymbol{o}$ dient dabei die Nullfunktion, welche ganzrational ist.

2: Die Menge aller differenzierbaren Funktionen und auch die Menge der integrierbaren Funktionen bilden Vektorräume. Als Element $\boldsymbol{o}$ dient wieder die Nullfunktion. Man addiert solche Funktionen, indem man ihre Werte addiert, und multipliziert sie mit einer Zahl, indem man ihre Werte mit dieser Zahl multipliziert.

3: Die Menge **R** *der reellen Zahlen und die Menge* **C** *der komplexen Zahlen bilden Vektorräume* mit der üblichen Addition und Multiplikation.

4: Die Menge aller n-Tupel $(a_1, a_2, \ldots, a_n)$, in denen die a_i reelle Zahlen sind, bildet einen Vektorraum $\mathbf{R}^n$ für jede positive natürliche Zahl n. Für $n = 2$ spricht man auch von *geordneten Paaren*, im Fall $n = 3$ von *Tripeln* und für $n = 4$ von *Quadrupeln*. Man definiert die Addition durch

$$(a_1, a_2, \ldots, a_n) + (b_1, b_2, \ldots, b_n) = (a_1 + b_1, a_2 + b_2, \ldots, a_n + b_n)$$

und die Multiplikation mit einem Skalar durch

$$a \cdot (a_1, a_2, \ldots, a_n) = (aa_1, aa_2, \ldots, aa_n).$$

Vektoralgebra

Der Vektorraum V_3. Dieser Vektorraum nimmt in der Physik und Technik eine wichtige Rolle ein, und er wird näher untersucht, weil er die Bedeutung der Vektorräume und damit der linearen Algebra für die Anwendung in vielen Gebieten besonders deutlich macht. Historisch gesehen, rührt auch die Bezeichnung Vektor von den Elementen dieses Raumes her.

Die Vektoren sollen zunächst geometrisch gegeben werden. Zugrunde gelegt wird der dreidimensionale Raum, der etwa durch Länge, Breite und Höhe gekennzeichnet ist. Eine *Verschiebung* des Raums besteht darin, daß jedem Punkt P ein Punkt Q des Raums zugeordnet wird, so daß die Verbindungsstrecken zwischen einander entsprechenden Punkten parallel und gleichlang sind. Eine solche Verschiebung heißt eine *Translation* oder ein *Vektor im Raum.*

Ein **Vektor im Raum** ist eine Verschiebung des dreidimensionalen Raums.

Aus der Definition geht hervor, daß ein Vektor bereits vollständig bestimmt ist, wenn man seine Wirkung auf einen Punkt P kennt, d. h., sobald man weiß, in welchen Punkt Q der Punkt P übergeführt wird. Ein Vektor ist dadurch charakterisiert, daß man P mit Q durch eine Strecke verbindet und durch eine Pfeilspitze in Q andeutet, daß P nach Q verschoben wird. Diese nun mit einem Durchlaufungssinn versehene gerichtete Strecke wird ein *Repräsentant* des gegebenen Vektors genannt und mit $\overrightarrow{PQ}$ bezeichnet. P heißt *Angriffspunkt* oder *Anfangspunkt* des Repräsentanten, Q *Endpunkt* (Abb. 17.3-1).

Zu jedem Punkt P des Raums existiert ein Repräsentant, dessen Anfangspunkt P ist, und auch jeder Punkt Q tritt als Endpunkt eines Repräsentanten auf. Verschiedene Repräsentanten ein und desselben Vektors sind parallel und haben die gleiche Länge. Deshalb ist es sinnvoll zu definieren: Ist $\overrightarrow{PQ}$ ein Repräsentant des Vektors $\boldsymbol{a}$, so heißt der Abstand zwischen P und Q *Betrag* oder *Länge* des Vektors. Der Betrag wird mit $|\boldsymbol{a}|$ oder $|\overrightarrow{PQ}|$ bezeichnet. Es ist stets $|\boldsymbol{a}| \geqslant 0$. Vektoren vom Betrag 1 heißen *Einheitsvektoren.*

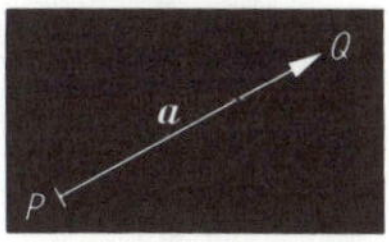

17.3-1 Repräsentant eines Vektors

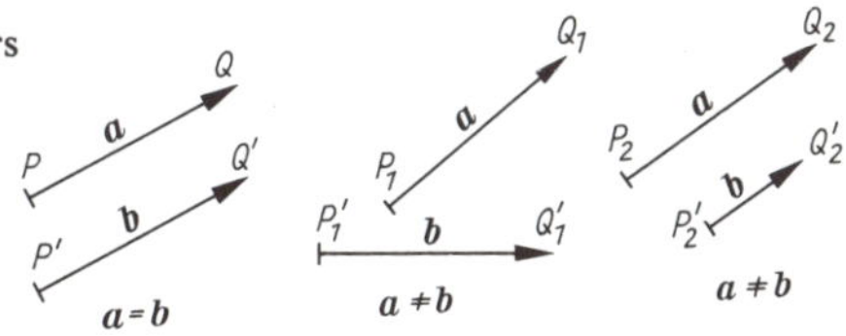

17.3-2 Zur Gleichheit von Vektoren

Auch andere Begriffe der Vektorrechnung lassen sich mit Hilfe von Repräsentanten definieren; es ist aber nicht richtig, einen Vektor mit einem seiner Repräsentanten zu identifizieren oder zu sagen, daß Vektoren parallel verschoben werden dürfen. Man kann nur sagen, daß man durch Parallelverschiebung eines Repräsentanten eines Vektors wieder einen Repräsentanten desselben Vektors erhält.

Zwei Vektoren im Raum sind genau dann gleich, wenn je zwei ihrer Repräsentanten in Betrag und Richtung übereinstimmen. Alle gleichlangen und gleichgerichteten Strecken sind Repräsentanten ein und desselben Vektors (Abb. 17.3-2).

Um zu einem Vektorraum zu gelangen, müssen Addition und Multiplikation mit Skalaren erklärt werden.

Addition von Vektoren. Unter der Summe $\mathbf{a} + \mathbf{b}$ zweier Vektoren $\mathbf{a}$ und $\mathbf{b}$ soll die Verschiebung des Raums verstanden werden, die entsteht, wenn man die Verschiebungen $\mathbf{a}$ und $\mathbf{b}$ hintereinander ausführt. Ist $\overrightarrow{PQ}$ Repräsentant des Vektors $\mathbf{a}$ im Punkte P und $\overrightarrow{QR}$ Repräsentant des Vektors $\mathbf{b}$ im Punkte Q, so ist $\overrightarrow{PR}$ Repräsentant der Summe $\mathbf{a} + \mathbf{b}$ (Abb. 17.3-3). Man überzeugt sich leicht davon, daß diese Definition unabhängig von der Wahl der Repräsentanten von $\mathbf{a}$ und $\mathbf{b}$ ist.
Betrachtet man die Repräsentanten $\overrightarrow{PQ}$, $\overrightarrow{PQ'}$, $\overrightarrow{Q'R}$, $\overrightarrow{QR}$ von $\mathbf{a}$ und $\mathbf{b}$ in P bzw. von $\mathbf{a}$ in Q' und von $\mathbf{b}$ in Q, so erhält man ein Parallelogramm, dessen Diagonale $\overrightarrow{PR}$ sowohl als Repräsentant der Summe $\mathbf{a} + \mathbf{b}$ als auch der Summe $\mathbf{b} + \mathbf{a}$ aufgefaßt werden kann (Abb. 17.3-4). Daraus resultiert die Gleichheit $\mathbf{a} + \mathbf{b} = \mathbf{b} + \mathbf{a}$, das *Kommutativgesetz der Addition*. Fast ebenso leicht läßt sich das *Assoziativgesetz* $(\mathbf{a} + \mathbf{b}) + \mathbf{c} = \mathbf{a} + (\mathbf{b} + \mathbf{c})$ nachweisen (Abb. 17.3-5). Diese beiden Gesetze lassen sich auf die Addition von mehr als zwei Vektoren erweitern.

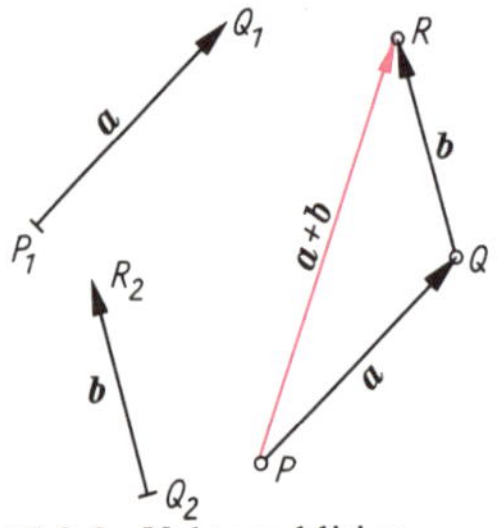

17.3-3 Vektoraddition

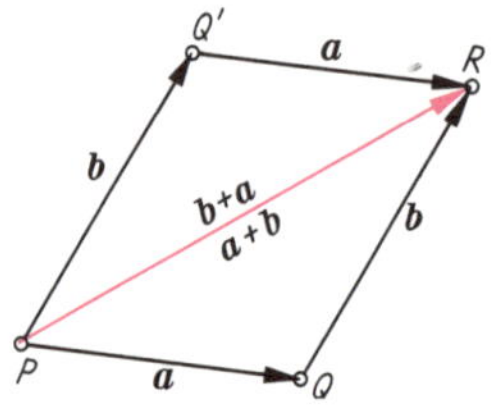

17.3-4 Kommutativität der Vektoraddition

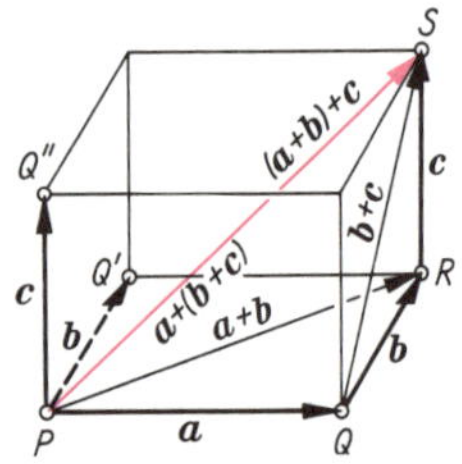

17.3-5 Assoziativität der Vektoraddition, $\mathbf{a} + (\mathbf{b} + \mathbf{c}) = (\mathbf{a} + \mathbf{b}) + \mathbf{c}$

Mehrere Vektoren werden addiert, indem man in irgendeiner Reihenfolge Repräsentanten so wählt, daß der Anfangspunkt des nachfolgenden mit dem Endpunkt des vorhergehenden übereinstimmt, und diese Repräsentanten aneinanderreiht. Die Summe oder Resultante ist derjenige Vektor, dessen Repräsentant vom Anfangspunkt des ersten zum Endpunkt des letzten führt.

Nullvektor. Die Translation, die den Punkt P in den Punkt P überführt und damit alle Punkte des Raums fest läßt, ist der *Nullvektor*, der mit $\mathbf{o}$ bezeichnet wird. Eine Richtung kann man ihm nicht zuschreiben, er ist richtungslos. Seine Länge beträgt 0. Der Nullvektor $\mathbf{o}$ hat die für ihn charakteristische Eigenschaft $\mathbf{a} + \mathbf{o} = \mathbf{a}$ für jeden Vektor $\mathbf{a}$.

Subtraktion. Um die Subtraktion zweier Vektoren zu erklären, macht man sich zunutze, daß zu jedem Vektor $\mathbf{a}$ genau ein Vektor $\mathbf{b}$ existiert, so daß $\mathbf{a} + \mathbf{b} = \mathbf{o}$ gilt. $\mathbf{b}$ wird mit $-\mathbf{a}$ bezeichnet. Man erhält $-\mathbf{a}$ aus $\mathbf{a}$, indem man bei den Repräsentanten Anfangspunkt und Endpunkt vertauscht (Abb. 17.3-6). Der Vektor $-\mathbf{a}$ ist demnach ein Vektor von gleicher Länge wie $\mathbf{a}$, jedoch von entgegengesetzter Richtung. Insbesondere gilt $-\mathbf{o} = \mathbf{o}$.
Danach ist es sinnvoll zu sagen: Die Differenz $\mathbf{a} - \mathbf{b}$ zweier Vektoren $\mathbf{a}$ und $\mathbf{b}$ ist die Summe aus $\mathbf{a}$ und $-\mathbf{b}$; d. h., $\mathbf{a} - \mathbf{b} = \mathbf{a} + (-\mathbf{b})$.

Multiplikation von Vektoren und Skalaren. Liegen die drei Punkte P, Q, Q' mit $P \neq Q$, $P \neq Q'$ auf einer Geraden, so sind $\overrightarrow{PQ}$ und $\overrightarrow{PQ'}$ Repräsentanten von Vektoren $\mathbf{a}$ bzw. $\mathbf{a}'$, die gleichgerichtet oder entgegengesetzt gerichtet sind. Im allgemeinen werden jedoch die Beträge von $\mathbf{a}$ und $\mathbf{a}'$ verschieden sein. Es gibt aber eine reelle Zahl $d > 0$, so daß $|\mathbf{a}'| = d|\mathbf{a}|$; etwa die Zahl $d = |\mathbf{a}'|/|\mathbf{a}|$ (Abb. 17.3-7).

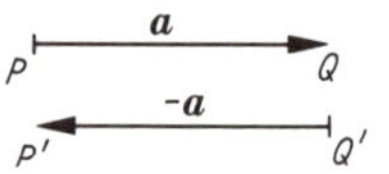

17.3-6 Repräsentanten entgegengesetzter Vektoren

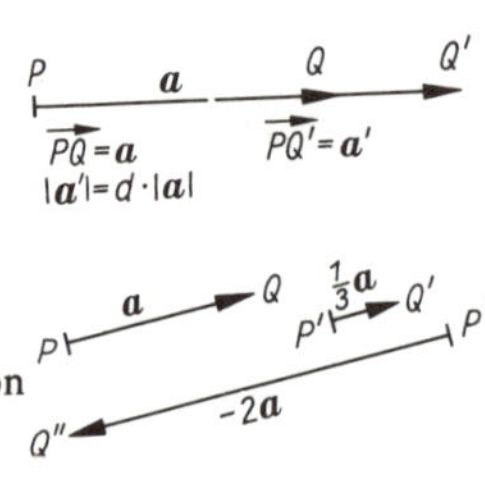

17.3-7 Multiplikation von Vektoren mit Skalaren

Sind $\mathbf{a}$ und $\mathbf{a}'$ gleichgerichtet, so soll das Produkt der reellen Zahl $d = |\mathbf{a}'|/|\mathbf{a}|$ mit dem Vektor $\mathbf{a}$ gerade der Vektor $\mathbf{a}'$ sein, bei entgegengesetzt gerichteten $\mathbf{a}$ und $\mathbf{a}'$ soll dies für das Produkt aus $(-d)$ und $\mathbf{a}$ gelten. Das führt zu folgender Definition, die auch den Fall $\mathbf{a} = \mathbf{o}$ einschließt. Unter dem *Produkt* $d \cdot \mathbf{a} = \mathbf{a} \cdot d$ eines Vektors $\mathbf{a}$ mit einer reellen Zahl $d \neq 0$ versteht man denjenigen Vektor mit dem Betrag $|d|\,|\mathbf{a}|$, der zu $\mathbf{a}$ gleichgerichtet bzw. entgegengesetzt gerichtet ist, je nachdem, ob $d > 0$ oder $d < 0$. Für $d = 0$ oder $\mathbf{a} = \mathbf{o}$ gilt $d \cdot \mathbf{a} = \mathbf{o}$. Insbesondere folgt: $1 \cdot \mathbf{a} = \mathbf{a}$, $(-1) \cdot \mathbf{a} = -\mathbf{a}$, $d \cdot \mathbf{o} = \mathbf{o}$ für jede reelle Zahl d und $n \cdot \mathbf{a} = \underbrace{\mathbf{a} + \mathbf{a} + \cdots + \mathbf{a}}_{n \text{ Summanden}}$ für jede positive ganze Zahl n. Ist $\mathbf{a} \neq \mathbf{o}$, so ist der Vektor $\mathbf{a}/|\mathbf{a}|$ ein Vektor der Länge 1, d. h. ein *Einheitsvektor*. Dieser Einheitsvektor werde mit $\boldsymbol{a}^0$ bezeichnet. Man hat dann $\boldsymbol{a} = |\boldsymbol{a}| \cdot \boldsymbol{a}^0$. Ferner gelten für je zwei Vektoren $\boldsymbol{a}$ und $\boldsymbol{b}$ und Skalare c, d das *Kommutativgesetz* $d \cdot \boldsymbol{a} = \boldsymbol{a} \cdot d$ nach Definition, das *Assoziativgesetz* $c(d \cdot \boldsymbol{a}) = (c \cdot d) \cdot \boldsymbol{a}$ und die *Distributivgesetze* $(c + d) \cdot \boldsymbol{a} = c \cdot \boldsymbol{a} + d \cdot \boldsymbol{a}$, $d \cdot (\boldsymbol{a} + \boldsymbol{b}) = d \cdot \boldsymbol{a} + d \cdot \boldsymbol{b}$. Aus dem Vorangehenden folgt insgesamt: *Die Vektoren des dreidimensionalen Raums bilden einen Vektorraum, der mit V_3 bezeichnet wird.*

Komponenten und Koordinaten in V_3. Um Vektoren der rechnerischen Behandlung zugänglich zu machen, führt man wie in der analytischen Geometrie Koordinatensysteme ein, z. B. ein rechtwinkliges kartesisches Koordinatensystem mit x-, y- und z-Achse. Die senkrechten Projektionen eines Repräsentanten $\overrightarrow{PQ}$ des Vektors $\boldsymbol{a}$ auf die Achsen sind wieder Repräsentanten gewisser Vektoren. Diese heißen *Komponenten* von $\boldsymbol{a}$ und werden mit $\boldsymbol{a}_x, \boldsymbol{a}_y, \boldsymbol{a}_z$ bezeichnet. Es gilt $\boldsymbol{a}_x + \boldsymbol{a}_y + \boldsymbol{a}_z = \boldsymbol{a}$; diese Zerlegung von $\boldsymbol{a}$ heißt *Komponentenzerlegung* von $\boldsymbol{a}$ bezüglich des gegebenen Koordinatensystems (Abb. 17.3-8).

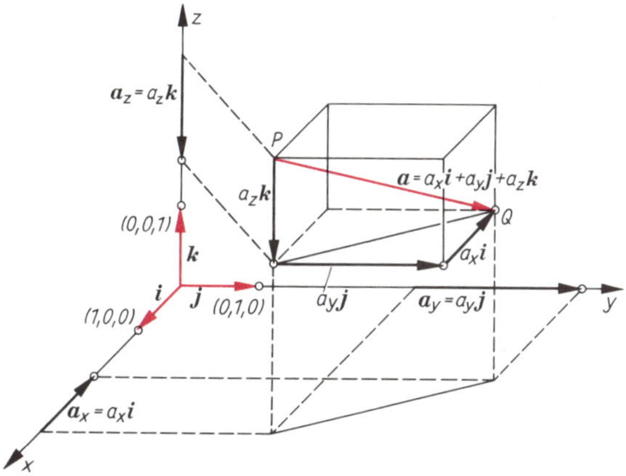

17.3-8 Komponentenzerlegung

Sind $\boldsymbol{i}, \boldsymbol{j}, \boldsymbol{k}$ die *Grundvektoren* des Koordinatensystems, d. h. die Einheitsvektoren in Richtung der positiven x-, y- und z-Achse, so gilt $\boldsymbol{a}_x = a_x\boldsymbol{i}$, $\boldsymbol{a}_y = a_y\boldsymbol{j}$, $\boldsymbol{a}_z = a_z\boldsymbol{k}$. Die reellen Zahlen a_x, a_y, a_z nennt man *Koordinaten* des Vektors $\boldsymbol{a}$ bezüglich des gegebenen Koordinatensystems.

Komponenten von $\boldsymbol{a}$: $\boldsymbol{a}_x, \boldsymbol{a}_y, \boldsymbol{a}_z$ (Vektoren)	$\boldsymbol{a} = \boldsymbol{a}_x + \boldsymbol{a}_y + \boldsymbol{a}_z$
Koordinaten von $\boldsymbol{a}$: a_x, a_y, a_z (reelle Zahlen)	$\boldsymbol{a} = a_x\boldsymbol{i} + a_y\boldsymbol{j} + a_z\boldsymbol{k}$
Betrag von $\boldsymbol{a}$ mit den Koordinaten a_x, a_y, a_z	$\lvert\boldsymbol{a}\rvert = \sqrt{a_x^2 + a_y^2 + a_z^2}$
Komponentenzerlegung und Betrag des Vektors $\boldsymbol{a}$ mit dem Repräsentanten $\overrightarrow{PQ}$, wenn $P = (x_0, y_0, z_0)$; $Q = (x_1, y_1, z_1)$	$\boldsymbol{a} = (x_1 - x_0)\,\boldsymbol{i} + (y_1 - y_0)\,\boldsymbol{j} + (z_1 - z_0)\,\boldsymbol{k}$ $\lvert\boldsymbol{a}\rvert = \sqrt{(x_1 - x_0)^2 + (y_1 - y_0)^2 + (z_1 - z_0)^2}$

Ist $\overrightarrow{PQ}$ Repräsentant von $\boldsymbol{a}$ und haben P und Q die Koordinaten (x_0, y_0, z_0) und (x_1, y_1, z_1), dann sind $a_x = x_1 - x_0$, $a_y = y_1 - y_0$, $a_z = z_1 - z_0$. Die Koordinaten von $\boldsymbol{a}$ ergeben sich somit als Differenz der entsprechenden Koordinaten von Endpunkt und Anfangspunkt eines beliebigen Repräsentanten.
Da man jedem Vektor $\boldsymbol{a}$ seine drei Koordinaten zuordnen kann und umgekehrt je drei reelle Zahlen a_1, a_2, a_3 auch einen Vektor $\boldsymbol{a}$ bestimmen, für den $a_x = a_1$, $a_y = a_2$, $a_z = a_3$ gilt, so läßt sich der Vektorraum V_3 auffassen als Raum $\mathbf{R}^3$ aller Tripel (a_1, a_2, a_3) von reellen Zahlen. Dazu muß aber gezeigt werden, daß die Addition und Multiplikation mit Skalaren in V_3 derjenigen in $\mathbf{R}^3$ entspricht, d. h., daß der Summe $\boldsymbol{a} + \boldsymbol{b}$ bzw. dem skalaren Vielfachen $d \cdot \boldsymbol{a}$ in V_3 die Summe $(a_x + b_x, a_y + b_y, a_z + b_z)$ bzw. das Produkt (da_x, da_y, da_z) entspricht. In der Tat ergibt sich für $\boldsymbol{a} = a_x\boldsymbol{i} + a_y\boldsymbol{j} + a_z\boldsymbol{k}$ und $\boldsymbol{b} = b_x\boldsymbol{i} + b_y\boldsymbol{j} + b_z\boldsymbol{k}$ die Summe $\boldsymbol{a} + \boldsymbol{b} = (a_x + b_x)\,\boldsymbol{i} + (a_y + b_y)\,\boldsymbol{j} + (a_z + b_z)\,\boldsymbol{k}$, wenn man Assoziativgesetz und Kommutativgesetz der Addition und das zweite Distributivgesetz anwendet; und ebenso erhält man für eine reelle Zahl d mit Hilfe des ersten Distributivgesetzes und des Assoziativgesetzes der Multiplikation $d \cdot \boldsymbol{a} = (da_x)\,\boldsymbol{i} + (da_y)\,\boldsymbol{j} + (da_z)\,\boldsymbol{k}$. Man sagt, es wird *komponentenweise* oder *koordinatenweise* addiert bzw. multipliziert. Wegen $-\boldsymbol{a} = (-1) \cdot \boldsymbol{a}$ hat $-\boldsymbol{a}$ die Koordinaten $-a_x, -a_y, -a_z$; folglich wird auch komponentenweise subtrahiert.

Man addiert bzw. subtrahiert Vektoren, indem man ihre Koordinaten addiert bzw. subtrahiert. Man multipliziert Vektor und Skalar, indem man jede Koordinate mit dem Skalar multipliziert.

Beispiel 1: Für $\boldsymbol{a} = 2\boldsymbol{i} + {}^1/_2\boldsymbol{j} - \boldsymbol{k}$, $\boldsymbol{b} = -3\boldsymbol{i} + 2\boldsymbol{j} + 5\boldsymbol{k}$ und $d = 2$ erhält man $\boldsymbol{a} + \boldsymbol{b} = -\boldsymbol{i} + {}^5/_2\boldsymbol{j} + 4\boldsymbol{k}$; $-\boldsymbol{b} = 3\boldsymbol{i} - 2\boldsymbol{j} - 5\boldsymbol{k}$; $\boldsymbol{a} - \boldsymbol{b} = 5\boldsymbol{i} - {}^3/_2\boldsymbol{j} - 6\boldsymbol{k}$; $d \cdot \boldsymbol{a} = 4\boldsymbol{i} + \boldsymbol{j} - 2\boldsymbol{k}$.

Damit besteht eine umkehrbar eindeutige Abbildung von V_3 auf $\mathbf{R}^3$, bei der sich Summe und skalares Vielfaches entsprechen. Den Vektoren $\boldsymbol{i}, \boldsymbol{j}, \boldsymbol{k}$ werden die Tripel (1, 0, 0), (0, 1, 0), (0, 0, 1) zugeordnet und dem beliebigen Vektor $\boldsymbol{a} = a_x\boldsymbol{i} + a_y\boldsymbol{j} + a_z\boldsymbol{k}$ das Tripel (a_x, a_y, a_z). Während der Raum V_3 zuerst gegeben war, liefert $\mathbf{R}^3$ eine bequeme Art des Beschreibens der Operationen in V_3. Da V_3 und $\mathbf{R}^3$ zwar als Vektorräume dieselbe Struktur haben, jedoch verschiedene Mengen darstellen, sollen sie im folgenden nicht als gleich angesehen werden (vgl. 17.4. – Lineare Abbildungen).

Skalarprodukt und Vektorprodukt in V_3. Neben dem bereits definierten Produkt eines Vektors mit einer Zahl gibt es im Vektorraum V_3 zwei Möglichkeiten, das Produkt von zwei Vektoren zu erklären. Man bezeichnet die Produkte als *Skalarprodukt, inneres* oder *Punktprodukt* und als *Vektorprodukt, äußeres* oder *Kreuzprodukt*, weil das Ergebnis der Produktbildung im ersten Fall stets eine reelle Zahl, ein Skalar, im zweiten Fall wieder ein Vektor ist. Während sich das Skalarprodukt auf andere Vektorräume verallgemeinern läßt, ist das beim Vektorprodukt nicht möglich.
Beide Produkte haben viele physikalische Anwendungen; z. B. ergibt sich die Arbeit, die eine Kraft $\boldsymbol{F}$ längs eines geradlinigen Weges $\boldsymbol{s}$ leistet, als Skalarprodukt $\boldsymbol{F} \cdot \boldsymbol{s}$, während die Geschwindigkeit $\boldsymbol{v}$, die ein Punkt P eines Körpers bei einer Drehbewegung um eine Achse hat, sich durch das Vektorprodukt aus Winkelgeschwindigkeit und Ortsvektor des Punktes P darstellen läßt.

Skalarprodukt. Die Repräsentanten von zwei vom Nullvektor verschiedenen Vektoren $\boldsymbol{a}$ und $\boldsymbol{b}$ mit einem gemeinsamen Anfangspunkt schließen einen Winkel der Größe α zwischen 0° und 180° und einen Winkel der Größe β zwischen 180° und 360° ein, so daß $\alpha + \beta = 360°$ sind. Unter dem *Winkel* $\sphericalangle(\boldsymbol{a}, \boldsymbol{b})$ zwischen $\boldsymbol{a}$ und $\boldsymbol{b}$ soll der kleinere der beiden Winkel, also α, verstanden werden.
Das *Skalarprodukt* $\boldsymbol{a} \cdot \boldsymbol{b}$ [lies $\boldsymbol{a}$ Punkt $\boldsymbol{b}$] zweier vom Nullvektor verschiedener Vektoren $\boldsymbol{a}$ und $\boldsymbol{b}$ ist die reelle Zahl $|\boldsymbol{a}|\,|\boldsymbol{b}| \cos \sphericalangle(\boldsymbol{a}, \boldsymbol{b})$. Ist wenigstens einer der Vektoren der Nullvektor, so ist $\boldsymbol{a} \cdot \boldsymbol{b} = 0$.
Es gilt das *Kommutativgesetz* $\boldsymbol{a} \cdot \boldsymbol{b} = \boldsymbol{b} \cdot \boldsymbol{a}$. Das Assoziativgesetz dagegen ist nicht erfüllt, denn $(\boldsymbol{a} \cdot \boldsymbol{b}) \cdot \boldsymbol{c}$ ist ein Vielfaches des Vektors $\boldsymbol{c}$, während $\boldsymbol{a} \cdot (\boldsymbol{b} \cdot \boldsymbol{c}) = (\boldsymbol{b} \cdot \boldsymbol{c}) \cdot \boldsymbol{a}$ ein Vielfaches von $\boldsymbol{a}$ ist. Das Distributivgesetz gilt wiederum: $\boldsymbol{a} \cdot (\boldsymbol{b} + \boldsymbol{c}) = \boldsymbol{a} \cdot \boldsymbol{b} + \boldsymbol{a} \cdot \boldsymbol{c}$.
Zwei Vektoren $\boldsymbol{a}$ und $\boldsymbol{b}$ heißen *orthogonal*, wenn $\boldsymbol{a} \cdot \boldsymbol{b} = 0$ gilt. Sind sowohl $\boldsymbol{a}$ als auch $\boldsymbol{b}$ ungleich $\boldsymbol{o}$, so stehen Repräsentanten von $\boldsymbol{a}$ und $\boldsymbol{b}$ mit gleichem Anfangspunkt aufeinander senkrecht. Darin liegt der anschauliche Hintergrund für diese Definition.
Das Skalarprodukt hat keine Umkehrung, d. h., es läßt sich kein Vektor $\boldsymbol{a}$ sinnvoll definieren, der sich ergibt, wenn man eine reelle Zahl c durch einen Vektor $\boldsymbol{b}$ dividiert, da sich bei gegebenen Größen $\boldsymbol{b}$ und c mehrere Vektoren $\boldsymbol{a}$ finden lassen, die die Gleichung $\boldsymbol{a} \cdot \boldsymbol{b} = c$ erfüllen; z. B. für $c = 0$ alle skalaren Vielfachen eines zu $\boldsymbol{b}$ orthogonalen Vektors $\boldsymbol{a} \neq \boldsymbol{o}$. *Durch Vektoren darf nicht dividiert werden.*

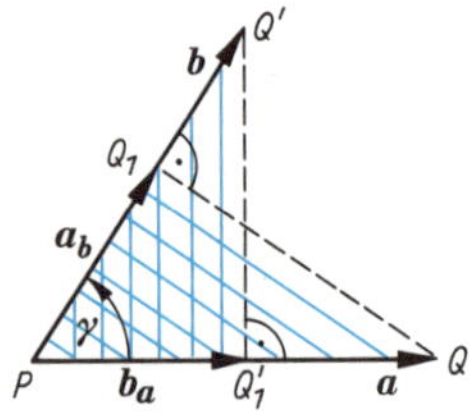

17.3-9 Projektion eines Vektors auf einen anderen

Im Skalarprodukt $\boldsymbol{a} \cdot \boldsymbol{b}$ läßt sich $\boldsymbol{a}$ durch einen Vektor $\boldsymbol{a}_b$ ersetzen, der den Betrag $|\boldsymbol{a}|\,|\cos \sphericalangle(\boldsymbol{a}, \boldsymbol{b})|$ hat und dessen Richtung die von $\boldsymbol{b}$ oder $-\boldsymbol{b}$ ist, je nachdem, ob $\sphericalangle(\boldsymbol{a}, \boldsymbol{b})$ kleiner oder größer als 90° ist. Man erhält einen Repräsentanten von $\boldsymbol{a}_b$ durch senkrechte Projektion eines Repräsentanten von $\boldsymbol{a}$ auf den von $\boldsymbol{b}$ mit gleichem Anfangspunkt (Abb. 17.3-9). Entsprechendes läßt sich mit $\boldsymbol{b}$ durchführen. Damit hat man $\boldsymbol{a} \cdot \boldsymbol{b} = \boldsymbol{a}_b \cdot \boldsymbol{b} = \boldsymbol{a} \cdot \boldsymbol{b}_a$.
Das Produkt $\boldsymbol{a}_b \cdot \boldsymbol{b}$ hat gegenüber dem Produkt $\boldsymbol{a} \cdot \boldsymbol{b}$ die für manche Berechnungen günstige Eigenschaft, daß

$$|\boldsymbol{a}_b \cdot \boldsymbol{b}| = \big||\boldsymbol{a}_b| \cdot |\boldsymbol{b}| \cdot \cos \sphericalangle(\boldsymbol{a}_b, \boldsymbol{b})\big| = |\boldsymbol{a}_b| \cdot |\boldsymbol{b}|,$$

während $|\boldsymbol{a} \cdot \boldsymbol{b}| = \big||\boldsymbol{a}|\,|\boldsymbol{b}| \cos \sphericalangle(\boldsymbol{a}, \boldsymbol{b})\big| \leqslant |\boldsymbol{a}|\,|\boldsymbol{b}|$ ist.

Das Skalarprodukt in Koordinaten. Um das Skalarprodukt mittels der Koordinaten der Vektoren in einem kartesischen Koordinatensystem auszurechnen, braucht man nur die Werte von $\boldsymbol{i} \cdot \boldsymbol{i}, \boldsymbol{i} \cdot \boldsymbol{j}, \ldots, \boldsymbol{k} \cdot \boldsymbol{k}$ zu kennen. Diese ergeben sich aus der Definition des Skalarprodukts als 0 oder 1. Daraus erhält man mit dem Distributivgesetz das Skalarprodukt $\boldsymbol{a} \cdot \boldsymbol{b}$ der in Komponentenzerlegung gegebenen Vektoren $\boldsymbol{a}$ und $\boldsymbol{b}$. Dies wiederum gestattet, das Skalarprodukt unabhängig vom Winkel $\sphericalangle(\boldsymbol{a}, \boldsymbol{b})$ auszurechnen und umgekehrt den Winkel aus dem Skalarprodukt herzuleiten.

Skalarprodukte der Grundvektoren	$\boldsymbol{i} \cdot \boldsymbol{i} = \boldsymbol{j} \cdot \boldsymbol{j} = \boldsymbol{k} \cdot \boldsymbol{k} = 1$ $\boldsymbol{i} \cdot \boldsymbol{j} = \boldsymbol{i} \cdot \boldsymbol{k} = \boldsymbol{j} \cdot \boldsymbol{k} = 0$
Skalarprodukt $\boldsymbol{a} \cdot \boldsymbol{b}$ in Koordinaten	$\boldsymbol{a} = a_x\boldsymbol{i} + a_y\boldsymbol{j} + a_z\boldsymbol{k};\ \boldsymbol{b} = b_x\boldsymbol{i} + b_y\boldsymbol{j} + b_z\boldsymbol{k}$ $\boldsymbol{a} \cdot \boldsymbol{b} = a_xb_x + a_yb_y + a_zb_z$
Winkel	$\cos \sphericalangle(\boldsymbol{a}, \boldsymbol{b}) = \dfrac{\boldsymbol{a} \cdot \boldsymbol{b}}{|\boldsymbol{a}|\,|\boldsymbol{b}|} = \dfrac{a_xb_x + a_yb_y + a_zb_z}{\sqrt{a_x^2 + a_y^2 + a_z^2}\sqrt{b_x^2 + b_y^2 + b_z^2}}$

Beispiel 2: Aus $\boldsymbol{a} = 3\boldsymbol{i} - 4\boldsymbol{j}$ und $\boldsymbol{b} = \boldsymbol{i} + 2\boldsymbol{j} - 2\boldsymbol{k}$ erhält man $\cos \sphericalangle(\boldsymbol{a}, \boldsymbol{b}) = -{}^1/_3$ und daraus $\sphericalangle(\boldsymbol{a}, \boldsymbol{b}) \approx 109°28'$.

Vektorprodukt. Unter dem Vektorprodukt $\boldsymbol{a} \times \boldsymbol{b}$ [lies $\boldsymbol{a}$ Kreuz $\boldsymbol{b}$] zweier vom Nullvektor verschiedener Vektoren $\boldsymbol{a}$ und $\boldsymbol{b}$ versteht man den Vektor $\boldsymbol{c}$, der die folgenden Eigenschaften hat: 1. $\boldsymbol{a} \cdot \boldsymbol{c} = \boldsymbol{b} \cdot \boldsymbol{c} = 0$, d. h., $\boldsymbol{c}$ ist zu $\boldsymbol{a}$ und $\boldsymbol{b}$ orthogonal; – 2. $|\boldsymbol{c}| = |\boldsymbol{a}|\,|\boldsymbol{b}| \sin \sphericalangle(\boldsymbol{a}, \boldsymbol{b})$ und 3. Die Determinante $\begin{vmatrix} a_x & a_y & a_z \\ b_x & b_y & b_z \\ c_x & c_y & c_z \end{vmatrix}$, gebildet aus den Koordinaten von $\boldsymbol{a}$, $\boldsymbol{b}$ und $\boldsymbol{c}$ in der angegebenen Form, ist nicht negativ. Ist $\boldsymbol{a}$ oder $\boldsymbol{b}$ der Nullvektor, so ist das Vektorprodukt auch der Nullvektor.

Zur geometrischen Interpretation des Vektorprodukts zweier von $\boldsymbol{o}$ verschiedener Vektoren $\boldsymbol{a}$, $\boldsymbol{b}$, die nicht skalare Vielfache voneinander sind, betrachte man die von ihren Repräsentanten $\overrightarrow{PQ}$ bzw. $\overrightarrow{PQ'}$ aufgespannte Ebene (Abb. 17.3-10). Dann bedeuten die obigen Eigenschaften folgendes, falls $\overrightarrow{PR}$ Repräsentant von $\boldsymbol{a} \times \boldsymbol{b}$ ist: 1. $\overrightarrow{PR}$ steht senkrecht auf der von $\overrightarrow{PQ}$ und $\overrightarrow{PQ'}$ aufgespannten Ebene. – 2. $\overrightarrow{PR}$ hat die Länge $|\boldsymbol{a}|\,|\boldsymbol{b}| \sin \sphericalangle(\boldsymbol{a}, \boldsymbol{b})$, die zahlenmäßig mit dem Flächeninhalt des von $\overrightarrow{PQ}$ und $\overrightarrow{PQ'}$ aufgespannten Parallelogramms übereinstimmt. – 3. $\overrightarrow{PQ}$, $\overrightarrow{PQ'}$, $\overrightarrow{PR}$ bilden in dieser Reihenfolge ein *orientiertes Rechtssystem.* Das bedeutet: Führt man $\overrightarrow{PQ}$ durch eine Drehung entgegengesetzt zum Uhrzeigersinn in $\overrightarrow{PQ'}$ über, so ist dies von der Spitze von $\overrightarrow{PR}$, also von R aus gesehen, die kürzere der beiden möglichen Drehungen.

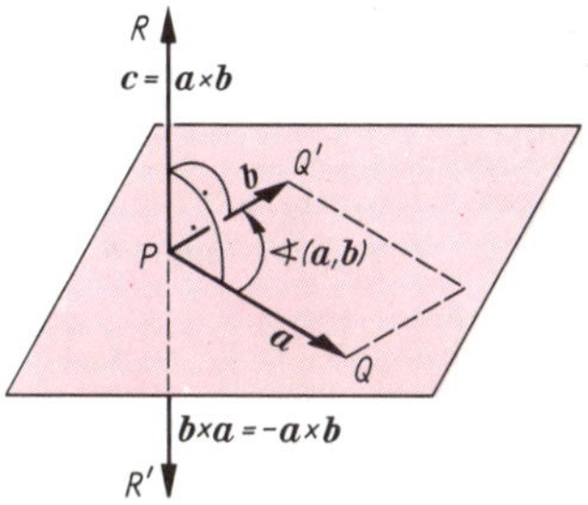

17.3-10 Zum Vektorprodukt

Sind $\overrightarrow{PQ}$, $\overrightarrow{PQ'}$, $\overrightarrow{PR}$, $\overrightarrow{PR'}$ Repräsentanten der Vektoren $\boldsymbol{a}$, $\boldsymbol{b}$, $\boldsymbol{a} \times \boldsymbol{b}$ bzw. $\boldsymbol{b} \times \boldsymbol{a}$ im Punkte P, so stehen $\overrightarrow{PR}$ und $\overrightarrow{PR'}$ beide auf der von $\overrightarrow{PQ}$ und $\overrightarrow{PQ'}$ aufgespannten Ebene senkrecht und haben beide die gleiche Länge. Da aber sowohl $\overrightarrow{PQ}$, $\overrightarrow{PQ'}$, $\overrightarrow{PR}$ als auch $\overrightarrow{PQ'}$, $\overrightarrow{PQ}$, $\overrightarrow{PR'}$ in der angegebenen Reihenfolge orientierte Rechtssysteme sind, so kann nicht $\overrightarrow{PR} = \overrightarrow{PR'}$ gelten, vielmehr sind $\overrightarrow{PR}$ und $\overrightarrow{PR'}$ entgegengesetzt gerichtet; d. h., es gilt $\boldsymbol{a} \times \boldsymbol{b} = -\boldsymbol{b} \times \boldsymbol{a}$. Diese Eigenschaft nennt man *Antikommutativität.* Das Kommutativgesetz gilt für das Vektorprodukt nicht. Auch das Assoziativgesetz ist verletzt. An seine Stelle tritt die *Jacobische Identität.*

Jacobische Identität	$(\boldsymbol{a} \times \boldsymbol{b}) \times \boldsymbol{c} + (\boldsymbol{b} \times \boldsymbol{c}) \times \boldsymbol{a} + (\boldsymbol{c} \times \boldsymbol{a}) \times \boldsymbol{b} = 0.$

Das Distributivgesetz dagegen ist auch für das Vektorprodukt richtig: $\boldsymbol{a} \times (\boldsymbol{b} + \boldsymbol{c}) = \boldsymbol{a} \times \boldsymbol{b} + \boldsymbol{a} \times \boldsymbol{c}$. Der Vektorraum V_3 bildet mit dem Vektorprodukt eine *Liesche Algebra* (vgl. Kap. 16.1. – Topologische Gruppen).

Das Vektorprodukt in Koordinaten. Die Definition liefert sofort die Vektorprodukte der Grundvektoren $\boldsymbol{i}$, $\boldsymbol{j}$, $\boldsymbol{k}$; damit und mit Hilfe des Distributivgesetzes erhält man aus den Komponentenzerlegungen von $\boldsymbol{a}$ und $\boldsymbol{b}$ eine solche für $\boldsymbol{a} \times \boldsymbol{b}$. Da die Koordinaten von $\boldsymbol{a} \times \boldsymbol{b}$ gerade die Determinanten $\begin{vmatrix} a_y & a_z \\ b_y & b_z \end{vmatrix}$, $-\begin{vmatrix} a_x & a_z \\ b_x & b_z \end{vmatrix}$, $\begin{vmatrix} a_x & a_y \\ b_x & b_y \end{vmatrix}$ sind, läßt sich auch $\boldsymbol{a} \times \boldsymbol{b}$ sehr einprägsam als Determinante schreiben, sofern man den Begriff der Determinante auf Vektoren und Zahlen erweitert.

Vektorprodukte der Grundvektoren	$\boldsymbol{i} \times \boldsymbol{i} = \boldsymbol{j} \times \boldsymbol{j} = \boldsymbol{k} \times \boldsymbol{k} = \boldsymbol{o}$ $\boldsymbol{i} \times \boldsymbol{j} = \boldsymbol{k}, \boldsymbol{j} \times \boldsymbol{k} = \boldsymbol{i}, \boldsymbol{k} \times \boldsymbol{i} = \boldsymbol{j}$
Komponentendarstellung des Vektorprodukts $\boldsymbol{a} \times \boldsymbol{b}$	$\boldsymbol{a} \times \boldsymbol{b} = (a_y b_z - a_z b_y)\,\boldsymbol{i} + (a_z b_x - a_x b_z)\,\boldsymbol{j} + (a_x b_y - a_y b_x)\,\boldsymbol{k} = \begin{vmatrix} \boldsymbol{i} & \boldsymbol{j} & \boldsymbol{k} \\ a_x & a_y & a_z \\ b_x & b_y & b_z \end{vmatrix}$

Beispiel 3: Die Vektoren $\boldsymbol{a} = 5\boldsymbol{i} - 3\boldsymbol{j} + \boldsymbol{k}$ und $\boldsymbol{b} = -\boldsymbol{i} - \boldsymbol{j} + 2\boldsymbol{k}$ haben das Vektorprodukt

$$\boldsymbol{a} \times \boldsymbol{b} = \begin{vmatrix} \boldsymbol{i} & \boldsymbol{j} & \boldsymbol{k} \\ 5 & -3 & 1 \\ -1 & -1 & 2 \end{vmatrix} = -5\boldsymbol{i} - 11\boldsymbol{j} - 8\boldsymbol{k}.$$

Spatprodukt. Sind $\boldsymbol{a}, \boldsymbol{b}, \boldsymbol{c}$ drei Vektoren und $\overrightarrow{PQ}, \overrightarrow{PQ'}, \overrightarrow{PQ''}$ ihre Repräsentanten in P, so nennt man die durch diese bestimmte Figur einen *Spat* oder ein *Parallelepiped* (Abb. 17.3-11). Das Volumen des Spates ist das Produkt aus Inhalt der Grundfläche und Länge der Höhe. Nimmt man als Grundfläche das von $\overrightarrow{PQ}$ und $\overrightarrow{PQ'}$ aufgespannte Parallelogramm, so hat dieses den Flächeninhalt $|\boldsymbol{a} \times \boldsymbol{b}| = |\boldsymbol{a}| \cdot |\boldsymbol{b}| \sin \sphericalangle (\boldsymbol{a}, \boldsymbol{b})$. Die Höhe des Spates ist die Projektion von $\boldsymbol{c}$ auf $\boldsymbol{a} \times \boldsymbol{b}$, des Repräsentanten $\overrightarrow{PQ''}$ auf den von $\boldsymbol{a} \times \boldsymbol{b}$, auf $\overrightarrow{PR}$. Für das Volumen V des Spates gilt $V = |(\boldsymbol{a} \times \boldsymbol{b}) \cdot \boldsymbol{c}|$; abkürzend bezeichnet man die Größe $(\boldsymbol{a} \times \boldsymbol{b}) \cdot \boldsymbol{c}$ mit $(\boldsymbol{abc})$ und nennt sie das Spatprodukt der Vektoren $\boldsymbol{a}, \boldsymbol{b}, \boldsymbol{c}$.
Vertauscht man in dieser Betrachtung die Vektoren zyklisch, so erhält man $(\boldsymbol{abc}) = (\boldsymbol{bca}) = (\boldsymbol{cab})$. Wegen der Umkehrung der räumlichen Orientierung, wegen des Übergangs von einem Rechts- zu einem Linkssystem bzw. umgekehrt, gilt dagegen:

$$(\boldsymbol{abc}) = -(\boldsymbol{bac}) = -(\boldsymbol{acb}) = -(\boldsymbol{cba}).$$

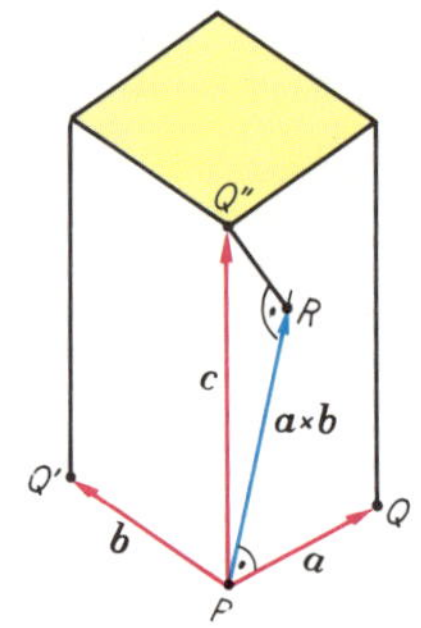

17.3-11 Zum Spatprodukt

Spatprodukt	$(\boldsymbol{a} \times \boldsymbol{b}) \cdot \boldsymbol{c} = (\boldsymbol{abc}) = (\boldsymbol{bca}) = (\boldsymbol{cab}) = -(\boldsymbol{bac}) = -(\boldsymbol{cba}) = -(\boldsymbol{acb})$
$\boldsymbol{a} = a_x\boldsymbol{i} + a_y\boldsymbol{j} + a_z\boldsymbol{k}$ $\boldsymbol{b} = b_x\boldsymbol{i} + b_y\boldsymbol{j} + b_z\boldsymbol{k}$ $\boldsymbol{c} = c_x\boldsymbol{i} + c_y\boldsymbol{j} + c_z\boldsymbol{k}$	$(\boldsymbol{a} \times \boldsymbol{b}) \cdot \boldsymbol{c} = (\boldsymbol{abc})$ $= \begin{vmatrix} a_y & a_z \\ b_y & b_z \end{vmatrix} c_x + \begin{vmatrix} a_z & a_x \\ b_z & b_x \end{vmatrix} c_y + \begin{vmatrix} a_x & a_y \\ b_x & b_y \end{vmatrix} c_z = \begin{vmatrix} a_x & a_y & a_z \\ b_x & b_y & b_z \\ c_x & c_y & c_z \end{vmatrix}$

Beliebige Vektorräume

Verschiedene Begriffe im Raum V_3 lassen sich auf andere Vektorräume übertragen; z. B. die Einführung von Koordinaten und die koordinatenweise Addition, dagegen nicht die Definition eines Vektorprodukts.

Linear abhängige und linear unabhängige Vektoren. Sind $\boldsymbol{x}_1, \boldsymbol{x}_2, \ldots, \boldsymbol{x}_n$ Vektoren eines beliebigen Vektorraums V, so heißt ein Vektor $\boldsymbol{x}$ linear abhängig von $\boldsymbol{x}_1, \boldsymbol{x}_2, \ldots, \boldsymbol{x}_n$, wenn es Zahlen $a_1, a_2, \ldots, a_n$ gibt, so daß $\boldsymbol{x} = a_1\boldsymbol{x}_1 + a_2\boldsymbol{x}_2 + \cdots + a_n\boldsymbol{x}_n$. Man sagt auch, $\boldsymbol{x}$ lasse sich linear aus $\boldsymbol{x}_1, \boldsymbol{x}_2, \ldots, \boldsymbol{x}_n$ kombinieren, oder $\boldsymbol{x}$ ist *Linearkombination* der $\boldsymbol{x}_1, \boldsymbol{x}_2, \ldots, \boldsymbol{x}_n$; z. B. ist der Vektor $\boldsymbol{a}$ aus V_3 Linearkombination des Systems $\boldsymbol{x}_1 = \boldsymbol{i}, \boldsymbol{x}_2 = \boldsymbol{j}, \boldsymbol{x}_3 = \boldsymbol{k}$: $\boldsymbol{a} = a_x\boldsymbol{i} + a_y\boldsymbol{j} + a_z\boldsymbol{k}$.
Offenbar ist der Nullvektor $\boldsymbol{o}$ von V von allen möglichen Systemen $\boldsymbol{x}_1, \boldsymbol{x}_2, \ldots, \boldsymbol{x}_n$ linear abhängig. Man braucht nur $a_1 = a_2 = \ldots = a_n = 0$ zu wählen.
Ist $\boldsymbol{x}$ linear abhängig von $\boldsymbol{x}_1, \boldsymbol{x}_2, \ldots, \boldsymbol{x}_n$, so gibt es Zahlen $a_1, a_2, \ldots, a_n$, $a = -1$, die nicht alle Null sind, so daß $\boldsymbol{o} = a_1\boldsymbol{x}_1 + a_2\boldsymbol{x}_2 + \cdots + a_n\boldsymbol{x}_n + a\boldsymbol{x}$.
Man sagt in Verallgemeinerung dessen:

Ein System $\boldsymbol{x}_1, \boldsymbol{x}_2, \ldots, \boldsymbol{x}_n$ von Vektoren heißt **linear abhängig**, wenn es *Zahlen* $a_1, a_2, \ldots, a_n$ gibt, *die nicht alle Null sind*, so daß gilt

$$\boldsymbol{o} = a_1\boldsymbol{x}_1 + a_2\boldsymbol{x}_2 + \cdots + a_n\boldsymbol{x}_n.$$

Man nennt ein System $\boldsymbol{x}_1, \boldsymbol{x}_2, \ldots, \boldsymbol{x}_n$ **linear unabhängig**, wenn diese Gleichung *nur für die Zahlen* $a_1 = a_2 = \cdots = a_n = 0$ erfüllt ist.

Beispiel 1: Die Vektoren $\boldsymbol{i}, \boldsymbol{j}$ aus V_3 bilden ein linear unabhängiges System, denn sind a_1, a_2 Zahlen, so daß $\boldsymbol{o} = a_1\boldsymbol{i} + a_2\boldsymbol{j}$ erfüllt ist, so liefert die Bildung des Skalarprodukts $\boldsymbol{o} \cdot \boldsymbol{i} = 0 = (a_1\boldsymbol{i}) \cdot \boldsymbol{i} + (a_2\boldsymbol{j}) \cdot \boldsymbol{i} = a_1$, daß $a_1 = 0$ gelten muß; ebenso erhält man $a_2 = 0$ durch Multiplikation mit $\boldsymbol{j}$.

Die drei Vektoren $\boldsymbol{i}, \boldsymbol{j}, \boldsymbol{k}$ sind ebenfalls ein linear unabhängiges System, wie man analog beweist. Sie haben gegenüber dem System $\boldsymbol{i}, \boldsymbol{j}$ die weitere Eigenschaft, daß sich jeder Vektor $\boldsymbol{a}$ aus V_3, und zwar auf genau eine Weise, als Linearkombination von ihnen darstellen läßt: $\boldsymbol{a} = a_x\boldsymbol{i} + a_y\boldsymbol{j} + a_z\boldsymbol{k}$.
Man verallgemeinert dies in folgender Definition:

Eine **Basis eines Vektorraums** V ist ein *in einer festen Reihenfolge stehendes linear unabhängiges System* $\boldsymbol{B}$ *von Vektoren* aus V mit der Eigenschaft, daß sich jeder Vektor aus V *auf genau eine Weise als Linearkombination der Elemente von* $\boldsymbol{B}$ schreiben läßt.

Infolgedessen bilden die Vektoren $\boldsymbol{i}, \boldsymbol{j}, \boldsymbol{k}$ in dieser Reihenfolge eine Basis des Raums V_3.
Es gibt Vektorräume, in denen jede Basis aus unendlich vielen Elementen besteht. Man nennt diese

unendlichdimensional. Da sich beweisen läßt, daß jeder Vektorraum eine Basis hat, so lassen sich solche Vektorräume auszeichnen, die eine Basis aus endlich vielen Elementen haben. Für diese gilt:

Zwei endliche Basen ein und desselben Vektorraums V bestehen aus gleichviel Elementen. Die allen Basen von V gemeinsame Anzahl der Elemente einer Basis nennt man die **Dimension** *von V.*

Da man mit $\boldsymbol{i}, \boldsymbol{j}, \boldsymbol{k}$ bereits eine Basis von V_3 kennt, besteht folglich jede Basis von V_3 aus drei Elementen, und die Dimension von V_3 ist 3.

Teilräume. In jedem Vektorraum V lassen sich gewisse nicht leere Teilmengen auszeichnen, die selbst Vektorräume sind, wenn man Addition und Multiplikation mit Skalaren aus V übernimmt. Diese Teilmengen heißen *Teilräume* von V. Sie lassen sich algebraisch wie folgt charakterisieren:

Eine *Teilmenge V′ von V*, die wenigstens ein Element enthält, ist dann und nur dann ein **Teilraum** von V, wenn mit zwei Elementen $\boldsymbol{x}$ und $\boldsymbol{y}$ auch *die Summe* $\boldsymbol{x}+\boldsymbol{y}$ und mit jedem Element $\boldsymbol{x}$ *auch alle skalaren Vielfachen* $d\boldsymbol{x}$ in V' enthalten sind.

Beispiel 2: Die Menge, die nur aus dem Nullvektor $\boldsymbol{o}$ besteht, ist ein Teilraum jedes Vektorraums; jeder Vektorraum ist Teilraum von sich selbst. Diese beiden heißen *triviale Teilräume.* Dem ersteren ordnet man die Dimension 0 zu.
Beispiel 3: Ist $\boldsymbol{x} \neq \boldsymbol{o}$ ein Vektor aus V, so ist die Menge V' aller skalaren Vielfachen $d\boldsymbol{x}$ von $\boldsymbol{x}$ ein Teilraum von V. V' heißt der von $\boldsymbol{x}$ *erzeugte* Teilraum. Da $\boldsymbol{x}$ eine Basis von V' bildet, beträgt die Dimension von V' Eins.

Koordinaten. Ist $\boldsymbol{x}_1, \boldsymbol{x}_2, \ldots, \boldsymbol{x}_n$ eine Basis von V, so läßt sich definitionsgemäß jeder Vektor $\boldsymbol{x}$ eindeutig in der Form $\boldsymbol{x} = a_1\boldsymbol{x}_1 + a_2\boldsymbol{x}_2 + \cdots + a_n\boldsymbol{x}_n$ darstellen mit reellen Zahlen $a_1, a_2, \ldots, a_n$, die *Koordinaten* des Vektors $\boldsymbol{x}$ in der gegebenen Basis heißen. Die Koordinaten ändern sich, wenn man die Basis ändert. Die Anzahl n bleibt jedoch konstant.
Sind zwei Vektoren $\boldsymbol{x}, \boldsymbol{y}$ durch ihre Koordinaten in derselben Basis gegeben und ist d eine reelle Zahl, so ergibt die Anwendung der in einem Vektorraum gültigen Rechenregeln, daß man Vektoren *koordinatenweise* addiert und mit Skalaren multipliziert.

Koordinatenweise Addition und Multiplikation mit Skalaren	
$\boldsymbol{x} = a_1\boldsymbol{x}_1 + a_2\boldsymbol{x}_2 + \cdots + a_n\boldsymbol{x}_n$ $\boldsymbol{y} = b_1\boldsymbol{x}_1 + b_2\boldsymbol{x}_2 + \cdots + b_n\boldsymbol{x}_n$	$\boldsymbol{x}+\boldsymbol{y} = (a_1+b_1)\,\boldsymbol{x}_1 + (a_2+b_2)\,\boldsymbol{x}_2 + \cdots + (a_n+b_n)\,\boldsymbol{x}_n$ $d\boldsymbol{x} = (da_1)\,\boldsymbol{x}_1 + (da_2)\,\boldsymbol{x}_2 + \cdots + (da_n)\,\boldsymbol{x}_n$

Dadurch kann man jedem Vektorraum V der Dimension n mit einer festen Basis die Menge aller n-Tupel $(a_1, a_2, \ldots, a_n)$ eineindeutig zuordnen. Diese Abbildung ist ein *Isomorphismus* (vgl. Kap. 16.1. – Homomorphie) von V auf den Raum $\mathbf{R}^n$. Zur Untersuchung beliebiger Vektorräume reicht es aber trotzdem nicht aus, nur den Raum $\mathbf{R}^n$ zu betrachten, denn die Zuordnung der beiden Räume geschieht dadurch, daß man in V eine Basis auszeichnet; darin liegt aber eine gewisse Willkür, die sich bei manchen Untersuchungen unangenehm bemerkbar macht.
Für die folgenden Betrachtungen wird zur Untersuchung des Raumes $\mathbf{R}^n$ eine *kanonische Basis* $\boldsymbol{e}_1, \boldsymbol{e}_2, \ldots, \boldsymbol{e}_n$ mit besonderen Eigenschaften fest gewählt:

$$\boldsymbol{e}_1 = (1, 0, 0, \ldots, 0), \quad \boldsymbol{e}_2 = (0, 1, 0, \ldots, 0), \ldots, \boldsymbol{e}_n = (0, 0, 0, \ldots, 1).$$

Jeder Vektor $\boldsymbol{x} = (a_1, a_2, \ldots, a_n)$ läßt sich dann schreiben als $\boldsymbol{x} = (a_1, a_2, \ldots, a_n) = a_1\boldsymbol{e}_1 + a_2\boldsymbol{e}_2 + \ldots + a_n\boldsymbol{e}_n$. Der Raum $\mathbf{R}^n$ wird im folgenden immer mit dieser Basis betrachtet.

Skalarprodukt. In Verallgemeinerung des Skalarprodukts von V_3 definiert man für den Raum $\mathbf{R}^n$ das Skalarprodukt durch $\boldsymbol{x} \cdot \boldsymbol{y} = (a_1, a_2, \ldots, a_n) \cdot (b_1, b_2, \ldots, b_n) = a_1b_1 + a_2b_2 + \cdots + a_nb_n$. Unter $\boldsymbol{x}^2$ soll das Produkt $\boldsymbol{x} \cdot \boldsymbol{x}$ verstanden werden.
Wie in V_3 ist das Skalarprodukt im $\mathbf{R}^n$ *kommutativ*, wie sofort aus der Definition folgt. Die *Assoziativität* ist nicht erfüllt; dagegen gelten das *Distributivgesetz* $\boldsymbol{x} \cdot (\boldsymbol{y} + \boldsymbol{z}) = \boldsymbol{x} \cdot \boldsymbol{y} + \boldsymbol{x} \cdot \boldsymbol{z}$ und die Regel $d(\boldsymbol{x} \cdot \boldsymbol{y}) = (d\boldsymbol{x}) \cdot \boldsymbol{y} = \boldsymbol{x} \cdot (d\boldsymbol{y})$. Man verallgemeinert weiter: Unter dem Betrag, der Länge oder Norm eines Vektors $\boldsymbol{x} = (a_1, a_2, \ldots, a_n)$ versteht man die Zahl $|\boldsymbol{x}| = \sqrt{\boldsymbol{x}^2} = \sqrt{a_1^2 + a_2^2 + \cdots + a_n^2}$.
Im Raum V_3 stellt der Repräsentant $\overrightarrow{PR}$ des Vektors $\boldsymbol{a} + \boldsymbol{b}$ in P die dritte Seite eines Dreiecks dar, dessen beide anderen Seiten die Repräsentanten $\overrightarrow{PQ}$ von $\boldsymbol{a}$ in P und $\overrightarrow{QR}$ von $\boldsymbol{b}$ in Q bilden (vgl. Abb. 17.3-4). Es ist klar, daß die Länge einer Seite nicht größer ist als die Summe der beiden anderen; d. h., $|\overrightarrow{PR}| \leqslant |\overrightarrow{PQ}| + |\overrightarrow{QR}|$ oder $|\boldsymbol{a} + \boldsymbol{b}| \leqslant |\boldsymbol{a}| + |\boldsymbol{b}|$. Diese Ungleichung heißt deshalb die *Dreiecksungleichung.* Sie läßt sich auch für den Raum $\mathbf{R}^n$ beweisen und durch vollständige Induktion auf die Form $|\boldsymbol{x}_1 + \boldsymbol{x}_2 + \cdots + \boldsymbol{x}_m| \leqslant |\boldsymbol{x}_1| + |\boldsymbol{x}_2| + \cdots + |\boldsymbol{x}_m|$ verallgemeinern. Aus der Dreiecksungleichung läßt sich die Ungleichung $||\boldsymbol{x}| - |\boldsymbol{y}|| \leqslant |\boldsymbol{x} - \boldsymbol{y}|$ gewinnen, und im Zusammenhang mit dem Skalar-

produkt gilt die Ungleichung $|x \cdot y| \leqslant |x| \cdot |y|$. In Koordinatenschreibweise geht diese in die *Cauchy-Schwarzsche Ungleichung* über, die oft auch als *Bunjakowskische Ungleichung* bezeichnet wird. Schließlich gelten für Vektoren x und y aus $\mathbf{R}^n$ die folgenden, zu den binomischen Formeln für reelle Zahlen analogen Gleichungen: $(x \pm y)^2 = x^2 \pm 2x \cdot y + y^2$; $(x+y) \cdot (x-y) = x^2 - y^2$.

Winkel. Im Raum V_3 ergab sich bereits eine Formel für den Kosinus des Winkels zwischen zwei Vektoren mit Hilfe des Skalarprodukts. Im Raum $\mathbf{R}^n$ definiert man rein analytisch den Winkel zwischen den Vektoren, indem man die Formel aus V_3 überträgt. Der Winkel $\sphericalangle(x, y)$ zwischen den von o verschiedenen Vektoren x und y aus $\mathbf{R}^n$ ist der Winkel zwischen 0° und 180°, dessen Kosinus die Gleichung $\cos \sphericalangle(x, y) = \dfrac{x \cdot y}{|x|\,|y|}$ erfüllt. Durch diese Forderung ist $\sphericalangle(x, y)$ eindeutig bestimmt.

Die Definition des Winkels legt nahe, Vektoren x und y *orthogonal* zu nennen, wenn $x \cdot y = 0$ gilt. Insbesondere ist der Nullvektor o orthogonal zu jedem Vektor des $\mathbf{R}^n$.

Betrachtet man die Basis $e_1, e_2, \ldots, e_n$ von $\mathbf{R}^n$, so sind je zwei verschiedene Vektoren e_i und e_j orthogonal. Weiter haben alle die Länge 1. In diesen Eigenschaften liegt die Besonderheit der Basis $e_1, e_2, \ldots, e_n$.

Skalarprodukt von $x = (a_1, a_2, \ldots, a_n)$ und $y = (b_1, b_2, \ldots, b_n)$	$x \cdot y = a_1b_1 + a_2b_2 + \cdots + a_nb_n = y \cdot x$ Regeln: $x \cdot (y+z) = x \cdot y + x \cdot z$ $d(x \cdot y) = (dx) \cdot y = x \cdot (dy)$
Betrag von x	$\lvert x\rvert = \sqrt{x \cdot x} = \sqrt{a_1^2 + a_2^2 + \cdots + a_n^2}$
Verallgemeinerte **Dreiecksungleichung**	$\lvert x_1 + x_2 + \cdots + x_m\rvert \leqslant \lvert x_1\rvert + \lvert x_2\rvert + \cdots + \lvert x_m\rvert$
Cauchy-Schwarzsche Ungleichung	$\lvert x \cdot y\rvert \leqslant \lvert x\rvert\lvert y\rvert \Rightarrow \left(\sum_{i=1}^{n} a_ib_i\right)^2 \leqslant \sum_{i=1}^{n} a_i^2 \cdot \sum_{i=1}^{n} b_i^2$
Winkel zwischen x und y	$\cos \sphericalangle(x, y) = \dfrac{x \cdot y}{\lvert x\rvert\,\lvert y\rvert}$ und $0° \leqslant \lvert\sphericalangle(x, y)\rvert \leqslant 180°$

Euklidische Vektorräume. Der Vektorraum $\mathbf{R}^n$ war durch Einführung des Skalarprodukts mit einer gegenüber beliebigen Vektorräumen zusätzlichen Struktur versehen worden. Das Skalarprodukt ordnet je zwei n-Tupeln x und y eine reelle Zahl $x \cdot y$ zu. Deshalb läßt es sich als reellwertige Funktion in zwei Veränderlichen x und y mit gewissen Eigenschaften auffassen.

Man verallgemeinert den Begriff des Skalarprodukts auf beliebige Vektorräume wie folgt:

> Ist V ein Vektorraum und q eine *Funktion, die je zwei Vektoren x und y aus V eine reelle Zahl $q(x,y)$ zuordnet, so heißt q ein* **Skalarprodukt** auf V, wenn folgende Regeln gelten:
> 1. $q(x, y) = q(y, x)$,
> 2. $q(x + x', y) = q(x, y) + q(x', y)$,
> 3. $q(ax, y) = aq(x, y)$,
> 4. $q(x, x) \geqslant 0$, $q(x, x) = 0$ genau dann, wenn $x = o$.
>
> Ein *Vektorraum V*, der mit einem solchen *Skalarprodukt* versehen ist, heißt ein **euklidischer Vektorraum.** *Ist V mit einem festen Skalarprodukt q versehen, so wird anstelle von $q(x, y)$ die kürzere Bezeichnung (x, y) oder auch $x \cdot y$ benutzt.*

Das oben in $\mathbf{R}^n$ definierte Skalarprodukt hat diese Eigenschaften 1. bis 4., $\mathbf{R}^n$ ist ein euklidischer Vektorraum. Setzt man $q(x, y) = x \cdot y$, so bedeutet 1. das Kommutativgesetz, 2. das Distributivgesetz, 3. die Regel $(ax) \cdot y = a(x \cdot y)$, und 4. gibt an, daß nur o die Länge 0 hat.

Ist V mit dem Skalarprodukt q ein euklidischer Vektorraum, so gelten folgende Begriffsbildungen analog zu denen in $\mathbf{R}^n$: Die Zahl $\sqrt{q(x, x)}$ heißt *Betrag*, *Länge* oder *Norm* des Vektors und wird mit $|x|_q$ bezeichnet. Für $x \neq o$ ist $|x|_q$ stets größer als Null. Sind x und y ungleich 0, so heißt der Winkel φ zwischen 0° und 180°, der sich aus der Gleichung $\cos \varphi = q(x, y)/(|x|_q\,|y|_q)$ bestimmen läßt, der Winkel zwischen x und y. Vektoren vom Betrag 1 heißen *Einheitsvektoren.* Gilt $q(x, y) = 0$, so nennt man x und y bezüglich q *orthogonal.*

Die Eigenschaften der Basis $e_1, e_2, \ldots, e_n$ führen zur folgenden Definition:

> Eine *Basis eines euklidischen Vektorraums* heißt **Orthonormalbasis,** wenn alle ihr angehörenden Vektoren *Einheitsvektoren* und je zwei verschiedene Vektoren der Basis *orthogonal zueinander* sind.

Bei der Untersuchung von euklidischen Vektorräumen versucht man immer solche Orthonormalbasen zu finden, da diese wegen ihrer Eigenschaften viele Rechnungen vereinfachen.

17.4. Lineare Abbildungen

Eigenschaften linearer Abbildungen. Eine Abbildung A von einem Vektorraum V in einen Vektorraum V' wird linear genannt, wenn für je zwei Vektoren $\boldsymbol{x}, \boldsymbol{y}$ aus V und jede reelle Zahl a die Gleichungen $A(\boldsymbol{x} + \boldsymbol{y}) = A(\boldsymbol{x}) + A(\boldsymbol{y})$ und $A(a \cdot \boldsymbol{x}) = a \cdot A(\boldsymbol{x})$ gelten. Es ist deshalb gleichgültig, ob man mit Vektoren aus V erst die dort möglichen Rechenoperationen ausführt und dann die Abbildung auf das Ergebnis anwendet oder ob man zunächst die Abbildung auf die Vektoren anwendet und mit den erhaltenen Vektoren die entsprechenden Operationen in V' ausführt. In beiden Fällen ergibt sich der gleiche Vektor in V'. Daher können diese beiden Gleichungen als Bedingungen für eine Verträglichkeit der Abbildung A mit den in V bzw. V' möglichen Operationen der Addition von Vektoren und der Multiplikation von Vektoren mit reellen Zahlen interpretiert werden. Die durch eine lineare Abbildung A gegebene Zuordnung wird oft in der Form $\boldsymbol{x} \mapsto A(\boldsymbol{x})$ beschrieben; dabei heißt der eindeutig bestimmte Vektor $A(\boldsymbol{x})$ aus V' das *Bild des Vektors* $\boldsymbol{x}$ bei der Abbildung A. Der Vektor $\boldsymbol{x}$ aus V wird ein *Urbild des Vektors* $A(\boldsymbol{x})$ genannt; im allgemeinen gibt es zu einem Vektor aus V' mehrere Urbilder (vgl. Kap. 5.1. – Abb. 5.1-1, 5.1-2).

Beispiel 1: Wird eine Ebene um einen festen Punkt O mit dem Winkel φ gedreht (Abb. 17.4-1), so geht dabei jede Klasse gleich gerichteter und gleich langer Strecken wieder in eine derartige Klasse über. Durch die Drehung wird deshalb jeder Vektor der Ebene in einen neuen Vektor übergeführt. Diese Abbildung A zwischen den Vektoren ist linear, wie man der Abbildung entnimmt, in der die Drehung für die Repräsentanten der Vektoren $\boldsymbol{x}, \boldsymbol{y}$ und $\boldsymbol{x} + \boldsymbol{y}$ ausgeführt ist. Da das durch $\boldsymbol{x}$ und $\boldsymbol{y}$ gegebene Parallelogramm als Ganzes mitgedreht wird, gilt die Gleichung

$$A(\boldsymbol{x} + \boldsymbol{y}) = A(\boldsymbol{x}) + A(\boldsymbol{y}).$$

Die Beziehung $A(a \cdot \boldsymbol{x}) = a \cdot A(\boldsymbol{x})$ ergibt sich einfach aus der Tatsache, daß Längen und Längenverhältnisse von Strecken bei einer Drehung nicht geändert werden.

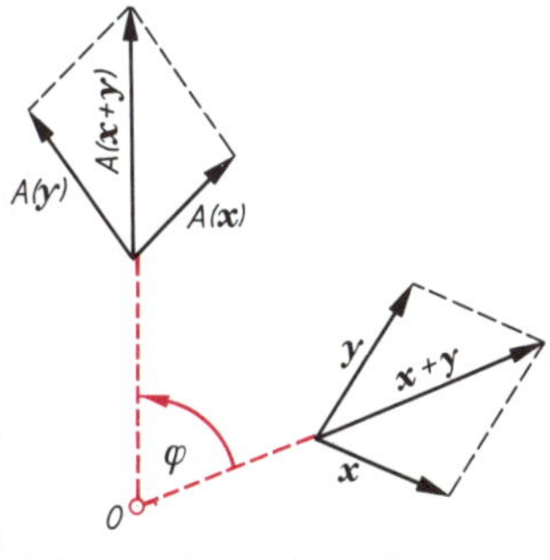

17.4-1 Drehung einer Ebene um einen festen Punkt O mit dem Winkel φ

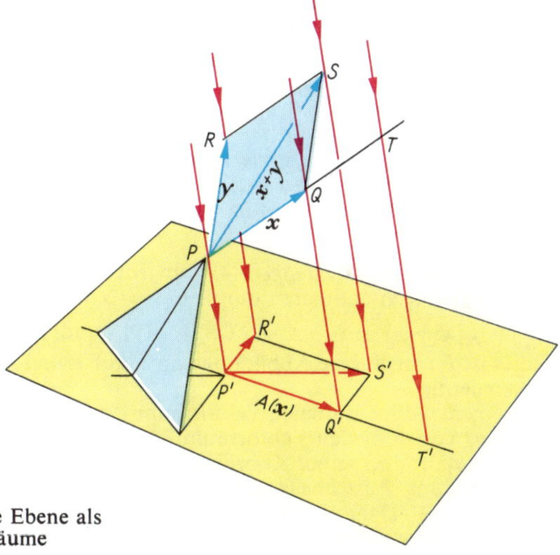

17.4-2 Parallelprojektion des Raumes auf eine Ebene als lineare Abbildung der entsprechenden Vektorräume

Beispiel 2: In ähnlicher Weise liefert auch jede Parallelprojektion des dreidimensionalen Raums auf eine Ebene eine lineare Abbildung zwischen den entsprechenden Vektorräumen (Abb. 17.4-2). Die Gleichung $A(\boldsymbol{x} + \boldsymbol{y}) = A(\boldsymbol{x}) + A(\boldsymbol{y})$ gilt, weil das Parallelogramm $PQSR$ der Repräsentanten der Vektoren $\boldsymbol{x}, \boldsymbol{y}$ und $\boldsymbol{x} + \boldsymbol{y}$ abgebildet wird auf das Parallelogramm $P'Q'S'R'$ der Repräsentanten von $A(\boldsymbol{x}), A(\boldsymbol{y})$ und $A(\boldsymbol{x} + \boldsymbol{y})$. Die Gleichung $A(a \cdot \boldsymbol{x}) = a \cdot A(\boldsymbol{x})$ ergibt sich aus der Proportion $|PQ| : |PT| = |P'Q'| : |P'T'|$.

Kern und Bild einer linearen Abbildung. Zu jeder linearen Abbildung A lassen sich zwei Vektorräume, die in V bzw. in V' enthalten sind, auszeichnen, ihr Kern und ihr Bild. Der *Kern der linearen Abbildung* A ist der Teilraum von V, der aus allen Vektoren besteht, die durch A auf den Nullvektor in V' abgebildet werden. Das *Bild der linearen Abbildung* A ist der Teilraum von V', der aus allen Vektoren besteht, die als Bilder von Vektoren aus V auftreten. Im Beispiel 2 ist das Bild von A der Vektorraum der Ebene, auf die projiziert wird. Der Kern besteht aus allen Vektoren des dreidimensionalen Raums, deren Repräsentanten parallel zu den Projektionsstrahlen liegen. Ist V ein endlichdimensionaler Vektorraum, so bezeichnet man die Dimension des Kerns als *Defekt* und die Dimension des Bildes als *Rang* der linearen Abbildung A. Im Beispiel 2 ist 1 der Defekt, 2 der Rang von A, und es gilt $1 + 2 = 3$; allgemein gilt:

Defekt von A + Rang von A = Dimension von V.

Daraus ergibt sich insbesondere, daß die Dimension des Bildes von A nicht größer als die Dimension von V sein kann. Der Defekt einer linearen Abbildung A kann als Maßzahl für die Abweichung von A von einer umkehrbar eindeutigen Abbildung gedeutet werden. Ist der Defekt gleich Null, so ist A umkehrbar eindeutig.

Beispiel 3: Durch die linke Seite eines linearen Gleichungssystems

$$\begin{matrix} a_{11}x_1 + \cdots + a_{1n}x_n = b_1 \\ \vdots \qquad\qquad \vdots \qquad \vdots \\ a_{m1}x_1 + \cdots + a_{mn}x_n = b_m \end{matrix}$$

wird eine lineare Abbildung A vom Vektorraum $\mathbf{R}^n$ in den Vektorraum $\mathbf{R}^m$ definiert, indem man jedem n-Tupel $\boldsymbol{x} = (x_1, \ldots, x_n)$ das m-Tupel $A(\boldsymbol{x}) = (a_{11}x_1 + \cdots + a_{1n}x_n, \ldots, a_{m1}x_1 + \cdots + a_{mn}x_n)$ als Bild zuordnet. Die Frage nach Lösungen des Gleichungssystems läßt sich jetzt so interpretieren: Zu einem festen m-Tupel $(b_1, \ldots, b_m)$ aus dem Vektorraum $\mathbf{R}^m$ sind n-Tupel $\boldsymbol{x} = (x_1, \ldots, x_n)$ aus $\mathbf{R}^n$ so zu bestimmen, daß gilt $A(\boldsymbol{x}) = (b_1, \ldots, b_m)$. Man fragt dabei nach Urbildern des Vektors $(b_1, \ldots, b_m)$ bei der Abbildung A. Das zugehörige homogene Gleichungssystem zu lösen bedeutet dann, alle Vektoren $\boldsymbol{x} = (x_1, \ldots, x_n)$ zu finden, die der Gleichung $A(\boldsymbol{x}) = (0, \ldots, 0)$ genügen. *Der Vektorraum der Lösungen des homogenen Systems ist der Kern von A und seine Dimension der Defekt von A.* Ist der Defekt Null, dann ist das homogene System nur trivial lösbar, und das inhomogene System hat höchstens eine Lösung, weil A umkehrbar eindeutig ist. Das Bild von A besteht aus allen m-Tupeln $(b_1, \ldots, b_m)$, für die das angegebene System Lösungen hat. Der *Rang von A* läßt sich aus dem Koeffizientenschema des Gleichungssystems berechnen (vgl. 17.5. – Beschreibung linearer Abbildungen durch Matrizen).

Eine wichtige Rolle in der linearen Algebra spielen die linearen Abbildungen, die einen Vektorraum V umkehrbar eindeutig auf einen Vektorraum V' abbilden. Eine solche Abbildung heißt ein *Isomorphismus* von V auf V' (vgl. Kap. 16.1. – Homomorphie). Die Umkehrabbildung ist dann ein Isomorphismus von V' auf V. Man nennt die beiden Vektorräume in diesem Fall *isomorph* und schreibt das in der Form $V \cong V'$. Isomorphe Vektorräume sind hinsichtlich ihrer algebraischen Eigenschaften völlig gleichwertig. Die Isomorphie von Vektorräumen ist eine Äquivalenzrelation, d. h., sie ist reflexiv, symmetrisch und transitiv (vgl. Kap. 14.3.).

Beispiele linearer Abbildungen. 4: Für jeden Vektorraum V kann man die *identische* Abbildung E von V auf sich definieren durch $E(\boldsymbol{x}) = \boldsymbol{x}$ für alle $\boldsymbol{x}$ aus V. Dann gelten die Gleichungen:

$$E(\boldsymbol{x} + \boldsymbol{y}) = \boldsymbol{x} + \boldsymbol{y} = E(\boldsymbol{x}) + E(\boldsymbol{y}) \quad \text{und} \quad E(a \cdot \boldsymbol{x}) = a \cdot \boldsymbol{x} = a \cdot E(\boldsymbol{x}).$$

Daher ist E eine lineare Abbildung von V auf V und sogar ein Isomorphismus, denn E ist umkehrbar eindeutig.

5: In einem n-dimensionalen Vektorraum V mit den Basisvektoren $\boldsymbol{e}_1, \ldots, \boldsymbol{e}_n$ soll Φ die *Koordinatenabbildung* von V in den Vektorraum $\mathbf{R}^n$ sein, die jedem Vektor $\boldsymbol{x} = a_1\boldsymbol{e}_1 + \cdots + a_n\boldsymbol{e}_n$ aus V das n-Tupel $(a_1, \ldots, a_n)$ seiner Koordinaten bezüglich der gegebenen Basis zuordnet: $\Phi(\boldsymbol{x}) = (a_1, \ldots, a_n)$. Die Abbildung Φ ist linear, umkehrbar eindeutig, und jedes n-Tupel reeller Zahlen ist Bild eines Vektors aus V. Daher ist Φ ein Isomorphismus von V auf den Vektorraum $\mathbf{R}^n$, und man erhält die Aussage: *Jeder n-dimensionale Vektorraum V ist zum Vektorraum* $\mathbf{R}^n$ *isomorph.*

Bedeutung linearer Abbildungen. Da lineare Abbildungen mit den Rechenoperationen in einem Vektorraum verträglich sind, gestatten sie eine Übertragung der Verhältnisse aus einem Vektorraum in einen anderen. Besondere Bedeutung haben dabei die Isomorphismen. Die in der Theorie der Vektorräume auftretenden Grundbegriffe, z. B. der der linearen Abhängigkeit, der Begriff der Basis oder der Dimensionsbegriff, sind gegenüber Isomorphismen invariant. Ist ein Satz, der mit Hilfe dieser Begriffe formuliert wurde, für einen Vektorraum V bewiesen, dann gilt er auch in allen zu V isomorphen Vektorräumen. Insbesondere kann man die Isomorphie zwischen einem n-dimensionalen Vektorraum V und dem Vektorraum $\mathbf{R}^n$ ausnutzen. Die Koordinatenabbildung gestattet es, Beziehungen zwischen den Vektoren aus V durch Gleichungen zwischen reellen Zahlen, den Koordinaten dieser Vektoren, zu beschreiben. Allerdings hängt die Koordinatenabbildung wesentlich von der vorgegebenen Basis ab. Gerade unter diesem Aspekt sind die linearen Abbildungen auch von Bedeutung, da sie es ermöglichen, Zusammenhänge zwischen verschiedenen Koordinatensystemen herzustellen.

Rechenregeln für lineare Abbildungen. Bemerkenswert ist, daß *die Menge aller linearen Abbildungen eines Vektorraums V auf einen anderen V′ selbst wieder einen Vektorraum bildet*, wenn man die Addition solcher Abbildungen, und die Multiplikation von Abbildungen mit reellen Zahlen geeignet definiert. Sind A und B lineare Abbildungen von V in V', dann ist ihre *Summe* $A + B$ diejenige Abbildung, für die $(A + B)(\boldsymbol{x}) = A(\boldsymbol{x}) + B(\boldsymbol{x})$ gilt. Das *Vielfache* $a \cdot A$ der linearen Abbildung A wird durch $(a \cdot A)(\boldsymbol{x}) = a \cdot A(\boldsymbol{x})$ definiert. In beiden Fällen ist $\boldsymbol{x}$ ein beliebiger Vektor aus V. Mit A und B sind auch $A + B$ und aA lineare Abbildungen, und es gelten die für einen Vektorraum charakteristischen Eigenschaften. Sind V und V' m- bzw. n-dimensional, so ist $m \cdot n$ die Dimension des Vektorraums der linearen Abbildungen von V in V'.

Die *Multiplikation zweier Abbildungen ist als Nacheinanderausführung der Abbildungen definiert.* Dazu muß die erste Abbildung auf dem Bild der zweiten erklärt sein, d. h., ist B eine lineare Abbildung von V in V' sowie A eine solche von V' in einen Vektorraum V'', so erhält man die Abbildung $A \cdot B$, indem man auf die Vektoren aus V zunächst B und auf das Ergebnis dann A anwendet. $A \cdot B$ ist eine lineare Abbildung von V in V'' (Abb. 17.4-3).

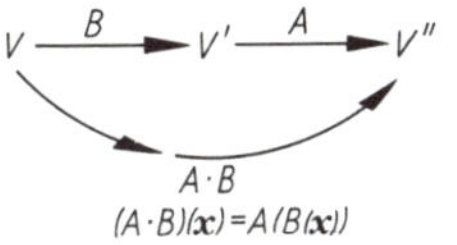

17.4-3 Zum Produkt $A \cdot B$ zweier linearer Abbildungen

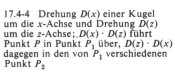

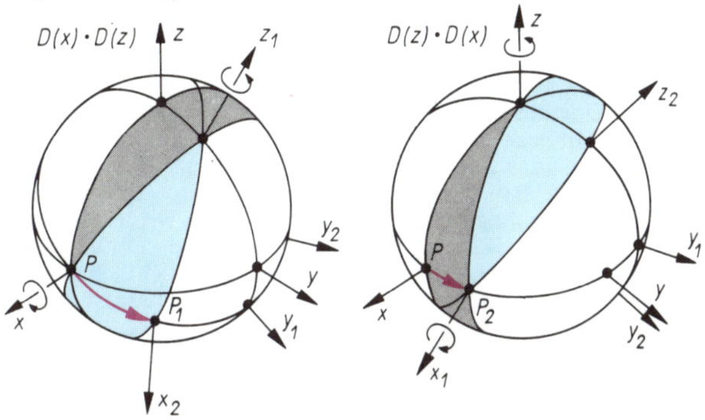

17.4-4 Drehung $D(x)$ einer Kugel um die x-Achse und Drehung $D(z)$ um die z-Achse; $D(x) \cdot D(z)$ führt Punkt P in Punkt P_1 über, $D(z) \cdot D(x)$ dagegen in den von P_1 verschiedenen Punkt P_2

Dagegen ist das Produkt $B \cdot A$ nur sinnvoll, wenn B auf dem Bild von A erklärt ist. Kann man zu zwei linearen Abbildungen sowohl $A \cdot B$ als auch $B \cdot A$ bilden, so stimmen diese Produkte nicht notwendig überein (Abb. 17.4-4). Die Multiplikation von Abbildungen ist also *nicht kommutativ*. Es gilt jedoch das *Assoziativgesetz*, und die Multiplikation ist mit der Addition durch die *Distributivgesetze* $A(B + C) = AB + AC$ und $(A + B) C = AC + BC$ verknüpft.

Spezielle lineare Abbildungen. Bei der Untersuchung eines festen Vektorraums V interessieren besonders lineare Abbildungen, die V in sich abbilden. Sie werden als *lineare Operatoren* oder *lineare Transformationen* auf V bezeichnet. *Die linearen Operatoren auf einem n-dimensionalen Vektorraum V bilden einen Vektorraum der Dimension* n^2. Außerdem ist für zwei lineare Operatoren A und B auf V die erwähnte Bedingung für die Bildung des Produkts $A \cdot B$ bzw. $B \cdot A$ stets erfüllt. Daher kann man lineare Operatoren auf einem Vektorraum immer miteinander multiplizieren. Ein Beispiel für einen linearen Operator ist die schon erwähnte identische Abbildung E auf einem Vektorraum V, die auch *Einsoperator* genannt wird. Diese Abbildung ist ein Isomorphismus von V auf sich. Alle linearen Operatoren, die den Vektorraum V isomorph *auf* sich abbilden, heißen *reguläre Operatoren.* Solche Operatoren führen eine Basis von V stets wieder in eine Basis über. Man kann sie auch folgendermaßen charakterisieren:

Ein linearer Operator A ist genau dann regulär, wenn es zu A einen linearen Operator B gibt, so daß $A \cdot B = B \cdot A = E$ *ist.*

Der Operator B ist in diesem Fall durch A eindeutig bestimmt und heißt der zu A *inverse Operator*. Man bezeichnet ihn in naheliegender Weise mit A^{-1}. A^{-1} ist derjenige Operator, der die Abbildung A rückgängig macht. Es gilt z. B. $E = E^{-1}$. Beispiele für reguläre Operatoren sind die linearen Abbildungen des zweidimensionalen Vektorraums der Ebene, die durch *Drehungen* gegeben werden. Der inverse Operator wird hier einfach durch die Drehung um O gegeben, die die Ebene um den Winkel φ in entgegengesetzter Richtung zurückdreht. Ebenso kann man die Drehungen des dreidimensionalen Raums um eine feste Achse als reguläre Operatoren des Vektorraums V_3 interpretieren.

Sind A und B reguläre Operatoren, so ist $A + B$ im allgemeinen kein regulärer Operator mehr. Dagegen ist das Produkt $A \cdot B$ oder $B \cdot A$ stets wieder ein regulärer Operator. Der zu $A \cdot B$ inverse Operator ist $B^{-1} \cdot A^{-1}$. Die Menge der regulären Operatoren auf einem Vektorraum hat damit bezüglich der Multiplikation, bis auf die Kommutativität, ähnliche Eigenschaften wie die Menge der von Null verschiedenen reellen Zahlen. Der Einsoperator spielt hier die gleiche Rolle wie die Zahl 1, es gilt nämlich immer $A \cdot E = E \cdot A = A$. In algebraischer Hinsicht bilden die regulären Operatoren eines Vektorraums bezüglich der Multiplikation eine Gruppe, die allgemeine lineare Gruppe GL(n) (vgl. Kap. 16.1. — Gruppen).

Ist ein Vektorraum euklidisch, dann kann man jedem linearen Operator A einen zweiten Operator A^* zuordnen, der dadurch eindeutig festgelegt ist, daß die Beziehung $A(\boldsymbol{x}) \cdot \boldsymbol{y} = \boldsymbol{x} \cdot A^*(\boldsymbol{y})$ für alle Vektoren $\boldsymbol{x}, \boldsymbol{y}$ aus V gelten soll. A^* heißt der zu A *adjungierte Operator*. Für den Übergang zum adjungierten Operator gelten die Regeln

$$(A + B)^* = A^* + B^* \qquad (A \cdot B)^* = B^* \cdot A^*$$
$$(a \cdot A)^* = a \cdot A^* \qquad (A^*)^* = A$$

Besondere Bedeutung kommt den *selbstadjungierten Operatoren* zu, die auch *symmetrische Operatoren* genannt werden. Sie lassen sich durch die Gleichung $A^* = A$ charakterisieren. Diese Operatoren treten häufig bei physikalischen Problemen auf und haben in gewisser Hinsicht eine sehr einfache Struktur. Zu den symmetrischen Operatoren analoge Operatoren auf unendlichdimensionalen Vektorräumen über den komplexen Zahlen, die *Hermiteschen Operatoren*, spielen in der Quantenmechanik eine wesentliche Rolle. Sie dienen dort zur Beschreibung physikalischer Größen. Triviale Beispiele für symmetrische Operatoren sind die Vielfachen $a \cdot E$ des Einsoperators.

In einem euklidischen Vektorraum V kann man mit Hilfe des Skalarprodukts Längen von Vektoren sowie Winkel zwischen Vektoren definieren. Zur Untersuchung eines solchen Vektorraums sind deshalb Operatoren besonders gut geeignet, die diesen zusätzlichen Eigenschaften von V Rechnung tragen. Man bezeichnet sie als *orthogonale Operatoren*. Ein linearer Operator A auf V heißt orthogonal, wenn er das Skalarprodukt in V invariant läßt, d. h., wenn für alle Vektoren $\boldsymbol{x}, \boldsymbol{y}$ aus V gilt $\boldsymbol{x} \cdot \boldsymbol{y} = A(\boldsymbol{x}) \cdot A(\boldsymbol{y})$. Ein orthogonaler Operator läßt Längen und Winkel in V ungeändert. Als Beispiele für orthogonale Operatoren können wieder die linearen Abbildungen des zwei- und dreidimensionalen Vektorraums dienen, die durch Drehungen der Ebene bzw. des Raums gegeben werden. Bei diesen Abbildungen bleiben offensichtlich Längen und Winkel ungeändert. Die orthogonalen Operatoren lassen sich auch wie folgt charakterisieren:

Ein linearer Operator A auf V ist genau dann orthogonal, wenn A eine Orthonormalbasis von V wieder in eine solche überführt.

Kürzer und in algebraischer Hinsicht übersichtlicher ist die folgende Beschreibung: Ein linearer Operator A ist genau dann orthogonal, wenn gilt $A^* = A^{-1}$. Da zu jedem orthogonalen Operator A danach der inverse Operator existiert, ist jeder orthogonale Operator regulär. Dabei ist der inverse Operator A^{-1} auch orthogonal. Da außerdem mit zwei Operatoren ihr Produkt wieder orthogonal ist, bildet die Menge der orthogonalen Operatoren eine Gruppe. Sie wird *Drehgruppe* genannt. Diese Bezeichnung ist darauf zurückzuführen, daß die Drehungen des dreidimensionalen Raums durch orthogonale Operatoren beschrieben werden können. Andererseits kann man aber auch jeden orthogonalen Operator im Vektorraum V_3 dadurch erhalten, daß man den Raum um eine geeignete Gerade dreht und eventuell noch eine Spiegelung an einer Ebene ausführt. Die durchgeführte Drehung läßt sich dabei schon vollständig durch die Drehung einer zur Drehachse senkrechten Ebene charakterisieren. Das äußert sich auch in der Beschreibung orthogonaler Operatoren im V_3 durch Matrizen.

17.5. Matrizen

Das Lösungsverhalten eines linearen Gleichungssystems von m Gleichungen mit n Variablen

$$\begin{matrix} a_{11}x_1 + \cdots + a_{1n}x_n = b_1 \\ \vdots \qquad\qquad \vdots \qquad \vdots \\ a_{m1}x_1 + \cdots + a_{mn}x_n = b_m \end{matrix} \qquad A = \begin{pmatrix} a_{11} & a_{12} \cdots a_{1n} \\ a_{21} & a_{22} \cdots a_{2n} \\ \vdots & \vdots \quad \vdots \\ a_{m1} & a_{m2} \cdots a_{mn} \end{pmatrix}$$

hängt wesentlich von der Beschaffenheit der Koeffizienten a_{ij} des Systems ab. Man ordnet diese Zahlen a_{ij} in einem rechteckigen Schema an und bezeichnet ein Zahlenschema dieser Art als *Matrix* vom Typ (m, n). Die in der Matrix $\boldsymbol{A}$ stehenden Zahlen heißen *Elemente* von $\boldsymbol{A}$, das n-Tupel der in einer Reihe nebeneinander stehenden Elemente von $\boldsymbol{A}$ heißt *Zeile*, das m-Tupel der in einer Reihe untereinander stehenden Elemente von $\boldsymbol{A}$ heißt *Spalte* von $\boldsymbol{A}$. Der Typ (m, n) der Matrix $\boldsymbol{A}$ gibt die Anzahl m der Zeilen und die Anzahl n der Spalten von $\boldsymbol{A}$ an; ist $m = n$, so heißt die Matrix *quadratisch*, zum Unterschied dazu nennt man die übrigen Matrizen bisweilen rechteckig. Eine Matrix $\boldsymbol{A}$ vom Typ (m, n) mit den Elementen a_{ij} schreibt man oft kurz $\boldsymbol{A} = (a_{ij})_{m,n}$. Ist $\boldsymbol{B} = (b_{ij})_{r,s}$ eine weitere Matrix, so gilt $\boldsymbol{A} = \boldsymbol{B}$ genau dann, wenn $r = m$ und $s = n$ und $a_{ij} = b_{ij}$ für alle i und alle j.

Rechenoperationen mit Matrizen. Matrizen vom gleichen Typ können zueinander addiert werden, und man kann jede Matrix mit einer reellen Zahl multiplizieren. Bei der Addition werden einfach die Elemente an einander entsprechenden Stellen addiert, und eine Matrix wird mit einer reellen Zahl multipliziert, indem jedes ihrer Elemente mit dieser Zahl multipliziert wird.

Addition von Matrizen gleichen Typs
$\begin{pmatrix} a_{11} & a_{12} \dots a_{1n} \\ \vdots & \vdots \quad \vdots \\ a_{m1} & a_{m2} \dots a_{mn} \end{pmatrix} + \begin{pmatrix} b_{11} & b_{12} \dots b_{1n} \\ \vdots & \vdots \quad \vdots \\ b_{m1} & b_{m2} \dots b_{mn} \end{pmatrix} = \begin{pmatrix} a_{11}+b_{11} & a_{12}+b_{12} \dots a_{1n}+b_{1n} \\ \vdots & \vdots \quad \vdots \\ a_{m1}+b_{m1} & a_{m2}+b_{m2} \dots a_{mn}+b_{mn} \end{pmatrix}$
Multiplikation einer Matrix mit einer reellen Zahl
$a\begin{pmatrix} a_{11} & a_{12} \dots a_{1n} \\ \vdots & \vdots \\ a_{m1} & a_{m2} \dots a_{mn} \end{pmatrix} = \begin{pmatrix} aa_{11} & aa_{12} \dots aa_{1n} \\ \vdots & \vdots \\ aa_{m1} & aa_{m2} \dots aa_{mn} \end{pmatrix}$

Beispiel 1:

$$\begin{pmatrix} 1 & -2 & 0 \\ -1 & 1 & 2 \end{pmatrix} + (-2)\begin{pmatrix} 2 & 1 & -2 \\ 3 & -2 & -2 \end{pmatrix} = \begin{pmatrix} 1 & -2 & 0 \\ -1 & 1 & 2 \end{pmatrix} + \begin{pmatrix} -4 & -2 & 4 \\ -6 & 4 & 4 \end{pmatrix} = \begin{pmatrix} -3 & -4 & 4 \\ -7 & 5 & 6 \end{pmatrix}$$

Für die Addition von Matrizen und für die Multiplikation von Matrizen mit reellen Zahlen gelten die üblichen Rechenregeln.

Die Menge der Matrizen vom Typ (m, n) ist ein Vektorraum der Dimension $m \cdot n$.

Die Rolle des Nullvektors spielt die *Nullmatrix* $\boldsymbol{O}$, deren Elemente sämtlich Null sind.
Die Multiplikation von Matrizen ist nicht stets ausführbar; das Produkt $\boldsymbol{AB}$ einer Matrix $\boldsymbol{A}$ vom Typ (m, n) mit einer Matrix $\boldsymbol{B}$ vom Typ (r, s) ist nur dann erklärt, wenn die Anzahl der Spalten von $\boldsymbol{A}$ gleich der Anzahl der Zeilen von $\boldsymbol{B}$ ist, $n = r$. In diesem Fall ist das Produkt $\boldsymbol{AB}$ eine Matrix $\boldsymbol{C} = (c_{ij})_{m,s}$ vom Typ (m, s), wobei sich das in der i-ten Zeile und j-ten Spalte von $\boldsymbol{C}$ stehende Element c_{ij} aus den Elementen der i-ten Zeile von $\boldsymbol{A}$ und den Elementen der j-ten Spalte von $\boldsymbol{B}$ wie folgt ergibt: $c_{ij} = a_{i1}b_{1j} + a_{i2}b_{2j} + \dots + a_{in}b_{nj} = \sum_{k=1}^{n} a_{ik}b_{kj}$. Die Berechnung von c_{ij} erfolgt damit in ähnlicher Weise wie die Berechnung des Skalarprodukts aus dem n-Tupel der i-ten Zeile von $\boldsymbol{A}$ mit dem der j-ten Spalte von $\boldsymbol{B}$.

Beispiel 2:

$$\begin{pmatrix} 1 & -1 \\ 2 & 0 \end{pmatrix} \cdot \begin{pmatrix} 2 & 1 & 0 \\ 2 & 0 & -1 \end{pmatrix} = \begin{pmatrix} 1\cdot 2 + (-1)\cdot 2 & 1\cdot 1 + (-1)\cdot 0 & 1\cdot 0 + (-1)\cdot(-1) \\ 2\cdot 2 + 0\cdot 2 & 2\cdot 1 + 0\cdot 0 & 2\cdot 0 + 0\cdot(-1) \end{pmatrix} = \begin{pmatrix} 0 & 1 & 1 \\ 4 & 2 & 0 \end{pmatrix}$$

Im allgemeinen kann man zu je zwei Matrizen $\boldsymbol{A}$ und $\boldsymbol{B}$ nicht beide Produkte $\boldsymbol{A} \cdot \boldsymbol{B}$ und $\boldsymbol{B} \cdot \boldsymbol{A}$ bilden. Ist das jedoch möglich, so brauchen diese Produkte nicht übereinzustimmen, wie die folgende Rechnung beweist:

$$\begin{pmatrix} 1 & 2 \\ 0 & 1 \end{pmatrix} \cdot \begin{pmatrix} 2 & 2 \\ 1 & 0 \end{pmatrix} = \begin{pmatrix} 4 & 2 \\ 1 & 0 \end{pmatrix}, \quad \text{aber} \quad \begin{pmatrix} 2 & 2 \\ 1 & 0 \end{pmatrix} \cdot \begin{pmatrix} 1 & 2 \\ 0 & 1 \end{pmatrix} = \begin{pmatrix} 2 & 6 \\ 1 & 2 \end{pmatrix}.$$

Wie die Multiplikation linearer Abbildungen ist daher auch die Matrizenmultiplikation nicht kommutativ. Bis auf diese Eigenschaft gelten aber für das Rechnen mit Matrizen die üblichen Regeln, etwa das Assoziativgesetz der Multiplikation und die Distributivgesetze.

Multiplikation von Matrizen $\boldsymbol{A} = (a_{ij})_{m,n}$ $\boldsymbol{B} = (b_{ij})_{r,s}$ falls $n = r$	Regeln
$(a_{ij})_{m,n} \cdot (b_{ij})_{r,s} = (c_{ij})_{m,s}$ mit $c_{ij} = a_{i1}b_{1j} + \dots + a_{in}b_{nj} = \sum_{k=1}^{n} a_{ik}b_{kj}$	$(\boldsymbol{AB})\,\boldsymbol{C} = \boldsymbol{A}(\boldsymbol{BC})$; $\boldsymbol{A}(\boldsymbol{B}+\boldsymbol{C}) = \boldsymbol{AB} + \boldsymbol{AC}$; $(\boldsymbol{A}+\boldsymbol{B})\,\boldsymbol{C} = \boldsymbol{AC} + \boldsymbol{BC}$

$$\boldsymbol{E} = \begin{pmatrix} 1 & 0 & \dots & 0 \\ 0 & 1 & \dots & 0 \\ \vdots & \vdots & & \vdots \\ 0 & 0 & \dots & 1 \end{pmatrix}$$

Für quadratische Matrizen vom gleichen Typ (n, n) ist die Multiplikation stets ausführbar. Eine besondere Rolle spielt hier die *Einheitsmatrix* $\boldsymbol{E}$. Sie hat die Eigenschaft, alle anderen Matrizen vom Typ (n, n) bei der Multiplikation von rechts oder von links nicht zu verändern: $\boldsymbol{E} \cdot \boldsymbol{A} = \boldsymbol{A} \cdot \boldsymbol{E} = \boldsymbol{A}$. Im Bereich der Matrizen vom Typ (n, n) herrschen damit ähnliche Verhältnisse wie in der Menge der linearen Operatoren eines Vektorraums. In Analogie zum Begriff des regulären Operators nennt man eine quadratische Matrix $\boldsymbol{A}$ *regulär*, wenn es zu $\boldsymbol{A}$ eine quadratische Matrix $\boldsymbol{B}$ gibt, so daß gilt $\boldsymbol{A} \cdot \boldsymbol{B} = \boldsymbol{B} \cdot \boldsymbol{A} = \boldsymbol{E}$. Die durch $\boldsymbol{A}$ eindeutig bestimmte Matrix $\boldsymbol{B}$ heißt die zu $\boldsymbol{A}$ *inverse Matrix* und wird mit $\boldsymbol{A}^{-1}$ bezeichnet. Auf die Berechnung der inversen Matrix wird im folgenden Abschnitt eingegangen.

Beispiel 3: Die Inverse zu

$$A = \begin{pmatrix} 2 & 1 \\ -1 & 1 \end{pmatrix} \text{ ist } A^{-1} = \begin{pmatrix} 1/3 & -1/3 \\ 1/3 & 2/3 \end{pmatrix}, \text{ denn } \begin{pmatrix} 2 & 1 \\ -1 & 1 \end{pmatrix} \cdot \begin{pmatrix} 1/3 & -1/3 \\ 1/3 & 2/3 \end{pmatrix} = \begin{pmatrix} 1 & 0 \\ 0 & 1 \end{pmatrix}.$$

Wie bei den regulären Operatoren ist auch das Produkt zweier regulärer Matrizen A und B wieder eine reguläre Matrix, und es gelten die beiden Gleichungen $(A \cdot B)^{-1} = B^{-1} \cdot A^{-1}$ und $(A^{-1})^{-1} = A$.

Die Menge aller regulären Matrizen vom Typ (n, n) ist bezüglich der Multiplikation eine Gruppe. Sie wird allgemeine lineare Gruppe genannt und mit $GL(n)$ bezeichnet (vgl. Kap. 16.1. – Gruppen).

Jeder Matrix A vom Typ (m, n) kann man eine zweite Matrix vom Typ (n, m), die zu A *transponierte Matrix* A^T zuordnen. Sie entsteht aus A durch Vertauschung von Zeilen und Spalten.

$$A = \begin{pmatrix} a_{11} & \cdots & a_{1n} \\ \vdots & & \vdots \\ a_{m1} & \cdots & a_{mn} \end{pmatrix}; \quad A^T = \begin{pmatrix} a_{11} & \cdots & a_{m1} \\ \vdots & & \vdots \\ a_{1n} & \cdots & a_{mn} \end{pmatrix}$$

Für eine quadratische Matrix A ergibt sich A^T einfach dadurch, daß man die Matrix A an der von links oben nach rechts unten führenden Diagonalen, der *Hauptdiagonalen*, spiegelt.

Beispiele.

$$4: \quad A_1 = \begin{pmatrix} 1 & 0 & 1 \\ 2 & 0 & -1 \\ 2 & 1 & 2 \end{pmatrix}; \quad A_1^T = \begin{pmatrix} 1 & 2 & 2 \\ 0 & 0 & 1 \\ 1 & -1 & 2 \end{pmatrix} \qquad 5: \quad A_2 = \begin{pmatrix} 1 & 2 \\ 0 & 1 \\ 1 & 2 \end{pmatrix}; \quad A_2^T = \begin{pmatrix} 1 & 0 & 1 \\ 2 & 1 & 2 \end{pmatrix}.$$

Für den Übergang zur transponierten Matrix gelten ähnliche Gesetze wie beim Übergang von einem linearen Operator zu seinem adjungierten:

$$(A + B)^T = A^T + B^T; \ (a \cdot A)^T = a \cdot A^T; \ (A \cdot B)^T = B^T \cdot A^T; \ (A^T)^T = A.$$

Ist A eine reguläre Matrix, dann ist auch A^T regulär, und die zu A^T inverse Matrix stimmt mit der zu A^{-1} transponierten Matrix überein: $(A^T)^{-1} = (A^{-1})^T$.
Die Matrix $(A^T)^{-1}$ heißt die zu A *kontragrediente Matrix*.

Die Determinante einer Matrix; Berechnung der inversen Matrix. Jeder quadratischen Matrix A läßt sich auf einfache Weise eine reelle Zahl, die *Determinante* $\det A$ *der Matrix* A, zuordnen (vgl. 17.2.).

$$A = \begin{pmatrix} a_{11} & \cdots & a_{1n} \\ \vdots & & \vdots \\ a_{n1} & \cdots & a_{nn} \end{pmatrix}, \quad \det A = \begin{vmatrix} a_{11} & \cdots & a_{1n} \\ \vdots & & \vdots \\ a_{n1} & \cdots & a_{nn} \end{vmatrix}$$

Zwischen der Matrizenmultiplikation und der Determinantenbildung besteht ein bemerkenswerter Zusammenhang, der im *Produktsatz* ausgedrückt wird.

Produktsatz	$\det (A \cdot B) = \det A \cdot \det B$

Da sich aus den Regeln zur Berechnung von Determinanten für die Einheitsmatrix E unmittelbar $\det E = 1$ ergibt, gilt für eine reguläre Matrix A nach dem Produktsatz $\det A \cdot \det A^{-1} = 1$. Daher ist die Determinante einer regulären Matrix von Null verschieden. Es gilt auch die Umkehrung: *Ist die Determinante einer Matrix A ungleich Null, so ist A regulär.* Das kommt in einer Regel zur Berechnung der inversen Matrix A^{-1} zum Ausdruck:

Zu A inverse Matrix A^{-1}	$A = \begin{pmatrix} a_{11} & \cdots & a_{1n} \\ \vdots & & \vdots \\ a_{n1} & \cdots & a_{nn} \end{pmatrix}; \quad A^{-1} = \frac{1}{\det A} \cdot \begin{pmatrix} A_{11} & \cdots & A_{n1} \\ \vdots & & \vdots \\ A_{1n} & \cdots & A_{nn} \end{pmatrix}$	A_{ij} ist die zum Element a_{ij} gehörende Adjunkte von $\det A$.

Beispiel 6:

$$A = \begin{pmatrix} 1 & 0 & 2 \\ 2 & -1 & 1 \\ -2 & 0 & 1 \end{pmatrix}; \quad A^{-1} = -\frac{1}{5} \begin{pmatrix} -1 & 0 & 2 \\ -4 & 5 & 3 \\ -2 & 0 & 1 \end{pmatrix}$$

Hier errechnet sich z. B. die in der rechten Matrix stehende Zahl $-4 = A_{12}$ als die zu $a_{12} = 0$ gehörende Adjunkte der Determinante von A.

$$-4 = -\begin{vmatrix} 2 & 1 \\ -2 & 1 \end{vmatrix}$$

Beispiel 7: Berechnung der inversen Matrix A^{-1} zu einer zweireihigen regulären Matrix A:

$$A = \begin{pmatrix} a_{11} & a_{12} \\ a_{21} & a_{22} \end{pmatrix}; \quad A^{-1} = \frac{1}{a_{11}a_{22} - a_{12}a_{21}} \cdot \begin{pmatrix} a_{22} & -a_{12} \\ -a_{21} & a_{11} \end{pmatrix}.$$

Neben dieser Möglichkeit, die Elemente der inversen Matrix einzeln durch Unterdeterminanten zu bestimmen, kann man $\boldsymbol{A}^{-1}$ auch mit Hilfe eines Gleichungssystems berechnen.
Dazu faßt man die Koeffizienten von $\boldsymbol{A}^{-1}$ als Variable x_{ij} auf und löst die Matrizengleichung $\boldsymbol{A} \cdot \boldsymbol{A}^{-1} = \boldsymbol{E}$:

$$\begin{pmatrix} a_{11} & \dots & a_{1n} \\ \vdots & & \vdots \\ a_{n1} & \dots & a_{nn} \end{pmatrix} \cdot \begin{pmatrix} x_{11} & \dots & x_{1n} \\ \vdots & & \vdots \\ x_{n1} & \dots & x_{nn} \end{pmatrix} = \begin{pmatrix} 1 & \dots & 0 \\ \vdots & & \vdots \\ 0 & \dots & 1 \end{pmatrix}$$

Nach Multiplikation der beiden linksstehenden Matrizen ergibt sich zur Bestimmung der n^2 Variablen x_{ij} ein lineares Gleichungssystem von n^2 Gleichungen. Ermittelt man die Lösung dieses Systems nach der Cramerschen Regel, so ergibt sich die Matrix $\boldsymbol{A}^{-1}$ in der schon angegebenen Form.

Weniger Gleichungen zur Berechnung von $\boldsymbol{A}^{-1}$ braucht man bei dem folgenden Verfahren: Man betrachtet das nebenstehende Gleichungssystem von n Gleichungen mit den $2n$ Variablen $x_1, \dots, x_n, y_1, \dots, y_n$. Dieses System löst man etwa mit Hilfe der Cramerschen Regel oder des Gaußschen Algorithmus nach den Variablen $x_1, \dots, x_n$ auf.
Die auf der rechten Seite auftretende Koeffizientenmatrix $\boldsymbol{B}$ ist dann die zu $\boldsymbol{A}$ inverse Matrix.

$$\begin{matrix} a_{11}x_1 + \dots + a_{1n}x_n = y_1 \\ \vdots \qquad\qquad \vdots \qquad\quad \vdots \\ a_{n1}x_1 + \dots + a_{nn}x_n = y_n \end{matrix}$$

$$\begin{matrix} x_1 = b_{11}y_1 + \dots + b_{1n}y_n \\ \vdots \qquad \vdots \qquad\qquad \vdots \\ x_n = b_{n1}y_1 + \dots + b_{nn}y_n \end{matrix}$$

Beschreibung linearer Abbildungen durch Matrizen

Vergleicht man die bei Matrizen möglichen Operationen mit denjenigen für lineare Abbildungen, so lassen sich viele Ähnlichkeiten feststellen. Das betrifft nicht nur die relativ einfachen Rechenoperationen der Addition sowie der Multiplikation mit reellen Zahlen, sondern auch die Multiplikation von linearen Abbildungen bzw. von Matrizen selbst, vor allen Dingen bezüglich der Ausführbarkeit, der Inversenbildung u. a. Diese Analogien, auf die schon durch entsprechende Begriffsbildungen hingewiesen wird, sind nicht zufällig. Die Bedeutung der Matrizen besteht vor allen Dingen darin, daß sie zur zahlenmäßigen Beschreibung linearer Abbildungen dienen. Unter diesem Aspekt läßt sich auch die Verwendung von Matrizen in die Theorie der linearen Gleichungssysteme einordnen. Man kann eine lineare Abbildung A von einem n-dimensionalen Vektorraum V in einen m-dimensionalen Vektorraum V' folgendermaßen durch eine Matrix vom Typ (m, n) beschreiben: Sind $\boldsymbol{x}_1, \dots, \boldsymbol{x}_n$ die Vektoren einer Basis in V und $\boldsymbol{y}_1, \dots, \boldsymbol{y}_m$ Basisvektoren in V', dann lassen sich die Bilder der Vektoren $\boldsymbol{x}_1, \dots, \boldsymbol{x}_n$ durch die Basis in V' ausdrücken:

$$\begin{matrix} A(\boldsymbol{x}_1) = a_{11}\boldsymbol{y}_1 + \dots + a_{m1}\boldsymbol{y}_m \\ \vdots \qquad\qquad \vdots \qquad\qquad\quad \vdots \\ A(\boldsymbol{x}_n) = a_{1n}\boldsymbol{y}_1 + \dots + a_{mn}\boldsymbol{y}_m \end{matrix} \quad \text{oder} \quad A(\boldsymbol{x}_j) = \sum_{i=1}^{m} a_{ij}\boldsymbol{y}_i \quad \text{für} \quad j = 1, \dots, n.$$

Eine lineare Abbildung A von V in V' ist nun bereits eindeutig festgelegt durch die Bilder $A(\boldsymbol{x}_j)$ der Vektoren $\boldsymbol{x}_1, \dots, \boldsymbol{x}_n$ einer Basis von V, denn ein beliebiger Vektor $\boldsymbol{x} = a_1\boldsymbol{x}_1 + a_2\boldsymbol{x}_2 + \dots + a_n\boldsymbol{x}_n$ aus V hat das Bild $A(\boldsymbol{x}) = A(a_1\boldsymbol{x}_1 + \dots + a_n\boldsymbol{x}_n) = a_1A(\boldsymbol{x}_1) + a_2A(\boldsymbol{x}_2) + \dots + a_nA(\boldsymbol{x}_n)$. Daher wird die lineare Abbildung A eindeutig charakterisiert durch die $m \cdot n$ Zahlen a_{ij}.

Es erweist sich als zweckmäßig, der linearen Abbildung A die Transponierte der hier auftretenden Koeffizientenmatrix zuzuordnen.
In der j-ten Spalte von $\boldsymbol{A}$ stehen einfach die Koordinaten des Vektors $A(\boldsymbol{x}_j)$ bezüglich der Basis $\boldsymbol{y}_1, \dots, \boldsymbol{y}_m$. Es ist zu beachten, daß diese Zuordnung von der Wahl der Basen in V bzw. V' abhängt.

$$A \mapsto \boldsymbol{A} = \begin{pmatrix} a_{11} & \dots & a_{1n} \\ \vdots & & \vdots \\ a_{m1} & \dots & a_{mn} \end{pmatrix}$$

Sind in zwei Vektorräumen V und V' die Basen fest gewählt, dann hat die Zuordnung zwischen linearen Abbildungen und Matrizen die folgenden Eigenschaften:
Aus $A \mapsto \boldsymbol{A}$ und $B \mapsto \boldsymbol{B}$ ergibt sich

$A + B \mapsto \boldsymbol{A} + \boldsymbol{B}$ und $a \cdot A \mapsto a \cdot \boldsymbol{A}$.

Außerdem entspricht dabei jeder linearen Abbildung von V in V' eine Matrix vom Typ (m, n) und umgekehrt. Alle diese Aussagen lassen sich in dem folgenden Satz zusammenfassen:

Der Vektorraum der linearen Abbildungen von V in V' ist zum Vektorraum der Matrizen vom Typ (m, n) isomorph.

Ähnliche Verhältnisse ergeben sich hinsichtlich der Multiplikation: Ist A eine lineare Abbildung von V' in V'' und B eine lineare Abbildung von V in V', dann kann man nach Festlegung von Basen in den drei Vektorräumen den Abbildungen A, B und $A \cdot B$ Matrizen zuordnen, und es gilt:

Aus $A \mapsto \boldsymbol{A}$ und $B \mapsto \boldsymbol{B}$ ergibt sich $A \cdot B \mapsto \boldsymbol{AB}$.

Die Beschreibung linearer Abbildungen durch Matrizen entspricht vollkommen derjenigen von Vektoren durch Koordinaten-n-tupel bezüglich einer Basis. Die Koordinaten einer linearen Abbildung sind nur in Matrixform auf besondere Art geordnet worden. Die Analogien in den Rechen-

operationen ergeben sich zwangsläufig aus der Tatsache, daß diese Operationen für Matrizen so definiert worden sind, daß sie denjenigen bei linearen Abbildungen entsprechen.
Wird nun eine lineare Abbildung A von V in V' bezüglich zweier fester Basen durch die Matrix $\boldsymbol{A} = (a_{ij})_{m,n}$ beschrieben, dann kann man Vektorgleichungen der Form $A(\boldsymbol{x}) = y_o$ lösen. Gesucht sind hier alle Vektoren $\boldsymbol{x}$ aus V, die durch A auf einen festen Vektor y_o aus V' abgebildet werden.
Sind $b_1, \ldots, b_m$ die Koordinaten von y_o in V', so erhält man zur Bestimmung der Koordinaten $x_1, \ldots, x_n$ eines solchen Vektors das nebenstehende Gleichungssystem, in dem die Koordinaten von $\boldsymbol{x}$ bzw. y_o in Form einspaltiger Matrizen geschrieben worden sind.

$$\begin{pmatrix} a_{11} & \cdots & a_{1n} \\ \vdots & & \vdots \\ a_{m1} & \cdots & a_{mn} \end{pmatrix} \cdot \begin{pmatrix} x_1 \\ \vdots \\ x_n \end{pmatrix} = \begin{pmatrix} b_1 \\ \vdots \\ b_m \end{pmatrix}$$

Beschreibung linearer Operatoren. Um einem linearen Operator A eines n-dimensionalen Vektorraums V eine Matrix zuzuordnen, genügt es, in V eine Basis $\boldsymbol{x}_1, \ldots, \boldsymbol{x}_n$ festzulegen. Aus den Gleichungen

$$\begin{aligned} A(\boldsymbol{x}_1) &= a_{11}\boldsymbol{x}_1 + \cdots + a_{n1}\boldsymbol{x}_n \\ &\vdots \\ A(\boldsymbol{x}_n) &= a_{1n}\boldsymbol{x}_1 + \cdots + a_{nn}\boldsymbol{x}_n \end{aligned} \quad \text{oder} \quad A(\boldsymbol{x}_j) = \sum_{i=1}^{n} a_{ij}\boldsymbol{x}_i \quad \text{für} \quad j = 1, \ldots, n$$

erhält man die dem Operator zugeordnete Matrix $A \mapsto \boldsymbol{A} = \begin{pmatrix} a_{11} & \cdots & a_{1n} \\ \vdots & & \vdots \\ a_{n1} & \cdots & a_{nn} \end{pmatrix}$.

Lineare Operatoren werden stets durch quadratische Matrizen beschrieben.

Ist ein Operator A regulär, so ist die entsprechende Matrix regulär und umgekehrt. Dem inversen Operator entspricht dabei gerade die inverse Matrix: Aus $A \mapsto \boldsymbol{A}$ folgt $A^{-1} \mapsto \boldsymbol{A}^{-1}$.

Bestehen die Zuordnungen $A \mapsto \boldsymbol{A}$ und $B \mapsto \boldsymbol{B}$, so ergibt sich auch hier

$$A + B \mapsto \boldsymbol{A} + \boldsymbol{B}; \qquad a \cdot A \mapsto a \cdot \boldsymbol{A}; \qquad A \cdot B \mapsto \boldsymbol{A} \cdot \boldsymbol{B}.$$

Beispiel 1: Ist A der schon mehrfach erwähnte Operator des zweidimensionalen Vektorraums, der durch die Drehung der Ebene um einen festen Punkt O mit dem Winkel φ gegeben wird, und sind $\boldsymbol{x}_1, \boldsymbol{x}_2$ zwei zueinander orthogonale Basisvektoren mit der Länge 1, so werden ihre im Punkt O angetragenen Repräsentanten durch die Drehung in Repräsentanten der Bildvektoren $A(\boldsymbol{x}_1)$, $A(\boldsymbol{x}_2)$ übergeführt (Abb. 17.5-1). Offensichtlich gelten die folgenden Gleichungen für $A(\boldsymbol{x}_1)$ und $A(\boldsymbol{x}_2)$. Dem Operator A ist damit die Matrix $\boldsymbol{A}$ zugeordnet. Der Operator A^{-1} wird gerade durch die Drehung um φ in entgegengesetzter Richtung, durch die Drehung um $-\varphi$, verwirklicht:

$$\begin{aligned} A(\boldsymbol{x}_1) &= \cos\varphi \cdot \boldsymbol{x}_1 + \sin\varphi \cdot \boldsymbol{x}_2 \\ A(\boldsymbol{x}_2) &= -\sin\varphi \cdot \boldsymbol{x}_1 + \cos\varphi \cdot \boldsymbol{x}_2 \\ \boldsymbol{A} &= \begin{pmatrix} \cos\varphi & -\sin\varphi \\ \sin\varphi & \cos\varphi \end{pmatrix} \end{aligned}$$

17.5-1 Drehung einer Ebene um einen festen Punkt O mit dem Winkel φ

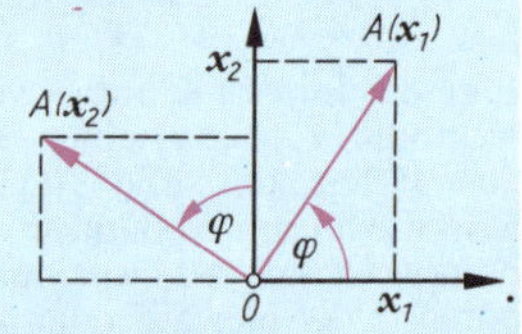

$$A^{-1} \mapsto \boldsymbol{A}^{-1} = \begin{pmatrix} \cos(-\varphi) & \sin(-\varphi) \\ \sin(-\varphi) & \cos(-\varphi) \end{pmatrix} = \begin{pmatrix} \cos\varphi & \sin\varphi \\ -\sin\varphi & \cos\varphi \end{pmatrix}.$$

Beispiel 2: Sind E der Einsoperator auf V und $\boldsymbol{x}_1, \ldots, \boldsymbol{x}_n$ eine Basis von V, so gilt

$$\begin{aligned} E(\boldsymbol{x}_1) &= \boldsymbol{x}_1 = 1 \cdot \boldsymbol{x}_1 + 0 \cdot \boldsymbol{x}_2 + \cdots + 0 \cdot \boldsymbol{x}_n \\ E(\boldsymbol{x}_2) &= \boldsymbol{x}_2 = 0 \cdot \boldsymbol{x}_1 + 1 \cdot \boldsymbol{x}_2 + \cdots + 0 \cdot \boldsymbol{x}_n \\ &\vdots \\ E(\boldsymbol{x}_n) &= \boldsymbol{x}_n = 0 \cdot \boldsymbol{x}_1 + 0 \cdot \boldsymbol{x}_2 + \cdots + 1 \cdot \boldsymbol{x}_n \end{aligned} \qquad E \mapsto \boldsymbol{E} = \begin{pmatrix} 1 & 0 & \ldots & 0 \\ 0 & 1 & \ldots & 0 \\ \vdots & \vdots & & \vdots \\ 0 & 0 & \ldots & 1 \end{pmatrix}$$

Dem Einsoperator entspricht deshalb bezüglich jeder Basis die Einheitsmatrix.

Im allgemeinen hängt die Matrix $\boldsymbol{A}$, durch die ein linearer Operator A beschrieben wird, von der Wahl der zugrunde gelegten Basis ab. Sind $\boldsymbol{x}_1, \ldots, \boldsymbol{x}_n$ bzw. $\boldsymbol{x}'_1, \ldots, \boldsymbol{x}'_n$ zwei Basen von V, so gilt etwa

$A \mapsto \boldsymbol{A}$ bezüglich der Basis $\boldsymbol{x}_1, \ldots, \boldsymbol{x}_n$

und $A \mapsto \boldsymbol{A}'$ bezüglich der Basis $\boldsymbol{x}'_1, \ldots, \boldsymbol{x}'_n$.

Mit Hilfe der beiden Basen läßt sich nun ein linearer Operator C durch die Gleichungen $C(\boldsymbol{x}_1) = \boldsymbol{x}'_1, \ldots, C(\boldsymbol{x}_n) = \boldsymbol{x}'_n$ definieren, d. h., C führt die beiden Basen ineinander über. Wird der Operator C in bezug auf die Basis $\boldsymbol{x}_1, \ldots, \boldsymbol{x}_n$ durch die Matrix $\boldsymbol{C}$ beschrieben, dann gilt die Beziehung $\boldsymbol{A}' = \boldsymbol{C}^{-1} \cdot \boldsymbol{A} \cdot \boldsymbol{C}$. Das ist die *Transformationsregel* für die Matrizen, die ein und demselben Operator A bezüglich verschiedener Basen zugeordnet werden können. In diesem Zusammenhang entsteht naturgemäß die Frage, ob eine Basis in V existiert, bezüglich derer dem Operator A eine möglichst einfache Matrix entspricht. Dies ist der Inhalt des *Normalformproblems* für lineare Operatoren, das eng mit *Eigenwertaufgaben* verknüpft ist (vgl. 17.6. – Hauptachsentransformation).

Koordinatentransformation. Sind in einem Vektorraum V zwei Basen $\boldsymbol{x}_1, \ldots, \boldsymbol{x}_n$ bzw. $\boldsymbol{y}_1, \ldots, \boldsymbol{y}_n$ gegeben, dann können einem Vektor $\boldsymbol{x}$ aus V in bezug auf jede der beiden Basen Koordinaten zugeordnet werden.

$$\boldsymbol{x} = x_1\boldsymbol{x}_1 + \cdots + x_n\boldsymbol{x}_n = y_1\boldsymbol{y}_1 + \cdots + y_n\boldsymbol{y}_n.$$

Der Übergang von der Basis $\boldsymbol{x}_1, \ldots, \boldsymbol{x}_n$ zur Basis $\boldsymbol{y}_1, \ldots, \boldsymbol{y}_n$ wird dabei durch die folgenden Gleichungen beschrieben:

$$\begin{matrix} \boldsymbol{y}_1 = a_{11}\boldsymbol{x}_1 + \cdots + a_{n1}\boldsymbol{x}_n \\ \vdots \qquad \vdots \qquad\qquad \vdots \\ \boldsymbol{y}_n = a_{1n}\boldsymbol{x}_1 + \cdots + a_{nn}\boldsymbol{x}_n \end{matrix} \quad \text{oder} \quad \boldsymbol{y}_j = \sum_{i=1}^{n} a_{ij}\boldsymbol{x}_i \quad \text{für} \quad j = 1, \ldots, n.$$

Zwischen den Koordinaten $x_1, \ldots, x_n$ und $y_1, \ldots, y_n$ bestehen dann die Gleichungen $x_j = \sum_{i=1}^{n} a_{ji} y_i$ für $j = 1, \ldots, n$.
Zu den Umkehrformeln gelangt man durch den Übergang von der Matrix $\boldsymbol{A} = (a_{ij})$ zu ihrer Inversen $\boldsymbol{A}^{-1} = (a'_{ij})$.

Beim Übergang von der Basis $\boldsymbol{x}_1, \ldots, \boldsymbol{x}_n$ zur Basis $\boldsymbol{y}_1, \ldots, \boldsymbol{y}_n$ sind die	
Transformationsgleichungen für die Basisvektoren	**Transformationsgleichungen für die Koordinaten**
$\boldsymbol{y}_j = \sum_{i=1}^{n} a_{ij}\boldsymbol{x}_i$ **mit** $(a_{ij}) = \boldsymbol{A}$	$y_j = \sum_{i=1}^{n} a''_{ij}x_i$ **mit** $(a''_{ij}) = (\boldsymbol{A}^{-1})^T$
$\boldsymbol{x}_j = \sum_{i=1}^{n} a'_{ij}\boldsymbol{y}_i$ **mit** $(a'_{ij}) = \boldsymbol{A}^{-1}$	$x_j = \sum_{i=1}^{n} a_{ji}y_i$ **mit** $(a_{ji}) = \boldsymbol{A}^T$

Man drückt das unterschiedliche Transformationsverhalten von Basisvektoren und Koordinaten aus, indem man sagt, die Koordinaten transformieren sich *kontragredient* zu den Basen. Lassen sich nämlich die Vektoren $\boldsymbol{y}_1, \ldots, \boldsymbol{y}_n$ mit Hilfe der Matrix $\boldsymbol{A}$ durch die Vektoren $\boldsymbol{x}_1, \ldots, \boldsymbol{x}_n$ darstellen, dann kann man die Koordinaten $y_1, \ldots, y_n$ von $\boldsymbol{x}$ mit Hilfe der kontragredienten Matrix $(\boldsymbol{A}^{-1})^T$ aus den Koordinaten $x_1, \ldots, x_n$ berechnen, wie die Transformationsregeln zeigen.
Betrachtet man Orthonormalbasen in einem euklidischen Vektorraum, so ist die Übergangsmatrix $\boldsymbol{A}$ *orthogonal* und stimmt mit der kontragradienten Matrix $(\boldsymbol{A}^{-1})^T$ überein; daher transformieren sich in diesem Fall die Koordinaten genauso wie die Basen.

Rang einer Matrix. Zu jeder Matrix $\boldsymbol{A}$ vom Typ (m, n) kann man sowohl die Maximalzahl linear unabhängiger Spalten als auch die Maximalzahl linear unabhängiger Zeilen ermitteln, indem man die Spalten und Zeilen als Elemente des Vektorraums $\mathbf{R}^m$ bzw. von $\mathbf{R}^n$ auffaßt. Die beiden genannten Zahlen stimmen bei jeder Matrix überein und werden als *Rang der Matrix* bezeichnet. Wird durch die Matrix $\boldsymbol{A}$ eine lineare Abbildung A beschrieben, dann stimmt der Rang von $\boldsymbol{A}$ mit dem Rang der Abbildung A überein. Zur Berechnung des Ranges kann man die folgenden Regeln verwenden:

Der **Rang einer Matrix** ändert sich nicht, wenn man *1. ein Vielfaches einer Zeile (Spalte) zu einer anderen Zeile (Spalte) addiert* bzw. *2. Spalten untereinander bzw. Zeilen untereinander vertauscht.*

Durch Anwendung dieser Regeln läßt sich die Matrix $\boldsymbol{A}$ auf eine Form bringen, in der höchstens Elemente mit gleichem Zeilen- und Spaltenindex von Null verschieden sind, der Rang von $\boldsymbol{A}$ ist dann gleich deren Anzahl. Das Verfahren ähnelt sehr dem Gaußschen Algorithmus für Gleichungssysteme. Bei einer quadratischen Matrix $\boldsymbol{A}$ genügt es dabei schon, wenn man $\boldsymbol{A}$ auf *Dreiecksform* bringt, bei der unterhalb (bzw. oberhalb) der Hauptdiagonalen Nullen stehen. Der Rang von $\boldsymbol{A}$ ist dann die Anzahl der von Null verschiedenen Hauptdiagonalelemente.

Beispiel 3: Die Matrix $\boldsymbol{A}$ geht durch Addition der 2. zur 1. und zur 3. Spalte über in $\boldsymbol{A}_2$. Durch Subtraktion der 1. von der 2. und des Dreifachen der 1. von der 3. Spalte ergibt sich $\boldsymbol{A}_3$. Durch Vertauschen der ersten beiden Spalten erhält man $\boldsymbol{A}_4$. Der Rang von $\boldsymbol{A}$ ist 2.

$$\boldsymbol{A} = \begin{pmatrix} -1 & 1 & -1 \\ 1 & 0 & 3 \end{pmatrix} \qquad \boldsymbol{A}_2 = \begin{pmatrix} 0 & 1 & 0 \\ 1 & 1 & 3 \end{pmatrix} \qquad \boldsymbol{A}_3 = \begin{pmatrix} 0 & 1 & 0 \\ 1 & 0 & 0 \end{pmatrix} \qquad \boldsymbol{A}_4 = \begin{pmatrix} 1 & 0 & 0 \\ 0 & 1 & 0 \end{pmatrix}$$

Beispiel 4: In der Ausgangsmatrix $\boldsymbol{A}$ addiert man das Dreifache der 1. Zeile zur 2. und das Doppelte der 1. zur 3. Zeile, in der dadurch erhaltenen Matrix vertauscht man die 2. und 3. Spalte und findet, daß der Rang von $\boldsymbol{A}$ gleich 3 ist.

$$\boldsymbol{A} = \begin{pmatrix} 1 & 1 & 0 \\ -3 & -3 & 1 \\ -2 & 1 & 0 \end{pmatrix} \rightarrow \begin{pmatrix} 1 & 1 & 0 \\ 0 & 0 & 1 \\ 0 & 3 & 0 \end{pmatrix} \rightarrow \begin{pmatrix} 1 & 0 & 1 \\ 0 & 1 & 0 \\ 0 & 0 & 3 \end{pmatrix}$$

Spezielle Matrizen. Entsprechend zu den verschiedenen Typen linearer Operatoren kann man unter den zugeordneten Matrizen gewisse auszeichnen. Ist V ein euklidischer Vektorraum und wird ein Operator A bezüglich einer Orthonormalbasis durch die Matrix $\boldsymbol{A}$ beschrieben, dann entspricht dem adjungierten Operator A^* gerade die zu $\boldsymbol{A}$ transponierte Matrix $\boldsymbol{A}^T$. Da für symmetrische Operatoren $A^* = A$ gilt, sind diesen Operatoren Matrizen mit der Eigenschaft $\boldsymbol{A}^T = \boldsymbol{A}$ zugeordnet. Sie werden wie die Operatoren *symmetrisch* genannt.
Besondere Bedeutung kommt den *orthogonalen* Matrizen zu, da sich Orthonormalbasen über solche Matrizen ineinander transformieren. Auf die Koordinaten bezogen, heißt das:

Die Koordinaten in zwei rechtwinkligen Koordinatensystemen transformieren sich mit Hilfe einer orthogonalen Matrix.

Eine Matrix $\boldsymbol{A}$ heißt *orthogonal*, wenn gilt $\boldsymbol{A}^T = \boldsymbol{A}^{-1}$. Diese Gleichung kann man auch in der Form $\boldsymbol{A} \cdot \boldsymbol{A}^T = \boldsymbol{E}$ schreiben und so interpretieren:

In einer orthogonalen Matrix ist das Skalarprodukt verschiedener Zeilen stets Null, das Skalarprodukt jeder Zeile mit sich ist Eins.

Die gleichen Aussagen gelten für die Spalten von $\boldsymbol{A}$, und diese Bedingungen sind auch hinreichend für die Orthogonalität einer Matrix. Jede zweireihige orthogonale Matrix z. B. läßt sich in der Form

$$\begin{pmatrix} \cos\varphi & -\sin\varphi \\ \sin\varphi & \cos\varphi \end{pmatrix} \quad \text{oder} \quad \begin{pmatrix} \cos\varphi & \sin\varphi \\ \sin\varphi & -\cos\varphi \end{pmatrix}$$

darstellen. Im ersten Fall entspricht die Matrix einem orthogonalen Operator, der durch eine Drehung der Ebene mit dem Drehwinkel φ gegeben wird. Im zweiten Fall ist zusätzlich noch eine Spiegelung der Ebene an einer Geraden ausgeführt. Solche *Drehspiegelungen* unterscheiden sich von den reinen Drehungen dadurch, daß die Determinante der zugeordneten Matrix -1 ist, bei reinen Drehungen ist sie $+1$. Allgemein ist die Determinante einer orthogonalen Matrix $\boldsymbol{A}$ gleich -1 oder $+1$. Im Fall $\det \boldsymbol{A} = +1$ bezeichnet man $\boldsymbol{A}$ als *eigentlich orthogonal*; z. B. sind die folgenden dreireihigen Matrizen eigentlich orthogonal:

$$\boldsymbol{A}_{12}(\varphi) = \begin{pmatrix} \cos\varphi & -\sin\varphi & 0 \\ \sin\varphi & \cos\varphi & 0 \\ 0 & 0 & 1 \end{pmatrix}, \quad \boldsymbol{A}_{13}(\psi) = \begin{pmatrix} \cos\psi & 0 & -\sin\psi \\ 0 & 1 & 0 \\ \sin\psi & 0 & \cos\psi \end{pmatrix}, \quad \boldsymbol{A}_{23}(\vartheta) = \begin{pmatrix} 1 & 0 & 0 \\ 0 & \cos\vartheta & -\sin\vartheta \\ 0 & \sin\vartheta & \cos\vartheta \end{pmatrix}.$$

Dabei sind φ, ψ, ϑ beliebige Winkel. Bei fester Reihenfolge $\boldsymbol{e}_1, \boldsymbol{e}_2, \boldsymbol{e}_3$ der Basisvektoren im Vektorraum V_3 beschreibt etwa die Matrix $\boldsymbol{A}_{12}(\varphi)$ eine Drehung des Raums um die $\boldsymbol{e}_3$-Achse. Dabei wird der Vektor $\boldsymbol{e}_3$ nicht verändert, während die $\boldsymbol{e}_1, \boldsymbol{e}_2$-Ebene um φ gedreht wird. Dieser Sachverhalt findet in der besonderen Form der Matrix seinen Ausdruck. Allgemein läßt sich jede dreireihige eigentlich orthogonale Matrix $\boldsymbol{A}$ in der Form $\boldsymbol{A} = \boldsymbol{A}_{23}(\vartheta) \cdot \boldsymbol{A}_{13}(\psi) \cdot \boldsymbol{A}_{12}(\varphi)$ schreiben, wenn φ, ψ und ϑ geeignet gewählt werden. Diese Winkel φ, ψ und ϑ heißen *Eulersche Winkel* (vgl. 24.1 — Koordinatensysteme).
Analog zu den Operatoren ist die Menge der orthogonalen n-reihigen Matrizen eine Gruppe.

17.6. Eigenwertprobleme

Eigenwerte und Eigenvektoren. Eine Zahl λ heißt *Eigenwert des linearen Operators A*, wenn ein Vektor $\boldsymbol{x} \neq \boldsymbol{o}$ existiert, so daß gilt $A(\boldsymbol{x}) = \lambda \boldsymbol{x}$. Der Vektor $\boldsymbol{x}$ heißt in diesem Fall ein zu λ gehörender *Eigenvektor des Operators A*. (Zum Eigenwertproblem vgl. Kap. 29.4. – Iterationsverfahren zur Lösung linearer Gleichungssysteme.) Die zu λ gehörenden Eigenvektoren von A bilden zusammen mit dem Nullvektor einen Vektorraum, der *Eigenraum* von A genannt wird. Die Aufgabe, eine Übersicht über alle Eigenwerte und Eigenvektoren von A zu gewinnen, bildet den Inhalt des *Eigenwertproblems* für den linearen Operator A. Schreibt man die Vektorgleichung $A(\boldsymbol{x}) = \lambda \boldsymbol{x}$ in der Form $(A - \lambda E)(\boldsymbol{x}) = \boldsymbol{o}$, so läßt sich sagen:

Eine Zahl λ ist genau dann Eigenwert des Operators A, wenn der Operator $A - \lambda E$ nicht regulär ist.

In dieser Formulierung läßt sich der Begriff des Eigenwerts sofort auf eine dem Operator A zugeordnete Matrix $\boldsymbol{A}$ übertragen: *λ heißt Eigenwert der Matrix $\boldsymbol{A}$, wenn die Matrix $\boldsymbol{A} - \lambda \boldsymbol{E}$ nicht regulär ist.*

Beispiel 1: Sei A ein Operator, der nicht regulär ist. Dann gibt es einen Vektor $\boldsymbol{x} \neq \boldsymbol{o}$ mit $A(\boldsymbol{x}) = \boldsymbol{o} = 0 \cdot \boldsymbol{x}$. Daher ist $\lambda = 0$ ein Eigenwert, und die vom Nullvektor verschiedenen Vektoren des Kerns von A sind Eigenvektoren zum Eigenwert 0.

Beispiel 2: Wird einem Operator A bezüglich einer Basis $\boldsymbol{x}_1, \ldots, \boldsymbol{x}_n$ eine *Diagonalmatrix* $\boldsymbol{A}$ zugeordnet, so sind die Basisvektoren $\boldsymbol{x}_1, \ldots, \boldsymbol{x}_n$ sämtlich Eigenvektoren von A. Solche Operatoren sind besonders einfach zu beschreiben, da sie jeden Basisvektor nur mit einer Zahl, mit einem Eigenwert multiplizieren. Sie werden *Operatoren einfacher Struktur* genannt. Zu diesen zählen insbesondere alle Operatoren eines n-dimensionalen Vektorraums, die n verschiedene Eigenwerte haben.

$$\begin{matrix} A(\boldsymbol{x}_1) = \lambda_1 \boldsymbol{x}_1 \\ \vdots \quad\quad \vdots \\ A(\boldsymbol{x}_n) = \lambda_n \boldsymbol{x}_n \end{matrix} \qquad A \mapsto \boldsymbol{A} = \begin{pmatrix} \lambda_1 & 0 & \dots & 0 \\ 0 & \lambda_2 & \dots & 0 \\ \vdots & \vdots & & \vdots \\ 0 & 0 & \dots & \lambda_n \end{pmatrix}$$

Bedeutung der Eigenwertprobleme in der Physik. Eigenwertprobleme spielen in vielen Gebieten der Physik eine große Rolle. Sie ermöglichen es, Probleme, in denen Operatoren bzw. die ihnen entsprechenden Matrizen auftreten, durch Wahl geeigneter Koordinatensysteme besonders einfach zu beschreiben. In der *Mechanik* erhält man z. B. die *Hauptträgheitsmomente* eines starren Körpers mit Hilfe der Eigenwerte einer symmetrischen Matrix, die dem Trägheitstensor zugeordnet ist. Die Hauptträgheitsachsen werden in ihrer Richtung durch entsprechende Eigenvektoren bestimmt. Ähnlich verhält es sich in der *Kontinuumsmechanik*, in der Drehungen und Stauchungen eines Körpers in den Hauptrichtungen durch Eigenwerte einer symmetrischen Matrix beschrieben werden. Eine grundlegende Bedeutung kommt den Eigenwertproblemen in der *Quantenmechanik* zu. Hier erhält man gerade die Meßwerte physikalischer Größen als Eigenwerte gewisser Operatoren.

Berechnung von Eigenwerten und Eigenvektoren. Legt man im Vektorraum V eine Basis fest, dann entspricht der Vektorgleichung $(A - \lambda E)(\boldsymbol{x}) = \boldsymbol{o}$ das folgende lineare Gleichungssystem zur Bestimmung der Koordinaten $x_1, \dots, x_n$ von x:

$$\begin{matrix} (a_{11} - \lambda)\, x_1 + & a_{12} x_2 + \cdots + & a_{1n} x_n = 0 \\ a_{21} x_1 + & (a_{22} - \lambda)\, x_2 + \cdots + & a_{2n} x_n = 0 \\ \vdots & \vdots & \vdots \quad \vdots \\ a_{n1} x_1 + & a_{n2} x_2 + \cdots + & (a_{nn} - \lambda)\, x_n = 0 \end{matrix}$$

Die Koeffizientenmatrix ist gerade die dem Operator $A - \lambda E$ entsprechende Matrix $\boldsymbol{A} - \lambda \boldsymbol{E}$. Da Eigenvektoren stets von Null verschieden sind, wird hier nach allen nicht trivialen Lösungen des homogenen Gleichungssystems gefragt. Notwendig und hinreichend für die Existenz solcher Lösungen ist, daß die Determinante der Koeffizientenmatrix gleich Null ist; $\det(\boldsymbol{A} - \lambda \boldsymbol{E}) = 0$. Dann ist $\boldsymbol{A} - \lambda \boldsymbol{E}$ nicht regulär und λ ein Eigenwert von $\boldsymbol{A}$ bzw. von A. Durch Berechnung dieser Determinante ergibt sich ein Polynom n-ten Grades in λ:

$$\det(\boldsymbol{A} - \lambda \boldsymbol{E}) = a_0 + a_1 \lambda + \cdots + a_n \lambda^n.$$

Dieses Polynom wird als *charakteristisches Polynom* der Matrix $\boldsymbol{A}$ bzw. des Operators A bezeichnet. Für jede andere dem Operator A zugeordnete Matrix $\boldsymbol{A}' = \boldsymbol{C}^{-1}\boldsymbol{A}\boldsymbol{C}$ erhält man das gleiche Polynom:

$$\begin{aligned} \det(\boldsymbol{A}' - \lambda \boldsymbol{E}) &= \det(\boldsymbol{C}^{-1}\boldsymbol{A}\boldsymbol{C} - \lambda \boldsymbol{E}) = \det(\boldsymbol{C}^{-1}(\boldsymbol{A} - \lambda \boldsymbol{E})\boldsymbol{C}) = \det \boldsymbol{C}^{-1} \cdot \det(\boldsymbol{A} - \lambda \boldsymbol{E}) \cdot \det \boldsymbol{C} = \\ &= \det(\boldsymbol{A} - \lambda \boldsymbol{E}) \cdot \det \boldsymbol{C}^{-1} \cdot \det \boldsymbol{C} = \det(\boldsymbol{A} - \lambda \boldsymbol{E}) \cdot \det(\boldsymbol{C}^{-1} \cdot \boldsymbol{C}) = \det(\boldsymbol{A} - \lambda \boldsymbol{E}). \end{aligned}$$

Um einen Eigenvektor $\boldsymbol{x}$ zu finden, bestimmt man danach zunächst λ als Nullstelle des charakteristischen Polynoms von $\boldsymbol{A}$. Die Koordinaten $x_1, \dots, x_n$ von $\boldsymbol{x}$ erhält man dann als eine nicht triviale Lösung des angegebenen Gleichungssystems.

Beispiel 3: Für $n = 2$ und $A \mapsto \boldsymbol{A} = \begin{pmatrix} 2 & 3 \\ -1 & -2 \end{pmatrix}$ werden zunächst die Eigenwerte als Lösung der folgenden Gleichung ermittelt:

$$\det(\boldsymbol{A} - \lambda \boldsymbol{E}) = \begin{vmatrix} 2 - \lambda & 3 \\ -1 & -2 - \lambda \end{vmatrix} = \lambda^2 - 1 = 0.$$

Die Eigenwerte von A sind danach $+1$ und -1. Zum Eigenwert $+1$ erhält man die Koordinaten x_1, x_2 eines zugehörigen Eigenvektors aus dem Gleichungssystem

$$\left.\begin{aligned} 1x_1 + 3x_2 &= 0 \\ -1x_1 - 3x_2 &= 0 \end{aligned}\right\} \rightarrow (x_1, x_2) = \tau(-3, 1).$$

Dabei ist τ eine beliebige von Null verschiedene reelle Zahl, denn durch den Eigenwert wird ein Eigenvektor im allgemeinen nur bis auf einen Zahlenfaktor bestimmt.

Hauptachsentransformation

Besonders einfach läßt sich das Eigenwertproblem eines symmetrischen Operators behandeln, da das charakteristische Polynom eines symmetrischen Operators nur reelle Nullstellen hat und da Eigenvektoren zu verschiedenen Eigenwerten orthogonal zueinander sind. Daher existiert zu einem solchen Operator A eine Orthonormalbasis aus Eigenvektoren. Wird der Operator A durch die symmetrische Matrix $\boldsymbol{A}$ beschrieben, so bedeutet das: Es existiert eine orthogonale Matrix $\boldsymbol{C}$, so daß die Matrix $\boldsymbol{A}' = \boldsymbol{C}^{-1}\boldsymbol{A}\boldsymbol{C}$ eine Diagonalmatrix ist, in deren Hauptdiagonalen die Eigenwerte von $\boldsymbol{A}$ stehen. $\boldsymbol{A}'$ heißt *Normalform* von A, und der durch die Matrix $\boldsymbol{C}$ beschriebene Übergang wird als *Hauptachsentransformation* bezeichnet. Für die Durchführung der Hauptachsentransformation ist die Berechnung der Transformationsmatrix $\boldsymbol{C}$ entscheidend. Man geht dabei so vor, daß man eine Orthonormalbasis von Eigenvektoren des betreffenden Operators ermittelt und dann die Koordinatenzeilen dieser Vektoren in irgendeiner Reihenfolge als Spalten von $\boldsymbol{C}$ aufschreibt.

Beispiel 1: Für $A \mapsto \boldsymbol{A} = \begin{pmatrix} 3 & -1 \\ -1 & 3 \end{pmatrix}$ sind die Eigenwerte $+2$ und $+4$. Zum Eigenwert $+2$ ergeben sich die Koordinaten (x_1, x_2) eines Eigenvektors in der Form $(x_1, x_2) = \tau_1(1, 1)$, zum Eigenwert $+4$ erhält man $(x_1, x_2) = \tau_2(-1, 1)$. Man wählt nun τ_1 und τ_2 so, daß die beiden Eigenvektoren die Länge 1 haben. Die Eigenvektoren, die durch die Koordinatenpaare $(^1/_2\sqrt{2}, {}^1/_2\sqrt{2})$ und $(-^1/_2\sqrt{2}, {}^1/_2\sqrt{2})$ beschrieben werden, bilden eine Orthonormalbasis, und für die Matrix $\boldsymbol{C}$ ergibt sich:

$$\boldsymbol{C} = \begin{pmatrix} ^1/_2\sqrt{2} & -^1/_2\sqrt{2} \\ ^1/_2\sqrt{2} & ^1/_2\sqrt{2} \end{pmatrix}; \quad \boldsymbol{C}^{-1} = \boldsymbol{C}^T = \begin{pmatrix} ^1/_2\sqrt{2} & ^1/_2\sqrt{2} \\ -^1/_2\sqrt{2} & ^1/_2\sqrt{2} \end{pmatrix}; \quad \boldsymbol{C}^{-1}\boldsymbol{A}\boldsymbol{C} = \begin{pmatrix} 2 & 0 \\ 0 & 4 \end{pmatrix}.$$

Mit Hilfe einer Hauptachsentransformation lassen sich die Gleichungen von Mittelpunktskurven bzw. Mittelpunktsflächen zweiter Ordnung wesentlich vereinfachen, indem man zu neuen rechtwinkligen Koordinaten übergeht, die den Symmetrieeigenschaften der Kurve bzw. Fläche angepaßt sind. Daß die neuen Koordinatenachsen dabei mit den Hauptachsen der entsprechenden Figur übereinstimmen, erklärt die Bezeichnung Hauptachsentransformation.

Beispiel 2: Ist $ax^2 + 2bxy + cy^2 = d$ die Gleichung einer Mittelpunktskurve zweiter Ordnung, dann ordnet man die Koeffizienten der linken Seite in einer symmetrischen Matrix $\boldsymbol{A}$ an. Beim Übergang zu neuen rechtwinkligen Koordinaten x', y' mittels einer orthogonalen Matrix $\boldsymbol{C} = (c_{ij})_{2,2}$ geht die Matrix $\boldsymbol{A}$ in die Matrix $\boldsymbol{A}' = \boldsymbol{C}^{-1}\boldsymbol{A}\boldsymbol{C}$ über, und bei geeigneter Wahl von $\boldsymbol{C}$, d. h. bei geeignet gewählten neuen rechtwinkligen Koordinaten, ist $\boldsymbol{A}'$ eine Diagonalmatrix:

$$\boldsymbol{A} = \begin{pmatrix} a & b \\ b & c \end{pmatrix}$$

$$\left| \begin{aligned} x' &= c_{11}x + c_{21}y \\ y' &= c_{12}x + c_{22}y \end{aligned} \right|, \quad \boldsymbol{C} = \begin{pmatrix} c_{11} & c_{12} \\ c_{21} & c_{22} \end{pmatrix}; \quad \boldsymbol{A}' = \boldsymbol{C}^{-1}\boldsymbol{A}\boldsymbol{C} = \begin{pmatrix} \lambda_1 & 0 \\ 0 & \lambda_2 \end{pmatrix}.$$

Das bedeutet aber gerade, daß die Kurve in diesen neuen Koordinaten x', y' durch die Gleichung $\lambda_1 x'^2 + \lambda_2 y'^2 = d$ beschrieben wird.

Ist z. B. $3x^2 - 2xy + 3y^2 = 2$ die Gleichung einer Kurve, so wurde für die entsprechende Matrix $\boldsymbol{A}$ bereits im Beispiel 1 die Übergangsmatrix $\boldsymbol{C}$ ermittelt:

$$\boldsymbol{A} = \begin{pmatrix} 3 & -1 \\ -1 & 3 \end{pmatrix}; \quad \boldsymbol{C} = \begin{pmatrix} ^1/_2\sqrt{2} & -^1/_2\sqrt{2} \\ ^1/_2\sqrt{2} & ^1/_2\sqrt{2} \end{pmatrix};$$

$$\left| \begin{aligned} x' &= {}^1/_2\sqrt{2}\,x + {}^1/_2\sqrt{2}\,y \\ y' &= -{}^1/_2\sqrt{2}\,x + {}^1/_2\sqrt{2}\,y \end{aligned} \right|; \quad \left| \begin{aligned} x &= {}^1/_2\sqrt{2}\,x' - {}^1/_2\sqrt{2}\,y' \\ y &= {}^1/_2\sqrt{2}\,x' + {}^1/_2\sqrt{2}\,y' \end{aligned} \right|.$$

Als Koeffizienten bei den letzten Gleichungen treten hier die Elemente der Matrix $\boldsymbol{C}^{-1} = \boldsymbol{C}^T$ auf. Setzt man für x und y die erhaltenen Ausdrücke in die Kurvengleichung ein, so erhält man $2x'^2 + 4y'^2 = 2$ als Gleichung der Kurve in den neuen Koordinaten (Abb. 17.6-1).

Durch die Matrix $\boldsymbol{C}$ wird die Drehung der Ebene um den Nullpunkt mit dem Winkel 45° beschrieben, die die alten Koordinatenachsen in die neuen überführt.

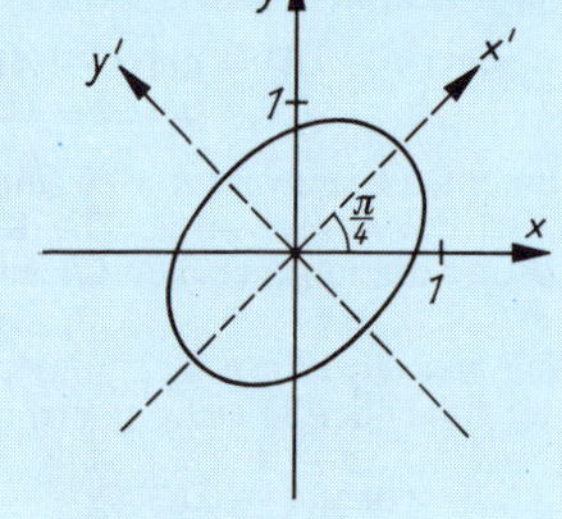

17.6-1 Hauptachsentransformation zu $3x^2 - 2xy + 3y = 2x'^2 + 4y'^2 = 2$

17.7. Multilineare Algebra

Für die multilineare Algebra sind die Untersuchungen sogenannter *Multilinearformen* wesentlich, die durch Verallgemeinerung des Begriffs der Linearform entstehen. Eine *Linearform* ist eine lineare Abbildung eines Vektorraumes V in den Vektorraum der reellen Zahlen. Eine Multilinearform auf einem Vektorraum V ist eine Abbildung, die je r Vektoren aus V eine Zahl so zuordnet, daß die Abbildung in bezug auf jeden der r Vektoren linear ist. Für $r = 1$ handelt es sich um eine gewöhnliche Linearform.

Bilinearformen. Für den Fall $r = 2$ erhält man sogenannte Bilinearformen. Als Beispiel für eine Bilinearform kann das Skalarprodukt zweier Vektoren dienen. Legt man in V eine Basis fest, so läßt sich eine Bilinearform mit Hilfe der Koordinaten ausdrücken; z. B. erhält man im Fall eines zweidimensionalen Vektorraums für eine Bilinearform den Ausdruck

$$B(x, y) = a_{11}x_1y_1 + a_{12}x_1y_2 + a_{21}x_2y_1 + a_{22}x_2y_2.$$

Setzt man hier $x = y$, dann erhält man eine *quadratische Form* $a_{11}x_1^2 + a_{12}x_1x_2 + a_{21}x_2x_1 + a_{22}x_2^2$. Das wichtigste Problem der Theorie der quadratischen Formen besteht darin, eine Bilinearform oder eine quadratische Form auf eine möglichst einfache und übersichtliche Gestalt zu bringen, eine quadratische Form z. B. in eine solche, die keine gemischten Produkte, sondern nur reine Quadrate enthält. Das wesentliche Hilfsmittel dabei ist die Hauptachsentransformation symmetrischer Operatoren oder Matrizen (vgl. 17.6. – Hauptachsentransformation).

Tensoren. Die Koeffizienten einer Bilinearform haben bei Transformation der Bilinearform ein bestimmtes Transformationsverhalten, das für Tensorkoordinaten charakteristisch ist. In Verallgemeinerung des Begriffs des Vektorraums der linearen Algebra definiert man *Tensorräume*, deren Elemente dann als Tensoren bezeichnet werden.

Anwendungen. Die *Tensoralgebra*, wie die Untersuchung der Tensorräume bezeichnet wird, läßt sich vor allen Dingen in der Differentialgeometrie anwenden. Dort wird z. B. die Krümmung einer Fläche bzw. eines Raums durch einen Tensor, den *Krümmungstensor*, beschrieben. In der Relativitätstheorie spiegelt sich die Unmöglichkeit der Trennung von Energie und Impuls eines Teilchens darin wider, daß die Energie und die Komponenten des Impulses zusammen die Komponenten des *Energie-Impuls-Tensors* bilden. Auch in anderen Gebieten der Physik, z. B. in der Kristalloptik und in der Elastizitätstheorie, lassen sich die Verhältnisse adäquat durch Tensoren beschreiben. So wird der Deformations- bzw. Spannungszustand eines elastischen Mediums durch den *Verzerrungs-* bzw. *Spannungstensor* angegeben. Die Theorie der Bilinearformen und der quadratischen Formen führt in der analytischen Geometrie zu der bekannten Klassifikation der Kurven und Flächen zweiter Ordnung. In der Physik hat sie eine große Bedeutung bei der Beschreibung physikalischer Systeme in bezug auf kleine Schwingungen.

18. Folgen, Reihen, Grenzwerte

18.1. Zahlenfolgen

Begriff der Folge

Aus jeder nichtleeren Menge M von Zahlen lassen sich *Zahlenfolgen* auswählen, indem man aus M nacheinander eine erste Zahl a_1, eine zweite Zahl a_2, eine dritte Zahl a_3 usw. herausgreift und a_1 als das erste *Glied* der Zahlenfolge, a_2 als ihr zweites, a_3 als ihr drittes Glied usw. auffaßt. Greift man z. B. aus der Menge der positiven ganzen Zahlen die durch 2 teilbaren Zahlen in ihrer natürlichen Reihenfolge heraus, so erhält man die Folge der geraden Zahlen, deren erste fünf Glieder 2, 4, 6, 8, 10 sind. Bei der Bildung von Zahlenfolgen darf ein Element von M auch mehrfach gewählt werden, wie z. B. die Zahl 2 in der Folge 2, 4, 2, 6, 2, 8, 2, 10. Greift man stets dieselbe Zahl a heraus, erhält man eine *konstante Folge* $a, a, \ldots, a, \ldots$

Eine *endliche Zahlenfolge* besteht aus endlich vielen, z. B. aus N Gliedern; a_N ist dann ihr letztes Glied. Die Folge 2, 4, 2, 6, 2, 8, 2, 10 ist eine endliche Folge von acht Gliedern, $a_8 = 10$ ist ihr letztes Glied. Dagegen hat die Folge der geraden Zahlen kein letztes Glied, sondern auf jedes ihrer Glieder folgt ein weiteres. Solche Folgen nennt man *unendliche Zahlenfolgen*.

Eine unendliche Folge ist gegeben, wenn jeder natürlichen Zahl $n \geqslant 1$ genau eine reelle Zahl zugeordnet ist; a_n heißt das n-te Glied der Folge. Besteht diese Zuordnung nur für jede natürliche Zahl n zwischen 1 und N ($1 \leqslant n \leqslant N$), so erhält man eine endliche Folge.

Eine tabellarische Darstellung dieser Zuordnung z. B. für die Folge der geraden Zahlen zeigt, daß man jede Folge als Menge geordneter Zahlenpaare (n, a_n) auffassen kann, deren erste Komponente, die *Gliednummer n*, eine natürliche Zahl, und deren zweite Komponente, das Glied a_n, eine reelle Zahl ist. Wegen der Eindeutigkeit der Zuordnung kann man Zahlenfolgen auch als Funktionen definieren.

Gliednummer n	1	2	3	4	5	...
Glied a_n der Folge	2	4	6	8	10	...

Zahlenfolgen sind Funktionen, deren Definitionsbereich eine Menge natürlicher Zahlen ist und deren Wertevorrat aus reellen Zahlen besteht.

Die danach naheliegende graphische Darstellung einer Zahlenfolge $a_1, a_2, \ldots, a_n, \ldots$ z. B. durch die Folge diskreter Punkte mit den Koordinaten (n, a_n) in einem kartesischen Koordinatensystem, oder eine tabellarische Darstellung sind allerdings zur vollständigen Beschreibung einer unendlichen Folge ebenso ungeeignet wie das Nennen einiger Anfangsglieder der Folge; z. B. lassen sich die Glieder $a_1 = 2$, $a_2 = 3$, $a_3 = 5$ auf viele, sogar auf unendlich viele Weisen zu einer unendlichen Folge fortsetzen, etwa zur Folge der Primzahlen oder zur Folge aller echten Teiler von 210 oder zur Folge 2, 3, 5, 8, 13, 21, ..., in der das k-te Glied für $k > 2$ die Summe seiner beiden unmittelbaren Vorgänger ist.

Für die erschöpfende Beschreibung einer unendlichen Folge versucht man deshalb, die eindeutige Zuordnung zwischen der Gliednummer n und dem dazugehörigen Glied a_n der Folge durch ein *Bildungsgesetz* darzustellen. In den meisten Fällen gelingt es, das Bildungsgesetz als *analytischen Ausdruck* $a_n = f(n)$, $n = 1, 2, 3, \ldots$, anzugeben. Dann kann man die Folge $a_1, a_2, a_3, \ldots$ kurz durch $\{a_n\} = \{f(n)\}$ bezeichnen.

Beispiele für Folgen, deren Bildungsgesetz durch einen analytischen Ausdruck gegeben werden kann.

1: Die Folge 2, 4, 6, ... der geraden Zahlen hat das Bildungsgesetz $a_n = 2n$.

2: Folge 1, 4, 9, ... der Quadratzahlen: $\{a_n\} = \{n^2\}$.

3: Das siebente Glied der Folge $\{a_n\} = \{n/(n+1)\}$ ergibt sich durch Einsetzen von $n = 7$ in den analytischen Ausdruck zu $a_7 = 7/(7+1) = {}^7/_8$.

4: Die Folge $\{a_n\} = \{2^n\}$ mit $1 \leqslant n \leqslant 10$ ist eine endliche Folge; ihr letztes Glied ist $a_{10} = 2^{10} = 1024$.

5: Das Bildungsgesetz $a_n = (-1)^{n+1}\, n$ führt auf die Folge $1, -2, 3, -4, 5, -6, \ldots$; diese ist *alternierend*, d. h., benachbarte Glieder haben entgegengesetzte Vorzeichen. Das Beispiel zeigt zugleich, daß eine unendliche Folge weder ein kleinstes noch ein größtes Glied haben muß.

Mitunter läßt sich das Bildungsgesetz einer Folge durch eine *Rekursionsformel* angeben, nach der sich allerdings ein Glied a_n erst berechnen läßt, wenn die vorhergegangenen Glieder a_i mit $i < n$ bereits bekannt sind; z. B. ist die Folge der *Fibonaccischen Zahlen* 0, 1, 1, 2, 3, 5, 8, 13, 21 ,... durch $a_1 = 0$, $a_2 = 1$ und für $n \geqslant 3$ durch die Rekursionsformel $a_n = a_{n-1} + a_{n-2}$ beschrieben.

Es gibt jedoch auch Folgen, für die weder ein analytischer Ausdruck noch ein Rekursivgesetz angegeben werden kann, z. B. die Folge der Primzahlen oder die Folge 3, 1, 4, 1, 5, 9, 2, 6, 5, ..., deren n-tes Glied die n-te Ziffer der Dezimalbruchentwicklung der Zahl π ist.

Aus den Gliedern einer Zahlenfolge kann man weitere Folgen gewinnen, z. B. aus $1, {}^1/_2, {}^1/_3, \ldots, 1/n, \ldots$ die Folge $s_1 = 1$, $s_2 = 1 + {}^1/_2$, $s_3 = 1 + {}^1/_2 + {}^1/_3$, ..., $s_n = 1 + {}^1/_2 + {}^1/_3 + \cdots + 1/n$, ..., deren n-tes Glied die Summe der ersten n Glieder der gegebenen Folge ist. In diesem Falle ist die Folge $s_1, s_2, \ldots, s_n, \ldots$ durch eine *mittelbare Vorschrift* gegeben.

Das Hauptinteresse gilt unendlichen Folgen $\{a_n\}$. Es werden Eigenschaften betrachtet, die sich aus der Aufeinanderfolge der Glieder ergeben.

Monotone und beschränkte Folgen

Monotone Folgen. Hierbei handelt es sich um Folgen, deren Glieder mit wachsender Gliednummer immer größer bzw. immer kleiner werden (vgl. Kap. 5.1. – Besondere Funktionentypen).

Eine Folge $\{a_n\}$ heißt **monoton wachsend**, wenn jedes ihrer Glieder größer ist als das vorhergehende, d. h., wenn $a_{n+1} > a_n$ für alle n; sie heißt **monoton fallend**, wenn für alle n gilt $a_{n+1} < a_n$.

Mitunter läßt man in dieser Definition auch noch das Gleichheitszeichen zu, nennt eine Folge monoton wachsend bzw. fallend, wenn $a_{n+1} \geqslant a_n$ bzw. $a_{n+1} \leqslant a_n$ ist. Zur Unterscheidung bezeichnet man dann Folgen mit der Eigenschaft $a_{n+1} > a_n$ bzw. $a_{n+1} < a_n$ als *streng monoton wachsend* bzw. *streng monoton fallend*.

Die Folge $1, {}^1/_2, {}^1/_3, \ldots, 1/n, \ldots$ der Stammbrüche z. B. ist streng monoton fallend, die Folge $-12, -9, -6, -3, 0, \ldots, [-12 + 3(n-1)], \ldots$, ist streng monoton wachsend. Es gibt Folgen, die weder monoton wachsend noch monoton fallend sind, z. B. die Folge $1, {}^1/_2, 2, {}^1/_3, 3, {}^1/_4, 4, \ldots$

Beschränkte Folgen. Die Zahlenfolge $-{}^1/_2$, 0, ${}^1/_6$, ${}^2/_8$, ... mit dem Bildungsgesetz $a_n = (n-2)/(2n)$ hat die Eigenschaft, daß keines ihrer Glieder größer als 1, aber auch keines kleiner als $-{}^1/_2$ ist, so daß die Ungleichung $-{}^1/_2 \leqslant a_n < 1$ für alle n gilt. Solche Folgen heißen *beschränkt*.

Eine Folge $\{a_n\}$ heißt **beschränkt**, wenn es zwei Zahlen k und K gibt, so daß die Ungleichung $k \leqslant a_n \leqslant K$ für jedes Glied a_n der Folge gilt.

Man nennt k eine *untere Schranke*, K eine *obere Schranke* der Folge. Gilt für alle Glieder a_n einer Folge $k \leqslant a_n \leqslant K$, so ist $|a_n| \leqslant M = \text{Max}(|k|, |K|)$; gibt es umgekehrt eine Schranke M für die Beträge $|a_n|$ der Glieder, $|a_n| \leqslant M$, so gilt $-M \leqslant a_n \leqslant M$, d. h., die Folge ist beschränkt. Deshalb kann man auch folgende Definition aussprechen.

Eine Folge $\{a_n\}$ ist **beschränkt**, wenn es eine positive Zahl M gibt, die vom Betrag keines Gliedes der Folge überschritten wird: $|a_n| \leqslant M$ für alle n.

Die Zahlen k, K, M sind nicht eindeutig bestimmt; mit k ist offenbar jede kleinere Zahl $k' < k$ ebenfalls untere Schranke, mit K jede größere Zahl $K' > K$ obere Schranke der Folge.
Eine endliche Folge ist stets beschränkt, als untere Schranke k kann das kleinste Glied, als obere Schranke K das größte Glied der Folge gewählt werden. Unendliche Folgen können *unbeschränkt* sein. z. B. die Folge 1, 4, 9, ..., n^2, ... der Quadrate.
Die kleinste obere Schranke wird *obere Grenze G* genannt; jede kleinere Zahl $G - \varepsilon$, in der ε beliebig klein und positiv ist, wird dann von mindestens einem Glied a_m der Folge $\{a_n\}$ überschritten, d. h., $a_m > G - \varepsilon$. Analog heißt die größte untere Schranke *untere Grenze g*; jede größere Zahl $g + \varepsilon$ mit $\varepsilon > 0$ beliebig wird von mindestens einem Glied a_k der Folge unterschritten, d. h., $a_k < g + \varepsilon$. Es gilt der Satz, daß jede beschränkte Folge eine eindeutig bestimmte obere und eine eindeutig bestimmte untere Grenze hat.
Diese Überlegungen gelten allgemein auch für Zahlenmengen, wenn man «Folge» durch «Zahlenmenge» und «Glied» durch «Element» ersetzt.

Arithmetische und geometrische Folgen

Arithmetische Folgen. In einer arithmetischen Folge ist die *Differenz d* zweier benachbarter Glieder konstant, aber von Null verschieden, $a_n - a_{n-1} = d$; z. B. hat die Folge der geraden Zahlen 2, 4, 6, 8, ... die Differenz $d = 2$; wählt man $d = -3$ und das *Anfangsglied* $a_1 = 25$, so erhält man die Folge 25, 22, 19, 16, 13, ... Ist d positiv, so wächst die arithmetische Folge monoton, ist d negativ, so nimmt die Folge monoton ab. Jede unendliche arithmetische Folge ist unbeschränkt.

Arithmetische Folge	$a_1, a_2 = a_1 + d, a_3 = a_1 + 2d, \ldots, a_n = a_1 + (n-1)\,d, \ldots$

Der Name rührt daher, daß jedes Glied a_k mit $k \geqslant 2$ das *arithmetische Mittel* seiner Nachbarglieder ist; in der Tat ergibt sich aus $a_k, a_{k-1} = a_k - d$ und $a_{k+1} = a_k + d$ das Mittel ${}^1/_2(a_{k-1} + a_{k+1}) = {}^1/_2(2a_k) = a_k$.

Beispiele. 1: Die arithmetische Folge mit dem ersten Glied $a_1 = 33$ und der Differenz $d = 8$ hat das 100. Glied $a_{100} = a_1 + (n-1)\,d = 33 + 99 \cdot 8 = 825$.
2: Ist $a_{10} = 15$ das 10. Glied einer arithmetischen Folge, deren Differenz $d = 2$ ist, so ist ihr erstes Glied $a_1 = a_n - (n-1)\,d = 15 - 9 \cdot 2$, d. h., $a_1 = -3$.

Das *lineare Interpolieren* besteht in der Aufgabe, zwischen je zwei Glieder a_k und a_{k+1} der arithmetischen Folge mit der Differenz d weitere m Glieder so einzuschalten, daß wieder eine arithmetische Folge entsteht. Nennt man d' die Differenz der gesuchten Folge, so ist

$$a_{k+1} = a_k + (m+1)\,d' = a_k + d, \quad \text{also} \quad d' = d:(m+1).$$

Beispiel 3: Sollen zwischen je zwei Glieder der arithmetischen Folge 3, 17, 31, 45, 59, ... je 6 Glieder interpoliert werden, so ist wegen $d = 14$ die Differenz d' der neuen Folge $d' = 14:7 = 2$; diese lautet also 3, 5, 7, 9, 11, 13, 15, 17, 19, 21, 23, 25, 27, 29, 31, ...

Unter der *Differenzenfolge* versteht man die Folge der Differenzen je zweier aufeinanderfolgender Glieder (vgl. Kap. 5.2. – Quadratische Funktionen). Danach kann man eine arithmetische Folge auch erklären als eine Folge, deren 1. Differenzenfolge konstant ist. In der praktischen Mathematik sowie in der Fehler-, Ausgleichs- und Näherungsrechnung werden auch *arithmetische Folgen höherer*, z. B. *n-ter Ordnung* betrachtet. In ihnen ist erst die *n-te Differenzenfolge* konstant (vgl. Kap. 28.3. – Approximation von Funktionen durch Polynome).

Beispiel 4: Die Folge 1, 8, 27, 64, 125, 216, ... ist arithmetisch von dritter Ordnung, da ihre *3. Differenzenfolge* Δ^3 konstant ist.

Folge	1		8		27		64		125		216		...
Δ^1		7		19		37		61		91		...	
Δ^2			12		18		24		30		...		
Δ^3				6		6		6		...			

Geometrische Folgen. In einer geometrischen Folge ist der *Quotient* $q \neq 1$ zweier benachbarter Glieder konstant, $a_n = a_{n-1}q$; z. B. hat die Folge 9, 3, 1, $^1/_3$, $^1/_9$, ... das Anfangsglied $a_1 = 9$ und den Quotienten $q = {}^1/_3$; für $a_1 = -{}^1/_2$, $q = -2$ erhält man die Folge $-{}^1/_2$, 1, -2, 4, ... und für $a_1 = -24$, $q = +{}^1/_2$ die Folge -24, -12, -6, -3, ... Ist q positiv, so haben alle Glieder das Vorzeichen von a_1; für negatives q erhält man alternierende Folgen. Geometrische Folgen sind beschränkt, falls $|q| < 1$, sonst unbeschränkt; sie wachsen monoton für $a_1 > 0$, $q > 1$ und für $a_1 < 0$, $0 < q < 1$; sie sind monoton fallend für $a_1 > 0$, $0 < q < 1$ bzw. für $a_1 < 0$, $q > 1$.

Geometrische Folge	$a_1, a_2 = a_1q, a_3 = a_1q^2, \ldots, a_n = a_1q^{n-1}, \ldots$

Der Name der Folge rührt daher, daß jedes Glied a_k für $k \geqslant 2$ bis auf das Vorzeichen das *geometrische Mittel* seiner Nachbarglieder ist; in der Tat ergibt sich aus a_k, $a_{k-1} = a_k/q$ und $a_{k+1} = a_kq$ das geometrische Mittel $\sqrt{(a_k/q)(a_kq)} = \sqrt{a_k^2} = |a_k|$.

Beispiel 5: Die geometrische Folge mit dem Anfangsglied $a_1 = 2$ und dem Quotienten $q = {}^1/_2$ hat das 10. Glied $a_{10} = a_1q^9 = 2 \cdot ({}^1/_2)^9 = 1/256$.

Beispiel 6: Ist das 1. Glied einer geometrischen Folge $a_1 = {}^2/_3$ und ihr 10. Glied $a_{10} = a_1q^9 = 13122$, so erhält man für den Quotienten $q = \sqrt[9]{a_{10}/a_1} = \sqrt[9]{3 \cdot 13122/2} = 3$.

Beispiel 7: Faltet man ein genügend großes Stück Papier von $a_1 = 0{,}1$ mm Dicke 40mal, so erhält man eine gefaltete Papierschicht der Dicke $d = a_{41} = 0{,}1\ \text{mm} \cdot 2^{40} = 109\,951\,162\,777{,}6$ mm $\approx 109\,951$ km.

Beispiel 8: Beim Durchgang durch eine Glasplatte verliert ein Lichtstrahl durch Reflexion an den Grenzflächen und durch Inhomogenität des Materials $^1/_{12}$ seiner Lichtstärke L. Nach dem Durchdringen der 1. Platte hat er die Lichtstärke $a_1 = L - {}^1/_{12}L = {}^{11}/_{12}L$, nach dem Durchdringen der 2. Platte die Lichtstärke $a_2 = {}^{11}/_{12}L - {}^1/_{12}({}^{11}/_{12}L) = ({}^{11}/_{12})^2 L$, nach dem Durchdringen der n-ten Platte ist $a_n = ({}^{11}/_{12})^n L$. Wird durch Messung festgestellt, daß die Lichtstärke a_n nur die Hälfte der ursprünglichen ist, so läßt sich aus $a_n = ({}^{11}/_{12})^n L = {}^1/_2 L$ die Anzahl n der Platten berechnen. Man findet $n = \lg 2/(\lg 12 - \lg 11) \approx 8$. Der Lichtstrahl hat demnach acht Platten durchdrungen.

Zwischen zwei Glieder a_k und $a_{k+1} = a_kq$ einer geometrischen Folge lassen sich je m Zahlen so *interpolieren*, daß wieder eine geometrische Folge entsteht. Ist q' der Quotient dieser zu bestimmenden Folge, so gilt $a_{k+1} = a_kq'^{(m+1)} = a_kq$; daraus folgt $q' = \sqrt[m+1]{q}$.

Beispiel 9: Zwischen je zwei Glieder der Folge 32, 1, $^1/_{32}$, $^1/_{1024}$, ... sollen je vier Glieder interpoliert werden. Für die gegebene Folge ist $q = (1/32)$, und für den Quotienten der interpolierten geometrischen Folge findet man $q' = \sqrt[5]{1/32} = {}^1/_2$, erhält also die Folge 32, 16, 8, 4, 2, 1, $^1/_2$, $^1/_4$, $^1/_8$, $^1/_{16}$, $^1/_{32}$, ...

Beispiel 10: Um die gleichschwebend-temperierte Stimmung zu erhalten, werden zwischen die Töne einer Oktave 11 Zwischentöne in gleichen Abständen eingeschaltet, in C-Dur z. B. die Töne cis, d, dis, e, f, fis, g, gis, a ais, h. Die Schwingungszahlen der Töne bilden dann eine geometrische Folge zwischen den Tönen einer Oktave mit dem Schwingungsverhältnis $q = 2$. Für den Quotienten q' der gesuchten Folge erhält man $q' = \sqrt[12]{2} = 1{,}059\,463$, mithin die Folge der Schwingungsverhältnisse: c = 1, cis = 1,059 46, d = 1,122 44, dis = 1,189 21, e = 1,259 92, f = 1,337 92, fis = 1,414 21, g = 1,498 31, gis = 1,587 40, a = 1,681 79, ais = 1,781 80, h = 1,887 75, c′ = 2.

Normzahl-Grundreihen: R 5, $q = \sqrt[5]{10} \approx 1{,}6$; R 10, $q = \sqrt[10]{10} \approx 1{,}25$; R 20, $q = \sqrt[20]{10} \approx 1{,}12$; R 40, $q = \sqrt[40]{10} \approx 1{,}06$; R 80, $q = \sqrt[80]{10} \approx 1{,}03$.

In der Normung versucht man, Größenabstufungen zu finden, die bei einer minimalen Anzahl von Stufen den Bedürfnissen der Praxis weitestgehend Rechnung tragen. Man verwendet sogenannte *dezimalgeometrische Folgen*, das sind geometrische Folgen mit dem *Stufensprung* oder dem *Quotienten* $q = \sqrt[n]{10}$, in der Technik Normzahl-Grundreihen genannt.
Jeder Dezimalbereich wird danach in eine gleiche Anzahl von n Stufen geteilt. Aus den Grundreihen können noch Auswahlreihen gebildet werden, indem man nur jede zweite, jede dritte oder jede n-te Stufe der Grundreihe benutzt.

Reihe R 10	1	1,25	1,6	2	2,5	3,15	4	5	6,3	8	10	12,5
Auswahlreihen R 10/2	1		1,6		2,5		4		6,3		10	
		1,25		2		3,15		5		8		12,5

Nach diesen Normzahl-Grundreihen werden technische Produkte, Maschinen und Maschinenteile, Werkzeuge u. a. ausgeführt. Auch Druckkräfte an Pressen, Tragkräfte und Hubhöhen für Kräne und Winden, Drehzahlen, Schnittgeschwindigkeiten, Leistungen von Kraftwerksturbinen sind nach Normzahlreihen gestuft.
Auch die international einheitlichen Papierformate sind geometrisch gestuft, und den Münzen und Banknoten liegt die dezimalgeometrische Folge mit $q = \sqrt[3]{10} \approx 2{,}2$, d. h. die Stückelung 1, 2, 5, 10, 20, 50, ..., stark gerundet zugrunde; sie hat zur Abschaffung des Talers im Werte von 3 Mark geführt.

Konvergenz und Divergenz von Folgen

Die Glieder der Zahlenfolge 1, $^3/_4$, $^4/_6$, $^5/_8$, ... mit dem Bildungsgesetz $a_n = (n + 1)/(2n)$ unterscheiden sich um so weniger von $^1/_2$, je größer die Gliednummer n ist. Man kann den Unterschied $|a_n - {}^1/_2|$ der Glieder der Folge von $^1/_2$ sogar *beliebig* klein machen, d. h., es läßt sich durch passende Wahl der Gliednummer n erreichen, daß *von dieser Stelle n ab alle* Differenzen $|a_n - {}^1/_2|$ kleiner sind als eine beliebig klein vorgegebene positive Zahl ε. Verlangt man z. B., daß die Abweichung von $^1/_2$ höchstens $\varepsilon = 0{,}001$ sein darf, so ergibt sich aus $|a_n - {}^1/_2| = |(n+1)/(2n) - {}^1/_2| = |{}^1/_2 + 1/(2n) - {}^1/_2| = |1/(2n)| = 1/(2n) < 0{,}001$, daß *alle* Glieder a_n mit $n > 500$ die verlangte Eigenschaft haben; höchstens 500 Glieder haben größere Abstände von $^1/_2$. Steigert man die verlangte Genauigkeit auf $\varepsilon = 0{,}000001$, so haben nur 500000 Glieder größere Abweichungen von $^1/_2$, für alle weiteren Glieder a_n mit $n > 500000$ gilt $|a_n - {}^1/_2| < 0{,}000001$. Allgemein ist $|a_n - {}^1/_2| < \varepsilon$ für *alle* $n > 1/(2\varepsilon)$, d. h., wie klein ε auch gewählt sein mag, stets kann man eine Gliednummer angeben, von der ab sich alle Glieder der Folge um weniger als ε von $^1/_2$ unterscheiden. Man sagt dann, die Folge $\{a_n\}$ *konvergiert* und hat den *Grenzwert* $^1/_2$.

Die Folge $\{a_n\}$ heißt **konvergent mit dem Grenzwert** oder **Limes** a, wenn man zu jeder *beliebig kleinen positiven Zahl* ε stets eine Zahl $N(\varepsilon)$ so angeben kann, daß die Ungleichung $|a_n - a| < \varepsilon$ für *alle Glieder* a_n *der Folge mit* $n > N(\varepsilon)$ erfüllt ist.

Die Zahl N, von der ab $|a_n - a| < \varepsilon$ ausfällt, hängt im allgemeinen von ε ab, sie wird um so größer sein, je kleiner man ε wählt. Deshalb wird sie genauer mit $N(\varepsilon)$ bezeichnet. Natürlich gibt es bei einer gegen den Grenzwert a konvergierenden Folge $\{a_n\}$ zu jedem $\varepsilon > 0$ auch eine Stelle $N_1(\varepsilon)$, von der ab $|a_n - a| < \varepsilon/2$, eine Stelle $N_2(\varepsilon)$, von der ab $|a_n - a| < \varepsilon/k$, eine Stelle $N_3(\varepsilon)$, von der ab $|a_n - a| < \varepsilon^\alpha$ ausfällt usw. Davon wird häufig Gebrauch gemacht. Konvergiert die Folge $\{a_n\}$ gegen den Grenzwert a, so schreibt man $\{a_n\} \to a$ für $n \to \infty$ bzw. $\lim\limits_{n\to\infty} a_n = a$ [lies *a_n konvergiert gegen a für n gegen Unendlich* bzw. *Limes von a_n für n gegen Unendlich ist gleich a*]; dieser Sachverhalt bedeutet geometrisch-anschaulich, daß nur endlich viele Glieder der Folge außerhalb der *ε-Umgebung* $a - \varepsilon \cdots a + \varepsilon$ des Grenzwertes a, alle anderen dagegen in dieser ε-Umgebung liegen. Man spricht daher davon, daß *fast alle* Glieder der Folge in die ε-Umgebung des Grenzwertes a fallen, wie klein ε auch gewählt sein mag.

Beispiel 1: Die Folge 0,3; 0,33; 0,333; ... mit dem Bildungsgesetz $a_n = 3/10 + 3/10^2 + \cdots + 3/10^n$ konvergiert gegen $^1/_3$. Für die Beträge der Abweichungen vom Grenzwert findet man:

$$|a_n - {}^1/_3| = \left| \frac{3\,(10^{n-1} + \cdots + 10^1 + 1)}{10^n} - {}^1/_3 \right| = \left| \frac{9 \cdot (10^n - 1)/(10 - 1) - 10^n}{3 \cdot 10^n} \right| = \frac{1}{3 \cdot 10^n} < \varepsilon.$$

Diese Ungleichung ist bei beliebig vorgegebenem positivem ε für alle $n > N(\varepsilon) = \lg [1/(3\varepsilon)] = -\lg 3\varepsilon$ erfüllt; für $\varepsilon = 10^{-12}$ z. B. erhält man $N(\varepsilon) = 12 - \lg 3$, d. h., nur 12 Glieder haben in diesem Fall größere Abweichungen von ⅓ als $\varepsilon = 10^{-12}$. Allgemein kann man jeden unendlichen Dezimalbruch 0, $z_1 z_2 z_3$ ... mit den Ziffern z_i als eine konvergente Folge $\{a_n\}$ mit

$a_n = z_1/10 + z_2/10^2 + \cdots + z_n/10^n$ auffassen. Der Grenzwert der Folge ist die durch den Dezimalbruch dargestellte reelle Zahl.

Beispiel 2: Die Folge 1, $^1/_4$, $^1/_9$, $^1/_{16}$, ... der reziproken Quadratzahlen hat den Grenzwert Null, denn für beliebiges $\varepsilon > 0$ ist $|a_n - 0| = |1/n^2 - 0| = (1/n^2) < \varepsilon$ für alle $n > N(\varepsilon) = 1/\sqrt{\varepsilon}$ erfüllt.

Folgen mit dem Grenzwert Null heißen *Nullfolgen*. Aus jeder Nullfolge $\{b_n\}$ kann eine Folge $\{b_n + b\}$ mit dem Grenzwert b gebildet werden. Wenn umgekehrt die Folge $\{a_n\}$ gegen den Grenzwert a konvergiert, so ist $\{a_n - a\}$ eine Nullfolge.

Konvergenzverhalten arithmetischer und geometrischer Folgen. Folgen, die nicht konvergieren, heißen *divergent*; z. B. ist jede arithmetische Folge divergent; da der Unterschied zweier Glieder stets d ist, können niemals fast alle ihre Glieder in der Umgebung eines festen Wertes liegen. Für positive Werte von d werden die Glieder a_n der Folge schließlich größer als jede beliebig große Zahl. Dafür schreibt man symbolisch $\lim\limits_{n\to\infty} a_n = \infty$ und nennt eine solche Folge *bestimmt divergent*. Für negative Werte von d unterschreiten die Glieder schließlich jede beliebig kleine Zahl. Auch diese Folge ist bestimmt divergent; man schreibt $\lim\limits_{n\to\infty} a_n = -\infty$.

Die unendliche geometrische Folge $\{a_n\}$ mit dem Bildungsgesetz $a_n = a_1 q^{n-1}$ konvergiert gegen Null, wenn der Betrag $|q|$ des Quotienten kleiner als 1 ist; ist $|q|$ größer als 1, so ist die Folge $\{a_n\}$ divergent, und zwar für $q > 1$ bestimmt, für $q < -1$ unbestimmt divergent.

Teilfolgen. Ist $p_1, p_2, p_3, \ldots, p_n, \ldots$ irgendeine streng monoton wachsende unendliche Folge natürlicher Zahlen, so nennt man $\{p_n\}$ eine *Teilfolge* der Folge der natürlichen Zahlen, z. B. die Folge 1, 3, 7, 9, 13, 14, 27, ... Wählt man eine solche Folge $\{p_n\}$ als Indizes, so ergibt sich aus jeder Zahlenfolge $\{a_n\}$ eine ihrer Teilfolgen $\{a_{p_n}\}$; z. B. ist 1, $^1/_8$, $^1/_{64}$, ... eine Teilfolge der Folge 1, $^1/_2$, $^1/_4$, $^1/_8$, $^1/_{16}$, ... Liegen für alle $n > N(\varepsilon)$ die Glieder a_n in der ε-Umgebung des Grenzwertes a, gilt also $|a_n - a| < \varepsilon$, so liegen auch die Glieder a_{p_n} der Teilfolge mit $p_n > N(\varepsilon)$ in dieser Umgebung. Damit gilt der folgende Satz.

Jede Teilfolge $\{a_{p_n}\}$ einer konvergenten Folge $\{a_n\} \to a$ konvergiert gegen denselben Grenzwert a.

Sätze über konvergente Folgen. Ausschlaggebend für die Konvergenz der Folge $\{a_n\}$ ist die *Existenz* einer Stelle $N(\varepsilon)$, von der ab $|a_n - a| < \varepsilon$ ausfällt; völlig belanglos ist die Größe von $N(\varepsilon)$. Deshalb kann man, ohne Konvergenz und Grenzwert der Folge zu ändern, beliebig endlich viele Glieder weglassen oder hinzufügen, da dies höchstens die Größe von $N(\varepsilon)$ beeinflussen würde. Solche Eigenschaften, die allein vom Verhalten aller Glieder „jenseits der Stelle $N(\varepsilon)$" abhängen, bezeichnet man als *infinitäre Eigenschaften* einer Zahlenfolge. Die Konvergenz einer Folge ist eine infinitäre Eigenschaft.

Konvergente Folgen sind beschränkt.

Hat eine Folge $\{a_n\}$ den Grenzwert a, so liegen fast alle ihre Glieder im Intervall von $a - \varepsilon$ bis $a + \varepsilon$; die Menge der außerhalb dieses Intervalls gelegenen Glieder ist aber als endliche Menge ebenfalls beschränkt.
Hat die konvergente Folge $\{a_n\}$ die obere Schranke K, so ist auch ihr Grenzwert a nicht größer als K, denn wäre $a > K$, so müßten in eine ganz rechts von K gelegene Umgebung von a noch unendlich viele Glieder der Folge fallen, im Widerspruch zur Schrankeneigenschaft von K. Entsprechend kann der Grenzwert a der Folge keine ihrer unteren Schranken unterschreiten.

Eine konvergente Folge hat genau einen Grenzwert.

Hätte $\{a_n\}$ zwei verschiedene Grenzwerte a und a', so könnte man ε so klein wählen, daß die ε-Umgebung von a und die von a' keinen Punkt gemeinsam haben. Im Widerspruch zur Grenzwerteigenschaft von a und a' würden dann von einer Stelle $N(\varepsilon)$ ab unendlich viele Glieder der Folge außerhalb der ε-Umgebung von a und unendlich viele Glieder außerhalb der ε-Umgebung von a' liegen.

Haben die Folgen $\{a_n\}$ bzw. $\{b_n\}$ die Grenzwerte a bzw. b, so konvergieren die Folgen $\{a_n + b_n\} \to a + b$, $\{a_n - b_n\} \to a - b$, $\{a_n b_n\} \to ab$ und, wenn die b_n und der Grenzwert b von Null verschieden sind, auch $\{a_n/b_n\} \to a/b$.

Soll z. B. gezeigt werden, daß für ein beliebig vorgegebenes ε gilt $|(a_n + b_n) - (a + b)| < \varepsilon$, so läßt sich für die konvergente Folge $\{a_n\}$ ein Index N_1 so bestimmen, daß $|a_n - a| < \varepsilon/2$, und ebenso für die Folge $\{b_n\}$ ein Index N_2, so daß $|b_n - b| < \varepsilon/2$, wenn nur $n > N_1$ bzw. $n > N_2$. Für alle $n > \text{Max}\,(N_1, N_2)$ gilt nach der Dreiecksgleichung die Behauptung:

$$|(a_n + b_n) - (a + b)| = |(a_n - a) + (b_n - b)| \leqslant |a_n - a| + |b_n - b| < \varepsilon.$$

Für die Behauptung, daß $|a_n/b_n - a/b|$ kleiner als jede vorgegebene positive Zahl ε gemacht werden kann, wird nach der Umformung

$$\left|\frac{a_n}{b_n} - \frac{a}{b}\right| = \left|\frac{b(a_n - a) - a(b_n - b)}{bb_n}\right| \leqslant \frac{|b|\,|a_n - a| + |a|\,|b_n - b|}{|b| \cdot |b_n|}$$

N_3 so bestimmt, daß für alle $n > N_3$ gilt $|b_n| \geqslant g > 0$; dies ist wegen $b \neq 0$ stets möglich. Bestimmt man schließlich noch N_1 so, daß für alle $n > N_1$ gilt $|a_n - a| < {}^1/_2\, g\varepsilon$, und N_2 so, daß für alle $n > N_2$ gilt $|b_n - b| < {}^1/_2\, g\varepsilon\, |b|/|a|$, so kann die Behauptung für alle $n > \text{Max}\,(N_1, N_2, N_3)$ durch Abschätzung gewonnen werden.
Die folgenden Aussagen sind wichtige Spezialfälle des letzten Satzes.

1. Sind c, c_1 und c_2 Konstante, so darf aus $\{a_n\} \to a$ und $\{b_n\} \to b$ geschlossen werden $ca_n \to ca$; $\{c_1a_n + c_2b_n\} \to c_1a + c_2b$.

2. Da die Folge der Produkte der Glieder zweier konvergenter Folgen gegen das Produkt ihrer Grenzwerte konvergiert, gilt mit $a_n \to a$ auch $\{a_n^\nu\} \to a^\nu$ für jede positive ganze Zahl ν und, falls alle $a_n \neq 0$ und $a \neq 0$, auch für jede negative ganze Zahl ν. Für $a_n \neq 0$, $a \neq 0$ kann man sogar $\{a_n^\alpha\} \to a^\alpha$ für reelles α folgern.

3. Sind $\{a_n\}$ und $\{b_n\}$ Nullfolgen, so sind es auch die Folgen $\{a_n + b_n\}$, $\{a_n - b_n\}$ und $\{a_nb_n\}$.

Die aus den Nullfolgen $\{a_n\}$ und $\{b_n\}$ gebildete Folge $\{a_n/b_n\}$ ist im allgemeinen keine Nullfolge, da die Voraussetzung $b \neq 0$ nicht erfüllt ist; z. B. sind $\{a_n\} = \{1/2^n\}$ und $\{b_n\} = \{1/4^n\}$ Nullfolgen, $\{a_n/b_n\} = \{2^n\}$ aber ist bestimmt divergent.

Konvergieren die Folgen $\{a_n'\}$ und $\{a_n''\}$ gegen denselben Grenzwert a und gilt für fast alle Glieder der Folge $\{a_n\}$ die Ungleichung $a_n' \leqslant a_n \leqslant a_n''$, dann konvergiert auch die Folge $\{a_n\}$ gegen den Grenzwert a.

Zu beliebigem $\varepsilon > 0$ gibt es ein $N(\varepsilon)$, von dem ab alle Glieder der Folge $\{a_n'\}$ und alle Glieder der Folge $\{a_n''\}$ in der ε-Umgebung von a liegen. Wegen $a_n' \leqslant a_n \leqslant a_n''$ liegen dann auch alle Glieder der Folge $\{a_n\}$ mit $n > N(\varepsilon)$ in dieser Umgebung, also $\lim\limits_{n\to\infty} a_n = a$.

$$\lim_{n\to\infty} \sqrt[n]{q} = 1, \quad q > 0 \text{ beliebig}$$
$$\lim_{n\to\infty} \sqrt[n]{n} = 1$$
$$\lim_{n\to\infty} \frac{\log_b n}{n} = 0, \quad b > 0, \quad b \neq 1$$

Grenzwerte einiger wichtiger konvergenter Folgen. 1. Für beliebige positive Werte von q ist $\{x_n\} = \left\{\sqrt[n]{q} - 1\right\}$ eine Nullfolge. Für $q = 1$ hat jedes Glied den Wert Null. Für $q > 1$ ist $\sqrt[n]{q} > 1$, d. h., die Zahlen x_n sind positiv. Danach gilt $q = (1 + x_n)^n \geqslant 1 + nx_n > nx_n > 0$ oder $0 < x_n < q/n$. Die Folge $\{q/n\}$ ist aber eine Nullfolge.
Für $0 < q < 1$ ist $1/q > 1$, also hat $\left\{\sqrt[n]{1/q} - 1\right\}$ den Grenzwert 0. Multipliziert man diese Nullfolge gliedweise mit der wegen $\sqrt[n]{q} < 1$ beschränkten Folge $\left\{\sqrt[n]{q}\right\}$, so ist die Produktfolge $\left\{1 - \sqrt[n]{q}\right\}$ und damit $\left\{\sqrt[n]{q} - 1\right\}$ ebenfalls eine Nullfolge.

2. Wie eben gezeigt wurde, haben die Glieder der Folge $\{q^{1/n}\}$ für $n \to \infty$ den Grenzwert 1, wenn q eine beliebige positive Zahl ist. Daher läßt sich für beliebig vorgegebenes $\varepsilon > 0$ stets eine Zahl N so finden, daß für alle $m > N$ beide Werte $q^{\pm 1/m}$ zwischen $1 - \varepsilon$ und $1 + \varepsilon$ liegen. Weiter kann für eine Nullfolge $\{a_n\}$ stets ein Index N_1 so gefunden werden, daß a_n für alle $n > N_1$ zwischen $-1/m$ und $+1/m$ liegt, die Potenz q^{a_n} deshalb für alle $n > \text{Max}\,(N, N_1)$ zwischen $1 + \varepsilon$ und $1 - \varepsilon$, mithin $q^{a_n} - 1$ zwischen $-\varepsilon$ und $+\varepsilon$ liegt; d.h., $\{q^{a_n} - 1\}$ ist eine Nullfolge, wenn $\{a_n\}$ eine ist. Daraus folgt, daß $\{q^{a_n}\}$ gegen den Grenzwert q^a geht, wenn $\{a_n\} \to a$, denn $q^{a_n} - q^a = q^a(q^{a_n - a} - 1)$ und $\{a_n - a\}$ ist eine Nullfolge und deshalb auch $\{q^{a_n - a} - 1\}$.

$\{q^{a_n}\} \to 1$, wenn $\{a_n\} \to 0$ und q positiv
$\{q^{a_n}\} \to q^a$, wenn q positiv und $\{a_n\} \to a$
$\{(a_n)^\alpha\} \to a^\alpha$, wenn $\{a_n\} \to a$ und a_n, a positiv, α reell

In Kap. 18.3. – Einige wichtige Grenzwerte – wird unter 4. gezeigt, daß für eine beliebige Basis $g > 1$ eines Logarithmensystems gilt $\{\log_g a_n\} \to \log_g a$, wenn $\{a_n\} \to a$. Ist α eine beliebige reelle Konstante, so gilt auch $\{\alpha \log_g a_n\} \to \alpha \log_g a$, nach dem eben Gezeigten also auch $\{g^{\alpha \log_g a_n}\} \to g^{\alpha \log_g a}$, d. h. aber, $\{a_n^\alpha\} \to a^\alpha$.

3. Die Folge $\sqrt[n]{n}$ konvergiert gegen 1, d. h., $\{x_n\} = \left\{\sqrt[n]{n} - 1\right\}$ ist eine Nullfolge. Ihre Glieder x_n sind für $n \geqslant 2$ positiv. Aus $(1 + x_n)^n = n$ erhält man nach dem binomischen Lehrsatz ${}^1/_2\, n(n-1)\, x_n^2 \leqslant n$

oder $|x_n| \leqslant \sqrt{2/(n-1)}$. Wählt man zu vorgegebenem $\varepsilon > 0$ die Zahl $N(\varepsilon) = (2/\varepsilon^2) + 1$, so gilt in der Tat $|x_n| < \varepsilon$ für $\varepsilon > 0$ und alle $n > N(\varepsilon)$.

4. Für eine beliebige Basis $b > 1$ der Logarithmen ist $\left\{\frac{\log n}{n}\right\}$ eine Nullfolge, d. h., es muß zu vorgegebenem ε eine Zahl $N(\varepsilon)$ geben, so daß für alle $n > N(\varepsilon)$ gilt:

$$(\log n)/n < \varepsilon \longleftrightarrow \log n < n\varepsilon \longleftrightarrow n < b^{\varepsilon n} \longleftrightarrow \sqrt[n]{n} < b^{\varepsilon}.$$

Da b^ε größer ist als 1, $\sqrt[n]{n}$ gegen 1 konvergiert und alle Schlüsse umkehrbar sind, gilt die Behauptung. Da weiter $\log_{1/b} n = -\log_b n$ ist, konvergiert $\{\log n/n\}$ auch für $0 < b < 1$ gegen Null.

Konvergenzkriterien für Zahlenfolgen

Nach der Definition der Konvergenz kann man prüfen, ob eine Zahl a tatsächlich Grenzwert der Folge $\{a_n\}$ ist. Ist dagegen kein solcher Wert a bekannt, so verwendet man *Konvergenzkriterien*, die aus im allgemeinen leicht feststellbaren Eigenschaften der Folge $\{a_n\}$ auf Konvergenz oder Divergenz schließen lassen. Dagegen gibt es keine allgemeine Methode zur Bestimmung des Grenzwerts; er kann nur durch differenzierte, auf die jeweils vorgelegte Folge zugeschnittene Verfahren gefunden werden.

Erstes Konvergenzkriterium. Die Glieder einer monoton wachsenden, unbeschränkten Folge nehmen beliebig große Werte an; die Folge ist *bestimmt divergent*. Ist die monotone Folge aber beschränkt, so kann gezeigt werden, daß sie einen Grenzwert hat.

Erstes Konvergenzkriterium: Eine monotone und beschränkte Folge ist stets konvergent.

Dabei darf in der Definition von Monotonie das Gleichheitszeichen zugelassen werden.

Die Zahl e *als Grenzwert.* Die Folge $\{a_n\}$ mit $a_n = (1 + 1/n)^n$ wächst monoton, denn für $n \geqslant 2$ gilt:

$$\begin{aligned} a_{n-1} &= [1 + 1/(n-1)]^{n-1} = [n/(n-1)]^{n-1} \\ &= [n/(n-1)]^n (1 - 1/n) < [n/(n-1)]^n (1 - 1/n^2)^n \\ &= [(n+1)/n]^n = [1 + 1/n]^n = a_n; \end{aligned}$$

dabei ergibt sich das Ungleichheitszeichen, wenn man die *Bernoullische Ungleichung* $1 + na < (1+a)^n$, die für $a > -1$ und $n \geqslant 2$ gilt, für $a = -1/n^2$ benutzt.

Die Folge $\{(1 + 1/n)^n\}$ ist beschränkt. Da alle Glieder positiv sind, ist Null eine untere Schranke. Weiter erhält man nach dem binomischen Lehrsatz

$$a_n = (1 + 1/n)^n = 1 + \binom{n}{1}\frac{1}{n} + \cdots + \binom{n}{k}\frac{1}{n^k} + \cdots + \binom{n}{n}\frac{1}{n^n}.$$

Jeder Summand dieser Summe läßt sich abschätzen:

$$\binom{n}{k}\frac{1}{n^k} = \frac{1}{k!}\left(1 - \frac{1}{n}\right)\left(1 - \frac{2}{n}\right)\cdots\left(1 - \frac{k-1}{n}\right) \leqslant \frac{1}{2 \cdot 3 \cdots k} \leqslant \frac{1}{2^{k-1}},$$

so daß $a_n = \left(1 + \frac{1}{n}\right)^n < 1 + 1 + \frac{1}{2^2} + \cdots + \frac{1}{2^{k-1}} < 1 + \frac{1}{1 - {}^1/_2} = 3;$

$$\lim_{n\to\infty}\left(1 + \frac{1}{n}\right)^n = \mathrm{e}$$

e = 2,7 1828 1828 4590 4583 536 …

d. h., die Folge ist auch nach oben beschränkt. Die Folge konvergiert also, ihr Grenzwert wird nach EULER mit e bezeichnet. Die Zahl e läßt sich zwischen den Gliedern der betrachteten und denen der monoton fallenden, ebenfalls gegen e konvergierenden Folge $\{[1 + 1/(n-1)]^n\}$ einschließen; meist wird sie aber nach einer Reihe berechnet.

Zweites oder Cauchysches Konvergenzkriterium. Während das erste Konvergenzkriterium nur auf monotone Folgen anwendbar ist, gilt das Cauchysche Kriterium für beliebige Folgen. Sind von einer Stelle $N(\varepsilon)$ ab die Differenzen aller möglichen Gliederpaare kleiner als die vorgegebene positive Zahl ε, so liegen die Beträge fast aller Glieder der Folge in einem Intervall der Länge ε; höchstens die endlich vielen Glieder a_i mit $i \leqslant N(\varepsilon)$ können außerhalb liegen. Die nachstehende Redewendung »dann und nur dann« gibt an, daß das Kriterium notwendig und hinreichend ist.

Zweites Konvergenzkriterium: Eine Zahlenfolge $\{a_n\}$ ist dann und nur dann konvergent, wenn zu jeder beliebigen positiven Zahl ε stets eine Stelle $N(\varepsilon)$ so angegeben werden kann, daß für alle Indizes n_1 und n_2, die größer als $N(\varepsilon)$ sind, gilt $|a_{n_1} - a_{n_2}| < \varepsilon$.

Beispiel 1: Die Folge $^1/_2$, $^5/_4$, $^5/_6$, $^9/_8$, $^9/_{10}$, $^{13}/_{12}$, $^{13}/_{14}$, ... mit dem allgemeinen Glied $a_n = 1 + (-1)^n/(2n)$ ist zwar beschränkt, nicht aber monoton. Das erste Konvergenzkriterium ist nicht anwendbar. Das Cauchysche Kriterium erweist die Konvergenz der Folge, denn es ist zunächst

$$|a_{n+1} - a_n| = \left|1 + \frac{(-1)^{n+1}}{2n+2} - 1 - \frac{(-1)^n}{2n}\right| = \left|\frac{(-1)^{n+1}\,2n - (-1)^n\,(2n+2)}{2n\,(2n+2)}\right|$$

$$\leqslant \left|\frac{2n + 2n + 2}{2n(2n+2)}\right| = \left|\frac{4n+2}{4n^2+4n}\right| \leqslant \frac{4n+4}{4n^2+4n} = \frac{1}{n} < \varepsilon \quad \text{für alle} \quad n > 1/\varepsilon.$$

Wie aus dem Bildungsgesetz ersichtlich ist, liegen alle auf a_{n+1} folgenden Glieder zwischen a_n und a_{n+1}, so daß für beliebige $n_1, n_2 > 1/\varepsilon$ gilt: $|a_{n_1} - a_{n_2}| \leqslant |a_{n+1} - a_n| < \varepsilon$.

Beispiel 2: Die Folge 1, $1 + {}^1/_2$, $1 + {}^1/_2 + {}^1/_3$, $1 + {}^1/_2 + {}^1/_3 + {}^1/_4$, ... mit dem allgemeinen Glied $a_n = 1 + {}^1/_2 + {}^1/_3 + \cdots + 1/n$ erfüllt das Cauchysche Konvergenzkriterium nicht, denn wählt man ein $\varepsilon < {}^1/_2$, so gibt es stets zwei Zahlen $n_1, n_2 > N(\varepsilon)$, für die $|a_{n_1} - a_{n_2}| > \varepsilon$ ist, wie groß man $N(\varepsilon)$ auch wählt. Für $n_2 > N$ und $n_1 = 2n_2 > N$ erhält man z. B.

$$|a_{n_1} - a_{n_2}| = \frac{1}{n_2+1} + \frac{1}{n_2+2} + \frac{1}{n_2+3} + \cdots + \frac{1}{2n_2}$$

$$> \frac{1}{2n_2} + \frac{1}{2n_2} + \cdots + \frac{1}{2n_2} = n_2 \cdot \frac{1}{2n_2} = \frac{1}{2} > \varepsilon,$$

wenn man jeden der Brüche $1/(n_2 + i)$ für $i = 1, 2, \ldots, n_2$ durch den kleineren, höchstens gleich großen Bruch $1/(2n_2)$ ersetzt.

Häufungswert einer Zahlenfolge. Die Folge $1 + {}^1/_2$, $2 + {}^1/_2$, $3 + {}^1/_2$, $1 + {}^1/_3$, $2 + {}^1/_3$, $3 + {}^1/_3$, ..., $1 + 1/n$, $2 + 1/n$, $3 + 1/n$, ... zeichnet sich dadurch aus, daß in jeder Umgebung der Zahlen 1, 2 und 3 unendlich viele Glieder der Folge liegen. Die Glieder der Folge häufen sich in der Umgebung der Stellen 1, 2 und 3, die man deshalb *Häufungswerte* oder *Häufungsstellen* der Folge nennt.

Eine Zahl A heißt Häufungswert der Folge $\{a_n\}$, wenn bei jedem beliebigen positiven ε die Ungleichung $|a_n - A| < \varepsilon$ für unendlich viele verschiedene Glieder erfüllt ist.

Daraus folgt, daß der Grenzwert einer Folge stets auch Häufungswert ist. Dagegen muß nicht jeder Häufungswert Grenzwert sein, denn für einen Häufungswert A ist die Ungleichung $|a_n - A| < \varepsilon$ lediglich für *unendlich viele n*, für einen Grenzwert A aber für *alle n* ab einer gewissen Stelle $N(\varepsilon)$ erfüllt. Eine konvergente Folge kann mithin nur einen Häufungspunkt haben, denn außerhalb jeder ε-Umgebung des Grenzwertes G liegen nur endlich viele Glieder der Folge, es können deshalb insbesondere nicht noch unendlich viele Glieder in der ε-Umgebung von $G' \neq G$ liegen. Der folgende Satz zeigt, daß auch die Umkehrung dieser Aussage gilt.

Hat eine Folge genau einen Häufungswert $a \neq \pm\infty$, so konvergiert sie, und ihr Grenzwert ist a. Hat aber eine Folge keinen endlichen oder mehr als einen Häufungswert, so divergiert sie.

Satz von Bolzano-Weierstraß: Jede beschränkte unendliche Zahlenfolge hat mindestens einen Häufungswert.

Ist k eine untere, K eine obere Schranke der Folge, so liegen alle ihre Glieder im Intervall $J_0 = [k, K]$. Man halbiert dieses Intervall und nennt J_1 die Hälfte, in der unendlich viele Glieder der Folge liegen, bzw. die linke Hälfte, wenn in jeder unendlich viele Glieder liegen. Wendet man dasselbe Verfahren auf J_1 an, so erhält man J_2 usw. Die so konstruierte *Intervallschachtelung* erfaßt genau eine reelle Zahl A, die Häufungspunkt der Folge ist. Denn da die Intervallängen der Schachtelung gegen Null konvergieren, gibt es zu jeder ε-Umgebung um A ein Intervall der Schachtelung, das ganz in dieser Umgebung liegt und außerdem nach Konstruktion unendlich viele Glieder der Folge enthält.
Der Begriff des Häufungswertes läßt sich auf beliebige *Zahlenmengen* übertragen; der Satz von Bolzano-Weierstraß sichert für beschränkte unendliche Zahlenmengen die Existenz mindestens eines Häufungswertes. Dabei muß dieser selbst nicht Element der Zahlenmenge sein; z. B. gehören die Häufungsstellen 1, 2, 3 nicht zur oben betrachteten Menge.

18.2. Reihen

Die Reihen sind sowohl für den inneren Aufbau der Mathematik als auch für praktische Anwendungen von großer Bedeutung. Auf die Theorie der Reihen begründen sich mannigfache numerische Methoden, z. B. wird die Aufstellung von Logarithmentafeln und von Tafeln für die trigonometrischen Funktionen sowie die Berechnung wichtiger Konstanten wie e und π am besten mit Hilfe von Reihen durchgeführt (vgl. Kap. 21.2. – Näherungswerte und Näherungsformeln).

Begriff einer Reihe

Der griechische Sophist ZENON (5. Jh. v. u. Z.) hat die Frage aufgeworfen, ob Achilles, der zwölfmal so schnell läuft wie eine Schildkröte, diese einholen kann, wenn sie einen Vorsprung von 1 Stadion [antikes Längenmaß, 184,97 m] hat. Während die Schildkröte $^1/_{11}$ Stadion weiterkriecht, legt Achill wegen seiner zwölffachen Geschwindigkeit ($12 \cdot {}^1/_{11} = 1 + {}^1/_{11}$) Stadion zurück, d. h. den Vorsprung und den Weg der Schildkröte; er hat sie also eingeholt.
ZENON dagegen schloß: Hat Achilles 1 Stadion zurückgelegt, so ist sie um $^1/_{12}$ Stadion weitergekrochen; hat er dieses Zwölftel durcheilt, so hat sie noch $(^1/_{12})^2$ Stadion Vorsprung; durchläuft er ihn, ist sie ihm noch $(^1/_{12})^3$ Stadion voraus usw. Der von Achill bis zum Treffpunkt zurückzulegende Weg stellt sich danach in der Form dar

$$1 + 1/12 + 1/12^2 + 1/12^3 + \cdots,$$

wobei die Punkte andeuten sollen, daß auf jedes Glied $a_k = 1/12^{k-1}$ ein weiteres $a_{k+1} = 1/12^k$ folgt, der Ausdruck also nie abbricht.
Ein solcher Ausdruck heißt *unendliche Reihe*. ZENON glaubte, durch dieses Ergebnis einen Widerspruch des formalen Denkens gefunden zu haben, denn es schien ihm sicher, daß der Wert der unendlichen Reihe über jedes Maß groß ist, Achilles also die Schildkröte nie einholen wird. Jedoch ist die richtig von ihm aufgestellte Reihe eine geometrische und hat, wie sich aus den für diese abgeleiteten Regeln ergibt, den Wert $^{12}/_{11}$.

Unter einer **unendlichen Reihe** oder kurz **Reihe** versteht man einen Ausdruck der Form

$$a_1 + a_2 + a_3 + \cdots \text{ oder kurz } \sum_{i=1}^{\infty} a_i;$$

dabei sind die a_i *Glieder einer unendlichen Zahlenfolge* $\{a_n\}$.

Verwendung des Summenzeichens. Zur abkürzenden Schreibweise für eine Summe bedient man sich des griechischen Buchstabens Σ, schreibt z. B. $b_1 + b_2 + b_3 + \cdots + b_n = \sum_{i=1}^{n} b_i$ [lies *Summe über* b_i *für i gleich* 1 *bis n*]; dabei gibt der dem Zeichen Σ beigefügte Zusatz »*i* gleich 1 bis *n*« an, daß die Summanden der Summe sich dadurch ergeben, daß man dem *Summationsindex i* nacheinander alle natürlichen Zahlen von 1 bis n beilegt, z. B. $\sum_{i=1}^{5} 1/i^2 = 1/1^2 + 1/2^2 + 1/3^2 + 1/4^2 + 1/5^2$.
Auch zur Kurzschreibweise unendlicher Reihen benutzt man dieses Zeichen, schreibt z. B. für die von ZENON aufgestellte Reihe $1 + 1/12 + 1/12^2 + \cdots = \sum_{i=0}^{\infty} 1/12^i$. Das Zeichen ∞ deutet dabei an, daß die Reihe nicht abbricht. In der als Summe ihrer Glieder geschriebenen Reihe tritt der Summationsindex nicht mehr auf, es ist deshalb ohne Bedeutung, ob er mit i, k oder einem anderen Buchstaben bezeichnet wird.

	Folge der Partialsummen	
a_1	$s_1 = a_1$	$= \sum_{i=1}^{1} a_i$
a_2	$s_2 = a_1 + a_2$	$= \sum_{i=1}^{2} a_i$
a_3	$s_3 = a_1 + a_2 + a_3$	$= \sum_{i=1}^{3} a_i$
⋮	⋮	⋮
a_n	$s_n = a_1 + a_2 + a_3 + \cdots + a_n$	$= \sum_{i=1}^{n} a_1$

Konvergenz und Divergenz, Summe einer Reihe. Wie aus dem Gesagten hervorgeht, kann man der Reihe $\sum_{i=0}^{\infty} 1/12^i$ offenbar den Wert 12/11 zuordnen. Um ganz allgemein entscheiden zu können, ob einer Reihe $\sum_{i=1}^{\infty} a_i$ ein Wert zugeordnet werden kann, bildet man aus den Gliedern a_i der Reihe die Folge $\{s_n\}$ ihrer *Partialsummen* oder *Teilsummen*.
Genau dann, wenn diese Partialsummenfolge konvergiert, d. h. einen Grenzwert S hat, wird dieser der Reihe als Wert zugeschrieben. Man sagt: Die Reihe *konvergiert* und hat die *Summe S*.

Eine unendliche Reihe $\sum_{i=1}^{\infty} a_i$ heißt konvergent genau dann, wenn ihre Partialsummenfolge konvergiert.
Den Grenzwert S der Partialsummenfolge bezeichnet man als Summe der Reihe.

$$S = a_1 + a_2 + a_3 + \cdots \quad \text{oder} \quad S = \sum_{i=1}^{\infty} a_i = \lim_{n\to\infty} s_n = \lim_{n\to\infty} \sum_{i=1}^{n} a_i.$$

Divergiert dagegen die Folge der Partialsummen der gegebenen Reihe, so heißt diese divergent, sie hat keine Summe.

Das Wort *Summe* einer Reihe ist nur aus Gründen der formalen Analogie zu Summen mit endlich vielen Summanden gewählt worden und ist hier nur ein Synonym des Begriffs *Grenzwert der Folge der Partialsummen.* In der von ZENON aufgestellten Reihe hat das allgemeine Glied a_n ihrer Partialsummenfolge den Wert $a_n = {}^{12}/_{11}\,(1 - 1/12^n)$ (vgl. 18.2. – Die unendliche geometrische Reihe), und diese konvergiert gegen den Grenzwert $S = \lim\limits_{n\to\infty} s_n = \lim\limits_{n\to\infty} {}^{12}/_{11}\,(1 - 1/12^n) = {}^{12}/_{11}$.

Beispiel 1: Unterwirft man ein Quadrat des Flächeninhalts 1 der *fortgesetzten Halbierung* (Abb. 18.2-1), so lassen sich die Maßzahlen der entstehenden Rechtecksflächen auffassen als Glieder der unendlichen Reihe

$$^1/_2 + {}^1/_4 + {}^1/_8 + \cdots + 1/2^n + \cdots$$

Der geometrischen Anschauung entnimmt man die Vermutung, daß diese Reihe die Summe 1 hat. Da die Partialsummenfolge der gegebenen Reihe lautet: $^1/_2, {}^3/_4, {}^7/_8, \ldots, (2^n - 1)/2^n, \ldots$, konvergiert sie in der Tat gegen den Grenzwert $s = \lim\limits_{n\to\infty} s_n = \lim\limits_{n\to\infty} [(2^n - 1)/2^n] = \lim\limits_{n\to\infty} [1 - 1/2^n] = 1$.

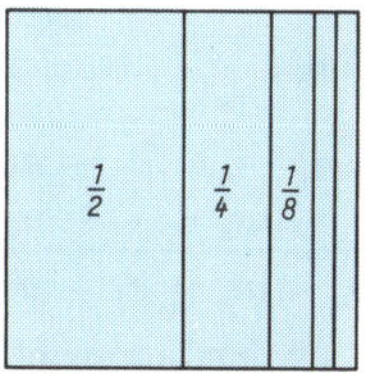

18.2-1 Zur Konvergenz der Reihe $^1/_2 + {}^1/_4 + {}^1/_8 + \ldots$

Noch im 18. Jh. waren diese Begriffe nicht geklärt; z. B. schrieb man der unendlichen Reihe $1 - 1 + 1 - 1 + 1 \ldots$ je nach der Schreibweise $(1 - 1) + (1 - 1) + (1 - 1) + \ldots$ oder $1 - (1 - 1) - (1 - 1) - \ldots$ die Summe 0 oder 1 zu. Die Folge $s_1 = 1, s_2 = 0, s_3 = 1, s_4 = 0, \ldots$ ihrer Partialsummen divergiert aber, die Reihe hat keine Summe.

Arithmetische und geometrische Reihen

Arithmetische Reihen. Bei einer *arithmetischen Reihe* $\sum\limits_{i=1}^{\infty} a_i$ sind die a_i Glieder einer arithmetischen Folge $\{a_n\}$. Offenbar ist jede unendliche arithmetische Reihe divergent; von Interesse ist nur ihre n-te Partialsumme $s_n = \sum\limits_{i=1}^{n} a_i$, oft auch recht unglücklich als *endliche arithmetische Reihe* bezeichnet. In der Anfängerschule soll der Lehrer BÜTTNER des neunjährigen Carl Friedrich GAUSS die Aufgabe gestellt haben, alle ganzen Zahlen von 1 bis 100 zusammenzuzählen. Er hatte sich aber kaum zur Ruhe gesetzt, als der kleine GAUSS seine Rechentafel mit den Worten aufs Pult legte: „Dar licht se". Um so erstaunter war der Lehrer allerdings, als schließlich alle Tafeln abgegeben waren, auf der ersten nur eine Zahl, nur das richtige Ergebnis 5050 zu finden, das GAUSS nach dem folgenden

$$\begin{array}{l} s_n = a_1 + (a_1 + d) + (a_1 + 2d) + \cdots + (a_1 + [n-1]\,d) \\ s_n = a_n + (a_n - d) + (a_n - 2d) + \cdots + (a_n - [n-1]\,d) \\ \hline 2s_n = n(a_1 + a_n) \quad \text{oder} \quad s_n = {}^1/_2 n(a_1 + a_n). \end{array}$$

$$\begin{array}{c} 1 + \;\; 2 + \;\; 3 + \cdots + 50 + \\ 100 + 99 + 98 + \cdots + 51 \\ \hline 50 \cdot 101 = 5050 \end{array}$$

Schema im Kopf berechnet hatte. Der Lehrer erkannte, daß der kleine Carl Friedrich in seiner Rechenklasse nicht viel lernen konnte, und verschaffte ihm aus Hamburg ein besonderes Rechenbuch: Remers Arithmetica. Der Gedanke des neunjährigen GAUSS läßt sich auf jede endliche arithmetische Reihe anwenden.

Endliche arithmetische Reihe	Anfangsglied a_1, Endglied $a_n = a_1 + (n-1)\,d$, Differenz d, Summe $a_n = {}^1/_2 n(a_1 + a_n) = na_1 + {}^1/_2 dn(n-1)$

Aus der Summenformel erkennt man, daß von den Größen a_1, a_n, d, n und s_n jeweils drei gegeben sein müssen; die übrigen lassen sich dann aus linearen oder quadratischen Gleichungen berechnen.

Beispiel 1: Sind von einer endlichen arithmetischen Reihe $a_1 = 3$, $a_n = 43$ und $d = 5$ bekannt, so können die Anzahl n der Glieder und die Summe s_n berechnet werden.

$$a_n = a_1 + (n-1)\,d \longrightarrow 43 = 3 + (n-1)\,5 \longrightarrow n = 9;$$

$$s_n = {}^1/_2 n(a_1 + a_n) \longrightarrow s_9 = {}^9/_2\,(3 + 43) = 207.$$

Beispiel 2: Aus $d = 12$, $s_n = 180$ und $a_n = 60$ lassen sich das Anfangsglied a_1 und die Gliederanzahl n finden:

$$a_1 = a_n - (n-1)\,d;\; a_n = {}^1/_2 n(a_1 + a_n) \longrightarrow s_n = {}^1/_2 n(2a_n - [n-1]\,d)$$

$$\longrightarrow 180 = {}^1/_2 n(120 - [n-1] \cdot 12) \longrightarrow n^2 - 11n + 30 = 0.$$

Diese quadratische Gleichung hat die Lösungen $n_1 = 6$, $n_2 = 5$; aus $n_1 = 6$ folgt $a_1 = 0$, aus $n_2 = 5$ dagegen $a_1 = 12$. Die endlichen Reihen $12 + 24 + 36 + 48 + 60$ und $0 + 12 + 24 + 36 + 48 + 60$ entsprechen den gegebenen Werten.

Geometrische Reihe. Bei einer geometrischen Reihe $\sum_{i=1}^{\infty} a_i$ sind die a_i Glieder einer geometrischen Folge $\{a_n\}$. Das n-te Glied a_n der Partialsummenfolge, oft auch als *Summe der endlichen geometrischen Reihe* $\sum_{i=1}^{n} a_i$ bezeichnet, ergibt sich nach dem folgenden Schema:

$$\begin{aligned} s_n &= a_1 + a_1q + a_1q^2 + \cdots + a_1q^{n-1} \\ qs_n &= \phantom{a_1 + {}} a_1q + a_1q^2 + \cdots + a_1q^{n-1} + a_1q^n \end{aligned}$$

$$s_n - qs_n = a_1 - a_1q^n \quad \text{oder} \quad s_n = a_1 \cdot (1 - q^n)/(1 - q)$$

Endliche geometrische Reihe
Anfangsglied a_1, Endglied $a_n = a_1q^{n-1}$, Quotient q, Summe s_n für $q \neq 1$: $s_n = a_1 \cdot \dfrac{1 - q^n}{1 - q} = a_1 \cdot \dfrac{q^n - 1}{q - 1}$

Aus der Summenformel erkennt man, daß von den Größen a_1, a_n, q, n und s_n jeweils drei gegeben sein müssen, die übrigen lassen sich dann berechnen; es können dabei Exponentialgleichungen oder Gleichungen n-ten Grades auftreten.

Beispiel 3: Sind von einer endlichen geometrischen Reihe das Anfangsglied $a_1 = 2$, der Quotient $q = 5$ und die Summe $s_n = 976\,562$ gegeben, so läßt sich die Gliederanzahl n berechnen.

$$s_n = a_1 \cdot (q^n - 1)/(q - 1) \longrightarrow 976\,562 = 2 \cdot (5^n - 1)/(5 - 1) \longrightarrow 5^n = 1\,953\,125.$$

Diese Exponentialgleichung hat die Lösung $n = 9$. Die Reihe hat neun Glieder.

Beispiel 4: Nach dem Bericht des arabischen Geschichtsschreibers *Ja'qubi* erbat sich der Erfinder des Schachspiels vom Schah von Persien als Belohnung die Anzahl von Weizenkörnern, die entsteht, wenn man auf das erste der 64 Felder des Schachbrettes 1 Korn legt, auf das zweite 2 Körner, auf das dritte 4 Körner usw., auf jedes Feld doppelt soviel wie auf das vorhergehende. Die Gesamtmenge der Weizenkörner ergibt sich aus der Formel $s_n = a_1(q^n - 1)/(q - 1)$ zu $s_{64} = 1 \cdot (2^{64} - 1)/(2 - 1) = 2^{64} - 1 \approx 1{,}84 \cdot 10^{19}$ Körner. Nimmt man an, daß die Erdoberfläche die Größe von rund $5{,}1 \cdot 10^{10}$ ha hat und ein einziges Weizenfeld mit einem Ertrag von 40 dt je ha bildet, daß weiterhin die Dezitonne 2 Millionen Körner enthält, so würden vier Ernten noch nicht ausreichen, um die erforderliche Menge Körner zu liefern.

Die unendliche geometrische Reihe. Die Summe $s_n = a_1 \cdot (1 - q^n)/(1 - q)$ für $q \neq 1$ ist das n-te Glied der Folge der Partialsummen. Die Größen a_1 und q sind Konstante, so daß die Konvergenz der Folge allein von der Größe $(1 - q^n)$ abhängt. Für $q > 1$ und für $q < -1$ ist die Folge $\{q^n\}$ divergent, d. h., die geometrische Reihe hat *keine Summe*. Für $|q| < 1$ ist $\{q^n\}$ eine Nullfolge, d. h., $\{1 - q^n\}$ hat den Grenzwert 1. In diesem Fall konvergiert die geometrische Reihe und hat die Summe $s = a_1/(1 - q)$.

Unendliche geometrische Reihe	$s = \dfrac{a_1}{1 - q}$ für $\lvert q \rvert < 1$

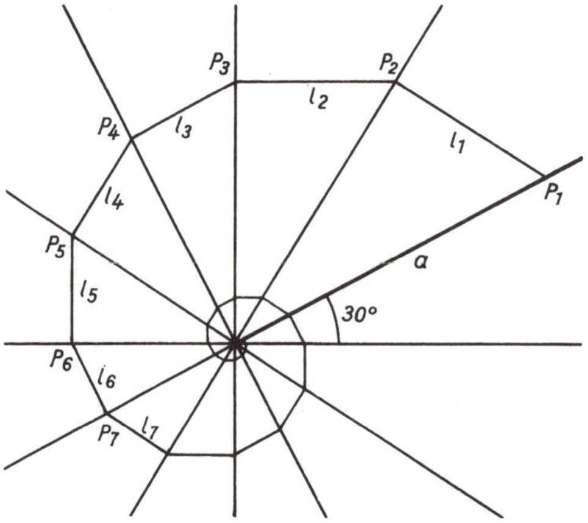

18.2-2 Zur Summe einer geometrischen Reihe

Beispiel 5: Offenbar kann man jeden periodischen Dezimalbruch durch eine konvergente geometrische Reihe darstellen. Die Summenformel bietet die Möglichkeit, den Dezimalbruch in einen gemeinen Bruch zu verwandeln. Dem Dezimalbruch 0,2525 ... z. B. entspricht die Reihe $25/100 + 25/10000 + \ldots$ mit dem Anfangsglied $a_1 = 25/100$ und dem Quotienten $q = 1/100$; sie hat die Summe $a = 25/99$.

Beispiel 6: Sechs Geraden mögen so durch einen Punkt O gehen, daß je zwei benachbarte Geraden einen Winkel der Größe $\alpha = 30°$ einschließen. Vom Punkt P_1, der im Abstand a vom Punkt O auf einer der Geraden liegt, wird das Lot auf eine benachbarte Gerade gefällt, von seinem Fußpunkt P_2 auf die folgende usw. (Abb. 18.2-2). Die aneinandergesetzten Lote P_1P_2, P_2P_3, ... bilden einen Polygonzug, der sich *spiralig* um den Punkt O zusammenzieht. Die Lote P_iP_{i+1} haben die Längen l_i, wobei $l_1 = a \sin 30°$, $l_2 = a \sin 30° \cos 30°$, $l_3 = a \sin 30° (\cos 30°)^2$, $l_4 = a \sin 30° (\cos 30°)^3 \ldots$ Die Reihe $l_1 + l_2 + l_3 + \ldots$ ist geometrisch mit $a_1 = a \sin 30°$ und $q = \cos 30°$; sie konvergiert wegen $\cos 30° < 1$ und hat die Summe $s = a \sin 30°/(1 - \cos 30°)$ $= {}^1/_2 a/(1 - {}^1/_2 \sqrt{3}) = a(2 + \sqrt{3})$.

Konvergenzkriterien für Reihen

Konvergenz von Reihen mit positiven Gliedern. Wie schon bei Zahlenfolgen spielen auch hier die Fragen, ob eine vorgelegte Reihe konvergiert und, wenn ja, welche Summe sie hat, eine wichtige Rolle. Sätze, mit deren Hilfe über das Konvergenzverhalten einer Reihe entschieden werden kann, heißen *Konvergenzkriterien*; man unterscheidet notwendige Kriterien, hinreichende Kriterien und solche, die sowohl notwendig als auch hinreichend sind.

Ein *notwendiges Kriterium* gibt eine *Vorwahl*; Reihen, die es nicht erfüllen, sind mit Sicherheit divergent; ist es dagegen erfüllt, so *kann* die Reihe konvergieren, *muß aber nicht*. Sie konvergiert sicher, wenn sie ein *hinreichendes Kriterium* befriedigt; verletzt sie dieses, so kann sie *trotzdem konvergieren*. Sichere Schlüsse können nur gezogen werden, wenn ein hinreichendes Kriterium erfüllt bzw. ein notwendiges Kriterium verletzt ist. Am wertvollsten sind deshalb *notwendige und hinreichende Kriterien*, da sie sofort zwischen Konvergenz und Divergenz zu unterscheiden gestatten.

Eine Reihe konvergiert, wenn die Folge ihrer Partialsummen konvergiert, wenn von einem Index n_0 ab alle Partialsummen in einer ε-Umgebung des Grenzwertes s liegen. Nun entsteht aber die Partialsumme s_{n+1} aus s_n durch Addition von a_{n+1}; notwendige Voraussetzung für die Konvergenz der Folge $\{s_n\}$ der Partialsummen ist demnach, daß die Folge $\{a_n\}$ der Glieder der Reihe eine Nullfolge ist.

Damit die Reihe $\sum_{i=1}^{\infty} a_i$ konvergiert, ist notwendig, aber im allgemeinen nicht hinreichend, daß ihre Glieder eine Nullfolge bilden, d.h., daß $\lim\limits_{n\to\infty} a_n = 0$.

Erstes Hauptkriterium: Damit die Reihe $\sum_{i=1}^{\infty} a_i$ mit positiven Gliedern konvergiert, ist notwendig und hinreichend, daß die Folge ihrer Partialsummen beschränkt ist.

Da die Reihe nur positive Glieder hat, wächst die Folge der Partialsummen monoton. Ist sie außerdem beschränkt, so konvergiert sie nach dem 1. Konvergenzkriterium für Folgen. Da dieses Kriterium nicht notwendig *strenge* Monotonie verlangt, gilt die gemachte Aussage auch noch für Reihen mit nichtnegativen Gliedern.

Beispiel 1: Die Glieder der *harmonischen Reihe* $\sum_{i=1}^{\infty} 1/i = 1 + {}^1/_2 + {}^1/_3 + {}^1/_4 + \ldots$ bilden eine Nullfolge; die Reihe selbst aber *divergiert*, weil die Folge $\{s_n\}$ ihrer Partialsummen nicht beschränkt ist, denn s_n überschreitet jeden Wert C, falls $n > 2^m$ und $m > 2C$ ist:

$$s_n > (1 + {}^1/_2) + ({}^1/_3 + {}^1/_4) + ({}^1/_5 + \cdots + {}^1/_8) + \cdots + (\cdots + 1/2^m)$$
$$> {}^1/_2 + 2 \cdot {}^1/_4 + 4 \cdot {}^1/_8 + \cdots + 2^{m-1} \cdot 1/2^m = m/2; \; s_n > C.$$

Beispiel 2: Die Reihe $\sum_{n=2}^{\infty} \frac{1}{(n-1)\,n} = \frac{1}{1 \cdot 2} + \frac{1}{2 \cdot 3} + \frac{1}{3 \cdot 4} + \ldots$ hat die n-te Partialsumme:

$$s_n = \frac{1}{1 \cdot 2} + \frac{1}{2 \cdot 3} + \cdots + \frac{1}{n(n+1)}$$
$$= \left(1 - \frac{1}{2}\right) + \left(\frac{1}{2} - \frac{1}{3}\right) + \left(\frac{1}{3} - \frac{1}{4}\right) + \cdots + \left(\frac{1}{n} - \frac{1}{n+1}\right) = 1 - \frac{1}{n+1}.$$

Da $\frac{1}{n+1}$ eine Nullfolge ist, ist die Folge $s_n = \left\{1 - \frac{1}{n+1}\right\}$ beschränkt. Die gegebene Reihe konvergiert und hat die Summe 1.

Vergleichskriterien für Reihen mit positiven Gliedern. Eine Reihe, deren Glieder nicht kleiner sind als die einer zu untersuchenden Reihe, heißt *Oberreihe* oder *Majorante*. Konvergiert diese, so ist ihre Partialsummenfolge nach dem 1. Hauptkriterium beschränkt. Ihre Eigenschaft, Majorante zu sein, zieht nach sich, daß auch die Partialsummenfolge der zu untersuchenden Reihe beschränkt ist, diese mithin auch konvergiert. Ganz analog schließt man auf die Divergenz einer Reihe, wenn es zu ihr eine divergente Vergleichsreihe gibt, deren Glieder nicht größer sind als die der vorgelegten Reihe. Eine solche Vergleichsreihe heißt *Unterreihe* oder *Minorante*.

Hinreichend für die Konvergenz einer Reihe mit positiven Gliedern ist, daß es zu ihr eine konvergente Majorante gibt; hinreichend für ihre Divergenz ist die Existenz einer divergenten Minorante.

$\sum_{n=1}^{\infty} \frac{1}{n}$, $\sum_{n=1}^{\infty} \frac{1}{\sqrt{n}}$ divergieren

$\sum_{n=1}^{\infty} \frac{1}{n(n+1)}$, $\sum_{n=1}^{\infty} \frac{1}{n^2}$ konvergieren

$\sum_{n=1}^{\infty} \frac{1}{n^\alpha}$ konvergiert für $\alpha > 1$, divergiert für $\alpha \leqslant 1$

Um Vergleichskriterien anwenden zu können, muß ein genügend großer Vorrat bereits als konvergent oder divergent erkannter Reihen vorhanden sein. Häufig lassen sich Reihen der Gestalt $\sum_{n=1}^{\infty} \frac{1}{n^\alpha}$ als Vergleichsreihen benutzen.

$\sum_{n=1}^{\infty} \frac{1}{n^2}$ konvergiert, denn wegen $\frac{1}{n^2} = \frac{1}{n \cdot n} < \frac{1}{(n-1)\,n}$ für $n \geqslant 2$ hat sie die konvergente Majorante $1 + \sum_{n=2}^{\infty} \frac{1}{(n-1)\,n}$ (vgl. Beispiel 2). Wegen $\frac{1}{n^\alpha} \leqslant \frac{1}{n^2}$ ist $\sum_{n=1}^{\infty} \frac{1}{n^\alpha}$ für $\alpha \geqslant 2$ konvergent. Die Reihe $\sum_{n=1}^{\infty} 1/\sqrt{n} = 1 + 1/\sqrt{2} + 1/\sqrt{3} + \ldots$ divergiert, da sie wegen $1/n < 1/\sqrt{n}$ die harmonische Reihe $\sum_{n=1}^{\infty} 1/n$ zur divergenten Minorante hat. Da ganz allgemein für $\alpha \leqslant 1$ gilt $1/n \leqslant 1/n^\alpha$, divergiert jede Reihe $\sum_{n=1}^{\infty} 1/n^\alpha$ für $\alpha \leqslant 1$. Für $\alpha \geqslant 2$ ist die Konvergenz dieser Reihe gezeigt worden. Für die Werte $1 < \alpha < 2$ läßt sich eine geometrische Reihe als Majorante finden. Ist nämlich k eine ganze Zahl, für die $2^k > n$ ist, so gilt:

$$s_n \leqslant s_{2^k-1} = 1 + \left[\frac{1}{2^\alpha} + \frac{1}{3^\alpha}\right] + \left[\frac{1}{4^\alpha} + \frac{1}{5^\alpha} + \frac{1}{6^\alpha} + \frac{1}{7^\alpha}\right] + \cdots + \left[\frac{1}{(2^{k-1})^\alpha} + \cdots + \frac{1}{(2^k-1)^\alpha}\right]$$

$$\leqslant 1 + \frac{2}{2^\alpha} + \frac{4}{4^\alpha} + \cdots + \frac{2^{k-1}}{(2^{k-1})^\alpha} = 1 + \frac{1}{2^{\alpha-1}} + \frac{1}{(2^{\alpha-1})^2} + \cdots + \frac{1}{(2^{\alpha-1})^{k-1}}.$$

Dies ist die n-te Partialsumme einer geometrischen Reihe mit dem Quotienten $q = 1/2^{\alpha-1}$, der wegen $1 < \alpha < 2$ kleiner als 1 ist. Die geometrische Reihe ist deshalb konvergent, damit auch die untersuchte.

Quotientenkriterium: Ist $\sum_{i=1}^{\infty} a_i$ eine Reihe mit positiven Gliedern und gibt es eine positive Zahl q kleiner als 1, so daß von einem Index n_0 ab gilt $a_{n+1}/a_n \leqslant q$, so konvergiert die Reihe; gilt dagegen von einem Index n_0 ab stets $a_{n+1}/a_n \geqslant 1$, so ist sie divergent.

Nach Voraussetzung ist:

$$a_{n_0+1}/a_{n_0} \leqslant q \longrightarrow a_{n_0+1} \leqslant q a_{n_0},$$

$$a_{n_0+2}/a_{n_0+1} \leqslant q \longrightarrow a_{n_0+2} \leqslant q a_{n_0+1} \leqslant q^2 a_{n_0} \quad \text{usw.}$$

Folglich ist die geometrische Reihe $\sum_{i=0}^{\infty} a_{n_0} q^i$ eine Majorante für den mit dem n_0-ten Glied beginnenden Rest der Reihe. Dieser Rest entscheidet aber das Konvergenzverhalten der Reihe, sie konvergiert deshalb für $q < 1$. Aus $a_{n+1}/a_n \geqslant 1$ folgt dagegen $a_{n+1} \geqslant a_n > 0$, die Glieder der Reihe bilden keine Nullfolge, die Reihe muß divergieren.

Das Kriterium ist *hinreichend*; wenn es nicht erfüllt ist, kann nichts über Konvergenz oder Divergenz der Reihe ausgesagt werden. Das ist z. B. der Fall, wenn der Quotient zwar kleiner als 1 ist, aber nicht kleiner als eine feste Zahl q kleiner als 1. Für den Quotienten zweier aufeinanderfolgender Glieder der als divergent bekannten harmonischen Reihe erhält man z. B. $a_{n+1}/a_n = n/(n+1) < 1$, aber nicht $n/(n+1) \leqslant q < 1$. Für die konvergente Reihe $\sum_{n=1}^{\infty} 1/n^2$ erhält man ebenfalls $a_{n+1}/a_n = [n/(n+1)]^2 < 1$, aber nicht $\leqslant q < 1$.

In beiden Fällen gilt $\lim_{n\to\infty} a_{n+1}/a_n = 1$.

Wenn $\lim_{n\to\infty} \frac{a_{n+1}}{a_n} \begin{cases} < 1, \text{ so konvergiert} \\ > 1, \text{ so divergiert} \end{cases}$ die Reihe $\sum_{n=1}^{\infty} a_n$

Das Quotientenkriterium läßt keine Entscheidung zu, wenn die Folge $\{a_{n+1}/a_n\}$ »von links« gegen 1 konvergiert.

Beispiel 3: Die Reihe $\sum_{n=1}^{\infty} \frac{n!}{n^n} = \frac{1!}{1} + \frac{2!}{2^2} + \frac{3!}{3^3} + \frac{4!}{4^4} + \dots$ konvergiert, denn aus $a_n = \frac{n!}{n^n}$, $a_{n+1} = \frac{(n+1)!}{(n+1)^{n+1}}$ erhält man $\frac{a_{n+1}}{a_n} =$
$= \frac{(n+1)!\, n^n}{(n+1)^{n+1}\, n!} = \frac{(n+1)\, n^n}{(n+1)^{n+1}} = \left(\frac{n}{n+1}\right)^n = \frac{1}{(1+1/n)^n} \leqslant 1/2 < 1$ für alle n.

$\sum_{n=1}^{\infty} \frac{n!}{n^n}$ konvergiert

Wurzelkriterium: Ist $\sum_{n=1}^{\infty} a_n$ eine Reihe mit positiven Gliedern und gibt es eine positive Zahl $q < 1$, so daß von einem Index n_0 ab gilt $\sqrt[n]{a_n} \leqslant q$, so konvergiert die Reihe; gilt dagegen von einem Index n_0 ab stets $\sqrt[n]{a_n} \geqslant 1$, so ist sie divergent.

Ist $\sqrt[n]{a_n} \leqslant q < 1$ für alle $n \geqslant n_0$, so ist die geometrische Reihe $\sum_{n=n_0}^{\infty} q^n$ eine konvergente Majorante für den Rest $\sum_{n=n_0}^{\infty} a_n$ der Reihe. Für $\sqrt[n]{a_n} \geqslant 1$ dagegen bilden die Glieder der Reihe keine Nullfolge.

Das Wurzelkriterium ist *hinreichend*, es versagt z. B., wenn $\{\sqrt[n]{a_n}\}$ »von links« gegen 1 konvergiert.

Wenn $\lim_{n\to\infty} \sqrt[n]{a_n} \begin{cases} < 1, \text{ so konvergiert} \\ > 1, \text{ so divergiert} \end{cases}$ die Reihe $\sum_{n=1}^{\infty} a_n$

Beispiel 4: Die Reihe $\sum_{n=1}^{\infty} \frac{\alpha^n}{n^n}$ konvergiert für jedes feste $\alpha > 0$. Nach dem Wurzelkriterium gilt $\sqrt[n]{\alpha^n/n^n} = |\alpha|/n$; dieser Wert ist für alle $n > 2|\alpha|$ kleiner als $1/2$.

Beispiel 5: Für die Reihe $\sum_{n=1}^{\infty} (1 - 1/n)^n$ versagt das Wurzelkriterium, da $\lim_{n\to\infty} (1 - 1/n) = 1$. Mit anderen Methoden erhält man aber $\lim_{n\to\infty} a_n = \lim_{n\to\infty} (1 - 1/n)^n = 1/\mathrm{e}$. Die Glieder a_n der Reihe bilden deshalb keine Nullfolge, die Reihe divergiert.

Konvergenzkriterien für Reihen mit beliebigen Gliedern. Wendet man das zweite oder Cauchysche Konvergenzkriterium für Folgen auf die Partialsummenfolge $\{s_n\}$ der Reihe $\sum a_n$ an, so ergibt sich das *zweite Hauptkriterium* für Reihen.

Zweites Hauptkriterium: Die Reihe $\sum_{n=1}^{\infty} a_n$ konvergiert dann und nur dann, wenn zu jeder beliebigen positiven Zahl ε eine Zahl $N(\varepsilon)$ so angegeben werden kann, daß für alle $n > N(\varepsilon)$ und alle $p \geqslant 1$ gilt $|s_{n+p} - s_n| = |a_{n+1} + a_{n+2} + \cdots + a_{n+p}| < \varepsilon$.

Allerdings ist dieses Kriterium nicht leicht zu handhaben. Einfacher ist die Konvergenz von $\sum a_n$ zu erweisen, indem man zeigt, daß die Majorante $\sum |a_n|$ konvergiert. Dagegen darf man aus der Divergenz einer Majorante nicht auf die der gegebenen Reihe schließen. Trotzdem sind die nachstehenden Divergenzaussagen richtig, da die Glieder von Reihen, die eine dieser Aussagen erfüllen, keine Nullfolge bilden können und mithin das notwendige Konvergenzkriterium verletzen.

Gilt für eine Reihe $\sum_{n=1}^{\infty} a_n$ mit beliebigen Gliedern eine der Aussagen $|a_{n+1}/a_n| \leqslant q < 1$ für alle $n \geqslant n_0$, $\lim_{n\to\infty} |a_{n+1}/a_n| < 1$, $\sqrt[n]{a_n} \leqslant q < 1$ für alle $n \geqslant n_0$, $\lim_{n\to\infty} \sqrt[n]{|a_n|} < 1$, so konvergiert sie; ist dagegen für $n \geqslant n_0$ stets $|a_{n+1}/a_n| \geqslant 1$ bzw. $\sqrt[n]{|a_n|} \geqslant 1$ bzw. ist $\lim_{n\to\infty} |a_{n+1}/a_n| > 1$ bzw. $\lim_{n\to\infty} \sqrt[n]{|a_n|} > 1$, so divergiert sie.

Leibnizsches Konvergenzkriterium: Eine alternierende Reihe konvergiert, wenn die Beträge ihrer Glieder eine monotone Nullfolge bilden.

Zum Beweis des letzteren kann ohne Beschränkung der Allgemeinheit $a_1 > 0$ angenommen werden. Wird die alternierende Reihe dann in der Form geschrieben $a_1 - a_2 + a_3 - a_4 + \cdots$, so bezeichnen die a_i die absoluten Beträge der Glieder. Die Teilfolge $s_2, s_4, s_6, \dots, s_{2n}, \dots$ ihrer Partialsummenfolge wächst monoton, denn es ist

$$s_{2k+2} = s_{2k} + (a_{2k+1} - a_{2k+2}) \geqslant s_{2k},$$

da die Beträge a_i der Glieder monoton abnehmen, in der Klammer also ein nichtnegativer Wert steht. Aus dem gleichen Grund folgt aus

$$s_{2n} = a_1 - (a_2 - a_3) - (a_4 - a_5) - \cdots - (a_{2n-2} - a_{2n-1}) - a_{2n},$$

daß $s_{2n} < a_1$ gilt. Als monoton wachsende und beschränkte Folge hat $\{s_{2n}\}$ einen Grenzwert s. Dann hat auch die Teilfolge $s_1, s_3, s_5, \ldots, s_{2n+1}, \ldots$ denselben Grenzwert

$$\lim_{n\to\infty} s_{2n+1} = \lim_{n\to\infty} (s_{2n} + a_{2n+1}) = s, \quad \text{weil} \quad \lim_{n\to\infty} a_{2n+1} = 0.$$

Daher konvergiert die Partialsummenfolge $\{s_n\}$.
Aus den Überlegungen geht außerdem hervor, daß die Monotonie der Folge $\{|a_n|\}$ nicht notwendig *streng* sein muß.

Beispiel 6: Die Reihe $\sum_{n=1}^{\infty} (-1)^{n-1}/n = 1 - {}^1/_2 + {}^1/_3 - {}^1/_4 + \ldots$ konvergiert, ihre Summe ist ln 2 (vgl. Kap. 21.2. – Taylorsche Reihen).

Beispiel 7: Die alternierende Reihe $1 - 1/5 + {}^1/_2 - 1/5^2 + {}^1/_3 - 1/5^3 + {}^1/_4 \ldots$ divergiert; die Beträge ihrer Glieder bilden zwar eine Nullfolge, diese ist aber nicht monoton. Die $(2n)$-te Partialsumme läßt sich wie folgt zerlegen:

$$s_{2n} = (1 + {}^1/_2 + {}^1/_3 + \cdots + 1/n) - (1/5 + 1/5^2 + \cdots + 1/5^n).$$

Mit wachsendem Index n überschreitet der erste Teil von s_{2n} jede endliche Zahl, während der zweite Teil als geometrische Reihe einem endlichen Grenzwert zustrebt.

Rechnen mit konvergenten Reihen

Die für endliche Summen gültigen Rechenregeln können nur teilweise auf konvergente unendliche Reihen angewendet werden (folgende Sätze 1., 2., 3.), manche nur auf solche Reihen, die verschärfte Konvergenzbedingungen erfüllen.

1. Die Konvergenz und der Grenzwert einer konvergenten Reihe ändern sich nicht, wenn man die Glieder nach Belieben in Klammern zusammenfaßt, ohne jedoch ihre Reihenfolge zu ändern.

Ist $S = \sum_{i=1}^{\infty} a_i = a_1 + a_2 + a_3 + \ldots$, so gilt auch $S = \sum_{i=1}^{\infty} A_i$ mit $A_1 = (a_1 + a_2 + \cdots + a_{r_1})$, $A_2 = (a_{r_1+1} + a_{r_1+2} + \cdots + a_{r_2})$, $A_3 = (a_{r_2+1} + \cdots + a_{r_3}) \ldots$, denn die Folge $\{s'_n\}$ der Partialsummen der Reihe $\sum A_i$ ist eine Teilfolge der Partialsummenfolge $\{s_n\}$ der Reihe $\sum a_i$ und hat deshalb denselben Grenzwert wie $\{s_n\}$.

2. Multipliziert man jedes Glied a_i einer konvergenten Reihe der Summe s mit einer Konstanten c, so erhält man eine konvergente Reihe der Summe cs.

$\sum_{i=1}^{\infty} ca_i = cs$, wenn c konstant und $\sum_{i=1}^{\infty} a_i = s$.

Nach einem Satz über Folgen darf aus $\{s_n\} \to s$ geschlossen werden $\{cs_n\} \to cs$.

3. Durch gliedweises Addieren der konvergenten Reihen $\sum_{i=1}^{\infty} a_i = A$ und $\sum_{i=1}^{\infty} b_i = B$ erhält man die Reihe $\sum_{i=1}^{\infty} (a_i + b_i)$, die ebenfalls konvergiert und die Summe $A + B$ hat.

Sind $\{A_n\}$ und $\{B_n\}$ die Partialsummenfolgen der Reihen $\sum a_i$ und $\sum b_i$, so darf nach einem Satz über Folgen aus $\{A_n\} \to A$ und $\{B_n\} \to B$ geschlossen werden: $\{A_n + B_n\} \to A + B$.

Absolute Konvergenz. Konvergiert nicht nur die Reihe $\sum_{i=1}^{\infty} a_i$ mit beliebigen Gliedern, sondern auch die Reihe $\sum_{i=1}^{\infty} |a_i|$ ihrer absoluten Beträge, so nennt man die gegebene Reihe *absolut konvergent.*
Die Reihe $1 - {}^1/_2 + {}^1/_3 - {}^1/_4 + - \ldots$ ist nicht absolut konvergent, denn die Reihe aus den absoluten Beträgen ihrer Glieder ist die divergente harmonische Reihe.
Haben die Reihen $\sum a_i$ und $\sum |a_i|$ die Summen s und S, so gilt wegen $|s_n| = |a_1 + a_2 + \cdots + a_n| \leqslant |a_1| + |a_2| + \cdots + |a_n| < S_n$ offenbar auch $|s| \leqslant S$.

Umordnung von Reihen. Jetzt wird die Frage aufgeworfen, inwieweit das für endliche Summen richtige Kommutativgesetz auch für Reihen gilt. Sei $\sum_{n=1}^{\infty} a_n$ eine Reihe und $(k_1, k_2, \ldots, k_n, \ldots)$ eine Folge natürlicher Zahlen mit der Eigenschaft, daß sie jede natürliche Zahl genau einmal enthält. Dann nennt man die Reihe $\sum\limits_{n=1}^{\infty} a_{k_n}$ eine *Umordnung* der Reihe $\sum\limits_{n=1}^{\infty} a_n$; z. B. sind die Reihen $1 - {}^1/_2 + {}^1/_3 - {}^1/_4 + {}^1/_5 - + \dots$ und $1 + {}^1/_3 - {}^1/_2 + {}^1/_5 + {}^1/_7 - {}^1/_4 + + - \dots$ ersichtlich durch Umordnung auseinander hervorgegangen. Es konvergieren zwar beide, aber gegen verschiedene Summen s_1 und s_2. Das zeigt, daß man Reihen nicht ohne weiteres umordnen darf.

$$\begin{aligned} s_1 &= 1 - {}^1/_2 + {}^1/_3 - {}^1/_4 + {}^1/_5 - {}^1/_6 + {}^1/_7 - + \dots \\ &= 1 - {}^1/_2 + {}^1/_3 - ({}^1/_4 - {}^1/_5) - ({}^1/_6 - {}^1/_7) - \dots \\ &= {}^{10}/_{12} - ({}^1/_4 - {}^1/_5) - ({}^1/_6 - {}^1/_7) - \dots < {}^{10}/_{12} \end{aligned}$$

und

$$\begin{aligned} s_2 &= 1 + {}^1/_3 - {}^1/_2 + {}^1/_5 + {}^1/_7 - {}^1/_4 + + \dots \\ &= (1 + {}^1/_3 - {}^1/_2) + ({}^1/_5 + {}^1/_7 - {}^1/_4) + ({}^1/_9 + {}^1/_{11} - {}^1/_6) + \dots \\ &= {}^5/_6 + {}^{13}/_{140} + ({}^1/_9 + {}^1/_{11} - {}^1/_6) + \dots > {}^{11}/_{12}, \end{aligned}$$

da alle auf die beiden ersten Summanden folgenden Klammerausdrücke der Gestalt $\left(\dfrac{1}{2n-3} + \dfrac{1}{2n-1} - \dfrac{1}{n}\right) = \dfrac{4n-4}{(2n-3)(2n-1)n}$ stets positiv sind.

Man nennt konvergente Reihen, deren Wert von der Anordnung der Glieder abhängt, *bedingt konvergent* zum Unterschied von den *unbedingt konvergenten Reihen*, die bei jeder Umordnung der Glieder konvergent bleiben und dieselbe Summe haben.

Die für das Rechnen mit Reihen wichtige Frage, wie man die unbedingt konvergenten von den bedingt konvergenten Reihen scheidet, oder anders gesagt, wie man erkennt, ob man die Reihenfolge ihrer Glieder unbeachtet lassen darf oder nicht, wird auf überraschend einfache Weise durch den folgenden Satz beantwortet:

Jede absolut konvergente Reihe ist auch unbedingt konvergent; jede nicht absolut konvergente Reihe ist nur bedingt konvergent.

Den ersten Teil des Satzes bestätigt man leicht, denn ist $\sum a_n$ eine absolut konvergente Reihe mit zunächst nicht negativen Gliedern und $\sum a_{k_n}$ eine durch Umordnung aus ihr hervorgegangene Reihe, so gilt für die Partialsummen s_n der ersteren und s'_n der umgeordneten Reihe die Ungleichung

$$s'_n = a_{k_1} + a_{k_2} + \dots + a_{k_n} \leqslant a_1 + a_2 + \dots + a_N = s_N < s,$$

wenn man N so groß wählt, daß unter den Zahlen $1, 2, \dots, N$ alle k_i mit $i = 1, 2, \dots, n$ vorkommen. Danach ist die Folge $\{s'_n\}$ der Partialsummen der umgeordneten Reihe $\sum a_{k_n}$ beschränkt, so daß nach dem ersten Hauptkriterium ihre Konvergenz folgt. Ist nun $\sum a_n$ eine absolut konvergente Reihe mit beliebigen Gliedern und $\sum a_{k_n}$ eine Umordnung von ihr, dann ist $\sum |a_n|$ eine absolut konvergente Reihe mit nichtnegativen Gliedern; folglich konvergiert nach dem eben Gezeigten auch $\sum |a_{k_n}|$, und dies zieht die Konvergenz von $\sum a_{k_n}$ nach sich.

Die Umordnung beeinflußt auch die Summe nicht, denn zunächst läßt sich wegen der vorausgesetzten absoluten Konvergenz von $\sum a_n$ zu beliebigem $\varepsilon > 0$ eine Zahl m so angeben, daß für alle $k \geqslant 1$ gilt:

$$|a_{m+1}| + |a_{m+2}| + \dots + |a_{m+k}| < \varepsilon.$$

Wählt man nun noch N so groß, daß unter den Zahlen $k_1, k_2, \dots, k_N$ die Indizes $1, 2, \dots, m$ bereits sämtlich vorkommen, so enthält die Differenz $|s'_n - s_n|$ für $n > N$ nur noch Glieder a_i mit $i > m$; daraus folgt für alle $n > N$ die Ungleichung $|s'_n - s_n| < \varepsilon$. Damit ergibt sich

$$s' = \lim_{n\to\infty} s'_n = \lim_{n\to\infty} [s_n + (s'_n - s_n)] = \lim_{n\to\infty} s_n + \lim_{n\to\infty} (s'_n - s_n) = s + 0 = s.$$

Zum Beweis des zweiten Teils des Satzes kann man zeigen, daß aus der konvergenten, jedoch nicht absolut konvergenten Reihe $\sum a_n$ durch passende Umordnungen divergente Reihen oder konvergente Reihen mit beliebig vorgegebener Summe erzeugt werden können.

Absolut konvergente Reihen hingegen können noch in einem wesentlich allgemeineren Sinne umgeordnet werden, ohne daß ihre Konvergenz und Summe davon berührt werden. Ist $\sum a_n$ eine absolut konvergente Reihe und enthält das nebenstehende Schema eine unendliche Folge von Teilreihen der vorgelegten Reihe $\sum a_n$ mit der Eigenschaft, daß jedes

$$\begin{array}{l} a_{11} + a_{12} + \dots + a_{1i} + \dots = z_1 \\ a_{21} + a_{22} + \dots + a_{2i} + \dots = z_2 \\ \cdot \quad\quad \cdot \quad\quad \dots \quad \cdot \quad\quad \dots \quad \cdot \\ a_{k1} + a_{k2} + \dots + a_{ki} + \dots = z_k \\ \cdot \quad\quad \cdot \quad\quad \dots \quad \cdot \quad\quad \dots \quad \cdot \end{array}$$

Glied der Reihe $\sum a_n$ in genau einer der Teilreihen vorkommt, so ist die Reihe $\sum\limits_{k=1}^{\infty} z_k$ aus der gegebenen absolut konvergenten Reihe $\sum\limits_{n=1}^{\infty} a_n$ durch eine *Umordnung in weiterem Sinne* hervorgegangen; $\sum\limits_{k=1}^{\infty} z_k$ ist ebenfalls absolut konvergent und hat dieselbe Summe s wie die Reihe $\sum\limits_{n=1}^{\infty} a_n$.

Sehr bemerkenswert ist nun die Tatsache, daß unter gewissen Bedingungen auch die Umkehrung dieses Satzes gilt, d. h., daß man dann die Glieder der absolut konvergenten Teilreihen auf beliebige Weise zu einer Reihe *zusammensetzen* kann und alle möglichen auf diese Weise entstehenden Reihen konvergieren und dieselbe Summe haben. Darüber gibt der auf CAUCHY zurückgehende große Umordnungssatz Auskunft.

$$\begin{matrix} a_{11} + a_{12} + \cdots + a_{1i} + \cdots = z_1 \\ a_{21} + a_{22} + \cdots + a_{2i} + \cdots = z_2 \\ \cdot \quad \cdot \quad \cdots \quad \cdot \quad \cdots \quad \cdot \\ a_{k1} + a_{k2} + \cdots + a_{ki} + \cdots = z_k \\ \cdot \quad \cdot \quad \cdots \quad \cdot \quad \cdots \quad \cdot \end{matrix}$$

Großer Umordnungssatz. Enthält das nebenstehende Schema eine Folge absolut konvergenter Reihen, d. h., konvergiert jede der Reihen $\sum_{i=1}^{\infty} |a_{ki}|$ für $k = 1, 2, \ldots$, und hat eine mit ζ_k bezeichnete Summe, und konvergiert zusätzlich $\sum_{k=1}^{\infty} \zeta_k$, so bilden in dem gegebenen Schema die spaltenweise untereinander stehenden Glieder ebenfalls absolut konvergente Reihen. Setzt man $\sum_{k=1}^{\infty} a_{ki} = s_i$, so konvergiert auch die Reihe $\sum_{i=1}^{\infty} s_i$ absolut, und es gilt $\sum_{i=1}^{\infty} s_i = \sum_{k=1}^{\infty} z_k$, d. h., die Reihe aus den Zeilensummen und die Reihe aus den Spaltensummen sind beide absolut konvergent und haben dieselbe Summe.

Zum Beweis setzt man alle im gegebenen Schema auftretenden Glieder a_{ki} irgendwie zu einer Folge zusammen, die man mit $a_1, a_2, \ldots, a_n, \ldots$ bezeichnet. Dann ist die Reihe $\sum a_n$ absolut konvergent, denn wird N so groß gewählt, daß die Glieder $a_1, a_2, \ldots, a_n$ sämtlich in den ersten N Zeilen des Schemas auftreten, so ist

$$|a_1| + |a_2| + \cdots + |a_n| \leqslant \zeta_1 + \zeta_2 + \cdots + \zeta_N .$$

Wegen der vorausgesetzten Konvergenz von $\sum \zeta_k$ ist die rechte Seite beschränkt, und daraus folgt, daß die Folge der Partialsummen von $\sum |a_n|$ ebenfalls beschränkt ist und mithin $\sum a_n$ absolut konvergiert. Die *Spaltenreihen* $\sum a_{ki} = s_i$ sind als Teilreihen von $\sum a_n$ mithin auch absolut konvergent, und es gilt $|s_i| = |\sum_{i=1}^{\infty} a_{ki}| \leqslant \sum_{i=1}^{\infty} |a_{ki}|$. Daraus folgt, daß die n-te Partialsumme von $\sum_{i=1}^{\infty} s_i$ sicher nicht größer ist als die Summe der Reihe $\sum |a_n|$; dies besagt jedoch, daß $\sum s_i$ absolut konvergiert. Schließlich haben die Reihen $\sum s_i$ und $\sum z_k$ auch gleiche Summen, da jede gleich der Summe von $\sum a_n$ ist. Wegen der absoluten Konvergenz von $\sum a_n$ kann man nach dem zweiten Hauptkriterium den Index m so wählen, daß für alle $k \geqslant 1$ gilt $|a_{m+1}| + |a_{m+2}| + \cdots + |a_{m+k}| < \varepsilon$. Nun bestimmt man N noch so, daß die Glieder $a_1, a_2, \ldots, a_m$ sämtlich in den ersten N Zeilen des obigen Schemas auftreten. Bezeichnet σ_n die n-te Partialsumme der Reihe $\sum a_n$, so ist für alle $n \geqslant N$ die Differenz $\left| \sum_{k=1}^{n} z_k - \sigma_n \right|$ kleiner als ε, da unter dem Betrag nur noch Glieder $\pm a_r$ mit $r > m$ vorkommen. Also gilt $\lim_{n\to\infty} \sum_{k=1}^{n} z_k = \lim_{n\to\infty} \sigma_n = s$; und eine analoge Rechnung für die Spaltenreihen liefert $\lim_{n\to\infty} \sum_{i=1}^{n} s_i = \lim_{n\to\infty} \sigma_n = s$.

Multiplikation von Reihen. Multipliziert man jedes Glied der Reihe $\sum_{i=1}^{\infty} a_i$ mit jedem Glied der Reihe $\sum_{i=1}^{\infty} b_i$, so ergeben sich die im folgenden Schema angedeuteten Teilprodukte. Das Schema hat in jeder Zeile unendlich viele Glieder mit jeweils demselben a_i als Faktor und in jeder Spalte unendlich viele Glieder mit jeweils demselben b_i als Faktor. Unter dem *Produkt* der beiden Reihen versteht man nun die Reihe $\sum_{i=1}^{\infty} c_i$, deren k-tes Glied c_k die Summe der in der k-ten *Schrägreihe* dieses Schemas stehenden Teilprodukte ist, z. B. $c_1 = a_1 b_1$, $c_2 = a_1 b_2 + a_2 b_1$, $c_3 = a_1 b_3 + a_2 b_2 + a_3 b_1, \ldots, c_k = \sum_{i+j=k+1} a_i b_j$. Diese Teilprodukte lassen sich auch nach einer Schiebemethode finden, bei der eine der Reihen in umgekehrter Reihenfolge geschrieben und die andere auf einem Streifen daran entlang geführt wird. Das Schema zeigt die Stellung für das 3. Glied der Produktreihe $c_3 = a_1 b_3 + a_2 b_2 + a_3 b_1$.

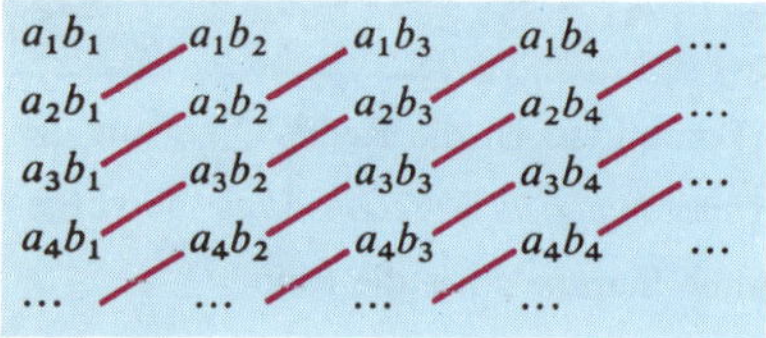

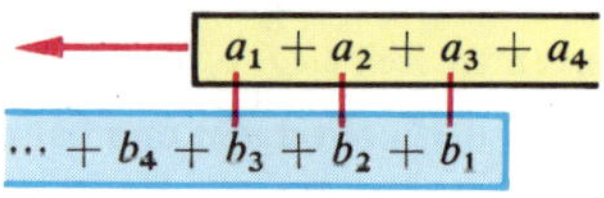

Sind die Reihen $\sum_{i=1}^{\infty} a_i = A$ und $\sum_{j=1}^{\infty} b_j = B$ *absolut konvergent*, so ist auch die **Produktreihe** $\sum_{k=1}^{\infty} c_k = C$ mit $c_k = \sum_{i+j=k+1}^{\infty} a_i b_j$ *absolut konvergent* und hat die Summe $C = AB$.

Das folgende Beispiel zeigt, daß die Konvergenz der Faktorreihen nicht genügt, um die Konvergenz der Produktreihe zu sichern.

Beispiel: Das Quadrat der konvergenten, aber nicht absolut konvergenten Reihe

$$1 - 1/\sqrt{2} + 1/\sqrt{3} - 1/\sqrt{4} + - \ldots$$

ist divergent, da seine Glieder keine Nullfolge bilden. Für das allgemeine Glied c_n des Produkts der Reihe mit sich selbst gilt:

$$|c_n| = 1 \cdot \frac{1}{\sqrt{n}} + \frac{1}{\sqrt{2}} \cdot \frac{1}{\sqrt{n-1}} + \frac{1}{\sqrt{3}} \cdot \frac{1}{\sqrt{n-2}} + \cdots + \frac{1}{\sqrt{n}} \cdot 1$$

$$\geqslant \frac{1}{\sqrt{n}} \cdot \frac{1}{\sqrt{n}} + \frac{1}{\sqrt{n}} \cdot \frac{1}{\sqrt{n}} + \cdots + \frac{1}{\sqrt{n}} \cdot \frac{1}{\sqrt{n}} = \frac{n}{n} = 1 .$$

18.3. Grenzwert einer Funktion – Stetigkeit

Grenzwert und Stetigkeit einer Funktion sind Begriffe, ohne die ein exakter Aufbau der höheren Analysis nicht möglich ist. Beschreibt eine Funktion einen physikalischen Sachverhalt, so haben die Begriffe Grenzwert und Stetigkeit oft auch physikalische Bedeutung.

Grenzwert einer Funktion

Grenzwert in einem Punkte. Der Begriff des Grenzwertes einer Funktion $y = f(x)$ kann auf den Begriff des Grenzwertes einer Folge zurückgeführt werden. Dazu läßt man die unabhängige Variable x eine gegen a konvergierende Zahlenfolge $\{x_n\}$, die *Abszissenfolge*, durchlaufen und betrachtet die *Ordinatenfolge* $\{f(x_n)\}$ der zu den x_i gehörenden Funktionswerte $f(x_i)$. Ist das Konvergenzverhalten der Ordinatenfolge $\{f(x_n)\}$ abhängig von der Auswahl der Abszissenfolge, d. h., haben zwei zu verschiedenen gegen a konvergierenden Abszissenfolgen gehörende Ordinatenfolgen verschiedene Grenzwerte oder divergiert eine Ordinatenfolge, so hat die Funktion $f(x)$ für $x \to a$ keinen Grenzwert. Konvergiert dagegen für j e d e Abszissenfolge $\{x_n\} \to a$ die dazugehörige Ordinatenfolge $\{f(x_n)\}$ gegen G, so sagt man, die Funktion $y = f(x)$ hat für $x \to a$ den *Grenzwert* G. Das heißt, daß die Funktionswerte $f(x)$ der Zahl G um so näher kommen, je näher das Argument x dem Wert a rückt; der Unterschied $|f(x) - G|$ zwischen den Funktionswerten und dem Grenzwert wird kleiner als jede *beliebig vorgegebene* positive Zahl ε, sobald die x-Werte sich um weniger als eine *passend gewählte*, von ε abhängige Zahl $\delta = \delta(\varepsilon)$ vom Werte a unterscheiden, d. h., wenn $0 < |x-a| < \delta(\varepsilon)$ (Abb. 18.3-1).

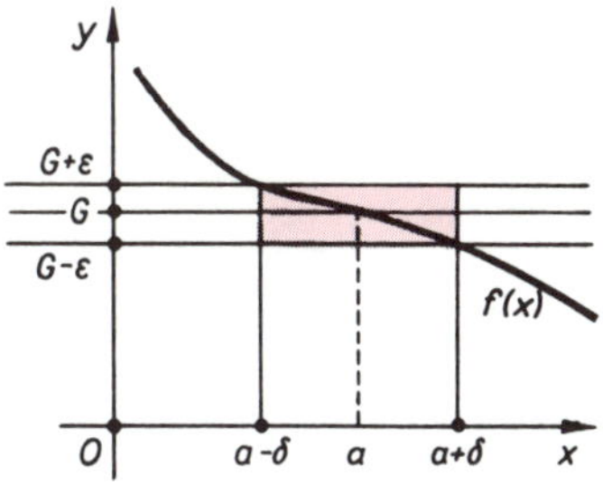

18.3-1 Geometrische Veranschaulichung des Grenzwertbegriffes

Dieser Tatbestand kann kurz durch eine der beiden nebenstehenden Bezeichnungen beschrieben werden. Die Zahl $\delta(\varepsilon)$ ist keineswegs eindeutig bestimmt, denn hat man ein $\delta(\varepsilon)$ mit der verlangten Eigenschaft gefunden, so leistet offenbar auch jedes kleinere positive $\delta' < \delta(\varepsilon)$ dasselbe.

$f(x) \to G$ für $x \to a$
$\lim_{x \to a} f(x) = G$

Die Funktion $y = f(x)$ hat für $x \to a$ den Grenzwert G, $\lim_{x \to a} f(x) = G$, wenn es zu jedem beliebig kleinen $\varepsilon > 0$ eine Zahl $\delta(\varepsilon) > 0$ gibt, so daß die Ungleichung $|f(x) - G| < \varepsilon$ für jedes x erfüllt ist, das der Bedingung $0 < |x - a| < \delta(\varepsilon)$ genügt.

Beispiel 1: Die Funktion $y = x^2$ hat für gegen Null strebendes Argument den Grenzwert Null, $\lim_{x \to 0} x^2 = 0$, denn es ist $|x^2 - 0| < \varepsilon$ für alle x mit $|x - 0| < \delta(\varepsilon) \leqslant \sqrt{\varepsilon}$.

Beispiel 2: Die Funktion $y = 1/x$ hat für gegen $a \neq 0$ konvergierendes Argument den Grenzwert $1/a$, $\lim_{x \to a} 1/x = 1/a$, denn für jede Abszissenfolge $\{x_n\} \to a \neq 0$ konvergiert die zugehörige Ordinatenfolge $\{y_n\} = \{1/x_n\} \to 1/a$ nach einem Satz über konvergente Zahlenfolgen.

Beispiel 3: Man darf aus der Existenz des Funktionswertes $f(a)$ keineswegs schließen, daß dann auch der Grenzwert $\lim_{x \to a} f(x)$ vorhanden und gleich $f(a)$ sein müsse, wenn dies auch in vielen Fällen zutrifft.
Die Funktion $f(x)$, die für $x \neq 0$ den Funktionswert $+1$, für $x = 0$ aber den Wert 0 hat, z. B. hat für $x \to 0$ den Grenzwert 1, für $x = 0$ aber den Funktionswert $f(0) = 0$ (Abb. 18.3-2).

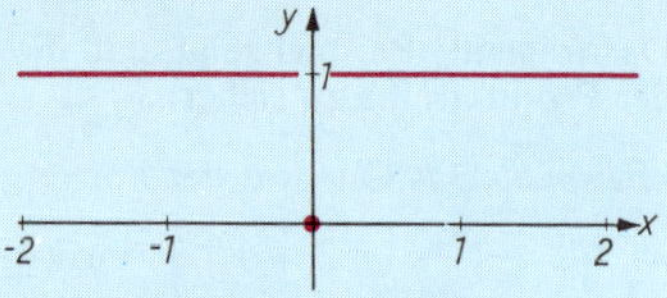

18.3-2 Bild der Funktion $f(x) = \begin{cases} +1 & \text{für } x \neq 0 \\ 0 & \text{für } x = 0 \end{cases}$

Beispiel 4: Die Funktion $f(x) = (x^2 - 4)/(x - 2)$ ist an der Stelle $x = 2$ überhaupt nicht definiert, weil Zähler und Nenner gleichzeitig verschwinden. Für $x \neq 2$ gilt aber $f(x) = x + 2$, die Funktion hat für $x \to 2$ den Grenzwert 4, $\lim_{x \to 2} (x^2 - 4)/(x - 2) = 4$, da $|(x^2 - 4)/(x - 2) - 4| = |x + 2 - 4| = |x - 2| < \varepsilon$ für alle x mit $0 < |x - 2| < \delta(\varepsilon) = \varepsilon$.

Einseitige Grenzwerte. Es kann für den Grenzübergang von Bedeutung sein, ob sich die unabhängige Variable im Sinne wachsender x-Werte, d. h. von links, in Zeichen $x \uparrow a$, oder im Sinne abnehmender x-Werte, d. h. von rechts, in Zeichen $x \downarrow a$, dem Wert a nähert. Man spricht von einem linksseitigen Grenzwert g^-, wenn $|f(x) - g^-| < \varepsilon$ für alle x mit $a - \delta(\varepsilon) < x < a$, und von einem rechtsseitigen Grenzwert g^+, wenn $|f(x) - g^+| < \varepsilon$ für alle x mit $a < x < a + \delta(\varepsilon)$ gilt; man schreibt dafür $\lim_{x \uparrow a} f(x) = g^-$ bzw. $\lim_{x \downarrow a} f(x) = g^+$. Diese beiden Grenzwerte g^- und g^+ sind z. B. an der *Sprungstelle* a einer Funktion $y = f(x)$ voneinander verschieden (Abb. 18.3-3). Die Funktion hat dort keinen *beiderseitigen Grenzwert*. Sind dagegen rechts- und linksseitiger Grenzwert für $x \to a$ einander gleich, dann, aber auch nur dann hat die Funktion für $x \to a$ einen Grenzwert:

$$\lim_{x \uparrow a} f(x) = g^- = \lim_{x \downarrow a} f(x) = g^+ = \lim_{x \to a} f(x) = G.$$

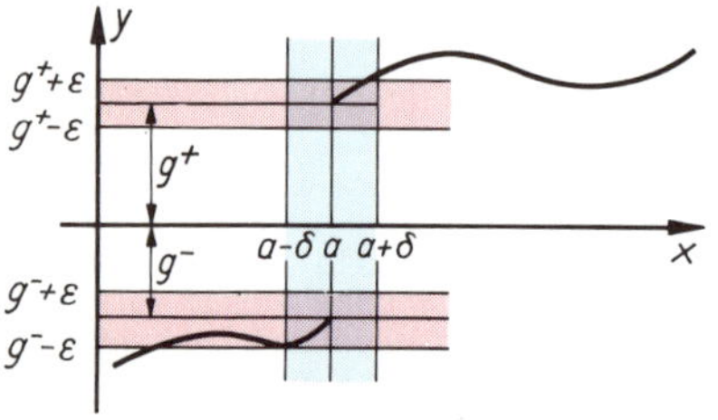

18.3-3 Linksseitiger Grenzwert g^- für $x \uparrow a$ und rechtsseitiger Grenzwert g^+ für $x \downarrow a$ sind verschieden

Uneigentliche Grenzwerte. Die Funktionswerte von $f(x) = 1/x^2$ überschreiten für gegen Null konvergierendes Argument $x \to 0$ schließlich jede noch so große Zahl. Das drückt man durch die Schreibweise $\lim_{x \to 0} 1/x^2 = +\infty$ aus und sagt, die Funktion habe für $x \to 0$ den *uneigentlichen Grenzwert plus Unendlich*. Analog ist $\lim_{x \to 0} (-1/x^2) = -\infty$; die Funktion $f(x) = -1/x^2$ hat für $x \to 0$ den *uneigentlichen Grenzwert minus Unendlich*, da sie jede noch so kleine Zahl $-N$ mit $N > 0$ schließlich unterschreitet.

Es ist $\lim_{x \to a} f(x) = +\infty$ bzw. $\lim_{x \to a} f(x) = -\infty$, wenn es zu jeder noch so großen positiven Zahl N eine Zahl $\delta(N)$ gibt, so daß für alle x mit $0 < |x - a| < \delta(N)$ gilt $f(x) > N$ bzw. $f(x) < -N$.

Beispiel 5: Die *Tangensfunktion* $y = \tan x$ ist für $x = \pi/2$ nicht definiert, hat aber für diese Stelle je einen rechts- und einen linksseitigen *uneigentlichen Grenzwert*

$$\lim_{x \uparrow \pi/2} \tan x = +\infty, \qquad \lim_{x \downarrow \pi/2} \tan x = -\infty.$$

Grenzwert einer Funktion im Unendlichen. Die Werte der Funktion $f(x) = 1/x + b$ kommen der Zahl b offenbar beliebig nahe, wenn man nur das Argument x hinreichend groß wählt. Die Differenz zwischen b und den Funktionswerten wird kleiner als z. B. 0,000 001 für alle x, die größer als 10^6 sind, allgemein ist $|f(x) - b| < \varepsilon$ für alle $x > 1/\varepsilon$.
Dieses Beispiel zeigt, daß der Begriff des Grenzwertes G einer Funktion $f(x)$ auf den Fall unbeschränkt wachsender bzw. fallender Abszissen ausgedehnt werden kann.

Es ist $\lim_{x\to\infty} f(x) = G$, *wenn es zu jedem beliebigen* $\varepsilon > 0$ *ein hinreichend großes* $\omega(\varepsilon) > 0$ *gibt, so daß* $|f(x) - G| < \varepsilon$ *ausfällt für alle* $x > \omega(\varepsilon)$. *Analog ist* $\lim_{x\to-\infty} f(x) = G$, *wenn es zu jedem beliebigen* $\varepsilon > 0$ *ein hinreichend großes* $\omega(\varepsilon) > 0$ *gibt, so daß* $|f(x) - G| < \varepsilon$ *ausfällt für alle* $x < -\omega(\varepsilon)$.

Die Grenzwerte $\lim_{x\to\infty} f(x)$ und $\lim_{x\to-\infty} f(x)$ der Funktion $f(x)$ beschreiben, falls sie existieren, den *Verlauf der Funktion im Unendlichen*, das heißt, das Verhalten der Funktion für sehr großes positives bzw. sehr kleines negatives Argument.

Beispiel 6: Es ist $\lim_{x\to\infty} 1/x = 0$, denn es ist $|1/x - 0| = |1/x| < \varepsilon$ für alle x, die der Bedingung $x > \omega(\varepsilon) = 1/\varepsilon$ genügen.

Beispiel 7: Der Grenzwert $\lim_{x\to\infty} \sin x$ existiert nicht. Wie groß man x_0 auch wählt, stets lassen sich auf Grund der Periodizität der Sinusfunktion unendlich viele Abszissen größer als x_0 angeben, für die die Funktion einen vorgegebenen Wert zwischen -1 und $+1$ hat.

Zum Verhalten rationaler Funktionen im Unendlichen vgl. Kap. 5.2. – Verhalten ganzrationaler bzw. gebrochenrationaler Funktionen im Unendlichen.

Das Rechnen mit Grenzwerten. Die für Folgen aufgestellten Regeln für das Rechnen mit Grenzwerten lassen sich wörtlich auf das Rechnen mit Grenzwerten von Funktionen übertragen (vgl. 18.1.). Diese Regeln sagen aus, daß man die *Operation der Grenzwertbildung* mit der Addition, Subtraktion, Multiplikation und Division, falls $G \neq 0$, vertauschen darf, falls alle auftretenden Grenzwerte existieren und endlich sind. Die ersten beiden Regeln gelten auch für mehrere Summanden bzw. mehrere Faktoren, aber nicht unbedingt für unendlich viele Summanden. Eine Funktion $h(x)$, deren Werte in einer Umgebung der Stelle a zwischen denen zweier Funktionen $f(x)$ und $g(x)$ liegen, die beide den Grenzwert G für $x \to a$ haben, hat denselben Grenzwert G.

Aus $\lim_{x\to a} f(x) = F$ und $\lim_{x\to a} g(x) = G$ folgt:

$$\lim_{x\to a} [f(x) \pm g(x)] = \lim_{x\to a} f(x) \pm \lim_{x\to a} g(x) = F \pm G$$

$$\lim_{x\to a} [f(x) \cdot g(x)] = \lim_{x\to a} f(x) \cdot \lim_{x\to a} g(x) = F \cdot G$$

$$\lim_{x\to a} \frac{f(x)}{g(x)} = \frac{\lim_{x\to a} f(x)}{\lim_{x\to a} g(x)} = \frac{F}{G}, \quad \text{falls } G \neq 0$$

Wenn $\lim_{x\to a} f(x) = G$ *und* $\lim_{x\to a} g(x) = G$ *ist und in einer Umgebung von* a *die Ungleichung* $f(x) \leqslant h(x) \leqslant g(x)$ *gilt, dann ist auch* $\lim_{x\to a} h(x) = G$.

Beispiel 8: $\lim_{x\to\infty} [\sin x/x] = 0$, denn da $\sin x$ zwischen -1 und $+1$ liegt, gilt für $x > 0$ die Ungleichung $-1/x \leqslant (\sin x)/x \leqslant 1/x$, aus der mit $\lim_{x\to\infty} 1/x = \lim_{x\to\infty} (-1/x) = 0$ die Behauptung folgt (Abb. 18.3-4).

Beispiel 9: $\lim_{x\to 0} [x \sin (1/x)] = 0$, denn es gilt $-|x| \leqslant x \sin (1/x) \leqslant |x|$ und $\lim_{x\to 0} |x| = \lim_{x\to 0} (-|x|) = 0$.

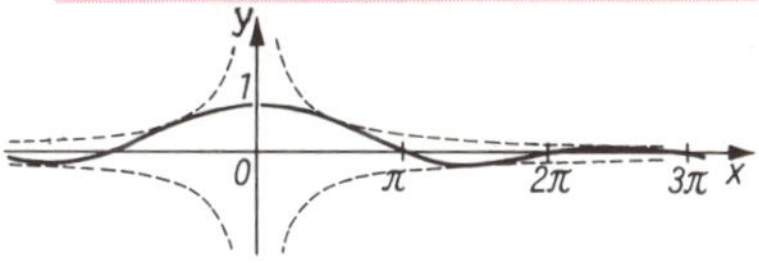

18.3-4 Bild der Funktion $y = \dfrac{\sin x}{x}$

Einige wichtige Grenzwerte

Zur Bestimmung des Grenzwertes einer Funktion gibt es kaum allgemeingültige Verfahren. Einige wichtige Grenzwerte kann man mit Hilfe der Kenntnisse über konvergente Zahlenfolgen ableiten.

1. $a^x \to 1$ für $x \to 0$, wenn $a > 0$.

$$\lim_{x\to 0} a^x = 1 \text{ für } a > 0$$

Es ist schon gezeigt worden, daß die Folge $\{\sqrt[n]{a}\}$ für $a > 0$ gegen 1 konvergiert. Die Folge $\{1/\sqrt[n]{a}\}$ hat dann den dazu reziproken Grenzwert, also ebenfalls 1. Folglich läßt sich zu jedem beliebigen $\varepsilon > 0$ eine ganze Zahl N so angeben, daß für alle $n \geqslant N$ die Zahlen $a^{1/n}$ und $a^{-1/n}$ im Intervall von $1 - \varepsilon$ bis $1 + \varepsilon$ liegen. Dann liegen wegen der Monotonie der Exponentialfunktion auch alle a^x mit $-1/N < x < 1/N$ in diesem Intervall, d. h., es ist $1 - \varepsilon < a^x < 1 + \varepsilon$ bzw. $|a^x - 1| < \varepsilon$, falls $|x| < \delta(\varepsilon) = 1/N$.

2. $(1 + 1/x)^x \to e$ für $x \to \infty$. $\lim_{x\to\infty} (1 + 1/x)^x = e$ $\lim_{y\to 0} (1 + y)^{1/y} = e$

Es genügt zu zeigen, daß für eine beliebige Abszissenfolge $\{x_n\} \to \infty$ die dazugehörige Ordinatenfolge $\{(1 + 1/x_n)^{x_n}\}$ den Grenzwert e hat. Man wählt zu diesem Zweck natürliche Zahlen p_n so, daß für alle n gilt $p_n \leqslant x_n \leqslant p_n + 1$; daraus folgt

$$[1 + 1/(p_n + 1)]^{p_n} \leqslant (1 + 1/x_n)^{x_n} \leqslant (1 + 1/p_n)^{p_n+1}$$

Nun ist sowohl $\lim_{p_n\to\infty} [1 + 1/(p_n + 1)]^{p_n} = e$ als auch $\lim_{p_n\to\infty} [(1 + 1/p_n)]^{p_n+1} = e$; die zu untersuchende Ordinatenfolge ist also eingeschachtelt zwischen zwei gegen e konvergierende Folgen und hat mithin denselben Grenzwert. Ersetzt man in der Beziehung $\lim_{x\to\infty} (1 + 1/x)^x = e$ den Term $1/x$ durch y, so erhält man den Grenzwert $\lim_{y\to 0} (1 + y)^{1/y} = e$.

3. $(1 + a/x)^x \to e^a$ für $x \to \infty$. $\lim_{x\to\infty} (1 + a/x)^x = e^a$

Für $a = 0$ ist die Behauptung trivial, für $a \neq 0$ gilt

$$\lim_{x\to\infty} (1 + a/x)^x = \lim_{x\to\infty} \left[\left(1 + \frac{1}{x/a}\right)^{x/a}\right]^a = \left[\lim_{z\to\infty} (1 + 1/z)^z\right]^a = e^a.$$

Dabei wurde im letzten Schritt die Stetigkeit der Funktion x^a für $x > 0$ benutzt.

4. $\log_g x \to \log_g a$ für $x \to a$, falls $a > 0$, $g > 1$. $\lim_{x\to a} \log_g x = \log_g a$ für $a > 0$ und $g > 1$

Es ist zu zeigen, daß es zu jedem $\varepsilon > 0$ ein $\delta(\varepsilon) > 0$ so gibt, daß die Ungleichung $|\log_g x - \log_g a| < \varepsilon$ für alle x mit $|x - a| < \delta(\varepsilon)$ erfüllt ist. Wegen $g > 1$ und $\varepsilon > 0$ ist $g^\varepsilon > 1$ bzw. $g^{-\varepsilon} < 1$; daher sind die Zahlen $\varepsilon_1 = g^\varepsilon - 1$ und $\varepsilon_2 = 1 - g^{-\varepsilon}$ beide positiv. Wegen $g^\varepsilon \varepsilon_2 = \varepsilon_1$ ist $\varepsilon_2 < \varepsilon_1$. – Wird nun $\varepsilon > 0$ beliebig vorgegeben, so wähle man $\delta(\varepsilon) = a\varepsilon_2$. Dann folgt aus $|x - a| < \delta(\varepsilon)$ sofort $|(x - a)/a| < \varepsilon_2$, mithin $-\varepsilon_2 < (x - a)/a < \varepsilon_2 < \varepsilon_1$, also $-1 + g^{-\varepsilon} < (x - a)/a < g^\varepsilon - 1$ oder $g^{-\varepsilon} < 1 + (x - a)/a < g^\varepsilon$ oder $g^{-\varepsilon} < \frac{x}{a} < g^\varepsilon$. Nach der Definition des Logarithmus und wegen seines monotonen Wachstums erhält man daraus $-\varepsilon < \log_g(x/a) < \varepsilon$, d. h. $|\log_g x - \log_g a| < \varepsilon$.

Der Grenzwert eines Logarithmus darf danach als Logarithmus des Grenzwertes bestimmt werden, z. B. gilt für $x \to 0$ der folgende Grenzwert $[\log_g (1 + x)]/x = \log_g (1 + x)^{1/x} \to \log_g e$, der für $g = e$ den Wert $\ln e = 1$ annimmt.

$\lim_{x\to 0} \frac{\log_g (1 + x)}{x} = \log_g e;\ g > 1$	$\lim_{x\to 0} \frac{\ln (1 + x)}{x} = 1$

5. $(a^x - 1)/x \to \ln a$ für $x \to 0$, wenn $a > 0$. Hat a den Wert 1, so ist der Zähler Null, und wegen $\ln 1 = 0$ ist die Behauptung richtig. Ist $a \neq 1$, so setzt man $a^x = 1 + y$; wegen $a^x \to 1$ für $x \to 0$ konvergiert $y \to 0$. Mit $x \ln a = \ln (1 + y)$ ergibt sich der Ausdruck

$$\frac{a^x - 1}{x} = \frac{y \ln a}{\ln (1 + y)} = \frac{\ln a}{\ln (1 + y)^{1/y}},$$

$\lim_{x\to 0} \frac{a^x - 1}{x} = \ln a$	$a > 0\quad \lim_{x\to 0} \frac{e^x - 1}{x} = 1,$

dessen Nenner gegen 1 konvergiert. Der wichtigste Spezialfall $a = e$ liefert den Grenzwert $\ln e = 1$.

6. $\cos x \to 1$ für $x \to 0$. $\lim_{x\to 0} \cos x = 1$

Wegen $|\cos x - 1| = 2|\sin^2 (x/2)| = 2|\sin (x/2)| \cdot |\sin (x/2)| \leqslant 2|x/2| \cdot |x/2| = x^2/2 < \varepsilon$ für $|x| < \sqrt{2\varepsilon}$ konvergiert $\cos x - 1$ für $x \to 0$ gegen Null.

7. $(\sin x)/x \to 1$ für $x \to 0$. Die Funktion $h(x) = (\sin x)/x$ läßt sich zwischen zwei Funktionen $f(x) = 1$ und $g(x) = \cos x$ einschachteln, die beide für $x \to 0$ den Grenzwert 1 haben. Aus Abb. 18.3-5 entnimmt man, daß die Maßzahl $|OEB|$ der Fläche des Kreissektors OEB zwischen den Maßzahlen $|\triangle OEB|$ und $|\triangle OED|$ der Dreiecke OEB und OED liegt:

$|\triangle OEB| < |OEB| < |\triangle OED| \longrightarrow 1 \cdot \sin x < 1 \cdot x < \tan x \cdot 1$

$\longrightarrow 1 < x/\sin x < 1/\cos x \longrightarrow 1 > (\sin x)/x > \cos x.$

Die Ungleichungen gelten lediglich für positive x; es existieren aber der rechts- und der linksseitige Grenzwert für $x \to 0$, beide mit dem Wert 1, da $\sin(-x)/(-x) = \sin x/x$.

$$\lim_{x\to 0} \frac{\sin x}{x} = 1$$

$$\lim_{x\to 0} \frac{\tan x}{x} = 1$$

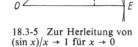

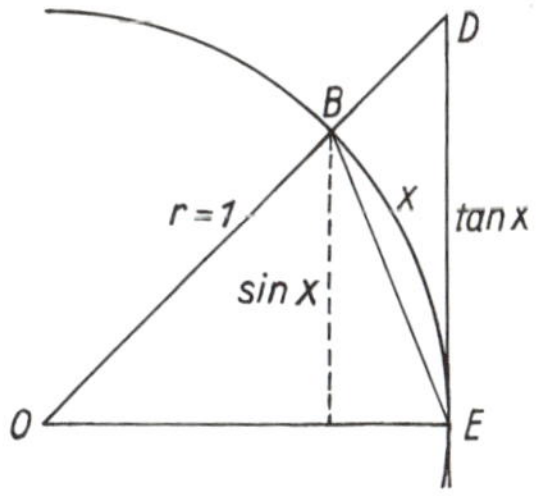

18.3-5 Zur Herleitung von $(\sin x)/x \to 1$ für $x \to 0$

8. $(\tan x)/x \to 1$ für $x \to 0$.

Es ist $(\tan x)/x = [(\sin x)/x] \cdot [1/\cos x]$, und jeder der Faktoren hat für $x \to 0$ den Grenzwert 1.

Regel von Bernoulli und L'Hospital

Bekanntlich kann man die Rechenoperationen Addition, Subtraktion, Multiplikation und Division nur dann mit der Grenzwertbildung vertauschen, falls alle auftretenden Grenzwerte existieren, endlich und als Nenner auch von Null verschieden sind. Entstehen dagegen durch die kritiklose Annahme der Vertauschbarkeit sinnlose Ausdrücke der Form $0:0$, $\infty:\infty$, $0\cdot\infty$, 0^0, ∞^0 oder 1^∞, so ist die direkte Bestimmung des vorgelegten Grenzwertes erforderlich. Man spricht von *unbestimmten Ausdrücken*, wenn sich formal für $x \to a$ einer dieser Ausdrücke ergibt.
Für den Grenzwert $\lim_{x\to 0} (\sin x)/x$ ergibt sich der unbestimmte Ausdruck 0/0, wenn man für den Grenzwert des Quotienten den Quotienten der Grenzwerte setzt. Da der Grenzwert des Nenners jedoch Null ist, ist dieses Vorgehen unerlaubt. Wie eben unter 7. gezeigt wurde, gilt $\lim_{x\to 0} (\sin x)/x = 1$.

Der unbestimmte Ausdruck 0/0. Zur Bestimmung des Grenzwertes $\lim_{x\to a} [f(x)/g(x)]$ für den Fall $\lim_{x\to a} f(x) = \lim_{x\to a} g(x) = 0$ entwickelte der Schweizer Mathematiker Johann BERNOULLI (1667-1748) eine Regel, die Marquis de l'HOSPITAL (1661–1704) veröffentlichte.

Regel von Bernoulli und L'Hospital: Haben für $x \to a$ sowohl der Zähler $f(x)$ als auch der Nenner $g(x)$ eines Quotienten den Grenzwert Null und existieren in einer Umgebung von $x = a$ sowohl die Ableitungen $f'(x)$ und $g'(x) \neq 0$ der Funktionen $f(x)$ und $g(x)$ als auch der Grenzwert $\lim_{x\to a} [f'(x)/g'(x)]$ des Quotienten aus den Ableitungen, so ist dieser dem Grenzwert $\lim_{x\to a} [f(x)/g(x)]$ des Quotienten der Funktionen $f(x)$ und $g(x)$ gleich.

Die Regel benutzt den in der Differentialrechnung erläuterten Begriff der Ableitung; sie läßt sich aus dem erweiterten Mittelwertsatz gewinnen (vgl. Kap. 19.1. – Differential einer Funktion. Mittelwertsätze). In dem Ausdruck

$$\frac{f(x)}{g(x)} = \frac{f(x) - f(a)}{g(x) - g(a)} = \frac{f'(\xi)}{g'(\xi)}$$

liegt ξ zwischen a und x, konvergiert also mit $x \to a$ auch gegen a. Wenn aber $\lim_{\xi\to a} [f'(\xi)/g'(\xi)] = G$, gilt der Satz. Er läßt sich auch im Falle $x \to \infty$ verwenden.
Ergibt sich dabei erneut ein unbestimmter Ausdruck der Form 0/0, so wird die Regel auf den Quotienten $[f'(x)/g'(x)]$ angewendet und der Grenzwert $\lim_{x\to a} [f''(x)/g''(x)]$ untersucht. Es kann jedoch der Fall eintreten, daß man auf diese Weise immer wieder einen unbestimmten Ausdruck erhält oder der Grenzwert der Ableitungen gar nicht existiert, obwohl der vorgelegte Quotient einen Grenzwert hat. Die Regel ist dann auf die gegebene Funktion nicht anwendbar; der Grenzwert muß mit anderen Methoden bestimmt werden.

Beispiele. 1: $\lim_{x\to 1} \frac{\ln x}{x-1} = \lim_{x\to 1} \frac{1/x}{1} = 1.$

2: $\lim_{x\to 0} \frac{x^3}{2e^x - x^2 - 2x - 2} = \lim_{x\to 0} \frac{3x^2}{2e^x - 2x - 2} = \lim_{x\to 0} \frac{6x}{2e^x - 2} = \lim_{x\to 0} \frac{6}{2e^x} = 3.$

3: $\lim_{x\to 0} \frac{\cos x - 1}{x^2} = \lim_{x\to 0} \frac{-\sin x}{2x} = \lim_{x\to 0} \frac{-\cos x}{2} = -\frac{1}{2}.$

4: $\lim\limits_{x\to\pi/2} \dfrac{\sin 2x}{\cos^2 x} = \lim\limits_{x\to\pi/2} \dfrac{2\cos 2x}{-\sin 2x} = \pm\infty$, je nachdem, ob sich x von links oder von rechts dem Wert $\pi/2$ nähert.

5: $$\lim_{x\to\infty} \frac{\ln[x/(x-1)]}{5/x} = \lim_{x\to\infty} \frac{[(x-1)/x]\cdot[(-1)/(x-1)^2]}{-5/x^2} = \lim_{x\to\infty} \frac{x}{5(x-1)}$$
$$= \lim_{x\to\infty} \frac{1}{5(1-1/x)} = \frac{1}{5}.$$

6: Bei der Bestimmung des Grenzwertes $\lim\limits_{x\downarrow 0} \dfrac{\sqrt{x^2+\sin^2 x}}{x}$ versagt die Regel von Bernoulli und L'Hospital; mit anderen Methoden findet man leicht $\sqrt{2}$ als Grenzwert.

Der unbestimmte Ausdruck ∞/∞. Haben Zähler $f(x)$ und Nenner $g(x)$ eines Quotienten den uneigentlichen Grenzwert ∞ für $x \to a$, so konvergieren die Funktionen $1/f(x)$ und $1/g(x)$ für $x \to a$ gegen Null. Falls $f(x)$ und $g(x)$ in einer Umgebung von $x = a$ differenzierbar sind, falls dort $g'(x) \neq 0$ ist und falls der Quotient $[f'(x)/g'(x)]$ einen Grenzwert hat, kann die Regel von Bernoulli und L'Hospital angewendet werden: $\lim\limits_{x\to a} [f(x)/g(x)] = \lim\limits_{x\to a} [f'(x)/g'(x)]$; sie gilt auch im Falle $x \to \infty$.

Beispiele.

7: $$\lim_{x\downarrow 1} \frac{-\ln(x-1)}{1/(x-1)} = \lim_{x\downarrow 1} \frac{-1/(x-1)}{-1/(x-1)^2} = \lim_{x\downarrow 1}(x-1) = 0.$$

8: $$\lim_{x\to\pi/2} \frac{\tan 3x}{\tan x} = \lim_{x\to\pi/2} \frac{3/(\cos^2 3x)}{1/(\cos^2 x)} = \lim_{x\to\pi/2} \frac{3\cos^2 x}{\cos^2 3x} = \lim_{x\to\pi/2} \frac{-6\cos x \sin x}{-6\cos 3x \sin 3x}$$
$$= \lim_{x\to\pi/2} \frac{\sin 2x}{\sin 6x} = \lim_{x\to\pi/2} \frac{2\cos 2x}{6\cos 6x} = \frac{1}{3}.$$

9: $\lim\limits_{x\to\infty} \dfrac{x+\sin x}{x}$ läßt sich nicht mit der Regel von Bernoulli und L'Hospital behandeln, da $\lim\limits_{x\to\infty} \cos x$ nicht existiert. Trotzdem existiert
$$\lim_{x\to\infty} \frac{x+\sin x}{x} = \lim_{x\to\infty}\left(1+\frac{\sin x}{x}\right) = 1.$$

10: $$\lim_{x\to\infty} \frac{e^x}{x^4} = \lim_{x\to\infty} \frac{e^x}{4x^3} = \lim_{\to\infty} \frac{e^x}{12x^2} = \lim_{x\to\infty} \frac{e^x}{24x} = \lim_{x\to\infty} \frac{e^x}{24} = \infty.$$

11: $\lim\limits_{x\to\infty} \dfrac{x^n}{a^x} = \lim\limits_{x\to\infty} \dfrac{nx^{n-1}}{a^x \ln a} = \cdots = \lim\limits_{x\to\infty} \dfrac{n!}{a^x (\ln a)^n} = 0$ für n positiv, ganz; $a > 1$.

12: $\lim\limits_{x\to\infty} \dfrac{\ln x}{x^n} = \lim\limits_{x\to\infty} \dfrac{1/x}{n\cdot x^{n-1}} = \lim\limits_{x\to\infty} \dfrac{1}{n\cdot x^n} = 0$ für positive ganzzahlige n.

Nach den letzten beiden Beispielen wächst die Exponentialfunktion a^x stärker gegen Unendlich als jede Potenz x^n, jede Potenzfunktion aber stärker als der Logarithmus.

Die übrigen unbestimmten Ausdrücke. Mit Hilfe der Regel von Bernoulli und L'Hospital lassen sich auch die übrigen unbestimmten Ausdrücke behandeln, indem man die Funktionen durch identische Umformungen auf eine Gestalt bringt, die für die kritische Stelle auf den unbestimmten Ausdruck $0/0$ oder ∞/∞ führt. Ist $\lim\limits_{x\to a} [f(x)\cdot g(x)]$ für den Fall $\lim\limits_{x\to a} f(x) = 0$, $\lim\limits_{x\to a} g(x) = \infty$ zu berechnen, so schreibt man $f(x)\cdot g(x) = \dfrac{f(x)}{1/g(x)}$ oder $f(x)\cdot g(x) = \dfrac{g(x)}{1/f(x)}$ und hat somit den Fall $0/0$ bzw. ∞/∞.

Beispiel 13: $\lim\limits_{x\to\infty} x \operatorname{arccot} x = \lim\limits_{x\to\infty} \dfrac{\operatorname{arccot} x}{1/x} = \lim\limits_{x\to\infty} \dfrac{-1/(1+x^2)}{-1/x^2} = \lim\limits_{x\to\infty} \dfrac{x^2}{x^2+1} = 1.$

Ist $\lim\limits_{x\to a} [f(x) - g(x)]$ für den Fall $\lim\limits_{x\to a} f(x) = \lim\limits_{x\to a} g(x) = \infty$ zu berechnen, so schreibt man
$$f(x) - g(x) = \frac{1}{1/f(x)} - \frac{1}{1/g(x)} = \frac{1/g(x) - 1/f(x)}{1/[f(x)\cdot g(x)]} = \frac{\varphi(x)}{\psi(x)} \quad \text{mit } \lim_{x\to a}\varphi(x) = \lim_{x\to a}\psi(x) = 0.$$

Beispiel 14: $\lim\limits_{x\to 0}\left(\dfrac{1}{\sin x}-\dfrac{1}{x+x^2}\right)=\lim\limits_{x\to 0}\dfrac{x+x^2-\sin x}{(x+x^2)\sin x}=\lim\limits_{x\to 0}\dfrac{1+2x-\cos x}{(1+2x)\sin x+(x+x^2)\cos x}$

$$=\lim_{x\to 0}\frac{2+\sin x}{2\sin x-(x+x^2)\sin x+(2+4x)\cos x}=1.$$

Ist $\lim f(x)^{g(x)}$ für einen der Fälle $\lim\limits_{x\to a} f(x)=\lim\limits_{x\to a} g(x)=0$; $\lim\limits_{x\to a} f(x)=\infty$, $\lim\limits_{x\to a} g(x)=0$ oder $\lim\limits_{x\to a} f(x)=1$, $\lim\limits_{x\to a} g(x)=\infty$ zu berechnen, so ist in jedem dieser Fälle $\ln f(x)^{g(x)}=g(x)\ln f(x)$ ein Produkt, dessen einer Faktor gegen Null und dessen anderer gegen Unendlich strebt. Daher ist $\lim\limits_{x\to a}[g(x)\ln f(x)]$ in bekannter Weise zu bestimmen.

Beispiele. 15: Zu berechnen sei $\lim\limits_{x\downarrow 0} x^x$. Es ist $\ln x^x = x\ln x$ und $\lim\limits_{x\downarrow 0} x\ln x=\lim\limits_{x\downarrow 0}\dfrac{\ln x}{1/x}$ $=\lim\limits_{x\downarrow 0}\dfrac{1/x}{-1/x^2}=\lim\limits_{x\downarrow 0}(-x)=0$. Damit ergibt sich $\lim\limits_{x\downarrow 0} x^x=\lim\limits_{x\downarrow 0} e^{x\ln x}=1$, da $\lim\limits_{\xi\to 0} a^\xi=1$ gilt.

16: Um $\lim\limits_{x\to\infty}\sqrt[x]{x}$ zu berechnen, setzt man $\ln\sqrt[x]{x}=(1/x)\ln x$. Aus $\lim\limits_{x\to\infty}\dfrac{\ln x}{x}=\lim\limits_{x\to\infty}\dfrac{1/x}{1}=0$ folgt sodann $\lim\limits_{x\to\infty}\sqrt[x]{x}=1$.

Stetigkeit einer Funktion

Von der Anschauung her versteht man unter dem Bild einer in einem Intervall J stetigen Funktion eine glatte Kurve, die nirgends unterbrochen ist, die man zeichnen kann, ohne den Stift abzusetzen. Für die Funktion bedeutet das, daß sie in jedem Punkt $x=\xi$ des Intervalls definiert ist und daß sie sich bei kleinen Änderungen des Arguments nur wenig ändert (Abb. 18.3-6). Diese Vorstellung läßt sich präzisieren.

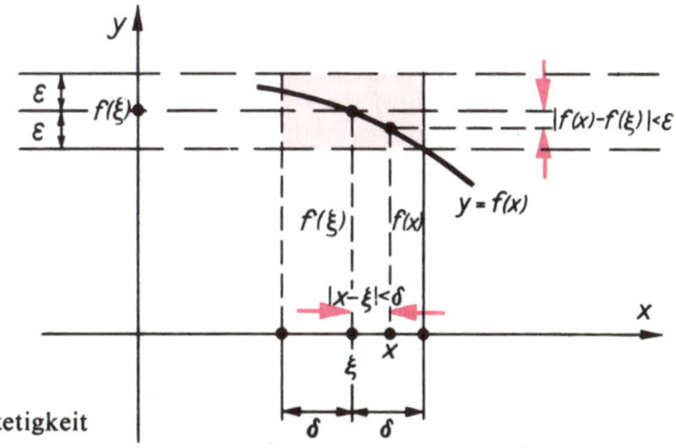

18.3-6 Geometrische Veranschaulichung der Stetigkeit

Eine in einer Umgebung von $x=\xi$ und in ξ selbst definierte **Funktion** $y=f(x)$ heißt an dieser Stelle **stetig**, wenn *zu jedem beliebig kleinen* $\varepsilon>0$ *stets eine passende Zahl* $\delta(\varepsilon)>0$ so angegeben werden kann, daß $|f(x)-f(\xi)|<\varepsilon$ ausfällt *für alle* x *mit* $|x-\xi|<\delta(\varepsilon)$.
Diese Aussage ist gleichbedeutend damit, daß der *Grenzwert* $\lim\limits_{x\to\xi} f(x)$ *existiert und gleich dem Funktionswert* $f(\xi)$ ist: $\lim\limits_{x\to\xi} f(x)=f(\xi)$.

Zur Stetigkeit von Funktionen mehrerer Variabler vgl. Kap. 19.2.

Beispiel 1: $y=f(x)=3x^2-1$ ist an allen Stellen $x=\xi$ stetig. Wird zunächst angenommen $|x-\xi|<1$, dann ist $|x+\xi|=|2\xi+(x-\xi)|\leqslant 2|\xi|+1$. Damit erhält man $|f(x)-f(\xi)|$ $=|3x^2-1-(3\xi^2-1)|=3|x^2-\xi^2|=3|x+\xi|\cdot|x-\xi|\leqslant 3(2|\xi|+1)\cdot|x-\xi|<\varepsilon$ für alle x mit $|x-\xi|<\dfrac{\varepsilon}{3(2|\xi|+1)}$. Wählt man bei vorgegebenem $\varepsilon>0$ für $\delta(\varepsilon)=\mathrm{Min}\left[1,\dfrac{\varepsilon}{3(2|\xi|+1)}\right]$, so hat man die Stetigkeit der gegebenen Funktion erwiesen.

Einseitige Stetigkeit. Wenn für $x\to\xi$ nur der rechts- bzw. linksseitige Grenzwert existiert und dem Funktionswert $f(\xi)$ gleich ist, spricht man von *rechts-* bzw. *linksseitiger Stetigkeit*; z. B. ist $y=\sqrt{x}$ für $x=0$ rechtsseitig stetig, da $\lim\limits_{x\downarrow 0}\sqrt{x}=0=f(0)$. Ist eine Funktion an der Stelle $x=\xi$ stetig, so ist sie dort sowohl rechts- als auch linksseitig, also *beiderseitig stetig*, und umgekehrt.

Stetigkeit in einem Intervall. Eine Funktion $y=f(x)$ ist in einem Intervall stetig, wenn sie in jedem inneren Punkt des Intervalls stetig ist und, falls das Intervall nach links bzw. rechts abgeschlossen ist, im linken Randpunkt noch rechtsseitig bzw. im rechten Randpunkt noch linksseitig stetig ist.

Die Funktion $y = 3x^2 - 1$ z. B. ist in jedem Intervall stetig; dagegen ist $y = 1/(2 - x)$ nicht im ganzen Intervall $1 \leqslant x \leqslant 5$ stetig, für $x = 2$ ist die Funktion *unstetig*, weil dort kein Funktionswert existiert.

Gleichmäßige Stetigkeit. Das Beispiel der Funktion $f(x) = 3x^2 - 1$ zeigt, daß das zu $\varepsilon > 0$ gehörende $\delta(\varepsilon)$ im allgemeinen noch von der Lage der Stelle ξ abhängt. Kann für eine Funktion bei vorgegebenem $\varepsilon > 0$ für alle Stellen eines Intervalls ein einziger $\delta(\varepsilon)$-Wert angegeben werden, um $|f(x) - f(\xi)| < \varepsilon$ garantieren zu können, so heißt die Funktion in diesem Intervall *gleichmäßig stetig* (vgl. Kap. 21.1.). Ein solcher, für ein ganzes Intervall gültiger $\delta(\varepsilon)$-Wert existiert genau dann, wenn zu jeder Stelle des Intervalls ein δ-Wert so gewählt werden kann, daß diese stellenabhängigen δ-Werte der stetigen Funktion $y = f(x)$ eine positive untere Grenze haben; die Funktion $f(x) = 3x^2 - 1$ z. B. ist im Intervall $2 \leqslant x \leqslant 5$ gleichmäßig stetig, denn für $\varepsilon \leqslant 33$ gilt $\delta(\varepsilon, \xi) = \text{Min}\left[1, \dfrac{\varepsilon}{3(2|\xi|+1)}\right] \geqslant \varepsilon/33$, d. h., $\delta(\varepsilon) = \varepsilon/33$ gilt für alle Stellen dieses Intervalls. Dagegen ist $y = \tan x$ im Intervall $0 \leqslant x < \pi/2$ wohl stetig, aber nicht gleichmäßig stetig; denn je näher ξ dem Werte $\pi/2$ kommt, um so kleiner muß für einen vorgegebenen ε-Wert der zugehörige $\delta(\varepsilon)$-Wert sein; für $\xi \to \pi/2$ streben die δ-Werte gegen Null. Allgemein gilt der folgende Satz.

Eine im abgeschlossenen Intervall $[a, b]$ stetige Funktion $f(x)$ ist dort auch gleichmäßig stetig.

Das Beispiel $y = \tan x$ zeigt, daß die Voraussetzung der Abgeschlossenheit des Intervalls wesentlich ist.

Unstetigkeitsstellen. Eine Stelle $x = \xi$, an der die Funktion $y = f(x)$ nicht stetig ist, heißt *Unstetigkeitsstelle*. An solchen Stellen existiert entweder kein Funktionswert oder kein Grenzwert, oder es sind beide zwar vorhanden, aber einander nicht gleich. Zu den Unstetigkeitsstellen gehören z. B. die *Pole* oder *Unendlichkeitsstellen* gebrochenrationaler Funktionen.
An *Unbestimmtheitsstellen* nimmt die Funktion formal einen unbestimmten Ausdruck an; z. B. hat die Funktion $y = (\sin x)/x$ bei $x = 0$ eine Unbestimmtheitsstelle. Da jedoch für $x \to 0$ sowohl rechts- als auch linksseitiger Grenzwert existieren und beide gleich 1 sind, kann man eine *Ersatzfunktion* $f^*(x)$ betrachten, die für $x \neq 0$ die Werte von $(\sin x)/x$, für $x = 0$ aber den Wert 1 des Grenzwertes hat; $f^*(x)$ ist dann für $x = 0$ stetig, die Unstetigkeit ist »behoben«. Man spricht deshalb von *hebbarer Unstetigkeit*. Die Unstetigkeit der Funktion $y = f(x)$ an der Unbestimmtheitsstelle $x = \xi$ ist hebbar, wenn die einseitigen Grenzwerte $\lim\limits_{x \downarrow \xi} f(x) = \lim\limits_{x \uparrow \xi} f(x) = G$ existieren, endlich und einander gleich sind; man kann dann von $f(x)$ zu der für $x = \xi$ stetigen Ersatzfunktion $f^*(x) = \{f(x)$ für $x \neq \xi$; G für $x = \xi\}$ übergehen.
Haben in einer *gebrochenrationalen Funktion* $p(x)/q(x)$ der Zähler $p(x)$ und der Nenner $q(x)$ den gemeinsamen Linearfaktor $x - x_0$, so ist $x = x_0$ eine Unbestimmtheitsstelle. Ist $p(x) = (x - x_0)^i \, p_1(x)$, $q(x) = (x - x_0)^k \, q_1(x)$ und $i > k$, so liegt eine *hebbare Unstetigkeit* vor. Die für $x = x_0$ stetige Ersatzfunktion $f^*(x)$ ist $(x - x_0)^{i-k} \, p_1(x)/q_1(x)$ für $x \neq x_0$ und hat für $x = x_0$ den Wert Null. Auch für $i = k$ ist die Unstetigkeit hebbar, und $p_1(x)/q_1(x)$ ist die Ersatzfunktion. Für $i < k$ dagegen hat die Ersatzfunktion $(x - x_0)^{i-k} \, p_1(x)/q_1(x)$ an der Stelle $x = x_0$ einen *Pol von der Ordnung* $(k - i)$ und ist deshalb dort nicht stetig (vgl. Kap. 5.2. – Nullstellen und Pole gebrochenrationaler Funktionen).

Sprung. An einer Sprungstelle sind der linksseitige und der rechtsseitige Grenzwert verschieden voneinander; die Funktion kann dort nicht stetig sein.
Die einem festen Körper zugeführte Wärme erhöht seine Temperatur t. Sein Wärmeinhalt W ist an der Stelle $t = t_s$ des Schmelzpunktes keine stetige Funktion der Temperatur, weil für diese Temperatur der Wärmeinhalt der Schmelze größer ist als der des festen Körpers (Abb. 18.3-7).

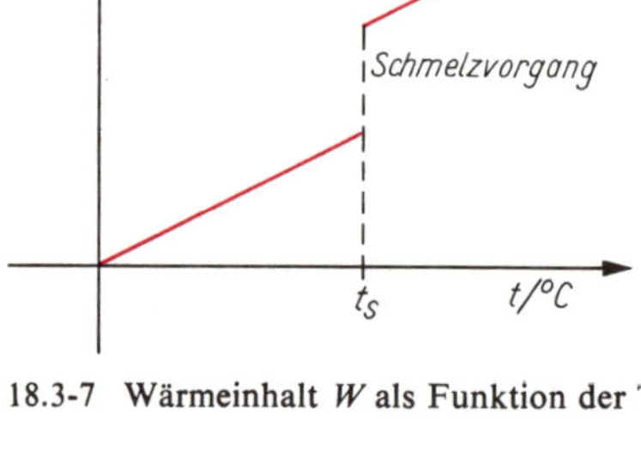

18.3-7 Wärmeinhalt W als Funktion der Temperatur t; t_s Schmelztemperatur

Beispiel 2: Die Funktion $y = f(x) = \text{Arctan}\,[1/(x - c)]$ hat an der Stelle $x = c$ einen Sprung von der Sprunghöhe π (Abb. 18.3-8a), denn es gilt $\lim\limits_{x \uparrow c} \text{Arctan}\,[1/(x - c)] = \lim\limits_{z \to -\infty} \text{Arctan}\, z = -\pi/2$ und $\lim\limits_{x \downarrow c} \text{Arctan}\,[1/(x - c)] = \lim\limits_{z \to +\infty} \text{Arctan}\, z = +\pi/2$.

Beispiel 3: Die Funktion $y = f(x) = e^{1/(x-c)}$ hat an der Stelle $x = c$ einen unendlichen Sprung (Abb. 18.3-8b), denn es gilt $\lim\limits_{x \uparrow c} e^{1/(x-c)} = \lim\limits_{z \to -\infty} e^z = 0$ und $\lim\limits_{x \downarrow c} e^{1/(x-c)} = \lim\limits_{z \to +\infty} e^z = +\infty$.

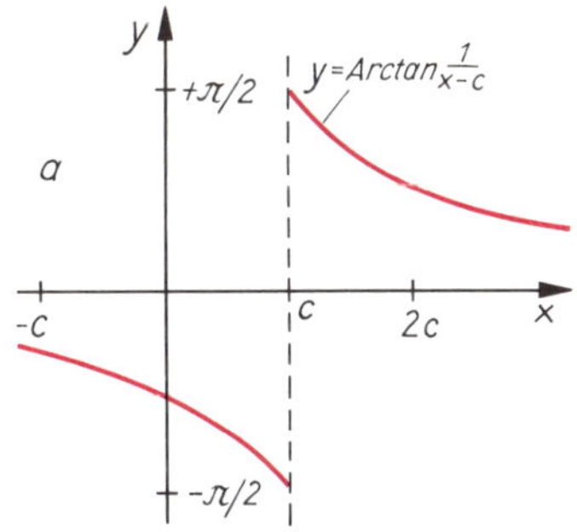

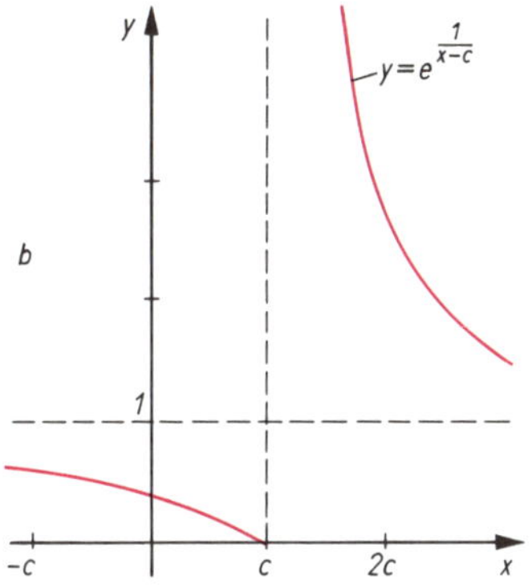

18.3-8 Bild einer Funktion (a) mit endlichem, (b) mit unendlichem Sprung

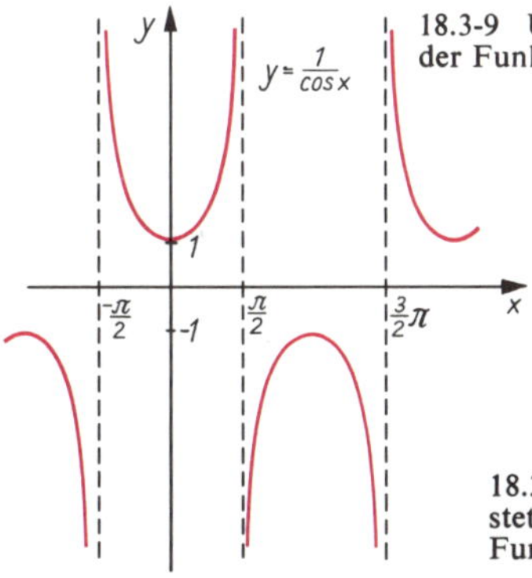

18.3-9 Unendliche Sprünge der Funktion $y = 1/\cos x$

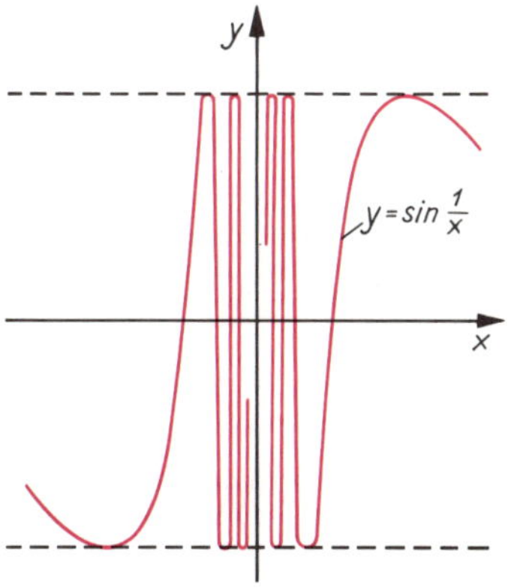

18.3-10 Kurve der unstetigen oszillierenden Funktion $y = \sin(1/x)$

Beispiel 4: Die Funktion $y = f(x) = 1/\cos x$ hat an den Stellen $\pi/2 + k\pi$ mit $k = 0, \pm 1, \pm 2, \ldots$ unendliche Sprünge (Abb. 18.3-9), bei geradem k von $+\infty$ auf $-\infty$, bei ungeradem umgekehrt.

Oszillierende Funktionen mit Unstetigkeiten. Die Funktion $y = f(x) = \sin(1/x)$ ist für die Stelle $x = 0$ nicht definiert, also dort nicht stetig. Wie klein auch die positive Zahl δ gewählt wird, so gibt es doch im Intervall $-\delta < x < +\delta$ für $n > 2/(\pi\delta)$ unendlich viele Stellen $x = 2/(\pi n)$, d. h., $1/x = \pi n/2$ mit folgender Eigenschaft: Für $n_1 = 2\nu$, $n_2 = 4\nu + 1$, $n_3 = 4\nu + 3$ mit ν ganz nimmt die Funktion $y = \sin(1/x)$ die Werte 0, +1 oder −1 an (Abb. 18.3-10). Die Funktion pendelt um so rascher zwischen +1 und −1 hin und her, je größer n ist, je näher also x der Stelle $x = 0$ rückt. Deshalb hat die Funktion für $x \to 0$ keinen Grenzwert; die dort auftretende Unstetigkeit ist nicht hebbar. Dagegen ist die bei der Funktion $y = x \sin(1/x)$ ebenfalls an der Stelle $x = 0$ auftretende Unstetigkeit hebbar, da $\lim\limits_{x \to 0} x \sin(1/x) = 0$. Demzufolge ist $f^*(x) = \{x \sin(1/x)$ für $x \neq 0$; 0 für $x = 0\}$ eine für $x = 0$ stetige Ersatzfunktion von $y = x \sin(1/x)$ (Abb. 18.3-11).

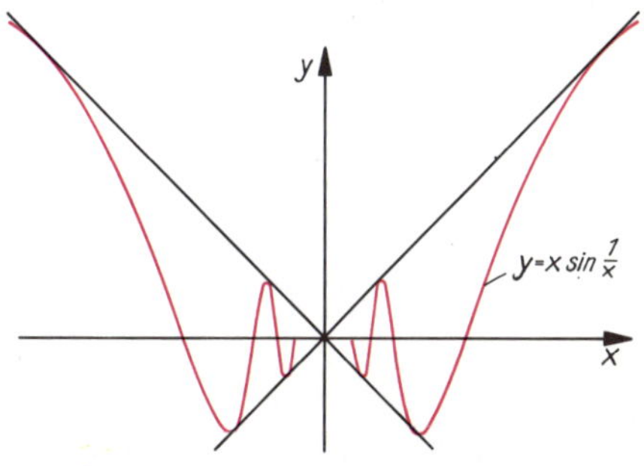

18.3-11 Kurve der oszillierenden Funktion $y = x \sin(1/x)$ mit hebbarer Unstetigkeit

Sätze über stetige Funktionen. Aus den Regeln für das Rechnen mit Grenzwerten läßt sich sofort der folgende Satz gewinnen.

Summe, Differenz und Produkt zweier in $x = \xi$ stetiger Funktionen sind an dieser Stelle ebenfalls stetig; ihr Quotient ist stetig, falls der Nenner für $x = \xi$ nicht Null ist.

Da man $g(x) = c = \text{const}$ und $h(x) = x$ unmittelbar als überall stetige Funktionen erkennt, folgt nach diesem Satz sofort die Stetigkeit aller aus ihnen mittels der vier Grundrechenarten gewonnenen Funktionen. Damit sind die ersten beiden der folgenden Aussagen über die Stetigkeit der elementaren Funktionen bewiesen.

1. Jede ganzrationale Funktion $f(x) = a_n x^n + a_{n-1}x^{n-1} + \cdots + a_1 x + a_0$ ist überall stetig.
2. Die gebrochenrationale Funktion $p(x)/q(x)$ ist stetig an allen Stellen ξ, für die $q(\xi) \neq 0$.
3. Die Exponentialfunktionen $f(x) = a^x$ mit $a > 0$ sind überall stetig.
4. Die Logarithmusfunktionen $f(x) = \log_g x$ mit $g > 0$ und $g \neq 1$ sind für jedes positive Argument stetig.
5. Die trigonometrischen Funktionen $\sin x$ und $\cos x$ sind überall stetig; die Funktion $\tan x = \sin x/\cos x$ ist stetig für alle $\xi \neq (2k+1)\pi/2$ mit k ganz und die Funktion $\cot x = \cos x/\sin x$ für alle $\xi \neq k\pi$ mit k ganz.

Mit Hilfe des bereits ermittelten Grenzwertes $\lim\limits_{x\to 0} a^x = 1$ erhält man $\lim\limits_{x\to\xi} a^x = \lim\limits_{x\to\xi} (a^\xi \cdot a^{x-\xi}) = a^\xi \cdot \lim\limits_{x\to\xi} a^{x-\xi} = a^\xi \cdot \lim\limits_{h\to 0} a^h = a^\xi \cdot 1 = a^\xi$, also die Stetigkeit der Exponentialfunktionen. Analog folgt aus $\lim\limits_{x\to\xi} \log_g x = \log_g \xi$ für $\xi > 0$ und $g > 1$ die Stetigkeit der Logarithmusfunktionen. Wegen $\log_g x = -\log_{1/g} x$ gilt das Resultat auch für $0 < g < 1$, mithin für alle zulässigen Basen. Schließlich ist $\lim\limits_{x\to 0} \sin x = 0$ wegen $-|x| \leqslant \sin x \leqslant |x|$ und $\lim\limits_{x\to 0} \cos x = 1$, wie bereits gezeigt wurde; damit erhält man für $x \to \xi$

$$\sin x = \sin(\xi + x - \xi) = \sin\xi \cos(x-\xi) + \cos\xi \sin(x-\xi) \longrightarrow \sin\xi,$$

$$\cos x = \cos(\xi + x - \xi) = \cos\xi \cos(x-\xi) - \sin\xi \sin(x-\xi) \longrightarrow \cos\xi.$$

Für die Stetigkeit der Funktionen $\tan x = \sin x/\cos x$ und $\cot x = \cos x/\sin x$ sind dann nur die Nullstellen ihrer Nenner auszuschließen.

Stetigkeit der Umkehrfunktion. Die *zyklometrischen Funktionen* $y = \text{Arcsin}\, x$, $y = \text{Arccos}\, x$, $y = \text{Arctan}\, x$, $y = \text{Arccot}\, x$ sind als Umkehrfunktionen der stetigen trigonometrischen Funktionen ebenfalls stetig, da der folgende Satz gilt:

Ist $f(x)$ eine im Intervall I umkehrbare Funktion und $\varphi(x)$ ihre Umkehrfunktion, so folgt aus der Stetigkeit von $f(x)$ an der Stelle $x = \xi \in I$ die Stetigkeit von $\varphi(x)$ an der Stelle $x = f(\xi)$.

Danach sind die Wurzelfunktionen $y = \sqrt[n]{x}$ für alle positiven x stetig, denn sie lassen sich für $x > 0$ als Umkehrfunktionen von $y = x^n$ auffassen.

Stetigkeit der mittelbaren Funktionen. Sei $y = f[\varphi(x)]$ eine mittelbare Funktion, deren *innere Funktion* $t = \varphi(x)$ an der Stelle $x = \xi$ stetig und deren *äußere Funktion* $y = f(t)$ an der Stelle $t = \tau = \varphi(\xi)$ stetig ist. Damit ist die mittelbare Funktion $y = f[\varphi(x)]$ für $x = \xi$ stetig.

Jede stetige Funktion von einer stetigen Funktion ist wieder stetig.

Wegen $\lim\limits_{t\to\tau} f(t) = f(\tau)$ gibt es zu beliebigem $\varepsilon > 0$ stets eine passende Zahl $\delta_1(\varepsilon) > 0$, so daß $|f(t) - f(\tau)| < \varepsilon$ ausfällt für alle $|t - \tau| < \delta_1(\varepsilon)$. Weiter gibt es wegen $\lim\limits_{x\to\xi} \varphi(x) = \varphi(\xi) = \tau$ zu jeder beliebigen positiven Zahl, etwa zu $\delta_1(\varepsilon)$, eine passende Zahl $\delta(\delta_1(\varepsilon)) = \delta_2(\varepsilon)$, so daß $|\varphi(x) - \varphi(\xi)| < \delta_1(\varepsilon)$ für alle x mit $|x - \xi| < \delta_2(\varepsilon)$. Demzufolge kann man zu jeder beliebigen Zahl $\varepsilon > 0$ eine Zahl $\delta_2(\varepsilon)$ so angeben, daß für alle x mit $|x - \varepsilon| < \delta_2(\varepsilon)$ gilt $|f[\varphi(x)] - f[\varphi(\xi)]| < \varepsilon$.
Mit Hilfe dieses Satzes kann man die Stetigkeit vieler Funktionen nachweisen. Danach sind z. B. alle Funktionen $y = \sqrt[n]{p(x)}$, in denen $p(x)$ ein Polynom bedeutet, für alle $x = \xi$ stetig, für die $p(\xi) \geqslant 0$ ist, denn das Polynom $p(x)$ ist für alle x und die Funktion $y = \sqrt[n]{t}$ für alle $t \geqslant 0$ stetig. Auch die Funktion $f(x) = e^{\sin x}$ ist überall stetig, da $t = \sin x$ und $y = e^t$ überall stetige Funktionen sind. Gleichfalls überall stetig sind $\text{Arctan}\,(x^2)$, $\cos(5x^2 - e^{4x+1})$, $\sin(1/x)$ für $x \neq 0$.

Eigenschaften stetiger Funktionen. Die in einem Intervall stetigen Funktionen bilden eine Klasse von Funktionen mit bemerkenswerten Eigenschaften wie die folgende, die GAUSS und andere führende Mathematiker seiner Zeit noch für selbstverständlich hielten und für die Bernard BOLZANO (1781 bis 1848) den ersten Beweis veröffentlichte.

Satz von Bolzano. Nimmt eine in einem abgeschlossenen Intervall stetige Funktion $f(x)$ in zwei Punkten a, b dieses Intervalls Funktionswerte mit verschiedenen Vorzeichen an, so gibt es zwischen a und b mindestens einen Punkt ξ, für den die Funktion $f(x)$ verschwindet.

Der Beweis wird erbracht, indem man einen solchen Punkt ξ, für den unter den genannten Voraussetzungen $f(\xi) = 0$ ist, durch eine Intervallschachtelung erfaßt.
Der Satz von Bolzano liegt unter anderem vielen Näherungsmethoden zum Auflösen von Gleichungen zugrunde; z. B. folgt aus ihm, daß ein Polynom $p(x)$ ungeraden Grades mindestens eine reelle Nullstelle hat, denn $p(\omega)$ und $p(-\omega)$ haben bei hinreichend großem ω sicher verschiedene Vorzeichen.
Folgerungen aus dem Satz von Bolzano sind:

1. Eine stetige Funktion, die im Intervall I nicht verschwindet, muß dort überall dasselbe Vorzeichen haben.
2. Eine in einem abgeschlossenen Intervall stetige Funktion $f(x)$ nimmt mit zwei Werten $f(a) = A$ und $f(b) = B$ und $A \neq B$ auch jeden zwischen A und B gelegenen Wert mindestens einmal an.

Weitere grundlegende Eigenschaften stetiger Funktionen sind:

Eine in x_0 stetige Funktion $y = f(x)$ hat, falls $f(x_0) \neq 0$, in einer gewissen Umgebung von x_0 dasselbe Vorzeichen wie in x_0 selbst.
Eine in einem abgeschlossenen Intervall stetige Funktion ist dort beschränkt.
Satz von Weierstraß: Eine in einem abgeschlossenen Intervall stetige Funktion nimmt dort ihre obere und ihre untere Grenze an.

In diesen Sätzen kann auf die Voraussetzung der Abgeschlossenheit des Intervalls nicht verzichtet werden. Die Funktion $y = 1/x$ z. B. ist in dem links offenen Intervall $0 < x \leqslant 1$ stetig, nimmt aber um so größere Werte an, je näher x dem Werte 0 kommt; sie ist unbeschränkt. Dagegen ist sie in jedem abgeschlossenen Intervall $a \leqslant x \leqslant 1$ mit $a > 0$ beschränkt, es gilt $1 \leqslant f(x) \leqslant 1/a$. In nicht abgeschlossenen Intervallen braucht auch der Satz von Weierstraß nicht zu gelten, wie die im rechts offenen Intervall $0 \leqslant x < 1$ stetige Funktion $y = x$ zeigt, die wegen $\lim_{x \to 1} y = 1$ in keinem Punkt des Intervalls einen Wert annimmt, der größer ist als alle anderen Funktionswerte.

19. Differentialrechnung

Die Aufgabe, die Tangente an die Bildkurve einer gegebenen Funktion $f(x)$ durch einen Punkt $(x, f(x))$ zu definieren, führt zu einem Grenzwert besonderer Art, dem Differentialquotienten. Existiert der Differentialquotient einer Funktion, dann liefert er gerade den Wert für den Anstieg der Tangente im betrachteten Punkt. Wird durch die Funktion $f(t)$ die Bewegung eines Massepunktes beschrieben, dann stellt der Differentialquotient von $f(t)$ in $t = t_0$ die Momentangeschwindigkeit des Massepunktes zur Zeit $t = t_0$ dar. Die Untersuchung der Eigenschaften des Differentialquotienten einer Funktion ist Gegenstand der Differentialrechnung. Die Differential- und Integralrechnung, zusammengefaßt auch *Infinitesimalrechnung* genannt, stellen die Grundlage für die höhere Analysis dar. Die Infinitesimalrechnung wurde in der zweiten Hälfte des 17. Jahrhunderts etwa gleichzeitig und unabhängig voneinander von Gottfried Wilhelm LEIBNIZ (1646–1716) und Isaak NEWTON (1643–1727) entwickelt. Während LEIBNIZ vom Tangentenproblem ausging, gelangte NEWTON durch die Untersuchung physikalischer Probleme zur Differentialrechnung. NEWTON erkannte auch, daß die Integration als Umkehrung der Differentiation aufgefaßt werden kann.

19.1. Differentiation von Funktionen einer Variablen

Differentialquotient einer Funktion

Differenzenquotient. Ist $y = f(x)$ eine im Intervall $I \in \mathbf{R}$ definierte Funktion, so stellt $P_n = (x_n, y_n) = (x_n, f(x_n))$ einen Punkt auf der Bildkurve $\boldsymbol{K}$ der Funktion dar. Ist dann $P_0 = (x_0, f(x_0))$ ein fester Punkt von $\boldsymbol{K}$ und ist $\{P_1, P_2, \ldots, P_n, \ldots\}$ eine beliebige Folge von Bildpunkten (Abb.19.1-1), so sind die Differenzen $\Delta x_n = h_n = x_n - x_0$ und $\Delta y_n = y_n - y_0 = f(x_n) - f(x_0) = f(x_0 + \Delta x_n) - f(x_0) = f(x_0 + h_n) - f(x_0)$ und für $x_n \neq x_0$ die Quotienten $\Delta y_n / \Delta x_n$ definiert.

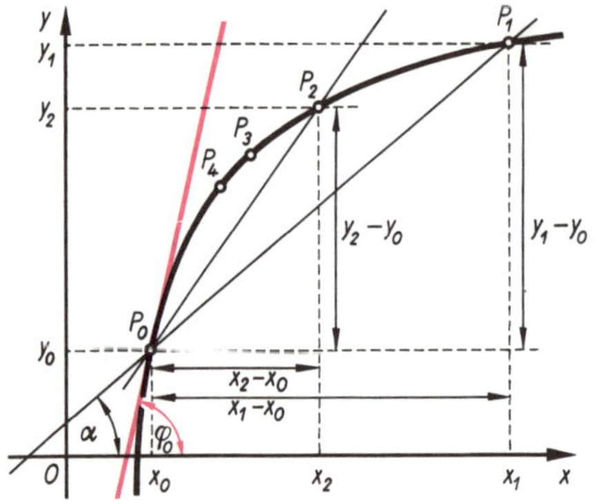

19.1-1 Anstieg einer Kurve in einem Punkt P_0

Dieser von x_0 und x_n abhängige Quotient $\dfrac{\Delta y_n}{\Delta x_n} = \dfrac{f(x_0 + h_n) - f(x_0)}{h_n}$ heißt *Differenzenquotient* von $f(x)$ in x_0. Er stellt geometrisch den Anstieg $\tan \alpha_n$ der Geraden durch die Punkte P_0 und P_n dar. Eine solche Gerade nennt man *Sekante* der Kurve $\boldsymbol{K}$, α_n ist dabei die Größe des im positiven Drehsinn gemessenen Winkels zwischen der x-Achse und der Sekante

$$\tan \alpha_n = \frac{\Delta y_n}{\Delta x_n} = \frac{y_n - y_0}{x_n - x_0} = \frac{f(x_n) - f(x_0)}{x_n - x_0} = \frac{f(x_0 + h_n) - f(x_0)}{h_n}.$$

Differentialquotient einer Funktion. Gilt für jede Punktfolge $\{P_1, P_2, \ldots, P_n \ldots\}$, für die $P_n \in \boldsymbol{K}$ mit $\lim\limits_{n\to\infty} x_n = x_0$ ist, stets $\lim\limits_{n\to\infty} \dfrac{\Delta x_n}{\Delta y_n} = A$, dann heißt dieser Grenzwert A *Differentialquotient* oder *Ableitung* von $f(x)$ in x_0. Man bezeichnet ihn mit $\left(\dfrac{\mathrm{d}y}{\mathrm{d}x}\right)_{x=x_0}$ bzw. mit $f'(x_0)$ oder mit $\dfrac{\mathrm{d}f}{\mathrm{d}x}(x_0)$ [lies f Strich von x_0, $\mathrm{d}f$ nach $\mathrm{d}x$ für $x = x_0$]. Für $x \in I = D(f)$ kann der Differenzenquotient von $f(x)$ in x_0 auch als Funktion von $h = \Delta x = x - x_0$ aufgefaßt werden: $\dfrac{\Delta y}{\Delta x}(h) = \dfrac{f(x_0 + h) - f(x_0)}{h}$.

$$f'(x_0) = \left(\frac{\mathrm{d}y}{\mathrm{d}x}\right)_{x=x_0} = \lim_{\Delta x\to 0} \frac{\Delta y}{\Delta x} = \lim_{h\to 0} \frac{f(x_0 + h) - f(x_0)}{h}$$

Der Differentialquotient von $f(x)$ in x_0 wird dann definiert als Grenzwert des Differenzenquotienten für $h = \Delta x \to 0$.

Existiert der Differentialquotient der Funktion $f(x)$ in x_0, dann heißt die Funktion $f(x)$ an der Stelle x_0 *differenzierbar*. Unter Benutzung der Grenzwertdefinition kann die Differenzierbarkeit einer Funktion auch so beschrieben werden:

Eine Funktion $f(x)$ ist in x_0 differenzierbar und hat den Differentialquotienten $f'(x_0)$, wenn es zu jedem $\varepsilon > 0$ ein $\delta > 0$ gibt, so daß für alle h mit $0 < |h| < \delta$ gilt:

$$\left| \frac{f(x_0 + h) - f(x_0)}{h} - f'(x_0) \right| < \varepsilon$$

Existiert der rechtsseitige bzw. linksseitige Grenzwert

$$\lim_{h\downarrow 0} \frac{f(x_0 + h) - f(x_0)}{h} \quad \textbf{bzw.} \quad \lim_{h\uparrow 0} \frac{f(x_0 + h) - f(x_0)}{h},$$

dann heißt $f(x)$ in x_0 *rechtsseitig* bzw. *linksseitig differenzierbar*.
Ist $f(x)$ in x_0 differenzierbar, dann stimmen rechts- und linksseitige Ableitung von $f(x)$ in x_0 überein.

Ist eine Funktion $f(x)$ in x_0 differenzierbar, dann ist sie in x_0 auch stetig. Die *Stetigkeit* ist demnach eine notwendige Bedingung für die Differenzierbarkeit; sie ist aber keine hinreichende Bedingung. Es gibt Funktionen (vgl. Beispiele 4, 5, 6), die an einer Stelle stetig, aber nicht differenzierbar sind. Bernhard BOLZANO (1781–1848) gab als erster ein Beispiel einer Funktion an, die in einem Intervall überall stetig, aber dort nirgends differenzierbar ist.

Beispiele. 1: Die Ableitung der Funktion $f(x) = x$ ist an jeder Stelle gleich 1, denn für $x_0 \in \mathbf{R}$ gilt

$$f'(x_0) = \lim_{h\to 0} \frac{(x_0 + h) - (x_0)}{h} = \lim_{h\to 0} \frac{h}{h} = 1.$$

2: Die Funktion $y = x^2$ hat an der Stelle $x = x_0$ den Differentialquotienten $2x_0$. Der Differenzenquotient läßt sich umformen und für von Null verschiedene Werte von Δx kürzen:

$$\frac{\Delta y}{\Delta x} = \frac{(x_0 + \Delta x)^2 - x_0^2}{\Delta x} = \frac{x_0^2 + 2x_0\,\Delta x + (\Delta x)^2 - x_0^2}{\Delta x} = \frac{\Delta x(2x_0 + \Delta x)}{\Delta x} = 2x_0 + \Delta x.$$

Dieser Term konvergiert für $\Delta x \to 0$ gegen den Grenzwert $y'_{x=x_0} = 2x_0$.

3: Für den freien Fall ergibt sich durch Differentiation der Weg-Zeit-Funktion $s = f(t) = gt^2/2$ nach der Zeit t die Geschwindigkeit $v_{t=t_0} = gt_0$, denn es ist

$$\frac{\Delta s}{\Delta t} = \frac{(t_0 + \Delta t)^2 g/2 - t_0^2 g/2}{\Delta t} = \frac{g}{2} \cdot \frac{\Delta t(2t_0 + \Delta t)}{\Delta t} = gt_0 + \frac{g}{2}\Delta t,$$

$$\lim_{\Delta t \to 0} \frac{\Delta s}{\Delta t} = \lim_{\Delta t \to 0} \left(gt_0 + \frac{g}{2}\Delta t\right) = gt_0.$$

4: Die Funktion $y = \sqrt[3]{x}$ ist an der Stelle $x = 0$ nicht differenzierbar (Abb. 19.1-2). Der Differenzenquotient

$$\frac{\Delta y}{\Delta x} = \frac{(0 + \Delta x)^{1/3} - 0^{1/3}}{\Delta x} = \frac{(\Delta x)^{1/3}}{\Delta x} = \frac{1}{(\Delta x)^{2/3}}$$

hat für $\Delta x \to 0$ keinen Grenzwert. Die Tangente an die Kurve der Funktion $y = \sqrt[3]{x}$ steht im Punkte $x = 0$ senkrecht zur x-Achse.

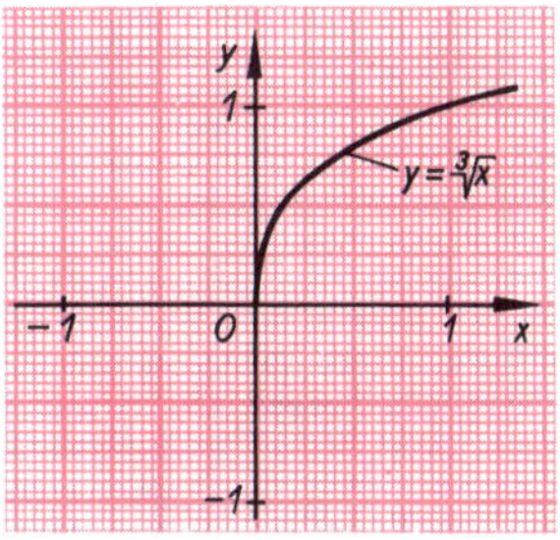

19.1-2 Kurve der Funktion $y = \sqrt[3]{x}$

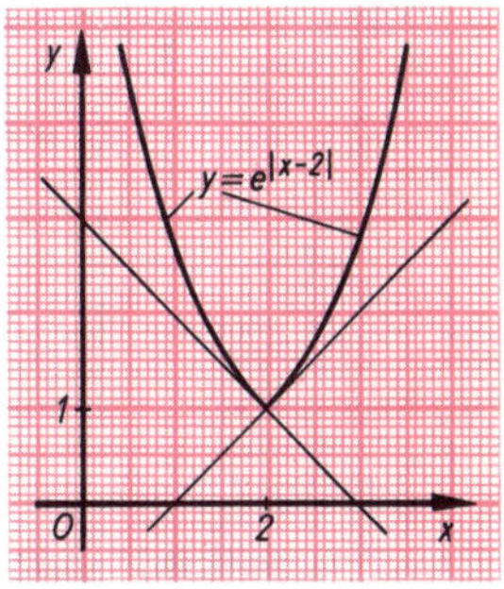

19.1-3 Kurve der Funktion $y = e^{|x-2|}$

5: Die Funktion $y = e^{|x-2|}$ ist an der Stelle $x = 2$ stetig, aber nicht differenzierbar (Abb. 19.1-3). Ihr Differenzenquotient ist $\dfrac{\Delta y}{\Delta x} = \dfrac{e^{|2+\Delta x-2|} - e^{|2-2|}}{\Delta x} = \dfrac{e^{|\Delta x|} - 1}{\Delta x}$ und hat nach den im Kap. 18.3. abgeleiteten Formeln den rechtsseitigen Grenzwert $+1$ und den linksseitigen Grenzwert -1. Der rechtsseitige Grenzwert ist verschieden vom linksseitigen. Die Funktion $e^{|x-2|}$ ist an der Stelle $x = 2$ nur rechts- bzw. linksseitig differenzierbar.

6: Die Funktion $y = {}^1/_2 x\sqrt{x}$ ist an der Stelle $x = 0$ nur rechtsseitig differenzierbar, da negative Abszissen nicht zu ihrem Definitionsbereich gehören. Ihr rechtsseitiger Differentialquotient hat für $x = 0$ den Wert Null, da

$$\frac{\Delta y}{\Delta x} = \frac{{}^1/_2(0 + \Delta x)^{3/2} - {}^1/_2\, 0^{3/2}}{\Delta x} = \frac{1}{2} \cdot \frac{(\Delta x)^{3/2}}{\Delta x} = {}^1/_2 \sqrt{\Delta x} \quad \text{und} \quad \lim_{\Delta x \downarrow 0} ({}^1/_2 \sqrt{\Delta x}) = 0.$$

Ableitung als Funktion

Existiert der Differentialquotient einer in $I =]x_0, x_1[$ definierten Funktion $y = f(x)$ für alle $x_0 < x < x_1$, so heißt die Funktion im *Intervall I differenzierbar*. Jedem Wert x aus dem Intervall I kann dann der Differentialquotient $f'(x) = \dfrac{df(x)}{dx}$ zugeordnet werden, d. h., $f'(x)$ ist eine Funktion von x, die *Ableitung* oder der *Differentialquotient* von $f(x)$. Eine Funktion $f(x)$ heißt in $x^* \in]x_0, x_1[$ *stetig differenzierbar*, wenn ihre Ableitung $f'(x)$ in x^* stetig ist.

Höhere Ableitungen. Die Ableitung $y' = f'(x)$ einer Funktion $y = f(x)$ ist eine Funktion von x Vorausgesetzt, daß diese wiederum differenzierbar ist, wie es für elementare Funktionen fast immer zutrifft, nennt man dann die Ableitung der ersten Ableitung die *zweite Ableitung*, die Ableitung zweiter Ordnung oder den *Differentialquotienten zweiter Ordnung* und bezeichnet sie mit $y'' = f''(x) = \dfrac{d^2y}{dx^2}$

[lies y zwei Strich, f zwei Strich von x oder d zwei y nach dx Quadrat]. Entsprechend kann es auch eine *dritte, vierte, n-te Ableitung* oder einen *Differentialquotienten n-ter Ordnung* geben. Nach später abgeleiteten Regeln hat die Funktion $y = f(x) = 0{,}1x^3 - 0{,}6x^2 - 1{,}5x + 6$ z. B. die Ableitungen $y' = f'(x) = 0{,}3x^2 - 1{,}2\,x - 1{,}5$ sowie $y'' = f''(x) = 0{,}6x - 1{,}2$ und $y''' = f'''(x) = 0{,}6$ (Abb. 19.1-4). In diesem Sinne sind Redewendungen wie „Existenz der Ableitung n-ter Ordnung" oder „beliebig oft differenzierbar" zu verstehen.

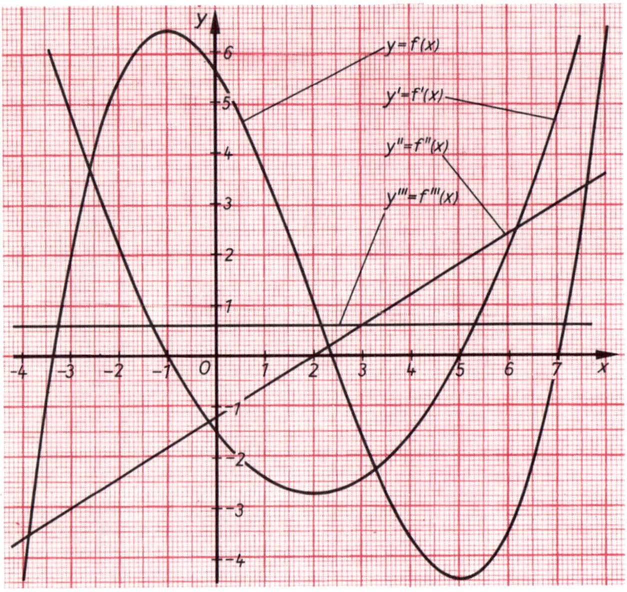

19.1-4 Funktionskurve mit Ableitungskurven

Geometrische und physikalische Bedeutung der Ableitung

Tangente an eine Kurve. Das graphische Bild einer im Intervall $]a, b[$ differenzierbaren Funktion $f(x)$ ist eine Kurve $\boldsymbol{K}$. Ist $P_0(x_0, y_0)$ ein fester Punkt auf $\boldsymbol{K}$, so ist es naheliegend, auf Grund der Definition des Differentialquotienten von $f(x)$ in x_0 als Grenzwert des Differenzenquotienten von $f(x)$ († Abb. 19.1-1) jene Gerade durch P_0, deren Anstieg gleich dem Differentialquotienten $f'(x_0)$ ist, als Tangente an die Kurve $\boldsymbol{K}$ durch P_0 zu definieren. Die Gleichung dieser Tangente ist danach: $y = y_0 + f'(x_0)\,(x - x_0)$. Zu ihrer Konstruktion braucht man nur die Funktionswerte von $f(x)$ in einer beliebig kleinen Umgebung von x_0. Die Ableitung einer Funktion in x_0 stellt demnach eine *lokale Eigenschaft* der Funktion dar.

Geschwindigkeit. Die Bewegung eines Massepunktes auf einer Geraden kann durch eine differenzierbare Funktion $s = f(t)$ charakterisiert werden, in der s den Abstand und t die Zeit bedeuten. Hat $f(t)$ die Gestalt $f(t) = ct + b$, in der c und b Konstanten sind, dann nennt man die Bewegung *gleichförmig*. Der Quotient $[f(t_1) - f(t_0)]/(t_1 - t_0)$ aus einem bestimmten Weg und der zu seinem Durchlaufen notwendigen Zeit heißt mittlere Geschwindigkeit des Massepunktes während der Zeitspanne $\Delta t = t_1 - t_0$. Die *mittlere Geschwindigkeit* ist gleich dem Differenzenquotienten von $f(t)$ bezüglich der Zeiten t_0 und t_1. Sie ist im Falle der gleichförmigen Bewegung konstant. Es ist deshalb naheliegend, die Geschwindigkeit des Massepunktes zur Zeit t_0, seine *Momentangeschwindigkeit*, durch den nebenstehenden Differentialquotienten zu definieren.

$$f'(t_0) = \lim_{t_1 \to t_0} \frac{f(t_1) - f(t_0)}{t_1 - t_0}$$

Entsprechend definiert man die *Beschleunigung* des Massepunktes zur Zeit t_0 als Ableitung der Geschwindigkeit $f'(t)$, d. h. als zweite Ableitung $f''(t_0)$ der Bewegungsfunktion $f(t)$ zur Zeit t_0.

Beispiel 1: Nach einer Zeit t legt ein Massepunkt im freien Fall den Weg $s = {}^1/_2 gt^2$ zurück. Dabei ist g die Erdbeschleunigung. Für die Geschwindigkeit und Beschleunigung zur Zeit t_0 erhält man hieraus:

$$v(t_0) = \frac{\mathrm{d}}{\mathrm{d}t}\left({}^1/_2 gt^2\right)_{t=t_0} = gt_0, \quad b(t_0) = \frac{\mathrm{d}}{\mathrm{d}t}(gt)_{t=t_0} = g.$$

Graphische Differentiation. Der *Differentialquotient* in einem Punkte P einer durch ihr Kurvenbild gegebenen Funktion $y = f(x)$ ist der Wert der *Tangensfunktion des Winkels* φ, den die Tangente t im Punkte P an die Kurve mit der $+x$-Achse bildet. Schneidet eine Parallele t' zu dieser Tangente durch den Punkt $A(-1, 0)$ die y-Achse im Punkte B, so ist $\tan\varphi = m(OB) : m(AO) = y'$ (Abb. 19.1-5). Die Tangentenrichtung im Punkte P läßt sich mit einem *Spiegellineal* bestimmen (Abb. 19.1-6). Der ebene Spiegel des Lineals steht senkrecht auf der Zeichenebene. Der sichtbare Teil der Kurve und sein Spiegelbild gehen nur dann ohne Knick ineinander über, wenn das Lineal im Punkte P die Kurve senkrecht schneidet. Das im Punkte P auf dieser *Kurvennormalen* errichtete Lot ist die Tangente t. Im *Derivimeter* ist mit dem Spiegellineal eine Winkelskale verbunden, an der der Richtungswinkel der Tangente unmittelbar abgelesen werden kann. Im *Differentiograph* ist mit dem Derivimeter ein Schreibgerät verbunden, das zur gegebenen Kurve die des Differentialquotienten zeichnet.

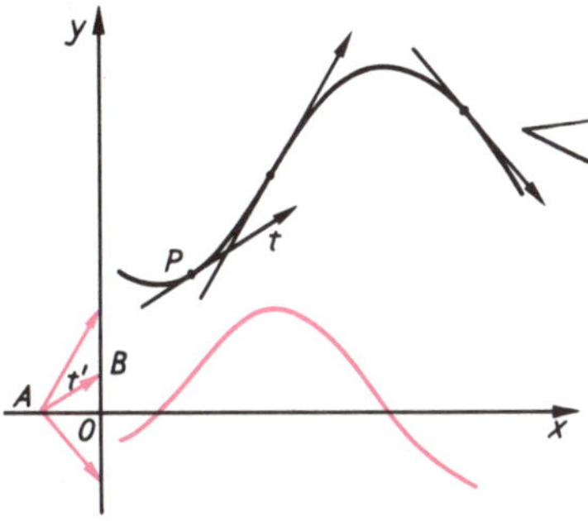

19.1-5 Graphische Differentiation

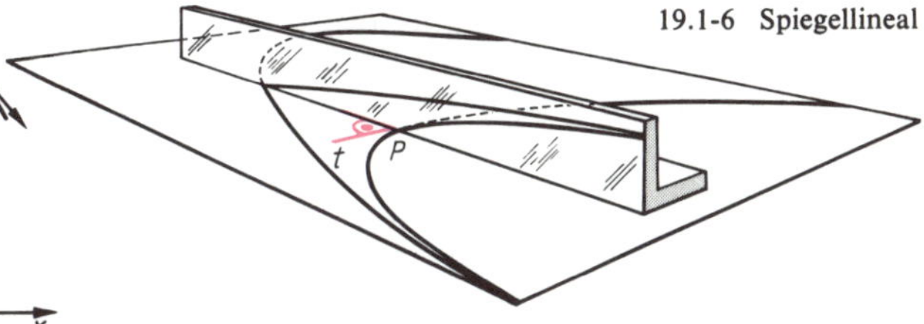

19.1-6 Spiegellineal

Ableitungen einiger elementarer Funktionen

Ableitungen der Konstanten. Für $f(x) = c = \text{const}$ für alle $x \in \mathbf{R}$ ergibt sich als Ableitung für alle $x \in \mathbf{R}$

$$f'(x) = \lim_{h\to 0} \frac{f(x+h) - f(x)}{h} = \lim_{h\to 0} \frac{c-c}{h} = 0.$$

Ableitung der Potenzfunktion $f(x) = x^n$ mit $n \in \mathbf{N}$. Für den Differentialquotienten von x^n erhält man unter Beachtung des binomischen Lehrsatzes:

$$f'(x) = \lim_{h\to 0} \frac{1}{h}\,[(x+h)^n - x^n] = \lim_{h\to 0} \frac{1}{h} \sum_{s=1}^{n} \binom{n}{s} x^{n-s}h^s$$

$$= \lim_{h\to 0} \sum_{s=1}^{n} \binom{n}{s} x^{n-s}h^{s-1} = \binom{n}{1} x^{n-1} = nx^{n-1}$$

$$\frac{dx^n}{dx} = nx^{n-1} \quad \text{für} \quad n \in \mathbf{N}$$

Ableitung der Exponentialfunktion. Nach der Definition der Ableitung erhält man

$$f'(x) = \lim_{h\to 0} (e^{x+h} - e^x)/h = e^x \cdot \lim_{h\to 0} (e^h - 1)/h = e^x, \text{ weil } \lim_{h\to 0} (e^h - 1)/h = 1.$$

$$\frac{de^x}{dx} = e^x$$

(vgl. Kap. 18.3. – Einige wichtige Grenzwerte.) Die Exponentialfunktion ist bis auf eine multiplikative Konstante die einzige Funktion, die gleich ihrer Ableitung ist.

$$\frac{da^x}{dx} = a^x \ln a$$

Ableitungen der Funktionen $\sin x$, $\cos x$. Mit der aus der Goniometrie bekannten Formel $\sin\alpha - \sin\beta = 2\cos[(\alpha+\beta)/2] \cdot \sin[(\alpha-\beta)/2]$ sowie mit $\lim\limits_{h\to 0} \dfrac{\sin h}{h} = 1$ (vgl. Kap. 18.3. – Einige wichtige Grenzwerte) folgt:

$$\frac{d\sin x}{dx} = \lim_{h\to 0} \frac{1}{h}\,[\sin(x+h) - \sin x] = \lim_{h\to 0} \left[\frac{2}{h}\cos[(2x+h)/2]\sin(h/2)\right]$$

$$= \lim_{h\to 0} \cos[(2x+h)/2] \lim_{h\to 0} \left[\frac{\sin h/2}{(h/2)}\right] = \cos x.$$

Dabei wurde die Stetigkeit von $\cos x$ benutzt.
Entsprechend erhält man als Ableitung von $\cos x$:

$$\frac{d\cos x}{dx} = -\sin x.$$

$\dfrac{d\sin x}{dx} = \cos x$	$\dfrac{d\cos x}{dx} = -\sin x$

Beispiel 1: $y = f(x) = x^5 + x^4/2 - 5x^3/6 + x^2 + 5x + 2$; $y' = f'(x) = 5x^4 + 2x^3 - 5x^2/2 + 2x + 5$; $y'' = f''(x) = 20x^3 + 6x^2 - 5x + 2$; $y''' = f'''(x) = 60x^2 + 12x - 5$; $y^{\mathrm{IV}} = y^{(4)} = f^{\mathrm{IV}}(x) = f^{(4)}(x) = 120x + 12$; $y^{(5)} = f^{(5)}(x) = 120$; $y^{(6)} = f^{(6)}(x) = 0$.

Beispiel 2: $y = f(x) = \sin x$; $\dfrac{\mathrm{d}y}{\mathrm{d}x} = \dfrac{\mathrm{d}}{\mathrm{d}x}\sin x = \cos x$;

$\dfrac{\mathrm{d}^2y}{\mathrm{d}x^2} = \dfrac{\mathrm{d}^2}{\mathrm{d}x^2}\sin x = -\sin x$; $\dfrac{\mathrm{d}^3y}{\mathrm{d}x^3} = \dfrac{\mathrm{d}^3}{\mathrm{d}x^3}\sin x = -\cos x$; $\dfrac{\mathrm{d}y^4}{\mathrm{d}x^4} = \dfrac{\mathrm{d}^4}{\mathrm{d}x^4}\sin x = \sin x$; ...

Diese Funktionen sind Beispiele beliebig oft differenzierbarer Funktionen.

Differentiationsregeln

Ableitung einer Linearkombination zweier Funktionen. Sind die Funktionen $f(x)$ und $g(x)$ in x_0 differenzierbar, dann gilt

$$\lim_{h\to 0}\frac{f(x_0+h)-f(x_0)}{h} = f'(x_0), \qquad \lim_{h\to 0}\frac{g(x_0+h)-g(x_0)}{h} = g'(x_0),$$

und damit für $c_1, c_2 \in \mathbf{R}$ nach den Rechenregeln für Grenzwerte:

$$\lim_{h\to 0}\frac{[c_1 f(x_0+h) + c_2 g(x_0+h)] - [c_1 f(x_0) + c_2 g(x_0)]}{h} = (c_1 f + c_2 g)'(x_0)$$

$$= c_1 \lim_{h\to 0}\frac{f(x_0+h)-f(x_0)}{h} + c_2 \lim_{h\to 0}\frac{g(x_0+h)-g(x_0)}{h} = c_1 f'(x_0) + c_2 g'(x_0).$$

Durch vollständige Induktion kann man leicht zeigen: $(c_1 f + c_2 g)'(x_0) = c_1 f'(x_0) + c_2 g'(x_0)$

Die Ableitung einer Summe endlich vieler Funktionen ist gleich der Summe der Ableitungen der Summanden.

Ableitung eines Produkts. Sind die Funktionen $f(x)$ und $g(x)$ in x_0 differenzierbar, dann gilt nach den Rechenregeln für Grenzwerte:

$$(f\cdot g)'(x_0) = \lim_{h\to 0}\frac{f(x_0+h)\,g(x_0+h) - f(x_0)\,g(x_0)}{h}$$

$$= \lim_{h\to 0}\frac{f(x_0+h)\,g(x_0+h) - f(x_0)\,g(x_0+h) + f(x_0)\,g(x_0+h) - f(x_0)\,g(x_0)}{h}$$

$$= \lim_{h\to 0}\left[g(x_0+h)\frac{f(x_0+h)-f(x_0)}{h} + f(x_0)\frac{g(x_0+h)-g(x_0)}{h}\right]$$

$$= g(x_0)\,f'(x_0) + f(x_0)\,g'(x_0).$$

Dabei wurde die Stetigkeit von $g(x)$ in x_0 benutzt. Damit ist das Produkt $(f\cdot g)(x)$ in x_0 differenzierbar, und es gilt die Produktregel, die durch vollständige Induktion leicht auf n Faktoren verallgemeinert werden kann.

Produktregel	$(f\cdot g)'(x_0) = f(x_0)\,g'(x_0) + f'(x_0)\,g(x_0)$	$\left(\prod_{i=1}^{n} f_i\right)'(x_0) = \sum_{k=1}^{n}\left[f'_k(x_0)\prod_{\substack{i=1\\ i\neq k}}^{n} f_i(x_0)\right]$

Beispiele. 1: Wegen $\sinh x = {}^1/_2(\mathrm{e}^x - \mathrm{e}^{-x})$ gilt $\dfrac{\mathrm{d}\sinh x}{\mathrm{d}x} = {}^1/_2\left(\dfrac{\mathrm{d}}{\mathrm{d}x}\mathrm{e}^x - \dfrac{\mathrm{d}}{\mathrm{d}x}\mathrm{e}^{-x}\right) = {}^1/_2(\mathrm{e}^x + \mathrm{e}^{-x})$

$= \cosh x$ und entsprechend $\dfrac{\mathrm{d}\cosh x}{\mathrm{d}x} = \sinh x$.

2: Aus der verallgemeinerten Produktregel erhält man für $f_i(x) = x$ mit $i = 1, \ldots, n$ erneut $\dfrac{\mathrm{d}x^n}{\mathrm{d}x} = \sum_{k=1}^{n} x^{n-1} = nx^{n-1}$.

3: Von einer Linearkombination $a_0x^i + a_1x^{i-1}$ mit $a_0 \neq 0$ ergibt sich nach Beispiel 2 die Ableitung $ia_0x^{i-1} + (i-1)a_1x^{i-2}$ für $i = 2, \ldots, n$.

4: Als Ableitung eines Polynoms n-ten Grades $f(x) = a_0x^n + a_1x^{n-1} + \cdots + a_n$ mit $a_0 \neq 0$ ergibt sich aus der Summenregel sowie aus Beispiel 3

$$f'(x) = na_0x^{n-1} + (n-1)\,a_1x^{n-2} + \cdots + a_{n-1}.$$

Die Ableitung ist mithin ein Polynom $(n-1)$-ten Grades. Daraus folgt: Die $(n+1)$-te Ableitung eines Polynoms n-ten Grades verschwindet überall: $f^{(n+1)} = 0$.

5: $F(x) = (3x^2 - 5x + 6)(4x^2 + 3x - 7) = f(x) \cdot g(x)$,
$F'(x) = f'(x)\,g(x) + f(x)\,g'(x) = (6x - 5)(4x^2 + 3x - 7) + (3x^2 - 5x + 6)(8x + 3)$
$= 48x^3 - 33x^2 - 24x + 53$.

Man kommt zum gleichen Ergebnis, wenn man die beiden Klammern erst ausmultipliziert und anschließend nach der Summenregel differenziert.

6: Die Funktion $F(x) = x \sin x \cos x = f_1(x)\,f_2(x)\,f_3(x)$ hat die Ableitung
$F'(x) = f_1'(x)\,f_2(x)\,f_3(x) + f_1(x)\,f_2'(x)\,f_3(x) + f_1(x)\,f_2(x)\,f_3'(x) = \sin x \cos x + x\cos^2 x - x \sin^2 x$
$= \sin x \cos x + x \cos 2x$.

Ableitung eines Quotienten. Die Funktion $f(x)$ sei in x_0 differenzierbar und ungleich Null. Dann gilt wegen der Stetigkeit von $f(x)$ in x_0:

$$\lim_{h\to 0} \frac{1}{h}\left[\frac{1}{f(x_0+h)} - \frac{1}{f(x_0)}\right] = -\lim_{h\to 0}\left\{\frac{1}{f(x_0+h)\,f(x_0)}\left[\frac{f(x_0+h) - f(x_0)}{h}\right]\right\}$$
$$= -\lim_{h\to 0}\frac{1}{f(x_0+h)\,f(x_0)}\lim_{h\to 0}\frac{f(x_0+h)-f(x_0)}{h} = -\frac{f'(x_0)}{f^2(x_0)}.$$

Hieraus erhält man als Ableitung eines Quotienten, dessen Nenner ungleich Null ist, unter Beachtung der Produktregel:

$$\left(\frac{f}{g}\right)'(x_0) = \left(\frac{1}{g}\right)'(x_0)\,f(x_0) + \frac{f'(x_0)}{g(x_0)} = \frac{f'(x_0)\,g(x_0) - f(x_0)\,g'(x_0)}{g^2(x_0)}.$$

Quotientenregel	$\left(\frac{f}{g}\right)'(x_0) = \frac{f'(x_0)\,g(x_0) - f(x_0)\,g'(x_0)}{g^2(x_0)}$ für $g(x_0) \neq 0$

Beispiele. 7: Aus $\tan x = \frac{\sin x}{\cos x}$ erhält man, sofern $\cos x \neq 0$,

$$\tan' x = \frac{\sin' x \cos x - \sin x \cos' x}{\cos^2 x} = \frac{\cos^2 x + \sin^2 x}{\cos^2 x} = \frac{1}{\cos^2 x} = 1 + \tan^2 x.$$

8: $\cot' x = -\frac{1}{\sin^2 x} = -(1 + \cot^2 x)$ für $\sin x \neq 0$.

9: Aus $\tanh x = \frac{\sinh x}{\cosh x}$ folgt $\tanh' x = \frac{1}{\cosh^2 x}$. *10:* $\coth' x = -\frac{1}{\sinh^2 x}$ für $\sinh x \neq 0$.

11: $f(x) = \frac{x^2}{(x-1)^2}$, $f'(x) = -\frac{2x}{(x-1)^3}$, $f''(x) = \frac{2(2x+1)}{(x-1)^4}$.

12: Setzt man $F(x) = \frac{1 + \tan x}{1 - \tan x} = \frac{f(x)}{g(x)}$, so gilt $f'(x) = \frac{1}{\cos^2 x}$,

$g'(x) = -\frac{1}{\cos^2 x}$, und danach $F'(x) = \frac{2}{\cos^2 x\,(1 - \tan x)^2} = \frac{2}{1 - \sin 2x}$.

13: Für $f(x) = 1$, $g(x) = x^m$ mit $m \in \mathbf{N}$ liefert die Quotientenregel:

$$\frac{dx^{-m}}{dx} = \frac{-1 \cdot m \cdot x^{m-1}}{x^{2m}} = -mx^{-m-1}.$$

Die Regel für die Ableitung der Potenzfunktion $f(x) = x^n$ gilt danach auch für negative ganzzahlige Exponenten.

$$\boxed{\frac{dx^n}{dx} = nx^{n-1} \quad \text{mit} \quad n \in \mathbf{Z}}$$

Kettenregel. Sind die Funktionen $\varphi(x)$ bzw. $f(z)$ an den Stellen x_0 bzw. $z_0 = \varphi(x_0)$ differenzierbar, dann ist auch die mittelbare Funktion $F(x) = f[\varphi(x)]$ an der Stelle x_0 differenzierbar, und es gilt für ihre Ableitung die Kettenregel (vgl. Kap. 5.1. – Darstellung von Funktionen).

Kettenregel	$F'(x_0) = \left.\frac{df[\varphi(x)]}{dx}\right\vert_{x=x_0} = f'[\varphi(x_0)] \cdot \varphi'(x_0)$ oder $\frac{df[\varphi(x)]}{dx} = \frac{df(z)}{dz} \cdot \frac{dz}{dx}$

Beispiele. 14: Zur Differentiation der Funktion $F(x) = (3x^2 + 5)^4$ setzt man $f(z) = z^4$, $z = \varphi(x) = 3x^2 + 5$. Die Kettenregel liefert dann:
$F'(x) = f'(z) \cdot 6x = 4 \cdot z^3 \cdot 6x = 4(3x^2+5)^3 \cdot 6x = 24x(3x^2+5)^3$.
15: $F(x) = \sin cx$ für $c \in \mathbf{R}$. Man setzt $f(z) = \sin z$, $z = \varphi(x) = cx$; dann ist $F'(x) = f'(cx)\,\varphi'(x) = c \cos cx$.
16: Für $F(x) = e^{\varphi(x)}$ gilt $F'(x) = e^{\varphi(x)}\varphi'(x)$. Für $F(x) = a^x = e^{x \ln a}$ erhält man danach $F'(x) = \ln a\, e^{x \ln a} = a^x \ln a$ für $a > 0$.

Ableitung der zu einer Funktion $f(x)$ inversen Funktion (vgl. Kap. 5.1. – Umkehrung einer Funktion). Hat eine in einem Intervall $a < x < b$ echt monotone Funktion $y = f(x)$ dort für jedes x eine endliche und von Null verschiedene Ableitung $f'(x)$, so ist im zugehörigen y-Intervall auch die zu $y = f(x)$ inverse Funktion $x = \varphi(y)$ differenzierbar, und es gilt $f'(x) \cdot \varphi'(y) = 1$.

Umkehrregel	$\varphi'(y) = \dfrac{1}{f'(x)}$	$\left(\dfrac{dx}{dy}\right) = 1 \bigg/ \left(\dfrac{dy}{dx}\right)$

Unter den angeführten Voraussetzungen haben Δx und Δy in jedem der beiden Differenzenquotienten $\Delta y/\Delta x$ und $\Delta x/\Delta y$ dieselben Werte, so daß gilt $\dfrac{\Delta y}{\Delta x} \cdot \dfrac{\Delta x}{\Delta y} = 1$. Nach Voraussetzung existiert $\lim\limits_{\Delta x \to 0} \dfrac{\Delta y}{\Delta x} = f'(x)$, und es ist $f'(x) \neq 0$, so daß auch der Grenzwert $\lim\limits_{\Delta y \to 0} \dfrac{\Delta x}{\Delta y}$ existiert und den Wert $1/f'(x)$ hat. Zur geometrischen Interpretation vertauscht man in $x = \varphi(y)$ die Bezeichnung der Variablen. Die Kurve $y = \varphi(x)$ erhält man dann durch Spiegelung der Kurve von $y = f(x)$ an der Symmetriegeraden $x = y$ des Koordinatensystems. Schließt eine Tangente an die Kurve von $y = f(x)$ den Winkel α mit der $+x$-Achse ein, so schließt die entsprechende Tangente an die Kurve von $y = \varphi(x)$ den gleichen Winkel α mit der $+y$-Achse, d. h. den Winkel $\beta = 90° - \alpha$ mit der $+x$-Achse, ein. Für diese Komplementärwinkel gilt aber $\tan\alpha \cdot \tan\beta = 1$ bzw. $f'(x) \cdot \varphi'(x) = 1$ (Abb. 19.1-7).

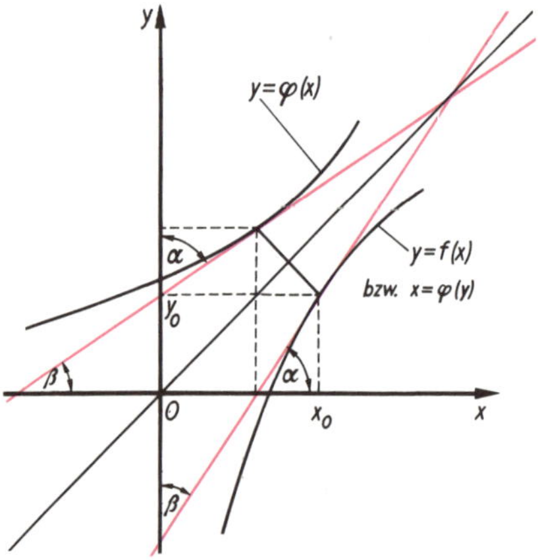

19.1-7 Anstieg der Kurven zueinander *inverser Funktionen*

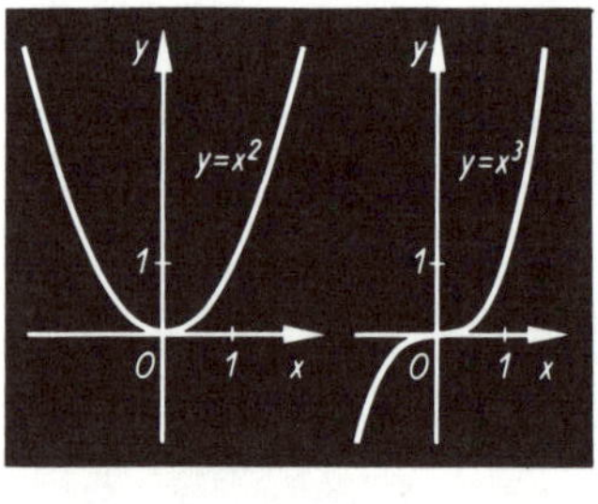

19.1-8 Kurvenbilder der Funktionen $y = x^2$ und $y = x^3$, deren Umkehrfunktionen für $x_0 = 0$ nicht differenzierbar sind

Ist eine differenzierbare Funktion $f(x)$ im Intervall $]\alpha, \beta[$ nicht echt monoton, dann existiert für dieses Intervall die inverse Funktion von $f(x)$ nicht. Zum Beispiel ist $f(x) = x^2$ in keiner Umgebung von $x_0 = 0$ umkehrbar (Abb. 19.1-8). Verschwindet die Ableitung einer in $]\alpha, \beta[$ echt monotonen Funktion $f(x)$ an der Stelle $x_0 \in\,]\alpha, \beta[$, dann ist die inverse Funktion $x = \varphi(y)$ an der Stelle $y_0 = f(x_0)$ nicht differenzierbar. Die inverse Funktion von $f(x) = x^3$ z. B. ist an der Stelle $x_0 = 0$ nicht differenzierbar. Kennt man die Ableitung einer Funktion, so kann man mit Hilfe der Umkehrformel die Ableitung ihrer inversen Funktion berechnen.

Beispiele. 17: Die inverse Funktion von $y = f(x) = e^x$ ist $x = \varphi(y) = \ln y$, sie ist definiert für $y > 0$. Aus der Umkehrformel erhält man für die Ableitung der Logarithmusfunktion

$$\frac{d \ln y}{dy} = \frac{1}{f'(x)} = \frac{1}{e^x} = \frac{1}{e^{\ln y}} = \frac{1}{y} \quad \text{für} \quad y > 0.$$

18: Die Umkehrformel liefert für die Ableitung der allgemeinen Logarithmusfunktion $x = \varphi(y) = \log_a y$ als inverse Funktion von $y = a^x$ für $a > 0$:

$$\frac{d \log_a y}{dy} = \frac{1}{a^x \ln a} = \frac{1}{a^{\log_a y} \ln a} = \frac{1}{y \ln a} \quad \text{für} \quad y > 0.$$

19: Für die Funktion $f(x) = x^\alpha$ mit $x > 0$ und $x, \alpha \in \mathbf{R}$ ist $f(x) = x^\alpha = e^{\alpha \ln x}$ wegen $x^\alpha = (e^{\ln x})^\alpha = e^{\alpha \ln x}$. Nach der Kettenregel und Beispiel 1 erhält man als Ableitung $f'(x) = e^{\alpha \ln x} \cdot (\alpha/x) = \alpha x^{\alpha-1}$. Damit ist die Ableitungsregel für die Potenzfunktion auf beliebige reelle Exponenten α verallgemeinert worden.

Ableitungen der zyklometrischen Funktionen (vgl. Kap. 5.3. – Trigonometrische und zyklometrische Funktionen, Kap. 10.1. – Eigenschaften der trigonometrischen Funktionen). Die Funktion $y = \operatorname{Arcsin} x$ mit $-1 \leqslant x \leqslant +1$ und $-\pi/2 \leqslant y \leqslant +\pi/2$ ist die Umkehrfunktion der im angegebenen Intervall stetigen und monotonen Funktion $x = \sin y$. Für ihren Differentialquotienten gilt daher $\dfrac{dy}{dx} = 1\Big/\left(\dfrac{dx}{dy}\right) = \dfrac{1}{\cos y} = \dfrac{1}{\sqrt{1-x^2}}$. Wegen der Forderung $\cos y \neq 0$ reduziert sich der Definitionsbereich von $\dfrac{dy}{dx}$ auf das offene Intervall $-1 < x < +1$. Invertiert man die Funktion $x = \sin y$ in einem anderen ihrer Monotonieintervalle, z. B. in $-\pi/2 + k\pi \leqslant y \leqslant +\pi/2 + k\pi$ mit $k \in \mathbf{Z}$, so ist $y = (-1)^k \operatorname{Arcsin} x + k\pi$ die Umkehrfunktion, und deren Ableitung ist

$$\frac{dy}{dx} = \frac{(-1)^k}{\sqrt{1-x^2}}.$$

$$\frac{d \operatorname{Arcsin} x}{dx} = \frac{1}{\sqrt{1-x^2}}; \quad |x| < 1$$
$$\frac{d \operatorname{Arccos} x}{dx} = \frac{-1}{\sqrt{1-x^2}}; \quad |x| < 1$$
$$\frac{d \operatorname{Arctan} x}{dx} = \frac{1}{1+x^2}$$
$$\frac{d \operatorname{Arccot} x}{dx} = \frac{-1}{1+x^2}$$

Analog faßt man die Funktion $y = \operatorname{Arccos} x$ mit $-1 \leqslant x \leqslant +1$ und $0 \leqslant y \leqslant \pi$ als Umkehrfunktion zu $x = \cos y$ auf und erhält im Intervall $-1 < x < +1$ die Ableitung $\dfrac{dy}{dx} = \dfrac{1}{-\sin y} = -\dfrac{1}{\sqrt{1-x^2}}$. Die zu $x = \cos y$ im Monotonieintervall $k\pi \leqslant y \leqslant (k+1)\pi$ mit $k \in \mathbf{Z}$ gehörende inverse Funktion $y = (-1)^k \operatorname{Arccos} x + k\pi$ hat den Differentialquotienten $\dfrac{dy}{dx} = \dfrac{(-1)^{k+1}}{\sqrt{1-x^2}}$. Für $y = \operatorname{Arctan} x$ mit $-\pi/2 < y < +\pi/2$ bzw. $y = \operatorname{Arccot} x$ mit $0 < y < \pi$ erhält man in entsprechender Weise die Ableitungen, die auch in den Intervallen $-\pi/2 + k\pi < y < +\pi/2 + k\pi$ bzw. $k\pi < y < (k+1)\pi$ gelten.

Ableitungen der Areafunktionen (vgl. Kap. 5.3. – Umkehrfunktionen der hyperbolischen Funktionen). Da die Areafunktionen die inversen Funktionen der Hyperbelfunktionen sind, können ihre Ableitungen über die Beziehung $\dfrac{dy}{dx} = 1\Big/\left(\dfrac{dx}{dy}\right)$ gewonnen werden. Da $\dfrac{d \sinh y}{dy} = \cosh y$, gilt $\dfrac{d \operatorname{arsinh} x}{dx} = \dfrac{1}{\cosh y} = \dfrac{1}{\sqrt{1+x^2}}$. Analog verfährt man bei $y = \operatorname{artanh} x$ im Definitionsbereich $|x| < 1$ und bei $y = \operatorname{arcoth} x$ für $|x| > 1$; man erhält die folgenden Ableitungen, die trotz ihrer formalen Gleichheit verschiedene Funktionen darstellen, da sie verschiedene Definitionsbereiche haben.

$$\frac{d \operatorname{arsinh} x}{dx} = \frac{1}{\sqrt{x^2+1}}$$
$$\frac{d \operatorname{Arcosh} x}{dx} = \frac{1}{\sqrt{x^2-1}}; \quad x > 1$$
$$\frac{d \operatorname{artanh} x}{dx} = \frac{1}{1-x^2}; \quad |x| < 1$$
$$\frac{d \operatorname{arcoth} x}{dx} = \frac{1}{1-x^2}; \quad |x| > 1$$

Die Funktion $y = \operatorname{Arcosh} x$ ist im Monotoniebereich $0 \leqslant y < +\infty$ die Umkehrfunktion von $x = \cosh y$; wegen $\dfrac{d \cosh y}{dy} = \sinh y$ ergibt sich damit $\dfrac{d \operatorname{Arcosh} x}{dx} = \dfrac{1}{\sinh y} = \dfrac{1}{\sqrt{x^2-1}}$. Die Funktion ist für alle x des Definitionsbereichs $x \geqslant 1$, ausgenommen $x = 1$, differenzierbar. Im Monotonieintervall $-\infty < y \leqslant 0$ hat $x = \cosh y$ die Umkehrfunktion $y = -\operatorname{Arcosh} x$ und folglich den Differentialquotienten $\dfrac{dy}{dx} = -\dfrac{1}{\sqrt{x^2-1}}$.

Logarithmische Ableitung. In einigen Fällen ist es vorteilhafter, nicht die gegebene Funktion $f(x)$, sondern den natürlichen Logarithmus ihres Betrages $\ln |f(x)|$ zu differenzieren. Nach der Kettenregel gilt: $\dfrac{d}{dx} \ln |f(x)| = \dfrac{1}{|f(x)|} \dfrac{d}{dx} |f(x)| = \dfrac{1}{f(x)} \dfrac{d}{dx} f(x)$ oder $f'(x) = f(x) \dfrac{d}{dx} \ln |f(x)|$ für $f(x) \neq 0$. Hat die Funktion $f(x)$ die Form $f(x) = f_1(x) \cdot f_2(x) \cdot \dots \cdot f_n(x)$, dann erhält man $\dfrac{f'(x)}{f(x)} = \dfrac{d}{dx} \ln |f(x)| = \dfrac{d}{dx} \sum_{s=1}^{n} \ln |f_s(x)| = \sum_{s=1}^{n} \dfrac{d}{dx} \ln |f_s(x)| = \sum_{s=1}^{n} \dfrac{f_s'(x)}{f_s(x)}$ für $f(x) \neq 0$.

Beispiele. 20: Durch logarithmische Differentation der Funktion $f(x) = e^{\varphi_1(x)} \dots e^{\varphi_n(x)}$ erhält man $f'(x) = f(x) \sum_{s=1}^{n} \varphi_s'(x)$.

21: Die Funktion $f(x) = x^x$ ist für positive reelle x definiert. Durch logarithmische Differentiation bekommt man nach der Produktregel:

$$f'(x) = f(x) \frac{d}{dx} \ln x^x = f(x) \frac{d}{dx} (x \ln x) = x^x (\ln x + 1).$$

22: Für die Ableitung der Funktion $f(x) = x^{1/x}$ mit $x > 0$ erhält man durch logarithmische Differentiation

$$f'(x) = f(x) \frac{d}{dx} \ln x^{1/x} = x^{1/x} \frac{d}{dx} \frac{\ln x}{x} = x^{(1/x)-2} (1 - \ln x).$$

23: Die Funktion $f(x) = e^{x^2} \cdot x^n \cdot \sin^2 x$ für $x \in \mathbf{R}$ ist das Produkt der drei Faktoren $f_1(x) = e^{x^2}$, $f_2(x) = x^n$, $f_3(x) = \sin^2 x$. Ihre Ableitungen sind $f_1'(x) = 2x\,e^{x^2}$, $f_2'(x) = nx^{n-1}$, $f_3'(x) = 2 \sin x \cos x$. Durch logarithmische Differentiation erhält man für die Ableitung von $f(x)$: $f'(x) = f(x)\,[2x + n/x + 2 \cot x] = e^{x^2}[2x^{n+1} \sin^2 x + nx^{n-1} \sin^2 x + 2x^n \sin x \cos x]$. Das gleiche Resultat ergibt sich natürlich durch Anwendung der Produktregel.

Weitere Beispiele zu den Differentiationsregeln.

24: $y = x^2 \cdot \sin x$, $y' = 2x \sin x + x^2 \cos x$.

25: $y = x^2 \cdot \ln x$; $y' = 2x \ln x + x^2 \cdot (1/x) = x(2 \ln x + 1)$; $y'' = 2 \ln x + 3$.

26: In der Funktion $y = \dfrac{x^3}{x^2 - 1}$ setzt man $u = x^3$ und $v = x^2 - 1$; wegen $u' = 3x^2$ und $v' = 2x$ erhält man nach der Quotientenregel

$$y' = \frac{3x^2(x^2 - 1) - 2x \cdot x^3}{(x^2 - 1)^2} = \frac{x^2(x^2 - 3)}{(x^2 - 1)^2}.$$

Für die zweite Ableitung ist $u = x^4 - 3x^2$ und $v = (x^2 - 1)^2$ zu setzen; wegen $u' = 4x^3 - 6x$ und $v' = 4x(x^2 - 1)$ ergibt sich

$$y'' = \frac{(4x^3 - 6x)(x^2 - 1)^2 - 4x(x^2 - 1)(x^4 - 3x^2)}{(x^2 - 1)^4} = \frac{2x(x^2 + 3)}{(x^2 - 1)^3}.$$

27: In der Funktion $y = \sqrt{5x^3 - 7x + 8}$ ist $y = f(t) = t^{1/2}$ und $t = \varphi(x) = 5x^3 - 7x + 8$. Nach der Kettenregel erhält man

$$y' = \frac{df}{dt} \cdot \frac{d\varphi}{dx} = {}^1/_2\, t^{-1/2}(15x^2 - 7) = \frac{15x^2 - 7}{2\sqrt{5x^3 - 7x + 8}}.$$

28: Zur Differentiation der Funktion $y = \ln \sin \sqrt{a + bx}$ muß die Kettenregel mehrfach angewendet werden. Setzt man $y = f(t) = \ln t$, $t = \varphi(u) = \sin u$, $u = \psi(v) = \sqrt{v}$ und $v = a + bx$, so erhält man der Reihe nach:

$$y' = \frac{df}{dt} \cdot \frac{d\varphi}{du} \cdot \frac{d\psi}{dv} \cdot \frac{dv}{dx} = \frac{1}{t} \cdot \cos u \cdot \frac{1}{2\sqrt{v}} \cdot b$$

$$= \frac{1}{\sin \sqrt{a + bx}} \cdot \cos \sqrt{a + bx} \cdot \frac{b}{2\sqrt{a + bx}} = \frac{b \cot \sqrt{a + bx}}{2\sqrt{a + bx}}.$$

Differentiation von Funktionen in Parameterdarstellung. Eine Parameterdarstellung einer Funktion $y = f(x)$ sei durch $x = \varphi(t)$ und $y = \psi(t)$ gegeben. Dann kann man y auch als mittelbare Funktion $y = f[\varphi(t)]$ des Parameters t auffassen, und die Kettenregel der Differentialrechnung liefert $\dfrac{dy}{dt} = \dfrac{dy}{dx} \cdot \dfrac{dx}{dt}$.

Ableitung einer Funktion in Parameterdarstellung	$\dfrac{dy}{dx} = \left(\dfrac{dy}{dt}\right) \Big/ \left(\dfrac{dx}{dt}\right)$ oder $f'(x) = \dfrac{\psi'(t)}{\varphi'(t)}$

Die Rechnung setzt die Differenzierbarkeit der Funktionen $\varphi(t)$ und $\psi(t)$ nach dem Parameter t und $\varphi'(t) \neq 0$ voraus.

Beispiel 29: Die Ellipse mit der Gleichung $\dfrac{x^2}{a^2} + \dfrac{y^2}{b^2} = 1$ hat die Parameterdarstellung $x = a \cos t$ und $y = b \sin t$. Aus den Ableitungen nach dem Parameter $\dfrac{dx}{dt} = -a \sin t$ und $\dfrac{dy}{dt} = b \cos t$

ergibt sich die Ableitung $\frac{dy}{dx} = -\frac{b\cos t}{a\sin t} = -\frac{b}{a}\cot t$. Da $\cos t = \frac{x}{a}$ und $\sin t = \frac{y}{b}$, erhält man $\frac{dy}{dx} = -\frac{b^2 x}{a^2 y}$ als Anstieg der Tangente im Punkt $P(x, y)$ an die gegebene Ellipse.

Beispiel 30: Die gemeine Zykloide (vgl. Abb. 19.3-12) hat die Parameterdarstellung $x = a(t - \sin t)$, $y = a(1 - \cos t)$. Der Differentialquotient $\frac{dy}{dx}$ errechnet sich aus $\frac{dx}{dt} = a(1 - \cos t) = 2a\sin^2(t/2)$ und $\frac{dy}{dt} = a\sin t = 2a\,\sin(t/2)\,\cos(t/2)$ zu $\frac{dy}{dx} = \cot(t/2)$. Aus diesem Ergebnis folgt, daß die gemeine Zykloide in den Punkten mit $t = 2k\pi$, $(k = 0, \pm 1, \pm 2, \ldots)$, in denen sie die x-Achse berührt, Singularitäten hat.

Differentiation in Polarkoordinaten. Ist $r = r(\varphi)$ die Darstellung einer Kurve in Polarkoordinaten, so kann man, da zwischen den Polarkoordinaten und den kartesischen Koordinaten die Beziehungen $x = r\cos\varphi$ und $y = r\sin\varphi$ gelten, zu folgender Parameterdarstellung der Kurve mit dem Parameter φ übergehen: $x = r(\varphi)\cos\varphi$, $y = r(\varphi)\sin\varphi$. Der Differentialquotient ist dann gegeben durch $\frac{dy}{dx} = \frac{dy}{d\varphi}\Big/\frac{dx}{d\varphi}$. Bezeichnet man die Ableitung nach dem Parameter mit einem Strich, $\frac{dr}{d\varphi} = r'$, so gilt:

$$\frac{dy}{d\varphi} = r'\sin\varphi + r\cos\varphi \quad \text{und} \quad \frac{dx}{d\varphi} = r'\cos\varphi - r\sin\varphi.$$

Ableitung einer Funktion in Polarkoordinaten
$\frac{dy}{dx} = \frac{r'\sin\varphi + r\cos\varphi}{r'\cos\varphi - r\sin\varphi}$

Beispiel 31: Die Gleichung der logarithmischen Spirale ist $r = a\,e^{k\varphi}$. Die Ableitung $\frac{dy}{dx}$ ist nach obiger Regel:

$$\frac{dy}{dx} = \frac{ak\,e^{k\varphi}\sin\varphi + a\,e^{k\varphi}\cos\varphi}{ak\,e^{k\varphi}\cos\varphi - a\,e^{k\varphi}\sin\varphi} = \frac{k\sin\varphi + \cos\varphi}{k\cos\varphi - \sin\varphi}.$$

Um den Winkel τ zwischen Tangente und Ortsvektor $\overrightarrow{OP}$ zu berechnen, entnimmt man der beigefügten Abbildung 19.1-9 die Beziehung $\tau = \alpha - \varphi$ und somit

$$\tan\tau = \tan(\alpha - \varphi) = \frac{\tan\alpha - \tan\varphi}{1 + \tan\alpha\tan\varphi} = \frac{\frac{dy}{dx} - \tan\varphi}{1 + \frac{dy}{dx}\tan\varphi}$$

$$= \frac{y'\cos\varphi - \sin\varphi}{y'\sin\varphi + \cos\varphi} = \frac{r}{r'},$$

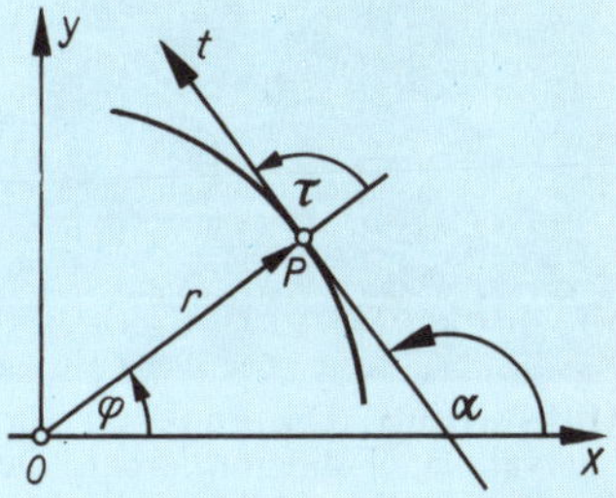

19.1-9 Winkel τ zwischen der Tangente einer Kurve und dem Ortsvektor $\overrightarrow{OP}$

wobei sich die letzte Gleichung aus der Regel für die Ableitung einer Funktion in Polarkoordinaten durch Auflösen nach r/r' ergibt. Wendet man das Ergebnis auf die logarithmische Spirale an, so erhält man $\tan\tau = (a\,e^{k\varphi})/(ak\,e^{k\varphi}) = 1/k$.
Das bedeutet, daß die logarithmische Spirale alle Radiusvektoren unter dem gleichen Winkel $\tau = \arctan(1/k)$ schneidet. Aus diesem Grunde haben die Messerschneiden einer Messerrad-Häckselmaschine die Form einer logarithmischen Spirale, um einen stets konstanten Schnittwinkel zu garantieren (vgl. Abb. 19.3-21).

Differential einer Funktion; Mittelwertsätze

Differential einer Funktion. Für eine in einem Intervall differenzierbare Funktion $f(x)$ ist die Differenz zwischen Differenzen- und Differentialquotient an der Stelle x_0 eine Funktion $\varphi(\Delta x)$ von Δx. Aus $\frac{f(x_0 + \Delta x) - f(x_0)}{\Delta x} - f'(x_0) = \varphi(\Delta x)$ ergibt sich der Funktionszuwachs $\Delta y = f(x_0 + \Delta x) - f(x_0) = f'(x_0)\cdot\Delta x + \varphi(\Delta x)\cdot\Delta x$. Er besteht aus einem in Δx linearen Anteil $f'(x_0)\cdot\Delta x$, der von der gleichen Ordnung wie Δx gegen Null konvergiert, und aus dem Anteil $\varphi(\Delta x)\cdot\Delta x$, der für $\Delta x \to 0$ von höherer Ordnung als Δx gegen Null konvergiert. Den linearen Anteil des Zuwachses Δy bezeichnet man als das *Differential der Funktion* an der Stelle x_0 und schreibt dafür $dy = df(x_0) = f'(x_0)\cdot dx$. Die Größe $dx = \Delta x$ heißt Differential der unabhängigen Variablen.

Differential der Funktion $y = f(x)$ an der Stelle x_0	$dy = f'(x_0)\cdot dx$

Beispiel 1: Das Differential der Funktion $y = f(x) = x^2$ an der Stelle x_0 ist $dy = 2x_0 \cdot dx$.

Nach Einführung des Begriffs „Differential" kann der Differentialquotient »dy nach dx« auch als Quotient der Differentiale dy und dx aufgefaßt werden.
Zur geometrischen Veranschaulichung des Differentials betrachtet man zwei Punkte $P_0(x_0, f(x_0))$ und $P_1(x_0 + \Delta x, f(x_0 + \Delta x))$ auf dem graphischen Bild von $f(x)$ (Abb. 19.1-10). Geht man von der Stelle x_0 zur benachbarten Stelle $x_0 + \Delta x$ über, dann gibt $\Delta y = f(x_0 + \Delta x) - f(x_0)$ die Änderung des Funktionswertes an. Das Differential dy gibt dann gerade die Änderung der durch den Punkt P_0 an die Kurve gelegten Tangente an. Es unterscheidet sich vom tatsächlichen Zuwachs Δy um so weniger, je kleiner der Abszissenzuwachs $\Delta x = dx$ ist. Die Tangente durch P_0 stellt deshalb eine lineare Approximation der Bildkurve von $f(x)$ in der Umgebung von P_0 dar.
Dieser Sachverhalt spielt in der Fehlerrechnung eine wichtige Rolle. Ein funktionaler Zusammenhang zwischen zwei Meßgrößen x und y sei durch eine differenzierbare Funktion $y = f(x)$ gegeben. Die Größe x habe den maximalen Fehler δ, d. h. $|\Delta x| \leqslant \delta$. Zur Beantwortung der Frage, wie sich der bei der Messung der Größe x begangene Fehler Δx auf die Größe y auswirkt, ersetzt man, da Δx im allgemeinen klein ist, das Bild von $f(x)$ im betrachteten Punkt x_0 durch die Tangente an die Kurve in x_0. Das hat nach den obigen Bemerkungen zur Folge, daß $|\Delta y| = |f(x_0 + \Delta x) - f(x_0)|$ durch $|dy|$ ersetzt werden darf. Für $|\Delta x| \leqslant \delta$ gilt mithin $|dy| = |f'(x_0)| \cdot |\Delta x| \leqslant |f'(x_0)|\, \delta \leqslant \varepsilon$, d. h., der maximale Fehler der Größe $y = f(x)$ ist gleich ε.

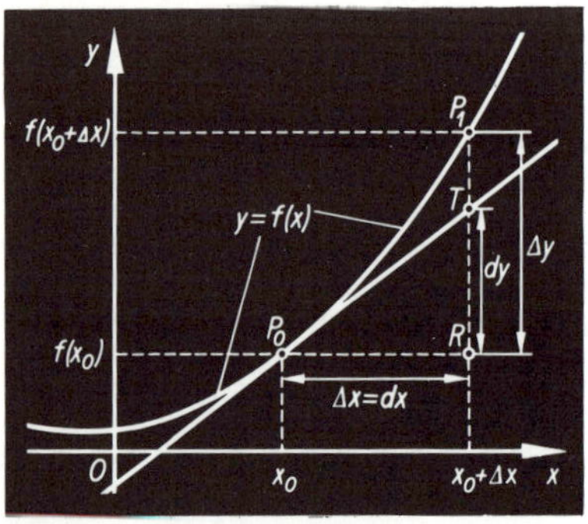

19.1-10 Das Differential einer Funktion

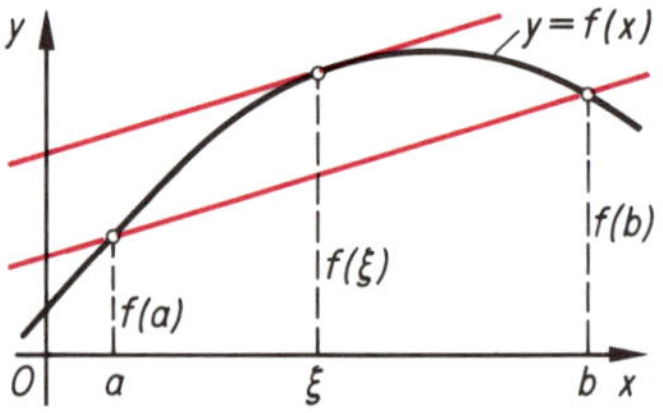

19.1-11 Mittelwertsatz der Differentialrechnung

Mittelwertsatz. Die Funktion $f(x)$ sei im abgeschlossenen Intervall $[a, b]$ stetig und im offenen Intervall $]a, b[$ differenzierbar. Der Differenzenquotient $[f(b) - f(a)]/(b - a)$ liefert den Anstieg der Kurvensekante durch die Punkte $P_1(a, f(a))$, $P_2(b, f(b))$. Verschiebt man nun diese Sekante parallel zu sich, so wird dabei mindestens einmal eine Lage eintreten, bei der die Parallele die Kurve in einer Zwischenstelle $\xi \in]a, b[$ berührt, d. h. zur Tangente wird (Abb. 19.1-11). In diesem Fall gilt $f'(\xi) = [f(b) - f(a)]/(b - a)$.
Setzt man $a = x$, $b = x + h$ und $\xi = x + \vartheta h$ mit $0 < \vartheta < 1$, dann lautet diese Beziehung $f(x + h) = f(x) + hf'(x + \vartheta h)$ mit $0 < \vartheta < 1$. Diese geometrisch einleuchtende Eigenschaft einer differenzierbaren Funktion $f(x)$ wird durch den folgenden Mittelwertsatz zum Ausdruck gebracht:

Mittelwertsatz: Ist die Funktion $f(x)$ in $[a, b]$ stetig und in $]a, b[$ differenzierbar, dann gibt es mindestens eine Zahl $\xi \in]a, b[$, die Mittelwert genannt wird, für die gilt $f'(\xi) = [f(b) - f(a)]/(b - a)$ bzw. $f(b) = f(a) + (b - a) f'[a + \vartheta(b - a)]$ mit $0 < \vartheta < 1$.

Mit Hilfe des Mittelwertsatzes kann man z. B. aus einem bekannten Funktionswert $f(a)$ einer Funktion $f(x)$ den Funktionswert $f(b)$ an einer a benachbarten Stelle b näherungsweise berechnen.

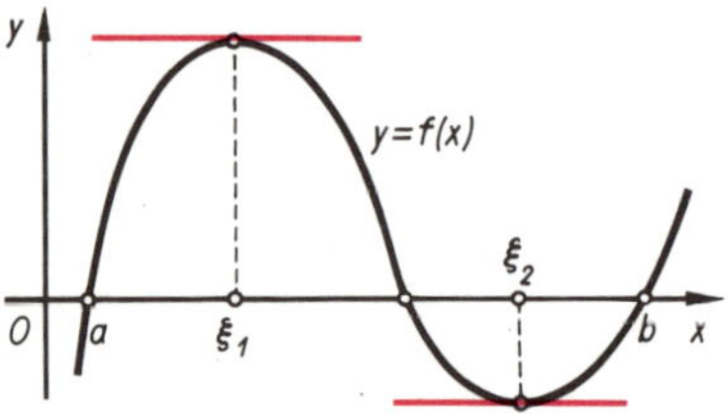

19.1-12 Geometrische Veranschaulichung des Satzes von Rolle

Beispiel 2: Ist von $f(x) = \ln x$ der Wert $\ln 690 = 6{,}53\,669\ldots$ bekannt, so gilt nach dem Mittelwertsatz $\ln 691 = \ln 690 + 1/(690 + \vartheta)$. Wegen $0 < \vartheta < 1$ gilt $0{,}00\,144\,71 < 1/(690 + \vartheta) < 0{,}00\,144\,92$, so daß man als Näherungswert für ln 691 auf 5 Dezimalstellen erhält: $\ln 691 \approx 6{,}53\,814$.

Satz von Rolle. Sind im Mittelwertsatz die Funktionswerte $f(a)$ und $f(b)$ einander gleich, so gibt es einen Wert ξ mit $a < \xi < b$, für den gilt $f'(\xi) = 0$, d. h., es gibt in diesem Intervalle eine der x-Achse parallele Tangente. Für diesen Satz (Abb. 19.1-12) wird dabei zusätzlich gefordert $f(a) = f(b) = 0$.

Satz von Rolle: Ist eine Funktion $y = f(x)$ im abgeschlossenen Intervall $a \leqslant x \leqslant b$ stetig und im offenen Intervall $a < x < b$ differenzierbar und gilt $f(a) = f(b) = 0$, dann gibt es im Innern des Intervalls mindestens einen Zwischenwert ξ mit $f'(\xi) = 0$.

Der erweiterte Mittelwertsatz. Der Vollständigkeit halber sei noch eine für manche Zwecke nützliche Erweiterung des Mittelwertsatzes angegeben:

Sind zwei Funktionen $f(x)$ und $g(x)$ im abgeschlossenen Intervall $a \leqslant x \leqslant b$ stetig, im offenen Intervall $a < x < b$ differenzierbar und ist im betrachteten Intervall stets $g'(x) \neq 0$, dann gibt es im Innern des Intervalls mindestens einen Zwischenwert ξ derart, daß die folgende Gleichung gilt:

$$\frac{f(b) - f(a)}{g(b) - g(a)} = \frac{f'(\xi)}{g'(\xi)}.$$

Folgerungen aus dem Mittelwertsatz. Ist die Ableitung einer Funktion für alle $x \in]a, b[$ gleich Null und sind $x_1, x_2 \in]a, b[$, so gilt $f'(\xi) = [f(x_2) - f(x_1)]/(x_2 - x_1) = 0$ oder $f(x_2) = f(x_1)$. Die Funktion ist eine Konstante.

Eine Funktion $f(x)$, die innerhalb eines Intervalls differenzierbar ist und deren Ableitung $f'(x)$ im ganzen Intervall verschwindet, ist dort eine Konstante.

Haben die Ableitungen der Funktionen $\varphi(x)$ und $\psi(x)$ in einem Intervall dieselben Werte, so hat die Ableitung von $f(x) = \varphi(x) - \psi(x)$ in diesem Intervall den Wert Null, d. h., $f(x)$ ist eine Konstante.

Zwei Funktionen, die innerhalb eines Intervalls differenzierbar sind und dort gleiche Ableitungen haben, unterscheiden sich in diesem Intervall nur um eine additive Konstante.

Durch vollständige Induktion kann man aus dem Mittelwertsatz leicht ableiten:

Ist eine Funktion $f(x)$ in $]a, b[$ n-mal differenzierbar und gilt $f^{(n)}(x) = 0$ für alle $x \in]a, b[$, so ist $f(x)$ ein Polynom von höchstens $(n - 1)$-tem Grade.

Aus der Ableitung einer differenzierbaren Funktion $f(x)$ kann man mit Hilfe des Mittelwertsatzes Aussagen über das *Monotonieverhalten* von $f(x)$ in einem Intervall $I =]a, b[$ herleiten; denn wenn $f'(\xi) \geqslant 0$ für alle $\xi \in]a, b[$ gilt, so folgt aus dem Mittelwertsatz $[f(x_2) - f(x_1)]/(x_2 - x_1) = f'(\xi) \geqslant 0$ d. h., für $x_1 < x_2$ gilt $f(x_1) \leqslant f(x_2)$. Die Funktion $f(x)$ ist daher in I monoton wachsend. Gibt es kein Teilintervall $I' \subset I$, in dem die Ableitung $f'(x)$ verschwindet, dann ist $f(x)$ in I sogar *echt monoton wachsend.* Anderenfalls gäbe es zwei Zahlen $x_1, x_2 \in I$ mit $x_1 < x_2$ und $f(x_1) = f(x_2)$. Wegen der Monotonie von $f(x)$ in I wäre dann $f(x)$ in $]x_1, x_2[$ konstant, d.h., $f'(x) = 0$ für $x \in]x_1, x_2[$; das aber war ausgeschlossen. Es gilt auch – wie man leicht zeigen kann – die Umkehrung: Ist $f(x)$ in I monoton wachsend und differenzierbar, dann ist $f'(\xi) \geqslant 0$ für alle $\xi \in I$.
Setzt man $f(x) = -f(x)$, dann erhält man die entsprechenden Aussagen über monoton fallende Funktionen, so daß der folgende Satz gilt:

Eine im Intervall $I =]a, b[$ differenzierbare Funktion $f(x)$ ist in diesem Intervall genau dann monoton wachsend bzw. fallend, wenn für alle $x \in I$ gilt: $f'(x) \geqslant 0$ bzw. $f'(x) \leqslant 0$. Die Funktion $f(x)$ ist in I genau dann echt monoton wachsend bzw. fallend, wenn $f(x)$ in I monoton wachsend bzw. fallend ist und wenn $f'(x)$ in keinem Teilintervall $I' \subset I$ verschwindet.

Anwendung auf Kurvendiskussion

Mit Hilfe der Differentialrechnung kann man Aussagen über den Verlauf der Kurve einer Funktion $y = f(x)$ machen. Zu untersuchen sei die Funktion $y = f(x)$ mit dem *Definitionsbereich* $D(f)$. Erstreckt sich der Definitionsbereich nach einer oder nach beiden Seiten ins Unendliche, so kann mittels Grenzwertbetrachtungen das Verhalten der Funktion für $x \to +\infty$ oder für $x \to -\infty$ untersucht werden. Man spricht deshalb auch vom *Verhalten der Funktion im Unendlichen.* (Für rationale Funktionen wird dies im Kapitel 5. Funktionen behandelt.) Die Koordinaten der *Schnittpunkte mit den Koordinatenachsen* erhält man aus $y = f(x)$ für $x = 0$ bzw. für $y = 0$. Für die Bestimmung der *Nullstellen* der Funktion, d. h. der Abszissenwerte der Schnittpunkte ihrer Kurve mit der x-Achse, sind gegebenenfalls Näherungsverfahren anzuwenden. Für rationale Funktionen lassen sich nach dem Sturmschen Satz Intervalle angeben, in denen eine Nullstelle liegt.
Das Verhalten der Funktion in der Umgebung ihrer Unstetigkeitsstellen wird mit Hilfe von Grenzbetrachtungen untersucht und der Typ jeder Unstetigkeitsstelle, z. B. Pol, Unbestimmtheitsstelle, Sprung oder Oszillation, ermittelt.
Schließlich untersucht man die Funktion mit den Methoden der Differentialrechnung auf relative *Extrema*, auf *Wendepunkte*, auf *Monotonie* und auf *Konvexität*. Zu diesem Zweck bestimmt man das Vorzeichen bzw. die Nullstellen der Ableitungen der Funktion.

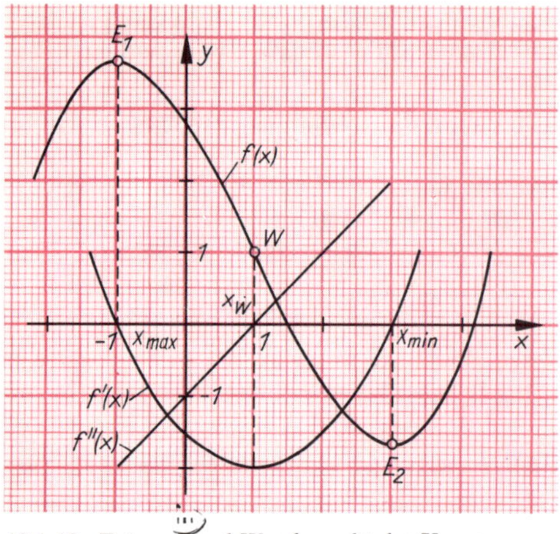

19.1-13 Extrema und Wendepunkt der Kurve der Funktion $y = f(x) = {}^1/_6(x^3 - 3x^2 - 9x + 17)$

Monotonie einer Funktion. Über die Monotonie einer differenzierbaren Funktion gibt der am Ende des vorangegangenen Abschnitts hergeleitete Satz Auskunft.

Beispiele. 1: Die Funktion $f(x) = \ln x$ ist in ihrem Definitionsbereich streng monoton wachsend, denn ihre Ableitung $f'(x) = 1/x$ ist für jedes $x > 0$ positiv.

2: Die in $[-2{,}4]$ definierte Funktion $f(x) = {}^1/_6 \cdot (x^3 - 3x^2 - 9x + 17)$ ist in den Intervallen $]-2, -1[$ und $]3, 4[$ streng monoton wachsend und im Intervall $]-1, +3[$ streng monoton fallend (Abb. 19.1-13). Für die Ableitung $f'(x) = {}^1/_2(x^2 - 2x - 3)$ gilt nämlich:

$f'(x) > 0$ für $x \in]-2, -1[\cup]3, 4[$;
$f'(x) < 0$ für $x \in]-1, +3[$.

Das Monotoniekriterium einer differenzierbaren Funktion kann zum Beweis von Ungleichungen benutzt werden. Die Ungleichung $f(x) \leqslant g(x)$ für $x \in]a, b[$ ist sicher erfüllt, wenn man folgendes nachweist:
α) $f(a) \leqslant g(a)$, β) $f'(x) \leqslant g'(x)$ für $x \in]a, b[$; denn aus β) folgt $g'(x) - f'(x) \geqslant 0$, d. h., $g(x) - f(x)$ ist in $]a, b[$ monoton wachsend. Daraus folgt wegen α): $g(x) - f(x) \geqslant 0$.

Beispiele. 3: Für $x > 0$ ist $f(x) = x < \tan x = g(x)$, denn es gilt: $f(0) = g(0) = 0$ und $f'(x) = 1 < g'(x) = 1/\cos^2 x$ für $x > 0$. Da $f'(x) = g'(x)$ in keinem Teilintervall gilt, ist $g(x) - f(x) = \tan x - x$ für $x > 0$ streng monoton wachsend, also $x < \tan x$.

4: Es ist $\sin x = f(x) < g(x) = x$ für $x > 0$, denn für $x = 0$ gilt: $f(0) = \sin 0 = g(0) = 0$, und für $x > 0$ gilt: $f'(x) = \cos x \leqslant 1 = g'(x)$.

Konvexität einer Funktion. Neben der Klasse der monotonen Funktionen ist die Klasse der konvexen bzw. konkaven Funktionen von Bedeutung. Eine im Intervall $I =]a, b[$ differenzierbare Funktion $f(x)$ heißt in I *streng konvex*, auch kurz *konvex*, wenn die Bildkurve von $f(x)$ mit Ausnahme des Berührungspunktes stets *oberhalb jeder Tangente* an die Kurve von $f(x)$ liegt. Die Gleichung der Tangente an die Kurve in $x_1 \in I$ ist: $y = f(x_1) + f'(x_1)(x - x_1)$. Aus der Definition einer konvexen Funktion folgt dann, daß für zwei beliebige $x_1, x_2 \in I$ mit $x_1 \neq x_2$ gilt $f(x_2) > f(x_1) + f'(x_1)(x_2 - x_1)$. Vertauscht man in dieser Ungleichung die Zahlen x_1, x_2, dann erhält man durch Addition dieser beiden Ungleichungen $f(x_2) + f(x_1) > f(x_1) + f(x_2) + (x_2 - x_1)[f'(x_1) - f'(x_2)]$ oder $f'(x_1) < f'(x_2)$ für $x_1 < x_2$. Danach ist die Ableitung $f'(x)$ in I streng monoton wachsend. Aus dem Mittelwertsatz folgt auch die Umkehrung. Damit erhält man den folgenden Satz.

Eine in $]a, b[$ differenzierbare Funktion $f(x)$ ist genau dann konvex, wenn ihre Ableitung $f'(x)$ in $]a, b[$ streng monoton wachsend ist. Ist $f(x)$ in $]a, b[$ zweimal differenzierbar, so ist $f(x)$ in $]a, b[$ genau dann konvex, wenn $f''(x) \geqslant 0$ für $x \in]a, b[$ ist und $f''(x)$ in keinem Teilintervall von $]a, b[$ verschwindet.

Beispiele. 5: Die Funktion $f(x) = x^2$ ist in ganz **R** konvex, denn für jedes $x \in \mathbf{R}$ gilt $f''(x) = 2 > 0$.

6: Die Funktion $f(x) = {}^1/_6(x^3 - 3x^2 - 9x + 17)$ ist in jedem Intervall $]1, r[$ mit $r > 1$ konvex, denn ihre zweite Ableitung $f''(x) = x - 1$ ist für $x > 1$ positiv (vgl. Abb. 19.1-13).

Entsprechend definiert man: Eine in $I =]a, b[$ differenzierbare Funktion $f(x)$ heißt in I *streng konkav*, auch kurz *konkav*, wenn die Bildkurve von $f(x)$ mit Ausnahme des Berührungspunktes stets *unterhalb jeder* Tangente an die Kurve von $f(x)$ liegt.
Für beliebige $x_1, x_2 \in I$ mit $x_1 \neq x_2$ gilt dann $f(x_2) < f(x_1) + f'(x_1)(x_2 - x_1)$. Da $f(x)$ genau dann konkav ist, wenn $-f(x)$ konvex ist, erhält man sofort den Satz:

Eine in $]a, b[$ zweimal differenzierbare Funktion $f(x)$ ist in $]a, b[$ genau dann konkav, wenn ihre erste Ableitung in diesem Intervall streng monoton fällt bzw. wenn für ihre zweite Ableitung $f''(x) \leqslant 0$ gilt und diese in keinem Teilintervall von $]a, b[$ verschwindet.

Beispiele. 7: Die Funktion $f(x) = \ln x$ ist in ihrem Definitionsbereich konkav, denn für $x > 0$ ist $f''(x) = -(1/x^2) < 0$.

8: Die Funktion $f(x) = {}^1/_6(x^3 - 3x^2 - 9x + 17)$ ist in $]S, 1[$ mit $S < 1$ konkav, da für $x < 1$ gilt: $f''(x) = x - 1 < 0$ (vgl. Abb. 19.1-13).

Relative Extrema. Ein Funktionswert $f(x_{max})$ einer in einem Intervall $]a, b[$ definierten Funktion $f(x)$ heißt *relatives Maximum* von $f(x)$ in $]a, b[$, wenn es eine Umgebung $U \subset]a, b[$ von x_{max} gibt, so daß für alle $x \in U$ mit $x \neq x_{max}$ gilt: $f(x_{max}) > f(x)$. Entsprechend heißt $f(x_{min})$ *relatives Minimum* von $f(x)$ in $]a, b[$, wenn es eine Umgebung $U^* \subset]a, b[$ von x_{min} gibt, so daß für alle $x \in U^*$ mit $x \neq x_{min}$ gilt: $f(x_{min}) < f(x)$. Relative Minima und relative Maxima einer Funktion werden *relative* oder *lokale Extrema* genannt. Zum Beispiel hat die Funktion $f(x) = {}^1/_6(x^3 - 3x^2 - 9x + 17)$ (vgl. Abb. 19.1-13) in $x_{min} = 3$ ein relatives Minimum $f(3) = -5/3$ und in $x_{max} = -1$ ein relatives Maximum $f(-1) = 11/3$.
Eine Funktion kann mehrere relative Maxima bzw. Minima haben. Die Funktion $\sin x$ hat z. B. unendlich viele relative Maxima und Minima. Das *absolute* Maximum bzw. Minimum einer im abgeschlossenen Intervall $[a, b]$ stetigen Funktion $f(x)$, das nach dem Satz von Weierstraß existiert, ist dann gleich dem größten relativen Maximum bzw. dem kleinsten relativen Minimum von $f(x)$ oder es liegt auf dem Rand des Intervalls $[a, b]$, d. h., es ist gleich $f(a)$ oder $f(b)$.
Die relativen Extrema $f(3) = -5/3$ und $f(-1) = 11/3$ der obigen Funktion $f(x)$ sind z. B. im Intervall $[-2, 4]$ auch die absoluten Extrema von $f(x)$. Im Intervall $[-10, +10]$ dagegen liegen die absoluten Extrema dieser Funktion am Rand.

Relatives Maximum, falls $f(x_{max}) > f(x)$ für $x \neq x_{max}$ } in einer hinreichend kleinen Umgebung
Relatives Minimum, falls $f(x_{min}) < f(x)$ für $x \neq x_{min}$ } von x_{max} bzw. x_{min}

Bedingungen für das Auftreten relativer Extrema. Ist die Funktion $f(x)$ in $]a, b[$ differenzierbar und hat $f(x)$ in x_0 etwa ein relatives Minimum, so gilt $f(x_0 + h) > f(x_0)$ für genügend kleine h. Der Differenzenquotient $[f(x_0 + h) - f(x_0)]/h$ ist deshalb positiv für $h > 0$ und negativ für $h < 0$. Rechts- und linksseitige Ableitung von $f(x)$ können also in x_0 nicht gleiches Vorzeichen haben. Da $f(x)$ in x_0 differenzierbar ist, stimmen rechts- und linksseitige Ableitung in x_0 überein. Daraus folgt aber: $f'(x_0) = 0$. Analog schließt man im Falle des relativen Maximums. Es gilt folgender Satz:

Notwendig für das Auftreten eines relativen Extremums von $f(x)$ in x_0 ist $f'(x_0) = 0$.

Daß $f'(x_0) = 0$ nur notwendig für die Existenz eines Extremums ist, zeigt z. B. die Funktion $f(x) = x^3$, für die in $x_0 = 0$ gilt $f'(0) = 0$, obwohl in $x_0 = 0$ kein Extremum von x^3 vorliegt.
Um eine *hinreichende Bedingung* für das Auftreten eines relativen Extremums zu bekommen, betrachtet man das Vorzeichen der Ableitung $f'(x)$ beim Durchgang durch den Punkt x_0. Dabei unterscheidet man folgende 4 Fälle:

I. Ist $f'(x) = 0$ in einer Umgebung U von x_0, dann ist $f(x) = \text{const}$ in U, und in x_0 liegt kein relatives Extremum vor.

II. Hat in einer Umgebung von x_0 $f'(x)$ das gleiche Vorzeichen für $x \neq x_0$, dann ist $f(x)$ in dieser Umgebung monoton und in x_0 kann kein relatives Extremum vorliegen.

III. Ist $f'(x) > 0$ für alle x aus einer linksseitigen Umgebung U_l von x_0 und $f'(x) < 0$ für alle x aus einer rechtsseitigen Umgebung U_r von x_0, dann ist $f(x)$ in U_l echt monoton wachsend und in U_r echt monoton fallend. Dann muß $f(x_0)$ ein relatives Maximum von $f(x)$ sein.

Ist $f(x)$ in x_0 zweimal differenzierbar, so ist, wie früher gezeigt wurde, $f''(x_0) < 0$ für den Vorzeichenwechsel von $f'(x)$ in x_0 in dem in III dargelegten Sinne hinreichend.

IV. Ist $f'(x) < 0$ für alle $x \in U_l$ und $f'(x) > 0$ für alle $x \in U_r$, so ist $f(x)$ in U_l monoton fallend und in U_r monoton wachsend. Dann muß $f(x_0)$ ein relatives Minimum sein. Hinreichend hierfür ist im Falle der zweimaligen Differenzierbarkeit von $f(x)$ in x_0, daß $f''(x_0) > 0$ gilt.

Man bekommt danach das folgende hinreichende Kriterium für das Auftreten eines relativen Maximums bzw. Minimums einer zweimal differenzierbaren Funktion $f(x)$:

Relatives Maximum von $f(x)$ in x_{max}, wenn $f'(x_{max}) = 0$ und $f''(x_{max}) < 0$
Relatives Minimum von $f(x)$ in x_{min}, wenn $f'(x_{min}) = 0$ und $f''(x_{min}) > 0$

Noch unbeantwortet ist die Frage nach dem Auftreten eines relativen Extremums in x_0 im Falle: $f'(x_0) = f''(x_0) = 0$. In diesem Falle müssen die höheren Ableitungen von $f(x)$ in x_0 herangezogen werden. Ist $f'''(x_0) > 0$, dann hat $f'(x)$ in x_0 ein relatives Minimum; ist $f'''(x_0) < 0$, dann hat $f'(x)$ in x_0 ein relatives Maximum. In beiden Fällen berührt wegen $f'(x_0) = 0$ die Bildkurve von $f'(x)$ die x-Achse in x_0 oder eine Parallele zu ihr (Abb. 19.1-14). Nach (II) kann dann $f(x)$ in x_0 kein relatives Extremum haben. Die Tangente an die Bildkurve von $f(x)$ in x_0 liegt parallel zur x-Achse, durchsetzt aber die Kurve in x_0. Man sagt, $f(x)$ habe in x_0 einen *Horizontalwendepunkt*.
Ist die Funktion $f(x)$ in einer Umgebung U von x_0 n-mal differenzierbar, ist n eine gerade natürliche Zahl, gilt $f'(x_0) = f''(x_0) = \cdots = f^{(n-1)}(x_0) = 0$ und ist $f^{(n)}(x)$ in x_0 stetig, so folgt aus dem Taylorschen Lehrsatz für hinreichend kleine h und $0 < \vartheta < 1$: $f(x_0 + h) - f(x_0) = f^{(n)}(x_0 + \vartheta h)\, h^n/n!$

Ist $f^{(n)}(x_0) > 0$, dann gibt es wegen der Stetigkeit von $f^{(n)}(x)$ in x_0 eine Umgebung V von x_0 mit $V \subset U$, so daß $f^{(n)}(x) > 0$ für alle $x \in V$ ist. Für hinreichend kleine h ist deshalb $f^{(n)}(x_0 + \vartheta h) > 0$. Da aber n gerade ist, folgt $f^{(n)}(x_0 + \vartheta h)\, h^n/n! > 0$. Für diese h gilt daher: $f(x_0 + h) > f(x_0)$, d. h., $f(x_0)$ ist ein relatives Minimum von $f(x)$ in x_0.

Falls dagegen $f^{(n)}(x_0) < 0$, so ergibt sich entsprechend $f(x_0 + h) < f(x_0)$, d. h., $f(x_0)$ ist ein relatives Maximum. Es gilt das folgende hinreichende Kriterium für das Auftreten eines relativen Extremums, das im Falle einer ungeraden natürlichen Zahl n wegen $(n + 1)$ gerade eine Aussage über den Verlauf der ersten Ableitung $f'(x)$ an der Stelle x_0 enthält.

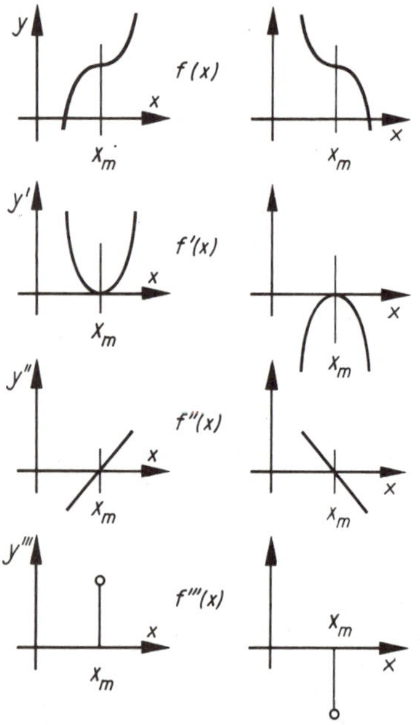

19.1-14 Schematische Darstellung für $f'(x) = 0$; $f''(x) = 0$; $f'''(x) \neq 0$ an der Stelle $x_0 = x_m$

Ist eine Funktion $f(x)$ in einer Umgebung von x_0 n-mal differenzierbar, gilt dabei, wenn n eine gerade Zahl ist, $f'(x_0) = f''(x_0) = \cdots = f^{(n-1)}(x_0) = 0$ und ist $f^{(n)}(x)$ in x_0 stetig, so ist $f(x_0)$ ein relatives Minimum, falls $f^{(n)}(x_0) > 0$ bzw. $f(x_0)$ ein relatives Maximum, falls $f^{(n)}(x_0) < 0$.

Beispiele. 9: Die Funktion $f(x) = {}^1/_6(x^3 - 3x^2 - 9x + 17)$ hat in $x_0 = 1$ ein relatives Maximum, denn es gilt: $f'(-1) = 0$, $f''(-1) < 0$ (vgl. Abb. 19.1-13); $f(x)$ hat in $x_1 = 3$ ein relatives Minimum, wie aus $f'(3) = 0$, $f''(3) > 0$ folgt. Ihre Ableitung $f'(x) = {}^1/_2\,(x^2 - 2x - 3)$ hat wegen $f''(1) = 0$, $f'''(1) = 1 > 0$ in $x_2 = +1$ ein relatives Minimum.

10: Die Funktion $f(x) = x^n$ mit $n \in \mathbf{N}$ und n gerade hat in $x_0 = 0$ ein relatives Minimum, denn es gilt $f'(0) = f''(0) = \cdots = f^{(n-1)}(0) = 0$, aber $f^{(n)}(0) = n! > 0$. Das gleiche Resultat folgt aber schon aus der Tatsache, daß $f'(x)$ in jeder linksseitigen Umgebung von 0 negativ und in jeder rechtsseitigen Umgebung von 0 positiv ist (vgl. Fall IV).

11: Die Funktion $f(x) = \cos x$ hat unendlich viele relative Maxima und Minima. Ihre Ableitung $f'(x) = -\sin x$ verschwindet in $x_{\pm k} = \pm k\pi$ mit $k = 0, 1, 2, \ldots$ Die zweite Ableitung $f''(x) = -\cos x$ ist negativ in den Stellen $x_{\pm k}$ mit k gerade und positiv in den Stellen $x_{\pm k}$ mit k ungerade.

Wendepunkte. Man sagt, eine differenzierbare Funktion $f(x)$ hat in x_0 einen Wendepunkt $P(x_0, f(x_0))$, wenn die Bildkurve von $f(x)$ in diesem Punkt von der Tangente $y = f(x_0) + f'(x_0)\,(x - x_0)$ durchsetzt wird, d. h., wenn die Bildkurve in P von der einen Seite der Tangente auf die andere Seite der Tangente übergeht. Die Tangente in einem solchen Punkt heißt *Wendetangente*. Verläuft diese parallel zur x-Achse, dann heißt $P(x_0, f(x_0))$ *Horizontalwendepunkt* (Abb. 19.1-15). In einem Wendepunkt ändert sich der *Drehsinn der Kurve*. Ein Wendepunkt trennt danach ein konvexes Kurvenstück von einem konkaven Kurvenstück. Die in Abb. 19.1-13 dargestellte Funktion hat z. B. in $W = (1, 1)$ einen Wendepunkt. Aus der Definition des Wendepunktes einer Funktion $f(x)$ in x_0 bzw. aus dem Kriterium für Konvexität folgt, daß die erste Ableitung $f'(x)$ in x_0 ihr Monotonieverhalten ändert, d. h., $f'(x)$ ist in einer hinreichend kleinen linksseitigen Umgebung von x_0 monoton fallend und in einer hinreichend kleinen rechtsseitigen Umgebung von x_0 monoton wachsend bzw. linksseitig wachsend und rechtsseitig fallend. Damit erhält man den folgenden Satz:

Eine in $]a, b[$ differenzierbare Funktion $f(x)$ hat in $x_0 \in\,]a, b[$ genau dann einen Wendepunkt, wenn $f'(x)$ in x_0 ein relatives Extremum hat.

Das Aufsuchen der Wendepunkte einer differenzierbaren Funktion reduziert sich damit auf die Bestimmung der relativen Extremwerte ihrer Ableitung. Aus den Kriterien des letzten Abschnittes folgt dann:

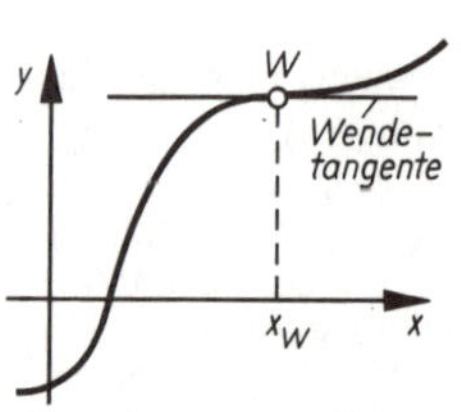

19.1-15 Bild einer Funktion mit *Horizontalwendepunkt*

Hat eine zweimal differenzierbare Funktion $f(x)$ in x_0 einen Wendepunkt, dann gilt $f''(x_0) = 0$.

Eine Funktion $f(x)$ hat in x_0 einen Wendepunkt, wenn sie n-mal differenzierbar ist ($n \geqslant 3$) und wenn mit ungeradem n gilt: $f''(x_0) = \cdots = f^{(n-1)}(x_0) = 0$ und $f^{(n)}(x_0)$ ungleich Null und in x_0 stetig.

$f''(x_w) = 0$ und $f'''(x_w) \neq 0 \rightarrow x_w$ *Wendepunkt*
Gleichung der *Wendetangente*: $(y - y_w) = f'(x_w)\,(x - x_w)$

Beispiele. 12: Die Funktion
$f(x) = {}^1/_6\,(x^3 - 3x^2 - 9x + 17)$
hat in $x_0 = 1$ einen Wendepunkt (vgl. Abb. 19.1-13), denn es gilt $f''(x) = x - 1$, d. h., $f''(1) = 0$ und $f'''(1) = 1 \neq 0$.

13: Die Funktion
$y = f(x) = 0{,}1 \cdot (x^4 - 2x^3 - 12x^2 + 8x + 20)$
hat die Ableitungen $y' = 0{,}1(4x^3 - 6x^2 - 24x + 8)$; $y'' = 1{,}2x^2 - 1{,}2x - 2{,}4$ und $y''' = 2{,}4x - 1{,}2$. Aus $y'' = 0$, d. h. $x^2 - x - 2 = 0$ erhält man $x_1 = -1$ und $x_2 = +2$. Da $f'''(x_1) = -3{,}6 \neq 0$ und $f'''(x_2) = +3{,}6 \neq 0$, sind $x_1 = -1$ und $x_2 = +2$ Abszissenwerte von *Wendepunkten* (Abb. 19.1-16). Die zugehörigen Ordinaten sind $f(x_1) = +0{,}3$ und $f(x_2) = -1{,}2$.
Die *Wendetangenten* t_1 und t_2 in den Wendepunkten $W_1(-1;\ +0{,}3)$ und $W_2(+2;\ -1{,}2)$ haben den Anstieg $f'(x_1) = +2{,}2$ und $f'(x_2) = -3{,}2$ und deshalb die Gleichungen $(y - 0{,}3) = 2{,}2(x + 1)$ oder $y = 2{,}2x + 2{,}5$ für t_1 und $(y + 1{,}2) = -3{,}2(x - 2)$ oder $y = -3{,}2x + 5{,}2$ für t_2.

14: Die Funktion $f(x) = (x^2 - 4)/x$ hat keinen Wendepunkt, da $f''(x) = -8/x^3$ nirgends verschwindet.

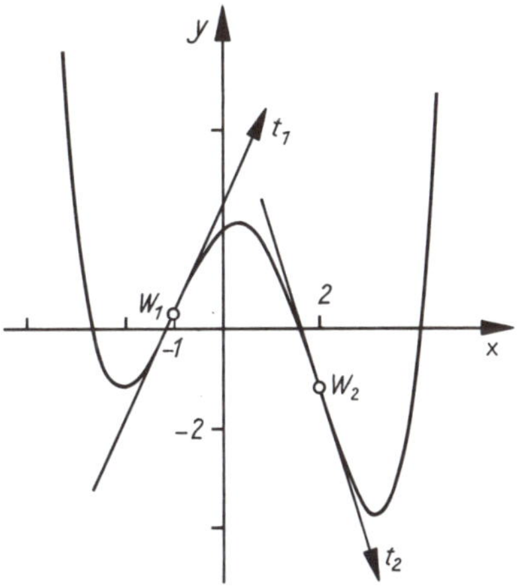

19.1-16 Wendepunkte W_1, W_2 und Wendetangenten t_1, t_2 der Kurve der Funktion $= 0{,}1\ (x^4 - 2x^3 - 12x^2 + 8x + 20)$

Anwendungen. Sind $f(\xi_i)$ für $i = 1, \ldots, n$ bzw. $f(\eta_j)$ für $j = 1, \ldots, m$ die relativen Minima bzw. Maxima einer in $[a, b]$ stetigen und in $]a, b[$ differenzierbaren Funktion $f(x)$, dann ist, wie im Abschnitt Relative Extrema bemerkt wurde, $m = \min\limits_{1 \leqslant i \leqslant n} \{f(\xi_i), f(a), f(b)\}$ das absolute Minimum von $f(x)$ in $[a, b]$ und $M = \max\limits_{1 \leqslant j \leqslant m} \{f(\eta_j), f(a), f(b)\}$ das absolute Maximum von $f(x)$ in $[a, b]$. Im folgenden werden einige Extremwertaufgaben angeführt, deren Lösung sich auf die Bestimmung der absoluten Extrema reduziert.

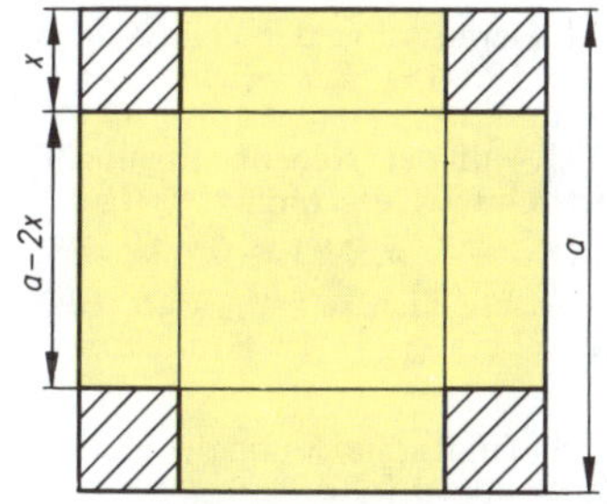

19.1-17 Quader größten Rauminhalts aus einem Quadrat

Beispiele. 15: Zur Herstellung eines Kartons sollen an den Ecken einer quadratischen Pappe mit der Seitenlänge a vier Einschnitte gemacht und die entstehenden Rechtecke hochgebogen werden (Abb. 19.1-17). Die schraffierten gleich großen Quadrate dienen zum Heften des Kartons. Wie groß muß der Einschnitt gemacht werden, damit der Rauminhalt V des Kartons möglichst groß wird? – Nach der Volumenformel für den Quader ergibt sich für den Rauminhalt

$$V = y = f(x) = x(a - 2x)^2 = 4x^3 - 4ax^2 + a^2x.$$

Diese Funktion kann nur für $y' = 12x^2 - 8ax + a^2 = 0$, d. h. $x^2 - 2ax/3 + a^2/12 = 0$, relative Extremwerte haben, also für $x_1 = a/6$, da für $x_2 = a/2$ die Pappe in vier Teile zerfallen würde. Aus $y'' = 24x - 8a$ folgt $f''(x_1) = -4a < 0$, d. h., $x_1 = a/6$ ist der Abszissenwert eines relativen Maximums. Dies ist auch das absolute Maximum; der Einschnitt muß ${}^1/_6$ der Seitenlänge a betragen.

16: Welche Maße muß man einer zylindrischen Konservendose geben, damit bei gefordertem Inhalt von $1\,\mathrm{l} = 1000\ \mathrm{cm}^3$ zu ihrer Herstellung möglichst wenig Blech verbraucht wird? –
Ein gerader Kreiszylinder ist durch den Radius r seines Grundkreises und durch seine Höhe h bestimmt. Seine Oberfläche O soll als Funktion einer Variablen dargestellt werden. Die zweite Variable in $O = 2\pi r^2 + 2\pi rh$ läßt sich durch die gegebene Nebenbedingung $V = \pi r^2 h = 1000\ \mathrm{cm}^3$ eliminieren. Mit $h = V/(\pi r^2)$ erhält man:

$$O = y = f(r) = 2\pi r^2 + 2V/r,\ y' = 4\pi r - 2V/r^2,\ y'' = 4\pi + 4V/r^3$$

Ein relativer Extremwert kann nur auftreten für $4\pi r_1 = 2V/r_1^2$ oder $r_1 = \sqrt[3]{V/(2\pi)}$. Da $f''(r_1) = 12\pi > 0$, hat die Oberfläche an der Stelle r_1 ein Minimum; dies ist sogar das absolute Minimum. Für die Höhe h_1 des Zylinders ergibt sich $h_1 = V(\pi r_1^2) = 2r_1$. Setzt man für V den gegebenen Wert $1000\ \mathrm{cm}^3$ ein, so erhält man $r_1 = 5{,}42$ cm und $h_1 = 10{,}84$ cm. Von allen zylindrischen Dosen mit gleichem Rauminhalt hat die Dose die kleinste Oberfläche, deren Durchmesser $2r_1$ ihrer Höhe h_1 gleich ist.

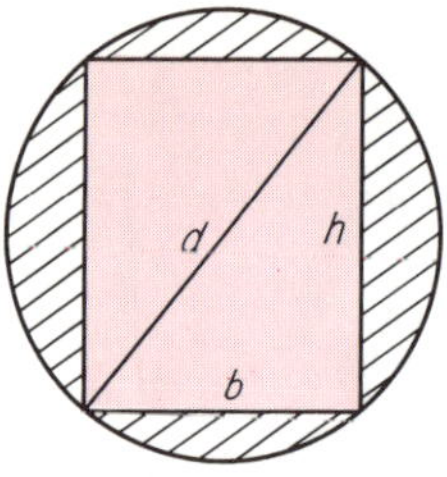

19.1-18 Querschnitt eines Balkens aus einem Baumstamm

17: Aus einem Baumstamm, dessen Querschnitt kreisförmig mit dem Durchmesser d angenommen werden kann, soll ein Balken mit rechteckigem Querschnitt geschnitten werden (Abb. 19.1-18). Für welche Maße erreicht seine Tragfähigkeit T ein Maximum, wenn T proportional der Breite b und dem Quadrat der Höhe h ist, $T = cbh^2$ ($c = \text{const}$)? – Der Lehrsatz des Pythagoras liefert die Nebenbedingung $h^2 = d^2 - b^2$, und damit erhält man T als Funktion einer Veränderlichen $T = f(b) = cd^2b - cb^3$. Es ist $f'(b) = cd^2 - 3cb^2$; $f''(b) = -6cb$. Ein relativer Extremwert kann nur für $f'(b_1) = 0 = cd^2 - 3cb_1^2$ vorhanden sein, d. h. $b_1 = {}^1/_3 d\sqrt{3}$. Wegen $f''(b_1) = -2cd\sqrt{3} < 0$ ist dieser Extremwert ein Maximum der Tragfähigkeit. Aus $h^2 = d^2 - b^2$ ergibt sich schließlich $h = {}^1/_3 d\sqrt{6}$.
Unabhängig vom Durchmesser des Baumstammes ergibt sich das Verhältnis $h : b = \sqrt{2} : 1$.

Bezeichnet man die Seiten eines Rechtecks mit a und b, den Umfang mit U und die Fläche mit A, so ergibt sich aus der folgenden Tabelle die Richtigkeit zweier Sätze:

Von allen Rechtecken mit gegebenem Umfang hat das Quadrat die größte Fläche. Von allen Rechtecken mit gegebener Fläche hat das Quadrat den kleinsten Umfang.

gegeben	$U = 2(a + b)$	$b = U/2 - a$	$A = ab$	$b = A/a$
gesucht	$A = ab = f(a) = Ua/2 - a^2$		$U = 2(a + b) = f(a) = 2(a + A/a)$	
1. Ableitung	$f'(a_1) = U/2 - 2a_1 = 0$	$a_1 = U/4$	$f'(a_1) = 2 - 2A/a_1^2 = 0$	$a_1 = \sqrt{A}$
2. Ableitung	$f''(a_1) = -2 < 0$	Maximum	$f''(a_1) = +4/\sqrt{A} > 0$	Minimum
Lösung	$b_1 = U/4 = a_1$	Quadrat	$b_1 = \sqrt{A} = a_1$	Quadrat

Beispiel 18: Eine Kreisscheibe aus Blech vom Radius R soll nach Herausschneiden eines Sektors zu einem kegelförmigen Trichter zusammengebogen werden (Abb. 19.1-19). Für welchen Zentriwinkel ε erhält der Trichter das größte Fassungsvermögen? –
Aus der Formel für das Kegelvolumen $V = {}^1/_3\pi r^2 h$ ergibt sich mit der Nebenbedingung $r^2 = R^2 - h^2$ die Gleichung $V = f(h) = {}^1/_3\pi(R^2h - h^3)$. Extremwertberechnung: $f'(h_1) = {}^1/_3\pi(R^2 - 3h_1^2) = 0$, d. h., $h_1 = {}^1/_3 R\sqrt{3}$; $f''(h) = -2\pi h$; $f''(h_1) = -{}^2/_3\pi R\sqrt{3} < 0$, also liegt in h_1 ein relatives Maximum vor. Aus der Nebenbedingung folgt schließlich $r_1 = {}^1/_3 R\sqrt{6}$. Beim Zusammenbiegen des Bleches wird der Kreisbogen $b = \hat{\varepsilon}R$ zum Umfang $2\pi r$ des Grundkreises. Aus $R\hat{\varepsilon} = 2\pi r_1$ folgt $\hat{\varepsilon} = {}^2/_3\pi\sqrt{6}$ oder $\varepsilon \approx 294°$.

Beispiel 19: Von allen Zylindern, die sich einem geraden Kreiskegel vom Radius R und der Höhe H einbeschreiben lassen, ist der mit dem größten Volumen gesucht (Abb. 19.1-20). –

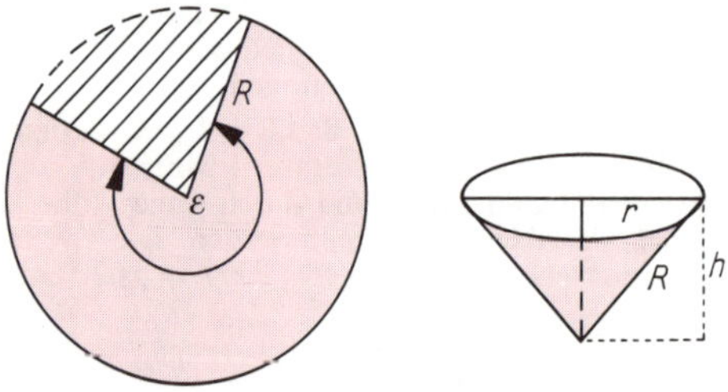

19.1-19 Trichter aus einer Kreisscheibe

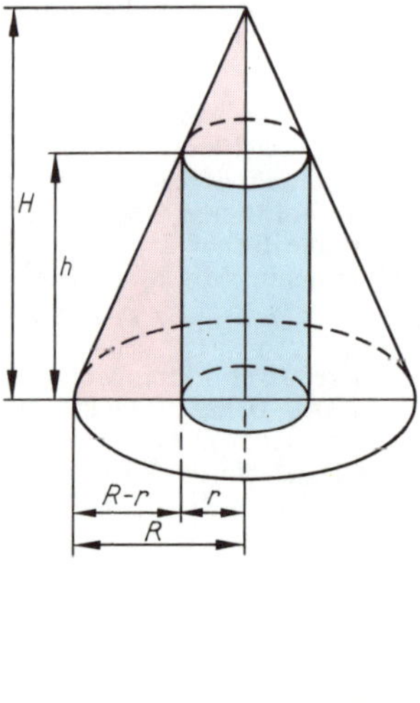

19.1-20 Zylinder in einem geraden Kreiskegel

Für das Zylindervolumen V gilt die Formel $V = \pi r^2 h$. Die Nebenbedingung ergibt sich hier aus dem Strahlensatz: $h:(R - r) = H:R$; $h = (H/R)(R - r)$. Damit erhält man die Funktion $V = f(r) = \pi(H/R)(Rr^2 - r^3)$. Aus $f'(r_1) = \pi(H/R)(2Rr_1 - 3r_1^2) = 0$ ergibt sich $r_1 = {}^2/_3 R$, da der Lösung $r_2 = 0$ das Volumen $V = 0$ entspricht. Wegen $f''(r_1) = \pi(H/R)(2R - 6r_1) = -2\pi H < 0$ hat das Volumen für $r = r_1$ ein Maximum.

Auf das *Brechungsgesetz von Snellius* führt folgendes physikalische Problem. Längs einer Ebene E_1 grenzen zwei Medien M I und M II aneinander. Die Fortpflanzungsgeschwindigkeit eines Körpers oder einer Welle ist v_1 in M I und v_2 in M II. Unter welchen Bedingungen ist die für die Bewegung vom Punkte A_1 in M I nach A_2 in M II erforderliche Zeit am kleinsten (Abb. 19.1-21)? – Es leuchtet ein, daß diese Bewegung in einer Ebene E_2 erfolgt, die durch A_1 und A_2 geht und auf E_1 senkrecht steht.
Fällt man in dieser Ebene von A_1 und A_2 die Lote $|A_1L_1| = a_1$ und $|A_2L_2| = a_2$ auf die Schnittgerade dieser Ebenen und setzt $|L_1L_2| = b$, so ist dadurch die Lage der Punkte A_1 und A_2 festgelegt. Trifft die Bewegung in P auf die Grenzlinie und bezeichnet man $|L_1P| = x$, so erhält man für den Weg s_1 von A_1 nach P die Strecke $s_1 = \sqrt{a_1^2 + x^2}$ und für den Weg $|PA_2| = s_2 = \sqrt{a_2^2 + (b - x)^2}$. Die Zeit t, in der der Weg A_1PA_2 durchlaufen wird, setzt sich aus den Einzelzeiten $t_1 = s_1 : v_1$ und $t_2 = s_2 : v_2$ zusammen. Man erhält die Funktion $f(x)$ und aus ihr die Bedingung für den Extremwert:

$$t = t(x) = t_1 + t_2 = \frac{\sqrt{a_1^2 + x^2}}{v_1} + \frac{\sqrt{a_2^2 + (b - x)^2}}{v_2},$$

$$t'(x) = \frac{x}{v_1\sqrt{a_1^2 + x^2}} - \frac{(b - x)}{v_2\sqrt{a_2^2 + (b - x)^2}} = \frac{x}{v_1 s_1} - \frac{(b - x)}{v_2 s_2} = 0.$$

Geometrisch bedeuten $x/s_1 = \sin \varepsilon_1$ und $(b - x)/s_2 = \sin \varepsilon_2$, d. h., die gefundene Bedingung lautet $\sin \varepsilon_1 : \sin \varepsilon_2 = v_1 : v_2 = \text{const}$, das ist das Brechungsgesetz von Snellius.

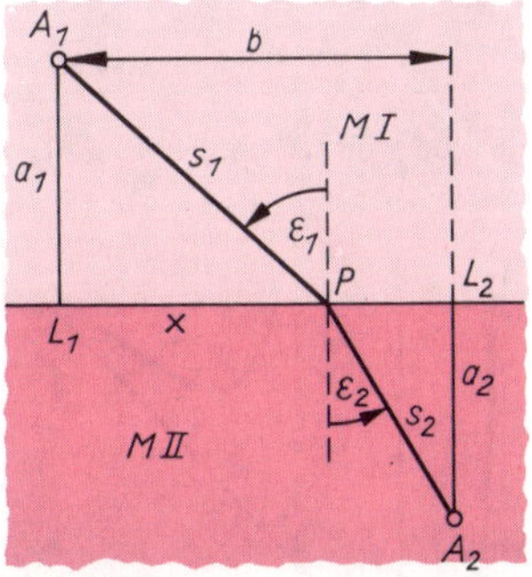

19.1-21 Zum Brechungsgesetz von Snellius

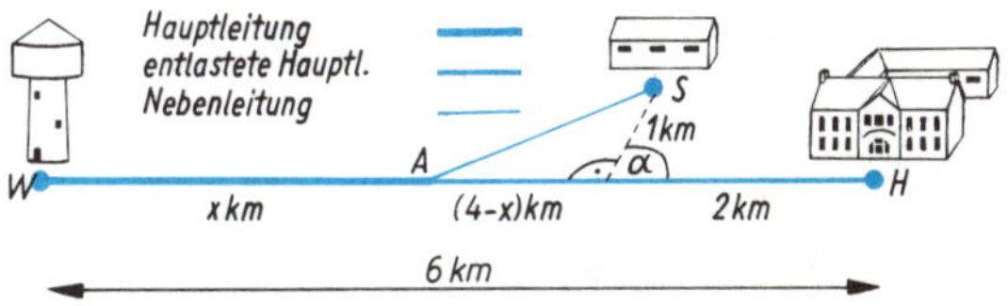

19.1-22 Skizze zum Bau einer Wasserleitung

Beispiel 20: Von einem Wasserturm W soll zu den Hauptgebäuden H eine Wasserleitung gebaut werden (Abb. 19.1-22). Durch eine Nebenleitung soll außerdem ein abseits der Hauptleitung gelegenes Gebäude S mit Wasser versorgt werden. Dieses hat von der Hauptleitung einen Abstand von 1 km. Der Fußpunkt des von S auf die Hauptleitung gefällten Lotes hat von den Hauptgebäuden die Entfernung 2 km. Die Entfernung der Hauptgebäude vom Wasserturm beträgt 6 km. Die Kostenverhältnisse für einen Meter Wasserleitung werden wie folgt veranschlagt: Hauptleitung zu entlastete Hauptleitung zu Nebenleitung wie 30 : 22 : 12. Alle Leitungen werden geradlinig verlegt. In welcher Entfernung vom Wasserturm muß die Nebenleitung von der Hauptleitung abgezweigt werden, damit die Baukosten möglichst niedrig werden? – Führt man für die Entfernung zwischen Wasserturm W und Abzweigstelle A die Variable x ein, so erhält man für die Länge $|AS|$ der Nebenleitung $|AS| = \sqrt{1 + (4 - x)^2}$.
Die Gesamtkosten K setzen sich dann folgendermaßen zusammen: $K = 30x + 22(6 - x) + 12\sqrt{1 + (4 - x)^2}$. Es ist eine Extremwertberechnung für die Funktion $K = f(x) = 132 + 8x + 12\sqrt{17 - 8x + x^2}$ durchzuführen: $f'(x) = 8 + \dfrac{12x - 48}{\sqrt{17 - 8x + x^2}}$; die notwendige Bedingung $f'(x) = 0$ führt auf die quadratische Gleichung $x^2 - 8x + 76/5 = 0$ mit den Lösungen $x_{1,2} = 4 \pm {}^2/_5\sqrt{5}$. Der Wert $x_1 = 4 + {}^2/_5\sqrt{5}$ ist keine Lösung der Wurzelgleichung (Probe). Die zweite Ableitung $f''(x) = \dfrac{12}{\sqrt{(17 - 8x + x^2)^3}}$ ist für x_2 größer als Null und zeigt damit ein relatives Minimum an, das zugleich das absolute Minimum ist. Die Nebenleitung muß 3,11 km vom Wasserturm entfernt von der Hauptleitung abgezweigt werden.

Kurvendiskussion. Mit Hilfe der Differentialrechnung kann man sich recht schnell eine Übersicht über den wesentlichen Kurvenverlauf einer gegebenen Funktion verschaffen, ohne eine umfangreiche Wertetabelle der Funktion aufzustellen, die in der Praxis meist unzweckmäßig ist, weil mit ihr die für die Kurve charakteristischen Punkte, z. B. die Extrema, Wendepunkt, oder Nullstellen, im allgemeinen nicht erfaßt werden. Man spricht von einer Kurvendiskussion und setzt voraus, daß die gegebene Funktion in ihrem Definitionsbereich mit Ausnahme höchstens endlich vieler Punkte hinreichend oft differenzierbar ist. Die Schnittpunkte der Kurve mit der x-Achse bestimmt man als Nullstellen von $f(x)$ und die mit der y-Achse, indem man $x = 0$ setzt. Ferner bestimmt man die Unstetigkeitsstellen und jene Stellen, in denen $f(x)$ zwar stetig, aber nicht differenzierbar ist. Dabei hat man auch das Verhalten von $f(x)$ für $x \to \pm\infty$ zu untersuchen. Anschließend bestimmt man Vorzeichen und Nullstellen der ersten und zweiten, und, falls notwendig, auch der höheren Ableitungen von $f(x)$. Daraus kann man dann mit Hilfe der Sätze und Kriterien des vorangegangenen Abschnittes Aussagen über das Monotonieverhalten, über die Konvexität, über relative Extrema und Wendepunkte machen. Aus diesen Eigenschaften kann in den meisten Fällen die Kurve skizziert werden. Nötigenfalls müssen einige Funktionswerte zusätzlich ermittelt werden.

Im folgenden werden für typische Beispiele die Ergebnisse der Kurvendiskussion angegeben. Im einzelnen bedeuten: y_{0i} Ordinaten der Schnittpunkte der Kurve mit der y-Achse, x_{0i} Nullstellen der Gleichung $f(x) = 0$; x_{mi} bzw. x_{wi} die Abszisse je eines Extremwertes bzw. Wendepunktes; M_i die Koordinaten eines Maximums, m_i die eines Minimums und W_i die eines Wendepunktes.

Beispiel 21: Die Funktion $y = f(x) = (x/300)(x^2 - 45)(x^2 - 10)$ ist für alle x definiert (Abb. 19.1-23). Ihre Ableitungen sind $y' = f'(x) = (1/60)(x^2 - 30)(x^2 - 3)$; $y'' = f''(x) = (x/30)(2x^2 - 33)$; $y''' = f'''(x) = x^2/5 - 11/10$.
Verhalten im Unendlichen: $f(x) \to \pm\infty$, wenn $x \to \pm\infty$.

Schnittpunkte mit den Achsen: $y_0 = 0$; $x_{01} = 0$; $x_{02} = -3\sqrt{5} \approx -6{,}71$; $x_{03} = +3\sqrt{5} \approx +6{,}71$; $x_{04} = +\sqrt{10} \approx 3{,}16$; $x_{05} = -\sqrt{10} \approx -3{,}16$.

Relative Extremwerte: $f'(x_m) = 0 \to x_{m1} = -\sqrt{30}$; $x_{m2} = -\sqrt{3}$; $x_{m3} = +\sqrt{3}$; $x_{m4} = +\sqrt{30}$; $M_1(-5{,}48;\ 5{,}48)$; $M_2(1{,}73;\ 1{,}7)$; $m_1(-1{,}73;\ -1{,}7)$; $m_2(5{,}48;\ -5{,}48)$.
Wendepunkte: $f''(x_w) = 0 \to x_{w1} = -4{,}06$; $x_{w2} = 0$; $x_{w3} = +4{,}06$; $W_1(-4{,}06;\ 2{,}58)$; $W_2(0,\ 0)$; $W_3(4{,}06;\ -2{,}58)$.

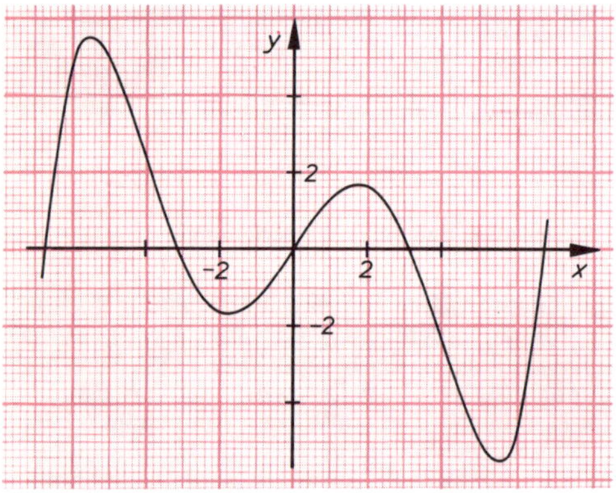

19.1-23 Zur Kurvendiskussion der Funktion $y = (x/300)(x^2 - 45)(x^2 - 10)$

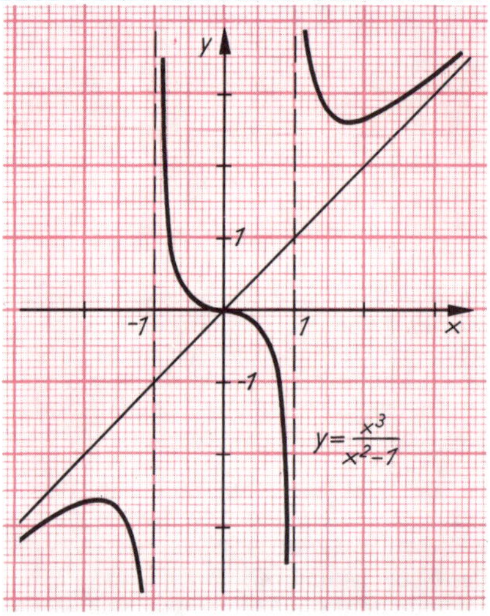

19.1-24 Zur Kurvendiskussion der Funktion $x^3/(x^2 - 1)$

Beispiel 22: Die Funktion $y = f(x) = x^3/(x^2 - 1)$ (Abb. 19.1-24) ist für alle x mit Ausnahme der Werte $x = \pm 1$ definiert, für die der Nenner Null wird. Ihre Ableitungen sind

$$y' = f'(x) = \frac{x^2(x^2 - 3)}{(x^2 - 1)^2};\quad y'' = f''(x) = \frac{2x(x^2 + 3)}{(x^2 - 1)^3};\quad y''' = f'''(x) = \frac{-6(x^4 + 6x^2 + 1)}{(x^2 - 1)^4}.$$

Verhalten im Unendlichen:

$\dfrac{x^3}{x^2 - 1} = x + \dfrac{x}{x^2 - 1} \to \pm\infty$, wenn $x \to \pm\infty$, Asymptote $y = x$ (vgl. Kap. 5.2. – Das Verhalten gebrochenrationaler Funktionen im Unendlichen).

Schnittpunkte mit den Achsen: $y_0 = 0$; $x_0 = 0$.
Unstetigkeiten: Pole für $x_1 = 1$ und $x_2 = -1$ mit senkrechter Asymptote.
Relative Extremwerte: $f'(x_m) = 0 \rightarrow x_{m1} = -\sqrt{3}$; $x_{m2} = +\sqrt{3}$; $x_{m3} = 0 = x_w$.
$M(-1{,}73;\ -2{,}6)$; $m(1{,}73;\ 2{,}6)$.
Wendepunkte: $f''(x_w) = 0 \rightarrow x = 0$, $W(0,\ 0)$, wegen $f'(x_w) = 0$ Horizontalwendepunkt.

Beispiel 23: Die Funktion $y = f(x) = x\sqrt{9 - x^2}$ ist nur im Intervall $-3 \leqslant x \leqslant +3$ definiert (Abb. 19.1-25). Ihre Ableitungen sind

$$y' = f'(x) = \frac{9 - 2x^2}{\sqrt{9 - x^2}}; \quad y'' = f''(x) = \frac{x(2x^2 - 27)}{\sqrt{(9 - x^2)^3}}; \quad y''' = f'''(x) = \frac{-243}{\sqrt{(9 - x^2)^5}}.$$

Schnittpunkte mit den Achsen: $y_0 = 0$; $x_{01} = 0$; $x_{02} = 3$; $x_{03} = -3$.
Relative Extremwerte: $f'(x_m) = 0 \rightarrow x_{m1} = -{}^3/_2\sqrt{2}$;

$x_{m2} = +{}^3/_2\sqrt{2}$; $m(-2{,}12;\ -4{,}5)$; $M(2{,}12;\ 4{,}5)$.
Wendepunkte: $f''(x_w) = 0 \rightarrow x_{w1} = 0$; $x_{w2} = +{}^3/_2\sqrt{6}$; $x_{w3} = -{}^3/_2\sqrt{6}$; x_{w2} und x_{w3} außerhalb des Definitionsbereiches, $W_1(0,\ 0)$.
Das Spiegelbild dieser Kurve zur x-Achse ist die Kurve der Funktion $y = -x\sqrt{9 - x^2}$. Beide Funktionen werden durch die algebraische Gleichung definiert $x^4 - 9x^2 + y^2 = 0$ (vgl. Abb. 19.1-25). $P(0,\ 0)$ ist als Doppelpunkt singulärer Punkt.

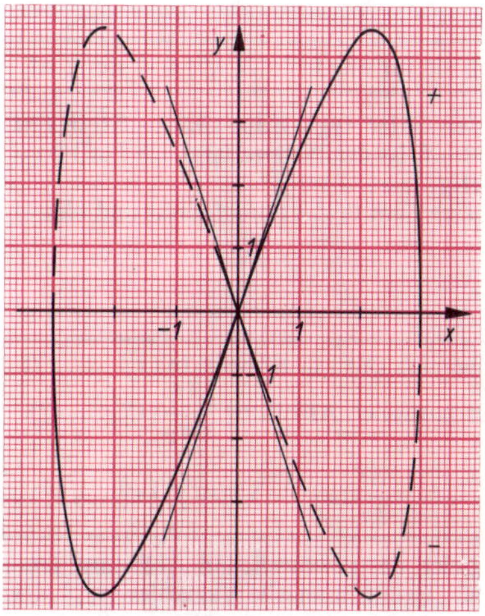

19.1-25 Zur Diskussion der durch die Gleichung $x^4 - 9x^2 + y^2 = 0$ definierten Funktionen

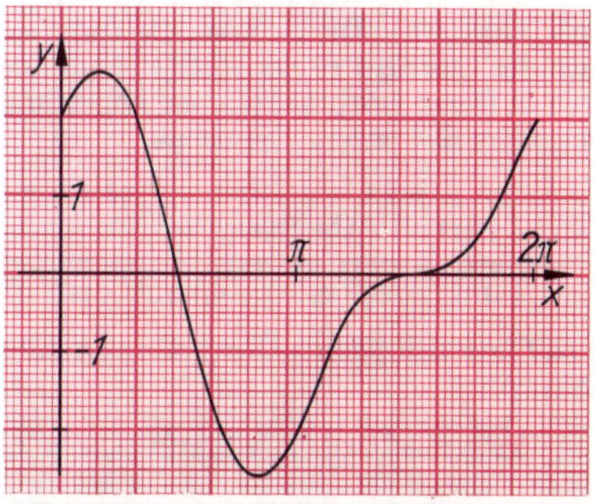

19.1-26 Zur Kurvendiskussion der Funktion $y = \sin 2x + 2\cos x$

Beispiel 24: Die Funktion $y = f(x) = \sin 2x + 2\cos x$ ist für alle x definiert; wegen ihrer Periodizität wird die Untersuchung auf das Intervall $0 \leqslant x \leqslant 2\pi$ beschränkt (Abb. 19.1-26).
Ihre Ableitungen sind $y' = f'(x) = 2\cos 2x - 2\sin x$; $y'' = f''(x) = -4\sin 2x - 2\cos x$; $y''' = f'''(x) = -8\cos 2x + 2\sin x$.
Schnittpunkte mit den Achsen: $y_0 = 2$; $x_{01} = \pi/2 \approx 1{,}57$; $x_{02} = 3\pi/2 \approx 4{,}71$.
Relative Extremwerte: $f'(x_m) = 0 \rightarrow x_{m1} = \pi/6$; $x_{m2} = 5\pi/6$; $x_{m3} = 3\pi/2 = x_{w3}$;

$M(0{,}52;\ 2{,}6)$; $m(2{,}62;\ -2{,}6)$.

Wendepunkte: $f''(x_w) = 0 \rightarrow x_{w1} = \pi/2$; $x_{w2} \approx 3{,}39$; $x_{w3} = 3\pi/2$; $x_{w4} \approx 6{,}03$; $W_1(1{,}57;\ 0)$; $W_2(3{,}39;\ -1{,}45)$; $W_3(4{,}71;\ 0)$, Horizontalwendepunkt wegen $f'(x_{w3}) = 0$; $W_4(6{,}03;\ 1{,}45)$.

19.2. Differentiation von Funktionen mehrerer Variabler

Die Differentiation läßt sich erweitern auf die von Funktionen mehrerer reeller Variabler. Mit $\mathbf{R}^n = \mathbf{R} \times \overset{(n\ \text{mal})}{\cdots} \times \mathbf{R}$ wird die Menge aller n-Tupel $x = (x_1, \ldots, x_n)$ reeller Zahlen $x_1, \ldots, x_n$ bezeichnet und mit $z = f(x_1, \ldots, x_n)$ eine reelle Funktion mit dem Definitionsbereich $D(f) \subseteq \mathbf{R}^n$. Man nennt $f(x_1, \ldots, x_n)$ eine *reelle Funktion von n reellen Variablen.* Jedem n-Tupel $x = (x_1, \ldots, x_n) \in D(f)$

wird dabei genau eine reelle Zahl $z = f(x_1, \ldots, x_n)$ zugeordnet. Für $n = 1$ bzw. $n = 2$ kann $f(x_1, \ldots, x_n)$ in der Ebene bzw. im 3-dimensionalen Raum graphisch dargestellt werden (vgl. Kap. 5.4. – Funktionen mit mehr als einer unabhängigen Variablen). Für $n > 2$ ist eine graphische Darstellung von $f(x_1, \ldots, x_n)$ im allgemeinen nicht mehr möglich.
Die Stetigkeit einer Funktion $f(x_1, \ldots, x_n)$ definiert man wie folgt:

Die Funktion $f(x_1, \ldots, x_n)$ ist an der Stelle $x^0 = (x_1^0, \ldots, x_n^0) \in D(f)$ stetig, wenn es zu jedem $\varepsilon > 0$ eine Zahl $\delta > 0$ gibt, so daß für alle n-Tupel $(x_1, \ldots, x_n) \in D(f)$ mit $\sum_{i=1}^{n} (x_i - x_i^0)^2 < \delta^2$ gilt:

$$|f(x_1, \ldots, x_n) - f(x_1^0, \ldots, x_n^0)| < \varepsilon.$$

Die Funktionswerte unterscheiden sich danach im Falle der Stetigkeit beliebig wenig von $f(x_1^0, \ldots, x_n^0)$, wenn nur das n-Tupel $(x_1, \ldots, x_n)$ in einer hinreichend kleinen Kugel mit dem Mittelpunkt x^0 liegt.

Beispiel 1: Die Funktion $f(x_1, \ldots, x_n) = x_1 + \cdots + x_n$ ist an jeder Stelle $x^0 = (x_1^0, \ldots, x_n^0) \in \mathbf{R}^n = D(f)$ stetig; denn für ein beliebiges $\varepsilon > 0$, für $\delta = \varepsilon/n$ und für alle $(x_1, \ldots, x_n)$ mit $\sum_{i=1}^{n} (x_i - x_i^0)^2 < \delta^2$ gilt insbesondere $|x_i - x_i^0| < \delta$ mit $i = 1, \ldots, n$, und deshalb $|f(x_1, \ldots, x_n) - f(x_1^0, \ldots, x_n^0)| \leqslant \sum_{i=1}^{n} |x_i - x_i^0| < n\delta = \varepsilon$.

Eine Funktion $f(x_1, \ldots, x_n)$ heißt in $A \subseteq D(f)$ stetig, wenn sie für alle $(x_1^0, \ldots, x_n^0) \in A$ stetig ist.

Auch für Funktionen mehrerer Variabler gelten die folgenden Sätze (vgl. Kap. 18.3. – Stetigkeit einer Funktion): Die Summe, die Differenz, das Produkt und – falls der Nenner ungleich Null ist – auch der Quotient zweier stetiger Funktionen sind wieder stetig.
Jede in einem beschränkten und abgeschlossenen Bereich stetige Funktion ist beschränkt und nimmt ihre obere und untere Grenze an.

Partielle Ableitung

Eine Funktion $f(x_1, \ldots, x_n)$ mit dem offenen Definitionsbereich $D(f) \subseteq \mathbf{R}^n$ heißt in $(x_1^0, \ldots, x_n^0) \in D(f)$ partiell nach x_i für $1 \leqslant i \leqslant n$ differenzierbar mit der partiellen Ableitung $\frac{\partial f}{\partial x_i}(x_1^0, \ldots, x_n^0)$, falls gilt:

$$\lim_{\Delta x \to 0} \frac{f(x_1^0, \ldots, x_{i-1}^0, x_i^0 + \Delta x, x_{i+1}^0, \ldots, x_n^0) - f(x_1^0, \ldots, x_i^0, \ldots, x_n^0)}{\Delta x} = \frac{\partial f}{\partial x_i}(x_1^0, \ldots, x_n^0) = f_{x_i}(x_1^0, \ldots, x_n^0).$$

Die partielle Ableitung ist danach im Falle ihrer Existenz gleich der gewöhnlichen Ableitung jener Funktion einer Variablen, die man aus $z = f(x_1, \ldots, x_n)$ erhält, wenn man alle Variablen $x_1, \ldots, x_n$ außer der Variablen x_i als Konstanten betrachtet. Zur Abkürzung schreibt man auch: $f_{x_i}(x_1^0, \ldots, x_n^0) = z_{x_i}(x_1^0, \ldots, x_n^0)$.

Eine Funktion $f(x_1, \ldots, x_n)$ heißt in einer offenen Menge $A \subseteq D(f)$ differenzierbar, wenn in jedem Punkt aus A alle partiellen Ableitungen $f_{x_i}(x_1, \ldots, x_n)$ mit $i = 1, \ldots, n$ existieren.

Man beachte, daß im Falle $n > 1$ aus der Differenzierbarkeit von $f(x_1, \ldots, x_n)$ in $x^0 = (x_1^0, \ldots, x_n^0)$ im allgemeinen nicht die Stetigkeit von $f(x_1, \ldots, x_n)$ in x^0 folgt.

Beispiele. 1: $z = f(x, y) = x^3 + 7x^2y + 3xy^5 - 5y^6$;

$$\frac{\partial z}{\partial x} = f_x(x, y) = 3x^2 + 14xy + 3y^5, \quad \frac{\partial z}{\partial y} = f_y(x, y) = 7x^2 + 15xy^4 - 30y^5.$$

2: $z = f(x, y) = \arctan \frac{x}{y}$;
$$\frac{\partial z}{\partial x} = z_x = \frac{1}{1 + (x/y)^2} \cdot \frac{1}{y} = \frac{y}{x^2 + y^2};$$
$$\frac{\partial z}{\partial y} = z_y = \frac{1}{1 + (x/y)^2} \cdot \frac{-x}{y^2} = -\frac{x}{x^2 + y^2}.$$

3: $w = f(x, y, z) = \sqrt{x^2 + y^2 + z^2}$;

$$\frac{\partial w}{\partial x} = w_x = \frac{x}{\sqrt{x^2 + y^2 + z^2}}; \quad \frac{\partial w}{\partial y} = w_y = \frac{y}{\sqrt{x^2 + y^2 + z^2}}; \quad \frac{\partial w}{\partial z} = w_z = \frac{z}{\sqrt{x^2 + y^2 + z^2}}.$$

Geometrische Bedeutung der partiellen Ableitungen einer Funktion $f(x, y)$. Eine stetige Funktion $z = f(x, y)$ der Variablen x, y kann im allgemeinen durch eine Fläche im dreidimensionalen Raum dargestellt werden. Ist die Stelle $(x_0, y_0) \in D(f)$ im Definitionsbereich $D(f)$ vorgegeben und ist die Funktion $f(x, y)$ in jedem Punkt $(x, y_0) \in D(f)$ nach x und in jedem Punkt $(x_0, y) \in D(f)$ nach y partiell differenzierbar, dann stellt die Menge aller Punkte der Fläche von $f(x, y)$ mit $y = y_0$ eine zur x, z-Ebene parallele glatte, ebene Kurve $\boldsymbol{K}_1$ dar. Die partielle Ableitung $f_x(x, y_0)$ liefert dann gerade den Anstieg der Tangente t_1 an die Kurve $\boldsymbol{K}_1$ im Punkt (x, y_0). Ist φ_{x,y_0} der Neigungswinkel der Tangente gegen die x-Achse, so ist $f_x(x, y_0) = \tan \varphi_{x,y_0}$ (Abb. 19.2-1). Die Ableitung $f_x(x, y)$ liefert mithin den Anstieg der Fläche von $f(x, y)$ in Richtung der x-Achse. Entsprechend wird durch die Punktmenge der Fläche von $f(x, y)$ mit $x = x_0$ eine zur y, z-Ebene parallele Kurve $\boldsymbol{K}_2$ definiert, und $f_y(x_0, y)$ ist gleich dem Anstieg der Tangente t_2 an $\boldsymbol{K}_2$ im Punkt (x_0, y). Ist $\varphi_{x_0,y}$ der Neigungswinkel von t_2 gegen die y-Achse, dann ist $f_y(x_0, y) = \tan \varphi_{x_0,y}$ der Anstieg der Fläche in Richtung der y-Achse. Hat die Funktion $f(x, y)$ in einer Umgebung von (x_0, y_0) stetige partielle Ableitungen $f_x(x, y), f_y(x, y)$, dann spannen die beiden Tangenten t_1 und t_2 im Punkt $P_0[x_0, y_0, f(x_0, y_0)]$ die Tangentialebene der Fläche von $f(x, y)$ auf. Die Gleichung der Tangentialebene in $P_0[x_0, y_0, f(x_0, y_0)]$ ist $z = f(x_0, y_0) + f_x(x_0, y_0)(x - x_0) + f_y(x_0, y_0)(y - y_0)$.

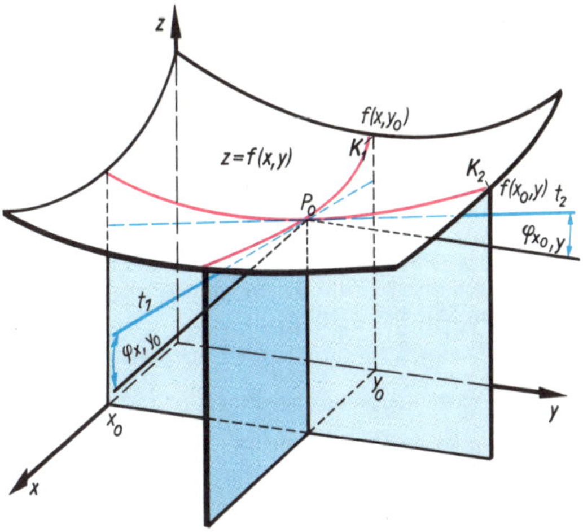

19.2-1 Geometrische Bedeutung der partiellen Ableitungen einer Funktion von zwei Variablen

Beispiel 4: Das graphische Bild von $z = f(x, y) = \sqrt{r^2 - x^2 - y^2}$ ist die obere Halbkugel mit dem Radius r, wenn man den Kreis $x^2 + y^2 < r^2$ als Definitionsbereich von $f(x, y)$ betrachtet. Die Gleichung der Tangentialebene an die Halbkugel in $P_0 = (x_0, y_0, z_0)$ ist

$z = z_0 - (1/z_0)[x_0(x - x_0) + y_0(y - y_0)]$, bzw. $x_0 x + y_0 y + z_0 z = r^2$.

Partielle Ableitungen höherer Ordnung. Ist eine Funktion $f(x_1, \ldots, x_n)$ in $A \subseteq \mathbf{R}^n$ partiell nach x_i differenzierbar, dann kann ihre Ableitung $f_{x_i}(x_1, \ldots, x_n)$ erneut als Funktion mit $D(f_{x_i}) = A$ aufgefaßt werden. Ist $f_{x_i}(x_1, \ldots, x_n)$ in $x^0 = (x_1^0, \ldots, x_n^0) \in A$ partiell nach x_j mit $1 \leqslant j \leqslant n$ differenzierbar, dann heißt $f(x_1, \ldots, x_n)$ in x^0 zweimal partiell nach x_i, x_j differenzierbar. Ihre Ableitung wird mit $\dfrac{\partial^2 f}{\partial x_i \, \partial x_j}(x_1, \ldots, x_n)$ bezeichnet. Entsprechend definiert man Ableitungen höherer Ordnung.

Mit Hilfe des Mittelwertsatzes läßt sich der folgende von Hermann Amandus SCHWARZ (1843–1921) stammende Satz beweisen:

Ist die Funktion $f(x_1, \ldots, x_n)$ in einer offenen Menge $A \subseteq \mathbf{R}^n$ stetig, existieren die partiellen Ableitungen $f_{x_i}(x_1, \ldots, x_n)$, $f_{x_j}(x_1, \ldots, x_n)$ sowie $f_{x_i x_j}(x_1, \ldots, x_n)$ in A, und sind diese in $(x_1^0, \ldots, x_n^0) \in A$ stetig, dann existiert auch $f_{x_j x_i}(x_1^0, \ldots, x_n^0)$, und es gilt: $f_{x_i x_j}(x_1^0, \ldots, x_n^0) = f_{x_j x_i}(x_1^0, \ldots, x_n^0)$.

Die zweiten Ableitungen sind danach unter den Voraussetzungen des Satzes von der Differentiationsreihenfolge unabhängig.

Beispiele. 5: $z = f(x, y) = x^3 + 7x^2y + 3xy^5 - 5y^6$, $f_x = 3x^2 + 14xy + 3y^5$; $f_y = 7x^2 + 15xy^4 - 30y^5$; $f_{xx} = 6x + 14y$; $f_{xy} = 14x + 15y^4 = f_{yx}$; $f_{yy} = 60xy^3 - 150y^4$; $f_{xxx} = 6$; $f_{xxy} = f_{xyx} = f_{yxx} = 14$; $f_{xyy} = f_{yxy} = f_{yyx} = 60y^3$; $f_{yyy} = 180xy^2 - 600y^3$.

6: $z = f(x, y) = \operatorname{Arctan}(x/y)$; $y \neq 0$

$$f_x = \frac{y}{x^2 + y^2}; \quad f_y = \frac{-x}{x^2 + y^2}; \quad f_{xx} = -\frac{2xy}{(x^2 + y^2)^2};$$

$$f_{xy} = \frac{x^2 - y^2}{(x^2 + y^2)^2} = f_{yx}; \quad f_{yy} = \frac{2xy}{(x^2 + y^2)^2}.$$

Differential einer Funktion mehrerer Variabler

Bei einer Funktion $f(x)$ einer reellen Variablen x hing die Existenz der Ableitung $f'(x)$ in x_0 eng mit der Möglichkeit zusammen, die Funktion $f(x)$ in der Umgebung von x_0 durch eine lineare Funktion, nämlich $y = f(x_0) + f'(x_0)(x - x_0)$, anzunähern. Das graphische Bild von $f(x)$ wurde in einer hinreichend kleinen Umgebung von $P_0(x_0, f(x_0))$ durch die Tangente in P_0 ersetzt. Es war

$$\Delta y = f(x_0 + \Delta x) - f(x_0) = f'(x_0)\,\Delta x + \varphi(\Delta x)\cdot\Delta x \quad \text{mit} \quad \lim_{\Delta x\to 0} \varphi(\Delta x) = 0.$$

Der lineare Anteil $f'(x_0)\,\Delta x$ dieses Zuwachses von $f(x)$ wurde *Differential* von $f(x)$ genannt. Der Begriff des Differentials soll nun auf Funktionen mehrerer Variabler ausgedehnt werden, um auch diese durch lineare Funktionen approximieren zu können. Mit Hilfe des Mittelwertsatzes kann man folgenden Satz beweisen:

Ist die Funktion $f(x_1, \ldots, x_n)$ in einer Umgebung U von $x^0 = (x_1^0, \ldots, x_n^0) \in D(f)$ differenzierbar und sind die partiellen Ableitungen $f_{x_i}(x_1, \ldots, x_n)$ mit $i = 1, \ldots, n$ in x^0 stetig, ist weiter $\varrho = \sqrt{\sum_{i=1}^{n}(x_i - x_i^0)^2}$ der Abstand der Punkte x und x^0 für $x = (x_1, \ldots, x_n) \in U$, so gilt für jedes $x \in U$:

$$f(x_1,\ldots,x_n) - f(x_1^0,\ldots,x_n^0) = \sum_{i=1}^{n} f_{x_i}(x_1^0,\ldots,x_n^0)(x_i - x_i^0) + R(x_1,\ldots,x_n)\,\varrho \quad \text{mit} \lim_{\varrho\to 0} R(x_1,\ldots,x_n) = 0.$$

Setzt man $\Delta x_i = x_i - x_i^0$, $\Delta f = f(x_1^0 + \Delta x_1, \ldots, x_n^0 + \Delta x_n) - f(x_1^0, \ldots, x_n^0)$ mit $i = 1, \ldots, n$, dann gilt danach für den Zuwachs Δf der Funktion

$$\Delta f = \sum_{i=1}^{n} f_{x_i}(x_1^0, \ldots, x_n^0)\,\Delta x_i + R(x_1^0 + \Delta x_1, \ldots, x_n^0 + \Delta x_n)\,\varrho.$$

Eine Funktion $f(x_1, \ldots, x_n)$, für die in einem Punkt x^0 eine solche Darstellung gilt, heißt in x^0 *total differenzierbar*. Die lineare Funktion $\sum_{i=1}^{n} f_{x_i}(x_1^0, \ldots, x_n^0)\,\Delta x_i$ wird *vollständiges oder totales Differential* von $f(x_1, \ldots, x_n)$ in x^0 genannt. Man bezeichnet es mit $\mathrm{d}f(x_1, \ldots, x_n)$; für Δx_i schreibt man oft auch $\mathrm{d}x_i$. Die Differentiale $f_{x_i}(x_1^0, \ldots, x_n^0)\,\mathrm{d}x_i$ werden *partielle Differentiale* genannt.

Totales Differential von $f(x_1, \ldots, x_n)$ in $(x_1^0, \ldots, x_n^0)$:	$\mathrm{d}f(x_1, \ldots, x_n) = \sum_{i=1}^{n} f_{x_i}(x_1^0, \ldots, x_n^0)\,\mathrm{d}x_i$

Ohne Beweis seien die folgenden Sätze angeführt:

Ist $f(x_1, \ldots, x_n)$ in x^0 total differenzierbar, dann ist $f(x_1, \ldots, x_n)$ in x^0 stetig.
Enthält der Definitionsbereich von $f(x_1, \ldots, x_n)$ eine Umgebung von x^0, dann folgt aus der totalen Differenzierbarkeit von $f(x_1, \ldots, x_n)$ in x^0 die partielle Differenzierbarkeit in x^0 nach allen Variablen.
Hat die Funktion $f(x_1, \ldots, x_n)$ in einer offenen Menge $A \subseteq \mathbf{R}^n$ stetige partielle Ableitungen nach allen Variablen, dann ist $f(x_1, \ldots, x_n)$ in A total differenzierbar.

Der Zuwachs einer total differenzierbaren Funktion $f(x_1, \ldots, x_n)$ kann mithin durch ihr totales Differential $\mathrm{d}f(x_1, \ldots, x_n)$ linear approximiert werden. Mit anderen Worten: Eine in x^0 total differenzierbare Funktion $f(x_1, \ldots, x_n)$ kann in einer hinreichend kleinen Umgebung von x^0, d. h. für hinreichend kleine ϱ, durch die lineare Funktion $z = f(x_1^0, \ldots, x_n^0) + \sum_{i=1}^{n} f_{x_i}(x_1^0, \ldots, x_n^0)(x_i - x_i^0)$ approximiert werden, die für $n = 2$ eine Tangentialebene beschreibt. Von dieser Approximationsmöglichkeit macht man z. B. in der Fehlerrechnung (vgl. Kap. 28.3.) Gebrauch.

Beispiele. 1: Die Funktion $f(x_1, \ldots, x_n) = {}^1/_2 \sum_{i=1}^{n} x_i^2$ ist in $\mathbf{R}^n$ differenzierbar, und ihre Ableitungen $f_{x_h}(x_1, \ldots, x_n) = x_h$ sind in $\mathbf{R}^n$ stetig, d. h., $f(x_1, \ldots, x_n)$ ist in $x^0 = (x_1^0, \ldots, x_n^0) \in \mathbf{R}^n$ total differenzierbar; ihr totales Differential in x^0 ist $\mathrm{d}f(x_1, \ldots, x_n) = \sum_{i=1}^{n} x_i^0\,\mathrm{d}x_i$.

2: Für die Funktion $z = f(x, y) = x^3 + 7x^2y + 3xy^5 - 5y^6$ gilt $z_x = 3x^2 + 14xy + 3y^5$ und $z_y = 7x^2 + 15xy^4 - 30y^5$. Sie hat das totale Differential

$$\mathrm{d}z = (3x^2 + 14xy + 3y^5)\,\mathrm{d}x + (7x^2 + 15xy^4 - 30y^5)\,\mathrm{d}y.$$

Geometrische Bedeutung des totalen Differentials einer Funktion $z = f(x, y)$. Die Gleichung der Tangentialebene an die Fläche einer in einer Umgebung von (x_0, y_0) stetig differenzierbaren Funktion $f(x, y)$ ist $z - f(x_0, y_0) = f_x(x_0, y_0)(x - x_0) + f_y(x_0, y_0)(y - y_0)$. Daraus ergibt sich: Die partiellen Differentiale $\mathrm{d}_x z = f_x(x_0, y_0)\,h$ bzw. $\mathrm{d}_y z = f_y(x_0, y_0)\,k$ mit $h = (x - x_0)$, $k = (y - y_0)$

geben den Ordinatenzuwachs der Tangente an die Kurve von $f(x, y_0)$ bzw. an die Kurve von $f(x_0, y)$ an. Das totale Differential $dz(x_0 + h, y_0 + k) = f_x(x_0, y_0)\, h + f_y(x_0, y_0)\, k$ liefert den Zuwachs, den der Berührungspunkt (x_0, y_0, z_0) in z-Richtung erfährt, wenn man in der x, y-Ebene vom Punkt (x_0, y_0) zum Punkt $(x_0 + h, y_0 + k)$ übergeht (Abb. 19.2-2).

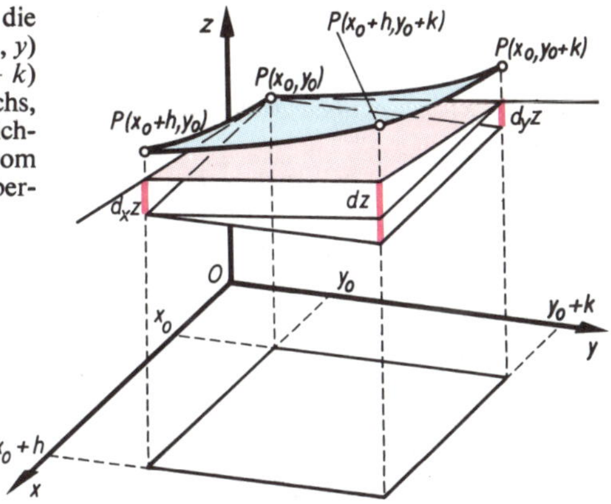

19.2-2 Zur geometrischen Bedeutung der Differentiale einer Funktion von zwei Variablen

Verallgemeinerte Kettenregel

Mit Hilfe der gewöhnlichen Kettenregel (vgl. 19.1.) kann eine mittelbare Funktion $f[\varphi(x)]$ differenziert werden, vorausgesetzt, daß die Funktionen $f(z)$ und $z = \varphi(x)$ differenzierbar sind. Ist nun eine in $A \subseteq \mathbf{R}^n$ definierte Funktion $f(x_1, \ldots, x_n)$ gegeben und sind n reelle Funktionen $\varphi_1(t), \ldots, \varphi_n(t)$ im Intervall $I =]a, b[$ definiert mit $(\varphi_1(t), \ldots, \varphi_n(t)) \in A$ für $t \in I$, so gibt der folgende Satz Auskunft darüber, unter welchen Voraussetzungen die mittelbare Funktion $\Phi(t) = f[\varphi_1(t), \ldots, \varphi_n(t)]$ differenzierbar ist.

Ist die Funktion $f(x_1, \ldots, x_n)$ in A total differenzierbar und sind die Funktionen $\varphi_i(t)$ mit $i = 1, \ldots, n$ in $I =]a, b[$ differenzierbar, dann ist die mittelbare Funktion $\Phi(t) = f[\varphi_1(t), \ldots, \varphi_n(t)]$ in I differenzierbar, und es gilt:

$$\Phi'(t) = \sum_{i=1}^{n} f_{x_i}[\varphi_1(t), \ldots, \varphi_n(t)]\, \varphi_i'(t).$$

Beispiele. 1: Ist die Funktion $f(x_1, \ldots, x_n)$ in $A \subseteq \mathbf{R}^n$ total differenzierbar und gilt ferner $x_i = \varphi_i(t) = e^t$ für $i = 1, \ldots, n$, so ist $\Phi'(t) = e^t \sum_{i=1}^{n} f_{x_i}(e^t, \ldots, e^t)$ die Ableitung von $\Phi(t) = f(e^t, \ldots, e^t)$.

2: Führt man für eine in $A \subseteq \mathbf{R}^2$ total differenzierbare Funktion $f(x, y)$ Polarkoordinaten r, φ mit $x = r\cos\varphi$, $y = r\sin\varphi$ ein, dann erhält man als partielle Ableitungen von $F(r, \varphi) = f(r\cos\varphi, r\sin\varphi)$ nach r und φ in (r_0, φ_0):

$$F_r(r_0, \varphi_0) = f_x(r_0\cos\varphi_0, r_0\sin\varphi_0)\cos\varphi_0 + f_y(r_0\cos\varphi_0, r_0\sin\varphi_0)\sin\varphi_0,$$

$$F_\varphi(r_0, \varphi_0) = -f_x(r_0\cos\varphi_0, r_0\sin\varphi_0)\, r_0\sin\varphi_0 + f_y(r_0\cos\varphi_0, r_0\sin\varphi_0)\, r_0\cos\varphi_0.$$

3: Eine Funktion $f(x_1, \ldots, x_n)$ heißt *homogen vom Grade k*, falls für $\lambda > 0$ gilt: $f(\lambda x_1, \ldots, \lambda x_n) = \lambda^k f(x_1, \ldots, x_n)$. Ist $f(x_1, \ldots, x_n)$ total differenzierbar, dann erhält man durch Differentiation nach λ an der Stelle $\lambda = 1$ die *Eulersche Homogenitätsrelation*:

$$\sum_{i=1}^{n} x_i f_{x_i}(x_1, \ldots, x_n) = k f(x_1, \ldots, x_n).$$

Richtungsableitung und Gradient einer Funktion

Die *Richtungsableitung* einer in einer Umgebung U von $P^0 = (x_1^0, \ldots, x_n^0)$ definierten Funktion $f(x_1, \ldots, x_n)$ von n reellen Variablen bezüglich eines Einheitsvektors $\boldsymbol{e} = (e_1, \ldots, e_n)$, der im Punkte P^0 eine dort gegebene Richtung charakterisiert, ist der Grenzwert

$$\frac{\partial f}{\partial \boldsymbol{e}}(x_1^0, \ldots, x_n^0) = \lim_{h \to 0} \frac{1}{h}\, [f(x_1^0 + he_1, \ldots, x_n^0 + he_n) - f(x_1^0, \ldots, x_n^0)].$$

Die Richtungsableitung stellt eine Verallgemeinerung der partiellen Ableitungen einer Funktion dar, denn diese sind gerade die Richtungsableitungen bezüglich der Vektoren $\boldsymbol{e}_1 = (1, 0, \ldots, 0)$, $\boldsymbol{e}_2 = (0, 1, 0, \ldots, 0), \ldots, \boldsymbol{e}_n = (0, 0, \ldots, 1)$, d. h. bezüglich der Richtungen der Koordinatenachsen. Interessiert man sich aber für die Änderung der Funktion $f(x_1, \ldots, x_n)$ bezüglich einer beliebigen Richtung, dann gibt darüber die Richtungsableitung Auskunft. Wird z. B. durch $f(x_1, \ldots, x_n)$ ein Temperaturfeld beschrieben, dann ist die Richtungsableitung von $f(x_1, \ldots, x_n)$ bezüglich $\boldsymbol{e}$ in P^0 ein Maß für die Änderung der Temperatur in Richtung $\boldsymbol{e}$.
Der folgende Satz liefert ein Kriterium für die Existenz der Richtungsableitung sowie eine einfache Darstellungsmöglichkeit:

Ist die Funktion $f(x_1, \dots, x_n)$ in einer Umgebung von $P^0 = (x_1^0, \dots, x_n^0)$ definiert und sind die partiellen Ableitungen $f_{x_i}(x_1, \dots, x_n)$ mit $1 \leqslant i \leqslant n$ in P^0 stetig, so existiert die Richtungsableitung $\frac{\partial f}{\partial \boldsymbol{e}}(x_1^0, \dots, x_n^0)$ bezüglich eines beliebigen Einheitsvektors $\boldsymbol{e} = (e_1, \dots, e_n)$, und es gilt:

$$\frac{\partial f}{\partial \boldsymbol{e}}(x_1^0, \dots, x_n^0) = \sum_{i=1}^{n} f_{x_i}(x_1^0, \dots, x_n^0)\, e_i .$$

Beispiel 1: Die Richtungsableitung der Funktion $f(x, y) = (x^2 + y^2)/2$, die in $P^0 = (x_0, y_0) \in \mathbf{R}^2$ alle Voraussetzungen des Satzes erfüllt, ist in Richtung $\boldsymbol{e} = (1, 1)/\sqrt{2}$:

$$\frac{\partial f}{\partial \boldsymbol{e}}(x_0, y_0) = \frac{1}{\sqrt{2}}(x_0 + y_0).$$

Die Richtungsableitung in einer zu einem Ortsvektor $\boldsymbol{r} = (x_0, y_0)$ orthogonalen Richtung $\boldsymbol{e} = \frac{1}{\sqrt{x_0^2 + y_0^2}}(-y_0, x_0)$ ist $\frac{\partial f}{\partial \boldsymbol{e}}(x_0, y_0) = 0$. Das ist geometrisch einleuchtend, denn die Funktion $f(x, y)$ ist auf jedem Kreis mit dem Nullpunkt als Mittelpunkt konstant.

Erfüllt eine Funktion die Voraussetzungen des letzten Satzes, dann gibt es in P^0 genau einen Vektor mit den Koordinaten $f_{x_i}(x_1^0, \dots, x_n^0)$. Dieser Vektor heißt *Gradient* von $f(x_1, \dots, x_n)$ in P^0 und wird mit grad $f(P^0)$ bezeichnet (vgl. Kap. 20.5. – Vektoranalysis).

Gradient von $f(x_1, \dots, x_n)$ in P^0:	$\operatorname{grad} f(P^0) = [f_{x_1}(P^0), \dots, f_{x_n}(P^0)]$

Die Richtungsableitung von $f(x_1, \dots, x_n)$ in P^0 bezüglich $\boldsymbol{e}$ kann dann wie folgt als Skalarprodukt geschrieben werden $\frac{\partial f}{\partial \boldsymbol{e}}(P^0) = \operatorname{grad} f(P^0) \cdot \boldsymbol{e}$.

Ist eine Funktion $f(x_1, \dots, x_n)$ in $P^0 = (x_1^0, \dots, x_n^0)$ total differenzierbar, ist $\mathrm{d}f = \sum_{i=1}^{n} f_{x_i}(P^0)\, \mathrm{d}x_i$ ihr totales Differential in P^0 und setzt man $\mathrm{d}\boldsymbol{r} = (\mathrm{d}x_1, \dots, \mathrm{d}x_n)$, so kann man das totale Differential wie folgt schreiben: $\mathrm{d}f = \operatorname{grad} f(P^0) \cdot \mathrm{d}\boldsymbol{r}$.

Ist φ der Winkel zwischen den Vektoren grad $f(P^0)$ und $\boldsymbol{e}$ in P^0, dann gilt: $\frac{\partial f}{\partial \boldsymbol{e}}(P^0) = \operatorname{grad} f(P^0) \cdot \boldsymbol{e} = |\operatorname{grad} f(P^0)| \cos \varphi$.

Die Richtungsableitung wird danach für $\varphi = 0$ maximal. Mit anderen Worten:

Der Gradient einer Funktion gibt die Richtung des stärksten Anstieges der Funktion an.

Die Flächen, die durch die Gleichung $f(x_1, \dots, x_n) = c$ mit $c = \text{const}$ dargestellt werden, heißen *Niveauflächen*, für $n = 2$ spricht man von *Niveaulinien*. Liegt $\mathrm{d}\boldsymbol{r}$ tangential in einer Niveaufläche, dann verschwindet $\mathrm{d}f$, d. h., es gilt:

Der Gradient steht senkrecht zu den Niveauflächen.

Beispiel 2: Die Niveaulinien der Funktion $f(x, y) = x^2 + y^2$ sind Kreise mit dem Punkt (0, 0) als Mittelpunkt. Der Gradient von $f(x, y)$ in $P^0 = (x^0, y^0)$ ist grad $f(P^0) = 2(x^0, y^0)$.

Implizite Funktionen und ihre Differentiation

Die Gleichung $3x - 4y + 5 = 0$ läßt sich als implizite Form einer Funktion auffassen, deren explizite Form $y = 3x/4 + 5/4$ leicht zu gewinnen ist. Ist allgemein $F(x, y)$ eine gegebene in einem Gebiet des $\mathbf{R}^2$ definierte Funktion der Variablen x und y, so soll aus der Gleichung $F(x, y) = 0$ eine Funktion $y = y(x)$ bestimmt werden, so daß für alle x aus dem betrachteten Gebiet die Gleichung $F(x, y(x)) = 0$ erfüllt ist. Eine durch ein Gleichung $F(x, y) = 0$ definierte Funktion $y(x)$ heißt *implizite Funktion*. Ist eine Funktion bereits in der Form $y = y(x)$ gegeben, dann nennt man sie *explizit*. Gibt es genau eine Funktion $y(x)$ mit $F(x, y(x)) = 0$, dann sagt man auch, die *Gleichung $F(x, y) = 0$ sei nach y auflösbar*. Der Auflösbarkeit einer Gleichung $F(x, y) = 0$ ordnet sich insbesondere die Bestimmung der zu einer gegebenen Funktion $x = f(y)$ *inversen Funktion* unter. Existiert diese, dann erhält man sie durch Auflösung der Gleichung $F(x, y) \equiv x - f(y) = 0$ nach y. Die Auflösbarkeit dieser Gleichung ist mithin mit der Existenz der zu $f(y)$ inversen Funktion gleichbedeutend. Die Auflösung von $F(x, y) = 0$ kann mittels elementarer Funktionen oder durch unendliche Reihen (vgl. Kap. 21) erfolgen. Die Gleichung $F(x, y) = x^2 + y^2 - 1 = 0$ ist nicht nach y auflösbar, wenn man die ganze x, y-Ebene als Definitionsbereich zuläßt. Betrachtet man aber als

Definitionsbereich nur die obere bzw. untere Halbebene, dann ist $y(x) = \sqrt{1-x^2}$ bzw. $y(x) = -\sqrt{1-x^2}$ die Auflösung der obigen Gleichung. Ein Beispiel für eine Gleichung, die in **R** nirgends eine Auflösung nach y hat, ist $F(x, y) = x^2 + y^2 + 1 = 0$.
Die Auflösbarkeit einer Gleichung $F(x, y) = 0$ kann geometrisch gedeutet werden. Durch die Gleichung $F(x, y) = 0$ wird im allgemeinen in der x, y-Ebene eine Kurve $\boldsymbol{K}$ dargestellt. Die Auflösbarkeit von $F(x, y) = 0$ bedeutet, daß es zu jedem x eines Intervalls genau ein $y(x)$ mit $F(x, y(x)) = 0$ gibt. Die Kurve $\boldsymbol{K}$ darf deshalb in diesem Intervall von jeder Parallelen zur y-Achse nur in einem Punkt geschnitten werden. Der durch $F(x, y) = x^2 + y^2 - 1 = 0$ dargestellte Einheitskreis wird sowohl in der oberen als auch in der unteren Halbebene von den durch $x \in [-1, +1]$ laufenden Parallelen zur y-Achse genau einmal geschnitten.
Für die Auflösbarkeit einer Gleichung $F(x, y) = 0$ gilt der folgende Satz:

Ist die Funktion $F(x, y)$ in einer Umgebung U des Punktes (x_0, y_0) mit $F(x_0, y_0) = 0$ definiert und stetig, existieren in U die partiellen Ableitungen $F_x(x, y)$, $F_y(x, y)$, sind diese dort stetig und ist darüber hinaus $F_y(x_0, y_0) \neq 0$, so gibt es genau eine Funktion $y = y(x)$ mit $y_0 = y(x_0)$ und $F[x, y(x)] = 0$ für alle x einer hinreichend kleinen Umgebung V von x_0. Diese Funktion $y(x)$ ist in V stetig differenzierbar, und es gilt für $x \in V$:

$$y'(x) = -F_x[x, y(x)]/F_y[x, y(x)].$$

Hat $F(x, y)$ in U stetige partielle Ableitungen bis zur k-ten Ordnung, so ist auch $y(x)$ k-mal stetig differenzierbar.

Auf den Beweis dieses Satzes kann hier nicht eingegangen werden. Es sei nur erwähnt, daß man die Formel für die Ableitung $y'(x)$ leicht aus der verallgemeinerten Kettenregel erhält, denn durch Differentiation der Gleichung $F[x, y(x)] = 0$ nach x ergibt sich $F_x[x, y(x)] + F_y[x, y(x)]\, y'(x) = 0$, d. h., $y'(x) = -F_x[x, y(x)]/F_y[x, y(x)]$. Existieren die partiellen Ableitungen höherer Ordnung von $F(x, y)$, dann erhält man aus dieser Formel durch fortgesetzte Differentiation unter Anwendung der verallgemeinerten Kettenregel und der Quotientenregel die höheren Ableitungen von $y(x)$.
Die Aussagen des Satzes lassen sich ohne weiteres auf Funktionen mit mehr als zwei Variablen übertragen. Ist $F(x_1, x_2, \ldots, x_k)$ eine in einer Umgebung von $(x_1^0, x_2^0, \ldots, x_k^0)$ stetige Funktion mit stetigen partiellen Ableitungen F_{x_i}, gilt $F(x_1^0, x_2^0, \ldots, x_k^0) = 0$ mit $F_{x_j}(x_1^0, x_2^0, \ldots, x_k^0) \neq 0$ für festes j, so gibt es in der Umgebung von $(x_1^0, x_2^0, \ldots, x_k^0)$ eine stetige Funktion
$x_j = f(x_1, \ldots, x_{j-1}, x_{j+1}, \ldots, x_k)$ mit $x_j^0 = f(x_1^0, \ldots, x_{j-1}^0, x_{j+1}^0, \ldots, x_k^0)$ und
$F(x_1, \ldots, x_{j-1}, f(x_1, \ldots, x_{j-1}, x_{j+1}, \ldots, x_k), x_{j+1}, \ldots, x_k) = 0$.

Beispiele. 1: Die Gleichung $F(x, y) = e^y - e^{-y} - 2x = 0$ kann in der Umgebung von $(0, 0)$ nach y aufgelöst werden, da $F(x, y)$ eine stetige Funktion mit den stetigen Ableitungen $F_x = -2$, $F_y = e^y + e^{-y}$ ist und $F(0, 0) = 0$ sowie $F_y(0, 0) = 2 \neq 0$ gilt. Die Auflösung lautet

$$y = \ln\left(x + \sqrt{x^2 + 1}\right) = \operatorname{arsinh} x.$$

2: Die Gleichung $F(x, y) = x^3 + y^3 - 3axy = 0$ für das *kartesische Blatt* (vgl. 19.3. - Differentialgeometrie ebener Kurven) kann in der Umgebung von $(0, 0)$ wegen $F_y = 3y^2 - 3ax$ und somit $F_y(0, 0) = 0$ nicht nach y aufgelöst werden, wie man auch dem Kurvenbild anschaulich entnimmt (vgl. Abb. 19.3-2).

Darüber, ob sogar ein *System von m Funktionen* $F_i(x_1, \ldots, x_n; y_1, \ldots, y_m)$, $i = 1, 2, \ldots, m$, in einer Umgebung der Stelle $(x_1^0, \ldots, x_n^0; y_1^0, \ldots, y_m^0)$ nach den m Funktionen $y_1, y_2, \ldots, y_m$ „aufgelöst" werden kann, gibt der folgende Satz Auskunft.

Sind die Funktionen $F_i(x_1, \ldots, x_n; y_1, \ldots, y_m)$ für $i = 1, 2, \ldots, m$ in einer Umgebung U von $(x_1^0, \ldots, x_n^0; y_1^0, \ldots, y_m^0)$ stetig und haben diese dort stetige partielle Ableitungen $\dfrac{\partial F_i}{\partial x_j}$, $\dfrac{\partial F_i}{\partial y_k}$, ist weiter $F_i(x_1^0, \ldots, x_n^0; y_1^0, \ldots, y_m^0) = 0$ und die Funktionaldeterminante $\det\left[\dfrac{\partial F_i}{\partial y_k}(x_1^0, \ldots, x_n^0; y_1^0, \ldots, y_m^0)\right]$ *aus den partiellen Ableitungen $\dfrac{\partial F_i}{\partial y_k}$ von Null verschieden, so gibt es in U genau ein System von m differenzierbaren Funktionen $y_i = y_i(x_1, \ldots, x_n)$ mit $y_i^0 = y_i(x_1^0, \ldots, x_n^0)$ und*
$F_i[x_1, \ldots, x_n; y_1(x_1, \ldots, x_n), \ldots, y_m(x_1, \ldots, x_n)] = 0$.

Funktionaldeterminante

$$\begin{vmatrix} \dfrac{\partial F_1}{\partial y_1} & \dfrac{\partial F_1}{\partial y_2} & \cdots & \dfrac{\partial F_1}{\partial y_m} \\ \dfrac{\partial F_2}{\partial y_1} & \dfrac{\partial F_2}{\partial y_2} & \cdots & \dfrac{\partial F_2}{\partial y_m} \\ \vdots & \vdots & & \vdots \\ \dfrac{\partial F_m}{\partial y_1} & \dfrac{\partial F_m}{\partial y_2} & \cdots & \dfrac{\partial F_m}{\partial y_m} \end{vmatrix}$$

Beispiele. 3: Das nebenstehende System von drei Gleichungen stellt den Zusammenhang zwischen den *kartesischen Koordinaten* (x, y, z) eines Punktes und seinen *räumlichen Polarkoordinaten* oder *Kugelkoordinaten* (r, φ, ϑ) dar. Für die Funktionaldeterminante gilt $D \neq 0$ für alle Punkte, die nicht auf der z-Achse liegen (vgl. Kap.20.4. - Raumintegrale).

$$x = r\cos\varphi\sin\vartheta$$
$$y = r\sin\varphi\sin\vartheta$$
$$z = r\cos\vartheta$$

$$D = \begin{vmatrix} \sin\vartheta\cos\varphi & \sin\vartheta\sin\varphi & \cos\vartheta \\ r\cos\vartheta\cos\varphi & r\cos\vartheta\sin\varphi & -r\sin\vartheta \\ -r\sin\vartheta\sin\varphi & r\sin\vartheta\cos\varphi & 0 \end{vmatrix} = r^2 \sin\vartheta \neq 0$$

Für diese Punkte läßt sich das System nach r, φ, ϑ auflösen:

$$r = \sqrt{x^2 + y^2 + z^2}\,;\ \varphi = \arccos \frac{x}{\sqrt{x^2 + y^2}}\,;\ \vartheta = \arccos \frac{z}{\sqrt{x^2 + y^2 + z^2}}\,.$$

4: Verallgemeinerung von *3:* Sind die Funktionen $y_k = f_k(x_1, \ldots, x_n)$ für $k = 1, 2, \ldots, n$ und ihre partiellen Ableitungen 1. Ordnung stetig in der Umgebung eines Punktes $(x_1^0, \ldots, x_n^0)$ und ist die Funktionaldeterminante $\det\left[\frac{\partial f_i}{\partial x_k}(x_1^0, \ldots, x_n^0)\right] \neq 0$, so gibt es stetige Funktionen $x_k = x_k(y_1, \ldots, y_n)$ mit $x_k(y_1^0, \ldots, y_n^0) = x_k^0$ und $f_k[x_1(y_1, \ldots, y_n), \ldots, x_n(y_1, \ldots, y_n)] = y_k$ für $k = 1, 2, \ldots, n$; d. h., unter den gemachten Voraussetzungen existiert, anschaulich gesprochen, zu einem System von Gleichungen das „Umkehrsystem".

Relative Extrema von Funktionen mehrerer Variabler

In Analogie zur Definition eines relativen Extremums einer Funktion einer Variablen definiert man:

Eine Funktion $f(x_1, \ldots, x_n)$ hat $f(x_1^0, \ldots, x_n^0)$ als relatives Minimum bzw. relatives Maximum, wenn es eine Umgebung U von $x^0 = (x_1^0, \ldots, x_n^0)$ gibt, so daß für alle $(x_1, \ldots, x_n) \in U$ gilt:

$$f(x_1, \ldots, x_n) > f(x_1^0, \ldots, x_n^0) \quad \text{bzw.} \quad f(x_1, \ldots, x_n) < f(x_1^0, \ldots, x_n^0)$$

Das bedeutet, daß die Funktionswerte in einer hinreichend kleinen Umgebung von x^0 im Falle eines *relativen Minimums größer* als $f(x_1^0, \ldots, x_n^0)$ und im Falle eines *relativen Maximums kleiner* als $f(x_1^0, \ldots, x_n^0)$ sind. Die relativen Extrema beziehen sich mithin nur auf eine Umgebung des betrachteten Punktes. Wie auch bei einer Funktion einer Variablen gilt der Satz:

Das absolute Minimum bzw. Maximum einer in einem abgeschlossenen Bereich B stetigen Funktion $f(x_1, \ldots, x_n)$ ist entweder gleich dem kleinsten relativen Minimum bzw. gleich dem größten relativen Maximum von $f(x_1, \ldots, x_n)$ in B, oder es wird auf dem Rand von B angenommen.

Bei einer stetigen Funktion $f(x, y)$ zweier Variablen, deren graphisches Bild im allgemeinen eine Fläche im dreidimensionalen Raum ist, entspricht einem relativen Maximum gerade ein *Gipfelpunkt* der Fläche.

$\frac{\partial f}{\partial x_i}(x_1^0, \ldots, x_n^0) = 0$ für $i = 1, \ldots, n$ ist das notwendige Kriterium dafür, daß $f(x_1^0, \ldots, x_n^0)$ ein relativer Extremwert der in $x^0 = (x_1^0, \ldots, x_n^0)$ differenzierbaren Funktion $f(x_1, \ldots, x_n)$ ist.

Dieses Kriterium folgt aus dem entsprechenden Kriterium für Funktionen einer Variablen, wenn man alle Variablen bis auf die Variable x_i festhält und beachtet, daß insbesondere die Funktionen $f(x_1, \ldots, x_{i-1}, x_i, x_{i+1}, \ldots, x_n)$ in $x_i = x_i^0$ ein relatives Extremum haben müssen.

Im Falle einer in (x_0, y_0) total differenzierbaren Funktion $f(x, y)$ bedeutet $f_x(x_0, y_0) = f_y(x_0, y_0) = 0$ geometrisch: Die Tangentialebene an die Fläche von $f(x, y)$ im Punkt (x_0, y_0) verläuft parallel zur x, y-Ebene.

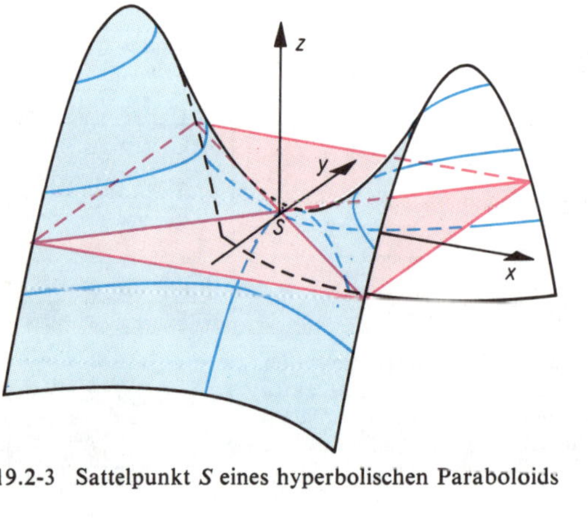

19.2-3 Sattelpunkt *S* eines hyperbolischen Paraboloids

Daß das Verschwinden der partiellen Ableitungen von $f(x, y)$ in (x_0, y_0) für das Vorhandensein eines relativen Extremums nur notwendig, aber *nicht hinreichend* ist, zeigt der Fall des Sattelpunktes *S* (Abb. 19.2-3). Obwohl beide partiellen Ableitungen verschwinden, lassen sich in jeder beliebigen Umgebung von *S* stets zwei Flächenpunkte angeben, die auf verschiedenen Seiten der Tangentialebene durch *S* liegen.

Es gilt folgendes hinreichende Kriterium für das Vorhandensein eines relativen Extremwertes, das hier nur für eine Funktion zweier Variabler angeführt wird:

Ist die Funktion $f(x, y)$ in einer Umgebung von (x_0, y_0) zweimal stetig differenzierbar und gelten $f_x(x_0, y_0) = f_y(x_0, y_0) = 0$ sowie $\Delta = f_{xx}(x_0, y_0) f_{yy}(x_0, y_0) - f_{xy}^2(x_0, y_0) > 0$, dann ist $f(x_0, y_0)$ für $f_{xx}(x_0, y_0) > 0$ ein relatives Minimum von $f(x, y)$ und für $f_{xx}(x_0, y_0) < 0$ ein relatives Maximum von $f(x, y)$.

Es läßt sich zeigen, daß im Falle $\Delta < 0$ sicher kein Extremwert vorliegt. Für $\Delta > 0$ folgt der Beweis des Satzes aus dem Taylorschen Lehrsatz.

Beispiel 1: Die Funktion $z = f(x, y) = \sqrt{r^2 - x^2 - y^2}$ ist für $x^2 + y^2 < r^2$ zweimal stetig differenzierbar. Das graphische Bild von $f(x, y)$ ist die obere Halbkugel mit dem Radius r. Man erhält: $f_x(x, y) = -x/z$, $f_y(x, y) = -y/z$. Im Punkt $(x_0, y_0) = (0, 0)$ gilt deshalb: $f_x(0, 0) = f_y(0, 0) = 0$. Ferner ist $f_{xx}(0, 0) = -1/r$, $f_{yy}(0, 0) = -1/r$ und $f_{xy}(0, 0) = 0$, d. h., $\Delta = 1/r^2 > 0$. Wegen $f_{xx}(0, 0) < 0$ ist $f(0, 0) = r$ ein relatives Maximum von $f(x, y)$, der Nordpol der Halbkugel. Das relative Maximum ist in diesem Fall gleich dem absoluten Maximum von $f(x, y)$.

19.3. Differentialgeometrie ebener Kurven

Analytische Darstellung von ebenen Kurven

Für eine in der x, y-Ebene gelegene Kurve $\boldsymbol{K}$ gibt es verschiedene analytische Darstellungmöglichkeiten.

1. *Explizite Darstellungsform:* Das graphische Bild einer im Intervall $I = [a, b]$ stetigen Funktion $y = f(x)$ ist eine stetige Kurve. Von dieser Darstellungsmöglichkeit einer Kurve wurde in 19.1., insbesondere bei der Kurvendiskussion, oft Gebrauch gemacht. Jedoch sind durch explizite Funktionen der Form $y = f(x)$ nur jene Kurven darstellbar, die von den Parallelen zur y-Achse höchstens einmal geschnitten werden.

2. *Implizite Darstellungsform:* Ist $F(x, y)$ eine in $B \subseteq \mathbf{R}^2$ stetige Funktion der Variablen x und y, dann stellt im allgemeinen die Menge der Punkte $(x, y) \in \mathbf{R}^2$ mit $F(x, y) = 0$ eine stetige Kurve dar. Unter gewissen Voraussetzungen (vgl. 19.2. – Implizite Funktionen) ist die Gleichung $F(x, y) = 0$ nach einer Variablen, etwa nach y, auflösbar. Man erhält in diesem Fall die Gleichung der Kurve in der expliziten Form $y = y(x)$.

3. *Parameterdarstellung:* Eine Kurve ist auch dann gegeben, wenn jede Koordinate x und y eines beliebigen Punktes der Kurve eine stetige Funktion eines Parameters t ist, d. h., $x = x(t)$, $y = y(t)$ mit $a \leqslant t \leqslant b$.
Das *Intervall* $[a, b]$ heißt dann auch *Parameterbereich.* Als Parameterbereich kann zum Beispiel ein Zeitintervall dienen. Ist insbesondere die Funktion $x(t)$ umkehrbar, dann kann man in $y(t)$ den Parameter durch x ausdrücken; die Kurve ist dann in der expliziten Form $y = y[t(x)] = f(x)$ dargestellt.

4. *Darstellung in Polarkoordinaten.* Sind x, y kartesische Koordinaten der Ebene, dann werden durch $x = r\cos\varphi$, $y = r\sin\varphi$ Polarkoordinaten r, φ definiert. Jeder Punkt P der Ebene außer dem Ursprung kann dann auch durch die Koordinaten r, φ charakterisiert werden. Die Koordinate r ist dabei der Abstand zwischen P und dem Ursprung. Haben die Punkte einer gegebenen Kurve die Eigenschaft, daß es zu einem gegebenen Winkel φ höchstens einen Kurvenpunkt gibt, dann kann die Kurve durch eine Funktion $r = r(\varphi)$ mit $\varphi_1 \leqslant \varphi \leqslant \varphi_2$ dargestellt werden.

Beispiel 1: Darstellungsmöglichkeiten eines Kreises K mit dem Mittelpunkt im Koordinatenursprung O und dem Radius r_0:
1. Explizite Darstellung des oberen Halbkreises durch $y = +\sqrt{r_0^2 - x^2}$ bzw. des unteren Halbkreises durch $y = -\sqrt{r_0^2 - x^2}$.
2. Implizite Darstellung: $F(x, y) = x^2 + y^2 - r_0^2 = 0$.
3. Parameterdarstellung: Wählt man den Winkel φ zwischen der x-Achse und dem Strahl OP mit $P \in K$ als Parameter, dann ist $x = r_0 \cos\varphi$, $y = r_0 \sin\varphi$ mit $0 \leqslant \varphi < 2\pi$ eine Parameterdarstellung des Kreises.
4. In Polarkoordinaten kann der Kreis durch $r = r_0$ dargestellt werden.

Tangente an eine ebene Kurve. Im folgenden seien alle auftretenden Funktionen in ihrem Definitionsbereich stetig differenzierbar. Bei der *expliziten Darstellung* der Kurve $\boldsymbol{K}$ durch $y = f(x)$ ist $f'(x_0)$ der Anstieg der Tangente an $\boldsymbol{K}$ durch $(x_0, f(x_0))$ und $y = f(x_0) + f'(x_0)(x - x_0)$ die Gleichung dieser Tangente. (vgl. 19.1. – Geometrische und physikalische Bedeutung der Ableitung.) Ist die Kurve $\boldsymbol{K}$ in impliziter Form durch die Gleichung $F(x, y) = 0$ gegeben und ist $F_y(x_0, y_0) \neq 0$ in $P_0(x_0, y_0) \in \boldsymbol{K}$, dann ist $y'(x_0) = -F_x(x_0, y_0)/F_y(x_0, y_0)$ der Anstieg der Tangente an K durch P_0. Ihre Gleichung ist in diesem Fall: $F_x(x_0, y_0)(x - x_0) + F_y(x_0, y_0)(y - y_0) = 0$. Ist die Kurve K in der *Parameterdarstellung* $x = x(t)$, $y = y(t)$ gegeben, dann ist in $x_0 = x(t_0)$, $y_0 = y(t_0)$ der Anstieg der Tangente an K durch $P_0(x_0, y_0)$ gegeben durch $\frac{dy}{dx}(x_0) = \frac{dy}{dt}(t_0) : \frac{dx}{dt}(t_0)$.

Normale an eine ebene Kurve. Die Gerade durch einen Kurvenpunkt $P(x, y)$, die auf der Tangente senkrecht steht, heißt *Normale*. Ihr Anstieg in $P(x, y)$ ist deshalb $-\frac{1}{m}$, wenn m der Anstieg der Tangente in $P(x, y)$ ist.

Die Gleichung der Normale der Kurve K durch $P_0(x_0, y_0)$ ist deshalb $y = y_0 - \frac{(x - x_0)}{f'(x_0)}$ im Falle der expliziten Darstellung und $F_y(x_0, y_0)(x - x_0) - F_x(x_0, y_0)(y - y_0) = 0$ im Falle der impliziten Darstellung von K.

Reguläre und singuläre Punkte einer Kurve

Man nennt einen Kurvenpunkt $P_0(x_0, y_0)$ *regulär*, wenn sich für alle in einer Umgebung von $P_0(x_0, y_0)$ gelegenen Kurvenpunkte $P(x, y)$ die Koordinate y als *stetig differenzierbare* Funktion von x oder die Koordinate x als stetig differenzierbare Funktion von y darstellen läßt. Zur Untersuchung der Regularität eines Kurvenpunktes wird wieder vorausgesetzt, daß alle im folgenden auftretenden Funktionen in ihrem Definitionsbereich stetig differenzierbar sind. Ist die Kurve in der *impliziten Form* $F(x, y) = 0$ gegeben, dann ist $P_0(x_0, y_0)$ regulär, wenn die Gleichung $F(x, y) = 0$ in einer hinreichend kleinen Umgebung von $P_0(x_0, y_0)$ nach x oder nach y *auflösbar* ist. Aus dem Auflösungssatz (vgl. 19.2. — Implizite Funktionen) folgt: Ein Kurvenpunkt $P_0(x_0, y_0)$ ist regulär, wenn $F_y^2(x_0, y_0) + F_y^2(x_0, y_0) \neq 0$ ist, d. h., wenn nicht beide partiellen Ableitungen in P_0 verschwinden. Eine durch $y = f(x)$ explizit gegebene Kurve hat nur reguläre Punkte. *Nicht reguläre Kurvenpunkte heißen singulär.* Notwendig für die Singularität eines Kurvenpunktes $P_0(x_0, y_0)$ ist danach $F_x(x_0, y_0) = F_y(x_0, y_0) = 0$. *Geometrisch bedeutet die Regularität* eines Kurvenpunktes P_0, daß die Kurve in P_0 eine *Tangente* hat. Daß $F_x(x_0, y_0) = F_y(x_0, y_0) = 0$ nur notwendig für die Singularität eines Kurvenpunktes $P_0(x_0, y_0)$ ist, zeigt die Gleichung $F(x, y) = (y - x)^2 = 0$, durch die eine Gerade mit der Gleichung $y = x$ dargestellt wird, die sich insbesondere im Koordinatenursprung $P_0(0, 0)$ „völlig regulär" verhält, obwohl $F_x(0, 0) = F_y(0, 0) = 0$ ist. Ist eine Kurve in der *Parameterdarstellung* $x = x(t)$, $y = y(t)$ mit $a \leqslant t \leqslant b$ gegeben, so ist $[x'(t_0)]^2 + [y'(t_0)]^2 \neq 0$ für die Regularität des Kurvenpunktes $P(x(t_0), y(t_0))$ hinreichend.

Zur näheren Untersuchung eines singulären Punktes $P_0(x_0, y_0)$ wird vorausgesetzt, daß die Kurve K durch die Gleichung $F(x, y) = 0$ gegeben sei und die Funktion $F(x, y)$ in einer Umgebung U von (x_0, y_0) dreimal stetig differenzierbar ist. Berücksichtigt man in der Taylorentwicklung (vgl. Kap. 21.2) von $F(x, y)$ sowohl $F(x_0, y_0) = 0$ als auch die für einen singulären Punkt notwendigen Bedingungen $F_x(x_0, y_0) = F_y(x_0, y_0) = 0$, dann gilt:

$$F(x, y) = {}^1/_2[F_{xx}(x_0, y_0)(x - x_0)^2 + 2F_{xy}(x_0, y_0)(x - x_0)(y - y_0) + F_{yy}(x_0, y_0)(y - y_0)^2] + R_3 = 0$$

mit dem Restglied R_3. Die Parameterdarstellung einer beliebigen Geraden durch $P_0(x_0, y_0)$ ist $x - x_0 = t \sin \varphi$, $y - y_0 = t \cos \varphi$ mit $0 \leqslant \varphi < 2\pi$. Um in U die Schnittpunkte dieser Geraden mit der Kurve zu bestimmen, setzt man diese Parameterdarstellung in die Entwicklung von $F(x, y)$ ein und erhält die Gleichung: $t^2[\sin^2 \varphi\, F_{xx}(x_0, y_0) + 2 \sin \varphi \cos \varphi\, F_{xy}(x_0, y_0) + \cos^2 \varphi F_{yy}(x_0, y_0) + tR_3(x_0, y_0, t, \varphi)] = 0$, in der $R_3(x_0, y_0, t, \varphi)$ in $t = 0$ stetig ist. Ein Schnittpunkt ergibt sich erwartungsgemäß für $t = 0$. Es erhebt sich nun die Frage: Gibt es eine Gerade durch $P_0(x_0, y_0)$, deren Winkel φ Grenzwert der Winkel φ_k einer Folge $\{S_k\}$ von Sekanten S_k durch P_0 und $P_k \in K$ für $P_k \to P_0$ ist? – Eine solche Gerade soll *tangierende Gerade* an K durch P_0 genannt werden. Der Grenzübergang $P_k \to P_0$ hat $t \to 0$ zur Folge. Dividiert man die gefundene Gleichung durch t^2, so muß für eine tangierende Gerade die folgende Gleichung gelten:

$$\sin^2 \varphi\, F_{xx}(x_0, y_0) + 2 \sin \varphi \cos \varphi\, F_{xy}(x_0, y_0) + \cos^2 \varphi\, F_{yy}(x_0, y_0) = 0.$$

Dabei wird vorausgesetzt, daß in (x_0, y_0) nicht alle zweiten Ableitungen von $F(x, y)$ verschwinden. Gesucht sind die Richtungswinkel φ der tangierenden Geraden in P_0, die dieser quadratischen Gleichung bzw. der Gleichung

$$(\tan \varphi)^2 F_{xx}(x_0, y_0) + 2 \tan \varphi\, F_{xy}(x_0, y_0) + F_{yy}(x_0, y_0) = 0$$

genügen. Ist die Diskriminante $\Delta = F_{xx}(x_0, y_0) F_{yy}(x_0, y_0) - F_{xy}^2(x_0, y_0)$ negativ, dann gibt es genau zwei tangierende Geraden durch $P_0(x_0, y_0)$ an K. Ein solcher Punkt $P_0(x_0, y_0)$ heißt *Doppelpunkt* oder *Knotenpunkt*. Für $\Delta > 0$ gibt es keine tangierende Gerade. Dieser Fall tritt z. B. bei *isolierten Punkten*, auch *Einsiedlerpunkte* genannt, ein. Das sind solche Punkte, die zwar der Kurvengleichung $F(x, y) = 0$ genügen, in deren hinreichend kleiner Umgebung aber keine weiteren Punkte der Kurve liegen. Im Falle $\Delta = 0$ kann über den Charakter des singulären Punktes $P_0(x_0, y_0)$ keine genaue Aussage gemacht werden. Es können sich in P_0 z. B. zwei Äste der Kurve berühren, P_0 heißt dann *Berührungspunkt*, oder es kann eine *Spitze* vorliegen (Abb. 19.3-1). Verschwinden in (x_0, y_0) auch alle zweiten Ableitungen von $F(x, y)$, so sind weitergehende Untersuchungen notwendig, auf die hier nicht näher eingegangen werden soll.

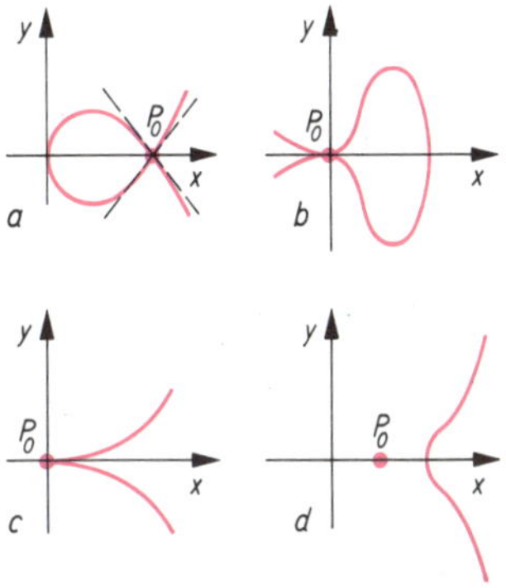

19.3-1 Singuläre Punkte algebraischer Kurven, a) Doppelpunkt, b) Berührungspunkt, c) gewöhnliche Spitze, d) Einsiedlerpunkt

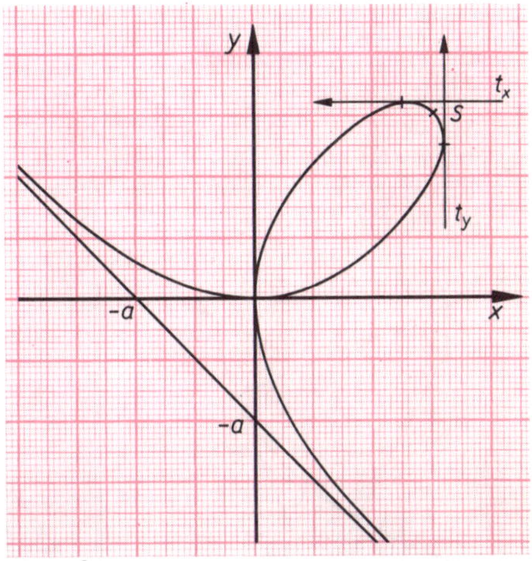

19.3-2 Kartesisches Blatt

Beispiele. 1: Das *kartesische Blatt* wird definiert durch die Gleichung $F(x, y) = x^3 + y^3 - 3axy = 0$ mit $a \neq 0$ (Abb. 19.3-2). Es ist $F_x(x, y) = 3x^2 - 3ay$, $F_y(x, y) = 3y^2 - 3ax$, $F_{xx}(x, y) = 6x$, $F_{xy}(x, y) = -3a$, $F_{yy}(x, y) = 6y$. Die einzige Lösung der Gleichungen $F(x, y) = 0$, $F_x(x, y) = 0$, $F_y(x, y) = 0$ ist $(x, y) = (0, 0)$. Nun ist $F_{xx}(0, 0) = F_{yy}(0, 0) = 0$ und $F_{xy}(0, 0) = -3a$, d. h., es gilt $\Delta = -9a^2 < 0$. Der Punkt (0, 0) ist also ein *Doppelpunkt*. Die Richtungen der beiden tangierenden Geraden durch (0, 0) ergeben sich aus $2 \sin\varphi \cos\varphi\, F_{xy}(0, 0) = 0$; man erhält $\varphi = 0$ und $\varphi = \pm\pi/2$. Die tangierenden Geraden fallen deshalb mit den Koordinatenachsen zusammen. Für $(x_0, y_0) \neq (0, 0)$ ergibt sich als Tangentengleichung: $(x_0^2 - ay_0)(x - y_0) + (y_0^2 - ax_0)(y - y_0) = 0$. In den Punkten $\left(a\sqrt[3]{4}, a\sqrt[3]{2}\right)$ bzw. $\left(a\sqrt[3]{2}, a\sqrt[3]{4}\right)$ verläuft die Tangente parallel zur y- bzw. x-Achse. Setzt man $y = mx$ in $F(x, y) = 0$ ein, so erhält man $x^3(1 + m^3) - 3amx^2 = 0$ bzw. $1 + m^3 - 3am/x = 0$. Für $x \to \pm\infty$ ergibt sich $1 + m^3 = 0$ also $m = -1$. Das kartesische Blatt hat danach eine Asymptote mit dem Richtungsfaktor $m = -1$. Ihre Gleichung $y = -x + \beta$ erhält man wieder durch Einsetzen in $F(x, y) = 0$. Man bekommt: $y = -x - a$.

2: $F(x, y) = (x^2 - a^2)^2 + (y^2 - b^2)^2 - a^4 - b^4 = 0$. Man überzeugt sich leicht davon, daß außer dem Nullpunkt (0, 0) kein Punkt des Rechteckes $|x| < a\sqrt{2}$, $|y| < b\sqrt{2}$ der Gleichung $F(x, y) = 0$ genügt. Der Punkt (0, 0) ist folglich ein *Einsiedlerpunkt*.

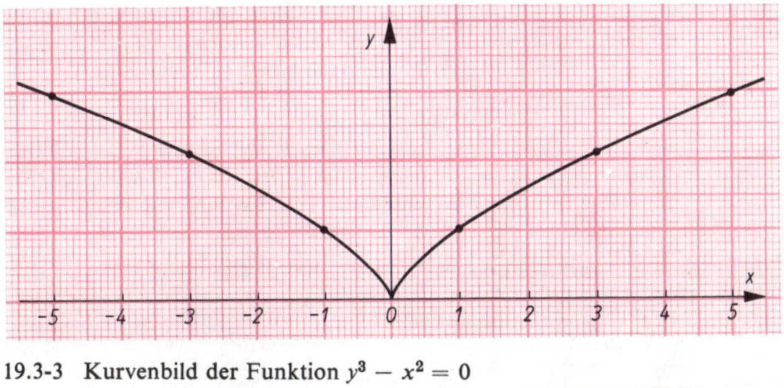

19.3-3 Kurvenbild der Funktion $y^3 - x^2 = 0$

3: $F(x, y) = y^3 - x^2 = 0$. Es ist $F(0,0) = F_x(0,0) = F_y(0,0) = 0$ und $\Delta = F_{xx}(0,0)\, F_{yy}(0,0) - F_{xy}^2(0,0) = 0$. Die Gleichung $y^3 - x^2 = 0$ ist zwar in der Umgebung von (0, 0) durch die Funktion $y(x) = x^{2/3}$ auflösbar; diese Funktion ist aber in $x_0 = 0$ nicht differenzierbar. Der Ursprung (0, 0) ist also ein singulärer Punkt. Aus dem Kurvenbild (Abb. 19.3-3) folgt, daß in (0, 0) eine *Spitze* vorliegt.

Krümmung einer ebenen Kurve

Eine Kurve $\boldsymbol{K}$ sei explizit durch eine zweimal stetig differenzierbare Funktion $y = f(x)$ gegeben. Zur Definition der Krümmung der Kurve in einem Punkt $P_1 \in \boldsymbol{K}$ betrachtet man den Quotienten zwischen der Änderung $\Delta\tau$ des Richtungswinkels τ der Tangenten an $\boldsymbol{K}$ in P_1 und in einem benachbarten Punkt $P_2 \in \boldsymbol{K}$ (Abb. 19.3-4) und der Länge Δs des zwischen P_1 und P_2 gelegenen Bogens $\widehat{P_1P_2}$. Existiert der Grenzwert dieses Differenzenquotienten für $\Delta s \to 0$, dann heißt dieser Grenzwert Krümmung von $\boldsymbol{K}$ in P_1.

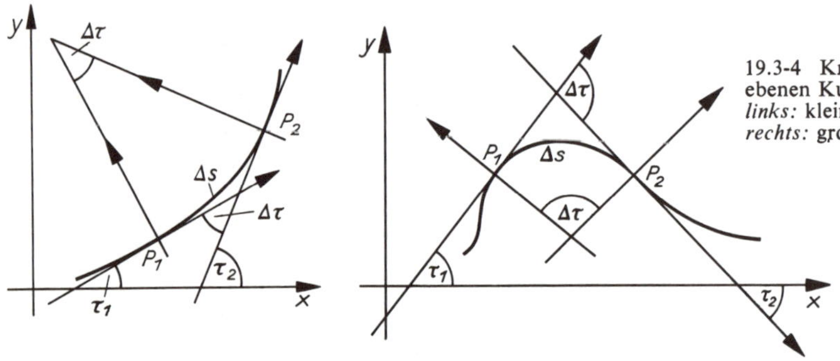

19.3-4 Krümmungen einer ebenen Kurve, *links:* klein, Linkskurve; *rechts:* groß, Rechtskurve

Krümmung k von $\boldsymbol{K}$ in P_1:	$k = \dfrac{d\tau}{ds} = \lim\limits_{\Delta s \to 0} \dfrac{\Delta\tau}{\Delta s} = \dfrac{y''}{(1 + y'^2)^{3/2}}$

Für das Bogendifferential ds gilt $ds = \sqrt{1 + y'^2}\, dx$ (vgl. Kap. 20.3. – Bogenlänge einer ebenen Kurve), also ist

$$\frac{d\tau}{ds} = \frac{d \arctan y'(x)}{dx} \cdot \frac{dx}{ds} = \frac{y''(x)}{1 + [y'(x)]^2} \cdot \frac{1}{\sqrt{1 + [y'(x)]^2}} = \frac{y''(x)}{(1 + [y'(x)]^2)^{3/2}}.$$

Ist die Kurve in der *Parameterdarstellung* $x = x(t), y = y(t)$ mit $a \leqslant t \leqslant b$ gegeben, dann ist $y'(x) = \dfrac{\dot{y}(t)}{\dot{x}(t)}$, wenn man die Ableitung nach t durch einen Punkt kennzeichnet. Hieraus folgt

$$y'' = \frac{\dot{x}\ddot{y} - \dot{y}\ddot{x}}{\dot{x}^3}, \quad \text{d. h.,} \quad k = \frac{\dot{x}\ddot{y} - \dot{y}\ddot{x}}{(\dot{x}^2 + \dot{y}^2)^{3/2}}.$$

Ist die Kurve in *Polarkoordinaten* $r = r(\varphi)$ gegeben, dann gilt $x = r(\varphi)\cos\varphi$, $y = r(\varphi)\sin\varphi$ mit $\varphi_0 \leqslant \varphi \leqslant \varphi_1$, und aus der angegebenen Formel für die Krümmung folgt:

$$k = \frac{2r'^2 - rr'' + r^2}{(r'^2 + r^2)^{3/2}}.$$

Falls die Kurve durch die Gleichung $F(x, y) = 0$ *implizit gegeben* ist, gilt für k die symmetrische Darstellungsformel:

$$|k| = - \frac{|F_{xx}F_y^2 - 2F_{xy}F_xF_y + F_{yy}F_x^2|}{(F_x^2 + F_y^2)^{3/2}}$$

Das *Vorzeichen der Krümmung* stimmt daher mit dem Vorzeichen der zweiten Ableitung y'' in dem betrachteten Punkt überein. *Konvexe Kurvenstücke* haben danach eine *positive Krümmung*, *konkave Kurvenstücke* haben eine *negative Krümmung*. In einem Wendepunkt verschwindet die Krümmung. Eine Gerade hat überall die Krümmung Null.

Beispiele. 1: Für die Krümmung eines Kreises mit dem Radius r_0 erhält man

a) aus $x = r_0 \cos\varphi$, $y = r_0 \sin\varphi$ mit $0 \leqslant \varphi < 2\pi$ den Wert $k = \dfrac{\dot{x}\ddot{y} - \dot{y}\ddot{x}}{(\dot{x}^2 + \dot{y}^2)^{3/2}} = \dfrac{1}{r_0} = \text{const}$

oder b) aus $r = r_0$ den Wert $k = \dfrac{2r'^2 - rr'' + r^2}{(r'^2 + r^2)^{3/2}} = \dfrac{1}{r_0}$.

2: Für die Parabel mit der Gleichung $y = x^2$ erhält man $k = \dfrac{y''}{(1 + y'^2)^{3/2}} = \dfrac{2}{(1 + 4x^2)^{3/2}}$.
Das Maximum von k wird erwartungsgemäß für $x = 0$ im Scheitelpunkt angenommen.

Krümmungskreis. Jedem Punkt $P(x, y)$ einer ebenen Kurve, in dem die Krümmung k ungleich Null ist, kann ein Kreis K, Krümmungskreis genannt, mit folgenden Eigenschaften zugeordnet werden: P liegt auf dem Krümmungskreis K, und dieser hat in P dieselbe Tangente und dieselbe Krümmung wie die Kurve. Es gibt genau einen Kreis mit diesen Eigenschaften. Der Krümmungskreis ist gerade jener Kreis durch P, durch den die Kurve in einer hinreichend kleinen Umgebung von P am besten approximiert wird (Abb. 19.3-5). Aus den beiden Eigenschaften des Krümmungskreises folgt, daß sein Mittelpunkt M auf der Normale durch P liegt und daß sein Radius gleich $\varrho = 1/k$ ist. Der Radius des Krümmungskreises heißt *Krümmungsradius* der Kurve in P.

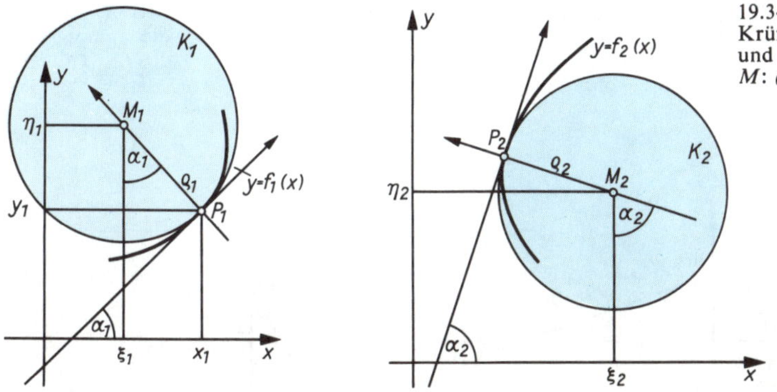

19.3-5 Krümmungskreis K, Krümmungsradius ϱ und Krümmungsmittelpunkt M: $\varrho_1 > 0$, $\varrho_2 < 0$

Funktion	$y = f(x)$	$x = x(t),\ y = y(t)$	$r = r(\varphi)$
Krümmung	$k = \dfrac{y''}{(1 + y'^2)^{3/2}}$	$k = \dfrac{\dot{x}\ddot{y} - \dot{y}\ddot{x}}{(\dot{x}^2 + \dot{y}^2)^{3/2}}$	$k = \dfrac{r^2 + 2r'^2 - rr''}{(r^2 + r'^2)^{3/2}}$
Krümmungsmittelpunkt	$\xi = x - \dfrac{1 + y'^2}{y''} \cdot y'$ $\eta = y + \dfrac{1 + y'^2}{y''}$	$\xi = x - \dfrac{\dot{x}^2 + \dot{y}^2}{\dot{x}\ddot{y} - \dot{y}\ddot{x}} \cdot \dot{y}$ $\eta = y + \dfrac{\dot{x}^2 + \dot{y}^2}{\dot{x}\ddot{y} - \dot{y}\ddot{x}} \cdot \dot{x}$	$\xi = r\cos\varphi - \dfrac{(r^2 + r'^2)(r\cos\varphi + r'\sin\varphi)}{r^2 + 2r'^2 - rr''}$ $\eta = r\sin\varphi - \dfrac{(r^2 + r'^2)(r\sin\varphi - r'\cos\varphi)}{r^2 + 2r'^2 - rr''}$

Evolute. Die Evolute einer ebenen Kurve ist der geometrische Ort ihrer Krümmungsmittelpunkte. Da die Krümmungsmittelpunkte der Ausgangskurve die Evolute bilden, sind die Formeln für die Koordinaten des Krümmungsmittelpunktes gerade die Parameterdarstellung für die Evolute, ξ und η sind in diesem Falle die laufenden Koordinaten. Die Evolute kann auch als *Einhüllende der Normalen* der Ausgangskurve aufgefaßt werden. Diese sind dann gerade die Tangenten der Evolute (Abb. 19.3-6).

Evolvente. Die Evolvente ist eine Abwicklungskurve [lat. *evolvere*, hervorwälzen oder herauswickeln]. Man denke sich eine gekrümmte Kurve mit einem nicht dehnbaren Faden belegt (Abb. 19.3-7). Der Faden sei in einem Punkt A auf der Kurve befestigt. Betrachtet man dann einen Punkt B_1 des Fadens und wickelt den straff gehaltenen Faden von der Kurve ab, so beschreibt der Punkt B_1 eine neue Kurve, eine Evolvente der Aus-

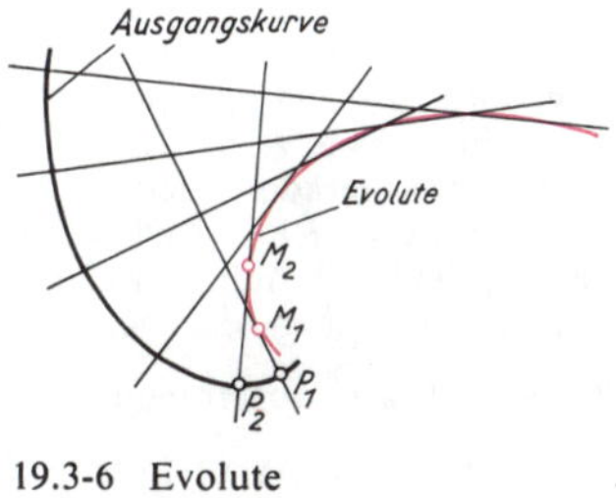

19.3-6 Evolute

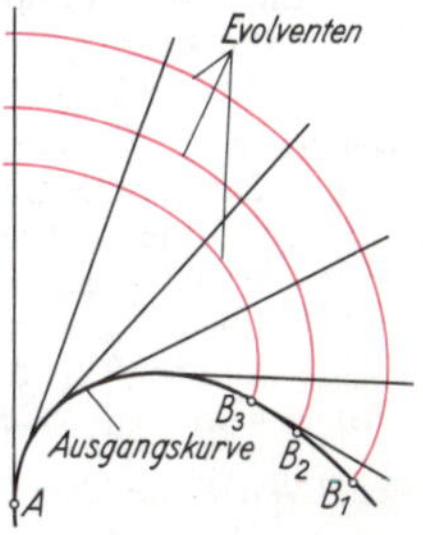

19.3-7 Evolventenschar einer ebenen Kurve

gangskurve. Da jeder Punkt B eine solche Evolvente beschreibt, gehört zu einer gegebenen Kurve eine ganze Schar von Evolventen. Da der Faden beim Abwickeln stets straff gehalten wird, ist der abgewickelte Teil jeweils Tangente an die Ausgangskurve. Der Punkt B beschreibt um den jeweiligen Berührungspunkt der Tangente einen infinitesimalen Kreisbogen als Kurvenelement der Evolvente, d. h. aber, der abgewickelte Teil des Fadens ist jeweils Normale der Evolvente. Es schneiden also die Tangenten der Ausgangskurve die Evolventen unter einem rechten Winkel. Daraus ergeben sich die folgenden Sätze:

Die Evolventen einer ebenen Kurve sind die orthogonalen Trajektorien (rechtwinklig schneidende Kurven) der Tangenten an die Ausgangskurve. Jede Kurve ist die Evolute jeder ihrer Evolventen. Jede Kurve ist eine Evolvente ihrer Evolute.

Beispiel 3: Im Maschinenbau findet die Kreisevolvente (Abb. 19.3-8) als Profilkurve der Zahnflanken bei der Evolventenverzahnung Verwendung. Für die Koordinaten eines Punktes P der Evolvente liest man aus der Zeichnung $\xi = x + s \sin t$ und $\eta = y - s \cos t$ ab. Aus der Parameterdarstellung des Kreises $x = r \cos t$; $y = r \sin t$ und mit $s = rt$ für den abgewickelten Kreisbogen erhält man für die Kreisevolvente die Parameterdarstellung $\xi = r(\cos t + t \sin t)$; $\eta = r(\sin t - t \cos t)$.

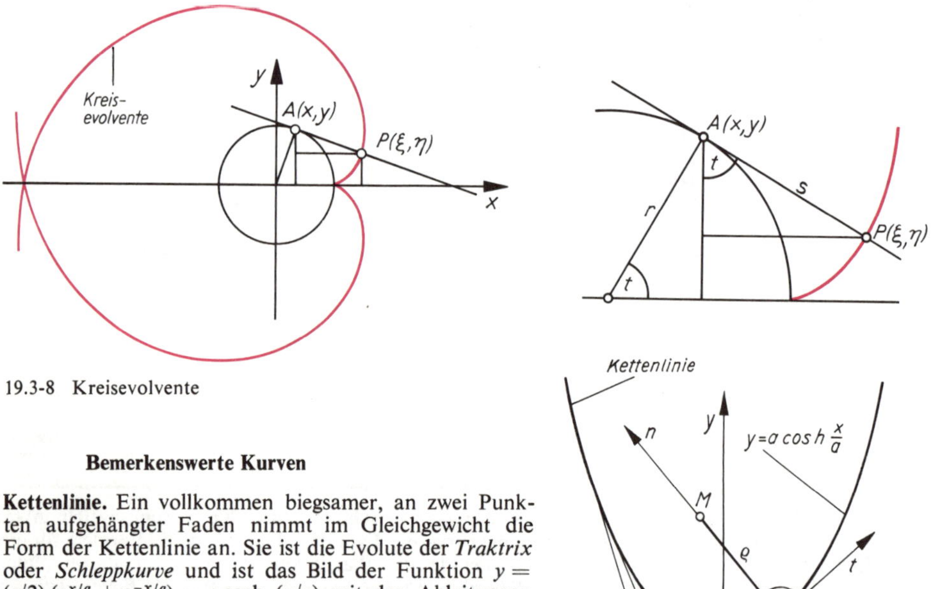

19.3-8 Kreisevolvente

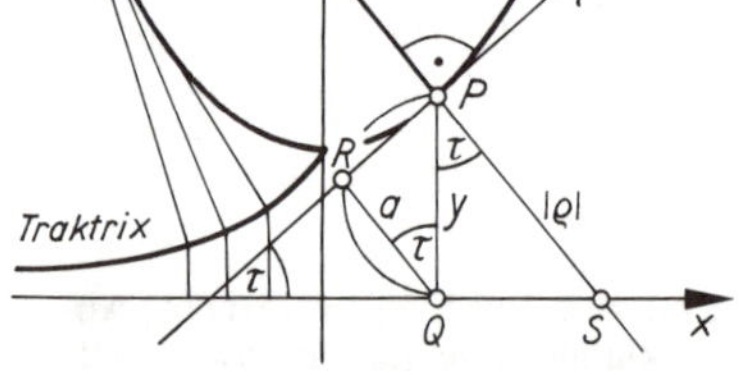

19.3-9 Krümmungsmittelpunkt der Kettenlinie

Bemerkenswerte Kurven

Kettenlinie. Ein vollkommen biegsamer, an zwei Punkten aufgehängter Faden nimmt im Gleichgewicht die Form der Kettenlinie an. Sie ist die Evolute der *Traktrix* oder *Schleppkurve* und ist das Bild der Funktion $y = (a/2)\,(e^{x/a} + e^{-x/a}) = a \cosh(x/a)$ mit den Ableitungen $y' = \sinh(x/a)$ und $y'' = (1/a)\cosh(x/a)$. Wegen $1 + \sinh^2(x/a) = \cosh^2(x/a)$ erhält man durch Einsetzen für den *Krümmungsradius* $\varrho = a \cosh^2(x/a) = y^2/a$ und für die Koordinaten des *Krümmungsmittelpunkts* $\xi = x - a \sinh(x/a) = x - ay'$ und $\eta = 2a \cosh(x/a) = 2y$ (Abb. 19.3-9).

Konstruktion der Tangente t und des Krümmungsmittelpunkts. Der Thaleskreis über der Ordinate PQ schneidet den Kreis um Q mit dem Radius a im Punkte R der Tangente, denn für den Winkel τ, den die Gerade durch P und R mit der x-Achse bildet, gilt $\tan\tau = |RP| : |RQ| = \sqrt{y^2 - a^2}/a = \sinh(x/a) = y'$. Die Senkrechte zu t in P ist die Normale n, die die x-Achse in S schneidet. Aus $\cos\tau = a/y = y/|PS|$ folgt $|PS| = y^2/a = |\varrho|$. Je nach dem Vorzeichen der Krümmung wird $|\varrho|$ auf der positiven oder negativen Seite der Normalen von P aus abgetragen. Da $\frac{d}{dx}(a^2 \sinh(x/a)) = a \cosh(x/a)$, gibt $F = a^2 \sinh(x/a)$ die Fläche zwischen x-Achse und Kettenlinie an. Die Länge l des Bogens vom Scheitel $(0, a)$ aus ist $l = a \sinh(x/a)$.

Cassinische Kurven. Die Cassinischen Kurven werden definiert als geometrischer Ort aller Punkte P, für die das Produkt der Abstände $r_1 = |F_1M|$ und $r_2 = |F_2M|$ von zwei festen Punkten F_1 und F_2 einen konstanten Wert a^2 hat. Liegen die Punkte F_1 und F_2 auf der x-Achse eines kartesischen Koordinatensystems im Abstand $+e$ und $-e$ vom Ursprung, so gilt

$$r_1^2 = (x - e)^2 + y^2;\ r_2^2 = (x + e)^2 + y^2;\ r_1^2 r_2^2 = a^4 \quad \text{oder} \quad (x^2 + y^2)^2 - 2e^2(x^2 - y^2) = a^4 - e^4$$

bzw. $r^4 - 2e^2r^2 \cos 2\varphi = a^4 - e^4$, $r^2 = e^2 \cos 2\varphi \pm \sqrt{e^4 \cos^2 2\varphi + a^4 - e^4}$.

Je nach dem Verhältnis der beiden Konstanten a und e zueinander erhält man Cassinische Kurven verschiedener Gestalt (Abb. 19.3-10). In der folgenden Übersicht werden sie gekennzeichnet durch die Schnittpunkte S_i mit der x- und N_i mit der y-Achse, durch die Extremwerte E_i und durch die Wendepunkte W_i, deren verschiedene Lage durch Indizes und Zeichen unterschieden wird.

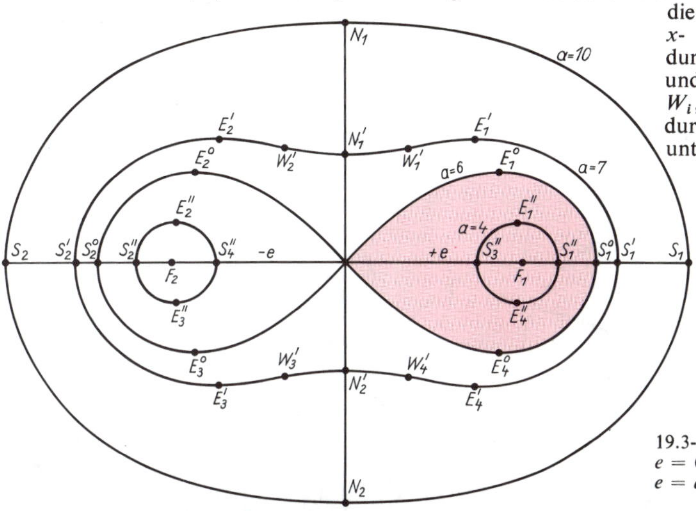

19.3-10 *Cassinische Kurven* für $e = 6$, $a = 10$; 7; 6 und 4; $e = a = 6$ ist die *Lemniskate*

1. $a > e\sqrt{2}$, Kurve ähnelt der Ellipse. S_1, $S_2(\pm\sqrt{a^2 + e^2}, 0)$; N_1, $N_2(0, \pm\sqrt{a^2 - e^2})$.

Auch für $a = e\sqrt{2}$ ist die Kurvenform noch ellipsenähnlich mit S_1, $S_2(\pm e\sqrt{3}, 0)$; N_1, N_2 $(0, \pm e)$, hat aber in N_1 und N_2 die Krümmung Null.

2. $e < a < e\sqrt{2}$, Oval mit Einbuchtung. S_1', $S_2'(\pm\sqrt{a^2 + e^2}, 0)$; N_1', $N_2'(0, \pm\sqrt{a^2 - e^2})$;

$$E_1', E_2', E_3', E_4'\left(\pm \frac{1}{2e}\sqrt{4e^4 - a^4}, \pm \frac{a^2}{2e}\right);$$

W_1', W_2', W_3', $W_4'(\pm\sqrt{(v - u)/2}, \pm\sqrt{(u + v)/2})$, wenn $u = (a^4 - e^4)/(3e^2)$ und $v = \sqrt{(a^4 - e^4)/3}$.

3. $a < e$, zwei getrennte Ovale. S_1'', $S_2''(\pm\sqrt{a^2 + e^2}, 0)$; S_3'', $S_4''(\pm\sqrt{e^2 - a^2}, 0)$;

$$E_1'', E_2'', E_3'', E_4''\left(\pm \frac{1}{2e}\sqrt{4e^4 - a^4}, \pm \frac{a^2}{2e}\right).$$

4. $a = e$, *Lemniskate*. Für die Gleichung der Lemniskate erhält man $f(x, y) = (x^2 + y^2)^2 - 2a^2(x^2 - y^2) = 0$ oder $r^2 = 2a^2 \cos 2\varphi$, $r = a\sqrt{2 \cos 2\varphi}$; in Parameterdarstellung also $x = a \cos\varphi \sqrt{2 \cos 2\varphi}$, $y = a \sin\varphi \sqrt{2 \cos 2\varphi}$. Aus $\dfrac{dx}{d\varphi} = -2a \cdot \dfrac{\sin 3\varphi}{\sqrt{2 \cos 2\varphi}}$ und $\dfrac{dy}{d\varphi} = 2a \cdot \dfrac{\cos 3\varphi}{\sqrt{2 \cos 2\varphi}}$ folgt $y' = \dfrac{dy}{dx} = -\cot 3\varphi$, d. h., Extremwerte können auftreten für $3\varphi = \pi/2$, $3\pi/2$, $5\pi/2$ bzw. $\varphi = \pi/6$, $\pi/2$, $5\pi/6$. Die Extremwerte E_1^0, E_2^0, E_3^0, E_4^0 sind gegeben durch $x_{1,2} = \pm(a/2)\sqrt{3}$, $y_{1,2} = \pm a/2$, $r_{1,2} = a$. Die Stelle $(0, 0)$ ist ein Doppelpunkt, die Werte der partiellen Ableitungen für $(0, 0)$ sind $f_x = 4(x^3 + xy^2 - a^2x) = 0$; $f_y = 4(x^2y + y^3 + a^2y) = 0$; $f_{xx} = 4(3x^2 + y^2 - a^2) = -4a^2$, $f_{xy} = 8xy = 0$; $f_{yy} = 4(x^2 + 3y^2 + a^2) = 4a^2$; $\Delta = +16a^4$. Aus $-a^2 + y'^2a^2 = 0$ folgt $y' = \pm 1$, d. h., $y = \pm x$ als tangierende Geraden im Punkte $(0, 0)$. Die Schnittpunkte mit den Achsen sind S_1^0, $S_2^0 = (\pm a\sqrt{2}, 0)$. Für die Fläche einer Schleife erhält man

$$F = {}^1/_2 \int r^2(\varphi)\, d\varphi = a^2 \int_{-\pi/4}^{+\pi/4} \cos 2\varphi\, d\varphi = \frac{a^2}{2} \sin 2\varphi \Big|_{-\pi/4}^{+\pi/4} = a^2.$$

Zykloiden. Mechanisch entsteht eine Zykloide als Bahn eines Punktes P, der mit einem Kreis vom Radius r im Abstand a vom Mittelpunkt M des Kreises fest verbunden ist, wenn dieser Kreis, ohne zu gleiten, auf einer Geraden rollt. Bezeichnet man den *Wälzwinkel* mit φ, läßt den Kreis auf der x-Achse eines kartesischen Koordinatensystems rollen und beginnt die Zählung der Abszissen, wenn P seine tiefste Lage hat, so ist der abgerollte Bogen $|OB| = r\varphi$ um $a \sin \varphi$ länger als die x-Koordinate von P und r um $a \cos \varphi$ länger als seine Ordinate (Abb. 19.3-11) $x = r\varphi - a \sin \varphi$; $y = r - a \cos \varphi$. Je nach dem Verhältnis $a : r$ unterscheidet man (Abb. 19.3-12) die *verkürzte* ($a < r$), die *verlängerte* ($a > r$) und die *gemeine Zykloide* ($a = r$). Die *verkürzte Zykloide* hat für $\varphi = 0, 2\pi, 4\pi \ldots$ Minima mit $y_m = r - a$; die *verlängerte* hat an diesen Stellen zwei Punkte mit derselben Abszisse. Der eine ist das Minimum mit $y_m = r - a$, der φ-Wert des anderen ergibt sich aus der goniometrischen Gleichung $r\varphi = a \sin \varphi$. Die *gemeine Zykloide* hat an diesen Stellen Spitzen. Ihr *Bogenelement* ist $\mathrm{d}s = 2r \sin(\varphi/2)\, \mathrm{d}\varphi$, die Länge s des vollen *Zykloidenbogens* also $s = \int_{\varphi=0}^{2\pi} \mathrm{d}s = 8r$ (vgl. Kap. 20.3. – Bogenlänge einer ebenen Kurve). Die *Fläche* unter diesem vollen Bogen ist $F = \int_{\varphi=0}^{2\pi} y\, \mathrm{d}x = r^2 \int_0^{2\pi} (1 - 2\cos\varphi + \cos^2\varphi)\, \mathrm{d}\varphi = 2\pi r^2 + 0 + \pi r^2 = 3\pi r^2$, d. h. gleich dem Dreifachen der Fläche des rollenden Kreises.

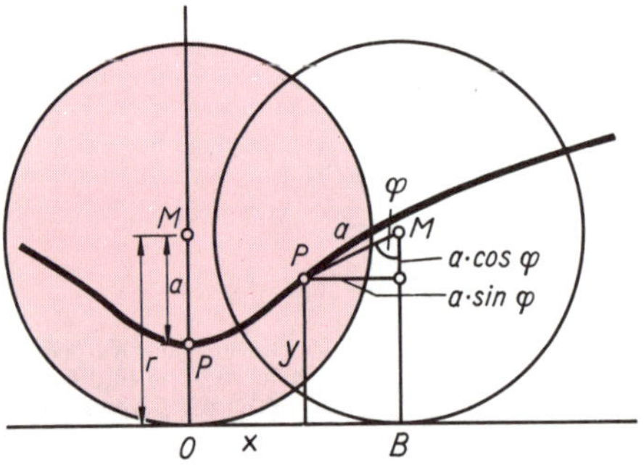

19.3-11 Zur Ableitung der Gleichung der Zykloide

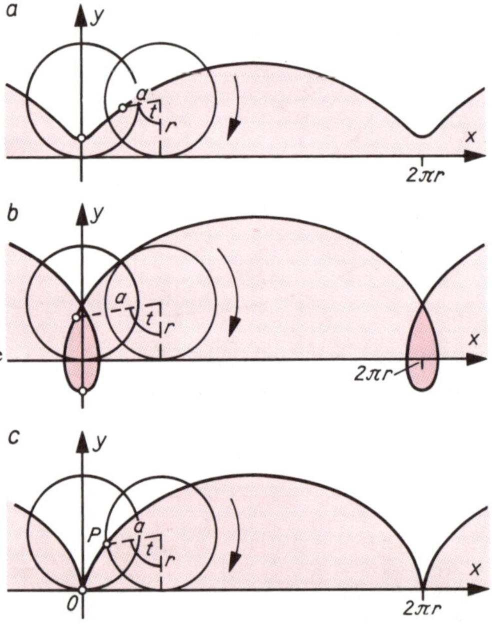

19.3-12 Verkürzte, verlängerte und gemeine Zykloide

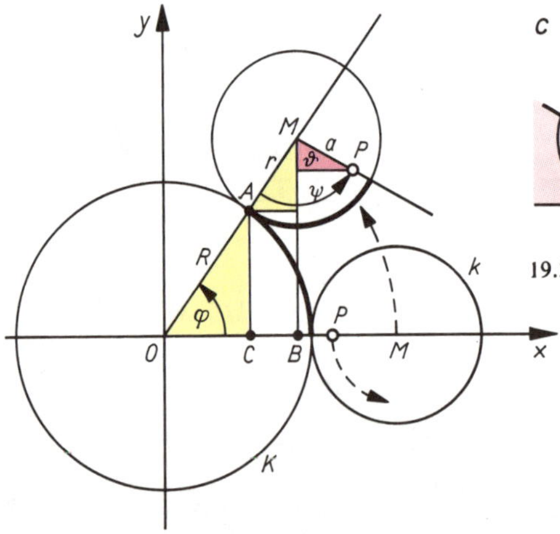

19.3-13 Zur Ableitung der Gleichung der Epizykloide

Epizykloiden. Mechanisch entsteht eine Epizykloide als Bahn eines Punktes P, wenn ein Kreis k mit dem Radius r auf der Außenseite eines festen Kreises K mit dem Radius R abrollt (Abb. 19.3-13); je nach dem Abstand a des Punktes P vom Mittelpunkt M unterscheidet man *verkürzte* ($a < r$), *verlängerte* ($a > r$) und *gemeine Epizykloide* ($a = r$). Dreht sich der Radius $|OM| = R + r$ um den Winkel φ, so dreht sich Kreis k um den Winkel ψ; $\varphi R = \psi r$. Das von M auf die x-Achse gefällte Lot MB schneidet von ψ den Winkel $(\pi/2 - \varphi)$ ab, der Restwinkel hat die Größe $\vartheta = \psi - \varphi - \pi/2 = \varphi(R + r)/r - \pi/2$. Für die Koordinaten des Punktes P erhält man

$$x = (R + r) \cos \varphi - a \cos [\varphi(R + r)/r];$$
$$y = (R + r) \sin \varphi - a \sin [\varphi(R + r)/r].$$

Entsprechend den Kurven der Zykloide in bezug auf eine Gerade haben die der Epizykloide in bezug auf den Umfang des festen Kreises K Spitzen, Schleifen oder Minima ohne doppelte Punkte. Ist der Umfang $2\pi r$ vom Kreis k ein ganzzahliges Vielfaches des Umfangs $2\pi R$ von K, so hat die Kurve $R:r$ Bögen. Ist $R:r$ eine rationale Zahl p/q, so wiederholen sich die Stellen wegen $qR = pr$ nach q-maligem Umkreisen von K.
Die *Länge l eines Bogens* der gewöhnlichen Epizykloide (Abb. 19.3-14) ist $l = 8r(R + r):R$; die *Fläche F* zwischen dem Umfang des Kreises K und dem Umfang eines Bogens ist $F = \pi r^2(3R+2r)/R$.

Kardioide. Für $a = r = R$ erhält man die Kardioide (Abb. 19.3-15) mit der Parameterdarstellung $x = r(2\cos\varphi - \cos 2\varphi)$; $y = r(2\sin\varphi - \sin 2\varphi)$. Durch Eliminieren von φ erhält man die algebraische Funktion $(x^2 + y^2 - r^2)^2 = 4r^2[(x-r)^2 + y^2]$. Die Länge l der Kurve ist $l = 8r$, ihre Fläche $F = 6\pi r^2$, d. h. das Sechsfache der Fläche des festen Kreises K.

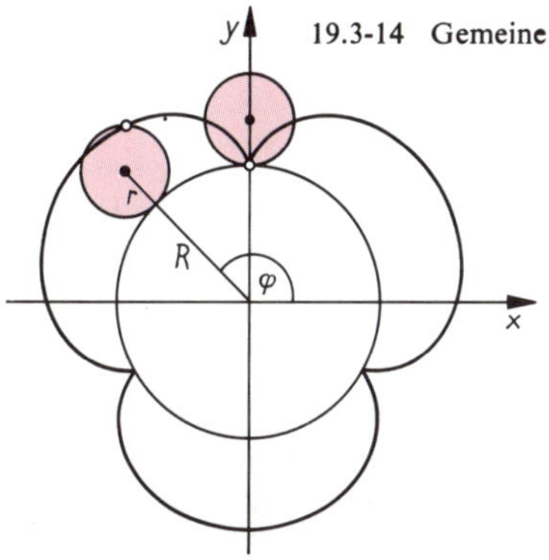

19.3-14 Gemeine Epizykloide; $R:r = 3$

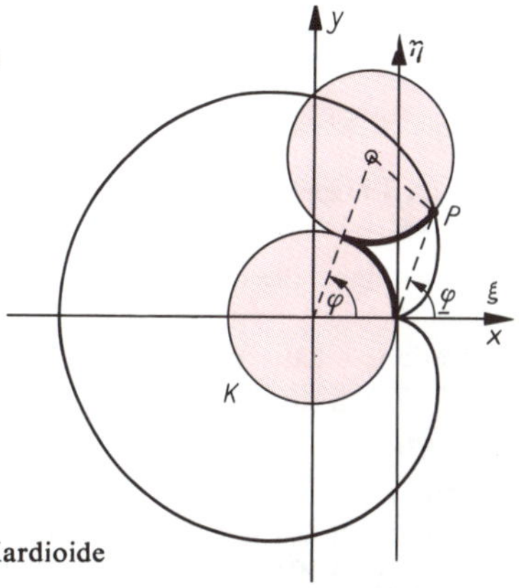

19.3-15 Kardioide

Setzt man $\xi = x - r$, $\eta = y$, dann ergibt sich im ξ, η-Koordinatensystem die Parameterdarstellung $\xi = \varrho(\varphi)\cos\varphi$, $\eta = \varrho(\varphi)\sin\varphi$ mit $\varrho(\varphi) = 2r(1 - \cos\varphi)$. In Polarkoordinaten ϱ, φ, bezüglich des $0, \eta$-Koordinatensystems, hat die Kardioide die Darstellung $\varrho = \varrho(\varphi) = 2r(1 - \cos\varphi)$ mit $\xi \leqslant \varphi < 2\pi$.

Hypozykloiden. Im Unterschied zur Epizykloide entsteht eine Hypozykloide mechanisch durch gleitfreies Abrollen eines Kreises k im Innern eines Festkreises K. Man kann sich den beweglichen Kreis k um die Tangente umgeklappt denken; die Strecken r und a sowie der Wälzwinkel φ ändern ihr Vorzeichen. Die Parameterdarstellung lautet:

$$x = (R - r)\cos\varphi + a\cos[\varphi(R - r)/r]; \quad y = (R - r)\sin\varphi - a\sin[\varphi(R - r)/r].$$

In einer *verkürzten Hypozykloide* ist $a < r$, in einer *verlängerten* (Abb. 19.3-16) ist $a > r$ und in der *gemeinen* $a = r$. Die entsprechenden Kurven haben abgerundete Spitzen (Minima vom festen Kreis aus), Schleifen oder Spitzen.
Die Gestalt der Hypozykloide hängt von dem Verhältnis $R:r$ ab. Ist es ganzzahlig, so schließt sich die Kurve nach einmaligem Umlauf des abrollenden Kreises um den Festkreis. Ist es nicht ganzzahlig, aber rational $R/r = m/n$ mit teilerfremden Zahlen m und n, so schließt sich die Kurve erst nach n Umläufen. Für irrationales Verhältnis R/r ist die Kurve nicht geschlossen. Ist $R:r$ eine ganze Zahl, so hat die gewöhnliche Hypozykloide die Länge $l = 8(R - r)$, und die Fläche F zwischen einem vollen Bogen und dem festen Kreis K ist

$$F = \pi r^2(3R - 2r)/R.$$

Die reguläre Astroide oder Sternkurve ist eine gemeine Hypozykloide mit $4r = R$. Ihre Parameterdarstellung ist danach $x = 4r\cos^3\varphi = R\cos^3\varphi$, $y = 4r\sin^3\varphi = R\sin^3\varphi$, da $\sin 3\varphi = 3\sin\varphi - 4\sin^3\varphi$ und $\cos 3\varphi = 4\cos^3\varphi - 3\cos\varphi$. In kartesischen Koordinaten erhält man die Gleichung $x^{2/3} + y^{2/3} = R^{2/3}$ (Abb. 19.3-17).

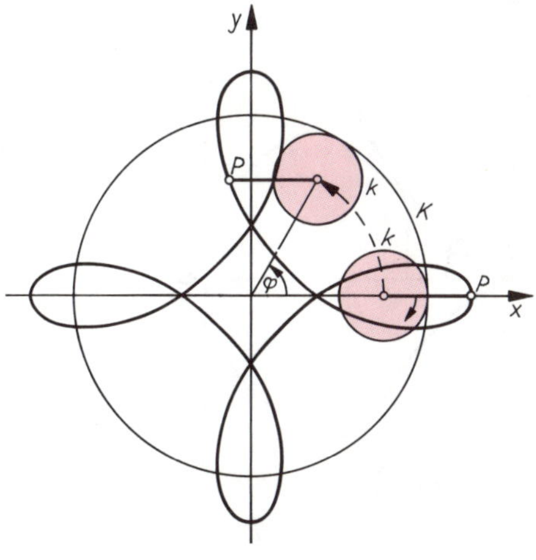

19.3-16 Verlängerte Hypozykloide

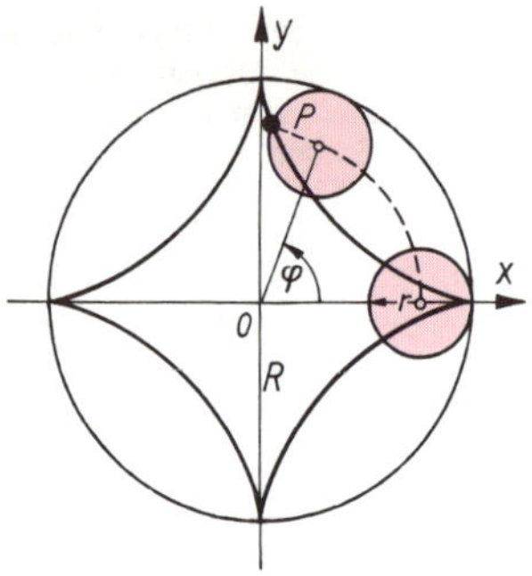

19.3-17 Astroide

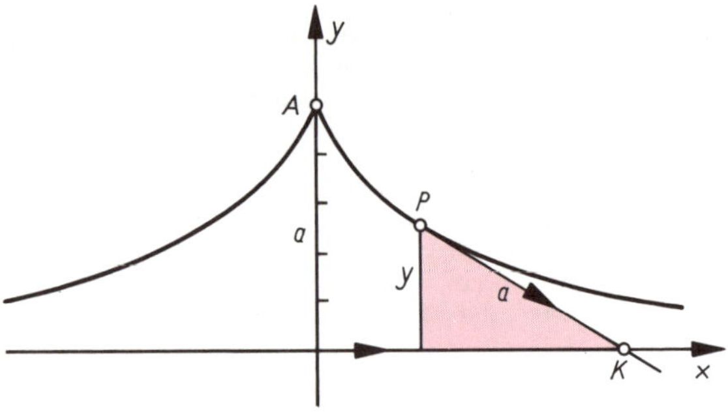

19.3-18 Traktrix, $a = 5$

Traktrix, Schleppkurve. Ein Massepunkt P am Ende eines undehnbaren Fadens der Länge a beschreibt eine Traktrix, wenn der Fadenanfangspunkt K sich längs der x-Achse bewegt (Abb. 19.3-18). Der Faden hat dabei die Richtung der Tangente an die Kurve, d. h., es gilt $\frac{dy}{dx} = \frac{y}{\mp\sqrt{a^2 - y^2}}$; durch Integration erhält man die Gleichung $x = a \ln \left| \frac{a \pm \sqrt{a^2 - y^2}}{y} \right| \mp \sqrt{a^2 - y^2} = \operatorname{arcosh}(a/y) \mp \sqrt{a^2 - y^2}$. Der Punkt A ist ein singulärer Punkt. Die von A gezählte Länge l des Bogens ist $l = a \ln (a/y)$.

Zissoide. Ein Kreis berühre zwei Parallelen im Abstand a. Von einer Sekante durch den einen Berührungspunkt O schneiden der Kreis und die andere Parallele die Strecke $|QR|$ ab. Die Zissoide ist dann der geometrische Ort der Endpunkte P aller von O aus auf jeder Sekante abgetragenen Strecken $|OP| = |QR|$ (Abb. 19.3-19). Gegen die x-Achse des in der Abbildung eingetragenen kartesischen Koordinatensystems hat die Sekante den Winkel φ; $m = \tan\varphi$ dient als Parameter. Der Punkt R hat die Koordinaten $x_1 = a$ und $y_1 = am$; für die von Q erhält man aus $(x - r)^2 + m^2x^2 = r^2$ die Werte $x_2 = a/(1 + m^2)$, $y_2 = am/(1 + m^2)$, also für die des Punktes P: $x = x_1 - x_2 = am^2/(1 + m^2)$, $y = y_1 - y_2 = am^3/(1 + m^2)$. Mit Hilfe von $m^2 = x/(a - x)$ und $1 + m^2 = a/(a - x)$ kann der Parameter eliminiert werden; $y^2 = x^3/(a - x)$. In Polarkoordinaten ergibt sich $\varrho^2 = x^2 + y^2 = a^2m^4/(1 + m^2)$ oder $\varrho = a \sin^2 \varphi/(\cos \varphi)$. Der Punkt O ist ein singulärer Punkt, die Parallele $x = a$ ist Asymptote der Zissoide. Die Fläche F zwischen Kurve und Asymptote ist $F = 3\pi a^2/4$, d. h. das Dreifache der Fläche des gegebenen Kreises mit dem Radius $a/2$.

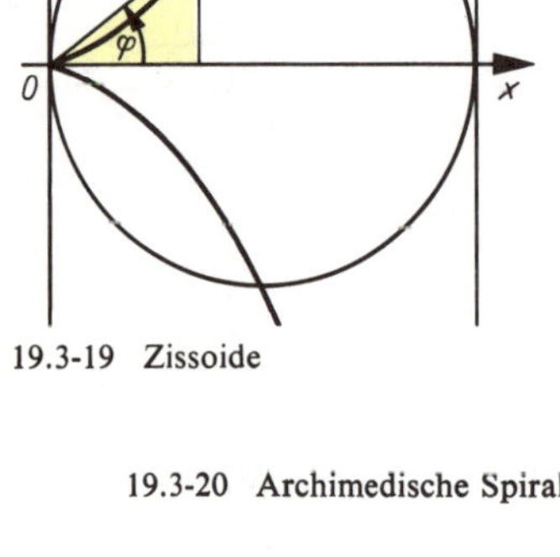

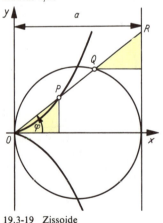

19.3-19 Zissoide

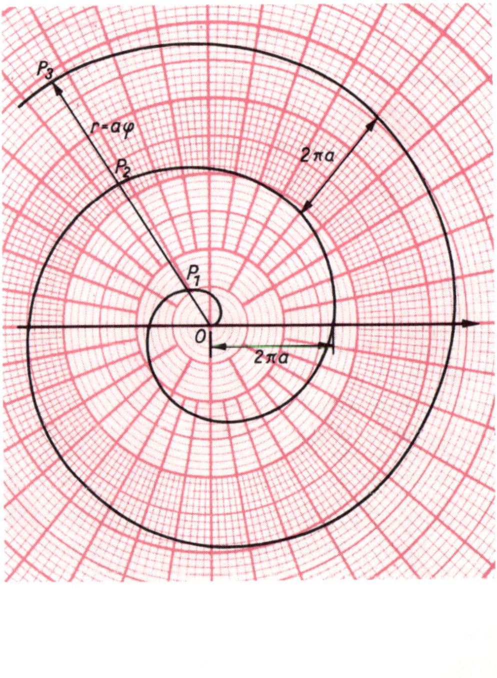

19.3-20 Archimedische Spirale, $a = 2$

Archimedische Spirale. In Polarkoordinaten hat diese Spirale (Abb. 19.3-20) die Gleichung $r = a\varphi$. Punkte $P_1, P_2, \ldots$ auf demselben Strahl haben den konstanten Abstand $2\pi a$, da $r_2 = a(\varphi + 2\pi) = a\varphi + 2\pi a = r_1 + 2\pi a$. Das Bogendifferential ist $\mathrm{d}s = a\sqrt{1 + \varphi^2}\,\mathrm{d}\varphi$; die Bogenlänge ist danach

$$s = a \int_0^{\varphi_1} \sqrt{1 + \varphi^2}\,\mathrm{d}\varphi = \frac{a}{2}\left(\varphi_1 \sqrt{1 + \varphi_1^2} + \operatorname{arsinh} \varphi_1\right).$$

Für große Werte von φ_1 gilt angenähert $s \approx a\varphi_1^2/2$. Die Fläche eines Sektors zwischen zwei Radiusvektoren $r_1 = a\varphi_1$ und $r_2 = a\varphi_2$ ist $F = (a^2/6)(\varphi_2^3 - \varphi_1^3)$.

Logarithmische Spirale. In Polarkoordinaten hat diese Spirale die Gleichung $r = a\,\mathrm{e}^{k\varphi}$, $k > 0$. Für negative Werte von φ schlingt sich die Kurve mit abnehmendem Radiusvektor immer enger um den Pol O.
Dem Abschnitt über Differentiation von Funktionen in Polarkoordinaten entnimmt man, daß jede Gerade durch den Pol O die logarithmische Spirale stets unter demselben Winkel $\tau_0 = \operatorname{arccot} k$ schneidet (Abb. 19.3-21), daß die Tangenten in diesen Schnittpunkten einander parallel sind. Außerdem ergab sich

$$\frac{\mathrm{d}r}{\mathrm{d}\varphi} = r' = \frac{r}{\tan \tau} = rk$$

oder $$\mathrm{d}\varphi = \frac{\mathrm{d}r}{rk}.$$

Nach einer im Kapitel Integralrechnung hergeleiteten Beziehung läßt sich damit die Bogenlänge s berechnen:

$$\mathrm{d}s = \sqrt{r^2 + \left(\frac{\mathrm{d}r}{\mathrm{d}\varphi}\right)^2}\,\mathrm{d}\varphi = \sqrt{r^2 + r^2k^2}\,\mathrm{d}\varphi$$

$$= r\sqrt{1 + k^2}\,\mathrm{d}\varphi = (1/k)\sqrt{1 + k^2}\,\mathrm{d}r$$

oder $$s = (1/k)\sqrt{1 + k^2}\,(r_2 - r_1).$$

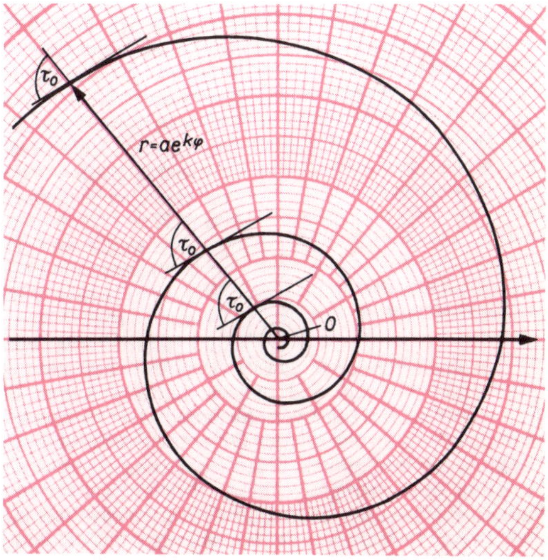

19.3-21 Logarithmische Spirale

20. Integralrechnung

Die Aufgabe der Differentialrechnung ist das Studium der Eigenschaften des Differentialquotienten einer Funktion, der z. B. die Größe des Anstiegs der Tangente an die Funktionskurve in einem Punkt angibt. Auf diesen Wert des Differentialquotienten in einem Punkt haben nur die Funktionswerte in einer beliebig kleinen Umgebung dieses Punktes Einfluß; es werden *lokale Eigenschaften* einer gegebenen Funktion untersucht. Das Problem, den Flächeninhalt eines von einer geschlossenen Kurve begrenzten Flächenstücks oder das Volumen eines von einer geschlossenen Fläche begrenzten Körpers streng zu erklären und zu berechnen, führt zur Definition eines Grenzwerts ganz anderer Art, dessen Untersuchung man unter dem Namen *Integralrechnung* zusammenfaßt. Der Grenzprozeß ergibt sich dabei durch beliebig genaue Approximation solcher Flächenstücke bzw. Körper durch Flächenstücke bzw. Körper, deren Inhalt elementar bestimmbar ist. Während sich das *Tangentenproblem* auf eine Eigenschaft im kleinen bezog, ist hierzu die Kenntnis der ganzen [*integer* lat. ganz] Begrenzungskurve bzw. -fläche notwendig.

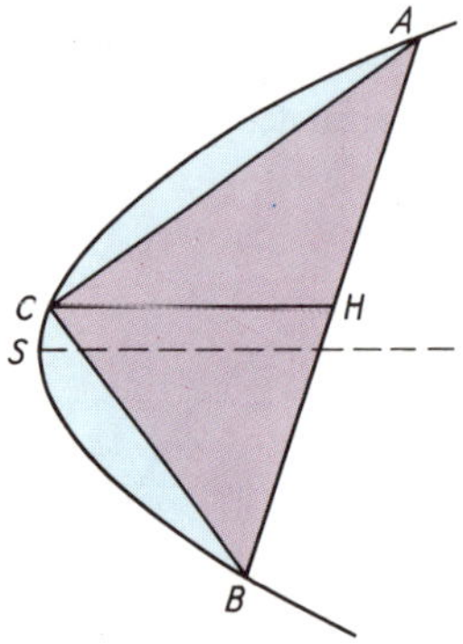

20.1-1 Zur Quadratur des Parabelsegments

Schon ARCHIMEDES (287-212 v. u. Z.) konnte beweisen, daß die Fläche des Parabelsegments *ASB* das 4/3fache der Fläche des Dreiecks *ABC* ist (Abb. 20.1-1). Da man in der griechischen Mathematik zur Flächenberechnung geometrisch-konstruktive Methoden mit dem Ziel verwendete, das zu berechnende Flächenstück in ein inhaltsgleiches Quadrat zu verwandeln, sprach man vom *Quadraturproblem*, im 17. Jahrhundert von der *Exhaustionsmethode*, um anzudeuten, daß der gesuchte Flächen- oder Rauminhalt durch eine Folge von Flächen oder Körpern mit bekanntem Inhalt ausgeschöpft wird. KEPLER (1571–1630) erhielt mittels geeigneter Zerlegungen von Flächen und Körpern Formeln zur Bestimmung des Volumens von Fässern, und CAVALIERI (1598–1647) entwickelte ein Vergleichsprinzip zur Entscheidung, wann Körper, die zwischen zwei parallelen Ebenen liegen, gleiches Volumen haben (vgl. Kap. 8.3. – Cavalierisches Prinzip). Weitere Untersuchungen stammen von DESCARTES (1596–1656), FERMAT (1601–1665) und PASCAL (1623–1662), von GULDIN (1577–1643) sowie von WALLIS (1616–1703). Gestützt auf diese Vorarbeiten schufen LEIBNIZ (1646–1716) und NEWTON (1643–1727) fast gleichzeitig und unabhängig voneinander einen befriedigenden Kalkül für die Inhaltsberechnung. Dieses Problem hat zur Definition des *bestimmten Integrals* geführt. Aber schon NEWTON und LEIBNIZ hatten erkannt, daß zwischen dem Tangenten- und dem Quadraturproblem trotz der verschiedenen Grenzprozesse ein Zusammenhang besteht, daß die Integralrechnung die Umkehrung der Differentialrechnung ist. Es ergab sich das zweite Grundproblem, eine Funktion zu bestimmen, deren Ableitung in einem bestimmten Intervall mit einer vorgegebenen Funktion übereinstimmt. Dieses Problem führte zur Definition des *unbestimmten Integrals*. Der Fundamentalsatz der Differential- und Integralrechnung besagt, daß beide Definitionen äquivalent sind. Dieser bedeutsamen Tatsache entspricht die von LEIBNIZ stammende Schreibweise des Integrals (vgl. Tafel 35). Die Eigenschaften beider Integrale werden nach einer allgemeinen Methode untersucht, die in der Integralrechnung für diese sehr verschiedenartigen Probleme entwickelt wurde.
Die Differential- und Integralrechnung bilden das Fundament für die höhere Analysis und sind für die moderne Naturwissenschaft und Technik unentbehrlich. Um ihre gegenseitige Durchdringung zu kennzeichnen, werden sie zuweilen gemeinsam *Infinitesimalrechnung* genannt.

20.1. Das unbestimmte Integral

Begriff der Stammfunktion

Nach dem in der Einleitung genannten zweiten Grundproblem der Integralrechnung ist zu untersuchen, ob es zu einer gegebenen, in einem abgeschlossenen Intervall $[a, b]$ der reellen Achse definierten Funktion $f(x)$ eine Funktion $F(x)$ gibt, deren Ableitung (vgl. Kap. 19.1.) in $]a, b[$ mit $f(x)$ übereinstimmt.
Jede differenzierbare Funktion $F(x)$, deren Ableitung $F'(x)$ für jedes x aus $]a, b[$ gleich $f(x)$ ist, heißt *Stammfunktion* von $f(x)$. Sind $F_1(x)$, $F_2(x)$ zwei Stammfunktionen von $f(x)$, dann gilt $F_1'(x) = f(x)$, $F_2'(x) = f(x)$ oder $(F_1(x) - F_2(x))' = 0$. Die Ableitung ihrer Differenz verschwindet danach in $]a, b[$. Nach dem Mittelwertsatz der Differentialrechnung (vgl. Kap. 19.1. – Differential. Mittelwertsätze) muß dann $F_1(x) - F_2(x)$ eine Konstante sein. Daraus folgt, daß sich zwei Stammfunktionen der gleichen Funktion $f(x)$ nur um eine additive Konstante unterscheiden. Offenbar ist mit $F(x)$ auch $F(x) + C$ eine Stammfunktion von $f(x)$, wenn C eine beliebige Konstante ist. Die

graphischen Bilder zweier Stammfunktionen gehen dann durch Parallelverschiebung entlang der y-Achse auseinander hervor (Abb. 20.1-2). Eine Funktion $f(x)$ heißt im Intervall $[a, b]$ *integrierbar*, wenn es eine Stammfunktion von $f(x)$ gibt. Im Abschnitt 20.2. wird gezeigt, daß jede im abgeschlossenen Intervall $I = [a, b]$ stetige Funktion in I integrierbar ist. Eine Stammfunktion einer integrierbaren Funktion $f(x)$ wird auch *unbestimmtes Integral* von $f(x)$ genannt und mit $\int f(x)\,dx$ [lies: Integral f von x dx] bezeichnet. Dieses Integral ist nur bis auf eine additive Konstante C bestimmt. Die Stammfunktion $F(x)$ zu einer in I integrierbaren Funktion $f(x)$ ist eindeutig bestimmt, wenn vorausgesetzt wird, daß sie in $x_0 \in I$ einen gegebenen Wert y_0 annimmt: $F(x_0) = y_0$. Die Stammfunktion von $f(x)$, die in x_0 gleich Null ist, bezeichnet man mit $\int\limits_{x_0}^{x} f(x)\,dx$ [lies: Integral von x_0 bis x über f von x dx]. Ist $F(x)$ eine beliebige Stammfunktion von $f(x)$, dann gilt $\int f(x)\,dx = F(x) + C$ und $\int\limits_{x_0}^{x} f(x)\,dx = F(x) - F(x_0)$. Zur Abkürzung schreibt man: $F(x_1) - F(x_0) = [F(x)]_{x_0}^{x_1}$. Die Funktion $f(x)$ heißt *Integrand*. Die Bestimmung von Stammfunktionen wird *integrieren* genannt. Der Buchstabe x in $\int f(x)\,dx$ heißt *Integrationsvariable*; er kann – wie der Summationsindex beim Summenzeichen – auch durch jeden anderen Buchstaben ersetzt werden:

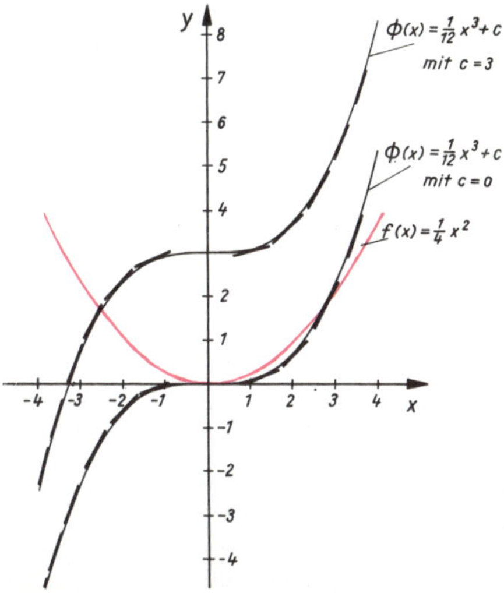

20.1-2 Integralkurven zu $\Phi(x) = \int (x^2/4)\,dx = x^3/12 + C$

unbestimmtes Integral, Stammfunktion von $f(x)$	$F(x) = \int f(x)\,dx$
für $F(x_0) = 0$: $F(x) = \int\limits_{x_0}^{x} f(x)\,dx = \int\limits_{x_0}^{x} f(u)\,du = \int\limits_{x_0}^{x} F'(z)\,dz$	

Beispiele. 1: Für die für alle x definierte und stetige Funktion $f(x) = x$ ist $G(x) = x^2/2$ eine Stammfunktion, denn für jedes x gilt: $G'(x) = x$. Ist C eine beliebige Konstante, so ist auch $x^2/2 + C$ eine Stammfunktion von $f(x) = x$, d. h., es gilt $\int f(x)\,dx = \int x\,dx = x^2/2 + C$. Die Stammfunktion von $f(x)$, die für $x_0 = 1$ verschwindet, ist:

$$F(x) = \int\limits_{1}^{x} x\,dx = {}^1/_2(x^2 - 1).$$

2: Eine Stammfunktion von $f(x) = \cos x$ ist $\sin x$, d. h., es gilt $\int \cos x\,dx = \sin x + C$. Soll diese Stammfunktion für $x_0 = \pi/2$ den Wert 1 annehmen, so bestimmt man aus $\sin \pi/2 + C = 1$ die Konstante C. Man erhält $C = 0$ und damit

$$\int\limits_{\pi/2}^{x} \cos x\,dx = \sin x.$$

3: Ein Massepunkt unterliegt dem Einfluß der Schwerkraft und hat zum Zeitpunkt $t = t_0$ die Höhe $s = s_0$ und die Geschwindigkeit $v = 0$. Welche Geschwindigkeit und Höhe hat er zur Zeit $t > t_0$? – Ist $-g$ die Erdbeschleunigung, dann gilt

$$v(t) = \int\limits_{t_0}^{t} -g\,dt = -g(t - t_0).$$

Danach ist $s(t) = \int\limits_{t_0}^{t} v(t)\,dt + s_0 = \int\limits_{t_0}^{t} -g(t - t_0)\,dt + s_0 = -{}^1/_2 g(t - t_0)^2 + s_0$. Zur Zeit $\bar{t} = t_0 + \sqrt{2s_0/g}$ hat der Massepunkt den Erdboden erreicht.

Grundintegrale

Im folgenden werden die unbestimmten Integrale der wichtigsten elementaren Funktionen angegeben. Man bestätigt die Gleichungen leicht durch Differentiation, denn die Ableitung einer Stammfunktion ergibt gerade den Integranden. In der Tabelle ist zu beachten, daß jene x-Werte, für die der Integrand nicht definiert ist, auszuschließen sind.

Tabelle der Grundintegrale

$$\int x^n \,\mathrm{d}x = \frac{x^{n+1}}{n+1} + C \text{ für } x \text{ beliebig, falls } n = 0, 1, 2, 3, \ldots,$$
$$\text{sowie für } x \neq 0, \text{ falls } n = -2, -3, -4, \ldots$$

$$\int \frac{\mathrm{d}x}{x} = \ln|x| + C \quad \text{für} \quad x \neq 0 \qquad\qquad \int \cos x \,\mathrm{d}x = \sin x + C$$

$$\int x^\alpha \,\mathrm{d}x = x^{\alpha+1}/(\alpha+1) + C \quad \text{für} \quad x > 0, \alpha \in \mathbf{R} \qquad\qquad \int \sin x \,\mathrm{d}x = -\cos x + C$$

$$\int \frac{\mathrm{d}x}{\cos^2 x} = \tan x + C \quad \text{für} \quad x \neq (2k+1)\frac{\pi}{2};\ k \in \mathbf{Z} \qquad \int \cosh x \,\mathrm{d}x = \sinh x + C$$

$$\int \frac{\mathrm{d}x}{\sin^2 x} = -\cot x + C \quad \text{für} \quad x \neq k\pi;\quad k \in \mathbf{Z} \qquad\qquad \int \sinh x \,\mathrm{d}x = \cosh x + C$$

$$\int \frac{\mathrm{d}x}{\cosh^2 x} = \tanh x + C \qquad\qquad \int a^x \,\mathrm{d}x = a^x/\ln a + C \text{ für } a > 0, a \neq 1$$

$$\int \frac{\mathrm{d}x}{\sinh^2 x} = -\coth x + C \quad \text{für} \quad x \neq 0 \qquad \int \frac{\mathrm{d}x}{1+x^2} = \arctan x + C = -\operatorname{arccot} x + C'$$

$$\int \frac{\mathrm{d}x}{\sqrt{1-x^2}} = \operatorname{Arcsin} x + C = -\operatorname{Arcos} x + C' \quad \text{für} \quad |x| < 1$$

$$\int \frac{\mathrm{d}x}{\sqrt{1+x^2}} = \operatorname{arcsinh} x + C = \ln\left(x + \sqrt{1+x^2}\right) + C'$$

$$\int \frac{\mathrm{d}x}{\sqrt{x^2-1}} = \begin{cases} \operatorname{Arcosh} x + C = \ln\left(x + \sqrt{x^2-1}\right) + C' & \text{für} \quad x > 1 \\ -\operatorname{Arcosh}(-x) + C = -\ln\left(-x + \sqrt{x^2-1}\right) + C' & \text{für} \quad x < -1 \end{cases}$$

$$\int \frac{\mathrm{d}x}{1-x^2} = \begin{cases} \operatorname{artanh} x + C = \ln\sqrt{\dfrac{1+x}{1-x}} + C' & \text{für} \quad |x| < 1 \\ \operatorname{arcoth} x + C = \ln\sqrt{\dfrac{x+1}{x-1}} + C' & \text{für} \quad |x| > 1 \end{cases}$$

Beispiele.

1: $\int x^3 \,\mathrm{d}x = x^4/4 + C.$ *2:* $\int \frac{\mathrm{d}x}{x^3} = \int x^{-3} \,\mathrm{d}x = x^{-2}/(-2) + C = -1/(2x^2) + C.$

3: $\int \frac{\mathrm{d}x}{x^r} = \int x^{-r} \,\mathrm{d}x = \frac{x^{-r+1}}{-r+1} + C = \frac{x^{-(r-1)}}{-(r-1)} + C = -\frac{1}{(r-1)\,x^{(r-1)}} + C \quad \text{für} \quad r \neq 1.$

4: $\int \sqrt[3]{x} \,\mathrm{d}x = \int x^{1/3} \,\mathrm{d}x = \frac{x^{4/3}}{4/3} + C = {}^3/_4 \sqrt[3]{x^4} + C = {}^3/_4\, x \sqrt[3]{x} + C.$

5: $\int \sqrt[m]{x} \,\mathrm{d}x = \int x^{1/m} \,\mathrm{d}x = \frac{x^{(1/m)+1}}{(1/m)+1} + C = \frac{x^{(1+m)/m}}{(1+m)/m} + C = \frac{m}{m+1} \sqrt[m]{x^{m+1}} + C =$
$= \frac{m}{m+1}\, x \sqrt[m]{x} + C.$

6: $\int \frac{\mathrm{d}x}{\sqrt[3]{x^2}} = \int x^{-2/3} \,\mathrm{d}x = \frac{x^{1/3}}{1/3} + C = 3\sqrt[3]{x} + C.$

Integrationsregeln

1. Integrationsregel. *Sind $f_1(x)$ und $f_2(x)$ integrierbar und sind c_1, c_2 zwei Konstanten, dann ist auch $c_1 f_1(x) + c_2 f_2(x)$ integrierbar, und es gilt:*

$$\int [c_1 f_1(x) + c_2 f_2(x)] \,\mathrm{d}x = c_1 \int f_1(x) \,\mathrm{d}x + c_2 \int f_2(x) \,\mathrm{d}x.$$

Der Beweis folgt sofort durch Differentiation beider Seiten. Setzt man $c_1 = c_2 = 1$, so folgt, daß das Integral über die Summe zweier Funktionen der Summe der Integrale über die Summanden gleich ist. Setzt man $c_2 = 0$, so ergibt sich, daß ein konstanter Faktor vor das Integralzeichen gezogen werden kann.

Beispiele.

1: $\int (5x^3 + 4x^2 - 3x + 2)\,dx = 5\int x^3\,dx + 4\int x^2\,dx - 3\int x\,dx + 2\int dx$
$= 5x^4/4 + 4x^3/3 - 3x^2/2 + 2x + C.$

Dabei ist C als Summe der Integrationskonstanten der vier Einzelintegrale aufzufassen.

2: $\int \left(ax^2 + \frac{1}{x} - \frac{b}{x^2} + \frac{1}{1+x^2}\right) dx = \frac{a}{3}x^3 + \ln|x| + \frac{b}{x} + \arctan x + C.$

3: $\int \frac{x^3 + 2x^2 - x + 3}{x}\,dx = \int \left(x^2 + 2x - 1 + \frac{3}{x}\right) dx = x^3/3 + x^2 - x + 3\ln|x| + C.$

2. Partielle Integration. Ist der Integrand ein Produkt zweier Funktionen, so gibt es zum Unterschied von der Produktregel der Differentialrechnung keine allgemeingültige Regel, um die Berechnung des Integrals eines Produkts auf die Berechnung der Integrale seiner Faktoren zurückzuführen. Man kann aber eine Regel angeben, nach der in manchen Fällen ein schwierig zu lösendes Integral auf ein einfacheres zurückgeführt werden kann. Sind $u(x)$, $v(x)$ zwei im Intervall $]a, b[$ differenzierbare Funktionen, dann gilt nach der Produktregel der Differentialrechnung $(u(x) \cdot v(x))' = u'(x)\,v(x) + u(x)\,v'(x)$. Ist $u(x) \cdot v'(x)$ integrierbar, dann folgt hieraus

$$\int u(x)\,v'(x)\,dx = \int (u(x)\,v(x))'\,dx - \int u'(x)\,v(x)\,dx = u(x)\,v(x) - \int u'(x)\,v(x)\,dx,$$

so daß auch $u'(x)\,v(x)$ integrierbar ist.

Partielle Integration	$\int u(x)\,v'(x)\,dx = u(x)\,v(x) - \int u'(x)\,v(x)\,dx$

Das auf diese Weise neu entstehende Integral braucht nicht einfacher lösbar zu sein. In vielen Fällen läßt sich jedoch bei geeigneter Wahl der Faktoren eine Vereinfachung erreichen.

Beispiele. 4: Zur Berechnung des Integrals $\int x\,e^x\,dx$ setzt man $u(x) = x$, $v(x) = e^x$, dann ist $u'(x) = 1$, $v'(x) = e^x$, und durch partielle Integration erhält man

$$\int x\,e^x\,dx = x\,e^x - \int e^x\,dx = x\,e^x - e^x + C = e^x(x-1) + C.$$

5: Um $\ln x$ für $x > 0$ zu integrieren, setzt man $u(x) = \ln x$, $v'(x) = 1$. Dann ergibt sich mittels partieller Integration

$$\int \ln x\,dx = \int 1 \cdot \ln x\,dx = x\ln x - \int x \cdot (1/x)\,dx = x\ln x - \int dx = x(\ln x - 1) + C.$$

Rekursionsformeln. Das Integral $\int x^6\,e^x\,dx$ läßt sich nicht durch einmalige partielle Integration lösen. In solchen und ähnlichen Fällen kann man jedoch oft eine Faktorenzerlegung finden, durch die das Integral bei partieller Integration schrittweise vereinfacht wird, so daß man nach endlich vielen partiellen Integrationen schließlich auf ein Grundintegral stößt. Man hat dann eine *Rekursionsformel* gewonnen.

1.	$\int x^n\,e^x\,dx = x^n\,e^x - n\int x^{n-1}\,e^x\,dx$	n ganz

Da die Exponentialfunktion e^x ihrem Differentialquotienten gleich ist, empfiehlt sich die Faktorenzerlegung $u = x^n$, $v' = e^x$ für den Integranden $x^n\,e^x$, man erhält: $v = e^x$, $uv = x^n\,e^x$ und $u'v = nx^{n-1}e^x$ und damit die angegebene Rekursionsformel.

Beispiel 6: $\int x^2\,e^x\,dx = x^2\,e^x - 2\int x e^x\,dx = x^2 e^x - 2[x\,e^x - \int e^x\,dx] = x^2\,e^x - 2[x\,e^x - e^x + C]$
$= x^2\,e^x - 2x\,e^x + 2e^x - 2C = (x^2 - 2x + 2)\,e^x + C_1$, wenn $C_1 = -2C$.

2.	$\int x^n \sin x\,dx = -x^n \cos x + n\int x^{n-1}\cos x\,dx$ $\int x^n \cos x\,dx = x^n \sin x - n\int x^{n-1}\sin x\,dx$	n ganz

Beispiele.

7: $\int x^2 \sin x\,dx$
$= -x^2\cos x - \int(-2x\cos x)\,dx$
$= -x^2\cos x + 2\int x\cos x\,dx$
$= -x^2\cos x + 2[x\sin x - \int \sin x\,dx] = -x^2\cos x + 2\,[x\sin x + \cos x + C]$
$= -x^2\cos x + 2x\sin x + 2\cos x + 2C.$

8: $\int x^3\cos x\,dx = x^3\sin x - 3\int x^2\sin x\,dx = x^3\sin x - 3[-x^2\cos x + 2x\sin x + 2\cos x + 2C]$
$= x^3\sin x + 3x^2\cos x - 6x\sin x - 6\cos x - 6C.$

3. $\int (\ln x)^n \, dx = x(\ln x)^n - n \int (\ln x)^{n-1} \, dx$	$n \neq -1$, ganz

Als Faktorenzerlegung für den Integranden wählt man hier $1 \cdot (\ln x)^n$, d. h., man setzt $v' = 1$, $(\ln x)^n = u$; damit erhält man $v = x$ und $u' = n(\ln x)^{n-1} \cdot (1/x)$ und das Produkt $vu' = n(\ln x)^{n-1}$. Für $n = -1$ erhält man den Integrallogarithmus (vgl. Kap. 21.2. – Reihen spezieller Funktionen).

4. $\int x^n \ln x \, dx = \ln x \cdot \frac{x^{n+1}}{n+1} - \int \frac{x^n}{n+1} \, dx = \frac{x^{n+1}}{n+1} \left(\ln x - \frac{1}{n+1} \right)$	$n \neq -1$

Setzt man hier $v' = x^n$ und $u = \ln x$, so enthält der Integrand $v \cdot u' = \frac{x^{n+1}}{n+1} \cdot \frac{1}{x} = \frac{x^n}{n+1}$ des neu auftretenden Integrals die Funktion $\ln x$ nicht mehr; eine Rekursionsformel ist hier nicht erforderlich.

5. $\int \sin^n x \, dx = -(\cos x \sin^{n-1} x)/n + [(n-1)/n] \int \sin^{n-2} x \, dx$	n ganz
$\int \cos^n x \, dx = (\sin x \cos^{n-1} x)/n + [(n-1)/n] \int \cos^{n-2} x \, dx$	$n \neq 0$

Der gegebene Integrand, z. B. $\sin^n x$, wird in das Produkt $\sin x \cdot \sin^{n-1} x$ zerlegt; d. h., man setzt $u = \sin^{n-1} x$, $v' = \sin x$ und findet $v = -\cos x$, $u' = (n-1) \sin^{n-2} x \cos x$, mithin $u'v = -(n-1) \sin^{n-2} x \cos^2 x = -(n-1) \sin^{n-2} x (1 - \sin^2 x) = -(n-1) \sin^{n-2} x + (n-1) \sin^n x$ oder $\int \sin^n x \, dx = -\cos x \sin^{n-1} x + (n-1) \int \sin^{n-2} x \, dx - (n-1) \int \sin^n x \, dx$, $(1 + n - 1) \int \sin^n x \, dx = -\cos x \sin^{n-1} x + (n-1) \int \sin^{n-2} x \, dx$. Dividiert man beide Seiten durch n, so ergibt sich die erste Rekursionsformel. Entsprechend läßt sich die zweite ableiten. Ist n negativ ganzzahlig, so löst man die Rekursionsformeln nach den rechts stehenden Integralen auf.

Beispiele. *9:* $\int \sin^2 x \, dx = -{}^1/_2 \cos x \sin x + {}^1/_2 \int dx = -{}^1/_2 \cos x \sin x + x/2 + C$.

10: $\int_0^{2\pi} \cos^2 x \, dx = {}^1/_2 [\sin x \cos x + x]_0^{2\pi} = \pi$.

11: $\int \cos^3 x \, dx = {}^1/_3 \sin x \cos^2 x + {}^2/_3 \int \cos x \, dx$
$= {}^1/_3 \sin x \cos^2 x + {}^2/_3 \sin x + C = {}^1/_3 \sin x (\cos^2 x + 2) + C$.

12: $\int_0^{2\pi} \sin^3 x \, dx = -{}^1/_3 [\cos x (\sin^2 x + 2)]_0^{2\pi} = 0$.

Das Wallissche Produkt. Aus den letzten Rekursionsformeln ergibt sich eine Darstellung für $\pi/2$, die schon John WALLIS (1616–1703) bekannt war. Da im Intervall $0 \leqslant x < \pi/2$ stets $0 \leqslant \sin x < 1$ ist, gilt für natürliche Zahlen $k \geqslant 1$ die Ungleichung $\sin^{2k+1} x \leqslant \sin^{2k} x \leqslant \sin^{2k-1} x$. Nach den Rekursionsformeln erhält man aber:

$$\int_0^{\pi/2} \sin^{2k} x \, dx = [(2k-1)/(2k)] \int_0^{\pi/2} \sin^{2k-2} x \, dx = \frac{(2k-1)(2k-3) \cdots 1}{2k(2k-2) \cdots 2} \cdot \frac{\pi}{2},$$

$$\int_0^{\pi/2} \sin^{2k+1} x \, dx = [2k/(2k+1)] \int_0^{\pi/2} \sin^{2k-1} x \, dx = \frac{2k(2k-2) \cdots 2}{(2k+1)(2k-1) \cdots 3}$$

und damit folgende Ungleichung:

$$\frac{2 \cdot 4 \cdots 2k}{3 \cdot 5 \cdots (2k+1)} \leqslant \frac{1 \cdot 3 \cdots (2k-1)}{2 \cdot 4 \cdots 2k} \cdot \frac{\pi}{2} \leqslant \frac{2 \cdot 4 \cdots (2k-2)}{3 \cdot 5 \cdots (2k-1)} \quad \text{oder}$$

$$1 \leqslant (2k+1) \left[\frac{1 \cdot 3 \cdots (2k-1)}{2 \cdot 4 \cdots 2k} \right]^2 \frac{\pi}{2} \leqslant \frac{2k+1}{2k} = 1 + \frac{1}{2k}.$$

Wegen $\lim_{k \to \infty} \left(1 + \frac{1}{2k}\right) = 1$ gilt $\lim_{k \to \infty} (2k+1) \left[\frac{1 \cdot 3 \cdots (2k-1)}{2 \cdot 4 \cdots 2k} \right]^2 \cdot \frac{\pi}{2} = 1$.

Wallissches Produkt	$\frac{\pi}{2} = \lim_{k \to \infty} \frac{2^2 \cdot 4^2 \cdots (2k)^2}{1^2 \cdot 3^2 \cdot 5^2 \cdots (2k-1)^2 (2k+1)}$

Für $k = 10$ erhält man den Näherungswert $\pi/2 \approx 1{,}5339$ oder $\pi \approx 3{,}0678$.

3. Substitutionsregel. Nach der Kettenregel hat eine mittelbare Funktion $F(\varphi(x))$ die Ableitung $[F(\varphi(x))]' = F'(\varphi(x))\,\varphi'(x)$, wenn $F(x)$ und $\varphi(x)$ differenzierbar sind. Durch Integration ergibt sich daraus $F[\varphi(x)] = \int F'(\varphi(x))\,\varphi'(x)\,dx$. Ist nun $F(x)$ die Stammfunktion von $f(x)$ mit $F(\varphi(x_0)) = 0$, so gilt: $F(\varphi(x)) = \int_{\varphi(x_0)}^{\varphi(x)} f(u)\,du$ und $F'(y) = f(y)$.

Dann erhält man aus der obigen Gleichung $\int_{\varphi(x_0)}^{\varphi(x)} f(y)\,dy = \int_{x_0}^{x} f[\varphi(u)]\,\varphi'(u)\,du$.

Gilt darüber hinaus $\varphi'(x) \neq 0$ für x aus dem Definitionsbereich von φ, dann existiert die Umkehrfunktion von $\varphi(x)$. Wird sie mit $\psi(z)$ bezeichnet, so ist $\varphi(x) = \varphi(\psi(z)) = z$ und $\varphi(x_0) = \varphi(\psi(z_0)) = z_0$ und damit $\int_{z_0}^{z} f(y)\,dy = \int_{\psi(z_0)}^{\psi(z)} f[\varphi(u)]\,\varphi'(u)\,du$.

1. Substitutionsregel	2. Substitutionsregel
$\int_{\varphi(x_0)}^{\varphi(x)} f(y)\,dy = \int_{x_0}^{x} f[\varphi(u)]\,\varphi'(u)\,du$	$\int_{x_0}^{x} f(y)\,dy = \int_{\psi(x_0)}^{\psi(x)} f[\varphi(u)]\,\varphi'(u)\,du$ für $\varphi'(x) \neq 0,\ \varphi[\psi(x)] \equiv x$

Kennt man danach eine Stammfunktion von $f(x)$, so braucht man zur Bestimmung einer Stammfunktion von $f[\varphi(u)]\,\varphi'(u)$ nur $\varphi(u) = y$ zu substituieren und das Argument der Stammfunktion von $f(x)$ durch die Funktion $y = \varphi(u)$ zu ersetzen. Auf diese Weise kann man auch das unbestimmte Integral einer Funktion $f(x)$ umformen. Die Substitutionsregeln ergeben für die unbestimmte Integration:

$$\left[\int f(y)\,dy\right]_{y=\varphi(x)} = \int f[\varphi(x)]\,\varphi'(x)\,dx; \qquad \int f(x)\,dx = \left[\int f[\varphi(u)]\,\varphi'(u)\,du\right]_{u=\psi(x)}$$

Dabei wird durch die Angaben $y = \varphi(x)$ bzw. $u = \psi(x)$ rechts unterhalb der eckigen Klammern angedeutet, daß das Argument der Stammfunktion durch die angegebenen Funktionen zu ersetzen ist. Spezialfälle für die Substitutionsregel ergeben sich, wenn der Integrand eine spezielle Funktion von y ist.

3a). *Der Integrand hat die Form* $f(y)$, dabei bedeutet $y = \varphi(x) = a_0 + a_1x$ *mit* $a_1 \neq 0$ *ein Polynom ersten Grades.* Dann ist $\varphi'(x) = a_1 \neq 0$, und aus der 1. Substitutionsregel folgt:

$$\int_{x_0}^{x} f(a_0 + a_1u)\,a_1\,du = \int_{a_0+a_1x_0}^{a_0+a_1x} f(y)\,dy \quad \text{bzw.} \quad \int f(a_0 + a_1x)\,a_1\,dx = \left[\int f(y)\,dy\right]_{y=a_0+a_1x}$$

Beispiele. *13:* Für $f(y) = y^5$ erhält man

$$\int_{x_0}^{x} (a_0 + a_1u)^5\,du = \frac{1}{a_1}\int_{a_0+a_1x_0}^{a_0+a_1x} y^5\,dy = \frac{1}{6a_1}\left[(a_0 + a_1x)^6 - (a_0 + a_1x_0)^6\right]$$

bzw.

$$\int (a_0 + a_1x)^5\,dx = \frac{1}{a_1}\left[\int y^5\,dy\right]_{y=a_0+a_1x} = \frac{1}{a_1}\left[\frac{y^6}{6}\right]_{y=a_0+a_1x} + C = \frac{1}{6a_1}(a_0 + a_1x)^6 + C.$$

14: Ist $f(y) = \sqrt{y}$ mit $y = \varphi(x) = 3x - 4$, so gilt

$$\int \sqrt{3x-4}\,dx = \frac{1}{3}\left[\int \sqrt{y}\,dy\right]_{y=\varphi(x)} = {}^2/_9\,[y^{3/2}]_{y=\varphi(x)} + C = {}^2/_9\,(3x-4)^{3/2} + C.$$

15: Durch die Substitution $y = \omega x + \pi/2$ erhält man

$$\int \sin(\omega x + \pi/2)\,dx = (1/\omega)\int \sin y\,dy = -(1/\omega)\cos y + C = -(1/\omega)\cos(\omega x + \pi/2) + C.$$

3b). *Integrand von der Form* $\varphi'(x)/\varphi(x)$. Für $f(y) = 1/y$, mit $y \neq 0$, erhält man nach der 1. Substitutionsregel:

$$\int \frac{\varphi'(x)}{\varphi(x)}\,dx = \left[\int \frac{dy}{y}\right]_{y=\varphi(x)} = \ln|\varphi(x)| + C.$$

Beispiele. *16:* Für $\varphi(x) = x^n + a$ erhält man $\int \frac{nx^{n-1}}{x^n+a}\,dx = \ln|x^n + a| + C$.

17: $\int \frac{3x^2 - 4}{x^3 - 4x + 7}\,dx = \ln|x^3 - 4x + 7| + C$.

18: $\int \frac{x^5}{x^6+1}\,dx = \frac{1}{6}\int \frac{6x^5}{x^6+1}\,dx = {}^1/_6 \ln(x^6+1) + C.$

19: $\int \tan x\,dx = \int \frac{\sin x}{\cos x}\,dx = -\int \frac{(\cos x)'}{\cos x}\,dx = -\ln|\cos x| + C.$

20: $\int \frac{dx}{x \ln x} = \int \frac{(\ln x)'}{\ln x}\,dx = \ln|\ln x| + C.$

Analog lassen sich auch cot x, tanh x und coth x integrieren, da jede dieser Funktionen als Quotient darstellbar ist, dessen Zähler die Ableitung des Nenners ist.

$$\begin{aligned}
\int \tan x\,dx &= -\ln|\cos x| + C\\
\int \cot x\,dx &= \ln|\sin x| + C\\
\int \tanh x\,dx &= \ln\cosh x + C\\
\int \coth x\,dx &= \ln|\sinh x| + C
\end{aligned}$$

Beispiel 21: Für die Berechnung von $\int \arctan x\,dx$ wird zunächst partiell integriert. Setzt man $u(x) = \arctan x$, $v(x) = x$, so gilt $u'(x) = \frac{1}{1+x^2}$, $v'(x) = 1$, und man erhält:

$$\int \arctan x\,dx = x \arctan x - \int \frac{x}{1+x^2}\,dx.$$

Das neu entstandene Integral kann man leicht durch Substitution lösen:

$$\int \frac{x}{1+x^2}\,dx = {}^1/_2 \int \frac{2x}{1+x^2}\,dx = {}^1/_2 \ln(1+x^2) + C.$$

$$\begin{aligned}
\int \operatorname{arctan} x\,dx &= x \arctan x - {}^1/_2 \ln(1+x^2) + C\\
\int \operatorname{arccot} x\,dx &= x \operatorname{arccot} x + {}^1/_2 \ln(1+x^2) + C\\
\int \operatorname{artanh} x\,dx &= x \operatorname{artanh} x + {}^1/_2 \ln(1-x^2) + C, \quad |x| < 1\\
\int \operatorname{arcoth} x\,dx &= x \operatorname{arcoth} x + {}^1/_2 \ln(x^2-1) + C, \quad |x| > 1
\end{aligned}$$

Analog verfährt man für die anderen zyklometrischen Funktionen und erhält die nebenstehenden Resultate.

3c). *Integrand von der Form* $[\varphi(x)]^n \varphi'(x)$ *mit* $n \neq -1$. Aus der 1. Substitutionsregel für das unbestimmte Integral erhält man für $f(y) = y^n$ die folgende Formel

$$\int \varphi^n(x)\,\varphi'(x)\,dx = \left[\int y^n\,dy\right]_{y=\varphi(x)} = \frac{1}{n+1}\varphi^{n+1}(x) + C$$

Beispiele. 22: $\int \frac{\ln x}{x}\,dx = \int \ln x\,(\ln x)'\,dx = {}^1/_2 (\ln x)^2 + C.$

23: Für $\varphi(x) = \sin x$ und $\varphi'(x) = \cos x$ erhält man $\int \sin^n x \cos x\,dx = \frac{1}{n+1}\sin^{n+1} x + C.$

24: $\int \frac{\arctan^5 x}{1+x^2}\,dx = \int \arctan^5 x\,(\arctan x)'\,dx = {}^1/_6 \arctan^6 x + C.$

25: $\int (2+3x+x^5)^3 \cdot (3+5x^4)\,dx = {}^1/_4 (2+3x+x^5)^4 + C.$

26: $\int (1-x^4)^5 x^3\,dx = -{}^1/_4 \int (1-x^4)^5 (-4x^3)\,dx = -{}^1/_{24}(1-x^4)^6 + C.$

In der 2. Substitutionsregel für das unbestimmte Integral ist die Substitution $x = \varphi(u)$ durchzuführen. Für die Differentiale gilt dann: $dx = \varphi'(u)\,du$. Nach Ausführung der Integration des so transformierten Integranden ist für u die Umkehrfunktion $\psi(x)$ einzusetzen:

$$\int f(x)\,dx = \left[\int f(\varphi(u))\,\varphi'(u)\,du\right]_{u=\psi(x)}.$$

Zur Bestimmung der Stammfunktionen, die an den unteren Integrationsgrenzen verschwinden, benutzt man die bereits abgeleitete Regel

$\int\limits_{x}^{x} f(y)\,dy = \int\limits_{\psi(x_0)}^{\psi(x)} f(\varphi(u))\,\varphi'(u)\,du$, zu der die Existenz von $\varphi'(x)$ und $\varphi'(x) \neq 0$ vorausgesetzt werden.

Beispiele. 27: Durch die Substitution $x = |a|\,y$ ergeben sich die folgenden Integrale:

$$\int \frac{dx}{\sqrt{a^2-x^2}} = \int \frac{(1/|a|)\,dx}{\sqrt{1-(x/|a|)^2}} = \int \frac{dy}{\sqrt{1-y^2}} = \operatorname{Arcsin} y + C = \operatorname{Arcsin}\frac{x}{|a|} + C \quad \text{für } |a| > |x|,$$

$$\int \frac{dx}{\sqrt{a^2+x^2}} = \operatorname{arsinh}\frac{x}{|a|} + C \quad \text{für } a \neq 0.$$

28: Durch die Substitution $x = (|a|/b)\,y$ erhält man

$$\int \frac{dx}{\sqrt{a^2 - b^2x^2}} = \int \frac{(|a|/b)\,dy}{\sqrt{a^2 - a^2y^2}} = \frac{1}{b} \int \frac{dy}{\sqrt{1 - y^2}} = \frac{1}{b} \operatorname{Arcsin} y + C = \frac{1}{b} \operatorname{Arcsin} \frac{bx}{|a|} + C$$

für $|x| < |a/b|$.

29: Substituiert man $x = ay$, so bekommt man $\int \frac{dx}{a^2 + x^2} = \frac{1}{a} \arctan \frac{x}{a} + C$ für $a \neq 0$.

4. Die Funktion Arcsin x integriert man zunächst partiell:

$$\int \operatorname{Arcsin} x\,dx = \int 1 \cdot \operatorname{Arcsin} x\,dx = x \operatorname{Arcsin} x - \int \frac{x\,dx}{\sqrt{1 - x^2}}.$$

Für die Berechnung des neuen Integrals bietet sich die Substitution $y = x^2$ an; dann ist $dy = 2x\,dx$ und

$$-\int \frac{x\,dx}{\sqrt{1 - x^2}} = -\frac{1}{2} \int \frac{dy}{\sqrt{1 - y}} = \sqrt{1 - y} + C = \sqrt{1 - x^2} + C \quad \text{für} \quad |x| < 1.$$

Analog verfährt man für die Funktionen Arccos x, Arsinh x, Arcosh x und erhält nebenstehende Resultate.

$\int \operatorname{Arcsin} x\,dx = x \operatorname{Arcsin} x + \sqrt{1 - x^2} + C$	für $|x| < 1$
$\int \operatorname{Arccos} x\,dx = x \operatorname{Arccos} x - \sqrt{1 - x^2} + C$	für $|x| < 1$
$\int \operatorname{Arsinh} x\,dx = x \operatorname{Arsinh} x - \sqrt{1 + x^2} + C$	
$\int \operatorname{Arcosh} x\,dx = x \operatorname{Arcosh} x - \sqrt{x^2 - 1} + C$	für $|x| > 1$

5. Für den Integranden $\sqrt{1 + x^2}$ kann man $x = \sinh u$ substituieren. Aus $\cosh^2 u - \sinh^2 u = 1$, $\sinh' u = \cosh u$ folgt dann $\int \sqrt{1 + x^2}\,dx = [\int \cosh^2 u\,du]_{u=\operatorname{arsinh} x}$.
Durch partielle Integration erhält man

$$\int \cosh^2 u\,du = \sinh u \cosh u - \int \sinh^2 u\,du = \sinh u \cosh u + u - \int \cosh^2 u\,du$$

und daraus $\int \cosh^2 u\,du = {}^1/_2\,(u + \sinh u \cosh u) + C$. Damit bekommt man

$$\int \sqrt{1 + x^2}\,dx = \tfrac{1}{2}\left(\operatorname{arsinh} x + x\sqrt{1 + x^2}\right) + C.$$

6. Im folgenden Integral führen die Substitution $x = \varphi(u) = u^2$ und anschließende partielle Integration zum Ziel: $\int e^{\sqrt{x}}\,dx = \int e^u \cdot 2u\,du = 2e^u(u - 1) + C = 2e^{\sqrt{x}}(\sqrt{x} - 1) + C$ für $x \geqslant 0$.
Die Stammfunktion von $e^{\sqrt{x}}$, die für $x_0 = 1$ verschwindet, ist $F(x) = \int_1^x e^{\sqrt{y}}\,dy = 2e^{\sqrt{x}}(\sqrt{x} - 1)$; insbesondere ist $F(4) = 2e^2$. Die Substitutionsregel kann dann auch so geschrieben werden: $\int_1^4 e^{\sqrt{x}}\,dx = 2\int_1^{\sqrt{4}} u\,e^u\,du = [2e^u(u - 1)]_1^2 = 2e^2$. Die neuen Integrationsgrenzen sind aus $u = \psi(x) = \sqrt{x}$ zu ermitteln.

7. Für das folgende Integral substituiert man $x = \varphi(u) = u/2$; dann ist $dx = {}^1/_2\,du$ und $u = \psi(x) = 2x$, d. h., $\psi(\pi) = 2\pi$, $\psi(-\pi/2) = -\pi$. Man erhält:

$$\int_{-\pi/2}^{\pi} \sin 2x\,dx = {}^1/_2 \int_{-\pi}^{2\pi} \sin u\,du = -{}^1/_2\,[\cos u]_{-\pi}^{2\pi} = -{}^1/_2\,(1 + 1) = -1.$$

8. Im folgenden Integral substituiert man $u = \psi(x) = 4 - x^2$, dann ist $du = -2x\,dx$, $\psi(0) = 4$, $\psi(\sqrt{3}) = 1$, und man erhält $\int_0^{\sqrt{3}} \frac{5x}{4 - x^2}\,dx = -{}^5/_2 \int_4^1 \frac{du}{u} = -{}^5/_2\,[\ln u]_4^1 = {}^5/_2 \ln 4 = 5 \ln 2$.

9. Zur Berechnung von $\int_{x_0}^{x} \frac{dy}{1 + e^y}$ kann man $y = \varphi(u) = \ln u$ substituieren. Man erhält $dy = du/u$, $u = \psi(y) = e^y$ und

$$\int_{x_0}^{x} \frac{dy}{1 + e^y} = \int_{e^{x_0}}^{e^x} \frac{du}{u(1 + u)} = \int_{e^{x_0}}^{e^x} \left(\frac{1}{u} - \frac{1}{u + 1}\right) du = [\ln u - \ln(u + 1)]_{e^{x_0}}^{e^x} = (x - x_0) - \ln \frac{1 + e^x}{1 + e^{x_0}}.$$

Klassen elementar integrierbarer Funktionen

Integrierbare Funktionen $f(x)$, z. B. x^n, $\sin x$, e^x, deren Stammfunktionen durch elementare Funktionen dargestellt werden können, sollen *elementar* integrierbar genannt werden. Im folgenden werden die wichtigsten Klassen elementar integrierbarer Funktionen und die Methoden zur Ermittlung ihrer Stammfunktionen angegeben. Mit $R(x)$ bzw. $R(x, y)$ wird dabei eine rationale Funktion von x bzw. von x und y bezeichnet.

Rationale Funktionen $R[x]$, Partialbruchzerlegung. Jede rationale Funktion ist elementar integrierbar: Da jede ganzzahlige Potenz einer Variablen integriert werden kann, gilt der Satz für ganzrationale Funktionen. Gebrochenrationale Funktionen lassen sich in eine Summe von *Partialbrüchen* zerlegen (vgl. Kap. 5.2. – Partialbruchzerlegung) und integrieren, da für natürliche Zahlen $k > 1$ jeder der folgenden Partialbrüche integriert werden kann

$$\frac{A}{x-x_1}, \quad \frac{A}{(x-x_1)^k}, \quad \frac{Ax+B}{x^2+px+q}, \quad \frac{Ax+B}{(x^2+px+q)^k} \quad \text{mit} \quad p^2 < 4q \quad \text{und} \quad A \neq 0.$$

$$\int \frac{A}{x-x_1}\,dx = A \ln|x-x_1| + C; \qquad \int \frac{A\,dx}{(x-x_1)^k} = -\frac{A}{(k-1)(x-x_1)^{k-1}} + C$$

Die Integrale der beiden ersten Ausdrücke sind Grundintegrale; die Zähler der letzten beiden lassen sich stets in eine Summe $Ax + B = {}^1/_2\, A(2x+p) + (B - {}^1/_2\, Ap)$ zerlegen. Aus dem ersten Summanden ergibt sich ein Integral der Form $\int \frac{\varphi'(x)}{[\varphi(x)]^n}\,dx$, das elementar integrierbar ist; der zweite Summand ist eine Konstante, die vor das Integral gezogen werden kann. Es bleibt noch zu zeigen, daß das Integral $\int \frac{dx}{(x^2+px+q)^k}$ für $k = 1, 2, \ldots$ elementar integrierbar ist.

Für $k = 1$ läßt sich der Nenner (x^2+px+q) des Integranden durch die quadratische Ergänzung zerlegen in $(x+p/2)^2 + (q - p^2/4)$. Ist $q - p^2/4 = 0$, so ist x^2+px+q ein vollständiges Quadrat. Das Integral ist für $k = 1$ in diesem Fall leicht lösbar.

Durch die Substitution $x + p/2 = \sqrt{(q-p^2/4)} \cdot u$, $dx = \sqrt{(q-p^2/4)}\,du$ erhält man für $q - p^2/4 \neq 0$ das Integral

$$\frac{1}{\sqrt{(q-p^2/4)}} \int \frac{du}{u^2+1} = \frac{1}{\sqrt{(q-p^2/4)}} \cdot \arctan u.$$

$$\int \frac{dx}{x^2+px+q} = \frac{2}{\sqrt{4q-p^2}} \arctan \frac{2x+p}{\sqrt{4q-p^2}} + C$$

$$\int \frac{Ax+B}{x^2+px+q}\,dx = \frac{A}{2} \ln|x^2+px+q| + \frac{2B-Ap}{\sqrt{4q-p^2}} \arctan \frac{2x+p}{\sqrt{4q-p^2}} + C$$

Für $k > 1$ gewinnt man aus dem Ansatz

$$\int \frac{dx}{(x^2+px+q)^k} = \frac{c_1x+c_2}{(x^2+px+q)^{k-1}} + c_3 \int \frac{dx}{(x^2+px+q)^{k-1}}$$

eine Rekursionsformel, indem man die zunächst unbestimmten Konstanten c_1, c_2, c_3 durch Koeffizientenvergleich bestimmt, nachdem auf beiden Seiten differenziert und mit $(x^2+px+q)^k$ durchmultipliziert wurde:

$$1 = -(k-1)(c_1x+c_2)(2x+p) + (c_1+c_3)(x^2+px+q).$$

Koeffizienten von x^2: $\quad -2c_1(k-1) + c_1 + c_3 = 0$

Koeffizienten von x: $\quad -2c_2(k-1) - c_1p(k-1) + (c_1+c_3)p = 0$

Absolutglieder: $\quad -c_2p(k-1) + (c_1+c_3)q = 1$

Man findet $c_1 = \frac{2}{(k-1)(4q-p^2)}$, $c_2 = \frac{p}{(k-1)(4q-p^2)}$, $c_3 = \frac{2(2k-3)}{(k-1)(4q-p^2)}$.

$$\int \frac{dx}{(x^2+px+q)^k} = \frac{2x+p}{(k-1)(4q-p^2)(x^2+px+q)^{k-1}} + \frac{2(2k-3)}{(k-1)(4q-p^2)} \int \frac{dx}{(x^2+px+q)^{k-1}}$$

$$\int \frac{Ax+B}{(ax^2+bx+c)^k}\,dx = -\frac{A}{2a(k-1)(ax^2+bx+c)^{k-1}} + \left(B - \frac{Ab}{2a}\right) \int \frac{dx}{(ax^2+bx+c)^k}, \quad k>1,\ A \neq 0$$

$$\int \frac{dx}{(ax^2+bx+c)^k} = \frac{2ax+b}{(k-1)(4ac-b^2)(ax^2+bx+c)^{k-1}} + \frac{2(2k-3)a}{(k-1)(4ac-b^2)} \int \frac{dx}{(ax^2+bx+c)^{k-1}}, \quad k > 1$$

$$\int \frac{dx}{ax^2+bx+c} = \frac{2}{\sqrt{4ac-b^2}} \cdot \arctan \frac{2ax+b}{\sqrt{4ac-b^2}} + C, \quad \text{wenn } b^2-4ac < 0$$

$$\int \frac{dx}{ax^2+bx+c} = \frac{1}{\sqrt{b^2-4ac}} \cdot \ln \left| \frac{2ax+b-\sqrt{b^2-4ac}}{2ax+b+\sqrt{b^2-4ac}} \right| + C, \quad \text{wenn } b^2-4ac > 0$$

$$\int \frac{dx}{ax^2+bx+c} = \frac{-2}{2ax+b} + C, \quad \text{wenn } b^2-4ac = 0$$

Beispiele, in denen die Zerlegung in Partialbrüche als gegeben gilt.

1: $$\int \frac{4x^2-7x+25}{x^3-6x^2+3x+10}\,dx = 2\int \frac{dx}{x+1} - 3\int \frac{dx}{x-2} + 5\int \frac{dx}{x-5}$$
$$= 2\ln|x+1| - 3\ln|x-2| + 5\ln|x-5| + C = \ln\left|\frac{(x+1)^2(x-5)^5}{(x-2)^3}\right| + C.$$

2: $$\int \frac{3x^2-20x+20}{(x-2)^3(x-4)}\,dx = \frac{3}{2}\int \frac{dx}{x-2} + 6\int \frac{dx}{(x-2)^2} + 4\int \frac{dx}{(x-2)^3} - \frac{3}{2}\int \frac{dx}{x-4}$$
$$= \frac{3}{2}\ln|x-2| - \frac{6}{x-2} - \frac{2}{(x-2)^2} - \frac{3}{2}\ln|x-4| + C = \frac{2(5-3x)}{(x-2)^2} + 3\ln\sqrt{\frac{x-2}{x-4}} + C.$$

3: $$\int \frac{3x^2-3x-10}{x^3-5x^2+11x-15}\,dx = \int \frac{dx}{x-3} + \int \frac{2x+5}{x^2-2x+5}\,dx$$
$$= \ln|x-3| + \ln|x^2-2x+5| + \frac{7}{2}\arctan\frac{x-1}{2} + C$$
$$= \ln|(x-3)(x^2-2x+5)| + \frac{7}{2}\arctan\frac{x-1}{2} + C.$$

4: $$\int \frac{-3x^3+x-4}{(x+1)(x^2+x+1)^2}\,dx = -2\int \frac{dx}{x+1} + \int \frac{2x-3}{(x^2+x+1)}\,dx + \int \frac{8x+1}{(x^2+x+1)^2}\,dx$$
$$= -2\ln|x+1| + \ln|x^2+x+1| - {}^8/_3\sqrt{3}\arctan[(2x+1)/\sqrt{3}]$$
$$- 4/(x^2+x+1) - (2x+1)/(x^2+x+1) - {}^4/_3\sqrt{3}\arctan[(2x+1)/\sqrt{3}] + C$$
$$= \ln|(x^2+x+1)/(x+1)^2| - 4\sqrt{3}\arctan[(2x+1)/\sqrt{3}] - (2x+5)/(x^2+x+1) + C.$$

Integration von Funktionen der Gestalt $R\left(x, \sqrt[n]{\frac{ax+b}{cx+d}}\right)$: Falls a, b, c, d reell, $ad-bc \neq 0$, ferner für das betrachtete Integrationsintervall $\frac{ax+b}{cx+d} > 0$ und $cx+d \neq 0$ ist, so substituiert man $z = \psi(x) = \sqrt[n]{\frac{ax+b}{cx+d}}$, erhält als Umkehrfunktion $x = \varphi(z) = \frac{-dz^n+b}{cz^n-a}$ und für ihre Ableitung $\varphi'(z) = \frac{n(ad-bc)z^{n-1}}{(-cz^n+a)^2}$. Nach der 2. Substitutionsregel ergibt sich dann

$$\int R\left(x, \sqrt[n]{\frac{ax+b}{cx+d}}\right) dx = \int R(\varphi(z), z)\,\varphi'(z)\,dz \quad \text{für } z = \psi(x)$$
$$= \int R\left(\frac{-dz^n+b}{cz^n-a}, z\right) \frac{n(ad-bc)z^{n-1}}{(-cz^n+a)^2}\,dz \quad \text{für } z = \psi(x).$$

Der Integrand des rechten Integrals ist als rationale Funktion – wie eben gezeigt – elementar integrierbar. Für spezielle Funktionen R kann sich aber mittels besonderer Kunstgriffe die Integration vereinfachen.

Beispiel 5: Ist speziell $R\left(x, \sqrt[n]{\frac{ax+b}{cx+d}}\right) = \sqrt{\frac{1-x}{1+x}}$, so setzt man $z = \sqrt{\frac{1-x}{1+x}}$, dann erhält man $x = \frac{-z^2+1}{z^2+1}$, $\mathrm{d}x = \frac{-4z}{(z^2+1)^2}\,\mathrm{d}z$ und $\int \sqrt{\frac{1-x}{1+x}}\,\mathrm{d}x = \left[\int \frac{-4z^2}{(z^2+1)^2}\,\mathrm{d}z\right]$ für $z = \psi(x) = \sqrt{\frac{1-x}{1+x}}$.

Dieses Integral läßt sich mittels Partialbruchzerlegung lösen. Einfacher kommt man jedoch wie folgt zum Ziel: Durch Multiplikation von Zähler und Nenner des Integranden mit $\sqrt{1-x}$ erhält man:

$$\int \frac{\sqrt{1-x}}{\sqrt{1+x}}\,\mathrm{d}x = \int \frac{1-x}{\sqrt{1-x^2}}\,\mathrm{d}x = \int \frac{\mathrm{d}x}{\sqrt{1-x^2}} + \frac{1}{2}\int \frac{-2x\,\mathrm{d}x}{\sqrt{1-x^2}} = \arcsin x + \sqrt{1-x^2} + C.$$

Integration von Funktionen der Gestalt $R(\mathrm{e}^{ax})$: Substituiert man $z = \psi(x) = \mathrm{e}^{ax}$, dann bekommt man für die Umkehrfunktion $x = \varphi(z) = \frac{1}{a}\ln z$ und für ihre Ableitung $\varphi'(z) = \frac{1}{az}$. Nach der Substitutionsregel ergibt sich danach:

$$\int R(\mathrm{e}^{ax})\,\mathrm{d}x = \left[\int \frac{R(z)}{az}\,\mathrm{d}z\right] \quad \text{für} \quad z = \mathrm{e}^{ax}.$$

Beispiel 6: $\int \frac{\mathrm{d}x}{1-\mathrm{e}^{2x}} = {}^1/_2 \left[\int \frac{\mathrm{d}z}{(1-z)\,z}\right]_{z=\exp(2x)} = {}^1/_2 \left[\int \frac{\mathrm{d}z}{z} + \int \frac{\mathrm{d}z}{1-z}\right]_{z=\exp(2x)}$

$= [{}^1/_2 \ln z - {}^1/_2 \ln(1-z)]_{z=\exp(2x)} + C = x - {}^1/_2 \ln|1-\mathrm{e}^{2x}| + C.$

Integration von Funktionen der Gestalt $R(\sin x, \cos x, \tan x, \cot x)$. Integranden dieser Form können durch eine geeignete Substitution in rationale Funktionen einer neuen Variablen z übergeführt werden. Dazu wird ein solches Integrationsintervall vorausgesetzt, in dem $\tan(x/2)$ monoton wächst. Substituiert man $z = \varphi(x) = \tan(x/2)$, so erhält man für die Umkehrfunktion $x = 2\arctan z$ ferner $\mathrm{d}x = \frac{2}{1+z^2}\,\mathrm{d}z$ und unter Benützung der Additionstheoreme

$$\tan x = \frac{2\tan(x/2)}{1-\tan^2(x/2)} = \frac{2z}{1-z^2}, \qquad \cot x = \frac{1-z^2}{2z}, \qquad \cos x = \sin x \cot x = \frac{1-z^2}{1+z^2},$$

$$\sin x = 2\sin(x/2)\cos(x/2) = \frac{2\sin(x/2)\cos(x/2)}{\sin^2(x/2)+\cos^2(x/2)} = \frac{2z}{1+z^2}.$$

Nach der Substitutionsregel ergibt sich eine in $z = \tan(x/2)$ rationale Funktion.

$$\int R(\sin x, \cos x, \tan x, \cot x)\,\mathrm{d}x = \int R\left(\frac{2z}{1+z^2}, \frac{1-z^2}{1+z^2}, \frac{2z}{1-z^2}, \frac{1-z^2}{2z}\right)\frac{2\,\mathrm{d}z}{1+z^2}$$

für $z = \tan(x/2)$.

Beispiele. 7: $\int \frac{\mathrm{d}x}{\sin x} = 2\int \frac{(1+z^2)}{2z(1+z^2)}\,\mathrm{d}z = \int \frac{\mathrm{d}z}{z} = \ln(cz) = \ln[c \cdot \tan(x/2)].$

8: $\int \frac{1-\sin x}{\sin x(1-\cos x)}\,\mathrm{d}x = \int \frac{\left(1-\frac{2z}{1+z^2}\right)\frac{2}{1+z^2}}{\frac{2z}{1+z^2}\left(1-\frac{1-z^2}{1+z^2}\right)}\,\mathrm{d}z = \frac{1}{2}\int \frac{z^2-2z+1}{z^3}\,\mathrm{d}z$

$= {}^1/_2 \int (1/z - 2/z^2 + 1/z^3)\,\mathrm{d}z = {}^1/_2\,[\ln|z| + 2/z - 1/(2z^2)] + C$

$= {}^1/_2\,[\ln|\tan(x/2)| + 2\cot(x/2) - {}^1/_2 \cot^2(x/2)] + C.$

Integration von Funktionen der Gestalt $R(\sinh x, \cosh x, \tanh x, \coth x)$. In Analogie zu den trigonometrischen Funktionen substituiert man hier $z = \tanh(x/2)$. Dann ist $x = 2\,\mathrm{artanh}\,z$, $\mathrm{d}x = \frac{2}{1-z^2}\,\mathrm{d}z$

sowie $\tanh x = \frac{2\tanh(x/2)}{1+\tanh^2(x/2)} = \frac{2z}{1+z^2}$, $\coth x = \frac{1+z^2}{2z}$, $\sinh x = 2\sinh(x/2)\cosh(x/2)$

$= \dfrac{2z}{1-z^2}$, $\cosh x = \sinh x \coth x = \dfrac{1+z^2}{1-z^2}$, so daß man eine in $z = \tanh(x/2)$ rationale Funktion erhält.

$$\int R(\sinh x, \cosh x, \tanh x, \coth x)\,\mathrm{d}x = \int R\left(\frac{2z}{1-z^2}, \frac{1+z^2}{1-z^2}, \frac{2z}{1+z^2}, \frac{1+z^2}{2z}\right)\frac{2\,\mathrm{d}z}{1-z^2} \quad \text{für } z = \tanh(x/2)$$

Man kann die Hyperbelfunktionen auch durch e^x ausdrücken und das Integral gemäß der bereits hergeleiteten Methode für $R(\mathrm{e}^{ax})$ behandeln.

Integration von Funktionen der Gestalt $R(x, \sqrt{ax^2+bx+c})$. Wird $a \neq 0$, $4ca - b^2 \neq 0$ und $ax^2+bx+c \geqslant 0$ für das betrachtete Integrationsintervall vorausgesetzt, so erhält man mittels quadratischer Ergänzung

$$ax^2+bx+c = \frac{1}{4a}(2ax+b)^2 + \frac{1}{4a}(4ac-b^2) = \frac{1}{4a}(4ac-b^2)\left[\frac{(2ax+b)^2}{4ac-b^2}+1\right].$$

Im Falle $4ca - b^2 = 0$ könnte die Wurzel gezogen werden, und der Integrand wäre eine rationale Funktion. Je nach den Werten für a, b, c unterscheidet man folgende 3 Fälle:

a) $4ac - b^2 < 0$, $a < 0 \longrightarrow z = \dfrac{2ax+b}{\sqrt{b^2-4ac}}$ ergibt

$$\sqrt{ax^2+bx+c} = \sqrt{\frac{b^2-4ac}{-4a}}\sqrt{1-z^2} \quad \text{für } |z| < 1;$$

b) $4ac - b^2 < 0$, $a > 0 \longrightarrow z = \dfrac{2ax+b}{\sqrt{b^2-4ac}}$ ergibt

$$\sqrt{ax^2+bx+c} = \sqrt{\frac{b^2-4ac}{4a}}\sqrt{z^2-1} \quad \text{für } |z| \geqslant 1;$$

c) $4ac - b^2 > 0$, $a > 0 \longrightarrow z = \dfrac{2ax+b}{\sqrt{4ac-b^2}}$ ergibt $\sqrt{ax^2+bx+c} = \sqrt{\dfrac{4ac-b^2}{4a}}\sqrt{z^2+1}$.

Die Ableitung der Umkehrfunktion ist in jedem dieser Fälle konstant. Nach der Substitutionsregel kann danach der Integrand $R(x, \sqrt{ax^2+bx+c})$ in rationale Funktionen der folgenden 3 Typen umgeformt werden, zu denen für die weitere Berechnung die Substitutionen angegeben sind:

a) $R^*(z, \sqrt{1-z^2})$: $z = \cos u$, dann ist $\sqrt{1-z^2} = \sin u$, $\mathrm{d}z = -\sin u\,\mathrm{d}u$;

b) $R^*(z, \sqrt{z^2-1})$: $z = \cosh u$, dann ist $\sqrt{z^2-1} = \sinh u$, $\mathrm{d}z = \sinh u\,\mathrm{d}u$;

c) $R^*(z, \sqrt{z^2+1})$: $z = \sinh u$, dann ist $\sqrt{z^2+1} = \cosh u$, $\mathrm{d}z = \cosh u\,\mathrm{d}u$.

Man erhält damit als Integrand im Falle a) eine rationale Funktion von $\sin u$, $\cos u$, in den Fällen b), c) eine rationale Funktion von $\sinh u$, $\cosh u$, die nach der schon hergeleiteten Methode zu integrieren sind. Insbesondere erhält man auf diese Weise:

$$I = \int \frac{\mathrm{d}x}{\sqrt{ax^2+bx+c}} = \begin{cases} \dfrac{1}{\sqrt{a}} \ln\left|\dfrac{2ax+b}{2\sqrt{a}} + \sqrt{ax^2+bx+c}\right| + C & \text{für } a > 0,\ b^2-4ac \neq 0 \\ -\dfrac{1}{\sqrt{-a}} \operatorname{Arcsin} \dfrac{2ax+b}{\sqrt{b^2-4ac}} + C & \text{für } a < 0,\ b^2-4ac > 0. \end{cases}$$

Dabei beschränkt man sich auf ein solches Intervall, in dem $ax^2+bx+c > 0$ ist. Für $a < 0$ ist dann notwendig $b^2 - 4ac > 0$.

Mit Substitutionen dieser Art lassen sich die nebenstehenden Stammfunktionen berechnen.

$$\int \sqrt{a^2+x^2}\,\mathrm{d}x = \tfrac{1}{2}\left(a^2 \operatorname{arsinh}(x/|a|) + x\sqrt{a^2+x^2}\right) + C$$
$$\int \sqrt{a^2-x^2}\,\mathrm{d}x = \tfrac{1}{2}\left(a^2 \operatorname{Arcsin}(x/|a|) + x\sqrt{a^2-x^2}\right) + C$$

Die eben dargelegten Integrationsmethoden für einige Klassen elementarer Funktionen führen zwar stets zum Ziel, sind aber nicht in jedem Falle die einfachsten.

Beispiel 9: Das Integral $\int \sinh^2 x \, dx$ ist durch partielle Integration leichter lösbar als durch die Substitution $x = \tanh(t/2)$. Aus der Beziehung

$\int \sinh^2 x \, dx = \sinh x \cosh x - \int \cosh^2 x \, dx = \sinh x \cosh x - x - \int \sinh^2 x \, dx$

erhält man $2 \int \sinh^2 x \, dx = -x + \sinh x \cosh x$.

Integrale, die sich nicht durch elementare Funktionen ausdrücken lassen

Mit den angegebenen Beispielen von Klassen elementar integrierbarer Funktionen sind jene Funktionentypen, deren Integrale sich durch elementare Funktionen ausdrücken lassen, im wesentlichen erschöpft. Wie in 20.2. aber gezeigt wird, ist jede im abgeschlossenen Intervall stetige Funktion integrierbar. Da schon Integrale der einfachen Gestalt

$$\int \frac{e^x}{x} \, dx, \qquad \int \frac{\sin x \, dx}{x}, \qquad \int \sqrt{1 + x^3} \, dx$$

nicht mehr durch elementare Funktionen darstellbar sind, zeigt sich, daß die Integration zum Unterschied von der Differentiation aus dem Bereich der elementaren Funktionen herausführt. Eine Möglichkeit der Ermittlung von Stammfunktionen ist die Reihenentwicklung des Integranden (vgl. Kap. 21.).

Ist der Integrand $f(x)$ in eine Potenzreihe $f(x) = \sum_{\nu=0}^{\infty} a_\nu x^\nu$ mit dem Konvergenzradius $\varrho > 0$ entwickelbar, dann kann man nach dem Satz über die gliedweise Integration einer Funktionenreihe die Stammfunktion $F(x) = \int_{x_0}^{x} f(x)$ für $x_0, x \in]-\varrho, \varrho[$ durch gliedweise Integration der Potenzreihe $\sum_{\nu=0}^{\infty} a_\nu x^\nu$ erhalten:

$$F(x) = \int_{x_0}^{x} f(x) \, dx = \int_{x_0}^{x} \sum_{\nu=0}^{\infty} a_\nu x^\nu \, dx = \sum_{\nu=0}^{\infty} a_\nu \int_{x_0}^{x} x^\nu \, dx = \sum_{\nu=0}^{\infty} \frac{a_\nu}{\nu + 1} \left[x^{\nu+1} - x_0^{\nu+1}\right].$$

Beispiele. 1: Der Konvergenzradius der Reihe $\frac{\sin x}{x} = \sum_{\nu=0}^{\infty} (-1)^\nu \frac{x^{2\nu}}{(2\nu + 1)!}$ ist unendlich. Für eine beliebige reelle Zahl x gilt deshalb

$$\int_0^x \frac{\sin x}{x} \, dx = \sum_{\nu=0}^{\infty} \frac{(-1)^\nu}{(2\nu + 1)!} \int_0^x x^{2\nu} = \sum_{\nu=0}^{\infty} \frac{(-1)^\nu}{(2\nu + 1)! \, (2\nu + 1)} x^{2\nu+1}.$$

2: $$\int_0^x e^{-x^2} \, dx = \int_0^x \sum_{\nu=0}^{\infty} \frac{(-1)^\nu}{\nu!} x^{2\nu} \, dx = \sum_{\nu=0}^{\infty} \frac{(-1)^\nu}{\nu!} \int_0^x x^{2\nu} \, dx = \sum_{\nu=0}^{\infty} \frac{(-1)^\nu \, x^{2\nu+1}}{\nu! \, (2\nu + 1)}.$$

Analog kann man eine Potenzreihe für $\int_0^x \frac{\cos x}{x} \, dx$ aufstellen. Die Funktionen $\int_0^x \frac{\sin x}{x} \, dx$ bzw. $\int_0^x \frac{\cos x}{x} \, dx$ heißen *Integralsinus* bzw. *Integralkosinus*.

Elliptische Integrale. Integrale von Funktionen der Gestalt $R(x, \sqrt{a + bx + cx^2 + x^3})$, $R(x, \sqrt{a + bx + cx^2 + dx^3 + x^4})$, in denen mit R eine rationale Funktion bezeichnet wird, heißen *elliptische Integrale.* Die Nullstellen der Radikanden können als einfach angenommen werden, weil sonst der Grad der Polynome unter der Wurzel erniedrigt werden könnte. Ein solches Integral tritt z. B. bei der Längenberechnung des Ellipsenbogens auf. Elliptische Integrale sind nicht durch elementare Funktionen darstellbar. Sie lassen sich durch geeignete Substitutionen (bis auf Summanden, die elementar integrierbar sind) auf folgende drei Normalformen bringen:

Elliptische Integrale erster, zweiter und dritter Art	$\int \frac{dx}{\sqrt{(1 - x^2)(1 - k^2x^2)}}$, $\int \frac{x^2 \, dx}{\sqrt{(1 - x^2)(1 - k^2x^2)}}$ und $\int \frac{dx}{(1 + hx^2)\sqrt{(1 - x^2)(1 - k^2x^2)}}$ für $0 < k < 1, h \neq 0$

Sie heißen elliptische Integrale erster, zweiter bzw. dritter Art. J. LIOUVILLE (1809–1882) zeigte, daß sie nicht durch elementare Funktionen darstellbar sind. Durch die Substitution $x = \sin u$ kann man diese Normalformen in die Legendresche Normalform überführen (vgl. Kap. 23.4.).

> Elliptische Integrale erster, zweiter und dritter Art in der Legendreschen Normalform.
>
> $$\int \frac{du}{\sqrt{1 - k^2 \sin^2 u}}, \quad \int \sqrt{1 - k^2 \sin^2 u}\, du, \quad \int \frac{du}{(1 + h \sin^2 u)\sqrt{1 - k^2 \sin^2 u}}.$$

Für die entsprechenden Stammfunktionen, die für $u = 0$ verschwinden, gibt es umfangreiche Tabellenwerke.

20.2. Das bestimmte Integral

Flächeninhalt und bestimmtes Integral

Im folgenden wird das bereits in der Einleitung geschilderte Grundproblem der Integralrechnung behandelt: Wie definiert und berechnet man den Flächeninhalt eines von einer geschlossenen Kurve begrenzten Flächenstücks oder das Volumen eines von einer geschlossenen Fläche begrenzten Körpers? – Die Untersuchung beginnt damit, einer gegebenen ebenen Fläche einen Inhalt zuzuordnen.

Ist $f(x)$ eine im Intervall $I = [a, b]$ beschränkte positive Funktion, so wird die Fläche, die von der Abszissenachse zwischen a und b, von den beiden Geraden $x = a$, $x = b$ und von der Kurve der Funktion $f(x)$ zwischen den Ordinaten $f(a)$ und $f(b)$ begrenzt wird, mit $\boldsymbol{F}_a^b$ bezeichnet (Abb. 20.2-1). Zur Berechnung seines Flächeninhalts wird $\boldsymbol{F}_a^b$ sowohl von innen als auch von außen durch ein Treppenpolygon approximiert.

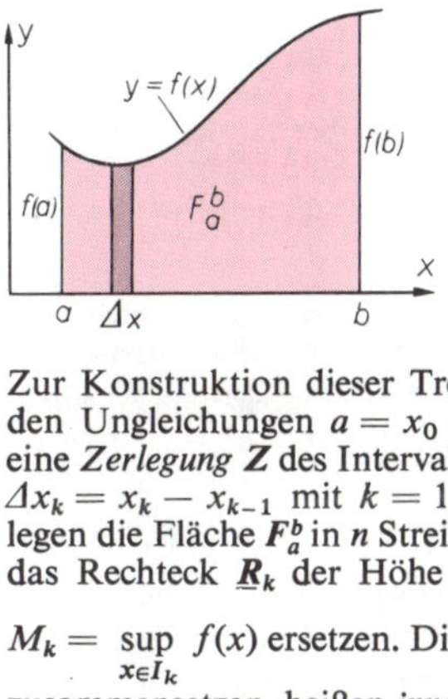

20.2-1 Fläche unter der Kurve der Funktion $y = f(x)$ zwischen $x = a$ und $x = b$

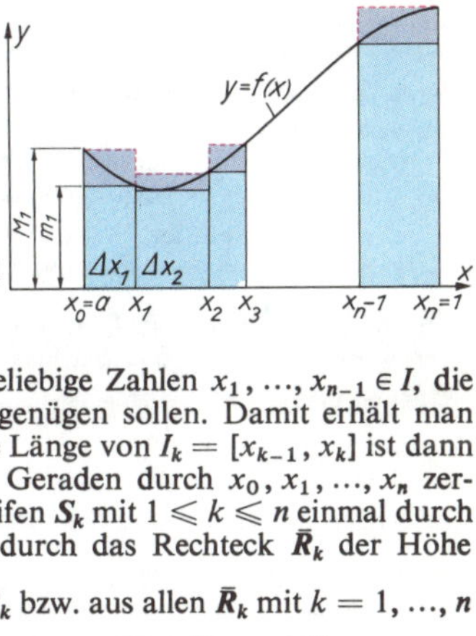

20.2-2 Zur Obersumme und Untersumme

Zur Konstruktion dieser Treppenpolygone wählt man $n - 1$ beliebige Zahlen $x_1, \ldots, x_{n-1} \in I$, die den Ungleichungen $a = x_0 < x_1 < x_2 < \cdots < x_{n-1} < x_n = b$ genügen sollen. Damit erhält man eine *Zerlegung* $\boldsymbol{Z}$ des Intervalls I in n Teilintervalle $I_1, \ldots, I_n$. Die Länge von $I_k = [x_{k-1}, x_k]$ ist dann $\Delta x_k = x_k - x_{k-1}$ mit $k = 1, \ldots, n$. Die zur y-Achse parallelen Geraden durch $x_0, x_1, \ldots, x_n$ zerlegen die Fläche $\boldsymbol{F}_a^b$ in n Streifen $\boldsymbol{S}_1, \ldots, \boldsymbol{S}_n$. Man kann jeden Streifen $\boldsymbol{S}_k$ mit $1 \leqslant k \leqslant n$ einmal durch das Rechteck $\underline{\boldsymbol{R}}_k$ der Höhe $m_k = \inf\limits_{x \in I_k} f(x)$ und zum anderen durch das Rechteck $\bar{\boldsymbol{R}}_k$ der Höhe $M_k = \sup\limits_{x \in I_k} f(x)$ ersetzen. Die Flächenstücke, die sich aus allen $\underline{\boldsymbol{R}}_k$ bzw. aus allen $\bar{\boldsymbol{R}}_k$ mit $k = 1, \ldots, n$ zusammensetzen, heißen *inneres* bzw. *äußeres Treppenpolygon* und werden mit $\underline{\boldsymbol{F}}^{\boldsymbol{Z}}$ bzw. $\bar{\boldsymbol{F}}^{\boldsymbol{Z}}$ bezeichnet (Abb. 20.2-2). Sind $\underline{R}_k$, $\bar{R}_k$, $\underline{F}^Z$, $\bar{F}^Z$ die Flächeninhalte von $\underline{\boldsymbol{R}}_k$, $\bar{\boldsymbol{R}}_k$, $\underline{\boldsymbol{F}}^{\boldsymbol{Z}}$, $\bar{\boldsymbol{F}}^{\boldsymbol{Z}}$, dann ist

$$\underline{F}^Z = \sum_{k=1}^{n} \underline{R}_k = \sum_{k=1}^{n} m_k \Delta x_k \quad \text{und} \quad \bar{F}^Z = \sum_{k=1}^{n} \bar{R}_k = \sum_{k=1}^{n} M_k \Delta x_k.$$

Diese Summen heißen *Unter-* bzw. *Obersumme* von $f(x)$ bezüglich der gegebenen Zerlegung $\boldsymbol{Z}$ des Intervalls I. Ist ξ_k ein beliebiger Punkt des Teilintervalls I_k für $k = 1, \ldots, n$, so gilt $m_k \leqslant f(\xi_k) \leqslant M_k$ und demnach auch $\underline{F}^Z \leqslant \sum\limits_{k=1}^{n} f(\xi_k)\, \Delta x_k \leqslant \bar{F}^Z$. Die Summe $R^Z = \sum\limits_{k=1}^{k} f(\xi_k)\, \Delta x_k$ heißt *Riemannsche Summe*. Aus $\inf\limits_{x \in I} f(x) \leqslant m_k \leqslant f(\xi_k) \leqslant M_k \leqslant \sup\limits_{x \in I} f(x)$ folgt für eine beliebige Zerlegung $\boldsymbol{Z}$ von I:

$$\inf_{x \in I} f(x)\,(b - a) \leqslant \underline{F}^Z \leqslant R^Z \leqslant \bar{F}^Z \leqslant \sup_{x \in I} f(x)\,(b - a).$$

Zerlegt man jedes Teilintervall I_k der Zerlegung $\boldsymbol{Z}$ wiederum in Teilintervalle, so erhält man eine neue Zerlegung $\boldsymbol{Z}'$ von I, die man *Verfeinerung* von $\boldsymbol{Z}$ nennt. Es ist anschaulich evident, daß die „Stufensprünge" der Treppenpolygone bei fortlaufender Verfeinerung der Zerlegung von I immer kleiner werden und daß sich die zu diesen Zerlegungen gehörigen Unter- und Obersummen immer mehr einander annähern. Dabei wachsen die Untersummen monoton, während die Obersummen monoton fallen. Ist $\boldsymbol{Z}'$ eine Verfeinerung von $\boldsymbol{Z}$, so gilt für die entsprechenden Unter- und Obersummen: $\underline{F}^{\boldsymbol{Z}} \leqslant \underline{F}^{\boldsymbol{Z}'} \leqslant \bar{F}^{\boldsymbol{Z}'} \leqslant \bar{F}^{\boldsymbol{Z}}$. Bezeichnen $\{\underline{F}^{\boldsymbol{Z}}\}$ bzw. $\{\bar{F}^{\boldsymbol{Z}}\}$ die Mengen der Unter- bzw. Obersummen für alle Zerlegungen $\boldsymbol{Z}$ des Intervalls I, so existieren wegen der Beschränktheit dieser Mengen ihr Supremum und ihr Infimum. Das Supremum der Menge $\{\underline{F}^{\boldsymbol{Z}}\}$ aller Untersummen heißt *unteres Integral von $f(x)$ in I* und wird mit $\underline{F}$ bezeichnet. Das Infimum der Menge $\{\bar{F}^{\boldsymbol{Z}}\}$ aller Obersummen heißt *oberes Integral von $f(x)$ in I* und wird mit $\bar{F}$ bezeichnet. Zur Bestimmung von $\underline{F}$ bzw. $\bar{F}$ wird eine Folge $\{\boldsymbol{Z}_\nu\}$ von Zerlegungen $\boldsymbol{Z}_\nu$ des Intervalls I betrachtet. Besteht dann die Zerlegung $\boldsymbol{Z}_\nu$ aus n_ν Teilintervallen $I_1^{(\nu)}, \ldots, I_{n_\nu}^{(\nu)}$ mit den Längen $\Delta x_1^{(\nu)}, \ldots, \Delta x_{n_\nu}^{(\nu)}$, so wird die Folge $\{\boldsymbol{Z}_\nu\}$ *ausgezeichnete Zerlegungsfolge* genannt, falls $\lim\limits_{\nu\to\infty}\left[\max\limits_{1\leqslant k\leqslant n_\nu} \Delta x_k^{(\nu)}\right] = 0$ gilt. Dann gilt auch $\lim\limits_{\nu\to\infty} \Delta x_k^{(\nu)} = 0$ für $k = 1, \ldots, n_\nu$. Sind $\underline{F}^{\boldsymbol{Z}_\nu}, \bar{F}^{\boldsymbol{Z}_\nu}$ die Unter- und Obersumme bezüglich $\boldsymbol{Z}_\nu$, dann gilt für eine in I beschränkte Funktion $f(x)$ stets $\underline{F} = \lim\limits_{\nu\to\infty} \underline{F}^{\boldsymbol{Z}_\nu}$, $\bar{F} = \lim\limits_{\nu\to\infty} \bar{F}^{\boldsymbol{Z}_\nu}$.

Aus den Überlegungen ergibt sich ferner: $\underline{F} \leqslant \bar{F}$. Ist $\xi_k^{(\nu)}$ ein beliebiger Punkt aus $I_k^{(\nu)}$ und ist $R^{\boldsymbol{Z}_\nu}$ die Riemannsche Summe bezüglich $\boldsymbol{Z}_\nu$, dann gilt $\underline{F}^{\boldsymbol{Z}_\nu} \leqslant R^{\boldsymbol{Z}_\nu} \leqslant \bar{F}^{\boldsymbol{Z}_\nu}$. Ist insbesondere $\underline{F} = \bar{F}$, dann ergibt sich hieraus $\lim\limits_{\nu\to\infty} R^{\boldsymbol{Z}_\nu} = \underline{F} = \bar{F}$, und zwar bei beliebiger Wahl der Teilpunkte $\xi_k^{(\nu)} \in I_k^{(\nu)}$.

Eine in $I = [a, b]$ beschränkte Funktion $f(x)$ heißt im Intervall I im Riemannschen Sinne integrierbar, falls das untere und das obere Integral von $f(x)$ in I übereinstimmen, d.h., falls $\underline{F} = \bar{F}$ ist. Der gemeinsame Grenzwert $\underline{F} = \bar{F}$ wird bestimmtes Riemannsches Integral von $f(x)$ über I genannt und mit $F_a^b = \int\limits_a^b f(x)\,\mathrm{d}x$ bezeichnet; dabei heißt a untere, b obere Integrationsgrenze. $I = [a, b]$ wird Integrationsintervalle genannt, x heißt Integrationsvariable, $f(x)$ Integrand.

Dieser Integralbegriff geht auf B. Riemann (1826–1866) zurück. Eine im Riemannschen Sinne über $I = [a, b]$ integrierbare Funktion wird im folgenden kurz *integrierbar* genannt. Die Integrationsvariable x kann durch einen beliebigen Buchstaben ersetzt werden. Ist $f(x)$ über I integrierbar, so folgt aus obigen Überlegungen, daß für eine beliebige ausgezeichnete Zerlegungsfolge $\{\boldsymbol{Z}_\nu\}$ und bei beliebiger Wahl der Zwischenwerte $\xi^{(\nu)} \in I_k^{(\nu)}$ die Folge $\{R^{\boldsymbol{Z}_\nu}\}$ der Riemannschen Summen für $\nu \to \infty$ gegen $F_a^b = \underline{F} = \bar{F}$ konvergiert. Es gilt auch die Umkehrung.

Eine Funktion $f(x)$ ist in $I = [a, b]$ genau dann integrierbar, wenn für eine beliebige ausgezeichnete Zerlegungsfolge $\{\boldsymbol{Z}_\nu\}$ und bei beliebiger Wahl der Zwischenwerte $\xi_k^{(\nu)} \in I_k^{(\nu)}$ die Folge der Riemannschen Summen $\{R^{\boldsymbol{Z}_\nu}\}$ für $\nu \to \infty$ stets ein und denselben Grenzwert hat. Dieser Grenzwert ist dann $F_a^b = \int\limits_a^b f(x)\,\mathrm{d}x$.

Auf Grund der Herleitung des bestimmten Integrals ist es für den Fall, daß die Funktion $f(x)$ über $I = [a, b]$ integrierbar ist, naheliegend, die Zahl $F_a^b = \int\limits_a^b f(x)\,\mathrm{d}x$ als *Flächeninhalt der Fläche F_a^b* zu definieren.

Bestimmtes Integral von $f(x)$ zwischen den Grenzen a und b	$\lim\limits_{\nu\to\infty} \underline{F}^{\boldsymbol{Z}_\nu} = \lim\limits_{\nu\to\infty} \bar{F}^{\boldsymbol{Z}_\nu} = \lim\limits_{\nu\to\infty} R^{\boldsymbol{Z}_\nu} = F_a^b = \int\limits_a^b f(x)\,\mathrm{d}x$
Flächeninhalt von F_a^b	$F_a^b = \int\limits_a^b f(x)\,\mathrm{d}x$

Die Voraussetzung $f(x) > 0$ für $x \in I$ ist nicht notwendig, denn sie wurde für die Definition des bestimmten Integrals nicht benutzt. Ist $f(x) \leqslant 0$ in I, dann gilt für eine beliebige Zerlegung $\boldsymbol{Z}$ von I ebenfalls $\underline{F}^{\boldsymbol{Z}} \leqslant 0$, $\bar{F}^{\boldsymbol{Z}} \leqslant 0$, $R^{\boldsymbol{Z}} \leqslant 0$ und danach auch $F_a^b = \int\limits_a^b f(x)\,\mathrm{d}x \leqslant 0$.

Der Flächeninhalt der entsprechenden Fläche unterhalb der x-Achse ist dann $-F_a^b$. Schneidet aber die Kurve von $f(x)$ zwischen a und b mehrmals die x-Achse, so ist das bestimmte Integral $\int\limits_a^b f(x)\,\mathrm{d}x$ bestimmt als Differenz zwischen der Summe aller Flächeninhalte der Flächenstücke oberhalb der x-Achse und der Summe der Flächeninhalte der Flächenstücke unterhalb der x-Achse (Abb. 20.2-3).

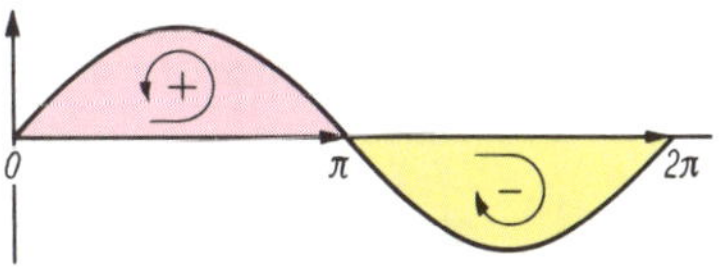

20.2-3 Das Integral $I = \int_0^{2\pi} \sin \varphi \, d\varphi = 0$ als Flächeninhalt

Ist die Funktion $f(x)$ im abgeschlossenen Intervall $I = [a, b]$ stetig, so ist sie dort auch gleichmäßig stetig. Aus dieser Eigenschaft folgt die Integrierbarkeit von $f(x)$.

Jede im abgeschlossenen Intervall stetige Funktion ist dort integrierbar.

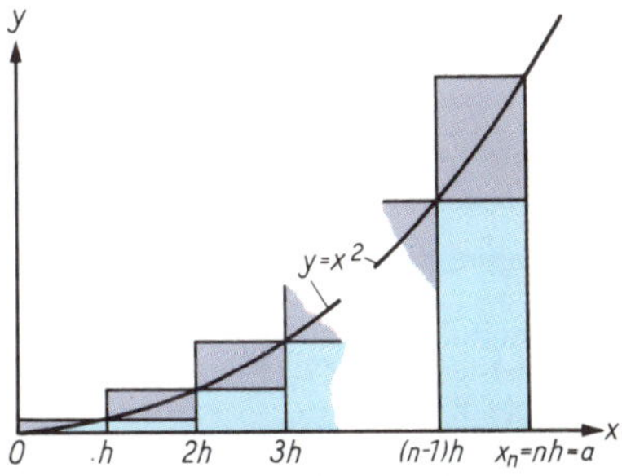

20.2-4 Fläche unter der Parabel mit der Gleichung $y = x^2$

Die Stetigkeit von $f(x)$ ist jedoch für die Integrierbarkeit von $f(x)$ nicht notwendig. Hat z. B. $f(x)$ in $I = [a, b]$ endlich viele Sprungstellen, so ist $f(x)$ integrierbar, da aus den im nächsten Abschnitt dargelegten Eigenschaften des bestimmten Integrals folgt, daß man bei Funktionen dieser Art sukzessive von Sprungstelle zu Sprungstelle integrieren darf. Jede im Intervall $[a, b]$ beschränkte Funktion, die nur endlich viele Sprungstellen als Unstetigkeitsstellen hat, ist in $[a, b]$ integrierbar.
Auf kompliziertere Funktionen, z. B. auf die Funktion, für die $f(x) = 1$ gilt, falls x rational ist, aber $f(x) = 0$, falls x irrational ist, wird in der Maßtheorie eingegangen. Diese Funktion ist nicht im Riemannschen Sinne integrierbar.
Obgleich das bestimmte Integral gegenüber dem als Stammfunktion erklärten unbestimmten Integral einen neuen Integralbegriff darstellt, benutzt man die gleiche Bezeichnungsweise, da nach dem Fundamentalsatz der Differential- und Integralrechnung beide Integralbegriffe äquivalent sind.

Beispiel 1: Um den Inhalt der *Fläche unter der Parabel* $y = x^2$ zwischen $x = 0$ und $x = a$ zu berechnen, wird das Intervall $[0, a]$ in n gleiche Teile der Länge $h = a/n$ zerlegt (Abb. 20.2-4). Die n linken Teilpunkte der Teilintervalle sind $x_0 = 0$, $x_1 = h$, ..., $x_{n-1} = (n-1)h$, die n rechten $x_1 = h$, $x_2 = 2h$, ..., $x_n = nh = a$. Da die Funktion $y = x^2$ im Intervall $[0, a]$ monoton wächst, erhält man für die Untersumme $\underline{F}_n$ und für die Obersumme $\bar{F}_n$:

$$\begin{aligned} \underline{F}_n &= 0 + 1^2h^2 \cdot h + 2^2h^2 \cdot h + \cdots + (n-1)^2 h^2 \cdot h \\ &= h^3[1^2 + 2^2 + 3^2 + \cdots + (n-1)^2] \\ &= {}^1/_6\, h^3 (n-1) \cdot n \cdot (2n-1) \\ \underline{F}_n &= {}^1/_6\, a^3(1 - 1/n) \cdot 1 \cdot (2 - 1/n) \end{aligned}$$

$$\begin{aligned} \bar{F}_n &= 1^2h^2 \cdot h + 2^2h^2 \cdot h + \cdots + n^2h^2 \cdot h \\ &= h^3[1^2 + 2^2 + 3^2 + \cdots + n^2] \\ &= {}^1/_6\, h^3\, n(n+1)(2n+1) \\ \bar{F}_n &= {}^1/_6\, a^3 \cdot 1 \cdot (1 + 1/n)(2 + 1/n) \end{aligned}$$

Für $n \to \infty$ haben beide Folgen den Grenzwert $F = a^3/3$. Die Fläche unter der Parabel hat demnach zwischen $x = 0$ und $x = a$ den Inhalt $F = a^3/3$, für $a = 6$ cm den Wert $F = 72\text{ cm}^2$. Die nebenstehende Tabelle zeigt die Änderung der Unter- und der Obersumme mit wachsendem n.

n	h	$\underline{F}_n$	$\bar{F}_n$
6	1	55	91
12	$^1/_2$	$63^1/_4$	$81^1/_4$
24	$^1/_4$	$67^9/_{16}$	$76^9/_{16}$
48	$^1/_8$	$69^{49}/_{64}$	$74^{17}/_{64}$
96	$^1/_{16}$	$70^{225}/_{256}$	$73^{33}/_{256}$

Eigenschaften des bestimmten Integrals

1. Sind $f(x), g(x)$ zwei in $I = [a, b]$ integrierbare Funktionen, dann gilt für die Riemannschen Summen

$$\sum_{k=1}^{n_\nu} [f(\xi_k^{(\nu)}) + g(\xi_k^{(\nu)})]\, \Delta x_k^{(\nu)} = \sum_{k=1}^{n_\nu} f(\xi_k^{(\nu)})\, \Delta x_k^{(\nu)} + \sum_{k=1}^{n_\nu} g(\xi_k^{(\nu)})\, \Delta x_k^{(\nu)}.$$

Nach Ausführung des Grenzüberganges ergibt sich hieraus:

Das Integral einer Summe integrierbarer Funktionen ist gleich der Summe der Integrale der Summanden.

$$\int_a^b (f(x) + g(x))\, dx = \int_a^b f(x)\, dx + \int_a^b g(x)\, dx$$

Entsprechend zeigt man für eine integrierbare Funktion $f(x)$ und eine reelle Zahl c:

$$c \int_a^b f(x)\, dx = \int_a^b c f(x)\, dx$$

2. Während bislang $a < b$ vorausgesetzt wurde, wird nach diesen Definitionen das bestimmte Integral auf jene Fälle erweitert, in denen die obere Grenze nicht größer als die untere Grenze ist.

Definitionen	$\int_a^a f(x)\,dx = 0, \quad \int_b^a f(x)\,dx = -\int_a^b f(x)\,dx$	$\int_a^c f(x)\,dx = \int_a^b f(x)\,dx + \int_b^c f(x)\,dx$

3. **Zerlegung des Integrationsintervalls.** Ist eine Funktion $f(x)$ in einem Intervall $I = [a, c]$ integrierbar, ist $a < b < c$, und betrachtet man nur solche Zerlegungen von I, die b als Teilpunkt haben, dann kann nach der Definition das bestimmte Integral in eine Summe zweier Integrale zerlegt werden.
Aus der Eigenschaft 2.) folgt, daß diese Gleichung auch bei beliebiger Anordnung der Zahlen a, b, c gültig bleibt.
Die Zerlegung des Integrationsintervalls in Teilintervalle ist z. B. dann notwendig, wenn bei einer Kurve mit Nullstellen der Inhalt der Fläche zwischen der Kurve und der x-Achse zu bestimmen ist. Man integriert in diesem Fall von Nullstelle zu Nullstelle und beachtet das Vorzeichen für den Inhalt der oberhalb und unterhalb der x-Achse gelegenen Flächen (s. Abb. 20.2-2). Auch für Integranden mit Sprungstellen endlicher Sprunghöhe ist eine Zerlegung des Integrationsintervalls notwendig (Abb. 20.2-5): $\int_a^b f(x)\,dx = \int_a^c f(x)\,dx + \int_c^b f(x)\,dx$. Es ist jedoch bei der Integration stets darauf zu achten, daß im Integrationsintervall keine Unendlichkeitsstellen des Integranden liegen. In diesem Falle hätte das bestimmte Integral keinen Sinn (vgl. Uneigentliche Integrale).

Beispiel 1: Das Integral $\int_{-1}^{+1} \frac{dx}{x}$ ist nicht definiert, da die Unendlichkeitsstelle $x = 0$ im Integrationsintervall $[-1, +1]$ liegt.

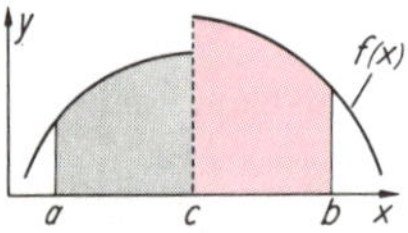

20.2-5 Geometrische Darstellung des Integrals einer unstetigen Funktion $\int_a^c f(x)\,dx + \int_c^b f(x)\,dx = \int_a^b f(x)\,dx$

4. **Abschätzungen bestimmter Integrale.** Aus der Definition des bestimmten Integrals folgt $\int_a^b f(x)\,dx \geqslant 0$, falls $a < b$ und $f(x) \geqslant 0$. Hieraus ergibt sich für zwei integrierbare Funktionen $f(x)$, $g(x)$ mit $f(x) \leqslant g(x)$: $\int_a^b f(x)\,dx \leqslant \int_a^b g(x)\,dx$.
Ist die Funktion $f(x)$ in $[a, b]$ integrierbar, so gilt nach der verallgemeinerten Dreiecksungleichung

$$\left| \sum_{k=1}^{n_\nu} f(\xi_k^{(\nu)})\,\Delta x_k^{(\nu)} \right| \leqslant \sum_{k=1}^{n_\nu} |f(\xi_k^{(\nu)})|\,\Delta x_k^{(\nu)} \quad \text{und danach} \quad \left| \int_a^b f(x)\,dx \right| \leqslant \int_a^b |f(x)|\,dx.$$

Gilt insbesondere $|f(x)| \leqslant M$ für alle x aus I, dann erhält man hieraus die Abschätzung:

$$\left| \int_a^b f(x)\,dx \right| \leqslant \int_a^b |f(x)|\,dx \leqslant \int_a^b M\,dx = M \cdot \int_a^b dx = M(b - a).$$

5. **Mittelwertsatz der Integralrechnung.** Ist die Funktion $f(x)$ im Intervall $I = [a, b]$ stetig, so nimmt sie nach dem Satz von Weierstraß in I ihr Minimum m und ihr Maximum M an. Für jedes x aus I gilt danach $m \leqslant f(x) \leqslant M$ und nach 4.) $m(b - a) \leqslant \int_a^b f(x)\,dx \leqslant M(b - a)$. Der Inhalt der Fläche zwischen der Kurve von $f(x)$ und der x-Achse ist somit durch die Flächeninhalte der Rechtecke mit der Breite $(b - a)$ und den Höhen m bzw. M nach unten bzw. oben begrenzt. Es muß demnach eine Zahl μ mit $m \leqslant \mu \leqslant M$ geben, so daß der Inhalt der Fläche zwischen Kurve und x-Achse mit dem Inhalt des Rechteckes der Breite $(b - a)$ und der Höhe μ übereinstimmt (Abb. 20.2-6):
$\int_a^b f(x)\,dx = \mu(b - a)$. Wegen der Stetigkeit von $f(x)$ gibt es mindestens eine Zahl ξ aus $[a, b]$ mit $\mu = f(\xi)$. Für den Zwischenwert ξ kann man auch schreiben: $\xi = a + \vartheta(b - a)$ mit $0 \leqslant \vartheta \leqslant 1$. Die Zahl ϑ genügt für stetige Funktionen sogar der schärferen Bedingung: $0 < \vartheta < 1$.

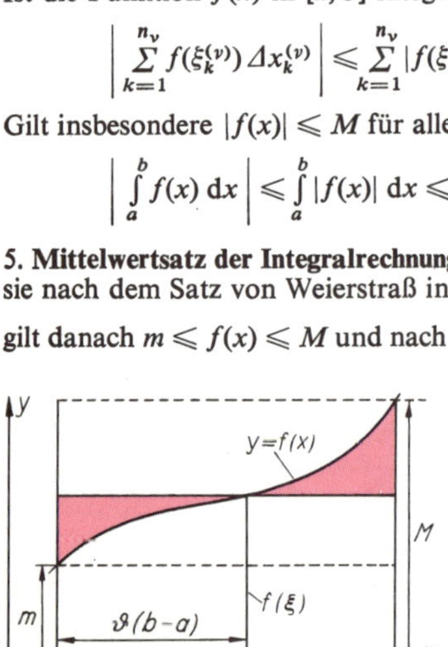

20.2-6 Zum Mittelwertsatz der Integralrechnung

Mittelwertsatz der Integralrechnung. $\int_a^b f(x)\,dx = (b-a)f(\xi)$ **mit** ξ **aus** $]a, b[$ **bzw.** $\int_a^b f(x)\,dx = (b-a)f(a+\vartheta(b-a))$ **mit** $0 < \vartheta < 1$.

Der Mittelwertsatz wird z. B. zur Abschätzung bestimmter Integrale nicht elementar oder schwierig integrierbarer Funktionen angewendet. Genügen die im Intervall $a \leqslant x \leqslant b$ integrierbaren Funktionen $f(x)$, $g(x)$, $h(x)$ der Ungleichung $f(x) \leqslant g(x) \leqslant h(x)$, so gilt auch

$$\int_a^b f(x)\,dx \leqslant \int_a^b g(x)\,dx \leqslant \int_a^b h(x)\,dx.$$

Beispiel 2: Im Intervall $0 \leqslant x \leqslant 1/2$ gilt für die nicht elementar integrierbare Funktion e^{-x^2} die Abschätzung $1 - x^2 \leqslant e^{-x^2} \leqslant \frac{1}{1+x^2}$. Damit ergibt sich $0{,}458 = \left[x - \frac{x^3}{3}\right]_0^{1/2} = \int_0^{1/2}(1-x^2)\,dx \leqslant \int_0^{1/2} e^{-x^2}\,dx \leqslant \int_0^{1/2} \frac{dx}{1+x^2} = [\arctan x]_0^{1/2} \leqslant 0{,}464$.

Eine Verallgemeinerung des eben hergeleiteten Satzes stellt der *erweiterte Mittelwertsatz* dar:

Sind die Funktionen $f(x)$ und $g(x)$ im abgeschlossenen Intervall $[a, b]$ stetig und ist $g(x) > 0$ für x aus $[a, b]$, dann gibt es eine Zahl ξ mit $a < \xi < b$, für die gilt:

$$\int_a^b f(x)\,g(x)\,dx = f(\xi)\int_a^b g(x)\,dx.$$

6. **Fundamentalsatz der Differential- und Integralrechnung.** Ist die Funktion $f(x)$ im abgeschlossenen Intervall $I = [a, b]$ stetig, dann ist sie in jedem Intervall $[a, x]$ mit $a \leqslant x \leqslant b$ integrierbar. Das bestimmte Integral $\int_a^x f(\xi)\,d\xi = \Phi(x)$ kann als Funktion der oberen Grenze x aufgefaßt und etwa mit $\Phi(x)$ bezeichnet werden. Für diese Funktion ergibt sich nach der Eigenschaft 3 und nach dem Mittelwertsatz der Differenzenquotient:

$$\frac{\Phi(x+h) - \Phi(x)}{h} = \frac{1}{h}\int_x^{x+h} f(\xi)\,d\xi = f(x+\vartheta h) \quad \text{für} \quad 0 < \vartheta < 1.$$

Wegen der Stetigkeit von $f(x)$ in I gilt auch:

$$\Phi'(x) = \lim_{h\to 0}\frac{\Phi(x+h) - \Phi(x)}{h} = \lim_{h\to 0} f(x+\vartheta h) = f(x).$$

Ist die Funktion $f(x)$ im abgeschlossenen Intervall $[a, b]$ stetig, dann ist die Funktion $\Phi(x) = \int_a^x f(\xi)\,d\xi$ für x aus $[a, b]$ differenzierbar und ihre Ableitung ist gleich dem Wert des Integranden an der oberen Grenze: $\Phi'(x) = \frac{d}{dx}\int_a^x f(\xi)\,d\xi = f(x)$. Die Funktion $\Phi(x)$ ist eine Stammfunktion von $f(x)$.

Damit ist die behauptete Beziehung zwischen dem bestimmten und dem unbestimmten Integral gefunden, und die gleiche Bezeichnung für beide ist berechtigt. Mit Hilfe des bestimmten Integrals erhält man in der Funktion $\Phi(x)$ für jede im abgeschlossenen Intervall stetige Funktion eine Stammfunktion. Die Stetigkeit des Integranden ist jedoch für die Existenz einer Stammfunktion nur hinreichend.

In 20.1. wurde gezeigt, daß sich zwei Stammfunktionen von $f(x)$ nur um eine Konstante unterscheiden. Die Funktion $\Phi(x) = \int_a^x f(\xi)\,d\xi$ ist gerade jene Stammfunktion von $f(x)$, die für $x = a$ verschwindet. Ist nun $F(x)$ eine beliebige Stammfunktion von $f(x)$, dann gibt es eine Konstante c mit $F(x) = \Phi(x) + c$. Aus $F(a) = \Phi(a) + c = c$ folgt: $\int_a^x f(\xi)\,d\xi = \Phi(x) = F(x) - c = F(x) - F(a)$.

Für $F(b) - F(a)$ schreibt man wieder $F(x)|_a^b$ oder $[F(x)]_a^b$.

Fundamentalsatz der Differential- und Integralrechnung:
Ist die Funktion $f(x)$ im abgeschlossenen Intervall $[a, b]$ stetig und ist $\Phi(x)$ eine beliebige Stammfunktion von $f(x)$, dann gilt:

$$\int_a^b f(x)\,dx = \Phi(b) - \Phi(a) = \Phi(x)\Big|_a^b$$

Das bestimmte Integral einer stetigen Funktion $f(x)$ ist damit gleich der Differenz zwischen den Ordinaten einer beliebigen Stammfunktion von $f(x)$ an der oberen und unteren Grenze (Abb. 20.2-7, s. a. Abb. 20.1-2). Das bestimmte Integral $\int_a^x f(\xi)\,d\xi$, das als Grenzwert der Riemannschen Summen definiert wurde, fällt demnach für eine stetige Funktion $f(x)$ mit dem Begriff der Stammfunktion bzw. des unbestimmten Integrals zusammen. Für stetige Integranden sind beide Integralbegriffe äquivalent. Damit ist auch die gleiche Bezeichnungsweise gerechtfertigt. Zur Berechnung eines bestimmten Integrals braucht man deshalb nicht die unhandliche Summendefinition zu benutzen; es genügt, eine Stammfunktion zu einer vorgegebenen Funktion zu bestimmen (s. 20.1.).

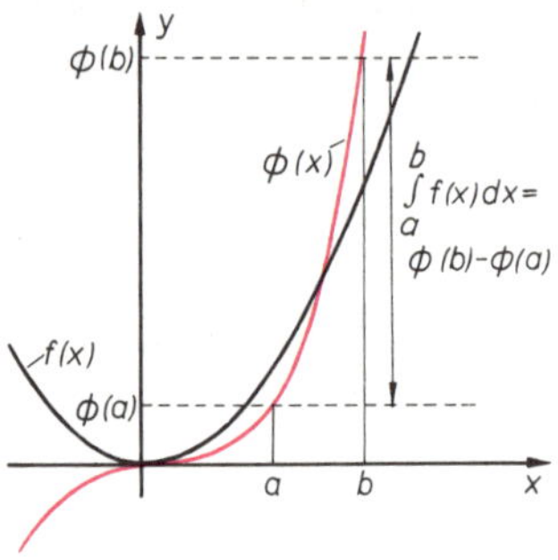

20.2-7 Das bestimmte Integral als Ordinatendifferenz einer Stammfunktion

Beispiel 3: $\int\limits_{-\pi/2}^{+\pi/2} \cos x\,dx = \sin x \Big|_{-\pi/2}^{+\pi/2} = \sin(\pi/2) - \sin(-\pi/2) = 2.$

Uneigentliche Integrale

Die Riemannsche Integraldefinition kann auf gewisse Integrale mit unbeschränktem Integranden bzw. auf Integrale mit unbeschränktem Integrationsintervall erweitert werden.

1. *Integranden mit Unendlichkeitsstelle:* Ist die Funktion $f(x)$ im halboffenen Intervall $I = [a, b[$ stetig, aber unbeschränkt, so liegt in $x = b$ eine Unendlichkeitsstelle vor. Für die Riemannsche Summendefinition des bestimmten Integrals ist die Beschränktheit des Integranden notwendig, und deshalb ist $\int_a^b f(x)\,dx$ zunächst nicht definiert. Wohl aber ist $f(x)$ in jedem Intervall $[a, b-\varepsilon]$ mit $0 < \varepsilon < b - a$ integrierbar, d. h., $\int_a^{b-\varepsilon} f(x)\,dx$ existiert für jedes ε mit $0 < \varepsilon < b - a$. Existiert auch der Grenzwert $\lim\limits_{\varepsilon\to 0} \int_a^{b-\varepsilon} f(x)\,dx$, dann heißt dieser *uneigentliches Integral* der Funktion $f(x)$ von a bis b und wird mit $\int_a^b f(x)\,dx$ bezeichnet; man nennt in diesem Falle das uneigentliche Integral $\int_a^b f(x)\,dx$ *konvergent*; anderenfalls heißt es *divergent*. Konvergiert $\int_a^b |f(x)|\,dx$, dann heißt $\int_a^b f(x)\,dx$ *absolut konvergent*. Aus der absoluten Konvergenz folgt die gewöhnliche Konvergenz.

Ist $f(x)$ im halboffenen Intervall $]a, b]$ stetig, aber unbeschränkt, dann existiert $\int_{a+\varepsilon}^b f(x)\,dx$ für jedes ε mit $0 < \varepsilon < b - a$, und man definiert:

Existiert der Grenzwert $\lim\limits_{\varepsilon\to 0} \int_{a+\varepsilon}^b f(x)\,dx$, dann heißt dieser *uneigentliches Integral* der Funktion $f(x)$ von a bis b, in Zeichen $\int_a^b f(x)\,dx$. Im Falle der Existenz dieses Grenzwertes heißt das uneigentliche Integral $\int_a^b f(x)\,dx$ *konvergent*; anderenfalls heißt es *divergent*.

Ist $f(x)$ für $a \leqslant x < c$, $c < x \leqslant b$ stetig und hat $f(x)$ den Wert c als Unendlichkeitsstelle, dann heißt $\lim\limits_{\varepsilon\to 0} \int_a^{c-\varepsilon} f(x)\,dx + \lim\limits_{\delta\to 0} \int_{c+\delta}^b f(x)\,dx$ im Falle der Existenz beider Summanden uneigentliches Integral der Funktion $f(x)$ von a bis b; in Zeichen: $\int_a^b f(x)\,dx$. Es konvergiert genau dann, wenn die beiden uneigentlichen Integrale $\int_a^c f(x)\,dx$ und $\int_c^b f(x)\,dx$ konvergieren.

Beispiele. 1: Die Funktion $f(x) = x^{-\alpha}$ mit $\alpha > 0$ (Abb. 20.2-8) ist mit Ausnahme des Nullpunktes überall stetig. In $x = 0$ liegt eine Unendlichkeitsstelle vor. Für $0 < \varepsilon < 1$ und $\alpha \neq 1$ ist

$I(\varepsilon) = \int\limits_\varepsilon^1 \frac{dx}{x^\alpha} = \frac{x^{1-\alpha}}{1-\alpha}\Big|_\varepsilon^1 = \frac{1}{1-\alpha}[1 - \varepsilon^{1-\alpha}]\cdot$ Danach ist $\lim\limits_{\varepsilon\to 0} I(\varepsilon) = \lim\limits_{\varepsilon\to 0} \int\limits_\varepsilon^1 \frac{dx}{x^\alpha} = \frac{1}{1-\alpha}$ für $\alpha < 1$, im Falle $\alpha \geqslant 1$ aber existiert $\lim\limits_{\varepsilon\to 0} F(\varepsilon)$ nicht.

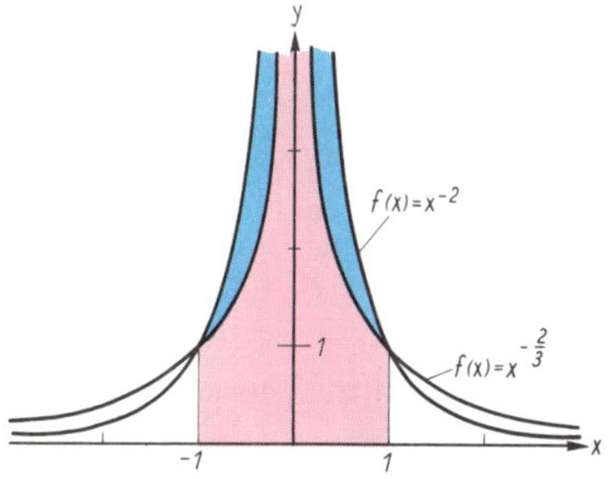

20.2-8 Graphische Darstellung des Verhaltens der Funktionen $f(x) = x^{-2/3}$ und $f(x) = x^{-2}$ in der Umgebung der Stelle $x = 0$

Das uneigentliche Integral $\int\limits_0^1 \frac{dx}{x^\alpha}$ konvergiert danach für $\alpha < 1$ und divergiert für $\alpha \geqslant 1$.

2: Das uneigentliche Integral $\int\limits_a^b \frac{M}{(b-x)^\alpha}\,dx$ mit $M = \text{const}$ ist für $\alpha < 1$ konvergent wegen

$$\lim_{\varepsilon\to 0} \int\limits_a^{b-\varepsilon} \frac{M}{(b-x)^\alpha}\,dx = \lim_{\varepsilon\to 0} \frac{M}{\alpha - 1}\,[(b-x)^{1-\alpha}]_a^{b-\varepsilon}$$
$$= \frac{M}{1-\alpha}(b-a)^{1-\alpha}.$$

3: Das uneigentliche Integral $\int\limits_0^1 \frac{dx}{\sqrt{1-x^2}}$ konvergiert, denn es gilt $\lim\limits_{\varepsilon\to 0} \int\limits_0^{1-\varepsilon} \frac{dx}{\sqrt{1-x^2}} = \lim\limits_{\varepsilon\to 0} \arcsin(1-\varepsilon)$ $= \arcsin 1 = \pi/2$.

Gibt es für eine Funktion $f(x)$, die in $[a, b[$ stetig ist und in b eine Unendlichkeitsstelle hat, eine Zahl α mit $0 < \alpha < 1$ und eine Schranke $M > 0$ mit $|f(x)| \leqslant \frac{M}{(b-x)^\alpha}$ für x aus $[a, b[$, dann gilt nach Beispiel 2:

$$\int\limits_a^b |f(x)|\,dx = \lim_{\varepsilon\to 0} \int\limits_a^{b-\varepsilon} |f(x)|\,dx \leqslant \lim_{\varepsilon\to 0} \int\limits_a^{b-\varepsilon} \frac{M}{(b-x)^\alpha} = \frac{M}{1-\alpha}(b-a)^{1-\alpha}.$$

Damit erhält man das folgende *Majorantenkriterium für die Konvergenz eines uneigentlichen Integrals.*

Ist die Funktion $f(x)$ im Intervall $a \leqslant x < b$ stetig und hat b als Unendlichkeitsstelle, gibt es eine Zahl α mit $0 < \alpha < 1$, so daß die Funktion $(b-x)^\alpha f(x)$ in $[a, b[$ beschränkt ist, dann konvergiert das uneigentliche Integral $\int\limits_a^b f(x)\,dx$ absolut.

Ein entsprechender Satz gilt, wenn die untere Grenze a Unendlichkeitsstelle von $f(x)$ ist.

Man spricht vom *Cauchyschen Hauptwert* (H) $\int\limits_a^b f(x)\,dx$ des uneigentlichen Integrals $\int\limits_a^b f(x)\,dx$, falls die Funktion $f(x)$ in $a \leqslant x < c$ und in $c < x \leqslant b$ stetig ist, falls c eine Unendlichkeitsstelle von $f(x)$ ist und falls der Grenzwert $\lim\limits_{\varepsilon\to 0} \left\{\int\limits_a^{c-\varepsilon} f(x)\,dx + \int\limits_{c+\varepsilon}^b f(x)\,dx\right\}$ existiert.

Beispiel 4: Das bestimmte Integral $\int\limits_{-1}^{+1} \frac{dx}{x}$ existiert nicht, da die Funktion $1/x$ in $[-1, +1]$ unbeschränkt ist. Auch die uneigentlichen Integrale $\int\limits_{-1}^{0} \frac{dx}{x}$ und $\int\limits_0^1 \frac{dx}{x}$ konvergieren nicht (vgl. Beispiel 1). Es existiert aber der Cauchysche Hauptwert des uneigentlichen Integrals $\int\limits_{-1}^{+1} \frac{dx}{x}$, denn es gilt:

$$\lim_{\varepsilon\to 0} \left\{\int\limits_{-1}^{-\varepsilon} \frac{dx}{x} + \int\limits_{\varepsilon}^{1} \frac{dx}{x}\right\} = \lim_{\varepsilon\to 0} \left\{\ln|x|\Big|_{-1}^{-\varepsilon} + \ln|x|\Big|_{\varepsilon}^{1}\right\} = \lim_{\varepsilon\to 0} \{\ln\varepsilon - \ln\varepsilon\} = 0.$$

2. *Unbeschränktes Integrationsintervall:* Ist eine Funktion $f(x)$ für $x \geqslant a$ stetig und existiert der Grenzwert $\lim\limits_{r\to\infty} \int\limits_a^r f(x)\,dx$, so heißt dieser Grenzwert das *uneigentliche Integral der Funktion $f(x)$ von a bis $+\infty$* und wird mit $\int\limits_a^\infty f(x)\,dx$ bezeichnet. Entsprechend bedeutet $\int\limits_{-\infty}^a f(x)\,dx$ das *uneigentliche Integral einer Funktion $f(x)$ von $-\infty$ bis a,* falls diese Funktion für $x \leqslant a$ stetig ist und der

Grenzwert $\lim\limits_{r \to -\infty} \int\limits_r^a f(x)\,\mathrm{d}x$ existiert. Für eine Funktion $f(x)$, die für alle x stetig ist, heißt die Summe $\int\limits_{-\infty}^a f(x)\,\mathrm{d}x + \int\limits_a^\infty f(x)\,\mathrm{d}x$ das *uneigentliche Integral dieser Funktion* $f(x)$ *von* $-\infty$ *bis* $+\infty$ und wird mit $\int\limits_{-\infty}^{+\infty} f(x)\,\mathrm{d}x$ bezeichnet, falls diese beiden Grenzwerte existieren. Im Falle der Existenz dieser Grenzwerte heißen die entsprechenden uneigentlichen Integrale *konvergent*, anderenfalls *divergent*. Sie heißen *absolut konvergent*, wenn die entsprechenden Integrale der Funktion $|f(x)|$ konvergieren. Auch bei diesen uneigentlichen Integralen folgt aus der absoluten Konvergenz die gewöhnliche Konvergenz.

Beispiele. 5: Die Funktion $f(x) = \dfrac{1}{x^\alpha}$ mit $\alpha > 0$ ist für alle $x \geqslant a > 0$ stetig. Ferner ist

$$\lim_{r\to\infty} \int_a^r \frac{\mathrm{d}x}{x^\alpha} = \lim_{r\to\infty} \frac{1}{\alpha-1}\left[\frac{1}{a^{\alpha-1}} - \frac{1}{r^{\alpha-1}}\right] = \frac{a^{1-\alpha}}{\alpha-1} \quad \text{für } \alpha > 1 \quad \text{bzw.} \quad \infty \quad \text{für} \quad \alpha < 1.$$

Für $\alpha = 1$ ist $\lim\limits_{r\to\infty} \int\limits_a^r \dfrac{\mathrm{d}x}{x} = \lim\limits_{r\to\infty} \ln x \Big|_a^r = +\infty.$

Das uneigentliche Integral $\int\limits_a^\infty \dfrac{\mathrm{d}x}{x^\alpha}$ konvergiert deshalb für $\alpha > 1$ und divergiert für $\alpha \leqslant 1$.

6: $\int\limits_{-\infty}^0 \mathrm{e}^x\,\mathrm{d}x = \lim\limits_{r\to-\infty} \int\limits_r^0 \mathrm{e}^x\,\mathrm{d}x = \lim\limits_{r\to-\infty} \mathrm{e}^x \Big|_r^0 = \lim\limits_{r\to-\infty} (1 - \mathrm{e}^r) = 1.$

Ist die Funktion $f(x)$ für $x \geqslant a > 0$ stetig und gibt es eine Zahl $\alpha > 1$ sowie eine Schranke $M > 0$ mit $|f(x)| \leqslant \dfrac{M}{x^\alpha}$ für $x \geqslant a$, dann gilt nach Beispiel 1 die Abschätzung:

$$\int_a^\infty |f(x)|\,\mathrm{d}x = \lim_{r\to\infty} \int_a^r |f(x)|\,\mathrm{d}x \leqslant \lim_{r\to\infty} \int_a^r \frac{M}{x^\alpha}\,\mathrm{d}x = M \lim_{r\to\infty} \int_a^r \frac{\mathrm{d}x}{x^\alpha} = \frac{M}{\alpha-1} a^{1-\alpha}.$$

Danach gilt das folgende Majorantenkriterium.

Ist die Funktion $f(x)$ für $x \geqslant a$ stetig und gibt es eine Zahl $\alpha > 1$, so daß die Funktion $x^\alpha f(x)$ für alle $x \geqslant a$ beschränkt ist, dann konvergiert das uneigentliche Integral $\int\limits_a^\infty f(x)\,\mathrm{d}x$ absolut.

Ein analoger Satz gilt für die Konvergenz von $\int\limits_{-\infty}^a f(x)\,\mathrm{d}x$.

Beispiele. 7: Für $x \geqslant 1$ gilt: $f(x) = \dfrac{1}{\sqrt{1+x^4}} < \dfrac{1}{x^2}$. Die Funktion $x^2 f(x)$ ist deshalb nach oben durch 1, nach unten durch 0 beschränkt, d. h., nach dem Majorantenkriterium konvergiert $\int\limits_1^\infty \dfrac{\mathrm{d}x}{\sqrt{1+x^4}}$.

8: Es gilt (Abb. 20.2-9)

$$\int_{-\infty}^{+\infty} \frac{\mathrm{d}x}{1+x^2} = \int_{-\infty}^{0} \frac{\mathrm{d}x}{1+x^2} + \int_0^{+\infty} \frac{\mathrm{d}x}{1+x^2}$$

$$= \lim_{r\to-\infty} \int_r^0 \frac{\mathrm{d}x}{1+x^2} + \lim_{r\to\infty} \int_0^r \frac{\mathrm{d}x}{1+x^2}$$

$$= \lim_{r\to-\infty} \arctan x \Big|_r^0 + \lim_{r\to\infty} \arctan x \Big|_0^r = +\pi/2 + \pi/2 = \pi.$$

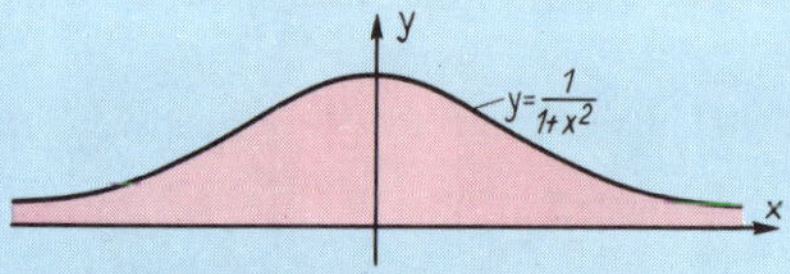

20.2-9 Fläche unter der Kurve der Funktion $y = \dfrac{1}{1+x^2}$

Gammafunktion. Die Frage nach einer Funktion, die für positive ganzzahlige Argumente die Werte der Fakultäten $0! = 1, 1! = 1, \ 2! = 1 \cdot 2 = 2, \ 3! = 1 \cdot 2 \cdot 3 = 6, \ldots, n! = 1 \cdot 2 \cdots n$ annimmt, konnte EULER durch Angabe eines uneigentlichen Integrals beantworten. LEGENDRE bezeichnete sie als Eulersche Gammafunktion $\Gamma(x) = \int\limits_0^{+\infty} e^{-t} t^{x-1} \, dt$. Sie wird für jedes x durch ein uneigentliches Integral dargestellt. Dieses Integral konvergiert für alle x mit Ausnahme von $x = 0, -1, -2, \ldots$ In diesen Stellen hat die Gammafunktion Pole erster Ordnung. GAUSS gab folgende Definition für $\Gamma(x)$ in Form eines unendlichen Produktes:

$$\Gamma(x) = x^{-1} \prod_{n=1}^{\infty} [(1 + 1/n)^x (1 + x/n)^{-1}].$$

Seine Faktoren erhält man durch Einsetzen von $n = 1, 2, 3, \ldots$ in der eckigen Klammer. Aus der Funktionalgleichung $\Gamma(x + 1) = x\,\Gamma(x)$ und aus dem Werte $\Gamma(1) = 1$ folgt für ganzzahlige Argumente $n = 1, 2, 3, \ldots$ die Beziehung $\Gamma(n + 1) = n\Gamma(n) = n!$

Eulersche Gammafunktion	$\Gamma(x) = \int\limits_0^{+\infty} e^{-t} t^{x-1} \, dt, \ x > 0$
Gaußsche Definition der Gammafunktion $\Gamma(x)$	$\Gamma(x) = \lim\limits_{n \to \infty} \dfrac{n!\, n^{x-1}}{x(x+1)(x+2) \cdots (x+n-1)}, \ x \neq 0, -1, -2, \ldots$ $\Gamma(x) = x^{-1} \prod\limits_{n=1}^{\infty} \left[\left(1 + \dfrac{1}{n}\right)^x \left(1 + \dfrac{x}{n}\right)^{-1}\right]$
Funktionalgleichungen für $\Gamma(x)$	$\Gamma(x + 1) = x\Gamma(x)$; $\quad \Gamma(x)\,\Gamma(1 - x) = \dfrac{\pi}{\sin(\pi x)}$; $\Gamma\left(\dfrac{1}{2} + x\right) \Gamma\left(\dfrac{1}{2} - x\right) = \dfrac{\pi}{\cos(\pi x)}$; $\quad \Gamma(x)\,\Gamma(-x) = \dfrac{-\pi}{x \sin(\pi x)}$

20.3. Anwendungen der Integralrechnung

Quadratur

Unter Quadratur versteht man die Berechnung des Inhaltes ebener Flächenstücke. Für eine positive stetige Funktion $f(x)$ im Intervall $[a, b]$ ist das Integral $\int\limits_a^b f(x) \, dx$ gleich dem Inhalt der Fläche, die von der Kurve, der x-Achse und den Ordinaten $x = a, x = b$ eingeschlossen wird. Hat $f(x)$ auch negative Funktionswerte, dann zerlegt man das Integrationsintervall in zwei Klassen von Teilintervallen, und zwar in die Klasse von Intervallen, in denen $f(x) \geqslant 0$ ist, und in die Klasse, in denen $f(x) < 0$ ist. Die Integrale über die Teilintervalle der zweiten Klasse sind dann < 0. Man sagt auch, die entsprechenden Inhalte seien negativ orientiert. Um den Inhalt der Gesamtfläche, d. h. jener Fläche „zwischen der Kurve und der x-Achse", zu erhalten, muß man die Integrale der zweiten Klasse von denen der ersten Klasse subtrahieren.

Beispiel 1: Um den Inhalt der Fläche zwischen der Kurve von $f(x) = \sin x$ und der x-Achse im Intervall $[0, 4\pi]$ zu berechnen, unterscheidet man die Intervalle $[0, \pi]$, $[2\pi, 3\pi]$, in denen $\sin x \geqslant 0$, von den Intervallen $]\pi, 2\pi[$, $]3\pi, 4\pi[$, in denen $\sin x < 0$ gilt. Für den Inhalt der Fläche „zwischen Kurve und x-Achse" bekommt man dann

$$F = \int\limits_0^{\pi} \sin x \, dx + \int\limits_{2\pi}^{3\pi} \sin x \, dx - \int\limits_{\pi}^{2\pi} \sin x \, dx - \int\limits_{3\pi}^{4\pi} \sin x \, dx$$

$$= - \left[\cos x \Big|_0^{\pi} + \cos x \Big|_{2\pi}^{3\pi} - \cos x \Big|_{\pi}^{2\pi} - \cos x \Big|_{3\pi}^{4\pi} \right] = 8.$$

Um die Funktion $f(x) = \sin x$ zu integrieren, braucht man keine Teilintervalle zu unterscheiden und erhält: $\int\limits_0^{4\pi} \sin x \, dx = -\cos x \Big|_0^{4\pi} = 0.$

Beispiel 2: Quadratur der *Neilschen Parabel* $y = a\sqrt{x^3}$ (Abb. 20.3-1). $F = a\int\limits_0^g x^{3/2}\,dx = {}^2/_5 a\sqrt{g^5}$. Setzt man $h = a\sqrt{g^3}$, so gilt $F = {}^2/_5\,gh$, die Fläche F ist somit um ${}^1/_{10}\,gh$ kleiner als das rechtwinklige Dreieck mit der Grundlinie g und der Höhe h.

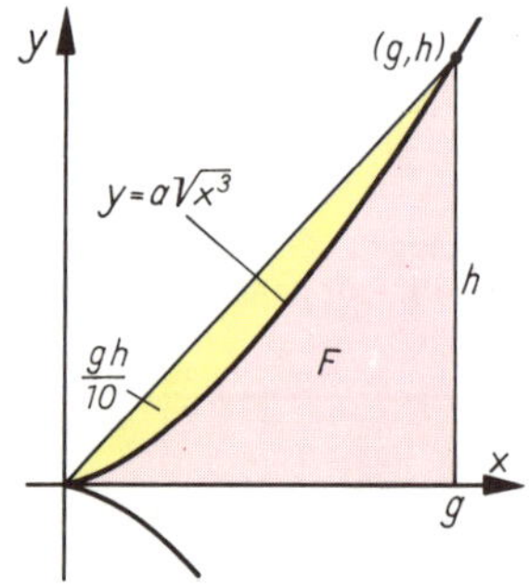

20.3-1 Fläche unter dem positiven Ast der Neilschen Parabel

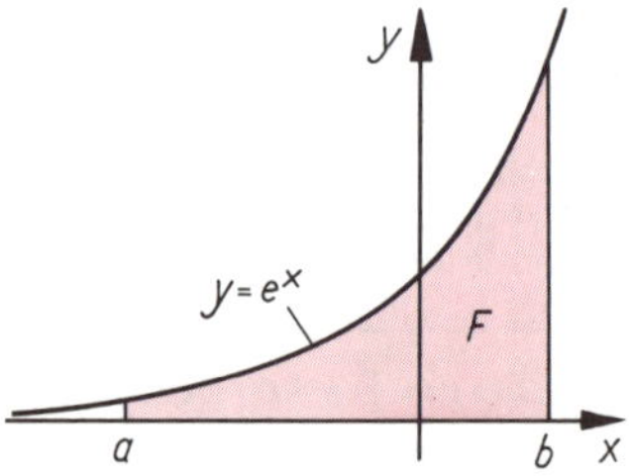

20.3-2 Fläche unter der Kurve der Exponentialfunktion $y = e^x$

Beispiel 3: Quadratur der *Exponentialkurve* $y = e^x$ von $x = a$ bis $x = b$. Es ist $\int\limits_a^b e^x\,dx = e^b - e^a$. Für $a \to -\infty$ ergibt sich $F = e^b$; für $b = 0$ z. B. wird $F = 1$. Das uneigentliche Integral $\int\limits_{-\infty}^b e^x\,dx$ (Abb. 20.3-2) konvergiert; diese ins Unendliche sich erstreckende Fläche hat einen endlichen Flächeninhalt.

Beispiel 4: Quadratur der *gleichseitigen Hyperbel* $y = k^2/x$ von $x = a$ bis $x = b$; $k^2\int\limits_a^b \frac{dx}{x} = k^2(\ln b - \ln a)$; $F = k^2 \ln (b/a)$. Hier begrenzt das Bild einer rationalen Funktion eine Fläche, deren Maßzahl durch eine transzendente Funktion geliefert wird (Abb. 20.3-3).

Beispiel 5: Quadratur der *Sinuskurve* $y = \sin x$ von $x = 0$ bis $x = \pi$; $\int\limits_0^\pi \sin x\,dx = \cos 0 - \cos \pi$; $F = 2$.

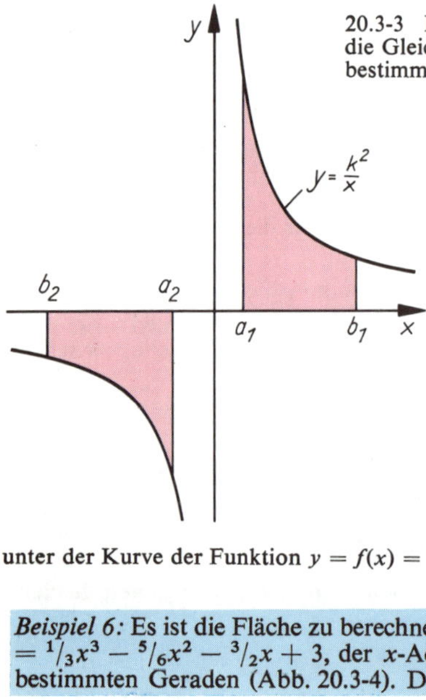

20.3-3 Fläche unter der durch die Gleichung $y = k^2/x$ bestimmten Hyperbel

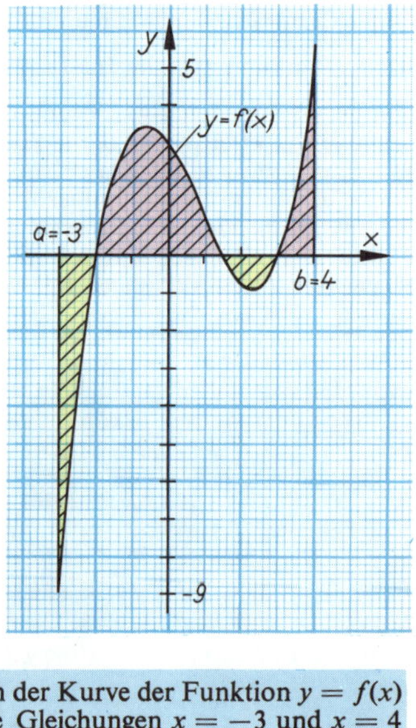

20.3-4 Fläche unter der Kurve der Funktion $y = f(x) = {}^1/_3x^3 - {}^5/_6x^2 - {}^3/_2x + 3$

Beispiel 6: Es ist die Fläche zu berechnen, die begrenzt wird von der Kurve der Funktion $y = f(x) = {}^1/_3x^3 - {}^5/_6x^2 - {}^3/_2x + 3$, der x-Achse und den durch die Gleichungen $x = -3$ und $x = 4$ bestimmten Geraden (Abb. 20.3-4). Die Funktion hat im Intervall $-3 \leqslant x \leqslant 4$ die Nullstellen

$x_1 = -2$; $x_2 = 3/2$; $x_3 = 3$. Läßt man die Orientierung der Flächeninhalte außer acht, so ist die Fläche die Summe der absoluten Beträge aller Teilintegrale. Man erhält wegen

$$\int (^1/_3x^3 - {}^5/_6x^2 - {}^3/_2x + 3)\,\mathrm{d}x = F(x) + C = {}^1/_{12}x^4 - {}^5/_{18}x^3 - {}^3/_4x^2 + 3x + C$$

für die Fläche F

$$F = \left|\int_{-3}^{-2} f(x)\,\mathrm{d}x\right| + \left|\int_{-2}^{3/2} f(x)\,\mathrm{d}x\right| + \left|\int_{3/2}^{3} f(x)\,\mathrm{d}x\right| + \left|\int_{3}^{4} f(x)\,\mathrm{d}x\right|$$

$$= \left|F(x)\Big|_{-3}^{-2}\right| + \left|F(x)\Big|_{-2}^{3/2}\right| + \left|F(x)\Big|_{3/2}^{3}\right| + \left|F(x)\Big|_{3}^{4}\right|$$

$$= |-5{,}444 + 1{,}5| + |2{,}297 + 5{,}444| + |1{,}5 - 2{,}297| + |3{,}556 - 1{,}5|$$

$$= |-3{,}944| + |7{,}741| + |-0{,}797| + |2{,}056| = 14{,}538.$$

Mit Hilfe der Integralrechnung können die aus der Planimetrie bekannten Flächenformeln hergeleitet werden. Als Beispiele sollen hier die Formeln für Trapez, Kreis und Ellipse entwickelt werden.

Beispiel 7: Flächeninhalt des Trapezes. Die Fläche unter der Geraden $y = mx + a$ über der x-Achse zwischen den Grenzen $x = 0$ und $x = h$ ist zu berechnen: $\int_0^h (mx + a)\,\mathrm{d}x = mh^2/2 + ah$ $= {}^1/_2h(mh + 2a)$; mit $mh + a = b$ (Abb. 20.3-5) ergibt sich die bekannte Trapezformel $A = {}^1/_2h(a + b)$.

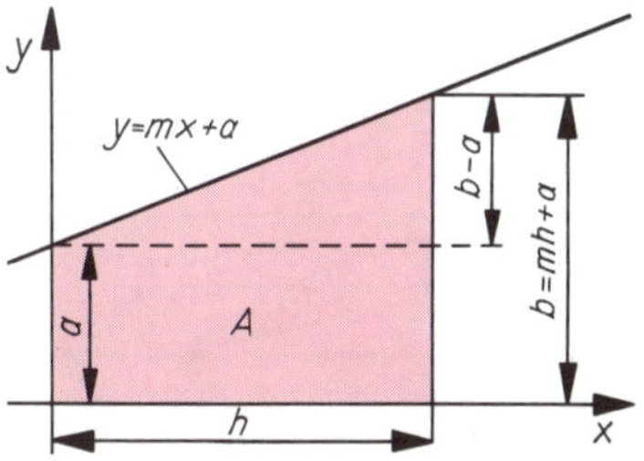

20.3-5 Zur Flächenformel für das Trapez

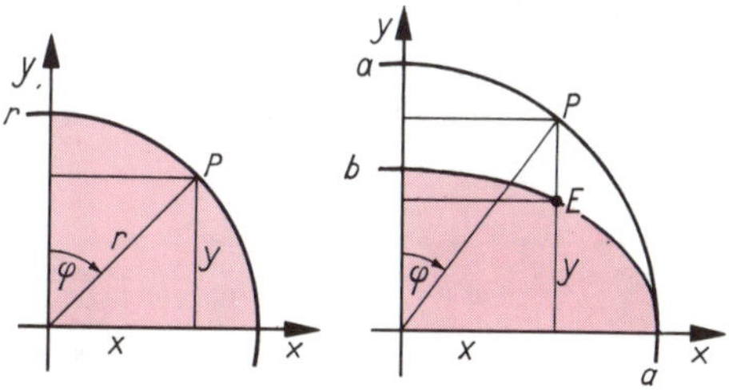

20.3-6 Zur Flächenformel für Kreis und Ellipse

Beispiel 8: Flächeninhalt des Kreises. Ein Viertel der Kreisfläche A (Abb. 20.3-6) liegt unter dem Bogen $y = \sqrt{r^2 - x^2}$ zwischen den Grenzen $x = 0$ und $x = r$. Substituiert man $x = r \sin\varphi$, $\mathrm{d}x = r\cos\varphi\,\mathrm{d}\varphi$, so erhält man $A/4 = \int_0^r \sqrt{r^2 - x^2}\,\mathrm{d}x = \int_0^{\pi/2} r^2\cos^2\varphi\,\mathrm{d}\varphi = \frac{r^2}{2}\Big[\sin\varphi\cos\varphi + \varphi\Big]_0^{\pi/2}$ $= (r^2/2)\cdot(\pi/2) = \pi r^2/4$ oder $A = \pi r^2$.

Beispiel 9: Flächeninhalt der Ellipse. Ein Viertel der Ellipsenfläche F (Abb. 20.3-6) liegt unter dem Bogen $y = (b/a)\sqrt{a^2 - x^2}$ zwischen den Grenzen $x = 0$ und $x = a$. Aus der Parameterdarstellung der Ellipse $x = a\sin\varphi$, $y = b\cos\varphi$ erhält man $\mathrm{d}x = a\cos\varphi\,\mathrm{d}\varphi$ und damit den vierten Teil der Fläche der Ellipse:

$$F/4 = \int_0^{\pi/2} ab\cos^2\varphi\,\mathrm{d}\varphi = (\pi/4)\cdot ab, \quad \text{d. h.,} \quad F = \pi ab.$$

Fläche zwischen zwei Kurven. Wird ein Flächenstück von zwei sich schneidenden Kurven eingeschlossen, so berechnet man seinen Flächeninhalt als Betrag der Differenz der Flächeninhalte unter beiden Kurven. Die Integrationsgrenzen sind dabei die Abszissen x_1, x_2 zweier benachbarter Schnittpunkte beider Kurven (Abb. 20.3-7).

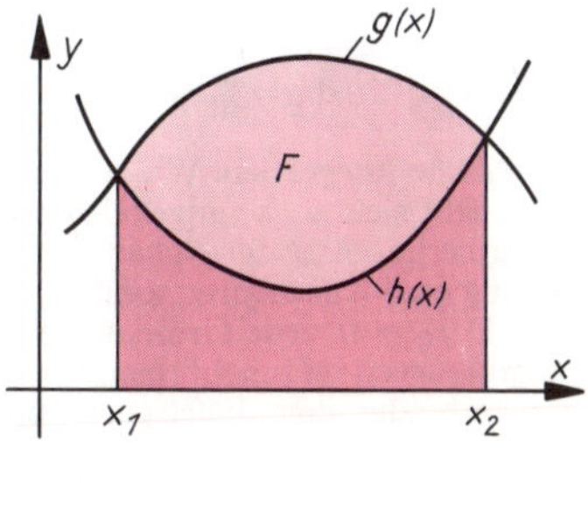

20.3-7 Fläche zwischen zwei Kurven

Das Integral $\int_{x_1}^{x_2} g(x)\,dx$ liefert den Flächeninhalt unter der Kurve $g(x)$, das Integral $\int_{x_1}^{x_2} h(x)\,dx$ den Flächeninhalt unter der Kurve $h(x)$. Der Flächeninhalt F der von beiden Kurven eingeschlossenen Fläche ist der Betrag der Differenz beider Integrale $F = \left|\int_{x_1}^{x_2} g(x)\,dx - \int_{x_1}^{x_2} h(x)\,dx\right|$. Da beide Integrale gleiche Grenzen haben, lassen sie sich zu einem Integral zusammenfassen. Liegen zwischen den Schnittpunktabszissen x_1 und x_2 Kurventeile unterhalb der x-Achse, so denkt man sich beide Kurven in Richtung der y-Achse verschoben, bis das eingeschlossene Flächenstück vollkommen oberhalb der x-Achse liegt. Beide Funktionen ändern sich dabei um die gleiche additive Konstante, und diese fällt bei der Subtraktion weg.

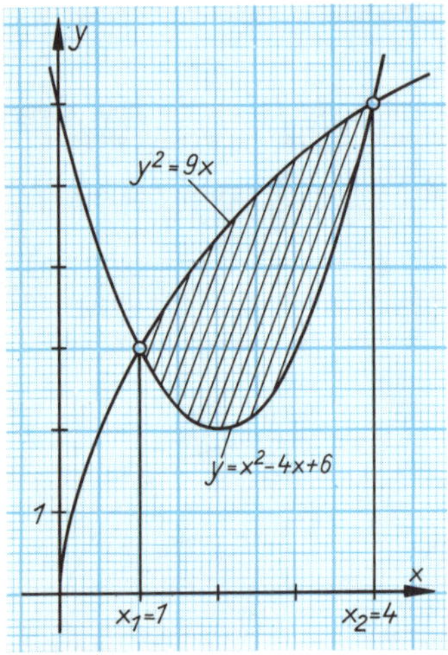

20.3-8 Fläche zwischen den Kurven der Funktionen $y^2 = 9x$ und $y = x^2 - 4x + 6$

Fläche zwischen zwei Kurven	$F = \left|\int_{x_1}^{x_2} [g(x) - h(x)]\,dx\right|$

Beispiel 10: Die Kurven der Funktionen $y^2 = 9x$ und $y = x^2 - 4x + 6$ (Abb. 20.3-8) schneiden sich in den Punkten (1, 3) und (4, 6). Für $g(x) - h(x)$ erhält man $g(x) - h(x) = (3\sqrt{x} - x^2 + 4x - 6)$, d. h. für die Fläche

$$F = \int_1^4 (3x^{1/2} - x^2 + 4x - 6)\,dx$$

$$= [2x\sqrt{x} - {}^1/_3 x^3 + 2x^2 - 6x]_1^4 = 5.$$

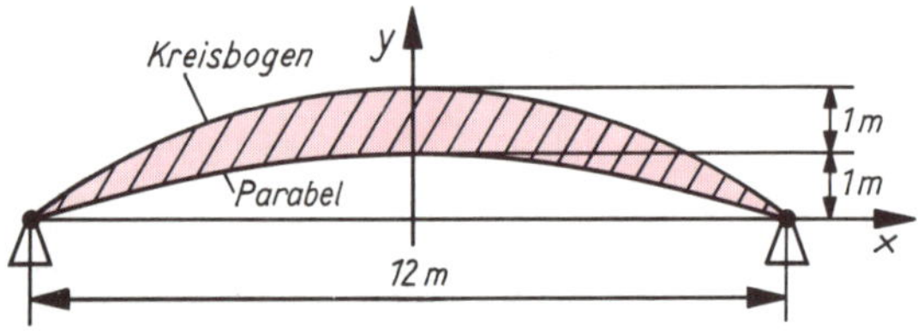

20.3-9 Zum Sichelträger

Beispiel 11: Ein Sichelträger (Abb. 20.3-9) ist aus 10 mm dickem Stahlblech hergestellt. Welche Masse hat dieser Träger, wenn die obere Begrenzungslinie ein Kreisbogen, die untere eine Parabel ist und die Dichte des Stahls $\varrho = 7{,}8$ g/cm³ ist? – Die Maße sind der beigefügten Zeichnung zu entnehmen. Die Masse G ergibt sich als Produkt aus der Querschnittsfläche F, der Dicke s des Stahlblechs und der Dichte ϱ zu $G = F \cdot s \cdot \varrho$. Die Querschnittsfläche F wird mit Hilfe der Integralrechnung berechnet. Aus den für das gewählte Koordinatensystem gültigen allgemeinen Gleichungen $x^2 + (y - d)^2 = r^2$ für den Kreis und $y = ax^2 + c$ für die Parabel erhält man mit den gegebenen Maßen die speziellen Gleichungen $x^2 + (y + 8)^2 = 100$ für den Kreis und $y = -x^2/36 + 1$ für die Parabel. Mit $g(x) - h(x) = \sqrt{100 - x^2} - 8 + x^2/36 - 1$ ergibt sich für die Querschnittsfläche

$$F = 2\int_0^6 (\sqrt{100 - x^2} + x^2/36 - 9)\,dx$$

$$= 2\,[{}^1/_2\,(100 \arcsin(x/10) + x\sqrt{100 - x^2}) + x^3/108 - 9x]_0^6$$

$$= 2[{}^1/_2\,(100 \cdot 0{,}6435 + 48) - 52] = 8{,}36.$$

Nach den gegebenen Maßen hat der Sichelträger daher die Fläche 836 dm², und seine Masse beträgt $G = 836\ \text{dm}^2 \cdot 0{,}1\ \text{dm} \cdot 7{,}8\ \text{kg/dm}^3 = 652$ kg.

Graphische Integration. Wie man zu einer gegebenen Kurve graphisch die Ableitungskurve ermitteln kann, läßt sich auch umgekehrt aus der gegebenen Ableitungskurve eine zugehörige Integralkurve konstruieren. Aus der Schar der Integralkurven wird zunächst durch Angabe einer Anfangsbedingung eine Kurve ausgesondert, etwa die Integralkurve durch den Punkt P_0 mit den Koordinaten $x_0 = 1$; $y_0 = 0$. Jede Ordinate der Ableitungskurve $f(x)$ stellt den Anstieg der zu konstruierenden Integralkurven im zugehörigen Punkt dar. Lotet man daher die Ordinate $f(x_0) = f(1)$ auf die y-Achse und verbindet den dabei gewonnenen Punkt B_0 mit dem Punkt $A(-1, 0)$, so gibt wegen tan x_0

$= |B_0O| : 1 = f(x)$ die Gerade durch A und B_0 die Richtung der Integralkurve im Punkt P_0 an (Abb. 20.3-10). Eine Parallele zu dieser Richtung durch den Punkt P_0 ist Tangente der Integralkurve und stellt in einer kleinen Umgebung von P_0 angenähert die Integralkurve dar. Da weitere Punkte von ihr nicht bekannt sind, halbiert man durch eine Parallele zur y-Achse das Intervall von x_0 bis x_1 und verschiebt die Tangentenrichtung für den zu konstruierenden Punkt P_1 so, daß sie die zu P_0 gehörende Tangente auf der Halbierungslinie des Intervalls schneidet. Man erhält einen Polygonzug, der angenähert die Integralkurve darstellt.
Die Aufzeichnung einer Integralkurve nach vorgegebener Ableitungskurve kann auch mechanisch mit Hilfe eines *Integraphen* vorgenommen werden.

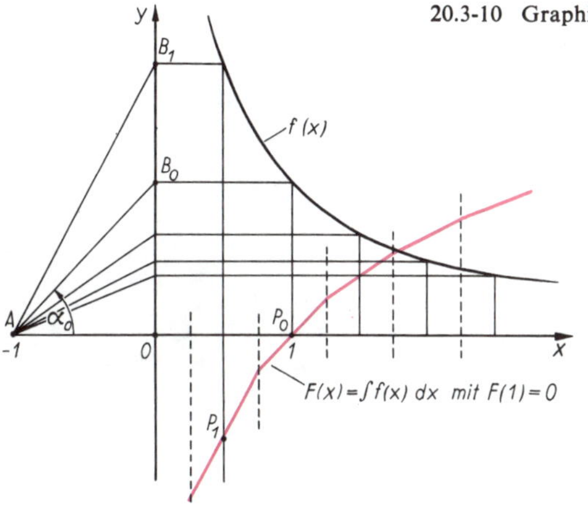

20.3-10 Graphische Integration

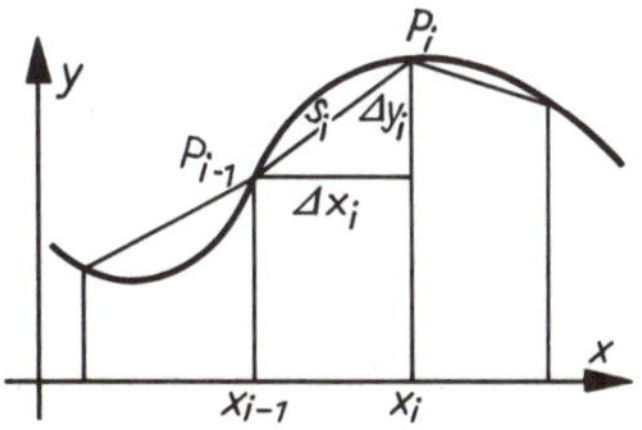

20.3-11 Zur Bogenlänge einer ebenen Kurve

Bogenlänge einer ebenen Kurve

Ist $\boldsymbol{K}$ das graphische Bild einer im Intervall $I = [a, b]$ stetig differenzierbaren Funktion $f(x)$, so läßt sich dem Kurvenstück $\boldsymbol{K}$ zwischen den Ordinaten $f(a)$ und $f(b)$ eine Länge zuordnen. Wie bei der Definition des Flächeninhalts führt man eine Zerlegung $\boldsymbol{Z}$ des Intervalls I in Teilintervalle $I_1, \ldots, I_n$ mit den Teilpunkten $a = x_0 < x_1 < \cdots < x_n = b$ und den Längen $l_i = \Delta x_i$ für $i = 1, \ldots, n$ durch. Verbindet man je zwei benachbarte Punkte $P_i = (x_i, f(x_i))$ mit $i = 0, 1, \ldots, n$ durch Geraden, so erhält man einen Polygonzug $\Pi_{\boldsymbol{Z}}$ (Abb. 20.3-11), durch dessen Länge die Länge von $\boldsymbol{K}$ im allgemeinen um so genauer approximiert wird, je kleiner die maximale Intervallänge $l = \max\limits_{1 \leqslant i \leqslant n} l_i$ ist. Nach dem Satz von Pythagoras ist $s_i = \sqrt{\Delta x_i^2 + \Delta y_i^2}$ mit $\Delta y_i = f(x_{i+1}) - f(x_i)$ die Länge der Sehne zwischen den Punkten P_i und P_{i+1}. Die Länge L des Polygonzuges $\Pi_{\boldsymbol{Z}}$ ist dann

$$L(\Pi_{\boldsymbol{Z}}) = \sum_{i=1}^{n} s_i = \sum_{i=1}^{n} \sqrt{\Delta x_i^2 + \Delta y_i^2} = \sum_{i=1}^{n} \sqrt{1 + (\Delta y_i/\Delta x_i)^2}\, \Delta x_i .$$

Man sagt, das Kurvenstück $\boldsymbol{K}$ hat eine endliche Bogenlänge, wenn es eine Zahl $C > 0$ gibt, so daß für alle Zerlegungen $\boldsymbol{Z}$ des Intervalls I gilt: $L(\Pi_{\boldsymbol{Z}}) \leqslant C$. Das Kurvenstück $\boldsymbol{K}$ wird *rektifizierbar* genannt, wenn es eine Bogenlänge hat, d.h., wenn die Längen der Polygonzüge bezüglich aller Zerlegungen von I beschränkt sind. Ist die Funktion $f(x)$ in I stetig differenzierbar, dann gibt es nach dem Mittelwertsatz der Differentialrechnung in jedem Teilintervall I_i der Zerlegung $\boldsymbol{Z}$ eine Stelle ξ_i mit $(\Delta y_i/\Delta x_i) = f'(\xi_i)$, d. h., es ist $L(\Pi_{\boldsymbol{Z}}) = \sum\limits_{i=1}^{n} \sqrt{1 + f'(\xi_i)^2}\, \Delta x_i$.

Wie bei der Definition des bestimmten Integrals betrachtet man eine ausgezeichnete Zerlegungsfolge $\{\boldsymbol{Z}_n\}$ des Intervalls I. Für diese gilt dann: $l_n \to 0$, $n \to \infty$, $\Delta x_i \to 0$. Die Summe $\sum\limits_{i=1}^{n} \sqrt{1 + f'(\xi_i)^2}$ strebt dann wegen der Stetigkeit von $f'(x)$ gegen das bestimmte Integral $\int\limits_a^b \sqrt{1 + f'(x)^2}\, dx$.

Es ist anschaulich evident, daß dieses bestimmte Integral gleich der oberen Grenze der Längen der Polygonzüge bei unbegrenzter Verfeinerung ist. Diese obere Grenze heißt *Bogenlänge* des Kurvenstückes $\boldsymbol{K}$.

Jedes Kurvenstück K, das im Intervall $[a, b]$ das graphische Bild einer stetig differenzierbaren Funktion $f(x)$ ist, ist rektifizierbar. Seine Bogenlänge ist

$$s(K) = \int_a^b \sqrt{1 + (f'(x))^2}\, dx.$$

Ist das Kurvenstück K in der Parameterdarstellung $x = x(t)$, $y = y(t)$, $t_1 \leqslant t \leqslant t_2$ gegeben, in der $x(t)$, $y(t)$ stetig differenzierbare Funktionen von t mit $x(t_1) = a$, $x(t_2) = b$ sind, dann gilt $dx = x'(t)\, dt$,

$$\frac{dy}{dx}(x) = f'(x) = \frac{y'(t)}{x'(t)} \quad \text{und} \quad s(K) = \int_{t_1}^{t_2} \sqrt{1 + \left(\frac{y'(t)}{x'(t)}\right)^2}\, x'(t)\, dt = \int_{t_1}^{t_2} \sqrt{[x'(t)]^2 + [y'(t)]^2}\, dt.$$

Kurvenstück	gegeben durch	hat die Bogenlänge
K	$y = f(x)$	$s(K) = \int_a^b \sqrt{1 + [f'(x)]^2}\, dx$
K	$x = x(t)$, $y = y(t)$	$s(K) = \int_{t_1}^{t_2} \sqrt{[x'(t)]^2 + [y'(t)]^2}\, dt$

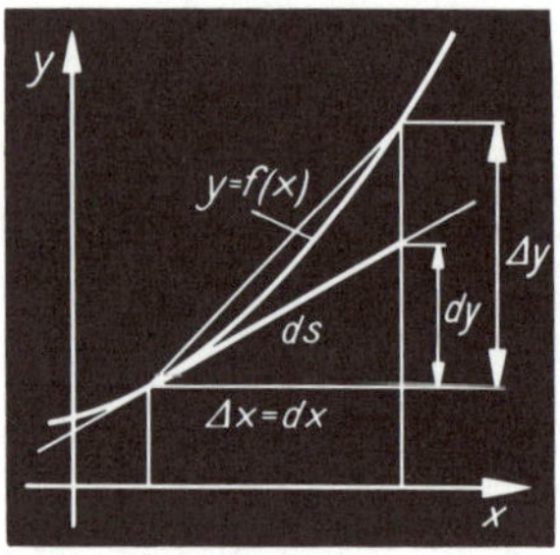

20.3-12 Zum Bogenelement

Bei fester unterer Grenze und variabler oberer Grenze x aus $[a, b]$ ist die Bogenlänge eine Funktion der oberen Grenze: $s(x) = \int_a^x \sqrt{1 + [y'(x)]^2}\, dx$. Ihr Differential $ds = \sqrt{1 + [y'(x)]^2}\, dx = \sqrt{dx^2 + dy^2}$ heißt *Bogenelement* oder auch *Bogendifferential* (Abb. 20.3-12).

Bogenelement	$ds = \sqrt{dx^2 + dy^2} = \sqrt{[x'(t)]^2 + [y'(t)]^2}\, dt = \sqrt{1 + [y'(x)]^2} \cdot dx$

Beispiel 1: Für den Kreisumfang U ergibt sich $y = \sqrt{r^2 - x^2}$; $y' = -\dfrac{x}{\sqrt{r^2 - x^2}}$; $1 + y'^2 = \dfrac{r^2}{r^2 - x^2}$;

$$U = 4 \int_0^r \frac{r}{\sqrt{r^2 - x^2}}\, dx = 4r \int_0^1 \frac{dz}{\sqrt{1 - z^2}} = 4r\, [\operatorname{Arcsin} z]_0^1 = 2\pi r.$$

Beispiel 2: Aus der Parameterdarstellung der gespitzten Zykloide $x = a(t - \sin t)$, $y = a(1 - \cos t)$ ergeben sich die Ableitungen $\dot{x} = a(1 - \cos t)$, $\dot{y} = a \sin t$ und das Bogenelement

$$ds = \sqrt{\dot{x}^2 + \dot{y}^2}\, dt = \sqrt{a^2(1 - \cos t)^2 + a^2 \sin^2 t}\, dt = a\sqrt{1 - 2\cos t + \cos^2 t + \sin^2 t}\, dt$$
$$= a\sqrt{2} \cdot \sqrt{1 - \cos t}\, dt = a\sqrt{2}\, \sqrt{2 \sin^2 (t/2)}\, dt = 2a \sin (t/2)\, dt.$$

Daraus erhält man die Bogenlänge $s = \int_0^{2\pi} \sqrt{\dot{x}^2 + \dot{y}^2}\, dt = 2a \int_0^{2\pi} \sin (t/2)\, dt = -4a[\cos (t/2)]_0^{2\pi} = 8a$.

Ein voller Bogen der gespitzten Zykloide hat die vierfache Länge vom Durchmesser des abrollenden Kreises.

20.4. Integration von Funktionen mehrerer Variabler

Da sich das bestimmte Integral als besonders geeignet zur Bestimmung des Flächeninhalts ebener Bereiche erweist, ist im Hinblick auf die Inhaltsberechnung beliebiger räumlicher Bereiche eine Verallgemeinerung dieses Integralbegriffs naheliegend. Ist über einem beschränkten meßbaren Bereich G des n-dimensionalen Raums $z = f(x_1, \ldots, x_n)$ eine beschränkte stetige Funktion, so zerlegt man G in eine endliche Anzahl meßbarer Teilbereiche und bildet wie bei der Definition des einfachen bestimmten Integrals mittels der Inhalte dieser Teilbereiche und des Maximums bzw. Minimums von $f(x_1, \ldots, x_n)$ in jedem dieser Teilbereiche die Ober- bzw. Untersumme. Haben diese Summen bei unbegrenzter Verfeinerung der Gebietsteilung den gleichen Grenzwert, so wird dieser Grenzwert *n-faches Gebietsintegral* von f über G genannt. Auf das auch *Doppelintegral* genannte zweifache Gebietsintegral, das die Berechnung des Volumens von Körpern möglich macht, die von gekrümmten Flächen begrenzt werden, wird im folgenden näher eingegangen. Der Integrationsbereich des n-fachen Integrals kann sich aber auch auf Mannigfaltigkeiten niederer Dimension reduzieren. Man spricht z. B. von einem *Kurvenintegral*, wenn für $n = 3$ diese Mannigfaltigkeit die Dimension 1 hat und eine Kurve darstellt, oder von einem *Flächenintegral*, wenn sie die Dimension 2 hat und eine Fläche darstellt.

Gebietsintegrale

Doppelintegral. Das bestimmte Integral wurde definiert als Grenzwert einer Summe aus Produkten, deren Faktoren die Längen Δx_i der Teilintervalle und die zugehörigen Ordinatenwerte $f(\xi_i)$ sind; dabei strebt die Anzahl n der Teilintervalle gegen Unendlich und die Länge des größten Teilintervalls gegen Null. An Stelle des Intervalls $[a, b]$ der Abszissenachse wird jetzt ein beschränktes Gebiet G im Definitionsbereich der Funktion $z = f(x, y)$ betrachtet und in n Gebietselemente ΔG_i mit $i = 1, 2, \ldots, n$ zerlegt. Der Einfachheit halber werde mit ΔG_i sowohl das Gebietselement als auch sein Flächeninhalt bezeichnet (Abb. 20.4-1).

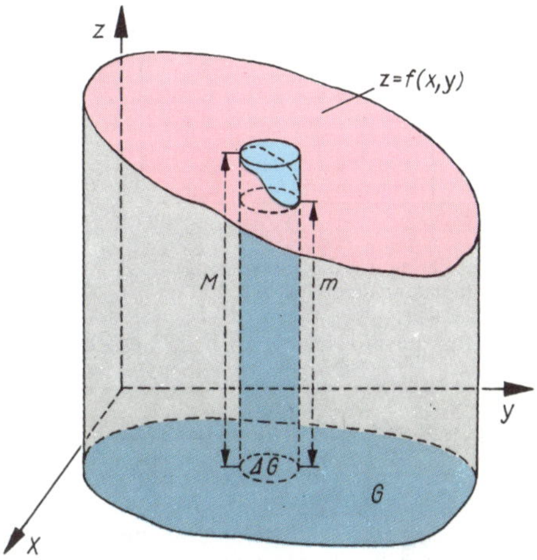

20.4-1 Volumen über G unter der durch $z = f(x, y)$ bestimmten Fläche

Ist die Funktion im betrachteten Gebiet stetig und beschränkt, so lassen sich mit dem Infimum γ_i in ΔG_i die Untersumme und mit dem Supremum Γ_i in ΔG_i die Obersumme bilden. Verfeinert man die Unterteilung von G beliebig, so ist für $\Delta G_i \to 0$ und $n \to \infty$ der Grenzwert der Folge der Untersummen gleich dem Grenzwert der Folge der Obersummen. Demselben Grenzwert strebt auch jede Folge von Zwischensummen $\sum_{i=1}^{n} f(\xi_i, \eta_i)\,\Delta G_i$ unabhängig von der Wahl der Zwischenstelle (ξ_i, η_i) in ΔG_i zu. Diesen *gemeinsamen Grenzwert* definiert man als *Gebietsintegral* der Funktion $z = f(x, y)$, erstreckt über das Gebiet G, auch *Doppelintegral* genannt, da zwei Integrationsveränderliche vorliegen.

Doppelintegral	$\iint\limits_G f(x, y)\,\mathrm{d}G = \lim\limits_{\substack{\Delta G_i \to 0\\ n \to \infty}} \sum_{i=1}^{n} \gamma_i\,\Delta G_i = \lim\limits_{\substack{\Delta G_i \to 0\\ n \to \infty}} \sum_{i=1}^{n} \Gamma_i\,\Delta G_i$

Die Existenz eines solchen Doppelintegrals ist auch gesichert, wenn die Funktion $z = f(x, y)$ in G beschränkt und stückweise stetig ist. Die Funktion heißt im Falle der Existenz des Doppelintegrals über G *integrierbar*.

Geometrische Deutung des Doppelintegrals. Das einfache bestimmte Integral kann als Inhalt der Fläche unter einer Kurve aufgefaßt werden. Entsprechend kann das Doppelintegral einer stetigen Funktion zweier Veränderlicher als Volumen unter einer Fläche $z = f(x, y)$ gedeutet werden (Abb. 20.4-1), wenn $z = f(x, y)$ in G nur positive Werte annimmt. Die ΔG_i sind Flächenelemente in der x, y-Ebene, die man nach dem Grenzübergang in kartesischen Koordinaten mit $\mathrm{d}x\,\mathrm{d}y$ und in Polarkoordinaten mit $r\,\mathrm{d}r\,\mathrm{d}\varphi$ bezeichnet.

Jedes Produkt $m_i\,\Delta G_i$ drückt das Volumen eines Zylinders mit ΔG_i als Grund- und Deckfläche und der Höhe m_i aus. Entsprechend bedeutet jedes Produkt $M_i\,\Delta G_i$ das Volumen eines Zylinders mit gleicher Grund- und Deckfläche, aber der Höhe M_i. Für das Volumen V unter der Fläche $z = f(x, y)$ gilt dann $\sum_{i=1}^{n} m_i\,\Delta G_i \leqslant V \leqslant \sum_{i=1}^{n} M_i\,\Delta G_i$; es wird von stufenförmig abgegrenzten Zylindersummen eingeschlossen. Bei weiterer Unterteilung wächst für $\Delta G_i \to 0$ und $n \to \infty$ die Folge der Untersummen monoton und die der Obersummen nimmt monoton ab. Beide haben denselben Grenzwert.

Berechnung des Doppelintegrals. Ein Doppelintegral kann in den meisten praktisch auftretenden Fällen durch zwei nacheinander auszuführende Integrationen über je eine Integrationsveränderliche berechnet werden. Das Integrationsgebiet G sei einfach berandet und habe mit dem achsenparallelen Rechteck $a_1 \leqslant x \leqslant a_2$, $b_1 \leqslant y \leqslant b_2$ die Punkte A_1, A_2, B_1, B_2 gemeinsam (Abb. 20.4-2).

Die Punkte A_1, A_2 zerlegen die Randkurve von G in einen Teil $A_1B_1A_2$, der das Bild der Funktion $y = y_1(x)$ ist, und in einen Teil $A_1B_2A_2$ als Bild der Funktion $y = y_2(x)$. Entsprechend zerlegen die Punkte B_1, B_2 die Randkurve in die Teile $B_1A_1B_2$ mit $x = x_1(y)$ und $B_1A_2B_2$ mit $x = x_2(y)$. Bei festgehaltenem $x = \xi_i$ sind $y_1(\xi_i)$ und $y_2(\xi_i)$ Anfangs- und Endwert eines Intervalls $y_1(\xi_i) \leqslant y \leqslant y_2(\xi_i)$, über das die Funktion $f(\xi_i, y)$ der einen Veränderlichen y zu integrieren ist;

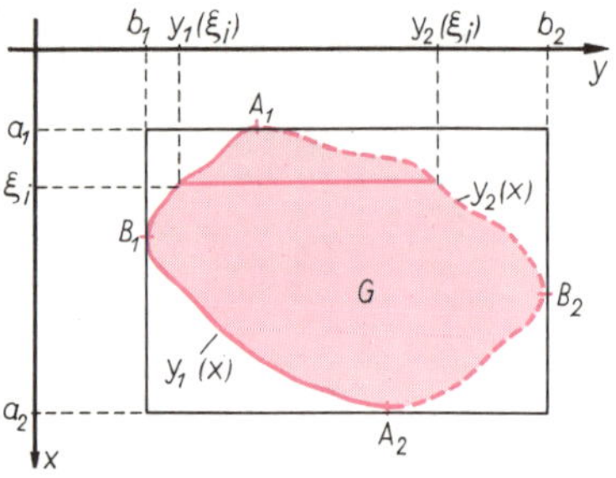

20.4-2 Zerlegung der Berandung des Integrationsgebietes G

$\varphi(\xi_i) = \int\limits_{y_1(\xi_i)}^{y_2(\xi_i)} f(\xi_i, y)\,\mathrm{d}y$ ist für feste Werte $x = \xi_i$ eine Konstante, für variable x-Werte aus $a_1 \leqslant x \leqslant a_2$ eine Funktion $\varphi(x)$ von x, die bei geeigneten Voraussetzungen über die Randkurve des Bereichs G stetig ist. Sie ist deshalb über dem Intervall $[a_1, a_2]$ integrierbar. Bei festgehaltenem $y = \eta_i$ ist analog das Integral $\psi(\eta_i) = \int\limits_{x_1(\eta_i)}^{x_2(\eta_i)} f(x, \eta_i)\,\mathrm{d}x$ eine Konstante, für variable y-Werte aber eine stetige Funktion $\psi(y)$ von y im Intervall $b_1 \leqslant y \leqslant b_2$ und folglich über diesem Intervall integrierbar. Es läßt sich zeigen, daß sich auf beiden Wegen derselbe Wert für das Doppelintegral ergibt. Das entspricht der Anschauung, daß $\varphi(x)$ die Flächeninhalte von Schnitten parallel zur x, z-Ebene und $\psi(y)$ die von Schnitten parallel zur y, z-Ebene desselben Körpers unter der Fläche $f(x, y) = z$ darstellen.

$$\iint\limits_G f(x, y)\,\mathrm{d}G = \int\limits_{x=a_1}^{x=a_2} \left(\int\limits_{y_1(x)}^{y_2(x)} f(x, y)\,\mathrm{d}y \right) \mathrm{d}x = \int\limits_{y=b_1}^{y=b_2} \left(\int\limits_{x_1(y)}^{x_2(y)} f(x, y)\,\mathrm{d}x \right) \mathrm{d}y$$

Für eine in Polarkoordinaten $x = r\cos\varphi$, $y = r\sin\varphi$ gegebene Funktion $\Phi(r, \varphi)$ nimmt das Gebietselement $\mathrm{d}G$ die Form $\mathrm{d}G = r\,\mathrm{d}r\,\mathrm{d}\varphi$ an, wie sich aus der Funktionaldeterminante (vgl. Raumelement) ergibt.

$$\begin{vmatrix} \dfrac{\partial x}{\partial r} & \dfrac{\partial y}{\partial r} \\ \dfrac{\partial x}{\partial \varphi} & \dfrac{\partial y}{\partial \varphi} \end{vmatrix} = \begin{vmatrix} \cos\varphi & \sin\varphi \\ -r\sin\varphi & +r\cos\varphi \end{vmatrix} = r$$

$$\iint\limits_G \Phi(r, \varphi)\,\mathrm{d}G = \int\limits_{\varphi_1}^{\varphi_2} \int\limits_{r_1(\varphi)}^{r_2(\varphi)} \Phi(r, \varphi)\, r\,\mathrm{d}r\,\mathrm{d}\varphi$$

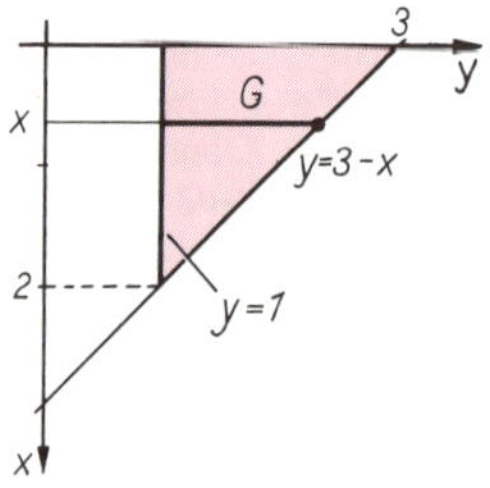

20.4-3 Integrationsgebiet G zwischen den Geraden mit den Gleichungen $x = 0$, $y = 1$ und $x + y = 3$

Beispiel 1: Für das Doppelintegral $\iint\limits_G (x + y)\,\mathrm{d}G$ sei G das Gebiet zwischen den Geraden mit den Gleichungen $x = 0$, $y = 1$ und $x + y = 3$ (Abb. 20.4-3).
In y-Richtung bei jeweils festgehaltenem x-Wert ist von der konstanten Grenze $y_1(x) = 1$ bis zur variablen Grenze $y_2(x) = 3 - x$ zu integrieren.

$$\varphi(x) = \int\limits_1^{3-x} (x + y)\,\mathrm{d}y = [xy + y^2/2]_1^{3-x} = x(3 - x) + {}^1/_2\,(3 - x)^2 - (x + {}^1/_2) = 4 - x - x^2/2.$$

Diese Funktion $\varphi(x)$ wird nun in x-Richtung integriert. Die Integrationsgrenzen ergeben sich aus $x = 3 - y$ für $y_1 = 3$ und $y_2 = 1$ zu $a_1 = x_1 = 0$ und $a_2 = x_2 = 2$. Der Wert des Integrals ist

$$\int\limits_0^2 (4 - x - x^2/2)\,\mathrm{d}x = [4x - x^2/2 - x^3/6]_0^2 = 8 - 2 - 4/3 = 14/3; \quad \int\limits_0^2 \int\limits_1^{3-x} (x + y)\,\mathrm{d}y\,\mathrm{d}x = 14/3.$$

Beispiel 2: Das Integrationsgebiet G für das Doppelintegral $\iint\limits_G xy\,\mathrm{d}G$ wird von den Kurven $(x - 1)^2 = 2y$ und $y = 2$ eingeschlossen, die sich in den Punkten $P_1(-1, 2)$ und $P_2(3, 2)$ schneiden (Abb. 20.4-4). Der Rand von G wird somit durch die Funktionen $y_1 = 2$ und $y_2 = {}^1/_2\,(x - 1)^2$ bzw. $x = 1 \pm \sqrt{2y}$ beschrieben. Die Rechnung wird einfacher, wenn man zuerst in x-Richtung integriert.

$$\int\limits_{-\sqrt{2y}+1}^{+\sqrt{2y}+1} xy\,\mathrm{d}x = \left[y\frac{x^2}{2} \right]_{-\sqrt{2y}+1}^{+\sqrt{2y}+1} = {}^1/_2\,y(\sqrt{2y} + 1)^2 - {}^1/_2\,y(1 - \sqrt{2y})^2 = 2\sqrt{2y^3};$$

$$2\sqrt{2} \int\limits_0^2 \sqrt{y^3}\,\mathrm{d}y = 2\sqrt{2}\,[{}^2/_5\,y^2\sqrt{y}]_0^2 = {}^{32}/_5; \quad \int\limits_0^2 \int\limits_{1-\sqrt{2y}}^{1+\sqrt{2y}} xy\,\mathrm{d}x\,\mathrm{d}y = {}^{32}/_5.$$

Bei geänderter Reihenfolge lautet die Rechnung $\int\limits_{1/2(x-1)^2}^{2} xy \, dy = [{}^1\!/_2 xy^2]_{1/2(x-1)^2}^{2}$

$$= 2x - {}^1\!/_8 x(x-1)^4 = -{}^1\!/_8 x^5 + {}^1\!/_2 x^4 - {}^3\!/_4 x^3 + {}^1\!/_2 x^2 + {}^{15}\!/_8 x = \varphi(x),$$

$$\int\limits_{-1}^{3} \varphi(x) \, dx = [-{}^1\!/_{48} x^6 + {}^1\!/_{10} x^5 - {}^3\!/_{16} x^4 + {}^1\!/_6 x^3 + {}^{15}\!/_{16} x^2]_{-1}^{3} = {}^{32}\!/_5.$$

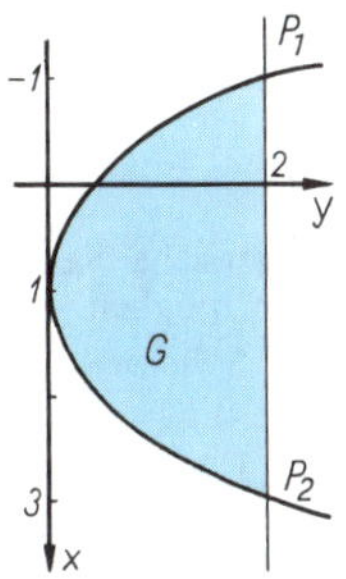

20.4-4 Integrationsgebiet G zwischen den Kurven der Funktionen $(x-1)^2 = 2y$ und $y = 2$

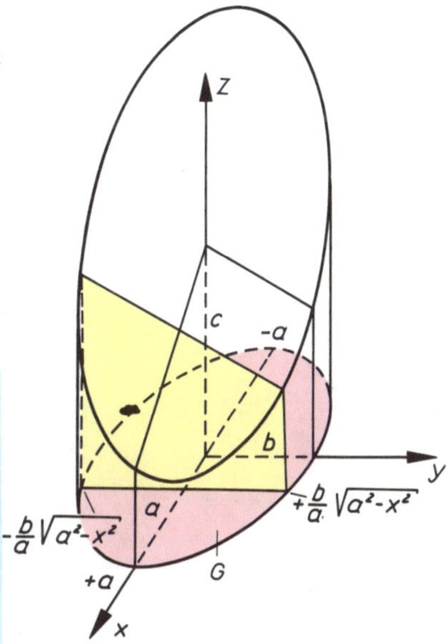

20.4-5 Schief abgeschnittener elliptischer Zylinder

Beispiel 3: Über der durch die Gleichung $\frac{x^2}{a^2} + \frac{y^2}{b^2} = 1$ gegebenen Ellipse der x, y-Ebene steht ein gerader Zylinder. Er wird durch die Ebene $z = f(x, y) = mx + ny + c$ schief abgeschnitten (Abb. 20.4-5); c soll so groß sein, daß die Ebene $z = f(x, y)$ die x, y-Ebene außerhalb der Ellipse schneidet.
Das Volumen dieses Zylinders ergibt sich als Wert des Gebietsintegrals $\iint\limits_G (mx + ny + c) \, dG$, wobei das Gebiet G durch die Gleichung $y = \pm \frac{b}{a}\sqrt{a^2 - x^2} = \pm\varphi(x)$ gegeben ist. Es gilt dann:

$$V = \int\limits_{-a}^{+a} \left[\int\limits_{-\varphi(x)}^{+\varphi(x)} (mx + ny + c) \, dy \right] dx = \int\limits_{-a}^{+a} \left[mxy + \frac{ny^2}{2} + cy \right]_{-\varphi(x)}^{+\varphi(x)} dx$$

$$= \int\limits_{-a}^{+a} 2\frac{b}{a}(mx + c)\sqrt{a^2 - x^2} \, dx = 2\frac{b}{a}\left[m\int\limits_{-a}^{+a} x\sqrt{a^2 - x^2} \, dx + c\int\limits_{-a}^{+a} \sqrt{a^2 - x^2} \, dx \right].$$

Das erste Integral mit dem Faktor m hat den Wert 0; z. B. kann die unbestimmte Integration mit Hilfe der Substitution $a^2 - x^2 = z$, $-2x \, dx = dz$ ausgeführt werden. Entsprechend führt $x = a \sin z$, $dx = a \cos z \, dz$ beim zweiten Integral zu dem Wert ${}^1\!/_2 \, a^2 c\pi$. Für das Volumen V erhält man danach $V = abc\pi$.

Raumintegrale

Entsprechend dem in der Einleitung zu diesem Abschnitt 20.4. skizzierten Weg gelangt man bei einer Funktion von drei unabhängigen Variablen $w = f(x, y, z)$ zu einem dreifachen Integral, auch *Raumintegral* genannt. Dazu zerlegt man ein beschränktes Gebiet R des Definitionsbereiches von $f(x, y, z)$ in n Raumelemente ΔR_i mit $i = 1, 2, \ldots, n$, deren Inhalte leicht bestimmbar sind. Ist die Funktion $f(x, y, z)$ in R stetig und beschränkt und bezeichnet auch hier wieder γ_i das Infimum von $f(x, y, z)$ in ΔR_i und Γ_i das Supremum von $f(x, y, z)$ in ΔR_i, dann kann man die Untersumme $\sum\limits_{i=1}^{n} \gamma_i \Delta R_i$ und die Obersumme $\sum\limits_{i=1}^{n} \Gamma_i \Delta R_i$ bilden, wenn auch der Inhalt von ΔR_i der Einfachheit halber mit ΔR_i bezeichnet wird. Ist (ξ_i, η_i, ζ_i) ein Zwischenwert in ΔR_i, dann ist $\sum\limits_{i=1}^{n} f(\xi_i, \eta_i, \zeta_i) \Delta R_i$ eine *Riemannsche Zwischensumme* von $f(x, y, z)$ in R. Verfeinert man wieder die Zerlegung von R durch Bildung einer beliebigen ausgezeichneten Zerlegungsfolge, d. h. einer solchen Folge von Zerlegungen von R mit $\Delta R = \max\limits_{1 \leq i \leq n} \Delta R_i \to 0$, dann hat die zugehörige Folge der Unter- und Obersummen und damit auch die Folge der Zwischensummen für $\Delta R \to 0$, $n \to \infty$ einen gemeinsamen Grenzwert, der *dreifaches Integral* oder *Raumintegral* genannt wird; in Zeichen: $\iiint\limits_R f(x, y, z) \, dR$.

Raumintegral	$\iiint\limits_R f(x,y,z)\,\mathrm{d}R = \lim\limits_{\substack{n\to\infty\\ \Delta R\to 0}} \sum\limits_{i=1}^{n} \gamma_i\,\Delta R_i = \lim\limits_{\substack{n\to\infty\\ \Delta R\to 0}} \sum\limits_{i=1}^{n} \Gamma_i\,\Delta R_i = \lim\limits_{\substack{n\to\infty\\ \Delta R\to 0}} \sum\limits_{i=1}^{n} f(\xi_i,\eta_i,\zeta_i)\,\Delta R_i$

Eine in R stetige und beschränkte Funktion $f(x, y, z)$ ist danach in diesem Sinne integrierbar. Auch die Raumintegrale können unter gewissen Voraussetzungen für das Integrationsgebiet durch drei nacheinander auszuführende Integrationen über je eine Integrationsvariable berechnet werden. Die Integrationsgrenzen müssen aus der Gestalt des Raumgebietes R ermittelt werden.

$$\iiint\limits_R f(x, y, z)\,\mathrm{d}R = \int\limits_{a_1}^{a_2} \left\{ \int\limits_{y_1(x)}^{y_2(x)} \left[\int\limits_{z_1(x,y)}^{z_2(x,y)} f(x, y, z)\,\mathrm{d}z \right] \mathrm{d}y \right\} \mathrm{d}x$$

Zum Unterschied vom einfachen Integral und vom Gebietsintegral ist eine geometrische Veranschaulichung für das Raumintegral bei einem beliebigen Integranden nicht mehr möglich. Für $f(x, y, z) = 1$ erhält man als Integral über R gerade das Volumen von R, wie aus der Definition des Raumintegrals sofort folgt.

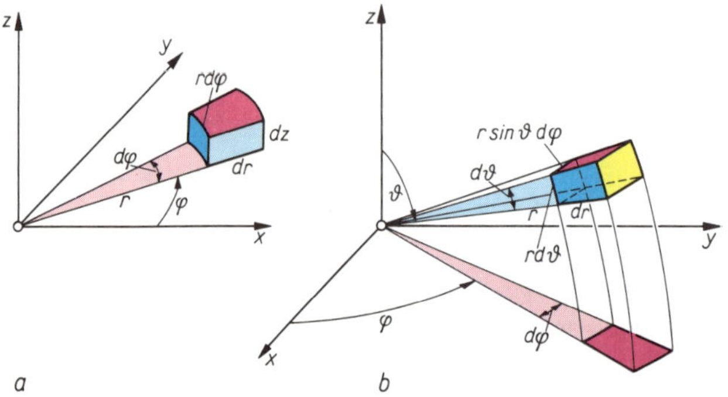

20.4-6 Bild des Raumelements a) in Zylinder-, b) in Kugelkoordinaten

Transformation mehrfacher Integrale. In vielen Fällen ist es zweckmäßiger, den Raum R nicht auf rechtwinklige kartesische Koordinaten zu beziehen, sondern auf ein anderes Koordinatensystem. Am gebräuchlichsten sind je nach dem Charakter der Aufgabe Polar-, Zylinder- und Kugelkoordinaten. Anschaulich zeigt die Abbildung 20.4-6 das Raumelement ΔR für Zylinder- und für Kugelkoordinaten. Zur Herleitung des Raumelements bezüglich eines beliebigen Koordinatensystems wird auf folgenden Satz verwiesen:

Sind die kartesischen Koordinaten $x = x(u, v, w)$, $y = y(u, v, w)$, $z = z(u, v, w)$ eineindeutige, stetig differenzierbare Funktionen der Koordinaten u, v, w, so transformiert sich das Raumelement mit dem Betrag der nebenstehenden Funktionaldeterminante $D(u, v, w)$; es gilt $\mathrm{d}R = \mathrm{d}x\,\mathrm{d}y\,\mathrm{d}z = |D|\,\mathrm{d}u\,\mathrm{d}v\,\mathrm{d}w$.

$$D(u, v, w) = \begin{vmatrix} \frac{\partial x}{\partial u} & \frac{\partial y}{\partial u} & \frac{\partial z}{\partial u} \\ \frac{\partial x}{\partial v} & \frac{\partial y}{\partial v} & \frac{\partial z}{\partial v} \\ \frac{\partial x}{\partial w} & \frac{\partial y}{\partial w} & \frac{\partial z}{\partial w} \end{vmatrix}$$

Für *Zylinderkoordinaten* $x = r\cos\varphi$, $y = r\sin\varphi$, $z = z$ und für *Kugelkoordinaten* $x = r\sin\vartheta\cos\varphi$, $y = r\sin\vartheta\sin\varphi$, $z = r\cos\vartheta$ erhält man danach die Determinanten D_z und D_k:

$$D_z = \begin{vmatrix} \cos\varphi & \sin\varphi & 0 \\ -r\sin\varphi & +r\cos\varphi & 0 \\ 0 & 0 & 1 \end{vmatrix}; \qquad D_k = \begin{vmatrix} \sin\vartheta\,\cos\varphi & \sin\vartheta\,\sin\vartheta & \cos\vartheta \\ r\cos\vartheta\,\cos\varphi & r\cos\vartheta\,\sin\varphi & -r\sin\vartheta \\ -r\sin\vartheta\,\sin\varphi & r\,\sin\varphi\,\cos\varphi & 0 \end{vmatrix},$$

d. h., $D_z = r$ und $D_k = r^2\sin\vartheta$, also geht $\mathrm{d}R$ über in $r\,\mathrm{d}r\,\mathrm{d}\varphi\,\mathrm{d}z$ bzw. in $r^2\sin\vartheta\,\mathrm{d}r\,\mathrm{d}\vartheta\,\mathrm{d}\varphi$ (vgl. Kap. 19.2. – Implizite Funktionen und ihre Differentiation).

$$\iiint\limits_R f(x, y, z)\,\mathrm{d}R = \int\limits_{z_1}^{z_2} \int\limits_{\varphi_1(z)}^{\varphi_2(z)} \int\limits_{r_1(\varphi,z)}^{r_2(\varphi,z)} F(r, \varphi, z)\,r\,\mathrm{d}r\,\mathrm{d}\varphi\,\mathrm{d}z = \int\limits_{\varphi_1}^{\varphi_2} \int\limits_{\vartheta_1(\varphi)}^{\vartheta_2(\varphi)} \int\limits_{r_1(\vartheta,\varphi)}^{r_2(\vartheta,\varphi)} \Phi(r, \vartheta, \varphi)\,r^2\sin\vartheta\,\mathrm{d}r\,\mathrm{d}\vartheta\,\mathrm{d}\varphi$$

mit $F(r, \varphi, z) = f(r\cos\varphi,\ r\sin\varphi,\ z)$ bzw. $\Phi(r, \vartheta, \varphi) = f(r\sin\vartheta\cos\varphi,\ r\sin\vartheta\sin\varphi,\ r\cos\vartheta)$

Volumenberechnung von Körpern

Eine wichtige Anwendung finden die Gebietsintegrale bei der Berechnung des Volumens V eines Körpers $\boldsymbol{K}$. Das Doppelintegral $\iint\limits_G f(x, y)\,\mathrm{d}x\,\mathrm{d}y$ stellt – wie bereits erwähnt – das Volumen des

Zylinders mit der Grundfläche G und der Deckfläche $z = f(x, y)$ dar. Ein zylindrischer Bereich, der nach oben durch $z_1 = f_1(x, y)$ und nach unten durch $z_2 = f_2(x, y)$ begrenzt wird, hat folglich das Volumen $V = \iint_G [f_1(x, y) - f_2(x, y)]\, dx\, dy$. Auf diese Weise erhält man das Volumen jedes Körpers, der sich additiv aus endlich vielen solcher zylindrischer Bereiche zusammensetzt. Die in der Praxis vorkommenden Körper $\boldsymbol{K}$ haben meist eine solche Gestalt. Das Volumen von $\boldsymbol{K}$ wird auch durch das dreifache Integral $V = \iiint_{\boldsymbol{K}} dV$ dargestellt; dabei muß aber die Gestalt der Randflächen bei der Festlegung der Integrationsgrenzen berücksichtigt werden. Setzt man aber die Grenzen für z ein, so wird man wieder auf ein Doppelintegral obigen Typs geführt. Eine weitere Möglichkeit zur Berechnung des Volumens von $\boldsymbol{K}$ gestattet bei stückweise glatter Randfläche der Gaußsche Integralsatz. Nach ihm gilt $V = \iiint_{\boldsymbol{K}} dV = {}^1/_3 \iint_{\partial \boldsymbol{K}} \boldsymbol{rn}\, dO$, wenn $\partial\boldsymbol{K}$ den Rand von $\boldsymbol{K}$, dO das Oberflächenelement, $\boldsymbol{n}$ die äußere Normale und $\boldsymbol{r}$ das Vektorfeld $\boldsymbol{r} = x\boldsymbol{i} + y\boldsymbol{j} + z\boldsymbol{k}$ bedeuten. Die Volumenberechnung wird dabei auf die Berechnung eines Oberflächenintegrals zurückgeführt.

Volumenberechnung aus der Querschnittsfläche. Der Körper möge auf ein kartesisches x, y, z-Koordinatensystem bezogen sein und zwischen zwei zur x-Achse senkrechten Ebenen $x = a$ und $x = b$ liegen. Alle Ebenen senkrecht zur x-Achse mögen ihn in Schnittfiguren schneiden, deren Fläche $q(x)$ eine bekannte, stetige Funktion der x-Werte ist. Dann kann man sich den Körper aus Scheiben der Dicken Δx_i zusammengesetzt denken (Abb. 20.4-7). In jeder Schicht gibt es eine kleinste Querschnittsfläche q_i und eine größte Q_i, und das Volumen V_i der i-ten Schicht liegt zwischen dem eines Zylinders der Grundfläche q_i und der Höhe Δx_i und dem eines Zylinders der Grundfläche Q_i. Analog zur Berechnung des Flächeninhalts ergeben sich für das Gesamtvolumen V eine Untersumme $v(n)$ und eine Obersumme $V(n)$

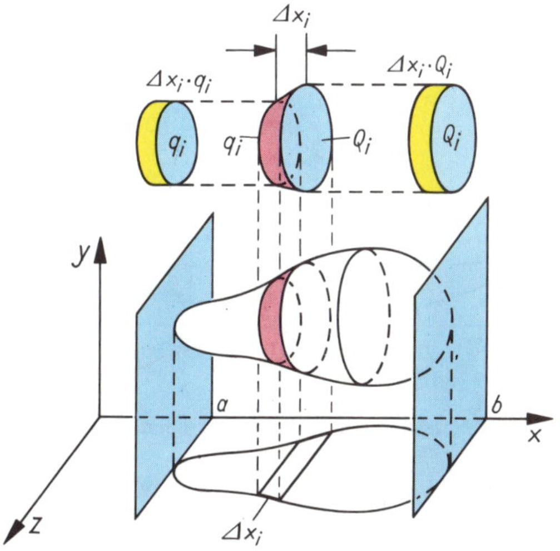

20.4-7 Zur Kubatur eines Körpers

$v(n) = \sum_{i=1}^{n} q_i \Delta x_i \leqslant V \leqslant \sum_{i=1}^{n} Q_i \Delta x_i = V(n)$, die bei wachsendem n und $\Delta x_i \to 0$ gegen denselben Grenzwert konvergieren. Danach läßt sich das Volumen V als bestimmtes Integral darstellen.

$$V = \int_a^b q(x)\, dx$$

Das Cavalierische Prinzip. Existiert eine zweite Querschnittsfunktion $\bar{q}(x)$ im Intervall $[a, b]$, die für jeden Abszissenwert x denselben Wert hat wie $q(x)$, $q(x) \equiv \bar{q}(x)$, so sind die Volumina V und $\bar{V}$ einander gleich. Das ist der Inhalt des Prinzips, das CAVALIERI schon formulierte, ehe die Methoden der Integralrechnung entwickelt waren (vgl. Kap. 8.3. – Cavalierisches Prinzip).

Zwei Körper, die zwischen zwei parallelen Ebenen liegen, haben gleiches Volumen, wenn sie in gleichen Abständen von einer dieser Ebenen flächengleiche Querschnitte haben.

Volumen eines Rotationskörpers. Hat ein Körper gewisse Symmetrieeigenschaften, so kann man sich seine Oberfläche oft durch Rotation von Kurven erzeugt vorstellen; z. B. entsteht die Kugeloberfläche durch Rotation eines Halbkreises um den ihn begrenzenden Durchmesser. Ein solcher Körper heißt *Rotationskörper*. Entsteht seine Oberfläche durch Rotation der Kurve der stetigen Funktion $y = f(x)$ um die x-Achse bzw. der stetigen Funktion $x = \varphi(y)$ um die y-Achse, so sind die zur Achse senkrechten Querschnittsflächen Kreisflächen mit dem Inhalt $q(x) = \pi[f(x)]^2$ bzw. $q(y) = \pi[\varphi(y)]^2$. Wird der Rotationskörper durch zwei dieser Querschnittsflächen begrenzt, die durch $x = x_1$ und $x = x_2$ bzw. durch $y = y_1$ und $y = y_2$ bestimmt sind, so ergeben sich die nebenstehenden Volumenformeln.

Rotationsachse	Querschnittsfläche	Volumen
x-Achse	$q(x) = \pi[f(x)]^2$	$V_x = \pi \int_{x_1}^{x_2} [f(x)]^2\, dx$
y-Achse	$q(y) = \pi[\varphi(y)]^2$	$V_y = \pi \int_{y_1}^{y_2} [\varphi(y)]^2\, dy$

Wird ein Körper durch Rotation einer stetigen Kurve beschrieben, die aus mehreren Kurvenstücken zusammengesetzt ist, so berechnet man am zweckmäßigsten die Einzelvolumina und summiert dann über diese. Gegebenenfalls kann man aber auch entsprechend der Berechnung einer Fläche zwischen zwei Kurven die Differenz der Quadrate zweier geeigneter Funktionen integrieren:

$$\pi \int_{x_1}^{x_2} [g^2(x) - h^2(x)]\, dx.$$

Beispiel 1: Die Kurve der Funktion $y = f(x) = x^2/36$ rotiert zwischen den Grenzen $x_1 = 0$ und $x_2 = 12$ a) um die x-Achse, b) um die y-Achse. Für die Volumina der entstehenden Rotationskörper erhält man (Abb. 20.4-8):

a) $V_x = \pi \int_{x_1}^{x_2} [f(x)]^2\, dx = \pi \int_0^{12} \frac{x^4}{1296}\, dx = \frac{192}{5}\pi \approx 120{,}6.$

b) Wegen $x = \varphi(y) = 6\sqrt{y}$ und $y_1 = f(0) = 0$, $y_2 = f(12) = 4$ ergibt sich

$$V_y = \pi \int_{y_1}^{y_2} [\varphi(y)]^2\, dy = \pi \int_0^4 36y\, dy = 288\pi \approx 904{,}8.$$

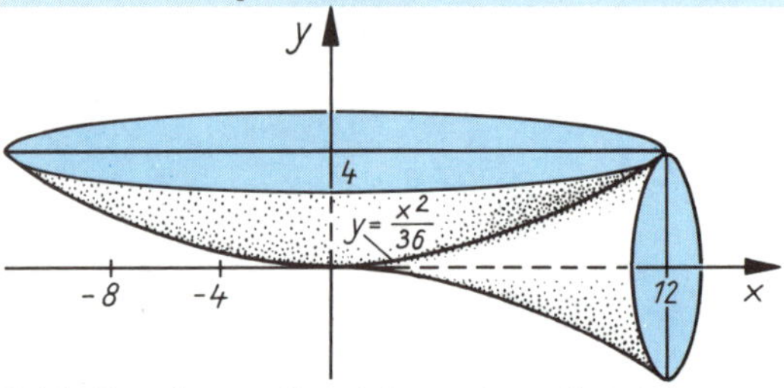

20.4-8 Rotation um die x-Achse und um die y-Achse

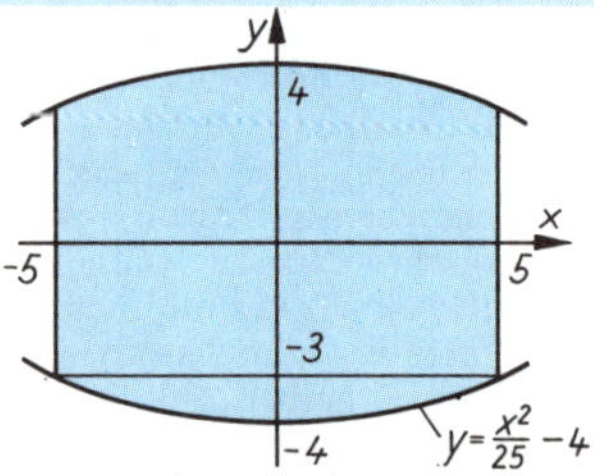

20.4-9 Querschnitt eines Fasses als Rotationsparaboloid

Beispiel 2: Ein Faß wird durch eine zwischen zwei Grenzen um die x-Achse rotierende Parabel $y = ax^2 + c$ beschrieben. Die Länge des Fasses beträgt 1 m. Die Durchmesser beider Bodenflächen betragen je 60 cm, der größte Durchmesser 80 cm (Abb. 20.4-9). Die Konstanten der Parabelgleichung und die Integrationsgrenzen ergeben sich aus den Maßen der Zeichnung: $y = x^2/25 - 4$; $x_1 = -5$, $x_2 = 5$. Dann ergibt sich als Rauminhalt 425,2 dm³ aus

$$V_x = \pi \int_{-5}^{5} \left(\frac{x^4}{25^2} - \frac{8x^2}{25} + 16\right) dx = 2\pi \int_0^5 \left(\frac{x^4}{25^2} - \frac{8x^2}{25} + 16\right) dx \approx 425{,}2.$$

Beispiel 3: Die Parabel $y^2 = 2px$ schneide den Kreis $y^2 = r^2 - (x - c)^2$ in den Punkten mit den Abszissen x_1 und x_2 (Abb. 20.4-10). Bei Rotation um die x-Achse beschreibt die in der Abbildung blaue Fläche einen parabolischen Kugelring mit der Höhe $h = x_2 - x_1$. Zur Berechnung seines Volumens macht man den Ansatz

$$V_x = \pi \int_{x_1}^{x_2} 2px\, dx - \pi \int_{x_1}^{x_2} [r^2 - (x - c)^2]\, dx = \pi \int_{x_1}^{x_2} [2px - r^2 + (x - c)^2]\, dx.$$

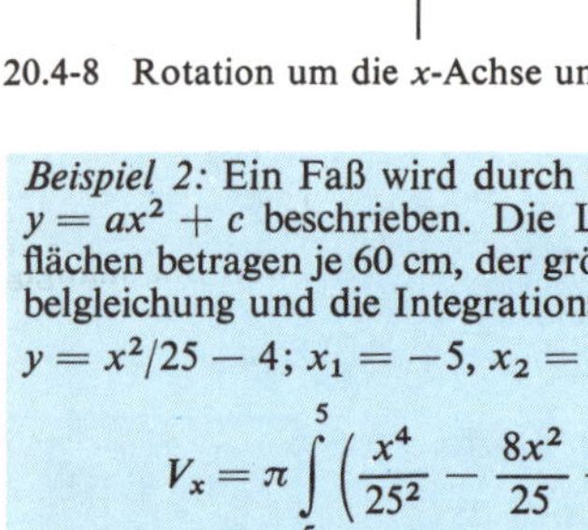

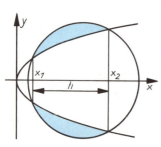

20.4-10 Querschnitt eines parabolischen Kugelrings

Da der Integrand an den Stellen x_1 und x_2 verschwindet und x^2 den Koeffizienten 1 hat, kann man $2px - r^2 + (x - c)^2 = (x - x_1)(x - x_2)$ setzen. Damit wird $V_x = \pi \int_{x_1}^{x_2} (x - x_1)(x - x_2)\, dx$, und die Substitution $x - x_1 = t$ liefert $V_x = \pi \int_0^h t(h - t)\, dt = \frac{\pi}{6} h^3$. Das Ergebnis ist das gleiche wie für den zylindrischen Kugelring.

Beispiel 4: Der Hohlraum eines Zylinders aus Stahl wird durch Rotation der Kurve $y = e^{2x-1}$ um die y-Achse beschrieben (Abb. 20.4-11). Sein Volumen ergibt sich mit Hilfe der Formel $V_y = \pi \int_{y_1}^{y_2} x^2\, dy$. Die Integrationsgrenzen ergeben sich aus den in der Abbildung eingetragenen Maßen zu $y_1 = 1$ und $y_2 = 10$. Die Funktionsgleichung wird nach x aufgelöst und quadriert. Es ergibt sich

$$x^2 = \frac{1}{4}(\ln^2 y + 2\ln y + 1).$$

Damit erhält man das gesuchte Volumen.

$$V_y = \frac{\pi}{4}\int_1^{10}(\ln^2 y + 2\ln y + 1)\,\mathrm{d}y = \frac{\pi}{4}[y\ln^2 y + y]_1^{10} \approx 48{,}73.$$

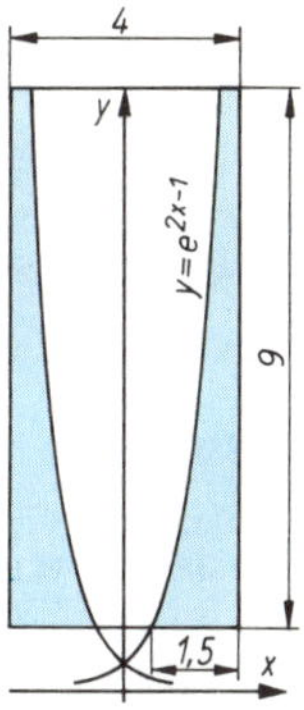

20.4-11 Rotation um die y-Achse

Kurven- und Oberflächenintegrale

Kurvenintegrale. Um physikalische und technische Begriffe, wie Arbeit, Potential u. a., mathematisch zu erfassen, ist es zweckmäßig, den ursprünglichen Integralbegriff in folgender Weise zu verallgemeinern: Betrachtet man Grenzwerte von Summen, deren Summanden noch in gewisser Weise von einer Kurve, von einem Integrationsweg abhängen, so gelangt man zum Begriff des *Kurven-* oder *Linienintegrals.*

Im dreidimensionalen Raum sei eine glatte Kurve C in Parameterdarstellung durch die Funktionen $x = x(s)$, $y = y(s)$ und $z = z(s)$ gegeben. Als Parameter kann man etwa die Bogenlänge s wählen. Weiter sei auf dem Bogenstück AB der Kurve, das zu den Parameterwerten des Intervalls $\sigma_1 \leqslant s \leqslant \sigma_2$ gehöre, eine stetige Ortsfunktion $f(x, y, z)$ definiert, die jedem Punkt $P_1(x_i, y_i, z_i)$ der Kurve C, der zu dem Parameterwert s_i aus dem Intervall $[\sigma_1, \sigma_2]$ gehört, einen Wert $f(x_i, y_i, z_i)$ zuordnet und wegen $f(x, y, z) = f[x(s), y(s), z(s)]$ ebenfalls eine Funktion des Parameters ist.

Teilt man nun das Bogenstück AB durch $(n - 1)$ beliebige Teilpunkte in n Teilbogenstücke oder, was auf dasselbe hinausläuft, das Intervall $[\sigma_1, \sigma_2]$ in n Teilintervalle I_i der Länge Δs_i $(i=1,2,\ldots,n)$ und bildet die Summen $\sum_{i=1}^{n} f[x(s_i), y(s_i), z(s_i)]\,\Delta s_i$, wobei s_i irgendeinen Parameterwert aus dem i-ten Teilintervall I_i bedeutet, so erhält man eine Summenfolge. Da C glatt sein sollte und $f(x, y, z)$ stetig ist, existiert der Grenzwert dieser Folge für den Fall, daß die Länge des größten Teilintervalls gegen Null, die Anzahl n der Teilintervalle gegen Unendlich strebt. Ist dieser Grenzwert unabhängig von der Art der Zerlegung und von der Wahl der s_i, so bezeichnet man ihn als das über die Kurve C von A bis B erstreckte *Kurvenintegral erster Art* der Funktion $f(x, y, z)$. Die Funktion $f(x, y, z)$ heißt in diesem Fall längs der Kurve C *integrierbar.*

Kurvenintegral erster Art	$\int_C f[x(s), y(s), z(s)]\,\mathrm{d}s = \lim\limits_{\substack{\Delta s_i \to 0 \\ n\to\infty}} \sum_{i=1}^{n} f[x(s_i), y(s_i), z(s_i)]\,\Delta s_i$

Die Berechnung des Kurvenintegrals wird auf die Berechnung eines bestimmten Integrals zurückgeführt. Ist nämlich $x = x(t)$, $y = y(t)$, $z = z(t)$ eine beliebige Parameterdarstellung der Kurve C (dem Bogenstück AB entspreche das Intervall $t_0 \leqslant t \leqslant t_1$), so gilt wegen

$\frac{\mathrm{d}s}{\mathrm{d}t} = \sqrt{\dot{x}(t)^2 + \dot{y}(t)^2 + \dot{z}(t)^2}$ die folgende Formel.

$$\int_C f[x(s), y(s), z(s)]\,\mathrm{d}s = \int_{t_0}^{t_1} f[x(t), y(t), z(t)]\frac{\mathrm{d}s}{\mathrm{d}t}\,\mathrm{d}t = \int_{t_0}^{t_1} f[x(t), y(t), z(t)]\cdot\sqrt{\dot{x}(t)^2 + \dot{y}(t)^2 + \dot{z}(t)^2}\,\mathrm{d}t$$

Sind $P(x, y, z,)$ $Q(x, y, z)$ und $R(x, y, z)$ längs C stetige Ortsfunktionen, so kann man in analoger Weise die Kurvenintegrale

$$\int_C P(x, y, z)\,\mathrm{d}x; \quad \int_C Q(x, y, z)\,\mathrm{d}y; \quad \int_C R(x, y, z)\,\mathrm{d}z$$

definieren; z. B. das erstgenannte als Grenzwert der Folge der Summen $\sum_{i=1}^{n} P[x_i(s), y_i(s), z_i(s)]\,\Delta x_i$, wobei Δx_i die Projektion des i-ten Teilbogenstückes der Kurve auf die x-Achse ist. Faßt man diese drei Integrale zusammen, so erhält man das *Kurvenintegral zweiter Art*

$$\int [P(x, y, z)\,\mathrm{d}x + Q(x, y, z)\,\mathrm{d}y + R(x, y, z)\,\mathrm{d}z].$$

Besonders einfach erweist sich die Berechnung eines solchen Integrals für ein vollständiges Differential. Es gilt dafür der folgende Satz, der hier nur für den zweidimensionalen Fall angeführt wird:

Ist $P(x, y)\,dx + Q(x, y)\,dy$ das vollständige Differential $dF(x, y)$ einer Funktion $F(x, y)$ und sind $P(x, y)$, $Q(x, y)$ in einem zusammenhängenden Bereich G stetig, so ist der Wert des Kurvenintegrals $\int_C [P(x, y)\,dx + Q(x, y)\,dy]$ unabhängig vom Integrationswege in G und hängt nur noch von den Grenzen ab.

Wegen $\int_C [P(x, y)\,dx + Q(x, y)\,dy] = \int_C dF(x, y) = \int_{t_0}^{t_1} dF[x(t), y(t)] = F[x(t_1), y(t_1)] - F[x(t_0), y(t_0)]$ $= F[x_1, y_1] - F[x_0, y_0]$ hängt das Integral nur von den Grenzen ab. Gleichbedeutend damit ist, daß das Kurvenintegral $\oint_C (P\,dx + Q\,dy)$ über jede geschlossene Kurve C Null ist.

Der folgende Satz, der sich leicht mittels des Gaußschen Integralsatzes (vgl. Vektoranalysis) beweisen läßt, liefert ein Kriterium dafür, ob $P\,dx + Q\,dy$ ein vollständiges Differential ist.

Ist der betrachtete Bereich G einfach zusammenhängend und sind die Funktionen $P(x, y)$, $Q(x, y)$ in G stetig differenzierbar, dann ist die Integrabilitätsbedingung $\frac{\partial P}{\partial y} = \frac{\partial Q}{\partial x}$ notwendig und hinreichend dafür, daß $P(x, y)\,dx + Q(x, y)\,dy$ ein vollständiges Differential ist.

Integrabilitätsbedingung	$\frac{\partial P}{\partial y} = \frac{\partial Q}{\partial x}$

Im Kapitel 22. wird gezeigt, daß es, wenn $P\,dx + Q\,dy$ kein vollständiges Differential ist, stets einen integrierenden Faktor $\mu(x, y)$ gibt, so daß das Produkt $\mu(x, y)(P\,dx + Q\,dy)$ zu einem vollständigen Differential wird.

Beispiel 1: Um das Integral $\int_C (x\,dx + y\,dy)$ längs der Parabel $y = x^2$ zwischen den Punkten $A(0, 0)$ und $B(2, 4)$ zu berechnen, nimmt man x selbst als Parameter. Dann ist $dy = 2x\,dx$, und man erhält

$$\int_C (x\,dx + y\,dy) = \int_0^2 (x\,dx + x^2 \cdot 2x\,dx) = \int_0^2 (x + 2x^3)\,dx = \left[\frac{x^2}{2} + \frac{x^4}{2}\right]_0^2 = 10.$$

Da die Integrabilitätsbedingung $\frac{\partial P}{\partial y} = \frac{\partial Q}{\partial x}$ erfüllt ist, ist das Integral unabhängig vom Integrationsweg. Integriert man etwa längs der Kurve $y = 4 \sin(\pi x/4)$ zwischen $A(0, 0)$ und $B(2, 4)$, so erhält man dasselbe Ergebnis.

Oberflächenintegral. Sind die Kurvenintegrale die Verallgemeinerungen der einfachen bestimmten Integrale, so stellen die analogen Verallgemeinerungen der Gebietsintegrale die Oberflächenintegrale dar. Im dreidimensionalen x, y, z-Raum sei ein glattes, von einer stückweise glatten Kurve begrenztes Flächenstück $\boldsymbol{F}$ gegeben; dabei heißt ein Flächenstück glatt, falls für jeden inneren Punkt die Lage der Tangentialebene stetig vom Berührungspunkt abhängt. Das Flächenstück $\boldsymbol{F}$ sei in der Parameterdarstellung $\boldsymbol{x} = \boldsymbol{x}(u, v)$ mit dem Parameterbereich $U = \{u_1 \leqslant u \leqslant u_2;\ v_1 \leqslant v \leqslant v_2\}$ gegeben (vgl. Differentialgeometrie). Ferner sei auf $\boldsymbol{F}$ eine stetige Ortsfunktion $f(x, y, z)$ definiert. Mit Hilfe eines Netzes aus beliebigen glatten Kurven, z. B. von Koordinatenlinien, zerlegt man die Fläche $\boldsymbol{F}$ in kleine Flächenstücke F_i $(i = 1, \ldots, n)$, wählt in jedem Flächenstück F_i einen beliebigen Punkt $P_i(x_i, y_i, z_i)$ aus und bildet die Summe $\sum_{i=1}^{n} f(x_i, y_i, z_i)\,\Delta F_i$, wobei ΔF_i der Inhalt des Flächenstücks F_i ist. Falls der Grenzwert dieser Summe für $n \to \infty$ und $\Delta F_i \to 0$ existiert und von der Wahl der Zwischenstellen P_i unabhängig ist, nennt man ihn das über das Flächenstück $\boldsymbol{F}$ erstreckte *Oberflächenintegral* der Funktion $f(x, y, z)$ und bezeichnet dieses mit $\int_F f(x, y, z)\,dO$.

Oberflächenintegral	$\int_F f(x, y, z)\,dO = \lim_{\substack{\Delta F_i \to 0 \\ n \to \infty}} \sum_{i=1}^{n} f(x_i, y_i, z_i)\,\Delta F_i$

Zur Berechnung wird das Oberflächenintegral wie folgt auf ein Gebietsintegral zurückgeführt: Man setzt in $f(x, y, z)$ für die Koordinaten die Parameterdarstellung des Flächenstücks ein; das Oberflächenelement dO hat die Form (vgl. Kap. 26.1. – Flächentheorie im euklidischen Raum).

$$dO = \sqrt{EG - F^2}\,du\,dv \quad \text{mit} \quad E = \boldsymbol{x}_u \cdot \boldsymbol{x}_u,\ \ F = \boldsymbol{x}_u \cdot \boldsymbol{x}_v,\ \ G = \boldsymbol{x}_v \cdot \boldsymbol{x}_v. \qquad \text{Also gilt:}$$

$$\int_F f(x, y, z)\,\mathrm{d}O = \iint_U f[x(u, v), y(u, v), z(u, v)]\sqrt{EG - F^2}\,\mathrm{d}u\,\mathrm{d}v.$$

Für $f = 1$ stellt das Integral die Oberfläche von $\boldsymbol{F}$ dar.
Oberflächenintegrale zweiter Art werden analog zu den Kurvenintegralen zweiter Art definiert.

Komplanation. Die Oberfläche eines Flächenstücks wird durch ein Oberflächenintegral geliefert. Im folgenden soll die Oberflächenformel für den Mantel eines Rotationskörpers hergeleitet werden. Sind P_1 und P_n zwei zu $x_1 = a$ und $x_n = b$ gehörende Punkte der Kurve einer stetig differenzierbaren Funktion $y = f(x)$, so beschreibt das zwischen den beiden Punkten liegende Kurvenstück bei Rotation um die x-Achse den Mantel eines Rotationskörpers. Denkt man sich wie bei der Herleitung der Bogenlänge das Kurvenstück durch einen Polygonzug von $(n - 1)$ Sehnen ersetzt, so beschreibt dieser Polygonzug bei der Rotation eine Summe von Kegelstumpfmänteln. Aus der Formel für die Mantelfläche eines Kegelstumpfes $[\pi s(r_1 + r_2)]$ ergibt sich

$$M_{K_\nu} = \pi[f(x_\nu) + f(x_{\nu+1})]\sqrt{(\Delta x_\nu)^2 + (\Delta y_\nu)^2} = \pi\,[f(x_\nu) + f(x_{\nu+1})]\,\Delta x_\nu\sqrt{1 + (\Delta y_\nu/\Delta x_\nu)^2}\,.$$

Nach dem Mittelwertsatz der Differentialrechnung gibt es einen Zwischenwert ξ_ν im Intervall $(x_{\nu-1}, x_\nu)$, für den der Differentialquotient $f'(\xi_\nu)$ dem Differenzenquotienten $(\Delta y_\nu/\Delta x_\nu)$ gleich ist. Für die Summe der Kegelstumpfmäntel erhält man dann

$$M_K = \pi\sum_{\nu=1}^{n-1}[f(x_\nu) + f(x_{\nu+1})]\sqrt{1 + [f'(\xi_\nu)]^2}\,\Delta x_\nu.$$

Eine Verfeinerung der Einteilung des Intervalls $a \leqslant x \leqslant b$ hat eine bessere Annäherung der Summe der Kegelstumpfmäntel an den Mantel des Rotationskörpers zur Folge. Der Grenzübergang $n \to \infty$, $\max \Delta x_\nu \to 0$ führt schließlich bei Rektifizierbarkeit der Kurve auch zu einem eindeutigen Grenzwert für die Folge der Summen der Kegelstumpfmäntel und damit zu einem bestimmten Integral. Der Faktor 2 ergibt sich daraus, daß beim Grenzübergang sowohl $f(x_\nu)$ als auch $f(x_{\nu+1})$ zu $f(x)$ werden. Unter Verwendung des Bogenelements erhält man auch $\boldsymbol{M} = 2\pi\int_{s_1}^{s_2} y\,\mathrm{d}s.$

Mantel eines Rotationskörpers	$\boldsymbol{M} = 2\pi\int_a^b y\sqrt{1 + y'^2}\,\mathrm{d}x$

Man kann die Flächeninhaltsformel für den Mantel $\boldsymbol{M}$ eines Rotationskörpers auch aus dem Oberflächenintegral $\int_{\boldsymbol{M}} \mathrm{d}O$ für $f(x, y, z) = 1$ erhalten. Wird nämlich der Körper durch Rotation der Kurve der stetig differenzierbaren Funktion $y = f(x)$ zwischen $x = a$ und $x = b$ erzeugt, dann hat seine Mantelfläche $\boldsymbol{M}$ die Parameterdarstellung $x = u$, $y = f(u)\cos v$, $z = f(u)\sin v$ für $a \leqslant u \leqslant b$, $0 \leqslant v < 2\pi$.
Hieraus erhält man (vgl. Kap. 26.) $E(u) = 1 + [f'(u)]^2$, $F = 0$, $G(u) = [f(u)]^2$ und $\sqrt{EG - F^2} = f(u)\sqrt{1 + [f'(u)]^2}$. Daraus bekommt man erneut für die Oberfläche von $\boldsymbol{M}$:

$$\boldsymbol{M} = \int_{\boldsymbol{M}} \mathrm{d}O = \int_a^b\left[\int_0^{2\pi} f(u)\sqrt{1 + [f'(u)]^2}\,\mathrm{d}u\right]\mathrm{d}v = 2\pi\int_a^b f(u)\sqrt{1 + [f'(u)]^2}\,\mathrm{d}u.$$

Beispiel 2: Es sollen die Formeln für die Kugeloberfläche, die Kugelkappe und die Kugelzone hergeleitet werden. – Aus $y = \sqrt{r^2 - x^2}$; $1 + y'^2 = \dfrac{r^2}{r^2 - x^2}$ erhält man:

Kugeloberfläche $O = 2\pi\int_{-r}^{+r}\sqrt{r^2 - x^2}\,\dfrac{r}{\sqrt{r^2 - x^2}}\,\mathrm{d}x = 4\pi r\int_0^r \mathrm{d}x = [4\pi r x]_0^r = 4\pi r^2.$

Kugelkappe $M = 2\pi r\int_\xi^r \mathrm{d}x = [2\pi r x]_\xi^r = 2\pi r(r - \xi) = 2\pi r h$ mit $h = r - \xi$.

Kugelzone $M_z = 2\pi r\int_{\xi_1}^{\xi_2} \mathrm{d}x = [2\pi r x]_{\xi_1}^{\xi_2} = 2\pi r(\xi_2 - \xi_1) = 2\pi r h$ mit $h = \xi_2 - \xi_1$.

Anwendungen in der Mechanik

Arbeit. Der Begriff Arbeit einer Kraft wird mit Hilfe eines Kurvenintegrals zweiter Art erklärt. Die Kraft $\boldsymbol{F}$ ist ein spezielles Vektorfeld (vgl. 20.5); bezogen auf ein kartesisches x, y, z-Koordinatensystem seien F_x, F_y und F_z ihre Komponenten. Durchläuft der Angriffspunkt $P(x, y, z)$ der Kraft $\boldsymbol{F}$ ein glattes Kurvenstück $\boldsymbol{C}$, so heißt $W = \int_{\boldsymbol{C}} [F_x\,\mathrm{d}x + F_y\,\mathrm{d}y + F_z\,\mathrm{d}z]$ die von der Kraft $\boldsymbol{F}$ längs des

Weges C geleistete *Arbeit*. Bezeichnet man den Vektor mit den Komponenten dx, dy, dz mit d$\boldsymbol{r}$, so läßt sich das Arbeitsintegral mittels des Skalarprodukts $\boldsymbol{F}\,\mathrm{d}\boldsymbol{r}$ in vektorieller Schreibweise darstellen.

Die Arbeit ist das Kurvenintegral der Kraft.

Arbeitsintegral	$W = \int_C \boldsymbol{F}\,\mathrm{d}\boldsymbol{r}$

Ist z. B. die Kraft $\boldsymbol{F}$ konstant und der Weg C ein im Ursprung des Koordinatensystems beginnendes Geradenstück, das als Vektor $\boldsymbol{r}$ der Länge $|\boldsymbol{r}|$ aufgefaßt wird, so ist auch der Winkel φ zwischen den Richtungen von $\boldsymbol{F}$ und $\boldsymbol{r}$ konstant, und aus dem Arbeitsintegral ergibt sich die bekannte Formel $W = |\boldsymbol{F}| \cdot |\boldsymbol{r}| \cos\varphi$, nach der die Arbeit in diesem Fall das Produkt der Kraftkomponente $|\boldsymbol{F}| \cos\varphi$ in Wegrichtung und der Weglänge $|\boldsymbol{r}|$ ist. In physikalischen Problemen sind die Kraftkomponenten meist die partiellen Ableitungen einer Funktion V, die *Potential* genannt wird. Die Arbeit ist dann das Integral über ein vollständiges Differential und hängt deshalb nicht vom Weg, sondern nur von seinem Anfangs- und Endpunkt ab. Das Kraftfeld heißt in diesem Fall *konservativ*.

Beispiel 1: Welche Arbeit muß zur Dehnung einer Spiralfeder um l Längeneinheiten verrichtet werden, wenn die Kraft in Richtung der Spiralfeder wirkt? – Mit D als Federkonstante gilt $F = Dx$. Für die aufgewendete Arbeit ergibt sich

$$W = \int F\,\mathrm{d}x = D\int_0^l x\,\mathrm{d}x = {}^1/_2 Dl^2.$$

Beispiel 2: Um einen Körper der Masse m von der Geschwindigkeit v_1 auf die Geschwindigkeit v_2 zu beschleunigen, muß die Arbeit W aufgewendet werden; wenn man setzt $F = m \cdot b = m \cdot \dfrac{\mathrm{d}v}{\mathrm{d}t}$ mit b als Beschleunigung, ergibt sich

$$W = \int_{s_1}^{s_2} F\,\mathrm{d}s = \int_{s_1}^{s_2} m\frac{\mathrm{d}v}{\mathrm{d}t}\,\mathrm{d}s = m\int_{v_1}^{v_2} v\,\mathrm{d}v = \frac{m}{2}(v_2^2 - v_1^2).$$

Die Beschleunigungsarbeit stellt den Zuwachs an kinetischer Energie dar.

Statisches Moment. Unter dem *statischen Moment M* eines Massepunktes bezüglich einer Achse versteht man das Produkt aus dem Abstand l des Massepunktes von der Achse und der Masse m.

Statisches Moment einer kontinuierlich verteilten Masse	$M = \int_m l\,\mathrm{d}m = \int_V \varrho l\,\mathrm{d}V$

Das statische Moment dM eines Masseelements dm einer kontinuierlich verteilten Masse ist dM $= l \cdot \mathrm{d}m$. Die Integration liefert dann das statische Moment für die Gesamtmasse. Ist ϱ die Dichte und dV das Volumen eines Masseelements, so gilt $\mathrm{d}m = \varrho\,\mathrm{d}V$. Um die statischen Momente der Fläche unter einer Kurve $y = f(x)$ bezüglich der Achsen des Koordinatensystems zu definieren, geht man vom statischen Moment einer kontinuierlich verteilten Masse aus und erteilt der Dichte ϱ und der Dicke d der flächenhaft verteilten Masse den Wert 1 (Abb. 20.4-12). Zur Bestimmung des statischen Moments der Fläche unter einer Kurve $y = f(x)$ bezüglich der y-Achse zerlegt man die Fläche in Streifen der Breite $\Delta x = \mathrm{d}x$. Nach dem Mittelwertsatz der Integralrechnung stellt $f(\xi)\,\mathrm{d}x$ bei geeignetem Zwischenwert ξ die Streifenfläche dar. Mit den Festsetzungen $\varrho \triangleq 1$ und $d \triangleq 1$ ist dann das statische Moment eines jeden Streifens gleich $\mathrm{d}M = \xi f(\xi)\,\mathrm{d}x$. Die Integration liefert das statische Moment der Fläche.

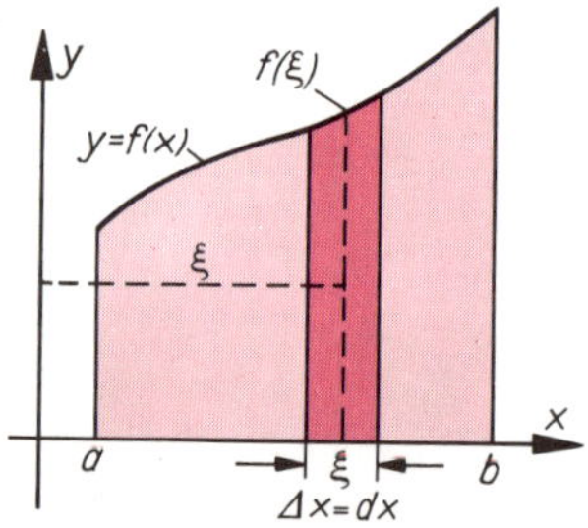

20.4-12 Zum statischen Moment einer Fläche

Um das statische Moment der betrachteten Fläche in bezug auf die x-Achse zu bestimmen, denkt man sich jeden der eben betrachteten Streifen noch in Streifenelemente von der Breite $\Delta y = \mathrm{d}y$ zerlegt. Für ein solches Streifenelement ist dann das statische Moment durch $\mathrm{d}M = \eta\,\mathrm{d}y\,\mathrm{d}x$ gegeben.

Integration in y-Richtung liefert für jeden ganzen Streifen das statische Moment $\mathrm{d}\,M = \int_0^y \eta\,\mathrm{d}y\,\mathrm{d}x$; Integration in x-Richtung ergibt schließlich das statische Moment der Fläche.

Statisches Moment der Fläche unter der Kurve $y = f(x)$ zwischen a und b bezüglich der y-Achse	$M_y = \int_a^b xy\,\mathrm{d}x$

Statisches Moment der Fläche unter der Kurve $y = f(x)$ zwischen a und b bezüglich der x-Achse	$M_x = \int_a^b \int_0^y \eta \, dy \, dx = \frac{1}{2} \int_a^b y^2 \, dx$

In entsprechender Weise kann man aus dem statischen Moment einer kontinuierlich verteilten Masse das statische Moment eines homogenen ebenen Kurvenstücks mit $\varrho \triangleq 1$ herleiten; man erhält auf die x-Achse bezogen $M_x = \int_a^b y\sqrt{1 + y'^2} \, dx$ und auf die y-Achse bezogen $M_y = \int_a^b x\sqrt{1 + y'^2} \, dx$. Als statisches Moment M eines um die x-Achse rotierenden homogenen Rotationskörpers mit $\varrho \triangleq 1$, bezogen auf die zur x-Achse senkrechte Ebene durch den Ursprung des Koordinatensystems, ergibt sich $M = \pi \int_a^b xy^2 \, dx$.

$M = \pi \int_a^b xy^2 \, dx$

Schwerpunkt. Jeder Körper kann als ein System von Massepunkten aufgefaßt werden. Dabei gibt es stets einen Punkt, in dem man sich die Gesamtmasse des Körpers vereinigt denken kann – den Massemittelpunkt bzw. den *Schwerpunkt*. Das statische Moment einer kontinuierlich verteilten Masse ist gleich dem statischen Moment des Schwerpunkts, bezogen auf die gleiche Achse, $M = \int_m l \, dm = l_s m$.

Daraus ergeben sich unter Verwendung der entsprechenden statischen Momente die Koordinaten des Schwerpunkts für ein homogenes ebenes Kurvenstück der Länge s sowie für eine homogene Fläche unter der Kurve $y = f(x)$ vom Inhalt F und für einen homogenen Rotationskörper des Volumens V:

$$x_s = M_y/s \quad \text{und} \quad y_s = M_x/s \quad \text{bzw.} \quad x_s = M_y/F \quad \text{und} \quad y_s = M_x/F \quad \text{bzw.} \quad x_s = M/V.$$

Für den homogenen Rotationskörper wird die x-Achse als Rotationsachse angenommen; auf ihr liegt dann auch der Schwerpunkt, d. h., $y_s = z_s = 0$.

Koordinaten des Schwerpunkts	
a) eines homogenen ebenen Kurvenstücks:	$x_s = \frac{M_y}{s} = \frac{\int_a^b x\sqrt{1 + y'^2} \, dx}{\int_b^b \sqrt{1 + y'^2} \, dx}$; $y_s = \frac{M_x}{s} = \frac{\int_a^b y\sqrt{1 + y'^2} \, dx}{\int_a^b \sqrt{1 + y'^2} \, dx}$
b) einer homogenen Fläche unter der Kurve $y = f(x)$:	$x_s = \frac{M_y}{F} = \frac{\int_a^b xy \, dx}{\int_a^b y \, dx}$; $y_s = \frac{M_x}{F} = \frac{\int_a^b y^2 \, dx}{2\int_a^b y \, dx}$
c) eines homogenen Rotationskörpers mit der x-Achse als Rotationsachse:	$x_s = \frac{M}{V} = \frac{\int_a^b xy^2 \, dx}{\int_a^b y^2 \, dx}$; $y_s = z_s = 0$

Beispiel 3: Es sollen die Koordinaten des Schwerpunkts der Fläche unter der Kurve $y = f(x) = \cos x$ zwischen 0 und $\pi/2$ berechnet werden. –

Für die Fläche gilt $F = \int_0^{\pi/2} \cos x \, dx = 1$. Das Integral $\int_0^{\pi/2} x \cos x \, dx$ ergibt den Wert $\pi/2 - 1$, das Integral $\int_0^{\pi/2} \cos^2 x \, dx$ den Wert $\pi/4$, beide nach partieller Integration. Mit den Formeln für die Koordinaten des Schwerpunkts einer Fläche erhält man schließlich $x_s = \pi/2 - 1$ und $y_s = \pi/8$.

Mit Hilfe dieser Formeln lassen sich die *Guldinschen Regeln* herleiten (vgl. Kap. 8.7.). Die erzeugende Fläche eines Rotationskörpers bei Rotation um die x-Achse hat das statische Moment $M_x = \frac{1}{2} \int_a^b y^2 \, dx$ und die Schwerpunktsordinate $y_s = M_x/F$. Daraus folgt für das Volumen des Rotationskörpers die Beziehung $V_x = \pi \int_a^b y^2 \, dx = 2\pi \cdot \frac{1}{2} \int_a^b y^2 \, dx = 2\pi M_x = 2\pi y_s F$.

Guldinsche Regel für das Volumen eines Rotationskörpers: Das Volumen eines Rotationskörpers ist gleich dem Produkt aus der erzeugenden Fläche und dem Weg ihres Schwerpunkts.

Das erzeugende Kurvenstück der Mantelfläche eines Rotationskörpers bei Rotation um die x-Achse hat das statische Moment $M_x = \int_a^b y\sqrt{1 + y'^2}\, dx$ und die Schwerpunktsordinate $y_s = M_x/s$. Daraus folgt für die Mantelfläche des Rotationskörpers die Beziehung $O_x = 2\pi \int_a^b y\sqrt{1 + y'^2}\, dx = 2\pi M_x = 2\pi y_s s$.

Guldinsche Regel für die Mantelfläche eines Rotationskörpers: Die Mantelfläche eines Rotationskörpers ist gleich dem Produkt aus der Länge des erzeugenden Kurvenstücks und dem Weg seines Schwerpunkts.

Trägheitsmoment. Die kinetische Energie W eines Körpers der Masse M und der Geschwindigkeit v beträgt $W = {}^1/_2 Mv^2$. Dreht sich ein starrer Körper um eine feste Achse A, so haben seine verschiedenen Masseteilchen verschiedene Geschwindigkeiten. Bezeichnet ω die konstante Winkelgeschwindigkeit des Körpers, x den Abstand des Masseteilchens dm von der Drehachse, so hat dieses Teilchen die Geschwindigkeit $v = x\omega$, und die kinetische Energie ist $dW = {}^1/_2 x^2\omega^2\, dm$. Die kinetische Energie des gesamten Körpers ergibt sich dann durch Integration zu $W = {}^1/_2\omega^2 \int_m x^2\, dm$, wobei über alle Masseteilchen zu integrieren ist. Vergleicht man die beiden für die kinetische Energie aufgestellten Formeln miteinander, so bemerkt man, daß an die Stelle der Masse M das Integral $\int_m x^2\, dm$ getreten ist. Es heißt das *axiale Trägheitsmoment* I_A des Körpers bezüglich der Drehachse A. Bezieht man das Trägheitsmoment nicht auf eine Bezugsgerade, die Drehachse, sondern auf einen Bezugspunkt P, dann erhält man das *polare Trägheitsmoment* I_p.

axiales Trägheitsmoment	$I_A = \int_m x^2\, dm$	dm Masseteilchen; Abstand x zur Drehachse A
polares	$I_p = \int_m r^2\, dm$	Abstand r zum Bezugspunkt P

Eine wichtige Relation zwischen dem polaren Trägheitsmoment I_p bezüglich des Ursprungs O eines rechtwinkligen Koordinatensystems und den auf die Koordinatenachsen bezogenen axialen Trägheitsmomenten I_x, I_y erhält man, wenn man die Beziehung $r^2 = x^2 + y^2$ berücksichtigt, wobei x, y die Abstände eines Masseteilchens von den Achsen und r seinen Abstand vom Ursprung bedeuten. Damit wird

$$I_p = \int_m r^2\, dm = \int_m (x^2 + y^2)\, dm = \int_m x^2\, dm + \int_m y^2\, dm = I_x + I_y.$$

Zusammenhang zwischen polarem und axialem Trägheitsmoment	$I_p = I_x + I_y$

Beispiel 4: Es ist das Trägheitsmoment eines geradlinigen, dünnen, prismatischen, homogenen Stabes der Länge l und der Dichte ϱ bezüglich einer durch den Endpunkt gehenden, zum Stabe senkrechten Achse zu bestimmen (Abb. 20.4-13). –
Bezeichnet man den Querschnitt des Stabes mit q, so hat das Masseteilchen die Masse $dm = \varrho q\, dx$. Damit erhält man $I_A = \int_m x^2\, dm = \int_0^l x^2 \varrho q\, dx = \varrho q \int_0^l x^2\, dx = {}^1/_3 q\varrho l^3 = {}^1/_3 Ml^2$, da $M = \varrho q l$ die Gesamtmasse des Stabes ist.

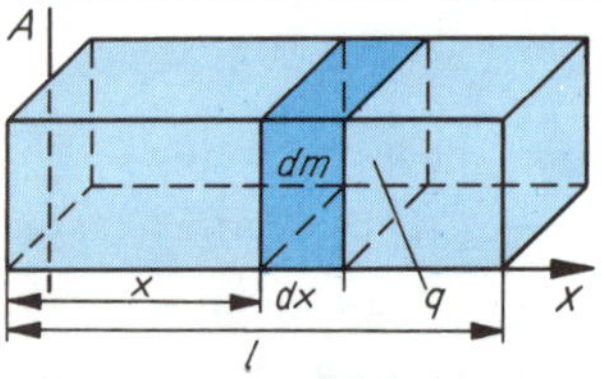

20.4-13 Zum Trägheitsmoment eines Stabes

Beispiel 5: Es sind die Trägheitsmomente einer Kreisscheibe vom Durchmesser d bezüglich des Kreismittelpunktes und bezüglich der durch diesen gehenden Koordinatenachsen zu berechnen (Abb. 20.4-14). Dichte und Dicke der Scheibe werden der Einfachheit halber gleich 1 gesetzt.
Zuerst wird das polare Trägheitsmoment I_p berechnet. Die Masse dm des in der Abbildung dunklen Kreisringes ist $dm = 2\pi\varrho\, d\varrho$. Demzufolge ergibt sich

$$I_p = \int_0^r \varrho^2\, dm = \int_0^r \varrho^2 \cdot 2\pi\varrho\, d\varrho = {}^1/_2\pi r^4 = {}^1/_{32}\pi d^4.$$

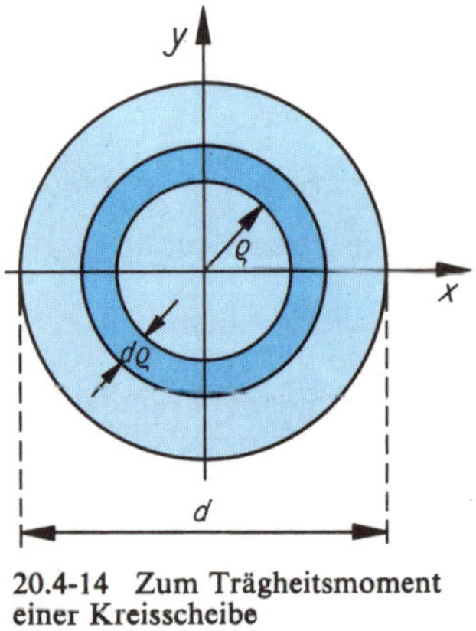

20.4-14 Zum Trägheitsmoment einer Kreisscheibe

Nun ist aus Symmetriegründen $I_x = I_y$ und deshalb $I_p = I_x + I_y = 2I_x$, $I_x = {}^1/_2\, I_p$, also die axialen Trägheitsmomente $I_x = I_y = \pi d^4/64$.

Steinerscher Satz. Sei $I_s = \int\limits_m x^2\,\mathrm{d}m$ das Trägheitsmoment eines Körpers bezüglich einer durch seinen Schwerpunkt gehenden Achse S. Sein Trägheitsmoment I_A bezüglich einer Achse A, die parallel zu S ist und von dieser den Abstand a hat, ist dann offenbar $I_A = \int\limits_m (x + a)^2\,\mathrm{d}m$. Nun ist $I_A = \int\limits_m (x+a)^2\,\mathrm{d}m = \int\limits_m (x^2 + 2ax + a^2)\,\mathrm{d}m = \int\limits_m x^2\,\mathrm{d}m + \int\limits_m a^2\,\mathrm{d}m + 2a \int\limits_m x\,\mathrm{d}m = I_s + a^2 m + 2a \int\limits_m x\,\mathrm{d}m$.

Da aber mit x die Abstände der Masseteilchen zur Schwerachse S bezeichnet sind, ist das letzte Integral $\int x\,\mathrm{d}m$, das statische Moment des Körpers bezüglich seiner Schwerachse, gleich Null.

Steinerscher Satz	$I_A = I_s + a^2 m$

Steinerscher Satz. Das Trägheitsmoment I_A eines Körpers bezüglich einer beliebigen Achse A ist gleich seinem Trägheitsmoment I_s bezüglich der zu A parallelen Schwerachse S, vermehrt um das Produkt aus seiner Masse und dem Quadrat des Abstandes beider Achsen.

20.5. Vektoranalysis

In der Vektoranalysis faßt man die Vektoren als Funktionen von Veränderlichen auf und wendet die Begriffsbildungen und Methoden der Differential- und Integralrechnung an. Ihre Anwendungsgebiete liegen hauptsächlich in der mathematischen Physik und in der Differentialgeometrie.

Felder

Skalare Felder. Eine skalare Funktion φ des Raumes nennt man ein *skalares Feld*, wenn durch sie jedem Punkt $P(x, y, z)$ bzw. jedem Ortsvektor $\boldsymbol{r}$ eines bestimmten Gebietes ein Skalar $\varphi(x, y, z) = \varphi(\boldsymbol{r})$ zugeordnet wird; z. B. sind Temperatur oder Dichte eines Körpers skalare Felder. Die Flächen $\varphi(x, y, z) = \text{const}$ heißen *Niveauflächen*. Die Kurven $\varphi(x, y) = \text{const}$ in der x, y-Ebene werden *Niveaulinien* genannt, z. B. sind die Linien gleicher Höhe über oder gleicher Tiefe unter dem Meeresspiegel sowie die Linien gleicher Temperatur Niveaulinien. Die Funktion φ ändert sich um so schneller, je dichter die Niveauflächen oder Niveaulinien liegen.

Beispiel 1: Die Niveauflächen des Feldes $\varphi = x^2 + y^2 + z^2$ sind die Kugelflächen mit dem Koordinatenursprung als Mittelpunkt.

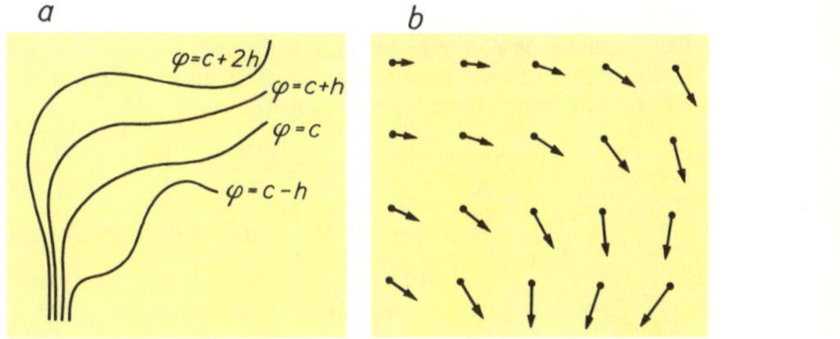

20.5-1 Skalares (*a*) und vektorielles (*b*) Feld

Vektorfelder. Wird durch die Funktion $\boldsymbol{v} = \boldsymbol{v}(\boldsymbol{r})$ bzw. $\boldsymbol{v} = \boldsymbol{v}(x, y, z)$ jedem Raumpunkt eines bestimmten Gebietes ein Vektor $\boldsymbol{v}$ zugeordnet, so heißt die Funktion $\boldsymbol{v} = \boldsymbol{v}(\boldsymbol{r})$ ein Vektorfeld; z. B. sind Kraftfelder $\boldsymbol{F}(\boldsymbol{r})$ oder elektrische Felder $\boldsymbol{E}(\boldsymbol{r})$ Vektorfelder. Man veranschaulicht sie durch Pfeile, die an verschiedenen Raumpunkten $\boldsymbol{r}$ angebracht sind und deren Richtung und Länge den dazugehörigen Vektor $\boldsymbol{v}(\boldsymbol{r})$ repräsentieren (Abb. 20.5-1). Vektorfelder haben oft die Form:

$$\boldsymbol{a} = \boldsymbol{a}(x, y, z, t) = u(x, y, z, t)\,\boldsymbol{i} + v(x, y, z, t)\,\boldsymbol{j} + w(x, y, z, t)\,\boldsymbol{k},$$

d. h., der Feldvektor $\boldsymbol{a}$ hängt von der Zeit t und von den Raumkoordinaten x, y, z ab, die ihrerseits wieder Funktion von t sein können. Die Differentiation dieser Vektorfunktion wird durch die Definition $\mathrm{d}\boldsymbol{a} = \mathrm{d}u\,\boldsymbol{i} + \mathrm{d}v\,\boldsymbol{j} + \mathrm{d}w\,\boldsymbol{k}$

mit $\mathrm{d}u = \dfrac{\partial u}{\partial x}\mathrm{d}x + \dfrac{\partial u}{\partial y}\mathrm{d}y + \dfrac{\partial u}{\partial z}\mathrm{d}z + \dfrac{\partial u}{\partial t}\mathrm{d}t$, $\mathrm{d}v = \dfrac{\partial v}{\partial x}\mathrm{d}x + \dfrac{\partial v}{\partial y}\mathrm{d}y + \dfrac{\partial v}{\partial z}\mathrm{d}z + \dfrac{\partial v}{\partial t}\mathrm{d}t$ und $\mathrm{d}w = \dfrac{\partial w}{\partial x}\mathrm{d}x + \dfrac{\partial w}{\partial y}\mathrm{d}y + \dfrac{\partial w}{\partial z}\mathrm{d}z + \dfrac{\partial w}{\partial t}\mathrm{d}t$ auf die Differentiation der skalaren Funktionen u, v, w

zurückgeführt. Gleichwertig mit dieser Definition ist die folgende:

$$\frac{\partial \boldsymbol{a}}{\partial x} = \lim_{\Delta x \to 0} \frac{\boldsymbol{a}(x+\Delta x, y, z, t) - \boldsymbol{a}(x, y, z, t)}{\Delta x} = \frac{\partial u}{\partial x}\boldsymbol{i} + \frac{\partial v}{\partial x}\boldsymbol{j} + \frac{\partial w}{\partial x}\boldsymbol{k}$$

und entsprechend

$$\frac{\partial \boldsymbol{a}}{\partial y} = \frac{\partial u}{\partial y}\boldsymbol{i} + \frac{\partial v}{\partial y}\boldsymbol{j} + \frac{\partial w}{\partial y}\boldsymbol{k}, \quad \frac{\partial \boldsymbol{a}}{\partial z} = \frac{\partial u}{\partial z}\boldsymbol{i} + \frac{\partial v}{\partial z}\boldsymbol{j} + \frac{\partial w}{\partial z}\boldsymbol{k}, \quad \frac{\partial \boldsymbol{a}}{\partial t} = \frac{\partial u}{\partial t}\boldsymbol{i} + \frac{\partial v}{\partial t}\boldsymbol{j} + \frac{\partial w}{\partial t}\boldsymbol{k}.$$

Die *Differentiation* geschieht also *komponentenweise* nach den üblichen Regeln.
Sind $\boldsymbol{a}_1$, $\boldsymbol{a}_2$ Vektorfunktionen und ist φ eine skalare Funktion, so gelten z. B. die Produktregeln

1) $\frac{\partial}{\partial x}(\varphi \boldsymbol{a}) = \varphi \frac{\partial \boldsymbol{a}}{\partial x} + \frac{\partial \varphi}{\partial x}\boldsymbol{a}$, $\quad \frac{\partial}{\partial y}(\varphi \boldsymbol{a}) = \varphi \frac{\partial \boldsymbol{a}}{\partial y} + \frac{\partial \varphi}{\partial y}\boldsymbol{a}$,

$\frac{\partial}{\partial z}(\varphi \boldsymbol{a}) = \varphi \frac{\partial \boldsymbol{a}}{\partial z} + \frac{\partial \varphi}{\partial z}\boldsymbol{a}$, $\quad \frac{\partial}{\partial t}(\varphi \boldsymbol{a}) = \varphi \frac{\partial \boldsymbol{a}}{\partial t} + \frac{\partial \varphi}{\partial t}\boldsymbol{a}$;

2) $\frac{\partial}{\partial x}(\boldsymbol{a}_1 \cdot \boldsymbol{a}_2) = \boldsymbol{a}_1 \cdot \frac{\partial \boldsymbol{a}_2}{\partial x} + \frac{\partial \boldsymbol{a}_1}{\partial x} \cdot \boldsymbol{a}_2$, $\quad \frac{\partial}{\partial y}(\boldsymbol{a}_1 \cdot \boldsymbol{a}_2) = \boldsymbol{a}_1 \cdot \frac{\partial \boldsymbol{a}_2}{\partial y} + \frac{\partial \boldsymbol{a}_1}{\partial y} \cdot \boldsymbol{a}_2$,

$\frac{\partial}{\partial z}(\boldsymbol{a}_1 \cdot \boldsymbol{a}_2) = \boldsymbol{a}_1 \cdot \frac{\partial \boldsymbol{a}_2}{\partial z} + \frac{\partial \boldsymbol{a}_1}{\partial z} \cdot \boldsymbol{a}_2$, $\quad \frac{\partial}{\partial t}(\boldsymbol{a}_1 \cdot \boldsymbol{a}_2) - \boldsymbol{a}_1 \cdot \frac{\partial \boldsymbol{a}_2}{\partial t} + \frac{\partial \boldsymbol{a}_1}{\partial t} \cdot \boldsymbol{a}_2$;

3) $\frac{\partial}{\partial x}(\boldsymbol{a}_1 \times \boldsymbol{a}_2) = \boldsymbol{a}_1 \times \frac{\partial \boldsymbol{a}_2}{\partial x} + \frac{\partial \boldsymbol{a}_1}{\partial x} \times \boldsymbol{a}_2$, $\quad \frac{\partial}{\partial y}(\boldsymbol{a}_1 \times \boldsymbol{a}_2) = \boldsymbol{a}_1 \times \frac{\partial \boldsymbol{a}_2}{\partial y} + \frac{\partial \boldsymbol{a}_1}{\partial y} \times \boldsymbol{a}_2$,

$\frac{\partial}{\partial z}(\boldsymbol{a}_1 \times \boldsymbol{a}_2) = \boldsymbol{a}_1 \times \frac{\partial \boldsymbol{a}_2}{\partial z} + \frac{\partial \boldsymbol{a}_1}{\partial z} \times \boldsymbol{a}_2$, $\quad \frac{\partial}{\partial t}(\boldsymbol{a}_1 \times \boldsymbol{a}_2) = \boldsymbol{a}_1 \times \frac{\partial \boldsymbol{a}_2}{\partial t} + \frac{\partial \boldsymbol{a}_1}{\partial t} \times \boldsymbol{a}_2$.

Im folgenden wird zur Vereinfachung angenommen, daß alle Funktionen zweimal stetig differenzierbar sind, so daß die Reihenfolge der partiellen Ableitungen vertauscht werden darf, z. B.

$\frac{\partial^2}{\partial x\, \partial y} = \frac{\partial^2}{\partial y\, \partial x}$ (vgl. Kap. 19.2. – Partielle Ableitung).

Am wichtigsten sind folgende Spezialfälle der angegebenen Vektorfunktion:

1. Der Feldvektor $\boldsymbol{a}$ hängt nicht explizit von der Zeit t ab, das Feld ist *zeitlich konstant*;

$$\boldsymbol{a}(x, y, z) = u(x, y, z)\,\boldsymbol{i} + v(x, y, z)\,\boldsymbol{j} + w(x, y, z)\,\boldsymbol{k}.$$

2. Es ist $u = x(t)$, $v = y(t)$, $w = z(t)$, oder $\boldsymbol{a} = \boldsymbol{r}(t) = x(t)\,\boldsymbol{i} + y(t)\,\boldsymbol{j} + z(t)\,\boldsymbol{k}$, wobei t nicht notwendig die Zeit bedeuten muß.

Der Ortsvektor $\boldsymbol{r} = \boldsymbol{r}(t)$ bezüglich des Koordinatenanfangspunktes beschreibt in Abhängigkeit von t eine Raumkurve; deutet man z. B. t als die Zeit und $\boldsymbol{r}(t)$ als Ort eines Teilchens, so beschreibt $\boldsymbol{r}(t)$ dessen Bahnkurve. Die Ableitung

$$\frac{d\boldsymbol{r}}{dt} = \frac{dx}{dt}\boldsymbol{i} + \frac{dy}{dt}\boldsymbol{j} + \frac{dz}{dt}\boldsymbol{k} = \dot{x}\boldsymbol{i} + \dot{y}\boldsymbol{j} + \dot{z}\boldsymbol{k}$$

stellt dann die *Geschwindigkeit* des Teilchens dar, $\frac{d^2\boldsymbol{r}}{dt^2}$ ist seine *Beschleunigung*. Der Vektor $\frac{d\boldsymbol{r}}{dt}$ ist tangential zur Kurve $\boldsymbol{r}(t)$ (Abb. 20.5-2).

Hat $\boldsymbol{r}(t)$ konstanten Betrag, $|\boldsymbol{r}| = \text{const}$, so ist auch $\boldsymbol{r}^2 = \text{const}$ und daher $\boldsymbol{r} \cdot \frac{d\boldsymbol{r}}{dt} + \frac{d\boldsymbol{r}}{dt} \cdot \boldsymbol{r} = 0$. Folglich stehen $\boldsymbol{r}$ und $\frac{d\boldsymbol{r}}{dt}$ senkrecht aufeinander.

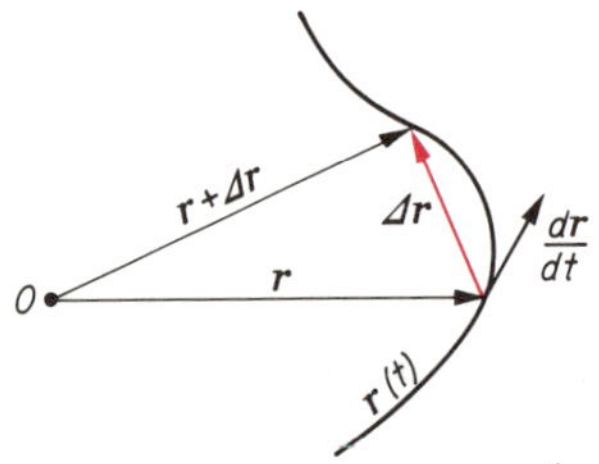

20.5-2 Zum Tangentenvektor $\frac{d\boldsymbol{r}}{dt}$

Gradient und Potential

Gradient. Man betrachtet die skalare Ortsfunktion $\varphi = \varphi(\boldsymbol{r}) = \varphi(x, y, z)$. Die Änderung $d\varphi$, welche die Funktion beim Fortschreiten um $d\boldsymbol{r} = dx\boldsymbol{i} + dy\boldsymbol{j} + dz\boldsymbol{k}$ erfährt, ist

$$d\varphi = \frac{\partial \varphi}{\partial x}dx + \frac{\partial \varphi}{\partial y}dy + \frac{\partial \varphi}{\partial z}dz.$$

Gradient	$\operatorname{grad} \varphi = \frac{\partial \varphi}{\partial x}\boldsymbol{i} + \frac{\partial \varphi}{\partial y}\boldsymbol{j} + \frac{\partial \varphi}{\partial z}\boldsymbol{k}$

Dieser Ausdruck kann als skalares Produkt aus dem Vektor $\mathrm{d}\boldsymbol{r}$ und dem Vektor $\operatorname{grad}\varphi = \frac{\partial\varphi}{\partial x}\boldsymbol{i} + \frac{\partial\varphi}{\partial y}\boldsymbol{j} + \frac{\partial\varphi}{\partial z}\boldsymbol{k}$ aufgefaßt werden, der *Gradient* von φ genannt wird. Für die Änderung $\mathrm{d}\varphi$ in Richtung $\mathrm{d}\boldsymbol{r}$ erhält man dann $\mathrm{d}\varphi = \operatorname{grad}\varphi \cdot \mathrm{d}\boldsymbol{r}$. Wählt man die Richtung $\mathrm{d}\boldsymbol{r}$ insbesondere so, daß $\mathrm{d}\boldsymbol{r}$ in eine Niveaufläche $\varphi = \text{const}$ fällt (Abb. 20.5-3), so ändert sich φ nicht, also ist $\mathrm{d}\varphi = 0$.

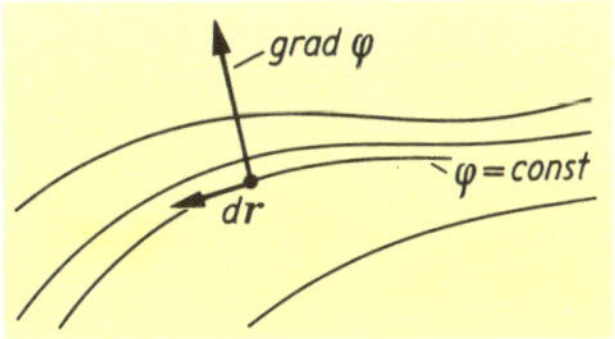

20.5-3 Zu Niveauflächen und Gradient

Der Gradient grad φ steht senkrecht auf den Niveauflächen $\varphi = \text{const}$.

Schließt jetzt $\mathrm{d}\boldsymbol{r}$ mit dem Gradienten den Winkel ϑ ein, so ergibt sich (vgl. Kap. 19.2. – Richtungsableitungen und Gradient einer Funktion):

$$\mathrm{d}\varphi = \operatorname{grad}\varphi\,\mathrm{d}\boldsymbol{r} = |\operatorname{grad}\varphi| \cdot |\mathrm{d}\boldsymbol{r}| \cos\vartheta.$$

Hieraus folgt, daß die Ortsfunktion für $\vartheta = 0$, d. h. in *Richtung des Gradienten am stärksten zunimmt*. Setzt man ferner $|\mathrm{d}\boldsymbol{r}| = \mathrm{d}s$, so erhält man $\frac{\mathrm{d}\varphi}{\mathrm{d}s} = |\operatorname{grad}\varphi| \cos\vartheta$; das bedeutet:

Die Ableitung von φ in irgendeiner Richtung ist gleich der Projektion des Gradienten auf diese Richtung.

Potential. Durch die Bildung des Gradienten wurde aus einem skalaren Feld $\varphi = \varphi(\boldsymbol{r})$ ein Vektorfeld $\operatorname{grad}\varphi$ gewonnen. Umgekehrt kann man aber im allgemeinen ein Vektorfeld nicht als Gradienten eines skalaren Feldes auffassen; Vektorfelder $\boldsymbol{a} = \frac{\partial\varphi}{\partial x}\boldsymbol{i} + \frac{\partial\varphi}{\partial y}\boldsymbol{j} + \frac{\partial\varphi}{\partial z}\boldsymbol{k}$, für die dies möglich ist, heißen *konservativ*, der Vektor $\boldsymbol{a}$ wird dann *Potentialvektor* genannt und φ sein *Potential* (vgl. Kap. 36.).

Man betrachtet das Kurvenintegral $\int_{P_0}^{P} \boldsymbol{a}\,\mathrm{d}\boldsymbol{r} = \int_{P_0}^{P} (u\,\mathrm{d}x + v\,\mathrm{d}y + w\,\mathrm{d}z)$. Wenn der Integrationsweg durch die Parameterdarstellung $\boldsymbol{r} = \boldsymbol{r}(t) = x(t)\,\boldsymbol{i} + y(t)\,\boldsymbol{j} + z(t)\,\boldsymbol{k}$, $t_0 \leqslant t \leqslant t_1$, bestimmt ist, geht das Kurvenintegral in das gewöhnliche Integral über

$$\int_{t_0}^{t_1} \left(\boldsymbol{a}\frac{\mathrm{d}\boldsymbol{r}}{\mathrm{d}t}\right)\mathrm{d}t = \int_{t_0}^{t_1} \left[u(t)\frac{\mathrm{d}x}{\mathrm{d}t} + v(t)\frac{\mathrm{d}y}{\mathrm{d}t} + w(t)\frac{\mathrm{d}z}{\mathrm{d}t}\right]\mathrm{d}t.$$

Im allgemeinen hängt dieses Integral sowohl von den beiden Endpunkten P_0 und P der Kurve als auch vom Verlauf der Kurve selbst ab. Ist jedoch das Vektorfeld $\boldsymbol{a} = u(x, y, z)\,\boldsymbol{i} + v(x, y, z)\,\boldsymbol{j} + w(x, y, z)\,\boldsymbol{k}$ in G stetig und der Integrationsweg $\boldsymbol{r}(t) = x(t)\,\boldsymbol{i} + y(t)\,\boldsymbol{j} + z(t)\,\boldsymbol{k}$ in G stetig differenzierbar, dann ist $\boldsymbol{a} = \operatorname{grad}\varphi$ die notwendige und hinreichende Bedingung für die Unabhängigkeit des Kurvenintegrals vom Weg. Es gilt dann der folgende Satz.

Das Kurvenintegral über einen Potentialvektor ist vom Integrationsweg unabhängig und gleich der Potentialdifferenz zwischen End- und Anfangspunkt der Kurve. Ist umgekehrt das Kurvenintegral $\int \boldsymbol{a}\,\mathrm{d}\boldsymbol{r}$ vom Wege unabhängig, so ist $\boldsymbol{a}$ ein Potentialvektor.

In G verschwindet das Kurvenintegral $\oint \boldsymbol{a}\,\mathrm{d}\boldsymbol{r}$ über jeden geschlossenen Weg genau dann, wenn $\boldsymbol{a} = \operatorname{grad}\varphi$ ist.

Notwendig und hinreichend dafür, daß $\boldsymbol{a} = \operatorname{grad}\varphi$ in einem einfach zusammenhängenden Gebiet G ist, sind die Integrabilitätsbedingungen

$$\frac{\partial u}{\partial y} = \frac{\partial v}{\partial x}; \quad \frac{\partial v}{\partial z} = \frac{\partial w}{\partial y}; \quad \frac{\partial w}{\partial x} = \frac{\partial u}{\partial z},$$

aus denen $\operatorname{rot}\boldsymbol{a} = 0$ folgt (vgl. Rotation und Satz von Stokes).

Beispiel 1: $\oint(-y\,\mathrm{d}x + x\,\mathrm{d}y)$ ist längs des Einheitskreises um den Koordinatenursprung zu integrieren. Die Parameterdarstellung des Einheitskreises ist $x = \cos t$, $y = \sin t$. Damit wird

$$\oint(-y\,\mathrm{d}x + x\,\mathrm{d}y) = \int_0^{2\pi} [-\sin t(-\sin t) + \cos t\cos t]\,\mathrm{d}t = \int_0^{2\pi} (\sin^2 t + \cos^2 t)\,\mathrm{d}t = 2\pi.$$

Das Integral ist von 0 verschieden, d. h., der Vektor $\boldsymbol{a} = -y\boldsymbol{i} + x\boldsymbol{j}$ ist kein Potentialvektor; das folgt auch aus $\frac{\partial u}{\partial x} = -1 \neq \frac{\partial v}{\partial y} = 1$.

Divergenz und Satz von Gauß

Divergenz. Die Divergenz ist ein skalares Feld, das sich aus einem Vektorfeld

$$\bar{\boldsymbol{a}} = \bar{u}(x, y, z)\,\boldsymbol{i} + \bar{v}(x, y, z)\,\boldsymbol{j} + \bar{w}(x, y, z)\,\boldsymbol{k}$$

ableiten läßt. Der Anschaulichkeit halber werde das Feld $\bar{\boldsymbol{a}}$ als *Geschwindigkeitsfeld* einer strömenden Flüssigkeit gedeutet, deren Dichte $\varrho = \varrho(x, y, z)$ sei. Es sei eine *stationäre Strömung* angenommen, bei der $\bar{\boldsymbol{a}}$ und ϱ nicht explizit von der Zeit abhängen. Die x-Komponente $\bar{u}\boldsymbol{i}$ gibt den in der Zeiteinheit von einem Flüssigkeitsteilchen in der x-Richtung zurückgelegten Weg an. Denkt man sich ein quaderförmiges Volumenelement mit achsenparallelen Kanten (Abb. 20.5-4), so tritt durch die senkrecht zur x-Achse stehende Seitenfläche $dA_1 = dy\,dz$ in der Zeiteinheit das Flüssigkeitsvolumen $dA_1\bar{u} = \bar{u}\,dy\,dz$ und damit die Masse $\varrho\bar{u}\,dy\,dz$ in das Volumenelement ein. Durch die Fläche $dA_2 = dy\,dz$ tritt die Masse

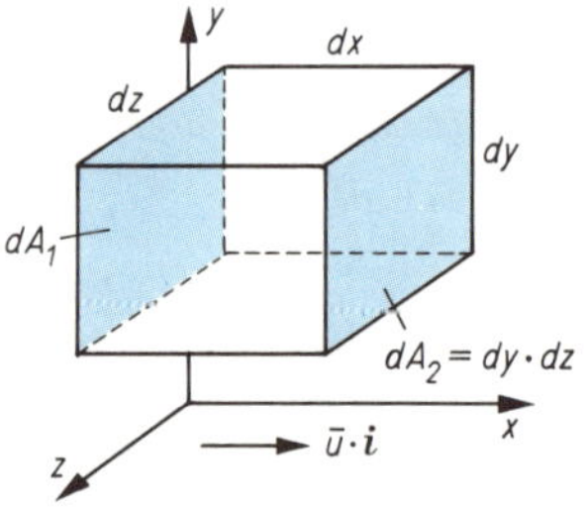

20.5-4 Zur Deutung der Divergenz

$$\varrho(x + dx, y, z)\,\bar{u}(x + dx, y, z)\,dy\,dz = \left[\varrho\bar{u} + \frac{\partial(\varrho\bar{u})}{\partial x}\,dx\right] dy\,dz$$

wieder aus. Die Differenz ergibt den Masseverlust

$$\frac{\partial(\varrho\bar{u})}{\partial x}\,dx\,dy\,dz$$

durch die Flächen dA_1 und dA_2. Den gesamten Masseverlust des Volumenelements erhält man, wenn man die anderen Flächenpaare ebenso berücksichtigt, zu

$$\left[\frac{\partial(\varrho\bar{u})}{\partial x} + \frac{\partial(\varrho\bar{v})}{\partial y} + \frac{\partial(\varrho\bar{w})}{\partial z}\right] dx\,dy\,dz.$$

Der *Masseverlust in der Volumen- und Zeiteinheit*, die *Ergiebigkeit* oder *Divergenz* des Vektorfeldes ist demnach, wenn man noch $\boldsymbol{a} = \varrho\bar{\boldsymbol{a}}$, $u = \varrho\bar{u}$, $v = \varrho\bar{v}$ und $w = \varrho\bar{w}$ setzt, gegeben durch div $\boldsymbol{a}$.

$$\operatorname{div} \boldsymbol{a} = \frac{\partial u}{\partial x} + \frac{\partial v}{\partial y} + \frac{\partial w}{\partial z}$$

Fließt ebensoviel Masse zu wie ab, so ist $\operatorname{div} \boldsymbol{a} = 0$, das Feld heißt *quellenfrei*. Punkte mit $\operatorname{div} \boldsymbol{a} > 0$ heißen *Quellen* – dort fließt mehr ab als zu; Punkte mit $\operatorname{div} \boldsymbol{a} < 0$ heißen *Senken* – dort ist es umgekehrt.

Satz von Gauß. Der *Gesamtmasseverlust* für ein endliches Gebiet G läßt sich durch das Volumenintegral $\iiint_G \operatorname{div} \boldsymbol{a}\,d\tau$ berechnen. Diese Masse muß über die Randfläche $\boldsymbol{S}$ von G abgeflossen sein.

Bezeichnet $d\boldsymbol{s} = \boldsymbol{n}\,d\sigma$ ein gerichtetes Flächenelement, d. h. einen Vektor in Richtung der Außennormale $\boldsymbol{n}(|\boldsymbol{n}| = 1)$ mit einem Betrag gleich dem Flächeninhalt $d\sigma$ des Elements, dann ist nach schon durchgeführten Überlegungen $\boldsymbol{a} \cdot \boldsymbol{n}\,d\sigma$ der Masseabfluß in der Zeiteinheit durch die Fläche $d\sigma$. Deshalb ist der gesamte Fluß durch die Fläche S nach außen gleich dem Oberflächenintegral $\iint_S (\boldsymbol{a} \cdot \boldsymbol{n})\,d\sigma = \iint_S a_n\,d\sigma$. Setzt man beide Ausdrücke gleich, so erhält man den Satz von Gauß.

vektoriell	$\iiint_G \operatorname{div} \boldsymbol{a}\,d\tau = \iint_S \boldsymbol{a} \cdot \boldsymbol{n}\,d\sigma = \iint_S a_n\,d\sigma$
Satz von Gauß	
in Komponenten	$\iiint_G \left(\frac{\partial u}{\partial x} + \frac{\partial v}{\partial y} + \frac{\partial w}{\partial z}\right) d\tau = \iint_S [u \cos(x, \boldsymbol{n}) + v \cos(y, \boldsymbol{n}) + w \cos(z, \boldsymbol{n})]\,d\sigma$

Der für das hydrodynamische Beispiel so einleuchtende Satz von Gauß gilt ganz allgemein für stetig differenzierbare Vektorfelder, wenn G eine beschränkte offene Punktmenge ist, die von endlich vielen abgeschlossenen glatten Flächenstücken, die paarweise keine gemeinsamen Punkte haben, berandet ist. Der Satz von Gauß gestattet die Umwandlung eines Volumen- in ein Oberflächenintegral. Aus dem Gaußschen Satz folgt noch in Übereinstimmung mit der Anschauung:

Ist $\boldsymbol{a}$ in einem Gebiet quellenfrei, d.h., $\operatorname{div} \boldsymbol{a} = 0$, so verschwindet der Fluß durch die Oberfläche des Gebietes.

Rotation und Satz von Stokes

Rotation. Die Rotation ist eine Differentialoperation, durch die einem Vektorfeld $\boldsymbol{a} = u\boldsymbol{i} + v\boldsymbol{j} + w\boldsymbol{k}$ ein anderes Vektorfeld zugeordnet werden kann.

$$\operatorname{rot} \boldsymbol{a} = \left(\frac{\partial w}{\partial y} - \frac{\partial v}{\partial z}\right)\boldsymbol{i} + \left(\frac{\partial u}{\partial z} - \frac{\partial w}{\partial x}\right)\boldsymbol{j} + \left(\frac{\partial v}{\partial x} - \frac{\partial u}{\partial y}\right)\boldsymbol{k}$$

Satz von Stokes. In die geschlossene, aber nicht notwendig ebene Kurve C sei ein Flächenstück S eingespannt. S möge ein stetiges Normalvektorfeld $\boldsymbol{n}$ (ausgenommen höchstens in endlich vielen Punkten oder Linien) haben und die Randkurve C eine stetige Tangente (ausgenommen höchstens in endlich vielen Punkten). Der positive Durchlaufungssinn von C sei derjenige, bei dem S zur Linken liegt, wenn man S von der durch $\boldsymbol{n}$ bezeichneten Seite aus betrachtet (Abb. 20.5-5). Dann gilt für ein beliebiges stetig differenzierbares Vektorfeld der Satz von Stokes.

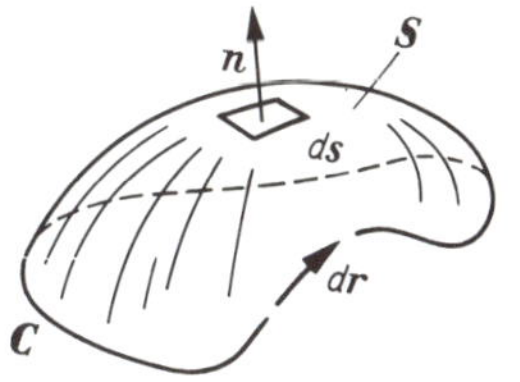

20.5-5 Zum Satz von Stokes

Satz von Stokes vektoriell und in Komponenten

$$\oint_C \boldsymbol{a}\,\mathrm{d}\boldsymbol{r} = \iint_S (\boldsymbol{n}\cdot \operatorname{rot}\boldsymbol{a})\,\mathrm{d}\sigma = \iint_S \operatorname{rot}_{\boldsymbol{n}} \boldsymbol{a}\,\mathrm{d}\sigma$$

$$\oint_C (u\,\mathrm{d}x + v\,\mathrm{d}y + w\,\mathrm{d}z)$$

$$= \iint_S \left\{\left(\frac{\partial w}{\partial y} - \frac{\partial v}{\partial z}\right)\cos(x, \boldsymbol{n}) + \left(\frac{\partial u}{\partial z} - \frac{\partial w}{\partial x}\right)\cos(y, \boldsymbol{n}) + \left(\frac{\partial v}{\partial x} - \frac{\partial u}{\partial y}\right)\cos(z, \boldsymbol{n})\right\}\mathrm{d}\sigma$$

Nach diesem Satz hängt $\iint_S (\boldsymbol{n}\cdot\operatorname{rot}\boldsymbol{a})\,\mathrm{d}\sigma$ nur vom Verlauf der Randkurve C, nicht aber von der Gestalt der eingespannten Fläche S ab. Das Umlaufintegral $\oint_C \boldsymbol{a}\,\mathrm{d}\boldsymbol{r}$ bezeichnet man als *Zirkulation* von $\boldsymbol{a}$ längs C; sie ist ein Maß dafür, wie stark das als Geschwindigkeitsfeld einer Flüssigkeitsströmung aufgefaßte Vektorfeld eine Drehbewegung in der Flüssigkeit beschreibt. Die Zirkulation ist nach dem Satz von Stokes gleich dem Fluß der Normalkomponente der Rotation durch eine in C eingespannte Fläche S.

Deutet man $\boldsymbol{a}$ als Kraftfeld, so ist $-\boldsymbol{a}\,\mathrm{d}\boldsymbol{r}$ die auf dem Wege $\mathrm{d}\boldsymbol{r}$ gegen die Kraft $\boldsymbol{a}$ verrichtete Arbeit und $\oint \boldsymbol{a}\,\mathrm{d}\boldsymbol{r}$ die bei einem vollen Umlauf längs C verrichtete Arbeit. Sie ist nur dann Null und damit vom Wege unabhängig, wenn $\operatorname{rot}\boldsymbol{a} = 0$ ist. Solche Felder, für die $\operatorname{rot}\boldsymbol{a} = 0$ ist, heißen *wirbelfrei*. Ein wirbelfreies Feld $\boldsymbol{a}$ läßt sich stets als Gradient $\boldsymbol{a} = \operatorname{grad}\varphi$ darstellen. Demzufolge gilt $\operatorname{rot}\operatorname{grad}\varphi = 0$, wie man auch direkt verifizieren kann.

Nablaoperator, Rechenregeln

Die drei Differentialoperatoren grad, div, rot lassen sich mit Hilfe eines einzigen Operators darstellen, des Hamiltonschen oder *Nablaoperators*, der durch das Zeichen ∇ symbolisiert wird; seinen Namen verdankt er einem hebräischen Saiteninstrument, das etwa die Form dieses Zeichens hatte.

Der ∇-Operator ist definiert durch $\nabla = \boldsymbol{i}\dfrac{\partial}{\partial x} + \boldsymbol{j}\dfrac{\partial}{\partial y} + \boldsymbol{k}\dfrac{\partial}{\partial z}$.

Will man unter dem „Produkt" $\dfrac{\partial}{\partial x}\cdot\varphi$ einfach $\dfrac{\partial\varphi}{\partial x}$ verstehen, so kann man $\nabla\varphi = \operatorname{grad}\varphi$ schreiben.

Das Skalarprodukt $\nabla\cdot\boldsymbol{a}$ ergibt die Divergenz $\nabla\cdot\boldsymbol{a} = \operatorname{div}\boldsymbol{a}$, das Vektorprodukt $\nabla\times\boldsymbol{a}$ schließlich die Rotation $\nabla\times\boldsymbol{a} = \operatorname{rot}\boldsymbol{a}$. Ein weiterer, nach LAPLACE benannter und mit $\triangle$ bezeichneter Differentialoperator wird für ein skalares Feld $\varphi(x, y, z)$ definiert durch

$$\triangle\varphi = \operatorname{div}\operatorname{grad}\varphi = \nabla\cdot(\nabla\varphi) = \frac{\partial^2\varphi}{\partial x^2} + \frac{\partial^2\varphi}{\partial y^2} + \frac{\partial^2\varphi}{\partial z^2},$$

für ein Vektorfeld $\boldsymbol{a}(x, y, z)$ aber durch

$$\triangle\boldsymbol{a} = \operatorname{grad}\operatorname{div}\boldsymbol{a} - \operatorname{rot}\operatorname{rot}\boldsymbol{a} = \nabla(\nabla\cdot\boldsymbol{a}) - \nabla\times(\nabla\times\boldsymbol{a}) = \frac{\partial^2\boldsymbol{a}}{\partial x^2} + \frac{\partial^2\boldsymbol{a}}{\partial y^2} + \frac{\partial^2\boldsymbol{a}}{\partial z^2}.$$

Ferner gelten folgende Regeln:

$\operatorname{grad}(\varphi_1\varphi_2) = \varphi_1\operatorname{grad}\varphi_2 + \varphi_2\operatorname{grad}\varphi_1$	$\operatorname{div}(\varphi\boldsymbol{a}) = \varphi\operatorname{div}\boldsymbol{a} + \boldsymbol{a}\cdot\operatorname{grad}\varphi$
$\operatorname{rot}(\varphi\boldsymbol{a}) = \varphi\operatorname{rot}\boldsymbol{a} - \boldsymbol{a}\times\operatorname{grad}\varphi$	$\operatorname{rot}\operatorname{grad}\varphi = 0$
$\operatorname{div}(\boldsymbol{a}_1\times\boldsymbol{a}_2) = \boldsymbol{a}_2\cdot\operatorname{rot}\boldsymbol{a}_1 - \boldsymbol{a}_1\cdot\operatorname{rot}\boldsymbol{a}_2$	$\operatorname{div}\operatorname{rot}\boldsymbol{a} = 0$

Zum Schluß sei erwähnt, daß der Gradient, die Divergenz und die Rotation eines Feldes Größen sind, die unabhängig vom benutzten Koordinatensystem sind. Man sagt dafür, diese Größen seien *invariant* gegenüber Koordinatentransformationen.

21. Funktionenreihen

Theorie und Anwendungen der Funktionenreihen sind aus der modernen Mathematik nicht mehr wegzudenken. Ihnen kommt für den Aufbau der Analysis und der Funktionentheorie größte Bedeutung zu. Manche Funktionen können nur unter Benutzung ihrer Reihenentwicklung integriert werden (vgl. Kap. 20.1. – Integrale, die sich nicht durch elementare Funktionen ausdrücken lassen). Funktionenreihen sind aber auch in vielen Fällen ein leistungsfähiges Hilfsmittel bei praktischen Anwendungen. Mit ihrer Hilfe lassen sich oft Aussagen über die Eigenschaften einer Funktion machen, von der nur wenige Werte bekannt sind, Näherungswerte von Funktionen einfach berechnen und Genauigkeiten von Rechenverfahren rasch und sicher abschätzen.
Im Kap. 18.2. wurden die Eigenschaften von unendlichen Reihen mit konstanten Gliedern behandelt. Die Glieder der hier zu behandelnden Reihen sind Funktionen einer Veränderlichen; von Bedeutung sind insbesondere Potenzreihen, deren n-tes Glied eine Funktion der Form $a_n x^n$ ist, und *Fouriersche Reihen* mit dem allgemeinen Glied $a_n \cos nx + b_n \sin nx$.

21.1. Reihen von Funktionen

Schon zur Herleitung der Eigenschaften einer Reihe mit konstanten Gliedern wurden Folgen, und zwar von Zahlen, benutzt. In Verallgemeinerung der Überlegungen dort soll der Ausdruck

$$F(x) = \sum_{n=0}^{\infty} f_n(x)$$

die folgende Bedeutung haben:

1. Für jede natürliche Zahl $n = 0, 1, 2, \dots$ ist eine Funktion $f_n(x)$ der *Funktionenfolge* $f_0(x)$, $f_1(x)$, ..., $f_n(x)$, ... gegeben. Dabei ist jede Funktion $f_n(x)$ in einem Intervall I der Variablen x definiert, d. h., sie nimmt für jedes x aus diesem Definitionsbereich eindeutig einen Wert ihres Wertebereichs an.

2. Es wird eine Folge $F_n(x)$ von *Approximationsfunktionen* (Partialsummen) durch
$$F_n(x) = f_0(x) + f_1(x) + \cdots + f_n(x), \quad n = 0, 1, 2, \dots$$
festgelegt, die im Intervall I definiert sind.

3. Für jedes x aus $I' \subseteq I$ konvergiert die Folge $F_n(x)$ gegen einen Grenzwert. Diese Grenzwerte stellen den Wertebereich einer Funktion $F(x)$ dar, d. h., es existiert $\lim\limits_{n\to\infty} F_n(x) = F(x)$. Diese Funktion heißt *Grenzfunktion*, und das Intervall I' wird *Konvergenzintervall* genannt.

Die Differenz $F(x) - F_n(x)$ zwischen der Grenzfunktion und einer Approximationsfunktion wird als Rest mit $R_n(x)$ bezeichnet. Sie konvergiert für jedes $x \in I'$ gegen Null.

Gleichmäßige Konvergenz. In der Funktionenreihe $F(x) = x^2 + x^2(1 - x^2) + x^2(1 - x^2)^2 + \cdots = \sum\limits_{n=0}^{\infty} x^2(1 - x^2)^n$ sind die Funktionen $f_n(x) = x^2(1 - x^2)^n$ stetig. Mit Ausnahme der Stelle $x = 0$ konvergiert die Folge der Approximationsfunktionen $F_0(x) = x^2$, $F_1(x) = x^2 + x^2(1 - x^2), \dots$ im Intervall $-1 \leqslant x \leqslant +1$, weil in der Reihe $F(x) = x^2[1 + (1 - x^2) + (1 - x^2)^2 + \cdots]$ für jedes $x \neq 0$ der Ausdruck $(1 - x^2)$ kleiner als eine Zahl $q < 1$ ist, die Reihe deshalb als konvergente geometrische Reihe aufgefaßt werden kann. Man erhält $F(x) = x^2 \cdot 1/[1 - (1 - x^2)] = 1$. Für $x = 0$ dagegen ergibt sich $F(0) = 0$. Zum Unterschied von den Funktionen $f_n(x)$ ist $F(x)$ an der Stelle $x = 0$ nicht stetig.
Es erhebt sich die Frage, unter welchen Bedingungen sich Eigenschaften wie Stetigkeit oder Differenzierbarkeit von den Gliedern $f_n(x)$ der Reihe auf die Grenzfunktion $F(x)$ übertragen. Die Abbildung 21.1-1 der Approximationskurven der Funktion $F(x) = \sum x^2(1 - x^2)^n$ gibt einen Hinweis.

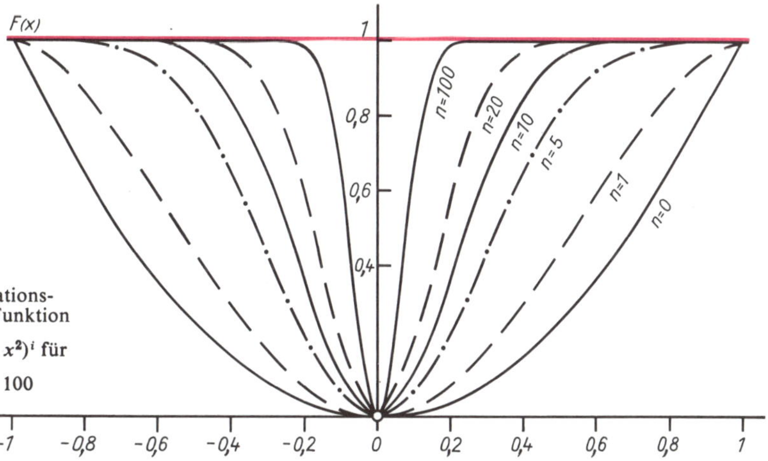

21.1-1 Approximationskurven $F_n(x)$ der Funktion $F(x) = \sum_{i=0}^{\infty} x^2(1 - x^2)^i$ für $n = 0, 1, 5, 10, 20, 100$

Während sich für $n > 10$ die Kurven kaum voneinander trennen lassen, sobald $|x| > 0{,}6$, weichen sie z. B. für $|x| = 0{,}2$ stark voneinander ab, d. h., der Index N, von dem ab der Betrag des Restes $R_n(x)$ kleiner als eine vorgegebene positive Zahl ε wird, hängt im allgemeinen noch von der Wahl des x im Intervall ab. Diese Indizes $N(\varepsilon, x)$ wachsen hier bei gegebenem $\varepsilon < 1$ unbeschränkt für $x \to 0$. Läßt sich aber für eine Funktionenreihe $F(x)$ ein N finden, das unabhängig von der Stelle x ist, so spricht man von *gleichmäßiger Konvergenz*. Dies gilt, wenn die Menge $N(\varepsilon, x)$ für jedes feste $\varepsilon > 0$ eine obere Schranke hat. Im folgenden wird gezeigt, daß dann $F(x)$ stetig sowie gliedweise differenzierbar und integrierbar ist. Die Reihe $\Sigma\ x^2(1 - x^2)^n$ dagegen ist zwar konvergent, aber nicht gleichmäßig konvergent (vgl. gleichmäßige Stetigkeit in Kap. 18.3. — Stetigkeit einer Funktion).

Eine Funktionenreihe $F(x) = \sum_{n=0}^{\infty} f_n(x)$ heißt gleichmäßig konvergent in einem Intervall I, wenn es zu jedem vorgegebenen $\varepsilon > 0$ ein nur von ε, nicht aber von x abhängiges $N = N(\varepsilon)$ gibt, so daß für jedes beliebige x aus I der Betrag des Restes $|R_n(x)| = |f_{n+1}(x) + f_{n+2}(x) + \cdots| < \varepsilon$ bleibt, wenn $n \geqslant N$ ist.

Den Begriff der gleichmäßigen Konvergenz führte WEIERSTRASS ein. Er läßt sich ebenso wie das folgende Konvergenzkriterium auf das Komplexe übertragen.

Das Weierstraßsche Majorantenkriterium.

Wenn jede Funktion $f_n(x)$ einer Funktionenreihe $F(x) = \sum_{n=0}^{\infty} f_n(x)$ im Intervall I beschränkt ist, d. h., einer Ungleichung $|f_n(x)| \leqslant \gamma_n$ genügt, und wenn die Reihe $\sum_{n=0}^{\infty} \gamma_n$ konvergent ist, so ist $F(x) = \sum_{n=0}^{\infty} f_n(x)$ im Intervall I gleichmäßig konvergent. Die Reihe $\sum_{n=0}^{\infty} \gamma_n$ heißt dann konvergente Majorante von $\sum_{n=0}^{\infty} f_n(x)$.

Beispiel 1: Die Reihe $\sum_{n=1}^{\infty} (\sin nx)/n^2$ ist für alle x gleichmäßig konvergent; denn es ist immer $|(\sin nx)/n^2| \leqslant 1/n^2$, und die Majorante $\sum_{n=1}^{\infty} 1/n^2$ ist konvergent (vgl. Kap. 18.2. - Konvergenzkriterien für Reihen).

Beispiel 2: Die geometrische Reihe $x + x^2 + x^3 + \cdots$ hat das Konvergenzintervall $-1 < x < +1$. Für ein bestimmtes x_0 mit $0 < x_0 < 1$ läßt sich zu einem vorgegebenen $\varepsilon > 0$ für $n > N(\varepsilon)$ stets erreichen, daß

$$|R_n(x_0)| = |x_0^{n+1} + x_0^{n+2} + \cdots| = x_0^n(x_0 + x_0^2 + \cdots) = x_0^{n+1}/(1 - x_0) < \varepsilon.$$

Läßt man aber x_0 gegen $+1$ wachsen, so wird $|R_n|$ bei festem $n > N(\varepsilon)$ jeden endlichen Wert überschreiten, $\lim_{x_0 \to 1} \frac{x_0^{n+1}}{1 - x_0} = \infty$. Damit ist gezeigt, daß die geometrische Reihe in jedem abgeschlossenen Teil des Konvergenzintervalls $]-1, +1[$ gleichmäßig konvergiert, nicht aber im gesamten offenen Konvergenzintervall.

Es läßt sich beweisen, daß an Stelle des Restes $R_n(x)$ auch beliebige *Ausschnitte* $F_{n+k}(x) - F_n(x)$ der Funktionenreihe mit $k \geqslant 1$ betrachtet werden können; die Bedingung für die gleichmäßige Konvergenz der Reihe lautet dann

$$|F_{n+k}(x) - F_n(x)| = |f_{n+1}(x) + f_{n+2}(x) + \cdots + f_{n+k}(x)| < \varepsilon$$

für alle x im Intervall I, für alle $n \geqslant N(\varepsilon)$ und für alle $k \geqslant 1$.

Grenzwerte einer Funktionenreihe. Ist die Reihe $F(x) = \sum_{n=0}^{\infty} f_n(x)$ im Intervall $a < x < x_0$ gleichmäßig konvergent, so läßt sich zu einem vorgegebenen $\varepsilon > 0$ ein Index n_1 passend so bestimmen, daß für alle x im Intervall, für alle $n > n_1$ und für alle $k \geqslant 1$ gilt $|f_{n+1}(x) + f_{n+2}(x) + \cdots + f_{n+k}(x)| < \varepsilon$. Wird zusätzlich angenommen, daß jede Funktion $f_n(x)$ für $x \uparrow x_0$ einen linksseitigen Grenzwert a_n hat, so darf dieser in die Ungleichung eingesetzt werden,

$$|a_{n+1} + a_{n+2} + \cdots + a_{n+k}| < \varepsilon,$$

d. h. aber, daß die Reihe $\sum a_n$ dieser Grenzwerte konvergiert. Ist s ihre Summe und sind s_n ihre Partialsummen, so läßt sich ein Index n_2 so wählen, daß $|s_m - s| < \varepsilon/3$ für alle $m > n_2$ und zugleich $|R_m(x)| < \varepsilon/3$ für alle x gilt. Damit kann bewiesen werden, daß auch die Grenzfunktion $F(x)$ für $x \uparrow x_0$ den Grenzwert s hat. Für jedes feste m gilt nämlich für alle x aus $a < x < x_0$

$$|F(x) - s| = |(F_m(x) - s_m) - (s - s_m) + R_m(x)| < |F_m(x) - s_m| + \varepsilon/3 + \varepsilon/3.$$

Hierin hat aber $F_m(x)$ als Summe einer festen Anzahl von Funktionen $f_n(x)$ für $x \uparrow x_0$ den Grenzwert s_m, d. h., es läßt sich für ein positives $\delta < (x_0 - a)$ ein Teilintervall $x_0 - \delta < x < x_0$ so bestimmen, daß für jedes x aus ihm $|F_m(x) - s_m(x)| < \varepsilon/3$ und damit $|F(x) - s| < \varepsilon$. Die Summe s ist danach tatsächlich der Grenzwert von $F(x)$.
Das Ergebnis kann in der folgenden Form zusammengefaßt werden

$$\lim_{x \uparrow x_0} \left[\sum_{n=0}^{\infty} f_n(x)\right] = \sum_{n=0}^{\infty} \left[\lim_{x \uparrow x_0} f_n(x)\right]$$

und besagt, daß bei gleichmäßig konvergenten Funktionenreihen Grenzübergänge gliedweise vorgenommen werden dürfen.
Für rechtsseitige Grenzwerte gelten entsprechende Schlüsse. Sind die Funktionen $f_n(x)$ stetig bei x_0, so sind ihre linksseitigen und rechtsseitigen Grenzwerte den Funktionswerten $f_n(x_0)$ gleich, d. h., auch die Grenzfunktion $F(x)$ ist bei x_0 stetig.

Ist die Funktionenreihe $F(x) = \sum_{n=0}^{\infty} f_n(x)$ in einem Intervall I gleichmäßig konvergent und sind ihre Glieder $f_n(x)$ für $x = x_0$ stetig, so ist auch $F(x)$ an dieser Stelle stetig.

Gliedweise Differentiation und Integration. Sind die in einem Intervall I definierten Funktionen $f_n(x)$ dort differenzierbar und ist die aus den Differentialquotienten gebildete Reihe $f(x) = \sum_{n=0}^{\infty} f_n'(x)$ in I gleichmäßig konvergent, die Reihe $\sum_{n=0}^{\infty} f_n(x)$ aber wenigstens an einer Stelle x_0 aus I konvergent, so konvergiert diese Reihe $\sum f_n(x)$ sogar gleichmäßig in I, und der Differentialquotient der durch sie dargestellten Funktion $F(x) = \sum_{n=0}^{\infty} f_n(x)$ ist die Reihe $F'(x) = \sum_{n=0}^{\infty} f_n'(x)$. Auf die Herleitung dieser Beziehungen im einzelnen wird hier verzichtet; man spricht sie oft in der folgenden, weniger genauen Form aus.

$$\frac{\mathrm{d}}{\mathrm{d}x}\left[\sum_{n=0}^{\infty} f_n(x)\right] = \sum_{n=0}^{\infty} f_n'(x)$$

Eine Funktionenreihe darf gliedweise differenziert werden, wenn die sich ergebende Reihe gleichmäßig konvergent ist.

ABEL gab, ohne den Begriff der gleichmäßigen Konvergenz zu kennen, folgende Beispiele dafür, daß eine gliedweise Differentiation nicht in jedem Fall auf richtige Ergebnisse führen muß:

1. Die Funktionenreihe $\sum_{n=1}^{\infty} (\sin nx)/n$ konvergiert für jedes reelle x, die durch gliedweise Differentiation gewonnene Reihe $\sum_{n=1}^{\infty} \cos nx$ dagegen divergiert für jedes x.
2. Die Reihe $\sum_{n=1}^{\infty} f_n(x) = \sum_{n=1}^{\infty} (\sin nx)/n^2$ konvergiert gleichmäßig für alle x, die Reihe $\sum_{n=1}^{\infty} f_n'(x) = \sum_{n=1}^{\infty} (\cos nx)/n$ ist dagegen für $x = 0$ divergent.

Sind die Glieder $f_n(x)$ einer im Intervall I gleichmäßig konvergenten Funktionenreihe dort integrierbar, so ist die durch gliedweise Integration entstehende Reihe in I auch konvergent und stellt das Integral $\int F(x)\,dx$ der Grenzfunktion $F(x) = \sum_{n=0}^{\infty} f_n(x)$ dar.

Eine gleichmäßig konvergente Funktionenreihe darf gliedweise integriert werden.

Bogenlänge und Umfang der Ellipse kann man durch gliedweise Integration der Reihe für das Bogenelement berechnen. Für das Bogenstück S der Ellipse (Abb. 21.1-2) gilt

$$S = \int_0^{\varphi} \sqrt{dx^2 + dy^2} = a \int_0^{\varphi} \sqrt{1 - \varepsilon^2 \sin^2 \varphi}\, d\varphi$$

mit $x = a \sin \varphi$, $y = b \cos \varphi$, $dx = a \cos \varphi\, d\varphi$, $dy = -b \sin \varphi\, d\varphi$ sowie $\varepsilon^2 = (1 - b^2)/a^2$, wenn ε die numerische Exzentrizität der Ellipse ist. Dabei ist von folgender Umformung Gebrauch gemacht worden

$$a^2 \cos^2 \varphi + b^2 \sin^2 \varphi = a^2 - (a^2 - b^2) \sin^2 \varphi = a^2(1 - \varepsilon^2 \sin^2 \varphi).$$

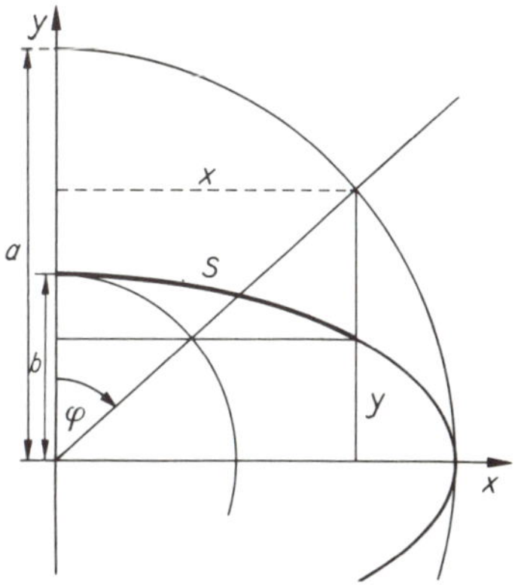

21.1-2 Zur Parameterdarstellung der Ellipse

Da $|\varepsilon| < 1$ ist, läßt sich die Wurzel mit Hilfe der binomischen Reihe in eine gleichmäßig konvergente Reihe entwickeln

$$\sqrt{1 - \varepsilon^2 \sin^2 \varphi} = 1 - (\varepsilon^2/2) \sin^2 \varphi - [\varepsilon^4/(2 \cdot 4)] \sin^4 \varphi - [1 \cdot 3 \cdot \varepsilon^6/(2 \cdot 4 \cdot 6)] \sin^6 \varphi - \cdots$$

Durch gliedweise Integration erhält man für die Bogenlänge S die Darstellung

$S = a\left\{\varphi - [\varepsilon^2/2] \int_0^{\varphi} \sin^2 \varphi\, d\varphi - [\varepsilon^4/(2 \cdot 4)] \int_0^{\varphi} \sin^4 \varphi\, d\varphi - \cdots\right\}$, mit der es möglich ist, die Bogenlänge für jeden Winkel φ zu berechnen. Zur Bestimmung des Umfangs der Ellipse berechnet man die Länge eines Viertelbogens ($\varphi = \pi/2$). Dann kann man die bei der Herleitung des Wallisschen Produkts im Kap. 20.1. angegebenen Rekursionsformeln verwenden und erhält:

Umfang der Ellipse	$U = 2\pi a \left[1 - \left(\frac{1}{2}\right)^2 \varepsilon^2 - \left(\frac{1 \cdot 3}{2 \cdot 4}\right)^2 \frac{\varepsilon^4}{3} - \left(\frac{1 \cdot 3 \cdot 5}{2 \cdot 4 \cdot 6}\right)^2 \frac{\varepsilon^6}{5} - \cdots\right]$	
Näherungsformel	$U \approx \pi[3(a + b)/2 - \sqrt{ab}]$	$\varepsilon^2 = 1 - b^2/a^2$

Um den Fehler Δ abzuschätzen, der bei der Benutzung der Näherungsformel begangen wird, entwickelt man zunächst mit Hilfe der Beziehungen $(a + b)/2 = (a/2)\,[1 + \sqrt{1 - \varepsilon^2}]$ und $\sqrt{ab} = a \sqrt[4]{1 - \varepsilon^2}$ diese Ausdrücke in binomische Reihen, deren Restglieder R_3', R_3'' durch r' und r'' nach oben abgeschätzt seien. Aus diesen Reihen gewinnt man eine Reihe für $\pi[3(a + b)/2 - \sqrt{ab}]$, die von der oben genannten Reihe für den Genauwert erst im Glied mit ε^8 abweicht. Ist r eine Abschätzung für das Restglied R_3 der Reihe für den Genauwert, so ist der gesuchte Fehler $\Delta < r + 3r' + r''$. Führt man die Rechnung aus, so ergibt sich, daß $\Delta < 0{,}4 \cdot \varepsilon^8/(1 - \varepsilon^2)$ ist.

21.2. Potenzreihen

Potenzreihen sind spezielle Funktionenreihen, in denen die Funktionen mit einem Koeffizienten multiplizierte Potenzen der Variablen sind, $f_n(x) = a_n x^n$. Die Approximationsfunktionen $F_n(x) = a_0 + a_1 x + \cdots + a_n x^n$ sind Polynome, d. h. ganze rationale Funktionen, die für jedes x definiert sind. Das Konvergenzintervall der Potenzreihe

$$F(x) = \lim_{n \to \infty} F_n(x) = \sum_{n=0}^{\infty} a_n x^n = a_0 + a_1 x + a_2 x^2 + \cdots$$

muß in jedem Fall untersucht werden. Potenzreihen, die für jeden Wert der Variablen konvergieren, werden *beständig konvergent* genannt, solche, die nur für $x = 0$ konvergieren, *nirgends konvergent*.

Beispiele. 1: Die Reihe $F(x) = \sum_{n=1}^{\infty} n^n x^n = x + 4x^2 + 27x^3 + 256x^4 + \cdots$ ist nirgends konvergent.

2: Die Reihe $F(x) = \sum_{n=1}^{\infty} \frac{x^n}{n!} = x + \frac{x^2}{2} + \frac{x^3}{6} + \frac{x^4}{24} + \cdots$ ist beständig konvergent.

Konvergenz der Potenzreihen

Für jeden festen Wert $x = x_0$ können die Glieder der Potenzreihe als Konstante angesehen werden, mithin gelten die im Kap. 18.2. gefundenen Sätze. Insbesondere wird der Begriff der absoluten Konvergenz, d. h. der Konvergenz der Reihe der absoluten Beträge, auf Potenzreihen angewendet.
Wie im einzelnen hier nicht ausgeführt wird, läßt sich beweisen, daß die Potenzreihe $\sum a_n x^n$ für jedes $|x| < |x_1|$ absolut konvergiert, wenn die Reihe $\sum a_n x_1^n$ konvergiert.

Der Konvergenzradius von Potenzreihen. Die positive Zahl r wird Konvergenzradius einer Potenzreihe genannt, wenn diese für jedes $|x| < r$ konvergiert, für $|x| > r$ aber divergiert; das Intervall von $-r$ bis $+r$ entsprechend *Konvergenzintervall* (Abb. 21.2-1). Für eine beständig konvergente Reihe kann $r = \infty$, für eine nirgends konvergente $r = 0$ gesetzt werden.

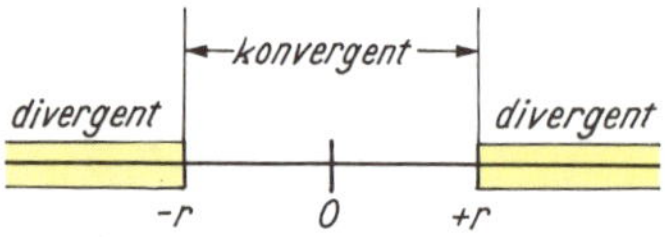

21.2-1 Konvergenzintervall einer Potenzreihe

Satz von Abel. Für jede Potenzreihe, die weder beständig noch nirgends konvergent ist, gibt es einen Wert $r > 0$, so daß die Reihe für $|x| < r$ konvergiert und für $|x| > r$ divergiert.

Formel von Cauchy-Hadamard. Zur Bestimmung des Konvergenzradius r hat Cauchy schon 1821 eine Formel angegeben, die jedoch unbeachtet blieb. Erst 70 Jahre später entdeckte sie Hadamard erneut. Man betrachtet die obere Häufungsgrenze $\mu = \overline{\lim}\sqrt[n]{|a_n|}$ der positiven Zahlenfolge

$$|a_1|, \sqrt{|a_2|}, \sqrt[3]{|a_3|}, \ldots, \sqrt[n]{|a_n|}, \ldots,$$

d. h. eine Zahl μ der Eigenschaft, daß unendlich viele Glieder der Folge größer sind als $\mu - \varepsilon$, aber höchstens endlich viele größer als $\mu + \varepsilon$, wenn ε eine beliebig kleine positive Zahl ist.
Hat die Zahl μ einen endlichen Wert, $0 < \mu < +\infty$, so ist auch $1/\mu$ endlich, und es lassen sich zwei Zahlen x_1 und ϱ so finden, daß $|x_1| < \varrho < 1/\mu$ bzw. $1/\varrho > \mu$ ist. Das bedeutet, daß für alle $n > N_1$ gilt $\sqrt[n]{|a_n|} < 1/\varrho$ oder $\sqrt[n]{|a_n x_1^n|} < |x_1|/\varrho < 1$. Die Potenzreihe konvergiert danach für x_1 absolut. Für Werte $|x_2| > 1/\mu$ gilt dagegen für unendlich viele n:

$$\sqrt[n]{|a_n|} > 1/x_2 \quad \text{oder} \quad |a_n x_2^n| > 1,$$

d. h., für x_2 divergiert die Reihe. Die Zahl $r = 1/\mu$ kann in diesem Sinne als Konvergenzradius aufgefaßt werden.

Konvergenzradius	$r = 1/\mu = 1/\overline{\lim}\sqrt[n]{|a_n|}$

Nach dem folgenden, ohne Herleitung angegebenen Satz kann manchmal an Stelle der Folge $\left(\sqrt[n]{|a_n|}\right)$ die Folge $(|a_{n+1}/a_n|)$ benutzt werden (vgl. Kap. 18.2. – Konvergenzkriterien für Reihen).

Wenn die aus den Koeffizienten a_n einer Reihe $\sum a_n x^n$ gebildeten Folgen $\left(\sqrt[n]{|a_n|}\right)$ und $(|a_{n+1}/a_n|)$ beide konvergieren, haben sie den gleichen Grenzwert.

Beispiel: Die Potenzreihen

$$\sum_{n=1}^{\infty} x^n, \sum_{n=1}^{\infty} \frac{x^n}{n}, \sum_{n=1}^{\infty} \frac{x^n}{n^2}, \ldots, \sum_{n=1}^{\infty} \frac{x^n}{n^p}, p \geqslant 0, \text{ fest}$$

haben den gleichen Konvergenzradius $r = 1$. Es genügt, den folgenden Grenzwert für jedes $p = 0, 1, 2, \ldots$ zu bestimmen:

$$\lim_{n\to\infty} |a_{n+1}/a_n| = \lim_{n\to\infty} |n^p/(n+1)^p| = \lim_{n\to\infty} [1 - 1/(n+1)]^p = 1.$$

Über das Verhalten einer Potenzreihe in den Randpunkten $x = +r$ und $x = -r$ des Konvergenzintervalls lassen sich keine allgemeinen Aussagen machen. Für jeden Randpunkt und jede Potenzreihe muß das Konvergenzverhalten gesondert untersucht werden. Für die ersten drei der im letzten Beispiel angegebenen Reihen erhält man z. B.

1. die Reihe $\sum_{n=1}^{\infty} x^n$ divergiert für $x = -1$ und für $x = +1$;
2. die Reihe $\sum_{n=1}^{\infty} x^n/n$ konvergiert für $x = -1$ und divergiert als harmonische Reihe für $x = +1$;
3. die Reihe $\sum_{n=1}^{\infty} x^n/n^2$ konvergiert für $x = -1$ und für $x = +1$.

Hat eine Potenzreihe $\sum_{n=0}^{\infty} a_n x^n$ den Konvergenzradius r, so ist sie für jedes x mit $|x| < r$ absolut konvergent.

Gleichmäßige Konvergenz von Potenzreihen. Nach einem Satz von Abel läßt sich beweisen:

Eine Potenzreihe konvergiert gleichmäßig in jedem abgeschlossenen Intervall, das ganz im Innern des Konvergenzintervalls liegt.

Nach diesem Satz gelten alle für Funktionenreihen unter der Voraussetzung der gleichmäßigen Konvergenz gewonnenen Ergebnisse auch für Potenzreihen. Sie sind danach in jedem abgeschlossenen Intervall im Innern des Konvergenzintervalls stetige Funktionen $f(x) = \sum_{n=0}^{\infty} a_n x^n$, deren Integral durch gliedweise Integration gewonnen werden kann. Ihr Differentialquotient kann durch gliedweise Differentiation gewonnen werden, wie im folgenden Abschnitt gezeigt wird.

Potenzreihen im Komplexen. Für Potenzreihen einer komplexen Variablen mit komplexen Koeffizienten tritt an Stelle des Konvergenzintervalls als Konvergenzgebiet ein Kreis, dessen Radius als Konvergenzradius bezeichnet wird (vgl. Kap. 23.1. – Holomorphe Funktionen).

Wichtige Eigenschaften der Potenzreihen

Identitätssatz für Potenzreihen. Die Potenzreihe $f(x) = \sum_{n=0}^{\infty} a_n x^n$ ist im Innern ihres Konvergenzintervalls $|x| < r$ eine stetige Funktion, insbesondere für $x = 0$. Ist die Potenzreihe $f_1(x) = \sum_{n=0}^{\infty} b_n x^n$ im gleichen Intervall definiert und dort also auch eine stetige Funktion und gibt es eine Folge (x_k) mit unendlich vielen von Null verschiedenen Gliedern und mit dem Häufungspunkt $x = 0$, sowie mit der Eigenschaft $f(x_k) = f_1(x_k)$ für alle x_k der Folge, so gilt

$$\lim_{k\to\infty} f(x_k) = a_0 \quad \text{und} \quad \lim_{k\to\infty} f_1(x_k) = b_0,$$

und es muß gelten: $a_0 = b_0$. Da $x_k \neq 0$, ist es nun möglich, zwei neue Funktionen

$$g(x_k) = (f(x_k) - a_0)/x_k = a_1 + a_2 x_k + a_3 x_k^2 + \ldots$$

und

$$g_1(x_k) = (f_1(x_k) - b_0)/x_k = b_1 + b_2 x_k + b_3 x_k^2 + \ldots$$

zu bilden, für die ebenfalls $g(x_k) = g_1(x_k)$ gilt. Durch den Grenzübergang $k \to \infty$ erhält man $a_1 = b_1$. Eine erneute Anwendung dieses Verfahrens liefert $a_2 = b_2$, und durch vollständige Induktion folgt, daß alle Koeffizienten der beiden Reihen mit gleichem Index einander gleich sind. Die beiden Potenzreihen sind identisch.

Konvergieren die Potenzreihen $\sum_{n=0}^{\infty} a_n x^n$ und $\sum_{n=0}^{\infty} b_n x^n$ für $|x| < r$ und haben sie für eine Nullfolge von Punkten $x_k \neq 0$ aus dem Konvergenzbereich die gleichen Summen, so sind die beiden Reihen identisch, d. h., für alle n gilt $a_n = b_n$.

Der Identitätssatz gilt auch für Potenzreihen von der Form $\sum_{n=0}^{\infty} a_n(x - x_0)^n$. Läßt sich eine Funktion $f(x)$ in der Umgebung eines Punktes x_0 durch eine Potenzreihe darstellen, so ist diese Potenzreihendarstellung eindeutig. Ergeben sich durch unterschiedlichen Rechengang für eine Funktion zwei Potenzreihenentwicklungen, so müssen die Koeffizienten entsprechender Potenzen der Variablen einander gleich sein. Das Verfahren des *Koeffizientenvergleichs* ist deshalb auch bei Potenzreihen anwendbar (vgl. Kap. 5.2. – Polynomdarstellung ganzrationaler Funktionen).

Beispiel 1: Für beliebige reelle Zahlen a und b gilt $(1 + x)^a (1 + x)^b = (1 + x)^{a+b}$. Im Konvergenzbereich $|x| < 1$ kann jeder Faktor als Binomialreihe dargestellt werden:

$$(1 + x)^a = \sum_{n=0}^{\infty} \binom{a}{n} x^n; \quad (1 + x)^b = \sum_{n=0}^{\infty} \binom{b}{n} x^n; \quad (1 + x)^{a+b} = \sum_{n=0}^{\infty} \binom{a+b}{n} x^n.$$

Benutzt man weiter die über das Produkt zweier Potenzreihen gültigen Sätze, so ergibt sich

$$\sum_{n=0}^{\infty} \binom{a+b}{n} x^n = \sum_{n=0}^{\infty} \left[\binom{a}{0}\binom{b}{n} + \binom{a}{1}\binom{b}{n-1} + \cdots + \binom{a}{n}\binom{b}{0}\right] x^n.$$

Hieraus erhält man durch Koeffizientenvergleich das Additionstheorem für Binomialkoeffizienten auf überraschend einfache Weise.

Additionstheorem für Binomialkoeffizienten	
$\binom{a}{0}\binom{b}{n} + \binom{a}{1}\binom{b}{n-1} + \cdots + \binom{a}{n-1} + \binom{b}{1} + \binom{a}{n}\binom{b}{0} = \binom{a+b}{n}$	a, b reell $n = 0, 1, 2, \ldots$

Transformation auf einen neuen Mittelpunkt. Alle über Potenzreihen gefundenen Beziehungen gelten auch, wenn die Variable $(x - x_0)$ anstatt x betrachtet wird. Innerhalb des Intervalls $|x - x_0| < r$ stellt $f(x) = \sum_{n=0}^{\infty} a_n(x - x_0)^n$ eine stetige Funktion dar. Anstatt des Mittelpunktes x_0 kann aber jeder andere Punkt x_1, der im Innern des Intervalls $|x - x_0| < r$ liegt, ebenfalls als Mittelpunkt einer Darstellung derselben Funktion als Reihe $f(x) = \sum_{k=0}^{\infty} b_k(x - x_1)^k$ dienen. Ihr Konvergenzradius r_1 hat mindestens die Größe $r - |x_1 - x_0|$. Aus Abb. 21.2-2 erkennt man, daß für jeden Punkt x im Intervall $|x - x_1| < r_1$ gilt

$$|x_1 - x_0| + |x - x_1| < r.$$

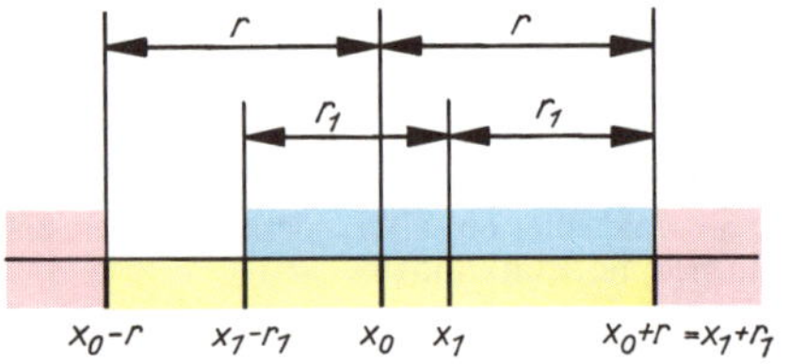

21.2-2 Intervalle bei der Transformation einer Potenzreihe auf einen neuen Mittelpunkt

Setzt man deshalb $x - x_0 = (x_1 - x_0) + (x - x_1)$ in die Reihe mit dem Mittelpunkt x_0 ein, so ist nicht nur diese Reihe

$$f(x) = \sum_{n=0}^{\infty} a_n[(x_1 - x_0) + (x - x_1)]^n$$

absolut konvergent, sondern auch die Reihe

$$\sum_{n=0}^{\infty} |a_n| \, (|x_1 - x_0| + |x - x_1|)^n$$

konvergiert. Unter diesen Voraussetzungen gilt der große Umordnungssatz (vgl. Kap. 18.2. – Rechnen mit konvergenten Reihen): Entwickelt man die Klammerausdrücke $[(x_1 - x_0) + (x - x_1)]^n$ nach dem binomischen Lehrsatz für $n = 0, 1, 2, \ldots$ und setzt gleiche Potenzen von $(x - x_1)$ untereinander, so sind jede Spaltenreihe sowie die Summe der Spaltenreihen absolut konvergent, und für jedes x im Intervall $|x - x_1| < r_1$ gibt $\sum b_k(x - x_1)^k$ den Funktionswert von $f(x)$ an. Es gilt demnach

$$f(x) = \sum_{k=0}^{\infty} b_k(x - x_1)^k \quad \text{mit} \quad b_k = \sum_{n=0}^{\infty} \binom{n+k}{k} a_{n+k}(x_1 - x_0)^n.$$

$$\begin{aligned}
f(x) = {} & a_0(x_1 - x_0)^0 \\
& + a_1(x_1 - x_0)^1 + a_1\binom{1}{1}(x_1 - x_0)^0 \cdot (x - x_1) \\
& + a_2(x_1 - x_0)^2 + a_2\binom{2}{1}(x_1 - x_0)^1 \cdot (x - x_1) + a_2\binom{2}{2}(x_1 - x_0)^0 \cdot (x - x_1)^2 \\
& + a_3(x_1 - x_0)^3 + a_3\binom{3}{1}(x_1 - x_0)^2 \cdot (x - x_1) + a_3\binom{3}{2}(x_1 - x_0)^1 \cdot (x - x_1)^2 + \cdots \\
& \cdots\cdots\cdots\cdots\cdots\cdots\cdots\cdots\cdots\cdots\cdots\cdots \\
& + a_n(x_1 - x_0)^n + a_n\binom{n}{1}(x_1 - x_0)^{n-1} \cdot (x - x_1) + a_n\binom{n}{2}(x_1 - x_0)^{n-2}(x - x_1)^2 + \cdots \\
& \cdots\cdots\cdots\cdots\cdots\cdots\cdots\cdots\cdots\cdots\cdots\cdots
\end{aligned}$$

$$\begin{aligned}
f(x) &= \sum_{n=0}^{\infty}\binom{n}{0} a_n(x_1 - x_0)^n + \sum_{n=0}^{\infty}\binom{n+1}{1} a_{n+1}(x_1 - x_0)^n \cdot \boxed{(x - x_1)} + \sum_{n=0}^{\infty}\binom{n+2}{2} a_{n+2}(x_1 - x_0)^n \cdot \boxed{(x - x_1)^2} + \cdots \\
&= b_0 \quad + \quad b_1 \cdot \boxed{(x - x_1)} + \quad b_2 \cdot \boxed{(x - x_1)^2} + \cdots
\end{aligned}$$

Gliedweise Differentiation einer Potenzreihe. Mit Hilfe der eben geschilderten Transformation kann jeder Punkt x_1 im Innern des Konvergenzintervalls einer Potenzreihe als Mittelpunkt einer Potenzreihendarstellung derselben Funktion dienen.

Die durch $f(x) = \sum_{k=0}^{\infty} b_k(x - x_1)^k$ bestimmte Funktion ist unter den im letzten Abschnitt angegebenen Voraussetzungen für $x = x_1$ differenzierbar, denn wegen $f(x_1) = b_0$ ist

$$[f(x) - f(x_1)]/(x - x_1) = b_1 + b_2(x - x_1) + b_3(x - x_1)^2 + \ldots,$$

und es gilt $\lim\limits_{x \to x_1} \dfrac{f(x) - f(x_1)}{x - x_1} = f'(x_1) = b_1 = \sum_{n=0}^{\infty} \binom{n+1}{1} a_{n+1}(x_1 - x_0)^n$

für jedes x_1 im Innern des Konvergenzintervalls, und somit ist allgemein

$$f'(x) = \sum_{n=0}^{\infty} (n + 1)\, a_{n+1}(x - x_0)^n.$$

Diese Reihe erhält man aber gerade durch gliedweises Differenzieren der Reihe $f(x) = \sum_{n=0}^{\infty} a_n(x - x_0)^n$.

Das Verfahren läßt sich wiederholt anwenden, und man erhält im nächsten Schritt

$$[f'(x) - f'(x_1)]/(x - x_1) = 2!\, b_2 + 3b_3(x - x_1) + \cdots$$

und $\quad f''(x_1)/2! = b_2 \quad$ mit $\quad b_2 = \sum_{n=0}^{\infty} \binom{n+2}{2} a_{n+2}(x_1 - x_0)^n.$

Diese Reihe konvergiert wieder absolut. Durch vollständige Induktion ergibt sich der Satz:

Eine durch eine Potenzreihe dargestellte Funktion ist in jedem inneren Punkte ihres Konvergenzintervalls beliebig oft differenzierbar. Ihre Ableitungen können durch gliedweises Differenzieren gewonnen werden.

Summe, Differenz und Produkt zweier Potenzreihen. Für jeden Punkt, der im Innern beider Konvergenzintervalle zweier Potenzreihen $f(x) = \sum_{n=0}^{\infty} a_n x^n$ und $g(x) = \sum_{n=0}^{\infty} b_n x^n$ liegt, ist jede Reihe absolut konvergent.

Nach den für Reihen gültigen Sätzen (vgl. Kap. 18.2. – Rechnen mit konvergenten Reihen) können die Summe, die Differenz und das Produkt der Funktionen $f(x)$ und $g(x)$ durch eine Potenzreihe mit geeigneten Gliedern dargestellt werden.

Für jedes x, das beiden Konvergenzbereichen der Reihen $f(x) = \sum_{n=0}^{\infty} a_n x^n$ und $g(x) = \sum_{n=0}^{\infty} b_n x^n$ angehört, konvergieren die durch gliedweises Addieren oder Subtrahieren entstandenen Reihen $\sum_{n=0}^{\infty} (a_n + b_n)\, x^n$ bzw. $\sum_{n=0}^{\infty} (a_n - b_n)\, x^n$ absolut und stellen die Funktionen $f(x) + g(x)$ bzw. $f(x) - g(x)$ dar.

Für jedes x, das beiden Konvergenzbereichen der Reihen $f(x) = \sum_{n=0}^{\infty} a_n x^n$ und $g(x) = \sum_{n=0}^{\infty} b_n x^n$ angehört, konvergiert die Produktreihe $\sum_{n=0}^{\infty} (a_0 b_n + a_1 b_{n-1} + \cdots + a_n b_0)\, x^n$ absolut und stellt die Funktion $f(x) \cdot g(x)$ dar.

Die Koeffizienten können dabei nach Schrägreihen aus einem Schema der Teilprodukte oder nach einer Schiebezettelmethode berechnet werden (vgl. Multiplikation von Reihen in Kap. 18.2. – Rechnen mit konvergenten Reihen).

Beispiel 2: Für $|x| < 1$ konvergiert die geometrische Reihe $1/(1-x) = 1 + x + x^2 + x^3 + x^4 + \cdots$ Wie aus der Stellung des Schiebezettels für das dritte bzw. das vierte Glied des Produkts zu ersehen ist, erhält man durch Multiplikation der Reihe mit sich selbst der Reihe nach

$1/(1 - x)^2 = 1 + 2x + 3x^2 + 4x^2 + \ldots$ und $1/(1 - x)^3 = 1 + 3x + 6x^2 + 10x^3 + \cdots$

Weitere Beispiele über Potenzen von Sinus- und Kosinusreihen werden im Anschluß an die Herleitung dieser Reihen gebracht.

Einsetzen einer Potenzreihe in eine andere. Funktionen von einer Funktion sind unter bestimmten Bedingungen definiert (vgl. Kap. 5.1. – Darstellung von Funktionen), sie können stetig sein (vgl. Kap. 18.3. – Stetigkeit einer Funktion) und differenzierbar (vgl. Kap. 19.1. – Differentiationsregeln). Wenn die innere Funktion $z = \varphi(x) = \sum_{n=0}^{\infty} a_n x^n$ einer mittelbaren Funktion $y = f[\varphi(x)] = F(x)$ durch eine Potenzreihe dargestellt ist und für x-Werte aus dem Konvergenzbereich dieser Potenzreihe Funktionswerte z annimmt, die zum Konvergenzbereich einer Potenzreihe $f(z) = \sum_{n=0}^{\infty} b_n z_n$ gehören, die die Funktion $y = f(z)$ darstellt, so ist damit mittelbar $y = F(x)$ als Funktion von x definiert. Es erhebt sich dann die Frage, ob diese Funktion $F(x)$ sich ebenfalls als Potenzreihe $F(x) = \sum_{n=0}^{\infty} c_n x^n$ darstellen läßt und auf welche Weise ihre Koeffizienten c_n aus den Koeffizienten a_n und b_n bestimmt werden können. Für die gesuchte Potenzreihe muß gelten $F(x) = b_0 + b_1(a_0 + a_1 x + \cdots) + b_2(a_0 + a_1 x + \cdots)^2 + \cdots$ Nach einem Verfahren, das dem zur Transformation einer Potenzreihe verwendeten entspricht, werden die Potenzen $z^k = a_{k0} + a_{k1} x + \cdots + a_{kn} x^n + \cdots$ von $z = \sum a_n x^n$ durch Multiplikation von Potenzreihen berechnet und nach gleichen Potenzen von x umgeordnet (vgl. Großer Umordnungssatz, Kap. 18.2. – Rechnen mit konvergenten Reihen). Wie sich im einzelnen beweisen läßt, erhält man dabei absolut konvergente Spaltenreihen

$c_n = \sum_{k=0}^{\infty} b_k a_{kn}$. Die Potenzreihe $\sum_{n=0}^{\infty} c_n x^n$ konvergiert absolut und stellt für die angegebenen x-Werte die Funktion $F(x) = f[\varphi(x)]$ dar.

Division durch eine Potenzreihe. Die Aufgabe, eine Potenzreihe $\sum b_n x^n$ durch eine Potenzreihe $\sum a_n x^n$ zu teilen, kann auf eine Produktbildung zurückgeführt werden, wenn es gelingt, den reziproken Wert $1/\sum a_n x^n$ des Divisors als Potenzreihe darzustellen. Setzt man vom Divisor $\sum a_n x^n = a_0 + (a_1 x + a_2 x^2 + \cdots) = a_0 + z$ voraus, daß er einen Konvergenzradius $r > 0$ hat und daß a_0 von Null verschieden ist, so läßt sich ein Teil seines Konvergenzintervalls angeben, in dem gilt $|z| = |a_1 x + a_2 x^2 + \cdots| < |a_0|$. Dann kann aber der reziproke Wert des Divisors in eine geometrische Reihe entwickelt werden,

$$\frac{1}{\sum a_n x^n} = \frac{1}{a_0} \cdot \frac{1}{1 + z/a_0} = \frac{1}{a_0} - \frac{z}{a_0^2} + \frac{z^2}{a_0^3} - \frac{z^3}{a_0^4} + - \cdots,$$

die für x-Werte eines Intervalls konvergiert, für die auch $z = a_1 x + a_2 x^2 + \cdots$ konvergiert. Durch Einsetzen der Reihe für z in die geometrische ergibt sich, wie im vorangehenden Abschnitt geschildert wurde, eine Potenzreihe $\sum c_n x^n$, die absolut konvergiert und die Funktion $1/(\sum a_n x^n)$ darstellt. Nachdem feststeht, unter welchen Bedingungen die Potenzreihe $\sum c_n x^n$ existiert, können ihre Koeffizienten c_n nach dem Identitätssatz einfacher durch Koeffizientenvergleich bestimmt werden. Aus dem Produkt $\Sigma\, a_n x^n \cdot \Sigma\, c_n x^n = 1$ ergibt sich ein System von Gleichungen, aus dem die Unbekannten c_n schrittweise berechnet werden können,

$$a_0 c_0 = 1, a_0 c_1 + a_1 c_0 = 0, \ldots, a_0 c_n + a_1 c_{n-1} + \cdots + a_n c_0 = 0, \ldots$$

Ist eine Potenzreihe $\sum b_n x^n$ durch $\sum a_n x^n$ zu teilen, so lautet der Ansatz für den Koeffizientenvergleich $\sum b_n x^n = \sum a_n x^n \cdot \sum c_n x^n$.

Beispiel 3: Aus den später hergeleiteten Reihenentwicklungen $\sin x = x - x^3/3! + x^5/5! - x^7/7! + \cdots$ und $\cos x = 1 - x^2/2! + x^4/4! - x^6/6! + \cdots$ kann durch Division $\sin x/\cos x = \tan x$ eine Potenzreihe für $\tan x$ gefunden werden. Aus den Bedingungen für die Existenz der Potenzreihe $\sum c_n x^n$ ergibt sich, daß die Division nur in dem Teil des Konvergenzintervalls $r = \infty$ der Kosinusfunktion möglich ist, in dem $\cos x \neq 0$, d. h. im Intervall $|x| < \pi/2$. Der Ansatz für den Koeffizientenvergleich lautet $\sin x = \cos x \cdot \sum c_n x^n$. Für c_4 ist obenstehend die Stellung eines Schiebezettels angegeben. Man erhält

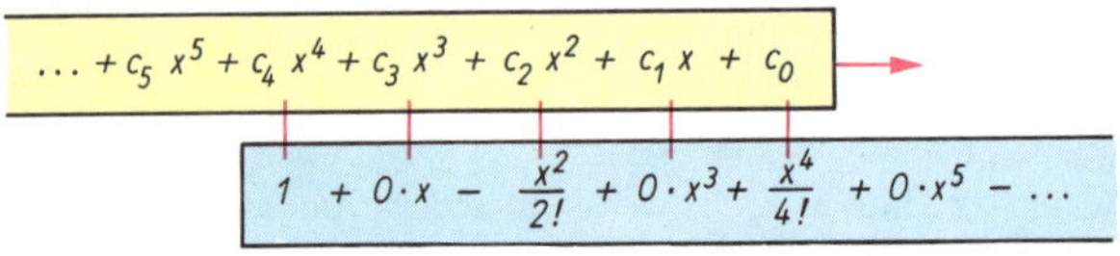

$0 = c_0,\ 1 = c_1,\ 0 = c_2 - c_0/2!,\ -1/3! = c_3 - c_1/2!,\ 0 = c_4 - c_2/2! + c_0/4!, \ldots$

und gewinnt daraus schrittweise $c_0 = 0,\quad c_1 = 1,\quad c_2 = 0, c_3 = 1/2! - 1/3! = 1/3,\quad c_4 = 0,$
$c_5 = 1/5! - 1/4! + 1/(3 \cdot 2!) = 2/15,\quad c_6 = 0, c_7 = 1/7! + 1/6! - 1/(3 \cdot 4!) + 2/(15 \cdot 2!) = 17/315, \ldots$
d. h., die für $|x| < \pi/2$ gültige Entwicklung $\tan x = x + x^3/3 + 2x^5/15 + 17x^7/315 + \cdots$

Bernoullische Zahlen. Verwendet man die später hergeleitete Entwicklung $e^x = 1 + x/1! + x^2/2! + \cdots$ der Exponentialfunktion, so erfüllt die Funktion

$$f(x) = \frac{x}{e^x - 1} = \frac{1}{1 + x/2! + x^2/3! + \cdots} = B_0 + \frac{B_1}{1!}x + \frac{B_2}{2!}x^2 + \cdots$$

die Bedingungen für die Division durch eine Potenzreihe, läßt sich mithin in eine Potenzreihe entwickeln. Wie in der letzten Gleichung bereits angegeben, werden ihre Koeffizienten in der Form $B_n/n!$ angesetzt. Die Zahlen B_n werden Bernoullische Zahlen genannt. Sie können aus dem Produkt $1 = (1 + x/2! + x^2/3! + \cdots)\,[B_0 + (B_1/1!)\,x + (B_2/2!)\,x^2 + \cdots]$ berechnet werden. An der Abbildung kann abgelesen werden, daß sich durch Koeffizientenvergleich die Beziehungen

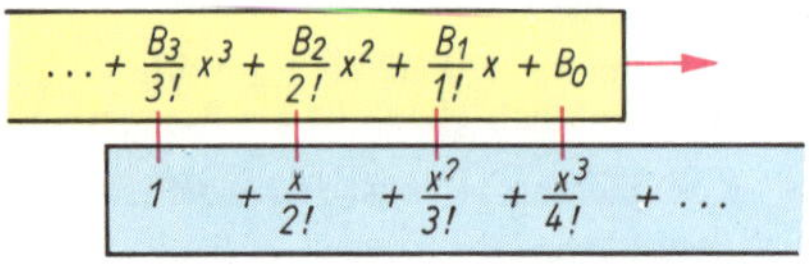

$B_0 = 1, B_0/2! + B_1 = 0,$

$B_0/3! + B_1/(1!\,2!) + B_2/2! = 0,$

$B_0/4! + B_1/(1!\,3!) + B_2/(2!\,2!) + B_3/3! = 0, \ldots,$

ergeben, die nach Multiplizieren mit den Hauptnennern die Form annehmen

$$B_0 = 1, 2B_1 + B_0 = 0, 3B_2 + 3B_1 + B_0 = 0, 4B_3 + 6B_2 + 4B_1 + B_0 = 0,$$
$$5B_4 + 10B_3 + 10B_2 + 5B_1 + B_0 = 0, \ldots$$

Aus ihnen erhält man schrittweise $B_0 = 1,\ B_1 = -{}^1/_2,\ B_2 = +{}^1/_6,\ B_3 = 0,\ B_4 = -{}^1/_{30}, \ldots$
Vom Index 3 ab haben alle B_n mit ungeradem Index n den Wert Null.

Umkehrsatz für Potenzreihen. Unter bestimmten Monotoniebedingungen existiert zu einer Funktion $y = f(x)$ die Umkehrfunktion $x = \varphi(y)$ (vgl. Kap. 5.1. – Umkehrung einer Funktion). Auch für Potenzreihen läßt sich durch hier im einzelnen nicht angeführte Überlegungen ein entsprechender Satz herleiten.

Zu einer Potenzreihe $y = f(x) = a_1x + a_2x^2 + a_3x^3 + \cdots$ mit dem Konvergenzradius r und $a_1 \neq 0$ gibt es genau eine in einer Umgebung von $y = 0$ konvergente Potenzreihe $x = \varphi(y) = b_1y + b_2y^2 + b_3y^3 + \cdots$, für die $y \equiv f[\varphi(y)]$.

Ist von der Potenzreihe $x = b_1y + b_2y^2 + \cdots$ einmal bewiesen, daß sie einen von Null verschiedenen Konvergenzradius r_1 hat, so lassen sich durch Koeffizientenvergleich die Koeffizienten $b_1, b_2, b_3, \ldots$ dadurch bestimmen, daß in diese Reihe die gegebene Potenzreihe $y = a_1x + a_2x^2 + a_3x^3 + \cdots$ eingesetzt wird. Diese Bestimmung ist eindeutig, d. h., es gibt nur eine einzige Potenzreihenentwicklung für $x = \varphi(y)$.

Beispiel 4: Aus der Potenzreihenentwicklung $y = \sin x = x - x^3/3! + x^5/5! - + \cdots$ können für $x = \arcsin y = b_1y + b_2y^2 + b_3y^3 + \cdots$ die Koeffizienten b_n durch Einsetzen gewonnen werden. Man erhält

$$\begin{aligned} y = {} & b_1y + b_2y^2 + b_3y^3 + b_4y^4 + b_5y^5 + \cdots \\ & -{}^1/_6[b_1^3y^3 + 3b_2b_1^2y^4 + 3b_1b_2^2y^5 + 3b_1^2b_3y^5 \ldots] \\ & + {}^1/_{120}[b_1^5y^5 + \cdots] + \cdots, \end{aligned}$$

d. h. die Gleichungen

$$1 = b_1,\; 0 = b_2,\; 0 = b_3 - {}^1/_6b_1^3,\; 0 = b_4 - {}^1/_2b_2b_1^2,\; 0 = b_5 - {}^1/_2b_1b_2^2 - {}^1/_2b_1^2b_3 + {}^1/_{120}b_1^5, \ldots$$

Schrittweise ergibt sich daraus $b_1 = 1$, $b_2 = 0$, $b_3 = {}^1/_6$, $b_4 = 0$, $b_5 = {}^3/_{40}$ und damit $x = \arcsin y = y + {}^1/_6y^3 + {}^3/_{40}y^5 + \cdots$

Taylorsche Reihen

Durch eine Potenzreihe $\sum a_nx^n$ mit einem von Null verschiedenen Konvergenzradius r wird eine Funktion $f(x) = \sum a_nx^n$ definiert, die für $|x| < r$ eine stetige Funktion von x ist. Durch wiederholtes gliedweises Differenzieren der Reihe erhält man die Ableitungen beliebiger Ordnung der Funktion $f(x)$. Ist dagegen eine Funktion $f(x)$ vorgegeben, z. B. $\sin x$, $\sqrt{1 + x^2}$ oder $\arctan x$, so ist noch zu zeigen, ob sich diese Funktion in eine konvergierende Potenzreihe entwickeln läßt und wie die Koeffizienten dieser Reihe bestimmt werden können. Dieses Problem haben TAYLOR und MACLAURIN gelöst.

Wenn die gegebene Funktion $f(x)$ überhaupt in eine Potenzreihe $f(x) = a_0 + a_1x + a_2x^2 + \cdots + a_nx^n + \cdots$ entwickelbar ist, so muß $f(x)$ auch beliebig oft differenzierbar sein. Durch gliedweises Differenzieren und anschließenden Grenzübergang $x \to 0$ erhält man nacheinander

$$\begin{aligned} f'(x) &= a_1 + 2a_2x + \cdots + na_nx^{n-1} + \cdots && \to f'(0) = a_1, \\ f''(x) &= 2a_2 + 3 \cdot 2xa_3 + \cdots + n(n-1)\,a_nx^{n-2} + \cdots && \to f''(0) = 2a_2, \\ f'''(x) &= 3 \cdot 2 \cdot 1a_3 + \cdots + n(n-1)(n-2)\,a_nx^{n-3} + \cdots && \to f'''(0) = 3!\,a_3, \\ &\cdots \\ f^{(n)}(x) &= n!\,a_n + (n+1)\cdots 2a_{n+1}x + \cdots && \to f^{(n)}(0) = n!\,a_n. \end{aligned}$$

Die Potenzreihe hat dann, falls sie konvergiert, die nach MACLAURIN benannte Form

$$f(x) = f(0) + \frac{f'(0)}{1!}x + \frac{f''(0)}{2!}x^2 + \cdots$$

Die gleichen Überlegungen gelten für eine um den Mittelpunkt x_0 angenommene Potenzreihe $\sum a_n(x - x_0)^n$, aus der sich durch den Grenzübergang $x \to x_0$ die nach TAYLOR benannte Form der Reihenentwicklung ergibt

$$f(x) = f(x_0) + \frac{f'(x_0)}{1!}(x - x_0) + \frac{f''(x_0)}{2!}(x - x_0)^2 + \cdots$$

Ersetzt man x durch $x_0 + h$, so erhält man

$$f(x_0 + h) = f(x_0) + \frac{f'(x_0)}{1!}h + \frac{f''(x_0)}{2!}h^2 + \cdots$$

Der Satz von Taylor. Zur Untersuchung der Konvergenz dieser Reihen führt man nach dem Vorgehen im Abschnitt Reihen von Funktionen Approximationskurven und einen Rest R_n der Reihe ein, z. B. in Taylorscher Form

$$f(x_0 + h) = f(x_0) + \frac{h}{1!}f'(x_0) + \cdots + \frac{h^n}{n!}f^{(n)}(x_0) + R_n.$$

Das Restglied R_n stellt die Differenz zwischen der gegebenen und der Approximationsfunktion dar und läßt sich mittels der $(n+1)$-ten Ableitung von $f(x)$ abschätzen. Aus der Form des Restgliedes erkennt man meist sofort, daß es für $n \to \infty$ den Grenzwert Null annimmt, die Reihe mithin konvergiert.

Satz von Taylor. Hat die Funktion $f(x)$ in dem beiderseits abgeschlossenen Intervall von x_0 bis $x_0 + h$ eine stetige n-te Ableitung $f^{(n)}(x)$ und ist ihre $(n+1)$-te Ableitung $f^{(n+1)}(x)$ wenigstens im Innern dieses Intervalls vorhanden, so gilt für das Restglied R_n in

$$f(x_0 + h) = f(x_0) + \frac{h}{1!} f'(x_0) + \frac{h^2}{2!} f''(x_0) + \cdots + \frac{h^n}{n!} f^{(n)}(x_0) + R_n$$

a) die Restform von Lagrange: es gibt stets wenigstens eine Zahl ϑ zwischen Null und Eins, $0 < \vartheta < 1$, für die $R_n = \dfrac{h^{n+1}}{(n+1)!} f^{(n+1)}(x_0 + \vartheta h)$, oder

b) die Restform von Cauchy: es gibt stets wenigstens eine Zahl ϑ' zwischen Null und Eins, $0 < \vartheta' < 1$, für die $R_n = \dfrac{h^{n+1}}{n!} (1 - \vartheta')^n f^{(n+1)}(x_0 + \vartheta' h)$.

Zur Herleitung der Restformen wird eine Erweiterung des Mittelwertsatzes der Differentialrechnung benutzt, nach der für zwei stetige Funktionen $F(x)$ und $\varphi(x)$, die im Innern des Intervalls $[x_0, x_0 + h]$ einmal stetig differenzierbar sind, für mindestens eine Zahl ϑ mit $0 < \vartheta < 1$ gilt

$$\frac{F(x_0 + h) - F(x_0)}{\varphi(x_0 + h) - \varphi(x_0)} = \frac{F'(x_0 + \vartheta h)}{\varphi'(x_0 + \vartheta h)}.$$

Als Funktion $\varphi(x)$ wählt man $\varphi(x) = (x_0 + h - x)^{n+1}$. Dann gilt für sie $\varphi(x_0) = h^{n+1}$, $\varphi(x_0 + h) = 0$ und $\varphi'(x) = -(n+1)(x_0 + h - x)^n$.

Die Funktion $F(x)$ gewinnt man aus dem Rest R_n der Reihe

$$R_n = f(x_0 + h) - f(x_0) - \frac{h}{1!} f'(x_0) - \cdots - \frac{h^n}{n!} f^{(n)}(x_0),$$

indem man setzt: x_1 für $(x_0 + h)$ und $(x_1 - x_0)$ für h und indem man danach x_0 zur Variablen x macht. Diese Funktion

$$F(x) = f(x_1) - f(x) - [(x_1 - x)/1!]\, f'(x) - [(x_1 - x)^2/2!]\, f''(x) - \cdots - [(x_1 - x)^n/n!]\, f^{(n)}(x)$$

ist im Intervall $[x_0, x_0 + h]$ stetig, in seinem Innern differenzierbar und nimmt folgende Werte an $F(x_0) = R_n$, $F(x_0 + h) = 0$ und $F'(x) = -[(x_1 - x)^n/n!]\, f^{(n+1)}(x)$.

Infolgedessen gilt nach dem Mittelwertsatz

$$\frac{-R_n}{-h^{n+1}} = \frac{-[h^n(1 - \vartheta)^n/n!]\, f^{(n+1)}(x_0 + \vartheta h)}{-(n+1)\, h^n (1 - \vartheta)^n} \quad \text{oder} \quad R_n = \frac{h^{n+1}}{(n+1)!} f^{(n+1)}(x_0 + \vartheta h),$$

d. h. die Restform von Lagrange.

Für andere Hilfsfunktionen $\varphi(x)$ ergeben sich andere Formen des Restgliedes. Die Restform von Cauchy erhält man, wenn $\varphi(x) = x_0 + h - x$ gesetzt wird.

Restglied in der Maclaurinschen Form. Auch für diese Form gilt der Taylorsche Satz. Das Restglied nimmt folgende Form an $R_n = [x^{n+1}/(n+1)!]\, f^{(n+1)}(\vartheta x)$ nach Lagrange, nach Cauchy

$$R_n = [x^{n+1}/n!]\,(1 - \vartheta')^n f^{(n+1)}(\vartheta' x).$$

Trigonometrische Funktionen. Für $x = 0$ haben $f(x) = \sin x$ und $g(x) = \cos x$ folgende Ableitungen:

sin x				cos x			
	$f(0)$	$= f^{(4k)}(0) =$	$\sin 0 = 0$		$g(0)$	$= g^{(4k)}(0) =$	$\cos 0 = 1$
	$f'(0)$	$= f^{(4k+1)}(0) =$	$\cos 0 = 1$		$g'(0)$	$= g^{(4k+1)}(0) =$	$-\sin 0 = 0$
	$f''(0)$	$= f^{(4k+2)}(0) =$	$-\sin 0 = 0$		$g''(0)$	$= g^{(4k+2)}(0) =$	$-\cos 0 = -1$
	$f'''(0)$	$= f^{(4k+3)}(0) =$	$-\cos 0 = -1$		$g'''(0)$	$= g^{(4k+3)}(0) =$	$\sin 0 = 0$

Setzt man $n = 2\nu$, so ist für beliebiges x und mit $0 < \vartheta < 1$ bzw. $0 < \vartheta' < 1$

$$\sin x = x - \frac{x^3}{3!} + \frac{x^5}{5!} - \frac{x^7}{7!} + \cdots + (-1)^{\nu-1} \frac{x^{2\nu-1}}{(2\nu-1)!} + (-1)^\nu \cdot \frac{x^{2\nu+1}}{(2\nu+1)!} \cos(\vartheta x),$$

$$\cos x = 1 - \frac{x^2}{2!} + \frac{x^4}{4!} - \frac{x^6}{6!} + \cdots + (-1)^{\nu-1} \frac{x^{2\nu-1}}{(2\nu-2)!} + (-1)^\nu \frac{x^{2\nu}}{(2\nu)!} \cos(\vartheta' x).$$

Beide Restglieder bilden für $\nu \to \infty$ und beliebiges x Nullfolgen, d. h., beide Reihen konvergieren beständig.

Durch Multiplikation dieser Reihen mit sich selbst entstehen Reihen für die Potenzen der Sinus- bzw. der Kosinusfunktion. Auch die Additionstheoreme lassen sich dazu verwenden, z. B. gilt

$$\sin^2 x = {}^1/_2(1 - \cos 2x) = {}^1/_2[(2x)^2/2! - (2x)^4/4! + (2x)^6/6! - + \cdots].$$

Durch die Division $\sin x/\cos x$ ist die Reihe für $\tan x$ hergeleitet worden. Auch die Reihen für $1/\cos x$, $x/\sin x$ und $x \cot x$ können durch Division gewonnen werden.

$$\sin x = \frac{x}{1!} - \frac{x^3}{3!} + \frac{x^5}{5!} - + \cdots + (-1)^n \frac{x^{2n+1}}{(2n+1)!} + \cdots, \quad r = \infty$$

$$\cos x = 1 - \frac{x^2}{2!} + \frac{x^4}{4!} - + \cdots + (-1)^n \frac{x^{2n}}{(2n)!} + \cdots, \quad r = \infty$$

$\sin^2 x = x^2 - x^4/3 + 2x^6/45 - + \cdots$	$\cos^2 x = 1 - x^2 + x^4/3 - 2x^6/45 + - \cdots$
$\sin^3 x = x^3 - x^5/2 + 13x^7/120 - + \cdots$	$\cos^3 x = 1 - 3x^2/2 + 7x^4/8 - 61x^6/240 + - \cdots$
$\tan x = x + x^3/3 + 2x^5/15 + 17x^7/315 + \cdots$, $r = \pi/2$	$x \cot x = 1 - x^2/3 - x^4/45 - 2x^6/945 - x^8/4725 - \cdots$, $r = \pi$

$$\sec x = 1/\cos x = 1 + x^2/2 + 5x^4/24 + 61x^6/720 + \cdots, \quad r = \pi/2$$

$$x \operatorname{cosec} x = x/\sin x = 1 + x^2/6 + 7x^4/360 + 31x^6/15120 + \cdots, \quad r = \pi$$

Exponentialfunktion und Hyperbelfunktionen. Da alle Ableitungen der Funktion e^x den Wert e^x und dieser für $x = 0$ den Wert 1 hat, erhält man (mit $r = \infty$) $e^x = 1 + \frac{x}{1!} + \frac{x^2}{2!} + \cdots + \frac{x^n}{n!} + \frac{x^{n+1}}{(n+1)!} e^{\vartheta x}$ mit $0 < \vartheta < 1$. Für die allgemeine Exponentialfunktion erhält man wegen $a^x = e^{x \ln a}$ eine entsprechende, für alle x (d. h. beständig) konvergente Reihe.
Aus der Taylorschen Reihe kann das Additionstheorem der Exponentialfunktion gewonnen werden, denn aus

$$e^{x_0+h} = e^{x_0} + e^{x_0}\frac{h}{1!} + e^{x_0}\frac{h^2}{2!} + e^{x_0}\frac{h^3}{3!} + \cdots = e^{x_0}\left[1 + \frac{h}{1!} + \frac{h^2}{2!} + \cdots\right]$$

erhält man $e^{x_0+h} = e^{x_0} \cdot e^h$.
Nach der Definition der Hyperbelfunktionen lassen sich die Reihen für $\sinh x = (e^x - e^{-x})/2$ und $\cosh x = (e^x + e^{-x})/2$ aus der der Exponentialfunktion herleiten, die für $\tanh x = (\sinh x)/(\cosh x)$ und $\coth x = (\cosh x)/(\sinh x)$ etwa durch Division entsprechender Potenzreihen.

$$e^x = 1 + \frac{x}{1!} + \frac{x^2}{2!} + \frac{x^3}{3!} + \cdots + \frac{x^n}{n!} + \cdots, \quad r = \infty$$

$$a^x = e^{x \ln a} = 1 + \frac{x \ln a}{1!} + \frac{(x \ln a)^2}{2!} + \cdots, \quad r = \infty, \quad a > 0$$

$$\sinh x = x + x^3/3! + x^5/5! + \cdots + x^{2n+1}/(2n+1)! + \cdots, \quad r = \infty$$

$$\cosh x = 1 + x^2/2! + x^4/4! + \cdots + x^{2n}/(2n)! + \cdots, \quad r = \infty$$

$$\tanh x = x - x^3/3 + 2x^5/15 - 17x^7/315 + - \cdots, \quad r = \pi/2$$

$$x \coth x = 1 + x^2/3 - x^4/45 + 2x^6/945 - x^8/4725 + - \cdots, \quad r = \pi$$

Logarithmus. Für die Logarithmusfunktion gilt $f(1) = 0$, $\frac{d^n \ln x}{dx^n} = (-1)^{n-1} \frac{(n-1)!}{x^n}$ oder $\frac{1}{n!} f^{(n)}(1) = \frac{(-1)^{n-1}}{n}$. Danach erhält man nach Taylor mit $0 < \vartheta < 1$

$$\ln(1+x) = x - \frac{x^2}{2} + \frac{x^3}{3} - \frac{x^4}{4} + \cdots + (-1)^{n-1}\frac{x^n}{n} + (-1)^n \frac{x^{n+1}}{n+1} \cdot \frac{1}{(1+\vartheta x)^{n+1}}.$$

Das Restglied geht für $0 \leqslant x \leqslant 1$ mit $n \to \infty$ gegen Null. Dieselbe Reihe im Intervall $|x| < 1$ hätte man durch gliedweise Integration der geometrischen Reihe
$1/(1+x) = 1 - x + x^2 - x^3 + x^4 - + \cdots$ erhalten können.

Logarithmus	$\ln(1+x) = x - x^2/2 + x^3/3 - x^4/4 + - \cdots, \quad \lvert x \rvert < 1$

Diese Reihe ist für eine Berechnung der natürlichen Logarithmen nur sehr bedingt geeignet. Sie konvergiert zu langsam, wenn x nicht sehr klein ist.
Aus $\ln(1-x) = -x - x^2/2 - x^3/3 - x^4/4 - \cdots$ gewinnt man mit $\ln[(1+x)/(1-x)] = \ln(1+x) - \ln(1-x)$:

$$\ln[(1+x)/(1-x)] = 2(x + x^3/3 + x^5/5 + \cdots)$$

Diese Reihen konvergieren für $|x| < 1$; für $\xi > 1$ ist $1/\xi = x < 1$, damit erhält man

$$\ln \sqrt{(\xi+1)/(\xi-1)} = 1/\xi + 1/(3\xi^3) + 1/(5\xi^5) + \cdots$$

Die Vielfalt der mathematischen Möglichkeiten bei der Berechnung der Logarithmen war es wohl auch, die GAUSS zu der Bemerkung veranlaßte: „Es liegt eine Art von Poesie im Berechnen von Logarithmentafeln."
Zur Berechnung der Logarithmen mittels Reihen kommt es darauf an, rasch konvergierende Reihen zu kombinieren. So ist $\ln 2 = 7 \ln (10/9) - 2 \ln (25/24) + 3 \ln (81/80)$, denn $\frac{81^3 \cdot 24^2 \cdot 10^7}{80^3 \cdot 25^2 \cdot 9^7} = 2$.
Die am langsamsten konvergierende Reihe ist $\ln (10/9) = -\ln (1 - 1/10)$ $= 1/10 + 1/(2 \cdot 100) + 1/(3 \cdot 1000) + \cdots$.
Entsprechend gelten $\ln 3 = 11 \ln (10/9) - 3 \ln (25/24) + 5 \ln (81/80)$ und $\ln 5 = 16 \ln (10/9) - 4 \ln (25/24) + 7 \ln (81/80)$.

Binomische Reihe. Für ganzzahliges positives m gilt

$$f(x) = (1 + x)^m = 1 + \binom{m}{1} x + \binom{m}{2} x^2 + \cdots + \binom{m}{m} x^m.$$

Ist m keine positive ganze Zahl, so kann man die Funktion $f(x) = (1 + x)^m$ für $|x| < 1$ in eine konvergente Maclaurinsche Reihe entwickeln. Es ist

$$f(0) = 1,\ f'(0) = m,\ f''(0) = m(m-1),\ \ldots,\ f^{(n)}(0) = \binom{m}{n} \cdot n!$$

Binomische Reihe	$(1 + x)^m = 1 + \binom{m}{1} x + \binom{m}{2} x^2 + \binom{m}{3} x^3 + \cdots; \quad r = 1$

Diese Reihe wurde von NEWTON 1676 entdeckt, konnte jedoch erst fast 100 Jahre später von EULER exakt hergeleitet werden. Sie ist für die näherungsweise Berechnung von Wurzeln und Potenzen mit beliebigen Exponenten geeignet. Für $m = {}^1/_2, {}^1/_3, -{}^1/_2$ und $-{}^1/_3$ erhält man für $|x| < 1$:

$$\sqrt{1+x} = 1 + \frac{1}{2}x - \frac{1}{2 \cdot 4}x^2 + \frac{1 \cdot 3}{2 \cdot 4 \cdot 6}x^3 - + \cdots + (-1)^{n-1}\frac{1 \cdot 3 \cdot 5 \ldots (2n-3)}{2 \cdot 4 \cdot 6 \ldots 2n}x^n + \cdots$$

$$\sqrt[3]{1+x} = 1 + \frac{1}{3}x - \frac{1 \cdot 2}{3 \cdot 6}x^2 + \frac{1 \cdot 2 \cdot 5}{3 \cdot 6 \cdot 9}x^3 - + \cdots + (-1)^{n-1}\frac{1 \cdot 2 \cdot 5 \cdot 8 \ldots (3n-4)}{3 \cdot 6 \cdot 9 \cdot 12 \ldots 3n}x^n + \cdots$$

$$\frac{1}{\sqrt{1+x}} = 1 - \frac{1}{2}x + \frac{1 \cdot 3}{2 \cdot 4}x^2 - \frac{1 \cdot 3 \cdot 5}{2 \cdot 4 \cdot 6}x^3 + - \cdots + (-1)^n \frac{1 \cdot 3 \cdot 5 \ldots (2n-1)}{2 \cdot 4 \cdot 6 \ldots 2n}x^n + \cdots$$

$$\frac{1}{\sqrt[3]{1+x}} = 1 - \frac{1}{3}x + \frac{1 \cdot 4}{3 \cdot 6}x^2 - \frac{1 \cdot 4 \cdot 7}{3 \cdot 6 \cdot 9}x^3 + - \cdots + (-1)^n \frac{1 \cdot 4 \cdot 7 \ldots (3n-2)}{3 \cdot 6 \cdot 9 \ldots 3n}x^n + \ldots$$

Die Potenzen der geometrischen Reihe lassen sich sehr einfach durch Differentiation der geometrischen Reihe herleiten. Man erhält für $|x| < 1$:

$$1/(1-x) = 1 + x + x^2 + x^3 + x^4 + \cdots + x^n + \cdots$$
$$1/(1-x)^2 = 1 + 2x + 3x^2 + 4x^3 + \cdots + (n+1)x^n + \cdots$$
$$1/(1-x)^3 = 1 + 3x + 6x^2 + 10x^3 + \cdots + {}^1/_2(n+1)(n+2)x^n + \cdots$$

Arkus- und Areafunktionen. Da die ersten Ableitungen dieser Funktionen algebraische Funktionen sind, die sich in eine binomische Reihe entwickeln lassen, können die Reihenentwicklungen der Funktionen selbst durch gliedweise Integration der Reihen ihrer Ableitungen gewonnen werden.

Aus $\dfrac{\mathrm{d}(\arctan x)}{\mathrm{d}x} = \dfrac{1}{1+x^2} = 1 - x^2 + x^4 - x^6 + - \cdots$ für $|x| < 1$

z. B. ergibt sich $\displaystyle\int \frac{\mathrm{d}x}{1+x^2} = x - \frac{x^3}{3} + \frac{x^5}{5} - \frac{x^7}{7} + - \cdots + c$ und für die Integrationskonstante $c = \arctan 0 = 0$. Wegen $\operatorname{arccot} x = \pi/2 - \arctan x$ ist damit auch eine Darstellung der Funktion $\operatorname{arccot} x$ gewonnen. Durch Integration der Reihe für $1/\sqrt{1-x^2}$ erhält man eine Potenzreihe für $\arcsin x$ und wegen der Beziehung $\arccos x = \pi/2 - \arcsin x$ auch für diese Arkusfunktion.
Entsprechendes gilt für die Areafunktionen, wobei nicht alle Funktionenreihen Potenzreihen sind.

$$\arcsin x = x + \frac{1}{2} \cdot \frac{x^3}{3} + \frac{1 \cdot 3 \cdot x^5}{2 \cdot 4 \cdot 5} + \cdots + \frac{1 \cdot 3 \ldots (2n-3)\, x^{2n-1}}{2 \cdot 4 \ldots (2n-2)(2n-1)} + \cdots, \quad r = 1$$

$$\arccos x = \frac{\pi}{2} - x - \frac{1}{2} \cdot \frac{x^3}{3} - \frac{1 \cdot 3 \cdot x^5}{2 \cdot 4 \cdot 5} - \cdots, \quad r = 1$$

$$\arctan x = x - x^3/3 + x^5/5 - x^7/7 + - \cdots + (-1)^n x^{2n+1}/(2n+1) + \cdots, \quad r = 1,$$
auch für $x = 1$

$\operatorname{arccot} x = \pi/2 - x + x^3/3 - x^5/5 + x^7/7 - + \cdots, \quad r = 1 \quad \text{auch für } x = 1$

$\operatorname{arsinh} x = x - \frac{1 \cdot x^3}{2 \cdot 3} + \frac{1 \cdot 3 \cdot x^5}{2 \cdot 4 \cdot 5} - + \cdots + (-1)^n \frac{1 \cdot 3 \ldots (2n-3)\, x^{2n-1}}{2 \cdot 4 \ldots (2n-2)(2n-1)}, \quad r = 1$

$\operatorname{arcosh} x = \pm \left[\ln(2x) - \frac{1}{2 \cdot 2x^2} - \frac{1 \cdot 3}{2 \cdot 4 \cdot 4x^4} - \cdots\right], \quad x > 1$

$\operatorname{artanh} x = x + x^3/3 + x^5/5 + x^7/7 + \cdots + x^{2n+1}/(2n+1) + \cdots, \quad r = 1$

$\operatorname{arcoth} x = 1/x + 1/(3x^3) + 1/(5x^5) + 1/(7x^7) + \cdots, \quad |x| > 1$

Reihen spezieller Funktionen

Als Beispiele für Integrale, die sich nur durch eine Reihenentwicklung auswerten lassen, werden das Gaußsche Fehlerintegral sowie die Funktionen Integralsinus, Integralkosinus und Integrallogarithmus angegeben.

Beispiel 1: Für den *Integralsinus* erhält man durch gliedweises Integrieren der aus der Reihenentwicklung des Integranden gewonnenen, gleichmäßig konvergenten Reihe:

$$\int_0^x \frac{\sin \xi}{\xi}\, d\xi = \int_0^x \left(1 - \frac{\xi^2}{3!} + \frac{\xi^4}{5!} - + \cdots\right) d\xi = x - \frac{x^3}{3 \cdot 3!} + \frac{x^5}{5 \cdot 5!} - \frac{x^7}{7 \cdot 7!} + - \cdots$$

Gaußsches Fehlerintegral $r = \infty$, $\lim\limits_{x \to \infty} \Phi(x) = 1$	$\Phi(x) = \frac{2}{\sqrt{\pi}} \int_{-\infty}^{x} e^{-t^2}\, dt = \frac{2}{\sqrt{\pi}} \left(\frac{x}{1} - \frac{x^3}{1!\,3} + \frac{x^5}{2!\,5} - \frac{x^7}{3!\,7} + - \cdots\right)$
Integralsinus $r = \infty$	$\mathrm{Si}(x) = \int_0^x \frac{\sin t}{t}\, dt = x - \frac{x^3}{3!\,3} + \frac{x^5}{5!\,5} - \frac{x^7}{7!\,7} + - \cdots$
Integralcosinus $r = \infty$	$\mathrm{Ci}(x) = \int_0^x \frac{\cos t}{t}\, dt = \ln \gamma + \ln x - \frac{x^2}{2!\,2} + \frac{x^4}{4!\,4} - + \cdots$
Eulersche Konstante (Mascheronische Konstante)	$\ln \gamma = \lim\limits_{n \to \infty} \left(1 + \frac{1}{2} + \frac{1}{3} + \cdots + \frac{1}{n} - \ln n\right) = 0{,}57722\ldots$
Integrallogarithmus (vgl. Kap. 31.1. – Analytische Zahlentheorie) $r = \infty$	$\mathrm{Li}(x) = \int_0^x \frac{dt}{\ln t}, \quad t = e^{-u}$ $\mathrm{Li}(e^{-u}) = \ln \gamma + \ln \lvert u \rvert - u + \frac{u^2}{2!\,2} - \frac{u^3}{3!\,3} + \frac{u^4}{4!\,4} - + \cdots$

Näherungswerte und Näherungsformeln

Beispiele zur Anwendung des Taylorschen Satzes. Der Taylorsche Satz wird vielfach zur Berechnung von Funktionswerten einer Funktion $f(x)$ angewendet. Mit Hilfe des Restgliedes kann sowohl entschieden werden, wie viele Glieder der Entwicklung genommen werden müssen, um eine vorgeschriebene Genauigkeit zu erreichen, als auch, welcher Fehler bei fester Gliederzahl für einen bestimmten Bereich der Variablen nicht überschritten wird.

Die Berechnung der Zahl e. Aus dem Taylorschen Satz für e^x kann man für $x = 1$ den folgenden Ansatz zur Berechnung von e gewinnen

$$e = 1 + 1 + 1/2! + \cdots + 1/n! + e^{\vartheta}/(n+1)!, \quad 0 < \vartheta < 1 .$$

Soll e auf 7 Dezimalen genau berechnet werden, so läßt sich mit Hilfe des Restgliedes sofort angeben, welches n hinreichend ist, damit die geforderte Genauigkeit erreicht wird. Für das Restglied gilt die Ungleichung

$$1/(n+1)! < R_n < 3/(n+1)!,$$

denn es ist $e^0 = 1 < e^{\vartheta} < e^1 < 3$. Um Rundungsfehler zu vermeiden, wird zweckmäßigerweise gefordert, daß $R_n < 10^{-8}$ ist. Für n ergibt sich dann die Beziehung $3/(n+1)! < 10^{-8}$ oder $(n+1)! > 3 \cdot 10^8$. Da $12! \approx 4{,}8 \cdot 10^8$, genügt es, $n = 11$ zu wählen. Man erhält dann

$$1 + 1 + 1/2! + \cdots + 1/11! = 2{,}718\,281\,826\ldots$$

21.2-3 Die Zahl e, Basis der natürlichen Logarithmen

(Abb. 21.2-3). Für die Abschätzung des Restgliedes gilt $1/12! \approx 2 \cdot 10^{-9}$ und $3/12! \approx 6 \cdot 10^{-9}$; deshalb ergibt sich für e die Ungleichung

$$2{,}718\,281\,828\ldots < e < 2{,}718\,281\,832\ldots$$

Die Zahl e ist danach auf 7 Dezimalstellen genau $e = 2{,}718\,281\,8\ldots$ Führt man diese Berechnung tatsächlich aus, so erkennt man: der Aufwand, um die Genauigkeit der Bestimmung von e zu erhöhen, ist nicht sehr groß. Allerdings wird man hierbei auch einem Problem begegnen, das beim praktischen Rechnen häufig auftritt, dem Problem der Rundungsfehler. Für die einzelnen Glieder der Funktionenreihe treten bei der numerischen Rechnung fast ausnahmslos periodische Dezimalbrüche auf, die nach einer gewissen Anzahl von Stellen abgebrochen und gerundet werden müssen. Durch dieses Runden läßt sich unter Umständen die erreichbare Genauigkeit nicht mit voller Sicherheit voraussagen. In der Praxis hat es sich bewährt, je nach Umfang der Rechnung eine oder zwei Dezimalstellen mehr mitzunehmen, als für das Endergebnis notwendig ist, und außerdem jeden auf- oder abgerundeten Wert als solchen zu kennzeichnen, damit vor dem Runden des Endergebnisses der größtmögliche Rundungsfehler festgestellt werden kann (vgl. Kap. 28.1. – Absoluter und relativer Fehler).

Als Beispiel für eine solche Zahlenrechnung soll $e^{-0,1}$ mit Hilfe des Taylorschen Satzes bestimmt werden:

$$e^{-0,1} = 1 - 0{,}1 + 0{,}005 - \cdots + R_n.$$

1,000 000 000
−0,100 000 000
+0,005 000 000
−0,000 166 667
0,904 833 333

Dabei ist $R_n = 0{,}1^{n+1} \cdot e^{-0,1\vartheta}/(n+1)!$ mit $0 < \vartheta < 1$. Für $e^{-0,1\vartheta}$ gilt die Ungleichung $0{,}905 < e^{-0,1\vartheta} < 1$. Unter Berücksichtigung der ersten vier Glieder der Reihe ergibt sich dann die nebenstehende Rechnung. Für R_3 gilt die Ungleichung $0{,}000\,004\,167 > R_3 > 0{,}000\,003\,770$. Für $e^{-0,1}$ gilt somit die Ungleichung $0{,}904\,837\,103 < e^{-0,1} < 0{,}904\,837\,500$.

Damit ist $e^{-0,1} = 0{,}904\,837\ldots$ auf sechs Stellen genau bestimmt. Bei einer Verwendung von vier Gliedern der Reihe durfte billigerweise erwartet werden, daß das Ergebnis unter Benutzung des Restgliedes den gesuchten Wert auf vier, höchstens auf fünf Dezimalstellen liefert. Die Leistungsfähigkeit des Ansatzes überrascht deshalb, denn erst in der siebenten Dezimale tritt ein Fehler von vier Einheiten auf. Besonders günstige Abschätzungen mit dem Satz von Taylor ergeben sich immer dann, wenn die Werte $f^{(n+1)}(x_0)$ und $f^{(n+1)}(x_0 + h)$ nur wenig voneinander verschieden sind und wenn die Funktion $f^{(n+1)}(x)$ im Intervall von x_0 bis $x_0 + h$ monoton ist.

Die Berechnung der Zahl π. Die Arkustangensreihe kann zur Berechnung von π herangezogen werden. Sie lautet $\arctan x = x - x^3/3 + x^5/5 - x^7/7 + - \cdots$

Bei dieser Reihe ist eine Angabe des Restgliedes R_n nach dem Taylorschen Satz nicht ohne weiteres möglich. Es ist zwar bekannt, daß die Funktion $f(x) = \arctan x$ Ableitungen beliebig hoher Ordnung hat; das Bildungsgesetz für die höheren Ableitungen ist aber sehr kompliziert und kaum in einer allgemeinen Formel angebbar. Es bleibt deshalb nur der Weg, das Restglied aus einem allgemeinen Ansatz mit Hilfe des Mittelwertsatzes der Differentialrechnung zu gewinnen. Man erhält

$$\arctan x = x - \frac{x^3}{3} + \frac{x^5}{5} - + \cdots + (-1)^{k-1}\frac{x^{2k-1}}{2k-1} + (-1)^k \frac{x^{2k+1}}{2k+1} \cdot \frac{1}{1+\vartheta x^2}, \quad 0 < \vartheta < 1.$$

Für $x = 1$ erhält man dann

$$\pi/4 = 1 - 1/3 + 1/5 - 1/7 + - \cdots (-1)^{k-1}/(2k-1) + [(-1)^k/(2k+1)] \cdot [1/(1+\vartheta)].$$

Diese Gleichung wurde von Gregory und von Leibniz gefunden und wird deshalb *Gleichung von Gregory und Leibniz* genannt. Das Restglied liegt in diesem Fall zwischen $\frac{1}{2}\,[1/(2k+1)]$ und $[1/(2k+1)]$. Daraus ersieht man, daß diese Formel für eine tatsächliche Berechnung von π nicht gut geeignet ist. Man müßte 100000 Glieder berücksichtigen, um die Zahl π auf fünf Dezimalstellen genau zu errechnen. Dieser Rechenaufwand ist für die Praxis viel zu hoch. Man wählt deshalb bei der arctan-Reihe günstiger liegende Werte der unabhängigen Veränderlichen. Mit $\arctan\left(1/\sqrt{3}\right) = \pi/6$ ergibt sich

$$\frac{\pi}{6} = \frac{1}{3}\left[1 - \frac{1}{3 \cdot 3} + \frac{1}{5 \cdot 3^2} - \frac{1}{7 \cdot 3^3} + - \cdots + \frac{(-1)^k}{(2k+1) \cdot 3^k} \cdot \frac{1}{1+\vartheta}\right], \quad 0 < \vartheta < 1.$$

Durch Kombination mehrerer Arkustangensreihen für verschiedene Argumente gelangt man schließlich zu besonders bequemen Formeln, von denen einige angeführt werden, die zur Berechnung von π mit Computern verwendet wurden:

Machin (1706)	$\pi = 16 \arctan(1/5) - 4 \arctan(1/239)$;
Gauss	$\pi = 48 \arctan(1/18) + 32 \arctan(1/57) - 20 \arctan(1/239)$;
Störmer (1896)	$\pi = 24 \arctan(1/8) + 8 \arctan(1/57) + 4 \arctan(1/239)$.

Die letzten beiden Formeln wurden 1961 der Berechnung von π auf 100265 Dezimalstellen zugrunde

gelegt. Zwei Maschinen rechneten im Dualsystem, zur Kontrolle jede nach einer anderen Formel. Nach der Gaußschen Formel wurden 4 Stunden 22 Minuten gebraucht, nach der von Störmer 8 Stunden und 43 Minuten. Die Übertragung ins Dezimalsystem dauerte 42 Minuten; der Text umfaßt 20 Druckseiten. Moderne Rechner erledigen das heute in einem Bruchteil dieser Zeiten.
Für die Praxis haben diese „Genauigkeiten" keine Bedeutung. Es genügt doch schon die Kenntnis des Zahlwertes für π auf 14 Stellen genau, um bei einem Kreis mit dem Erdradius von rund 6400 km den Umfang mit einem Fehler von weniger als 0,001 mm zu berechnen. Damit eine solche Fehlergrenze sinnvoll ist, muß auch der Radius mit der gleichen Fehlergrenze bestimmt werden; das ist jedoch selbst beim gegenwärtigen Stand der Meßtechnik noch lange nicht erreichbar.
Die Anwendung der binomischen Reihe. Die binomische Reihe wird häufig zur näherungsweisen Bestimmung von Wurzeln verwendet. Der Ansatz nach Taylor lautet

$$(1 + x)^a = 1 + \binom{a}{1} x + \binom{a}{2} x^2 + \cdots + \binom{a}{n} x^n + \binom{a}{n+1} x^{n+1} (1 + \vartheta x)^{a-n-1}$$

mit $0 < \vartheta < 1$ und $|x| < 1$.

Will man zum Beispiel $\sqrt[3]{999}$ auf 12 Stellen genau berechnen, so ist in obiger Formel $x = -1/1000$ und $a = 1/3$ zu setzen, denn $\sqrt[3]{999} = 10\,(1 - 1/1000)^{1/3}$.

Zum Erreichen der geforderten Genauigkeit genügt es, die Glieder bis $n = 2$ zu benutzen, da die Funktionswerte für die $(n + 1)$-te Ableitung an den Stellen $x_0 = 0$ und $x_0 + h = 0{,}001$ nur sehr wenig voneinander abweichen. Es ist

$$1/(1{,}62 \cdot 10^{10}) < R_2 < 1{,}003/(1{,}62 \cdot 10^{10}),$$

und man erhält

$$9{,}996\,665\,556\,173 < \sqrt[3]{999} < 9{,}996\,665\,556\,175 \quad \text{oder} \quad \sqrt[3]{999} = 9{,}996\,665\,556\,17\ldots$$

Diese Genauigkeit läßt sich auch mit anderen Mitteln nur schwer erreichen und zeigt sehr deutlich die Leistungsfähigkeit des Verfahrens. Eine höhere Genauigkeit erfordert nur einen geringen zusätzlichen Aufwand.
Soll die binomische Reihe zur näherungsweisen Bestimmung von Wurzeln verwendet werden, so ist es erforderlich, durch entsprechende Umformungen den Radikanden auf die Form $1 \pm \delta$ zu bringen. Als Anhalt darf gesagt werden, daß δ im allgemeinen nicht größer sein sollte als 0,1. Um diese Umformungen zu erreichen, muß man sich unter Umständen einer Reihe von Kunstgriffen bedienen, die am besten an Beispielen erläutert werden. Ist $\sqrt[n]{a}$ zu bestimmen und gibt es eine ganze Zahl b, so daß $b^n \approx a$ ist, so wird man nichts weiter tun als $\sqrt[n]{a} = \sqrt[n]{b^n(a/b^n)} = b \cdot \sqrt[n]{1 + (a - b^n)/b^n}$ zu setzen; z. B. $\sqrt[5]{33} = 2\sqrt[5]{(1 + 1/32)}$. Läßt sich auf diese Weise keine geeignete Form für eine Reihenentwicklung finden, so kommt man stets durch eine geeignete Erweiterung des Radikanden zum Ziel. Ist die gesuchte Wurzel annähernd durch den Bruch p/q gegeben, so genügt die Erweiterung mit p^n/q^n schon der gestellten Bedingung. Das klassische Beispiel ist die Bestimmung von $\sqrt{2}$. Es ist $\sqrt{2} \approx 1{,}4 = 7/5$, folglich

$$\sqrt{2} = \sqrt{\frac{7^2 \cdot 5^2 \cdot 2}{5^2 \cdot 7^2}} = \frac{7}{5}\sqrt{\frac{50}{49}} = \frac{7}{5}\sqrt{1 + \frac{1}{49}}.$$

Ganz analog wird $\sqrt[3]{92}$ bestimmt. Es ist $\sqrt[3]{92} \approx 4{,}5 = 9/2$, d. h., man kann setzen

$$\sqrt[3]{92} = \sqrt[3]{\frac{9^3 \cdot 2^3 \cdot 92}{2^3 \cdot 9^3}} = \frac{9}{2}\sqrt[3]{\frac{736}{729}} = \frac{9}{2}\sqrt[3]{1 + \frac{7}{729}}.$$

Diese Beispiele zeigen, daß zur Bestimmung beliebiger Wurzeln mit hoher Genauigkeit die binomische Reihe benutzt werden kann.
Darüber hinaus ist diese Reihe aber auch für alle anderen gebrochenen Exponenten geeignet. Sie hilft Rechenarbeit einzusparen und ist vor allem dann zu empfehlen, wenn mit anderen Mitteln eine ausreichende Genauigkeit nicht mehr erzielt werden kann.

Näherungsformeln. Für überschlägige Rechnungen hat es sich als zweckmäßig erwiesen, von konvergenten Potenzreihen einige Anfangsglieder zur näherungsweisen Berechnung von Funktionswerten zu verwenden. Anwendungsbeispiele sind aus der Physik und aus der Technik bekannt; die Vernachlässigung der 2. und höherer Potenzen kleiner Größen ist allgemein üblich, z. B. in der Wärmelehre, wenn man den kubischen Ausdehnungskoeffizienten gleich dem Dreifachen des linearen Ausdehnungskoeffizienten setzt. Häufig wird auch sin x für kleine Winkel x durch x ersetzt. Die folgende Tafel enthält eine Übersicht über häufig verwendete Näherungsformeln und ihren

Häufig verwendete Näherungsformeln

Funktion	1. Näherung	Fehler < 10^{-3} für $\lvert x\rvert \leqslant$	Fehler < 10^{-2} für $\lvert x\rvert \leqslant$	2. Näherung	Fehler < 10^{-3} für $\lvert x\rvert \leqslant$	Fehler < 10^{-2} für $\lvert x\rvert \leqslant$
$1/(1+x)$	$1-x$	0,031	0,099	$1-x+x^2$	0,096	0,20
$1/(1+x)^2$	$1-2x$	0,018	0,055	$1-2x+3x^2$	0,063	0,12
$1/(1+x)^3$	$1-3x$	0,012	0,039	$1-3x+6x^2$	0,046	0,095
$\sqrt{1+x}$	$1+x/2$	0,087	0,25	$1+x/2-x^2/8$	0,25	0,48
$\sqrt[3]{1+x}$	$1+x/3$	0,095	0,27	$1+x/3-x^2/9$	0,25	0,47
$\sqrt[4]{1+x}$	$1+x/4$	0,10	0,29	$1+x/4-3x^2/32$	0,24	0,49
$1/\sqrt{1+x}$	$1-x/2$	0,05	0,15	$1-x/2+3x^2/8$	0,14	0,28
$1/\sqrt[3]{1+x}$	$1-x/3$	0,065	0,19	$1-x/3+2x^2/9$	0,17	0,34
$(1+x)/(1-x)$	$1+2x$	0,022	0,068	$1+2x+2x^2$	0,077	0,16
$[(1+x)/(1-x)]^2$	$1+4x$	0,011	0,034	$1+4x+8x^2$	0,043	0,090
$\sqrt{(1+x)/(1-x)}$	$1+x$	0,043	0,13	$1+x+x^2/2$	0,12	0,25
$\sin x$	x	0,18	0,39	$x-x^3/6$	0,63	1,04
$\sin^2 x$	0	0,031	0,10	x^2	0,23	0,41
$\cos x$	1	0,044	0,14	$1-x^2/2$	0,39	0,70
$\cos^2 x$	1	0,031	0,10	$1-x^2$	0,23	0,42
$\tan x$	x	0,14	0,30	$x+x^3/3$	0,38	0,58
$\arcsin x$	x	0,18	0,38	$x+x^3/6$	0,42	0,63
$\arccos x$	$\pi/2-x$	0,18	0,38	$\pi/2-x-x^3/6$	0,42	0,63
$\arctan x$	x	0,14	0,31	$x-x^3/3$	0,35	0,57
$\operatorname{arccot} x$	$\pi/2-x$	0,14	0,31	$\pi/2-x+x^3/3$	0,35	0,57
e^x	$1+x$	0,044	0,13	$1+x+x^2/2$	0,17	0,38
$\ln(1+x)$	x	0,044	0,14	$x-x^2/2$	0,14	0,33
$\lg(1+x)$	$0{,}4343x$	0,069	0,23	$0{,}4343x+0{,}2171x^2$	0,20	0,45
$\sinh x$	x	0,18	0,39	$x+x^3/6$	0,65	1,03
$\cosh x$	1	0,044	0,14	$1+x^2/2$	0,39	0,70
$\tanh x$	x	0,14	0,31	$x-x^3/3$	0,38	0,61
$\operatorname{arsinh} x$	x	0,18	0,40	$x-x^3/6$	0,43	0,70
$\operatorname{artanh} x$	x	0,14	0,30	$x+x^3/3$	0,37	0,52

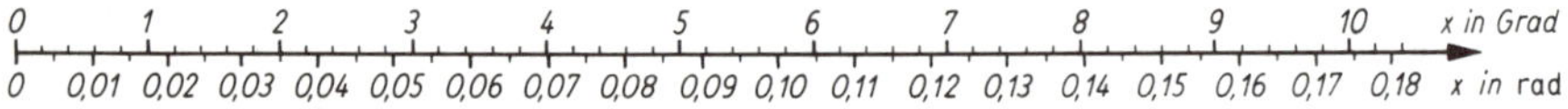

21.2-4 Umwandlung eines Winkels von Gradmaß in Bogenmaß

Anwendungsbereich. Die angegebenen Werte für $|x|$ dürfen nicht überschritten werden, wenn der Fehler bei Benutzung der Näherungsformel nicht größer werden soll als 0,001 bzw. 0,01. Man erkennt, daß es häufig für Bedürfnisse der Praxis gar nicht erforderlich ist, mit tabellierten Funktionen zu arbeiten. Vor allem in der Technik genügt oft ein Näherungswert, wenn der Fehler kleiner bleibt als 0,1% oder 1%. Dann kann man aber im Bereich bis 10° ohne weiteres z. B. $\arcsin x$ durch x ersetzen. Der Rechenaufwand, der dadurch eingespart wird, ist beachtlich. Auch das Suchen nach geeigneten Tafeln selten tabellierter Funktionen (z. B. der Hyperbelfunktionen und ihrer Umkehrungen) läßt sich häufig vermeiden, wenn man geeignete Näherungsformeln aus den Reihenentwicklungen für diese Funktionen ableitet. Auch die näherungsweise Berechnung bestimmter Integrale kann häufig mit geeigneten Näherungsformeln rasch und mit ausreichender Genauigkeit vorgenommen werden.

Beispiele: 1. $\sqrt[4]{258{,}3} = 4\cdot\sqrt[4]{258{,}3/256} = 4\cdot[1+2{,}3/256]^{1/4} \approx 4\cdot[1+2{,}3/(4\cdot 256)] = 4{,}009.$
Der Genauwert auf fünf Stellen ist 4,00895.
2. $e^{-0,1} \approx 1 - 0{,}1 + 0{,}1^2/2 = 0{,}905.$
Genauwert: 0,90484.
3. $e^{-0,023} \approx 1 - 0{,}023 = 0{,}977.$
Genauwert: 0,977262.

Geometrische Anwendungen des Taylorschen Satzes

Schmiegungsparabel. Wird das Bild einer Funktion $f(x) = a_0 + a_1x + a_2x^2 + \cdots$ in einem Koordinatensystem dargestellt, so kann ein neues Koordinatensystem eingeführt werden, dessen x-Achse die Tangente an die Kurve im Punkt P und dessen y-Achse die Normale im gleichen Punkt ist. Auf das neue Koordinatensystem bezogen hat die Kurve für den Punkt P folgende Werte: $x = 0$, $f(x) = 0$, $f'(x) = 0$. Für die Krümmung k gilt allgemein $k = \dfrac{f''}{(1+f'^2)^{3/2}}$, und daraus folgt $f''(0) = k$. Es ist mithin $f(0) = a_0 = 0$, $f'(0) = a_1 = 0$, $f''(0) = 2a_2 = k$.
Die Gleichung der Kurve im neuen Koordinatensystem ergibt sich dann zu $f(x) = kx^2/2 + \cdots$ An der Stelle P kann man deshalb die Kurve durch die Parabel $g(x) = kx^2/2$, die *Schmiegungsparabel*, annähern. Es handelt sich dabei um eine Näherung 2. Ordnung (Abb. 21.2-5).

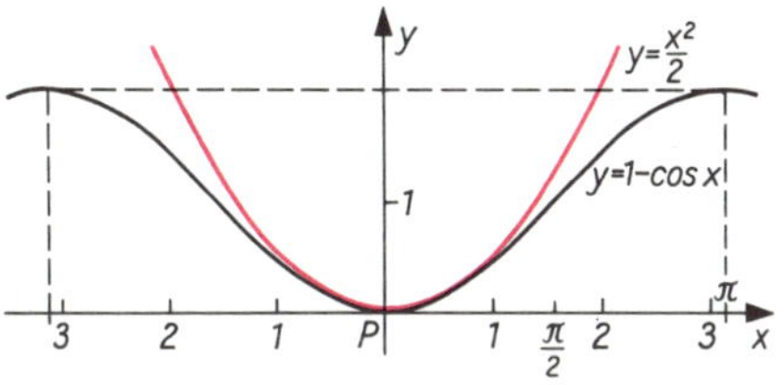

21.2-5 Die Schmiegungsparabel für die Kurve der Funktion $y = 1 - \cos x$

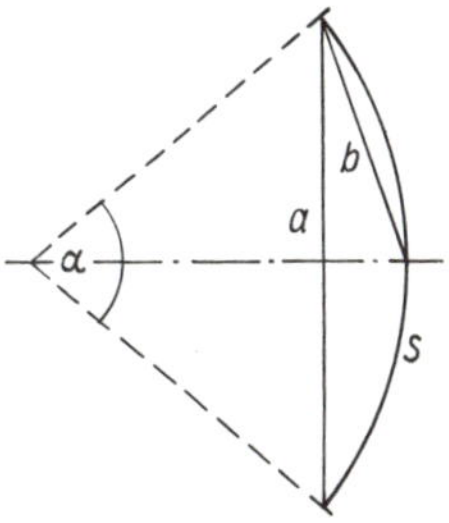

21.2-6 Zur Bestimmung der Bogenlänge eines Kreisbogens

Bestimmung der Bogenlänge eines Kreisbogens. Die Bogenlänge s eines Kreisbogens mit Zentriwinkel α kann mit Hilfe der Näherungsformel $s = {}^1/_3\,(8b - a)$ bestimmt werden, in der a die Sehne des Kreisbogens, b die des halben Bogens ist (Abb. 21.2-6). Der Genauwert ist $s = r\alpha$. Da $a = 2r \sin(\alpha/2)$, $b = 2r \sin(\alpha/4)$, erhält man mit der Reihenentwicklung für $\sin x$

$$
\begin{aligned}
{}^1/_3\,(8b-a) &= {}^2/_3\,r\left\{8\left[(\alpha/4) - \frac{(\alpha/4)^3}{3!} + \frac{(\alpha/4)^5}{5!} + \frac{(\alpha/4)^7}{7!}\cos(\alpha\vartheta/4)\right]\right. \\
&\quad \left. - \left[(\alpha/2) - \frac{(\alpha/2)^3}{3!} + \frac{(\alpha/2)^5}{5!} + \frac{(\alpha/2)^7}{7!}\cos(\alpha\vartheta'/2)\right]\right\} \\
&= {}^2/_3\,r\left[\frac{3\alpha}{2} - \frac{3\alpha^5}{2^7\cdot 5!} + \frac{\alpha^7}{2^7\cdot 7!}\left(\cos(\alpha\vartheta'/2) - \frac{\cos(\alpha\vartheta/4)}{2^4}\right)\right]
\end{aligned}
$$

oder

$$
{}^1/_3\,(8b-a) = s - \frac{r\alpha^5}{5!\cdot 64}\left[1 - \frac{\alpha^2}{126}\left(\cos(\alpha\vartheta'/2) - \frac{1}{16}\cos(\alpha\vartheta/4)\right)\right].
$$

Ersetzt man die eckige Klammer in der letzten Gleichung durch 1, so wird die Abschätzung vergröbert. Bei Benutzung der Näherungsformel ergibt sich ein Fehler von weniger als $r\alpha^5/7680$. Bei $r = 1$ m und $\alpha = 30°$ ist der Fehler kleiner als 0,005 mm.

Durchbiegung eines Balkens. Das Biegemoment $M(x)$ eines Balkens ist gegeben durch $M(x) = EJk$. Dabei ist E der Elastizitätsmodul, J das Trägheitsmoment des Querschnitts und k die Krümmung der Mittellinie des Balkens an der Stelle x (Abb. 21.2-7). In den für die Praxis wichtigen Fällen ist der Winkel α sehr klein, und man kann in der Gleichung $k = \dfrac{y''}{(1+y'^2)^{3/2}}$ den Nenner nach Potenzen von $y'^2 = \tan^2\alpha$ entwickeln. Man erhält

$$k = y''(x)\,[1 - {}^3/_2\,y'(x)^2 + {}^{15}/_8\,y'(x)^4 + \cdots].$$

Bei schwach gekrümmten Balken kann man in 1. Näherung $k = y''(x)$ setzen und erhält die übliche Form der *Differentialgleichung der elastischen Linie*

$$\frac{d^2y}{dx^2} = \frac{M(x)}{EJ}.$$

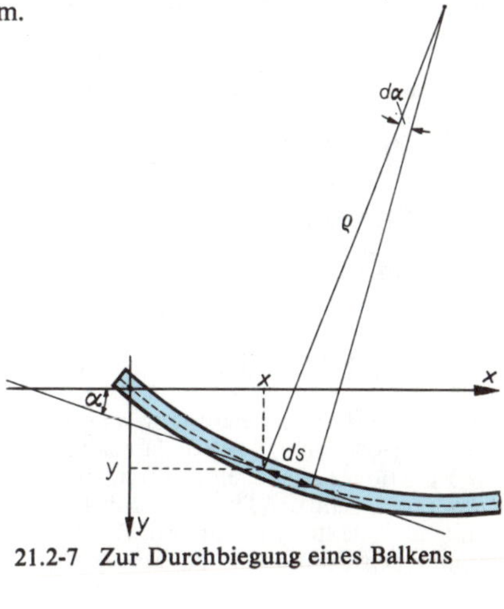

21.2-7 Zur Durchbiegung eines Balkens

Der Satz von Taylor bei mehreren Veränderlichen

Auch für Funktionen von mehreren Veränderlichen kann man den Satz von Taylor aufstellen. Für eine Funktion von zwei Veränderlichen $f(x, y)$ ergibt sich, wenn man $n = 0$ wählt:

$$f(x_0 + h, y_0 + k) = f(x_0, y_0) + hf_x(x_0 + \vartheta h, y_0 + \vartheta k) + kf_y(x_0 + \vartheta h, y_0 + \vartheta k), \quad 0 < \vartheta < 1.$$

Das ist gerade der Mittelwertsatz der Differentialrechnung für zwei Veränderliche. Wählt man bei der Taylorentwicklung $n = 1$, so ergibt sich entsprechend mit $0 < \vartheta < 1$

$$f(x_0 + h, y_0 + k) = f(x_0, y_0) + hf_x(x_0, y_0) + kf_y(x_0, y_0)$$
$$+ (1/2!)\,[h^2 f_{xx}(x_0 + \vartheta h, y_0 + \vartheta k) + 2hk f_{xy}(x_0 + \vartheta h, y_0 + \vartheta k) + k^2 f_{yy}(x_0 + \vartheta h, y_0 + \vartheta k)].$$

Die Schreibarbeit nimmt beträchtlich zu, wenn man n größer wählt. Schon für $n = 5$ sind 28 Glieder anzuschreiben, und jede der höchsten vorkommenden Ableitungen ist durch 6 Indizes bezeichnet. Man führt deshalb zweckmäßig eine symbolische Schreibweise ein, indem man setzt

$$hf_x(x_0, y_0) + kf_y(x_0, y_0) = \left(h \frac{\partial}{\partial x} + k \frac{\partial}{\partial y}\right) f(x_0, y_0).$$

Dann kann man durch symbolisches Potenzieren des rechtsstehenden Operators $\left(h \frac{\partial}{\partial x} + k \frac{\partial}{\partial y}\right)$ die Glieder höherer Ordnung angeben.

Satz von Taylor für Funktionen zweier Veränderlicher

$$f(x_0 + h, y_0 + k) = f(x_0, y_0) + \left(h \frac{\partial}{\partial x} + k \frac{\partial}{\partial y}\right) f(x_0, y_0) + \frac{1}{2!}\left(h \frac{\partial}{\partial x} + k \frac{\partial}{\partial y}\right)^2 f(x_0, y_0) + \cdots +$$
$$+ \frac{1}{n!}\left(h \frac{\partial}{\partial x} + k \frac{\partial}{\partial y}\right)^n f(x_0, y_0) + \frac{1}{(n+1)!}\left(h \frac{\partial}{\partial x} + k \frac{\partial}{\partial y}\right)^{n+1} f(x_0 + \vartheta h, y_0 + \vartheta k); \; 0 < \vartheta < 1$$

Die Größe ϑ hat in allen Summanden des Restgliedes und für beide Veränderliche h und k den gleichen Wert; sie ist eine Funktion von n, x_0, y_0, h und k. Um diese Abhängigkeit deutlich zu machen, schreibt man häufig $\vartheta = \vartheta(n, x_0, y_0, h, k)$. Die gleiche Symbolik kann man auch für Funktionen von drei und mehr Veränderlichen verwenden. Für drei Veränderliche erhält man

$$f(x_0 + h, y_0 + k, z_0 + l) = f(x_0, y_0, z_0) + \sum_{\nu=1}^{n} \frac{1}{\nu!}\left(h \frac{\partial}{\partial x} + k \frac{\partial}{\partial y} + l \frac{\partial}{\partial z}\right)^{\nu} f(x_0, y_0, z_0)$$
$$+ \frac{1}{(n+1)!}\left(h \frac{\partial}{\partial x} + k \frac{\partial}{\partial y} + l \frac{\partial}{\partial z}\right)^{n+1} f(x_0 + \vartheta h, y_0 + \vartheta k, z_0 + \vartheta l), \; 0 < \vartheta < 1.$$

Eine Erweiterung des Newtonschen Näherungsverfahrens. Ist ein System aus zwei Gleichungen $f(x, y) = 0$ und $g(x, y) = 0$ zu lösen und sind die Näherungswerte x_0 und y_0 bekannt, so setzt man

$$f(x_0 + h, y_0 + k) = 0, \quad g(x_0 + h, y_0 + k) = 0$$

und entwickelt nach dem Taylorschen Satz. Für $n = 0$ erhält man

$$f(x_0, y_0) + hf_x(x_0 + \vartheta h, y_0 + \vartheta k) + kf_y(x_0 + \vartheta h, y_0 + \vartheta k) = 0,$$
$$g(x_0, y_0) + hg_x(x_0 + \vartheta h, y_0 + \vartheta k) + kg_y(x_0 + \vartheta h, y_0 + \vartheta k) = 0.$$

Setzt man in diesen Gleichungen $\vartheta = 0$, so begeht man einen Fehler und kann statt der Genauwerte h und k nur Näherungswerte h_1 und k_1 bestimmen, mit denen neue Näherungswerte $x_1 = x_0 + h_1$ und $y_1 = y_0 + k_1$ berechnet werden können und mit denen das Verfahren erforderlichenfalls wiederholt wird. Für h_1 und k_1 errechnet man

$$h_1 = -\left[\frac{fg_y - gf_y}{f_x g_y - f_y g_x}\right]_{\substack{x=x_0\\y=y_0}} \qquad k_1 = \left[\frac{fg_x - gf_x}{f_x g_y - f_y g_x}\right]_{\substack{x=x_0\\y=y_0}}$$

Beispiel 1: Es ist das Gleichungssystem $f(x, y) = x^2 + y - 2 = 0$, $g(x, y) = xy - 2 = 0$ zu lösen. – Näherungswerte sind $x_0 = -1{,}8$ und $y_0 = -1{,}1$. Mit diesen Werten ergeben sich $h_1 = 0{,}031$, $k_1 = -0{,}030$, und als neue Näherungswerte $x_1 = -1{,}769$, $y_1 = -1{,}130$.

21.3. Trigonometrische Reihen und harmonische Analyse

Am Anfang der Entwicklung der Theorie der trigonometrischen Reihen steht das 1822 erschienene Buch „Théorie analytique de la chaleur" des Mathematikers DE FOURIER. Er hatte sich einige Jahre mit Funktionenreihen beschäftigt, die heute seinen Namen tragen. Seine Untersuchungen leiteten eine Entwicklung der Theorie dieser Reihen ein, die für Mathematik, Physik und Technik in gleichem Maße an Bedeutung gewannen. Der Grundgedanke war, periodische Funktionen durch Reihen von periodischen Funktionen darzustellen.

Zur Untersuchung periodischer Bewegungen verwendet man Fourierreihen in der Akustik, der Elektrodynamik, der Optik, der Wärmelehre u. a. In der Elektrotechnik lassen sich Probleme, wie das Frequenzverhalten von Schaltelementen oder die Übertragung von Impulsen, mit Hilfe von Fourierreihen lösen. Für die Schiffahrt ist die Gezeitenvoraussage wichtig; da es sich um periodische Vorgänge handelt, werden Fourierreihen herangezogen. Noch vor wenigen Jahrzehnten benutzte man mechanische Vorrichtungen, die Gezeitenrechenmaschinen, mit denen mechanische Fourieranalysen durchgeführt und Wasserstandsvoraussagen für alle wichtigen Häfen errechnet wurden. Es gibt heute kaum ein Teilgebiet der Physik, der Mathematik oder der Technik, in dem nicht mit Fourierreihen gearbeitet wird.

Die Fourierschen Reihen

Trigonometrische Reihen. Funktionenreihen $\sum\limits_{n=0}^{\infty} f_n(x)$ mit dem allgemeinen Glied $f_n(x) = a_n \cos nx + b_n \sin nx$, in dem die Koeffizienten a_n, b_n konstant sind, werden *trigonometrische Reihen* genannt. Konvergiert diese Reihe für ein Intervall der Länge 2π, so ist sie wegen der Periodizität der trigonometrischen Funktionen für alle x konvergent und stellt daher eine periodische Funktion $f(x)$ dar. Sie ist allerdings nicht notwendig stetig und hat oft unstetige Funktionen zur Summe, die z. B. aus Stücken einfacher Funktionen zusammengesetzt sind. Ist hingegen $\sum\limits_{n=0}^{\infty} f_n(x)$ sogar gleichmäßig konvergent, so ist ihre Summenfunktion $f(x)$ stetig. In diesem Fall läßt sich ein Zusammenhang zwischen den Koeffizienten a_n, b_n und der Summenfunktion $f(x)$ herstellen. Durch Multiplikation der Reihe $f(x) = \sum\limits_{n=0}^{\infty} f_n(x) = \sum\limits_{n=0}^{\infty} (a_n \cos nx + b_n \sin nx)$ mit den beschränkten Faktoren $\cos px$ bzw. $\sin px$, in denen die p nichtnegative ganze Zahlen sind, wird die gleichmäßige Konvergenz der Reihe $f(x) = \sum f_n(x)$ nicht gestört. Man kann deshalb $\int\limits_0^{2\pi} f(x) \cos px \, dx$ und $\int\limits_0^{2\pi} f(x) \sin px \, dx$ durch gliedweise Integration der Reihen $\sum f_n(x) \cos px$ bzw. $\sum f_n(x) \sin px$ erhalten. Dabei treten folgende Integrale auf

$$\int\limits_0^{2\pi} \cos nx \cos px \, dx, \quad \int\limits_0^{2\pi} \sin nx \cos px \, dx, \quad \int\limits_0^{2\pi} \cos nx \sin px \, dx \quad \text{und} \quad \int\limits_0^{2\pi} \sin nx \sin px \, dx.$$

Durch partielle Integration findet man, daß sie für $n \neq p$ den Wert 0 haben; für $p = n$ dagegen erhält man

$$\int\limits_0^{2\pi} \sin^2 nx \, dx = \pi \quad \text{oder} \quad \int\limits_0^{2\pi} \cos^2 nx \, dx = \{\pi \text{ für } n > 0;\ 2\pi \text{ für } n = 0\}.$$

Daraus ergeben sich die Euler-Fourierschen Formeln für a_n, b_n.

Eulersche oder Euler-Fouriersche Formeln	$a_0 = \dfrac{1}{2\pi} \int\limits_0^{2\pi} f(x) \, dx, \quad a_n = \dfrac{1}{\pi} \int\limits_0^{2\pi} f(x) \cos nx \, dx, \quad b_n = \dfrac{1}{\pi} \int\limits_0^{2\pi} f(x) \sin nx \, dx$

Fourierreihen. Es erhebt sich die Frage, welche Funktionen $f(x)$ sich durch eine trigonometrische Reihe darstellen lassen. Ist $f(x)$ integrierbar, so können zumindest nach den Euler-Fourierschen Formeln die Zahlen a_n, b_n berechnet und die Reihe $\sum\limits_{n=0}^{\infty} (a_n \cos nx + b_n \sin nx)$ kann formal aufgeschrieben werden. Man nennt sie die durch $f(x)$ erzeugte *Fourierreihe* und a_n, b_n die *Fourierkoeffizienten* der Funktion $f(x)$. Allerdings kann einerseits der Fall eintreten, daß die durch $f(x)$ erzeugte Fourierreihe gar nicht konvergiert, und andererseits, daß sie zwar konvergiert, ihre Summenfunktion jedoch nicht $f(x)$ ist. Dies ist sogar noch möglich, wenn $f(x)$ stetig ist. Außerdem muß man bedenken, daß eine gegebene Funktion außer ihrer Fourierreihe auch noch andere Darstellungen als trigonometrische Reihe haben kann. Ist hingegen die durch $f(x)$ erzeugte Fourierreihe *gleichmäßig konvergent* (vgl. 21.1.), so hat sie auch $f(x)$ zur Summenfunktion, und $f(x)$ ist außer durch ihre Fourierreihe durch keine andere gleichmäßig konvergente trigonometrische Reihe darstellbar. Dieses Kriterium ist hinreichend; die Frage, unter welchen notwendigen und hinreichenden Bedingungen die durch $f(x)$ erzeugte Fourierreihe konvergiert und $f(x)$ zur Summe hat, ist noch nicht völlig geklärt.
Da die Glieder $f_n(x)$ der Fourierreihe periodische Funktionen mit der Periode 2π sind, ist die Summenfunktion $f(x)$ ebenfalls mit 2π periodisch. Sinnvoll ist deshalb das Aufstellen der Fourierreihe für periodische Funktionen mit der Periode 2π. Für eine Funktion mit der Periode $2l$ erhält man eine Funktion mit der Periode 2π, wenn man die Variable x durch die Variable $\pi x/l$ ersetzt. Braucht man die Fourierentwicklung einer Funktion $f(x)$, die in einem Intervall I der Länge 2π definiert, aber nicht

periodisch ist, so denkt man sich die Funktion links und rechts des Intervalls I durch die Forderung $f(x + 2k\pi) = f(x)$, mit $x \in I$ und k ganz, periodisch fortgesetzt. Dann liefert die durch $f(x)$ erzeugte Fourierreihe, falls sie konvergiert, zwar auch Werte für Argumente außerhalb des Intervalls I, von Interesse ist jedoch lediglich die Funktion für $x \in I$.

Dirichletsche Bedingung. Eine weitere hinreichende Bedingung dafür, daß die durch $f(x)$ erzeugte Fourierreihe konvergiert und die Summe $f(x)$ hat, stammt von DIRICHLET; sie läßt für die Funktion einen recht weiten Spielraum und genügt im allgemeinen für die Praxis. Auch bei Funktionen wie der im Bild dargestellten ist danach eine Fourierentwicklung möglich (Abb. 21.3-1). Dabei kann die Funktion $f(x)$ ohne Beschränkung der Allgemeinheit als eine periodische Funktion der Periode 2π vorausgesetzt werden.

Ist die periodische Funktion $f(x)$ mit der Periode 2π für $0 \leqslant x < 2\pi$ definiert und beschränkt und läßt sich das Intervall $]0, 2\pi[$ in endlich viele Teilintervalle zerlegen, in deren jedem die Funktion stetig und monoton ist, so konvergiert die durch $f(x)$ erzeugte Fourierreihe für jede Stetigkeitsstelle x_0 gegen $f(x_0)$, für jede Sprungstelle x^* gegen den Mittelwert $\frac{1}{2}\left[\lim_{x\uparrow x^*} f(x) + \lim_{x\downarrow x^*} f(x)\right]$ aus links- und rechtsseitigem Grenzwert.

Trifft man demzufolge für die Sprung- bzw. Flickstellen x^* der Funktion mit voneinander verschiedenem links- und rechtsseitigem Grenzwert die Festsetzung $f(x^*) = \frac{1}{2}\left[\lim_{x\uparrow x^*} f(x) + \lim_{x\downarrow x^*} f(x)\right]$, so konvergiert die durch $f(x)$ erzeugte Fourierreihe an allen Stellen des Definitionsintervalls gegen $f(x)$. Die Forderung, daß sich das Intervall $]0, 2\pi[$ in endlich viele Teilintervalle zerlegen läßt, in denen die Funktion stetig und monoton ist, bedeutet anschaulich, daß die Funktion nur endlich viele Unstetigkeiten und nur endlich viele Extrema hat.

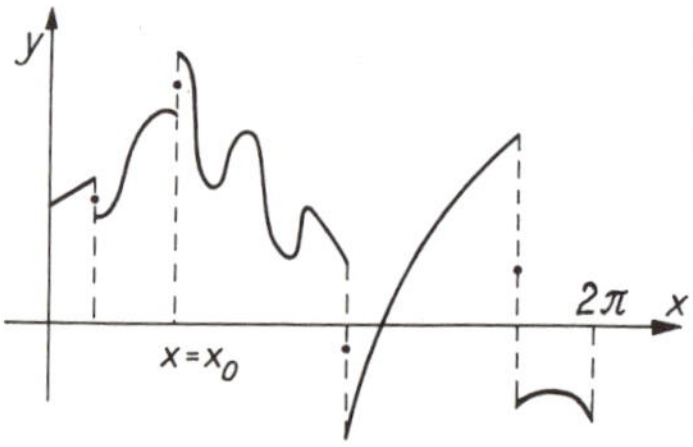

21.3-1 Kurve einer Funktion, die durch eine Fourierreihe dargestellt werden kann

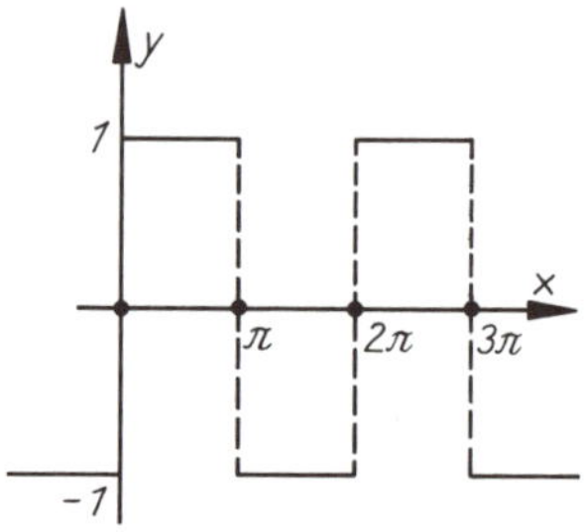

21.3-2 Rechteckkurve

Beispiel 1: Die Funktion $f(x)$ sei gegeben durch $f(x) = 1$ für $0 < x < \pi$, $f(x) = -1$ für $\pi < x < 2\pi$ sowie durch $f(x + 2k\pi) = f(x)$ für $k = \pm 1, \pm 2, \pm 3, \ldots$ (Abb. 21.3-2).

Für die Flickstellen setzt man $f(0) = f(k\pi) = 0$. Die Dirichletsche Bedingung ist offenbar erfüllt. Die Ausführung der Integration nach den Euler-Fourierschen Formeln liefert

$a_n = 0$ für alle n, $b_{2n} = 0$ für $n = 1, 2, \ldots,$ $\quad b_{2n+1} = 4/[\pi(2n + 1)]$ für $n = 0, 1, 2, \ldots$

Es ergibt sich die folgende Fouriersche Reihe $f(x) = (4/\pi)\,[\sin x + \frac{1}{3} \sin 3x + \frac{1}{5} \sin 5x + \cdots]$.

Die Abbildungen 21.3-3 geben weitere Beispiele von Fourierentwicklungen. Zu jeder ist die Fourierreihe angegeben.

21.3-3 Häufig verwendete Fourier-Entwicklungen:

1 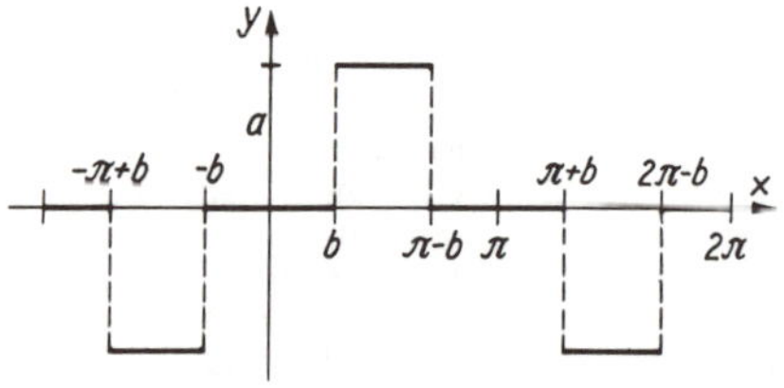

2 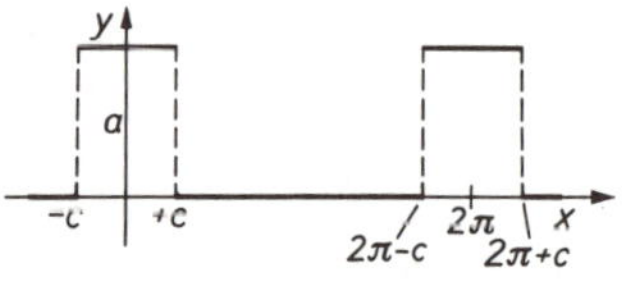

1 *Rechteckimpuls; 1. Art;* $f(x) = (4a/\pi)\,[\sin x \cos b + \frac{1}{3} \sin (3x) \cos (3b) + \frac{1}{5} \sin (5x) \cos (5b) + \cdots]$

2 *Rechteckimpuls; 2. Art;* $f(x) = (2a/\pi)\,[c/2 + \cos x \sin c + \frac{1}{2} \cos (2x) \sin (2c) + \frac{1}{3} \cos (3x) \sin (3c) + \cdots]$

3 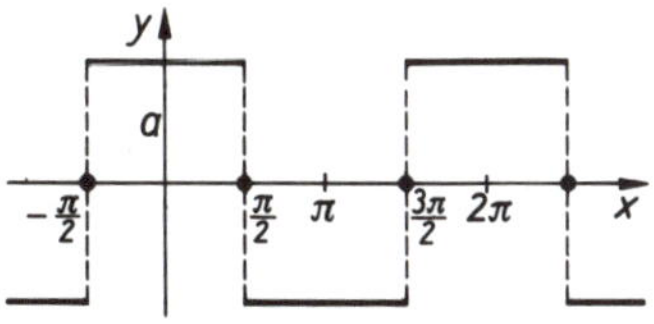

4 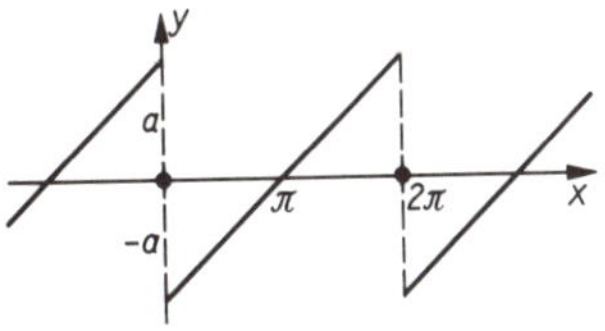

3 *Rechteckkurve*; $f(x) = (4a/\pi)\,[\cos x - {}^1/_3 \cos 3x + {}^1/_5 \cos 5x + \cdots]$; $f(\pi/2) = f(3\pi/2) = \cdots = 0$

4 *Sägezahnkurve*; $f(x) = -(2a/\pi)\,[\sin x + {}^1/_2 \sin 2x + {}^1/_3 \sin 3x + \cdots]$; $f(0) = f(2\pi) = \cdots = 0$

5 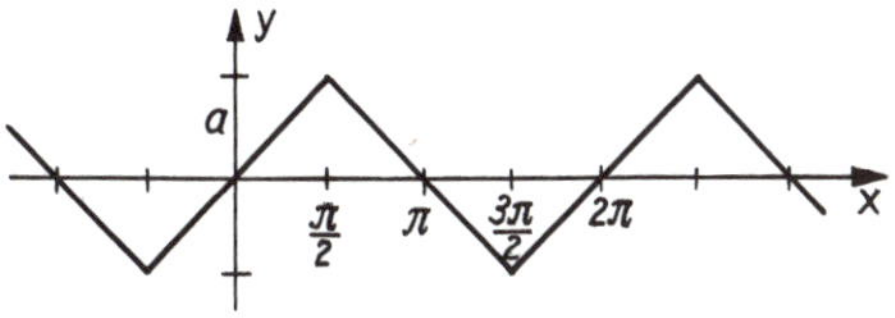

6 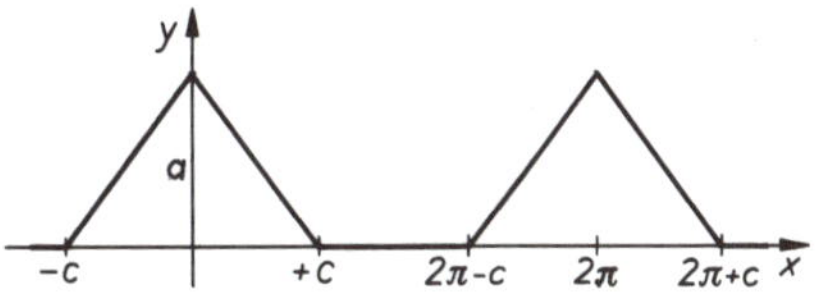

5 *Dreieckkurve*; $f(x) = (8a/\pi^2)\,[\sin x - ({}^1/_3)^2 \sin 3x + ({}^1/_5)^2 \sin 5x + \cdots]$

6 *Dreieckimpuls*; $f(x) = ac/(2\pi) + (2a/\pi^2)\,[\cos x(1 - \cos c) + ({}^1/_2)^2 \cos 2x\,(1 - \cos 2c)$
$+ ({}^1/_3)^2 \cos 3x(1 - \cos 3c) + \cdots]$

7 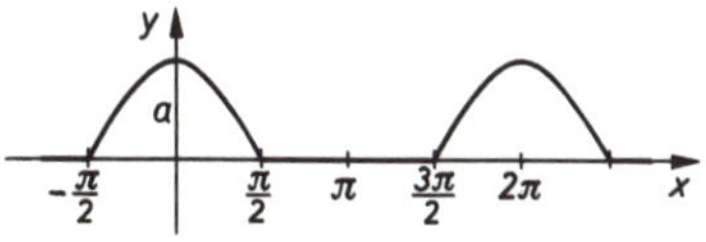

8 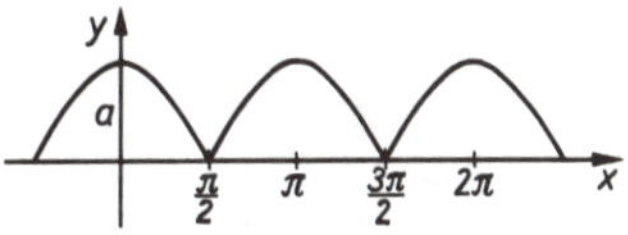

7 *Gleichgerichteter Wechselstrom, Einweggleichrichtung, Halbwellen einer Kosinuskurve*;
$f(x) = (a/\pi)\,[1^2 + (\pi/2) \cos x + 2 \cos 2x/(1 \cdot 3) - 2 \cos 4x/(3 \cdot 5) + 2 \cos 6x/(5 \cdot 7) - + \cdots]$

8 *Gleichgerichteter Wechselstrom, Zweiweggleichrichtung*; $f(x) = |\cos x|$;
$f(x) = (2a/\pi)\,[1 + 2 \cos 2x/(1 \cdot 3) - 2 \cdot \cos 4x/(3 \cdot 5) + 2 \cos 6x/(5 \cdot 7) - + \cdots]$

Harmonische Analyse und harmonische Synthese

Harmonische Analyse. Unter *harmonischer Analyse* versteht man die Bestimmung der Fourierkoeffizienten $a_0, a_1, a_2, \ldots, b_1, b_2, \ldots$ Sie wird in der Technik häufig zum Analysieren periodischer Vorgänge verwendet. Eine Schwingung wird durch die harmonische Analyse in eine Summe von reinen Sinusschwingungen, harmonische Schwingungen genannt, und einen konstanten Anteil zerlegt. Außer der *Grundschwingung* treten *Oberschwingungen* auf, deren Frequenz gleich dem Doppelten, Dreifachen usw. der Grundfrequenz ist. Die einzelnen Oberschwingungen sind im Regelfall gegenüber der Grundschwingung phasenverschoben. Allgemein kann man $a_n \cos nx + b_n \sin nx = c_n \cos (nx - x_n)$ setzen; wegen $a_n \cos nx + b_n \sin nx = c_n \cos nx \cos x_n + c_n \sin nx \sin x_n$ ergibt sich $a_n = c_n \cos x_n$, $b_n = c_n \sin x_n$ und daraus

$$c_n = \sqrt{a_n^2 + b_n^2}, \quad \tan x_n = b_n/a_n.$$

Die Aufstellung der Fourierkoeffizienten für die Rechteckkurve ist ein Beispiel für eine harmonische Analyse.
Bei der harmonischen Analyse kann man sich viel Rechenarbeit sparen, wenn man gewisse Symmetrieeigenschaften der zu analysierenden Funktion $f(x)$ beachtet:

Bei der Fourierentwicklung einer geraden Funktion $f(x) = f(-x)$ fehlen alle Sinusglieder, d. h., es sind alle $b_n = 0$. Bei einer ungeraden Funktion $f(x) = -f(-x)$ fehlen alle Kosinusglieder, d. h., es sind alle $a_n = 0$ (einschließlich a_0). Bei einer Funktion mit der Eigenschaft $f(x + \pi) = -f(x)$ ist das Absolutglied $a_0 = 0$, und es treten nur Koeffizienten mit ungeradem Index auf ($a_2 = a_4 = \cdots b_2 = b_4 = \cdots = 0$).

Will man eine periodische Funktion $f(x)$ möglichst gut durch eine e n d l i c h e Summe $\Phi_n(x)$ von Sinus- und Kosinusfunktionen approximieren, $\Phi_n(x) = \sum_{\nu=0}^{n} (a_\nu \sin \nu x + b_\nu \cos \nu x)$, so wählt man in Analogie zur Methode der kleinsten Quadrate als Maß für den Unterschied $f(x) - \Phi_n(x)$ das Integral $\frac{1}{2\pi}\int\limits_0^{2\pi}[f(x)-\Phi_n(x)]^2\,dx$ der Abweichungsquadrate. Dieses nimmt sein Minimum an, wenn die a_ν, b_ν die Fourierkoeffizienten der Funktion $f(x)$ sind. Das ist eine weitere wichtige Eigenschaft der Fourierkoeffizienten.

Harmonische Synthese. Die *harmonische Synthese* ist die Umkehrung der harmonischen Analyse. Die einzelnen reinen Schwingungen werden addiert, und es ergibt sich eine Resultierende. Für die ersten drei Glieder der Fourierentwicklung der Rechteckkurve (vgl. Abb. 21.3-2) ist in der Abbildung 21.3-4 die Summenkurve y im Vergleich zur Ausgangskurve y_R dargestellt.
In den Problemkreis der harmonischen Synthese fällt auch die Frage, gegen welche Grenzfunktionen gewisse einfache trigonometrische Reihen konvergieren. So erhält man z. B.

$$\sum_{k=1}^{\infty}\frac{\cos kx}{k}=-\ln\left(2\sin\frac{x}{2}\right)\quad\text{und}\quad\sum_{k=1}^{\infty}\frac{\sin kx}{k}=\frac{\pi-x}{2},\quad\text{beide für}\quad 0<x<2\pi,$$

aber auch kompliziertere Summenfunktionen wie in der für $0\leqslant x\leqslant\pi$ gültigen Entwicklung

$$\sum_{k=0}^{\infty}\frac{\cos(2k+1)x}{(2k+1)^3}=\frac{1}{2}\int\limits_0^x dz\int\limits_0^z\ln\left(\tan\frac{t}{2}\right)dt+\sum_{k=0}^{\infty}\frac{1}{(2k+1)^3}.$$

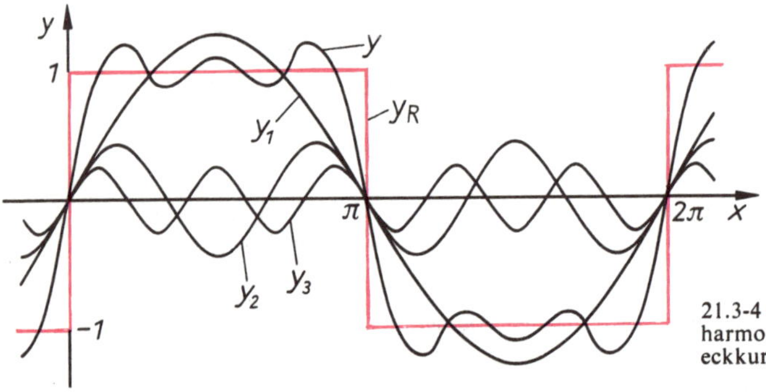

21.3-4 Graphische Darstellung der harmonischen Synthese einer Rechteckkurve

Angenäherte Berechnung der Fourierkoeffizienten. Zur Entwicklung in eine Fourierreihe liegen in der Praxis häufig nicht analytisch gegebene Funktionen vor. In der Regel sind es Kurven, die von einem schreibenden Meßgerät aufgezeichnet worden sind, z. B. das Tangentialkraftdiagramm einer Kolbenkraftmaschine, das Diagramm des Druckverlaufs in einer Pumpe, Aufzeichnungen von mechanischen oder elektrischen Schwingungen u. a. Auch in diesen Fällen ist die Fourierzerlegung möglich. Die Integrale in den Euler-Fourierschen Formeln werden dann näherungsweise berechnet. Zur näherungsweisen Berechnung der Integrale wird das Intervall in eine große Anzahl $2m$ gleicher Teile geteilt (Abb. 21.3-5). Zweckmäßig ist es, die Anzahl der Teile gleich einem Vielfachen von 4 zu wählen und die Werte 12, 24, 36, 72, ... zu benutzen, denn durch eine solche Einteilung lassen sich die Symmetrieeigenschaften der Funktionen Sinus und Kosinus günstig ausnutzen; es kann auf diese Weise Rechenarbeit eingespart werden. Von den Kurven werden nach Einzeichnung eines Koordinatensystems die Funktionswerte an den Teilpunkten $x_0, x_1, x_2, \ldots x_{2m-1}$ abgemessen. Man bezeichnet sie mit $y_0, y_1, y_2, \ldots, y_{2m-1}$. Dann ist

$$a_0=\frac{1}{2m}\sum_{i=0}^{2m-1}y_i,\quad a_m=\frac{1}{2m}\sum_{i=0}^{2m-1}y_i\cos(i\pi),$$

$$a_n=\frac{1}{m}\sum_{i=0}^{2m-1}y_i\cos(ni\pi/m),$$

$$b_n=\frac{1}{m}\sum_{i=0}^{2m-1}y_i\sin(ni\pi/m)\ \text{für}$$

$$n=1,2,\ldots,(m-1).$$

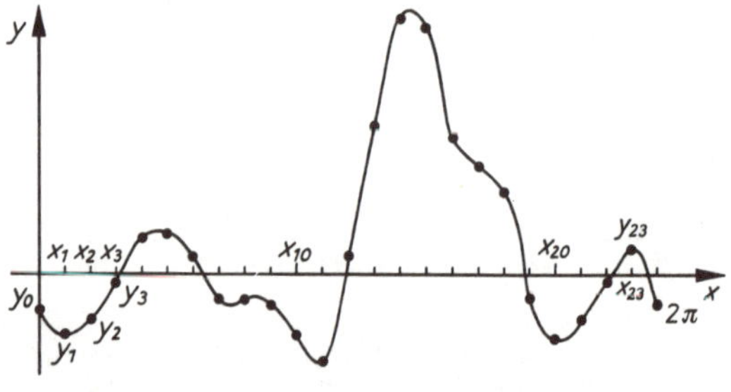

21.3-5 Fourierzerlegung empirisch gegebener Kurven

Wählt man $2m=24$, so ergeben sich die 24 Koeffizienten $a_0, a_1, a_2, \ldots, a_{12}, b_1, b_2, \ldots, b_{11}$. Die resultierende Funktion $a_0+\sum\limits_{n=1}^{11}(a_n\cos nx+b_n\sin nx)+a_{12}\cos 12x=f(x)$ hat für die Teilpunkte x_i ($i=0, 1, \ldots, 23$) die Werte $f(x_i)=y_i$ ($i=0, 1, \ldots, 23$).

Der Rechenaufwand für die harmonische Analyse ist beträchtlich. Zur Reduzierung dieses Aufwandes hat man effektive Verfahren entwickelt, z. B. die sogenannte *schnelle Fouriertransformation*.

Harmonische Analysatoren. Für die Fourieranalyse von Kurven hat man auch mechanische Geräte und Vorrichtungen entwickelt. Man arbeitet mit ihnen wie mit einem Planimeter. Die gegebene Kurve wird mit einem Fahrstift umfahren, und an einem Rechenwerk kann man den Wert eines Fourierkoeffizienten oder einen diesem proportionalen Wert ablesen. Geräte dieser Art werden als *harmonische Analysatoren* bezeichnet.
Für die speziellen Zwecke der Gezeitenvorausberechnung wurden in den einzelnen Ländern *Gezeitenrechenmaschinen* entwickelt, mit denen die harmonische Synthese durchgeführt werden kann.

22. Gewöhnliche Differentialgleichungen

Viele Fragestellungen der höheren Analysis setzen Kenntnisse über gewöhnliche Differentialgleichungen voraus, z. B. Probleme der Potentialtheorie, der Variationsrechnung, der theoretischen Physik und der partiellen Differentialgleichungen (vgl. Kap. 36.). Darüber hinaus wird durch die gewöhnlichen Differentialgleichungen ein weites Feld der Anwendungen erschlossen, z. B. die Berechnung von Pendelschwingungen und Satellitenbahnen, von Tragflügelkonstruktionen und von Talsperren, von Erdbebenwellen, von der Wärmeausbreitung, von Reaktionsgeschwindigkeiten bei chemischen Umsetzungen und beim radioaktiven Zerfall sowie Berechnungen in der Elektrotechnik und beim Schiffbau. Hier werden nur Differentialgleichungen für reelle Veränderliche und reellwertige Funktionen untersucht, und unter Verzicht auf volle mathematische Schärfe werden Lösungsverfahren dargestellt, die in der Praxis häufig auftreten. Darüber hinaus wird ein erster Einblick in typische Fragestellungen dieses Gebiets, in seine umfangreiche und oft schwierige Theorie, vermittelt.

22.1. Erste Orientierung

Grundlegende Begriffe

Differentialgleichung. Besteht zwischen einer Funktion einer oder mehrerer Veränderlicher und einigen ihrer Ableitungen eine Beziehung in der Gestalt einer Gleichung, in der auch die unabhängigen Veränderlichen noch vorkommen können, so spricht man von einer *Differentialgleichung*. Jede Lösungsfunktion der Differentialgleichung wird *Lösung* oder *Integral* genannt, z. B. hat die Differentialgleichung $\left(\frac{dy}{dx}\right)^2 + y^2 = 1$ das Integral $y = \sin x$, denn durch Einsetzen ergibt sich die für alle x richtige Identität $\cos^2 x + \sin^2 x = 1$. Umgekehrt kann man für die Funktion $z = f(x, y)$ der beiden unabhängigen Veränderlichen x und y eine Differentialgleichung aufstellen, die z. B. $z = xy$ zur Lösung hat. Da dann $\frac{\partial z}{\partial x} = y$, $\frac{\partial z}{\partial y} = x$, genügt $z = xy$ der Differentialgleichung $\frac{\partial z}{\partial x} y + \frac{\partial z}{\partial y} x = x^2 + y^2$.
Wenn die in der Differentialgleichung auftretenden Funktionen nur von einer unabhängigen Veränderlichen abhängen, also auch nur Ableitungen nach einer Veränderlichen auftreten, so spricht man von einer *gewöhnlichen Differentialgleichung*. Hierhin gehören z. B.

$$\frac{dy}{dx} = \cos x, \qquad \frac{d^2y}{dx^2} + y^2 = 3xy, \qquad y'^3 - y'xy = 0.$$

Wenn dagegen die gesuchten Funktionen von mehreren unabhängigen Veränderlichen abhängen und demgemäß partielle Ableitungen auftreten, spricht man von *partiellen Differentialgleichungen*. Beispiele sind

$$\frac{\partial^2 z}{\partial x\,\partial y} + z\frac{\partial z}{\partial x} = 0 \quad \text{und} \quad \frac{\partial^2 z}{\partial x^2} + \frac{\partial^2 z}{\partial y^2} = 4xy\,\frac{\partial z}{\partial x};$$

gesucht sind Funktionen $z = f(x, y)$ von x und y. – Im folgenden werden nur gewöhnliche Differentialgleichungen behandelt.

Ordnung und Grad einer Differentialgleichung. Die *Ordnung* einer Differentialgleichung wird durch die höchste Ordnung der Differentialquotienten in ihr bestimmt. Eine Differentialgleichung n-ter Ordnung kann in der Form $F(x, y, y', y'', \dots y^{(n)}) = 0$ dargestellt werden, wenn F eine Funktion der angeführten Argumente bedeutet. Speziell ist $y' = f(x, y)$ die allgemeine *explizite* und $F(x, y, y') = 0$ die allgemeine *implizite Differentialgleichung* der 1. Ordnung. Ist F eine ganzrationale Funktion der Argumente $y, y', \dots, y^{(n)}$, so ist ihr *Grad* zugleich der der Differentialgleichung; die Abhängigkeit von x spielt keine Rolle. Dagegen kann man bei der Differentialgleichung $y' = x + \sin y'$ nicht von einem Grade sprechen.

Besonders wichtig für die Anwendungen sind die *Differentialgleichungen vom Grade 1, die linearen Differentialgleichungen*; in ihnen treten die unbekannte Funktion und ihre Ableitungen *nur in der 1. Potenz* und auch nicht miteinander multipliziert auf. Demnach hat die allgemeine lineare Differentialgleichung n-ter Ordnung die Form $f + f_0 y + f_1 y' + f_2 y'' + \cdots + f_n y^{(n)} = 0$, wo $f, f_0, f_1, \dots, f_n$ gegebene Funktionen von x bedeuten.

Differentialgleichung	Ordnung	Grad
$y' = x + \sin y'$	1	–
$y'^2 = x \sin x$	1	2
$y'' = 3x^2 y$	2	1
$y'' + 3y' + y \cos x = \sin x$	2	1
$y'''y'' = y$	3	2

Integral einer Differentialgleichung. Wird die Gleichung $F(x, y, y', \dots, y^{(n)}) = 0$ nach Einsetzen der Funktion $y = \varphi(x)$ und ihrer Ableitungen $y', y'', \dots, y^{(n)}$ zu einer für alle x aus einem Intervall gültigen identischen Gleichung in x, so heißt $y = \varphi(x)$ *Lösung* oder *Integral*, seine Ermittlung *Integration* und das Bild von $y = \varphi(x)$ in der x, y-Ebene *Integralkurve*. Die Lösungen sind oft keine elementaren Funktionen oder wenigstens geschlossene Ausdrücke in diesen Funktionen. Im Gegenteil, gewisse für Anwendungen wichtige, nicht elementare Funktionen sind geradezu als Lösungen spezieller Typen von Differentialgleichungen definiert; z. B. stieß 1785 LEGENDRE bei der Untersuchung der Anziehungskraft eines Ellipsoids auf einen außerhalb gelegenen Punkt auf eine heute nach ihm benannte Differentialgleichung, deren Lösung die *Legendreschen Polynome* darstellen. Oft genügt es, unter Verzicht auf die vollständige Lösung, die analytischen Eigenschaften des Integrals in der Umgebung einer Stelle x_0 festzustellen und den Verlauf der Integralkurven, die Eindeutigkeit der Lösung oder andere Fragen zu untersuchen. Zum Inhalt der *Existenzsätze* gehört schließlich die Angabe von Eigenschaften einer Differentialgleichung, aus denen mit Sicherheit gefolgert werden darf, daß überhaupt Lösungen existieren.

Vorläufiger Überblick über die Beschaffenheit der Integrale von Differentialgleichungen. Man unterscheidet das *allgemeine Integral*, *partikuläre* und *singuläre Integrale*. Die Lösungsverhältnisse kann man grob und etwas ungenau so zusammenfassen:

Das allgemeine Integral einer Differentialgleichung n-ter Ordnung enthält genau n willkürliche Konstanten $C_1, C_2, \dots, C_n$; d. h., es ist nur bis auf diese Konstanten bestimmt.

Entsprechend erhält man in der Integralrechnung als Lösung der Differentialgleichung $y' = f(x)$ das Integral $y = \int f(x)\,\mathrm{d}x + C$. Legt man den $C_1, \dots, C_n$ irgendwelche festen, bestimmten Zahlenwerte bei, dann erhält man ein *partikuläres Integral.* Mithin ist die Gesamtheit der partikulären Ingrale sozusagen im allgemeinen Integral enthalten.

Beispiel 1: Die Differentialgleichung $y'^2 + y^2 = 1$ hat $y = \sin(x + C)$ als allgemeines Integral. Für $C = \pi/2$ erhält man das partikuläre Integral $y = \sin(x + \pi/2) = \cos x$. Durch Einsetzen in die Differentialgleichung zeigt man leicht, daß es sich tatsächlich um Lösungen handelt.

Neben allgemeinem Integral und partikulären Integralen k a n n eine Differentialgleichung noch *singuläre Integrale* haben, die meist gewissen Unstetigkeiten der gegebenen Gleichung entsprechen. Singuläre Integrale können nicht durch Wahl der Konstanten aus dem allgemeinen Integral erhalten werden; z. B. hat die bereits erwähnte Differentialgleichung $y'^2 + y^2 = 1$ die singulären Integrale $y = \pm 1$, wie man durch Differenzieren und Einsetzen einsieht.

Beispiel 2: Die Differentialgleichung 2. Ordnung $y'' + y = 0$ hat das allgemeine Integral $y = C_1 \sin x + C_2 \cos x$; durch passende Wahl der Konstanten C_1 und C_2 erhält man die partikulären Integrale $y = 0$, $y = \cos x$, $y = 2 \cos x$, $y = \sin x$, $y = \pi \sin x$. Singuläre Integrale sind nicht vorhanden.

Differentialgleichungen und Geometrie

Das Richtungsfeld der Differentialgleichung 1. Ordnung. In der impliziten Form $F(x, y, y') \doteq 0$ und erst recht in der expliziten Form $y' = f(x, y)$ ordnet die Differentialgleichung den Punkten der x, y-Ebene, für die $f(x, y)$ definiert ist, einen Wert $p = y' = f(x, y)$ der Ableitung der gesuchten Funktion $y(x)$ zu, welche die Richtung der Tangente an das Schaubild der Funktion $y(x)$ angibt.

Auf diese Weise entsteht das *Richtungsfeld* der *Differentialgleichung* 1. Ordnung. Das Zahlentripel x, y, p heißt sein *Linienelement*, der Punkt (x, y) ist Träger des Linienelements.
Mit Hilfe des Richtungsfeldes kann eine wenigstens angenäherte Vorstellung vom Verlauf der Integralkurven einer Differentialgleichung 1. Ordnung gewonnen werden, indem man durch kurze Striche im Punkte (x, y) die jeweilige Tangentenrichtung markiert (Abb. 22.1-1 bis 22.1-4).

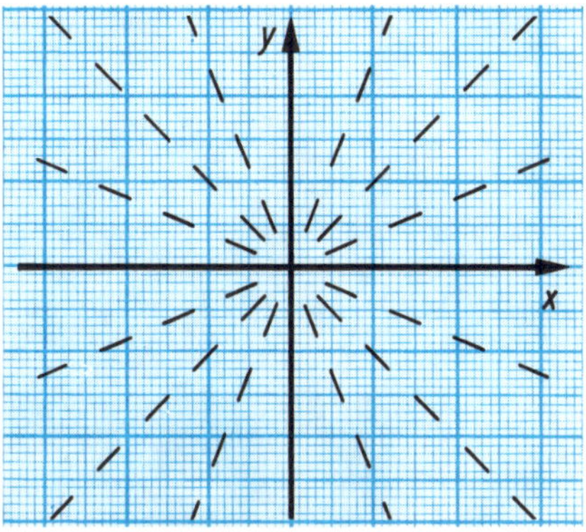

22.1-1 Richtungsfeld der Differentialgleichung $y' = y/x$

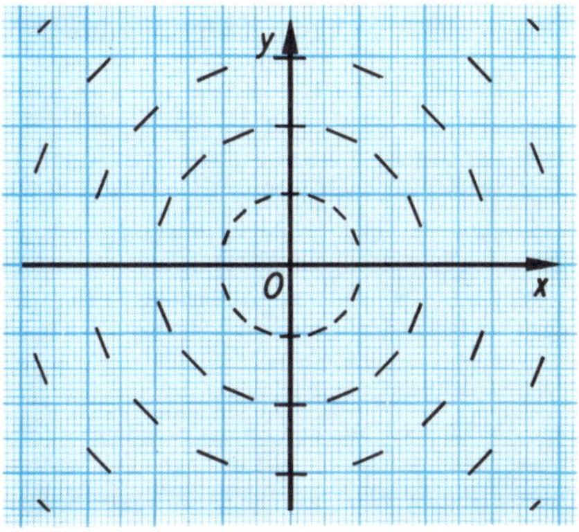

22.1-2 Richtungsfeld der Differentialgleichung $y' = -x/y$

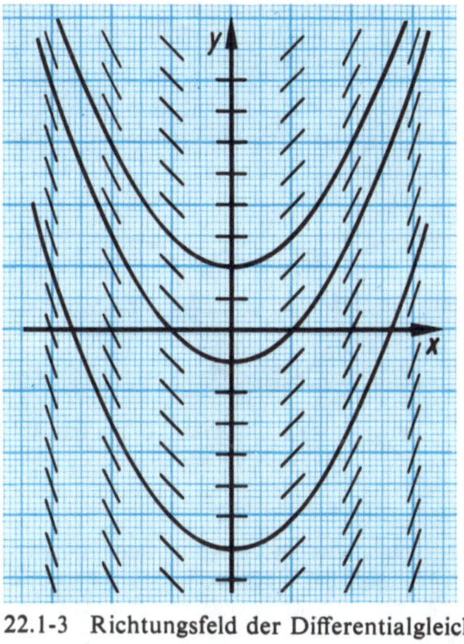

22.1-3 Richtungsfeld der Differentialgleichung $y' = x$

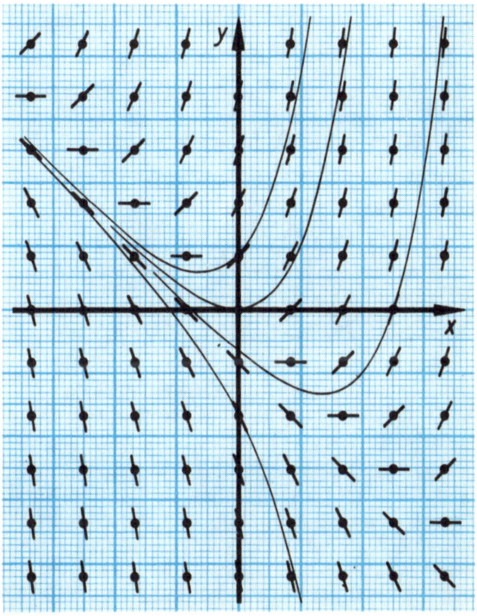

22.1-4 Richtungsfeld der Differentialgleichung $y' = x + y$

Geometrisch gesprochen, besteht die Aufgabe der Integration der Differentialgleichung 1. Ordnung darin, alle Kurven aufzufinden, die ***auf das Richtungsfeld passen***, d. h., die in jedem Punkte eine Tangente haben und nur solche Linienelemente enthalten, die mit den durch $y' = f(x, y)$ gelieferten Werten übereinstimmen.

Differentialgleichung und Kurvenschar. Das oben ausgesprochene Ergebnis, daß die Lösung einer Differentialgleichung 1. Ordnung eine unbestimmte Konstante enthält, läßt sich geometrisch dahin deuten, daß ihre Lösung aus einer ***einparametrigen Kurvenschar*** besteht. Aber auch die Umkehrung ist richtig: Eine einparametrige Kurvenschar $y = \varphi(x, C)$ wird analytisch durch eine Differentialgleichung 1. Ordnung repräsentiert. Diese erhält man durch Eliminieren von C aus dem Gleichungssystem $y = \varphi(x, C)$; $\dfrac{dy}{dx} = \varphi'(x, C)$.

Beispiel 1: Die Schar sämtlicher Geraden durch den Ursprung hat die Gleichung $y = Cx$. Dann ist $y' = C$. Daraus ergibt sich die Differentialgleichung $y = y'x$ bzw. $y' = y/x$ (vgl. Abb. 22.1-1).

Eine n-parametrige Kurvenschar läßt sich analytisch durch eine Differentialgleichung n-ter Ordnung erfassen. Umgekehrt entspricht die allgemeine Lösung einer Differentialgleichung n-ter Ordnung einer n-parametrigen Kurvenschar.

Der zweite Teil dieses Satzes folgt ersichtlich unmittelbar aus der Beschaffenheit des allgemeinen Integrals einer Differentialgleichung n-ter Ordnung. Aus der Gleichung einer Kurvenschar, die n Parameter enthält, läßt sich andererseits die entsprechende Differentialgleichung finden: Man differenziert die Gleichung der Kurvenschar hinreichend oft, bis es gelingt, aus der Ausgangsgleichung und den durch Differentiation entstandenen Gleichungen die Parameter zu eliminieren und die von Parametern freie Differentialgleichung aufzustellen.

Beispiel 2: $y = C_1x + C_2$ ist die zweiparametrige Gleichung der aus sämtlichen der y-Achse nicht parallelen Geraden in der Ebene bestehenden Kurvenschar. Durch zweimaliges Differenzieren erhält man $y'' = 0$; eine Elimination ist nicht notwendig. Die Differentialgleichung besagt in der Tat, daß es sich um sämtliche Kurven handelt, deren Krümmung überall Null ist; dies sind genau die geraden Linien.

Beispiel 3: Die Schar aller Kreise mit festem Radius a hat die Gleichung $(x - C_1)^2 + (y - C_2)^2 = a^2$. Durch Differenzieren erhält man $x = C_1 + (y - C_2)\,y' = 0$, durch nochmaliges Differenzieren $1 + y'^2 + (y - C_2)\,y'' = 0$. Daraus ergibt sich durch Eliminieren $C_2 = (1/y'')(1 + y'^2 + yy'')$ und $C_1 = x - (1 + y'^2)\,y'/y''$, durch Einsetzen daraus die Differentialgleichung $y''^2a^2 = (1 + y'^2)^3$.

Alle Kurven der Kurvenschar sind unter den Lösungen der zugehörigen Differentialgleichung enthalten.
Es kann aber sehr wohl der Fall sein, daß unter den Lösungen der Differentialgleichung noch weitere Kurven enthalten sind, die nicht zu der ursprünglichen Kurvenschar gehörten; z. B. führt die Kurvenschar $y = C_1x + C_2$, $C_1 > 0$ aller steigenden Geraden auf die Gleichung $y'' = 0$; unter ihren Lösungen treten aber neben den steigenden auch sämtliche fallenden Geraden auf.

Singuläre Lösungen, Einhüllende von Kurvenscharen. Die *Kurvenschar aller Kreise* mit dem Radius 1, deren Mittelpunkte auf der x-Achse variieren, $y^2 + (x - C)^2 = 1$, genügt der Differentialgleichung $y^2y'^2 + y^2 - 1 = 0$, da $yy' + x - C = 0$, $C = x + yy'$ (Abb. 22.1-5).

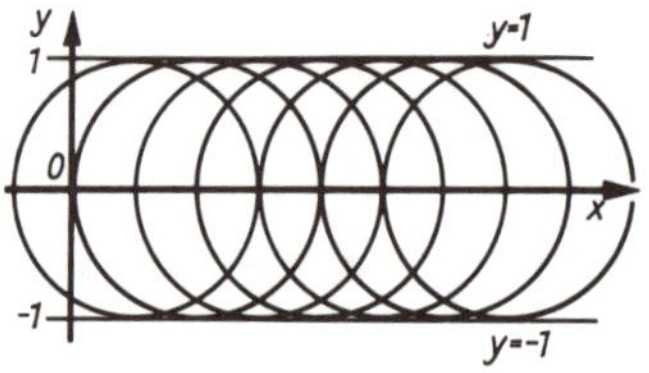

22.1-5 Kurvenschar aller Kreise mit dem Radius 1, deren Mittelpunkte auf der x-Achse liegen

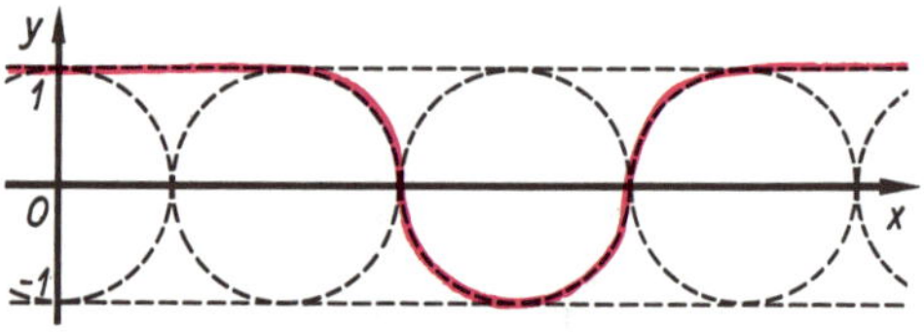

22.1-6 Zusammengesetzte Lösungskurve, die auf das Richtungsfeld der Differentialgleichung $y^2y'^2 + y^2 - 1 = 0$ paßt

Ihr genügen aber auch die Funktionen $y = 1$ und $y = -1$, die nicht im allgemeinen Integral $(x - C)^2 + y^2 = 1$ enthalten sind, mithin singuläre Lösungen darstellen. Geometrisch sind sie die *Tangenten an die Kreisschar* und passen, obwohl sie nicht in der Kreisschar enthalten sind, auf das von der Differentialgleichung gelieferte Richtungsfeld. Aus dessen Linienelementen lassen sich ferner weitere Kurven zusammensetzen, die ebenfalls Lösungen darstellen. Eine dieser unendlich vielen Kurven ist in die Abbildung 22.1-6 rot eingetragen.

Schar der Tangenten an die Parabel $y = x^2$ (Abb. 22.1-7). Die Gleichung der Tangente an die Parabel $y = x^2$ im Punkt (x_0, y_0) lautet $y + y_0 = 2xx_0$. Da $y_0 = x_0^2$ und x_0 als Parameter C aufzufassen ist, erhält man die Gleichung der Kurvenschar $y = 2Cx - C^2$. Aus $y' = 2C$, $C = y'/2$ ergibt sich als Differentialgleichung der Kurvenschar $y = xy' - y'^2/4$. Die *Einhüllende* dieser Kurvenschar, die jede Kurve der Schar berührt, ist offenbar die Parabel $y = x^2$ selbst. Sie ist nicht in der allgemeinen Lösung $y = 2Cx - C^2$ der Differentialgleichung $y = xy' - y'^2/4$ enthalten, befriedigt diese aber und ist die *singuläre Lösung* der Differentialgleichung.

Die Einhüllende einer Kurvenschar bildet stets ebenfalls eine Lösung der die Kurvenschar wiedergebenden Differentialgleichung.

Aus diesem Sachverhalt folgt auch die hier ohne Beweis mitgeteilte *Methode*, die *Einhüllende* einer einparametrigen Kurvenschar zu gewinnen, falls eine solche existiert. Kennt man die allgemeine

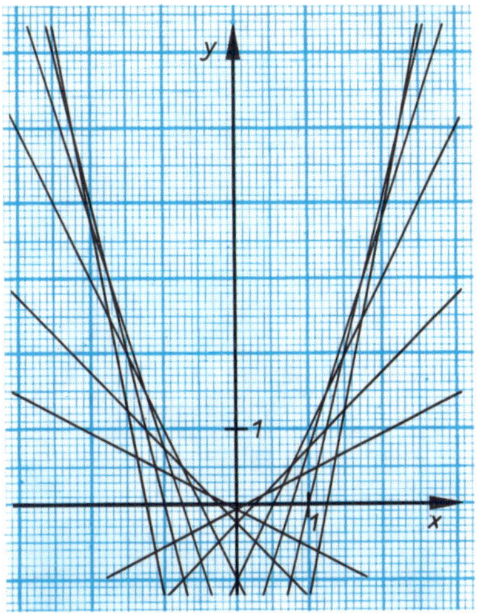

22.1-7 Tangentenschar an die durch $y = x^2$ definierte Parabel

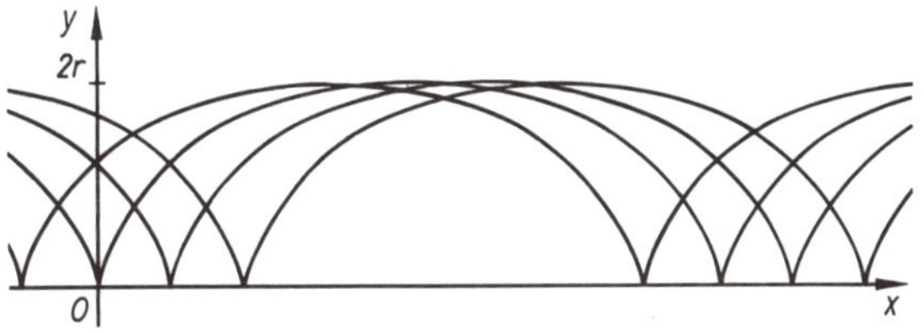

22.1-8 Zykloidenschar. Die Gerade $y = 0$ ist nicht die Einhüllende

Lösung $\Phi(x, y, C) = 0$ der der Kurvenschar entsprechenden Differentialgleichung, so eliminiere man aus $\Phi(x, y, C) = 0$ und der partiellen Ableitung $\frac{\partial \Phi(x, y, C)}{\partial C} = 0$ den Parameter C.
Dieses Verfahren liefert gelegentlich neben der oder den Einhüllenden auch noch andere Kurven, die für die Kurvenschar von geometrischer Bedeutung sind, z. B. den Ort der Spitzen für die Schar der Zykloiden (Abb. 22.1-8) oder den Ort der Knotenpunkte für den Fall, daß die einzelne Kurve der Schar sich selbst durchkreuzt.

Isoklinen, orthogonale Trajektorien. Die Verbindungslinie von Punkten der gleichen Feldrichtung nennt man eine *Isokline* des Richtungsfeldes einer Differentialgleichung 1. Ordnung. Man erhält die Gleichung einer Isokline, indem man $y' = \text{const} = a$ in $y' = f(x, y)$ einsetzt. Aus den Isoklinen läßt sich mitunter eine Übersicht über das Richtungsfeld und damit über die Lösungskurven einer Differentialgleichung gewinnen; z. B. genügen die Isoklinen auf $y' = a$ der Differentialgleichung

$$(x + y)\, y' + x - y = 0 \quad \text{für} \quad a = 0$$

der Gleichung $y = x$, für $a = 1$ der Gleichung $x = 0$, für $a = \infty$ bzw. $a = -1$ den Gleichungen $y = -x$ bzw. $y = 0$: die Lösungskurven bilden einen sog. *Strudelpunkt* (Abb. 22.1-9).
In der Geometrie und vor allem auch in der Physik taucht oft das Problem auf, zu einer Kurvenschar die Schar der *orthogonalen Trajektorien* zu finden, das sind Kurven, die jede Kurve der ersten Schar senkrecht schneiden. Die Kraftlinien eines magnetischen oder elektrischen Dipols bilden die Schar der Feldlinien, die von den Linien gleichen Potentials senkrecht geschnitten werden (Abb. 22.1-10).
Analytisch gewinnt man die Differentialgleichung der orthogonalen Trajektorien aus der zur Kurvenschar $\Phi(x, y, C)$ gehörigen Differentialgleichung $y' = f(x, y)$, indem man y'

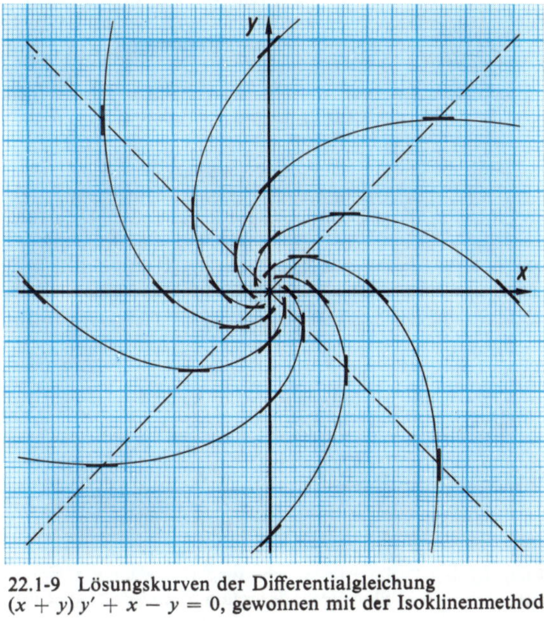

22.1-9 Lösungskurven der Differentialgleichung $(x + y)\, y' + x - y = 0$, gewonnen mit der Isoklinenmethode

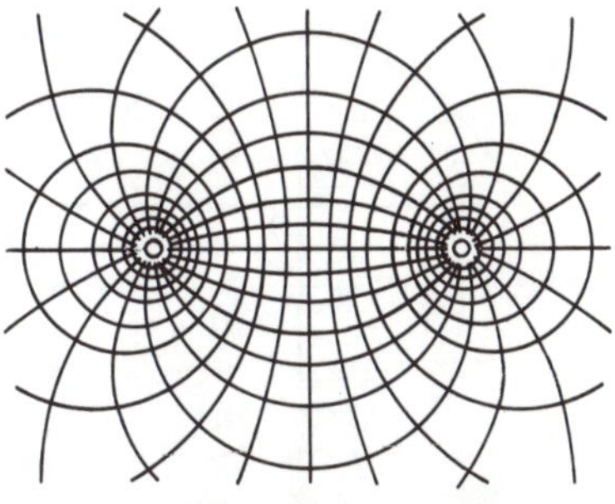

22.1-10 Die Kraftlinien eines Dipols durchdringen die Äquipotentiallinien senkrecht. Die eine Kurvenschar besteht jeweils aus den orthogonalen Trajektorien der anderen

durch $-1/y'$ ersetzt. Diese Methode beruht darauf, daß die Richtungsfaktoren orthogonaler Kurven zueinander negativ reziprok sein müssen.

Beispiel 4: Die *orthogonalen Trajektorien der Parabelschar* $y^2 = -2(x + C)$, deren Differentialgleichung $yy' = -1$ lautet, genügen demnach der Gleichung $y' = y$ mit der allgemeinen Lösung $y = C\,\mathrm{e}^x$. Die Schar der Exponentialkurven bildet somit die Schar der orthogonalen Trajektorien zur Parabelschar und umgekehrt.

22.2. Elementar integrierbare Typen

Eine Differentialgleichung heißt *elementar integrierbar*, wenn sich ihre allgemeine Lösung durch Kombination einer endlichen Anzahl von elementaren Funktionen und durch gewöhnliche Integrationen (Quadraturen) gewinnen läßt. Dies ist nur bei einigen Typen von Differentialgleichungen möglich, die indessen in den Anwendungen häufig auftreten. Bei den im folgenden behandelten Lösungsverfahren wird die Frage nach der Existenz der Lösungen durch Angabe der Integrale positiv entschieden.

Spezielle Typen elementar integrierbarer Differentialgleichungen 1. Ordnung

Die allgemeine *implizite* Differentialgleichung 1. Ordnung $F(x, y, y') = 0$ läßt sich nach dem Satz über die Auflösbarkeit impliziter Funktionen eindeutig in der Umgebung einer Stelle x_0, y_0, y_0' nach y' auflösen, wenn dort $\dfrac{\partial F}{\partial y'} \neq 0$ ist; man erhält die *explizite Form* $y' = f(x, y)$.

Differentialgleichung vom Typ $y' = g(x)$. In diesem Typ einer Differentialgleichung hängt die rechte Seite nur von x ab. Ist $g(x)$ im offenen Intervall $]a, b[$ integrierbar, z. B. stetig, so erfüllen für ein beliebiges, aber festes ξ aus dem Innern des Intervalls $]a, b[$ die Funktionen

$$y = \int_{\xi}^{x} g(t)\,\mathrm{d}t + C, \quad a < x < b$$

mit beliebigen Werten der Konstanten C die Differentialgleichung $y' = g(x)$. Die Integralrechnung lehrt, daß dies sämtliche Funktionen sind, die ihr genügen; y stellt somit das allgemeine Integral dar.

Differentialgleichung vom Typ $y' = h(y)$. Ist die nur von y abhängige Funktion $h(y)$ für $c < y < d$ stetig und in diesem offenen Intervall *nirgends gleich Null*, so kann diese Differentialgleichung auf den eben behandelten Typ zurückgeführt werden. Ist nämlich $y = y(x)$ eine Lösung der Differentialgleichung $y' = h(y)$, dann genügt die *inverse Funktion* $x = \psi(y)$ der Differentialgleichung $\psi' = \dfrac{\mathrm{d}x}{\mathrm{d}y} = \dfrac{1}{h(y)}$. Also liefert $x = \displaystyle\int \frac{1}{h(y)}\,\mathrm{d}y$ in einem dem Intervall $]c, d[$ entsprechenden Intervall der Umkehrfunktion die zur Lösung $y = y(x)$ inverse Funktion $x = \psi(y)$.

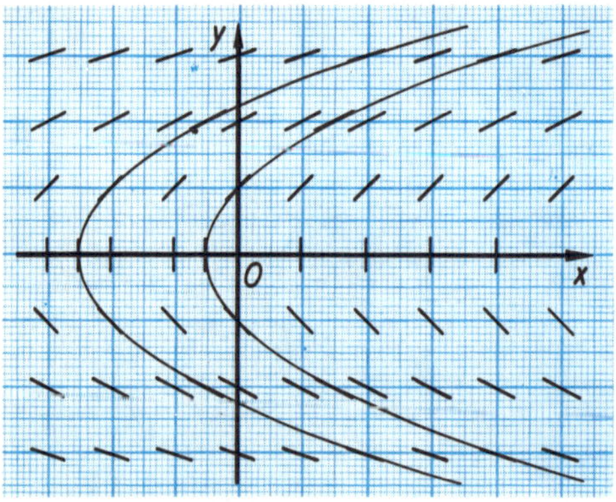

22.2-1 Richtungsfeld der Differentialgleichung $y' = 1/y$

Beispiel 1: Die Differentialgleichung $y' = 1/y$ ist im Intervall $0 < c < y < d$ lösbar, weil alle Voraussetzungen über $h(y) = 1/y$ erfüllt sind. Ihre *Isoklinen* sind Parallele zur x-Achse. Die durch den Punkt (ξ, η) mit $\eta > 0$ im Streifen $\{-\infty < x < +\infty; c < y < d\}$ führende Lösungskurve $\dfrac{\mathrm{d}x}{\mathrm{d}y} = y$ erhält man aus $x = \xi + \displaystyle\int_{\eta}^{y} y\,\mathrm{d}y = \xi + (y^2 - \eta^2)/2$ für $y > 0$ durch Auflösen nach y.
Es ergibt sich
$y = \sqrt{\eta^2 + 2(x - \xi)}$ für $x > \xi - \eta^2/2$.
Wie schon nach dem Richtungsfeld zu erwarten war, stellen die Integralkurven *Parabeln* dar (Abb. 22.2-1).

Differentialgleichung mit getrennten Variablen. In den Differentialgleichungen $y' = \mathrm{e}^x \sin y$, $y' = y/x^2$, $y' = (y + 1)/(x - 1)$ hängt zwar die rechte Seite von beiden Veränderlichen x und y ab, aber doch in der besonderen Weise, daß eine nur von x abhängige Funktion $g(x)$ mit einer nur von y abhängigen Funktion $h(y)$ multipliziert wird. Gegenbeispiele lägen etwa bei $y' = \sin(xy)$ oder $y' = x + y$ vor. Wenn sich die rechte Seite der Differentialgleichung $y' = f(x, y)$ in ein Produkt $g(x) \cdot h(y)$ zerlegen läßt, so sagt man, die *Variablen* lassen sich *trennen*. In diesem Fall läßt sich die Differentialgleichung $y' = g(x)\, h(y)$ leicht lösen, wenn $g(x)$ und $h(y)$ stetige Funktionen sind und $h(y)$ in einem ganzen Intervall $]c, d[$ von Null verschieden ist. Aus $\dfrac{\mathrm{d}y}{\mathrm{d}x} = g(x)\, h(y)$ erhält man $\dfrac{\mathrm{d}y}{h(y)} = g(x)\,\mathrm{d}x$ und nach beidseitiger Integration

$$\int \frac{\mathrm{d}y}{h(y)} = \int g(x)\,\mathrm{d}x + C;$$

löst man nach y auf, so ergibt sich die allgemeine Lösung in $c < y < d$.

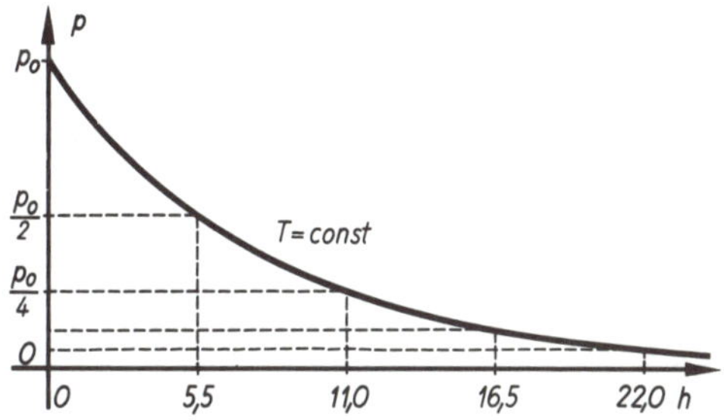

22.2-2 Abfall des Druckes p in der Atmosphäre bei konstanter Temperatur als Funktion des Abstands h in km vom Erdboden

Beispiel 2: $y' = -y/x$ für $x > 0$, $y > 0$.
Hier ist $g(x) = -1/x$, $h(y) = y$. Man erhält

$$\int \frac{\mathrm{d}y}{y} = -\int \frac{\mathrm{d}x}{x} + C,$$

$$\ln y + \ln x = C,$$

$$\ln xy \quad = C,$$

$$xy = \mathrm{e}^C \quad = c.$$

Die Lösungskurven sind Hyperbeln.

Beispiel 3: Der Luftdruck p ändert sich mit der Höhe h über dem Erdboden (Abb. 22.2-2). Beim Anstieg um $\mathrm{d}h$ nimmt p um $\mathrm{d}p = -\varrho g\,\mathrm{d}h$ zu, wenn ϱ die Dichte der Atmosphäre und g die Erdbeschleunigung bedeuten. Nach dem Boyle-Mariotteschen Gesetz ist das Verhältnis $\varrho/p = \varrho_0/p_0 = a$ konstant, mithin ist

$$\mathrm{d}p = -pag\,\mathrm{d}h, \quad \int \frac{\mathrm{d}p}{p} = -\int ag\,\mathrm{d}h + C, \quad \ln p = -agh + C.$$

Für $h = 0$ ist der Luftdruck p_0 der Druck am Erdboden; d. h., $C = \ln p_0$; man erhält $\ln(p/p_0) = -agh$ oder $p = p_0\,\mathrm{e}^{-agh} = p_0 \exp[-\varrho_0 gh/p_0]$. Der Druck fällt mit zunehmender Höhe exponentiell ab; etwa alle 5,54 km nimmt er – gleiche Temperatur der Atmosphäre vorausgesetzt – jeweils um die Hälfte ab.

barometrische Höhenformel	$p = p_0\,\mathrm{e}^{-\varrho_0 gh/p_0}$

Homogene Differentialgleichung. Eine Differentialgleichung $y' = f(x, y)$ heißt *homogen*, wenn $f(x, y)$ eine Funktion $\varphi(y/x)$ des Quotienten y/x ist; z. B. $y' = \sin(y/x)$, $y' = (y/x - 1)\,x/y$ und $y' = -x^2/y^2$. Zur Lösung führt man in $y' = \varphi(y/x)$ durch die Substitution $y/x = t$ eine *neue Variable* ein. Dann ist $y = tx$, $y' = \dfrac{\mathrm{d}y}{\mathrm{d}x} = t'x + t$. Man erhält die Differentialgleichung $t'x + t = \varphi(t)$ oder $\dfrac{\mathrm{d}t}{\mathrm{d}x} = (\varphi(t) - t)/x$, in der sich die Variablen trennen lassen; ihr allgemeines Integral ist

$$\int \frac{\mathrm{d}t}{\varphi(t) - t} = \ln x + C.$$

Durch Auflösen stellt man hieraus $t = t(x)$ her und gewinnt dann die gesuchte Funktion $y = y(x)$. Das Verfahren versagt, wenn der *Nenner* $(\varphi(t) - t)$ des Integranden *verschwindet*, wenn $\varphi(t) = t$ ist, d. h., die vorgegebene Gleichung $y' = y/x$ lautet. Dann aber hat es sich von vornherein um eine Differentialgleichung mit getrennten Variablen gehandelt.

Beispiel 4: Um alle Kurven $y(x)$ zu finden, die sämtliche Radiusvektoren unter einem Winkel derselben Größe α schneiden, greift man eine unter dem Winkel der Größe φ gegen die x-Achse geneigte Gerade heraus. In ihrem Schnittpunkt mit der gesuchten Kurve $y(x)$ hat diese die Tangentenrichtung

$$y' = \tan(\varphi + \alpha) = \frac{\tan\varphi + \tan\alpha}{1 - \tan\varphi\tan\alpha} = \frac{y/x + \tan\alpha}{1 - (y/x)\tan\alpha}.$$

Setzt man $\tan\alpha = a$, so gilt die Differentialgleichung $y' = \dfrac{a + y/x}{1 - a \cdot y/x}$, die homogen ist und die Lösung $(2/a)\arctan(y/x) + C = \ln(x^2 + y^2)$ hat.

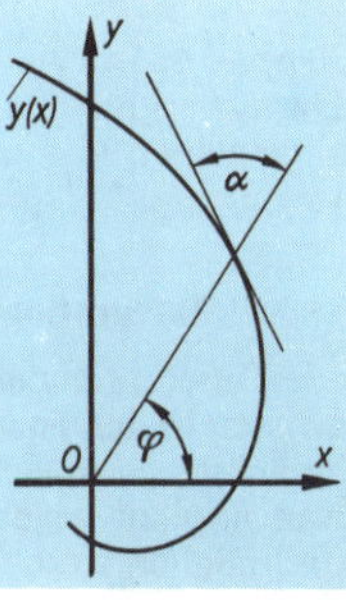

22.2-3 Zur Herleitung der Differentialgleichung der logarithmischen Spirale

In Polarkoordinaten $\varrho = \sqrt{x^2 + y^2}$ und $\varphi = \arctan(y/x)$ lautet die Lösung

$$\varphi = a \ln \varrho - (a/2) \cdot C \quad \text{oder} \quad \varrho = e^{\varphi/a + C/2}.$$

Die gesuchten Kurven sind *logarithmische Spiralen* (Abb. 22.2-3).

Lineare Differentialgleichung $y' + p(x)\,y + q(x) = 0$. In dieser Gleichung sind $p(x)$ und $q(x)$ gegebene Funktionen von x, die als stetig vorausgesetzt seien. Sie heißt *lineare homogene Differentialgleichung*, wenn $q(x) \equiv 0$, d. h., wenn ein von y und y' freier Term gar nicht auftritt. Sie läßt sich integrieren, indem man sie als Differentialgleichung mit getrennten Variablen behandelt. Aus $\frac{dy}{dx} + p(x)\,y = 0$ erhält man $\ln y = -\int p(x)\,dx + c_1$ oder $y = C\,e^{-\int p(x)\,dx}$.

Um daraus eine Lösung der ursprünglichen, *inhomogenen* Differentialgleichung $y' + p(x)\,y + q(x) = 0$ zu gewinnen, benutzt man das von LAGRANGE angegebene Verfahren der *Variation der Konstanten*. Man faßt C nicht als Konstante, sondern als Funktion $C = C(x)$ auf. Aus $y = C(x)\,e^{-\int p(x)\,dx} = C(x)\,\psi(x)$ erhält man $y' = C'(x)\,\psi(x) + C(x) \cdot \psi'(x)$ und durch Einsetzen in die inhomogene Gleichung

$$C'\psi + q + C[\psi' + p\psi] = 0.$$

Der Inhalt der eckigen Klammer ist Null, da ψ die homogene Differentialgleichung befriedigt. Es ergibt sich die Differentialgleichung $C'(x)\,\psi(x) + q(x) = 0$ zur Bestimmung von $C(x)$. Aus ihr erhält man

$$C(x) = C_1 - \int q(x)\,e^{\int p(x)\,dx}\,dx.$$

allgemeine Lösung der linearen Differentialgleichung $y' + p(x)\,y + q(x) = 0$	$y = e^{-\int p(x)\,dx}[C_1 - \int q(x)\,e^{\int p(x)\,dx}]\,dx$

Man merke sich nicht die Schlußformel, sondern das Verfahren: Homogene Gleichung herstellen, Variablen trennen, Variation der Konstanten.

Beispiel 5: $xy' - y = x^2 \cos x$, d. h., $y' - y/x - x \cos x = 0$; $x \neq 0$; die homogene Gleichung $y' - y/x = 0$ hat die Lösung $y = Cx$; nach Variation der Konstanten $y' = C'(x)\,x + C(x)$ wird eingesetzt $C'(x)\,x + C(x) - C(x) - x \cos x = 0$,

$$C'(x) - \cos x = 0,$$

$$C(x) = \sin x + C_1;$$

demnach ist die allgemeine Lösung $y = x \sin x + C_1 x$,
wie man durch Einsetzen bestätigt.

Bernoullische Differentialgleichung $y' + p(x)\,y + q(x)\,y^n = 0$. Diese Gleichung ist nach Jakob BERNOULLI benannt worden, der sich 1695 und 1697 im Wettstreit mit LEIBNIZ und seinem Bruder Johann BERNOULLI mit ihr befaßt hat. Für $n = 0$ wird diese Differentialgleichung zu einer linearen; für $n = 1$ lassen sich die Variablen trennen. Es soll deshalb gelten $n \neq 0$, $n \neq 1$ und außerdem $y \neq 0$, z. B. $y > 0$; die Funktionen $p(x)$ und $q(x)$ schließlich seien in einem Intervall $a < x < b$ stetig; von dieser Art sind z. B. die Differentialgleichungen

$$y' - (x^2 + 1)\,y - y^2 = 0 \quad \text{mit} \quad n = 2,\ p(x) = -x^2 - 1,\ q(x) = -1$$

oder $xy' - y^3 \ln x + y = 0$ mit $n = 3$, $p(x) = 1/x$, $q(x) = -\ln x/x$.

Zur *Integration* führt man mittels $y = z^{1/(1-n)}$ eine neue Funktion $z = z(x)$ ein. Man erhält

$$y' = [1/(1 - n)] \cdot z^{n/(1-n)} z'(x)$$

und durch Einsetzen in die gegebene für $z(x)$ eine lineare Differentialgleichung

$$z' + (1 - n)\,p(x)\,z + (1 - n)\,q(x) = 0,$$

aus deren allgemeinem Integral $z(x)$ sich die Lösung $y = y(x)$ der vorgelegten Gleichung ergibt.

Beispiel 6: In $y' - 4y/x - x\sqrt{y} = 0$ ist $n = 1/2$, $x \neq 0$, $y > 0$. Man setzt an $y = z^{1/(1-1/2)} = z^2$. Daraus ergibt sich wegen $y' = 2zz'$ die lineare Differentialgleichung $z' - 2z/x - x/2 = 0$ mit der allgemeinen Lösung $z = x^2[{}^1/_2 \ln x + C]$. Das Integral der gegebenen Gleichung ist dann $y = z^2 = x^4\,[{}^1/_2 \ln x + C]^2$.

Integration einer beliebigen Differentialgleichung 1. Ordnung

Jede Differentialgleichung 1. Ordnung läßt sich integrieren, wenn die in ihr enthaltenen Funktionen gewissen in den Existenzsätzen genauer angegebenen Bedingungen, z. B. über die Stetigkeit, genügen. Zunächst soll angenommen werden, daß alle im folgenden vorgenommenen Operationen, wie Auflösen implizit gegebener Funktionen, Differenzieren und Integrieren, Bilden der Umkehrfunktion u. a. möglich sind.

Exakte Differentialgleichung. Die explizite Differentialgleichung 1. Ordnung $y' = f(x, y)$ kann dargestellt werden in der Form $y' = -h(x, y)/g(x, y)$ oder, um Brüche zu vermeiden, in der Gestalt

$$y'g(x, y) + h(x, y) = 0.$$

Falls die linke Seite das vollständige Differential einer Funktion $F(x, y)$ darstellt, d. h., wenn $y'g(x, y) + h(x, y) = \frac{d}{dx} F(x, y)$, heißt die Differentialgleichung *exakt* und $F(x, y)$ *Stammfunktion*. Dann ist die Integration der Differentialgleichung leicht möglich. Aus $\frac{d}{dx} F(x, y) = 0$ ergibt sich $F(x, y) = C$ und durch Auflösen nach y das allgemeine Integral $y = y(x, C)$.

Wenn $h(x, y) + g(x, y)\, y' = \frac{d}{dx} F(x, y) = \frac{\partial F(x, y)}{\partial x} + \frac{\partial F(x, y)\, y'}{\partial y}$ ein vollständiges Differential sein soll, muß gelten:

$$\frac{\partial F}{\partial x} = h(x, y) \quad \text{und} \quad \frac{\partial F}{\partial y} = g(x, y).$$

Integrabilitätsbedingung	$\frac{\partial h}{\partial y} = \frac{\partial g}{\partial x}$

Aus $\frac{\partial^2 F}{\partial x\, \partial y} = \frac{\partial^2 F}{\partial y\, \partial x}$ ergibt sich die *Integrabilitätsbedingung*, die *notwendige und hinreichende Bedingung* dafür, daß die Differentialgleichung $y'g(x, y) + h(x, y) = 0$ exakt ist.

Beispiel 1: Vorgelegt sei $y'(6xy + x^2 + 3) + 3y^2 + 2xy + 2x = 0$. Hier ist $g(x, y) = 6xy + x^2 + 3$; $\frac{\partial g}{\partial x} = 6y + 2x$, $h(x, y) = 3y^2 + 2xy + 2x$; $\frac{\partial h}{\partial y} = 6y + 2x$. Wegen $\frac{\partial g}{\partial x} = \frac{\partial h}{\partial y}$ ist die Differentialgleichung exakt.

Lösungsanweisung. Ist eine Differentialgleichung $y'g(x, y) + h(x, y) = 0$ gegeben, so prüft man zunächst mit Hilfe der *Integrabilitätsbedingung*, ob sie exakt ist. Wenn dies der Fall ist, existiert eine *Stammfunktion* $F(x, y)$. Durch Auflösen von $F(x, y) = C$ nach y erhält man das allgemeine Integral der Differentialgleichung. Im folgenden wird gezeigt, wie die Stammfunktion zu finden ist.

allgemein	Beispiel
$y'g(x, y) + h(x, y) = 0$	$y'(6xy + x^2 + 3) + 3y^2 + 2xy + 2x = 0$
$\frac{\partial F}{\partial x} = h(x, y)$	$\frac{\partial F}{\partial x} = 3y^2 + 2xy + 2x$
$F = \int h(x, y)\, dx + \varphi(y)$	$F = 3y^2x + x^2y + x^2 + \varphi(y)$

Das Ergebnis der Integration nach x bleibt bis auf eine zunächst noch unbekannte Funktion φ unbestimmt, die von y allein abhängt.

$\frac{\partial F}{\partial y} = \frac{\partial}{\partial y} \int h(x, y)\, dx + \varphi'(y)$	$\frac{\partial F}{\partial y} = 6xy + x^2 + \varphi'(y)$;
$\frac{\partial F}{\partial y} = g(x, y)$	aber auch $\frac{\partial F}{\partial y} = 6xy + x^2 + 3$,
$\varphi'(y) = g(x, y) - \frac{\partial}{\partial y} \int h(x, y)\, dx$	d. h., $6xy + x^2 + 3 = 6xy + x^2 + \varphi'(y)$

Dies ist eine Differentialgleichung für $\varphi(y)$.

Man kann, gerade wegen der Integrabilitätsbedingung, beweisen, daß die rechte Seite nicht von x abhängt; dann ist	Tatsächlich hängt $\varphi'(y) = 3$ nicht von x ab.
$\varphi(y) = \int \left[g - \frac{\partial}{\partial y} \int h\, dx \right] dy$	$\varphi(y) = 3y + \text{Konstante}$
$F(x, y) = \int h(x, y)\, dx + \varphi(y)$.	$F(x, y) = 3y^2x + x^2y + x^2 + 3y$
Damit lautet das allgemeine Integral $\int h(x, y)\, dx + \varphi(y) = C$.	$3y^2x + x^2y + x^2 + 3y = C$

Methode des integrierenden Faktors. Falls eine Differentialgleichung der Form $y'g(x, y) + h(x, y) = 0$ nicht exakt ist, so multipliziert man sie nach Vorschlag von EULER mit einer solchen Funktion $\mu(x, y)$, daß eine exakte Differentialgleichung entsteht, d. h., daß die linke Seite von

$$y'g(x, y)\, \mu(x, y) + h(x, y)\, \mu(x, y) = 0$$

ein vollständiges Differential wird. Eine solche Funktion $\mu(x, y)$ heißt *Eulerscher Multiplikator* oder *integrierender Faktor*.

Beispiel 2: Die Differentialgleichung $y'(xy - x^2) + y^2 - 3xy - 2x^2 = 0$ ist nicht exakt, da

$$\frac{\partial g}{\partial x} = y - 2x \quad \text{und} \quad \frac{\partial h}{\partial y} = 2y - 3x.$$

Aber schon die einfache Funktion $\mu(x, y) = 2x$ ist für sie integrierender Faktor, denn nach Multiplikation mit $2x$ erhält man

$$y'(xy - x^2) \cdot 2x + (y^2 - 3xy - 2x^2) \cdot 2x = 0,$$

und es ist

$$\frac{\partial}{\partial x}(xy - x^2) \cdot 2x = 4xy - 6x^2 \quad \text{und} \quad \frac{\partial}{\partial y}(y^2 - 3xy - 2x^2) \cdot 2x = 4xy - 6x^2.$$

Die Integration dieser exakten Differentialgleichung ergibt nach dem obigen Verfahren das vollständige Integral $y^2x^2 - 2x^3y - x^4 = C$.

Die Bedingung dafür, daß $y'g\mu + h\mu$ ein vollständiges Differential sein soll, lautet offenbar

$$\frac{\partial(g\mu)}{\partial x} = \frac{\partial(\mu h)}{\partial y} \quad \text{oder} \quad h\frac{\partial \mu}{\partial y} - g\frac{\partial \mu}{\partial x} = \mu\left(\frac{\partial g}{\partial x} - \frac{\partial h}{\partial y}\right).$$

Dies ist eine partielle Differentialgleichung zur Bestimmung von $\mu(x, y)$. Scheinbar ist dadurch das Problem der Integration nur schwieriger geworden. Da man aber nur ein einziges partikuläres Integral dieser partiellen Differentialgleichung braucht, ist doch ein wesentlicher Vorteil erreicht worden. Es läßt sich sogar beweisen, daß sie stets ein Integral hat, d. h., daß stets mindestens ein integrierender Faktor zu $y'g + h = 0$ existiert.

Lineare Differentialgleichungen höherer Ordnung

Differentialgleichungen höherer Ordnung treten in den Anwendungen häufig auf. In der allgemeinen linearen Differentialgleichung n-ter Ordnung $b_0(x)\,y + b_1(x)\,y' + b_2(x)\,y'' + \cdots + b_n(x)\,y^{(n)} = g(x)$ sollen die *Koeffizienten* $b_i(x)$ und die *Störfunktion* $g(x)$ als reelle, stetige und beschränkte Funktionen von x angenommen werden und $b_n(x)$ außerdem im betrachteten Intervall nie Null sein. Dann erhält man nach Division durch $b_n(x)$ die Form $a_0(x)\,y + a_1(x)\,y' + a_2(x)\,y'' + \cdots + y^{(n)} = f(x)$, in der die $a_i(x)$ und $f(x)$ ebenfalls stetig und beschränkt sind.

Wenn $f(x)$ identisch Null ist, heißt die Differentialgleichung *homogen*, andernfalls *inhomogen*. Bei der Integration beginnt man mit der homogenen Differentialgleichung; sie gelingt am leichtesten, wenn die Koeffizienten $a_i(x)$ konstante Zahlen sind. Die lineare Differentialgleichung 2. Ordnung möge als Muster für die lineare Differentialgleichung beliebiger Ordnung dienen.

Lineare homogene Differentialgleichung 2. Ordnung $a_0(x)\,y + a_1(x)\,y' + y'' = 0$. Von der *trivialen Lösung* $y \equiv 0$ soll abgesehen werden.

Da diese Differentialgleichung linear und homogen in y und deren Ableitungen ist, sind mit zwei partikulären Integralen $y_1(x)$ und $y_2(x)$ auch $C_1y_1(x)$ und $C_2y_2(x)$ sowie jede Linearkombination $C_1y_1(x) + C_2y_2(x)$ Lösungen, wenn C_1 und C_2 beliebige Konstanten bedeuten.

Damit eine Linearkombination $C_1y_1 + C_2y_2$ zweier Partikularlösungen der Differentialgleichung das allgemeine Integral darstellt, müssen y_1 und y_2 *linear unabhängig* sein. Wären sie nämlich linear abhängig, so ließen sich zwei Konstante α_1 und α_2 finden, die nicht beide Null sind und für die $\alpha_1y_1 + \alpha_2y_2 = 0$ gilt. Aus $\alpha_1 \neq 0$ würde folgen $y_1 = -(\alpha_2/\alpha_1) \cdot y_2 = \bar{\alpha}_1y_2$, und aus $\alpha_2 \neq 0$ würde folgen $y_2 = -(\alpha_1/\alpha_2) \cdot y_1 = \bar{\alpha}_2y_1$; die beiden Funktionen y_1 und y_2 würden also nur dasselbe partikuläre Integral darstellen, da sie Vielfache voneinander sind.

Beispiel 1: Linear abhängig sind $y_1 = \cos^2 x - \cos 2x$ und $y_2 = (1/2)\sin^2 x$, da $y_1 - 2y_2 = 0$ für alle x. *Linear unabhängig* sind $y_1 = x$ und $y_2 = x^2$ oder $y_1 = \sin x$ und $y_2 = \cos x$.

Wenn die beiden Partikulärlösungen $y_1(x)$ und $y_2(x)$ linear unabhängig sind, so bilden sie ein *Fundamentalsystem* der Differentialgleichung.

Dann ist der Quotient y_1/y_2 nicht konstant, seine Ableitung $\dfrac{\mathrm{d}}{\mathrm{d}x}\left(\dfrac{y_1}{y_2}\right) = \dfrac{y_1'y_2 - y_2'y_1}{y_2^2}$ mithin nicht identisch Null. Nach Wronski nennt man

$$D = \begin{vmatrix} y_1' & y_1 \\ y_2' & y_2 \end{vmatrix} = y_1'y_2 - y_2'y_1$$

Wronskische Determinante. Es gilt der Satz:

Zwei Partikulärlösungen y_1 und y_2 bilden genau dann ein Fundamentalsystem, und ihre Linearkombination $y = C_1y_1 + C_2y_2$ stellt das allgemeine Integral der Differentialgleichung $a_0(x)\,y + a_1(x)\,y' + y'' = 0$ dar, wenn die aus ihnen gebildete Wronskische Determinante von Null verschieden ist.

Beispiel 2: Die lineare Differentialgleichung $xy'' + 2y' + axy = 0$, in der a eine beliebige Zahl bedeutet, geht durch den Ansatz $u = xy$ in eine Differentialgleichung mit konstanten Koeffizienten über. Durch Differenzieren erhält man aus $u = xy$ der Reihe nach: $u' = y + xy'$ oder $y' = u'/x - u/x^2$ und daraus $y'' = (u''x - u')/x^2 - (u'x - 2u)/x^3$. Setzt man die Ausdrücke für y, y' und y'' in die gegebene Gleichung ein, so ergibt sich in der Tat $u'' + au = 0$. Wie im folgenden gezeigt wird, erhält man für $a = -1$ etwa $u_1 = \mathrm{e}^x$ und $u_2 = \mathrm{e}^{-x}$ als Lösungen, folglich stellen $y_1 = \mathrm{e}^x/x$ und $y_2 = \mathrm{e}^{-x}/x$ ein Fundamentalsystem der Differentialgleichung $xy'' + 2y' - xy = 0$ dar.

Bei beliebigen Koeffizienten $a_0(x)$ und $a_1(x)$ gibt es kein allgemeines Verfahren, um für die Differentialgleichung

$$a_0(x)\, y + a_1(x)\, y' + y'' = 0$$

ein Fundamentalsystem zu gewinnen. Es gibt aber Nachschlagewerke, aus denen man die Lösungen oder geeignete Lösungsmethoden entnehmen kann. Sind die Koeffizienten jedoch konstante Zahlen, so existiert ein stets zum Ziele führendes Verfahren, ein Fundamentalsystem aufzustellen.

Lineare homogene Differentialgleichungen 2. Ordnung mit konstanten (reellen) Koeffizienten. Die Differentialgleichung hat die Form $y'' + c_1y' + c_2y = 0$. Durch den Ansatz $y(x) = \mathrm{e}^{rx}$, d. h. $y' = r\,\mathrm{e}^{rx}$, $y'' = r^2\,\mathrm{e}^{rx}$, geht sie über in $(r^2 + c_1r + c_2)\,\mathrm{e}^{rx} = 0$. Da die Exponentialfunktion nirgends verschwindet, kann die Größe r aus der quadratischen Gleichung bestimmt werden.

charakteristische Gleichung	$r^2 + c_1r + c_2 = 0$

Sind deren Wurzeln r_1 und r_2, so sind $y_1 = \mathrm{e}^{r_1x}$ und $y_2 = \mathrm{e}^{r_2x}$ *Partikulärlösungen* der Differentialgleichung; das *allgemeine Integral* ergibt sich nach einem der folgenden Fälle.

1. Die Wurzeln r_1 und r_2 sind *verschieden* und *reell*; dann ist $y_1/y_2 = \mathrm{e}^{(r_1-r_2)x}$ nicht konstant, y_1 und y_2 sind linear unabhängig, und $y = C_1\,\mathrm{e}^{r_1x} + C_2\,\mathrm{e}^{r_2x}$ mit den beliebigen Konstanten C_1 und C_2 stellt das allgemeine Integral dar.
2. Die charakteristische Gleichung hat die *Doppelwurzel* $r_1 = r_2 = -c_1/2$, dann sind y_1 und y_2 linear abhängig. Durch Einsetzen findet man, daß auch $y_2 = x\,\mathrm{e}^{r_1x}$ die Differentialgleichung $y'' + c_1y' + c_2y = 0$ befriedigt. Da der Quotient $y_2/y_1 = x$ nicht konstant ist, bilden die Partikulärlösungen y_1 und y_2 ein Fundamentalsystem, und $y = C_1\,\mathrm{e}^{r_1x} + C_2x\,\mathrm{e}^{r_1x}$ mit den beliebigen Konstanten C_1 und C_2 ist das allgemeine Integral.
3. Die Wurzeln r_1 und r_2 sind *komplex*. Da nach Voraussetzung c_1 und c_2 reell sind, treten r_1 und r_2 *konjugiert komplex* auf: $r_1 = \alpha + \mathrm{i}\beta$, $r_2 = \alpha - \mathrm{i}\beta$. Die beiden Partikulärlösungen $y_1 = \mathrm{e}^{(\alpha+\mathrm{i}\beta)x} = \mathrm{e}^{\alpha x}(\cos\beta x + \mathrm{i}\sin\beta x)$ und $y_2 = \mathrm{e}^{(\alpha-\mathrm{i}\beta)x} = \mathrm{e}^{\alpha x}(\cos\beta x - \mathrm{i}\sin\beta x)$ bilden ein Fundamentalsystem, das allgemeine Integral lautet $y^* = y_1C_1 + y_2C_2$ oder, wenn gesetzt wird $C_1^* = C_1 + C_2$ und $C_2^* = \mathrm{i}(C_1 - C_2)$, $y^* = \mathrm{e}^{\alpha x}(C_1^*\cos\beta x + C_2^*\sin\beta x)$. Differentialgleichungen dieser Art treten bei Schwingungsproblemen auf.

Beispiel 3: Die Differentialgleichung $y'' - 3y' + 2y = 0$ hat die charakteristische Gleichung $r^2 - 3r + 2 = 0$ mit den Wurzeln $r_1 = 1$ und $r_2 = 2$. Folglich lautet ihr allgemeines Integral

$$y = C_1\,\mathrm{e}^x + C_2\,\mathrm{e}^{2x}.$$

Beispiel 4: Mathematisches Pendel. Ein Pendel, dessen gesamte Masse m man sich im Punkte A (Abb. 22.2-4) konzentriert zu denken hat, sei in O an einem Faden der Länge $l = |OA|$ aufgehängt. Es vollführt unter dem Einfluß der Schwerkraft Schwingungen – dabei soll von der Reibung und weiteren Einflüssen abgesehen werden. Ist zur Zeit t die Auslenkung φ, so wirkt auf die Masse m die Kraft mg senkrecht nach unten, d. h. in Richtung der Tangente die Kraft $mg\sin\varphi$; dabei bedeutet g die Erdbeschleunigung. Nach dem 2. Newtonschen Axiom ist diese Kraft dem Produkt aus der Masse m und der Beschleunigung $l\cdot\dfrac{\mathrm{d}^2\varphi}{\mathrm{d}t^2}$ gleich; man erhält mithin für die Auslenkung $\varphi(t)$ die Differentialgleichung

$$ml\cdot\frac{\mathrm{d}^2\varphi}{\mathrm{d}t^2} = -mg\sin\varphi, \quad \text{oder} \quad \frac{\mathrm{d}^2\varphi}{\mathrm{d}t^2} + \frac{g}{l}\sin\varphi = 0.$$

Sie ist nicht linear und führt durch Trennung der Variablen auf ein *elliptisches Integral*, das durch Reihenentwicklung bzw. berechnete Tabellen ausgewertet wird. Durch die vor allem in der Physik oft angewendete *Linearisierung* gewinnt man eine lineare Differentialgleichung, die weit einfacher zu lösen ist; man beschränkt sich auf kleinere Auslenkungen φ, kann dann $\sin\varphi \approx \varphi$ setzen und erhält $\dfrac{\mathrm{d}^2\varphi}{\mathrm{d}t^2} + \dfrac{g}{l}\cdot\varphi = 0$ mit der Lösung $\varphi = \alpha\cos(\omega t + \delta)$,

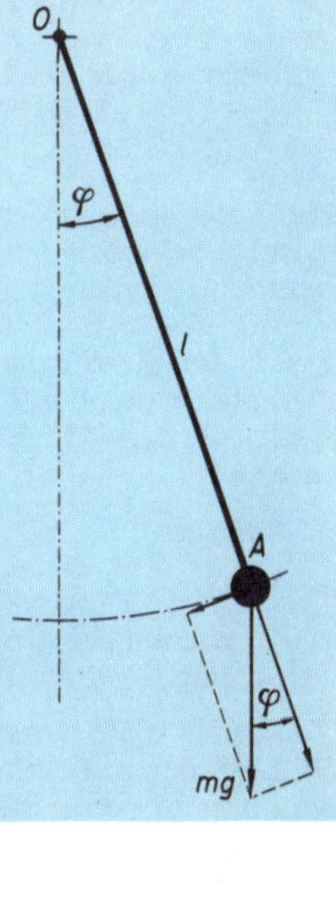

22.2-4 Zum mathematischen Pendel

wobei $\omega = \sqrt{g/l}$ physikalisch die *Kreisfrequenz*, also $\tau = 2\pi\, l/\omega$ die *Schwingungsdauer* und α und δ die Integrationskonstanten bedeuten. In dieser Lösungsformel drückt sich die schon von GALILEI bemerkte Tatsache aus, daß die Schwingungsdauer von der Auslenkung unabhängig ist. Dies gilt freilich nur näherungsweise, für größere Schwingungsweiten ist die Schwingungsdauer

$$\tau = 2\pi\sqrt{l/g}\,\{1 + [1/2]^2 \sin^2(\varphi_0/2) + [1 \cdot 3/(2 \cdot 4)]^2 \sin^4(\varphi_0/2) + \cdots\},$$

wenn φ_0 die maximale Auslenkung, die *Amplitude der Schwingung*, bedeutet. Gemessen an dieser genauen Formel, die man durch Lösen der nicht linearisierten Differentialgleichung erhält, beträgt der Fehler für $\varphi_0 = 1°$ nur 0,002% und für $\varphi_0 = 5°$ erst 0,05%.
Eine statt des Kreises zu wählende Kurve, auf der ein schwingender Körper eine stets von der Auslenkung unabhängige Schwingungsdauer hat, heißt *Tautochrone*; HUYGENS fand 1673, daß die Zykloide diese Eigenschaft hat und konnte auf Grund dieser Einsicht eine Pendeluhr konstruieren. Der Faden des von ihm konstruierten Zykloidenpendels schmiegt sich beim Schwingen zwei zykloidenförmigen Backen an. Der Pendelkörper beschreibt dann eine Zykloide, weil die Evolute einer Zykloide ebenfalls eine Zykloide ist. Das Pendel schwingt tautochron.

Lineare inhomogene Differentialgleichung 2. Ordnung $a_0(x)\,y + a_1(x)\,y' + y'' = f(x)$.

Die allgemeine Lösung der linearen inhomogenen Differentialgleichung 2. Ordnung ist gleich der Summe aus der allgemeinen Lösung der entsprechenden homogenen Differentialgleichung und irgendeiner partikulären Lösung der inhomogenen Differentialgleichung.

Ist danach $C_1y_1(x) + C_2y_2(x)$ die allgemeine Lösung der homogenen Differentialgleichung und $p(x)$ ein partikuläres Integral der inhomogenen, so stellt $y = C_1y_1(x) + C_2y_2(x) + p(x)$ das allgemeine Integral der inhomogenen Differentialgleichung dar. Ein *partikuläres Integral* $p(x)$ der inhomogenen Differentialgleichung läßt sich aus dem allgemeinen Integral der homogenen nach der von LAGRANGE stammenden Methode der *Variation der Konstanten* gewinnen. In dem Ansatz

$$p(x) = C_1(x)\,y_1(x) + C_2(x)\,y_2(x)$$

betrachtet man die Koeffizienten C_1 und C_2 als Funktionen von x. Da dann *zwei* Funktionen $C_1(x)$ und $C_2(x)$ bestimmt werden müssen, ist noch eine *Nebenbedingung* zwischen ihnen verfügbar; man wählt $C_1'y_1 + C_2'y_2 = 0$. Durch Einsetzen von $p(x)$, $p'(x)$ und $p''(x)$ in die inhomogene Differentialgleichung erhält man unter Berücksichtigung der Voraussetzung, daß y_1 und y_2 Lösungen der homogenen darstellen, die Gleichung

$$C_1'y_1' + C_2'y_2' = f(x).$$

$$\begin{vmatrix} C_1'y_1 + C_2'y_2 = 0 \\ C_1'y_1' + C_2'y_2' = f(x) \end{vmatrix}$$

Zusammen mit der Nebenbedingung erhält man das nebenstehende Gleichungssystem, das sich stets nach C_1' und C_2' auflösen läßt, da seine Koeffizientendeterminante, die *Wronskische Determinante*, wegen der linearen Unabhängigkeit von y_1 und y_2 nicht verschwindet. Durch Integration erhält man $C_1(x)$ und $C_2(x)$ und damit das allgemeine Integral der inhomogenen Differentialgleichung. Allerdings ist es meist rechnerisch recht umständlich, die Variation der Konstanten durchzuführen, und zwar vor allem deshalb, weil man im allgemeinen auf Integrale geführt wird, die nicht geschlossen ausgewertet werden können.

Beispiel 5: Für die Differentialgleichung $xy'' + 2y' - xy = e^x$ bilden die Funktionen $y_1 + e^x/x$ und $y_2 = e^{-x}/x$ ein *Fundamentalsystem* der homogenen Gleichung. Die Variation der Konstanten erfordert einige Rechenarbeit und liefert als *partikuläres Integral* der inhomogenen Gleichung $p(x) = (1/2)\,e^x$. Damit erhält man die *allgemeine Lösung*

$$y(x) = C_1\,e^x/x + C_2\,e^{-x}/x + (1/2)\,e^x.$$

Partikulärlösungen der inhomogenen linearen Differentialgleichung 2. Ordnung mit konstanten Koeffizienten bei speziellen Störfunktionen. Sind die Koeffizienten c_1 und c_2 Konstante, so läßt sich für bestimmte Typen von Störfunktionen $f(x)$ ein partikuläres Integral der Differentialgleichung $y'' + c_1y' + c_2y = f(x)$ ohne das Verfahren der Variation der Konstanten finden.
Typ 1: Ist die *Störfunktion ein Polynom*, $f(x) = a_0 + a_1x + a_2x^2 + \cdots + a_nx^n$, $a_n \neq 0$, so setzt man $p(x) = b_0 + b_1x + \cdots + b_{n-1}x^{n-1} + b_nx^n$, wenn $c_2 \neq 0$; wenn aber $c_2 = 0$, füge man im Ansatz noch $b_{n+1}x^{n+1}$ hinzu. Die gesuchten Koeffizienten $b_0, b_1, \ldots$ erhält man durch *Koeffizientenvergleich*.

Beispiel 6: $y'' + y = x^2$, d. h. $a_0 = 0$, $a_1 = 0$, $a_2 = 1$, $c_2 = 1$. Setzt man $p(x) = b_0 + b_1x + b_2x^2$, so ist $p' = b_1 + 2b_2x$, $p'' = 2b_2$. Nach Einsetzen erhält man $(b_0 + 2b_2) + b_1x + b_2x^2 = x^2$ und daraus durch Koeffizientenvergleich $b_0 = -2$, $b_1 = 0$, $b_2 = 1$. Somit ist $p(x) = -2 + x^2$ eine partikuläre, $y = C_1 \cos x + C_2 \sin x + x^2 - 2$ die allgemeine Lösung der Differentialgleichung.

Typ 2: Ist die *Störfunktion eine Exponentialfunktion*, $f(x) = a\,e^{kx}$, so macht man den Ansatz $p(x) = b\,e^{kx}$, der nur diejenige Exponentialfunktion enthält, die in der Störfunktion auftritt; der Wert von b ist zu bestimmen.

Beispiel 7: $y'' + y = 2\,e^{3x}$, d.h. $a = 2$, $k = 3$. Ansatz $p(x) = b\,e^{3x}$. Durch Einsetzen erhält man die Bestimmungsgleichung $9b + b = 2$ für b, d.h., das partikuläre Integral $p(x) = {}^1/_5\,e^{3x}$, und damit das allgemeine Integral $y = {}^1/_5\,e^{3x} + C_1 \cos x + C_2 \sin x$.

Typ 3: Ist die *Störfunktion eine Sinusfunktion* $f(x) = a \cos mx + b \sin mx$, so müssen in den Ansatz $p(x) = a^* \cos mx + b^* \sin mx$ sowohl die Kosinus- als auch die Sinusfunktion eingehen, auch wenn in der Störfunktion nur eine dieser Funktionen auftritt, d. h., falls a oder b Null ist. Durch Koeffizientenvergleich werden a^* und b^* bestimmt.

Beispiel 8: $y'' + y = 2 \sin 3x$, d. h. $a = 0$, $b = 2$, $m = 3$. Ansatz $p(x) = a^* \cos 3x + b^* \sin 3x$. Nach Einsetzen erhält man durch Koeffizientenvergleich $a^* = 0$, $b^* = -1/4$. Folglich lautet das allgemeine Integral $y = -{}^1/_4 \sin 3x + C_1 \cos x + C_2 \sin x$.

Typ 4: Wenn die *Störfunktion eine Linearkombination* der Funktionen ist, die in den Typen 1, 2 und 3 auftreten, so ist die partikuläre Lösung eine *Linearkombination* der entsprechenden einzelnen *Partikulärlösungen.* Anders ausgedrückt: Auf die allgemeine Lösung der homogenen Gleichung lagern sich die partikulären Lösungen der Reihe nach auf, ohne von den den anderen Termen der Störfunktion entsprechenden Partikulärlösungen beeinflußt zu werden.

Beispiel 9: $y'' + y = x^2 + 2\,e^{3x} + 2 \sin 3x$. Wie aus den vorigen Beispielen hervorgeht, lautet dann das allgemeine Integral $y = C_1 \cos x + C_2 \sin x + x^2 - 2 + {}^1/_5\,e^{3x} - {}^1/_4 \sin 3x$.

Alle diese Verfahren, Partikulärlösungen der inhomogenen Differentialgleichung zu bestimmen, versagen im *Resonanzfall*, d. h. dann, wenn die Störfunktion oder einer ihrer Terme gleichzeitig Integral der homogenen Differentialgleichung ist; z. B. liegt bei den Differentialgleichungen $y'' + y = \cos x$ und $y'' - y' = e^x$ der Resonanzfall vor.

22.3. Weiterführende Betrachtungen

Integrationsverfahren der Praxis

Wie schon betont wurde, gehört es zu den Ausnahmen, wenn sich eine Differentialgleichung elementar integrieren läßt. Es gibt aber Methoden, auch in den schwierigen Fällen die Integrale – wenigstens näherungsweise – zu gewinnen, indem man z. B. die Differentialgleichung durch eine Differenzengleichung annähert und diese mit den Methoden der Differenzenrechnung behandelt. Über einige andere wichtige Verfahren wird im folgenden berichtet.

Integration durch Potenzreihen. Die gesuchte Lösung $y = y(x)$ der Differentialgleichung $y' = f(x, y)$ setzt man in Form einer Potenzreihe $y = a_0 + a_1x + a_2x^2 + \cdots$ mit zunächst unbestimmten Koeffizienten a_i an und setzt y sowie deren Ableitung in die Differentialgleichung ein. Dann lassen sich unter gewissen Bedingungen durch *Koeffizientenvergleich* die Koeffizienten a_i der Reihe nach berechnen.

Beispiel 1: $y' = x^2 + y$;
Ansatz: $y = a_0 + a_1x + a_2x^2 + a_3x^3 + a_4x^4 + \cdots$, $y' = a_1 + 2a_2x + 3a_3x^2 + 4a_4x^3 + \cdots$;
folglich ist $a_1 + 2a_2x + 3a_3x^2 + 4a_4x^3 + \cdots = a_0 + a_1x + (a_2 + 1)\,x^2 + a_3x^3 + a_4x^4 + \cdots$
Der Koeffizientenvergleich liefert $a_1 = a_0, a_2 = a_0/2, a_3 = (a_0 + 2)/6, a_4 = (a_0 + 2)/24, \ldots$
Demnach erhält man als Integral
$y = a_0 + a_0x + (a_0)\cdot x^2/2 + (a_0 + 2)\cdot x^3/6 + (a_0 + 2)\cdot x^4/24 + \cdots$
und daraus durch Umformung
$y = (a_0 + 2)/1 + (a_0 + 2)\cdot x/1! + (a_0 + 2)\cdot x^2/2! + (a_0 + 2)\cdot x^3/3! + \cdots - 2 - 2x - x^2$
oder $y = (a_0 + 2)\,e^x - 2 - 2x - x^2$.

Durch die letzte Umformung hat man – für dieses Beispiel! – eine geschlossene Darstellung für das Integral gewonnen. Durch Differentiation zeigt man, daß diese Funktion in der Tat der Differentialgleichung genügt. Läßt sich keine geschlossene Darstellung gewinnen, dann wird die Reihe an der durch die verlangte Genauigkeit erforderlichen Stelle abgebrochen. Die Konvergenz der gewonnenen Reihe ergibt sich nach dem folgenden, ohne Beweis mitgeteilten Satze, da die rechte Seite der Differentialgleichung ganzrational in x und y ist.

Die Lösung der Differentialgleichung $y' = f(x, y)$ läßt sich stets in einer konvergenten Potenzreihe darstellen, wenn sich ihre rechte Seite selbst innerhalb eines gewissen Bereichs der x, y-Ebene in eine absolut konvergente Potenzreihe $f(x, y) = c_{00} + c_{10}x + c_{01}y + c_{20}x^2 + c_{11}xy + c_{02}y^2 + \cdots = \sum c_{\lambda\mu}x^\lambda y^\mu$ entwickeln läßt.

Die Methode des Potenzreihenansatzes kann auch auf Differentialgleichungen höherer Ordnung angewendet werden, wie die folgenden beiden wichtigen Differentialgleichungen zeigen.

Gaußsche Differentialgleichung, hypergeometrische Reihe. Carl Friedrich GAUSS hat 1812 eine besondere Differentialgleichung, die er *hypergeometrisch* nannte, gründlich studiert; sie enthält *mehrere* frei verfügbare *Parameter* und kann deshalb speziellen Anwendungsbedingungen gut angepaßt werden; sie lautet

$$x(x-1)\,y'' + [(\alpha+\beta+1)\,x-\gamma]\,y' + \alpha\beta y = 0,$$

α, β, γ sind die Parameter. Sie hat für $\gamma \neq 0, -1, -2, \ldots$ eine Potenzreihe als Lösung, die man durch den Ansatz $\sum_{\nu=1}^{\infty} a_\nu x^\nu$ gewinnt. Wie hier ohne Beweis mitgeteilt sei, erhält man die *Rekursionsformel* $(\nu+1)(\nu+\gamma)\,a_{\nu+1} = (\nu+\alpha)(\nu+\beta)\,a_\nu$ und damit schließlich die Reihe

$$y = a_0\left\{1 + \frac{\alpha}{1!}\cdot\frac{\beta}{\gamma}\,x + \frac{\alpha(\alpha+1)}{2!}\cdot\frac{\beta(\beta+1)}{\gamma(\gamma+1)}\,x^2 + \cdots\right\} = a_0 F(\alpha, \beta, \gamma, x)$$

mit dem *Konvergenzradius* 1. Die in der Klammer stehende Reihe $F(\alpha, \beta, \gamma, x)$, die von den drei Parametern und der Variablen x abhängt, heißt *hypergeometrische Reihe*. Sie enthält viele bekannte Funktionen der Analysis, die durch spezielle Wahl der Parameter auftreten, z. B. erhält man

$F(1, \beta, \beta, x) = 1/(1-x)$, die geometrische Reihe;

$F(-n, \beta, \beta, -x) = (1+x)^n$; $xF(1, 1, 2, -x) = \ln(1+x)$;

$\lim\limits_{\beta\to\infty} F(1, \beta, 1, x) = \mathrm{e}^x$; $\lim\limits_{\alpha,\beta\to\infty} xF(\alpha, \beta, 3/2, -x^2/(4\alpha\beta)) = \sin x$.

Jedoch kann $F(\alpha, \beta, \gamma, x)$ im allgemeinen Fall nicht durch elementare Funktionen in endlicher Anzahl dargestellt werden.

Besselsche Differentialgleichung, Zylinderfunktionen. Friedrich Wilhelm BESSEL hat im Anschluß an Studien von Daniel BERNOULLI und Leonhard EULER eine spezielle Differentialgleichung 2. Ordnung untersucht, die auch in vielen Problemen der Physik und Technik, insbesondere in Schwingungsaufgaben, auftritt, und zwar die Differentialgleichung

$$xy'' + (1+n)\,y' - y = 0, \qquad n \text{ konstant}.$$

Der Potenzreihenansatz $y = \sum_{\nu=0}^{\infty} a_\nu x^\nu$ liefert hier $a_{\nu+1} = a_\nu/[(\nu+1)(\nu+1+n)]$, d. h.,

$$y = a_0\left(1 + \frac{x}{1!\,(1+n)} + \frac{x^2}{2!\,(1+n)(2+n)} + \cdots\right) = a_0\,j_n(x).$$

Die in der Klammer stehenden, von n abhängigen Reihen $j_n(x)$ sind für $n \neq 1, \neq -2, \ldots$ beständig konvergent. Sie heißen *Besselsche* oder *Zylinderfunktionen erster Art*.

Graphische Integrationsverfahren. Es sind zur zeichnerischen Lösung von Differentialgleichungen vielfältige, den speziellen Typen angepaßte und auf den geforderten Genauigkeitsgrad zugeschnittene graphische Integrationsverfahren entwickelt worden. Hier ist nur Raum für grundsätzliche Betrachtungen und auch da nur zu Differentialgleichungen 1. Ordnung.

Methode der Polygonzüge. Will man eine Integralkurve der Differentialgleichung $y' = f(x, y)$ zeichnen, die durch einen festen Punkt $P_0(x_0, y_0)$ hindurchgeht, mithin einer Anfangsbedingung genügt, so gibt $y_0' = f(x_0, y_0)$ die *Richtung der Tangente* an die gesuchte Integralkurve in diesem Punkt. In einem Abstand vom Punkt P_0, der um so kleiner gewählt wird, je genauer die Lösungskurve sein soll, wird Punkt $P_1(x_1, y_1)$ auf der Tangente angenommen und das Verfahren wiederholt. Man gelangt so zu einer Näherung für die Integralkurve. Abb. 22.3-1 zeigt das Verfahren für die Differentialgleichung $y' = -y/x$ mit den Anfangsbedingungen $x_0 = 2, y_0 = 6$. Sie enthält gleichzeitig mit roten Kreisen markierte Punkte, die auf der wirklichen Integralkurve liegen. Die Abweichung ist beträchtlich.

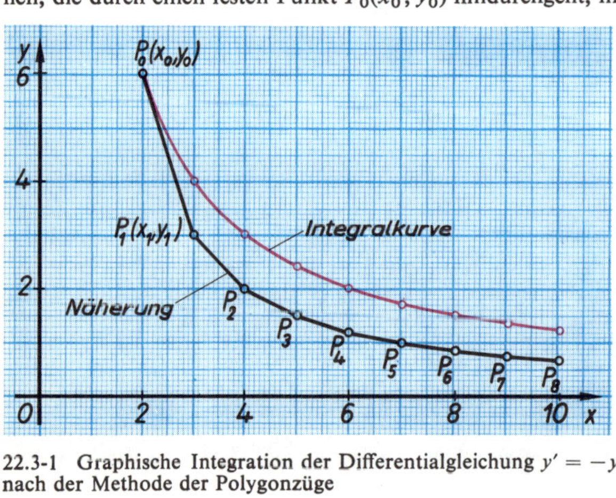

22.3-1 Graphische Integration der Differentialgleichung $y' = -y/x$ nach der Methode der Polygonzüge

Wesentlich genauer ist das *Verfahren der eingeschalteten Halbschritte* (Abb. 22.3-2). In ihm wird die für den Punkt $P_0(x_0, y_0)$ berechnete Richtung $y'_0 = f(x_0, y_0)$ nur benutzt, um für einen *Zwischenpunkt* $\Pi_1(\xi_1, \eta_1)$ die Richtung $\eta'_1 = f(\xi_1, \eta_1)$ zu berechnen (*Halbschritt*). In dieser Richtung η'_1 geht man im ersten *Ganzschritt* von P_0 zum ersten Punkt $P_1(x_1, y_1)$ des Polygons. Der nächste Halbschritt führt von P_1 mit $y'_1 = f(x_1, y_1)$ nach $\Pi_2(\xi_2, \eta_2)$, der nächste Ganzschritt aber mit $\eta'_2 = f(\xi_2, \eta_2)$ von P_1 nach $P_2(x_2, y_2)$.
Wie man durch Vergleich der beiden Polygonzüge erkennt, ist die Annäherung an die durch rote Gerade markierte wirkliche Integralkurve beim zweiten Verfahren bedeutend besser. Sie ließe sich durch Verkleinerung der Schritte weiter verbessern, vor allem in jenen Bereichen, in denen sich die Kurve schnell ändert.

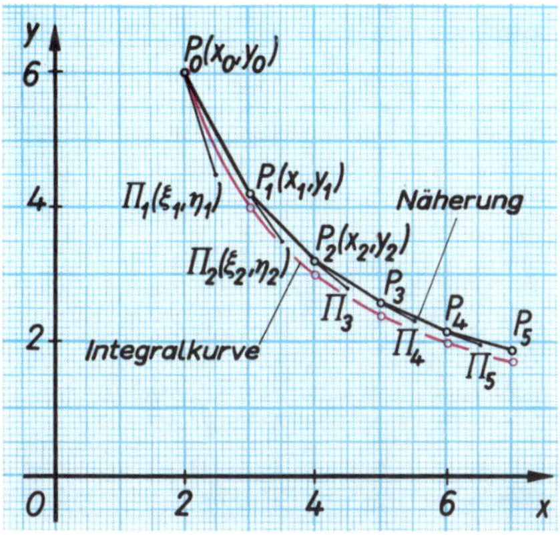

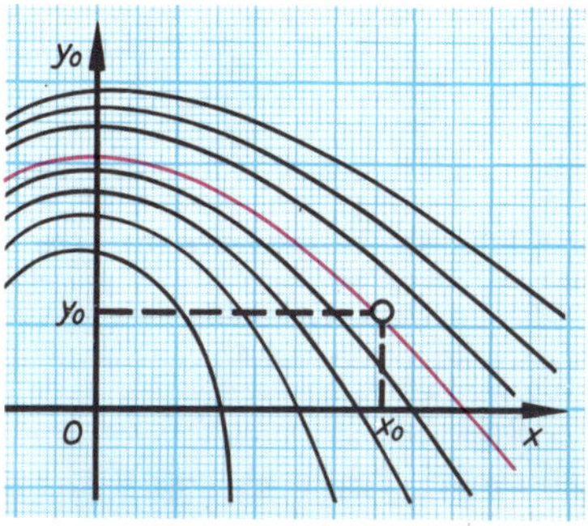

22.3-3 Die durch Berücksichtigung der Anfangsbedingung $y(x_0) = y_0$ ausgesonderte spezielle Integralkurve

22.3-2 Graphische Lösung der Differentialgleichung $y' = -y/x$ nach der Methode der eingeschalteten Halbschritte mit der Anfangsbedingung $x_0 = 2$, $y_0 = 6$. Die Integralkurve ist rot eingetragen

Einblicke in die Theorie

Anfangswertproblem, Randwertproblem. Das Bild des allgemeinen Integrals einer Differentialgleichung 2. Ordnung ist eine zweiparametrige Kurvenschar. Aus ihr ist im Anwendungsfall die *Integralkurve einer speziellen Lösung*, nämlich des partikulären Integrals, auszusondern, das die speziellen Begleitumstände wiedergibt. Wenn z. B. g die Erdbeschleunigung bedeutet, so ist $\frac{d^2y}{dt^2} = g$ die Differentialgleichung des freien Falles. Durch ihre Integration erhält man $\frac{dy}{dt} = gt + C_1$, $y = {}^1/_2 \cdot gt^2 + C_1t + C_2$.
Man will aber wissen, wo sich der fallende Körper nach einer Zeit t befindet, wenn er sich zu Anfang des Falles, also *zur Zeit* $t_0 = 0$, *auf der Höhe* y_0 befand und wenn er die Anfangsgeschwindigkeit v_0 besaß. Nach diesen *Anfangsbedingungen* sind die Integrationskonstanten C_1 und C_2 zu bestimmen. Für $t = t_0 = 0$ ergibt sich aus $y' = gt + C_1$ die Gleichung $v_0 = C_1$, aus $y = {}^1/_2\, gt^2 + C_1t + C_2$ die Gleichung $y_0 = C_2$. Daher lautet das gesuchte partikuläre Integral $y = {}^1/_2\, gt^2 + v_0t + y_0$.
Eine Differentialgleichung 1. Ordnung $y' = f(x, y)$ hat das allgemeine Integral $y = \varphi(x, C)$, dessen Bild eine einparametrige Kurvenschar ist. Wenn als Anfangsbedingung $y_0 = \varphi(x_0, C)$ vorgeschrieben ist, läßt sich aus dieser Gleichung die Konstante C bestimmen, $C = \psi(x_0, y_0)$. Das gesuchte partikuläre Integral $y = \varphi[x, \psi(x_0, y_0)] = \Phi(x, x_0, y_0)$ hängt von den Anfangsbedingungen ab (Abb. 22.3-3). Für physikalische und technische Untersuchungen ist es wichtig, daß $\Phi(x, x_0, y_0)$ eine *stetige Funktion der Anfangswerte* ist, die praktisch nur näherungsweise bekannt sind. In der Theorie der Differentialgleichungen ist darum die Frage untersucht worden, welche Anforderungen an die rechte Seite der Gleichung $y' = f(x, y)$ gestellt werden müssen, damit $y = \Phi(x, x_0, y_0)$ eine stetige Funktion der Anfangsbedingungen ist. In Verbindung mit der Stetigkeit der Funktion $f(x, y)$ erweist sich hierfür die – auch für den Existenz- und Eindeutigkeitssatz ausschlaggebende – Bedingung des Erfülltseins einer *Lipschitzbedingung* als hinreichend.
Bei einer Differentialgleichung 2. Ordnung sind die *Anfangsbedingungen* $y(x_0) = y_0$ und $y'(x_0) = y'_0$ vorgeschrieben; es wird mithin verlangt, daß die Integralkurve durch den Punkt (x_0, y_0) hindurchgeht und dort die vorgeschriebene Tangentenrichtung y'_0 hat. Allgemein wird in den *Anfangsbedingungen einer Differentialgleichung n-ter Ordnung* verlangt, daß die Integralkurve durch einen Punkt (x_0, y_0) hindurchgeht und daß in diesem Punkt die erste bis $(n - 1)$-te Ableitung vorgegebene Werte annehmen. Auch bei Differentialgleichungen höherer Ordnung muß die stetige Abhängigkeit der Lösungen von den Anfangsbedingungen untersucht werden.

Für Differentialgleichungen höherer als 1. Ordnung können neben Anfangswerten noch *Randwerte* vorgeschrieben werden; dann treten ganz neuartige Problemstellungen auf. Sei z. B. die Lösung $y(x)$ der Differentialgleichung $y'' + y = 0$ im Intervall $0 \leqslant x \leqslant \pi$ gesucht. Es handele sich um eine Schwingungsaufgabe, man denke etwa an eine an den Stellen 0 und π eingespannte Saite. Dort kann die Saite nicht aus dem Ruhezustand ausgelenkt werden; man hat die *Randbedingungen erster Art* $y(0) = 0$, $y(\pi) = 0$ zu stellen. Aus der Lösung $y(x) = C_1 \sin\left(x\sqrt{\lambda} + C_2\right)$ ergibt sich das Gleichungssystem

$$y(0) = C_1 \sin C_2 = 0, \; y(\pi) = C_1 \sin\left(\pi\sqrt{\lambda} + C_2\right) = 0.$$

Wenn $\sqrt{\lambda}$ keine ganze Zahl ist, folgt daraus $C_1 = C_2 = 0$, d. h. die Lösung $y \equiv 0$. Die Saite würde *keine Schwingungen* ausführen, sondern in Ruhe bleiben. Wenn dagegen $\sqrt{\lambda}$ ganzzahlig ist, λ folglich eine Quadratzahl $\lambda = 1, 4, 9, \ldots$ ist, wird das Gleichungssystem ebenfalls befriedigt, und man erhält die unendlich vielen Lösungen $y(x) = C_1 \sin\left(x\sqrt{\lambda}\right)$. Die Saite bewegt sich zwischen den Begrenzungen in den Sinusschwingungen $y = C_1 \sin x$, $y = C_1 \sin 2x$, $y = C_1 \sin 3x, \ldots$; das sind die für die Saite möglichen *Grund- und Oberschwingungen*, in denen sie ohne Beeinflussung von außen selbständig schwingt, wenn sie einmal angeregt ist. Diese Schwingungen, die sich gegenseitig überlagern und durch die harmonische Analyse wieder getrennt werden können, heißen darum *Eigenschwingungen*, und die Zahlen $\lambda_1 = 1, \lambda_2 = 4, \lambda_3 = 9, \ldots, \lambda_n = n^2, \ldots$ heißen *Eigenwerte* dieses Problems.
Im *Randwertproblem zweiter Art* werden an den Randpunkten x_1 und x_2 die Werte der Ableitungen $y'(x_1) = a$, $y'(x_2) = b$ vorgeschrieben; Theorie und Praxis erfordern die Bestimmung von *Eigenfunktionen* und *Eigenwerten*. Es ist charakteristisch für diese Probleme, daß nichttriviale Lösungen $y \not\equiv 0$ nur für bestimmte diskrete Werte eines Parameters, für die Eigenwerte, existieren.

Existenzsatz, Eindeutigkeitssatz. Die geometrische Veranschaulichung einer Differentialgleichung 1. Ordnung $y' \doteq f(x, y)$ durch das Richtungsfeld legt die Gültigkeit des *Existenzsatzes* nahe:

Wenn $f(x, y)$ eine stetige Funktion ihrer beiden Veränderlichen ist, dann geht durch jeden Punkt (x_0, y_0) ihres Stetigkeitsgebietes G eine Integralkurve hindurch.

Dieser Satz ist in der Tat durch PEANO bewiesen worden. Die Frage nach der Existenz eines Integrals war in den Jahren 1820 bis 1830 erstmals von CAUCHY allgemein aufgeworfen und unter den Voraussetzungen, daß $f(x, y)$ *stetig* ist und eine *stetige partielle Ableitung* $f_y(x, y)$ hat, auch bewiesen worden. Man erkennt, daß der Existenzsatz von PEANO gegenüber dem von CAUCHY insofern eine wesentliche Verschärfung bedeutet, als schon aus schwächeren Voraussetzungen auf die Existenz des Integrals geschlossen wird.
Es ist eine für Theorie und Praxis gleichermaßen wichtige Frage, unter welchen Voraussetzungen über die rechte Seite der Differentialgleichung $y' = f(x, y)$ auch auf die *Eindeutigkeit* der Lösung geschlossen werden kann. Geometrisch gesprochen würde die Eindeutigkeit z. B. verletzt, wenn sich die Integralkurve in einem Punkt (x_0, y_0) verzweigt. Dem würde physikalisch unter Verletzung des Kausalitätsprinzips der Sachverhalt entsprechen, daß trotz gleicher Anfangsbedingungen der Vorgang in verschiedener Weise abläuft. Als entscheidend sowohl für die Existenz als auch für die Eindeutigkeit der Lösung erweist sich die Gültigkeit der 1876 von Rudolf LIPSCHITZ angegebenen *Lipschitzbedingung*, die eine in einem Gebiet G der x, y-Ebene stetige Funktion $f(x, y)$ voraussetzt sowie die Existenz einer Konstanten L für alle Werte x, y_1 und y_2.

Lipschitzbedingung	$\lvert f(x, y_2) - f(x, y_1)\rvert \leqslant L\lvert y_2 - y_1\rvert$

Dies besagt geometrisch, daß $f(x, y)$ auf jeder Ordinate beschränkte Differenzenquotienten in bezug auf y hat. Die Lipschitzbedingung ist demnach sicher erfüllt, wenn die partielle Ableitung $f(x, y)$ beschränkt ist. Mit diesem Begriff lautet der *Existenz- und Eindeutigkeitssatz*:

Die Funktion $f(x, y)$ sei in einem Gebiet G stetig und erfülle dort die Lipschitzbedingung. Dann gibt es für jeden Punkt (x_0, y_0) aus G genau eine durch (x_0, y_0) hindurchgehende Integralkurve $y = \varphi(x)$.

Der Beweis beruht auf der Methode der Iteration, durch die eine Folge von *sukzessiven Approximationen* $\varphi_n(x)$ entsteht, wenn man von der Funktion $\varphi_0(x_0) = y_0$ ausgeht und die Näherungen definiert:

$$\varphi_{n+1}(x) = y_0 + \int_{x_0}^{x} f(x, \varphi_n(x))\,\mathrm{d}x, \qquad n = 0, 1, 2, \ldots$$

Es läßt sich, unter wesentlicher Benutzung der Lipschitzbedingung, zeigen, daß die Näherungen $\varphi_n(x)$ gleichmäßig gegen die Lösung $y = \varphi(x)$ konvergieren: $\lim\limits_{n \to \infty} \varphi_n(x) = \varphi(x)$.

Dieser *Beweis* ist sogar *konstruktiv*, d. h., er gestattet es, die Lösung auch tatsächlich zu gewinnen, z. B. die der Differentialgleichung $y' = yx$ mit den Anfangsbedingungen $x_0 = 0$, $y_0 = 1$, obgleich diese auf andere Weise bequemer lösbar ist. Man erhält der Reihe nach

$$\varphi_0 = 1,$$
$$\varphi_1(x) = 1 + \int_0^x x\,\mathrm{d}x = 1 + x^2/2,$$
$$\varphi_2(x) = 1 + \int_0^x (x + x^3/2)\,\mathrm{d}x = 1 + x^2/2 + x^4/(2\cdot 4),$$
$$\vdots$$
$$\varphi_n(x) = 1 + x^2/2 + x^4/(2\cdot 4) + \cdots + x^{2n}/(2\cdot 4 \ldots (2n))$$
$$= 1 + x^2/2 + (1/2!)\,(x^2/2)^2 + \cdots + (1/n!)\,(x^2/2)^n$$

oder $$\varphi(x) = \lim_{n\to\infty} \varphi_n(x) = \sum_{\nu=0}^{\infty} (1/\nu!)\,(x^2/2)^\nu = \mathrm{e}^{x^2/2}.$$

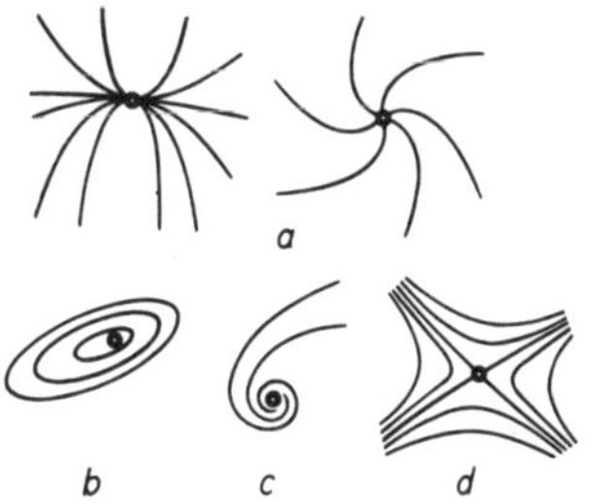

22.3-4 Zum Verlauf der Integralkurven in der Nähe singulärer Punkte;

a) Knotenpunkte, b) Wirbelpunkt. c) Strudelpunkt, d) Sattelpunkt

Die Frage nach Eigenschaften einer Differentialgleichung, d. h. nach Bedingungen dafür, daß Existenz und Eindeutigkeit des Integrals gesichert sind, wird schon schwieriger für die *implizite Differentialgleichung 1. Ordnung* $F(x, y, y') = 0$; sie wird noch schwieriger, wenn sie für Differentialgleichungen höherer Ordnung allgemein beantwortet werden soll.

Wenn die Bedingungen der Existenz- und Eindeutigkeitssätze in einem Punkt (x_0, y_0) verletzt sind, gibt es mehrere, eventuell unendlich viele oder auch gar keine Integralkurven, die durch (x_0, y_0) hindurchgehen. Ein solcher Punkt heißt *singulärer* oder *stationärer Punkt* der Differentialgleichung (Abb. 22.3-4). Er ist von theoretischem Interesse, da die Integralkurven in seiner Nähe ganz außergewöhnliches Verhalten zeigen können. Aber auch für den Physiker oder den Techniker ist ein singulärer Punkt wichtig; er markiert mathematisch die Umschlagpunkte des physikalischen Geschehens und die kritischen technischen Daten: den Bruch eines auf Biegung beanspruchten Balkens, das Reißen eines auf Dehnung belasteten Seiles, die Änderung des Aggregatzustands u. a.

Differentialgleichungen höherer Ordnung und Systeme von Differentialgleichungen. Die Differentialgleichung n-ter Ordnung $F(x, y, y', \ldots, y^{(n-1)}, y^{(n)}) = 0$ läßt sich immer als System von n Differentialgleichungen 1. Ordnung schreiben, indem man neue Funktionen $y_1 = y', y_2 = y'', \ldots, y_{n-1} = y^{(n-1)}$ einführt. Man erhält das System $y_1 = y', y_2 = y_1', y_3 = y_2', \ldots, F(x, y, y_1, \ldots, y_{n-1}, y_{n-1}') = 0$. Entsprechend läßt sich auch ein System von Differentialgleichungen höherer Ordnung stets als System von Differentialgleichungen 1. Ordnung schreiben. Damit wird auch der Beweis der Existenz und der Eindeutigkeit der Integrale von Differentialgleichungen höherer Ordnung auf die der Integrale von Systemen von Differentialgleichungen 1. Ordnung zurückgeführt und auf diese Weise beträchtlich erleichtert.

Anwendung in der Mechanik. Dieser Gedanke gewinnt in der Mechanik eine außerordentliche Bedeutung. Der fundamentale Begriff der Beschleunigung wird mathematisch durch die zweiten Ableitungen der Ortskoordinaten $x(t)$, $y(t)$, $z(t)$ des materiellen Punktes nach der Zeit t ausgedrückt. Folglich hat man zur Bestimmung der Bewegung eines Punktes der Masse m das System

$$m\frac{\mathrm{d}^2x}{\mathrm{d}t^2} = P(x, y, z), \quad m\frac{\mathrm{d}^2y}{\mathrm{d}t^2} = Q(x, y, z), \quad m\frac{\mathrm{d}^2z}{\mathrm{d}t^2} = R(x, y, z)$$

zu integrieren, wobei P, Q und R die vom Raumpunkt (x, y, z) abhängigen Komponenten der auf den materiellen Punkt wirkenden Kraft bedeuten. Wenn man dieses System auf ein System von Differentialgleichungen 1. Ordnung reduziert, erhält man ein System von 6 Differentialgleichungen

$$u = \dot{x}, \quad v = \dot{y}, \quad w = \dot{z}, \quad m\dot{u} = P(x, y, z), \quad m\dot{v} = Q(x, y, z), \quad m\dot{w} = R(x, y, z),$$

in dem die neuen Funktionen u, v, w die Geschwindigkeiten bedeuten. Am häufigsten treten Systeme von Differentialgleichungen auf, in denen die Anzahl der gesuchten Funktionen mit der der Differentialgleichungen übereinstimmt. Allgemein hat ein *System von n Differentialgleichungen für n Funktionen* der Variablen t, in dem die Gleichungen nach den Ableitungen aufgelöst sind, die Form

$$\frac{\mathrm{d}x_i}{\mathrm{d}t} = f_i(t, x_1, x_2, \ldots, x_n); \qquad i = 1, 2, \ldots, n.$$

Als *Lösung* oder *Integral* dieses Systems bezeichnet man ein System $x_1(t), x_2(t), \ldots, x_n(t)$, das, in das System eingesetzt, sämtliche einzelnen Gleichungen in Identitäten in t überführt. Die eigentliche Schwierigkeit der Integration besteht, wie man erkennt, darin, daß man nicht eine Differentialgleichung nach der anderen integrieren kann, weil eben die eine gesuchte Funktion x_i in den rechten Seiten der anderen Differentialgleichung auch enthalten ist. Physikalisch gesprochen, beeinflussen sich die einzelnen durch die $x_i(t)$ ausgedrückten Bewegungsabläufe gegenseitig; der Physiker spricht darum von *Kopplung.* Man denke etwa an zwei schwingende Pendel, die nicht unabhängig voneinander schwingen, bei denen vielmehr die Kopplung durch eine von Pendelstange zu Pendelstange angebrachte Spiralfeder vermittelt wird (Abb. 22.3-5).

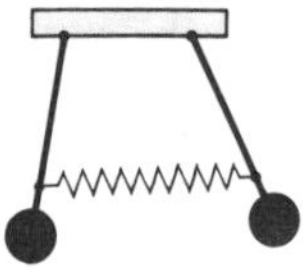

22.3-5 Kopplung zweier Pendelschwingungen führt auf ein System von Differentialgleichungen

Zur Erleichterung der Ausdrucksweise und zur Unterstützung des Vorstellungsvermögens verwendet man in der Theorie der Differentialgleichungen vorzugsweise die Begriffe der mehrdimensionalen Geometrie. Ist das Integral einer Differentialgleichung 1. Ordnung geometrisch repräsentiert durch eine Integralkurve in der x, y-Ebene, so lassen sich die Integrale des Systems $\frac{\mathrm{d}x_i}{\mathrm{d}t} = f_i, i = 1, 2, \ldots, n$, als Integralkurven im n-dimensionalen Raum deuten, in dem die $x_i(t), i = 1, \ldots, n$, die Koordinaten der Bewegung eines Punktes beschreiben.

Theorie der ersten Integrale. Mit Hilfe dieser Sprechweise läßt sich auch die für die Physik außerordentlich wichtige *Theorie der ersten Integrale* skizzieren. Eine Gleichung $F(x_1, \ldots, x_n) = C$, C konstant, definiert im n-dimensionalen Koordinatenraum der x_i eine $(n-1)$-dimensionale Hyperfläche und bei veränderlichem C eine einparametrige Schar von Hyperflächen. Wenn $n-1$ Scharen von Hyperflächen

$$F_i(x_1, \ldots, x_n) = C_i; \qquad i = 1, 2, \ldots, n-1,$$

gegeben sind und jedesmal aus jeder Schar je eine Hyperfläche ausgewählt wird, so werden sich diese im allgemeinen in einer Kurve des n-dimensionalen Raumes schneiden. Insgesamt entsteht so eine Kurvenschar, die von den $n-1$ Parametern C_i, $i = 1, 2, \ldots, n-1$, abhängt. Wann stellt sie die Schar der Integralkurven des Systems $\frac{\mathrm{d}x_i}{\mathrm{d}t} = f_i$, $i = 1, \ldots, n$, dar? – Dazu muß jede Integralkurve der Schar vollständig in je einer bestimmten Hyperfläche jeder Hyperflächenschar liegen; daher muß jedesmal $F_i(x_1, \ldots, x_n)$ konstant sein.

Jede Funktion $F(x_1, \ldots, x_n)$, die längs aller Integralkurven des Systems konstant ist, heißt *erstes Integral* dieses Systems. Soll eine Funktion $F(x_1, \ldots, x_n)$ erstes Integral sein, dann ist, falls F ein totales Differential hat, dafür notwendig und hinreichend, daß $\frac{\partial F}{\partial x_1} f_1 + \frac{\partial F}{\partial x_2} f_2 + \cdots + \frac{\partial F}{\partial x_n} f_n = 0$.

Dieser Bedingung müssen alle Funktionen F_i, $i = 1, \ldots, n$, genügen; demnach hat man das Gleichungssystem

$$\sum_{k=1}^{n} \frac{\partial F_i}{\partial x_k} f_k = 0, \qquad i = 1, 2, \ldots, n-1,$$

zu lösen; die $f_k = \frac{\mathrm{d}x_k}{\mathrm{d}t}$ sind bekannt. Danach ist es (im allgemeinen) bei Kenntnis der $n-1$ ersten Integrale möglich, das System zu integrieren.

Sind nicht alle $n-1$ ersten Integrale bekannt, sondern nur $m < n-1$ von ihnen, so ergibt sich bei festgehaltenen

$$F_i(x_1, x_2, \ldots, x_n) = C_i; \qquad i = 1, 2, \ldots, m,$$

eine $(n-m)$-dimensionale Mannigfaltigkeit. Die in dieser Mannigfaltigkeit liegenden Integralkurven sind zu bestimmen. Dann hat man ein System von $n-1-m$ Differentialgleichungen 1. Ordnung zu reduzieren; durch die Kenntnis von m ersten Integralen wird die Anzahl der Gleichungen des Systems um m Gleichungen vermindert.

Diese Möglichkeit ist von großer Bedeutung in der Mechanik, z. B. in der Himmelsmechanik. Das berühmte *Dreikörperproblem* untersucht die Bewegung dreier sich gegenseitig anziehender Massen, man denke an die Sonne und zwei Planeten. Es führt auf 18 Differentialgleichungen mit 18 gesuchten Funktionen, nämlich 9 Koordinatenfunktionen und 9 Geschwindigkeitskomponenten. Mit Hilfe von 12 bekannten ersten Integralen wird dieses Problem auf die Integration von 6 Differentialgleichungen 1. Ordnung zurückgeführt.

23. Funktionentheorie

23.1. Komplexwertige Funktionen

Durch zwei *reellwertige Funktionen* u und v, die in einer Menge M der x, y-Ebene definiert sind, wird jedem Punkt $(x, y) \in M$ ein Punkt (u, v) der u, v-Ebene zugeordnet. Faßt man jeden dieser Punkte (x, y) bzw. (u, v) als komplexe Zahl $z = x + \mathrm{i}y$ bzw. $w = u + \mathrm{i}v$ auf, so wird jeder komplexen Zahl $z \in M$ der z-Ebene eine komplexe Zahl $w = f(z) = u(x,y) + \mathrm{i}v(x,y)$ der w-Ebene zugeordnet. Diese Zuordnung stellt eine komplexwertige Funktion f dar (Abb. 23.1-1). Sie heißt im Punkte $z_0 \in M$ *stetig*, wenn für jede Folge $\{z_n\}$ mit $z_n \in M$, die nach z_0 konvergiert, auch $f(z_n)$ nach $f(z_0)$ konvergiert. Eine Folge $\{z_n\}$ komplexer Zahlen konvergiert dabei genau dann, wenn die Folge $\{\mathrm{Re}\, z_n\}$ der Realteile und die Folge $\{\mathrm{Im}\, z_n\}$ der Imaginärteile für $n = 1, 2, \ldots$ konvergieren. Das bedeutet aber, daß f in $z_0 = x_0 + \mathrm{i}y_0$ genau dann stetig ist, wenn u und v in (x_0, y_0) stetig sind. Eine in M definierte Funktion heißt auf M stetig, wenn sie in jedem Punkt von M stetig ist.

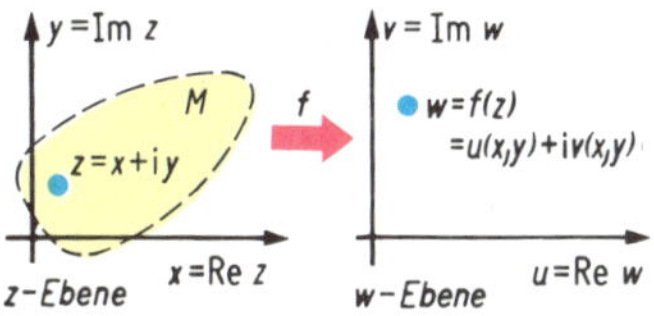

23.1-1 Zuordnung von Punkten $z = x + \mathrm{i}y$ zu Punkten $w = u + \mathrm{i}v$ durch die komplexwertige Funktion f mit $z \mapsto f(z) = w$

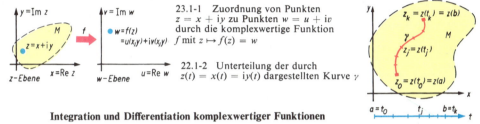

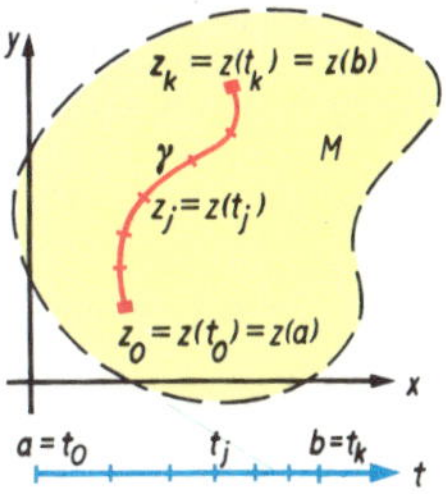

22.1-2 Unterteilung der durch $z(t) = x(t) = \mathrm{i}y(t)$ dargestellten Kurve γ

Integration und Differentiation komplexwertiger Funktionen

Komplexe Kurvenintegrale. Unter einer Kurve in der z-Ebene versteht man eine Punktmenge γ, die sich in der Form $z = z(t) = x(t) + \mathrm{i}y(t)$ mit stetigen reellwertigen Funktionen x und y darstellen läßt. Die Kurve heißt stetig differenzierbar, wenn die Funktionen x und y stetige Ableitungen erster Ordnung nach dem Parameter t haben; die Kurve hat dann eine endliche Länge l (vgl. Kap. 20.3. – Bogenlänge einer ebenen Kurve) und in jedem ihrer Punkte eine Tangente. Die Punktmenge γ ist das durch die Funktion z in der z-Ebene entworfene Bild des Intervalls $[a, b]$, das in die k Teilintervalle $[a, t_1], [t_1, t_2], \ldots, [t_{k-1}, b]$ durch Punkte t_j, $j = 0, 1, 2, \ldots, k$, zerlegt werden soll, denen auf der Kurve die Punkte $z_j = z(t_j)$ entsprechen (Abb. 23.1-2) (vgl. Kap. 26.1. – Kurventheorie im euklidischen Raum). Betrachtet man nur Unterteilungsfolgen, für die die Länge des längsten Teilintervalls für $k \to \infty$ gegen Null geht und ist die Menge γ in der Definitionsmenge M einer auf M stetigen komplexwertigen Funktion $f(z)$ enthalten, so konvergieren die Summen $\sum_{j=1}^{k} f(z_j)(z_j - z_{j-1})$ gegen eine komplexe Zahl, die das komplexe Kurvenintegral $\int f(z)\,\mathrm{d}z$ von f längs γ heißt. Dieser Grenzwert ist von der jeweiligen Wahl der ausgezeichneten Unterteilungsfolge unabhängig. Wegen $f = u + \mathrm{i}v$ und $z_j = x(t_j) + \mathrm{i}y(t_j)$ erhält man für die Produkte in der Summe

$$\begin{aligned} f(z_j)(z_j - z_{j-1}) &= u(x_j, y_j)(x_j - x_{j-1}) - v(x_j, y_j)(y_j - y_{j-1}) \\ &\quad + \mathrm{i}[u(x_j, y_j)(y_j - y_{j-1}) + v(x_j, y_j)(x_j - x_{j-1})] \end{aligned}$$

und nach der Definition des reellen Kurvenintegrals zweiter Art (vgl. Kap. 20.4. – Integration von Funktionen mehrerer Variabler)

$$\begin{aligned} \int_\gamma f(z)\,\mathrm{d}z &= \int_\gamma (u\,\mathrm{d}x - v\,\mathrm{d}y) + \mathrm{i}\int_\gamma (u\,\mathrm{d}y + v\,\mathrm{d}x) \\ &= \int_{t=a}^{b} \left(u\frac{\mathrm{d}x}{\mathrm{d}t} - v\frac{\mathrm{d}y}{\mathrm{d}t}\right)\mathrm{d}t + \mathrm{i}\int_{t=a}^{b}\left(v\frac{\mathrm{d}x}{\mathrm{d}t} + u\frac{\mathrm{d}y}{\mathrm{d}t}\right)\mathrm{d}t, \end{aligned}$$

da z. B. $\int_\gamma u(x, y)\,\mathrm{d}x = \int_{t=a}^{b} u(x(t), y(t))\frac{\mathrm{d}x(t)}{\mathrm{d}t}\,\mathrm{d}t$. Nach der Definition $\frac{\mathrm{d}x(t)}{\mathrm{d}t} + \mathrm{i}\frac{\mathrm{d}y(t)}{\mathrm{d}t} = \frac{\mathrm{d}z(t)}{\mathrm{d}t}$ ergibt sich schließlich

$$\int_\gamma f(z)\,\mathrm{d}z = \int_{t=a}^{b} f(z(t))\frac{\mathrm{d}z(t)}{\mathrm{d}t}\,\mathrm{d}t.$$

Für die zu $z = \alpha + \mathrm{i}\beta$ konjugiert komplexe Zahl $\bar{z} = \alpha - \mathrm{i}\beta$ gewinnt man wegen $\alpha = {}^1/_2\,(z + \bar{z})$ und $\beta = (z - \bar{z})/(2\mathrm{i})$ aus Summen $\sum_{j=1}^{k} f(z_j)(\bar{z} - \bar{z}_{j-1})$ entsprechend das Kurvenintegral

$$\int_\gamma f(z)\,\mathrm{d}\bar{z} = \int_{t=a}^{b} f(z(t))\frac{\overline{\mathrm{d}z(t)}}{\mathrm{d}t}\,\mathrm{d}t.$$

Beispiel 1: Die im positiven Sinn durchlaufene Kreislinie γ um $z = 0$ mit dem Radius $R = 1$ (Abb. 23.1-3) läßt sich darstellen durch $z(t) = \cos t + \mathrm{i} \sin t$, wenn $0 \leqslant t \leqslant 2\pi$. Bezüglich dieser Darstellung ist $\frac{\mathrm{d}z(t)}{\mathrm{d}t} = -\sin t + \mathrm{i} \cos t$, und man erhält

$$\int_\gamma \frac{1}{z}\,\mathrm{d}z = \int_{t=0}^{2\pi} \frac{1}{z(t)} \cdot \frac{\mathrm{d}z(t)}{\mathrm{d}t}\,\mathrm{d}t = \int_{t=0}^{2\pi} \frac{-\sin t + \mathrm{i}\cos t}{\cos t + \mathrm{i}\sin t}\,\mathrm{d}t = \mathrm{i}\int_{t=0}^{2\pi} \mathrm{d}t = 2\pi\mathrm{i},$$

da $\mathrm{i}(\cos t + \mathrm{i}\sin t) = -\sin t + \mathrm{i}\cos t$.

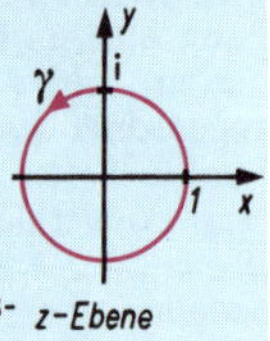

23.1-3 Zum Integral $\int_\gamma (1/z)\,\mathrm{d}z = 2\pi\mathrm{i}$, wenn γ der im positiven Sinn durchlaufene Einheitskreis ist

Partielle komplexe Differentiationen. Zwei in der offenen Menge M der z-Ebene definierte reellwertige Funktionen u und v mit stetigen partiellen Ableitungen erster Ordnung lassen sich in $(x_0, y_0) \in M$ linearisieren, d. h. approximieren durch die Näherungspolynome erster Ordnung:

$$\tilde{u}(x, y) = u(x_0, y_0) + \frac{\partial u(x_0, y_0)}{\partial x}(x - x_0) + \frac{\partial u(x_0, y_0)}{\partial y}(y - y_0)$$

und $$\tilde{v}(x, y) = v(x_0, y_0) + \frac{\partial v(x_0, y_0)}{\partial x}(x - x_0) + \frac{\partial v(x_0, y_0)}{\partial y}(y - y_0).$$

Danach kann $f = u + \mathrm{i}v$ in $z_0 = x_0 + \mathrm{i}y_0$ linearisiert werden durch

$$\tilde{f}(z) = f(z_0) + \left[\frac{\partial u(x_0, y_0)}{\partial x} + \mathrm{i}\frac{\partial v(x_0, y_0)}{\partial x}\right](x - x_0) + \left[\frac{\partial u(x_0, y_0)}{\partial y} + \mathrm{i}\frac{\partial v(x_0, y_0)}{\partial y}\right](y - y_0).$$

Durch Einsetzen von $(x - x_0) = {}^1/_2\,[(z - z_0) + \overline{(z - z_0)}]$ und $y - y_0 = 1/(2\mathrm{i})\,[(z - z_0) - \overline{(z - z_0)}]$ und bei Beachtung von $\frac{\partial u}{\partial x} + \mathrm{i}\frac{\partial v}{\partial x} = \frac{\partial f}{\partial x}$ bzw. $\frac{\partial u}{\partial y} + \mathrm{i}\frac{\partial v}{\partial y} = \frac{\partial f}{\partial y}$ lautet diese Linearisierung

$$\tilde{f}(z) = f(z_0) + \frac{1}{2}\left[\frac{\partial f(z_0)}{\partial x} - \mathrm{i}\frac{\partial f(z_0)}{\partial y}\right](z - z_0) + \frac{1}{2}\left[\frac{\partial f(z_0)}{\partial x} + \mathrm{i}\frac{\partial f(z_0)}{\partial y}\right] \cdot \overline{(z - z_0)}.$$

Hiervon ausgehend werden die partiellen komplexen Differentialquotienten erster Ordnung von f bezüglich z bzw. $\bar{z}$ im Punkte z_0 definiert:

$$\frac{\partial f(z_0)}{\partial z} = \frac{1}{2}\left[\frac{\partial f(z_0)}{\partial x} - \mathrm{i}\frac{\partial f(z_0)}{\partial y}\right] \quad \text{und} \quad \frac{\partial f(z_0)}{\partial \bar{z}} = \frac{1}{2}\left[\frac{\partial f(z_0)}{\partial x} + \mathrm{i}\frac{\partial f(z_0)}{\partial y}\right].$$

Für diese Differentiationen gelten die für reellwertige Funktionen bekannten Regeln, z. B. gelten

$$\frac{\partial[f(z) + g(z)]}{\partial z} = \frac{\partial f(z)}{\partial z} + \frac{\partial g(z)}{\partial z} \quad \text{und} \quad \frac{\partial[f(z) \cdot g(z)]}{\partial \bar{z}} = f(z) \cdot \frac{\partial g(z)}{\partial \bar{z}} + g(z) \cdot \frac{\partial f(z)}{\partial \bar{z}}$$

Beispiele. 2: Für $f(z) = \text{const}$ folgt $\frac{\partial f(z)}{\partial x} = 0$ und $\frac{\partial f(z)}{\partial y} = 0$ und damit $\frac{\partial f(z)}{\partial z} = 0$ und $\frac{\partial f(z)}{\partial \bar{z}} = 0$.

3: Für $f(z) = z = x + \mathrm{i}y$ folgt $\frac{\partial f(z)}{\partial x} = 1$ und $\frac{\partial f(z)}{\partial y} = \mathrm{i}$ und damit $\frac{\partial f(z)}{\partial z} = 1$ und $\frac{\partial f(z)}{\partial \bar{z}} = 0$.

4: Für $f(z) = \bar{z} = x - \mathrm{i}y$ folgt $\frac{\partial f(z)}{\partial x} = 1$ und $\frac{\partial f(z)}{\partial y} = -\mathrm{i}$ und damit $\frac{\partial f(z)}{\partial z} = 0$ und $\frac{\partial f(z)}{\partial \bar{z}} = 1$.

5: Nach der Regel für die Differentiation eines Produkts ergibt sich für $z^2, z^3, \ldots, z^n$ durch Induktion $\frac{\partial z^2}{\partial z} = 2z$, $\frac{\partial z^3}{\partial z} = 3z^2$, ..., $\frac{\partial z^n}{\partial z} = nz^{n-1}$ sowie $\frac{\partial z^2}{\partial \bar{z}} = 0$, $\frac{\partial z^3}{\partial \bar{z}} = 0$, ..., $\frac{\partial z^n}{\partial \bar{z}} = 0$.

6: Für das Polynom $f(z) = a_0 + a_1 z + a_2 z^2 + \cdots + a_n z^n$ mit konstanten Koeffizienten a_j folgt $\frac{\partial f(z)}{\partial z} = 0 + a_1 + 2a_2 z + \cdots + n a_n z^{n-1}$ und $\frac{\partial f(z)}{\partial \bar{z}} = 0$.

Die Folge $\{s_n(z)\}$ der Summen $s_n(z) = \sum_{\nu=0}^{n} a_\nu (z - z_0)^\nu$ konvergiert für $n \to \infty$ entweder nur in $z = z_0$ oder in einer Kreisscheibe $\{z\colon |z - z_0| < R\}$ bzw. in der ganzen Ebene. Für die Grenzfunktion f gilt $\frac{\partial f(z)}{\partial z} = \sum_{\nu=1}^{\infty} \nu a_\nu (z - z)^{\nu-1}$ und $\frac{\partial f(z)}{\partial \bar{z}} = 0$ (vgl. Kap. 21.1.).

Als Spezialfall dazu wird die komplexe Exponentialfunktion exp definiert durch $\exp z = \sum_{\nu=1}^{k} \frac{z^\nu}{\nu!}$; ihr Konvergenzkreis ist die ganze z-Ebene, und es gilt $\frac{\partial \exp z}{\partial z} = \exp z$.

Für die Exponentialfunktion gilt die Eulersche Formel $\exp(i\varphi) = \cos\varphi + i\sin\varphi$. Die Funktionalgleichung $\exp(z_1 + z_2) = \exp z_1 \cdot \exp z_2$ oder $\exp z_0 = \exp(z_0 - z) \cdot \exp z$ ergibt sich aus $\frac{\partial}{\partial z}[\exp(z_0 - z) \cdot \exp z] = -\exp(z_0 - z)\exp z + \exp(z_0 - z)\exp z = 0$, da deshalb $\exp(z_0 - z)\exp z = \text{const} = \exp z_0$ ist.

Holomorphe Funktionen

Eine in der offenen Menge M definierte Funktion f heißt holomorph, wenn in jedem Punkt $z \in M$ gilt $\frac{\partial f(z)}{\partial \bar{z}} = 0$. Bei holomorphen Funktionen schreibt man anstatt $\frac{\partial f}{\partial z}$ auch $\frac{\mathrm{d}f}{\mathrm{d}z}$ oder f'. Wie schon angegeben wurde, ist die Grenzfunktion einer Potenzreihe holomorph. Ein Gebiet G ist eine offene Punktmenge, in der man stets je zwei Punkte durch eine in G verlaufende Kurve verbinden kann. In einem *einfach zusammenhängenden Gebiet* G (vgl. Kap. 33.1. – Topologische Eigenschaften) lassen sich zwei dieser Kurven mit gleichem Anfangs- und gleichem Endpunkt stets so stetig ineinander deformieren, daß man dabei das Gebiet G nicht verläßt (Abb. 23.1-4).

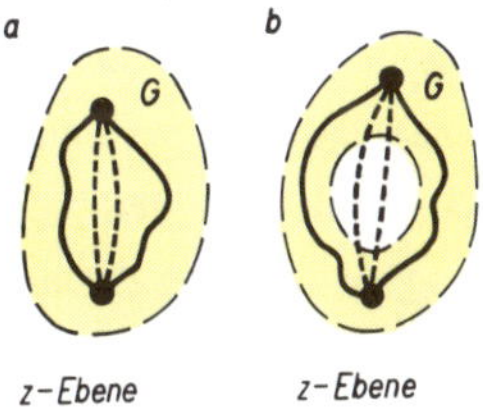

23.1-4 a) einfach, b) nicht einfach zusammenhängendes Gebiet G

Zu einer in einem einfach zusammenhängenden Gebiet G definierten holomorphen Funktion f gibt es eine bis auf eine additive Konstante eindeutig bestimmte holomorphe Stammfunktion F, für die gilt $f(z) = \frac{\mathrm{d}F(z)}{\mathrm{d}z}$. *Längs einer vom Punkt* z_1 *zum Punkt* z_2 *in G verlaufenden Kurve* γ *gilt* $\int_\gamma f(z)\,\mathrm{d}z = F(z_2) - F(z_1)$.

Beispiel 1: Für $f(z) = z^2$ stellt $F(z) = {}^1/_3 z^3$ eine Stammfunktion F dar. Verbindet γ den Punkt $z_1 = 1$ mit $z_2 = 2 + i$, so ist $\int_\gamma z^2\,\mathrm{d}z = {}^1/_3(2 + i)^3 - {}^1/_3 \cdot 1^3 = {}^1/_3 + {}^{11}/_3\, i$.

Ist die geschlossene Kurve γ der Rand des Teils B von G, so gilt der *Satz von Ostrogradski-Gauß*

$$\int_\gamma (u\,\mathrm{d}x + v\,\mathrm{d}y) = \iint_B \left(\frac{\partial v}{\partial x} - \frac{\partial u}{\partial y}\right) \mathrm{d}x\,\mathrm{d}y.$$

Nach ihm erhält man

$$\begin{aligned}\int_\gamma f(z)\,\mathrm{d}z &= \int_\gamma (u\,\mathrm{d}x - v\,\mathrm{d}y) + i\int_\gamma (u\,\mathrm{d}y + v\,\mathrm{d}x)\\ &= -\iint_B \left(\frac{\partial v}{\partial x} + \frac{\partial u}{\partial y}\right)\mathrm{d}x\,\mathrm{d}y + i\iint_B \left(\frac{\partial u}{\partial x} - \frac{\partial v}{\partial y}\right)\mathrm{d}x\,\mathrm{d}y\\ &= \iint_B \left[i\left(\frac{\partial u}{\partial x} + i\frac{\partial v}{\partial x}\right) + i^2\left(\frac{\partial u}{\partial y} + i\frac{\partial v}{\partial y}\right)\right]\mathrm{d}x\,\mathrm{d}y\\ &= i\iint_B \left[\frac{\partial f}{\partial x} + i\frac{\partial f}{\partial y}\right]\mathrm{d}x\,\mathrm{d}y = 2i\iint_B \frac{\partial f(z)}{\partial \bar{z}}\,\mathrm{d}x\,\mathrm{d}y.\end{aligned}$$

Da für holomorphe Funktionen $\frac{\partial f(z)}{\partial \bar{z}} = 0$ gilt, folgt daraus $\int_\gamma f(z)\,\mathrm{d}z = 0$. Auf diese Weise läßt sich der Cauchysche Integralsatz herleiten:

Cauchyscher Integralsatz. Ist γ_0 eine geschlossene Kurve in dem einfach zusammenhängenden Gebiet G, so gilt $\int_{\gamma_0} f(z)\,\mathrm{d}z = 0$ für die in G holomorphe Funktion f.

Der Cauchysche Integralsatz folgt auch aus dem Satz von der Existenz einer Stammfunktion $F(z)$ zu f in einem einfach zusammenhängenden Gebiet. Denn ist γ geschlossen, so ist der Anfangspunkt z_1 dem Endpunkt z_2 gleich, und deshalb gilt $\int_\gamma f(z)\,\mathrm{d}z = F(z_2) - F(z_1) = 0$.

Die Werte einer holomorphen Funktion f sind im Innern einer ganz in M gelegenen Kreisscheibe $\{z\colon |z - z_0| \leqslant R\}$ nach der Cauchyschen Integralformel bestimmt durch die Werte $f(\zeta)$, die f auf dem positiv durchlaufenen Rand γ_0 dieser Scheibe annimmt (Abb. 23.1-5). Denn nach dem

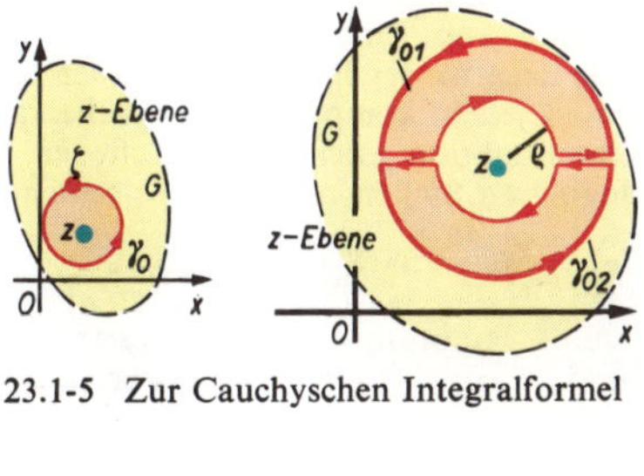

23.1-5 Zur Cauchyschen Integralformel

Cauchyschen Integralsatz verschwinden die Integrale $\int\limits_{\gamma_{01}} \frac{f(\zeta)}{\zeta - z}\, d\zeta = 0$, $\int\limits_{\gamma_{02}} \frac{f(\zeta)}{\zeta - z}\, d\zeta = 0$ längs der geschlossenen Kurven γ_{01}, γ_{02}. Addiert man beide und läßt den Radius ϱ nach Null gehen, so ergibt sich nach dem Beispiel über komplexe Kurvenintegrale die Cauchysche Integralformel.

Cauchysche Integralformel	$f(z) = \frac{1}{2\pi i} \int\limits_{\gamma_0} \frac{f(\zeta)}{\zeta - z}\, d\zeta$

Die in der Kreisscheibe $\{z\colon |z - z_0| < R\}$ holomorphe Funktion f kann als Grenzfunktion durch eine eindeutig bestimmte Potenzreihe $f(z) = \sum\limits_{\nu=0}^{\infty} a_\nu (z - z_0)^\nu$ mit dem Konvergenzkreisradius R dargestellt werden und hat den ebenfalls holomorphen Differentialquotienten $\frac{df(z)}{dz} = \sum\limits_{\nu=1}^{\infty} \nu a_\nu (z - z_0)^{\nu-1}$. Durch wiederholtes Differenzieren erhält man holomorphe Differentialquotienten jeder Ordnung k, die ebenfalls durch Differenzieren aus der Cauchyschen Integralformel gewonnen werden können. Setzt man $z = z_0$, so lassen sich aus dem Vergleich beider Ergebnisse die Koeffizienten a_ν der Reihe für $f(z)$, beginnend mit $a_0 = f(z_0)$, bestimmen.

Die in $\{z\colon |z - z_0| < R\}$ durch die Potenzreihe $f(z) = \sum\limits_{\nu=0}^{\infty} a_\nu (z - z_0)^\nu$ eindeutig dargestellte holomorphe Funktion f hat holomorphe Differentialquotienten $\frac{d^k f(z)}{dz^k} = \frac{k!}{2\pi i} \int\limits_{\gamma_0} \frac{f(\zeta)\, d\zeta}{(\zeta - z)^{k+1}}$ jeder Ordnung k, und die Koeffizienten der Potenzreihe sind durch $a_\nu = \frac{1}{2\pi i} \int\limits_{\gamma_0} \frac{f(\zeta)}{(\zeta - z_0)^{\nu+1}}\, d\zeta$ bestimmt, wenn γ_0 eine im Innern des Konvergenzkreises gelegene Kurve ist, die z bzw. z_0 einmal im positiven Sinn umschlingt.

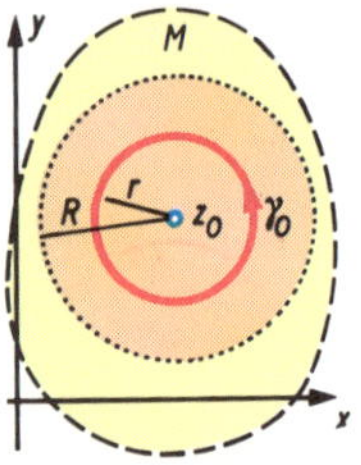

23.1-6 Zur Laurent-Entwicklung in der punktierten offenen Kreisscheibe

Isolierte singuläre Stellen holomorpher Funktionen. Ist die punktierte Kreisscheibe $\{z\colon 0 < |z - z_0| < R\}$ in der offenen Menge M, z_0 selbst aber nicht notwendig in M enthalten, und ist f in M holomorph, so läßt sich f in der *punktierten Kreisscheibe* (Abb. 23.1-6) in einer eindeutig bestimmten *Laurent-Entwicklung* darstellen, deren Glieder mit negativen Indizes $\nu < 0$ ihr *Hauptteil* genannt wird. Der Koeffizient ihres ersten Gliedes $a_{-1} = \operatorname{Res}\limits_{z_0} f$ heißt *Residuum* von f in z_0. Der Punkt z_0 heißt *isolierte singuläre Stelle* von f.

Laurent-Entwicklung:

$$f(z) = \sum_{\nu=-\infty}^{+\infty} a_\nu (z - z_0)^\nu = \cdots + \frac{a_{-2}}{(z - z_0)^2} + \frac{a_{-1}}{z - z_0} + a_0 + a_1(z - z_0) + a_2(z - z_0)^2 + \cdots$$

mit $a_\nu = \frac{1}{2\pi i} \int\limits_{\gamma_0} \frac{f(\zeta)\, d\zeta}{(\zeta - z_0)^{\nu+1}}$, $a_{-1} = \frac{1}{2\pi i} \int\limits_{\gamma_0} f(\zeta)\, d\zeta$, wenn γ_0 die positiv durchlaufene Kreislinie $\{\zeta\colon |\zeta - z_0| = r\}$, $0 < r < R$ ist.

Ist $a_\nu = 0$ für alle negativen ν, d. h., ist der Hauptteil Null, so reduziert sich die Laurent-Reihe auf eine Potenzreihe, und f ist in der ganzen Kreisscheibe $\{z\colon |z - z_0| < R\}$ holomorph, wenn $f(z_0) = a_0$ gesetzt wird. Man nennt z_0 in diesem Fall *hebbare singuläre* Stelle von f. Sie heißt dagegen *Polstelle* n-ter Ordnung von f, wenn $a_{-n} \neq 0$, aber $a_{-n-1} = 0$, $a_{-n-2} = 0, \ldots$, d. h., wenn nur endlich viele a_ν für negatives ν von Null verschieden sind. Für hinreichend nahe an z_0 liegende z wird $|f(z)|$ dann beliebig groß. Eine *wesentlich singuläre Stelle* z_0 von f liegt dagegen vor, wenn $a_\nu \neq 0$ für unendlich viele negative ν gilt. Nach dem Satz von Casorati-Weierstrass kommt f dann in jeder Umgebung von z_0 jedem komplexen Wert beliebig nahe.

Eine Funktion f heißt in der offenen Menge M *meromorph*, wenn sie mit Ausnahme von hebbaren singulären Stellen oder von Polstellen in M holomorph ist.

Beispiel 2: Die durch $f(z) = \frac{1}{z+1} + \frac{z}{1+z^2} = \frac{1}{z+1} + \frac{z}{2i(z-i)} - \frac{z}{2i(z+i)}$ dargestellte Funktion f ist in der ganzen Ebene meromorph; sie hat an den Stellen $z_1 = -1$, $z_2 = i$ und $z_3 = -i$ je einen Pol erster Ordnung.

Multipliziert man eine meromorphe Funktion f, die in z_0 eine Polstelle höchstens n-ter Ordnung hat, mit $(z - z_0)^n$, so entsteht eine Potenzreihe, in der a_{-1} der Koeffizient des Gliedes $a_{-1}(z - z_0)^{n-1}$ ist. Durch wiederholtes Differenzieren gewinnt man daraus das Residuum a_{-1} der Funktion f.

$$\operatorname*{Res}_{z_0} f = a_{-1} = \frac{1}{(n-1)!} \lim_{z \to z_0} \frac{\mathrm{d}^{n-1}[(z - z_0)^n f(z)]}{\mathrm{d}z^{n-1}}$$

Liegt im Definitionsgebiet M einer meromorphen Funktion f eine geschlossene Kurve γ_0, liegen die isolierten singulären Stellen z_0 von f aber nicht auf γ_0, so läßt sich für jeden Punkt ζ auf γ_0 nach $\zeta - z_0 = |\zeta - z_0| (\cos \varphi + \mathrm{i} \sin \varphi)$ der Winkel φ berechnen (Abb. 23.1-7), den die Richtung von z_0 nach ζ mit der positiven reellen Achse bildet. Dieser Winkel φ ist nur bis auf ganzzahlige Vielfache $2k\pi$ von 2π bestimmt, k läßt sich aber so wählen, daß sich φ stetig ändert, wenn ζ die Kurve γ_0 stetig durchläuft. Kehrt ζ nach Durchlaufen von γ_0 zum Ausgangspunkt zurück, so hat sich φ um $2n\pi$ geändert. Die *Windungszahl* $n = n(\gamma_0, z_0)$ ist ganzzahlig und hängt von der Kurve γ_0, vom Durchlaufsinn und von der Lage von z_0 zu ihr ab (Abb. 23.1-8). Wird z_0 von γ_0 umschlossen, hat die Kurve γ_0 keinen Doppelpunkt und wird im positiven Sinne durchlaufen, so gilt nach der Laurent-Entwicklung $\int_{\gamma_0} f(\zeta)\, \mathrm{d}\zeta = 2\pi \mathrm{i} a_{-1}$. Allgemein läßt sich der folgende Satz herleiten.

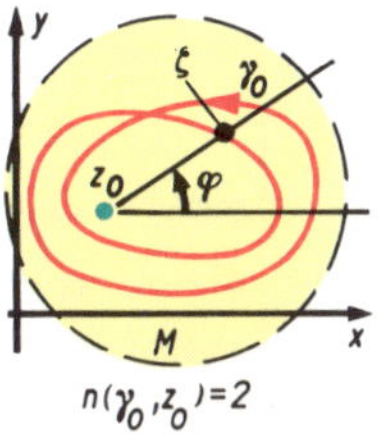

23.1-7 Zur Definition der Windungszahl n (γ_0, z_0)

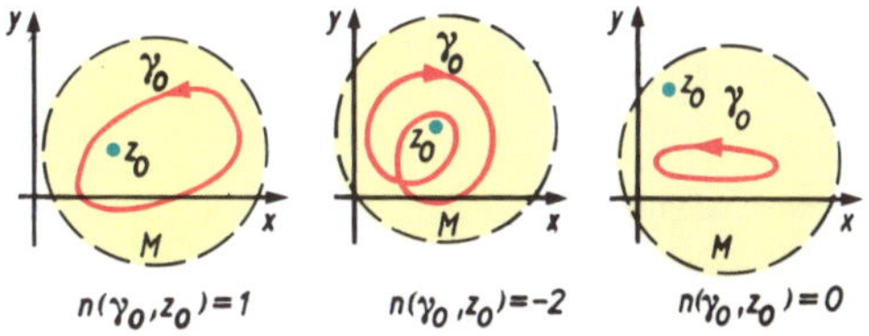

23.1-8 Beispiele für Windungszahlen

Residuensatz. $\int_{\gamma_0} f(\zeta)\, \mathrm{d}\zeta = 2\pi \mathrm{i} \sum_{z_0} n(\gamma_0, z_0) \cdot \operatorname*{Res}_{z_0} f$, falls γ_0 eine geschlossene Kurve in dem einfach zusammenhängenden Gebiet M und f in M bis auf die isoliert singulären Stellen z_0 holomorph ist. Über die z_0 wird summiert.

Beispiel 3: Die durch $f(z) = \dfrac{1}{z+1} - \dfrac{1}{z-1}$ dargestellte meromorphe Funktion f hat für $z_1 = -1$ und $z_2 = +1$ je einen Pol. In einer Umgebung von z_1 stellt $\dfrac{-1}{z-1}$ eine holomorphe Funktion dar und läßt sich in die Potenzreihe $\boldsymbol{P}_1$ entwickeln, entsprechend $\dfrac{1}{z+1}$ in einer Umgebung von z_2 in $\boldsymbol{P}_2$. Aus $f(z) = \dfrac{1}{z+1} + \boldsymbol{P}_1 = \dfrac{-1}{z-1} + \boldsymbol{P}_2$ erhält man $\operatorname*{Res}_{z_0=-1} f = +1$ und $\operatorname*{Res}_{z_0=+1} f = -1$. Ist γ_0 die negativ durchlaufene Kreislinie um $z = 2$ mit Radius 2 (Abb. 23.1-9), so ist $n(\gamma_0, -1) = 0$ und $n(\gamma_0, +1) = -1$; damit ergibt sich nach dem Residuensatz

$$\int_{\gamma_0} \left(\frac{1}{\zeta+1} - \frac{1}{\zeta-1} \right) \mathrm{d}\zeta = 2\pi \mathrm{i}[1 \cdot 0 + (-1)(-1)] = 2\pi \mathrm{i}.$$

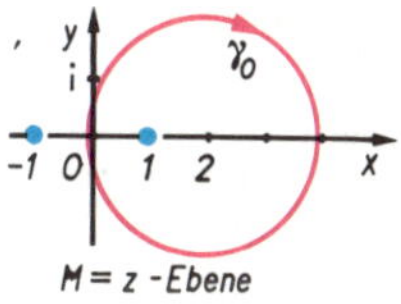

23.1-9 Anwendung des Residuensatzes auf $f(z) = \dfrac{1}{z+1} - \dfrac{1}{z-1}$

Holomorphe Funktionen mehrerer komplexer Veränderlicher

Eine in der offenen Menge G der Menge $\mathbf{C}^n$ aller geordneten n-Tupel komplexer Zahlen $(z_1, \ldots, z_n)$ definierte Funktion f heißt holomorph, wenn jede Funktion f holomorph ist, in der nur eine der n Veränderlichen, z. B. z_j, variabel, die anderen aber fest sind. Sie genügen damit den Differentialgleichungen $\dfrac{\partial f}{\partial \bar{z}_1} = 0, \ldots, \quad \dfrac{\partial f}{\partial \bar{z}_n} = 0.$

Die Punktmenge $\{(z_1, \ldots, z_n): |z_j - z_j^0| \leqslant R_j, j = 1, \ldots, n\}$ wird *abgeschlossener Polyzylinder* genannt; dabei ist $(z_1^0, \ldots, z_n^0)$ ein fest gewählter Punkt der Menge $\mathbf{C}^n$. Liegt er ganz in G, so läßt sich f für alle in seinem Inneren gelegenen Punkte $\{(z_1, \ldots, z_n): |z_j - z_j^0| < R_j, j = 1, \ldots, n\}$ durch eine verallgemeinerte *Cauchysche Integralformel* darstellen, in der die *Bestimmungsfläche* $S\{(z_1, \ldots, z_n): |z_j - z_j^0| = R_j, j = 1, \ldots, n\}$ eine Teilmenge vom Rand des Polyzylinders ist.

Verallgemeinerte Cauchysche Integralformel	$f(z_1, \ldots, z_n) = \dfrac{1}{(2\pi \mathrm{i})^n} \int_S \dfrac{f(\zeta_1, \ldots, \zeta_n)}{(\zeta_1 - z_1) \cdots (\zeta_n - z_n)} \mathrm{d}\zeta_1 \cdots \mathrm{d}\zeta_n$

Ist G ein Gebiet, d. h. eine zusammenhängende offene Punktmenge, so sind zwei in G holomorphe Funktionen in jedem Punkt von G gleich, wenn sie nur auf der Bestimmungsfläche eines in G gelegenen Polyzylinders übereinstimmen.
Lokal lassen sich die holomorphen Funktionen als Grenzfunktionen einer Potenzreihe
$\sum\limits_{\nu_1, \dots, \nu_n} c_{\nu_1, \dots, \nu_n}(z_1 - z_1^0)^{\nu_1} \cdots (z_n - z_n^0)^{\nu_n}$ darstellen.
Weitere Verallgemeinerungen bestehen darin, daß man anstelle holomorpher Funktionen von einer oder von mehreren komplexen Variablen auch komplexwertige Funktionen betrachtet, die Lösung allgemeiner partieller komplexer Differentialgleichungen sind, z. B. der Vekuaschen Differentialgleichung $\dfrac{\partial w}{\partial \bar{z}} = A(z)\, w + B(z)\, \bar{w}$. Dabei können die Differentiationen auch im Sinne der Differentiation von Distributionen verstanden werden.

23.2. Anwendungen der Funktionentheorie

Berechnung reeller Integrale. Als *Cauchyscher Hauptwert* wird der Grenzwert $\lim\limits_{R \to \infty} \int\limits_{-R}^{+R} f(x)\, \mathrm{d}x$ des bestimmten Integrals einer reellen Funktion $f(x)$ bezeichnet, falls er existiert. In Verallgemeinerung dieser Festlegung kann das Integral $\int\limits_{-\infty}^{+\infty} f(x)\, \mathrm{d}x$ einer reellwertigen Funktion $f(x)$ nach dem Residuensatz bestimmt werden, wenn die folgenden drei Voraussetzungen erfüllt sind: 1. Es gibt eine meromorphe Funktion $f(z)$, die für $\operatorname{Im} z = 0$ die Werte der gegebenen reellwertigen Funktion $f(x)$ annimmt. 2. Es gibt für beliebig große R eine ganz im Definitionsgebiet von $f(z)$ liegende geschlossene Kurve γ_R, die die Achse des Reellen von $-R$ bis $+R$ bis auf Polstellen $z_0 = x_0$ von $f(z)$ enthält und vom Punkt $+R$ in einem Halbkreis mit dem Radius R zum Punkte $-R$ führt; die Polstellen $z_0 = x_0$ werden durch Halbkreise mit dem Radius ϱ ins Innere der Kurve γ_R einbezogen oder vom Inneren ausgeschlossen (Abb. 23.2-1). 3. Das Kurvenintegral der meromorphen Funktion über den Halbkreis mit Radius R hat für $R \to \infty$ den Grenzwert Null. Dann tritt jedes Residuum einer Polstelle z_0 von $f(z)$ mit $\operatorname{Im} z_0 > 0$ mit dem Faktor $2\pi\mathrm{i}$ auf und das für Polstellen z_0 mit $\operatorname{Im} z_0 = 0$ auf der Achse der reellen Zahlen mit dem Faktor $\pm\pi\mathrm{i}$ auf.

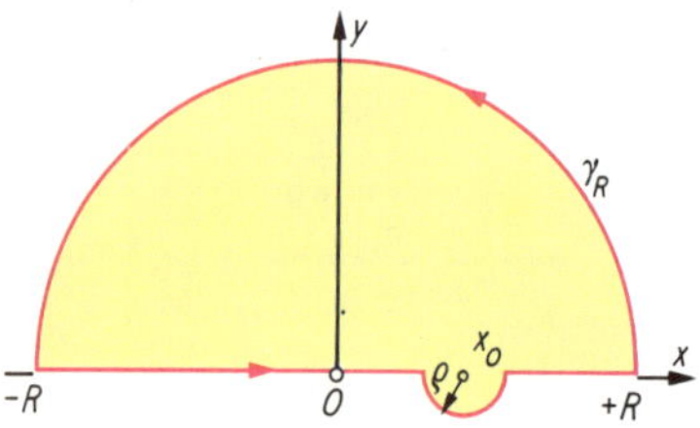

23.2-1 Zur Berechnung reeller Integrale

$$\int\limits_{-\infty}^{+\infty} \frac{p_1(x)}{p_2(x)}\, \mathrm{d}x = 2\pi\mathrm{i} \sum_{\operatorname{Im} z_0 > 0} \operatorname{Res}_{z_0} \frac{p_1(z)}{p_2(z)} + \pi\mathrm{i} \sum_{\operatorname{Im} z_0 = 0} \operatorname{Res}_{z_0} \frac{p_1(z)}{p_2(z)},$$

$$\int\limits_{-\infty}^{+\infty} \frac{p_3(x)}{p_4(x)} \cos x\, \mathrm{d}x + \mathrm{i} \int\limits_{-\infty}^{+\infty} \frac{p_3(x)}{p_4(x)} \sin x\, \mathrm{d}x$$

$$= 2\pi\mathrm{i} \sum_{\operatorname{Im} z_0 > 0} \operatorname{Res}_{z_0} \left[\frac{p_3(z)}{p_4(z)} \exp \mathrm{i}z\right] + \pi\mathrm{i} \sum_{\operatorname{Im} z_0 = 0} \left[\operatorname{Res}_{z_0} \frac{p_3(z)}{p_4(z)} \exp \mathrm{i}z\right],$$

falls die in der z-Ebene durch $\dfrac{p_1(z)}{p_2(z)}$ bzw. $\dfrac{p_3(z)}{p_4(z)}$ definierten meromorphen Funktionen auf der reellen Achse nur Pole erster Ordnung haben, der Grad von p_2 wenigstens um 2 größer als der von p_1 und der von p_4 wenigstens um 1 größer als der von p_3 ist.

Beispiel 1: $\int\limits_{0}^{+\infty} \dfrac{1}{1 + x^2}\, \mathrm{d}x = \dfrac{1}{2} \int\limits_{-\infty}^{+\infty} \dfrac{1}{1 + x^2}\, \mathrm{d}x = \dfrac{\pi}{2}$. Setzt man in der angegebenen Formel $p_1(z) = 1$, $p_2(z) = 1 + z^2 = (z + \mathrm{i})(z - \mathrm{i})$, so findet man $\operatorname{Res}\limits_{z_0 = \mathrm{i}} \dfrac{1}{1 + z^2} = \lim\limits_{z \to \mathrm{i}} \left[\dfrac{z - i}{1 + z^2}\right] = \lim\limits_{z \to \mathrm{i}} \dfrac{1}{z + \mathrm{i}} = \dfrac{1}{2\mathrm{i}} = -\dfrac{\mathrm{i}}{2}$ und damit das Ergebnis.

Beispiel 2: $\int\limits_{-\infty}^{+\infty} \dfrac{\sin x}{x}\, \mathrm{d}x = \pi$. Der Residuensatz wird angewendet auf die durch $\dfrac{1}{z} \exp \mathrm{i}z$ dargestellte meromorphe Funktion, die nur in $z_0 = 0$ einen Pol erster Ordnung hat. Ihr Residuum in $z_0 = 0$ ist $\operatorname{Res}_{z_0}\left[\frac{\exp \mathrm{i}z}{z}\right] = \lim_{z \to 0}\left[z\frac{\exp \mathrm{i}z}{z}\right] = \lim_{z \to 0} \exp \mathrm{i}z = 1$.

Aus $\int_{-\infty}^{+\infty} \frac{\cos x}{x}\,\mathrm{d}x + \mathrm{i}\int_{-\infty}^{+\infty} \frac{\sin x}{x}\,\mathrm{d}x = \pi\mathrm{i} \cdot 1$ folgen aber $\int_{-\infty}^{+\infty} \frac{\cos x}{x}\,\mathrm{d}x = 0$ und die Behauptung.

Zusammenhänge zwischen komplexer Analysis und partiellen Differentialgleichungen. Nach Definition der holomorphen Funktion $f = u + \mathrm{i}v$ gilt $\frac{\partial f(z)}{\partial \bar{z}} = \frac{1}{2}\left[\frac{\partial f(z)}{\partial x} + \mathrm{i}\frac{\partial f(z)}{\partial y}\right] = 0$ oder $\frac{\partial f(z)}{\partial x} = -\mathrm{i}\frac{\partial f(z)}{\partial y}$ bzw. $\frac{\partial u}{\partial x} + \mathrm{i}\frac{\partial v}{\partial x} = -\mathrm{i}\frac{\partial u}{\partial y} + \frac{\partial v}{\partial y}$. Daraus folgen die Cauchy-Riemannschen Differentialgleichungen.

Cauchy-Riemannsche Differentialgleichungen	$\frac{\partial u}{\partial x} = \frac{\partial v}{\partial y}$ und $-\frac{\partial v}{\partial x} = \frac{\partial u}{\partial y}$

Beispiel 3: Die durch $f(z) = z^2 = (x^2 - y^2) + 2\mathrm{i}xy$ definierte Funktion ist holomorph, deshalb sind $u(x, y) = x^2 - y^2$ und $v(x, y) = 2xy$ eine Lösung der Cauchy-Riemannschen Differentialgleichungen.

Umkehrsatz. Existieren die partiellen Ableitungen erster Ordnung der reellwertigen Funktionen u, v und genügen den Cauchy-Riemannschen Differentialgleichungen, so ist $f = u + \mathrm{i}v$ holomorph.

Differenziert man die erste der Cauchy-Riemannschen Differentialgleichungen nach x und die zweite nach y, so erhält man die *Laplacesche Differentialgleichung* $\frac{\partial^2 u}{\partial x^2} + \frac{\partial^2 u}{\partial y^2} = 0$. Da eine holomorphe Funktion f Ableitungen jeder Ordnung hat, existieren auch die partiellen Ableitungen beliebig hoher Ordnung von u und von v (zum Laplace-Operator vgl. Kap. 36.2.).

Realteil u und Imaginärteil v einer holomorphen Funktion $f = u + \mathrm{i}v$ genügen der Laplaceschen Differentialgleichung $\triangle u = \frac{\partial^2 u}{\partial x^2} + \frac{\partial^2 u}{\partial y^2} = 0$ bzw. $\triangle v = \frac{\partial^2 v}{\partial x^2} + \frac{\partial^2 v}{\partial y^2} = 0$. Umgekehrt gibt es in einem einfach zusammenhängenden Gebiet G zu der Funktion u, die in G Lösung der Laplaceschen Differentialgleichung ist, eine bis auf eine additive Konstante eindeutig bestimmte Funktion v, die mit u die in G holomorphe Funktion $f = u + \mathrm{i}v$ bestimmt.

Beispiel 4: Der Realteil $u(x, y) = x^2 - y^2$ der durch $f(z) = z^2$ definierten holomorphen Funktion f ist Lösung der Laplaceschen Differentialgleichung.

Konforme Abbildung. Die im Gebiet G durch $w = f(z)$ definierte holomorphe Funktion f ordnet jedem Punkt z von G einen Punkt w der w-Ebene zu. Wird γ durch $z = z(t)$, $a \leqslant t \leqslant b$, dargestellt und ist $\frac{\mathrm{d}z(t)}{\mathrm{d}t} = \varrho(t) \exp[\mathrm{i}\beta(t)]$, so bildet die Tangente an die Kurve im Punkt $z(a)$ mit der positiven reellen Achse den Winkel $\beta(a)$. Ist $\left.\frac{\mathrm{d}f(z)}{\mathrm{d}z}\right|_{z=z_0} = \tilde{\varrho} \exp(\mathrm{i}\alpha)$, so bildet wegen

$$\left.\frac{\mathrm{d}f(z(t))}{\mathrm{d}t}\right|_{t=a} = \left.\frac{\mathrm{d}f(z)}{\mathrm{d}z}\right|_{z=z_0} \cdot \left.\frac{\mathrm{d}z(t)}{\mathrm{d}t}\right|_{t=a} = \tilde{\varrho}\varrho(a) \exp[\mathrm{i}(\beta(a) + \alpha)]$$

die Tangente an die Bildkurve im Punkt $f(z(a))$ mit der positiven reellen Achse den Winkel $\beta(a) + \alpha$, d. h., alle Winkel werden um α verdreht. Danach bleibt auch der Winkel $\varphi = \beta_2 - \beta_1$ zwischen zwei Kurven erhalten (Abb. 23.2-2). Daher nennt man die durch f vermittelte Abbildung *winkeltreu* oder *konform*, genauer *direkt konform*, weil der Drehsinn erhalten bleibt. Ist $r(t)$ der Abstand der Punkte $z(t)$ und z_0 und $\tilde{r}(t)$ der von $f(z(t))$ und $f(z_0)$,

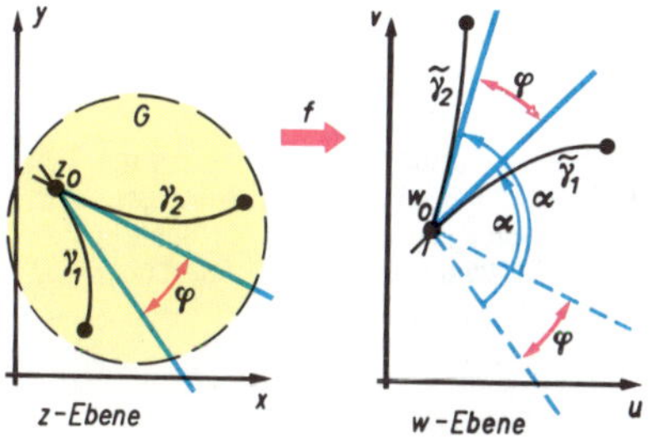

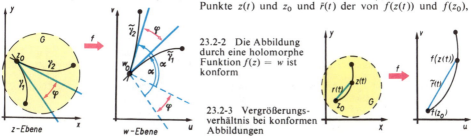

23.2-2 Die Abbildung durch eine holomorphe Funktion $f(z) = w$ ist konform

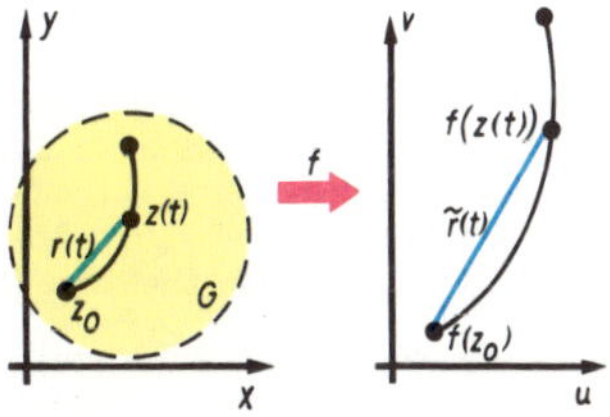

23.2-3 Vergrößerungsverhältnis bei konformen Abbildungen

so ist, falls $f'(z_0) \neq 0$, der Grenzwert $\lim_{t \to 0} [\tilde{r}(t)/r(t)] = |f'(z_0)|$. Das bedeutet, daß im Grenzfall $t \to 0$ eine Vergrößerung der Abstände um das $|f'(z_0)|$-fache eintritt (Abb. 23.2-3).

Beispiel 5: Die durch $w = f(z) = az + b$ definierte ganze lineare Funktion f mit den komplexen Konstanten $a \neq 0$ und b bildet jede Figur der z-Ebene auf eine ähnliche der w-Ebene ab, z. B. ein Dreieck (Abb. 23.2-4).

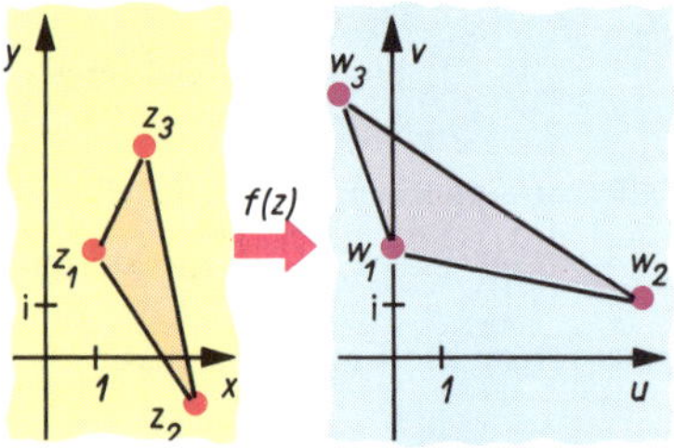

23.2-4 Ähnlichkeitstransformation eines Dreiecks durch $w = (1 + i)\, z + (1 - i)$

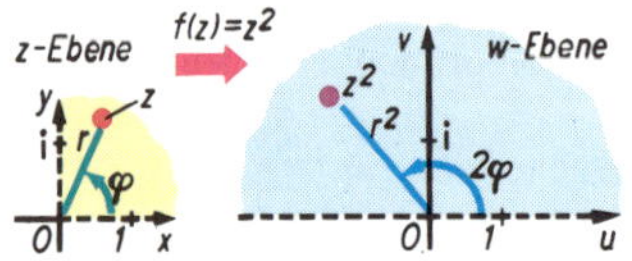

23.2-5 Abbildung des I. Quadranten auf die obere Halbebene durch $w = z^2$

Beispiel 6: Wegen $z = r \exp(i\varphi)$ ist $w = z^2 = r^2 \exp(2i\varphi)$, infolgedessen bildet die durch $w = z^2$ definierte Funktion f den ersten Quadranten ($\operatorname{Re} z > 0$, $\operatorname{Im} z > 0$) der z-Ebene auf die obere Halbebene ($\operatorname{Im} w > 0$) der w-Ebene ab (Abb. 23.2-5), und wegen $f'(z) = 2z \neq 0$ ist die Abbildung konform.

Beispiel 7: Ist $w = f(z) = \exp(ic) \dfrac{z - z_0}{1 - \bar{z}_0 z}$, ist c eine reelle Konstante und wird z_0 mit $|z_0| < 1$ fest gewählt, so ist

$$|w|^2 = |\exp(ic)|^2 \frac{(z - z_0)(\bar{z} - \bar{z}_0)}{(1 - \bar{z}_0 z)(1 - z_0 \bar{z})} = 1 \cdot \frac{z\bar{z} + z_0\bar{z}_0 - z_0\bar{z} - z\bar{z}_0}{1 + z_0\bar{z}_0 z\bar{z} - \bar{z}_0 z - z_0\bar{z}},$$

denn es gilt $|\zeta|^2 = \zeta\bar{\zeta}$ für den Betrag $|\zeta|$ einer komplexen Zahl ζ. Es ist also $|w| = 1$ genau dann, wenn $z\bar{z} + z_0\bar{z}_0 - z_0\bar{z} - z\bar{z}_0 = 1 + z_0\bar{z}_0 z\bar{z} - \bar{z}_0 z - z_0\bar{z}$, d. h., $|z|^2 (1 - |z_0|^2) = 1 - |z_0|^2$, also $|z| = 1$. Da $|f(z_0)| = 0$ ist, ergibt sich aus Stetigkeitsgründen hieraus: Für alle z mit $|z| < 1$ ist $|f(z)| < 1$.

Da umgekehrt $z = \exp(-ic) \dfrac{w + \exp(ic)\, z_0}{1 + \exp(-ic)\, \bar{z}_0 w}$, ist jedes w mit $|w| < 1$ Bild genau eines z mit $|z| < 1$. Das bedeutet insgesamt: f bildet die offene Einheitskreisscheibe $\{z\colon |z| < 1\}$ eineindeutig auf sich selbst ab. Die Abbildung ist wegen $\dfrac{\mathrm{d}f(z)}{\mathrm{d}z} \neq 0$ konform. Ist $z_0 = 0$, so ist $f(z) = \exp(ic)\, z$, eine Drehung um $z = 0$ mit dem Drehwinkel c im Bogenmaß (Abb. 23.2-6).

Beispiel 8: Die in der oberen Halbebene $\{z\colon \operatorname{Im} z > 0\}$ durch $w = f(z) = \dfrac{z - i}{z + i}$ definierte holomorphe Funktion bildet diese konform auf die offene Kreisscheibe $\{w\colon |w| < 1\}$ ab. Da $|z - i| < |z + i|$ für alle z mit $\operatorname{Im} z > 0$ erfüllt ist, gilt in der Tat $|w| < 1$. Reelle z haben wegen $|z - i| = |z + i|$ Randpunkte des Einheitskreises zu Bildern. Die Bilder der Punkte $0, 1, \infty, -1$ der z-Ebene sind dabei die Punkte $-1, -i, 1, i$ der w-Ebene (Abb. 23.2-7).

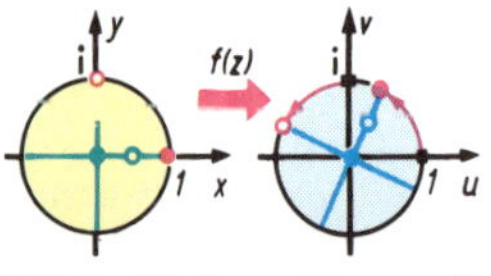

23.2-6 Drehung um $z = 0$

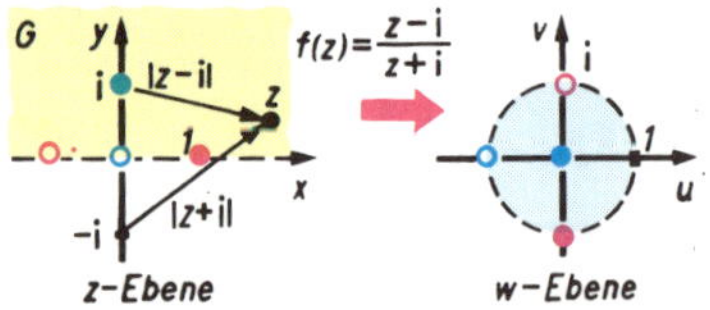

23.2-7 Abbildung der oberen Halbebene auf den Einheitskreis durch $w = (z - i)/(z + i)$

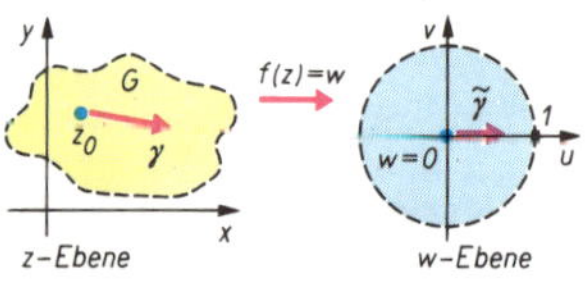

23.2-8 Zum Riemannschen Abbildungssatz

Riemannscher Abbildungssatz. Ist die offene Menge G ein einfach zusammenhängender echter Teil der komplexen z-Ebene und sind in G ein Punkt z_0 und eine in ihm beginnende Richtung gegeben, so existiert genau eine holomorphe Funktion $w = f(z)$, die das Gebiet G konform abbildet auf den Einheitskreis $\{w\colon |w| < 1\}$ der w-Ebene, den Punkt z_0 in seinen Mittelpunkt $w = 0$ überführt und eine in z beginnende Richtung in die der positiven reellen Achse (Abb. 23.2-8).

Strömungsprobleme. Eine stationäre, d. h. von der Zeit unabhängige Strömung in einem Gebiet der x, y-Ebene läßt sich durch den Geschwindigkeitsvektor $[u(x, y), v(x, y)]$ eines der Strömung folgenden Teilchens kennzeichnen. In einer quellen- und wirbelfreien Strömung gilt $\frac{\partial v}{\partial y} = \frac{\partial u}{\partial x}$ und $-\frac{\partial v}{\partial x} = \frac{\partial u}{\partial y}$, d. h., die Komponenten u, v bilden eine holomorphe Funktion $f = u + \mathrm{i}v$. In einem einfach zusammenhängenden Gebiet existiert stets eine Stammfunktion $F = U + \mathrm{i}V$, die dann holomorph ist. Sie beschreibt mit $U(x, y) = \text{const}$ die Stromlinien, längs denen sich die Teilchen bewegen (Abb. 23.2-9). Die Geschwindigkeitsvektoren sind Tangenten an die Stromlinien. Da konforme Abbildungen holomorphe Funktionen in holomorphe überführen, sind solche Abbildungen geeignet, den Verlauf von Stromlinien zu bestimmen.

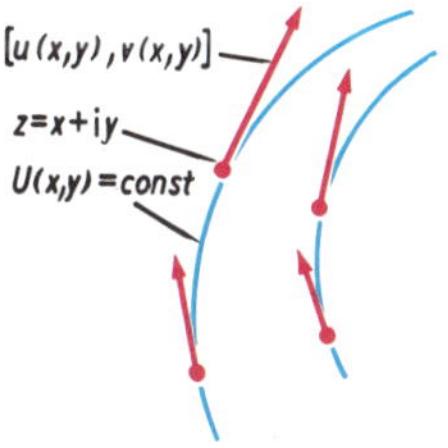

23.2-9 Stromlinien $U(x, y) = \text{const}$

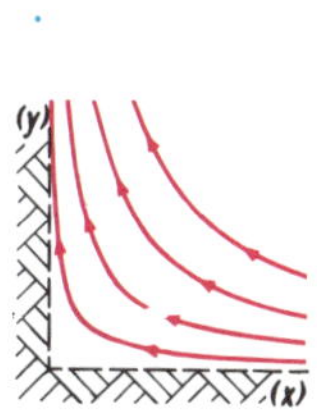

23.2-10 Strömung in einem rechtwinkligen Knie

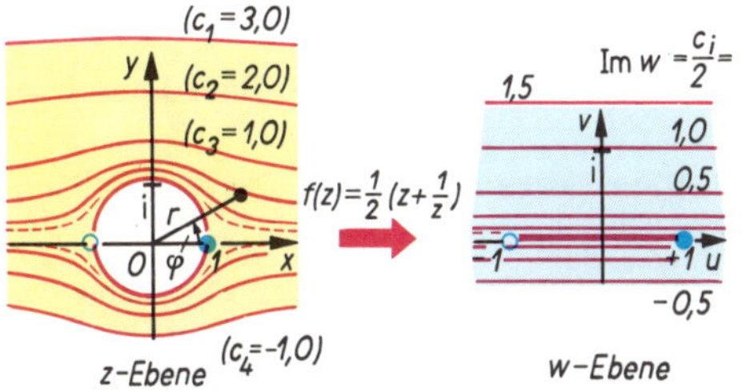

23.2-11 Konforme Abbildung der Stromlinien $(r - 1/r)\sin\varphi = \text{const}$ der z-Ebene auf die Stromlinien der Parallelströmung $\operatorname{Im} w = \text{const}$ der w-Ebene

Beispiel 9: In der oberen w-Halbebene mit $\operatorname{Im} w > 0$ sind $\operatorname{Im} w = \text{const}$ die Stromlinien. Ist $w = z^2 = x^2 - y^2 + 2\mathrm{i}xy$, so ist diese Halbebene das eineindeutige Bild des ersten Quadranten der z-Ebene (vgl. konforme Abbildung Beispiel 6). Das bedeutet, daß auch die Hyperbeln $\operatorname{Im} w = 2xy = \text{const}$ Stromlinien sind, und zwar die der Strömung in einem rechtwinkligen Knie (Abb. 23.2-10).

Beispiel 10: Die Funktion $w = {}^1/_2(z + 1/z)$ bildet die Kreislinie $\{z| : |z| = 1\}$ auf die doppelt durchlaufene Strecke von $+1$ nach -1 der w-Ebene ab, dabei haben die z-Punkte $(+1)$, i, (-1), $(-\mathrm{i})$ die Bilder $(+1)$, 0, (-1), 0. Die w-Ebene mit Ausnahme dieser Strecke ist das Bild vom Äußeren des Einheitskreises $\{z: |z| > 1\}$. In ihr sind die Parallelen $\operatorname{Im} w = \text{const}$ Stromlinien. Ihre Originale geben die Umströmung des Einheitskreises an. Wegen $z = r(\cos\varphi + \mathrm{i}\sin\varphi)$, $1/z = (1/r)(\cos\varphi - \mathrm{i}\sin\varphi)$ und $w = {}^1/_2\,(r + 1/r)\cos\varphi + {}^1/_2\mathrm{i}\,(r - 1/r)\sin\varphi$ ist $(r - 1/r)\sin\varphi = c = \text{const}$ die Gleichung dieser Stromlinien (Abb. 23.2-11).

Die Umströmung anderer Konturen erhält man, indem man das Äußere der Kontur konform auf das Äußere einer Kreislinie abbildet.

Beispiel 11: Ist $h > 0$ (Abb. 23.2-12 mit $h = 2{,}75$), so bildet $w = {}^1/_2(z + h^2/z)$ die Kreislinie K_h der z-Ebene mit dem Radius $r = h$ und dem Mittelpunkt $z = 0$ auf die zwischen $-h$ und $+h$ liegende Strecke der reellen Achse der w-Ebene ab, denn aus $z \doteq h(\cos\varphi + \mathrm{i}\sin\varphi)$ folgt $w = h\cos\varphi$. Ist $\zeta = h^2/z$, so ist $w(\zeta) = {}^1/_2[h^2/z + h^2(z/h^2)] = w(z)$, d. h., z und ζ haben gleiche Bildpunkte in der w-Ebene. Diejenige Kreislinie K_ϱ mit dem Mittelpunkt $M(-1, 1)$, die durch $z = h$ hindurchgeht, geht auch durch $z \doteq -h\mathrm{i}$ und hat den Radius $\varrho = \sqrt{(h+1)^2 + 1}$. Durch $\zeta = h^2/z$ geht K_ϱ in eine Kreislinie K_η mit dem Mittelpunkt $H(h/(h + 2), h/(h + 2))$ und dem Radius $\eta = h\varrho/(h + 2)$ über. Die Kreislinien K_ϱ und K_η werden auf das Shukowski-Profil abgebildet. Dabei geht die zwischen K_ϱ und K_η liegende Punktmenge in die vom Shukowski-Profil berandete Punktmenge über; im allgemeinen

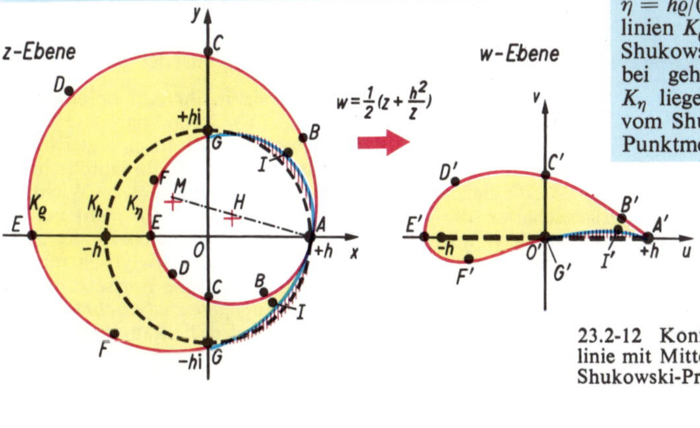

23.2-12 Konforme Abbildung der Kreislinie mit Mittelpunkt M auf das Shukowski-Profil durch $w = {}^1/_2(z + h^2/z)$

gehen je zwei zwischen K_ϱ und K_η gelegene Punkte in ein und denselben Punkt über. Übrigens geht die im ersten Quadranten zwischen K_h und K_η und auch die im vierten Quadranten zwischen K_h und K_ϱ liegende sichelförmige Punktmenge über in die Punktmenge, die zwischen der reellen Achse der w-Ebene und dem Teil $G' - I' - A'$ des Shukowski-Profils liegt.
Die Bilder von Kreisen um den Punkt M mit wachsenden Radien $\varrho_i = 5, 6, \ldots$ werden immer kreisähnlicher, da $|h^2/z| < \varepsilon$ ist, falls $|z|$ hinreichend groß ist.

Allgemein werden solche Abbildungen durch $a_0/z + a_1 z + a_2 z^2 + \cdots$ definiert.

23.3. Der Gesamtverlauf komplexwertiger Funktionen

Die Riemannsche Zahlenkugel. Die für $z \neq 0$ durch $\zeta = 1/z$ definierte holomorphe Funktion bildet das Äußere des Kreises $\{z\colon |z| > R\}$ konform ab auf die punktierte Kreisscheibe $\{\zeta\colon 0 < |\zeta| < 1/R\}$, die den Punkt $\zeta = 0$ nicht enthält (Abb. 23.3-1). Die Bilder $\zeta = 1/r \exp(-\mathrm{i}\varphi)$ der Punkte $z = r \exp(\mathrm{i}\varphi)$ nähern sich ihm aber beliebig, wenn $r \to \infty$. Man faßt deshalb $\zeta = 0$ als Bild des unendlich fernen Punkts $z = \infty$ der z-Ebene auf. Die Vorstellung des unendlich fernen Punktes der z-Ebene läßt sich mit Hilfe der *Riemannschen Zahlenkugel* geometrisch veranschaulichen. Die Kugel berührt mit ihrem Punkt S die z-Ebene im Punkt $z = 0$. Die Verbindungsgerade des zu S diametralen Kugelpunkts N mit einem Punkt z schneidet die Kugeloberflächen im Bildpunkt P von z. Die Zuordnung z zu P ist eineindeutig, und dem Punkt N wird der unendlich ferne Punkt der z-Ebene zugeordnet (Abb. 23.3-2).
Die Strahlen, auf denen ein Punkt $z = r \exp(\mathrm{i}\varphi)$ und sein Bild $\zeta = (1/r) \exp(-\mathrm{i}\varphi)$ liegen, gehen durch die Spiegelung $Z = \bar{z}$ ineinander über. Dies ist eine *indirekte konforme Abbildung*, bei der der Drehsinn des Arguments φ umgekehrt wird. Die *Abbildung durch reziproke Radien* $\zeta = 1/Z = 1/\bar{z} = (1/r) \exp(\mathrm{i}\varphi)$ ist deshalb indirekt konform. Bei ihr liegen Original- und Bildpunkt auf dem gleichen Strahl. Der Betrag $1/r$ auf ihm kann nach dem Kathetensatz leicht konstruiert werden (Abb. 23.3-3).

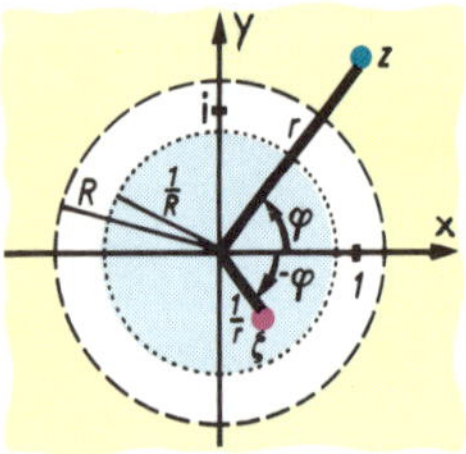

23.3-1 Abbildung durch $\zeta = 1/z$ des Äußeren des Kreises mit Radius R auf das Innere des Kreises vom Radius $1/R$

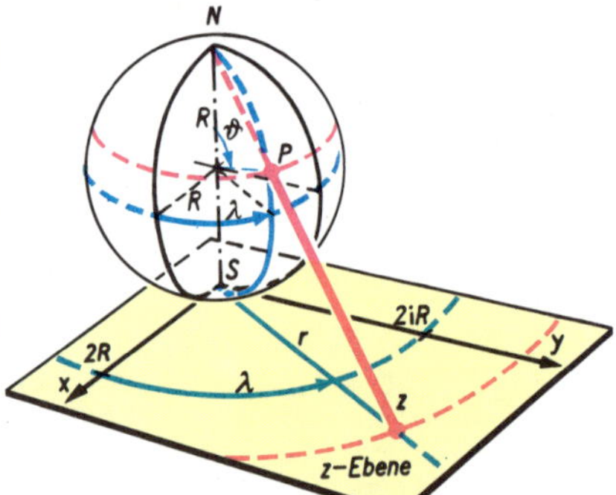

23.3-2 Riemannsche Zahlenkugel, $r = \dfrac{2}{R \sin \vartheta (1 - \cos \vartheta)}$

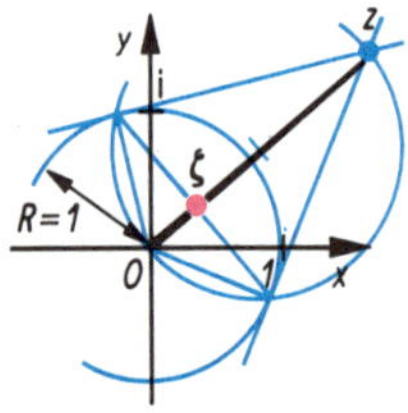

23.3-3 Abbildung $\zeta = 1/\bar{z}$ durch reziproke Radien; wegen $|z| = r$ und $|\zeta| = 1/r$ gilt $|\bar{z}| \cdot |\zeta| = 1$

Riemannsche Flächen. Konvergiert die Potenzreihe $P_{z_0} = \sum_{\nu=0}^{\infty} a_\nu (z - z_0)^\nu$ in der Kreisscheibe $K_{z_0}\{z\colon |z - z_0| < R_0\}$, so definiert sie in ihr eine holomorphe Funktion f. Liegt z_1 in K_{z_0}, so kann nach $(z - z_0) = [(z - z_1) + (z_1 - z_0)]$ die Potenzreihe P_{z_0} in eine gleichfalls konvergente Reihe P_{z_1} umgeordnet werden, die im Durchschnitt $K_{z_0} \cap K_{z_1}$ die gleiche Funktion f darstellt (vgl. Kap. 21.2. – Wichtige Eigenschaften der Potenzreihen). Konvergiert P_{z_1} nicht nur in K_{z_0}, sondern auch für Punkte z einer Kreisscheibe K_{z_1}, die außerhalb von K_{z_0} liegen, so ist f durch P_{z_1} analytisch fortgesetzt worden (Abb. 23.3-4). Durch analytische Fortsetzung auf jede mögliche Art erhält man das *vollständige analytische Gebilde*, das durch die Potenzreihe P_{z_0} erzeugt wird. Es kann z. B. jedem

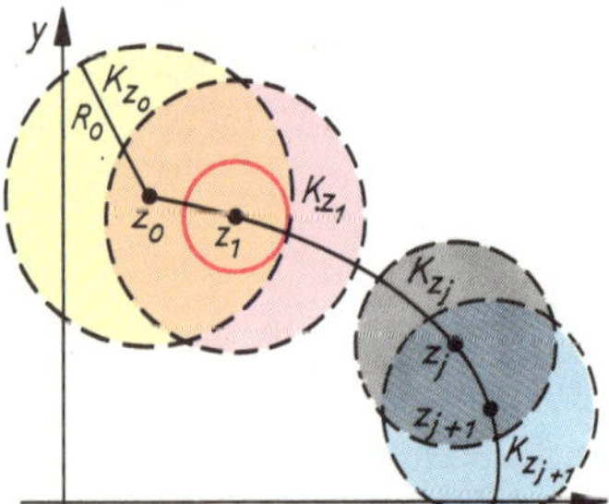

23.3-4 Zur analytischen Fortsetzung

Punkt der z-Ebene genau einen Funktionswert $f(z)$ zuordnen; es kann aber auch Punkte z geben, über denen je nach dem Wege, auf dem man sich ihnen nähert, verschiedene Funktionselemente erhalten werden. Um diese Mehrdeutigkeit zu vermeiden, nimmt man an, daß jedes Funktionselement in einem besonderen Exemplar der Ebene, in einem Blatt, definiert ist, so daß über den Stellen z das vollständige analytische Gebilde in einer entsprechenden Anzahl von Blättern eindeutig definiert ist. Diese Überlagerungsfläche bzw. -kugel wird *Riemannsche Fläche* $\boldsymbol{R}$ genannt.

Die durch $w = \sqrt{z} = r \exp(\mathrm{i}\varphi/2)$ definierte Funktion z. B. kann man von der positiven reellen Achse aus im positiven Sinne wachsender oder im negativen Sinne abnehmender φ analytisch fortsetzen. An der negativen reellen Achse erhält man je nach dem Umdrehungssinn die Werte $w^+(\pi) = r \exp(\mathrm{i}\pi/2)$ bzw. $w^-(-\pi) = r \exp(-\mathrm{i}\pi/2)$ (Abb. 23.3-5). Nach einem weiteren vollen Umlauf vertauschen sich diese Werte, da $w^+(3\pi) = r \exp(3\mathrm{i}\pi/2) = r \exp(-\mathrm{i}\pi/2)$ bzw. $w^-(-3\pi) = r \exp(-3\mathrm{i}\pi/2) = r \exp(\mathrm{i}\pi/2)$. Die *Riemannsche Fläche* dieser Funktion hat deshalb zwei Blätter (Abb. 23.3-6), die jedes längs der negativen reellen Achse aufgeschnitten und danach so verheftet werden, daß der obere Rand des Schnittes in jedem Blatt mit dem unteren Rand des anderen Blatts zusammenhängt. Dadurch gehen die Funktionswerte in der Riemannschen Fläche stetig ineinander über. In den Verzweigungspunkten hängen die zwei Blätter zusammen; aus der z-Kugel ersieht man, daß für $w = \sqrt{z}$ sowohl $z = 0$ als auch $z = \infty$ Verzweigungspunkte sind.

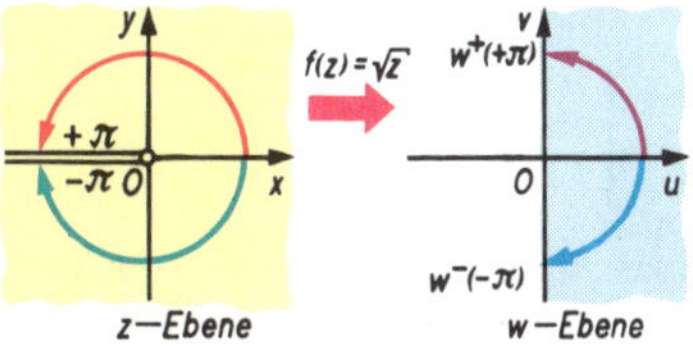

23.3-5 Die Werte $w^+(\pi)$ und $w^-(\pi)$ der Funktion $w = \sqrt{z}$ für z-Werte an der negativen reellen Achse

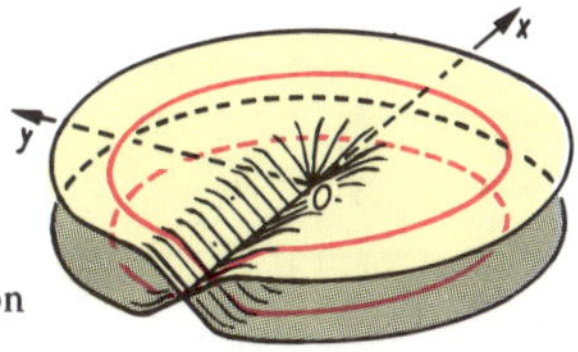

23.3-6 Riemannsche Fläche von $w = \sqrt{z}$

Uniformisierung. Eine Riemannsche Fläche $\boldsymbol{R}$ ist Überlagerungsfläche der z-Ebene bzw. der z-Kugel. Zu $\boldsymbol{R}$ läßt sich eine weitere Überlagerung konstruieren, die *universelle Überlagerungsfläche*. Geht man von einem fest gewählten Punkt P_0 von $\boldsymbol{R}$ aus, so sollen alle Punkte P der universellen Überlagerungsfläche die Endpunkte aller möglichen in P_0 beginnenden Kurven sein, zwei Kurven γ_1, γ_2 aber nur zu demselben Punkt P führen, wenn sie sich innerhalb $\boldsymbol{R}$ stetig ineinander überführen lassen, d. h., gibt es eine von P_0 ausgehende Kurve $\bar{\gamma}$ nach P, die sich nicht stetig in γ_1 bzw. γ_2 überführen läßt, so wird dadurch ein anderer Punkt der universellen Überlagerung definiert. Am Beispiel des Kreisrings sieht man, daß solche Kurven $\bar{\gamma}$ auftreten können (Abb. 23.3-7).

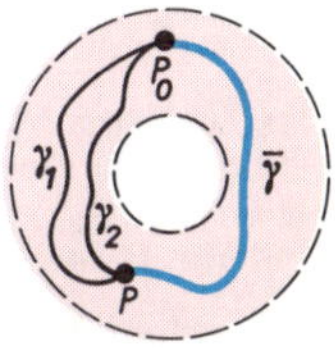

23.3-7 Zwei Kurven γ_1, γ_2 definieren nur dann denselben Punkt der universellen Überlagerungsfläche, wenn sie sich in der Riemannschen Fläche R stetig ineinander überführen lassen

Es läßt sich dann zeigen, daß die universelle Überlagerungsfläche einfach zusammenhängt und daß die folgende Verallgemeinerung des Riemannschen Abbildungssatzes gilt:

Verallgemeinerter Riemannscher Abbildungssatz. Die universelle Überlagerungsfläche einer jeden Riemannschen Fläche läßt sich eineindeutig und konform abbilden auf das Innere des Einheitskreises bzw. auf die ganze komplexe Ebene oder auf die Riemannsche Zahlenkugel.

Da eine Riemannsche Fläche ein Teil ihrer universellen Überlagerungsfläche ist, läßt sich somit jede Riemannsche Fläche eineindeutig auf eine Teilmenge der Riemannschen Zahlenkugel beziehen. Dies nennt man die *Uniformisierbarkeit* einer Riemannschen Fläche; ein Beispiel liefert die Uniformisierung der Riemannschen Fläche des Integranden eines elliptischen Integrals.

Wertannahmeproblem; Aussagen darüber, wie oft bestimmte Werte von einer Funktion angenommen werden. Wird der Punkt z_0 von f eine k-fache w_0-Stelle genannt, falls $f(z_0) = w_0$, und $f'(z_0) = 0, \ldots, f^{k-1}(z_0) = 0$, aber $f^k(z_0) \neq 0$, so gilt der Satz:

Bei Berücksichtigung der Vielfachheit nimmt ein Polynom n-ten Grades $p(z) = a_0 + a_1 z + \cdots + a_n z^n$ mit $a_n \neq 0$ jeden komplexen Wert w_0 an genau n Stellen an (Fundamentalsatz der Algebra).

Die durch $p(z) = z^2$ definierte Funktion z. B. nimmt den Wert $w_0 = +1$ in $z = 1$ und in $z = -1$ an; der Wert $w_0 = 0$ wird nur für $z = 0$ angenommen, dort aber zweifach, weil $p'(z) = 2z$ und $p''(z) = 2$ und deshalb $p'(0) = 0$ und $p''(0) \neq 0$. In Verschärfung des Satzes von Casorati-Weierstraß gilt der Satz von Picard.

Satz von Picard. Eine komplexwertige Funktion mit der wesentlich singulären Stelle z_0 nimmt in jeder Umgebung von z_0 jeden komplexen Wert mit höchstens einer Ausnahme tatsächlich an.

23.4. Elliptische Integrale

Die Weierstraßsche $\wp$-Funktion. Eine für alle z definierte Funktion f wird periodisch und ω ihre Periode genannt, wenn $f(z + \omega) = f(z)$ für alle z gilt. Eine Funktion heißt *doppelperiodisch*, wenn es zwei komplexe Zahlen ω_1, ω_2, für die ω_2/ω_1 nicht reell ist, so gibt, daß alle $\omega = k_1\omega_1 + k_2\omega_2$ mit beliebigen ganzen Zahlen k_1, k_2 die Gesamtheit aller Perioden, das *Periodengitter*, liefern. Mit einer beliebigen komplexen Zahl a sind die Zahlen $a, a + \omega_1, a + \omega_1 + \omega_2, a + \omega_2$ die Eckpunkte eines *Periodenparallelogramms*. Eine *elliptische Funktion* ist eine doppelperiodische meromorphe Funktion, die alle ihre Werte in irgendeinem Periodenparallelogramm annimmt. Eine elliptische Funktion, die keine Konstante ist, muß *Pole* haben. Die Summe der Residuen im Inneren eines Periodenparallelogramms ist aber stets Null, denn für ein Integral über seine Begrenzung gilt

$$\int f(z)\,\mathrm{d}z = \int_a^{a+\omega_1} f(z)\,\mathrm{d}z + \int_{a+\omega_1}^{a+\omega_1+\omega_2} f(z)\,\mathrm{d}z + \int_{a+\omega_1+\omega_2}^{a+\omega_2} f(z)\,\mathrm{d}z + \int_{a+\omega_2}^{a} f(z)\,\mathrm{d}z = 0,$$

da z. B. die Substitution $z + \omega_2$ für z im 3. Integral zeigt, daß es den negativen Wert des 1. Integrals ergibt, und da sich durch eine Verschiebung des Periodenparallelogramms stets erreichen läßt, daß auf seinem Rand keine Pole liegen (Abb. 23.4-1). Elliptische Funktionen mit nur einem Pol erster Ordnung im Periodenparallelogramm gibt es deshalb nicht. Die einfachste elliptische Funktion ist die *Weierstraßsche $\wp$-Funktion*, in deren Definition das Summenzeichen $\sum'$ angibt, daß das Glied mit $k_1 = 0$, $k_2 = 0$ von der Summation auszuschließen ist:

$$\wp(z) = \frac{1}{z^2} + \sum_{k_1, k_2}{}' \left[\frac{1}{(z - k_1\omega_1 - k_2\omega_2)^2} - \frac{1}{(k_1\omega_1 + k_2\omega_2)^2}\right]$$

Sie hat in jedem Gitterpunkt einen Pol zweiter Ordnung und das Residuum Null. Ihre Ableitung $\wp'(z)$ ist auch elliptisch und hat in den Halbgitterpunkten $^1/_2\omega_1$, $^1/_2\omega_2$, $^1/_2(\omega_1 + \omega_2)$ Nullstellen erster Ordnung. In einer Umgebung von $z = 0$ läßt sich die Laurent-Entwicklung der $\wp$-Funktion und ihrer Ableitungen durch den Hauptteil und eine holomorphe Funktion h angeben:

$$\wp(z) = 1/z^2 + h(z),\ \wp'(z) = -2/z^3 + h'(z),\ \wp''(z) = 6/z^4 + h''(z).$$

Aus der Reihenentwicklung ergibt sich die Differentialgleichung $\wp'^2 = 4\wp^3 - g_2\wp - g_3$, in der zur Abkürzung gesetzt wurden

$$g_2 = 60 \sum_{k_1, k_2}{}' \frac{1}{(k_1\omega_1 + k_2\omega_2)^4} \quad \text{und} \quad g_3 = 140 \sum_{k_1, k_2}{}' \frac{1}{(k_1\omega_1 + k_2\omega_2)^6}.$$

Das *Umkehrproblem* für die $\wp$-Funktion besteht darin, zu vorgegebenen g_2, g_3 mit $g_2^3 - 27g_3^2 \neq 0$ ein Periodengitter $\omega = k_1\omega_1 + k_2\omega_2$ mit $k_1, k_2 \in \mathbf{Z}$ so zu finden, daß für die zugehörige $\wp$-Funktion die Größen g_2, g_3 die vorgegebenen Werte annehmen.
Sind für N Stellen z_{0j} mit $j = 1, \ldots, N$ im Periodenparallelogramm die Hauptteile der Laurent-Entwicklung so vorgegeben, daß für die Residuen gilt $\sum_{j=1}^{N} a_{-1}^{(j)} = 0$, so gibt es bis auf eine additive Konstante genau eine elliptische Funktion f mit diesen Hauptteilen. Von dieser Konstanten abgesehen, kann sie linear kombiniert werden mit Hilfe der $\wp$-Funktion, ihrer Ableitungen und der Stammfunktion ζ von $-\wp$. Diese Funktion ζ ist aber keine elliptische Funktion, da sie nur in den Gitterpunkten Pole erster Ordnung hat und sonst holomorph ist.

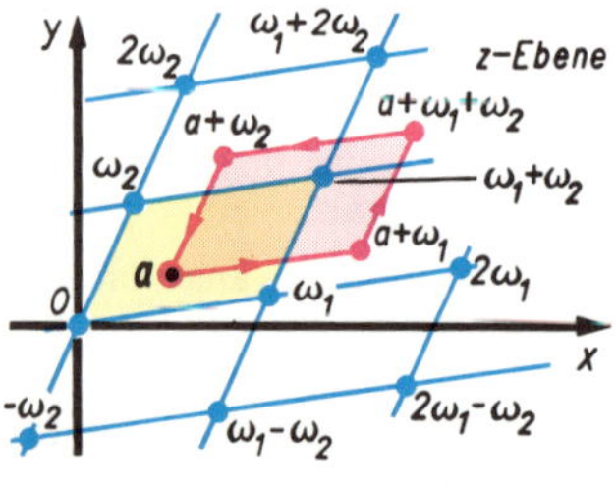

23.4-1 Periodengitter und Periodenparallelogramm mit dem Eckpunkt a

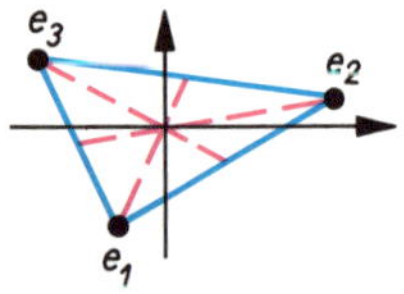

23.4-2 Nullstellen $e_1 + e_2 + e_3 = 0$ von $\wp(z) = 4z^3 + c_1z + c_2$

Die Weierstraßsche Normalform eines elliptischen Integrals. In einem elliptischen Integral ist der Integrand rat (z, w) eine rationale Funktion in z und w; dabei ist $w^2 = p_4(z) = a_0z^4 + a_1z^3 + a_2z^2 + a_3z + a_4$ oder $p_3(z) = a_1z^3 + a_2z^2 + a_3z + a_4$ und die vier Nullstellen e_i mit $i = 1, 2, 3, 4$ von $p_4(z) = 0$, bzw. die drei Nullstellen e_i mit $i = 1, 2, 3$ von $p_3(z) = 0$ sollen einfach, d.h. voneinander verschieden sein. In der z-Ebene ist der Integrand nur bis auf einen Faktor (-1) und erst auf der zweiblättrigen Riemannschen Fläche von $w = \sqrt{p(z)}$ eindeutig definiert. Ihre vier Verzweigungs-

punkte sind die Nullstellen von p_4 bzw. die von p_3 und der Punkt $z = \infty$. Auf dieser Riemannschen Fläche verläuft der Integrationsweg γ.
Durch die Substitution $z' = 1/(z - e_4)$ wird $p_4(z)$ auf $p_3(z)$ zurückgeführt. Durch eine Translation kann der Punkt $z = 0$ im Schwerpunkt des Dreiecks aus den gebliebenen drei Nullstellen e_1, e_2, e_3 liegen (Abb. 23.4-2). Dann gilt $e_1 + e_2 + e_3 = 0$, und nach dem Vietaschen Wurzelsatz ist bis auf einen konstanten Faktor $p(z) = 4z^3 + c_1 z + c_2$. Daraus ergibt sich die *Weierstraßsche Normalform* des elliptischen Integrals. Zu den danach bestimmten Werten $-c_1$ und $-c_2$ können durch Lösung des Umkehrproblems der $\wp$-Funktion zwei Perioden ω_1 und ω_2 in einer $\tilde{z}$-Ebene so gefunden werden, daß ihr Periodengitter eine $\wp(\tilde{z})$-Funktion definiert, für die $g_2 = -c_1$ und $g_3 = -c_2$. Durch $z = \wp(\tilde{z})$ wird dann jedes Periodenparallelogramm der $\tilde{z}$-Ebene auf ein Blatt und die ganze $\tilde{z}$-Ebene auf die universelle Überlagerungsfläche der Riemannschen Fläche von $w = \sqrt{p(z)}$ eineindeutig abgebildet. Nach der Differentialgleichung für die $\wp$-Funktion und wegen $z = \wp(\tilde{z})$ gilt dann $\wp'^2 = 4\wp^3 - g_2\wp - g_3 = w^2$, d. h., $\wp'(\tilde{z}) = w$. Ist $\tilde{\gamma}$ das in der $\tilde{z}$-Ebene gelegene Urbild von γ in der z-Ebene, so lautet das elliptische Integral in der $\tilde{z}$-Ebene:

$$\int_\gamma \operatorname{rat}(z, w)\, dz = \int_{\tilde{\gamma}} \operatorname{rat}(\wp, \wp')\, \wp'(\tilde{z})\, d\tilde{z}.$$

Das Integral heißt *a*) von erster, *b*) von zweiter bzw. *c*) von dritter Gattung, wenn der Integrand in der $\tilde{z}$-Ebene *a*) eine polfreie elliptische Funktion ist, *b*) eine elliptische Funktion ist, die zwar Pole hat, deren Residuen aber alle Null sind, bzw. *c*) in jedem anderen Fall. Im Fall *a*) ist der Integrand danach in der $\tilde{z}$-Ebene eine Konstante, so daß gilt $\operatorname{rat}(\wp, \wp') = \text{const}/\wp'$ und $\operatorname{rat}(z, w) = \text{const}/w$. Wegen $w^2 = 4z^3 - g_2 z - g_3$ erhält man für die elliptischen Integrale:

Elliptische Integrale: $\text{const} \int_\gamma \frac{dz}{w} = \text{const} \int_\gamma \frac{dz}{\sqrt{4z^3 - g_2 z - g_3}}$, erster Gattung,

$\int_\gamma \frac{z\, dz}{\sqrt{4z^3 - g_2 z - g_3}}$, zweiter Gattung, $\int_\gamma \frac{dz}{(z - z_0)\sqrt{4z^3 - g_2 z - g_3}}$, dritter Gattung.

Die Legendresche Normalform eines elliptischen Integrals liegt vor, wenn $w^2 = (1 - z^2)(1 - k^2 z^2)$ statt $w^2 = 4z^3 - g_2 z - g_3$ gilt; k heißt Modul.

24. Analytische Geometrie des Raumes

Das Wesen der analytischen Geometrie des Raumes besteht darin, den Punkten des Raumes reelle Zahlen zuzuordnen und umgekehrt. Den Kurven (eindimensionale Mannigfaltigkeiten) und den Flächen (zweidimensionale Mannigfaltigkeiten) entsprechen dann Gleichungen, und an die Stelle von geometrischen Konstruktionen können algebraische und analytische Verfahren treten. Da diese Verfahren die Grundlagen der analytischen Geometrie bilden, ist sie auch erst nach dem Erstarken der Algebra und der Analysis entstanden.
Als Begründer der analytischen Geometrie können Descartes und de Fermat angesehen werden. Leibniz und Newton lebten zu etwa der gleichen Zeit und verdienen als Begründer der Differential- und Integralrechnung ebenfalls genannt zu werden (vgl. Kap. 13.).

24.1. Koordinatensysteme

Rechtwinklige Koordinaten

Festlegung eines Systems. Koordinatensysteme sind die Mittler zwischen Punkten und Zahlen. Zur Festlegung eines rechtwinkligen oder kartesischen Koordinatensystems im Raume wird zunächst ein Punkt des Raumes als Anfangspunkt oder *Ursprung* gewählt. Durch diesen legt man dann drei paarweise aufeinander senkrecht stehende Geraden. Sie heißen *Koordinatenachsen* und werden in der Regel als x-, y- und z-Achse bezeichnet. Die drei Koordinatenachsen spannen die drei *Koordinatenebenen* im Raume auf: die x, y-, die x, z- und die y, z-Ebene. Je zwei Achsen teilen die von ihr aufgespannte Koordinatenebene in vier Quadranten, die drei Koordinatenebenen teilen den Raum in acht *Oktanten*.

Orientierung. Auf jeder Koordinatenachse wird ein Einheitsvektor festgelegt: auf der x-Achse der Vektor $\boldsymbol{i}$, auf der y-Achse der Vektor $\boldsymbol{j}$, auf der z-Achse der Vektor $\boldsymbol{k}$. Durch diese Vektoren werden die Koordinatenachsen gerichtet und das Koordinatensystem *orientiert* (Abb. 24.1-1).
Der Teil einer jeden Koordinatenachse, der vom Ursprung in Richtung des auf der Achse festgelegten Einheitsvektors verläuft, heißt *positive Achse*, der andere negative. Je zwei positive Achsen begrenzen einen *Hauptquadranten*, die drei Hauptquadranten den *Hauptoktanten*.
Stets kann man mit Daumen, Zeigefinger und Mittelfinger einer Hand in die Richtungen von $\boldsymbol{i}$ (Daumen), $\boldsymbol{j}$ (Zeigefinger) und $\boldsymbol{k}$ (Mittelfinger) zeigen. Gelingt das mit der rechten Hand, so heißt das System rechtsorientiert oder kurz *Rechtssystem*, anderenfalls linksorientiert oder *Linkssystem*. Durch Umkehrung einer Achse oder durch Spiegelung an einer Ebene geht ein Rechtssystem in ein Linkssystem über und umgekehrt (Abb. 24.1-2).

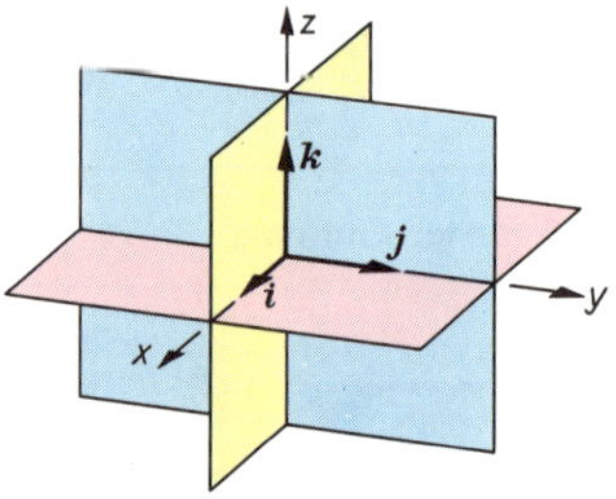

24.1-1 Rechtwinkliges Koordinatensystem, rechtsorientiert

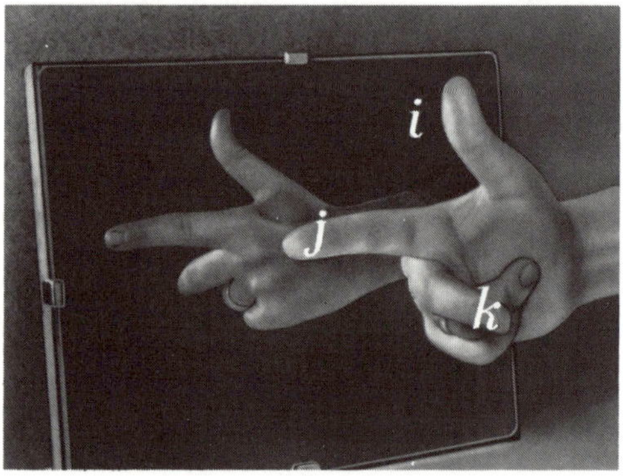

24.1-2 Im Spiegel kehrt sich die Orientierung um

Punkt im Raum. Ist ein rechtwinkliges Koordinatensystem festgelegt, so kann jedem Punkt des Raumes eindeutig ein Tripel reeller Zahlen und umgekehrt jedem Tripel reeller Zahlen eindeutig ein Punkt des Raumes zugeordnet werden. Die drei einem Raumpunkt entsprechenden Zahlen heißen die *rechtwinkligen oder kartesischen Koordinaten* des Punktes. Um die rechtwinkligen Koordinaten eines gegebenen Punktes P zu bestimmen, fällt man von P aus je ein Lot auf die Koordinatenachsen und mißt die orientierten Längen der Projektionen in Einheiten, die der Länge der festgelegten Einheitsvektoren entsprechen. Die erhaltenen Maßzahlen sind die Koordinaten von P. Um den Punkt P auf Grund vorgegebener Koordinaten x, y, z zu bestimmen, benutzt man die Vektorschreibweise. Der Vektor $\boldsymbol{x} = x\boldsymbol{i} + y\boldsymbol{j} + z\boldsymbol{k}$ führt, im Ursprung angesetzt, unmittelbar zu dem gesuchten Punkt P (Abb. 24.1-3). Mit dem Lehrsatz des Pythagoras läßt sich der Abstand vom Ursprung berechnen. Er ist $|\boldsymbol{x}| = \sqrt{x^2 + y^2 + z^2}$.

Beispiel 1: Gegeben sind die rechtwinkligen Koordinaten $x = 3$; $y = 4$; $z = 12$ eines Punktes P. Dafür kann auch kurz $P(3, 4, 12)$ geschrieben werden. Dieser Punkt hat vom Ursprung den Abstand

$$|\boldsymbol{x}| = \sqrt{3^2 + 4^2 + 12^2} = \sqrt{9 + 16 + 144} = \sqrt{169} = 13.$$

Die Entfernung des Punktes P vom Ursprung beträgt 13 Längeneinheiten.

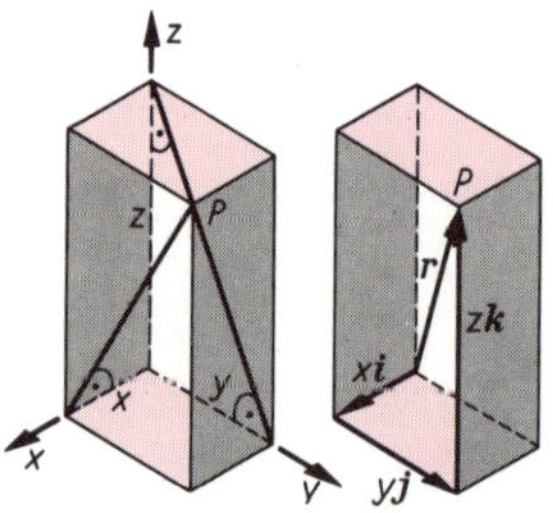

24.1-3 Die rechtwinkligen Koordinaten eines Raumpunktes (links); der Vektor $\boldsymbol{x} = x\boldsymbol{i} + y\boldsymbol{j} + z\boldsymbol{k}$ zeigt zu P (rechts)

Schiefwinklige Koordinaten

Das schiefwinklige Koordinatensystem ist eine Verallgemeinerung des rechtwinkligen. Zu seiner Festlegung genügt es, drei beliebige Geraden, die nur nicht gemeinsam in einer Ebene liegen dürfen, durch den Ursprung zu ziehen und auf jeder dieser Geraden je einen Vektor anzugeben. Dann gilt wörtlich das gleiche wie für das rechtwinklige Koordinatensystem mit folgenden Ausnahmen:

1. Die einem Raumpunkt entsprechenden Zahlen heißen nicht mehr rechtwinklige Koordinaten, sondern allgemein *Parallelkoordinaten.*
2. Bei der Bestimmung der Parallelkoordinaten eines gegebenen Punktes P errichtet man ein Parallelflach, dessen Kanten den Koordinatenachsen parallel sind und das den Ursprung und den Punkt P als Eckpunkte enthält. Die orientierten Maßzahlen der Längen der auf den Koordinatenachsen liegenden Kanten sind die Parallelkoordinaten von P.
3. Der Vektor $\boldsymbol{x} = x\boldsymbol{i} + y\boldsymbol{j} + z\boldsymbol{k}$ führt, im Ursprung angesetzt, wie beim rechtwinkligen System zum Punkt P, aber es ist im allgemeinen $|\boldsymbol{x}| \neq \sqrt{x^2 + y^2 + z^2}$, weil in schiefwinkligen Dreiecken der Satz des Pythagoras nicht gilt.

Homogene Koordinaten

In der *projektiven Geometrie* wird gefordert, daß zwei Geraden in der Ebene stets einen Schnittpunkt haben, ebenso im Raume, wenn sie nicht windschief sind. Dabei wird als „Schnittpunkt" paralleler Geraden der *uneigentliche Punkt* eingeführt (vgl. Kap. 25.1.). Einen solchen kann die analytische Geometrie in der bisher dargestellten Form nicht erfassen. Eine Möglichkeit, die Forderungen der projektiven Geometrie auch in der analytischen Geometrie zu realisieren, besteht in der Einführung *homogener Koordinaten.* Sind x', y', z' Parallelkoordinaten eines Raumpunktes P, so heißen die durch die Gleichungen

$$x' = x/t,\ y' = y/t,\ z' = z/t$$

den x', y', z' zugeordneten Werte (x, y, z, t) homogene Koordinaten von P. Dieses Wertequadrupel ist nicht eindeutig bestimmt. Sind x, y, z, t die homogenen Koordinaten eines Raumpunktes, so sind für jede beliebige reelle Zahl $\varrho \neq 0$ die Werte $\varrho x, \varrho y, \varrho z, \varrho t$ homogene Koordinaten desselben Punktes. Umgekehrt ergibt sich jedoch zu den homogenen Koordinaten x, y, z, t bei $t \neq 0$ stets ein einziges Tripel von Parallelkoordinaten. Die Rücktransformation kann einfach dadurch erfolgen, daß man zu x/t, y/t, z/t übergeht.

Beispiel 1: Der Punkt $P(2, 3, -1)$ hat die homogenen Koordinaten $x = 2s, y = 3s, z = -s, t = s$ mit beliebigem $s \neq 0$.

In homogenen Koordinaten werden Aufgaben lösbar, die in Parallelkoordinaten keine Lösung haben; z. B. sind

$$y' = ax' + b_1 \quad \text{und} \quad y' = ax' + b_2$$

mit $b_1 \neq b_2$ zwei parallele Geraden in der x', y'-Ebene, für die in Parallelkoordinaten kein Schnittpunkt existiert. In homogenen Koordinaten haben dieselben Geraden die Gleichungen

$$y = ax + b_1 t \quad \text{und} \quad y = ax + b_2 t.$$

Dieses Gleichungssystem ist lösbar, es hat sogar unendlich viele Lösungen $x = \varrho, y = a\varrho, t = 0$. Das Wertetripel $(\varrho, a\varrho, 0)$ stellt für beliebiges $\varrho \neq 0$ die homogenen Koordinaten eines Punktes der x', y'-Ebene dar, des *uneigentlichen Punktes*, der den beiden Geraden gemeinsam ist und die gemeinsame Richtung charakterisiert.

Kugelkoordinaten

Festlegung der Kugelkoordinaten. Es erweist sich als zweckmäßig, für bestimmte Probleme, z. B. für solche auf der Oberfläche einer Kugel, nicht Parallelkoordinaten einzuführen. Ein beliebiger Raumpunkt P kann statt durch die rechtwinkligen Koordinaten x, y, z auch bestimmt werden durch

1. den Abstand $r \geqslant 0$ des Punktes P vom Ursprung O,
2. den Winkel φ, den die gerichtete Strecke OP mit der x, y-Ebene einschließt und für den gilt $-\pi/2 \leqslant \varphi \leqslant +\pi/2$,
3. den Winkel λ, den die Projektion der Strecke OP auf die x, y-Ebene mit der positiven Richtung der x-Achse einschließt und für den gilt $0 \leqslant \lambda < 2\pi$.

Den Drehsinn der Winkelmessung zeigt Abb. 24.1-4.
Die Werte (r, φ, λ) heißen *Kugelkoordinaten* des Punktes P. Sie entsprechen den Polarkoordinaten in der Ebene und werden deshalb auch *räumliche Polarkoordinaten* genannt (vgl. Kap. 13.1. – Polarkoordinaten). Jedem Tripel von Kugelkoordinaten entspricht genau ein Raumpunkt. Es entspricht jedoch einem Raumpunkt P nur dann eindeutig ein Tripel von Kugelkoordinaten, wenn P nicht auf der z-Achse liegt. Auf der z-Achse sind außerhalb des Ursprungs nur r und $\varphi = \pm 90°$ eindeutig bestimmt, λ dagegen ist beliebig. Liegt P im Ursprung, so ist nur $r = 0$ eindeutig bestimmt, φ und λ sind beliebig.

Umrechnung zwischen rechtwinkligen und Kugelkoordinaten. Aus Abb. 24.1-4 ergeben sich die Beziehungen

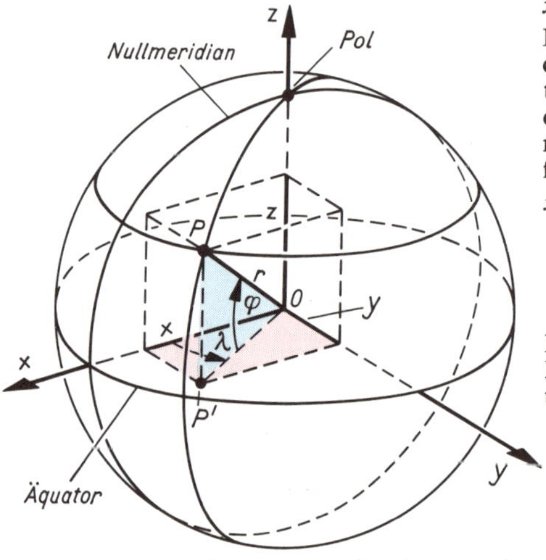

24.1-4 Kugelkoordinaten r, φ, λ eines Raumpunktes

$$x = |OP'| \cos \lambda, \; y = |OP'| \sin \lambda, \; |OP'| = r \cos \varphi.$$

Die rechtwinkligen Koordinaten eines Raumpunktes lassen sich danach aus den Kugelkoordinaten berechnen.

$$x = r \cos \varphi \cos \lambda$$
$$y = r \cos \varphi \sin \lambda$$
$$z = r \sin \varphi$$

Aus den Formeln folgt

$$x^2 + y^2 + z^2 = r^2, \; x/\sqrt{x^2 + y^2} = \cos \lambda,$$
$$y/\sqrt{x^2 + y^2} = \sin \lambda,$$
$$z/\sqrt{x^2 + y^2} = \sin \varphi/\cos \varphi = \tan \varphi,$$
$$y/x = \sin \lambda/\cos \lambda = \tan \lambda.$$

Danach ergeben sich die Kugelkoordinaten eines Raumpunktes aus den rechtwinkligen Koordinaten nach den Formeln

$$r = \sqrt{x^2 + y^2 + z^2},$$
$$\varphi = \text{Arctan}\,(z/\sqrt{x^2 + y^2}) \quad \text{für} \quad x^2 + y^2 \neq 0,$$
$$\lambda = \text{Arctan}\,(y/x) \quad \text{für} \quad x > 0, y > 0$$
$$\text{bzw.} \quad \lambda = \pi + \text{Arctan}\,(y/x) \quad \text{für} \quad x < 0$$
$$\text{bzw.} \quad \lambda = 2\pi + \text{Arctan}\,(y/x) \quad \text{für} \quad x > 0, \; y < 0.$$

Es ist ferner

$\varphi = \pi/2$	für $x^2 + y^2 = 0$,	$z > 0$;	$\lambda = \pi/2$	für $x = 0$,	$y > 0$;
$\varphi = -\pi/2$	für $x^2 + y^2 = 0$,	$z < 0$;	$\lambda = 3\pi/2$	für $x = 0$,	$y < 0$;
φ unbestimmt	für $x^2 + y^2 = 0$,	$z = 0$;	λ unbestimmt	für $x = 0$,	$y = 0$.

Unter Arctan ist der Hauptwert der Arkustangensfunktion zu verstehen.

Beispiel 1: Welche Werte haben die Kugelkoordinaten des Punktes $P(3, -4, -12)$? –
Es gilt $r = \sqrt{3^2 + 4^2 + 12^2} = 13$;
$\varphi = \text{Arctan}\,(-12/\sqrt{3^3 + 4^2}) = \text{Arctan}\,(-12/5) \approx -67{,}38°$;
$\lambda = 360° + \text{Arctan}\,(-4/3) \approx 360° - 53{,}13° = 306{,}87°$.
Die Kugelkoordinaten des Punktes P sind $r = 13$, $\varphi \approx -67{,}38°$ und $\lambda \approx 306{,}87°$.

Zylinderkoordinaten

Für Probleme auf der Oberfläche eines Zylinders ist die Einführung von *Zylinderkoordinaten* zweckmäßig (Abb. 24.1-5). Dann kann, ausgehend von einem rechtwinkligen Koordinatensystem, ein beliebiger Raumpunkt P bestimmt werden durch

1. den Abstand $r \geqslant 0$ des Punktes P' vom Ursprung O, wobei OP' die Projektion der gerichteten Strecke OP auf die x, y-Ebene darstellt,
2. den Winkel φ, den die Strecke OP' mit der positiven Richtung der x-Achse einschließt mit $0 \leqslant \varphi < 2\pi$,
3. den orientierten Abstand z des Punktes P von der x, y-Ebene mit $-\infty < z < +\infty$.

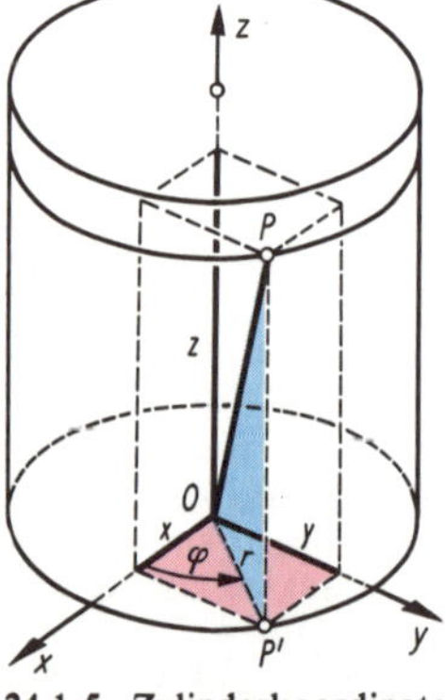

24.1-5 Zylinderkoordinaten r, φ, z eines Raumpunktes

Jedem Tripel von Zylinderkoordinaten entspricht genau ein Raumpunkt. Es entspricht jedoch wieder einem Raumpunkt P nur dann eindeutig ein Tripel von Zylinderkoordinaten, wenn P nicht auf der z-Achse liegt. Für Punkte der z-Achse sind $r = 0$ und z bestimmt, φ dagegen ist beliebig.

Zylinderkoordinaten werden z. B. in der Physik überall dort eingeführt, wo zylindrisch geformte Körper untersucht werden sollen, z. B. bei der Berechnung des Trägheitsmomentes eines Zylinders oder bei Wärmeleitproblemen in Zylinderkörpern. Die Zylinderkoordinaten (r, φ, z) setzen sich aus den Polarkoordinaten des Punktes P' in der x, y-Ebene und der rechtwinkligen z-Koordinate von P zusammen.

Daraus ergeben sich die Umrechnungsformeln. Die für φ angegebene Formel gilt nur, wenn $x^2 + y^2 \neq 0$. Es ist φ unbestimmt für $x^2 + y^2 = 0$.

$x = r \cos \varphi$	$r = \sqrt{x^2 + y^2}$
$y = r \sin \varphi$	$\cos \varphi = x/\sqrt{x^2 + y^2}, \quad \sin \varphi = y/\sqrt{x^2 + y^2}$
$z = z$	$z = z$

Beispiel 1: Gegeben sind die Zylinderkoordinaten $r = 3$; $\varphi = -30°$; $z = 1$ eines Punktes P. Für seine rechtwinkligen Koordinaten gilt $x = 3 \cdot \cos(-30°) = 3 \cdot \cos 30° = {}^3/_2 \cdot \sqrt{3} \approx 2{,}598$, $y = 3 \cdot \sin(-30°) = -3 \cdot \sin 30° = -{}^3/_2 = -1{,}5$ und $z = 1$.

Koordinatentransformationen

Sind zwei Koordinatensysteme (im folgenden sollen es zwei rechtwinklige, rechtsorientierte Systeme mit gleicher Längeneinheit sein) im Raum gegeben, die sich nicht decken, so besteht oft die Aufgabe, aus den Koordinaten (x, y, z) eines Punktes P in bezug auf eines der Systeme die Koordinaten (x^*, y^*, z^*) dieses Punktes in bezug auf das andere System zu berechnen. Eine solche Umrechnung von Koordinaten nennt man *Koordinatentransformation.* Man unterscheidet dabei drei Fälle: die Translation, die Drehung und eine Kombination aus beiden.

Translation. Die zwei Koordinatensysteme liegen so im Raume, daß sie sich durch *Parallelverschiebung* zur Deckung bringen lassen (Abb. 24.1-6). Hat der Ursprung O^* des zweiten Systems in bezug auf das erste System mit dem Ursprung O die Koordinaten (a_1, a_2, a_3), so gelten zwischen den Koordinaten (x, y, z) eines Raumpunktes P in bezug auf das erste System und den Koordinaten (x^*, y^*, z^*) desselben Punktes in bezug auf das zweite System die folgenden Beziehungen.

$x = x^* + a_1$	$x^* = x - a_1$
$y = y^* + a_2$	$y^* = y - a_2$
$z = z^* + a_3$	$z^* = z - a_3$

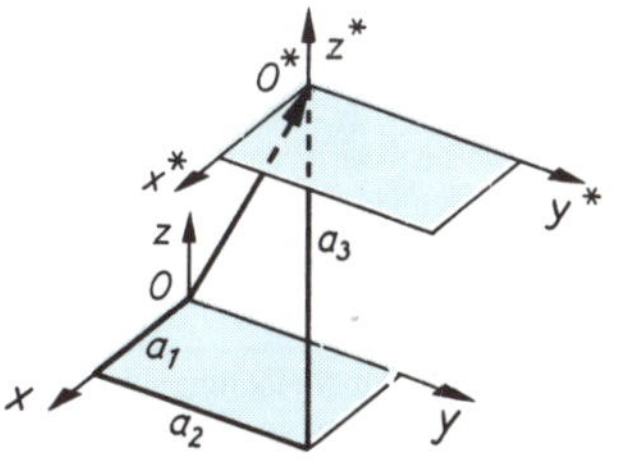

24.1-6 Translation des Koordinatensystems

Beispiel 1: Alle Punkte, deren rechtwinklige Koordinaten die Gleichung $3x + 2y - z = 5$ befriedigen, liegen auf einer Ebene im Raum. Wie lautet die Gleichung dieser Ebene in bezug auf ein Koordinatensystem, dessen Ursprung in bezug auf das erste die Koordinaten $a_1 = -5$; $a_2 = 2$; $a_3 = 7$ hat? – Es gilt $x = x^* - 5$, $y = y^* + 2$, $z = z^* + 7$, d. h., $3x + 2y - z = 5$ geht über in $3x^* + 2y^* - z^* = 5 + 15 - 4 + 7$.
In bezug auf das neue Koordinatensystem lautet die Gleichung der Ebene $3x^* + 2y^* - z^* = 23$.

Drehung. Die zwei Koordinatensysteme haben ein und denselben Raumpunkt als Ursprung, d. h., $O^* = O$, aber verschiedene Achsenrichtungen (vgl. Abb. 24.1-7).
In diesem Falle schließt jede Achse des einen Systems mit jeder Achse des anderen Systems einen Winkel ein. Die Kosinuswerte dieser Winkel werden mit a_{ik} bezeichnet; dabei bezieht sich der erste Index i immer auf das x, y, z-System, der zweite k auf das x^*, y^*, z^*-System, d. h., i und k durchlaufen die Zahlen 1, 2 und 3. Der Index 1 entspricht der x- bzw. der x^*-Achse, der Index 2 der y- bzw. der y^*-Achse und der Index 3 der z- bzw. der z^*-Achse; d. h., es gilt

$$a_{11} = \cos(x, x^*) \qquad a_{12} = \cos(x, y^*) \qquad a_{13} = \cos(x, z^*)$$
$$a_{21} = \cos(y, x^*) \qquad a_{22} = \cos(y, y^*) \qquad a_{23} = \cos(y, z^*)$$
$$a_{31} = \cos(z, x^*) \qquad a_{32} = \cos(z, y^*) \qquad a_{33} = \cos(z, z^*)$$

Die Koordinaten eines beliebigen Punktes transformieren sich dann nach nebenstehenden Gleichungen.

$x = a_{11}x^* + a_{12}y^* + a_{13}z^*$	$x^* = a_{11}x + a_{21}y + a_{31}z$
$y = a_{21}x^* + a_{22}y^* + a_{23}z^*$	$y^* = a_{12}x + a_{22}y + a_{32}z$
$z = a_{31}x^* + a_{32}y^* + a_{33}z^*$	$z^* = a_{13}x + a_{23}y + a_{33}z$

Die a_{ik} heißen *Richtungskosinusse.* Die angegebenen Transformationsgleichungen werden weiter unten abgeleitet und diskutiert. Die Matrix des rechten Systems linearer Gleichungen ist die Transponierte der Matrix des linken Systems (vgl. Kap. 17.5. – Beschreibung linearer Abbildungen durch Matrizen).

Kombination. Haben die zwei Koordinatensysteme keinen gemeinsamen Ursprung und lassen sie sich auch nicht durch Parallelverschiebungen allein zur Deckung bringen, kann man die Transformationsgleichungen als Kombination der beiden vorangegangenen Systeme von Gleichungen darstellen.

$x = a_1 + a_{11}x^* + a_{12}y^* + a_{13}z^*$ $y = a_2 + a_{21}x^* + a_{22}y^* + a_{23}z^*$ $z = a_3 + a_{31}x^* + a_{32}y^* + a_{33}z^*$	$x = a_{11}(x - a_1) + a_{21}(y - a_2) + a_{31}(z - a_3)$ $y = a_{12}(x - a_1) + a_{22}(y - a_2) + a_{32}(z - a_3)$ $z = a_{13}(x - a_1) + a_{23}(y - a_2) + a_{33}(z - a_3)$

Alle Transformationen, die auf eindeutig lösbare lineare Gleichungssysteme führen, heißen *affine Transformationen.*

Alle gegebenen Transformationsgleichungen lassen sich interpretieren als Formeln für die Änderung der Koordinaten eines Punktes im festen Raume bei Bewegung des Koordinatensystems, die eine Translation, Rotation oder eine Kombination aus beiden sein kann. Sie lassen sich aber auch als analytische Darstellung einer Bewegung des Raumes bei festgehaltenem Koordinatensystem auffassen.

Spezielles zu den Drehungen. Die Gleichungssysteme für die Drehung lassen sich wie folgt herleiten. Der zu einem beliebigen Punkt P gehörende Vektor $\boldsymbol{x}$ sei im ersten System durch $\boldsymbol{x} = x\boldsymbol{i} + y\boldsymbol{j} + z\boldsymbol{k}$, im zweiten durch $\boldsymbol{x} = x^*\boldsymbol{i}^* + y^*\boldsymbol{j}^* + z^*\boldsymbol{k}^*$ gegeben. Schreibt man $\boldsymbol{x}$ im ersten System in der Form

$$\boldsymbol{x} = |\boldsymbol{x}| \, [(x/|\boldsymbol{x}|)\,\boldsymbol{i} + (y/|\boldsymbol{x}|)\,\boldsymbol{j} + (z/|\boldsymbol{x}|)\,\boldsymbol{k}]$$

und betrachtet man zunächst den Spezialfall, daß dieser Vektor im zweiten System gleich $\boldsymbol{i}^*$, d. h. $x^* = 1$, $y^* = z^* = 0$ ist, so wird definitionsgemäß $x/|\boldsymbol{x}| = a_{11}$, $y/|\boldsymbol{x}| = a_{21}$, $z/|\boldsymbol{x}| = a_{31}$. Entsprechende Ergebnisse liefern die Spezialfälle $\boldsymbol{x} = \boldsymbol{j}^*$ und $\boldsymbol{x} = \boldsymbol{k}^*$.

Somit ergibt sich $\boldsymbol{i}^* = a_{11}\boldsymbol{i} + a_{21}\boldsymbol{j} + a_{31}\boldsymbol{k}$, $\boldsymbol{j}^* = a_{12}\boldsymbol{i} + a_{22}\boldsymbol{j} + a_{32}\boldsymbol{k}$, $\boldsymbol{k}^* = a_{13}\boldsymbol{i} + a_{23}\boldsymbol{j} + a_{33}\boldsymbol{k}$.

Setzt man diese Ausdrücke in $\boldsymbol{x} = x^*\boldsymbol{i}^* + y^*\boldsymbol{j}^* + z^*\boldsymbol{k}^*$ ein und vergleicht man das Resultat mit $\boldsymbol{x} = x\boldsymbol{i} + y\boldsymbol{j} + z\boldsymbol{k}$, so ergibt sich das linke Gleichungssystem für die Drehung. Entsprechend läßt sich das rechte herleiten.

Beziehungen zwischen den Richtungskosinussen ergeben sich aus den Ausdrücken für $\boldsymbol{i}^*, \boldsymbol{j}^*, \boldsymbol{k}^*$ auf Grund der Tatsache, daß diese Vektoren Einheitsvektoren sind, $|\boldsymbol{i}^*| = |\boldsymbol{j}^*| = |\boldsymbol{k}^*| = 1$, und paarweise aufeinander senkrecht stehen, $\boldsymbol{i}^*\boldsymbol{j}^* = \boldsymbol{i}^*\boldsymbol{k}^* = \boldsymbol{j}^*\boldsymbol{k}^* = 0$.

Beziehungen zwischen den Richtungskosinussen	$a_{11}^2 + a_{21}^2 + a_{31}^2 = 1$ $a_{12}^2 + a_{22}^2 + a_{32}^2 = 1$ $a_{13}^2 + a_{23}^2 + a_{33}^2 = 1$	$a_{11}a_{12} + a_{21}a_{22} + a_{31}a_{32} = 0$ $a_{11}a_{13} + a_{21}a_{23} + a_{31}a_{33} = 0$ $a_{12}a_{13} + a_{22}a_{23} + a_{32}a_{33} = 0$

Es lassen sich noch weitere Beziehungen herleiten, wenn man berücksichtigt, daß auch $\boldsymbol{i}, \boldsymbol{j}, \boldsymbol{k}$ Einheitsvektoren sind und paarweise aufeinander senkrecht stehen; jedoch zeigt sich, daß insgesamt nur *sechs voneinander unabhängige Beziehungen* zwischen diesen Kosinuswerten existieren.

Da zwischen den neun Richtungskosinussen, die eine Drehung charakterisieren, sechs unabhängige Gleichungen gelten, ist eine Drehung schon *durch drei Größen* vollständig beschreibbar. Das hat CAYLEY ganz allgemein bewiesen. Auf Grund dieser Tatsache ergeben sich zwei besonders anschauliche Charakterisierungsmöglichkeiten einer allgemeinen Drehung, nämlich durch drei Winkel oder durch eine Achse und einen Winkel.

Drehung des Koordinatensystems. Ein rechtwinkliges Koordinatensystem mit den Achsen x, y, z läßt sich stets mit einem zweiten rechtwinkligen Koordinatensystem gleichen Ursprunges, dessen Achsen x^*, y^*, z^* beliebig im Raume liegen, zur Deckung bringen, indem man das erste zunächst um die x-Achse um einen Winkel φ in ein x_1, y_1, z_1-System, dann um die y_1-Achse um einen Winkel ψ in ein x_2, y_2, z_2-System und dieses schließlich um die z_2-Achse um einen Winkel χ in das x^*, y^*, z^*-System dreht (Abb. 24.1-7).

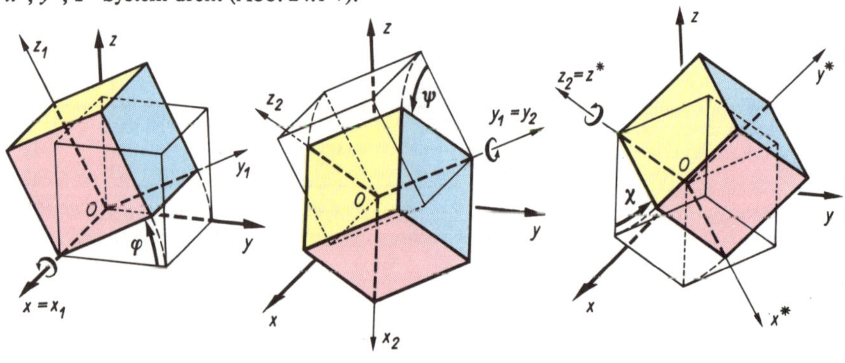

24.1-7 Drehung des Koordinatensystems

Beziehungen zwischen den Richtungskosinussen a_{ik} und den Winkeln φ, ψ und χ.

a_{ik}	$k = 1$	$k = 2$	$k = 3$
$i = 1$	$\cos\psi\cos\chi$	$-\cos\psi\sin\chi$	$\sin\psi$
$i = 2$	$\cos\varphi\sin\chi + \sin\varphi\sin\psi\cos\chi$	$\cos\varphi\cos\chi - \sin\varphi\sin\psi\sin\chi$	$-\sin\varphi\cos\psi$
$i = 3$	$\sin\varphi\sin\chi - \cos\varphi\sin\psi\cos\chi$	$\sin\varphi\cos\chi + \cos\varphi\sin\psi\sin\chi$	$\cos\varphi\cos\psi$

Beispiel einer Drehung: Auf der Oberfläche einer Kugel, deren Mittelpunkt als Ursprung eines rechtwinkligen Koordinatensystems gewählt wurde, liege der Punkt $P(-4, 8, -16)$. Wird das Koordinatensystem um die x-Achse um den Winkel $\varphi = 30°$, um die y-Achse um den Winkel $\psi = 45°$ und um die z-Achse um den Winkel $\chi = 60°$ entgegen dem Uhrzeigerdrehsinn gedreht, so erhält man mit den angegebenen Formeln die Richtungskosinusse und damit die neuen Koordinaten des Punktes P:

$a_{11} = {}^1/_4\sqrt{2}$ $\quad a_{12} = -{}^1/_4\sqrt{6}$ $\quad a_{13} = {}^1/_2\sqrt{2}$

$a_{21} = {}^3/_4 + {}^1/_8\sqrt{2}$ $\quad a_{22} = {}^1/_4\sqrt{3} - {}^1/_8\sqrt{6}$ $\quad a_{23} = -{}^1/_4\sqrt{2}$

$a_{31} = {}^1/_4\sqrt{3} - {}^1/_8\sqrt{6}$ $\quad a_{32} = {}^1/_4 + {}^3/_8\sqrt{2}$ $\quad a_{33} = {}^1/_4\sqrt{6}$

$x^* = 6 - 4\sqrt{3} + 2\sqrt{6} \approx 3{,}97$; $\quad y^* = -4 - 6\sqrt{2} + 2\sqrt{3} \approx -9{,}02$; $\quad z^* = -4\sqrt{2} - 4\sqrt{6} \approx -15{,}5$.

Ohne Herleitung sei hier ein Satz angeführt, der eine große Bedeutung in der Mechanik hat.

Sind zwei rechtwinklige Koordinatensysteme gleichen Ursprunges mit beliebigen Achsenrichtungen im Raume gegeben, so kann man immer eine durch den Ursprung gehende Gerade derart angeben, daß das eine Koordinatensystem durch Drehung um diese Gerade in das andere übergeht.

Angewandt auf einen starren Körper kann dieser Satz z. B. in folgender Weise formuliert werden:

Ist für einen starren Körper, von dem ein Punkt O relativ zu einem Bezugssystem fest bleiben soll, irgendeine mögliche Lage als Anfangslage und irgendeine andere als Endlage gegeben, so kann man immer eine durch O gehende Achse derart angeben, daß der Körper durch eine Drehung um diese Achse aus der Anfangslage in die Endlage übergeführt werden kann.

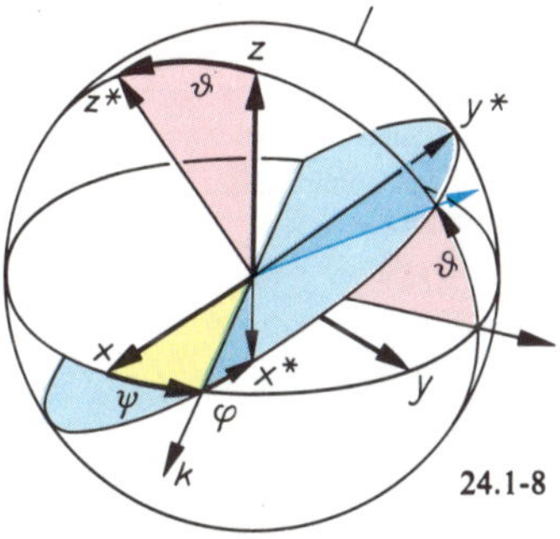

24.1-8 Eulersche Winkel ψ, φ, ϑ

Eine Kugel, deren Mittelpunkt im Raume fest bleibt, kann man auf keine Weise so bewegen, daß nach Beendigung der Bewegung alle Oberflächenpunkte an einer anderen Stelle liegen als vorher. Vielmehr liegen stets entweder zwei oder alle Oberflächenpunkte an der gleichen Stelle wie zu Anfang.

Man kann jedes kartesische x, y, z-Koordinatensystem auch durch Drehung um die *Eulerschen Winkel* ψ, φ, ϑ mit einem zweiten kartesischen x^*, y^*, z^*-Koordinatensystem zur Deckung bringen. Wird die Schnittgerade zwischen der x, y-Ebene und der x^*, y^*-Ebene als Knotenlinie k bezeichnet, so ergeben sich die Eulerschen Winkel aus folgenden Schritten: $\psi = |\sphericalangle(x, k)|$ bei Drehung um die z-Achse, $\vartheta = |\sphericalangle(z, z^*)|$ bei Drehung um k und $\varphi = |\sphericalangle(k, x^*)|$ bei Drehung um die z^*-Achse (Abb. 24.1-8).

24.2. Lineare Gebilde

Strecke

Allgemeines. Die geradlinige Verbindung zweier Punkte P_1 und P_2 im Raume heißt eine *Strecke* und wird mit P_1P_2 bezeichnet. Legt man durch P_1 und P_2 Parallelebenen

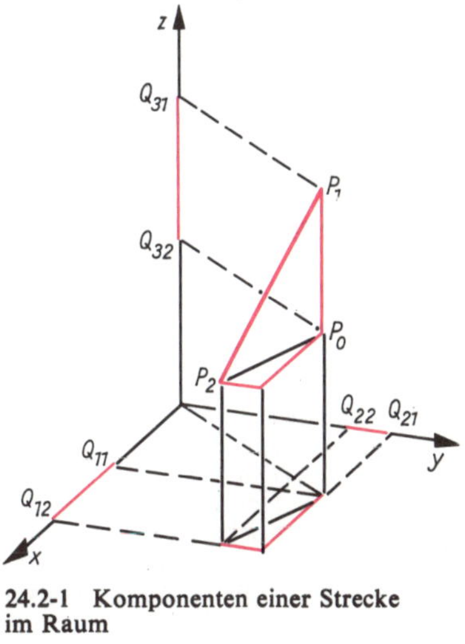

24.2-1 Komponenten einer Strecke im Raum

zu den Koordinatenebenen eines Systems von Parallelkoordinaten, so schneiden diese auf jeder Koordinatenachse zwei Punkte aus, auf der x-Achse Q_{11} und Q_{12}, auf der y-Achse Q_{21} und Q_{22}, auf der z-Achse Q_{31} und Q_{32} (Abb. 24.2-1).
Die Strecken $Q_{11}Q_{12}$, $Q_{21}Q_{22}$ und $Q_{31}Q_{32}$ heißen die *Komponenten* der Strecke P_1P_2. Haben die Punkte P_1 und P_2 die Koordinaten (x_1, y_1, z_1) und (x_2, y_2, z_2), so haben die Komponenten die Maßzahlen $x_2 - x_1, y_2 - y_1, z_2 - z_1$. Diese werden die *Koordinaten* der Strecke P_1P_2 genannt.

Länge. Im rechtwinkligen Koordinatensystem ergibt sich die *Länge* der Strecke P_1P_2 nach dem Satz des Pythagoras aus dem rechtwinkligen Dreieck $P_1(x_1, y_1, z_1)$, $P_2(x_2, y_2, z_2)$, $P_0(x_1, y_1, z_2)$.

Sie wird mit $|P_1P_2|$ bezeichnet. Die Länge der Strecke P_1P_2 ist zugleich der *Abstand* der Punkte P_1, P_2 voneinander.

Länge einer Strecke P_1P_2	$\lvert P_1P_2\rvert = \sqrt{(x_2 - x_1)^2 + (y_2 - y_1)^2 + (z_2 - z_1)^2}$

Beispiel 1: Sind $P_1(5, 2, -1)$ und $P_2(-3, -2, 0)$ gegeben, so ist die Länge der Strecke P_1P_2 bestimmt durch $|P_1P_2| = \sqrt{(-3-5)^2 + (-2-2)^2 + (0+1)^2} = \sqrt{8^2 + 4^2 + 1^2} = \sqrt{64+16+1}$ $= \sqrt{81} = 9$. Die Strecke P_1P_2 ist 9 Koordinateneinheiten lang.

Sind P_1, P_2 und P_3 drei beliebige Punkte im Raum, so genügen ihre Abstände voneinander der *Dreiecksungleichung*.

Dreiecksungleichung	$\lvert P_1P_3\rvert \leqslant \lvert P_1P_2\rvert + \lvert P_2P_3\rvert$

Orientierung. Kommt es auf den Durchlaufsinn einer Strecke Q_1Q_2 an, d. h., soll Q_1 der Anfangspunkt und Q_2 der Endpunkt der Strecke sein, so kann der Deutlichkeit halber $\overrightarrow{Q_1Q_2}$ geschrieben werden. Liegt diese *gerichtete Strecke* Q_1Q_2 auf einer orientierten Geraden, die ihrerseits einen Durchlaufsinn hat, so ist von der Länge $|Q_1Q_2|$ der Strecke ihre Maßzahl $m(Q_1Q_2)$ zu unterscheiden. Sind P_1 und P_2 zwei Punkte der Geraden und wird ihre Orientierung durch $\overrightarrow{P_1P_2}$ festgelegt, so gilt $m(Q_1Q_2) = +|Q_1Q_2|$, falls die Orientierung $\overrightarrow{Q_1Q_2}$ der von $\overrightarrow{P_1P_2}$ entspricht, $m(Q_1Q_2) = -|Q_1Q_2|$, falls die Orientierung $\overrightarrow{Q_1Q_2}$ der von $\overrightarrow{P_2P_1}$ entspricht (vgl. Kap. 7.1. – Strahl und Strecke).

Teilung. Ist auf einer durch $\overrightarrow{P_1P_2}$ orientierten Geraden ein beliebiger von P_2 verschiedener Punkt P gegeben, so sagt man, P teilt die orientierte Strecke $\overrightarrow{P_1P_2}$ im Verhältnis $m(P_1P) : m(PP_2) = \lambda$ und nennt λ das *Abstandsverhältnis*. Speziell spricht man von *innerer Teilung*, wenn P zwischen P_1 und P_2 liegt. Dann gilt unabhängig von der Orientierung der Geraden $\lambda > 0$. Liegt P außerhalb der Strecke P_1P_2, so spricht man von *äußerer Teilung*, und es ist $\lambda < 0$. Der Mittelpunkt einer Strecke hat in bezug auf deren Randpunkte stets das Abstandsverhältnis $\lambda = 1$. Durch das Abstandsverhältnis λ in bezug auf eine orientierte Strecke $\overrightarrow{P_1P_2}$ ist der Teilpunkt P eindeutig festgelegt. Sind (x_1, y_1, z_1) und (x_2, y_2, z_2) die Koordinaten von P_1 und P_2, so hat P die Koordinaten

$$x = (x_1 + \lambda x_2)/(1 + \lambda);\ y = (y_1 + \lambda y_2)/(1 + \lambda);\ z = (z_1 + \lambda z_2)/(1 + \lambda).$$

Beispiel 2: Die orientierte Strecke $\overrightarrow{P_1P_2}$ mit $P_1(5, 2, -1)$ und $P_2(-3, -2, 0)$ soll im Abstandsverhältnis $\lambda = -5$ geteilt werden. Für die Koordinaten des Teilpunkts erhält man

$$x = [5 + (-5) \cdot (-3)]/(-5 + 1) = 20/(-4) = -5;$$
$$y = [2 + (-5) \cdot (-2)]/(-5 + 1) = 12/(-4) = -3;$$
$$z = [-1 + (-5) \cdot (0)]/(-5 + 1) = -1/(-4) = 1/4.$$

Wegen $\lambda = -5$ handelt es sich um eine äußere Teilung.

Bei Parallelprojektion der Punkte eines Strahles auf einen beliebigen anderen Strahl bleiben die Abstandsverhältnisse zwischen den Punkten erhalten (Abb. 24.2-2).

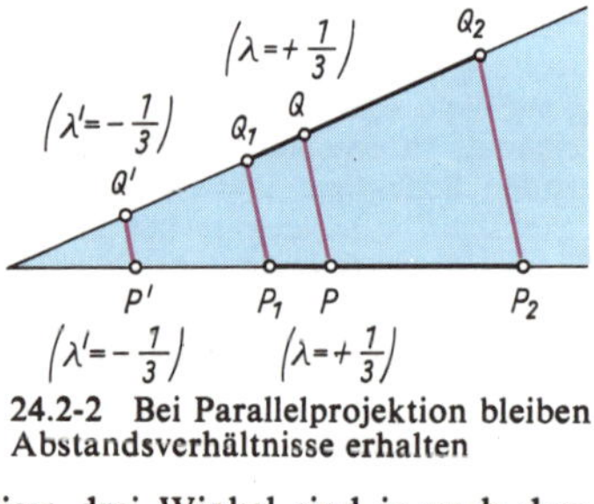

24.2-2 Bei Parallelprojektion bleiben Abstandsverhältnisse erhalten

Gerade

Richtungskosinusse. Unter den Richtungskosinussen einer orientierten Geraden versteht man die Kosinuswerte der *Richtungswinkel*, d. h. der Winkel, die eine zu der Geraden parallele, durch den Ursprung des Koordinatensystems laufende Gerade gleicher Orientierung mit der jeweils positiven Richtung der Koordinatenachsen einschließt (Abb. 24.2-3). Diese drei Winkel sind je nach dem Drehsinn der Winkelmessung zweideutig, ihre Kosinuswerte aber sind eindeutig bestimmt; denn es gilt $\cos\alpha = \cos(2\pi - \alpha)$.

Beziehungen: Geht eine orientierte Gerade mit den Richtungswinkeln α, β und γ bezüglich der x-, y- und z-Achse durch einen Punkt P_1 mit den Koordinaten (x_1, y_1, z_1) und ist P mit den Koordinaten (x, y, z) ein beliebiger Punkt dieser Geraden, so gilt:

$$x = x_1 + |P_1P| \cos\alpha; \; y = y_1 + |P_1P| \cos\beta; \; z = z_1 + |P_1P| \cos\gamma.$$

Der Beweis ist einfach. Man lege zunächst durch P_1 als Ursprung ein rechtwinkliges Koordinatensystem und führe dann eine Translation aus.
Es folgt $(x - x_1)^2 + (y - y_1)^2 + (z - z_1)^2$
$= |P_1P|^2 (\cos^2\alpha + \cos^2\beta + \cos^2\gamma)$.

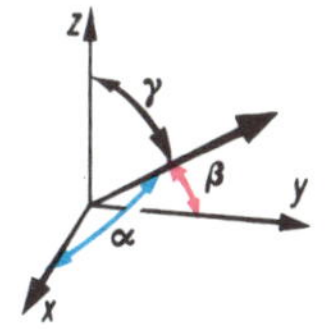

24.2-3 Die Richtungswinkel einer Geraden

$$\cos^2\alpha + \cos^2\beta + \cos^2\gamma = 1$$

Daraus ergibt sich unter Berücksichtigung der bekannten Formel für $|P_1P|$ die nebenstehende grundlegende Beziehung zwischen den Richtungskosinussen einer orientierten Geraden.
Auch umgekehrt können drei beliebige Zahlen a, b, c, für die $a^2 + b^2 + c^2 = 1$ gilt, als Kosinuswerte der Richtungswinkel einer orientierten Geraden im Raum aufgefaßt werden.

Berechnung der Richtungskosinusse bei zwei vorgegebenen Punkten. Sind P_1 und P_2 zwei Raumpunkte mit den Koordinaten (x_1, y_1, z_1) und (x_2, y_2, z_2), so ergeben sich für die Kosinuswerte der Richtungswinkel α, β und γ der durch diese Punkte hindurchgehenden, von P_1 nach P_2 orientierten Geraden die folgenden Formeln.

$$\cos\alpha = \frac{x_2 - x_1}{\sqrt{(x_2 - x_1)^2 + (y_2 - y_1)^2 + (z_2 - z_1)^2}}; \quad \cos\beta = \frac{y_2 - y_1}{\sqrt{(x_2 - x_1)^2 + (y_2 - y_1)^2 + (z_2 - z_1)^2}};$$

$$\cos\gamma = \frac{z_2 - z_1}{\sqrt{(x_2 - x_1)^2 + (y_2 - y_1)^2 + (z_2 - z_1)^2}}$$

Beispiel 1: Es sollen die Richtungskosinusse der durch $P_1(5, 2, -1)$ und $P_2(-3, -2, 0)$ im Raume festgelegten und von P_1 nach P_2 orientierten Geraden bestimmt werden. –
Es ist $\sqrt{(x_2 - x_1)^2 + (y_2 - y_1)^2 + (z_2 - z_1)^2} = \sqrt{8^2 + 4^2 + 1^2} = 9$; danach erhält man
$\cos\alpha = (-3 - 5)/9 = -8/9$, $\cos\beta = (-2 - 2)/9 = -4/9$, $\cos\gamma = [0 - (-1)]/9 = 1/9$.
Zur Probe kann man prüfen, ob die Summe der Quadrate der erhaltenen Kosinuswerte 1 ist.

Gleichungen der Geraden. Durch Einführung der Vektoren $\boldsymbol{x} = x\boldsymbol{i} + y\boldsymbol{j} + z\boldsymbol{k}$, $\boldsymbol{x}_1 = x_1\boldsymbol{i} + y_1\boldsymbol{j} + z_1\boldsymbol{k}$, $\boldsymbol{e} = \cos\alpha\boldsymbol{i} + \cos\beta\boldsymbol{j} + \cos\gamma\boldsymbol{k}$ lassen sich die Gleichungen $x = x_1 + |P_1P| \cos\alpha$; $y = y_1 + |P_1P| \cos\beta$; $z = z_1 + |P_1P| \cos\gamma$ auf die einfache Form $\boldsymbol{x} = \boldsymbol{x}_1 + |P_1P|\,\boldsymbol{e}$ bringen. Der Vektor $\boldsymbol{e}$ heißt *Richtungsvektor* und ist ein Einheitsvektor. Gelegentlich wird auch ein Vielfaches von $\boldsymbol{e}$ als Richtungsvektor bezeichnet. Dann wird statt $\boldsymbol{e}$ der Buchstabe $\boldsymbol{a}$ verwendet.
Schreibt man allgemein $\boldsymbol{x} = \boldsymbol{x}_1 + t\boldsymbol{a}$, so erhält man bei vorgegebenen $\boldsymbol{x}_1$ und $\boldsymbol{a}$ zu jeder beliebigen reellen Zahl t einen Vektor $\boldsymbol{x}$, der vom Ursprung aus nach einem Punkt der Geraden zeigt. Indem t alle Zahlen von $-\infty$ bis $+\infty$ durchläuft, erhält man alle Punkte der Geraden. Umgekehrt läßt sich zu jedem beliebigen Geradenpunkt eine Zahl t so angeben, daß der Vektor $\boldsymbol{x} = \boldsymbol{x}_1 + t\boldsymbol{a}$ zu diesem Punkt zeigt. Deshalb wird $\boldsymbol{x} = \boldsymbol{x}_1 + t\boldsymbol{a}$ als eine Gleichung der Geraden, als die *Punktrichtungsgleichung*, oder, da t Parameter genannt wird, als eine *Parameterdarstellung* der Geraden bezeichnet (Abb. 24.2-4).

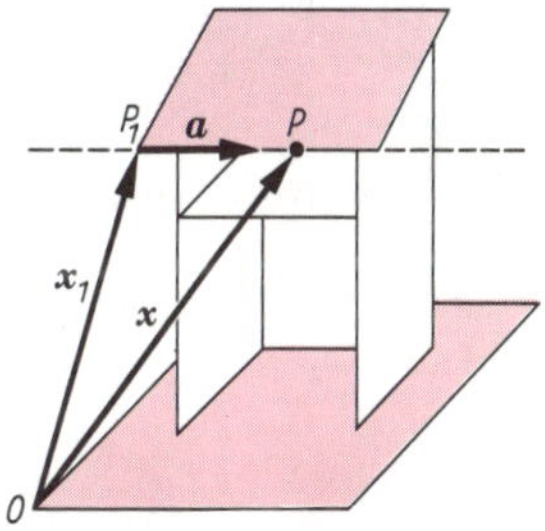

24.2-4 Zur Punktrichtungsgleichung einer Geraden

Punktrichtungsgleichung der Geraden	$\boldsymbol{x} = \boldsymbol{x}_1 + t\boldsymbol{a}$

Bei einer Parameterdarstellung einer Geraden kommt es nur darauf an, jedem Parameterwert aus $]-\infty, +\infty[$ eindeutig einen Punkt zuzuordnen und umgekehrt, ohne daß Wert darauf gelegt wird, in welchem Sinne die Gerade durchlaufen wird, wenn t von $-\infty$ nach $+\infty$ läuft. Dann spielt der Richtungssinn von $\boldsymbol{a}$ keine Rolle, $\boldsymbol{a}$ braucht nicht Einheitsvektor zu sein.

Beispiel 2: Es soll eine Punktrichtungsgleichung der in Beispiel 1 gegebenen Geraden angegeben werden, wenn P_1 und die Richtungskosinusse als gegeben betrachtet werden. –
Es ist $\boldsymbol{x}_1 = 5\boldsymbol{i} + 2\boldsymbol{j} - \boldsymbol{k}$ und $\boldsymbol{e} = (8\boldsymbol{i} + 4\boldsymbol{j} - \boldsymbol{k})/9$.
Als Punktrichtungsgleichung ergibt sich mithin

$$\boldsymbol{x} = (5\boldsymbol{i} + 2\boldsymbol{j} - \boldsymbol{k}) - t(8\boldsymbol{i} + 4\boldsymbol{j} - \boldsymbol{k})/9.$$

Legt man einen neuen Parameter durch $u = -t/9$ fest, so läßt sich an Stelle dieser Gleichung auch

$$\boldsymbol{x} = (5\boldsymbol{i} + 2\boldsymbol{j} - \boldsymbol{k}) + u(8\boldsymbol{i} + 4\boldsymbol{j} - \boldsymbol{k})$$

schreiben. Sie ist ebenfalls eine Parameterdarstellung der gegebenen Geraden, ihr Richtungsvektor ist aber kein Einheitsvektor mehr und hat nicht mehr die ursprüngliche Orientierung.

Zwei Punkte sind vorgegeben. Sind P_1 und P_2 zwei vorgegebene Punkte einer Geraden mit den Koordinaten (x_1, y_1, z_1) und (x_2, y_2, z_2), so sind die Vektoren $\boldsymbol{x}_1 = x_1\boldsymbol{i} + y_1\boldsymbol{j} + z_1\boldsymbol{k}$ und $\boldsymbol{x}_2 = x_2\boldsymbol{i} + y_2\boldsymbol{j} + z_2\boldsymbol{k}$ bekannt. Als Richtungsvektor kann man $\boldsymbol{a} = \boldsymbol{x}_2 - \boldsymbol{x}_1$ ansetzen. Wird dieser Ausdruck für $\boldsymbol{a}$ in die Punktrichtungsgleichung eingesetzt, so entsteht eine *Zweipunktegleichung* der Geraden.

Zweipunktegleichung der Geraden	$\boldsymbol{x} = \boldsymbol{x}_1 + t(\boldsymbol{x}_2 - \boldsymbol{x}_1)$

Beispiel 3: Es soll eine Zweipunktegleichung der durch $P_1(5, 2, -1)$, $P_2(-3, -2, 0)$ festgelegten Geraden angegeben werden. –

Aus $\boldsymbol{x}_1 = 5\boldsymbol{i} + 2\boldsymbol{j} - \boldsymbol{k}$ und $\boldsymbol{x}_2 = -3\boldsymbol{i} - 2\boldsymbol{j}$ ergibt sich $\boldsymbol{x}_2 - \boldsymbol{x}_1 = -8\boldsymbol{i} - 4\boldsymbol{j} + \boldsymbol{k}$.

Als Zweipunktegleichung erhält man $\boldsymbol{x} = (5\boldsymbol{i} + 2\boldsymbol{j} - \boldsymbol{k}) + t(-8\boldsymbol{i} - 4\boldsymbol{j} + \boldsymbol{k})$

oder $\boldsymbol{x} = (5\boldsymbol{i} + 2\boldsymbol{j} - \boldsymbol{k}) + u(8\boldsymbol{i} + 4\boldsymbol{j} - \boldsymbol{k})$, wenn man einen neuen Parameter durch $u = -t$ festlegt.

Es folgt die Herleitung einiger Formeln, mit denen sich die wichtigsten *geometrischen Grundaufgaben* lösen lassen.

Winkel zwischen zwei Geraden. Man sagt, zwei durch ihre Richtungsvektoren $\boldsymbol{a}$ und $\boldsymbol{a}^*$ orientierte Geraden schließen einen Winkel der Größe φ ein, wenn die durch den Ursprung gehenden Parallelen gleicher Orientierung einen Winkel dieser Größe einschließen. Nach Definition des inneren Produkts ist $\boldsymbol{a}\boldsymbol{a}^* = |\boldsymbol{a}|\,|\boldsymbol{a}^*| \cos\varphi$. Zwei Geraden stehen demnach genau dann senkrecht aufeinander, wenn $\boldsymbol{a}\boldsymbol{a}^* = 0$. Mit $\boldsymbol{e} = \boldsymbol{a}/|\boldsymbol{a}|$ und $\boldsymbol{e}^* = \boldsymbol{a}^*/|\boldsymbol{a}^*|$ erhält man $\cos\varphi = \boldsymbol{e}\boldsymbol{e}^*$ (vgl. Kap. 17.3. – Vektoralgebra).

$\cos\varphi = \boldsymbol{e}\boldsymbol{e}^*$

Beispiel 4: Gegeben sind zwei orientierte Geraden durch $\boldsymbol{x} = (2\boldsymbol{i} - 3\boldsymbol{j} + 4\boldsymbol{k}) + t(3\boldsymbol{i} - 4\boldsymbol{j} + 12\boldsymbol{k})$ und $\boldsymbol{x}^* = (\boldsymbol{i} + 5\boldsymbol{j} - 3\boldsymbol{k}) + t^*(4\boldsymbol{i} + 3\boldsymbol{k})$. Welche Größe hat der Winkel $\varphi < \pi$, den sie einschließen, wenn ihre Orientierung der der angegebenen Richtungsvektoren entspricht? – Die angegebenen Richtungsvektoren müssen zunächst normiert werden. Es ergibt sich

$$\boldsymbol{e} = (3\boldsymbol{i} - 4\boldsymbol{j} + 12\boldsymbol{k})/\sqrt{9 + 16 + 144} = (3\boldsymbol{i} - 4\boldsymbol{j} + 12\boldsymbol{k})/13 \text{ und } \boldsymbol{e}^* = (4\boldsymbol{i} + 3\boldsymbol{k})/\sqrt{16 + 9} = (4\boldsymbol{i} + 3\boldsymbol{k})/5 \text{ und somit}$$

$$\cos\varphi = (3\boldsymbol{i} - 4\boldsymbol{j} + 12\boldsymbol{k}) \cdot (4\boldsymbol{i} + 3\boldsymbol{k})/(5 \cdot 13) = (3 \cdot 4 - 4 \cdot 0 + 12 \cdot 3)/(5 \cdot 13) = 48/65 \approx 0{,}738\ldots$$

Der von den beiden angegebenen Geraden eingeschlossene Winkel hat danach die Größe $\varphi \approx 42{,}4°$. Damit ist aber nicht gesagt, daß die Geraden einander schneiden.

Abstand eines Punktes von einer Geraden. Ist $\boldsymbol{x} = \boldsymbol{x}_1 + t\boldsymbol{e}$ die Gleichung einer gegebenen Geraden und sind (x_2, y_2, z_2) die Koordinaten eines gegebenen Punktes P_2, so ist, $\overrightarrow{OP_2} = \boldsymbol{x}_2$ gesetzt, $d = |(\boldsymbol{x}_2 - \boldsymbol{x}_1) \times \boldsymbol{e}|$ der Abstand des Punktes P_2 von der gegebenen Geraden, d. h. die Länge des Lotes von P_2 auf die gegebene Gerade (Abbildung 24.2-5). Bei der Behandlung der Geraden soll der *Abstand* zunächst eine Größe mit nichtnegativer Maßzahl sein; der Begriff des *orientierten Abstands* wird erst bei der Behandlung der Ebene wieder aufgegriffen.

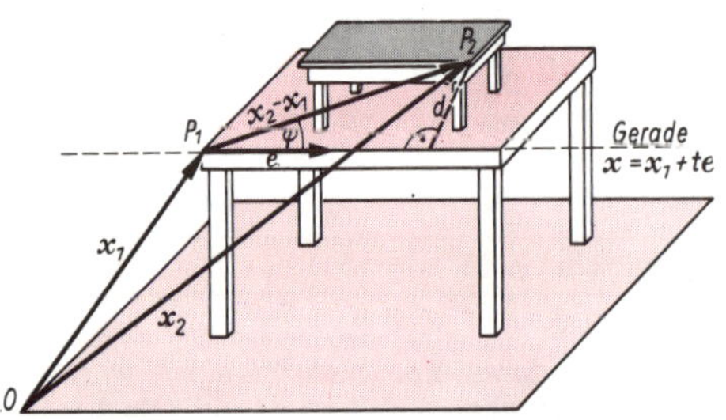

24.2-5 Abstand eines Punktes von einer Geraden

Abstand Punkt – Gerade	$d = \lvert(\boldsymbol{x}_2 - \boldsymbol{x}_1) \times \boldsymbol{e}\rvert$

Beweis: Ist $\varphi \leqslant \pi$ die Größe des von $\boldsymbol{e}$ und $\overrightarrow{P_1P_2}$ eingeschlossenen Winkels, so ist $d = |P_1P_2| \sin\varphi$. Andererseits ist laut Definition des Vektorprodukts $|\overrightarrow{P_1P_2} \times \boldsymbol{e}| = |P_1P_2|\,|\boldsymbol{e}| \sin\varphi$.

Wegen $|\boldsymbol{e}| = 1$ gilt $|\overrightarrow{P_1P_2} \times \boldsymbol{e}| = |P_1P_2| \sin\varphi = d$. Daraus folgt wegen $\overrightarrow{P_1P_2} = \boldsymbol{x}_2 - \boldsymbol{x}_1$ die Behauptung.

Beispiel 5: Gesucht ist der Abstand des Punktes $P_2(3, 1, 5)$ von der Geraden $\boldsymbol{x} = (2\boldsymbol{i} + 3\boldsymbol{j} + 4\boldsymbol{k}) + t(3\boldsymbol{i} - 4\boldsymbol{j} + 12\boldsymbol{k})/13$. –

Es sind $x_1 = 2i - 3j + 4k$ und $x_2 = 3i + j + 5k$, folglich gilt $x_2 - x_1 = i + 4j + k$.
Man berechnet zunächst das Vektorprodukt (vgl. Kap. 17.3. – Vektoralgebra):

$$(x_2 - x_1) \times e = (i + 4j + k) \times (3i - 4j + 12k)/13 = (52i - 9j - 16k)/13.$$

Der Betrag dieses Vektors ist der gesuchte Abstand

$$d = \sqrt{52^2 + 9^2 + 16^2}/13 = \sqrt{2704 + 81 + 256}/13 = \sqrt{3041}/13 \approx 4{,}24.$$

Der Punkt P_2 ist rund 4,24 Koordinateneinheiten von der gegebenen Geraden entfernt.

Abstand zweier windschiefer Geraden. Zwei Geraden, die keinen Punkt gemeinsam haben und auch nicht parallel zueinander liegen, heißen *windschief*. Sind g und g^* zwei windschiefe Geraden, so gibt es stets genau einen Punkt Q auf g und genau einen Punkt Q^* auf g^*, so daß der Vektor $\overrightarrow{QQ^*}$ auf beiden Geraden senkrecht steht. Die Länge dieses Vektors ist die kürzeste Entfernung, die irgend zwei Punkte der Geraden g und g^* voneinander haben können. Sie heißt der Abstand der beiden Geraden voneinander (vgl. Kap. 8.1. – Geraden und Ebenen im Raum, Abb. 8.1-3).
Aus der Gleichung $x = x_1 + ta$ von g und der Gleichung $x^* = x_1^* + \tau a^*$ von g^* läßt sich ihr Abstand d berechnen. Es gibt einen Parameter t_1, so daß $x_1 + t_1 a = \overrightarrow{OQ}$, und einen Parameter τ_1, so daß $x_1^* + \tau_1 a^* = \overrightarrow{OQ^*}$. Da $\overrightarrow{QQ^*}$ senkrecht auf a und a^* steht, gilt $\overrightarrow{QQ^*} = d \cdot (a \times a^*)/|a \times a^*|$. Setzt man diese Ausdrücke in $\overrightarrow{OQ^*} = \overrightarrow{OQ} + \overrightarrow{QQ^*}$ ein und multipliziert danach beide Seiten skalar mit $(a \times a^*)$, so ergibt die Auflösung nach d den Abstand der windschiefen Geraden g und g^*.

Abstand d zweier windschiefer Geraden	$d = \lvert(x_1 - x_1^*) \cdot (a \times a^*)\rvert / \lvert a \times a^*\rvert$

Beispiel 6: Für die Geraden $x = (i + j + k) + t(i - j + k)$ und $x^* = (i - j + k) + \tau(-i + j + k)$ erhält man $(x_1 - x_1^*) = 2j$ sowie $(a \times a^*) = (-2i - 2j)$ und damit den Abstand
$d = |(2j) \cdot (-2i - 2j)|/\sqrt{2^2 + 2^2} = 4/\sqrt{8} = \sqrt{2} \approx 1{,}414$.
Der Abstand der Geraden beträgt rund 1,414 Koordinateneinheiten.

Schnitt zweier Geraden. Im Raume haben zwei Geraden im allgemeinen keinen Punkt gemeinsam. Sind nämlich g und g^* zwei Geraden mit den Gleichungen $x = x(t) = x_1 + ta$ und $x^* = x^*(\tau) = x_1^* + \tau a^*$ und soll wenigstens ein gemeinsamer Punkt existieren, so muß es wenigstens ein solches Wertepaar t, τ geben, daß $x(t) = x^*(\tau)$. Dieser Vektorgleichung entspricht ein lineares Gleichungssystem von drei Gleichungen für die zwei Unbekannten t und τ, d. h. ein im allgemeinen nicht lösbares Gleichungssystem (vgl. Kap. 17.1.).
Notwendig und hinreichend für die Existenz einer eindeutigen Lösung, d. h. dafür, daß zwei Geraden im Raume einander in genau einem Punkte schneiden, sind die nebenstehenden Beziehungen.

$$a \times a^* \neq o \quad \text{und} \quad (x_1 - x_1^*)(a \times a^*) = 0$$

Die erste bedeutet, daß die Geraden nicht einander parallel sein, also auch nicht zusammenfallen dürfen, die zweite folgt unmittelbar aus der Formel für den Abstand zweier windschiefer Geraden, der ja bei sich schneidenden Geraden Null sein muß. Existieren zwei Parameter t und τ als eindeutige Lösung des genannten Gleichungssystems, so liefern diese, in die Gleichungen der Geraden eingesetzt, den *Schnittpunkt* von g und g^*. Andernfalls existiert entweder kein Schnittpunkt bzw. keine Lösung des Gleichungssystems, oder g und g^* fallen zusammen, und das System hat unendlich viele Lösungen.

Beispiel 7: Für die Geraden $x = (2i - 3j + 4k) + t(3i - 4j + 12k)$ und $x^* = (i + 5j - 3k) + t^*(36i + 212j + 27k)$ erhält man den Abstand $d = 0$. Dabei ist $a \times a^* \neq 0$, die Geraden haben deshalb genau einen Schnittpunkt. Dann muß es ein t und ein t^* geben, so daß
$(2i - 3j + 4k) + t(3i - 4j + 12k) = (i + 5j - 3k) + t^*(36i + 212j + 27k)$; daraus ergibt sich
$(1 + 3t - 36t^*)\, i - (8 + 4t + 212t^*)\, j + (7 + 12t - 27t^*)\, k = o$.
Da ein Vektor nur dann Nullvektor sein kann, wenn alle seine Komponenten verschwinden, folgt daraus das nebenstehende Gleichungssystem, das die einzige Lösung $t = -25/39$, $t^* = -1/39$ hat. Setzt man diese Parameterwerte in die Geradengleichungen ein, so muß $x = x^*$ sein, und dieser Vektor zeigt zum Schnittpunkt der Geraden. Es ergibt sich

$$\begin{aligned} 3t - 36t^* &= -1 \\ 4t + 212t^* &= -8 \\ 12t - 27t^* &= -7 \end{aligned}$$

$$x = x^* = (3i - 17j - 144k)/39.$$

Die Koordinaten des Schnittpunktes haben die Werte $x \approx 0{,}077$; $y \approx -0{,}436$; $z \approx -3{,}692$.

Eine Schar von Geraden, die durch einen festen Punkt hindurchgeht, heißt ein *Geradenbündel*. Liegen die Geraden außerdem sämtlich in einer Ebene, so spricht man von einem *Geradenbüschel* oder, bei orientierten Halbgeraden, von einem *Strahlenbüschel*.

Ebene

Eine Ebene läßt sich im Raume durch drei nicht auf einer Geraden liegende Punkte oder durch zwei Punkte und einen zu der Verbindungsgeraden dieser beiden Punkte nicht parallelen Richtungsvektor oder durch einen Punkt und zwei nicht parallele Richtungsvektoren festlegen.

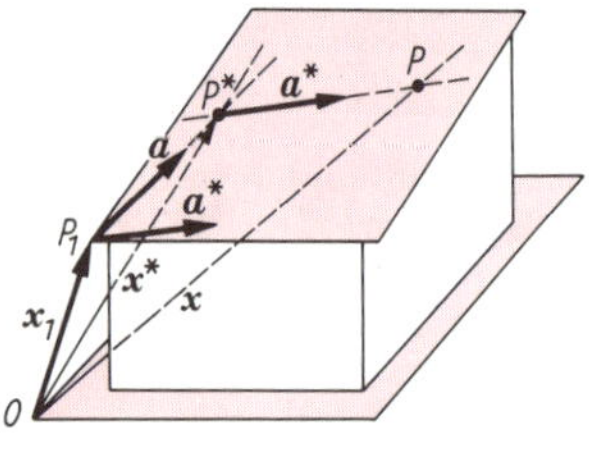

24.2-6 Zur Parameterdarstellung einer Ebene

Parameterdarstellung. Sind ein Punkt P_1 mit den Koordinaten (x_1, y_1, z_1) sowie zwei nicht parallele Richtungsvektoren $\boldsymbol{a}$ und $\boldsymbol{a}^*$ vorgegeben und wird der Vektor $\overrightarrow{OP_1}$ wieder mit $\boldsymbol{x}_1$ bezeichnet, so zeigt $\boldsymbol{x}^* = \boldsymbol{x}_1 + t\boldsymbol{a}$ zu einem Punkt P^* der durch $\boldsymbol{x}_1$ und $\boldsymbol{a}$ festgelegten Geraden. Der Vektor $\boldsymbol{x} = \boldsymbol{x}^* + \tau\boldsymbol{a}^*$ zeigt dann zu einem Punkt P der durch $\boldsymbol{x}_1, \boldsymbol{a}$ und $\boldsymbol{a}^*$ festgelegten Ebene. Für jedes beliebige Parameterpaar t, τ ist deshalb durch $\boldsymbol{x} = \boldsymbol{x}_1 + \boldsymbol{a}t + \boldsymbol{a}^*\tau$ ein Ebenenpunkt festgelegt. Umgekehrt gibt es zu jedem Punkt P der Ebene zwei Zahlen t und τ, so daß eine derartige Darstellung gilt. Es ist eine *Parameterdarstellung* der Ebene (Abb. 24.2-6).

Parameterdarstellung der Ebene	$\boldsymbol{x} = \boldsymbol{x}_1 + \boldsymbol{a}t + \boldsymbol{a}^*\tau$

Sind zwei Punkte P_1 und P_2 und ein Richtungsvektor $\boldsymbol{a}$ vorgegeben, so bestimmt man $\boldsymbol{a}^*$ als Richtungsvektor der durch P_1 und P_2 festgelegten Geraden. Sind drei Punkte gegeben, so legt man durch sie zwei Geraden und berechnet deren Richtungsvektoren $\boldsymbol{a}$ und $\boldsymbol{a}^*$. In jedem Falle kann man zu einer Parameterdarstellung der angegebenen Form gelangen.

Beispiel 1: Die Punkte $P_1(0, 1, 1)$, $P_2(1, 0, 1)$ und $P_3(1, 1, 0)$ bestimmen eine Ebene im Raum. Wie lautet ihre Parameterdarstellung? – Man berechnet zunächst zwei Richtungsvektoren, die nicht normiert zu sein brauchen, z. B. $\overrightarrow{P_1P_2} = \overrightarrow{OP_2} - \overrightarrow{OP_1} = \boldsymbol{i} - \boldsymbol{j}$ und $\overrightarrow{P_1P_3} = \overrightarrow{OP_3} - \overrightarrow{OP_1} = \boldsymbol{i} - \boldsymbol{k}$. Kennzeichnet O den Koordinatenursprung und setzt man nun z. B. $\boldsymbol{x}_1 = \overrightarrow{OP_1}$, so ergibt sich als Parameterdarstellung der Ebene

$$\boldsymbol{x} = (\boldsymbol{j} + \boldsymbol{k}) + (\boldsymbol{i} - \boldsymbol{j})\,u + (\boldsymbol{i} - \boldsymbol{k})\,v.$$

Dabei sind die Parameter mit u und v bezeichnet worden. Will man eine Darstellung mit normierten Richtungsvektoren haben, so führt man die Parameter $t = u|\boldsymbol{i} - \boldsymbol{j}| = u\sqrt{2}, \tau = v|\boldsymbol{i} - \boldsymbol{k}| = v\sqrt{2}$ ein. Mit t und τ erhält man

$$\boldsymbol{x} = (\boldsymbol{j} + \boldsymbol{k}) + (\boldsymbol{i} - \boldsymbol{j})\,t/\sqrt{2} + (\boldsymbol{i} - \boldsymbol{k})\,\tau/\sqrt{2}.$$

Allgemeine Ebenengleichung. Die als Parameterdarstellung der Ebene angegebene Vektorgleichung stellt ausführlich geschrieben das rechts folgende System von drei linearen Gleichungen dar, in dem $\boldsymbol{a} = \lambda\boldsymbol{e}, \boldsymbol{a}^* = \lambda^*\boldsymbol{e}^*$ gesetzt ist:

$$x = x_1 + \lambda t \cos\alpha + \lambda^*\tau\cos\alpha^*$$
$$y = y_1 + \lambda t \cos\beta + \lambda^*\tau\cos\beta^*$$
$$z = z_1 + \lambda t \cos\gamma + \lambda^*\tau\cos\gamma^*$$

Multipliziert man
die erste mit $A = \cos\beta\cos\gamma^* - \cos\beta^*\cos\gamma$,
die zweite mit $B = \cos\gamma\cos\alpha^* - \cos\gamma^*\cos\alpha$,
die dritte mit $C = \cos\alpha\cos\beta^* - \cos\alpha^*\cos\beta$
und addiert dann alle drei Gleichungen, so erhält man

$$Ax + By + Cz = Ax_1 + By_1 + Cz_1 \quad \text{bzw.} \quad A(x - x_1) + B(y - y_1) + C(z - z_1) = 0$$

als Gleichung einer durch P_1 hindurchgehenden Ebene. Faßt man in der ersten Form die rechte Seite zu einer Konstanten $-D$ zusammen, so ergibt sich die *allgemeine Ebenengleichung.*

Allgemeine Ebenengleichung	$Ax + By + Cz + D = 0$

Alle Raumpunkte, deren Koordinaten (x, y, z) eine Gleichung dieser Form so befriedigen, daß A, B, C nicht alle Null sind, liegen auf einer Ebene, und zu jeder Ebene gibt es eine derartige Gleichung, der alle Punkte der Ebene genügen. Genauer gesagt, gibt es zu jeder Ebene sogar unendlich viele solche Gleichungen, da ja eine derartige Gleichung mit jeder beliebigen von Null verschiedenen Zahl multipliziert werden kann, ohne daß sie deshalb eine andere Ebene darstellt. Das ist auch ein Grund dafür, daß den einzelnen Werten von A, B, C und D keine geometrische Bedeutung zukommt, sondern nur ihren Verhältnissen.

Abschnittsgleichung. Diese *Ebenengleichung* in *Achsenabschnittsform* gewinnt man aus der allgemeinen Ebenengleichung, indem man D auf die rechte Seite bringt, beide Seiten durch $-D$ dividiert und $a = -D/A$, $b = -D/B$, $c = -D/C$ setzt. Dabei wird vorausgesetzt, daß die Größen A, B, C, D

Abschnittsgleichung der Ebene	$\dfrac{x}{a} + \dfrac{y}{b} + \dfrac{z}{c} = 1$

sämtlich ungleich Null sind; andernfalls gelangt man zur Abschnittsgleichung, indem man die entsprechenden Operationen so weit ausführt, wie sie erlaubt sind (vgl. Beispiel 2). Aus der Abschnittsgleichung läßt sich ablesen, daß die Ebene auf der x-Achse die Strecke a, auf der y-Achse die Strecke b und auf der z-Achse die Strecke c abschneidet (Abb. 24.2-7).

Beispiel 2: Ist $\boldsymbol{x} = (3\boldsymbol{i} + \boldsymbol{j} - 2\boldsymbol{k}) + (\boldsymbol{i} - \boldsymbol{j} + \boldsymbol{k})\, t/\sqrt{3} + (\boldsymbol{i} + \boldsymbol{j} - \boldsymbol{k})\, \tau/\sqrt{3}$ die Parameterdarstellung einer Ebene, so haben die Richtungsvektoren $\boldsymbol{a}$ und $\boldsymbol{a}^*$ die Richtungskosinusse

$$\cos\alpha = 1 : \sqrt{3}, \qquad \cos\alpha^* = 1 : \sqrt{3},$$
$$\cos\beta = -1 : \sqrt{3} \qquad \cos\beta^* = 1 : \sqrt{3},$$
$$\cos\gamma = 1 : \sqrt{3} \quad \text{und} \quad \cos\gamma^* = -1 : \sqrt{3}.$$

Damit findet man

$$A = (-1/\sqrt{3}) \cdot (-1/\sqrt{3}) - (1/\sqrt{3}) \cdot (1/\sqrt{3}) = 0,$$
$$B = (1/\sqrt{3}) \cdot (1/\sqrt{3}) - (-1/\sqrt{3}) \cdot (1/\sqrt{3}) = {}^2/_3,$$
$$C = (1/\sqrt{3}) \cdot (1/\sqrt{3}) - (1/\sqrt{3}) \cdot (-1/\sqrt{3}) = {}^2/_3.$$

Die allgemeine Ebenengleichung lautet deshalb in diesem Falle

$$0 \cdot (x - 3) + {}^2/_3 \cdot (y - 1) + {}^2/_3 \cdot (z + 2) = 0 \quad \text{oder}$$
$$0 \cdot x + {}^2/_3 y + {}^2/_3 z = -{}^2/_3.$$

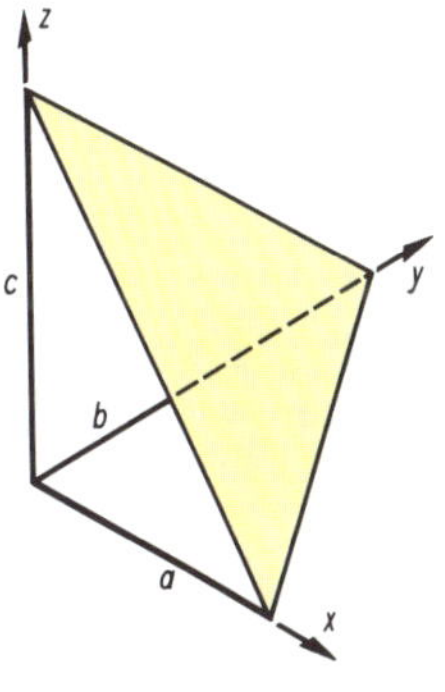

24.2-7 Zur Abschnittsgleichung der Ebene

Daraus ergibt sich die Abschnittsgleichung:

$$0 \cdot x - y - z = 1 \quad \text{oder} \quad y/(-1) + z/(-1) = 1.$$

Die x-Achse wird *im Unendlichen* geschnitten, d. h., die gegebene Ebene läuft parallel zu ihr. Die y-Achse wird bei $y = -1$ und die z-Achse bei $z = -1$ geschnitten.

Hessesche Normalform. Dividiert man die allgemeine Ebenengleichung durch $\sqrt{A^2 + B^2 + C^2}$ und setzt $A: \sqrt{A^2 + B^2 + C^2} = n_1$, $B: \sqrt{A^2 + B^2 + C^2} = n_2$, $C: \sqrt{A^2 + B^2 + C^2} = n_3$ und $D: \sqrt{A^2 + B^2 + C^2} = p$, so ergibt sich die *Hessesche Normalform* der Ebenengleichung.

Hessesche Normalform der Ebenengleichung	$n_1 x + n_2 y + n_3 z + p = 0$

Durch Einführung der Vektoren $\boldsymbol{x} = x\boldsymbol{i} + y\boldsymbol{j} + z\boldsymbol{k}$ und $\boldsymbol{n} = n_1\boldsymbol{i} + n_2\boldsymbol{j} + n_3\boldsymbol{k}$ läßt sich die Hessesche Normalform in sehr einfacher Weise darstellen.

Hessesche Normalform in Vektorschreibweise	$\boldsymbol{nx} = -p$

Der Vektor $\boldsymbol{n}$ steht senkrecht auf der Ebene und heißt *Normalenvektor* der Ebene. Er ist ein Einheitsvektor. Die Orientierung von $\boldsymbol{n}$ wird, ausgehend von der allgemeinen Ebenengleichung, durch das Vorzeichen von $\sqrt{A^2 + B^2 + C^2}$ bestimmt. Es ist üblich, dieser Wurzel positives Vorzeichen zu geben. Dann kann man die Seite der Ebene, die in Richtung von $\boldsymbol{n}$ liegt, als positive Seite, die andere als negative Seite der Ebene definieren, von einem positiven und einem negativen Halbraum sprechen und die Ebene dadurch orientieren, daß man auf der positiven Seite den dem Uhrzeigerdrehsinn entgegengesetzten Drehsinn als positiv annimmt. Analog zum orientierten Abstand zweier Punkte auf einer orientierten Geraden wird der *orientierte Abstand* eines Punktes von einer orientierten Ebene eingeführt und im folgenden verwendet; p ist der Abstand des Koordinatenursprungs von der durch $\boldsymbol{nx} = -p$ gegebenen Ebene. Für $p > 0$ liegt der Ursprung im positiven, für $p \leqslant 0$ im negativen Halbraum. Eine Veranschaulichung der Hesseschen Normalform gibt Abb. 24.2-8. Die gelbe Fläche stellt eine beliebige Ebene E im Raume, die rote die zu ihr parallele durch den Koordinatenursprung O dar. P ist ein beliebiger Punkt auf E, p der Abstand der Ebene E von O und $\boldsymbol{n}$ der Normalenvektor von E.

Bezeichnet φ den von $\overrightarrow{OP} = \boldsymbol{x}$ und $\boldsymbol{n}$ eingeschlossenen Winkel, so gilt nach Definition des inneren Produktes $\boldsymbol{nx} = |\boldsymbol{n}| \cdot |\boldsymbol{x}| \cos\varphi$, und wegen $|\boldsymbol{n}| = 1$ gilt $\boldsymbol{nx} = |\boldsymbol{x}| \cos\varphi = -|\boldsymbol{x}| \cos(180^\circ - \varphi)$.

Aus dem rechtwinkligen Dreieck OPP' folgt $|\boldsymbol{x}| \cos(180^\circ - \varphi) = p$, d. h. $\boldsymbol{nx} = -p$.

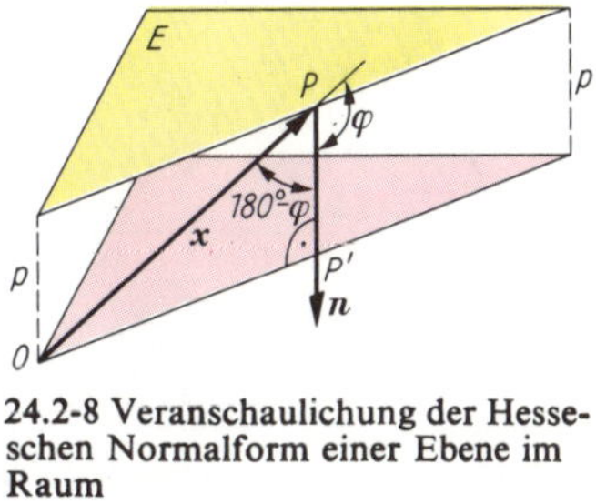

24.2-8 Veranschaulichung der Hesseschen Normalform einer Ebene im Raum

Beispiel 3: Es ist die Hessesche Normalform der im vorigen Beispiel gegebenen Ebene aufzustellen. – Aus $A = 0$, $B = {}^2/_3$ und $C = {}^2/_3$ folgt $\sqrt{A^2 + B^2 + C^2} = \sqrt{8/9} = {}^2/_3 \cdot \sqrt{2}$. Wird die allgemeine Ebenengleichung durch ${}^2/_3\sqrt{2}$ dividiert, so ergibt sich die Hessesche Normalform. Sie lautet

$$0 \cdot x + {}^1/_2\, y\sqrt{2} + {}^1/_2\, z\sqrt{2} + {}^1/_2\sqrt{2} = 0$$

oder in Vektorschreibweise ${}^1/_2\sqrt{2}\,(\boldsymbol{j} + \boldsymbol{k}) \cdot \boldsymbol{x} = -{}^1/_2\sqrt{2}$.

Unter Verwendung der Vektorschreibweise lassen sich einige grundlegende Aufgaben besonders elegant lösen.

Abstand eines Punktes von einer Ebene. Ist $\boldsymbol{nx} = -p$ die Hessesche Normalform einer Ebene und $P_0(x_0, y_0, z_0)$ ein beliebiger Raumpunkt, so ist $d = \boldsymbol{nx}_0 + p$ der Abstand des Punktes P_0 von der Ebene. Das ist mittels Abb. 24.2-9 leicht einzusehen. Die gelbe Fläche stellt wieder die gegebene Ebene E und die rote die zu E parallele Ebene durch den Koordinatenursprung O dar. Die graue Ebene ist jetzt die durch P_0 gehende Ebene parallel zu E. Ebenso wie sich mit Hilfe des Dreiecks OPP' für einen beliebigen Ebenenpunkt P ergibt $\boldsymbol{nx} = -p$, erhält man mit Hilfe des Dreiecks OP_0P_0', wenn P_0 ein beliebiger Raumpunkt ist, $\boldsymbol{nx}_0 = -(p - d)$, also $d = \boldsymbol{nx}_0 + p$.

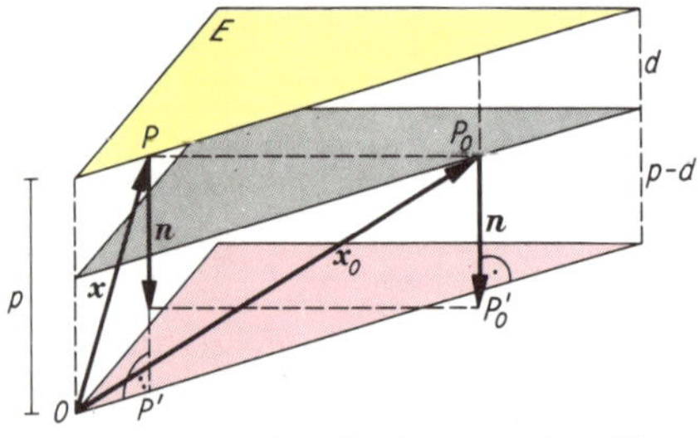

24.2-9 Abstand eines Punktes von einer Ebene

Abstand eines Punktes von einer Ebene
$d = \boldsymbol{nx}_0 + p$

Beispiel 4: Es ist der Abstand des Punktes $P_0(3, -1, 2)$ von der im vorigen Beispiel gegebenen Ebene zu berechnen. – Die Abstandsformel ergibt

$$d = {}^1/_2\sqrt{2} \cdot (\boldsymbol{j} + \boldsymbol{k}) \cdot (3\boldsymbol{i} - \boldsymbol{j} + 2\boldsymbol{k}) + {}^1/_2\sqrt{2}$$
$$= {}^1/_2\sqrt{2} \cdot (0 \cdot 3 - 1 \cdot 1 + 1 \cdot 2) + {}^1/_2\sqrt{2}$$
$$= \sqrt{2} \approx 1{,}414.$$

Der gesuchte Abstand beträgt rund 1,414 Koordinateneinheiten.

Winkel zwischen zwei Ebenen. Sind $\boldsymbol{nx} = -p$ und $\boldsymbol{n}^*\boldsymbol{x} = -p^*$ die Hesseschen Normalformen zweier Ebenen, so ist der von den beiden Ebenen eingeschlossene Winkel ebenso groß wie der von den Normalenvektoren $\boldsymbol{n}$ und $\boldsymbol{n}^*$ eingeschlossene Winkel. Somit gilt $\cos\varphi = \boldsymbol{nn}^*$. Insbesondere stehen danach zwei Ebenen genau dann aufeinander senkrecht, wenn $\boldsymbol{nn}^* = 0$.

$\cos\varphi = \boldsymbol{nn}^*$

Beispiel 5: Stehen die Ebenen $5x + 3y - z = 10$ und $2x - y + 7z = 5$ aufeinander senkrecht? – Die Normalenvektoren der Ebenen sind $\boldsymbol{n} = (5\boldsymbol{i} + 3\boldsymbol{j} - \boldsymbol{k})/\sqrt{35}$ und $\boldsymbol{n}^* = (2\boldsymbol{i} - \boldsymbol{j} + 7\boldsymbol{k})/\sqrt{54}$. Folglich ist $\cos\varphi = (5 \cdot 2 - 3 \cdot 1 - 1 \cdot 7)/(\sqrt{35} \cdot \sqrt{54}) = 0$, d. h. $\varphi = 90°$. Die beiden gegebenen Ebenen stehen aufeinander senkrecht.

Schnitt zweier Ebenen. Zwei Ebenen schneiden einander stets in einer Geraden, sofern sie nicht zueinander parallel sind. Daher ist $|\boldsymbol{nn}^*| < 1$ oder $\boldsymbol{n} \times \boldsymbol{n}^* \neq \boldsymbol{o}$ die *notwendige und hinreichende Schnittbedingung* für zwei Ebenen. Zwei nicht parallele Ebenen haben stets eine Gerade gemeinsam. Diese wird *Schnittgerade* genannt. Sie verläuft senkrecht zu $\boldsymbol{n}$ und $\boldsymbol{n}^*$, ihr Richtungsvektor kann mit $\boldsymbol{a} = \boldsymbol{n} \times \boldsymbol{n}^*$ angesetzt werden. Bestimmt man irgendeinen Punkt, der sowohl die Gleichung $\boldsymbol{nx} = -p$ als auch die Gleichung $\boldsymbol{n}^*\boldsymbol{x} = -p^*$ befriedigt, so ergibt sich aus diesem und $\boldsymbol{a}$ eine Parameterdarstellung der Schnittgeraden. Ausführlich geschrieben muß ein Punkt bestimmt werden, dessen Koordinaten das nachstehende Gleichungssystem befriedigen, in dem n_1, n_2, n_3 die Komponenten von $\boldsymbol{n}$ und n_1^*, n_2^*, n_3^* die von $\boldsymbol{n}^*$ sind. Dieser Punkt gibt zusammen mit dem Richtungsvektor $\boldsymbol{a}$

$$n_1x + n_2y + n_3z = -p \quad \text{und} \quad n_1^*x + n_2^*y + n_3^*z = -p^*$$

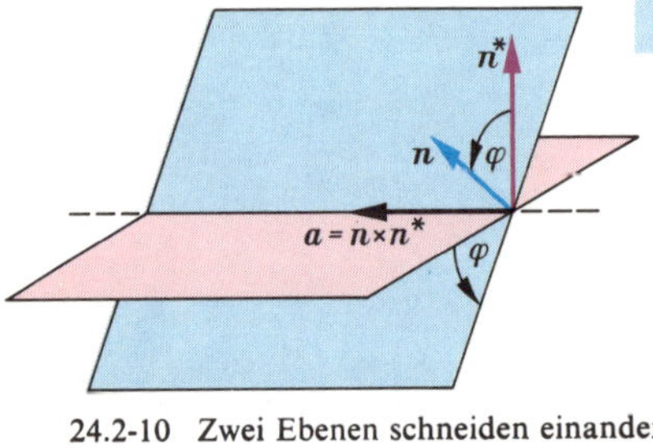

24.2-10 Zwei Ebenen schneiden einander in einer Geraden

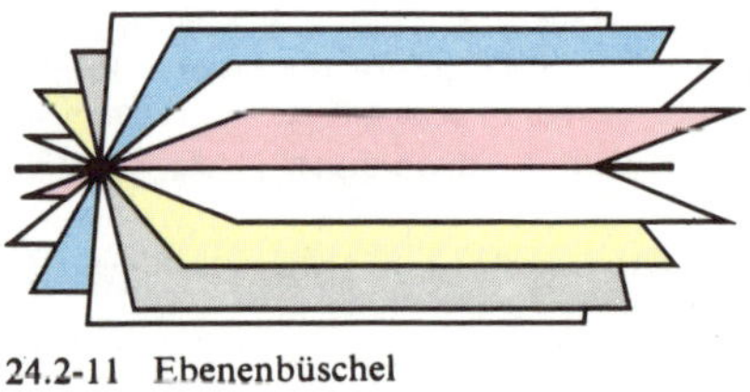

24.2-11 Ebenenbüschel

die Punktrichtungsgleichung der Schnittgeraden. Ist z. B.

$n_1 n_2^* - n_1^* n_2 \neq 0$, so ist $x = \dfrac{p^* n_2 - p n_2^*}{n_1 n_2^* - n_1^* n_2}, \quad y = \dfrac{p n_1^* - p^* n_1}{n_1 n_2^* - n_1^* n_2}, \quad z = 0$

eine Lösung des angegebenen Gleichungssystems (Abb. 24.2-10).

Eine Schar von Ebenen, die alle durch ein und dieselbe Gerade hindurchgehen, heißt ein *Ebenenbüschel* (Abb. 24.2-11). Hierbei muß $\boldsymbol{n} \times \boldsymbol{n}^* \neq \boldsymbol{o}$ sein.

Gleichung eines Ebenenbüschels	$(\boldsymbol{n}\boldsymbol{x} + p) + \lambda(\boldsymbol{n}^*\boldsymbol{x} + p^*) = 0$

Um zu beweisen, daß die angegebene Gleichung ein Ebenenbüschel darstellt, bringt man sie auf die Form $(\boldsymbol{n} + \lambda\boldsymbol{n}^*)\,\boldsymbol{x} + (p + \lambda p^*) = 0$. Daraus ist zunächst ersichtlich, daß die Gleichung für jeden reellen Wert von λ eine Ebene, insgesamt also unendlich viele Ebenen darstellt.

Es muß noch gezeigt werden, daß alle diese Ebenen eine Gerade gemeinsam haben. Zu diesem Zwecke faßt man zunächst zwei durch einen Wert λ_1 und einen Wert $\lambda_2 \neq \lambda_1$ gegebene Ebenen ins Auge. Wegen $\boldsymbol{n} \times \boldsymbol{n}^* \neq \boldsymbol{o}$ sind diese Ebenen nicht parallel, denn es gilt

$$(\boldsymbol{n} + \lambda_1\boldsymbol{n}^*) \times (\boldsymbol{n} + \lambda_2\boldsymbol{n}^*) = (\boldsymbol{n} \times \boldsymbol{n}^*) \cdot (\lambda_2 - \lambda_1) \neq \boldsymbol{o}.$$

Sie haben demnach eine Schnittgerade mit dem Richtungsvektor $\boldsymbol{a} = \boldsymbol{n} \times \boldsymbol{n}^*$ gemeinsam. Um eine Punktrichtungsgleichung der Schnittgeraden aufstellen zu können, muß irgendein Punkt bestimmt werden, der sowohl der Gleichung $(\boldsymbol{n} + \lambda_1\boldsymbol{n}^*)\,\boldsymbol{x} + (p + \lambda_1 p^*) = 0$ als auch der Gleichung $(\boldsymbol{n} + \lambda_2\boldsymbol{n}^*)\,\boldsymbol{x} + (p + \lambda_2 p^*) = 0$ genügt. Wegen $\lambda_1 \neq \lambda_2$ ist das genau dann der Fall, wenn das nebenstehende Gleichungssystem erfüllt ist. Man sieht, daß sowohl $\boldsymbol{a}$ als auch $\boldsymbol{x}$ unabhängig von λ_1 und λ_2 bestimmt werden können. Das bedeutet, daß die Schnittgerade der durch λ_1 und λ_2 gegebenen Ebenen allen Ebenen gemeinsam ist, die durch die eingangs aufgeschriebene Gleichung darstellbar sind. Das war zu beweisen.

$$\begin{aligned} \boldsymbol{n}\boldsymbol{x} + p &= 0 \\ \boldsymbol{n}^*\boldsymbol{x} + p^* &= 0 \end{aligned}$$

Es sei erwähnt, daß eine Ebenenbüschelgleichung der gegebenen Form von allen Ebenen, die durch eine Gerade hindurchgehen, jeweils eine nicht darzustellen vermag, nämlich die Ebene $\boldsymbol{n}^*\boldsymbol{x} + p^* = 0$. Diesem Umstand kann durch Homogenisierung abgeholfen werden. Setzt man $\lambda = \varkappa^*/\varkappa$, so hat man $\varkappa(\boldsymbol{n}\boldsymbol{x} + p) + \varkappa^*(\boldsymbol{n}^*\boldsymbol{x} + p^*) = 0$, und die Ebene $\boldsymbol{n}^*\boldsymbol{x} + p^* = 0$ ergibt sich für $\varkappa = 0, \varkappa^* = 1$.

Beispiel 6: Es soll eine Punktrichtungsgleichung der Schnittgeraden des Ebenenbüschels

$$[(1/\sqrt{14})\,(3\boldsymbol{i} - 2\boldsymbol{j} + \boldsymbol{k})\,\boldsymbol{x} + 1] + \lambda[(1/\sqrt{14})\,(2\boldsymbol{i} + \boldsymbol{j} - 3\boldsymbol{k})\,\boldsymbol{x} - 1] = 0$$

aufgestellt werden. – Als ein Richtungsvektor der Schnittgeraden ergibt sich

$$\boldsymbol{a} = (3\boldsymbol{i} + 2\boldsymbol{j} + \boldsymbol{k}) \times (2\boldsymbol{i} + \boldsymbol{j} - 3\boldsymbol{k}) = 5\boldsymbol{i} + 11\boldsymbol{j} + 7\boldsymbol{k}.$$

Einen Punkt der Geraden erhält man als eine Lösung des nebenstehenden Gleichungssystems. Eine solche ist $x = {}^1/_7$; $y = {}^5/_7$; $z = 0$, wie man durch Einsetzen prüfen kann. Eine Punktrichtungsgleichung der Schnittgeraden lautet danach $\boldsymbol{x} = {}^1/_7\,(\boldsymbol{i} + 5\boldsymbol{j}) + t(5\boldsymbol{i} + 11\boldsymbol{j} + 7\boldsymbol{k})$.

$$\begin{aligned} 3x - 2y + z &= -1 \\ 2x + y - 3z &= +1 \end{aligned}$$

Schnitt dreier Ebenen. Sind drei Ebenen gegeben, so bilden die ihnen entsprechenden Gleichungen $\boldsymbol{n}\boldsymbol{x} + p = 0$, $\boldsymbol{n}^*\boldsymbol{x} + p^* = 0$ und $\boldsymbol{n}^{**}\boldsymbol{x} + p^{**} = 0$ ein lineares Gleichungssystem von drei Gleichungen für die drei Komponenten x, y, z von $\boldsymbol{x}$. Ist dieses System eindeutig lösbar, so haben die drei Ebenen genau einen Punkt gemeinsam. Notwendig und hinreichend dafür ist die nebenstehende Bedingung.

$$\begin{vmatrix} n_1 & n_2 & n_3 \\ n_1^* & n_2^* & n_3^* \\ n_1^{**} & n_2^{**} & n_3^{**} \end{vmatrix} \neq 0$$

Andernfalls haben die Ebenen entweder keinen Punkt gemeinsam oder sie haben eine Gerade gemeinsam oder sie fallen zusammen. Ersteres ist der Fall, wenn entweder zwei der Ebenen zueinander parallel sind oder die drei Ebenen voneinander verschiedene parallele Schnittgeraden haben. Der zweite Fall liegt vor, wenn die drei Ebenen einem Ebenenbüschel angehören. Alle Ebenen, die genau einen Punkt gemeinsam haben, bilden ein *Ebenenbündel*.

Gleichung des Ebenenbündels	$(\boldsymbol{n}\boldsymbol{x} + p) + \lambda_1(\boldsymbol{n}^*\boldsymbol{x} + p^*) + \lambda_2(\boldsymbol{n}^{**}\boldsymbol{x} + p^{**}) = 0$

Bei Homogenisierung ($\lambda_1 = \varkappa^*/\varkappa$, $\lambda_2 = \varkappa^{**}/\varkappa$) erhält man

$$\varkappa(\boldsymbol{n}\boldsymbol{x} + p) + \varkappa^*(\boldsymbol{n}^*\boldsymbol{x} + p^*) + \varkappa^{**}(\boldsymbol{n}^{**}\boldsymbol{x} + p^{**}) = 0.$$

24.3. Flächen zweiten Grades

Hauptachsentransformation

Die Gesamtheit aller Punkte, deren rechtwinklige Koordinaten einer Gleichung der Form $F(x, y, z) = 0$ genügen, wird unter gewissen Bedingungen eine *Fläche* genannt. Bedingung kann z. B. sein, daß die Funktion $F(x, y, z)$ in allen Variablen stetig sein soll. Je nach den Bedingungen, die man stellt, gelangt man zu verschiedenen Flächenbegriffen.

Ist $F(x, y, z)$ eine lineare Funktion der drei Variablen x, y, z, d. h. von der Form $Ax + By + Cz + D$, in der die Koeffizienten A, B, C nicht sämtlich gleich Null sein dürfen, so stellt die Gleichung $F(x, y, z) = 0$ eine Ebene dar.
Im folgenden sei $F(x, y, z)$ eine quadratische Funktion. Dann ist $F(x, y, z) = 0$ eine algebraische Gleichung zweiten Grades, d. h. eine Gleichung der Form

$$a_{11}x^2 + 2a_{12}xy + 2a_{13}xz + a_{22}y^2 + 2a_{23}yz + a_{33}z^2 + 2a_{14}x + 2a_{24}y + 2a_{34}z + a_{44} = 0.$$

Eine durch eine solche Gleichung, in der die ersten sechs Koeffizienten nicht sämtlich gleich Null sein dürfen, darstellbare Fläche heißt *Fläche zweiten Grades*.
Bei einer linearen Koordinatentransformation, die eine Translation, eine Drehung oder eine Kombination aus beiden darstellt, geht eine algebraische Gleichung zweiten Grades in den rechtwinkligen Koordinaten x, y, z mit den Koeffizienten a_{11} bis a_{44} wieder in eine algebraische Gleichung zweiten Grades in den rechtwinkligen Koordinaten x^*, y^*, z^* mit den Koeffizienten a_{11}^* bis a_{44}^* über. Von grundlegender Bedeutung ist dabei die Tatsache, daß sich *in jedem Falle eine Drehung* angeben läßt, so daß $a_{12}^* = a_{13}^* = a_{23}^* = 0$ ist. Diese Transformation heißt *Hauptachsentransformation* (vgl. Kap. 17.6. – Hauptachsentransformation).

Beispiel: Die Gleichung $x^2 + y^2 + z^2 + xy - 1 = 0$ geht bei der Drehung

$$x = {}^1/_2\sqrt{2}\,x^* + {}^1/_2\sqrt{2}\,y^*; \quad y = -{}^1/_2\sqrt{2}\,x^* + {}^1/_2\sqrt{2}\,y^*; \quad z = z^*$$

in $x^{*2}/a^2 + y^{*2}/b^2 + z^{*2}/c^2 - 1 = 0$ mit $a = \sqrt{2}$, $b = \sqrt{^2/_3}$, $c = 1$ über.

Dank der Hauptachsentransformation kann man sich bei der Diskussion der durch algebraische Gleichungen zweiten Grades darstellbaren geometrischen Gebilde auf die Diskussion von Gleichungen der folgenden Form

$$a_{11}x^2 + a_{22}y^2 + a_{33}z^2 + 2a_{14}x + 2a_{24}y + 2a_{34}z + a_{44} = 0$$

beschränken.
Aber auch eine solche Gleichung, in der die ersten drei Koeffizienten nicht sämtlich gleich Null sein dürfen, läßt sich im allgemeinen durch Koordinatentransformationen, und zwar durch Translation, noch weiter vereinfachen. Welcher Art die Translation im einzelnen sein muß und auf welche vereinfachte Gleichungsform sie führt, hängt von der Beschaffenheit der Koeffizienten ab. Bei Untersuchung aller möglichen Fälle gelangt man zu dem Ergebnis, daß jede beliebige Gleichung zweiten Grades auf eine von 17 verschiedenen Spezialgleichungen reduziert werden kann, von denen jede einzelne aus höchstens 4 Gliedern besteht. Drei dieser Gleichungen haben die Form
$a^2x^2 + b^2y^2 + c^2z^2 + 1 = 0$, $a^2x^2 + b^2y^2 + 1 = 0$ oder
$a^2x^2 + 1 = 0$, in denen weder a noch b noch c Null sein sollen. Diese Gleichungen haben keine reelle Lösung und stellen deshalb auch keine geometrischen Gebilde dar. Die übrigen 14 Gleichungen stellen 14 verschiedene geometrische Gebilde **G** 1 bis **G** 14 dar. Dazu gehören die folgenden *neun Entartungsfälle* oder *uneigentlichen Flächen zweiten Grades*.

1. $x^2/a^2 + y^2/b^2 + z^2/c^2 = 0$	**G** 1 der Punkt (0, 0, 0)
2. $x^2/a^2 + y^2/b^2 = 0$	**G** 2 eine Gerade, die z-Achse
3. $x^2/a^2 = 0$	**G** 3 eine Ebene, die y, z-Ebene
4. $x^2/a^2 = 1$	**G** 4 die beiden Ebenen parallel zur y, z-Ebene im Abstand $x = \pm a$
5. $x^2/a^2 - y^2/b^2 = 0$	**G** 5 die beiden Ebenen, die die x, y-Ebene in den Geraden mit den Gleichungen $y = \pm bx/a$ senkrecht schneiden
6. $x^2/a^2 - y^2/b^2 = 1$	**G** 6 die Mantelfläche eines Zylinders, die von Ebenen senkrecht zur z-Achse in Hyperbeln geschnitten wird; diese sind parallel und kongruent mit der Hyperbel $x^2/a^2 - y^2/b^2 = 1$ in der x, y-Ebene
7. $x^2/a^2 + y^2/b^2 = 1$	**G** 7 die Mantelfläche eines Zylinders, die von Ebenen senkrecht zur z-Achse in Ellipsen geschnitten wird; diese sind parallel und kongruent mit der Ellipse der Gleichung $x^2/a^2 + y^2/b^2 = 1$ in der x, y-Ebene und gehen für $a = b$ in Kreise über
8. $x^2 - 2py = 0$	**G** 8 die Mantelfläche eines Zylinders, die von Ebenen senkrecht zur z-Achse in Parabeln geschnitten wird; diese sind parallel und kongruent mit der Parabel der Gleichung $x^2 - 2py = 0$ der x, y-Ebene
9. $x^2/a^2 + y^2/b^2 - z^2/c^2 = 0$	**G** 9 die Mantelfläche eines Doppelkegels, die von Ebenen senkrecht zur z-Achse in Ellipsen oder Kreisen geschnitten wird

Diese Gebilde sind entweder gar keine Flächen im üblichen Sinne, z. B. **G** 1 und **G** 2, oder sie lassen sich in einer oder in zwei Ebenen unterbringen, sind damit Gebilde ersten Grades, z. B. **G** 3 bis **G** 5, oder sie lassen sich zumindest in eine Ebene abwickeln, z. B. **G** 6 bis **G** 9.
Es bleiben schließlich nur noch fünf geometrische Gebilde, die als *eigentliche* oder *echte Flächen zweiten Grades* bezeichnet werden.

Echte Flächen zweiten Grades

Klassifizierung. Nach Ausführung einer Hauptachsentransformation zeigen die Achsen des Koordinatensystems in die Richtungen der Hauptachsen der dargestellten Fläche. Die Bezeichnung der Fläche richtet sich nach einem parallel zu einer ausgezeichneten Hauptachse, die entweder geometrisch bestimmt ist oder nach geometrischen Bedingungen gewählt werden kann, und nach einem senkrecht dazu verlaufenden Schnitt. Je nachdem, ob der erste Schnitt eine Ellipse, Parabel oder Hyperbel liefert, heißt die Fläche ein *Ellipsoid*, *Paraboloid* oder *Hyperboloid*. Die Form des zweiten Schnittes liefert, falls es zur Unterscheidung notwendig ist, das Beiwort *elliptisch* oder *hyperbolisch*. Das Beiwort parabolisch wird nicht gebraucht, da es keine echte Fläche zweiten Grades gibt, die einen parabolischen Querschnitt hat.

Zwischen elliptischen und kreisförmigen Schnitten wird nicht unterschieden. Ein Ellipsoid kann auch eine Kugel sein und ein elliptisches Paraboloid auch ein solches mit kreisförmigem Querschnitt. Bei Hyperboloiden ist ein anderes Unterscheidungsmerkmal erforderlich. Man unterscheidet zwischen *einschaligen* und *zweischaligen* Hyperboloiden.

Insgesamt sind für die fünf echten Flächen zweiten Grades folgende Bezeichnungen üblich: Ellipsoid, elliptisches Paraboloid, hyperbolisches Paraboloid, einschaliges Hyperboloid, zweischaliges Hyperboloid.

Ellipsoid	$\frac{x^2}{a^2} + \frac{y^2}{b^2} + \frac{z^2}{c^2} = 1$

Ellipsoid *G* **10.** In rechtwinkligen Koordinaten gilt für das Ellipsoid die nebenstehende Gleichung in einfachster Form. Hierbei bedeuten a, b, c die halben Längen der Hauptachsen des Ellipsoids (Abb. 24.3-1). Ist $a = b = c$, so ist das Ellipsoid eine Kugel. Sind zwei der Längen a, b, c einander gleich, so ist es ein *Rotationsellipsoid* oder auch *zweiachsiges Ellipsoid*, und zwar ein *gestrecktes*, wenn die beiden gleichen Längen kleiner als die dritte, ein *abgeplattetes*, wenn sie größer sind. Sind die Längen a, b, c alle voneinander verschieden, so spricht man von einem *dreiachsigen* Ellipsoid.

Das geometrische Gebilde *G* 10 ist eine zusammenhängende, ganz im Endlichen liegende Fläche. Sie liegt symmetrisch zu den drei Koordinatenebenen. Jeder ebene Schnitt durch die Fläche liefert eine Ellipse. Jede durch den Ursprung gehende Verbindungsstrecke zweier Flächenpunkte, jede *Sehne*, wird im Ursprung halbiert. Wegen dieser Eigenschaft heißt der Ursprung *Mittelpunkt* des dargestellten Ellipsoids und dieses eine *Mittelpunktfläche.*

Jedes Ellipsoid kann durch Strecken oder Stauchen der Strecken in einer Achsenrichtung in konstantem Verhältnis, durch eine *affine Verzerrung*, in ein Rotationsellipsoid verwandelt oder umgekehrt aus einem solchen erzeugt werden. Werden die Koordinaten zweier Achsenrichtungen in konstantem Verhältnis geändert, so läßt sich sogar eine Kugel erzeugen.

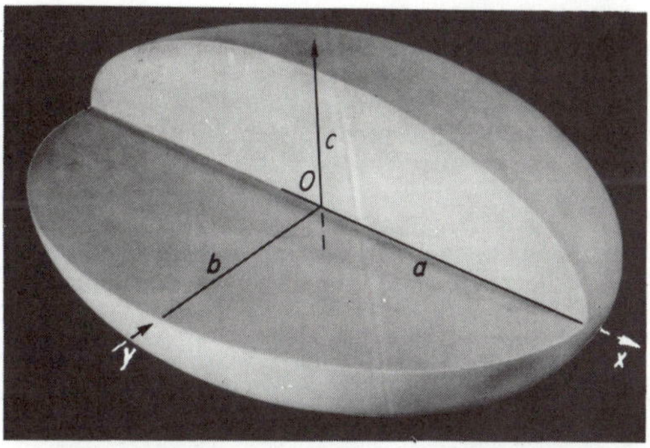

24.3-1 Dreiachsiges Ellipsoid

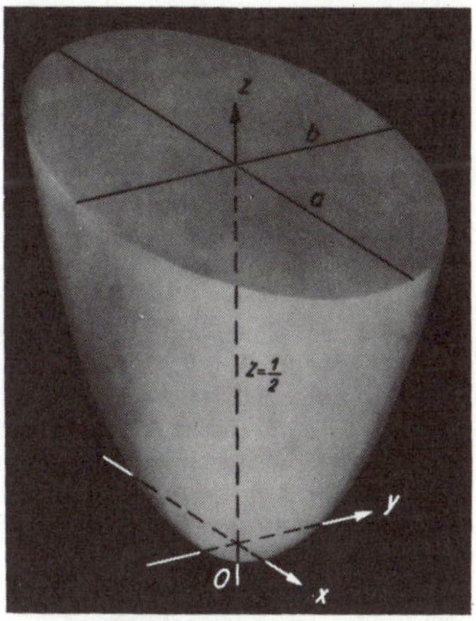

24.3-2 Elliptisches Paraboloid

Elliptisches Paraboloid	$\frac{x^2}{a^2} + \frac{y^2}{b^2} - 2z = 0$

Elliptisches Paraboloid *G* **11.** Von den drei Hauptachsen des elliptischen Paraboloids ist eine ausgezeichnet. Die in einfachster Form angegebene Gleichung ist bezogen auf ein rechtwinkliges Koordinatensystem, dessen z-Achse in die Richtung der ausgezeichneten Hauptachse zeigt. In ihr bedeuten a, b die halben Längen der Hauptachsen der Ellipse, die von der zur x, y-Ebene parallelen Ebene in der Höhe $z = {}^1/_2$ aus dem elliptischen Paraboloid ausgeschnitten wird (Abb. 24.3-2). Außerdem ist a^2 der Halbparameter der durch die x, z-Ebene und b^2 der Halbparameter der durch die y, z-Ebene aus dem elliptischen Paraboloid ausgeschnittenen Parabel. Ist $a = b$, so ist das elliptische Paraboloid ein *Rotationsparaboloid.*

Das geometrische Gebilde **G** 11 ist eine zusammenhängende Fläche, die sich oberhalb der x, y-Ebene bis ins Unendliche erstreckt. Sie liegt symmetrisch zur x, z- und zur y, -z-Ebene. Jeder parallel zur z-Ache verlaufende ebene Schnitt durch die Fläche liefert eine Parabel, jeder senkrecht zur z-Achse oberhalb der x, y-Ebene verlaufende Schnitt liefert eine Ellipse. Die z-Achse heißt auch kurz *Achse* und der Ursprung *Scheitel* des dargestellten elliptischen Paraboloids. Einen Mittelpunkt gibt es nicht.

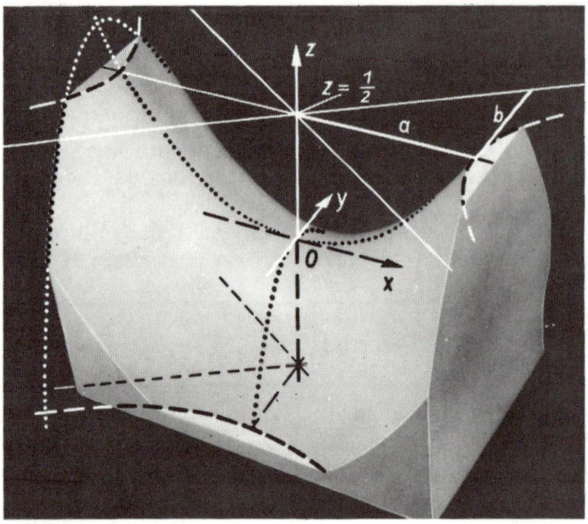

24.3-3 Hyperbolisches Paraboloid

Durch affine Verzerrung in x- oder y-Richtung kann das dargestellte elliptische Paraboloid in ein Rotationsparaboloid verwandelt oder umgekehrt aus einem solchen erzeugt werden.

Hyperbolisches Paraboloid G 12. Von den Hauptachsen des hyperbolischen Paraboloids ist eine ausgezeichnet. Die in einfachster Form angegebene Gleichung ist bezogen auf ein rechtwinkliges Koordinatensystem, dessen z-Achse in die Richtung der ausgezeichneten Hauptachse zeigt.

Hyperbolisches Paraboloid	$\frac{x^2}{a^2} - \frac{y^2}{b^2} - 2z = 0$

Hierbei bedeuten a, b die halben Längen der Hauptachsen der Hyperbel, die von der zur x, y-Ebene parallelen Ebene in der Höhe $z = {}^1/_2$ aus dem hyperbolischen Paraboloid ausgeschnitten wird (Abb. 24.3-3). Außerdem ist a^2 der Halbparameter der durch die x, z-Ebene und b^2 der Halbparameter der durch die y, z-Ebene ausgeschnittenen Parabel. Das geometrische Gebilde **G** 12 ist eine zusammenhängende Fläche, die sich in jedem Oktanten bis ins Unendliche erstreckt. Sie liegt symmetrisch zur x, z- und zur y, z-Ebene. Jeder parallel zur z-Achse verlaufende ebene Schnitt durch die Fläche liefert eine Parabel, jeder senkrecht zur z-Achse verlaufende Schnitt, der nicht durch den Ursprung geht, liefert eine Hyperbel. Die Scheitel der Hyperbeln liegen auf einer Parallelen zur x-Achse, wenn der Schnitt oberhalb der x, y-Ebene verläuft, andernfalls liegen sie auf einer Parallelen zur y-Achse. Die x, y-Ebene schneidet **G** 12 in einem Geradenpaar mit den Gleichungen $x/a + y/b = 0$ und $x/a - y/b = 0$.

Diese Geraden heißen *Scheitelgeraden*. Ebenen, die je eine Scheitelgerade und die z-Achse enthalten, heißen *Richtebenen*. Sie schneiden aus den senkrecht zur z-Achse verlaufenden Schnittebenen die Asymptoten der Schnitthyperbeln aus. Die z-Achse heißt auch kurz *Achse* und der Ursprung *Scheitel* des dargestellten hyperbolischen Paraboloids. Er ist ein *Sattelpunkt*. Einen Mittelpunkt gibt es nicht.

Das hyperbolische Paraboloid ist die einzige echte Fläche zweiten Grades, die in keinem Fall eine Rotationsfläche darstellt und auch nicht durch affine Verzerrungen in eine solche verwandelt oder aus einer solchen erzeugt werden kann. Das liegt im wesentlichen daran, daß sie von keiner Ebene in einer Ellipse geschnitten wird.

Es gibt jedoch andere interessante Möglichkeiten zur Erzeugung eines hyperbolischen Paraboloids; z. B. entsteht **G** 12, wenn man eine nach unten geöffnete Parabel längs einer nach oben geöffneten Parabel verschiebt. Das hyperbolische Paraboloid zählt aus diesem Grunde zu den *Schiebeflächen*.

Ein hyperbolisches Paraboloid läßt sich schließlich auch durch Scharen gerader Linien erzeugen. Schreibt man seine Gleichung in der Form

$$(x/a + y/b) \cdot (x/a - y/b) = 2z$$

und setzt man $z : (x/a - y/b) = u$ und $2 : (x/a - y/b) = v$, so können aus der Gleichung des hyperbolischen Paraboloids folgende zwei

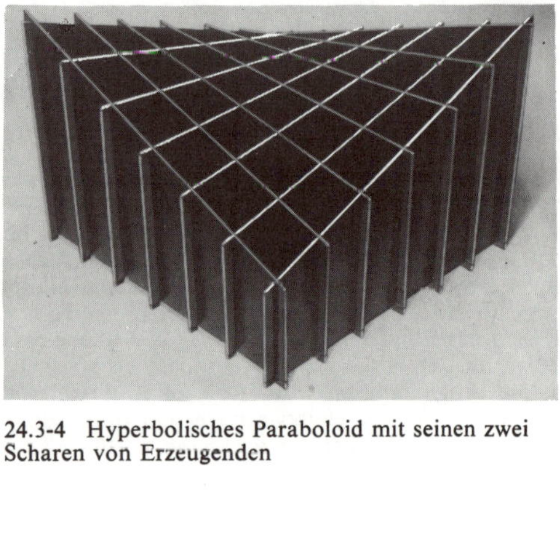

24.3-4 Hyperbolisches Paraboloid mit seinen zwei Scharen von Erzeugenden

Paare von Gleichungen hergeleitet werden:

1. $x/a + y/b = 2u \quad x/a + y/b = vz$ und 2. $x/a - y/b = z/u \quad x/a - y/b = 2/v$.

Jede dieser Gleichungen stellt eine Ebenenschar dar, jedes Gleichungspaar definiert eine Geradenschar. Diese Geradenscharen liegen auf dem hyperbolischen Paraboloid. Sie sind die *Erzeugenden* des hyperbolischen Paraboloids (Abb. 24.3-4).

Jede durch Scharen gerader Linien erzeugbare Fläche heißt *Regelfläche*. Unter den Flächen zweiten Grades sind der elliptische, der parabolische und der hyperbolische Zylinder, der Doppelkegel sowie das hyperbolische Paraboloid und das einschalige Hyperboloid Regelflächen.

Da sich Zylinder und Doppelkegel in eine Ebene abwickeln lassen, nennt man sie *abwickelbare Flächen* oder *Torsen*. Daß nicht jede Regelfläche eine Torse ist, beweist das Beispiel des hyperbolischen Paraboloids. Auch das einschalige Hyperboloid ist keine Torse.

Einschaliges Hyperboloid *G* 13. Von den drei Hauptachsen des einschaligen Hyperboloids ist eine ausgezeichnet. Die in einfachster Form angegebene Gleichung ist bezogen auf ein rechtwinkliges Koordinatensystem, dessen z-Achse in die Richtung der ausgezeichneten Hauptachse zeigt.

Einschaliges Hyperboloid	$\frac{x^2}{a^2} + \frac{y^2}{b^2} - \frac{z^2}{c^2} = 1$

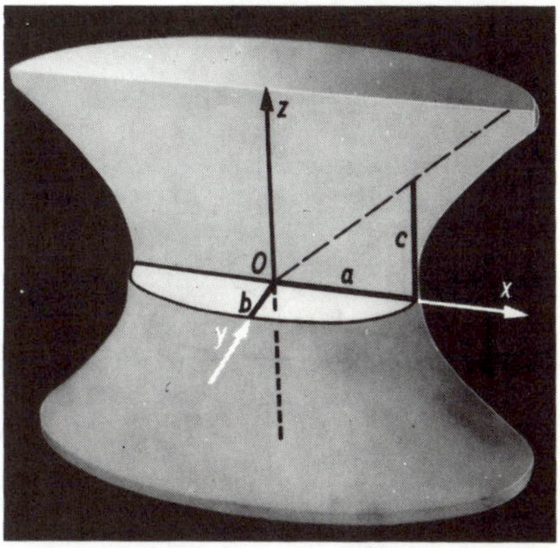

24.3-5 Einschaliges Hyperboloid

Hierbei bedeuten a, b die halben Längen der Hauptachsen der Ellipse, die durch die x, y-Ebene aus dem einschaligen Hyperboloid ausgeschnitten wird. Zugleich sind a, b die halben Längen der Hauptachsen der von der y, z-Ebene ausgeschnittenen Hyperbel (Abb. 24.3-5). Ist $a = b$, so ist das einschalige Hyperboloid ein *einschaliges Rotationshyperboloid.*

Das geometrische Gebilde *G* 13 ist eine zusammenhängende Fläche, die sich in jedem Oktanten bis ins Unendliche erstreckt. Sie liegt symmetrisch zu den drei Koordinatenebenen. Jeder parallel zur z-Achse verlaufende ebene Schnitt durch die Fläche liefert eine *Hyperbel*, jeder senkrecht zur z-Achse verlaufende Schnitt eine *Ellipse*. Die z-Achse heißt auch kurz *Achse* des einschaligen Hyperboloids. Der Ursprung ist Mittelpunkt, das einschalige Hyperboloid eine *Mittelpunktfläche*.

Durch affine Verzerrungen in x- oder y-Richtung kann das dargestellte einschalige Hyperboloid in ein einschaliges Rotationshyperboloid verwandelt oder umgekehrt aus einem solchen erzeugt werden.

Außerdem läßt sich das einschalige Hyperboloid durch Scharen gerader Linien erzeugen. Schreibt man seine Gleichung in der Form $(x/a + z/c) \cdot (x/a - z/c) = (1 + y/b) \cdot (1 - y/b)$ und setzt $(1 - y/b) : (x/a - z/c) = u$ sowie $(1 + y/b) : (x/a - z/c) = v$, so können aus der Gleichung des einschaligen Hyperboloids folgende zwei Paare von Gleichungen hergeleitet werden:

1. $x/a + z/c = u\,(1 + y/b)$ und $x/a + z/c = v\,(1 - y/b)$,
2. $x/a - z/c = (1/u)\,(1 - y/b)$ und
$x/a - z/c = (1/v)\,(1 + y/b)$.

Jede dieser Gleichungen stellt eine Ebenenschar, jedes Gleichungspaar eine Geradenschar dar. Diese sind die *Erzeugenden* des einschaligen Hyperboloids. Das einschalige Hyperboloid ist ebenfalls eine Regelfläche (Abb. 24.3-6). Dank dieser Eigenschaft können zwei einschalige Hyperboloide ähnlich wie zwei Kegel in der Technik zur Übertragung von Drehungen einer Welle auf eine beliebige anders gerichtete Welle verwendet werden (Abb. 24.3-7). Dies benutzt man zur Konstruktion *hyperbolischer Zahnräder* und *Kegelräder*. Werden die Erzeugenden in den Ursprung parallel ver-

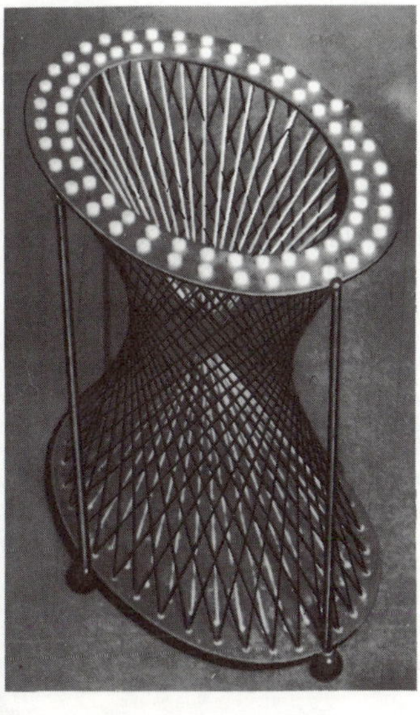
24.3-6 Einschaliges Hyperboloid mit seinen zwei Scharen von Erzeugenden und dem Asymptotenkegel

schoben, so bilden sie den *Asymptotenkegel* des dargestellten einschaligen Hyperboloids. Seine Gleichung lautet $x^2/a^2 + y^2/b^2 - z^2/c^2 = 0$.

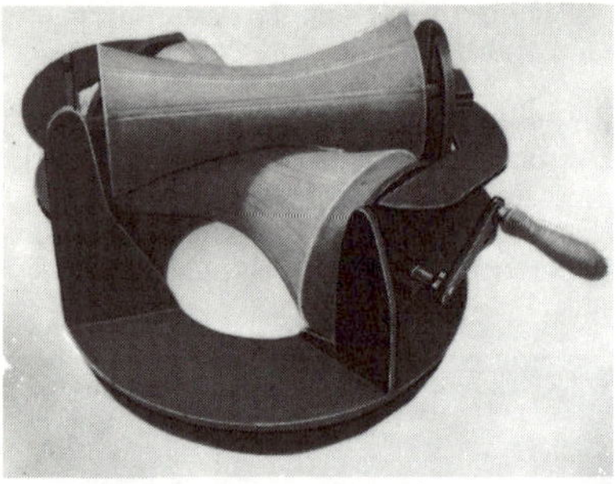

24.3-7 Modell zur Übertragung von Drehungen mittels zweier einschaliger Hyperboloide

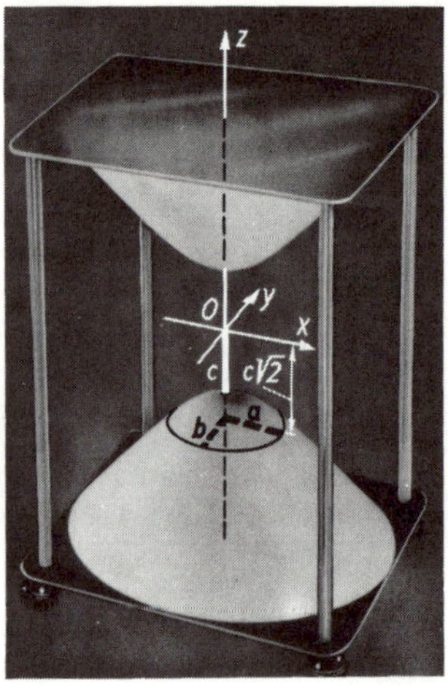

24.3-8 Zweischaliges Hyperboloid

Zweischaliges Hyperboloid *G* 14. Von den drei Hauptachsen des zweischaligen Hyperboloids ist eine ausgezeichnet. Die in einfachster Form angegebene Gleichung ist bezogen auf ein rechtwinkliges Koordinatensystem, dessen z-Achse in die Richtung der ausgezeichneten Hauptachse zeigt. Hierbei bedeuten a, b die halben Längen der Hauptachsen der Ellipsen, die von den zur x, y-Ebene parallelen Ebenen in der Höhe $z = \pm c\sqrt{2}$ aus dem zweischaligen Hyperboloid ausgeschnitten werden. Außerdem sind c, a die halben Längen der Hauptachsen der von der x, z-Ebene und c, b die halben Längen der Hauptachsen der von der y, z-Ebene ausgeschnittenen Hyperbel (Abb. 24.3-8). Ist $a = b$, so ist das zweischalige Hyperboloid ein *zweischaliges Rotationshyperboloid.* Das geometrische Gebilde ***G*** 14 ist eine aus zwei Teilflächen bestehende, nicht zusammenhängende Fläche, die sich in jedem Oktanten bis ins Unendliche erstreckt. Die Teilflächen liegen symmetrisch zu den Koordinatenebenen. Jeder parallel zur z-Achse verlaufende ebene Schnitt durch die Teilfläche liefert eine *Hyperbel*, jeder senkrecht zur z-Achse bei $|z| > c$ verlaufende Schnitt liefert eine *Ellipse*. Die z-Achse heißt auch kurz *Achse*, und der Ursprung ist Mittelpunkt des dargestellten zweischaligen Hyperboloids. Dieses ist eine *Mittelpunktfläche.* Durch affine Verzerrung in x- oder y-Richtung kann das dargestellte zweischalige Hyperboloid in ein zweischaliges Rotationshyperboloid verwandelt oder umgekehrt aus einem solchen erzeugt werden. Wie beim einschaligen Hyperboloid (Abb. 24.3-5) existiert auch beim zweischaligen Hyperboloid ein Asymptotenkegel.

Zweischaliges Hyperboloid	$-\frac{x^2}{a^2} - \frac{y^2}{b^2} + \frac{z^2}{c^2} = 1$

25. Projektive Geometrie

Die projektive Geometrie untersucht die Eigenschaften und Bestimmungsstücke geometrischer Grundgebilde und Figuren, die sich beim Projizieren nicht ändern. Das Studium der Perspektive in Malerei und Architektur gab den Anstoß zu diesen Untersuchungen. Im Anschluß an die Entwicklung der darstellenden Geometrie, vor allem durch Monge, gab Poncelet in seiner „Abhandlung über die projektiven Eigenschaften der Figuren" [Traité des propriétés projectives des figures] einen ersten Grundriß der projektiven Geometrie. Die *analytischen Hilfsmittel* der projektiven Geometrie wurden vor allem von Möbius und Plücker geschaffen, während Steiner und v. Staudt einen Aufbau der projektiven Geometrie ohne diese Hilfsmittel vollendeten. Die ersten Ansätze zu dieser *synthetischen Richtung* sind schon bei Pappos zu finden, der unter Beziehung auf verlorene Schriften des Apollonios das Doppelverhältnis eingeführt hat. Die Zusammenhänge zwischen projektiver und euklidischer Geometrie wurden von Klein geklärt. Von ihm stammt auch die Bestimmung einer Geometrie als Invariantentheorie einer bestimmten Abbildungsgruppe.

25.1. Grundgebilde der projektiven Geometrie

Uneigentliche Elemente. Eine *Parallelprojektion* zweier Geraden einer Ebene aufeinander bildet im allgemeinen alle Punkte der einen Geraden eineindeutig auf alle Punkte der anderen ab. Bei einer *Zentralprojektion*, auch *perspektivische Projektion* oder *Perspektivität* genannt, erfolgt die Zuordnung der Punkte zweier Geraden g_1 und g_2 zueinander mittels Projektionsstrahlen p durch einen Punkt, das *Zentrum* Z; ist z. B. P_1 ein Punkt von g_1, so schneidet $p_1 = (ZP_1)$ die Gerade g_2 im Bild P_2 von P_1 (Abb. 25.1-1). Diese Abbildung erfaßt nicht alle Punkte von g_1 und g_2; dem Punkt P, für den $p_0 = (ZP) \parallel g_2$, entspricht kein Bildpunkt auf g_2, und dem Punkt Q, für den $\bar{p} = (ZQ) \parallel g_1$, entspricht kein Original auf g_1. Um eine stets eineindeutige Abbildung zu erhalten, fügt man zu den *eigentlichen* Punkten der Ebene noch alle Richtungen der Geraden der Ebene als *uneigentliche Punkte* hinzu; das Bild des Punktes P ist dann die Richtung von g_2, und das Original von Q ist die Richtung von g_1. Ein eigentlicher und ein uneigentlicher Punkt bestimmen genau eine eigentliche Gerade durch den eigentlichen Punkt in Richtung des uneigentlichen, z. B. die Gerade p_0 durch P und seinen Bildpunkt. Zwei uneigentliche Punkte dagegen bestimmen die *uneigentliche Gerade*, die aus allen uneigentlichen Punkten besteht. Zwei parallele Geraden schneiden sich in dem uneigentlichen Punkt, der der gemeinsamen Richtung beider Geraden entspricht, während sich eine eigentliche und die uneigentliche Gerade in dem uneigentlichen Punkt schneiden, der der Richtung der eigentlichen Geraden entspricht.

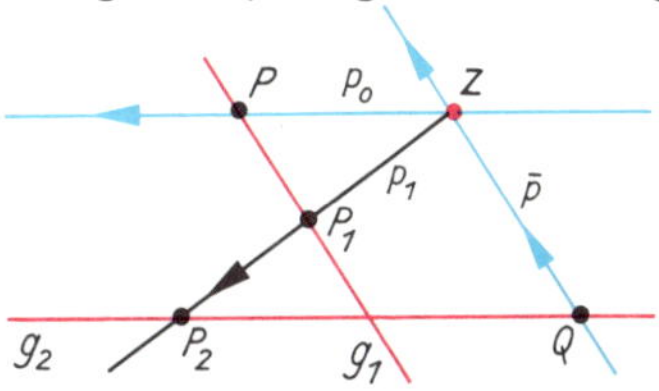

25.1-1 Einführung uneigentlicher Punkte

Im Unterschied zur Geometrie der euklidischen Ebene schneiden zwei Geraden einander in der projektiven Ebene stets in einem Punkt, und durch zwei Punkte geht genau eine Gerade.

Die *projektive Ebene* besteht aus allen eigentlichen und uneigentlichen Punkten. Ihre linearen Teilräume sind die eigentlichen Geraden und die uneigentliche Gerade. Da bei Zentralprojektionen eigentliche und uneigentliche Punkte ineinander übergehen können, ist es nicht sinnvoll, zwischen ihnen zu unterscheiden. Ebenso verliert die Unterscheidung zwischen den eigentlichen und der uneigentlichen Geraden ihre Bedeutung, und es hat keinen Sinn, von parallelen Geraden zu sprechen. Den *projektiven Raum* erhält man, ebenso wie die projektive Ebene, aus dem euklidischen Raum, indem man zu seinen eigentlichen Punkten noch alle uneigentlichen, d. h. die Richtungen aller Geraden des Raumes, hinzufügt. Die Menge dieser uneigentlichen Punkte bildet die *uneigentliche Ebene*. Die uneigentlichen Geraden werden aus dieser Ebene durch die eigentlichen Ebenen ausgeschnitten und spannen deshalb die uneigentliche Ebene auf.

Im projektiven Raum sind zwei Geraden entweder windschief zueinander oder schneiden sich in genau einem Punkt. Zwei Ebenen schneiden sich in genau einer Geraden. Eine Gerade und ein nicht auf ihr gelegener Punkt spannen genau eine Ebene auf.

Faßt man anstatt der Punkte die Geraden der projektiven Ebene als ihre Grundelemente auf, so sind die Punkte als Träger von Geradenbüscheln lineare Unterräume.

25.2. Projektive Koordinaten

Ist S ein Punkt außerhalb der projektiven Ebene Π, so läßt sich jeder Geraden durch S eineindeutig sein Schnittpunkt P mit der Ebene Π zuordnen und umgekehrt jedem Punkt P eine Gerade des Geradenbündels mit dem Träger S (Abb. 25.2-1). Wird die Gerade durch einen von Null verschiedenen Vektor $\boldsymbol{x}$ dargestellt, so ergibt $\varrho\boldsymbol{x}$ mit einer von Null verschiedenen Zahl ϱ denselben Punkt P von Π, der damit durch einen eindimensionalen Vektorraum gekennzeichnet ist. Bezogen auf eine Basis $\boldsymbol{e}_0, \boldsymbol{e}_1, \boldsymbol{e}_2$ des Vektorraums hat $\boldsymbol{x}$ die Darstellung $\boldsymbol{x} = \boldsymbol{e}_0 x_0 + \boldsymbol{e}_1 x_1 + \boldsymbol{e}_2 x_2 = \sum_{i=0}^{2} \boldsymbol{e}_i x_i$ bzw. $\varrho\boldsymbol{x} = \sum_{i=0}^{2} \boldsymbol{e}_i \varrho x_i$. Das danach dem Punkt P zugeordnete Zahlentripel (x_0, x_1, x_2) sind seine *projektiven homogenen Koordinaten*, homogen, weil auch $(\varrho x_0, \varrho x_1, \varrho x_2)$ mit $\varrho \neq 0$ denselben Punkt darstellen. Die *Grundpunkte* E_i mit $\boldsymbol{x} = \boldsymbol{e}_i$ für $i = 0, 1, 2$ haben die homogenen Koordinaten (1, 0, 0), (0, 1, 0) und (0, 0, 1) und bilden mit dem *Einheitspunkt* E mit $\boldsymbol{x} = \boldsymbol{e} = \boldsymbol{e}_0 + \boldsymbol{e}_1 + \boldsymbol{e}_2$ und den homogenen Koordinaten (1, 1, 1) die *Basispunkte* des projektiven Koordinatensystems. Wählt man anstelle der Vektoren $\boldsymbol{e}_i$ und $\boldsymbol{e}$ die Vektoren $\boldsymbol{e}'_i = \varrho_i \boldsymbol{e}_i$ und $\boldsymbol{e}' = \varrho \boldsymbol{e}$, so gilt $\boldsymbol{e}' = \varrho\boldsymbol{e} = \varrho \sum_{i=0}^{2} \boldsymbol{e}_i$ und auch $\boldsymbol{e}' = \sum_{i=0}^{2} \boldsymbol{e}'_i = \sum_{i=0}^{2} \boldsymbol{e}_i \varrho_i$.

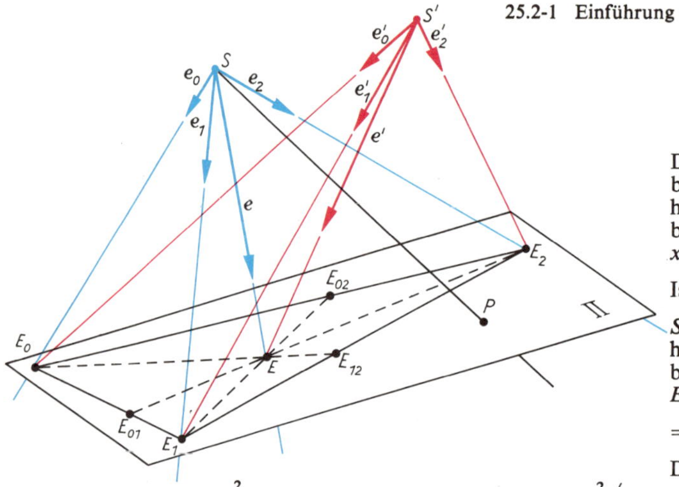

25.2-1 Einführung von projektiven Koordinaten

Daraus folgt aber $\varrho_i = \varrho$ bzw. $x_i = \varrho x_i'$; d. h., die homogenen Koordinaten bleiben unverändert, weil $x_0 : x_1 : x_2$ konstant bleibt.

Ist $S' = S + \sum_{i=0}^{2} s_i \boldsymbol{e}_i$ ein von S verschiedener Punkt außerhalb von Π, so gehören, auf S' bezogen, zu den Basispunkten E_i und E die Vektoren $\boldsymbol{e}_i' = \sum_{j=0}^{2} a_{ij} \boldsymbol{e}_j$ und $\boldsymbol{e}' = \sum_{i=0}^{2} \boldsymbol{e}_i'$. Die affine Abbildung, die jedem Punkt $X = S + \sum_{j=0}^{2} x_j \boldsymbol{e}_j$ eindeutig den Punkt $X' = S + \sum_{j=0}^{2} \left(s_j + \sum_{i=0}^{2} x_i a_{ij} \right) \boldsymbol{e}_j$ und jedem Vektor $\boldsymbol{x} = \sum_{i=0}^{2} x_i \boldsymbol{e}_i$ den Vektor $\boldsymbol{x}' = \sum_{j=0}^{2} \left(\sum_{i=0}^{2} x_i a_{ij} \right) \boldsymbol{e}_j$ zuordnet, ist eindeutig dadurch bestimmt, daß sie den Punkt S in den Punkt S' und die Vektoren $\boldsymbol{e}_i$ in die Vektoren $\boldsymbol{e}_i'$ überführt und damit auch $\boldsymbol{e}$ in $\boldsymbol{e}'$. Stellt dann der Vektor $\boldsymbol{p} = \sum_{i=0}^{2} p_i \boldsymbol{e}_i$ den Punkt P dar, so wird dessen Bild P' durch $\boldsymbol{p}' = \sum_{j=0}^{2} \left(\sum_{i=0}^{2} p_i a_{ij} \right) \boldsymbol{e}_j = \sum_{i=0}^{2} p_i \boldsymbol{e}_i'$ dargestellt und hat deshalb, auf die Basis $\boldsymbol{e}_i'$ bezogen, die gleichen Koordinaten wie P bezüglich der Basis $\boldsymbol{e}_i$. Die projektiven Koordinaten hängen danach nur von den Basispunkten ab, nicht aber von den Punkten S, S' des umgebenden Raumes, die nur zur Herleitung benutzt werden.

Umgekehrt ist durch vier *nicht kollineare* Punkte E_0, E_1, E_2, E in der Ebene, von denen keine drei auf einer Geraden liegen, ein projektives Koordinatensystem bestimmt, für das diese Punkte die Basispunkte sind. Man braucht nur einen Punkt S außerhalb der Ebene durch Strahlen mit den gegebenen Punkten zu verbinden und Vektoren $\boldsymbol{e}_i$ und $\boldsymbol{e}$ auf SE_i und SE so zu wählen, daß $\sum_{i=0}^{2} \boldsymbol{e}_i = \boldsymbol{e}$. Die Vektoren $\boldsymbol{e}_i$ sind linear unabhängig, da die E_i nicht auf einer Geraden liegen, und bilden deshalb eine Basis des Vektorraums.

Im Raum wird ein projektives Koordinatensystem entsprechend durch fünf Basispunkte E_0, E_1, E_2, E_3, E festgelegt, von denen keine vier in einer Ebene liegen, d. h. komplanar sind. Von einem Punkt S außerhalb des Raumes aus werden die Basispunkte durch die Vektoren $\boldsymbol{e}_i$ mit $i = 0, 1, 2, 3$, die eine Basis des vierdimensionalen Vektorraums bilden, und durch den Vektor $\boldsymbol{e} = \sum_{i=0}^{3} \boldsymbol{e}_i$ dargestellt. Die Koordinatenverhältnisse $x_0 : x_1 : x_2 : x_3$ hängen dabei wieder nicht von der Wahl des Punktes S und der Wahl der Vektoren $\boldsymbol{e}_i$, $\boldsymbol{e}$ auf den zugehörigen Geraden durch S ab.

Auf einer projektiven Geraden genügen zur Festlegung eines Koordinatensystems drei verschiedene Punkte als Basispunkte, zwei als Grundpunkte und einer als Einheitspunkt.

Jedes durch die vier Punkte E_0, E_1, E_2, E bestimmte projektive Koordinatensystem (Abb. 25.2-2) läßt sich zu je einem projektiven Koordinatensystem auf jeder der drei Koordinatenachsen E_0E_1, E_0E_2 und E_1E_2 *verkürzen*, indem man E_{01} auf E_0E_1 mit den Koordinaten (1, 1, 0) gemäß dem Vektor $\boldsymbol{e}_0 + \boldsymbol{e}_1$, E_{02} auf E_0E_2 mit (1, 0, 1) gemäß $\boldsymbol{e}_0 + \boldsymbol{e}_2$ und E_{12} auf E_1E_2 mit (0, 1, 1) gemäß $\boldsymbol{e}_1 + \boldsymbol{e}_2$ jeweils als Einheitspunkt wählt.

Umgekehrt läßt sich jedes projektive Koordinatensystem einer Geraden ausdehnen zu einem Koordinatensystem einer die Gerade enthaltenden Ebene, indem man z. B. zu den Grundpunkten E_0

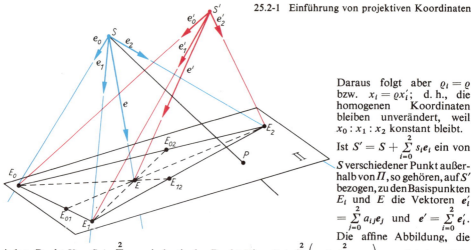

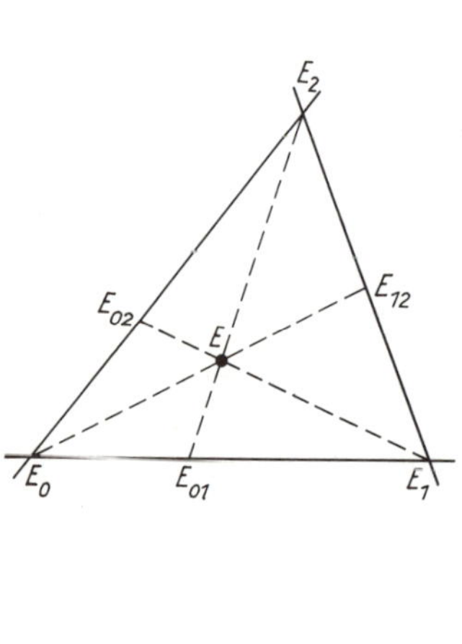

25.2-2 Einschränkung des Koordinatensystems der Ebene auf je eins auf jeder der drei Koordinatenachsen

und E_1 und dem Einheitspunkt E_{01} der Geraden einen außerhalb dieser gelegenen Punkt E_2 als dritten Grundpunkt hinzufügt und als neuen Einheitspunkt einen beliebigen, aber von E_{01} und E_2 verschiedenen Punkt E wählt. Das vorgegebene Koordinatensystem der Geraden ist dann gerade die eben beschriebene Einschränkung des gewonnenen Koordinatensystems der Ebene auf die Koordinatenachse E_0E_1.

25.3. Doppelverhältnis

Von den vier Punkten A, B, C, D einer projektiven Geraden g (Abb. 25.3-1) sollen je drei verschieden voneinander und A von B verschieden sein. Die Gerade g und ein Punkt S außerhalb von ihr spannen dann eine Ebene auf, und in dem Basissystem $\boldsymbol{e}_0, \boldsymbol{e}_1$ in S sind den Punkten die Vektoren $\boldsymbol{a} = a_0\boldsymbol{e}_0 + a_1\boldsymbol{e}_1$, $\boldsymbol{b} = b_0\boldsymbol{e}_0 + b_1\boldsymbol{e}_1$, $\boldsymbol{c} = c_0\boldsymbol{e}_0 + c_1\boldsymbol{e}_1$, $\boldsymbol{d} = d_0\boldsymbol{e}_0 + d_1\boldsymbol{e}_1$ zugeordnet. Da $\boldsymbol{a}$ und $\boldsymbol{b}$ linear unabhängig sind, können $\boldsymbol{c}$ und $\boldsymbol{d}$ auf $\boldsymbol{a}$ und $\boldsymbol{b}$ bezogen werden; dann gilt $\boldsymbol{c} = \lambda_0\boldsymbol{a} + \mu_0\boldsymbol{b}$ bzw. $c_i = \lambda_0 a_i + \mu_0 b_i$ und $\boldsymbol{d} = \lambda_1\boldsymbol{a} + \mu_1\boldsymbol{b}$ bzw. $d_i = \lambda_1 a_i + \mu_1 b_i$. Danach wird das Doppelverhältnis der vier Punkte definiert.

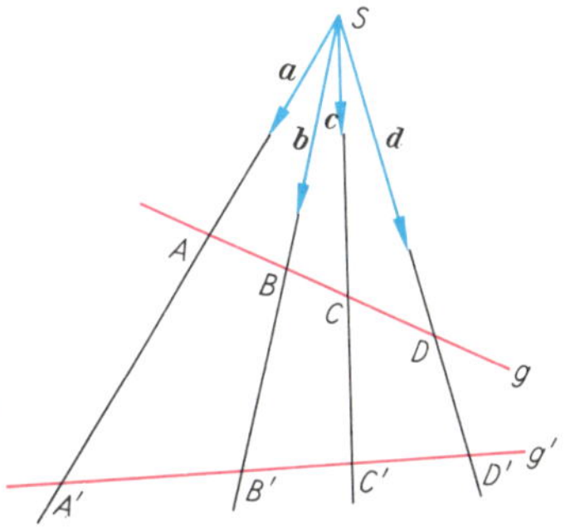

25.3-1 Invarianz des Doppelverhältnisses bei Projektionen

Doppelverhältnis	$DV(A, B; C, D) = (\mu_0/\lambda_0) : (\mu_1/\lambda_1)$

Das Doppelverhältnis hängt nicht von der Wahl der Vektoren $\boldsymbol{a}, \boldsymbol{b}, \boldsymbol{c}, \boldsymbol{d}$ und nicht von der von S ab. Die erste Behauptung ergibt sich aus der Berechnung des Doppelverhältnisses für die geänderten Vektoren $\boldsymbol{a}' = \alpha\boldsymbol{a}$, $\boldsymbol{b}' = \beta\boldsymbol{b}$, $\boldsymbol{c}' = \gamma\boldsymbol{c} = \gamma(\lambda_0\boldsymbol{a} + \mu_0\boldsymbol{b}) = \gamma[(\lambda_0/\alpha)\,\boldsymbol{a}' + (\mu_0/\beta)\,\boldsymbol{b}']$ und $\boldsymbol{d}' = \delta\boldsymbol{d} = \delta(\lambda_1\boldsymbol{a} + \mu_1\boldsymbol{b}) = \delta[(\lambda_1/\alpha)\,\boldsymbol{a}' + (\mu_1/\beta)\,\boldsymbol{b}']$. Für sie gilt: $\lambda_0' = (\gamma/\alpha)\,\lambda_0$, $\mu_0' = (\gamma/\beta)\,\mu_0$, $\lambda_1' = (\delta/\alpha)\,\lambda_1$, $\mu_1' = (\delta/\beta)\,\mu_1$ oder $DV(A, B; C, D) = (\mu_0'/\lambda_0') : (\mu_1'/\lambda_1') = (\mu_0/\lambda_0) : (\mu_1/\lambda_1)$.
Ist andererseits S' ein von S verschiedener Punkt außerhalb g und gehören auf S' bezogen die Vektoren $\boldsymbol{a}', \boldsymbol{b}', \boldsymbol{c}', \boldsymbol{d}'$ zu den Punkten A, B, C, D, so gibt es, wie für die projektive Ebene gezeigt wurde, eine affine Abbildung der durch g und S aufgespannten Ebene auf die durch g und S' aufgespannte, bei der S in S' und die Vektoren $\boldsymbol{a}$ in $\boldsymbol{a}'$ bzw. $\boldsymbol{b}$ in $\boldsymbol{b}'$ übergehen. Wegen der Linearität der Abbildung gilt dann aber $\boldsymbol{c}' = \lambda_0\boldsymbol{a}' + \mu_0\boldsymbol{b}'$ und $\boldsymbol{d}' = \lambda_1\boldsymbol{a}' + \mu_1\boldsymbol{b}'$ und damit auch auf S' bezogen die Beziehung $DV(A, B; C, D) = (\mu_0/\lambda_0) : (\mu_1/\lambda_1)$.

Das Doppelverhältnis bleibt invariant bei Zentralprojektionen.

Die Invarianz des Doppelverhältnisses ergibt sich daraus, daß die Vektoren $\boldsymbol{a}, \boldsymbol{b}, \boldsymbol{c}, \boldsymbol{d}$, auf den Punkt S bezogen, nicht nur die Punkte A, B, C, D als Schnittpunkte der durch sie bestimmten Strahlen mit der Geraden g repräsentieren, sondern auch die Schnittpunkte A', B', C', D' mit der Geraden g'.

Darstellung des Doppelverhältnisses in projektiven Koordinaten. Auf ein beliebiges Koordinatensystem der Geraden g bezogen, sind a_i, b_i, c_i, d_i für $i = 0, 1$ die Koordinaten der Punkte A, B, C, D, und für sie gilt $c_i = \lambda_0 a_i + \mu_0 b_i$ und $d_i = \lambda_1 a_i + \mu_1 b_i$. Wegen $A \neq B$ ist die Determinante $\Delta = |a_i b_i| = \begin{vmatrix} a_0 & b_0 \\ a_1 & b_1 \end{vmatrix} = a_0 b_1 - b_0 a_1$ verschieden von Null, so daß aus dem Gleichungssystem für c_i und d_i die reellen Zahlen λ_i und μ_i berechnet werden können:

$$\lambda_0 = -\frac{1}{\Delta}\begin{vmatrix} b_0 & c_0 \\ b_1 & c_1 \end{vmatrix} = -|b_i c_i|/|a_i b_i|, \qquad \mu_0 = \frac{1}{\Delta}\begin{vmatrix} a_0 & c_0 \\ a_1 & c_1 \end{vmatrix} = |a_i c_i|/|a_i b_i|,$$

$$\lambda_1 = -\frac{1}{\Delta}\begin{vmatrix} b_0 & d_0 \\ b_1 & d_1 \end{vmatrix} = -|b_i d_i|/|a_i b_i|, \qquad \mu_1 = \frac{1}{\Delta}\begin{vmatrix} a_0 & d_0 \\ a_1 & d_1 \end{vmatrix} = |a_i d_i|/|a_i b_i|.$$

Damit erhält man

$$DV(A, B; C, D) = \frac{\mu_0}{\lambda_0} : \frac{\mu_1}{\lambda_1} = \frac{|a_i c_i|}{|b_i c_i|} : \frac{|a_i d_i|}{|b_i d_i|} = \frac{F(\boldsymbol{a}, \boldsymbol{c})}{F(\boldsymbol{b}, \boldsymbol{c})} : \frac{F(\boldsymbol{a}, \boldsymbol{d})}{F(\boldsymbol{b}, \boldsymbol{d})}.$$

Dabei bezeichnet $F(\boldsymbol{x}, \boldsymbol{y})$ den *Flächeninhalt* des von den Vektoren $\boldsymbol{x}$ und $\boldsymbol{y}$ aufgespannten Parallelogramms. Durch diese Relation läßt sich die Beziehung zu der üblichen Definition des Doppelverhältnisses von vier eigentlichen Punkten auf einer affinen Geraden g herstellen. Durch geeignete Faktoren ϱ läßt sich erreichen, daß die Punkte A, B, C, D die Endpunkte der in S angetragenen Vektoren $\boldsymbol{a}, \boldsymbol{b}, \boldsymbol{c}, \boldsymbol{d}$ sind. Die Verhältnisse der Flächeninhalte der Parallelogramme sind dann die der Dreiecke mit der gleichen Höhe h (Abb. 25.3-2), d. h. die Verhältnisse der auf der Geraden g gelegenen Seiten. Diese treten als gerichtete Strecken auf und ergeben $DV(A, B;\ C, D) = [m(AC)/m(CB)] : [m(AD)/m(DB)]$, also den Quotienten der beiden Teilverhältnisse $[m(AC)/m(CB)]$ und $[m(AD)/m(DB)]$.

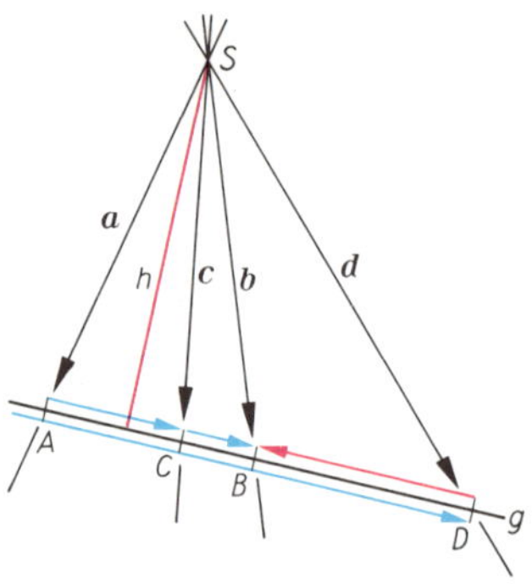

25.3-2 Zur Definition des Doppelverhältnisses auf einer affinen Geraden, $DV(A, B; C, D) = [m(AC)/m(CB)] : [m(AD)/m(DB)]$

Spezielle Lagen der vier Punkte. Fallen im Rahmen der gemachten Voraussetzungen zwei der Punkte zusammen, so nehmen die Determinanten und damit das Doppelverhältnis spezielle Werte an; z. B. gilt $|a_i d_i| = 0$ für $A = D$, $|b_i d_i| = 0$ für $B = D$, $|b_i c_i| = 0$ für $C = B$ und $|a_i c_i| = 0$ für $A = C$.

$$DV(A, B; C, D = A) = DV(A, B; C = B, D) = \infty$$
$$DV(A, B; C, D = B) = DV(A, B; C = A, D) = 0$$
$$DV(A, B; C, D = C) = 1$$

Für *harmonische Punkte* gilt $DV(A, B; C, D) = -1$. Die Flächenverhältnisse $F(\boldsymbol{a}, \boldsymbol{c}) : F(\boldsymbol{b}, \boldsymbol{c})$ und $F(\boldsymbol{a}, \boldsymbol{d}) : F(\boldsymbol{b}, \boldsymbol{d})$ haben dann verschiedenes Vorzeichen. Nach der Definition des Vektorprodukts folgt daraus für jeden Drehsinn in der von g und S aufgespannten Ebene, daß nur einer der Vektoren $\boldsymbol{c}$ oder $\boldsymbol{d}$ zwischen $\boldsymbol{a}$ und $\boldsymbol{b}$ liegen kann. Man sagt, die Punktepaare A, B und C, D trennen einander.

Es gibt 24 Permutationen, vier Punkte anzuordnen. Durch Vertauschen der beiden Paare oder durch gleichzeitiges Vertauschen der beiden Punkte in jedem Paar ändert sich das Doppelverhältnis nicht.

$$DV(A, B; C, D) = DV(C, D; A, B) = DV(B, A; D, C) = DV(D, C; B, A)$$

$$DV(A, B; C, D) = k, \quad DV(A, B; D, C) = 1/k, \quad DV(A, C; B, D) = 1 - k,$$
$$DV(A, D; B, C) = (k-1)/k, \quad DV(A, D; C, B) = k/(k-1), \quad DV(A, C; D, B) = 1/(1-k).$$

Danach kann aus sechs Werten des Doppelverhältnisses der für jede der 24 möglichen Permutationen gefunden werden. Bei der Berechnung dieser Doppelverhältnisse muß u. U. auf die Definition der Determinanten zurückgegriffen werden; z. B. gilt $|a_i b_i| \cdot |c_i d_i| - |c_i b_i| \cdot |a_i d_i|$ $= (a_0 b_1 - a_1 b_0)(c_0 d_1 - c_1 d_0) - (c_0 b_1 - c_1 b_0)(a_0 d_1 - a_1 d_0) = (a_0 c_1 - a_1 c_0)(b_0 d_1 - d_0 b_1)$ $= |a_i c_i| \cdot |b_i d_i|$. Unmittelbar aus der Definition erkennt man, daß sich durch Vertauschen der Punkte des zweiten Paares der reziproke Wert des Doppelverhältnisses ergibt. Durch Vertauschen zweier Punkte verschiedener Paare erhält man z. B.

$$DV(A, C; B, D) = \frac{|a_i b_i| \cdot |c_i d_i|}{|c_i b_i| \cdot |a_i d_i|} = \frac{|c_i b_i| \cdot |a_i d_i| + |a_i b_i| \cdot |c_i d_i| - |c_i b_i| \cdot |a_i d_i|}{|c_i b_i| \cdot |a_i d_i|}$$
$$= 1 + \frac{|a_i c_i| \cdot |b_i d_i|}{|c_i b_i| \cdot |a_i d_i|} = 1 - k, \quad \text{wegen} \quad |c_i b_i| = -|b_i c_i|.$$

Entsprechend gilt $DV(A, D; B, C) = 1 - 1/k = (k-1)/k$.

Das *Doppelverhältnis von vier Geraden* eines Geradenbüschels der projektiven Ebene wird als Doppelverhältnis der vier Schnittpunkte dieser Geraden mit einer beliebigen Geraden g definiert. Die Unabhängigkeit von der Wahl der Geraden g folgt aus der Invarianz des Doppelverhältnisses bei Zentralprojektionen (Abb. 25.3-3).

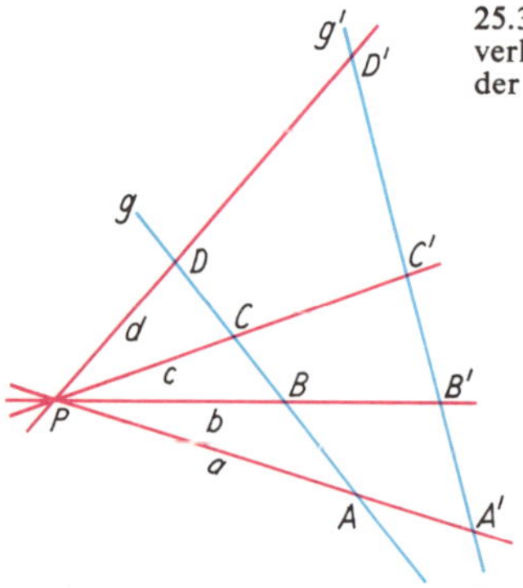

25.3-3 Unabhängigkeit des Doppelverhältnisses von vier Geraden von der Wahl der Geraden g

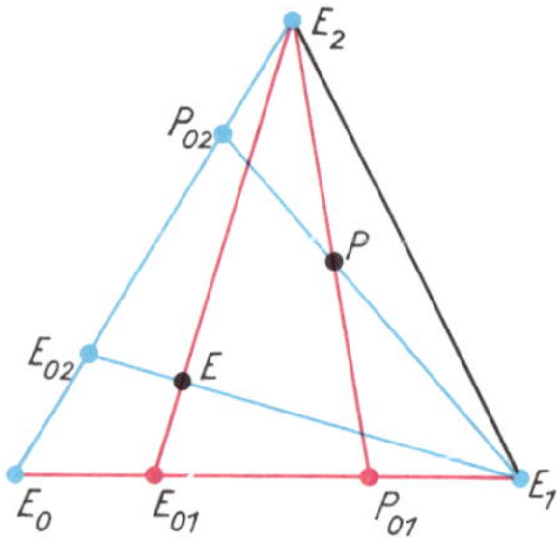

25.3-4 Einführung der projektiven Koordinaten mit Hilfe des Doppelverhältnisses

Einführung der projektiven Koordinaten mit Hilfe des Doppelverhältnisses. Hat ein Punkt P, bezogen auf die Basispunkte E_i mit $i = 0, 1, 2$ und E, die projektiven Koordinaten (x_0, x_1, x_2) und projiziert man die Punkte E und P von E_2 aus auf die Koordinatenachse $E_0 E_1$ (Abb. 25.3-4), so sind $(1, 1)$ die Koordinaten des Bildpunktes E_{01} und (x_0, x_1) die von P_{01} in dem auf die Gerade $E_0 E_1$ eingeschränkten Koordinatensystem. Dann gilt $DV(E_0, E_1; E_{01}, P_{01}) = x_1 : x_0$. Ebenso gilt bei Projek-

tion der beiden Punkte E und P auf die Gerade E_0E_2 $DV(E_0, E_2; E_{02}, P_{02}) = x_2 : x_0$. Damit sind die Koordinatenverhältnisse $x_0 : x_1 : x_2$ durch Doppelverhältnisse, d. h. durch projektive Größen, allein definiert. In dem Spezialfall, daß E_1 und E_2 uneigentliche Punkte und die Verbindungsgeraden E_1P bzw. E_2P parallel zu den Koordinatenachsen E_0E_1 bzw. E_0E_2 sind, stellen die Koordinatenverhältnisse $x_1 : x_0$ und $x_2 : x_0$ *affine Parallelkoordinaten* dar.
Zu drei Punkten einer Geraden läßt sich immer ein vierter Punkt derart wählen, daß das Doppelverhältnis dieser vier Punkte eine beliebig vorgeschriebene reelle Zahl λ annimmt; denn betrachtet man die drei vorgegebenen Punkte als Basispunkte E_0, E_1, E_{01} eines Koordinatensystems der Geraden, so ist der gesuchte vierte Punkt bestimmt durch $DV(E_0, E_1; E_{01}, P_{01}) = x_1 : x_0 = \lambda$.

25.4. Projektive Abbildung

Nach einer Zentralprojektion A sind die projektiven Koordinaten des Bildpunktes P die gleichen wie die des Originals, wenn sie auf die Bilder $\bar{E}_i, \bar{E}$ der Basispunkte E_i, E bezogen werden. Bezogen auf beliebige Basispunkte E_i', E' mit den zugehörigen Basisvektoren $\boldsymbol{e}_i', \boldsymbol{e}'$, die mit den Basisvektoren $\bar{\boldsymbol{e}}_i$ durch $\bar{\boldsymbol{e}}_i = \sum_{j=0}^{2} a_{ji}\boldsymbol{e}_j'$ mit $\det(a_{ij}) \neq 0$ verbunden sind, hat der Punkt P die Koordinaten $x_i' = \sum_{j=0}^{2} a_{ij}x_j$. Damit wird bezüglich beliebiger Basispunkte eine Zentralprojektion beschrieben durch eine lineare Koordinatentransformation $\boldsymbol{A}$ mit regulärer Matrix (a_{ij}). Diese Koordinatentransformation $\boldsymbol{A}$ lautet $\varrho x_i' = \sum_{j=0}^{2} a_{ij}x_j$. Folgt auf A noch eine Zentralprojektion B mit der Koordinatentransformation $\boldsymbol{B}$: $\varrho x_k'' = \sum_{j=0}^{2} b_{kj}x_j'$ mit $\det(b_{kj}) \neq 0$, so wird die Hintereinanderausführung $\Gamma = \mathrm{BA}$ der beiden Zentralprojektionen beschrieben durch die Koordinatentransformation $\boldsymbol{C}$: $\varrho x_k'' = \sum_{i=0}^{2} b_{ki} \sum_{j=0}^{2} a_{ij}x_j = \sum_{j=0}^{2} c_{kj}x_j$ mit $\det(c_{kj}) \neq 0$. In Verallgemeinerung der Zentralprojektion definiert man danach die *projektive Abbildung* als eineindeutige, durch eine *reguläre lineare* Koordinatentransformation $\varrho x_i' = \sum_{j=0}^{2} a_{ij}x_j$ für $i = 0, 1, 2$ mit $\det(a_{ij}) \neq 0$ beschriebene Abbildung einer projektiven Ebene auf sich oder auf eine andere Ebene. Es läßt sich zeigen, daß jede projektive Abbildung durch endlich viele, hintereinander ausgeführte Zentralprojektionen entsteht.

Hauptsatz der projektiven Geometrie. Es gibt genau eine projektive Abbildung einer Ebene Π auf eine Ebene Π', die vier vorgegebene Punkte von Π, von denen keine drei kollinear sind, in ebensolche Punkte von Π' überführt.

Zum Beweis wählt man als Basispunkte in Π und in Π' die jeweils gegebenen vier Punkte, so daß in den zugehörigen Koordinatensystemen die Punkte jedes dieser beiden Quadrupel die projektiven Koordinaten (1, 0, 0), (0, 1, 0), (0, 0, 1) und (1, 1, 1) haben. Setzt man diese Koordinaten für die vier Punkte und ihre Bilder in $\varrho x_i' = \sum_{j=0}^{2} a_{ij}x_j$ ein, so folgt für die Koeffizienten der Abbildung, daß $a_{ij} = 0$ für $i \neq j$ und daß $a_{ij} = 1$ für $i = j$, d. h., $\varrho x_i' = x_i$. Umgekehrt führt eine durch die Koordinatentransformation $\varrho x_i' = x_i$ beschriebene Abbildung die vier Basispunkte von Π in die von Π' über. Sie ist damit die einzige derartige projektive Abbildung.
Eine Zentralprojektion der Ebene Π auf Π' bildet jeden Punkt der Schnittgeraden $s = (\Pi \cap \Pi')$ auf sich ab. Hat aber eine beliebige projektive Abbildung diese Eigenschaft, so muß sie eine Zentralprojektion sein. Denn ist g' in Π' das Bild einer Geraden g in Π, so schneiden sich g und g' in demselben Punkt von s, da nach Voraussetzung der Schnittpunkt von g mit s fest bleibt, und die Geraden g und g' spannen deshalb eine Ebene auf. Sind dann P' und Q' auf g' die Bilder der Punkte P und Q auf g, so ist der Schnittpunkt Z der Geraden PP' und QQ' das Zentrum einer Zentralprojektion, die P in P', Q in Q' und jeden Punkt von s in sich überführt. Nach dem Hauptsatz ist diese Zentralprojektion somit mit der gegebenen projektiven Abbildung identisch.
Nach dem 1872 von KLEIN aufgestellten *Erlanger Programm* versteht man unter projektiver Geometrie die Untersuchung der Eigenschaften und Begriffe, die invariant gegenüber projektiven Abbildungen sind.

Das Doppelverhältnis ist projektiv invariant.

Ist das Doppelverhältnis $DV(A, B; C, D)$ der vier Punkte A, B, C, D auf der Geraden g mit $c_i = \lambda_0 a_i + \mu_0 b_i$ und $d_i = \lambda_1 a_i + \mu_1 b_i$ bestimmt durch $(\mu_0/\lambda_0) : (\mu_1/\lambda_1)$, dann gelten nach der projektiven Abbildung $\varrho x_i' = \sum_{j=0}^{2} a_{ij}x_j$ für $i = 0, 1, 2$ mit $\det(a_{ij}) \neq 0$ für die Bilder A', B', C', D' die

Beziehungen $\varrho a'_i = \sum_{j=0}^{2} a_{ij} a_j$, $\varrho b'_i = \sum_{j=0}^{2} a_{ij} b_j$ und $\varrho c'_i = \sum_{j=0}^{2} a_{ij} c_j = \varrho(\lambda_0 a'_i + \mu_0 b'_i)$, $\varrho d'_i = \sum_{j=0}^{2} a_{ij} d_j = \varrho(\lambda_1 a'_i + \mu_1 b'_i)$, aus denen sich ergibt $DV(A', B'; C', D') = (\mu'_0/\lambda'_0) : (\mu'_1/\lambda'_1) = (\mu_0/\lambda_0) : (\mu_1/\lambda_1) = DV(A, B; C, D)$.

Alle projektiven Abbildungen bilden eine *Gruppe*, die durch die Invarianz des Doppelverhältnisses gekennzeichnet ist. Die projektiven Abbildungen, die eine Gerade, wenn auch nicht notwendig punktweise, fest lassen, bilden eine Untergruppe. Die Gruppe der *affinen Abbildungen* ist die Untergruppe, für die diese feste Gerade die uneigentliche Gerade der Ebene ist. Sie hat mit der Gruppe der *ähnlichen Abbildungen* ihrerseits eine Untergruppe, die senkrecht aufeinanderstehende Geraden in ebensolche überführt. Die Untergruppe der *kongruenten Abbildungen* läßt zusätzlich die Abstände zweier Punkte invariant.

Auf einer projektiven Geraden bestimmen drei Basispunkte die projektiven Koordinaten, und eine projektive Abbildung wird durch eine lineare Transformation $\varrho x'_0 = ax_0 + bx_1$, $\varrho x'_1 = cx_0 + dx_1$ mit $ad - bc \neq 0$ beschrieben.

Hauptsatz der projektiven Abbildungen der Geraden. Es gibt genau eine projektive Abbildung zweier Geraden aufeinander, die drei verschiedene Punkte der Originalgeraden in drei Punkte der Bildgeraden überführt.

Die Zentralprojektionen sind dann die projektiven Abbildungen der Geraden, für die ihr Schnittpunkt ein *Fixpunkt* ist.

Gleichung der Geraden. Der Punkt P einer projektiven Geraden wird bezüglich der auf ihr gelegenen Punkte A und B mit den zugehörigen Vektoren $\boldsymbol{a}$ und $\boldsymbol{b}$ charakterisiert durch das Verhältnis $t_1 : t_2$ der Parameter in der Darstellung $\varrho \boldsymbol{x} = t_1 \boldsymbol{a} + t_2 \boldsymbol{b}$. In homogenen Koordinaten (x_0, x_1, x_2) gilt dann das nebenstehende homogene Gleichungssystem, aus dem sich die Größen t_1, t_2, ϱ bis auf einen von Null verschiedenen Faktor λ ergeben. Setzt man ohne Beschränkung der Allgemeinheit $x_2 \neq 0$ voraus, erhält man $t_1 = \lambda(x_0 b_1 - b_0 x_1)$, $t_2 = \lambda(x_1 a_0 - x_0 a_1)$ und $\varrho = (\lambda/x_2)\,[(x_0 b_1 - x_1 b_0)\, a_2 + (x_1 a_0 - x_0 a_1)\, b_2]$. Setzt man diese Werte in die erste Gleichung ein, so gilt $x_0 u_0 + x_1 u_1 + x_2 u_2 = 0$, falls gesetzt wird $u_0 = a_2 b_1 - a_1 b_2$, $u_1 = a_0 b_2 - a_2 b_0$ und $u_2 = a_1 b_0 - a_0 b_1$.

$$\begin{aligned} t_1 a_0 + t_2 b_0 - \varrho x_0 &= 0 \\ t_1 a_1 + t_2 b_1 - \varrho x_1 &= 0 \\ t_1 a_2 + t_2 b_2 - \varrho x_2 &= 0 \end{aligned}$$

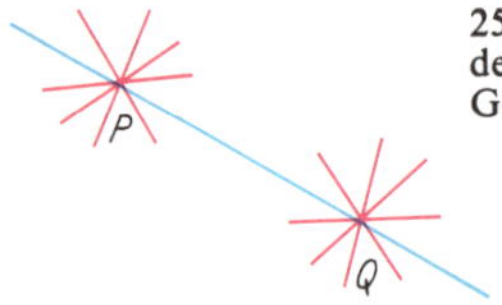

25.4-1 Verbindung der Träger zweier Geradenbüschel

Geradengleichung	$x_0 u_0 + x_1 u_1 + x_2 u_2 = 0$

Die *Plückerschen Geradenkoordinaten* (u_0, u_1, u_2) sind dabei wie die Punktkoordinaten (x_0, x_1, x_2) nur bis auf einen von Null verschiedenen Skalar λ eindeutig bestimmt. Die formale Gleichartigkeit beider Tripel in der Geradengleichung macht deutlich, daß diese für ein gegebenes Tripel (u_0, u_1, u_2) eine Gerade g beschreibt als Träger aller Punkte, für deren Koordinatentripel (x_0, x_1, x_2) die Gleichung gilt, daß diese aber für ein gegebenes Tripel (x_0, x_1, x_2) einen Punkt P beschreibt als Träger des Strahlenbüschels der Geraden, für deren Tripel (u_0, u_1, u_2) die Gleichung gilt. Das lineare homogene Gleichungssystem $x_0 u_0 + x_1 u_1 + x_2 u_2 = 0$, $x_0 v_0 + x_1 v_1 + x_2 v_2 = 0$ bestimmt danach den Punkt (x_0, x_1, x_2), der den Geraden (u_0, u_1, u_2) und (v_0, v_1, v_2) gemeinsam ist, ihren Schnittpunkt. Entsprechend bestimmen $x_0 u_0 + x_1 u_1 + x_2 u_2 = 0$ und $y_0 u_0 + y_1 u_1 + y_2 u_2 = 0$ die Gerade (u_0, u_1, u_2), die den beiden Geradenbüscheln (x_0, x_1, x_2) und (y_0, y_1, y_2) gemeinsam ist, ihre Träger verbindet (Abb. 25.4-1).

Dualitätsprinzip. Die Begriffspaare »Punkt einer Geraden« und »Gerade eines Geradenbüschels«, »verbinden« und »sich schneiden«, »liegt auf« und »geht durch« lassen sich gegenseitig vertauschen, weil sie durch gleichartige algebraische Operationen bzw. Gleichungen dargestellt werden. Es besteht in dem Sinne ein *Dualitätsprinzip*, daß wahre Aussagen der projektiven Geometrie durch das Vertauschen in ebenfalls wahre Aussagen übergehen; z. B. geht der Satz »Zwei verschiedene Punkte liegen auf genau einer Geraden« über in den wahren Satz »Zwei verschiedene Geraden gehen durch genau einen Punkt«. Zu jedem Satz der projektiven Geometrie gibt es deshalb eine duale Form, die mit dem Satz bewiesen ist.

Satz von Desargues: Gehen die Verbindungsgeraden entsprechender Eckpunkte zweier Dreiecke durch einen Punkt *S*, so liegen die Schnittpunkte entsprechender Seiten auf einer Geraden *s*.
Dualform: Liegen die Schnittpunkte entsprechender Seiten zweier Dreiecke auf einer Geraden *s*, so gehen die Verbindungsgeraden entsprechender Eckpunkte durch einen Punkt *S*.

Die Dualform des Satzes von Desargues ist zugleich seine Umkehrung. Zum Beweis des Satzes selbst wird von den Dreiecken $A_1 B_1 C_1$ und $A_2 B_2 C_2$ z. B. vorausgesetzt, daß sich die Geraden $A_1 A_2$, $B_1 B_2$ und $C_1 C_2$ in dem Punkt S schneiden (Abb. 25.4-2). Zu beweisen ist, daß die Punkte

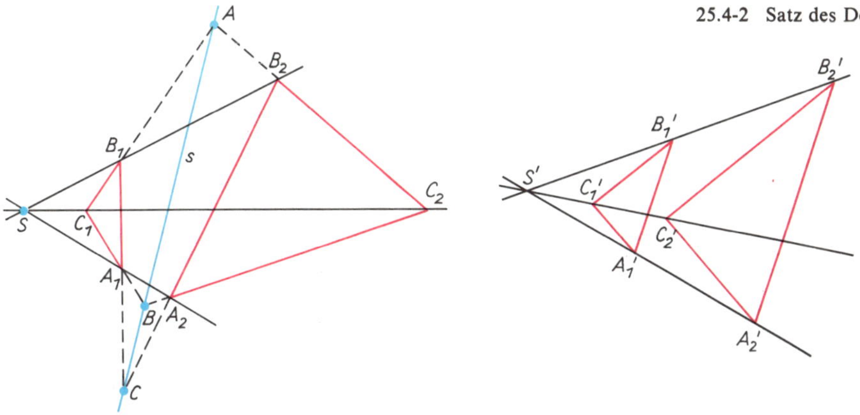

25.4-2 Satz des Desargues

$A = (C_1B_1 \frown C_2B_2)$, $B = (A_1C_1 \frown A_2C_2)$ und $C = (B_1A_1 \frown B_2A_2)$ auf einer Geraden s liegen. Dazu wendet man auf beide Dreiecke die projektive Abbildung an, die die Punkte A und B in zwei uneigentliche Punkte überführt. Dann sind im Bilde die Dreiecksseiten $C_1'B_1'$ und $C_2'B_2'$ einander parallel, und ebenso gilt $C_1'A_1' \parallel C_2'A_2'$. Nach dem Strahlensatz gilt dann auch $A_1'B_1' \parallel A_2'B_2'$, d. h., auch C' liegt auf der uneigentlichen Geraden, und deshalb liegt im Urbild der Punkt C auf der Geraden $s = AB$.

Satz von Pappos: Auf zwei Geraden g_1 und g_2 seien je drei Punkte A_1, B_1, C_1 und A_2, B_2, C_2 gegeben, die vom Schnittpunkt O der beiden Geraden verschieden sind. Dann liegen die Schnittpunkte $A = (B_1C_2 \frown B_2C_1)$, $B = (A_1C_2 \frown A_2C_1)$ und $C = (A_1B_2 \frown A_2B_1)$ der kreuzweisen Verbindungen auf einer Geraden g (Abb. 25.4-3).
Dualform: Durch zwei Punkte G_1 und G_2 mögen je drei Geraden a_1, b_1, c_1 und a_2, b_2, c_2 gehen, die von der Verbindungsgeraden o der beiden Punkte G_1 und G_2 verschieden sind. Dann schneiden sich die kreuzweisen Verbindungsgeraden $a = [(b_1 \frown c_2), (b_2 \frown c_1)]$, $b = [(a_1 \frown c_2), (a_2 \frown c_1)]$ und $c = [(a_1 \frown b_2), (a_2 \frown b_1)]$ in einem Punkt G (Abb. 25.4-4).

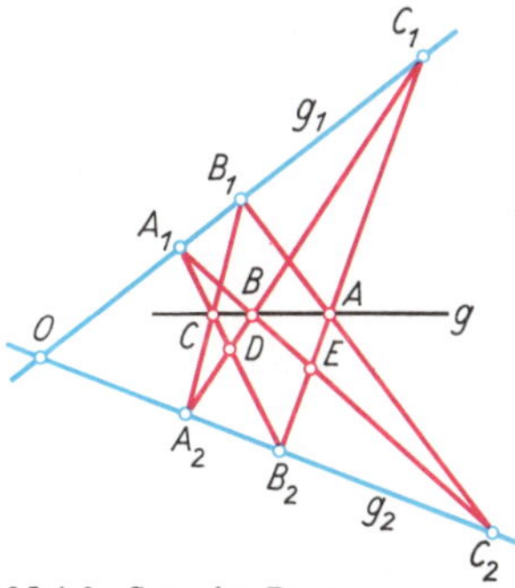

25.4-3 Satz des Pappos

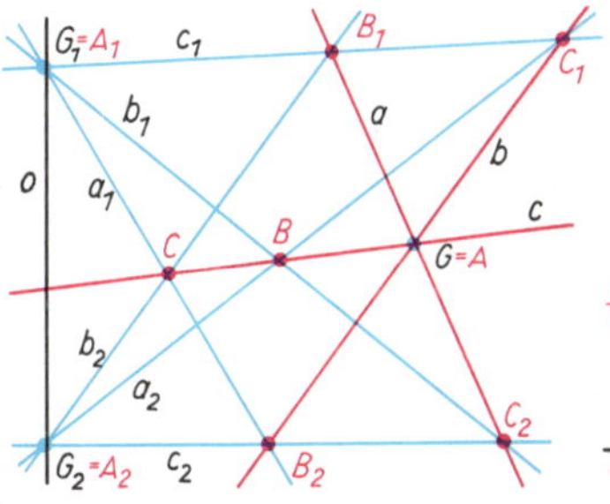

25.4-4 Dualisierung des Satzes von Pappos

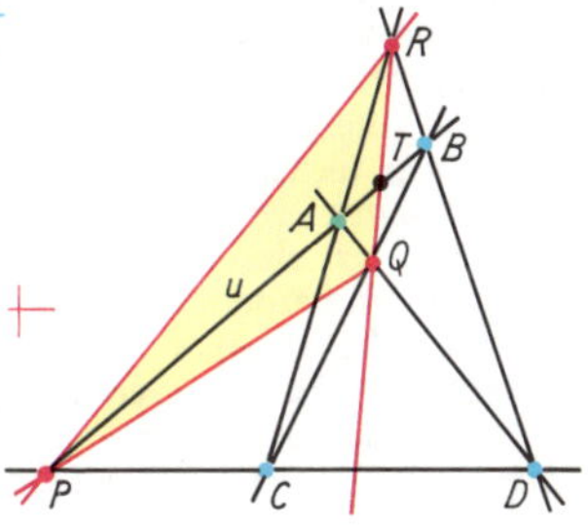

25.4-5 Vollständiges Viereck

Zum Beweis des Satzes von Pappos führt man die Schnittpunkte $D = A_1B_2 \frown A_2C_1$ und $E = C_1B_2 \frown A_1C_2$ ein. Projiziert man von A_2 aus die Gerade A_1B_2 auf die Gerade g_1, so geht das geordnete Punktetripel (C, D, B_2) in das Tripel (B_1, C_1, O) über, während der Punkt A_1 fest bleibt. Eine anschließende Zentralprojektion der Geraden g_1 auf die Gerade C_1B_2 von C_2 aus führt das geordnete Punktetripel (A_1, B_1, O) in das Tripel (E, A, B_2) über und läßt den Punkt C_1 ungeändert. Beide Zentralprojektionen nacheinander ausgeführt führen das geordnete Punktequadrupel (A_1, C, D, B_2) in das Quadrupel (E, A, C_1, B_2) über und stellen, da hier B_2 Fixpunkt ist, eine Zentralprojektion dar, deren Zentrum B der Schnittpunkt der beiden Projektionsstrahlen A_1C_2 und C_1A_2 ist. Dann muß auch AC als Projektionsstrahl durch B gehen, d. h., A, B und C liegen auf einer Geraden.

Vollständiges Viereck und vollständiges Vierseit. Ein vollständiges Viereck besteht aus den vier Eckpunkten A, B, C, D, von denen keine drei kollinear sind, und aus ihren sechs Verbindungsgeraden, den *sechs Seiten* AB, CD; AD, BC; AC, BD. Die drei weiteren Schnittpunkte $P = (AB \frown CD)$,

$Q = (AD \frown BC)$ und $R = (AC \frown BD)$ dieser sechs Geraden heißen seine *Diagonalpunkte* und bilden die Ecken des *Diagonaldreiecks* PQR (Abb. 25.4-5).

Das *vollständige Vierseit* besteht als die duale Figur zum vollständigen Viereck aus den vier Geraden a, b, c, d, von denen keine drei durch einen Punkt gehen, und aus den sechs Schnittpunkten, den *Eckpunkten* $(a \frown b)$, $(c \frown d)$; $(a \frown d)$, $(b \frown c)$; $(a \frown c)$, $(b \frown d)$. Die drei weiteren Verbindungsgeraden $p = ((a \frown b)\,(c \frown d))$, $q = ((a \frown d)\,(b \frown c))$ und $r = ((a \frown c)\,(b \frown d))$ dieser sechs Punkte heißen seine *Diagonalgeraden* und bilden das *Diagonaldreieck* (Abb. 25.4-6).

In einem vollständigen Viereck werden auf jeder Seite die beiden Ecken durch den Diagonalpunkt und den Schnittpunkt mit der Verbindungslinie der beiden anderen Diagonalpunkte harmonisch geteilt.
Dualform: In einem vollständigen Vierseit werden in jeder Ecke die beiden Seiten durch die Diagonale und die Verbindungsgerade mit dem Schnittpunkt der beiden anderen Diagonalen harmonisch getrennt.

Greift man z. B. im vollständigen Viereck die Seite $AB = u$ heraus, so werden auf ihr die Ecken A, B harmonisch geteilt durch den Diagonalpunkt P und den Schnittpunkt T dieser Seite mit der Verbindungsgeraden QR der beiden anderen Diagonalpunkte. In der dualen Figur werden entsprechend in der Ecke U die beiden Seiten a, b harmonisch getrennt durch die Diagonale p und die Verbindungsgerade t von U mit dem Schnittpunkt $(q \frown r)$ der anderen beiden Diagonalen.

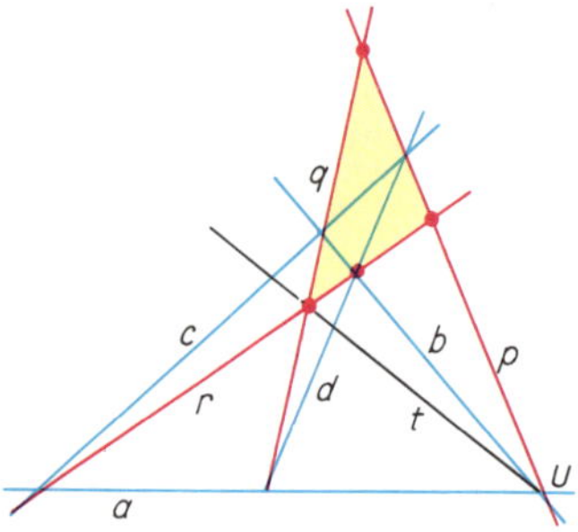

25.4-6 Vollständiges Vierseit

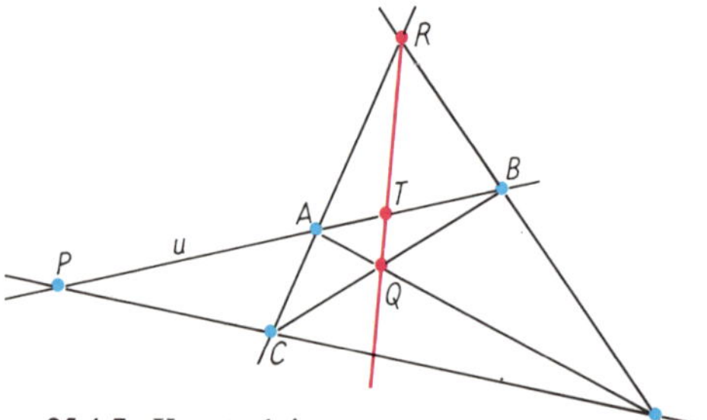

25.4-7 Konstruktion des vierten harmonischen Punktes

Der Beweis des Satzes vom vollständigen Viereck geht davon aus, daß jeder Punkt X einer projektiven Ebene charakterisiert werden kann durch einen an einen außerhalb der Ebene gelegenen Punkt S angetragenen Vektor $\boldsymbol{x}$. Die den Eckpunkten A, B, C, D entsprechenden Vektoren $\boldsymbol{a}, \boldsymbol{b}, \boldsymbol{c}, \boldsymbol{d}$ sind linear abhängig, je drei jedoch linear unabhängig, da keine drei Punkte kollinear sind. Daher existieren vier reelle, von Null verschiedene Zahlen $\alpha, \beta, \gamma, \delta$, für die $\alpha\boldsymbol{a} + \beta\boldsymbol{b} + \gamma\boldsymbol{c} + \delta\boldsymbol{d} = \boldsymbol{o}$. Der auf den Seiten AB und CD gelegene Diagonalpunkt P wird somit durch den Vektor $\boldsymbol{p} = \alpha\boldsymbol{a} + \beta\boldsymbol{b} = -(\gamma\boldsymbol{c} + \delta\boldsymbol{d})$ charakterisiert, der sowohl eine Linearkombination der Vektoren $\boldsymbol{a}$ und $\boldsymbol{b}$ als auch der Vektoren $\boldsymbol{c}$ und $\boldsymbol{d}$ ist. Ebenso lassen sich die anderen Diagonalpunkte Q und R charakterisieren durch die Vektoren $\boldsymbol{q} = \alpha\boldsymbol{a} + \delta\boldsymbol{d} = -(\beta\boldsymbol{b} + \gamma\boldsymbol{c})$ und $\boldsymbol{r} = \alpha\boldsymbol{a} + \gamma\boldsymbol{c} = -(\beta\boldsymbol{b} + \delta\boldsymbol{d})$. Bezeichnet T den Schnittpunkt der Geraden QR mit der Seite AB, so läßt sich der zugehörige Vektor $\boldsymbol{t}$ angeben durch $\boldsymbol{t} = \boldsymbol{q} + \boldsymbol{r} = +\alpha\boldsymbol{a} - \beta\boldsymbol{b}$. Für das Doppelverhältnis der vier Punkte A, B, P, T ergibt sich dann $DV(A, B; P, T) = (\alpha/\beta) : [\alpha/(-\beta)] = -1$.

Mit Hilfe des vollständigen Vierecks kann man unter alleiniger Verwendung des Lineals zu einem Punktepaar A, B und einem dritten Punkt P einer Geraden u den vierten harmonischen Punkt T konstruieren (Abb. 25.4-7). Wählt man auf einer Geraden durch Punkt P die fehlenden Ecken C und D des vollständigen Vierecks $ABCD$ voneinander und von P verschieden, so sind die Diagonalpunkte Q und R als Schnittpunkte je zweier Seiten bestimmt durch $Q = (AD \frown BC)$ und $R = (AC \frown BD)$. Die Diagonale RQ schneidet dann die Seite AB im gesuchten vierten harmonischen Punkt T.

Dualität im Raum. Der Geradengleichung $\sum_{i=0}^{2} x_i u_i = 0$ in der Ebene mit Plückerschen Koordinaten u_i entspricht im Raum die Gleichung $\sum_{i=0}^{3} x_i u_i = 0$ einer Ebene. Duale Begriffspaare im Raum sind deshalb «Punkt» und «Ebene», und einer durch zwei Punkte bestimmten Geraden entspricht im Raum die durch zwei Ebenen bestimmte Gerade, so daß der Begriff «Gerade» zu sich selbst dual ist. Dem Satz «Ein Punkt und eine nicht durch ihn gehende Gerade bestimmen genau eine Ebene» hat die Dualform «Eine Ebene und eine nicht in ihr liegende Gerade bestimmen genau einen Punkt».

Kollineationen. Jede projektive Abbildung als eineindeutige Zuordnung der Punkte zweier projektiver Ebenen zueinander läßt sich, wenn dual zu den Punkten die Geraden als Grundelemente der Ebene betrachtet werden, als eineindeutige Zuordnung der Geraden beider Ebenen auffassen. Bei dieser

Betrachtungsweise wird eine projektive Abbildung bezüglich der Koordinaten u_i und u_i' beschrieben durch eine lineare Transformation der Form

$$\varrho u_i' = \sum_{j=0}^{2} \alpha_{ij} u_j \quad \text{für} \quad i = 0, 1, 2 \quad \text{mit} \quad \det(\alpha_{ij}) \neq 0.$$

Dualform des Hauptsatzes für projektive Abbildungen. Es gibt genau eine projektive Abbildung der Geraden einer Ebene Π auf die Geraden einer Ebene Π', die vier vorgegebene Geraden von Π in vier vorgegebene Geraden von Π' überführt, wenn keine drei dieser Geraden durch einen Punkt gehen.

Das Doppelverhältnis von vier Geraden eines Geradenbüschels ist eine Invariante der projektiven Abbildungen.
Da die projektiven Abbildungen kollineare Punkte in kollineare Punkte und kollineare Geraden, d. h. Geraden ein und desselben Geradenbüschels, wieder in kollineare Geraden überführt, werden sie *Kollineationen* genannt.

Dualform des Hauptsatzes für projektive Abbildungen der Geraden. Es gibt genau eine Kollineation eines Geradenbüschels im Punkt P auf ein Geradenbüschel im Punkt P', die drei voneinander verschiedene Geraden des ersten Büschels auf drei voneinander verschiedene Geraden des zweiten abbildet.

Bei einer Zentralprojektion erfolgt die Zuordnung der Punkte zweier Geraden g und g' zueinander mittels Projektionsstrahlen durch das Zentrum Z, und der Schnittpunkt $F = (g \frown g')$ ist *Fixpunkt* der Abbildung. Jede Kollineation zweier Geraden aufeinander, die einen Fixpunkt hat, ist umgekehrt eine Zentralprojektion, auch *zentrale Kollineation* genannt. Dual dazu erfolgt die Zuordnung der Geraden zweier Geradenbüschel G und G' bei einer Zentralprojektion mittels Projektionspunkten auf der Geraden z als Projektionszentrum; ist z. B. p eine Gerade des Büschels G, so ist ihr Bild p' die Verbindungsgerade des Punktes $P = (p \frown z)$ mit dem Träger des Büschels G'. Die Gerade $f = (G, G')$ ist dann *Fixgerade* der Abbildung (Abb. 25.4-8). Umgekehrt ist jede Kollineation zweier Geradenbüschel aufeinander, die eine Fixgerade hat, eine zentrale Kollineation.
Da das Doppelverhältnis von vier Geraden p_i, $i = 1, 2, 3, 4$, eines Büschels G dem der Schnittpunkte $P_i = (p_i \frown g)$ mit einer beliebigen Geraden g, die G nicht enthält, gleich ist und die Kollineationen durch die Invarianz des Doppelverhältnisses gekennzeichnet werden, ergibt sich aus jeder Kollineation Λ zweier Geradenbüschel G und G' auch eine Kollineation Λ^* zweier Geraden g und g', die nicht dem Büschel G' bzw. G angehören. Dabei ordnet Λ^* jedem Punkt P der Geraden g als Schnittpunkt mit einer geeigneten Geraden p des Büschels G den Punkt $P' = (p' \frown g')$ der Geraden g' als Bildpunkt zu. Auf gleiche Weise läßt sich zu jeder Kollineation Λ^* zweier Geraden g und g' eine Kollineation Λ zweier Geradenbüschel G und G' konstruieren, indem jeder Geraden $p = PG$ die Gerade $p' = P'G'$ zugeordnet wird.

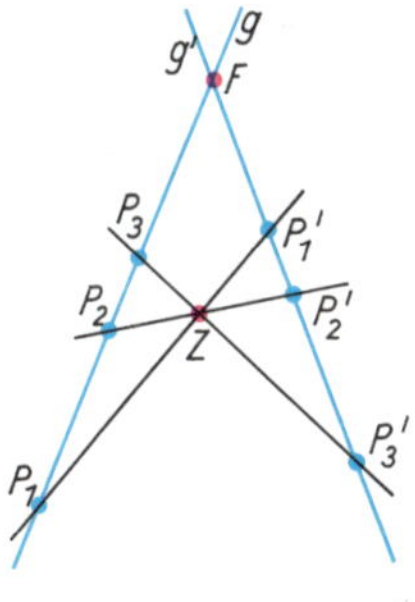

25.4-8 Zentralprojektion

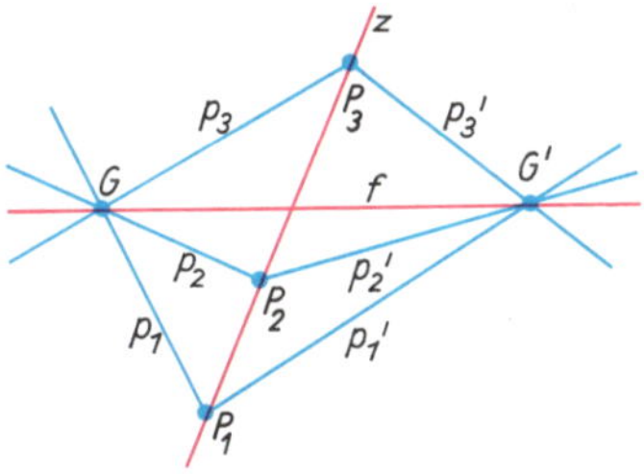

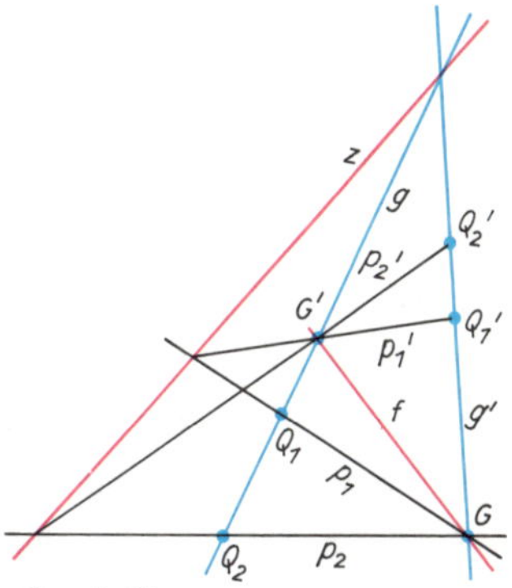

25.4-9 Zentrale Kollineation zweier Geradenbüschel mit den Trägern G und G'

Die so erhaltene Kollineation Λ ist genau dann eine zentrale Kollineation, wenn die Träger G und G' der beiden Büschel auf der Verbindungsgeraden f zweier sich bei der Kollineation Λ^* entsprechender Punkte liegen, da dann diese Gerade Fixgerade von Λ ist, z. B. wenn G und G' selbst zwei sich bei Λ^* entsprechende Punkte der Geraden g und g' sind (Abb. 25.4-9).
Analog ist die Kollineation Λ^* zweier Geraden g und g', die aus einer Kollineation Λ zweier Geradenbüschel G und G' entsteht, genau dann eine zentrale, wenn g und g' sich schneiden im Schnittpunkt $F = (p \frown p')$ zweier sich bei Λ entsprechender Geraden p und p', da dann dieser Punkt F Fixpunkt von Λ^* ist (Abb. 25.4-10). Sind dann p_1, p_2 und p_1', p_2' zwei weitere sich bei Λ entsprechende Geradenpaare, die sich mit den Geraden g bzw. g' in den Punkten P_1, P_2 bzw. P_1', P_2' schneiden, so ist das Zentrum $Z = (s_1 \frown s_2)$ der zentralen Kollineation bestimmt als Schnittpunkt der beiden Geraden $s_1 = P_1P_1'$ und $s_2 = P_2P_2'$.

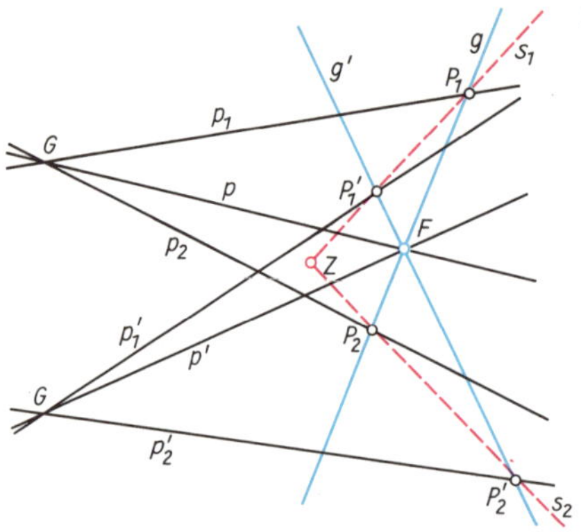

25.4-10 Zentrale Kollineation zweier Geraden g und g'

Durch eine *Korrelation* werden die Punkte einer projektiven Ebene Π eineindeutig auf die Geraden der Ebene Π' abgebildet und die Geraden von Π auf Punkte von Π'. In Punkt- und Geradenkoordinaten entsprechen den Korrelationen die linearen Transformationen

$$\varrho u_i' = \sum_{j=0}^{2} a_{ij}x_j \quad \text{für} \quad i = 0, 1, 2 \quad \text{mit} \quad \det(a_{ij}) \neq 0$$

und

$$\varrho x_i' = \sum_{j=0}^{2} b_{ij}u_j \quad \text{für} \quad i = 0, 1, 2 \quad \text{mit} \quad \det(b_{ij}) \neq 0.$$

Durch eine Korrelation wird der Schnittpunkt zweier Geraden g_1, g_2 in die Verbindungsgerade der Punkte G_1, G_2 übergeführt, die die Bilder der Geraden g_1, g_2 sind, sowie die Verbindungsgerade zweier Punkte P_1, P_2 in den Schnittpunkten der Geraden p_1, p_2, die die Bilder der Punkte P_1, P_2 sind.

25.5. Kegelschnitte

Gleichung der Kegelschnitte. Ellipse, Hyperbel und Parabel lassen sich auffassen als Schnitt eines Kegels mit einer geeigneten projektiven Ebene (vgl. Kap. 13. – Kegelschnitte). Je zwei dieser Kegelschnitte können durch Projektion von der Spitze des geschnittenen Kegels aus aufeinander abgebildet werden. In der projektiven Geometrie hat deshalb eine Unterscheidung dieser Kegelschnitte keinen invarianten Sinn mehr.

In homogenen projektiven Koordinaten lautet die Gleichung eines Kegelschnittes $a_{00}x_0^2 + a_{11}x_1^2 + a_{22}x_2^2 + 2a_{01}x_0x_1 + 2a_{02}x_0x_2 + 2a_{12}x_1x_2 = 0$ bzw. $\sum_{i,j=0}^{2} a_{ij}x_ix_j = 0$ mit $a_{ij} = a_{ji}$ und $\det(a_{ij}) \neq 0$.

Nach einer geeigneten linearen Transformation wird ein nicht ausgearteter Kegelschnitt durch die Gleichung $x_0^2 - x_1^2 - x_2^2 = 0$ beschrieben. Durch eine quadratische Form mit nicht verschwindender Determinante wird umgekehrt nicht notwendig ein Kegelschnitt dargestellt. Die Gleichung $x_0^2 + x_1^2 + x_2^2 = 0$ des *nullteiligen Kegelschnitts* nach der Transformation stellt keinen reellen Kegelschnitt dar. Eine quadratische Form $\sum_{i,j=0}^{2} a_{ij}x_ix_j$ mit $\det(a_{ij}) = 0$ stellt einen *ausgearteten* oder *singulären Kegelschnitt* dar, der ein Geradenpaar, ein Punkt oder eine zweimal durchlaufene Gerade sein kann.

Polarität. Aus jedem regulären Kegelschnitt $\sum_{i,j=0}^{2} a_{ij}x_ix_j = 0$ mit $\det(a_{ij}) \neq 0$ läßt sich eine spezielle Korrelation $u_i = \sum_{j=0}^{2} a_{ij}x_j$ für $i = 0, 1, 2$ der Ebene auf sich gewinnen, die *Polarität* genannt wird. Sie ordnet jedem Punkt P als *Pol* eine Gerade p als *Polare* zu. Die Koordinaten y_i der Punkte Q der Polaren genügen dann der Gleichung $\sum_{i=0}^{2} y_iu_i = \sum_{i,j=0}^{2} a_{ij}y_ix_j = 0$, in der x_j die Koordinaten des Pols P sind. Danach sind alle Punkte Q der Polaren von P zu P *konjugiert*. Diese Gleichung der Polaren eines Punktes P des Kegelschnitts $\sum_{i,j=0}^{2} a_{ij}x_ix_j = 0$ ist aber die der Tangente in P an den Kegelschnitt.

Die Polare p eines Kegelschnittpunkts P ist die Tangente t in diesem Punkt P an den Kegelschnitt.

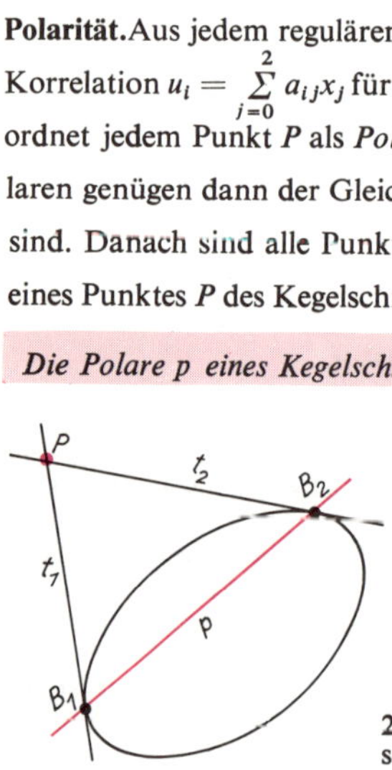

Jeder Kegelschnittpunkt P ist danach zu jedem Punkt der Tangente t in ihm an den Kegelschnitt konjugiert, d. h. auch zu sich selbst. Die Kegelschnittpunkte sind die einzigen Punkte der Ebene, die auf diese Weise zu sich selbst konjugiert sind.

Schneiden sich die Tangenten t_1, t_2 in den Kegelschnittpunkten B_1 und B_2 im Punkt P, so ist dieser sowohl zu B_1 als auch zu B_2 konjugiert, mithin, da alle zu P konjugierten Punkte auf einer Geraden liegen, zu allen Punkten der Geraden B_1B_2, die deshalb die Polare p von P ist (Abb. 25.5-1).

25.5-1 Pol P und Polare p, wenn von P aus reelle Tangenten an den Kegelschnitt existieren

Dieser Schluß gibt die Möglichkeit, zu jedem Punkt P, auch wenn durch ihn keine Tangente des Kegelschnitts geht, die Polare p zu konstruieren. Dazu werden durch P zwei Geraden p_1 und p_2 gelegt, die den Kegelschnitt in den Punkten B_1, B_2 bzw. B_3, B_4 schneiden. Dann sind die Schnittpunkte P_1 der Tangenten in B_1 und B_2 sowie P_2 der Tangenten in B_3 und B_4 zu jedem Punkt der Geraden p_1 bzw. p_2 konjugiert, also auch zu ihrem Schnittpunkt P. Somit ist die Gerade $p = P_1P_2$ die Polare des Punktes P (Abb. 25.5-2).

Die Gerade g durch die zwei Punkte P und Q mit den Koordinaten x_i und y_i schneidet den Kegelschnitt $\sum_{i,j=0}^{2} a_{ij}x_ix_j = 0$ in den Punkten R, R' mit den Koordinaten $r_i = x_it_1 + y_it_2$, die durch die Gleichung $\sum_{i,j=0}^{2} a_{ij}r_ir_j = \sum_{i,j=0}^{2} a_{ij}(x_it_1 + y_it_2)(x_jt_1 + y_jt_2) = t_1^2\alpha + t_2^2\beta + 2t_1t_2\gamma = 0$ mit $\alpha = \sum_{i,j=0}^{2} a_{ij}x_ix_j$, $\beta = \sum_{i,j=0}^{2} a_{ij}y_iy_j$ und $\gamma = \sum_{i,j=0}^{2} a_{ij}x_iy_j$ bestimmt sind. Die beiden Lösungen $t_1 : t_2$ und $t'_1 : t'_2$ dieser quadratischen Gleichung unterscheiden sich genau dann nur durch ihr Vorzeichen, wenn $\gamma = 0$, d. h., wenn P und Q konjugiert zueinander sind. Die vier Punkte P, Q, R, R' sind dann harmonische Punkte, da $DV(P, Q; R, R') = (t_2/t_1) : (t'_2/t'_1) = -1$.

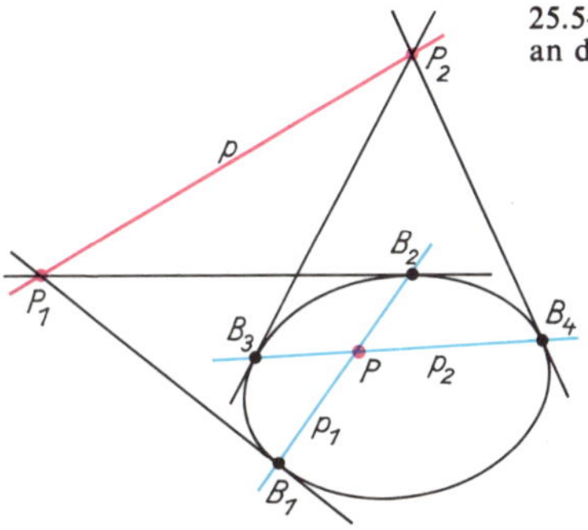

25.5-2 Pol P und Polare p, wenn von P aus keine reellen Tangenten an den Kegelschnitt existieren

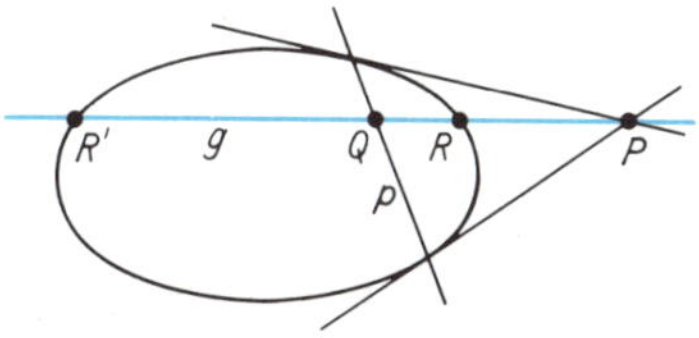

25.5-3 Harmonische Lage zweier konjugierter Punkte und der Schnittpunkte ihrer Verbindungsgeraden mit dem Kegelschnitt

Die Polare p eines Punktes P ist der geometrische Ort der Punkte Q, die mit P und den Schnittpunkten R und R' aller Geraden g durch P mit dem Kegelschnitt harmonisch liegen (Abb. 25.5-3).

Als *Kurven zweiter Ordnung* sind die Kegelschnitte die Menge ihrer Punkte, dual dazu als *Kurven zweiter Klasse* sind sie die Einhüllenden ihrer Tangenten. Ist P ein Punkt des Kegelschnitts $\sum_{i,j=0}^{2} a_{ij}x_ix_j = 0$, so hat die Tangente in P als Polare die Koordinaten $u_i = \sum_{j=0}^{2} a_{ij}x_j$. Umgekehrt erhält man aus den Koordinaten u_j seiner Polaren p die Koordinaten von P durch $x_i = \sum_{j=0}^{2} b_{ij}u_j$ für $i = 0, 1, 2$; dabei ist die Matrix (b_{ij}) invers zur Matrix (a_{ij}), da sie die inverse Abbildung beschreibt. Setzt man diese Koordinaten in die Gleichung der Kurve zweiter Ordnung ein, so erhält man die Gleichung $\sum_{i,j=0}^{2} b_{ij}u_iu_j = 0$ der Kurve zweiter Klasse.

Projektive Erzeugung der Kegelschnitte. Die Gleichung $\sum_{i,j=0}^{2} a_{ij}x_ix_j = 0$ eines Kegelschnitts nimmt eine einfache Form an, wenn zwei Punkte A und B auf ihm und der Schnittpunkt C der Tangenten in ihnen an den Kegelschnitt als Basispunkte eines Koordinatensystems gewählt werden, d. h., die Koordinaten $A(1, 0, 0)$, $B(0, 1, 0)$ und $C(0, 0, 1)$ haben. Setzt man in die Kegelschnittgleichung diese Koordinaten a_i von A und b_i von B ein, so folgen $a_{00} = 0$ und $a_{11} = 0$. Da C konjugiert zu A und zu B ist, gelten $\sum_{i,j=0}^{2} a_{ij}a_ic_j = 0$ und $\sum_{i,j=0}^{2} a_{ij}b_ic_j = 0$. Durch Einsetzen der Werte für a_i, b_i und c_i folgt $a_{02} = a_{12} = 0$. Die Kegelschnittgleichung lautet in diesem Koordinatensystem $2a_{01}x_0x_1 + a_{22}x_2^2 = 0$ bzw. $(2x_0/a_{22}) \cdot a_{01}x_1 + x_2^2 = 0$ oder $\xi_0\xi_1 + \xi_2^2 = 0$, wenn $(2x_0/a_{22}) = \xi_0$, $a_{01}x_1 = \xi_1$ und $x_2 = \xi_2$ gesetzt und damit über den Einheitspunkt verfügt wird. Diese Gleichung $\xi_2/\xi_0 + \xi_1/\xi_2 = 0$ kann durch $\xi_2/\xi_0 = u/v$ und $\xi_1/\xi_2 = -u/v$ in die beiden Gleichungen (A) $\xi_1v + \xi_2u = 0$ und (B) $\xi_0u - \xi_2v = 0$ zerlegt werden. Jede dieser Gleichungen stellt für verschiedene Werte (u, v) ein Geradenbüschel dar, deren Geraden durch eine projektive Abbildung einander so zugeordnet sind, daß sie für gleiche

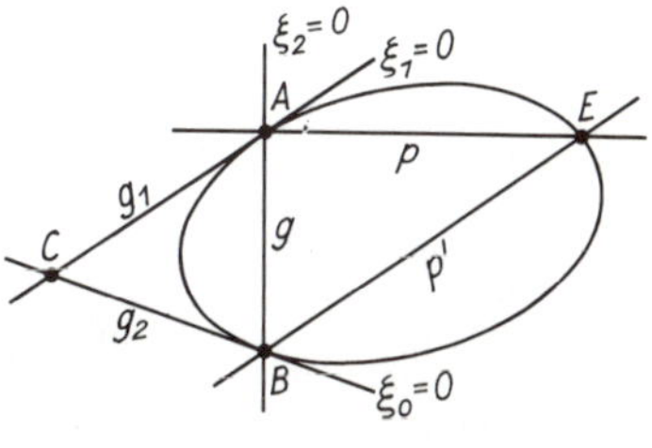

25.5-4 Projektive Erzeugung der Kegelschnitte

Werte (u, v) einen Punkt des Kegelschnitts als Schnittpunkt bestimmen (Abb. 25.5-4). Der Träger des Büschels (A) ist A wegen $\xi_1 = 0$, $\xi_2 = 0$ für $a_1 = 0$, $a_2 = 0$, der des Büschels (B) ist B wegen $b_0 = 0$, $b_2 = 0$.
Die Gerade $g = AB$ ist dann durch $\xi_2 = 0$, die Gerade $g_1 = AC$ durch $\xi_1 = 0$ und $g_2 = BC$ durch $\xi_0 = 0$ gekennzeichnet. Die projektive Abbildung des Büschels (A) auf das Büschel (B) führt dann die Gerade $g = AB$ von (A) wegen $v = 0$ in die Gerade $g_2 = BC$ von (B) und die Gerade $g_1 = AC$ von (A) wegen $u = 0$ in die Gerade $g = AB$ über und hat somit keine Fixgerade, d. h., sie ist nicht perspektiv.
Umgekehrt erzeugen projektiv, aber nicht perspektiv aufeinander bezogene Geradenbüschel mit den Trägern A und B einen Kegelschnitt als Menge der Schnittpunkte sich entsprechender Geraden. Geht dabei die Gerade $g = AB$ des Büschels (A) in die Gerade g_2 des Büschels (B) über und ist g als Gerade des Büschels (B) das Bild der Geraden g_1 des Büschels (A), so lassen sich die Punkte A, B und $C = (g_1 \frown g_2)$ als Grundpunkte eines Koordinatensystems wählen, dessen Einheitspunkt E Schnittpunkt irgend zweier sich schneidender Geraden p und p' ist. In diesem Koordinatensystem sind die Gerade g durch die Gleichung $\xi_2 = 0$, die Gerade g_1 durch $\xi_1 = 0$, die Gerade g_2 durch $\xi_0 = 0$ sowie die Geraden p und p' durch $\xi_1 + \xi_2 = 0$ bzw. $\xi_0 - \xi_2 = 0$ gekennzeichnet. Nun hat aber die Kollineation des Geradenbüschels (A) auf das Büschel (B), die durch das Entsprechen der Geraden $\xi_1 v + \xi_2 u = 0$ und $\xi_0 u - \xi_2 v = 0$ bei gleichem Verhältnis $u : v$ bestimmt ist, die Eigenschaft, die drei Geraden g, g_1 und p des ersten Büschels in die drei Geraden g_2, g und p' des zweiten Büschels überzuführen. Nach dem Hauptsatz stimmt sie deshalb mit der vorgegebenen Kollineation überein. Die Schnittpunkte sich entsprechender Geraden durchlaufen dann, wie man nach Elimination von u und v aus den Gleichungen der Geraden erhält, den Kegelschnitt $\xi_0\xi_1 + \xi_2^2 = 0$.
Bei perspektiv aufeinander bezogenen Geradenbüscheln schneiden sich Original- und Bildgerade auf der Geraden, von der aus projiziert wird, d. h., es wird ein ausgearteter Kegelschnitt erzeugt.
Um einen Kegelschnitt zu konstruieren, der durch drei gegebene, nicht kollineare Punkte A, B, P geht und zwei Geraden g_1 und g_2 in A bzw. B zu Tangenten hat, genügt es, eine projektive Abbildung des Geradenbüschels in A auf das Geradenbüschel in B zu erzeugen. Durch die Vorschrift, daß die Geraden g_1, $g = AB$ und $p = AP$ des Büschels (A) in die Geraden g, g_2 und $p' = BP$ des Büschels (B) übergeführt werden, ist nach dem Hauptsatz eine derartige Kollineation eindeutig bestimmt. Die Schnittpunkte sich bei dieser Kollineation entsprechender Geraden erzeugen eindeutig einen Kegelschnitt, der durch die Punkte A, B, P geht und g_1 sowie g_2 als Tangenten in den Punkten A und B hat (Abb. 25.5-5).

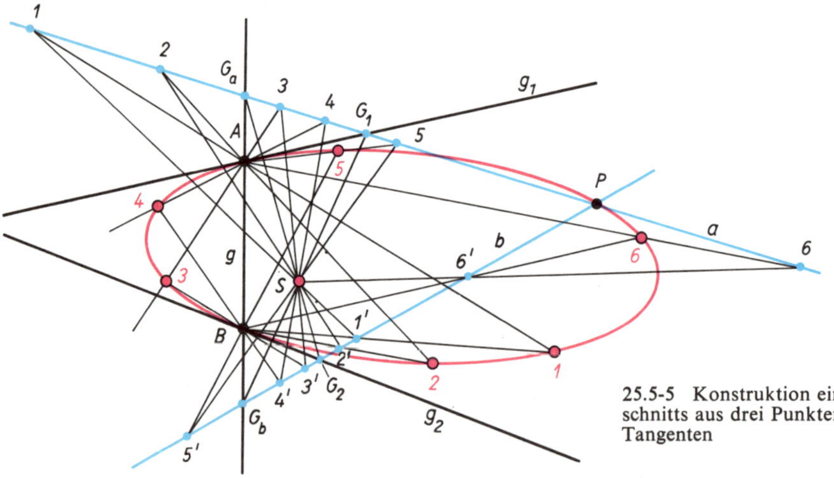

25.5-5 Konstruktion eines Kegelschnitts aus drei Punkten und zwei Tangenten

Diese Kollineation läßt sich konstruieren durch eine zentrale Kollineation zweier sich in P schneidender Geraden a und b, die die Geraden g_1 und g in den Punkten G_1 und G_a bzw. die Geraden g und g_2 in den Punkten G_b und G_2 schneiden mit dem Zentrum $S = (G_1G_b \frown G_aG_2)$.
Ist ein Kegelschnitt aus fünf gegebenen Punkten S, T, U, V, W, von denen keine drei kollinear sind, zu konstruieren, so lassen sich zwei als Träger je eines Geradenbüschels herausgreifen, die projektiv, aber nicht perspektiv aufeinander bezogen sind (Abb. 25.5-6), z. B. S mit $s_1 = SU$, $s_2 = SV$, $s_3 = SW$ und T mit $t_1 = TU$, $t_2 = TV$ und $t_3 = TW$. Die Kollineation des Geradenbüschels in S auf das Geradenbüschel in T, die durch die Vorschrift, daß die Geraden s_i in die Geraden t_i übergehen, eindeutig bestimmt ist, definiert dann einen Kegelschnitt, der aus den Schnittpunkten sich entsprechender Geraden besteht. Diese Kollineation läßt sich darstellen durch eine zentrale Kolli-

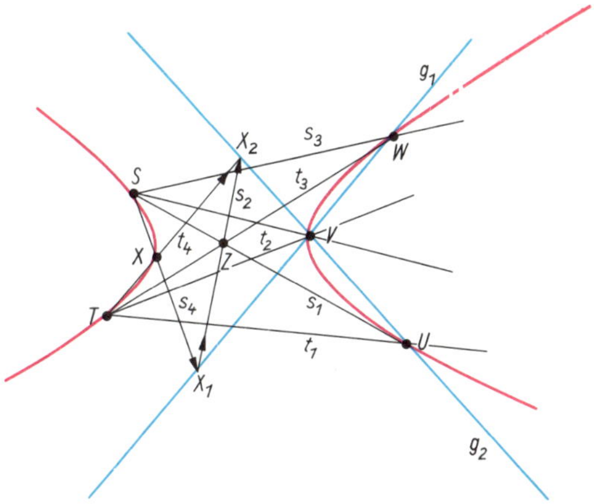

25.5-6 Konstruktion eines Kegelschnitts aus fünf gegebenen Punkten, von denen keine drei kollinear sind

neation zweier Geraden g_1 und g_2, die sich im Punkt V schneiden. Werden z. B. $g_1 = VW$ und $g_2 = UV$ gewählt, so ist das Zentrum $Z = (s_1 \frown t_3)$ dieser Perspektivität der Schnittpunkt der Geraden s_1 und t_3. Einer Geraden s_4, die g_1 im Punkt X_1 schneidet, wird dadurch die Gerade $t_4 = TX_2$ zugeordnet mit $X_2 = (g_2 \frown X_1Z)$, die sich beide im Kegelschnittpunkt X schneiden. Da die Kollineation eindeutig durch die fünf gegebenen Punkte bestimmt ist, der Kegelschnitt seinerseits eindeutig durch diese Kollineation, ergibt diese Konstruktion den einzigen Kegelschnitt durch diese fünf Punkte.

Es gibt genau einen Kegelschnitt, der durch fünf gegebene Punkte geht, von denen keine drei kollinear sind.

Dual zur Erzeugung durch projektive Geradenbüschel lassen sich die Kegelschnitte auch durch projektiv aufeinander bezogene Geraden erzeugen. Die Verbindungsgeraden je zweier sich entsprechender Punkte der Geraden g und g' umhüllen einen nichtausgearteten Kegelschnitt, wenn die beiden Geraden nicht perspektiv liegen (Abb. 25.5-7). Bei perspektiver Lage der beiden Geraden besteht der *ausgeartete Kegelschnitt* aus nur zwei Punkten, dem Projektionszentrum und dem Schnittpunkt der beiden Geraden. Die projektive Zuordnung der Punkte der Geraden g und g' ist durch drei Punktepaare bestimmt. Sind A, B, C auf g und ihre Bilder A', B', C' auf g' gegeben, so läßt sich diese Zuordnung analog realisieren durch eine Perspektivität zweier Geradenbüschel, deren Träger z. B. die Punkte $S_1 = (AA' \frown BB')$ und $S_2 = (AA' \frown CC')$ sind, mit der Geraden $z = CB'$ als Zentrum. Entsprechend ist von jedem weiteren Punkt P das Bild P' dadurch zu konstruieren, daß der Punkt $(S_1P \frown S_2P')$ auf z liegt. Die Geraden AA', BB', CC', P_iP_i' sind Tangenten des Kegelschnitts.

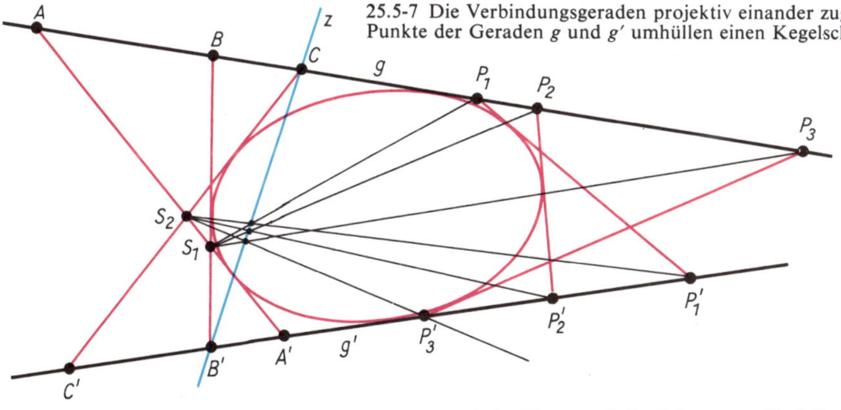

25.5-7 Die Verbindungsgeraden projektiv einander zugeordneter Punkte der Geraden g und g' umhüllen einen Kegelschnitt

Analog zur Konstruktion eines Kegelschnitts durch fünf Punkte läßt sich nun zu fünf Geraden, von denen je drei nicht durch einen Punkt gehen, genau ein Kegelschnitt konstruieren, der diese Geraden berührt.

Satz von Pascal. Im Sehnensechseck eines Kegelschnitts liegen die Schnittpunkte je zweier Gegenseiten auf einer Geraden (Abb. 25.5-8).

Sind A_1, B_1, C_1, A_2, B_2, C_2 die Ecken des Sehnensechsecks, $A_3 = (B_1C_2 \frown C_1B_2)$, $B_3 = (C_1A_2 \frown A_1C_2)$, $C_3 = (A_1B_2 \frown B_1A_2)$ die Schnittpunkte der sich entsprechenden Gegenseiten sowie $D = (A_1B_2 \frown A_2C_1)$ und $E = (A_1C_2 \frown B_2C_1)$ zwei weitere Schnittpunkte von Seiten, dann sind die Geradenbüschel in A_2 und C_2 dadurch projektiv aufeinander bezogen, daß sich entsprechende Geraden auf dem Kegelschnitt schneiden. Dieser Kollineation entspricht dann eine Kolli-

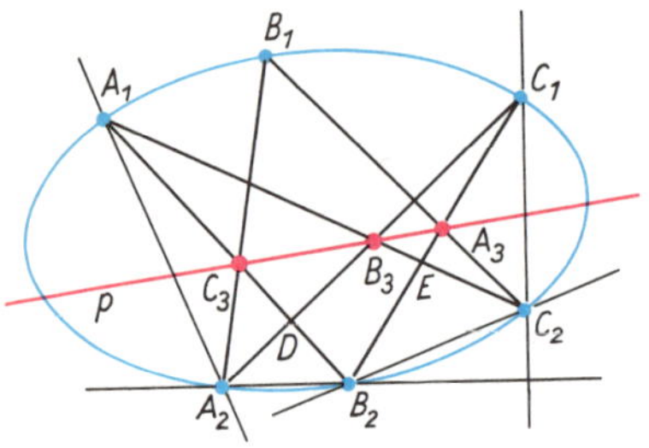

25.5-8 Satz von Pascal

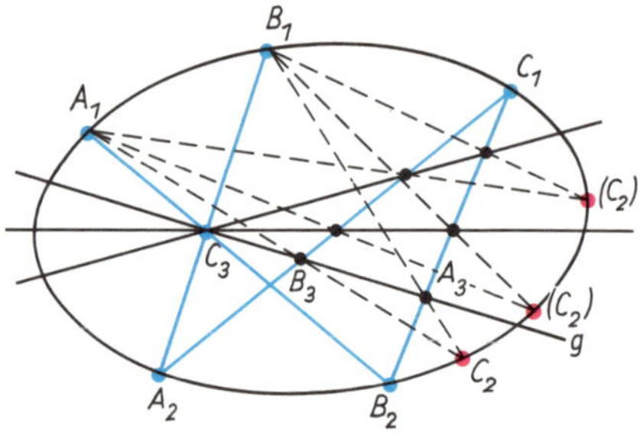

25.5-9 Konstruktion eines Kegelschnitts aus fünf Punkten nach dem Satz von Pascal

neation der Geraden A_1B_2 auf die Gerade C_1B_2, bei der die Punkte A_1, C_3, D, B_2 in die Punkte E, A_3, C_1, B_2 übergehen. Da der Punkt B_2 Fixpunkt ist, handelt es sich um eine Zentralprojektion. Das Zentrum dieser Projektion ist der Schnittpunkt der beiden Projektionsstrahlen A_1E und DC_1. Dann geht aber auch der Projektionsstrahl A_3C_3 durch diesen Punkt B_3.

Der Satz von Pascal gibt eine weitere Möglichkeit der Konstruktion eines Kegelschnitts aus fünf Punkten. Seien A_1, B_1, C_1, A_2, B_2 diese fünf Punkte, von denen je drei nicht kollinear sind, so schneiden sich die Verbindungsgeraden A_1B_2 und A_2B_1 in dem Punkt C_3. Eine beliebige Gerade g durch C_3 trifft die Geraden C_1A_2 und C_1B_2 in den Punkten B_3 und A_3. Dann schneiden sich die Geraden A_1B_3 und B_1A_3 in einem Punkt C_2, der einen Kegelschnitt durch die Punkte A_1, B_1, C_1, A_2, B_2 beschreibt, wenn g alle Geraden durch C_3 durchläuft (Abb. 25.5-9).

Dualform des Satzes von Pascal: Satz von Brianchon. Im Tangentensechseck eines Kegelschnitts schneiden sich die Verbindungsgeraden je zweier gegenüberliegender Ecken in einem Punkt (Abb. 25.5-10).

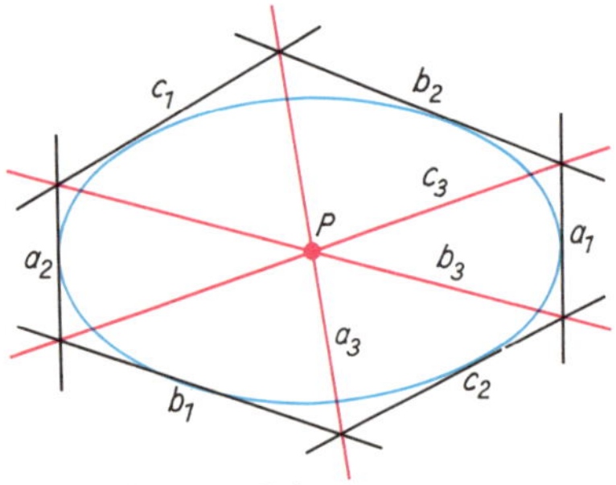

25.5-10 Satz von Brianchon

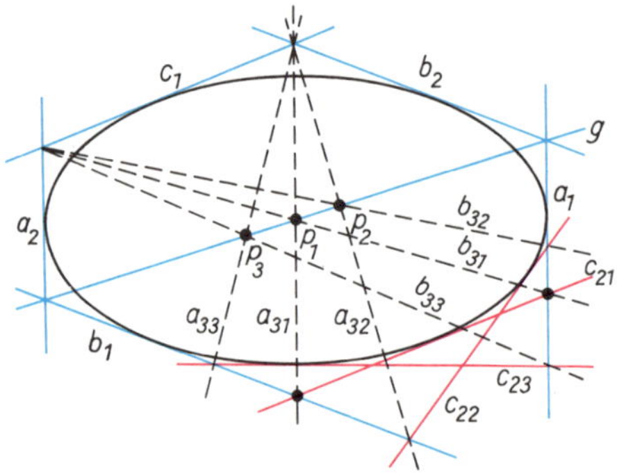

25.5-11 Konstruktion eines Kegelschnitts aus fünf Tangenten nach dem Satz von Brianchon

Dual zu den Schnittpunkten A_3, B_3, C_3 sich entsprechender Gegenseiten im Pascalschen Sechseck erhält man im Tangentensechseck die Verbindungsgeraden a_3, b_3, c_3 der Schnittpunkte gegenüberliegender Tangenten. Dual zur *Pascalschen Geraden p* durch A_3, B_3 und C_3 ergibt sich der *Brianchonsche Punkt P* als Schnittpunkt der Geraden a_3, b_3 und c_3.

Der Satz von Brianchon liefert ein zeichnerisch geeignetes Verfahren, einen Kegelschnitt aus fünf gegebenen Geraden zu konstruieren, die Tangenten an ihn werden sollen. Keine drei der fünf gegebenen Geraden a_1, a_2, b_1, b_2, c_1 sollen durch einen Punkt gehen (Abb. 25.5-11). Von den drei Verbindungsgeraden der Schnittpunkte gegenüberliegender Tangenten ist nur eine, $c_3 = (a_1 \frown b_2, b_1 \frown a_2)$, festgelegt. Durch jede Lage des Brianchonschen Punktes P auf ihr sind die anderen beiden Verbindungsgeraden a_3 und b_3 bestimmt und legen durch ihre Schnittpunkte mit den Tangenten b_1 und a_1 die Lage der sechsten Tangente c_2 als Gerade durch diese Schnittpunkte fest. Durch diese Konstruktion ergibt sich der Kegelschnitt als Einhüllende aller Geraden, die die gegebenen zu einem Brianchonschen Tangentensechseck ergänzen.

26. Differentialgeometrie, konvexe Körper, Integralgeometrie

26.1. Differentialgeometrie

In der Differentialgeometrie werden die Begriffe und Methoden der Analysis, insbesondere der Differentialrechnung und der Theorie der Differentialgleichungen, auf die Untersuchung geometrischer Gebilde angewendet. Die zugrunde liegenden *geometrischen Räume* oder *Mannigfaltigkeiten* müssen daher, ähnlich wie in der analytischen Geometrie, auf *Koordinaten* bezogen sein. In diese Räume sind andere geometrische Gebilde eingebettet, z. B. allgemeine Kurven oder gekrümmte Flächen, die durch *genügend oft differenzierbare Gleichungen* oder *Funktionen* charakterisiert werden. Zum Verständnis der höheren Teile der Differentialgeometrie muß man die Tensorrechnung gründlich beherrschen; ferner sind Kenntnisse aus der Topologie und aus anderen Gebieten der Mathematik erforderlich.

Kurventheorie im euklidischen Raum

Definition einer Kurve. Sind $\boldsymbol{e}_i$ für $i = 1, 2, 3$ drei paarweise zueinander senkrechte Einheitsvektoren, die ein orthonormiertes Dreibein des dreidimensionalen euklidischen Raumes E_3 bilden, und sind x_i für $i = 1, 2, 3$ die *kartesischen Koordinaten* bezüglich dieses Dreibeins, so versteht man unter einer *Parameterdarstellung eines Kurvenstückes* die Angabe der Koordinaten $x_i = f_i(t)$ für $i = 1, 2, 3$ der Kurvenpunkte als Funktionen $f_i(t)$ eines reellen Parameters t aus einem Segment $a \leqslant t \leqslant b$. Diese drei Gleichungen werden meist zu einer Vektorgleichung

$$\boldsymbol{x} = \boldsymbol{x}(t) = \sum_{i=1}^{3} f_i(t)\, \boldsymbol{e}_i$$

zusammengefaßt. Die Funktionen $f_i(t)$ sollen genügend oft stetig differenzierbar sein; meist genügt es, die Existenz und Stetigkeit der ersten drei Ableitungen zu fordern. Unter einer *Kurve* versteht man eine zusammenhängende Punktmenge $\boldsymbol{K}$, bei der es zu jedem Punkt P aus $\boldsymbol{K}$ eine Umgebung U gibt, so daß die in U liegenden Punkte von $\boldsymbol{K}$ sich als Kurvenstück darstellen lassen. Den Parameter eines Kurvenstückes kann man ziemlich willkürlich wählen; ist t ein Parameter, so erhält man einen beliebigen anderen Parameter t' durch eine *Parametertransformation* $t' = \varphi(t)$, in der die Funktion $\varphi(t)$ genügend oft stetig differenzierbar und ihre Ableitung $\dfrac{\mathrm{d}\varphi}{\mathrm{d}t}$ nie Null ist. Es kommt nur auf die geometrischen Eigenschaften der Kurve an, die von der speziellen Wahl des Parameters unabhängig sind, nicht aber auf die mehr zufällige analytische Form der Darstellung. Oft kann man das Koordinatensystem im euklidischen dreidimensionalen Raum E_3 und den Parameter t auf der Kurve $\boldsymbol{K}$ so wählen, daß die darstellenden Funktionen möglichst einfach und die Rechnungen erleichtert werden.

Eine Kurve kann auch durch eine *implizite Darstellung*, durch zwei unabhängige Gleichungen der Gestalt

$$g(x_1, x_2, x_3) = 0, \qquad h(x_1, x_2, x_3) = 0$$

gegeben werden, d. h. geometrisch als Schnitt zweier Flächen $g = 0$, $h = 0$. Eine der einfachsten räumlichen Kurven ist die *Schraubenlinie*, die man in der Form

$$\boldsymbol{x}(t) = a(\boldsymbol{e}_1 \cos t + \boldsymbol{e}_2 \sin t) + bt\boldsymbol{e}_3$$

darstellen kann. Der Grat einer Schraube ist eine Schraubenlinie, $2a$ ist der Durchmesser und $2\pi b$ die Ganghöhe der Schraube (Abb. 26.1-1).

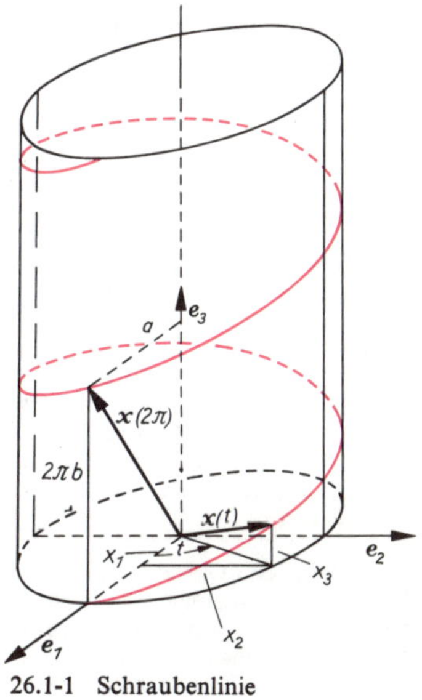

26.1-1 Schraubenlinie

Tangenten. Legt man durch zwei Punkte P_1, P_2 der Kurve $\boldsymbol{K}$

eine Sekante und läßt dann P_1 und P_2 auf $\boldsymbol{K}$ gegen einen festen Punkt P_0 von $\boldsymbol{K}$ mit dem Ortsvektor $\boldsymbol{x}_0 = \boldsymbol{x}(t_0)$ streben, so strebt die Sekante gegen eine Gerade durch P_0, die man die *Tangente an $\boldsymbol{K}$ in P_0* nennt; die Existenz der Tangente ist bei den oben gemachten Differenzierbarkeitsvoraussetzungen gesichert, wenn der Punkt P_0 *regulär*, d. h., wenn wenigstens eine der Ableitungen $\dfrac{\mathrm{d}f_i(t_0)}{\mathrm{d}t} \neq 0$ ist; in Vektorschreibweise

$$\dot{\boldsymbol{x}}_0 = \frac{\mathrm{d}\boldsymbol{x}(t_0)}{\mathrm{d}t} = \sum_{i=1}^{3} \boldsymbol{e}_i \frac{\mathrm{d}f_i(t_0)}{\mathrm{d}t} \neq \boldsymbol{o}.$$

Gleichung der Tangente	$\boldsymbol{y} = \boldsymbol{x}_0 + \dot{\boldsymbol{x}}_0\tau$

Nicht reguläre Punkte heißen *singulär*, ihre Eigenschaften müssen stets besonders untersucht werden. In einem regulären Punkt P_0 ist $\dot{\boldsymbol{x}}_0$ ein Richtungsvektor der Tangente im Punkt P_0. Für den Ortsvektor $\boldsymbol{y}$ der Punkte einer Tangente erhält man durch Einführen des Parameters τ im Intervall $-\infty < \tau < \infty$ die angegebene Gleichung der Tangente.
Die zur Tangente senkrechte Ebene durch P_0 heißt die *Normalebene N* von $\boldsymbol{K}$ in P_0 (Abb. 26.1-2). Ist $\boldsymbol{z}$ der Ortsvektor ihrer Punkte und bedeutet $\boldsymbol{a} \cdot \boldsymbol{b}$ das Skalarprodukt der Vektoren $\boldsymbol{a}$ und $\boldsymbol{b}$, so gilt für die Normalebene N die Gleichung: $\dot{\boldsymbol{x}}_0 \cdot (\boldsymbol{z} - \boldsymbol{x}_0) = 0$.

Gleichung der Normalebene	$\dot{\boldsymbol{x}}_0 \cdot (\boldsymbol{z} - \boldsymbol{x}_0) = 0$

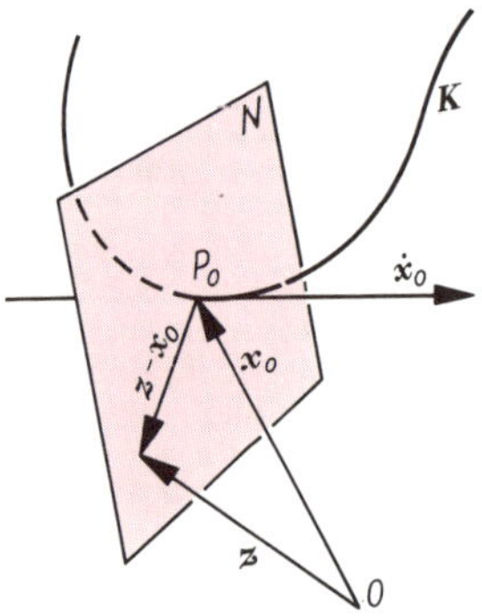

26.1-2 Normalebene N im Punkte P_0

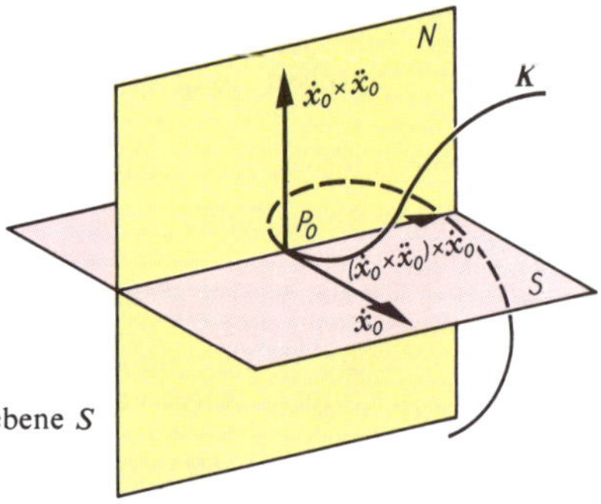

26.1-3 Schmiegebene S im Punkte P_0

Schmiegebenen. Ist die Kurve $\boldsymbol{K}$ keine Gerade, so werden im allgemeinen auch drei beliebige ihrer Punkte P_1, P_2, P_3 nicht auf einer Geraden liegen. Je drei derartige Punkte bestimmen daher eine Ebene. Läßt man P_1, P_2, P_3 auf $\boldsymbol{K}$ gegen denselben Punkt P_0 von $\boldsymbol{K}$ streben, so wird die zugehörige Ebene im Limes gegen eine Ebene durch P_0 konvergieren, die die *Schmiegebene S von $\boldsymbol{K}$ in P_0* heißt (Abb. 26.1-3); ihre Existenz ist gesichert, wenn die ersten beiden Ableitungen des Ortsvektors $\boldsymbol{x}(t)$ für $t = t_0$ linear unabhängig sind, d. h., wenn $\dot{\boldsymbol{x}}_0 \times \ddot{\boldsymbol{x}}_0 \neq \boldsymbol{o}$. Dabei ist $\ddot{\boldsymbol{x}}_0 = \dfrac{\mathrm{d}^2\boldsymbol{x}(t_0)}{\mathrm{d}t^2} = \sum_{i=1}^{3} \boldsymbol{e}_i \dfrac{\mathrm{d}^2 f_i(t_0)}{\mathrm{d}t^2}$; $\boldsymbol{a} \times \boldsymbol{b}$ bezeichnet das *Vektorprodukt* der Vektoren $\boldsymbol{a}$ und $\boldsymbol{b}$. Ist $\boldsymbol{z}$ der Ortsvektor der Punkte der Schmiegebene S und soll $(\boldsymbol{a}, \boldsymbol{b}, \boldsymbol{c})$ das Spatprodukt der Vektoren $\boldsymbol{a}$, $\boldsymbol{b}$ und $\boldsymbol{c}$ bedeuten, für das bekanntlich $(\boldsymbol{a}, \boldsymbol{b}, \boldsymbol{c}) = (\boldsymbol{a} \times \boldsymbol{b})\, \boldsymbol{c}$ gilt (vgl. Kap. 17.3. – Vektoralgebra), so lautet die Gleichung der Schmiegebene S:

Gleichung der Schmiegebene	$(\dot{\boldsymbol{x}}_0 \times \ddot{\boldsymbol{x}}_0)(\boldsymbol{z} - \boldsymbol{x}_0) = 0$ oder $(\dot{\boldsymbol{x}}_0, \ddot{\boldsymbol{x}}_0, \boldsymbol{z} - \boldsymbol{x}_0) = 0$

Die Kurve hat mit ihrer Tangente eine *Berührung 1. Ordnung*, d. h., bei geeigneter Parameterwahl stimmen die ersten Ableitungen von Kurve und Tangente im Berührungspunkt überein. Die Schmiegebene kann als eine Ebene definiert werden, die mit der Kurve im betrachteten Punkt P_0 eine *Berührung 2. Ordnung* hat, d. h., die ersten beiden Ableitungen $\dot{\boldsymbol{x}}_0, \ddot{\boldsymbol{x}}_0$ müssen in ihr liegen. Im Falle $\dot{\boldsymbol{x}}_0 \times \ddot{\boldsymbol{x}}_0 \neq \boldsymbol{o}$ ist die Schmiegebene eindeutig bestimmt. Sie ist diejenige Ebene, die im Punkt P_0 von $\dot{\boldsymbol{x}}(t_0)$ und $\ddot{\boldsymbol{x}}(t_0)$ aufgespannt wird. Die auf Schmiegebene und Normalebene senkrechte Ebene heißt die *rektifizierende Ebene R* im betrachteten Punkt P_0 (vgl. Abb. 26.1-4). Bezeichnet $\boldsymbol{z}$ den Ortsvektor ihrer Punkte, so erhält man:

Gleichung der rektifizierenden Ebene	$(\dot{\boldsymbol{x}}_0, \dot{\boldsymbol{x}}_0 \times \ddot{\boldsymbol{x}}_0, \boldsymbol{z}_0 - \boldsymbol{x}_0) = 0$

Normalen. Jede Gerade, die in der Normalebene liegt und durch P_0 geht, heißt eine *Normale von $\boldsymbol{K}$ in P_0*. Die Normale, die in der Schmiegebene liegt, wird als die *Hauptnormale $\boldsymbol{n}$ von $\boldsymbol{K}$ in P_0* bezeichnet, diejenige, die in der rektifizierenden Ebene liegt, als die *Binormale $\boldsymbol{b}$*. Ein Richtungsvektor der Hauptnormalen ist $(\dot{\boldsymbol{x}}_0 \times \ddot{\boldsymbol{x}}_0) \times \dot{\boldsymbol{x}}_0$, ein Richtungsvektor der Binormalen ist $\dot{\boldsymbol{x}}_0 \times \ddot{\boldsymbol{x}}_0$, wenn $\dot{\boldsymbol{x}}_0 \times \ddot{\boldsymbol{x}}_0 \neq \boldsymbol{o}$. Trägt man in jedem Punkt P der Kurve drei Vektoren $\boldsymbol{t}, \boldsymbol{n}, \boldsymbol{b}$ der Länge 1 in Richtung der zugehörigen Tangente, der Hauptnormale bzw. der Binormale von $\boldsymbol{K}$ an, so ergibt sich ein orthonormiertes Dreibein, das man das im wesentlichen eindeutig bestimmte *begleitende Dreibein der Kurve* nennt (Abbildung 26.1-4). Die Zuordnung eines begleitenden Dreibeins hat sich nicht nur in der Kurventheorie, sondern in der Differentialgeometrie überhaupt als sehr fruchtbar erwiesen, im n-dimensionalen Raum entspricht ihm das begleitende n-Bein.

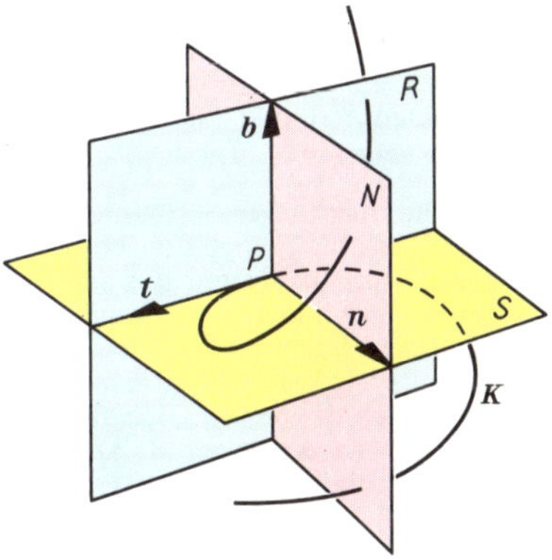

26.1-4 Begleitendes Dreibein einer Kurve

Bogenlänge. Die Länge eines Streckenzuges im E_3 wird als Summe der Längen seiner Strecken Δx erklärt. Die in der Differentialgeometrie betrachteten Kurven kann man beliebig genau durch Streckenzüge annähern. Dabei wird die Länge $\sum \Delta x$ der approximierenden Streckenzüge gegen einen Grenzwert L streben, den man die *Länge der Kurve* nennt (vgl. Kap. 20.3. – Bogenlänge einer ebenen Kurve). Für ein Kurvenstück $\boldsymbol{K}$ mit der Parameterdarstellung $\boldsymbol{x} = \boldsymbol{x}(t)$, $0 \leqslant t \leqslant a$ ist $\Delta \boldsymbol{x} = \boldsymbol{x}(t + \Delta t) - \boldsymbol{x}(t)$, und man kann unter den üblichen Differenzierbarkeitsvoraussetzungen beweisen, daß die oben beschriebene Länge des Kurvenstückes gleich dem Integral

$$L = \int_0^a |\dot{x}| \, dt = \int_0^a \sqrt{\sum_{i=1}^{3} (\dot{f}_i(t))^2} \, dt$$

ist; $|\dot{x}| = \sqrt{\dot{x} \cdot \dot{x}}$ bezeichnet die Länge des Vektors $\dot{x}$. Betrachtet man nur den Teilbogen $\boldsymbol{K}_t$ vom Punkt mit dem Parameterwert 0 bis zum Punkt mit dem Parameterwert t, so ist die Länge s dieses Bogens eine Funktion von t:

$$s = s(t) = \int_0^t |\dot{x}(\tau)| \, d\tau .$$

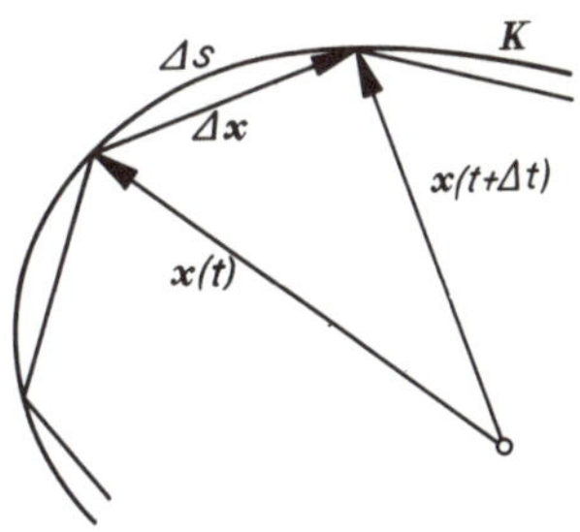

26.1-5 Zur Definition der Bogenlänge

Ist $\boldsymbol{K}$ regulär, so folgt $ds/dt = |\dot{x}(t)| > 0$, und man kann s als neuen Parameter einführen, der durch seine geometrische Bedeutung ausgezeichnet ist. Dieser Parameter s heißt die *Bogenlänge* von $\boldsymbol{K}$ oder der *natürliche Parameter* (Abb. 26.1-5). Die Ableitung des Ortsvektors nach der Bogenlänge ist ein Tangenteneinheitsvektor $\boldsymbol{t} = \boldsymbol{x}' = d\boldsymbol{x}/ds$, $|\boldsymbol{x}'| = 1$.
Hieraus folgt $\boldsymbol{x}' \cdot \boldsymbol{x}'' = 0$, d. h., $\boldsymbol{x}'' = d^2\boldsymbol{x}/ds^2$ steht auf $\boldsymbol{x}'$ senkrecht und ist daher ein Richtungsvektor der Hauptnormalen, wenn $\boldsymbol{x}'' \neq \boldsymbol{o}$ gilt.

Krümmung. Ist $\boldsymbol{x} = \boldsymbol{x}(s)$ für $0 \leqslant s \leqslant L$ ein auf die Bogenlänge als Parameter bezogenes Kurvenstück $\boldsymbol{K}$, das die Punkte $P(s)$, $P(s + \Delta s)$ mit den Parameterwerten s und $s + \Delta s$ enthält, so schließen die Tangentialvektoren $\boldsymbol{t}(s)$ und $\boldsymbol{t}(s + \Delta s)$ einen Winkel der Größe $\Delta\alpha$ miteinander ein. Läßt man nun Δs gegen Null gehen, so existiert der Grenzwert

$$\lim_{s \to 0} |\Delta\alpha/\Delta s| = k(s),$$

den man die Krümmung von $\boldsymbol{K}$ im Punkt $P(s)$ nennt (Abb. 26.1-6). Für eine Gerade ist stets $\Delta\alpha = 0$, d. h., auch $k(s)$ ist identisch gleich Null.
Die Krümmung ist ein Maß für die Abweichung der Kurve von ihrer Tangente in dem betrachteten Punkt.

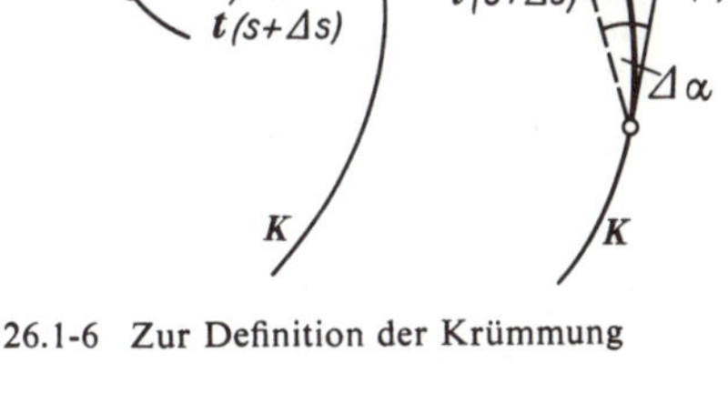

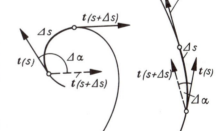

26.1-6 Zur Definition der Krümmung

Ist s die Bogenlänge von $\boldsymbol{K}$, so gilt $k(s) = |\boldsymbol{x}''(s)|$.
Bezeichnet $\boldsymbol{n}$ den geeignet orientierten Einheitsvektor in Richtung der Hauptnormalen, so gilt $\boldsymbol{x}'' = k(s)\,\boldsymbol{n}$. Daher nennt man $\boldsymbol{x}''$ den *Krümmungsvektor*.

Windung. Die Schmiegebene einer ebenen Kurve ist in jedem Punkt gleich der Ebene, in der die Kurve liegt. Der Binormaleneinheitsvektor $\boldsymbol{b} = \boldsymbol{x}' \times \boldsymbol{x}''/|\boldsymbol{x}' \times \boldsymbol{x}''|$ einer ebenen Kurve ist demnach konstant und umgekehrt. Die Änderung des Binormalenvektors $\boldsymbol{b}$, der ja auf der Schmiegebene senkrecht steht, ist folglich ein Maß für die Änderung der Schmiegebene oder auch ein Maß für die Abweichung der Kurve $\boldsymbol{K}$ von ihrer Projektion auf die Schmiegebene des gerade betrachteten Punktes von $\boldsymbol{K}$. Bezeichnet $\Delta\beta$ die Größe des Winkels zwischen den Binormalenvektoren $\boldsymbol{b}(s)$ und $\boldsymbol{b}(s+\Delta s)$ in den Punkten $P(s)$ und $P(s+\Delta s)$, so existiert im allgemeinen der Grenzwert $\lim\limits_{s\to 0}(\Delta\beta/\Delta s) = \varkappa(s)$, der die *Windung* oder *Torsion von* $\boldsymbol{K}$ *im Punkt* $P(s)$ heißt.

Natürliche Gleichungen. Krümmung, Windung und Bogenlänge sind jeder Kurve *invariant* gegenüber euklidischen Bewegungen zugeordnet, d. h., bewegt man eine (z. B. aus Draht geformte) Kurve als starren Körper im Raum, so ändern sich Krümmung, Windung und Bogenlänge nicht. Außerdem hängen die genannten Größen nicht von der willkürlichen Wahl der Parameterdarstellung $\boldsymbol{x} = \boldsymbol{x}(t)$ ab, sie sind folglich auch *invariant* gegenüber Parametertransformationen. Diese beiden Invarianzeigenschaften folgen unmittelbar aus den oben angegebenen Definitionen. Die drei Größen $s, k, \varkappa$ hängen durch die beiden Gleichungen $k = k(s) \geqslant 0$, $\varkappa = \varkappa(s)$ zusammen, die man die *natürlichen Gleichungen der Kurve* nennt. Das Hauptergebnis der Kurventheorie ist wohl der folgende Satz, der aussagt, daß $k(s)$ und $\varkappa(s)$ ein sogenanntes *vollständiges Invariantensystem von* $\boldsymbol{K}$ sind:

Zu beliebig vorgegebenen, stetigen Funktionen $k = k(s) > 0$ und $\varkappa = \varkappa(s)$ gibt es eine bis auf euklidische Bewegungen eindeutig bestimmte Kurve K, so daß $k(s)$ die Krümmung und $\varkappa(s)$ die Windung von K sind.

Frenetsche Formeln. Der Beweis dieses Satzes erfolgt mit der Methode des begleitenden Dreibeins (Abb. 26.1-7). Für die Änderung der Vektoren $\boldsymbol{t}(s)$, $\boldsymbol{n}(s)$, $\boldsymbol{b}(s)$ des begleitenden Dreibeins gelten die *Frenetschen Formeln.*

Frenetsche Formeln			
$\dfrac{d\boldsymbol{t}}{ds} =$		$k(s)\,\boldsymbol{n}(s)$	
$\dfrac{d\boldsymbol{n}}{ds} =$	$-k(s)\,\boldsymbol{t}(s)$		$+\,\varkappa(s)\,\boldsymbol{b}(s)$
$\dfrac{d\boldsymbol{b}}{ds} =$		$-\varkappa(s)\,\boldsymbol{n}(s)$	

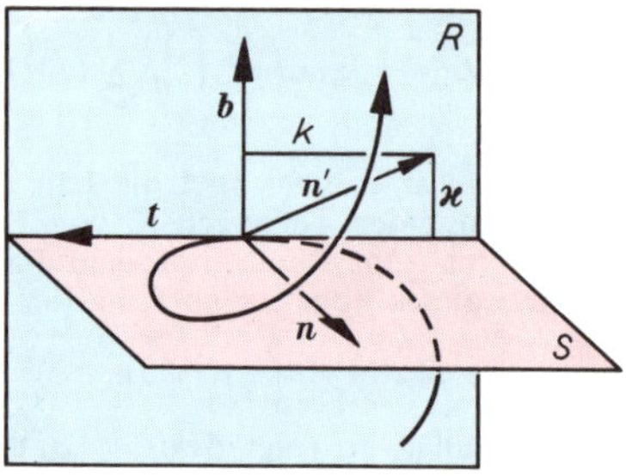

26.1-7 Zerlegung von $d\boldsymbol{n}/ds$ im begleitenden Dreibein $\boldsymbol{t}, \boldsymbol{n}, \boldsymbol{b}$

Die erste dieser Gleichungen wurde schon bewiesen, denn $d\boldsymbol{t}/ds = \boldsymbol{x}''$ ist der Krümmungsvektor. Da die Vektoren $\boldsymbol{n}, \boldsymbol{t}, \boldsymbol{b}$ aufeinander senkrecht stehende Einheitsvektoren sind, gilt $\boldsymbol{n}\cdot\boldsymbol{n} = \boldsymbol{b}\cdot\boldsymbol{b} = \boldsymbol{t}\cdot\boldsymbol{t} = 1$ und $\boldsymbol{nb} = \boldsymbol{nt} = \boldsymbol{bt} = 0$. Durch Differenzieren ergibt sich $\boldsymbol{b}'\boldsymbol{b} = 0$, $\boldsymbol{n}\boldsymbol{n}' = 0$, $\boldsymbol{t}'\boldsymbol{b} = -\boldsymbol{t}\boldsymbol{b}'$, $\boldsymbol{n}'\boldsymbol{t} = -\boldsymbol{t}'\boldsymbol{n}$, $\boldsymbol{n}'\boldsymbol{b} = -\boldsymbol{b}'\boldsymbol{n}$. Durch skalare Multiplikation von $\boldsymbol{b}' = \alpha_3\boldsymbol{t} + \beta_3\boldsymbol{n} + \gamma_3\boldsymbol{b}$ und $\boldsymbol{n}' = \alpha_2\boldsymbol{t} + \beta_2\boldsymbol{n} + \gamma_2\boldsymbol{b}$ mit geeigneten Vektoren $\boldsymbol{n}$, $\boldsymbol{t}$ oder $\boldsymbol{b}$ lassen sich die Komponenten $\alpha_i, \beta_i, \gamma_i$ für $i = 3, 2$ bestimmen. Man erhält

$$\boldsymbol{b}'\boldsymbol{b} = \gamma_3 = 0; \quad \boldsymbol{b}'\boldsymbol{t} = \alpha_3 = -\boldsymbol{t}'\boldsymbol{b} = -k\boldsymbol{n}\boldsymbol{b} = 0; \quad \boldsymbol{b}' = \beta_3\boldsymbol{n}.$$

Nach der Definition der Windung folgt $|\boldsymbol{b}'| = |\beta_3| = |\varkappa|$. Um Übereinstimmung mit $\varkappa(s) = \lim\limits_{\Delta s\to 0}(\Delta\beta/\Delta s)$ zu erreichen, ist $\boldsymbol{b}' = -\varkappa(s)\,\boldsymbol{n}$ zu setzen. Für die zweite Gleichung dagegen:

$$\beta_2 = \boldsymbol{n}\boldsymbol{n}' = 0; \; \alpha_2 = \boldsymbol{n}'\boldsymbol{t} = -\boldsymbol{t}'\boldsymbol{n} = -k(s) \quad \text{und} \quad \gamma_2 = \boldsymbol{n}'\boldsymbol{b} = -\boldsymbol{b}'\boldsymbol{n} = \varkappa(s), \quad \text{d. h.,} \quad \boldsymbol{n}' = -k\boldsymbol{t} + \varkappa\boldsymbol{b}.$$

Bei gegebenen Funktionen $k(s) > 0$ und $\varkappa(s)$ sind die Frenetschen Formeln ein System linearer Differentialgleichungen zur Bestimmung von $\boldsymbol{t}, \boldsymbol{n}, \boldsymbol{b}$. Wenn hieraus $\boldsymbol{t}(s)$ gefunden ist, so wird die Gleichung der Kurve durch eine Integration aus $d\boldsymbol{x}/ds = \boldsymbol{t}(s)$ bestimmt; z. B. kann man die Schraubenlinien als die Kurven charakterisieren, für die Krümmung und Windung konstant sind.

Flächentheorie im euklidischen Raum

Definition einer Fläche. Sind die drei Koordinaten x_i für $i = 1, 2, 3$ eines Punktes des euklidischen Raumes E_3 als Funktionen von zwei Parametern u, v gegeben, so daß $x_i = f_i(u, v)$ für $i = 1, 2, 3$ oder in Vektorschreibweise $\boldsymbol{x} = \boldsymbol{x}(u, v) = \sum\limits_{i=1}^{3} f_i(u, v)\,\boldsymbol{e}_i$ gilt, wenn die u, v in einem gewissen Gebiet G einer Zahlenebene variieren, so nennt man dies eine *Parameterdarstellung eines Flächenstücks.* Eine zusammenhängende Punktmenge $\boldsymbol{F}$ des E_3 heißt *Fläche*, wenn es zu jedem Punkt P aus $\boldsymbol{F}$ eine Umgebung U gibt, so daß die in U liegenden Punkte von $\boldsymbol{F}$ eine Parameterdarstellung als Flächenstück haben. Durch die Angabe der Parameter u, v, die mitunter auch *Koordinaten auf der Fläche* genannt werden, ist die Lage des Punktes auf dem betrachteten Flächenstück eindeutig bestimmt; z. B. kann ein Punkt auf der Erdoberfläche durch seine geographischen Koordinaten *Länge* und *Breite* festgelegt werden. Die Parameter eines Flächenstücks sind wieder in weiten Grenzen willkürlich wählbar; mit u, v sind auch u', v' aus dem Gebiet G' der Zahlenebene Parameter, wenn eine umkehrbar eindeutige Beziehung der nebenstehenden Form

$$u' = u'(u, v), \quad v' = v'(u, v) \quad \text{mit der Determinante} \quad \begin{vmatrix} \frac{\partial u'}{\partial u} & \frac{\partial u'}{\partial v} \\ \frac{\partial v'}{\partial u} & \frac{\partial v'}{\partial v} \end{vmatrix} \neq 0$$

gegeben ist, die *Parametertransformation* heißt. Die geometrischen Begriffe der Flächentheorie müssen *invariant* gegen euklidische Bewegungen und gegen Parametertransformationen sein. Eine Fläche kann auch *implizit* durch eine Gleichung $g(x_1, x_2, x_3) = 0$ gegeben werden.

Tangentialebenen. Um die Eigenschaften einer Fläche in der Umgebung eines ihrer Punkte P_0 mit den Parametern u_0, v_0 zu untersuchen, betrachtet man Kurven, die auf der Fläche liegen und durch P_0 gehen. Eine beliebige derartige Kurve $\boldsymbol{K}$ kann man in einer Parameterdarstellung der Gestalt

$$\boldsymbol{x}(t) = \boldsymbol{x}(u_0 + u(t),\ v_0 + v(t))$$

vorgeben; dabei soll $u(0) = v(0) = 0$ gelten. Ist speziell $u = u_0 + t, v = v_0$, d. h., $v(t) = 0$ für alle t, so erhält man die *Koordinatenlinie* durch P_0, längs der $v = v_0$ konstant ist. Entsprechend ergibt $u = u_0, v = v_0 + t$ die andere Koordinatenlinie, längs der $u = u_0$ konstant ist. Der Punkt P_0 ist der Schnittpunkt dieser Koordinatenlinien (Abb. 26.1-8). Bei geographischen Koordinaten auf der Erdoberfläche sind die Meridiane und die Breitenkreise die entsprechenden Koordinatenlinien.

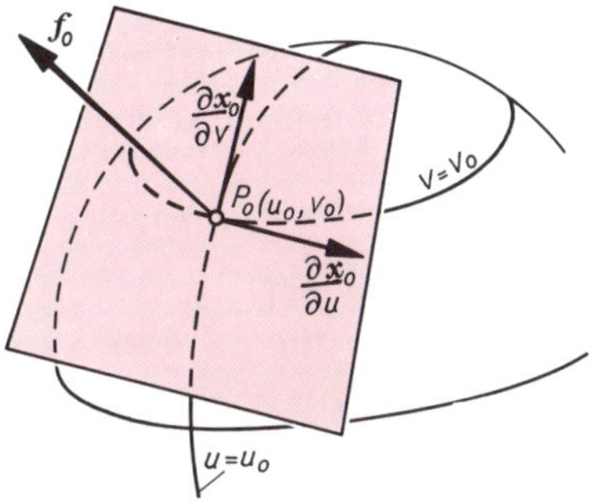

26.1-8 Tangentialebene und Flächennormale

Als Tangentialvektor der Kurve $\boldsymbol{K}$ durch P_0 an der Stelle $t = 0$, d. h. im Punkt P_0, ergibt sich durch Differentiation der angegebenen Parameterdarstellung

$$\left.\frac{d\boldsymbol{x}}{dt}\right|_{t=0} = \frac{\partial \boldsymbol{x}_0}{\partial u}\frac{du(0)}{dt} + \frac{\partial \boldsymbol{x}_0}{\partial v}\frac{dv(0)}{dt},$$

wenn $\frac{\partial \boldsymbol{x}_0}{\partial u} = \frac{\partial \boldsymbol{x}}{\partial u}(u_0, v_0)$, $\frac{\partial \boldsymbol{x}_0}{\partial v} = \frac{\partial \boldsymbol{x}}{\partial v}(u_0, v_0)$ gesetzt werden. Aus dieser Formel erkennt man:

die Vektoren $\frac{\partial \boldsymbol{x}_0}{\partial u}$ bzw. $\frac{\partial \boldsymbol{x}_0}{\partial v}$ sind Tangentialvektoren an die Koordinatenlinien. Sind diese beiden Vektoren linear unabhängig, so heißt P_0 ein *regulärer Punkt* von $\boldsymbol{F}$, und andernfalls *singulär*. Ist *Punkt* P_0 regulär, so erzeugen die Tangentialvektoren an Kurven, die auf der Fläche liegen und durch P_0 gehen, die von $\frac{\partial \boldsymbol{x}_0}{\partial u}$ und $\frac{\partial \boldsymbol{x}_0}{\partial v}$ aufgespannte Ebene durch diesen Punkt. Diese Ebene heißt die *Tangentialebene* der Fläche im Punkte P_0 und $\boldsymbol{f}_0 = \frac{\partial \boldsymbol{x}_0}{\partial u} \times \frac{\partial \boldsymbol{x}_0}{\partial v} \Big/ \left|\frac{\partial \boldsymbol{x}_0}{\partial u} \times \frac{\partial \boldsymbol{x}_0}{\partial v}\right|$ ihr *Normaleneinheitsvektor* im Punkt P_0. Sind a und b Parameter der Punkte der Tangentialebene und ist $\boldsymbol{z}$ ihr Ortsvektor, so erhält man als Parameterdarstellung der Tangentialebene:

$$\boldsymbol{z} = \boldsymbol{z}_0 + a\frac{\partial \boldsymbol{x}_0}{\partial u} + b\frac{\partial \boldsymbol{x}_0}{\partial v}.$$

Gleichung der Tangentialebene	$\boldsymbol{f}_0 \cdot (\boldsymbol{z} - \boldsymbol{x}_0) = 0$

Innere Geometrie. Praktische Untersuchungen zur Geodäsie führten GAUSS auf das Problem, aus Messungen in einer Fläche Schlüsse auf ihre räumliche Gestalt zu ziehen. Die Untersuchung dieser Frage führte ihn zur *inneren Geometrie* einer Fläche; er hat sie in der Abhandlung *Disquisitiones generales circa superficies curvas* (1827) dargestellt. Dabei werden Flächen nicht als starre Körper, sondern als *biegsame*, aber *nicht dehnbare* Häute angesehen. Unter einer *Verbiegung* einer Fläche versteht man ihre stetige Deformation, bei der die Längen aller Kurven in der Fläche erhalten bleiben. Man spricht von einer *isometrischen Abbildung* φ zweier Flächen $\boldsymbol{F}$ und $\boldsymbol{F}'$ aufeinander, wenn es eine umkehrbar eindeutige Zuordnung $P' = \varphi(P)$ der Punkte P von $\boldsymbol{F}$ zu den Punkten P' von $\boldsymbol{F}'$ gibt, durch die Kurven in $\boldsymbol{F}$ in Kurven gleicher Länge in $\boldsymbol{F}'$ übergehen. Eine *Verbiegung* von $\boldsymbol{F}$ in $\boldsymbol{F}'$ ist eine isometrische Abbildung; jedoch brauchen sich zwei isometrische Flächen nicht stetig ineinander verbiegen zu lassen. Durch Messungen in der Fläche können gerade die Eigenschaften der Flächen bestimmt werden, die sich bei isometrischen Abbildungen nicht ändern. Sie bilden den Inhalt der *inneren Geometrie* der Flächen. In diesem Sinne ist die Planimetrie die innere Geometrie der Ebene und die sphärische Trigonometrie die der Kugeloberfläche.

Bogenelement der Fläche. Die innere Geometrie wird völlig durch das Bogenelement der Fläche beherrscht. In Parameterdarstellung einer Kurve $\boldsymbol{K}$ auf der Fläche $\boldsymbol{F}$ gilt für ihre *Bogenlänge* $s(t)$ die Beziehung

$$\left(\frac{ds}{dt}\right)^2 = \frac{\partial \boldsymbol{x}}{\partial u} \cdot \frac{\partial \boldsymbol{x}}{\partial u} \cdot \left(\frac{du}{dt}\right)^2 + 2\frac{\partial \boldsymbol{x}}{\partial u} \cdot \frac{\partial \boldsymbol{x}}{\partial v} \cdot \frac{du}{dt}\frac{dv}{dt} + \frac{\partial \boldsymbol{x}}{\partial v} \cdot \frac{\partial \boldsymbol{x}}{\partial v}\left(\frac{dv}{dt}\right)^2.$$

Führt man nach Gauß die Bezeichnungen

$$E(u, v) = \frac{\partial \boldsymbol{x}}{\partial u} \cdot \frac{\partial \boldsymbol{x}}{\partial u}, \quad F(u, v) = \frac{\partial \boldsymbol{x}}{\partial u} \cdot \frac{\partial \boldsymbol{x}}{\partial v}, \quad G(u, v) = \frac{\partial \boldsymbol{x}}{\partial v} \cdot \frac{\partial \boldsymbol{x}}{\partial v}$$

ein und schreibt statt der Ableitungen nach t nur die Differentiale, so erhält man das *Bogenelement* oder die *erste Grundform* der Fläche in der Gestalt

Erste Grundform der Fläche	$ds^2 = E(u, v)\, du^2 + 2F(u, v)\, du\, dv + G(u, v)\, dv^2$

Die Länge L der Kurve $\boldsymbol{K}$ wird durch das Bogenelement folgendermaßen ausgedrückt:

$$L = \int_{t_0}^{t_1} \sqrt{\dot{\boldsymbol{x}}\dot{\boldsymbol{x}}}\, dt = \int_{t_0}^{t_1} \sqrt{E\left(\frac{du}{dt}\right)^2 + 2F\frac{du}{dt}\frac{dv}{dt} + G\left(\frac{dv}{dt}\right)^2}\, dt;$$

bei der Integration sind natürlich als Argumente u, v von E, F, G die Gleichungen $u = u(t)$, $v = v(t)$ von $\boldsymbol{K}$ einzusetzen.

Mit Hilfe der Grundform kann man nicht nur die Bogenlänge berechnen, sondern überhaupt alle die Größen definieren und bestimmen, die durch Messungen auf der Fläche ermittelt werden können; z. B. werden der Winkel zwischen zwei Kurven, die auf der Fläche $\boldsymbol{F}$ liegen und sich in einem Punkt P_0 von $\boldsymbol{F}$ treffen, und der Flächeninhalt einer auf $\boldsymbol{F}$ liegenden Punktmenge auf diese Weise definiert.

Für den Flächeninhalt $O(U)$ eines auf der Fläche $\boldsymbol{F}$ liegenden Gebietes U gilt

$$O(U) = \iint \sqrt{EG - F^2}\, du\, dv.$$

Der Integrand $dO = \sqrt{EG - F^2}\, du\, dv$ heißt das *Oberflächenelement* von $\boldsymbol{F}$ und läßt sich anschaulich als der Flächeninhalt einer unendlich kleinen Masche aus Koordinatenlinien deuten (Abb. 26.1-9); $\sqrt{EG - F^2}\, \Delta u\, \Delta v$ ist der Flächeninhalt des von den Vektoren $\frac{\partial \boldsymbol{x}}{\partial u}\Delta u$ und $\frac{\partial \boldsymbol{x}}{\partial v}\Delta v$ aufgespannten Parallelogramms. Bei der Berechnung von $O(U)$ ist die Integration über alle die Parameter u, v zu erstrecken, für die $\boldsymbol{x}(u, v)$ in U liegt.

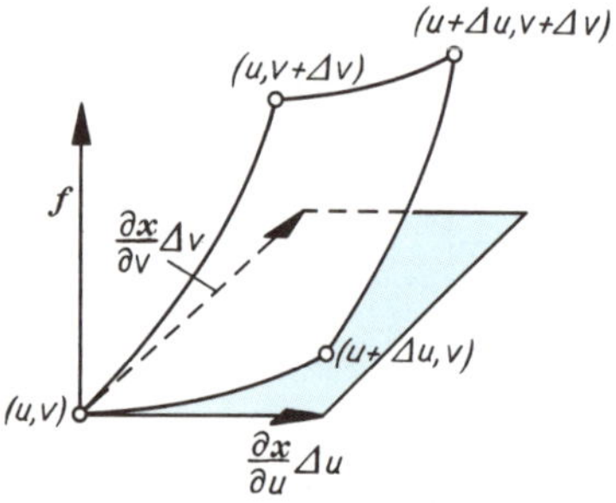

26.1-9 Zur Definition des Oberflächenelements

Das Bogenelement bestimmt die innere Geometrie der Flächen völlig: Zwei Flächen $\boldsymbol{F}$ und $\boldsymbol{F'}$ sind genau dann isometrisch, wenn es gelingt, Parameterdarstellungen für sie zu finden, bei denen ihre Bogenelemente übereinstimmen.

Geodätische. Gibt es unter allen Kurven, die auf der Fläche $\boldsymbol{F}$ verlaufen und zwei ihrer Punkte P_1 und P_2 verbinden, eine kleinster Länge, so heißt sie eine *Kürzeste*. Die Bestimmung der Kürzesten einer Fläche ist eines der ältesten Probleme der Differentialgeometrie und der Variationsrechnung. In der Ebene gibt es zu je zwei Punkten eine und nur eine Kürzeste, die sie verbindet, nämlich die durch die Punkte bestimmte Strecke. Auf einer Fläche kann es jedoch Punkte geben, die nicht durch eine Kürzeste verbunden werden können. Andererseits kann es vorkommen, daß zu zwei Punkten mehrere, sogar unendlich viele, sie verbindende Kürzeste existieren; z. B. sind für zwei diametral gegenüberliegende Punkte einer Kugeloberfläche alle halben Großkreise, die Meridiane, durch diese Punkte Kürzeste. Es gilt jedoch:

Ist U eine genügend kleine Umgebung eines Punktes P_1 auf der Fläche und ist P_2 ein weiterer Punkt aus U, so gibt es eine Kürzeste zwischen P_1 und P_2.

Eine Kurve $\boldsymbol{K}$, die auf der Fläche $\boldsymbol{F}$ liegt, heißt eine *Geodätische*, wenn sie zwischen je zwei auf ihr liegenden Punkten, die genügend benachbart sind, eine Kürzeste ist. Auf der Kugeloberfläche sind die *Großkreise* zwar Geodätische, jedoch offenbar keine Kürzesten; durch zwei seiner Punkte wird ein Großkreis in zwei Kreisbögen zerlegt, die im allgemeinen verschiedene Länge haben, so daß nur der kleinere eine Kürzeste ist. Ein Großkreisbogen, dessen Länge größer als πR ist, wenn R den Radius der Kugel bezeichnet, ist danach nie eine Kürzeste, wohl aber eine Geodätische. Die Differentialgleichung der Geodätischen einer beliebigen Fläche ist eine Gleichung zweiter Ordnung, die nur von der I. Grundform abhängt.

Durch jeden Punkt einer regulären Fläche geht in jeder Richtung genau eine Geodätische. Zwei Punkte einer vollständigen, d. h. anschaulich einer „randlosen" Fläche lassen sich stets durch eine Kürzeste, d. h. auch durch eine Geodätische, verbinden.

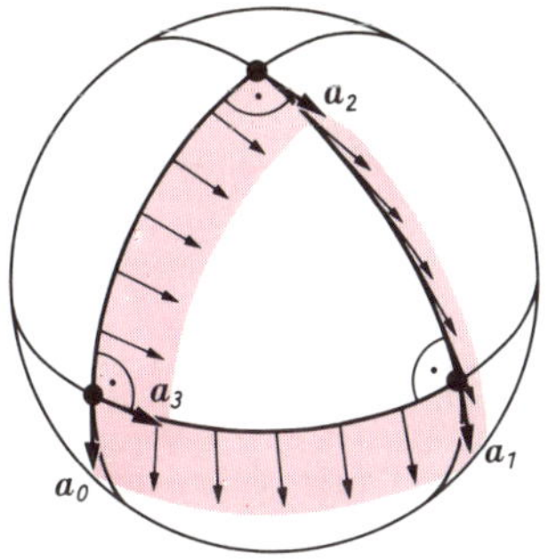

26.1-10 Parallelverschiebung längs eines sphärischen Dreiecks

Parallelverschiebung. Auch der Begriff der Parallelverschiebung läßt sich auf eine beliebige krumme Fläche übertragen. Bildet im Punkt P_0 einer Geodätischen g ein Tangentialvektor $\boldsymbol{a}_0 = \boldsymbol{a}(P_0)$ an die Fläche $\boldsymbol{F}$ mit dem Tangentialvektor $\boldsymbol{t}_0 = \boldsymbol{t}(P_0)$ der Geodätischen einen Winkel der Größe α, so erhält man im Punkt P der Geodätischen den *zu $\boldsymbol{a}(P_0)$ längs g parallelen Vektor* $\boldsymbol{a}(P)$, indem man in der Tangentialebene von P den Vektor $\boldsymbol{a}$ der Länge $|\boldsymbol{a}_0|$ konstruiert, der mit dem Tangentialvektor $\boldsymbol{t} = \boldsymbol{t}(P)$ von g einen Winkel der gleichen Größe α bildet. Aus dieser Definition folgt, daß Tangentialvektoren konstanter Länge einer Geodätischen ebenso wie bei einer Geraden längs der Geodätischen parallel verschoben werden; für sie ist $\alpha = 0$. Wird diese Definition auch auf Kurvenzüge angewendet, deren Glieder aus Geodätischen bestehen, und denkt man sich eine beliebige auf $\boldsymbol{F}$ liegende Kurve durch derartige *Geodätischenzüge* approximiert, so ergibt sich eine anschauliche Vorstellung von der Parallelverschiebung eines Tangentialvektors längs einer beliebigen Kurve der Fläche. Der *wichtigste Unterschied* zwischen der Parallelverschiebung auf einer krummen Fläche und der in affinen oder euklidischen Räumen ist, daß die *Parallelverschiebung auf einer gekrümmten Fläche von der Kurve abhängt*, längs der sie erfolgt. Verschiebt man einen Vektor längs eines geschlossenen Weges auf einer Fläche parallel, so wird er im allgemeinen n i c h t in seine Anfangslage zurückkehren. In der Abbildung 26.1-10 hat der Winkel zwischen dem um das sphärische Dreieck mit drei rechten Winkeln verschobenen Vektor $\boldsymbol{a}_3$ und dem ursprünglichen Vektor $\boldsymbol{a}_0$ die Größe 90°.

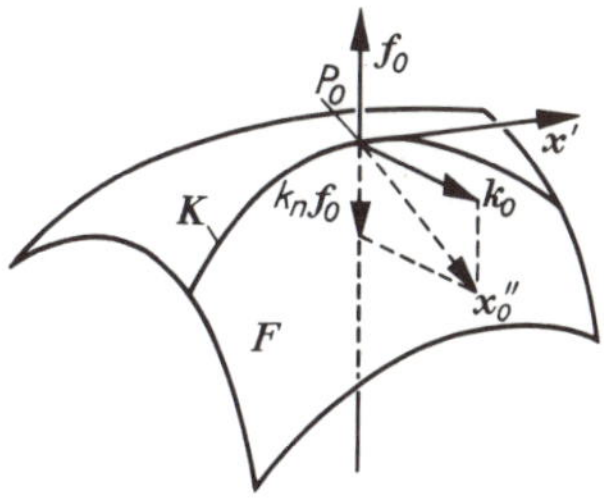

26.1-11 Normalkrümmung und geodätische Krümmung

Krümmung einer Fläche. Um die Krümmungsverhältnisse in der Umgebung eines Punktes P_0 von $\boldsymbol{F}$ zu untersuchen, betrachtet man die Krümmung von Kurven, die auf $\boldsymbol{F}$ liegen und durch P_0 gehen (Abb. 26.1-11). Ist $\boldsymbol{x}_0''$ der Krümmungsvektor einer Kurve $\boldsymbol{K}$ im Punkt P_0, so projiziert man ihn auf die Flächennormale, d. h. auf eine Gerade durch P_0 in Richtung $\boldsymbol{f}_0$, und erhält $\boldsymbol{x}_0'' = k_n\boldsymbol{f}_0 + \boldsymbol{k}_0$, dabei ist $\boldsymbol{k}_0 \cdot \boldsymbol{f}_0 = 0$, d. h., $\boldsymbol{k}_0$ ist Tangentialvektor. Der Krümmungsvektor $\boldsymbol{x}_0''$ der Kurve wird in seine tangentiale Komponente $\boldsymbol{k}_0$ und in die dazu senkrechte normale Komponente $k_n\boldsymbol{f}_0$ zerlegt. Die Länge k_n der Projektion auf die Normale, versehen mit dem entsprechenden Vorzeichen, heißt die *Normalkrümmung* der Kurve $\boldsymbol{K}$ in P_0. Die Länge $k_g = |\boldsymbol{k}_0|$ von $\boldsymbol{k}_0$ heißt ihre *geodätische Krümmung*. Wie unmittelbar aus der Zerlegung des Krümmungsvektors $\boldsymbol{x}_0''$ in die Normalkomponente $k_n\boldsymbol{f}_0$ und die Tangentialkomponente $\boldsymbol{k}_0$ folgt, besteht zwischen der vollen Krümmung $k(s) = |\boldsymbol{x}''(s)|$, der Normalkrümmung $k_n = \boldsymbol{x}''(s) \cdot \boldsymbol{f}_0$ und der geodätischen Krümmung $k_g = |\boldsymbol{k}_0|$ die Beziehung $k^2 = k_n^2 + k_g^2$. Die geodätische Krümmung ist i n v a r i a n t gegen Verbiegungen, also ein Begriff der *inneren Geometrie*, während die Normalkrümmung von der Einbettung der Fläche in den Raum abhängt; in einer Ebene z. B. ist die Normalkrümmung jeder Kurve offenbar gleich Null. Verbiegt man nun einen Streifen der Ebene in ein Stück eines Kreiszylinders vom Radius r, so hat jeder der erzeugenden Kreise des Zylinders die Normalkrümmung $1/r$. Die geodätische Krümmung einer Kurve auf einer Fläche kann man mit Hilfe der Parallelverschiebung ähnlich wie die Krümmung einer Raumkurve definieren. Die *Geodätischen* lassen sich als die Kurven auf der Fläche kennzeichnen, deren geodätische Krümmung verschwindet. Auf einem Kreiszylinder sind die Mantellinien, die erzeugenden Geraden und die zu den Erzeugenden senkrechten Kreise die Geodätischen; bei Abwicklung in die Ebene, einer isometrischen Abbildung nach Aufschneiden längs einer Erzeugenden, gehen sie in Strecken bzw. Geraden über.

Die Normalkrümmung wird durch die *zweite Grundform* der Flächentheorie gegeben; ist $u = u(s)$, $v = v(s)$ die Gleichung der Kurve $\boldsymbol{K}$, s ihre Bogenlänge, so gilt die zweite Grundform der Fläche, in der

Zweite Grundform der Fläche	$k_n = D(u, v)\left(\frac{\mathrm{d}u}{\mathrm{d}s}\right)^2 + 2D'(u, v)\,\frac{\mathrm{d}u}{\mathrm{d}s}\cdot\frac{\mathrm{d}v}{\mathrm{d}s} + D''(u, v)\left(\frac{\mathrm{d}v}{\mathrm{d}s}\right)^2$

zur Abkürzung $D = \boldsymbol{f}\cdot\frac{\partial^2\boldsymbol{x}}{\partial u^2}$, $D' = \boldsymbol{f}\cdot\frac{\partial^2\boldsymbol{x}}{\partial u\,\partial v}$, $D'' = \boldsymbol{f}\cdot\frac{\partial^2\boldsymbol{x}}{\partial v^2}$ gesetzt wurde. Hieraus folgt, daß die Normalkrümmung nur von der Richtung der Kurve im Punkt P_0 abhängt.

Alle Kurven auf F, die in P_0 dieselbe Tangente haben, haben dort auch dieselbe Normalkrümmung.

Gaußsche Krümmung	$K(P) = \dfrac{DD'' - (D')^2}{EG - F^2}$

Eine genauere Untersuchung der Normalkrümmung führt zu einer Klassifikation der Flächenpunkte. Sind zunächst einmal für P_0 alle Größen D, D', D'' gleich Null, wie das für jeden Punkt einer Ebene der Fall ist, so heißt P_0 ein *Flachpunkt*. Ist das nicht der Fall, so unterscheidet man weiter drei Typen von Punkten.

Hat die *Gaußsche Krümmung* der Fläche im Punkt P mit den Koordinaten (u, v) einen Wert $K(P) > 0$, so heißt der Punkt P *elliptisch*, ist $K(P) < 0$, so heißt P *hyperbolisch*, und ist $K(P) = 0$, so heißt P *parabolisch*. Diese zunächst rein formale Einteilung hat enge Beziehungen zur Gestalt der Fläche. Auf einem Fahrradschlauch, einem Torus, z. B. sind die auf der Felge aufliegenden Punkte hyperbolisch und die nach außen liegenden Punkte elliptisch; diese beiden Punktmengen werden durch zwei Kreise voneinander getrennt, die aus parabolischen Punkten bestehen. Ein Ellipsoid hat nur elliptische, ein hyperbolisches Paraboloid, auch *Sattelfläche* genannt, nur hyperbolische Punkte (vgl. Kap. 24.3. – Echte Flächen zweiten Grades), und ein Kreiszylinder hat nur parabolische Punkte (Abb. 26.1-12 und 26.1-13).

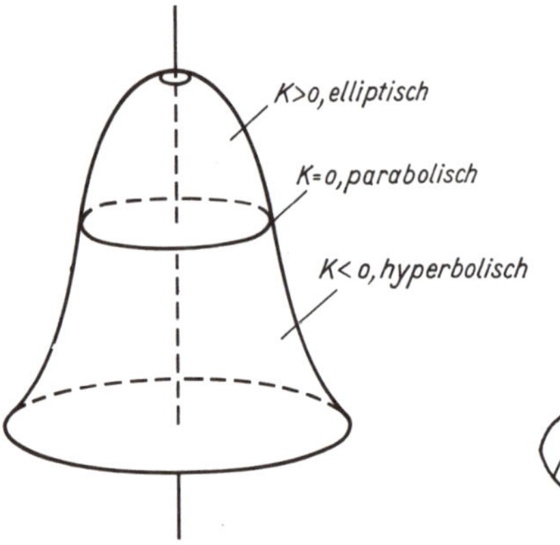

26.1-12 Klassifikation der Punkte einer Rotationsfläche (Glocke)

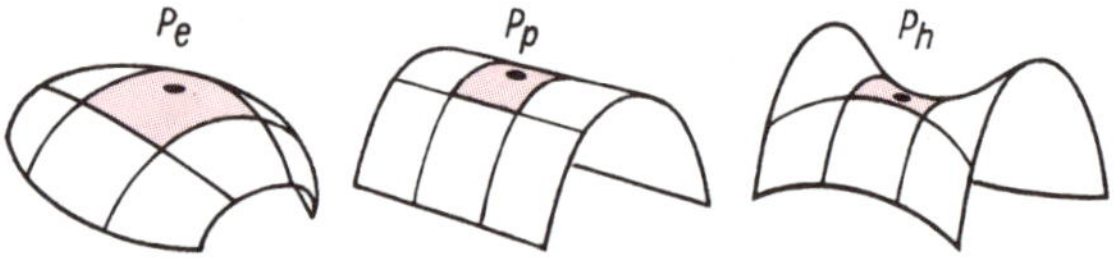

26.1-13 Elliptischer (P_e), parabolischer (P_p) und hyperbolischer (P_h) Punkt

Theorema egregium. Die erste und die zweite Grundform sind der Fläche *bewegungsinvariant* zugeordnet, d. h., bewegt man die Fläche im Raum ohne Änderung ihrer Gestalt wie einen starren Körper, so ändern sich diese Grundformen nicht. Wenn man die Fläche verbiegt, d. h. *isometrisch deformiert*, so bleibt die erste Grundform erhalten, während sich die zweite Grundform, die ja die Normalkrümmung bestimmt, verändert. Die erste Grundform ist *biegungsinvariant*.

Von der Gaußschen Krümmung konnte GAUSS zeigen, daß sie nicht nur invariant gegen Bewegungen und Parametertransformationen ist, sondern auch gegenüber Verbiegungen. Er nannte dieses nicht ohne weiteres zu vermutende Ergebnis Theorema egregium [hervorragender Satz].

Theorema egregium. Die Gaußsche Krümmung *K* bleibt bei isometrischen Abbildungen invariant.

Zum Beweis des Satzes leitet man für K eine Formel her, in der nur die Koeffizienten der ersten Grundform und deren Ableitungen auftreten. Da diese biegungsinvariant sind, muß K auch biegungsinvariant sein. Durch geeignete Wahl der Parameter u, v läßt sich stets erreichen, daß die Koordinatenlinien auf der Fläche sich senkrecht schneiden, d. h., daß $\dfrac{\partial \boldsymbol{x}}{\partial u} \cdot \dfrac{\partial \boldsymbol{x}}{\partial v} = F = 0$ gilt.

Setzt man dies voraus, so findet das Theorema egregium seinen Ausdruck in der Formel

$$K = \frac{DD'' - D'^2}{EG} = -\frac{1}{\sqrt{EG}} \left[\frac{\partial}{\partial u} \left\{ \frac{1}{\sqrt{E}} \frac{\partial \sqrt{G}}{\partial u} \right\} + \frac{\partial}{\partial v} \left\{ \frac{1}{\sqrt{G}} \frac{\partial \sqrt{E}}{\partial v} \right\} \right].$$

Hieraus folgt z. B., daß eine Kugel vom Radius r, für die die Gaußsche Krümmung in jedem Punkt gleich $1/r^2$ ist, n i c h t isometrisch auf eine Ebene abgebildet werden kann, für die ja $K \equiv 0$ gilt. Man kann deshalb keine streng längentreuen Landkarten von Teilen der Erdoberfläche entwerfen; nur wenn man sich auf genügend kleine Gebiete beschränkt, gelingt eine angenähert maßstabgerechte Darstellung (vgl. Gauß-Krüger-Projektion, Kap. 11.3. – Landesvermessung).

Bestimmung der Fläche aus den Grundformen. Das Theorema egregium hängt unmittelbar mit der folgenden Fragestellung zusammen: Gegeben seien zwei quadratische Formen

$$\varphi_1 = E\xi^2 + 2F\xi\eta + G\eta^2, \quad \varphi_2 = D\xi^2 + 2D'\xi\eta + D''\eta^2,$$

deren Koeffizienten Funktionen der zwei Variablen u, v sind; ferner sei φ_1 positiv definit. Gibt es dann immer eine Fläche $\boldsymbol{F}$, für die φ_1 die erste und φ_2 die zweite Grundform ist? – Dieses Problem ist analog dem der Bestimmung einer Kurve bei gegebener Krümmung und Windung. Im Unterschied zu diesem einfacheren Problem, bei dem Krümmung und Windung unabhängig voneinander vorgegeben werden können, zeigt sich im Falle der Flächen, daß die beiden Grundformen nicht unabhängig voneinander wählbar sind; ihre Koeffizienten sind vielmehr durch drei Beziehungen, die sogenannten *Integrabilitätsbedingungen*, miteinander verknüpft, die auf jeder Fläche gelten. Eine dieser Beziehungen ist die im vorigen Abschnitt angegebene, das Theorema egregium ausdrückende Gleichung unter der Voraussetzung $F = 0$; die beiden anderen Integrabilitätsbedingungen heißen die *Formeln von Mainardi-Codazzi*. Werden diese drei Bedingungen von den Formen φ_1, φ_2 erfüllt, so gibt es zumindest für genügend kleine Gebiete U der Variablen u, v stets ein Flächenstück, das φ_1 und φ_2 als Grundformen hat; zwei verschiedene derartige, auf U definierte Flächenstücke sind kongruent.

Der Satz von Gauß-Bonnet. Integriert man die mit dem Oberflächenelement $\mathrm{d}O$ multiplizierte Gaußsche Krümmung K über ein Gebiet U der Fläche $\boldsymbol{F}$, so erhält man die *Integralkrümmung* $K(U)$ dieses Gebietes $K(U) = \iint K\,\mathrm{d}O = \iint\limits_U K \cdot \sqrt{EG - F^2}\,\mathrm{d}u\,\mathrm{d}v$, die natürlich auch biegungsinvariant ist.

Eine anschauliche Deutung der Integralkrümmung und damit auch der Gaußschen Krümmung ergibt sich durch die Untersuchung des *sphärischen Bildes* eines Gebietes U der Fläche $\boldsymbol{F}$. Dieses sphärische Bild erhält man, wenn man die Normaleneinheitsvektoren $\boldsymbol{f}$ von Punkten P des Gebietes U der Fläche von einem festen Punkt, etwa dem Koordinatenursprung O, aus abträgt. Die Spitzen dieser Vektoren beschreiben dann einen Bereich V auf der Einheitssphäre, der gerade das sphärische Bild des Gebietes U von $\boldsymbol{F}$ ist. Der Flächeninhalt des sphärischen Bildes ist dann bis auf das Vorzeichen gleich der *Integralkrümmung* des Gebietes U von $\boldsymbol{F}$. Es ist anschaulich klar, daß dieser Flächeninhalt größer wird, wenn sich die Fläche $\boldsymbol{F}$ stärker krümmt.
Wird das Gebiet U von einer einfachen, geschlossenen Kurve $\boldsymbol{K}$ berandet, so läßt sich die Integralkrümmung $K(U)$ als ein Kurvenintegral über die Kurve $\boldsymbol{K}$ ausdrücken. Es gilt der Satz von Gauß-Bonnet, in dem k_g die geodätische Krümmung und s die Bogenlänge von $\boldsymbol{K}$ bedeuten.

Satz von Gauß-Bonnet	$\iint\limits_U K\,\mathrm{d}O + \oint\limits_{\boldsymbol{K}} k_g\,\mathrm{d}s = 2\pi$

Ein besonders interessantes Resultat erhält man durch Anwendung dieses Satzes auf geschlossene Flächen. Unter einer *geschlossenen Fläche* kann man sich anschaulich die Oberfläche eines endlichen glatten Körpers vorstellen, der von p Löchern durchbohrt ist; die Zahl p heißt das *Geschlecht* der Fläche; Beispiele geschlossener Flächen sind die Sphäre ($p = 0$), der Torus ($p = 1$), die „Brezel" ($p = 2$) (Abb. 26.1-14).

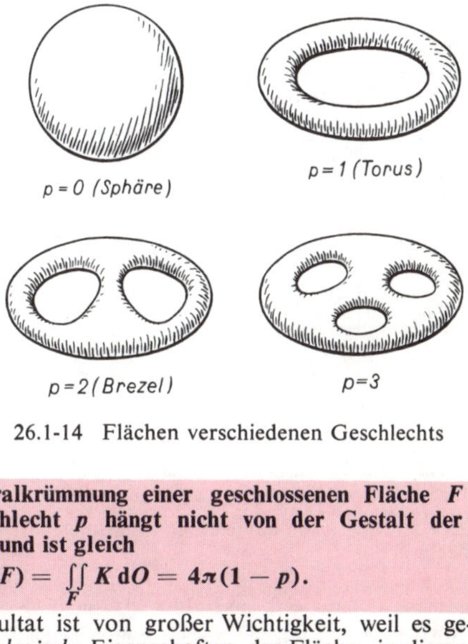

26.1-14 Flächen verschiedenen Geschlechts

Die Integralkrümmung einer geschlossenen Fläche $\boldsymbol{F}$ vom Geschlecht p hängt nicht von der Gestalt der Fläche ab und ist gleich

$$K(\boldsymbol{F}) = \iint\limits_{\boldsymbol{F}} K\,\mathrm{d}O = 4\pi(1 - p).$$

Dieses Resultat ist von großer Wichtigkeit, weil es gestattet, *topologische* Eigenschaften der Fläche, in diesem Fall ihr Geschlecht p, die sogar bei beliebigen stetigen Deformationen invariant bleiben, durch differentialgeometrische Größen auszudrücken, hier durch die Integralkrümmung.

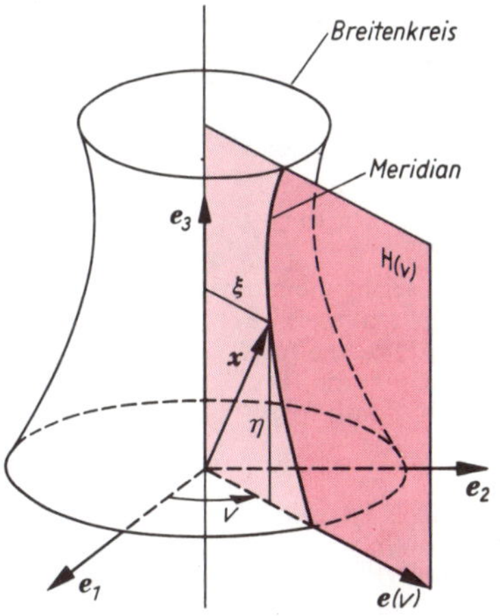

26.1-15 Zur Definition einer Rotationsfläche

Rotationsflächen. Unter einer *Rotationsfläche* versteht man eine Fläche, die durch Rotation einer ebenen Kurve um eine Achse entsteht, die in der Ebene der Kurve liegt (vgl. Abb. 8.7-1). Derartige rotationssymmetrische Flächen kommen in der Praxis häufig vor. Um eine Parameterdarstellung einer Rotationsfläche zu erhalten, denkt man sich die Rotationsachse in die $\boldsymbol{e}_3$-Achse eines räumlichen, rechtwinkligen Koordinatensystems gelegt (Abb. 26.1-15). In der zu ihr senkrechten $\boldsymbol{e}_1, \boldsymbol{e}_2$-

Ebene ist der Einheitsvektor $\boldsymbol{e}(v)$ definiert durch $\boldsymbol{e}(v) = \cos v\, \boldsymbol{e}_1 + \sin v\, \boldsymbol{e}_2$, für seine Ableitung erhält man $\boldsymbol{e}^*(v) = \frac{d\boldsymbol{e}}{dv} = -\sin v\, \boldsymbol{e}_1 + \cos v\, \boldsymbol{e}_2 = \boldsymbol{e}\,(v + \pi/2)$.

Man erkennt sofort, daß $\boldsymbol{e}(v)$, $\boldsymbol{e}^*(v)$, $\boldsymbol{e}_3$ für alle Werte von v ein rechtsorientiertes, orthonormiertes Dreibein bilden. Eine Ebene $H(v)$, die durch den Koordinatenursprung geht und von $\boldsymbol{e}(v)$ und $\boldsymbol{e}_3$ aufgespannt wird, dreht sich um die $\boldsymbol{e}_3$-Achse, wenn v variiert. Jede in $H(v)$ fixierte Kurve $\boldsymbol{x}(u) = \xi(u)\, \boldsymbol{e} + \eta(u)\, \boldsymbol{e}_3$, für die u die Bogenlänge ist, für die also $\frac{d\boldsymbol{x}}{du} \cdot \frac{d\boldsymbol{x}}{du} = 1$ gilt, erzeugt eine Rotationsfläche, wenn sich die Ebene $H(v)$ um die $\boldsymbol{e}_3$-Achse dreht. Somit ergibt sich eine Parameterdarstellung der von $\boldsymbol{x}(u)$ erzeugten Rotationsfläche in der Form

$$\boldsymbol{x}(u, v) = \xi(u)\, \boldsymbol{e}(v) + \eta(u)\, \boldsymbol{e}_3 .$$

Die Flächenparameter sind u, v. Als Koordinatenlinien erhält man die *Meridiane*, das sind die erzeugenden Kurven $\boldsymbol{x}(u, v_0)$, $v_0 = \text{const}$, und die *Breitenkreise* $\boldsymbol{x}(u_0, v)$, $u_0 = \text{const}$, das sind die Schnittkreise der Fläche mit Ebenen, die auf der Rotationsachse senkrecht stehen. Um die singulären Punkte der Fläche aufzufinden – die erzeugende Kurve sei als regulär vorausgesetzt –, berechnet man

$$\frac{\partial \boldsymbol{x}}{\partial u} \times \frac{\partial \boldsymbol{x}}{\partial v} = (\xi' \boldsymbol{e} + \eta' \boldsymbol{e}_3) \times \xi \boldsymbol{e}^* = \xi(-\eta' \boldsymbol{e} + \xi' \boldsymbol{e}_3),$$

wobei die Striche die Ableitungen nach der Bogenlänge u der erzeugenden Kurve bedeuten. Der Vektor $\boldsymbol{n} = -\eta' \boldsymbol{e} + \xi' \boldsymbol{e}_3$ ist Normaleneinheitsvektor dieser Kurve und gleichzeitig Normalenvektor der Fläche. Ein Punkt der Fläche ist singulär genau dann, wenn $\xi = 0$ ist, d. h., wenn der Punkt auf der Rotationsachse liegt. Für die Koeffizienten der ersten Grundform berechnet man unmittelbar $E = \frac{\partial \boldsymbol{x}}{\partial u} \cdot \frac{\partial \boldsymbol{x}}{\partial u} = |\boldsymbol{x}'|^2 = 1$, da u die Bogenlänge auf den Meridianen ist, $F = \frac{\partial \boldsymbol{x}}{\partial u} \cdot \frac{\partial \boldsymbol{x}}{\partial v} = 0$ (Meridiane und Breitenkreise schneiden sich orthogonal), und schließlich $G = \frac{\partial \boldsymbol{x}}{\partial v} \cdot \frac{\partial \boldsymbol{x}}{\partial v} = \xi^2(u)$; die erste Grundform hat somit die Gestalt $ds^2 = du^2 + \xi^2(u)\, dv^2$.

Zur Berechnung der zweiten Grundform braucht man die zweiten Ableitungen der Parameterdarstellung

$$\frac{\partial^2 \boldsymbol{x}}{\partial u^2} = \boldsymbol{x}'' = k_r \boldsymbol{n}, \qquad \frac{\partial^2 \boldsymbol{x}}{\partial u\, \partial v} = \xi' \boldsymbol{e}^*, \qquad \frac{\partial^2 \boldsymbol{x}}{\partial v^2} = -\xi\, \boldsymbol{e}.$$

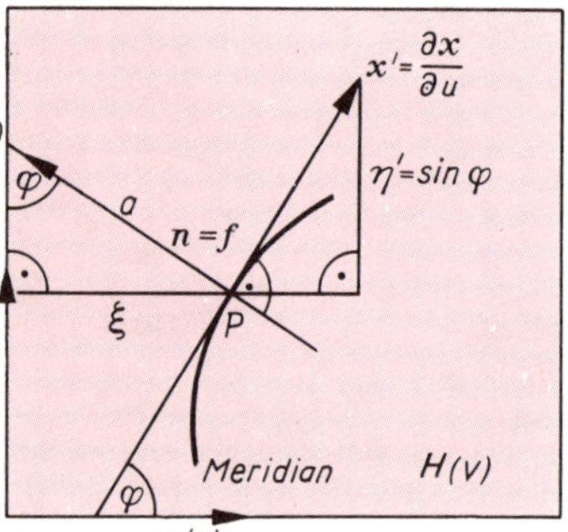

26.1-16 Zur Krümmung einer Rotationsfläche

Die Größe k_r heißt die *relative* Krümmung des Meridians. Offenbar gilt $|k_r| = \sqrt{\boldsymbol{x}''\boldsymbol{x}''}$, da $\boldsymbol{nn} = 1$ ist, d. h., der Betrag von k_r ist gleich der Krümmung der erzeugenden Kurve; k_r ist positiv, wenn sich die Kurve in Richtung des Normalenvektors $\boldsymbol{n} = \boldsymbol{f}$ krümmt, negativ, wenn sie sich in entgegengesetzter Richtung krümmt, in der Abbildung 26.1-16 ist $k_r < 0$. Durch skalare Multiplikation mit dem Normalenvektor folgt $D = k_r(u)$, $D' = 0$, $D'' = \xi\eta'$, so daß die zweite Grundform die folgende Gestalt annimmt:

$$k_n = k_r(u) \left(\frac{du}{ds}\right)^2 + \xi(u)\, \eta'(u) \left(\frac{dv}{ds}\right)^2.$$

Hieraus berechnet man leicht die Normalkrümmung der Meridiane und der Breitenkreise. Für einen Meridian gilt $v = v_0$, $dv = 0$ und $du = ds$ nach der ersten Grundform. Hieraus folgt $k_{n(\mathrm{Mer.})} = k_r$; die Normalkrümmung eines Meridians ist gleich seiner relativen Krümmung. Für einen Breitenkreis gilt $u = u_0$, $du = 0$, d. h., $ds^2 = \xi^2\, dv^2$ nach der ersten Grundform. Somit folgt $k_{n(\mathrm{Br.})} = \eta'/\xi$. Diese Formel kann man leicht geometrisch deuten. Da nämlich $\boldsymbol{x}' = \frac{\partial \boldsymbol{x}}{\partial u}$ ein Einheitsvektor ist, gilt $\boldsymbol{x}' = \xi' \boldsymbol{e} + \eta' \boldsymbol{e}_3 = \cos\varphi\, \boldsymbol{e} + \sin\varphi\, \boldsymbol{e}_3$, wobei φ die Größe des Winkels ist, den $\boldsymbol{x}'$ mit dem Vektor $\boldsymbol{e}$ einschließt. Aus der Abbildung 26.1-16 liest man unmittelbar $\xi/a = \sin\varphi = \eta'$ ab, so daß $\eta'/\xi = 1/a$ gleich dem reziproken Wert der Länge a des Normalenabschnitts PD vom Punkt P der Fläche bis zur Rotationsachse ist. Man kann zeigen, daß die berechneten Werte gerade Maximum und Minimum der Normalkrümmungen beliebiger Kurven durch den betrachteten Punkt P der Fläche sind. Die Extremwerte der Normalkrümmung heißen die *Hauptkrümmungen* der Fläche in dem betrachteten Punkt. Linien, die in jedem Punkt eine Hauptkrümmung als Normalkrümmung haben, heißen *Krümmungslinien.* Im allgemeinen gehen durch jeden regulären Punkt einer Fläche zwei einander senkrecht schneidende Krümmungslinien; im Fall der Rotationsflächen sind das gerade die Meridiane und die Breitenkreise.

Für die Gaußsche Krümmung erhält man sofort

$K = (DD'' - D'^2)/(EG - F^2) = k_r \xi \eta' / \xi^2 = k_r \cdot (1/a)$.

Die Gaußsche Krümmung ist das Produkt der Hauptkrümmungen.

Hieraus liest man ab, daß für eine Rotationsfläche $K < 0$ ist, wenn sich die Kurve zur Achse hin wölbt ($k_r < 0$), und daß $K > 0$ gilt, wenn sie sich nach außen wölbt ($k_r > 0$) (vgl. Abb. 26.1-12).

Mittlere Krümmung und Minimalflächen. Bringt man die zweite Grundform einer Fläche durch Wahl einer geeigneten orthonormierten Basis in der Tangentialebene des betrachteten Punktes P auf die Normalform $k_n = \lambda_1 \left(\frac{du}{ds}\right)^2 + \lambda_2 \left(\frac{dv}{ds}\right)^2$, so erhält man die *Hauptkrümmungen* $\lambda_1(u, v), \lambda_2(u, v)$ als wichtige Invarianten der Fläche. Ein Punkt, in dem die beiden Hauptkrümmungen übereinstimmen und von Null verschieden sind, heißt ein *Nabelpunkt* der Fläche (vgl. Abb. 8.7-1). Auf einer Sphäre ist jeder Punkt Nabelpunkt; umgekehrt ist eine Fläche, bei der jeder Punkt ein Nabelpunkt ist, ein Stück einer Sphäre. Sind beide Hauptkrümmungen gleich Null, so spricht man von einem *Flachpunkt*; eine Fläche, auf der jeder Punkt ein Flachpunkt ist, ist Stück einer Ebene. In einem Nabelpunkt oder in einem Flachpunkt hängt die Normalkrümmung nicht von der Richtung der Kurve ab. Die elementarsymmetrischen Funktionen der Hauptkrümmungen sind die *Gaußsche Krümmung* $K = \lambda_1 \cdot \lambda_2$ und die *mittlere Krümmung* $H = {}^1/_2(\lambda_1 + \lambda_2)$ der Fläche. Betrachtet man das Problem, durch eine einfach geschlossene Raumkurve, die als räumlich stetig deformierter Kreis angesehen werden kann, eine Fläche mit möglichst kleinem Flächeninhalt zu legen, so erhält man als notwendige Bedingung die bereits von LAGRANGE im Jahre 1760 gefundene Gleichung $H = 0$, die ein Spezialfall der im Jahre 1834 von OSTROGRADSKI bewiesenen Differentialgleichung ist (vgl. Kap. 37.1.). Die nicht ebenen Lösungen dieser Gleichung heißen *Minimalflächen.* Weil aus $H = 0$ und $K \neq 0$ stets $K < 0$ folgt, haben die Minimalflächen negative Gaußsche Krümmung. Weitere globale Resultate können nur erwähnt werden.

Die einzigen geschlossenen Flächen mit konstanter Gaußscher Krümmung sind die Sphären, die Oberflächen von Kugeln.
Wenn für eine geschlossene, reguläre Fläche stets $K > 0$ gilt, so ist sie eine Eifläche, d. h., sie berandet einen konvexen, im Endlichen liegenden Körper.
Die einzigen regulären, geschlossenen Flächen vom Geschlecht Null mit konstanter mittlerer Krümmung sind die Sphären.

Das Kleinsche Erlanger Programm

Nach Felix KLEIN *sind die verschiedenen Geometrien als Invariantentheorien der zugehörigen Transformationsgruppen aufzufassen.* So ist die gerade betrachtete euklidische Differentialgeometrie – als Teilgebiet der euklidischen Geometrie – die Theorie der Invarianten krummer Flächen und Kurven gegenüber der Gruppe der euklidischen Bewegungen oder *Transformationen,* die man sich als Bewegungen starrer Körper vorstellen kann. In ähnlicher Weise ist die affine Geometrie die Theorie der Invarianten bezüglich der *affinen Transformationen* der Parallelprojektionen, und die projektive Geometrie untersucht die Eigenschaften, die bei allgemeinen Projektionen, bei Zentralprojektionen, invariant bleiben. Die Zuordnung der Schmiegebene zu den Punkten einer Kurve ist z. B. nicht nur euklidisch invariant, sondern projektiv, während die Zuordnung von Bogenlänge, Krümmung und Windung nur euklidisch und nicht mehr affin invariant ist. Ein Kreis, für den die Krümmung konstant ist, kann z. B. durch eine affine Transformation in eine beliebige Ellipse übergehen, für die die Krümmung nicht mehr konstant ist.

Zu jedem geometrischen Raum, der eine *Liesche Transformationsgruppe* hat (vgl. Kap. 16.1. – Topologische Gruppen), gehört als Teilgebiet der Geometrie dieses Raumes auch eine entsprechende Differentialgeometrie. Heute haben sich neben der *euklidischen* Differentialgeometrie auch schon die *affine*, *projektive*, *elliptische*, *hyperbolische* Differentialgeometrie u. a. entwickelt. Die Eigenschaften, die gegenüber einer Gruppe G von Transformationen invariant sind, sind natürlich erst recht gegenüber jeder in G enthaltenen engeren Gruppe invariant; z. B. zeigt es sich, daß die Einteilung der Punkte einer Fläche in elliptische, hyperbolische und parabolische nicht nur euklidisch, sondern auch affin und sogar projektiv invariant ist.

In der Differentialgeometrie kommt nun noch hinzu, daß die interessierenden Eigenschaften invariant gegenüber den differenzierbaren Parametertransformationen sein müssen. Ganz allgemein kann man auch nach den Eigenschaften von geometrischen Gebilden fragen, die bei beliebigen genügend oft differenzierbaren *Abbildungen des Raumes auf sich* invariant bleiben. Die Eigenschaft, eine Gerade oder eine Ebene zu sein, ist zwar noch bei projektiven Abbildungen invariant, durch eine geeignete differenzierbare Abbildung kann eine Ebene jedoch in eine recht willkürlich gebogene Fläche übergehen. Invariant gegenüber genügend oft differenzierbaren Abbildungen sind z. B. die *Berührungsordnungen* von Kurven oder Flächen. Auch die *Geometrie der Waben* oder *Gewebe* ist gegenüber diesen Abbildungen invariant. Die Frage nach den gegenüber differenzierbaren Abbildungen invarianten Eigenschaften erwies sich als sehr fruchtbar, obwohl die Menge dieser Abbildungen im allgemeinen keine Gruppe mehr bildet.

Diese Betrachtungen führen dazu, auch differentialgeometrische Eigenschaften nach den Prinzipien des Kleinschen Erlanger Programms zu klassifizieren. Man kann z. B. alle zweimal stetig differenzierbaren, umkehrbar eindeutigen Abbildungen von Flächen des E_3 auf Flächen des E_3 betrachten. Die innere Geometrie wurde oben gerade als die Theorie der Eigenschaften der Flächen definiert, die gegenüber den isometrischen Abbildungen invariant bleiben. Die Menge der isometrischen Abbildungen ist hier eine echte Teilmenge der Menge der differenzierbaren Abbildungen von Flächen aufeinander.
Man nennt eine Abbildung *konform*, wenn die Winkel zwischen einander entsprechenden Kurven invariant bleiben (vgl. Kap. 23.2.); z. B. ist die *stereographische Projektion* der Kugeloberfläche auf die Ebene eine konforme Abbildung. Jede isometrische Abbildung ist konform, aber nicht umgekehrt. Die Eigenschaften, die gegenüber konformen Abbildungen invariant bleiben, bilden den Gegenstand einer *konformen Geometrie* der Flächen. Ähnlich kann man *inhaltstreue* u. a. Klassen von Abbildungen und die zugehörigen Geometrien betrachten.

Riemannsche Geometrie

Mannigfaltigkeiten. Alle in der Differentialgeometrie untersuchten geometrischen Gebilde werden als Punktmengen aufgefaßt, die auf *Parameter* oder *Koordinaten* bezogen sind. Als Dimension eines Gebildes bezeichnet man die Anzahl Koordinaten, die notwendig ist, um einen seiner Punkte zu fixieren. So ist eine Kurve eindimensional, denn ihre Punkte werden durch Angabe eines Parameterwertes t charakterisiert. Entsprechend ist eine Fläche zweidimensional und der Raum unserer Anschauung dreidimensional. In den physikalischen und technischen Anwendungen kommen jedoch auch höherdimensionale Räume vor, z. B. bei der Untersuchung von Vielteilchensystemen. Man betrachtet diese Räume von mehr als drei Dimensionen, als Punktmengen, deren Punkte auf n-Tupel $(x_1, \ldots, x_n)$ reeller Zahlen, die *Koordinaten* der Punkte, umkehrbar eindeutig abgebildet werden. Eine solche Punktmenge heißt eine *n-dimensionale differenzierbare Mannigfaltigkeit.*
Die Koordinaten können wieder – wie schon die Parameter einer Kurve oder Fläche – umkehrbaren, genügend oft differenzierbaren Koordinatentransformationen unterworfen werden. Nur die Eigenschaften haben geometrische Bedeutung, die von der Wahl des Koordinatensystems nicht abhängen. Da die reellen Zahlen ein mathematisches Bild unserer anschaulichen geometrischen Vorstellung vom *Kontinuum* (Zahlengerade) sind, ist es nicht verwunderlich, daß man schon in einer differenzierbaren Mannigfaltigkeit inhaltsreiche geometrische Betrachtungen anstellen kann; z. B. können der Begriff des *Tangentialvektors* und der des *Tangentialraumes* eingeführt und eine *Theorie der Berührungen* von Teilmannigfaltigkeiten (Kurven, Flächen, m-dimensionalen Teilmannigfaltigkeiten der betrachteten n-dimensionalen Mannigfaltigkeit) entwickelt werden. Auf dieser Grundlage läßt sich dann eine *geometrische Theorie der partiellen Differentialgleichungen* aufbauen. Auch eine geometrische Theorie der Variationsrechnung, die *Finslersche Geometrie*, ist geschaffen worden.

Riemannsche Geometrie. Wenn auch schon für differenzierbare Mannigfaltigkeiten eine Geometrie entwickelt werden kann, so ist diese jedoch im Vergleich zur euklidischen Geometrie recht dürftig, da Begriffe wie Länge, Winkel, Flächeninhalt, Parallelverschiebung, Krümmung völlig fehlen. Bereits im Jahre 1854 entwickelte RIEMANN in seinem Habilitationsvortrag „Über die Hypothesen, welche der Geometrie zugrunde liegen" die Grundideen einer Geometrie, die erst viel später ihre wichtigste physikalische Anwendung als mathematische Grundlage der *allgemeinen Relativitätstheorie Einsteins* fand. Einen *Riemannschen Raum* nennt man eine n-dimensionale Mannigfaltigkeit, in der eine quadratische Differentialform als *Bogenelement* gegeben ist:

$$ds^2 = \sum_{i,k=1}^{n} g_{ik}(x_1, \ldots, x_n)\, dx_i\, dx_k.$$

Der einfachste nicht triviale Spezialfall der Riemannschen Geometrie ist die innere Geometrie einer Fläche, die ja allein durch ihr Bogenelement (die erste Grundform) bestimmt ist und nicht von der gerade vorliegenden Einbettung in den euklidischen Raum abhängt. Die erste Grundform geht in die oben angegebene Gestalt des Bogenelements eines zweidimensionalen Riemannschen Raumes über, wenn man die neuen Bezeichnungen $u = x_1$, $v = x_2$, $E = g_{11}$, $F = g_{12} = g_{21}$, $G = g_{22}$ einführt. Dabei darf man x_1, x_2 nicht mit den räumlichen Koordinaten x_1, x_2, x_3 im E_3 verwechseln. Es ist auch völlig gleichgültig, von welcher der zueinander isometrischen Flächen im E_3 man ausgeht.
Die Riemannsche Geometrie ist gerade eine Verallgemeinerung der inneren Geometrie der Flächen ins n-Dimensionale. Alle die oben genannten Begriffe, die in der Theorie der differenzierbaren Mannigfaltigkeiten fehlten, lassen sich jetzt mit Hilfe des Bogenelements in sinnvoller Analogie zur inneren Geometrie definieren. Ist z. B. $x_i = x_i(t)$, $0 < t < 1$, die Darstellung einer Kurve im Riemannschen Raum, so gilt längs ihrer $dx_i = \dot{x}_i\, dt$, und man erhält wieder als invarianten Parameter $s = s(t)$ die Bogenlänge.

$$s(t) = \int_0^t \sqrt{\sum_{i,k=1}^{n} g_{ik}(x_1(t), \ldots, x_n(t))\, \dot{x}_i(t)\, \dot{x}_k(t)}\, dt.$$

Während in der inneren Geometrie die Form $\sum_{i,k=1}^{n} g_{ik}\, \dot{x}_i \dot{x}_k$ jedoch stets *positiv definit* ist, läßt man in der

Riemannschen Geometrie auch *indefinite* Formen zu, so daß die Bogenlänge mitunter auch Null oder imaginär werden kann. In der Relativitätstheorie werden gerade solche Riemannsche Räume angewendet.
Auch der euklidische Raum ist ein Spezialfall eines Riemannschen Raumes; für sein Bogenelement gilt bei orthonormierten kartesischen Koordinaten $g_{ii} = 1$ und $g_{ik} = 0$ für $i \neq k$. Man kann sagen, daß ein Stück eines Riemannschen Raumes durch Verzerrung eines euklidischen Raumstückes gleicher Dimension entsteht, ähnlich wie man ein willkürlich geformtes Stück z. B. einer Autokarosserie aus einer ebenen Blechplatte herausschneidet und preßt. In ähnlicher Weise entstehen durch „Verzerrung" von affinen Räumen *Mannigfaltigkeiten von affinem Zusammenhang*, in denen Längen, Winkel und Flächeninhalte nicht mehr definiert sind, sondern nur noch eine vom Weg abhängige Parallelverschiebung die Geometrie der Mannigfaltigkeit bestimmt. Die Krümmung eines Riemannschen Raumes (und auch einer affin zusammenhängenden Mannigfaltigkeit) gibt die Abweichung der Geometrie des Raumes von der des euklidischen (bzw. affinen) Raumes gleicher Dimension an; sie wird durch den *Riemann-Christoffelschen Krümmungstensor* gemessen.

26.2. Konvexe Körper

Ein Körper K_3 eines euklidischen Raumes heißt *konvex* oder *Eikörper*, wenn mit je zwei Punkten auch deren Verbindungsstrecke zu K_3 gehört. Konvexe Körper wurden schon seit jeher in der Geometrie viel untersucht. Eine eigentliche Theorie der konvexen Körper entstand gegen Ende des 19. Jh. durch Arbeiten von BRUNN und Hermann MINKOWSKI; sie wurden auf den n-dimensionalen euklidischen Raum sowie auf nichteuklidische Räume verallgemeinert. Beispiele konvexer Körper sind Kugel, Ellipsoid, Zylinder, Kegel, Würfel, Tetraeder und Quader. Die drei letztgenannten Körper sind *konvexe Polyeder*, d. h. konvexe Körper, deren Rand aus endlich vielen Polygonen besteht. In der *Theorie der konvexen Polyeder* werden z. B. folgende Fragen untersucht: Durch welche Bestimmungsstücke (Seiten, Ecken, Kanten, Flächeninhalte u. a.) ist ein konvexes Polyeder eindeutig (bis auf Bewegungen) bestimmt? – Wann existiert ein konvexes Polyeder, für das gewisse Bestimmungsstücke vorgegeben sind?
In der Theorie der konvexen Körper werden oft Extremalaufgaben behandelt. Die älteste dieser Aufgaben ist das *isoperimetrische Problem* (vgl. Kap. 37.1.).
Unter einer *konvexen Fläche* versteht man den Rand eines konvexen Körpers. Eine konvexe Fläche kann Kanten und Ecken haben, wie man am Beispiel eines konvexen Polyeders sieht. Trotzdem lassen sich die wichtigsten Ergebnisse der Differentialgeometrie regulärer Flächen des euklidischen Raumes, besonders ihrer inneren Geometrie, auf beliebige konvexe Flächen verallgemeinern. Dabei erhielt man weitergehende Resultate als in der klassischen Differentialgeometrie. Ein Wesenszug der Theorie der konvexen Körper ist, daß in ihr direkt mit den geometrischen Objekten, mit Punkten, Geraden u. a. operiert und der Umweg über analytische Hilfsmittel wie Koordinaten oder Parameterdarstellungen weitgehend vermieden wird. Auf der Grundlage dieser Methoden hat sich in letzter Zeit ein moderner Zweig der Geometrie, die sehr allgemeine *Mengengeometrie*, herausgebildet.
Die Theorie der konvexen Körper findet in vielen anderen mathematischen Gebieten Anwendung. Für die mathematische Ökonomie sind die lineare und die konvexe Optimierung (vgl. Kap. 30.1., 30.2.) wichtige Hilfsmittel. In der *Geometrie der Zahlen*, deren Grundlagen ebenfalls von Minkowski geschaffen wurden, wendet man Ergebnisse der Theorie der konvexen Körper auf zahlentheoretische Probleme an. Hiermit hängt auch die sehr reizvolle und anschauliche *Theorie der Lagerungen* zusammen. Ein typisches Problem dieser Theorie ist das folgende: Wie muß man Pfennigstücke auf einem sehr großen Tisch anordnen, damit möglichst viele Pfennige Platz finden? – Dabei sollen die Pfennige nirgends aufeinander liegen. Als Lösung ergibt sich, daß jeder Pfennig sechs andere berühren muß. Die analoge Frage nach der dichtesten Kugelpackung im Raum ist bis jetzt ungelöst. Auch zur *Integralgeometrie* hat die Theorie der konvexen Körper mannigfache Beziehungen.

26.3. Integralgeometrie

Die Integralgeometrie entwickelte sich aus Aufgaben über *geometrische Wahrscheinlichkeiten*. Die erste derartige Aufgabe wurde im Jahre 1777 von Graf George DE BUFFON gestellt (*Buffonsches Nadelproblem*): In einer Ebene sind parallele Geraden im gleichen Abstand a gezogen. Auf die Ebene wird eine Nadel der Länge $l < a$ zufällig geworfen. Wie groß ist die Wahrscheinlichkeit p dafür, daß sie eine der Geraden trifft? – Als Lösung findet man $p = 2l/(\pi a)$. Da l und a bekannt sind und p durch statistische Methoden abgeschätzt werden kann, ergibt sich so die Möglichkeit, die Zahl π *experimentell* näherungsweise zu bestimmen.

In der Folgezeit wurden viele ähnliche Aufgaben bearbeitet und wichtige Teilergebnisse erzielt. Jedoch begründeten erst Wilhelm BLASCHKE und seine Schüler (Vorlesungen über Integralgeometrie, 3. Aufl. Berlin 1955) die Integralgeometrie als eigentliche geometrische Disziplin. Die Grundlage der Integralgeometrie eines geometrischen Raumes bilden stets gewisse *Maße*, die Mengen von geometrischen Objekten invariant zugeordnet werden; in der euklidischen Ebene wird z. B. jeder elementaren ebenen Figur als Maß ihr Flächeninhalt zugeordnet. Dieses Maß ist invariant, d. h., kongruente Figuren haben denselben Flächeninhalt. Jede Figur läßt sich aber als *Menge geometrischer Objekte* auffassen, nämlich als Menge der Punkte, die zu ihr gehören. Die zu einem Punkt in der Ebene *dualen* geometrischen Objekte sind nun die Geraden. Daher ergibt sich die naheliegende Frage, ob man auch für Geradenmengen in invarianter Weise ein Maß definieren kann. In der Tat ist dies möglich. Man betrachtet z. B. die Menge G aller Geraden g, die einen Kreis K vom Radius r treffen. Die Lage einer solchen Geraden ist festgelegt, wenn ihr Richtungswinkel φ (Winkel mit einer festen Geraden, z. B. der x-Achse) und ihr Abstand p vom Mittelpunkt des Kreises gegeben sind. Dabei müssen φ alle Richtungen des Intervalls $0 \leqslant \varphi < 2\pi$ und p alle Abstände mit $0 \leqslant p \leqslant r$ durchlaufen. Als Maß der Geradenmenge G wird man daher das Produkt der Längen dieser beiden Intervalle wählen.

Es läßt sich zeigen, daß dieses Maß invariant ist und in ähnlicher Weise auch für viel allgemeinere Geradenmengen definiert werden kann. Im betrachteten Beispiel ergibt sich $2\pi r$ als Maß für die Menge G, das ist aber der Umfang des Kreises. Viel allgemeiner gilt, daß das Maß aller Geraden, die eine konvexe Figur der Ebene treffen, gleich dem Umfang dieser Figur ist. Betrachtet man zwei konvexe Figuren, die sich nicht überdecken, so kann man nach dem Maß aller der Geraden fragen, die beide Figuren gleichzeitig treffen. Dieses Maß ist gleich der Länge der gekreuzten Seillinie, die beide Figuren umspannt, minus der Länge der glatten Seillinie um beide Mengen (Abbildung 26.3-1), wie M. CROFTON im Seilliniensatz gezeigt hat.

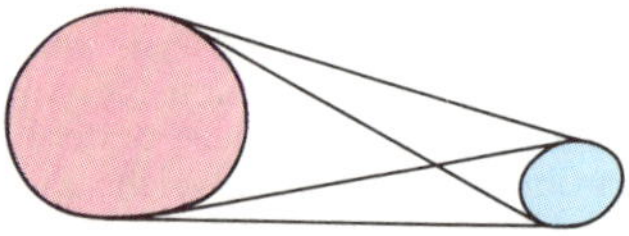

26.3-1 Croftons Seilliniensatz

Außer Maßen für Geradenmengen läßt sich auch ein *kinematisches* Maß für Mengen zueinander kongruenter Figuren bestimmen; z. B. kann man das Maß aller der gleichseitigen Dreiecke mit der Seitenlänge 1 berechnen, die eine gegebene Figur treffen. Das kinematische Maß ist von Henri POINCARÉ eingeführt worden.

Ähnlich wie in der Ebene läßt sich in anderen durch eine *Liesche Transformationsgruppe* bestimmten Geometrien (im Sinne des *Kleinschen Erlanger Programms*) eine mehr oder weniger inhaltsreiche Integralgeometrie entwickeln. Speziell ist die Integralgeometrie *n-dimensionaler euklidischer Räume* schon weit ausgearbeitet. Auch auf *krummen Flächen* und sogar für die *Finslersche Geometrie* der Variationsrechnung hat man versucht, eine Integralgeometrie zu begründen.

Die Integralgeometrie findet Anwendung in anderen Zweigen der Geometrie, speziell in der Theorie der konvexen Körper. Auch auf praktische Probleme werden ihre Methoden in Verbindung mit der mathematischen Statistik angewendet; z. B. ist ein Verfahren zur statistischen Bestimmung der Lungenoberfläche ausgearbeitet worden.

27. Wahrscheinlichkeitsrechnung und mathematische Statistik

27.1. Kombinatorik

Die Kombinatorik untersucht die verschiedenen Möglichkeiten der Anordnung von Gegenständen, z. B. die Fragen: „Wie viele Möglichkeiten gibt es, vier Buchstaben anzuordnen?“ oder „Auf wie viele verschiedene Arten können aus 90 Zahlen fünf verschiedene Zahlen ausgewählt werden?“ – Die Gegenstände der Untersuchung können Zahlen, Buchstaben, Personen, Versuche u. a. sein; sie werden *Elemente* genannt und mit Ziffern oder Buchstaben bezeichnet. Enthalten Zusammenstellungen nicht die gleichen Elemente, z. B. *ab*, *cd*, oder zwar die gleichen Elemente, aber nicht jedes gleich oft, z. B. *aab*, *abb*, so gelten sie als verschieden. Zusammenstellungen *aabb*, *abab* u. a. gelten nur dann als verschieden, wenn ihre Anordnung berücksichtigt wird.

Permutationen

Jede Zusammenstellung einer endlichen Anzahl von Elementen in irgendeiner Anordnung, in der sämtliche Elemente verwendet werden, heißt *Permutation* der gegebenen Elemente, z. B. sind von den Elementen *a*, *b*, *c*, *d*, *e* die Zusammenstellungen *acdbe*, *dbcae* Permutationen.

Anzahl von Permutationen. Die Anzahl der Permutationen *untereinander verschiedener Elemente* erhält man durch folgende induktive Betrachtung: Aus zwei Elementen *a* und *b* lassen sich die zwei Permutationen *ab*, *ba* bilden. Von drei Elementen *a*, *b*, *c* kann jedes an erster Stelle stehen, während die beiden anderen sich jeweils auf zwei Arten anordnen lassen: *abc acb bac bca cab cba*. Folglich gibt es $3 \cdot 2 = 6$ Permutationen. Die entsprechende Überlegung führt bei vier Elementen zu $4 \cdot 3 \cdot 2 = 24$ Permutationen. Allgemein können n Elemente auf $1 \cdot 2 \cdot 3 \ldots (n-1)\, n = n!$ [lies *n Fakultät*] Arten angeordnet werden.

Von n untereinander verschiedenen Elementen gibt es n! Permutationen.

Anzahl der Permutationen von n verschiedenen Elementen	$n! = 1 \cdot 2 \cdot 3 \ldots n$

Beispiel 1: Aus den neun Ziffern 1, 2, 3, ..., 9 lassen sich $9! = 362\,880$ neunstellige Zahlen bilden, wobei in jeder Zahl jede der neun Ziffern nur einmal auftritt.

Tafel der Fakultäten von 1! bis 20!

n	$n!$	n	$n!$	n	$n!$
1	1	8	40 320	15	1 307 674 368 000
2	2	9	362 880	16	20 922 789 888 000
3	6	10	3 628 800	17	355 687 428 096 000
4	24	11	39 916 800	18	6 402 373 705 728 000
5	120	12	479 001 600	19	121 645 100 408 832 000
6	720	13	6 227 020 800	20	2 432 902 008 176 640 000
7	5 040	14	87 178 291 200		

Treten in einer Anzahl von Elementen Gruppen von gleichen Elementen auf, so ist die Anzahl der Permutationen kleiner, als wenn alle Elemente verschieden sind; beim Permutieren z. B. der fünf Elemente $e_1 = a, e_2 = a, e_3 = b, e_4 = b, e_5 = b$ haben alle verschiedenen Anordnungen der Elemente e_1 und e_2 sowie der Elemente e_3, e_4 und e_5 als gleich zu gelten. Da dies jeweils 2! bzw. 3! Permutationen sind, ist die Gesamtzahl der unterscheidbaren Permutationen nur noch $\frac{5!}{2!\,3!} = 10$.

Sind im allgemeinen die n Elemente in m Gruppen zu je $p_1, p_2, \ldots, p_m$ gleichen Elementen so zusammenzufassen, daß die $p_i!$ Permutationen der p_i Elemente für $i = 1, 2, \ldots, m$ als gleich gelten, so ist die Gesamtzahl der Permutationen dieser Elemente:

$$\frac{n!}{p_1!\, p_2! \ldots p_m!}; \quad p_1 + p_2 + \cdots + p_m = n$$

Beispiel 2: Könnte ein passionierter Skatspieler sämtliche möglichen Spiele im Laufe seines Lebens spielen? – Die Anzahl der möglichen Spiele ist $\frac{32!}{10!\,10!\,10!\,2!}$, da die Permutationen innerhalb der 10 Karten eines jeden Spielers und innerhalb des Skates dasselbe Spiel bedeuten. Von diesen 2 753 294 408 504 640 Spielen schafft der Spieler aber nur einen winzigen Bruchteil in 100 Jahren nämlich 7 300 000, wenn er täglich 200 Spiele macht.

Lexikographische Anordnung. Das Aufsuchen aller $n!$ Permutationen von n Elementen wird durch die *lexikographische Anordnung* sehr erleichtert. Dazu wird von einer natürlichen Anordnung ausgegangen, die vorliegt, z. B. bei Zahlen der Größe nach oder bei Buchstaben nach dem Alphabet, bzw. festgelegt wird. Permutationen werden dann als lexikographisch geordnet bezeichnet, wenn von zwei verschiedenen Permutationen diejenige zuerst steht, deren erstes Element in der natürlichen Anordnung vorangeht. Bei gleichen ersten Elementen erfolgt die Unterscheidung nach den zweiten Elementen, bei außerdem gleichen zweiten nach den dritten usw. Die ersten beiden folgenden Paare von Permutationen sind, wie auch die oben angegebenen sechs Permutationen von drei Elementen, lexikographisch geordnet, während es das dritte Paar nicht ist.

1.	2.	3.
a b c f g ↓	*a b c h i* ↓	*a b d f e* ↓
a b c g f	*a c b i h*	*a b d e f*

Inversion. Man sagt, zwei Elemente einer Permutation bilden eine *Inversion*, wenn ihre Anordnung umgekehrt wie die natürliche ist. In der aus den Elementen a, b, c, d, e gebildeten Permutation $cdbea$ stehen die Elemente c vor b, c vor a, d vor b, d vor a, b vor a sowie e vor a und bilden je eine Inversion. Die angegebene Permutation enthält danach sechs Inversionen. Ist die Anzahl der Inversionen einer Permutation gerade, so wird diese Permutation *gerade*, sonst *ungerade* genannt.

Kombinationen

Jede Zusammenstellung von k Elementen aus n Elementen heißt eine *Kombination k-ter Klasse* oder *k-ter Ordnung*.

Beispiel 1: Von den vier Elementen a, b, c, d sind Kombinationen 2. Klasse: *ab, ac, ad, bc, bd, cd, bb, dd, ...*

Werden nur verschiedene Elemente zur Zusammenstellung ausgewählt, so liegen *Kombinationen ohne Wiederholung*, sonst *Kombinationen mit Wiederholung* vor. Werden zwei Kombinationen, die gleiche Elemente, aber in verschiedener Anordnung enthalten, als verschieden betrachtet, so werden sie *Kombinationen mit Berücksichtigung der Anordnung* oder auch *Variationen*, im anderen Fall *Kombinationen ohne Berücksichtigung der Anordnung* oder auch nur *Kombinationen* genannt.

Anzahl der Variationen. Die Anzahl der Variationen k-ter Klasse von n Elementen ohne Wiederholung wird mit V_n^k bezeichnet. Das erste Element von V_n^k kann auf n verschiedene Arten gewählt werden, das zweite noch auf $(n-1)$, das dritte auf $(n-2)$ und das k-te auf $(n-k+1)$ Arten. Man erhält mithin $V_n^k = n(n-1) \dots (n-k+1) = \dfrac{n!}{(n-k)!}$ Arten der Anordnung.

Anzahl V_n^k der Variationen ohne Wiederholung von n Elementen zur k-ten Klasse	$V_n^k = \dfrac{n!}{(n-k)!}$

Von den $n = 4$ Elementen a, b, c, d gibt es danach $V_4^3 = 4 \cdot 3 \cdot 2 = 24$ Variationen zur 3. Klasse ohne Wiederholung. Diese lauten:

abc → *abd* → *acb* → *acd* → *adb* → *adc* → *bac* → *bad* → *bca* → *bcd* → *bda* → *bdc* →
cab → *cad* → *cba* → *cbd* → *cda* → *cdb* → *dab* → *dac* → *dba* → *dbc* → *dca* → *dcb*.

Sind Wiederholungen zugelassen, so kann auch das zweite, dritte usw. Element auf n Arten gewählt werden. Von $n = 3$ Elementen sind deshalb $V_3^2 = 3^2 = 9$ Variationen zur 2. Klasse *mit Wiederholung* möglich: *aa* → *ab* → *ac* → *ba* → *bb* → *bc* → *ca* → *cb* → *cc*.
Zur k-ten Klasse gibt es danach n^k Variationen mit Wiederholung, die mit ${}^wV_n^k$ bezeichnet werden.

Anzahl ${}^wV_n^k$ der Variationen mit Wiederholung von n Elementen zur k-ten Klasse	${}^wV_n^k = n^k$

Beispiel 2: Aus den Ziffern 1, 2, ..., 9, 0 lassen sich ${}^wV_{10}^3 = 10^3 = 1000$ Variationen zur 3. Klasse mit Wiederholung bilden. Das sind gerade die Zahlen 000, 001, 002 bis 999.

Beispiel 3: In der *Blindenschrift* werden durch die Anordnung von sechs Punkten, die erhaben oder gelocht in Papier gedrückt werden, die Buchstaben, Zahlen und Satzzeichen dem Blinden fühlbar gemacht. *Punkt* und *Nicht-Punkt* sind die zwei zu variierenden Elemente; als Zeichen stehen die Variationen dieser zwei Elemente zur 6. Klasse mit Wiederholung zur Verfügung; das sind $2^6 = 64$ Zeichen. Diese Möglichkeiten reichen aus, um das Blindenalphabet mit Ziffern und Satzzeichen darzustellen (Abb. 27.1-1).

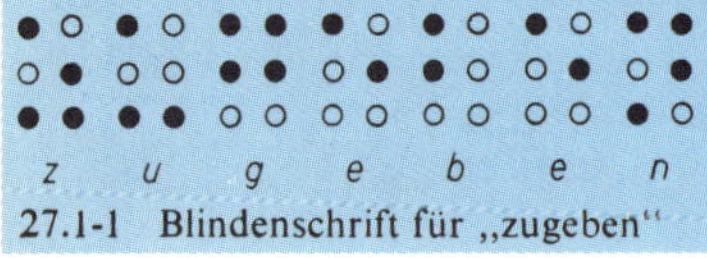

27.1-1 Blindenschrift für „zugeben“

Anzahl von Kombinationen. Während man bei Variationen die Anordnung berücksichtigt, wird sie in Kombinationen außer Betracht gelassen. Man bezeichnet die Kombinationen ohne Wiederholung zur k-ten Klasse von n Elementen mit C_n^k. Von den vier Elementen a, b, c, d lassen sich folgende Kombinationen zur 2. Klasse ohne Wiederholung bilden: $ab \to ac \to ad \to bc \to bd \to cd$. Würde man die Elemente jeder Kombination permutieren, so erhielte man die Variationen V_4^2 von vier Elementen zur 2. Klasse, der Anzahl nach das 2!fache. Entsprechend geht die Anzahl C_n^k der Kombinationen von n Elementen zur k-ten Klasse durch Multiplizieren mit $k!$ in die Anzahl V_n^k der entsprechenden Variationen über: $k! \cdot C_n^k = V_n^k = \frac{n!}{(n-k)!}$ oder $C_n^k = \binom{n}{k} = \frac{n!}{k!(n-k)!}$. Die C_n^k sind demnach *Binomialkoeffizienten*.

Anzahl C_n^k der Kombinationen ohne Wiederholung von n Elementen zur k-ten Klasse	$C_n^k = \binom{n}{k} = \frac{n!}{(n-k)!\,k!}$

Beispiel 4: Beim *Zahlenlotto* können aus $n = 90$ Zahlen $k = 5$ verschiedene Zahlen auf $C_{90}^5 = \binom{90}{5} = 43\,949\,268$ Arten ausgewählt werden. Wenn man alle diese Möglichkeiten tippt, hat man mit Sicherheit einen *Fünfer*.
Die Anzahl der auftretenden *Vierer* und *Dreier* läßt sich ebenfalls ermitteln: Von den fünf gezogenen (richtigen) Zahlen fehlt jeweils eine; es ergeben sich $\binom{5}{4} = 5$ Viererkombinationen und, wenn zwei fehlen, $\binom{5}{3} = 10$ Dreierkombinationen. Jede dieser 5 Viererkombinationen ist unter den gespielten Scheinen noch $\binom{90-5}{1} = 85$mal vorhanden, da es so viele Möglichkeiten gibt, eine Viererkombination mit den noch verbleibenden Zahlen zu fünf Zahlen zu ergänzen. Es ist $\binom{5}{4}\binom{90-5}{1} = \binom{5}{4}\binom{85}{1} = 5 \cdot 85 = 425$ die Anzahl der *Vierer*. Jede Dreierkombination läßt sich aus den noch verbleibenden Zahlen auf $\binom{85}{2} = 85 \cdot 42$ Arten zu einer Fünferkombination ergänzen, ohne daß darunter der *Fünfer* oder ein *Vierer* enthalten ist. Danach ist $\binom{5}{3} \cdot \binom{85}{2} = 35\,700$ die Anzahl der *Dreier*.

Sind *Wiederholungen* zugelassen, so bezeichnet man die Anzahl der Kombinationen von n Elementen zur k-ten Klasse als ${}^wC_n^k$. Für die drei Elemente a, b, c bzw. für n Elemente $a_1, a_2, \ldots, a_n$ zur 2. Klasse erhält man:

$$\begin{matrix} aa & ab & ac \\ & bb & bc \\ & & cc \end{matrix} \quad \text{bzw.} \quad \begin{matrix} a_1a_1 & a_1a_2 & a_1a_3 \ldots a_1a_n \\ & a_2a_2 & a_2a_3 \ldots a_2a_n \\ & & a_3a_3 \ldots a_3a_n \\ & & \vdots \\ & & a_na_n \end{matrix}$$

${}^wC_n^k$ Kombinationen mit Wiederholung von n Elementen zur k-ten Klasse	${}^wC_n^k = \binom{n+k-1}{k}$

oder ${}^wC_3^2 = 3 + 2 + 1 = 6$ bzw. ${}^wC_n^2 = n + (n-1) + (n-2) + \cdots + 1 = {}^1/_2\,(n+1) \cdot n$.
Allgemein gilt ${}^wC_n^k = \binom{n+k-1}{k}$, eine Behauptung, die für $k = 2$ nach dem Vorhergehenden richtig ist und durch vollständige Induktion für jede natürliche Zahl $k > 2$ bewiesen werden kann.

27.2. Wahrscheinlichkeitsrechnung

Geschichtliches. Die ersten Anfänge der Wahrscheinlichkeitsrechnung gehen bis in die Mitte des 17. Jahrhunderts zurück. Ein begeisterter Spieler, der Chevalier von Meré, bat PASCAL um die Lösung der für ihn wichtigen Aufgabe, die Verteilung des Gewinns auf zwei Spieler anzugeben, wenn beim vorzeitigen Abbruch des Spiels der eine $n < m$, der andere $p < m$ Partien gewonnen hat, ursprünglich aber festgelegt worden war, daß dem der gesamte Gewinn zufällt, der zuerst m Partien gewonnen hat. PASCAL teilte seine Lösung FERMAT mit, der ebenfalls einen Lösungsweg fand. Ein dritter stammt von HUYGENS. Diese Gelehrten erkannten die Bedeutung der Frage für die Untersuchung der Gesetzmäßigkeiten zufälliger Erscheinungen. Die Begriffe und die ersten Methoden der neuen Wissenschaft entwickelten sich aus Problemen der Glücksspiele. Erst im 19. Jh. machte der rasch einsetzende Aufschwung der Naturwissenschaften einen Aufbau der Wahrscheinlichkeitsrechnung über den Rahmen der Glücksspiele hinaus notwendig. Diese Entwicklung ist eng mit den Namen Jakob BERNOULLI, MOIVRE, LAPLACE, GAUSS, POISSON, TSCHEBYSCHOW, Andrei Andrejewitsch MARKOW und in jüngster Zeit mit denen von KOLMOGOROW und CHINTCHIN verbunden.

Mit der Untersuchung der Gesetzmäßigkeiten zufälliger Ereignisse ist die von Massenerscheinungen verbunden, z. B. ist die Produktion eines Gegenstands des täglichen Bedarfs eine Massenerscheinung, das Auftreten eines Ausschußteils dabei ein zufälliges Ereignis. Heute hat die Wahrscheinlichkeitsrechnung enge Verbindung zu vielen anderen Zweigen der Mathematik, zu vielen Bereichen der Naturwissenschaften, der Technik und der Ökonomie.

Wahrscheinlichkeit von zufälligen Ereignissen

Ereignis. Ein Ereignis E im Sinne eines zufälligen Ereignisses ist das Ergebnis eines Versuchs, das eintreten kann, aber nicht eintreten muß. Ein *Versuch* kann eine Beobachtung oder ein Experiment sein und ist gekennzeichnet durch einen Komplex von erfüllten Bedingungen und durch seine Wiederholbarkeit. Ereignisse werden mit großen lateinischen Buchstaben bezeichnet; z. B. das *sichere Ereignis*, das im Ergebnis eines Versuchs bestimmt eintritt, mit S, das *unmögliche Ereignis*, das im Ergebnis eines Versuchs nie eintritt, mit U. Beim Versuch «Würfeln mit einem Würfel» z. B. ist E_3 das Ereignis «Augenzahl 3», S ist «Würfeln einer der Augenzahlen 1 oder 2 oder 3 oder 4 oder 5 oder 6» und U z. B. «Würfeln der Augenzahl 7».

Ereignisse *schließen einander aus* oder *sind unvereinbar*, wenn im Ergebnis eines Versuchs nur eines von ihnen eintreten kann; z. B. sind beim Versuch «Würfeln mit einem Würfel» die Ereignisse E_i «Augenzahl i», $i = 1, 2, 3, 4, 5, 6$, unvereinbar, da nur eine dieser Augenzahlen auftreten kann. Beim Ziehen einer Kugel aus einer Urne, die rote und schwarze Kugeln enthält, sind die Ereignisse E_1 «Ziehen einer roten Kugel» und E_2 «Ziehen einer schwarzen Kugel» unvereinbar, da sie nicht gleichzeitig auftreten können.

Eine Anzahl paarweise unvereinbarer Ereignisse bildet ein *vollständiges* System von Ereignissen, wenn im Ergebnis eines Versuchs eins von ihnen notwendig auftritt, z. B. beim «Würfeln mit einem Würfel» die Ereignisse E_i «Augenzahl i» mit $i = 1, 2, 3, 4, 5, 6$.

Bilden zwei Ereignisse E_1 und E_2 ein *vollständiges System* von Ereignissen, so heißt eins das *komplementäre* oder *entgegengesetzte* Ereignis zum anderen; beim Münzenwurf z. B. die beiden Ereignisse «Zahl» und «Wappen».

Von der *Summe C der Ereignisse A* und B, in Zeichen $C = A \cup B$ oder $C = A + B$, spricht man, wenn als Ergebnis eines Versuchs wenigstens eines der Ereignisse A oder B eintritt. Diese Erklärung kann auf mehr als zwei Ereignisse erweitert werden, z. B. ist beim Versuch «Würfeln mit einem Würfel» das Ereignis «Würfeln einer geraden Augenzahl» äquivalent der Summe der Ereignisse $E_2 + E_4 + E_6$.

Von dem *Produkt* C der Ereignisse A und B, in Zeichen $C = A \cap B$ oder $C = A \cdot B$ bzw. $C = AB$, spricht man, wenn als Ergebnis eines Versuchs sowohl das Ereignis A als auch das Ereignis B realisiert wird. Beim Versuch «Würfeln mit zwei Würfeln» z. B. tritt das Ereignis C «Würfeln der Augenzahl 12» dann ein, wenn sowohl mit dem einen als auch mit dem anderen Würfel die Augenzahl 6 geworfen wurde. Die Erklärung des Produkts kann auch auf mehr als zwei Ereignisse erweitert werden.

Klassische Definition der Wahrscheinlichkeit. Obgleich eine axiomatische Theorie der Wahrscheinlichkeit besteht, können wichtige Gesetze schon aus der klassischen Definition hergeleitet werden.

> **Klassische Definition der Wahrscheinlichkeit.** Können im Ergebnis eines Versuchs *n gleichmögliche Ereignisse* auftreten und zieht das Eintreten eines jeden von m dieser n Ereignisse, die als *günstige Ereignisse* bezeichnet werden, das Eintreten eines Ereignisses E nach sich, so ist die Wahrscheinlichkeit für dessen Eintreten $P(E) = m/n$, d. h. das *Verhältnis der Anzahl m der günstigen Ereignisse zu der Anzahl n der möglichen.*

$P(E)$ ist danach stets eine Zahl $0 \leqslant P(E) \leqslant 1$; für das sichere Ereignis S gilt $P(S) = 1$ und für das unmögliche Ereignis $P(U) = 0$. Oft wird die Wahrscheinlichkeit für das Eintreten eines Ereignisses in Prozenten ausgedrückt.

Beim »Würfeln mit einem Würfel« sind die Ereignisse E_i »Augenzahl i« mit $i = 1, 2, \ldots, 6$ mögliche Ereignisse im Ergebnis eines Versuchs; wird das Ereignis E »gerade Augenzahl« betrachtet, so ergibt sich für sein Eintreten die Wahrscheinlichkeit $3/6 = 1/2$; denn von den $n = 6$ möglichen Ereignissen E_i sind die $m = 3$ Ereignisse »Augenzahl 2«, »Augenzahl 4« und »Augenzahl 6« günstige Ereignisse, da mit ihrem Eintreten im Ergebnis eines Würfelversuchs gleichzeitig das Ereignis »gerade Augenzahl« realisiert wird. Voraussetzung ist dabei ein *idealer Würfel*, der geometrisch und mechanisch homogen ist, so daß nach Form und Massenverteilung keine Seite vor einer anderen ausgezeichnet ist. Dann sind die Ereignisse E_i gleichwahrscheinlich. Sie bilden ein vollständiges System, und demzufolge ist ihre Summe das sichere Ereignis, überhaupt eine der Augenzahlen 1 bis 6 zu würfeln. Seine Wahrscheinlichkeit ist aber 1, für jedes E_i mithin 1/6. Für das Ereignis $E = E_2 + E_4 + E_6$, «Würfeln einer geraden Augenzahl», erhält man dagegen $P(E) = 3/6 = 1/2$.

Additionsgesetz der Wahrscheinlichkeitsrechnung. Sind im Ergebnis eines Versuchs n Ereignisse möglich und von diesen m_i für das Eintreten des Ereignisses E_i für $i = 1, 2, \ldots, k$ günstig, so sind $m = \sum_{i=1}^{k} m_i$ für das Eintreten des Ereignisses $E = \sum_{i=1}^{k} E_i$ günstig, falls sich die Ereignisse E_i für $i = 1, 2, \ldots, k$ paarweise einander ausschließen. Dann gilt $P(E_i) = m_i/n$ für $i = 1, 2, \ldots, k$ und $P(E) = m/n = (m_1 + m_2 + \cdots + m_k)/n = \sum_{i=1}^{k} m_i/n = \sum_{i=1}^{k} P(E_i)$.

Die Wahrscheinlichkeit der Summe einander paarweise ausschließender Ereignisse ist gleich der Summe der Wahrscheinlichkeiten dieser Ereignisse.

$$P(E_1 + E_2 + \cdots + E_k) = P(E_1) + P(E_2) + \cdots + P(E_k).$$

Beispiel 1: Bedeuten beim Würfeln mit einem idealen Würfel die Ereignisse E_4 «Augenzahl 4» und E_5 «Augenzahl 5», so gilt für das Ereignis $E = E_4 + E_5$ «Augenzahl 4 oder 5» $P(E) = P(E_4 + E_5) = P(E_4) + P(E_5) = 2/6 = 1/3$ (Abb. 27.2-1).

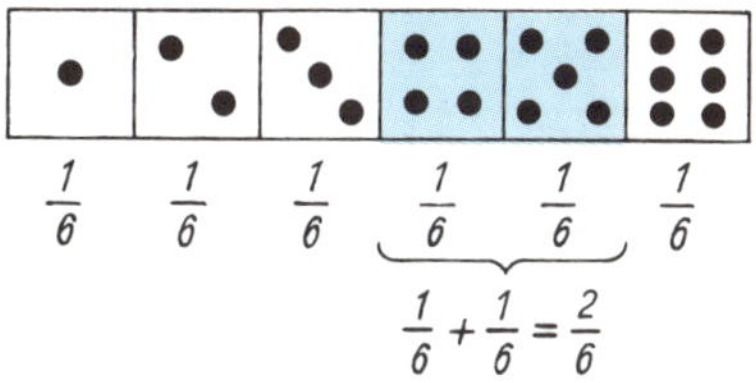

27.2-1 Zum Additionsgesetz bei einem idealen Würfel

Werden im Ergebnis eines Versuches k Ereignisse E_i mit $i = 1, 2, \ldots, k$ betrachtet, die ein vollständiges System von Ereignissen bilden und für deren Eintreten von den n möglichen Ereignissen jeweils m_i mit $i = 1, 2, \ldots, k$ Ereignisse günstig sind, dann gilt $S = E_1 + E_2 + \cdots + E_k$, $s = n = m_1 + m_2 + \cdots + m_k$ und dementsprechend $P(S) = n/s = 1$. Für zwei entgegengesetzte Ereignisse E_1 und E_2 gilt dann $P(E_1 + E_2) = P(E_1) + P(E_2) = 1$ oder $P(E_2) = 1 - P(E_1)$, z. B. wenn die Ereignisse E_1 »Geburt eines Knaben« und E_2 »Geburt eines Mädchens« bedeuten.
Sind von n möglichen Versuchsausgängen m_1 günstig für das Eintreten des Ereignisses E_1 und m_2 günstig für das Eintreten des Ereignisses E_2, schließen sich die Ereignisse E_1 und E_2 einander aber nicht aus, so kann der oben angegebene Additionssatz für Wahrscheinlichkeiten verallgemeinert werden. Dazu werden die l Ereignisse betrachtet, bei deren Eintreten im Ergebnis eines Versuchs das Ereignis $E_1 \cdot E_2$ realisiert wird. Damit erhält man drei Gruppen von Ereignissen:

$\bar{m}_1 = (m_1 - l)$ für das Eintreten des Ereignisses E_1 allein, $\bar{m}_2 = (m_2 - l)$ für das Eintreten des Ereignisses E_2 allein und l für das Eintreten des Ereignisses $E_1 \cdot E_2$ günstige Ereignisse. Die Ereignisse $E_1\bar{E}_2$, $E_2\bar{E}_1$ und E_1E_2 schließen einander paarweise aus. Nach dem Additionssatz gilt dann:

$$\begin{aligned} P(E_1 + E_2) &= P(E_1\bar{E}_2 + E_2\bar{E}_1 + E_1E_2) = P(E_1\bar{E}_2) + P(E_2\bar{E}_1) + P(E_1E_2) = \bar{m}_1/n + \bar{m}_2/n + l/n \\ &= (\bar{m}_1 + \bar{m}_2 + l)/n = [(m_1 - l) + (m_2 - l) + l]/n = m_1/n + m_2/n - l/n \\ &= P(E_1) + P(E_2) - P(E_1E_2). \end{aligned}$$

Sollte $P(E_1E_2)$ nicht bekannt sein, so gilt die Abschätzung $P(E_1 + E_2) \leqslant P(E_1) + P(E_2)$.

Bedingte Wahrscheinlichkeiten. Eine *unbedingte Wahrscheinlichkeit* hängt nur von dem für den Versuch vorausgesetzten festen Komplex von Bedingungen ab; z. B. davon, daß jeder verwendete Würfel ideal ist, daß jede Augenzahl beim Würfeln gleichwahrscheinlich ist. Eine *bedingte* Wahrscheinlichkeit hängt außerdem von mindestens einer zusätzlichen Bedingung ab; man bezeichnet dann mit $P(E \mid F)$ die Wahrscheinlichkeit für das Eintreten des Ereignisses E unter der Voraussetzung, daß vorher schon das Ereignis F eingetreten ist.

Beispiel 2: Sind von n Kugeln in einer Urne m schwarz und $(n - m)$ weiß, so sind beim Versuch «Ziehen mit Zurücklegen» zwei Ereignisse möglich, F_1 «Ziehen einer schwarzen Kugel» und F_2 «Ziehen einer weißen Kugel». Für sie erhält man die unbedingten Wahrscheinlichkeiten $P(F_1)$ und $P(F_2)$.

Ereignis Wahrscheinlichkeit	F_1 m/n	F_1 m/n	F_2 $(n - m)/n$	F_2 $(n - m)/n$	erster Zug
Ereignis Wahrscheinlichkeit	$(E_1 \mid F_1)$ $(m - 1)/(n - 1)$	$(E_2 \mid F_1)$ $(n - m)/(n - 1)$	$(E_1 \mid F_2)$ $m/(n - 1)$	$(E_2 \mid F_2)$ $(n - m - 1)/(n - 1)$	zweiter Zug

Beim Versuch «Ziehen ohne Zurücklegen» hängt schon die Anzahl der vorhandenen Kugeln vor dem zweiten Zug vom Ausgang des ersten ab. Trat das Ereignis F_1 ein, so gibt es $(m - 1)$ schwarze und $(n - m)$ weiße Kugeln; trat das Ereignis F_2 ein, so gibt es m schwarze und $(n - m - 1)$ weiße

Kugeln. Für die Ereignisse E_1 «beim zweiten Zug eine schwarze Kugel ziehen» und E_2 «beim zweiten Zug eine weiße Kugel ziehen» gibt es deshalb vier bedingte Wahrscheinlichkeiten $P(E_1 \mid F_1)$, $P(E_2 \mid F_1)$, $P(E_1 \mid F_2)$ und $P(E_2 \mid F_2)$.

Beispiel 3: Beim Würfeln mit zwei idealen Würfeln können die 36 paarweise einander ausschließenden Ereignisse $E_{a,b} = (a, b)$ mit $a = 1, 2, \ldots, 6$ und $b = 1, 2, \ldots, 6$ eintreten. Dabei ist wie bei geordneten Zahlenpaaren im allgemeinen (a, b) von (b, a) zu unterscheiden. Man erhält deshalb die unbedingte Wahrscheinlichkeit $P(E_{a,b}) = 1/36$ oder nach dem Additionssatz für das Ereignis «Summe 8 der Augenzahlen eines Wurfs» $P(E_{a,b} \mid a + b = 8) = 5/36$, da $a + b = 2 + 6 = 3 + 5 = 4 + 4 = 5 + 3 = 6 + 2$ fünf günstige Ereignisse sind.

Unter der zusätzlichen Voraussetzung S_g «Augensumme ist gerade Zahl» erhält man dagegen $P(E_{ab} \mid S_g) = 1/18$ und $P(E_{a,b} \mid (a + b = 8) \wedge S_g) = 5/18$.

Eine andere bedingte Wahrscheinlichkeit ergibt die Bedingung «Augenzahl 4 beim zweiten Würfel». Für $b = 4$ kann (a, b) eins der 6 Zahlenpaare (1, 4), (2, 4), (3, 4), (4, 4), (5, 4), (6, 4) sein, so daß $P(E_{a,b} \mid (b = 4)) = 6/36 = 1/6$.

Der gleiche Zahlenwert 1/6 ergibt sich für das Ereignis, aus den sechs Zahlenpaaren mit $a = 4$ das Paar mit $b = 4$ zu treffen (Abb. 27.2-2).

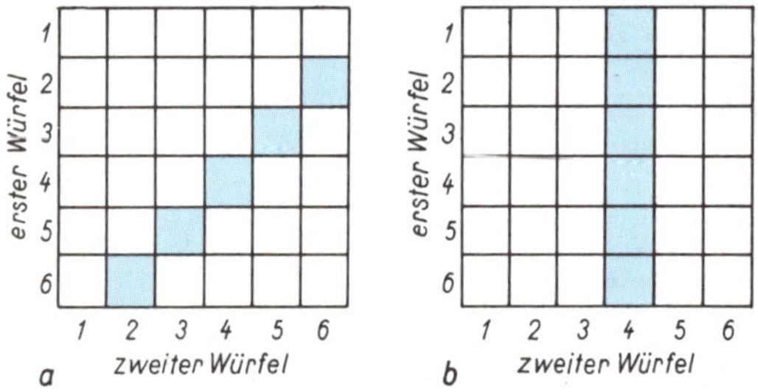

27.2-2 Wahrscheinlichkeiten beim Wurf zweier Würfel
a) für Augensumme 8 ist 5/36
b) für 4 beim zweiten Würfel ist 6/36 = 1/6

Multiplikationsgesetz der Wahrscheinlichkeitsrechnung. Sind von n im Ergebnis eines Versuchs möglichen Ereignissen k für das Eintreten eines Ereignisses F günstig, dann gilt $P(F) = k/n$. Sind aber weiterhin m von diesen k Ereignissen günstig für das Eintreten eines Ereignisses E, so ist die Wahrscheinlichkeit für das Eintreten des Ereignisses E unter der Voraussetzung, daß das Ereignis F schon eingetreten ist, $P(E \mid F) = m/k$. Demgegenüber gilt aber $P(E \cdot F) = m/n$. Wegen $m/n = (k/n) \cdot (m/k)$ folgt $P(E \cdot F) = P(F) \cdot P(E \mid F)$.

Die Wahrscheinlichkeit $P(EF)$ für das gleichzeitige Auftreten von zwei Ereignissen E und F ist das Produkt der Wahrscheinlichkeit $P(F)$ des ersten Ereignisses F mit der bedingten Wahrscheinlichkeit $P(E \mid F)$ des Ereignisses E, die unter der Voraussetzung berechnet wird, daß das Ereignis F schon eingetreten war.

Beispiel 4: Beim Würfeln mit zwei idealen Würfeln sind die 36 Ereignisse $E_{a,b}$ möglich. Unter Verwendung der Ereignisse E »die Summe $a + b$ der Augenzahlen des Würfelpaares ist durch 3 teilbar« und F »die Summe $a + b$ der Augenzahlen des Paares ist durch 2 teilbar« ergeben sich die Ereignisse $E \cdot F$ »die Summe $a + b$ der Augenzahlen des Würfelpaares ist sowohl durch 2 als auch durch 3, d. h. durch 6, teilbar« und $E \mid F$ »die Summe $a + b$ der Augenzahlen des Paares ist durch 3 teilbar unter der Voraussetzung, daß ihre Teilbarkeit durch 2 schon bekannt ist«. Für die Wahrscheinlichkeiten dieser Ereignisse erhält man: $P(F) = 18/36$, $P(E) = 12/36$, $P(E \cdot F) = 6/36$, $P(E \mid F) = 6/18$, und für sie gilt: $P(E \cdot F) = 6/36 = (6/18) \cdot (18/36) = P(E \mid F) \cdot P(F)$.

Satz über die totale Wahrscheinlichkeit. Bilden die Ereignisse F_i für $i = 1, 2, \ldots, n$ ein *vollständiges System* von Ereignissen und ist E ein weiteres Ereignis, dann schließen die Ereignisse $E \cdot F_i$ mit $i = 1, \ldots, n$ einander paarweise aus. Die Summe dieser Ereignisse ist gleich dem Ereignis E. Nach dem Additionssatz für Wahrscheinlichkeiten ist seine Wahrscheinlichkeit $P(E)$ als Summe von $P(EF_i)$ über $i = 1, 2, \ldots, n$ gegeben; für jeden Summanden erhält man aber nach dem Multiplikationsgesetz für Wahrscheinlichkeiten $P(EF_i) = P(F_i)\, P(E \mid F_i)$. Für die unbedingte Wahrscheinlichkeit $P(E)$ gilt dann $P(E) = \sum_{i=1}^{n} P(F_i) \cdot P(E \mid F_i)$. Sie wird *totale Wahrscheinlichkeit* genannt.

Satz über die totale Wahrscheinlichkeit. Bilden die Ereignisse F_i mit $i = 1, 2, \ldots, n$ ein vollständiges System von Ereignissen, ist E ein weiteres Ereignis und sind die Wahrscheinlichkeiten $P(F_i)$ und $P(E \mid F_i)$ für $i = 1, 2, \ldots, n$ bekannt, so gilt:

$$P(E) = \sum^{n} P(E \mid F_i)\, P(F_i).$$

Beispiel 5: Enthalten zwei Urnen neben schwarzen Kugeln weiße in einem Verhältnis, das für jede Urne verschieden sein kann, so läßt sich das Ereignis E «Ziehen einer weißen Kugel beim Griff in eine der beiden Urnen» darstellen als Summe zweier einander ausschließender Ereignisse $EF_1 + EF_2$, wenn das Ereignis F_1 bedeutet «Ziehen einer Kugel aus Urne 1» und das Ereignis F_2 «Ziehen einer Kugel aus Urne 2». Nach dem Satz über die totale Wahrscheinlichkeit erhält man für das Ereignis E die Wahrscheinlichkeit $P(E) = P(EF_1) + P(EF_2) = P(F_1)\,P(E \mid F_1) + P(F_2)\,P(E \mid F_2)$; $P(E)$ kann danach aus $P(F_1)$, $P(F_2)$, $P(E \mid F_1)$ und $P(E \mid F_2)$ berechnet werden.

Unabhängige Ereignisse. Zwei Ereignisse E und F sind unabhängig voneinander, wenn das Eintreffen oder Nichteintreffen des einen keinen Einfluß auf das Eintreten oder Nichteintreten des anderen hat; z. B. hängt beim Würfeln mit zwei idealen Würfeln die Augenzahl des einen nicht von der des anderen ab. Bedeutet das Ereignis E «Augenzahl 4» und bezeichnet der Index 1 oder 2 den Würfel, so gilt $P(E_1) = P(E_2) = 1/6$, aber auch $P(E_2 \mid E_1) = 1/6$. Für das Ereignis $(E_1 \cap E_2 = E_1 \cdot E_2)$, d. h. «Augenzahl 4 bei jedem Würfel», gilt dann $P(E_1 \cap E_2) = 1/36 = 1/6 \cdot 1/6$. Dieses Ergebnis läßt sich verallgemeinern.

Multiplikationsgesetz für die Wahrscheinlichkeit unabhängiger Ereignisse	$P(E_1 \cap E_2) = P(E_1) \cdot P(E_2)$

Axiomatische Definition der Wahrscheinlichkeit. Die Entwicklung der Naturwissenschaften und der Technik führte auf Probleme, auf die sich die klassische Definition der Wahrscheinlichkeit nicht mehr bedenkenlos anwenden läßt. Die Anzahl der möglichen Fälle kann nicht immer als endlich und jeder einzelne Fall kann oft nicht als gleichmöglich angenommen werden; z. B. ist es schwierig, aus reinen Symmetrieüberlegungen die Wahrscheinlichkeit dafür anzugeben, daß während eines bestimmten Zeitintervalls auf einem Telefonkabel von n möglichen Gesprächen m geführt werden. Die *statistische Definition* der Wahrscheinlichkeit ist für diese Probleme der klassischen überlegen, hat aber mehr beschreibenden als formal-mathematischen Charakter. Es war notwendig, die Grundbegriffe der Wahrscheinlichkeitsrechnung systematisch zu untersuchen und die Bedingungen für ihre Anwendbarkeit in einem axiomatischen Aufbau der Wahrscheinlichkeitsrechnung festzustellen.

Von den verschiedenen Wegen, die vorgeschlagen wurden, wird heute im allgemeinen der gegangen, den KOLMOGOROW Anfang der dreißiger Jahre zur Lösung der neuen Probleme einschlug. KOLMOGOROW verknüpfte den Begriff der Wahrscheinlichkeit mit der modernen Mengenlehre, der Maßtheorie und der Funktionalanalysis. Sein Weg geht von den Haupteigenschaften der Wahrscheinlichkeit aus, die sowohl unter Zugrundelegung der klassischen als auch der statistischen Definition gelten. KOLMOGOROW schuf eine axiomatische Begründung des Begriffs der Wahrscheinlichkeit, die sowohl die klassische als auch die statistische Definition einschließt und außerdem den erhöhten Anforderungen der modernen Naturwissenschaften und der Technik genügt.

Bei diesem axiomatischen Aufbau wird von einer Menge M von *Elementarereignissen* ausgegangen, und es wird ein *System* $\boldsymbol{S}$ von Teilmengen von M betrachtet. Die Elemente des Systems $\boldsymbol{S}$, d. h. die Teilmengen von M, werden als *zufällige Ereignisse* bezeichnet. Genügt das System $\boldsymbol{S}$ der zufälligen Ereignisse den folgenden Bedingungen, so wird es *Borelsches Ereignisfeld* oder *Borelkörper* genannt.

Borelsches Ereignisfeld: 1. Die Menge M soll ein Element von $\boldsymbol{S}$ sein.
2. Sind die Mengen E_1 und E_2 Elemente von $\boldsymbol{S}$, so sollen auch die Vereinigungsmenge $E_1 \cup E_2$, der Durchschnitt $E_1 \cap E_2$ und die Komplementärmengen $\bar{E}_1$ und $\bar{E}_2$ in bezug auf M Elemente von $\boldsymbol{S}$ sein.
3. Sind die Mengen $E_1, E_2, \ldots, E_n, \ldots$ Elemente von $\boldsymbol{S}$, so sind es auch die Vereinigungsmenge $E_1 \cup E_2 \cup \ldots \cup E_n \ldots$ und der Durchschnitt $E_1 \cap E_2 \cap \ldots \cap E_n \ldots$

Sind nur die Bedingungen 1. und 2. erfüllt, so spricht man von einem *Ereignisfeld.*

Nach der 2. Bedingung muß auch $\bar{M}$, d. h. die leere Menge $\emptyset$, ein Element von $\boldsymbol{S}$ sein. Sie wird als *unmögliches Ereignis* bezeichnet. In den Abbildungen 27.2-3, 27.2-4 und 27.2-5 sind die zufälligen Ereignisse $E_1, \bar{E}_1, E_1 \cup E_2, \overline{E_1 \cup E_2}, E_1 \cap E_2$ und $\overline{E_1 \cap E_2}$ in der Weise veranschaulicht, daß die Elementarereignisse durch die Punkte einer quadratischen Fläche dargestellt werden. Jede Punktmenge stellt dann ein zufälliges Ereignis dar.

Die Erklärung soll an einem Beispiel erläutert werden: Es wird mit einem Würfel gewürfelt. Dann besteht die Menge der elementaren Ereignisse aus den 6 Elementen e_i für $i = 1, 2, \ldots, 6$, falls e_i angibt, daß bei einem Wurf i Augen geworfen werden. Das System der zufälligen Ereignisse $\boldsymbol{S}$ be-

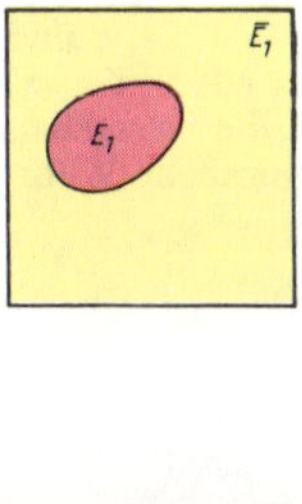

27.2-3 Ereignis E_1 und Ereignis $\bar{E}_1$

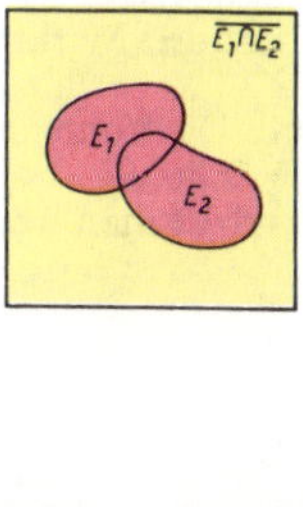

27.2-4 Ereignis $E_1 \cup E_2$ und Ereignis $\overline{E_1 \cup E_2}$

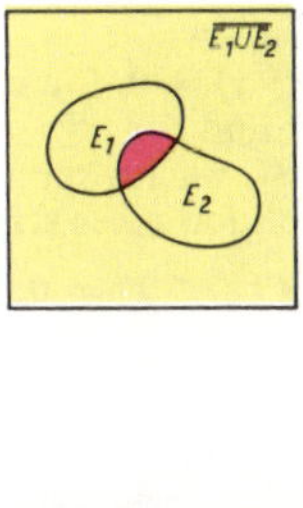

27.2-5 Ereignis $E_1 \cap E_2$ und Ereignis $\overline{E_1 \cap E_2}$

steht dann aus $2^6 = 64$ Elementen: $(e_1), (e_2), \ldots, (e_6), (e_1, e_2), \ldots, (e_5, e_6), (e_1, e_2, e_3), \ldots, (e_4, e_5, e_6), \ldots, (e_1, e_2, e_3, e_4, e_5, e_6)$ und der leeren Menge $\emptyset$. Innerhalb jeder Klammer stehen die Elemente von M, aus denen sich die betreffende Teilmenge von M zusammensetzt.
Auf der Grundlage des Systems $\boldsymbol{S}$ von zufälligen Ereignissen, in dem M das sichere, $\bar{M}$ das unmögliche und E und $\bar{E}$ entgegengesetzte Ereignisse sind, wird die Wahrscheinlichkeit für das Eintreten eines Ereignisses durch das Kolmogorowsche Axiomensystem erklärt.

Kolmogorowsches Axiomensystem: 1. Axiom: Jedem zufälligen Ereignis E des Ereignisfeldes wird eine nichtnegative reelle Zahl $P(E)$ zugeordnet, die als Wahrscheinlichkeit von E bezeichnet wird.
2. Axiom: Die Wahrscheinlichkeit des sicheren Ereignisses M ist 1, $P(M) = 1$.
3. Axiom: Sind die Ereignisse $E_1, E_2, \ldots, E_n$ paarweise unvereinbar, so ist $P(E_1 \cup E_2 \cup \cdots \cup E_n) = P(E_1) + P(E_2) + \cdots + P(E_n)$.

Das folgende erweiterte Additionsaxiom wird hinzugenommen, um die in der Wahrscheinlichkeitsrechnung oft auftretenden Ereignisse berücksichtigen zu können, die in unendlich viele Teilergebnisse zerfallen.

Erweitertes Additionsaxiom: Ist das Eintreten eines Ereignisses E gleichwertig damit, daß ein beliebiges der paarweise unvereinbaren Ereignisse $E_1, E_2, \ldots, E_n, \ldots$ eintritt, so ist $P(E) = P(E_1) + P(E_2) + \cdots + P(E_n) + \cdots$

Aus diesen Axiomen ergibt sich als erste Schlußfolgerung, daß für jedes Ereignis E aus $\boldsymbol{S}$ die Ungleichung $P(E) \leqslant 1$ gilt. Das Axiomensystem ist widerspruchsfrei, aber nicht vollständig. Auf ihm erfolgt der Aufbau der Wahrscheinlichkeitsrechnung. Diese maßtheoretische Wahrscheinlichkeitsauffassung in Verbindung mit einer genügend weit gefaßten Häufigkeitsinterpretation ist die Grundlage der mathematischen Statistik.

Zufallsgröße und Verteilung

Eine *Zufallsgröße* oder *zufällige Größe* X ist eine Größe, die bei verschiedenen, unter gleichen Bedingungen durchgeführten Versuchen verschiedene Werte x annimmt, von denen dann jeder ein *zufälliges Ereignis* darstellt. Im folgenden werden nur *diskrete* oder *kontinuierliche* bzw. *stetige Zufallsgrößen* X betrachtet. Eine diskrete Zufallsgröße X ist z. B. der Zahlenwert der Augenzahl beim Würfeln mit einem Würfel, dagegen ist die augenblickliche Geschwindigkeit X eines Moleküls in einem Gas eine stetige Zufallsgröße. Durch ihre Wahrscheinlichkeits-, Dichte- und Verteilungsfunktionen werden die Zufallsgrößen vollständig charakterisiert.

Wahrscheinlichkeits- und Verteilungsfunktion einer diskreten Zufallsgröße X. Eine Zufallsgröße X, die nur endlich viele oder höchstens abzählbar viele Werte auf der x-Achse annimmt, heißt diskret. Diese Werte x_i für $i = 1, 2, \ldots$ werden als *Sprungstellen* und die zugehörigen Wahrscheinlichkeiten $P(X = x_i) = p_i$ als *Sprunghöhen* bezeichnet. Die Zuordnung der Sprunghöhen zu den Sprungstellen wird Wahrscheinlichkeitsfunktion genannt; es gilt: $\sum_i p_i = 1$. Bei einem schiefen Würfel wird z. B. der Sprungstelle x_i »Augenzahl i« für $i = 1, 2, \ldots, 6$ die Wahrscheinlichkeit $P(X = x_i)$ zugeordnet. Da eines der den Sprungstellen entsprechenden Ereignisse eintreten muß, gilt: $\sum_{i=1}^{6} P(X = x_i) = 1$.

x_i	1	2	3	4	5	6
$P(X = x_i)$	1/6	1/6	1/8	1/6	1/8	1/4

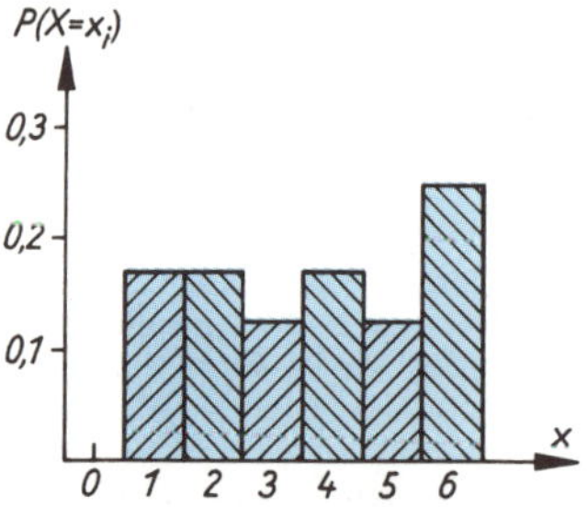

27.2-6 Graphische Darstellung der Wahrscheinlichkeitsfunktion einer diskreten Zufallsgröße

Graphisch stellt man die Wahrscheinlichkeitsfunktion durch Säulen dar, Rechtecke der Säulenbreite e_x und der Höhe $e_y \cdot P(X = x_i)$; für einen schiefen Würfel sind die Werte $P(X = x_i)$ in der nebenstehenden Tabelle angegeben (Abb. 27.2-6). Wählt man für die Einheiten e_x und e_y in Abszissen- und Ordinatenrichtung $e_x = e_y = 1$, so ist die Summe der Rechtecke $\sum P(X = x_i) = 1$. Die Verteilungsfunktion $F(x)$ gibt die Wahrscheinlichkeit $P(X < x)$ dafür an, daß die Zufallsgröße X nur Werte $x_i < x$ annimmt, d. h., für die Zufallsgröße X mit den Merkmalswerten x_i bei $i = 1, \ldots, n$ und $x \leqslant x_1$ gilt $P(X < x) = 0$, für $x_1 < x \leqslant x_2$ gilt $P(X < x) = P(x_1)$, für $x_2 < x \leqslant x_3$ gilt $P(X < x) = P(x_1) + P(x_2)$ und für $x > x_n$ gilt $P(X < x) = 1$. Die Verteilungsfunktion $F(x)$, die wenigstens linksseitig stetig ist, wächst monoton von $F(-\infty) = 0$ bis $F(+\infty) = 1$. Für die angegebene Wahrscheinlichkeitsfunktion eines schiefen Würfels z. B. erhält man wegen $x_i = i$:

$$F(1) = P(X < 1) = 0;$$

$$F(2) = P(X < 2) = P(X = 1) = 1/6;$$
$$F(3) = P(X < 3) = P(X = 1) + P(X = 2) = 1/3;$$
$$F(4) = P(X < 4) = \sum_{i=1}^{3} P(X = i) = 11/24;$$
$$F(5) = P(X < 5) = \sum_{i=1}^{4} P(X = i) = 5/8;$$
$$F(6) = P(X < 6) = \sum_{i=1}^{5} P(X = i) = 3/4;$$
$$F(x > 6) = P(X < x) = \sum_{i=1}^{6} P(X = i) = 1.$$

Die graphische Darstellung der Verteilungsfunktion $F(x)$ ist eine Treppenkurve (Abb. 27.2-7), wenn die x_i auf der Abszissen- und die zugehörigen $F(x)$ auf der Ordinatenachse eines kartesischen Koordinatensystems abgetragen werden.

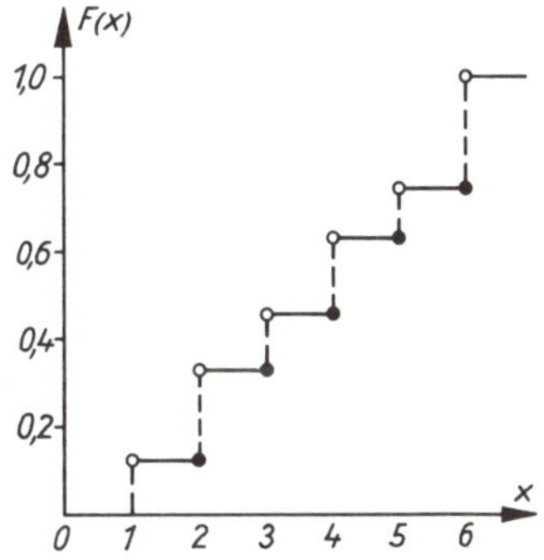

27.2-7 Graphische Darstellung der Verteilungsfunktion $F(x)$ einer diskreten Zufallsgröße

Dichte- und Verteilungsfunktion einer stetigen Zufallsgröße X. Eine Zufallsgröße X, die Werte auf der x-Achse annimmt und keine Sprungstellen hat, wird als stetig bezeichnet, wenn eine nichtnegative Funktion $f(x)$ existiert, die für jedes reelle x die folgende Beziehung erfüllt: $F(x) = \int_{-\infty}^{x} f(t)\,dt$.

Dabei ist $F(x)$ die Verteilungsfunktion und $f(x)$ die Dichtefunktion der Zufallsgröße. Für die Dichtefunktion gilt die Relation $\int_{-\infty}^{+\infty} f(t)\,dt = 1$ (Abb. 27.2-8); d. h., die Fläche zwischen der x-Achse und der Kurve, die der graphischen Darstellung der Funktion $f(x)$ entspricht, hat die Größe 1. Die Verteilungsfunktion $F(x)$ ist wieder die Wahrscheinlichkeit dafür, daß die Zufallsgröße X Werte kleiner als x annimmt:

$$F(x) = P(X < x) = \int_{-\infty}^{x} f(t)\,dt.$$

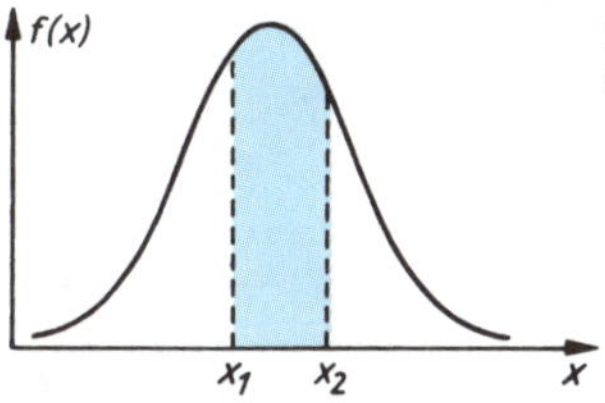

27.2-8 Darstellung einer Dichtefunktion

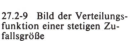

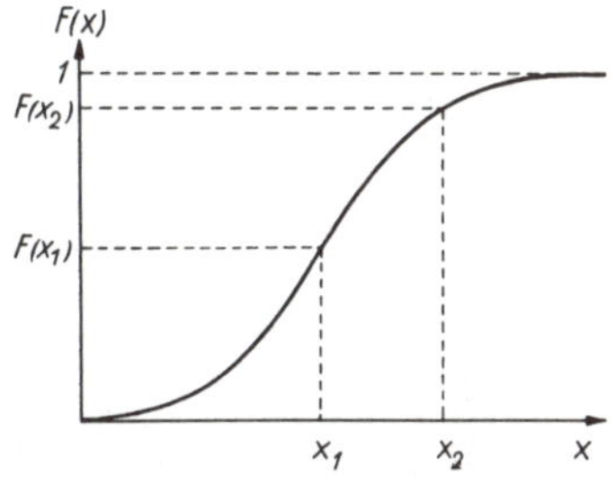

27.2-9 Bild der Verteilungsfunktion einer stetigen Zufallsgröße

Wegen $f(t) \geqslant 0$ wächst die Funktion $F(x)$ monoton von $F(-\infty) = 0$ bis $F(+\infty) = 1$. Sie ist stetig (Abb. 27.2-9).
Die Wahrscheinlichkeit dafür, daß die Zufallsgröße X einen Wert im Intervall $[x_1, x_2[$ annimmt, wird durch $P(x_1 \leqslant X < x_2) = P(X < x_2) - P(X < x_1) = F(x_2) - F(x_1) = \int_{x_1}^{x_2} f(t)\,dt$ angegeben. Sie ist in der graphischen Darstellung der Dichtefunktion durch die blaue Fläche gekennzeichnet. Es ist leicht einzusehen, daß für eine stetige Zufallsgröße X jeder Wert x in einem Intervall zwar ein zufälliges Ereignis, daß die Wahrscheinlichkeit seines Auftretens aber Null ist.

Mittelwert und Varianz

Eine Zufallsgröße wird, wenn sie diskret ist, durch die Wahrscheinlichkeitsfunktion und, wenn sie stetig ist, durch die Dichtefunktion vollständig beschrieben. Aus diesen Funktionen können Parameter zur Charakterisierung der Zufallsgröße berechnet werden. Die wichtigsten sind *Mittel-* oder *Erwartungswert* und *Varianz* oder *Dispersion.*

Mittelwert oder Erwartungswert. Den Mittelwert μ einer *diskreten Zufallsgröße X* erhält man, indem jeder ihrer möglichen Werte mit der zugehörigen Wahrscheinlichkeit multipliziert und die Summe der so entstandenen Produkte gebildet wird. Dieser Mittelwert braucht nicht unter den Werten der diskreten Zufallsgröße X vorzukommen.
Wird X durch die Wahrscheinlichkeitsfunktion $P(X = x_i) = p_i$ für $i = 1, 2, \ldots, n$ beschrieben, so ist der Mittelwert μ festgelegt durch $\mu = x_1 p_1 + x_2 p_2 + \cdots + x_n p_n$.

Mittelwert einer diskreten Zufallsgröße	$\mu = \sum_{i=1}^{n} x_i p_i$

Beispiel 1: Für einen *idealen* Würfel gilt $p_i = 1/6$ für $i = 1, 2, 3, 4, 5, 6$; daraus berechnet man den Mittelwert

$$\mu = 1 \cdot {}^1/_6 + 2 \cdot {}^1/_6 + 3 \cdot {}^1/_6 + 4 \cdot {}^1/_6 + 5 \cdot {}^1/_6 + 6 \cdot {}^1/_6 = 3{,}5.$$

Für eine *stetige Zufallsgröße X* berechnet man den Mittelwert μ, indem man die mit x multiplizierte Dichtefunktion $f(x)$ von $-\infty$ bis $+\infty$ integriert.

Mittelwert einer stetigen Zufallsgröße	$\mu = \int_{-\infty}^{+\infty} x\, f(x)\, dx$

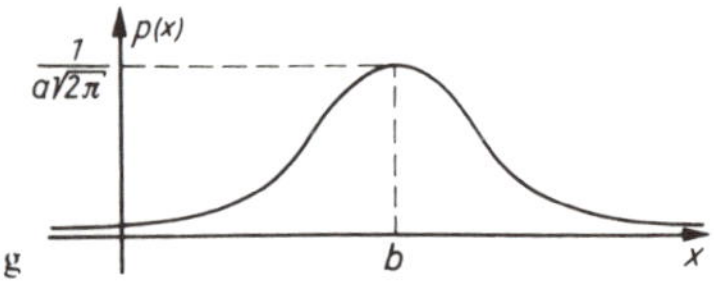

27.2-10 Mittelwert einer Normalverteilung

Beispiel 2: Gesucht wird der Mittelwert der stetigen Zufallsgröße X mit der Wahrscheinlichkeitsdichte der *Normal-* oder *Gaußverteilung* (Abb. 27.2-10).

Für die Dichtefunktion $p(x) = [1/(a\sqrt{2\pi})] \exp[-(x-b)^2/(2a^2)]$ erhält man

$$\mu = \int_{-\infty}^{+\infty} [x/(a\sqrt{2\pi})] \exp[-(x-b)^2/(2a^2)]\, dx.$$

Durch die Substitution $[(x-b)/(a\sqrt{2})] = z$, $dx/(a\sqrt{2}) = dz$ und mit Hilfe der Integralformeln $\int_{-\infty}^{+\infty} e^{-x^2}\, dx = \sqrt{\pi}$ und $\int_{-\infty}^{+\infty} x\, e^{-x^2}\, dx = 0$ erhält man

$$\mu = (a\sqrt{2}/\sqrt{\pi}) \int_{-\infty}^{+\infty} [z + b/(a\sqrt{2})]\, e^{-z^2}\, dz = (b/\sqrt{\pi}) \int_{-\infty}^{+\infty} e^{-z^2}\, dz = b.$$

Mittelwerte von Summen und Produkten von Zufallsgrößen. Von den Zufallsgrößen X und Y mit den Mittelwerten μ_x und μ_y ist die Summe $Z = X + Y$ ebenfalls eine Zufallsgröße, z. B. der Wert der Augenzahl beim Würfeln mit zwei Würfeln. Der Mittelwert μ_z der Zufallsgröße Z bestimmt sich aus den Mittelwerten μ_x und μ_y der einzelnen Zufallsgrößen X und Y.

$\mu_z = \mu_x + \mu_y$	*Der Mittelwert der Summe zweier Zufallsgrößen ist gleich der Summe der Mittelwerte der beiden Zufallsgrößen.*

Diese Regel kann auch auf den Mittelwert einer Summe von drei und mehr Zufallsgrößen erweitert werden. Die aus den Zufallsgrößen U, X, Y mit den Mittelwerten μ_u, μ_x, μ_y gebildete Zufallsgröße $Z = U + X + Y$ hat z. B. den Mittelwert $\mu_z = \mu_u + \mu_x + \mu_y$.

Beispiel 3: Wird mit zwei idealen Würfeln gewürfelt, so ist die Zufallsgröße X bzw. Y der Wert der Augenzahl beim Würfeln mit dem ersten bzw. zweiten Würfel. Von beiden kennt man die Mittelwerte: $\mu_x = 3{,}5$; $\mu_y = 3{,}5$. Der Mittelwert μ_z der Werte der Augenzahlen beim Würfeln mit beiden Würfeln ist dann $\mu_z = 3{,}5 + 3{,}5 = 7$.

Beispiel 4: Der Ausstoß eines Produktionsbetriebs in einer kleinen Zeiteinheit, etwa in einem Tag, kann als Zufallsgröße betrachtet werden, da er kleinen Schwankungen z. B. durch Störungen unterworfen ist, die nicht immer vorauszusehen und auch nicht durch entsprechende technisch-organisatorische Maßnahmen ausgeglichen werden können. In zwei Betrieben A und B ist die Anzahl der Erzeugnisse im Mittel $\mu_x = 260$ in A bzw. $\mu_y = 90$ in B, die Zufallsgrößen sind X in A bzw. Y in B. Die Produktion in beiden Betrieben mit der Zufallsgröße Z ist dann im Mittel:

$$\mu_z = 260 + 90 = 350$$

Für das Produkt von zwei Zufallsgrößen X und Y gilt ebenfalls eine einfache Regel, wenn X und Y voneinander unabhängig sind, d. h., wenn sie für beliebige x und y der Gleichung

$$P(X < x, Y < y) = P(X < x) \cdot P(Y < y)$$

genügen; darin ist $P(X < x, Y < y)$ die Wahrscheinlichkeit dafür, daß sowohl X kleiner als x als auch Y kleiner als y ist. Sind μ_x bzw. μ_y die Mittelwerte der beiden untereinander unabhängigen Zufallsgrößen X bzw. Y, dann ergibt sich der Mittelwert μ_z der Zufallsgröße $Z = X \cdot Y$ aus $\mu_z = \mu_x \cdot \mu_y$.

$\mu_z = \mu_x \cdot \mu_y$	*Der Mittelwert des Produkts zweier unabhängiger Zufallsgrößen ist gleich dem Produkt der Mittelwerte der beiden Zufallsgrößen.*

Wie bei der Addition von mehr als zwei Zufallsgrößen läßt sich diese Regel auf den Mittelwert des Produkts von mehr als zwei voneinander unabhängigen Zufallsgrößen übertragen.

Beispiel 5: Bei der Herstellung von rechteckigen Platten ist sowohl die Länge in mm als auch die Breite in mm eine Zufallsgröße X bzw. Y. Folglich ist auch der Flächeninhalt eine Zufallsgröße $Z = X \cdot Y$. Sind die Mittelwerte $\mu_x = 120$ mm und $\mu_y = 80$ mm für X und Y gegeben, so gilt für den Mittelwert μ_z der Fläche: $\mu_z = 120 \cdot 80 = 9600\ \text{mm}^2$.

Varianz oder Dispersion. In vielen Fällen reicht der Mittelwert zur Charakterisierung einer Zufallsgröße X nicht aus. Bei der Produktion von Bolzen z. B. ist der Durchmesser ein wichtiges Maß und im Sinne der Wahrscheinlichkeitsrechnung eine Zufallsgröße X. Bei bester Einrichtung der Maschine ist ihr Mittelwert μ dem Sollmaß gleich. Während der Produktion stellt sich aber heraus, daß viele Durchmesser größer bzw. kleiner als das Sollmaß sind; bei gleichem Mittelwert können sogar bei der einen Maschine die Abweichungen groß und bei der anderen klein sein. Sie müssen aber innerhalb der Toleranzgrenzen liegen. Zu ihrer Beschreibung wird die *Varianz* oder *Dispersion* σ^2 der Zufallsgröße X benutzt, deren Wurzel σ *Standardabweichung* oder *mittlere quadratische Abweichung* genannt wird. Sie ist ein Maß für die Größe der Abweichung vom Mittelwert μ.

Die Varianz σ^2 einer diskreten Zufallsgröße X erhält man, indem man das Quadrat jeder Abweichung $(x_i - \mu)$ vom Mittelwert mit der zugehörigen Wahrscheinlichkeit multipliziert und alle diese Produkte addiert.

Dabei gilt für die Größen $(x_i - \mu)^2$ dieselbe Wahrscheinlichkeitsfunktion wie für X, nämlich $\dfrac{x_1 x_2 \cdots x_n}{p_1 p_2 \cdots p_n}$ mit $\sum_{i=1}^{n} p_i = 1$.

Varianz einer diskreten Zufallsgröße	$\sigma^2 = \sum_i (x_i - \mu)^2 p_i$

Beispiel 6: Beim Würfeln mit einem idealen Würfel ist der Wert der geworfenen Augenzahl eine Zufallsgröße X mit dem Mittelwert $\mu = 3{,}5$ und der nebenstehenden Wahrscheinlichkeitsfunktion.

x_i	1	2	3	4	5	6
p_i	1/6	1/6	1/6	1/6	1/6	1/6

Dann ergibt sich für die Varianz:

$$\sigma^2 = {}^1/_6(1-3{,}5)^2 + {}^1/_6(2-3{,}5)^2 + {}^1/_6(3-3{,}5)^2 + {}^1/_6(4-3{,}5)^2 + {}^1/_6(5-3{,}5)^2 + {}^1/_6(6-3{,}5)^2$$
$$= 2{,}92 \quad \text{und} \quad \sigma = \sqrt[2]{2{,}92} = 1{,}71.$$

Die Varianz σ^2 einer *stetigen Zufallsgröße* X erhält man, indem man die mit dem Quadrat der Abweichung vom Mittelwert $(x - \mu)$ multiplizierte Dichtefunktion $f(x)$ von $-\infty$ bis $+\infty$ integriert.

Varianz einer stetigen Zufallsgröße	$\sigma^2 = \int_{-\infty}^{+\infty} (x - \mu)^2 f(x)\, dx$

Beispiel 7: Gesucht wird die Varianz der stetigen Zufallsgröße X mit dem Mittelwert b und der Wahrscheinlichkeitsdichte $p(x) = [1/(a\sqrt{2\pi})] \exp[-(x-b)^2/(2a^2)]$. Für diese *Gauß- oder Normalverteilung* gilt nach der Erklärung der Varianz $\sigma^2 = \int_{-\infty}^{+\infty} [(x-b)^2/(a\sqrt{2\pi})] \exp[-(x-b)^2/(2a^2)]\, dx$. Mit Hilfe der in Beispiel 2 angegebenen Substitutionen erhält man $\sigma^2 = a^2$.

Varianz der Summe zweier unabhängiger Zufallsgrößen. Sind X und Y zwei unabhängige Zufallsgrößen mit der Varianz σ_x^2 bzw. σ_y^2, dann ist auch $Z = X + Y$ eine Zufallsgröße, z. B. der Wert der Augenzahl beim Würfeln mit zwei Würfeln, und die Varianz σ_z^2 der Zufallsgröße Z bestimmt sich aus den Varianzen der einzelnen Zufallsgrößen.

Die Varianz einer Summe von zwei unabhängigen Zufallsgrößen ist gleich der Summe der Varianzen der beiden Zufallsgrößen.

$$\sigma_z^2 = \sigma_x^2 + \sigma_y^2$$

Beispiel 8: Beim Würfeln mit zwei idealen Würfeln ist der Wert der Augenzahl bei einem Wurf eine Zufallsgröße Z. Sie ist die Summe der unabhängigen Zufallsgrößen X und Y, die die Augenzahl jedes der beiden Würfel bei einem Wurf bedeuten. Die Varianzen der beiden Zufallsgrößen sind $\sigma_x^2 = \sigma_y^2 = 2{,}92$. Dann hat die Varianz σ_z^2 der Zufallsgröße Z den Wert $\sigma_z^2 = 2{,}92 + 2{,}92 = 5{,}84$.

Die Tschebyschowsche Ungleichung

Im vorhergehenden Abschnitt wurde dargestellt, daß ein Überblick über eine Zufallsgröße durch den Mittelwert und die Varianz erhalten werden kann. Mit diesen Angaben kann aber noch nicht beantwortet werden, wie groß die Wahrscheinlichkeiten für Abweichungen vom Mittelwert μ sind. Eine einfache Abschätzung dafür gibt die *Tschebyschowsche Ungleichung*.

Man geht aus von einer diskreten oder stetigen Zufallsgröße X mit den Werten x, dem Mittelwert μ und der Varianz σ^2. Dann lautet die Tschebyschowsche Ungleichung, auf deren Herleitung hier verzichtet wird:

Tschebyschowsche Ungleichung	$P\{\lvert x-\mu\rvert \geqslant \varepsilon\} \leqslant \sigma^2/\varepsilon^2$

Die Wahrscheinlichkeit dafür, daß die Differenz $(x - \mu)$ dem Betrage nach größer oder gleich einer beliebigen Zahl $\varepsilon > 0$ ist, ist kleiner oder gleich dem Quotienten aus der Varianz σ^2 und dem Quadrat der Größe ε.

Mit Hilfe dieser Ungleichung können die Wahrscheinlichkeiten für die verschiedenen Abweichungen vom Mittelwert abgeschätzt werden. Ist z. B. bei einer Längenmessung eine mittlere Länge von 300 m und eine Varianz von 36 festgestellt worden, so ergibt sich die Wahrscheinlichkeit dafür, daß Abweichungen von mehr als 30 m auftreten, zu $P(\lvert x-300\rvert \geqslant 30) \leqslant 36/900 = 0{,}04$; d. h., die Wahrscheinlichkeit ist höchstens 0,04.

Das Gesetz der großen Zahlen

Im praktischen Leben und bei theoretischen Untersuchungen spielen die Ereignisse, deren Wahrscheinlichkeiten nahe an Eins oder Null liegen, eine große Rolle; man ist z. B. daran interessiert, daß die Wahrscheinlichkeit für die sichere Beförderung von Fahrgästen sich kaum von Eins unterscheidet oder daß die des Einsturzes einer Brücke praktisch Null ist. Es ist eine wichtige Aufgabe der Wahrscheinlichkeitsrechnung, Gesetzmäßigkeiten zu finden, deren Wahrscheinlichkeiten nahe an Eins liegen. Unter diesen Gesetzen ist das *Gesetz der großen Zahlen* von besonderer Bedeutung. Es soll in zwei Formen erläutert werden. Nach TSCHEBYSCHOW geht man aus von n paarweise unabhängigen Zufallsgrößen $X_1, X_2, \ldots, X_n$ mit den Mittelwerten $\mu_1, \mu_2, \ldots, \mu_n$ und Varianzen, die alle kleiner als b^2 sind. Dann bezeichnet $A = (1/n)(\mu_1 + \mu_2 + \cdots + \mu_n)$ das arithmetische Mittel der Mittelwerte, und nach der Tschebyschowschen Ungleichung gilt:

$$P\left(\left|\frac{1}{n}\sum_{i=1}^{n} X_i - A\right| < \varepsilon\right) \geqslant 1 - \frac{b^2}{n\varepsilon^2}, \quad \text{wenn } \varepsilon \text{ eine beliebige positive Zahl ist.}$$

Gesetz der großen Zahlen nach Tschebyschow. Das arithmetische Mittel A der Mittelwerte von n paarweise unabhängigen Zufallsgrößen unterscheidet sich für hinreichend große n mit einer Wahrscheinlichkeit, die beliebig nahe an Eins liegt, dem Betrage nach um weniger als ε vom arithmetischen Mittel der n Zufallsgrößen.

Das Gesetz der großen Zahlen nach TSCHEBYSCHOW rechtfertigt die Regel, daß der Mittelwert aus n Messungen zuverlässiger ist als jede einzelne Messung.

Nach Jakob BERNOULLI soll p die Wahrscheinlichkeit für das Eintreffen eines Ereignisses E sein, und in n unabhängigen Versuchen soll n_1-mal das Ereignis E eingetreten sein. Dann gilt für ein beliebig positives ε: $P(\lvert (n_1/n) - p\rvert < \varepsilon) \geqslant 1 - 1/(4\varepsilon^2 n)$.

Gesetz der großen Zahlen nach Bernoulli. Die relative Häufigkeit bei n Beobachtungen für das Ereignis E unterscheidet sich für hinreichend große n mit einer Wahrscheinlichkeit, die beliebig nahe an Eins liegt, dem Betrage nach um weniger als ε von der Wahrscheinlichkeit p für den Eintritt des Ereignisses.

Das Gesetz der großen Zahlen nach BERNOULLI ist ein Spezialfall des entsprechenden Gesetzes nach TSCHEBYSCHOW. Es begründet, daß die relative Häufigkeit zur Schätzung unbekannter Wahrscheinlichkeiten herangezogen werden kann.

Beispiel: Beim Werfen einer Münze unterscheidet man die Ergebnisse *Kopf* und *Wappen*. Die Resultate einiger großer Wurfserien sollen für $\varepsilon = 0{,}1$ unter Verwendung des Gesetzes der großen Zahlen angegeben werden. Man sieht, daß mit wachsender Anzahl der Versuche die Wahrscheinlichkeit dafür, daß die relative Häufigkeit n_1/n von der Wahrscheinlichkeit $p = 0{,}5$ weniger als 0,1 abweicht, nach Eins strebt.

	n	Kopf oben n_1	n_1/n	$1 - 1/(4\varepsilon^2 n)$
Buffon	4040	2048	0,507	0,9938
Pearson	12000	6019	0,5016	0,9979
Pearson	24000	12012	0,5005	0,9990

Einige wichtige Verteilungen

Eine Zufallsgröße X ist vollständig charakterisiert durch ihre Wahrscheinlichkeitsfunktion bzw. ihre Dichtefunktion oder durch die Verteilungsfunktion; man sagt kurz: durch ihre Verteilung. Einige Typen von Verteilungen haben für die Praxis große Bedeutung erlangt.

Binomialverteilung. Die Binomialverteilung, auch *Bernoullische* oder *Newtonsche Verteilung* genannt, läßt sich auf Probleme anwenden, denen das folgende Versuchsschema zugrunde liegt: In einer Urne sind schwarze und weiße Kugeln, und die Wahrscheinlichkeit für das Ereignis E «Ziehen einer schwarzen Kugel» ist p. Die für das Ergebnis $\bar{E}$ «Ziehen einer weißen Kugel» ist dann $(1 - p)$. Den Versuch, daß in einer Reihe von n Zügen mit Zurücklegen der gezogenen Kugel k-mal das Ereignis E eintritt und $(n - k)$-mal nicht eintritt, beschreibt die Zufallsgröße X. Ihre Verteilung ist die *Binomialverteilung*. Ihre *Wahrscheinlichkeitsfunktion* $P_n(k)$ läßt sich wie folgt bestimmen: Wegen des Zurücklegens jeder gezogenen Kugel ist jeder Zug ein unabhängiges Ereignis, und nach dem Multiplikationsgesetz ist $p^k(1 - p)^{n-k}$ die Wahrscheinlichkeit für das Ziehen von k schwarzen und $(n - k)$ weißen Kugeln. Für die Reihenfolge, in der die k schwarzen und die $(n - k)$ weißen Kugeln gezogen wurden, gibt es $\frac{n!}{k!(n-k)!} = \binom{n}{k}$ verschiedene Permutationen, von denen jede zum gleichen Ausgang des Versuchs führt. Mithin ist $P_n(k) = \binom{n}{k} p^k(1 - p)^{n-k}$ (Abb. 27.2-11). Die Wahrscheinlichkeiten, die zu den einzelnen Werten von k für $k = 0, 1, \ldots, n$ gehören, ergeben die Wahrscheinlichkeitsfunktion. Durch Summierung über alle $k < x$ erhält man die Verteilungsfunktion $F_n(x) = \sum_k P_n(k)$.

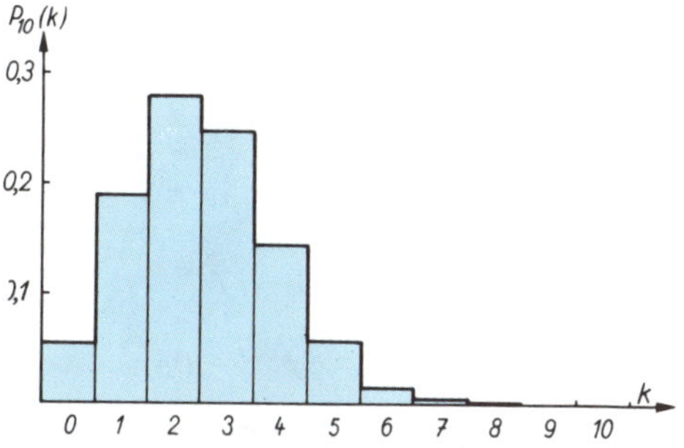

27.2-11 Wahrscheinlichkeitsfunktion $P_{10}(k)$ einer Binomialverteilung

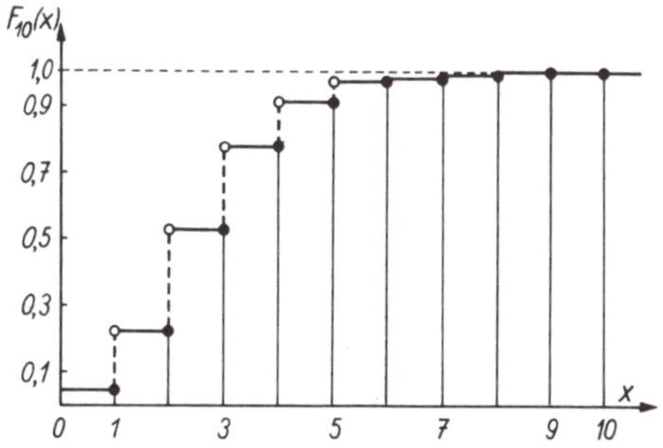

27.2-12 Darstellung der Verteilungsfunktion $F_{10}(x)$

Beispiel 1: Aus einer Urne wird jeweils eine Kugel gezogen und wieder in die Urne gegeben. Die Wahrscheinlichkeit ist $p = 1/4$, eine schwarze Kugel zu ziehen. Je 10 solcher Ziehungen bilden eine Gruppe. Werden die Versuche fortgesetzt, so wird die Anzahl der schwarzen Kugeln in den einzelnen Gruppen verschieden sein, sie ist eine Zufallsgröße. Es werden die Wahrscheinlichkeitsfunktion und die Verteilungsfunktion dieser Zufallsgröße «Anzahl der schwarzen unter 10 Kugeln» gesucht. Mit Hilfe von $P_{10}(k) = \binom{10}{k}\left(\frac{1}{4}\right)^k\left(\frac{3}{4}\right)^{10-k}$ für $k = 0, 1, \ldots, 10$ ergibt sich die Wahrscheinlichkeitsfunktion:

k	0	1	2	3	4	5	6	7	8	9	10
$P_{10}(k)$	0,056	0,188	0,282	0,250	0,146	0,058	0,016	0,003	0,0	0,0	0,0

und mit Hilfe von $F_{10}(x) = \sum_k P_{10}(k)$, wenn über alle $k < x$ summiert wird, die Verteilungsfunktion:

x	0	1	2	3	4	5	6	7	8	9	10	> 10
$F_{10}(x)$	0,0	0,056	0,244	0,526	0,776	0,922	0,980	0,996	1,000	1,0	1,0	1,0

Durch graphische Darstellung gewinnt man einen Eindruck von der Wahrscheinlichkeitsfunktion bzw. von der Verteilungsfunktion. Dazu werden auf der Abszisse k bzw. x und auf der Ordinate $P_{10}(k)$ bzw. $F_{10}(x)$ aufgetragen (Abb. 27.2-11 und 27.2-12).

Beispiel 2: Aus der Wahrscheinlichkeit $p = 0{,}515$ für eine Knabengeburt läßt sich mit Hilfe einer Binomialverteilung berechnen, mit welcher Wahrscheinlichkeit in Familien mit z. B. 6 Kindern

1, 2, 3, 4, 5 oder 6 Knaben zu erwarten sind:

Knaben	6	5	4	3	2	1	0
Wahrscheinlichkeit	0,019	0,105	0,248	0,312	0,220	0,083	0,013

Rekursionsformel	$P_n(k+1) = \frac{n-k}{k+1} \cdot \frac{p}{1-p} \cdot P_n(k)$

Um die langwierige Berechnung der Wahrscheinlichkeiten $P_n(k)$ zu vereinfachen, leitet man aus dem Verhältnis $P_n(k+1) : P_n(k) = [(n-k)/(k+1)] \cdot [p/(1-p)]$ die nebenstehende Rekursionsformel ab.

Mittelwert und Varianz der Binomialverteilung. Durch Einsetzen der entsprechenden Größen in die Formel für den Mittelwert einer diskreten Zufallsgröße ergibt sich

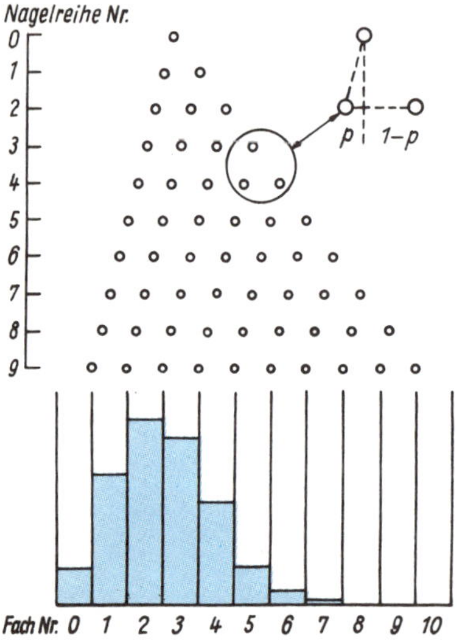

27.2-13 Schematische Darstellung eines Galtonbrettes

$$\mu = \sum_{m=0}^{n} m P_n(m) = \sum_{m=0}^{n} m \binom{n}{m} p^m (1-p)^{n-m}$$
$$= np \sum_{m=0}^{n-1} \binom{n-1}{m} p^m (1-p)^{n-1-m}.$$

Bei Beachtung des binomischen Satzes folgt dann

$$\mu = np[p + (1-p)]^{n-1} = np.$$

Mit dem Mittelwert np errechnet sich die Varianz

$$\sigma^2 = \sum_{m=0}^{n} (m - np)^2 P_n(m)$$
$$= \sum_{m=0}^{n} m^2 \binom{n}{m} p^m (1-p)^{n-m}$$
$$- 2np \sum_{m=0}^{n} m \binom{n}{m} p^m (1-p)^{n-m}$$
$$+ n^2p^2 \sum_{m=0}^{n} \binom{n}{m} p^m (1-p)^{n-m}$$
$$= \sum_{m=0}^{n} m^2 \binom{n}{m} p^m (1-p)^{n-m} - n^2p^2.$$

Wird die erste Summe in gleicher Art wie bei dem Mittelwert berechnet, so folgt schließlich:

$$\sigma^2 = pn[(1-p) + pn] - n^2p^2 = np(1-p).$$

In Beispiel 1 ergeben sich für Mittelwert und Varianz: $\mu = 10 \cdot 1/4 = 2{,}5$; $\sigma^2 = 10 \cdot (1/4) \cdot (3/4) = 1{,}875$. Die Binomialverteilung ist für kleine Werte von n und k gut brauchbar. Für große Werte werden jedoch die Berechnungen recht mühselig, und es wird dann je nach der Aufgabenstellung entweder die Poissonverteilung oder die Gaußverteilung angewandt.

Binomialverteilung	
Wahrscheinlichkeitsfunktion	$P_n(k) = \binom{n}{k} p^k (1-p)^{n-k}$
Mittelwert	$\mu = np$
Varianz	$\sigma^2 = np(1-p)$

Galtonbrett. Eine Darstellung der Binomialverteilung ist mit dem *Galtonbrett* möglich. Das ist ein geneigt aufgestelltes Nagelbrett. Die Nägel sind so angeordnet, daß der Abstand je zweier nebeneinanderliegender Nägel durch den darüberliegenden Nagel im Verhältnis $p : (1-p)$ geteilt wird (Abb. 27.2-13). Aus einem Trichter läßt man Kugeln durch die Nagelreihen laufen. Dabei trifft jede Kugel von Reihe zu Reihe auf einen Nagel und hat die Möglichkeit, nach rechts oder links abgelenkt zu werden. Nachdem die Kugeln n Nagelreihen durchlaufen haben, werden sie in $(n+1)$ Fächern aufgefangen. Die Füllung der Fächer zeigt die Verteilung der Kugeln wie eine Säulendarstellung. Läßt man N Kugeln durch ein Galtonbrett mit n *Nagelreihen* hindurchrollen, so sind $N \cdot P_n(m)$ Kugeln im m-ten Fach zu erwarten. Durch verschiedene Einstellung der Nagelreihen können die verschiedensten Binomialverteilungen veranschaulicht werden.

Poissonverteilung. Dieser Verteilung liegt im wesentlichen dasselbe Problem zugrunde wie der Binomialverteilung. Es unterscheidet sich nur darin, daß die Anzahl n der aus der Urne gezogenen Kugeln sehr groß und die Wahrscheinlichkeit p für das Ziehen einer schwarzen Kugel sehr klein ist.

Mit anderen Worten: Die Poissonverteilung ist die Grenzverteilung der Binomialverteilung für $n \to \infty$ und für $p \to 0$, wobei zusätzlich angenommen wird, daß das Produkt $np = a$ konstant ist. Diese Verteilung wird deshalb dann angewendet, wenn ein Ereignis sehr selten eintritt. Unter diesen Voraussetzungen ist nach dem Grenzübergang $\lim_{n \to \infty} P_n(k)$ die Wahrscheinlichkeit, mit n Zügen k schwarze Kugeln zu ziehen:

$$\psi_n(k) = a^k \cdot e^{-a}/k!,$$

wenn $np = a$ gesetzt wird. Die Poissonverteilung wird allein durch die Größe a bestimmt. Die Wahrscheinlichkeiten für die einzelnen Werte von k ergeben die Wahrscheinlichkeitsfunktion, und durch Summierung der einzelnen Wahrscheinlichkeiten über alle $k < x$ folgt die Verteilungsfunktion

$$F_n(x) = \sum_k \psi_n(k).$$

Beispiel 3: Aus einer Urne wird jeweils eine Kugel gezogen und wieder in die Urne gegeben. Die Wahrscheinlichkeit soll $p = 0{,}01$ sein, eine schwarze Kugel zu ziehen. Je 60 solcher Ziehungen bilden eine Gruppe. Werden die Versuche fortgesetzt, so wird die Anzahl der schwarzen Kugeln in den einzelnen Gruppen verschieden sein, sie ist eine Zufallsgröße. Es werden die Wahrscheinlichkeitsfunktion und die Verteilungsfunktion dieser Zufallsgröße «Anzahl der schwarzen unter 60 Kugeln» gesucht. —
Aus $\psi_{60}(k) = 0{,}6^k\, e^{-0{,}6}/k!$, wobei $a = 60 \cdot 0{,}01 = 0{,}6$ ist und k die Werte 0, 1, 2, 3, ..., 60 annehmen kann, ergibt sich die Wahrscheinlichkeitsfunktion

k	0	1	2	3	4	5	...	60
$\psi_{60}(k)$	0,549	0,329	0,099	0,020	0,003	0,000	...	0,000

und aus $F_{60}(x) = \sum_k \psi_{60}(k)$ die Verteilungsfunktion, wenn über alle $k < x$ summiert wird,

x	0	1	2	3	4	5	6	...	60	> 60
$F_{60}(x)$	0,0	0,549	0,878	0,977	0,997	1,000	1,000	...	1,000	1,000

In der gleichen Weise wie bei der Binomialverteilung erfolgt auch hier die graphische Darstellung.

In Abb. 27.2-14 sind Poissonverteilungen mit verschiedenen Werten von a eingezeichnet. Es zeigt sich, daß der Gipfel der Verteilung mit wachsendem a immer weiter nach rechts wandert und die Asymmetrie der Kurve abnimmt.
Für die Berechnung der einzelnen Wahrscheinlichkeiten verwendet man zweckmäßigerweise die aus dem Verhältnis $\psi_n(k+1):\psi_n(k) = [k!\,a^{k+1}\,e^{-a}]:[(k+1)!\,a^k\,e^{-a}] = a:(k+1)$ hervorgehende Rekursionsformel.

Rekursionsformel	$\psi_n(k+1) = [a/(k+1)]\,\psi_n(k)$

Mittelwert und Varianz der Poissonverteilung. Sie errechnen sich aus den entsprechenden Größen der Binomialverteilung, indem $np = a$ gesetzt wird und $p \to 0$ geht; es ergibt sich $\mu = np = a$; $\sigma^2 = np = a$. Mittelwert und Varianz sind einander gleich. Der Anwendungsbereich der Poissonverteilung war früher auf sehr ausgefallene Ereignisse beschränkt, z. B. auf Kinderselbstmorde oder auf Tote durch Hufschlag in einer Armee. In den letzten Jahrzehnten gewann sie jedoch erheblich an Bedeutung. Sie spielt heute eine wichtige Rolle z. B. im Fernsprechverkehr, in der statistischen Qualitätskontrolle bei der Untersuchung des Zerfalls von radioaktiven Substanzen, in der Textilindustrie, in der Biologie und in der Meteorologie. Außerdem wird die Poissonverteilung in vielen Fällen als Näherung für die Binomialverteilung verwendet, denn die Übereinstimmung ist für hinreichend große n und kleine p für praktische Zwecke ausreichend.

Poissonverteilung	
Wahrscheinlichkeitsfunktion	$\psi_n(k) = \dfrac{a^k e^{-a}}{k!}$
Mittelwert	$\mu = a$
Varianz	$\sigma^2 = a$

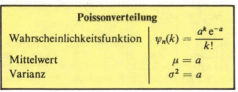

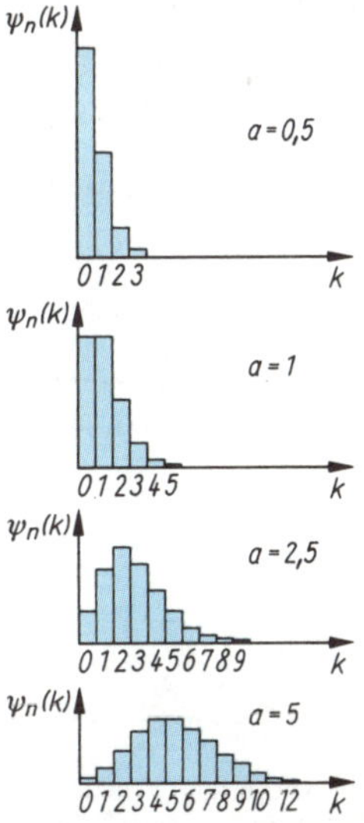

27.2-14 Poissonverteilung für verschiedene Werte von a

Gaußverteilung oder Normalverteilung. Die Gaußverteilung ist eine der wichtigsten Verteilungen der Wahrscheinlichkeitsrechnung und wurde von GAUSS im Zusammenhang mit dem Ausgleich von Meßergebnissen der Landesvermessung gefunden.

Für die Binomialverteilung ergab sich die Wahrscheinlichkeitsfunktion $P_n(k) = \binom{n}{k} p^k(1-p)^{n-k}$, wenn die Wahrscheinlichkeit p für das Ereignis «Ziehen einer schwarzen Kugel» ein fester Wert $0 < p < 1$ ist. Bei wachsender Anzahl n der Züge in der Versuchsreihe (vgl. Binomialverteilung) verliert die Wahrscheinlichkeitsfunktion ihre Asymmetrie (Abb. 27.2-15). Für $p = 0,4$ und $n = 5,15$ und 30 erhält man

k	0	1	2	3	4	5
$P_5(k)$	0,08	0,26	0,35	0,23	0,08	0,01

k	2	3	4	5	6	7	8	9	10	11
$P_{15}(k)$	0,02	0,06	0,13	0,19	0,21	0,18	0,12	0,06	0,02	0,01

k	6	7	8	9	10	11	12	13	14	15	16	17	18
$P_{30}(k)$	0,01	0,03	0,05	0,08	0,12	0,14	0,15	0,14	0,11	0,08	0,05	0,03	0,01

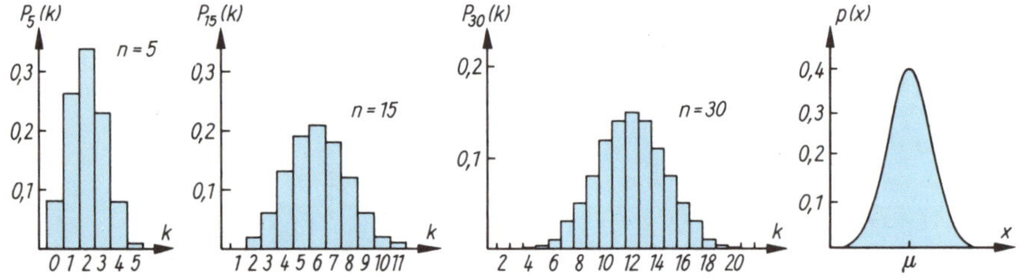

27.2-15 Graphische Darstellung der Wahrscheinlichkeitsfunktion bei wachsender Anzahl n der Versuche

Zur *Normalverteilung* gelangt man für $n \to \infty$, wenn die Anzahl n der Züge über jede Grenze wächst. Die Zufallsgröße X ist dann stetig. Für ihre *Dichtefunktion* $p(x)$ ergibt sich beim Grenzübergang $p(x) = [1/(a\sqrt{2\pi})] \exp[-(x-b)^2/(2a^2)]$, wie näher ausgeführt werden kann. Die Größen a und b sind Konstante. Für den Mittelwert und die Varianz σ^2 erhält man (vgl. Mittelwert und Varianz, Beispiel 2 und Beispiel 7):

$$\mu = \int_{-\infty}^{+\infty} [x/(a\sqrt{2\pi})] \exp[-(x-b)^2/(2a^2)] \, dx = b,$$

$$\sigma^2 = \int_{-\infty}^{+\infty} [(x-b)^2/(a\sqrt{2\pi})] \cdot \exp[-(x-b)^2/(2a^2)] \, dx = a^2.$$

Mittelwert und Varianz beschreiben diese Verteilung vollständig.

Gaußsche oder Normalverteilung

Dichtefunktion	$p(x) = \frac{1}{a\sqrt{2\pi}} e^{-\frac{(x-b)^2}{2a^2}}$
Mittelwert	$\mu = b$
Varianz	$\sigma^2 = a^2$

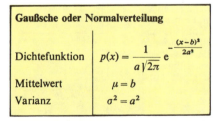

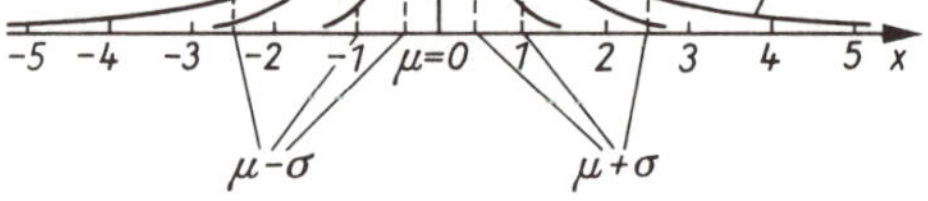

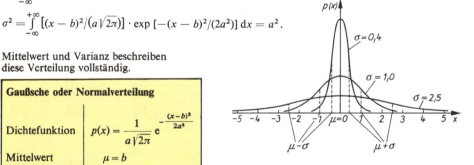

27.2-16 Häufigkeitsdichte der Gaußverteilung bei verschiedenem σ

Die Abbildung 27.2-16 zeigt die graphische Darstellung der Häufigkeitsdichten $p(x)$ für verschiedene Werte von $a^2 = \sigma^2$. Die Kurven haben eine glockenförmige Gestalt. Der Scheitel jeder Verteilung liegt beim Mittelwert μ. Von ihm aus fällt die Kurve symmetrisch nach beiden Seiten und nähert sich asymptotisch der x-Achse. Im Abstand $\pm\sigma$ vom Mittelwert hat die Kurve ihre Wendepunkte.

Der Einfluß der Größe der Varianz auf die Gestalt der Glockenkurve ist gut zu erkennen. Mit wachsendem σ werden die Kurven flacher und breiter.

Normierte Gaußverteilung. Von einer Zufallsgröße X, die durch eine Gaußverteilung beschrieben werden kann und von der der Mittelwert μ und die Varianz σ^2 gegeben sind, ist es langwierig, einzelne Werte der Dichtefunktion $p(x)$ zu berechnen. Man bezieht deshalb jede Gaußverteilung auf eine solche mit dem Mittelwert $\mu = 0$ und der Varianz $\sigma^2 = 1$, deren Dichtefunktion $\varphi(\lambda) = \left(1/\sqrt{2\pi}\right) e^{-\lambda^2/2}$ ist und die *normierte Gaußverteilung* oder kurz *Normalverteilung* genannt wird.
Die Dichtefunktion $\varphi(\lambda)$ ist tabelliert; in die Tafel wurden dabei wegen des symmetrischen Verlaufs der Kurve nur die zu den positiven Merkmalswerten gehörigen Werte aufgenommen. Der Übergang von einer Gaußverteilung mit dem Mittelwert μ und der Varianz σ^2 zur normierten Gaußverteilung erfolgt durch die Beziehung $\lambda = (x - \mu)/\sigma$. Für ein berechnetes λ sucht man in der Tabelle den zugehörigen Wert der Dichtefunktion $\varphi(\lambda)$ und findet mit der Beziehung $p(x) = \varphi(\lambda)/\sigma$ den zum Merkmalswert x gehörigen Wert der Dichtefunktion $p(x)$. Man findet z. B. für $x = 22$ die Werte $\lambda = 0{,}4$. $\varphi(\lambda) = 0{,}3683$ und $p(x) = 0{,}0737$.

Ordinaten der Normalverteilung $\varphi(\lambda) = \left(1/\sqrt{2\pi}\right) e^{-\lambda^2/2}$

	0	1	2	3	4	5	6	7	8	9
0,0	0,3989	3989	3989	3988	3986	3984	3982	3980	3977	3973
0,1	0,3970	3965	3961	3956	3951	3945	3939	3932	3925	3918
0,2	0,3910	3902	3894	3885	3876	3867	3857	3847	3836	3825
0,3	0,3814	3802	3790	3778	3765	3752	3739	3726	3712	3697
0,4	0,3683	3668	3653	3637	3621	3605	3589	3572	3555	3538
0,5	0,3521	3503	3485	3467	3448	3429	3411	3391	3372	3352
0,6	0,3332	3312	3292	3271	3251	3230	3209	3187	3166	3144
0,7	0,3123	3101	3079	3056	3034	3011	2989	2966	2943	2920
0,8	0,2897	2874	2850	2827	2803	2780	2756	2732	2709	2685
0,9	0,2661	2637	2613	2589	2565	2541	2516	2492	2468	2444
1,0	0,2420	2396	2371	2347	2323	2299	2275	2251	2227	2203
1,1	0,2179	2155	2131	2107	2083	2059	2036	2012	1989	1965
1,2	0,1942	1919	1895	1872	1849	1827	1804	1781	1759	1736
1,3	0,1714	1692	1669	1647	1626	1604	1582	1561	1540	1518
1,4	0,1497	1476	1456	1435	1415	1394	1374	1354	1334	1315
1,5	0,1295	1276	1257	1238	1219	1200	1182	1163	1145	1127
1,6	0,1109	1092	1074	1057	1040	1023	1006	0989	0973	0957
1,7	0,0941	925	909	893	878	863	848	833	818	804
1,8	0,0790	775	761	748	734	721	707	694	681	669
1,9	0,0656	644	632	620	608	596	584	573	562	551
2,0	0,0540	529	519	508	498	488	478	468	459	449
2,1	0,0440	431	422	413	404	396	387	379	371	363
2,2	0,0355	347	339	332	325	317	310	303	297	290
2,3	0,0283	277	271	264	258	252	246	241	235	229
2,4	0,0224	219	213	208	203	198	194	189	184	180
2,5	0,0175	171	167	163	159	155	151	147	143	139
2,6	0,0136	132	129	126	122	119	116	113	110	107
2,7	0,0104	101	99	96	94	91	89	86	84	81
2,8	0,0079	77	75	73	71	69	67	65	63	61
2,9	0,0060	58	56	55	53	51	50	49	47	46
3,0	0,0044	43	42	41	39	38	37	36	35	34
3,1	0,0033	32	31	30	29	28	27	26	25	25
3,2	0,0024	23	22	22	21	20	20	19	18	18
3,3	0,0017	17	16	16	15	15	14	14	13	13
3,4	0,0012	12	12	11	11	10	10	10	9	9
3,5	0,0009									
4,0	0,0001									

Verteilungsfunktion der Gaußverteilung. Die Verteilungsfunktion der Gaußverteilung

$$F(x) = \int_{-\infty}^{x} p(t)\,\mathrm{d}t = [1/(a\sqrt{2\pi})] \int_{-\infty}^{x} \exp[-(t-b)^2/(2a^2)]\,\mathrm{d}t$$

wird *Gaußsches Integral* oder *Fehlerintegral* genannt. Es stellt den Inhalt des Flächenstücks unter der Kurve $p(x)$ mit den Grenzen $-\infty$ und x dar (Abb. 27.2-17). Die Funktion $F(x)$ hat die x-Achse und die Gerade $F(x) = 1$ als Asymptoten und bei $x = \mu$ einen Wendepunkt. Sie gibt die Wahrscheinlichkeit dafür an, daß ein Merkmalswert kleiner als x ist. Unter Berücksichtigung der Symmetrie der Glockenkurve ist die Verteilungsfunktion $F(x)$ für $\mu = 0$ und $\sigma^2 = 1$ in folgender Form tabelliert:

$$\Phi(\lambda) = \int_{0}^{\lambda} \varphi(t)\,\mathrm{d}t = [1/\sqrt{2\pi}] \int_{0}^{\lambda} \exp[-t^2/2]\,\mathrm{d}t.$$

Abb. 27.2-18 zeigt das erfaßte Flächenstück. Jede Gaußverteilung mit dem Mittelwert μ und der Varianz σ^2 hängt mit $\Phi(\lambda)$ durch $\lambda = (x - \mu)/\sigma$ zusammen. Mit Hilfe dieser Beziehung können die zu den Merkmalswerten x_1 und x_2 gehörigen Flächenstücke berechnet werden. Dabei gibt es verschiedene Fälle:

a) Liegen λ_1 und λ_2 rechts vom Nullpunkt und ist $\lambda_2 > \lambda_1$, so ergibt sich für die Fläche $\Phi(\lambda_2) - \Phi(\lambda_1)$. Sinngemäßes gilt, wenn beide Merkmale links vom Nullpunkt liegen (Abb. 27.2-19).

b) Liegen λ_1 links und λ_2 rechts vom Nullpunkt, so ergibt sich für den Flächeninhalt $\Phi(\lambda_1) + \Phi(\lambda_2)$ (Abb. 27.2-20).

In beiden Fällen wird durch das berechnete Flächenstück die Wahrscheinlichkeit dafür angegeben, daß ein Merkmalswert in dem von x_1 und x_2 begrenzten Intervall zu erwarten ist.

Werte für $\Phi(\lambda) = \int_0^\lambda \varphi(t)\,\mathrm{d}t$

λ	$\Phi(\lambda)$
0,0	0,0000
0,1	0,0398
0,2	0,0793
0,3	0,1179
0,4	0,1554
0,5	0,1915
0,6	0,2257
0,7	0,2580
0,8	0,2881
0,9	0,3159
1,0	0,3413
1,1	0,3643
1,2	0,3849
1,3	0,4032
1,4	0,4192
1,5	0,4332
1,6	0,4452
1,7	0,4554
1,8	0,4641
1,9	0,4713
2,0	0,4772
2,1	0,4821
2,2	0,4861
2,3	0,4893
2,4	0,4918
2,5	0,4938
2,6	0,4953
2,7	0,4965
2,8	0,4974
2,9	0,4981
3,0	0,4987
3,1	0,4990
3,2	0,4995
3,3	0,4995
3,4	0,4997

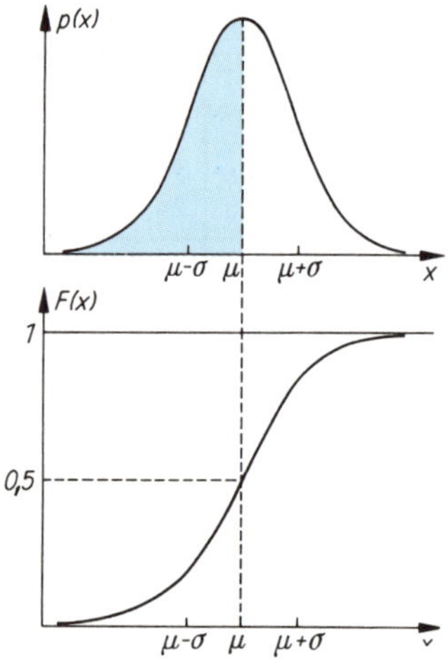

27.2-17 Darstellung der Häufigkeitsdichte und der Verteilungsfunktion der Gaußverteilung

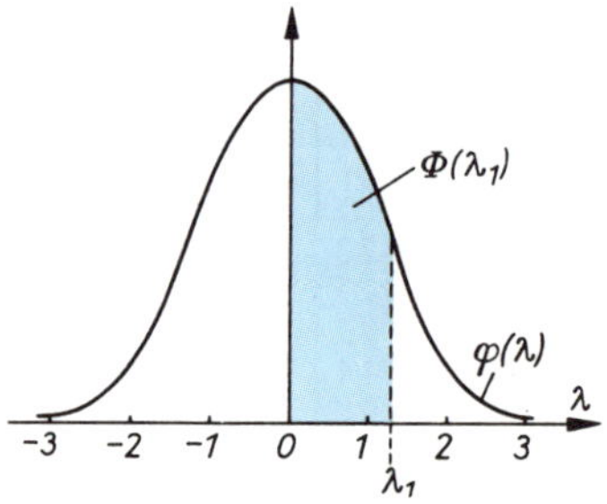

27.2-18 Geometrische Bedeutung der Funktion $\Phi(\lambda)$

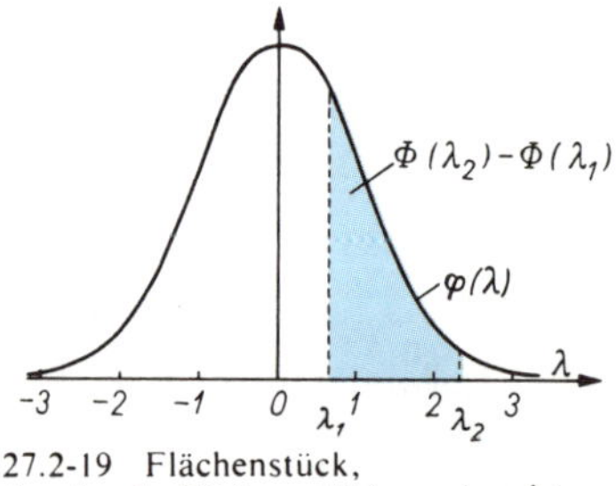

27.2-19 Flächenstück, das durch $\Phi(\lambda_2) - \Phi(\lambda_1)$ gegeben ist

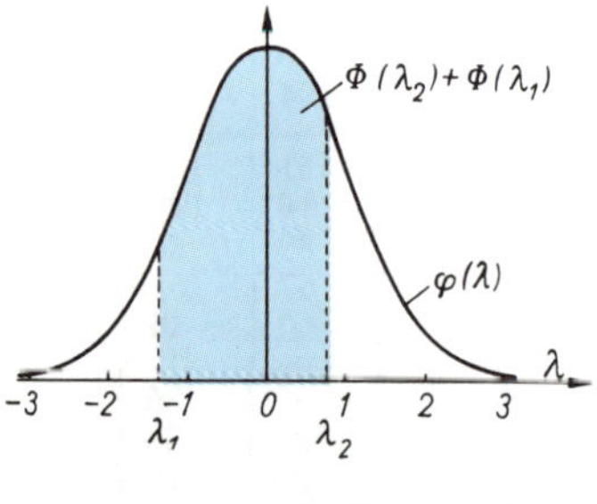

27.2-20 Flächenstück, das durch $\Phi(\lambda_2) + \Phi(\lambda_1)$ gegeben ist

Beispiel 5: Von einer Gaußverteilung sind der Mittelwert $\mu = 20$ und die Varianz $\sigma^2 = 25$ bekannt. Gesucht wird die Wahrscheinlichkeit dafür, daß ein Merkmalswert a) zwischen $x_1 = 25$ und $x_2 = 35$ oder b) zwischen $x_1 = 5$ und $x_2 = 35$ auftritt. —

Gesamt- und Restflächen nach dem Fehlerintegral

Grenzen auf der x-Achse $\mu - \lambda\sigma$	$\mu + \lambda\sigma$	Teil der Gesamtfläche (%)	Restfläche α (%)
$\mu - 1\sigma$	$\mu + 1\sigma$	68,26	31,74
$\mu - 1{,}96\sigma$	$\mu + 1{,}96\sigma$	95	5
$\mu - 2\sigma$	$\mu + 2\sigma$	95,44	4,56
$\mu - 2{,}58\sigma$	$\mu + 2{,}58\sigma$	99	1
$\mu - 3\sigma$	$\mu + 3\sigma$	99,73	0,27
$\mu - 3{,}29\sigma$	$\mu + 3{,}29\sigma$	99,9	0,1

Man berechnet zu a) $\lambda_1 = (25 - 20)/5 = 1$, $\lambda_2 = (35 - 20)/5 = 3$ bzw. zu b) $\lambda_1 = (5 - 20)/5 = -3$, $\lambda_2 = (35 - 20)/5 = 3$ und erhält aus der Tabelle für a) $\Phi(\lambda_1) = 0{,}3413$, $\Phi(\lambda_2) = 0{,}4987$ bzw. für b) $\Phi(\lambda_1) = 0{,}4987$, $\Phi(\lambda_2) = 0{,}4987$.
Es ergeben sich durch Subtraktion bzw. Addition die gesuchten Wahrscheinlichkeiten a) 0,1574; b) 0,9974.

Mit Hilfe des Fehlerintegrals kann danach für beliebige x_1 und x_2 der zwischen x_1 und x_2 liegende Anteil der Gesamtfläche unterhalb der Glockenkurve angegeben werden. Durch Subtraktion von Eins erhält man die zugehörige Restfläche. Wichtige Teilflächen, die in der mathematischen Statistik große Bedeutung haben, sind in der nebenstehenden Tabelle zusammengestellt.

Grenzwertsätze für Summen unabhängiger Zufallsgrößen

Viele Prozesse in Naturwissenschaften, Technik und Ökonomie werden unter der Annahme beschrieben, daß sie von einer großen Anzahl zufälliger Faktoren beeinflußt werden, die unabhängig voneinander sind und von denen jeder den Ablauf des Prozesses nur wenig verändert. Im allgemeinen wird nur die Summe ihrer Wirkungen bei der Untersuchung des Prozesses beobachtet; z. B. bildet der Fehler einer Messung eine solche Zufallsgröße, die die Summe vieler, voneinander unabhängiger Zufallsgrößen ist. Über die Gesetzmäßigkeiten dieser Summen hat die Wahrscheinlichkeitsrechnung Grenzwertsätze aufgestellt.

Integralgrenzwertsatz von Moivre und Laplace. Ist für jeden von n Versuchen p die Wahrscheinlichkeit dafür, daß bei ihm das Ereignis E eintritt, und $q = 1 - p$ die Wahrscheinlichkeit dafür, daß E nicht eintritt, dann läßt sich eine Zufallsgröße X_k dadurch festlegen, daß $X_k = 1$, falls im k-ten Versuch E eintritt, und $X_k = 0$, falls E nicht eintritt. Die Zufallsgröße $X = \sum_{k=1}^{n} X_k$ gibt dann an, wie oft E in n aufeinanderfolgenden Versuchen auftrat. Auf Grund der Verteilung der Summanden ist die *Wahrscheinlichkeitsfunktion* von $X = \sum_{k=1}^{n} X_k$ eine *Binomialverteilung* mit dem Erwartungswert $\mu = np$ und der Dispersion $\sigma^2 = np(1 - p) = npq$. Nach dem *Satz von Moivre-Laplace* strebt die *Verteilungsfunktion* dieser Summe $X = \sum_{k=1} X_k$ für $n \to \infty$ nicht gegen eine *Grenzverteilungsfunktion*, wohl aber die für die Zufallsgröße $\sum_{k=1}^{n} [(X_k - np)/\sqrt{npq}]$, deren Grenzverteilungsfunktion die *normierte Gaußverteilung* ist. Das bedeutet, daß bei $n \to \infty$ für beliebige Zahlen $a < b$ die folgende Beziehung gilt.

Satz von Moivre-Laplace	$P\left\{a \leqslant \sum_{k=1}^{n} [(X_k - np)/\sqrt{npq}] < b\right\} \to (1/\sqrt{2\pi}) \int_a^b e^{-x^2/2}\,dx$

Dieser Satz von Moivre-Laplace warf die Fragen auf, ob die gefundene Beziehung vom gewählten Summationsschema abhängt und ob diese Relation noch gilt, falls an die Verteilungsfunktion der Summanden weniger Forderungen gestellt werden. Der *zentrale Grenzwertsatz* gibt in seiner einfachsten Form eine Teilantwort, die sich wesentlich verallgemeinern läßt.

Zentraler Grenzwertsatz. *Haben die paarweise unabhängigen Zufallsgrößen $X_1, X_2, \ldots, X_n$ dieselbe Verteilung, existieren $\mu = E(X_n)$ und $\sigma^2 = D^2(X_n) > 0$, und gilt die Bezeichnung $S = \sum_{k=1}^{n} X_k$,* so hat *die Zufallsgröße $[S/n - E(S/n)]/D(S/n^2)$ die normierte Gaußverteilung als Grenzverteilungsfunktion.*

Lange Zeit war es die Hauptaufgabe der klassischen Seite dieser Theorie, die allgemeinsten Bedingungen zu finden, unter denen die Verteilungsfunktionen von Summen unabhängiger Zufallsgrößen mit wachsender Zahl der Summanden gegen die Normalverteilung streben. Parallel mit dem Abschluß dieser klassischen Seite entwickelte sich eine weitere Richtung in der Theorie der Grenzwertsätze für Summen unabhängiger Zufallsgrößen, die mit den anschließend skizzierten stochastischen Prozessen eng verbunden ist. Die Fragestellung dieser Richtung lautet: Welche Verteilungen, außer der normalen, können Grenzverteilungen von Summen unabhängiger Zufallsgrößen sein? – Bei diesen Untersuchungen zeigte sich, daß als Grenzverteilung nicht allein die Normalverteilung in Frage kommt. Man stellte sich die Aufgabe, Bedingungen für die Summanden zu finden, damit die Verteilungsfunktion der Summe für eine hinreichend große Zahl von Summanden gegen die eine oder die andere Grenzverteilung strebt. Diese moderne Seite der Grenzwertsätze von Summen unabhängiger Zufallsgrößen hat sich in den letzten dreißig Jahren stark entwickelt und ist eng mit den Namen KOLMOGOROW, CHINTCHIN, GNEDENKO u. a. verbunden. Praktische Bedeutung haben die Grenzwertsätze z. B. bei der Entwicklung der mathematischen Statistik und in der Theorie der Beobachtungsfehler.

Stochastische Prozesse

Zufällige oder *stochastische Prozesse* werden durch Zufallsgrößen beschrieben, die von wenigstens einem Parameter abhängen. Ein solcher Parameter kann entweder nur diskrete Werte annehmen oder sich stetig ändern. Der Abnutzungsgrad eines Autoreifens z. B. hängt von der Anzahl t der mit ihm gefahrenen Kilometer ab, ist aber je nach den Einsatzbedingungen eine zufällige Funktion von t. Auch bei der Entwicklung der Bevölkerungszahl einer Stadt über einen längeren Zeitraum sind neben der Zeit t als Parameter systematische und zufällige Einflüsse zu berücksichtigen.
Für den Fall eines Parameters t wird der stochastische Prozeß durch $X(t, \omega)$ bezeichnet. Dabei drückt die Größe ω die Abhängigkeit vom Zufall aus, $\omega \in \Omega$, wenn Ω die Menge aller möglichen Ergebnisse des betrachteten Ereignisses ist; der Parameter t drückt eine systematische Änderung der Zufallsgröße aus, meist die von der Zeit, aber auch die von der Reihenfolge bei einer Numerierung oder die von einem Abstand. Für festes t, z. B. für eine Momentaufnahme zum Zeitpunkt $t = t_0$, ist $X(t, \omega)$ eine Zufallsgröße; für festes ω ist $X(t, \omega)$ eine Funktion von t, die eine *Realisierung des Prozesses* genannt wird; z. B. kann $X(t, \omega)$ die Anzahl von Individuen oder Teilchen, kann Temperaturen oder Geschwindigkeitsvektoren in Abhängigkeit von der Zeit angeben.
Wichtige Typen stochastischer Prozesse sind die Markowschen und die stationären Prozesse.

Markowsche Prozesse und Markowsche Ketten. Ein *Markowscher Prozeß* oder *Prozeß ohne Nachwirkung* ist ein stochastischer Prozeß, bei dem sich die Kenntnis der zukünftigen Entwicklung lediglich aus der des gegenwärtigen Standes ergibt, d. h., sind für ihn die Verteilungsfunktionen der Zufallsgrößen $X(t_0, \omega)$, $X(t_1, \omega), \ldots, X(t_m, \omega)$ zu verschiedenen Zeitpunkten $t_0 < t_1 < \cdots < t_m$ bekannt, so läßt sich die Verteilungsfunktion der Zufallsgröße $X(t, \omega)$ zu einem Zeitpunkt $t > t_m$ allein aus der zum Zeitpunkt t_m berechnen. Enthält z. B. eine Talsperre am Anfang t_m des Zeitintervalls $(t_m, t_m + \Delta t)$ die Wassermenge $X(t_m, \omega)$ und fließen in diesem Intervall die Wassermengen $Z(t_m, \omega)$ zu und die konstante Menge M ab, so ist zum Zeitpunkt $t = t_m + \Delta t$ die Wassermenge $X(t_m + \Delta t, \omega) = X(t_m, \omega) + Z(t_m, \omega) - M$ vorhanden, und es kann die Wahrscheinlichkeit dafür angegeben werden, daß diese Wassermenge ein bestimmtes Fassungsvermögen der Talsperre von y Volumeneinheiten nicht überschreitet. Die zugeflossenen Wassermengen $Z(t, \omega)$ hängen dabei vom Zufall ab, sind aber für verschiedene Zeitpunkte t unabhängig voneinander.
In einer *Markowschen Kette* durchläuft der Parameter t nur diskrete Werte t_i mit $i = \cdots, -1, 0, +1, \ldots$
Mit den Grenzwerteigenschaften von Markowschen Prozessen, in denen der Parameter über alle Grenzen wächst, befassen sich die *Ergodensätze*. Die *Poissonschen Prozesse*, eine spezielle Klasse der Markowschen Prozesse, spielen eine Rolle bei der Beschreibung des radioaktiven Zerfalls oder bei Bedienungsprozessen, z. B. für die Arbeit einer Telefonzentrale, zur Berechnung der Wartezeit an Schaltern oder bei Maschinenausfall.

Stationäre Prozesse. Stochastische Prozesse, in denen die Ursachen für ihre Schwankungen *nicht von der Zeit abhängen*, werden stationär genannt. Die lokale atmosphärische Temperatur in einem Raumpunkt schwankt z. B. unregelmäßig um einen festen Mittelwert (Abb. 27.2-21), wenn man den Beobachtungszeitraum so klein wählt, daß die von der Tageszeit abhängige Änderung unberücksichtigt bleiben kann. Auch die Schwankung des Durchmessers eines Fadens, der aus einer Spinndüse austritt, hat einen in der Zeit festen Mittelwert. Beschreibt man diese Prozesse durch die Funktion $X(t, \omega)$, in der die Variable t als Zeit gedeutet wird, so existieren für jedes t Mittelwert m und Varianz σ^2.
Für die Praxis sind stochastische Prozesse wichtig, die im Sinne von A. I. CHINTCHIN stationär sind. Man fordert von ihnen, daß ihr *Mittelwert* $m = E(X(t, \omega))$ und ihre *Varianz* $\sigma^2 = D^2(X(t, \omega))$

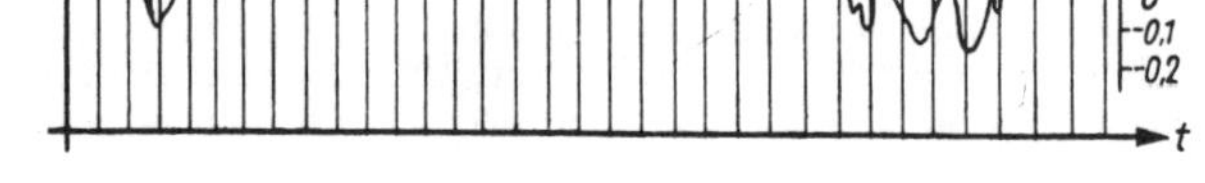

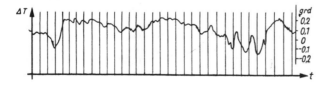

27.2-21 Kurve lokaler atmosphärischer Temperaturschwankungen

endliche und konstante Werte annehmen und daß die *Korrelationsfunktion* $R(t - s) = E([X(t, \omega) - m] [X(s, \omega) - m])$ nur von der Differenz $(t - s)$ abhängt, wenn t und s zwei beliebige Zeitpunkte $t > s$ sind. Diese stationären Prozesse werden z. B. angewendet in der Elektrotechnik, in der Nachrichtentechnik, bei der Untersuchung von turbulenten Strömungen in der Atmosphäre, bei der Bearbeitung von ökonomischen Problemen und in der Medizin.

27.3. Mathematische Statistik

Die ersten Anfänge der Statistik sind in den Volkszählungen vor und um den Beginn unserer Zeitrechnung zu finden. Jedoch erst im 18. Jh. begann sie sich als selbständige wissenschaftliche Disziplin zu entwickeln, indem sie dazu diente, die Merkmale zu beschreiben, die den Zustand eines Staates charakterisieren. Aus dem lateinischen Wort *status*, Zustand, hat sich damals der Begriff *Statistik* gebildet. Lange war sie auf dieses Arbeitsgebiet beschränkt, und erst in den letzten Jahrzehnten ging man von dieser ausschließlichen Beschreibung ab und begann mit Hilfe der Wahrscheinlichkeitsrechnung, Methoden zur Analyse von statistischen Daten und zur Prüfung von statistischen Hypothesen auszuarbeiten. Die Methoden dieser *mathematischen Statistik*, oft auch kurz als *Statistik* bezeichnet, wurden zu einem wirksamen Hilfsmittel in Naturwissenschaft und Technik zur Aufdeckung von Gesetzmäßigkeiten.

Grundgesamtheit und Stichprobe. Die *Grundgesamtheit* einer statistischen Untersuchung besteht aus Beobachtungen oder Versuchen unter gleichen Bedingungen als ihren *Elementen*. Jedes Element kann nach verschiedenen Merkmalen untersucht werden, die als Zufallsgrößen X, Y, ... aufzufassen sind. Hat das betrachtete Merkmal X in der Grundgesamtheit die Verteilungsfunktion $F(x)$, so sagt man, daß die Grundgesamtheit die Verteilung $F(x)$ hinsichtlich des Merkmals X hat. Bei den Untersuchungen betrachtet man in der Statistik immer eine endliche Teilmenge von Elementen aus der Grundgesamtheit. Sie wird als *Stichprobe* und die Anzahl n der in ihr enthaltenen Elemente als *Umfang der Stichprobe* bezeichnet.

Beispiel 1: Ist das Gewicht von 10jährigen Knaben die Zufallsgröße X, so bilden alle Knaben dieses Alters die Grundgesamtheit. Die Messungen an den Knaben mehrerer Orte bilden dann eine Stichprobe und jeder Knabe ein Element der Grundgesamtheit. Das Gewicht ist ein Merkmal des Elements. Andere Merkmale können z. B. Größe oder Brustumfang sein.

Versuchsplanung

Für die Bearbeitung eines Problems mit statistischen Methoden muß ein *Versuchsplan* aufgestellt werden, der die Art der Erfassung der Daten, den Umfang der Stichprobe und den Weg zur Lösung des Problems enthält. Je gründlicher diese *Planung* vorgenommen wird, desto besser werden die mit Methoden der Statistik ermittelten Aussagen sein. Sie muß insbesondere sicherstellen, daß keine für die Schlußfolgerungen wichtigen Messungen fehlen oder unvollständig sind; sie kann aber auch vermeiden, daß mit einer kostspieligen Versuchsserie nur so viel erreicht wird, wie schon mit einem geringen Teil der Kosten zu erreichen gewesen wäre. Die folgenden Gesichtspunkte sind dabei wichtig.

1) *Das untersuchte Material soll homogen sein.* Danach muß während der Untersuchung die Versuchsmethodik gleich bleiben, an den Apparaten oder den Produktionsbedingungen dürfen keine Veränderungen vorgenommen werden, und Meßgeräte verschiedener Genauigkeit sollten nicht verwendet werden.

2) *Systematische Fehler oder Einflüsse müssen weitgehend ausgeschaltet werden.* Will man z. B. zwei Werkstoffe vergleichen, so wird man beide auf derselben Maschine verarbeiten, da sonst vorhandene Maschinenunterschiede in die Versuchsergebnisse eingehen; in der Landwirtschaft wird man bei der Untersuchung von verschiedenen Düngern das Land so in Parzellen aufteilen, daß der Einfluß der Bodenart und des Standortes ausgeglichen wird.

3) *Vergleichswerte sind vorzusehen.* Entweder liegen für das betrachtete Merkmal Sollwerte vor, mit denen die Versuchsergebnisse zu vergleichen sind, oder es müssen Kontrollversuche durchgeführt werden; bei Düngeversuchen z. B. muß an dem Unterschied von gedüngten und ungedüngten Pflanzen, die unter den gleichen Umweltbedingungen aufwuchsen, der Einfluß des Düngers festgestellt werden.

4) *Die Auswahl der Stichprobe muß zufällig und repräsentativ erfolgen.* Eine *zufällige Auswahl* liegt dann vor, wenn für jedes Element die gleiche Wahrscheinlichkeit besteht, der Stichprobe anzugehören oder nicht; in einer Sendung von Schrauben z. B. darf die zu prüfende Stichprobe nicht an einer Stelle, sondern nur über die ganze Lieferung verteilt gezogen werden, oder bei Dickenmessungen von Drähten müssen die Meßpunkte zufällig über die Länge des Drahtes verteilt werden. Die zufällige

Auswahl von Elementen kann mit Hilfe von *Zufallstafeln* erfolgen. Die *repräsentative Auswahl* der Stichprobe ist dann anzuwenden, wenn das zu untersuchende Material eindeutig in Teilmengen zerlegt werden kann; ist es z. B. möglich, eine Lieferung von Schrauben so zu unterteilen, daß jeder Teil nur Erzeugnisse einer Maschine enthält, so wird man aus jeder Teillieferung mit Zufallsauswahl eine ihrem Umfang proportionale Menge von Stücken entnehmen und daraus die Stichprobe bilden. So erhält man ein verkleinertes Abbild der Lieferung.

5) *Zum Umfang der Stichprobe* ist zu bedenken, daß Rückschlüsse auf die zu untersuchende Grundgesamtheit um so besser gezogen werden können, je größer dieser Umfang ist, daß aber auf der anderen Seite aus Gründen der Zeit und des Aufwands meist die Größe der Stichprobe klein gehalten werden muß, daß also mit zunehmenden zufallsbedingten Abweichungen der Ergebnisse zu rechnen ist. In den Methoden der Statistik wird bei Schlüssen auf die Grundgesamtheit der Umfang der Stichprobe berücksichtigt.

Sammeln und Auswerten des Materials

Die Menge der unbearbeiteten Beobachtungswerte, die sich aus den Versuchen ergeben, wird als *Urliste* bezeichnet. Die Sammlung kann entweder in Listen, auf Karteikarten, auf Randlochkarten oder auf Datenträgern der Informationsverarbeitung erfolgen, je nach dem Umfang der Stichprobe und der Anzahl der Merkmale je Element. Bei nur einem Merkmal oder kleinem Umfang begnügt man sich mit einer *listenmäßigen Erfassung*, für mehrere Merkmale und bei größerem Umfang der Stichprobe wird für jedes Element eine *Kartei-* oder eine *Randlochkarte* angelegt, um bei der Auswertung Sortierarbeiten zu erleichtern. Liegen viele Merkmale von einer großen Anzahl von Elementen vor, so zieht man Datenträger der EDV für die Aufnahme der verarbeiteten Werte vor, weil die anschließende Auswertung durch diese Vorbereitung und die Art der Speicherung erleichtert wird.

Aufbereitung des Materials. Um sich einen ersten Überblick über ein vorliegendes Material zu verschaffen, ordnet man die in der Urliste enthaltenen Merkmalswerte nach der Größe und stellt fest, wie häufig jeder Wert auftritt. Dadurch entsteht eine *Häufigkeitsverteilung*. In dieser Darstellung erscheinen auch die in dem Abschnitt Wahrscheinlichkeitsrechnung erklärten stetigen als diskrete Zufallsgrößen, denn bei der gegebenen oder erforderlichen Meßgenauigkeit werden die Werte gerundet.

Klasseneinteilung. Bei großem Umfang der Stichprobe wird der Bereich der Merkmalswerte in gleich große *Klassen* eingeteilt, indem mehrere von ihnen zu einer Gruppe oder Klasse zusammengefaßt werden. Wie groß die einzelnen Klassen zu wählen sind, hängt vom Umfang der Stichprobe und von der *Streubreite* R ab, von der Differenz des größten und des kleinsten Wertes in der Stichprobe. Die Anzahl der Klassen darf nicht zu klein sein, damit der Charakter der Verteilung nicht verwischt wird. Ist dagegen die Anzahl der Klassen zu groß, so treten die Zufälligkeiten stark hervor, und die vorliegende Verteilung ist schlecht zu erkennen. Die Kennzeichnung einer Klasse erfolgt entweder durch die Klassengrenzen oder durch die Klassenmitten. Die Klassenbreite d ist die Differenz der oberen und der unteren Klassengrenze, die *Klassenmitte* x_{Mi} ist bei Merkmalen, die durch *diskrete Zufallsgrößen* beschrieben werden, das arithmetische Mittel der in der jeweiligen Klasse möglichen Merkmalswerte und bei Merkmalen, die durch *stetige Zufallsgrößen* beschrieben werden, das arithmetische Mittel aus der oberen und der unteren Klassengrenze.

Beispiel 1: Häufigkeitsverteilung einer Stichprobe vom Umfang $n = 80$ für ein Merkmal, das durch eine stetige Zufallsgröße beschrieben wird; x_i Merkmalswert, h_i Häufigkeit

a) ohne Klasseneinteilung

x_i		h_i	x_i		h_i	x_i		h_i	x_i		h_i
31,1	I	1	39,7	I	1	42,5	II	2	44,7	I	1
35,2	I	1	40,1	II	2	42,6	II	2	44,9	I	1
36,6	I	1	40,3	I	1	42,8	II	2	45,2	II	2
37,2	I	1	40,7	I	1	42,9	II	2	45,3	I	1
37,6	II	2	40,9	III	3	43,0	I	1	45,5	II	2
37,9	I	1	41,1	II	2	43,2	I	1	45,6	II	2
38,2	II	2	41,3	II	2	43,5	II	2	45,7	III	3
38,8	II	2	41,4	I	1	43,6	I	1	45,8	II	2
39,0	I	1	41,7	III	3	43,8	II	2	45,9	I	1
39,2	I	1	41,9	III	3	43,9	III	3	47,4	I	1
39,3	II	2	42,1	IIII	4	44,2	II	2	47,8	I	1
39,4	I	1	42,2	II	2	44,3	II	2			

b) mit Klasseneinteilung, x_{Mi} Klassenmitte

Klassen	x_{Mi}		h_i	Klassen	x_{Mi}		h_i
33 bis unter 35	34	I	1	41 bis unter 43	42	𝍸 𝍸 𝍸 𝍸 𝍸	25
35 bis unter 37	36	II	2	43 bis unter 45	44	𝍸 𝍸 𝍸 I	16
37 bis unter 39	38	𝍸 III	8	45 bis unter 47	46	𝍸 𝍸 III	13
39 bis unter 41	40	𝍸 𝍸 III	13	47 bis unter 49	48	II	2

Graphische Darstellung von Häufigkeitsverteilungen. Nach der Aufbereitung des Materials ist es ratsam, die empirischen Häufigkeitsverteilungen graphisch zu veranschaulichen. Das kann dem Zweck und dem betrachteten Merkmal entsprechend auf verschiedene Arten erfolgen, wie aus den Beispielen zu ersehen ist (Abb. 27.3-1 und 27.3-2).

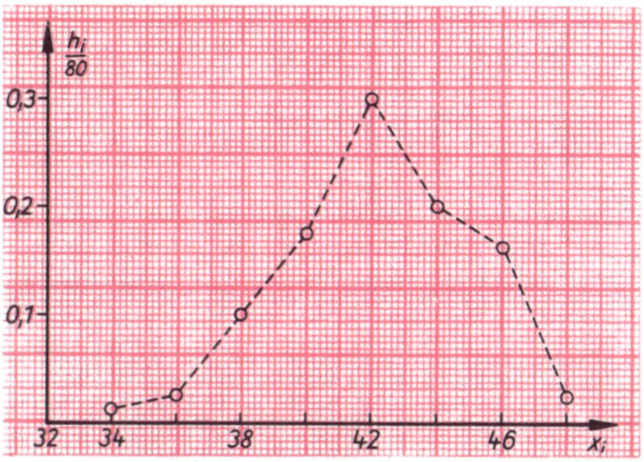

27.3-1 Darstellung einer Verteilung durch einen Linienzug

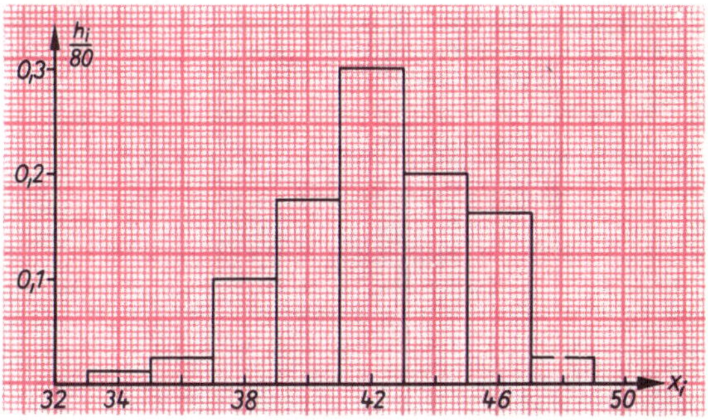

27.3-2 Darstellung einer Verteilung durch eine Treppenlinie

Mittelwert und Varianz der Stichprobe. Die Charakterisierung einer Stichprobe vom Umfang n kann durch die Maßzahlen Mittelwert $\bar{x}$ und Varianz s^2 erfolgen, die als Schätzungen der entsprechenden Größen μ und σ^2 der Grundgesamtheit betrachtet werden.

Mittelwerte. Der Mittelwert, das arithmetische Mittel $\bar{x}$, ist gegeben durch $\bar{x} = (1/n) \sum_{i=1}^{n} x_i$, wobei x_i $(i = 1, 2, \ldots, n)$ die einzelnen gemessenen Merkmalswerte sind. Bei Häufigkeitsverteilungen berechnet man den Mittelwert $\bar{x} = (1/n) \sum_{i=1}^{k} h_i x_i$, wobei h_i die Häufigkeiten, x_i die Merkmalswerte bzw. Klassenmitten x_{Mi} und k die Anzahl der Merkmalswerte bzw. Klassen bedeuten. Außer dem arithmetischen Mittel $\bar{x}$ wird als Mittelwert in der Praxis noch der *Medianwert* $\tilde{x}$ verwendet. Er ist bei ungeradem n der Merkmalswert, der in der nach der Größe geordneten Reihe an $((n + 1)/2)$-ter Stelle steht; bei geradem n ist der *Medianwert* $\tilde{x}$ das arithmetische Mittel aus den Merkmalswerten an $(n/2)$-ter und $(n/2 + 1)$-ter Stelle.

Varianz. Die Varianz s^2 ist bei n einzelnen Aufschreibungen x_i $(i = 1, 2, \ldots, n)$ einer Stichprobe gegeben durch

$$s^2 = \frac{1}{n-1} \sum_{i=1}^{n} (x_i - \bar{x})^2 = \frac{1}{n-1} \left[\sum_{i=1}^{n} x_i^2 - \frac{1}{n} \left(\sum_{i=1}^{n} x_i \right)^2 \right];$$

der Wert s wird *mittlere quadratische Abweichung* oder *Standardabweichung* genannt. Bei vorliegender Häufigkeitsverteilung mit k Merkmalswerten x_i bzw. k Klassen mit den Klassenmitten x_{Mi} und den Häufigkeiten h_i ist die Varianz s^2 wie folgt zu berechnen:

$$s^2 = \frac{1}{n-1} \sum_{i=1}^{k} h_i \cdot (x_i - \bar{x})^2 = \frac{1}{n-1} \left[\sum_{i=1}^{k} h_i x_i^2 - \frac{1}{n} \left(\sum_{i=1}^{k} h_i x_i \right)^2 \right].$$

Stichprobe vom Umfang n	
Mittelwert	$\bar{x} = \frac{1}{n} \sum_{i=1}^{n} x_i$
Varianz	$s^2 = \frac{1}{n-1} \sum_{i=1}^{n} (x_i - \bar{x})^2$
Variationsbreite	$R = x_{max} - x_{min}$

Außer der Varianz s^2 ist ein anderes Maß gebräuchlich, um den Bereich zu charakterisieren, über den sich die Merkmalswerte erstrecken. Das ist die *Streubreite* oder *Variationsbreite* $R = x_{max} - x_{min}$, die als die Differenz von dem größten x_{max} und dem kleinsten x_{min} der Merkmalswerte erklärt ist.

Beispiel 2: Die Maßzahlen für die Häufigkeitsverteilung in Beispiel 1 vom Umfang $n = 80$ sind:

Klasseneinteilung	Mittelwert	Varianz	Medianwert	Streubreite
ohne	$\bar{x} = 42{,}14$	$s^2 = 8{,}10$	$\tilde{x} = 42{,}2$	$R = 14{,}7$
mit	$\bar{x} = 42{,}23$	$s^2 = 8{,}30$		

Die Abweichungen der Mittelwerte und der Varianz sind auf die Klasseneinteilung bei der verhältnismäßig kleinen Stichprobe zurückzuführen. Mit wachsendem n gleichen sie sich mehr und mehr aus.

Normalverteilung. Anthropologische Messungen von QUETELET gaben Anlaß zu der Annahme, daß alle biologischen Größen in ihrer Häufigkeit einer *Gaußverteilung* unterliegen. Deshalb bezeichnete man sie als *Normalverteilung* und baute die Methoden der Statistik auf dieser Annahme auf. Die Grundzüge der Normalverteilung wurden im Abschnitt Wahrscheinlichkeitsrechnung dargestellt. Im folgenden sollen nur einige für die statistische Praxis wichtige Ergänzungen gebracht werden.

Da die Normalverteilung allein durch Mittelwert und Varianz bestimmt ist, läßt sie sich für eine Stichprobe aus deren Mittelwert $\bar{x}$ und deren Varianz s^2 berechnen. Es kann so festgestellt werden, ob das betrachtete Merkmal einer solchen Verteilung unterliegt.

Beispiel 3: Berechnung der Normalverteilung für die Stichprobe in Beispiel 1.

x_{Mi}	h_i	λ_i	$\varphi(\lambda_i)$	q_i	k_i
34	1	−2,86	0,0067	0,0047	0,4
36	2	−2,16	0,0387	0,0269	2,2
38	8	−1,47	0,1354	0,0940	7,5
40	13	−0,77	0,2966	0,2059	16,5
42	25	−0,08	0,3977	0,2761	22,1
44	16	0,61	0,3312	0,2299	18,4
46	13	1,31	0,1692	0,1175	9,4
48	2	2,00	0,0540	0,0375	3,0
	80			0,9925	79,5

1) Besteht die Stichprobe aus n Merkmalswerten, die in k Klassen der Breite d mit den Klassenmitten x_{Mi} eingeteilt sind, dann berechnet man, um die Tabelle der normierten Normalverteilung verwenden zu können, für jede Klasse die Größe $\lambda_i = (x_{Mi} - \bar{x})/s$. Mit Hilfe der in der Tabelle nachgeschlagenen Werte $\varphi(\lambda_i)$ erhält man in der i-ten Klasse die relativen Häufigkeiten $q_i = (d/s)\,\varphi(\lambda_i)$ und die absoluten Häufigkeiten $k_i = nq_i$ für $i = 1, 2, \ldots, k$.

2) Begnügt man sich mit der graphischen Darstellung der Normalverteilung, so wendet man folgende Faustregel an: Wie unter 1) angegeben, wird mit Hilfe der Formel $q = (d/s)\,\varphi(\lambda)$ für $\lambda = 0$ die Scheitelkoordinate der Normalverteilung y_{max} berechnet (Abb. 27.3-3). Weitere Ordinatenwerte werden nach untenstehender Vorschrift gewonnen.

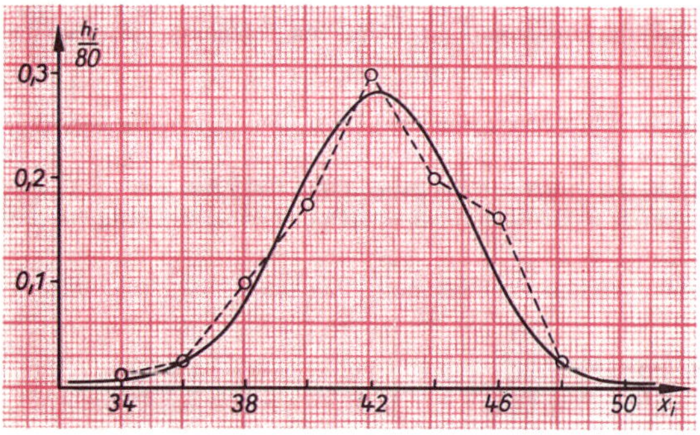

27.3-3 Beispiel einer Häufigkeitsverteilung mit eingezeichneter Normalverteilung

Will man die Darstellung in absoluten Häufigkeiten haben, so ist jeder Wert mit n zu multiplizieren. In der Abbildung ist zu der Häufigkeits-

x	$\bar{x}$	$\bar{x} \pm 0{,}5s$	$\bar{x} \pm s$	$\bar{x} \pm 2s$	$\bar{x} \pm 3s$
y	y_{max}	$^7/_8 y_{max}$	$^5/_8 y_{max}$	$^1/_8 y_{max}$	$^1/_{80} y_{max}$

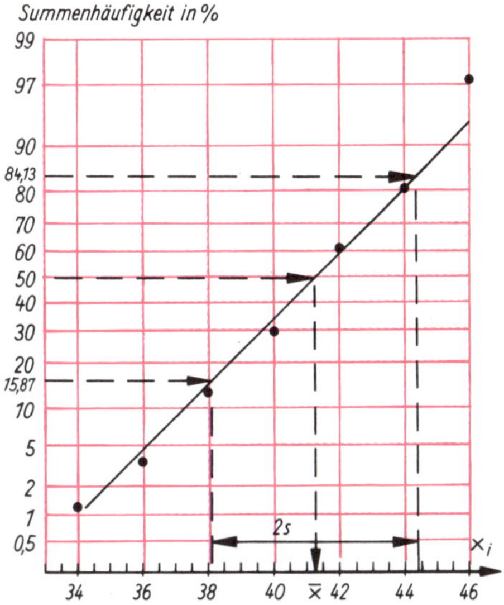

27.3-4 Summenprozentkurve einer Häufigkeitsverteilung

verteilung zu Beispiel 1 die nach dieser Regel berechnete Normalverteilung eingetragen.

3) Auch mit Hilfe von *Wahrscheinlichkeitspapier* kann geprüft werden, ob sich die Verteilung des untersuchten Merkmals einer Normalverteilung anpaßt und wie groß außerdem der Mittelwert $\bar{x}$ und die Standardabweichung s sind. Das Wahrscheinlichkeitsnetz ist ein Koordinatenpapier, dessen Ordinate so eingeteilt wurde, daß die Summenprozentkurve der Normalverteilung eine Gerade wird (Abb. 27.3-4).

Regression und Korrelation

Ein wichtiges und großes Gebiet der Statistik sind Regressions- und Korrelationsanalysen. Sie befassen sich mit der Aufdeckung und der Beschreibung von Abhängigkeiten von zwei und mehr Merkmalen, die Zufallsgrößen sind. Während sich die Regressionsanalyse mit der Art des Zusammenhangs zwischen den Merkmalen beschäftigt, ist es die Aufgabe der Korrelationsanalyse, den Grad dieses Zusammenhangs zu bestimmen. Hier können nur die Grundbegriffe für den Fall eines *linearen Zusammenhangs* von zwei Merkmalen, der Zufallsgrößen X und Y, geschildert werden.

Regression. Bei einer Schuluntersuchung werden Länge als Zufallsgröße X und Gewicht als Zufallsgröße Y der Schüler gemessen. Zu klären ist, ob zu einer größeren Länge im Durchschnitt ein höheres Gewicht gehört, ob dieser eventuelle Zusammenhang linear ist und welches mittlere Gewicht einer bestimmten Länge zugeordnet ist. Die erste Frage ist in diesem Fall aus der Erfahrung zu bejahen; bei den beiden anderen ist das aber nicht ohne weiteres möglich. Zur Beantwortung dient die folgende Regressionsrechnung.

In ein Achsenkreuz zeichnet man die einzelnen Wertepaare (x, y) ein, die jeweils die Körperlänge x und das Gewicht y eines Schülers angeben. Die Menge der eingezeichneten Wertepaare bildet eine *Punktwolke*, die entweder keine bestimmte Form hat oder sich mehr oder weniger einer Kurvenform anpaßt. Läßt die Punktwolke einen linearen Anstieg erkennen – nur dieser Fall soll betrachtet werden –, so wird der Zusammenhang der Zufallsgrößen X und Y durch zwei Geraden, die Regressionsgeraden, beschrieben. Für die Abhängigkeit des Gewichts y von der Länge x ergibt sich eine Regressionsgerade mit der Gleichung $Y = a_x + b_x X$, in der die unbekannten Größen a_x und b_x mit Hilfe der Gaußschen Methode der kleinsten Quadrate berechnet werden (vgl. auch Regressionsgleichung in Kap. 28.2. – Ausgleich funktionaler Zusammenhänge). Man fordert bei einer Stichprobe von n Wertepaaren (x_i, y_i) für $i = 1, 2, \ldots, n$, daß $\sum_{i=1}^{n} (y_i - Y_i)^2 = \sum_{i=1}^{n} [y_i - (a_x + b_x x_i)]^2$ ein Minimum wird. Aus dieser Forderung ergeben sich

$$b_x = \frac{\sum_{i=1}^{n} (x_i - \bar{x})(y_i - \bar{y})}{\sum_{i=1}^{n} (x_i - \bar{x})^2} = \frac{\sum_{i=1}^{n} x_i y_i - \frac{1}{n}\left[\sum_{i=1}^{n} x_i \sum_{i=1}^{n} y_i\right]}{\sum_{i=1}^{n} x_i^2 - \frac{1}{n}\left(\sum_{i=1}^{n} x_i\right)^2}, \qquad a_x = \bar{y} - b_x \bar{x}.$$

Dabei sind $\bar{x}$ und $\bar{y}$ die aus den x_i und y_i gebildeten Mittelwerte. Die Zahl b_x wird *Regressionskoeffizient* genannt und bezieht sich auf die Abhängigkeit des Gewichts y von der Körperlänge x der Schüler. Sie gibt an, daß sich das Gewicht im Mittel um b_x ändert, wenn die Länge um eine Einheit zunimmt. Damit kann die Regressionsgerade, die die Abhängigkeit des Gewichts von der Länge der Schüler bezeichnet, eingetragen werden (vgl. Beispiel 1 und Abb. 27.3-5).

Stellt man nun die im vorliegenden Beispiel wenig sinnvolle Frage, welche mittlere Länge einem bestimmten Gewicht zugeordnet wird, so kann man die angegebene Gleichung nicht benutzen, sondern muß von der anderen Regressionsgeraden mit der Gleichung $X = a_y + b_y Y$ ausgehen und wieder mit der Methode der kleinsten Quadrate die unbekannten Größen a_y und b_y berechnen. Es ergibt sich $a_y = \bar{x} - b_y \bar{y}$ mit

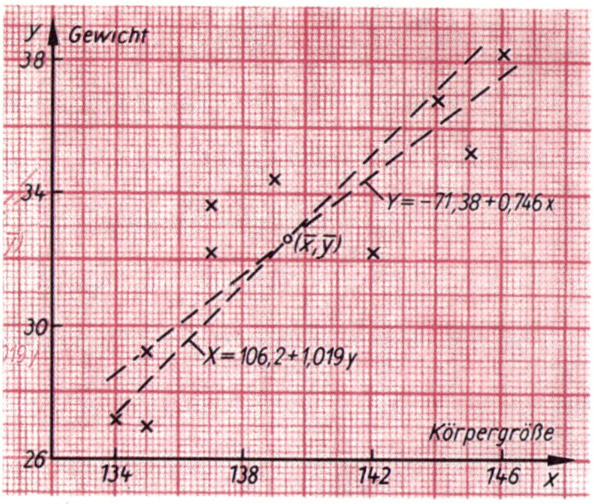

27.3-5 Punktwolke und Regressionsgeraden des Beispiels
(Der Schnittpunkt der Achsen ist hier nicht Nullpunkt des Koordinatensystems)

$$b_y = \frac{\sum_{i=1}^{n} (x_i - \bar{x})(y_i - \bar{y})}{\sum_{i=1}^{n} (y_i - \bar{y})^2} = \frac{\sum_{i=1}^{n} x_i y_i - \frac{1}{n}\left[\sum_{i=1}^{n} x_i \sum_{i=1}^{n} y_i\right]}{\sum_{i=1}^{n} y_i^2 - \frac{1}{n}\left(\sum_{i=1}^{n} y_i\right)^2}.$$

Auch b_y wird *Regressionskoeffizient* genannt und bezieht sich auf die Abhängigkeit der Länge x vom Gewicht y der Schüler. Dieser Koeffizient gibt an, daß sich die Länge im Mittel um b_y ändert, wenn das Gewicht um eine Einheit zunimmt. Trägt man diese Regressionsgerade ebenfalls ein, so stellt man fest, daß sich die beiden Geraden im Schwerpunkt $(\bar{x}, \bar{y})$ der Punktwolke schneiden und eine Schere bilden. Je enger diese Schere ist, desto straffer ist der stochastische Zusammenhang zwischen den Zufallsgrößen X und Y. Sie schließt sich, wenn ein streng linearer, d. h. *funktionaler Zusammenhang* besteht.

Beispiel 1: Von 10 Schülern sind Länge x in cm und Gewicht y in kg gemessen worden. Die Abbildung 27.3-5 zeigt die Punktwolke mit den beiden Regressionsgeraden; in der Tabelle sind alle notwendigen Berechnungen enthalten.

x	y	$(x-\bar{x})$	$(y-\bar{y})$	$(x-\bar{x})^2$	$(y-\bar{y})^2$	$(x-\bar{x})(y-\bar{y})$
135	29,30	−4,4	−3,31	19,36	10,9561	14,5640
145	35,20	5,6	2,59	31,36	6,7081	14,5040
139	34,50	−0,4	1,89	0,16	3,5721	−0,7560
142	32,10	2,6	−0,51	6,76	0,2601	−1,3260
137	33,60	−2,4	0,99	5,76	0,9801	−2,3760
137	32,30	−2,4	−0,31	5,76	0,0961	0,7440
134	27,20	−5,4	−5,41	29,16	29,2681	29,2140
144	36,70	4,6	4,09	21,16	16,7281	18,8140
135	26,90	−4,4	−5,71	19,36	32,6041	25,1240
146	38,30	6,6	5,69	43,56	32,3761	37,5540
1394	326,1			182,40	133,5490	136,0600

$\bar{x} = 139{,}4$
$\bar{y} = 32{,}61$
$b_x = 0{,}746$
$b_y = 1{,}019$
$a_x = -71{,}38$
$a_y = 106{,}2$
$Y = -71{,}38 + 0{,}746x$
$X = 106{,}2 + 1{,}019y$

Korrelation. Der Grad des Zusammenhangs, von dem die Regressionsgeraden einen Eindruck vermitteln, wird quantitativ durch den Korrelationskoeffizienten r_{xy} angegeben.

Korrelationskoeffizient	$r_{xy} = \frac{\sum_{i=1}^{n} (x_i - \bar{x})(y_i - \bar{y})}{\sqrt{\sum_{i=1}^{n} (x_i - \bar{x})^2 \cdot \sum_{i=1}^{n} (y_i - y)^2}} = \frac{\sum_{i=1}^{n} x_i y_i - \frac{1}{n}\left[\sum_{i=1}^{n} x_i \sum_{i=1}^{n} y_i\right]}{\sqrt{\sum_{i=1}^{n} x_i^2 - \frac{1}{n}\left(\sum_{i=1}^{n} x_i\right)^2}\sqrt{\sum_{i=1}^{n} y_i^2 - \frac{1}{n}\left(\sum_{i=1}^{n} y_i\right)^2}}$

Dieser Korrelationskoeffizient ist unabhängig von der Einheit der Merkmale und kann alle Werte zwischen -1 und $+1$ annehmen. Ist $r_{xy} = \pm 1$, so ist der Zusammenhang direkt bzw. indirekt linear. Ist $r_{xy} = 0$, so liegt kein Zusammenhang vor. Im vorhergehenden Beispiel ergibt sich $r_{xy} = +0{,}87$.
Zwischen dem Korrelationskoeffizienten r_{xy} und den Regressionskoeffizienten b_x und b_y besteht die Beziehung $r_{xy}^2 = b_x \cdot b_y$.

Statistische Schätzverfahren

Häufig sind Schlüsse zu ziehen aus den Werten einer Stichprobe auf eine oder mehrere Maßzahlen der zugehörigen Grundgesamtheit. Diese wird durch eine Zufallsgröße charakterisiert; ist die analytische Form der zugehörigen Verteilungsfunktion bekannt, so sind die Werte der in ihr enthaltenen Parameter zu schätzen. Für eine solche Schätzung stehen viele Möglichkeiten zur Verfügung, z. B. der Median bzw. das arithmetische Mittel für den Erwartungswert einer Zufallsgröße. FISHER hat deshalb

Kriterien für die Güte einer *Schätzung* aufgestellt; er fordert, daß sie *erwartungstreu*, *konsistent* und *wirksam* sein soll.
Für eine *erwartungstreue Schätzung* eines unbekannten Parameters Θ soll der Erwartungswert $\hat{\Theta}$ mit Θ übereinstimmen; z. B. sind das arithmetische Mittel $\bar{x}$ bzw. die Varianz s^2 der Stichprobe eine erwartungstreue Schätzung des Erwartungswertes μ bzw. der Varianz σ^2 der die Grundgesamtheit charakterisierenden Zufallsgröße. Eine *konsistente Schätzung* $\hat{\Theta}$ eines unbekannten Parameters Θ soll bei wachsendem Umfang der Stichprobe mit wachsender Wahrscheinlichkeit immer weniger von Θ abweichen, d. h., für einen genügend großen Stichprobenumfang soll es ein beliebig kleines $\varepsilon > 0$ geben, so daß $P(|\hat{\Theta} - \Theta| < \varepsilon) \to 1$; z. B. ist das arithmetische Mittel $\bar{x}$ einer Stichprobe eine konsistente Schätzung des Erwartungswertes μ der die Grundgesamtheit charakterisierenden Zufallsgröße. Bei einer *wirksamen Schätzung* $\hat{\Theta}$ des Parameters Θ soll die Varianz der Zufallsgröße klein sein im Verhältnis zur Varianz anderer möglicher Schätzungen; z. B. ist das arithmetische Mittel $\bar{x}$ eine wirksame Schätzung gegenüber dem Median $\tilde{x}$, da die Varianz der Zufallsgröße $\bar{x}$ kleiner ist als die der Zufallsgröße $\tilde{x}$.
Die Schätzung eines Parameters kann eine Punkt- oder eine Intervallschätzung sein. Bei einer *Punktschätzung* wird der aus einer Stichprobe gewonnene Schätzwert dem wahren Wert des Parameters der Zufallsgröße gleichgesetzt. Er wird aber nur mit geringer Wahrscheinlichkeit mit dem wahren Wert übereinstimmen, d. h., über die Genauigkeit der Schätzung ist wenig bekannt. Deshalb sucht man bei der *Intervallschätzung* oder *Konfidenzschätzung* ein Intervall $]\hat{\Theta} - \delta, \hat{\Theta} + \delta[$, um den Schätzwert $\hat{\Theta}$ so anzugeben, daß dieser mit der Wahrscheinlichkeit $(1 - \alpha)$ den unbekannten Parameter überdeckt. Dabei heißt $(1 - \alpha)$ *Konfidenzniveau*, und α ist eine vorgegebene Zahl $0 < \alpha < 1$, mit deren Hilfe die Intervallbreite 2δ zu berechnen ist.
Als universellste Methode zur Ermittlung von Punktschätzungen für Parameter gilt die *Maximum-Likelihood-Methode*. Für die Normalverteilung wurde sie bereits von GAUSS entwickelt. Der Name, die Begründung und der weitere Aufbau der Methode gehen jedoch auf FISHER zurück. Ihr Prinzip besteht darin, den Schätzwert $\hat{\Theta}$ eines Parameters Θ so zu wählen, daß die *Likelihood-Funktion* für die gegebene Stichprobe ein Maximum hat. Diese Likelihood-Funktion soll für eine stetige Zufallsgröße X mit der bekannten Dichte $f(x; \Theta)$ angegeben werden, wenn der Parameter Θ aus einer Stichprobe von n unabhängigen Werten $x_1, x_2, \ldots, x_n$ zu schätzen ist.
Man betrachtet die Likelihood-Funktion $L(x_1, x_2, \ldots, x_n; \Theta) = f(x_1; \Theta)\, f(x_2; \Theta) \cdots f(x_n; \Theta)$ als Funktion des unbekannten Parameters Θ und wählt als Schätzung $\hat{\Theta}$ für ihn den Wert, für den die Funktion L ein Maximum erreicht, d. h., man bestimmt Θ als Lösung der Gleichung $\dfrac{\mathrm{d}L}{\mathrm{d}\Theta} = 0$. Diese Gleichung wird in praktischen Rechnungen ersetzt durch $\dfrac{\mathrm{d} \ln L}{\mathrm{d}\Theta} = \dfrac{1}{L} \cdot \dfrac{\mathrm{d}L}{\mathrm{d}\Theta} = 0$. Hängt die Dichte $f(x; \Theta_1, \Theta_2)$ der stetigen Zufallsgröße X von zwei Parametern Θ_1 und Θ_2 ab, so ergeben sich die Schätzwerte $\hat{\Theta}_1$ und $\hat{\Theta}_2$ für sie als Lösung des Gleichungssystems $\dfrac{\partial \ln L}{\partial \Theta_i} = \dfrac{1}{L} \cdot \dfrac{\partial L}{\partial \Theta_i} = 0$ mit $i = 1, 2$.

Beispiel 1: Die Parameter $\Theta_1 = \mu$ und $\Theta_2 = \sigma^2$ einer normalverteilten Zufallsgröße X lassen sich aus einer Stichprobe mit den Werten $x_1, x_2, \ldots, x_n$ schätzen. Aus der Likelihood-Funktion $L(x_1, x_2, \ldots, x_n;\ \mu, \sigma^2) = [1/\sqrt{2\pi\sigma^2}]^n \exp\left[-(1/(2\sigma^2)) \sum_{k=1}^{n} (x_k - \mu)^2\right]$ erhält man $\ln L = -(n/2) \ln 2\pi - (n/2) \ln \sigma^2 - [1/(2\sigma^2)] \sum_{k=1}^{n} (x_k - \mu)^2$ und daraus $\dfrac{\partial \ln L}{\partial \mu} = \dfrac{1}{\sigma^2} \sum_{k=1}^{n} (x_k - \mu) = 0$ und $\dfrac{\partial \ln L}{\partial \sigma^2} = -\dfrac{n}{2\sigma^2} + \dfrac{1}{2\sigma^4} \sum_{k=1}^{n} (x_k - \mu)^2 = 0$. Aus ihnen ergeben sich die Schätzungen $\hat{\mu} = \dfrac{1}{n} \sum_{k=1}^{n} x_k = \bar{x}$ und $\hat{\sigma}^2 = \dfrac{1}{n} \sum_{k=1}^{n} (x_k - \bar{x})^2$.

Abschließend soll das Vorgehen bei der *Intervallschätzung* für einen einfachen Fall angegeben werden, in dem X eine normalverteilte Zufallsgröße ist, von deren Parametern μ und σ^2 nur σ^2 bekannt sein soll. Für μ soll eine Konfidenzschätzung aus einer Stichprobe mit den Werten $x_1, x_2, \ldots, x_n$ angegeben werden. Als Schätzung wird das arithmetische Mittel $\bar{x} = \dfrac{1}{n} \sum_{i=1}^{n} x_i$ gewählt. Von diesem ist bekannt, daß es normalverteilt ist mit den Parametern μ und σ^2/n. Für jedes α mit $0 < \alpha < 1$ kann mit Hilfe der Tafel der Normalverteilung ein λ_α so angegeben werden, daß gilt $P(|\bar{x} - \mu| < \lambda_\alpha \sigma/\sqrt{n}) = 1 - \alpha$ oder $P(\bar{x} - \lambda_\alpha \sigma/\sqrt{n} < \mu < \bar{x} + \lambda_\alpha \sigma/\sqrt{n}) = 1 - \alpha$. Das Konfidenzintervall $(\bar{x} - \lambda_\alpha \sigma/\sqrt{n}, x + \lambda_\alpha \sigma/\sqrt{n})$ ist eine Konfidenzschätzung von μ auf dem Konfidenzniveau $(1 - \alpha)$.

Beispiel 2: Ist X eine normalverteilte Zufallsgröße, so ermittelt man aus der Tafel der Normalverteilung für $\alpha = 0{,}05$ und das Konfidenzniveau $1 - \alpha = 0{,}95$ den Wert $\lambda_\alpha = 1{,}96$. Bei einem

Stichprobenumfang von $n = 16$ und mit der Standardabweichung $\sigma = 1{,}5$ ergibt sich wegen $\lambda_\alpha \sigma/\sqrt{n} = 1{,}96 \cdot 1{,}5/4 = 0{,}735$ für den Parameter μ das Konfidenzintervall

$$P(\bar{x} - 0{,}735 < \mu < \bar{x} + 0{,}735) = 0{,}95,$$

wenn $\bar{x}$ die aus der Stichprobe gewonnene Schätzung ist. Der Parameter μ liegt mit einer Wahrscheinlichkeit von 0,95 im Intervall $(\bar{x} - 0{,}74,\ \bar{x} + 0{,}74)$.

Statistische Prüfverfahren

Bei vielen statistischen Problemen reicht es nicht aus, das vorliegende Material durch eine Häufigkeitsverteilung oder durch Maßzahlen zu beschreiben, z. B. dann, wenn Fragen der folgenden Art zu beantworten sind:

1. In einer Gegend wurde ein größeres mittleres Gewicht von 10jährigen Knaben als bisher bekannt ermittelt. Ist diese Abweichung nur zufällig, oder kann dieser Unterschied auf andere Ursachen zurückgeführt werden? –
2. Bei Fütterungsversuchen werden z. B. mehrere Ratten mit einem Standardfutter und andere mit einem zu prüfenden Futter ernährt. Wird nach Abschluß der Versuchsreihe ein unterschiedliches mittleres Gewicht für beide Gruppen festgestellt, dann ist zu klären, ob das zu prüfende Futter wesentlich größere Gewichtszunahmen verursachte.

Bei diesen Fragen will man wissen, ob die aufgetretenen Abweichungen zufälliger oder wesentlicher Natur sind. Der Entscheid darüber erfolgt mit *Prüfverfahren* bzw. *Prüftests*, die alle auf einem Vergleich beruhen; z. B. werden entweder die entsprechenden Maßzahlen zweier Stichproben oder die aus einer Stichprobe ermittelte Maßzahl mit der entsprechenden bekannten Größe der Grundgesamtheit verglichen. Bei den Prüfverfahren geht man von der Annahme oder *Hypothese* aus, daß die beiden untersuchten Stichproben derselben Grundgesamtheit angehören bzw. daß die Stichprobe der betrachteten Grundgesamtheit angehört, d. h., daß in beiden Fällen die Unterschiede nur zufällig sind. Diese Hypothese wird *Nullhypothese* H_0 genannt. Entsprechend wird die andere Möglichkeit des Entscheids *Alternativhypothese* H_1 genannt.
Mit Hilfe der Prüfverfahren entscheidet man über Annahme oder Ablehnung der Nullhypothese. Dabei muß man immer bedenken, daß Annehmen der Nullhypothese nichts weiter heißt, als diese der Alternativhypothese vorzuziehen. Damit ist aber nicht gesagt, daß dieser Entscheid in jedem Fall richtig ist; denn dieser beruht auf einer Stichprobe vom Umfang n, und es besteht die Möglichkeit eines Irrtums. Man rechnet demzufolge bei diesem Entscheid mit einer *Irrtumswahrscheinlichkeit* α, die im allgemeinen 0,05 bzw. 0,01 bzw. 0,001 gewählt wird. Den Fehler, der entsteht, wenn die Nullhypothese verworfen wird, obwohl sie richtig ist, bezeichnet man als *Fehler erster Art*. Die andere mögliche Fehlentscheidung, die darin besteht, daß die Nullhypothese angenommen wird, obwohl sie falsch ist, wird *Fehler zweiter Art* genannt. Wird z. B. bei einem Vergleich festgestellt, daß ein neues Medikament besser ist, obwohl es in Wirklichkeit dem alten gleichwertig ist, so macht man einen Fehler erster Art. Stellt sich durch den Vergleich heraus, daß beide Medikamente gleichwertig sind, obwohl tatsächlich das neue besser ist, so wird ein Fehler zweiter Art begangen.

Prüfverteilungen. Zum Prüfen der Nullhypothese verwendet man Testgrößen, die Zufallsgrößen sind und demzufolge durch eine Verteilung beschrieben werden können. Bei den im folgenden angegebenen Tests sind die Testgrößen entweder normalverteilt oder unterliegen anderen Prüfverteilungen. Es sind dies die t-, die F- und die χ^2-Verteilung. Tabellen dieser Verteilungen finden sich bei den durchgerechneten Beispielen.

Normalverteilung. Unterliegt die Testgröße einer Normalverteilung, so erhält die Irrtumswahrscheinlichkeit α eine anschauliche Bedeutung, wenn man die Tabelle der Gesamt- und Restflächen nach dem Fehlerintegral betrachtet. In dieser ist die Restfläche α, die der Irrtumswahrscheinlichkeit entspricht, in Prozent angegeben. Einer Irrtumswahrscheinlichkeit α entspricht dann ein $\lambda = |(x - \mu)/\sigma|$; dabei dürfen im allgemeinen μ und σ als bekannt vorausgesetzt und nur bei großen Stichproben durch $\bar{x}$ und s geschätzt werden. Einer Irrtumswahrscheinlichkeit von $\alpha = 0{,}05$ oder 5% ist z. B. ein $\lambda_\alpha = 1{,}96$ zugeordnet, d. h., die Nullhypothese wird verworfen, wenn für den aus der Stichprobe errechneten Wert λ gilt $\lambda > \lambda_\alpha = 1{,}96$, und angenommen für $\lambda < \lambda_\alpha = 1{,}96$.

t-Verteilung. Das bei der Normalverteilung angegebene Vorgehen ist nicht mehr möglich, wenn μ und σ unbekannt sind und bei kleinem Stichprobenumfang n durch $\bar{x}$ und s geschätzt werden müssen. In diesem Fall kann s beträchtlich von σ abweichen und dient dann nicht als gute Schätzung. Es läßt sich nur dann verwenden, wenn die zu λ gehörende Irrtumswahrscheinlichkeit entsprechend vergrößert wird. Das ist bei der t-Verteilung von STUDENT geschehen, die neben der Irrtumswahrscheinlichkeit α den Umfang der Stichprobe berücksichtigt. Mit wachsendem n wird sie der Normalverteilung immer ähnlicher und geht für $n \to \infty$ in diese über. Die t-Verteilung ist für verschiedene Werte der Irrtumswahrscheinlichkeit und des Freiheitsgrades f, der an die Stelle des Stichprobenumfangs tritt, tabelliert. Dabei ist der *Freiheitsgrad* erklärt als die Differenz aus Stichprobenumfang n und Anzahl m der zur Berechnung verwendeten Maßzahlen, $f = n - m$. Bei jedem der folgenden Tests wird der Freiheitsgrad angegeben. In der Abbildung 27. 3-6 sind die Normalverteilung und die t-Verteilung für $f = 5$ Freiheitsgrade und jeweils für eine Irrtumswahrscheinlichkeit $\alpha = 0{,}05$ eingetragen.

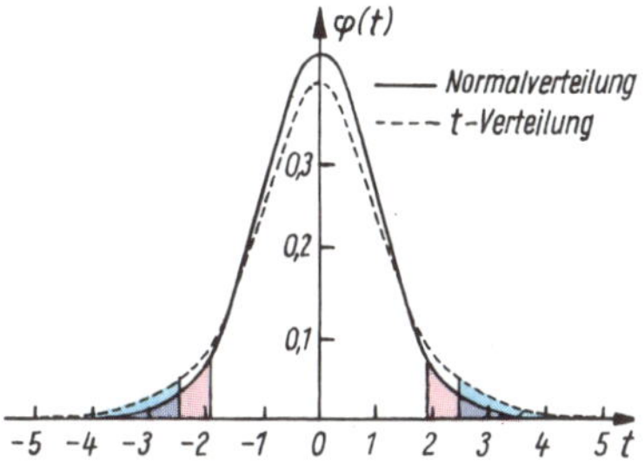

27.3-6 Normalverteilung und t-Verteilung ($f = 5$) mit den Bereichen für die Irrtumswahrscheinlichkeit $\alpha = 0{,}05$

27.3-7 F-Verteilung und Irrtumswahrscheinlichkeit α

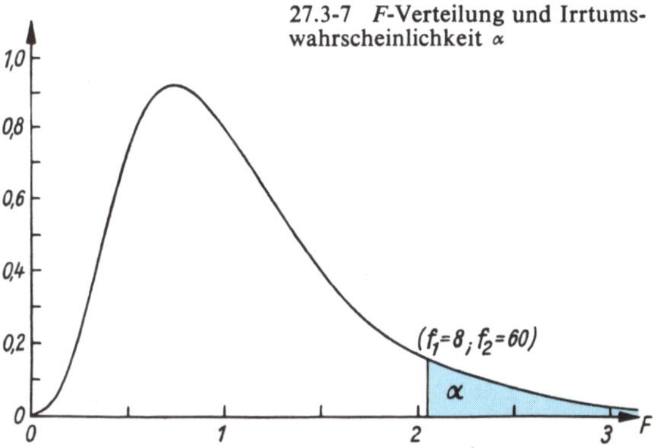

F-Verteilung. Entnimmt man einer normalverteilten Grundgesamtheit jeweils zwei Stichproben vom Umfang n_1 und n_2, ermittelt die beiden Varianzen s_1^2 und s_2^2 und bildet das Verhältnis $F = s_1^2 : s_2^2$, dann entsteht als Häufigkeitsverteilung dieser Werte eine Verteilung, die von dem englischen Statistiker FISHER untersucht und F-Verteilung genannt wurde. Sie ist von der Irrtumswahrscheinlichkeit α und von den Freiheitsgraden $f_1 = n_1 - 1$ und $f_2 = n_2 - 1$ abhängig und für verschiedene Irrtumswahrscheinlichkeiten und Freiheitsgrade tabelliert. F nimmt als Verhältnis zweier Quadrate nur positive Werte an. Die Abbildung 27.3-7 zeigt eine F-Verteilung und die Bedeutung der Irrtumswahrscheinlichkeit.

χ^2-Verteilung. Im Zusammenhang mit der Fehlertheorie von GAUSS untersuchte der Astronom HELMERT Quadratsummen von Größen, die normalverteilt sind. Die dabei nachgewiesene Verteilungsfunktion nannte PEARSON später χ^2-Verteilung. Ihr liegen folgende Voraussetzungen zugrunde: $X_1, \ldots, X_n$ sind n Zufallsgrößen, die untereinander unabhängig sind und derselben Normalverteilung unterliegen mit den Parametern μ und σ^2. Die Verteilung der Quadratsummen $\chi^2 = \frac{1}{\sigma^2} \sum_{k=1}^{n} (x_k - \mu)^2$, in denen die $x_1, \ldots, x_n$ Werte der Zufallsgrößen $X_1, \ldots, X_n$ sind, wird χ^2-Verteilung genannt. Sie ist von der Irrtumswahrscheinlichkeit α und vom Freiheitsgrad f abhängig und für diese Werte tabelliert. Die Abbildung 27.3-8 zeigt eine χ^2-Verteilung und die Bedeutung der Irrtumswahrscheinlichkeit.

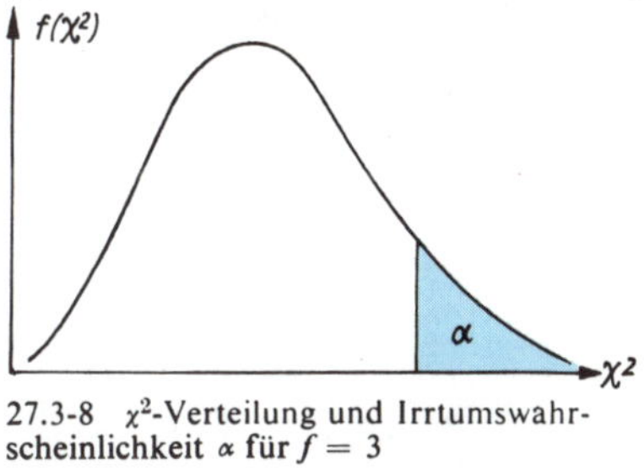

27.3-8 χ^2-Verteilung und Irrtumswahrscheinlichkeit α für $f = 3$

Verfahren zur Prüfung von Hypothesen. Im folgenden sind einige Prüfverfahren für häufig wiederkehrende Aufgaben zusammengestellt. Die Wahl der Irrtumswahrscheinlichkeit richtet sich nach der Aufgabenstellung und ist dementsprechend festzulegen. In der Industrie und in der Landwirtschaft hat sich im allgemeinen eine Irrtumswahrscheinlichkeit von 0,05 und in der Medizin von 0,01 bzw. 0,001 eingebürgert.

1. Vergleich der Mittelwerte $\bar{x}$ und μ. Von einer aus einer normalverteilten Grundgesamtheit gezogenen Stichprobe vom Umfang n und der Varianz s^2 soll der Mittelwert $\bar{x}$ mit dem Mittelwert μ einer normalverteilten Grundgesamtheit verglichen werden. Die Nullhypothese, daß sich beide nur zufällig unterscheiden, ist mit einer Irrtumswahrscheinlichkeit α anzunehmen, wenn der nach der Testgröße $t = [|\bar{x} - \mu|/s]\sqrt{n}$ berechnete Wert t_b kleiner als der Tafelwert t_T der t-Verteilung für α und den Freiheitsgrad $f = n - 1$ ist.

Beispiel 1: Aus der Untersuchung von $n = 49$ Proben eines Werkstoffes stellte man den Anteil eines chemischen Elements mit $\bar{x} = 2{,}4\%$ bei einer Varianz von $s^2 = 0{,}4$ fest. Der Sollwert beträgt $\mu = 3\%$. Sind bei einer Irrtumswahrscheinlichkeit von $\alpha = 0{,}05$ die vorliegenden Abweichungen zufällig? –

Der Wert der Testgröße ist $t_b = [|2,4 - 3|\sqrt{0,4}]\sqrt{49} = 6,6$. Der Tafelwert der t-Verteilung für eine Irrtumswahrscheinlichkeit von $\alpha = 0,05$ und $f = n - 1 = 48$ Freiheitsgrade ist $t_T = 2,01$. Da $t_b > t_T$ ist, muß die Nullhypothese verworfen werden. Es bestehen zwischen dem Mittelwert und dem Sollwert signifikante (wesentliche) Unterschiede.

Tabelle der t-Verteilung

Freiheitsgrad f	Irrtumswahrscheinlichkeit		Freiheitsgrad f	Irrtumswahrscheinlichkeit		Freiheitsgrad f	Irrtumswahrscheinlichkeit	
	$\alpha = 0,05$	$\alpha = 0,01$		$\alpha = 0,05$	$\alpha = 0,01$		$\alpha = 0,05$	$\alpha = 0,01$
1	12,71	63,66	18	2,10	2,88	60	2,00	2,66
2	4,30	9,92	19	2,09	2,86	70	1,99	2,65
3	3,18	5,84	20	2,09	2,85	80	1,99	2,64
4	2,78	4,60	21	2,08	2,83	90	1,99	2,63
5	2,57	4,03	22	2,07	2,82	100	1,98	2,63
6	2,45	3,71	23	2,07	2,81	120	1,98	2,62
7	2,37	3,50	24	2,06	2,80	140	1,98	2,61
8	2,31	3,36	25	2,06	2,79	160	1,98	2,61
9	2,26	3,25	26	2,06	2,78	180	1,97	2,60
10	2,23	3,17	27	2,05	2,77	200	1,97	2,60
11	2,20	3,11	28	2,05	2,76	300	1,97	2,59
12	2,18	3,06	29	2,05	2,76	400	1,97	2,59
13	2,16	3,01	30	2,04	2,75	500	1,97	2,59
14	2,15	2,98	35	2,03	2,72	1000	1,96	2,58
15	2,13	2,95	40	2,02	2,70	∞	1,96	2,58
16	2,12	2,92	45	2,01	2,69			
17	2,11	2,90	50	2,01	2,68			

2. Vergleich von zwei Mittelwerten $\bar{x}_1$ und $\bar{x}_2$. Zwei Stichproben mit den Umfängen n_1 und n_2 sollen voneinander unabhängig und aus normalverteilten Gesamtheiten gezogen sein; außerdem sollen die Abweichungen ihrer Varianzen s_1^2 und s_2^2 zufällig sein. Die Nullhypothese, daß ihre Mittelwerte $\bar{x}_1$ und $\bar{x}_2$ sich mit der Irrtumswahrscheinlichkeit α nur zufällig unterscheiden, ist anzunehmen, wenn der für die Testgröße

$$t = \frac{|\bar{x}_1 - \bar{x}_2|}{s_d}\sqrt{\frac{n_1 n_2}{n_1 + n_2}} \quad \text{mit} \quad s_d^2 = \frac{s_1^2(n_1 - 1) + s_2^2(n_2 - 1)}{n_1 + n_2 - 2}$$

berechnete Wert t_b kleiner als der Tafelwert t_T für α und den Freiheitsgrad $f = n_1 + n_2 - 2$ ist.

Beispiel 2: Bei zwei Werkstoffen wurde aus $n_1 = 20$ bzw. $n_2 = 32$ Versuchen eine mittlere Zerreißfestigkeit von $\bar{x}_1 = 18$ bzw. $\bar{x}_2 = 24\ \text{kp/mm}^2$ bei Varianzen von $s_1^2 = 4$ bzw. $s_2^2 = 6$ festgestellt. Unterscheiden sich bei Berücksichtigung einer Irrtumswahrscheinlichkeit von $\alpha = 0,05$ die beiden Werkstoffe hinsichtlich der Zerreißfestigkeit wesentlich? –
Für die Testgröße berechnet man

$$t_b = \frac{|18 - 24|}{\sqrt{5,24}} \cdot \sqrt{\frac{20 \cdot 32}{20 + 32}} = 9,20, \quad \text{wobei} \quad s_d^2 = \frac{4 \cdot 19 + 6 \cdot 31}{20 + 32 - 2} = 5,24.$$

Der Tafelwert der t-Verteilung für eine Irrtumswahrscheinlichkeit von $\alpha = 0,05$ und $f = n_1 + n_2 - 2 = 50$ Freiheitsgrade ergibt $t_T = 2,01$. Da $t_b > t_T$ ist, muß die Nullhypothese verworfen werden, d. h., zwischen den beiden Mittelwerten bestehen signifikante Unterschiede.

3. Vergleich von zwei Varianzen s_1^2 und s_2^2. Zwei Stichproben von den Umfängen n_1 und n_2 sollen voneinander unabhängig sein und aus normalverteilten Grundgesamtheiten stammen. Die Nullhypothese, ihre Varianzen s_1^2 und s_2^2 unterscheiden sich nur zufällig voneinander, wird mit einer Irrtumswahrscheinlichkeit α angenommen, wenn der nach der Testgröße $F = s_1^2 : s_2^2$, $s_1^2 > s_2^2$ berechnete Wert F_b kleiner als der Tafelwert F_T für α und die Freiheitsgrade $f_1 = n_1 - 1$ und $f_2 = n_2 - 1$ ist.

Beispiel 3: Bei zwei Maschinen soll verglichen werden, ob sie sich hinsichtlich der Toleranzen, die von ihnen bei einem bestimmten Arbeitsprozeß eingehalten werden, unter Berücksichtigung einer Irrtumswahrscheinlichkeit von $\alpha = 0,05$ wesentlich unterscheiden. Dazu werden an der 1. bzw. 2. Maschine $n_1 = 25$ bzw. $n_2 = 31$ Versuche durchgeführt, aus denen für das bearbeitete Material eine Varianz von $s_1^2 = 17,9$ bzw. $s_2^2 = 17,5$ errechnet wurde. Für die Testgröße erhält man

$F_b = 17{,}9/17{,}5 = 1{,}023$. Der Tafelwert der F-Verteilung für eine Irrtumswahrscheinlichkeit von $\alpha = 0{,}05$ und $f_1 = 24$ und $f_2 = 30$ Freiheitsgrade ist $F_T = 1{,}89$. Da $F_b < F_T$ ist, muß die Nullhypothese angenommen werden, d. h., die Unterschiede in den Toleranzen der beiden Maschinen sind nur zufällig.

F-Verteilung für $\alpha = 0{,}05$ (f_1 = Freiheitsgrad der größeren Streuung)

f_2	$f_1=1$	$f_1=2$	$f_1=3$	$f_1=4$	$f_1=5$	$f_1=6$	$f_1=8$	$f_1=12$	$f_1=24$	$f_1=\infty$	f_2
1	161,4	199,5	215,7	224,6	230,2	234,0	238,9	243,9	249,0	254,3	1
2	18,51	19,00	19,16	19,25	19,30	19,33	19,37	19,41	19,45	19,50	2
3	10,13	9,55	9,28	9,12	9,01	8,94	8,84	8,74	8,64	8,53	3
4	7,71	6,94	6,59	6,39	6,26	6,16	6,04	5,91	5,77	5,63	4
5	6,61	5,79	5,41	5,19	5,05	4,95	4,82	4,68	4,53	4,36	5
10	4,96	4,10	3,71	3,48	3,33	3,22	3,07	2,91	2,74	2,54	10
20	4,35	3,49	3,10	2,87	2,71	2,60	2,45	2,28	2,08	1,84	20
30	4,17	3,32	2,92	2,69	2,53	2,42	2,27	2,09	1,89	1,62	30
40	4,08	3,23	2,84	2,61	2,45	2,34	2,18	2,00	1,79	1,51	40
60	4,00	3,15	2,76	2,52	2,37	2,25	2,10	1,92	1,70	1,39	60
120	3,92	3,07	2,68	2,45	2,29	2,17	2,02	1,83	1,61	1,25	120
∞	3,84	2,99	2,60	2,37	2,21	2,09	1,94	1,75	1,52	1,00	∞

4. Vergleich von Häufigkeiten. Tritt in einer Stichprobe vom Umfang n, deren Elemente voneinander unabhängig sind, ein Ereignis z-mal, in der Grundgesamtheit aber mit der Wahrscheinlichkeit p auf, so weicht die relative Häufigkeit $z : n$ nur zufällig mit einer Irrtumswahrscheinlichkeit α von p ab, wenn der für die Testgröße $t = |z - np|/\sqrt{np(1-p)}$ bzw. $t = [|z/n - p|/\sqrt{p(1-p)}] \cdot \sqrt{n}$ berechnete Wert t_b kleiner als der Tafelwert t_T für α und den Freiheitsgrad $f = n - 1$ ist.

Beispiel 4: Auf Grund langfristiger Beobachtungen ist bei einer bestimmten Tierkrankheit die Sterbeziffer $p = 0{,}4$. An $n = 71$ Tieren, die von dieser Krankheit befallen sind, wird ein neues Medikament erprobt, und es sterben $z = 20$ Tiere. Ist das Medikament zur Behandlung geeignet, wobei eine Irrtumswahrscheinlichkeit von $\alpha = 0{,}01$ berücksichtigt werden soll? –
Nach der Aufstellung der Nullhypothese, daß die relative Häufigkeit $z/n = 20/71$ nur zufällig von $p = 0{,}4$ abweicht, berechnet man $t_b = |20 - 71 \cdot 0{,}4|/\sqrt{71 \cdot 0{,}4 \cdot 0{,}6} = 2{,}035$. Der Tafelwert der t-Verteilung für eine Irrtumswahrscheinlichkeit von $\alpha = 0{,}01$ und $f = n - 1 = 70$ Freiheitsgrade ist $t_T = 2{,}65$. Da $t_b < t_T$ ist, kann die Nullhypothese angenommen werden.

5. Prüfen von Verteilungen. Eine empirische Verteilung weicht nur zufällig von einer theoretischen Verteilung bei einer Irrtumswahrscheinlichkeit α ab, wenn der für die Testgröße $\chi^2 = \sum_{i=1}^{k} \frac{(h_i - k_i)^2}{k_i}$ berechnete Wert χ_b^2 kleiner als der Tafelwert χ_T^2 für α und den Freiheitsgrad $f = k - m - 1$ ist, wenn m die Anzahl der mit Hilfe der Stichprobe geschätzten unbekannten Parameter ist. Dabei ist das untersuchte Material in k Klassen eingeteilt, und h_i ist die beobachtete, k_i dagegen die theoretische absolute Häufigkeit in der i-ten Klasse ($i = 1, 2, \ldots, k$). Es wird gefordert, daß die theoretische absolute Häufigkeit in jeder Klasse mindestens 5 beträgt; dies kann eventuell durch Zusammenfassen mehrerer Klassen erreicht werden.

Tabelle der χ^2*-Verteilung*

Freiheitsgrad	Irrtumswahrscheinlichkeit	
f	$\alpha=0{,}05$	$\alpha=0{,}01$
1	3,84	6,64
2	5,99	9,21
3	7,82	11,35
4	9,49	13,28
5	11,07	15,09
6	12,59	16,81
7	14,07	18,48
8	15,51	20,09
9	16,92	21,67
10	18,31	23,21
20	31,41	37,57
30	43,77	50,89
40	55,76	63,69
60	79,08	88,38
120	146,57	158,95

Beispiel 5: An 80 auf einer Maschine gefertigten Werkstücken wurde jeweils ein bestimmtes Merkmal gemessen. Die gewonnenen Maße wurden in Klassen eingeteilt und dabei die in der Tabelle angegebenen Häufigkeiten h_i gewonnen. Es soll unter Berücksichtigung einer Irrtumswahrscheinlichkeit von $\alpha = 0{,}05$ geprüft werden, ob die Meßwerte einer Normalverteilung entsprechen. Dazu wird mit Hilfe der Gaußverteilung die zu jeder Klasse gehörige theoretische Häufigkeit k_i berechnet und die Nullhypothese aufgestellt, daß die empirische und die theoretische Verteilung nur zufällig voneinander abweichen. Die Berechnung der Testgröße erfolgt mit Hilfe folgender Tabelle, die die einzelnen Rechenschritte enthält:

h_i		k_i		$h_i - k_i$	$(h_i - k_i)^2$	$(h_i - k_i)^2/k_i$
1	11	0,4	10,1	+0,9	0,81	0,08
2		2,2				
8		7,5				
13		16,5		−3,5	12,25	0,74
25		22,1		+2,9	8,41	0,38
16		18,4		−2,4	5,76	0,31
13	15	9,4	12,4	+2,6	6,76	0,55
2		3,0				
80		79,5				2,06

Zu dem berechneten Wert $\chi_b^2 = 2{,}06$ wird der Tafelwert von χ^2 für eine Irrtumswahrscheinlichkeit $\alpha = 0{,}05$ und 2 Freiheitsgrade $\chi_T^2 = 5{,}99$ aufgesucht, da zwei Parameter geschätzt wurden. Da $\chi_b^2 < \chi_T^2$ ist, wird die Nullhypothese angenommen.

Anwendungsgebiete der Statistik

Aus der Vielzahl der Anwendungsgebiete sollen die *technische Statistik* und die *Biometrie* herausgegriffen werden.

Technische Statistik. Die ersten Anfänge einer statistischen Bearbeitung von Problemen der Technik gehen bis zum Beginn der 20er Jahre zurück. Damals erkannte Daeves, daß die Massenproduktion der modernen Industrie Massenerscheinungen mit sich bringt, die gewissen Gesetzmäßigkeiten unterliegen. Er faßte seine Untersuchungsmethodik unter dem Begriff *Großzahlforschung* zusammen. Aber erst in den letzten 25 bis 30 Jahren nimmt die Anwendung der Statistik auf industrielle Fragen, z. B. auf die Auswertung von Stichproben, auf die Beurteilung von Meßreihen oder auf die laufende Produktionsüberwachung, an Umfang zu. Im Laufe dieser Entwicklung hat sich der Begriff *technische Statistik* herausgebildet. Man versteht darunter eine Zusammenfassung aller Methoden der Statistik, die in der Technik verwendbar sind bzw. dafür zugeschnitten werden.
Diese Methoden lassen sich in zwei Gruppen einteilen:

1. Methoden zur statistischen Untersuchung und Auswertung eines in sich geschlossenen Beobachtungsmaterials. Dabei handelt es sich im wesentlichen um statistische Schätz- und Prüfverfahren und um Regressions- und Korrelationsanalysen zur Aufdeckung und Beschreibung von Zusammenhängen.
Für diese Gruppe sind folgende Probleme typisch: Lebensdauer von Glühlampen; Einfluß von Meßungenauigkeiten bei feinmechanischen Geräten; Dauerbiegefestigkeit von Zellwollfasern; Zerreißfestigkeit eines bestimmten Stoffes; Bestimmung der Abhängigkeit der Zugfestigkeit eines Stahles von verschiedenen Einflußgrößen; Vergleich der Eigenschaften zweier Werkstoffe.

2. Methoden der Eingangs- und Endkontrolle und zur Überwachung des Produktionsprozesses. Man sagt dafür kurz: *Statistische Qualitätskontrolle.* Diesen Methoden liegt der Gedanke zugrunde, den Produktionsprozeß mit statistischen Methoden so zu überwachen, daß Ausschuß schon im Augenblick des Entstehens erkannt wird und seine Ursachen abgestellt werden.
Für diese Überwachung gibt es zwei Möglichkeiten:

a) die Fertigung wird mit *Kontrollkarten* derart reguliert, daß Ausschuß und Nacharbeit stark verringert werden;
b) die fertigen Produkte und Halbfabrikate werden auf der Grundlage von *Stichprobenplänen* daraufhin untersucht, ob sie den Qualitätsanforderungen genügen. In diesem Fall kann auf die Fertigung kein Einfluß genommen werden; es können lediglich Folgerungen für die weitere Produktion gezogen werden.

Kontrollkarten. Ein Fertigungsprozeß wird mit Hilfe von Kontrollkarten in der Weise überwacht, daß von dem betrachteten Erzeugnis charakteristische Merkmale beurteilt werden und bei Abweichungen von dem Sollmaß entschieden werden kann, ob diese zufällig oder wesentlich sind. Je nach der Art der Beurteilung unterscheidet man Kontrollkarten für meßbare und für nichtmeßbare Merkmale.

Der Aufbau und der Einsatz einer Kontrollkarte sollen an der *Einzelwertkarte* (Abb. 27.3-9) – bei anderen Kontrollkarten ist es entsprechend – dargestellt werden: Zur Überwachung eines Merkmals wird bei der Produktion des betrachteten Gegenstands in bestimmten Abständen aus den im letzten Zeitintervall gefertigten Stücken durch Zufallsauswahl ein Stück entnommen und das betrachtete Maß bestimmt. Diesen Wert trägt man statt in ein Buch über der Zeitmarke in die Kontrollkarte ein. Denkt man sich die Menge der Aufschreibungen als Häufigkeitsverteilung aufgetragen, so entsteht in vielen Fällen zumindest angenähert eine Normalverteilung. Trägt man ihren Mittelwert $\bar{x}$ als Mittellinie (ML) und die Werte $\bar{x} + 3s$ als obere und $\bar{x} - 3s$ als untere Kontrollinie (OK, UK) ein, dann müssen in dem durch die Kontrollinien begrenzten Bereich 99,73% aller Meßwerte liegen. Hat man diese drei Linien durch Vorversuche gewonnen, dann kann der Produktionsprozeß mit der so aufgebauten Karte überwacht werden. Liegt ein Meßwert in dem Bereich, dann werden die Abweichungen vom Mittelwert als zufällig betrachtet. Die Abweichung ist wesentlich, sobald eine Eintragung außerhalb der Kontrollinien erfolgt (in der Abbildung durch einen Pfeil bezeichnet). In diesem Fall ist vor einer Weiterproduktion der Störungsgrund zu suchen. Das graphische Bild der Kontrollkarte gibt immer eine bessere Übersicht als eine Liste, es zeigt die Entwicklung des betrachteten Merkmals während der Produktion und gibt Hinweise zum Abstellen von Fehlern bzw. zur Neueinstellung der Maschine. Durch diese Eigenschaften ist die Kontrollkarte sehr operativ und gibt in Verbindung mit einer Fehlerursachenforschung außerdem Hinweise auf häufig wiederkehrende Fehler und damit zur Änderung der Technologie.

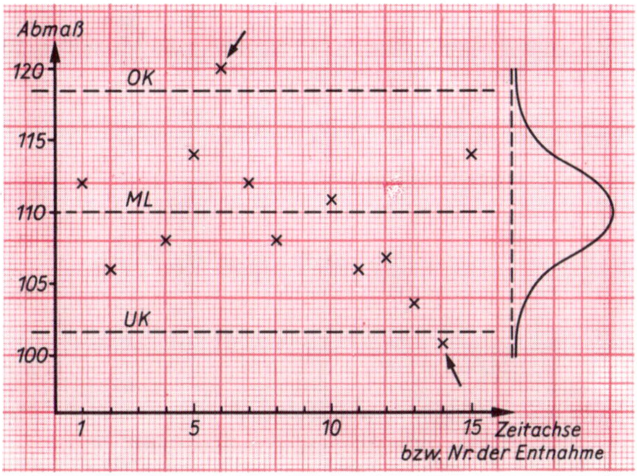

27.3-9 Einzelwertkarte, *ML* Mittellinie, *OK*, *UK* obere und untere Kontrollinie

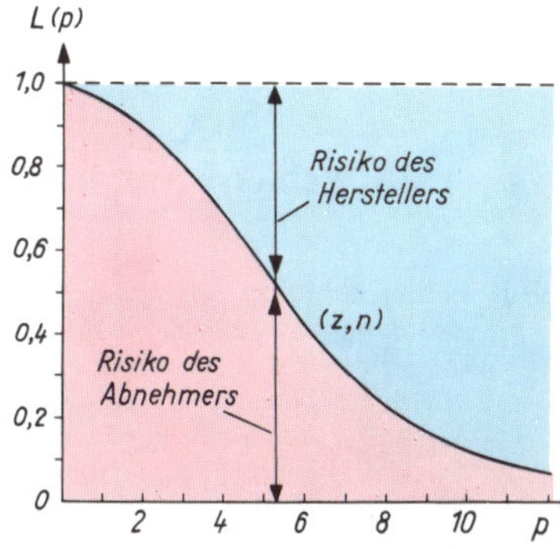

27.3-10 Operationscharakteristik

Stichprobenpläne. Der Einsatz von Kontrollkarten erfolgt, wenn während der Fertigung eine laufende statistische Überwachung stattfinden soll. Diese Methoden versagen im allgemeinen aber dann, wenn Material geliefert wird, dessen Qualität unbekannt ist, oder wenn während der Fertigung auf eine Kontrolle verzichtet wird und nachträglich eine Qualitätsuntersuchung stattfinden soll. In diesen beiden Fällen – bei der Eingangs- und bei der Endkontrolle – könnte man hundertprozentig kontrollieren. Das ist sehr kostspielig und aufwendig. Außerdem ist selbst bei hundertprozentiger Kontrolle nicht die Garantie gegeben, daß – wie die Erfahrungen bestätigen – alle fehlerhaften Teile gefunden werden. Man begnügt sich deshalb mit Stichprobenprüfungen, indem aus der Qualität einer aus der Lieferung gezogenen Stichprobe über Annahme oder Ablehnung der Lieferung entschieden wird. Die Prüfungen, hier z. B. Gut-Schlecht-Prüfung, werden nach einem *Stichprobenplan* durchgeführt.
Einem *Lieferposten* von N Stück wird eine *Stichprobe* im Umfang von n Stück entnommen und geprüft. Enthält sie mehr als z schlechte Teile, so wird der Lieferposten abgelehnt, bei höchstens z schlechten Teilen wird er angenommen. Der *Stichprobenplan* ist danach durch das Zahlenpaar (z, n) gekennzeichnet. Ihm liegt die Vorstellung zugrunde, daß der Fehlerprozentsatz in der Stichprobe mit dem im Lieferposten übereinstimmt. Dies trifft nur mit einer gewissen Wahrscheinlichkeit zu, so daß der Hersteller und der Abnehmer bei Annahme des Stichprobenplans ein Risiko eingehen, das aus der *Operationscharakteristik* zu ersehen ist (Abb. 27.3-10). Sie stellt die Annahmewahrscheinlichkeit $L(p)$ für die Lieferung in Abhängigkeit von deren Ausschußprozentsatz p dar, und ihre Form hängt vom Stichprobenplan ab. Ihre Berechnung erfolgt im allgemeinen mit der Binomial- oder der Poissonverteilung.
Aus der Abbildung ist das Risiko des Herstellers bzw. des Abnehmers ersichtlich, d. h., es kann abgelesen werden, wie groß die Wahrscheinlichkeit dafür ist, daß eine Lieferung mit einem Ausschußprozentsatz p abgelehnt bzw. angenommen wird. Es ist eine Sache der Vereinbarung bei Vertragsabschluß, einen Stichprobenplan zu wählen und mit Hilfe der Operationscharakteristik den zulässigen Ausschußprozentsatz p festzulegen. In der Praxis hat es sich eingebürgert, einen solchen Plan zu wählen, daß mit 95 % Wahrscheinlichkeit eine Lieferung mit $p_1\%$ Ausschuß angenommen und eine solche mit $p_2\%$ Ausschuß ($p_1 < p_2$) in 90 % der Fälle abgelehnt wird.

Biometrie. PEARSON definierte die Biometrie als *Lehre von der Anwendung mathematischer (statistischer) Methoden bei der Untersuchung der Mannigfaltigkeit der Lebewesen.* Bei der Erforschung der Gesetze und Erscheinungen des Lebendigen besteht eine unvergleichlich schwierigere Situation als z. B. in der Physik. Dort ist es möglich, Experimente anzulegen, die reproduzierbar sind. Die Versuchsbedingungen können konstant gehalten werden, und nur die zu untersuchende Größe wird variiert, um so das gesuchte Gesetz zu finden. In der *Biologie* wirken dagegen sehr viele Faktoren, die vom Untersucher nicht beeinflußbar sind, z. B. Wetterverhältnisse in der Pflanzenzüchtung. In der *Medizin* werden die Wege noch problematischer, da hier meist das Experiment, z. B. am Menschen aus ethischen Gründen, ausscheidet und oft nur die reine Beobachtung bleibt. Hinzu tritt außerdem die quantitative Mannigfaltigkeit aller biologischen Werte und Maße, die als *biologische Variabilität* bezeichnet wird. Aus diesen Gründen ist eine gut durchdachte Versuchsplanung zur Anlage, Durchführung und Auswertung der Versuche oder Beobachtungen unbedingt erforderlich. Im Laufe der Entwicklung der Biometrie haben sich spezielle Verfahren zur Anlage von Versuchen bzw. Beobachtungen herausgebildet. Zur Auswertung der Versuche bzw. Beobachtungen wurden solche Methoden geschaffen, die besonders berücksichtigen:

1. den meist durch die oft schwere Erfüllbarkeit der Homogenitätsforderung nur kleinen Stichprobenumfang;
2. die Häufigkeitsverteilungen, die sich nicht auf eine Normalverteilung zurückführen lassen.

Die Schwierigkeit, zugleich aber auch der Reiz der Biometrie liegen darin, statistische Methoden zu finden, die dem vorliegenden Problem der Wirklichkeit am besten angepaßt sind.

28. Fehler-, Ausgleichs- und Näherungsrechnung

28.1. Fehlerrechnung

Die Fehlerrechnung befaßt sich mit der Genauigkeit von Zahlenangaben und Rechenresultaten. Fehler, die auf falschen mathematischen Schlußweisen, auf der Nichtbeachtung der Rechengesetze, auf Flüchtigkeit und Unaufmerksamkeit bei der Rechnung beruhen, sind nicht Gegenstand der Fehlerrechnung. Sie enthebt daher den Rechnenden keineswegs der äußersten Sorgfalt bei allen durchzuführenden Rechenoperationen.

Ein Schüler berechnet aus den Seiten der Längen $a = 7{,}49$, $b = 5{,}32$ eines Dreiecks und dem von ihnen eingeschlossenen Winkel der Größe $\gamma = 30°$ die Länge der dritten Dreiecksseite c nach der Formel $c = \sqrt{a^2 + b^2 - 2ab\cos\gamma}$ (s. nebenstehende Rechnung). Dem Lehrer ist das Resultat zu *ungenau*, er hat als Lösung $c = 3{,}92$ erwartet. Offenbar hat der Schüler beim Aufschlagen des $\cos\gamma$ zuwenig Stellen berücksichtigt. Es ergeben sich die Fragen, welchen Fehler im Resultat die vernachlässigten Stellen von $\cos\gamma$ verursachen bzw. wieviel Stellen von $\cos\gamma$ hätten berücksichtigt werden müssen, damit sich die gewünschte Genauigkeit ergibt.

a^2	$= 56{,}1001$
b^2	$= 28{,}3024$
$a^2 + b^2$	$= 84{,}4025$
$\cos\gamma$	$= 0{,}87$
$2ab\cos\gamma$	$= 69{,}3334$
c^2	$= 15{,}0691$
c	$= 3{,}88$

Näherungswerte. In praktischen Anwendungen sind Zahlenwerte gemessener Größen nur angenähert bekannt. Ein Kraftfahrer will mit seinem Wagen nach Berlin fahren. Ein Straßenschild gibt die Entfernung mit 120 km an. Sein Wagen verbraucht durchschnittlich 9 l Kraftstoff je 100 km. Er überschlägt daher den Kraftstoffverbrauch für diese Fahrt zu ($120 \cdot 0{,}09 = 10{,}8$) l. Das Straßenschild gibt jedoch nicht den „wahren Wert" seiner Fahrstrecke an, sondern nur einen *Näherungswert*. Für den Überschlag hätte eine genauere Entfernungsangabe keinen besonderen Nutzen. Auch der durchschnittliche Kraftstoffverbrauch seines Wagens ist nur ein Näherungswert (Abb. 28.1-1).

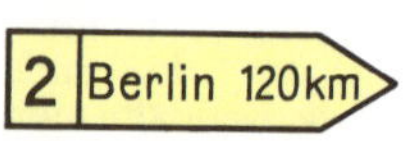

28.1-1 Diese Entfernungsangabe ist auf ganze Kilometer gerundet

Auch für reine Zahlenwerte können vielfach nur Näherungswerte in Rechnungen verwendet werden, da viele Zahlen sich im Dezimalsystem nur als unendliche Dezimalbrüche darstellen lassen, z. B. $\sqrt{2}, \pi, \lg 3$.

Will man ausdrücken, daß a ein Näherungswert für eine Größe x ist, so schreibt man gewöhnlich $x \approx a$; x ist der *wahre Wert*, a der *Näherungswert*; z. B. $\sqrt{2} \approx 1{,}41$; $\pi \approx 3{,}14$; $\lg 3 \approx 0{,}4771$.

Absoluter und relativer Fehler

Absoluter Fehler. Man beurteilt die Güte eines Näherungswertes a nach seiner Abweichung vom wahren Wert x und nennt die Differenz $a - x$ den *absoluten Fehler* $\varepsilon = a - x$. Ein Näherungswert a ist um so genauer, je kleiner sein absoluter Fehler ist; z. B. ist der Näherungswert $a_1 = 0{,}666\,67$ für $x = 2/3$ hundertmal so genau wie der Näherungswert $a_2 = 0{,}667$.

Näherungswert	wahrer Wert	absoluter Fehler	relativer Fehler
a	x	$\varepsilon = a - x$	$\lvert\varepsilon/x\rvert \mathrel{\hat=} \lvert\varepsilon/x\rvert \cdot 100\,\%$

Korrektion. Will man aus dem Näherungswert a den wahren Wert x einer Größe erhalten, so muß man zu a die Korrektion k addieren, $k = x - a = -\varepsilon$.

Relativer Fehler. An Stelle des absoluten Fehlers ε eines Näherungswertes a wird häufig sein *relativer Fehler* $|\varepsilon/x|$ angegeben. Er wird gewöhnlich in Prozenten ausgedrückt. Dann lassen sich Näherungswerte für verschiedene Größen hinsichtlich ihrer Genauigkeit miteinander vergleichen.

Beispiel 1: Für den wahren Wert $x = 2/3$ wird als Näherungswert $a_1 = 0{,}67$ und für den wahren Wert $y = 1/15$ der Näherungswert $a_2 = 0{,}07$ verwendet. Die absoluten Fehler sind $\varepsilon_1 = a_1 - x = 0{,}67 - 2/3 = 1/300$ und $\varepsilon_2 = a_2 - y = 0{,}07 - 1/15 = 1/300$; für die relativen Fehler erhält man $|\varepsilon_1/x| = (1/300):(2/3) = 1/200 = 0{,}005 \mathrel{\hat=} 0{,}5\,\%$ und $|\varepsilon_2/y| = (1/300):(1/15) = 1/20 = 0{,}05 \mathrel{\hat=} 5\,\%$. Obwohl die absoluten Fehler einander gleich sind, ist a_1 ein zehnmal so genauer Näherungswert für x, wie es a_2 für y ist.

Schranken für den absoluten Fehler. Jede Angabe über die Größe des absoluten bzw. des relativen Fehlers eines Näherungswerts stellt eine Angabe über die *Genauigkeit* dieses Näherungswerts dar. Meist ist der wahre Wert jedoch unbekannt, z. B. bei Näherungswerten, die aus Messungen gewonnen werden. Dann lassen sich weder der absolute noch der relative Fehler des Näherungswerts berechnen. Man muß sich in einem solchen Fall damit begnügen, Schranken für den absoluten bzw. den relativen Fehler des Näherungswerts anzugeben. Unter einer Schranke für den absoluten Fehler eines Näherungswerts a versteht man eine positive Zahl Δa, die nicht vom Betrag des absoluten Fehlers übertroffen wird. Es gilt die Ungleichung $-\Delta a \leqslant \varepsilon \leqslant \Delta a$ oder $a - \Delta a \leqslant x \leqslant a + \Delta a$.

Durch die Angabe einer Schranke Δa ist somit zugleich eine untere und eine obere *Wertschranke* für x gegeben. Dafür schreibt man kurz $x \approx a\,(\pm\Delta a)$ oder auch $x = a \pm \Delta a$. Die Schranke Δa für den absoluten Fehler von a gibt Aufschluß über die Genauigkeit von a. Je kleiner Δa ist, um so genauer ist der Näherungswert a. Sind andererseits für eine Größe x zwei Wertschranken x_1 und x_2 so bekannt, daß $x_1 \leqslant x \leqslant x_2$, so ist $a = (x_1 + x_2)/2$ ein Näherungswert für x mit $\Delta a = (x_2 - x_1)/2$.

Schranken für den relativen Fehler. Bei technischen Daten findet man oft die Genauigkeit in der Form $x \approx a(\pm\delta \cdot 100\,\%)$ oder auch $x = a \pm \delta \cdot 100\,\%$ angegeben; die Größe $\delta = |\Delta a/a|$ ist eine Schranke für den relativen Fehler von a.

Beispiel 2: Auf einem Kondensator ist die Kapazität mit 250 pF $\pm$ 10% angegeben. Der relative Fehler des Näherungswerts $a = 250$ pF beträgt $\delta = 0{,}1$. Daraus ergibt sich als Schranke für den absoluten Fehler $\Delta a = a \cdot \delta = 25$ pF. Der wahre Wert der Kapazität liegt danach zwischen 225 pF und 275 pF.

Werden Näherungswerte für Zahlen wie π, $\sqrt{2}$, lg 3 mitgeteilt, so verzichtet man gewöhnlich auf eine besondere Angabe der Genauigkeit. Die Darstellung derartiger Näherungswerte ist gewissen Regeln unterworfen, die sofort auf die Genauigkeit der Zahlenangaben schließen lassen.

Verkürzen. Die Zahl π läßt sich nur durch einen unendlichen Dezimalbruch darstellen. In einer Tafel findet man z. B. für π angegeben $\pi = 3{,}141\,592\,653\,589 \ldots$ Die Tafel gibt damit als Näherungswert für π eine auf 12 Stellen verkürzte Dezimalzahl an. Beim *Verkürzen* eines unendlichen Dezimalbruchs wird seine Ziffernfolge an einer bestimmten Stelle lediglich abgebrochen. Durch drei Punkte deutet man an, daß an sich weitere Ziffern folgen würden. Dabei sind die angegebenen Ziffern *gültige Ziffern*, d. h., die Ziffernfolge des verkürzten Dezimalbruchs stimmt bis zur Stelle, an der die Verkürzung vorgenommen wurde, vollständig mit der Ziffernfolge des unverkürzten Dezimalbruchs überein.

Die Zahl π, auf vier Dezimalen verkürzt, lautet demnach $\pi = 3{,}141\,5 \ldots$ Hinter der letzten Ziffer einer verkürzten Dezimalzahl kann als nächste Ziffer jede der Ziffern 0 bis 9 folgen. Verwendet man daher eine auf k Ziffern verkürzte Zahl als Näherungswert, so ist der absolute Fehler dieses Näherungswerts negativ und dem Betrag nach kleiner als eine Einheit der Ordnung der letzten mitgeteilten Ziffer. Eine auf k Dezimalstellen nach dem Komma verkürzte Zahl hat mithin einen Fehler, der kleiner als 10^{-k} ist; z. B. ist für $\pi = 3{,}141\,5$ der absolute Fehler kleiner als $10^{-4} = 1/10000$.

Runden. Eine gebräuchliche Methode, Dezimalstellen abzukürzen, ist das *Runden* der Zahlen. Dabei bleibt beim *Abrunden* wie beim Verkürzen die letzte beibehaltene Ziffer unverändert, wenn auf sie eine 0, 1, 2, 3 oder 4 folgt, beim *Aufrunden* wird die letzte beibehaltene Ziffer um 1 erhöht. Man rundet auf, wenn die unmittelbar folgende Ziffer eine 5, 6, 7, 8 oder 9 ist. Ein auf vier Dezimalstellen gerundeter Näherungswert für π lautet demnach $\pi = 3{,}1416$; sein absoluter Fehler ist kleiner als $10^{-4}/2$. Befolgt man diese Regel, so hat man die Gewähr, daß der absolute Fehler einer gerundeten Zahl dem Betrag nach kleiner als eine halbe Einheit der Ordnung der letzten angegebenen Ziffer ist. Er kann positiv, aber auch negativ sein. Nur in dem Fall, daß die erste vernachlässigte Ziffer eine 5 ist, der nur Nullen folgen, beträgt der Rundungsfehler genau eine halbe Einheit der Ordnung der letzten mitgeteilten Ziffer. Man pflegt in diesem Fall so zu runden, daß die letzte beibehaltene Ziffer stets *gerade* wird. Es wären z. B. $^1/_8 = 0{,}125000$ auf 0,12, aber $^7/_{40} = 0{,}17500$ auf 0,18 zu runden.

Zuverlässige Ziffern. Die Ziffern einer gerundeten Zahl brauchen nicht alle *gültige Ziffern* zu sein, denn sie können durch Aufrunden entstanden sein. Aber eine richtig gerundete Zahl hat nur *zuverlässige Ziffern.* Dabei heißen alle Ziffern eines Näherungswertes zuverlässig, wenn der absolute Fehler dieses Näherungswertes höchstens eine halbe Einheit der Ordnung der letzten mitgeteilten Ziffer beträgt.

Beispiel 3: In einer fünfstelligen Tafel der Quadratwurzeln findet man für $\sqrt{39}$ den Wert 6,24500 angegeben. Dieser Wert hat nur zuverlässige Ziffern, denn sein absoluter Fehler ist kleiner als $5 \cdot 10^{-6}$. Seine letzten drei Ziffern sind jedoch keine gültigen Ziffern, denn $\sqrt{39} = 6{,}244\,997\,9\ldots$ Enthält daher ein Näherungswert nur zuverlässige Ziffern, so braucht eine Genauigkeitsangabe nicht zusätzlich zu erfolgen. Ist andererseits für einen Näherungswert die Genauigkeit nicht angegeben, so muß man annehmen, daß alle seine Ziffern zuverlässig sind. Dies trifft insbesondere für alle Zahlenangaben in mathematischen Tabellenwerken zu.

Sind keine Mißverständnisse zu befürchten, so schreibt man vielfach $x = a$ an Stelle von $x \approx a$, wenn a ein durch Runden entstandener Näherungswert für x ist.

Wesentliche und unwesentliche Ziffern. Beim Runden von großen Zahlen ergibt sich eine Schwierigkeit; rundet man z. B. die Zahl 1778 auf Hunderter, so erhält man 1800. Diese Zahl ist zwar richtig gerundet, enthält aber nicht nur zuverlässige Ziffern, da der absolute Fehler größer als 0,5 ist. An die Stellen der vernachlässigten Ziffern 7 und 8 sind Nullen getreten. Sie dienen lediglich zur Festlegung der Größenordnung der gerundeten Zahl. Man bezeichnet sie als *unwesentliche Ziffern.* Das Mitführen von unwesentlichen Ziffern (Nullen) kann bei Genauigkeitsbetrachtungen Mißverständnisse hervorrufen. Man verwendet deshalb mit Hilfe der Zehnerpotenzen eine andere Schreibweise. Im vorliegenden Fall schreibt man $18 \cdot 10^2$ für die gerundete Zahl. Ist aber die Zahl 1799,7 zu runden, so sind im Ergebnis 1800 die beiden Nullen *wesentliche Ziffern.* Sie sind mitzuführen, z. B. in der Form $1{,}800 \cdot 10^3$.

Das Runden gerundeter Zahlen. Einer weiteren Schwierigkeit begegnet man, wenn bereits gerundete Zahlen nochmals gerundet werden sollen; wird z. B. die Zahl 0,4747 auf zwei Dezimalstellen gerundet, so ergibt sich 0,47; rundet man jedoch erst auf drei Stellen und darauf die gerundete Zahl nochmals auf zwei Stellen, so erhält man zunächst 0,475 und schließlich 0,48. Die letzte Ziffer ist jetzt nicht mehr zuverlässig. Diese Unsicherheit beim mehrmaligen Runden tritt immer dann auf, wenn die letzte Ziffer zu einer 5 gerundet werden muß. Es ist daher für eventuelle weitere Rundungen nützlich, bei gerundeten Zahlen zu markieren, ob eine 5 in der letzten Stelle echt, durch Aufrunden oder durch Abrunden entstanden ist; z. B. wird eine 5 häufig durch einen darübergesetzten Strich bzw. durch einen Punkt gekennzeichnet, je nachdem, ob sie durch Aufrunden entstanden ist oder ob die ihr folgenden Ziffern abgeworfen wurden (Abb. 28.1-2); $2{,}6146 \approx 2{,}61\bar{5} \approx 2{,}61$; $2{,}6153 \approx 2{,}61\dot{5} \approx 2{,}62$.

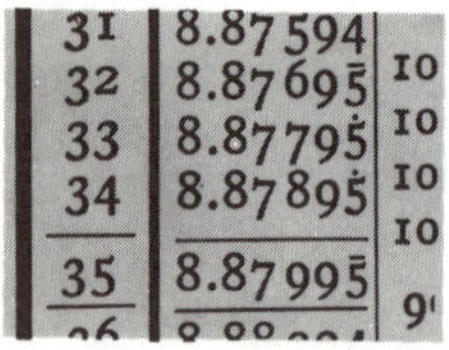

28.1-2 Kennzeichnung der an der letzten Stelle stehenden Fünf in einer Logarithmentafel

Genauigkeit des Resultats beim Rechnen mit Näherungswerten

Eingangs- und Rechnungsfehler. Führt man eine Rechnung mit Näherungswerten durch, so wird das Resultat im allgemeinen ebenfalls nur angenähert richtig sein. Dabei hängt die Ungenauigkeit des Resultats in erster Linie von den Fehlern der in die Rechnung eingehenden Näherungswerte ab. Den hierdurch bedingten Fehler des Resultats nennt man *Eingangsfehler.* Ferner ergibt sich, z. B. durch Auf- und durch Abrunden, im Verlauf der Rechnung selbst ein gewisser Fehler. Ihn nennt man *Rechnungsfehler.* Der Rechnungsfehler muß stets kleiner sein als der Eingangsfehler, sonst würde die Genauigkeit der Eingangsdaten nicht voll ausgenutzt. Der Rechnungsfehler soll etwa 1/10 des Eingangsfehlers betragen. Man kann dies erzielen, indem man während des Rechenganges einige Dezimalstellen als *Schutzstellen* oder *Überstellen* mehr mitführt und erst im Ergebnis auf die den

Eingangsdaten entsprechende Genauigkeit rundet. Im allgemeinen kommt man mit ein bis zwei Schutzstellen aus.

Methode der Wertschranken. Die exakteste Bestimmung der Genauigkeit eines Rechenresultats liefert die Methode der *Wertschranken.* Dabei ermittelt man aus der unteren und der oberen Wertschranke der Eingangswerte eine untere und eine obere Wertschranke für das Resultat. Für die Grundrechnungsarten lassen sich aus der von Moore begründeten *Intervallrechnung* einfache Regeln angeben. In ihr wird jede Zahl x durch das kleinste rational darstellbare abgeschlossene Intervall $[a, b]$ ersetzt, in dem sie liegen muß. In Verallgemeinerung der Operationen mit Zahlen erhält man die *arithmetischen Operationen mit Intervallen.* Es ist

$$-[a, b] = [-b, -a],$$
$$[a, b] + [c, d] = [a + c, b + d],$$
$$[a, b] - [c, d] = [a - d, b - c]$$

(Abb. 28.1-3).

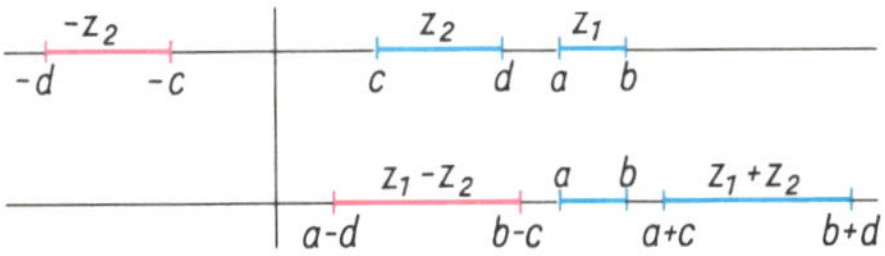

28.1-3 Intervalle für $z_1 + z_2$, für z_2 und für $z_1 - z_2$

Die Additionsregel z. B. läßt sich wie folgt ableiten: Aus $a \leqslant x \leqslant b$ folgt zunächst $a + y \leqslant x + y \leqslant b + y$. Bei $c \leqslant y \leqslant d$ folgt dann aber $a + c \leqslant x + y \leqslant b + d$.
Für die Rechenarten der zweiten Stufe erhält man: $[a,b] \cdot [c,d] = [\min(ac, ad, bc, bd), \max(ac, ad, bc, bd)]$ und $[a, b] : [c, d] = [\min(a/c, a/d, b/c, b/d), \max(a/c, a/d, b/c, b/d)]$.
Sind $[a, b]$ und $[c, d]$ positive Intervalle, so wird $[a, b] \cdot [c, d] = [ac, bd]$ und $[a, b] : [c, d] = [a/d, b/c]$.
Beim Runden im Verlauf der Rechnung hat man zu beachten, daß untere Wertschranken beim Runden nur verkleinert, obere nur vergrößert werden dürfen.

Beispiel 1: Aus den Längen des oberen Radius $r_2 \approx 61\ (\pm 0{,}5)$ mm, des unteren Radius $r_1 \approx 74\ (\pm 0{,}5)$ mm und der Mantellinie $s \approx 82\ (\pm 0{,}5)$ mm eines geraden Kreiskegelstumpfes ist die seiner Höhe h zu berechnen. Die Formel lautet

$$h = \sqrt{s^2 - (r_1 - r_2)^2}.$$

Nach der nebenstehenden Rechnung ergibt sich als untere Wertschranke des Resultats 80,28 mm, als obere Wertschranke 81,63 mm. Man kann das Ergebnis zusammenfassen zu $h \approx 80{,}955(\pm 0{,}675)$ mm oder in einer etwas gröberen Näherung zu $h \approx 81{,}0\ (\pm 0{,}8)$ mm.

	Wertschranken	
	untere	obere
s	81,5	82,5
r_1	73,5	74,5
r_2	60,5	61,5
$r_1 - r_2$	12,0	14,0
$(r_1 - r_2)^2$	144,0	196,0
s^2	6642,25	6806,25
h^2	6446,25	6662,25
h	80,28	81,63

Mit Hilfe der arithmetischen Operationen mit Intervallen lassen sich rationale *Intervallfunktionen* erklären, die im numerischen Verfahren andere Funktionen ersetzen müssen.

Beispiel 2: Die Potenzfunktion $f(x) = x^k$ mit positivem ganzzahligem Exponenten k ist als k-fache Multiplikation von x mit sich selbst erklärt; man erhält deshalb für $x = [x_1, x_2]$ als Intervall für die Potenzfunktion:

$$x^k = [x_1, x_2]^k = [\min(x_1^k, x_1^{k-1}x_2, x_1^{k-2}x_2^2, \ldots, x_2^k), \max(x_1^k, x_1^{k-1}x_2, \ldots, x_2^k)].$$

Methode der Fehlerschranken. Die Methode der Wertschranken berücksichtigt sowohl den Eingangs- als auch den Rechnungsfehler. Ihre Anwendung ist jedoch sehr zeitraubend, da jede Rechnung zweimal ausgeführt werden muß.
Ist man nur am Eingangsfehler interessiert, so führt die *Methode der Fehlerschranken* schneller zum Ziel. Sie ist zwar nicht so streng, bietet aber den Vorteil, daß man aus der Genauigkeit der Eingangsdaten unmittelbar eine genäherte Fehlerschranke für das Resultat finden kann. Die Methode der Fehlerschranken beruht auf folgendem Prinzip.
Es soll eine Funktion $f(x_1, x_2, \ldots, x_k)$ von k Veränderlichen berechnet werden. Für die zur Berechnung notwendigen Werte $x_1, x_2, \ldots, x_k$ stehen nur Näherungswerte $a_1, a_2, \ldots, a_k$ zur Verfügung. Abzuschätzen ist der Fehler, mit dem das Resultat behaftet ist, wenn man die Rechnung mit den Näherungswerten $a_1, \ldots, a_k$ durchführt. Die Näherungswerte mögen die absoluten Fehler $\varepsilon_1 = a_1 - x_1$, $\varepsilon_2 = a_2 - x_2, \ldots, \varepsilon_k = a_k - x_k$ haben, die sehr klein gegen die Werte a_i sein sollen. Das exakte Resultat wäre

$$f(x_1, x_2, \ldots, x_k) = f(a_1 - \varepsilon_1, a_2 - \varepsilon_2, \ldots, a_k - \varepsilon_k).$$

Entwickelt man die rechte Seite dieser Gleichung nach dem aus der Differentialrechnung bekannten Verfahren in eine Reihe, so erhält man bis auf Größen höherer Ordnung in den absoluten Fehlern ε_i

$$f(x_1, \ldots, x_k) = f(a_1, \ldots, a_k) - \varepsilon_1 \frac{\partial f}{\partial x_1} - \varepsilon_2 \frac{\partial f}{\partial x_2} - \cdots - \varepsilon_k \frac{\partial f}{\partial x_k}.$$

Hierbei sind die partiellen Ableitungen von $f(x_1, \ldots, x_k)$ an der Stelle $x_1 = a_1, x_2 = a_2, \ldots, x_k = a_k$ zu bilden. Aus dieser Gleichung ergibt sich bis auf Größen höherer Ordnung in den ε_i für den absoluten Fehler des Resultats der Ausdruck

$$\varepsilon_f = f(a_1, \ldots, a_k) - f(x_1, \ldots, x_k) = \varepsilon_1 f_{x_1}(a_1, \ldots, a_k) + \varepsilon_2 f_{x_2}(a_1, \ldots, a_k) + \cdots + \varepsilon_k f_{x_k}(a_1, \ldots, a_k).$$

Der absolute Fehler ε_f läßt sich somit dem Betrage nach folgendermaßen abschätzen:

$$|\varepsilon_f| \leqslant |\varepsilon_1|\,|f_{x_1}(a_1, \ldots, a_k)| + |\varepsilon_2|\,|f_{x_2}(a_1, \ldots, a_k)| + \cdots + |\varepsilon_k|\,|f_{x_k}(a_1, \ldots, a_k)|.$$

Kennt man Schranken $\Delta a_1, \Delta a_2, \ldots, \Delta a_k$ für die absoluten Fehler $\varepsilon_1, \varepsilon_2, \ldots, \varepsilon_k$, so kann man diese Ungleichung noch verschärfen zu

$$|\varepsilon_f| \leqslant \Delta a_1 |f_{x_1}(a_1, \ldots, a_k)| + \Delta a_2 |f_{x_2}(a_1, \ldots, a_k)| + \cdots + \Delta a_k |f_{x_k}(a_1, \ldots, a_k)| = \Delta f.$$

Der Wert Δf gibt in guter Näherung eine Schranke für den absoluten Fehler des Resultats an.

Grundgleichung zur Abschätzung der Genauigkeit von Rechenresultaten
$\Delta f = \Delta a_1 |f_{x_1}(a_1, \ldots, a_k)| + \Delta a_2 |f_{x_2}(a_1, \ldots, a_k)| + \cdots + \Delta a_k |f_{x_k}(a_1, \ldots, a_k)|$

Nach dieser Gleichung läßt sich aus den Fehlerschranken der in die Berechnung eingehenden Näherungswerte eine Fehlerschranke für das Resultat berechnen. Die Vernachlässigung bei ihrer Ableitung von Gliedern höherer Ordnung in den absoluten Fehlern ε_i $(i = 1, \ldots, k)$ wirkt sich in der Praxis kaum aus.

Anwendung der Methode der Fehlerschranken auf die elementaren Rechenoperationen. Sind a und b Näherungswerte mit den Fehlerschranken Δa und Δb für die in die Rechnung eingehenden Größen x und y, so nimmt die Grundgleichung folgende Formen an:

Addieren: $f(x, y) = x + y$; $|f_x| = 1$; $|f_y| = 1$; $\Delta f = \Delta a + \Delta b$.

Subtrahieren: $f(x, y) = x - y$; $|f_x| = 1$; $|f_y| = 1$; $\Delta f = \Delta a + \Delta b$.

Die Summe der Fehlerschranken zweier Näherungswerte stellt eine Schranke für den absoluten Fehler der Summe und der Differenz der beiden Näherungswerte dar.

Multiplizieren: $f(x, y) = xy$; $|f_x| = |y|$; $|f_y| = |x|$; $\Delta f = |a|\,\Delta b + |b|\,\Delta a$;

Division durch $|f(a, b)| = |ab|$ ergibt $\Delta f/|f| = \Delta a/|a| + \Delta b/|b|$.

Dividieren: $f(x, y) = x/y$; $|f_x| = 1/|y|$; $|f_y| = |x|/y^2$; $\Delta f = \Delta a(1/|b|) + \Delta b(|a|/b^2)$;

Division durch $|f(a, b)| = |a/b|$ ergibt $\Delta f/|f| = \Delta a/|a| + \Delta b/|b|$.

Die Summe der Schranken für den relativen Fehler zweier Näherungswerte stellt eine genäherte Schranke für den relativen Fehler des Produkts und des Quotienten der Näherungswerte dar.

Potenzieren: $f(x) = x^n$; $|f_x| = |nx^{n-1}|$; $\Delta f = \Delta a |na^{n-1}|$;

Division durch $|f(a)| = |a^n|$ ergibt $\Delta f/|f| = |n|\,(\Delta a/|a|)$.

Das n-fache der Schranke für den relativen Fehler eines Näherungswertes ist eine genäherte Schranke für den relativen Fehler der n-ten Potenz dieses Näherungswertes.

Die Methode der Fehlerschranken läßt sich auch bei komplizierteren Berechnungen anwenden, die über die Bildung von Summen, Differenzen, Produkten und Quotienten hinausgehen.

Formeln zur Fehlerrechnung: x, y wahre Größen, a, b ihre Näherungswerte, $\Delta a, \Delta b$ Fehlerschranken			
Rechenart	$f(x, y)$	Schranken für den absoluten Fehler Δf	Schranken für den relativen Fehler $\Delta f/|f|$
Addieren	$x + y$	$\Delta a + \Delta b$	$(\Delta a + \Delta b)/|a + b|$
Subtrahieren	$x - y$	$\Delta a + \Delta b$	$(\Delta a + \Delta b)/|a - b|$
Multiplizieren	xy	$\Delta a|b| + \Delta b|a|$	$\dfrac{\Delta a}{|a|} + \dfrac{\Delta b}{|b|}$
Dividieren	x/y	$\dfrac{\Delta a|b| + \Delta b|a|}{b^2}$	$\dfrac{\Delta a}{|a|} + \dfrac{\Delta b}{|b|}$
Potenzieren	x^n	$\Delta a|na^{n-1}|$	$|n|\,\dfrac{\Delta a}{|a|}$
allgemein	$f(x, y)$	$\Delta a|f_x(a, b)| + \Delta b|f_y(a, b)|$	$\dfrac{\Delta a|f_x(a, b)| + \Delta b|f_y(a, b)|}{|f(a, b)|}$

Beispiel 3: Die Berechnung des Ausdrucks $f = ab/c$ für $a = 2 \pm 0{,}1$, $b = 4 \pm 0{,}2$, $c = 2{,}5 \pm 0{,}1$ ergibt $f = (2 \cdot 4)/2{,}5 = 3{,}2$ mit einem relativen Fehler $\Delta f/|f| = \Delta a/|a| + \Delta b/|b| + \Delta c/|c| = 0{,}1/2 + 0{,}2/4 + 0{,}1/2{,}5 = 0{,}14 \mathrel{\hat{=}} 14\%$ und einem absoluten Fehler $\Delta f = 3{,}2 \cdot 0{,}14 = 0{,}448$. Das Ergebnis lautet $f = 3{,}2 \pm 0{,}448 \approx 3{,}2 \pm 0{,}4$.

Beispiel 4: Für den Flächeninhalt eines Dreiecks aus den Längen der beiden Seiten $a \approx 5{,}20$ $(\pm 0{,}05)$ cm, $b \approx 3{,}40$ $(\pm 0{,}05)$ cm und dem eingeschlossenen Winkel der Größe $\gamma \approx 35°$ $(\pm 10')$ erhält man (Abb. 28.1-4).
$A = {}^1/_2 ab \sin\gamma \approx 5{,}070\ \text{cm}^2$. Die Fehlerabschätzung ergibt
$\Delta A = {}^1/_2 \Delta a|b| \cdot |\sin\gamma| + {}^1/_2|a|\,|\Delta b| \cdot |\sin\gamma| + {}^1/_2|a| \cdot |b| \cdot |\cos\gamma|\,\Delta\gamma$,
$\Delta A/|A| = \Delta a/|a| + \Delta b/|b| + |\cos\gamma/\sin\gamma|\ \Delta\gamma = 0{,}05/5{,}2 + 0{,}05/3{,}4 + 1{,}428 \cdot 0{,}0029$
$= 0{,}0096 + 0{,}0147 + 0{,}0042 = 0{,}0285 \mathrel{\hat{=}} 2{,}85\%$, mithin: $\Delta A = 5{,}070 \cdot 0{,}0285\ \text{cm}^2 = 0{,}144\ \text{cm}^2$ oder $A \approx (5{,}070 \pm 0{,}144)\ \text{cm}^2 = 5{,}070\ \text{cm}^2\ (\pm 2{,}85\%)$.

Die Grundgleichung der Methode der Fehlerschranken verknüpft die Schranken für die Fehler der Eingangswerte mit der Schranke für den Fehler des Resultats einer Rechnung. Geht in die Rechnung nur ein einziger Näherungswert ein, so kann man aus der Grundgleichung berechnen, mit welcher Genauigkeit dieser Näherungswert bestimmt werden muß, um eine gewünschte Genauigkeit des Resultats zu erzielen. Die Grundgleichung lautet in diesem Falle $\Delta f = |f'(a)|\,\Delta a$, wenn a und Δa den Näherungswert und seine Fehlerschranke bezeichnen. Soll das Resultat einen gewissen Fehler Δ_0 nicht übersteigen, so muß $\Delta f < \Delta_0$, also $\Delta a < \Delta_0/|f'(a)|$ sein.

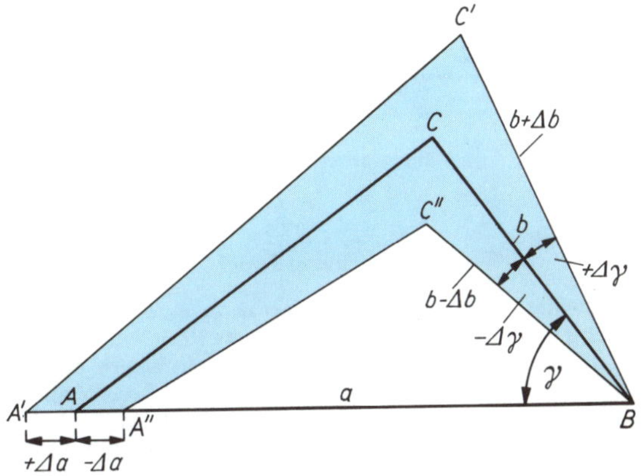

28.1-4 Das wahre zu berechnende Dreieck liegt zwischen den Dreiecken $A''BC''$ und $A'BC'$

Beispiel 5: Wieviel Stellen müssen von $\cos\gamma$ berücksichtigt werden, damit bei der Berechnung der Länge c der dritten Dreiecksseite aus denen der beiden Seiten $a = 7{,}49$ cm und $b = 5{,}32$ cm und aus der Größe $\gamma = 30°$ des eingeschlossenen Winkels der absolute Fehler des Resultats kleiner als 0,005 cm bleibt? – Es ist $c = \sqrt{a^2 + b^2 - 2ab\cos\gamma}$,

somit $\dfrac{\partial c}{\partial(\cos\gamma)} = -\dfrac{ab}{\sqrt{a^2 + b^2 - 2ab\cos\gamma}} = -\dfrac{ab}{c}$ und $\Delta c = \Delta(\cos\gamma) \cdot ab/c = \Delta(\cos\gamma) \cdot 10{,}2$.

Da $\Delta c < 0{,}005$ sein soll, muß $\Delta\,(\cos\gamma) < 0{,}005/10{,}2 = 4{,}9 \cdot 10^{-4}$ sein.
Der Wert von $\cos\gamma$ ist somit auf *mindestens drei Stellen* genau zu bestimmen.

Hängt das Resultat einer Rechnung von mehreren Eingangswerten ab, so wird die Aufgabe, aus der Grundgleichung für die Fehlerrechnung die Genauigkeit der Eingangsdaten bei vorgeschriebener Genauigkeit des Resultats zu bestimmen, allerdings unbestimmt. Es steht nur eine lineare Gleichung zur Berechnung mehrerer Unbekannter zur Verfügung. Man kann aber an Hand der Grundgleichung die Größe des Einflusses der Einzelfehler auf das Resultat abschätzen, um zu erkennen, welche Eingangswerte besonders genau zu wählen sind.

Beispiel 6: Das Volumen eines geraden Kreiskegels ist zu bestimmen. Gemessen werden die Längen des Durchmessers vom Grundkreis $d \approx 16$ cm und die der Höhe $h \approx 32$ cm. Wie genau müssen die Messungen sein und wieviel Stellen von π müssen bei der Rechnung berücksichtigt werden, damit der relative Fehler des Resultats 1 % nicht übersteigt? –
Das Volumen des Kegels beträgt $V = (1/12) \cdot \pi h d^2$. Sind $\Delta\pi$, Δh und Δd die Schranken für die absoluten Fehler von π, h und d, so ergibt sich als Schranke für den relativen Fehler des Volumens $\Delta V/V = \Delta\pi/\pi + \Delta h/h + 2\Delta d/d$. Aus der Bedingung $\Delta V/V < 0{,}01$ erhält man die Ungleichung $0{,}31831\Delta\pi + 0{,}03125\Delta h + 0{,}125\Delta d < 0{,}01$.
Eine eindeutige Abschätzung von $\Delta\pi$, Δh, Δd an Hand dieser einzigen Beziehung ist nicht möglich. Man erkennt aber, daß ein Fehler bei der Ermittlung der Länge des Durchmessers einen etwa viermal so starken Einfluß auf den Fehler des Resultats ausübt wie ein Fehler bei der Höhenmessung. Seine Länge muß deshalb besonders sorgfältig gemessen werden; eine Genauigkeit von $\Delta d = 0{,}1$ cm

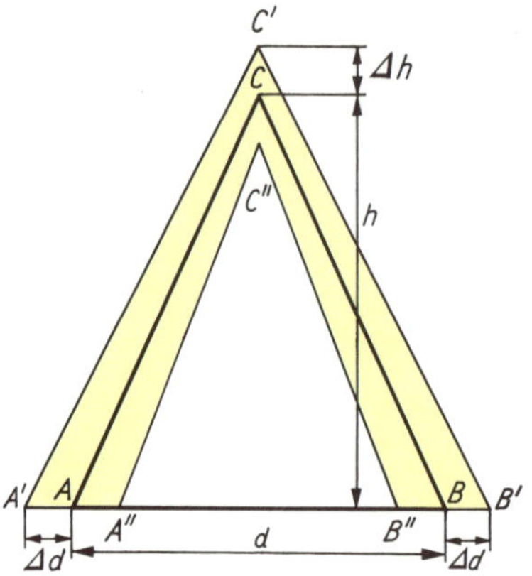

28.1-5 Der Aufriß des wahren Kreiskegels liegt zwischen den Figuren $A'B'C'$ und $A''B''C''$

genügt nicht. Der relative Fehler des Resultats könnte allein durch diesen Fehler schon 1,25 % betragen. Mißt man diese Länge mit einer Genauigkeit von 0,5 mm, so ist $\Delta d = 0{,}05$ mm, und die beiden übrigen Fehlerschranken müßten der Bedingung $0{,}318\,31 \Delta\pi + 0{,}031\,25 \Delta h < 0{,}003\,75$ genügen.
Der Fehler der Höhenmessung dürfte dann höchstens 1,2 mm betragen, und π müßte fehlerfrei sein. Steigert man die Genauigkeit der Höhenmessung auf $\Delta h = 1$ mm, so ergibt sich für den Fehler von π die Schranke $0{,}318\,31 \Delta\pi < 0{,}000\,625$ oder $\Delta\pi < 0{,}002$. Diese Forderung kann man erfüllen, indem man für π den auf zwei Stellen gerundeten Wert 3,14 verwendet. Man kann somit das Volumen des Kegels mit einer Genauigkeit von mindestens 1 % berechnen, wenn man die Länge des Durchmessers mit einer Genauigkeit von $\Delta d = 0{,}05$ cm, die Höhe mit der Genauigkeit $\Delta h = 0{,}1$ cm mißt und $\pi = 3{,}14$ setzt (Abb. 28.1-5).

Meß- und Beobachtungsfehler

Meßfehler. Ist der Näherungswert a für eine Größe x aus einer Messung gewonnen worden, so bezeichnet man den absoluten Fehler $\varepsilon = a - x$ auch als *Meßfehler* oder *wahren Fehler*. Derartige Meßfehler sind, wenn man von *groben Fehlern* absieht, die z. B. durch Unaufmerksamkeit oder falsche Handhabung des Meßgeräts entstehen können, nicht vermeidbar. Sie können verursacht werden durch Schwankungen äußerer Einflüsse, z. B. der Temperatur, des Luftdrucks oder der Luftfeuchtigkeit, durch technisch bedingte Abweichungen des Meßgeräts von theoretischen Werten, z. B. bei einer Kreisteilung oder beim Aufeinandersenkrechtstehen bestimmter Achsen im Theodolit, und schließlich als *subjektive Fehler* durch den Messenden selbst beim Einstellen und Ablesen des Meßgeräts. *Konstante Gerätefehler* haben keinen Einfluß auf gemessene Differenzen, z. B. beim Messen einer Prozeßdauer mit einer genau gehenden, aber falsch gestellten Uhr. *Systematische Gerätefehler* sucht man durch *Justieren* in Vorversuchen zu erfassen und ihren Einfluß rechnerisch zu eliminieren, z. B. bei einer Zeitmessung mit einer Uhr, die im Verlauf eines Tages regelmäßig um fünf Minuten vorgeht.

Beobachtungsfehler. Anders verhält es sich mit *unregelmäßigen* oder *zufälligen Meßfehlern*. Sie sind zwar ebenfalls unvermeidbar, ihre Elimination ist jedoch nicht immer möglich. Größtenteils sind die auf den Beobachter zurückgehenden subjektiven Fehler zu den zufälligen Fehlern zu rechnen. Sie werden dann als *Beobachtungsfehler* bezeichnet. Zufällige Fehler können aber auch durch unkontrollierbare, zufällige Einflüsse während des Meßvorgangs hervorgerufen werden.
An sich genügt eine einzige Messung, um für eine Größe x einen Näherungswert a zu erhalten. Aus dieser einen Messung kann aber nichts über den zufälligen Meßfehler $\varepsilon = a - x$ ausgesagt werden. Er kann einmal größer, ein andermal kleiner, positiv oder negativ sein. Jedoch läßt sich aus der Kenntnis des justierten Meßgeräts und bei Kenntnis der Sorgfalt und der Übung des Beobachters eine Schranke Δa für den Meßfehler angeben, die sicher nicht überschritten, aber vielfach verhältnismäßig grob sein wird. Daher führt man die Messung nicht nur einmal, sondern mehrmals aus und läßt die einzelnen Messungen, wenn möglich, von verschiedenen Beobachtern vornehmen. Sind n Messungen für eine Größe x ausgeführt worden, so stimmen die n Meßresultate $a_1, a_2, \ldots, a_n$ in der Regel nicht völlig überein, besonders dann nicht, wenn hohe Forderungen an die Ablesegenauigkeit gestellt werden, wenn Werte zwischen den Teilstrichen der Meßskalen geschätzt werden müssen. Solche Schätzungen enthalten stets ein subjektives Moment des Beobachters. Ferner wird die Einstellgenauigkeit von Messung zu Messung etwas schwanken. Eine rein physiologische Fehlerquelle ist auch dadurch gegeben, daß die Feststellung von Koinzidenzen mit dem bloßen Auge nicht einwandfrei möglich ist.
Aus den n Meßresultaten a_i ergeben sich n Gleichungen $\varepsilon_1 = a_1 - x$, $\varepsilon_2 = a_2 - x, \ldots, \varepsilon_n = a_n - x$ für die n wahren Fehler ε_i der Messungen und den unbekannten wahren Wert x, also für $(n + 1)$ Unbekannte. Die *Ausgleichsrechnung* entwickelt Verfahren, einen möglichst guten Näherungswert a für x zu gewinnen und seine Genauigkeit zu berechnen. Die Möglichkeit einer Lösung dieser Probleme beruht auf der Tatsache, daß die Beobachtungsfehler ε_i, obwohl sie im Einzelfalle unkontrollierbar größer oder kleiner, positiv oder negativ sein können, im ganzen gesehen einer strengen Gesetzmäßigkeit unterliegen.

Das Fehlerverteilungsgesetz von Gauß. GAUSS war einer der ersten, der auf die Gesetzmäßigkeiten der Beobachtungsfehler hinwies. Diese Gesetzmäßigkeiten lassen sich aus der Dichtefunktion $p(x)$ der Normalverteilung einer stetigen Zufallsgröße herleiten (vgl. Kap. 27.2. – Einige wichtige Verteilungen). Hier soll nur kurz das Resultat mitgeteilt werden. Trägt man auf der Abszissenachse die Größe ε der *Beobachtungsfehler* $x - b$ ab und wählt als Ordinate die relative Häufigkeit, mit der ein Beobachtungsfehler der Größe ε jeweils auftritt, so kann die entstehende *Häufigkeitsverteilung* durch das Gaußsche Fehlerverteilungsgesetz beschrieben werden. Die Funktion $\varphi(\varepsilon)$ ist die *Verteilungsdichte einer Gaußverteilung* mit dem Erwartungswert 0 und der Varianz σ^2.

Gaußsches Fehlerverteilungsgesetz	$\varphi(\varepsilon) = \frac{1}{\sigma\sqrt{2\pi}} \exp\left[-\frac{\varepsilon^2}{2\sigma^2}\right]$

Das Bild dieser Funktion hat eine glockenförmige Gestalt, erstreckt sich über die ganze Abszissenachse ($-\infty < \varepsilon < +\infty$), hat ein Maximum an der Stelle $\varepsilon = 0$ und Wendepunkte für $\varepsilon = -\sigma$ und $\varepsilon = +\sigma$ (vgl. Abb. 27.2-16).

Für große Werte σ verläuft die Kurve $\varphi(\varepsilon)$ flach und breit, für kleine σ dagegen steil und schmal. Mit Hilfe des Gaußschen Fehlerverteilungsgesetzes kann man die Wahrscheinlichkeit dafür berechnen, daß ein Beobachtungsfehler seiner Größe nach zwischen den Schranken $-\Delta$ und $+\Delta$ liegt. Diese Wahrscheinlichkeit beträgt

$$P(-\Delta \leqslant \varepsilon \leqslant +\Delta) = \int_{-\Delta}^{+\Delta} \varphi(\varepsilon)\, d\varepsilon .$$

Fehlerschranke $\Delta = \lambda\sigma$	Wahrscheinlichkeit P
0,67 σ	0,500
1,00 σ	0,683
1,96 σ	0,950
2,00 σ	0,954
2,58 σ	0,990
3,00 σ	0,997

Gewöhnlich wird die Fehlerschranke Δ in Einheiten von σ ausgedrückt. Man setzt $\Delta = \lambda\sigma$ ($\lambda > 0, \sigma > 0$).

Die Auswertung des *Fehlerintegrals* ergibt, daß ein Beobachtungsfehler ε dem Betrage nach die Schranke $\Delta = \lambda\sigma$ mit den in der Tabelle angegebenen Wahrscheinlichkeiten P nicht überschreitet. Ist somit bei einem Meßvorgang die Streuung σ des zugrunde liegenden Fehlerverteilungsgesetzes bekannt, so lassen sich Schranken $\Delta = \lambda\sigma$ angeben, die mit einer bestimmten Wahrscheinlichkeit vom Beobachtungsfehler nicht überschritten werden. In der Praxis ist σ meist unbekannt.

Die Ausgleichsrechnung zeigt, wie man aus mehreren Meßwerten für eine Größe x den Wert von σ schätzen und mit Hilfe des Gaußschen Fehlerverteilungsgesetzes zu Aussagen über den Beobachtungsfehler gelangen kann.

28.2. Ausgleichsrechnung

Die Ausgleichsrechnung wurde im wesentlichen von GAUSS entwickelt und auf die Berechnung von Kometenbahnen sowie von Triangulationen angewendet, zu denen er selbst die Messungen durchgeführt hatte. Auch heute noch sind diese Verfahren bei der Bearbeitung astronomischer und geodätischer Messungen unentbehrlich und werden darüber hinaus auf allen Gebieten vorteilhaft angewendet, in denen Beobachtungs- und Meßergebnisse exakt auszuwerten sind. Mit Hilfe der Ausgleichsrechnung können aus fehlerbehafteten Meßwerten Schätzwerte (Näherungswerte) für die zu messenden Größen bestimmt werden, und deren Genauigkeit kann angegeben werden.

Die Methode der kleinsten Quadrate

Werden n voneinander unabhängige Messungen $a_1, a_2, \ldots, a_n$ zur Bestimmung von n Größen $y_1, y_2, \ldots, y_n$ ausgeführt, so gilt für jeden der Beobachtungsfehler $\varepsilon_1 = a_1 - y_1, \varepsilon_2 = a_2 - y_2, \ldots, \varepsilon_n = a_n - y_n$ das Gaußsche Fehlerverteilungsgesetz. Mit $d\varepsilon_i = da_i$ gibt $\varphi(a_i - y_i)\, da_i = (1/\sqrt{2\pi}) \cdot (1/\sigma_i) \exp[-{}^1/_2(a_i - y_i)^2/\sigma_i^2]\, da_i$ für $i = 1, \ldots, n$ die Wahrscheinlichkeit dafür an, daß der Beobachtungswert in das differentielle Intervall $(a_i, a_i + da_i)$ fällt oder, kurz gesagt, daß sich *bei der Messung von y_i der Wert a_i ergibt*. Jede Streuung σ_i für $i = 1, \ldots, n$ ist dabei abhängig von der Präzision der jeweiligen Messung.

Nach dem Multiplikationssatz der Wahrscheinlichkeitsrechnung berechnet man die Wahrscheinlichkeit dafür, daß sich bei der Messung von y_1 der Meßwert a_1 und gleichzeitig bei der Messung von y_2 der Meßwert $a_2, \ldots$ und bei der Messung von y_n der Meßwert a_n ergibt, zu

$$P = (1/\sqrt{2\pi})^n \cdot (1/\sigma_1) \cdot (1/\sigma_2) \cdots (1/\sigma_n) \cdot \exp\{-{}^1/_2 S\}\, da_1\, da_2 \cdots da_n$$

mit $$S = (a_1 - y_1)^2/\sigma_1^2 + (a_2 - y_2)^2/\sigma_2^2 + \cdots + (a_n - y_n)^2/\sigma_n^2$$

Summe der Fehlerquadrate, Likelihood-Funktion. Gewöhnlich bezeichnet man die im Exponenten stehende Größe S als *Summe der Fehlerquadrate* oder einfach als *Summe der Quadrate* und die

Funktion L als *Likelihood-Funktion* [engl. *likelihood*, Wahrscheinlichkeit]. Es wird dann $P = L\, \mathrm{d}a_1\, \mathrm{d}a_2 \dots \mathrm{d}a_n$.

$$S = \sum_{i=1}^{n} [(a_i - y_i)/\sigma_i]^2 = \sum_{i=1}^{n} (\varepsilon_i/\sigma_i)^2;$$

$$L = (1/\sqrt{2\pi})^n \cdot (1/\sigma_1) \cdot (1/\sigma_2) \dots (1/\sigma_n) \cdot \mathrm{e}^{-S/2}.$$

$$S = \sum_{i=1}^{n} [(a_i - y_i)/\sigma_i]^2 \to \text{Minimum}$$

Gaußsches Prinzip der kleinsten Quadrate, Maximum-Likelihood-Prinzip. Sind die Messungen von $y_1, \dots, y_n$ ausgeführt, so sind die Meßwerte $a_1, \dots, a_n$ bekannt. Unbekannt bleiben die wahren Werte der Größen $y_1, \dots, y_n$. Als Schätzungen erscheinen nun solche Werte für $y_1, \dots, y_n$ – nach Gauß – *plausibel*, für die den erhaltenen Meßresultaten $a_1, \dots, a_n$ die größte Wahrscheinlichkeit zukommt. Man bestimmt daher $y_1, \dots, y_n$ so, daß die Wahrscheinlichkeit P maximal wird, wenn man für $a_1, \dots, a_n$ die gefundenen Meßwerte eingesetzt hat. Die sich hierbei ergebenden Werte für $y_1, \dots, y_n$ werden daher auch als die *wahrscheinlichsten Schätzwerte* für die zu messenden Größen bezeichnet. Soll die Wahrscheinlichkeit P ein Maximum annehmen, so muß auch die Likelihood-Funktion L maximal werden. Dieses Schätzprinzip wird deshalb *Maximum-Likelihood-Prinzip* und die sich ergebenden Schätzwerte für $y_1, \dots, y_n$ werden *Maximum-Likelihood-Schätzungen* genannt. Die Likelihood-Funktion nimmt für diejenigen Werte von $y_1, \dots, y_n$ ein Maximum an, für die die Summe S der Fehlerquadrate gerade zu einem Minimum wird. Beim Maximum-Likelihood-Prinzip werden also die Schätzwerte für die zu messenden Größen $y_1, \dots, y_n$ so bestimmt, daß die Summe S der Fehlerquadrate zu einem Minimum gemacht wird.
Dies ist die von Gauß entwickelte *Methode der kleinsten Quadrate* zur Schätzung der wahren Werte aus fehlerbehafteten Beobachtungen. Genauer müßte man Methode der kleinsten Fehlerquadratsumme sagen. Diese Methode bildet die Grundlage der gesamten Ausgleichsrechnung. Durch ihre Anwendung werden die Beobachtungsfehler mehr oder weniger *ausgeglichen*.

Praktische Durchführung der Methode der kleinsten Quadrate. Sind die zu messenden Größen $y_1, \dots, y_n$ alle voneinander verschieden und bestehen keinerlei Beziehungen zwischen ihnen, so führt die *Methode der kleinsten Quadrate* zu der Lösung $y_i = a_i$ $(i = 1, \dots, n)$, d. h., jede Größe wird durch ihren einzigen Beobachtungswert geschätzt, die Summe S wird genau Null. Es kann keine Ausgleichung der Beobachtungen erfolgen. Dieser Fall tritt in der Praxis kaum auf. In der Regel haben die Größen $y_1, \dots, y_n$ entweder denselben Wert, der wiederholt gemessen wurde, oder es bestehen Beziehungen zwischen ihnen. Im letzten Fall, der den ersten mit einschließt, gibt es eine kleinere Anzahl von Unbekannten $t_1, t_2, \dots, t_k$ $(k < n)$, mit deren Hilfe sich die Größen $y_1, \dots, y_n$ darstellen lassen, $y_i = f_i(t_1, \dots, t_k)$, z. B. $y_i = c_{i1}t_1 + c_{i2}t_2 + \dots + c_{ik}t_k \quad (i = 1, \dots, n)$.
Meist ist eine Darstellung in Form von linearen Gleichungen möglich, in denen die Koeffizienten $c_{i\varrho}$ $(\varrho = 1, \dots, k)$ bekannt sind; wird z. B. eine Größe n-mal gemessen, so hat man nur eine einzige Unbekannte t, und die Gleichungen lauten $y_1 = t, y_2 = t, \dots, y_n = t$.

Normalgleichungen. Wenn die Anzahl der Unbekannten kleiner ist als die Anzahl der Messungen n, liegen überschüssige Messungen vor. Auch in der Summe S der Fehlerquadrate drückt man die Größen y_i $(i = 1, \dots, n)$ durch die Unbekannten $t_1, \dots, t_k$ aus und bildet die partiellen Ableitungen von S nach diesen Unbekannten. Zur Bestimmung des Minimums werden diese Ableitungen gleich Null gesetzt. Dadurch ergibt sich ein System von Gleichungen für $t_1, \dots, t_k$, die man *Normalgleichungen* nennt und nach den Unbekannten $t_1, \dots, t_k$ auflöst. Mit diesen Lösungen können die Schätzwerte für die zu messenden Größen $y_1, \dots, y_n$ berechnet werden. Gewöhnlich schreibt man die Maximum-Likelihood-Schätzungen für die zu messenden Größen in der Form $\hat{y}_1, \hat{y}_2, \dots, \hat{y}_n$, um sie von den unbekannten wahren Werten $y_1, y_2, \dots, y_n$ unterscheiden zu können. Ebenso werden die sich aus den Normalgleichungen für $t_1, \dots, t_k$ ergebenden Werte mit $\hat{t}_1, \hat{t}_2, \dots, \hat{t}_k$ bezeichnet. Für die Unbekannten $t_1, \dots, t_k$ werden oft andere, der jeweiligen Problemstellung angepaßte Buchstaben gewählt. Sind die Funktionen $f_i(t_1, \dots, t_k)$ linear, so bilden auch die Normalgleichungen ein lineares Gleichungssystem für $t_1, \dots, t_k$. Falls aber die Funktionen $f_i(t_1, \dots, t_k)$ nicht linear sind, kann die Auflösung der Normalgleichungen erhebliche Schwierigkeiten bereiten. Dann ist es zweckmäßig, das Problem zu *linearisieren*. Man verschafft sich zunächst grobe Näherungswerte $N_{t_1}, N_{t_2}, \dots, N_{t_k}$ für $t_1, \dots, t_k$. Für sie möge $t_1 = N_{t_1} + \delta t_1, t_2 = N_{t_2} + \delta t_2, \dots, t_n = N_{t_n} + \delta t_n$ gelten. Man entwickelt die Funktionen $f_i(t_1, \dots, t_n)$ in Taylorsche Reihen, die man nach den linearen Gliedern abbricht,

$$f_i(t_1, \dots, t_k) = f_i(N_{t_1}, \dots, N_{t_k}) + \frac{\partial f_i}{\partial t_1} \cdot \delta t_1 + \frac{\partial f_i}{\partial t_2} \cdot \delta t_2 + \dots + \frac{\partial f_i}{\partial t_k} \cdot \delta t_k \quad \text{für} \quad i = 1, \dots, n.$$

Nun hat man nur noch die unbekannten Korrekturen $\delta t_1, \dots, \delta t_n$ mit Hilfe der Methode der kleinsten Quadrate zu bestimmen.

Mittlerer Fehler und Fehlerfortpflanzung

Einzelmessung. Die Präzision einer Messung ist durch die im Fehlerverteilungsgesetz auftretende Streuung σ gegeben; vielfach wird an Stelle von σ die Größe $h = 1/(\sigma\sqrt{2})$ als *Präzisionsmaß* eingeführt. Aus dem Gaußschen Fehlerverteilungsgesetz war gefunden worden, daß die Größe des wahren Beobachtungsfehlers mit einer Wahrscheinlichkeit von 0,50 ≙ 50% innerhalb einer Fehlerschranke von 0,67σ, genauer 0,674σ, liegt und mit einer Wahrscheinlichkeit von 0,683 ≙ 68,3% kleiner als $1 \cdot \sigma$ ist. In der Ausgleichsrechnung werden σ als *mittlerer* und 0,674σ als *wahrscheinlicher* Fehler der Einzelmessung bezeichnet.

Mittlerer Fehler σ
Wahrscheinlicher Fehler 0,674σ

Mehrere Messungen. Sind $a_1, a_2, \ldots, a_n$ die Meßwerte der Größen $y_1, \ldots, y_n$ und $h_i = 1/(\sigma_i\sqrt{2})$ die Präzisionsmaße jeder Messung, so ist die Summe der Fehlerquadrate

$$S = \sum_{i=1}^{n} [(a_i - y_i)/\sigma_i]^2 = 2 \sum_{i=1}^{n} h_i^2(a_i - y_i)^2 = 2 \sum_{i=1}^{n} h_i^2\varepsilon_i^2.$$

Gewichte der Messungen. Die Einzelfehler ε_i sind nicht gleichberechtigt an der Summenbildung beteiligt. Dem Fehlerquadrat einer genaueren Messung mit größerem Präzisionsmaß h_i kommt ein größeres *Gewicht* bei der Bildung von S zu als dem Fehlerquadrat einer ungenaueren Messung mit kleinerem Präzisionsmaß. Man kann jeder Einzelmessung unmittelbar ein Gewicht p_i zuordnen, das angibt, in welchem Maße ihr Beobachtungsfehler ε_i im Verhältnis zu den übrigen Messungen bei der Berechnung der Fehlerquadratsumme eingeht. Diese Gewichte müssen sich wie die Quadrate ihrer Präzisionsmaße verhalten, d. h., $p_1 : p_2 : \cdots : p_n = h_1^2 : h_2^2 : \cdots : h_n^2$. Sie sind reine Verhältniszahlen und können aus den Präzisionsmaßen h_i nur bis auf einen willkürlichen konstanten Faktor bestimmt werden. Wählt man diesen Faktor so, daß einer Messung mit dem Gewicht $p = 1$ das Präzisionsmaß h zugeordnet wird, so gilt $p_i : 1 = h_i^2 : h^2$ oder $h_i^2 = p_i h^2$ für $i - 1, \ldots, n$. Dabei ist es zweckmäßig, bei Messungen gleicher Genauigkeit jeder Messung das Gewicht $p_i = 1$ $(i = 1, \ldots, n)$ zuzuordnen.

Mittlerer Fehler einer Einzelmessung mit Gewicht p_i	$\sigma_i = \sigma/\sqrt{p_i}$

Da sich der mittlere Fehler σ_i einer Messung aus dem Präzisionsmaß h_i nach der Formel $\sigma_i = 1/(h_i\sqrt{2})$ berechnen läßt, gibt $\sigma = 1/(h\sqrt{2})$ den mittleren Fehler einer Einzelmessung mit dem Gewicht $p = 1$ an. Setzt man für $h_i = h\sqrt{p_i}$ ein, so erhält man $\sigma_i = \sigma/\sqrt{p_i}$, $i = 1, \ldots, n$, kann demnach aus dem mittleren Fehler σ einer Einzelmessung mit dem Gewicht $p = 1$ den mittleren Fehler einer Einzelmessung mit dem beliebigen Gewicht p_i berechnen. Die Summe der Fehlerquadrate S nimmt unter Verwendung der Gewichte p_i und des mittleren Fehlers σ einer Einzelmessung mit dem Gewicht $p = 1$ die nebenstehende Form an.

Summe der Fehlerquadrate	$S = \frac{1}{\sigma^2} \sum_{i=1}^{n} p_i(a_i - y_i)^2$

Streuung einer Linearkombination von absoluten Fehlern. Für das Gaußsche Fehlerverteilungsgesetz $\varphi(\varepsilon) = [1/(\sigma\sqrt{2\pi})] \cdot \exp[-{}^1/_2\,(\varepsilon/\sigma)^2]$ gelten folgende drei Integrale

$$(1) \int_{-\infty}^{+\infty} \varphi(\varepsilon)\,d\varepsilon = 1; \quad (2) \int_{-\infty}^{+\infty} \varepsilon\varphi(\varepsilon)\,d\varepsilon = 0; \quad (3) \int_{-\infty}^{+\infty} \varepsilon^2\varphi(\varepsilon)\,d\varepsilon = \sigma^2.$$

Die Beziehungen (1) und (3) werden in der Wahrscheinlichkeitsrechnung behandelt (vgl. Kap. 27.2. – Mittelwert und Varianz), während sich (2) als Integration über eine ungerade Funktion ergibt. Falls sich ein Beobachtungsfehler ε linear aus zwei unabhängigen Einzelfehlern ε_1 und ε_2 in der Form $\varepsilon = c_1\varepsilon_1 + c_2\varepsilon_2$ zusammensetzt, in der c_1 und c_2 Konstante sind, so läßt sich unter Anwendung dieser drei Integrale zeigen, daß zwischen der Streuung σ von ε und den Streuungen σ_1 und σ_2 von ε_1 und ε_2 die nebenstehende Beziehung gilt.

$\sigma^2 = c_1^2\sigma_1^2 + c_2^2\sigma_2^2$

Die Wahrscheinlichkeit, daß gleichzeitig der erste Beobachtungsfehler in das differentielle Intervall $(\varepsilon_1, \varepsilon_1 + d\varepsilon_1)$ und der zweite Beobachtungsfehler in das Intervall $(\varepsilon_2, \varepsilon_2 + d\varepsilon_2)$ fallen, ist nach dem Multiplikationssatz der Wahrscheinlichkeitsrechnung gleich $\varphi_1(\varepsilon_1)\,\varphi_2(\varepsilon_2)\,d\varepsilon_1\,d\varepsilon_2$. Somit ergibt sich für die Streuung σ von ε nach den Integralen (3) und (2)

$$\begin{aligned}\sigma^2 &= \int_{-\infty}^{+\infty} \varepsilon^2\varphi(\varepsilon)\,d\varepsilon = \int_{-\infty}^{+\infty}\int_{-\infty}^{+\infty} (c_1\varepsilon_1 + c_2\varepsilon_2)^2\,\varphi_1(\varepsilon_1)\,\varphi_2(\varepsilon_2)\,d\varepsilon_1\,d\varepsilon_2 \\ &= c_1^2 \int_{-\infty}^{+\infty} \varepsilon_1^2\varphi_1(\varepsilon_1)\,d\varepsilon_1 + c_2^2 \int_{-\infty}^{+\infty} \varepsilon_2^2\varphi_2(\varepsilon_2)\,d\varepsilon_2 + 2c_1c_2 \left(\int_{-\infty}^{+\infty} \varepsilon_1\varphi_1(\varepsilon_1)\,d\varepsilon_1\right)\left(\int_{-\infty}^{+\infty} \varepsilon_2\varphi_2(\varepsilon_2)\,d\varepsilon_2\right) \\ &= c_1^2\sigma_1^2 + c_2^2\sigma_2^2.\end{aligned}$$

Dieses Resultat läßt sich verallgemeinern:

Kann ein Beobachtungsfehler ε aus n voneinander unabhängigen Einzelfehlern $\varepsilon_1, \varepsilon_1, \ldots, \varepsilon_n$ mit den Streuungen $\sigma_1, \sigma_2, \ldots, \sigma_n$ als Linearform $\varepsilon = c_1\varepsilon_1 + c_2\varepsilon_2 + \cdots + c_n\varepsilon_n$ mit den Konstanten c_i dargestellt werden, so gilt für die Streuung σ von ε: $\sigma^2 = c_1^2\sigma_1^2 + c_2^2\sigma_2^2 + \cdots + c_n^2\sigma_n^2$.

Fehlerfortpflanzungsgesetz. Hat man eine Funktion $y = f(x_1, \ldots, x_n)$ aus den Größen $x_1, \ldots, x_n$ zu berechnen und stehen für $x_1, \ldots, x_n$ nur Meßwerte $a_1, \ldots, a_n$ mit den wahren Beobachtungsfehlern $\varepsilon_1, \ldots, \varepsilon_n$ zur Verfügung, so ist der wahre Fehler ε von y bis auf Größen höherer Ordnung in den ε_i durch den Ausdruck

$$\varepsilon = \frac{\partial f}{\partial x_1}\varepsilon_1 + \frac{\partial f}{\partial x_2}\varepsilon_2 + \cdots + \frac{\partial f}{\partial x_n}\varepsilon_n$$

gegeben (vgl. 28.1. – Fehlerrechnung). Der wahre Fehler ε des Resultats läßt sich als Linearform in den ε_i darstellen. Daraus folgt nach den eben durchgeführten Überlegungen, daß sich die Streuung σ von ε aus den Streuungen $\sigma_1, \sigma_2, \ldots, \sigma_n$ der wahren Fehler $\varepsilon_1, \varepsilon_2, \ldots, \varepsilon_n$ nach dem Fehlerfortpflanzungsgesetz von Gauß berechnen läßt. Da die Streuung σ von ε dem mittleren Fehler des Resultats entspricht und die Streuungen $\sigma_1, \sigma_2, \ldots, \sigma_n$ die mittleren Fehler der Meßwerte $a_1, a_2, \ldots, a_n$ sind, erhält man aus dem *Gaußschen Fehlerfortpflanzungsgesetz* den mittleren Fehler des Resultats aus den mittleren Fehlern der Eingangsdaten.

Fehlerfortpflanzungsgesetz von Gauß	$\sigma = \sqrt{\left(\frac{\partial f}{\partial x_1}\right)^2 \sigma_1^2 + \left(\frac{\partial f}{\partial x_2}\right)^2 \sigma_2^2 + \cdots + \left(\frac{\partial f}{\partial x_n}\right)^2 \sigma_n^2}$

Mittlerer Fehler eines Mittelwertes. Eine besonders einfache Gestalt nimmt das Fehlerfortpflanzungsgesetz für den Fall an, daß die Funktion y der Mittelwert aus den Größen $x_1, \ldots, x_n$ ist, $y = \bar{x} = (x_1 + x_2 + \cdots + x_n)/n$. Wegen $\partial f/\partial x_i = 1/n$ erhält man

$$\sigma_{\bar{x}}^2 = (\sigma_1^2 + \sigma_2^2 + \cdots + \sigma_n^2)/n^2.$$

Haben die Meßwerte $a_1, a_2, \ldots, a_n$ für die Größen $x_1, \ldots, x_n$ die gleiche Präzision, so gilt $\sigma_1^2 = \sigma_2^2 = \cdots = \sigma_n^2 = \sigma_x^2$, und man erhält

$$\sigma_{\bar{x}}^2 = \sigma_x^2/n, \qquad \sigma_{\bar{x}} = \sigma_x/\sqrt{n}.$$

Der mittlere Fehler des Mittelwertes aus n mit gleicher Präzision durchgeführten Messungen ist gleich dem durch $\sqrt{n}$ geteilten mittleren Fehler der Einzelmessung.

Schätzung des mittleren Fehlers aus den Beobachtungen. Im allgemeinen kennt man bei einem Meßvorgang die mittleren Fehler σ_i der Einzelmessungen nicht, sondern nur die Gewichte p_i, die den Meßergebnissen $a_1, \ldots, a_n$ für die Größen $y_1, y_2, \ldots, y_n$ zuzuschreiben sind. Man ist dann darauf angewiesen, aus den vorliegenden Beobachtungswerten $a_1, a_2, \ldots, a_n$ die mittleren Fehler der Einzelmessungen zu schätzen. Da man aus der Beziehung $\sigma_i = \sigma/\sqrt{p_i}$ den mittleren Fehler σ_i einer Einzelmessung mit dem Gewicht p_i aus dem mittleren Fehler σ einer Einzelmessung mit dem Gewicht $p = 1$ bestimmen kann, genügt es, den mittleren Fehler σ zu schätzen. Diesen Schätzwert bezeichnet man mit m.

Lassen sich die zu messenden Größen $y_1, \ldots, y_n$ durch genau $k < n$ Unbekannte $t_1, t_2, \ldots, t_k$ darstellen, so läßt sich mit den Methoden der mathematischen Statistik ein Schätzwert m für σ ableiten. Die Größen $\hat{y}_i$ $(i = 1, \ldots, n)$ sind die Maximum-Likelihood-Schätzungen der zu messenden Größen $y_1, \ldots, y_n$.

Geschätzter mittlerer Fehler einer Einzelbeobachtung mit dem Gewicht $p = 1$	$m = \sqrt{\frac{1}{n-k}\left[\sum_{i=1}^{n} p_i(a_i - \hat{y}_i)^2\right]}$	p_i Gewichte der Messungen, a_i Meßwerte, $\hat{y}_i$ ausgeglichene Meßwerte, $n - k$ Anzahl der überschüssigen Messungen

In der Ausgleichsrechnung ist es üblich, m selbst als *mittleren Fehler der Einzelbeobachtung mit dem Gewicht* $p = 1$ und $0{,}674m$ als wahrscheinlichen Fehler dieser Einzelbeobachtung zu bezeichnen, obwohl m nur ein Schätzwert für σ ist, der selbst zufälligen Schwankungen unterworfen sein kann. Diese Schwankungen können besonders für kleine Beobachtungszahlen n ein beträchtliches Ausmaß annehmen. Die aus dem Gaußschen Fehlergesetz resultierenden Aussagen über die Schranken des wahren Beobachtungsfehlers sind daher nur angenähert richtig, wenn man an Stelle von σ den Schätzwert m für den mittleren Fehler benutzt. Die mathematische Statistik zeigt, wie man auch mit Hilfe von m zu exakten Schranken für den wahren Beobachtungsfehler gelangen kann.

Zur Charakterisierung der Genauigkeit von Messungen hat man stets den geschätzten mittleren Fehler m der Einzelbeobachtung mit dem Gewicht $p = 1$ anzugeben. Aus m kann man nach der folgenden Formel, die der Formel $\sigma_i = \sigma/\sqrt{p_i}$ entspricht, den mittleren Fehler einer Einzelmessung mit dem Gewicht p_i angeben. Mit Hilfe des Gaußschen Fehlerfortpflanzungsgesetzes ist man dann in der Lage, auch den mittleren Fehler jeder aus den Beobachtungswerten $a_1, \ldots, a_n$ gebildeten Größe zu berechnen. Dies trifft insbesondere für die Maximum-Likelihood-Schätzungen der zu messenden

Mittlerer Fehler einer Einzelmessung mit dem Gewicht p_i	$m_i = m/\sqrt{p_i}$

Größen $y_1, \dots, y_n$ zu. Bei Bedarf können aus diesen mittleren Fehlern Schranken für die wahren Beobachtungsfehler gewonnen werden, die mit vorgegebenen Wahrscheinlichkeiten nicht überschritten werden.

Ausgleich direkter Messungen

Eine Größe y wird direkt n-mal mit gleicher Präzision gemessen. Die Meßwerte seien $a_1, a_2, \dots, a_n$. Die einzige Unbekannte bei diesem Meßvorgang ist y $(k = 1)$. Daher gelten die Gleichungen $y_1 = y, y_2 = y, \dots, y_n = y$. Bei gleicher Präzision der Einzelmessungen haben diese Messungen das gleiche Gewicht $p_1 = p_2 = \dots = p_n = 1$. Die Summe der Fehlerquadrate und ihre Ableitung nach der Unbekannten y lauten

$$S = \frac{1}{\sigma^2} \sum_{i=1}^{n} (a_i - y)^2; \qquad \frac{dS}{dy} = -\frac{2}{\sigma^2} \sum_{i=1}^{n} (a_i - y).$$

Setzt man diese Ableitung gleich Null, so erhält man die Normalgleichung $\sum_{i=1}^{n} (a_i - y) = 0$, deren Auflösung nach y den Schätzwert $\hat{y}$ liefert.

Schätzwert bei direkten Messungen gleicher Präzision	$\hat{y} = \dfrac{a_1 + a_2 + \dots + a_n}{n} = \bar{a}$

Der Mittelwert aus den Einzelmessungen dient als Schätzwert für die zu messende Größe.

Der Näherungswert für die zu messende Größe y wird in der Form $y \approx \hat{y}\ (\pm m_{\hat{y}})$ oder $y = \hat{y} \pm m_{\hat{y}}$ angegeben; dabei wird der mittlere Fehler $m_{\hat{y}}$ des Schätzwertes nach $m_{\hat{y}} = m/\sqrt{n}$ aus dem mittleren Fehler m der Einzelmessung berechnet.

Mittlerer Fehler der Einzelmessung bei gleicher Präzision der Einzelmessungen	$m = \sqrt{\left[\sum_{i=1}^{n} (a_i - \bar{a})^2\right] / [n - 1]}$
Mittlerer Fehler des Schätzwertes	$m_{\hat{y}} = \sqrt{\left[\sum_{i=1}^{n} (a_i - \bar{a})^2\right] / [n(n - 1)]}$

Beispiel 1: Jeder von fünf Schülern mißt die Kantenlänge y eines Modellwürfels. Aus den Meßresultaten (s. Tabelle) ergibt sich als Schätzwert $\hat{y} = [(12{,}2 + 12{,}1 + 12{,}5 + 12{,}3 + 12{,}4)/5]$ cm $= 12{,}30$ cm. Aus den Differenzen $d_i = a_i - \hat{y}$ mit $d_1 = 12{,}2 - 12{,}30$, $d_2 = 12{,}1 - 12{,}30$, $d_3 = 12{,}5 - 12{,}30$, $d_4 = 12{,}3 - 12{,}30$, $d_5 = 12{,}4 - 12{,}30$ berechnet man den mittleren Fehler m der Einzelmessung zu

Meßresultate
$a_1 = 12{,}2$ cm
$a_2 = 12{,}1$ cm
$a_3 = 12{,}5$ cm
$a_4 = 12{,}3$ cm
$a_5 = 12{,}4$ cm

$$m = \sqrt{{}^1/_4(d_1^2 + d_2^2 + d_3^2 + d_4^2 + d_5^2)} = 0{,}158 \text{ cm}.$$

Daraus ergibt sich für $\hat{y}$ ein mittlerer Fehler von $m_{\hat{y}} = 0{,}158/\sqrt{5} = 0{,}071$ cm, der Näherungswert für die Kantenlänge ist mithin $y \approx 12{,}30$ cm $(\pm 0{,}07$ cm$)$ oder $y \approx (12{,}30 \pm 0{,}07)$ cm.

Ausgleich direkter Messungen ungleicher Präzision. Eine Größe y wird direkt n-mal gemessen. Die Meßwerte seien $a_1, a_2, \dots, a_n$. Wegen der ungleichen Präzision der Messungen kommen ihnen die Gewichte $p_1, p_2, \dots, p_n$ zu. Die einzige Unbekannte bei diesem Meßvorgang ist y $(k = 1)$. Es gelten die Beziehungen $y_1 = y, y_2 = y, \dots, y_n = y$.
Bildet man die Summe S der Fehlerquadrate, leitet sie nach y ab und setzt die Ableitung Null, so erhält man die Normalgleichung

$$S = \frac{1}{\sigma^2} \sum_{i=1}^{n} p_i(a_i - y)^2 \rightarrow \frac{dS}{dy} = -\frac{2}{\sigma^2} \sum_{i=1}^{n} p_i(a_i - y) = 0 \rightarrow \sum_{i=1}^{n} p_i(a_i - y) = 0,$$

aus der man den Schätzwert $\hat{y}$ findet.

Das mit den Gewichten p_i gewogene Mittel aus den Einzelmessungen dient als Schätzwert für die zu messende Größe.

Schätzwert bei direkten Messungen ungleicher Präzision	$\hat{y} = \left(\sum_{i=1}^{n} p_i a_i\right) : \left(\sum_{i=1}^{n} p_i\right)$
Mittlerer Fehler der Einzelmessung vom Gewicht $p = 1$	$m = \sqrt{\left[\sum_{i=1}^{n} p_i(a_i - \hat{y})^2\right] / [n - 1]}$

Den mittleren Fehler m einer Einzelmessung mit dem Gewicht $p = 1$ braucht man, um den mittleren Fehler anderer interessierender Größen leicht zu berechnen. Aus ihm findet man z. B. den mittleren Fehler $m_i = m/\sqrt{p_i}$ der Einzelmessung a_i mit dem Gewicht p_i. Ferner kann man aus ihm den mittleren Fehler $m_{\hat{y}}$ für den Schätzwert $\hat{y}$ nach dem Fehlerfortpflanzungsgesetz berechnen. Wegen $\partial\hat{y}/\partial a_i = p_i/(p_1 + p_2 + \cdots + p_n)$ ergibt sich:

$$m_{\hat{y}} = \sqrt{\sum_{i=1}^{n} [m_i^2 p_i^2] \Big/ \left[\sum_{i=1}^{n} p_i\right]^2} = \sqrt{\sum_{i=1}^{n} [m^2 p_i] \Big/ \left[\sum_{i=1}^{n} p_i\right]^2}$$

Die Angabe des Näherungswertes für die zu messende Größe erfolgt in der Form $y = \hat{y}\ (\pm m_{\hat{y}})$ oder $y = \hat{y} \pm m_{\hat{y}}$.

Mittlerer Fehler des Schätzwertes bei Messungen ungleicher Präzision

$$m_{\hat{y}} = m \Big/ \sqrt{\sum_{i=1}^{n} p_i}$$

Beispiel 2: Eine Länge l wurde fünfmal mit der gleichen und danach noch dreimal mit einer größeren Präzision gemessen. Wegen der genaueren Meßvorrichtung muß den Messungen a_6, a_7, a_8 (s. Tabelle) der zweiten Gruppe ein fünfmal so großes Gewicht beigemessen werden wie denen der ersten Gruppe. Es wird daher $p_1 = p_2 = p_3 = p_4 = p_5 = 1$ und $p_6 = p_7 = p_8 = 5$ gesetzt.

a_1	= 12,35 cm
a_2	= 12,40 cm
a_3	= 12,25 cm
a_4	= 12,30 cm
a_5	= 12,35 cm
a_6	= 12,37 cm
a_7	= 12,32 cm
a_8	= 12,34 cm

Als Schätzwert $\hat{l}$ für l ergibt sich $\hat{l} = 12{,}34$ cm aus

$$[(12{,}35 + 12{,}40 + 12{,}25 + 12{,}30 + 12{,}35) + 5 \cdot (12{,}37 + 12{,}32 + 12{,}34)]/20 = 12{,}34.$$

Der mittlere Fehler m der Einzelmessung berechnet sich zu $m = 0{,}0535$ cm aus

$$m = \sqrt{1/7 \cdot (0{,}01^2 + 0{,}06^2 + 0{,}09^2 + 0{,}04^2 + 0{,}01^2) + 5 \cdot (0{,}03^2 + 0{,}02^2 + 0^2)}\ \text{cm} = \sqrt{1/7 \cdot 0{,}0200}\ \text{cm}.$$

Da $p_1 = p_2 = \cdots = p_5 = 1$ ist, ist dies zugleich der mittlere Fehler einer Messung der ersten Gruppe, $m_1 = 0{,}0535$ cm. Als mittlerer Fehler einer Messung der zweiten Gruppe ergibt sich $m_2 = m/\sqrt{5} = 0{,}0239$ cm.

Der mittlere Fehler des Schätzwertes beträgt $m_{\hat{l}} = m/\sqrt{20} = 0{,}0120$ cm. Aus den Messungen berechnet man somit den Näherungswert für die gesuchte Länge $l \approx 12{,}34$ cm ($\pm 0{,}01$ cm).

Sind für die Messungen $a_1, a_2, \ldots, a_n$ an Stelle der Gewichte p_i die mittleren Fehler σ_i selbst bekannt, so kann man die Gewichte p_i aus den Verhältnisgleichungen

$$p_1 : p_2 : \cdots : p_n = (1/\sigma_1^2) : (1/\sigma_2^2) : \cdots : (1/\sigma_n^2)$$

bis auf einen Faktor bestimmen. Man wählt diesen Faktor so, daß sich entweder handliche Zahlen für $p_1, \ldots, p_n$ ergeben oder daß $p_1 + p_2 + \cdots + p_n = 1$. Bezeichnet man den willkürlichen Faktor mit λ^2, so daß also $p_i = \lambda^2/\sigma_i^2$ gilt, so wird der mittlere Fehler einer Beobachtung mit dem Gewicht $p = 1$ gerade $\sigma = \sqrt{p_i}\,\sigma_i = \lambda$. Führt man daher mit den festgelegten Gewichten die Berechnung von m aus den Beobachtungswerten durch, so muß sich angenähert gerade λ ergeben, da m ein Schätzwert für σ ist. Ergibt sich eine sehr große Differenz zwischen m und λ, so läßt dies darauf schließen, daß bei einigen Messungen systematische Fehler unterlaufen sind.

Ausgleich von bedingten Beobachtungen

Bedingte Beobachtungen. Die Größen α, β, γ der Winkel eines Dreiecks sind durch Messungen zu bestimmen. Jeder Winkel wird wiederholt gemessen. Die n_1 Messungen der Winkelgröße α ergeben $a_1, a_2, \ldots, a_{n_1}$, die n_2 Messungen der Winkelgröße β ergeben $b_1, b_2, \ldots, b_{n_2}$, und bei den n_3 Messungen von γ erhält man $c_1, c_2, \ldots, c_{n_3}$. Insgesamt sind $n = n_1 + n_2 + n_3$ Messungen durchgeführt worden. Die Einzelmessungen sollen mit gleicher Präzision erfolgt sein. Bezeichnet man wieder die wahren Werte der durch die Messungen zu bestimmenden Größen mit $y_1, y_2, \ldots, y_{n_1}$ für Messungen von α, mit $y_{n_1+1}, y_{n_1+2}, \ldots, y_{n_1+n_2}$ für Messungen von β und mit $y_{n_1+n_2+1}, y_{n_1+n_2+2}, \ldots, y_{n_1+n_2+n_3}$ für Messungen von γ, so lassen sich die Größen durch die Unbekannten α, β, γ darstellen

$$\begin{aligned} y_1 &= y_2 = \cdots = y_{n_1} = \alpha, \\ y_{n_1+1} &= y_{n_1+2} = \cdots = y_{n_1+n_2} = \beta, \\ y_{n_1+n_2+1} &= y_{n_1+n_2+2} = \cdots = y_{n_1+n_2+n_3} = \gamma. \end{aligned}$$

Die Summe der Fehlerquadrate ist

$$S = \frac{1}{\sigma^2}\left[\sum_{i=1}^{n_1} (a_i - \alpha)^2 + \sum_{j=1}^{n_2} (b_j - \beta)^2 + \sum_{k=1}^{n_3} (c_k - \gamma)^2\right].$$

Die Methode der kleinsten Quadrate läßt sich jedoch nicht unmittelbar anwenden, da die Unbekannten α, β, γ einer *Bedingung* unterworfen sind. Die Summe der Winkelgrößen im Dreieck beträgt 180°. Somit müssen α, β, γ der *Bedingungsgleichung* $\varphi(\alpha, \beta, \gamma) = \alpha + \beta + \gamma - 180° = 0$ genügen.

Der Ausgleich der Beobachtungen hat unter Berücksichtigung dieser Bedingung zu erfolgen. Man spricht in einem solchen Fall vom *Ausgleich bedingter Beobachtungen.* Im Grunde treten hier nicht drei, sondern nur zwei Unbekannte auf. Denn hat man α und β bestimmt, so folgt der Wert von γ aus der Bedingungsgleichung. Zur Behandlung eines solchen Falles bestehen zwei Möglichkeiten. Man kann entweder aus der Bedingungsgleichung $\varphi(\alpha, \beta, \gamma) = 0$ einen Winkel, etwa γ, durch die beiden übrigen ausdrücken, diesen Ausdruck für γ in die Summe S einsetzen und die *Methode der kleinsten Quadrate* anwenden – oder man kann direkt das Minimum von S unter der Nebenbedingung $\varphi(\alpha, \beta, \gamma) = 0$ bestimmen. Hierzu bedient man sich der *Methode der Lagrangeschen Multiplikatoren*, d. h., man bestimmt α, β, γ und λ so, daß der Ausdruck

$$T = S + \lambda\varphi(\alpha, \beta, \gamma) = \frac{1}{\sigma^2}\left[\sum_{i=1}^{n_1}(a_i - \alpha)^2 + \sum_{j=1}^{n_2}(b_j - \beta)^2 + \sum_{k=1}^{n_3}(c_k - \gamma)^2 + \lambda(\alpha + \beta + \gamma - 180°)\right]$$

zu einem Minimum wird. Die Größe λ ist der zur Nebenbedingung gehörende Lagrangesche Multiplikator. Man erhält dann die Normalgleichungen

$$\frac{\partial T}{\partial\alpha} = -\frac{2}{\sigma^2}\sum_{i=1}^{n_1}(a_i - \alpha) + \lambda = 0; \qquad \frac{\partial T}{\partial\gamma} = -\frac{2}{\sigma^2}\sum_{k=1}^{n_3}(c_k - \gamma) + \lambda = 0;$$

$$\frac{\partial T}{\partial\beta} = -\frac{2}{\sigma^2}\sum_{j=1}^{n_2}(b_j - \beta) + \lambda = 0; \qquad \frac{\partial T}{\partial\lambda} = \alpha + \beta + \gamma - 180° = 0.$$

Als Lösungen dieser Normalgleichungen findet man

$$\hat{\alpha} = \bar{a} - (1/n_1)\,K; \quad \hat{\beta} = \bar{b} - (1/n_2)\,K; \quad \hat{\gamma} = \bar{c} - (1/n_3)\,K; \quad \hat{\lambda} = (2/\sigma^2)\,K$$

mit dem Korrekturbetrag $K = \dfrac{\bar{a} + \bar{b} + \bar{c} - 180}{1/n_1 + 1/n_2 + 1/n_3}$.

Der mittlere Fehler der Einzelmessung berechnet sich wie üblich aus

$$m^2 = \left[\sum_{i=1}^{n_1}(a_i - \hat{\alpha})^2 + \sum_{j=1}^{n_2}(b_j - \hat{\beta})^2 + \sum_{k=1}^{n_3}(c_k - \hat{\gamma})^2\right] \Big/ (n - 2).$$

Die mittleren Fehler der Schätzwerte $\hat{\alpha}, \hat{\beta}, \hat{\gamma}$ ergeben sich aus dem Fehlerfortpflanzungsgesetz zu

$$m_{\hat{\alpha}} = (m/n_1)\sqrt{[n_1 - 1/(1/n_1 + 1/n_2 + 1/n_3)]}\,; \qquad m_{\hat{\beta}} = (m/n_2)\sqrt{[n_2 - 1/(1/n_1 + 1/n_2 + 1/n_3)]}\,;$$

$$m_{\hat{\gamma}} = (m/n_3)\sqrt{[n_3 - 1/(1/n_1 + 1/n_2 + 1/n_3)]}\,.$$

Beispiel 1: Man hat die Winkelgrößen α, β, γ vier-, drei- bzw. viermal gemessen, $n_1 = 4$, $n_2 = 3$, $n_3 = 4$ (s. Tabelle), und die Mittelwerte $\bar{a}$, $\bar{b}$ und $\bar{c}$ berechnet. Wegen $1/(1/n_1 + 1/n_2 + 1/n_3) = 1{,}2$ und $\bar{a} + \bar{b} + \bar{c} - 180° = 3''$ ergeben sich der Korrekturbetrag $K = 3'' \cdot 1{,}2 = 3{,}6''$ und daraus die Schätzwerte $\hat{\alpha} = \bar{a} - K/4$, $\hat{\beta} = \bar{b} - K/3$ und $\hat{\gamma} = \bar{c} - K/4$.

Winkelgröße α	$a_i - \hat{\alpha}$	Winkelgröße β^{mm}	$b_j - \hat{\beta}$	Winkelgröße γ	$c_k - \hat{\gamma}$
$a_1 = 62°17'14''$	$+0{,}9''$	$b_1 = 73°20'25''$	$+1{,}2''$	$c_1 = 44°22'25''$	$+1{,}9''$
$a_2 = 62°17'11''$	$-2{,}1''$	$b_2 = 73°20'27''$	$+3{,}2''$	$c_2 = 44°22'26''$	$+2{,}9''$
$a_3 = 62°17'16''$	$+2{,}9''$	$b_3 = 73°20'23''$	$-0{,}8''$	$c_3 = 44°22'22''$	$-1{,}1''$
$a_4 = 62°17'15''$	$+1{,}9''$			$c_4 = 44°22'23''$	$-0{,}1''$

$\bar{a} = 62°17'14''$ $\quad$ $\bar{b} = 73°20'25''$ $\quad$ $\bar{c} = 44°22'24''$

$\hat{\alpha} = 62°17'13{,}1''$ $\quad$ $\hat{\beta} = 73°20'23{,}8''$ $\quad$ $\hat{\gamma} = 44°22'23{,}1''$

Bezeichnet man die Summe der Quadrate der Differenzen $a_i - \hat{\alpha}$, $b_j - \hat{\beta}$ bzw. $c_k - \hat{\gamma}$ mit s_i^2, s_j^2 bzw. s_k^2, d. h., setzt man $s_i^2 = 0{,}9^2 + 2{,}1^2 + 2{,}9^2 + 1{,}9^2$, $s_j^2 = 1{,}2^2 + 3{,}2^2 + 0{,}8^2$ bzw. $s_k^2 = 1{,}9^2 + 2{,}9^2 + 1{,}1^2 + 0{,}1^2$, so beläuft sich der mittlere Fehler m einer Einzelmessung auf

$$m = \sqrt{{}^1/_9(s_i^2 + s_j^2 + s_k^2)}'' = 2{,}181''.$$

Daraus ergeben sich die mittleren Fehler

$$m_{\hat{\alpha}} = m \cdot 0{,}418 = 0{,}912''; \qquad m_{\hat{\beta}} = m \cdot 0{,}447 = 0{,}975''; \qquad m_{\hat{\gamma}} = m \cdot 0{,}418 = 0{,}912''.$$

Die aus den Messungen für die drei Winkel berechneten Näherungswerte lauten

$$\alpha \approx 62°17'13{,}1''\ (\pm 0{,}91''); \quad \beta \approx 73°20'23{,}8''\ (\pm 0{,}97''); \quad \gamma \approx 44°22'23{,}1''\ (\pm 0{,}91'').$$

Das am Beispiel der Winkelmessungen im Dreieck beschriebene Verfahren läßt sich ganz allgemein beim Ausgleich bedingter Beobachtungen anwenden. Lassen sich die zu messenden Größen $y_1, y_2, \ldots, y_n$ durch k Unbekannte $t_1, \ldots, t_k$ darstellen und bestehen zwischen diesen Unbekannten noch r voneinander unabhängige Bedingungsgleichungen

$$\varphi_1(t_1, \ldots, t_k) = 0; \quad \varphi_2(t_1, \ldots, t_k) = 0; \quad \ldots; \quad \varphi_r(t_1, \ldots, t_k) = 0,$$

so bestimmt man die Unbekannten $t_1, \ldots, t_k$ und die Lagrangeschen Multiplikatoren $\lambda_1, \ldots, \lambda_r$ so, daß der Ausdruck

$$T = S + \lambda_1\varphi_1(t_1, \ldots, t_k) + \cdots + \lambda_r\varphi_r(t_1, \ldots, t_k)$$

zu einem Minimum gemacht wird. Die übrigen Rechenvorgänge entsprechen dann völlig wieder der Methode der kleinsten Quadrate. Durch die r Bedingungsgleichungen sind in Wirklichkeit nicht k Unbekannte, sondern nur $k - r$ Unbekannte aus den Beobachtungen zu bestimmen. Diese effektive Anzahl der Unbekannten ist bei der Ermittlung des mittleren Fehlers m der Einzelmessungen vom Gewicht $p = 1$ in Rechnung zu setzen.

Ausgleich vermittelnder Beobachtungen. Vielfach sind die zu bestimmenden Größen einer direkten Messung nicht zugänglich; z. B. werden zur Bestimmung der Dichte eines Körpers seine Masse M und sein Volumen V gemessen; M und V sind *vermittelnde Beobachtungen* zur Bestimmung der Dichte. Im Sinne der Ausgleichsrechnung liegt bei vermittelnden Beobachtungen das Interesse nicht so sehr bei der Bestimmung der wahren Werte der zu messenden Größen $y_1, y_2, \ldots, y_n$, sondern bei der Ermittlung der Unbekannten $t_1, t_2, \ldots, t_k$, mit deren Hilfe sich $y_1, \ldots, y_n$ darstellen lassen. Die Methode der kleinsten Quadrate liefert wieder die Schätzwerte $\hat{t}_1, \hat{t}_2, \ldots, \hat{t}_k$ für die Unbekannten. Aus dem mittleren Fehler m der Einzelbeobachtung lassen sich über das Fehlerfortpflanzungsgesetz die mittleren Fehler der Schätzwerte $\hat{t}_1, \hat{t}_2, \ldots, \hat{t}_k$ berechnen.

Beispiel 2: Ein Ring besteht aus einer Silber-Gold-Legierung. Zur Bestimmung der Masse an Gold und Silber wird mehrmals die Masse des Ringes L in Luft und W in Wasser festgestellt (s. Tabelle). Bezeichnen g die Masse an Gold und s die an Silber sowie ϱ_1 bzw. ϱ_2 die Dichte von Gold bzw. von Silber, so gilt

$$L = g + s; \quad W = (1 - 1/\varrho_1)\, g + (1 - 1/\varrho_2)\, s.$$

Wägung	
in Luft L	in Wasser W
$a_1 = 4{,}01$ g	$b_1 = 3{,}72$ g
$a_2 = 3{,}98$ g	$b_2 = 3{,}72$ g
$a_3 = 4{,}03$ g	$b_3 = 3{,}69$ g
$a_4 = 4{,}02$ g	

Die Summe der Fehlerquadrate lautet

$$S = \frac{1}{\sigma^2}\left\{\sum_{i=1}^{4}(a_i - g - s)^2 + \sum_{j=1}^{3}[b_j - (\varrho_1 - 1)\, g/\varrho_1 - (\varrho_2 - 1)\, s/\varrho_2]^2\right\}.$$

Daraus folgen die Normalgleichungen

$$\frac{\partial S}{\partial g} = \frac{-2}{\sigma^2}\left\{\sum_{i=1}^{4}(a_i - g - s) + \sum_{j=1}^{3}[b_j - (\varrho_1 - 1)\, g/\varrho_1 - (\varrho_2 - 1)\, s/\varrho_2](\varrho_1 - 1)/\varrho_1\right\} = 0,$$

$$\frac{\partial S}{\partial s} = -\frac{2}{\sigma^2}\left\{\sum_{i=1}^{4}(a_i - g - s) + \sum_{j=1}^{3}[b_j - (\varrho_1 - 1)\, g/\varrho_1 - (\varrho_2 - 1)\, s/\varrho_2](\varrho_2 - 1)/\varrho_2\right\} = 0.$$

Aus ihnen findet man die Schätzwerte

$$\bar{a} = {}^1/_4(a_1 + a_2 + a_3 + a_4); \quad \bar{b} = {}^1/_3(b_1 + b_2 + b_3);$$
$$\hat{L} = \hat{g} + \hat{s},\ \hat{W} = (1 - 1/\varrho_1)\,\hat{g} + (1 - 1/\varrho_2)\,\hat{s};$$
$$\hat{g} = -\bar{a}\varrho_1[(\varrho_2 - 1)/(\varrho_1 - \varrho_2)] + \bar{b}[\varrho_1\varrho_2/(\varrho_1 - \varrho_2)];$$
$$\hat{s} = +\bar{a}\varrho_2[(\varrho_1 - 1)/(\varrho_1 - \varrho_2)] - \bar{b}[\varrho_1\varrho_2/(\varrho_1 - \varrho_2)].$$

Der mittlere Fehler der Einzelmessung beträgt

$$m = \sqrt{\left[\sum_{i=1}^{4}(a_i - \bar{a})^2 + \sum_{j=1}^{3}(b_j - \bar{b})^2\right]\Big/(7 - 2)}.$$

Wegen $\dfrac{\partial\hat{g}}{\partial a_i} = -{}^1/_4\varrho_1(\varrho_2 - 1)/(\varrho_1 - \varrho_2)$ und $\dfrac{\partial\hat{g}}{\partial b_j} = {}^1/_3\varrho_1\varrho_2/(\varrho_1 - \varrho_2)$ ergibt sich nach dem Fehlerfortpflanzungsgesetz

$$m_{\hat{g}} = [m/(\varrho_1 - \varrho_2)]\cdot\sqrt{{}^1/_4\varrho_1^2(\varrho_2 - 1)^2 + {}^1/_3\varrho_1^2\varrho_2^2}\,; \quad m_{\hat{s}} = [m/(\varrho_1 - \varrho_2)]\cdot\sqrt{{}^1/_4\varrho_2^2(\varrho_1 - 1)^2 + {}^1/_3\varrho_1^2\varrho_2^2}\,.$$

Die Zahlenrechnung liefert mit $\varrho_1 = 19{,}3\ \mathrm{g/cm^3}$ und $\varrho_2 = 10{,}5\ \mathrm{g/cm^3}$:

$$\bar{a} = 4{,}01\ \mathrm{g}; \quad \bar{b} = 3{,}71\ \mathrm{g}; \quad \hat{g} = 1{,}89\ \mathrm{g}; \quad \hat{s} = 2{,}12\ \mathrm{g};$$
$$m = 0{,}02\ \mathrm{g}; \quad m_{\hat{g}} = 16{,}89m = 0{,}34\ \mathrm{g}; \quad m_{\hat{s}} = 17{,}20\ m = 0{,}34\ \mathrm{g}.$$

Aus den Messungen ergeben sich die Massen der Metalle

$$g \approx 1{,}89\ \mathrm{g}\ (\pm 0{,}34\ \mathrm{g}) \quad \text{und} \quad s \approx 2{,}12\ \mathrm{g}\ (\pm 0{,}34\ \mathrm{g}).$$

Ausgleich funktionaler Zusammenhänge

Lineare Zusammenhänge. Oft ist der Zusammenhang zwischen einer Größe y und einer *Einflußgröße* x in Form einer linearen Gleichung $y = \alpha + \beta x$ gegeben. Für verschiedene Werte $x_1, x_2, \ldots, x_n$ der

Einflußgröße x wird die Größe y beobachtet. Die wahren Werte der bei den Einzelmessungen zu bestimmenden Größen sind somit $y_i = \alpha + \beta x_i$ für $i = 1, \ldots, n$.
Die Meßwerte seien wieder $a_1, a_2, \ldots, a_n$. Ihnen mögen die Gewichte $p_1, p_2, \ldots, p_n$ zugeordnet sein. Da die Werte $x_1, \ldots, x_n$ der Einflußgröße x vorgegeben sind, sind α und β bei diesem Meßvorgang die einzigen Unbekannten. Die Schätzung von α und β kann mit Hilfe der Ausgleichsrechnung erfolgen. Wie im Fall der vermittelnden Beobachtungen interessiert also nicht so sehr die Ermittlung der wahren Werte y_i, sondern die Bestimmung der Unbekannten α und β. Da die Unbekannten als Konstanten in einer linearen Gleichung auftreten, spricht man auch von einer *Konstantenschätzung*. Die Größe β wird *Regressionskoeffizient* genannt.
Bei Anwendung der Methode der kleinsten Quadrate geht man wieder von der Summe der Fehlerquadrate aus,

$$S = \frac{1}{\sigma^2} \sum_{i=1}^{n} p_i(a_i - y_i)^2 = \frac{1}{\sigma^2} \sum_{i=1}^{n} p_i(a_i - \alpha - \beta x_i)^2.$$

Nullsetzen der partiellen Ableitungen von S nach den Unbekannten α und β liefert die Normalgleichungen

$$\frac{\partial S}{\partial \alpha} = -\frac{2}{\sigma^2} \sum_{i=1}^{n} p_i(a_i - \alpha - \beta x_i) = 0; \qquad \frac{\partial S}{\partial \beta} = -\frac{2}{\sigma^2} \sum_{i=1}^{n} p_i(a_i - \alpha - \beta x_i)\, x_i = 0.$$

In der Schreibweise nach Gauß nehmen die Normalgleichungen folgende Gestalt an:

$$\alpha[p] + \beta[px] = [pa], \quad \alpha[px] + \beta[px^2] = [pax].$$

Schreibweise nach Gauß	$\sum_{i=1}^{n} z_i = [z]$

Schätzungen von α und β in der Regressionsgleichung (vgl. Kap. 27.3. – Regression und Korrelation)	$\hat{\alpha} = \frac{[pa]}{[p]} - \hat{\beta}\frac{[px]}{[p]}$; $\quad \hat{\beta} = \frac{[pax][p] - [pa][px]}{[px^2][p] - [px]^2}$

Aus diesen Gleichungen findet man die Schätzwerte $\hat{\alpha}$ und $\hat{\beta}$ für die Unbekannten α und β. Aus ihnen kann man noch die Schätzwerte $\hat{y}_i = \hat{\alpha} + \hat{\beta} x_i$ für $i = 1, \ldots, n$ für die wahren Werte der Größen $y_1, y_2, \ldots, y_n$ berechnen. Als mittlerer Fehler für die Einzelmessungen vom Gewicht $p = 1$ ergibt sich

$$m = \sqrt{\left[\sum_{i=1}^{n} p_i(a_i - \hat{y}_i)^2\right] \Big/ [n-2]},$$

da zwei Unbekannte aus den Beobachtungen zu bestimmen sind. Dann ist $m_i = m/\sqrt{p_i}$ der mittlere Fehler einer Messung vom Gewicht p_i. Mit Hilfe des Fehlerfortpflanzungsgesetzes berechnet man

$$m_{\hat{\alpha}} = m \frac{1}{[p]} \sqrt{[p] + \frac{[p][px]^2}{[p][px^2] - [px]^2}} = m \sqrt{\frac{[px^2]}{[p][px^2] - [px]^2}},$$

$$m_{\hat{\beta}} = m \sqrt{\frac{[p]}{[p][px^2] - [px]^2}}$$

Beispiel 1: Für zehn Kiefernbestände verschiedenen Alters wurden jeweils der mittlere Stammdurchmesser x in cm und die mittlere Stammhöhe y in m festgestellt.
Die nach der Größe von x geordneten Meßwerte (s. Tabelle) haben die gleiche Präzision $p_i = 1$ für $i = 1, 2, \ldots, 10$. Ein anschauliches Bild des Zusammenhangs zwischen Durchmesser und Höhe liefert die Darstellung von y in Abhängigkeit von x (Abb. 28.2-1).

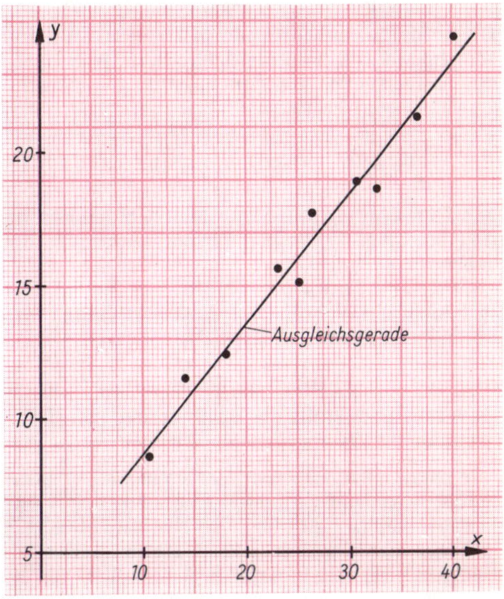

28.2-1 Darstellung der mittleren Höhe in m über dem mittleren Durchmesser in cm für zehn Kiefernbestände. Ausgleichsgerade $\hat{y} = 3{,}837 + 0{,}488\,8x$

Dieser Zusammenhang soll mit Hilfe einer linearen Gleichung $y = \alpha + \beta x$ beschrieben werden. Aus den Meßwerten berechnet man

$[p] = 10;$
$[px] = 257{,}0; \quad [pa] = 164{,}0;$
$[px^2] = 7430{,}24; \quad [pxa] = 4618{,}26.$

Meßwerte		
i	x_i	y_i
1	10,6	8,6
2	14,0	11,5
3	18,1	12,4
4	23,2	15,6
5	25,0	15,1
6	26,4	17,7
7	30,5	18,9
8	32,5	18,6
9	36,6	21,3
10	40,1	24,3

Daraus ergibt sich

$$\hat{\beta} = \frac{4618{,}26 \cdot 10 - 164{,}0 \cdot 257{,}0}{7430{,}24 \cdot 10 - 257{,}0^2} = 0{,}4888;$$

$$\hat{\alpha} = \frac{164{,}0}{10} - \hat{\beta} \cdot \frac{257{,}0}{10} = 3{,}837.$$

Die Ausgleichsgerade lautet $\hat{y} = 3{,}837 + 0{,}4888\,x$, sie ist in der Abbildung eingezeichnet.

Ferner berechnet man $\sum_{i=1}^{10} p_i(a_i - \hat{y}_i)^2 = 5{,}1522$ und den mittleren Fehler einer Einzelmessung $m = 0{,}8025$. Daraus ergeben sich die mittleren Fehler für $\hat{\alpha}$ und $\hat{\beta}$ zu $m_{\hat{\alpha}} = 0{,}7614$, $m_{\hat{\beta}} = 0{,}0279$.

Nichtlineare Zusammenhänge. Wirken auf eine Größe y mehrere Einflußgrößen $z_0, z_1, z_2, \ldots, z_k$ linear ein, so gilt die Darstellung

$$y = \beta_0 z_0 + \beta_1 z_1 + \beta_2 z_2 + \cdots + \beta_k z_k.$$

Zur Bestimmung der *Regressionskoeffizienten* $\beta_0, \beta_1, \beta_2, \ldots, \beta_k$ wird für verschiedene Werte $z_{0i}, z_{1i}, z_{2i}, \ldots, z_{ki}$ $(i = 1, \ldots, n)$ der Einflußgrößen die Größe y gemessen. Die wahren Werte der bei den Einzelmessungen zu bestimmenden Größen sind dann

$$y_i = \beta_0 z_{0i} + \beta_1 z_{1i} + \beta_2 z_{2i} + \cdots + \beta_k z_{ki} \quad (i = 1, \ldots, n).$$

Die Meßwerte seien $a_1, a_2, \ldots, a_n$. Ihnen mögen die Gewichte $p_1, p_2, \ldots, p_n$ zukommen. Ist die Anzahl der Messungen n größer als die Anzahl $k + 1$ der Unbekannten, so liegen wieder überschüssige Messungen vor. Die Bestimmung der Unbekannten $\beta_0, \beta_1, \beta_2, \ldots, \beta_k$ kann dann mit Hilfe der Ausgleichsrechnung erfolgen. Ausgehend von der Summe der Fehlerquadrate

$$S = \frac{1}{\sigma^2} \sum_{i=1}^{n} p_i(a_i - \beta_0 z_{0i} - \beta_1 z_{1i} - \cdots - \beta_k z_{ki})^2$$

erhält man die Normalgleichungen

$$\begin{array}{l}
\beta_0[pz_0^2] + \beta_1[pz_0z_1] + \beta_2[pz_0z_2] + \cdots + \beta_k[pz_0z_k] = [paz_0]\\
\beta_0[pz_1z_0] + \beta_1[pz_1^2] + \beta_2[pz_1z_2] + \cdots + \beta_k[pz_1z_k] = [paz_1]\\
\quad\vdots \qquad\qquad \vdots \qquad\qquad \vdots \qquad\qquad\qquad \vdots \qquad\qquad \vdots\\
\beta_0[pz_kz_0] + \beta_1[pz_kz_1] + \beta_2[pz_kz_2] + \cdots + \beta_k[pz_k^2] = [paz_k]
\end{array}$$

Diese Gleichungen löst man nach den Unbekannten auf und findet die Schätzwerte $\hat{\beta}_0, \hat{\beta}_1, \ldots, \hat{\beta}_k$. Mit ihnen kann man die Schätzwerte $\hat{y}_i = \hat{\beta}_0 z_{0i} + \cdots + \hat{\beta}_k z_{ki}$ $(i = 1, \ldots, n)$ für die wahren Werte der zu messenden Größen $y_1, y_2, \ldots, y_n$ berechnen. Als mittlerer Fehler der Einzelmessung vom Gewicht $p = 1$ ergibt sich

$$m = \sqrt{\left[\sum_{i=1}^{n} p_i(a_i - \hat{y}_i)^2\right] \Big/ [n - k - 1]}.$$

Mit Hilfe von m kann man wie üblich den mittleren Fehler einer Einzelmessung mit dem Gewicht p_i und über das Fehlerfortpflanzungsgesetz die mittleren Fehler der Schätzungen $\hat{\beta}_0, \hat{\beta}_1, \ldots, \hat{\beta}_k$ angeben.

Läßt sich die Größe y mit Hilfe eines Polynoms in x darstellen, $y = \beta_0 + \beta_1 x + \beta_2 x^2 + \cdots + \beta_k x^k$, so besteht ein nichtlinearer Zusammenhang zwischen y und der Einflußgröße x. Dieser Fall ist ein Spezialfall der oben behandelten linearen Abhängigkeit von mehreren Einflußgrößen. Man braucht nur $z_0 = 1$, $z_1 = x$, $z_2 = x^2, \ldots, z_k = x^k$,
bzw. $z_{0i} = 1$, $z_{1i} = x_i$, $z_{2i} = x_i^2, \ldots, z_{ki} = x_i^k$ $(i = 1, \ldots, n)$
zu setzen und kann die Bestimmung von $\hat{\beta}_0, \ldots, \hat{\beta}_k$ sowie die Bestimmung der mittleren Fehler nach den bereits angegebenen Formeln vornehmen.

Beispiel 2: An Kiefernbeständen mit verschiedenen Stammdurchmessern d in cm, jeweils in 1,30 m Höhe über dem Erdboden gemessen, wurde die durchschnittliche Holzmenge V in m^3 je Stamm beobachtet (s. Tabelle). Die Bestimmung der Holzmenge V_i ist mit gleicher Präzision erfolgt. Es soll der Zusammenhang zwischen V und d durch eine Parabel 3. Ordnung ausgeglichen werden.

Zur Erleichterung der Rechenarbeit führt man die Variable $x = (d - 30)/5$ als neue Einflußgröße ein (s. Tabelle).
Die Größe V soll durch die kubische Gleichung $V = \beta_0 + \beta_1 x + \beta_2 x^2 + \beta_3 x^3$ dargestellt werden, deren Koeffizienten $\beta_0, \beta_1, \beta_2, \beta_3$ mit Hilfe der Ausgleichsrechnung aus den Beobachtungsdaten zu bestimmen sind.
Die Summe der Fehlerquadrate lautet:

$$S = \frac{1}{\sigma^2} \sum_{i=1}^{9} (V_i - \beta_0 - \beta_1 x_i - \beta_2 x_i^2 - \beta_3 x_i^3)^2.$$

	Beobachtung		Berechnung	
i	d_i	V_i	x_i	$\hat{V}_i$
1	10	0,030	−4	0,031
2	15	0,094	−3	0,093
3	20	0,213	−2	0,210
4	25	0,388	−1	0,390
5	30	0,643	0	0,645
6	35	0,987	+1	0,986
7	40	1,426	+2	1,424
8	45	1,969	+3	1,969
9	50	2,632	+4	2,632

Die Normalgleichungen haben die Gestalt

$$\begin{aligned} 9 \cdot \beta_0 + [x]\ \beta_1 + [x^2]\beta_2 + [x^3]\beta_3 &= [V], \\ [x]\beta_0 + [x^2]\beta_1 + [x^3]\beta_2 + [x^4]\beta_3 &= [xV], \\ [x^2]\beta_0 + [x^3]\beta_1 + [x^4]\beta_2 + [x^5]\beta_3 &= [x^2 V], \\ [x^3]\beta_0 + [x^4]\beta_1 + [x^5]\beta_2 + [x^6]\beta_3 &= [x^3 V]. \end{aligned}$$

Aus den Beobachtungsdaten berechnet man

$[x] = 0$, $[x^2] = 60$, $[x^3] = 0$, $[x^4] = 708$, $[x^5] = 0$, $[x^6] = 9780$,
$[V] = 8{,}382$, $[xV] = 19{,}058$, $[x^2 V] = 69{,}090$, $[x^3 V] = 227{,}456$.

Als Lösungen der Normalgleichungen ergeben sich

$$\hat{\beta}_0 = 0{,}64540,\ \hat{\beta}_1 = 0{,}296348,\ \hat{\beta}_2 = 0{,}042890,\ \hat{\beta}_3 = 0{,}0018039.$$

Die ermittelte Ausgleichsparabel lautet somit

$$\hat{V} = 0{,}64540 + 0{,}296348\,[(d - 30)/5] + 0{,}042890\,[(d - 30)/5]^2 + 0{,}0018039\,[(d - 30)/5]^3.$$

Die ausgeglichenen Werte $\hat{V}_i$ sind in die Übersichtstabelle eingetragen worden.

Darstellung einer Funktion mit Hilfe einfacherer Funktionen

Die Methode der kleinsten Quadrate findet in der Mathematik nicht nur bei der Ausgleichung von Beobachtungen Anwendung. Will man z. B. eine komplizierte Funktion $y = f(x)$ durch einfachere Funktionen $\varphi_0(x), \varphi_1(x), \ldots, \varphi_k(x)$ annähern, so kann man die Koeffizienten $\beta_0, \beta_1, \ldots, \beta_k$ in dem linearen Ansatz $y = f(x) = \beta_0\varphi_0(x) + \beta_1\varphi_1(x) + \cdots + \beta_k\varphi_k(x)$ mit Hilfe der Methode der kleinsten Quadrate bestimmen.
Ist die Funktion $y = f(x)$ nur an den diskreten Stellen x_i ($i = 1, \ldots, n$; $n > k$) bekannt, $y_i = f(x_i)$, so geht man von der Summe der Abweichungsquadrate

$$S = \sum_{i=1}^{n} [y_i - \beta_0\varphi_0(x_i) - \beta_1\varphi_1(x_i) - \cdots - \beta_k\varphi_k(x_i)]^2$$

aus. Ist hingegen der gesamte Funktionsverlauf von $y = f(x)$ in einem Intervall $a \leqslant x \leqslant b$ bekannt, so geht man von dem Integral der Abweichungsquadrate

$$S = \int_a^b [f(x) - \beta_0\varphi_0(x) - \beta_1\varphi_1(x) - \cdots - \beta_k\varphi_k(x)]^2\,dx$$

aus. In beiden Fällen werden die Koeffizienten $\beta_0, \ldots, \beta_k$ so bestimmt, daß S zu einem Minimum wird. Bezeichnet man mit $[\varphi_j\varphi_k]$ die Summe $\sum_{i=1}^{n} \varphi_j(x_i)\,\varphi_k(x_i)$ bzw. das Integral $\int_a^b \varphi_j(x)\,\varphi_k(x)\,dx$ und mit $[y\varphi_k]$ die Summe $\sum_{i=1}^{n} y(x_i)\,\varphi_k(x_i)$ bzw. das Integral $\int_a^b y(x)\,\varphi_k(x)\,dx$, so lauten die Normalgleichungen

$$\begin{aligned} \beta_0[\varphi_0^2] \quad + \beta_1[\varphi_0\varphi_1] + \beta_2[\varphi_0\varphi_2] + \cdots + \beta_k[\varphi_0\varphi_k] &= [y\varphi_0] \\ \beta_0[\varphi_1\varphi_0] + \beta_1[\varphi_1^2] \quad + \beta_2[\varphi_1\varphi_2] + \cdots + \beta_k[\varphi_1\varphi_k] &= [y\varphi_1] \\ \vdots \qquad\quad \vdots \qquad\quad \vdots \qquad\qquad \vdots \qquad &\quad \vdots \\ \beta_0[\varphi_k\varphi_0] + \beta_1[\varphi_k\varphi_1] + \beta_2[\varphi_k\varphi_2] + \cdots + \beta_k[\varphi_k^2] \quad &= [y\varphi_k]. \end{aligned}$$

Aus diesem linearen Gleichungssystem sind $\beta_0, \ldots, \beta_k$ zu berechnen. Die Auflösung der Normalgleichungen gestaltet sich besonders einfach, wenn $[\varphi_i\varphi_k]$ für $i \neq k$ den Wert 0, für $i = k$ dagegen den Wert 1 hat. Die Lösungen lauten dann $\beta_i = [y\varphi_i]$. Dieser Fall tritt ein, wenn die Funktionen $\varphi_k(x)$ ein *normiertes orthogonales Funktionensystem* bilden. Die bekanntesten orthogonalen Funktionensysteme sind die trigonometrischen Funktionen $\sin n\varphi$, $\cos n\varphi$ ($n = 0, 1, 2, 3, \ldots$) und die Legendreschen Polynome.

28.3. Näherungsrechnung

Jedes Rechnen mit Näherungswerten kann man als Näherungsrechnung bezeichnen. Unter Näherungsrechnung im engeren Sinne versteht man jedoch gewisse mathematische Verfahren, die es möglich machen, komplizierte Rechenoperationen durch einfachere zu ersetzen. Dabei wird in Kauf genommen, daß man nicht die exakten Lösungen, sondern nur genäherte Lösungen erhält. Diese *Näherungsverfahren* dienen einerseits dazu, Rechenarbeit einzusparen. Andererseits lassen sich für zahlreiche mathematische Probleme allein mit Hilfe von Näherungsverfahren numerische Lösungen gewinnen; um z. B. den numerischen Wert eines bestimmten Integrals zu erhalten, das sich nicht in geschlossener Form darstellen läßt, muß man zu genäherten Integrationsmethoden greifen. Näherungsverfahren sind für die verschiedensten mathematischen Problemstellungen ausgearbeitet worden. Jede Näherungsmethode muß eine Abschätzung des Fehlers gestatten, den man bei ihrer Anwendung begeht.

Näherungsverfahren zur Berechnung von Funktionswerten

Das gesamte numerische Rechnen vollzieht sich ausschließlich im Bereich der vier Grundrechenarten Addieren, Subtrahieren, Multiplizieren und Dividieren. Ist eine kompliziertere mathematische Funktion $f(x)$ zu berechnen, so muß man sie so umformen, daß nur noch die vier Grundrechenarten zur Anwendung kommen (vgl. Kap. 29.1.). Dies geschieht gewöhnlich mit Hilfe von Potenzreihendarstellungen (vgl. Kap. 21.2. – Näherungswerte und Näherungsformeln).

Asymptotische Darstellungen für große Werte des Arguments. Hat man eine Funktion $F(x)$ für sehr große Werte des Arguments zu berechnen, so kann man mitunter eine Näherungsformel erhalten, indem man $z = 1/x$ in die Funktion einsetzt und für die Funktion $f(z) = F(1/z)$ eine Taylorsche Entwicklung in $z = 1/x$ angibt. Da z sehr klein wird, kann man sich im allgemeinen auf wenige Glieder der Entwicklung beschränken. Eine andere Möglichkeit besteht darin, daß man für $F(x)$ eine *asymptotische Annäherung* oder *asymptotische Darstellung* bestimmt. Dabei heißt eine Funktion $\varphi(x)$ eine asymptotische Annäherung oder Darstellung von $F(x)$, wenn $\lim\limits_{x\to\infty} [F(x) - \varphi(x)] = 0$ ist. Man schreibt dann $F(x) \sim \varphi(x)$. Setzt man $F(x) = \varphi(x) + R(x)$, so muß für den Rest $R(x)$ gelten $\lim\limits_{x\to\infty} R(x) = 0$. Oft bezeichnet man auch eine Funktion $\varphi(x)$ als eine asymptotische Darstellung von $F(x)$, $F(x) \sim \varphi(x)$, falls $F(x) = \varphi(x) \cdot [1 + r(x)]$ mit $\lim\limits_{x\to\infty} r(x) = 0$ gilt, d. h., wenn der Quotient $F(x)/\varphi(x)$ für große Werte von x gegen 1 strebt.

Asymptotische Darstellung des Gaußschen Fehlerintegrals. Durch zweifache partielle Integration erhält man für das Gaußsche Fehlerintegral die Darstellung

$$\begin{aligned}\Phi(x) &= \left(1/\sqrt{2\pi}\right) \int_{-\infty}^{x} \exp[-t^2/2]\,\mathrm{d}t = 1 - \left(1/\sqrt{2\pi}\right) \int_{x}^{\infty} \exp[-t^2/2]\,\mathrm{d}t \\ &= 1 - \left(1/\sqrt{2\pi}\right) \left\{(1/x)\exp[-x^2/2] - \int_{x}^{\infty} (1/t^2)\exp[-t^2/2]\,\mathrm{d}t\right\} \\ &= 1 - \left(1/\sqrt{2\pi}\right) \left\{(1/x)\exp[-x^2/2] - (1/x^3)\exp[-x^2/2] + \int_{x}^{\infty} (3/t^4)\exp[-t^2/2]\,\mathrm{d}t\right\}.\end{aligned}$$

Mit den ersten drei Gliedern hat man bereits eine gute asymptotische Darstellung gefunden,

$$\Phi(x) \approx 1 - \left(1/\sqrt{2\pi}\right)\{(1/x)\exp[-x^2/2] - (1/x^3)\exp[-x^2/2]\}.$$

Der Rest $R_3(x) = -\left(1/\sqrt{2\pi}\right) \int_{x}^{\infty} (3/t^4)\exp[-t^2/2]\,\mathrm{d}t$ läßt sich abschätzen durch $|R_3(x)| \leqslant \left(1/\sqrt{2\pi}\right)(3/x^5) \int_{x}^{\infty} t\exp[-t^2/2]\,\mathrm{d}t = \left(1/\sqrt{2\pi}\right) \cdot (3/x^5)\exp[-x^2/2]$. Er verschwindet für $x \to \infty$. Bereits für $x = 2$ ist der Fehler der asymptotischen Formel sicher kleiner als $5 \cdot 10^{-3}$.

Eulersche Summenformel. Ist die Funktion $F(x)$, für die man eine asymptotische Darstellung sucht, als eine Summe $F(x) = f(1) + f(2) + \cdots + f(x-1) + f(x)$ darstellbar, wobei $f(z)$ eine gegebene Funktion und x eine ganze Zahl sind, so läßt sich häufig eine asymptotische Darstellung aus der Eulerschen Summenformel gewinnen.

Eulersche Summenformel	$F(x) = \int_{1}^{x} f(t)\,\mathrm{d}t + \frac{1}{2}[f(x) + f(1)] + \sum_{k=1}^{n} \frac{B_{2k}}{(2k)!}[f^{(2k-1)}(x) - f^{(2k-1)}(1)] + R_n(x)$

In dieser Formel sind die B_{2k} *Bernoullische Zahlen*, deren erste $B_2 = 1/6$, $B_4 = -1/30$, $B_6 = 1/42$, $B_8 = -1/30$, $B_{10} = 5/66$, $B_{12} = -691/2730$ lauten (vgl. Bernoullische Zahlen in Kap. 21.2. – Wichtige Eigenschaften der Potenzreihen). Der Rest $R_n(x)$ läßt sich durch $|R_n(x)| \leqslant \frac{4}{(2\pi)^{2n}} \int_{1}^{x} |f^{(2n)}(t)|\,\mathrm{d}t$ abschätzen. Verschwindet $R_n(x)$ für $x \to \infty$, so hat man durch Vernachlässigung des Restes in der Eulerschen Summenformel bereits eine asymptotische Darstellung für $F(x)$ gefunden. Strebt aber $R_n(x)$ für $x \to \infty$ einem Grenzwert C_n zu, so ergibt sich die asymptotische Darstellung, wenn man in der Eulerschen Summenformel $R_n(x)$ durch diesen Grenzwert C_n ersetzt.

Asymptotische Darstellung für die Fakultät $x!$ Bildet man den natürlichen Logarithmus von $x!$, so ergibt sich $F(x) = \ln x! = \ln 1 + \ln 2 + \cdots + \ln x$. Es ist $f(z) = \ln z$ zu setzen. Berücksichtigt man in der Eulerschen Summenformel nur die Glieder bis zur ersten Ableitung ($n = 1$), so erhält man

$$\begin{aligned} F(x) &= \int_1^x \ln t \, dt + {}^1/_2(\ln x + \ln 1) + {}^1/_6 \cdot {}^1/_2 \cdot (1/x - 1) + R_1(x) \\ &= x \ln x - x + {}^1/_2(\ln x) + 1/(12x) + 1 - {}^1/_{12} + R_1(x). \end{aligned}$$

Der Rest $R_1(x)$ läßt sich abschätzen durch $|R_1(x)| \leqslant (1/\pi^2)(1 - 1/x^2)$. Eine genauere Untersuchung ergibt $\lim\limits_{x \to \infty} R_1(x) = C_1 = {}^1/_{12} - 1 + \ln \sqrt{2\pi}$.

Setzt man diesen Grenzwert an Stelle von $R_1(x)$ in die Eulersche Summenformel ein, so erhält man die asymptotische Darstellung $F(x) \approx (x + {}^1/_2) \ln x - x + 1/(12x) + \ln \sqrt{2\pi}$. Daraus folgt

$$x! = e^{F(x)} \approx \sqrt{2\pi x}\, x^x \exp[-x + 1/(12x)].$$

Für sehr große Werte von x kann man noch das Glied $1/(12x)$ im Exponenten vernachlässigen und erhält die Stirlingsche Formel.

Stirlingsche Formel	$x! \approx \sqrt{2\pi x}\, x^x e^{-x}$

Approximation von Funktionen durch Polynome

Sind von einer Funktion $y = f(x)$ die Funktionswerte für die Argumente $x = x_0, x = x_1, \ldots, x = x_n$ bekannt, so bezeichnet man diese als *Stützstellen* und die entsprechenden Funktionswerte $y_0 = f(x_0)$, $y_1 = f(x_1), \ldots, y_n = f(x_n)$ als *Stützwerte.* Die Aufgabe besteht darin, den Funktionswert $y = f(x)$ für einen beliebigen Wert von x zu berechnen, der zwischen zwei benachbarten Stützstellen liegt. Ist die exakte Berechnung von $y = f(x)$ mit einem großen Rechenaufwand verbunden, so versucht man, den gesuchten Funktionswert y aus den bekannten Funktionswerten $y_0, y_1, \ldots, y_n$ näherungsweise zu berechnen, ihn, wie man auch sagt, durch *Interpolation* zu bestimmen.

Lineare Interpolation. Die einfachsten Interpolationsverfahren lernt man beim Aufschlagen von Winkelfunktionen oder Logarithmen kennen, wenn Werte zu bestimmen sind, die zwischen den in der Tafel angegebenen Werten liegen. Die in der Tafel angegebenen Werte bilden dann die Stützwerte, und der gesuchte Wert wird meist durch *lineare Interpolation* ermittelt. Dazu braucht man nur zwei Stützstellen x_0 und x_1 mit den Stützwerten $y_0 = f(x_0)$, $y_1 = f(x_1)$. Gesucht wird für $x_0 < x < x_1$ der Wert $y = f(x)$. Durch lineare Interpolation findet man aus der Verhältnisgleichung $(y - y_0)/(x - x_0) = (y_1 - y_0)/(x_1 - x_0)$ den Wert $y = y_0 + (x - x_0)(y_1 - y_0)/(x_1 - x_0)$. Man ersetzt dabei den Bogen der Funktion $y = f(x)$ im Intervall $]x_0, x_1[$ näherungsweise durch eine Gerade, die durch die Punkte (x_0, y_0) und (x_1, y_1) verläuft (Abb. 28.3-1).

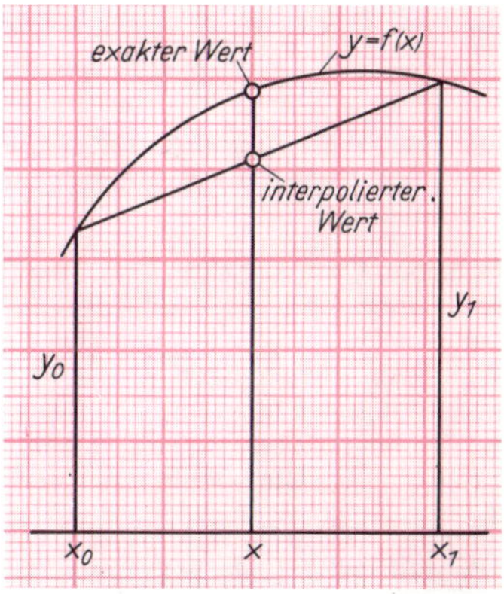

28.3-1 Lineare Interpolation zwischen zwei Stützstellen

Interpolation im weiteren Sinne. Allgemein bestehen alle Interpolationsverfahren darin, daß die Funktion $y = f(x)$ im Bereich der Stützstellen $x_0, x_1, \ldots, x_n$ durch einfachere Funktionen ersetzt wird, die in diesem Bereich die Funktion $y = f(x)$ möglichst gut approximieren. Ein Verfahren, solche Näherungsfunktionen zu bestimmen, ist die *Methode der kleinsten Quadrate.* Auf ihr beruhen unter anderem die *Ausgleichsrechnung* und die *Fourieranalyse.* Sie finden Anwendung, wenn in dem Ansatz für die Näherungsfunktion weniger Parameter auftreten und zu bestimmen sind, als Stützstellen zur Verfügung stehen. Die auf diese Weise ermittelten Näherungsfunktionen verlaufen im allgemeinen nicht exakt durch die bekannten Stützwerte $(x_0, y_0), (x_1, y_1), \ldots, (x_n, y_n)$.

Interpolation im engeren Sinne. Der Grundgedanke der Interpolation im engeren Sinne besteht darin, eine Funktion $f(x)$, von der an endlich vielen Stellen $x_1, x_2, \ldots, x_n$ die Funktionswerte $y_i = f(x_i)$ oder gegebenenfalls die Ableitungen $y_i^{(j)} = f^{(j)}(x_i)$ bis zur Ordnung $m_i \geqslant j$ vorgegeben sind, näherungsweise durch eine Überlagerung $\sum\limits_j A_j \varphi_j(x) = f^*(x) \approx f(x)$ von Standardfunktionen $\varphi_j(x)$ zu ersetzen; dabei sollen die Form der Funktionen $\varphi_j(x)$ bei gegebener Funktionsklasse und die *Über-*

lagerungskoeffizienten A_j eindeutig aus den vorgegebenen Werten so bestimmt werden, daß die *Ersatzfunktion* $f^*(x)$ an den vorgegebenen Stellen $\{x_i\}$ mit $i = 1, \ldots, n$ die Werte y_i oder $y_i^{(j)}$ annimmt. Für andere von der Menge $\{x_i\}$ verschiedene Stellen x ergibt sich die *Güte der Interpolationsformel* aus einer Abschätzung des Restgliedes $R = f(x) - f^*(x)$. Liegt x im Innern des kleinsten Intervalls, das die Menge $\{x_i\}$ mit $i = 1, \ldots, n$ enthält, so spricht man von einer eigentlichen *Interpolation*, liegt x außerhalb dieses Intervalls, von einer *Extrapolation*.
Viele numerische Verfahren lassen sich mit Überlagerungen von Standardfunktionen leichter ausführen, z. B. die Nullstellenbestimmung, die Integration, die Differentiation oder die Integration von Differentialgleichungen (vgl. Kap. 29.2.). Als Standardfunktionen werden oft *Polynome* benutzt.

Taylor-Interpolation. Nur an einer Stelle x_1 sind der Funktionswert $f(x_1)$ und die Werte der Ableitungen $f^{(j)}(x_1)$ mit $m_1 \geqslant j$ vorgegeben. Die Standardpolynome sind $\varphi_j(x) = (x - x_1)^j/j!$ für $j = 0, 1, \ldots, m_1$, und die *Überlagerungskoeffizienten* sind $A_j = f^{(j)}(x_1)$. Das Restglied lautet $R = f^{(m_1+1)}(\xi) \cdot (x - x_1)^{m_1+1}/(m_1 + 1)!$, wenn ξ eine Stelle zwischen x_1 und x ist (vgl. Kap. 21.2. – Taylorsche Reihen).

Beispiel 1: Die Taylor-Interpolation der Funktion $\sin x$ für die Stelle $x = 0$ ergibt sich aus endlich vielen Gliedern ihrer Taylor-Reihe zu $\sin x = x - x^3/3! + x^5/5! \pm \cdots$

Aitken-Interpolation. Der *rekursive Interpolationsprozeß* nach Aitken wird vorteilhaft angewendet, wenn die Stelle x, an der der Funktionsverlauf $f(x)$ interpoliert werden soll, vorgegeben ist. Man bestimmt zunächst durch lineare Interpolation (Abb. 28.3-2) $h_{i,i+1}$ so, daß $h_{i,i+1}(x_{i+1} - x_i) = y_i(x_{i+1} - x) + y_{i+1}(x - x_i)$, d. h. durch

$$h_{i,i+1} = \frac{1}{(x_{i+1} - x_i)} \begin{vmatrix} y_i & (x_i - x) \\ y_{i+1} & (x_{i+1} - x) \end{vmatrix}.$$

Durch Hinzunahme eines weiteren Punktes x_{i+2} kommt man zur Interpolation durch ein Polynom $h_{i,i+1,i+2}$ zweiten Grades und damit zu einer höheren Genauigkeit

$$h_{i,i+1,i+2} = \frac{1}{(x_{i+2} - x_i)} \begin{vmatrix} h_{i,i+1} & (x_i - x) \\ h_{i+1,i+2} & (x_{i+2} - x) \end{vmatrix}.$$

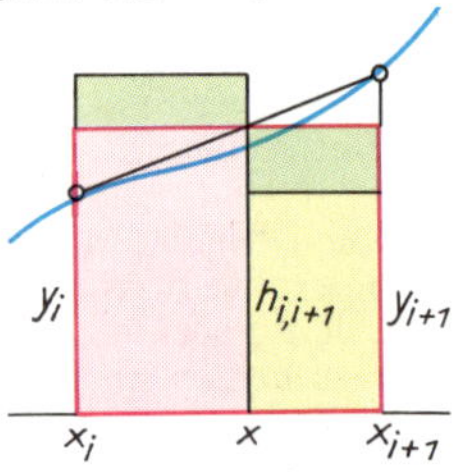

28.3-2 Zur Aitken-Interpolation; $h_{i,i+1}(x_{i+1} - x_i) = y_i(x_{i+1} - x) + y_{i+1}(x - x_i)$

In dieser Weise fährt man nach Bedarf fort, bis sich Werte aufeinanderfolgender Näherungen nur noch um einen Betrag unterscheiden, der innerhalb der ohnehin zu erwartenden Ungenauigkeitsschranken liegt.

Polynom-Ansatz. Setzt man das Polynom in der Form $P_n(x) = a_0 + a_1 x + a_2 x^2 + \cdots + a_n x^n$ mit unbestimmten Koeffizienten $a_0, a_1, \ldots, a_n$ an und fordert, daß es durch die Punkte $(x_0, y_0), (x_1, y_1), \ldots, (x_n, y_n)$ verläuft, so müssen die nebenstehenden Gleichungen erfüllt sein. Dies sind $(n + 1)$ Bedingungsgleichungen zum Bestimmen von $a_0, a_1, \ldots, a_n$. Sie lassen sich eindeutig lösen, wenn die Stützstellen $x_0, x_1, \ldots, x_n$ alle voneinander verschieden sind.

$$\begin{aligned} y_0 &= a_0 + a_1 x_0 + a_2 x_0^2 + \cdots + a_n x_0^n \\ y_1 &= a_0 + a_1 x_1 + a_2 x_1^2 + \cdots + a_n x_1^n \\ &\vdots \\ y_n &= a_0 + a_1 x_n + a_2 x_n^2 + \cdots + a_n x_n^n \end{aligned}$$

Beispiel 2: Die Funktion $y = \sqrt{x}$ ist durch ein Polynom 2. Grades zu approximieren, das durch die Punkte $(x_0 = 1, y_0 = 1)$, $(x_1 = 1{,}21, y_1 = 1{,}1)$ und $(x_2 = 1{,}44, y_2 = 1{,}2)$ verläuft. Es wird gesetzt $P_2(x) = a_0 + a_1 x + a_2 x^2$. Aus den nebenstehenden Bedingungsgleichungen findet man $a_0 = 0{,}4099$, $a_1 = 0{,}6842$, $a_2 = -0{,}0941$. Setzt man in das Interpolationspolynom $y = \sqrt{x} \approx 0{,}4099 + 0{,}6842x - 0{,}0941x^2$ den Wert $x = 1{,}3$ ein, so ergibt sich $\sqrt{1{,}3} \approx 1{,}1403$. Der genaue Wert für $\sqrt{1{,}3}$ lautet 1,140 175 …

$$\begin{aligned} 1{,}0 &= a_0 + a_1 + a_2 \\ 1{,}1 &= a_0 + 1{,}21\, a_1 + 1{,}4641\, a_2 \\ 1{,}2 &= a_0 + 1{,}44\, a_1 + 2{,}0736\, a_2 \end{aligned}$$

Dies ist ein einfaches Beispiel für eine *inverse Interpolation* in einer Quadrattafel.
Obwohl bei diesem Verfahren der Ansatz sehr einfach ist, erfordert die endgültige Bestimmung des Interpolationspolynoms einen erheblichen Rechenaufwand, besonders wenn eine größere Anzahl von Stützwerten zu berücksichtigen ist. Lagrange und Newton haben deshalb den Ansatz für das Polynom $P_n(x)$ etwas anders gewählt und gelangen dadurch zu Formeln, die für die Berechnung einfacher sind.

Das Interpolationspolynom von Lagrange. Lagrange geht von dem Ansatz

$$P_n(x) = L_0(x)\, y_0 + L_1(x)\, y_1 + \cdots + L_n(x)\, y_n$$

für das Näherungspolynom aus, in dem die Koeffizienten $L_i(x)$ der Stützwerte y_i Polynome n-ten Grades in x sind. Sie werden allein aus den Stützstellen x_j für $j = 0, 1, \ldots, n$ berechnet und nehmen für sie die Werte $L_i(x_j)$ an. Das Näherungspolynom $P_n(x)$ verläuft sicher genau durch die Punkte (x_0, y_0), (x_1, y_1), …, (x_n, y_n), wenn sich die Polynome $L_i(x)$ so bestimmen lassen, daß $L_i(x_j)$ für $i = j$ den Wert 1 hat, für $i \neq j$ aber Null ist. Die von Lagrange angegebenen Polynome erfüllen diese Forderung.

Lagrangesche Polynome
$L_i(x) = \dfrac{(x - x_0)(x - x_1) \cdots (x - x_{i-1})(x - x_{i+1}) \cdots (x - x_n)}{(x_i - x_0)(x_i - x_1) \cdots (x_i - x_{i-1})(x_i - x_{i+1}) \cdots (x_i - x_n)}; \quad i = 0, 1, \ldots, n$
Interpolationspolynom von Lagrange: $y = f(x) \approx P_n(x) = L_0(x)\,y_0 + L_1(x)\,y_1 + \cdots + L_n(x)\,y_n$

Setzt man für x einen der Werte $x_0, x_1, \ldots, x_{i-1}, x_{i+1}, \ldots, x_n$ ein, so verschwindet gerade immer ein Faktor des Zählers; für $x = x_i$ aber wird der Zähler gleich dem Nenner.
Führt man diese Polynome in den Ansatz für $P_n(x)$ ein, so erhält man das Interpolationspolynom von Lagrange. Sein Restglied ist $R = \dfrac{f^{(n)}(\xi)}{n!}\,\Phi_n(x)$; in ihm ist ξ eine Stelle aus dem kleinsten Intervall, das die Menge $\{x_i\}$ mit $i = 1, \ldots, n$ umfaßt.

Beispiel 3: Die Näherungsparabel für die Funktion $y = \sqrt{x}$ durch die Punkte $(x_0 = 1, y_0 = 1)$, $(x_1 = 1{,}21, y_1 = 1{,}1)$, $(x_2 = 1{,}44, y_2 = 1{,}2)$ soll mit Hilfe des Interpolationsverfahrens von Lagrange bestimmt werden. Nach den nebenstehenden Lagrangeschen Polynomen lautet das Näherungspolynom

$$L_0(x) = \frac{(x - x_1)(x - x_2)}{(x_0 - x_1)(x_0 - x_2)} = \frac{(x - 1{,}21)(x - 1{,}44)}{0{,}0924}$$
$$L_1(x) = \frac{(x - x_0)(x - x_2)}{(x_1 - x_0)(x_1 - x_2)} = \frac{(x - 1{,}0)(x - 1{,}44)}{-0{,}0483}$$
$$L_2(x) = \frac{(x - x_0)(x - x_1)}{(x_2 - x_0)(x_2 - x_1)} = \frac{(x - 1{,}0)(x - 1{,}21)}{0{,}1012}$$

$$P_2(x) = (x - 1{,}21)(x - 1{,}44) \cdot (1{,}0/0{,}0924) - (x - 1{,}0)(x - 1{,}44) \cdot (1{,}1/0{,}0483) + (x - 1{,}0)(x - 1{,}21) \cdot (1{,}2/0{,}1012);$$

$$P_2(x) = (x - 1{,}21)(x - 1{,}44) \cdot 10{,}8225 - (x - 1{,}0)(x - 1{,}44) \cdot 22{,}7743 + (x - 1{,}0)(x - 1{,}21) \cdot 11{,}8577.$$

In dieser Form kann das Polynom bereits für numerische Rechnungen benutzt werden. Multipliziert man die Klammern aus und faßt die Glieder gleicher Potenzen in x zusammen, so ergibt sich wieder das früher bestimmte Polynom $P_2(x) = 0{,}4099 + 0{,}6842x - 0{,}0941x^2$.

Interpolation nach Newton. Hat man bereits durch die Stützpunkte (x_0, y_0), (x_1, y_1), …, (x_n, y_n) mit Hilfe der Lagrangeschen Formel ein Polynom n-ten Grades gelegt und nimmt man einen weiteren Stützpunkt (x_{n+1}, y_{n+1}) hinzu, so muß bei Anwendung der Lagrangeschen Formel die gesamte Rechnung neu begonnen werden, wenn man durch alle $(n + 2)$ Stützpunkte ein Näherungspolynom $(n + 1)$-ten Grades legen will; es müssen sämtliche Lagrangeschen Polynome $L_0(x)$, $L_1(x)$, …, $L_n(x)$ neu berechnet werden. Beim *Interpolationsverfahren von Newton* dagegen ist in diesem Falle nur ein Zusatzglied zu addieren. Dieses Verfahren geht von dem Ansatz

$$P_n(x) = b_0 + b_1(x - x_0) + b_2(x - x_0)(x - x_1) + \cdots + b_n(x - x_0)(x - x_1) \cdots (x - x_{n-1})$$

für das Näherungspolynom aus. Die Koeffizienten $b_0, b_1, \ldots, b_n$ werden wieder so bestimmt, daß das Polynom durch die Punkte (x_0, y_0), (x_1, y_1), …, (x_n, y_n) verläuft. Setzt man in den Newtonschen Ansatz für x die Werte $x_0, x_1, \ldots, x_n$ ein, so erhält man das *gestaffelte Gleichungssystem*

$$\begin{aligned}
y_0 &= b_0\\
y_1 &= b_0 + b_1(x_1 - x_0)\\
y_2 &= b_0 + b_1(x_2 - x_0) + b_2(x_2 - x_0)(x_2 - x_1)\\
&\;\vdots\\
y_n &= b_0 + b_1(x_n - x_0) + b_2(x_n - x_0)(x_n - x_1) + \cdots + b_n(x_n - x_0)(x_n - x_1) \cdots (x_n - x_{n-1}).
\end{aligned}$$

Bei der schrittweisen Auflösung dieses Systems nach $b_0, b_1 \ldots, b_n$ läßt sich für jeden Koeffizienten b_i eine Formel mit Hilfe dividierter Differenzen angeben.

Dividierte Differenzen. Sind von einer Funktion $y = f(x)$ an $n + 1$ Stützstellen $x_0, x_1, \ldots, x_n$ die zugehörigen Funktionswerte $y_0 = f(x_0), \ldots, y_n = f(x_n)$ gegeben, so lassen sich dividierte Differenzen, auch Steigungen genannt, der Ordnung 0 bis n berechnen:

0. $[x_0] = y_0,\ [x_1] = y_1, \ldots, [x_n] = y_n;$

1. $[x_i x_j] = \dfrac{y_i - y_j}{x_i - x_j}$, z. B. $[x_1 x_0] = \dfrac{y_1 - y_0}{x_1 - x_0}$, $[x_n x_{n-1}] = \dfrac{y_n - y_{n-1}}{x_n - x_{n-1}}$;

2. $[x_i x_j x_k] = \dfrac{[x_i x_j] - [x_j x_k]}{x_i - x_k}$, z. B. $[x_2 x_1 x_0] = \dfrac{[x_2 x_1] - [x_1 x_0]}{x_2 - x_0}$;

$(r+1)$. $[x_i x_j x_{k_1} x_{k_2} \cdots x_{k_r}] = \dfrac{[x_i x_j x_{k_1} \cdots x_{k_{r-1}}] - [x_j x_{k_1} \cdots x_{k_r}]}{x_i - x_{k_r}}$;

n. $[x_n x_{n-1} \cdots x_0] = \dfrac{[x_n x_{n-1} \cdots x_1] - [x_{n-1} x_{n-2} \cdots x_0]}{x_n - x_0}$

Alle dividierten Differenzen sind symmetrisch in ihren Argumenten; z. B. gilt

$$[x_i x_j] = \frac{y_i - y_j}{x_i - x_j} = \frac{y_j - y_i}{x_j - x_i} = [x_j x_i], \quad [x_i x_j x_k] = \frac{[x_k x_j] - [x_j x_i]}{x_k - x_i} = [x_k x_j x_i],$$

und entsprechend wird

$$[x_i x_j x_k] = [x_i x_k x_j] = [x_j x_i x_k] = [x_j x_k x_i] = [x_k x_i x_j]$$

bewiesen. Man darf deshalb in den dividierten Differenzen die Argumente beliebig umordnen. Zur Berechnung der dividierten Differenzen verwendet man das folgende *Steigungsschema.*

Schema zur Berechnung der dividierten Differenzen

			x_0	$\underline{y_0}$					
		$x_1 - x_0$			$y_1 - y_0$	$\underline{[x_1 x_0]}$			
	$x_2 - x_0$		x_1	y_1			$[x_2 x_1] - [x_1 x_0]$	$\underline{[x_2 x_1 x_0]}$	
…		$x_2 - x_1$			$y_2 - y_1$	$[x_2 x_1]$			…
	$x_3 - x_1$		x_2	y_2			$[x_3 x_2] - [x_2 x_1]$	$[x_3 x_2 x_1]$	
		$x_3 - x_2$			$y_3 - y_2$	$[x_3 x_2]$			
.	.	.	x_3	y_3	.	.	.	.	.
.	.	.	.	.	.	.	.	.	.
…	.	.	.	.	.	.	.	.	…
	$x_n - x_{n-2}$	.	.	.	.	.	$[x_n x_{n-1}] - [x_{n-1} x_{n-2}]$	$\underline{\underline{[x_n x_{n-1} x_{n-2}]}}$	
		$x_n - x_{n-1}$			$y_n - y_{n-1}$	$\underline{\underline{[x_n x_{n-1}]}}$			
			x_n	$\underline{\underline{y_n}}$					

Die einfach unterstrichenen Werte sind die *absteigenden dividierten Differenzen,* die doppelt unterstrichenen die *aufsteigenden dividierten Differenzen,* während in der Mitte des Schemas die *zentralen dividierten Differenzen* liegen.

Beispiel 4: $y = x^3$; Stützstellen: $x_0 = 1$, $x_1 = 3$, $x_2 = 4$. Steigungsschema:

$x_{i+2} - x_i$	$x_{i+1} - x_i$	x_i	y_i	Δ	$[x_{i+1} x_i]$	Δ	$[x_2 x_1 x_0]$
		1	$\underline{1}$				
	2			26	$\underline{13}$		
3		3	27			24	$\underline{8}$
				37	37		
		4	64				

Ergebnis: $[x_0] = 1$, $[x_1 x_0] = 13$, $[x_2 x_1 x_0] = 8$.

Eigenschaften der dividierten Differenzen. Ist $f(x) = f_1(x) + f_2(x)$ und bezeichnet man die dividierten Differenzen der Funktionen $f_1(x)$ und $f_2(x)$ durch Anhängen des Zeigers 1 oder 2, so gilt

$$[x_n x_{n-1} \cdots x_0] = [x_n x_{n-1} \cdots x_0]_1 + [x_n x_{n-1} \cdots x_0]_2 .$$

Für eine Funktion $f(x) = c f_1(x)$, wobei c eine Konstante bezeichnet, ist

$$[x_n x_{n-1} \cdots x_0] = c[x_n x_{n-1} \cdots x_0]_1 .$$

Für die dividierten Differenzen kann ein unabhängiger Ausdruck angegeben werden, der nicht die vorherige Bildung der dividierten Differenzen niedrigerer Ordnung voraussetzt:

$$[x_n x_{n-1} \cdots x_0] = \sum_{i=0}^{n} \frac{f(x_i)}{(x_i - x_0) \cdots (x_i - x_{i-1})(x_i - x_{i+1}) \cdots (x_i - x_n)} .$$

Ist die Funktion $f(x)$ in einem Intervall, in dem die Stützstellen $x_0, x_1, \ldots, x_n$ liegen, n-mal stetig differenzierbar, dann lassen sich die dividierten Differenzen durch die Ableitungen der Funktion ausdrücken: $[x_n x_{n-1} \cdots x_0] = (1/n!)\, f^{(n)}(\xi)$.

Dabei bezeichnet ξ eine geeignete Zwischenstelle, die im Intervall der Stützstellen gelegen ist. Daraus folgt, daß sämtliche dividierten Differenzen n-ter Ordnung einer ganzrationalen Funktion n-ten Grades gleich groß sind.

Newtonsches Interpolationspolynom. Die Auflösung des gestaffelten Gleichungssystems (vgl. Interpolation nach NEWTON), das sich aus dem Newtonschen Ansatz

$P_n(x) = b_0 + b_1(x - x_0) + b_2(x - x_0)(x - x_1) + \cdots + b_n(x - x_0)(x - x_1) \ldots (x - x_{n-1})$

ergibt, führt mittels dividierter Differenzen zu folgenden Werten für die Koeffizienten b_i und damit zum Newtonschen Interpolationspolynom:

$$y_0 = b_0,\, y_1 = b_0 + b_1(x_1 - x_0) \rightarrow b_1 = (y_1 - y_0)/(x_1 - x_0) = [x_1x_0],$$
$$y_2 = y_0 + [x_1x_0](x_2 - x_0) + b_2(x_2 - x_0)(x_2 - x_1)$$
oder $$[x_2x_0] = [x_1x_0] + b_2(x_2 - x_1) \rightarrow b_2 = [x_2x_1x_0],$$
$$\ldots \qquad b_k = [x_kx_{k-1} \ldots x_1x_0].$$

Newtonsches Interpolationspolynom	$y = f(x) \approx y_0 + [x_1x_0](x - x_0) + [x_2x_1x_0](x - x_0)(x - x_1) + \cdots + [x_nx_{n-1} \ldots x_2x_1x_0](x - x_0)(x - x_1) \cdots (x - x_{n-1})$

Soll ein weiterer Stützwert x_{n+1}, y_{n+1} berücksichtigt werden, so fügt man dem bereits berechneten Polynom nur das Glied $[x_{n+1}x_nx_{n-1} \ldots x_2x_1x_0](x - x_0)(x - x_1) \cdots (x - x_n)$ hinzu und erhält damit ein Polynom $(n + 1)$-ten Grades, das durch sämtliche Punkte $(x_0, y_0), (x_1, y_1), \ldots, (x_n, y_n), (x_{n+1}, y_{n+1})$ verläuft.

Die einfach unterstrichenen *absteigenden dividierten Differenzen* werden in der angegebenen Newtonschen Formel verwendet. Bei der Ableitung der Newtonschen Formel ist es jedoch nicht erforderlich, daß die Stützstellen in der Reihenfolge $x_0, x_1, x_2, \ldots, x_n$ berücksichtigt werden. Ordnet man die Stützstellen zu einer beliebigen Reihenfolge $x_{i_0}, x_{i_1}, \ldots, x_{i_n}$ um und wendet das geschilderte Verfahren an, so erhält man das Newtonsche Interpolationspolynom in der allgemeinen Gestalt

$$y = f(x) \approx P_n(x) = y_{i_0} + (x - x_{i_0})[x_{i_1}x_{i_0}] + (x - x_{i_0})(x - x_{i_1})[x_{i_2}x_{i_1}x_{i_0}] + \cdots + (x - x_{i_0})(x - x_{i_1}) \cdots (x - x_{i_{n-1}})[x_{i_n}x_{i_{n-1}} \cdots x_{i_1}x_{i_0}]$$

Hat man die Stützstellen in die Reihenfolge $x_n, x_{n-1}, \ldots, x_1, x_0$ umgeordnet, so erhält man

$$y = f(x) \approx P_n(x) = y_n + (x - x_n)[x_{n-1}x_n] + (x - x_n)(x - x_{n-1})[x_{n-2}x_{n-1}x_n] + \cdots + (x - x_n)(x - x_{n-1}) \cdots (x - x_1)[x_0x_1 \ldots x_n].$$

Diese Formel verwendet die im Schema doppelt unterstrichenen *aufsteigenden dividierten Differenzen*. Man kann die Formel auch so umformen, daß die in der Mitte des Schemas gelegenen *zentralen dividierten Differenzen* zur Bildung des Näherungspolynoms herangezogen werden. Welche Form der Darstellung man auch wählt, stets erhält man das eindeutig bestimmte Polynom n-ten Grades, das durch die Punkte $(x_0, y_0), (x_1, y_1), \ldots, (x_n, y_n)$ verläuft.

Beispiel 5: Um die *Näherungsparabel für die Funktion* $y = \sqrt{x}$ durch die Punkte $(x_0 = 1, y_0 = 1)$, $(x_1 = 1{,}21, y_1 = 1{,}1)$, $(x_2 = 1{,}44, y_2 = 1{,}2)$ mit Hilfe des Newtonschen Interpolationsverfahrens zu bestimmen, berechnet man zunächst die dividierten Differenzen.

$x_{i+2} - x_i$	$x_{i+1} - x_i$	x_i	y_i	Δ	$[x_{i+1}x_i]$	Δ	$[x_2x_1x_0]$
		1	1				
	0,21			0,1	0,476190		
0,44		1,21	1,1			−0,041408	−0,0941
	0,23			0,1	0,434782		
		1,44	1,2				

Das Newtonsche Interpolationspolynom lautet unter Verwendung der *absteigenden* dividierten Differenzen

$$P_2(x) = 1 + (x - 1) \cdot 0{,}476190 - (x - 1)(x - 1{,}21) \cdot 0{,}0941,$$

der *aufsteigenden* dividierten Differenzen

$$P_2(x) = 1{,}2 + (x - 1{,}44) \cdot 0{,}434782 - (x - 1{,}44)(x - 1{,}21) \cdot 0{,}0941$$

oder der *zentralen* dividierten Differenzen

$$P_2(x) = 1{,}1 + (x - 1{,}21) \cdot 0{,}434782 - (x - 1{,}21)(x - 1{,}44) \cdot 0{,}0941.$$

Faßt man die Glieder gleicher Potenzen in x zusammen, so ergibt sich in allen drei Fällen das bereits früher bestimmte Polynom

$$P_2(x) = 0{,}4099 + 0{,}6842x - 0{,}0941x^2.$$

Das Differenzenschema für Stützstellen mit gleichen Abständen. Das Schema zur Berechnung der dividierten Differenzen wird besonders einfach, wenn die Stützstellen $x_0, x_1, \ldots, x_n$ der Größe nach geordnet und *äquidistant*, d. h. mit gleichen Abständen gewählt wurden. Mit einer vorgegebenen

Schrittweite h gilt dann $x_1 = x_0 + h$, $x_2 = x_0 + 2h, \ldots, x_n = x_0 + nh$. Für die Differenzen der Argumentwerte im linken Teil des Schemas erhält man $x_{i+k} - x_1 = kh$. Führt man ferner noch

die Differenz erster Ordnung $\quad y_{i+1} - y_i = \Delta^1 y_{i+1/2}$,
die Differenz zweiter Ordnung $\quad \Delta^1 y_{i+1} - \Delta^1 y_i = \Delta^2 y_{i+1/2}$,
⋮
die Differenz n-ter Ordnung $\quad \Delta^{n-1} y_{i+1} - \Delta^{n-1} y_i = \Delta^n y_{i+1/2}$

ein, so besteht ein einfacher Zusammenhang zwischen diesen gewöhnlichen Differenzen und den dividierten Differenzen. Es gilt die nebenstehende Formel.

$$[x_{i+k} x_{i+k-1} \ldots x_{i+1} x_i] = \frac{1}{h^k} \cdot \frac{1}{k!} \cdot \Delta^k y_{i+k/2}$$

Daraus folgt, daß nicht nur sämtliche n-ten dividierten Differenzen einer ganzrationalen Funktion n-ten Grades untereinander gleich sind, sondern auch die n-ten gewöhnlichen Differenzen einer ganzrationalen Funktion n-ten Grades untereinander gleich sind.
Führt man eine Hilfsvariable t durch die Gleichung $x = x_0 + th$ ein und berücksichtigt auch Stützstellen $x_{-1} = x_0 - h$, $x_{-2} = x_0 - 2h, \ldots$, die der Stützstelle x_0 vorangehen, so ergibt sich das folgende *Differenzenschema*.

t	$x = x_0 + t \cdot h$	y	1	2	3	4	5	6
.	.	.	.	.	.	.	.	.
.	.	.	.	.	.	.	.	.
-2	x_{-2}	y_{-2}		$\Delta^2 y_{-2}$	.	.	.	.
			$\Delta^1 y_{-3/2}$		$\Delta^3 y_{-3/2}$			
-1	x_{-1}	y_{-1}		$\Delta^2 y_{-1}$		$\Delta^4 y_{-1}$	.	.
			$\Delta^1 y_{-1/2}$		$\Delta^3 y_{-1/2}$		$\Delta^5 y_{-1/2}$	
0	x_0	y_0		$\Delta^2 y_0$		$\Delta^4 y_0$		$\Delta^6 y_0$
			$\Delta^1 y_{1/2}$		$\Delta^3 y_{1/2}$		$\Delta^5 y_{1/2}$	.
1	x_1	y_1		$\Delta^2 y_1$		$\Delta^4 y_1$	.	.
			$\Delta^1 y_{3/2}$		$\Delta^3 y_{3/2}$	.	.	.
2	x_2	y_2		$\Delta^2 y_2$	.	.	.	.
				.	.	.	.	.
.	.	.	.	.	.	.	.	.

Bei der Berechnung des Differenzenschemas geht man von einer Tabelle der Stützwerte aus, bildet die Differenzenreihe für die Funktionswerte y_1 und erhält die Differenzen erster Ordnung. Für diese bildet man wieder die Differenzenreihe und erhält die Differenzen zweiter Ordnung usw.

Interpolation bei gleichabständigen Stützstellen. Falls die Stützstellen $x_0, x_1, \ldots, x_n$ gleichabständig sind und die Schrittweite h haben, können in dem Newtonschen Interpolationspolynom

$$P_n(x) = y_0 + (x - x_0)[x_1 x_0] + \cdots + (x - x_0)(x - x_1) \cdots (x - x_{n-1})[x_n x_{n-1} x_1 x_0],$$

das durch die Punkte $(x_0, y_0), \ldots, (x_n, y_n)$ verläuft, die dividierten Differenzen durch die einfachen Differenzen ausgedrückt werden, wenn man setzt $x = x_0 + th$.
In dem angeführten Differenzenschema stehen die hier verwendeten Differenzen auf einer schräg nach unten abfallenden Linie.

Newtonsche Interpolationsformel mit absteigenden Differenzen	$P_n(x_0 + th) = y_0 + t\,\Delta^1 y_{1/2} + \frac{t(t-1)}{2!}\Delta^2 y_1 + \cdots + \frac{t(t-1)(t-2)\cdots(t-n+1)}{n!}\Delta^n y_{n/2}$

Berücksichtigt man auch Stützstellen $x_{-1} = x_0 - h$, $x_{-2} = x_0 - 2h, \ldots, x_{-n} = x_0 - nh$ und legt durch die Punkte (x_0, y_0), $(x_{-1}, y_{-1}), \ldots, (x_{-n}, y_{-n})$ ein Newtonsches Interpolationspolynom, so erhält man

$$P_n(x) = y_0 + (x - x_0)[x_0 x_{-1}] + (x - x_0)(x - x_{-1})[x_0 x_{-1} x_{-2}] + \cdots$$
$$+ (x - x_0)(x - x_{-1}) \ldots (x - x_{-n+1})[x_0 x_{-1} \ldots x_{-n}].$$

Auch in diesem Polynom kann man die dividierten Differenzen durch einfache Differenzen ersetzen.

Newtonsche Interpolationsformel mit aufsteigenden Differenzen	$P_n(x_0 + th) = y_0 + t\Delta^1 y_{-1/2} + \frac{t(t+1)}{2!}\Delta^2 y_{-1} + \cdots + \frac{t(t+1)(t+2)\cdots(t+n-1)}{n!}\Delta^n y_{-n/2}$

Schließlich kann man die Stützstellen auch in der alternierenden Reihenfolge $x_0, x_1, x_{-1}, x_2, x_{-2}$, $x_3, \ldots$ anordnen. Das entsprechende Newtonsche Interpolationspolynom lautet

$$P_n(x) = y_0 + (x - x_0)[x_1x_0] + (x - x_0)(x - x_1)[x_1x_0x_{-1}]$$
$$+ (x - x_0)(x - x_1)(x - x_{-1})[x_2x_1x_0x_{-1}] + \cdots$$

Je nachdem, ob eine gerade Anzahl von Stützstellen ($n = 2k$) oder eine ungerade Anzahl von Stützstellen ($n = 2k + 1$) zur Verfügung stehen, bricht das Polynom mit dem Gliede

$$(x - x_0)(x - x_1)(x - x_{-1}) \cdots (x - x_{k-1})[x_kx_{k-1} \ldots x_0 \ldots x_{-k+1}]$$

oder

$$(x - x_0)(x - x_1)(x - x_{-1}) \cdots (x - x_k)[x_kx_{k-1} \ldots x_0 \cdots x_{-k+1}x_{-k}]$$

ab. Werden die dividierten Differenzen durch die gewöhnlichen Differenzen ersetzt, so erhält man die Gaußsche Interpolationsformel.

Gaußsche Interpolationsformel	$P_n(x_0 + th) = y_0 + t\,\Delta^1 y_{1/2} + \frac{t(t-1)}{2!} \cdot \Delta^2 y_0 + \frac{t(t-1)(t+1)}{3!} \cdot \Delta^3 y_{1/2} + \frac{t(t-1)(t+1)(t-2)}{4!} \cdot \Delta^4 y_0 + \cdots$

Sie verwendet die etwa in der Mitte des Differenzenschemas stehenden Differenzen. Es gibt noch eine zweite Gaußsche Formel, bei der die Stützstellen in der Reihenfolge $x_0, x_{-1}, x_1, x_{-2}, x_2, \ldots$ angeordnet werden. Ferner haben Stirling, Laplace, Bessel, Everett und andere weitere Interpolationsformeln angegeben, die durch verschiedene Wahl der Stützstellen und durch geeignete Kombination der Newtonschen und der Gaußschen Formeln gewonnen wurden.

Interpolation in Tafeln

Sind die Stützstellen $x_0, x_1, \ldots, x_n$ der Größe nach geordnet, $x_0 < x_1 \ldots < x_n$, und ersetzt man im Intervall $x_0 \ldots x_n$ die Funktion $y = f(x)$ durch ein Interpolationspolynom $P_n(x)$ n-ten Grades, das durch die Punkte (x_0, y_0), (x_1, y_1), ..., (x_n, y_n) verläuft, so ist der Approximationsfehler durch das Restglied R_{n+1} bestimmt. Die Größe ξ ist ein im allgemeinen unbekannter Wert im Intervall $]x_0, x_n[$. Bestimmt man z. B. den Funktionswert $y = f(x)$ für ein zwischen zwei Tafelwerten x_0 und $x_0 + h$ (h Schrittweite der Tafel) gelegenes Argument x durch lineare Interpolation, so beträgt der Interpolationsfehler $R_2(x) = {}^1/_2(x - x_0)(x - x_0 - h) \cdot y''(\xi)$. Das Produkt $(x - x_0)(x - x_0 - h)$ wird dem Betrage nach für $x = x_0 + h/2$ am größten. Der Interpolationsfehler läßt sich daher durch

$$R_{n+1}(x) = f(x) - P_n(x) = (x - x_0)(x - x_1) \cdots (x - x_n)\,\frac{y^{(n+1)}(\xi)}{(n+1)!}$$

$|R_2(x)| \leqslant {}^1/_8 h^2 |y''(x)|$ abschätzen, wobei das Maximum für $|y''(x)|$ im Intervall $]x_0, x_1[$ einzusetzen ist. Bei Interpolation in einer k-stelligen Zahlentafel soll der Interpolationsfehler eine halbe Einheit der k-ten Stelle nicht übersteigen. Daher gilt:

In einer k-stelligen Zahlentafel der Schrittweite h ist eine lineare Interpolation erlaubt, wenn ${}^1/_8\, h^2\, |y''(x)| < 0{,}5 \cdot 10^{-k}$.

Beispiel: Eine fünfstellige Tafel für lg sin x im Intervall $0° \leqslant x \leqslant 45°$ hat die Schrittweite $h = 0{,}01°$. Wegen $y''(x) = -M/\sin^2 x$, wobei $M = \lg e$, muß gelten ${}^1/_8 h^2 \cdot (M/\sin^2 x) < 0{,}5 \cdot 10^{-5}$, h in rad. Daraus folgt die Bedingung $\sin x > 0{,}01819$. Sie ist für $x > 1{,}04°$ erfüllt. In dieser Tafel kann man daher für $x > 1°$ linear interpolieren.

Ist lineare Interpolation in einer Tafel nicht mehr erlaubt, so müssen Interpolationsformeln höherer Ordnung angewendet werden. Dabei kann man den durch das Restglied bestimmten Interpolationsfehler klein halten, wenn man die Stützstellen so wählt, daß die Interpolation etwa in der Mitte des durch die Stützstellen erfaßten Bereichs erfolgt. Dies erreicht man mit Interpolationsformeln, die mit zentralen Differenzen arbeiten, wie die Gaußschen Interpolationsformeln. Nur wenn am Anfang oder am Ende einer Tabelle interpoliert werden muß, wo die zentralen Differenzen nicht zur Verfügung stehen, wird man auf die Newtonsche Interpolationsformel mit ab- bzw. aufsteigenden Differenzen zurückgreifen.

29. Numerische Mathematik

Für eine Vielzahl von mathematischen Problemen kann nachgewiesen werden, daß Lösungen existieren und, eventuell unter Zusatzbedingungen, sogar eindeutig sind. Trotzdem kann eine Lösung häufig nicht direkt analytisch berechnet werden; man denke z. B. an die Lösung einer algebraischen Gleichung höheren als 4. Grades, für welche im Rahmen der Galois-Theorie gezeigt wird, daß keine Lösungsformel existieren kann.

Kennzeichen der numerisch orientierten Teildisziplinen der Mathematik ist es, daß man sich nicht mit dem Nachweis der Existenz von Lösungen begnügt, sondern Vorschriften zur Konstruktion dieser Lösungen entwickelt. Zwangsläufig muß man sich in der Regel auf die Bestimmung von Näherungen der exakten Lösung beschränken, wenn nämlich die exakte Lösung z. B. ein nichtperiodischer Dezimalbruch ist und keine endliche Darstellung besitzt.
Um die Konstruktionsvorschriften auf einem Digitalrechner realisieren zu können, muß man sich darüber hinaus ausschließlich auf arithmetische Grundoperationen (Addition, Subtraktion, Multiplikation, Division) und logische Operationen beschränken. Eingangsdaten und rechnerinterne Größen sind dann Computerzahlen aus dem Bereich des endlichen Zahlenrasters der zugrundeliegenden Rechnerarithmetik.
Damit wird deutlich, daß selbst bei eindeutig bestimmter Lösung diese nur im Rahmen der endlichen Genauigkeit durch eine Computerzahl repräsentiert werden kann, es entsteht somit ein *Darstellungsfehler* der Lösung.
Die berechnete Näherungslösung unterscheidet sich in der Regel von der Computerdarstellung der exakten Lösung, wobei in die Differenz weitere Fehlerarten eingehen:
- *Verfahrensfehler*, die durch die verwendete Konstruktionsvorschrift für die Näherungslösung bedingt sind;
- *Rundungsfehler*, die sich aus Eingangsgrößen und internen Zwischengrößen auf das Ergebnis fortpflanzen;
- bei stetigen Problemen (z. B. der numerischen Lösung von Differentialgleichungen) entstehen darüber hinaus *Diskretisierungsfehler* bei der Übertragung des Problems in ein endlichdimensionales Ersatzproblem;
- schließlich kann das zugrundeliegende mathematische Modell durch Vereinfachungen und Idealisierungen eines realen Prozesses entstanden sein, so daß ein *Modellfehler* auftritt.

Ein zentrales Anliegen der Numerik stellt neben der Entwicklung von Berechnungsmethoden die Bewertung von Algorithmen dar, wobei Stabilität gegenüber Fehlereinflüssen sowie Effektivität bezüglich der Anzahl der benötigten Grundoperationen im Mittelpunkt des Interesses stehen.
Während Modell- und Verfahrensfehler nur durch eine tiefgehende Analyse des Modells bzw. des verwendeten Algorithmus beeinflußbar sind, können die anderen Fehlerarten i. a. durch Steigerung des numerischen Aufwands, häufig durch Vergrößerung der Stellenzahl der verwendeten Computerarithmetik (Wortlänge) verringert werden. Einige Probleme im Zusammenhang mit der Arithmetik mit endlicher Stellenzahl, der Fehlerfortpflanzung und der Stabilität von Algorithmen sollen im folgenden Abschnitt dargestellt werden.

29.1. Gleitpunktzahlen, Gleitpunktarithmetik, Fehlerfortpflanzung und Stabilität von Algorithmen

Die Standardform der Darstellung von Informationen ist die in Gestalt einer geordneten Folge von Ziffern; diese Idee liegt auch der Repräsentation und Speicherung von Zahlen im Computer zugrunde. Dabei steht für die interne Darstellung einer Zahl eine feste Anzahl N von Stellen (Wortlänge) zur Verfügung. Die Wortlänge kann i. a. nur auf Vielfache von N erweitert werden.

Zahlendarstellung. In einem Positionssystem mit der Basis $q > 0$ wird eine reelle Zahl z dargestellt in der Form $z = \pm(a_k q^k + a_{k-1} q^{k-1} + \cdots + a_0 q^0 + a_{-1} q^{-1} + a_{-2} q^{-2} + \cdots)$, in der die Ziffern a_i je eine der nichtnegativen ganzen Zahlen $0, 1, \ldots, q-1$ sind und ein *ganzer Teil* mit Exponenten $l \geqslant 0$ von q von dem *gebrochenen Teil* mit $l < 0$ unterschieden wird.
Neben dem *dekadischen System* mit $q = 10$ werden andere Positionssysteme benutzt. Das *Dualsystem* mit $q = 2$ hat den Vorteil für Rechenautomaten, daß nur zwei physikalische Zustände zur Darstellung notwendig sind, die mit 0 und 1 bezeichnet werden. Durch *Konvertieren* führt man eine ganze Zahl $z[q] = a_k q^k + a_{k-1} q^{k-1} + \cdots + a_0 q^0$ aus der q-Darstellung in die p-Darstellung $z[p] = b_l p^l + b_{l-1} p^{l-1} + \cdots + b_0 p^0$ über, indem man $z[q]$ durch $p[q]$ dividiert. Aus $z[p]$ ersieht man, daß sich eine ganze Zahl g_1 und ein gebrochener Anteil $r_1/p[q]$ ergibt, dem in der Darstellung $z[p]$ der Wert $b_0 p^0$ entspricht, so daß $r_1 = b_0$. Entsprechend erhält man aus $g_1/p[q]$ den Koeffizienten b_1, danach $b_2, b_3, \ldots, b_l$.

Beispiel: Die Dezimalzahl 132[10] wird durch Division durch $p[q] = 2\,[10] = 2$ konvertiert: $132:2 = 66 + 0/2$ mit $b_0 = 0$; $66:2 = 33 + 0/2$ mit $b_1 = 0$; $33:2 = 16 + 1/2$ mit $b_2 = 1$; $16:2 = 8 + 0/2$ mit $b_3 = 0$; $8:2 = 4 + 0/2$ mit $b_4 = 0$; $4:2 = 2 + 0/2$ mit $b_5 = 0$; $2:2 = 1 + 0/2$ mit $b_6 = 0$ und $1:2 = 0 + 1/2$ mit $b_7 = 1$, so daß man zu 132 die *Dualzahl* LOOOOLOO erhält. Um daraus durch Konvertieren wieder die Dezimalzahl zu erhalten, wird dividiert durch 10 [2] = LOLO. Man erhält

LOOOOLOO : LOLO = LLOL + LO/LOLO mit b_0 = LO [2] = 2 [10],
−LOLO
  LLOL — LLOL : LOLO = L + LL/LOLO mit b_1 = LL [2] = 3 [10],
 −LOLO
   LLOO — L : LOLO = O + L/LOLO mit b_2 = L [2] = 1 [10], d. h.,
  −LOLO — $b_2 = 1$ und $b_2 \cdot 10^2 + b_1 \cdot 10 + b_0 \cdot 10^0 = 132$.
     LO

Prinzipiell finden für die Repräsentation von Zahlen im Computer zwei Darstellungsformen Verwendung: Festpunktdarstellung und Gleitpunktdarstellung.
In *Festpunktdarstellung* sind außer der Wortlänge N auch die Anzahl N_1 bzw. N_2 der Stellen vor bzw. nach dem Punkt, welcher den ganzzahligen vom gebrochenen Anteil trennt, festgelegt. Bei Festpunktdarstellung ist der Zahlenvorrat stark eingeschränkt. Im Fall $N_2 = 0$ erhält man eine Darstellungsform für Integer-Zahlen.

Gleitpunktdarstellung. In *Gleitpunktdarstellung* wird jede Zahl z ($z \neq 0$) in der Form dargestellt

$$z = \pm m \cdot q^e = \pm(m_1 q^{-1} + m_2 q^{-2} + \ldots + m_t q^{-t}) q^e,$$

wobei folgende Bezeichnungen verwendet werden: m.. Mantisse, e.. vorzeichenbehafteter ganzzahliger Exponent, q.. Basis (i. a. ist $q = 2$, 8 oder 16).
Es stehen eine feste Anzahl t Stellen für die Mantisse und l Stellen für den Exponenten zur Verfügung. Gilt $m_1 \neq 0$, so heißt die Gleitpunktdarstellung *normalisiert*. Die normalisierte Darstellung ist eindeutig und der Wert der Mantisse liegt zwischen q^{-1} und $1 - q^{-t}$. Die Menge aller t-stelligen normalisierten Gleitpunktzahlen zur Basis q ist dann durch

$$\{\pm M \cdot q^{e-t} / M = 0 \quad oder \quad q^{t-1} \leqslant M \leqslant q^t - 1\}$$

gegeben.
Da der Exponent e eine vorzeichenbehaftete ganze Zahl ist, kann er in geeigneter Festpunktdarstellung gespeichert werden, wobei zur Einsparung des Vorzeichenbits i. a. eine feste Verschiebung (bias) addiert wird (biased exponent E).

Beispiel: Die Darstellung einer reellen Zahl z im IEEE Standard für einfache Genauigkeit (real · 4, Basis $q = 2$) benötigt 4 byte oder 32 bit Speicherplatz mit folgender Besetzung:

bit 1–23: Mantisse m mit $t = 23$ Dualstellen
bit 24–31: verschobener Exponent $E = e + 127$ (bias = 127) mit $l = 7$ Dualstellen
bit 32 : Vorzeichen v der Mantisse.

Der Zahlenbereich für E ist durch den Speicherbereich des Exponenten eingeschränkt, so daß es eine kleinste und eine größte positive Zahl ($0 < z_{\min} < z_{\max}$) gibt, die in normalisierter Form dargestellt werden können. Die Elemente der Teilmenge M der reellen Zahlen, die in der Maschine exakt repräsentiert werden, heißen *Maschinenzahlen*, sie bilden ein logarithmisch äquidistantes, endliches Raster.

Rundung. Da die Menge M der Maschinenzahlen endlich ist, entsteht die Frage, wie man eine Zahl $z \notin M$ durch eine Maschinenzahl $a \in M$ darstellen kann. Die Abbildung rd: $R \to M$, die jeder Zahl $z \in R$ die nächstgelegene Maschinenzahl $a = rd(z)$ zuordnet, heißt Rundungsabbildung, der dabei auftretende Fehler $|z - rd(z)|$ heißt *Rundungsfehler* oder *Darstellungsfehler*. Er tritt sowohl bei der

Eingabe von Daten als auch bei internen Rechnungen auf. Für alle Zahlen z aus dem Bereich der darstellbaren Werte $[-z_{\max}, -z_{\min}] \cup [z_{\min}, z_{\max}]$ gilt die Beziehung

$$rd(z) = z \cdot (1+\varepsilon), \quad mit \quad |\varepsilon| < eps_M = \frac{q}{2} \cdot q^{-t},$$

wobei eps_M als *relative Maschinengenauigkeit* bezeichnet wird. Für Zahlen aus dem Bereich der darstellbaren Werte ist der relative Darstellungsfehler also stets kleiner als eps_M. Die Aussage gilt nicht mehr für Zahlen außerhalb dieses Bereiches. So wird jede Zahl $z \in (-z_{\min}, z_{\min})$ auf die Computernull abgebildet, der relative Fehler der Darstellung ist dann stets 1. Um dadurch bedingte starke Rundungsfehlerverstärkungen zu vermeiden, wird der Bereich der Computernull häufig weiter eingeengt durch die Verwendung subnormaler Zahlen, für die in der Mantisse auch Nullen in führenden Stellen zugelassen sind. Für subnormale Werte gilt die obige Rundungsfehlerbeziehung nicht mehr. In dem im Beispiel erwähnten IEEE Standard für einfache Genauigkeit gilt dann für die größte bzw. kleinste normalisierte Zahl $z_{\max} = 3.403 \cdot 10^{38}$, $z_{\min} = 1.176 \cdot 10^{-38}$ und die kleinste subnormale Zahl ist $z^s_{\min} = 1.401 \cdot 10^{-45}$.

Gleitpunktarithmetik. Selbst wenn die Operanden x und y einer arithmetischen Operation Maschinenzahlen sind, muß das Ergebnis nicht wieder eine Maschinenzahl sein. Statt der exakten arithmetischen Operationen müssen wir unter dem Einfluß der Rundung von Ersatzoperationen oder *Gleitpunktoperationen* sprechen, für die eigene Gesetze, die der *Gleitpunktarithmetik*, gelten.

Bezeichnen x und y Maschinenzahlen und ist *op* eine der arithmetischen Grundoperationen, so wird mit $fl(x\,op\,y)$ das Ergebnis der Gleitpunktoperation *op* bezeichnet, wobei *fl* für floating point steht. Die Gleitpunktarithmetik *rundet korrekt*, falls für alle $x, y \in M$ gilt

$$fl(x\,op\,y) = rd(x\,op\,y) = (x\,op\,y)(1+\alpha) \quad mit \quad |\alpha| < eps_M.$$

Bei Gleitpunktarithmetik bleiben von den strengen mathematischen Gesetzen nur die Kommutativität der Addition und der Multiplikation erhalten.

Verschiedene Berechnungen bergen das Risiko, daß der relative Fehler wesentlich größer als die relative Maschinengenauigkeit ist. Eine typische Situation ist die Subtraktion von nahezu gleichgroßen Zahlen, wie dies bei der Berechnung von Differenzenquotienten als Näherungen für Ableitungen auftritt. Die führenden Stellen der Operanden stimmen dann überein und werden durch Subtraktion *ausgelöscht*. Die Differenz $d = x - y = 0.4 \cdot 10^{-3}$ der vierstelligen Operanden $x = 0.1457$ und $y = 0.1453$ besitzt nur eine gültige Ziffer, so daß bei vierstelliger Rechnung die verbleibenden 3 Stellen durch stochastische Größen aufgefüllt werden. Man kann dies auch so interpretieren, daß die geringen Darstellungsfehler der Operanden x und y in hohem Maße durch Auslöschung verstärkt werden. Fehlerverstärkung durch Auslöschung kann häufig durch geeignete Organisation der Rechnung vermieden werden.

Fehlerfortpflanzung und Kondition. Berechnungen bestehen aus Folgen von Operationen, die aus Eingangsdaten über Zwischenergebnisse Resultatdaten liefern. Ein Resultatvektor $y \in R^m$ wird mittels eines Algorithmus aus den Eingangsdaten $x \in D \subseteq R^k$ erzeugt. Als *Algorithmus* bezeichnet man dabei eine in der Reihenfolge eindeutig festgelegte Sequenz von elementaren Operationen. Somit definiert ein Algorithmus eine Abbildung $\varphi\colon D \to R^m$ bzw. in komponentenweiser Schreibweise gilt

$$y_i = \varphi_i(x_1, \ldots, x_k), \quad i = 1, \ldots, m.$$

Liegen statt der Eingangsdaten $x = (x_1, \ldots, x_k) \in D$ genäherte oder gerundete Daten $a = (a_1, \ldots, a_k)$ vor, so werden die Resultate y_i zu $\tilde{y}_i$ verfälscht. Mit Hilfe des Mittelwertsatzes der Differentialrechnung erhält man für die durch die Eingangsfehler bedingte Abweichung der Resultate die Beziehung

$$\tilde{y}_i - y_i = \sum_{j=1}^{k} \frac{\partial \varphi_i(\xi^i)}{\partial x_j} (a_j - x_j)$$

wobei ξ^i eine Zwischenstelle zwischen x und a ist. Bezeichnen Δa_j und Δy_i obere Schranken für die Eingangsfehler $|a_j - x_j|$ bzw. die Resultatfehler $|\tilde{y}_i - y_i|$, so erhält man die folgende *Maximalfehlerabschätzung*

$$\Delta y_i \leqslant \sum_{j=1}^{k} \max \left\{ \left| \frac{\partial \varphi_i}{\partial x_j} \right| / x \in [a - \Delta a, a + \Delta a] \right\} \cdot \Delta a_j .$$

Einfachere und praktisch besser handhabbare Fehleraussagen erhält man dadurch, daß statt der Maximumbildung über den k-dimensionalen Quader

$$[a - \Delta a, a + \Delta a] = [a_1 - \Delta a_1, a_1 + \Delta a_1] \times \ldots \times [a_k - \Delta a_k, a_k + \Delta a_k]$$

der Mittelpunkt a als Argument der Ableitungen eingesetzt wird. Die entsprechenden Aussagen werden als *linearisierte Fehlerschätzungen* bezeichnet

$$\Delta y_i \doteq \sum_{j=1}^{k} \left| \frac{\partial \varphi_i(a)}{\partial x_j} \right| \cdot \Delta a_j \quad \text{bzw.} \quad \delta_{y_i} \doteq \sum_{j=1}^{k} \left| \frac{\partial \varphi_i(a)\, a_j}{\partial x_j\, \tilde{y}_i} \right| \cdot \delta_{x_j}$$

für den Absolutfehler bzw. den Relativfehler, wobei $\delta_{x_j} = |\Delta a_j / x_j|$ und δ_{y_i} den relativen Fehler der Eingangsgröße x_j bzw. der Resultatkomponente y_i bezeichnen. Die linearisierte Fehlerschätzung stimmt umso besser mit der Maximalfehlerabschätzung überein, je kleiner die Schranken Δa_j Eingangsfehler sind.

Die Proportionalitätsfaktoren $\left|\frac{\partial \varphi_i}{\partial x_j}\right|$, $\left|\frac{\partial \varphi_i}{\partial x_j}\frac{x_j}{y_i}\right|$ welche die Empfindlichkeit messen mit der y_i auf absolute bzw. relative Änderungen von x_j reagiert, heißen *absolute bzw. relative Konditionszahlen* bzw. Faktoren der Fehlerverstärkung. Unter der Kondition eines Problems versteht man die Auswirkung von Störungen der Problemdaten auf das exakte Ergebnis. Ein Problem heißt *gut konditioniert*, wenn kleine Störungen der Daten nur kleine Änderungen der Lösung zur Folge haben und *schlecht konditioniert*, wenn daraus starke Änderungen der Lösung resultieren. Schlechte Kondition ist somit eine im Problem liegende Eigenschaft und ist nicht ursächlich durch die Gleitpunktarithmetik bedingt.

Stabilität von Algorithmen. Aufgrund der Fehleranalyse möchte man entscheiden, ob ein Algorithmus für die vorliegende Problemklasse brauchbar ist oder nicht. Intuitiv würde man einen Algorithmus als brauchbar ansehen, wenn gering gestörte Ausgangsdaten nur geringe Änderungen der Lösung bewirken. Dies entspricht einer Vorwärtsanalyse der Eingangsfehler. Die Existenz von schlecht konditionierten Problemen zeigt aber, daß man ein solches Resultat i. a. nicht erwarten kann. Ein Algorithmus der nur eine einzige Rundungsoperation ausführt, kann bei hochgradig schlecht konditionierten Problemen auch bei gering gestörten Ausgangsdaten starke Änderungen der Lösung erzeugen.

Seit der Entwicklung der Rückwärtsanalyse durch Wilkinson wird ein Algorithmus auf der Grundlage der Rückwärtsverfolgung der Fehler beurteilt. Man betrachtet die berechnete Lösung $\tilde{y}$ als exakte Lösung eines zum Ausgangsproblem gestörten Problems. Wenn man aus einer geringfügigen Änderung $|\tilde{y} - y|$ der Ergebnisdaten auf eine geringfügige Änderung $|a - x|$ der Eingangsdaten schließen kann, so wird der Algorithmus als *numerisch stabil* bezeichnet.

29.2. Numerische Verfahren zur Lösung von Problemen der linearen Algebra

Lineare Gleichungssysteme

Die Lösung eines Systems von m linearen Gleichungen $y_i = \sum_{j=1}^{n} a_{ij}x_j$ mit $i = 1, 2, \ldots, m$ besteht aus den n Zahlen x_j mit $j = 1, 2, \ldots, n$ (vgl. Kap. 17.1.). Im n-dimensionalen Raum kann jede dieser Gleichungen bei festen y_i gedeutet werden als *Hyperebene* mit dem Normalenvektor $\boldsymbol{a}_i = (a_{i1}, a_{i2}, \ldots, a_{in})$. Sind für $m = n$ diese Normalenvektoren voneinander linear unabhängig, d. h., gilt die Gleichung $\sum_{i=1}^{m} l_i \boldsymbol{a}_i = 0$ nur, wenn alle l_i Null sind, so haben die $n = m$ Hyperebenen einen Schnittpunkt mit den eindeutig bestimmten Koordinaten $x_j, j = 1, 2, \ldots, n$. Ist $m < n$ und sind m Normalenvektoren linear unabhängig, so gilt das Entsprechende für den durch sie bestimmten m-dimensionalen Unterraum. Für $m > n$ sind die m Vektoren $\boldsymbol{a}_i$ sicher linear abhängig. Ist der Vektor $\boldsymbol{a}_{i_0}$ eine Linearkombination von einigen der anderen Vektoren $\boldsymbol{a}_j$, ergibt sich außerdem y_{i_0} durch dieselbe Linearkombination aus den y_j so enthält die zu $\boldsymbol{a}_{i_0}$ gehörende Hyperebene den Schnittraum der zu diesen $\boldsymbol{a}_j$ gehörenden Hyperebenen. Also stellt die zu $\boldsymbol{a}_{i_0}$ gehörende Hyperebene keine zusätzliche Bedingung dar, und ihre Gleichung kann unberücksichtigt bleiben. Ein Widerspruch tritt auf, wenn y_{i_0} sich nicht durch die gleiche Linearkombination aus den y_j ergibt, wie $\boldsymbol{a}_{i_0}$ aus den $\boldsymbol{a}_j$. Das gegebene lineare Gleichungssystem ist dann unlösbar.

Für $n = 2$ sind die Hyperebenen Geraden, die sich schneiden, einander parallel laufen oder zusammenfallen (vgl. Kap. 4.2. – Lineare Gleichungen mit zwei Gleichungsvariablen, vgl. auch Abb. 4.2-3).

Jordan-Elimination. Man ordnet das Gleichungssystem in Tabellenform an, so daß die r-te Zeile die Koeffizienten a_{rj} der x_j mit $j = 1, 2, \ldots, n$ und die s-te Spalte die Koeffizienten a_{is} von x_s mit $i = 1, 2, \ldots, m$ enthält.

	x_1	x_2	$\cdots$	x_s	$\cdots$	x_n	
y_1	a_{11}	a_{12}	$\cdots$	a_{1s}	$\cdots$	a_{1n}	1
y_2	a_{21}	a_{22}	$\cdots$	a_{2s}	$\cdots$	a_{2n}	2
$\vdots$							
y_r	a_{r1}	a_{r2}	$\cdots$	a_{rs}	$\cdots$	a_{rn}	r
$\vdots$							
y_m	a_{m1}	a_{m2}	$\cdots$	a_{ms}	$\cdots$	a_{mn}	m
	1	2		s		n	

Ist dann einer der Koeffizienten verschieden von Null, z. B. $a_{rs} \neq 0$, so kann x_s durch y_r eliminiert werden. Aus $y_r = a_{r1}x_1 + a_{r2}x_2 + \cdots + a_{rs}x_s + \cdots + a_{rn}x_n$ folgt dann $x_s = (1/a_{rs})\,[-a_{r1}x_1 - a_{r2}x_2 - \cdots + y_r - \cdots - a_{rn}x_n]$. Durch Einsetzen dieses Wertes für x_s ändern sich alle Koeffizienten der Tabelle. Die der s-ten Spalte, d. h. die von y_r, lauten dann a_{1s}/a_{rs}, a_{2s}/a_{rs}, $\ldots$, a_{ms}/a_{rs}. Für die restlichen b_{ij} mit $i \neq r$ und $j \neq s$ gilt $b_{ij} = a_{ij} - a_{is} \cdot a_{rj}/a_{rs}$.

Die Tabelle hat dann die Form:

	x_1	x_2	…	y_r	…	x_n	
y_1	b_{11}	b_{12}	…	$+a_{1s}/a_{rs}$	…	b_{1n}	1
y_2	b_{21}	b_{22}	…	$+a_{2s}/a_{rs}$	…	b_{2n}	2
⋮							
x_s	$-a_{r1}/a_{rs}$	$-a_{r2}/a_{rs}$	…	$+1/a_{rs}$	…	$-a_{rn}/a_{rs}$	r
⋮							
y_m	b_{m1}	b_{m2}	…	$+a_{ms}/a_{rs}$	…	b_{mn}	m
	1	2		s		n	

Auf diese Weise versucht man, möglichst jedes x_s gegen ein y_r auszutauschen. Dieses Verfahren bricht ab, wenn jeder Koeffizient an der Kreuzung der Zeile eines noch nicht ausgetauschten y_j mit der Spalte eines verbliebenen x_i Null ist. Die ausgetauschten x_s sind dann Linearkombinationen in den ausgetauschten y_r und in den nicht ausgetauschten Variablen x_i. Diese x_i sind durch keine weiteren Bedingungen gebunden und können als freie Parameter beliebig gewählt werden. Die nicht ausgetauschten y_j sind dann Linearkombinationen allein der ausgetauschten Variablen y_r. Genügen die für y_j vorgeschriebenen Werte diesen Bedingungen nicht, hat das Gleichungssystem keine Lösungen.

Bricht das Verfahren nicht ab, so daß alle x_s durch Variable y_r ausgetauscht werden können, so sind nach der Endtabelle die x_s eindeutige Funktionen der ausgetauschten y_r. Noch vorhandene, nicht ausgetauschte y_j sind dann eindeutige Linearkombinationen in den y_r. Genügen die vorgeschriebenen Werte der y_j diesen Bedingungen nicht, treten Widersprüche auf, so hat das Gleichungssystem keine Lösungen.

Sind für $m = n$ alle x_s durch die y_r austauschbar, so gibt die Endtabelle die inverse Matrix $\boldsymbol{A}^{-1}$ zur Matrix $\boldsymbol{A}$ der ursprünglichen Tabelle wieder.

Beispiele. 1: Zu dem nebenstehenden Gleichungssystem ergeben sich durch Jordan-Elimination Tabellen, in denen jeweils der Koeffizient $a_{rs} \neq 0$ eingeklammert ist, aus dessen Zeile sich der nächste Eliminationsschritt ergibt. Die Eliminationsgleichung steht im roten Kästchen unter der Tabelle.

$$x_1 + x_2 - x_3 = y_1 = 2$$
$$x_1 - x_2 + x_3 = y_2 = 4$$
$$x_1 - x_2 - x_3 = y_3 = 8$$

	x_1	x_2	x_3
y_1	(1)	1	−1
y_2	1	−1	1
y_3	1	−1	−1

$x_1 = y_1 - x_2 + x_3$

→

	y_1	x_2	x_3
x_1	1	−1	1
y_2	1	−2	(2)
y_3	1	−2	0

$x_3 = -{}^1/_2 y_1 + x_2 + {}^1/_2 y_2$

→

	y_1	x_2	y_2
x_1	$^1/_2$	0	$^1/_2$
x_3	$-^1/_2$	1	$^1/_2$
y_3	1	(−2)	0

$x_2 = {}^1/_2 y_1 - {}^1/_2 y_3$

→

	y_1	y_3	y_2
x_1	$^1/_2$	0	$^1/_2$
x_3	0	$-^1/_2$	$^1/_2$
x_2	$^1/_2$	$-^1/_2$	0

Dieses Gleichungssystem ist eindeutig lösbar. Durch Einsetzen ergibt sich $x_1 = 3$, $x_2 = -3$, $x_3 = -2$.

2: Für das nebenstehende Gleichungssystem erhält man entsprechend

$$x_1 + x_2 - x_3 = y_1 = 2$$
$$x_1 - x_2 + x_3 = y_2 = 4$$
$$3x_1 - x_2 + x_3 = y_3 = 8$$

	x_1	x_2	x_3
y_1	1	1	−1
y_2	1	−1	1
y_3	3	−1	(1)

$x_3 = -3x_1 + x_2 + y_3$

→

	x_1	x_2	y_3
y_1	(4)	0	−1
y_2	−2	0	1
x_3	−3	1	1

$x_1 = {}^1/_4 y_1 + {}^1/_4 y_3$

→

	y_1	x_2	y_3
x_1	$^1/_4$	0	$^1/_4$
y_2	$-^1/_2$	(0)	$^1/_2$
x_3	$-^3/_4$	1	$^1/_4$

Der fehlende Austausch der Variablen x_2 ist nicht möglich, da der eingeklammerte Koeffizient Null ist. Seine Zeile gibt die Lösungsbedingung $y_2 = {}^1/_2(y_3 - y_1)$. Sie ist für die gegebenen Zahlenwerte nicht erfüllt, das Gleichungssystem ist nicht lösbar. Wäre gegeben $y_1 = 2$, $y_2 = 3$, $y_3 = 8$, so würde $y_2 = {}^1/_2(y_3 - y_1)$ erfüllt sein und zu der Lösung führen $x_1 = 2{,}5$, $x_3 = 0{,}5 + x_2$, in der x_2 frei wählbar ist.

Zu einer anderen Form des Jordan-Austauschproblems führt das veränderte lineare Gleichungssystem $y_i = 0 = \sum_{j=1}^{n} a_{ij}x_j - b_i$. Die Ausgangstabelle hat eine zusätzliche Spalte für die b_i. Da nach jeder Elimination von x_s durch y_r die Koeffizienten der s-ten Spalte $y_r = 0$ zum Faktor haben, kann diese Spalte weggelassen werden.

	x_1	x_2	...	x_n	$-b_i$	
y_1	a_{11}	a_{12}	...	a_{1n}	$-b_1$	1
y_2	a_{21}	a_{22}	...	a_{2n}	$-b_2$	2
$\vdots$						r
y_m	a_{m1}	a_{m2}	...	a_{mn}	$-b_m$	m
	1	2	s	n	$n+1$	

Beispiel 3: Für das nebenstehende System erhält man:

$$\begin{aligned} x_1 + x_2 - x_3 - 2 &= y_1 = 0\\ x_1 - x_2 + x_3 - 4 &= y_2 = 0\\ x_1 - x_2 - x_3 - 8 &= y_3 = 0 \end{aligned}$$

	x_1	x_2	x_3	1
y_1	(1)	1	-1	-2
y_2	1	-1	1	-4
y_3	1	-1	-1	-8

$x_1 = y_1 - x_2 + x_3 + 2$

→

	x_2	x_3	1
x_1	-1	1	2
y_2	-2	(2)	-2
y_3	-2	0	-6

$x_3 = x_2 + {}^1/_2 y_2 + 1$

→

	x_2	1
x_1	0	3
x_3	1	1
y_3	(-2)	-6

$x_2 = -{}^1/_2 y_3 - 3$

→

	1
x_1	3
x_2	-2
x_3	-3

Danach ist die Lösung $x_1 = 3$, $x_2 = -3$, $x_3 = -2$.

Gaußsches Eliminationsverfahren. Das Wesen der Gaußelimination besteht darin, das Gleichungssystem $Ax = b$ mit der (n, n)-Matrix A und den n-dimensionalen Vektoren $x = (x_1, \ldots, x_n)$ der Unbekannten bzw. $b = (b_1, \ldots, b_n)$ der rechten Seiten in ein einfach zu lösendes, äquivalentes System $Rx = c$ mit einer oberen Dreiecksmatrix R zu überführen. Diese Transformation wird als *Vorwärtsrechnung* bezeichnet. In der *Rückwärtsrechnung* werden aus dem System $Rx = c$ die Unbekannten x_i ermittelt.
Im ersten Schritt der Vorwärtsrechnung wird die erste Gleichung beibehalten und durch Addition des $(-l_{i1})$-fachen zur i-ten Gleichung wird die Variable x_1 aus der 2. bis n.-Gleichung eliminiert. Dazu ist $l_{i1} = a_{i1}/a_{11}$ $(i = 2, \ldots, n)$ zu setzen. Im zweiten Schritt wird die erste Gleichung weggelassen und die beschriebene Prozedur bezüglich der Variablen x_2 wiederholt. Nach n-1 Schritten der Vorwärtsrechnung ist die Dreiecksform $Rx = c$ des Systems erreicht. Das Verfahren ist für die Handrechnung übersichtlich in Tabellenform durchführbar. Für das obige Beispiel 1 erhält man

x_1	x_2	x_3	b_i
1	1	-1	2
1	-1	1	4
1	-1	-1	8

➧

x_1	x_2	x_3	b_i
1	1	-1	2
	-2	2	2
	-2	0	6

➧

x_1	x_2	x_3	b_i
1	1	-1	2
	-2	2	2
		-2	4

wobei nacheinander die Eliminationsfaktoren $l_{21} = 1$, $l_{31} = 1$, $l_{32} = 1$ verwendet wurden. Das letzte Tableau entspricht dem Gleichungssystem

$$\begin{aligned} x_1 + x_2 - x_3 &= 2\\ -2x_2 + 2x_3 &= 2\\ -2x_3 &= 4. \end{aligned}$$

Durch Rückwärtsauflösung erhält man aus der 3. Gleichung $x_3 = -2$ und durch Einsetzen in die 2. Gleichung kann $x_2 = -3$ berechnet werden. Schließlich folgt aus der 1. Gleichung $x_1 = 3$.
Alle Schritte der Gauß-Elimination sind ohne Schwierigkeiten programmierbar. Um zu einen stabilen Algorithmus zu kommen, müssen allerdings Zusätze erfolgen. Die obige Strategie funktioniert z. B. nicht, wenn im ersten Schritt das Pivotelement $a_{11} = 0$ ist, da die Eliminationsfaktoren l_{ij} nicht definiert sind. Im Fall, daß a_{11} im Betrag sehr viel kleiner als die anderen Elemente der ersten Spalte ist, werden entsprechende Eliminationsfaktoren l_{ij} sehr groß und es kann zu hoher Rundungsfehlerverstärkung kommen. Analoges gilt, wenn dies im j-ten Eliminationsschritt bezüglich a_{jj} eintritt. Diese Instabilität kann beseitigt werden, indem vor dem j-ten Eliminationsschritt in der j-ten Spalte der zu bearbeitenden Restmatrix zunächst das betragsgrößte Element gesucht wird (Spaltenpivotisierung) und die j-te Zeile mit der dem betragsgrößten Element entsprechenden Zeile vertauscht

wird. Die Elimination wird dann wie oben beschrieben durchgeführt. Wird kein Spaltenpivot gefunden, dessen Betrag größer als ein vorgegebenes Vielfaches der Maschinengenauigkeit eps_M ist, so muß die Matrix A als singulär angesehen werden und das Gleichungssystem als nicht eindeutig lösbar. Modifizierte Pivotisierungen beinhalten weitere Stabilisierungseffekte.
Werden die Eliminationsschritte in Matrixform beschrieben, so liefert die Vorwärtsrechnung eine Faktorisierung der Ausgangsmatrix A in der Form $PA = LR$, die auch als *LR-Faktorisierung* von A bezeichnet wird. Dabei ist P eine Permutationsmatrix der Zeilenvertauschungen infolge Pivotisierung, R ist die erhaltene obere Dreiecksmatrix und L ist eine untere Dreiecksmatrix mit den Eliminationsfaktoren l_{ij} im unteren Dreieck und $l_{ii} = 1$ in der Hauptdiagonale. Da im obigen Beispiel keine Zeilenvertauschungen vorgenommen wurden, ist $P = E$ die Einheitsmatrix und die Matrix A besitzt die *direkte LR-Faktorisierung*

$$A = LR = \begin{pmatrix} 1 & 0 & 0 \\ 1 & 1 & 0 \\ 1 & 1 & 1 \end{pmatrix} \cdot \begin{pmatrix} 1 & 1 & -1 \\ 0 & -2 & 2 \\ 0 & 0 & -2 \end{pmatrix}.$$

Kennt man die Faktorisierung $PA = LR$, so kann das System $Ax = b$ in folgender Weise gelöst werden:
(a) Bestimme die Lösung y des Systems $Ly = Pb$ mit unterer Dreiecksmatrix L;
(b) Bestimme die Lösung x des Systems $Rx = y$ mit oberer Dreiecksmatrix R.
Beide Dreieckssysteme erfordern zur Lösung nur einen geringen Aufwand im Vergleich zur Berechnung der LR-Faktorisierung. Der Aufwand hierfür beträgt ca. $n^3/3$ Operationen wobei eine Addition und eine Multiplikation jeweils als eine Operation gezählt werden.
Die LR-Faktorisierung liefert gleichzeitig eine Methode zur Berechnung der Determinante einer quadratischen Matrix A. Aufgrund der Beziehung $PA = LR$ bzw. $A = P^T LR$ und $\det(L) = 1$ erhält man

$$\det(A) = (-1)^p \det(R) = (-1)^p \, r_{11} r_{22} \, r_{nn},$$

wobei $p = \det(P)$ die Anzahl der Zeilenvertauschungen zählt
Für Systeme mit symmetrischer, positiv definiter Matrix A können symmetrische Formen der LR-Faktorisierung entwickelt werden, die etwa die Hälfte des Aufwandes der LR-Zerlegung erfordern. Die Stabilität ist infolge der positiven Definitheit auch ohne Pivotisierung gesichert. Die Verfahren sind als *Cholesky-Faktorisierungen* bekannt und werden häufig zur Lösung von linearen Ausgleichsproblemen auf der Basis der Normalgleichungen eingesetzt.
Die Überführung des Systems $Ax = b$ in ein äquivalentes System $Rx = c$ mit oberer Dreiecksmatrix R kann auch auf der Grundlage von Orthogonaltransformationen erfolgen, wobei die Matrix A in der Form $A = QR$ dargestellt wird mit einer Orthogonalmatrix Q. Diese Zerlegung wird als *QR-Faktorisierung* von A bezeichnet und besitzt Vorteile vor allem bezüglich der numerischen Stabilität, der Aufwand zu ihrer Berechnung ist gegenüber der LR-Zerlegung etwa doppelt so hoch. Die QR-Faktorisierung wird in vielen modernen Verfahren verwendet, sie kann auf der Grundlage von *Householder-Transformationen* bzw. *Givens-Rotationen* realisiert werden. Mit Hilfe der QR-Zerlegung können lineare Ausgleichsprobleme numerisch stabil gelöst werden, ohne die Normalgleichungen zu verwenden (vgl. Kap. 28.2.).

Iterationsverfahren zur Lösung linearer Gleichungssysteme. Jordan-Elimination und Gauß-Elimination werden als direkte Lösungsverfahren für lineare Gleichungssysteme bezeichnet. Der numerische Aufwand liegt bei vollbesetzter Matrix in der Größenordnung von n^3 Operationen, wobei n die Anzahl der Variablen und Gleichungen bezeichnet. Für Systeme mit mehreren tausend oder mehr Variablen, wie sie typischerweise bei der numerischen Lösung von Differentialgleichungsproblemen auftreten, übersteigt das u. U. die Leistungsfähigkeit moderner Arbeitsplatzrechner. Um solche Systeme behandeln zu können, wurden iterative Verfahren entwickelt, bei denen in jeder Iteration nur eine Multiplikation des Typs Matrix * Vektor auftritt, d. h. die Anzahl der Operationen liegt in der Größenordnung von n^2. Außerdem ist auf diesem Weg eine schwach besetzte Struktur der Matrix A (d. h. die Zahl der Elemente von A, die ungleich Null sind, beträgt häufig nur wenige Prozent der Gesamtzahl der Matrixelemente) einfacher auszunutzen.
Das System $Ax = b$ kann durch die Zerlegung der Matrix A in der Form $A = N - T$, wobei die Matrix N regulär sein soll und möglichst einfache Struktur besitzen soll in die äquivalente Gleichung $Nx = Tx + b$ bzw. in die *Fixpunkt-Form*

$$x = \Phi(x) = N^{-1} Tx + N^{-1} b = Bx + c$$

überführt werden. Ist ein Startvektor $x^0 = (x_1^0, \ldots, x_n^0)$ für die Lösung gegeben, so kann die *Fixpunkt-Iteration* durchgeführt werden: $x^{k+1} := \Phi(x^k) = Bx^k + c \; (k = 0, 1, \ldots)$.
Die Iteration konvergiert, wenn $B = N^{-1} T$ eine konvergente Matrix ist, d. h. der Betrag jedes Eigenwertes von B ist kleiner als 1 (zum Begriff des Eigenwertes vgl. 17.6.). Diese Bedingung ist erfüllt wenn z. B. $\max_j \sum_{i=1}^{n} |b_{ij}| < 1$ (Spaltensummennorm von B) oder $\max_i \sum_{j=1}^{n} |b_{ij}| < 1$ (Zeilensummennorm).

Spezielle Iterationsverfahren:

(a) Iteration in Gesamtschritten oder Jacobi-Verfahren. Es wird $N = D = diag\,(a_{11}, \ldots, a_{nn})$ gleich der Diagonalmatrix aus den Hauptdiagonalelementen von A gesetzt und $T = D - A$. Man erhält die Iteration

$$x_i^{k+1} = \frac{1}{a_{ii}}\left(b_i - \sum_{j=1,\, j\neq i}^{n} a_{ij}x_j^k\right)(i = 1, \ldots, n).$$

Die Konvergenzbedingung für die Spaltensummennorm ist erfüllt, wenn gilt $|a_{ii}| > \sum_{i=1,\, i\neq j}^{n} |a_{ij}|$, d.h. wenn A eine diagonal dominante Matrix ist, analoges gilt für die Zeilensummennorm.

Beispiel 1: Zur Lösung nach dem Iterationsverfahren werden die Gleichungen des gegebenen Systems in eine iterationsfähige Form gebracht:

$$\begin{aligned} 10x_1 - x_2 + x_3 &= 10 \\ x_1 + 5x_2 + x_3 &= 5 \\ x_1 - x_2 + 10x_3 &= 10 \end{aligned} \quad \longrightarrow \quad \begin{aligned} x_1^k &= 0{,}1x_2^{k-1} - 0{,}1x_3^{k-1} + 1 \\ x_2^k &= -0{,}2x_1^{k-1} - 0{,}2x_3^{k-1} + 1 \\ x_3^k &= -0{,}1x_1^{k-1} + 0{,}1x_2^{k-1} + 1 \end{aligned}$$

Zu der Anfangsnäherung $x_1^0 = 1$, $x_2^0 = 1$, $x_3^0 = 1$ erhält man dann die Zuwüchse

$$\begin{pmatrix} 0 \\ -0{,}4 \\ 0 \end{pmatrix} \begin{pmatrix} -0{,}04 \\ 0 \\ -0{,}04 \end{pmatrix} \begin{pmatrix} 0{,}004 \\ 0{,}016 \\ 0{,}004 \end{pmatrix} \begin{pmatrix} 0{,}0012 \\ -0{,}0016 \\ 0{,}0012 \end{pmatrix} \quad \begin{matrix} x_1 \\ x_2 \\ x_3 \end{matrix}$$

und durch Addition zu den Anfangsnäherungen die Näherungslösung nach vier Iterationsschritten $x_1^4 = 0{,}9652$, $x_2^4 = 0{,}6144$, $x_3^4 = 0{,}9652$.

(b) Iterationsverfahren in Einzelschritten oder Gauss-Seidel-Verfahren. Es wird $N = D + L$ gesetzt, wobei L eine untere Dreiecksmatrix ist, welche die unter der Hauptdiagonale stehenden Elemente von A enthält. Für T gilt dann $T = -R$ und R enthält die oberhalb der Hauptdiagonale stehenden Elemente von A. Man erhält die Iteration

$$x_i^{k+1} = \frac{1}{a_{ii}}\left(b_i - \sum_{j=1}^{i-1} a_{ij}x_j^{k+1} - \sum_{j=i+1}^{n} a_{ij}x_j^k\right)(i = 1, \ldots, n).$$

Hinreichend für Konvergenz ist wieder die diagonale Dominanz von A.

(c) SOR-Verfahren (Sequential Over-Relaxation). Die Konvergenz des Iterationsverfahrens kann häufig durch zusätzliche Parameter gesteuert werden, hier wird ein Relaxationsparameter ω eingeführt und die Matrix A in folgender Form zerlegt:

$$A = L + D + R = N - T \quad \text{mit} \quad N = \frac{1}{\omega}D + L,\ T = \frac{1}{\omega}\,[(1-\omega)D - \omega R].$$

Die Iteration besitzt die komponentenweise Realisierung

$$x_i^{k+1} = \frac{\omega}{a_{ii}}\left[b_i - \sum_{j=1}^{i-1} a_{ij}x_j^{k+1} - \sum_{j=i+1}^{n} a_{ij}x_j^k + \frac{1-\omega}{\omega}a_{ii}x_i^k\right].$$

In vielen Fällen erhält man bei geeigneter Wahl von ω aus dem Intervall $(0, 2)$ Konvergenz, auch wenn die gewöhnliche Iteration nicht konvergiert. Für symmetrische, positiv definite Matrix A konvergiert das SOR-Verfahren für jedes $\omega \in (0, 2)$. Die Konvergenz der Iterationsverfahren ist i.a. linear, d.h. es gilt für jedes k die Abschätzung

$$|x^{k+1} - x^+| \leqslant q|x^k - x^+| \quad mit \quad o < q < 1,$$

d.h. der Abstand des Vektors x^{k+1} von der Lösung x^+ des Systems wird in einer Iteration um den Faktor q verkürzt. Die Konvergenz ist umso schneller, je näher die *lineare Konvergenzrate* q bei Null liegt. Mit Hilfe des Relaxationsparameters ω kann q geeignet beeinflußt werden.

Moderne Iterationsverfahren (z.B. Mehrgitterverfahren zur numerischen Lösung von partiellen Differentialgleichungen) nutzen eine subtile Wahl des Relaxationsparameters ω. Dabei werden hochfrequente Fehleranteile auf einem feinen Gitter der Diskretisierung durch Relaxation geglättet. Ein lineares Gleichungssystem wird nur auf einem groben Gitter gelöst. Bei symmetrischen Matrizen kann die Iteration durch *Vorkonditionierung* der Matrix beschleunigt werden.

Eigenwertprobleme von Matrizen

Faßt man das lineare Gleichungssystem $\sum_{j=1}^{n} a_{ij}y_j = x_i$ für $i = 1, 2, \ldots, n$ auf als Beschreibung eines linearen Systems mit den Variablen y_j als Eingangs- und den x_i als Ausgangsgrößen, dessen Ursache-

Wirkungszusammenhang durch die Matrix $A = (a_{ij})$ gegeben ist, so bedeutet die Existenz eines Eigenwertes l nach den Gleichungen $\sum_{j=1}^{n} a_{ij}x_j = lx_i$, daß ein *Eigenvektor* $(x_1, x_2, \ldots, x_n)$ als Belegung der Eingangsvariablen bis auf den Proportionalitätsfaktor l ungeändert bleibt (vgl. Kap. 17.6.). Die *Eigenwertgleichung* $\sum_{j=1}^{n} a_{ij}x_j = lx_i$ ist ein homogenes lineares System, das von Null verschiedene Lösungen hat, wenn die Determinante der Matrix $\boldsymbol{A} - l\boldsymbol{E}$, in der $\boldsymbol{E}$ die Einheitsmatrix ist, den Wert Null hat:

$$\det|\boldsymbol{A} - l\boldsymbol{E}| = \begin{vmatrix} a_{11} - l & a_{12} & \cdots & a_{1n} \\ a_{21} & a_{22} - l & \cdots & a_{2n} \\ \vdots & & & \vdots \\ a_{n1} & \cdots & \cdots & a_{nn} - l \end{vmatrix} = 0.$$

Diese *charakteristische Gleichung* ist ein Polynom n-ten Grades zur Bestimmung der Eigenwerte. Zu jedem Eigenwert l erhält man dann aus der Eigenwertgleichung den zugehörigen Eigenvektor.
Mit Eigenvektoren kann man Systeme entkoppeln, d. h. erreichen, daß jede Ausgangsgröße nur noch von einer Eingangsgröße abhängt. Danach lassen sich in schwingungsfähigen mechanischen Systemen *Normalschwingungen* einführen. In der *Kreiseltheorie* benutzt man drei Achsen, die in Richtung von drei unabhängigen Eigenvektoren der Matrix der Trägheitsmomente gelegt sind, um eine einfache Form der dynamischen Gleichungen zu erhalten. Die *Wellenparametertheorie* elektrischer *n-Pole* bzw. *Vierpole* beruht auf einer Darstellung der zu $\boldsymbol{A} = (a_{ij})$ gehörenden linearen Abbildung allein mit Hilfe der Eigenwerte und Eigenvektoren.

Berechnung von Eigenwerten. Die Berechnung der Eigenwerte einer Matrix A durch die Bestimmung des charakteristischen Polynoms $P_n(l)$ und Lösung der charakteristischen Gleichung ist nur bei kleiner Dimension der Matrix sinnvoll. Für Dimensionen größer als 10 werden die Polynomkoeffizienten durch Rundungsfehler so verfälscht, daß die Berechnung der Eigenwerte hochgradig instabil werden kann. In modernen Algorithmen werden zur Berechnung von Eigenwerten (EW) und Eigenvektoren (EV) iterative Methoden verwendet, wobei im wesentlichen zwei Gruppen von Verfahren Verwendung finden: Verfahren zur Bestimmung einzelner EW und EV und Verfahren zur Berechnung aller EW und EV.

Vektoriteration oder von Mises-Verfahren. Das Verfahren ist einsetzbar zur Bestimmung des betragsgrößten EW einer Matrix A und des zugehörigen normierten EV. Es wird vorausgesetzt, daß die Matrix nicht defektiv ist, d. h. die (n,n)-Matrix A besitzt ein System von n linear unabhängigen normierten EV $u^1, u^2, \ldots, u^n$. Der Startvektor x^0 der Iteration kann dann als Linearkombination der u^i dargestellt werden: $x^0 = c_1u^1 + \ldots + c_nu^n$. Wegen $Au^i = l_iu^i$ folgt für die durch $x^k := Ax^{k-1}$ $(k = 1, 2, \ldots)$ erzeugte Vektorfolge

$$x^k = Ax^{k-1} = l_1^k\left[c_1u^1 + c_2\left(\frac{l_2}{l_1}\right)^k u^2 + \ldots + c_n\left(\frac{l_n}{l_1}\right)^k u^n\right],$$

wobei l_1 der betragsgrößte Eigenwert ist. Für $k \to \infty$ streben somit die Faktoren $(l_i/l_1)^k$ gegen Null $(i = 2, \ldots, n)$ und x^k/l_1^k strebt gegen c_1u^1, d. h. x^k nähert sich der Richtung von u^1. Normierung der iterierten Vektoren verhindert ein unbeschränktes Wachstum des Betrages von x^k im Fall $|l_1| > 1$ bzw. eine Reduktion auf Null für $|l_1| < 1$. Mit x^0 sind für $w^k = Ax^k$ auch die Vektoren $x^{k+1} = w^k/|x^k|$ normiert. Näherungen der Eigenwerte erhält man mit Hilfe des *Rayleigh-Quotienten*

$$\varrho_k := \frac{x^{kT}Ax^k}{x^{kT}x^k}$$

der wegen der Normierung die Form $\varrho_k = x^{kT}w^k$ besitzt.

Beispiel 2: Für die Matrix $A = \begin{pmatrix} 1 & -1 & 0 \\ 0 & 2 & 1 \\ 0 & 1 & 1 \end{pmatrix}$ erhält man für den Startvektor $x^0 = 1/\sqrt{3}\,(1, 1, 1)$ die folgende Tabelle

$k=$	0	1	2	3	4	5
x_1	0.5774	0	−0.3030	−0.4069	−0.4435	−0.4571
x_2	0.5774	0.8321	0.8081	0.7767	0.7623	0.7566
x_3	0.5774	0.5547	0.5051	0.4808	0.4712	0.4676
ϱ_k		1.667	2.6154	2.7143	2.6662	2.6378

Aus der Matrix A und der charakteristischen Gleichung ergeben sich die wirklichen Eigenwerte:

$$A = \begin{pmatrix} 1 & -1 & 0 \\ 0 & 2 & 1 \\ 0 & 1 & 1 \end{pmatrix} \longrightarrow \begin{vmatrix} 1-l & -1 & 0 \\ 0 & 2-l & 1 \\ 0 & 1 & 1-l \end{vmatrix} = (1-l)^2(2-l) - (1-l) = 0$$

mit $(1-l) = 0$ oder $l_1 = 1$ und $l^2 - 3l + 2 = 1$ oder $l_2 = (3 + \sqrt{5})/2 \approx 2{,}6180$ und $l_3 = (3 - \sqrt{5})/2 \approx 0{,}3820$.

Inverse Iteration nach Wieland. Soll der zu einer bekannten Näherung μ nächstliegende Eigenwert l_i berechnet werden, so ist $(l_i - \mu)^{-1}$ der betragsgrößte Eigenwert der Matrix $B = (A - \mu E)^{-1}$ und die Iteration $x^k = Bx^{k-1}$ entspricht der Vektoriteration für B. Die Berechnung der inversen Matrix wird dadurch umgangen, daß in jeder Iteration ein lineares Gleichungssystem $(A - \mu E)\, w = x^{k-1}$ für w gelöst wird und $x^k = w/|w|$ gesetzt wird. Die Näherung μ für den EW kann mittels Rayleigh-Quotient $\varrho_k = x^{kT} A x^k$ wieder verbessert werden.

Verfahren zur Bestimmung aller EW und EV. Ein klassisches Verfahren zur Bestimmung aller Eigenwerte einer symmetrischen Matrix ist das *Jacobi-Verfahren*. Es beruht auf der Idee, iterativ die Summe der Quadrate aller Nichtdiagonalelemente der Matrix zu verkleinern und so die Matrix auf Diagonalform zu überführen mit den Eigenwerten in der Hauptdiagonale. Die Verwendung von Pivotisierung sichert, daß eine möglichst große Reduktion der Nichtdiagonalelemente erfolgt. Durch Mittransformation der Einheitsmatrix werden die Eigenvektoren gewonnen.

Moderne Algorithmen beruhen auf dem *QR-Verfahren*, welches beginnend mit $A_0 = A$ eine Matrizenfolge $\{A_k\}$ erzeugt, die gegen eine obere Dreiecksmatrix R konvergiert mit den Eigenwerten in der Hauptdiagonale. Dabei wird fortlaufend die QR-Zerlegung der Matrix A_k gebildet und die neue Iterationsmatrix $A_{k+1} = R_k Q_k$ entsteht durch Multiplikation der Zerlegungsmatrizen in umgekehrter Reihenfolge. Alle Matrizen sind aufgrund der Konstruktion ähnlich, d. h. sie besitzen die gleichen EW. Zur effektiven Realisierung des Verfahrens werden symmetrische Matrizen zunächst auf Tridiagonalform transformiert, nichtsymmetrische Matrizen auf obere Hessenberg-Form; diese Form bleibt in jeder Iteration erhalten. Eine Spektrumsverschiebung ähnlich wie bei der inversen Iteration kann die Konvergenz erheblich beschleunigen.

Systeme linearer Ungleichungen

In Anwendungen mathematischer Methoden in Ökonomie und Planung sind n-Tupel $(x_1, x_2, \ldots, x_n)$ aus Systemen von Ungleichungen $y_i = -\sum_{j=1}^{n} a_{ij}x_j + b_i \geqslant 0$ für $i = 1, 2, \ldots, m$ zu bestimmen (vgl. Kap. 30.1. – Simplexverfahren). Faßt man die n-Tupel als Punkte eines n-dimensionalen Raumes auf, so legt jede der m Ungleichungen einen Halbraum fest, der durch eine Hyperebene $-\sum_{j=1}^{n} a_{ij}x_j + b_i = 0$ berandet wird. Für $m \leqslant n$ schneiden sich die Hyperebenen in Unterräumen mit mindestens einer Dimension $n - m$. Für den praktisch wichtigen Fall $m > n$ enthält die Schnittfigur Punkte, die *Eckpunkte* des Durchschnitts der Halbräume sind. Dieser Durchschnitt ist das gesuchte Lösungsgebiet der gegebenen Ungleichungen. Es ist ein n-dimensionales konvexes Polyeder; mit zwei Punkten aus ihm oder auf seinem Rand gehören alle Punkte ihrer Verbindungsstrecke zu ihm. Ein endliches Polyeder, das keinen unendlich fernen Punkt mit erfaßt, ist durch seine Eckpunkte vollständig bestimmt.

Unter den Voraussetzungen, daß $m > n$ und daß die Koeffizientenmatrix (a_{ij}) den *Rang n* hat, kann nach einem Algorithmus entschieden werden, ob es n-Tupel gibt, die das Ungleichungssystem lösen, und falls dies zutrifft, zu Eckpunkten des Lösungsgebiets führen.

Von der in Tabellenform zusammengestellten *Eingangsinformation* darf nach Voraussetzung angenommen werden, daß die ersten n Zeilen der Koeffizienten a_{ij} linear unabhängig sind. Durch Jordan-Elimination kann dann jede Variable x_i gegen Variable y_j ausgetauscht werden. Man erhält eine *Standardform* des Ungleichungssystems aus n Gleichungen und eine Tabelle, in der die Variablen y_i für $i = 1, 2, \ldots, n$ mit $y_i \geqslant 0$ so zu bestimmen sind, daß auch für $i = n+1, \ldots, m$ gilt $y_i \geqslant 0$. Aus den n Gleichungen ergibt sich dann das n-Tupel für den gesuchten Eckpunkt.

	$-x_1$	$-x_2 \ldots$	$-x_n$	1
y_1	a_{11}	a_{12}	a_{1n}	b_1
y_2	a_{21}	a_{22}	a_{2n}	b_2
$\vdots$				
y_m	a_{m1}	a_{m2}	a_{mn}	b_m

Eingangsinformation

$$x_1 = -b_{11}y_1 - b_{12}y_2 - \cdots - b_{1n}y_n + b'_1$$
$$x_2 = -b_{21}y_1 - b_{22}y_2 - \cdots - b_{2n}y_n + b'_2$$
$$\cdots$$
$$x_n = -b_{n1}y_1 - b_{n2}y_2 - \cdots - b_{nn}y_n + b'_n$$

	$-y_1$	$-y_2$	$\ldots$	$-y_n$	1
y_{n+1}	$b_{n+1,1}$	$b_{n+1,2}$	$\ldots$	$b_{n+1,n}$	b'_{n+1}
y_{n+2}	$b_{n+2,1}$	$b_{n+2,2}$	$\ldots$	$b_{n+2,n}$	b'_{n+2}
$\vdots$	$\vdots$	$\vdots$			
y_r	b_{r1}	b_{r2}	$\ldots$	b_{rn}	b'_r
$\vdots$	$\vdots$	$\vdots$			
y_m	b_{m1}	b_{m2}	$\ldots$	b_{mn}	b'_m

Gilt in der Tabelle $b'_i \geqslant 0$, so führt der Punkt $y_i = 0$ für $i = 1, 2, \ldots, n$ zu einer Lösung.
Ist eine der Zahlen b'_i negativ, z. B. $b'_r < 0$, so genügt der Punkt $y_i = 0$ für $i = 1, 2, \ldots, n$ der r-ten Ungleichung nicht wegen $y_r = b'_r < 0$. Gilt außerdem für jeden Koeffizienten dieser Zeile $b_{rj} \geqslant 0$ für $j = 1, 2, \ldots, n$, so gibt es keinen Punkt $y_i \geqslant 0$ für $i = 1, 2, \ldots, n$, der dieser Ungleichung genügt. Das gegebene System hat dann keine Lösung.
Gibt es aber für $b'_r < 0$ in der r-ten Zeile einen Koeffizienten $b_{rs} < 0$, so bildet man mit den Koeffizienten der s-ten Spalte die Quotienten b'_i/b_{is} für $i = n + 1, \ldots, m$. Sind außer b'_r/b_{rs} noch andere dieser Quotienten nicht negativ, so wählt man den kleinsten. Ergibt er sich in der i_0-ten Zeile, so wählt man b_{i_0s} als Austauschelement für einen Jordan-Schritt, der die Variable y_{i_0} mit y_s vertauscht. Dabei ergibt sich aus der Gleichung $y_{i_0} = -\sum_{j \neq s} b_{i_0j}y_j - b_{i_0s}y_s + b'_{i_0}$ der Wert $y_s = \left(-\sum_{j \neq s} b_{i_0j}y_j - y_{i_0}\right)/b_{i_0s} + b'_{i_0}/b_{i_0s}$. Das Absolutglied b'_{i_0}/b_{i_0s} ist nicht negativ. Ist $i_0 = r$, so ist durch den Jordan-Schritt erreicht, daß alle Absolutglieder der neuen Spalte 1 nicht negativ sind und ein Eckpunkt gefunden wurde.
Ist aber $i_0 \neq r$, so sind die Absolutglieder in den anderen Zeilen $i \neq i_0$ abzuschätzen. Für sie gilt nach dem Jordan-Schritt $-b_{is} \cdot b'_{i_0}/b_{i_0s} + b'_i = b_{is}(b'_i/b_{is} - b'_{i_0}/b_{i_0s})$. Für Zeilen i mit $b'_i/b_{is} > b'_{i_0}/b_{i_0s} \geqslant 0$ wird im Fall $b_{is} < 0$ eine Verbesserung erzielt, weil dieses negative Absolutglied nach dem Jordan-Schritt einen kleineren Betrag hat. Ein positives Absolutglied $b'_i > 0$ bleibt positiv. Für Zeilen i mit $b'_i/b_{is} < 0$ ist im Fall $b_{is} < 0$ das Absolutglied b'_i positiv und bleibt positiv; im Fall $b_{is} > 0$ war allerdings b'_i negativ, bleibt negativ, und sein Betrag vergrößert sich sogar.
Man kann beweisen, daß für die Fälle $b'_i/b_{is} \geqslant 0$ aber $b_{is} < 0$, für $b'_i/b_{is} < 0$ aber $b_{is} > 0$ und für andere Sonderfälle wie $b'_{i_0}/b_{i_0s} = 0$ nach endlich vielen Austauschschritten eine Tabelle mit nur positiven Absolutgliedern entsteht, die zu einem Eckpunkt $(x_1, x_2, \ldots, x_n)$ des Lösungsgebiets führt.

Beispiel: Gesucht sei ein Eckpunkt des Lösungsgebiets der Ungleichungen

$$y_1 = -x_1 + 2x_2 - 3x_3 - 2 \geqslant 0, \qquad y_2 = 4x_1 - x_2 + 4x_3 - 5 \geqslant 0,$$
$$y_3 = -3x_1 + x_2 - 4x_3 + 3 \geqslant 0, \qquad x_1 \geqslant 0, \quad x_2 \geqslant 0, \quad x_3 \geqslant 0.$$

Dieses Ungleichungssystem hat bereits Standardform. Man erhält nach obigem Algorithmus der Reihe nach die Tabellen

	$-x_1$	$-x_2$	$-x_3$	1
y_1	1	−2	3	−2
y_2	−4	1	−4	−5
y_3	3	−1	4	3

	$-x_1$	$-x_2$	$-y_3$	1
y_1	−5/4	−5/4	−3/4	−17/4
y_2	−1	0	1	−2
x_3	3/4	−1/4	1/4	3/4

	$-x_3$	$-x_2$	$-y_3$	1
y_1	20/12	−20/12	−4/12	−3
y_2	4/3	−1/3	4/3	−1
x_1	4/3	−1/3	1/3	1

	$-x_3$	$-y_1$	$-y_3$	1
x_2	−1	12/20	4/20	36/20
y_2	1	−4/20	84/60	−8/20
x_1	1	−4/20	24/60	32/20

	$-x_3$	$-y_2$	$-y_3$	1
x_2	−4	−3	−4	3
y_1	−5	−5	−7	2
x_1	0	−1	−1	2

Eckpunkt ist danach $(x_1, x_2, x_3) = (2, 3, 0)$ und Schnitt von $y_2 = 0 = y_3$.

29.3. Numerische Verfahren für Probleme der Differential- und Integralrechnung

Numerische Integration

Ziel der numerischen Integration ist die näherungsweise Berechnung des bestimmten Integrals $I = \int_a^b f(x)\,dx$. Unbestimmte Integrale werden dagegen wie Anfangswertprobleme von Differentialgleichungen behandelt.

Quadraturformel	$\int_a^b f(x)\,dx \approx \sum_{i=0}^{n} A_i f_i$

Numerische Integrationsregeln oder Quadraturformeln verwenden Funktionswerte $f_i = f(x_i)$ an $(n+1)$ Stützstellen $x_0, \ldots, x_n$ und entsprechende Gewichte $A_0, \ldots, A_n$ der Funktionswerte.

Stützstellen x_i und Gewichte A_i werden so gewählt, daß vorgegebene Genauigkeitsforderungen erfüllt sind, die in der Regel daran geknüpft sind, daß Polynome bis zu einem gewissen Grad k exakt integriert werden (Quadraturformel der Ordnung k). Da maximal $2n+2$ Größen (x_i, A_i) frei wählbar sind, können Polynome höchstens bis zum Grad $k = 2n+1$ exakt integriert werden. Das ist der Fall bei den Formeln der Gauss-Integration.
Eine nichtpolynomiale Funktion, die $(k+1)$-mal differenzierbar ist, wird in $[a,b]$ durch ihr Taylorpolynom k-ter Ordnung $P_k(x)$ approximiert, so daß eine Schranke des Integrationsfehlers durch die Abschätzung von $\left|\int_a^b (f(x) - P_k(x))\,dx\right|$ bestimmt werden kann. Für Funktionen, die nicht $(k+1)$-mal differenzierbar sind, ist es somit nicht sinnvoll eine Formel der Ordnung k zu verwenden. Um trotzdem für derartige Funktionen Integrale mit entsprechend hoher Genauigkeit berechnen zu können, sollte zunächst das Intervall $[a,b]$ in N Teilstücke der Länge $H = (b-a)/N$ zerlegt werden und auf jedes Teilintervall eine Integrationsregel eventuell niedriger Ordnung angewendet werden, das ist auch für große Integrationsintervalle sinnvoll. Die entsprechenden Formeln werden als *summierte Integrationsregeln* bezeichnet.
In Abhängigkeit von der zu erreichenden Genauigkeit kann die Schrittweite auch adaptiv angepaßt werden. Für uneigentliche Integrale finden sogenannte *offene Formeln* Anwendung, bei denen die Funktionswerte in den Randpunkten a und b nicht in die Integralsumme eingehen.

Interpolationsquadraturformeln erhält man, wenn die zu integrierende Funktion im Integrationsintervall $[a, b]$ durch ein Lagrangesches Interpolationspolynom n-ten Grades mit den Stützstellen $x_i = a + ih$, $i = 0, 1, 2, \ldots, n$, ersetzt wird. Bei der Güteforderung, daß die Quadraturformel für jedes Polynom n-ten Grades exakt sein soll, erhält man das Modell

$$\int_a^b f(x)\,dx \approx \sum_{i=1}^{n} A_i f(a_i + ih) \quad \text{mit} \quad A_i = \frac{b-a}{n} \cdot \frac{(-1)^{n-i}}{i!\,(n-i)!} \int_0^n \frac{t^{[n+1]}}{t-i}\,dt,$$

wenn $t^{[n+1]} = t(t-1)(t-2)\cdots(t-n)$ gesetzt wird. Ist $n = 2m - 1 - d$ mit $d = 0$ für ungerade n und $d = 1$ für gerade n, so beträgt der Fehler des Modells $R_n = -M_n(b-a)^{2m+1} f^{(2m)}(\xi)$ mit $a < \xi < b$ und

$M_1 \approx 8{,}333 \cdot 10^{-2}$, $M_2 \approx 3{,}472 \cdot 10^{-4}$, $M_3 \approx 1{,}543 \cdot 10^{-4}$, $M_4 \approx 5{,}167 \cdot 10^{-7}$,
$M_5 \approx 2{,}910 \cdot 10^{-7}$, $M_6 \approx 6{,}379 \cdot 10^{-10}$, $M_7 \approx 3{,}912 \cdot 10^{-10}$, $M_8 \approx 5{,}133 \cdot 10^{-13}$.

Oft werden die Trapezregel und die Simpson-Regel benutzt.

Gauss-Quadraturformeln. Bisher wurden die Stützstellen x_i vorgegeben und die Gewichte A_i so bestimmt, daß die Formel für Polynome möglichst hohen Grades exakt ist. Wegen der $n+1$ Freiheitsgrade gelang es Polynome bis zum Höchstgrad n exakt zu integrieren. Werden die Stützstellen nicht mehr vorgegeben, so liegen $2n+2$ Freiheitsgrade vor und es können Polynome bis zum Höchstgrad $2n+1$ exakt integriert werden. In Abhängigkeit von der Quadraturformel werden die Stützstellen x_i als Nullstellen von Orthogonalpolynomen zunächst für das Integrationsintervall $[-1,1]$ bestimmt und können zusammen mit den Gewichten tabelliert werden. Die Übertragung der Stützstellen $t_i \in [-1,1]$ auf Intervalle $[a,b]$ erfolgt mittels der Transformation $x_i = (b+a)/2 + t_i^*(b-a)/2$. Bei gleicher Anzahl von Funktionswertberechnungen besitzen die Ergebnisse der Gauss-Quadraturformeln die höchste Genauigkeit.

Beispiel 1: Die Gauss-Legendre Regel

$$\int_{-1}^{1} f(x)\,dx \approx A_0 f(x_0) + A_1 f(x_1) \quad \text{mit} \quad A_0 = A_1 = 1 \quad \text{und} \quad -x_0 = x_1 = \sqrt{1/3}$$

ist exakt für Polynome vom Grad 3, während die vom Aufwand vergleichbare Trapezregel nur für Polynome vom Grad 1 exakt ist.

($n=1$) Trapezformel. $\int_a^b f(x)\,\mathrm{d}x = \frac{1}{2}(b-a)[f(a)+f(b)] - \frac{1}{12}f''(\xi)(b-a)^3$

Trapezsumme oder summierte Trapezformel. $h=(b-a)/N$

$$\int_a^b f(x)\,\mathrm{d}x = \frac{b-a}{N}[1/2\,f(a)+f(a+h)+f(a+2h)+\ldots+f(b-h)+1/2\,f(b)]+\frac{(b-a)^3}{12N^2}f''(\xi).$$

($n=2$) Keplersche Faßregel.

$$\int_a^b f(x)\,\mathrm{d}x = \frac{b-a}{6}\left[f(a)+4f\left(\frac{a+b}{2}\right)+f(b)\right]-\frac{1}{90}\left[\frac{b-a}{2}\right]^5 f^{(4)}(\xi)$$

Simpson-Regel oder summierte Faßregel. $h=(b-a)/2N$

$$\int_a^b f(x)\,\mathrm{d}x = \frac{b-a}{6N}[f(a)+f(b)+2(f(a+2h)+f(a+4h)+\ldots+f(b-2h))+$$
$$+\,4(f(a+h)+f(a+3h)+\ldots+f(b-h))]-\frac{(b-a)^5}{2880N^4}f^{(4)}(\xi)$$

Romberg-Integration. Aufgrund der Entwicklung des Fehlerterms der Trapezsumme nach Potenzen von h^2 ist es möglich, aus zwei Trapezsummen $T(h)$ und $T(h/2)$ zur Schrittweite h bzw. $h/2$ eine Formel

$$I = [4T(h/2) - T(h)]/3 + b_1h^4 + b_2h^6 + \ldots$$

zu konstruieren, in der nur noch Fehlerterme der Ordnung h^4 und höher auftreten. Dieses Verfahren wird als Romberg-Integration oder Extrapolation bezeichnet und kann auch mit mehr als zwei Trapezsummen als Startwerte durchgeführt werden. Seine wiederholte Anwendung liefert für Integranden, die genügend oft differenzierbar sind, Integralnäherungen mit hoher Genauigkeit.

Numerische Differentiation

Bei der numerischen Differentiation berechnet man Näherungen für Ableitungen mit Hilfe von Funktionswerten der Funktion $f(x)$. Die entstehenden Ausdrücke werden als *finite Differenzen* bezeichnet. Sind in einer Umgebung der Stelle x_0, an der $f'(x)$ gebildet werden soll, $(n+1)$ Stützstellen (x_i, f_i) gegeben, so kann $f(x)$ durch ein Interpolationspolynom $P_n(x)$ vom Grad n interpoliert werden und man verwendet das Modell $f'(x_0) \approx P_n'(x_0)$ für die Ableitung.
Bei linearer Interpolation zwischen den Stützstellen x_0, x_0+h erhält man $f'(x_0) \approx (f(x_0+h) - f(x_0))/h$, d.h. den *vorwärtsgenommenen Differenzenquotienten.* Bei Interpolation über x_0-h, x_0+h folgt $f'(x_0) \approx (f(x_0+h) - f(x_0-h))/2h$. Diese Näherung wird als *zentraler Differenzenquotient* bezeichnet.
Über die Taylor-Entwicklung $f(x_0+h) = f(x_0) + f'(x_0)\,h + f''(x_0)\,h^2/2! + \cdots + f^{(n)}(x_0)\,h^n/n! + \cdots = e^{h\,\mathrm{d}/\mathrm{d}x}f(x_0)$ der Funktion $f(x)$ um die Stelle x_0 erhält man folgendes universell anwendbare Modell des *Differentiationsoperators*

$$\frac{\mathrm{d}}{\mathrm{d}x} \approx (1/h)\ln(1+h\Delta) = (1/h)\,[(h\Delta) - (1/2)\,(h\Delta)^2 + (1/3)\,(h\Delta)^3 - (1/4)\,(h\Delta)^4 \pm \cdots].$$

Hierbei ist Δ der Differenzenoperator mit $\Delta f(x) = (f(x+h) - f(x))/h$. Der Abbruch dieser Reihe mit der n-ten Potenz des Operators Δh ergibt ein Modell, das für Polynome bis zum n-ten Grad einschließlich exakte Werte der Ableitung liefert; denn es erweist sich als identisch mit dem Modell, das man durch die Ersetzung $f'(x_0) \approx P_n'(x_0)$ erhält.

Beispiel 2: Für $P(x) = a_0 + a_1x + a_2x^2$ ist $(h\Delta)\,P(x) = P(x+h) - P(x) = a_1h + a_2(2xh + h^2)$ und $(h\Delta)^2 = a_1h + a_2[2(x+h)\,h + h^2] - a_1h - a_2(2xh + h^2) = 2a_2h^2$. Danach ergibt der Differentiationsoperator $(1/h)\,[(h\Delta) - (1/2)\,(h\Delta)^2]\,P(x) = a_1 + 2a_2x + a_2h - a_2h = a_1 + 2a_2x$.

Für höhere Ableitungen können auf ähnliche Weise Differenzenapproximationen konstruiert werden.
Bedingt durch die endliche Schrittweite h entsteht bei der Ersetzung von Ableitungen durch finite Differenzen ein *Diskretisierungsfehler*, dessen Größenordnung Auskunft über die Güte der Differenzennäherung gibt und als *Fehlerordnung der Differenzenapproximation* bezeichnet wird. Sie entspricht der niedrigsten h-Potenz des Fehlerterms in der Taylorentwicklung des Differenzenquotienten. So besitzt der vorwärtsgenommene Differenzenquotient einen Fehlerterm mit der Potenz h^1, d.h. die Fehlerordnung ist 1, während der zentrale Differenzenquotient die Fehlerordnung 2 besitzt. Bei kleinem h ist somit der Diskretisierungsfehler umso kleiner, je höher die Fehlerordnung der Approximation ist. Aufgrund der Struktur des Differenzenquotienten treten bei kleiner werdendem

h jedoch immer stärkere Auslöschungsfehler im Zähler auf. Diskretisierungsfehler und Rundungsfehler haben somit für abnehmendes h gegenläufige Tendenz, es gibt eine optimale Schrittweite für die der Gesamtfehler der Approximation minimal ist. Bezeichnet M_i das Maximum der i-ten Ableitung von $f(x)$ im Bereich der Stützstellen und ist *eps* die Genauigkeit der Funktionswertberechnung, so sind die optimalen Schrittweiten für den vorwärtsgenommenen bzw. den zentralen Differenzenquotienten durch

$$h = 2 \cdot \sqrt{\frac{eps}{M_2}} \quad \text{bzw.} \quad h = \sqrt[3]{\frac{3eps}{M_3}}$$

gegeben.

Numerische Lösung von Anfangswertproblemen gewöhnlicher Differentialgleichungen

Viele Probleme der Praxis erfordern, eine Differentialgleichung $y' = f(x, y)$ mit einer stetigen Funktion $f(x, y)$ von einem Anfangswert $y(a) = y_0$ aus in Richtung wachsender x-Werte über das Intervall $[a, b]$ oder ein System derartiger Differentialgleichungen zu integrieren. Man spricht von einem *Anfangswertproblem* für die gegebene Differentialgleichung. Ist die rechte Seite $f(x, y)$ der Differentialgleichung *Lipschitz-stetig bezüglich* y (dies ist z. B. erfüllt, wenn $f(x, y)$ über $[a, b]$ stetig differenzierbar bezüglich y ist), so ist die Lösung des Anfangswertproblems eindeutig. Für viele numerische Lösungsverfahren wird das Anfangswertproblem in die äquivalente Integralgleichung $y(x) = y_0 + \int_a^x f(t, y(t))\,dt$ überführt und man bestimmt für $x_i = a + ih$ näherungsweise die Werte $y(x_i)$.

Euler-Verfahren. Das einfachste numerische Schema zur Gewinnung von Näherungen y_i für die Funktionswerte $y(x_i)$ ist das Euler-Verfahren. Aus der Taylor-Entwicklung der Lösungsfunktion $y(x)$ im Punkt $x = x_i$ folgt

$$y(x) = y(x_i) + (x - x_i)y'(x_i) + (1/2)(x - x_i)^2\, y''(\xi) \quad \text{mit} \quad \xi \in (x_i, x).$$

Für $x = x_i + h$ folgt wegen $y'(x_i) = f(x_i, y(x_i))$ unter Vernachlässigung des Terms 2. Ordnung $y(x_{i+1}) \approx y(x_i) + hf(x_i, y(x_i))$, d. h. man erhält die Verfahrensvorschrift

Euler-Verfahren	$y_0 = y(a)$ $y_{i+1} = y_i + hf(x_i, y_i) \quad i = 0, 1, 2, \ldots, N$

Da die Berechnung von y_{i+1} auf die von y_i zurückgreift, wird das Verfahren als *Einschrittverfahren* bezeichnet. Die Größe

$$L(x, h) = [y(x + h) - y(x)]/h - f(x, y(x)),$$

welche die Abweichung des Differenzenquotienten von der rechten Seite der Differentialgleichung mißt, bezeichnet man als *lokalen Diskretisierungsfehler*. Ein Verfahren heißt *konsistent*, wenn gilt $L(x, h) \to 0$ *für* $h \to 0$. Mittels Taylorentwicklung von $y(x + h)$ kann man für das Eulerverfahren nachweisen, daß $|L(x, h)| \leq 0.5\, hM_2$ gilt, wobei M_2 eine Schranke für die 2. Ableitung $y''(x)$ *in* $[a, b]$ ist. Die h-Ordnung, mit der $|L(x, h)|$ gegen Null strebt für $h \to 0$, heißt *Konsistenzordnung eines Verfahrens*. Das Euler-Verfahren besitzt somit die Konsistenzordnung 1. Die Konsistenzordnung charakterisiert ein Verfahren bezüglich der erreichbaren Genauigkeit, wobei diese umso größer ist, je höher die Konsistenzordnung ist. Neben dem lokalen Diskretisierungsfehler spielt der *globale Diskretisierungsfehler*

$$E(h) = \max \{|y_i - y(x_i)| / i = 1, \ldots, N\}$$

eine wichtige Rolle. Ein Verfahren heißt *konvergent*, wenn $E(h) \to 0$ *für* $h \to 0$ und die h-Ordnung, mit der $E(h)$ gegen Null strebt, wird als *Konvergenzordnung* bezeichnet. Für das Euler-Verfahren sind Konsistenzordnung und Konvergenzordnung 1. Ein Einschrittverfahren heißt *asymptotisch stabil*, wenn kleine Störungen des Verfahrens auch kleine Störungen der Näherungswerte zur Folge haben. Ein konsistentes Einschrittverfahren der Ordnung p, welches asymptotisch stabil ist, besitzt auch die Konvergenzordnung p.

Runge-Kutta-Verfahren. Runge-Kutta-Verfahren stellen Einschrittverfahren höherer Konsistenzordnung dar, wobei $y_{i+1} = y_i + k$ gilt und der Zuwachs k über mehrere Zwischenschritte berechnet wird:

$$k_0 = 0, k_j = hf\left(x_i + a_j h, y_i + \sum_{r=0}^{j-1} b_{jr} k_r\right) \quad \text{für} \quad j = 1, 2, \ldots, r \quad \text{und} \quad k = \sum_{j=1}^{r} g_j k_j.$$

Die in diesen Schritten enthaltenen Parameter a_j, b_{jr} und g_j werden aus den Güteforderungen des Verfahrens bestimmt.

Die Anzahl r der Zwischenschritte heißt *Stufe des Verfahrens*. Die Parameter sind i. a. nicht eindeutig bestimmt, so daß es eine Vielzahl von Runge-Kutta-Verfahren zur gleichen Stufe gibt, die sich in der Konsistenzordnung unterscheiden können.

Beispiele bewährter Runge-Kutta-Verfahren 4. Ordnung.

1: $\tilde{y}_{i+1} = y_i + {}^1/_6(k_1 + 2k_2 + 2k_3 + k_4)$ mit $k_1 = hf(x_i, y_i)$, $k_2 = hf(x_i + {}^1/_2h, y_i + {}^1/_2k_1)$,
$k_3 = hf(x_i + {}^1/_2h, y_i + {}^1/_2k_2)$, $k_4 = hf(x_i + h, y_i + k_3)$.

2: $\tilde{y}_{i+1} = y_i + {}^1/_3({}^1/_2k_1 + {}^3/_2k_2 + {}^1/_2k_3 + {}^1/_2k_4)$ mit
$k_1 = hf(x_i, y_j)$, $k_2 = hf(x_i + {}^1/_2h, y_i + {}^1/_2k_1)$,
$k_3 = hf(x_i + {}^1/_2h, y_i - {}^1/_2k_1 + k_2)$, $k_4 = hf(x_i + h, y_i + {}^1/_2k_2 + {}^1/_2k_3)$.

Eine feste Schrittweite h des Verfahrens ist häufig nicht sinnvoll, da die rechte Seite $f(x,y)$ und damit auch die Lösungsfunktion $y(x)$ Bereiche unterschiedlicher Variation besitzen. Bei starker Variation sollte eine kleine Schrittweite verwendet werden, während bei schwacher Variation eine große Schrittweite zum Erreichen einer vorgegebenen Genauigkeit ausreicht. Moderne Verfahren verwenden darum eine Schrittweitesteuerung, die auf der Schätzung des lokalen Diskretisierungsfehlers beruht. Eine solche Schätzung erhält man durch die Koppelung von 2 Verfahren unterschiedlicher Ordnung bzw. unterschiedlicher Stufe zur Berechnung von Näherungen für $y(x_{i+1})$. Durch die Koppelung von zwei entsprechenden Runge-Kutta-Verfahren erhält man die bekannten *Runge-Kutta-Fehlberg-Verfahren*.

Adams-Verfahren. Neben den Einschrittverfahren sind *Mehrschrittverfahren (MSV)* in Gebrauch, bei denen zur Berechnung von y_{i+1} nicht nur auf y_i, sondern auch auf $y_{i-1}, \ldots, y_{i-m}$ zurückgegriffen wird. Eine wichtige Klasse von MSV sind die Verfahren vom Adams-Typ. In der Integralbeziehung

$$y(x_{i+1}) = y(x_i) + \int_{x_i}^{x_i+h} f(x, y(x))\,\mathrm{d}x$$

ersetzt man die Funktion $f(x, y(x))$ durch ein Interpolationspolynom $P(x)$ vom Grad m, welches die Interpolationsbedingungen $P(x_k) = f(x_k, y_k) = f_k$ $(k = i, i-1, \ldots, i-m)$ erfüllt, und integriert $P(x)$ exakt. Damit erhält man die Adams-Bashforth-Verfahren der Konsistenzordnung $m+1$

$$y_{i+1} := y_i + h \sum_{k=0}^{m} f_{i-k} b_k \quad mit \quad b_k = \int_0^1 \prod_{l=0,\, l \neq k}^{m} \frac{u+l}{l-k}\,\mathrm{d}u\,.$$

Für $m=0$ ergibt sich das Euler-Verfahren, für $m=1$ folgt das Adams-Bashforth-Verfahren der Ordnung 2

$$y_{i+1} = y_i + (3/2\, f_i - 1/2\, f_{i-1})\,.$$

Bei der Verwendung von MSV werden zum Start des Verfahrens bereits die Werte $f_0, f_1, \ldots, f_m$ benötigt, so daß neben y_0 auch $y_1, \ldots, y_m$ bekannt sein müssen. Ein MSV benötigt somit eine *Anlaufrechnung* in der diese Werte z. B. mit Hilfe eines Einschrittverfahrens bestimmt werden. Der Vorteil der MSV besteht darin, daß in jedem Schritt nur eine Funktionswertberechnung von $f(x,y)$ auftritt im Gegensatz zu den Einschrittverfahren höherer Konsistenzordnung, die mehrere Berechnungen von f benötigen.

Die bisher betrachteten *expliziten Methoden*, bei denen y_{i+1} direkt berechnet werden kann, sind nicht für alle Klassen von Problemen geeignet. Numerische Schwierigkeiten entstehen bei der Integration von *steifen Differentialgleichungen*.

Diese Differentialgleichungen sind dadurch charakterisiert, daß Lösungskomponenten auftreten, die sich nur langsam verändern und solche, die hochfrequent sind und nach einem Einschwingen rasch auf Null abklingen. Explizite Verfahren orientieren die Schrittweite an den hochfrequenten Komponenten, so daß mit sehr kleinen Schritten gearbeitet wird, obwohl die hochfrequente Lösung schon so abgeklungen ist, daß sie keinen wesentlichen Einfluß mehr besitzt. Für die Integration steifer Differentialgleichungen sind *implizite Methoden* geeignet, dabei kann mit größeren Schrittweiten gearbeitet werden, den Näherungswert y_{i+1} erhält man dann i.a. nur iterativ über eine nichtlineare Gleichung. Einen Prototyp stellt das implizite Euler-Verfahren dar, bei dem y_{i+1} aus der Gleichung $y_{i+1} = y_i + hf(x_{i+1}, y_{i+1})$ zu bestimmen ist. Wichtige Vertreter impliziter Verfahren sind die BDF-Verfahren (backward differentiation formulae).

29.4. Nichtlineare Gleichungen und Gleichungssysteme

Im Gegensatz zu linearen Gleichungen bzw. Gleichungssystemen, bei denen man die Lösung direkt berechnen kann, ist man bei nichtlinearen Gleichungen $f(x) = 0$ auf iterative Näherungsverfahren angewiesen, die von einem Startpunkt x_0 eine Folge $\{x_k\}$ erzeugen, welche gegen einen Lösungspunkt x^* mit $f(x^*) = 0$ konvergieren soll. Neben der Konstruktion geeigneter Näherungsverfahren ist deren Konvergenz und die Bewertung der Konvergenzgeschwindigkeit von zentraler Bedeutung.

Nullstellenbestimmung nichtlinearer Gleichungen

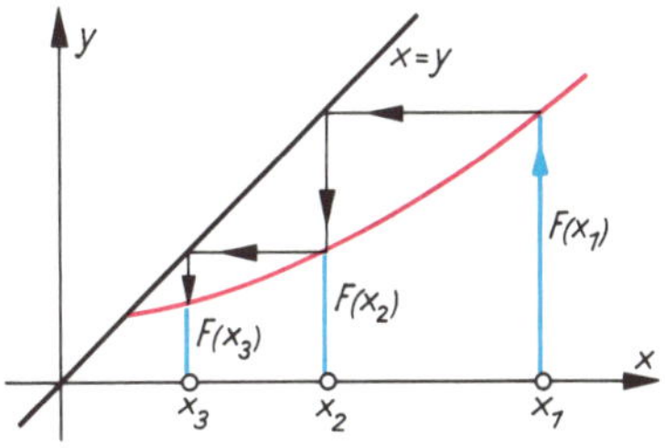

29.4-1 Iterationsansatz $x_{i+1} = F(x_i)$

Iterationsverfahren und Fixpunktmethode. Die Idee der Fixpunkt-Methode besteht darin, die Nullstellenform $f(x) = 0$ äquivalent in eine Fixpunktform $x = F(x)$ umzuformen und beginnend mit einem gegebenen Startpunkt x_0 eine Iteration $x_{i+1} = F(x_i)$ $(i = 0, 1, \ldots)$ durchzuführen (Abb. 29.4-1). Jeder Punkt x^* mit $x^* = F(x^*)$ heißt *Fixpunkt* von $F(x)$ und entspricht einer Nullstelle von $f(x)$. Konvergenz der Fixpunktiteration liegt vor, wenn der Abstand $|x_{i+1} - x_i| = |F(x_i) - F(x_{i-1})|$ zweier aufeinanderfolgender Iterierter gegenüber dem Abstand $|x_i - x_{i-1}|$ abnimmt und für $i \to \infty$ gegen Null strebt. Nach dem Mittelwertsatz gilt $|F(x_i) - F(x_{i-1})| = |F'(\xi)(x_i - x_{i-1})| \leqslant q|x_i - x_{i-1}|$, wenn $|F'(\xi)| \leqslant q$ ist. Eine Reduktion des Abstandes $|x_{i+1} - x_i|$ gegenüber $|x_i - x_{i-1}|$ kann nur für $0 \leqslant q < 1$ eintreten. Allgemein nennt man eine Abbildung F *kontrahierend* auf dem Intervall $[a, b]$, wenn gilt $|F(x) - F(y)| \leqslant L|x - y|$ für $0 \leqslant L < 1$. F ist somit auf $[a, b]$ kontrahierend, wenn $|F'(x)| \leqslant q < 1$ für $x \in [a, b]$ gilt.

Ist F eine auf $[a, b]$ kontrahierende Abbildung mit der Konstanten $q = L$, die das Intervall $[a, b]$ wieder auf $[a, b]$ abbildet, so gilt bezüglich der Fixpunktiteration die Konvergenzaussage des *Banachschen Fixpunktsatzes:*

(a) Es gibt genau einen Fixpunkt x^* in $[a, b]$;
(b) für jeden Startpunkt $x_0 \in [a, b]$ konvergiert die Fixpunktiteration gegen x^* und es gelten die Abschätzungen

$$|x_{i+1} - x_i| \leqslant L|x_i - x_{i-1}| \quad \textit{sowie} \quad |x_i - x^*| \leqslant \frac{L^i}{1 - L}|x_1 - x_0|.$$

Diese Relationen verdeutlichen die Bedeutung der Konstanten L: In jeder Iteration wird der Abstand aufeinanderfolgender Iterierter um den Faktor L verkürzt. Die Konvergenz ist umso schneller je kleiner L ist. Eine graphische Darstellung macht den Unterschied zwischen Divergenz und Konvergenz der Iterationsmethode deutlich (Abb. 29.4-2 und 29.4-3).

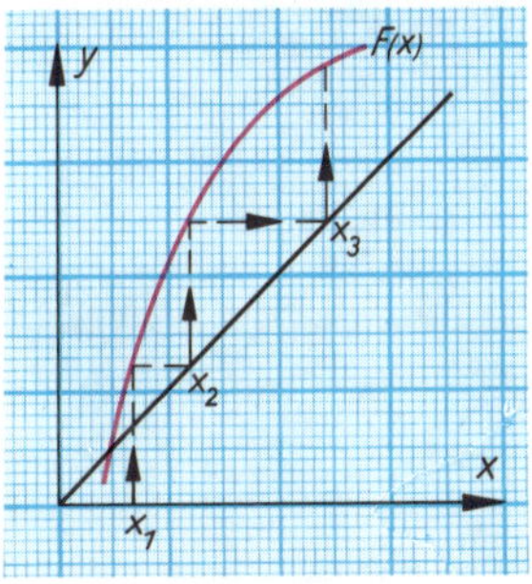

29.4-2 Graphische Darstellung einer divergenten Iteration

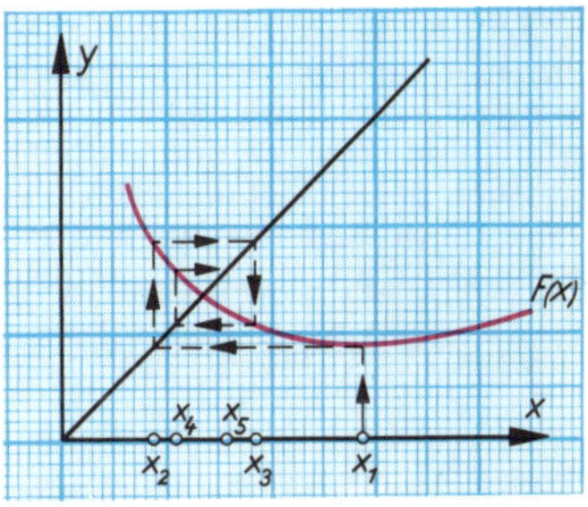

29.4-3 Graphische Darstellung einer konvergenten Iteration

Die Konvergenzgeschwindigkeit der Iteration kann durch die *lokale Konvergenzordnung p* näher charakterisiert werden. Eine Iterationsfolge $\{x_i\} \to x^*$ heißt konvergent von der Konvergenzordnung p und der asymptotischen Fehlerkonstanten c, wenn gilt $|x_{i+1} - x^*| \leqslant c|x_i - x^*|^p$. Im Fall der *linearen Konvergenz* $(p = 1)$ ist zusätzlich $c < 1$ zu fordern, c heißt die *lineare Konvergenzrate*. Der Fall $p = 2$ wird als quadratische Konvergenz und $p = 3$ als kubische Konvergenz bezeichnet. Die Zwischenstufe mit $p = 1$, bei der in der obigen Abschätzung $c = c_i$ noch vom Index i abhängig ist, und es gilt $c_i \to 0$, wird als überlineare Konvergenz bezeichnet. Eine konvergente Iteration besitzt in der Nähe der Lösung umso höhere Konvergenzgeschwindigkeit, je höher die lokale Konvergenzordnung ist.

Die Bedingungen des Banachschen Fixpunktsatzes sichern somit lineare Konvergenz mit der Konvergenzrate $c = L$. Ist die Iterationsfunktion $F(x)$ p-mal stetig differenzierbar und sind im Fixpunkt x^* die Ableitungen von F bis zur Ordnung (p-1) Null, so besitzt die Iteration mindestens die Konvergenzordnung p.

Beispiel 1: Die Quadratwurzel aus der Zahl a ergibt sich durch ein Iterationsverfahren zur Lösung der Gleichung $f(x) = x^2 - a = 0$. Verwendet man die Fixpunktiteration $x_{i+1} = F(x_i)$ mit der Iterationsfunktion $F(x) = 0.5\,(x + a/x)$ (zur Konstruktion vgl. Beispiel 3), so erhält man für $a = 2$ und den Startpunkt $x_0 = 1$ die Iterierten $x_1 = 1.5$, $x_2 = 1.4167$, $x_3 = 1.4142$. Die Folge wird nach wenigen Iterationen stationär mit dem Fixpunkt $x^* = \sqrt{2}$. Im Bereich der Iterationspunkte gilt $|F'(x)| < 1$, d. h. die Abbildung ist kontraktiv, die Konvergenz ist wegen $F'(x^*) = 0$ sogar quadratisch.

Regula falsi. Durch zwei verschiedene Stellen $y_1 = f(x_1)$ und $y_2 = f(x_2)$ legt man eine Gerade als Interpolationspolynom 1. Grades (Abb. 29.4-4). Aus $(x_2 - x) : (x_2 - x_1) = (y_2 - y) : (y_2 - y_1)$ ergibt sich $P_1(x) = y = [(x - x_2)/(x_1 - x_2)]\, y_1 + [(x - x_1)/(x_2 - x_1)]\, y_2$ mit der Nullstelle $\tilde{x}$ für $P_1(x) = 0$.

Regula falsi	$\tilde{x} = (y_1 x_2 - y_2 x_1)/(y_1 - y_2)$

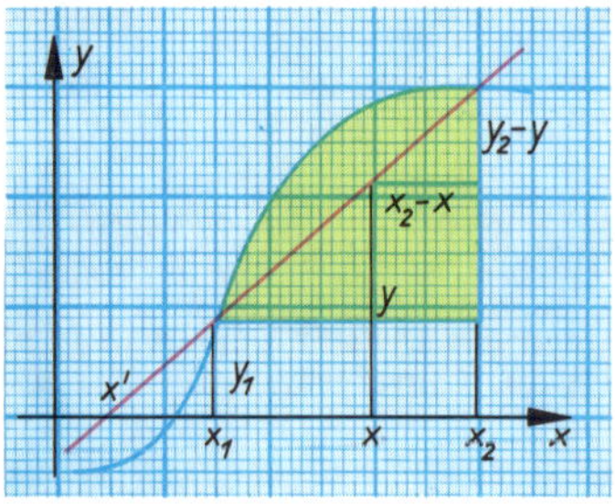

29.4-4
Zur Regula falsi

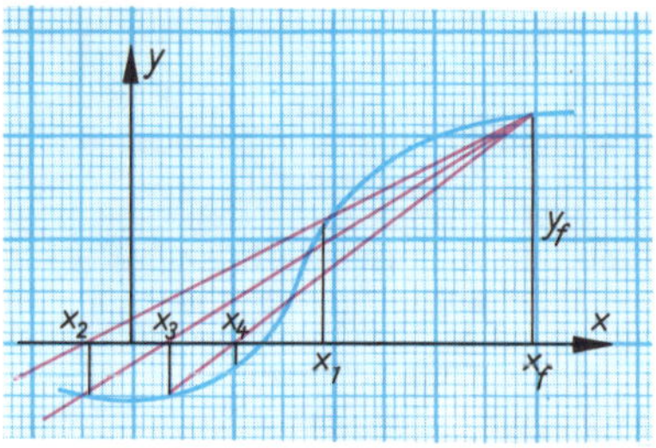

29.4-5 Regula falsi

Bestimmt man $y' = f(x')$ und vergleicht die Vorzeichen von $f(x_1)$, $f(x_2)$ und $f(x')$, so werden im folgenden Schritt x_1, x_2 so festgelegt, daß sich die Vorzeichen unterscheiden, und das Verfahren wird fortgesetzt. Es ergibt sich so der in Abb. 29.4-5 dargestellte Prozeß, in welchem einer der ursprünglichen Randpunkte fixiert bleibt und der andere gegen die Lösung konvergiert. Die Konvergenz ist überlinear.

Nach der *Sekantenmethode* bezeichnet man $x_1 \to x_{i-1}$, $y_1 \to y_{i-1}$, $x_2 \to x_i$, $y_2 \to y_i$ und $\tilde{x} \to x_{i+1}$ und erhält $x_{i+1} = (y_i x_{i-1} - y_{i-1} x_i)/(y_i - y_{i-1}) = [x_{i-1} f(x_i) - x_i f(x_{i-1})]/[f(x_i) - f(x_{i-1})]$. Dieser Prozeß (Abb. 29.4-6) konvergiert sehr rasch zu x^* mit $f(x^*) = 0$, falls folgende Bedingungen für $f(x)$ erfüllt sind: aus der unteren Schranke m_1 von $f'(x)$ und den oberen Schranken M_1 von $|f'(x)|$ und M_2 von $|f''(x)|$ berechnet man $K = M_2 M_1^2/(2m_1^3)$, und damit gilt $K|x^* - x_0| < 1$ und $K|x^* - x_1| < 1$.

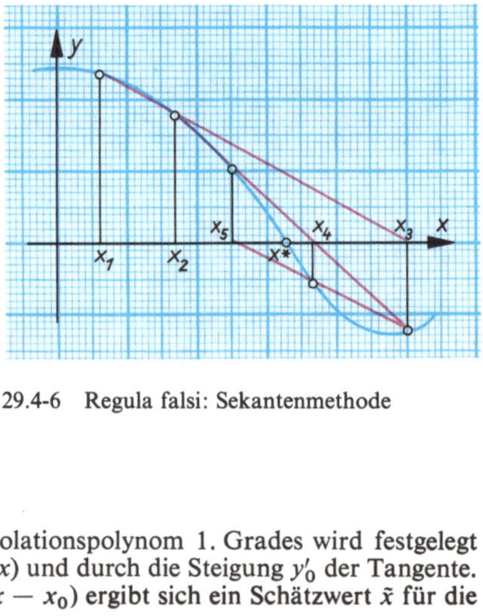

29.4-6 Regula falsi: Sekantenmethode

Beispiel 2: Für die Nullstelle $x^* = 2{,}094\,551\,481\,5423\ldots$ der Funktion $f(x) = x^3 - 2x - 5$ erhält man mit $x_j = 2$ und $x_1 = 3$ folgende Näherungen:

$x_2 = 2{,}058\,823\,5294$; $x_3 = 2{,}096\,558\,6362$;
$x_4 = 2{,}094\,440\,5193$; $x_5 = 2{,}094\,557\,6218$;
$x_6 = 2{,}094\,551\,1419$; $x_7 = 2{,}094\,551\,5006$.

Newton-Verfahren. Eine Gerade als Newtonsches Interpolationspolynom 1. Grades wird festgelegt durch einen Punkt $y_0 = f(x_0)$ vom Bild der Funktion $f(x)$ und durch die Steigung y_0' der Tangente. Aus der Gleichung der Tangente $y = P_1(x) = y_0 + y_0'(x - x_0)$ ergibt sich ein Schätzwert $\tilde{x}$ für die Nullstelle. Daraus lassen sich iterative Prozesse ableiten.

Behält man die Steigung y_0' der Geraden in allen Iterationen bei, so erhält man das *Parallelsehnen-Verfahren.* Mit den Bezeichnungen $x_0 \to x_i$, $y_0 \to y_i$, $x' \to x_{i+1}$ besitzt es die Iterationsvorschrift $x_{i+1} = x_i - f(x_i)/f'(x_0)$ (Abb. 29.4-7).

Aufgrund der Iterationsfunktion $F(x) = x - f(x)/f'(x_0)$ ist es linear konvergent in Umgebungen einer Lösung x^*, für die $f'(x)$ und $f'(x_0)$ gleiches Vorzeichen besitzen und $|f'(x)| < 2|f'(x_0)|$ gilt.

Beim *Newton-Verfahren* wird in jedem Punkt $(x_i, f(x_i))$ die Tangentensteigung $f'(x_i)$ neu berechnet, und man erhält die Iterationsvorschrift $x_{i+1} = x_i - f(x_i)/f'(x_i)$ (Abb. 29.4-8). Das Verfahren besitzt die Iterationsfunktion $F(x) = x - f(x)/f'(x)$, und für eine Nullstelle x^* mit $f'(x^*) \neq 0$ gilt $F'(x^*) = 0$, d. h. das Verfahren besitzt quadratische Konvergenzordnung für einfache Nullstellen. Mehrfache Nullstellen der Vielfachheit m sind dadurch charakterisiert, daß neben $f(x)$ auch Ableitungen bis zur Ordnung m-1 in x^* verschwinden. Für solche Nullstellen ist das Newton-Verfahren nur noch linear konvergent mit der Konvergenzrate $c = 1 - 1/m$.

Newton-Verfahren	$x_{i+1} = x_i - \dfrac{f(x_i)}{f'(x_i)} \quad i = 0, 1, \ldots$

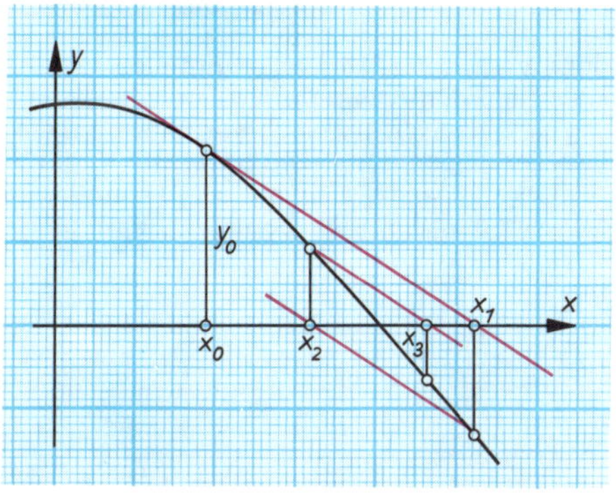

29.4-7 Parallelsehnen-Verfahren

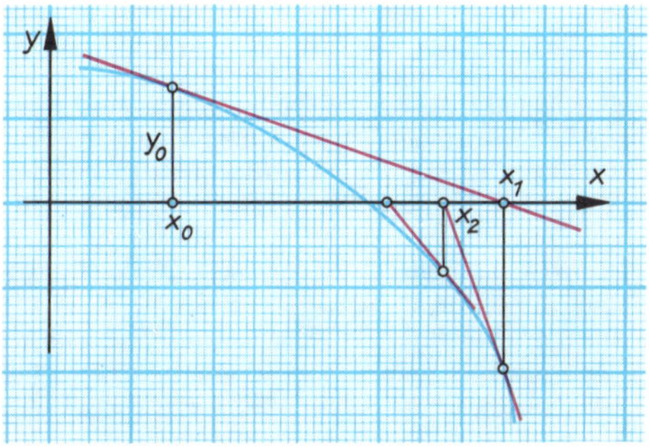

29.4-8 Newton-Verfahren

Beispiel 3: Die k-te Wurzel der Zahl a erhält man als Nullstelle der Funktion $f(x) = x^k - a$ durch die Iterationsgleichung $x_{i+1} = x_i - (x_i^k - a)/(kx_i^{k-1}) = x_i(1 - 1/k) + a/(kx_i^{k-1})$. Für die *Quadratwurzel* lautet sie $x_{i+1} = {}^1/_2(x_i + a/x_i)$.

Nichtlineare Gleichungssysteme

In Verallgemeinerung der Fixpunktiteration für $n = 1$ Variable kann ein System von 2 Gleichungen für 2 Unbekannte (allgemein: n Gleichungen für n Unbekannte) $f_1(x_1, x_2) = 0$, $f_2(x_1, x_2) = 0$ in Fixpunktform $x_1 = F_1(x_1, x_2)$, $x_2 = F_2(x_1, x_2)$ gebracht werden und die Iteration durchgeführt werden:

Fixpunktiteration	$x_1^{i+1} = F_1(x_1^i, x_2^i),\ x_2^{i+1} = F_2(x_1^i, x_2^i)$

bzw. in Vektorschreibweise $x^{i+1} := F(x^i)$. Ist die 2-dimensionale Abbildung F kontraktiv mit der Konstanten L und bildet sie jeden Punkt $x = (x_1, x_2)$ eines 2-dimensionalen Intervalls $[a, b] \times [d, e]$ auf einen Punkt dieses Intervalls ab, so gilt wieder die Aussage des Banachschen Fixpunktsatzes über die lineare Konvergenz der Fixpunktiteration, und L ist die lineare Konvergenzrate.
Ist die (2,2)-Matrix $\partial F/\partial x$ der ersten partiellen Ableitungen von F im Fixpunkt $x^* = (x_1^*, x_2^*)$ die Nullmatrix, so ist das Verfahren mindestens quadratisch konvergent.
Die Gleichungen der Tangentialebenen im Iterationspunkt $x^i = (x_1^i, x_2^i)$ lauten dann

$$z = f_1(x_1^i, x_2^i) + \frac{\partial f_1(x_1^i, x_2^i)}{\partial x_1}(x_1 - x_1^i) + \frac{\partial f_1(x_1^i, x_2^i)}{\partial x_2}(x_2 - x_2^i),$$

$$z = f_2(x_1^i, x_2^i) + \frac{\partial f_2(x_1^i, x_2^i)}{\partial x_1}(x_1 - x_1^i) + \frac{\partial f_2(x_1^i, x_2^i)}{\partial x_2}(x_2 - x_2^i).$$

Setzt man $z = 0$, so entsteht ein lineares Gleichungssystem mit 2 Gleichungen für die 2 Unbekannten x_1, x_2, welche die Koordinaten des folgenden Iterationspunktes $x^{i+1} = (x_1^{i+1}, x_2^{i+1})$ bilden.
Mit der Bezeichnung $J(x) = \begin{pmatrix} \partial f_1/\partial x_1 & \partial f_1/\partial x_2 \\ \partial f_2/\partial x_1 & \partial f_2/\partial x_2 \end{pmatrix}$ für die *Jacobi-Matrix*, $f(x) = (f_1(x), f_2(x))^T$ für den Vektor der Funktionen sowie $\Delta x = (x_1 - x_1^i,\ x_2 - x_2^i)^T$ für den Vektor des Zuwachses erhält man das lineare Gleichungssystem $J(x^i)\ \Delta x = -f(x^i)$. Ist die Lösung Δx des Systems bestimmt, so erhält man den folgenden Iterationspunkt nach der Vorschrift $x^{i+1} = x^i + \Delta x$.

Newton-Verfahren für Systeme	$J(x^i)\ \Delta x = -f(x^i).$ $x^{i+1} = x^i + \Delta x.$

Formal kann das Newton-Verfahren für Systeme in der Form $x^{i+1} = x^i - (J(x^i))^{-1} f(x^i)$ mit Hilfe der inversen Jacobi-Matrix geschrieben werden. Diese Formulierung ist eher als kompakte Schreibweise anzusehen, denn als praktische Realisierung, da die Berechnung von Δx über die Lösung des linearen Gleichungssystems weniger aufwendig und numerisch stabiler ist als über die Berechnung der inversen Matrix. Die Lösung der Gleichungssysteme kann stabil mit Hilfe der *LR*-Zerlegung bzw. der *QR*-Zerlegung der Matrix erfolgen. Wie das eindimensionale Newton-Verfahren ist auch das mehrdimensionale Verfahren lokal quadratisch konvergent. Zur Verringerung des Aufwandes bei der Aufstellung der Gleichungssysteme kann die Matrix $J(x)$ über mehrere Iterationen beibehalten werden, das so modifizierte Verfahren ist analog dem Parallelsehnen-Verfahren im Eindimensionalen nur noch linear konvergent. Praktisch ohne Verlust der Konvergenzordnung können die Ableitungen in der Matrix $J(x)$ durch entsprechende finite Differenzen ersetzt werden.
Zur Globalisierung des Verfahrens, d. h. zur Erzielung von Konvergenz auch von Startpunkten, die nicht nahe an einer Lösung liegen, sind häufig Zusatzstrategien nötig. Die einfachste Variante einer Globalisierung ist die Dämpfung des Newtonschrittes $x^{i+1} = x^i + t\,\Delta x$ mit dem Dämpfungsparameter t $(0 < t \leqslant 1)$. Dabei wird t so bestimmt, daß eine Reduktion im Betrag des Funktionsvektors $|f(x^{i+1})|$ gegenüber $|f(x^i)|$ erreicht wird.

Beispiel 4: Soll ein Lösungspunkt des Gleichungssystems bestimmt werden, so bringt man die Linien $f_1 = 0$ und $f_2 = 0$ zum Schnitt und findet näherungsweise die Punkte (1,4; −1,5) und (3,4; 2,2). Als Anfangsnäherung wählt man den Punkt (3,4; 2,2).

$$f_1(x_1, x_2) = x_1 + 3 \lg x_1 - x_2^2 = 0$$
$$f_2(x_1, x_2) = 2x_1^2 - x_1 x_2 - 5x_1 + 1 = 0$$

Mit der Jacobi-Matrix $\begin{pmatrix} \dfrac{\partial f_1}{\partial x_1} & \dfrac{\partial f_1}{\partial x_2} \\ \dfrac{\partial f_2}{\partial x_1} & \dfrac{\partial f_2}{\partial x_2} \end{pmatrix} = \begin{pmatrix} 1 + \dfrac{3 \cdot 0{,}43429}{x_1} & -2x_2 \\ 4x_1 - x_2 - 5 & -x_1 \end{pmatrix}$

gewinnt man das Rekursionsschema. Aus diesem erhält man nacheinander die folgenden Näherungen

	x_1	x_2
$k = 1$	3,4899	2,2634
$k = 2$	3,4874	2,2616

Für sie gilt $f_1(x_1^2, x_2^2) = 0{,}0000$ und $f_2(x_1^2, x_2^2) = 0{,}0000$.

29.5. Extremwertsuche

Eindimensionale Prozesse

Hängt die Arbeitsweise eines Systems von den Parametern $x_1, x_2, \ldots, x_n$ ab, so sucht man für die *Güte der Arbeitsweise* ein Kriterium $F(x_1, x_2, \ldots, x_n)$, das auch *Ziel- oder Kostenfunktion* genannt wird. Diese Funktion mehrerer Veränderlicher ist allerdings nicht immer formelmäßig bekannt. Man sucht ihre Werte dann durch Versuche am System festzustellen.
Ein einfacher Fall einer solchen Arbeitsweise ist die Extremwertsuche einer Funktion $f(x)$ einer Veränderlichen. Die Parameter $x_1, \ldots, x_n$ bestimmen dabei die Stellen x_i, deren Funktionswerte $f(x_i)$ Aufschluß über die Nähe eines Extremwerts der Funktion $f(x)$ geben. Für die Suche dieser Stellen haben sich einige Strategien praktisch bewährt.
Das Kriterium $f'(x) = 0$ der Analysis ist nur auf differenzierbare Funktionen anwendbar. In der Praxis kann man aber häufig nicht voraussetzen, daß die Funktion stetig ist oder daß ihre Extrema nicht auf dem Rand des Definitionsbereichs liegen. Vielfach ist es umgekehrt günstiger, ein Nullstellenbestimmungsproblem $f(x) = 0$ dadurch zu lösen, daß man das absolute Minimum der Funktion $f^2(x)$ durch Extremwertsuche ermittelt.

Gesamtstrategien. Hat die untersuchte Funktion $f(x)$ im Intervall $[a, b]$ ein Minimum, so hat $-f(x)$ genau ein Maximum; hat sie mehrere relative Maxima, so führt jede geschilderte Strategie zum Näherungswert für einen dieser Werte. Es darf deshalb angenommen werden, daß $f(x)$ genau ein Maximum hat und daß nach der Transformation $u = (x - a)/(b - a)$ das Intervall $[0, 1]$ ist. Eine Gesamtstrategie $Z_n = (x_1, x_2, \ldots, x_n)$ besteht dann in der Wahl von n verschiedenen Punkten x_i mit $x_i < x_j$ für $i < j$ aus dem Intervall $[0, 1]$. Ist dann $f(x_k)$ für $x_i = x_k$ der größte berechnete Funktionswert, so liegt das Argument des Maximums in dem Intervall $[x_{k-1}, x_{k+1}]$ (Abb. 29.5-1). Die *Intervallunbestimmtheit* $L_n = x_{k+1} - x_{k-1}$ führt zum *Strategieunbestimmtheitsmaß*

$L_n = \max\limits_{1 \leqslant i \leqslant n} (x_{i+1} - x_{i-1})$; dabei ist zu setzen $x_0 = 0$ und $x_{n+1} = 1$. Die Strategie ist aber um so besser, je kleiner dieses größte Intervall ist. Das optimale Unbestimmtheitsmaß $L_{n\,\mathrm{opt}} = \min\limits_{Z_n} \left\{ \max\limits_{1 \leqslant i \leqslant n} (x_{i+1} - x_{i-1}) \right\}$ ist deshalb das Kennzeichen der *Minimax-Strategie.*

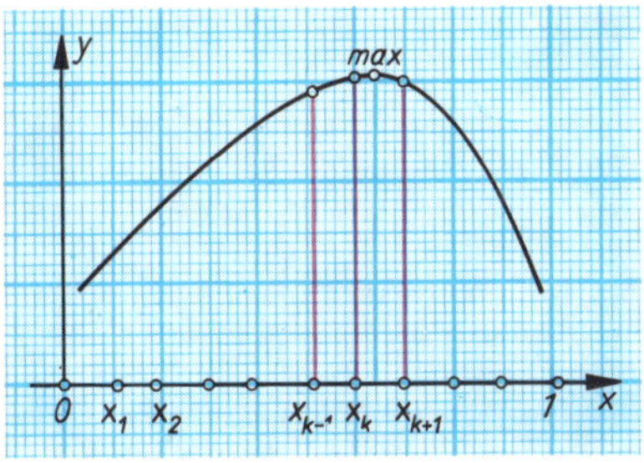

29.5-1 Zum Strategieunbestimmtheitsmaß, $f(x_k)$ ist der größte berechnete Wert, max das Maximum

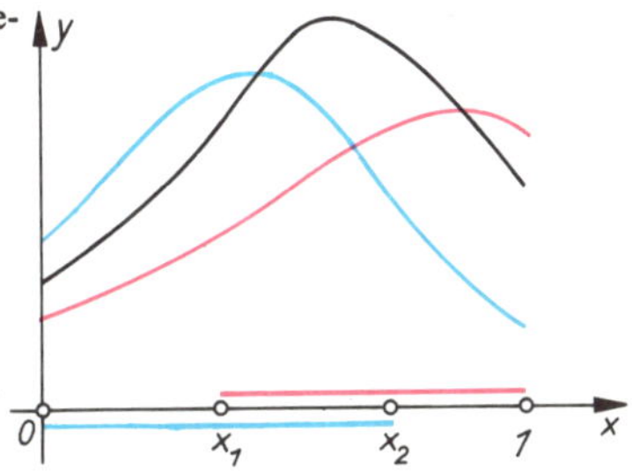

29.5-2 Unbestimmtheitsintervalle $n = 2$ mit möglichen Lagen des gesuchten Maximums

Für $n = 1$ ist $[0, 1]$ das maximale Unbestimmtheitsintervall. Für $n = 2$ (Abb. 29.5-2) sind $[0, x_2]$ und $[x_1, 1]$ engere Unbestimmtheitsintervalle. Will man nach der Minimax-Strategie die Intervalllängen x_2 und $1 - x_1$ möglichst klein machen, den wegen $x_1 \neq x_2$ nicht realisierbaren Wert $x_1 = x_2 = 0{,}5$ aber vermeiden, so ergibt die ε-optimale Gesamtstrategie für $n = 2$ die Werte $x_1 = 0{,}5 - \varepsilon/2$ und $x_2 = 0{,}5 + \varepsilon/2$ mit einem genügend kleinen $\varepsilon > 0$. Die Wahl von ε hängt dabei auch von den Fehlerschwankungen der Funktionswerte $f(x)$ ab, da man von zwei Werten $f(x)$ und $f(x + \varepsilon)$, die sich um weniger als die Schwankungsbreite unterscheiden, nicht feststellen kann, welcher der größere ist.

Für $n = 3$ kann der neue, dritte Punkt höchstens die Trennschärfe erhöhen. Zu einer Einengung des Unbestimmtheitsintervalls führt nur ein Paar neuer Punkte. Optimal ist eine Anordnung in äquidistanten Paaren, die bei geradem n gegeben ist durch die Teilpunkte $x_k = \dfrac{(1 + \varepsilon)\,[(k + 1)/2]}{n/2 + 1} - ([(k + 1)/2] - [k/2]) \cdot \varepsilon$, wenn $[x]$ die größte ganze Zahl bedeutet, die kleiner oder gleich x ist. Die Länge des optimalen Unsicherheitsintervalls ist dabei $L_{n\,\mathrm{opt}} = (1 + \varepsilon)/(n/2 + 1)$.

Beispiel 1: Für $n = 4$ erhält man die Teilpunkte $x_1 = 1/3 - 2\varepsilon/3$; $x_2 = 1/3 + \varepsilon/3$; $x_3 = 2/3 - \varepsilon/3$; $x_4 = 2/3 + 2\varepsilon/3$ und das optimale Unsicherheitsintervall $L_{4\,\mathrm{opt}} = 1/3 + \varepsilon/3$.

Sequentielle Strategien. Wie der Name sagt, geht bei dieser Strategie jeder neue Schritt vom vorhergehenden aus, indem das bei diesem gewonnene Unsicherheitsintervall zum neuen Untersuchungsintervall gemacht wird. Man vermeidet dadurch einen zu großen Aufwand an Teilpunkten.

Beim *dichotomen sequentiellen Suchen* wird die ε-optimale Gesamtstrategie für $n = 2$ wiederholt angewendet. Man verallgemeinert $L_{2\,\mathrm{opt}} = {}^1/_2(1 + \varepsilon)$ zu der Rekursionsgleichung $L_{2k\,\mathrm{opt}} = {}^1/_2(L_{2(k-1)\,\mathrm{opt}} + \varepsilon)$ und erhält für $n = 2k$ Punkte $L_{n\,\mathrm{opt}} = 2^{-n/2} + \varepsilon(1 - 2^{-n/2})$. Man erkennt, daß für gleiches n die Intervallänge kleiner ist als bei der optimalen Minimax-Gesamtstrategie.

Beispiel 2: Die Berechnung der ersten 12 Teilpunkte für die Minimumsuche der Funktion $f(x) = |x^2 - 2|$ mit $\varepsilon = 10^{-4}$ zeigt den erforderlichen Aufwand: $x_1 = 1 - \varepsilon/2$; $x_2 = 1 + \varepsilon/2$; $x_3 = 1{,}5 - 3\varepsilon/4$; $x_4 = 1{,}5 + \varepsilon/4$; $x_5 = 1{,}25 - 5\varepsilon/8$; $x_6 = 1{,}25 + 3\varepsilon/8$; $x_7 = 1{,}375 - 11\varepsilon/16$; $x_8 = 1{,}375 + 5\varepsilon/16$; $x_9 = 1{,}4375 - 23\varepsilon/32$; $x_{10} = 1{,}4375 + 9\varepsilon/32$; $x_{11} = 1{,}40625 - 45\varepsilon/64$; $x_{12} = 1{,}40625 + 19\varepsilon/64$.

Fibonacci-Suchprozesse. Die Anzahl n der beim Suchen durchzuführenden Versuche wird fest vorgegeben. Ausgehend vom Anfangssuchintervall $[a_1, b_1]$ werden die folgenden Suchintervalle mittels einer Folge von Zahlen d_i festgelegt, die durch Fibonacci-Zahlen bestimmt werden. Für die *Fibonacci-Zahlen* $F_0 = 1$, $F_1 = 1$, $F_2 = 2$, $F_3 = 3$, $F_4 = 5$, $F_5 = 8$, $F_6 = 13$, $F_7 = 21$, $F_8 = 34$, $F_9 = 55$, $F_{10} = 89$, $F_{11} = 144$, $F_{12} = 233$, $F_{13} = 377$, $F_{14} = 610$ gilt die Rekursionsformel $F_i = F_{i-1} + F_{i-2}$, nach der wegen $1 = F_{i-1}/F_i + F_{i-2}/F_i$ und wegen $F_{i-1} > F_{i-2}$ gilt $F_{i-2}/F_i < {}^1/_2$.

Man setzt $L_1 = b_1 - a_1$, $d_1 = L_2 = L_1 F_{n-1}/F_n$, $d_2 = L_3 = L_1 F_{n-2}/F_n$, $d_3 = L_2 F_{n-3}/F_{n-1} = L_1 F_{n-3}/F_n$, $d_4 = L_3 F_{n-4}/F_{n-2} = L_1 F_{n-4}/F_n, \ldots, d_{n-1} = L_n = L_{n-2} F_1/F_3 = \cdots = L_1/F_n$. Da $F_n > 2^{n/2}$ für $n \geqslant 3$, ist die Intervallänge L_n kleiner als die für gleiches n beim dichotomen Suchen.

Mit Hilfe dieser Werte werden die x_i festgelegt. Aus $x_1 = a_1 + d_2$, $x_2 = b_1 - d_2$ folgt $x_2 - x_1 = L_1 - 2d_2 > 0$ oder $x_2 > x_1$, weil $d_2 < {}^1/_2 L_1$. Als Suchintervalle gelten $[a_1, b_1 - d_2]$ oder $[a_1 + d_2, b_1]$ von der gleichen Länge $L_1 - d_2 = L_1[(F_n - F_{n-2})/F_n] = L_1 F_{n-1}/F_n = L_2 = d_1$.

Der Punkt x_3 und das neue Suchintervall hängen von den Funktionswerten $f(x_1)$ und $f(x_2)$ ab:

für $f(x_1) \geqslant f(x_2)$ setzt man $a_2 = a_1$, $b_2 = x_2$ und $x_3 = a_2 + d_3$, dabei gilt $a_2 = a_1 < x_3 < x_1 < x_2 = b_2$. Durch Vergleich der Funktionswerte an den Stellen x_3, x_1 ergeben sich zwei mögliche neue Unsicherheitsintervalle $[a_1, x_1]$, $[x_3, x_2]$ der Länge $L_3 = d_2$.

für $f(x_1) < f(x_2)$ setzt man $a_2 = x_1$, $b_2 = b_1$ und $x_3 = b_2 - d_3$, dabei gilt $a_2 = x_1 < x_2 < x_3 < b_1 = b_2$. Durch Vergleich der Funktionswerte an den Stellen x_2, x_3 ergeben sich zwei mögliche neue Unsicherheitsintervalle $[x_1, x_3]$, $[x_2, b_1]$ der Länge $L_3 = d_2$.

Auf das Intervall $[a_2, b_2]$ überträgt man zur Bestimmung von x_4 die gleichen Überlegungen, die zum Punkt x_3 geführt haben. Für d_3 tritt d_4, die Intervallänge ist $L_4 = d_3$. Die folgenden Punkte bis x_n werden entsprechend gefunden.

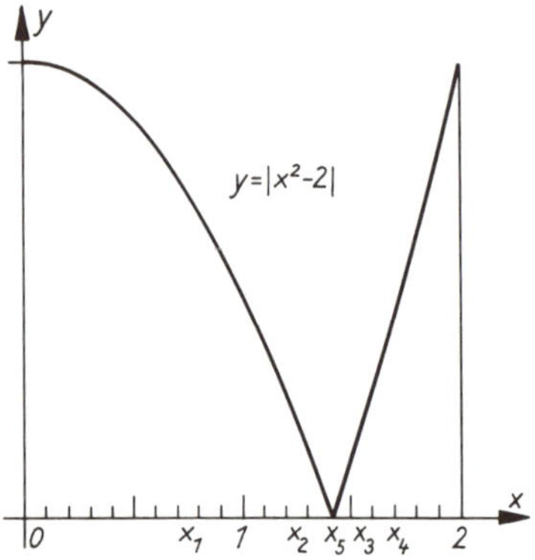

29.5-3 Intervalle eines Fibonacci-Suchprozesses für $y = |x^2 - 2|$

Beispiel 3: Wird das Minimum der Funktion $|x^2 - 2| = f(x)$ nach einem Fibonacci-Suchprozeß bestimmt, so erhält man auf drei Ziffern hinter dem Komma die Längen der Unsicherheitsintervalle $L_1 = 2{,}000$, $L_2 = 1{,}236$, $L_3 = 0{,}764$, $L_4 = 0{,}472$, $L_5 = 0{,}292$, $L_6 = 0{,}180$, $L_7 = 0{,}112$, $L_8 = 0{,}067$, $L_9 = 0{,}045$, $L_{10} = 0{,}022$ und die Teilpunkte $x_1 = 0{,}764$, $x_2 = 1{,}236$, $x_3 = 1{,}528$, $x_4 = 1{,}708$, $x_5 = 1{,}416$, $x_6 = 1{,}348$, $x_7 = 1{,}461$, $x_8 = 1{,}393$, $x_9 = 1{,}439$, $x_{10} = 1{,}415$ (Abb. 29.5-3).

Suchverfahren Goldener Schnitt. Dieses Verfahren steht an Effektivität dem Fibonaccischen nur wenig nach, erfordert aber nicht, die Anzahl der Suchschritte vorher festzulegen. Seine Bezeichnung deutet darauf hin, daß sich für den Parameter τ Gleichungen ergeben, die von der Teilung einer Strecke nach dem Goldenen Schnitt her bekannt sind.

Im Suchintervall $[a, b]$ werden durch einen noch zu bestimmenden Parameter τ zwei Punkte x und x' festgelegt. Aus $\tau = (b - a)/(b - x)$ erhält man $x = a/\tau + b(1 - 1/\tau)$ und daraus den Wert $x' = a/\tau^2 + b(1 - 1/\tau^2)$; für $a = 0$, $b = 1$ und $\tau = 3$ z. B. erhält man $x = 2/3$, $x' = 8/9$. Eine zu dieser Punktfiguration (a, x, x', b) gleichwertige in einem verkleinerten Suchintervall hängt von den Funktionswerten an den Stellen x und x' ab; für $f(x') \geq f(x)$ wählt man $a := x$, $x := x'$ und $x' := b(1 - 1/\tau^2) + a/\tau^2$, für $f(x') < f(x)$ dagegen $b := x'$, $x' := x$, $x := b(1 - 1/\tau) + a/\tau$. Die Länge L des Unsicherheitsintervalls ändert sich dabei für $f(x') < f(x)$ wie $L := L(1 - 1/\tau^2)$ und für $f(x') \geqslant f(x)$ wie $L := L/\tau$. Dabei wird angenommen, daß jeder Punkt in einem Intervall mit gleicher Wahrscheinlichkeit Extremwertpunkt sein kann. Die Wahrscheinlichkeit eines Intervalls, den Extremwertpunkt zu enthalten, ist dann der Intervallänge proportional; sie steht für beide Intervalle im Verhältnis $(1 - 1/\tau^2) : (1/\tau)$. Die günstigste Entscheidungskette ist aber die, bei der jeweils zwischen zwei gleich wahrscheinlichen Fällen zu unterscheiden ist. Für sie gilt $1 - 1/\tau^2 = 1/\tau$, oder der optimale τ-Wert ist $\tau = {}^1/_2 + {}^1/_2 \sqrt{5} = 1{,}618\,033\,989\ldots$

Für die Unbestimmtheitsintervalle folgt die rekursive Beziehung $L := L/\tau$, nach n Suchschritten deshalb $L_n = L_1/\tau^n$. Die Effektivität dieses Verfahrens zum dichotomen Suchen verhält sich wie τ zu $\sqrt{2} \approx 1{,}144\ldots$ und ist mithin rund 14% höher als dort.

Die Verbindung zum Fibonacci-Verfahren ergibt sich aus der Beziehung $F_i = (1/\sqrt{5})\,[\tau^{i+1} - 1/(-\tau)^{i+1}]$. Für $i = 1$ und $i = 2$ erhält man tatsächlich durch Einsetzen $F_1 = 1$ und $F_2 = 2$. Allgemein gilt aber die Rekursionsformel $F_{i+1} = F_i + F_{i-1}$ auch für die rechten Seiten dieser Beziehung; denn multipliziert man $\tau^{i+1} - 1/(-\tau)^{i+1} = \tau^i - 1/(-\tau)^i + \tau^{i-1} - 1/(-\tau)^{i-1}$ auf beiden Seiten mit $(-\tau)^{i+1}$, so ergibt sich, ganz gleich, ob i gerade oder ungerade ist, die Beziehung $\tau^{2i}(\tau^2 - \tau - 1) = \tau^2 - \tau - 1$, die stets richtig ist, da τ aus ihr bestimmt wurde.

Beispiel 4: Die Minimumbestimmung der Funktion $f(x) = |x^2 - 2|$ nach dem Suchverfahren des Goldenen Schnitts ergibt für das Anfangsintervall $a_1 = 0$, $b_1 = 2$ die Suchstellen: $x_1 = 0{,}764$, $x_2 = 1{,}236$, $x_3 = 1{,}528$, $x_4 = 1{,}708$, $x_5 = 1{,}416$, $x_6 = 1{,}348$, $x_7 = 1{,}459$, $x_8 = 1{,}390$, $x_9 = 1{,}433$, $x_{10} = 1{,}406$, $x_{11} = 1{,}423$. Verglichen mit dem Iterationsverfahren $x_{i+1} = x_i - {}^1/_3(x_i^2 - 2)$ strebt das Verfahren des Goldenen Schnitts merklich langsamer gegen die gesuchte Lösung. Es ist aber ein Verfahren für allgemeinere Funktionen, während das Iterationsverfahren der speziellen Funktion angepaßt ist.

Mehrdimensionale Minimierung und Abstiegsmethoden

Die notwendigen Bedingungen für das Minimum einer nichtlinearen differenzierbaren Funktion $f(x) = f(x_1, \ldots, x_n)$ von n Variablen führen auf ein System von n nichtlinearen Gleichungen

$$\nabla f(x) = \left(\frac{\partial f}{\partial x_1}, \ldots, \frac{\partial f}{\partial x_n}\right)^T = (0, \ldots, 0)^T$$

für die n gesuchten Lösungskomponenten $x_1, \ldots, x_n$ des Vektors x. Zur iterativen Bestimmung einer Lösung dieses Systems kann das mehrdimensionale Newton-Verfahren (vgl. 29.4.) verwendet werden, welches die Berechnung der Jacobimatrix des Systems der ersten Ableitungen von $f(x)$ in jeder Iteration erfordert. Damit ist die symmetrische Matrix $H(x)$ der 2. Ableitungen von $f(x)$ zu bestimmen, die als *Hesse-Matrix* von f bezeichnet wird. Da das Newtonverfahren lokal konvergent ist, muß ein so erzeugter Iterationsprozeß nur dann gegen einen Minimalpunkt x^* von $f(x)$ konvergieren, wenn der Startpunkt nahe genug bei x^* gewählt ist. Selbst wenn der Prozeß konvergiert, ist somit nicht gesichert, daß ein lokaler Minimalpunkt von $F(x)$ gefunden wurde, da neben Minimalpunkten auch Maxima und Sattelpunkte Lösungen des Systems der notwendigen Bedingungen sind. Dies verdeutlicht die Notwendigkeit einer geeigneten Globalisierungsstrategie, die auf die Bestimmung von Minimalpunkten von $f(x)$ zielt.

Abstiegsmethoden. Eine natürliche Globalisierung besteht darin, daß der Funktionswert von $f(x)$ in jeder Iteration abnehmen sollte, d. h. es sollte die *Abstiegsbedingung* $f(x^{i+1}) < f(x^i)$ erfüllt sein. Zur Bestimmung des neuen Iterationspunktes x^{i+1} wird von x^i aus i. a. ein Schritt in Richtung eines Suchvektors s mit einer Schrittlänge l ausgeführt. Eine Richtung $s \in R^n$ wird als *Abstiegsrichtung* im Punkt $x = x^i$ bezeichnet, wenn gilt $f(x^i + ls) < f(x^i)$ für $l \in (0, \bar{l})$. Für differenzierbare Funktionen können Abstiegsrichtungen dadurch charakterisiert werden, daß die Richtungsableitung von $f(x)$ im Punkt x^i in Richtung s negativ ist, d. h. für $g_i(l) = f(x^i + ls)$ gilt $g_i'(0) = \nabla f(x^i)^T s < 0$. Die Größe $g_i'(0)$ wird als *Abnahmerate* von $f(x)$ in Richtung s bezeichnet.
Ist eine Abstiegsrichtung s festgelegt, so ist es sinnvoll, eine möglichst starke Reduktion des Funktionswertes anzustreben, dies geschieht über eine geeignete Wahl des *Schrittweiteparameters* l. Die optimale Wahl von l entspricht dem ersten Minimum von $g_i(l)$ für $l > 0$ und wird als *Cauchy-Schrittweite* bezeichnet. Ihre Berechnung erfordert die Lösung einer i. a. nichtlinearen Gleichung $g_i'(l) = \nabla f(x^i + ls)^T s = 0$. Praktische Untersuchungen haben gezeigt, daß die Benutzung optimaler Schrittweiten keine wesentlichen Vorteile in der Konvergenz der Verfahren besitzt, allerdings ist die Erfüllung lediglich der Abstiegsbedingung nicht ausreichend für Konvergenz.

Schrittweitebestimmung oder Strahlminimierung. Für die Wahl geeigneter Schrittweiten sind zwei Forderungen wesentlich:
(F1) Die Reduktion von $f(x^i)$ auf $f(x^{i+1})$ soll mindestens ein vorgeschriebener Bruchteil der Abnahmerate sein, d. h. für gegebenes $\alpha \in (0, 1)$ soll gelten $f(x^i + ls) < f(x^i) + l\alpha\, g_i'(0)$.
(F2) Die Abnahme von $f(x)$ in Richtung s im Punkt x^{i+1} soll schwächer sein als ein vorgegebener Bruchteil β der Abnahme in x^i, d. h. $\nabla f(x^i + ls)^T s \geqslant \beta\, g_i'(0)$.
Während (F1) sichert, daß bei kleiner Abnahmerate nicht zu große Schrittweiten auftreten, sichert (F2) genügend große Schritte. Für $0 < \alpha < \beta < 1$ kann nachgewiesen werden, daß bei Beschränktheit von $g_i(l)$ für $l > 0$ nach unten ein Intervall $[\underline{l}, \bar{l}]$ des Schrittweiteparameters existiert, so daß beide Bedingungen erfüllt sind. Erzeugt man unter Beachtung der Schrittweitebedingungen eine Iterationsfolge $\{x^i\}$, so gilt bei Beschränktheit von f nach unten sowie gewissen Zusatzbedingungen $\nabla f(x^i) \to 0$, d. h. bei Konvergenz der Iterationsfolge erfüllt der Grenzpunkt die notwendigen Bedingungen für ein Extremum.
Die Schrittweitebedingungen werden in Algorithmen der Strahlminimierung praktisch genutzt, um in einer eindimensionalen Suche eine geeignete Schrittweite l mit möglichst geringem Aufwand zu bestimmen. Die Idee eines *Schrittweitealgorithmus* kann wie folgt beschrieben werden: Es wird eine feste Prüfschrittweite $l = L$ vorgegeben und der Funktionswert $g_i(L)$ berechnet. Erfüllt diese Schrittweite bereits (F1) zu vorgegebenem α, so kann mit $l = L$ der nächste Iterationspunkt bestimmt werden. Im andern Fall ist (F1) verletzt, d. h. $g_i(L) > g_i(0) + \alpha\, Lg_i'(0)$. Von der Funktion $g_i(l)$ sind die Funktionswerte $g_i(0) = f(x^i)$, $g_i(L)$ sowie die Ableitung $g_i'(0)$ bekannt, so daß $g_i(l)$ quadratisch interpoliert wird durch

$$p(l) = [g_i(L) - g_i(0) - Lg_i'(0)](l/L)^2 + g_i'(0)\, l + g_i(0).$$

Da (F1) nicht gilt, ist der Koeffizient des quadratischen Terms positiv und $p(l)$ besitzt ein Minimum für

$$\hat{l} = \frac{-L^2 g_i'(0)}{2[g_i(L) - g_i(0) - Lg_i'(0)]}.$$

Diese Schrittweite ist positiv, und es kann wieder (F1) getestet werden, bei Verletzung werden weitere Interpolationen nötig. Wird diese Strategie verbunden mit Bedingungen, die eine minimale und maximale Reduktion der Schrittweite zulassen, so erhält man einen praktisch verwertbaren

Algorithmus. Der Beginn mit der Prüfschrittweite L in Verbindung mit einer maximal zulässigen Reduktion sichern, daß die Bedingung (F2) nicht verletzt wird.
Konkrete Minimierungsverfahren unterscheiden sich insbesondere in der Bestimmung der Suchrichtungen.

Gradientenverfahren oder Methode des steilsten Abstiegs

Die Richtung des stärksten Zuwachses einer Funktion $f(x_1, x_2)$ ist durch die Richtung des *Gradienten* $(f_{x_1}(x_1, x_2), f_{x_2}(x_1, x_2))$ gegeben (vgl. Kap. 19.2. – Richtungsableitung und Gradient einer Funktion).
Soll von der Funktion $f(x_1, x_2)$ das Minimum bestimmt werden, so muß man zu einer Verbesserung gelangen, wenn man sich vom erhaltenen Punkt (x_1^i, x_2^i) in entgegengesetzter Gradientenrichtung entfernt. Die Suchrichtung s ist somit die Richtung des negativen Gradienten $s = -\nabla f(x^i)$, das Verfahren wird als Gradientenverfahren oder auch Methode des steilsten Abstiegs bezeichnet. Der neue Iterationspunkt liegt auf dem Suchstrahl

$$x_1 = x_1^i - l f_{x_1}(x_1^i, x_2^i), \quad x_2 = x_2^i - l f_{x_2}(x_1^i, x_2^i) \quad l > 0$$

(Abb. 29.5-4). Die Methode konvergiert gegen einen lokalen Minimalpunkt bzw. auch einen Sattelpunkt, wobei die Konvergenz linear ist mit einer linearen Konvergenzrate $c \approx (\lambda_{\max} - \lambda_{\min})/(\lambda_{\max} + \lambda_{\min})$ in der Nähe der Lösung. Dabei bezeichnen $\lambda_{\max}$, $\lambda_{\min}$ den größten bzw. kleinsten Eigenwert der Hesse-Matrix $H(x^*)$ von $f(x)$. Die Konvergenz ist schnell, wenn die Eigenwerte sich nur wenig unterscheiden und sie ist langsam bei großem Abstand der Eigenwerte. Bei Verwendung der optimalen Schrittweite sind aufeinanderfolgende Suchrichtungen orthogonal, so daß ein ausgeprägtes Zick-Zack-Verhalten der Iteration auftritt. Die Konvergenz ist außerdem stark von der Skalierung der Variablen abhängig, so daß eine lineare Transformation der Variablen die Konvergenz in hohem Maße beeinflussen kann.

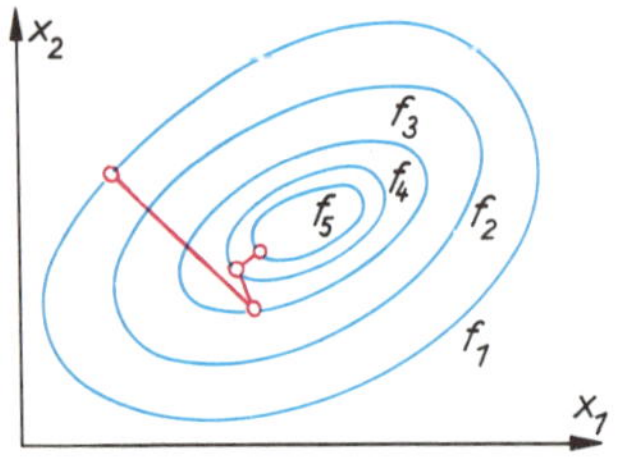

29.5-4 Gradientenverfahren: Niveaulinien $f_1 > f_2 > f_3 > f_4$ von $f(x_1, x_2)$

Beispiel 2: Das Minimum der Funktion $f(x_1, x_2) = 2x_1^2 - 2x_1 + x_2^2 - x_2 = 2(x_1 - {}^1/_2)^2 + (x_2 - {}^1/_2)^2 - {}^3/_4$ zu bestimmen, erläutert das Verfahren für den einfachen Fall, daß der Minimumpunkt $x_1 = x_2 = 0{,}5$ bekannt ist. Nach der *Gradientenmethode* erhält man Rekursionsvorschriften $x_1^k = x_1^{k-1} - 2 \cdot l(2x_1^{k-1} - 1)$ und $x_2^k = x_2^{k-1} - l(2x_2^{k-1} - 1)$. Das optimale l ergibt sich aus der Gleichung $l = \dfrac{4(2x_1^{k-1} - 1)^2 + (2x_2^{k-1} - 1)^2}{16(2x_1^{k-1} - 1)^2 + 2(2x_2^{k-1} - 1)^2}$. Beginnt man mit der Anfangsnäherung $x_1^0 = x_2^0 = 0$, so erhält man der Reihe nach folgende l-Werte und verbesserte Näherungen:

$l^0 = 0{,}278$	$x_1^1 = 0{,}556$	$x_2^1 = 0{,}278$	$l^2 = 0{,}278$	$x_1^3 = 0{,}504$	$x_2^3 = 0{,}484$
$l^1 = 0{,}417$	$x_1^2 = 0{,}463$	$x_2^2 = 0{,}463$	$l^3 = 0{,}417$	$x_1^4 = 0{,}497$	$x_2^4 = 0{,}497$.

Newton-Verfahren zur Minimierung. Moderne Minimierungsverfahren sind häufig am Newton-Verfahren orientiert. Das ist zum einen aufgrund der hohen Konvergenzgeschwindigkeit in der Nähe eines Lösungspunktes zu erklären und zum anderen dadurch, daß das Verfahren in gewisser Weise selbstskalierend ist und Modifikationen des Newton-Verfahrens auf stabile und effektive Algorithmen führen.
Die Anwendung des Newton-Verfahrens zur Lösung des Systems der notwendigen Optimalitätsbedingungen $\nabla f(x) = 0$ führt auf den folgenden Basisalgorithmus:

Newton-Verfahren	Löse das lineare Gleichungssystem $H(x^i)s = -\nabla f(x^i)$ und setze $x^{i+1} = x^i + s$

Dieses Verfahren kann auch so interpretiert werden, daß die Zielfunktion $f(x)$ in jeder Iteration durch ein quadratisches Model $m_i(x)$ ersetzt wird mit

$$m_i(x) = f(x^i) + \nabla f(x^i)^T (x - x^i) + (1/2)(x - x^i)^T H(x^i)(x - x^i).$$

Der neue Iterationspunkt x^{i+1} wird dann als stationärer Punkt der Modellfunktion $m_i(x)$ bestimmt, d. h. aus $\nabla m_i(x) = 0$.
Dieser Punkt entspricht einem Minimum der Modellfunktion, wenn die Matrix $H(x^i)$ positiv definit ist. In der Nähe einer lokalen Lösung x^* des Ausgangsproblems, welche außer den notwendigen Optimalitätsbedingungen auch die hinreichende Optimalitätsbedingung erfüllt, daß die Matrix

$H(x^*)$ positiv definit ist, bleibt aus Stetigkeitsgründen auch $H(x^i)$ positiv definit, so daß die Bedingung für ein Minimum des Modells erfüllt ist.
Globalisierungen des Newton-Verfahrens beruhen zum einen darauf, daß ein Schrittweiteparameter l verwendet wird und in jeder Iteration eine Strahlminimierung entlang des Suchstrahls $x = x^i + ls$ durchgeführt wird. Da in kleinen Umgebungen eines Lösungspunktes die optimale Schrittweite mit der Newton-Schrittweite $l = 1$ zusammenfällt, wird im Schrittweitealgorithmus mit der Prüfschrittweite $L = 1$ gearbeitet. Zum anderen ist die Newton-Richtung $s^N = -(H(x^i)^{-1}\nabla f(x^i)$ stets Abstiegsrichtung, wenn die Matrix $H(x^i)$ positiv definit ist. Diese Bedingung muß für die Matrix der 2. Ableitungen nicht mehr erfüllt sein, wenn der Startpunkt weiter von einer lokalen Lösung entfernt ist, so daß die Newton-Richtung dann keinen Abstieg liefern muß. Die Überprüfung auf Definitheit der Matrix wird i. a. mit Varianten des *Cholesky-Verfahrens* durchgeführt, die bei Verletzung der Definitheit erlauben, die Matrix z. B. in der Form $H(x^i) + \mu E$ zu ersetzen. Dabei ist E die n-dimensionale Einheitsmatrix und bei geeigneter Wahl von μ ist die neue Matrix positiv definit und die Suchrichtung s eine Abstiegsrichtung. Varianten des Verfahrens verwenden finite Differenzenapproximationen insbesondere für die 2. Ableitungen von $f(x)$ bzw. berechnen Approximationen der Hesse-Matrizen $H(x^i)$ allein auf der Basis von Gradienteninformationen aus vorausgegangenen Iterationen. Diese Verfahren werden als *Sekantenverfahren* bzw. *Quasi-Newton-Verfahren* bezeichnet.
Führt man bei der Lösung nichtlinearer Gleichungssyssteme $f_i(x) = 0$ $i = 1, 2, \ldots, n$ die Bewertungsfunktion $f(x) = f_1(x)^2 + f_2(x)^2 + \ldots + f_n(x)^2$ ein, so können mit Hilfe von Minimierungsverfahren für $f(x)$ Globalisierungsvarianten zur Lösung nichtlinearer Gleichungssysteme begründet werden. Ein ähnlicher Typ der Zielfunktion tritt bei Problemen der Parameterschätzung in nichtlinearen Modellen auf der Basis der Methode der kleinsten Quadrate auf. Als Algorithmen zur Minimierung von $f(x)$ erhält man das *Gauss-Newton-Verfahren* bzw. Modifikationen.

30. Mathematische Optimierung

Optimalprobleme wurden bereits von EUKLID formuliert, aber erst mit der Entwicklung der Differential- und der Variationsrechnung im 17. und 18. Jahrhundert wurde ein mathematisches Werkzeug zur Lösung solcher Probleme geschaffen.
Ökonomische Optimalprobleme sind Extremwertaufgaben mit Nebenbedingungen, die sich oft dadurch auszeichnen, daß die Anzahl der Veränderlichen sehr groß ist und daß nichtnegative Lösungen gesucht werden (vgl. Kap. 29.5. – Mehrdimensionale Minimierung und Abstiegsmethoden).
Allgemein betrachtet man einen untersuchten ökonomischen Ablauf als einen Prozeß, der sich aus verschiedenen Tätigkeiten zusammensetzt, und sucht durch Abstaktion ein entsprechendes mathematisches Modell zu gewinnen.
Die Quantitäten der einzelnen Tätigkeiten werden in einem Variablenvektor $\boldsymbol{x} \in R^n$ zusammengefaßt; die unterschiedlichen zulässigen Prozeßvarianten werden etwa durch Fondsbeschränkungen in der Form $g_i(\boldsymbol{x}) \leqslant 0$ modelliert.
Gesucht wird eine solche Variante, die den Nebenbedingungen $g_i(\boldsymbol{x}) \leqslant 0$, $i = 1, \ldots, m$, $x_j \geqslant 0$, $j = 1, \ldots, n$, genügt, und eine Zielfunktion f maximiert (oder minimiert).

Optimierungsaufgabe	$\max\{f(\boldsymbol{x}): g_i(\boldsymbol{x}) \leqslant 0,\ i = 1, \dots, m,\ x_j \geqslant 0,\ j = 1, \dots, n\}$

Bei allgemeiner nichtlinearer Optimierung bestehen keine Einschränkungen bzgl. der Funktionen f und g_i, bei quadratischer Optimierung sind f quadratisch und die g_i linear, bei linearer Optimierung sind f und die g_i linear.
Für die folgenden Abschnitte ist es zweckmäßig, Größer- und Kleiner-Beziehungen für Matrizen gleichen Typs zu definieren: Sind $\boldsymbol{A} = (a_{ij})$ und $\boldsymbol{B} = (b_{ij})$ Matrizen *gleichen Typs*, so wird $\boldsymbol{A} < \boldsymbol{B}$ bzw. $\boldsymbol{A} \leqslant \boldsymbol{B}$ bzw. $\boldsymbol{A} > \boldsymbol{B}$ bzw. $\boldsymbol{A} \geqslant \boldsymbol{B}$ gesetzt genau dann, wenn $a_{ij} < b_{ij}$ bzw. $a_{ij} \leqslant b_{ij}$ bzw. $a_{ij} > b_{ij}$ bzw. $a_{ij} \geqslant b_{ij}$ *für alle* i und j gilt (vgl. Kap. 17.5. – Beschreibung linearer Abbildungen durch Matrizen). Zur Größer- und Kleiner-Beziehung für rationale oder reelle Zahlen besteht allerdings der Unterschied, daß für zwei beliebig gegebene Matrizen $\boldsymbol{A}$ und $\boldsymbol{B}$ desselben Typs keine der Relationen $<, >, =$ zu gelten braucht, während für zwei beliebig gegebene Zahlen immer genau eine von diesen Relationen erfüllt ist.
Sind $\boldsymbol{c}$ und $\boldsymbol{x}$ Matrizen vom Typ $(n, 1)$ mit n Zeilen und 1 Spalte, $\boldsymbol{A} = (a_{ji})$ eine Matrix vom Typ (m, n), $\boldsymbol{b}$ eine vom Typ $(m, 1)$, $\boldsymbol{O}$ die Nullmatrix vom Typ $(n, 1)$ und $\boldsymbol{c}^T$ die zu $\boldsymbol{c}$ transponierte Matrix, die aus $\boldsymbol{c}$ durch Vertauschen von Zeilen und Spalten entsteht, so lassen sich für lineare Zielfunktionen und Nebenbedingungen $f(x_i)$ durch $\boldsymbol{c}^T\boldsymbol{x}$ und die $g_j(x_i) = 0$ durch $\boldsymbol{A}\boldsymbol{x} = \boldsymbol{b}$ darstellen. Mit $\boldsymbol{c} = -\boldsymbol{d}$, $\boldsymbol{A} = -\boldsymbol{B}$ und $\boldsymbol{b} = -\boldsymbol{h}$ geht die max-Aufgabe in die min-Aufgabe über. Für eine geometrische Deutung kann $\boldsymbol{x}$ auch als Vektor im n-dimensionalen euklidischen Raum R_n aufgefaßt werden.

Lineare Optimierung	$\max\{\boldsymbol{c}^T\boldsymbol{x} \mid \boldsymbol{A}\boldsymbol{x} \leqslant \boldsymbol{b},\ \boldsymbol{x} \geqslant \boldsymbol{O}\}$ bzw. $\min\{\boldsymbol{d}^T\boldsymbol{x} \mid \boldsymbol{B}\boldsymbol{x} \geqslant \boldsymbol{h},\ \boldsymbol{x} \geqslant \boldsymbol{O}\}$

Je nach den Elementen der Matrizen $\boldsymbol{c}, \boldsymbol{A}, \boldsymbol{b}$ bzw. $\boldsymbol{d}, \boldsymbol{B}, \boldsymbol{h}$ unterscheidet man verschiedene Probleme: *deterministische*, wenn diese Koeffizienten bekannte Konstanten sind, *parametrische*, wenn die Koeffizienten oder einige von ihnen in bekannten Intervallen variieren, und *stochastische*, wenn die Koeffizienten oder einige von ihnen Zufallsgrößen sind.

Beispiele. 1: Gewinnmaximierung. Sind die Komponenten x_i von $\boldsymbol{x}$ Stückzahlen der Erzeugnisse eines Fertigungssortiments und die c_i der Erlös eines Stücks des Erzeugnisses i, so bedeuten $\boldsymbol{x}$ ein Fertigungsprogramm und $\boldsymbol{c}^T\boldsymbol{x}$ seinen *Gesamterlös*, z. B. als Gewinn, Betriebsergebnis oder Devisenerlös. Ist weiter k eine der m Aufwandsgruppen, z. B. eine Maschinengruppe, b_k die verfügbare Kapazität (Fonds) und sind die Koeffizienten a_{ki} der Matrix $\boldsymbol{A}$ der Aufwand je Stück des Erzeugnisses i, dann wird durch die max-Aufgabe ein Fertigungsprogramm mit maximalem Erlös unter Berücksichtigung der vorhandenen Kapazität berechnet.
Als Voraussetzungen, unter denen das Modell angewendet werden kann, ergeben sich dabei, daß der Erlös und der Aufwand *mengenproportional* sind und daß der Stückzahlvektor $\boldsymbol{x}$ nur *ganzzahlige* Komponenten $x_i \geqslant 0$ hat. Weiter wird angenommen, daß der Bedarf für die Erzeugnisse unbeschränkt ist. Bei Grenzen d_i im *Absatz* können die Zusatzbedingungen $x_i \leqslant d_i$ eingeführt werden.

2: Diätproblem. Ist i ein Nahrungsmittel, von dem x_i die für eine gesuchte Nahrungsmittelkombination anzusetzende Menge und d_i den Preis je Mengeneinheit angeben, und ist k ein Vitamin oder Nährstoff, der in der Mindestmenge h_k vorkommen soll und in dem Nahrungsmittel i mit dem Gehalt b_{ki} enthalten ist, so führt die min-Aufgabe zum Ziel, läßt sich aber in dieser einfachen Form höchstens für die billigste Futtermittelkombination zur Tierhaltung anwenden. Ein anderes Modell, die Kosten der Speisenfolge eines Hotels zu minimieren, ergibt sich durch zusätzliche verfeinerte Annahmen einer *Tagesstruktur* aus Frühstück, Mittag- und Abendessen, einer *Mahlzeitenstruktur*, z. B. aus Vor-, Haupt- und Nachspeise, eines *Wahlangebots*, z. B. von je drei Gedecken, und einer *Mindestperiodenlänge* für die Speisenfolge, z. B. von 14 Tagen.

Das max-Problem der Linearoptimierung formulierte KANTOROWITSCH 1939 und löste es mit der Methode der *Lösungsfaktoren*. Das Diätproblem wurde näherungsweise 1941 von CORNFIELD und 1945 von STIGLER gelöst. Die 1947 von WOOD und DANTZIG allgemein formulierten Probleme der *Linearoptimierung* löste DANTZIG mit dem *Simplexverfahren*, das in vieler Hinsicht weiterentwickelt wurde.

Simplexverfahren

Für die lineare Optimierung bestehen die Nebenbedingungen $\boldsymbol{A}\boldsymbol{x} \leqslant \boldsymbol{b}$ und $\boldsymbol{x} \geqslant \boldsymbol{O}$ bzw. $a_{j1}x_1 + \cdots + a_{ji}x_i + \cdots a_{jn}x_n \leqslant b_i$ und $x_i \geqslant 0$ für $j = 1, 2, \ldots, m$ und $i = 1, 2, \ldots, n$ (vgl. Kap. 29.2. – Systeme linearer Ungleichungen). Entsprechend wie die Bedingung $2x_1 + 3x_2 \leqslant 4$ eine abgeschlossene Halbebene festlegt, bestimmen die obigen Nebenbedingungen genau $n + m$ abgeschlossene Halbräume, wenn man $\boldsymbol{x}$ als *Punkt* oder *Vektor* in einem n-dimensionalen Raum R_n deutet. Sind die $(n + m)$ Bedingungen miteinander verträglich, so enthält der Durchschnitt R der $(n + m)$ Halbräume mindestens einen Punkt. Jeder Punkt von R ist eine *zulässige Lösung* oder ein *zulässiger Vektor*.

Zulässiger Bereich. Der Bereich R der zulässigen Lösungen des Problems ist als Durchschnitt von $n + m$ Halbräumen ein *konvexes Polyeder* (Abb. 30.1-1). Er wird als nicht leer und beschränkt angenommen. Die Zielfunktion $f(\boldsymbol{x}) = \boldsymbol{c}^T\boldsymbol{x}$ soll geometrisch interpretiert werden durch Betrachtung der Flächen $f(\boldsymbol{x}) = \text{const}$, die eine Schar paralleler Hyperebenen $\boldsymbol{c}^T\boldsymbol{x} = k$ im R_n sind. Gesucht wird die Hyperebene mit dem größten k, deren Durchschnitt mit dem konvexen Polyeder R nicht leer ist. Das ist offenbar eine *Stützebene* von R aus dieser Schar, d. h. eine Hyperebene, die R *berührt*. Danach kann das Maximum von f in R nur in Randpunkten liegen.

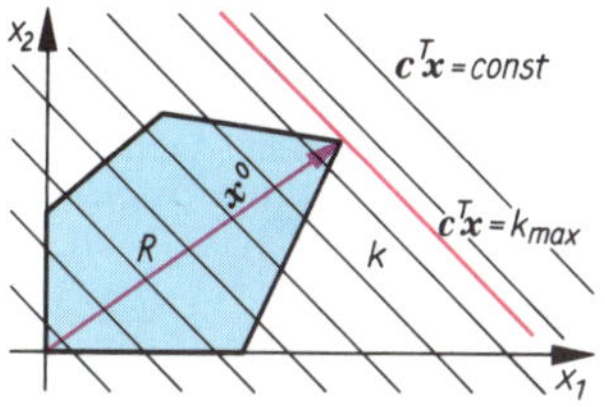

30.1-1 Geometrische Darstellung eines Maximumproblems in einem zweidimensionalen Raum R_2; R zulässiger Bereich, $\boldsymbol{c}^T\boldsymbol{x} = k_{\max}$ Stützebene, $\boldsymbol{x}^0$ zulässige Basislösung

Bei der obigen Annahme über R ist R die konvexe Hülle seiner Eckpunkte. Seien $\boldsymbol{x}^l$ $(l = 1, \ldots, s)$ die höchstens $\binom{n+m}{n}$ Eckpunkte von R, dann ist jedes $\boldsymbol{x} \in R$ darstellbar durch $\boldsymbol{x} = \sum_{l=1}^{s} \lambda_l \boldsymbol{x}^l$ mit $\lambda_l \geqslant 0$ und $\sum_{l=1}^{s} \lambda_l = 1$. Dann gilt aber $f(\boldsymbol{x}) = \boldsymbol{c}^T\boldsymbol{x} = \boldsymbol{c}^T\left(\sum_{l=1}^{s} \lambda_l \boldsymbol{x}^l\right) = \sum_{l=1}^{s} \lambda_l \boldsymbol{c}^T\boldsymbol{x}^l = \sum_{l=1}^{s} \lambda_l f(\boldsymbol{x}^l)$. Unter den s Werten $f(\boldsymbol{x}^l)$ gibt es einen größten, er sei $f(\boldsymbol{x}^{l_0})$. Dann ist sicher $f(\boldsymbol{x}) = \sum_{l=1}^{s} \lambda_l f(\boldsymbol{x}^l) \leqslant \sum_{l=1}^{s} \lambda_l f(\boldsymbol{x}^{l_0}) = f(\boldsymbol{x}^{l_0})$. Bei nicht leerem beschränktem R reduziert sich damit das Optimierungsproblem auf die Bestimmung der *Eckpunkte* $\boldsymbol{x}^l$ von R. Unter diesen ist jedenfalls die Lösung zu finden.

Die m Ungleichungen $\sum_{i=1}^{n} a_{ji}x_i \leqslant b_j$ lassen sich als Gleichungen $\sum_{i=1}^{n} a_{ji}x_i + x_{n+j} = b_j$ darstellen, indem man die m *Schlupfvariablen* $\bar{x} = \begin{pmatrix} x_{n+1} \\ \vdots \\ x_{n+m} \end{pmatrix}$ einführt. Ist $\boldsymbol{E}$ die Einheitsmatrix, so erhält man eine weitere Gestalt des LO-Problems.

Lineare Optimierung mit Schlupfvariablen	$\max\left\{(\boldsymbol{c}^T, \boldsymbol{O})\begin{pmatrix}\boldsymbol{x}\\ \bar{\boldsymbol{x}}\end{pmatrix} \middle| \boldsymbol{A}\boldsymbol{x} + \boldsymbol{E}\bar{\boldsymbol{x}} = \boldsymbol{b},\ \boldsymbol{x} \geqslant \boldsymbol{O}, \bar{\boldsymbol{x}} \geqslant \boldsymbol{O}\right\}$

Zur Vereinfachung (mit entsprechend erweiterten Matrizen) schreibt man wieder $\max\{\boldsymbol{c}^T\boldsymbol{x} \mid \boldsymbol{A}\boldsymbol{x} = \boldsymbol{b}, \boldsymbol{x} \geqslant \boldsymbol{O}\}$. Dabei ist $\boldsymbol{A}$ vom Typ $(m, m + n)$, $\boldsymbol{x}$ vom Typ $(n + m, 1)$. Von $\boldsymbol{A}$ kann angenommen werden, daß es den Rang m hat, weil sonst die Gleichungen $\boldsymbol{A}\boldsymbol{x} = \boldsymbol{b}$ entweder unverträglich wären und kein zulässiger Vektor existierte oder weil einige Gleichungen als Linearkombinationen der anderen überflüssig wären.

Einen Vektor $\boldsymbol{x}$, der genau m positive Komponenten hat, die zu m linear unabhängigen Spalten der Matrix $\boldsymbol{A}$ gehören, nennt man eine *zulässige Basislösung*.

Genau die zulässigen Basislösungen sind die Eckpunkte des zulässigen Bereichs R.

Zum analytischen Beweis dieses Satzes benutzt man die *konvexe Linearkombination* $\boldsymbol{x} = \lambda\boldsymbol{x}^1 + (1 - \lambda)\,\boldsymbol{x}^2 = \lambda(\boldsymbol{x}^1 - \boldsymbol{x}^2) + \boldsymbol{x}^2$ mit $0 < \lambda < 1$, durch die Zwischenpunkte $\boldsymbol{x}$ auf der geradlinigen Verbindung der Punkte $\boldsymbol{x}^1$ und $\boldsymbol{x}^2$ festgelegt werden. Genau die Eckpunkte von R lassen sich dann nicht durch konvexe Linearkombination zweier verschiedener Punkte aus R darstellen. Hat $\boldsymbol{A}$ die m linear unabhängigen Spalten $\boldsymbol{a}_1, \ldots, \boldsymbol{a}_m$ und ist die zulässige Basislösung $\boldsymbol{x}^1$ mit $x_1^1 > 0, \ldots, x_m^1 > 0$, $x_{m+1}^1 = x_{m+2}^1 = \cdots = x_{m+n}^1 = 0$, so ist eine konvexe Linearkombination $\boldsymbol{x}^1 = \lambda\boldsymbol{x}^2 + (1 - \lambda)\,\boldsymbol{x}^3$ mit zwei verschiedenen zulässigen $\boldsymbol{x}^2$ und $\boldsymbol{x}^3$ unmöglich. Wegen $x_{m+r}^t = 0$ für $t = 1, 2, 3$ und $r = 1, \ldots, n$ würde aus $\boldsymbol{A}\boldsymbol{x}^2 = \boldsymbol{b}$ und $\boldsymbol{A}\boldsymbol{x}^3 = \boldsymbol{b}$ folgen $\boldsymbol{A}(\boldsymbol{x}^2 - \boldsymbol{x}^3) = \boldsymbol{O}$ mit der trivialen Lösung $\boldsymbol{x}^2 - \boldsymbol{x}^3 = \boldsymbol{O}$; d. h. aber, $\boldsymbol{x}^1$ muß Eckpunkt sein.

Wird dagegen angenommen, $\boldsymbol{x}^1$ sei Eckpunkt mit den positiven Komponenten $x_1^1, \ldots, x_k^1$, dann müssen auch die zugehörigen Spalten $\boldsymbol{a}_1, \ldots, \boldsymbol{a}_k$ von $\boldsymbol{A}$ linear unabhängig sein. Da $\boldsymbol{A}$ m Zeilen hat, muß $k \leqslant m$ sein, und $\boldsymbol{x}^1$ ergibt sich als zulässige Basislösung. Denn wären die Spalten $\boldsymbol{a}_1, \ldots, \boldsymbol{a}_k$

linear abhängig, so ließen sich Zahlen $y_1, \ldots, y_k$, die nicht alle Null sind, finden, so daß $\sum_{j=1}^{k} y_j \boldsymbol{a}_j = \boldsymbol{O}$ und für $y > 0$ auch $y \sum_{j=1}^{k} y_j \boldsymbol{a}_j = \boldsymbol{O}$. Damit könnten wegen $\sum_{j=1}^{k} x_j^1 \boldsymbol{a}_j \pm y \sum_{j=1}^{k} y_j \boldsymbol{a}_j = \boldsymbol{b}$ und bei Wahl einer genügend kleinen Zahl y zwei Vektoren $\boldsymbol{x}^2 = (x_1^1 + yy_1, \ldots, x_k^1 + yy_k, 0, \ldots, 0)$ und $\boldsymbol{x}^3 = (x_1^1 - yy_1, \ldots, x_k^1 - yy_k, 0, \ldots, 0)$ konstruiert werden, deren erste k Komponenten positiv sind. Wegen der Darstellung $\boldsymbol{x}^1 = {}^1/_2 \boldsymbol{x}^2 + {}^1/_2\, \boldsymbol{x}^3$ mit $\lambda = {}^1/_2$ könnte $\boldsymbol{x}^1$ aber entgegen der ersten Annahme kein Eckpunkt sein.

Der *Entartungsfall* $k < m$ ist möglich, soll aber bei diesen Betrachtungen hier ausgeschlossen werden. Man kann den Entartungsfall beim Simplexverfahren ohne besondere Schwierigkeiten behandeln.

Simplextableau. Der zulässige Bereich R hat höchstens $\binom{n+m}{m} = \binom{n+m}{n}$ Eckpunkte. Unter diesen endlich vielen Eckpunkten oder zulässigen Basislösungen ist einer mit größtem Funktionswert $k_{\max}$ der Zielfunktion zu bestimmen. Dieser muß nicht eindeutig bestimmt sein. Das ist z. B. der Fall, wenn der Rand von R mit der gesuchten Hyperebene $\boldsymbol{c}^T \boldsymbol{x} = k_{\max}$ einen Durchschnitt der Dimension $d \geqslant 1$ hat. Nimmt man an, daß die ersten m Spalten von $\boldsymbol{A}$ linear unabhängig sind und bezeichnet die aus diesen Spalten gebildete Matrix mit $\boldsymbol{A}_1$, den Rest von $\boldsymbol{A}$ mit $\boldsymbol{A}_2$, so ist $\boldsymbol{A} = (\boldsymbol{A}_1, \boldsymbol{A}_2)$ mit $\boldsymbol{A}_1$ nichtsingulär, Typ (m, m) und $\boldsymbol{A}_2$ vom Typ (m, n). Analog zerlegt man $\boldsymbol{c} = \begin{pmatrix} \boldsymbol{c}_1 \\ \boldsymbol{c}_2 \end{pmatrix}$, $\boldsymbol{x} = \begin{pmatrix} \boldsymbol{x}_1 \\ \boldsymbol{x}_2 \end{pmatrix}$, wobei $\boldsymbol{c}_1$ bzw. $\boldsymbol{x}_1$ jeweils die ersten m Komponenten sind. Dann kann man $\boldsymbol{A}\boldsymbol{x} = \boldsymbol{A}_1 \boldsymbol{x}_1 + \boldsymbol{A}_2 \boldsymbol{x}_2 = \boldsymbol{b}$ nach $\boldsymbol{x}_1$ auflösen und erhält $\boldsymbol{x}_1 = \boldsymbol{A}_1^{-1} \boldsymbol{b} + \boldsymbol{A}_1^{-1} \boldsymbol{A}_2 (-\boldsymbol{x}_2)$.

Nimmt man an, daß $\boldsymbol{A}_1^{-1} \boldsymbol{b} > 0$ ist, so ergibt sich mit $\boldsymbol{x}_2 = \boldsymbol{O}$ eine zulässige Basislösung x_1. Das Einsetzen in die Zielfunktion ergibt zunächst

$f(x) = \boldsymbol{c}_1^T \boldsymbol{A}_1^{-1} \boldsymbol{b} + [\boldsymbol{c}_1^T \boldsymbol{A}_1^{-1} \boldsymbol{A}_2 - \boldsymbol{c}_2^T] (-\boldsymbol{x}_2)$.

Für $\boldsymbol{x}_2 = \boldsymbol{O}$ ergibt sich der Wert der Zielfunktion $f(\boldsymbol{x}^1) = \boldsymbol{c}_1^T \boldsymbol{A}_1^{-1} \boldsymbol{b}$. Man stellt diese Beziehungen im sogenannten *Simplextableau* dar.

Simplextableau	$\boldsymbol{A}_1^{-1} \boldsymbol{b}$	$\boldsymbol{A}_1^{-1} \boldsymbol{A}_2$
	$\boldsymbol{c}_1^T \boldsymbol{A}_1^{-1} \boldsymbol{b}$	$\boldsymbol{c}_1^T \boldsymbol{A}_1^{-1} \boldsymbol{A}_2 - \boldsymbol{c}_2^T$

In der ersten Spalte steht die zulässige Basislösung und in der letzten Zeile der Wert der Zielfunktion hierfür.

Im Simplextableau unterscheidet man drei sich ausschließende Fälle:

1. Die n Elemente von $\boldsymbol{c}_1^T \boldsymbol{A}_1^{-1} \boldsymbol{A}_2 - \boldsymbol{c}_2^T$ sind nichtnegativ. Dann liegt eine *optimale* Lösung vor, denn wenn irgendein Element von $\boldsymbol{x}_2$ positiv gemacht wird, dann wird der Wert der Zielfunktion höchstens kleiner.

2. $\boldsymbol{c}_1^T \boldsymbol{A}_1^{-1} \boldsymbol{A}_2 - \boldsymbol{c}_2^T$ enthält ein negatives Element, es sei das k-te, und alle Elemente der k-ten Spalte von $\boldsymbol{A}_1^{-1} \boldsymbol{A}_2$ seien nichtpositiv. Dann kann man die k-te Komponente von $\boldsymbol{x}_2$ beliebig vergrößern. Wenn man wegen $\boldsymbol{x}_1 = \boldsymbol{A}_1^{-1} \boldsymbol{b} + \boldsymbol{A}_1^{-1} \boldsymbol{A}_2 (-\boldsymbol{x}_2)$ die Komponenten von $\boldsymbol{x}_1$ mit verändert, hat man stets zulässige Lösungen, für die die Zielfunktion $f(\boldsymbol{x})$ über alle Grenzen wächst; $f(\boldsymbol{x})$ ist im zulässigen Bereich nicht beschränkt, und die Aufgabe hat demnach keine Lösung.

3. Das k-te Element von $\boldsymbol{c}_1^T \boldsymbol{A}_1^{-1} \boldsymbol{A}_2 - \boldsymbol{c}_2^T$ sei wieder negativ, aber für jedes solche k enthalte die k-te Spalte von $\boldsymbol{A}_1^{-1} \boldsymbol{A}_2$ mindestens ein positives Element. Auch dann kann man durch Vergrößerung der k-ten Komponente von $\boldsymbol{x}_2$ die Zielfunktion vergrößern. Man darf aber dies nur so weit tun, bis die erste der abnehmenden Komponenten von $\boldsymbol{x}_1 = \boldsymbol{A}_1^{-1} \boldsymbol{b} + \boldsymbol{A}_1^{-1} \boldsymbol{A}_2 (-\boldsymbol{x}_2)$ zu Null wird. Die übrigen (geänderten) Komponenten von $\boldsymbol{x}_1$ und die so bestimmte k-te Komponente von $\boldsymbol{x}_2$ bilden eine neue zulässige Basislösung mit einem größeren Wert der Zielfunktion. Die lineare Unabhängigkeit der zugehörigen Spalten von $\boldsymbol{A}$ kann man ableiten. Da nur endlich viele zulässige Basislösungen existieren und man wegen der Vergrößerung der Zielfunktion bei jedem Simplexschritt stets zu neuen Basislösungen kommt, erhält man nach endlich vielen Schritten Fall 1 (optimale Lösung) oder Fall 2.

Gewinnung einer ersten zulässigen Basislösung. Wenn $\boldsymbol{b} > \boldsymbol{O}$ gilt, dann erhält man bei Einführung der Schlupfvariablen, mit $\bar{\boldsymbol{x}} = \boldsymbol{b}$, eine zulässige Basislösung. Sind die Nebenbedingungen als Gleichungen ergeben, dann kann man $\boldsymbol{b} \geqslant \boldsymbol{O}$ (in jedem praktischen Problem auch $\boldsymbol{b} > \boldsymbol{O}$) sicher erreichen. Mit sogenannten *künstlichen Variablen* $\boldsymbol{y} = (y_1, \ldots, y_m)$ löst man dann zunächst das Problem

$$\min \left\{ \sum_{j=1}^{m} y_j \mid \boldsymbol{A}\boldsymbol{x} + \boldsymbol{E}\boldsymbol{y} = \boldsymbol{b},\ \boldsymbol{x} \geqslant \boldsymbol{O},\ \boldsymbol{y} \geqslant \boldsymbol{O} \right\},$$

für das $\boldsymbol{y} = \boldsymbol{b}$ eine erste zulässige Basislösung liefert. Ist das Minimum von $\sum_{j=1}^{m} y_j$ positiv, dann hat das Ausgangsproblem *keine zulässige Lösung*. Ist das Minimum Null, dann ist die optimale Lösung $(\boldsymbol{x}^0, \boldsymbol{y}^0) = (\boldsymbol{x}^0, \boldsymbol{O})$ der letzten Aufgabe zulässige Basislösung des Ausgangsproblems. Für ein Rechenprogramm wird man diesen zuletzt beschriebenen *problemunabhängigen* Weg wählen.

Manuelles Lösungsverfahren. Für die manuelle numerische Lösung einer Aufgabe der Linearoptimierung hat sich die *Jordan-Elimination* als recht zweckmäßig erwiesen (Kap. 29.2. – Lineare Gleichungssysteme). Man geht dabei wie folgt vor:

1. Nebenbedingungen mit negativen rechten Seiten werden durch Multiplikation mit -1 in solche mit positiven rechten Seiten übergeführt.
2. In $\leqslant$-Nebenbedingungen werden positive, in $\geqslant$-Bedingungen negative Schlupfvariable und in $=$-Bedingungen künstliche Variable eingeführt. Dabei werden die Nebenbedingungen $x \geqslant 0$ außer acht gelassen. Faßt man diese zusätzlichen Variablen im Vektor $\boldsymbol{u}$ zusammen, so lauten die Nebenbedingungen

$$\boldsymbol{u} + \boldsymbol{A}\boldsymbol{x} = \boldsymbol{b} \quad \text{mit} \quad \boldsymbol{b} \geqslant \boldsymbol{O}.$$

   Für $\boldsymbol{x} = \boldsymbol{O}$ ist $\boldsymbol{u} = \boldsymbol{b}$ eine zulässige Basislösung dieses Systems, braucht aber noch keine zulässige Lösung für die gegebenen Nebenbedingungen zu sein.

	$\boldsymbol{x}$	1
$\boldsymbol{u}$	$\boldsymbol{A}$	$\boldsymbol{b}$
z	$-\boldsymbol{c}^T$	0

3. Zusammen mit der zu maximierenden Zielfunktion $z - \boldsymbol{c}^T\boldsymbol{x} = 0$ benutzt man das in Schritt 2 erhaltene System als Eingangsinformation für die Jordan-Elimination. Dieses ist die Anfangs-Simplextabelle, $\boldsymbol{u}$ enthält die Basis, $\boldsymbol{x}$ die Nichtbasisvariablen.
4. Bei den Eliminationen werden Variable aus Vektor $\boldsymbol{x}$ gegen Variable aus Vektor $\boldsymbol{u}$ ausgetauscht, wobei zu beachten ist, daß bei Austausch einer negativen Schlupfvariablen die betreffende Hauptspalte noch mit -1 multipliziert werden muß.
   Zuerst werden die künstlichen und die negativen Schlupfvariablen aus der Basis entfernt. Gelingt das nicht, so hat die vorgegebene Aufgabe keine zulässige Lösung. Diese zusätzlichen Variablen sollten möglichst gegen solche eigentlichen Variablen ausgetauscht werden, deren Koeffizient in der letzten Zeile negativ ist.
5. Anschließend werden diejenigen eigentlichen Variablen und positiven Schlupfvariablen, die als Nichtbasisvariable negative Koeffizienten in der letzten Zeile haben, gegen Basisvariable ausgetauscht. Man wählt dabei zunächst solche Nichtbasisvariable, deren negativer Koeffizient einen möglichst großen absoluten Betrag hat.
6. Das Verfahren endet mit den drei Möglichkeiten:
   a) Nicht alle künstlichen bzw. negativen Schlupfvariablen lassen sich aus der Basis entfernen: Die vorgegebene Aufgabe hat keine zulässige Lösung.
   b) Eine Nichtbasisvariable mit negativem Koeffizienten in der letzten Zeile läßt sich *nicht* in die Basis bringen, weil sämtliche Elemente der betreffenden Spalte nichtpositiv sind: Die Zielfunktion ist im zulässigen Bereich nicht beschränkt.
   c) Alle Nichtbasisvariablen haben nichtnegative Koeffizienten in der letzten Zeile: Eine optimale Lösung ist ermittelt; die linke Spalte enthält die Variablen, die rechte Spalte die Werte der Optimallösung mit dem Wert der Zielfunktion in der letzten Zeile.

Beispiel 3: Maximiere $x_1 + 4x_2$ unter den nebenstehenden Bedingungen.

$$2x_1 + 3x_2 \leqslant 4, \quad 3x_1 + x_2 \leqslant 3, \quad x_1 \geqslant 0,\ x_2 \geqslant 0.$$

Die rechten Seiten sind schon positiv. Da nur $\leqslant$-Bedingungen auftreten, werden die positiven Schlupfvariablen u_1, u_2 eingeführt. Die Anfangs-Simplextabelle ist in (1) angegeben.
Der Austausch u_1 gegen x_2 mit der eingerahmten 3 als Hauptelement ergibt die Tabelle (2).

(1)

	x_1	x_2	
u_1	2	(3)	4
u_2	3	1	3
	-1	-4	0

(2)

	x_1	u_1	
x_2	$^2/_3$	$^1/_3$	$^4/_3$
u_2	$^7/_3$	$-^1/_3$	$^5/_3$
	$+^5/_3$	$+^4/_3$	$+^{16}/_3$

Das ist bereits die optimale Lösung $x_1 = 0$, $x_2 = {}^4/_3$, $u_1 = 0$, $u_2 = {}^5/_3$ mit $z = {}^{16}/_3$.
In der Abbildung 30.1-2 sind der zulässige Bereich R des Ausgangsproblems ohne Schlupfvariable und die Gerade $x_1 + 4x_2 = {}^{16}/_3$ eingezeichnet.

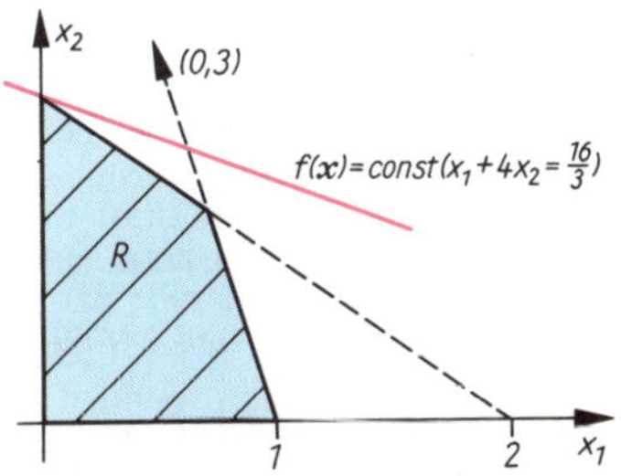

30.1-2 Lösung eines Primalproblems mit der Zielfunktion $f(x) = x_1 + 4x_2$

Dualität. Das Problem min $\{b^T y \mid A^T y \geqslant c, y \geqslant O\}$ nennt man das zu max $\{c^T x \mid Ax \leqslant b, x \geqslant O\}$ *duale Problem*. Letzteres heißt auch *Primalproblem*. Dabei ist y eine Matrix vom Typ $(m, 1)$ bzw. ein Vektor im R_m. Einen Vektor y mit $A^T y \geqslant c$ und $y \geqslant O$ nennt man hier *zulässig*.

Primalproblem	max $\{c^T x \mid Ax \leqslant b,\ x \geqslant O\}$
Dualproblem	min $\{b^T y \mid A^T y \geqslant c, y \geqslant O\}$

Sind x und y (*primal* bzw. *dual*) zulässig, dann ist $c^T x \leqslant b^T y$.

Beweis: x zulässig heißt $Ax \leqslant b$ und $x \geqslant O$; y zulässig heißt $A^T y \geqslant c$ und $y \geqslant O$. Also ist $c^T x \leqslant (A^T y)^T x = (y^T A)\, x = y^T (Ax) \leqslant y^T b = b^T y$.
Daraus folgt ohne Schwierigkeit:

Sind x^0 und y^0 zulässig und gilt $c^T x^0 = b^T y^0$, dann sind x^0 bzw. y^0 optimal für das Primal- bzw. Dualproblem.

Beweis: Nach obigem Satz gilt für jedes zulässige x stets $c^T x \leqslant b^T y^0 = c^T x^0$ und für jedes zulässige y andererseits $b^T y \geqslant c^T x^0 = b^T y^0$. Die erste Ungleichung zeigt, daß x^0 Lösung des Primalproblems, die zweite, daß y^0 Lösung des Dualproblems ist.
GALE, KUHN und TUCKER bewiesen den Dualitätssatz.

Dualitätssatz: x^0 löst das Primalproblem dann und nur dann, wenn es ein zulässiges y^0 gibt mit $c^T x^0 = b^T y^0$; y^0 löst das Dualproblem dann und nur dann, wenn es ein zulässiges x^0 gibt mit $b^T y^0 = c^T x^0$. Das Primal- bzw. Dualproblem ist dann und nur dann lösbar, wenn beide gleichzeitig zulässige Vektoren haben.

Diese Aussagen sind insbesondere dann von Nutzen, wenn man ein Problem nur näherungsweise lösen kann und eine Abschätzung dafür haben möchte, wie weit man vom Optimum entfernt ist. Das kann auch bei rechenaufwendigen Problemen bezüglich der Einhaltung von Rechenkosten, die zum erreichten Ergebnis ökonomisch vertretbar sind, durch Abbruch der Rechnung wichtig sein.

Schattenpreise. In der zur optimalen Lösung gehörenden Form der Zielfunktion bilden die Koeffizienten $c_1^T A_1^{-1} A_2 - c_2^T$, die zu den Schlupfvariablen gehören, den Lösungsvektor y^0 des dualen Problems. Im Beispiel ist $y^{0T} = (^4/_3, 0)$ und damit $b^T y^0 = {}^{16}/_3 = f(x^0)$.
Die Komponenten dieses dualen Lösungsvektors nennt man auch *Schattenpreise*. Sie geben an, in welchem Maße die Zielfunktion durch Vergrößerung der entsprechenden Komponente von b um eine Einheit wächst. Im Beispiel würde die Vergrößerung von $b_2 = 3$ nichts bringen, da in der optimalen Lösung $n_2 > 0$ ist und demnach $3x_1 + x_2 \leqslant 3$ nicht ausgeschöpft wird. Hingegen würde die Zielfunktion um $^4/_3$ wachsen, wenn man $b_1 = 4$ durch $b_1 = 5$ ersetzt, wie man leicht nachrechnen kann.

Anwendung des Simplexverfahrens

Das Simplexverfahren ist vielfältig verbessert worden mit dem Ziel, Rundungsfehler, den notwendigen Speicheraufwand im Rechner und die Rechenzeit zu reduzieren.
1954 entwickelte LEMKE die *duale Simplexmethode*, indem er das Primalproblem über die Lösung des Dualproblems löste. Man hat auch Primal- und Dualsimplex zur Einsparung von Rechenzeiten kombiniert. Die *revidierte Simplexmethode* wird häufig mit einer Produkt-Form-Darstellung der inversen Matrix verwendet. Bei großen Problemen geht man nach einer gewissen Anzahl von Simplexschritten zweckmäßig durch eine Re-Inversion wieder auf die Daten der Ausgangsmatrix zurück, um Rundungsfehler zu verkleinern.
Für Primalprobleme mit oberen Schranken für die Variablen, d. h. mit $x \leqslant d$, entwickelte DANTZIG einen speziellen Algorithmus, bei dem der Rechenaufwand mit dem für das Problem ohne solche Schranken vergleichbar ist. Schließlich haben G. B. DANTZIG und P. WOLFE 1960 für Probleme mit einer speziellen Matrixstruktur, bei der nur die schraffierten Flächen mit Elementen ungleich Null besetzt sind, einen Zerlegungs-Algorithmus [decomposition-method] entwickelt, der das Gesamtproblem in ein Haupt- und mehrere Teilprobleme zerlegt (Abb. 30.1-3). Damit hat man schon vor 1963 Probleme mit 32000 Bedingungen und 2 Millionen Variablen mit vertretbaren Rechenzeiten gelöst.
Die von BROWN und ROBINSON entwickelte Methode des *fiktiven Spiels*, bei der man weniger Speicherplätze als beim Simplexverfahren braucht, konvergiert zu langsam, um praktisch wirksam zu werden.

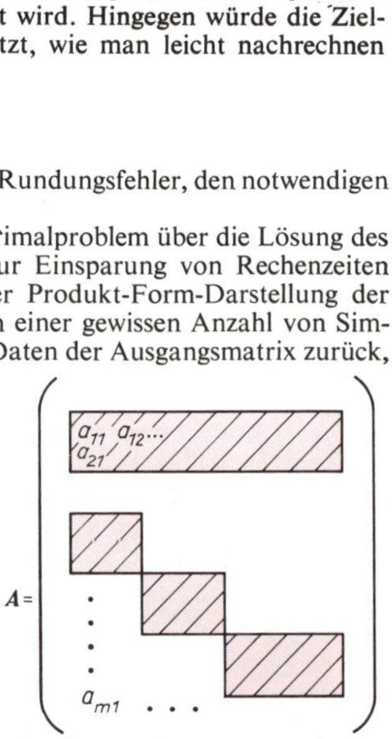

30.1-3 Zum Zerlegungsalgorithmus; Schema einer Matrix, in der nur die hervorgehobenen Elemente von 0 verschieden sind

Transportproblem. Ein wichtiger Spezialfall des Primalproblems wurde unabhängig voneinander 1941 von Hitchcock und 1942 von Kantorowitsch formuliert.

Transportproblem	$\min\left\{\sum_{i=1}^{m}\sum_{j=1}^{n} c_{ij}x_{ij} \;\middle|\; \sum_{i=1}^{m} x_{ij} = b_j,\ \sum_{j=1}^{n} x_{ij} = a_i,\ x_{ij} \geqslant 0\right\}$

Inhaltlich hat es folgende Bedeutung: Für ein bestimmtes Gut, z. B. eine Ware, gibt es die *Lieferanten* L_i mit der *Lieferkapazität* $a_i \geqslant 0$ und die *Verbraucher* V_j mit dem *Bedarf* $b_j \geqslant 0$. Eine Einheit des Gutes vom Lieferanten L_i zum Verbraucher V_j zu transportieren, kostet c_{ij} Geldeinheiten. Die Mengen x_{ij}, die von L_i nach V_j transportiert werden (Abb. 30.1-4), sind so zu bestimmen, daß der Gesamttransport möglichst billig wird. Die hier spezielle Struktur der Matrix A bewirkt, daß bei ganzzahligen b_j und a_i die Lösungen x_{ij} auch ganzzahlig sind. Außerdem hat dieses spezielle Problem stets eine Lösung. Es ist in mannigfacher Weise in der Praxis mit großem Nutzen angewendet worden. Neben der gebräuchlichen Form des Simplex-Algorithmus sind als Lösungsverfahren die *Ungarische Methode* von Kuhn, das *Stepping-Stone-Verfahren* von Charnes und Cooper und ein Verfahren von Ford und Fulkerson zu nennen, das die Bestimmung des maximalen Flusses in einem *gerichteten Graphen*, einem Netz zur Lösung des Problems, anwendet. Damit kann man das Problem auch unter Berücksichtigung von Kapazitätsschranken für die Transportwege lösen.

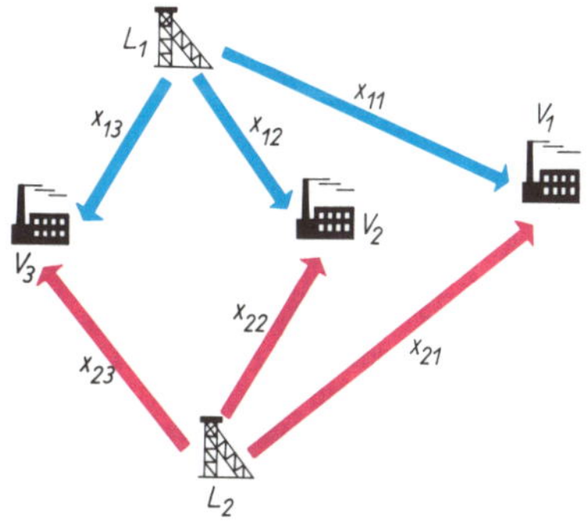

30.1-4 Zur Transportoptimierung

Weitere Verallgemeinerungen unterscheiden mehrere Transportstufen oder untersuchen den Transport mehrerer Güter.

Beispiel 1: Ist $b_1 = 4, b_2 = 8, b_3 = 2, b_4 = 8$ der Bedarf von vier Verbrauchern und $a_1 = 10, a_2 = 7, a_3 = 5$ die Kapazität von drei Lieferanten, so gilt $\sum a_i = \sum b_j = 22$. Sollte einer der Fälle $\sum a_i = a \gtrless b = \sum b_j$ eintreten, so nimmt man einen fiktiven Lieferanten für die Menge $(b - a)$ bzw. einen fiktiven Verbraucher für $(a - b)$ an. Die Koeffizienten c_{ij} der Matrix geben die Kosten je Stück für den Transport von i nach j an.

$c_{11} = 20$	$c_{12} = 6$	$c_{13} = 4$	$c_{14} = 3$
$c_{21} = 10$	$c_{22} = 1$	$c_{23} = 5$	$c_{24} = 8$
$c_{31} = 9$	$c_{32} = 3$	$c_{33} = 8$	$c_{34} = 2$

Nach der *Nordwesteckenregel* sucht man von der Nordwestecke oben links aus die gestelltenForderungen je nach den Summen b_j bzw. a_i von Feld zu Feld maximal zu befriedigen. Die Reihenfolge der Felder mit Entscheidung ist durch rote Zahlen angegeben, die Felder, über deren Stückzahl zugleich mitentschieden wurde, sind durch rote Pfeile gekennzeichnet.

Nordwesteckenregel

					a_i
	4 1	6 2	0	0	10
	0	2 3	2 4	3 5	7
	0	0	0	5	5
b_j	4	8	2	8	

Beim *Matrixminimum-Verfahren* befriedigt man ebenfalls maximal nach den Summen a_i und b_j, legt die Reihenfolge der Felder mit Entscheidung aber nach dem jeweils kleinsten c_{ij}-Wert fest, um Transportkosten zu sparen. Wie zu erwarten, ist der Wert der Zielfunktion $f(x) = \sum_{i=1}^{m}\sum_{j=1}^{n} c_{ij}x_{ij}$ geringer geworden; er beträgt nach der Nordwesteckenregel $f_1 = 162$, beim Matrixminimum $f_2 = 120$. Für die optimale Lösung $x_{13} = 2$, $x_{14} = 8$, $x_{22} = 7$, $x_{31} = 4$ und $x_{32} = 1$ erhält man $f_{\text{opt}} = 78$. Diese Lösung ist entartet, weil nur $5 = n + m - 2$ positive Komponenten auftreten, während wegen der einen zusätzlichen Bedingung $a = b$ insgesamt $n + m - 1 = 6$ positive Komponenten zu erwarten sind.

Matrixminimum-Verfahren

					a_i
	4	1	2 4	3 3	10
	0	7 1	0	0	7
	0	0	0	5 2	5
b_j	4	8	2	8	

Ganzzahlige Optimierung. Im Zusammenhang mit der Frage nach einem Produktionsprogramm, das unter Berücksichtigung gegebener Kapazitätsschranken einen maximalen Erlös sichert, tritt das Problem der *ganzzahligen Lösung* von max $\{c^T x \mid Ax \leqslant b, x \geqslant O\}$ auf. Man sucht das Maximum der Zielfunktion nicht mehr unter allen Punkten des zulässigen Bereichs R, sondern nur noch unter den in R enthaltenen *Gitterpunkten.*

Bei jeder konkreten Aufgabe ist natürlich erst zu prüfen, ob eine Behandlung als ganzzahliges Problem notwendig ist. Sind z. B. die Koeffizienten des Problems nur Schätzwerte, dann lohnt der zusätzliche Aufwand sicher nicht. Die durch die Ausgangsdaten dem Problem anhaftenden Ungenauigkeiten werden durch normale Behandlung und Abrunden der nicht ganzzahligen Lösung auf einen benachbarten Gitterpunkt nicht erheblich vergrößert.

Für die ganzzahlige Optimierung hat R. GOMORY 1958 das Verfahren der schneidenden Ebene [cutting plane] entwickelt. Man rechnet das Problem zunächst normal bis zu einer optimalen Lösung durch. Ist diese Lösung nicht zufällig ganzzahlig, dann wird eine zusätzliche Bedingungsgleichung so eingeführt, daß die gewonnene Lösung nicht mehr primal zulässig ist, aber im verbleibenden zulässigen Bereich $R_1 \subseteq R$ jedenfalls alle in R liegenden Gitterpunkte enthalten sind. Die von R etwas abschneidende Hyperebene hat dem Verfahren den Namen gegeben. Durch ihre Einführung wird die gewonnene Lösung primal unzulässig, bleibt aber dual zulässig. Dadurch kann man mit dem Dual-Simplexverfahren relativ schnell zu einer bezüglich R_1 optimalen Lösung kommen. Ist diese nicht ganzzahlig, führt man eine neue schneidende Ebene ein und kommt zu $R_2 \subseteq R_1$. Das Verfahren führt nach endlich vielen Schritten zur gesuchten ganzzahligen Lösung.

Bei der praktischen Anwendung gibt es durch die beim finiten Rechnen auftretenden Rundungsfehler einige Probleme. Da man die durch Gitterpunkte gehenden schneidenden Ebenen nur angenähert erfaßt, muß man auch bei der Prüfung der Ganzzahligkeit der Lösung gewisse Schwankungsbreiten zulassen. Trotzdem kann es geschehen, daß man Gitterpunkte aus R abschneidet. Dies hat zu sehr vielen weiteren Untersuchungen zu diesem Problem geführt, und die Anwendung des Verfahrens bleibt rechentechnisch problematisch.

Parametrische Optimierung

Bei der linearen Optimierung können alle Koeffizienten von Parametern abhängen. Die einfachsten Fälle sind:

Parametrische Optimierung	max $\{(c + \lambda d)^T x \mid Ax \leqslant b, x \geqslant O\}$ max $\{c^T x \mid Ax \leqslant b + \lambda f, x \geqslant O\}$

Dieses Problem tritt auf bei der Bestimmung eines Produktionsprogramms, das bei vorgegebener Kapazität den Erlös maximiert, wenn etwa für den Erlös je Stück des Erzeugnisses i nur Schranken angegeben werden können oder wenn die Frage gestellt wird, wie sich in der ersten Formulierung die optimale Lösung bei Änderung der Erzeugniserlöse, z. B. der Absatzpreise, ändert. Die zweite Formulierung würde die Frage nach der Änderung des Produktionsprogramms bei Änderung der Kapazität, z. B. durch Erweiterung oder Einschränkung, beantworten. Hierfür kann man, wie oben festgestellt, auch gewisse Aussagen aus den Komponenten der Lösung des dualen Problems, den Schattenpreisen, gewinnen.

Beide Formulierungen sind zueinander *dual*; das zur ersten Formulierung duale Problem hat die Struktur der zweiten. Deshalb soll nur die erste Formulierung näher betrachtet werden. Der zulässige Bereich R sei nicht leer und sei beschränkt, und es seien c und d linear unabhängig; bei linear abhängigen c und d ergibt sich ein allgemeines Primalproblem. Die Hyperebenen $(c + \lambda d)^T x = k$ bilden für jedes *feste* λ eine Schar paralleler Ebenen mit dem Scharparameter k. Für festes k und variables λ erhält man ein Büschel von Hyperebenen.

Die Abbildung 30.1-5 soll im zweidimensionalen Fall einen Sachverhalt deutlich machen, den man auch allgemein beweisen kann: Zeichnet man den Normalenvektor der Hyperebene $(c + \lambda d)^T x = k$ nach der Seite des wachsenden k, dann überstreichen diese Normalenvektoren für $-\infty < \lambda < +\infty$ einen Winkelraum der Größe π. Für das Beispiel der Abbildung gibt es eine Zerlegung des λ-Intervalls $]-\infty, +\infty[$ in $-\infty < \lambda \leqslant \lambda_1 < 0$, für das die Ecke E_4, in $\lambda_1 \leqslant \lambda \leqslant \lambda_2 < 0$, für das E_3, in $\lambda_2 \leqslant \lambda \leqslant \lambda_3 > 0$, für das E_2, und in $\lambda_3 \leqslant \lambda < +\infty$, für das E_1 die optimale Lösung ist. Man findet ganz allgemein eine Zerlegung von $]-\infty, +\infty[$ in endlich viele Teilintervalle derart, daß für jedes λ-Intervall eine zulässige Basislösung optimal ist. Bei nicht beschränktem R können evtl. keine Lösungen existieren in den Intervallen $-\infty < \lambda \leqslant \lambda_1$ bzw. $\lambda_r \leqslant \lambda < +\infty$.

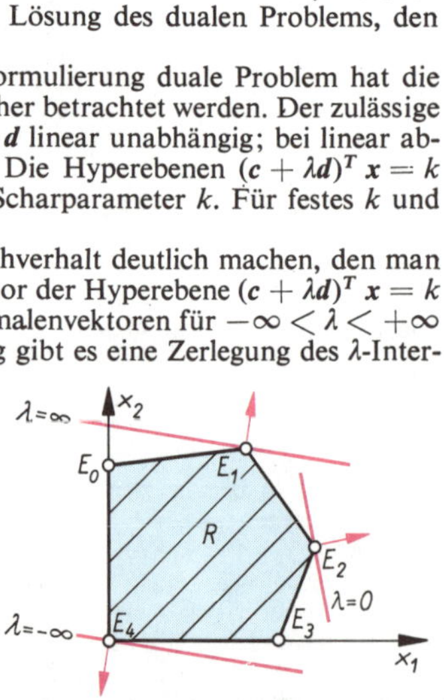

30.1-5 Zur parametrischen Optimierung in der Ebene

Praktisch löst man das Problem für ein bestimmtes λ mit dem Simplex-Verfahren und bestimmt dann das λ-Intervall, für das die gefundene optimale Lösung optimal bleibt. An den Grenzen dieses Intervalls kann man die Komponenten von x bestimmen, die für wachsendes oder fallendes λ in die

Basis müssen und ebenso die, die aus der Basis gehen. Für diese neue Basis findet man dann wieder ein λ-Intervall und so fort. Es gibt verschiedene Verfahren, die hierfür speziell eingerichtet sind, z. B. von SPURKLAND (1964).

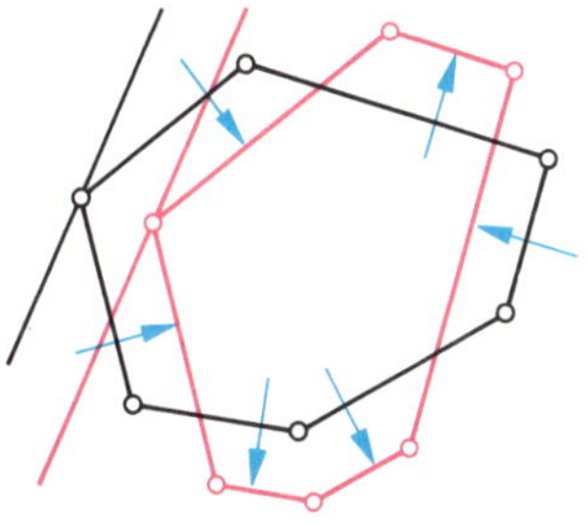

30.1-6 Geometrische Interpretation des dualen parametrischen Problems

Beim dualen Problem bedeutet eine Variation von λ, daß sich die den zulässigen Bereich R begrenzenden Hyperebenen parallel verschieben (Abb. 30.1-6). Man kann hier zeigen, daß für bestimmte λ-Intervalle die gleichen Komponenten von $\boldsymbol{x}$ in der Basis, d. h. positiv, sind. Die Lösung selbst ändert sich jedoch mit λ. Aus der Fragestellung des erlösmaximalen Produktionsprogramms bei gegebener Kapazität erwächst noch ein weiteres parametrisches Problem. Das Element a_{ki} der Matrix $\boldsymbol{A}$ war dort der Aufwand für eine Einheit des Erzeugnisses i in der Aufwandsgruppe k. Auch diese Koeffizienten können sich ja ändern, z. B. durch Steigerung der Arbeitsproduktivität oder durch Einführung neuer Technologien. Es ist also auch die Untersuchung von Problemen mit mehr als einem Parameter interessant, und auch hierüber gibt es einige neuere Arbeiten, die gewisse Verallgemeinerungen der aus der einparametrischen linearen Optimierung bekannten Tatsachen zeigen.

Bei jedem praktischen Problem entsteht natürlich die Frage, wie eine Änderung der Koeffizienten die Lösung beeinflußt. Bei den Kapazitätsschranken geben hierüber die *Schattenpreise* Auskunft, aber in voller Allgemeinheit kann man diese Frage nur mit der *parametrischen Optimierung* beantworten.

Weitere Anwendungen der Linearoptimierung

Die Möglichkeit der Anwendung der Linearoptimierung ist in vielen Gebieten der Naturwissenschaften, der Technik, der Ökonomie gegeben. Sie ist eine der tragfähigen mathematischen Methoden der Operationsforschung. Auf einige spezielle Anwendungsfälle sei noch hingewiesen.

Zuordnungsproblem. Es sind n Mittel genau n Aufgaben zuzuordnen, so daß jedes Mittel genau einer Aufgabe zugeordnet wird und der Gesamtaufwand oder die Gesamtkosten minimal werden. Hat man etwa n Aufgaben in einer mechanischen Fertigung und n Arbeiter, deren jeder jede der Aufgaben prinzipiell lösen kann, aber mit unterschiedlichem Zeitaufwand, so bildet der Zeitbedarf der Arbeiter für die Aufgaben eine quadratische Matrix mit Elementen c_{ij}. Jeder Arbeiter soll genau eine Aufgabe erledigen. Die mathematische Formulierung lautet dann

$$\min \left\{ \sum_{i=1}^{n} \sum_{j=1}^{n} c_{ij} x_{ij} \;\middle|\; \sum_{i=1}^{n} x_{ij} = \sum_{j=1}^{n} x_{ij} = 1, \quad x_{ij} \geqslant 0 \right\}.$$

Es handelt sich um einen Spezialfall des Transportproblems. Genau n der x_{ij} sind jeweils 1, die übrigen 0. Die Basislösungen enthalten statt $2n - 1$ nur n positive Komponenten, d. h., das Problem ist stark entartet. Es läßt sich deshalb besser mit der Ungarischen Methode als nach dem Simplexverfahren lösen.

Mischungsprobleme. Ein typisches Mischungsproblem ist mit dem Diätproblem bereits erwähnt worden. Die Optimierung der Beschickung eines Hochofens zur Roheisengewinnung ist ein weiteres Beispiel hierfür. Man sucht die billigste Mischung von Erzen zur Herstellung von Roheisen mit bestimmten Eigenschaften. Auch die Herstellung eines Gases mit vorgeschriebenem Heizwert durch Mischung aus Gasen unterschiedlicher Herstellungskosten und mit bekanntem Heizwert führt auf ein Problem der Linearoptimierung.

Zuschnittprobleme. Wenn man aus Blechtafeln vorgegebener Größe verschiedene Arten kleinerer Tafeln zuschneiden will, dann führt die Frage nach der Minimierung des Abfalls auf ein Minimierungsproblem. Solche Fragestellungen tauchen bei der Metall-, Holz-, Textil- und Lederverarbeitung auf.

Stochastische lineare Optimierung. Wenn Koeffizienten eines linearen Optimierungsproblems *Zufallsgrößen* sind, so ist in $\max \{\boldsymbol{c}^T\boldsymbol{x} \mid \boldsymbol{A}\boldsymbol{x} \leqslant \boldsymbol{b}, \boldsymbol{x} \geqslant \boldsymbol{O}\}$ nur die Frage nach dem *maximalen Erwartungswert* der Zielfunktion sinnvoll. Bei voller Berücksichtigung der den Problemen anhaftenden Zufälligkeit werden diese meist *nichtlinear* bzw. lassen sich durch Probleme mit stückweise linearer Zielfunktion und linearen Nebenbedingungen darstellen oder approximieren. Es gibt nur einen sehr speziellen Fall, bei dem das entstehende Problem linear bleibt: wenn nur die Komponenten von $\boldsymbol{c}$, die Erlöse bzw. beim Minimumproblem die Kosten, Zufallsgrößen sind und wenn deren Verteilungsfunktionen unabhängig vom Wert der x_i sind. Dann ist es zulässig, die zufälligen Komponenten c_i von $\boldsymbol{c}$ durch ihre *Erwartungswerte* $\bar{c}_i = E(c_i)$ zu ersetzen und das Primalproblem mit dem aus den

$\bar{c}_i$ gebildeten Vektor $\bar{c}$ deterministisch zu behandeln (vgl. Kap. 27.2. – Mittelwert und Varianz). Das ist z. B. möglich, wenn man das Problem der *minimalen Futterkosten* im Diätproblem behandelt und für das betrachtete Jahr für die Preise der einzelnen Futtermittel eine solche Zufälligkeit mit bekannter Verteilung annehmen muß. Komplizierter wird das Problem, wenn die Komponenten von $\boldsymbol{b}$ zufällige Größen sind, z. B. bei der Frage nach einem kostengünstigen Ersatzsortiment bei zufälligem Bedarf, oder wenn die Elemente der Matrix $\boldsymbol{A}$ zufällige Größen sind.

30.2. Nichtlineare Optimierung

Unter den *nichtlinearen Problemen* gibt es für die *konvexe Optimierung* wenigstens von seiten der Theorie eine gewisse Geschlossenheit.

Konvexe Optimierung

Einen Bereich B des n-dimensionalen euklidischen Raumes R_n nennt man *konvex*, wenn mit zwei Punkten auch alle hieraus durch *konvexe Linearkombination* (vgl. Simplexverfahren) entstehenden Punkte zu B gehören (Abb. 30.2-1).

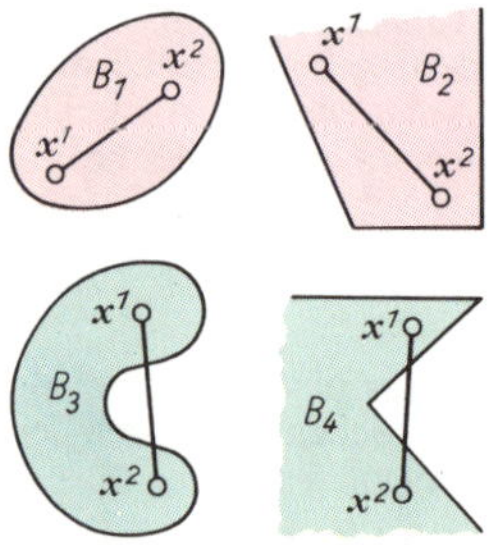

30.2-1 Konvexe Mengen B_1, B_2 und nichtkonvexe Mengen B_3, B_4

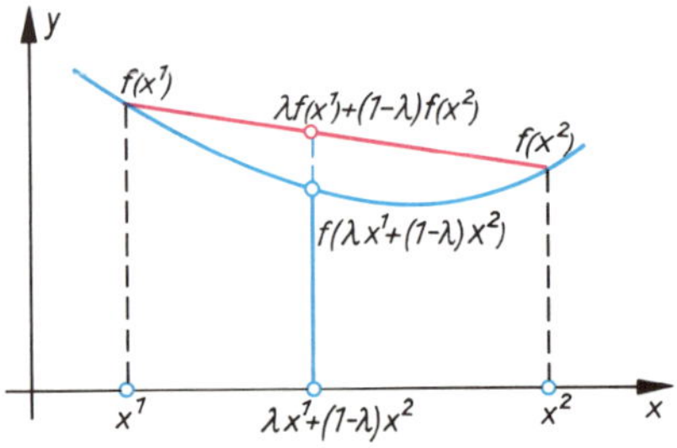

30.2-2 Bild einer konvexen Funktion einer Veränderlichen

Eine über einem konvexen Bereich B erklärte Funktion $f(\boldsymbol{x})$ nennt man *konvex*, wenn für $\boldsymbol{x}^1$ und $\boldsymbol{x}^2$ aus B und $0 < \lambda < 1$ stets gilt $f(\lambda\boldsymbol{x}^1 + (1-\lambda)\,\boldsymbol{x}^2) \leqslant \lambda f(\boldsymbol{x}^1) + (1-\lambda)\,f(\boldsymbol{x}^2)$ (Abb. 30.2-2). Ist für $\boldsymbol{x}^1 \neq \boldsymbol{x}^2$ das Gleichheitszeichen ausgeschlossen, dann heißt $f(\boldsymbol{x})$ *eigentlich konvex*, auch *streng konvex*. Konvexe Bereiche im R_3 sind z. B. Würfel, Quader, Tetraeder, Kugel, Ellipsoid.
Der Durchschnitt von konvexen Bereichen ist ein konvexer Bereich, eine Eigenschaft, die bei der Betrachtung des zulässigen Bereichs R des Maximierungsproblems schon benutzt wurde.

Sattelpunkttheorem. Sind in min $\{f(x)\colon g_i(x) \leqslant 0.\ i = 1, \ldots, m;\ x_j \geqslant 0,\ j = 1, \ldots, n\}$ (P) die **Funktionen f und g_i *konvexe Funktionen*, dann spricht man von einem Problem der *konvexen Optimierung*.** Der *zulässige Bereich* R des Problems ist ein *konvexer Bereich* im R_n. Für die Existenz einer Lösung haben KUHN, TUCKER und SLATER einen grundlegenden Satz bewiesen, das *Sattelpunkttheorem*. Es bezieht sich auf den Sattelpunkt $(\boldsymbol{x}^0, \boldsymbol{u}^0)$ einer Funktion $F(\boldsymbol{x}, \boldsymbol{u})$ zweier Veränderlicher, die in ihm für $\boldsymbol{u}$ ein Maximum hat, d. h., für Werte in der Nachbarschaft von $\boldsymbol{u}^0$ abnimmt, für $\boldsymbol{x}$ aber ein Minimum hat, d. h., für Werte in der Nachbarschaft von $\boldsymbol{x}^0$ zunimmt. Diese Funktion $F(\boldsymbol{x}, \boldsymbol{u})$ ergibt sich nach der *Methode der Lagrangeschen Multiplikatoren* für die Behandlung von Extremwertaufgaben mit Nebenbedingungen; mittels der Lagrangeschen Multiplikatoren u_i mit $i = 1, \ldots, m$ wird die *verallgemeinerte Lagrange-Funktion* $F(\boldsymbol{x}, \boldsymbol{u}) = f(\boldsymbol{x}) + \sum_{i=1}^{m} u_i \cdot g_i(\boldsymbol{x})$ definiert, in der $\boldsymbol{u}$ die $(m, 1)$-Matrix aus den u_i bedeutet.

Sattelpunkttheorem. Gibt es ein $\boldsymbol{x}^1 \geqslant \boldsymbol{O}$ mit $g_i(\boldsymbol{x}^1) < 0$ für $j = 1, \ldots, m$, so ist $\boldsymbol{x}^0 \geqslant \boldsymbol{O}$ dann und nur dann Lösung von [min $\{f(\boldsymbol{x}) \mid g_j(\boldsymbol{x}) \leqslant 0,\ x_i \geqslant 0]$ $(P)\}$, wenn es ein $\boldsymbol{u}^0 \geqslant \boldsymbol{O}$ gibt mit $F(\boldsymbol{x}^0, \boldsymbol{u}) \leqslant F(\boldsymbol{x}^0, \boldsymbol{u}^0) \leqslant F(\mathrm{x}, \mathrm{u}^0)$ für alle $\boldsymbol{x} \geqslant \boldsymbol{O}$, $\boldsymbol{u} \geqslant \boldsymbol{O}$.

Die Funktion $F(\boldsymbol{x}, \boldsymbol{u})$ hat danach in $\boldsymbol{x}^0$, $\boldsymbol{u}^0$ einen nichtnegativen Sattelpunkt. Es sei noch gezeigt, daß dies hinreichend dafür ist, daß $\boldsymbol{x}^0 \geqslant \boldsymbol{O}$ das konvexe Problem löst. Man erhält

$$f(\boldsymbol{x}^0) + \sum_{i=1}^{m} u_i g_i(\boldsymbol{x}^0) \leqslant f(\boldsymbol{x}^0) + \sum_{i=1}^{m} u_i^0 g_i(\boldsymbol{x}^0) \leqslant f(\boldsymbol{x}) + \sum_{i=1}^{m} u_i^0 g_i(\boldsymbol{x})$$

für alle $\boldsymbol{x} \geqslant \boldsymbol{O}$ und alle $\boldsymbol{u} \geqslant \boldsymbol{O}$. Aus der linken Ungleichung folgt $g_i(\boldsymbol{x}^0) \leqslant 0$ für $i = 1, \ldots, m$; denn bei einem positiven $g_{i_0}(\boldsymbol{x}^0)$ könnte man mit $u_{i_0} > 0$, $u_i = 0$ für $i \neq i_0$ die linke Seite über alle Schranken wachsen lassen. Damit ist $\boldsymbol{x}^0 \geqslant \boldsymbol{O}$ *zulässig*.

Ferner ist $\sum_{i=1}^{m} u_i^0 g_i(\boldsymbol{x}^0) = 0$, sonst wäre die linke Ungleichung für $\boldsymbol{u} = \boldsymbol{O}$ nicht erfüllt, weil alle

$g_i(x^0) \leqslant 0$ und $u^0 \geqslant O$. Es folgt also $f(x^0) \leqslant f(x) + \sum_{i=1}^{m} u_i^0 g_i(x)$ für alle $x \geqslant O$, und hieraus folgt $f(x^0) \leqslant f(x)$ für alle $x \geqslant O$ mit $g_i(x) \leqslant 0$ für $i = 1, \ldots, m$ wegen $u^0 \geqslant O$. Das besagt aber gerade, daß $x^0 \geqslant O$ eine Lösung ist.
Der vollständige Beweis für die angegebene Fassung des Sattelpunkttheorems stammt von SLATER. KUHN und TUCKER haben es für differenzierbare Funktionen bewiesen, und für solche sollen die zur Bedingung des Satzes äquivalenten *lokalen Kuhn-Tucker-Bedingungen* angegeben werden. Auf diese notwendigen und hinreichenden Bedingungen für eine Lösung des konvexen Optimierungsproblems nehmen sehr viele Verfahren – auch speziell der quadratischen Optimierung – Bezug.

Lokale Kuhn-Tucker-Bedingungen: Für konvexe differenzierbare Funktionen $f(x)$, $g_i(x)$ ist die Existenz eines $x^0 \geqslant O$, $u^0 \geqslant O$ mit

$$\frac{\partial F(x^0, u^0)}{\partial x} \geqslant O, \quad x^{0T} \cdot \frac{\partial F(x^0, u^0)}{\partial x} = 0, \quad \frac{\partial F(x^0, u^0)}{\partial u} \leqslant O, \quad u^{0T} \cdot \frac{\partial F(x^0, u^0)}{\partial u} = 0$$

notwendig und hinreichend dafür, daß $x^0 \geqslant O$ Lösung des konvexen Problems ist.

Quadratische Optimierung

Das oben angegebene Beispiel der Bestimmung eines Fertigungsprogramms mit maximalem Erlös bei gegebener Kapazität war ein Problem der Linearoptimierung. Dabei waren die Komponenten c_j von c der Erlös je Einheit des Erzeugnisses j. Der Erlös ist die Differenz aus dem erzielten Preis p_j und den Selbstkosten k_j. Auf Bestandteile von k_j sowie auf Einflußgrößen, die p_j verändern können, soll hier nicht näher eingegangen werden. Die Annahme, daß sowohl p_j als auch k_j von der Stückzahl x_j des Erzeugnisses j unabhängig sind, ist eine starke Vereinfachung. Nimmt man an, daß beim Verkauf großer Stückzahlen ein Preisnachlaß gewährt wird, und ferner, daß die Stückkosten mit wachsender Stückzahl abnehmen, so kann man diesen Sachverhalt angenähert durch $p_j = \bar{p}_j - r_j x_j$, $k_j = \bar{k}_j - s_j x_j$ ausdrücken. Man erhält so die quadratische Zielfunktion $c^T x = \sum_{j=1}^{n} (\bar{p}_j - \bar{k}_j)\, x_j + \sum_{j=1}^{n} (s_j - r_j)\, x_j^2$.
Als Ganzes läßt sich ein Problem der quadratischen Optimierung in der Form $\min\{c^T x + x^T C x \mid Ax \leqslant b,\ x \geqslant O\}$ niederschreiben, wobei C eine symmetrische quadratische Matrix vom Typ (n, n) ist. Ist C positiv definit bzw. semidefinit, dann hat man ein konvexes Problem, für das die Kuhn-Tucker-Bedingungen anwendbar sind.
Auch hier kann man ein Maximumproblem durch Vorzeichenwechsel bei den Koeffizienten der Zielfunktion in ein Minimumproblem überführen. Um dann ein konvexes Problem zu erhalten, müßte beim Maximumproblem die quadratische Matrix in der Zielfunktion negativ semidefinit sein.
Im Fall des Fertigungsprogramms ist die Matrix C speziell eine Diagonalmatrix, die für $s_j - r_j \leqslant 0$ negativ semidefinit wäre. Auch dies wäre eine angenäherte Darstellung des realen Prozesses, und es sei die Feststellung wiederholt, daß im konkreten Fall stets zu untersuchen ist, ob der Nutzen des „besseren" Modells den zusätzlichen Aufwand bei der Lösung – im Vergleich zum geringeren Aufwand beim linearen Modell – aufwiegt.
Als Lagrange-Funktion bei der quadratischen Optimierung erhält man $F(x, u) = c^T x + x^T C x + u^T(Ax - b)$ und damit $\frac{\partial F}{\partial x} = c + 2Cx + A^T u$, $\frac{\partial F}{\partial u} = Ax - b$. Mit $\frac{\partial F}{\partial x} = v$ und $-\frac{\partial F}{\partial u} = y$ ergeben sich die Bedingungen:

(1) $Ax + y = b$, (2) $2Cx - v + A^T u = -c$, (3) $x \geqslant O$, $v \geqslant O$, $y \geqslant O$, $u \geqslant O$,
(4) $x^T v = 0$, $y^T u = 0$.

Ein Vektor $x \in R_n$ ist danach dann und nur dann Lösung, wenn er zusammen mit einem $v \in R_n$, einem $u \in R_m$ und einem $y \in R_m$ den Bedingungen (1) bis (4) genügt. (1) bis (3) bilden ein lineares System. Die Bedingung (4) kann man auch schreiben (4a) $x^T v + y^T u = 0$, da wegen (3) ohnehin (4) bzw. (4a) das Verschwinden jedes einzelnen Summanden in den Skalarprodukten fordert. Damit besagt diese Bedingung, daß für das lineare System (1) bis (3) eine zulässige Lösung gesucht wird, bei der höchstens eine der sich entsprechenden Komponenten von x und v und ebenso höchstens eine der sich entsprechenden Komponenten von y und u positiv sein darf. Insgesamt dürfen höchstens $n + m$ Komponenten der vier Vektoren positiv sein, d. h. genau so viele, wie in (1) und (2) Gleichungen stehen.
Die Lösungen des Systems (1) bis (4) sind danach unter den *zulässigen Basislösungen* der ersten drei Bedingungen enthalten. Die Bestimmung dieser zulässigen Basislösungen kann man mit dem *Simplex-Verfahren* durchführen.

Für die Berücksichtigung der letzten Bedingung gibt es zwei Möglichkeiten:
Man führt in (1) bis (4) zusätzliche Variable so ein, daß man ohne Schwierigkeit eine zulässige Basislösung für (1) bis (3) angeben kann, die (4) erfüllt. Dann steuert man den Simplex-Austausch so, daß diese Bedingung erfüllt bleibt und die zusätzlichen Variablen aus der Basis entfernt werden (Verfahren von WOLFE).
In dem Verfahren von BARANKIN-DORFMAN und in dem von FRANK-WOLFE beginnt man mit einer zulässigen Basislösung, die die letzte Bedingung nicht erfüllt, und steuert den Simplex-Austausch mit dem Ziel der Minimierung des Ausdrucks $\boldsymbol{x}^T\boldsymbol{v} + \boldsymbol{y}^T\boldsymbol{u}$.
Verfahren von FRANK-WOLFE: Mit $\boldsymbol{z}^T = (\boldsymbol{x}^T, \boldsymbol{y}^T, \boldsymbol{v}^T, \boldsymbol{u}^T)$ und $\bar{\boldsymbol{z}}^T = (\boldsymbol{v}^T, \boldsymbol{u}^T, \boldsymbol{x}^T, \boldsymbol{y}^T)$ schreibt man die Kuhn-Tucker-Bedingungen in der Form $\min\{\bar{\boldsymbol{z}}^T\boldsymbol{z} \mid \bar{\boldsymbol{A}}\boldsymbol{z} = \bar{\boldsymbol{b}}, \boldsymbol{z} \geqslant \boldsymbol{O}\}$. Dabei ist $\bar{\boldsymbol{A}} = \begin{pmatrix} \boldsymbol{A}, & \boldsymbol{E}_m, & \boldsymbol{O}, & \boldsymbol{O} \\ 2\boldsymbol{C}, & \boldsymbol{O}, & -\boldsymbol{E}_n, & \boldsymbol{A}^T \end{pmatrix}$ und $\bar{\boldsymbol{b}} = \begin{pmatrix} \boldsymbol{b} \\ -\boldsymbol{c} \end{pmatrix}$, wobei $\boldsymbol{E}_m$ die Einheitsmatrix vom Typ (m, m), $\boldsymbol{E}_n$ die vom Typ (n, n) ist. Wegen $\bar{\boldsymbol{z}}^T\boldsymbol{z} = 2(\boldsymbol{x}^T\boldsymbol{v} + \boldsymbol{y}^T\boldsymbol{u})$ gibt der $\boldsymbol{x}$-Teil einer Lösung $\boldsymbol{z}_0$ des transformierten Problems mit $\bar{\boldsymbol{z}}_0^T\boldsymbol{z}_0 = 0$ eine Lösung des Ausgangsproblems.
Eine zulässige Basislösung $\boldsymbol{z}_1$ kann man mit den von der linearen Optimierung her bekannten Methoden bestimmen. FRANK-WOLFE betrachten dann als Zielfunktion des transformierten Problems $\bar{\boldsymbol{z}}_1^T\boldsymbol{z}$ mit diesem festen $\boldsymbol{z}_1$. Dadurch wird das Problem linearisiert, und man kann das Simplex-Verfahren anwenden. Erhält man eine optimale Lösung $\boldsymbol{z}_2$ dieses Problems mit $\bar{\boldsymbol{z}}_1^T\boldsymbol{z}_2 = 0$, dann ist man fertig. Sonst wird folgende Vorschrift angegeben: Man führe das Verfahren soweit durch, bis entweder mit der Basis $\boldsymbol{z}_k$ die Beziehung $\bar{\boldsymbol{z}}_1^T\boldsymbol{z}_k = 0$, womit man fertig wäre, oder $\bar{\boldsymbol{z}}_1^T\boldsymbol{z}_k \leqslant {}^1/_2\bar{\boldsymbol{z}}_1^T\boldsymbol{z}_1$ erhalten wird.
Im zweiten Fall geben FRANK und WOLFE eine Vorschrift zur Konstruktion eines *neuen* $\boldsymbol{z}_1$ an. Sie haben gezeigt, daß einer der Fälle stets eintritt und daß mit der angegebenen Vorschrift bei positiv semidefinitem $\boldsymbol{C}$ nach endlich vielen Schritten stets der erste Fall eintritt, man also eine Lösung erhält.

Gradientenverfahren

Aus den Festlegungen $\boldsymbol{v} = \dfrac{\partial F}{\partial \boldsymbol{x}}$, $\boldsymbol{y} = -\dfrac{\partial F}{\partial \boldsymbol{u}}$ folgt, daß $G(\boldsymbol{z}) = \bar{\boldsymbol{z}}^T\boldsymbol{z}$ eine konvexe Funktion ist. Die Linearisierung im Punkt $\boldsymbol{z}_1$ geschieht so, daß $G(\boldsymbol{z})$ und die lineare Ersatzfunktion $H(\boldsymbol{z}) = \bar{\boldsymbol{z}}_1^T\boldsymbol{z}$ im Punkte $\boldsymbol{z}_1$ *richtungsgleiche Gradienten* haben. Damit kommt man zu einer neuen Gruppe von Verfahren, die man sowohl in der quadratischen als auch in der nichtlinearen Optimierung anwenden kann, zu den *Gradientenverfahren.* Für eine differenzierbare Funktion $f(\boldsymbol{x})$ mit $\boldsymbol{x} \in R_n$ steht der Gradientenvektor $\operatorname{grad} f = \dfrac{\partial f}{\partial \boldsymbol{x}}$ senkrecht auf der Fläche $f(\boldsymbol{x}) = \text{const}$ und hat die Richtung des stärksten Anstiegs der Funktion $f(\boldsymbol{x})$. Will man eine gegebene Funktion ohne Nebenbedingungen minimieren, dann geht man von einem gegebenen Punkte $\boldsymbol{x}_0$ aus zweckmäßig in Richtung von $-\operatorname{grad} f(\boldsymbol{x}_0)$ weiter. Hat die Funktion ein eindeutiges Minimum, wie dies z. B. bei streng konvexen Funktionen bei Existenz eines endlichen Minimums der Fall ist, dann führt eine iterative Anwendung dieses Verfahrens sicher zum Ziel. Bei einem Problem z. B. der konvexen Optimierung muß man natürlich berücksichtigen, daß man im zulässigen Bereich verbleibt.
Die Gradientenverfahren kann man generell folgendermaßen beschreiben: Von einem zulässigen Punkt $\boldsymbol{x}_0$ ausgehend, bestimmt man eine Richtung so, daß man mindestens anfänglich im zulässigen Bereich verbleibt und daß die Zielfunktion möglichst stark abnimmt. Längs dieser Richtung geht man entweder so weit, bis das Abnehmen der Zielfunktion aufhört, oder bis zum Rande des zulässigen Bereichs. Den erreichten Punkt $\boldsymbol{x}_1$ nimmt man als Ausgangspunkt des nächsten Schrittes. Die einzelnen Verfahren unterscheiden sich lediglich in der Art der Festlegung der Fortschreitungsrichtung.

Methoden der zulässigen Richtungen von Zoutendijk. Das Problem sei $\min\{f(\boldsymbol{x}) \mid \boldsymbol{A}\boldsymbol{x} \leqslant \boldsymbol{b}\}$. In den angegebenen Nebenbedingungen seien auch Vorzeichenbeschränkungen für $\boldsymbol{x}$ mit enthalten. Wenn $\boldsymbol{a}_j^T$ die Zeilen der Matrix $\boldsymbol{A}$ sind und b_j die Komponenten von $\boldsymbol{b}$, dann kann man die Nebenbedingungen durch $\boldsymbol{a}_j^T\boldsymbol{x} \leqslant b_j$ für $j = 1, \ldots, m$ angeben. Die Zielfunktion $f(\boldsymbol{x})$ sei konvex und habe im zulässigen Bereich R stetige partielle Ableitungen. Die oben beschriebene Methode, von einem Punkt $\boldsymbol{x}^k$ im zulässigen Bereich zum nächsten Punkt $\boldsymbol{x}^{k+1}$ zu kommen, wird in folgender Form durchgeführt: Man schreitet in der durch einen Vektor $\boldsymbol{r}^k$ bestimmten Richtung auf dem Strahl $\boldsymbol{x}^k + \lambda\boldsymbol{r}^k$ fort, wobei die Richtung $\boldsymbol{r}^k$ so bestimmt wird, daß der Strahl für $\lambda > 0$ zunächst im zulässigen Bereich verbleibt. Ist $\boldsymbol{x}^k$ ein innerer Punkt von R, dann ist das keine Einschränkung. Liegt $\boldsymbol{x}^k$ auf dem Rande von R und ist J diejenige Indexmenge, für die $\boldsymbol{a}_j^T\boldsymbol{x}^k = b_j$ gilt, dann ist notwendig und hinreichend für die Wahl von $\boldsymbol{r}^k$ im genannten Sinne, daß $\boldsymbol{a}_j^T\boldsymbol{r}^k \leqslant 0$ für $j \in J$ gilt. Eine solche Richtung nennt man *zulässig.*
Außerdem besteht aber das Ziel, längs des Strahls die Funktion $f(\boldsymbol{x})$ möglichst stark zu verkleinern. Verkleinert wird $f(\boldsymbol{x})$ für alle $\boldsymbol{r}^k$ mit $\operatorname{grad}^T f(\boldsymbol{x}^k) \cdot \boldsymbol{r}^k < 0$. Man schreibt $\operatorname{grad} f(\boldsymbol{x}^k) = \boldsymbol{c}$ und bestimmt $\boldsymbol{r}^k$ als Lösung der linearen Optimierungsaufgabe $\min\{\boldsymbol{c}^T\boldsymbol{r} \mid \boldsymbol{a}_j^T\boldsymbol{r} \leqslant 0 \text{ für } j \in J\}$.

Da damit im allgemeinen $c^T r$ nach unten nicht beschränkt ist, nimmt man noch eine zusätzliche Bedingung hinzu. Nimmt man $-1 \leqslant r_i \leqslant 1$ $(i = 1, \ldots, n)$ für die Komponenten r_i von $\boldsymbol{r}$, dann kann man mit dem Simplexverfahren ein für den Punkt $\boldsymbol{x}^k$ günstiges $\boldsymbol{r}^k$ ermitteln.
Auf diesem Strahl $\boldsymbol{x}^k + \lambda \boldsymbol{r}^k$ geht man so weit, bis entweder $f(\boldsymbol{x})$ minimal wird, d. h., bis zu λ_1 mit $\text{grad}\,{}^T f(\boldsymbol{x}^k + \lambda_1 \boldsymbol{r}^k) \cdot \boldsymbol{r}^k = 0$, oder bis zu dem Punkt, in dem der Strahl den zulässigen Bereich verläßt. Diesen letzten Wert λ_2 bestimmt man aus $\lambda_2 = \max \{\lambda \mid \boldsymbol{a}_j^T(\boldsymbol{x}^k + \lambda \boldsymbol{r}^k) \leqslant b_j\}$ für $j = 1, \ldots, m$.
Mit $\lambda_k = \min(\lambda_1, \lambda_2)$ wird $\boldsymbol{x}^{k+1} = \boldsymbol{x}^k + \lambda_k \boldsymbol{r}^k$ der nächste Näherungspunkt, in dem man das Verfahren wie beschrieben wiederholt. Ist λ_k nicht endlich, dann hat $f(\boldsymbol{x})$ kein endliches Minimum. ZOUTENDIJK hat die Konvergenz des Verfahrens bewiesen. Ist $f(\boldsymbol{x})$ speziell eine quadratische Funktion, dann kann man durch eine zusätzliche Vorschrift erreichen, daß das Verfahren in endlich vielen Schritten zum Ziel führt.
Neben der quadratischen Optimierung gibt es noch eine spezielle Form nichtlinearer Optimierungsaufgaben, für die in den letzten Jahren befriedigende Lösungsverfahren angegeben wurden und für die es auch ein Dualitätsprinzip gibt. Das sind Aufgaben, bei denen die Zielfunktion ein *Quotient zweier linearer Funktionen* ist und die Nebenbedingungen lineare Ungleichungen sind.

30.3. Dynamische Optimierung

Der Grundgedanke der dynamischen Optimierung sei zunächst an einem einfachen Sachverhalt erläutert:
Man soll auf ein bestimmtes Verkehrsmittel (Lastwagen, Güterwagen) verschiedene Gegenstände verschiedener Art aufladen. Dabei seien n die Anzahl der Sorten s_i mit $i = 1, \ldots, n$ der Gegenstände, $v_i > 0$ die Preise der Gegenstände, $w_i > 0$ die Gewichte der Gegenstände, $u_i \geqslant 0$ die Anzahl der aufgeladenen Gegenstände je Sorte und z die Gesamtkapazität des betreffenden Verkehrsmittels, wobei $z \geqslant \min\limits_{i=1,\ldots,n} \{w_i\}$ gelten muß. Die Aufgabe besteht darin, daß man die Zahlen u_i in der Weise bestimmen soll, daß man eine Last mit möglichst hohem Preiswert erreicht.
Das Problem führt demnach zu der folgenden Optimierungsaufgabe: Man soll das Maximum der Zielfunktion

$$f(u_1, \ldots, u_n) = \sum_{i=1}^{n} v_i u_i$$

unter den Restriktionen $u_i \geqslant 0$ für $i = 1, \ldots, n$ und ganzzahlig sowie $\sum\limits_{i=1}^{n} w_i u_i \leqslant z$ bestimmen. Diese Aufgabe kann man als einen n-stufigen Prozeß auffassen, bei dem in jeder Stufe ein u_i so bestimmt wird, daß in der letzten Stufe das geforderte Maximum erreicht wird. Das ganze Optimierungsproblem wird damit in einen zeitlichen Ablauf, einen *Prozeß*, umgeformt.

Diskrete deterministische Prozesse

Sei S ein System, z. B. ökonomischer, mechanischer oder chemischer Art, dessen Zustand sich in einem Zeitintervall $[t', t'']$ durch m Funktionen $x_j = x_j(t)$ mit $j = 1, \ldots, m$ beschreiben läßt, wobei die Menge der möglichen Zustände in dem betrachteten Zeitintervall $\boldsymbol{x}^T = (x_1, \ldots, x_m)$ in einer vorgegebenen Punktmenge X des m-dimensionalen euklidischen Raumes liegt. Die Komponenten von $\boldsymbol{x}^T$ nennt man *Zustandsvariable*.
Zur Definition eines diskreten *deterministischen Prozesses* braucht man folgende Voraussetzungen: Sei $t' = t_1 < \cdots < t_i < t_{i+1} < \cdots < t_{n+1} = t''$ eine gegebene Einteilung des Intervalls $[t', t'']$, so bleibt der Zustand $\boldsymbol{x}^{i+1} = (x_1(t_i), \ldots, x_m(t_i))$ des Systems im rechtsoffenen Zeitintervall $[t_i, t_{i+1}]$ für $i = 1, \ldots, n$ unverändert. Der Zustand $\boldsymbol{x}^{i+1}$ hängt nur vom Zustand $\boldsymbol{x}^i$ und von einer bestimmten Entscheidung e^i ab, d. h., $\boldsymbol{x}^{i+1} = T^i(\boldsymbol{x}^i, e^i)$ für $i = 1, \ldots, n$, wobei T^i, die Transformation des Zustands in der i-ten Stufe, von den früheren Zuständen unabhängig ist.
Die Entscheidung e^i läßt sich eindeutig durch einen bestimmten k-dimensionalen Vektor $\boldsymbol{u}^i = (u_1, \ldots, u_k)$ charakterisieren, wobei die Punkte $\boldsymbol{u}^i$ in einem vorgeschriebenen Bereich U^i liegen müssen. Jeder Punkt $\boldsymbol{u}^i \in U^i$ ist ein *zulässiger Entscheidungsvektor der i-ten Stufe* des Entscheidungsprozesses. Jede Folge $P = (\boldsymbol{u}^1, \ldots, \boldsymbol{u}^n)$ mit $\boldsymbol{u}^i \in U^i$ $(i = 1, \ldots, n)$ und $\boldsymbol{x}^{i+1} = T^i(\boldsymbol{x}^i, \boldsymbol{u}^i) \in X$ für $i = 1, \ldots, n$ heißt eine *zulässige Strategie* oder *zulässige Steuerung* des betrachteten n-stufigen Entscheidungsprozesses.
Da die Zustandsänderungen des Systems S nur zu diskreten Zeitpunkten erfolgen und da die in Frage kommenden Größen keine Wahrscheinlichkeitsgrößen sind, werden alle Prozesse dieser Art *diskrete deterministische Prozesse* genannt.

Optimale Strategie. In dem n-stufigen diskreten deterministischen Prozeß soll eine bestimmte Funktion $f(\boldsymbol{x}^1, \ldots, \boldsymbol{x}^n, \boldsymbol{x}^{n+1}, \boldsymbol{u}^i, \ldots, \boldsymbol{u}^n)$ gegeben sein, die über dem Bereich $\boldsymbol{x}^i \in X$ für $i = 1, \ldots, n$, $\boldsymbol{u}^i \in U^i$ für $i = 1, \ldots, n$ definiert ist, man nennt sie *Zielfunktion.*

Wenn der Anfangszustand x^1 gegeben ist, kann man die Zielfunktion f als Funktion von $x^1, u^1, \ldots, u^n$ auffassen. Das ergibt sich aus den Voraussetzungen des Prozesses, d. h., es gilt $f(x^1, T^1(x^1, u^1), T^2(T^1(x^1, u^1), u^2), \ldots, u^1, \ldots, u^n) = \tilde{f}(x^1, u^1, \ldots, u^n)$.
Das Optimierungsproblem besteht nun darin, eine zulässige Strategie $P_0 = (u_0^1, \ldots, u_0^n)$ bei vorgegebenem Anfangszustand x^1 zu finden, die die Eigenschaft $f(x^1, u_0^1, \ldots, u_0^n) = \max\limits_{\{u^1, \ldots, u^n\}} \tilde{f}(x^1, u^1, \ldots, u^n)$ hat, wobei $u^1, \ldots, u^n$ die Menge aller zulässigen Strategien durchläuft. Falls eine solche Strategie P_0 existiert, wird sie eine *optimale Strategie* genannt. Die Methode der dynamischen Optimierung setzt eine gewisse Eigenschaft der gegebenen Zielfunktion voraus, die sogenannte Markowsche Eigenschaft.

Markowsche Eigenschaft	Die Funktion f ist für jedes n definiert, d. h., eine Funktionenfolge $f(x^1)$, $f(x^1, x^2, u^1)$, $f(x^1, x^2, x^3, u^1, u^2)$, ... ist gegeben, die sich rekursiv berechnen läßt. Die Funktion $f(x^1, \ldots, x^n, x^{n+1}, u^1, \ldots, u^n)$ läßt sich mit Hilfe der Funktion $f(x^1, \ldots, x^n, u^1, \ldots, u^{n-1})$ und mit Hilfe von x^{n+1} und u^n definieren.

Es zeigt sich, daß man in den meisten Entscheidungsprozessen, die in praktischen Anwendungen auftreten, mit der Klasse der *separablen Funktionen*, die auch als Klasse von *Funktionen mit additivem Charakter* bezeichnet wird, auskommt. Es sind dies die Funktionen, die sich in der Form

$$f(x^1, \ldots, x^{n+1}, u^1, \ldots, u^n) = \sum_{i=1}^{n} g_i(x^i, u^i)$$

schreiben lassen. Diese Funktionen haben dann die Markowsche Eigenschaft.
Unter der Voraussetzung, daß für den oben beschriebenen deterministischen und diskreten n-stufigen Prozeß mit der separablen Zielfunktion f die optimale Strategie und damit auch die optimale Lösung des betreffenden Optimierungsproblems existiert, führt man die Bezeichnung $f_n(x^1) = \max\limits_{\{u^1, \ldots, u^n\}} \sum\limits_{i=1}^{n} g_i(x^i, u^i)$ ein.

Bellmannsches Optimalitätsprinzip. Die Methode der dynamischen Optimierung beruht darauf, daß man statt der ursprünglichen Aufgabe mit festgewähltem Anfangszustand x^1 und fester Stufenzahl n eine Anzahl von Aufgaben betrachtet. Der Wert $f_n(x^1)$ wird also als Funktion von x^1 und n angesehen. Stellt man sich vor, daß der Wert $f_n(x^1)$ mit Hilfe irgendeiner Methode berechnet wurde, dann läßt sich leicht auf Grund der Definition von $f_n(x^1)$ und des separablen Charakters der Zielfunktion die rekursive Formel

$$f_n(x^1) = \max_{u^1 \in U^1} \max_{u^2 \in U^2} \ldots \max_{u^n \in U^n} \left\{ \sum_{i=1}^{n} g_i(x^i, u^i) \right\} = \max_{u^1 \in U^1} \{g_1(x^1, u^1) + f_{n-1}(x^2)\}$$

ableiten. Da aber $x^2 = T^1(x^1, u^1)$ ist, geht diese rekursive Formel in die folgende Relation über:

$$f_n(x^1) = \max_{u^1 \in U^1} \{g_1(x^1, u^1) + f_{n-1}(T^1(x^1, u^1))\}.$$

Diese Beziehung kann man auch auf Grund des *Bellmannschen Optimalitätsprinzips* ableiten, in dem die Grundidee der dynamischen Optimierung enthalten ist.

Bellmannsches Optimalitätsprinzip	Wenn $u_0^1, \ldots, u_0^n$ die optimale Strategie des gegebenen n-stufigen Prozesses mit dem Anfangszustand x^1 ist, dann stellt die Entscheidungsfolge $u_0^2, \ldots, u_0^n$ die optimale Strategie des $(n-1)$-stufigen Prozesses mit dem Anfangszustand x^2 dar. Dabei ist x^2 der Zustand, in den das betrachtete System S aus dem Anfangszustand x^1 durch die Entscheidung u^1 übergegangen ist.

In der Literatur über die dynamische Optimierung hat sich eine *umgekehrte* Numerierung herausgebildet, indem mit x^{n+1} der Anfangszustand, mit u^n die erste Entscheidung beim n-stufigen Prozeß bezeichnet wird. Unter dieser Vereinbarung wird die Zustandstransformation durch

$$x^i = T^i(x^{i+1}, u^i), \quad i = 1, \ldots, n, \quad \text{mit} \quad x^n = T^n(x, u^n), \quad x = x^{n+1}$$

beschrieben, und die rekursive Formel, die dem Bellmannschen Optimalitätsprinzip entspricht, geht in die folgende Beziehung über:

$$f_n(x) = \max_{u^n \in U^n} \{(g_n(x, u^n) + f_{n-1}(x^n)\} = \max_{u^n \in U^n} \{g_n(x, u^n) + f_{n-1}(T^n(x, u^n))\}.$$

Beispiel: Die am Anfang des Abschnitts genannte Aufgabe kann man als einen n-stufigen diskreten deterministischen Prozeß auffassen, wobei (nach der natürlichen Numerierung) $u^i = (u_i)$ die Entscheidung im i-ten Schritt, $(u^1, \ldots, u^n) = (u_1, \ldots, u_n)$ mit den vorgegebenen Eigenschaften eine zulässige Strategie, $x^{i+1} = x^i - u_i w_i = z - \sum_{j=1}^{i} w_j u_j$ $(i = 1, \ldots, n)$, $x^1 = z$ den Zustand in der i-ten Stufe bedeutet (freier Laderaum).
Nach dem Optimalitätsprinzip gilt dann

$$f_n(z) = f_n(x^1) = \max_{\substack{u_1 \in \{0, 1 \ldots\} \\ u_1 w_1 \leqslant z}} \{u_1 v_1 + f_{n-1}(z - u_1 w_1)\} \quad \text{mit} \quad f_1(z) = \max_{\substack{u_1 \in \{0, 1 \ldots\} \\ u_1 w_1 \leqslant z}} u_1 v_1$$

oder, wenn man zu der in der dynamischen Optimierung üblichen umgekehrten Numerierung übergeht,

$$f_n(z) = \max_{\substack{u_n \in \{0, 1 \ldots\} \\ u_n w_n \leqslant z}} \{u_n v_n + f_{n-1}(z - u_n w_n)\} \quad \text{mit} \quad f_1(z) = \max_{\substack{u_n \in \{0, 1 \ldots\} \\ u_n w_n \leqslant z}} u_n v_n$$

Es ist offenbar $g_i(u_i) = u_i v_i$.
Für die Zahlenwerte $n = 3$, $z = 100$, $w_1 = 40$, $w_2 = 45$, $w_3 = 60$, $v_1 = 20$, $v_2 = 75$, $v_3 = 102$ erhält man $g_1(u_1) = 20u_1$, $g_2(u_2) = 75u_2$, $g_3(u_3) = 102u_3$, $\quad f = 20u_1 + 75u_2 + 102u_3$, und die Restriktionen werden durch $40u_1 + 45u_2 + 60u_3 \leqslant 100$ mit u_1, u_2, u_3 nichtnegativ und ganzzahlig dargestellt.
Man tabelliert zuerst die Funktionen $g_i(u_i)$ $(i = 1, 2, 3)$, wobei die Bedingung $0 \leqslant u_i \leqslant z/w_i$ $(i = 1, 2, 3)$, u_i ganzzahlig, respektiert werden muß.

für z wird	u_1	$g_1(u_1)$	für z wird	u_2	$g_2(u_2)$	für z wird	u_3	$g_3(u_3)$
0···39	0	0	0···44	0	0	0···59	0	0
40···79	0	0	45···89	0	0	60···100	0	0
	1	20		1	75		1	102
80···100	0	0	90···100	0	0			
	1	20		1	75			
	2	40		2	150			

(1) (2) (3)

Nach der Formel $f_1(z) = \max_{u_1} 20u_1$ berechnet man (Schritt 1) mit Hilfe der Tafel (1) die folgende Tafel (4), in der $\bar{u}_1(z)$ denjenigen Wert von u_1 bedeutet, für den $f_1(z)$ erreicht wird.
Für $n = 2$ erhält man $f_2(z) = \max_{u_2} \{g_2(u_2) + f_1(z - u_2 w_2)\}$, und mit Hilfe der Tafeln (2) und (4) gelangt man zu der Tafel (5), in der $\bar{u}_2(z)$ der Wert von u_2 ist, für den $f_2(z)$ erreicht wird. Für $n = 3$ ergibt sich $f_3 = \max_{u_3} \{g_3(u_3) + f_2(z - w_3 u_3)\}$, und auf Grund dieser Relation kommt man zur Endtafel (6).

u_1	für z wird	$f_1(z)$	$\bar{u}_1(z)$
0	0···39	0	0
1	40···79	20	1
2	80···100	40	2

(4)

$\bar{u}_1$	$\bar{u}_2$	für z wird	$f_2(z)$	$\bar{u}_2(z)$
0	0	0···39	0	0
1	0	40···44	20	0
0	1	45···79	75	1
1	1	80···89	95	1
0	2	90···100	150	2

(5)

$\bar{u}_1$	$\bar{u}_2$	$\bar{u}_3$	z	$f_3(z)$	$\bar{u}_3(z)$
0	0	0	0···39	0	0
1	0	0	40···44	20	0
0	1	0	45···59	75	0
0	0	1	60···89	102	1
0	2	0	90···100	150	0

(6)

Für $z = 100$ ergibt sich aus der Tafel (6), daß $\bar{u}_3 = 0$ ist. Dann ist $\bar{u}_2 = \bar{u}_2(z - \bar{u}_3 w_3) = \bar{u}_2(100) = 2$, nach Tafel (5). Aus Tafel (4) erhält man

$$\bar{u}_1 = \bar{u}_1(z - \bar{u}_2 w_2 - \bar{u}_3 w_3)$$
$$= \bar{u}_1(100 - 2 \cdot 45) = \bar{u}_1(10) = 0.$$

Die optimale Lösung $(\bar{u}_1, \bar{u}_2, \bar{u}_3) = (0, 2, 0)$ ist hier also eindeutig. Der optimale aufgeladene Preiswert ist dann $2v_2 = 150$.

Methode der Funktionalgleichung

Auch für diese Methode sei zunächst die Darstellung eines geeigneten Sachverhalts vorangestellt. Es ist eine Menge x an Geld vorhanden, und man hat zwei Möglichkeiten, dieses Geld zu investieren.

Im ersten Fall wird z. B. die Menge u_1 mit $0 \leqslant u_1 \leqslant x$, im zweiten dann die Menge $x - u_1$ investiert. In einer gegebenen Zeitfrist, z. B. in einem Jahr, erwartet man von der Investition u_1 den Gewinn $g_1(u_1)$, von der Investition $x - u_1$ den Gewinn $g_2(x - u_1)$. Wenn die Zeitfrist abgelaufen ist, haben die Mittel, die man zur Sicherung der Gewinne g_1 bzw. g_2 eingesetzt hat, durch Amortisation und durch die Erhaltung dieser Mittel an ihrer Gewinnstärke verloren, so daß man nach einem Jahr mit dem Zustand $x_1 = au_1 + b(x - u_1)$, $0 < a < 1, 0 < b < 1$ rechnen muß.
Von der Summe x_1 ausgehend, wird am Anfang des zweiten Jahres die Summe u_2 mit $0 \leqslant u_2 \leqslant x_1$ im ersten Fall, die Summe $x_1 - u_2$ im zweiten Fall wiederum investiert, wobei der Gewinn in zwei Jahren gleich $g_1(u_1) + g_2(x - u_1) + g_1(u_2) + g_2(x_1 - u_2)$ ist.
In beschriebener Art und Weise wird auch am Anfang des dritten Jahres investiert; dabei wird mit dem Vermögenszustand $x_2 = au_2 + b(x_1 - u_2)$ disponiert. Nach n Jahren hat man dann den Gewinn

$$\sum_{i=1}^{n} [g_1(u_i) + g_2(x_{i-1} - u_i)] = \sum_{i=1}^{n} g(x_{i-1}, u_i) \quad \text{mit} \quad x_0 = x$$

erreicht; dabei steht nach dem Ablauf des n-ten Jahres die Summe $x_n = au_n + b(x_{n-1} - u_n)$ zur Verfügung.
Damit wird ein bestimmter n-stufiger Prozeß mit der Zielfunktion

$$\sum_{i=1}^{n} g_i(x_{i-1}, u_i) = \sum_{i=1}^{n} g(x_{i-1}, u_i) = \sum_{i=1}^{n} [g_1(u_i) + g_2(x_{i-1} - u_i)]$$

für $x_0 = x$ und mit den Restriktionen $0 \leqslant u_i \leqslant x_{i-1}$ $(i = 1, \ldots, n)$ beschrieben; dabei hängt die Zustandstransformation

$$x_i = T^i(x_{i-1}, u_i) = T(x_{i-1}, u_i) = au_i + b(x_{i-1} - u_i), \qquad i = 1, \ldots, n,$$

von der Stufe nicht ab. Wenn man die *umgekehrte* Numerierung der Zustands- und Entscheidungsgrößen wählt, d. h., wenn man $x = x_{n+1}$ als Anfangszustand betrachtet, hat man das folgende Optimierungsproblem: Es ist das Maximum der Zielfunktion

$$\sum_{i=1}^{n} g(x_{i+1}, u_i) = \sum_{i=1}^{n} [g_1(u_i) + g_2(x_{i+1} - u_i)]$$

in bezug auf die Restriktionen $0 \leqslant u_i \leqslant x_{i+1}$ $(i = 1, \ldots, n)$ und $x_i = T^i(x_{i+1}, u_i) = T(x_{i+1}, u_i) = au_i + b(x_{i+1} - u_i)$, $i = 1, \ldots, n$, zu bestimmen. Nach dem Optimalitätsprinzip erhält man

$$\begin{aligned} f_n(x) = f_n(x_{n+1}) &= \max_{0 \leqslant u_n \leqslant x_{n+1}} \{g_1(u_n) + g_2(x_{n+1} - u_n) + f_{n-1}(x_n)\} \\ &= \max_{0 \leqslant u_n \leqslant x} \{g_1(u_n) + g_2(x - u_n) + f_{n-1}(T(x_{n+1}, u_n))\} \\ &= \max_{0 \leqslant u \leqslant x} \{g_1(u) + g_2(x - u) + f_{n-1}(au + b(x - u))\}, \quad n \geqslant 1, \end{aligned}$$

wobei $f_0 = 0$ definiert wird.
Dieses System stellt für $n = 1, 2, \ldots$ ein System von Funktionalgleichungen für die unbekannten Funktionen $f_1(x), \ldots, f_n(x)$ dar. Um in einem konkreten Fall, d. h., wenn g_1, g_2 und die Zahlen a, b vorgeschrieben sind, die zugehörige Aufgabe zu lösen, bestimmt man rekursiv die Lösung des letzten Gleichungssystems, für jedes $n = 1, 2, \ldots$ den Wert $\bar{u}_n = \bar{u}_n(x)$, für den $g_1(\bar{u}_n) + g_2(x - \bar{u}_n) + f_{n-1}(a\bar{u}_n + b(x - \bar{u}_n)) = f_n(x)$ bezüglich $u \in [0, x]$ ist, und $\bar{x}_i = \bar{x}_i(x) = a\bar{u}_i + b(\bar{x}_{i+1} - u_i)$, $i = 1, \ldots, n$. Dieses Verfahren wird als *Methode der Funktionalgleichungen* bezeichnet.

Beispiel: Die Gewinnfunktionen des Einführungsbeispiels seien $g_1(u) = \alpha\sqrt{u}$, $g_2(x - u) = \beta\sqrt{x - u}$, wo $\alpha > 0$, $\beta > 0$ beliebige Zahlen sind und $0 < a = b < 1$ ist.
In diesem Fall ist dann $x_i = au_i + b(x_{i+1} - u_i) = ax_{i+1}$, $i = 1, \ldots, n$, und da $x_{n+1} = x$ ist, folgt daraus $x_i = a^{n+1-i}x$ $(i = 1, \ldots, n)$.
Die Gleichungen für f_n führen in diesem Fall zu den Beziehungen

$$f_n(x) = \max_{0 \leqslant u \leqslant x} \{\alpha\sqrt{u} + \beta\sqrt{x - u} + f_{n-1}(ax)\}, \quad n \geqslant 1 \quad \text{mit} \quad f_0 = 0.$$

Definiert man bei dem festgewählten $x > 0$ die Funktion $\varphi_{n,x}(u) = \alpha\sqrt{u} + \beta\sqrt{x - u} + f_{n-1}(ax)$, so ist $\dfrac{d}{du}\varphi_{n,x} = \dfrac{1}{2}\dfrac{\alpha}{\sqrt{u}} - \dfrac{1}{2}\dfrac{\beta}{\sqrt{x - u}}$ für $u \in (0, x)$ und $\dfrac{d}{du}\varphi_{n,x} = 0$ für den einzigen Punkt $0 < \bar{u}_n(x) = \dfrac{\alpha^2}{\alpha^2 + \beta^2}x < x$, in dem das Maximum von $\varphi_{n,x}(u)$ bezüglich $u \in [0, x]$ erreicht wird. Es ist daher $f_n(x) = \alpha\sqrt{\bar{u}} + \beta\sqrt{x - \bar{u}} + f_{n-1}(ax) = \sqrt{\alpha^2 + \beta^2} \cdot \sqrt{x} + f_{n-1}(ax)$ für $n \geqslant 1$ mit $f_0(x) = 0$.

Daraus ergibt sich:

$$f_1(x) = \sqrt{(\alpha^2 + \beta^2)\,x}$$

$$f_2(x) = \sqrt{(\alpha^2 + \beta^2)\,x} + \sqrt{(\alpha^2 + \beta^2)\,ax} = \sqrt{(\alpha^2 + \beta^2)\,x}\;(1 + a^{1/2})$$

$$\vdots$$

$$f_n(x) = \sqrt{(\alpha^2 + \beta^2)\,x}\,(1 + a^{1/2} + \cdots + a^{(n-1)/2}),$$

wobei $f_n(x)$ den Gewinn in n-ter Stufe bedeutet.
Da $0 \leqslant u_i \leqslant x_{i+1}$ $(i = 1, \dots, n)$ ist, wird

$$\bar{u}_i(x_{i+1}) = \frac{\alpha^2}{\alpha^2 + \beta^2}\,x_{i+1} = \frac{\alpha^2}{\alpha^2 + \beta^2}\,a^{n-i}x \qquad (i = 1, \dots, n).$$

Wenn man beachtet, daß die umgekehrte Numerierung benutzt wurde, so ist die Folge

$$\frac{\alpha^2}{\alpha^2 + \beta^2},\ \frac{\alpha^2}{\alpha^2 + \beta^2}\,ax, \dots, \frac{\alpha^2}{\alpha^2 + \beta^2}\,a^{n-i}x$$

die optimale Strategie des betrachteten n-stufigen Prozesses mit dem Gewinn

$$f_n(x) = \sqrt{(\alpha^2 + \beta^2)\,x}\,\sum_{s=0}^{n-1} a^{s/2},$$

wobei nach der n-ten Stufe noch der Wert $x_n = a^n x$ zur Verfügung steht.

Ausblick. Im Gegensatz zum Beladungsproblem stellt diese Gewinnmaximierung einen n-stufigen diskreten Prozeß dar, bei welchem der zulässige Bereich der Entscheidungsgrößen eine zusammenhängende kompakte Menge – in diesem Fall ein abgeschlossenes Intervall – ist. Es geht hier also um einen Spezialfall derjenigen diskreten n-stufigen Prozesse, bei dem der Bereich der Entscheidungsgrößen allgemein ein abgeschlossenes und beschränktes Gebiet im Raum der entsprechenden Dimension darstellt. In einem solchen einfacheren Fall läßt sich oft die Methode der Funktionalgleichungen mit Erfolg anwenden. In komplizierteren Fällen – besonders dann, wenn die Entscheidung in jeder Stufe durch einen Entscheidungsvektor $\boldsymbol{u} = (u_1, \dots, u_m)$, $m \geqslant 2$, charakterisiert wird – werden weitere Methoden, die *Methode der Multiplikatoren* oder die *Methode der sukzessiven Approximationen*, mit dem Ziel eingesetzt, das ursprüngliche Problem auf eine endliche Anzahl von einfacheren Problemen, für die die Kapazität einer Rechenmaschine ausreicht, zurückzuführen.
Die diskreten deterministischen Prozesse sind nur ein Teil der in der dynamischen Optimierung vorkommenden Entscheidungsprozesse. Es ist manchmal von Vorteil, Prozesse mit unendlich vielen Stufen zu untersuchen, obwohl ein solcher Prozeß in Wirklichkeit niemals vorkommt. Denn wenn ein diskreter Prozeß mit sehr vielen Stufen vorliegt und der Grenzübergang $n \to \infty$ in den f_n-Gleichungen möglich ist, dann erhält man statt dieser Beziehungen eine einzige Funktionalgleichung

$$f(\boldsymbol{x}) = \lim_{n \to \infty} f_n(\boldsymbol{x}) = \max_{0 \leqslant \boldsymbol{u} \leqslant \boldsymbol{x}} \{g(\boldsymbol{x}, \boldsymbol{u}) + f(\boldsymbol{T}(\boldsymbol{x}, \boldsymbol{u}))\}.$$

Diese Funktionalgleichung kann man allgemein leichter als das ursprüngliche Problem lösen und approximiert für große n die gesuchte Lösung mit guter Annäherung. Die *Theorie der stationären Prozesse* untersucht, unter welchen Bedingungen diese Methode angewendet werden kann.
Eine weitere Klasse der Optimierungsaufgaben in der dynamischen Optimierung beschäftigt sich mit Entscheidungsprozessen, bei denen in jedem Zeitpunkt des vorgegebenen Zeitintervalls eine Entscheidung möglich und sogar erforderlich ist. Man spricht dann von *stetigen Entscheidungsprozessen.* Die betreffende Theorie steht im engen Zusammenhang mit der Variationsrechnung und mit der Theorie der optimalen Prozesse im Sinne von PONTRJAGIN. Der benutzte mathematische Apparat ist ziemlich anspruchsvoll.
Im Gegensatz zu den diskreten deterministischen Prozessen stehen die *diskreten stochastischen Prozesse*, bei denen der Zustand beim Austritt aus einer Stufe nur in Gestalt einer Wahrscheinlichkeitsverteilung bekannt ist. Diese Prozesse stehen häufig der vielfältigen ökonomischen Problematik näher als die deterministischen Modelle, und die Methoden der dynamischen Optimierung wurden auch in dieser Richtung erweitert.

III. Spezialgebiete im Kurzbericht

31. Zahlentheorie

Die Zahlentheorie hat als ursprüngliche Aufgabe die Untersuchung der Eigenschaften der ganzen Zahlen. Als Wissenszweig der Mathematik ist sie sehr spät systematisch entwickelt worden. Einzelergebnisse sind schon im Altertum bekannt, so bei EUKLID und DIOPHANT. Im 17. Jh. treten vor allem in den Untersuchungen von FERMAT bemerkenswerte Entdeckungen von wissenschaftlicher Bedeutung auf. Große Fortschritte brachten die zahlreichen Arbeiten von EULER mit fruchtbaren weittragenden Ideen. Erst GAUSS errichtete ein einheitliches Lehrgebäude. 1801 erschienen seine *Disquisitiones arithmeticae*, ein monumentales Werk, das in strengem Sinne die *höhere Arithmetik* begründet hat.

Die Zahlentheorie ist heute eine weitverzweigte Wissenschaft, die in der *algebraischen Zahlentheorie* die abstrakte Algebra heranzieht und in der *analytischen Zahlentheorie* tiefliegende Methoden der Analysis benutzt. Dabei treten Fragestellungen und neue Teilgebiete auf, die nur mittelbar von ganzen Zahlen handeln.

Zum Unterschied von anderen Teilen der Mathematik sind viele Ergebnisse der Zahlentheorie dem mathematischen Laien ohne Vorkenntnisse verständlich. Es zeigt sich aber, daß die Beweise solcher Sätze häufig umfangreiche mathematische Hilfsmittel erfordern.

Man bezeichnet die Zahlentheorie oft als die *Königin der Mathematik*, und GAUSS sagte von ihr 1808 in einem Brief an seinen Jugendfreund BÓLYAI: „Merkwürdig ist es immer, daß alle diejenigen, die diese Wissenschaft ernstlich studieren, eine Art Leidenschaft dafür fassen".

Ring und Körper. Die Grundtatsachen der elementaren Zahlentheorie dürfen als bekannt angenommen werden (vgl. Kap. 1.1. – Elementare Zahlentheorie, Kap. 1.5. – Eindeutigkeit der Zerlegung einer natürlichen Zahl in Primfaktoren). Aus der Teilbarkeitslehre ist bekannt, daß ein Quotient von ganzen Zahlen wieder ganz sein kann, z. B. $15 : 5 = 3$, daß das aber keineswegs immer der Fall ist, z. B. ist $15 : 7$ keine ganze Zahl. Zahlenbereiche, in denen die Operationen Addition, Subtraktion und Multiplikation unbeschränkt ausführbar sind, heißen *Ringe*, Zahlenbereiche, in denen auch die Division, außer durch 0, unbeschränkt ausführbar ist, nennt man *Körper*, z. B. bilden die rationalen Zahlen einen Körper (vgl. Kap. 16.2. und 16.4.). Im folgenden bezeichne $\boldsymbol{I}$ den Ring der ganzen rationalen Zahlen $0, \pm 1, \pm 2, \ldots$ und K den Körper der rationalen Zahlen. In K sind mithin die vier Grundrechenarten unbeschränkt ausführbar, die Division durch 0 ausgenommen. Für $\boldsymbol{I}$ trifft das nicht zu. Die Division zweier Zahlen a und b von $\boldsymbol{I}$ führt nicht immer zu Zahlen von $\boldsymbol{I}$. Ist der Quotient $b : a$ zweier Zahlen aus $\boldsymbol{I}$ für $a \neq 0$ wieder eine Zahl von $\boldsymbol{I}$, so heißt b durch *a teilbar*, oder man sagt: b ist *Vielfaches* von a oder a teilt b.

Ideal. Neben $\boldsymbol{I}$ werden andere Ringe $\boldsymbol{R}$ gebraucht, deren Elemente z. B. reelle oder komplexe Zahlen sein können. Besonders wichtig sind solche Teilmengen $\boldsymbol{m}$ eines Ringes $\boldsymbol{R}$, die die beiden Eigenschaften erfüllen:

1. sind a und b Zahlen von $\boldsymbol{m}$, so gehört auch $a - b$ zu $\boldsymbol{m}$;
2. für *jede* Zahl A von $\boldsymbol{R}$ und *jede* Zahl a von $\boldsymbol{m}$ ist das Produkt Aa eine Zahl von $\boldsymbol{m}$.

Diese Teilmengen $\boldsymbol{m}$ von $\boldsymbol{R}$ heißen *Ideale* in $\boldsymbol{R}$.

Ist z. B. m eine natürliche Zahl, so bildet die Gesamtheit der Zahlen $0, \pm m, \pm 2m, \pm 3m, \ldots$ ein Ideal von $\boldsymbol{I}$, also etwa $0, \pm 3, \pm 6, \pm 9, \ldots$ (Abb. 31-1). Die Differenz ganzzahliger Vielfacher von $\boldsymbol{m}$ gibt nämlich wieder ein ganzzahliges Vielfaches von m (1. Idealeigenschaft), und jedes ganzzahlige

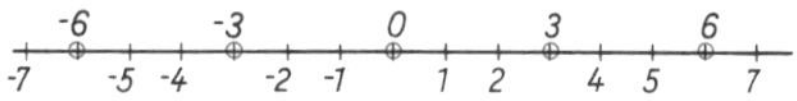

31-1 Das Ideal (3) auf der Zahlengeraden

Vielfache einer Zahl aus $\boldsymbol{m}$ gehört wieder zu $\boldsymbol{m}$ (2. Idealeigenschaft). Man schreibt in diesem Fall $\boldsymbol{m} = (m)$, weil das Ideal $\boldsymbol{m}$ aus den Vielfachen der Zahl m besteht. Solche Ideale, die aus einem Element des Ringes, hier m, erzeugt werden, heißen *Hauptideale*. Es ist leicht zu überlegen, daß jedes Ideal in $\boldsymbol{I}$ Hauptideal sein muß. Die sämtlichen Ideale in $\boldsymbol{I}$ ergeben sich danach, wenn man in (m) $m = 0, 1, 2, \ldots$ setzt.

Man hat auch für Ideale den Begriff der *Teilbarkeit* eingeführt. Ein Ideal $\boldsymbol{a}$ heißt durch ein Ideal $\boldsymbol{b}$ teilbar, wenn jedes Element von $\boldsymbol{a}$ Element von $\boldsymbol{b}$ ist, wenn also die Mengenrelation $\boldsymbol{a} \subseteq \boldsymbol{b}$ gilt. Der naive Sinn des Wortes „teilbar“ ist hier scheinbar ins Gegenteil verkehrt. Der Zusammenhang mit der Teilbarkeitslehre läßt den Sinn dieser Bezeichnung jedoch sofort erkennen. Wendet man diese Definition auf zwei Ideale $\boldsymbol{a} = (m)$, $\boldsymbol{b} = (n)$ in $\boldsymbol{I}$ an, so folgt aus ihr, daß $\boldsymbol{a}$ genau dann durch $\boldsymbol{b}$ teilbar ist, wenn m durch n teilbar ist; z. B. besteht das Ideal (2) aus den Zahlen $0, \pm 2, \pm 4, \pm 6, \pm 8, \ldots$, das Ideal (4) aus den Zahlen $0, \pm 4, \pm 8, \pm 12, \ldots$ Es gilt also $(4) \subseteq (2)$ als Mengenrelation, d. h. aber, das Ideal (4) ist durch das Ideal (2) teilbar, weil 4 durch 2 teilbar ist. Es soll noch das *Produkt* $\boldsymbol{ab}$ von zwei Idealen $\boldsymbol{a}$ und $\boldsymbol{b}$ erklärt werden, und zwar als das Ideal, das aus allen Summen je endlich vieler Produkte ab besteht, wenn a ein beliebiges Element aus $\boldsymbol{a}$, b ein beliebiges Element aus $\boldsymbol{b}$ ist. Im Bereich $\boldsymbol{I}$ folgt $\boldsymbol{ab} = (mn)$, z. B. $(2) \cdot (4) = (8)$.

Der Idealbegriff ist beim Aufbau der algebraischen Zahlentheorie geschaffen worden. Die *Idealtheorie* untersucht die Struktur von Ringen und ihre Ideale. Um Ergebnisse bequemer aussprechen zu können, ist folgende Redeweise von Vorteil: Sind a und b Zahlen des Ringes $\boldsymbol{R}$ und $\boldsymbol{a}$ ein Ideal in $\boldsymbol{R}$, so sagt man $a \equiv b \pmod{\boldsymbol{a}}$ [lies a kongruent b modulo $\boldsymbol{a}$], wenn $a - b$ eine Zahl von $\boldsymbol{a}$ ist. Die *Kongruenzrelation* ist eine Äquivalenzrelation. Sie erfüllt die bekannten Forderungen der Reflexivität, Symmetrie und Transitivität. Auf Grund dieser Eigenschaften ist es möglich, alle Zahlen von $\boldsymbol{R}$ in *Restklasssen* mod $\boldsymbol{a}$ einzuteilen, d. h. so, daß Zahlen, die mod $\boldsymbol{a}$ kongruent sind, in dieselbe Klasse gehören. Die Bedeutung der formalen Schreibweise liegt darin, daß die meisten Rechenregeln für Gleichungen auch für Kongruenzen nach demselben Modul gelten.

Historisch gesehen ist der Begriff der Kongruenz zuerst von GAUSS für den Ring $\boldsymbol{I}$ geschaffen worden: $a \equiv b \pmod{\boldsymbol{m}}$ bedeutet, daß die Differenz der beiden ganzen Zahlen a und b im Ideal (m) liegt, d. h., $a - b$ ist durch m teilbar oder a und b lassen bei der Division durch m denselben Rest. Beispiele: $88 \equiv -10 \pmod{14}$, weil $88 - (-10) = 98$ durch 14 teilbar ist; $3^7 \equiv 1 \pmod{1093}$; $2^{32} \equiv -1 \pmod{641}$.

31.1. Ganze rationale Zahlen

Im Ring der ganzen rationalen Zahlen haben die Restklassen bestimmte Eigenschaften. Bei ihrer Untersuchung spielt die Teilbarkeit der Zahlen eine wichtige Rolle. Man bezeichnet mit (a, b) den *größten gemeinsamen Teiler* (ggT) zweier Zahlen a und b und mit p eine Primzahl.

Restklassenring mod m. Die Restklassen mod m lassen sich zu einem Ring ausgestalten. Man muß dazu Addition und Multiplikation zweier Restklassen mod m erklären. Dies zeige ein Beispiel: r_1 sei die Restklasse $\bar{2}$ mod 6. Sie besteht demnach aus den Zahlen $\ldots -10, -4, 2, 8, 14, \ldots$; r_2 sei die Restklasse $\bar{5}$ mod 6. Diese besteht aus den Zahlen $\ldots -7, -1, 5, 11, \ldots$ Dann soll $r_1 + r_2$ die Restklasse sein, in der $2 + 5 = 7$ und damit auch 1 liegt, d. h., zu der alle Zahlen gehören, die bei einer Division durch 6 den Rest $2 + 5 = 7$ oder 1 haben. Es gilt $\bar{2} + \bar{5} = \bar{1}$ oder in anderen Beispielen $\bar{5} + \bar{0} = \bar{5}$; $\bar{3} + \bar{3} = \bar{0}$. Das Produkt wird erklärt durch $\bar{2} \cdot \bar{5} = \overline{10} = \bar{4}$. Weitere Beispiele mod 6: $\bar{5} \cdot \bar{0} = \bar{0}$; $\bar{3} \cdot \bar{3} = \bar{3}$.

Mit Hilfe dieser so definierten Addition und Multiplikation bilden die Restklassen mod m einen Ring, den sogenannten *Restklassenring* mod m. Es gibt genaue Aussagen über die Struktur dieses Ringes. Wenn m eine Primzahl ist, aber auch nur dann, ist der Restklassenring mod m ein Körper.

Gruppe der primen Restklassen. Wählt man unter den m verschiedenen Restklassen $\bar{0}, \bar{1}, \bar{2}, \ldots, \overline{m-1}$ mod m diejenigen aus, deren Zahlen sämtlich zu m teilerfremd sind, so erhält man die *primen Restklassen* mod m. Für $m = 6$ gibt es zwei prime Restklassen $\bar{1}$ und $\bar{5}$, für $m = p$ aber immer $p - 1$ prime Restklassen $\bar{1}, \bar{2}, \ldots, \overline{p-1}$.

Man bezeichnet die Anzahl der primen Restklassen mod m mit der *Eulerschen Funktion* $\varphi(m)$. Es ist $\varphi(6) = 2$, $\varphi(p) = p - 1$; $\varphi(m)$ ist eine zahlentheoretische Funktion, d. h. eine Funktion, die für positive ganzzahlige Argumente erklärt ist. Diese Funktion ist multiplikativ, d. h., $\varphi(ab) = \varphi(a) \cdot \varphi(b)$, wenn $(a, b) = 1$ ist. Man zählt leicht ab, daß $\varphi(p^k) = p^{k-1}(p - 1)$ ist. Auf Grund der angegebenen Gesetze läßt sich $\varphi(m)$ für jedes m berechnen; z. B. ist $\varphi(3240) = \varphi(2^3)\,\varphi(3^4)\,\varphi(5) = 4 \cdot 54 \cdot 4 = 864$.

Mit der Multiplikation als Verknüpfung bilden die primen Restklassen eine Gruppe $\boldsymbol{G}_m$. Ihre Ordnung ist $\varphi(m)$. Es ist wichtig, die Struktur von $\boldsymbol{G}_m$ für alle m zu untersuchen. Hier soll nur auf den Fall $m = p$ eingegangen werden. $\boldsymbol{G}_p$ ist zyklisch, d. h., jede prime Restklasse mod p läßt sich als

Potenz einer festen primen Restklasse $\bar{g}$ schreiben; g heißt *Primitivwurzel* mod p. Für $p = 11$ z. B. wird die prime Restklassengruppe G_{11} durch die Restklasse $\bar{g} = \bar{2}$ (oder $\bar{6}$, $\bar{7}$, $\bar{8}$) erzeugt, denn die Potenzen $2^0 \equiv 1, 2^1 \equiv 2, 2^2 \equiv 4, 2^3 \equiv 8, 2^4 \equiv 5, 2^5 \equiv 10, 2^6 \equiv 9, 2^7 \equiv 7, 2^8 \equiv 3, 2^9 \equiv 6 \bmod 11$ ergeben alle $p - 1 = 10$ prime Restklassen $\bar{1}, \bar{2}, \ldots, \overline{10}$. Da jedes Element A einer endlichen Gruppe G der Ordnung l der Gleichung $A^l = E$ (E Einselement) genügt, ergibt sich für $G = G_m$ der *Fermatsche Satz*: $a^{\varphi(m)} \equiv 1 \pmod{m}$, wenn $(a, m) = 1$ ist. Im Primzahlfall $m = p$ wird $a^{p-1} \equiv 1 \pmod{p}$, wenn a nicht durch p teilbar ist.

Bestimmungskongruenzen. Im Restklassenring und in der Restklassengruppe lassen sich algebraische Aufgaben lösen. So kann man nach Restklassen $\bar{x}$ mod m fragen, die gegebene Gleichungen erfüllen sollen, z. B. $\bar{a}\bar{x} = \bar{b}$. Diese Fragen laufen auf Bestimmungskongruenzen mod m hinaus. Die lineare Kongruenz $ax \equiv b \pmod{m}$ hat nicht immer Lösungen, z. B. ist $3x \equiv 2 \pmod{12}$ unlösbar, da kein ganzes Vielfaches von 3 bei der Division durch 12 den Rest 2 läßt. Vielmehr ist $ax \equiv b \pmod{m}$ genau dann lösbar, wenn der größte gemeinsame Teiler (a, m) in b aufgeht.
Eine *Kongruenz n-ten Grades* nach einem Primzahlmodul p, nämlich $x^n + a_1x^{n-1} + \cdots + a_n \equiv 0 \pmod{p}$, braucht ebenfalls keine Lösungen zu haben, hat aber nicht mehr als n Restklassen als Lösungen.

Potenzreste. In einer *binomischen Kongruenz* $x^n \equiv a \pmod{p}$ sei a nicht durch p teilbar. Diejenigen Restklassen a mod p, für die diese Kongruenz lösbar ist, heißen *n-te Potenzreste* mod p. Hier stellen sich zwei grundlegende Fragen: 1. Welche Zahlen sind n-te Potenzreste nach einer gegebenen Primzahl? – 2. Für welche Primzahlen p ist eine gegebene Zahl a ein n-ter Potenzrest? – Die erste Frage wird durch das *Eulersche Kriterium* $a^{(p-1)/t} \equiv 1 \pmod{p}$ beantwortet, wobei $t = (p - 1, n)$ ist. Die und nur die Restklassen a, die diese Bedingung erfüllen, sind n-te Potenzreste. Die Beantwortung der zweiten Frage führt zu *Reziprozitätsgesetzen*, die zu den schönsten und tiefsten Erkenntnissen der Zahlentheorie gehören. Im Falle $n = 2$ heißen die Restklassen $a \pmod{p}$, für die die Kongruenz $x^2 \equiv a \pmod{p}$, mit $(a, p) = 1$, lösbar ist, *quadratische Reste mod p* (kurz: *Reste*).
Ist die Kongruenz $x^2 \equiv a \pmod{p}$ unlösbar, so nennt man *a quadratischen Nichtrest* (kurz: *Nichtrest*). Für ungerade p gibt es $(p - 1)/2$ Reste und $(p - 1)/2$ Nichtreste mod p. So gelten mod 17 die Kongruenzen $1^2 \equiv 1, 2^2 \equiv 4, 3^2 \equiv 9, 4^2 \equiv 16, 5^2 \equiv 8, 6^2 \equiv 2, 7^2 \equiv 15, 8^2 \equiv 13$. Es sind danach 1, 2, 4, 8, 9, 13, 15, 16 die 8 Reste mod 17, dagegen 3, 5, 6, 7, 10, 11, 12, 14 die Nichtreste mod 17. Die Kongruenz $x^2 \equiv 5 \pmod{17}$ ist demnach unlösbar.

Reziprozitätsgesetz. Die Untersuchung der Frage, für welche p als Modul eine gegebene Zahl a Rest ist, hat zur Entdeckung des berühmten *Reziprozitätsgesetzes der quadratischen Reste* geführt. EULER fand das Gesetz auf Grund eines umfangreichen Zahlenmaterials: Wenn p eine Primzahl der Form $4n + 1$ ist, so ist $+p$, wenn dagegen p von der Form $4n + 3$ ist, so ist $-p$ Rest (bzw. Nichtrest) von jeder Primzahl q, die Rest (bzw. Nichtrest) von p ist.
GAUSS hat als erster einen Beweis und später sechs weitere Beweise von diesem *Theorema fundamentale* gegeben. Die verschiedenartigen Beweisprinzipien und das Streben, Reziprozitätsgesetze für höhere (n-te) Potenzreste aufzustellen, gaben der Zahlentheorie mächtige Impulse.
Um das Gesetz in Zeichen festhalten zu können, führte LEGENDRE ein Symbol $\left(\frac{a}{p}\right)$ ein (*Legendresches Symbol*), das $+1$, -1 oder 0 bedeutet, je nachdem a Rest, Nichtrest oder 0 mod p ist. Man erhält so die Aussage $\left(\frac{q}{p}\right) = \left(\frac{(-1)^{(p-1)/2}p}{q}\right)$ für ungerade Primzahlen p und q. Als Ergänzungen zum Reziprozitätsgesetz bezeichnet man die Sätze $\left(\frac{-1}{p}\right) = (-1)^{(p-1)/2}$ und $\left(\frac{2}{p}\right) = (-1)^{(p^2-1)/8}$.
Danach ist die Kongruenz $x^2 \equiv -1 \pmod{p}$ unlösbar für $p \equiv 3 \pmod{4}$, weil dafür $(p - 1)/2$ eine ungerade Zahl ist. Sie ist lösbar, wenn p die Form $4m + 1$ hat, denn dann ist $(p - 1)/2$ gerade.

Diophantische Gleichungen. Jede Kongruenz $ax_1 + c \equiv 0 \pmod{b}$ läßt sich als Gleichung $ax_1 + bx_2 + c = 0$ schreiben, in der dann $a \neq 0$, $b \geqslant 1$, c, x_1, x_2 ganzzahlig sind. Sind a, b, c als ganzzahlig gegeben und sollen x_1, x_2 als Unbekannte ermittelt werden, so bedeutet das, die ganzzahligen Lösungen einer linearen Gleichung mit ganzzahligen Koeffizienten zu ermitteln. Ist $f(x_1, \ldots, x_n)$ ein Polynom in $x_1, \ldots, x_n$ mit ganzzahligen Koeffizienten, so bezeichnet man jede Gleichung $f(x_1, x_2, \ldots, x_n) = A$ mit $n \geqslant 2$ als *diophantische Gleichung* (nach DIOPHANTOS von Alexandria), wenn man verlangt, sie in *ganzen* Zahlen $x_1, x_2, \ldots, x_n$ zu lösen. Beispiel: $3x - 2y - 5 = 0$ hat die unendlich vielen Lösungspaare $x = 2t + 1$, $y = 3t - 1$, die man erhält, wenn t alle ganzen Zahlen durchläuft.
Lineare diophantische Gleichungen $a_1x_1 + \cdots + a_nx_n = A$ mit $n \geqslant 2$ und $a_\nu \neq 0$ für $\nu = 1, 2, \ldots, n$ haben stets *unendlich viele Lösungs-n-tupel*, wenn sie überhaupt eine Lösung haben. Bei quadratischen Gleichungen ist das anders, z. B. hat $x^2 + xy + y^2 = 19$ genau 12 Lösungspaare: $\{(2, 3), (-2, -3), (3, 2), (-3, -2), (2, -5), (-2, 5), (5, -2), (-5, 2), (3, -5), (-3, 5), (5, -3), (-5, 3)\}$. Dagegen hat die Gleichung $x^2 - 5y^2 = 4$ unendlich viele Lösungspaare $\{(\pm 2, 0), (\pm 3, \pm 1), (\pm 7, \pm 3), (\pm 18, \pm 8), \ldots\}$. Diese Gleichung ist ein Spezialfall einer *Pellschen Gleichung*, die gewöhnlich in der Form $x^2 - Ay^2 = 4$ angegeben wird.

Überraschend ist aber der *Satz von Thue*: Die Gleichung $a_1x^n + a_2x^{n-1}y + \cdots + a_ny^n = A$ mit $a_1 \neq 0$ und ganzrationalen $a_1, a_2, \ldots, a_n$ hat für $n \geqslant 3$ nur endlich viele Lösungen, wenn die linke Seite nicht in homogene Faktoren niedrigeren Grades mit ganzzahligen Koeffizienten zerlegt werden kann. Die diophantischen Gleichungen höheren Grades stellen tiefliegende Probleme, die zu ihrer Lösung die Kenntnis der Theorie der algebraischen Zahlkörper erfordern.
Unter ihnen hat die *Fermatsche Vermutung* (auch großer Fermatscher Satz genannt) besonderes Interesse gefunden: Es gibt für keinen ganzzahligen Exponenten $n > 2$ ganze, von Null verschiedene Zahlen x, y, z, die der Gleichung $x^n + y^n = z^n$ genügen. FERMAT hatte in seinem Handexemplar der Arithmetik des Diophant an den Rand geschrieben, daß er einen wahrhaft wunderbaren Beweis entdeckt habe, aber der Rand sei zu schmal, ihn zu fassen. Sein Beweis ist jedoch nicht aufgefunden worden. Trotz der Bemühungen bedeutender Mathematiker ist es bisher nicht gelungen, die Vermutung zu beweisen oder zu widerlegen. Es liegen aber interessante Teilergebnisse vor. Man weiß z. B., daß die Vermutung für alle Exponenten n bis 4002 richtig ist.

Analytische Zahlentheorie

Die Zahlentheorie kennt außer der Eulerschen Funktion $\varphi(n)$ viele weitere Funktionen $f(n)$, die Aussagen über natürliche Zahlen geben. Man nennt solche Funktionen, deren Definitionsbereich die Menge der natürlichen Zahlen ist, auch *zahlentheoretische Funktionen*; z. B. bezeichnet $\pi(x)$ die Anzahl der Primzahlen $\leqslant x$; $d(n)$ die Anzahl (Abb. 31-2) und $\sigma(n)$ die Summe der positiven Teiler von n; $r(n)$ die Anzahl der ganzzahligen Lösungspaare x, y der Gleichung $x^2 + y^2 = n$. Manche dieser Funktionen zeigen einen sprunghaften Verlauf, z. B. $d(1) = 1$, $d(2) = 2$, $d(3) = 2$, $d(4) = 3$, $d(5) = 2$, $d(6) = 4$, $d(7) = 2$, $d(8) = 4$ usw. Trotzdem läßt sich oft für das *Mittel* der ersten n Funktionswerte von f eine Gesetzmäßigkeit finden. Die Funktion

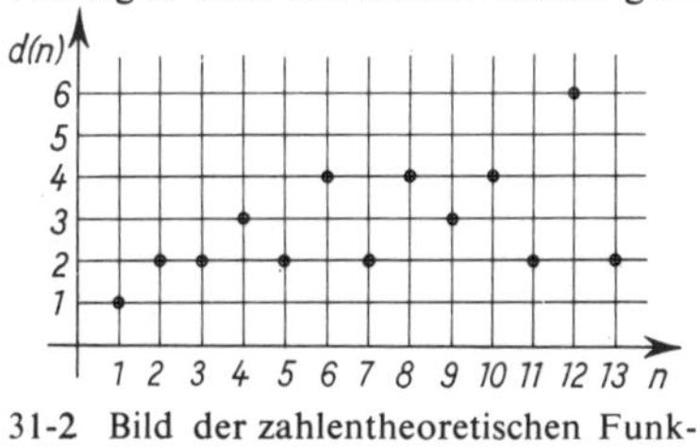

31-2 Bild der zahlentheoretischen Funktion $d(n)$: Anzahl der positiven Teiler von n

$$[f(1) + f(2) + \cdots + f(n)] : n$$

verhält sich in vielen Fällen bei wachsendem n asymptotisch wie eine analytische Funktion von n. So wächst $(1/n) \sum_{k \leqslant n} d(k)$ wie der natürliche Logarithmus von n an. Setzt man $(1/n)\,[d(1) + \cdots + d(n)] = \ln n + R(n)$, so ist $R(n)$ von geringerer Größenordnung in n als $\ln n$. Die Untersuchung von Mittelwerten zahlentheoretischer Funktionen und vor allem ihrer „Reste" $R(n)$ erfordert die feinsten Hilfsmittel der Analysis. Sie ist gegenwärtig noch nicht abgeschlossen. Bedeutende Mathematiker des 19. und 20. Jh. beschäftigten sich mit diesem Zweig der Mathematik, der *analytischen Zahlentheorie*. Besonderes Interesse wendeten sie der Funktion $\pi(x)$ „Anzahl der Primzahlen kleiner oder gleich x" zu. GAUSS vermutete, daß $\pi(x)$ für große x durch den Integrallogarithmus

$$\mathrm{Li}\,x = \int_0^x \frac{\mathrm{d}t}{\ln t} = \lim_{\delta \to 0} \left(\int_0^{1-\delta} \frac{\mathrm{d}t}{\ln t} + \int_{1+\delta}^x \frac{\mathrm{d}t}{\ln t} \right)$$

angenähert wird (vgl. Kap. 21.2. – Reihen spezieller Funktionen). Die Abschätzung des Restes $R(x) = \pi(x) - \mathrm{Li}\,x$, der für große x entweder positiv oder negativ sein kann, bereitet große Schwierigkeiten. B. RIEMANN legte der Untersuchung von $R(x)$ die Dirichletsche Reihe $\zeta(s) = \sum 1/n^s$ mit $n = 1, 2, 3, \ldots$ zugrunde, die für $\sigma > 1$ konvergent ist, wenn $s = \sigma + it$ gesetzt wird. Die große Bedeutung der *Riemannschen Zetafunktion* für das Problem der Verteilung der Primzahlen wird aus ihrer Produktdarstellung ersichtlich: $\zeta(s) = \prod 1/(1 - p_m^{-s})$, $\sigma > 1$, wobei p_m alle Primzahlen durchläuft. Die Funktion $\zeta(s)$ läßt sich über die Gerade $\sigma = 1$ hinaus analytisch fortsetzen und existiert dann in der ganzen s-Ebene als eindeutige Funktion, die überall regulär ist bis auf den Pol 1. Ordnung $s = 1$. Diese Funktion hat unendlich viele Nullstellen, die, abgesehen von den sog. trivialen Nullstellen $-2, -4, -6, -8, \ldots$, sämtlich komplex sind. RIEMANN vermutete, daß *alle* komplexen Nullstellen von $\zeta(s)$ den Realteil $\sigma = 1/2$ haben. Diese *Riemannsche Vermutung* konnte bisher nicht bewiesen werden. Nimmt man an, daß sie richtig ist, so würde der Absolutbetrag des Quotienten $R(x)/(x^{1/2} \ln x)$ für alle $x > 1$ beschränkt sein. Seit 1896 ist der *Primzahlsatz* $\lim_{x \to \infty} \pi(x)/\mathrm{Li}\,x = 1$ bewiesen, aus dem $\lim_{x \to \infty} R(x)/\mathrm{Li}\,x = 0$ folgt. Bis heute konnte die Abschätzung von $R(x)$ weiter verschärft werden, ohne die aus der Riemannschen Vermutung folgende zu erreichen.
Unter der Vielzahl weiterer Verteilungsprobleme werde der berühmte, zuerst von DIRICHLET bewiesene Satz genannt: *In jeder arithmetischen Folge, bei der Anfangsglied und Differenz prim zueinander sind, kommen unendlich viele Primzahlen vor.*

Additive Zahlentheorie

Die Fragestellungen der additiven Zahlentheorie seien durch einige spezielle Sätze und Probleme charakterisiert:

Satz von Fermat. Jede Primzahl $p \equiv 1 \pmod 4$ *ist Summe von zwei Quadraten natürlicher Zahlen. Die Darstellung ist eindeutig, wenn man nicht auf die Reihenfolge der Summanden achtet.*

Beispiel 1: $233 = 8^2 + 13^2$.

Satz von Lagrange. Jede natürliche Zahl n läßt sich als Summe von höchstens vier ganzzahligen Quadraten darstellen.

Beispiel 2: 11 kann zwar als Summe von drei Quadraten $3^2 + 1^2 + 1^2$ geschrieben werden, 7 erfordert jedoch vier Summanden: $2^2 + 1^2 + 1^2 + 1^2$.

Waringproblem. (1770 von WARING gestellt, 1909 von HILBERT gelöst.) Jede natürliche Zahl n ist Summe von höchstens $g(k)$ k-ten Potenzen natürlicher Zahlen, wobei $g(k)$ nicht von n abhängig ist. Es ist $g(2) = 4$ nach dem Satz von Lagrange, $g(3) = 9$. Es ist nun interessant, daß man bei hinreichend großen n für $k \geqslant 3$ weniger als $g(k)$ Summanden braucht. Beispiel: $239 = 4^3 + 4^3 + 3^3 + 3^3 + 3^3 + 3^3 + 1^3 + 1^3 + 1^3$ ist die größte Zahl, die 9 Kuben erfordert. Bei allen größeren natürlichen Zahlen ist die Zerlegung in Kuben mit einer Summe aus weniger Summanden möglich. Es ist bewiesen, daß es eine natürliche Zahl n geben muß, von der an alle nachfolgenden Zahlen eine Zerlegung in 7 Kuben gestatten.

Goldbachsche Vermutung. GOLDBACH stellte 1742 in einem Brief an EULER die Vermutung auf, daß jede gerade Zahl $n \geqslant 6$ Summe von zwei ungeraden Primzahlen ist. Diese Vermutung konnte bisher weder bewiesen noch widerlegt werden. Durch scharfsinnige Methoden gelang WINOGRADOW der Beweis des *Dreiprimzahlsatzes.*

Dreiprimzahlsatz. *Jede hinreichend große ungerade Zahl n ist Summe von drei ungeraden Primzahlen.*

Partition einer natürlichen Zahl. Unter einer *Partition* einer natürlichen Zahl n versteht man eine Darstellung von n als Summe natürlicher Zahlen. Beschränkt man die Anzahl der Summanden nicht, läßt gleiche Summanden zu und sieht von der Anordnung der Summanden ab, so bezeichnet man die Anzahl dieser Partitionen von n mit $p(n)$. Beispiel:

$$1 + 1 + 1 + 1 + 1 = 1 + 1 + 1 + 2 = 1 + 1 + 3 = 1 + 2 + 2 = 1 + 4 = 2 + 3 = 5$$

sind die 7 Partitionen von 5; in diesem Fall ist $p(5) = 7$. Die Funktion $p(n)$ hat sehr viele interessante Eigenschaften, z. B. ist $p(5m + 4) \equiv 0 \pmod 5$. Für große n gilt $p(n) \sim [1/(4n\sqrt{3})] \exp [\pi\sqrt{2n/3}]$.
Allgemeiner lautet eine Grundfrage der additiven Zahlentheorie: Wenn A eine Menge natürlicher Zahlen und $s \geqslant 2$ eine natürliche Zahl ist, läßt sich dann jede natürliche Zahl als Summe von s Elementen von A darstellen? – Seit 1930 ist auch dieses Problem angreifbar geworden durch neue Methoden und Begriffe (*Dichte* und *Ordnung* von A).

31.2. Algebraische Zahlen

Algebraische Zahlkörper. Eine *algebraische Zahl* α ist eine Zahl, die einer algebraischen Gleichung $B(\alpha) = 0$ genügt. Dabei ist $B(x) = b_0x^m + \cdots + b_m$ ein Polynom über dem Körper K der rationalen Zahlen mit $b_0 \neq 0$, $m \geqslant 1$ (vgl. Kap. 16.2.). Die Koeffizienten $b_0, \ldots, b_m$ sind mithin rational. Die Zahl α genügt unendlich vielen algebraischen Gleichungen verschiedener Grade, z. B. erfüllt $\alpha = \sqrt{3}$ die Gleichungen $x^2 - 3 = 0$, $x^3 - x^2 - 3x + 3 = 0$, $x^4 - 9 = 0$ usw. Die zu den letzten beiden Gleichungen gehörenden Polynome lassen sich zerlegen in Polynome niederen Grades, nämlich $x^3 - x^2 - 3x + 3 = (x^2 - 3)(x - 1)$ und $x^4 - 9 = (x^2 + 3)(x^2 - 3)$. Solche Polynome heißen *reduzibel.* Ist eine Zerlegung eines Polynoms in Faktoren niederen Grades über K nicht möglich, so heißt ein Polynom *irreduzibel* über K, z. B. ist $P(x) = x^2 - 3$ über K irreduzibel.
Es gibt nun *genau ein* über K irreduzibles Polynom $A(x)$ mit dem Anfangskoeffizienten 1, so daß $A(\alpha) = 0$ ist. Der Grad n des Polynoms $A(x) = x^n + a_1x^{n-1} + \cdots + a_n$ mit rationalen $a_1, \ldots, a_n$ heißt der *Grad der algebraischen Zahl* α; z. B. ist jede rationale Zahl algebraisch vom 1. Grade, da eine beliebige rationale Zahl r die Gleichung $x - r = 0$ erfüllt; $(1 + i\sqrt{3})/2$ ist vom 2. Grade als Lösung der Gleichung $x^2 - x + 1 = 0$ und $\sqrt[n]{2}$ vom n-ten Grade als Lösung der Gleichung $x^n - 2 = 0$: die jeweiligen Polynome sind sämtlich irreduzibel.
Die Wurzeln $\alpha^{(1)}, \alpha^{(2)}, \ldots, \alpha^{(n)}$ von $A(x) = 0$ (eine davon ist α) nennt man die *Konjugierten* von α.

Diese sind paarweise untereinander verschieden. Sind in $A(x)$ alle Koeffizienten ganzrational, so heißt α *ganz algebraisch*.
Ist ϑ eine algebraische Zahl, so wird der kleinste Körper $k = K(\vartheta)$, der K und ϑ enthält, *algebraischer Zahlkörper* genannt. Im Falle $K(\sqrt{3})$ besteht er aus allen Zahlen der Form $a + b\sqrt{3}$, wobei a und b rationale Zahlen sind. Als Grad von k bezeichnet man den eindeutig bestimmten Grad n jeder Zahl ϑ, die den Körper erzeugt.

Einheiten. Besondere ganze algebraische Zahlen in k sind die Einheiten ε, die Teiler des Einselementes. Für sie ist auch der reziproke Wert ε^{-1} ganz algebraisch. In K sind ± 1 die einzigen Einheiten. In einem algebraischen Zahlkörper gibt es aber in der Regel *unendlich viele* Einheiten. Diese lassen sich sämtlich aus einer endlichen Anzahl von ihnen (Grundeinheiten) durch Multiplizieren und Potenzieren ableiten (*Dirichletscher Einheitensatz*). *Endlich viele* Einheiten haben außer K die imaginärquadratischen Zahlkörper (für die die erzeugende Zahl ϑ komplex ist). Die Untersuchung der algebraischen Zahlkörper hat zu sehr interessanten Ergebnissen geführt.

Quadratische Zahlkörper. Von speziellen Körpertypen sind die quadratischen Zahlkörper am eingehendsten untersucht worden. Nimmt man $\vartheta = \sqrt{d}$, so kann man sich auf ganzzahlige d ohne quadratische Teiler beschränken. Unter dieser Voraussetzung hat man quadratische Körper $k = K(\sqrt{d})$ zu unterscheiden mit $d \equiv 1 \pmod 4$ (1. Fall) und mit $d \equiv 2$, $d \equiv 3 \pmod 4$ (2. Fall). Im 1. Fall ist $\omega_1 = 1$, $\omega_2 = (-1 + \sqrt{d})/2$, im 2. Fall $\omega_1 = 1$, $\omega_2 = \sqrt{d}$ eine *Ganzheitsbasis* des Körpers, d. h., jede ganze algebraische Zahl von $K(\sqrt{d})$ läßt sich eindeutig in der Form $g_1\omega_1 + g_2\omega_2$ mit ganzen rationalen Zahlen g_1, g_2 darstellen.

Kreisteilungskörper. Wenn n eine natürliche Zahl bedeutet, bezeichnet man die Gleichung $z^n - 1 = 0$ als *Kreisteilungsgleichung*. Ihre n Lösungen, die auch *Einheitswurzeln* genannt werden, zerlegen nämlich, wenn man sie in der komplexen Zahlenebene darstellt, den Umfang des Einheitskreises um den Nullpunkt in n gleiche Teile. Die von $z = 1$ verschiedenen $n - 1$ Lösungen genügen für $n \geqslant 2$ der Gleichung $f(z) = 0$. Dabei ist $f(z) = (z^n - 1)/(z - 1) = z^{n-1} + z^{n-2} + \cdots + z + 1$. Ist n eine Primzahl p, so kann man zeigen, daß $f(z)$ ein über K irreduzibles Polynom ist. Man erkennt auch leicht, daß sich in diesem Fall durch $\omega, \omega^2, \ldots, \omega^{p-1}$ alle Lösungen von $f(z) = 0$ darstellen, wenn ω eine von ihnen ist. Jeder Erweiterungskörper $K(\omega)$ wird *Kreisteilungskörper* genannt. Seine konjugierten Körper $K(\omega)$, $K(\omega^2)$, ..., $K(\omega^{p-1})$, die sämtlich den Grad $p - 1$ haben, fallen zusammen. Die Kreisteilungskörper wurden eingehend von KUMMER in Zusammenhang mit seinen Untersuchungen über das Fermatproblem erforscht. Die erzielten Ergebnisse waren bahnbrechend für den Aufbau der algebraischen Zahlentheorie. Schon vorher hatte GAUSS eine Methode zur Auflösung der Kreisteilungsgleichung ersonnen. Seine Theorie gestattete zugleich, alle regelmäßigen n-Ecke anzugeben, die sich mit Zirkel und Lineal konstruieren lassen. So stehen in der Lehre von der Kreisteilung drei Gebiete der Mathematik, nämlich Geometrie, Algebra und Zahlentheorie, in wunderbarer Weise in Wechselbeziehung.

Idealtheorie. Auf Grund der Gesetzmäßigkeiten im rationalen Zahlkörper kann man versucht sein anzunehmen, daß sich jede ganze algebraische Zahl eindeutig (bis auf die Reihenfolge der Faktoren und bis auf Einheiten) in Primfaktoren zerlegen läßt, die wiederum ganze algebraische Zahlen sind. Man erkannte bald, daß diese Vermutung nicht zutrifft. So gibt es im quadratischen Zahlkörper $K(\sqrt{-5})$ für die Zahl 6 zwei verschiedene Zerlegungen $6 = 2 \cdot 3 = (1 + \sqrt{-5})\,(1 - \sqrt{-5})$. Man muß sich dabei überlegen, daß sich die Faktoren $2, 3, 1 + \sqrt{-5}, 1 - \sqrt{-5}$ in $K(\sqrt{-5})$ nicht weiter zerlegen lassen (von Einheitsfaktoren abgesehen).
Es schien, als ob ein einfacher Aufbau der Theorie nun nicht möglich sei. Da fand KUMMER einen Weg, der später von DEDEKIND und KRONECKER unabhängig voneinander ausgebaut wurde. DEDEKIND schuf die Idealtheorie. Er setzte an die Stelle der ganzen algebraischen Zahlen die Ideale im Ring $\boldsymbol{R}$ der ganzen algebraischen Zahlen des Körpers k und bewies den Hauptsatz:

*Jedes vom Einheitsideal **R** verschiedene Ideal läßt sich eindeutig (bis auf die Reihenfolge der Faktoren) als Produkt von Primidealen darstellen.*

Der Hauptsatz besagt für den Ring $\boldsymbol{I}$ der ganzen rationalen Zahlen: Jedes Hauptideal (m) ist eindeutig (bis auf die Reihenfolge der Faktoren) gleich dem Produkt von Primidealen $(p_1) \cdot (p_2) \cdots (p_n)$. Das ist nur eine andere Fassung des Fundamentalsatzes der elementaren Zahlentheorie

$$m = \pm p_1 p_2 \cdots p_n.$$

Idealklassen. Zwei Ideale $\boldsymbol{A}$ und $\boldsymbol{B}$ des Ringes $\boldsymbol{R}$ in k heißen äquivalent, wenn es zwei Hauptideale (α) und (β) gibt, so daß $(\alpha)\,\boldsymbol{A} = (\beta)\,\boldsymbol{B}$ ist. Teilt man auf Grund dieses Äquivalenzbegriffes die Ideale in $\boldsymbol{R}$ in Klassen ein, so ist die Anzahl h der entstehenden Klassen *endlich*. Die Hauptideale bilden eine Klasse für sich. Im Ring $\boldsymbol{I}$ der ganzen rationalen Zahlen ist dies die einzige Klasse, d. h., in diesem Falle ist $h = 1$. Die Bestimmung von h bereitet Schwierigkeiten, sie gelingt aber mit Hilfe der Analysis. Es besteht eine von DIRICHLET herrührende transzendente Klassenzahlformel. Für spezielle Körpertypen kennt man auch eine arithmetische Darstellung von h.

31.3. Transzendente Zahlen

Eine Zahl τ, die nicht algebraisch ist, heißt *transzendent*. Sie genügt keiner algebraischen Gleichung mit ganzzahligen Koeffizienten. Es ist nicht sofort ersichtlich, daß es transzendente Zahlen gibt. LIOUVILLE konstruierte einige, z. B. $\sum_{n=1}^{\infty} (1/2^{n!})$, und zwar auf Grund von Sätzen, die aussagen, daß sich algebraische Zahlen nicht „beliebig gut" durch rationale annähern lassen. Er bewies u. a.: Es gibt für jede algebraische Zahl α n-ten Grades eine nur von α abhängige Zahl $a > 0$, so daß für alle ganzen rationalen Zahlen r, s $(s > 0)$ die Ungleichung $|\alpha - r/s| > a \cdot s^{-n}$ gilt. Sehr tiefliegend ist der *Satz von Thue-Siegel-Roth: Seien r, s ganze rationale Zahlen mit $s > 0$ und α eine algebraische irrationale Zahl. Wenn es dann unendlich viele Brüche r/s mit $(r, s) = 1$ gibt, für die $|\alpha - r/s| \leqslant s^{-\mu}$ gilt, so ist $\mu \leqslant 2$.*

Von besonderem Interesse ist die Beantwortung der Frage, ob ein Funktionswert einer gegebenen analytischen Funktion transzendent ist oder nicht. HERMITE bewies als erster, daß die Basis e der natürlichen Logarithmen transzendent ist. Kurz darauf gelang LINDEMANN der Nachweis, daß der Flächeninhalt des Einheitskreises ebenfalls eine transzendente Zahl ist. Damit war die Unmöglichkeit der Quadratur des Kreises gezeigt, nämlich mit Zirkel und Lineal ein Quadrat zu zeichnen, das einem Kreis von gegebenem Radius flächengleich ist.

Allgemeiner gilt: Wenn $\alpha \neq 0$ ist, können α und e^{α} nicht beide algebraisch sein. Die Funktionen e^x $(x \neq 0)$ und $\log x$ $(x \neq 0,\ x \neq 1)$ haben danach für algebraische x transzendente Werte. Zum Beweis wird die komplexe Funktionentheorie eingesetzt. Mit ihrer Hilfe erhält man weitere Aussagen, z. B., daß e^{π} transzendent ist.

Das siebente der 23 von HILBERT zur Jahrhundertwende aufgezählten Probleme konnte gelöst werden: α^{β} ist transzendent, falls α algebraisch und von 0 und 1 verschieden und β algebraisch irrational ist. Daraus folgt, daß der Quotient der Logarithmen algebraischer Zahlen entweder rational oder transzendent ist.

Man kennt sehr viele Transzendenzaussagen, die sich auf elliptische Integrale und elliptische Funktionen beziehen, z. B.: Der Umfang einer Ellipse mit algebraischen Achsenlängen ist transzendent. Weiter spielen in der Theorie der transzendenten Zahlen Fragen der algebraischen Unabhängigkeit transzendenter Zahlen eine große Rolle. Zu ihnen gehört der *Satz von Lindemann*:

Sind $\alpha_1, \alpha_2, \ldots, \alpha_n$ algebraische Zahlen, die über dem Körper K der rationalen Zahlen linear unabhängig sind, so besteht keine Beziehung $\beta_1 e^{\alpha_1} + \beta_2 e^{\alpha_2} + \cdots + \beta_h e^{\alpha_h} = 0$ mit nicht gleichzeitig verschwindenden algebraischen Koeffizienten $\beta_1, \beta_2, \ldots, \beta_h$.

32. Algebraische Geometrie

Die algebraische Geometrie entwickelte sich aus der Theorie der *algebraischen Kurven und Flächen* und der mehrdimensionalen Geometrie der italienischen Schule. Die ersten Beiträge zur Theorie der ebenen algebraischen Kurven lieferten NEWTON, MACLAURIN, EULER und CRAMER. Der Schöpfer der algebraischen Geometrie im engeren Sinne war Max NOETHER. Die italienischen Geometer, in erster Linie C. SEGRE, SEVERI und ENRIQUES brachten diese Disziplin zur vollen Entfaltung. In diesem Jahrhundert wurde von der deutschen Schule, vor allem durch Emmy NOETHER, der Tochter von Max NOETHER, VAN DER WAERDEN und GRÖBNER aus algebraischer Sicht die Überprüfung ihrer Grundlagen in Angriff genommen.

Algebraische Kurven und Flächen. Zentraler Begriff der algebraischen Geometrie ist die *algebraische Mannigfaltigkeit* (*AM*) im n-dimensionalen *projektiven Raum* S_n, in dem jeder Punkt durch die Verhältnisse $x_0 : x_1 : \cdots : x_n$ von $n + 1$ Koordinaten gegeben ist.

Betrachtet man zur Erläuterung dieses Begriffes zunächst den Fall $n = 2$, dann ist S_2 eine *projektive Ebene*. Durch *eine* homogene *algebraische Gleichung* $F(x_0, x_1, x_2) = 0$ wird nun eine (*ebene*) *algebraische Kurve* des S_2 definiert, d. h., die Kurve ist die Gesamtheit der Punkte (ξ_0, ξ_1, ξ_2), welche die Gleichung erfüllen. Man erhält zum Beispiel für die Parabel $y^2 = 2p(x - a)$ durch *Homogenisierung* $x_2^2/x_0^2 = 2p(x_1/x_0 - a)$ oder $2apx_0^2 - 2px_0x_1 + x_2^2 = 0$; auf der linken Seite steht ein *homogenes Polynom* $F(x_0, x_1, x_2)$ (*Form*). Durch *zwei* homogene algebraische Gleichungen

$F_1(x_0, x_1, x_2) = 0$, $F_2(x_0, x_1, x_2) = 0$ werden die *gemeinsamen* Punkte der Kurven $F_1 = 0$ und $F_2 = 0$ erfaßt, nämlich alle Punkte (ξ_0, ξ_1, ξ_2), die *beide* Gleichungen erfüllen. Sind $F_1(x_0, x_1, x_2)$ und $F_2(x_0, x_1, x_2)$ insbesondere teilerfremd, so ergeben sich nur *endlich viele* solcher Punkte. Beide Fälle (algebraische Kurve; endlich viele Punkte) stellen Beispiele für algebraische Mannigfaltigkeiten in der projektiven Ebene dar.
Im Falle $n = 3$, d. h. im *projektiven Raum* S_3, liefert eine Form $F(x_0, x_1, x_2, x_3)$ eine *algebraische Fläche*; zwei teilerfremde Formen $F_1(x_0, x_1, x_2, x_3)$, $F_2(x_0, x_1, x_2, x_3)$ ergeben eine ebene oder räumliche algebraische *Kurve*. Auch drei oder mehr teilerfremde Formen $F_1, F_2, F_3, \ldots$ können noch eine Kurve liefern. Die Punkte $(\xi_0, \xi_1, \xi_2, \xi_3)$ einer Kurve des S_3 erfüllen außer den Gleichungen $F_i = 0$ ($i = 1, 2$ oder $i = 1, 2, 3, \ldots$) noch weitere Gleichungen, z. B. $GF_i = 0$, wobei G eine Konstante, allgemeiner sogar eine beliebige Form sein kann, und (falls F_i und F_k denselben Grad haben) $F_i \pm F_k = 0$.

Polynomideale, Nullstellengebilde und algebraische Mannigfaltigkeiten. Um alle diese Gleichungen zu überblicken, verwendet man zweckmäßig den Begriff des *Ideals* in einem kommutativen Ring R. *Definition:* Eine Menge von Elementen des Ringes R heißt ein *Ideal* $\boldsymbol{a}$, wenn mit je zwei Elementen a und b aus $\boldsymbol{a}$ auch $a - b$ in $\boldsymbol{a}$ enthalten ist und ferner mit jedem Element a aus $\boldsymbol{a}$ auch jedes Produkt ra in $\boldsymbol{a}$ liegt, wobei r ein *beliebiges Ringelement* ist. – Ein einfaches Beispiel bildet die Menge aller ra, wobei a ein *festes Element* aus R ist. Solche Ideale heißen *Hauptideale* und werden mit (a) bezeichnet. – Der Idealbegriff ist historisch erstmals in der Zahlentheorie bei der Behandlung des Fermatproblems benutzt worden (vgl. Kap. 31.2.). Ist R insbesondere ein Ring von Polynomen $f, g, \ldots$, so heißen seine Ideale *Polynomideale.* Betrachtet man in R und demgemäß in seinen Idealen nur die *Formen*, so erhält man die *homogenen Ideale* oder *H-Ideale.* – Ein Punkt $(\xi) = (\xi_0, \xi_1, \ldots, \xi_n)$ des S_n heißt eine *Nullstelle* des H-Ideals $\boldsymbol{a}$, wenn jede Form $F(x) = F(x_0, x_1, \ldots, x_n)$ aus $\boldsymbol{a}$ für $x_0 = \xi_0, x_1 = \xi_1, \ldots, x_n = \xi_n$ verschwindet. Die Gesamtheit *aller* Nullstellen von $\boldsymbol{a}$ heißt das *Nullstellengebilde* (*NG*) des H-Ideals (vgl. die oben angeführten Beispiele). Im folgenden werden weitere Sätze über Ideale in kommutativen Ringen R angegeben, die für die algebraische Geometrie von Bedeutung sind.
Unter dem *Durchschnitt* $\boldsymbol{a} \cap \boldsymbol{b}$ zweier Ideale $\boldsymbol{a}$ und $\boldsymbol{b}$ aus R versteht man die Gesamtheit derjenigen Elemente a aus R, die sowohl in $\boldsymbol{a}$ als auch in $\boldsymbol{b}$ liegen. Der Durchschnitt zweier Ideale ist wieder ein Ideal. – Als *Summe* $(\boldsymbol{a}, \boldsymbol{b})$ von $\boldsymbol{a}$ und $\boldsymbol{b}$ bezeichnet man die Gesamtheit aller Elemente der Form $a + b$ mit $a \in \boldsymbol{a}$, $b \in \boldsymbol{b}$. Die Summe zweier Ideale ist wieder ein Ideal. – Ferner wird definiert: Der *Durchschnitt* oder *Schnitt* $NG(\boldsymbol{a}) \cap NG(\boldsymbol{b})$ *zweier Nullstellengebilde* ist die Menge derjenigen Punkte (ξ), die sowohl zu $NG(\boldsymbol{a})$ als auch zu $NG(\boldsymbol{b})$ gehören. Unter der *Vereinigung* oder *Summe*

$$NG(\boldsymbol{a}) \cup NG(\boldsymbol{b}) = NG(\boldsymbol{a}) + NG(\boldsymbol{b})$$

versteht man die Menge aller Punkte, die in wenigstens einem der beiden NG liegen. – Es gelten die beiden Sätze: (1) $NG(\boldsymbol{a} \cap \boldsymbol{b}) = NG(\boldsymbol{a}) + NG(\boldsymbol{b})$, (2) $NG(\boldsymbol{a}, \boldsymbol{b}) = NG(\boldsymbol{a}) \cap NG(\boldsymbol{b})$. Diese Definitionen und Sätze lassen sich auf den Fall endlich vieler Ideale übertragen.
Ein Ideal $\boldsymbol{a}$ heißt *reduzibel*, wenn es der Durchschnitt zweier von $\boldsymbol{a}$ verschiedener Ideale ist; andernfalls nennt man es *irreduzibel.* Entsprechend bezeichnet man $NG(\boldsymbol{a})$ als *reduzibel* oder *irreduzibel*, je nachdem $\boldsymbol{a}$ reduzibel oder irreduzibel ist.

Beispiel: $\boldsymbol{a} = (x_1^2 - x_2^2) = (x_1 + x_2) \cap (x_1 - x_2)$; das NG von $\boldsymbol{a}$ in S_2 ist das Geradenpaar $x_1 + x_2 = 0$, $x_1 - x_2 = 0$.

Ein Polynomideal ist aber durch sein NG nicht eindeutig bestimmt. So haben z. B. die H-Ideale $\boldsymbol{a} = (x_1 + x_2)$ und $\boldsymbol{b} = ((x_1 + x_2)^2)$ in S_2 dasselbe NG, nämlich die Punkte der Geraden $x_1 + x_2 = 0$. Daher empfiehlt es sich, festzulegen, daß eine *algebraische Mannigfaltigkeit* $AM(\boldsymbol{a})$ nicht allein durch $NG(\boldsymbol{a})$, sondern noch durch weitere Angaben bestimmt sein soll. So könnte man $AM(\boldsymbol{a})$ durch das H-Ideal $\boldsymbol{a}$ selbst charakterisieren. In diesem Sinne ist in obigem Beispiel $AM(\boldsymbol{a}) \neq AM(\boldsymbol{b})$. Nun läßt sich jedes *Polynomideal als Durchschnitt endlich vieler irreduzibler Ideale* darstellen (Lasker-Noetherscher Satz): (3) $\boldsymbol{a} = \boldsymbol{q}_1 \cap \boldsymbol{q}_2 \cap \cdots \cap \boldsymbol{q}_s$. Man definiert: Dieser Darstellung entspricht die Zerlegung (4) $AM(\boldsymbol{a}) = AM(\boldsymbol{q}_1) + AM(\boldsymbol{q}_2) + \cdots + AM(\boldsymbol{q}_s)$. Es sei ausdrücklich bemerkt, daß die Darstellung (3) und damit die Zerlegung (4) nicht für alle Ideale $\boldsymbol{a}$ eindeutig sind.
Für die weitere Untersuchung der irreduziblen Ideale definiert man: Ein Ideal $\boldsymbol{p}$ des Ringes R heißt *Primideal*, wenn aus $ab \in \boldsymbol{p}$ und $a \notin \boldsymbol{p}$ folgt $b \in \boldsymbol{p}$. Ein Ideal $\boldsymbol{q}$ aus R heißt *Primärideal*, wenn aus $ab \in \boldsymbol{q}$ und $a \notin \boldsymbol{q}$, $b \notin \boldsymbol{q}$ folgt $a^\varrho \in \boldsymbol{q}$ und $b^\sigma \in \boldsymbol{q}$ (ϱ, σ geeignete natürliche Zahlen). – Für Polynomideale gelten nun die folgenden Sätze:

(5) Jedes Primideal ist irreduzibel.
(6) Jedes irreduzible Ideal ist primär, aber nicht jedes Primärideal ist irreduzibel.
(7) Zu jedem Primärideal $\boldsymbol{q}$ gibt es genau ein Primideal $\boldsymbol{p}$ mit $NG(\boldsymbol{q}) = NG(\boldsymbol{p})$.
(8) Die zu den irreduziblen Bestandteilen $\boldsymbol{q}_1, \boldsymbol{q}_2, \ldots, \boldsymbol{q}_s$ aus (3) gehörenden Primideale $\boldsymbol{p}_1, \boldsymbol{p}_2, \ldots, \boldsymbol{p}_s$ sind durch $\boldsymbol{a}$ eindeutig bestimmt; sie heißen die zu $\boldsymbol{a}$ gehörigen Primideale.

Hieraus (vgl. (6), (7)) folgt, daß es zu jedem *NG* eines irreduziblen Ideals $\boldsymbol{q}$ *genau ein* Primideal $\boldsymbol{p}$ mit $NG(\boldsymbol{q}) = NG(\boldsymbol{p})$ gibt. Ein Primideal ist hiernach durch sein *NG* bereits eindeutig bestimmt. Daher definiert man: $AM(\boldsymbol{p}) = NG(\boldsymbol{p})$.

Allgemeine Nullstelle. Nach VAN DER WAERDEN kann man jedes $NG(\boldsymbol{p})$ auch auf folgende Weise kennzeichnen: Außer den sogenannten *speziellen* Punkten (ξ), deren Koordinaten Elemente einer algebraischen Erweiterung des Koeffizientenkörpers K sind, betrachtet man dazu auch Punkte (9) $(\xi(t)) = (\xi_0(t_0, \ldots, t_d), \ldots, \xi_n(t_0, \ldots, t_d))$, deren Koordinaten Elemente einer algebraischen Erweiterung von $K(t_0, \ldots, t_d)$ sind. Dabei ist $K(t_0, \ldots, t_d)$ der Körper der rationalen Funktionen in den Unbestimmten $t_0, \ldots, t_d$ mit Koeffizienten aus K.

Definition: $(\xi(t))$ heißt *allgemeine Nullstelle* des Ideals $\boldsymbol{a}$ oder *allgemeiner Punkt* von $NG(\boldsymbol{a})$, wenn $F(x) \in \boldsymbol{a}$ für $F(\xi(t)) = 0$ notwendig und hinreichend ist; z. B. hat der Kreis (10) $x_1^2 + x_2^2 = x_0^2$ (inhomogen (11) $x^2 + y^2 = 1$) den allgemeinen Punkt (12) $x_0 = t_0(1 + t_1^2)$, $x_1 = t_0(1 - t_1^2)$, $x_2 = 2t_0t_1$. Es gilt der Satz:

Ein Ideal hat genau dann eine allgemeine Nullstelle, wenn es ein Primideal $\boldsymbol{p}$ ist.

Aus (12) erhält man einen allgemeinen Punkt für (11), wenn man zu (13) $x = x_1/x_0 = (1 - t_1^2)/(1 + t_1^2)$, $y = x_2/x_0 = 2t_1/(1 + t_1^2)$ übergeht. Analog kann man aus (9) einen inhomogen geschriebenen allgemeinen Punkt gewinnen, indem man alle Koordinaten durch die erste von Null verschiedene dividiert. Die maximale Anzahl der *algebraisch unabhängigen* unter den so entstandenen *inhomogenen Koordinaten* heißt die *Dimension* von $\boldsymbol{p}$ oder von $NG(\boldsymbol{p})$; dabei nennt man s Größen $u_1, \ldots, u_s$ *algebraisch unabhängig* über dem Körper K, wenn aus $f(u_1, \ldots, u_s) = 0$, wobei f ein Polynom mit Koeffizienten aus K ist, das Verschwinden aller Koeffizienten folgt. – Es gilt nun: Aus (9) erhält man *alle* Punkte des $NG(\boldsymbol{p})$ (eventuell mit Ausnahme von Bestandteilen niedrigerer Dimension) durch Einsetzen aller möglichen speziellen Werte für $t_0, \ldots, t_k$ (*Parameterspezialisierungen*) in $(\xi(t))$. So liefert die allgemeine Nullstelle (12) des Kreises (10) alle seine Punkte, ausgenommen den Punkt S mit $x_0 : x_1 : x_2 = 1 : (-1) : 0$. Entsprechend erhält man aus (13) alle Punkte von (11) außer $S(x, y) = (-1, 0)$.

Betrachtet man in der Abbildung sämtliche Geraden (14) $y = m(x + 1)$, so schneidet jede von ihnen den Kreis (11) in S und einem weiteren Punkt P, dessen Koordinaten (x, y) durch den Anstieg m eindeutig bestimmt sind. Nach Einsetzen von y aus (14) in (11) erhält man in der Tat $(1 + m^2)\,x^2 + 2m^2x - (1 - m^2) = 0$. Diese quadratische Gleichung hat die Wurzeln -1 und $(1 - m^2)/(1 + m^2)$; daraus ergeben sich mit Hilfe von (14) die beiden Punkte $S(-1, 0)$ und $P((1 - m^2)/(1 + m^2), 2m/(1 + m^2))$. Alle so erhaltenen Punkte P sind von S verschieden, da die Gleichung $(1 - m^2)/(1 + m^2) = -1$ für *kein* m besteht. Das entspricht der Tatsache, daß die Gerade $x = -1$ von der Darstellung (14) nicht erfaßt wird. Umgekehrt wird jeder von S verschiedene Punkt $P(x, y)$ des Kreises durch $m = y/(x + 1)$ auch wirklich erfaßt. Wählt man den Anstieg m als Parameter t_1, so gehen die Koordinaten von P gerade in (13) über. Zum Unterschied von $x = \cos t$, $y = \sin t$ ist hiermit sogar eine *rationale Parameterdarstellung* eines Kegelschnittes gewonnen worden (Abb. 32-1).

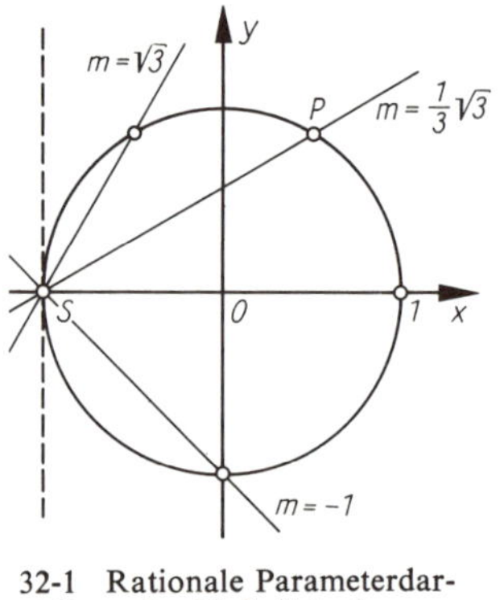

32-1 Rationale Parameterdarstellung des Einheitskreises

Multiplizität. Abweichend von der obigen Charakterisierung der $AM(\boldsymbol{a})$ durch das Ideal $\boldsymbol{a}$ kann man eine *AM* auch dann als eindeutig bestimmt definieren, wenn die zu $\boldsymbol{a}$ gehörigen Primideale $\boldsymbol{p}_\sigma$ (vgl. (8)) und zu jedem von ihnen eine nichtnegative ganze Zahl μ_σ als *Vielfachheit* oder *Multiplizität* gegeben sind, in symbolischer Schreibweise:

$$AM(\boldsymbol{a}) = \mu_1 NG(\boldsymbol{p}_1) + \cdots + \mu_s NG(\boldsymbol{p}_s).$$

Zum Beispiel kann man dem früher betrachteten Ideal $\boldsymbol{b} = ((x_1 + x_2)^2)$ als *AM* die Gerade $x_1 + x_2 = 0$ mit der Multiplizität 2 zuordnen. Die Zweckmäßigkeit der Einführung eines Multiplizitätsbegriffes ergibt sich u. a. bei der Untersuchung von *Schnitten* algebraischer Mannigfaltigkeiten. Hierbei haben sich drei Multiplizitätsdefinitionen als wesentlich herausgestellt, die zwar für S_2 und S_3 übereinstimmen, aber in höherdimensionalen Räumen zu verschiedenen Resultaten führen können. Der *einen* Definition liegt das von den älteren Geometern postulierte *Prinzip der Erhaltung der Anzahl* zugrunde, wonach die Anzahl der Schnittpunkte im *speziellen Fall* gleich der im *allgemeinen Fall* ist. Eine exakte Formulierung und Abgrenzung der Anwendbarkeit dieses Prinzips gelang VAN DER WAERDEN 1927 durch Einführung des Begriffes der *relationstreuen Spezialisierung*. Hingegen wird bei der *zweiten*, der *idealtheoretischen* Definition die Multiplizität als *Ideallänge* erklärt. – Bei Benutzung dieser Definition gilt im Gegensatz zur ersten der *verallgemeinerte Bezoutsche Satz* nicht mehr uneingeschränkt; bei anderen Fragestellungen ist aber die Verwendung der Ideallänge zweckmäßig. – Eine *dritte* Definition benutzt die Ideallänge im *allgemeinen* Fall (vgl. O. H. KELLER: Algebraische Geometrie, Teubner, Leipzig 1974).

Neuere Methoden. Zur näheren Festlegung des Mannigfaltigkeitsbegriffes über *NG* und Multiplizität hinaus benutzte erstmals ZARISKI 1938 *bewertungstheoretische* Hilfsmittel, die ihrerseits die Verbindung zur Krullschen Theorie der *Stellenringe* oder *lokalen Ringe*, zur *Funktionentheorie* und zur *mengentheoretischen Topologie* herstellten. Hierzu und zu der 1946 von A. WEIL gegebenen Neubegründung der algebraischen Geometrie sowie zur Verwendung *topologischer* Methoden (*Garbentheorie*, *Cohomologietheorie*) findet man Literaturangaben in dem Buch von O. H. KELLER. An das *Prinzip der Erhaltung der Anzahl* knüpfen grundsätzliche Ausführungen von Ju. I. MANIN zum 15. Hilbertschen Problem an (s. Die Hilbertschen Probleme, Ostwalds Klassiker der exakten Naturwissenschaften, Band 252, Akad. Verlagsgesellschaft, Leipzig 1971). Während MANIN dort noch ein Standardwerk über die neueren Methoden vermißt, kann nunmehr verwiesen werden auf GROTHENDIECK/DIEUDONNÉ: *Éléments de Géométrie algébrique I*, Grundlehren d. math. Wiss., Band 166, Springer-Verlag, Berlin/Heidelberg/New York 1971, ferner auf I. R. SCHAFAREWITSCH: *Grundzüge der algebraischen Geometrie*, Deutscher Verlag der Wissenschaften, Berlin 1972.

33. Topologie

33.1. Topologie der Punktmengen

In manchen Sätzen der Analysis oder der Geometrie spielen die *Zusammenhangsverhältnisse* einer Figur eine wesentliche Rolle; z. B. gilt der einfache Satz, daß eine differenzierbare Funktion eineindeutig sein muß, falls ihre Ableitung überall von 0 verschieden ist, nur dann, wenn ihr Definitionsbereich zusammenhängend ist. Man kann eine Funktion angeben (Abb. 33-1), deren Definitionsbereich aus den beiden offenen Intervallen]0, 1[und]2, 3[besteht und die überall die Ableitung 1 hat, die aber nicht eineindeutig ist. Kompliziertere Zusammenhangsverhältnisse treten bei Figuren in der Ebene auf. Der Satz, daß ein ebenes Vektorfeld mit verschwindender Rotation ein Potential hat, gilt im allgemeinen nur dann, wenn der Bereich, auf dem das Vektorfeld definiert ist, keine Löcher umschließt; er heißt dann einfach zusammenhängend. Man kann z. B. in einem Vektorfeld (Abb. 33-2) die Längen der einzelnen Vektoren so wählen, daß es rotationsfrei wird, ohne ein Potential zu haben, wie man erkennt, wenn man längs der eingezeichneten geschlossenen Kurve integriert. Die durch diese und ähnliche Beispiele angeregten Untersuchungen von Figuren auf ihre Zusammenhangsverhältnisse bilden einen zwar kleinen, aber doch charakteristischen Teil der Topologie.

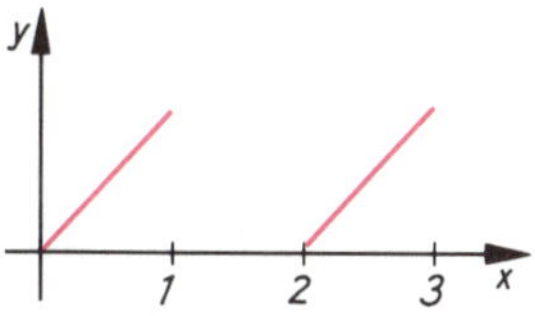

33-1 Nicht eineindeutige Funktion

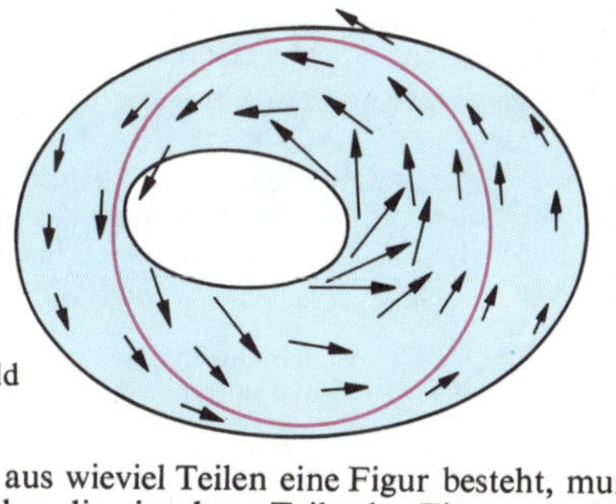

33-2 Rotationsfreies Vektorfeld ohne Potential

Begriff der Figur. Die untersuchten Figuren sollen zunächst auf einer Geraden, auf einer Ebene oder im euklidischen dreidimensionalen Raum E^3 liegen. Dabei ist zu erwarten, daß die Zusammenhangsverhältnisse der Figuren um so komplizierter werden, je höher die Dimension des Raumes ist, in dem sie liegen. Während es auf einer Geraden im wesentlichen nur darauf ankommt, aus wieviel Teilen eine Figur besteht, muß auf der Ebene noch darauf geachtet werden, wieviel Löcher die einzelnen Teile der Figur umschließen; im dreidimensionalen Raum aber können verschiedene Arten von Löchern in den Figuren auftreten, *Kavernen* nach Art der Löcher in einem Käse oder *Durchgänge* nach Art der Löcher in einem Sieb.
Als *Figur* wird allgemein eine *Menge von Punkten* im betrachteten Raum definiert. Figuren werden deshalb auch Punktmengen genannt. Danach können sich recht komplizierte und unanschauliche

Gebilde ergeben, z. B. die Menge aller Punkte einer Ebene, von deren Koordinaten bei einem kartesischen Koordinatensystem eine rational, die andere aber irrational ist. Obwohl die folgenden Betrachtungen auch für diese unanschaulichen Punktmengen gelten, genügt es, „vernünftige" Figuren ins Auge zu fassen, z. B. Strecken auf der Geraden, Kurven oder Flächenstücke in der Ebene oder Kurven, Flächen und Körper im E^3.

Homöomorphe Punktmengen. Aussagen über Zusammenhangsverhältnisse setzen voraus, daß genau definiert ist, wann zwei Figuren X und Y dieselben Zusammenhangsverhältnisse haben; die Figuren X und Y werden dann homöomorph genannt. Grob anschaulich sind X und Y homöomorph, falls man X so verbiegen und verzerren kann, daß Y entsteht, ohne dabei X zu zerreißen oder irgendwie zusammenzuheften (Abb. 33-3). Wurde X auf diese Weise in Y übergeführt, so ist jedem Punkt p aus X eineindeutig ein Punkt $f(p)$ aus Y zugeordnet, d. h., man hat eine eineindeutige Abbildung f von X auf Y hergestellt, durch die jedem Punkt p aus X der Punkt $f(p)$ aus Y zugeordnet wird, in den p bei der Verzerrung von X in Y übergeht. Aus der Bedingung, daß X bei der Deformation nirgends zerrissen wird, folgt für die Abbildung f, daß genügend nahe beieinandergelegene Punkte p, q aus X nahe beieinandergelegene Bilder $f(p)$, $f(q)$ haben. Diese Eigenschaft von f kann mittels des Abstands $d(p, q)$ zwischen den Punkten p, q präzisiert werden und lautet dann ganz ähnlich wie die Bedingung der Stetigkeit von reellen Funktionen.

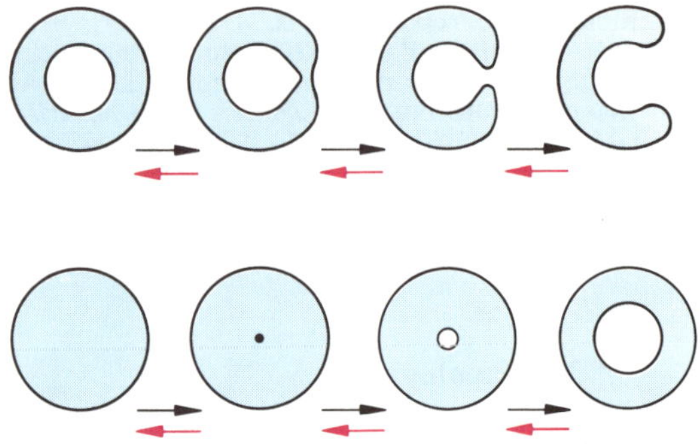

33-3 Zerreißen (→) und Verkleben (←) von Flächen

> Eine **Abbildung** f einer Figur X in eine Figur Y heißt *stetig*, wenn es zu jedem Punkt p aus X und zu jeder positiven Zahl ε eine positive Zahl δ mit der Eigenschaft gibt, daß für jeden weiteren zu X gehörenden Punkt q aus $d(p, q) < \delta$ stets $d(f(p), f(q)) < \varepsilon$ folgt.

Drückt die Stetigkeit der Abbildung f aus, daß die betrachtete Verzerrung die Figur X nirgends zerreißt, so bleibt zu präzisieren, daß keine *Verheftungen* vorgenommen und keine Löcher zugedrückt werden. Dazu dient die Umkehrabbildung f^{-1} von f, die jedem Punkt p' aus Y den wegen der Eineindeutigkeit von f eindeutig existierenden Punkt p aus X mit der Eigenschaft $f(p) = p'$ zuordnet. Daß bei der durch f beschriebenen Verzerrung nichts verheftet wird, bedeutet, daß bei f^{-1} nichts zerrissen wird, daß also f^{-1} stetig ist. Daraus ergibt sich die exakte Definition für homöomorphe Figuren X, Y.

> Figuren X, Y sind **homöomorph**, falls es eine *eineindeutige stetige Abbildung* f von X auf Y gibt, für die auch die Umkehrung f^{-1} stetig ist. Die Abbildung f heißt dann **Homöomorphismus** oder **topologische Abbildung**.

Beispiele. 1: Die senkrechte Projektion eines Kreises auf einen Durchmesser ist eine stetige Abbildung, aber kein Homöomorphismus, da sie nicht eineindeutig ist (Abb. 33-4).

2: Die Zentralprojektion des Randes eines Quadrates auf einen Kreis ist ein Homöomorphismus (Abb. 33-5).

3: Die Abbildung eines Kreises K auf das halboffene Intervall $[0, 2\pi[$, die jedem p aus K den p entsprechenden Winkel $\varphi(p)$ aus $[0, 2\pi[$ zuordnet, ist im Punkte p_0 mit dem Winkel 0 nicht stetig; denn die Bilder der in der Nähe von p_0 gelegenen Punkte aus K liegen an den beiden Enden des Intervalls, d. h. weit auseinander (Abb. 33-6).

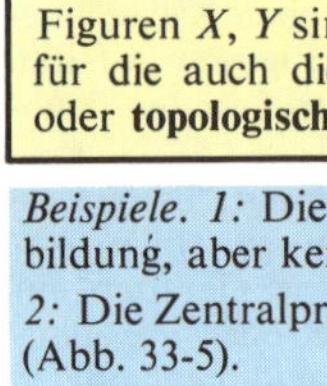

33-4 Projektion eines Kreises auf seinen Durchmesser

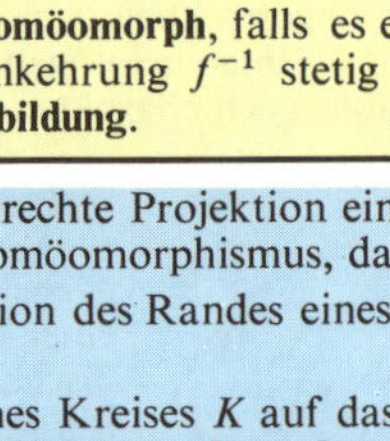

33-5 Projektion eines Quadrats auf einen Kreis

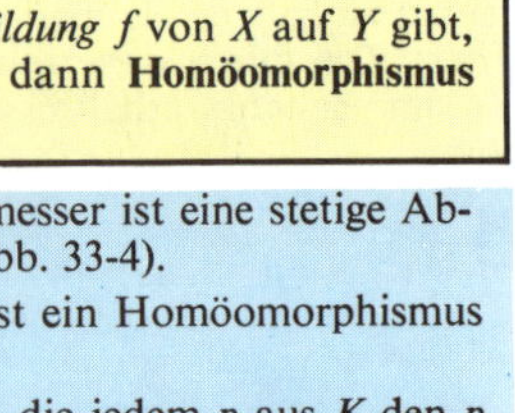

33-6 Abbildung eines Kreises auf eine halboffene Strecke

Die Definition des Homöomorphismus trifft nicht genau die anschauliche Vorstellung, homöomorphe Figuren durch Verzerren und Verbiegen ineinander überzuführen; vielmehr muß, um je zwei homöomorphe Figuren ineinander überführen zu können, noch zugelassen werden, die erste Figur beliebig aufzuschneiden, wenn sie nur nach dem Verbiegen und Verzerren Punkt für Punkt wieder so zusammengeklebt wird, wie sie anfangs aufgeschnitten wurde. Von vier Bändern B_1, B_2, B_3, B_4 (Abb. 33-7) sind B_3 und B_4 homöomorph zu B_1, und nur das *Möbiussche Band* B_2 ist es nicht. Dabei wurde B_2 nach dem Aufschneiden einmal verdrillt, B_3 wurde zweimal verdrillt, und B_4 wurde nach Strecken in der Längsrichtung des Bandes verknotet. B_1 ist nicht zu B_2 homöomorph, da B_1 zwei Randkurven, B_2 aber nur eine Randkurve hat. Die Bänder B_1 und B_3 sind homöomorph, da die schwarze Randkurve von B_1 auf die schwarze von B_3 und die rote Randkurve von B_1 so auf die rote Randkurve von B_3 abgebildet werden kann, daß je zwei gegenüberliegende Randpunkte p, p' von B_1 in gegenüberliegende Randpunkte $f(p)$, $f(p')$ von B_3 übergehen. Wird dann jede Strecke zwischen gegenüberliegenden Randpunkten p, p' auf die Strecke zwischen $f(p)$ und $f(p')$ abgebildet, ergibt sich ein Homöomorphismus von B_1 auf B_3. Trotzdem läßt sich B_1 nicht in B_3 verbiegen, sondern man hat B_1 zunächst längs der Strecke p, p' aufzuschneiden, zu verdrillen und dann wieder zusammenzufügen. Wollte man auf ähnliche Weise B_1 in B_2 überführen, so wären beim Zusammenfügen Punkte zu verheften, die vor dem Aufschneiden voneinander entfernt lagen.
Daß Homöomorphismen auch im täglichen Leben vorkommen, zeigt z. B. eine schematische Darstellung eines U-Bahn- oder Straßenbahnnetzes mit Angabe der Umsteigemöglichkeiten.

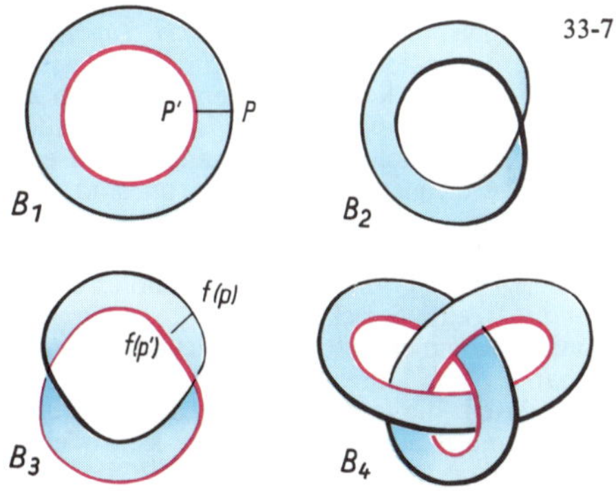

33-7 Unverdrillte, verdrillte und verknotete Bänder

33-8 Geschlossene Kurve C mit äußerem Punkt P

Topologische Eigenschaften. Eigenschaften von Punktmengen, die nur von den Zusammenhangsverhältnissen abhängen, bezeichnet man als topologisch. Treffen sie für eine Punktmenge zu, so gelten sie auch in jeder dazu homöomorphen Punktmenge. Danach sind *Sätze der Topologie* Aussagen über topologische Eigenschaften von Punktmengen. Ein Beispiel dafür ist der *Jordansche Kurvensatz.* Das ist eine Aussage über die Eigenschaften, eine *einfach geschlossene Kurve* zu sein, d. h. eine Kurve, die sich nicht selbst schneidet, und darüber, *die Ebene in zwei Teile zu zerlegen.* Beide sind

Jordanscher Kurvensatz. Jede einfach geschlossene ebene Kurve zerlegt die Ebene in zwei Teile.

topologische Eigenschaften, denn einmal ist jede zu einer einfach geschlossenen Kurve homöomorphe Punktmenge wieder eine einfach geschlossene Kurve, die man als eine zum Kreis homöomorphe Punktmenge definieren kann; zum anderen besagt das Zerlegen in zwei Teile, daß das Komplement aus zwei getrennten Teilen besteht, und ist deshalb ebenfalls eine topologische Eigenschaft. Dieser so selbstverständlich anmutende Satz ist nicht einfach zu beweisen. Einen Begriff hiervon bekommt man, wenn man sich vor Augen führt, daß eine einfach geschlossene Kurve C recht unübersichtlich in der Ebene liegen kann, so daß auf den ersten Blick gar nicht zu entscheiden ist, ob ein gegebener Punkt P innerhalb oder außerhalb dieser Kurve liegt (Abb. 33-8).

Außer den Sätzen, die über topologische Eigenschaften von Punktmengen etwas aussagen, rechnet man auch noch solche Sätze zur Topologie, die hauptsächlich von topologischen Begriffen handeln, z. B. von stetigen Abbildungen wie der *Brouwersche Fixpunktsatz.*

Brouwerscher Fixpunktsatz. Ist K eine Kreisscheibe einschließlich der Peripherie, so hat jede stetige Abbildung von K in K einen Fixpunkt, d. h. einen Punkt, der auf sich selbst abgebildet wird.

Wird also die Kreisscheibe so verzerrt, daß die entstehende Figur nirgends über die Kreisscheibe hinausragt, so muß ein Punkt nach der Verzerrung wieder seine alte Lage einnehmen.
Eine Hauptaufgabe der Topologie ist es zu entscheiden, ob zwei vorgegebene Figuren X, Y homöomorph sind. Sind X und Y tatsächlich homöomorph, so läßt sich der Beweis oft führen, indem man nach einigem Probieren einen Homöomorphismus findet. Sind X und Y dagegen nicht homöomorph,

so ist der Nachweis dafür meist komplizierter. Eine grundlegende Methode für solche Beweise besteht darin, eine topologische Eigenschaft zu finden, die auf eine der Mengen X oder Y, nicht aber auf die andere zutrifft. Dann können X und Y nicht homöomorph sein, denn topologische Eigenschaften treffen auf alle zu einer Punktmenge homöomorphen Punktmengen gleichzeitig zu oder gleichzeitig nicht zu. Dieser Weg erfordert, recht viele topologische Eigenschaften zu kennen; einige besonders einfache und wichtige seien deshalb angeführt.

Man nennt eine Punktmenge Z *zusammenhängend*, falls sich je zwei Punkte p, q aus Z durch eine in Z verlaufende Kurve verbinden lassen, d. h., falls es eine stetige Abbildung einer Strecke in die Punktmenge Z gibt, die die beiden Endpunkte der Strecke in p bzw. q überführt. Zusammenhängend ist danach eine Figur, die nicht aus mehreren getrennt liegenden Teilen besteht. Zusammenhängende Figuren der Ebene oder des Raumes können noch *Löcher* aufweisen. Gewisse Arten dieser Löcher werden durch die Eigenschaft des einfachen Zusammenhangs ausgeschlossen. Eine Punktmenge Z ist *einfach zusammenhängend*, falls sich jede in Z verlaufende geschlossene Kurve innerhalb Z auf einen Punkt zusammenziehen läßt. Man erkennt anschaulich, daß einfach zusammenhängende ebene Figuren keine Löcher mehr aufweisen können, weil sich eine geschlossene Kurve, die ein solches Loch umschlingt, nicht in Z zu einem Punkt zusammenziehen ließe. Dagegen werden bei räumlichen Figuren durch den einfachen Zusammenhang zwar Durchgänge, nicht aber Kavernen ausgeschlossen; z. B. ist eine Hohlkugel einfach zusammenhängend, obwohl sie hohl ist und deshalb eine Kaverne hat, ein Sieb dagegen ist nicht einfach zusammenhängend.

Diese Art von topologischen Eigenschaften, die auf die Löcher in Figuren und damit auf deren Zusammenhangsverhältnisse Bezug nehmen, waren der Ausgangspunkt der *algebraischen Topologie*, in der man die Zusammenhangsverhältnisse auch von höherdimensionalen Figuren durch gewisse, den Figuren zugeordnete Invarianten beschreibt. Diese Invarianten können Zahlen oder auch algebraische Strukturen wie etwa die Homologie- oder die Homotopiegruppen sein. Jeder Figur werden dabei gewisse Zahlen und Gruppen zugeordnet, und diese sind topologisch invariant, indem entsprechende Zahlen oder Gruppen von homöomorphen Figuren gleich bzw. isomorph sind. Ein einfaches Beispiel für eine solche Invariante ist die Anzahl der zusammenhängenden Teile, aus denen eine Figur besteht. Etwas komplizierter ist die *Eulersche Charakteristik* $\chi(X)$ einer Figur X. Für ein Polyeder P stützt sich ihre Definition auf folgende Festlegungen. Ein i-dimensionales Simplex σ^i mit $i = 0, 1, 2, 3$ ist für $i = 0$ eine einpunktige Menge, für $i = 1$ eine Strecke, für $i = 2$ ein Dreieck oder für $i = 3$ ein Tetraeder. Es hat mithin $i + 1$ Eckpunkte. Kommen unter diesen Eckpunkten alle Eckpunkte eines anderen Simplexes τ^j vor, so schreibt man $\tau^j \leqslant \sigma^i$. Unter einem simplizialen Komplex $\boldsymbol{K}$ versteht man dann eine endliche Menge von Simplexen, die folgende Bedingungen erfüllt: (1) ist σ^i aus $\boldsymbol{K}$ und $\tau^j \leqslant \sigma^i$, so ist auch τ^j aus $\boldsymbol{K}$; (2) sind σ^i und τ^j aus $\boldsymbol{K}$, so ist $\sigma^i \cap \tau^j$ leer, oder es gilt $\sigma^i \cap \tau^j \leqslant \sigma^i$ und $\sigma^i \cap \tau^j \leqslant \tau^j$. Die Vereinigung aller zu einem Komplex $\boldsymbol{K}$ gehörenden Simplexe wird *Polyeder P* genannt, und $\boldsymbol{K}$ heißt eine *Triangulation von P*. Wählt man eine Triangulation $\boldsymbol{K}$ von P und bezeichnet man mit n_i die Anzahl der i-dimensionalen Simplexe von $\boldsymbol{K}$ für $i = 0, 1, 2, 3$, so wird die Eulersche Charakteristik $\chi(P)$ von P durch $\chi(P) = \sum_{i=0}^{3} (-1)^i n_i$ definiert. Es läßt sich zeigen, daß diese Zahl $\chi(P)$ nur von P, nicht aber von der speziellen Triangulation $\boldsymbol{K}$ abhängt und daß für homöomorphe Polyeder P und Q die Zahlen $\chi(P)$ und $\chi(Q)$ übereinstimmen, so daß χ tatsächlich eine topologische Invariante darstellt. Die Abbildung 33-9 stellt z. B. die Triangulationen $\boldsymbol{K}$ und $\boldsymbol{K}'$ der Oberfläche P eines Tetraeders und der Oberfläche P' einer gelochten Platte dar. Dabei ist P zur Kugeloberfläche homöomorph, während jede zu P' homöomorphe Fläche Ring- oder Torusfläche genannt wird. Die Anzahl der Simplexe in $\boldsymbol{K}$ sind $n_0 = 4$, $n_1 = 6$, $n_2 = 4$, $n_3 = 0$, die in $\boldsymbol{K}'$ dagegen $n_0' = 16$, $n_1' = 48$, $n_2' = 32$, $n_3' = 0$, so daß sich $\chi(P) = +2$, $\chi(P') = 0$ ergibt. Die Polyeder P und P' sind also nicht homöomorph.

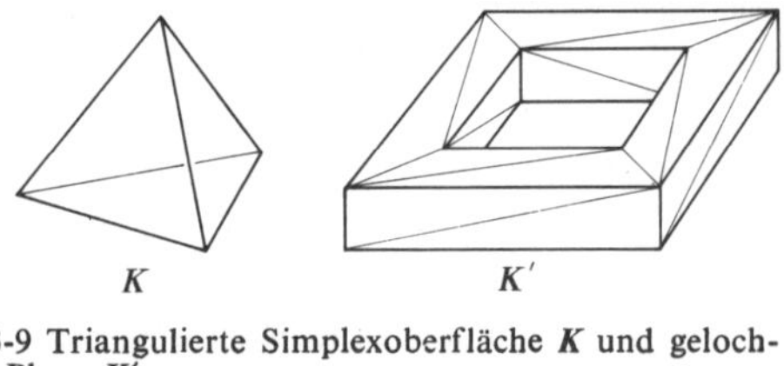

33-9 Triangulierte Simplexoberfläche $\boldsymbol{K}$ und gelochte Platte $\boldsymbol{K}'$

Jeder Punktmenge X läßt sich eine natürliche Zahl dim X zuordnen, die *Dimension der Punktmenge* genannt wird. Für Figuren, z. B. eine Kurve C, eine Fläche F oder einen Körper K, denen man im anschaulichen Sinne eine Dimension zusprechen kann, stimmt die Zahl dim X mit dieser Dimension überein, d. h., es gilt dim $C = 1$, dim $F = 2$, dim $K = 3$. In der *Dimensionstheorie* kann aus der exakten Definition von dim X hergeleitet werden, daß homöomorphe Punktmengen X, Y die gleiche Dimension dim $X =$ dim Y haben. Danach ist die Dimension einer Figur eine topologische Eigenschaft, z. B. kann eine Fläche nicht zu einer Kurve homöomorph sein.

Umgebung eines Punktes. Außer Zusammenhangs- und Dimensionsverhältnissen untersucht die Topologie weitere Eigenschaften von Figuren, die auch in anderen Teilgebieten der Mathematik, z. B. in der Differentialrechnung, eine Rolle spielen. Will man die Ableitung einer auf einem abgeschlossenen Intervall I definierten Funktion in einem Punkt x aus I erklären, so kommt es wesentlich darauf an, ob x ein Endpunkt von I ist oder nicht; denn in den Endpunkten kann man nur von einer rechts- bzw. linksseitigen Ableitung sprechen. Ähnlich ist es mit einer Funktion $f(x, y)$ von zwei Veränderlichen, deren Definitionsbereich eine Punktmenge D der x, y-Ebene ist. Will man hier in einem Punkt (x, y) aus D die partiellen Ableitungen oder das totale Differential von f definieren, so hat man zu unterscheiden, ob dieser Punkt im Innern oder auf dem Rande von D liegt. Man muß also häufig innere Punkte und Randpunkte einer Figur unterscheiden. Die Präzisierung dieser Begriffe geht von dem der Umgebung eines Punktes aus. Als ε-Umgebungen $U_\varepsilon(p)$ eines Punktes p einer Punktmenge bezeichnet man die Menge aller Punkte, die von p einen kleineren Abstand als ε haben; dabei ist ε eine beliebig vorgegebene positive Zahl. In diesem Zusammenhang ist es wichtig zu wissen, ob der Punkt p als auf einer Geraden, auf einer Ebene oder im Raum liegend angesehen wird; denn während die ε-Umgebung eines Punktes auf einer Geraden die endpunktlose Strecke der Länge 2ε mit dem Mittelpunkt p ist, ist die ε-Umgebung eines Punktes p auf einer Ebene die Kreisscheibe bzw. im Raum die Vollkugel mit dem Radius ε um p; die Randkurve bzw. die Oberfläche rechnet man in diesem Fall nicht zur Kreisscheibe bzw. zur Kugel.

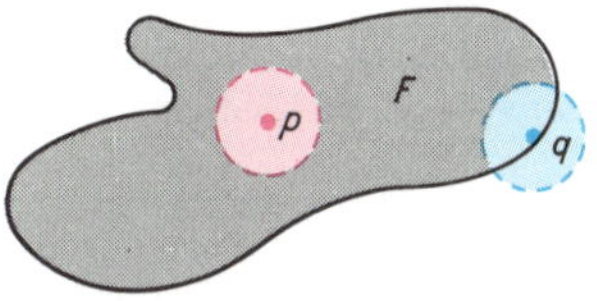

33-10 Randpunkt q und innerer Punkt p

Man unterscheidet bei jeder Figur F *innere Punkte* p, die eine ganz in F enthaltene ε-Umgebung haben, von den *Randpunkten* q, für die in jeder ε-Umgebung auch Punkte enthalten sind, die nicht zu F gehören (Abb. 33-10). Man sieht, daß die Dimension des Raumes, in dem die Figur liegt, für diese Festlegung eine ausschlaggebende Rolle spielt. In der Ebene z. B. ist der Mittelpunkt M einer Kreisscheibe K innerer Punkt; faßt man aber K als Figur des Raumes auf, so enthält sie nur Randpunkte, da es keine ganz in K gelegene Kugel mit dem Radius ε gibt. *Offene Figuren* sind Figuren ohne Randpunkte, sie bestehen nur aus inneren Punkten, z. B. eine Vollkugel im Raum, zu der die Oberfläche nicht gerechnet wird. In der Funktionentheorie spielen die offenen zusammenhängenden Punktmengen der Ebene eine besondere Rolle; man nennt sie *Gebiete*.

Ein Punkt p heißt *Berührungspunkt* der Punktmenge X, falls in jeder ε-Umgebung von p wenigstens ein Punkt aus X liegt. Anschaulich gehören zur Menge dieser Berührungspunkte die Punkte von X selbst und die, die X wenigstens „unendlich nahe" liegen, z. B. auch die Endpunkte eines offenen Intervalls, die nicht zum Intervall gehören, ihm aber unendlich nahe liegen. Zu einer randlosen Kreisscheibe K in der Ebene mit dem Radius r um den Punkt z gehören als Berührungspunkte außer den Punkten p mit $d(p, z) < r$ noch die Punkte q der Peripherie mit $d(q, z) = r$. Gehören alle Berührungspunkte einer Punktmenge F zugleich zu F, so wird die Punktmenge *abgeschlossen* genannt. Die aus allen der Bedingung $d(p, z) < r$ genügenden Punkten bestehende Kreisscheibe wird durch Hinzunahme ihrer Randpunkte q mit $d(q, z) = r$ abgeschlossen. Die wesentliche Beziehung zwischen offenen und abgeschlossenen Punktmengen besteht darin, daß eine Menge G in einer Geraden, einer Ebene oder im Raum genau dann offen ist, wenn ihr Komplement, d. h. die Menge, die übrigbleibt, wenn man aus der Geraden, der Ebene bzw. dem Raum die Menge G herausnimmt, abgeschlossen ist.

Für spätere Verallgemeinerungen werden die Begriffe der ε-Umgebung $U_\varepsilon(p)$ eines Punktes p und der offenen Menge auf Punkte und Teilmengen einer Punktmenge X relativiert. Zu der *in X gebildeten ε-Umgebung* eines Punktes p aus X gehören dann nur die Punkte q mit $d(p, q) < \varepsilon$, die zugleich Punkte von X sind, d. h., $X \cap U_\varepsilon(p)$ ist die *in X* gebildete ε-Umgebung von p. Entsprechend bezeichnet man eine *Teilmenge G* von X als in *X offen*, falls jeder Punkt p aus G eine in X gebildete ε-Umgebung hat, die ganz in G liegt. Auch die leere Menge, die Teilmenge jeder Menge und damit auch von X ist, sieht man als in X offen an.

Für das **System aller in X offenen Teilmengen** gilt:

1. *Ganz X und auch die leere Menge sind offene Teilmengen in X.*
2. *Die Vereinigung beliebig vieler in X offener Mengen ist offen in X.*
3. *Der Durchschnitt von endlich vielen in X offenen Mengen ist offen in X.*

Mit diesen Begriffen der in einer Punktmenge gebildeten ε-Umgebung und der in einer Punktmenge offenen Menge läßt sich die Stetigkeit einer Abbildung f einer Punktmenge X in eine andere Y neu formulieren.

Eine Abbildung f einer Punktmenge X in eine Punktmenge Y ist genau dann stetig, wenn man zu jedem Punkt p aus X und zu jeder in Y gebildeten ε-Umgebung V von $f(p)$ eine in X gebildete δ-Umgebung U von p finden kann, die bei f ganz in V abgebildet wird (Abb. 33-11).

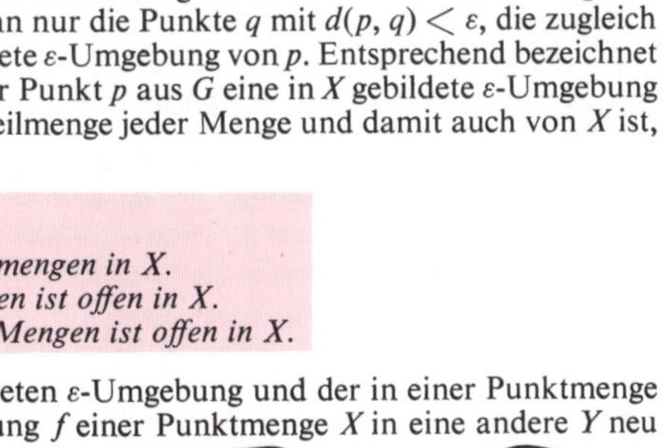

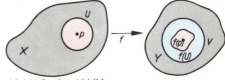

33-11 Stetige Abbildung

Eine Abbildung f von X in Y ist genau dann stetig, wenn das volle Urbild einer jeden in Y offenen Menge eine in X offene Menge ergibt.

Das volle Urbild A einer Teilmenge B von Y bei einer Abbildung f ist die Menge aller der Punkte aus X, die bei f auf Punkte von B abgebildet werden.

33.2. *n*-dimensionale Räume

Die bisherigen Ausführungen galten für Figuren auf einer Geraden, in der Ebene oder im Raum, also in den euklidischen Räumen E^1, E^2 und E^3. Ihre Verallgemeinerung auf den n-dimensionalen euklidischen Raum E^n geht davon aus, daß nach Einführung eines kartesischen Koordinatensystems im E^3 jedem seiner Punkte p das Koordinatentripel (x_1, x_2, x_3) zugeordnet werden kann. Die so definierte Abbildung der Menge der Punkte des E^3 auf die Menge aller Zahlentripel ist eineindeutig, und solange man das kartesische Koordinatensystem beibehält, kann jeder Punkt als Tripel reeller Zahlen angesehen werden. Entsprechend wird E^n festgelegt.

E^n ist die Menge aller n-Tupel $(x_1, x_2, \ldots, x_n)$ von reellen Zahlen; ein n-Tupel als Element dieser Menge wird gewöhnlich Punkt genannt.

Entsprechend dem Abstand $d(p, q) = [(y_1 - x_1)^2 + (y_2 - x_2)^2 + (y_3 - x_3)^2]^{1/2}$ zweier Punkte $p = (x_1, x_2, x_3)$ und $q = (y_1, y_2, y_3)$ in E^3 definiert man den Abstand $d(p, q)$ im E^n; er hat die gleichen drei wesentlichen Eigenschaften wie im E^3, wobei die *Dreiecksungleichung* besagt, daß in dem von p, q, r aufgespannten Dreieck eine Seite höchstens so lang ist wie die Summe der beiden anderen.

Abstand der Punkte p, q im E^n	1. $d(p, q) = d(q, p)$
$d(p, q) = \sqrt{\sum_{i=1}^{n} (y_i - x_i)^2}$	2. $d(p, q) \geqslant 0$, $d(p, q) = 0$ genau dann, wenn $p = q$
	3. *Dreiecksungleichung:* $d(p, r) \leqslant d(p, q) + d(q, r)$

Entsprechend wie für E^n mit $n = 1, 2, 3$ lassen sich für jede natürliche Zahl n mit diesem Abstand $d(p, q)$ bei Teilmengen X, Y von E^n topologische Begriffe definieren. Die *Abbildung* f einer Punktmenge X in eine Punktmenge Y ist *stetig*, falls es zu jedem Punkt p aus X und zu jeder positiven Zahl ε eine positive Zahl δ gibt, so daß für jeden Punkt q aus X die Bedingung $d(p, q) < \delta$ die Eigenschaft $d(f(p), f(q)) < \varepsilon$ impliziert. Eine solche Abbildung f wird *Homöomorphismus* von X auf Y genannt, falls sie X eineindeutig auf ganz Y abbildet und falls sowohl f als auch f^{-1} stetig sind. Zwei Punktmengen X und Y, die sich homöomorph aufeinander abbilden lassen, heißen wieder homöomorph. Schließlich kann man auch die ε-Umgebung eines Punktes in einer Punktmenge genau wie oben definieren, so daß alle Grundbegriffe auf die jetzt betrachteten allgemeineren Punktmengen übertragen sind.
Höherdimensionale Räume können bei der Untersuchung von Objekten oder von Zuständen angewendet werden, die sich nicht durch höchstens drei, wohl aber durch endlich viele Koordinaten beschreiben lassen, z. B. in der Physik, in der ein punktartiges Ereignis außer durch die drei Koordinaten des Ortes noch durch eine Koordinate der Zeit fixiert werden muß. Jedes solche Ereignis entspricht damit einem Punkt im vierdimensionalen Raum E^4. Hat man nicht nur *ein* Ereignis, sondern eine ganze Menge von Ereignissen zu beschreiben, wie etwa bei einem in der Zeit ablaufenden Prozeß, so erhält man eine Punktmenge in E^4. Ähnlich ist es bei der Beschreibung des Zustandes eines physikalischen Systems mit mehreren Freiheitsgraden. Einen Zweck hat diese Betrachtungsweise allerdings erst dann, wenn es gelingt, auch in höherdimensionalen Räumen interessante, für die Anwendungen nützliche geometrische oder topologische Sätze zu formulieren und zu beweisen; dafür werden zwei Beispiele angegeben.

Jordan-Brouwerscher Zerlegungssatz. Bei der Verallgemeinerung des für E^2 ausgesprochenen Jordanschen Kurvensatzes zunächst auf E^3 ist die geschlossene Kurve durch eine *zweidimensionale topologische Sphäre* zu ersetzen. Darunter versteht man eine der Kugeloberfläche homöomorphe Punktmenge des E^3, die anschaulich durch Verbiegung aus dieser hervorgeht. Jede zweidimensionale Sphäre zerlegt den E^3 in zwei Teile.
Im E^n bezeichnet man in Analogie hierzu eine Punktmenge, deren Punkte p von einem festen Punkt z höchstens den Abstand $d(p, z) \leqslant r$ haben, als *n-dimensionale Vollkugel* und die Menge der Punkte q, für die $d(q, z) = r$, als den Rand dieser Vollkugel. Eine $(n - 1)$-*dimensionale topologische Sphäre* ist dann eine zu diesem Rand homöomorphe Punktmenge im E^n; man kann sagen, daß sie ein eventuell verbogener Rand der n-dimensionalen Vollkugel ist. Damit lassen sich der verallgemeinerte Jordan-Brouwersche Zerlegungssatz und der Brouwersche Fixpunktsatz formulieren.

Jordan-Brouwerscher Zerlegungssatz. Jede (n — 1)-dimensionale topologische Sphäre zerlegt E^n in zwei Teile.
Brouwerscher Fixpunktsatz. Ist f eine stetige Abbildung einer n-dimensionalen Vollkugel in sich, so hat f einen Fixpunkt.

33.3. Topologische Strukturen

Zu ungleich weitergehenden Verallgemeinerungen der anschaulichen topologischen Begriffe als beim Übergang von den höchstens dreidimensionalen zu beliebigen euklidischen Räumen gelangt man, wenn man den in der Algebra entwickelten *Strukturbegriff* in die Topologie einführt. Dort geht man von den Zahlbereichen zu allgemeinen algebraischen Strukturen wie Ringen und Körpern in einem Abstraktionsprozeß über, bei dem man von den für die Algebra unwesentlichen Eigenschaften der Zahlen absieht und nur das beibehält, was als Grundlage für algebraische Untersuchungen notwendig ist. Soll ein ähnliches Programm in der Topologie ausgeführt werden, so gilt es zuerst festzustellen, welche Eigenschaften der Punktmengen den topologischen Betrachtungen zugrunde liegen, und sodann eine *allgemeine Struktur* zu definieren, von der nichts weiter gefordert wird, als daß in ihr diese Voraussetzungen topologischer Untersuchungen realisiert sind. Zu den wesentlichen Eigenschaften von Punktmengen, die zu topologischen Begriffen führen, gehört die Möglichkeit, für Abbildungen zwischen Punktmengen die *Stetigkeit* definieren zu können, denn durch die Stetigkeit ließen sich viele weitere topologische Begriffe, z. B. Homöomorphie und Zusammenhang, definieren.
Unter einer *topologischen Struktur* wird man deshalb eine Menge T mit bestimmten Eigenschaften verstehen, durch die es möglich wird, für eine Abbildung f einer solchen Struktur T in eine ebensolche Struktur T' zu erklären, ob f stetig ist oder nicht. Es liegt nahe, die in der *Funktionalanalysis* eingeführten *metrischen Räume* als die passende Struktur anzusehen, denn die Stetigkeit läßt sich definieren, wenn man nur den Abstandsbegriff zur Verfügung hat (vgl. n-dimensionale Räume), und metrische Räume sind gerade Mengen, in denen zwischen je zwei Elementen p, q ein Abstand $d(p, q)$ definiert ist. Obwohl dieser Weg beschritten werden kann, haben sich doch bei manchen topologischen Untersuchungen diese metrischen Räume noch als zu speziell erwiesen. Zu einer endgültig allgemeinen Definition topologischer Strukturen benutzt man, daß die Stetigkeit einer Abbildung f von einer Punktmenge X in eine Punktmenge Y schon definiert werden kann, wenn nur die in X bzw. in Y offenen Mengen bekannt sind (vgl. Topologische Eigenschaften), denn f ist genau dann stetig, wenn das volle Urbild jeder in Y offenen Menge in X offen ist.
Als für die Topologie passende Struktur wird deshalb der *topologische Raum* definiert.

Ein **topologischer Raum** *T ist eine Menge, in der ein System O von Teilmengen ausgezeichnet ist, das folgenden Voraussetzungen genügt: 1. T und die leere Menge gehören zu O; 2. die Vereinigung beliebig vieler zu O gehörender Mengen gehört wieder zu O; 3. der Durchschnitt endlich vieler zu O gehörender Mengen gehört wieder zu O. Die zu O gehörenden Mengen werden offene Teilmengen von T genannt.*

Diese drei Forderungen entsprechen genau den oben für die offenen Teilmengen einer Punktmenge angeführten Eigenschaften, so daß jede Punktmenge mit dem System ihrer offenen Teilmengen ein topologischer Raum ist. Da man in einem topologischen Raum von offenen Teilmengen sprechen kann, läßt sich die soeben wiederholte Stetigkeitsdefinition wörtlich für Abbildungen eines topologischen Raumes T in einen topologischen Raum T' übernehmen. Eine Abbildung f von T in T' wird Homöomorphismus genannt, falls f eineindeutig ist und f und f^{-1} beide stetig sind. Zwei topologische Räume T, T' heißen homöomorph, falls sich T durch einen Homöomorphismus auf T' abbilden läßt. Ein topologischer Raum T heißt zusammenhängend, falls es zu je zwei seiner Elemente p, q eine stetige Abbildung einer Strecke in den Raum T gibt, bei der von den beiden Endpunkten der Strecke einer auf p und der andere auf q abgebildet wird.
Diese Beispiele zeigen, wie sich von Punktmengen bekannte Begriffe auf topologische Räume übertragen lassen. Jedoch sind die Aussagen über allgemeine topologische Räume weit weniger geometrisch anschaulich als die über Punktmengen. Auch lassen sich nicht alle topologischen Begriffe über Punktmengen auf topologische Räume verallgemeinern; z. B. ist es nicht möglich, auf völlig befriedigende Weise jedem topologischen Raum eine Dimension zuzuordnen. Die *allgemeine* oder *mengentheoretische Topologie*, deren Aufgabe die Untersuchung topologischer Räume ist, kann in vielen ihrer Teile kaum noch der Geometrie zugerechnet werden, sie hat vielmehr den Charakter einer *Strukturtheorie*, vergleichbar dem der Gruppentheorie in der Algebra. Wie in der Gruppentheorie etwa *abelsche Gruppen*, werden auch hier topologische Räume untersucht, die außer den Bedingungen 1., 2. und 3. noch zusätzliche Axiome erfüllen, z. B. das *Hausdorffsche Trennungs-*

axiom: Zu je zwei Elementen p, q aus T gibt es disjunkte offene Mengen X, Y mit folgender Eigenschaft: $p \in X$, $q \in Y$ (Abb. 33-12).

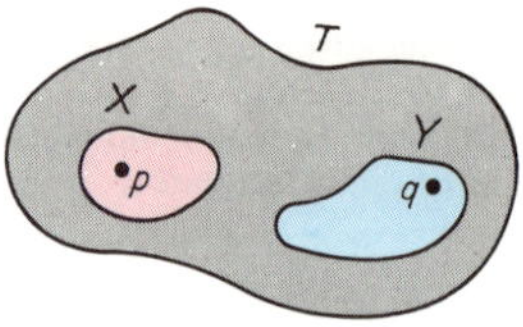

33-12 Zum Hausdorffschen Trennungsaxiom

Topologische Räume sind allgemeiner als *metrische Räume*, so daß jeder metrische Raum insbesondere ein topologischer Raum ist. Damit ist gemeint, daß in jedem metrischen Raum ein System O von offenen Mengen ausgezeichnet ist. Diese offenen Mengen erhält man ganz ähnlich wie in euklidischen Räumen: Bezeichnet M einen metrischen Raum, p einen Punkt aus M und ε eine positive Zahl, so ist die ε-Umgebung von p in M die Menge aller Elemente aus M, die von p einen kleineren Abstand als ε haben. Eine Teilmenge X von M heißt offen, falls jedes Element aus X eine in X enthaltene ε-Umgebung hat. Es ist nicht schwer zu beweisen, daß die so definierten offenen Mengen die Eigenschaften 1., 2. und 3. haben, so daß M hiermit tatsächlich zu einem topologischen Raum wird. Aus dieser Bemerkung ergibt sich die wichtige Folgerung, daß Sätze und Begriffe der allgemeinen Topologie sofort auf metrische Räume und damit insbesondere auf funktionalanalytische Untersuchungen anwendbar sind.
Als Beispiel für eine Frage aus der allgemeinen Topologie sei das *Metrisationsproblem* erwähnt: Welche Bedingungen muß das System O der offenen Mengen eines topologischen Raumes T erfüllen, damit T metrisierbar wird, d. h., damit man in T einen Abstand d definieren kann, so daß T zu einem metrischen Raum wird, dessen offene Mengen gerade mit den Mengen aus O übereinstimmen? Man überlegt sich leicht, daß eine hierfür notwendige Bedingung das Hausdorffsche Trennungsaxiom ist. Dieses Axiom ist aber nicht hinreichend. Der *Metrisationssatz* von NAGATA und SMIRNOW gibt die für die Metrisation eines topologischen Raumes notwendigen und hinreichenden Bedingungen an, die jedoch hier nicht formuliert werden können.

34. Maßtheorie

Die Maßtheorie behandelt die Bestimmung von Inhalten geometrischer Gebilde oder allgemeiner von Punktmengen. Sie steht in unmittelbarem Zusammenhang mit der Integralrechnung und der Mengenlehre und findet wichtige Anwendungen in vielen Zweigen der Analysis sowie als Grundlage der Wahrscheinlichkeitsrechnung. Im Unterschied zur Berechnung des Flächeninhalts von Dreiecken, Rechtecken und anderen geradlinig begrenzten Figuren bereitet die von krummlinig oder noch komplizierter begrenzten Figuren Schwierigkeiten. Schon die Erklärung, was man unter dem *Inhalt einer Punktmenge* zu verstehen hat, ist ein Problem. Seine erste Lösung, der *Riemannsche Inhaltsbegriff*, wurde von PEANO und JORDAN in enger Anlehnung an den Riemannschen Integralbegriff um 1890 angegeben.
Um zum Inhalt einer – z. B. ebenen – Punktmenge zu gelangen, wird über die Ebene ein quadratischer Raster gelegt und die gegebene Figur *von innen* durch ein nur aus Quadraten des Rasters zusammengesetztes Gebiet *angenähert* (in Abb. 34-1 gelb); ein *äußeres Näherungsgebiet* enthält die Figur im Innern (gelb und blau). Geht man durch Halbieren zu einem feineren Raster über, so enthält das neue innere Näherungsgebiet das alte, ist aber meist um einige der neuen Quadrate größer, während das neue äußere Gebiet durch Streichen von neuen Quadraten aus dem alten Gebiet entsteht. Der Unterschied der Flächeninhalte dieser Näherungsgebiete wird deshalb höchstens geringer. Wenn sich nun bei fortgesetzter Verfeinerung die *inneren* und *äußeren Inhalte* beliebig nahekommen, nennt man ihren gemeinsamen Grenzwert den *Riemannschen Inhalt* oder kurz den *Inhalt* der gegebenen Figur.
Dieser Inhaltsbegriff liefert für geradlinig begrenzte Figuren sowie für Kreis, Ellipse u. a. die bekannten Flächenformeln. Es gibt aber *Punktmengen, denen man keinen Riemannschen Inhalt zuschreiben kann.* In der Abbildung 34-2 handelt es sich um ein Quadrat *ABCD*, auf dessen oberer Kante *CD* in all

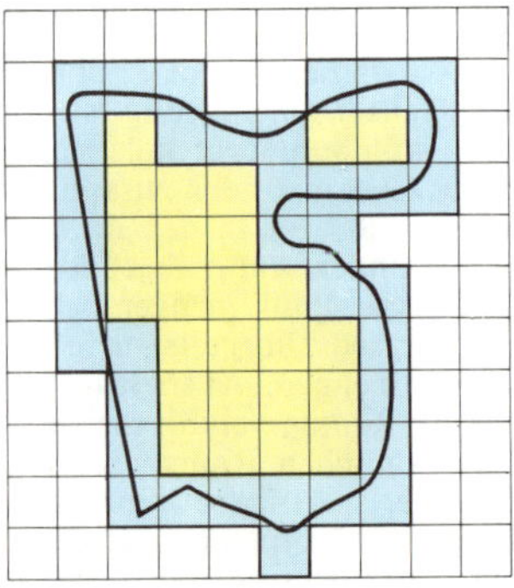

34-1 Approximationen bezüglich Riemannschen Inhalts

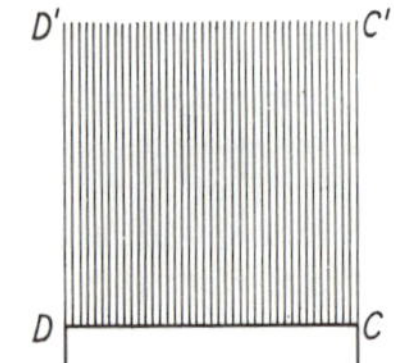

34-2 Figur ohne Riemannschen Inhalt

den unendlich vielen Punkten, deren Entfernung von der Ecke C eine *rationale* Zahl ist, Senkrechte von der Länge der Quadratseite errichtet wurden. Hier sind alle äußeren Inhalte mindestens doppelt so groß wie die inneren und streben nicht nach einem gemeinsamen Grenzwert bei Verfeinerung des Rasters, da das volle Quadrat $CC'D'D$ stets und nur zum äußeren Näherungsgebiet gehört; jedes noch so kleine in $CC'D'D$ liegende Rasterquadrat enthält sowohl Punkte, die zur Figur gehören, als auch solche, die nicht zu ihr gehören.

Das Lebesguesche Maß. In der moderneren Mathematik gewannen aber gerade solche zunächst recht ausgefallen anmutenden Punktmengen erheblich an Bedeutung. In sehr vielen Fällen führt dann der 1902 von LEBESGUE entwickelte umfassendere Inhaltsbegriff, das *Lebesguesche Maß*, zum Ziel. Im Unterschied zum Riemannschen Inhalt dürfen die Annäherungsfiguren auch aus *unendlich vielen* Elementarflächenstücken verschiedener Größe zusammengesetzt sein.

Punktmengen, die einen Inhalt haben, sind auch meßbar, und ihr Maß ist zahlenmäßig dem Inhalt gleich. Dagegen gibt es Punktmengen, denen kein Inhalt zukommt, die aber ein Maß haben; z. B. ist das Maß der Figur in der zweiten Abbildung gleich dem Inhalt des Quadrates $ABCD$; die aus den Senkrechten bestehende Teilmenge ist vom Maß Null. *Mengen vom Maß Null* spielen sowohl in der reinen Mathematik als auch allgemein bei der mathematischen Beschreibung von Naturvorgängen eine besondere Rolle; sie charakterisieren gewissermaßen das Unwesentliche.
Völlig analog sind die Betrachtungen im Falle anderer Raumdimensionen; z. B. ergibt sich für die Dimension drei der gewöhnliche Rauminhalt bzw. das *räumliche Maß*.

In der *Integralrechnung* führt die Benutzung des Maßes an Stelle des Inhalts zum *Lebesgueschen Integral*. Es stellt eine Erweiterung des Riemannschen Integralbegriffes dar, so wie das Lebesguesche Maß eine Erweiterung des Riemannschen Inhaltsbegriffes ist.
Im Zuge weiterer Abstraktion versteht man in der allgemeinen Maßtheorie unter einem Maß auf einer Menge Ω eine reellwertige Funktion $m(A)$, deren Argument gewisse Teilmengen A von Ω durchläuft und die nur einige den einfachsten geometrischen Vorstellungen entsprechende Eigenschaften hat: in erster Linie $m(A) \geqslant 0$ und $m(A \cup B) = m(A) + m(B)$ für punktfremde Mengen A, B. Die zum Definitionsbereich vom m gehörigen Mengen A heißen bezüglich m meßbar. Diese Auffassung erlaubt z. B. die direkte Anwendung maßtheoretischer Sätze in der Wahrscheinlichkeitsrechnung; dort wird ein *zufälliges Ereignis* als Teilmenge A der „Punkt"menge Ω aller Elementarereignisse und das Maß $m(A)$ als *Wahrscheinlichkeit des Ereignisses A* gedeutet.

35. Graphentheorie

35.1. Grundlagen

Gerichtete und ungerichtete Graphen. Ein Graph $G = [X, U, f]$ ist eine Zusammenfassung zweier Mengen von Elementargebilden, der Menge X der *Knotenpunkte* x und der Menge U der *Kanten* u, sowie einer auf U erklärten Funktion f, der *Inzidenzfunktion*. Diese ordnet jeder Kante $u \in U$ genau ein geordnetes oder ein ungeordnetes Paar von Knotenpunkten $x_i, x_k \in X$ zu; dementsprechend unterscheidet man *gerichtete Kanten*, die auch *Bögen* genannt werden, und *ungerichtete Kanten* (Abb. 35-1).
Die einer Kante u zugeordneten Knotenpunkte brauchen nicht voneinander verschieden zu sein. Ist $x_i = x_k$, so nennt man $f(u) = (x_k, x_k)$ eine *Schlinge*. Die Funktion f braucht nicht eindeutig umkehrbar zu sein, d. h., das Paar (x_i, x_k) kann mehreren Kanten zugeordnet sein, die dann *parallele Kanten* oder *Mehrfachkanten* genannt werden.

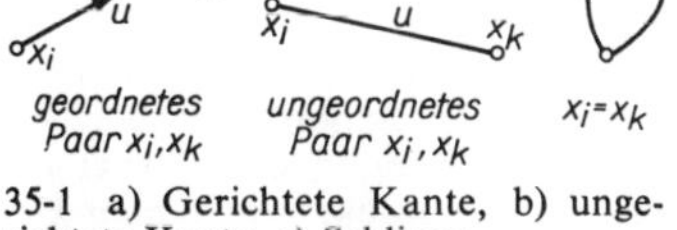

35-1 a) Gerichtete Kante, b) ungerichtete Kante, c) Schlinge

Jede der Mengen X und U kann endlich oder unendlich sein. Sind X und U endlich, so erhält man einen *finiten Graphen*. Alle folgenden Ausführungen beziehen sich auf finite Graphen.
Zur Darstellung von Graphen veranschaulicht man Knotenpunkte durch Punkte und Kanten durch Kurvenbögen, die

jeweils die ihnen zugeordneten Knotenpunkte miteinander verbinden. Je nachdem, ob es auf die Ordnung der Knotenpunkte innerhalb eines Paares ankommt oder nicht, spricht man von *gerichteten* oder *ungerichteten Graphen* (Abb. 35-2, 35-3).

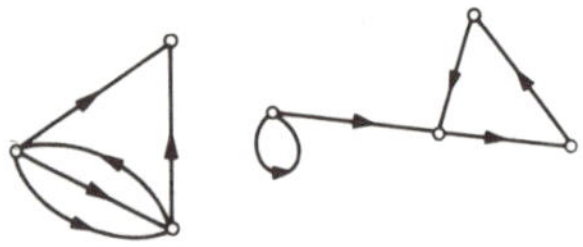

35-2 Gerichtete Graphen

35-3 Ungerichtete zusammenhängende Graphen, der rechte ist vollständig

Beispiel 1: Das Straßennetz einer Stadt wird in einer Karte meist als ungerichteter Graph dargestellt. Dies ist für Fußgänger völlig ausreichend. Sind hingegen viele Einbahnstraßen vorhanden, so braucht ein Kraftfahrer eine Darstellung des Straßennetzes als gerichteter Graph.

Anwendungen: Die fünf *platonischen Körper* (Tetraeder, Würfel, Oktaeder, Pentagondodekaeder, Ikosaeder) stellen ebenso wie alle anderen Polyeder mit ihren Ecken als den Knotenpunkten und ihren Kanten Graphen dar. Auf jeder Landkarte bildet das System der Landesgrenzen einen Graphen, ferner das Schienennetz sowie die Systeme der Schiffsrouten oder der Fluglinien. Als Graphen können weiter alle Kommunikationsnetze, wie Fernsprech- oder Fernschreibnetze, dargestellt werden, aber auch Energie-, Wasserleitungs- oder Fernheizungsnetze lassen sich durch Graphen beschreiben. In der Systemtheorie und der Kybernetik betrachtet man komplexe Systeme, deren Struktur ebenfalls mit Hilfe von Graphen dargestellt werden kann, z. B. Blockschaltbilder, Signalflußdiagramme, die Leitungsstruktur eines Betriebes. Als praktischer Zweig der Graphentheorie hat sich die *Netzplantechnik* entwickelt. Zeitlicher Ablauf sowie Zusammenhang der Abschnitte eines Gesamtprozesses werden durch einen *Netzplan* wiedergegeben und können damit berechnet und gesteuert werden (vgl. Netzplantechnik).
Allgemein kann man sagen, daß Graphen ein Hilfsmittel bei der Lösung von kombinatorischen Problemen sind.

Beispiel 2: Ein Fährmann F will einen Wolf W, eine Ziege Z und einen Kohlkopf K mit Hilfe eines Bootes, das nur jeweils zwei der Dinge F, W, Z, K faßt, vom linken Ufer eines Flusses an das rechte bringen. Dabei dürfen niemals Wolf und Ziege oder Ziege und Kohlkopf unbewacht zusammenbleiben.
Zur Lösung stellt man zunächst die zulässigen Kombinationen an beiden Ufern zusammen. Eine solche ist z. B. (FWZ/K), bei der sich F, W und Z auf dem linken und K auf dem rechten Ufer befinden. Eine Null bedeutet, daß am betreffenden Ufer keins der vier Dinge vorhanden ist. Man verbindet nun eine Kombination des rechten Ufers mit einer des linken, wenn der Fährmann beide Kombinationen durch eine Überfahrt ineinander überführen kann. Die Kombinationen bilden die Knoten und die Verbindungen die Kanten eines Graphen (Abb. 35-4). Das Problem kann demnach durch Aufsuchen einer zusammenhängenden Kantenfolge gelöst werden, die bei $(FWZK/0)$ beginnt und bei $(0/FWZK)$ endet. Davon gibt es mehrere.

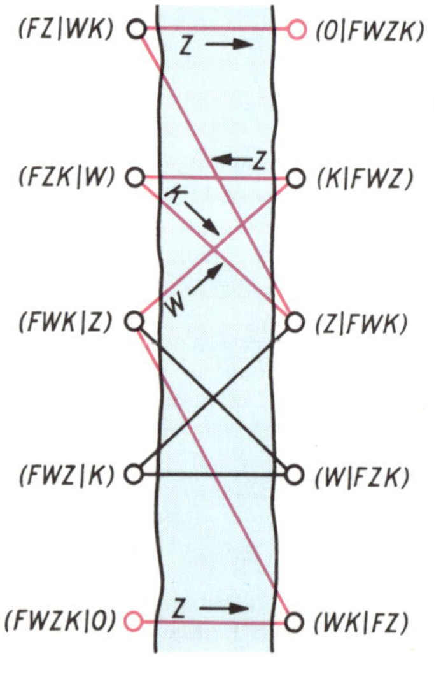

35-4 Kombinationen an beiden Ufern bei der Überfahrt von Wolf W, Ziege Z und Kohlkopf K; eine der möglichen Folgen zusammenhängender Kanten ist durch Farbe hervorgehoben

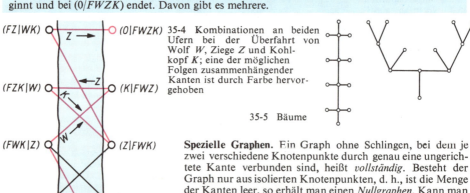

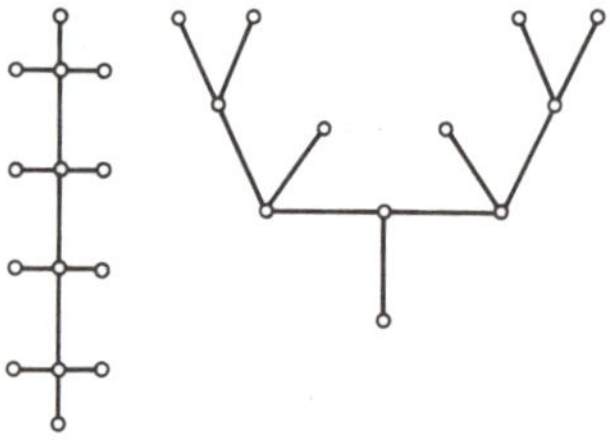

35-5 Bäume

Spezielle Graphen. Ein Graph ohne Schlingen, bei dem je zwei verschiedene Knotenpunkte durch genau eine ungerichtete Kante verbunden sind, heißt *vollständig*. Besteht der Graph nur aus isolierten Knotenpunkten, d. h., ist die Menge der Kanten leer, so erhält man einen *Nullgraphen*. Kann man in einem Graphen von jedem beliebigen Knotenpunkt über die vorhandenen Kanten zu jedem beliebigen anderen Knotenpunkt gelangen, so heißt der Graph *zusammenhängend*. Ein vollständiger Graph ist zusammenhängend.
Durch Übergang von einer Kante zu einer anderen über einen beiden Kanten gemeinsamen Knotenpunkt erhält man bei Fortsetzung dieses Verfahrens eine *Kantenfolge*. Kommt in

einer Kantenfolge jede Kante nur einmal vor, so spricht man von einem *Kantenzug*. Dieser heißt *geschlossen*, falls Anfangs- und Endknotenpunkte zusammenfallen. Ein geschlossener Kantenzug, bei dessen Durchlaufen kein Knotenpunkt – außer dem Anfangsknotenpunkt – zweimal erreicht wird, heißt (topologischer) *Kreis*. Ein zusammenhängender nichtleerer Graph, der kein Nullgraph ist, heißt *Baum*, wenn er keinen geschlossenen Kantenzug enthält (Abb. 35-5). Bäume verwendet man z. B. in den Strukturformeln der Chemie für kettenförmige Kohlenwasserstoffe. In der Heuristik bedient man sich, insbesondere zur Analyse von Problemstellungen, der *Zielbaummethoden*. Schließlich heißt ein Graph *planar* oder *eben*, wenn man ihn ohne Überschneidung seiner Kanten in die Ebene zeichnen oder, was topologisch dasselbe bedeutet, in die Oberfläche der Kugel einbetten kann. Bäume z. B. sind planare Graphen.

Kombinatorische Strukturen. Die Graphentheorie befaßt sich mit kombinatorischen Sachverhalten. Dabei geht es nicht nur um Anzahlbestimmungen wie in der elementaren Kombinatorik, sondern *die kombinatorische Struktur selbst ist Gegenstand der Untersuchungen der Graphentheorie*. Kombinatorische Strukturuntersuchungen, d. h. graphentheoretische Betrachtungen, wurden erstmalig von Euler (1736) angestellt. Er ging vom *Königsberger Brückenproblem* aus, das einen Spaziergang verlangt, bei dem jede der sieben Königsberger Brücken genau einmal passiert werden soll (Abb. 35-6). Man sieht sofort, daß in mindestens zwei von den vier Gebieten I bis IV der Spaziergang weder beginnt noch endet. Diese Gebiete werden betreten und wieder verlassen. Da aber zu jedem Gebiet eine ungerade Anzahl von Brücken führt, ist ein solcher Spaziergang nicht möglich. Euler untersuchte allgemein, unter welchen Bedingungen ein gegebener zusammenhängender Graph so in einem geschlossenen Kantenzug durchlaufen werden kann, daß jede Kante genau einmal passiert wird. Eine solche *Eulersche Linie* existiert genau dann, wenn von jedem Knotenpunkt eine gerade Anzahl von Kanten ausgeht.

Die in der Praxis auftretenden Graphen haben oft eine sehr allgemeine Struktur, und im Vordergrund steht die Frage nach einem Algorithmus zur effektiven Lösung eines mit dem Graphen zusammenhängenden Optimierungsproblems. Dies sei am *Problem des billigsten Telefonnetzes* erläutert.

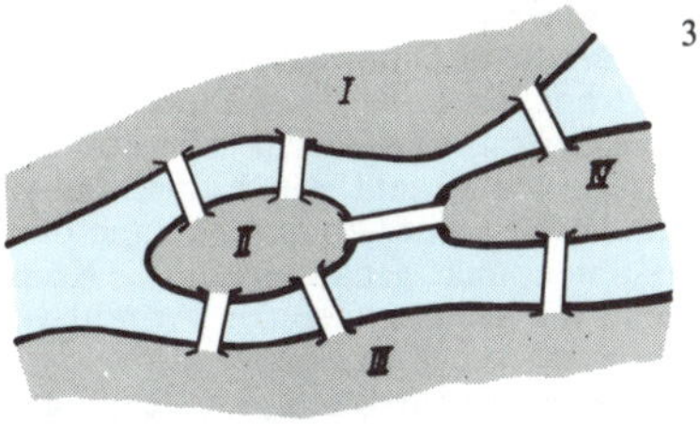

35-6 Königsberger Brückenproblem

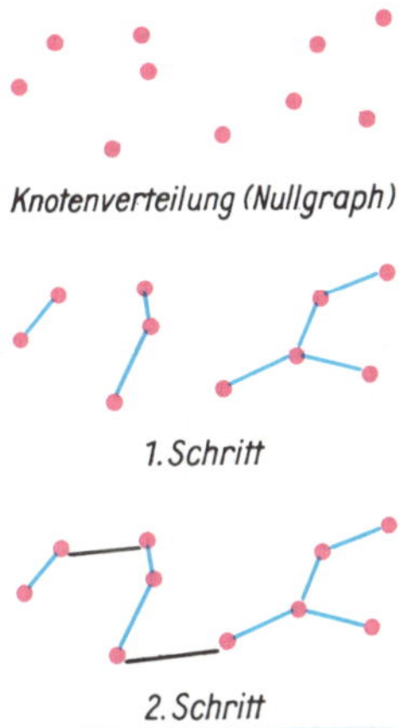

35-7 Minimalbaum

Beispiel 3: Bei minimalen Kosten sollen n Orte durch ein Telefonnetz verbunden werden. Dabei werden Verzweigungspunkte nur in den Orten selbst untergebracht. Die Kosten für die Direktverbindung je zweier Orte sind bekannt.

Das gesuchte Netz ist offensichtlich ein *Baum*. Zu seiner Konstruktion dient ein einfacher Algorithmus. Im *1. Schritt* verbindet man jeden Knotenpunkt mit dem zu ihm am kostengünstigsten liegenden und erhält ein *System von Bäumen*. Im *2. Schritt* zieht man jeden Baum zu einem Knotenpunkt zusammen und wiederholt das Verfahren. Fährt man in dieser Weise fort, so bricht das Verfahren ab, wenn nur noch ein einziger Baum übrigbleibt. Dieser ist der gesuchte *Minimalbaum*. In der Abbildung 35-7 ist das Verfahren für 10 Orte so ausgeführt, daß als Kosten die Maßzahlen der Abstände zwischen je zwei Knotenpunkten gewählt wurden.

Wollte man das Problem durch Probieren aller Varianten lösen, so hätte man für n Orte n^{n-2} Varianten, d. h. für $n = 10$ Orte 10^8 Varianten, zu prüfen.

35.2. Vierfarbenproblem

Hersteller von Landkarten wissen, daß man jede politische Landkarte mit vier Farben so drucken kann, daß je zwei nicht nur in einer Ecke aneinandergrenzende Länder verschiedenfarbig sind. Das Problem, ob man immer mit vier Farben auskommt, erhielt große Bedeutung für die Weiterentwicklung der Graphentheorie, wenn es auch bis heute nicht gelöst wurde.

Eine Landkarte (1) kann man hinsichtlich der Länder und ihrer Grenzen stets auf zwei verschiedene Arten durch einen Graphen darstellen (Abb. 35-8): Entweder sind die Zusammenstoßpunkte von

35-8 Landkarte (1) mit zugehörigen Graphen (2a, 2b)

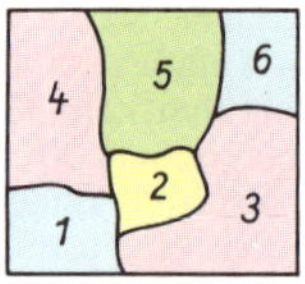

1

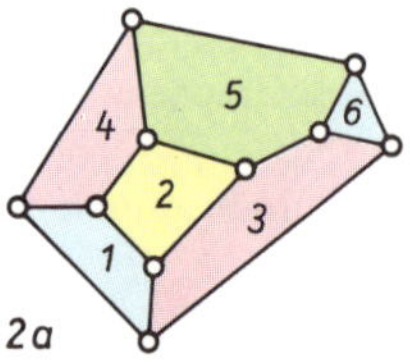

2a

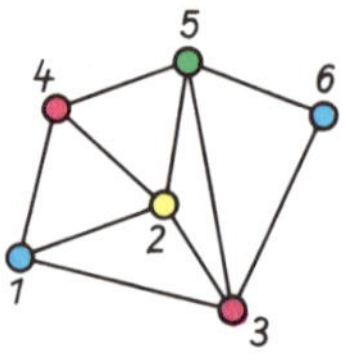

2b

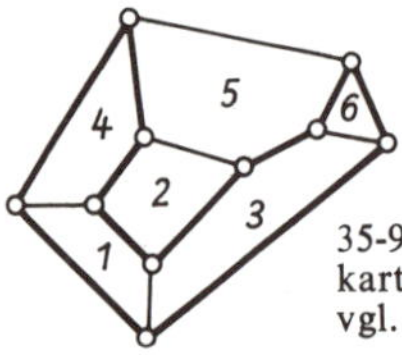

35-9 Graph einer normalen Landkarte mit Hamilton-Kreis, vgl. Abb. 35-8, 2a

drei oder mehr Grenzen die Knotenpunkte und die dazwischenliegenden Grenzstücke die Kanten (2a), oder die Länder sind die Knotenpunkte und das „Aneinandergrenzen" die Kanten (2b). Im ersten Fall sind beim Vierfarbenproblem die Flächenstücke des Graphen, im zweiten Fall die Knotenpunkte zu färben. Eine auf der Kugeloberfläche gezeichnete Landkarte nennt man *normal*, wenn von jedem ihrer Knotenpunkte genau drei Grenzen ausgehen und wenn jedes Land von einem (topologischen) Kreis berandet wird. Bei der Behandlung des Vierfarbenproblems kann man sich auf normale Landkarten beschränken. Wenn im Graphen der normalen Landkarte ein *Hamilton-Kreis* (Abb. 35-9) genannter topologischer Kreis existiert, der alle Knotenpunkte des Graphen enthält, so sind die Länder der Karte mit vier Farben einfärbbar, denn man braucht zwei Farben für das Innere und zwei für das Äußere des Hamilton-Kreises. Es wurde lange Zeit vermutet, daß immer ein Hamilton-Kreis existiert. Erst 1965 konnte man wesentliche Gegenbeispiele angeben, so daß erwiesen ist, daß über diesen Ansatz kein Weg zur Lösung des Vierfarbenproblems führt. 1976 konnte unter Einsatz von Rechenautomaten eine Lösung gefunden werden.

Der zu einer normalen Landkarte gehörige Graph ist ein *kubischer Graph*, d. h., mit jedem Knotenpunkt inzidieren genau drei ungerichtete Kanten. Außerdem enthält dieser Graph keine Kante, durch deren Löschung er in zwei getrennte Teile zerfällt, d. h., dieser Graph hat keine *Brücke*. Zum Beweis des Vierfarbenproblems würde es schon genügen, wenn man zeigen könnte, daß sich jeder kubische Graph in *mehreren Kreisen* durchlaufen läßt, die sämtlich eine gerade Anzahl von Kanten haben. Ohne Voraussetzung der Planarität konnte PETERSEN beweisen, daß sich jeder kubische Graph ohne Brücke so in mehreren Kreisen durchlaufen läßt, daß jeder Knotenpunkt genau einem der Kreise angehört. Unter diesen Kreisen können allerdings auch solche mit einer ungeraden Anzahl von Kanten vorkommen.

Weitere Untersuchungen führten zum Satz von TUTTE (1956), der besagt, daß ein planarer Graph, der durch Löschung von drei beliebigen Knotenpunkten nicht in getrennte Teile zerlegt werden kann, einen Hamilton-Kreis hat. Die weiteren Arbeiten am Vierfarbenproblem benutzen topologische oder kombinatorische Schlußweisen. Bei *topologischer Schlußweise* sucht man spezielle Eigenschaften planarer Graphen unter wesentlicher Benutzung der Eigenschaften der Kugeloberfläche; bei *kombinatorischer Schlußweise* versucht man, die topologischen Voraussetzungen zu eliminieren, indem man die planaren Graphen rein kombinatorisch charakterisiert.

35.3. Netzplantechnik

Die Netzplantechnik wird angewendet, um den Verlauf komplizierter Prozesse, z. B. von Großbauunternehmen, die aus vielen Teilprozessen zusammengesetzt sind, widerspiegeln, analysieren und optimieren zu können. Als Zielstellungen können auftreten: die Planung von End- und Zwischenterminen und die Ermittlung von Zeitreserven für Teilprozesse; die Bestimmung von günstigen Reihenfolgen und Intensitäten für Teilprozesse zur Verkürzung der Gesamtzeit sowie zur Senkung der Kosten und zur Verbesserung der Kapazitätsausnutzung; die Entwicklung eines Kontrollsystems und die Abgrenzung von Verantwortlichkeiten.

Aktivitäten und Ereignisse

Ein *Netzplan* ist ein gerichteter Graph, dessen Elemente als Aktivitäten und Ereignisse bezeichnet werden. *Aktivitäten*, auch *Vorgänge* genannt, sind Teilprozesse bzw. Arbeitsabschnitte; ihnen entspricht eine *Zeitdauer*; *Ereignisse* bezeichnen das Erreichen der einzelnen Stufen des Prozesses oder das Eintreten der einzelnen Fertigstellungsgrade; ihnen entspricht ein *Zeitpunkt*. *Scheinaktivitäten* oder fiktive Aktivitäten insbesondere sind Aktivitäten der Dauer Null, die nur eine Abhängigkeit der eigentlichen Aktivitäten zum Ausdruck bringen. Stellt man die Aktivitäten durch die Kanten und die Ereignisse durch die Knotenpunkte des Netzplans dar, so erhält man einen *ereignisorientierten Netzplan*, auch *Vorgangspfeilnetz* genannt. Stellt man umgekehrt die Aktivitäten durch die Knotenpunkte und die Abhängigkeiten der Aktivitäten untereinander durch die Kanten des Netzplans dar, so spricht man von *aktivitätsorientiertem Netzplan*, auch *Vorgangsknotennetz* genannt. Hier entsprechen im wesentlichen die Kanten den Ereignissen, weil die Abhängigkeit der Aktivitäten meist darin besteht, daß eine Aktivität beendet sein muß, ehe die nächste beginnen kann. Die folgenden Ausführungen beziehen sich auf ereignisorientierte Netzpläne.

Beispiel 1: Für den Bau einer Maschinenhalle mit Zufahrtsstraße und Außenanlagen sind folgende Arbeiten vorgesehen:

		Zeiteinheiten
1.1.	Einbringen der Fundamente	5
1.2.	Rohbauarbeiten	11
1.3.	Dachkonstruktion	4
1.4.	Ausbauarbeiten	10
2.1.	Bau der Zufahrtsstraße	9
2.2.	Errichtung der Außenanlage	10
3.1.	Lieferzeit der Maschinen	24
3.2.	Montage der Maschinen	3
3.3.	übrige Ausrüstung	8

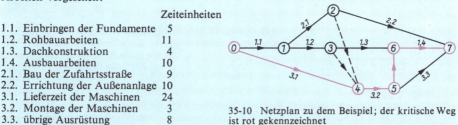

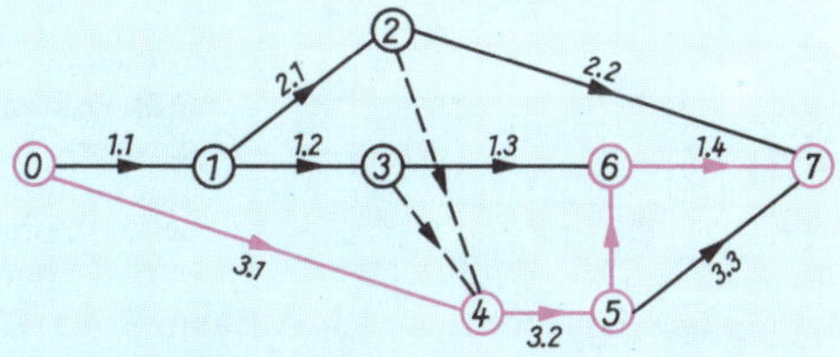

35-10 Netzplan zu dem Beispiel; der kritische Weg ist rot gekennzeichnet

Dabei sind die Arbeiten der ersten Gruppe (1.1. bis 1.4.) hintereinander auszuführen. Der Bau der Zufahrtsstraße (2.1.) kann erst nach Einbringen der Fundamente (1.1.) beginnen und muß vor Montage der Maschinen (3.2.) beendet sein (Scheinaktivität ②–④), während die Ausbauarbeiten (1.4.) nach Montage der Maschinen (Abb. 35-10) erfolgen (Scheinaktivität ⑤–⑥). Die Scheinaktivität ③–④ ist notwendig, da die Montage der Maschinen (3.2.) auch nicht vor Beendigung der Rohbauarbeiten (1.2.) beginnen kann.

Kritischer Weg. In einem Netzplan interessiert die minimale Dauer des gesamten Prozesses, d. h. die Zeit, die zwischen Anfangs- und Endereignis liegt. Sie wird dadurch bestimmt, daß es mindestens einen Kantenzug vom Anfangs- zum Endereignis gibt, bei dem die Summe der Aktivitätsdauern ein Maximum ist. Ein solcher Kantenzug heißt *kritischer Weg*, die auf ihm liegenden Aktivitäten sind *kritische Aktivitäten*. In der Abbildung zu Beispiel 1 hat der kritische Weg 37 Zeiteinheiten. Jede Verlängerung einer kritischen Aktivität führt zu einer Verlängerung der Gesamtdauer, während das bei Verlängerung der Dauer einer nichtkritischen Aktivität in bestimmten Grenzen nicht der Fall ist.

Aktivitätstermine. Für jede Aktivität gibt es im Netzplan einen frühesten und einen spätesten Beginntermin sowie einen frühesten und einen spätesten Endtermin. Die Differenz zwischen End- und Beginntermin ist die *Aktivitätsdauer*. Für die kritischen Aktivitäten stimmen frühester und spätester Termin überein.

Netzplanmatrix

Zum Bestimmen der kritischen Wege eines Netzplans und zum Ermitteln der Aktivitätstermine benutzt man eine Netzplanmatrix (Abb. 35-11). Ihre Zeilen und Spalten entsprechen den Ereignissen des Netzplans, ihre Elemente geben die Anzahl der Zeiteinheiten für die Dauer der die Ereignisse verbindenden Aktivitäten an (vgl. Tabelle im Beispiel). Um zu einem Berechnungsalgorithmus zu kommen, müssen zeitlich aufeinanderfolgende Ereignisse auch aufeinanderfolgende Nummern erhalten. Sind t_n der früheste und T_n der späteste Termin für das Ereignis n, so gilt:

$t_0 = T_0$, wenn 0 das Anfangsereignis bezeichnet; $t_e = T_e$, wenn e das Endergebnis bezeichnet;

$$\left.\begin{aligned} t_n &= \max_{v<n} (t_v + a_{vn}) \\ T_n &= \min_{v>n} (T_v - a_{nv}) \end{aligned}\right\}$$ für alle übrigen Ereignisse, wenn a_{vn} die Dauer der Aktivität ist, die die Ereignisse v und n verbindet.

Für die Berechnung der frühesten Termine t_n hat man die Spalten der Netzplanmatrix zu bearbeiten, indem man beim ersten Ereignis beginnt. Um dann z. B. t_4 zu berechnen, bildet man die Summen $t_0 + a_{04} = 0 + 24$, $t_2 + a_{24} = 14 + 0$, $t_3 + a_{34} = 16 + 0$ und nimmt davon die größte, also $t_4 = 24$. Zur Berechnung der spätesten Termine T_n beginnt man mit dem letzten Ereignis und bearbeitet die Zeilen der Matrix. Es ergibt sich z. B. $T_5 = 27$ als Minimum der Differenzen $T_7 - a_{57} = 37 - 8$ und $T_6 - a_{56} = 27 - 0$. Zur Ermittlung des kritischen Weges markiert man nun im Netzplan (Abb. 35-10) die Ereignisse, für die sich aus der Netzplanmatrix $t_n = T_n$ ergibt, das gilt für $n = 0, 4, 5, 6$ und 7.

35-11 Netzplanmatrix zum Netzplan

t_n	0	1	2	3	4	5	6	7	Ereignisse
0		5			24				0
5			9	11					1
14					0			10	2
16					0		4		3
24						3			4
27							0	8	5
27								10	6
37									7
$T_n=$	0	12	24	23	24	27	27	37	
$T_n-t_n=$	0	7	10	7	0	0	0	0	

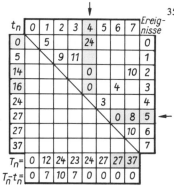

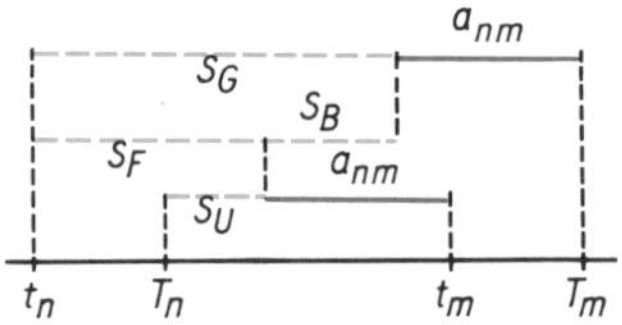

35-12 Pufferzeiten

Pufferzeiten. In einem berechneten Netzplan ist es in einem gewissen Rahmen möglich, die nichtkritischen Aktivitäten auf Grund von *Pufferzeiten* zeitlich zu verschieben oder zu dehnen, ohne daß die Gesamtzeit des Prozesses überschritten wird (Abb. 35-12). Unter a_{nm} wird die Dauer der Aktivität ⓝ→ⓜ verstanden. Durch Ausnutzen der *Gesamtpufferzeit* $S_G = T_m - t_n = a_{nm}$ werden die Pufferzeiten der vorangehenden und der nachfolgenden Aktivitäten vermindert. Ist die Aktivität kritisch, so gilt $t_n = T_n$, $t_m = T_m$ und $T_m - t_n = a_{nm}$, also $S_G = 0$. Bei Ausnutzen der *unabhängigen Pufferzeit* $S_U = \max\{0, t_m - T_n - a_{nm}\}$ entstehen keine Wirkungen auf Pufferzeiten vorangehender und nachfolgender Aktivitäten. Die Ausnutzung der *freien Pufferzeit* $S_F = t_m - t_n - a_{nm}$ wirkt sich nur auf die Pufferzeiten der vorangehenden Aktivitäten aus, die der *bedingten Pufferzeit* $S_B = T_m - t_m$ nur auf die Pufferzeiten der nachfolgenden Aktivitäten. Wegen $S_G \geqslant S_F \geqslant S_U \geqslant 0$ und $S_G = S_F + S_B$ sind für kritische Aktivitäten alle Pufferzeiten gleich Null.

So hat die von ② nach ⑦ führende Aktivität 2.2. des Beispiels die Pufferzeiten $S_G = 13$, $S_U = 3$, $S_F = 13$, $S_B = 0$. Wegen $S_U = 3$ kann 2.2. um drei Zeiteinheiten verlängert werden, ohne daß eine Rückwirkung auf den Bauablauf entsteht. Dagegen hat eine Verlängerung um 13 Zeiteinheiten zur Folge, daß der Weg ⓪→①→②→ ⑦kritisch wird, die Aktivitäten 1.1. und 2.1. also zu ihren frühesten Terminen beginnen müßten und keinesfalls verlängert werden dürfen, was andernfalls möglich wäre, da 1.1. und 2.1. die bedingten Pufferzeiten 7 bzw. 10 haben.

Eine manuelle Berechnung der Netzplanmatrix ist nur bei Netzplänen mit einer kleinen Anzahl von Ereignissen und Aktivitäten möglich. Für die Netzpläne praktisch auftretender Prozesse müssen Computer eingesetzt werden.

Spezielle Methoden der Netzplantechnik

Die Netzplantechnik hat sich zunächst mit der Ermittlung des kritischen Weges und der Pufferzeiten ereignisorientierter Netzwerke begnügt; danach haben sich die folgenden Verfahren herausgebildet.

Critical-Path-Method (CPM). Dieses, auch *Methode des kritischen Weges* genannte Verfahren verwendet sowohl ereignis- als auch aktivitätsorientierte Netzpläne und bewertet nur die Aktivitäten durch eine (deterministisch bestimmte) Zeitdauer. Ziel sind die Ermittlung des kritischen Weges und die Berechnung der Pufferzeiten mit Rechenprogrammen, die aus der Netzplanmatrix abgeleitet sind.

Metra-Potential-Methode (MPM). In diesem Verfahren werden in einem aktivitätsorientierten Netzplan sowohl die Aktivitäten (Knotenpunkte) als auch die Abhängigkeiten (Kanten) bewertet. Für die Aktivität ist die Bewertung eine Zeitdauer, die Bewertung der Abhängigkeit drückt einen *Koppelabstand* aus, z. B. den zeitlichen Abstand der Anfangstermine der durch die Kante verbundenen Aktivitäten. Koppelabstände können sogar negative Werte annehmen. Je nach dem Verhältnis des Koppelabstands zur Aktivitätsdauer unterscheidet man *verzögerte Ablauffolge*: Koppelabstand größer als Aktivitätsdauer; *normale Ablauffolge*: Koppelabstand gleich Aktivitätsdauer; *überlappte Ablauffolge*: Koppelabstand kleiner als Aktivitätsdauer. Herrscht im gesamten Netzplan die normale Ablauffolge, so hat man einen CPM-Netzplan.

Programme Evaluation and Review Technique (PERT). Dieses Verfahren verwendet meist einen ereignisorientierten Netzplan, legt aber die Aktivitätsdauer nicht deterministisch fest, sondern verwendet stochastische Aussagen. Für die Dauer d einer Aktivität gibt man eine optimistische Schätzung d_0, eine pessimistische d_p und eine wahrscheinlichste d_w. Als Aktivitätsdauer d gilt dann $d = (d_0 + d_p + 4d_w)/6$. Neben dem kritischen Weg werden vor allem die Erwartungswerte und die Varianzen der Termine berechnet.

Die bisher angegebenen Verfahren gehen davon aus, daß der Zusammenhang und die Abhängigkeit im Netzplan, die aus dem sachlichen Prozeß abstrahiert werden, im wesentlichen vorgegeben sind, d. h., diese Verfahren arbeiten mit einer vorgegebenen topologischen Struktur des Netzplans.

Kombinationsnetzplanung (KNP). Zum Unterschied von den geschilderten Verfahren wird hier keine topologische Struktur vorgegeben, vielmehr die Bestimmung einer optimalen Struktur geradezu zum Ziel des Verfahrens gemacht. Es wird nur vorausgesetzt, daß in der Menge der Aktivitäten eine Relation besteht, in der $A \rightarrow B$ bedeutet, daß B nach A ausgeführt werden soll; $C \leftrightarrow D$ bedeutet, daß C und D nicht gleichzeitig verlaufen dürfen. Für alle im Netzplan vorkommenden Aktivitäten müssen diese Bedingungen formuliert werden, und es ist eine Struktur des Netzplans herauszufinden, bei der der kritische Weg minimal ist.

Ressourcenrechnungen. Zur Verbindung der genannten Verfahren werden die Hilfsquellen, mit denen die Aktivitäten durchgeführt werden, erfaßt und berücksichtigt. Zu Ressourcen rechnet man Arbeitskräfte, Maschinen, Materialien und auch finanzielle Mittel zur Begleichung der Kosten für die Aktivitäten. Man unterscheidet zwei Gruppen von Problemen: 1. In der optimalen Ressourcenverteilung bei gegebener Zeit des gesamten Prozesses versucht man, durch Ausnutzen der *Pufferzeiten* und durch Zerlegen der Aktivitäten in Abschnitte eine möglichst gleichmäßige Belastung der Ressourcen zu erzielen. 2. Bei der zeitoptimalen Verteilung beschränkt verfügbarer Ressourcen sind obere Schranken für das Aufkommen oder die Verfügbarkeit der Ressourcen gegeben, und man versucht, die Gesamtdauer des Prozesses unter Einhaltung der Ressourcenbeschränkungen möglichst klein zu machen. Vollständige Lösungen für die Ressourcenrechnung gibt es bis jetzt nicht, aber es werden zum Teil recht effektive Näherungsverfahren angewendet.
Schließlich bemüht man sich um die Schaffung netzplantechnischer Optimierungsalgorithmen gemäß komplizierteren Effektivitäts- oder Optimalitätskriterien.

36. Potentialtheorie und partielle Differentialgleichungen

36.1. Partielle Differentialgleichungen

Ordnung, Linearität, Homogenität. In gewöhnlichen Differentialgleichungen treten nur Funktionen *einer* unabhängigen Veränderlichen auf. Dagegen spricht man von einer *partiellen* Differentialgleichung, wenn die gesuchte Funktion $u = u(x_1, x_2, \ldots, x_n)$ von mehreren unabhängigen Veränderlichen $x_1, x_2, \ldots, x_n$ abhängt und in der Gleichung partielle Ableitungen $\frac{\partial u}{\partial x_i}$, $\frac{\partial^2 u}{\partial x_i \, \partial x_j}$ usw. für i bzw. $j = 1, 2, \ldots, n$ auftreten (vgl. Kap. 19.2. – Differentiation einer Funktion mehrerer Veränderlicher). Die Ordnung der höchsten vorkommenden Ableitung bestimmt die *Ordnung* der Gleichung. Die Differentialgleichung heißt *linear*, wenn die gesuchten Funktionen und ihre Ableitungen nur linear und nicht miteinander multipliziert auftreten. Eine lineare partielle Differentialgleichung heißt *homogen*, wenn sie kein von den gesuchten Funktionen und ihren Ableitungen freies Glied enthält, andernfalls *inhomogen*. Für lineare partielle Differentialgleichungen gilt, wie für gewöhnliche, das *Superpositionsprinzip*: Wenn u_1 und u_2 Lösungen sind, dann ist jede Linearkombination $u = C_1 u_1 + C_2 u_2$, in der C_1 und C_2 Konstanten sind, auch Lösung.

Partielle Differentialgleichungen erster Ordnung. Die Integration einer partiellen Differentialgleichung 1. Ordnung läßt sich immer zurückführen auf die Integration eines Systems von gewöhnlichen Differentialgleichungen, des *charakteristischen Systems.* Für die Differentialgleichung

$$F(x_0, \ldots, x_n, u, p_0, \ldots, p_n) = 0 \quad \text{mit } p_i = \frac{\partial u}{\partial x_i} \quad \text{hat dieses System die Gestalt}$$

$$x_i' = \frac{\partial F}{\partial p_i}, \quad p_i' = -\frac{\partial F}{\partial x_i} - p_i \frac{\partial F}{\partial u}, \quad u' = \sum_{j=0}^{n} \frac{\partial F}{\partial p_j} p_j,$$

wobei die x_i und p_i als Funktionen eines neu eingeführten Parameters t aufgefaßt werden und der Strich $'$ die Ableitung nach diesem Parameter bedeutet.
Hängt die Differentialgleichung nicht explizit von u ab, dann läßt sie sich (mit $x_0 = t$, $p_0 = \frac{\partial u}{\partial t}$ und eventueller Umnumerierung der Variablen) auf die Form $\frac{\partial u}{\partial t} + H(t, x_1, \ldots, x_n, p_1, \ldots, p_n) = 0$ bringen. Eine Gleichung dieser Form heißt *Hamilton-Jacobische Differentialgleichung*; die darin vorkommende Funktion H nennt man *Hamilton-Funktion.* Das charakteristische System hat dann

die *kanonische Gestalt* $\frac{\mathrm{d}x_i}{\mathrm{d}t} = \frac{\partial H}{\partial p_i}$, $\frac{\mathrm{d}p_i}{\mathrm{d}t} = -\frac{\partial H}{\partial x_i}$. Die Bewegungen der Massepunkte von bestimmten mechanischen Systemen werden durch solche Gleichungen beschrieben. Dabei sind die x_i und p_i verallgemeinerte Lage- und Impulskoordinaten, und die Hamilton-Funktion H ist gleich der Gesamtenergie (vgl. Kap. 37.3.).

Partielle Differentialgleichungen höherer Ordnung. Eine entsprechende geschlossene Integrationstheorie für partielle Differentialgleichungen höherer Ordnung gibt es nicht. Ist das allgemeine Integral nicht zu ermitteln, so erhält man partikuläre Lösungen oft durch einen geeigneten Lösungsansatz in Form eines Produkts oder einer Summe von Funktionen, von denen jede nur von einem Teil der Veränderlichen abhängt: *Separation der Variablen.* Die gegebene Differentialgleichung zerfällt dann in mehrere einfachere Differentialgleichungen für diese Funktionen.
Die Eigenschaften einer speziellen *linearen partiellen Differentialgleichung 2. Ordnung* werden in der Potentialtheorie untersucht.

36.2. Potentialtheorie

Ursprünglich aus Problemen der Mechanik erwachsen, hat sich die Potentialtheorie zu einem selbständigen, umfangreichen Gebiet der Mathematik entwickelt. Ihre Ergebnisse werden in zahlreichen physikalischen Disziplinen verwendet, insbesondere zur Behandlung von Aufgaben aus der Mechanik, der Elektro- und Magnetostatik, der Elektro-, Hydro- und Thermodynamik. Auch auf die Entwicklung der Theorie der gewöhnlichen und partiellen Differentialgleichungen, der komplexen Funktionentheorie, der Theorie der konformen Abbildungen und der Differentialgeometrie hat die Potentialtheorie befruchtend gewirkt.

Das Newtonsche Potential. Am einfachsten ist der Begriff des Potentials aus der von NEWTON entdeckten gegenseitigen Anziehung materieller Körper zu erklären.

Potential eines Punktes. Das *Newtonsche Gravitationsgesetz* besagt, daß zwei Körper im dreidimensionalen Raum aufeinander eine Anziehung ausüben, die ihren Massen direkt und dem Quadrat ihrer Entfernung umgekehrt proportional ist. Denkt man sich die Körper derart idealisiert, daß ihre gesamte Masse jeweils in einem Punkt, dem *Massepunkt*, konzentriert ist, etwa die Masse m des einen Körpers im Punkt P und die Masse μ des anderen im Punkt Q, so gilt die nebenstehende Formel. Sie geht in das *Coulombsche Gesetz* über, wenn die Massen durch Ladungen ersetzt werden. Dabei ist r der Abstand der beiden Punkte und k ein Proportionalitätsfaktor, z. B. die Gravitationskonstante. Um die folgenden Rechnungen zu vereinfachen, sei vorausgesetzt, daß $km = 1$ ist. Nimmt man an, daß der *Aufpunkt P* vom *Quellpunkt Q* aus angezogen wird, so ist die Kraft F von P nach Q gerichtet. Bildet diese Kraftrichtung in einem kartesischen Koordinatensystem mit $P(x, y, z)$ und $Q(\xi, \eta, \zeta)$ die Winkel α, β, γ gegen die Koordinatenachsen, so gilt nach den Sätzen der analytischen Geometrie (Abb. 36-1)

Newtonsches Gravitationsgesetz	$F = k \cdot m\mu/r^2$

$$r = \sqrt{(x-\xi)^2 + (y-\eta)^2 + (z-\zeta)^2},$$
$$\cos\alpha = (\xi - x)/r, \quad \cos\beta = (\eta - y)/r,$$
$$\cos\gamma = (\zeta - z)/r,$$

und damit für die Komponenten X, Y und Z der Kraft F:

$$X = F\cos\alpha = \mu(\xi - x)/r^3,$$
$$Y = F\cos\beta = \mu(\eta - y)/r^3,$$
$$Z = F\cos\gamma = \mu(\zeta - z)/r^3.$$

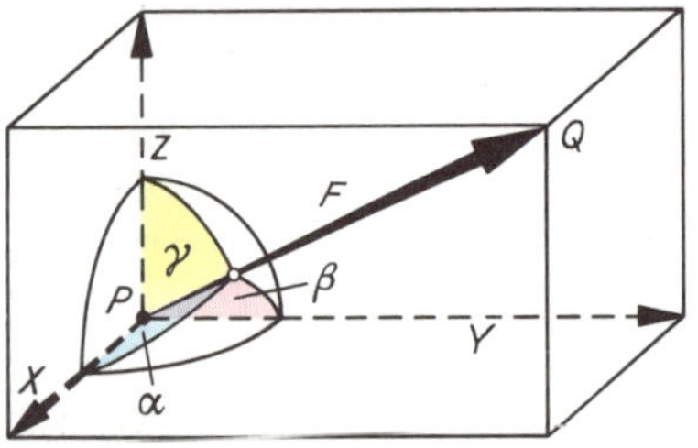

36-1 Zerlegung einer Kraft in Komponenten

Diese drei Komponenten sind nun aber, wie LAGRANGE entdeckte, partielle Differentialquotienten *einer* Funktion $U(x, y, z)$, die nach GAUSS *Potential* der in Q befindlichen Masse μ für den *Aufpunkt* $P(x, y, z)$ genannt wird.
Setzt man $U = \mu/r = \mu[(x-\xi)^2 + (y-\eta)^2 + (z-\zeta)^2]^{-1/2}$ und sieht Q als fest, P als veränderlich an, so ergibt sich die partielle Ableitung nach x

$$\frac{\partial U}{\partial x} = -{}^1/_2\mu[(x-\xi)^2 + (y-\eta)^2 + (z-\zeta)^2]^{-3/2} \cdot 2(x-\xi) = \mu(\xi - x)/r^3 = X.$$

Entsprechend liefern die partiellen Ableitungen von U nach y und z die Werte $\frac{\partial U}{\partial y} = Y$, $\frac{\partial U}{\partial z} = Z$.

Potential	$U = U(x, y, z) = \mu/\sqrt{(x-\xi)^2 + (y-\eta)^2 + (z-\zeta)^2}$

Das Potential U ist im ganzen dreidimensionalen Raum mit Ausnahme des *Quellpunktes* Q definiert; für $P = Q$ verschwindet der Nenner, der Ausdruck μ/r ist deshalb für $r = 0$ nicht definiert.
Der Wert $-U(x, y, z)$ ist gleich der potentiellen Energie des aus den beiden Massepunkten bestehenden Systems.

Potential endlich vieler Punkte. Wird der Aufpunkt P von endlich vielen Massepunkten Q_s mit $s = 1, 2, \ldots, n$ mit den Massen μ_s angezogen, so wirkt auf P eine Gesamtkraft, deren Komponenten X, Y, Z die Summen der Komponenten X_s, Y_s, Z_s der Einzelkräfte sind:

$$X_s = \mu_s(\xi_s - x)/r^3, \quad Y_s = \mu_s(\eta_s - y)/r^3, \quad Z_s = \mu_s(\zeta_s - z)/r^3;$$

$$X = \sum_{s=1}^{n} X_s, \quad Y = \sum_{s=1}^{n} Y_s, \quad Z = \sum_{s=1}^{n} Z_s.$$

Entsprechend ist das Potential U die Summe der Einzelpotentiale, solange der Aufpunkt P mit keinem der Quellpunkte Q_s zusammenfällt:

Potential	$U = \sum_{s=1}^{n} (\mu_s/r_s)$

Potential einer kontinuierlich verteilten Masse. Will man weiter verallgemeinern, so liegt es nahe, von der Abstraktion des Massepunktes abzugehen und die Anziehung zu untersuchen, die eine *kontinuierlich ausgebreitete* Masse auf einen Aufpunkt P ausübt, der außerhalb dieser Masse liegt. Man denkt sich die Masse, die das Gebiet T ausfüllen soll, in unendlich kleine Volumenelemente $d\tau = d\xi\, d\eta\, d\zeta$ mit der Masse $d\mu$ und der Dichte $\varrho = d\mu/d\tau$ eingeteilt. Von dem Volumenelement im Quellpunkt $Q(\xi, \eta, \zeta)$ aus wirkt dann auf den Aufpunkt $P(x, y, z)$ eine Anziehungskraft mit den Komponenten dX, dY, dZ. Die Komponenten der Anziehungskraft der gesamten Masse im Gebiet T erhält man durch Summierung über alle unendlich vielen Volumenelemente, d. h. durch Integration über T (Abb. 36-2):

$$dX = [(\xi - x)/r^3]\, d\mu, \qquad dY = [(\eta - y)/r^3]\, d\mu,$$

$$dZ = [(\zeta - z)/r^3]\, d\mu;$$

$$X = \iiint_T [(\xi - x)/r^3]\, d\mu, \qquad Y = \iiint_T [(\eta - y)/r^3]\, d\mu,$$

$$Z = \iiint_T [(\zeta - z)/r^3\, d\mu.$$

Diese Komponenten sind wiederum partielle Ableitungen eines Potentials U, wie man durch partielle Ableitung unter dem Integralzeichen nachweisen kann.

Newtonsches Potential	$U = \iiint_T (1/r)\, d\mu = \iiint_T (\varrho/r)\, d\tau$

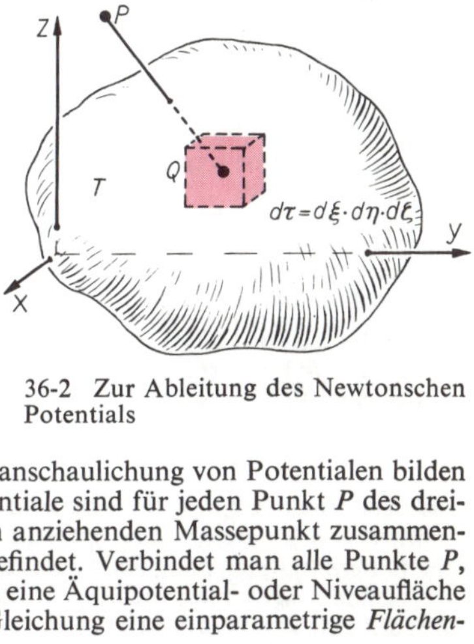

36-2 Zur Ableitung des Newtonschen Potentials

Äquipotentialflächen. Eine Möglichkeit der geometrischen Veranschaulichung von Potentialen bilden die *Äquipotential-* oder *Niveauflächen.* Die angegebenen Potentiale sind für jeden Punkt P des dreidimensionalen Raumes definiert, sofern dieser nicht mit dem anziehenden Massepunkt zusammenfällt bzw. sich auf oder innerhalb der anziehenden Masse befindet. Verbindet man alle Punkte P, in denen das Potential den gleichen Wert a hat, so erhält man eine Äquipotential- oder Niveaufläche $U(x, y, z) = a$. Bei veränderlichem a stellt die angegebene Gleichung eine einparametrige *Flächenschar* dar.
Im Fall des Punktpotentials $U = \mu/r$ wird die Schar angegeben durch $\mu/r = a$. Das sind offenbar konzentrische Kugeln um Q, deren Abstände ständig kleiner werden, wenn man a wachsen läßt. In den Abbildungen sind die Flächenschar $\mu/r = a$ und die Abhängigkeit des Potentials U vom Abstand r dargestellt (Abb. 36-3 und 36-4).

Differentialgleichung für Potentiale. Differenziert man $1/r = [(x-\xi)^2 + (y-\eta)^2 + (z-\zeta)^2]^{-1/2}$ zweimal partiell nach x, so erhält man

$$\frac{\partial}{\partial x}(1/r) = -[(x-\xi)^2 + (y-\eta)^2 + (z-\zeta)^2]^{-3/2}\,(x-\xi)$$

und

$$\frac{\partial^2}{\partial x^2}(1/r) = +3[(x-\xi)^2 + (y-\eta)^2 + (z-\zeta)^2]^{-5/2}\,(x-\xi)^2$$
$$-[(x-\xi)^2 + (y-\eta)^2 + (z-\zeta)^2]^{-3/2} = 3(x-\xi)^2/r^5 - 1/r^3.$$

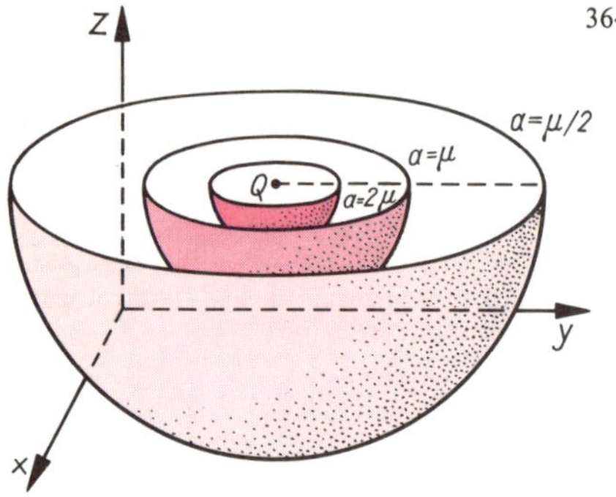

36-3 Durch $a = \mu/r$ definierte Äquipotentialflächen

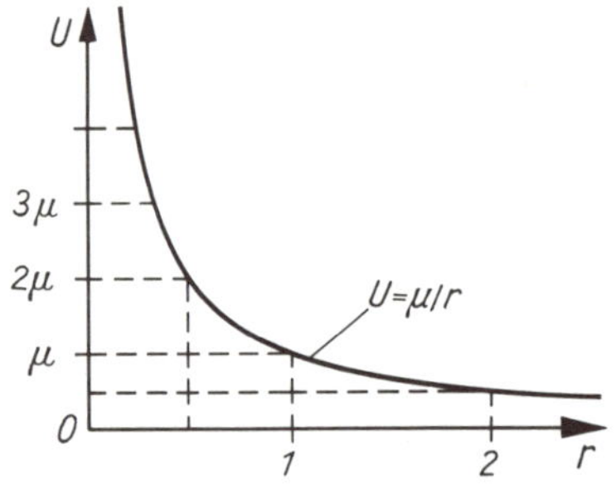

36-4 Abhängigkeit des Punktpotentials U vom Abstand r

Entsprechend ergibt sich für die partiellen Ableitungen nach y und z

$$\frac{\partial^2}{\partial y^2}(1/r) = 3(y-\eta)^2/r^5 - 1/r^3, \qquad \frac{\partial^2}{\partial z^2}(1/r) = 3(z-\zeta)^2/r^5 - 1/r^3.$$

Addiert man diese drei zweiten partiellen Ableitungen, so heben sich ihre rechten Seiten auf:

$$\frac{\partial^2}{\partial x^2}(1/r) + \frac{\partial^2}{\partial y^2}(1/r) + \frac{\partial^2}{\partial z^2}(1/r) = 0.$$

Die Funktion $u = 1/r$ genügt der von Laplace 1782 erstmalig angegebenen und nach ihm benannten Differentialgleichung

$$\frac{\partial^2 u}{\partial x^2} + \frac{\partial^2 u}{\partial y^2} + \frac{\partial^2 u}{\partial z^2} = 0.$$

Für diese lineare homogene partielle Differentialgleichung zweiter Ordnung schreibt man abgekürzt $\triangle u = 0$ (zur Laplaceschen Differentialgleichung vgl. Kap. 23.2.).

Laplace-Operator	$\frac{\partial^2}{\partial x^2} + \frac{\partial^2}{\partial y^2} + \frac{\partial^2}{\partial z^2} = \triangle$

Da die Differentialgleichung homogen und linear ist, bleibt sie richtig, wenn man sie mit einer Konstanten μ multipliziert.

Mit $\triangle(1/r) = 0$ gilt deshalb auch $\triangle(\mu/r) = 0$. Das Punktpotential $U = \mu/r$ ist demnach eine Lösung der Laplaceschen Differentialgleichung. Da für jeden Summanden der Summe $\Sigma\,(\mu_s/r_s)$ die Gleichung $\triangle(\mu_s/r_s) = 0$ gilt, ist die Differentialgleichung auch für die Summe erfüllt. Schließlich findet man durch Differentiation unter dem Integralzeichen

$$\triangle U = \iiint_T \triangle(1/r)\,\varrho\,\mathrm{d}\tau = 0.$$

Alle drei bisher behandelten Potentiale sind somit Lösungen der Laplaceschen Differentialgleichung. Damit ergibt sich ein neuer, interessanter Zugang zur Potentialtheorie: Man nimmt die Laplacesche Differentialgleichung als Ausgangspunkt und nennt die aufzusuchenden Lösungen Potentiale.

Der bisher ausgeschlossene Fall, in dem der Aufpunkt P innerhalb der anziehenden Masse liegt, führt auf eine von Poisson 1813 entdeckte inhomogene Differentialgleichung der Gestalt $\triangle u = -4\pi\varrho$, wobei ϱ die Dichte der Masse ist. Daneben tritt der *Laplace-Operator* in weiteren für die theoretische Physik wichtigen partiellen Differentialgleichungen auf; Beispiele dafür sind:

1. *die Helmholtzsche Schwingungsgleichung* $\triangle u + k^2 u = 0$;
2. *die Wärmeleitungsgleichung* $\triangle u = \frac{1}{c^2} \cdot \frac{\partial u}{\partial t}$, die auch auf Diffusionsvorgänge angewendet wird;
3. *die Wellengleichung* $\triangle u = \frac{1}{c^2} \cdot \frac{\partial^2 u}{\partial t^2}$ für elektromagnetische und Wasserwellen, für Schallausbreitung und Saitenschwingungen;
4. *die Telegrafengleichung* $\triangle u = a \cdot \frac{\partial^2 u}{\partial t^2} + b\frac{\partial u}{\partial t} + cu$ für die Ausbreitung elektromagnetischer Wellen in Kabeln.

Die allgemeine Potentialfunktion. Man nennt nun jede Funktion $U(x, y, z)$, die nach allen drei Veränderlichen zweimal stetig differenzierbar ist und die in einem gewissen Gebiet T des Raumes die Gleichung $\triangle U = 0$ erfüllt, eine *Potentialfunktion* oder auch *harmonische Funktion* in diesem Gebiet.

Die Potentialtheorie ist die Theorie der Lösungen der Potentialgleichung $\triangle U = 0$.

Interessanter, als für diese Gleichung alle Lösungen zusammenzustellen, ist es, gemeinsame Eigenschaften aller Potentialfunktionen zu suchen oder zusätzliche Bedingungen zu finden, denen sie genügen.

Eigenschaften der Potentialfunktionen. Man betrachtet ein offenes, beschränktes, durch eine glatte Fläche begrenztes Gebiet T im dreidimensionalen Raum, dessen Oberfläche mit S, dessen Volumenelemente mit $d\tau$ und dessen Oberflächenelemente mit $d\sigma$ bezeichnet werden (Abb. 36-5). In jedem Punkt der Oberfläche S denkt man sich die dazu senkrechte Richtung, die äußere Normale $\boldsymbol{n}$, markiert. Hat man nun irgendeine in T und S erklärte, zweimal stetig differenzierbare Funktion V und bildet für alle Punkte von S ihre partielle Ableitung in Normalenrichtung, $\frac{\partial V}{\partial \boldsymbol{n}}$, dann ist nach dem *Gaußschen Integralsatz*:

$$\iint_S \frac{\partial V}{\partial \boldsymbol{n}}\, d\sigma = \iiint_T \triangle V\, d\tau .$$

Ist V eine Potentialfunktion U, dann gilt überall in T die Beziehung $\triangle U = 0$, und es folgt:

Für jede Potentialfunktion U gilt $\iint_S \frac{\partial U}{\partial \boldsymbol{n}}\, d\sigma = 0$

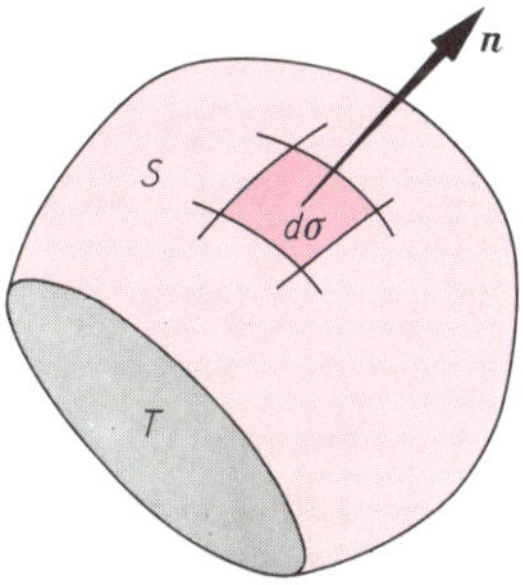

36-5 Oberflächenelement und Normale

Diese Aussage kennzeichnet Potentialfunktionen; wenn sie auf der Oberfläche S' von jedem beliebigen in T gelegenen Gebiet T' gilt, dann ist U eine Potentialfunktion. Nach einem anderen Integralsatz, dem *Satz von Green*, gilt für zwei beliebige in T und S erklärte, zweimal stetig differenzierbare Funktionen V und W

$$\iint_S \left(W \frac{\partial V}{\partial \boldsymbol{n}} - V \frac{\partial W}{\partial \boldsymbol{n}} \right) d\sigma = \iiint_T (W \triangle V - V \triangle W)\, d\tau .$$

Wählt man $W = 1/r$, wobei r den Abstand des Aufpunktes von einem festen Punkt P_0 bezeichnet, dann ist $\triangle W = \triangle(1/r) = 0$ außer in $P = P_0$: Diesen Punkt schließt man aus dem Integrationsgebiet T zunächst aus, da W dort eine Singularität hat. Will man P_0 in T aufnehmen, so hat man einen Grenzübergang durchzuführen, der zu

$$\iiint_T V \triangle(1/r)\, d\tau = -4\pi V(P_0) \quad \text{für } P_0 \in T$$

führt. Wählt man für V wieder eine Potentialfunktion U, so erhält man:

Greensche Darstellungsformel für die allgemeine Potentialfunktion	$U(P) = \frac{1}{4\pi} \iint_S \left[(1/r) \frac{\partial U}{\partial \boldsymbol{n}} - U \frac{\partial(1/r)}{\partial \boldsymbol{n}} \right] d\sigma$

U ist also in jedem Punkt P_0 von T völlig bestimmt, wenn man nur die Werte der Funktion U und der Normalableitung $\frac{\partial U}{\partial \boldsymbol{n}}$ auf dem Rand S kennt. Nimmt man für S eine Kugel K mit dem Radius R um P_0, so gilt $\frac{\partial(1/r)}{\partial \boldsymbol{n}} = \frac{\partial(1/r)}{\partial r} = -1/r^2$. Auf K ist $r = R = \text{const}$, und unter Berücksichtigung von $\iint_K \frac{\partial U}{\partial \boldsymbol{n}}\, d\sigma = 0$ folgt:

Gaußsche Mittelwerteigenschaft der Potentialfunktion	$U(P_0) = [1/(4\pi R^2)] \iint_K U\, d\sigma$

Der Funktionswert im Kugelmittelpunkt ist immer gleich dem arithmetischen Mittel der Funktionswerte in den Punkten der Kugeloberfläche. Eine Potentialfunktion kann daher in keinem inneren Punkt des Gebietes T ein relatives Maximum oder Minimum annehmen.

Randwertaufgaben. Die Greensche Darstellungsformel führt auf folgende Fragestellung: Unter welchen Voraussetzungen kann man aus vorgegebenen Werten von U und $\frac{\partial U}{\partial \boldsymbol{n}}$ auf dem Rand S

eines Gebietes T die Potentialfunktion U im Inneren von T bestimmen? – Probleme dieser Art heißen Randwertaufgaben. Sie treten in vielen Zweigen der Physik auf, z. B. in der Elektrostatik, der Hydrodynamik und der Theorie der Wärmeleitung.

Man kann nun nicht gleichzeitig sowohl U als auch $\frac{\partial U}{\partial \boldsymbol{n}}$ auf S willkürlich vorschreiben. Schon durch Vorgabe der Randwerte von U ist die Funktion eindeutig festgelegt; die Differenz $(U - \bar{U})$ zweier Funktionen mit gleichen Randwerten ist ja längs des ganzen Randes Null und wegen der Gaußschen Mittelwerteigenschaft auch im Innern.

Die Aufgabe, aus den vorgegebenen Randwerten von U die Potentialfunktion im Innern zu bestimmen, heißt *erste Randwertaufgabe* der Potentialtheorie oder auch, nach ihrem Erstbearbeiter, das *Dirichletsche Problem.*

Bei der *zweiten Randwertaufgabe*, dem *Neumannschen Problem*, wird eine Potentialfunktion gesucht, die in allen Randpunkten eine vorgegebene Normalableitung $\frac{\partial U}{\partial \boldsymbol{n}}$ hat. Die Randwerte müssen dabei natürlich so vorgegeben werden, daß die Bedingung $\iint\limits_S \frac{\partial U}{\partial \boldsymbol{n}}\, d\sigma = 0$ erfüllt ist.

Die *dritte Randwertaufgabe* sucht Lösungen der Potentialgleichung, bei denen eine Linearkombination $\frac{\partial U}{\partial \boldsymbol{n}} + hU$, in der h eine positive Konstante ist, in den Randpunkten bestimmte vorgeschriebene Werte annimmt.

Einfache Lösungen der Potentialgleichung. Die Potentialfunktionen U im dreidimensionalen Raum sind Funktionen von drei unabhängigen Veränderlichen und haben z. B. für kartesische Koordinaten die Form $U = U(x, y, z)$, für Zylinderkoordinaten $U = U(\varrho, \varphi, z)$ und für Kugelkoordinaten $U = U(r, \vartheta, \varphi)$. Man interessiert sich nun oft für Lösungen, für die sich U als ein Produkt von drei Funktionen von nur je einer Veränderlichen schreiben läßt: $U(x, y, z) = X(x)\, Y(y)\, Z(z)$ oder $U(\varrho, \varphi, z) = P(\varrho)\, \Phi(\varphi)\, Z(z)$ oder $U(r, \vartheta, \varphi) = R(r)\, \Theta(\vartheta)\, \Phi(\varphi)$. Durch einen derartigen Ansatz erhält man aus der partiellen Differentialgleichung $\triangle U = 0$ drei gewöhnliche Differentialgleichungen, die man meist direkt lösen kann. Man bezeichnet dieses Vorgehen als *Trennung der Variablen.* So liefert der Ansatz $U(x, y, z) = X(x)\, Y(y)\, Z(z)$ aus $\triangle U = \frac{\partial^2 U}{\partial x^2} + \frac{\partial^2 U}{\partial y^2} + \frac{\partial^2 U}{\partial z^2} = 0$ die drei Differentialgleichungen $\frac{1}{X} \cdot \frac{d^2 X}{dx^2} = k^2$, $\frac{1}{Y} \cdot \frac{d^2 Y}{dy^2} = l^2$, $\frac{1}{Z} \cdot \frac{d^2 Z}{dz^2} = -(k^2 + l^2)$ und damit die Lösung $U_{klm}(x, y, z) = e^{kx}\, e^{ly}\, e^{mz}$; $m^2 = -(k^2 + l^2)$; k, l, m komplex.

Transformationen. Gewisse Abbildungen im dreidimensionalen Raum lassen die Eigenschaft einer Funktion, Potential zu sein, unverändert. Es sind dies die Spiegelungen an Kugeln; man bezeichnet sie als *Thomson-Transformationen.* So ist z. B. bei Spiegelung an der Einheitskugel $|r| = 1$ mit $U(r, \vartheta, \varphi)$ immer auch $(1/r)\, U[(1/r), \vartheta, \varphi]$ eine Potentialfunktion. Aus dem Newtonschen Potential $U = (1/r)$ entsteht dabei das konstante Potential $U = 1$ und umgekehrt.

Potentiale in der Ebene. Zweidimensionale Potentiale sind Lösungen der Differentialgleichung

$$\triangle U = \frac{\partial^2 U}{\partial x^2} + \frac{\partial^2 U}{\partial y^2} = 0.$$

Sie treten oft in physikalischen Problemen auf, wenn die betrachteten Vorgänge von der dritten Raumkoordinate unabhängig sind; z. B. wird die Anziehungskraft eines sehr langen, in Richtung der z-Achse liegenden, gleichmäßig mit Masse erfüllten Stabes auf zwei Punkte $P_1(x, y, z_1)$ und $P_2(x, y, z_2)$ fast gleich sein, solange die Koordinaten z_1, z_2 klein gegen die Länge $2L$ bleiben. Für eine Näherungsbetrachtung darf man dann annehmen, daß U von z gar nicht abhängt, und den Ansatz $U = U(x, y)$ machen (Abb. 36-6).

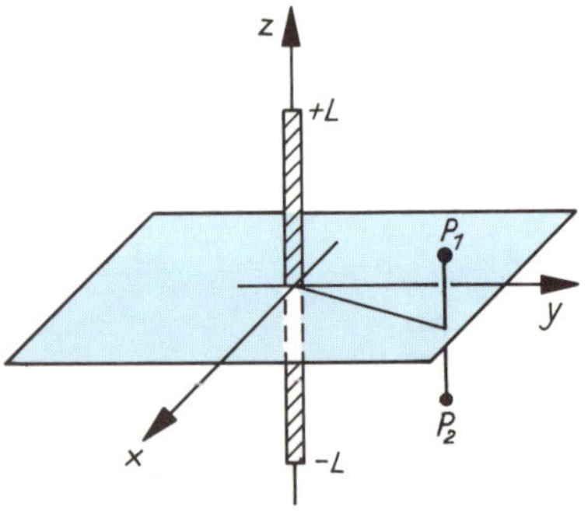

36-6 Zum Potential eines Stabes der Länge $2L$

Die Lösungen der zweidimensionalen Potentialgleichung stehen in enger Beziehung zur *Funktionentheorie*: Eine Funktion $w = u + \mathrm{i}\, v$ der komplexen Veränderlichen $z = x + \mathrm{i}\, y$ ist genau dann analytisch, wenn ihr Realteil $u(x, y)$ und ihr Imaginärteil $v(x, y)$ den *Cauchy-Riemannschen Differentialgleichungen* $\frac{\partial u}{\partial x} = \frac{\partial v}{\partial y}$, $\frac{\partial u}{\partial y} = -\frac{\partial v}{\partial x}$ genügen. Dann ist aber $\frac{\partial^2 u}{\partial x^2} = \frac{\partial^2 v}{\partial y\, \partial x} = \frac{\partial^2 u}{\partial x\, \partial y} = -\frac{\partial^2 u}{\partial y^2}$ und $\frac{\partial^2 u}{\partial x^2} + \frac{\partial^2 u}{\partial y^2} = 0$. Entsprechendes gilt für v.

Real- und Imaginärteil jeder analytischen Funktion sind Potentialfunktionen: Man nennt sie zueinander konjugiert.

Beispiel: Aus $w = \ln z = \ln (r\,e^{i\varphi}) = \ln r + i\varphi$ erhält man zwei zueinander konjugierte Potentiale in der Ebene. Sie lauten $u(r, \varphi) = \ln r$ und $v(r, \varphi) = \varphi$, oder in kartesischen Koordinaten $U(x, y) = \ln \sqrt{x^2 + y^2}$, $V(x, y) = \arctan (y/x)$.

Das Potential $U = \ln r$, das *logarithmische Potential*, spielt in der Ebene etwa die gleiche Rolle wie das Newtonsche Potential $U = 1/r$ im Raum. Es ist ebenfalls das Potential des Kraftfeldes eines anziehenden Punktes, nur ist dabei die Anziehungskraft proportional zu $1/r$ anstatt zu $1/r^2$.

37. Variationsrechnung

Die Methoden der Variationsrechnung werden zur Lösung vieler Probleme der Geometrie, der theoretischen Physik und der Technik angewendet. Fragen, die im Laufe der Entwicklung auf Probleme der Variationsrechnung führten, tauchten schon in der Antike auf, z. B. die, von allen Flächenstücken mit gleich großem Umfang das zu finden, das den größten Flächeninhalt hat. Schon ZENODOROS (um 180 v. u. Z.) hatte das isoperimetrische Problem erkannt. Vor der gleichen Aufgabe stand auch der Bauer Pachom in Tolstois Erzählung „Wieviel Erde braucht der Mensch?“, als der Baschkirenälteste ihm zurief: „So viel Land, wie du an einem Tage umschreiten kannst, ist dein.“

Isoperimetrisches Problem: Von allen ebenen Figuren gleichen Umfangs (den isoperimetrischen Figuren) hat der Kreis die größte Fläche (Abb. 37-1), und im Raum hat die Kugel von allen Körpern gleicher Oberfläche das maximale Volumen.

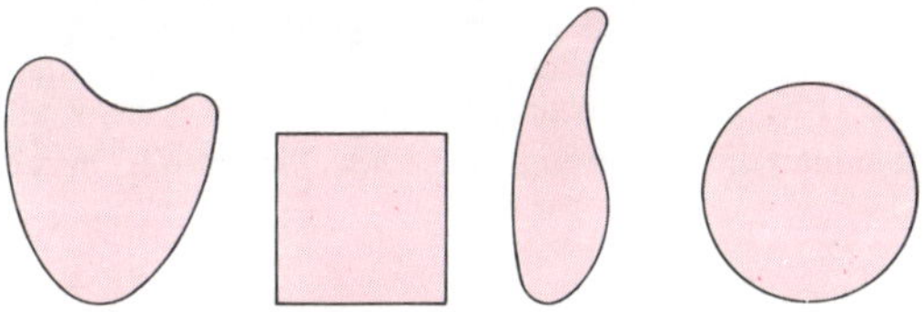

37-1 Von allen Figuren gleichen Umfangs schließt der Kreis die größte Fläche ein

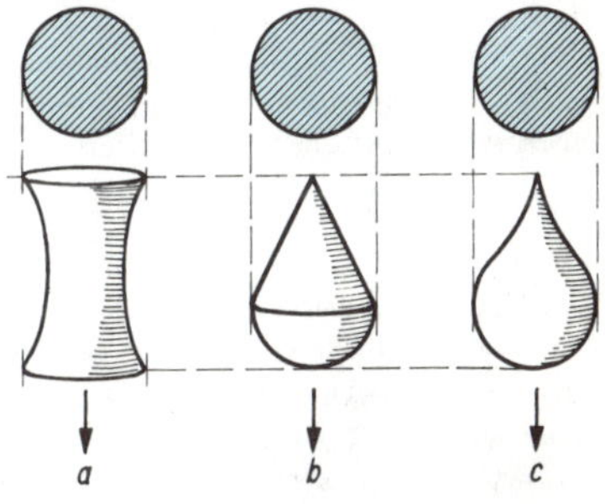

37-2 Zum Newtonschen Problem: Rotationskörper gleicher Länge und gleich wirksamen Querschnitts

Newton stößt auf ein schwieriges Problem. Mit den zunehmenden naturwissenschaftlichen und mathematischen Kenntnissen in der Zeit des europäischen Frühkapitalismus stießen Mathematiker und Physiker auf verwandte, aber tieferliegende Fragestellungen. NEWTON berechnete in seinem Hauptwerk, den „Mathematischen Prinzipien der Naturlehre“ (1687), die Widerstände von Körpern, wie Zylinder oder Kugel, beim Fall in einem widerstrebenden Medium. Dabei suchte er denjenigen Rotationskörper zu finden, der beim Fall mit gleichbleibender Geschwindigkeit in Richtung der Achse den geringsten Widerstand bietet. Unter sonst unveränderten Bedingungen ist bei gleicher Länge und bei gleichem wirksamem Querschnitt die Begrenzungskurve des Achsenschnittes gesucht. Zwar kann man sicher sagen, daß der dem Rotationshyperboloid ähnelnde Körper (*a*) ungeeigneter ist als der aus Halbkugel und Kegel zusammengesetzte (*b*). Aber Newton und seine Zeitgenossen konnten als Lösung noch nicht den stromlinienförmigen Körper (*c*) angeben (Abb. 37-2).

Das Brachystochronen-Problem. Folgenreicher noch und berühmter war das 1696 von Johann BERNOULLI öffentlich gestellte Problem der *Brachystochrone*: Wenn zwei Punkte P_1 und P_2 gegeben sind,

die auf verschiedener Höhe, aber nicht untereinander, liegen, dann sollte unter allen möglichen Verbindungskurven, auf denen sich ein materieller Punkt unter dem Einfluß der Schwerkraft ohne Berücksichtigung der Reibung von P_1 nach P_2 bewegt, diejenige aufgefunden werden, für die die Zeit des Durchlaufens ein Minimum wird. Dieses Problem beschäftigte seinerzeit die führenden Mathematiker ganz Europas: NEWTON, LEIBNIZ, Jakob BERNOULLI, L'HOSPITAL, HUDDE, FATIO u. a. Von da an entwickelte sich die Variationsrechnung zu einer speziellen mathematischen Disziplin.
In einem passend gewählten Koordinatensystem sind zwischen den Punkten P_1 und P_2 einige solcher Verbindungskurven mit der Gleichung $y = y(x)$ als mögliche Fallkurven eingezeichnet (Abb. 37-3). Da in jedem Punkt dieser Kurven der Weg s, die Zeit t und die momentane Geschwindigkeit v durch die Beziehungen $v = \frac{\mathrm{d}s}{\mathrm{d}t}$ verknüpft sind, da die durch die Erdbeschleunigung g erhaltene Geschwindigkeit den Wert $v = \sqrt{2gy}$ hat und das Bogenelement $\mathrm{d}s$ schließlich die bekannte Funktion $\mathrm{d}s = \sqrt{1 + y'^2}\,\mathrm{d}x$ von y' und x ist, erhält man die zum Durchlaufen nötige Gesamtzeit T als ein bestimmtes Integral zwischen den Grenzen x_1 und x_2; aus

$$\mathrm{d}t = \mathrm{d}s/\sqrt{2gy} = (\sqrt{1 + y'^2}/\sqrt{2gy})\,\mathrm{d}x$$

folgt $$T = \frac{1}{\sqrt{2g}} \int_{x_1}^{x_2} \frac{\sqrt{1 + y'^2}}{\sqrt{y}}\,\mathrm{d}x.$$

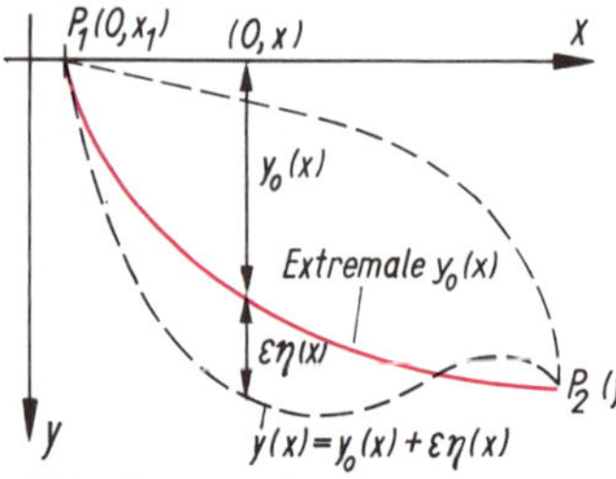

37-3 Zum Brachystochronen-Problem

Dieses Integral soll für eine *gesuchte Funktion* $y_0 = y_0(x)$ den kleinsten Wert haben, d. h., sein Wert ist für alle von y_0 verschiedenen Funktionen $y(x)$ größer. Nach den im folgenden gezeigten Methoden, insbesondere der Lösung der Eulerschen Differentialgleichung, erhält man mit α als Parameter und zwei Konstanten C_1 und C_2 als Lösung die *Zykloide*

$$x_0 = \pm(C_1/2)(\alpha - \sin\alpha) + C_2, \qquad y_0 = (C_1/2)(1 - \cos\alpha).$$

37.1. Variationsprobleme ohne Nebenbedingungen

Eulersche Differentialgleichung

Die Untersuchung der Brachystochrone hat auf das Problem geführt, eine Funktion $y(x)$ zu finden, für die das Integral über eine zweite Funktion $f(x, y, y')$ einen kleinsten oder größten Wert ergibt; die Funktion $f(x, y, y')$ ist durch die geometrischen, technischen oder physikalischen Gegebenheiten bestimmt und wird *Grundfunktion* genannt. Im Brachystochronen-Problem ist $f(x, y, y') = \sqrt{1 + y'^2}/\sqrt{y}$ die Grundfunktion. Kennzeichnet man die Forderung nach einem Extremwert durch ein Ausrufezeichen, so soll gelten

$$J = \int_{x_1}^{x_2} f(x, y, y')\,\mathrm{d}x = \text{Extremwert!}$$

Die Grundfunktion hängt ab von der unabhängigen Veränderlichen x, von der gesuchten Funktion $y(x)$ und von ihrer Ableitung $y'(x)$. Die gesuchte Funktion $y_0(x)$ wird *Extremale* genannt.

Das Grundproblem der Variationsrechnung ist eine Maxima- oder Minima-Aufgabe, jedoch von schwierigerer Art als in der Differentialrechnung. Es ist eine Funktion zu ermitteln, für die ein bestimmtes Integral einen größten oder kleinsten Wert annimmt.

Hatten NEWTON, die Brüder BERNOULLI u. a. nur mit Hilfe spezieller Kunstgriffe das Problem der Brachystochrone gelöst, so konnten EULER und LAGRANGE sowie WEIERSTRASS, OSTROGRADSKI, CARATHÉODORY u. a. im 19. und 20. Jh. ein stets zum Ziele führendes Verfahren entwickeln.
EULER gelang es, das Variationsproblem auf Differentialgleichungen zurückzuführen. Er ging davon aus, daß alle zur Konkurrenz zugelassenen Funktionen $y(x)$ sich in den Punkten P_1 und P_2 nicht von der gesuchten Extremalen $y_0(x)$ unterscheiden dürfen. Er dachte sich $y(x)$ stets zusammengesetzt aus der Extremalen $y_0(x)$ und einer Abänderungsfunktion $\varepsilon\eta(x)$. Dann soll $y(x) = y_0(x) + \varepsilon\eta(x)$ für den Wert $\varepsilon = 0$ des freien Parameters in die Extremale übergehen. Zugleich muß $\eta(x)$ für die Punkte P_1 und P_2, d. h. für die Werte x_1 und x_2, den Wert Null haben, d. h., es müssen die *Randbedingungen* $\eta(x_1) = \eta(x_2) = 0$ gelten. Für $y = y(x)$ wird das Integral J eine Funktion von ε:

$$J(\varepsilon) = \int_{x_1}^{x_2} f(x, y_0 + \varepsilon\eta, y_0' + \varepsilon\eta')\,\mathrm{d}x.$$

Diese Funktion $J(\varepsilon)$ hat für $\varepsilon = 0$ ein Extremum, deshalb muß nach den Regeln der Differentialrechnung ihre Ableitung für $\varepsilon = 0$ verschwinden. Da die Grenzen des Integrals fest sind, wird unter dem Integralzeichen nach ε differenziert:

$$J'(\varepsilon) = \int_{x_1}^{x_2} [f_y(x, y_0 + \varepsilon\eta, y_0' + \varepsilon\eta')\,\eta + f_{y'}(x, y_0 + \varepsilon\eta, y_0' + \varepsilon\eta')\,\eta']\,\mathrm{d}x.$$

Für jede zwischen x_1 und x_2 stetig differenzierbare Funktion $\eta(x)$, die an den Stellen x_1 und x_2 verschwindet, muß gelten

$$J'(0) = \int_{x_1}^{x_2} [f_y(x; y_0, y_0')\,\eta + f_{y'}(x, y_0, y_0')\,\eta']\,\mathrm{d}x = 0.$$

Durch partielle Integration, angewendet auf den zweiten Summanden, findet man

$$\int_{x_1}^{x_2} \left[f_y - \frac{\mathrm{d}}{\mathrm{d}x} f_{y'}\right] \eta(x)\,\mathrm{d}x + [f_{y'}\eta(x)]_{x_1}^{x_2} = 0.$$

Der rechte Summand verschwindet wegen der Randbedingungen. Die Beziehung

$$\int_{x_1}^{x_2} \left[f_y - \frac{\mathrm{d}}{\mathrm{d}x} f_{y'}\right] \eta(x)\,\mathrm{d}x = 0$$

ist aber für alle Funktionen $\eta(x)$ nur dann erfüllt, wenn die eckige Klammer identisch verschwindet, d. h., man erhält $f_y - \frac{\mathrm{d}}{\mathrm{d}x} f_{y'} = 0$ oder anders geschrieben $\frac{\partial f}{\partial y} - \frac{\mathrm{d}}{\mathrm{d}x}\frac{\partial f}{\partial y'} = 0$. Führt man die totale Differentiation nach x aus, so ergibt sich die berühmte Eulersche Differentialgleichung der Variationsrechnung.

Eulersche Differentialgleichung	$f_{y'y'}y'' + f_{yy'}y' + f_{xy'} - f_y = 0$

Sie stellt eine gewöhnliche Differentialgleichung zweiter Ordnung dar.

Die Forderung, daß ein bestimmtes Integral durch eine Funktion zum Extremwert gemacht wird, ist durch eine Differentialgleichung für diese Funktion ersetzt.

Die erste Variation. Die Änderungsfunktion wird nach einer von LAGRANGE (1755) eingeführten Bezeichnung die *Variation* δy *der Funktion* $y(x)$ genannt:

$$\delta y = \varepsilon\eta(x); \qquad y = y_0 + \delta y.$$

Da das Integral J für die Extremale ein Extremwert sein soll, kann die Differenz $\Delta J = J(y) - J(y_0)$ für ein Maximum nie positiv und für ein Minimum des Integrals nie negativ sein. Für beliebig kleine Werte von ε kann die Änderung des Integralwertes als Differential der Funktion $J(\varepsilon)$ für $\varepsilon = 0$ aufgefaßt werden. Man nennt das Produkt $J'(0)\,\varepsilon$ die erste Variation von J und bezeichnet es mit δJ:

$$\delta J = J'(0)\,\varepsilon = [f_{y'}\cdot\delta y]_{x_1}^{x_2} + \int_{x_1}^{x_2} \left(f_y - \frac{\mathrm{d}}{\mathrm{d}x} f_{y'}\right) \delta y\,\mathrm{d}x.$$

Die bei der Ableitung der Eulerschen Differentialgleichung gefundene notwendige Bedingung für die Existenz eines Extremwertes des Integrals läßt sich damit so aussprechen, daß die erste Variation verschwinden muß: $\delta J = 0$.

Erweiterungen. Die Grundfunktion $f(x, y, y')$ und damit das Integral J können anstatt von *einer* Funktion $y(x)$ von *mehreren* (endlich vielen) Funktionen $y_1(x), y_2(x), \ldots, y_n(x)$ und ihren Ableitungen abhängen. An Stelle einer Eulerschen Differentialgleichung ergibt sich dann ein System von n Differentialgleichungen. Bei einer Funktion $y(x)$ können andererseits in der Grundfunktion *höhere Ableitungen* von $y(x)$ auftreten, neben $y'(x)$ auch $y''(x), \ldots, y^{(n)}(x)$. Die Eulersche Differentialgleichung hat dann die Ordnung $2n$. Schließlich kann auch nach extremalen Eigenschaften von Flächen im Raum gefragt werden. Eine von einem geschlossenen, nicht ebenen Drahtbügel aufgespannte *Seifenblase* z. B. nimmt wegen der Oberflächenspannung stets die kleinste mögliche Fläche ein (vgl. Bildtafel 55). Solche Flächen minimalen Flächeninhalts werden *Minimalflächen* genannt. Das Integral J wird dann zum Doppelintegral, in der Grundfunktion sind x und y unabhängige Veränderliche, und gesucht wird die die Fläche bestimmende Funktion $z = z(x, y)$:

$$\iint_B f(x, y, z, z_x, z_y)\,\mathrm{d}x\,\mathrm{d}y = \text{Extremwert!}$$

Als Bedingung für das Auftreten eines Extremwertes erhält man die Ostrogradskische Differentialgleichung, eine partielle Differentialgleichung zweiter Ordnung.

Ostrogradskische Differentialgleichung	$f_z - \frac{\partial}{\partial x} f_{z_x} - \frac{\partial}{\partial y} f_{z_y} = 0$

Notwendige und hinreichende Bedingungen für das Eintreten eines Extremums

Unter der Voraussetzung, daß eine Extremale vorhanden ist, muß die erste Ableitung $J'(0)$ verschwinden und die Eulersche Differentialgleichung gelten. Eine solche Bedingung, die für jede Lösung erfüllt sein muß, nennt man eine *notwendige* Bedingung. Ob eine Lösung vorhanden ist, kann nach einer notwendigen Bedingung allein nicht entschieden werden. *Hinreichende* Bedingungen für die Existenz eines Extremwertes konnte WEIERSTRASS mit prinzipiell neuen Überlegungen finden. Darauf aber, sowie auf die Führung eines Existenzbeweises, der zeigt, daß überhaupt eine Lösung vorhanden ist, kann hier nicht eingegangen werden. In vielen Fällen begnügt man sich, nachträglich zu untersuchen, ob die Lösung der Eulerschen Differentialgleichung unter den gegebenen geometrischen, technischen oder physikalischen Bedingungen wirklich extremale Eigenschaften hat; z. B. zeigt die Anschauung, daß es zwischen zwei Punkten der Ebene keine kürzeste, aber nicht geradlinige Verbindungskurve gibt, da zu jeder Verbindungslinie eine kürzere denkbar ist, die Gerade aber nach Voraussetzung ausgeschlossen sein soll (Abb. 37-4).

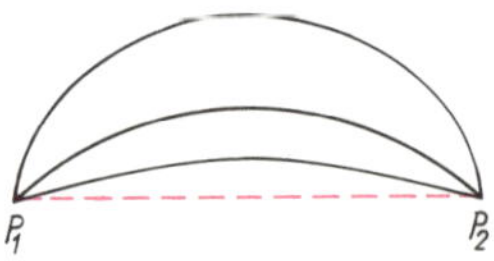

37-4 Zwischen zwei Punkten P_1 und P_2 gibt es keine kürzeste, nicht geradlinige Verbindungskurve

37.2. Variationsprobleme mit Nebenbedingungen

Häufig treten Variationsprobleme auf, in denen nicht nur das Integral $\int_{x_1}^{x_2} f(x, y, y')\,dx$ zu einem Extremwert gemacht werden soll, sondern noch zusätzliche Bedingungen erfüllt werden sollen. Solche Bedingungen nennt man *Nebenbedingungen.*

Isoperimetrisches Problem. Will man das Flächenstück $\int_{x_1}^{x_2} y\,dx$, $x_2 > x_1$ unter der gesuchten Kurve $y(x)$ zu einem Extremwert machen, so muß die Bogenlänge $\int_{x_1}^{x_2} \sqrt{1 + y'^2}\,dx = l$ vorgeschrieben sein, wobei l nicht kleiner als $x_2 - x_1$ sein darf, $l \geqslant x_2 - x_1$. Als Lösung dieser Aufgabe, mit einem gegebenen Umfang, der hier aus der Länge der Strecke $|P_1P_2|$ und l besteht (Abb. 37-5), eine möglichst große Fläche zu umschließen, ergibt sich der Kreisabschnitt.
Allgemein tritt beim isoperimetrischen Problem zu der Forderung $\int_{x_1}^{x_2} f(x, y, y')\,dx =$ Extremwert! noch eine *Nebenbedingung in Integralform* auf, die verlangt, daß das Integral einer von y und y' abhängigen Funktion $g(x, y, y')$ einen festen, vorgegebenen Wert a hat: $\int_{x_1}^{x_2} g(x, y, y')\,dx = a$.

Dieses *allgemeine isoperimetrische Problem* läßt sich mit der von LAGRANGE entwickelten *Methode der Multiplikatoren* auf ein Variationsproblem ohne Nebenbedingungen zurückführen. Man bildet aus den gegebenen Funktionen $f(x, y, y')$ und $g(x, y, y')$ mit einem konstanten Multiplikator λ die erweiterte Grundfunktion $h(x, y, y') = f(x, y, y') + \lambda g(x, y, y')$ und löst für sie die Eulersche Differentialgleichung:

$$h_y - \frac{d}{dx} h_{y'} = 0.$$

Im Beispiel der vorgegebenen Bogenlänge l hat man zu setzen

$$h(x, y, y') = y + \lambda\sqrt{1 + y'^2}$$

und erhält durch Integration der Eulerschen Differentialgleichung

$$(x - \xi)^2 + (y - \eta)^2 = \lambda^2,$$

d. h., die Extremalen sind tatsächlich Kreisbögen mit dem Radius $|\lambda|$.

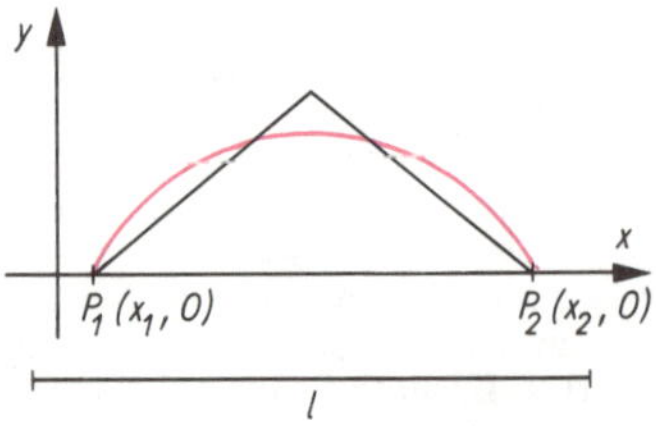

37-5 Die von der Strecke $|P_1P_2|$ und einer Kurve der vorgegebenen Länge l zwischen diesen Punkten umrandete Fläche ist am größten, wenn die Kurve ein Kreisbogen ist

Nebenbedingungen in Gleichungsform. Beim isoperimetrischen Problem wird, trotz der formal komplizierten äußeren Form, im Grunde nur eine Zahl, z. B. eine Länge, vorgeschrieben. Eine Nebenbedingung in Gleichungsform aber, die wohl einfacher aussieht, läßt für die gesuchten Extremalen viel mehr Möglichkeiten offen, z. B. den willkürlichen Verlauf der gesuchten Kurve auf einer Fläche. Wie viele Möglichkeiten hat man allein schon bei der Kugel, von einem Punkt zum anderen zu gelangen!

Die *geodätischen Linien* sind auf einer Fläche als die Kurven der kürzesten Verbindung zwischen zwei Punkten der Fläche zu bestimmen. Denkt man sich die Koordinaten der Flächenpunkte $x(t)$, $y(t)$, $z(t)$ abhängig von einem Parameter t und bezeichnet die Ableitungen nach ihm mit $\dot{x}, \dot{y}$ und $\dot{z}$, so ist die Bogenlänge durch das Integral $\int_{t_1}^{t_2} \sqrt{\dot{x}^2 + \dot{y}^2 + \dot{z}^2}\,\mathrm{d}t$ bestimmt und soll zu einem Minimum werden; zugleich aber muß garantiert sein, daß die Kurven wirklich auf der Fläche liegen; die Koordinaten x, y, z müssen die Gleichung $g(x, y, z) = g[x(t), y(t), z(t)] = 0$ der Fläche als Nebenbedingung erfüllen.

37.3. Minimalprinzipien der theoretischen Physik

Es war von den Mathematikern und Physikern schon relativ zeitig bemerkt worden, daß ein *Lichtstrahl* zwei Punkte des Raumes auf einem Wege verbindet, zu dessen Durchlaufen er eine kürzere Zeit braucht als auf jedem Nachbarweg. Wenn man dieses *Prinzip von Fermat* der geometrischen Optik zugrunde legt, lassen sich aus ihm deduktiv z. B. die Brechungs- und die Reflexionsgesetze herleiten.

Solche Minimalprinzipien wurden im 18. Jh. teleologisch gedeutet, ja DE MAUPERTUIS, damals Präsident der Berliner Akademie, versuchte sogar, aus seinem *Prinzip der kleinsten Wirkung* einen Gottesbeweis aufzubauen! Hatte VOLTAIRE in seiner Spottgeschichte vom Dr. Akakia (1752) MAUPERTUIS dem Gelächter Europas preisgegeben, so wurde auch der Sache nach der Teleologie der Garaus gemacht: Es stellte sich heraus, daß der Lichtweg gelegentlich auch zu einem Maximum der Zeit führen konnte und – was noch wesentlicher war – die Variationsprinzipien der Mechanik auf Differentialgleichungen zurückgeführt werden konnten, die nicht einmal mehr teleologisch klangen oder aussahen. Dieser Weg, der von LAGRANGE, GAUSS, HAMILTON und JACOBI beschritten wurde, sei unter Benutzung der heutigen Schreibweise der mathematischen Physik angedeutet.

Die *Bewegung eines Massepunktes*, z. B. im Schwerefeld der Erde oder eines geladenen Teilchens in elektrischen oder magnetischen Feldern, wird nicht nur durch seine durch äußere Kräfte bedingte augenblickliche Geschwindigkeit, sondern auch durch Potentiale bestimmt, hängt somit neben der *kinetischen Energie T* von der *potentiellen Energie U* ab. Nach LAGRANGE betrachtet man die *Lagrange-Funktion* $L = T - U$ als Funktion der Zeit t, der räumlichen Koordinaten x, y, z und ihrer Ableitungen $\dot{x}, \dot{y}, \dot{z}$. Hat man nicht einen einzelnen Massepunkt, sondern ein *System von N Massepunkten*, so ist L eine Funktion der Zeit t, von $3N$ Koordinaten und von $3N$ Geschwindigkeitskomponenten. Für verschiedene physikalische Probleme werden dabei verallgemeinerte Koordinaten, sogenannte *generalisierte Koordinaten* q_k, $k = 1, 2, \ldots, 3N$, eingeführt, so daß $L = L(t, q_k, \dot{q}_k)$, $k = 1, 2, \ldots, 3N$, eine Funktion dieser Koordinaten wird. Die Bewegung der Massepunkte ergibt sich aus den *Lagrangeschen Bewegungsgleichungen* II. Art

$$\frac{\partial L}{\partial q_k} - \frac{\mathrm{d}}{\mathrm{d}t}\frac{\partial L}{\partial \dot{q}_k} = 0, \qquad k = 1, 2, \ldots, 3N.$$

Diese Gleichungen lassen sich aus dem *Prinzip von Hamilton* ableiten. Unter allen denkbaren Bedingungen, die das System aus einem Zustand 1, den es zur Zeit t_1 innehatte, während des Zeitraumes $t_2 - t_1$ in einem bestimmten Zustand 2 überführen, ist das Integral $J = \int_{t_1}^{t_2} L(t, q_k, \dot{q}_k)\,\mathrm{d}t$ bei der wirklich eintretenden Bewegung am kleinsten. Dieses wichtigste Integralprinzip der klassischen Mechanik führt auf diese Weise auf ein Variationsproblem, und die zu ihm gehörigen Eulerschen Differentialgleichungen sind die Lagrangeschen Bewegungsgleichungen II. Art.

37.4. Direkte Verfahren

So elegant die skizzierten Methoden der Variationsrechnung auch wirken, so können sich der praktischen Durchrechnung doch erhebliche Schwierigkeiten in den Weg stellen. Insbesondere ist bei zahlreichen Problemen die exakte Lösung der Eulerschen Differentialgleichung schwierig oder überhaupt nicht möglich. Es sind darum *Näherungsverfahren* entwickelt worden, die, da sie die Eulersche Differentialgleichung umgehen, als direkte Verfahren der Variationsrechnung bezeichnet werden.

Das Verfahren von Ritz (1909). Bei $J = \int_{x_1}^{x_2} f(x, y, y')\,\mathrm{d}x =$ Extremwert! macht man für die gesuchte Funktion $y(x)$ den Näherungsansatz

$$y = c_1\varphi_1(x) + \cdots + c_n\varphi_n(x),$$

wobei die $\varphi_i(x)$ die Randbedingungen erfüllen müssen. Die Aufgabe besteht darin, die konstanten Koeffizienten c_i zu bestimmen. Man setzt y in J ein und erhält $J(c_1, \ldots, c_n) =$ Extremwert! Die c_i ergeben sich aus den notwendigen Bedingungen $\dfrac{\partial J}{\partial c_i} = 0$, $i = 1, \ldots, n$ für das Vorliegen eines Extremwertes.

Beispiel: Soll $\int_0^1 (y'^2 - y'' - 2xy)\,\mathrm{d}x =$ Extremwert! werden und die Lösung die Randbedingungen $y(0) = y(1) = 0$ erfüllen, so macht man z. B. den Ansatz $\varphi_1 = x(1-x)$ und $\varphi_2 = x^2(1-x)$. Dann erhält man die Näherungslösung $y = (7/41)\,x^3 - (8/369)\,x^2 + (71/369)\,x$. Zur Kontrolle findet man in diesem Beispiel über die Eulersche Differentialgleichung die Lösung $y = (\sin x/\sin 1) - x$. Die Unterschiede zwischen der exakten und der genäherten Lösung liegen nur in der Größenordnung von 10^{-4}.

38. Integralgleichungen

Eine zur Bestimmung einer Funktion dienende Gleichung heißt Integralgleichung, wenn die gesuchte Funktion im Integranden eines Integrals auftritt. Ein sehr einfaches Beispiel ist die Gleichung

(1) $$\int_a^s y(t)\,\mathrm{d}t = f(s) - f(a),\ a \leqslant s \leqslant b.$$

Die Funktion $f(s)$ ist vorgegeben, gesucht ist die Funktion $y(t)$. Offenbar ist die Lösung $y(t) = \dfrac{\mathrm{d}f(t)}{\mathrm{d}t}$.

Integralgleichungen ergeben sich häufig bei der mathematischen Behandlung physikalischer bzw. technischer Probleme; dazu gehören Aufgaben über elastische Verbiegungen und Schwingungen etwa im Brückenbau und über Wärmeausbreitungsvorgänge. Als Beispiel betrachte man eine eingespannte Saite von der Länge l, beschrieben durch das Intervall $0 \leqslant s \leqslant l$. An der Stelle mit der Koordinate t werde sie mit der Kraft 1 belastet; die ausgelenkte Saite sei durch die Funktion $E(s, t)$ dargestellt; in Abb. 38-1 a (gestrichelte Linie) ist z. B. die Auslenkungskurve $h(s) = E(s, 2/3)$ für $t = 2/3$ angegeben. Hat die Kraft die Größe y, so ist die Auslenkung $h(s) = E(s, t)\,y$ (durchgezogene Linie). Wirken zwei Kräfte y_1 und y_2 an den Stellen t_1 und t_2, so ergibt sich eine Gesamtauslenkung $h(s) = E(s, t_1)\,y_1 + E(s, t_2)\,y_2$, die sich in Abb. 38-1 b aus den einzelnen Auslenkungen $E(s, 1/4) \cdot 0{,}9$

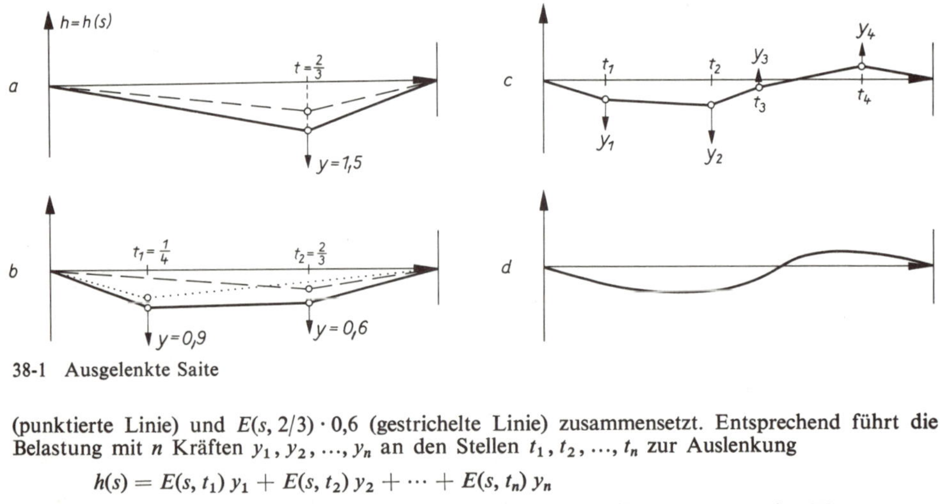

38-1 Ausgelenkte Saite

(punktierte Linie) und $E(s, 2/3) \cdot 0{,}6$ (gestrichelte Linie) zusammensetzt. Entsprechend führt die Belastung mit n Kräften $y_1, y_2, \ldots, y_n$ an den Stellen $t_1, t_2, \ldots, t_n$ zur Auslenkung

$$h(s) = E(s, t_1)\,y_1 + E(s, t_2)\,y_2 + \cdots + E(s, t_n)\,y_n$$

(Abb. 38-1 c). Insbesondere hat die Auslenkung beim k-ten Angriffspunkt $s = t_k$ den Wert

(2) $h_k = h(t_k) = E(t_k, t_1)\,y_1 + \cdots + E(t_k, t_n)\,y_n$ oder $h_k = \sum_{i=1}^{n} E(t_k, t_i)\,y_i \quad (k = 1, 2, \ldots, n)$.

Bei einer kontinuierlich über die ganze Saite verteilten Krafteinwirkung ergibt sich analog

(3) $$h(s) = \int_0^l E(s, t)\,y(t)\,\mathrm{d}t.$$

Die Funktion $y(t)$ ist die *Kraftdichte* oder *Kraft je Längeneinheit*, $y\,\mathrm{d}t$ also die auf das Längenelement $\mathrm{d}t$ wirkende differentielle Kraft; entsprechend geht das Summenzeichen von (2) in das Integral von (3) über. Die ausgelenkte Saite bildet eine „glatte" Kurve $h = h(s)$ (Abb. 38-1 d).

Ist umgekehrt die Form der ausgelenkten Saite, d. h. die Funktion $h(s)$, bekannt und soll die Belastung $y(t)$ der Saite gefunden werden, so wird die Beziehung (3) zu einer *linearen Integralgleichung erster Art* für die gesuchte Funktion $y(t)$. Die Funktion zweier Variabler $E(s, t)$ heißt *Kern* der Integralgleichung.

Zur *Lösung der Integralgleichung* kann man den umgekehrten Weg einschlagen: Die Gleichung (3) wird durch die Gleichung (2), d. h. das Integral durch eine endliche Summe mit gewünschter Genauigkeit angenähert, indem man sich die Kraftdichte $y(t)$ durch hinreichend viele Einzelkräfte y_i ersetzt denkt. Die Berechnung der y_i in (2) ist aber nichts anderes als die *Auflösung eines linearen Gleichungssystems* von n Gleichungen mit n Unbekannten y_i.

In der Tat hat die Theorie der linearen Integralgleichungen vieles mit der der linearen Gleichungssysteme gemein; man könnte die Integralgleichungen als *lineare Gleichungen* mit *unendlich vielen Unbekannten* auffassen. Diese Zusammenhänge benutzte FREDHOLM, als er (um 1900) die erste allgemeine Theorie aufstellte. Allerdings betrachtete er einen etwas anderen Typ, die sogenannten *linearen Integralgleichungen zweiter Art* oder *Fredholmschen Integralgleichungen.* Diese treten häufig auf, wenn auch meist nur mittelbar als Ergebnis der Umformung von Differentialgleichungen; z. B. wird die erzwungene harmonische Schwingung einer Saite durch ein Randwertproblem für eine Differentialgleichung 2. Ordnung beschrieben:

(4) $$y'' + \lambda y = f(s), \quad y(0) = y(l) = 0.$$

Gesucht ist die Auslenkung $y = y(s)$ der Saite an der Stelle s in einer bestimmten Phase der Schwingung (*Schwingungsform*); die Konstante λ ist durch die *Schwingungsfrequenz*, die Funktion $f(s)$ durch die mit gleicher Frequenz und in derselben Phase *einwirkende äußere Kraft* gegeben. Zur Umformung setzt man in die Taylorentwicklung $y(s) = y(0) + sy'(0) + \int_0^s (s - t)\,y''(t)\,\mathrm{d}t$ für y'' nach (4) $f(t) - \lambda y(t)$ ein. Indem man diese Entwicklung speziell für $s = l$ aufschreibt und die Randbedingungen $y(0) = y(l) = 0$ benutzt, läßt sich $y'(0)$ eliminieren; man erhält die Gleichung

(5) $$y(s) - \lambda \int_0^l K(s, t)\,y(t)\,\mathrm{d}t = h(s),$$

eine *lineare Integralgleichung zweiter Art für* $y(s)$. Der *Kern* K gleicht etwa der obigen *Einflußfunktion* $E(s, t)$; $h(s)$ berechnet sich aus $f(s)$ und ist insbesondere identisch Null, wenn keine äußeren Kräfte wirken ($f = 0$: *freie Schwingung*). Zusätzliche Randbedingungen treten nicht mehr auf.

Die Integralgleichungen zweiter Art sind besonders gut erforscht, vor allem durch die Arbeiten von Erhard SCHMIDT. Auf einige wichtige Eigenschaften dieses Gleichungstyps soll nun eingegangen werden.

Fredholmsche Alternative. Bei einer linearen Integralgleichung zweiter Art existiert entweder zu jeder auf der rechten Seite vorgegebenen Funktion $h(s)$ eine eindeutig bestimmte Lösung $y(s)$, oder es gibt nur zu gewissen rechten Seiten Lösungen, dann aber jeweils unendlich viele.

Entscheidend dafür ist, ob die zu (5) gehörige *homogene* Gleichung

(6) $$\bar{y}(s) - \lambda \int_0^l K(s, t)\,\bar{y}(t)\,\mathrm{d}t = 0$$

nur die *triviale Lösung* $\bar{y} = 0$ oder nichttriviale, sogenannte *Nullösungen* $\bar{y}(s)$ hat. Der erste Fall $\bar{y} \equiv 0$ bedeutet im behandelten Beispiel physikalisch, daß keine *Eigenschwingungen* genannten *freien Schwingungen* der durch λ bestimmten Frequenz möglich sind. Es gibt dann stets eine wohlbestimmte Schwingungsform, wie auch die äußeren Kräfte verteilt sind. Im zweiten Fall vorhandener Nullösungen dagegen existieren Eigenschwingungen. Zu einer vorgelegten Kraftverteilung $h(s)$ kann es dann zwar eine Schwingung $y(s)$ der Saite geben, jedoch läßt sich diese noch zusätzlich mit einer *beliebigen Eigenschwingung* $\bar{y}(s)$ überlagern: $y(s) + \bar{y}(s)$ ist ebenfalls Lösung der Aufgabe. Es braucht aber auch gar keine Lösung zu geben; dieser Fall liegt physikalisch gesehen dann vor, wenn die einwirkende Kraft gerade so gewählt ist, daß sie eine *Eigenschwingung „aufschaukelt"* (*Resonanz*) und theoretisch zu unendlich großen Auslenkungen der Saite führt.

Eigenwerte. Im allgemeinen sind diejenigen Parameterwerte λ, für die (6) nichttriviale Lösungen hat, relativ seltene Ausnahmen. Man nennt sie Eigenwerte, die zugehörigen Nullösungen auch *Eigenlösungen* oder *-funktionen*; z. B. sind bei der Saitenschwingung die Eigenwerte die Zahlen $\lambda_n = (\pi^2/l^2) n^2$ für $n = 1, 2, \ldots$ und die zugehörigen Eigenfunktionen $\bar{y}_n = \sin(\sqrt{\lambda_n} \cdot s)$. Eigenwerte und Eigenfunktionen spielen in Theorie und Praxis der Integralgleichungen eine bedeutende Rolle; z. B. sind Reihenentwicklungen gegebener Funktionen nach Eigenfunktionen wichtige Hilfsmittel zur Lösung von Differential- und Integralgleichungen; die bekannten Fourierreihen gehören hierzu.

Resolvente. Ist (5) eindeutig lösbar, so läßt sich die Lösung $y(s)$ mit Hilfe des *lösenden Kerns* oder der *Resolvente* $\Gamma(s, t)$ darstellen:

(7) $$h(s) + \lambda \int_0^l \Gamma(s, t)\, h(t)\, dt = y(s).$$

Für genügend kleines λ läßt sich die Resolvente durch ein *Iterationsverfahren* berechnen. Zu dem Zweck setzt man in (5) für $y(t)$ unter dem Integral den von (5) selbst gelieferten Wert $h(t) + \lambda \int_0^l K(t, r)\, y(r)\, dr$ ein; es ergibt sich eine Gleichung der Art $y(s) - \lambda^2 \int_0^l K_2(s, r)\, y(r)\, dr = h(s) + \lambda \int_0^l K(s, t)\, h(t)\, dt$. In ihr wird wiederum das y unter dem Integral durch den genannten Ausdruck ersetzt usw.; schließlich läßt der Vergleich mit (7) die Entwicklung

(8) $$\Gamma(s, t) = K(s, t) + \lambda K_2(s, t) + \lambda^2 K_3(s, t) + \cdots$$

erkennen, die sogenannte *Neumannsche Reihe*. Die *iterierten Kerne* $K_2, K_3, \ldots$ berechnen sich aus K durch mehrfache Integrationen.

Andere Gleichungstypen. Außer den Gleichungen (3) und (5) gibt es noch *lineare Integralgleichungen dritter Art*:

(9) $$g(s)\, y(s) - \lambda \int_0^l K(s, t)\, y(t)\, dt = h(s),$$

in denen $g(s)$ und $h(s)$ vorgegebene Funktionen sind. Die Integralgleichungen erster und zweiter Art sind Spezialfälle dieses Typs; sie ergeben sich aus (9), wenn $g(s)$ eine Konstante ist.
Ferner gibt es das umfangreiche Gebiet der *nichtlinearen* Integralgleichungen. Hier existiert noch keine allgemeine Theorie. In diesen Gleichungen kommt die gesuchte Funktion y unter dem Integral nicht als Faktor von $K(s, t)$ vor, sondern in ganz allgemeiner – und meist komplizierter – Weise. So ist etwa

(10) $$y(s) - \int_0^l g(s, t)\, [y(t)]^2\, dt = h(s)$$

eine nichtlineare Integralgleichung.

39. Funktionalanalysis

Die Funktionalanalysis hat sich im wesentlichen in den letzten 60 Jahren entwickelt. Ihre Anfänge lagen in der Erkenntnis, daß die verschiedenartigsten *mathematischen Operationen*, von den Grundrechenarten bis zur Differentiation und Integration, auffallend viele gemeinsame Züge haben und daß die den Operationen unterworfenen *mathematischen Objekte* im Verhalten gegenüber den Operationen gleiche oder ähnliche Eigenschaften aufweisen, obwohl sie aus ganz verschiedenen Bereichen der Mathematik stammen; dieselben Rechenregeln der Addition gelten für die Addition von Winkeln, von Zahlen, von Vektoren u. a. In diesem Sinne bildete die Funktionalanalysis ursprünglich einen Querschnitt durch bestimmte Bereiche der Analysis, z. B. durch die Theorie der Integralgleichungen (vgl. Kap. 38.), der Variationsrechnung (vgl. Kap. 37.) und der Algebra (vgl. Kap. 16. und 17.).
Das Suchen und Erfassen solcher *tiefliegenden Gemeinsamkeiten*, das Streben nach möglichst allgemeinen, von den speziellen mathematischen Objekten unabhängigen Aussagen, die nur von den

abstrakten Zusammenhängen bestimmt werden, haben zu zahlreichen neuen Begriffsbildungen geführt, die zur Grundlage der Funktionalanalysis geworden sind und häufig in der modernen Mathematik verwendet werden.

39.1. Abstrakte Räume

Abweichend vom Sprachgebrauch des täglichen Lebens hat der Begriff *Raum* in der Funktionalanalysis keine unmittelbaren Beziehungen zur Geometrie oder gar zu dem Raum unserer Erfahrung. Wegen gewisser Ähnlichkeiten zur Geometrie, insbesondere zur analytischen Geometrie und zur linearen Algebra (vgl. Kap. 17.3.), wurde das Wort Raum auf funktionalanalytische Objekte übertragen. Ähnlich sind auch andere Begriffe, wie *Abstand* oder *Länge*, dem Wortschatz der analytischen Geometrie entnommen worden, haben aber ihre ursprüngliche geometrische Bedeutung verloren.

Begriff des abstrakten Raumes. In der Funktionalanalysis bezeichnet man eine Menge von Elementen als einen abstrakten *Raum*, wenn innerhalb der Menge ein Grenzübergang erklärt ist, wenn die Aussage »*eine Folge* $x_1, x_2, x_3, \ldots$ *von Elementen des Raumes strebt gegen ein Grenzelement* $x = \lim\limits_{n\to\infty} x_n$« einen wohldefinierten Sinn hat.

Beispiel 1: Die Elemente *des k-dimensionalen euklidischen Raumes*, der mit R^k bezeichnet wird, sind die geordneten k-Tupel von reellen Zahlen $x = (\xi_1, \xi_2, \ldots, \xi_k)$, $y = (\eta_1, \eta_2, \ldots, \eta_k)$. Eine Folge von Elementen $x_n = (\xi_1^{(n)}, \xi_2^{(n)}, \ldots, \xi_k^{(n)})$, $n = 1, 2, \ldots$, strebt gegen das Element $x = (\xi_1, \xi_2, \ldots, \xi_k)$, wenn jede Zahlenfolge $\xi_i^{(n)}$ für $n \to \infty$ gegen das entsprechende ξ_i strebt; i steht hierbei als Vertreter der Indizes $1, 2, \ldots, k$. Hat der euklidische Raum die Dimension $k = 3$, so besteht danach R^3 aus der Gesamtheit aller Tripel $x = (\xi_1, \xi_2, \xi_3)$ von reellen Zahlen. Die ξ_1, ξ_2, ξ_3 können dann aufgefaßt werden als Koordinaten und x als Punkt im Sinne der analytischen Geometrie des Raumes.

Beispiel 2: Der Raum der Polynome höchstens m-ten Grades von einer Veränderlichen t hat die Elemente $x = x(t) = \alpha_0 + \alpha_1 t + \alpha_2 t^2 + \cdots + \alpha_m t^m$, wobei die Koeffizienten $\alpha_0, \alpha_1, \ldots, \alpha_m$ komplexe Zahlen bedeuten. Die Menge dieser Polynome stellt einen Raum dar, wenn in ihr ein Grenzbegriff erklärt ist. Das Polynom $x(t)$ ist durch die Angabe des Funktionswerts und der Werte der ersten m Ableitungen an einer Stelle $t = t_0$ eindeutig nach der Taylorschen Formel festgelegt:

$$x(t) = x(t_0) + x'(t_0)(t - t_0) + [x''(t_0)/2!](t - t_0)^2 + \cdots + [x^{(m)}(t_0)/m!](t - t_0)^m.$$

Man definiert deshalb: Eine Folge von Polynomen $x_n = x_n(t)$ heißt *konvergent gegen das Polynom* $x = x(t)$, wenn die Funktionswerte von x_n und ihren Ableitungen an der Stelle $t = t_0$ einzeln gegen den Funktionswert $x(t_0)$ und die Ableitungswerte $x'(t_0), \ldots, x^{(m)}(t_0)$ konvergieren, d. h., wenn gilt

$$\lim_{n\to\infty} x_n(t_0) = x(t_0),\ \lim_{n\to\infty} x_n'(t_0) = x'(t_0), \ldots, \lim_{n\to\infty} x_n^{(m)}(t_0) = x^{(m)}(t_0).$$

Lineare Räume. In linearen Räumen müssen eine *Multiplikation* der Elemente $x, y, z \ldots$ mit reellen bzw. komplexen Zahlen λ, μ und eine Addition von je zwei Elementen des Raumes erklärt sein. Jeder Zahl λ und jedem Element x des Raumes ist dann eindeutig ein mit λx bezeichnetes Element und ebenso jedem Elementenpaar (x, y) eindeutig ein mit $x + y$ bezeichnetes Element des Raumes zugeordnet. Es ist jedoch vollkommen unbestimmt gelassen, wie diese Multiplikation und Addition speziell aussehen; sie müssen lediglich die folgenden Bedingungen erfüllen:

Bedingungen für **Multiplikation und Addition in linearen Räumen:**

(1) $\lambda(\mu x) = (\lambda\mu) x$, (2) $1 \cdot x = x$, (3) $(\lambda + \mu) x = \lambda x + \mu x$, (4) $x + y = y + x$,
(5) $(x + y) + z = x + (y + z)$, (6) $\lambda(x + y) = \lambda x + \lambda y$.
(7) Es gibt ein **Nullelement** O, für das stets $0 \cdot x = 0 \cdot y = O$ (mit der reellen Zahl 0) gilt.

Ferner müssen Addition und Multiplikation **stetige Operationen** sein, d. h. die weiteren Bedingungen erfüllen:

(8) Aus $\lim\limits_{n\to\infty} x_n = x$ und $\lim\limits_{n\to\infty} y_n = y$ folgt $\lim\limits_{n\to\infty} (x_n + y_n) = x + y$.
(9) Aus $\lim\limits_{n\to\infty} \lambda_n = \lambda$ und $\lim\limits_{n\to\infty} x_n = x$ folgt $\lim\limits_{n\to\infty} \lambda_n x_n = \lambda x$.

Beispiele, in denen alle Axiome erfüllt sind. *3:* Der k-dimensionale euklidische Raum R^k wird zu einem linearen Raum, indem man die Multiplikation durch $\lambda x = \lambda(\xi_1, \xi_2, \ldots, \xi_k) = (\lambda\xi_1, \lambda\xi_2, \ldots, \lambda\xi_k)$ und die Addition zweier Elemente $x = (\xi_1, \xi_2, \ldots, \xi_k)$ und $y = (\eta_1, \eta_2, \ldots, \eta_k)$ durch $x + y = (\xi_1 + \eta_1, \xi_2 + \eta_2, \ldots, \xi_k + \eta_k)$ definiert. Das Nullelement ist $O = (0, 0, \ldots, 0)$.

4: Der Raum der Polynome wird durch die Festsetzungen $\lambda x = \lambda\alpha_0 + \lambda\alpha_1 t + \cdots + \lambda\alpha_m t^m$ und $x + y = x(t) + y(t) = (\alpha_0 + \beta_0) + (\alpha_1 + \beta_1)\, t + \cdots + (\alpha_m + \beta_m)\, t^m$ zu einem linearen Raum. Das Nullelement ist das Polynom $O = O(t) \equiv 0$.

Der Begriff der Metrik und des metrischen Raumes. Zwei Punkte P und Q des geometrischen dreidimensionalen Raumes haben, falls sie nicht zusammenfallen, einen gewissen, von Null verschiedenen Abstand voneinander; dieser Abstand wird durch die Länge $|PQ|$ der Verbindungsstrecke von P und Q gemessen. Der Abstand zwischen P und Q ist gleich dem Abstand zwischen Q und P, d. h., $|PQ| = |QP|$. Es ist $|PQ| > 0$, falls $P \neq Q$. Nimmt man noch einen dritten Punkt R, der nicht auf der durch P und Q laufenden Geraden liegt, hinzu, so erhält man ein Dreieck PQR. Nach einem elementargeometrischen Satz ist die Länge einer beliebigen Dreiecksseite, etwa von PQ, stets kleiner als die Summe der Längen der beiden anderen Dreiecksseiten PR und QR, d. h. $|PQ| < |PR| + |QR|$. Man nennt diese Beziehung *Dreiecksungleichung*. In der Form $|PQ| \leqslant |PR| + |QR|$ gilt diese Beziehung uneingeschränkt auch in den Fällen, in denen P, Q und R kein eigentliches Dreieck mehr bilden, sondern auf einer Geraden liegen (Abb. 39-1).
Auch in der Analysis ist man häufig genötigt, zwischen den betrachteten Elementen $x, y, z \ldots$ bildlich gesprochen *Abstände* zu messen, zu entscheiden, ob sich zwei Elemente x, y in „großer" oder „kleiner" Entfernung voneinander befinden. Um Abstände zu messen, muß eine *Abstandsfunktion*, eine für alle Elementepaare x, y definierte reelle Zahlenfunktion $d(x, y) \geqslant 0$, eine sogenannte *Metrik*, erklärt sein.

Axiome jeder Metrik:
(1) $d(x, y) = d(y, x)$,
(2) $d(x, y) = 0$ genau dann, wenn $x = y$,
(3) $d(x, y) \leqslant d(x, z) + d(z, y)$ (*Dreiecksungleichung*)

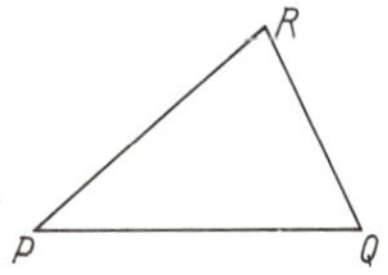

39-1 Zur Dreiecksungleichung

Dabei bleibt zunächst vollkommen offen, welche analytische Gestalt die Abstandsfunktion hat. Ein Raum, für dessen Elementepaare eine Abstandsfunktion erklärt ist, heißt *metrischer Raum*. Der für einen abstrakten Raum vorausgesetzte Grenzübergang $\lim\limits_{n\to\infty} x_n = x$ wird dabei durch $\lim\limits_{n\to\infty} d(x, x_n) = 0$ definiert.

Beispiele für Metriken im k-dimensionalen euklidischen Raum.

5: $d(x, y) = \sqrt{\sum\limits_{i=1}^{k} (\xi_i - \eta_i)^2}$ in Verallgemeinerung der Formel für die Länge in der analytischen Geometrie;

6: $d(x, y) = \max\limits_{i=1,\ldots,k} |\xi_i - \eta_i|$. *7:* $d(x, y) = \sum\limits_{i=1}^{k} |\xi_i - \eta_i|$.

Für jede dieser Metriken ist zu zeigen, daß sie die angegebenen drei Axiome erfüllt. Dies ist recht leicht; nur für Beispiel *5* fällt es verhältnismäßig schwer, die Gültigkeit der Dreiecksungleichung zu beweisen.

Der normierte Raum. Bekanntlich wird jeder komplexen Zahl $\zeta = \xi + i\eta$ die nichtnegative reelle Zahl $|\zeta| = \sqrt{\xi^2 + \eta^2}$ als *absoluter Betrag* oder *Norm von* ζ zugeordnet. Bei der Beschäftigung mit Funktionen, Vektoren, Matrizen u. a. wird oft schon durch die Aufgabenstellung nahegelegt, den betrachteten Objekten ebenfalls eine nichtnegative reelle Zahl als Maß für ihre „Größe" zuzuordnen. Man nennt eine solche, den Elementen $x, y, \ldots$ eines Raumes zugeordnete Maßzahl *Norm* und schreibt dafür $\|x\|, \|y\|, \ldots$ wenn sie die folgenden Eigenschaften hat.

Eigenschaften der Norm: (1) $\|x\| > 0$ für $x \neq O$, $\|O\| = 0$; (2) $\|\lambda x\| = |\lambda| \cdot \|x\|$, wenn λ eine beliebige reelle oder komplexe Zahl ist; (3) $\|x + y\| \leqslant \|y\| + \|y\|$ (*Dreiecksungleichung*).

Diese Eigenschaften sind z. B. für den absoluten Betrag oder die Norm einer komplexen Zahl erfüllt. Ein Raum, dessen Elementen eine Norm zugeordnet ist, heißt *normierter Raum*.

Aus der Norm kann eine Metrik abgeleitet werden, indem man die Norm der Differenz zweier Elemente x, y als Abstandsfunktion $d(x, y) = \|x - y\|$ erklärt.

Im k-dimensionalen euklidischen Raum R^k haben die folgenden Normen alle geforderten Eigenschaften:

$$1.\ \|x\| = \sqrt{\sum_{i=1}^{k} \xi_i^2}\,; \qquad 2.\ \|x\| = \max_{i=1,\ldots,k} |\xi_i|; \qquad 3.\ \|x\| = \sum_{i=1}^{k} |\xi_i|.$$

Aus ihnen ergeben sich die in den Beispielen *5.*, *6.*, *7.* erwähnten Metriken des R^k. Dabei hängt es oft von der Zielstellung der Untersuchung ab, welche Normdefinition man für einen bestimmten Raum zweckmäßig verwendet.

Vollständige metrische Räume. Wenn eine Folge $x_1, x_2, \ldots$ von Elementen eines metrischen Raumes X gegen ein Element x konvergiert, so bilden die Abstände $d(x_1, x)$, $d(x_2, x)$, ... eine Nullfolge. Nach der Dreiecksungleichung streben dann auch die Abstände $d(x_i, x_k)$ von zwei beliebigen Folgeelementen x_i, x_k mit wachsenden Indizes i und k gegen Null; sie bilden eine Cauchy-Folge.

Eine Folge $\{x_n\}$ heißt Cauchy-Folge, wenn sich zu jeder positiven Zahl ε ein Index $n(\varepsilon)$ so angeben läßt, daß für alle Indizes $i, k \geqslant n(\varepsilon)$ stets $d(x_i, x_k) \leqslant \varepsilon$ ausfällt.

Jede konvergente Folge ist eine Cauchy-Folge, aber nicht jede Cauchy-Folge muß eine konvergente Folge sein. Räume, in denen zu jeder Cauchy-Folge $\{x_n\}$ ein Grenzelement x der x_n angegeben werden kann, werden *vollständig* genannt, und vollständige, lineare, normierte Räume heißen *Banach-Räume* nach BANACH, der zu den Begründern der Funktionalanalysis zählt. Sämtliche endlichdimensionalen Räume, z. B. der Raum der Polynome höchstens m-ten Grades, sind vollständig. Der Raum $L_2(a, b)$ (vgl. Hilbert-Räume) ist ebenfalls vollständig. Von einem Raum mit Skalarprodukt setzt man im allgemeinen die Vollständigkeit voraus, bevor man ihn als Hilbert-Raum bezeichnet.

Hilbert-Räume. Diese nach HILBERT benannten Räume sind wichtige Spezialfälle linearer, normierter Räume. In ihnen ist für alle Elementepaare x, y eine komplexwertige Zahlenfunktion (x, y), ein *Skalarprodukt*, erklärt, das die folgenden Eigenschaften hat (Überstreichen bedeutet den Übergang zur konjugiert-komplexen Zahl):

(1) $(x, y) = \overline{(y, x)}$;
(2) $(\lambda x, y) = \lambda(x, y)$, λ eine beliebige komplexe Zahl;
(3) $(x, x) \geqslant 0$ und genau dann gleich 0, wenn $x = 0$;
(4) $(x + y, z) = (x, z) + (y, z)$.

Der Raum wird *normiert*, indem man nach der Gleichung $\|x\| = \sqrt{(x, x)}$ mit Hilfe des Skalarproduktes eine Norm einführt, denn (x, x) ist wegen (1) eine reelle Zahl.

Beispiele für Hilbert-Räume. 8: Der Raum C^k der komplexen k-Tupel mit dem Skalarprodukt $(x, y) = \sum_{i=1}^{k} \xi_i \eta_i$ und der dazugehörigen Norm $\|x\| = \sqrt{\sum_{i=1}^{k} |\xi_i|^2}$ (ξ_i, η_i komplex).

9: Der Raum $L_2(a, b)$. Seine Elemente werden von den komplexwertigen, in $a \leqslant t \leqslant b$ erklärten Funktionen $x = x(t)$ gebildet, für die das Integral $\int_a^b |x(t)|^2 \, dt$ existiert. Alle geforderten Eigenschaften des Skalarproduktes werden durch die Definition $(x, y) = \int_a^b x(t) \overline{y(t)} \, dt$ erfüllt.

Beispiel für funktionalanalytische Überlegungen. Der durch funktionalanalytische Begriffe mögliche Erkenntnisgewinn zeigt sich an einigen Folgerungen aus der *Schwarzschen Ungleichung*.

Schwarzsche Ungleichung	In einem Hilbert-Raum besteht die Ungleichung $\lvert(x, y)\rvert \leqslant \|x\| \cdot \|y\|$

Der Beweis benutzt zunächst die dritte Eigenschaft des Skalarprodukts, nach der $(x+\lambda y, x+\lambda y) \geqslant 0$ ist für jede beliebige komplexe Zahl λ. Nach den anderen Eigenschaften erhält man

$$(x + \lambda y, x + \lambda y) = (x, x + \lambda y) + \lambda(y, x + \lambda y) = \overline{(x + \lambda y, x)} + \lambda\overline{(x + \lambda y, y)}$$
$$= \overline{(x, x)} + \lambda\overline{(y, x)} + \lambda\overline{(x, y)} + \lambda\bar{\lambda} \cdot \overline{(y, y)} = (x, x) + \bar{\lambda}(x, y) + \lambda(y, x) + \lambda\bar{\lambda}(y, y) \geqslant 0.$$

Dies gilt insbesondere auch für $\lambda = -\dfrac{(x, y)}{(y, y)}$, also $\bar{\lambda} = -\dfrac{\overline{(x, y)}}{\overline{(y, y)}} = -\dfrac{\overline{(x, y)}}{(y, y)}$; mithin auch

$$(x, x) - \frac{\overline{(x, y)}\,(x, y)}{(y, y)} - \frac{(x, y)\,(y, x)}{(y, y)} + \frac{(x, y)\,\overline{(x, y)}}{(y, y)} \geqslant 0.$$

Hieraus folgt $(x, y)\,(y, x) \leq (x, x)\,(y, y)$, und unter Beachtung von $(y, x) = \overline{(x, y)}$ und $(x, y)\,\overline{(x, y)} = |(x, y)|^2$ sowie der Norm-Definition erhält man schließlich $|(x, y)|^2 \leq \|x\|^2 \|y\|^2$, mithin $|(x, y)| \leq \|x\| \|y\|$.
Der Nutzen dieser allgemeinen Aussage besteht in folgendem: Genügt eine Funktion, die jedem geordneten Paar (x, y) von Elementen x, y eines Hilbert-Raumes eine komplexe Zahl zuordnet, den Bedingungen für ein Skalarprodukt, so gelten in diesem Raum die Ungleichung von Schwarz und mit jener weitere, daraus folgende Ungleichungen:

$$\left|\sum_{i=1}^{k} \xi_i \eta_i\right| \leqslant \sqrt{\sum_{i=1}^{k} \xi_i^2} \cdot \sqrt{\sum_{i=1}^{k} \eta_i^2} \quad \text{für den Raum } R^k \quad \text{und}$$

$$\left|\int_a^b x(t) \cdot \overline{y(t)} \, dt\right| \leqslant \sqrt{\int_a^b |x(t)|^2 \, dt} \cdot \sqrt{\int_a^b |y(t)|^2 \, dt} \quad \text{für den Raum } L_2(a, b).$$

Dies sind Beziehungen, die neben einer Reihe ähnlicher Formeln schon vorher, und zwar für die einzelnen Räume getrennt voneinander von CAUCHY, BUNJAKOWSKI, SCHWARZ u. a. gefunden worden sind. Durch die Einführung funktionalanalytischer Begriffe wird auf diese Weise der verschiedenen Bereichen der Analysis gemeinsame wesentliche Sachverhalt aufgedeckt und herausgearbeitet.
Ähnlich ergeben sich viele schon früher gefundene Beziehungen ganz einfach als Deutungen eines Satzes der Funktionalanalysis; z. B. folgt aus der *Schwarzschen Ungleichung* die Gültigkeit der Dreiecksungleichung für Normen.
Wegen $\|x\| = \sqrt{(x, x)}$ ist nämlich $\|x + y\|^2 = (x + y, x + y) = (x, x) + (x, y) + (y, x) + (y, y) \leqslant \|x\|^2 + \|y\|^2 + |(x, y)| + |(y, x)| \leqslant \|x\|^2 + \|y\|^2 + 2\|x\| \cdot \|y\| = (\|x\| + \|y\|)^2$, womit die Behauptung bewiesen ist.
Für die Räume R^k und $L_2(a, b)$ ergeben sich daraus die schon früher bekannte Cauchysche und die Minkowskische Ungleichung.

Cauchysche Ungleichung	$\sqrt{\sum_{i=1}^{k} (\xi_i + \eta_i)^2} \leqslant \sqrt{\sum_{i=1}^{k} \xi_i^2} + \sqrt{\sum_{i=1}^{k} \eta_i^2}$
Minkowskische Ungleichung	$\sqrt{\int_a^b \lvert x(t) + y(t)\rvert^2 \, dt} \leqslant \sqrt{\int_a^b \lvert x(t)\rvert^2 \, dt} + \sqrt{\int_a^b \lvert y(t)\rvert^2 \, dt}$

39.2. Operatoren

Während durch den Raumbegriff im wesentlichen nur eine Typisierung der mathematischen Untersuchungsobjekte vorgenommen wird, charakterisiert ein Operator eine bestimmte mathematische Operation, die mit den Elementen des Raumes ausgeführt werden kann. Fast jede mathematische Operation kann als eine durch *eine bestimmte Rechenvorschrift festgelegte Zuordnung* aufgefaßt werden, *die jedes Element x eines abstrakten Raumes X eindeutig auf ein Element y* eines u. U. von X verschiedenen Raumes *Y abbildet*. Die Zuordnung wird auch als *Abbildung von X in Y* bezeichnet, die Zuordnungsvorschrift als *Operator A, B, ...* oder F; die Zuordnung wird in der Form $y = Ax$ oder $y = A(x)$ beschrieben (Abb. 39-2).

Die reellen Funktionen F einer reellen Veränderlichen x sind spezielle Operatoren; sie bilden den Raum der reellen Zahlen R^1 *oder einen Teilraum X desselben in* $Y = R^1$ *ab.*

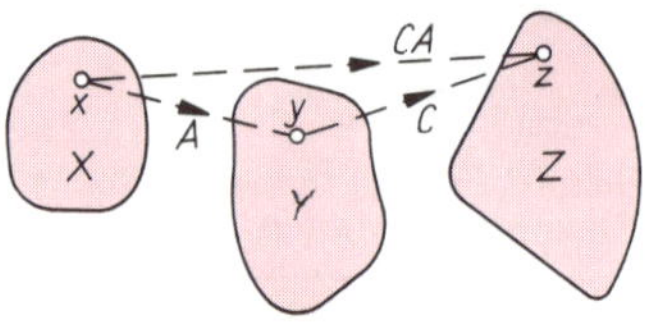

39-2 Veranschaulichung eines Operators, Abbildung von X in Y durch A, von Y in Z durch C

Wird jedem Polynom $x(t)$ des Raumes X der Polynome höchstens m-ten Grades das Polynom

$$y = Ax = x''(t) - 3x'(t) - \alpha x^2(t)$$

zugeordnet, so bedeutet $y = Ax$ eine Abbildung von X in den Raum Y der Polynome von höchstens $2m$-tem Grade.

Lineare Operatoren. Im Hinblick auf die Anwendungen bilden diese Operatoren die wichtigste Klasse. Sie sind dadurch erklärt, daß (1) $A(\lambda x) = \lambda\, Ax$ ist für jede beliebige Zahl λ und daß (2) $A(x + y) = Ax + Ay$ ist. Beispielsweise stellt der eben angegebene Operator einen linearen Operator dar, wenn $\alpha = 0$ ist, andernfalls einen nichtlinearen.

Komposition von Operatoren. Sind A und B zwei Operatoren, die eine Abbildung von X in Y bewirken und ist λ eine beliebige Zahl, so versteht man unter dem *Produkt* λA den Operator, der x in $\lambda(Ax)$ überführt, so daß gilt $(\lambda A)\, x = \lambda(Ax)$; dic *Summe* $A + B$ dagegen soll x in $Ax + Bx$ überführen, so daß gilt $(A + B)\, x = Ax + Bx$.
Wenn schließlich noch ein dritter Operator C gegeben ist, der den Raum Y in einem Raum Z abbildet, dann ordnet der *Operator CA* jedem Element x das Element $C(Ax)$ aus Z zu, in das x durch Hintereinanderausführen der Operationen A und C übergeführt wird; dies wird durch die Formel $(CA)\, x = C(Ax)$ ausgedrückt.

Beschränkte lineare Operatoren. Ein linearer Operator A, der einen linearen normierten Raum X in einen linearen normierten Raum Y abbildet, heißt beschränkt, wenn eine Ungleichung der Gestalt

$$\|y\| = \|Ax\| \leqslant K\|x\| \quad \text{mit} \quad K > 0 \quad \text{für alle } x \text{ aus } X$$

besteht; die kleinste Zahl K mit dieser Eigenschaft wird *Norm des Operators A* genannt und mit $\|A\|$ bezeichnet. Es versteht sich von selbst, daß die Norm $\|y\|$ im Raum Y eventuell eine andere sein kann als die Norm $\|x\|$ in X.

Beispiel: Es seien X der R^3 mit der Norm $\|x\| = \max |\xi_i|$ und Y der R^2 mit der Norm $\|y\| = \max |\eta_i|$ für $i = 1, 2$. Durch $\eta_1 = a_{11}\xi_1 + a_{12}\xi_2 + a_{13}\xi_3$, $\eta_2 = a_{21}\xi_1 + a_{22}\xi_2 + a_{23}\xi_3$ wird jedem $x = (\xi_1, \xi_2, \xi_3)$ ein bestimmtes $y = (\eta_1, \eta_2) = Ax$ zugeordnet. Der dadurch definierte Operator ist beschränkt, denn es gilt

$$|\eta_i| \leqslant |a_{i1}| \cdot |\xi_1| + |a_{i2}| \cdot |\xi_2| + |a_{i3}| \cdot |\xi_3| \leqslant \sum_{k=1}^{3} |a_{ik}| \, \|x\|,$$

d. h., $\|y\| = \max\limits_{i=1,2} |\eta_i| \leqslant \left(\max\limits_{i=1,2} \sum\limits_{k=1}^{3} |a_{ik}|\right) \|x\|$. Man findet bei genauer Untersuchung, daß $\max\limits_{i=1,2} \sum\limits_{k=1}^{3} |a_{ik}|$ gerade die kleinste Zahl K, also die Norm des Operators A, darstellt.

Durch die soeben definierte Addition von Operatoren, die Multiplikation eines Operators mit einer Zahl und die Norm eines Operators wird die *Gesamtheit aller linearen, beschränkten Operatoren* $A, B, \ldots$, die einen Raum X in einen Raum Y abbilden, selbst zu einem linearen, normierten Raum. Das ist von ungemeiner Bedeutung für die Funktionalanalysis und die Anwendung funktionalanalytischer Methoden. Der Kreis der Betrachtung schließt sich gewissermaßen wieder: Klassen von Operatoren, die als Vermittler zwischen zwei Räumen außerhalb der Theorie der Räume zu stehen schienen, fallen selbst unter die Kategorie der abstrakten Räume.

Funktionale. Unter den Abbildungen eines Raumes nehmen die *Zahlenfunktionen* einen besonderen Platz ein; sie sind Abbildungen in die Menge der reellen oder der komplexen Zahlen. Man nennt sie *Funktionale*; sie haben der Funktionalanalysis den Namen verliehen.
In linearen, normierten Räumen ist z. B. die Norm ein Funktional. Im folgenden werden der Einfachheit halber nur lineare, normierte Räume betrachtet.
Eine ausgezeichnete Stellung nehmen wiederum die *linearen Funktionale* f ein, die jedem Element $x, y, \ldots$ des Raumes X einen reellen oder komplexen Zahlenwert $f(x), f(y), \ldots$ so zuordnen, daß dabei die *Linearitätsbedingungen* $f(x + y) = f(x) + f(y)$, $f(\alpha x) = \alpha f(x)$ für alle Elemente x, y des Raumes X und alle zugelassenen reellen oder komplexen Zahlen α gelten. Ein lineares Funktional heißt *beschränkt* oder auch *stetig*, wenn für die *Norm* $\|f\|$ von f gilt:

$$\|f\| = \sup_{x \in X} |f(x)|/\|x\| < \infty \qquad \text{(hierbei sei } x \neq 0\text{)}.$$

Die Gesamtheit aller auf X definierten linearen, stetigen Funktionale f bildet den *dualen Raum* X^* Er ist, wenn X ein linearer, normierter Raum ist, ebenfalls ein linearer, normierter Raum.
Eine wichtige Aufgabe der Funktionalanalysis besteht darin, die Eigenschaften der linearen, stetigen Funktionale festzustellen, sie bzw. ihre Funktionalwerte $f(x)$, $x \in X$, z.B. als Summe oder als Integral darzustellen und Mengen sowie Abbildungen des ursprünglichen Raumes X durch Elemente bzw. durch Abbildungen von Elementen des dualen Raumes zu charakterisieren. Im Hinblick auf diese Aufgabe ist die Funktionalanalysis eine Fortentwicklung einer geometrischen Disziplin, der *Liniengeometrie*.
Die Theorie der linearen, stetigen Funktionale spielt eine bedeutende Rolle z. B. in der Theorie der *linearen Operatorgleichungen* bzw. der *Integralgleichungen*, in der Theorie der *näherungsweisen Integration*, in der Theorie der *Distributionen*, der verallgemeinerten Funktionen, und in der Theorie der *Lagrangeschen Multiplikatormethode*. Als Beispiele werden einige Sätze für bestimmte konkrete Räume angeführt.

1. Im R^k, dem Raum der k-Tupel $x = (x_1, \ldots, x_k)$ von reellen Zahlen x_i, $i = 1, \ldots, k$, gibt es zu jedem linearen Funktional f k bestimmte reelle Zahlen $f_1, \ldots, f_k$, durch die sich die Funktionalwerte $f(x)$ in der Form $f(x) = f_1 \cdot x_1 + f_2 \cdot x_2 + \cdots + f_k \cdot x_k$ darstellen lassen.

Man spricht von einer *Darstellung* von f durch diese Beziehung. Umgekehrt kann durch sie jedes beliebige k-Tupel reeller Zahlen $f_1, \ldots, f_k$ ein lineares, stetiges Funktional definieren. Je nach der Norm (vgl. Normierte Räume), durch die man die Elemente $x \in R^k$ normiert, findet man:

1. $\|f\| = \sqrt{\sum\limits_{i=1}^{k} f_i^2}$, 2. $\|f\| = \sum\limits_{i=1}^{k} |f_i|$ oder 3. $\|f\| = \max\limits_{i=1,\ldots,k} |f_i|$.

2. Im Raum $L_2(a, b)$ aller über dem Intervall $[a, b]$ quadratisch nach Lebesgue integrierbaren Funktionen (vgl. Beispiel 9) gilt der Rießsche Darstellungssatz: Zu jedem linearen, stetigen Funktional f gibt es eine eindeutig bestimmte Funktion g aus $L_2(a, b)$, mit deren Hilfe die Funktionalwerte $f(x)$ für $x \in L_2(a, b)$ in der Form $f(x) = \int\limits_a^b x(t)\, \bar{g}(t)\, dt = (x, g)$ dargestellt werden können.

Allgemeiner: in jedem (vollständigen) Hilbert-Raum X werden die Funktionalwerte $f(x)$ als Skalarprodukt (x, g) dargestellt. Umgekehrt kann man durch ein beliebiges Element $g \in X$ ein lineares, stetiges Funktional $f(x) = (x, g)$ definieren. Ferner läßt sich zeigen, daß die Norm $\|f\|$ des Funktionals f der Norm $\|g\|$ des erzeugenden Elements gleich ist.

3. Der Raum X aller Polynome einer Veränderlichen höchstens m-ten Grades kann nach der Normierung $\|x\| = \sum_{i=0}^{m} |x^{(i)}(t_0)|$ als linearer, normierter Raum betrachtet werden.
Den Polynomen $1, t, t^2, \dots, t^m$ muß ein lineares Funktional f auf X gewisse komplexe Zahlenwerte $f_0, f_1, f_2, \dots, f_m$ und dem Polynom x mit den Funktionswerten $x(t) = x(t_0) + x'(t_0)\, t + \cdots + [x^{(m)}(t_0)/m!]\, t^m$ den Zahlenwert

$$f(x) = x(t_0)\, f_0 + x'(t_0)\, f_1 + \cdots + [x^{(m)}(t_0)/m!]\, f_m$$

zuordnen. Umgekehrt kann man nach dieser Beziehung mit Hilfe von beliebigen Zahlen $f_0, \dots, f_m$ ein lineares Funktional f definieren. Dieses ist auch stetig, denn es gilt $\|f\| = \max\limits_{i=0,\dots,m} |f_i|/i!$.

4. *Hyperebene.* Eine lineare Gleichung in den Variablen x_1, x_2, x_3 bestimmt im dreidimensionalen Raum R^3 eine Teilmenge, die man Ebene nennt. In Erweiterung dieses Sachverhalts nennt man die Gesamtheit aller Elemente x eines linearen Raumes X, die einer Gleichung $f(x) = \alpha$ genügen, eine *Hyperebene H*; dabei bedeuten $f(x)$ ein lineares, stetiges Funktional und α eine Zahl. Der *Abstand* $d(y, H)$ eines Elements $y \in X$ von der Hyperebene H ist festgesetzt als die größte untere Schranke aller Abstände $\|y - x\|, x \in H$, d. h., $d(x, H) = \inf\limits_{x \in H} \|y - x\|$. Aus der dreidimensionalen Geometrie, in der der Betrag zur Abstandsmessung verwendet wird, ist bekannt, daß der Abstand durch die Hessesche Normalform ausgedrückt werden kann. In einem allgemeinen linearen, normierten Raum X gilt entsprechend $d(y, H) = (|f(y) - \alpha|)/\|f\|$. Falls X ein vollständiger Raum ist, gibt es auch wie im dreidimensionalen Raum ein Element $x_0 \in H$, dessen Abstand $\|y - x_0\|$ mit dem Abstand $d(y, H)$ des Elements y von der Hyperebene H übereinstimmt.
Optimierungsaufgaben der Regelungstheorie laufen manchmal darauf hinaus, den Abstand eines gegebenen Elements y von einer Hyperebene zu bestimmen.

5. Einem Element u eines linearen, normierten Raums läßt sich ein lineares, stetiges Funktional f der Norm 1 so zuordnen, daß $\|u\| = f(u)$ *ist.*

Die Norm eines Elements u, die manchmal schwer zu handhaben ist, kann danach als Wert eines linearen Funktionals dargestellt werden. Ist z. B. $x(t) = [\xi_1(t), \dots, \xi_n(t)]$ eine k-dimensionale Vektorfunktion mit reellen differenzierbaren Komponenten $\xi_i(t)$, ist t eine reelle Veränderliche und s ein weiterer Wert der unabhängigen Veränderlichen, so läßt sich die Norm $\|x(t) - x(s)\| := \sum_{i=1}^{k} |\xi_i(t) - \xi_i(s)|$ durch die Argumentdifferenz $(s - t)$ nach oben abschätzen. Nach dem genannten Satz denkt man sich auf dem Raum R^k ein Funktional f gewählt, für das $f(x(t) - x(s)) = \|x(t) - x(s)\|$ und $\|f\| = 1$ gilt, d. h., man denkt sich k reelle Zahlen $f_1, \dots, f_k$, die den Bedingungen $\|x(t) - x(s)\| = \sum_{i=1}^{k} f_i[\xi_i(t) - \xi_i(s)]$ und $\max\limits_{i=1,\dots,k} |f_i| = 1$ genügen. Setzt man dann $\varphi(t) = \sum_{i=1}^{k} f_i \cdot \xi_i(t)$, so findet man nach dem 1. Mittelwertsatz der Differentialrechnung

$$\|x(t) - x(s)\| = \varphi(t) - \varphi(s) = \varphi'(\tau)\,(t - s) \leqslant \sum_{i=1}^{k} |\xi_i'(\tau)| \cdot |t - s|$$

für eine Stelle τ zwischen s und t.

6. *Fortsetzbarkeit von Funktionalen.* Gelegentlich ist ein lineares, stetiges Funktional nur auf einem linearen Teilraum definiert, und es entsteht dann das Problem, das Funktional auf dem restlichen Raum so zu definieren, daß es linear und stetig bleibt und nach Möglichkeit auch die Norm beibehält. Sätze über eine solche Fortsetzbarkeit sind z. B. von Hahn, Banach, Krein und Rutman angegeben worden.

39.3. Verwendung funktionalanalytischer Methoden in der Theorie der Näherungsverfahren

Die *Theorie der Näherungsverfahren* befaßt sich mit der Aufgabe, Methoden zur näherungsweisen Lösung von Gleichungen der verschiedensten Art, z. B. von Differential- oder Integralgleichungen, anzugeben (vgl. Kap. 29.3. – Numerische Lösung von Anfangswertproblemen gewöhnlicher Differentialgleichungen). In einem abstraktenSchema solcher Gleichungen ist ein Operator A gegeben, der die Elemente x eines vollständigen, normierten Raumes X in die Elemente y eines normierten Raumes Y überführt, und gesucht wird ein Element x^* aus X, das auf das Nullelement O von Y abgebildet wird, für das folglich $A(x^*) = O$ gilt. Eine näherungsweise Bestimmung von x^* gelingt in vielen Fällen mit dem *Iterationsverfahren*. Man formt die Gleichung $A(x) = O$ in die äquivalente Gestalt $x = B(x)$ um, wählt nach Gutdünken eine Anfangsnäherung x_0 und bildet dazu die weiteren Näherungen $x_1 = B(x_0)$, $x_2 = B(x_1)$, $x_3 = B(x_2), \ldots, x_n = B(x_{n-1}), \ldots$ Nach dem *Banachschen Fixpunktsatz* kann in der Regel entschieden werden, ob die Folge $\{x_n\}$ gegen x^* konvergiert.

Banachscher Fixpunktsatz: Ist B eine Abbildung einer Teilmenge M eines Banach-Raumes in sich und genügt B für alle Elemente $x, y \in M$ einer Lipschitz-Bedingung $\|Bx - By\| \leqslant L\,\|x - y\|$ mit einer Lipschitz-Konstanten $L < 1$, so konvergiert die Folge der Näherungswerte $x_1 = B(x_0)$, $x_2 = B(x_1), \ldots, x_n = B(x_{n-1}), \ldots$ für jede beliebige Ausgangsnäherung x_0 aus M gegen die in M einzige Lösung x^* der Gleichung $x = B(x)$, und es gilt die Fehlerabschätzung

$$\|x^* - x_n\| \leqslant [L/(1 - L)] \cdot \|x_n - x_{n-1}\| \leqslant [L^n/(1 - L)] \cdot \|x_1 - x_0\|.$$

Beispiel 1: Es sei $X = Y$ die Menge der reellen Zahlen, $A(x) \equiv x - \sin x - 1$, $B(x) \equiv \sin x + 1$, die Teilmenge M das Intervall $\pi/2 \leqslant x \leqslant 2$. M wird durch B auf das Intervall $2 \geqslant x \geqslant (1 + \sin 2) > \pi/2$ abgebildet. Es gilt für alle $x, y \in M$ die Lipschitz-Bedingung

$$|B(x) - B(y)| = |\sin x - \sin y| \leqslant L \cdot |x - y| \quad \text{mit} \quad L = |\cos 2|.$$

Ausgehend von $x_0 = \pi/2 = 1{,}571$ erhält man $x_1 = 2$, $x_2 = \sin 2 + 1 = 1{,}909$ ... Die Fehlerabschätzung ergibt $|x^* - x_2| \leqslant 0{,}066$. Die exakte Lösung lautet auf drei Stellen genau $x = 1{,}935\ldots$

Beispiel 2: Es seien $X = Y = L_2(0, 1)$, $[A(x)](s) = x(s) - \frac{1}{2}\int\limits_0^1 \frac{x(t)}{1 + s + t}\,dt - 2$ (= 0 für $0 \leqslant s \leqslant 1$), $[B(x)](s) = \frac{1}{2}\int\limits_0^1 \frac{x(t)}{1 + s + t}\,dt + 2$, $M = L_2(0, 1)$. Eine quadratisch integrierbare Funktion x wird durch B wieder in eine quadratisch integrierbare Funktion $B(x)$ abgebildet. Es gilt für alle $x, y \in L_2(0, 1)$

$$\|B(x) - B(y)\|^2 = \int\limits_0^1 \left| \frac{1}{2} \int\limits_0^1 \frac{x(t) - y(t)}{1 + s + t}\,dt \right|^2 ds \leqslant \frac{1}{4} \int\limits_0^1 |x(t) - y(t)|^2\,dt = \frac{1}{4}\|x - y\|^2.$$

Die Bedingungen des Banachschen Fixpunktsatzes sind daher mit $L = 1/2$ und einer beliebigen quadratisch integrierbaren Ausgangsfunktion, etwa mit $x_0(s) \equiv 0$, erfüllt. Man erhält dann die aufeinanderfolgenden Näherungen $x_1(s) \equiv 2$, $x_2(s) \equiv \ln[(2 + s)/(1 + s)] + 2, \ldots$ Die Fehlerabschätzung ergibt für die Funktion x_2 einen mittleren quadratischen Fehler

$$\|x^* - x_2\| = \left(\int\limits_0^1 |\ln[(2 + s)/(1 + s)]|^2\,ds \right)^{1/2} = 0{,}48.$$

Die exakte Lösung $x(s)$ ist nicht bekannt.

Wie man sieht, können funktionalanalytische Methoden in der Theorie der Näherungsverfahren zur Lösung von Operatorengleichungen unmittelbar auf numerische Aufgaben der Ingenieurpraxis angewandt werden. In den letzten Jahrzehnten wurde die schnelle Entwicklung der Funktionalanalysis vor allem durch ihre weitreichende Bedeutung für die theoretische Physik, namentlich für die Quantentheorie, begünstigt. Neuerdings wird die Funktionalanalysis auch in vielen anderen mathematischen Teildisziplinen, z. B. in der Algebra und der Geometrie, erfolgreich benutzt.

40. Grundlagen der Geometrie und nichteuklidische Geometrie

Die Mathematik nahm ihre heutige deduktive Form im 5. Jh. v. u. Z. an, als sie aus dem ägyptischen und babylonischen in den griechischen Kulturkreis übernommen wurde. Eine Besonderheit dabei war, daß der Geometrie weit größeres Gewicht beigelegt wurde als der Arithmetik, die sogar weitgehend in geometrischem Gewande auftrat. Die ältesten systematischen Darstellungen der Mathematik, von den Griechen *Elemente* genannt, waren daher systematische Begründungen der Geometrie.

40.1. Euklidische Geometrie

Elemente von Euklid. Die ältesten uns erhaltenen „Elemente" wurden von dem in Alexandrien lebenden Mathematiker EUKLID (etwa 365–300 v. u. Z.) aus Texten älterer Forscher in 13 Büchern zusammengestellt. Die Geometrie hatte schon einen solch hohen Stand erreicht, daß EUKLID sie aus wenigen „Definitionen", „Axiomen" und „Postulaten" exakt aufbauen konnte. Wegen seiner didaktisch geschickten Darstellung galten diese Elemente für fast zwei Jahrtausende als Standardbeispiel für den axiomatischen Aufbau einer mathematischen Theorie, ja für die mathematische Methode überhaupt. Wesentlich für diese Wirkung war neben ihrem mathematischen Gehalt ihr Aufbau, bei dem die geometrischen Tatsachen aus den Axiomen und Postulaten durch rein logische Schlüsse, d. h. im wesentlichen ohne Berufung auf die Anschauung abgeleitet wurden. Die Axiome wurden gemäß der Auffassung des ARISTOTELES (etwa 384–322 v. u. Z.) als unmittelbar evidente Aussagen betrachtet. Die von EUKLID gegebenen Definitionen, z. B. »ein Punkt ist, was keinen Teil hat«, sind allerdings keine befriedigenden Begriffserklärungen, sie werden beim weiteren systematischen Aufbau aber auch gar nicht benutzt.
Die Elemente des Euklid enthalten die Planimetrie, die Lehre von den Proportionen, die Ähnlichkeitslehre und die Theorie der inkommensurablen Größen, die Stereometrie einschließlich der Lehre von den fünf regelmäßigen Polyedern sowie zahlentheoretische Aussagen, z. B. den Euklidischen Algorithmus zur Bestimmung des größten gemeinsamen Teilers zweier Zahlen und den Nachweis der Existenz unendlich vieler Primzahlen.

Die euklidische Geometrie. Die am Anfang des deduktiven Aufbaus der Geometrie bei EUKLID stehenden Axiome sind so gewählt, daß sie die geometrischen Verhältnisse in einer Zeichenebene und im uns umgebenden Anschauungsraum richtig zu beschreiben scheinen. Die aus ihnen ableitbaren Sätze bilden in ihrer Gesamtheit die euklidische Geometrie, und das für sie kennzeichnende Parallelenaxiom tritt im ursprünglichen Text als 5. Postulat auf.

Parallelenaxiom nach Euklid: Und wenn eine Gerade (einer Ebene) zwei Geraden schneidet und die inneren und auf einer Seite liegenden Winkel zusammen kleiner als zwei rechte macht (Abb. 40-1), dann sollen die zwei Geraden, unbegrenzt verlängert, sich schneiden auf derjenigen Seite, wo die Winkel sind, die zusammen weniger als zwei rechte ausmachen.

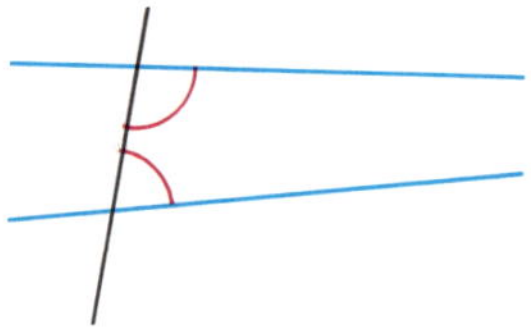
40-1 Parallelenaxiom

Die Entwicklung der Mathematik zu immer größerer Strenge in der Herleitung ihrer Resultate führte im Laufe des 19. Jh. dazu, daß man Lücken und Mängel im systematisch-deduktiven Aufbau von EUKLID fand. Man überwand sie durch Aufnahme neuer, bei EUKLID schon implizit benutzter Axiome. Außerdem gelangte man zu der Auffassung, daß eine explizite Definition der in den Axiomen verwendeten Grundbegriffe nicht möglich ist, daß vielmehr ihre Eigenschaften durch die in den Axiomen festgelegten Beziehungen zwischen ihnen bestimmt sind. Die Axiome selbst sind dann nicht mehr unmittelbar evidente Aussagen, sondern Setzungen, aus denen die Geometrie aufgebaut wird. Die Berechtigung zur Wahl gewisser Axiome entscheidet sich danach, ob durch diese Axiome die geometrischen Verhältnisse unseres Anschauungsraumes richtig beschrieben werden. Innermathematisch wird die Geometrie ohne jede direkte Berufung auf die geometrischen Erfahrungen aufgebaut. Durch Untersuchung der inneren logischen Zusammenhänge der Sätze der euklidischen Geometrie wurde man zu verschiedenen gleichwertigen Axiomensystemen für diese Geometrie geführt. Den ersten vollständig strengen Aufbau der euklidischen Geometrie gab 1899 D. HILBERT (1862–1943).

Das Parallelenaxiom. Schon den griechischen Mathematikern nach EUKLID erschien das Parallelenaxiom weniger evident als die anderen; möglicherweise deshalb, weil das in ihm verlangte „unbeschränkte Verlängern" die Grenzen der Anschaulichkeit übersteigt. Daher versuchten sie schon, dieses Axiom aus den übrigen zu beweisen. Das Problem, einen Beweis für das Parallelenaxiom zu finden, blieb jedoch etwa zwei Jahrtausende ungelöst. Die vielen zu seiner Lösung unternommenen Versuche führten nur zu einer großen Anzahl von Aussagen, die sich als mit dem Parallelenaxiom gleichwertig erwiesen, die aber auch nicht aus den anderen Axiomen EUKLIDs allein bewiesen werden konnten.

Dem Parallelenaxiom äquivalente Aussagen. 1. Zu jeder Geraden g gibt es durch jeden Punkt P genau eine zu g parallele Gerade. – 2. Poseidonios (um 135–51 v. u. Z.): Zwei parallele Geraden haben überall denselben Abstand. – 3. Proklos (410–485): Wenn eine Gerade eine von zwei paralle-

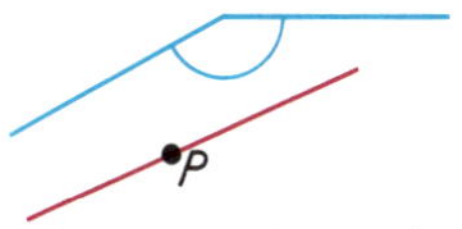

40-2 Zum Parallelenaxiom äquivalente Aussage von LEGENDRE

len Geraden schneidet, so auch die andere. – 4. J. Wallis (1616–1703): Zu jedem Dreieck gibt es ähnliche Dreiecke beliebiger Größe. – 5. G. Saccheri (1667–1733): Die Summe der Innenwinkel eines Dreiecks ist gleich zwei Rechten. – 6. A. M. Legendre (1752–1833): Eine Gerade durch einen Punkt im Innern eines Winkels, der kleiner als ein gestreckter ist, schneidet wenigstens einen der beiden Schenkel (Abb. 40-2). – 7. F. Bólyai (1775–1856): Drei nicht kollineare Punkte liegen stets auf einem Kreis.

Die Klärung der Rolle des Parallelenaxioms gelang erst im 19. Jahrhundert und führte zur Entdekkung der nichteuklidischen Geometrien.

40.2. Nichteuklidische Geometrie

In seinen Beweisversuchen für das Parallelenaxiom gelangte G. SACCHERI 1733 zur Betrachtung einer Figur, in der g eine Gerade und AD, BC gleichlange, zu g orthogonale Strecken sind. Die Winkel $\sphericalangle ADC$ und $\sphericalangle DCB$ sind gleich groß (Abb. 40-3) und entweder in jeder solchen Figur beide spitze oder in jeder beide stumpfe oder in jeder beide rechte Winkel. Je nach dieser Annahme unterscheidet man drei Hypothesen. Die *Hypothese des rechten Winkels* ist dem Parallelenaxiom gleichwertig. Dieses ist deshalb bewiesen, wenn sowohl die Hypothese des spitzen als auch die des stumpfen Winkels widerlegt sind. Unter der stillschweigenden Annahme der unendlichen Länge jeder Geraden gelang die Widerlegung der Hypothese des stumpfen Winkels. Die Widerlegung der Hypothese des spitzen Winkels gelang SACCHERI nur durch einen Fehlschluß.

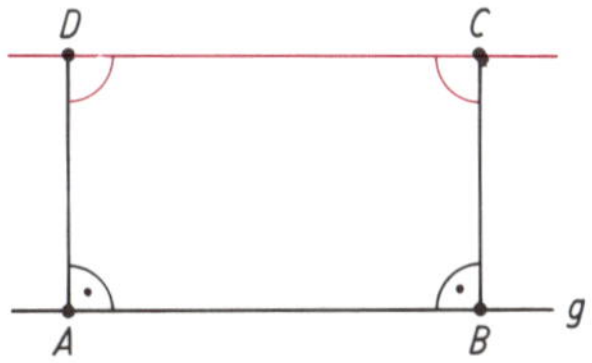

40-3 Figur von SACCHERI zum Beweis des Parallelenaxioms

Zu ähnlichen Resultaten gelangte 1766 J. H. LAMBERT (1728–1777). Auch er konnte die Hypothese des spitzen Winkels nicht widerlegen, gelangte jedoch unter ihrer Voraussetzung zu weitergehenden Resultaten als SACCHERI. Er fand, daß bei dieser Hypothese die Abweichung der Winkelsumme im Dreieck von zwei Rechten dem Flächeninhalt proportional ist und daß es eine ausgezeichnete Streckenlänge gibt.

Auch C. F. GAUSS (1777–1855) beschäftigte sich etwa ab 1792 mit dem Parallelenproblem und versuchte, das Parallelenaxiom dadurch zu beweisen, daß er die ihm widersprechenden Hypothesen zum Widerspruch führte. Nach langen erfolglosen Versuchen gelangte er als Erster zu der festen Überzeugung, daß das Parallelenaxiom nicht beweisbar ist und daß eine auf der Hypothese des spitzen Winkels fußende nichteuklidische Geometrie logisch möglich ist. Er hat sich über diesen Gegenstand jedoch nie öffentlich, sondern nur brieflich gegenüber Freunden geäußert, da er überzeugt war, bei den Zeitgenossen auf völliges Unverständnis zu stoßen, zumal durch die damals vorherrschende Kantsche Philosophie die euklidische Geometrie als a priori gültig ausgezeichnet wurde. Als neue, eigenständige Theorie wurde die auf der Hypothese des spitzen Winkels beruhende nichteuklidische Geometrie, die man auch *hyperbolische Geometrie* nennt, unabhängig voneinander 1829 von N. I. LOBATSCHEWSKI (1793–1856) und 1832 von J. BÓLYAI (1802–1860) publiziert. Sie weicht dadurch von der euklidischen Geometrie ab, daß es in ihr zu jeder Geraden g und jedem Punkt P außerhalb g genau zwei Parallelen zu g durch P gibt. Dabei heißt, wie man schon bei GAUSS findet, eine Gerade h durch P zu g parallel, falls g und h sich nicht schneiden, aber alle durch P verlaufenden Geraden, die zwischen g und h liegende Punkte enthalten, g schneiden.

In der Folgezeit setzte sich die Überzeugung immer mehr durch, daß diese hyperbolische Geometrie in sich widerspruchsfrei und deshalb mathematisch ebenso berechtigt ist wie die euklidische Geometrie. Beweise hierfür konnten jedoch erst 1868 E. BELTRAMI (1835–1900) und 1870 F. KLEIN (1849 bis 1925) erbringen, die innerhalb der euklidischen Geometrie Modelle für die hyperbolische Geometrie konstruierten. Daher würde ein in der hyperbolischen Geometrie auftretender Widerspruch dazu führen, daß auch innerhalb der euklidischen Geometrie ein Widerspruch vorhanden sein müßte. BELTRAMI erkannte, daß die ebene hyperbolische Geometrie realisiert ist auf einer Fläche, die *Pseudosphäre* genannt wird und sich bei Rotation einer Traktrix um ihre Leitlinie ergibt. KLEIN gelangte ausgehend von Untersuchungen zur projektiven Geometrie zu euklidischen Modellen der hyperbolischen Geometrie. Eines der einfachsten solchen Modelle der ebenen hyperbolischen Geometrie erhält man, wenn man die Punkte des Innern eines Kreises als Punkte der hyperbolischen Ebene und die Sehnen dieses Kreises als die Geraden der hyperbolischen Ebene betrachtet (vgl. Abb. 40-5).

Ausgehend von Überlegungen der Differentialgeometrie von Flächen gelangte B. RIEMANN (1826 bis 1866) ebenfalls zu nichteuklidischen Geometrien. Er betrachtete zunächst nur begrenzte Raumbereiche, von denen er voraussetzte, daß im Unendlichkleinen die euklidische Geometrie gilt und daß die geometrischen Figuren im gleichen Maße beweglich sind wie im euklidischen Raum. Unter diesen Voraussetzungen gibt es nur drei Raumtypen, in denen eine solche Geometrie gelten kann: (1) Räume mit konstanter Krümmung Null, in denen die euklidische Geometrie gilt; (2) Räume mit konstanter negativer Krümmung, in denen die hyperbolische Geometrie gilt; (3) Räume mit konstanter positiver Krümmung, in denen die *elliptische Geometrie* vorliegt.

Ein *Modell für die ebene elliptische Geometrie* erhält man aus der Betrachtung der sphärischen Geometrie auf einer Kugeloberfläche. Ein Punkt dieses Modells, el-Punkt genannt, ist ein Paar sich diametral gegenüberliegender Punkte der Kugeloberfläche (Abb. 40-4). Die elliptische Ebene des Modells ist die Menge aller solcher el-Punkte. Die el-Geraden erhält man aus den Großkreisen der Kugeloberfläche.

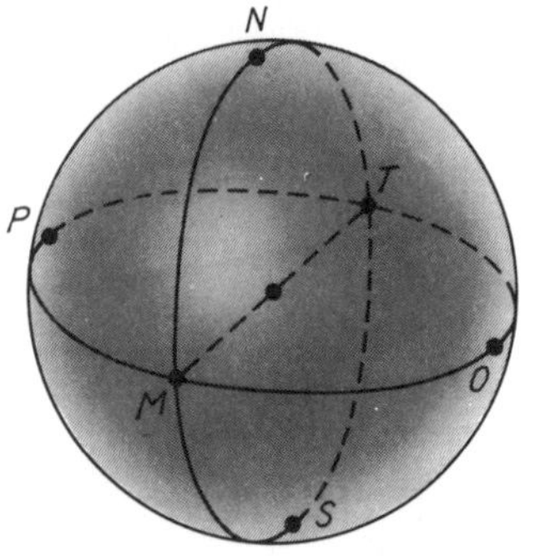

40-4 Modell der elliptischen Geometrie

Zwei el-Geraden haben immer einen gemeinsamen el-Punkt, weil sich zwei Großkreise immer in zwei diametral gegenüberliegenden Punkten schneiden. Die el-Punkte (N, S) und (M, T) bestimmen genau eine el-Gerade, nämlich $(NMST)$. Man kann vom el-Punkt (N, S) unendlich viele el-Lote auf die el-Gerade $(MOTP)$ fällen. Wählt man als Entfernung zweier el-Punkte den kleineren Bogen des durch sie bestimmten und in zwei Teile geteilten Großkreises, so ist $\pi/2$ die größte Entfernung zweier el-Punkte. Die Winkelsumme in einem el-Dreieck ist immer größer als zwei Rechte. Die Bewegungsgruppe dieses Modells der elliptischen Geometrie ist die Gruppe der Drehungen der betrachteten Kugel um ihren Mittelpunkt.

Da man auch sowohl innerhalb der hyperbolischen als auch innerhalb der elliptischen Geometrie Modelle der euklidischen Geometrie finden kann, ist jede dieser Geometrien genau dann widerspruchsfrei, wenn es eine der anderen ist. Aus mathematischer Sicht sind daher die nichteuklidischen Geometrien der euklidischen Geometrie gleichberechtigt. Das Problem, welche Geometrie die Lage- und Größenbeziehungen im umgebenden Raum am besten beschreibt, ist damit ein physikalisches Problem geworden; die Mathematik untersucht lediglich den logischen Zusammenhang möglicher räumlicher Verhältnisse.

Projektive Modelle der nichteuklidischen Geometrien. Auf Resultaten von A. Cayley (1821–1895) aufbauend erkannte F. Klein 1871, daß sich die euklidische und die nichteuklidischen Geometrien aus der projektiven Geometrie gewinnen lassen, falls es in ihr gelingt, erneut Lagebeziehungen *Parallelität* und *Orthogonalität* festzulegen. Zwei Geraden bzw. Ebenen werden bekanntlich *parallel* genannt, wenn sie sich in einem Punkt bzw. einer Geraden der uneigentlichen Ebene des Raumes schneiden (vgl. Kap. 25.1.). In der euklidischen Geometrie ist deshalb durch einen Punkt außerhalb einer Geraden nur eine Parallele zu ihr möglich, weil durch diesen Punkt und den uneigentlichen Punkt jener Geraden nur eine Verbindungsgerade existiert. Ist in einer als uneigentlich ausgezeichneten Ebene eine *Polarität ohne Fundamentalkurve*, eine *absolute Polarität* gegeben, so kann auch die *Orthogonalität* im euklidischen Raum erklärt werden.

Statt nun eine Ebene als uneigentlich auszuzeichnen, kann man dafür auch ein anderes Gebilde wählen. Zeichnet man im projektiven Raum eine Fläche 2. Ordnung aus, so zerfällt der Raum in ein Inneres und ein Äußeres in bezug auf diese Fläche, analog wie der R^3 etwa in dieser Art in bezug auf eine Kugel oder auf ein Ellipsoid zerfällt. Eine Polarität des gesamten projektiven Raumes, deren Fundamentalfläche jene ausgezeichnete Fläche 2. Ordnung ist, definiert das Orthogonalsein für die Geraden und Ebenen, die durch das Innere der Fläche gehen; dabei heißt eine Gerade genau dann zu einer Ebene orthogonal, wenn die Gerade durch den Pol der Ebene geht. Das Innere jener ausgezeichneten Fläche 2. Ordnung ist dann ein Modell für die hyperbolische Geometrie. Will man nur ein Modell für die *ebene hyperbolische Geometrie* erhalten, hat man in der projektiven Ebene eine Kurve zweiter Ordnung als Fundamentalkurve einer Polarität auszuzeichnen. Am einfachsten wählt man dazu einen Kreis (Abb. 40-5). Die im Innern des Kreises liegenden Punkte und Sehnen sind die h-Punkte und h-Geraden dieses Modells der ebenen hyperbolischen Geometrie. Das *Parallelenaxiom* ist in diesem Modell nicht erfüllt, denn z. B. gibt es zur h-Geraden PQ durch den h-Punkt R mehrere PQ nicht schneidende h-Geraden, etwa die h-Geraden RU, RV, a, b, c, von denen RU und RV verschiedene h-Parallelen zu PQ durch den h-Punkt R sind. Die h-Gerade ST heißt genau dann zur h-Geraden $P'Q'$ *h-orthogonal*, wenn der Pol A der projektiven Geraden $P'Q'$ auf der projektiven Geraden ST und der Pol B von ST auf der projektiven Geraden $P'Q'$ liegt. Da die Polare von jedem Punkt der projektiven Geraden $P'Q'$ durch den Pol A geht, braucht nur eine Gerade durch die Punkte T und A bzw. S und A gezogen zu werden, um ein h-Lot auf $P'Q'$ zu fällen bzw. in S eine h-Senkrechte zu errichten.

Zwei h-Strecken PQ und $P'Q'$ heißen *h-kongruent*, falls die von ihren Endpunkten mit den Schnittpunkten ihrer Geraden mit der Fundamentalkurve gebildeten Doppelverhältnisse im absoluten Be-

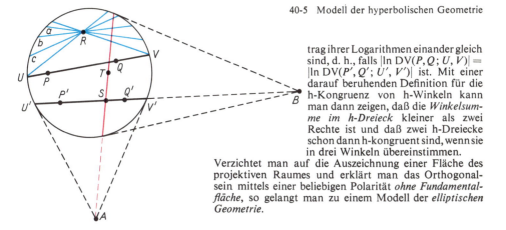

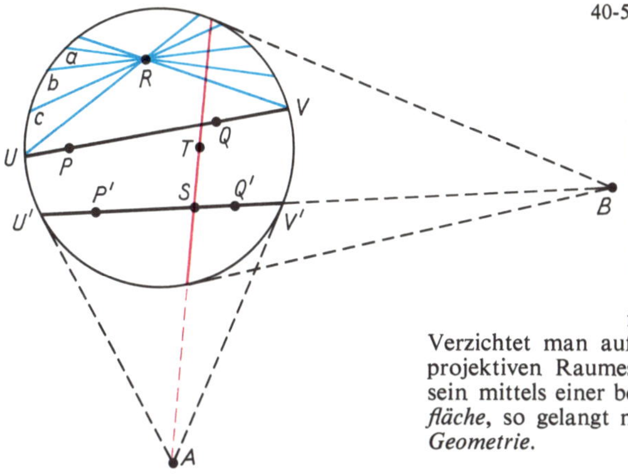

40-5 Modell der hyperbolischen Geometrie

trag ihrer Logarithmen einander gleich sind, d. h., falls $|\ln DV(P,Q;U,V)| = |\ln DV(P',Q';U',V')|$ ist. Mit einer darauf beruhenden Definition für die h-Kongruenz von h-Winkeln kann man dann zeigen, daß die *Winkelsumme im h-Dreieck* kleiner als zwei Rechte ist und daß zwei h-Dreiecke schon dann h-kongruent sind, wenn sie in drei Winkeln übereinstimmen.
Verzichtet man auf die Auszeichnung einer Fläche des projektiven Raumes und erklärt man das Orthogonalsein mittels einer beliebigen Polarität *ohne Fundamentalfläche*, so gelangt man zu einem Modell der *elliptischen Geometrie.*

40.3. Axiomatisierungen der euklidischen Geometrie

Das 1899 von D. Hilbert angegebene Axiomensystem für die euklidische Geometrie entstand aus dem von Euklid dadurch, daß alle dort noch vorhandenen Lücken ausgefüllt wurden. Außerdem verzichtete Hilbert auf die Definition der in den Axiomen auftretenden Grundbegriffe, da eine Definition im Rahmen dieser Geometrie gar nicht möglich ist, in den Axiomen vielmehr die zwischen den Grundbegriffen bestehenden Beziehungen als ihre Eigenschaften festgelegt werden. Jede mögliche spezielle Realisierung dieser Grundbegriffe, für die die Axiome gelten, ist dann ein *Modell* der euklidischen Geometrie. Das Axiomensystem von Hilbert ist so gewählt, daß je zwei Modelle isomorph sind – es ist *kategorisch.* Mithin kann man stets Geometrie im reellen Zahlenraum treiben. Daraus folgt schließlich noch durch Ausnutzung entsprechender Eigenschaften reeller Zahlen die *Vollständigkeit* des Axiomensystems von Hilbert für die euklidische Geometrie: Jede mit den Ausdrucksmitteln dieser Theorie formulierbare geometrische Aussage ist entweder beweisbar oder widerlegbar.
Die Grundbegriffe im Axiomensystem von Hilbert sind Punkt, Gerade, Ebene, die *Inzidenzrelation* als zweistellige Relation zwischen Punkten und Geraden, Punkten und Ebenen sowie Geraden und Ebenen, die *Zwischenbeziehung* als dreistellige Punktrelation und die *Strecken- und Winkelkongruenz.* Die Axiome hat Hilbert in mehrere Gruppen aufgeteilt; diese sind: (A) *Inzidenzaxiome*, (B) *Anordnungsaxiome*, d. h. Axiome für die Zwischenbeziehung, (C) *Kongruenzaxiome*, (D) das *Parallelenaxiom*, (E) *Stetigkeitsaxiome* [»inzidieren mit« ist die gemeinsame Bezeichnung für »liegen in« und »gehen durch«].
Hilbert hat in seinem Axiomensystem die schon bei Euklid auffallende Besonderheit beibehalten, daß der Begriff der *Bewegung* von geometrischen Figuren nicht auftritt. Da die etwa im Erlanger Programm von F. Klein (vgl. Kap. 26.1. – Das Kleinsche Erlanger Programm) zum Ausdruck kommende Auffassung der Geometrie aber gerade die geometrischen Transformationen in den Mittelpunkt der Betrachtung rückt, hat F. Schur 1909 eine abgeänderte Version des Axiomensystems von Hilbert angegeben, in der die Kongruenzaxiome durch *Bewegungsaxiome* ersetzt sind und statt der Kongruenzrelation der Bewegungsbegriff als Grundbegriff auftritt. Ein mögliches Axiomensystem dieser Art für die ebene euklidische Geometrie wird im folgenden angegeben. Dabei werden Punkte mit großen und Geraden mit kleinen lateinischen Buchstaben bezeichnet; $P \mid g$ bedeutet, daß der Punkt P mit der Geraden g inzidiert, anders ausgedrückt, daß g durch P verläuft, P auf g liegt.

Inzidenzaxiome: I 1. *Zu je zwei verschiedenen Punkten existiert genau eine Gerade durch diese Punkte; jede Gerade enthält mindestens zwei verschiedene Punkte. –* ***I 2.*** *Nicht alle Punkte liegen auf einer einzigen Geraden. –* ***I 3. Parallelenaxiom:*** *Zu jeder Geraden g und jedem Punkt P außerhalb g existiert genau eine Gerade durch P, die keinen Punkt mit g gemeinsam hat.*

Anordnungsaxiome: A 1. *Wenn R zwischen P und Q liegt, so liegt R auch zwischen Q und P und P, Q, R sind verschiedene Punkte, die auf einer gemeinsamen Geraden liegen. –* ***A 2.*** *Von je drei verschiedenen Punkten einer Geraden liegt stets genau einer zwischen den beiden anderen. –* ***A 3. Axiom von Pasch:*** *Liegen Punkte P, Q, R nicht auf einer gemeinsamen Geraden und schneidet eine Gerade g die Gerade PQ in einem Punkt Z_1 zwischen P und Q, so liegt R auf g oder g verläuft durch einen Punkt S, der zwischen P und R oder zwischen Q und R liegt* (Abb. 40-6).

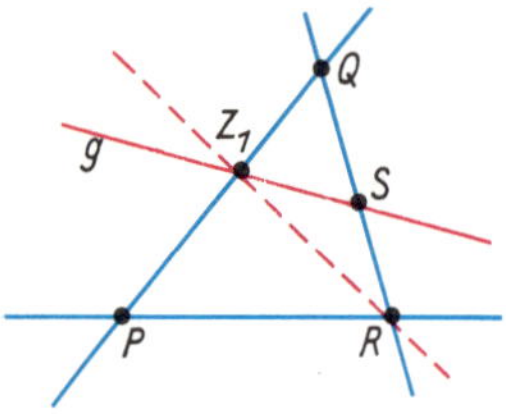

40-6 Zum Axiom von PASCH

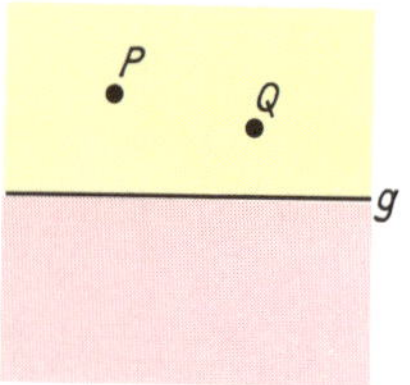

40-7 *Auf-einer-Seite-liegen:* P und Q liegen in einer Halbebene

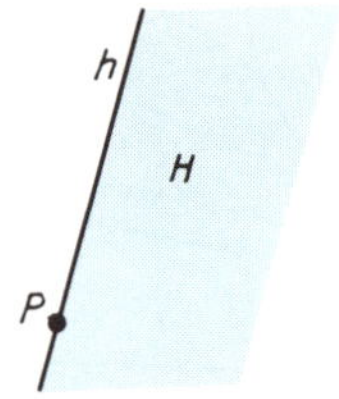

40-8 Fahne

Definitionen. Punkte P, Q *liegen auf einer Seite eines Punktes* O bzgl. g, falls $P, Q, O \mid g$ und O nicht zwischen P und Q liegt. Die beiden Äquivalenzklassen dieser Relation für festes g und O mit $O \mid g$ sind die *Halbgeraden von g mit dem Anfangspunkt O*. Punkte P, Q mit $P, Q \nmid g$ *liegen auf einer Seite einer Geraden g* (Abb. 40-7), falls kein Punkt von g zwischen P und Q liegt. Die beiden Äquivalenzklassen dieser Relation für festes g sind die *von g begrenzten Halbebenen.* Eine *Fahne* ist ein Tripel (P, h, H), bestehend aus einem Punkt P, einer Halbgeraden h einer Geraden g mit dem Anfangspunkt P und einer Halbebene H, die von g begrenzt wird (Abb. 40-8).

Gewisse eineindeutige Abbildungen der Ebene auf sich werden *Bewegungen* genannt. Die Menge aller Bewegungen muß so beschaffen sein, daß die Bewegungsaxiome erfüllt sind.

Bewegungsaxiome: B 1. *Sind α, β Bewegungen, so ist auch ihre Hintereinanderausführung $\beta \cdot \alpha$ eine Bewegung. –* ***B 2.*** *Die identische Abbildung der Ebene auf sich ist eine Bewegung. –* ***B 3.*** *Die Bewegungen erhalten die Zwischen-Beziehungen. –* ***B 4.*** *Sind F und F′ Fahnen, so existiert genau eine Bewegung, die F in F′ überführt. –* ***B 5.*** *Zu je zwei Punkten P, Q existiert eine diese Punkte vertauschende Bewegung; zu je zwei Halbgeraden mit gemeinsamem Anfangspunkt existiert eine diese Halbgeraden vertauschende Bewegung.*

Aus diesen Axiomen folgt, daß die *Bewegungen eine Gruppe* bilden, weil mit jeder Bewegung α auch α^{-1} eine Bewegung ist; denn ist α eine Bewegung und F eine beliebige Fahne, so gibt es für die Fahne F', in die F durch α übergeführt wird, eine Bewegung β, die F' in F überführt. Die Bewegung $\gamma = \beta \cdot \alpha$ führt die Fahne F in sich selbst über, muß also die Identität sein, da auch die Identität F in sich überführt und es nach ***B 4.*** nur eine solche Bewegung gibt. Daher ist $\beta = \alpha^{-1}$, also α^{-1} eine Bewegung.

Wegen ***B 4.*** ist eine Bewegung eindeutig festgelegt durch drei nicht kollineare Punkte und deren Bildpunkte.

Es ist leicht und anschaulich sehr naheliegend, in diesem mit Bewegungen arbeitenden Aufbau der Geometrie den Kongruenzbegriff einzuführen.

Definition der Kongruenz. Eine geometrische Figur F, d. h. eine Menge F von Punkten, ist genau dann zu einer geometrischen Figur F' kongruent, wenn es eine *Bewegung* gibt, *die die Figur F in die Figur F′ überführt*, d. h., in bezug auf die das volle Bild der Punktmenge F die Punktmenge F' ist.

Die Kongruenz von Figuren ist eine *Äquivalenzrelation*; für sie lassen sich leicht alle die Eigenschaften beweisen, die im Axiomensystem von HILBERT als Kongruenzaxiome vorkommen. Umgekehrt kann man mit dem Begriffsapparat des Axiomensystems von HILBERT die Bewegungen einer Ebene als diejenigen eineindeutigen Abbildungen dieser Ebene auf sich definieren, bei denen das Bild jeder Strecke stets zu dieser Strecke kongruent ist. Dann lassen sich die Bewegungsaxiome beweisen. Daher sind diese beiden Axiomatisierungen gleichwertig.

Beide Axiomensysteme enthalten schließlich noch eine weitere Axiomengruppe, die Stetigkeitsaxiome. Das jeweils volle Axiomensystem hat die Eigenschaft, daß je zwei seiner Modelle isomorph sind; d. h., diese Axiomensysteme sind *kategorisch*.

Stetigkeitsaxiome: St 1. Archimedisches Axiom: *Durch n-maliges Hintereinander-Abtragen einer auf einer Geraden g gegebenen Strecke P_0P_1 auf dieser Geraden erhält man die Punkte P_n, P_{n+1}, für die P_0P_1 zu P_nP_{n+1} kongruent ist und P_n zwischen P_0 und P_{n+1} liegt (Abb. 40-9). Ist dann R ein Punkt von g, der mit P_1 auf einer Seite von P_0 liegt, so gibt es eine natürliche Zahl m, so daß R zwischen P_0 und P_m liegt. –* ***St 2. Vollständigkeitsaxiom:*** *Die Mengen der Punkte, Geraden und Bewegungen sollen in dem Sinne maximal sein, daß es nicht möglich ist, ihnen weitere Elemente hinzuzufügen, so daß die betrachteten Relationen noch alle vorherigen Axiome erfüllen.*

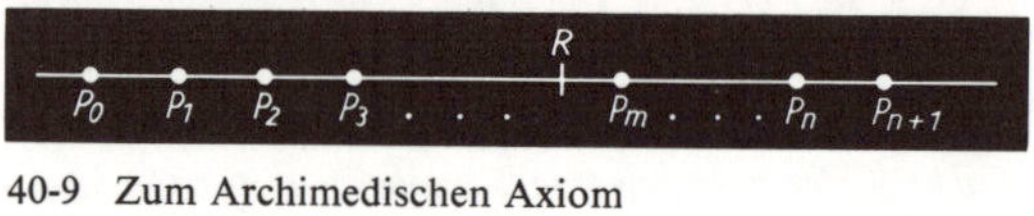

40-9 Zum Archimedischen Axiom

Entsprechend den von F. Klein im Erlanger Programm angestellten Überlegungen zur Klassifizierung der einzelnen Geometrien an Hand ihrer Transformationsgruppen kann man den Bewegungsbegriff noch stärker in den Mittelpunkt einer Axiomatisierung der ebenen euklidischen Geometrie rücken. Dabei genügt es, statt beliebiger Bewegungen nur *Geradenspiegelungen* zu betrachten, da sich jede Bewegung als Produkt von zwei oder drei Geradenspiegelungen darstellen läßt. Insbesondere läßt sich jede Punktspiegelung an einem Punkt P als Produkt der Spiegelungen an zwei durch P verlaufenden zueinander orthogonalen Geraden darstellen. Da schließlich jeder Geradenspiegelung, die nicht die identische Abbildung ist, eineindeutig ihre Spiegelungsgerade und jeder Punktspiegelung, die nicht die identische Abbildung ist, eineindeutig der Punkt entspricht, an dem gespiegelt wird, kann man ausgehend von den Geradenspiegelungen sowohl alle Bewegungen als auch Äquivalente für Punkte und Geraden konstruieren. Darauf beruht die Möglichkeit, die Geometrie allein ausgehend vom *Spiegelungsbegriff* zu begründen. Besonders wichtig ist dabei der Dreispiegelungssatz, der auch selbständiges Interesse verdient.

Dreispiegelungssatz. Das Produkt von drei Spiegelungen an drei Geraden, die einen gemeinsamen Punkt oder ein gemeinsames Lot haben, ist wieder eine Spiegelung an einer Geraden (Abb. 40-10).

Die Grundidee dieser Begründung der Geometrie ist, daß man geeignete Eigenschaften des aus den Geradenspiegelungen bestehenden Erzeugendensystems der Bewegungsgruppe auffindet, so daß jede Gruppe mit solch einem Erzeugendensystem Bewegungsgruppe einer Ebene ist. Dies kann wie folgt geschehen, wobei man sich formal zunächst jeder Bezugnahme auf die Anschauung enthält.
Vorgegeben sei eine Gruppe $(G, \cdot)$ mit dem neutralen Element e und ein nur aus *involutorischen Elementen* bestehendes Erzeugendensystem S der Gruppe G. Dabei heißt ein Gruppenelement g von G involutorisch, falls $g^2 = e$ ist; ferner bedeute g/h für Gruppenelemente g, h, daß ihr Produkt $g \cdot h$ ein involutorisches Gruppenelement von G ist. Für die Elemente von S, die *Spiegelungen*, gelten folgende Aussagen als Axiome.

Spiegelungsaxiome: ***S1.*** *Zu Elementen g_1, g_2, h_1, h_2 aus S mit g_1/h_1, g_2/h_2 und $g_1h_1 \neq g_2h_2$ gibt es genau ein $g \in S$ mit $g/(g_1h_1)$ und $g/(g_2h_2)$.* – ***S2.*** *Gelten $a/(gh), b/(gh), c/(gh)$ oder $a/g, b/g, c/g$, so gibt es ein Element $d \in S$ mit $abc = d$.* – ***S3.*** *Es gibt Elemente g, h, j von S mit g/h und weder j/g noch j/h noch $j/(gh)$.*

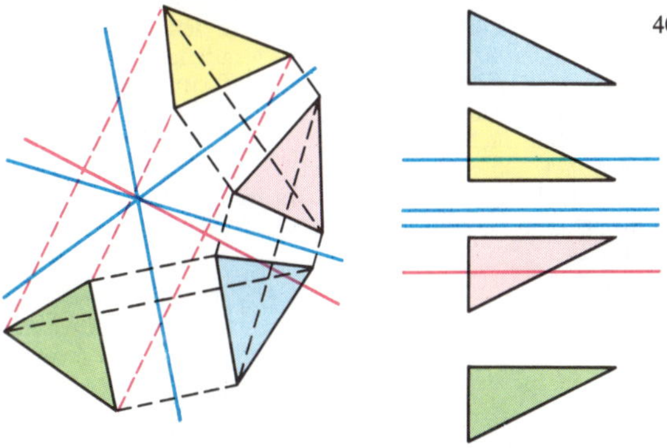

40-10 Zum Dreispiegelungssatz

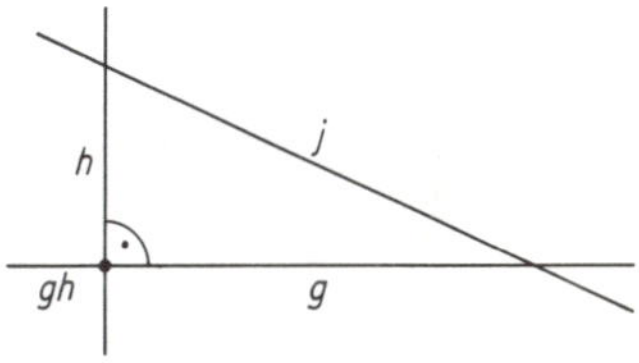

40-11 Zum Spiegelungsaxiom $S\,3$

Um den geometrischen Inhalt dieser Axiome deutlich zu machen, definiert man zunächst „Geraden" und „Punkte", und zwar seien die S-Geraden die Elemente von S und die S-Punkte diejenigen Produkte $g \cdot h$ von Gruppenelementen $g, h \in S$, die wieder involutorische Gruppenelemente sind; d. h., $g \cdot h$ ist ein S-Punkt, falls $g, h \in S$ und g/h gilt. Für die Einführung weiterer Begriffe stützt man sich auf aus der euklidischen Geometrie bekannte Eigenschaften der Spiegelungen. Das Produkt zweier Geradenspiegelungen ist dann eine Translation oder eine Drehung, d. h. genau dann eine involutorische, von der Identität verschiedene Abbildung, wenn es eine Drehung um 180° ist; dies aber ist genau dann der Fall, wenn die Spiegelungsgeraden orthogonal sind. Daher nennt man nun S-Geraden g, h orthogonal, falls g/h gilt. Die S-Punkte sind die formalen Äquivalente für die Produkte von Spiegelungen an orthogonalen Geraden, entsprechen also den Punktspiegelungen. Schließlich ist das Produkt einer Geraden- und einer Punktspiegelung unabhängig von der Reihenfolge der Faktoren genau dann eine involutorische Abbildung, wenn der Punkt, an dem gespiegelt wird, auf der Spiegelungsgeraden liegt. Daher nennt man eine S-Gerade g mit einem S-Punkt $g' \cdot h'$ inzident, falls $g/(g' \cdot h')$ gilt.
Mit diesen Begriffsbildungen bedeutet Axiom ***S1.*** die Existenz und Eindeutigkeit der Verbindungs-S-Geraden zweier verschiedener S-Punkte. Axiom ***S2.*** ist der Dreispiegelungssatz. Axiom ***S3.*** ist eine Existenzforderung, deren geometrischen Inhalt Abb. 40-11 veranschaulicht.

Ein großer Vorteil bei dieser Begründung der Geometrie ist neben der Kürze des Axiomensystems und der wenigen Grundbegriffe, daß die Axiome ***S1***, ***S2***, ***S3*** die sog. *„absolute“ Geometrie* ergeben, das sind alle diejenigen geometrischen Aussagen, die sowohl in der euklidischen als auch in der hyperbolischen und der elliptischen Geometrie gelten. Die Kennzeichnung dieser drei Geometrien gelingt durch je ein weiteres Axiom.

Weitere Spiegelungsaxiome. $\boldsymbol{S4}_{\text{ellipt}}$. *Es gibt ein Polardreiseit, d. h. drei paarweise orthogonale S-Geraden.* – $\boldsymbol{S4}_{\text{eukl}}$. *Je zwei S-Geraden haben stets einen S-Punkt oder ein Lot gemeinsam, und es gibt ein Rechtseit, d. h., es gibt S-Geraden a, b, c, d mit* $a, b \perp c, d$ *und* $a \neq b, c \neq d$. – $\boldsymbol{S4}_{\text{hyp}}$. *Es gibt zwei S-Geraden, die weder einen S-Punkt noch ein Lot gemeinsam haben, und zu jeder S-Geraden g gibt es durch jeden S-Punkt P höchstens zwei S-Geraden, die mit g weder einen S-Punkt noch ein Lot gemeinsam haben.*

Dagegen kann man aus dem Axiomensystem der euklidischen Geometrie von HILBERT zwar dadurch zu einem Axiomensystem der hyperbolischen Geometrie gelangen, daß man das Parallelenaxiom durch die Forderung ersetzt, daß es zu jeder Geraden g und jedem Punkt P außerhalb g genau zwei Parallele durch P zu g gibt, aber ein Axiomensystem für die elliptische Geometrie bekäme man nur durch Änderung mehrerer weiterer Axiome aus verschiedenen Axiomengruppen.

Weitere Verallgemeinerungen der euklidischen Geometrie. Statt wie bisher nur nach der Rolle des Parallelenaxioms und seiner Unabhängigkeit zu fragen, kann man diese Fragen auch für die anderen Axiome z. B. im Axiomensystem von HILBERT stellen. Schon HILBERT hat durch Konstruktion sog. *nicht-archimedischer Geometrien* bewiesen, daß auch das Archimedische Axiom von den übrigen Axiomen unabhängig ist. Man kann solche Untersuchungen mit Erfolg auf zahlreiche weitere Axiome ausdehnen. Man kann z. B. auch die Frage stellen, wann eine Ebene als Teil eines Raumes aufgefaßt werden kann. Hierfür findet man, daß die Gültigkeit des DESARGUESschen Satzes (s. u.) das entscheidende Kriterium ist.

Besonderes Interesse hat die Untersuchung der Konsequenzen aus den Inzidenzaxiomen gefunden. Die Modelle der obigen Inzidenzaxiome ***I1***, ***I2***, ***I3*** werden *affine Inzidenzebenen* genannt. Jedes solche Modell, d. h., jede solche affine Inzidenzebene, besteht aus einer Menge von Punkten, einer Menge von Geraden und einer zweistelligen Inzidenzrelation. Viele solche affinen Inzidenzebenen haben mit den anschaulichen Vorstellungen, die man von einer Ebene hat, kaum noch etwas gemein, z. B. gibt es *endliche* affine Inzidenzebenen, d. h. Modelle der Inzidenzaxiome, in denen nur endlich viele Punkte und Geraden existieren. Das *Minimalmodell* hat 4 Punkte und 6 Geraden, die Inzidenzen veranschaulicht Abb. 40-12; im Minimalmodell sind z. B. die Geraden g_1, g_4 und auch g_3, g_6 parallel, da sie keine gemeinsamen Punkte haben. Spezielle affine Inzidenzebenen sind die *Translationsebenen*, in denen es zu je zwei Punkten genau eine Parallelverschiebung, auch Translation genannt, gibt, die den einen Punkt in den anderen überführt. Da in jeder affinen Inzidenzebene zu je zwei Punkten höchstens eine solche Translation existiert, ist dies eine Existenzforderung, die bemerkenswerterweise ersetzt werden kann durch die Forderung nach Gültigkeit einer speziellen geometrischen Aussage, nämlich des kleinen Satzes von DESARGUES.

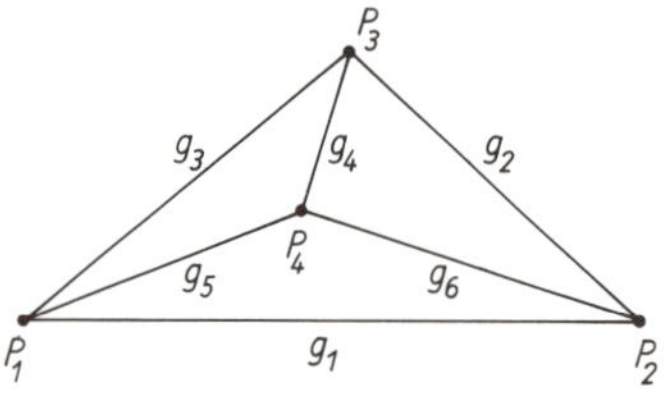

40-12 Minimalmodell einer affinen Inzidenzebene

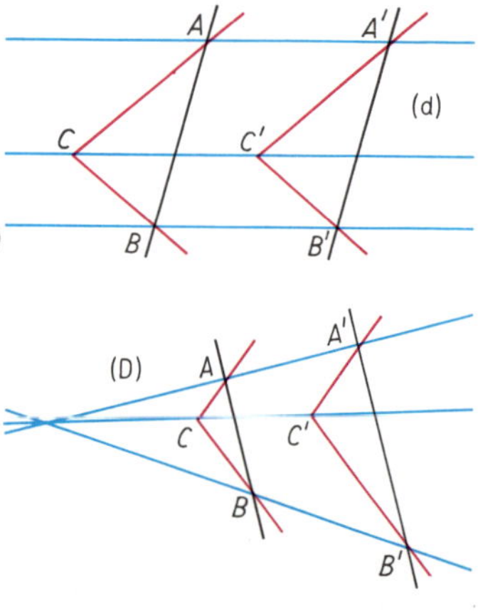

40-13 Figuren der Sätze (d) und (D) von DESARGUES

(d) **Kleiner Satz von Desargues.** *Liegen zwei Dreiecke so, daß die Verbindungsgeraden entsprechender Eckpunkte zueinander parallel sind, und sind zwei entsprechende Seitenpaare parallel, so ist auch das dritte Seitenpaar parallel.*

Die Translationen einer Translationsebene T bilden einen Vektorraum über einem Schiefkörper, dem *Skalarenkörper* von T. Die Dimension dieses Vektorraumes ist eine gerade Zahl oder unendlich; sie ist genau dann 2, wenn in T der (große) Satz von DESARGUES gilt.

(D) **Satz von Desargues.** *Liegen zwei Dreiecke so, daß sich die Verbindungsgeraden entsprechender Eckpunkte in einem Punkt schneiden, und sind zwei entsprechende Seitenpaare parallel, so ist auch das dritte Seitenpaar parallel* (*Abb. 40-13*).

Diejenigen affinen Inzidenzebenen, in denen (D) erfüllt ist, heißen *desarguessche Ebenen*. Genau diese desarguesschen Ebenen sind es, die einer Koordinatenebene über einem Schiefkörper isomorph sind, analog wie die euklidische Ebene zur Koordinatenebene über dem Körper der reellen Zahlen isomorph ist. Gerade in den desarguesschen Ebenen ist daher die Einführung von Koordinaten möglich, d. h., in ihnen kann man analytische Geometrie betreiben. Da nicht jede affine Inzidenzebene desarguessch ist, kann man deshalb nicht in allen affinen Inzidenzebenen Koordinaten einführen. Der Koordinatenschiefkörper einer desarguesschen Ebene ist genau dann kommutativ, wenn in dieser Ebene der Satz von PAPPOS-PASCAL gilt.

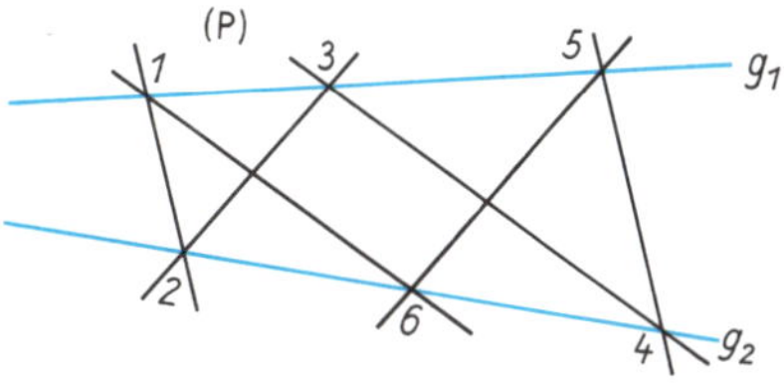

(P) Satz von Pappos-Pascal. *Liegen die Eckpunkte eines geschlossenen Sechsecks abwechselnd auf zwei Geraden und sind alle Eckpunkte vom eventuellen Schnittpunkt dieser Geraden verschieden, sind ferner zwei gegenüberliegende Seitenpaare parallel, so ist auch das dritte Seitenpaar parallel (Abb. 40-14).*

40-14 Figur zum Satz von PAPPOS-PASCAL

Die Sätze (D), (d), (P) sind Beispiele sogenannter *Schließungssätze*. Zwischen ihnen gelten unter Voraussetzung der Inzidenzaxiome folgende Implikationen: (P) → (D) → (d). Beide Implikationen sind nicht umkehrbar. Aus dem Satz von WEDDERBURN, nach dem jeder endliche Schiefkörper kommutativ ist, folgt, daß in allen endlichen desarguesschen Ebenen der Satz von PAPPOS-PASCAL gilt, d. h., daß (D) → (P) jedoch unter der zusätzlichen Voraussetzung der Endlichkeit der betrachteten Ebenen gilt.
Ähnlich wie zum Satz (D) von DESARGUES der kleine Satz (d) von DESARGUES gehört, kann man zum Satz (P) von PAPPOS-PASCAL den kleinen Satz (p) von PAPPOS-PASCAL betrachten, den man aus (P) dadurch erhält, daß man von den betrachteten Geraden voraussetzt, daß sie parallel sind. Dann gilt auch (P) → (p) und (d) → (p). Die Implikation (P) → (p) kann nicht umgekehrt werden. Die Frage, ob die Implikation (p) → (d) gilt, ist ein bis heute ungelöstes Problem.

41. Mathematische Grundlagenforschung

Die moderne mathematische Grundlagenforschung, oft auch als *Metamathematik* bezeichnet, begann gegen Ende des vorigen Jahrhunderts und steht seit dieser Zeit in engstem Zusammenhang mit den Fragestellungen und den Methoden der mathematischen Logik. Die in ihr betrachteten Probleme reichen von der wissenschaftstheoretischen Untersuchung mathematischer Theorien bis hin zu philosophischen Fragestellungen über die Natur mathematischer Aussagen und mathematischen Erkennens. Soweit möglich versucht man die Klärung solcher Fragen mit den Mitteln der mathematischen Logik und der Mathematik selbst zu erreichen. Dabei ergeben sich an verschiedenen Stellen sehr diffizile Probleme daraus, daß man bestrebt ist, die Sicherheit mathematischer Methoden und Ergebnisse mit Mitteln der Mathematik selbst zu begründen. Beim konsequenten Verfolgen eines solchen Zieles mußte man einmal an eine Stelle gelangen, an der die Begründung mit Methoden gegeben wird, die selbst nicht weiter zu begründen sind. Die Motive für die Auswahl solcher von vornherein als sicher geltenden Methoden sind dann im wesentlichen nicht mehr mathematischer Natur. Es gibt verschiedene Möglichkeiten für solche Auswahlen. Historisch haben sich in der ersten Hälfte dieses Jahrhunderts hauptsächlich drei Standpunkte zur Begründung der Mathematik herausgebildet: die *mengentheoretisch-logische*, die *formalistische* und die *konstruktivistische* Begründung.
Mathematische Grundlagenuntersuchungen sind nicht erst eine Frucht des ausgehenden 19. Jahrhunderts, vielmehr waren in gewissem Umfang die mathematischen Untersuchungen zu allen Zeiten mit einer dem jeweiligen Erkenntnisstand entsprechenden kritischen Betrachtung ihrer Grundlagen verbunden. Das bezieht sich sowohl auf die griechische als auch auf die Mathematik des Mittelalters und der frühbürgerlichen Gesellschaft. Dabei wurden Grundlagenuntersuchungen oft durch vorangehende stürmische Entwicklungen einzelner Zweige der Mathematik angeregt. In der zweiten Hälfte des 19. Jahrhunderts ergab sich nach einer vorangehenden großartigen Entwicklung der Analysis die Notwendigkeit einer kritischen Analyse ihrer Grundlagen, insbesondere die einer Klärung des Begriffs sowohl der reellen als auch der natürlichen Zahl. Wesentliche Beiträge, die später zu Ansatzpunkten weitgehender Grundlagenuntersuchungen wurden, lieferten dazu Richard DEDEKIND (1831–1916), Georg CANTOR (1845–1918) und Gottlob FREGE (1848–1925).
Die erwähnten Standpunkte zur Begründung der Mathematik beruhten ursprünglich auf ausgeprägt gegensätzlichen Programmen, die als *Logizismus*, *Formalismus* und *Intuitionismus* bekannt wurden.

Keines dieser Programme konnte vollständig verwirklicht werden, jedes hat aber wertvolle Einsichten und Resultate zutage gefördert, die z. T. ursprünglich nicht beabsichtigt waren. Die vom Formalismus z. B. gestellte *Entscheidbarkeitsfrage* hat zur Präzisierung der Begriffe *Berechenbarkeit* und *Verfahren* geführt, d. h. zur Theorie der *rekursiven Funktionen* und zur *Algorithmentheorie*; die ebenfalls vom Formalismus ausgehende *Präzisierung der formalen mathematischen Sprachen* ist z. B. grundlegend für die Konstruktion algorithmischer Sprachen, etwa von ALGOL und FORTRAN. Der Standpunkt eines einzelnen Forschers ist heute zumeist nicht mehr einer bestimmten dieser Richtungen zuzuordnen, der Forscher folgt vielmehr einer dialektischen Betrachtungsweise, indem er Fragen und Ergebnisse von verschiedenen, teilweise widersprüchlichen Standpunkten her durchdenkt. Die Einhaltung bestimmter differenzierter Konstruktivitätsforderungen im Verlaufe einer Untersuchung ist weniger Ausdruck einer bestimmten philosophischen Position, als vielmehr des methodologischen Prinzips, den Rahmen gesicherter Erfahrung nicht unnötigerweise zu überschreiten.

Der Logizismus. Unabhängig voneinander haben G. FREGE und R. DEDEKIND die Theorie der natürlichen Zahlen „logisch" fundiert, d. h., sie haben sie mengentheoretisch begründet. Vor allem FREGE hatte dabei das Ziel im Auge, die Theorie der natürlichen Zahlen und sukzessive dann die gesamte Mathematik auf den Gesetzen des „reinen Denkens", d. h. auf denen der Logik, zu begründen. Damit wurde durch FREGE der Zusammenhang zwischen Logik und Mathematik herausgestellt und die als Logizismus bezeichnete programmatische Auffassung begründet, die die Mathematik als Teil der Logik entwickeln will. Bertrand RUSSELL (1872–1970) bemerkte, daß der Fregesche Ansatz in sich widerspruchsvoll war und legte in seinem Werk *Principia Mathematica* ein verbessertes System dar. Darin wird nachgewiesen, daß die Mathematik insgesamt auf der Grundlage der *verzweigten Typentheorie* entwickelt werden kann. In dieses System der formalen Logik mußten allerdings auch wesentlich mengentheoretische Voraussetzungen aufgenommen werden. Die konsequente Weiterführung und Vereinfachung dieser Gedankengänge hat schließlich zu der Einsicht geführt, daß die gesamte heutige Mathematik auf der Grundlage der Mengenlehre aufgebaut werden kann; präziser: daß die gesamte heutige Mathematik in einer im Prädikatenkalkül der ersten Stufe formalisierten axiomatischen Mengentheorie mit einigen zusätzlichen Axiomen dargestellt werden kann.
Eine Spielart des Logizismus, nach dessen extremer Auffassung die Mathematik als Erzeugnis allein des vernünftigen Denkens zu begründen sein soll, ist der *mathematische Platonismus*, wie er z. B. in den Ideen von CANTOR zur Begründung der Mengenlehre in Erscheinung tritt. Nach dieser Auffassung sind die Mengen und alle Objekte der Mathematik ideelle Gegenstände, die unabhängig von intellektueller Aktivität existieren. Aufgabe des forschenden Mathematikers ist es, die in diesem Bereich geltenden Gesetzmäßigkeiten aufzufinden.

Der Formalismus. Die formalistische Auffassung ist eine Antwort auf die erkenntnistheoretischen Schwierigkeiten, die dem Programm des Logizismus entgegenstehen. Ein entscheidender Schritt zum Formalismus war das 1899 erschienene Buch *Grundlagen der Geometrie* von David HILBERT (1862–1943). In ihm wurde am Beispiel der euklidischen Geometrie erstmalig demonstriert, was unter formaler Axiomatik und ihrer metatheoretischen Analyse zu verstehen ist. Das Programm einer formalistischen Begründung der Mathematik wurde von HILBERT erst 1920 endgültig formuliert und von ihm und seinen Schülern in Angriff genommen. Danach sind auch zunächst inhaltlich gegebene mathematische Gebiete wie die Zahlentheorie, die Analysis und die Mengenlehre als formale axiomatische Theorien aufzufassen. Bei grundlagentheoretischen Untersuchungen ist von ihrem Inhalt abzusehen und sind nur noch die den inhaltlichen Schlüssen entsprechenden formalen Umformungen an den die mathematischen Aussagen wiedergebenden Zeichenreihen von Interesse. Die erste Aufgabe ist es nach diesem Programm, die *formale Widerspruchsfreiheit* der betrachteten formalen Systeme nachzuweisen, d. h. überzeugend darzulegen, daß aus den Axiomen mittels der logischen Schlußregeln nicht eine Aussage zugleich mit ihrer Negation herleitbar ist. Diese Aufgabe ist mit Mitteln zu bewältigen, deren Zulässigkeit über jeden Zweifel erhaben ist. Zu diesen von HILBERT als *finit* bezeichneten Methoden gehören elementare kombinatorische Methoden, im besonderen das Beweisprinzip durch vollständige Induktion, nicht jedoch die Methoden der transfiniten Mengenlehre, die *infinitistischen* Methoden. Die Ergebnisse dieser Forschungen (bis 1938) wurden in dem Werk *Grundlagen der Mathematik* von D. HILBERT und P. BERNAYS (1888 – 1977) zusammengestellt, das neben den Principia Mathematica zu den wichtigsten Werken zur Grundlegung der Mathematik in diesem Jahrhundert zählt.
Das ursprüngliche Programm von HILBERT mußte auf Grund von Resultaten von Kurt GÖDEL (1906 – 1978) revidiert werden. Eines dieser Resultate besagt, daß der Beweis der Widerspruchsfreiheit eines formalen Systems Mittel erfordert, die über die durch das System selbst gelieferten hinausgehen müssen. Danach wird man mit finiten Mitteln im engeren Sinne nicht einmal die Widerspruchsfreiheit der Arithmetik beweisen können.
Über Art und Umfang einer zulässigen Erweiterung finiter Mittel besteht heute noch keine restlose Klarheit. Eine Möglichkeit ist die Einbeziehung rekursiver Funktionale, d. h. rekursiver Funktionen, deren Argumente selbst wieder rekursive Funktionen sind. Ohne auf diese Fragen näher einzugehen

sei vermerkt, daß sich finite Untersuchungen nicht nur auf die Frage der Widerspruchsfreiheit beschränken, sondern sich z. B. auch auf Entscheidungsprobleme beziehen sowie allgemein auf die Analyse des finiten Kerns in grundlegenden mathematischen und metamathematischen Resultaten infinitistischer Natur.

Der Intuitionismus. Diese Richtung, die sich sowohl von der logizistischen als auch von der formalistischen Auffassung gänzlich distanziert, wurde von L. E. J. Brouwer (1881–1966) begründet. Ähnliche Ideen hatten vorher schon L. Kronecker (1823–1891) und H. Poincaré (1854–1912) vertreten. Für den Intuitionismus sind folgende Gesichtspunkte kennzeichnend: 1. Das Aktual-Unendliche wird abgelehnt. – 2. Zur Definition mathematischer Objekte wird allein die effektive Konstruktion zugelassen. – 3. Ausgangsmaterial der Konstruktionen sind die natürlichen Zahlen, die nur als eine potentiell (unvollendet) gegebene Gesamtheit zu betrachten sind. – 4. Die klassischen logischen Prinzipien werden in ihren Anwendungen auf unendliche Gesamtheiten eingeschränkt.
Um wenigstens einen dieser Gesichtspunkte zu verdeutlichen, werde eine reelle Zahl in Dezimalbruchdarstellung, $g = 0, a_1 a_2 a_3 \ldots$ betrachtet, deren Ziffern a_n dadurch für jedes $n = 1, 2, \ldots$ bestimmt sein sollen, daß $a_n = 0$, falls $2(n + 1)$ die Summe zweier Primzahlen ist, dagegen $a_n = 1$ sonst; für $n = 9$ z. B. ergibt sich aus $2 \cdot 10 = 20 = 17 + 3$, daß $a_9 = 0$. Die Zahl g kann danach beliebig genau berechnet werden, dennoch ist nicht bekannt, ob $g = 0$ oder nicht. Da man nicht sicher sein kann, ob es überhaupt je eine Lösung dieses sog. Goldbachschen Problems geben wird, hat das Argument eine gewisse Berechtigung, daß es keinen Sinn habe zu sagen, »es ist $g = 0$ oder $g \neq 0$«. Dies aber bedeutet eine Einschränkung des Prinzips vom ausgeschlossenen Dritten.

Die mengentheoretische Fundierung der Mathematik. Von dem ursprünglichen Programm des Logizismus ist die Erkenntnis übriggeblieben, *daß die Mathematik insgesamt auf der Basis der axiomatischen Mengenlehre aufgebaut werden kann.* Dies bedeutet, daß jede heute existierende mathematische Theorie, gleichgültig, ob sie axiomatisiert ist oder auf einen bestimmten Objektbereich inhaltlich Bezug nimmt, als ein Teilgebiet der axiomatischen Mengenlehre angesehen werden kann.
Die wichtigsten Beiträge zur axiomatischen Begründung der Mengenlehre stammen von E. Zermelo, B. Russell, A. A. Fraenkel, Th. A. Skolem, J. v. Neumann, P. Bernays und K. Gödel. Die Bourbaki-Gruppe hat eine Gliederung und einen Aufbau der für die Analysis wichtigen mathematischen Strukturen unter dem Gesichtspunkt der mengentheoretischen Fundierung vorgenommen und dadurch wesentlich zu deren Popularisierung beigetragen.
Die Sprache der axiomatischen Mengenlehre, etwa im System von Zermelo/Fraenkel/Skolem, ist eine höchst einfache Sprache mit dem einzigen Prädikatenzeichen $\in$, die sich nur der Ausdrucksmittel der Prädikatenlogik der 1. Stufe bedient. Die Axiome entsprechen den Prinzipien der inhaltlichen Mengenlehre (vgl. Kap. 14.). Die Ableitungsregeln sind die des natürlichen Schließens (vgl. Kap. 15.1. und 15.3.) oder darauf reduzierbare Regeln. Die Definition von Begriffen erfolgt allein durch explizite Definitionen. Andere Definitionen, z. B. rekursive Definitionen, sind innerhalb der axiomatischen Mengenlehre auf explizite Definitionen reduzierbar.
Solange sich ein Mathematiker nicht mit der Anwendung mathematischer Untersuchungen auf physikalische oder andere außermathematische Prozesse befaßt, ist er im Prinzip nicht gezwungen, den Rahmen der axiomatischen Mengenlehre zu verlassen. Allerdings ist zu beachten, daß vielen mathematischen Theorien ein komplizierter formaler Apparat zugrunde liegt. Nicht in jedem Falle ist klar ersichtlich, wie eine Reduktion auf die Mengenlehre zu erfolgen hat und wie die betreffende Sprache in der Sprache der Mengenlehre adäquat „kodiert" werden muß. Das betrifft in der Regel sogar die inhaltlichen Darstellungen der Mengenlehre selbst. Man denke z. B. an Beispiele für Mengenbildungen, die einer Präzisierung im Rahmen der axiomatischen Mengenlehre bedürfen (vgl. Kap. 14.). Um die Menge aller Teilmengen der Menge der reellen Zahlen bilden zu können, ist eine Definition des Begriffs der reellen Zahl innerhalb der axiomatischen Mengenlehre nötig. Dies wiederum setzt eine Definition des Begriffs der Menge der natürlichen Zahlen voraus und läuft zuallererst auf eine Analyse des Endlichkeitsbegriffs innerhalb der axiomatischen Mengenlehre hinaus.
Auch alle in der Semantik formaler Sprachen benutzten Begriffe lassen sich mengentheoretisch definieren, insbesondere gilt dies für die linguistischen Objekte selbst. Diese sind als endliche Folgen gewisser „Symbole" erklärt, die Elemente einer beliebigen meist abzählbaren Menge sind; ähnlich nennt man z. B. in der Topologie die Elemente einer in gewisser Weise strukturierten Menge „Punkte".

Grundlagentheoretische Ergebnisse zur mengentheoretischen Begründung der Mathematik. Obwohl sich die metamathematische Problematik durch die Rückführung der gesamten Mathematik auf die Mengenlehre weitgehend auf die der axiomatischen Mengenlehre mit ihrer einfachen Sprache und mit leicht überschaubaren Axiomen reduzieren läßt, wäre es ein Trugschluß, die Frage einer Begründung der Mathematik damit als ausreichend geklärt anzusehen. Von den Gründen dafür seien einige kurz erläutert.

1. Ein unmittelbarer Einwand ist die Frage nach der *Widerspruchsfreiheit* des formalen Systems der Mengenlehre. In bezug auf die tatsächliche Erfahrung steht das mengentheoretische Axiomen-

system auf einer zu hohen Abstraktionsstufe, als daß von einer direkten Verifikation noch gesprochen werden könnte. Eine Art empirischer Kontrolle besteht bestenfalls für gewisse Konsequenzen dieser Axiome, etwa für Existenzaussagen über Lösungen von Differentialgleichungen mit gewissen Randbedingungen.

Es ist daher nicht sonderlich überraschend, daß gerade die Mengenlehre im Anfang ihrer Entwicklung eine Reihe schwerwiegender Antinomien in ihrem Begriffssystem auszuschalten hatte, die trotz ihrer Beseitigung ein permanentes Mißtrauen vieler Mathematiker gegen einen allzu freizügigen Gebrauch infinitistischer Methoden aufrechterhalten.

2. Ein weiterer Einwand betrifft die im nächsten Abschnitt zu erörternde prinzipielle *Unvollständigkeit mengentheoretischer Axiomensysteme* in dem Sinne, daß für jedes noch so weitgehende Axiomensystem Aussagen existieren, die von diesem Axiomensystem unabhängig sind. Es besteht deshalb keine Hoffnung, durch ein einmal akzeptiertes Axiomensystem das intuitive Mengenuniversum auch nur annähernd vollständig zu erfassen.

3. Trotz der eben erwähnten Tatsache könnte man annehmen, daß einem mengentheoretischen Axiomensystem A ein gewisser Objektbereich U – das intuitive Mengenuniversum – entspricht und daß jede mengentheoretische Aussage entweder wahr in bezug auf U ist oder nicht. Es ist möglich, innerhalb einer geeigneten Metasprache L über das Gebilde (A, U) zu sprechen. In L läßt sich nun ein bekanntes Resultat von Th. SKOLEM beweisen, das weithin als *Skolemsches Paradoxon* bekannt ist.

Skolemsches Paradoxon. *Ist A ein in der Prädikatenlogik der ersten Stufe formuliertes mengentheoretisches Axiomensystem und U das intuitive Mengenuniversum, so gibt es mehrere nicht isomorphe Modelle nicht nur des Axiomensystems A, sondern sogar des syntaktisch vollständigen Systems aller in U wahren Aussagen.*

Dadurch ist aber die Vorstellung eines Standardmodells, d. h. eines in gewisser Weise ausgezeichneten Modells der axiomatischen Mengenlehre, vollends in Frage gestellt.

Diese Einwände machen deutlich, daß das Ziel einer logisch-empirischen Begründung der Mathematik, insbesondere in der klassischen Form des Cantorschen Platonismus, in unerreichbarer Ferne liegt. Man wird daher mit Recht fragen, ob die durchgängig mengentheoretische Fundierung der Mathematik tatsächlich notwendig ist oder ob für diesen Zweck nicht Prinzipien von mehr konstruktivem Charakter genügen. Für die Anwendung mathematischer Methoden im außermathematischen Bereich erweisen sich bei näherem Hinsehen hauptsächlich konstruktive Methoden als praktikabel. Allerdings kann man gegenwärtig auf die infinitistischen Methoden der Mengenlehre nicht verzichten, da viele Probleme auch der Anwendungen nur mit ihrer Hilfe erfolgreich in Angriff genommen werden können. Außerdem kann man feststellen, daß sich in der Mathematik und im besonderen auch in der Grundlagenforschung Resultate in der Regel nur auf Grund einer bestimmten intuitiven Vorstellung von einer abstrakten mathematischen Realität gewinnen lassen – ungeachtet der Tatsache, daß sich das Cantorsche Universum bei genauerer Analyse als eine Fiktion erwiesen hat.

Unvollständigkeit axiomatischer Theorien und Nichtdefinierbarkeit des Wahrheitsbegriffs. Für die Beurteilung einer mathematischen Theorie T, die zu dem Zwecke geschaffen wurde, einen gewissen Objektbereich U zu modellieren, z. B. den physikalischen Raum oder gewisse physikalische oder ökonomische Prozesse, ist üblicherweise allein der Erfolg maßgebend, mit dem dies geschieht. Dabei ist man überzeugt, daß T nötigenfalls so erweitert werden kann, daß sich dann durch T die interessierenden Eigenschaften von U beschreiben lassen. Die metatheoretische Analyse dieser Vorstellungen führt auf zwei wesentliche Problemstellungen, das *Vollständigkeits-* und das *Wahrheitsproblem.*

Zweifellos haben viele mathematische Aussagen trotz ihres abstrakten Charakters eine unmittelbare Beziehung zur Realität. Man betrachte etwa folgenden Satz, dessen Zutreffen leicht einzusehen ist: »Wenn eine Zerlegung einer endlichen Menge M in n disjunkte Teilmengen existiert, von denen jede genau m Elemente enthält, so existiert auch eine Zerlegung von M in m disjunkte Teilmengen, von denen jede genau n Elemente enthält«. Ganz anders verhält es sich hingegen mit der heute weitgehend akzeptierten Aussage »es existiert eine Wohlordnung in der Menge der reellen Zahlen« und allgemein mit Existenzaussagen, in denen nichts über ein Verfahren zur Konstruktion des als existierend behaupteten Objekts gesagt wird.

Sind U ein gewisser Objektbereich und L eine formalisierte Sprache über U, so ist es möglich (vgl. Kap. 15.2. und 15.3.), im Rahmen einer Metatheorie über L und U den Begriff des Zutreffens, des Wahrseins einer Aussage von L in U zu präzisieren. Fraglich ist zunächst, ob es ein übersehbares Axiomensystem A mit der Eigenschaft gibt, daß die Menge der aus A mittels der Regeln des formalisierten Schließens herleitbaren Aussagen zusammenfällt mit der Menge der über U wahren Aussagen. In einigen Fällen ist dies möglich, z. B. dann, wenn der Bereich U ein endlicher Objektbereich ist oder wenn die Sprache L so ausdrucksarm ist, daß die Formulierung komplizierter

Eigenschaften von U gar nicht möglich ist. Meist ist dies aber nicht möglich, denn es gilt der *erste* Unvollständigkeitssatz von GÖDEL.

Erster Unvollständigkeitssatz von Gödel. *Ist U ein Bereich, der die natürlichen Zahlen enthält und L eine Sprache, in der die Arithmetik der natürlichen Zahlen ausdrückbar ist, so ist jedes in L formulierte Axiomensystem A, das eine endliche oder allgemeiner eine rekursive Menge von Axiomen ist, in dem Sinne unvollständig, daß nicht alle in U wahren Aussagen aus A abgeleitet werden können.*

Ein weiteres grundlegendes Resultat ist der *Satz von Tarski.*

Satz von Tarski. *Unter den Voraussetzungen des Unvollständigkeitssatzes von Gödel ist kein Prädikat* $W(x)$ *in L definierbar, so daß für ein Objekt a von U die Aussage* $W(a)$ *genau dann zutrifft, wenn a die Kodenummer einer in U wahren Aussage ist.*

Dabei erfolgt diese *Kodierung*, auch *Arithmetisierung* bzw. *Gödelisierung* genannt, der Aussagen von L durch Objekte von U, und zwar durch natürliche Zahlen, in der Weise, daß zunächst den Grundsymbolen von L eineindeutig natürliche Zahlen zugeordnet werden und damit den Zeichenfolgen gewisse endliche Folgen natürlicher Zahlen. Danach werden auch den endlichen Folgen von natürlichen Zahlen eineindeutig natürliche Zahlen zugeordnet. Die auf solche Art einem Ausdruck H zugeordnete natürliche Zahl heißt die *Kodenummer*, *Gödelnummer* von H und werde mit $\langle H \rangle$ bezeichnet.

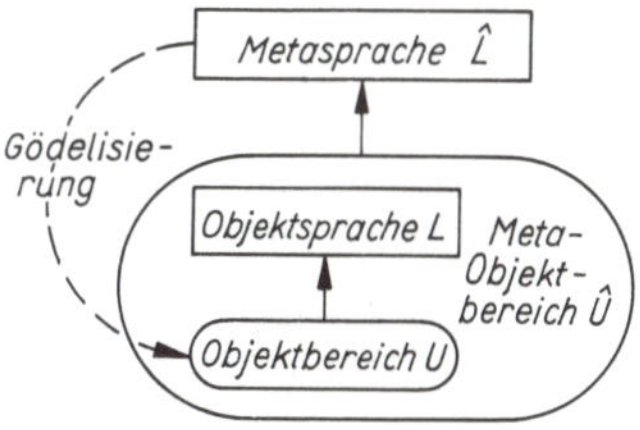

Werden dann L, U und deren semantische Beziehung zueinander in einem neuen Objektbereich $\hat{U}$ zusammengefaßt und ist $\hat{L}$ eine adäquate Sprache für $\hat{U}$, so nennt man L die *Objektsprache* von U und $\hat{L}$ die *Metasprache* des Systems (L, U) (Abb.).
Die Kodierung von L in U ermöglicht es dann, gewisse zunächst nur metasprachlich ausdrückbare Prädikate in die Objektsprache L zu projizieren. Beispiel eines Prädikats der Metasprache $\hat{L}$ ist das einstellige Prädikat »die Aussage H ist aus A beweisbar«. Ihm entspricht ein gewisses arithmetisches Prädikat $B(n)$ von L, das auf eine natürliche Zahl n genau dann zutrifft, wenn n die Gödelnummer einer beweisbaren Aussage ist. Unter den angegebenen Voraussetzungen über U kann nun ein Ausdruck $NB(v)$ konstruiert werden, für den $NB(n)$ für jede natürliche Zahl n inhaltlich besagt »die Aussage mit der Gödelnummer n ist aus A nicht beweisbar«. Durch einen Kunstgriff, eine sogenannte *Diagonalargumentation*, eine Verallgemeinerung des Cantorschen Diagonalverfahrens 2. Art (vgl. Kap. 14.5.), gelingt es ferner, eine natürliche Zahl m zu erhalten, für die $m = \langle NB(m) \rangle$ ist. Dafür kann die Aussage $NB(m)$ als eine autoreferierende Aussage des Inhalts »ich bin unbeweisbar« angesehen werden.
Durch ein indirektes Schlußverfahren läßt sich zeigen, daß die Aussage $NB(m)$ in U zutrifft. Denn träfe $NB(m)$ in U nicht zu, so würde ihre Negation in U zutreffen, d. h. aber, $NB(m)$ wäre falsch und mithin m die Gödelnummer einer beweisbaren Aussage. Da m die Gödelnummer von $NB(m)$ ist, wäre $NB(m)$ beweisbar, d. h., es wäre $NB(m)$ zutreffend, obwohl $NB(m)$ falsch sein sollte. Dieser Widerspruch löst sich nur, wenn die gemachte Annahme »$NB(m)$ trifft in U nicht zu« fallen gelassen wird, so daß gezeigt ist, »die Aussage $NB(m)$ trifft in U zu«. Wegen der inhaltlichen Bedeutung der Aussage $NB(m)$ bedeutet dies zugleich ihre Unbeweisbarkeit. Das Axiomensystem A ist mithin unvollständig.
Das Resultat von A. TARSKI (1902–1983) erhält man ähnlich. Man nehme an, daß ein Ausdruck $W(v)$ existiere mit der Bedeutung »v ist in U wahr«; die Negation $NW(v)$ dieses Ausdrucks repräsentiert dann das Prädikat »v ist in U nicht wahr«. Eine wie oben konstruierte autoreferierende Aussage $NW(m)$ mit $m = \langle NW(m) \rangle$ würde dann bedeuten, »ich bin eine unzutreffende Aussage«. Diese Aussage wäre wahr, wenn sie falsch ist, und falsch, wenn sie wahr ist. Diesem Widerspruch kann man nur dadurch entgehen, daß man die Annahme fallen läßt, das Prädikat »v ist in U wahr« sei in L ausdrückbar.
Bei dieser Argumentation handelt es sich um eine tiefgründige Auswertung einer schon in der Antike bekannten Antinomie, der man folgende Gestalt geben kann:

der auf dieser Seite in roter Schrift gedruckte Satz ist falsch

Auch diese Aussage ist falsch, wenn sie wahr ist, und wahr, wenn sie falsch ist. Denn wäre diese Aussage wahr, so wäre der auf dieser Seite in roter Schrift gedruckte Satz falsch, also gerade die betrachtete Aussage falsch! Wäre aber diese Aussage falsch, so wäre es falsch, daß der auf dieser Seite in roter Schrift gedruckte Satz falsch ist, d. h., jener Satz, also die betrachtete Aussage, wäre nicht falsch.

Relative Widerspruchsfreiheit und Unabhängigkeit der Kontinuumhypothese.

Eine Theorie T heißt *relativ widerspruchsfrei* bzgl. einer Theorie T', falls die Grundbegriffe von T in der Sprache von T' so definiert werden können, daß den Axiomen von T gewisse in T' gültige Aussagen entsprechen. Die Theorie T heißt dann auch in der Theorie T' *interpretiert.*

Von besonderem Interesse ist der Spezialfall, daß T' eine Erweiterung von T innerhalb derselben Sprache L ist. Insbesondere heißt eine Aussage A aus L *widerspruchsfrei* bzgl. T, falls die aus T durch Hinzunahme von A als weiterem Axiom entstehende Theorie T' relativ widerspruchsfrei bzgl. T ist; A heißt *unabhängig* bzgl. T, falls sowohl A als auch die Negation $\neg A$ bzgl. T widerspruchsfrei sind. Das Parallelenaxiom ist z. B. unabhängig bzgl. der aus den übrigen Axiomen des Hilbertschen Axiomensystems der Geometrie folgenden absoluten Geometrie, d. h., es gilt der Satz:

Sowohl die euklidische als auch die hyperbolische Geometrie sind relativ widerspruchsfrei bzgl. der absoluten Geometrie.

Für eine gegenüber dem System von ZERMELO/FRAENKEL/SKOLEM nur unwesentlich abgeänderte axiomatische Mengentheorie zeigte K. GÖDEL 1938, daß die Kontinuumhypothese und das Auswahlaxiom relativ widerspruchsfrei bzgl. der übrigen mengentheoretischen Axiome sind. Wäre also unter Verwendung von Auswahlaxiom oder Kontinuumhypothese in der Mengenlehre ein Widerspruch herleitbar, so auch schon ohne Verwendung dieser beiden Axiome. 25 Jahre später zeigte P. J. COHEN (geb. 1934), daß auch die Negation der Kontinuumhypothese und die Negation des Auswahlaxioms widerspruchsfrei bzgl. der übrigen mengentheoretischen Axiome sind.

Sowohl die Kontinuumhypothese und das Auswahlaxiom als auch ihre Negation sind widerspruchsfrei in bezug auf die übrigen mengentheoretischen Axiome.

Obwohl diese Resultate eine formale Analogie zur Situation in der Geometrie darstellen, ist die Situation doch eine völlig andere, da es möglich ist, die verschiedenen Arten der Geometrie von einem einheitlichen Standpunkt aus zu begründen, von dem der Mengenlehre. Über ein einheitliches Prinzip zur Begründung verschiedener, einander ausschließender Systeme der Mengenlehre verfügt man dagegen nicht. Beim gegenwärtigen Stand der Forschung fehlt auch jede Vorstellung von der möglichen Art eines solchen Prinzips, da eine höhere mathematische Abstraktion als die mengentheoretische nicht existiert.

K. GÖDEL äußerte die Ansicht, daß die Entwicklung der Mengenlehre zu neuen Axiomen führen werde, die es gestatten, die Kontinuumhypothese zu widerlegen. Die bisher zur Erweiterung der klassischen Mengenlehre zur Diskussion stehenden Axiome, die fast ausschließlich die Existenz besonders umfangreicher Mengen, d. h. besonders großer Kardinalzahlen fordern, scheinen jedoch nicht ausreichend zu sein für eine solche Entscheidung. Außerdem bringt ihre Hinzunahme schwierige, bis heute ungelöste Fragen über die relative Widerspruchsfreiheit der so erweiterten axiomatischen Mengentheorien bzgl. der klassischen Mengenlehre mit sich. Zu einer positiven Entscheidung bzgl. der Gültigkeit der Kontinuumhypothese und des Auswahlaxioms wird man dagegen geführt, wenn man annimmt, daß alle Mengen unter wesentlicher Benutzung der Ordinalzahlen in einem transfiniten Prozeß definiert werden können, welcher allerdings ebenso viele Schritte umfassen muß, wie es überhaupt Ordinalzahlen gibt.

42. Computeralgebra

Die programmgesteuerten elektronischen Rechenmaschinen, die heutigen Computer, waren in ihrer frühen Entwicklungsphase – so wie etwa die elektromechanische programmgesteuerte Rechenanlage Z2 des deutschen Ingenieurs Konrad ZUSE (1939) mit ihrer als Plankalkül bezeichneten Programmiersprache oder wie die vollelektronische US-amerikanische Rechenmaschine ENIAC von 1946 – konzipiert und gebaut worden zur schnellen und automatischen Ausführung umfangreicher, aber recht einfacher Rechenoperationen wie der vier Grundrechenarten. Sie setzten damit eine Entwicklung fort, die mit dem Entwurf und Bau mechanischer Rechenmaschinen schon 1623 durch W. SCHICKARD (1592–1635), 1642 durch B. PASCAL (1623–1662) und 1672 durch G. W. LEIBNIZ (1646–1716) begonnen worden war.

Als Rechenmaschinen zur effektiven Bewältigung umfangreicher Zahlenrechnungen und als Datenverarbeitungsanlagen zur (numerischen) Behandlung und Auswertung sehr großer Datensammlungen, etwa von Volkszählungen, hatten die Computer dann auch ihre zunächst wichtigsten Einsatzbereiche.
Computerintern wurden und werden diese Aufgaben realisiert durch geschicktes und sachgemäßes Umformen von „Symbolfolgen“ gemäß der durch das jeweilige Programm gegebenen Anweisungen. Solcherart können auch die vorwiegend organisatorischen Aufgaben der modernen Textverarbeitungssysteme bewältigt werden.
Diese Entwicklung von der Auffassung des Computers als Rechenmaschine zu seiner Auffassung als allgemeiner Maschine zur Informationsverarbeitung hatte ihre Auswirkung auch innerhalb der Mathematik selbst. Die lange vorherrschende Meinung, daß Computer für die Mathematik und deren Anwendungen wichtig sind wegen ihre Fähigkeiten, umfangreiche numerische Rechnungen zu bewältigen, wich allmählich der Einsicht, daß die Computer auch symbolische Rechnungen, d. h. das regelgestützte Umformen von Termen und Ausdrücken, auszuführen vermögen (bei geeigneter Programmierung). Das bedeutet z. B., daß die Zahl $\sqrt{2}$ nicht etwa in der (numerischen) Form 1,41421 dargestellt wird, sondern durch eine Codierung des Ausdrucks $\sqrt{2}$ selbst, oder daß der Ausdruck $(a+b)^2$ nicht für spezielle Zahlenwerte a, b berechnet, sondern in $a^2+2ab+b^2$ umgeformt wird.
Das Gebiet, in dem das symbolische Rechnen studiert wird, ist die Computeralgebra.

42.1. Grundvorstellungen

Begriffsbestimmung. Um komplexe Gleichungssysteme in verschiedenen algebraischen Strukturen zu lösen, ist es wichtig, effiziente Algorithmen für das Rechnen in solchen Strukturen zu entwickeln. *Effizient* bedeutet dabei, daß die Komplexität der Algorithmen möglichst gering sein soll. Computeralgebra befaßt sich allgemein mit Algorithmen, mit denen Fragen über algebraische Strukturen beantwortet werden sollen. Dabei treten dieselben Probleme auf wie beim Entwurf und bei der Analyse von Algorithmen im allgemeinen:

(a) Das *Entwickeln* von möglichst effizienten Algorithmen zur Lösung gegebener algebraischer Probleme.
(b) Das formale Beweisen der *Korrektheit* eines Algorithmus, also der Nachweis, daß er tatsächlich das Problem löst, für dessen Lösung er entworfen wurde.
(c) Die Untersuchung der *Raum- und Zeitkomplexität* von Algorithmen, also die Bestimmung der Anzahl der benötigten Rechenschritte und der benötigten Speicherplätze in Abhängigkeit von der Größe des Inputs.
(d) Die *Implementierung* von Algorithmen, also ihre Übertragung auf Computer in der Form von Programmen.

Im Gegensatz zur reinen Mathematik, vor allem der Algebra, geht es hierbei um die konkrete Berechnung von mathematischen Objekten, für die zuvor nur die Existenz feststand. Die Existenz eines solchen Objekts wird in der reinen Mathematik manchmal nicht-konstruktiv nachgewiesen, also durch einen Beweis, der keinen Hinweis auf eine Konstruktion dieses Objekts liefert. In anderen Fällen wird ein Verfahren angegeben, das seine Berechnung zwar prinzipiell ermöglicht, praktisch jedoch wegen der äußerst hohen Komplexität nicht durchführbar ist. Erst in der Computeralgebra wird die Effizienz solcher Berechnungen zu einem der Hauptgesichtspunkte.

Komplexität von Algorithmen. Bei der Analyse von Algorithmen wird die Komplexität meistens nicht exakt, sondern nur *asymptotisch*, also der Größenordnung nach, bestimmt.

Die Aussage, daß ein Algorithmus asymptotische Zeitkomplexität $O(f(x))$ hat, bedeutet folgendes: Es existieren Konstanten $0 < c < c'$ mit der Eigenschaft, daß die Zahl der Rechenschritte für Inputs der Größe x zwischen $c \cdot f(x)$ und $c' \cdot f(x)$ liegt.

Als Maß für die Größe des Inputs können je nach Situation verschiedene Parameter verwendet werden, z. B. die Zahl der Ziffern einer gegebenen ganzen Zahl, oder die Anzahl der Reihen oder Spalten einer quadratischen Matrix.
Manchmal wird sogar nur die grobe Unterscheidung zwischen *polynomialer* und *exponentieller* Komplexität getroffen. Im ersten Fall ist die Komplexität von der Größenordnung $O(p(n))$, wobei p eine Polynomfunktion ist, im zweiten Fall existiert keine Schranke dieser Form.
In vielen Fällen hängt die Komplexität nicht nur von der Größe des Inputs ab, sondern auch vom Input selbst. Dann können entsprechende Aussagen über die *durchschnittlichen Komplexität* und über die *Komplexität im ungünstigsten Fall* gemacht werden. Die durchschnittliche Zeitkomplexität ist durch eine Funktion $A(n)$ gegeben, welche die durchschnittliche Anzahl der nötigen Rechen-

schritte für alle Inputs der Größe n angibt; bei der Komplexität im ungünstigsten Fall wird das Maximum der Anzahl der Rechenschritte für diese Inputs genommen.

Äquivalenz und Vereinfachung algebraischer Ausdrücke. Mathematische Objekte können allgemein nicht nur auf eine, sondern auf unendlich viele verschiedene Arten dargestellt werden. So repräsentieren z. B. $\frac{-389095}{-155638}$ und $\frac{5}{2}$ dieselbe rationale Zahl, sowie $(x^2+7)(x^2-7)$ und x^4-49 dasselbe Polynom usw. Zwei Ausdrücke s, t heißen *äquivalent* ($s \equiv t$), falls sie dasselbe Objekt darstellen. Nicht immer ist die Bedeutung der Aussage „s ist zu t äquivalent" ohne zusätzliche Erläuterung eindeutig bestimmt. Es seien z. B. s und t die Ausdrücke $x+1$ und $(x^2-1)/(x-1)$. Dann stellen s und t verschiedene Funktionen f, g von $\mathbb{Q}$ nach $\mathbb{Q}$ dar, denn $f(1)$ ist definiert, $g(1)$ hingegen nicht. Andererseits bezeichnen s und g dasselbe Element von $\mathbb{Q}(x)$, dem Körper der rationalen Funktionen über $\mathbb{Q}$.

Das Problem der *Vereinfachung* eines Ausdrucks t besteht darin, einen möglichst einfachen, zu t äquivalenten Ausdruck t_0 zu finden. Dabei kann die „Einfachheit" von Ausdrücken entweder intuitiv verstanden, oder präzise definiert werden, etwa durch die Anzahl der benötigten Symbole. Dieses Problem ist aus mehreren Gründen wichtig. Erstens ist das Rechnen mit Ausdrücken naturgemäß umso aufwendiger, je komplexer diese Ausdrücke sind. Die Komplexität eines Algorithmus kann also reduziert werden, wenn Zwischenergebnisse regelmäßig vereinfacht werden. Weiterhin ist es für den Benutzer eines Computerprogramms wünschenswert, das Endergebnis einer Rechnung in möglichst einfacher Form zu erhalten.

Schließlich kann die Vereinfachung von Ausdrücken auch dazu verwendet werden, die Äquivalenz zweier Ausdrücke festzustellen. Sei dazu A eine Menge von Ausdrücken, die zur Darstellung einer bestimmten Menge M von mathematischen Objekten verwendet wird (z. B. von Polynomen, Matrizen usw.). Für die jetzt betrachtete Aufgabe ist es nötig, eine *Normalform* $\mathrm{NF}(t)$ für jeden Ausdruck $t \in A$ zu definieren. Das geschieht gewöhnlich so, daß $\mathrm{NF}(t)$ der einfachste zu t äquivalente Ausdruck ist. In jedem Fall muß für alle s, $t \in A$ die Normalformbedingung erfüllt sein:

Normalformbedingung	$s \equiv t \Leftrightarrow \mathrm{NF}(s) = \mathrm{NF}(t)$.

Daraus ergibt sich das gewünschte Kriterium für die Äquivalenz von s und t, vorausgesetzt man kennt einen Algorithmus zur Berechnung von $\mathrm{NF}(s)$ und $\mathrm{NF}(t)$. Das läuft auf eine Vereinfachung von s und t in einem schärferen Sinn als zuvor hinaus, da das Ergebnis dieser Vereinfachung jetzt eindeutig festgelegt ist.

Für viele Klassen mathematischer Objekte lassen sich Normalformen der zur Darstellung verwendeten Ausdrücke auf einfache und natürliche Art definieren.

Beispiele für Normalformen:

(1) Für ganze Zahlen: die gewöhnliche Dezimaldarstellung, mit negativem Vorzeichen, wenn nötig.

(2) Für Restklassen mod m: die Zahlen $0, \ldots, m-1$.

(3) Für rationale Funktionen über $\mathbb{Q}$, also Elemente von $\mathbb{Q}(x)$: Ausdrücke der Form f/g, wobei f und g teilerfremde Polynome über $\mathbb{Q}$ in der Form $a_n x^n + \cdots + a_0$ sind und g führenden Koeffizienten 1 hat.

Die Berechnung der Normalformen hängt natürlich von der Menge A der zugelassenen Ausdrücke ab. So kann z. B. in jedem der Beispiele (1)–(3) die Ausdrucksmenge A die Menge der Ausdrücke sein, die sich aus den Normalformen durch Verknüpfung mittels der vier Grundrechnungsarten ergeben. In diesem Fall wird die Normalform durch Ausführung dieser Operationen berechnet; in (2) sind anschließend gemeinsame Faktoren in Zähler und Nenner wegzukürzen; siehe dazu Kap. 42.4. Im Beispiel (2) kann weiterhin eine Restklasse a mod m durch jede beliebige ganze Zahl $a' \equiv a$ mod m repräsentiert werden; dann ist zur Bestimmung der Normalform noch eine Division mit Rest nötig.

In den beiden folgenden Beispielen ist sowohl die Definition als auch die Berechnung der Normalformen weniger einfach als in den Beispielen (1)–(3), aber immer noch möglich:

(4) Sei A die Menge der *Wurzelausdrücke* über $\mathbb{Q}$ in Variablen $x_1, \ldots, x_n$, wie z. B. $\sqrt[3]{x_1 - 2\sqrt{x_2^2 + x_3^2}}$. Sie repräsentieren Elemente eines unendlichen algebraischen Erweiterungskörpers von $\mathbb{Q}(x_1, \ldots, x_n)$, also algebraische Funktionen über $\mathbb{Q}$.

(5) Sei R der Ring der Polynome über $\mathbb{Q}$ in Variablen $x_1, \ldots, x_n$, I ein Ideal von R, gegeben durch eine endliche Menge F erzeugender Polynome, und die Menge der betrachteten Objekte sei $M = R/I$, also die Menge der Restklassen von R mod I. Es ist naheliegend, auch hier für jede Restklasse einen Repräsentanten als Normalform festzusetzen, doch wie dieser Repräsentant zu wählen und zu berechnen ist, ist nicht mehr ganz trivial.

Auf Beipiel (4) kann hier nicht näher eingegangen werden; Beispiel (5) wird in Kap. 42.4 genauer behandelt.

42.2. Grundalgorithmen für ganze und rationale Zahlen

Grundrechnungsarten in $\mathbb{Z}$. Bei vielen Algorithmen in der Computeralgebra treten als Zwischenergebnisse sehr große ganze Zahlen, manchmal mit hunderten von Ziffern, auf; das effiziente Rechnen mit solchen Zahlen ist daher von großer Bedeutung. Im folgenden bezeichne n die Anzahl der Ziffern der größeren der beiden Zahlen, auf die eine der Grundrechnungsarten angewendet wird, und alle Komplexitätsangaben beziehen sich auf die Komplexität im ungünstigsten Fall.
Die einfachsten Algorithmen für die Addition, Subtraktion, Multiplikation und Division ganzer Zahlen sind die aus der Grundschule bekannten; sie werden als die *klassischen* Algorithmen bezeichnet. (Hier und im Folgenden bedeutet *Division* soviel wie *Division mit Rest.*) Man erkennt leicht, daß dabei die Komplexität für Addition und Subtraktion $O(n)$, für Multiplikation und Division $O(n^2)$ ist.
Für Addition und Subtraktion sind asymptotisch schnellere Algorithmen nicht möglich, wohl aber überraschender Weise für Multiplikation und Division. Für die Multiplikation wurden eine Reihe von asymptotisch immer schnelleren Algorithmen entwickelt. Der schnellste bekannte Algorithmus beruht auf der sogenannten schnellen Fouriertransformation und hat asymptotische Komplexität $O(n\log n\log\log n)$; allerdings ist er nur für sehr großes n tatsächlich am effizientesten. Ob diese Schranke noch weiter verbessert werden kann, ist ein offenes Problem. Schließlich kann man noch zeigen, daß Divisionen ebenso schnell ausgeführt werden können wie Multiplikationen: Existiert ein Algorithmus der Komplexität $O(f(n))$ für die Multiplikation, dann gilt dasselbe für die Division.

Das Berechnen von Potenzen. Es sei $m \in \mathbb{N}$ und x ein Element einer algebraischen Struktur, in der eine Multiplikation definiert ist. Dann kann x^m selbstverständlich durch eine Folge von $m-1$ Multiplikationen berechnet werden. Durch *binäres Exponenzieren* läßt sich die Zahl der benötigten Rechenoperationen jedoch auf $O(\log m)$ reduzieren. Diese Methode wird durch das folgende einfache Beispiel illustriert.

Beispiel: Berechnung von x^{21} durch binäres Exponenzieren
Durch fortgesetztes Quadrieren erhält man der Reihe nach x^2, x^4, x^8 und x^{16}. Danach ergibt sich x^{21} als das Produkt $x^{16} \cdot x^4 \cdot x$.

Wendet man diesen Algorithmus für ganzzahliges x an, dann ist bei der Komplexitätsanalyse zu berücksichtigen, daß bei einigen auftretenden Multiplikationen beide Faktoren verhältnismäßig groß sind. Als Folge davon ist die Methode des binären Exponenzierens nur dann wesentlich effizienter als eine Folge von $m-1$ Multiplikationen, wenn entweder ein asymptotisch schneller Multiplikationsalgorithmus angewendet wird, oder x zu einem beschränkten Datentyp gehört, etwa dem der Restklassen modulo einer Zahl p, oder dem der Gleitkommazahlen mit einer festen Anzahl von signifikanten Stellen.

Berechnung des größten gemeinsamen Teilers. Die Berechnung des größten gemeinsamen Teilers zweier ganzer Zahlen zählt ebenfalls zu den elementaren Operationen. Eine gute Methode bildet dafür der Euklidische Algorithmus, der schon in Kap. 1.1 betrachtet wurde und hier in der Form eines Computerprogramms aufgeschrieben sei:

```
Input: u, v;   Output: x = ggT(u, v);
begin
        x := |u|; y := |v|;
        while y > 0 do
            begin z := x mod y; x := y; y := z end
end
```

Man sieht leicht, daß die Anzahl der Durchläufe der while-Schleife von der Größenordnung $O(n) = O(\log u)$ ist. Berücksichtigt man die obigen Schranken für die Komplexität der arithmetischen Operationen, dann ergibt sich daraus eine obere Schranke für die Komplexität zwischen $O(n^2 \log n)$ und n^3, je nachdem, welche Methode für die Division ganzer Zahlen verwendet wird. Eine genauere Analyse zeigt indessen, daß die Komplexität in Wirklichkeit $O(n^2)$ ist, auch bei Verwendung des klassischen Algorithmus für Divisionen.
Auch für dieses Problem gibt es kompliziertere Algorithmen, die die niedrigere asymptotische Komplexität $O(n\log^2 n\log\log n)$ haben.

Arithmetik in $\mathbb{Q}$. Mit Hilfe der Formeln

$$\frac{a}{b} \pm \frac{c}{d} = \frac{ad \pm bc}{bd}, \quad \frac{a}{b}\frac{c}{d} = \frac{ac}{bd}, \quad \frac{a}{b}\Big/\frac{c}{d} = \frac{ad}{bc}$$

wird das Rechnen in $\mathbb{Q}$ auf das Rechnen in $\mathbb{Z}$ zurückgeführt. Um das Ergebnis in die einfachste, d. h. reduzierte Form zu bringen, muß noch der größte gemeinsame Teiler von Zähler und Nenner berechnet und herausgekürzt werden.

42.3. Zahlentheoretische Algorithmen

Primzerlegung von natürlichen Zahlen. Zwei besonders interessante algorithmische Probleme, die unter anderem in der Codierungstheorie eine wichtige Rolle spielen, sind

(PZ) die Zerlegung einer natürlichen Zahl x in Primfaktoren, und
(PT) das Testen von Primzahlen, die Entscheidung, ob eine natürliche Zahl x eine Primzahl ist.

Das Problem (PT) kann natürlich prinzipiell dadurch gelöst werden, daß man für jede Zahl d der Größe $2 \leqslant d \leqslant \sqrt{x}$ nachprüft, ob d ein Teiler von x ist. Die Beschränkung auf potentielle Teiler $d \leqslant \sqrt{x}$ ist dabei deshalb möglich, weil in einer eventuellen Zerlegung $x = d_1 d_2$ einer der beiden Faktoren $\leqslant \sqrt{x}$ ist. Bei dieser trivialen Methode sind im ungünstigsten Fall $O(\sqrt{x})$ Divisionen auszuführen, die Komplexität ist also exponentiell als Funktion der Anzahl der Ziffern von x. Darauf aufbauend kann man auch die Primzerlegung von x mit $O(\sqrt{x})$ Rechenoperationen finden. Für beide Probleme sind heute wesentlich effizientere Algorithmen bekannt. Sei $n = \log x$. Die Komplexität der besten bekannten Algorithmen für (PT) ist polynomial in n, der für (PZ) polynomial in $L = e^{\sqrt{\log n \, \log\log n}}$. Alle diese Algorithmen beruhen allerdings entweder auf einer unbewiesenen Vermutung, wie einer Verallgemeinerung der Riemannschen Hypothese, oder sie sind *probabilistisch.* Letzteres bedeutet, daß Zufallszahlen verwendet werden und das richtige Ergebnis oder die angegebene Komplexitätsschranke nur mit einer Wahrscheinlichkeit $\geqslant 1 - \varepsilon$ erreicht wird, und zwar für beliebig vorgegebenes $\varepsilon > 0$.

Arithmetik in algebraischen Erweiterungen von $\mathbb{Q}$. Sei K ein endlicher algebraischer Erweiterungskörper des Körpers $\mathbb{Q}$ der rationalen Zahlen. Zu jedem solchen Körper wird der Teilring der *algebraischen ganzen Zahlen in K* definiert, analog zum Teilring $\mathbb{Z}$ von $\mathbb{Q}$. Allgemein heißt α eine algebraische ganze Zahl, falls α eine Wurzel eines Polynoms $x^n + a_{n-1}x^{n-1} + \cdots + a_0$ mit ganzrationalen Koeffizienten und führendem Koeffizienten 1 ist. Man kann zeigen, daß die algebraischen ganzen Zahlen in K einen Ring bilden, er werde hier mit R bezeichnet.
Alle algorithmischen Probleme, die bisher für $\mathbb{Z}$ (und $\mathbb{Q}$) betrachtet wurden, übertragen sich auf die Bereiche R (und K). Die für $\mathbb{Z}$ verwendeten Algorithmen kommen auch im Ring R zur Anwendung, doch treten dabei zusätzliche Schwierigkeiten auf. So gibt es z. B. Fälle, wo R zwar ein Bereich mit eindeutiger Primzerlegung ist, größte gemeinsame Teiler aber nicht mit Hilfe des Euklidischen Algorithmus berechnet werden können. Dazu kommen einige neue Probleme, die in den Bereichen $\mathbb{Z}$ und $\mathbb{Q}$ noch keine Rolle spielen. Zu den wichtigsten gehören:

(a) Die Berechnung einer *Intergralbasis von R*; das ist ein Tupel $(\alpha_1, \ldots, \alpha_n)$ von Elementen von R mit der Eigenschaft, daß sich jedes Element von R eindeutig in der Form $\sum_{i=1}^{n} c_i \alpha_i$ $(c_i \in \mathbb{Z})$ darstellen läßt.
(b) Die Berechnung eines Systems von *Grundeinheiten* $(\varepsilon_1, \ldots, \varepsilon_m)$ von R; jede andere Einheit von R läßt sich dann eindeutig in der Form $w\varepsilon_1^{k_1} \ldots \varepsilon_m^{k_m}$ darstellen, wobei w eine Einheitswurzel ist.
(c) Die Berechnung der *Klassenzahl* von R, nämlich der Anzahl nicht-äquivalenter Ideale von R. Dabei heißen I und J äquivalent, falls $cI = dJ$ für Elemente $c, d \in R$ gilt. Die Klassenzahl ist eine vor allem zahlentheoretisch wichtige Kennzahl, von der man zeigen kann, daß sie in algebraischen Zahlenringen endlich ist.

Für alle diese Probleme sind einigermaßen komplizierte Algorithmen entwickelt worden, auf die hier nicht näher eingegangen werden kann.

42.4. Polynomarithmetik und Gröbner-Basen

Grundrechnungsarten. Es sei R ein Ring, $R_1 = R[x]$ der Ring der Polynome über R in einer Variablen x und $\delta(p)$ der Grad des Polynoms p. Es zeigt sich, daß die Arithmetik in R_1 eine große Ähnlichkeit mit der im Ring $\mathbb{Z}$ der ganzen Zahlen besitzt. Tatsächlich ergeben sich für die Komplexität von Addition, Subtraktion und Multiplikation, angewendet auf Polynome von Graden $\leqslant n$, analoge Komplexitätsschranken wie in $\mathbb{Z}$, wobei allerdings Operationen in R als Maßeinheit dienen. So sind z. B. für die Multiplikation $O(n \log n \log \log n)$ solche Operationen nötig. Dasselbe gilt für die Division mit Rest und die Berechnung des größten gemeinsamen Teilers, vorausgesetzt, daß R ein Körper ist. Die Division mit Rest, angewendet auf Polynome p_1 und $p_2 \neq 0$, hat dann ein Ergebnis der Form $p_1 = qp_2 + r$, wobei q, r Polynome sind mit $\delta(r) < \delta(p_2)$.

Mit diesen Ergebnissen wird die Arithmetik in R_1 auf die Arithmetik in R zurückgeführt. Für die endgültige Bestimmung der Komplexität dieser Algorithmen ist die Komplexität der Operationen in R zu berücksichtigen.

Größte gemeinsame Teiler. Ein wichtiges neues Problem ist die Berechnung von größten gemeinsamen Teilern $\mathrm{ggT}(p_1, p_2)$, falls der Grundbereich R *kein* Körper ist. Ein bekannter Satz der Algebra besagt, daß $R[x]$ dann ein Bereich mit eindeutiger Primzerlegung ist, wenn das auf R zutrifft; das sei im folgenden vorausgesetzt. Für $p \in R_1$ sei $\mathrm{ct}(p)$ der größte gemeinsame Teiler der Koeffizienten von p, der sogenannte *primitive Teil* von p, und es sei $\mathrm{pp}(p) = p/\mathrm{ct}(p)$ der sogenannte *Inhalt* von p. Beim Euklidischen Algorithmus in der ursprünglichen Form, vgl. Kap. 1.1, ist bei jedem Divisionsschritt der Rest z von x und y von der Form $x - qy$, wobei q so zu wählen ist, daß $0 \leqslant z < y$ wird. Für Polynome ist diese Bedingung durch $\delta(z) < \delta(y)$ zu ersetzen; sie kann aber, wenn R kein Körper ist, nicht immer durch geeignete Wahl von q erfüllt werden. Deshalb muß die Division mit Rest durch eine *Pseudodivision mit Rest* ersetzt werden: man setzt dazu $z = c^l p_1 - q p_2$, wobei c der führende Koeffizient von p_2 und $l = \delta(p_1) - \delta(p_2) + 1$ ist. Wird der Euklidische Algorithmus entsprechend modifiziert, dann erhält man als letzten von Null verschiedenen Pseudorest ein Polynom, das sich vom größten gemeinsamen Teiler von p_1 und p_2 nur um einen Faktor in R unterscheidet; dieser Faktor ergibt sich aus der Beziehung $\mathrm{ct}(\mathrm{ggT}(p_1, p_2)) = \mathrm{ggT}(\mathrm{ct}(p_1), \mathrm{ct}(p_2))$ durch Berechnung von größten gemeinsamen Teilern in R.
Der eben skizzierte Algorithmus ist zwar korrekt, aber nicht effizient: In typischen Fällen, wo $R = \mathbf{Z}$ oder R selbst ein Polynomring ist, können die Koeffizienten der bei den Pseudodivisionen auftretenden Reste so schnell wachsen, daß die Komplexität exponentiell wird. Um das zu vermeiden, genügt es aber, nach jeder Pseudodivision z durch $\mathrm{pp}(z)$ zu ersetzen. Das wurde 1967 gezeigt; diese Untersuchungen führten außerdem zu einer weiteren Verbesserung des Algorithmus, bei der es nicht mehr nötig ist, größte gemeinsame Teiler in R nach jeder Pseudodivision zu berechnen.

Algorithmen für andere Darstellungen von Polynomen. Bisher wurde vorausgesetzt, daß sämtliche Koeffizienten $a_0, \ldots, a_n$, $n = \delta(p)$, eines Polynoms p abgespeichert werden, und daß dementsprechend die Größe eines Inputpolynoms im wesentlichen durch seinen Grad bestimmt ist. Ist aber die Anzahl der Terme wesentlich kleiner als n (*dünn besetztes Polynom*), dann ist es effizienter, nur die von 0 verschiedenen Glieder abzuspeichern (*dünne Darstellung*). Für viele Probleme wurden Algorithmen entworfen, die für die dünne Darstellung von Polynomen besonders effizient sind; in diesem Fall hängt die Komplexität mehr von der Anzahl der Terme als vom Grad der Inputpolynome ab.
Sei nun allgemeiner $R_k = R[x_1, \ldots, x_k]$ ein Polynomring in k Unbestimmten. Jedes Polynom $p \in R_k$ kann als ein Polynom in der Variablen x_k mit Koeffizienten in R_{k-1} dargestellt werden (*rekursive Darstellung*); dadurch wird der Fall $k > 1$ auf den Fall $k = 1$ zurückgeführt. Für manche Zwecke ist allerdings eine *verteilte Darstellung* vorzuziehen; dabei wird p direkt als Summe von Termen der Form $c x_1^{i_1} \ldots x_k^{i_k}$ repräsentiert. Verteilte Polynome in mehr als einer Variablen werden fast immer dünn dargestellt.
Eine wesentlich allgemeinere Form der Darstellung ist die durch „straight-line programs", d. h. durch Programme ohne Schleifen und Verzweigungen. Dabei wird eine Folge von Rechenschritten angegeben, durch die man ein Polynom $p(x_1, \ldots, x_k)$ aus den unbestimmten $x_1, \ldots, x_k$ und aus Konstanten erhält. Auch in diesem Fall existieren effiziente Algorithmen für eine Reihe von Problemen, z. B. für die Berechnung von größten gemeinsamen Teilern.

Faktorisierung von Polynomen. Das Problem der Zerlegung eines Polynoms in irreduzible Faktoren zählt ebenfalls zu den interessantesten in der Computeralgebra und war im letzten Jahrzehnt Ziel umfangreicher Forschungen. Zu den wichtigsten Ergebnissen zählen die Existenz eines Faktorisierungsalgorithmus für Polynome über $\mathbf{Z}$ in nur einer Variablen sowie der Nachweis, daß die Faktorisierung von Polynomen in mehreren Variablen über $\mathbf{Z}$ auf die von solchen mit nur einer Variablen zurückgeführt werden kann. Zusammengenommen ergibt sich daraus ein Algorithmus von polynomialer Komplexität für die Faktorzerlegung von Polynomen über $\mathbf{Z}$ in einer festen Zahl von Variablen bei dichter Darstellung. Inzwischen wurde nachgewiesen, daß sich auch einige verwandte Probleme in polynomialer Zeit lösen lassen, z. B. die Faktorisierung von Polynomen über algebraischen Erweiterungen von $\mathbf{Q}$, sowie das Testen der Irreduzibilität von Polynomen über endlichen Körpern.

Gröbner-Basen. Ist S ein Integritätsbereich und M eine Teilmenge von S, dann besteht das von M *erzeugte Ideal von* S aus allen Linearkombinationen der Form $\sum_{i=1}^{m} c_i u_i$ mit $c_i \in S$, $u_i \in M$, und M ist eine *Basis* dieses Ideals. Der Ring S heißt *noethersch*, falls jedes Ideal eine *endliche* Basis besitzt. Im folgenden sei vorausgesetzt, daß der Ring R, der dem betrachteten Polynombereich zugrundeliegt, ein Körper ist. Dann ist dieser Polynombereich auf jeden Fallo noethersch, und man kann zeigen, daß dann dasselbe auch für den Polynomring $R_k = R[x_1, \ldots, x_k]$ gilt.

Es sei nun $F = \{f_1, \ldots, f_m\}$ eine endliche Teilmenge des betrachteten Polynomrings R_k, I das von F erzeugte Ideal. Anfangs wurde die Frage aufgeworfen, wie man im Restklassenring R/I Normalformen definieren und berechnen kann. Das läuft hier auf die Bestimmung eines möglichst einfachen Repräsentanten der Restklasse $p \bmod I$ für ein gegebenes Polynom p hinaus. Eine naheliegende Idee besteht darin, p zu *reduzieren*, d. h. durch $p - qf_i \equiv p \bmod I$ zu ersetzen, wobei q und $f_i \in F$ so zu wählen sind, daß dadurch ein Term von p eliminiert und eventuell durch „niedrigere" Terme ersetzt wird. Dieser Schritt wird so oft wiederholt, wie es möglich ist.

Im Fall $k = m = 1$ läuft dieses Verfahren einfach auf eine Division mit Rest hinaus. Im allgemeinen muß zur Präzisierung eine geeignete *Termordnung* definiert werden, nämlich eine lineare Ordnung $\leqslant$ auf der Menge der Potenzprodukte $x_1^{n_1} \ldots x_k^{n_k}$, welche folgende Eigenschaften erfüllt:

(a) Ist $n_i \leqslant n_i'$ für alle i, dann ist $x_1^{n_1} \ldots x_k^{n_k} \leqslant x_1^{n_1'} \ldots x_k^{n_k'}$.

(b) Ist $x_1^{n_1} \ldots x_k^{n_k} \leqslant x_1^{n_1'} \ldots x_k^{n_k'}$, dann ist $x_1^{n_1+m_1} \ldots x_k^{n_k+m_k} \leqslant x_1^{n_1'+m_1} \ldots x_k^{n_k'+m_k}$ für alle $m_1, \ldots, m_k \in \mathbf{Z}$.

Aus diesen Bedingungen folgt unter anderem, daß $\leqslant$ eine Wohlordnung ist. Der *führende Term* $\mathrm{lt}(p)$ eines Polynoms $p = \sum c_{n_1 \ldots n_k} x_1^{n_1} \ldots x_k^{n_k}$ ist der Term, bei dem $x_1^{n_1} \ldots x_k^{n_k}$ bzgl. $\leqslant$ maximal ist; $\mathrm{lc}(p) = c_{n_1 \ldots n_k}$ heißt dann der *führende Koeffizient*, $\mathrm{lp}(p) = x_1^{n_1} \ldots x_k^{n_k}$ das *führende Potenzprodukt* des Polynoms p. Ein *Reduktionsschritt* bzgl. F besteht im Ersetzen von p durch $p - qf_i$ derart, daß $\mathrm{lt}(qf_i) = \mathrm{lt}(q)\mathrm{lt}(f_i)$ mit einem der Terme von p identisch ist und somit wegfällt. Man sieht leicht, daß nach endlich vielen Reduktionsschritten p nicht mehr weiter reduziert werden kann; das danach vorliegende Ergebnis der Reduktion werden mit $\bar{p}$ *bezeichnet*.

Es zeigt sich, daß $\bar{p}$ im allgemeinen noch nicht als cinc Normalform von p betrachtet werden kann, und zwar aus folgenden Gründen:

(i) Das Polynom $\bar{p}$ ist nicht immer eindeutig bestimmt, sondern kann davon abhängen, welche Elemente f_i der Idealbasis bei den einzelnen Reduktionsschritten verwendet wurden.

(ii) Ist $p \equiv q \bmod I$, dann folgt daraus nicht, daß $\bar{p} = \bar{q}$ ist, selbst wenn $\bar{p}$ und $\bar{q}$ eindeutig bestimmt sein sollten.

(iii) Ist $p \equiv 0 \bmod I$, dann folgt daraus nicht, daß $\bar{p} = 0$ ist.

Ist jedoch F eine sogenannte *Gröbner-Basis*, dann treffen (i) — (iii) nicht zu. Die Eigenschaft von F, eine Gröbner-Basis zu sein, kann durch die Negation jeder dieser Aussagen (für alle p und q) definiert werden, also z. B. dadurch, daß sich jedes Polynom $p \in I$ durch das skizzierte Verfahren auf 0 reduzieren läßt.

Gröbner-Basen spielen eine besonders wichtige Rolle, da mit ihrer Hilfe noch viele andere Probleme algorithmisch gelöst werden können. Zu ihnen gehören: Bestimmung der Äquivalenz zweier Ideale; Bestimmung der Dimension eines Ideals; Entscheidung der Lösbarkeit eines Systems algebraischer Gleichungen und Berechnung der Lösungen; automatisches Beweisen gewisser geometrischer Sätze usw.

Die elementare Theorie des Körpers der reellen Zahlen. Die Existenz einer Lösung eines gegebenen algebraischen Gleichungssystems kann durch einen Satz der Form

$$(\exists x_1, \ldots, x_k)(p_1(x_1, \ldots, x_k) = 0 \;\&\cdots\&\; p_m(x_1, \ldots, x_k) = 0),$$

mit Polynomen $p_1, \ldots, p_m$ ausgedrückt werden. Die Frage der Lösbarkeit erscheint damit als Spezialfall eines wesentlich allgemeineren Problems: Man entscheide, ob ein gegebener Satz der Prädikatenlogik erster Stufe mit Signatur $\{+, \cdot, 0, 1, \leqslant\}$ im Bereich der reellen Zahlen gültig ist, also zur elementaren Theorie $Th(\mathbf{R})$ gehört. Daß diese Theorie entscheidbar ist, wird in Kap. 15 erwähnt; der erste Beweis wurde 1949 von Alfred Tarski (1901 — 1983) geführt. Ein wesentlich effizienterer Algorithmus als der von Tarski wurde 1975 entwickelt; seine Komplexität hängt allerdings immer noch exponentiell von der Zahl der auftretenden Variablen ab. Wie die meisten Algorithmen zur Entscheidung elementarer Theorien beruht er auf der Methode der *Quantorenelimination*: eine gegebene Formel ϕ wird in eine äquivalente Formel ϕ' umgeformt, bei der keine Quantoren mehr auftreten.

42.5. Ausblicke

Computeranalysis. Im Rahmen der Computeralgebra werden auch einige Probleme behandelt, die üblicherweise zum Gebiet der Analysis gezählt werden. Dazu zählen vor allem das Differenzieren und Integrieren einer Funktion f. Dabei treten die analytischen Eigenschaften von f (als Funktion von $\mathbf{R}$ nach $\mathbf{R}$ oder $\mathbf{C}$ nach $\mathbf{C}$) gegenüber den algebraischen Eigenschaften zurück: Funktionen wie $f(x) = \sqrt{x^2+1}$ oder $f(x) = \ln x$ werden als Elemente eines algebraischen oder transzendenten Erweiterungskörpers K von $\mathbf{Q}(x)$ betrachtet. Auch der Operator D, der jeder Funktion f ihre Ableitung f' zuordnet, wird nicht in der üblichen analytischen Weise durch Grenzwerte definiert, sondern einfach als eine Funktion auf K mit den Eigenschaften

$$D(f+g) = D(f) + D(g), \qquad D(fg) = D(f) \cdot g + f \cdot D(g)$$

betrachtet. Allgemein heißt ein Körper K, auf dem noch eine Funktion D mit diesen Eigenschaften erklärt ist, ein *Differentialkörper*. Eine *Konstante* von K ist dann ein Element c mit der Eigenschaft $D(c) = 0$, und viele andere Elemente lassen sich ebenfalls algebraisch charakterisieren, z. B. die Funktion $\ln x$ bis auf einen konstanten Summanden durch die Beziehung $D(\ln x) = 1/x$.
Wenn im folgenden von Differenzieren und Integrieren die Rede ist, dann werden diese Operationen *symbolisch* verstanden. Das bedeutet, daß die Ergebnisse Ausdrücke wie $\sqrt{x+1} + \sin^2 x \cos x + e^x$ sind. Es genügt also nicht, Ableitungen an einer gegebenen Stelle oder bestimmte Integrale beliebig genau numerisch zu berechnen.
Das Differenzieren einer Funktion läßt sich mit den schon aus der Schule bekannten Regeln routinemäßig durchführen, bereitet also nicht die geringsten Schwierigkeiten. Ein allgemeineres Problem ist das symbolische Berechnen von Grenzwerten; auch dieses erweist sich aber als relativ einfach.

Automatisches Integrieren. Bemerkenswert ist, daß auch das viel schwierigere Problem des Integrierens algorithmisch gelöst werden kann, allerdings nur für eine spezifische Klasse von Differentialkörpern. Der Einfachheit halber sei das Ergebnis aber nur für einen bestimmten Körper K von meromorphen Funktionen formuliert. K ist die Vereinigung aller Körper, die aus $\mathbb{Q}(x)$ durch eine Folge von *einfachen elementaren Erweiterungen* gebildet werden können. Dabei heißt für Differentialkörper L, L' aus meromorphen Funktionen der Körper L' eine einfache elementare Erweiterung von L, wenn L' aus L durch Adjunktion eines Elementes θ entsteht, das entweder algebraisch über L oder von der Form $e^{f(x)}$ oder $\ln(f(x))$ mit $f(x) \in L$ ist. K enthält somit Funktionen wie $f(x) = e^{\sqrt{\ln x}} + (x + e^x)/\sqrt{x^2+1}$. Als Konstante können nicht alle komplexen Zahlen zugelassen werden, da sich nur abzählbar viele Elemente als endliche symbolische Ausdrücke darstellen lassen.
Das Hauptergebnis lautet nun: Es existiert ein Algorithmus, mit dem zu gegebenem $f \in K$ festgestellt werden kann, ob f eine Stammfunktion $\int f(x)\,dx$ in K besitzt, und mit dem im bejahenden Fall diese Stammfunktion gefunden werden kann.

Verallgemeinerungen. Die folgenden beiden Probleme, welche jeweils das Integrieren im erwähnten Funktionenkörper K als Spezialfall enthalten, sind bisher noch nicht vollständig gelöst. Das erste betrifft das symbolische Lösen von *Differentialgleichungen*, das zweite das Integrieren *mit Hilfe von speziellen Funktionen*, die zu K hinzuzufügen sind. Mit Hilfe der *Fehlerfunktion* $\mathrm{erf}(x) = \int_0^x e^{-z^2}\,dz$ ergibt sich z. B.: $\int e^{x - e^{2x}}\,dx = \mathrm{erf}(e^x)$.

Weitere Themenkreise

Einige weitere Themen, mit denen sich die Computeralgebra befaßt, seien kurz erwähnt:

Rechnen in homomorphen Bildern. Bei diesem und dem nächsten Punkt handelt es sich nicht um eine Gruppe von Problemen, sondern um Techniken, die es erlauben, viele Probleme effizient zu lösen. Ist ein Element a eines Ringes R zu berechnen, dann wird statt in R in einem oder mehreren Restklassenringen R/I_i gerechnet. Man erhält als Ergebnis die Restklassen $a \bmod I_i$, und aus ihnen wird das gesuchte Element a bestimmt.

Knuth-Bendix-Algorithmus. Hier handelt es sich um einen Algorithmus zur *Vervollständigung von Reduktionssystemen*. Das sind Systeme von *Umschreiberegeln*, mit denen symbolische Ausdrücke vereinfacht werden können; nach der Vervollständigung erlauben sie die Berechnung von Normalformen. Im Stil ähnelt dieser Algorithmus dem Buchberger-Verfahren zur Berechnung von Gröbner-Basen, er ist jedoch allgemeiner und läßt sich auf verschiedene algebraische Strukturen anwenden.

Rechnen mit Matrizen. Ähnlich wie für die Multiplikation von Zahlen oder Polynomen existieren auch für die Multiplikation zweier $n \times n$-Matrizen asymptotisch schnelle Algorithmen. So wurde gezeigt, daß $O(n^{2,81})$ statt $O(n^3)$ Rechenoperationen ausreichen, und diese Schranke wurde seither ständig verbessert. Auch für andere Matrizenoperationen, wie die Berechnung der Determinante oder der Inversen, gelten dieselben Komplexitätsschranken.

Symbolisches Summieren. Hier geht es um die Berechnung von Summen der Form $\sum_{i=a}^{b} f(i)$ in geschlossener Form, wobei $f(i)$ in symbolischer Form gegeben ist.

Rechnen in Gruppen. Jede Gruppe wird durch ein System von Erzeugenden und Relationen zwischen ihnen repräsentiert. Viele Probleme lassen sich hier nur in Spezialfällen algorithmisch lösen. Als Beispiel sei ein Algorithmus angeführt, der den Index einer Untergruppe H von G aus Darstellungen von G und H berechnet; er terminiert aber nur, falls dieser Index endlich ist.

Computeralgebrasysteme

Bis heute sind eine beträchtliche Anzahl von Softwaresystemen entwickelt worden, in denen viele der erwähnten Algorithmen, und viele andere implementiert sind. Typischerweise handelt es sich um sehr umfangreiche Pakete, die hunderttausende Zeilen von Programmcode enthalten. Zu den größten zählen MACSYMA und SCRATCHPAD, während andere wie muMATH möglichst klein gehalten wurden. Die meisten sind Allzwecksysteme, d. h. sie enthalten Algorithmen aus allen Bereichen der Computeralgebra. Manche hingegen arbeiten nur in Spezialgebieten, wie z. B. CAYLEY in der Gruppentheorie. Einige weitere gebräuchliche Systeme sind SAC, REDUCE, MAPLE, MATHEMATICA, CAMAL usw.

Im Design hat das System SCRATCHPAD eine Besonderheit aufzuweisen, nämlich die Möglichkeit, *generische Operationen* zu definieren. Solche Operationen können dann in einer ganzen Klasse von Strukturen angewendet werden, nämlich in allen Strukturen, die gewisse algebraische Eigenschaften erfüllen. Während z. B. der Euklidische Algorithmus in Systemen wie MACSYMA für ganze Zahlen, Polynome usw. jedesmal neu programmiert werden muß, genügt es in SCRATCHPAD, dies ein einziges Mal für die Klasse der euklidischen Ringe zu tun. In dieser Hinsicht unterscheidet sich SCRATCHPAD von den meisten anderen Computeralgebrasystemen.

Mathematische Zeichen

Zeichen	Erläuterung
1. Mengenlehre	
$\in$	Element von, z. B. $a \in \{a, b\}$
$\notin$	nicht Element von, z. B. $c \notin \{a, b\}$
$\subseteq$	Teilmenge von, enthalten in
$\subset$	echte Teilmenge von, z. B. $\{1, 3\} \subset \{1, 2, 3\}$
$\cup$, $\bigcup\limits_{i=1}^{n}$	Vereinigung von zwei bzw. von n Mengen, z. B. $\{1, 2\} \cup \{2, 3\} = \{1, 2, 3\}$
$\cap$, $\bigcap\limits_{i=1}^{n}$	Durchschnitt von zwei bzw. n Mengen, z. B. $\{1, 2\} \cap \{2, 3\} = \{2\}$
$\setminus$	Differenzmenge, z. B. $\{1, 2, 3\} \setminus \{2, 3\} = \{1\}$
$C_E A$	Komplementmenge von A in bezug auf E, z. B. $C_{\mathbb{N}}\{0, 2, 4, 6, \ldots\} = \{1, 3, 5, \ldots\}$
$\emptyset$	leere Menge
2. Logik	
$\neg$	Negation, »nicht«
$\wedge$	Konjunktion, »und«
$\vee$	Alternative, »oder«
$\rightarrow$	Implikation, »wenn …, so«
$\leftrightarrow$	Äquivalenz, »genau dann, wenn …«
$\exists$	Existentialquantor, »es gibt ein …«
$\forall$	Allquantor, »für alle …«
3. Algebra, Arithmetik, Zahlentheorie	
$=$, $\neq$	gleich, nicht gleich, z. B. $1 \neq 2$
$:=$	definiert durch
$<$	kleiner als, z. B. $0 < 1$
$>$	größer als, z. B. $2 > 1$
$\leqslant$	kleiner oder gleich, z. B. $x \leqslant 0$, nicht positiv
$\geqslant$	größer oder gleich, z. B. $x \geqslant 0$, nicht negativ
$+$	plus, z. B. $2 + 3 = 5$
Σ	Summe, z. B. $\sum\limits_{i=1}^{3} a_i = a_1 + a_2 + a_3$
$-$	minus, z. B. $5 - 2 = 3$, $-5 = 0 - 5$
$\cdot$, $\times$	mal, z. B. $2 \cdot 6 = 6 + 6 = 12$
Π	Produkt, z. B. $\prod\limits_{i=1}^{3} a_i = a_1 \cdot a_2 \cdot a_3$
$:$, $/$, $-$	geteilt durch, z. B. $10 : 5 = 10/5 = \frac{10}{5} = 2$
a^n	n-te Potenz von a, z. B. $2^3 = 2 \cdot 2 \cdot 2 = 8$
$\sqrt{}$, $\sqrt[n]{}$	Quadratwurzel, n-te Wurzel aus
$\log_b$	Logarithmus zur Basis b
ln	natürlicher Logarithmus, $b = \mathrm{e}$
lg	dekadischer oder Zehnerlogarithmus, $b = 10$
ld	dyadischer oder Zweierlogarithmus, $b = 2$
!	Fakultät, z. B. $3! = 1 \cdot 2 \cdot 3 = 6$
$\binom{n}{p}$	Binomialkoeffizient, »n über p«, z. B. $\binom{6}{3} = \frac{6 \cdot 5 \cdot 4}{1 \cdot 2 \cdot 3} = 20$
$\lvert a \rvert$	absoluter Betrag von a, z. B. $\lvert -7 \rvert = 7$, $\lvert 3 + 4\mathrm{i} \rvert = \sqrt{3^2 + 4^2} = 5$
i	imaginäre Einheit, $\mathrm{i}^2 = -1$
$\bar{a}$	zu a konjugiert komplexe Zahl, z. B. $\overline{3 + 4\mathrm{i}} = 3 - 4\mathrm{i}$
$\boldsymbol{a} \cdot \boldsymbol{b}$, $(\boldsymbol{a}, \boldsymbol{b})$	skalares Produkt zweier Vektoren
$\boldsymbol{a} \times \boldsymbol{b}$	vektorielles Produkt
$\lvert \boldsymbol{a} \rvert = \sqrt{\boldsymbol{a} \cdot \boldsymbol{a}}$	Betrag oder Norm, Länge des Vektors $\boldsymbol{a}$
$(a_{ik}) = \boldsymbol{A}$	Matrix mit den Elementen a_{ik}
$\lvert a_{ik} \rvert = \det \boldsymbol{A}$	Determinante der quadratischen Matrix $\boldsymbol{A}$
$\mid$	teilt, ist Teiler von, z. B. $7 \mid 21$
$\nmid$	teilt nicht, z. B. $7 \nmid 20$
$\equiv (\mathrm{mod}\, p)$	kongruent modulo p, z. B. $13 \equiv 3 \ (\mathrm{mod}\ 10)$
$\mathbb{N}$	Bereich der natürlichen Zahlen
$\mathbb{Z}$	Bereich der ganzen Zahlen
$\mathbb{Q}$	Bereich der rationalen Zahlen
$\mathbb{R}$	Bereich der reellen Zahlen
$\mathbb{C}$	Bereich der komplexen Zahlen
4. Analysis	
$[a, b]$	abgeschlossenes Intervall, $a \leqslant x \leqslant b$
$]a, b[$	offenes Intervall, $a < x < b$
$]a, b]$	links offenes Intervall, $a < x \leqslant b$
$[a, b[$	rechts offenes Intervall, $a \leqslant x < b$
$\rightarrow$	geht gegen
$x \downarrow a$	monoton abnehmend gegen a
$x \uparrow a$	monoton zunehmend gegen a

Zeichen	Erläuterung
lim	Limes, Grenzwert
∞	unendlich
$\approx$	angenähert gleich
$\sim$	asymptotisch äquivalent
d, d^n	einfache bzw. n-fache Differentiation
$\frac{\mathrm{d}y}{\mathrm{d}x}, \frac{\mathrm{d}^n y}{\mathrm{d}x^n}$ $y', y^{(n)}$	Differentialquotient, Ableitung 1. bzw. n-ter Ordnung
∂, ∂^n	partielle Differentiation
δf	Variation von f
Δ	Delta, Differenz
∇	Nablaoperator
$\triangle$	Laplace-Operator
$\int f(x)\,\mathrm{d}x$	unbestimmtes Integral
$\int_a^b f(x)\,\mathrm{d}x$	bestimmtes Integral
$\lvert f\rvert, \lVert f\rVert$	Norm von f
sin	Sinus
cos	Kosinus
tan	Tangens
cot	Kotangens
arcsin, …	Arkusfunktionen
sinh, …	Hyperbelfunktionen
arsinh, …	Areafunktionen
exp	Exponentialfunktion, z. B. $\exp x = \mathrm{e}^x$
Γ	Gammafunktion
$\wp$	Weierstraßsche Funktion
grad	Gradient
div	Divergenz
rot	Rotation

Zeichen	Erläuterung
5. Geometrie	
$\parallel$	parallel
$\perp$	senkrecht auf
$\triangle$	Dreieck
$\sim$	ähnlich, z. B. $\triangle ABC \sim \triangle A'B'C'$
$\cong$	kongruent, z. B. $\triangle ABC \cong \triangle A_1B_1C_1$
$\sphericalangle$	Winkel, z. B. $\sphericalangle BAC$, $\sphericalangle(s,t)$
$\lvert\sphericalangle(s,t)\rvert$	Größe des Winkels
$m(\sphericalangle(s,t))$	Maßzahl der Winkelgröße in einer orientierten Ebene
$^\circ, ', ''$	Grad, Minute, Sekunde, $60' = 1^\circ$, $60'' = 1'$
gon	Gon, Einheit des Winkels in Geodäsie, 100 gon $\mathrel{\hat{=}}$ 90°
rad	Radiant, Einheit des Bogenmaßes
$\mathrel{\hat{=}}$	entspricht, z. B. $90^\circ \mathrel{\hat{=}} 100^g \mathrel{\hat{=}} \pi/2$
AB	Strecke, auch Gerade durch die Punkte A und B
$\vec{AB}$	gerichtete Strecke von A nach B
$\lvert AB\rvert$	Länge der Strecke AB
$m(AB)$	Maßzahl der Streckenlänge auf einer orientierten Geraden
$\cap$	Schnittpunkt, »schneiden einander in«, z. B. $S = s \cap t$
$\widehat{AB}$	Bogen AB
$\hat{\alpha}$	arcα, Bogen, auch Bogenmaß

Griechisches Alphabet

Buchstabe		Name	Wiedergabe in Antiqua		Buchstabe		Name	Wiedergabe in Antiqua		Buchstabe		Name	Wiedergabe in Antiqua	
A	α	Alpha	A	a	I	ι	Jota	I	i	P	ϱ	Rho	R(h)	r(h)
B	β	Beta	B	b	K	$\varkappa$	Kappa	K	k	Σ	σ	Sigma	S	s
Γ	γ	Gamma	G	g	Λ	λ	Lambda	L	l	T	τ	Tau	T	t
Δ	δ	Delta	D	d	M	μ	My	M	m	Y	υ	Ypsilon	Y	y
E	ε	Epsilon	Ĕ	ĕ	N	ν	Ny	N	n	Φ	φ	Phi	Ph	ph
Z	ζ	Zeta	Z	z	Ξ	ξ	Xi	X	x	X	χ	Chi	Ch	ch
H	η	Eta	Ē	ē	O	o	Omikron	Ŏ	ŏ	Ψ	ψ	Psi	Ps	ps
Θ	ϑ	Theta	Th	th	Π	π	Pi	P	p	Ω	ω	Omega	Ō	ō

Römische Zahlzeichen

I 1	V 5	X 10	L 50	C 100	D 500	M 1000

I 1	II 2	III 3	IV 4	V 5	VI 6	VII 7	VIII 8	IX 9	X 10
XX 20	XXX 30	XL 40	L 50	LX 60	LXX 70	LXXX 80	XC 90	IC 99	C 100
CC 200	CCC 300	CD 400	D 500	DC 600	DCC 700	DCCC 800	CM 900	XM 990	M 1000

MCDXCVI 1496 MDCCCLXXXIII 1883 MCMIL 1949 MCMLXXVI 1976

Quellennachweis für Abbildungen

Graphiker und Technische Zeichner

Jens Borleis, Leipzig · Kurt Dornbusch (verstorben), Leipzig · Volker Dornbusch, Leipzig · Kurt Gohle, Halle · Karl Mohr (verstorben), Wiederitzsch/Leipzig · Fredy Herrmann, Leipzig · Karl Reinhold, Leipzig · Lothar Roth, Leipzig · Felix Rudolf, Berlin · Elisabeth Schulze, Leipzig · Ingeborg Tittel, Dresden · Alfred Unger, Dresden · Willi Weitzmann, Leipzig

Fotografien

Bildarchiv des Bibliographischen Instituts GmbH Leipzig

Alphabetisches Stichwortverzeichnis

Das Stichwortverzeichnis gibt die Seiten an, auf denen der Leser Erläuterungen zum Stichwort findet; kursiv gedruckte Zahlen weisen darauf hin, daß der Begriff auf dieser Seite nicht wörtlich, sondern sinngemäß zu finden ist. Die Zusätze f. bzw. ff. zeigen, daß auch die folgenden Seiten Angaben enthalten, z.B. „abstrakter Raum 755ff."; sind es mehrere Seiten, so werden diese angegeben, z.B. „Differentiationsregeln 440–445".
Bezieht sich ein Stichwort auf ein bestimmtes Gebiet oder hat es in verschiedenen Zusammenhängen verschiedene Bedeutung, so werden das Gebiet oder der Zusammenhang genannt, um dem Leser unnötiges Suchen zu ersparen, z.B. „Abbinden, Geodäsie" oder „Pol, gebrochenrationale Funktion", „–, Kegelschnitt", „–, Kugel" und „–, Polarkoordinaten".
Bestehen aufeinanderfolgende Stichwörter jedes aus zwei oder mehreren Wörtern, von denen sich das erste wiederholt, so wird es in der Wiederholung durch einen Gedankenstrich ersetzt. Ein Gedankenstrich kann auch Abkürzung für einen Teil des Stichworts sein, dessen Ende dann durch einen senkrechten Strich angegeben wird, z.B. „Dreieck" und „–, Eulersches" oder „Dreiecks|form" und „–kette", „–konstruktion". Wiederholt sich ein zweites Wort, so wird es durch einen zweiten Gedankenstrich abgekürzt, z.B. „analytische Fortsetzung", „– Geometrie der Ebene", „– – des Raumes".
Im Alphabet folgen Wörter mit ä, ö, ü unmittelbar sonst gleichen mit a, o, u; die Buchstabenfolge ae, oe, ue wird als zwei getrennte Vokale angesehen. Der Buchstabe ß ist unter ss eingeordnet.
Dem Stichwortverzeichnis ist ein Verzeichnis der wichtigsten Mathematiker angefügt, die im Buche erwähnt werden.

A

B

E

F

G

H

I

J

K

L

M

N

O

P

Q

R

S

T

W

Y

Z

Verzeichnis von Mathematikern

Abel, Niels Henrik, geb. 1802 Finnö, gest. 1829 Froland (Norwegen)
Aitken, Alexander Craig, geb. 1895 Dunedin (Neuseeland), gest. 1967
Alembert, Jean, le Rond d', geb. 1717 und gest. 1783 Paris
Apollonios von Perge, geb. um 262 v. Chr. Perge, gest. 190 v. Chr. Pergamon?
Archimedes, geb. um 287 v. Chr. und gest. 212 v. Chr. Syrakus
Argand, Jean Robert, geb. 1768 Genf, gest. 1822 Paris
Aristoteles, geb. 384 v. Chr. Stagira, gest. 322 v. Chr. Chalkis

Banach, Stefan, geb. 1892 Kraków, gest. 1945 Lwów
Beltrami, Eugenio, geb. 1835 Cremona, gest. 1900 Rom
Bernays, Isaak Paul, geb. 1888 London, gest. 1977 Zürich
Bernoulli, Daniel, geb. 1654 und gest. 1782 Basel
Bernoulli, Jakob, geb. 1654 und gest. 1705 Basel
Bernoulli, Johann, geb. 1667 und gest. 1748 Basel
Bessel, Friedrich Wilhelm, geb. 1784 Minden, gest. 1846 Königsberg
Bezout, Étienne, geb. 1730 Nemours, gest. 1783 Les Basses-Loges bei Fontainebleau
Bhaskara, geb. 1114, gest. nach 1191 Indien
Birkhoff, George David, geb. 1884 Overisel (Mich.), gest. 1944 Cambridge (Mass.)
Blaschke, Wilhelm, geb. 1885 Graz, gest. 1962 Hamburg
Boltyanskii, Wladimir Grigorjewitsch, geb. 1925 Moskau
Bólyai, Farkas, geb. 1775 Bólya, gest. 1856 Marosvásárhely
Bólyai, János, geb. 1802 Klausenburg, gest. 1860 Marosvásárhely
Bolzano, Bernard, geb. 1781 und gest. 1848 Prag
Bombelli, Raffaele, 16. Jh. Bologna
Brahmagupta, geb. 598 Ujjam? (Indien), gest. nach 665
Briggs, Henry, geb. 1561 Warleywood (Yorkshire), gest. 1630 Oxford
Brinell, Johann August, geb. 1849 Bringetofta, gest. 1925 Stockholm
Brouwer, Luitzen Egbertus Jan, geb. 1881 Overschie, gest. 1966 Amsterdam
Brown, Ernest William, geb. 1866 Hull (York), gest. 1938 New Haven (Conn.)
Buffon, Georges Louis Leclerc, Comte de, geb. 1707 Montbard, gest. 1788 Paris
Bunjakowski, Viktor Jakowlewitsch, geb. 1804 Bar, gest. 1889 St. Petersburg
Bürgi, Jost, geb. 1552 Lichtensteig, gest. 1632 Kassel
Burnside, William, geb. 1852 London, gest. 1927 West Wickham (Kent)

Cantor, Georg, geb. 1845 St. Petersburg, gest. 1918 Halle
Carathéodory, Constantin, geb. 1873 Berlin, gest. 1950 München
Cardano, Geronimo, geb. 1501 Pavia, gest. 1576 Rom
Cartan, Élie Joseph, geb. 1869 Dolomieu (Isère), gest. 1951 Paris
Cartesius ↑ Descartes
Cauchy, Augustin Louis, geb. 1789 Paris, gest. 1857 Sceaux bei Paris
Cavalieri, Francesco Bonaventura, geb. um 1598 und gest. 1647 Bologna
Cayley, Arthur, geb. 1821 Richmond, gest. 1895 Cambridge
Ceva, Giovanni, geb. 1647 und gest. 1734 Mailand
Chintchin, Alexander Jakowlewitsch, geb. 1894 Kondrowo, gest. 1959 Moskau
Church, Alonzo, geb. 1903 Washington
Clavius, Christophorus, eigtl. Christoph Schlüssel, geb. 1537 Bamberg, gest. 1612 Rom
Cohen, Paul, geb. 1934 Long Branch (N. J.)
Cramer, Gabriel, geb. 1704 Genf, gest. 1752 Bagnols bei Nîmes
Crofton, Morgan William, geb. 1826 Dublin, gest. 1915
Cusanus, Nicolaus, eigtl. Nikolaus von Kues, geb. 1401 Kues (Mosel), gest. 1464 Todi (Umbrien)

Dandelin, Pierre, geb. 1794 Bourget bei Paris, gest. 1847 Brüssel
Dantzig, George Bernhard, geb. 1914 Portland (Oregon)
Dedekind, Richard, geb. 1831 und gest. 1916 Braunschweig
Descartes, René [lat. Cartesius], geb. 1596 La Haye, gest. 1650 Stockholm
Diophantos von Alexandria, wahrscheinlich um 250 n. Chr.
Dirichlet, Peter Gustav Lejeune, geb. 1805 Düren, gest. 1859 Göttingen
Dürer, Albrecht, geb. 1471 und gest. 1528 Nürnberg

Eckhart, Ludwig, geb. 1890 Selletitz, gest. 1938 Wien
Eisenhart, Luther Pfahler, geb. 1876 York (Pa.), gest. 1965 Princeton (N. J.)
Enriques, Federigo, geb. 1871 Livorno, gest. 1946 Rom
Eratosthenes von Kyrene, um 284 v. Chr. Kyrene, gest. um 200 v. Chr. Alexandria
Eudoxos, geb. um 408 v. Chr. auf Knidos, gest. um 347 v. Chr. Athen
Euklid von Alexandria, geb. um 365 v. Chr. und gest. um 300 v. Chr. Alexandria?
Euler, Leonhard, geb. 1707 Basel, gest. 1783 St. Petersburg
Everett, Joseph David, geb. 1831 Ipswich, gest. 1904 Belfast

Fermat, Pierre de, geb. 1601 Beaumont de Lomagne, gest. 1665 Castres
Ferrari, Ludovico, geb. 1522 und gest. 1569 Bologna
Ferro, Scipione del, geb. 1465 und gest. 1526 Bologna
Fibonacci ↑ Leonardo Fibonacci
Fisher, Sir Ronald Aylmer, geb. 1890 East Finchley (Middlesex), gest. 1962 Adelaide
Fourier, Jean Baptiste Joseph de, geb. 1768 Auxerre, gest. 1830 Paris

Fraenkel, Adolf Abraham, geb. 1891 München, gest. 1965 Jerusalem
Fredholm, Erik Ivar, geb. 1866 und gest. 1927 Stockholm
Frege, Gottlob, geb. 1848 Wismar, gest. 1925 Bad Kleinen
Frobenius, Ferdinand Georg, geb. 1849 und gest. 1917 Berlin

Galilei, Galileo, geb. 1564 Pisa, gest. 1642 Arcetri
Galois, Évariste, geb. 1811 Bourg-la-Reine bei Paris, gest. (im Duell getötet) 1832 Paris
Gauß, Carl Friedrich, geb. 1777 Braunschweig, gest. 1855 Göttingen
Gerling, Christian Ludwig, geb. 1788 Hamburg, gest. 1864 Marburg
Girard, Albert, geb. 1595 Saint-Mihiel (Meuse), gest. 1632 Leiden
Gnedenko, Boris Wladimirowitsch, geb. 1912 Simbirsk
Gödel, Kurt, geb. 1906 Brünn, gest. 1978 Princeton (N. J.)
Goldbach, Christian, geb. 1690 Königsberg, gest. 1764 St. Petersburg
Gomory, Ralph E., geb. 1929 Brooklyn (N. Y.)
Gregory, James, geb. 1638 Drumoak bei Aberdeen, gest. 1675 Edinburgh
Guldin, Paul, geb. 1577 St. Gallen, gest. 1643 Graz
Gunter, Edmund, geb. 1561 Herefordshire, gest. 1626 London

Hadamard, Jacques Salomon, geb. 1865 Versailles, gest. 1963 Paris
Hamilton, Sir William Rowan, geb. 1805 Dublin, gest. 1865 Dunsik
Hankel, Hermann, geb. 1839 Halle, gest. 1874 Schramberg (Schwarzwald)
Hayford, John, geb. 1868 Rousses Point (N. Y.), gest. 1925 Evanston (Ill.)
Helmert, Friedrich Robert, geb. 1843 Freiberg (Sachsen), gest. 1917 Potsdam
Herbrand, Jacques, geb. 1908 Paris, gest. (verunglückt) 1931 La Bérarde (Isère)
Hermite, Charles, geb. 1822 Dieuze, gest. 1901 Paris
Heron von Alexandria, um 75 n. Chr. Alexandria
Hesse, Ludwig Otto, geb. 1811 Königsberg, gest. 1874 München
Hilbert, David, geb. 1862 Königsberg, gest. 1943 Göttingen
Hippasos von Metapont, um 450 v. Chr.
Hippokrates von Chios, um 440 v. Chr.
Hitchcock, Frank Lauren, geb. 1875 New York, gest. 1957 Los Angeles
Huygens, Christian, geb. 1629 und gest. 1695 Den Haag (s'-Gravenhage)

Jacobi, Carl Gustav Jacob, geb. 1804 Potsdam, gest. 1851 Berlin
Jordan, Marie Ennemond Camille, geb. 1838 Lyon, gest. 1922 Mailand

Kantorowitsch, Leonid Witaljewitsch, geb. 1912 St. Petersburg, gest. 1986 Moskau
Kepler, Johannes, geb. 1571 Weil der Stadt (Württemberg), gest. 1630 Regensburg
Kleene, Stephen Cole, geb. 1909 Hatford (Conn.), gest. 1994 Madison (Wisc.)
Klein, Felix, geb. 1849 Düsseldorf, gest. 1925 Göttingen
Kochánski, Adam Adamandy, geb. 1631 Dobrzyn, gest. 1700 Teplitz
Kolmogorow, Andrei Nikolajewitsch, geb. 1903 Tambow, gest. 1987 Moskau (?)
Kowalewskaja, Sofia Wassiljewna (Sonja), geb. 1850 Moskau, gest. 1891 Stockholm
Krassowski, Feodossi Nikolajewitsch, geb. 1878 Galitsch bei Kostroma, gest. 1948 Moskau
Kronecker, Leopold, geb. 1823 Liegnitz, gest. 1891 Berlin
Krüger, Johannes Heinrich Louis, geb. 1857 und gest. 1923 Elze (Hann.)
Krull, Wolfgang Adolf Ludwig Helmuth, geb. 1899 Baden-Baden, gest. 1971 Bonn
Kummer, Ernst Eduard, geb. 1810 Sorau (Lausitz), gest. 1893 Berlin

Lagrange, Joseph Louis, geb. 1736 Turin, gest. 1813 Paris
Lambert, Johann Heinrich, geb. 1728 Mülhausen (Elsaß), gest. 1777 Berlin
Laplace, Pierre Simon, geb. 1749 Beaumont-en-Auge, gest. 1827 Paris
Lebesgue, Henri Léon, geb. 1875 Beauvais, gest. 1941 Paris
Legendre, Adrien Marie, geb. 1752 und gest. 1833 Paris
Leibniz, Gottfried Wilhelm, geb. 1646 Leipzig, gest. 1716 Hannover
Leonardo da Vinci, geb. 1452 Vinci bei Empoli, gest. 1519 Schloß Cloux bei Amboise
L'Hospital, Guillaume François Antoine Marquis de, geb. 1661 und gest. 1704 Paris
L'Huilier, Simon, geb. 1750 und gest. 1840 Genf
Lie, Sophus, geb. 1842 Nordfjordeid am Nordfjord, gest. 1899 Kristiania (Oslo)
Lindemann, Ferdinand von, geb. 1852 Hannover, gest. 1939 München
Liouville, Joseph, geb. 1809 Saint-Omer, gest. 1882 Paris
Lipschitz, Rudolf, geb. 1832 Königsberg, gest. 1903 Bonn
Lobatschewski, Nikolai Iwanowitsch, geb. 1792 Nishni Nowgorod, gest. 1856 Kasan
Lullus, Raimundus, geb. 1235 Palma de Mallorca, gest. 1315 Tunis

Maclaurin, Colin, geb. 1698 Kilmodan, gest. 1746 York
Markow, Andrei Andrejewitsch, geb. 1856 Gouvernement Rjasan, gest. 1922 Petrograd (St. Petersburg)
Maupertuis, Pierre Louis Moreau de, geb. 1698 Saint-Malo, gest. 1759 Basel
Menelaos von Alexandria, um 98 n. Chr. Rom
Minkowski, Hermann, geb. 1864 Aleksotas bei Kaunas, gest. 1909 Göttingen
Möbius, August Ferdinand, geb. 1790 Schulpforta, gest. 1868 Leipzig

Moivre, Abraham de, geb. 1667 Vitry-le-François, gest. 1754 London
Monge, Gaspard, geb. 1746 Beaune, gest. 1818 Paris
Moore, Eliakim Hastings, geb. 1862 Marietta (Ohio), gest. 1932 Chicago
Morgan De, Augustus, geb. 1806 Madura (Indien), gest. 1871 London
Mostowskii, Andřzej, geb. 1913 Lemberg, gest. 1975 Vancouver

Nagata, Jun-Iti, geb. 1925
Napier ↑ Neper
Neper, eigtl. Napier, John, geb. 1550 und gest. 1617 Schloß Merchiston bei Edinburgh
Neumann, John von, geb. 1903 Budapest, gest. 1957 Washington (USA)
Newton, Sir Isaac, geb. 1643 Whoolsthorpe bei Grantham, gest. 1727 Kensington
Nikolaus von Kues ↑ Cusanus
Noether, Emmy, geb. 1882 Erlangen, gest. 1935 Bryn Mawr (Pa.)
Noether, Max, geb. 1844 Mannheim, gest. 1921 Erlangen
Nowikow, Sergei Petrowitsch, geb. 1938 und gest. 1975 Moskau

Oresme, Nicole, geb. 1323 in der Normandie, gest. 1382 Lisieux
Ostrogradski, Michail Wassiljewitsch, geb. 1801 Paschennaja (Gouvernement Poltawa), gest. 1862 Poltawa
Oughtred, William, geb. 1575 Eaton, gest. 1660 Albury (Surrey)

Pacioli, Luca, geb. um 1445 Borgo San Sepolcro (Toskana), gest. um 1514 Florenz
Pappos von Alexandria, 4. Jh. n. Chr.
Pascal, Blaise, geb. 1623 Clermont-Ferrand, gest. 1662 Paris
Peano, Guiseppe, geb. 1858 Cuneo, gest. 1932 Turin
Pearson, Karl, geb. 1857 und gest. 1936 London
Pell, John, geb. 1611 Southwick (Sussex), gest. 1685 London
Platon, geb. 427 v. Chr. und gest. 347 v. Chr. Athen
Plücker, Julius, geb. 1801 Elberfeld, gest. 1868 Bonn
Poincaré, Henri, geb. 1854 Nancy, gest. 1912 Paris
Poisson, Siméon Denis, geb. 1781 Pithiviers (Loiret), gest. 1840 Paris
Poncelet, Jean Victor, geb. 1788 Metz, gest. 1867 Paris
Pontrjagin, Lew Semjonowitsch, geb. 1908 und gest. 1988 Moskau
Poseidonios, geb. um 135 v. Chr. Apamea (Syrien), gest. 51 v. Chr. Rom
Post, Emil Leon, geb. 1897 Augustów (Polen), gest. 1954 New York
Proklos, geb. 412 Byzanz (Konstantinopel), gest. 485 Athen
Pythagoras von Samos, geb. um 580 v. Chr. Samos, gest. um 496 v. Chr. Metapont (Italien)

Quetelet, Lambert Adolphe Jacques, geb. 1796 Gent, gest. 1874 Brüssel

Ramón Lull ↑ Lullus
Recorde, Robert, geb. um 1512 Tenby (Wales), gest. 1558 London
Regiomontanus, eigtl. Müller, Johannes, geb. 1436 Königsberg (Franken), gest. 1476 Rom
Riemann, Bernhard, geb. 1826 Breselenz (Hannover), gest. 1866 Selasca (Lago Maggiore)
Ries, Adam, geb. 1492 Staffelstein (Franken), gest. 1559 Annaberg
Ritz, Walter, geb. 1878 Sitten, gest. 1909 Göttingen
Rolle, Michel, geb. 1652 Ambert, gest. 1719 Paris
Rudolff, Christoph, geb. etwa 1500 Jauer, gest. um 1549
Ruffini, Paolo, geb. 1765 Valentano, gest. 1822 Modena
Russell, Bertrand Earl of, geb. 1872 Trelleck, gest. 1970 Penrhyndendraeth (Wales)
Rytz, David, geb. 1801 Bucheggberg, gest. 1868 Aarau

Saccheri, Girolamo, geb. 1667 San Remo, gest. 1733 Mailand
Schmidt, Erhard, geb. 1876 Dorpat (Tartu), gest. 1959 Berlin
Schwarz, Hermann Amandus, geb. 1843 Hermsdorf unterm Kynast, gest. 1921 Berlin
Segre, Corrado, geb. 1863 Saluzzo, gest. 1924 Turin
Severi, Francesco, geb. 1879 Arezzo, gest. 1961 Rom
Simpson, Thomas, geb. 1710 und gest. 1761 Market-Bosworth
Skolem, Thoralf, geb. 1887 Sandsvaer (Norwegen), gest. 1963 Oslo
Smirnow, Wladimir Iwanowitsch, geb. 1887 St. Petersburg, gest. 1975 Leningrad
Staudt, Carl Georg Christian von, geb. 1798 Rothenburg o. d. Tauber, gest. 1867 Erlangen
Steiner, Jakob, geb. 1796 Utzenstorf bei Solothurn, gest. 1863 Bern
Steno, Nikolaus, eigtl. Niels Stensen, geb. 1638 Kopenhagen, gest. 1686 Schwerin
Stevin, Simon, geb. 1548 Brügge, gest. 1620 Den Haag ('s-Gravenhage)
Stifel, Michael, geb. 1487 Eßlingen, gest. 1567 Jena
Stirling, James, geb. 1692 Garden (Schottland), gest. 1770 Edinburgh
Stokes, Sir George Gabriel, geb. 1819 Skreen (Irland), gest. 1903 London
Störmer, Fredrik Carl Mülertz, geb. 1874 Skien (Norwegen), gest. 1957 Oslo

Tarski, Alfred, geb. 1901 Warschau, gest. 1983 Berkeley (Ca.)
Tartaglia, Niccoló, eigtl. Niccoló Fontana, geb. um 1500 Brescia, gest. 1557 Venedig
Taylor, Brook, geb. 1685 Edmonton, gest. 1731 London
Thales von Milet, geb. um 625 v. Chr., gest. 545 v. Chr.
Theaitetos, geb. um 410 v. Chr. Athen, gest. (gefallen) 369 v. Chr.
Theodoros von Kyrene, geb. um 460 v. Chr., gest. nach 399 v. Chr.
Tschebyschow, Pafnuti Lwowitsch, geb. 1821 Okatowo (Gouvernement Kaluga), gest. 1894 St. Petersburg

Tschirnhaus, Ehrenfried Walter Graf von, geb. 1651 Kieslingswalde, gest. 1708 Dresden
Tucker, Albert William, geb. 1905 Oshawa (Kanada)
Turing, Alan Mathison, geb. 1912 London, gest. 1954 Wilmslow (bei Manchester)

Vallée-Poussin, Charles de la, geb. 1866 und gest. 1962 Louvain
Vieta ↑ Viète
Viète [lat. Vieta], François, geb. 1540 Fontenay-le-Comte, gest. 1603 Paris
Vlacq, Adrien, geb. etwa 1600, gest. 1667, lebte in Gouda (Niederlande)

Waerden, Bartel Leendert van der, geb. 1903 Amsterdam
Wallis, John, geb. 1616 Ashford (Kent), gest. 1703 Oxford
Waring, Edward, geb. 1734 Shrewsbury, gest. 1798 Plealey bei Shrewsbury
Weierstraß, Karl, geb. 1815 Ostenfelde, gest. 1897 Berlin
Weil, André, geb. 1906 Paris
Wessel, Caspar, geb. 1745 Vestby bei Oslo, gest. 1818 Kopenhagen

Weyl, Hermann, geb. 1885 Elmshorn, gest. 1955 Zürich
Whitehead, Alfred North, geb. 1861 Ramsgate (Kent), gest. 1947 Cambridge (Mass.)
Widmann, Johann, geb. um 1460 Eger, gest. nach 1498 Leipzig?
Wingate, Edmund, geb. 1593 Bedford, gest. 1656 London
Winogradow, Iwan Matwejewitsch, geb. 1891 Milol-jub bei Welikije Luki, gest. 1983 Moskau
Wittich, Paul, geb. 1555 und gest. 1587 Breslau
Wroński (Hoene-), Józef Maria, geb. 1775 Posen (Poznan), gest. 1853 Paris

Yaglom, Isaak Moisejewitsch, geb. 1921 Charkow

Zenodoros, 2. Jh. v. Chr.
Zenon von Elea, geb. um 490 v. Chr. und gest. um 430 v. Chr. Elea
Zermelo, Ernst, geb. 1871 Berlin, gest. 1953 Freiburg (Br.)

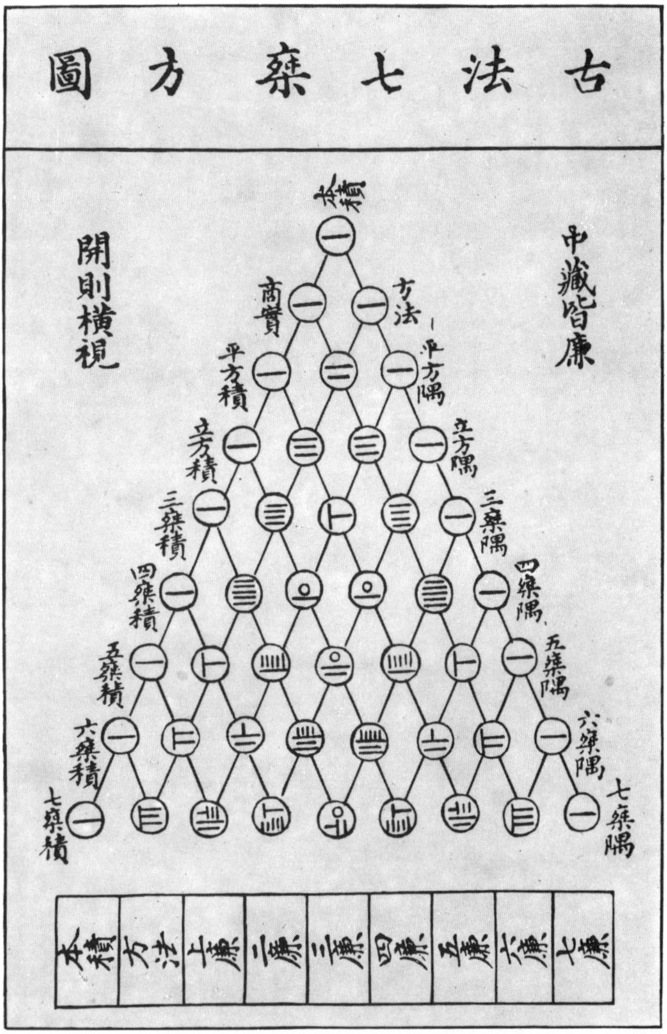

Aus einer Handschrift von 1303 (das später nach B. Pascal benannte Zahlendreieck)

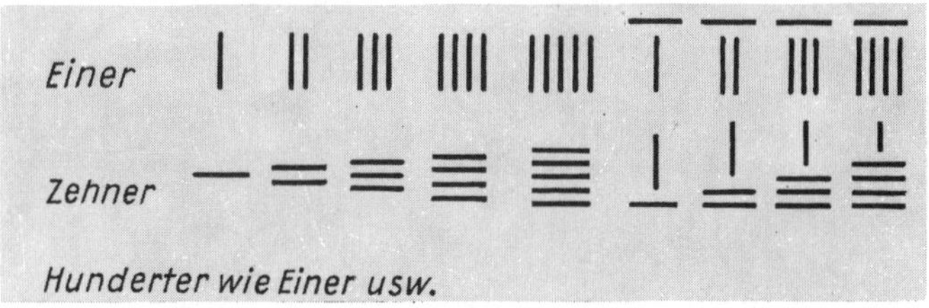

Bambusziffern

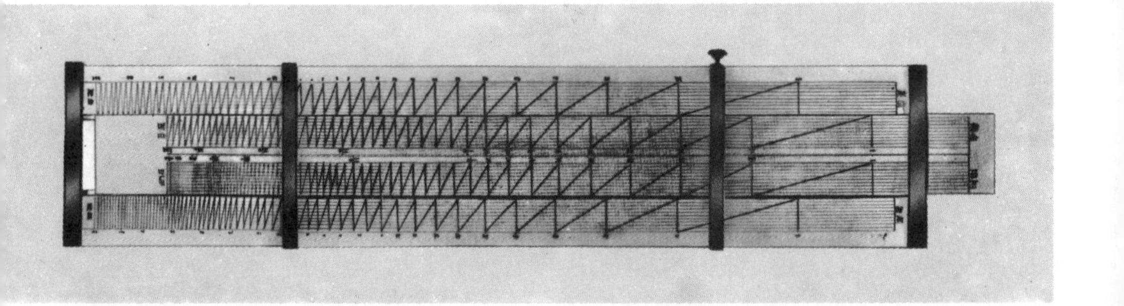

Chinesischer Rechenstab, um 1660

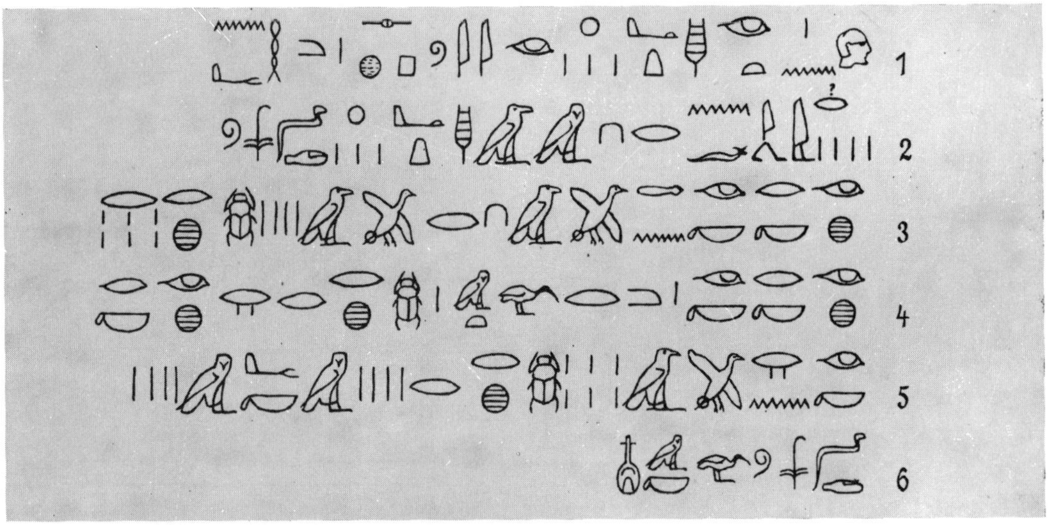

oben
Originaltext der Hau-Aufgabe in demotischer Schrift
darunter
Transkription der demotischen Schrift des oberen Bildes in Hieroglyphen

2 Altägyptische Mathematik
(Moskauer Papyrus)

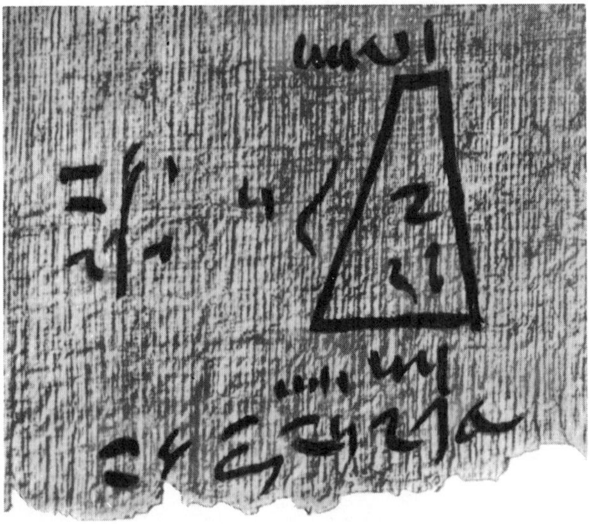

Berechnung eines Pyramidenstumpfes

Keilschrifttafel mit Flächeninhaltsberechnungen

3 Babylonische Mathematik

Ausschnitt aus der obenstehenden Tafel

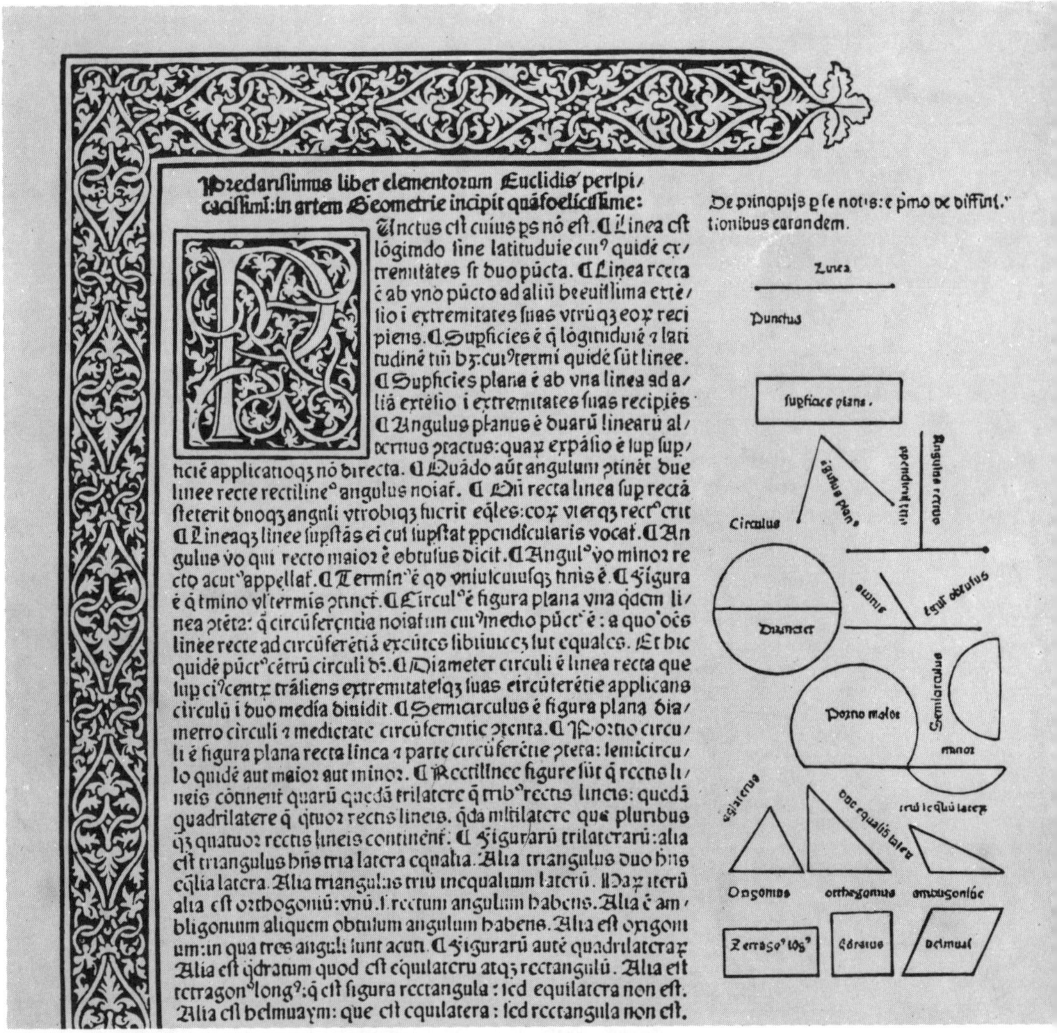

Preclarissimus liber elementorum Euclidis perspi/cacissimi: in artem Geometrie incipit quã foelicissime:

Punctus est cuius ps nõ est. ¶ Linea est lõgitudo sine latitudine cui⁹ quidẽ ex/tremitates sũt duo pũcta. ¶ Linea recta ẽ ab vno pũcto ad aliũ breuissima exte/sio i extremitates suas vtrũq3 eorũ reci piens. ¶ Supficies ẽ q̃ lõgitudinẽ ⁊ lati tudinẽ tñ h3: cui⁹ termi quidẽ sũt linee. ¶ Supficies plana ẽ ab vna linea ad a/liã extẽsio i extremitates suas recipiẽs ¶ Angulus planus ẽ duarũ linearũ al/ternus ɔtactus: quarũ expãsio ẽ sup sup/ficiẽ applicatioq3 nõ directa. ¶ Quãdo aũt angulum ɔtinẽt due linee recte rectiline⁹ angulus noiat. ¶ Qñ recta linea sup rectã steterit duoq3 anguli vtrobiq3 fuerit eq̃les: eorũ vterq3 rect⁹ erit ¶ Lineaq3 linee supstãs ei cui supstat ppendicularis vocat. ¶ Angulus vo q̃ recto maior ẽ obtusus dicit. ¶ Angul⁹ vo minor recto acut⁹ appellat. ¶ Termin⁹ ẽ q̃d vniuscuiusq3 finis ẽ. ¶ Figura ẽ q̃ tmino vl tmis ɔtinet. ¶ Circul⁹ ẽ figura plana vna q̃dem linea ɔtẽta: q̃ circũferẽtia noiatur: in cui⁹ medio pũct⁹ ẽ: a quo oẽs linee recte ad circũferẽtiã exeũtes sibiinuicẽ sũt equales. Et hic quidẽ pũct⁹ cẽtrũ circuli dr. ¶ Diameter circuli ẽ linea recta que sup ei⁹ centrũ trãsiens extremitatesq3 suas circũferẽtie applicans circulũ i duo media diuidit. ¶ Semicirculus ẽ figura plana dia/metro circuli ⁊ medietate circũferentie ɔtenta. ¶ Portio circu/li ẽ figura plana recta linea ⁊ parte circũferẽtie ɔtẽta: semicircu/lo quidẽ aut maior aut minor. ¶ Rectilinee figure sũt q̃ rectis li/neis cõtinent quarũ quedã trilatere q̃ trib⁹ rectis lineis: quedã quadrilatere q̃ q̃tuor rectis lineis. q̃da mltilatere que pluribus q3 quatuor rectis lineis continẽt. ¶ Figurarũ trilaterarũ: alia est triangulus hñs tria latera equalia. Alia triangulus duo hñs eq̃lia latera. Alia triangulus triũ inequalium laterũ. Harũ iterũ alia est orthogoniũ: vnũ.s. rectum angulum habens. Alia ẽ am/bligonium aliquem obtusum angulum habens. Alia est oxigoni um: in qua tres anguli sunt acuti. ¶ Figurarũ autẽ quadrilaterarũ Alia est q̃dratum quod est equilaterũ atq3 rectangulũ. Alia est tetragon⁹ long⁹: q̃ est figura rectangula: sed equilatera non est. Alia est helmuaym: que est equilatera: sed rectangula non est.

De principijs p se notis: e pmo de diffini/tionibus earundem.

Elemente des Euklid, erste Druckausgabe in Europa, 1482

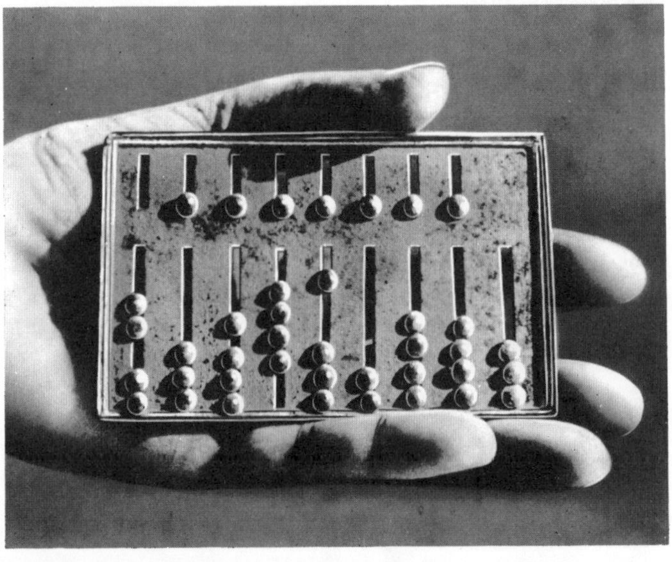

4 Griechisch-römische Mathematik

Römischer Handabakus

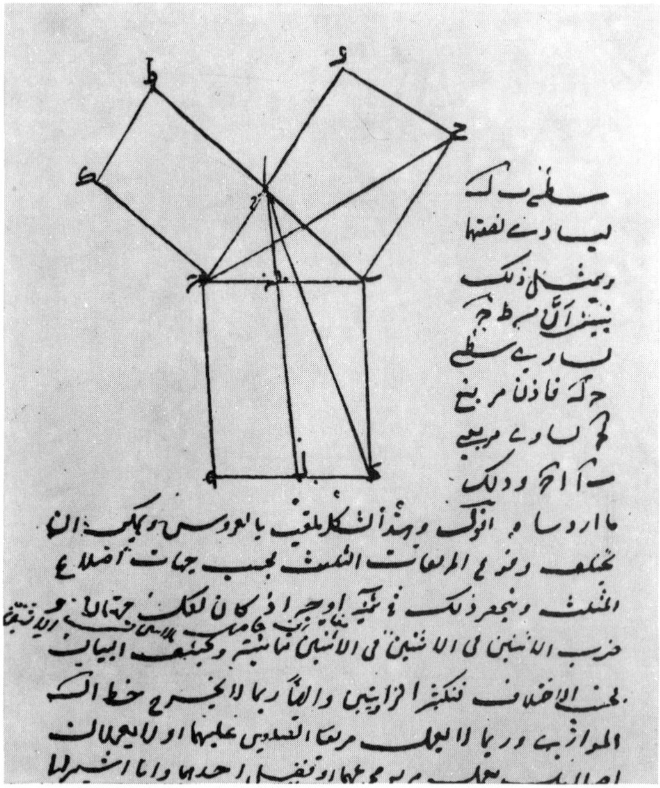

Satz des Pythagoras in einer arabischen mathematischen Handschrift aus dem 14. Jh.

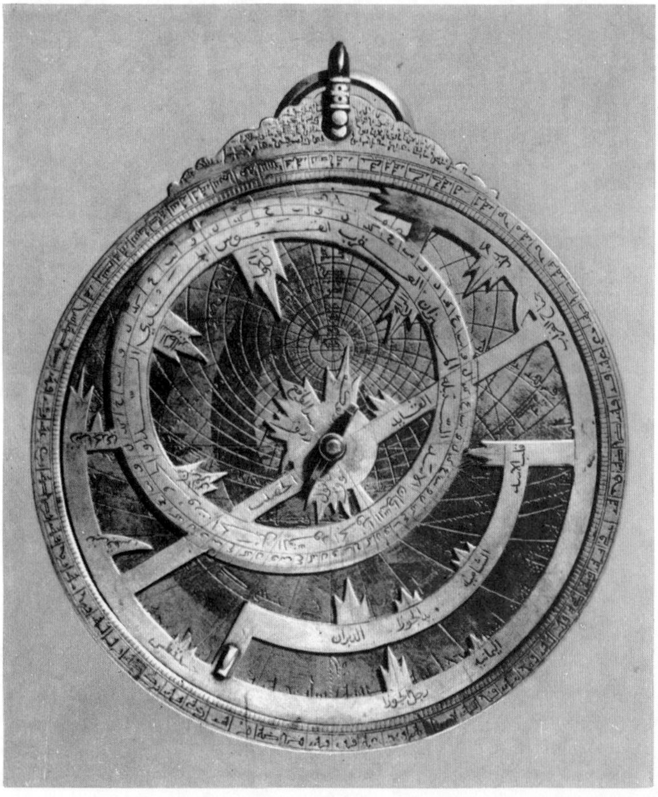

Arabisches Astrolabium für Höhenmessungen und astronomische Berechnungen, Anfang des 15. Jh.

6 Mathematik in Europa im 16. Jh.

Sieg des Ziffernrechnens über das Abakusrechnen. Zeitgenössische Darstellung von 1503.

Pythagoras, der als Erfinder des Abakusrechnens galt, sitzt griesgrämig noch beim Rechnen, während Boethius (links), der angebliche Erfinder des schriftlichen Rechnens mit indischen Ziffern, bereits fertig ist. Die Göttin Arithmetica im Hintergrund beaufsichtigt den Wettbewerb

Gebrauch des Jakobstabs; zeitgenössische Darstellung aus dem 16. Jh.

Abschluß eines Geschäfts am Rechentisch, auf dem Linien und eine Münzeinteilung aufgezeichnet sind (alter Holzschnitt)

7 Aus alten Rechenbüchern

Berechnung des Inhalts von Fässern (d. i. Visieren) Titelblatt des 1531 in Nürnberg gedruckten Visierbüchleins von Johann Frey

Ägyptische Pyramiden bei Gizeh (gerade quadratische Pyramide)

8 Geometrische Formen in Baukunst und Technik I

Turm eines Stadtwalls (gerader Kreiskegel)

Altes Rathaus, Leipzig, 16. Jh. Der Turm teilt die Vorderfront im Verhältnis des Goldenen Schnitts

Keil als Spaltwerkzeug

Obelisk im großen Ammontempel in Karnak (Altägypten)

9 Geometrische Formen in Baukunst und Technik II

Dach einer Ausstellungshalle in Form eines hyperbolischen Paraboloids

1

2

3

4

5

6

7

10 Bedeutende Mathematiker im 15./16. Jh.

1 Regiomontanus (1436 – 1476)
2 Simon Stevin (1548 – 1620)
3 Albrecht Dürer (1471 – 1528) (Ausschnitt aus Selbstbildnis)
4 Niccolò Tartaglia (um 1500 – 1557)
5 Geronimo Cardano (1501 – 1576)
6 Jost Bürgi (1552 – 1632)
7 Luca Pacioli (1445 – 1514) (nach einem Gemälde von Jacopo d'Barbari)

Rechenung nach der lenge/ auff den Linihen vnd Feder.
Darzu forteil vnd behendigkeit durch die Proportiones/Practica genant/Mit grüntlichem vnterricht des visierens.
Durch Adam Riesen.
im 1550. Jar.

Cum gratia & priuilegio Cæsareo.

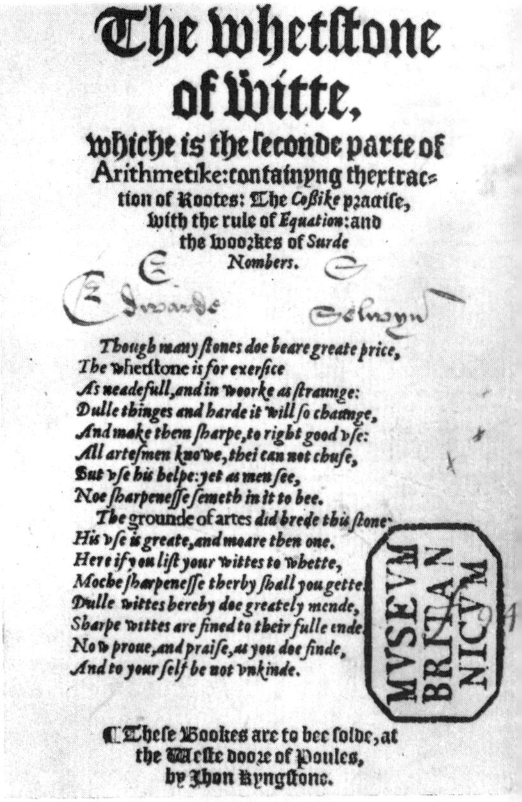
The whetstone of witte,
whiche is the seconde parte of Arithmetike: containyng thextraction of Rootes: The Cossike practise, with the rule of Equation: and the woorkes of Surde Nombers.

Though many stones doe beare greate price,
The whetstone is for exersice
As neadefull, and in woorke as straunge:
Dulle thinges and harde it will so chaunge,
And make them sharpe, to right good vse:
All artesmen knowe, thei can not chuse,
But vse his helpe: yet as men see,
Noe sharpenesse semeth in it to bee.
The grounde of artes did brede this stone:
His vse is greate, and moare then one.
Here if you list your wittes to whette,
Moche sharpenesse therby shall you gette.
Dulle wittes hereby doe greately mende,
Sharpe wittes are fined to their fulle ende.
Now proue, and praise, as you doe finde,
And to your self be not vnkinde.

These Bookes are to bee solde, at the Weste doore of Poules, by Jhon Kyngstone.

oben links
Titelblatt der 1550 in Leipzig gedruckten Ausgabe mit einer Wiedergabe des Verfassers
oben rechts
Titelseite der Algebra von Robert Recorde (1557)

11 **Bedeutende Mathematiker im 16. Jh.**
Adam Ries (1492–1559), Rechenmeister in Erfurt und Annaberg, vollendete 1522 sein Werk „Rechnung auff den Linihen und Feder ...“. Es wurde zum echten Volksrechenbuch und ist in über 90 Auflagen erschienen

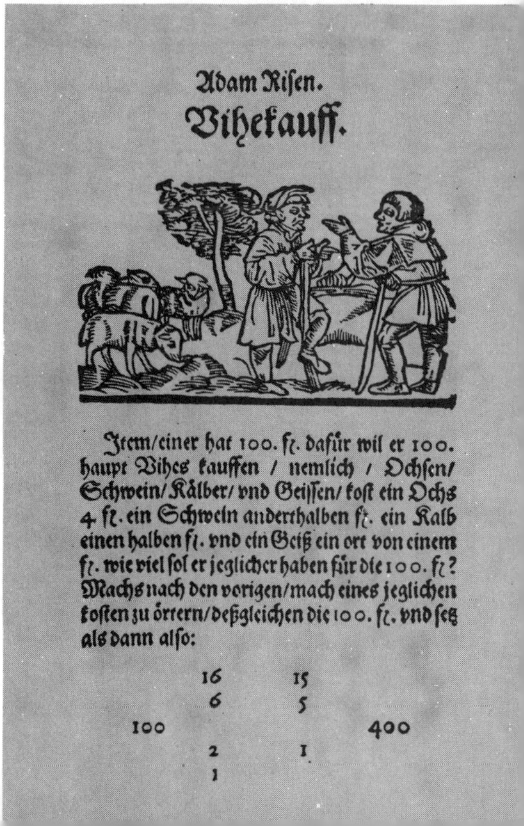
Adam Risen.
Vihekauff.

Item/einer hat 100. fl. dafür wil er 100. haupt Vihes kauffen / nemlich / Ochsen/ Schwein/ Kälber/ vnd Geissen/ kost ein Ochs 4 fl. ein Schwein anderthalben fl. ein Kalb einen halben fl. vnd ein Geiß ein ort von einem fl. wie viel sol er jeglicher haben für die 100. fl.? Machs nach den vorigen/mach eines jeglichen kosten zu örtern/deßgleichen die 100. fl. vnd setz als dann also:

16 15
6 5
100 400
2 1
1

Rechenaufgabe, die den Einkauf von Vieh behandelt (eine Seite aus dem Rechenbuch von Adam Ries)

12 Staatlicher Mathematisch-Physikalischer Salon I
Auftragbussole zum Messen und graphischen Festlegen von Strecken und Winkeln im Gelände, um 1600

13 Staatlicher Mathematisch-Physikalischer Salon II

Schrittzähler, 1741

Aufgeschlitzter Bambus als Zählstock (Sumatra). Darunter Kerbholz. Beim Abschluß eines Geschäfts wurden gleichzeitig in beide ineinandergelegten Hölzer die entsprechenden Kerben eingeschnitten. Jeder Partner erhielt dann eine Hälfte als Rechtsunterlage

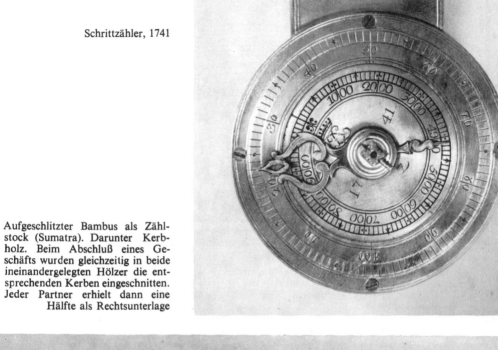

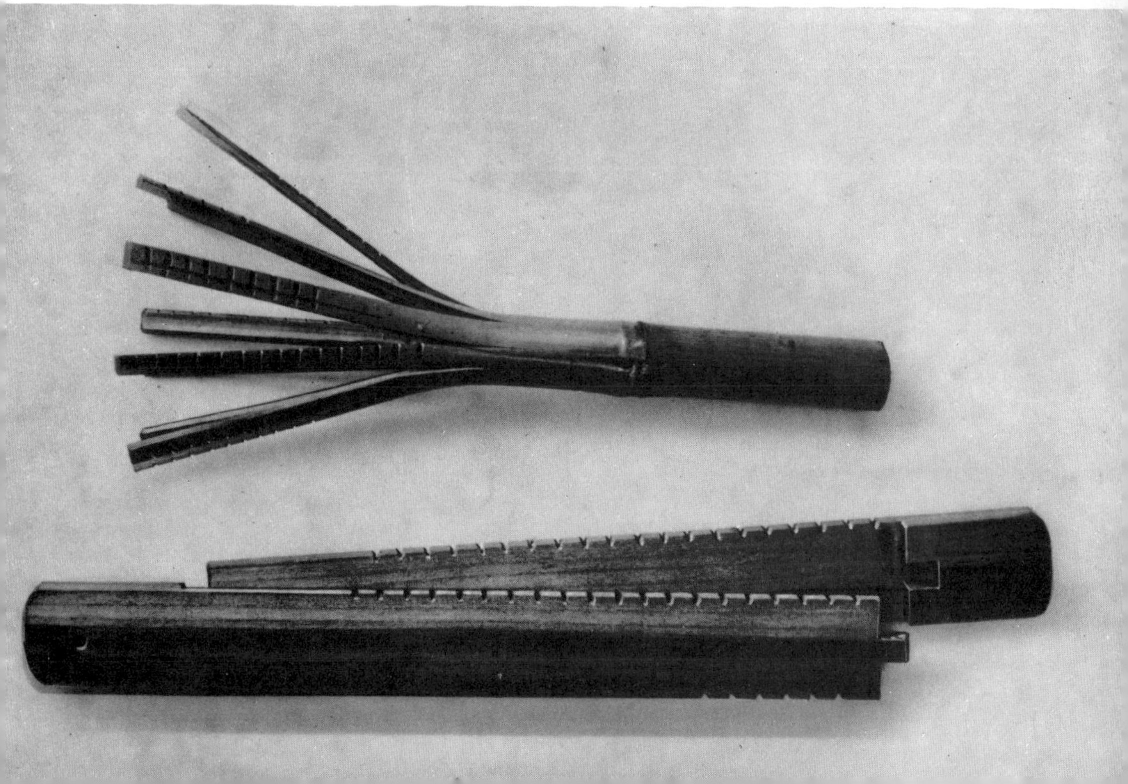

Darstellung einer Rute durch Aneinandersetzen von 16 Füßen; aus Jacob Köbel; Geometrie, Frankfurt 1616

14 Alte Längenmaße

Meßstäbe mit verschiedenen Zolleinteilungen aus dem 16. Jh.

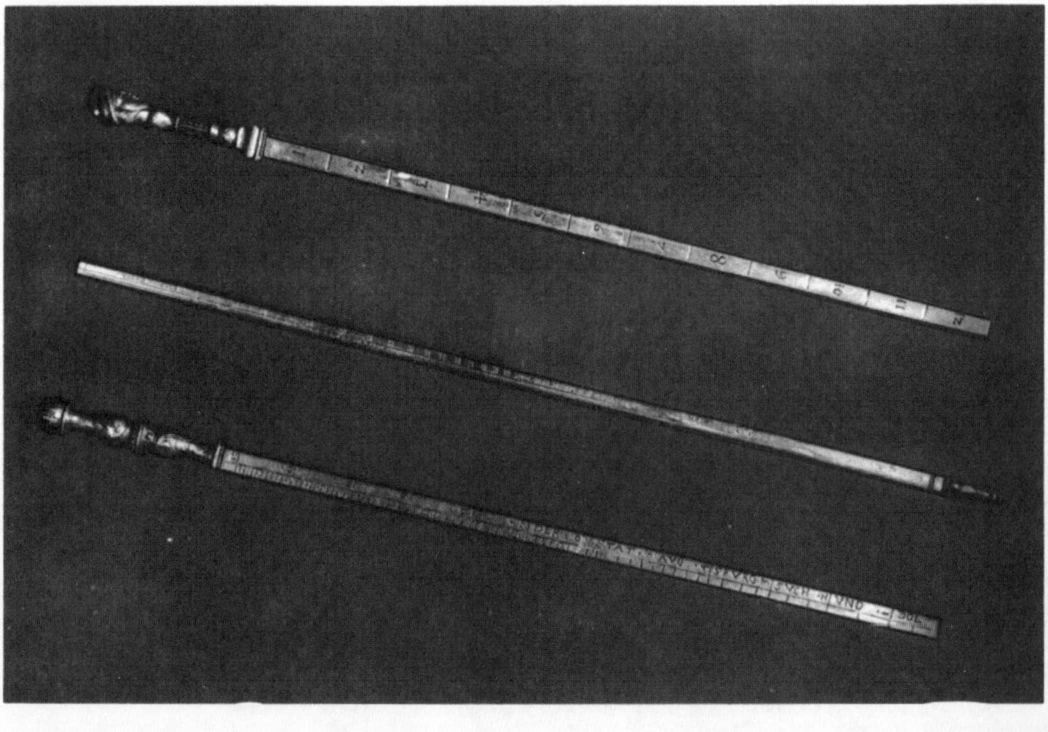

Aufklappbare Sonnenuhr
aus Elfenbein

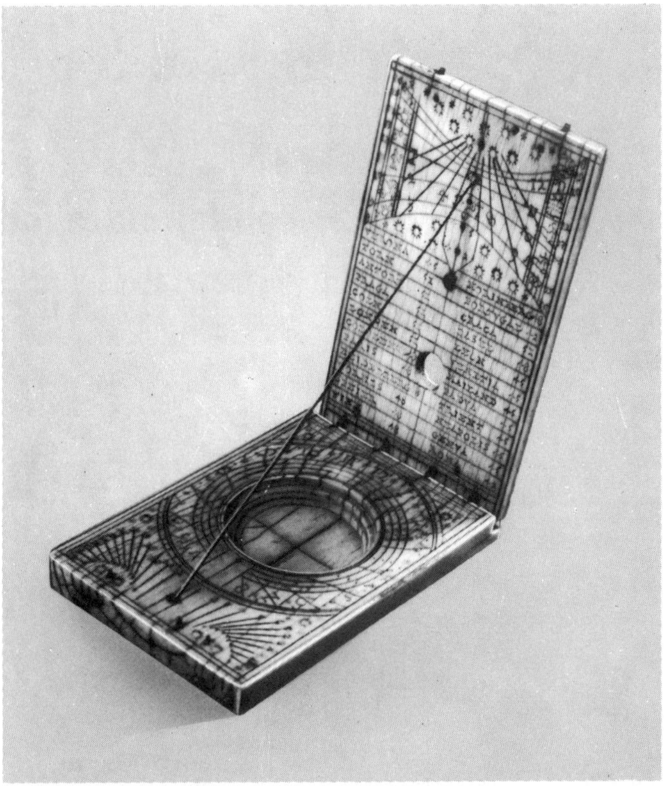

15 Alte Maße

Einsatzgewicht für 50 Mark,
Nürnberg 1588

DISCOURS

DE LA METHODE

Pour bien conduire ſa raiſon, & chercher la verité dans les ſciences.

PLUS

LA DIOPTRIQVE.

LES METEORES.

ET

LA GEOMETRIE.

Qui ſont des eſſais de cete METHODE.

A LEYDE

De l'Imprimerie de IAN MAIRE.

cIɔ Iɔ c XXXVII.

Auec Priuilege.

16 Bedeutende Mathematiker im 17./18. Jh. I

Titelblatt des von R. Descartes verfaßten Werkes „Discours de la Méthode", dessen Teil „La Géométrie" die Grundlagen der analytischen Geometrie enthält

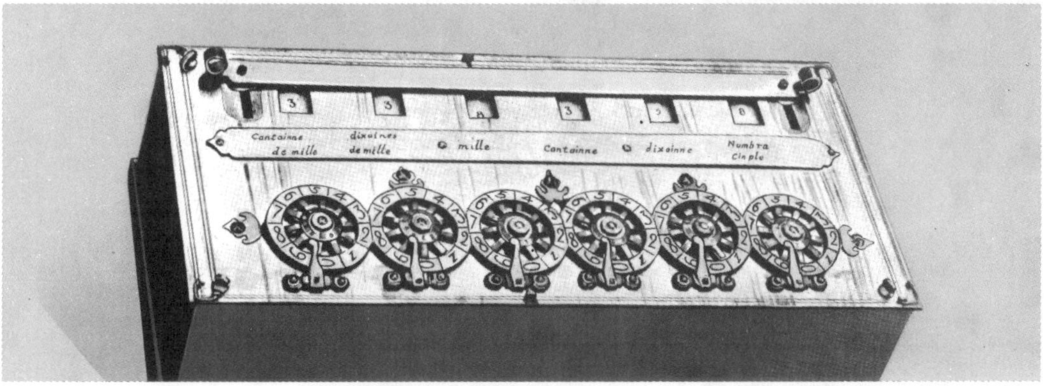

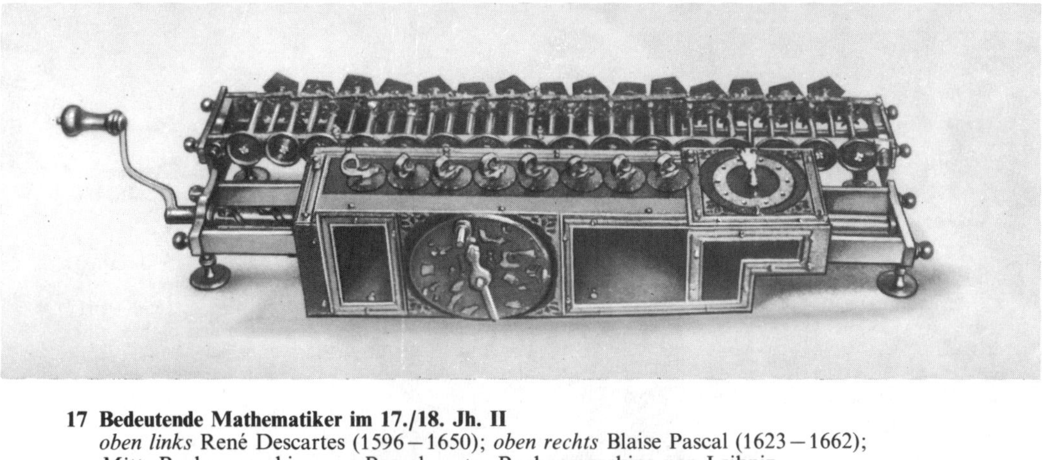

17 Bedeutende Mathematiker im 17./18. Jh. II
oben links René Descartes (1596 – 1650); *oben rechts* Blaise Pascal (1623 – 1662); *Mitte* Rechenmaschine von Pascal; *unten* Rechenmaschine von Leibniz

1

2

3

4

5

6

7

18 Bedeutende Mathematiker im 17./18. Jh. III

1 François Viète (Vieta; 1540–1603)
2 John Napier (Neper; 1550–1617)
3 Galileo Galilei (1564–1642)
4 Johannes Kepler (1571–1630)
5 Bonaventura Cavalieri (1598–1647)
6 Pierre de Fermat (1601–1665)
7 James Gregory (1638–1675)

Isaac Newton (1643–1727)   Gottfried Wilhelm Leibniz (1646–1716)

An der Erfindung der Infinitesimalrechnung (Differential- und Integralrechnung) haben Leibniz und Newton unabhängig voneinander gearbeitet

19 Bedeutende Mathematiker im 17./18. Jh. IV

Ausschnitt aus einem Manuskript von Leibniz vom 29. Oktober 1675, in dem zum ersten Male das Integralzeichen auftritt

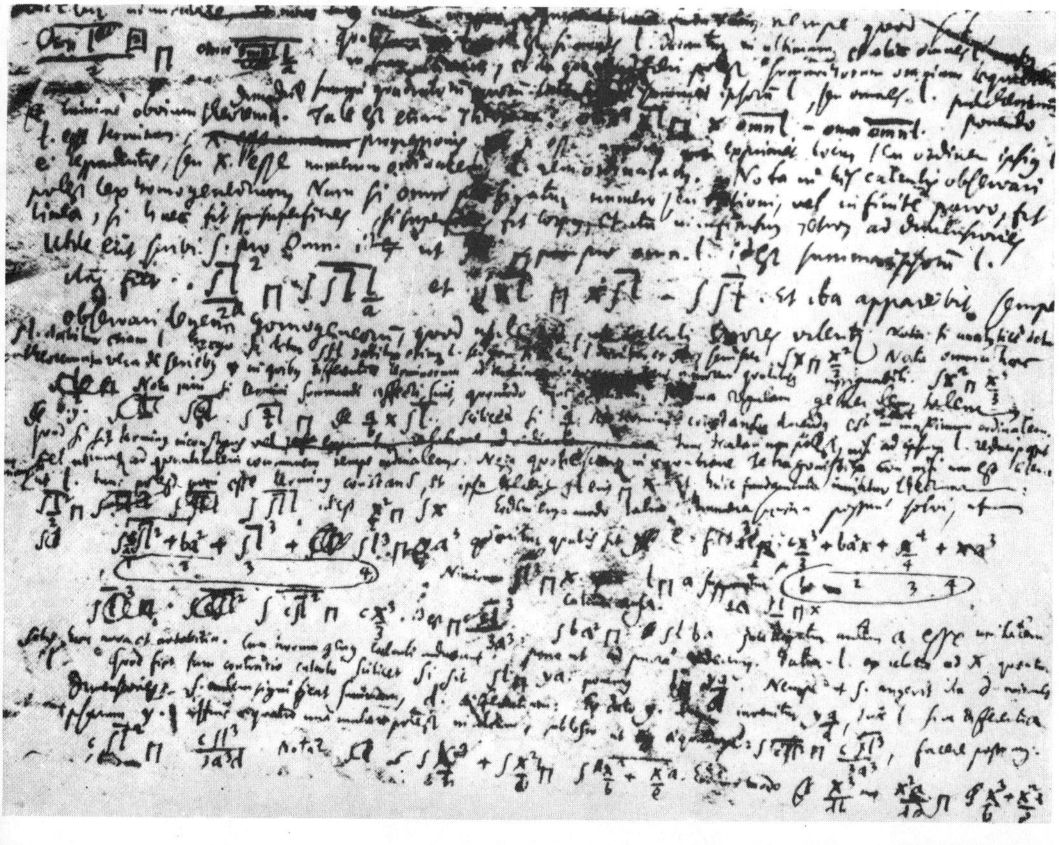

oben links
Jakob Bernoulli (1654–1705)
oben rechts
Johann Bernoulli (1667–1748)

20 Bedeutende Mathematiker im 17./18. Jh. V
Die Schweizer Gelehrtenfamilie Bernoulli brachte innerhalb dreier Generationen acht bedeutende Mathematiker hervor. Die drei wichtigsten sind Jakob Bernoulli, sein Bruder Johann und dessen Sohn Daniel

Daniel Bernoulli (1700–1782)

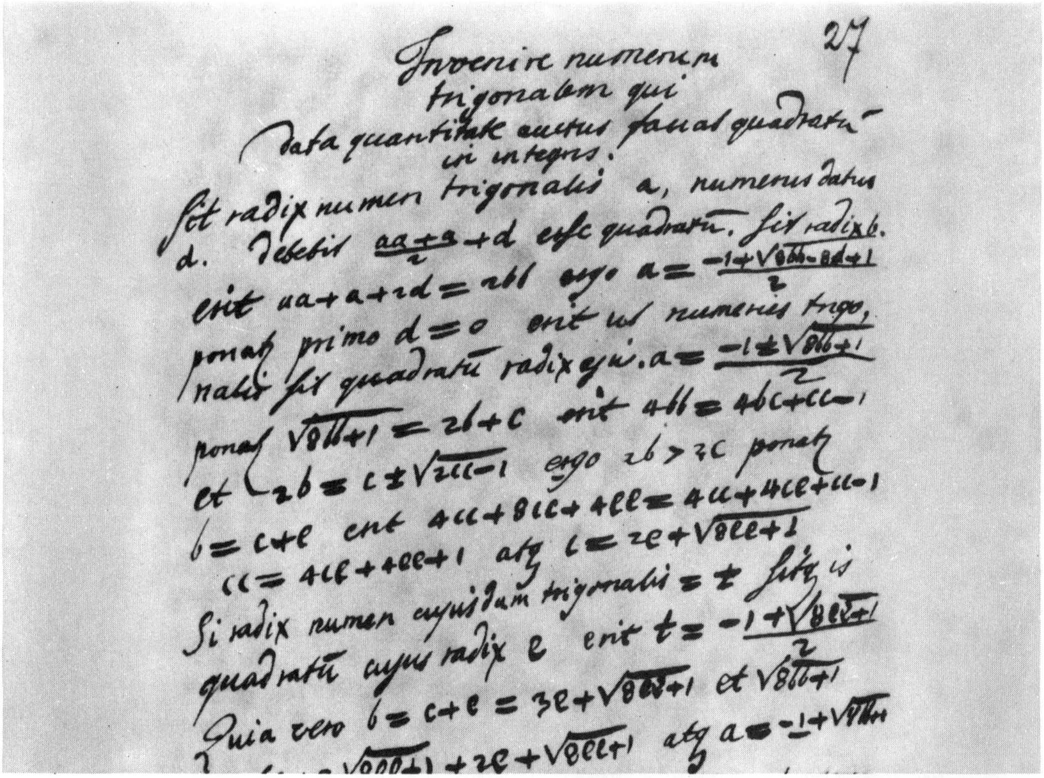
Invenire numerum trigonalem qui data quantitate auctus faciat quadratum in integris. 27

Sit radix numeri trigonalis a, numerus datus d. Debebit $\frac{aa+a}{2}+d$ esse quadratum. Sit radix b. erit $aa+a+2d=2bb$ ergo $a=\frac{-1+\sqrt{8bb-8d+1}}{2}$

ponatur primo $d=0$ erit ut numerus trigonalis sit quadratum radix cuius $a=\frac{-1\pm\sqrt{8bb+1}}{2}$

ponatur $\sqrt{8bb+1}=2b+c$ erit $4bb=4bc+cc-1$

et $2b=c\pm\sqrt{2cc-1}$ ergo $2b>2c$ ponatur

$b=c+e$ erit $4cc+8ce+4ee=4cc+4ce+cc-1$

$cc=4ce+4ee+1$ atque $c=2e+\sqrt{8ee+1}$

Si radix numeri cuiusdam trigonalis $=t$ sitque is quadratum cuius radix e erit $t=\frac{-1+\sqrt{8ee+1}}{2}$

Quia vero $b=c+e=3e+\sqrt{8ee+1}$ et $\sqrt{8bb+1}$ atque $a=\frac{-1+\sqrt{8bb+1}}{2}$

Aus einer Manuskriptseite einer Abhandlung von Euler

21 Bedeutende Mathematiker im 18. Jh. I

Leonhard Euler (1707–1783)

1

2

3

4

5

6

7

22 Bedeutende Mathematiker im 18. Jh. II

1 Brook Taylor (1685 – 1731)
2 Pierre Louis Moreau de Maupertuis (1698 – 1759)
3 Johann Heinrich Lambert (1728 – 1777)
4 Joseph Louis de Lagrange (1736 – 1813)
5 Gaspard Monge (1746 – 1818)
6 Adrien-Marie Legendre (1752 – 1833)
7 Jean-Baptiste Joseph de Fourier (1768 – 1830)

23 Bedeutende Mathematiker im 19. Jh. I

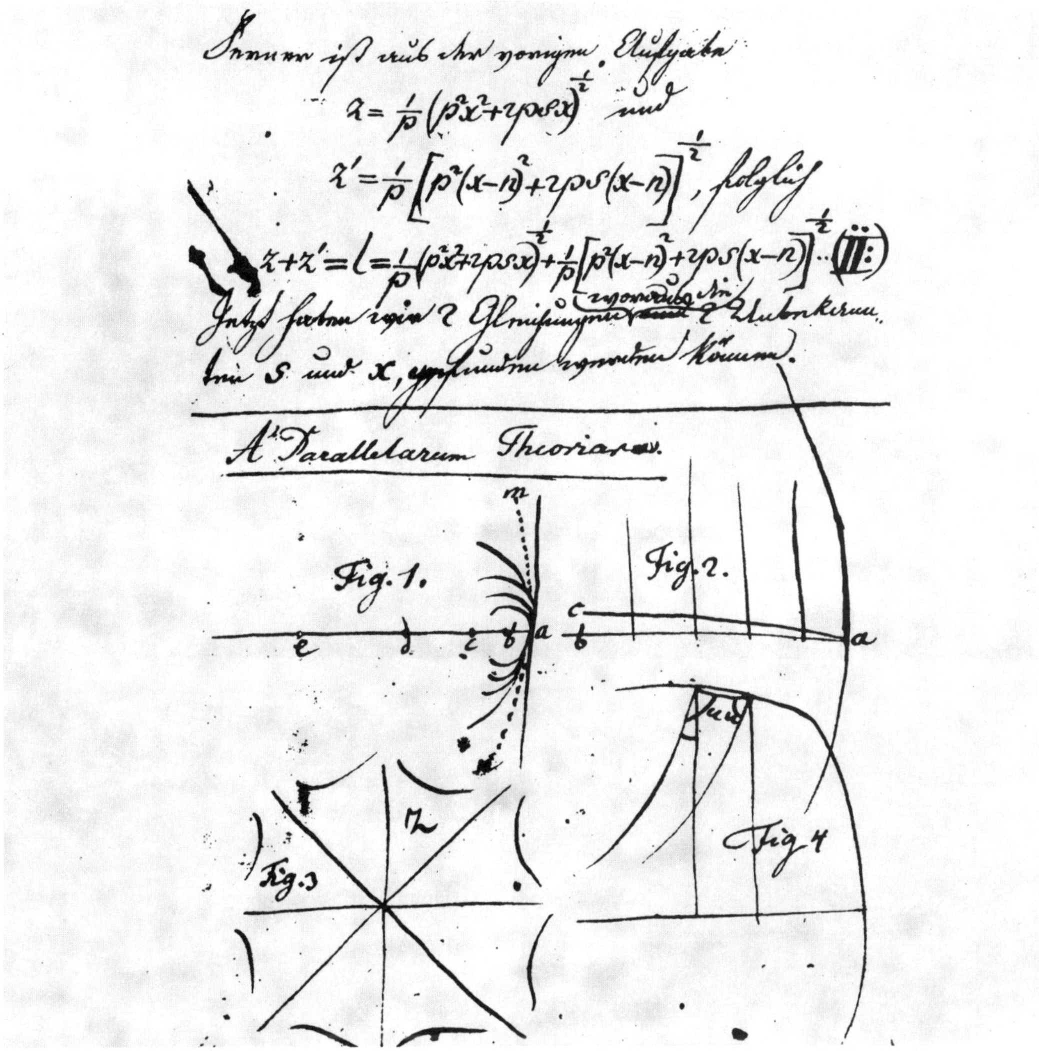

Handzeichnung von János Bólyai (1802–1860) zur nichteuklidischen Geometrie (1820)

Nikolai Iwanowitsch Lobatschewski (1792–1856) entwickelte unabhängig von Bólyai fast gleichzeitig eine nichteuklidische Geometrie (hyperbolische Geometrie)

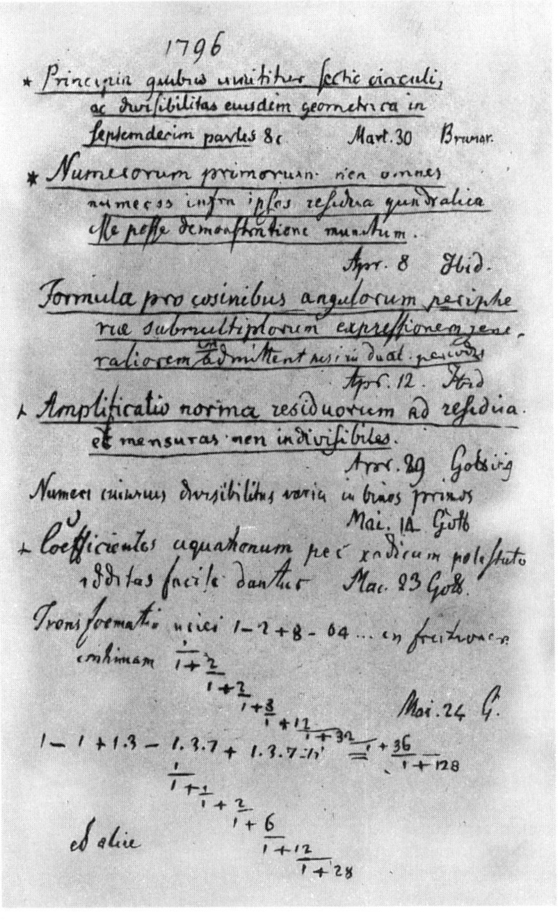

1796

* Principia quibus innititur sectio circuli, ac divisibilitas eiusdem geometrica in septemdecim partes &c. Mart. 30 Brunsv.

* Numerorum primorum non omnes numeros infra ipsos residua quadratica esse posse demonstratione munitum. Apr. 8 Ibid.

Formulae pro cosinibus angulorum periphaeriae submultiplorum expressionem generaliorem non admittunt nisi in duab. periodis. Apr. 12. Ibid

\+ Amplificatio normae residuorum ad residua et mensuras non indivisibiles. Apr. 29 Gotting

Numeri cuiusvis divisibilitas varia in binos primos Mai. 14 Gott

\+ Coëfficientes aequationum per radicum potestatum summas facile dantur Mai. 23 Gott.

Transformatio seriei 1 − 2 + 8 − 64 … in fractionem continuam 1/(1 + 2/(1 + 2/(1 + 8/(1 + 12/(1 + 32/(1 + 36/(1 + 128 …))))))) Mai. 24 G.

1 − 1 + 1.3 − 1.3.7 + 1.3.7.15 … = 1/(1 + 1/(1 + 2/(1 + 6/(1 + 12/(1 + 28 …)))))

et aliae

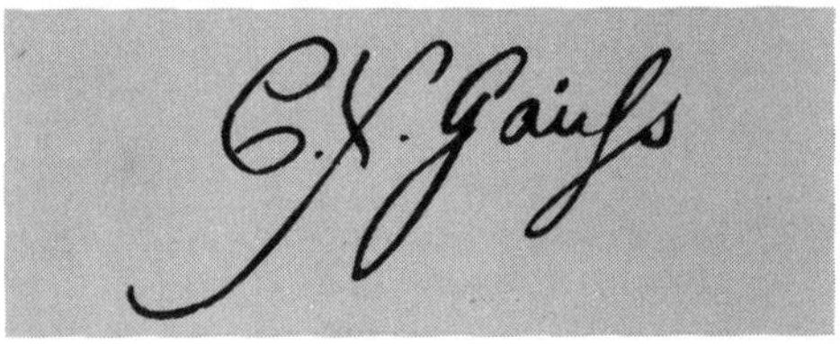

Unterschrift von Gauß

links oben Porträt des jungen Gauß
rechts oben Gauß im Alter

24 Bedeutende Mathematiker im 19. Jh. II
Einer der größten Mathematiker aller Zeiten war Carl Friedrich Gauß, geb. 30. 4. 1777 in Braunschweig, gest. 23. 2. 1855 in Göttingen

links Eine Seite aus dem wissenschaftlichen Tagebuch von Gauß (30. März bis 24. Mai 1796)

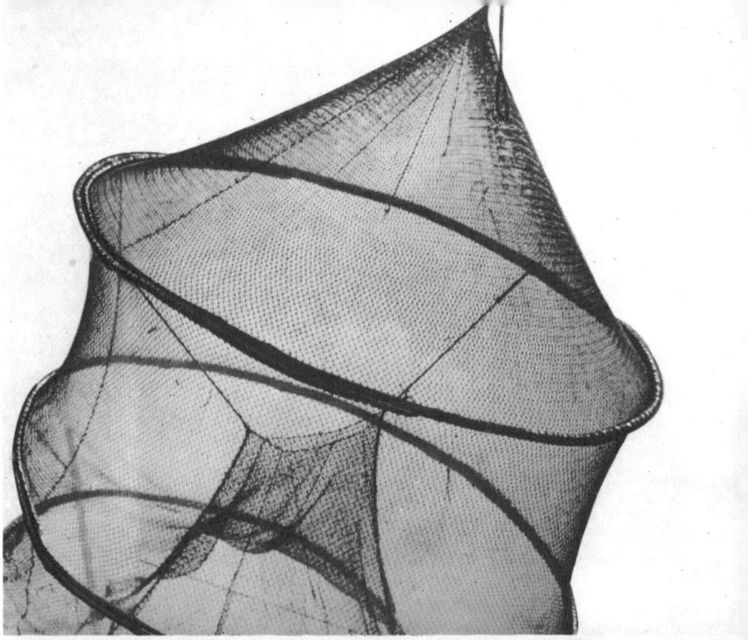

Die Ausbildung einer Minimalfläche bei einer Fischreuse

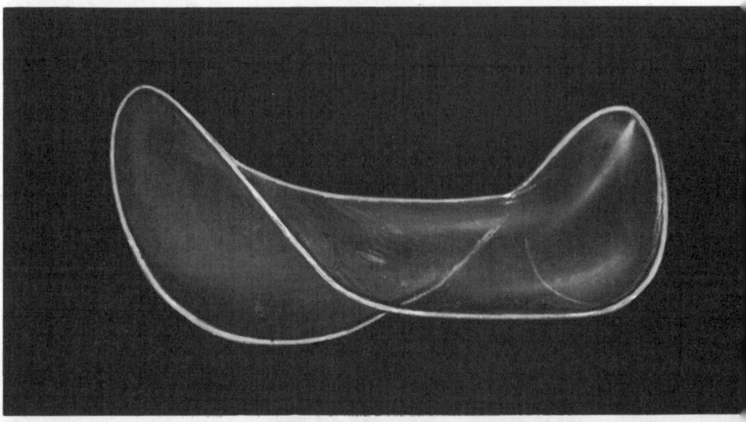

Die Ausbildung einer Minimalfläche bei einer Seifenblase

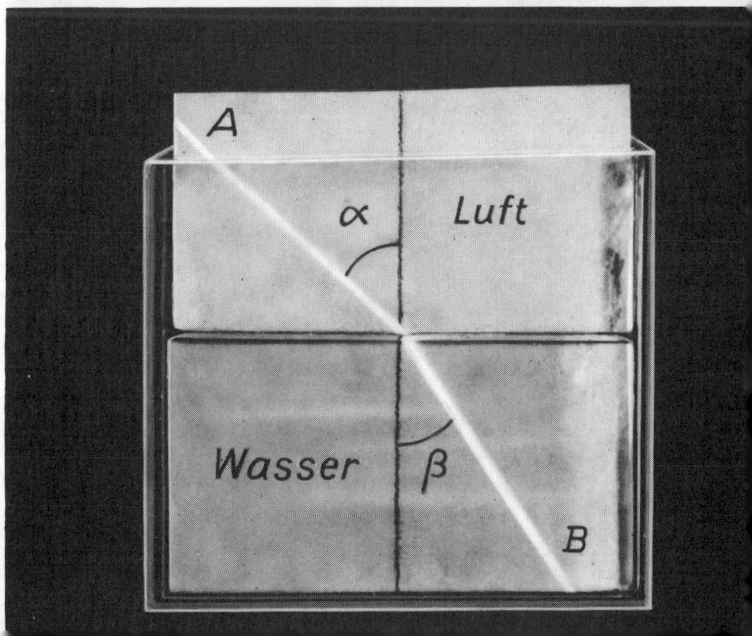

Der Weg des Lichtstrahls von A nach B ist die Lösung eines Minimalproblems

1

2

3

4

5

6

7

26 Bedeutende Mathematiker im 19. Jh. III

1 Friedrich Wilhelm Bessel (1784 – 1846)
2 Augustin Louis Cauchy (1789 – 1857)
3 Jakob Steiner (1796 – 1863)
4 Niels Henrik Abel (1802 – 1829)
5 Peter Gustav Lejeune-Dirichlet (1805 – 1859)
6 Évariste Galois (1811 – 1832)
7 Pafnuti Lwowitsch Tschebyschow (1821 – 1894)

1

2

3

4

5

6

7

27 Bedeutende Mathematiker im 19. Jh. IV

1 Carl Gustav Jacobi (1804 – 1851)
2 Bernhard Riemann (1826 – 1866)
3 Leopold Kronecker (1823 – 1891)
4 Karl Weierstraß (1815 – 1897)
5 Arthur Cayley (1821 – 1895)
6 Marius Sophus Lie (1842 – 1899)
7 Sofja Wassiljewna Kowalewskaja (1850 – 1891)

1

2

3

4

5

6

7

28 Bedeutende Mathematiker im 19./20. Jh. I

1 George Stokes (1819–1903)
2 Richard Dedekind (1831–1916)
3 Georg Frobenius (1849–1917)
4 Georg Cantor (1845–1918)
5 Henri Poincaré (1854–1912)
6 Felix Klein (1849–1925)
7 Emmy Noether (1882–1935)

1

2

3

4

5

29 Bedeutende Mathematiker im 19./20. Jh. II

1 David Hilbert (1862–1943)
2 Élie Joseph Cartan (1869–1951)
3 Henri Léon Lebesgue (1875–1941)
4 John von Neumann (1903–1957)
5 Hermann Weyl (1885–1955)
6 Jacques Hadamard (1865–1963)
7 Stefan Banach (1892–1945)

6

7

Möbiussches Band, eine „einseitige“ Fläche

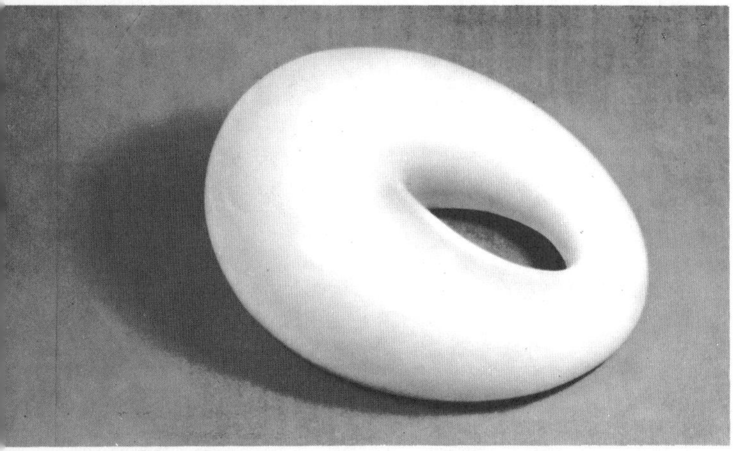

Zyklid, geschlossene Fläche, die wie der Torus vom Geschlecht 1 ist

unten links
Betragsfläche der Funktion $w = e^{1/z}$ in der Nachbarschaft der Stelle $z_0 = 0$
unten rechts
Pseudosphäre, einfachste Fläche konstanter negativer Krümmung

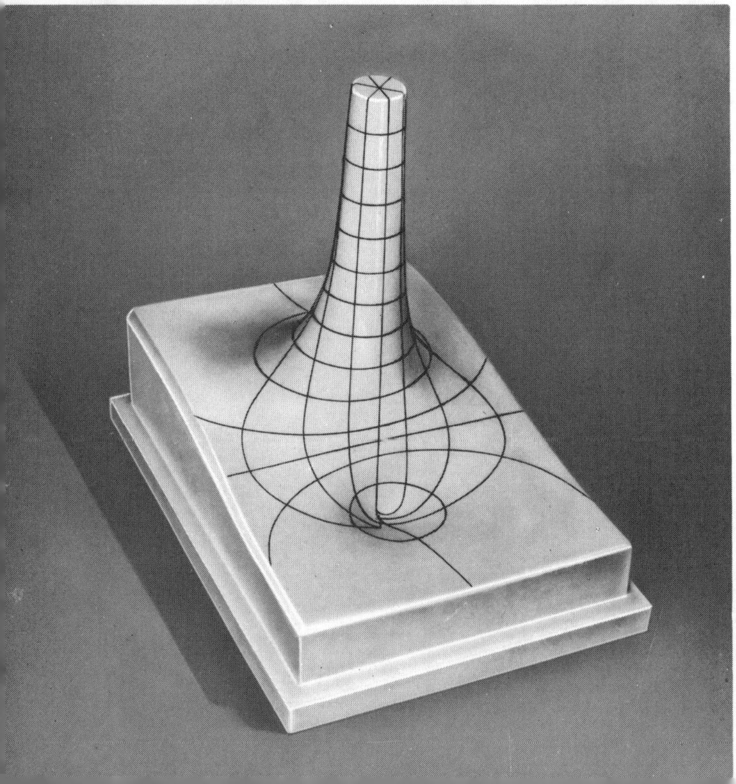

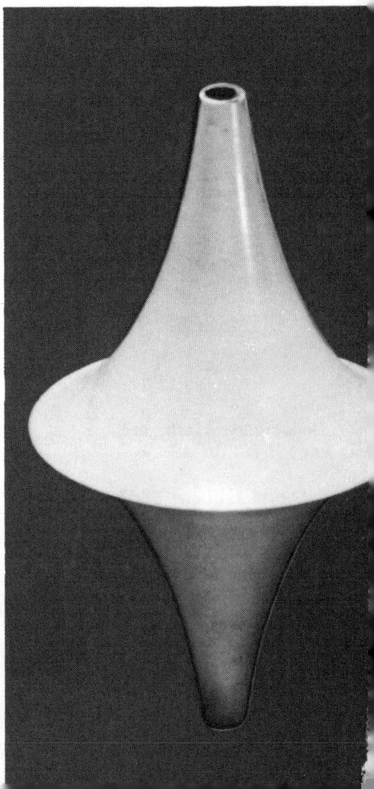